한국산업인력공단의 출제 기준에 따른

최신기출문제수록
2026
enplebooks

공조냉동기계

Engineer Air-Conditioning Refrigerating Machinery

기사 필기

공조냉동이란?
공조냉동이란 공기조화와 냉동을 합한 말로 공조냉동설비는 제빙, 식품냉동, 제약, 농수산물 저장 및 수송산업 등에 광범위하게 응용되고 있다.

또한, 환경오염으로 인해 고층빌딩과 산업체에서는 실내환경을 유지하기 위하여 공조설비의 필요성을 인식하고 있다. 따라서 공조냉동기술분야의 전문 기술인력에 대한 수요가 증가할 것이다.

공조기술자격연구회 지음

2022년부터 출제기준 변경사항
★ 100문제에서 80문제로 축소 ★
에너지관리
공조냉동 설계
시운전 및 안전관리
유지보수 공사관리

도서출판 엔플북스

　최근 급속한 산업발전에 따른 경제 및 생활수준의 향상으로 대표적인 성장 동력산업인 공조냉동 산업은 매년 그 생산규모나 성장률이 크게 향상되고 있는 성장 가능성이 대단히 유망한 산업분야입니다. 이에 따라 공조냉동기계를 설계하거나 기능 인력을 지도, 감독해야 할 기술 인력에 대한 수요가 증가하고 있으며, 공조냉동 분야에 대한 높은 관심은 자격응시인원의 증가로 이어지고 있습니다.

　그러나 공조냉동기계기사는 관련분야 국가기술자격시험 중 전반적인 자격의 시험 난이도가 높고, 2022년부터 국가기술자격의 현장성과 활용성 제고를 위해 국가직무능력표준(NCS)을 기반으로 자격의 내용(시험과목, 출제기준 등)이 직무 중심으로 개편되므로 자격증을 취득하기가 쉽지 않을 것으로 예상됩니다.

　이 책은 자격증을 취득하고자 하는 수험생들을 위하여 개편된 출제기준을 면밀히 분석하여 출제 가능한 내용과 문제들로 엄선하여 심도있게 구성하여 변경된 시험에 대비할 수 있도록 하였습니다.

　시도하지 않으면 아무 것도 얻을 수 없고, 성공은 끊임없이 도전하는 사람만이 얻을 수 있습니다. 어렵다고 주저하지 마시고 이 책과 함께 지금 바로 도전하시기 바랍니다. 성공에 한걸음 더 다가가는 길이 될 것입니다.

　이 책을 구매해 주신 여러분들의 합격과 무궁한 발전을 기원합니다.

2021년 11월
저자 씀

시험과목 및 출제기준 분석

○ 주요 변경사항 (적용 시기 : 2025. 1. 1. ~ 2029. 12. 31.)

검정방법	시험과목(문제수)	
	개편 전 (5과목 100문항)	개편 후 (4과목 80문항)
필기시험	1. 공기조화(20)	1. 에너지 관리(20)
	2. 기계열역학(20)	2. 공조냉동 설계(20)
	3. 냉동공학(20)	
	4. 전기제어공학(20)	3. 시운전 및 안전관리(20)
	5. 배관일반(20)	4. 유지보수 공사관리(20)
실기시험	공조냉동 설계 실무	공조냉동 설계 실무

1. 시험과목(5과목 → 4과목) 및 출제문제 수(100문항 → 80문항) 축소
2. 문제유형은 기존과 유사하게 출제될 예정
3. 각 과목별 일부 추가항목(TAB, 보일러, 냉동관련 법규, 유지보수 관련 등) 포함
4. 전기제어공학 출제범위 축소(직류회로, 정전용량과 자기회로, 제어계의 요소·구성·응용, 피드백 제어 등 제외)
5. 실기시험은 현행 유지하며, 만약 변경사항이 있는 경우 최소 6개월 전에 사전 공지

출제기준

직무 분야	기계	중직무 분야	기계장비 설비·설치	자격 종목	공조냉동기계기사	적용기간	2025. 1. 1.~2029. 12. 31.
○ 직무내용 : 산업현장, 건축물의 실내 환경을 최적으로 조성하고, 냉동냉장설비 및 기타 공작물을 주어진 조건으로 유지하기 위해 공학적 이론을 바탕으로 공조냉동, 유틸리티 등 필요한 설비를 계획, 설계, 시공관리하는 직무이다.							
필기검정방법		객관식		문제수	80	시험시간	2시간

필기 과목명	문제 수	주요항목	세부항목	세세항목
에너지 관리	20	1. 공기조화의 이론	1. 공기조화의 기초	1. 공기조화의 개요 2. 보건공조 및 산업공조 3. 환경 및 설계조건
			2. 공기의 성질	1. 공기의 성질 2. 습공기 선도 및 상태변화
		2. 공기조화 계획	1. 공기조화 방식	1. 공기조화방식의 개요 2. 공기조화방식 3. 열원방식
			2. 공기조화 부하	1. 부하의 개요 2. 난방부하 3. 냉방부하
			3. 난방	1. 중앙난방 2. 개별난방
			4. 클린룸	1. 클린룸 방식 2. 클린룸 구성 3. 클린룸 장치
		3. 공조기기 및 덕트	1. 공조기기	1. 공기조화기 장치 2. 송풍기 및 공기정화장치 3. 공기냉각 및 가열코일 4. 가습·감습장치 5. 열교환기
			2. 열원기기	1. 온열원기기 2. 냉열원기기

필기 과목명	문제 수	주요항목	세부항목	세 세 항 목
에너지 관리			3. 덕트 및 부속설비	1. 덕트　　　2. 급・환기설비
				3. 부속설비
		4. T.A.B	1. T.A.B 계획	1. 측정 및 계측기기
			2. T.A.B 수행	1. 유량, 온도, 압력 측・조정
				2. 전압, 전류 측정・조정
		5. 보일러설비 시운전	1. 보일러설비 시운전	1. 보일러설비 구성
				2. 급탕설비
				3. 난방설비
				4. 가스설비
				5. 보일러설비 시운전 및 안전대책
		6. 공조설비 시운전	1. 공조설비 시운전	1. 공조설비 시운전 준비 및 안전대책
		7. 급배수설비 시운전	1. 급배수설비 시운전	1. 급배수설비 시운전 준비 및 안전대책
공조냉동 설계	20	1. 냉동이론	1. 냉동의 기초 및 원리	1. 단위 및 용어
				2. 냉동의 원리
				3. 냉매
				4. 신냉매 및 천연냉매
				5. 브라인 및 냉동유
				6. 전열과 방열
			2. 냉매선도와 냉동 사이클	1. 모리엘선도와 상변화
				2. 역 카르노 및 실제 사이클
				3. 증기압축 냉동사이클
				4. 흡수식 냉동사이클
		2. 냉동장치의 구조	1. 냉동장치 구성 기기	1. 압축기　　　2. 응축기
				3. 증발기　　　4. 팽창밸브
				5. 장치 부속기기　6. 제어기기

출제기준

필기 과목명	문제 수	주요항목	세부항목	세 세 항 목
		3. 냉동장치의 응용과 안전관리	1. 냉동장치의 응용	1. 제빙 및 동결장치
				2. 열펌프 및 축열장치
				3. 흡수식 냉동장치
				4. 신·재생에너지(지열, 태양열 이용 히트펌프 등)
				5. 에너지절약 및 효율개선
				6. 기타 냉동의 응용
		4. 냉동냉장 부하계산	1. 냉동냉장부하 계산	1. 냉동냉장부하 계산
		5. 냉동설비 시운전	1. 냉동설비 시운전	1. 냉동설비 시운전 및 안전대책
		6. 열역학의 기본사항	1. 기본개념	1. 열역학시스템과 검사체적
				2. 물질의 상태와 상태량
				3. 과정과 사이클 등
			2. 용어와 단위계	1. 질량, 길이, 시간 및 힘의 단위계 등
		7. 순수물질의 성질	1. 물질의 성질과 상태	1. 순수물질
				2. 순수물질의 상평형
				3. 순수물질의 독립상태량
			2. 이상기체	1. 이상기체와 실제기체
				2. 이상기체의 상태방정식
				3. 이상기체의 성질 및 상태변화 등
		8. 일과 열	1. 일과 동력	1. 일과 열의 정의 및 단위
				2. 일이 있는 몇 가지 시스템
				3. 일과 열의 비교
			2. 열전달	1. 전도, 대류, 복사의 기초
		9. 열역학의 법칙	1. 열역학 제1법칙	1. 열역학 제0법칙
				2. 밀폐계
				3. 개방계
			2. 열역학 제2법칙	1. 비가역과정 2. 엔트로피

필기 과목명	문제 수	주요항목	세부항목	세 세 항 목
		10. 각종 사이클	1. 동력 사이클	1. 동력시스템 개요 2. 랭킨사이클 3. 공기표준 동력 사이클 4. 오토, 디젤, 사바테 사이클 5. 기타 동력 사이클
		11. 열역학의 응용	1. 열역학의 적용사례	1. 압축기　　　　2. 엔진 3. 냉동기　　　　4. 보일러 5. 증기 터빈 등
시운전 및 안전관리	20	1. 교류회로	1. 교류회로의 기초	1. 정현파 및 비정현파 교류의 전압, 전류, 전력 2. 각속도 3. 위상의 시간표현 4. 교류회로(저항, 유도, 용량)
			2. 3상 교류회로	1. 성형결선, 환상결선 및 V결선 2. 전력, 전류, 기전력 3. 대칭좌표법 및 Y-Δ 변환
		2. 전기기기	1. 직류기	1. 직류전동기 및 발전기의 구조 및 원리 2. 전기자 권선법과 유도기전력 3. 전기자반작용과 정류 및 전압변동 4. 직류발전기의 병렬운전 및 효율 5. 직류전동기의 특성 및 속도제어
			2. 유도기	1. 구조 및 원리 2. 전력과 역률, 토크 및 원선도 3. 기동법과 속도제어 및 제동
			3. 동기기	1. 구조와 원리 2. 특성 및 용도 3. 손실, 효율, 정격 등 4. 동기전동기의 설치와 보수

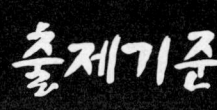

출제기준

필기 과목명	문제 수	주요항목	세부항목	세 세 항 목
			4. 정류기	1. 회전변류기 2. 반도체 정류기 3. 수은 정류기 4. 교류 정류자기
		3. 전기계측	1. 전류, 전압, 저항의 측정	1. 직류 및 교류전압측정 2. 저전압 및 고전압측정 3. 충격전압 및 전류 측정 4. 미소전류 및 대전류 측정 5. 고주파 전류측정 6. 저저항, 중저항, 고저항, 특수저항 측정
			2. 전력 및 전력량 측정	1. 전력과 기기의 정격 2. 직류 및 교류 전력 측정 3. 역률 측정
			3. 절연저항 측정	1. 전기기기의 절연저항 측정 2. 배선의 절연저항 측정 3. 스위치 및 콘센트 등의 절연저항 측정
		4. 시퀀스제어	1. 제어요소의 동작과 표현	1. 입력기구　　　2. 출력기구 3. 보조기구
			2. 부울 대수의 기본 정리	1. 부울 대수의 기본 2. 드모르간의 법칙
			3. 논리회로	1. AND회로　　　2. OR회로(EX-OR) 3. NOT회로　　　4. NOR회로 5. NAND회로　　6. 논리연산
			4. 무접점회로	1. 로직시퀀스　　2. PLC
			5. 유접점회로	1. 접점　　　　　2. 수동스위치 3. 검출스위치　　4. 전자계전기
		5. 제어기기 및 회로	1. 제어의 개념	1. 제어계의 기초 2. 자동제어계의 기본적인 용어

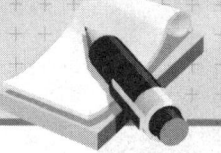

필기 과목명	문제 수	주요항목	세부항목	세 세 항 목	
			2. 조작용 기기	1. 전자밸브	2. 전동밸브
				3. 2상 서보전동기	4. 직류 서보전동기
				5. 펄스전동기	6. 클러치
				7. 다이어프렘	8. 밸브 포지셔너
				9. 유압식 조작기	
			3. 검출용 기기	1. 전압검출기	2. 속도검출기
				3. 전위차계	4. 차동변압기
				5. 싱크로	6. 압력계
				7. 유량계	8. 액면계
				9. 온도계	10. 습도계
				11. 액체성분계	12. 가스성분계
			4. 제어용 기기	1. 컨버터	
				2. 센서용 검출변환기	
				3. 조절계 및 조절계의 기본 동작	
				4. 비례 동작 기구	
				5. 비례 미분 동작 기구	
				6. 비례 적분 미분 동작 기구	
		6. 설치 검사	1. 관련법규 파악	1. 냉동공조기 제작 및 설치 관련법규	
		7. 설치안전 관리	1. 안전관리	1. 근로자 안전관리교육	
				2. 안전사고 예방	
				3. 안전보호구	
			2. 환경관리	1. 환경요소 특성 및 대처방법	
				2. 폐기물 특성 및 대처방법	
		8. 운영안전 관리	1. 분야별 안전관리	1. 고압가스 안전관리법에 의한 냉동기 관리	
				2. 기계설비법	
				3. 산업안전보건법	
		9. 제어밸브 점 검관리	1. 관련법규 파악	1. 냉동공조설비 유지보수 관련 관계법규	

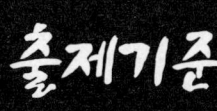

공조냉동기계기사

필기 과목명	문제 수	주요항목	세부항목	세 세 항 목
유지보수 공사 관리	20	1. 배관재료 및 공작	1. 배관재료	1. 관의 종류와 용도 2. 관이음 부속 및 재료등 3. 관지지장치 4. 보온·보냉 재료 및 기타 배관용 재료
			2. 배관공작	1. 배관용 공구 및 시공 2. 관 이음방법
		2. 배관관련 설비	1. 급수설비	1. 급수설비의 개요 2. 급수설비 배관
			2. 급탕설비	1. 급탕설비의 개요 2. 급탕설비 배관
			3. 배수통기설비	1. 배수통기설비의 개요 2. 배수통기설비 배관
			4. 난방설비	1. 난방설비의 개요 2. 난방설비 배관
			5. 공기조화설비	1. 공기조화설비의 개요 2. 공기조화설비 배관
			6. 가스설비	1. 가스설비의 개요 2. 가스설비 배관
			7. 냉동 및 냉각설비	1. 냉동설비의 배관 및 개요 2. 냉각설비의 배관 및 개요
			8. 압축공기 설비	1. 압축공기설비 및 유틸리티 개요
		3. 유지보수공사 및 검사 계획 수립	1. 유지보수공사 관리	1. 유지보수공사 계획 수립
			2. 냉동기 정비·세관 작업 관리	1. 냉동기 오버홀 정비 및 세관공사 2. 냉동기 정비 계획수립

필기 과목명	문제 수	주요항목	세부항목	세 세 항 목
유지보수 공사 관리			3. 보일러 정비·세관 작업 관리	1. 보일러 오버홀 정비 및 세관공사 2. 보일러 정비 계획수립
			4. 검사 관리	1. 냉동기 냉수·냉각수 수질관리 2. 보일러 수질관리 3. 응축기 수질관리 4. 공기질 기준
		4. 덕트설비 유지보수 공사	1. 덕트설비 유지보수 공사 검토	1. 덕트설비 보수공사 기준, 공사 매뉴얼, 절차서 검토 2. 덕트관경 및 장방형 덕트의 상당직경
		5. 냉동냉장설비 설계도면 작성	1. 냉동냉장설비 설계도면 작성	1. 냉동냉장 계통도 2. 장비도면 3. 배관도면(배관표시법) 4. 배관구경 산출 5. 덕트도면 6. 산업표준에 규정한 도면 작성법

Part 01 에너지관리   1

제1장 공기조화 기초   2

    1. 공기조화의 정의 ·· 2
    2. 공기조화의 4대 요소 ··· 2
    3. 공조 대상에 의한 분류 ··· 3
    4. 실내 공기조화의 조건 ··· 4
    5. 열환경 평가지표 ·· 6
    6. 공기조화의 4대 장치 ··· 9

제2장 공기의 성질 및 공기선도   11

    1. 공기 ·· 11
    2. 습공기 ·· 12
    3. 습공기선도(psychrometric chart) ·· 16
    4. 실제 공조과정 ·· 25

제3장 공조방식   63

    1. 공조방식의 분류 ·· 63
    2. 각종 공조방식의 종류 및 특징 ·· 66
    3. 각종 공조방식의 비교 ··· 77

목차

    4. 열원기기 ·· 77

제4장 공조부하　　104

    1. 공조부하 ·· 104
    2. 냉방부하 계산 ·· 107
    3. 난방부하 계산 ·· 107

제5장 공조기기　　132

    1. 공기조화 설비의 구성 ·· 132
    2. 에어 필터(Air filter, 여과기) ·································· 133
    3. 냉각코일 및 가열코일 ·· 135
    4. 가습장치 ·· 138
    5. 감습장치 ·· 142
    6. 전열교환기 ·· 143
    7. 송풍기 ·· 144
    8. 펌프(pump) ·· 148

제6장 덕트 및 부속설비　　174

    1. 덕트의 기초이론 ·· 174
    2. 덕트 시공법 ·· 179
    3. 댐퍼(damper) ··· 184
    4. 취출구(토출구, diffuser) ······································ 186
    5. 취출구의 종류 및 용도 ·· 186
    6. 취출구의 설계 ··· 189
    7. 흡입구 ·· 193
    8. 환기 ··· 194

목·차

제7장 난방설비　217

1. 개요 …………………………………………………… 217
2. 증기난방 ……………………………………………… 218
3. 온수난방 ……………………………………………… 223
4. 복사난방 ……………………………………………… 226
5. 온풍난방 ……………………………………………… 229
6. 지역난방 ……………………………………………… 229
7. 보일러 ………………………………………………… 230
8. 보일러 부속장치 ……………………………………… 234
9. T.A.B(Testing, Adjusting and Balancing) ………… 242

Part 02-1 공조냉동 설계(기계 열역학)　279

제1장 열역학의 기초 사항　280

1. 열역학 ………………………………………………… 280
2. 기본용어 ……………………………………………… 280
3. 단위 및 차원 ………………………………………… 283
4. 온도와 열평형 ………………………………………… 285
5. 압력(pressure) ………………………………………… 287
6. 열량 …………………………………………………… 288
7. 비열(specific heat) …………………………………… 289
8. 현열과 잠열 …………………………………………… 290
9. 밀도, 비체적, 비중량 ………………………………… 291
10. 일(work), 에너지(energy), 동력(power) ………… 292
11. 효율 ………………………………………………… 294
12. 열전달(전열) ………………………………………… 294

목·차

제2장 열역학 제1법칙　　321

1. 열역학 제1법칙 ·· 321
2. 일(work) ··· 322
3. 내부에너지(internal energy : U) ················· 323
4. 엔탈피(enthalpy) ·· 324
5. 에너지식 ··· 324

제3장 이상기체(Ideal Gas)　　342

1. 이상기체 ··· 342
2. 보일-샤를(Boyle-Charles)의 법칙 ··············· 342
3. 일반 기체상수 ·· 344
4. 이상기체의 비열과 기체상수 ······················· 345
5. 이상기체의 상태변화 ····································· 346

제4장 순수물질　　383

1. 순수물질의 상변화 ··· 383
2. 증기의 등압선 ·· 384
3. 증기의 열적 상태량 ·· 385
4. 증기표 및 증기선도 ·· 386
5. 증기의 상태변화 ·· 388

제5장 열역학 제2법칙　　401

1. 사이클, 열효율, 성능계수 ······························ 401
2. 가역변화와 비가역변화 ································· 403
3. 열역학 제2법칙 ··· 403
4. 카르노 사이클(Carnot cycle) ························ 404
5. 엔트로피(entropy) ··· 407
6. 이상기체의 엔트로피 ····································· 409
7. 엔트로피 선도 ·· 409

목·차

8. 유효에너지와 무효에너지 ……………………………… 411
9. 효율 ……………………………………………………… 412
10. 열역학 제3법칙 ………………………………………… 413

제6장 가스동력 사이클　441

1. 공기표준 사이클 ………………………………………… 441
2. 오토 사이클(Otto cycle) ………………………………… 442
3. 디젤 사이클(Diesel cycle) ……………………………… 443
4. 사바테 사이클(Sabathe cycle) : 복합 사이클 ……… 444
5. 각 사이클의 효율 비교 ………………………………… 445
6. 가스터빈 사이클 ………………………………………… 445

제7장 랭킨 사이클(Rankine cycle)　460

1. 랭킨 사이클(Rankine cycle) …………………………… 460
2. 재열 사이클(reheat cycle) ……………………………… 462
3. 재생 사이클(regenerative cycle) ……………………… 463
4. 재생·재열 사이클 ……………………………………… 465

Part 02-2 공조냉동 설계(냉동공학)　481

제1장 냉동 기초　482

1. 냉동의 정의 ……………………………………………… 482
2. 냉동 방법 ………………………………………………… 482
3. 히트펌프(Heat Pump) …………………………………… 494
4. 축열 시스템 ……………………………………………… 496
5. CA 냉장고(Controlled Atmosphere cold Storage　498

목차

    6. 냉동용어 및 단위 ································· 498

제2장 냉동사이클   529

    1. 증기선도 ·· 529
    2. 표준냉동사이클 ································· 534
    3. 온도 및 압력 변화에 따른 냉동사이클에 미치는 영향
       ··· 539
    4. 냉동사이클의 각종 계산 ······················· 541
    5. 성적계수 향상 방법 ···························· 544
    6. 2단 압축 냉동사이클 ·························· 544
    7. 2원 냉동사이클 ································· 547
    8. 냉장 부하계산 ·································· 549

제3장 냉매   595

    1. 냉매 ··· 595
    2. 냉매의 구비 조건 ······························ 596
    3. 냉매의 종류 ···································· 597
    4. 주요 냉매의 성질 ······························ 599
    5. 혼합냉매 ·· 605
    6. 냉매 누설 검사 ································ 606
    7. 브라인(Brine : 간접 냉매, 2차 냉매) ······· 607
    8. 냉동기유 ·· 610

제4장 압축기(Compressor)   628

    1. 압축기 ··· 628
    2. 압축기의 분류 ·································· 628
    3. 각 압축기의 특징 ······························ 630
    4. 압축기 용량 제어법 ···························· 640
    5. 압축기의 성능 ·································· 641

목·차

제5장 응축기(Condenser)   657

1. 응축기 ·· 657
2. 응축기의 특징 구조 ··· 658
3. 응축기의 성능계산 ··· 666
4. 냉각탑(cooling tower) ··· 669

제6장 팽창밸브   696

1. 팽창밸브 ··· 696
2. 팽창밸브의 원리 ··· 696
3. 팽창밸브의 종류 ··· 697

제7장 증발기(Evaporator)   713

1. 증발기 ··· 713
2. 증발기의 종류 및 특징 ··· 713

제8장 부속기기   728

1. 유분리기(oil separator) ·· 728
2. 수액기(liquid receiver) ·· 729
3. 균압관 ··· 731
4. 액분리기(accumulator) ··· 731
5. 불응축가스분리기(Non Condensing Gas Purger)
   ·· 732
6. 투시경(sight glass) ·· 733
7. 여과기(filter or strainer) ·· 734
8. 드라이어(drier, 제습제) ··· 735
9. 열교환기(heat exchanger) ·· 736
10. 중간냉각기(inter-cooler) ·· 737
11. 안전장치 및 자동제어장치 ··· 737
12. 착상 및 제상 ··· 742

목차

13. 냉동기의 시험 ··· 744

제9장 안전관리　761

1. 냉동장치의 운전관리 ·· 761
2. 냉매의 회수 ··· 764
3. 압축기의 안전관리 ·· 765
4. 응축기 안전관리 ·· 767
5. 팽창밸브 안전관리 ·· 769
6. 증발기 안전관리 ·· 770
7. 프레온 냉동장치에서의 이상현상 ························ 771

Part 03　시운전 및 안전관리　785

제1장 전기 기초　786

1. 전기 기초 ··· 786
2. 직류회로 ··· 789
3. 전기법칙 정리 ··· 796

제2장 교류회로　813

1. 교류회로 이론 ··· 813
2. 사이파 교류의 표현 방법 ···································· 814
3. 주파수와 주기 ··· 815
4. 위상과 위상차 ··· 816
5. 정현파 교류의 크기 ·· 817
6. 정현파 교류의 복소수 표현 ································ 820
7. 기본 교류회로 ··· 821

목차

    8. 공진회로 ··· 823
    9. 교류전력 ··· 824
    10. 다상교류 ··· 827
    11. 과도현상 ··· 830

제3장 전기계측   848

    1. 지시계기 ··· 848
    2. 지시계기의 3요소 ··· 848
    3. 계기의 정확도에 의한 분류 ························ 848
    4. 계측 ·· 849
    5. 측정방식 ··· 849
    6. 지시전기계기의 종류 ··································· 850
    7. 측정기구 ··· 850
    8. 전압 및 전류 측정 ······································· 850
    9. 전기저항의 분류 ·· 852
    10. 단상 교류전력의 측정 ······························ 853
    11. 3상 교류전력의 측정 ································ 854

제4장 전기기기   864

    1. 직류발전기 ·· 864
    2. 직류전동기 ·· 867
    3. 유도전동기 ·· 872
    4. 동기기 ··· 877
    5. 변압기 ··· 878
    6. 정류기 ··· 882

제5장 자동제어   913

    1. 자동제어 ··· 913
    2. 자동제어의 분류 ·· 914

목 차

3. 시퀀스 제어(Sequence control) ·················· 917
4. 피드백(Feedback) 제어 ························· 952
5. 라플라스 변환(Laplace transform) ············· 953
6. 전달함수(transfer function) ···················· 955
7. 블록선도 및 신호흐름선도 ······················ 956
8. 제어계의 응답 ·································· 962
9. 제어기기 ······································· 965
10. 안전관리의 개요 ······························· 995
11. 고압가스안전관리법 ·························· 1001
12. 기계설비법 ··································· 1007

Part 04 유지보수 공사관리　　1047

제1장 배관재료　　1048

1. 배관 ··· 1048
2. 배관의 기본사항 ······························ 1048
3. 강관(steel pipe) ······························ 1049
4. 주철관(cast iron pipe) ························ 1052
5. 동관(copper tube) ···························· 1052
6. 스테인리스(stainless)강관 ···················· 1053
7. 연관(lead pile : 납관) ························ 1053
8. 비금속관 ····································· 1054
9. 합성수지관 ··································· 1054

제2장 배관이음　　1056

1. 강관이음 ····································· 1056

목차

  2. 용접이음 ·· 1058
  3. 플랜지이음 ·· 1058
  4. 강관용 배관공구 ··· 1058
  5. 소요길이 계산 ·· 1060
  6. 배관유량 계산 ·· 1061
  7. 주철관 이음 ··· 1061
  8. 동관접합 ··· 1064
  9. 동관용 배관공구 ··· 1065
  10. 연관접합 ·· 1066
  11. 신축이음(expansion joint) ···························· 1068

제3장 밸브 및 배관 부속장치 1071

  1. 밸브(valve) ·· 1071
  2. 부속장치 ··· 1074
  3. 배관지지 ··· 1075
  4. 배관의 부식 ··· 1078

제4장 보온재, 패킹, 도료 1079

  1. 보온재 ··· 1079
  2. 패킹재(packing, gasket) ······························· 1082
  3. 페인트(paint : 도료) ···································· 1083

제5장 배관 제도 1085

  1. 배관 도시 기호 ··· 1085
  2. 배관도면 표시법 ···

제6장 난방설비(증기난방) 1130

  1. 증기난방 배관설비 ······································ 1130

목·차

제7장 난방설비(온수난방)   1136

    1. 온수난방 배관설비 ·· 1136
    2. 온수난방의 분류 ·· 1136
    3. 온수난방 배관 시공 ·· 1138

제8장 복사난방, 지역난방   1141

    1. 복사난방(Panel Heating) ·· 1141
    2. 지역난방 ·· 1142

제9장 공조배관   1143

    1. 공조배관 계통도 ·· 1143

제10장 급수, 급탕 및 배수설비   1169

    1. 급수 설비 ·· 1169
    2. 급수방식 종류별 특징 ·· 1171
    3. 급수배관 방식 ·· 1173
    4. 급수배관 시공 ·· 1174
    5. 급탕설비 ·· 1177
    6. 배수통기설비 ·· 1183

제11장 냉동설비   1225

    1. 냉매배관 구성 ·· 1225
    2. 냉매배관 시공 시 유의 사항 ··· 1225

제12장 가스설비   1244

    1. 가스설비 ·· 1244

목차

Part 05   부록(과년도 출제문제)   1

단·위·정·리

1. 기본적인 환산 단위
- 1kcal=4.186kJ=4.19kJ=4.2kJ
- 1kgf=9.8N
- 1J/s=1W
- 1kW=1kJ/s=3,600kJ/h

2. 압력
① 표준대기압 : 760mmHg=1.0332kg/cm²=10.332mAq=101325Pa

② 공학기압 : 1kg/cm²=10mAq=10,000mmAq=10,000kg/m²=98,000N/m²
=98,000Pa=98KPa=0.098MPa≒0.1MPa

③ SI 단위
- 1MPa=10.2kg/cm²≒10kg/cm²≒100mAq
- 0.1MPa≒1kg/cm²
- 100KPa≒1kg/cm²
- 1,000HPa≒1kg/cm²
- 100,000Pa≒1kg/cm²

④ 단위 환산
- 1Pa=1N/m²
- 1kgf/m²=9.8N/m²=9.8Pa
- 1kgf/cm²=98000N/m²=98kN/m²=98kPa

3. 온도 환산
① 섭씨온도 → 화씨온도 : $°F = \dfrac{9}{5} \times °C + 32$

② 화씨온도 → 섭씨온도 : $°C = \dfrac{5}{9} \times (°F - 32)$

③ 절대온도(K)와 섭씨온도(℃)의 관계 : $t℃ = (t+273.15)K$

4. 물의 비중량
① 공학 단위 : $\gamma=1,000 kgf/m^3$ ② SI 단위 : $\gamma=9,800N/m^3$

5. 물의 증발잠열

구분	공학 단위(kcal/kg)	SI 단위(kJ/kg)	비고
100℃ 물 증발잠열	539	2,257	1kcal=4.186kJ 539×4.186=2,257kJ/kg
0℃ 물 증발잠열	597	2,501	1kcal=4.186kJ 597×4.186=2,501kJ/kg
0℃ 물 응고잠열 (얼음 융해 잠열)	80	335	1kcal=4.186kJ 80×4.186=335kJ/kg

6. 물의 가열량

공학 단위	$Q = G \cdot C \cdot \Delta T = G \cdot \Delta T [\text{kcal/h}]$ (G : kg/h, C : 1kcal/kg℃)
SI 단위	$Q = G \cdot C \cdot \Delta T = 4.19 \cdot G \cdot \Delta T [\text{kW}]$ (G : kg/s, C : 4.19kJ/kg·K)
	$Q = G \cdot C \cdot \Delta T = 4.19 \cdot G \cdot \Delta T [\text{kJ/h}]$ (G : kg/h, C : 4.19kJ/kg·K)

7. 동력 단위 환산

- 1kW = 1kJ/s = 102kgf·m/s = 860kcal/h
- 1PS = 1.36kJ/s = 75kgf·m/s = 632kcal/h
- 1HP = 1.34kJ/s = 76kgf·m/s = 641kcal/h

8. 냉동톤(RT)

공학 단위	1RT = 3,320kcal/h = 13,911kJ/h
	1USRT = 3,024kcal/h = 12,670kJ/h (여기서, 1kcal/h = 4.19kJ/h)
SI 단위	$1\text{RT} = 3{,}320\text{kcal/h} = 3{,}320\text{kcal/h} \times \dfrac{4.186\text{kW}}{1\text{kcal}} \times \dfrac{1h}{3600s} = 3.86\text{kW}$
	$1\text{USRT} = 3{,}024\text{kcal/h} = 3{,}024\text{kcal/h} \times \dfrac{4.186\text{kW}}{1\text{kcal}} \times \dfrac{1h}{3600s} = 3.52\text{kW}$

9. 벽체 관류열량

공학 단위	$Q = K \cdot A \cdot \Delta T [\text{kcal/h}]$ (여기서, K(열관류율) : kcal/m²h℃)			
SI 단위	$Q = K \cdot A \cdot \Delta T [\text{W}]$ (여기서, K(열관류율) : W/m²·K)			
구분	열관류율	열전도율	벽체 두께	비고(환산식)
공학 단위	kcal/m²h℃	kcal/mh℃	m	1kW = 860kcal/h
SI 단위	W/m²·K	W/m·K	m	1W/m²·K = 0.86kcal/m²h℃

10. 표준방열량

구분	공학 단위(kcal/h)	SI 단위(kW)	비고(환산식)
온수	450	0.523	$450\text{kcal/h} \times \dfrac{4.186\text{kW}}{1\text{kcal}} \times \dfrac{1h}{3600s} = 0.523\text{kW}$
증기	650	0.756	$650\text{kcal/h} \times \dfrac{4.186\text{kW}}{1\text{kcal}} \times \dfrac{1h}{3600s} = 0.756\text{kW}$

단·위·정·리

11. 상당증발량

공학 단위	$G_e = \dfrac{G_s \cdot (h_2 - h_1)}{538.8}$	여기서, 538.8kcal/kg : 100℃ 물 증발잠열
SI 단위	$G_e = \dfrac{G_s \cdot (h_2 - h_1)}{2257}$	여기서, 2,257kJ/kg : 100℃ 물 증발잠열

12. 습공기 엔탈피

공학 단위	$h = C_p \cdot T + x(\gamma + C_v \cdot T) = 0.24 \cdot T + x(597 + 0.44 \cdot T)\,[\mathrm{kcal/kg}]$
SI 단위	$h = C_p \cdot T + x(\gamma + C_v \cdot T) = 1.01 \cdot T + x(2501 + 1.85 \cdot T)\,[\mathrm{kJ/kg}]$

여기서, 공기의 정압비열 $C_p = 0.24\,\mathrm{kcal/kg℃} = 1.01\,\mathrm{kJ/kgK}$
　　　　수증기의 정압비열 $C_v = 0.44\,\mathrm{kcal/kg℃} = 1.85\,\mathrm{kJ/kgK}$
　　　　0℃에서 물의 증발잠열 $\gamma = 597\,\mathrm{kcal/kg} = 2{,}501\,\mathrm{kJ/kg}$

13. 극간풍 부하(풍량 : G=kg/h, Q=m^3/h)

① 공학 단위
　㉠ 현열 : $Q_s = G \cdot C \cdot \Delta T = 0.29 \cdot Q \cdot \Delta T\,[\mathrm{kcal/h}]$
　　　여기서, 0.29 : 단위환산계수($\rho = 1.2\,\mathrm{kg/m^3}$, $C_p = 0.24\,\mathrm{kcal/kg℃}$ 적용)
　　　　환산식 : $1.2 \times 0.24 \fallingdotseq 0.29$

　㉡ 잠열 : $Q_l = \gamma \cdot G \cdot \Delta x = 717 \cdot Q \cdot \Delta x\,[\mathrm{kcal/h}]$
　　　여기서, 717 : 단위환산계수(0℃에서 물의 증발잠열 $\gamma = 597\,\mathrm{kcal/kg}$ 적용)
　　　　환산식 : $1.2 \times 597 \fallingdotseq 717$

② SI 단위
　㉠ 현열 : $Q_s = G \cdot C \cdot \Delta T = 1.01 G \cdot \Delta T = 1.21 Q \cdot \Delta T\,[\mathrm{kJ/h}] = 0.34 \cdot Q \cdot \Delta T\,[\mathrm{W}]$
　　　여기서, 0.34 : 단위환산계수($\rho = 1.2\,\mathrm{kg/m^3}$, $C_p = 1.01\,\mathrm{kJ/kgK}$ 적용)
　　　　환산식 : $1.2 \times 1.01 \times \dfrac{1000\mathrm{W}}{1\mathrm{kW}} \times \dfrac{1h}{3600s} \fallingdotseq 0.34$

　㉡ 잠열 : $Q_l = \gamma \cdot G \cdot \Delta x = 2501 \cdot G \cdot \Delta x\,[\mathrm{kJ/h}] = 834 \cdot Q \cdot \Delta x\,[\mathrm{W}]$
　　　여기서, 834 : 단위환산계수(0℃에서 물의 증발잠열 $\gamma = 2{,}501\,\mathrm{kJ/kg}$ 적용)
　　　　환산식 : $1.2 \times 2{,}501 \times \dfrac{1000\mathrm{W}}{1\mathrm{kW}} \times \dfrac{1h}{3600s} \fallingdotseq 834$

part 01
에너지관리

chapter 01 공기조화 기초

 제1편 에너지관리

1 공기조화의 정의

실내 또는 특정 장소의 공기를 사용목적에 적합하도록 주어진 실내의 **온도, 습도, 환기, 청정도 및 기류** 등을 알맞은 상태로 조절하여 사용 목적에 가장 적합한 상태로 유지하는 것

2 공기조화의 4대 요소

(1) 공기조화의 4대 요소 : 온도, 습도, 청정도, 기류

① 온도(temperature) : 차고 더움의 정도를 나타내는 지표이고, 인간의 쾌적도에 크게 영향을 주는 중요한 인자이다.
② 습도(humidity) : 공기 가운데 수증기가 들어 있는 정도를 말하고, 공기의 습한 상태는 일반적으로 상대습도로 표시한다. 실내 및 실외 조건에 있어서 온도와 더불어 습도의 영향은 크며, 동일 온도조건에서도 습도의 높고 낮음에 따라 인체가 느끼는 감각은 다르다. 실내를 공기 조화하는 경우, 상대습도는 40~50%가 적당하다.
③ 기류(air movement)
 ㉠ 실내 공기의 유동하는 속도
 ㉡ 실내에서는 적당한 공기유동이 필요하며, 기류속도는 난방 시 0.13~0.18m/s, 냉방 시에는 0.10~0.25m/s의 범위가 좋다. 기류속도가 크면 콜드 드래프트(cold draft) 현상이 발생한다.

> **참고**
> **콜드 드래프트(Cold draft)**
> 창 부근의 온도는 실내의 공기온도보다 낮기 때문에 낮은 기온은 바닥부근 아래쪽으로 흘러서 방의 내부 쪽으로 들어오게 된다. 이 차가운 공기가 인체에 도달하면 인체 하부쪽 공기의 온도가 낮아지기 때문에 불쾌감을 느끼게 되는데 이러한 현상을 콜드 드래프트(cold draft)라 한다.

④ 청정도(cleanliness)
  ㉠ 대상으로 하는 공간의 청정한 정도를 말한다.
  ㉡ 일반 건축물의 실내 환경은 인간의 주거와 작업 등에 의한 여러 가지 물질로 오염되어 있고, 사람은 공기오염에 대해 불쾌감을 느끼며 오염이 심하게 되면 작업능률이 저하될 뿐만 아니라 건강을 해치게 된다. 이 오염물질을 허용한도 이하로 유지하기 위해서는 신선한 외기를 공급하여 실내공기를 희석 및 교환시켜줄 필요가 있다.

> **참고**
> **환기(Ventilation)**
> 실내의 공기를 창 밖의 공기와 교환하는 것을 환기라고 하고 주된 목적은 실내에 거주하는 재실자에게 신선한 외기를 공급하고 실내에서 발생하는 오염물질을 효과적으로 제거하는 것이다.

3 공조 대상에 의한 분류

(1) 공조대상에 따른 분류

1) 보건용 공조(쾌감공조)
쾌적한 주거환경을 유지하여 인체의 건강과 위생을 목적으로 하는 공조
[예] 주택, 사무소, 학교, 극장, 상가 등

2) 산업용 공조
작업능률에 의한 생산성 증가와 제품의 품질 향상 및 불량률 감소 등을 목적으로 하는 공조
[예] 전자계산기실, 병원 수술실, 각종 실험실, 정밀기계실, 제약, 반도체 등

(2) 기간에 따른 분류

① 연간공조 : 일년 중 하절기에는 재열 등의 가열부하에 대하여 보일러를 가동하고 동절기에도 남쪽의 일사에 의한 냉방부하에 대하여 냉동기를 운전한다든지 또는 중간기에는 냉방 또는 난방을 온도조절기에 의해 작동시켜서 연간을 통하여 공조하는 것

② 기간공조
  ㉠ 일반적인 경우 에너지 절약을 위하여 여름운전, 겨울운전 등으로 연간을 구분하여 공조하고 중간기에는 원칙적으로 열원기기의 운전없이 외기도입에 의존하는 등 기간별로 운전방법을 바꾸는 방식
  ㉡ 건물의 규모 또는 공조설비의 등급에 따라 다르지만 연간공조에 비하여 에너지 소비량은 연간 30~60% 정도 낮아진다.

4 실내 공기조화의 조건

(1) 실내환경 기준

구분	쾌적용 공조	산업용 공조
대상	사람	제품, 공정
온도	17~28℃	실별온도 ±1~5℃
습도	40~70%	실별습도 ±2~5%
환기	• 외기량 : 24~26m³/h·인 • 환기횟수 : 3~10회/h	• 외기량 : 최소량 • 환기횟수 : 10~500회/h
청정	• 먼지 : 0.15mg/m³ 이하 • CO 함유율 : 10ppm 이하 • CO_2 함유율 : 1000ppm 이하	• 산업용 클린룸 : 먼지 • 바이오 클린룸 : 세균먼지, 미생물
기류	0.5m/s 이하	0.5m/s 이하

1) 클린룸(Clean room)

공기 중 부유분진, 유해가스, 미생물 등의 오염물질을 제어해야 하는 공간으로 분진 입자의 크기에 따라 분진수를 측정하여 청정도를 등급별로 체계화한 공간

① 산업용 클린룸(ICR : Industrial Clean Room) : 공기 중에 떠다니는 먼지, 가스, 미생물 등의 오염물질까지도 제어하는 극소로 만든 설비이다. 청정 대상이 주로 먼지인 경우로 정밀측정실이나 반도체산업, 필름공업 등에서 적용된다.

② 바이오 클린룸(BCR : Bio Clean Room) : 미세먼지 미립자 뿐만 아니라 세균, 곰팡이, 바이러스 등의 생물성 입자에 의한 오염을 제어하며, 병원의 수술실, 제약공장의 특별한 공정, 유전공학 등에 적용된다.

③ 클린룸 청정도 : 공간 내 부유입자 농도에 따른 청정도 클래스에 의해 나타내며, 클린룸의 등급은 Class M1, Class M10, Class M100, Class M1000, Class M10000, Class M10000000으로 표기한다.

> **참고**
> **클래스(Class) - 클린룸 규격**
> ① ISO 규격 : $1m^3$ 공기 중에 포함된 $0.1\mu m$ 이상의 미립자수
> ② 미국 규격 : $1ft^3$ 공기 중에 포함된 $0.5\mu m$ 이상의 미립자수

④ 기류 방식에 따른 클린룸 분류
  ㉠ 비단일 방향류 방식(난류방식)
  ㉡ 수평 단일 방향류 방식(수평 층류)
  ㉢ 수직 단일 방향류 방식(수직 층류)
  ㉣ 혼합류 방식

(2) 실내 온·습도 기준

구 분	일반조건		에너지 절약조건	
	건구온도[℃]	상대습도[%]	건구온도[℃]	상대습도[%]
냉방(여름)	26~28	50	28	55
난방(겨울)	20~22	50	18	35

㈜ 중간기는 여름과 겨울의 중간치로 한다.

5 열환경 평가지표

종류		평가 지표
물리적 지표		건구온도, 상대습도, 기류속도, 복사, 습구온도, 흑구온도
생리적 지표		4시간 후 발한예측지수, 피부젖음률, 열스트레스지수(HSI)
열평형 지표		작용온도, 습작용온도, 표준작용온도, 평균복사온도, 표준신유효온도
주관적 지표	등온감각	유효온도, 신유효온도, 수정유효온도, 등온지표
	쾌적감각	불쾌지수, 예상온열감(PMV), 예상불만족율(PPD)

(1) 유효온도(effective temperature : ET)

① 온도, 습도, 기류를 고려한 온도로서 쾌적의 감각을 나타내는 체감온도이다.
② 정지공기(기류 0.08~0.13m/s), 상대습도 100%일 때를 기준으로 한 쾌감온도이다.
③ 공기조화에서는 유효온도가 실내기후조건의 표준지수로 이용된다.

(2) 수정유효온도(corrected effective temperature : CET)

건구온도 대신에 흑구 내에 온도계를 삽입한 글로브 온도계로 측정한 온도로서 유효온도에 복사열을 고려한 온도이다.

① 유효온도의 3요소 : 온도, 습도, 기류
② 수정유효온도 4요소 : 온도, 습도, 기류, 복사열

(3) 신유효온도(new effective temperature : NET, ET*)

유효온도에 착의상태를 고려한 온도로 실온 25℃, 상대습도 50%, 기류 0.15m/s를 기준으로 한다.

(4) 표준유효온도(standard effective temperature : SET)

① 표준환경조건(기류 0.125m/s, 상대습도 50%, 착의상태 0.6clo 기준)을 고려한 신유효온도를 발전시킨 최신 쾌적지표
② 개인적 요소 : 활동량, 착의량, 나이, 성별
③ 활동량(인체 대사량) : 1met(Metabolic Rate)를 기준
   ㉠ 조용히 앉아 있는 휴식 상태 : 1met=58.2W/m²
   ㉡ 일반 사무 : 1.1~1.3met
④ 착의량 : clo(의복의 열절연성 단위)를 기준
   ㉠ 1clo=0.155m² · ℃/W
   ㉡ 겨울철의 두꺼운 신사복 : 1.0clo, 여름철의 얇은 신사복 : 0.6clo

(5) 작용온도(operative temperature : OT) : 효과온도

실내기류와 습도의 영향을 무시하고, 기온(t_a)과 주위벽의 평균 복사온도(MRT)의 종합효과를 고려하여 체감을 나타낸 온도로 복사냉난방의 평가온도로 사용한다.

$$OT = \frac{MRT + t_r}{2} [℃]$$

여기서, 평균복사온도 : $MRT\,[℃]$
실내온도 : $t_r\,[℃]$

(6) 불쾌지수(discomfort index : DI)

날씨에 따라서 사람이 불쾌감을 느끼는 정도를 기온과 습도를 이용하여 나타내는 수치

① 불쾌지수(DI) = $0.72 \times (t_D + t_W) + 40.6$

여기서, 건구온도 : $t_D[℃]$

습구온도 : $t_W[℃]$

② 불쾌지수는 건구온도, 습구온도, 상대(절대)습도에 의해 결정된다.

③ 불쾌지수에 따른 쾌감상태

불쾌지수(DI)	체감상태
85 이상	매우 견디기 어려운 무더위
80 이하	대부분 불쾌감을 느낌
75 이상	반 정도 불쾌감을 느낌
70 이상	일부 불쾌감을 느낌
70 미만	쾌적함

(7) MRT(Mean Radiant Temp.) : 평균복사온도

복사난방에서 실내 표면의 평균복사온도를 말하고 실용적으로 주위 벽 각 부의 표면온도를 평균한 것을 사용한다. 복사열에 대한 쾌감의 척도로 삼으며 일반적으로 17~21℃이다.

(8) 서한도

인체에 해가 되지 않는 오염물질의 농도. 주로 환기계획 때 실내에서 허용되는 오염도의 한계를 말하고 %나 ppm으로 나타낸다.

(9) 예상온열감(PMV)

① 인간과 주위 환경의 6가지 열환경 요소(기온, 습도, 기류속도, 평균복사온도, 대사량, 착의량)를 측정하여 인체의 열평형에 기초한 쾌적방정식
② 일반적으로 재실자가 쾌적하다고 느끼는 예상온열감은 −0.5~+0.5의 범위이다.

(10) 결로

습공기가 차가운 물체의 표면과 닿으면 공기 중에 함유된 수분이 응축되어 그 표면에 이슬이 맺히는 현상으로 이와 같은 결로현상이 물체의 표면에서 발생하는 것을 표면 결로라 한다.

① 표면 결로의 방지 조건
㉠ 공기와의 접촉면 온도를 항상 노점온도 이상으로 유지한다.
㉡ 유리창 : 공기층이 밀폐된 2중 유리(pair glass)를 사용한다.
㉢ 벽체 : 단열재를 부착하여 벽면의 온도가 노점온도 이상이 되도록 한다.

01 Part

　　ⓔ 실내에서 발생하는 가습량을 억제한다.
　　ⓜ 다습한 외기를 도입하지 않도록 한다.
　　ⓑ 실내 상대습도를 30~40%로 유지한다.
③ 표면 결로 방지 온도

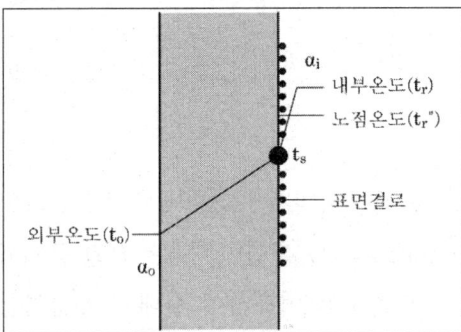

$$t_r'' < t_s = t_r - \frac{K}{\alpha_i}(t_r - t_o)$$

t_r'' : 실내공기의 노점온도[℃]
t_s : 유리면 또는 벽면의 표면온도[℃]
t_r : 실내공기의 온도[℃]
t_o : 실외공기의 온도[℃]
K : 유리 또는 벽체 열관류율[W/m²·K]
α_i : 유리 또는 벽체 내표면 열전달률[W/m²·K]

6 공기조화의 4대 장치

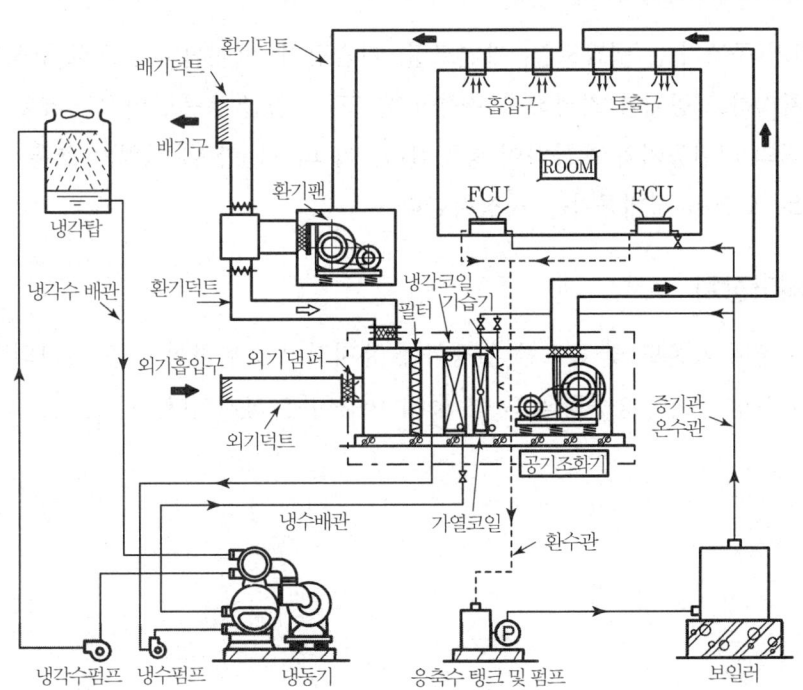

[공조설비 계통도]

(1) 열원장치

공기 가열 및 냉각을 위한 열원을 만드는 장치로 보일러, 냉동기, 냉온수기, 냉각탑 등의 열원기기와 이 장치들의 운전을 위해 필요한 펌프, 냉각탑, 오일탱크 등 각종 기기로 구성된다.

(2) 열운반장치

① 송풍기 및 덕트
  공기조화기에 설치되어 있는 송풍기(fan)를 작동시켜서, 실내 흡입구로부터의 환기(return air)와 외기 도입구로부터의 외기(out air)를 흡입한 후, 조정된 공기를 덕트(duct)를 통하여 천장이나 벽 등에 설치한 토출구를 이용하여 실내에 공급하는 장치
② 펌프 및 배관
  펌프 및 배관 열원장치로부터 공기조화기로의 열운반은 펌프의 힘으로 배관을 통하여 운반

(3) 공기조화기

공기조화기(공조기)는 냉각코일, 가열코일, 가습장치, 에어필터 등으로 구성되며 실내의 열부하를 처리하고 공기를 청정하게 유지한다. 또한, 공급 송풍량의 25~35%의 외기를 도입하여 실내의 리턴공기와 혼합하여 송풍한다. 이 외기는 실내 인원의 호흡, 냄새나 담배 연기 등으로 오염된 실내공기를 청정화한다.

(4) 자동제어장치

목적하는 실내의 온도 및 습도를 일정하게 유지시키기 위하여 각종 기기의 운전, 정지, 냉·온수의 유량 조정, 송풍량의 조정 등에 이용하는 장치이다.

chapter 02 공기의 성질 및 공기선도

1 공기(Air)

지구를 둘러싼 대기 하층을 구성하는 무색 투명한 기체로, 공기는 대략 78%의 질소, 21%의 산소, 1%의 이산화탄소, 그리고 비활성 기체, 수증기로 이루어져 있다.

(1) 표준상태(0℃, 760mmHg)에서의 공기 성분

성 분	질 소(N_2)	산 소(O_2)	아르곤(Ar)	탄산가스(CO_2)
용적조성(%)	78.09	20.95	0.93	0.03
중량조성(%)	75.53	23.14	1.28	0.05

위의 성분 이외에 Ne, He 등이 존재하나 극히 미미한 수준이다.

(2) 공기의 분류

① 건조공기(dry air)

수분을 전혀 함유하지 않은 상태의 공기로 공기조화 계산상 이론적으로 생각한 것으로 자연에 존재하지 않는다.

㉠ 조성비[%] : 질소(78%), 산소(21%), 기타(1%)

㉡ 기체상수 : $R = 0.287\,\text{kJ/kgK} = 29.27\,\text{kg}\cdot\text{m/kgK}$

㉢ 비중량 : $\gamma = 1.2\,\text{kgf/m}^3$ (20℃일 때)

㉣ 비체적 : $v = 0.83\,\text{m}^3/\text{kg}$ (20℃일 때)

㉤ 정압비열 : $C_P = 1.01\,\text{kJ/kgK} = 0.24\,\text{kcal/kg℃}$

2 습공기(moist air)

건공기에 수분이 혼합된 공기

(1) 습공기의 구성

구 분	건조공기	수증기	습공기=건공기+수증기
중 량[kg]	1kg	x kg	$1+x$
압력[mmHg]	P_a	P_w	$P = P_a + P_w$
체적[m³]	V_a	V_w	$V = V_a + V_w$

(2) 수증기의 물성치

① 기체상수 : $R = 0.462 \text{kJ/kgK} = 47.06 \text{kg} \cdot \text{m/kgK}$

② 수증기의 정압비열 : $C_P = 1.85 \text{kJ/kgK} = 0.441 \text{kcal/kg℃}$

③ 0℃ 수증기의 증발잠열 : $\gamma_w = 2,501 \text{kJ/kg} = 597.5 \text{kcal/kg}$

④ 100℃ 수증기의 증발잠열 : $\gamma_w = 2,257 \text{kJ/kg} = 539 \text{kcal/kg}$

(3) 습공기의 상태를 나타내는 요소

① 건구온도(Dry Bulb Temperature : DB, t, ℃)
   일반적인 온도계로 측정한 온도로, 공기의 습기를 알 수 없고, 인간이 느끼는 쾌적의 판단이 어렵다.

② 습구온도(Wet Bulb Temperature : WB, t', ℃)
   ㉠ 온도계의 감열부를 천으로 감싼 다음 모세관 현상으로 물을 빨아올려 감열부가 젖은 상태에서 측정한 온도
   ㉡ 상대습도 100%인 포화공기에서는 증발이 일어나지 않아 습구온도는 건구온도와 같은 값이 된다.

③ 노점온도(Dew Point Temperature : DP, t'', ℃)
   습공기의 온도를 낮게 하여 어떤 온도에 이르면 포화상태가 되고 더욱 냉각시키면

수증기의 일부가 응축하여 이슬이 맺히게 될 때의 온도
  ㉠ 포화공기(saturated air)
    습공기 중에 더 이상 수증기를 포함시킬 수 없을 때의 공기(상대습도 100%)
  ㉡ 불포화공기(unsaturated air)
    포화점에 도달하지 못한 습공기를 말하며 지구상에서 실제로 존재하는 공기
  ㉢ 무입공기(fogged air)
    포화수증기 이상의 수분을 함유하여 미세한 물방울(안개)로 존재하는 공기
④ 절대습도(specific humidity : SH, x, kg/kg′)
  ㉠ 어떤 습공기 중 건공기 1kg 중에 포함된 수증기 중량
    습공기에 함유되어 있는 수증기의 중량을 건조공기의 중량으로 나눈 값
  ㉡ 기온이 높은 여름철에는 절대습도가 높고, 기온이 낮은 겨울철에는 낮다.
  ㉢ 절대습도는 온도를 냉각하거나 가열하여도 변화가 없다.
  ㉣ 절대습도를 낮추려면 코일을 통과하는 공기를 노점온도 이하로 냉각하여 감습해야만 한다.

$$x = 0.622 \times \frac{P_w}{P - P_w} = 0.622 \times \frac{\phi P_s}{P - \phi P_s}$$

    여기서, P : 대기압, P_w : 수증기 분압, P_s : 포화공기의 분압, ϕ : 상대습도
⑤ 상대습도(relative humidity : RH, ϕ, %)
  ㉠ 습공기가 함유하고 있는 습도의 정도
    습공기의 수증기 분압(P_w)과 동일 온도에 있어서 포화공기의 수증기 분압(P_s)과의 비를 백분율로 나타낸 것
  ㉡ 상대습도 $\phi = \dfrac{\gamma_w}{\gamma_s} \times 100 [\%] = \dfrac{P_w}{P_s} \times 100 [\%]$

    여기서, 수증기의 비중량 : γ_w, 포화공기의 비중량 : γ_s
        수증기의 분압 : P_w, 포화공기의 분압 : P_s

① $P_w = P_s$: 포화공기(상대습도 100%)
② $P_w < P_s$: 불포화공기
③ $P_w = 0$: 건조공기

⑥ 포화도(ϕ, %)

　㉠ 습공기의 절대습도와 동일 온도에 있어서 포화공기의 절대습도 비

　㉡ 포화도(비교습도) $\phi = \dfrac{x_w}{x_s} \times 100[\%]$

　　　여기서, 습공기의 절대습도 : $x_w[\text{kg/kg}']$
　　　　　　포화공기의 절대습도 : $x_s[\text{kg/kg}']$

⑦ 비체적(specific volume : v, m^3/kg)

　건조공기 1kg당의 습공기 중의 수증기를 포함한 체적

⑧ 엔탈피(enthalpy : i, h, kJ/kg)

　㉠ 단위중량의 습공기가 갖는 열량의 총합을 말하며 건구온도 0℃, 절대습도 0kg/kg' 상태에서의 공기의 엔탈피는 0(kJ/kg)이다.

　㉡ 엔탈피의 계산

구 분	엔탈피(kJ/kg)
건공기	$h_a = C_p t = 1.01t$
수증기	$h_w = (\gamma_w + C_w t)x = (2501 + 1.85t)x$
습공기	$h = h_a + h_w = C_p \cdot t + (\gamma_w + C_w \cdot t)x = 1.01t + (2501 + 1.85t)x$

　　　여기서, 건조공기의 비열 : $C_p = 1.01 \text{kJ/kgK}$
　　　　　　수증기의 비열 : $C_w = 1.85 \text{kJ/kgK}$
　　　　　　공기의 건구온도 : $t[℃]$, 절대습도 : $x[\text{kg/kg}']$
　　　　　　0℃ 물(수증기)의 증발잠열 : $\gamma_w = 2{,}501 \text{kJ/kg}$

⑨ 현열비(sensible heat factor : SHF)

　전열량에 대한 현열량의 비로, 실내로 송출되는 공기의 온습도 결정에 사용된다.

$$\text{SHF} = \dfrac{\text{현열}}{\text{전열}} = \dfrac{\text{현열}}{\text{현열}(q_s) + \text{잠열}(q_l)}$$

> **참고 ─ 현열과 잠열**
> ① 현열(감열) : 물질의 상태 변화 없이 온도변화에만 필요한 열
> ② 잠열 : 물질의 온도 변화 없이 상태변화에만 필요한 열

⑩ 열평형, 물질평형, 열수분비

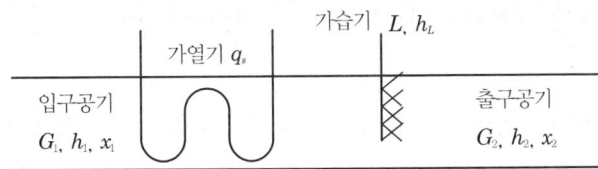

여기서, 입·출구 공기량 : $G = G_1 = G_2$[kg/h]
입·출구 공기의 엔탈피 : h_1, h_2[kJ/kg]
입·출구 공기의 절대습도 : x_1, x_2[kg/kg']
가열기의 가열량 : q_s[kJ/h]
가습기의 수분량 : L[kg/h]
수분의 엔탈피 : h_L[kJ/kg]

㉠ 열평형(에너지보존의 법칙)

$$Gh_1 + q_s + Lh_L = Gh_2 \qquad \therefore h_2 - h_1 = \frac{q_s + Lh_L}{G}$$

㉡ 수분에 대한 물질평형(질량보존의 법칙)

$$Gx_1 + L = Gx_2 \qquad \therefore x_2 - x_1 = \frac{L}{G}(\text{수공기비})$$

㉢ 열수분비(U)

수분량(절대습도)의 변화에 따른 전열량의 비. 이는 실내 가습 시 가습 후의 실내 공기 취출점을 구하는 기준 기울기가 된다.

$$U = \frac{dh}{dx} = \frac{h_2 - h_1}{x_2 - x_1} = \frac{\frac{q_s + Lh_L}{G}}{\frac{L}{G}} = \frac{q_s}{L} + h_L$$

> **참고** 열수분비(μ)와 현열비(SHF)와의 관계식
>
> $$\mu = \frac{1}{\text{SHF}} \cdot \frac{q_S}{L}$$

3 습공기선도(psychrometric chart)

공기의 상태를 표시한 그림(다음 페이지 그림 참고)으로 습공기 중의 수증기 분압, 절대습도, 상대습도, 건구온도, 습구온도, 노점온도, 비체적, 엔탈피 등의 각 상태값을 하나의 선도에 나타낸 것

(1) 습공기선도의 분류

① 엔탈피-절대습도 선도($h-x$ 선도)

  엔탈피와 절대습도를 좌표축으로 하는 선도로 일반적으로 사용된다.

② 온도-절대습도 선도($t-x$ 선도)

  건구온도와 절대습도를 좌표로 하는 선도

③ 온도-엔탈피 선도($t-h$ 선도)

  건구온도와 엔탈피를 사용하는 선도

(2) 습공기선도의 구성 요소

① 습공기선도에서의 각 상태점

구 분	기호	단위	구 분	기호	단위
건구온도	DB, t	℃	수증기분압	P	mmHg
습구온도	WB, t'	℃	상대습도	ϕ	%
노점온도	DP, t''	℃	엔탈피	h, i	kJ/kg
절대습도	x	kg/kg′	비체적	v	m³/kg

(3) 습공기선도

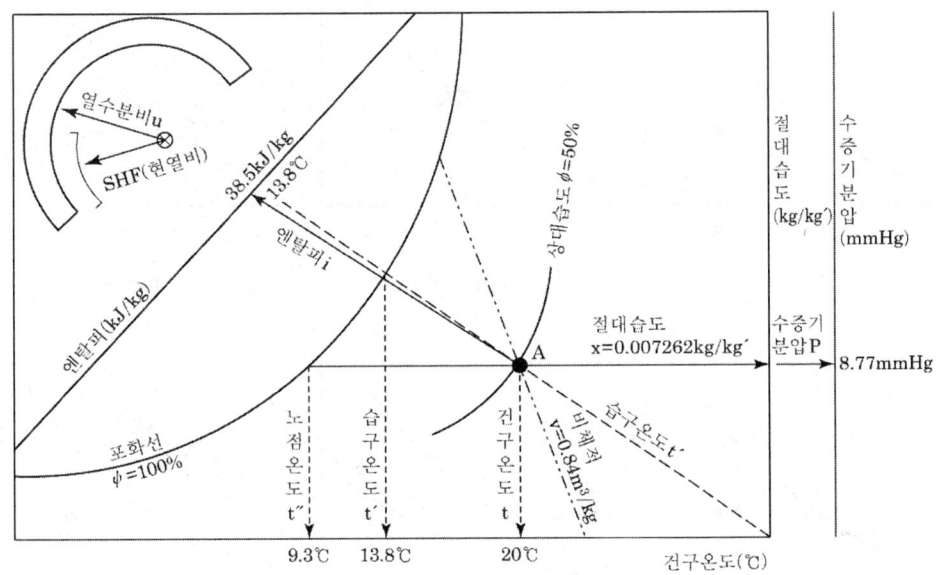

건구온도 $t=20℃$와 상대습도 $\phi=50\%$가 주어졌을 때

① 횡축의 건구온도 $t=20℃$점에서 수직선을 긋고 상대습도 $\phi=50\%$ 선과의 교점 (A)를 구한다.
② 절대습도 x는 교점 (A)에서 횡축과 평행하게 우측방향으로 평행선을 그어 절대습도 $x=0.007262\text{kg/kg}'$를 읽는다.
③ 절대습도와 평행하게 우측방향으로 평행선을 그어 수증기분압 $P_\omega=8.77\text{mmHg}$를 읽는다.
④ 노점온도 t''는 교점 (A)에서 좌측으로 횡축과 평행하게 연장시켜 상대습도 100%의 교점 (B)에서 수직선을 아래로 내리면 노점온도 $t''=9.27℃$를 읽는다.
⑤ 엔탈피 h는 좌측 상단의 엔탈피값을 표시하는 경사선과 교점 (A)를 지나는 엔탈피선을 연장시켜 좌측 상단의 엔탈피 $h=38.5\text{kJ/kg}$를 읽는다.
⑥ 비체적 v는 좌측 상단에서 우측 하단으로 내리는 일점쇄선으로 표시하며 비체적 $v=0.84\text{m}^3/\text{kg}$을 읽는다.

(4) 습공기선도 읽는 법

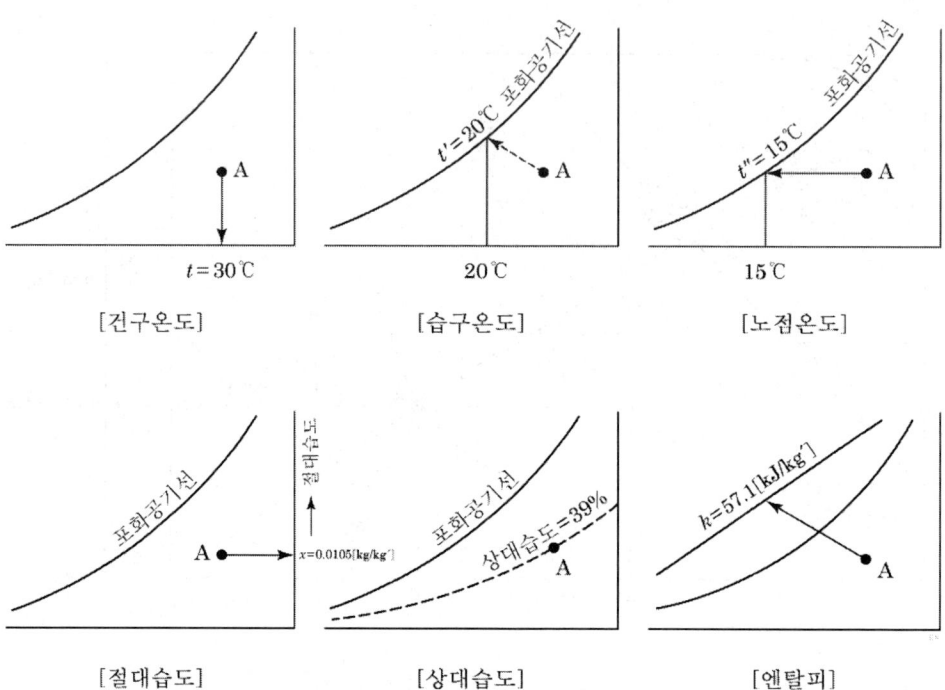

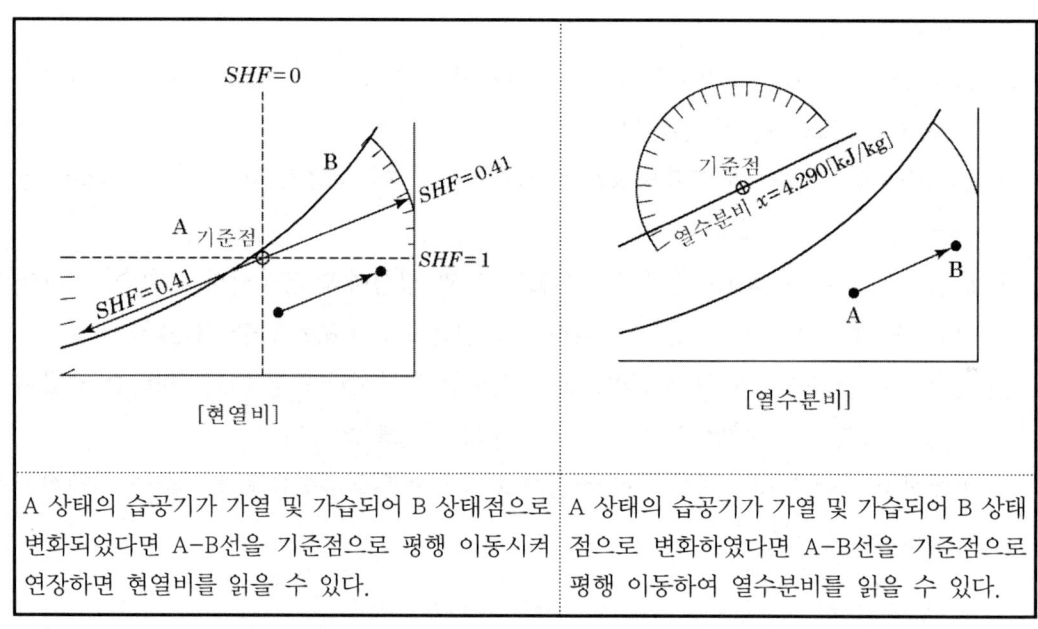

| A 상태의 습공기가 가열 및 가습되어 B 상태점으로 변화되었다면 A-B선을 기준점으로 평행 이동시켜 연장하면 현열비를 읽을 수 있다. | A 상태의 습공기가 가열 및 가습되어 B 상태점으로 변화하였다면 A-B선을 기준점으로 평행 이동하여 열수분비를 읽을 수 있다. |

> **예제** 공기의 온도 26℃, 상대습도 50%일 때 습공기 선도를 이용하여 엔탈피, 절대습도 습구온도, 노점온도, 비체적을 구하시오.
>
> [해설] 그림과 같이 습공기선도상에서 상태점을 찾으면 된다.
>
> $h = 12.6\text{kJ/kg}$
> $x = 0.0105\text{kg/kg}'$
> $t' = 18.71℃$
> $t'' = 14.7℃$
> $v = 0.862\text{m}^3/\text{kg}$

(5) 공기의 상태변화

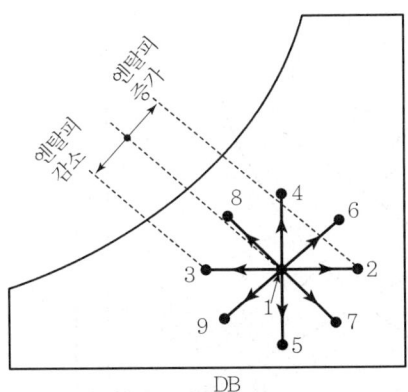

1-2 : 가열(현열)
1-3 : 냉각(현열)
1-4 : 가습(등온)
1-5 : 감습, 제습(등온)
1-6 : 가열가습
1-8 : 냉각가습(단열가습)
1-9 : 냉각감습(냉각제습)
1-7 : 가열감습

상태	건구온도	상대습도	절대습도	엔탈피
가열(1 → 2)	상승	감소	일정	증가
냉각(1 → 3)	감소	증가	일정	감소
가습(1 → 4)	일정	증가	증가	증가
감습(1 → 5)	일정	감소	감소	감소

① 가열과 냉각, 가습과 감습

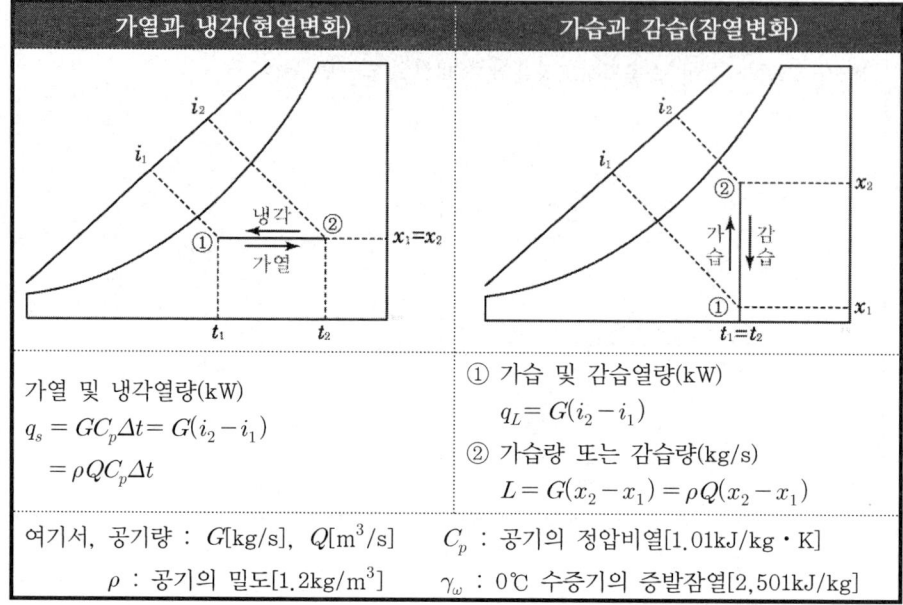

② 가습방식에 따른 공기의 상태변화

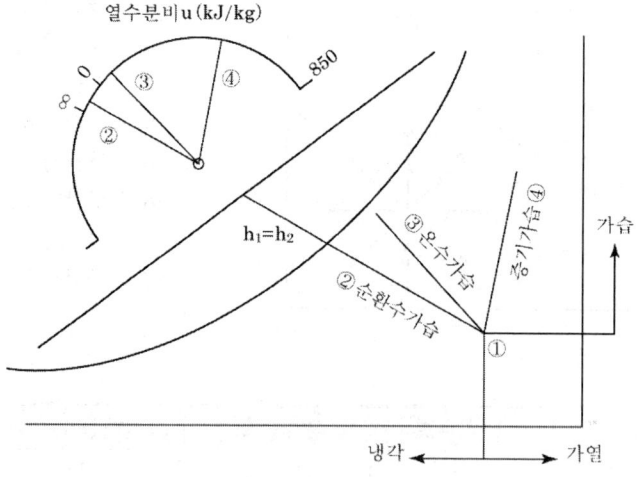

㉠ 순환수 분무가습(단열가습, 세정) : 등엔탈피선을 따라 변화
㉡ 온수 분무가습 : 열수분비선을 따라 변화
㉢ 증기가습 : 가습효율이 가장 좋으며 열수분비선을 따라 변화

③ 공기의 혼합(외기와 실내공기(환기))

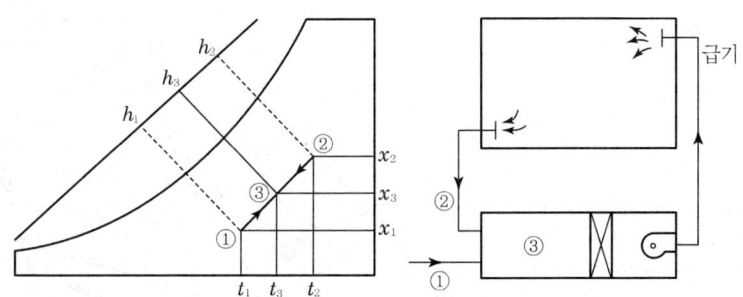

㉠ 혼합온도 $t_3 = \dfrac{G_1 t_1 + G_2 t_2}{G_1 + G_2}$ [℃]

㉡ 혼합엔탈피 $i_3 = \dfrac{G_1 i_1 + G_2 i_2}{G_1 + G_2}$ [kJ/kg]

㉢ 혼합절대습도 $x_3 = \dfrac{G_1 x_1 + G_2 x_2}{G_1 + G_2}$ [kg/kg']

여기서, 외기공기량 : G_1[kg/s]　　　환기공기량 : G_2[kg/s]
　　　　외기온도 : t_1[℃]　　　　　　환기온도 : t_2[℃]
　　　　외기절대습도 : x_1[kg/kg']　　환기절대습도 : x_2[kg/kg']
　　　　외기 엔탈피 : i_1[kJ/kg]　　　환기 엔탈피 : i_2[kJ/kg]

④ 가열·가습 및 냉각·감습

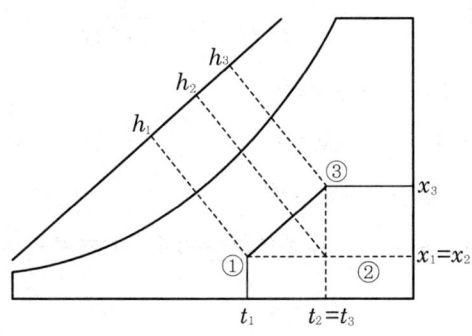

㉠ 전열량(kW) : $q_t = q_S + q_L = G[(i_2 - i_1) + (i_3 - i_2)] = G(i_3 - i_1) = \rho Q(i_3 - i_1)$

㉡ 가습 및 감습량(kg/s) : $L = G(x_3 - x_2) = \rho Q(x_3 - x_2)$

⑤ 혼합, 냉각 재열과정 : 여름(냉방)

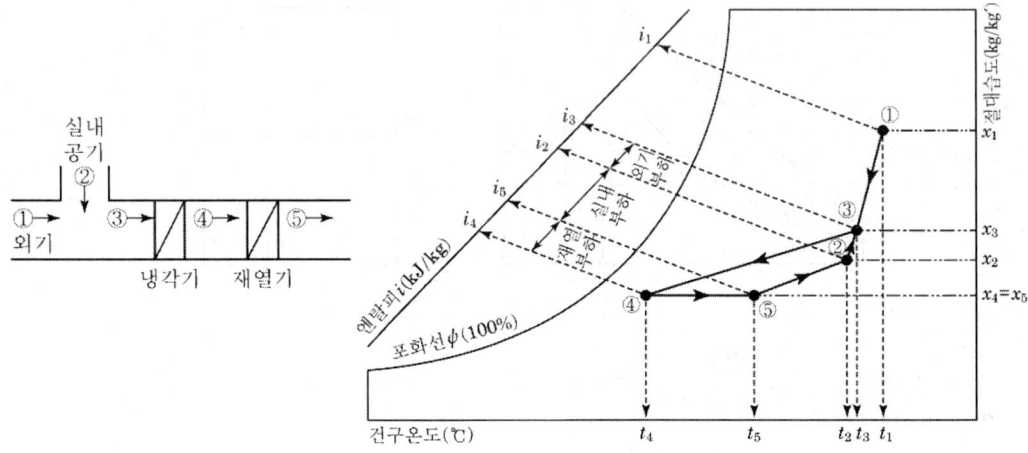

㉠ 냉각열량

$$q_c = 외기부하 + 실내취득부하 + 재열기부하$$
$$= G(i_3 - i_2) + G(i_2 - i_5) + G(i_5 - i_4)$$
$$= G(i_3 - i_4)[\text{kW}]$$

㉡ 감습량 $L = G(x_3 - x_4)[\text{kg/s}]$

㉢ 송풍량 $G = \dfrac{q_s}{C_p(t_2 - t_5)}[\text{kg/s}], \quad Q = \dfrac{q_s}{\rho C_p(t_2 - t_5)}[\text{m}^3/\text{s}]$

㉣ 공조기 취출온도 $t_5 = t_2 - \dfrac{q_s}{C_p G} = t_2 - \dfrac{q_s}{\rho C_p Q}$

㉤ 외기부하 $q_o = G(i_3 - i_2)[\text{kW}]$

㉥ 실내부하 $q_r = (i_2 - i_5)[\text{kW}]$

㉦ 재열부하 $q_{rhc} = G(i_5 - i_4)[\text{kW}]$

㉧ 냉동기용량 $R = q_c \times 1.15[\text{kW}]$(배관부하+펌프부하+여유율 15% 고려)

⑥ 혼합, 가열 가습과정 : 겨울(난방)

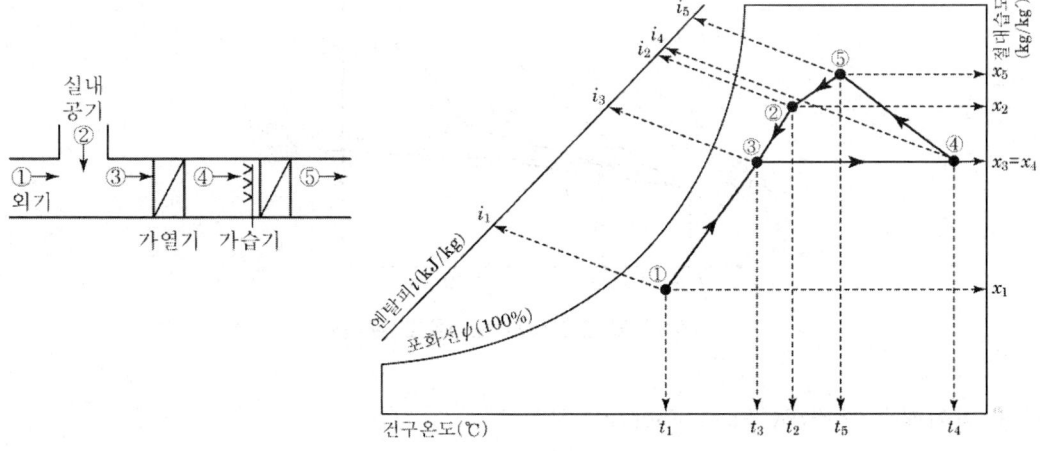

㉠ 가열기의 가열량 $q_h = G(i_4 - i_3)$[kW]

㉡ 가습에 의한 공기의 가열량 $q_s = G(i_5 - i_4)$[kW]

㉢ 전열량 $q_t = q_h + q_s = G(i_5 - i_3)$[kW]

㉣ 가습량 $L = G(x_5 - x_4)$[kg/s]

㉤ 송풍량 $G = \dfrac{q_s}{C_p(t_5 - t_2)}$[kg/s], $Q = \dfrac{q_s}{\rho C_p(t_5 - t_2)}$[m³/s]

㉥ 외기부하 $q_o = G(i_2 - i_3)$[kW]

㉦ 실내부하 $q_r = G(i_5 - i_2)$[kW]

㉧ 보일러용량 $q_B = q_h \times 1.15$[kW](배관부하+펌프부하+여유율 15% 고려)

⑦ 실내장치의 노점온도(apparatus dew point temperature : ADP)

여름철 실내 상대습도를 유지하기 위하여 감습해야 할 상태의 온도

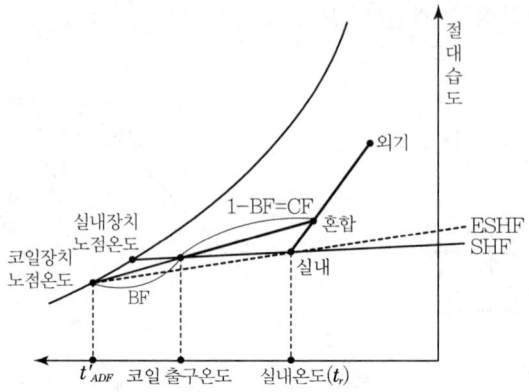

[실내 및 코일장치 노점온도 표시]

⑧ 바이패스 팩터(By Pass Factor : BF)

가열 또는 냉각코일을 접촉하지 않고 그대로 통과하는 공기의 비율로 BF가 작을수록 성능이 우수하다.

⑨ 콘택트 팩터(Contact Factor : CF)

가열 또는 냉각코일을 완전히 접촉하여 통과한 공기의 비율

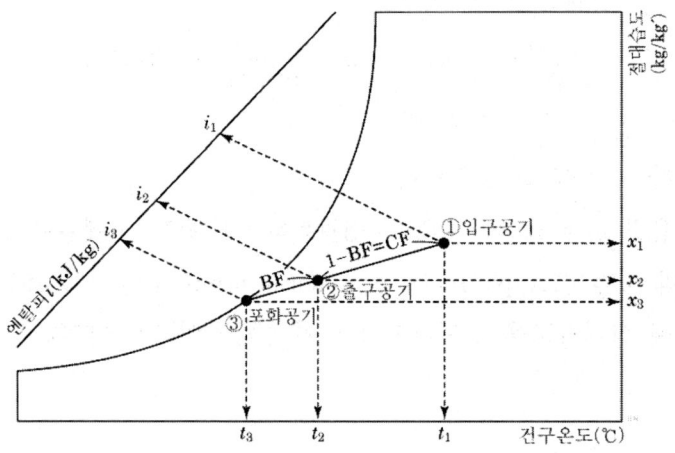

$1 - BF = CF$

$$BF = \frac{t_2 - t_3}{t_1 - t_3} = \frac{i_2 - i_3}{i_1 - i_3} = \frac{x_2 - x_3}{x_1 - x_3}, \quad CF = \frac{t_1 - t_2}{t_1 - t_3} = \frac{i_1 - i_2}{i_1 - i_3} = \frac{x_1 - x_2}{x_1 - x_3}$$

> ※ 바이패스 팩터를 작게 하는 방법(공조기의 성능을 양호하게 하는 방법)
> ① 실내의 장치노점온도(ADP)를 높게 한다.
> ② 송풍량을 적게 한다.
> ③ 냉수량을 많게 한다.
> ④ 전열면적을 크게 한다.
>   ㉠ 코일의 열수를 많게 한다.
>   ㉡ 코일의 간격을 좁게 한다.
> ⑤ 콘택트 팩터를 크게 한다.

4 실제 공조과정

(1) 혼합 가열

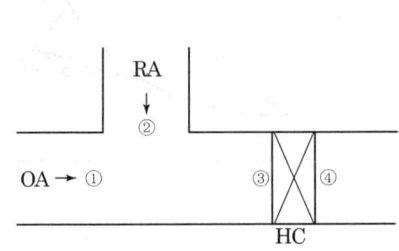
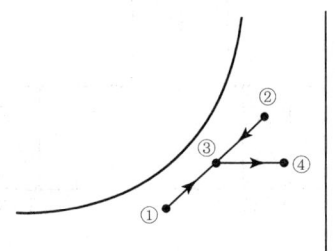

(2) 혼합 → 예열 → 세정 → 재열

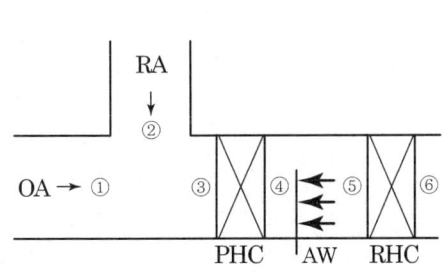
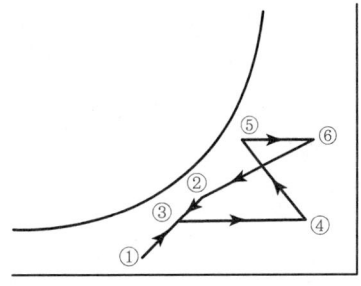

(3) 외기 예열 → 혼합 → 세정 → 재열

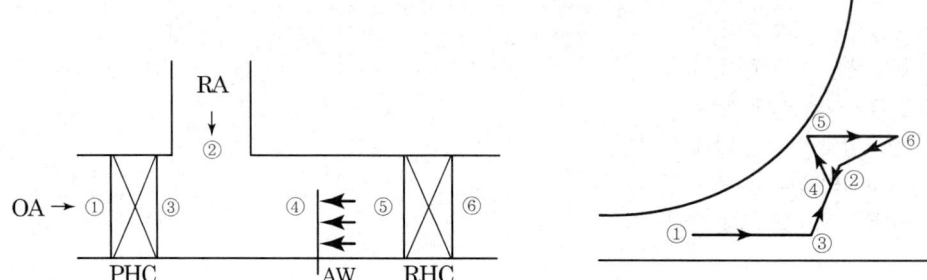

(4) 외기 예냉 → 혼합 → 냉각

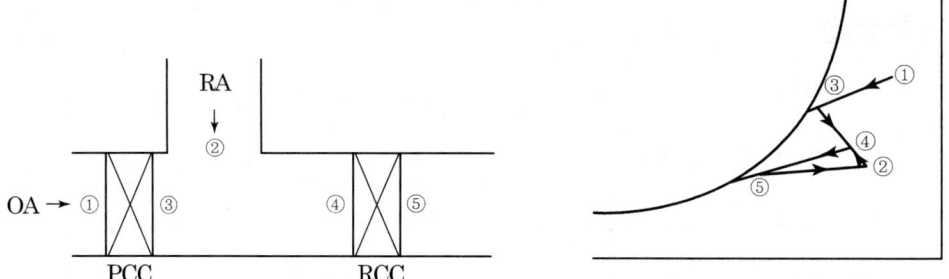

chapter 02 출·제·예·상·문·제

01. 인위적으로 실내 또는 일정한 공간의 공기를 사용 목적에 적합하도록 공기조화하는데 있어서 고려하지 않아도 되는 것은?
① 온도   ② 습도
③ 색도   ④ 기류

▶ 공기조화
실내 또는 특정 장소의 공기를 사용 목적에 적합하도록 주어진 실내의 온도, 습도, 환기, 청정도 및 기류 등을 알맞은 상태로 조절하여 사용 목적에 가장 적합한 상태로 유지하는 것

02. 공기조화에 대한 설명 중 맞지 않는 것은?
① 공기조화란 온도, 습도, 청정도 및 공기의 유동상태를 동시에 조정하는 것을 말한다.
② 겨울철의 공기조화에 있어서 실내조건은 24℃, 60% 정도가 일반적인 값이다.
③ 전자계산실의 공기조화는 산업공조라고 할 수 있다.
④ 극장의 공기조화는 쾌적공조라고 간주된다.

▶ ② 겨울철의 공기조화에 있어서 실내조건은 20~22℃, 50% 정도가 일반적인 값이다.

03. 다음 중 공기조화에 있어서 실내(사무실) 조건으로 적당한 것은?
① 여름 : 26℃, 20% 겨울 : 26℃, 50%
② 여름 : 22℃, 50% 겨울 : 25℃, 20%
③ 여름 : 26℃, 50% 겨울 : 22℃, 50%
④ 여름 : 22℃, 20% 겨울 : 24℃, 50%

▶ 실내 환경기준

구분	일반조건		에너지 절약조건	
	건구온도(℃)	상대습도(%)	건구온도(℃)	상대습도(%)
냉방(여름)	26~28	50	28	55
난방(겨울)	20~22	50	18	35

04. 인체의 열감각에 영향을 미치는 요소로서 인체주변, 즉 환경적 요소에 해당하는 것은?
① 온도, 습도, 복사열, 기류속도
② 온도, 습도, 청정도, 기류속도
③ 온도, 습도, 기압, 복사열
④ 온도, 청정도, 복사열, 기류속도

▶ 인체 주위의 열적 환경 요소는 크게 물리적 변수와 개인적 변수로 구분할 수 있다.
① 인체에 영향을 미치는 열적 쾌적감의 물리적 변수 : 온도, 습도, 기류, 주벽의 복사열 등(객관적 변수)
② 인체에 영향을 미치는 열적 쾌적감의 개인적 변수 : 착의량(clo), 활동량, 나이, 성별 등(주관적 변수)

05. 산업용 공기조화의 주요 목적이 아닌 것은?
① 제품의 품질을 보존하기 위하여
② 보관중인 제품의 변형을 방지하기 위하여
③ 생산성 향상을 위하여
④ 작업자의 근로시간을 개선하기 위하여

▶ ④는 보건용 공조(쾌감공조)에 해당한다.

Answer 01. ③ 02. ② 03. ③ 04. ① 05. ④

06. 다음 중 산업용 공기조화의 범위라고 볼 수 없는 것은?

① 필름 저장실의 공조
② 맥주 발효실의 공조
③ 초콜릿 포장실의 공조
④ 업무용 사무실의 공조

> ① 보건용 공조(쾌감공조) : 쾌적한 주거환경을 유지하여 인체의 건강과 위생을 목적으로 하는 공조
> [예] 주택, 사무실, 학교, 극장, 상가 등
> ② 산업용 공조 : 작업능률에 의한 생산성 증가와 제품의 품질을 향상 및 불량률의 감소 등의 목적으로 하는 공조
> [예] 전자계산기실, 병원 수술실, 각종 실험실, 정밀기계실, 제약, 반도체 등

07. 다음의 산업용 공기조화에서 상대습도가 가장 낮은 분야는 어느 것인가?

① 담배 원료 가공실
② 렌즈 연마실
③ 전기정류기실
④ 도장분무실

> 상대습도
> ① 렌즈 연마실 : 80%
> ② 빵 발효 식품 공장 : 75%
> ③ 담배 원료 가공 공장 : 75%
> ④ 반도체 공장 : 40~45%

08. 공기조화 분류에 대한 설명으로 맞지 않는 것은?

① 공기조화는 대상에 따라 보건용 공조와 산업용 공조로 분류된다.
② 보건용 공조에는 사무실, 오락실, 전산실, 측정실 등이 해당된다.
③ 산업용 공조에는 창고, 공장 등이 해당된다.
④ 보건용 공조는 실내 거주자의 쾌적성을 목적으로 한다.

> 전산실 및 측정실은 산업용 공조에 해당된다.
> [참고] 보건용 공조(쾌감공조)
> 쾌적한 주거환경을 유지하여 인체의 건강과 위생을 목적으로 하는 공조
> [예] 주택, 사무소, 학교, 극장, 상가 등

09. 다음 중 병원 수술실의 공기조화 시 가장 중요시해야 할 사항은?

① 온도, 압력조건
② 공기의 청정도
③ 기류속도
④ 소음

> 병원수술실의 공기조화 시 세균 감염, 전염을 방지하는 고도의 공기 청정 장치가 필요하기 때문에 공기의 청정도가 가장 중요하게 고려해야 할 사항이다.

10. 유효온도(Effective Temperature)의 3요소는?

① 밀도, 온도, 비열
② 온도, 기류, 밀도
③ 온도, 습도, 비열
④ 온도, 습도, 기류

> 유효온도(effective temperature : ET)
> ① 온도, 습도, 기류를 고려한 온도로서 쾌적의 감각을 나타내는 체감온도
> ② 기류 0m/sec, 상대습도 100%일 때를 기준한 쾌감온도이다.

11. 유효온도(effective temperature)에 대한 설명으로 옳은 것은?

① 온도, 습도를 하나로 조합한 상태의 측정온도이다.

06. ④ 07. ③ 08. ② 09. ② 10. ④ 11. ③

② 각기 다른 실내온도에서 습도에 따라 실내 환경을 평가하는 척도로 사용된다.
③ 인체가 느끼는 쾌적온도로서 바람이 없는 정지된 상태에서 상대습도가 100%인 포화상태의 공기 온도를 나타낸다.
④ 유효온도 선도는 복사영향을 무시하여 건구온도 대신에 글로브 온도계의 온도를 사용한다.

👉 10번 해설 참고

12. 다음 온열환경지표 중 복사의 영향을 고려하지 않는 것은?

① 유효온도(ET)
② 수정유효온도(CET)
③ 예상온열감(PMV)
④ 작용온도(OT)

👉 **유효온도(ET)**
온도, 습도, 기류를 고려한 온도로서 쾌적의 감각을 나타내는 체감온도로 기류 0m/s, 상대습도 100%일 때를 기준한 쾌감온도이다. 공기조화에서는 유효온도가 실내 기후 조건의 표준지수로 이용된다.
[참고]
② 수정유효온도(CET) : 건구온도 대신에 흑구 내에 온도계를 삽입한 글로브 온도계로 측정한 온도로써 유효온도에 복사열을 고려한 온도
③ 예상온열감(PMV) : 인간과 주위 환경의 6가지 열환경 요소들(기온, 습도, 기류속도, 평균복사온도, 대사량, 착의량)을 측정하여 인체의 열평형에 기초한 쾌적 방정식으로 일반적으로 재실자가 쾌적하다고 느끼는 예상온열감은 -0.5~+0.5의 범위이다.
④ 작용온도(OT) : 기온, 기류, 주위면의 온도를 종합한 인체의 체감도를 나타내는 척도로 복사냉난방의 평가온도로 사용한다.

13. 대류 및 복사에 의한 열전달률에 의해 기온과 평균복사온도를 가중평균한 값으로 복사난방 공간의 열환경을 평가하기 위한 지표로서 가장 적당한 것은?

① 작용온도(operative temperature)
② 건구온도(dry-bulb temperature)
③ 카타냉각력(Kata cooling power)
④ 불쾌지수(discomfort index)

👉 **작용온도(operative temperature : OT)**
기온, 기류, 주위면의 온도를 종합한 인체의 체감도를 나타내는 척도
① 복사냉난방의 평가온도로 사용한다.
② $OT = \dfrac{MRT + t_r}{2}\,[℃]$
  여기서, 평균복사온도 : MRT[℃]
       실내온도 : t_r[℃]
[참고]
② 건구온도 : 일반적인 온도계로 측정한 온도로, 공기의 습기를 알 수 없고, 인간이 느끼는 쾌적의 판단이 어렵다.
③ 카타냉각력 : 환경의 열적 성질을 나타내는 지표의 하나로 공기의 냉각력을 측정하여 공기의 쾌적도를 측정하는 데 사용된다.
④ 불쾌지수 : 날씨에 따라서 사람이 불쾌감을 느끼는 정도를 기온과 습도를 이용하여 나타내는 수치

14. 조용히 앉아 있는 성인남자의 신체표면적 $1m^2$에서 1시간 동안에 발산하는 평균열량으로 대사량을 나타내는 단위는?

① clo   ② MRT
③ MET   ④ CET

👉 ① clo : 의복의 열절연성
② MRT : 평균복사온도
③ MET : 인체활동대사량
④ CET : 수정유효온도

Answer 12. ① 13. ① 14. ③

15. 공조설비 구성장치 중 공기분배(운반)장치에 해당하는 것은?
① 냉각코일 및 필터
② 냉동기 및 보일러
③ 제습기 및 가습기
④ 송풍기 및 덕트

☞ ① 공기분배(운반) 장치 : 송풍기 및 덕트
② 공기조화기 : 냉각코일, 가열코일, 가습 및 감습장치, 에어필터 등
③ 열원장치 : 냉동기, 보일러, 히트펌프, 흡수식 냉온수기 등

16. 공기조화 설비를 구성하는 열운반장치로서, 공조기에 직접 연결되어 사용하는 펌프로 거리가 가장 먼 것은?
① 냉각수 펌프
② 냉수 순환펌프
③ 온수 순환펌프
④ 응축수(진공) 펌프

☞ 냉각수 펌프
냉동기와 냉각탑 사이에 설치하는 펌프로 냉각수는 냉각탑 수조에서 펌프에 흡입·가압되어 냉동기(응축기)를 거쳐 냉각탑으로 순환된다.

17. 다음 중 열원설비가 아닌 것은?
① 보일러   ② 냉동기
③ 송풍기   ④ 냉각탑

☞ 송풍기, 펌프, 덕트, 배관 등은 열운반장치이다.

18. 다음 기기 중 열원설비에 해당하는 것은?
① 히트펌프   ② 송풍기
③ 팬코일 유닛 ④ 공기조화기

☞ 열원설비의 종류
냉동기, 보일러, 히트펌프, 흡수식 냉온수기 등

19. 공조설비의 구성은 열원설비, 열운반장치, 공조기, 자동제어장치로 이루어진다. 이에 해당하는 장치로서 직접적인 관계가 없는 것은?
① 펌프   ② 덕트
③ 스프링클러 ④ 냉동기

☞ ① 펌프, 덕트 : 열운반장치
② 냉동기 : 열원장치
③ 스프링클러 : 소방설비

20. 공조설비의 열원설비에서 냉각·가열을 위한 열매의 종류에 해당되지 않는 것은?
① 증기   ② 온수
③ 냉매   ④ 오일

☞ 열원장치
① 난방용으로는 보일러를 사용하며, 보일러에서 만들어진 온수와 증기를 공조기 내의 가열코일로 공급하여 온풍을 만든다.
② 냉방용으로는 냉동기가 사용되며, 냉매를 이용해 냉동기에서 냉각된 냉수를 냉각코일에 순환시켜 냉풍을 만든다.

21. 공기조화 설비의 구성에서 각종 설비별 기기로 바르게 짝지어진 것은?
① 열원설비 - 냉동기, 보일러, 히트펌프
② 열교환설비 - 열교환기, 가열기
③ 열매 수송설비 - 덕트, 배관, 오일펌프
④ 실내유닛 - 토출구, 유인유닛, 자동제어기기

☞ ① 열원설비 : 냉동기, 보일러, 히트펌프, 온풍로, 기타 부속기기
② 열교환설비 : 공기조화기, 열교환기
③ 열매 수송설비 : 송풍기, 덕트, 펌프, 배관
④ 실내유닛 : 취출구, 흡입구, FCU, 유인유닛, 패키지형 공조기, 복사패널, 기타 방

15. ④ 16. ① 17. ③ 18. ① 19. ③ 20. ④ 21. ①

열기
⑤ 자동제어 및 중앙관제설비 : 자동제어기기, 중앙감시, 원격조작판 등

22. 공기조화 설비에서 공기의 경로로 옳은 것은?
① 환기덕트 → 공조기 → 급기덕트 → 취출구
② 공조기 → 환기덕트 → 급기덕트 → 취출구
③ 냉각탑 → 공조기 → 냉동기 → 취출구
④ 공조기 → 냉동기 → 환기덕트 → 취출구

👉 공기의 이동경로

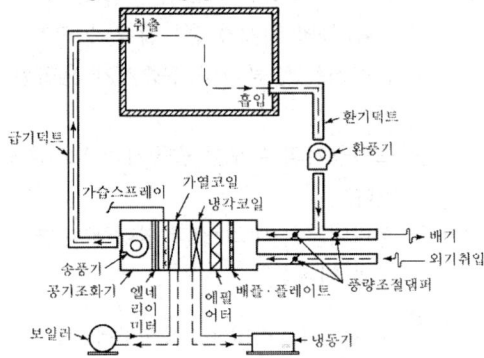

23. 인체의 발열에 관한 설명으로 틀린 것은?
① 증발 : 인체 피부에서의 수분이 증발하며 그 증발열로 체내 열을 방출한다.
② 대류 : 인체 표면과 주위공기와의 사이에 열의 이동으로 인위적으로 조절이 가능하며 주위공기의 온도와 기류에 영향을 받는다.
③ 복사 : 실내온도와 관계없이 유리창과 벽면 등의 표면온도와 인체 표면과의 온도차에 따라 실제 느끼지 못하는 사이 방출되는 열이다.
④ 전도 : 겨울철 유리창 근처에서 추위를 느끼는 것은 전도에 의한 열 방출이다.

👉 ④ 겨울철 유리창 근처에서 추위를 느끼는 것은 전도에 의한 열 방출뿐 아니라 유리, 문 등의 틈새로 침입하는 외기 등 복합적인 요인이 작용한다.

24. 인체에 해가 되지 않는 탄산가스의 실내 한계 오염농도는?
① 500PPM(0.05%)
② 1000PPM(0.1%)
③ 1500PPM(0.15%)
④ 2000PPM(0.2%)

👉 탄산가스의 실내 한계 오염농도 : 1000PPM(0.1%)
실내에서 계속 머물 경우는 0.07% 이하가 바람직하다.
[참고] 오염물질의 허용한계(서한도)
㉠ 먼지(부유분진) : $10mg/m^3$
㉡ 이산화탄소(탄산가스, CO_2) : 1,000ppm (=0.1%)
㉢ 일산화탄소(CO) : 10ppm(=0.001%)

25. 기후에 따른 불쾌감을 표시하는 불쾌지수는 무엇을 고려한 지수인가?
① 기온과 기류   ② 기온과 노점
③ 기온과 복사열 ④ 기온과 습도

👉 불쾌지수
날씨에 따라서 사람이 불쾌감을 느끼는 정도를 기온과 습도를 이용하여 나타내는 수치로, 기온이 높고 습할수록 높아진다.

26. 다음 중 예상온열감(PMV)의 일반적인 열적 쾌적범위에 속하는 것은?
① $-0.2 < PMV < +0.2$
② $-0.3 < PMV < +0.3$
③ $-0.4 < PMV < +0.4$
④ $-0.5 < PMV < +0.5$

Answer 22. ① 23. ④ 24. ② 25. ④ 26. ④

예상온열감(PMV : predicted mean vote)
인간과 주위 환경의 6가지 열환경 요소들(기온, 습도, 기류속도, 평균복사온도, 대사량, 착의량)을 측정하여 인체의 열평형에 기초한 쾌적 방정식이다. 이 지표는 실내 열환경의 온열감 및 쾌적성과 관련하여 현재 가장 많이 사용되고 있다. 예상온열감은 온열감 7단계 척도를 기준으로 -3은 춥다, +3은 덥다, 그리고 0은 열적으로 중립적인 상태로 나타내며, 일반적으로 재실자가 쾌적하다고 느끼는 예상온열감은 -0.5~+0.5의 범위이다.

27. 온열환경 평가지표인 예상 불만족감(PPD)의 권장값은 얼마인가?
① 5% 미만   ② 10% 미만
③ 20% 미만   ④ 25% 미만

예상 불만족도(PPD, Predicted Percentage of Dissatisfied)
동일 조건(의복, 활동, 환경조건)이라도 모든 사람이 같은 만족도를 나타내지는 않으며 이 때 많은 사람들 중 열적으로 불쾌적하게 느끼는 사람들의 비율을 예측하는 것으로 추천 쾌적범위는 PMV : -0.5~+0.5, PPD 10% 미만이다.
[참고] 예상 평균 온열감(PMV)
㉠ PMV는 7단계 온열감 척도에 대한 많은 사람들의 의사 표시의 평균치를 예측하는 것이다.
㉡ -0.5<PMV<+0.5는 -0.5에서 +0.5 사이에서 불쾌감을 느끼는 사람의 비율이 10% 미만이 되어야 한다는 것을 의미

28. 다음 중 공기의 조성에 대한 설명으로 틀린 것은?
① 질소는 대기의 최다 성분으로서 대기에 약 78% 정도 존재한다.
② 산소는 무색 및 무취의 기체로서 대기에 약 21% 정도 존재한다.
③ 이산화탄소는 무색 및 무취의 기체로서 대기에 약 0.035% 정도 존재하지만 최근 증가하는 경향이 있다.
④ 아르곤은 무색 및 무취의 활성 기체로서 대기에 약 0.39% 정도 존재한다.

④ 아르곤은 무색 및 무취의 비활성 기체로서 대기에 약 0.93% 정도 존재한다.

29. 다음 설명 중 옳지 않은 것은?
① 건공기는 산소, 질소, 탄산가스, 아르곤 및 헬륨 등의 기체가 혼합된 가스이다.
② 습공기는 건공기와 수증기가 혼합된 것이다.
③ 포화공기의 온도를 습공기의 노점온도라 한다.
④ 현열비는 실내의 전체 열량에 대한 잠열량의 비이다.

④ 현열비는 실내의 전체 열량에 대한 현열량의 비로, 실내로 송출되는 공기의 온·습도 결정에 사용된다.

30. 습구온도에 대한 설명 중 옳은 것은?
① 감열부에 습한 공기를 불어넣어 측정한 온도이다.
② 습구온도는 주위의 공기가 포화증기에 가까우면 건구온도와의 차는 작아지고, 건조하게 되면 그 차는 커진다.
③ 습구온도계의 감열부는 기류속도 3m/s 이상의 장소에 설치하는 것이 좋다.
④ 기류가 거의 없는 곳에서는 아스만 통풍건습계, 일정 풍속을 강제적으로 공급하여 측정하는 경우는 오거스트 건습계가 사용된다.

27. ② 28. ④ 29. ④ 30. ②

👉 **습구온도**
①, ③ : 습구온도계의 감열부를 기류속도 3m/s 이하의 장소에 설치하여 측정한 온도
④ : 기류가 거의 없는 곳에서는 오거스트 건습계, 일정 풍속을 강제적으로 공급하여 측정하는 경우는 아스만 통풍 건습계가 사용된다.

31. 단열된 용기에 물을 넣고, 건구온도와 상대습도가 일정한 실내에 방치해 두면 실내는 포화상태에 도달하게 된다. 이때 물의 온도는 결국 공기의 어떤 상태에 가까워지는 변화를 하는가?

① 건구온도   ② 습구온도
③ 노점온도   ④ 절대온도

👉 단열된 용기에 물을 넣고, 건구온도와 상대습도가 일정한 실내에 방치되면 실내공기는 용기의 물이 증발하여 포화상태(상대습도 100%)에 이르게 되므로 습구온도에 가까워진다.

32. 건구온도 30℃, 절대습도 0.015kg/kg′인 습공기의 엔탈피(kJ/kg)는? (단, 건공기 정압비열 1.01kJ/kg·K, 수증기 정압비열 1.85kJ/kg·K, 0℃에서 포화수의 증발잠열은 2500kJ/kg이다.)

① 68.63   ② 91.12
③ 103.34   ④ 150.54

👉 **습공기의 엔탈피(h)**
$h = 1.01t + (2500 + 1.851t)x$
$= 1.01 \times 30 + (2500 + 1.851 \times 30) \times 0.015$
$= 68.63 \text{kJ/kg}$

33. 건구온도 22℃, 절대습도 0.0135kg/kg′인 공기의 엔탈피(kJ/kg)는 얼마인가? (단, 공기밀도 1.2kg/m³, 건공기 정압비열 1.01kJ/kg·K, 수증기 정압비열 1.85kJ/kg·K, 0℃ 포화수의 증발잠열 2501kJ/kg이다.)

① 58.4   ② 61.2
③ 56.5   ④ 52.4

👉 **공기의 엔탈피(kJ/kg)**
$h = h_a + h_w = C_p \cdot t + (\gamma_w + C_w \cdot t)x$
$= 1.01t + (2501 + 1.85t)x$
$= 1.01 \times 22 + (2501 + 1.85 \times 22) \times 0.0135$
$= 56.5 \text{kJ/kg}$

34. 공기의 성질에 관한 설명으로 틀린 것은?

① 절대습도는 습공기를 구성하고 있는 수증기와 건공기와의 질량비이다.
② 상대습도는 공기 중에 포함되어 있는 수증기의 양과 동일 온도에서 최대로 포함될 수 있는 수증기 양의 비이다.
③ 포화공기는 최대로 수분을 수용하고 있는 상태의 공기를 말한다.
④ 비교습도는 수증기 분압과 그 온도에 있어서의 포화공기의 수증기 분압과의 비를 말한다.

👉 ④는 상대습도의 정의이다.
[참고] 비교습도(포화도, %)
습공기의 절대습도와 동일 온도에 있어서 포화공기의 절대습도 비

35. 습공기의 성질에 대한 설명으로 틀린 것은?

① 상대습도란 어떤 공기의 절대습도와 동일 온도의 포화습공기의 절대습도의 비를 말한다.
② 절대습도는 습공기에 포함된 수증기의 중량을 건공기 1kg에 대하여 나타낸 것이다.
③ 포화공기란 습공기 중의 절대습도, 건구온도 등이 변화하면서 수증기가 포화상태

Answer   31. ②   32. ①   33. ③   34. ④   35. ①

에 이른 공기를 말한다.
④ 무입공기란 포화수증기 이상의 수분을 함유하여 공기 중에 미세한 물방울을 함유하는 공기를 말한다.

☞ ① 상대습도란 어떤 공기의 수증기 분압과 동일온도의 포화습공기의 수증기 분압과의 비를 백분율로 나타낸 것으로, 1m³의 습공기 중에 함유된 수분 중량(γ_w)과 이와 동일 온도 1m³의 포화습공기에 함유되어 있는 수분 중량(γ_s)과의 비를 나타낸다. 절대습도는 공기 중 수분의 양을 나타내며 상대습도는 공기 중 수분의 비율이다.

36. 습공기에 대한 설명으로 틀린 것은?
① 노점온도는 수증기 분압 및 절대습도가 높을수록 높은 값을 가진다.
② 상대습도는 공기 중 수분량이 같으면 온도에 관계없이 동일하다.
③ 습공기의 습구온도는 항상 건구온도보다 낮은 온도를 나타낸다.
④ 건습구 온도계는 기류에 따라 습구온도가 변하므로 일정풍속을 가해야 한다.

☞ ② 절대습도는 공기 중 수분량이 같으면 온도에 관계없이 동일하다.

37. 대기압하의 동일 건구온도에서 공기의 상태변화에 대한 설명 중에 알맞은 말을 넣으시오.

> 상대습도가 증가하면 엔탈피는 (㉠)하며, 습구온도는 (㉡)하고, 비체적은 (㉢)하며, 절대습도는 (㉣)한다.

① ㉠ 증가, ㉡ 증가, ㉢ 증가, ㉣ 증가
② ㉠ 감소, ㉡ 증가, ㉢ 감소, ㉣ 증가
③ ㉠ 감소, ㉡ 감소, ㉢ 감소, ㉣ 감소
④ ㉠ 증가, ㉡ 감소, ㉢ 증가, ㉣ 감소

☞ 상대습도가 증가하면 엔탈피, 습구온도, 비체적, 절대습도는 증가한다.

38. 습공기의 습도에 대한 설명으로 틀린 것은?
① 절대습도는 건공기 중에 포함된 수증기량을 나타낸다.
② 수증기 분압은 절대습도에 반비례 관계가 있다.
③ 상대습도는 습공기의 수증기 분압과 포화공기의 수증기 분압과의 비로 나타낸다.
④ 비교습도는 습공기의 절대습도와 포화공기의 절대습도와의 비로 나타낸다.

☞ ② 절대습도가 커질수록 수증기 분압은 커지므로 수증기 분압은 절대습도에 비례관계가 있다.
[참고] 절대습도(x) 계산식
$$x = 0.622 \times \frac{P_w}{P - P_w}$$
(P : 습공기의 전압, P_w : 수증기의 분압)

39. 습공기의 상태 변화에 관한 설명으로 틀린 것은?
① 습공기를 냉각하면 건구온도와 습구온도가 감소한다.
② 습공기를 냉각·가습하면 상대습도와 절대습도가 증가한다.
③ 습공기를 등온감습하면 노점온도와 비체적이 감소한다.
④ 습공기를 가열하면 습구온도와 상대습도가 증가한다.

☞ ④ 습공기를 가열하면 건구 및 습구온도가 상승하고, 습공기 중 수분이 증발되므로 상대습도가 감소한다.

Answer 36. ② 37. ① 38. ② 39. ④

40. 절대습도에 관한 설명으로 옳지 않은 것은?
① 절대습도는 비습도라고도 한다.
② 절대습도는 수증기 분압의 함수이다.
③ 건공기 질량에 대한 수증기 질량에 대한 비로 정의한다.
④ 공기 중의 수분 함량이 변해도 절대습도는 일정하게 유지한다.

④ 절대습도는 습공기 중에 함유되어 있는 수증기의 중량을 건조공기의 중량으로 나눈 것이므로 공기 중의 수분 함량이 변하면 절대습도는 변하게 된다.

41. 습공기 100kg이 있다. 이때 혼합되어 있는 수증기의 질량이 2kg이라면, 공기의 절대습도는?
① 0.0002kg/kg
② 0.02kg/kg
③ 0.2kg/kg
④ 0.98kg/kg

절대습도(x)
$$x = \frac{수증기\ 질량}{건공기\ 질량} = \frac{2}{100-2} = 0.02 \text{kg/kg}$$
[참고] 절대습도
공기 중 수증기의 양을 알기 위한 것으로 건공기 1kg 속에 포함된 수증기의 질량 x kg을 말한다. 즉, 습공기 중에 함유되어 있는 수증기의 중량을 건조공기의 중량으로 나눈 값이다.

42. 온도 20℃, 포화도 60% 공기의 절대습도는? (단, 온도 20℃의 포화 습공기의 절대습도 x_s=0.01469kg/kg이다.)
① 0.001623kg/kg
② 0.004321kg/kg
③ 0.006712kg/kg
④ 0.008814kg/kg

포화도(ϕ)
$\phi = \frac{x_w}{x_s} \times 100 [\%]$이므로
$x_w = \phi \times x_s = 0.6 \times 0.01469 = 0.008814 \text{kg/kg}'$
여기서, x_w : 습공기의 절대습도
x_s : 포화공기의 절대습도

43. 표준대기압(101.325kPa)에서 25℃인 포화공기의 절대습도 X_s[kg/kg(DA)]는 약 얼마인가?(단, 25℃의 포화수증기 분압 P_{ws}=3.1660kPa이다.)
① 0.0188
② 0.0201
③ 0.6522
④ 0.6543

$$X_s = 0.622 \times \frac{P_{ws}}{P-P_{ws}}$$
$$= 0.622 \times \frac{3.1660}{101.325-3.1660}$$
$$= 0.0201 \text{ kg/kg(DA)}$$

44. 습공기의 수증기 분압이 P_v, 동일온도의 포화 수증기압이 P_s일 때, 다음 설명 중 틀린 것은?
① $P_v < P_s$일 때 불포화습공기
② $P_v = P_s$일 때 포화습공기
③ $\frac{P_s}{P_v} \times 100$은 상대습도
④ $P_v = 0$일 때 건공기

③ $\frac{P_v}{P_s} \times 100$은 상대습도

45. 다음 중 수증기 분압표시로 맞는 것은? (단, P_w : 습공기 중의 수증기 분압, P_s : 동일 온도의 포화수증기 압력, ϕ : 상대습도)
① $P_\omega = \phi - P_s$
② $P_\omega = \phi \cdot P_s$
③ $P_\omega = \frac{\phi}{P_s}$
④ $P_\omega = \phi + P_s$

Answer 40. ④ 41. ② 42. ④ 43. ② 44. ③ 45. ②

상대습도 $\phi = \dfrac{\gamma_w}{\gamma_s} \times 100(\%) = \dfrac{P_w}{P_s} \times 100(\%)$

$\therefore P_w = \phi \cdot P_s$

46. 상대습도가 낮을 때 일어나는 현상이 아닌 것은?
① 정전기가 발생한다.
② 공기 중 인플루엔자 바이러스의 생존율이 높아진다.
③ 곰팡이가 나기 쉽다.
④ 피부가 거칠어진다.

☞ 상대습도가 높을수록 공기가 보유하는 수분이 많기 때문에 녹이나 곰팡이를 생성시키는 박테리아의 활동을 조장하며 악취가 나기 쉽다.
[참고] 상대습도가 낮을 때 발생하는 현상
① 피부가 거칠어지고 트게 되는 현상
② 정전기 발생
③ 공기 중 인플루엔자 바이러스의 생존율이 낮아짐

47. 온도 25℃, 상대습도 60%의 공기를 32℃로 가열하면 상대습도는 약 몇 %가 되는가? (단, 25℃의 포화 수증기압은 23.5mmHg이고, 32℃의 포화 수증기압은 35.4mmHg이다.)
① 25%   ② 40%
③ 55%   ④ 70%

☞ ① 습공기의 수증기분압(P_w)
$\phi = \dfrac{P_w}{P_s} \times 100[\%]$
$P_w = \phi \times P_s = 0.6 \times 23.5 = 14.1 \text{mmHg}$
② 가열 후 상대습도(ϕ)
$\phi = \dfrac{P_w}{P_s} \times 100[\%] = \dfrac{14.1}{35.4} \times 100 = 39.8\%$

48. 온도 10℃, 상대습도 50%의 공기를 25℃로 하면 상대습도(%)는 얼마인가? (단, 10℃일 경우의 포화 증기압은 1.226kPa, 25℃일 경우의 포화 증기압은 3.163kPa이다.)
① 9.5   ② 19.4
③ 27.2   ④ 35.5

☞ ① 온도 10℃, 상대습도 50%일 때 수증기 분압
$\phi = \dfrac{P_w}{P_s} \times 100[\%]$ 이므로 $50 = \dfrac{P_w}{1.226} \times 100$
$\therefore P_w = 0.613 \text{kPa}$
② 온도 25℃, 수증기 분압(P_w)이 0.613kPa 이므로 상대습도(%)는
$\therefore \phi = \dfrac{P_w}{P_s} \times 100 = \dfrac{0.613}{3.163} \times 100 = 19.4\%$

49. 대기압(760mmHg)에서 온도 28℃, 상대습도 50%인 습공기 내의 건공기 분압(mmHg)은 얼마인가? (단, 수증기 포화압력은 31.84mmHg이다.)
① 16   ② 32
③ 372   ④ 744

☞ 상대습도 $\phi = \dfrac{P_w}{P_s} \times 100(\%)$
여기서, 수증기의 분압 : P_w (mmHg)
포화공기의 분압 : P_s (mmHg)
① 수증기 분압
$P_w = \phi P_s = 0.5 \times 31.84 = 15.92 \text{mmHg}$
② 건조공기 분압
$P_a = P - P_w$
$= 760 - 15.92 = 744.08 \text{mmHg}$

50. 온도 10℃, 상대습도 62%의 공기를 20℃로 가열하면 상대습도는 몇 %로 되는가? (단, 10℃의 포화수증기압은 0.012513kg/cm², 20℃의 포화수증기압은 0.02383kg/cm²이다.)

Answer 46. ③ 47. ② 48. ② 49. ④ 50. ④

① 21.5%　　② 11.5%
③ 41.5%　　④ 32.6%

상대습도

① 수증기 분압(P_w)

$$\phi = \frac{P_w}{P_s} \times 100(\%)\text{이므로}$$

$$P_w = \phi \times P_s$$
$$= 0.62 \times 0.012513 = 0.007758 \text{kg/cm}^2$$

여기서, P_w : 수증기 분압
P_s : 포화수증기압

② 20℃일 때 상대습도(ϕ)

$$\phi = \frac{P_w}{P_s} \times 100$$
$$= \frac{0.007758}{0.02383} \times 100 = 32.6\%$$

51. 습공기의 상대습도(ϕ)와 절대습도(ω)와의 관계식으로 옳은 것은? (단, P_a는 건공기 분압, P_s는 습공기와 같은 온도의 포화수증기 압력이다.)

① $\phi = \frac{\omega}{0.622}\frac{P_a}{P_s}$　　② $\phi = \frac{\omega}{0.622}\frac{P_s}{P_a}$

③ $\phi = \frac{0.622}{\omega}\frac{P_s}{P_a}$　　④ $\phi = \frac{0.622}{\omega}\frac{P_a}{P_s}$

습공기의 상대습도와 절대습도의 관계식

① 절대습도(ω)

$$\omega = 0.622 \times \frac{P_v}{P - P_v} = \frac{0.622 P_v}{P_a}$$

$$\therefore P_v = \frac{\omega P_a}{0.622}$$

여기서, 수증기의 분압 : P_v
습공기의 전압 : $P = P_a + P_v$

② 상대습도(ϕ)를 절대습도(ω)에 관해 풀면

$$\phi = \frac{P_v}{P_s} = \frac{\frac{\omega P_a}{0.622}}{P_s} = \frac{\omega}{0.622}\frac{P_a}{P_s}$$

52. 다음 용어와 단위의 관계가 틀린 것은?

① 비교습도 : %
② 수증기분압 : P_a
③ 비용적 : m³/kg
④ 절대습도 : mmAq

④ 절대습도 : kg/kg'

53. 20℃의 공기의 상대습도가 60%일 때의 포화도는? (단, 20℃의 수증기의 포화압력은 17.5mmHg, 대기압은 760mmHg이다.)

① 59.4%　　② 40.1%
③ 12.0%　　④ 3.1%

포화도 $= \phi \frac{P - P_s}{P - \phi P_s}$

$$= 0.6 \times \frac{760 - 17.5}{760 - 0.6 \times 17.5}$$
$$= 0.594 = 59.4$$

54. 공기 중의 수증기가 응축하기 시작할 때의 온도, 즉 공기가 포화상태로 될 때의 온도를 무엇이라고 하는가?

① 건구온도　　② 노점온도
③ 습구온도　　④ 상당외기온도

노점온도
공기의 온도가 낮아지면 습공기 중의 수증기가 공기로부터 분리되어 이슬이 맺히기(응축) 시작할 때의 온도로 이때 절대습도는 감소한다.
[참고]
① 건구온도 : 기온을 측정할 때 열을 감지하는 감열부가 건조한 상태에서 측정하는 보통의 온도
② 습구온도 : 온도계의 감열부를 천으로 감싼 다음 모세관 현상에 의하여 물을 흡수하여 감열부가 젖은 상태에서 측정한 온도
③ 상당외기온도 : 일사를 받는 외벽이나

Answer　51. ①　52. ④　53. ①　54. ②

지붕과 같이 열용량을 갖는 구조체를 통과하는 열량을 산출하기 위하여 외기온도나 태양의 일사량을 고려하여 정한 온도

55. 노점온도(dew point temperature)에 대한 설명으로 옳은 것은?

① 습공기가 어느 한계까지 냉각되어 그 속에 있던 수증기가 이슬방울로 응축되기 시작하는 온도

② 건공기가 어느 한계까지 냉각되어 그 속에 있던 공기가 팽창하기 시작하는 온도

③ 습공기가 어느 한계까지 냉각되어 그 속에 있던 수증기가 자연 증발하기 시작하는 온도

④ 건공기가 어느 한계까지 냉각되어 그 속에 있던 공기가 수축하기 시작하는 온도

👉 **노점온도(Dew Point Temperature)**
온도가 높은 공기일수록 많은 수증기를 포함할 수 있으므로 습공기의 온도를 낮게 하여 어떤 온도에 이르면 포화상태가 되고 더욱 냉각시키면 수증기의 일부가 응축하여 이슬이 맺히게 될 때의 온도로 이때 절대습도는 감소한다.

56. 다음 선도에서 습공기를 상태 1에서 2로 변화시킬 때 현열비(SHF)의 표현으로 옳은 것은?

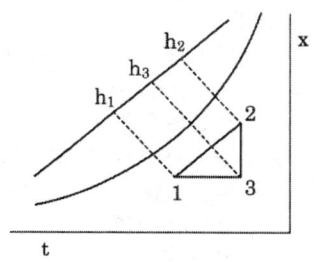

① $\dfrac{h_2 - h_3}{h_2 - h_1}$ ② $\dfrac{h_3 - h_1}{h_2 - h_1}$

③ $\dfrac{h_3 - h_1}{h_2 - h_3}$ ④ $\dfrac{h_2 - h_1}{h_2 - h_3}$

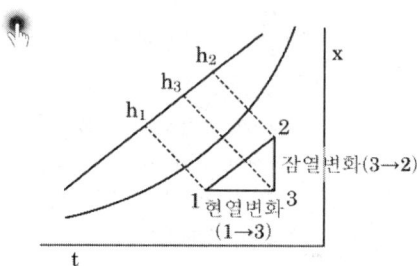

$$\text{SHF} = \dfrac{\text{현열}}{\text{현열} + \text{잠열}}$$
$$= \dfrac{h_3 - h_1}{(h_3 - h_1) + (h_2 - h_3)} = \dfrac{h_3 - h_1}{h_2 - h_1}$$

57. 실온이 25℃, 상대습도 50%일 때, 냉방부하 중 실내 현열부하가 45000W, 실내 잠열부하가 22000W, 외기부하가 5800W이라면 현열비(SHF)는?

① 0.41   ② 0.51
③ 0.67   ④ 0.97

👉 **현열비(SHF)**
$$\text{SHF} = \dfrac{\text{현열}}{\text{현열} + \text{잠열}} = \dfrac{45000}{45000 + 22000} = 0.67$$

58. 어떤 실내의 전체 취득열량 7600W, 잠열량 2100W이다. 이때 실내를 26℃, 50%(RH)로 유지하기 위해 취출온도차를 10℃로 일정하게 하여 송풍한다면 실내 현열비는 약 얼마인가?

① 0.28   ② 0.68
③ 0.72   ④ 0.88

👉 **현열비**

Answer 55. ① 56. ② 57. ③ 58. ③

$$\text{SHF} = \frac{q_S}{q_t} = \frac{q_t - q_L}{q_t} = \frac{7600 - 2100}{7600} = 0.724$$

여기서, q_t : 전열량, q_L : 잠열량
$q_S = q_t - q_L$: 현열량

59. 습공기의 상태변화를 나타내는 방법 중 하나인 열수분비의 정의로 옳은 것은?

① 절대습도 변화량에 대한 잠열량 변화량의 비율
② 절대습도 변화량에 대한 전열량 변화량의 비율
③ 상대습도 변화량에 대한 현열량 변화량의 비율
④ 상대습도 변화량에 대한 잠열량 변화량의 비율

▶ **열수분비**
수분량(절대습도)의 변화에 따른 전열량의 비로 가습과정에서 실내공기에 방향을 예측할 수 있다.

60. 엔탈피 변화가 없는 경우의 열수분비는?

① 0   ② 1
③ -1   ④ ∞

▶ **열수분비(U)**
수분량(절대습도)의 변화에 따른 전열량의 비로 실내 가습 시 가습 후의 실내공기 취출점을 구하는 기준 기울기가 된다.
$U = \dfrac{dh}{dx} = \dfrac{h_2 - h_1}{x_2 - x_1}$ 에서 엔탈피의 변화가 없으므로 $dh = 0$, 즉 열수분비(U)는 0이 된다.

61. 습공기를 단열 가습하는 경우에 열수분비는 얼마인가?

① 0   ② 0.5
③ 1   ④ ∞

▶ **열수분비**
습공기를 단열가습(순환수분무가습)하는 경우 등엔탈피선을 따라 변화하므로 열수분비
$U = \dfrac{h_2 - h_1}{x_2 - x_1} = 0$ 이다.

62. 습공기를 가열, 감습하는 경우 열수분비값은?

① 0   ② 0.5
③ 1   ④ ∞

▶ **열수분비(U)**
실내 가습 시와 가습 후의 실내공기 취출점을 구하는 기준 기울기로 $U = \dfrac{dh}{dx} = \dfrac{h_2 - h_1}{x_2 - x_1}$ 이다. 위 식에서 가열·감습하는 경우 열수분비는 $0 \geq U \geq -\infty$ 이므로 문제의 보기에서 범위 내에 가능한 열수분비는 0이 된다.

63. 다음과 같이 단열된 덕트 내에 공기가 통하고 이것에 열량 Q(kcal/h)와 수분 L(kg/h)을 가하여 열평형이 이루어졌을 때, 공기에 가해진 열량은? (단, 공기의 유량은 G(kg/h), 가열코일 입·출구의 엔탈피, 절대습도를 각각 h_1, h_2(kcal/kg), x_1, x_2(kg/kg)로 하고, 수분의 엔탈피를 h_L(kcal/kg)로 한다.)

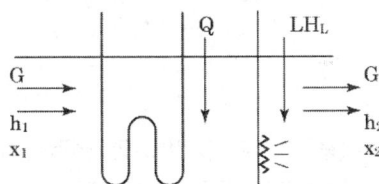

① $G(h_2 - h_1) + Lh_L$ ② $G(x_2 - x_1) + Lh_L$
③ $G(h_2 - h_1) - Lh_L$ ④ $G(x_2 - x_1) - Lh_L$

▶ **열평형(에너지보존의 법칙)**
$Gh_1 + Q + Lh_L = Gh_2$
$Q = Gh_2 - Gh_1 - Lh_L = G(h_2 - h_1) - Lh_L$

Answer 59. ② 60. ① 61. ① 62. ① 63. ③

64. 어떤 단열된 공조기의 장치도가 다음 그림과 같을 때 수분비(U)를 구하는 식으로 옳은 것은?

(단, h_1, h_2 : 입구 및 출구 엔탈피(kJ/kg)
x_1, x_2 : 입구 및 출구 절대습도(kg/kg)
q_s : 가열량(W)
L : 가습량(kg/h)
h_L : 가습수분(L)의 엔탈피(kJ/kg)
G : 유량(kg/h)이다.)

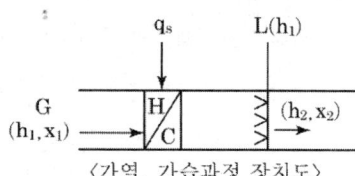
〈가열, 가습과정 장치도〉

① $U = \dfrac{q_s}{G} - h_L$ ② $U = \dfrac{q_s}{L} - h_L$

③ $U = \dfrac{q_s}{L} + h_L$ ④ $U = \dfrac{q_s}{G} + h_L$

✋ **열수분비(U)**
① 열평형식 : $Gh_1 + q_s + Lh_L = Gh_2$
  $\to G(h_2 - h_1) = q_s + Lh_L$
② 물질평형식 : $Gx_1 + L = Gx_2$
  $\to G(x_2 - x_1) = L$
③ 열수분비 : 식 ①을 식 ②로 나누면
  $U = \dfrac{dh}{dx} = \dfrac{h_2 - h_1}{x_2 - x_1} = \dfrac{q_s}{L} + h_L$

65. 다음 중 열수분비(U)와 현열비(SHF)와의 관계식으로 옳은 것은? (단, q_S는 현열량, q_L는 잠열량, L은 가습량이다.)

① $U = \text{SHF} \times \dfrac{q_S}{L}$ ② $U = \dfrac{1}{\text{SHF}} \times \dfrac{q_L}{L}$

③ $U = \text{SHF} \times \dfrac{q_L}{L}$ ④ $U = \dfrac{1}{\text{SHF}} \times \dfrac{q_S}{L}$

✋ ① 현열비 $\text{SHF} = \dfrac{q_S}{q_S + q_L} \to q_S + q_L = \dfrac{q_S}{\text{SHF}}$

② 열수분비 $U = \dfrac{dh}{dx} = \dfrac{q_S + q_L}{L}$
  $= \dfrac{h_2 - h_1}{x_2 - x_1} = \dfrac{q_S}{L} + h_L$

③ 열수분비와 현열비 관계식 ① 식을 ② 식에 대입하면
$U = \dfrac{q_S + q_L}{L} = \dfrac{\frac{q_S}{\text{SHF}}}{L}$
$= \dfrac{q_S}{\text{SHF} \cdot L} = \dfrac{1}{\text{SHF}} \cdot \dfrac{q_S}{L}$

66. 건구온도 30℃, 습구온도 27℃일 때 불쾌지수(DI)는 얼마인가?

① 57 ② 62
③ 77 ④ 82

✋ **불쾌지수(DI)**
$D = 0.72 \times (t_D + t_W) + 40.6$
$= 0.72 \times (30 + 27) + 40.6 = 82$

67. 대류 및 복사에 의한 열전달률에 의해 기온과 평균복사온도를 가중평균한 값으로 복사난방 공간의 열환경을 평가하기 위한 지표를 나타내는 것은?

① 작용온도(Operative Temperature)
② 건구온도(Drybulb Temperature)
③ 카타냉각력(Kata Cooling Power)
④ 불쾌지수(Discomfort Index)

✋ **작용온도(operative temperature : OT)**
기온, 기류, 주위면의 온도를 종합한 인체의 체감도를 나타내는 척도
① 복사냉난방의 평가온도로 사용한다.
② $\text{OT} = \dfrac{\text{MRT} + t_r}{2}$ [℃]
  여기서, 평균복사온도 : MRT[℃]

Answer 64. ③ 65. ④ 66. ④ 67. ①

실내온도 : t_r[℃]

[참고]
② 건구온도 : 일반적인 온도계로 측정한 온도로, 공기의 습기를 알 수 없고, 인간이 느끼는 쾌적의 판단이 어렵다.
③ 카타 냉각력 : 환경의 열적 성질을 나타내는 지표의 하나로 공기의 냉각력을 측정하여 공기의 쾌적도를 측정하는 데 사용된다.
④ 불쾌지수 : 날씨에 따라서 사람이 불쾌감을 느끼는 정도를 기온과 습도를 이용하여 나타내는 수치

68. 실내 공기 상태에 대한 설명 중 옳은 것은?
① 유리면 등의 표면에 결로가 생기는 것은 그 표면온도가 실내의 노점온도보다 높게 될 때이다.
② 실내 공기 온도가 높으면 절대습도도 높다.
③ 실내 공기의 건구 온도와 그 공기의 노점 온도와의 차는 상대습도가 높을수록 작아진다.
④ 온도가 낮은 공기일수록 많은 수증기를 함유할 수 있다.

① 유리면 등의 표면에 결로가 생기는 것은 그 표면온도가 실내의 노점온도보다 낮게 될 때이다.
② 절대습도는 온도에 따라 변하는 양이 아니라 공기의 가습 또는 감습 시 변한다.
④ 온도가 낮은 공기일수록 적은 수증기를 함유할 수 있고 온도가 상승하면 더 많은 수증기를 가질 수 있기 때문에 상대습도는 낮아지게 된다.

69. 극간풍을 방지하는 방법이 아닌 것은?
① 회전문 설치
② 자동문 설치
③ 에어커튼 설치
④ 충분한 간격을 두고 이중문 설치

극간풍을 방지하는 방법
㉠ 회전문 설치
㉡ 이중문을 설치하고 중간에는 강제대류방식을 채택
㉢ 에어커튼(air curtain)을 설치
㉣ 실내를 가압하여 외부압력보다 높게 유지

70. 난방 시 빌딩의 1층 현관을 통하여 침입해 들어오는 침입외기에 의한 영향을 줄이기 위한 방법으로 부적당한 것은?
① 회전문을 설치한다.
② 출입구에 자동개폐문을 설치한다.
③ 에어커튼을 설치한다.
④ 이중문의 중간에 강제대류 컨벡터를 설치한다.

69번 해설 참고

71. 다음 중 사용되는 공기선도가 아닌 것은? (단, h : 엔탈피, x : 절대습도, t : 온도, p : 압력이다.)
① h-x 선도
② t-x 선도
③ t-h 선도
④ p-h 선도

습공기선도의 분류
① 엔탈피와 절대습도 선도(i-x 선도) : 엔탈피와 절대습도를 좌표축으로 하는 선도로 일반적으로 사용됨
② 온도와 절대습도 선도(t-x 선도) : 건구온도와 절대습도를 좌표로 하는 선도
③ 온도와 엔탈피 선도(t-i 선도) : 건구온도와 엔탈피를 사용하는 선도
※ P-h 선도 : 냉매선도

Answer 68. ③ 69. ② 70. ② 71. ④

72. 습공기 선도(T-x 선도)상에서 알 수 없는 것은?

① 엔탈피 ② 습구온도
③ 풍속   ④ 상대습도

👉 습공기 선도의 구성 요소

구분	기호	단위	구분	기호	단위
건구온도	DB, t	℃	수증기분압	P	mmHg
습구온도	WB, t'	℃	상대습도	ϕ	%
노점온도	DP, t'	℃	엔탈피	h, i	kJ/kg
절대습도	x	kg/kg'	비체적	v	m³/kg

73. 다음 습공기 선도에서 포화 습공기선의 우측영역에 존재하는 수증기의 상태는?

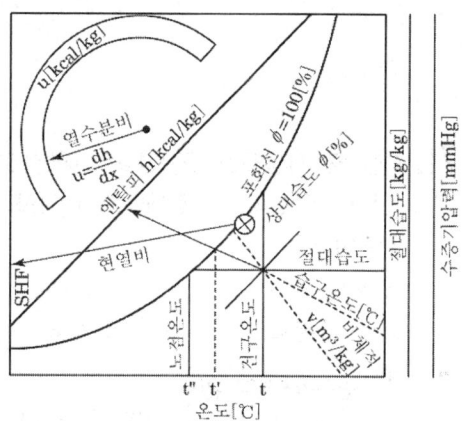

① 건포화증기 ② 과냉증기
③ 습증기   ④ 과열증기

👉 포화 습공기선의 우측영역에 존재하는 수증기의 상태는 습증기이다.

74. 습공기 선도상의 상태변화에 대한 설명으로 틀린 것은?

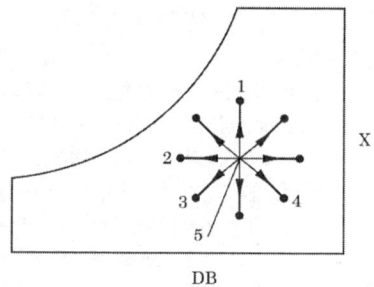

① 5→1 : 가습
② 5→2 : 현열냉각
③ 5→3 : 냉각가습
④ 5→4 : 가열감습

👉 ③ 5 → 3 : 냉각감습
[참고]

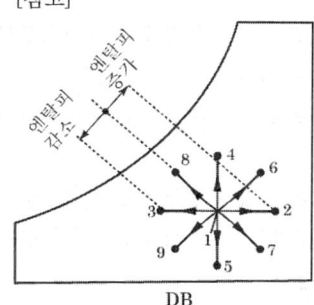

1-2 : 가열(현열)
1-3 : 냉각(현열)
1-4 : 가습(등온)
1-5 : 감습, 제습(등온)
1-6 : 가열가습
1-8 : 냉각가습(단열가습)
1-9 : 냉각감습(냉각제습)
1-7 : 가열감습

75. 습공기의 상태변화에 대한 설명이다. 옳은 것은?

① 현열비를 알면 이 부하를 감당하기 위한 송풍 온도 및 습도를 결정할 수 있다.
② 가습과정에서 열수분비의 값으로 공기상태가 변화되는 방향을 예측할 수 없다.

Answer 72. ③ 73. ③ 74. ③ 75. ①

③ 냉각코일의 표면온도가 코일을 통과하는 공기의 노점보다 높은 경우 제습이 이루어진다.
④ 냉각 제습과정에서는 열평형식만으로 에너지 불변의 법칙을 만족한다.

☞ ② 열수분비는 수분량(절대습도)의 변화에 따른 전열량의 비로 가습과정에서 실내공기에 방향을 예측할 수 있다.
③ 냉각코일의 표면온도가 코일을 통과하는 공기의 노점보다 낮은 경우 제습이 이루어진다.
④ 냉각 제습과정에서는 열평형식과 수분에 대한 물질평형식으로 에너지 불변의 법칙을 만족한다.

76. 다음 습공기 선도(h-x 선도)상에서 공기의 상태가 1에서 2로 변할 때 일어나는 현상이 아닌 것은?

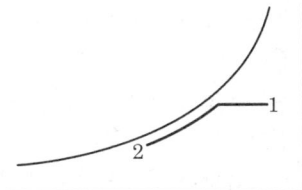

① 건구온도의 감소   ② 절대습도의 감소
③ 습구온도의 감소   ④ 상대습도의 감소

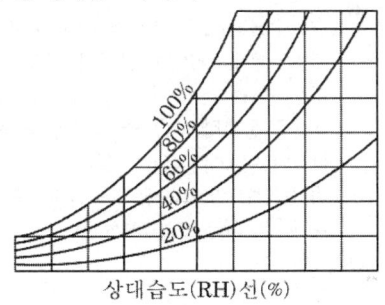

☞ ④ 상대습도의 증가

77. 다음의 습공기 선도에서 ①~⑤의 상태변화를 바르게 설명한 것은? (단, 그림에서 ①은 외기, ②는 실내공기, ③은 혼합공기이다.)

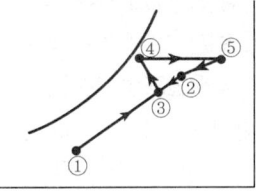

① 가습, 냉각과정이다.
② 감습, 가열과정이다.
③ 가습, 가열과정이다.
④ 감습, 냉각과정이다.

☞ ③-④ : 가습과정
　④-⑤ : 가열과정

78. 습공기를 가습하는 방법 중 가장 타당하지 않은 것은?

① 순환수를 분무하는 방법
② 온수를 분무하는 방법
③ 수증기를 분무하는 방법
④ 외부공기를 가열하는 방법

☞ **습공기를 가습하는 방법**
㉠ 순환수 분무가습(단열가습, 세정) : 등엔탈피선을 따라 변화
㉡ 온수 분무가습 : 열수분비선을 따라 변화
㉢ 증기가습 : 가습효율이 가장 좋으며 열수분비선을 따라 변화

79. 온수의 물을 에어와셔 내에서 분무시킬 때 공기의 상태 변화는?

① 절대습도 강하   ② 건구온도 상승
③ 건구온도 강하   ④ 습구온도 일정

Answer 76. ④ 77. ③ 78. ④ 79. ③

👆 **온수가습 시 공기의 상태 변화**
건구온도 하강, 엔탈피 및 절대습도 상승, 습구온도 상승

80. 공기세정기에서 순환수 분무에 대한 설명으로 틀린 것은? (단, 출구 수온은 입구 공기의 습구온도와 같다.)
① 단열변화　② 증발냉각
③ 습구온도 일정　④ 상대습도 일정

👆 **순환수 분무 가습(단열가습, 세정)**
등엔탈피선을 따라 변화하는 과정으로 상대습도는 증가하게 된다.

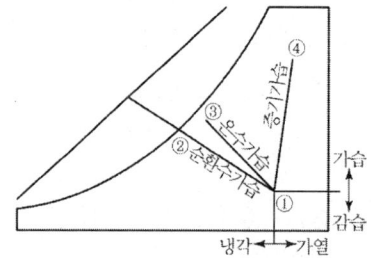

81. 에어와셔 내에 온수를 분무할 때 공기는 습공기 선도에서 어떠한 변화과정이 일어나는가?
① 가습·냉각　② 과냉각
③ 건조·냉각　④ 감습·과열

👆 온수 분무 가습 시 공기는 습공기 선도에서 열수분비선을 따라 변화(냉각·가습)한다.

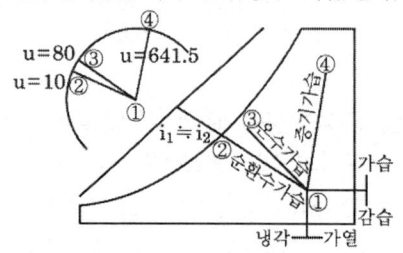

82. 에어와셔를 통과하는 공기의 상태변화에 대한 설명으로 틀린 것은?
① 분무수의 온도가 입구공기의 노점온도보다 낮으면 냉각 감습된다.
② 순환수 분무하면 공기는 냉각 가습되어 엔탈피가 감소한다.
③ 증기분무를 하면 공기는 가열 가습되고 엔탈피도 증가한다.
④ 분무수의 온도가 입구공기 노점온도보다 높고 습구온도보다 낮으면 냉각 가습된다.

👆 ② 순환수 분무(단열가습, 세정)하면 등엔탈피선을 따라 변화하는 과정으로 공기는 냉각 가습되고 엔탈피는 일정하다.

83. 에어와셔 내에서 물을 가열하지도 냉각하지도 않고 연속적으로 순환 분무시키면서 공기를 통과시켰을 때 공기의 상태변화는?
① 건구온도가 상승하고, 습구온도는 내려간다.
② 절대온도가 높아지고, 습구온도도 높아진다.
③ 상대습도가 상승하면서 건구온도는 낮아진다.
④ 건구온도는 상승하나 상대습도는 낮아진다.

👆 순환수를 가열도 냉각도 하지 않고 공기세정기(air washer)에서 분무하는 경우 공기세정기를 통과하는 공기의 상태는 최초 공기의 상태점을 통과하는 습구온도 선상을 포화곡선을 향하여 이동하게 되며, 공기는 그 건구온도가 내려감(즉, 냉각)과 동시에 절대습도 및 상대습도가 증가(즉, 가습)하게 된다.

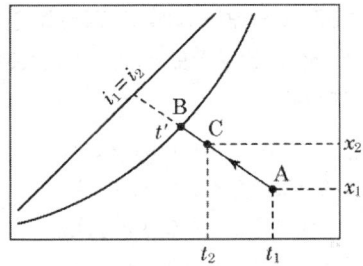

84. 습공기 선도상에서 ①의 공기가 온도가 높은 다량의 물과 접촉하여 가열, 가습되고 ③의 상태로 변화한 경우를 나타내는 것은?

①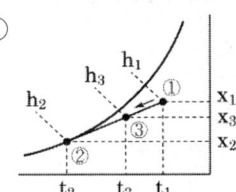

②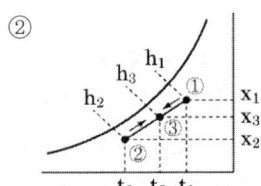

③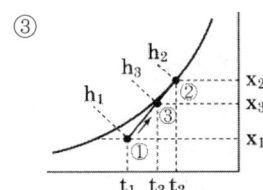

④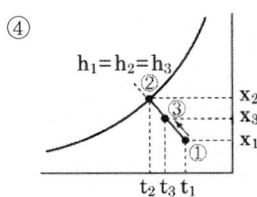

👉 ① ①의 공기 : 냉각 감습
② ①의 공기 : 냉각 감습
③ ①의 공기 : 가열 가습
④ ①의 공기 : 냉각 가습

85. 습공기를 노점온도까지 냉각시킬 때 변하지 않는 것은?
① 엔탈피 ② 상대습도
③ 비체적 ④ 수증기 분압

👉 습공기를 노점온도까지 냉각시킬 때 수증기 분압 및 절대습도는 일정하다.

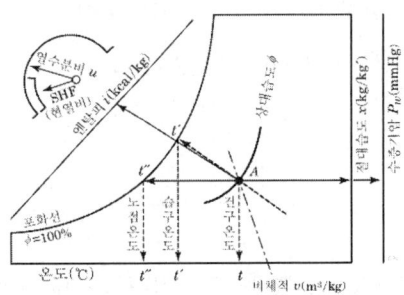

86. 60℃의 물 200L와 15℃의 물 100L를 혼합하였을 때 최종온도는?
① 35℃ ② 40℃
③ 45℃ ④ 50℃

👉 혼합 최종온도(t_3)
$$t_3 = \frac{G_1 \cdot t_1 + G_2 \cdot t_2}{G_1 + G_2}$$
$$= \frac{200 \times 60 + 100 \times 15}{200 + 100} = 45℃$$

87. 외기의 건구온도 32℃와 환기의 건구온도 24℃인 공기를 1 : 3의 비율로 혼합하였다. 이 혼합공기의 온도는 몇 ℃인가?
① 26℃ ② 28℃
③ 29℃ ④ 30℃

👉 혼합온도
$$t_3 = \frac{G_1 t_1 + G_2 t_2}{G_1 + G_2} = \frac{1 \times 32 + 3 \times 24}{1 + 3} = 26℃$$

Answer 84. ③ 85. ④ 86. ③ 87. ①

88. 다음 조건의 외기와 재순환 공기를 혼합하려고 할 때 혼합공기의 건구온도는?

  (1) 외기 34℃ DB, 1000m³/h
  (2) 재순환공기 26℃ DB, 2000m³/h

① 31.3℃ ② 28.6℃
③ 18.6℃ ④ 10.3℃

혼합공기의 건구온도(t_3)
$$t_3 = \frac{m_1 \cdot t_1 + m_2 \cdot t_2}{m_1 + m_2}$$
$$= \frac{1000 \times 34 + 2000 \times 26}{1000 + 2000} = 28.6℃$$

89. 온도 t_1, 절대습도 x_1의 공기 m(%)와 온도 t_2, 절대습도 x_2의 공기를 혼합했을 때 이루어지는 혼합공기의 온도 t와 습도 x를 옳게 표시한 것은?

① $t = \dfrac{mt_1 + (100-m)t_2}{100}$,
  $x = \dfrac{mx_1 + (100-m)x_2}{100}$

② $t = \dfrac{(100-m)t_1 + mt_2}{100-m}$,
  $x = \dfrac{(100-m)x_1 + mx_2}{100-m}$

③ $t = \dfrac{(100-m)t_1 + mt_2}{100}$,
  $x = \dfrac{(100-m)x_1 + mx_2}{100}$

④ $t = \dfrac{mt_1 + (100-m)t_2}{100-m}$,
  $x = \dfrac{mx_1 + (100-m)x_2}{100-m}$

90. 건구온도 30℃, 절대습도 0.01kg/kg인 외부공기 30%와 건구온도 20℃, 절대습도 0.02kg/kg인 실내공기 70%를 혼합하였을 때 최종 건구온도(T)와 절대습도(x)는 얼마인가?

① T = 23℃, x = 0.017kg/kg
② T = 27℃, x = 0.017kg/kg
③ T = 23℃, x = 0.013kg/kg
④ T = 27℃, x = 0.013kg/kg

① 혼합온도
$$t_3 = \frac{G_1 t_1 + G_2 t_2}{G_1 + G_2}$$
$$= \frac{0.3 \times 30 + 0.7 \times 20}{0.3 + 0.7} = 23℃$$

② 혼합 절대습도
$$x_3 = \frac{G_1 x_1 + G_2 x_2}{G_1 + G_2}$$
$$= \frac{0.3 \times 0.01 + 0.7 \times 0.02}{0.3 + 0.7} = 0.017\text{kg/kg}$$

91. 온도가 30℃이고, 절대습도가 0.02kg/kg인 실외 공기와 온도가 20℃, 절대습도가 0.01 kg/kg인 실내 공기를 1 : 2의 비율로 혼합하였다. 혼합된 공기의 건구온도와 절대습도는?

① 23.3℃, 0.013kg/kg
② 26.6℃, 0.025kg/kg
③ 26.6℃, 0.013kg/kg
④ 23.3℃, 0.025kg/kg

공기의 혼합
① 혼합 공기의 건구온도(t_3)
$$t_3 = \frac{m_1 \cdot t_1 + m_2 \cdot t_2}{m_1 + m_2} = \frac{1 \times 30 + 2 \times 20}{1 + 2}$$
$$= 23.3℃$$

② 혼합공기의 절대습도(x_3)
$$x_3 = \frac{m_1 \cdot x_1 + m_2 \cdot x_2}{m_1 + m_2}$$
$$= \frac{1 \times 0.02 + 2 \times 0.01}{1 + 2} = 0.013\text{kg/kg}$$

Answer 88. ② 89. ① 90. ① 91. ①

92. 온도 32℃, 상대습도 60%인 습공기 150kg 과 온도 15℃, 상대습도 80%인 습공기 50kg 을 혼합했을 때 혼합공기의 상태를 나타낸 것으로 옳은 것은?

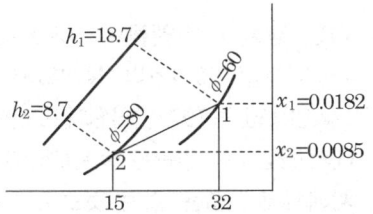

① 온도 20.15℃, 절대습도 0.0158인 공기
② 온도 20.15℃, 절대습도 0.0134인 공기
③ 온도 27.75℃, 절대습도 0.0134인 공기
④ 온도 27.75℃, 절대습도 0.0158인 공기

① 혼합온도
$$t_3 = \frac{G_1 t_1 + G_2 t_2}{G_1 + G_2}$$
$$= \frac{150 \times 32 + 50 \times 15}{150 + 50} = 27.75℃$$

② 혼합절대습도
$$x_3 = \frac{G_1 x_1 + G_2 x_2}{G_1 + G_2}$$
$$= \frac{150 \times 0.0182 + 50 \times 0.0085}{150 + 50}$$
$$= 0.015775 \text{kg/kg}'$$

93. 외기의 건구온도 32℃와 환기의 건구온도 24℃인 공기를 1 : 3(외기 : 환기)의 비율로 혼합하였다. 이 혼합공기의 온도는?

① 26℃ ② 28℃
③ 29℃ ④ 30℃

혼합온도
$$t_3 = \frac{G_1 t_1 + G_2 t_2}{G_1 + G_2} = \frac{1 \times 32 + 3 \times 24}{1 + 3} = 26℃$$

94. 건구온도 10℃, 절대습도 0.003kg/kg인 공기 50m³을 20℃까지 가열하는데 필요한 열량 (kJ)은? (단, 공기의 정압비열은 1.01kJ/kg·K, 공기의 밀도는 1.2kg/m³이다.)

① 425 ② 606
③ 713 ④ 884

공기를 가열하는데 필요한 열량
$$Q = \rho G C_p \Delta t = 1.2 \times 50 \times 1.01 \times (20 - 10)$$
$$= 606 \text{kJ}$$

95. 송풍량 2500m³/h 공기(건구온도 12℃, 상대습도 60%)를 20℃까지 가열하는 데 필요로 하는 열량은? (단, 처음 공기의 비체적 v = 0.815m³/kg, 가열 전후의 엔탈피는 각각 $h_1 = 6$kJ/kg, $h_2 = 8$kJ/kg이다.)

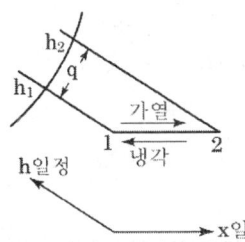

① 4075kJ/h ② 5000kJ/h
③ 6135kJ/h ④ 7362kJ/h

가열열량(q)
$$q = \frac{1}{v} Q \Delta h = \frac{1}{0.815} \times 2500 \times (8 - 6)$$
$$= 6135 \text{kJ/h}$$

96. 현열만을 가하는 경우로 500m³/h의 건구 온도(t_1) 5℃, 상대습도(ϕ_1) 80%인 습공기를 공기 가열기로 가열하여 건구온도(t_2) 43℃, 상대습도(ϕ_2) 8%인 가열공기를 만들고자 한다. 이때 필요한 열량(kW)은 얼마인가? (단, 공기의 비열은 1.01kJ/kg·℃, 공기의 밀도는 1.2kg/m³이다.)

Answer 92. ④ 93. ① 94. ② 95. ③ 96. ③

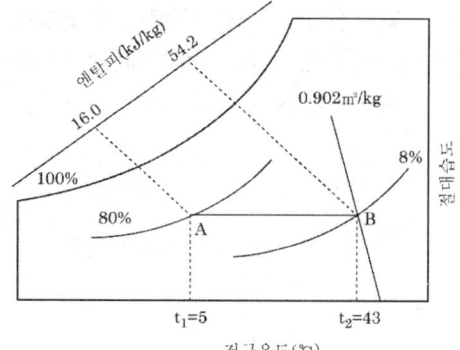

① 3.2 ② 5.8
③ 6.4 ④ 8.7

🖐 **가열열량**(q_s)

[풀이1] $q_s = \rho Q(i_1 - i_2)$
$= 1.2 \times (500\text{m}^3/\text{h} \times \dfrac{1\text{h}}{3600\text{s}})(54.2 - 16)$
$= 6.4\text{kW}$

[풀이2] $q_s = \rho C_p Q(t_1 - t_2)$
$= 1.2 \times 1.01 \times 500 \times \dfrac{1\text{h}}{3600\text{s}} \times (43 - 5)$
$= 6.4\text{kW}$

97. 다음 공기선도상에서 난방풍량이 25000m³/h인 경우 가열코일의 열량(kW)은?
(단, 1은 외기, 2는 실내 상태점을 나타내며, 공기의 비중량은 1.2kg/m³이다.)

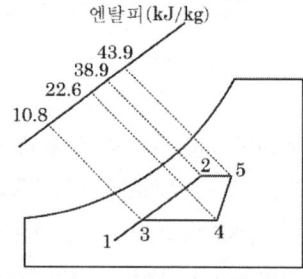

① 98.3 ② 87.1
③ 73.2 ④ 61.4

🖐 **가열코일의 열량**

$q = \gamma Q(i_4 - i_3)$
$= (1.2\dfrac{\text{kg}}{\text{m}^3} \times 25000\dfrac{\text{m}^3}{\text{h}} \times \dfrac{1\text{h}}{3600\text{s}}) \times (22.6 - 10.8)$
$= 98.3\text{kW}$

98. 어떤 장치에 비엔탈피 10kJ/kg인 공기가 매시간 500kg씩 들어와서 비엔탈피 12kJ/kg인 공기로 변화된다고 하면 이 장치에서 공급되는 열량은 몇 kJ/h인가? (단, 장치에서의 가습은 없는 것으로 한다.)

① 1000 ② 1500
③ 2000 ④ 2500

🖐 $Q_1 = GC\Delta t = G\Delta h$
$= 500 \times (12 - 10) = 1000\text{kJ/h}$

99. 건구온도(t_1) 5℃, 상대습도 80%인 습공기를 공기 가열기를 사용하여 건구온도(t_2)가 43℃가 되는 가열공기 950m³/h을 얻으려고 한다. 이때 가열에 필요한 열량(kW)은?

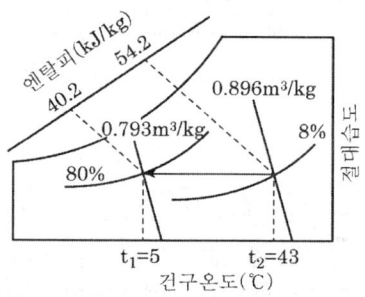

① 2.14 ② 4.65
③ 8.97 ④ 11.02

🖐 **가열에 필요한 열량**(q_s)

$q_s = \dfrac{1}{v} Q(h_2 - h_1)$
$= \dfrac{1}{0.793} \times (950\text{m}^3/\text{h} \times \dfrac{1\text{h}}{3600\text{s}})(54.2 - 40.2)$
$= 4.65\text{kW}$

Answer 97. ① 98. ① 99. ②

100. 건구온도 $t_1=5℃$, 상대습도 $\phi=80\%$인 습공기를 공기 가열기를 사용하여 건구온도 $t_2=43℃$가 되는 가열공기 $650\text{m}^3/\text{h}$를 얻으려고 한다. 이때 가열에 필요한 열량은 약 얼마인가? (단, 습공기 선도를 참고하시오)

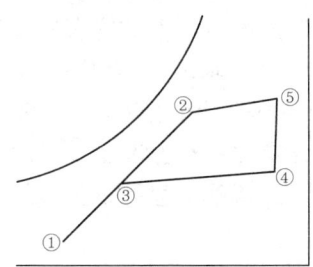

① 7383kcal/h ② 7475kcal/h
③ 7583kcal/h ④ 7637kcal/h

👉 가열에 필요한 열량(q_s)

$$q_s = \frac{1}{v_1} \cdot G(h_2-h_1)$$
$$= \frac{1}{0.793} \times 650 \times (12.95-3.83)$$
$$= 7475 \text{kcal/h}$$

101. 송풍량 $600\text{m}^3/\text{min}$을 공급하여 다음의 공기선도와 같이 난방하는 실의 가습열량(kcal/h)은 약 얼마인가? (단, 공기의 비중은 1.2kg/m^3, 비열은 $0.24\text{kcal/kg}℃$이다.)

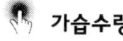

상태점	온도(℃)	엔탈피(kcal/kg)
①	0	0.5
②	20	9.0
③	15	8.0
④	28	10.0
⑤	29	13.0

① 31100 ② 86400
③ 129600 ④ 172800

👉 (1) 공기의 상태변화 과정
　　①: 외기　　②: 환기
　　③: 외기+환기　③-④: 가열과정
　　④-⑤: 가습과정　⑤-②: 실내취출
(2) 가습열량
$$q_L = 1.2 \cdot Q \cdot (i_5-i_4)$$
$$= 1.2 \times 600 \times 60 \times (13-10)$$
$$= 129600 \text{kcal/h}$$

102. 절대습도 $0.004\text{kg/kg}'$, 건구온도 10℃의 공기 200kg/h를 26℃, 절대습도 $0.0175\text{kg/kg}'$로 가열 가습할 때 필요한 가습 수량은?

① 1.35kg/h ② 1.7kg/h
③ 2.35kg/h ④ 2.7kg/h

👉 수공기비 $\frac{L}{G}=x_2-x_1$ 이므로
가습수량 $L=G(x_2-x_1)$
$$=200\times(0.0175-0.004)$$
$$=2.7\text{kg/h}$$

103. 풍량 5000kg/h의 공기(절대습도 0.002 kg/kg)를 온수분무로 절대습도 0.00375 kg/kg까지 가습할 때의 분무수량은 약 얼마인가? (단, 가습효율은 60%라 한다.)

① 5.25kg/h ② 8.75kg/h
③ 14.58kg/h ④ 20.01kg/h

👉 가습수량
$$L=\frac{G(x_2-x_1)}{\eta}$$

Answer　100. ②　101. ③　102. ④　103. ③

$$= \frac{5000 \times (0.00375 - 0.002)}{0.6} = 14.58$$

104. 바이패스 팩터에 대한 설명 중 옳은 것은?
① 신성한 공기와 순환공기의 비중량의 비를 나타낸 것이다.
② 흡입공기 중 온난 공기의 비율이다.
③ 송풍기 중의 습공기의 비율이다.
④ 냉각 또는 가열 코일과 접촉하지 않고 그대로 통과하는 공기의 비율이다.

🖐 **바이패스 팩터(By-pass Facto, BF)**
냉각 또는 가열 코일과 접촉하지 않고 그대로 통과하는 공기의 비율로, BF가 작을수록 성능이 우수하다. 그러므로 바이패스 팩터는 취출공기의 상태 결정에 많은 영향을 준다.

105. 다음 중 바이패스 팩터가 가장 커지는 이유는?
① 송풍량이 적고, 코일의 전(前)면적이 큰 경우
② 코일의 열수가 많고, 코일의 표면적이 큰 경우
③ 송풍량이 많고, 코일의 표면적이 작은 경우
④ 코일의 외표면 열전달률이 크고, 코일 표면적이 큰 경우

🖐 **바이패스 팩터를 작게 하는 방법(공조기의 성능을 양호하게 하는 방법)**
① 실내의 장치노점온도(ADP)를 높게
② 송풍량을 적게
③ 냉수량을 많게
④ 전열면적을 크게
 – 코일의 열수를 많게
 – 코일의 간격을 좁게
⑤ 콘택트 팩터를 크게

106. 다음 중 취출공기의 상태 결정에 중요하게 영향을 미치는 것은?
① 현열비 ② 열수분비
③ 바이패스비 ④ 포화도

🖐 바이패스 팩터(104번 해설 참고)
바이패스 팩터는 취출공기의 상태 결정에 많은 영향을 준다.

107. 다음 중 바이패스 팩터(BF)가 작아지는 경우는?
① 코일 통과풍속을 크게 할 때
② 전열면적이 작을 때
③ 코일의 열수가 증가할 때
④ 코일의 간격이 클 때

🖐 105번 해설 참고

108. 어떤 냉각기의 1열(列) 코일의 바이패스 팩터가 0.65라면 4열(列)의 바이패스 팩터는 약 얼마가 되는가?
① 0.18 ② 1.82
③ 2.83 ④ 4.84

 바이패스 팩터(BF)
$$BF_2 = (BF_1)^{\frac{N_2}{N_1}} = (0.65)^{\frac{4}{1}} = 0.18$$

109. 다음 그림은 냉방 시의 공기조화 과정을 나타낸다. 그림과 같은 조건일 경우 냉각코일의 바이패스 팩터(BF)는 얼마인가? (단, ① 실내공기의 상태점, ② 외기의 상태점, ③ 혼합공기의 상태점, ④ 취출공기의 상태점, ⑤ 코일의 장치노점온도)

Answer 104. ④ 105. ③ 106. ③ 107. ③ 108. ① 109. ②

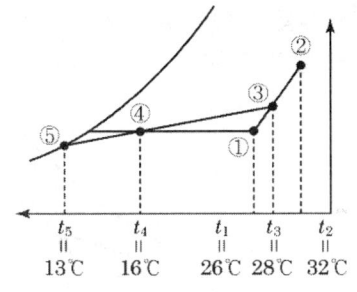

① 0.15 ② 0.20
③ 0.25 ④ 0.30

$BF = \dfrac{t_4 - t_5}{t_3 - t_5} = \dfrac{16-13}{28-13} = 0.2$

110. 냉각코일의 장치노점온도(ADP)가 7℃이고, 여기를 통과하는 입구공기의 온도가 27℃라고 한다. 코일의 바이패스 팩터를 0.1이라고 할 때 출구공기의 온도는?

① 8.0℃ ② 8.5℃
③ 9.0℃ ④ 9.5℃

① 바이패스 팩터(BF)
$$BF = \dfrac{t_2 - t_{ADP}}{t_1 - t_{ADP}}$$
② 출구공기의 온도(t_2)
$BF = \dfrac{t_2 - t_{ADP}}{t_1 - t_{ADP}}$ 이므로 $0.1 = \dfrac{t_2 - 7}{27 - 7}$
∴ $t_2 = 9.0℃$

111. 32℃의 외기와 26℃의 환기를 1:2의 비율로 혼합하고 바이패스 팩터가 0.2인 코일로 냉각 감습할 때의 코일 출구온도는? (단, 코일 표면온도는 20℃이다.)

① 21.5℃ ② 22.5℃
③ 24.7℃ ④ 24.3℃

① 혼합온도
$t_3 = \dfrac{G_1 t_1 + G_2 t_2}{G_1 + G_2} = \dfrac{1 \times 32 + 2 \times 26}{1 + 2} = 28℃$
② 코일 출구온도
$t_4 = t_{ADP} + BF(t_3 - t_{ADP})$
$= 20 + 0.2 \times (28 - 20) = 21.6℃$

112. 다음 그림에서 상태 1인 공기를 2로 변화시켰을 때의 현열비를 바르게 나타낸 것은?

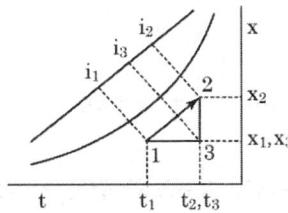

① $(i_3 - i_1)/(i_2 - i_1)$
② $(i_2 - i_3)/(i_2 - i_1)$
③ $(x_2 - x_1)/(t_1 - t_2)$
④ $(t_1 - t_2)/(i_3 - i_1)$

현열비(SHF)
$SHF = \dfrac{현열}{현열 + 잠열}$
$= \dfrac{i_3 - i_1}{(i_3 - i_1) + (i_2 - i_3)} = \dfrac{i_3 - i_1}{i_2 - i_1}$

여기서, 1 → 3 : 현열변화, 3 → 2 : 잠열변화
[참고] 현열비
　습공기 전열량(현열+잠열)에 대한 현열량의 비로서 실내로 취출되는 공기의 상태변화를 알 수 있다.

113. 그림과 같은 상태변화로 난방을 하고자 한다. 이를 위하여 실내환기와 외기를 혼합하여 가열코일을 통과시켰을 때 가열코일 출구에서의 공기상태를 나타내는 것은?

Answer 110. ③ 111. ① 112. ① 113. ④

제2장 공기의 성질 및 공기선도

115. 다음 그림은 냉방의 한 과정이다. 설명 중 틀린 것은?

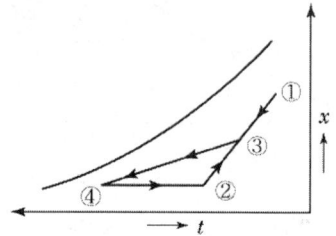

① ①은 신선외기의 상태이다.
② ③은 외기와 실내공기의 혼합점이다.
③ ③ → ④의 과정은 냉각감습과정이다.
④ ②의 상태는 공조기의 출구상태점이다.

👉 ②의 상태는 실내공기 중 환기되는 공기(리턴공기)이다.
[참고] 공기의 상태변화
① 외기
② 실내공기 중 환기공기
③ 외기와 환기의 혼합공기
③-④ 냉각감습
④-② 실내취출

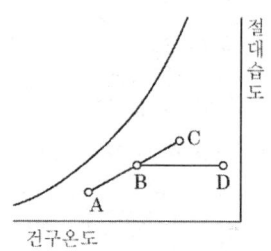

① A ② B
③ C ④ D

👉 A : 외기
C : 실내공기
B : 혼합공기
B-D : 가열(가열코일)

114. 주어진 계통도와 같은 공기조화장치에서 공기의 상태변화를 습공기 선도상에 나타내었다. 계통도의 5점은 습공기 선도에서 어느 점인가?

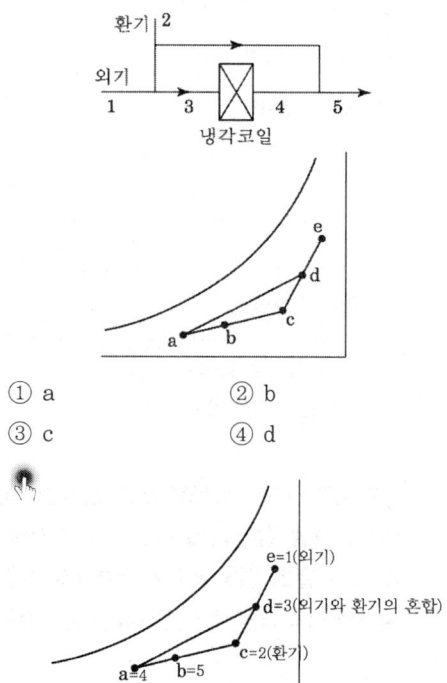

① a ② b
③ c ④ d

116. 다음 중 설명이 잘못된 것은?

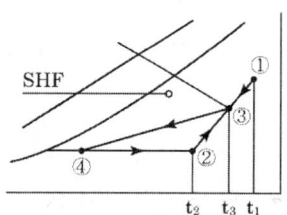

① SHF ②~④ 과정은 평행하다.
② ③점은 외기 ①과 환기 ②를 혼합한 것이다.
③ ④→② 과정은 실내로 송풍하여 실내 부하를 제거하는 과정이다.
④ ④점의 위치는 냉각 코일의 바이패스 팩터(bypass factor)와 관계가 없다.

👉 ① : 외기   ② : 실내공기

Answer 114. ② 115. ④ 116. ④

③ : 혼합공기   ③-④ : 냉각과정
④-② : 취출공기
③-④ : 냉각코일에서의 냉각감습과정으로 공기가 냉각코일을 지나는 동안 냉각코일을 접촉하지 않고 그대로 통과하는 공기가 생기게 된다.
[참고] 바이패스 팩터(By Pass Factor : BF) 가열 또는 냉각코일을 접촉하지 않고 그대로 통과하는 공기의 비율

117. 그림은 공기조화기 내부에서의 공기의 변화를 나타낸 것이다. 이 중에서 냉각 코일에서 나타내는 상태변화는 공기선도상 어느 점을 나타내는가?

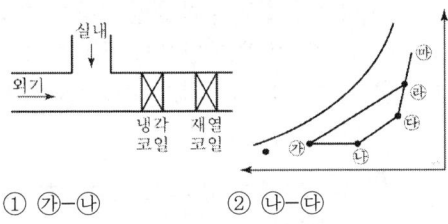

① ㉮-㉯   ② ㉯-㉰
③ ㉱-㉮   ④ ㉱-㉲

① 외기 : ㉲
② 실내공기(환기) : ㉰
③ 혼합(외기+실내공기) : ㉱
④ 냉각코일 : ㉱-㉮
⑤ 재열코일 : ㉮-㉯
⑥ 실내 : ㉯-㉰

118. 공기선도상에서 ①의 공기가 온도가 높은 다량의 물과 접촉하여 가열, 가습되고 ③의 상태로 변화한 경우의 공기선도로 다음 중 옳은 것은?

①
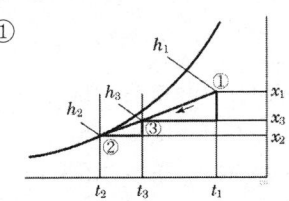

②
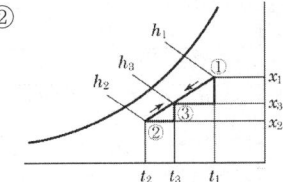

③
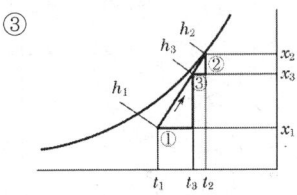

④
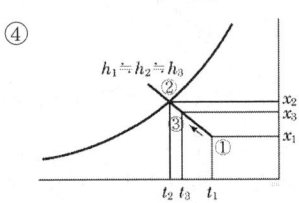

① 냉각감습
② 외기와 실내공기의 혼합과정
③ 가열가습
④ 냉각가습

119. 다음 그림은 외기와 환기(리턴)를 혼합한 후 예열, 가습, 재열하는 과정을 나타낸 것이다. 예열과정은 어느 것인가?

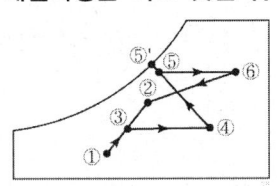

① ⑤-⑥   ② ⑥-②
③ ③-④   ④ ④-⑤

① 재열과정   ② 실내취출
③ 예열   ④ 가습
[참고]
혼합 → 예열 → 세정(순환수 분무) → 재열

Answer 117. ③ 118. ③ 119. ③

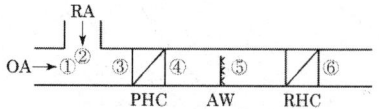

120. 다음 그림에 대한 기술 중 틀린 것은?

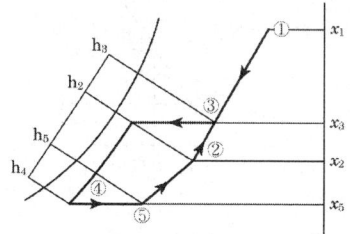

① ⑤의 공기는 취득열량 $G(h_2 - h_5)$를 얻어 공기상태 ②로 된다.
② 실내공기 ②와 옥외공기가 혼합되면 ③의 상태로 되고 이때 $G(h_3 - h_2)$를 외기부하라 한다.
③ 혼합공기 ③을 냉각코일에 통과시키면 상대습도 95%선을 따라 냉각 가습되어 ④에 이른다.
④ ④의 공기를 재열코일에 통과시키면 재열부하 $G(h_5 - h_4)$를 얻어 ⑤의 상태로 취출구를 나온다.

☞ ③ 혼합공기 ③을 냉각코일에 통과시키면 상대습도 95%선을 따라 냉각 감습되어 ④에 이른다.

121. 다음 그림에 대한 설명으로 틀린 것은? (단, 하절기 공기조화 과정이다.)

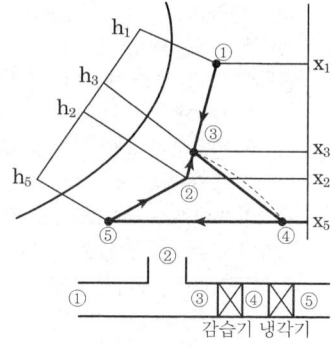

① ③을 감습기에 통과시키면 엔탈피 변화 없이 감습된다.
② ④는 냉각기를 통해 엔탈피가 감소되며 ⑤로 변화된다.
③ 냉각기 출구 공기 ⑤를 취출하면 실내에서 취득열량을 얻어 ②에 이른다.
④ 실내공기 ①과 외기 ②를 혼합하면 ③이 된다.

☞ ④ 외기 ①과 실내공기 ②를 혼합하면 ③이 된다.

122. 다음의 공기조화 장치에서 냉각코일 부하를 올바르게 표현한 것은? (단, G_F는 외기량(kg/h)이며, G는 전풍량(kg/h)이다.)

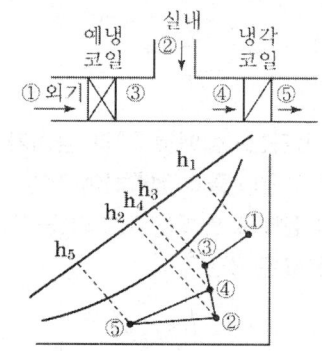

① $G_F(h_1-h_3)+G_F(h_1-h_2)+G(h_2-h_5)$
② $G(h_1-h_2)-G_F(h_1-h_3)+G_F(h_2-h_5)$
③ $G_F(h_1-h_2)-G_F(h_1-h_3)+G(h_2-h_5)$

Answer 120. ③ 121. ④ 122. ③

④ $G(h_1-h_2)+G_F(h_1-h_3)+G_F(h_2-h_5)$

👉 냉각부하
$$q_T = G(h_4-h_5) = G(h_4-h_2) + G(h_2-h_5)$$
$$= G_F(h_1-h_2) - G_F(h_1-h_3) + G(h_2-h_5)$$
$$= [외기부하] - [예냉부하] + [실내부하]$$

123. 그림과 같은 공기조화장치 선도에서 열량 표시가 틀린 것은? (단, G : 전풍량, ① : 외기, ② : 환기이다.)

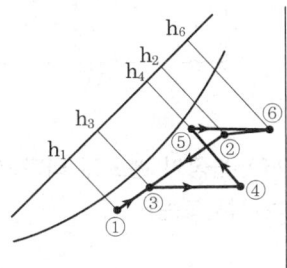

① q_p(예열량)$= G(h_4-h_3)$
② q_R(재열량)$= G(h_6-h_5)$
③ q_o(외기부하)$= G(h_2-h_3)$
④ q_t(전열량)$= G(h_5-h_3)$

👉 ④ q_t(전열량)$= G(h_6-h_3)$

124. 송풍량 600m³/min을 공급하여 다음의 공기선도와 같이 난방하는 실의 실내부하는? (단, 공기의 비중량은 1.2kg/m³, 비열은 0.24kcal/kg·℃이다.)

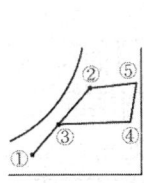

상태점	온도(℃)	엔탈피(kcal/kg)
①	0	0.5
②	20	9.0
③	15	8.0
④	28	10.0
⑤	29	13.0

① 31100kcal/h　② 94510kcal/h
③ 129600kcal/h　④ 172800kcal/h

👉 실내부하(q_r)
$$q_r = G(h_5-h_2)$$
$$= \left(1.2 \times 600 \times \frac{60min}{1h}\right) \times (13-9)$$
$$= 172800 kcal/h$$

125. 아래 그림은 냉방 시의 공기조화 과정을 나타낸다. 그림과 같은 조건일 경우 취출풍량이 1000m³/h이라면 소요되는 냉각코일의 용량(kW)은 얼마인가? (단, 공기의 밀도는 1.2kg/m³이다.)

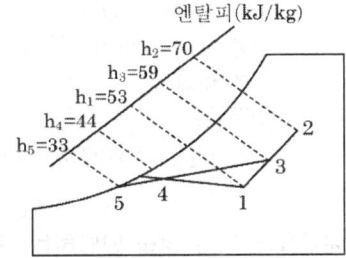

1. 실내공기의 상태점
2. 외기의 상태점
3. 혼합 공기의 상태점
4. 취출 공기의 상태점
5. 코일의 장치 노점 온도

① 8　　② 5
③ 3　　④ 1

👉 냉동기의 용량(q_c)
$$q_c = \rho Q(h_3-h_4)$$
$$= 1.2 \times (1000m^3/h \times \frac{1h}{3600s})(59-44)$$
$$= 5kW$$

126. 건구온도 32℃, 습구온도 26℃의 신선외기 1800m³/h를 실내로 도입하여 실내공기를 27℃(DB), 50%(RH)의 상태로 유지하기 위해

Answer 123. ④　124. ④　125. ②　126. ②

외기에서 제거할 전열량은? (단, 32℃, 27℃에서의 절대습도는 각각 0.0189kg/kg, 0.0112kg/kg이며, 공기의 비중량은 1.2kg/m³, 비열은 0.24kcal/kg·℃이다.)

① 약 9900kcal/h ② 약 12530kcal/h
③ 약 18300kcal/h ④ 약 23300kcal/h

① 현열량(q_s)
$q_s = \gamma Q C \Delta t$
$= 1.2 \times 1800 \times 0.24 \times (32-27)$
$= 2592 \text{kcal/h}$

② 잠열량(q_L)
$q_L = 717 Q \cdot (x_2 - x_1)$
$= 717 \times 1800 \times (0.0189 - 0.0112)$
$= 9938 \text{kcal/h}$

③ 전열량(q_T)
$q_T = q_s + q_L = 2592 + 9938 = 12530 \text{kcal/h}$

127. 겨울철에 어떤 방을 난방하는 데 있어서 이 방의 현열 손실이 12000kJ/h이고 잠열 손실이 4000kJ/h이며, 실온을 21℃, 습도를 50%로 유지하려 할 때 취출구의 온도차를 10℃로 하면 취출구 공기상태점은?

① 21℃, 50%인 상태점을 지나는 현열비 0.75에 평행한 선과 건구온도 31℃인 선이 교차하는 점
② 21℃, 50%인 점을 지나고 현열비 0.33에 평행한 선과 건구온도 31℃인 선이 교차하는 점
③ 21℃, 50%인 점을 지나고 현열비 0.75에 평행한 선과 건구온도 11℃인 선이 교차하는 점
④ 21℃, 50%인 점과 31℃, 50%인 점을 잇는 선분을 4:3으로 내분하는 점

① 현열비
$\text{SHF} = \dfrac{q_S}{q_S + q_L} = \dfrac{12000}{12000+4000} = 0.75$

② 취출구 온도=21+10=31℃

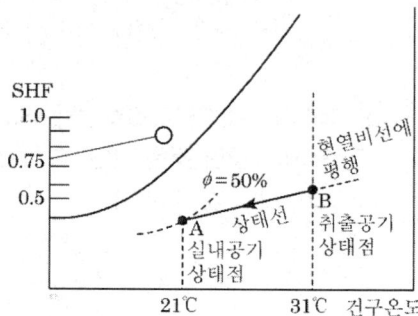

128. 아래 습공기 선도에 나타낸 과정과 일치하는 장치도는?

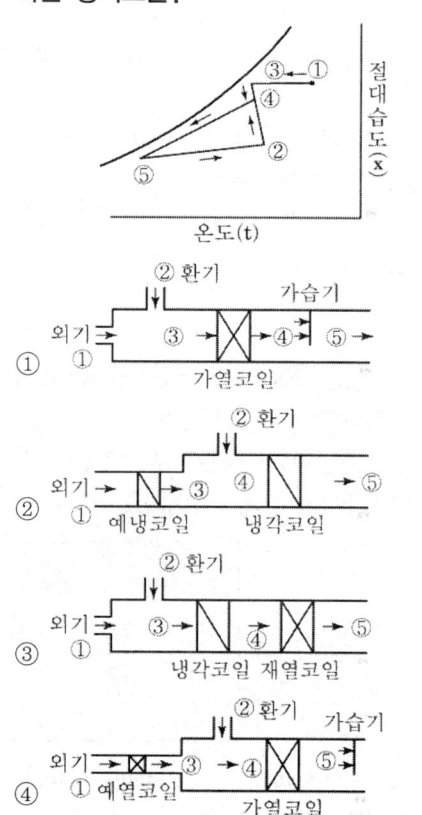

127. ① 128. ②

> 습공기 선도에 나타낸 과정(예냉, 혼합, 냉각)
> ① : 외기
> ② : 실내공기
> ①~③ : 예냉
> ④ : 외기와 실내공기의 혼합
> ④~⑤ : 냉각코일(냉각감습과정)
> ⑤ : 실내취출

129. 다음 습공기 선도의 공기조화과정을 나타낸 장치도는? (단, ①=외기, ②=환기, HC=가열기, CC=냉각기이다.)

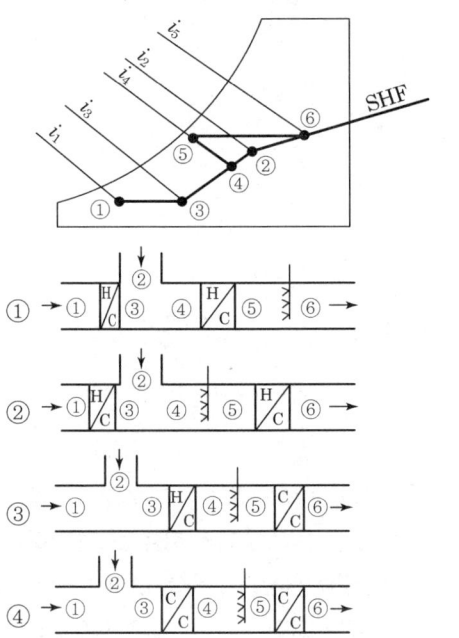

> ① : 외기   ①-③ : 외기 예열
> ② : 환기   ④-⑤ : 가습
> ④ 외기와 환기의 혼합
> ⑤-⑥ : 재열   ⑥-② 실내취출

130. 아래의 그림은 공조기에 ① 상태의 외기와 ② 상태의 실내에서 되돌아온 공기가 공조기로 들어와 ⑥ 상태로 실내로 공급되는 과정을 습공기 선도에 표현한 것이다. 공조기 내 과정을 알맞게 나열한 것은?

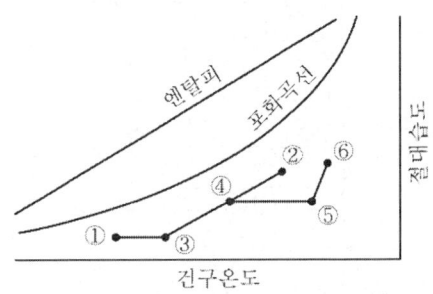

① 예열 - 혼합 - 증기가습 - 가열
② 예열 - 혼합 - 가열 - 증기가습
③ 예열 - 증기가습 - 가열 - 증기가습
④ 혼합 - 제습 - 증기가습 - 가열

> 겨울철
> 외기 예열(①-③) → 혼합(②+③=④, 실내공기+외기) → 가열(④-⑤) → 증기가습(⑤-⑥)

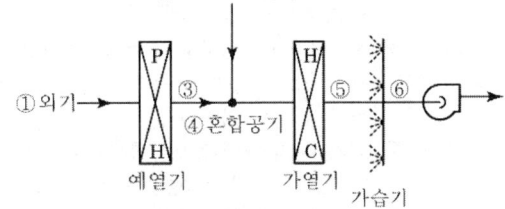

① 상태의 외기를 예열하여 ③의 상태로 실내공기 ②와 혼합하면 ④의 혼합공기로 된 후 가열하면 ⑤의 상태가 되며, 이것에 증기를 분무시켜서 ⑥의 상태로 실내에 송풍한다.

131. 다음 공기조화 장치 중 실내로부터 환기의 일부를 외기와 혼합한 후 냉각코일을 통과시키고, 이 냉각코일 출구의 공기와 환기의 나머지를 혼합하여 송풍기로 실내에 재순환시키는 장치의 흐름도는?

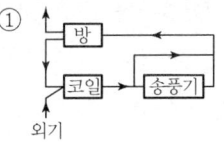

Answer 129. ② 130. ② 131. ②

②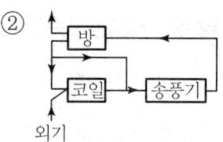

③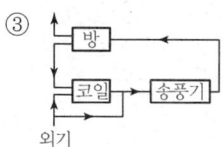

④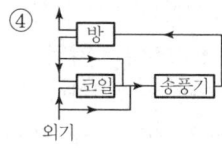

① 외기+환기→냉각코일 통과→송풍기 통과
+일부 바이패스→실내공급→환기 및 일
부 재순환

② 외기+환기→냉각코일 통과→송풍기 통과
+ 환기 일부 혼합→실내공급→환기 및 일
부 재순환

③ 외기+환기→냉각코일 통과+외기 일부
바이패스 →송풍기 통과→실내공급→
환기 및 일부 재순환

④ 외기+환기→냉각코일 통과+외기 및 환
기 일부 바이패스→송풍기 통과→실내공
급→환기 및 일부 재순환

132. 냉·난방 시의 실내 현열부하를 q_s(W), 실내와 말단장치의 온도(℃)를 각각 t_r, t_d라 할 때 송풍량 Q(L/s)를 구하는 식은?

① $Q = \dfrac{q_s}{0.24(t_r - t_d)}$

② $Q = \dfrac{q_s}{1.2(t_r - t_d)}$

③ $Q = \dfrac{q_s}{1.85(t_r - t_d)}$

④ $Q = \dfrac{q_s}{2501(t_r - t_d)}$

$Q = \dfrac{q_s [\text{W}]}{\gamma C_p \Delta t}$

$= \dfrac{q_s [\text{W}]}{1.2 \times 1.01(t_r - t_d)} = \dfrac{q_s [\text{W}]}{1.2(t_r - t_d)} [\text{L/s}]$

133. 어떤 실내에 대한 냉방부하 계산 결과 현열부하=q_s, 잠열부하=q_t, 전부하=q_t이었다. 실내온도=t_r, 토출공기온도=t_d라 하면 풍량(Q=m³/h)은 어떻게 구하는가? (단, 공기의 비중량=γ, 비열=C_p, 비체적=v이다.)

① $Q = \dfrac{q_s}{C_p v(t_r - t_d)}$

② $Q = \dfrac{q_s}{C_p \gamma(t_r - t_d)}$

③ $Q = \dfrac{q_t}{\gamma v(t_d - t_r)}$

④ $Q = \dfrac{q_t}{C_p \gamma(t_d - t_r)}$

$q_s = G C_p (t_r - t_d) = Q C_p \gamma (t_r - t_d)$

$\therefore Q = \dfrac{q_s}{C_p \gamma(t_r - t_d)}$

134. 실내 냉방부하가 현열 7kW, 잠열 1kW인 실의 송풍량은? (단, 취출 온도차 10℃, 공기 비중량 1.2kg/m³, 비열 1.01kJ/kg·℃이다.)

① 1538CMH ② 2080CMH
③ 3180CMH ④ 4200CMH

송풍량(Q)

$Q = \dfrac{q_s}{\gamma C \Delta t} = \dfrac{7\text{kJ/s} \times \dfrac{3600\text{s}}{1\text{h}}}{1.2 \times 1.01 \times 10}$

$= 2080 \text{CMH} [\text{m}^3/\text{h}]$

135. 실내 설계온도 26℃인 사무실의 실내유효 현열부하는 20.42kW, 실내유효 잠열부하

Answer 132. ② 133. ② 134. ② 135. ②

는 4.27kW이다. 냉각코일의 장치노점온도는 13.5℃, 바이패스 팩터가 0.1일 때, 송풍량(L/s)은? (단, 공기의 밀도는 1.2kg/m³, 정압비열은 1.006kJ/kg·K이다.)

① 1350 ② 1503
③ 12530 ④ 13532

> 송풍량(Q)
>
> $$Q = \frac{q_s}{\rho \cdot C_p \cdot \Delta t \cdot (1-BF)}$$
> $$= \frac{20.42 \times 10^3}{1.2 \times 1.006 \times (26-13.5) \times (1-0.1)}$$
> $$= 1503 L/s$$
>
> 여기서, CF = 1 - BF
>
> [참고]
> ① 콘택트 팩터(CF) : 공기가 코일에 접촉한 비율
> ② 바이패스 팩터(BF) : 공기가 코일을 접촉하지 않고 그대로 통과하는 비율

136. 어떤 방의 취득 현열량이 8360kJ/h로 되었다. 실내온도를 28℃로 유지하기 위하여 16℃의 공기를 취출하기로 계획한다면 실내로의 송풍량은? (단, 공기의 비중량은 1.2kg/m³, 정압비열은 1.004kJ/kg·℃이다.)

① 426.2m³/h ② 467.5m³/h
③ 578.7m³/h ④ 612.3m³/h

> 실내송풍량(Q)
>
> $$Q = \frac{q_s}{C_p \times \gamma \times (t_r - t_d)}$$
> $$= \frac{8360}{1.004 \times 1.2(28-16)} = 578.2 m^3/h$$

137. 어느 실의 냉방장치에서 실내취득 현열부하가 40000W, 잠열부하가 15000W인 경우 송풍 공기량은? (단, 실내온도 26℃, 송풍 공기온도 12℃, 외기온도 35℃, 공기밀도 1.2kg/m³, 공기의 정압비열은 1.005kJ/kg·K이다.)

① 1.658m³/s ② 2.280m³/s
③ 2.369m³/s ④ 3.258m³/s

> 송풍공기량(Q)
>
> $$Q = \frac{q_S}{\gamma C \Delta t} = \frac{40}{1.2 \times 1.005 \times (26-12)}$$
> $$= 2.369 m^3/s$$
>
> (여기서, 현열부하 40000W=40kW)

138. 실내의 냉방 현열부하가 5.8kW, 잠열부하가 0.93kW인 방을 실온 26℃로 냉각하는 경우 송풍량(m³/h)은? (단, 취출온도는 15℃이며, 공기의 밀도 1.2kg/m³, 정압비열 1.01kJ/kg·K이다.)

① 1566.1 ② 1732.4
③ 1999.8 ④ 2104.2

> 송풍량(m³/h)
>
> $$Q = \frac{q_s}{\rho C_p (t_2 - t_5)} = \frac{5.8 kJ/s \times \frac{3600s}{1h}}{1.2 \times 1.01(26-15)}$$
> $$= 1566.1 m^3/h$$

139. 실내의 냉방 현열부하가 5000kcal/h, 잠열부하가 800kcal/h인 방을 실온 26℃로 냉각하는 경우 송풍량은? (단, 취출온도는 15℃이며, 건공기의 정압비열은 0.24kcal/kg·℃, 공기의 비중량은 1.2kg/m³이다.)

① 1578m³/h ② 878m³/h
③ 678m³/h ④ 578m³/h

> 송풍량(Q)
>
> $$Q = \frac{q_s}{\gamma C \Delta t} = \frac{5000}{1.2 \times 0.24 \times (26-15)}$$
> $$= 1578 m^3/h$$

Answer 136. ③ 137. ③ 138. ① 139. ①

140. 아래 그림에 나타낸 장치를 표의 조건으로 냉방운전을 할 때 A실에 필요한 송풍량(m³/h)은? (단, A실의 냉방부하는 현열부하 8.8kW, 잠열부하 2.8kW이고, 공기의 정압비열은 1.01kJ/kg·K, 밀도는 1.2kg/m³이며, 덕트에서의 열손실은 무시한다.)

지점	온도(DB), ℃	습도(RH), %
A	26	50
B	17	–
C	16	85

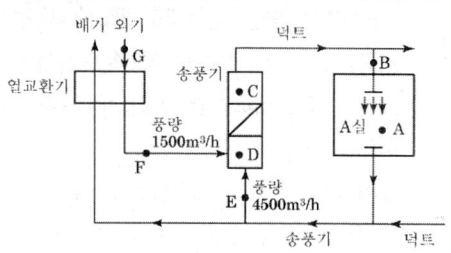

① 924   ② 1847
③ 2904   ④ 3831

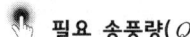 필요 송풍량(Q)

$$Q = \frac{q_S}{\rho C \Delta t} = \frac{8.8\text{kJ/s} \times \frac{3600\text{s}}{1\text{h}}}{1.2 \times 1.01 \times (26-17)}$$
$$= 2904 \text{m}^3/\text{h}$$

141. 실내 난방을 온풍기로 하고 있다. 이때 실내 현열량 6.5kW, 송풍 공기온도 30℃, 외기온도 -10℃, 실내온도 20℃일 때, 온풍기의 풍량(m³/h)은 얼마인가? (단, 공기비열은 1.005kJ/kg·K, 밀도는 1.2kg/m³이다.)

① 1940.2   ② 1882.1
③ 1324.1   ④ 890.1

온풍기의 풍량(Q)

$$Q = \frac{q_s}{\rho C \Delta t} = \frac{6.5 \frac{\text{kJ}}{\text{s}} \times \frac{3600s}{1\text{h}}}{1.2 \times 1.005 \times (30-20)}$$
$$= 1940.2 \text{m}^3/\text{h}$$

여기서 6.5kW=6.5kJ/s

142. 공기 중의 수분이 벽이나 천장, 바닥 등에 닿았을 때 응축되어 이슬이 맺히는 경우가 있다. 이와 같은 수분의 응축결로를 방지하는 방법으로 적절하지 않은 것은?

① 다습한 외기를 도입하지 않도록 한다.
② 벽체인 경우 단열재를 부착한다.
③ 유리창인 경우 2중 유리를 사용한다.
④ 공기와 접촉하는 벽면의 온도를 노점온도 이하로 낮춘다.

표면 결로의 방지조건
① 공기와의 접촉면 온도를 항상 노점온도 이상으로 유지
② 공기층이 밀폐된 2중 유리를 사용
③ 단열재를 부착
④ 실내 상대습도를 30~40%로 유지

143. 건물의 콘크리트 벽체의 실내측에 단열재를 부착하여 실내측 표면에 결로가 생기지 않도록 하려 한다. 외기온도가 0℃, 실내온도가 20℃, 실내공기의 노점온도가 12℃, 콘크리트 두께가 100mm일 때, 결로를 막기 위한 단열재의 최소 두께(mm)는? (단, 콘크리트와 단열재 접촉부분의 열저항은 무시한다.)

열전도도	콘크리트	1.63W/m·K
	단열재	0.17W/m·K
대류 열전달계수	외기	23.3W/m²·K
	실내공기	9.3W/m²·K

① 11.7   ② 10.7
③ 9.7   ④ 8.7

Answer 140. ③ 141. ① 142. ④ 143. ③

결로를 막기 위한 단열재 최소 두께 결정
난방 시 외벽을 통하여 전달되는 열전달량과 열통과량은 동일하고 유리면 등의 표면에 결로가 생기는 것은 구조체의 표면온도가 실내공기의 노점온도보다 낮아질 때이다.

① 외부 열통과율(K)
$$Q = KA(t_o - t_s) = \alpha A(t_i - t_s)$$
$$K(t_o - t_s) = \alpha(t_i - t_s)$$
여기서, t_s : 노점온도
t_o : 외기온도
t_i : 실내온도
K : 열통과율
α : 실내공기 대류열전달계수

$K \times (12 - 0) = 9.3 \times (20 - 12)$
$\therefore k = \dfrac{9.3 \times (20 - 12)}{12} = 6.2$

② 단열재 최소 두께(l_2)
$$K = \dfrac{1}{\dfrac{1}{\alpha_o} + \dfrac{l_1}{\lambda_1} + \dfrac{l_2}{\lambda_2}}$$

$$6.2 = \dfrac{1}{\dfrac{1}{23.3} + \dfrac{0.1}{1.63} + \dfrac{l_2}{0.17}}$$

$\therefore l_2 = 0.0097\text{m} = 9.7\text{mm}$

따라서 결로를 방지하기 위한 방열재의 두께는 9.7mm 이상이어야 한다.

144. 10℃의 냉풍을 급기하는 덕트가 건구온도 30℃, 상대습도 70%인 실내에 설치되어 있다. 이때 덕트의 표면에 결로가 발생하지 않도록 하려면 보온재의 두께는 최소 몇 mm 이상이어야 하는가? (단, 30℃, 70%의 노점온도 24℃, 보온재의 열전도율은 0.03W/m℃, 내표면의 열전달률은 40W/m²℃, 외표면의 열전달률은 8W/m²℃, 보온재 이외의 열저항은 무시한다.)

① 5mm   ② 8mm
③ 16mm ④ 20mm

열통과율(K)
$K(t_i - t_o) = \alpha_o(t_i - t)$
$K(30 - 10) = 8(30 - 24)$
$k = \dfrac{8(30 - 24)}{(30 - 10)} = 2.4 \text{W/m}^2\text{℃}$

$$K = \dfrac{1}{\dfrac{1}{\alpha_i} + \dfrac{l}{\lambda} + \dfrac{1}{\alpha_o}}$$

위 식을 보온재 두께(l)에 관해 풀면
$$l = \lambda \left(\dfrac{1}{K} - \dfrac{1}{\alpha_i} - \dfrac{1}{\alpha_o} \right)$$
$$= 0.03 \left(\dfrac{1}{2.4} - \dfrac{1}{40} - \dfrac{1}{8} \right)$$
$$= 0.008\text{m} = 8\text{mm}$$

145. 외기온도 −5℃, 실내온도 18℃, 실내습도 70%일 때, 벽 내면에서 결로가 생기지 않도록 하기 위해서는 내·외기 대류와 벽의 전도를 포함하여 전체 벽의 열통과율(W/(m²·K))은 얼마 이하이어야 하는가? (단, 실내공기 18℃, 70%일 때 노점온도는 12.5℃이며, 벽의 내면 열전달률은 7W/(m²·K)이다.)

① 1.91   ② 1.83
③ 1.76   ④ 1.67

결로를 막기 위한 전체 벽의 열통과율(K)
① 난방 시 외벽을 통하여 전달되는 열전달량과 열통과량은 동일하고 유리면 등의 표면에 결로가 생기는 것은 구조체의 표면온도가 실내공기의 노점온도보다 낮아질 때이다.
② 난방 시 외벽을 통하여 전달되는 열전달량과 열통과량은 동일하므로
$K(t_r - t_o) = \alpha_i(t_r - t_s)$
$Q = KA(T_r - T_o) = \alpha_i A(T_r - T_s)$
$K(T_r - T_o) = \alpha_i(T_r - T_s)$
$$K = \dfrac{\alpha_i(T_r - T_s)}{(T_r - T_o)}$$
$$= \dfrac{7(18 - 12.5)}{(18 - (-5))} = 1.67 \text{W/(m}^2 \cdot \text{K)}$$

Answer 144. ②   145. ④

여기서, t_s : 노점온도[℃]
t_r : 실내 공기온도[℃]
t_o : 실외 공기온도[℃]
K : 전체 벽 열관류율[W/(m²·K)]
$α_i$: 벽 내면 열전달률[W/(m²·K)]

146. 실내 벽면의 온도가 -40℃인 냉장고의 벽을 노점 온도를 기준으로 방열하고자 한다. 열전도율이 0.035W/m℃인 방열재를 사용한다면 두께는 얼마로 하면 좋은가? (단, 외기온도는 30℃, 상대습도는 85%, 노점온도는 27.2℃, 방열재와 외기와의 열전달률은 7W/m²℃로 한다.)

① 50mm　　② 75mm
③ 100mm　　④ 125mm

외벽면에 결로 방지하는 방열재 두께 결정
냉장고 외벽 표면에서의 열전달량은 벽을 통해 냉장고 내로 전도되어 가는 열량과 같으므로
$Q = KA(t_o - t_r) = αA(t_o - t'_s)$
$K × (30-(-40)) = 7 × (30-27.2)$
∴ $K = 0.28 W/m²℃$
방열재 두께(l)는
$$\frac{1}{K} = \frac{1}{α} + \frac{l}{λ}$$
$$\frac{1}{0.28} = \frac{1}{7} + \frac{l}{0.035}$$
∴ $l = 0.12m = 120mm$
따라서 결로를 방지하기 위한 방열재의 두께는 120mm 이상으로 해야 한다.

Answer 146. ④

chapter 03 공조방식

1 공조방식의 분류

(1) 공조방식을 결정하는 요인

① 건물의 규모, 구조, 용도
② 설비비 및 운전비의 경제성
③ 공조부하에 대한 적응성
④ 조닝에 대한 적응성
⑤ 온습도를 포함한 실내 환경성능의 정도
⑥ 사용자 및 유지관리자의 취급과 조작성의 간단 여부
⑦ 설비·기기류의 설치 공간

(2) 공조 조닝

존(zone)은 하나의 구역을 말하며, 조닝(zoning)은 건물을 몇 개의 구역으로 분할하여 각각 단독으로 공조를 하는 것을 말한다.

1) 공조 조닝의 종류

건축물을 조닝하는 경우 크게 외부 존과 내부 존으로 분류되며, 상세한 조닝은 방위별, 용도별, 시간대별 등으로 구분할 수 있다.

① 방위별 조닝 : 일사에 의한 영향으로 방위 또는 시각별 구획
② 부하특성별 조닝 : 건물의 중역실, 회의실, 식당과 같이 일반 사무실에 비해 현열비가 크게 다른 경우 계통별로 구별

③ 사용시간별 조닝 : 빌딩 내 사무실이나 상점, 다방, 식당과 같이 운전시간이 다르며 사용 용도가 다른 경우의 구별
④ 건물 층별 조닝 : 지하층과 지상층은 별도 계통으로 구획

조닝 시 고려사항	조닝의 효과
① 실내로의 열 운송 경로 ② 실의 용도, 기능, 사용 시간대 ③ 실의 요구 청정도 ④ 실의 방위, 부하량 및 구성	① 에너지 절약 ② 부하 변동이나 외기의 변화에 효과적으로 대처 ③ 시스템의 효율적인 운전, 유지 관리 용이 ④ 건물 사용자의 편의나 쾌적도 향상

(3) 제어방식에 따른 공조방식

① 전체 제어방식

하나의 건물을 하나의 공조장치로, 여름에는 냉풍을 만들고 겨울에는 온풍을 만들어서 각 방에 일정 풍량으로 송풍하는 방법

② 존 제어방식

전체 제어방식의 큰 결점을 보완하기 위해 건물을 좀 더 잘게 몇 개의 구역으로 나누어 각각 단독으로 공조하는 방법. 존(zone)은 하나의 구역을 말하며, 조닝(zoning)은 건물을 몇 개의 구역으로 분할하여 각각 단독으로 공조하는 것을 말한다.

③ 개별 제어방식

건물의 각 실마다 공조 유닛을 배치하고 각 실에서 적당하게 온도, 습도, 기류를 조절할 수 있도록 한 방식으로 주로 소규모 상점, 호텔, 여관 등에서 채용되고 있다.

(4) 설치 위치에 따른 분류

1) 중앙식

1차 열원기기(냉동기, 보일러 등)를 중앙 기계실에 집중 설치하여, 2차측 공조시스템(공조기 등)의 펌프를 통해 열매를 공급하는 방식으로, 대규모 건물에서는 일반적으로 거의 이 방식을 사용한다.

2) 개별식

개별 열원방식은 부하가 발생하는 장소(실내)에 별도의 열원기기(패키지 에어컨 등)를

설치하여 발생하는 부하를 처리하는 방식으로, 종전에는 주로 중·소규모의 건물에만 사용되었으나, 최근에 와서는 기종이 다양해지고 성능도 많이 향상되어 대규모 건물에서도 많이 사용하고 있다.

분류	중앙방식	개별방식
열원배치방식	기계실에 집중배치	각 실마다 분산배치
유지관리 및 보수	용이	불리(공조기의 이동 및 보관이 편리하며 설치가 간단)
공기 청정도	양호(송풍량이 많고 고성능 필터를 사용하므로 실내오염도가 적다.)	불량(실내공기를 재순환시키므로 공기 청정도가 나쁘다)
사용 용도	대형 건물에 적합	소형 건물에 적합(대형 건물에 사용할 경우 공조기 수가 증가하므로 설비비가 고가)
개별 제어	각 실, 각 층 제어가 불가능(유닛 병용은 가능)	각 실 제어가 가능 에너지를 절약할 수 있다.
설치 면적	대형 공조실과 덕트 스페이스가 크다.	배관면적이 필요하고 실내에 유닛이 설치되어 바닥유효면적이 감소
기 타	외기냉방이 가능(리턴팬 설치)	유닛에 팬이 내장되어 있어서 소음이 크며 외기냉방 불가

(4) 열매체에 의한 분류

구분	열매체	공조 방식	비고
중앙식	전공기 방식	단일덕트 방식	정풍량, 변풍량
		2중덕트 방식	정풍량, 변풍량, 멀티존 유닛
		각층 유닛 방식	
		패키지 방식	
	수-공기 방식	유인 유닛 방식	2관식, 3관식, 4관식
		덕트병용 팬코일 유닛 방식	2관식, 3관식, 4관식
		복사냉난방(패널에어) 방식	
	전수방식	팬코일 유닛 방식	2관식, 3관식, 4관식
개별식	냉매방식	룸쿨러 방식	
		패키지 방식	
		멀티 유닛 방식	

(5) 전공기 방식, 수+공기방식, 수방식 비교

분류	송풍기동력 열반송동력	환기 및 공기청정도	공조실 덕트 면적	외기냉방	누수 부식	개별제어
전공기 방식	크다	양호	크다	가능	없다	불가능
공기+수방식	중간	중간	중간	중간	약간	가능
수방식	펌프동력	불량	작다	불가능	많다	양호

2 각종 공조방식의 종류 및 특징

(1) 전공기 방식

단일덕트 방식은 중앙의 공조기로 온·습도를 조절하고 여름에는 냉풍, 겨울에는 온풍을 덕트를 통해 각 방으로 공급하는 것으로 모든 냉난방 부하를 공기로만 처리하는 방법

① 장점
 ㉠ 송풍량이 많고 공조기에 고성능 필터를 사용하므로 실내공기의 오염도가 적어 실의 청정도가 요구되는 공조에 적합하다.
 ㉡ 중앙집중식이므로 운전취급이 간편하고 유지관리 및 보수가 용이하다.
 ㉢ 리턴팬을 설치하면 중간기에 외기냉방이 가능하다.
 ㉣ 열용량이 작으므로 부하변동에 대한 실온제어가 빠르다.
 ㉤ 유닛이 실내에 노출되지 않으므로 실내공간 이용도가 높다.

② 단점
 ㉠ 덕트 치수가 커지므로 덕트 설치 공간이 크다.
 ㉡ 대형 공조실이 필요하다.
 ㉢ 송풍동력이 커서 타방식에 비하여 열반송동력이 크다.
 ㉣ 개별 제어가 어렵다.
 ㉤ 열운반 능력이 작아 원거리 열수송에는 부적합하다.

③ 적용
 ㉠ 1000m² 이하의 소규모 건물에 적합 : 소규모의 상점, 음식점, 사무실, 연구실 등

ⓛ 공기의 청정도를 높게 유지해야 하는 경우 : 병원, 클린룸 등
ⓒ 대공간의 제어를 요구하는 곳 : 극장, 백화점, 공장 등
④ 전공기 방식의 종류
  ㉠ **단일덕트 방식**
    공조기에서 실내로 취출하는 공기의 온도와 습도를 조절하여 덕트를 통해 각 실로 공급하는 방식
    ⓐ 정풍량 방식(constant air volume : CAV) : 일정한 풍량으로 송풍하여 실내의 부하변동에 따라서 토출공기의 온도를 변화시키면서 제어하는 방식

장 점	단 점
• 송풍량이 일정하므로 실내 공기 상태 양호 • 실내 온습도 상태, 기류 분포 안정 • 시스템 단순, 유지보수 양호, 관리 운전 용이 • 초기 투자비 적다. • 환기팬을 설치하면 외기냉방이 용이하다. • 대공간이어도 단일 존이거나 각 실별 부하 차이가 크지 않은 다양한 건물에 적용(2000㎡ 이하의 소규모 건물 공조에 적용)	• 연간소비동력, 즉 에너지 소비가 크다. • 각 실마다의 부하변동에 대응되지 않으므로 각 실의 온도차가 있고 개별제어가 어렵다.

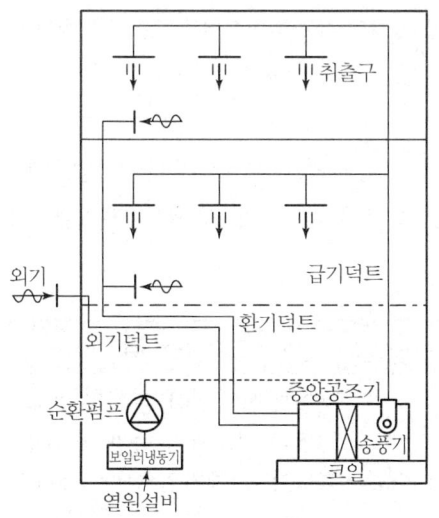
[단일 덕트방식(정풍량)]

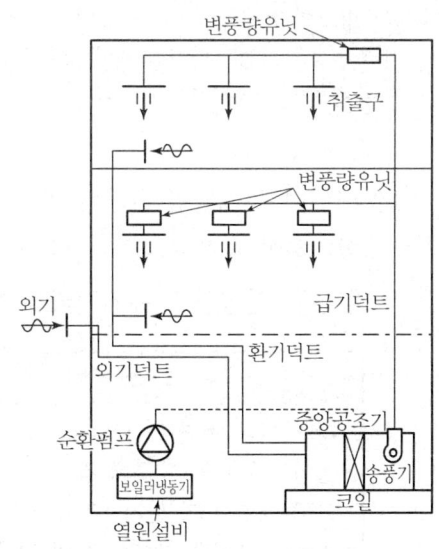
[단일 덕트방식(변풍량)]

ⓑ 가변풍량 방식(variable air volume : VAV) : 송풍온도를 일정하게 하고 부하변동에 따라 송풍량을 조절하여 실온을 일정하게 유지하는 방식

장 점	단 점
• 동시 부하율을 고려해서 기기용량을 결정하므로 설비 용량이 작고, 연간 송풍 동력을 절감할 수 있다.(에너지 절약형) • 부하변동에 대하여 응답이 빠르므로 실온조정이 유리하다. • 개별제어가 용이하다.	• 가변풍량 유닛 등이 고가이므로 설비비가 많이 든다. • 부하가 감소하면 풍량이 감소하여 환기에 문제가 발생한다. • 풍량 감소 시 실내 기류 분포가 나빠지고 소음이 발생할 우려가 있다. • 정압변동에 대한 송풍기의 용량제어가 필요하다.

> **참고** ■ 변풍량 유닛의 종류
> ① 바이패스형 : 실내의 부하변동에 따라서 실내 토출풍량을 조절하여 바이패스시키는 것으로 부하변동에 대해서도 덕트 내 정압의 변동이 없으므로 발생 소음이 작지만 송풍량이 일정하므로 동력 절감이 어렵다.
> ② 유인형 : 실내 부하가 감소하여 1차 공기량이 실내 설정 온도점 이하부터는 2차 공기를 유인하여 실내로 급기하는 방식으로 덕트의 치수를 작게 할 수 있고, 실내 발생열을 온열원으로 이용 가능하다.
> ③ 교축형 : 가장 일반적이고 널리 보편화된 형태로서 댐퍼의 개도를 조절하여 실내 부하 조건에 따라 변동되는 설정 풍량을 제어하는 방식으로 동력 절감이 가능하지만 덕트 내 정압변동이 크므로 특별한 제어장치가 요구된다.

ⓒ 단일덕트 재열방식(말단 재열기 설치) : 급기덕트 말단 부분에 말단재열기를 설치하여(냉방 시에는 실온의 과냉을 방지하고, 난방 시에는 공기를 재가열) 실온을 일정하게 유지시키는 방식

장 점	단 점
• 각 실이나 존별로 개별온도제어 가능 • 잠열부하가 많은 곳에 적합 • 온도, 공기정화, 환기효과 등에 고도 처리 가능 • 일정한 급기량 확보로 실내 기류분포 양호	• 재열기 설치 공간 필요 및 설치비 증가 • 재열기 보수관리 증가 및 소음 발생 • 과냉각 후 재가열되므로 에너지 손실이 큼

ⓛ **2중덕트 방식(double duct system)**

중앙공조기에서 냉풍과 온풍을 만들어 2계통의 덕트를 통해 송풍한 후 혼합상자(mixing box)에서 냉풍과 온풍을 혼합시켜 실온을 제어하는 방식

장 점	단 점
• 실내부하에 따라 개별 제어가 가능하다.	• 냉·온풍의 혼합에 따른 에너지 손실이 크다.
• 부하변동에 따라 냉·온풍의 혼합 취출로 대응이 빠르다.	• 항상 일정한 대풍량 공급으로 송풍 동력이 크다.
• 계절별로 냉·난방 변환 운전이 필요없다.	• 2계통의 덕트 공사로 설치 공간을 많이 차지하고 설비비가 비싸다.
• 실의 설계 변경이나 용도 변경에도 유연성이 있다.	• 혼합상자에서 소음과 진동이 발생한다.
	• 실내습도의 완전한 제어가 어렵다.
• 실내에 유닛이 노출되지 않는다.	• 여름에도 보일러를 운전할 필요가 있다.

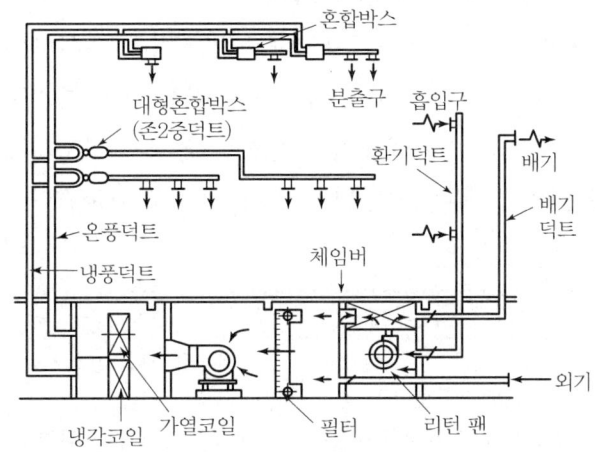

ⓒ **멀티존 유닛방식(multi-zone unit system)**

이중덕트 방식의 변형으로 실내 온도조절기의 작동에 의하여 냉풍과 온풍을 공조기의 혼합 댐퍼로 제어하여 혼합된 공기는 각 실, 각 층에 개별적인 덕트에 의해 실내로 취출되는 방식

ⓐ 비교적 작은 규모($2000m^2$ 이하)의 공조 면적을 더욱 작은 존으로 나눌 때 편리하다.

ⓑ 존 제어가 가능하므로 대규모 건물의 내부 존에 사용된다.

ⓒ 2중덕트 방식과 같이 혼합 손실이 생기므로 가열기와 냉각기를 동시에 운전할 때는 타 방식에 비해 냉동기 부하가 크다.

ⓓ 2중덕트 방식에 비해 정풍량장치가 없으므로 각 실의 부하변동이 심할 때에는 각 실의 송풍량의 불균형이 생길 우려가 있다.

ⓔ 유닛에서 나오는 덕트의 수가 많으므로 덕트의 공간이 커지는 것을 방지하기 위해 유닛은 건물의 중앙에 두는 것이 좋다.

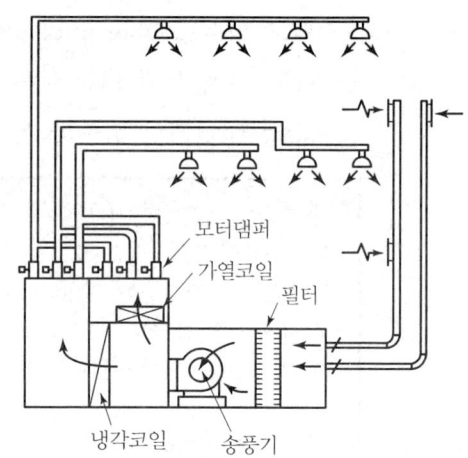

ⓕ 멀티존 유닛의 출구댐퍼의 개폐 시 각 계통의 풍량이 심하게 변동하는 것을 방지하기 위해서는 모든 송풍덕트를 전저항 15mmAq 이상으로 해야 한다.

㉣ **각층 유닛 방식**(every floor unit system)

건물의 각 층 또는 각 층의 각 구역마다 공조기를 설치하는 방식

ⓐ 중앙공조기(1차 공조기)에서 냉각, 가열, 감습, 가습한 1차 공기는 덕트를 통하여 각 층에 설치된 2차 공조기로 송풍한다. 2차 공조기에서 실내 환기와 1차 공기를 혼합하여 냉각, 가열된 공기가 실내에 취출된다.

ⓑ 특징

장 점	단 점
• 각 층마다 부하변동에 대응할 수 있다. • 각 층 및 각 존별로 부분 부하운전이 가능하다. • 기계실의 면적이 작고 송풍동력이 적게 든다. • 환기덕트가 필요 없으므로 덕트 공간이 작게 든다.	• 각 층마다 공조기를 설치하므로 설비비가 많이 든다. • 공조기의 분산배치로 유지관리가 어렵다. • 각 층의 공조기 설치로 소음 및 진동이 발생한다. • 각 층에 수배관을 하므로 누수의 우려가 있다. • 장치가 분산되어 설비비가 많이 들고 기기 관리가 곤란하다.

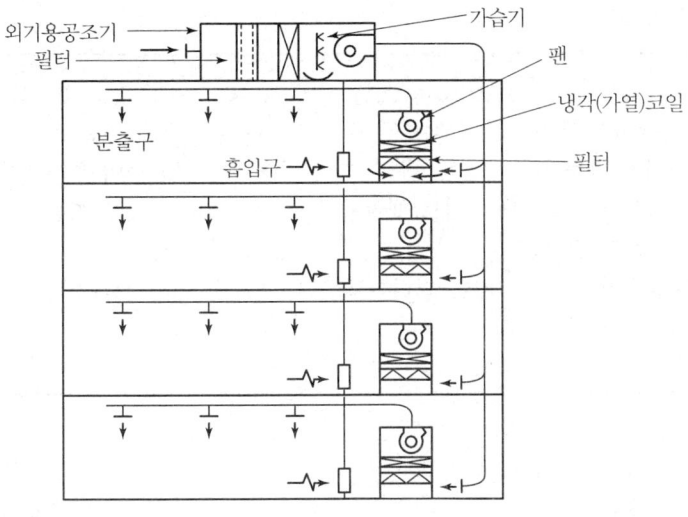

(2) 수-공기 방식(덕트-배관 방식)

전공기 방식과 전수 방식의 단점을 보완한 것으로 냉난방 부하를 공기와 물에 의해 처리하는 방식이다. 이 방식은 주로 사무소, 병원, 호텔 등 방이 많은 건물의 외주부 존에 적용한다.

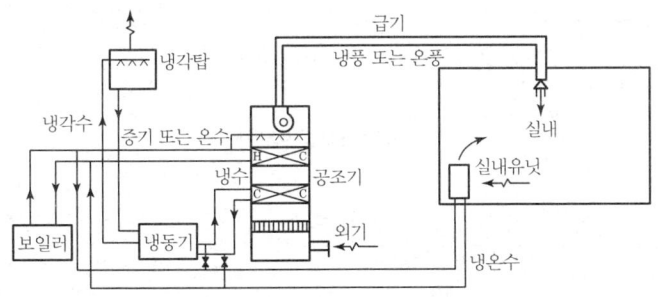

① 수+공기 방식의 종류
  ㉠ 유인 유닛 방식(Induction Unit System : IDU)
    ⓐ 실내에 유인 유닛을 설치하고, 중앙 공조기로부터 공조된 1차 공기를 고속덕트를 통해 각 방의 유인 유닛으로 송풍하면 1차 공기가 유닛의 노즐을 통과할 때 실내공기(2차 공기)를 유인하여 취출되는 것으로 개별제어가 용이하여 사무실, 호텔, 병원 등의 고층 건물의 외주부에 적합하며 실내의 유인 유닛에는 냉·온수가 공급되므로 수-공기 방식에 속한다.

ⓑ 특징

장 점	단 점
• 각 유닛마다 제어가 가능하여 각 방의 개별제어가 가능하다. • 고속덕트를 사용하므로 덕트의 설치 공간을 작게 할 수 있다. • 중앙공조기는 1차 공기만 처리하므로 작게 할 수 있다. • 풍량이 적게 들어 동력소비가 적다.	• 수배관으로 인한 누수의 우려가 있다. • 송풍량이 적어 외기냉방 효과가 적다. • 유닛의 설치에 따른 실내 유효공간이 감소한다. • 유닛 내의 여과기가 막히기 쉽다.

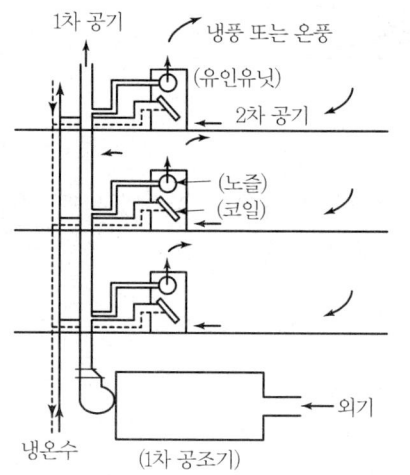 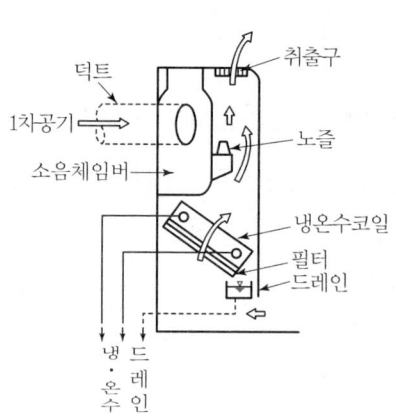

[유인 유닛 방식]

ⓒ 유인비 = $\dfrac{1차\ 공기량 + 2차\ 공기량}{1차\ 공기량}$

유인비가 크면 도달 거리가 짧고, 유인비가 작으면 도달 거리가 길어 적정한 유인비가 선정되어야 하고 보통 유인 유닛 방식에서 유인비는 3~4 정도이다.

ⓛ **덕트 병용 팬코일 유닛 방식**(덕트병용 FCU 방식)

냉난방 부하를 덕트와 배관의 냉온수를 이용하여 처리하는 방식으로 대규모 빌딩에 주로 이용하며 내부존 부하는 공기방식(취출구), 외부존은 수방식(팬코일 유닛)을 이용하여 처리한다.

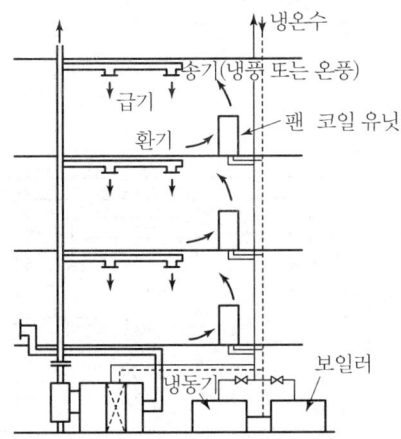

> **참고**
> ■ IDU(유인유닛)와 FCU(팬코일 유닛)의 비교
> ① FCU는 IDU에 비해 소음이 적고, 동일능력일 때 저렴하다.
> ② IDU는 전용덕트 계통을 필요로 하고, 내부존을 합해서 최소 2계통의 덕트를 필요로 한다.
> ③ FCU는 내부에 fan이 있으므로 보수가 필요하고 IDU는 수명이 길다.
> [주] 소음 : IDU>FCU, 가격 : IDU>FCU, 수명 : IDU>FCU

ⓒ 복사 냉난방방식(panel air system)

중앙공조기에서 외기공기(1차 공기)를 여과, 냉각, 가열, 가습, 감습하여 덕트를 통하여 실내로 취출(잠열부하 처리)하고 중앙공조실의 냉동기 또는 보일러에서 냉수 또는 온수를 만들어 건물의 바닥, 천장 등에 매설한 배관에 공급(현열부하 처리)하여 냉난방을 실시하는 방식으로 천장이 높은 방, 조명부하가 많은 방, 겨울철 윗면이 차가워지는 방에 채택한다.

장 점	단 점
• 복사열을 이용하므로 쾌감도가 높다. • 덕트 공간 및 열운반 동력을 줄일 수 있다. • 건물의 축열을 기대할 수 있다. • 유닛을 설치하지 않으므로 실내 바닥의 이용도가 좋다. • 실내 공기의 대류가 적기 때문에 바닥면의 먼지가 상승하지 않는다.	• 냉각 패널에 이슬이 발생할 수 있으므로 잠열부하가 큰 곳에는 부적당하다. • 열손실 방지를 위해 단열시공을 완벽히 하여야 한다. • 매립배관이므로 시공이 어려우며, 고장 시 발견이 어렵고 수리가 곤란하다. • 실내 방의 변경 등에 의한 융통성이 없다. • 중간기에 냉동기의 운전이 필요하다. • 외기 온도 급변에 따른 방열량 조절이 어렵다. • 구조체를 따뜻하게 하므로 예열시간이 길고 일시적인 난방에는 효과가 적다.

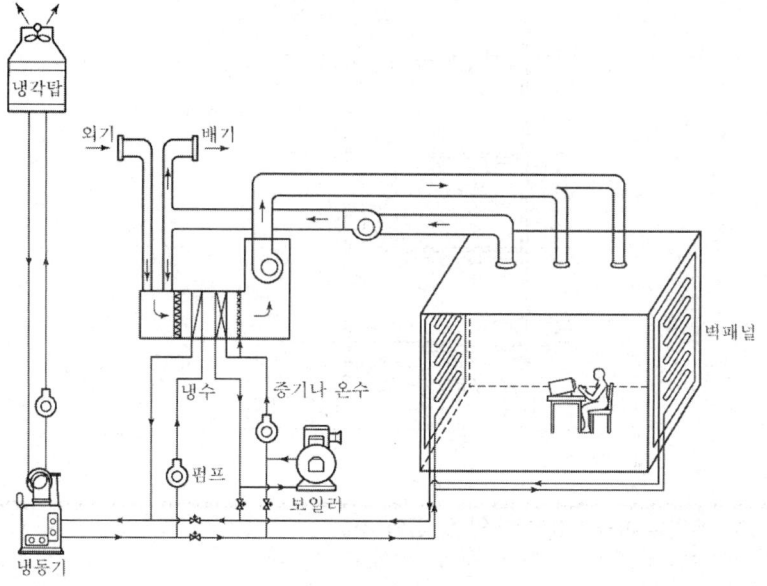

(3) 수방식

  냉·난방 부하를 냉·온수의 물로만 처리하는 방식으로 펌프와 배관을 이용하므로 덕트의 설치가 필요 없으며 주로 실내에 설치된 팬코일 유닛을 이용한다. 이 방식은 주로 사무소건물의 외주부용, 여관, 주택 같은 방 인원이 적고 틈새바람이 있는 곳에 주로 사용하는 방식이다.

① 수방식의 종류

   ㉠ **팬코일 유닛 방식**(fan coil unit system : FCU)

      팬코일 유닛은 냉각·가열코일, 송풍기, 공기여과기를 케이싱 내 수납한 것으로 기계실에서 냉·온수를 코일에 공급하여 실내공기를 팬으로 코일에 순환시켜 부하를 처리하는 방식으로 주로 외주부에 설치하여 콜드 드래프트를 방지한다.

      ⓐ 특징

장 점	단 점
• 덕트를 설치하지 않으므로 설비비가 싸다. • 각 방의 개별제어가 가능하다. • 증설이 간단하고 에너지 절감효과가 있다.	• 외기도입이 어려워 실내공기의 오염우려가 있다. • 수배관으로 누수의 우려 및 유지관리가 어렵다. • 송풍량이 적어 고성능 필터를 사용할 수 없다. • 외기 송풍량을 크게 할 수 없다. • 유닛이 실내에 설치되므로 바닥 이용면적이 감소한다.

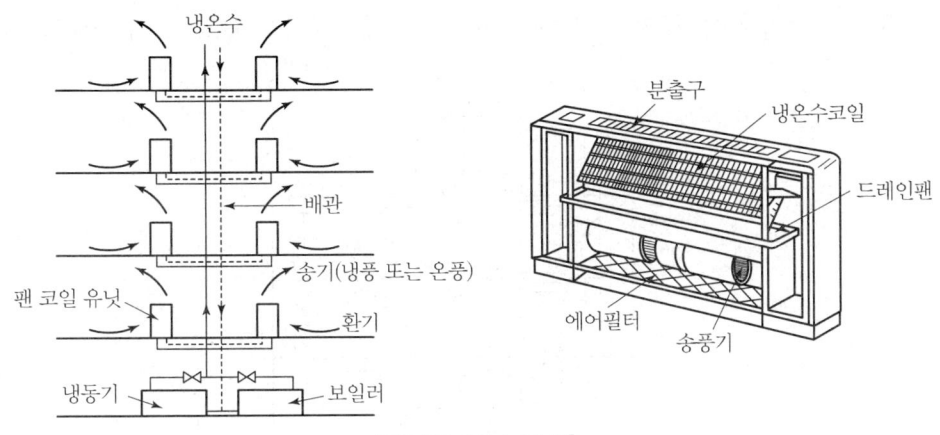

[팬코일 유닛 방식]

※ 운송동력이 큰 순서 : 전공기 방식 > 공기-수방식 > 수방식

(4) 개별 방식(냉매 방식, 패키지 방식)

건물의 각 실마다 공조 유닛을 배치하고 각 실에서 적당하게 온도, 습도, 기류를 조절할 수 있도록 한 방식

① 개별 방식의 특징
  ㉠ 장점
    ⓐ 유닛마다 자동제어장치가 있어서 개별제어가 가장 용이하다.
    ⓑ 필요한 시간(시간차 운전)에 운전하므로 에너지가 절약된다.
    ⓒ 설치 및 취급이 간단하다.
    ⓓ 대량생산을 하므로 설비비와 운전비가 싸다.
  ㉡ 단점
    ⓐ 설치 장소에 제약을 받으며 실내에 유닛이 설치되므로 바닥 이용면적이 감소한다.
    ⓑ 실내공기의 청정도가 낮고 소음 및 진동이 발생한다.
    ⓒ 외기냉방이 어렵다.
  ㉢ 적용
    ⓐ 주택, 호텔의 객실, 소점포 등 비교적 소규모 건물
② 개별 방식의 종류
  ㉠ 패키지 방식(package unit system : 냉매 방식)
    냉동기, 냉각코일, 공기여과기, 송풍기, 자동제어기기 등을 케이싱 내에 수납하고 직접

유닛을 실내에 설치하여 공조하는 방식으로 개별제어가 쉽고, 소규모에 적합하다.

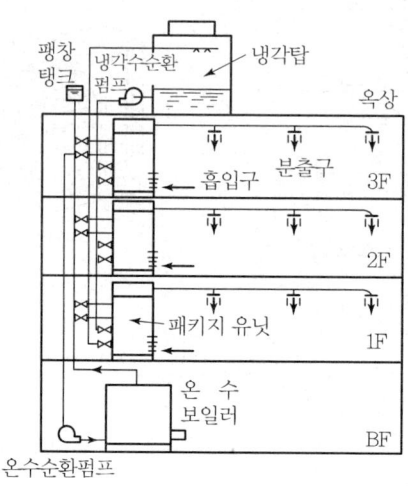

ⓛ **룸쿨러**

ⓐ 소형 밀폐형 압축기와 응축기, 냉각코일, 송풍기 등을 케이싱 내에 수납하여 소형화한 유닛으로 만들어 주택이나 소규모의 아파트 거실 또는 여관 등의 창 일부 또는 벽에 구멍을 내어 설치하는 방식

ⓑ 설치가 용이하고 창에 직접 설치하므로 바닥면적의 이용도가 높다.

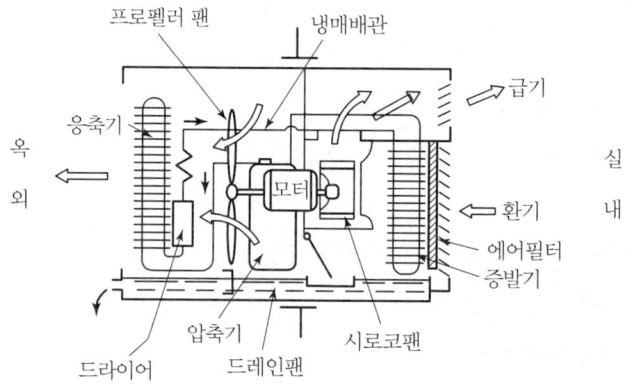

3. 각종 공조방식의 비교

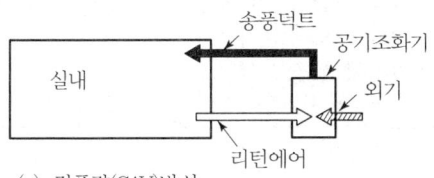

(a) 정풍량(CAV)방식

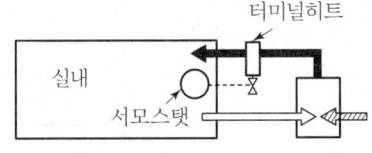

(b) 정풍량-재열방식

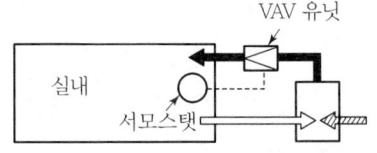

(c) 변풍량(VAV)방식

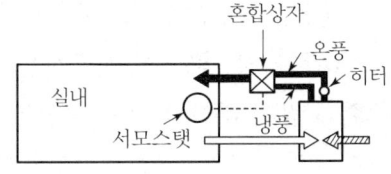

(d) 이중덕트방식

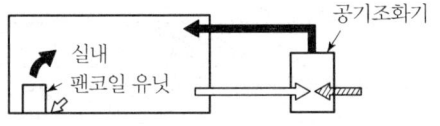

(e) 유닛병용방식

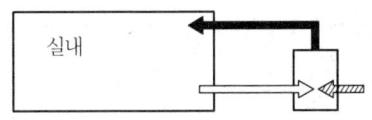

(f) 패키지 유닛 방식

4. 열원기기

(1) 열원기기

냉열원장치	온열원장치	공통
왕복동냉동기 터보냉동기 스크류냉동기 흡수냉동기	보일러	히트 펌프 열교환기 축열조

제3장 공조방식 **77**

(2) 열원 방식의 분류

일반 열원 방식	특수 열원 방식
• 전동냉동기+보일러 • 흡수식 냉동기+보일러 • 흡수식 냉온수 발생기 • 히트 펌프	• 열회수방식(전열교환방식) • 축열빙방식(빙축열방식) • 태양열 이용방식 • 열병합 발전방식 • 지역 냉난방방식

(3) 축열 방식

축열조는 물, 자갈, 얼음, 또는 용해물질 등의 축열물질에 열을 비축해 두었다가 필요 시에 필요한 양만큼을 빼내서 사용하는 장치로 종래 호텔, 공공건물 등 간헐운전이 많은 경우나 백화점 같이 부하변동이 심한 부분연장 운전이 필요한 경우에 채용되었다. 최근에는 열원설비용량의 감소, 열회수, 배열 이용, 심야전력의 이용, 전력의 피크 컷(Peak Cut) 등의 목적으로 축열조가 채용되고 있다.

① 특징

장 점	단 점
• 피크 컷에 의하여 열원장치 용량을 최소화 할 수 있다. • 열원기기를 고부하 운전함으로써 효율을 향상시킨다. • 부분부하 운전에 쉽게 대응할 수 있다. • 값이 저렴한 심야전력의 이용이 가능하다. • 열원기기의 운전시간을 연장함으로써 장래의 부하 증가에 대응할 수 있다. • 열원기기가 고장이거나 정전 시에 단시간 동안 수조의 열로 대처할 수 있다. • 축열조의 물을 화재 시에 소화용수로 이용할 수 있다.	• 단열공사를 비롯하여 축열조의 건설비가 너무 비싸진다. • 개방식 수조인 경우 펌프의 위치수두분만큼의 동력비가 증가한다. • 야간운전에 따른 관리 안전비가 상승한다. • 축열조의 이용온도차를 넓히기 위하여 공조기의 냉수 입구 온도를 높게 하므로 코일의 열수가 증가하고 공기저항이 커져서 팬 동력이 증가한다.

(4) 지역냉난방 방식

지역냉난방이란 많은 건물이 개별적으로 냉난방용 열원설비를 설치하지 않고 냉수, 온수, 증기 등의 열매를 집중열원 플랜트로부터 배관을 통하여 공급하는 시설이다.

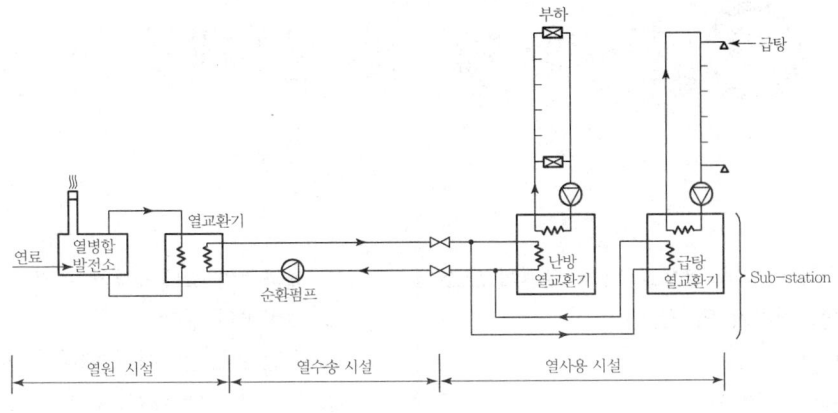

[지역난방 열공급 계통도]

① 특징
   ㉠ 에너지의 이용 효율 상승 : 열병합 발전 플랜트, 도시 쓰레기 소각 및 도시 변전소 등의 각종 폐열 이용 가능
   ㉡ 도시 내 환경개선 : 양질의 연료 사용 및 연료 폐기물 처리 등에 의한 대기오염 방지, 열원기기의 총체적인 효율을 향상
   ㉢ 인력 및 공간의 절약 : 설비의 집중화로 관리인력이 적게 소요
   ㉣ 방화 효과 증대 : 보일러 또는 연료 저장고의 집중화로 재해의 발생을 방지
   ㉤ 보일러, 냉동기 등의 설치 공간이 불필요
   ㉥ 도시 미관 향상 : 위험물 저장고, 냉각탑, 연돌이 불필요하여 안정성이나 미관이 향상
   ㉦ 설비비의 경감 : 대형 기기 채용 및 동시사용률 적용으로 단위부하당 설비용량 감소

chapter 03 출·제·예·상·문·제

01. 공기조화 방식을 결정할 때에 고려할 요소로 가장 거리가 먼 것은?
① 건물의 종류
② 건물의 안정성
③ 건물의 규모
④ 건물의 사용 목적

> **공조 방식을 결정하는 요인**
> ① 건물의 규모, 구조, 용도
> ② 설비비 및 운전비의 경제성
> ③ 공조부하에 대한 적응성
> ④ 조닝에 대한 적응성
> ⑤ 온습도를 포함한 실내 환경성능의 정도
> ⑥ 사용자 및 유지관리자의 취급과 조작성의 간단 여부
> ⑦ 설비·기기류의 설치 공간

02. 어떤 건물에 공기조화 설비를 하고자 한다. 공기조화 방식을 결정하는 데 있어서 우선적으로 고려할 사항이 아닌 것은?
① 건물의 용도와 규모
② 요구되는 실내환경 조건
③ 사용할 열매의 종류
④ 건물 내부의 사용 현황

> **공조 방식 결정 시 고려사항**
> 건물의 용도와 규모, 요구되는 실내환경 조건, 건물 내부의 사용 현황, 설비비, 운전비 등

03. 다음 중 공기조화 설비의 계획 시 조닝을 하는 목적으로 가장 거리가 먼 것은?

① 효과적인 실내환경의 유지
② 설비비의 경감
③ 운전 가동면에서의 에너지 절약
④ 부하 특성에 대한 대처

> **조닝의 효과**
> ㉠ 에너지 절약
> ㉡ 부하 변동이나 외기의 변화에 효과적으로 대처
> ㉢ 시스템의 효율적인 운전, 유지 관리 용이
> ㉣ 건물 사용자의 편의나 쾌적도 향상
> [참고] 조닝(zoning)
> 건물을 몇 개의 구역으로 분할하여 각각 단독으로 공조를 하는 것을 말한다. 부하변동이 다른 방이나 구역을 단일 공조시스템으로 제어하는 것은 좋지 않으므로 조닝을 사용하면 운전비를 절약할 수 있고 건물의 공조를 보다 더 정밀하게 할 수 있다.

04. 대규모 건물에서 외벽으로부터 떨어진 중앙부는 외기 조건의 영향을 적게 받으며, 인체와 조명등 및 실내기구의 발열로 인해 경우에 따라 동절기 및 중간기에 냉방이 필요한 때가 있다. 이와 같은 건물의 회의실, 식당과 같이 일반 사무실에 비해 현열비가 크게 다른 경우 계통별로 구분하여 조닝하는 방법은?
① 방위별 조닝
② 부하특성별 조닝
③ 사용시간별 조닝

Answer 01. ② 02. ③ 03. ② 04. ②

④ 건물층별 조닝

☝ ① 방위별 조닝 : 일사에 의한 영향으로 방위 또는 시각별 구획
② 부하특성별 조닝 : 건물의 중역실, 회의실, 식당과 같이 일반 사무실에 비해 현열비가 크게 다른 경우 계통별로 구별
③ 사용시간별 조닝 : 빌딩 내의 사무실이나 상점, 다방, 식당과 같이 운전시간이 다르며 사용 용도가 다른 경우의 구별
④ 건물층별 조닝 : 지하층과 지상층은 별도 계통으로 구획

05. 오전 중에 냉방부하가 최대가 되는 조닝은 어느 방향인가?

① 동　　　　　② 서
③ 남　　　　　④ 북

☝ 태양은 동쪽에서 뜨고 서쪽으로 지기 때문에 오전에 가장 따뜻한 동쪽이 냉방부하가 최대가 된다.

06. 건축의 평면도를 일정한 크기의 격자로 나누어서 이 격자의 구획 내에 취출구, 흡입구, 조명, 스프링클러 등 모든 필요한 설비 요소를 배치하는 방식은?

① 모듈 방식　　② 셔터 방식
③ 펑커루버 방식　④ 클래스 방식

☝ **모듈 방식**
모듈이란 구성재의 크기를 정하기 위한 치수의 조정을 말하는데 이 모듈을 사용하여 건축 전반에 사용하는 재료를 규격화할 수 있으며 모듈 방식을 활용하면 설계작업이 단순해지고 간편해지며, 대량생산이 용이하며 현장작업이 단순해지고 공기도 단축된다.

07. 다음 중 중앙식 공기조화 방식이 아닌 것은?

① 유인 유닛 방식
② 팬코일 유닛 방식
③ 변풍량 단일덕트 방식
④ 패키지 유닛 방식

☝ ④ 패키지 유닛 방식 : 개별 방식

08. 중앙식 공조 방식의 특징에 대한 설명으로 틀린 것은?

① 중앙집중식이므로 운전 및 유지관리가 용이하다.
② 리턴 팬을 설치하면 외기냉방이 가능하게 된다.
③ 대형 건물보다는 소형 건물에 적합한 방식이다.
④ 덕트가 대형이고, 개별식에 비해 설치 공간이 크다.

☝ ③ 소형 건물보다는 대형 건물에 적합한 방식이다.

[참고] 중앙식 공조 방식의 특징

분류	특징
열원 배치 방식	기계실에 집중배치
유지관리 및 보수	용이(기기류 집중 설치)
공기 청정도	양호(송풍량이 많고 고성능 필터를 사용하므로 실내오염도가 적다.)
사용 용도	대형 건물에 적합
개별 제어	각 실, 각 층 제어가 불가능(유닛 병용은 가능)
설치 면적	대형 공조실과 덕트 스페이스가 크다.
외기냉방	가능(리턴 팬 설치)
기타	기기의 하중이 크고, 중앙기계실의 발생소음이 크다.

09. 각 공조 방식과 열 운반 매체의 연결이 잘못된 것은?

Answer　05. ①　06. ①　07. ④　08. ③　09. ②

① 단일덕트 방식-공기
② 이중덕트 방식-물, 공기
③ 2관식 팬코일 유닛 방식-물
④ 패키지 유닛 방식-냉매

👉 ② 이중덕트 방식-공기(전공기 방식)

10. 공기조화 방식 중 전공기 방식이 아닌 것은?
① 변풍량 단일 덕트 방식
② 이중 덕트 방식
③ 정풍량 단일 덕트 방식
④ 팬코일 유닛 방식(덕트 병용)

👉 **전공기 방식**
단일 덕트 방식(정풍량, 변풍량), 2중덕트 방식, 각층 유닛 방식, 덕트 병용 패키지 방식 등
[참고] 수-공기 방식
팬코일 유닛 방식(덕트 병용)

11. 다음 중 전공기 방식이 아닌 것은?
① 이중 덕트 방식
② 단일 덕트 방식
③ 멀티존 유닛 방식
④ 유인 유닛 방식

👉 ④ 유인 유닛 방식 : 수-공기 방식

12. 공기조화 방식 중에서 전공기 방식에 속하는 것은?
① 패키지 유닛 방식 ② 복사 냉난방 방식
③ 유인 유닛 방식   ④ 저온 공조 방식

👉 **저온 공조 방식**
전공기 방식으로 공조기의 냉수온도를 낮추어 저온 공기를 공급하여 급기풍량을 줄임으로써 덕트 크기 및 층고를 줄일 수 있는 시스템으로 냉수온도가 낮으므로 필요 유량이 감소하여 펌프동력이 감소하고 배관지름이 감소한다.

13. 전공기 방식에 대한 설명으로 틀린 것은?
① 송풍량이 충분하여 실내오염이 적다.
② 환기용 팬을 설치하면 외기냉방이 가능하다.
③ 실내에 노출되는 기기가 없어 마감이 깨끗하다.
④ 천장의 여유 공간이 작을 때 적합하다.

👉 ④ 천장의 여유 공간이 있을 때 적합하다.
[참고] 전공기 방식의 특징

장점	단점
① 송풍량이 많아서 실내 공기의 오염이 적다.	① 송풍량이 많아 덕트 설치 공간이 증가한다.
② 복귀 팬을 설치하면 중간기에 외기냉방이 가능하다.	② 냉·온풍 운반에 따른 송풍기 소요동력이 크다.
③ 중앙집중식이므로 운전, 보수, 관리가 용이하다.	③ 대형의 공조기계실이 필요하다.
④ 취출구의 설치로 실내 유효면적이 증가한다.	④ 개별 제어가 어렵다.
⑤ 소음이나 진동이 전달되지 않는다.	⑤ 설비비가 많이 든다.
⑥ 방에 수배관이 없어 누수의 우려가 없다.	⑥ 열운반 능력이 작아 원거리 열수송에는 부적합하다.

14. 다음의 전공기식 공기조화에 관한 설명 중 옳지 않은 것은?
① 덕트가 소형으로 되므로 스페이스가 작게 된다.
② 송풍량이 충분하므로 실내공기의 오염이 작다.
③ 극장과 같이 대풍량을 필요로 하는 장소에 적합하다.
④ 병원의 수술실과 같이 높은 공기의 청정

 10. ④ 11. ④ 12. ④ 13. ④ 14. ①

도를 요구하는 곳에 적합하다.

① 전공기 방식은 덕트로 공기를 이송하므로 덕트가 대형이고 덕트 스페이스 또한 크게 된다.

15. 단일덕트 방식에 대한 설명으로 틀린 것은?
① 중앙기계실에 설치한 공기조화기에서 조화한 공기를 주 덕트를 통해 각 실로 분배한다.
② 단일덕트 일정 풍량 방식은 개별제어에 적합하다.
③ 단일덕트 방식에서는 큰 덕트 스페이스를 필요로 한다.
④ 단일덕트 일정 풍량 방식에서는 재열을 필요로 할 때도 있다.

② 단일덕트 일정 풍량 방식은 각 실의 부하변동에 대응하기 어려워 개별 제어가 어렵다.

16. 단일덕트 정풍량 방식에 대한 설명으로 틀린 것은?
① 각 실의 실온을 개별적으로 제어할 수가 있다.
② 설비비가 다른 방식에 비해서 적게 든다.
③ 기계실에 기기류가 집중 설치되므로 운전, 보수가 용이하고, 진동, 소음의 전달 염려가 적다.
④ 외기의 도입이 용이하며 환기팬 등을 이용하면 외기냉방이 가능하고 전열교환기의 설치도 가능하다.

① 부하변동에 관계없이 일정한 풍량을 유지하므로 각 실의 실온을 개별적으로 제어할 수가 없다.
[참고] 단일덕트 정풍량 방식
중앙방식 중 전공기 방식으로 공조기에서 실내로 취출하는 공기를 온도와 습도를 조절하여 덕트를 통해 각 실로 공급하는 방식이므로 덕트 치수가 커져 덕트 설치 공간이 크다. 또한 대형의 공조기계실이 필요하고 개별 제어가 어렵다.

17. 공기조화 방식의 특징 중 전공기식 정풍량 단일덕트 방식에 해당하는 것은?
① 실내부하에 따라 개별실 제어가 가능하다.
② 가변풍량 방식에 비하여 송풍기 동력이 커져서 에너지 소비가 증대한다.
③ 급기류가 변화하므로 불쾌감을 줄 우려가 있다.
④ 최소 풍량 시 외기도입이 어렵다.

① 실내부하에 따라 개별실 제어가 어렵다
③ 급기류가 일정하여 실내가 쾌적하다.
④ 외기도입 등 충분한 환기량을 확보할 수 있어 오염을 줄일 수 있다.

18. 정풍량 단일덕트 방식에 관한 설명으로 옳은 것은?
① 실내부하가 감소될 경우에 송풍량을 줄여도 실내공기의 오염이 적다.
② 가변풍량 방식에 비하여 송풍기 동력이 커져서 에너지 소비가 증대한다.
③ 각 실이나 존의 부하변동이 서로 다른 건물에서도 온·습도의 불균형이 생기지 않는다.
④ 송풍량과 환기량을 크게 계획할 수 없으며, 외기도입이 어려워 외기냉방을 할 수 없다.

① 실내부하가 감소될 경우에 송풍량을 줄이면 실내공기의 오염이 심하다.
③ 각 실이나 존의 부하변동에 대응되지 않아 각 실의 온도차가 발생하고 개별제어가 어

Answer 15. ② 16. ① 17. ② 18. ②

려우므로 서로 다른 건물에서 온·습도의 불균형이 생기기 쉽다.
④ 송풍량과 환기량을 크게 계획할 수 있으며 환기팬(Return Fan)을 설치하면 외기도입이 가능하여 외기냉방이 가능하다.

19. 단일덕트 정풍량 방식의 장점으로 틀린 것은?
① 각 실의 실온을 개별적으로 제어할 수가 있다.
② 설비비가 다른 방식에 비해 적게 든다.
③ 기계실에 기기류가 집중 설치되므로 운전, 보수가 용이하고, 진동, 소음의 전달 염려가 적다.
④ 외기의 도입이 용이하며 환기팬 등을 이용하면 외기냉방이 가능하고 전열교환기의 설치도 가능하다.

① 부하변동에 관계없이 일정한 풍량을 유지하므로 각 실의 실온을 개별적으로 제어할 수가 없다.

20. 단일덕트 정풍량 공조 방식에서 존에 해당되는 각 실의 부하변동에 대응하기 위하여 취출 온도를 변경시켜 희망하는 설정치로 유지하기 위해 설치하는 것은?
① 댐퍼
② 공기여과기
③ 팬코일 유닛
④ 말단 재열기

말단 재열기(terminal reheater)
정풍량 방식에서는 각 존마다의 송풍온도가 일정하기 때문에 존에 속하는 각 실의 부하변동이 있을 때는 실온에 큰 차가 생기므로 이것을 해결하기 위해 말단 재열기를 각 실에 설치하여 취출온도를 변경시켜 희망하는 설정치로 유지

21. 단일덕트 재열방식의 특징으로 틀린 것은?
① 냉각기에 재열부하가 추가된다.
② 송풍 공기량이 증가한다.
③ 실별 제어가 가능하다.
④ 현열비가 큰 장소에 적합하다.

④ 현열비가 작은 장소에 적합하다.
[참고] 단일덕트 재열방식의 특징

장점	단점
① 각 실이나 존별로 개별온도제어 가능	① 재열기 설치 공간 필요 및 설치비 증가
② 잠열부하가 많은 곳 또는 현열비가 작은 장소에 적합	② 재열기 보수관리 증가 및 소음 발생
③ 온도, 공기정화, 환기효과 등에 고도 처리 가능	③ 과냉각 후 재가열되므로 에너지 손실이 큼
④ 일정한 급기량 확보로 실내 기류 분포 양호	

22. 단일덕트 재열방식의 특징에 관한 설명으로 옳은 것은?
① 부하 패턴이 다른 다수의 실 또는 존의 공조에 적합하다.
② 식당과 같이 잠열부하가 많은 곳의 공조에는 부적합하다.
③ 전수방식으로서 부하변동이 큰 실이나 존에서 에너지 절약형으로 사용된다.
④ 시스템의 유지·보수 면에서는 일반 단일덕트에 비해 우수하다.

② 식당과 같이 잠열부하가 많은 곳의 공조에 적합하다.
③ 단일덕트 재열방식은 전공기 방식이며 부하 패턴(load-pattern)이 서로 다른 공간의 공조에 적합하다.
④ 시스템의 유지·보수 면에서는 재열기 등 설비의 증가로 일반 단일덕트에 비해 어렵다.

19. ① 20. ④ 21. ④ 22. ①

23. 취출온도를 일정하게 하여 부하에 따라 송풍량을 변화시켜 실온을 제어하는 방식은?
① 가변풍량 방식 ② 재열코일 방식
③ 정풍량 방식 ④ 유인 유닛 방식

> **가변풍량(VAV) 방식**
> 송풍온도를 일정하게 유지하고 부하변동에 따라서 송풍량을 변화시켜 실온을 제어하는 방식
> [참고]
> ① 정풍량(CAV) 방식 : 풍량을 일정하게 유지하면서 송풍온도를 변화시켜 실온을 제어하는 방식
> ② 재열코일 방식 : 재열기를 설치하여 각 존에서 필요한 만큼 냉풍 또는 온풍을 재열하여 송풍하는 방식
> ③ 유인 유닛 방식 : 중앙에 설치된 공조기에서 1차 공기를 고속으로 유인 유닛에 보내 유닛의 노즐에서 불어내고 그 압력으로 실내의 2차 공기를 유인하여 송풍하는 방식

24. 다음은 어느 방식에 대한 설명인가?

- 각 실이나 존의 온도를 개별 제어하기 쉽다.
- 일사량 변화가 심한 페리미터 존에 적합하다.
- 실내부하가 적어지면 송풍량이 적어지므로 실내공기의 오염도가 높다.

① 정풍량 단일덕트 방식
② 변풍량 단일덕트 방식
③ 패키지 방식
④ 유인 유닛 방식

> **가변풍량 단일덕트 방식**
> ① 방 또는 존마다 부하변동에 따른 송풍온도는 일정하게 유지하고 부하변동에 따른 취출풍량을 조절하는 변풍량 유닛을 설치하여 공조하는 방식

② 동시부하율을 고려해서 기기용량을 결정하므로 설비 용량이 작고 또 연간 송풍 동력을 절감할 수 있다.(에너지 절약형)
③ 부하변동에 대하여 응답이 빠르므로 실온 조정이 유리하며 개별제어가 용이하다.

25. 에너지 절약의 효과 및 사무자동화(OA)에 의한 건물에서 내부 발생열의 증가와 부하 변동에 대한 제어성이 우수하기 때문에 대규모 사무실 건물에 적합한 공기조화 방식은?
① 정풍량(CAV) 단일덕트 방식
② 유인 유닛 방식
③ 룸 쿨러 방식
④ 가변풍량(VAV) 단일덕트 방식

> **가변풍량 단일덕트 방식**
> 공조대상 공간의 열부하의 변동에 따라서 송풍량을 조절하여 소정의 온·습도를 유지하는 전공기 방식으로 취출온도를 일정하게 하고 부하의 변동에 따라서 송풍량을 변화시켜 실온을 제어하기 때문에 부하의 증가에 대한 유연성이 있고 개별제어가 가능하다. 또한 타 방식에 비해 에너지를 절약할 수 있고, 대규모 사무실 건물에 적합하다.

26. 공기조화 방식에서 가변풍량 단일덕트 방식의 특징에 대한 설명으로 틀린 것은?
① 송풍기의 풍량제어가 가능하므로 부분 부하 시 반송에너지 소비량을 경감시킬 수 있다.
② 동시사용률을 고려하여 기기용량을 결정할 수 있으므로 설비용량이 커질 수 있다.
③ 변풍량 유닛을 실별 또는 존별로 배치함으로써 개별 제어 및 존 제어가 가능하다.
④ 부하변동에 따라 실내온도를 유지할 수 있으므로 열원설비용 에너지 낭비가 적다.

> ② 동시사용률을 고려하여 기기용량을 결정

Answer 23. ① 24. ② 25. ④ 26. ②

하게 되므로 설비용량이 작고 또 연간 송풍 동력을 절감할 수 있다.(에너지 절약형)

[참고] 가변풍량 방식의 특징

장점	단점
• 동시부하율을 고려해서 기기용량을 결정하므로 설비용량이 작고 또 연간 송풍 동력을 절감할 수 있다. (에너지 절약형) • 부하변동에 대하여 응답이 빠르므로 실온조정이 유리하다. • 개별제어가 용이하다.	• 가변풍량 유닛 등이 고가이므로 설비비가 많이 든다. • 부하가 감소하면 풍량이 감소하여 환기에 문제가 발생한다. • 풍량감소 시 실내 기류분포가 나빠지고 소음이 발생할 우려가 있다. • 정압변동에 대한 송풍기의 용량제어가 필요하다.

27. 공기조화 방식에서 변풍량 단일덕트 방식의 특징으로 틀린 것은?

① 변풍량 유닛을 실별 또는 존(zone)별로 배치함으로써 개별 제어 및 존 제어가 가능하다.
② 부하변동에 따라서 실내온도를 유지할 수 없으므로 열원설비용 에너지 낭비가 많다.
③ 송풍기의 풍량제어를 할 수 있으므로 부분 부하 시 반송 에너지 소비량을 경감시킬 수 있다.
④ 동시사용률을 고려하여 기기용량을 결정할 수 있다.

👆 ② 부하변동에 따라서 실내온도를 유지할 수 있어 열원설비용 에너지 낭비가 적다.

28. 가변풍량 공조방식의 특징으로 틀린 것은?

① 다른 방식에 비하여 에너지 절약 효과가 높다.
② 실내공기의 청정화를 위하여 대풍량이 요구될 때 적합하다.
③ 각 실의 실온을 개별적으로 제어할 때 적합하다.
④ 동시사용률을 고려하여 기기용량을 결정할 수 있어 정풍량 방식에 비하여 기기의 용량을 적게 할 수 있다.

👆 ② 실내 공기의 청정화를 위하여 대풍량이 요구될 때 부적합하다.

29. 공조방식에서 가변풍량 덕트 방식에 관한 설명으로 틀린 것은?

① 운전비 및 에너지의 절약이 가능하다.
② 공조해야 할 공간의 열부하 증감에 따라 송풍량을 조절할 수 있다.
③ 다른 난방 방식과 동시에 이용할 수 없다.
④ 실내 칸막이 변경이나 부하의 증감에 대처하기 쉽다.

👆 ③ 가변풍량 방식은 다른 난방 방식과 조합시키면 운전비용을 절감할 수 있다.

30. 가변풍량 방식에 대한 설명으로 틀린 것은?

① 부분부하 대응으로 송풍기 동력이 커진다.
② 시운전 시 토출구의 풍량조정이 간단하다.
③ 부하변동에 대해 제어응답이 빠르므로 거주성이 향상된다.
④ 동시 부하율을 고려하여 설비용량을 적게 할 수 있다.

👆 ① 부분부하 대응으로 송풍 동력을 절감할 수 있다.(에너지 절약형)

31. 가변풍량 방식(VAV)의 특징에 관한 설명으로 옳지 않은 것은?

Answer 27. ② 28. ② 29. ③ 30. ① 31. ④

① 시운전 시 토출구의 풍량 조절이 간단하다.
② 동시부하율을 고려하여 기기용량을 결정하게 되므로 설비용량을 적게 할 수 있다.
③ 부하변동에 대하여 제어응답이 빠르므로 거주성이 향상된다.
④ 덕트의 설계시공이 복잡해진다.

👉 ④ 덕트의 설계시공이 간단해진다.

32. 변풍량 유닛의 종류별 특징에 대한 설명으로 틀린 것은?
① 바이패스형은 덕트 내의 정압변동이 거의 없고 발생 소음이 작다.
② 유인형은 실내 발생열을 온열원으로 이용 가능하다.
③ 교축형은 압력손실이 작고 동력절감이 가능하다.
④ 바이패스형은 압력손실이 작지만 송풍기 동력 절감이 어렵다.

👉 ③ 교축형은 압력손실이 크지만 송풍기 제어를 통해 동력절감이 가능하다.

33. 공기조화 방식에 관한 설명 중 옳은 것은?
① 각층 유닛 방식은 층별 부하변동에 대응하기 쉬우나 부분 운전은 어렵다.
② 유인 유닛 방식은 외기 냉방의 효과가 크다.
③ 가변풍량 방식으로 할 경우 최소 풍량 시에 필요한 외기량을 확보하는 것이 중요하다.
④ 가변풍량 방식은 부하변동에 대하여 제어응답이 느리다.

👉 ① 각층 유닛 방식은 층별 부하변동에 대응하기 쉬워 건물의 규모가 관계없이 부분운전이 가능하다.

② 유인 유닛 방식은 외기 냉방의 효과가 적다.
④ 가변풍량 방식은 부하변동에 대하여 제어 응답이 빠르므로 거주성이 향상된다.

34. 단일덕트 변풍량 방식에서는 VAV 유닛을 사용하여 실내를 제어하는데 VAV 유닛을 채용하는 가장 큰 이유는?
① 에너지절약
② 소음 제거
③ 취출공기 온도제어
④ 냉풍과 온풍의 혼합

👉 변풍량 방식은 부하변동에 따라 송풍량을 조절하여 실온을 일정하게 유지하는 방식으로 타방식에 비해 에너지 절감 효과를 기대할 수 있다.

35. 송풍 덕트 내의 정압제어가 필요 없고, 발생소음이 적은 변풍량 유닛은?
① 유인형   ② 슬롯형
③ 바이패스형 ④ 노즐형

👉 **바이패스형 유닛(bypass type unit)**
실내 부하 조건이 요구하는 필요한 풍량만 실내로 급기하고 나머지 풍량은 천장 내로 바이패스하여 리턴으로 순환시키는 방법으로 실내 부하변동에 대해서도 송풍량이 변하지 않는다는 특징이 있다.

장점	단점
① 부하변동에 대하여 덕트 내 정압의 변동이 없으므로 발생 소음이 적다.	① 송풍량이 일정하므로 송풍기 제어에 의한 동력절약을 기대할 수 없다.
② 송풍기 제어없이 일정 풍량을 송풍하므로 에어 필터에서의 집진효과가 크다.	② 덕트 계통의 증축에 대하여 유연성이 적다.
③ 천장 내의 조명열이 제거된다.	

Answer 32. ③ 33. ③ 34. ① 35. ③

[참고] 풍량 유닛(VAV Unit)의 종류
① 교축형 유닛(throttle type unit) : 가장 일반적이고 널리 보편화된 형태로서 댐퍼의 개도를 조절하여 실내 부하 조건에 따라 변동되는 설정 풍량을 제어하는 방식

장점	단점
① 부하변동에 따라 송풍량을 변화시키고 동시에 송풍기를 제어하므로 동력이 절약된다. ② 일정 풍량 특성을 가지므로 덕트계의 설계, 시공이 간단하게 된다.	① 덕트 내 정압변동이 크므로 특별한 제어방식이 요구된다. ② 최소한의 필요 환기량을 확보하기 위하여 최소 개도 설정을 정하여야 한다. ③ 유닛 내에서 발생소음이 문제로 된다.

② 유인형 유닛(induction type unit) : 유인형 유닛은 교축형을 응용한 유닛으로 실내 부하가 감소하여 1차 공기량이 실내 설정 온도점 이하부터는 2차 공기를 유인하여 실내로 급기하는 방식이다.

장점	단점
① 1차 공기를 고속으로 보내므로 덕트 치수를 작게 할 수 있다. ② 실내 발생열을 온열원으로의 이용이 가능하다.	① 1차 공기를 고속으로 보내기 위한 고압의 송풍기를 필요로 한다. ② 실내의 2차 공기를 유인하므로 집진효과가 떨어진다.

36. 공기조화 방식 중 혼합상자에서 적당한 비율로 냉풍과 온풍을 자동적으로 혼합하여 각 실에 공급하는 방식은?
① 중앙식 ② 2중덕트 방식
③ 유인 유닛 방식 ④ 각층 유닛 방식

☞ 2중덕트 방식(double duct system)
중앙 공조기에서 냉풍과 온풍을 만들어 2계통의 덕트를 통해 송풍한 후 혼합상자(Mixing Box)에 냉풍과 온풍을 혼합시켜 실온을 제어하는 전공기 방식이다.

37. 이중덕트 방식에 설치하는 혼합상자의 구비 조건으로 틀린 것은?
① 냉풍·온풍 덕트 내의 정압변동에 의해 송풍량이 예민하게 변화할 것
② 혼합비율 변동에 따른 송풍량의 변동이 완만할 것
③ 냉풍·온풍 댐퍼의 공기누설이 적을 것
④ 자동제어 신뢰도가 높고 소음발생이 적을 것

☞ ① 센서를 너무 예민하게 설정하면 약간의 정압 변동에 의해 송풍량이 급격하게 변하게 되므로 적절한 설정이 필요하다.

38. 다음 중 에너지 소비가 가장 큰 공조 방식은?
① 팬코일 유닛 방식 ② 각층 유닛 방식
③ 2중덕트 방식 ④ 유인 유닛 방식

☞ 이중덕트 방식은 냉풍과 온풍을 혼합하는데 따른 에너지 손실이 크다.

39. 다음 공기조화 방식 중 부하패턴이 다른 각 실내의 온습도 조절에 가장 유리한 것은?
① 단일 덕트 방식 ② 이중덕트 방식
③ 멀티존 유닛 방식 ④ 패키지 방식

☞ 2중덕트 방식은 실내부하에 따라 개별제어가 가능하므로 실내 온습도 조절에 유리하다.

40. 각 층에 1대 또는 여러 대의 공조기를 설치하는 방법으로 단일덕트의 정풍량 또는 변풍량 방식, 2중덕트 방식 등에 응용될 수 있는 공조 방식은?
① 각층 유닛 방식 ② 유인 유닛 방식
③ 복사 냉난방 방식 ④ 팬코일 유닛 방식

Answer 36. ② 37. ① 38. ③ 39. ② 40. ①

각층 유닛 방식(Step System)
건물의 각 층 또는 각 층의 각 구역마다 공조기를 설치하는 방식으로 단일덕트의 정풍량 또는 변풍량 방식, 이중덕트 방식 등에 응용할 수 있다. 이 방식은 백화점이나 임대건물 같이 각 층 또는 사용 조건이 다른 건물에 적합하다.

41. 각층 유닛 방식의 특징이 아닌 것은?
① 공조기 수가 줄어들어 설비비가 저렴하다.
② 사무실과 병원 등의 각 층에 대하여 시간차 운전에 적합하다.
③ 송풍덕트가 짧게 되고, 주덕트의 수평덕트는 각 층의 복도 부분에 한정되므로 수용이 용이하다.
④ 설계에 따라서는 각 층 슬래브의 관통덕트가 없게 되므로 방재상 유리하다.

① 각 층마다 공조기를 설치하므로 공조기 수가 많아지고 설비비가 많이 든다.
[참고] 각층 유닛 방식의 특징

장점	단점
㉠ 각 층별 부하변동에 대응할 수 있고 층별 부분 운전, 시간차 운전이 가능하다.	㉠ 각 층마다 공조기를 설치하므로 설비비가 많이 들고 소음 및 진동이 전달된다.
㉡ 중앙기계실 면적이 작게 들고 송풍동력이 작게 든다.	㉡ 공조기의 분산배치로 유지관리가 어렵다.
㉢ 환기덕트가 필요 없으므로 덕트 공간이 작게 든다.	㉢ 각 층에 수배관을 설치하므로 누수의 우려가 있다.
㉣ 외기도입이 용이하다.	

42. 각층 유닛 방식에 관한 설명으로 틀린 것은?
① 외기용 공조기가 있는 경우에는 습도제어가 곤란하다.
② 장치가 세분화되므로 설비비가 많이 들며, 기기 관리가 불편하다.
③ 각 층마다 부하 및 운전시간이 다른 경우에 적합하다.
④ 송풍 덕트가 짧게 된다.

① 외기용 공조기(1차 공조기)가 있는 경우에는 필요한 외기를 도입해서 냉각감습 혹은 가열가습하여 각 층 또는 각 존에 설치된 2차 조화장치로 송풍하므로 습도제어가 가능하다.

43. 다음 설명 중 옳은 것은?
① 각층 유닛 방식은 중간 규모 이상이거나 대규모 건물에 적합하다.
② 이중덕트 방식은 에너지 절약적인 방식이다.
③ 팬코일 유닛 방식은 전공기식에 비해 덕트 면적이 크다.
④ 멀티존 유닛 방식은 혼합상자를 사용한다.

② 이중덕트 방식은 에너지 손실이 큰 에너지 다소비형 방식이다.
③ 팬코일 유닛 방식은 수방식 또는 공기-수방식이므로 전공기식에 비해 덕트 면적이 적다.
④ 이중덕트 방식은 혼합상자를 사용하고 멀티존 유닛 방식은 혼합댐퍼를 사용한다.

44. 공기조화 설비에 관한 설명으로 틀린 것은?
① 이중덕트 방식은 개별 제어를 할 수 있는 이점이 있지만, 단일덕트 방식에 비해 설비비 및 운전비가 많아진다.
② 변풍량 방식은 부하의 증가에 대처하기 용이하며, 개별제어가 가능하다.
③ 유인 유닛 방식은 개별제어가 용이하며, 고속덕트를 사용할 수 있어 덕트 스페이

Answer 41. ① 42. ① 43. ① 44. ④

스를 작게 할 수 있다.

④ 각층 유닛 방식은 중앙기계실 면적이 작게 차지하고, 공조기의 유지관리가 편하다.

👉 ④ 각층 유닛 방식은 중앙기계실 면적이 작게 들지만, 공조기의 분산배치로 유지관리가 어렵고 소음 및 진동이 전달된다.

45. 공조기에서 냉·온풍을 혼합댐퍼(mixing damper)에 의해 일정한 비율로 혼합한 후 각 존 또는 각 실로 보내는 공조방식은?

① 단일덕트 재열 방식
② 멀티존 유닛 방식
③ 단일덕트 방식
④ 유인 유닛 방식

👉 **멀티존 유닛 방식(multi-zone unit system)**
이중덕트 방식의 변형으로 실내 온도조절기의 작동에 의하여 냉풍과 온풍을 공조기의 혼합 댐퍼로 제어하여 혼합된 공기는 각 실, 각층에 개별적인 덕트에 의해 실내로 취출되는 방식

46. 멀티존 유닛 방식의 특징으로 옳지 않은 것은?

① 소규모 건물의 이중덕트 방식과 비교하여 초기 설비비가 저렴하다.
② 존 제어가 가능하므로 대규모 건물의 내부 존에 이용된다.
③ 출구 댐퍼의 개폐로서 각 계통의 풍량이 심하게 변동하는 것을 방지하기 위하여 모든 송풍 덕트를 전저항 25mmAq 이상으로 해야 한다.
④ 이중덕트 방식과 같은 혼합손실이 있어서 에너지 소비량이 많다.

👉 ③ 멀티존 유닛의 출구댐퍼의 개폐로서 각 계통의 풍량이 심하게 변동하는 것을 방지하기 위해서는 모든 송풍덕트를 전저항 15mmAq 이상으로 해야 한다.

47. 외기냉방에 대한 설명으로 적당하지 않은 것은?

① 외기온도가 실내공기온도 이하로 되는 때에 적용한다.
② 냉동기를 가동하지 않아도 냉방을 할 수 있다.
③ 외기온도가 실내 공기온도보다 높을 때에는 외기만을 급기한다.
④ 급기용 및 환기용 송풍기를 설치한다.

👉 ③ 외기온도가 실내 공기온도보다 낮을 때에는 외기만을 급기한다.
[참고] 외기냉방 실시 조건
① 외기 건구온도<실내온도
② 외기 엔탈피<실내 엔탈피
③ 외기 노점온도<외기 노점온도 상한치
④ 외기온도>외기온도 하한치

48. 공기조화 방식 중 중앙식의 수-공기 방식에 해당하는 것은?

① 유인 유닛 방식
② 패키지 유닛 방식
③ 단일덕트 정풍량 방식
④ 이중덕트 정풍량 방식

👉 **수-공기 방식**
유인 유닛 방식, 덕트 병용 팬코일 유닛방식, 복사냉난방(패널 에어) 방식 등
[참고]
① 전공기 방식 : 단일덕트 방식(정풍량, 변풍량), 2중덕트 방식(정풍량, 변풍량, 멀티존 유닛), 각층 유닛 방식 등
② 냉매 방식(개별 방식) : 룸쿨러 방식, 패키지 유닛 방식, 멀티 유닛 방식 등

45. ② 46. ③ 47. ③ 48. ①

49. 다음 중 수-공기 방식과 관계없는 장치는?
① 복사 냉난방 방식 ② 팬코일 유닛
③ 인덕션 유닛 ④ 패키지 에어컨

☝ 개별 공조 방식(냉매 방식)
패키지 에어컨, 룸에어컨 등
[참고] 공기-물 공조 방식
유인 유닛 방식, 덕트 병용 팬코일 유닛 방식, 복사냉난방(패널에어) 방식

50. 공기-수 방식에 의한 공기조화의 설명으로 옳지 않은 것은?
① 유닛 1대로써 구획(zone)을 구성하므로 개별제어가 가능하다.
② 장치 내 필터의 성능이 나빠 정기적으로 청소할 필요가 있다.
③ 전공기 방식에 비해 반송동력이 크다.
④ 부하가 큰 구획(zone)에 대해서도 덕트 스페이스가 작다.

☝ ③ 전공기 방식에 비해서 반송력이 작아도 된다.

51. 유인 유닛 방식에 관한 설명으로 틀린 것은?
① 각 실 제어를 쉽게 할 수 있다.
② 덕트 스페이스를 작게 할 수 있다.
③ 유닛에는 가동부분이 없어 수명이 길다.
④ 송풍량이 비교적 커 외기냉방 효과가 크다.

☝ ④ 송풍량이 적어 외기냉방 효과가 적다.
[참고] 유인 유닛 방식의 특징
① 각 유닛마다 제어가 가능하여 각 방의 개별제어가 가능하다.
② 고속덕트를 사용하므로 덕트의 설치공간을 작게 할 수 있다.
③ 중앙공조기는 1차 공기만 처리하므로 작게 할 수 있다.
④ 풍량이 적게 들어 동력소비가 적다.
⑤ 유닛 내부에 전동기 등 가동부분이 없어 수명이 반영구적이다.
⑥ 유인비가 3~4 정도 되어 취출 공기와 실온의 온도차가 작아 기류 분포가 좋다.
⑦ 1차 공기의 조닝이 가능하고 부하변동에 대한 적응성이 FCU보다 양호하다.

52. 유인 유닛 방식에 관한 설명 중 틀린 것은?
① 유인비는 보통 3~4 정도로 한다.
② 호텔 연회장의 내부 존에 적합한 공조방식이다.
③ 덕트 스페이스를 작게 할 수 있다.
④ 외기냉방의 효과가 적다.

☝ ② 호텔 연회장의 외부 존에 적합한 공조방식이다.

53. 유인 유닛 공조 방식에 대한 설명으로 틀린 것은?
① 1차 공기를 고속덕트로 공급하므로 덕트 스페이스를 줄일 수 있다.
② 실내유닛에는 회전기기가 없으므로 시스템의 내용연수가 길다.
③ 실내부하를 주로 1차 공기로 처리하므로 중앙공조기는 커진다.
④ 송풍량이 적어 외기 냉방효과가 낮다.

☝ ③ 실내부하를 주로 1차 공기로 처리하므로 중앙공조기를 작게 할 수 있다.
[참고] 51번 해설 참고

54. 유인 유닛 공조 방식 특징이 아닌 것은?
① 각 실 제어가 용이하다.
② 유닛의 여과기가 막히기 쉽다.
③ 유닛이 실내의 유효 공간을 감소시킨다.
④ 덕트 공간이 비교적 크다.

Answer 49. ④ 50. ③ 51. ④ 52. ② 53. ③ 54. ④

③ 고속덕트를 사용하므로 덕트의 설치공간을 작게 할 수 있다.

55. 다음 공기조화에 관한 설명 중 옳은 것은?
① 유닛 히터는 코일과 팬으로 구성된다.
② 유인 유닛은 팬만을 내장하고 있다.
③ 공기 세정기를 사용하는 경우에는 엘리미네이터를 사용하지 않아도 좋다.
④ 팬코일 유닛은 팬과 코일 및 냉동기로 구성된다.

② 유인 유닛은 냉온수 코일을 내장하고 있다.
③ 공기 세정기를 사용하는 경우에는 출구공기에 섞여 나가는 비산수를 제거하는 엘리미네이터를 설치한다.
④ 팬코일 유닛은 팬과 코일로 구성된다.

56. 실내를 쾌적한 상태로 유지하기 위하여 여러 가지의 공조 방식을 채용할 수 있는데 그 중에서 실내에서의 잠열부하 처리에 곤란한 공조 방식은?
① 단일덕트 정풍량 방식
② 각층 유닛 방식
③ 팬코일 유닛 방식
④ 패키지 방식

팬코일 유닛 방식(FCU)
중앙 열원설비에서 냉수 또는 온수를 공급받아 실내의 공기를 유닛 내에 설치된 팬으로 코일에 순환시켜 냉각 또는 가열하는 방식으로 전공기 방식에 비해 덕트 면적이 적고 각 실 제어에 적합하지만 실내 잠열부하 처리가 곤란하다. 또한 개별제어에 의한 에너지 절감 효과가 있어 인원밀도가 낮은 소규모 건물(주택, 호텔의 객실, 병원, 사무실 빌딩의 외부구역 등)에 주로 사용되며, 청정도나 온습도 조건이 엄격하고 청정도가 요구되는 시설(극장이나 공장과 같은 대공간, 병원의 수술실이나 클린룸)에는 적합하지 않다.

57. 극간풍이 비교적 많고 재실인원이 적은 실의 중앙 공조 방식으로 가장 경제적인 방식은?
① 변풍량 2중덕트 방식
② 팬코일 유닛 방식
③ 정풍량 2중덕트 방식
④ 정풍량 단일덕트 방식

극간풍이 비교적 많고 재실 인원이 적은 실(주택, 여관 등)의 중앙공조방식으로는 전수 방식이 적당하고 보기에서 전수방식은 팬코일 유닛 방식이 해당된다. 문항에서 ①, ③, ④는 전공기 방식이다.

58. 팬코일 유닛 방식에 대한 설명으로 틀린 것은?
① 일반적으로 사무실, 호텔, 병원 및 점포 등에 사용한다.
② 배관 방식에 따라 2관식, 4관식으로 분류한다.
③ 중앙기계실에서 냉수 또는 온수를 공급하여 각 실에 설치한 팬코일 유닛에 의해 공조하는 방식이다.
④ 팬코일 유닛 방식에서의 열부하 분담은 내부 존 팬코일 유닛 방식과 외부 존 터미널 방식이 있다.

④ 팬코일 유닛 방식(덕트 병용)에서의 열부하 분담은 내부 존 부하는 공기 방식(중앙 공조기), 외부 존은 수방식(팬코일 유닛 방식)을 이용한다.

59. 팬코일 유닛의 구성과 관계없는 것은?
① 송풍기   ② 여과기

55. ① 56. ③ 57. ② 58. ④ 59. ④

③ 냉온수 코일   ④ 가습기

팬코일 유닛(FCU)
코일, 송풍기, 공기여과기 등을 하나의 케이싱에 넣은 소형의 유닛으로 만든 공기조화장치를 실내에 설치하여 냉·난방 시 냉풍 또는 온풍을 발생하는 장치

60. 내부에 송풍기와 냉·온수 코일이 내장되어 있으며, 각 실내에 설치되어 기계실로부터 냉·온수를 공급받아 실내공기의 상태를 직접 조절하는 공조기는?
① 패키지형 공조기
② 인덕션 유닛
③ 팬코일 유닛
④ 에어핸드링 유닛

팬코일 유닛(Fan Coil Unit)
냉각·가열코일, 송풍기, 공기여과기를 케이싱 내 수납한 것으로 기계실에서 냉·온수를 코일에 공급하여 실내공기를 팬으로 코일에 순환시켜 부하를 처리하는 방식으로 주로 외주부에 설치하여 콜드 드래프트를 방지한다.

61. 외기의 공급은 없이 실내공기만이 계속 흡입되고, 다시 취출되어 부하를 처리하는 방식으로 주택, 호텔의 객실, 사무실 등에 많이 설치하는 공조기는?
① 패키지형 공조기
② 인덕션 유닛
③ 팬코일 유닛
④ 에어핸들링 유닛

팬코일 유닛
냉각·가열코일, 송풍기, 공기여과기를 케이싱 내에 수납한 것으로 기계실에서 냉·온수를 코일에 공급하여 실내공기를 팬으로 코일에 순환시켜 부하를 처리하는 방식으로 실과 존에 개별적으로 대응이 가능하다. 주택, 호텔의 객실, 병원 사무실 빌딩의 외부구역 등에 많이 설치하고 극장이나 공장과 같은 대공간, 병원의 수술실이나 클린룸과 같은 높은 청정도가 요구되는 곳에는 적용하기 어렵다.

62. 팬코일 유닛(FCU) 방식과 유인 유닛(IDU) 방식은 실내에 설치하는 유닛 외에도 1차 공조기를 사용하여 덕트 방식을 채용할 수도 있다. 이 방식들을 비교한 설명 중 올바르지 못한 것은?
① FCU는 IDU에 비해 운전 중의 소음이 적고, 동일 능력일 때에는 단가가 싸다.
② IDU에는 전용의 덕트계통이 필요하다.
③ FCU에는 내부에 팬(fan)을 가지고 있어 보수할 필요가 있다.
④ IDU는 내부 존(zone)을 합하더라도 하나의 덕트계통만으로 처리가 가능하다.

④ IDU는 전용덕트 계통을 필요로 하고 내부 존을 합해서 최소 2계통의 덕트를 필요로 한다.
[참고] IDU(유닛 유닛)와 FCU(팬코일 유닛)의 비교
① FCU는 IDU에 비해 소음이 적고, 동일능력일 때 저렴하다.
② IDU는 전용덕트 계통을 필요로 하고, 내부 존을 합해서 최소 2계통의 덕트를 필요로 한다.
③ FCU는 내부에 fan이 있으므로 보수가 필요하고 IDU는 수명이 길다.
※ 소음 : IDU > FCU
   가격 : IDU > FCU
   수명 : IDU > FCU

63. 다음 공기조화 방식 중 냉매 방식인 것은?
① 유인 유닛 방식
② 멀티존 방식
③ 팬코일 유닛 방식

Answer 60. ③ 61. ③ 62. ④ 63. ④

④ 패키지 유닛 방식

> **냉매 방식(개별 방식)**
> 룸 쿨러 방식, 패키지 유닛 방식, 멀티 유닛 방식 등
> [참고]
> ① 유인 유닛 방식 : 공기-수 방식
> ② 멀티존 방식 : 전공기 방식
> ③ 팬코일 유닛 방식 : 전수 방식

64. 다음 공조 방식 중 냉매 방식이 아닌 것은?

① 패키지 방식
② 팬코일 유닛 방식
③ 룸 쿨러 방식
④ 멀티 유닛 방식

> ② 팬코일 유닛 방식 : 중앙 방식(수 방식)

65. 다음 중 개별식 공기조화 방식이 아닌 것은 무엇인가?

① 각층 유닛 방식
② 룸쿨러 방식
③ 패키지 방식
④ 멀티유닛형 룸쿨러 방식

> ① 각층 유닛 방식 : 중앙 방식(전공기 방식)

66. 다음 공조 방식 중 개별식에 속하는 것은 어느 것인가?

① 팬코일 유닛 방식
② 단일 덕트 방식
③ 2중덕트 방식
④ 패키지 유닛 방식

> **냉매 방식(개별 방식)**
> 룸 쿨러 방식, 패키지 유닛 방식, 멀티 유닛 방식 등

67. 각종 공조 방식 중 개별 방식에 관한 설명으로 틀린 것은?

① 개별제어가 가능하다.
② 외기냉방이 용이하다.
③ 국소적인 운전이 가능하여 에너지 절약적이다.
④ 대량생산이 가능하여, 설비비와 운전비가 저렴해진다.

> ② 외기냉방이 어렵다.
> [참고] 개별식 공조 방식의 특징
> ① 장점
>   ㉠ 유닛마다 자동제어장치가 있어서 개별제어가 가장 용이하다.
>   ㉡ 필요한 시간(시간차 운전)에 운전하므로 에너지가 절약된다.
>   ㉢ 설치 및 취급이 간단하다.
>   ㉣ 대량생산을 하므로 설비비와 운전비가 싸다.
> ② 단점
>   ㉠ 설치 장소에 제약을 받으며 실내에 유닛이 설치되므로 바닥 이용면적이 감소한다.
>   ㉡ 실내공기의 청정도가 낮고 소음 및 진동이 발생한다.
>   ㉢ 외기냉방이 어렵다.
> ③ 적용 : 주택, 호텔의 객실, 소점포의 비교적 소규모 건물

68. 개별 유닛 방식 중의 하나인 열펌프 유닛 방식의 특징을 설명한 것으로 틀린 것은?

① 냉난방 부하가 동시에 발생하는 건물에서는 열회수가 가능하다.
② 습도제어가 쉽고 필터 효율이 좋다.
③ 증설, 간벽 변경 등에 대한 대응이 용이하고 공조방식에 융통성이 있다.
④ 난방 목적으로 사용할 때의 성적계수는 냉방 시의 경우에 비해 1만큼 더 크다.

Answer 64. ② 65. ① 66. ④ 67. ② 68. ②

② 습도제어가 어렵고 필터 효율이 나쁘다.
[참고] 열펌프 유닛 방식의 특징

장점	단점
① Unit별로 제어기구를 갖고 있어 개별시동, 정지 등 개별제어가 가능하다. ② 증설, 칸막이 변경 등에 대응이 용이하고 공조시스템에 유연성이 있다. ③ 냉난방 부하가 동시에 발생하는 건물에서는 열회수가 가능하다. ④ 천장 내에 기기를 설치하면 기계실 면적이 아주 적어도 된다. ⑤ 운전이 단순하다. ⑥ 설치가 용이하다.	① 외기 냉방이 어렵다. ② 기기에서의 발생소음이 크므로 선정에 주의가 필요하다. ③ 환기능력이 한정되어 있다. ④ 일반적으로 습도제어가 느슨하다. ⑤ 기기수명이 짧다. ⑥ 일반적으로 필터의 효율이 나쁘다.

69. 다음 중 개별식 공조 방식의 특징이 아닌 것은?
① 국소적인 운전이 자유롭다.
② 개별제어가 자유롭게 된다.
③ 외기냉방을 할 수 없다.
④ 소음진동이 작다.

☞ ④ 실내공기의 청정도가 낮고 소음 및 진동이 발생한다.

70. 개별식 공조 방식에 대한 내용 중 옳지 않은 것은?
① 송풍량이 많으므로 실내공기의 오염이 적다.
② 개별제어가 가능하며 국소운전이 가능하여 에너지가 절약된다.
③ 유닛마다 냉동기를 갖추고 있어서 소음과 진동이 크다.
④ 외기냉방을 할 수 없다.

☞ ①은 전공기 방식에 대한 설명이다. 개별공조는 습도, 청정도, 기류제어가 어렵고 실내공기의 청정도가 낮다.

71. 각종 공기조화 방식 중에서 개별 방식의 특징은?
① 수명은 대형기기에 비하여 짧다.
② 외기냉방이 어느 정도 가능하다.
③ 실 건축구조 변경이 어렵다.
④ 냉동기를 내장하고 있으므로 일반적으로 소음이 작다.

☞ ① 기기의 수명이 다른 방식에 비해서 짧다.
② 외기냉방이 어렵다.
③ 설치 및 취급이 간단하여 실 건축구조 변경이 가능하다.
④ 냉동기를 내장하고 있으므로 일반적으로 소음 및 진동이 크다.

72. 패키지 공조 방식의 특징이 아닌 것은?
① 냉동기를 내장하고 있기 때문에 별도의 기계실이 필요 없다.
② 설치가 간단하고 소규모 건축물에 적합하다.
③ 부하의 상태 및 운전시간이 다른 방에 적합하다.
④ 외기 도입이 쉽고 환기량이 충분하여 별도의 환기 설비가 필요 없다.

☞ ④ 외기 및 환기량이 한정되어 별도의 환기 설비가 필요하다.

73. 개별 공기조화 방식에 사용되는 공기조화기와 관련이 없는 것은?
① 사용하는 공기조화기의 냉각코일로는 간접팽창코일을 사용한다.
② 설치가 간편하고 운전 및 조작이 용이하다.
③ 제어대상에 맞는 개별 공조기를 설치하여

Answer 69. ④ 70. ① 71. ① 72. ④ 73. ①

제3장 공조방식

최적의 운전이 가능하다.
④ 소음이 크고 국소운전이 가능하여 에너지 절약적이다.

👉 ① 사용하는 공기조화기의 냉각코일로는 직접팽창코일을 사용하여 공기를 냉각감습한다.
[참고] 직접팽창식 공기조화기(Direct Expansion A.H.U)
냉매가 직접 팽창하는 직접팽창코일이 내장되어 중앙 냉난방 시스템과 관계없이 개별적인 가동이 가능한 공조기. 가열 코일로는 보일러로부터 공급되는 온수 또는 증기를 이용할 수 있으며, 난방부하가 적은 경우는 전열기를 설치할 수도 있다.

74. 냉난방 공기조화 설비에 관한 설명으로 틀린 것은?
① 조명기구에 의한 영향은 현열로서 냉방부하 계산 시 고려되어야 한다.
② 패키지 유닛 방식을 이용하면 중앙공조 방식에 비해 공기조화용 기계실의 면적이 적게 요구된다.
③ 이중덕트 방식은 개별제어를 할 수 있는 이점은 있지만 일반적으로 설비비 및 운전비가 많아진다.
④ 지역냉난방은 개별냉방에 비해 일반적으로 공사비는 현저하게 감소한다.

👉 ④ 지역냉난방은 개별냉난방에 비해 일반적으로 공사비(초기 투자설비비 등)가 많이 든다.

75. 바닥취출 공조 방식의 특징으로 틀린 것은?
① 천장 덕트를 최소화하여 건축 층고를 줄일 수 있다.
② 개개인에 맞추어 풍량 및 풍속 조절이 어려워 쾌적성이 저해된다.
③ 가압식의 경우 급기거리가 18m 이하로 제한된다.
④ 취출온도와 실내온도 차이가 10℃ 이상이면 드래프트 현상을 유발할 수 있다.

👉 ② 기본적으로 각 단말 유닛마다 개별제어기를 갖추고 있어 개개인에 맞추어 풍량 및 풍속 조절이 가능하여 쾌적한 개별 공조를 실현

76. 저온 공조 방식에 관한 내용으로 가장 거리가 먼 것은?
① 배관지름의 감소
② 팬 동력 감소로 인한 운전비 절감
③ 낮은 습도의 공기 공급으로 인한 쾌적성 향상
④ 저온 공기 공급으로 인한 급기 풍량 증가

👉 ④ 저온 공기 공급으로 인한 급기 풍량 감소
[참고] 저온 공조 방식
공조기의 냉수온도를 낮추어 저온공기를 공급하여 급기풍량을 줄임으로써 덕트 크기 및 층고를 줄일 수 있는 시스템으로 냉수온도가 낮으므로 필요 유량이 감소하여 펌프동력이 감소하고 배관지름이 감소한다. 또한 팬과 덕트 크기 및 동력을 감소시킬 수 있다.

77. 중앙식 난방법의 하나로서 각 건물마다 보일러 시설 없이 일정 장소에서 여러 건물에 증기 또는 고온수 등을 보내서 난방하는 방식은?
① 복사난방   ② 지역난방
③ 개별난방   ④ 온풍난방

👉 **지역난방**
중앙식 냉난방의 일종으로 일정한 장소의 기계실에서 넓은 지역 내의 여러 건물에 증기나

Answer 74. ④ 75. ② 76. ④ 77. ②

고온수 혹은 냉수를 공급하여 냉난방을 하는 방식

78. 특정한 곳에 열원을 두고 열수송 및 분배망을 이용하여 한정된 지역으로 열매를 공급하는 난방법은?

① 간접난방법　② 지역난방법
③ 단독난방법　④ 개별난방법

👉 77번 해설 참고
[참고]
① 간접난방 : 온풍난방과 같이 실내에 방열체를 두지 않고 난방하는 방법
② 직접난방 : 증기난방・온수난방 등과 같이 실내에 방열체를 두고 직접 가열하는 방법
③ 개별난방 : 열 발생원을 실내에 두고 열의 대류, 복사에 의한 난방

79. 높고 낮은 건물이 산재해 있는 광범위한 지역에 일괄하여 난방하고자 할 때 적당한 방법은?

① 복사난방　② 지역난방
③ 개별난방　④ 온풍난방

👉 77번 해설 참고

80. 다음은 지역난방의 특징에 관한 설명이다. 옳은 것은?

① 시설이 대규모이므로 관리나 열효율면에서 불리하다.
② 도시의 매연 증가의 요인이 된다.
③ 연료비와 인건비가 절감된다.
④ 배관으로부터 열손실을 줄일 수 있어 유리하다.

👉 **지역난방의 특징**
① 에너지 이용 효율이 높다.

② 연료비, 유지관리 측면에서 인건비, 유지관리비가 절감된다.
③ 고도의 설비에 의한 대기공해가 없어 깨끗한 도시환경을 조성한다.
④ 초기 투자설비비가 많이 든다.
⑤ 예열시간이 길어 연료소비량이 크며 배관에서의 열손실이 발생한다.

81. 지역냉난방설비에 대하여 잘못 설명된 것은?

① 에너지의 효율적 이용 및 배열 이용이 가능하다.
② 대기오염물질이 증가한다.
③ 도시의 방재수준의 향상이 가능하다.
④ 사용자에게는 화재에 대한 염려가 없다.

👉 ② 지역난방은 고도의 설비에 의한 대기공해가 없어 깨끗한 도시환경을 조성한다.

82. 공기조화에 이용되는 열원 방식 중 특수열원 방식의 분류로 가장 거리가 먼 것은?

① 지역 냉・난방 방식
② 열병합 발전(co-generation) 방식
③ 흡수식 냉온수기 방식
④ 태양열 이용 방식

👉 **열원 방식의 분류**

일반 열원 방식	• 전동냉동기+보일러 • 흡수식 냉동기+보일러 • 흡수식 냉온수 발생기 • 히트 펌프
특수 열원 방식	• 열회수방식(전열교환방식) • 축열빙방식(빙축열방식) • 태양열 이용방식 • 열병합 발전방식 • 지역 냉・난방방식

83. 공기조화 방식에 있어 지구 환경보존과 에너지 절약 추세에 따른 특수 열원 방식으로

Answer　78. ②　79. ②　80. ③　81. ②　82. ③　83. ③

짝지어진 것은?
① 열회수 방식, 흡수식 냉동기+보일러 방식
② 흡수식 냉온수기 방식+보일러 방식
③ 열병합 발전 방식, 축열 방식
④ 터보냉동기, 축열 방식

☞ **일반 열원 방식**
터보냉동기, 흡수식 냉동기, 보일러

84. 열전달 방법이 자연순환에 의하여 이루어지는 자연형 태양열 난방 방식에 해당되지 않는 것은?
① 직접 획득 방식　② 부착 온실 방식
③ 태양전지 방식　④ 축열벽 방식

☞ **자연형 태양열 난방 방식**
직접 획득 방식, 간접 획득 방식(축열벽 방식, 부착형 온실 방식), 분리 획득 방식

85. 다음 중 열회수 방식에 속하는 것은?
① 열병합 방식　② 빙축열 방식
③ 승온 이용 방식　④ 지역냉난방 방식

☞ **열회수 방식**
직접 이용 방식, 전열 교환 방식, 승온 이용 방식, 2중 응축기 방식

86. 다음 중 열회수 방식에 속하지 않는 것은?
① 직접 이용 방식
② 전열교환기 방식
③ VAV 공조기 방식
④ 승온 이용 방식

☞ **가변풍량 방식(variable air volume : VAV)**
송풍온도를 일정하게 하고 부하변동에 따라 송풍량을 조절하여 실온을 일정하게 유지하는 전공기 방식

87. 열회수 방식의 특징에 대한 설명이다. 옳은 것은?
① 공기 대 공기의 전열 교환을 직접 이용하는 방식으로 전열교환기가 가장 일반적이다.
② 전열교환기 방식은 외기도입량이 많고 운전시간이 짧은 시설에서 효과적이다.
③ 열펌프에 의한 승온이용 방식은 중·대규모의 건물에서는 부적합하다.
④ 전열교환기 및 열펌프 이용 방식은 회수열의 축열이 불가능하다.

☞ ② 전열교환기 방식은 외기도입량이 많고 운전시간이 긴 시설에서 효과적이다.
③ 열펌프에 의한 승온 이용 방식은 중·대규모의 건물에 주로 사용된다.
④ 열펌프 이용 방식은 회수열의 축열이 가능하다.

88. 화력발전설비에서 생산된 전력을 사용함과 동시에, 전력이 생산되는 과정에서 발생되는 열을 난방 등에 이용하는 방식은?
① 히트펌프(heat pump) 방식
② 가스엔진 구동형 히트펌프 방식
③ 열병합 발전(co-generation) 방식
④ 지열 방식

☞ **열병합 발전 시스템(Co-generation system)**
하나의 에너지원으로부터 전기생산과 그 폐열을 이용하여 열의 공급, 즉 난방을 동시에 진행하여 에너지 이용률을 70~85%(기존 발전의 2배 이상)로 높이는 종합에너지시스템(Total Energy System)이다. 열병합 발전 시스템은 가스, 석유 등의 연료를 에너지원으로 하여 증기 터빈 또는 엔진을 구동시켜서 발전하고 터빈의 배기를 이용해서 지역난방(냉방·난방·급탕)을 하므로 에너지 절약성이 높

84. ③　85. ③　86. ③　87. ①　88. ③

아 최근 많은 분야에서 보급 이용되고 있다.

89. 공조용 열원장치 중 다단식 터보냉동기에 관한 설명으로 맞지 않는 것은?
① 다단의 개방식 압축기를 사용하며 압축비가 높다.
② 취급 가스량을 크게 할 수 있다.
③ 단단식 터보에 비해 소형, 경량이고 공장의 다량 생산에 적합하다.
④ 능력 1000~7000RT의 지역냉방용에 사용 가능하다.

👉 단단식 터보냉동기에 비해 다단식은 주로 중·대형에 적합하다.

구분	토출압(kgf/cm²)	형식
저압	7~10	1단
중압	10~15	다단
고압	15~	다단

90. 공조용 열원장치에서 히트펌프 방식에 대한 설명으로 틀린 것은?
① 히트펌프 방식은 냉방과 난방을 동시에 공급할 수 있다.
② 히트펌프 원리를 이용하여 지열시스템 구성이 가능하다.
③ 히트펌프 방식 열원기기의 구동동력은 전기와 가스를 이용한다.
④ 히트펌프를 이용해 난방은 가능하나 급탕 공급은 불가능하다.

👉 ④ 히트펌프를 이용해 난방 및 급탕공급이 가능하다.

91. 열펌프에 관한 설명으로 옳은 것은?
① 열펌프는 펌프를 가동하여 열을 내는 기관이다.
② 난방용의 보일러를 냉방에 사용할 때 이를 열펌프라 한다.
③ 열펌프는 증발기에서 내는 열을 이용한다.
④ 열펌프는 응축기에서의 방열을 난방으로 이용하는 것이다.

👉 **열펌프(heat pump)**
저온 범위의 열(공기, 지하수, 폐열 등)을 흡수하여 고온 범위로 펌프-업(pump-up)한다는 데서 이름이 붙여진 것으로, 일반적인 냉동기는 낮은 온도의 증발열을 이용하는 데 반해 히트펌프는 높은 온도를 발생하는 응축기의 방열을 이용하고 구동 방식에 따라 전기식과 엔진식으로 구분한다. 현재 대부분이 냉방과 난방을 겸용하는 구조로 되어 있다.

92. 히트펌프 방식(열원 대 열매)에 속하지 않는 것은?
① 공기-공기 방식 ② 냉매-공기 방식
③ 물-물 방식 ④ 물-공기 방식

👉 **히트펌프 방식**
공기-공기 방식, 공기-물 방식, 물-공기 방식, 물-물 방식

93. 열펌프에 대한 설명으로 틀린 것은?
① 공기-물 방식에서 물회로 변환의 경우 외기가 0℃ 이하에서는 브라인을 사용하여 채열한다.
② 공기-공기 방식에서 냉매회로 변환의 경우는 장치가 간단하나 축열이 불가능하다.
③ 물-물 방식에서 냉매회로 변환의 경우는 축열조를 사용할 수 없으므로 대형에 적합하지 않다.
④ 열펌프의 성적계수(COP)는 냉동기의 성적계수보다는 1만큼 더 크게 얻을 수 있다.

👉 ③ 물-물 방식에서 냉매회로 변환의 경우는

Answer 89. ③ 90. ④ 91. ④ 92. ② 93. ③

축열조로 사용할 수 있으므로 대형에 적합하며 채열측도 축열조로 하여 냉온수 동시 사용이 가능하다.

94. 외기 온도가 -5℃이고, 실내 공급 공기온도를 18℃로 유지하는 히트펌프가 있다. 실내 총 손실열량이 50000W일 때 외기로부터 침입되는 열량은 약 몇 W인가?

① 23255W ② 33500W
③ 46047W ④ 50000W

$$COP = \frac{Q_H}{Q_H - Q_L} = \frac{T_H}{T_H - T_L}$$

$$\frac{50000}{50000 - Q_L} = \frac{273 + 18}{(273+18) - (273-5)}$$

$$\therefore Q_L = 46048\,W$$

95. 지하의 일정 깊이로 내려가면 온도가 거의 일정하다는 원리를 이용하여 에너지를 절감하는 지열을 이용한 히트펌프 방식에 대한 특징 중 틀린 것은?

① 시스템을 반영구적으로 사용할 수 있다.
② 가연성 연료사용으로 인한 폭발이나 화재의 위험이 없다.
③ 냉난방 비용이 기존 전기나 경유를 이용한 냉난방에 비하여 절약된다.
④ 연중 냉난방과 온수를 마음대로 사용할 수 없으며 실별 실내온도 조절이 가능하다.

④ 지열 히트펌프는 지중열원을 사용함으로써 무한한 땅 속 에너지를 사용할 수 있고 열원온도가 일정하므로 연중 냉난방과 온수를 마음대로 사용할 수 있고 실별 실내온도 조절이 가능하다.

96. 일반적인 공기조화 설비에서 폐열회수장치를 사용하면 열원이나 동력을 절감할 수 있다. 이러한 목적을 달성하기 위해서는 여러 가지 열교환기가 사용되는데 다음의 각 열교환기에 대한 설명 중 잘못된 것은?

① 열파이프(heat pipe)는 큰 관 내에 작은 관을 짝이 맞도록 배치하여 하나의 관에는 찬 매체, 다른 관에는 더운 매체를 보냄으로써 서로 열 교환한다.
② 열파이프(heat pipe)는 관 내 작동유체의 상변화를 이용하여 열 교환시킨다.
③ 판(plate)형 열교환기는 얇은 금속판을 프레스하여 여러 가지 모양의 돌기를 가진 평판모양 전열면을 여러 개 나열하고, 전열면 주위에는 개스킷을 세트하여 전체를 볼트로 체결한 것이다.
④ 전열교환기는 공기 중의 열과 수분, 즉 현열과 잠열을 모두 교환한다.

히트파이프
밀폐용기 내부의 작동유체가 연속적으로 기체-액체 간의 상변화 과정을 통하여 용기 양단 사이에 열을 전달하는 장치로 잠열(latent heat)을 이용하여 열을 이동시킴으로써, 단일상(phase)의 작동유체를 이용하는 통상적인 열전달 기기에 비해 매우 큰 열전달 성능을 발휘한다.

97. 폐열을 회수하기 위한 히트 파이프(heat pipe)의 구성 요소가 아닌 것은?

① 단열부 ② 응축부
③ 증발부 ④ 팽창부

히트 파이프
밀봉된 용기, 위크(wick) 및 증기공간으로 구성되며, 증발부, 응축부, 단열부로 구성되어 있다.

98. 다음 열원설비 중 하절기 피크전력 감소에 기여할 수 있는 방식으로 가장 거리가 먼 것은?

① GHP 방식 ② 빙축열 방식
③ 흡수식 냉동기 ④ EHP 방식

☞ ④ EHP(Electric Heat Pump) : 전기로 압축기를 구동시키는 전기식 냉·난방기이므로 하절기 피크전력 감소에 기여하기 어려운 방식이다.
[참고]
① GHP(Gas engine Heat Pump) : GHP는 LNG와 LPG를 열원으로 가스 엔진의 동력으로 압축기를 구동시키는 가스 냉난방 멀티공조 시스템으로 전기 대신 가스를 사용하므로 하절기 피크전력 감소에 기여할 수 있다.
② 빙축열 방식 : 야간의 값싼 심야전력을 이용하여 전기에너지를 얼음 형태의 열에너지로 저장하였다가, 주간에 이를 해빙하여 냉방용으로 사용하는 방식으로 하절기 피크전력 감소에 기여할 수 있다.
③ 흡수식 냉동기 : 구동열원으로 전기가 아닌 가스나 폐열 등을 사용하므로, 현재 우리나라에서 문제가 되고 있는 여름철 전기수요의 피크를 해결할 수 있는 냉동법이다.

99. 주간 피크(peak) 전력을 줄이기 위한 냉방 시스템 방식으로 가장 거리가 먼 것은?

① 터보냉동기 방식
② 수축열 방식
③ 흡수식 냉동기 방식
④ 빙축열 방식

☞ **피크전력 감소를 위한 냉방시스템**
가스냉방(GHP), 지역냉방, 축열식, 흡수식 냉동 등

100. 공기열원 열펌프를 냉동사이클 또는 난방사이클로 전환하기 위하여 사용하는 밸브는?

① 체크 밸브 ② 글로브 밸브
③ 4방 밸브 ④ 릴리프 밸브

☞ **4방 밸브**
열펌프의 압축기에서 토출된 냉매가 흐르는 방향을 바꿔서 난방사이클 또는 냉방사이클로 변환시켜주는 밸브

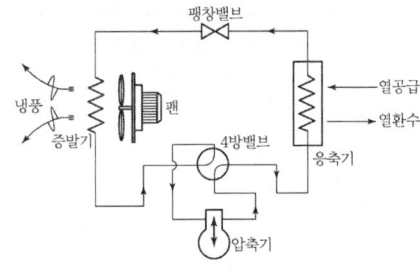
[냉방]

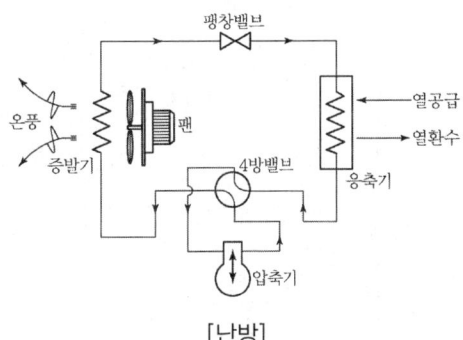
[난방]

101. 축열장치의 종류로 가장 거리가 먼 것은?

① 수축열 방식 ② 빙축열 방식
③ 잠열축열 방식 ④ 공기축열 방식

☞ **축열장치의 종류**
수축열 방식, 잠열축열 방식, 빙축열 방식, 구조체 축열 방식, 토양 축열 방식

102. 축열조의 특징으로 틀린 것은?
① 피크 컷에 의해 열원장치의 용량을 최소

Answer 98. ④ 99. ① 100. ③ 101. ④ 102. ②

화할 수 있다.
② 부분부하 운전에 쉽게 대응하기 어렵다.
③ 열원기기 운전시간을 연장하여 장래의 부하증가에 대응할 수 있다.
④ 열원기기를 고부하 운전함으로써 효율을 향상시킨다.

☞ ② 부분부하 운전에 쉽게 대응할 수 있다.
[참고] 축열조의 특징

장점	단점
① 피크 컷에 의하여 열원장치 용량을 최소화할 수 있다. ② 열원기기를 고부하 운전함으로써 효율을 향상시킨다. ③ 부분부하 운전에 쉽게 대응할 수 있다. ④ 값이 저렴한 심야전력의 이용이 가능하다. ⑤ 열원기기의 운전시간을 연장함으로써 장래의 부하증가에 대응할 수 있다. ⑥ 열원기기가 고장이거나 정전 시에 단시간동안 수조의 열로 대처할 수 있다. ⑦ 축열조의 물을 화재 시에 소화용수로 이용할 수 있다.	① 단열공사를 비롯하여 축열조의 건설비가 너무 비싸진다. ② 개방식 수조인 경우 펌프의 위치수두분만큼의 동력비가 증가한다. ③ 야간운전에 따른 관리 안전비가 상승한다. ④ 축열조의 이용온도차를 넓히기 위하여 공조기의 냉수입구 온도를 높게 하므로 코일의 열수가 증가하고 공기저항이 커져서 팬 동력이 증가한다.

103. 축열 시스템에서 수축열조의 특징으로 옳은 것은?

① 단열, 방수공사가 필요 없고 축열조를 따로 구축하는 경우 추가 비용이 소요되지 않는다.
② 축열배관 계통이 여분으로 필요하고 배관 설비비 및 반송 동력비가 절약된다.
③ 축열수의 혼합에 따른 수온 저하 때문에 공조기 코일 열수, 2차측 배관계의 설비

가 감소할 가능성이 있다.
④ 열원기기는 공조부하의 변동에 직접 추종할 필요가 없고 효율이 높은 전부하에서의 연속운전이 가능하다.

☞ **수축열 방식**
열용량이 큰 물을 축열재로 이용하는 방식으로 건물의 지하나 일정 장소에 물 저장탱크(축조조)를 설치하여 소요 부하만큼 축열하고 사용한다. 비교적 구조가 간단하고 설비의 시공이 용이하며 온수 축열도 가능하다. 또한 효율이 높은 전부하에서의 연속운전이 가능한 장점이 있지만 축열조의 설치 면적이 넓고 표면적이 커서 열손실이 많고 방수와 단열이 어려운 점 등의 단점을 가지고 있다.

104. 공기조화 설비의 개방식 축열수조에 대한 설명으로 틀린 것은?

① 태양열 이용식에서 열회수의 피크 시와 난방부하의 피크 시가 어긋날 때 이것을 조정할 수 있다.
② 값이 비교적 저렴한 심야전력을 이용할 수 있다.
③ 호텔 등에서 생기는 심야의 부하에 열원의 가동없이 펌프운전만으로 대응할 수 있다.
④ 공조기에 사용되는 냉수는 냉동기 출구측보다 다소 높게 되어 2차측의 온도차를 크게 할 수 있다.

☞ ④ 공조기에 사용되는 냉수는 냉동기 출구측보다 다소 높게(2~3℃ 정도) 되어 2차측의 온도차를 크게 할 수 없다. 또한 공조기용 2차 펌프의 양정이 대단히 커 동력소비량이 증가한다.

105. 공조용 열원장치에서 개방식 축열수조의 특징과 거리가 먼 것은?

103. ④ 104. ④ 105. ②

① 축열조의 열손실분만큼 열원의 에너지 소비량이 증가한다.
② 공조기용 2차 펌프의 양정이 대단히 작아 동력소비량을 감소시킬 수 있다.
③ 열회수식에 있어서 열 회수의 피크 시와 난방부하의 피크 시가 어긋날 때 이것을 조정할 수 있다.
④ 호텔 또는 병원 등에서 발생하는 심야의 부하에 열원의 가동없이 펌프 운전만으로 대응할 수 있다.

② 공조기용 2차 펌프의 양정이 대단히 커서 동력소비량이 증가한다.

106. 공기조화 설비의 열원장치 및 반송 시스템에 관한 설명으로 틀린 것은?
① 흡수식 냉동기의 흡수기와 재생기는 증기 압축식 냉동기의 압축기와 같은 역할을 수행한다.
② 보일러의 효율은 보일러에 공급한 연료의 발열량에 대한 보일러 출력의 비로 계산한다.
③ 흡수식 냉동기의 냉온수 발생기는 냉방 시에는 냉수, 난방 시에는 온수를 각각 공급할 수 있지만, 냉수 및 온수를 동시에 공급할 수는 없다.
④ 단일 덕트 재열방식은 실내의 건구온도뿐만 아니라 부분 부하 시에 상대습도 유지하는 것을 목적으로 한다.

③ 흡수식 냉동기의 냉온수 발생기는 냉방 시에는 냉수, 난방 시에는 온수를 각각 공급할 수 있고 온수용 열교환기를 별도로 설치하는 경우 냉수 및 온수를 동시에 공급할 수 있다.

107. 다음 중 신재생 에너지와 가장 거리가 먼 것은?
① 지열에너지   ② 태양에너지
③ 풍력에너지   ④ 원자력에너지

신재생 에너지의 종류
㉠ 태양 에너지   ㉡ 지열 에너지
㉢ 해양 에너지   ㉣ 풍력 에너지
㉤ 바이오 에너지 ㉥ 연료 전지

Answer 106. ③ 107. ④

chapter 04 공조부하

1 공조부하

공기조화 부하란 실내에서 목표로 하는 온도, 습도 및 청정도를 유지하기 위해 냉각, 가열, 감습, 가습 및 환기 등에 필요한 열량을 총칭하는 것으로 가열이 필요한 부하를 난방부하(heating load), 냉각이 필요한 부하를 냉방부하(cooling load)라 한다. 이때 실내온도에 변화를 주는 열량을 현열부하(Sensible Heat Load)라 하고, 실내습도를 변화시키는 수분량을 열량으로 환산한 것을 잠열부하(Latent Heat Load)라 하며, 이를 kW 또는 kcal/h로 표시한다. 공기조화 부하 계산의 목적은 공기조화 설비 및 열원 설비의 장치용량을 결정하기 위함이다. 또한 장치의 운전을 위해 필요한 에너지를 계산하여 고효율 운전을 도모하고 운전에 필요한 에너지 산정에 기초 자료가 된다.

(1) 공조부하 계산

1) 기간부하 계산
어떤 기간 또는 연간을 통하여 모든 시각의 부하를 계산하는 것으로 부하변화에 응하는 합리적인 **공조방식을 계획하거나 또는 기간 및 연간 운전비와 에너지 소비량을 산출**하는 기초로 사용
  ① 정적해석법 : 냉난방도일법, 확장도일법, 가변도일법, 표준 Bin법, 수정 Bin법 등
  ② 동적해석법 : 가중계산법, 응답계수법 등

2) 최대 부하 계산
하루 중 건물부하가 최대로 되는 시간(peak hour)에 대하여 열량을 계산하는 방법으로

일본의 축열계수법과 미국의 CLTD/SCL/CLF법이 있으며 주로 **냉난방장치 용량결정에 적용되는 방식**

> **참고**
> **■ 냉난방도일**
> 날씨의 덥고 추운 정도를 표시하는 지수로 매일의 일평균 기온과 기준 온도와의 차이를 일 년 동안 누적 합산하여, 일평균 기온이 기준 온도보다 높은 경우(26℃ 이상)는 냉방도일로, 낮은 경우(18℃ 이하)는 난방도일로 계산한다.
> 난방도일 값이 크다는 것은 기후가 춥다는 것과 난방을 위해 연료비가 많이 드는 것을 의미하며, 냉방도일 값이 크다는 것은 기후가 덥고 냉방을 위해 전력이 많이 소모된다는 것을 의미한다.

(2) 공조부하의 종류

부하			내용	매체	열의 종류		냉방부하	난방부하
					현열	잠열		
실내부하	외부요인	일사	유리면을 투과하는 일사	창유리			○	
			외기에 면하는 벽체, 유리의 표면온도를 상승시키는 일사	지붕, 외벽, 유리	○		○	○
		주위와의 온도차	외기와의 온도차에 의한 전도열	지붕, 외벽, 유리	○		○	○
			인접실, 코어부와의 온도차에 의한 전도열	내벽, 칸막이, 바닥, 천정	○		○	○
		침입공기	새시, 문으로 침입하는 틈새바람	창문, 문, 개구부 및 틈새	○	○	○	○
		온도, 습도	비공조 영역으로 침입하는 틈새바람	문, 개구부, 틈새	○	○	○	○
	내부요인	내부발열	조명발생열	조명기기	○		○	
			인체발열	인체	○	○	○	
			기기발열	실내설비	○	○	○	
외기부하	외기온도 습도		외기를 실내상태와 같게 하는데 필요한 열량	도입기기	○	○	○	○
기타			덕트, 팬	공조기기	○		○	○
			배관, 펌프	공조기기	○		○	○

1) 냉방부하

냉방을 위해 제거해야만 하는 열량

① 냉방부하의 구성 요소

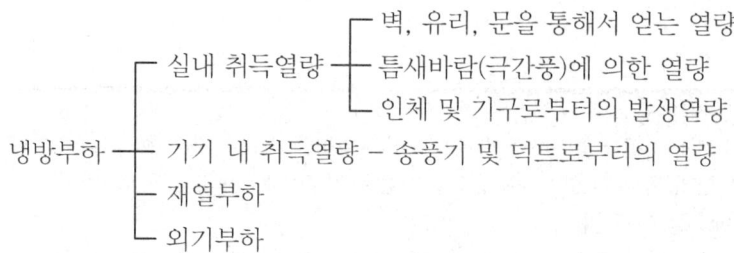

2) 난방부하

난방을 위해 실내에 공급해야 하는 열량

① 난방부하의 구성 요소

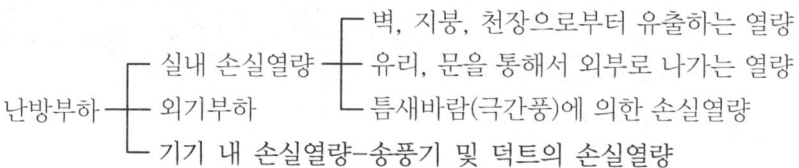

(3) 부하계산 조건

① 실내 조건 : 부하계산 실내조건은 국토교통부 고시 건축물의 에너지절약설계기준을 적용한다.
② 외기 온·습도 조건 : 부하계산 외기 온·습도 조건은 국토교통부 고시 건축물의 에너지절약설계기준을 적용한다. 그리고 일반적인 건축물인 경우 TAC 2.5%, 엄밀한 조건을 요구하는 건축물인 경우 TAC 1%를 적용한다.

> **TAC 온도(TAC 위험률)**
> ① 냉난방 설계 외기온도를 결정할 때, 냉난방 기간 중 외기설정 온도 밖으로 벗어나는 비율(%)을 고려한 온도
> ② TAC 2.5%는 냉방, 난방 운전기간 중 2.5%에 해당하는 시간의 온도가 설계온도를 초과하는 것으로 TAC 위험률의 값이 낮을수록 장치용량이 커진다.

2. 냉방부하 계산

(1) 냉방부하 종류

구분	부하의 종류		열의 종류	비고
실내 취득열량	벽체의 취득열량		현열	
	유리창의 취득열량	직달일사	현열	
		열관류	현열	
	극간풍의 취득열량		현열+잠열	
	인체의 발생열량		현열+잠열	
	기기의 발생열량		현열+잠열	
장치 취득열량 (기기 취득열량)	송풍기의 취득열량		현열	
	덕트의 취득열량		현열	
재열부하	재열기의 취득열량		현열	
외기부하	외기도입의 취득열량		현열+잠열	

※ 주의 : 기기의 발생열량 중 조명기기, 전동기 등은 현열만 발생한다.

(2) 냉방부하 계산

1) 외부침입열량

① 벽체를 통한 취득열량

㉠ 일사의 영향을 받는 경우(외벽, 지붕) : 일사를 받는 외벽, 지붕 등 외부 구조체를 관통하여 침입하는 부하로 실내외 온도차는 일사를 고려한 상당외기온도차(ETD)를 사용한다.

$$q_w = K \cdot A \cdot \Delta t_e$$

여기서, q_w : 외벽, 지붕에서의 취득열량[W]
K : 구조체의 열관류(열통과)율[W/m² · K]
A : 구조체의 면적[m²]
Δt_e : 상당외기온도차[℃]

ⓛ 일사의 영향을 받지 않는 경우(내벽, 천정, 바닥)

$$q_w = K \cdot A \cdot \Delta t$$

여기서, q_w : 내벽 등에서의 취득열량[W]
K : 구조체의 열관류(열통과)율[W/m² · K]
A : 구조체의 면적[m²]
Δt : 실내 · 외 온도차[℃]

(1) 상당외기온도차(ETD, Equivalent Temperature Difference)
일사를 받는 외벽이나 지붕과 같이 열용량을 갖는 구조체를 통과하는 열량을 산출하기 위하여 외기온도나 태양의 일사량을 고려하여 정한 온도인 상당외기온도와 실내온도의 차이다.

(2) 열관류(열통과)율
열관류율 K는 벽체표면의 열전달과 내부의 열전도 과정을 종합한 계수로 재료의 두께, 열전도율 및 내외표면 열전달률에 의해 구한다.

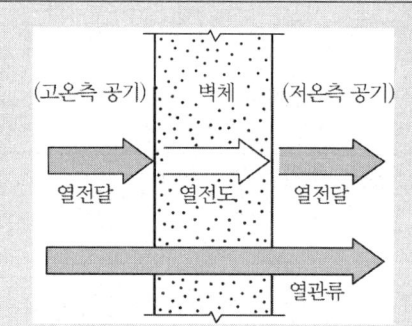

열통과율(열관류율)

$$K = \cfrac{1}{\cfrac{1}{\alpha_i} + \Sigma \cfrac{l}{\lambda} + \cfrac{1}{\alpha_o}} \; [W/m^2 K]$$

여기서, α_i : 내표면 열전달률[W/m²K]
α_o : 외표면 열전달률[W/m²K]
λ : 재질 또는 물질의 열전도율[W/mK]
l : 재질 또는 물질의 두께[m]

(3) 열통과율(열관류율)을 줄일 수 있는 방법
① 벽체의 두께를 두껍게 한다.
② 열전도율이 적은 단열재를 사용하고 단열시공법은 외단열공법으로 한다.
③ 벽체 내부에 공기층을 두어 열전달 저항을 증가시킨다.
④ 수증기 분압이 높은 측(온도가 높은 측)의 벽면에 방습층을 설치하여 투습을 차단한다. 주로 겨울철 기준으로 실내측에 방습층을 설치한다.

예제 다음 그림과 같은 외벽의 열관류율 값은?
(단, 표면 열전달률 α_o=20W/m^2·K, 표면 열전달률 α_i=7.5W/m^2·K이다.)

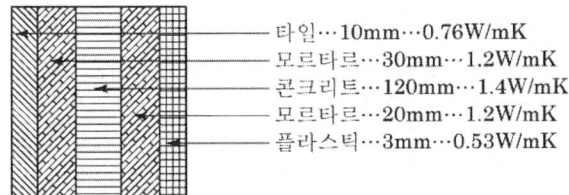

- 타일···10mm···0.76W/mK
- 모르타르···30mm···1.2W/mK
- 콘크리트···120mm···1.4W/mK
- 모르타르···20mm···1.2W/mK
- 플라스틱···3mm···0.53W/mK

[해설] 외벽의 열관류율(K)

$$K = \frac{1}{\frac{1}{\alpha_i} + \sum \frac{l}{\lambda} + \frac{1}{\alpha_o}} = \frac{1}{\frac{1}{7.5} + \frac{0.01}{0.76} + \frac{0.03}{1.2} + \frac{0.12}{1.4} + \frac{0.02}{1.2} + \frac{0.003}{0.53} + \frac{1}{20}}$$

② 유리창을 통한 취득열량 : 외부에서 유리를 통해서 침입하는 열은 세가지로 분류될 수 있으며, 유리면에서의 열부하에는 내외의 온도차에 의한 관류열 부하와 일사열 부하가 있다.
- 복사열 : 유리면에 도달한 일사량 중 직접 유리를 통과하여 침입하는 열량
- 대류열 : 복사열 중 일단 유리에 흡수되어 유리 온도를 높여준 다음 다시 대류 및 복사에 의해 실내로 침입하는 열량
- 전도열 : 유리면의 내외 온도차에 의해 실내로 침입하는 열량

㉠ 유리창의 일사량 : 유리면을 통한 태양복사열량을 계산하는 방법은 시각별 표준 일사열량을 사용하는 방법과 열 효과를 고려한 축열계수법의 2가지가 있으며, 최근에는 축열계수법이 많이 사용된다.

ⓐ 표준 일사량을 이용하는 방법

$$q_{GR} = I_{gr} \cdot A_g \cdot K_s$$

여기서, q_{GR} : 유리창의 취득열량[W] I_{gr} : 표준일사량[W/m^2]
A_g : 유리창의 면적[m^2] K_s : 차폐계수

ⓑ 축열계수법을 이용하는 방법

$$q_{GRS} = I_{gr\max} \cdot A_g \cdot K_s \cdot S_g$$

여기서, q_{GRS} : 유리창의 취득열량[W] S_g : 축열계수
$I_{gr\max}$: 표준일사량의 최대값[W/m^2]

ⓒ 유리창의 전도(통과)열량

$$q_{GC} = K \cdot A_g \cdot \Delta t$$

여기서, q_{GC} : 유리창의 취득열량[W]
　　　　K : 유리창의 열관류(열통과)율[W/m²·K]
　　　　A_g : 유리창의 면적[m²]
　　　　Δt : 실내·외 온도차[℃]

③ 틈새바람(극간풍)에 의한 취득열량 : 틈새바람은 창문의 틈새 또는 출입문 등의 틈에서 실내에 침입하는 외기를 말한다. 내외의 온도차나 압력차, 외부 풍속에 의한 압력 등으로 발생한다. 외기의 침입은 현열과 잠열 손실을 발생시키는 원인이 된다. 침입 외기의 온도를 상승하기 위하여 요구되는 에너지는 현열이고 실내의 적정 습도를 유지하기 위하여 요구되는 에너지는 잠열이다. 현열부하(q_{IS})와 잠열부하(q_{IL})는 아래와 같은 식을 이용하여 계산한다.

$$q_I = q_{IS} + q_{IL}$$

$$q_{IS} = \rho C_p \cdot Q(t_o - t_r) = 0.34 \cdot Q(t_o - t_r)$$

$$q_{IL} = \rho \gamma Q(x_o - x_r) = 834 Q(x_o - x_r)$$

여기서, q_I : 틈새바람에 의한 취득열량[W]
　　　　q_{IS} : 틈새바람에 의한 취득현열량[W]
　　　　q_{IL} : 틈새바람에 의한 취득잠열량[W]
　　　　G : 틈새바람의 양[kg/h]
　　　　Q : 틈새바람의 양[m³/h]
　　　　$t_o - t_r$: 실내·외 온도차[℃]
　　　　$x_o - x_r$: 실내·외 절대습도차[kg/kg']

㉠ 0.34 : 단위환산계수(ρ=1.2kg/m³, C_p=1.01kJ/kgK 적용)

$$1.2 \times 1.01 \left(\frac{1000}{3600}\right) = 0.34$$

ⓒ 834 : 단위환산계수(0℃에서 물의 증발잠열 γ=2501kJ/kg 적용)

$$1.2 \times 2501 \left(\frac{1000}{3600}\right) = 836$$

(1) 틈새공기량 $Q_I[\text{m}^3/\text{h}]$ 산출방법

① 환기횟수법 : 이 방법은 상점, 주택 등 중·소규모 건물에 사용되며, 가장 개략적인 방법이다. 이것은 방의 체적에 비례하여 시간당 환기량을 체적비로서 나타낸다.

$$Q_I = n \cdot V$$

여기서, n : 환기횟수[회/h], V : 방의 체적[m³]

② 창문의 틈새길이법(crack법) : 이 방법은 창 둘레의 틈새 길이를 구하여 극간풍량을 구하는 것으로, 고층 건물 또는 바람이 강한 지역의 건물 및 엄밀한 계산을 필요로 하는 건물의 부하 계산에 사용된다.

$$Q_I = Q' \cdot l$$

여기서, Q' : 틈새 길이당 풍량[m³/m·h], l : 틈새 길이[m]

③ 면적법 : 엄밀한 계산을 요하지 않는 저층 건물, 단층 건물의 극간풍량은 창문 새시의 기밀성에 따라 구분되는 단위면적당 통기량에 새시 면적을 곱하여 구할 수 있다.

$$Q_I = A \cdot Q_i$$

여기서, Q_i : 단위면적당 환기량[m³/m²·h], A : 창이나 문의 면적[m²]

④ 출입문의 개폐에 의한 침입외기량 : 출입문은 사람의 출입으로 인하여 개폐할 때 다량의 외기가 유입되고 특히 겨울의 난방 시에는 건물 내의 굴뚝효과로 현관 부분이 부압(−)으로 되어 침입외기량이 급격히 증가하는데, 이것은 높은 건물일수록 심하게 나타나고, 그 분량만큼 증가하게 된다. 문 1개당 또는 실내인원 1인당 침입외기량을 구한다.

[문의 개폐에 따른 극간풍량 $Q_I[\text{m}^3/\text{h}]$]

실명	회전식 (지름 1.8m)	한쪽열기 (폭 0.9m)	실명	회전식	한쪽열기
사무실	−	4.2	식당	7.0	8.5
사무실	−	6.0	식당(레스토랑)	3.4	4.2
백화점(소규모)	11.0	13.5	상점(구둣가게)	4.6	6.0
은행	11.0	13.5	상점(옷가게)	3.4	4.2
병실	−	6.0	이발소	6.8	8.5
구멍가게	9.5	12.0	담배가게	34.0	50.0

㈜ 극간풍량 $Q_I[\text{m}^3/\text{h}\cdot\text{인}]$는 실내인원 1인당의 극간풍량이다.

(2) 틈새바람의 침입을 막는 방법
① 회전문을 설치한다.
② 충분한 간격을 주어서 2중문을 설치하고 내측의 문은 수동으로 한다.
③ 이중문의 중간에 강제대류 컨벡터를 설치한다.
④ 에어커튼을 설치한다.

④ 실내발생부하

　㉠ 인체로부터의 취득열량 : 인체에 의한 발열성분에는 인체표면에서 대류와 복사에 의해 발산되는 현열과 땀, 호흡 등으로 체외로 배출되는 잠열이 있다. 발한작용도 고려하여 현열과 잠열로 나누어 계산하며 재실인원에 사람의 발열량을 곱해 구한다. 실내온도가 낮으면 현열의 발생량이 증가하고 힘든 작업의 경우는 잠열의 발생량이 증가한다.

$$q_H = q_{HS} + q_{HL}$$

q_{HS} = 1인당 현열량 × 재실인수

q_{HL} = 1인당 잠열량 × 재실인수

　　여기서, q_H : 인체로부터의 취득열량[W]
　　　　　q_{HS} : 현열 취득열량[W]
　　　　　q_{HL} : 잠열 취득열량[W]

　㉡ 실내기구의 발생열량 : 실내에서 발생하는 열원이 되는 기기는 조명기구, 전동기와 같이 현열만을 발생하는 것과 전기기구, 가스기구 등과 같이 수증기를 발생시켜 잠열도 고려할 필요가 있는 것이 있다.

　　ⓐ 조명기구 : 실내조명용 기구는 전기 에너지가 열 에너지로 변환하므로 냉방부하의 한 종류이다.

　　　백열등 : $q_E = W \cdot f$

　　　형광등 : $q_E = W \cdot f \times 1.2$

　　　　여기서, q_E : 조명기구로부터의 취득열량[W]
　　　　　　　W : 조명기구의 소비전력[W]
　　　　　　　f : 조명기구의 사용률
　　　　　　　1.2 : 형광등일 경우 안정기에 의한 발열분 20% 가산

　　ⓑ 전동기기 : 실내에서 운전되는 전동기 또는 전동기에 의하여 구동되는 기기에서의 발열량은 현열량으로 나타나며, 설치 위치 또는 동시 사용률에 따라 취득열량이 달라진다.

구분	전동기의 취득열량(W)	비고(적용 예)
전동기와 기계가 모두 실내에 있을 때	$q_E = P \cdot \phi_1 \cdot \phi_2 \cdot \dfrac{1}{\eta_m}$	소형 냉장고, 선풍기, 일반 공장 내의 기계
전동기는 실외에 있고, 기계는 실내에 있는 경우	$q_E = P \cdot \phi_1 \cdot \phi_2 \cdot \dfrac{1}{\eta_m}$	실외의 전동기로서 전동축을 통하여 구동되는 기계
전동기는 실내에 있고, 기계는 실외에 있는 경우	$q_E = P \cdot \phi_1 \cdot \phi_2 \cdot \left[\dfrac{1}{\eta_m} - 1\right]$	

여기서, P : 전동기의 정격출력[W]　　ϕ_1 : 전동기의 부하율(=0.85~0.95)
　　　　ϕ_2 : 전동기의 사용률　　　η_m : 전동기의 효율

⑤ 장치 내의 취득열량 : 급기덕트의 취득열량, 급기덕트의 누설 손실열량, 송풍기에 의한 취득열량을 고려하여 실내 취득열량의 8~20%를 가산한다.

⑥ 외기부하 : 신선한 외기를 도입하여 실내 환기와 혼합시켜 온습도를 조절하고 오염물질을 허용농도 이하(실내 공기청정도 향상)로 유지하여 실내로 공급한다.
　도입외기량 Q_F[m³/h]가 결정되면 다음 식을 사용하여 외기를 실내상태까지 냉각·감습시키기 위한 열량을 계산하여 외기부하 q_F[W]로 한다.

- 외기부하 $q_F = q_{FS} + q_{FL}$
- 현열부하 $q_{FS} = \rho C_p Q_F (t_o - t_r) = 0.34 Q_F (t_o - t_r)$
- 잠열부하 $q_{FL} = \rho \gamma Q_F (x_o - x_r) = 834 Q_F (x_o - x_r)$

㉠ 0.34 : 단위환산계수(ρ=1.2kg/m³, C_p=1.01kJ/kgK 적용)

$$1.2 \times 1.01 \left(\frac{1000}{3600}\right) = 0.34$$

㉡ 834 : 단위환산계수(0℃에서 물의 증발잠열 γ=2501kJ/kg 적용)

$$1.2 \times 2501 \left(\frac{1000}{3600}\right) = 836$$

⑦ 재열부하 : 재열기에서 가열되는 열량만큼 냉각코일에서 더 냉각시켜야 하므로 재열부하는 냉방부하에 속한다.

$$q_s = \rho C_p Q \Delta t = 0.34 Q \Delta t$$

여기서, Q : 공기량[m³/h], Δt : 재열기 입·출구 온도차[℃]

⑧ 냉각부하와 기기용량

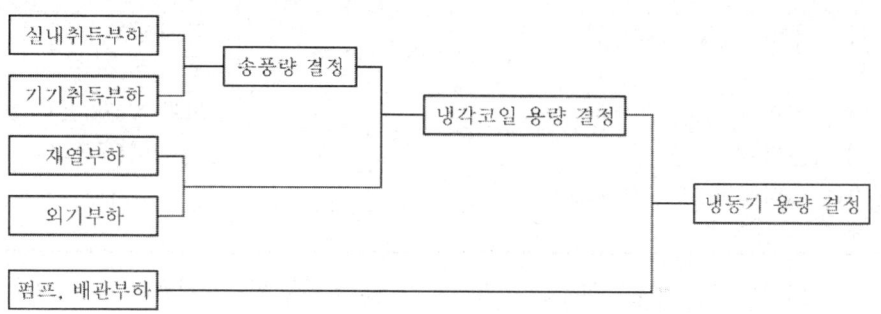

3. 난방부하 계산

난방부하 계산의 기본적인 방법은 냉방부하 계산과 동일하지만 태양열의 일사부하, 인체 및 실내기구 등의 취급에 차이가 있다. 그 이유는 일사부하나 인체부하, 조명부하, 기구부하 등은 난방부하를 경감시키는 요인들로 작용하기 때문에 일반적으로 난방부하 계산에 포함시키지 않고 냉방의 경우처럼 시각별 계산의 필요도 없다.

(1) 난방부하의 종류

구분	부하의 종류	열의 종류
실내 손실부하	• 구조체를 통한 손실열량 : 외벽, 지붕, 창유리, 내벽, 바닥, 문 • 틈새바람에 의한 손실열량	현열 현열+잠열
기기 손실부하	덕트나 송풍기에서 누설열량	현열
외기부하	외기의 도입에 의한 손실열량	현열+잠열

(2) 난방부하 계산

① 벽, 지붕, 천장, 유리창 등에서의 열손실 : $q_s = K \cdot A \cdot \Delta t \cdot k$ [W]

여기서, 열통과율 : K[W/m²K], 벽체의 면적 : A[m²], 실내외 온도차 : Δt[℃]

방위	N, NW, W	S, E, NE, SW	S
방위계수(k)	1.1	1.05	1.0

② 틈새바람 및 외기부하 : 냉방부하 계산과 동일

(3) 난방부하와 기기용량과의 관계

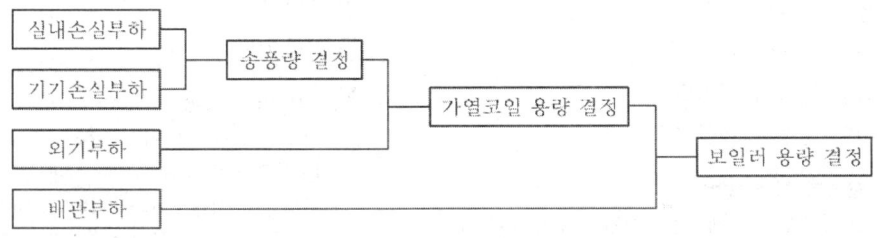

(4) 공조기 부하

① 냉방 시 공조기 부하=실내부하+외기부하+송풍기 및 덕트부하+(재열부하)

② 난방 시 공조기 부하=실내부하+외기부하

③ 송풍량 결정 $Q = \dfrac{3600q_s}{\rho C_p(t_r - t_s)} = 3.0\dfrac{q_s}{(t_r - t_s)} [\text{m}^3/\text{h}]$

④ 바이패스 팩터를 고려할 경우 송풍량 결정

$$Q = \dfrac{3600q_s}{\rho C_p(1-\text{BF})(t_r - t_{at})} = 3.0\dfrac{q_s}{(1-\text{BF})(t_r - t_{at})} [\text{m}^3/\text{h}]$$

여기서, 현열량 : q_s=현열 취득량[W]
취출공기온도 : t_s[℃]
실내공기의 온도 : t_r[℃]
공기밀도 : ρ=1.2kg/m³
공기의 정압비열 : 1.01kJ/kg·K
코일의 바이패스 팩터 : BF
장치노점온도 : t_{at}[℃]

chapter 04 출·제·예·상·문·제

01. 연간 에너지 소비량을 평가할 수 있는 기간 열부하 계산법이 아닌 것은?
① 동적 열부하 계산법
② 디그리 데이법
③ 확장 디그리 데이법
④ 최대 열부하 계산법

  열부하 해석 방법
  ① 최대 열부하 계산법 : 어떤 건물의 실에 대한 최대 냉방부하 또는 난방부하를 계산하는 방법으로 냉난방장치 용량 결정에 적용되는 방식
  ② 기간 열부하 계산법
    ㉠ 디그리 데이법
    ㉡ 확장 디그리 데이법
    ㉢ 축열계수법
    ㉣ 빈법
    ㉤ 동적 열부하 계산법(컴퓨터 활용법)

02. 다음 중 난방용 에너지 소비량을 평가할 수 있는 방법이 아닌 것은?
① 디그리 데이법
② 확장 디그리 데이법
③ 최대 열부하 계산법
④ 동적 열부하 계산법

  1번 해설 참고

03. 1년 동안의 냉난방에 소요되는 열량 및 연료비용의 산출과 관계되는 것은?
① 상당외기 온도차
② 풍향 및 풍속
③ 냉난방 도일
④ 지중온도

  냉난방 도일법
  건물의 연간 에너지 소비량 및 비용을 예측하는 가장 간단한 방법으로 실내 설정온도와 하루평균 외기온도와의 차를 냉난방 전체 기간에 더한 값으로 실내 설정온도와 외기온도와의 차가 클수록 또는 냉난방 기간이 길수록 값이 커진다.
  [참고] 상당외기 온도차
    일사를 받는 외벽이나 지붕같이 열용량을 갖는 구조체를 통과하는 열량을 산출하기 위하여 외기온도나 일사량을 고려하여 정한 온도인 상당외기온도와 실내온도의 차이다.

04. 다음은 냉난방 부하에 대한 설명이다. 이 중 옳지 않은 것은?
① 열부하 계산은 실내부하의 상태, 송풍공기량과 온도, 냉수 및 온수 또는 증기, 냉각수 소요량, 설비기기의 용량, 덕트나 배관의 크기를 구하기 위한 기초가 된다.
② TAC 온도란 외기 설정온도가 실제 외기온도 밖으로 벗어날 위험률을 의미하며, 부하 계산 시 열원기기의 용량을 늘리고, 에너지 절약 차원에서 사용한다.
③ 최대 난방부하란 실내에서 발생되는 부하가 1일 중에서 가장 큰 값으로 되는 시각

Answer 01. ④ 02. ③ 03. ③ 04. ②

의 부하로서 주로 새벽에 발생된다.
④ 공조설비 계획 단계에서 개략 견적을 낼 때 건축구조도 모르는 경우에는 바닥면적으로만 열원기기의 용량을 추정할 경우에 열부하의 개산값(단위면적당 열부하계수)을 사용하면 유용하다.

👆 ② TAC 온도란 외기 설정온도가 실제 외기온도 밖으로 벗어날 위험률을 의미하며, 부하 계산 시 열원기기의 용량을 결정하여 장치용량을 줄이고 에너지 절약 차원에서 사용한다.

05. 냉난방 설계용 외기조건에서 난방 설계용 외기온도는 난방기간 2904시간 중 2831시간은 외기온도가 설정된 외기온도보다 높으므로 정해진 난방장치로 충분하지만 나머지 73시간은 설계 외기온도보다 낮아질 가능성이 있다는 뜻으로서 올바른 것은?

① TAC 1% ② TAC 1.5%
③ TAC 2.5% ④ TAC 97.5%

👆 난방기간 총 2904시간 중 2.5%에 해당하는 약 73시간은 설계 외기온도보다 낮아질 가능성이 있으므로 TAC(위험률) 2.5%가 된다.
[참고] TAC : Tecnical Advisory Committee (ASHREA의 공조자문 위원회의 명칭)
① 냉난방 설계 시 외기 조건을 최고(냉방), 최저(난방)로 설정할 경우 장비 등의 용량이 과대해지므로, 초과 확률의 개념을 도입한 온도
② TAC 2.5%는 냉난방 기간 중 97.5%는 장치 용량이 충분하나, 2.5%는 장치 용량의 부족 우려
③ 열원 기기의 용량을 줄이고 에너지 절약 차원에서 적용
④ TAC 위험률의 값이 낮을수록 장치 용량이 커짐

06. 다음은 건물의 공조부하를 줄이기 위한 방법이다. 옳지 않은 것은?
① 실내의 조명기구 용량을 최소화한다.
② 외벽 등에 좋은 성능의 단열재를 삽입한다.
③ 유리창과 벽면의 면적비인 창면적비를 최대로 한다.
④ 창은 이중창으로 한다.

👆 ③ 유리창과 벽면의 면적비인 창면적비를 최대로 하면 틈새바람(극간풍량)이 증가하여 공조부하가 증가하게 된다.

07. 외기에 접하고 있는 벽이나 지붕으로부터의 취득열량은 건물 내외의 온도차에 의해 전도의 형식으로 전달된다. 그런데 외벽의 온도는 일사에 의한 복사열의 흡수로 외기온도보다 높게 되는데, 이 온도를 무엇이라 하는가?
① 건구온도 ② 노점온도
③ 상당외기온도 ④ 습구온도

👆 **상당외기온도차**
일사를 받는 외벽이나 지붕같이 열용량을 갖는 구조체를 통과하는 열량을 산출하기 위하여 외기온도나 일사량을 고려하여 정한 근사적 외기온도로 상당외기온도와 실내온도의 차이다.

08. 다음 중 일사를 받은 벽의 전열계산과 관계 있는 것은?
① 대수평균 온도차
② 벽면 양쪽 온도차
③ 상당외기 온도차
④ 유효 온도차

👆 07번 해설 참고

Answer 05. ③ 06. ③ 07. ③ 08. ③

제4장 공조부하 117

09. 냉방부하 계산 시 유리창을 통한 취득열 부하를 줄이는 방법은 어느 것인가?

① 얇은 유리를 사용한다.
② 투명 유리를 사용한다.
③ 흡수율이 큰 재질의 유리를 사용한다.
④ 반사율이 큰 재질의 유리를 사용한다.

> 냉방부하 시 유리창을 통한 취득열 부하를 줄이는 방법
> ① 두꺼운 유리를 사용한다.
> ② 불투명 유리를 사용한다.
> ③ 흡수율이 작은 재질의 유리를 사용한다.
> ④ 반사율이 큰 재질의 유리를 사용한다.

10. 다음 중 냉방부하의 종류에 해당되지 않는 것은?

① 일사에 의해 실내로 들어오는 열
② 벽이나 지붕을 통해 실내로 들어오는 열
③ 조명이나 인체와 같이 실내에서 발생하는 열
④ 침입 외기를 가습하기 위한 열

> 냉방부하의 종류

부하의 종류		열의 종류
벽체의 취득열량		현열
유리창의 취득열량	직달일사	현열
	열관류	현열
극간풍의 취득열량		현열+잠열
인체의 발생열량		현열+잠열
실내기구의 발생열량		현열+잠열
조명의 발생열량		현열
송풍기, 덕트의 취득열량		현열
재열기의 취득열량		현열
외기도입의 취득열량		현열+잠열

11. 다음 냉방부하 요소 중 잠열을 고려하지 않아도 되는 것은?

① 인체에서의 발생열
② 커피포트에서의 발생열
③ 유리를 통과하는 복사열
④ 틈새바람에 의한 취득열

> ③ 유리창의 취득열량 : 현열

부하의 종류		열의 종류
유리창의 취득열량	직달일사	현열
	열관류	현열

12. 냉방부하의 종류 중 현열부하만 취득하는 것은?

① 태양복사열
② 인체에서의 발생열
③ 침입외기에 의한 취득열
④ 틈새 바람에 의한 부하

> ① : 현열부하
> ②, ③, ④ : 현열부하 + 잠열부하

13. 다음의 공기조화 부하 중 잠열변화를 포함하는 것은?

① 외벽을 통한 손실열량
② 침입외기에 의한 취득열량
③ 유리창을 통한 관류 취득량
④ 지하층 바닥을 통한 손실열량

> 10번 해설 참고

14. 다음 중 냉방부하에서 잠열을 고려해야 하는 부하는 어느 것인가?

① 인체 발열량
② 벽체 등의 구조체를 통한 전열량
③ 형광등의 발열량
④ 유리의 온도차에 의한 전열량

> ① 인체 발열량 : 현열+잠열

09. ④ 10. ④ 11. ③ 12. ① 13. ② 14. ①

15. 냉방부하의 종류 중 현열부하만을 포함하고 있는 것은?

① 유리로부터의 취득열량
② 극간풍에 의한 열량
③ 인체 발생 부하
④ 외기도입으로 인한 취득열량

　② 극간풍에 의한 열량 : 현열+잠열
　③ 인체 발생 부하 : 현열+잠열
　④ 외기도입으로 인한 취득열량 : 현열+잠열

16. 냉방부하의 종류에 따라 연관되는 열의 종류로 틀린 것은?

① 인체의 발생열 – 현열, 잠열
② 틈새바람에 의한 열량 – 현열, 잠열
③ 외기 도입량 – 현열, 잠열
④ 조명의 발생열 – 현열, 잠열

　④ 조명의 발생열 – 현열

17. 냉방 시 실내부하에 속하지 않는 것은?

① 외기의 도입을 인한 취득열량
② 극간풍에 의한 취득열량
③ 벽체로부터의 취득열량
④ 유리로부터의 취득열량

　① 외기의 도입으로 인한 취득열량은 외기부하에 속한다.
　[참고] 냉방 시 실내부하
　　① 외부침입열량 : 벽체, 유리창 및 극간풍의 취득열량
　　② 실내발생부하 : 인체, 조명 및 실내기구의 발생열량

18. 다음의 냉방 부하 중 실내 취득열량에 속하지 않는 것은?

① 인체의 발생 열량
② 조명기기에 의한 열량
③ 송풍기에 의한 취득열량
④ 벽체로부터의 취득열량

　냉방 부하 구성 요소
　① 실내 취득열량
　　㉠ 외부침입열량 : 벽체, 극간풍, 및 유리창의 취득열량
　　㉡ 실내발생량 : 인체 및 기기의 발생열량
　② 장치 내 취득열량 : 송풍기 취득열량, 덕트 취득열량
　③ 재열부하
　④ 환기용 부하

19. 다음 항목 중 실내 취득 냉방부하가 아닌 것은?

① 재열부하
② 벽체의 축열부하
③ 극간풍에 의한 부하
④ 유리창의 복사열에 의한 부하

　재열부하
　㉠ 재열(再熱)을 위해 필요한 가열부하
　㉡ 공기조화의 냉방 시 냉각코일을 지난 냉각 감습된 공기를 가열하는 가열코일의 부하

20. 공기조화에 대한 설명 중 틀린 것은?

① VAV 방식을 가변풍량 방식이라고 하며 실내 부하 변동에 대해 송풍온도를 변화시키지 않고 송풍량을 변화시키는 방식으로 제어한다.
② 외벽과 지붕 등의 열통과율은 벽체를 구성하는 재료의 두께가 두꺼울수록 열통과율은 작아진다.
③ 냉방 시 유리창을 통한 열부하는 태양복사열과 실내외 공기의 온도차에 의한 관류열 2종류가 있다.

Answer　15. ①　16. ④　17. ①　18. ③　19. ①　20. ④

④ 인체로부터의 발열량은 현열 및 잠열이 있으며 주위온도가 상승하면 둘 다 열량이 많아진다.

④ 인체로부터의 발열량은 현열 및 잠열이 있으며 주위온도에 따라 발생량이 변하지만 전열량(현열+잠열)은 일정하게 된다. 예를 들어 실내온도가 낮으면 현열의 발생량이 증가하고 힘든 작업의 경우는 잠열의 발생량이 증가한다.

21. 공조부하 중 재열부하에 관한 설명으로 틀린 것은?
① 냉방부하에 속한다.
② 냉각코일의 용량 산출 시 포함시킨다.
③ 부하 계산 시 현열, 잠열부하를 고려한다.
④ 냉각된 공기를 가열하는 데 소요되는 열량이다.

③ 재열부하는 장치의 결로와 습도상승에 대비하여 공조기 내에 냉각된 공기를 가열하여 실내로 취출하는 경우에 해당하는 부하로 부하 계산 시 현열부하만 고려한다.

22. 공기조화기에 걸리는 열부하 요소 중 가장 거리가 먼 것은?
① 외기부하
② 재열부하
③ 배관계통에서의 열부하
④ 덕트계통에서의 열부하

외기부하, 재열부하, 실내부하, 송풍기와 덕트계에 의한 부하를 장치부하라 하며 공기조화기 용량산정의 근거가 된다.
[참고]
배관계통에서의 열부하 및 펌프부하는 열부하로 열원설비(냉동기, 보일러 등)의 용량 결정에 쓰인다.

23. 공기조화 설비에서 처리하는 열부하로 가장 거리가 먼 것은?
① 실내 열취득
② 실내 열손실 부하
③ 실내 배연 부하
④ 환기용 도입 외기부하

공기조화 설비에서 열부하(장치부하)
실내 열부하, 외기부하(환기를 위한 환기부하), 재열부하, 송풍기와 덕트의 열부하 등

24. 중앙공조기(AHU)에서 냉각코일의 용량 결정에 영향을 주지 않는 것은?
① 덕트 부하   ② 외기 부하
③ 냉수 배관 부하   ④ 재열 부하

냉각코일 용량 결정
㉠ 실내 취득 부하 ㉡ 기기 취득 부하
㉢ 재열 부하   ㉣ 외기 부하
[참고] 냉수 배관 부하
냉동기 용량 결정 시 고려할 요소이다.

25. 냉각코일의 용량을 산정하는 데 필요한 사항이 아닌 것은?
① 실내취득열량   ② 펌프·배관 부하
③ 재열부하   ④ 외기부하

② 펌프·배관 부하는 냉동기 용량 결정 시 고려할 요소이다.

26. 냉·난방부하와 기기 용량과의 관계로 옳은 것은?
① 송풍량=실내취득열량+기기로부터의 취득열량
② 냉각코일 용량=실내취득열량+외기부하
③ 순수 보일러 용량=난방부하+배관부하
④ 냉동기 용량=실내취득열량+기기로부터

21. ③ 22. ③ 23. ③ 24. ③ 25. ② 26. ①

의 취득열량+냉수펌프 및 배관부하
② 냉각코일 용량= 실내취득부하+기기취득부하+재열부하+외기부하
③ 순수 보일러 용량= 실내손실부하+기기손실부하+외기부하+배관부하
④ 냉동기 용량= 실내취득부하+기기취득부하+재열부하+외기부하+냉수펌프 및 배관부하

[참고] 난방부하의 종류

구분	부하의 종류
실내 손실부하	• 구조체의 손실열량 : 외벽, 지붕, 창유리, 내벽, 바닥, 문 • 틈새바람에 의한 손실열량
기기 손실부하	덕트나 송풍기에서 누설열량
외기부하	외기의 도입에 의한 손실열량

27. 냉방부하 계산 결과 실내취득열량은 q_R, 송풍기 및 덕트 취득열량은 q_F, 외기부하는 q_O, 펌프 및 배관 취득열량은 q_P일 때, 공조기 부하를 바르게 나타낸 것은?
① $q_R+q_O+q_P$
② $q_F+q_O+q_P$
③ $q_R+q_O+q_F$
④ $q_R+q_P+q_F$

① 공조기 부하= 실내취득열량(q_R)+기기(송풍기, 덕트)취득열량(q_F)+외기부하(q_O)
② 냉동기 부하= 실내취득열량(q_R)+기기(송풍기, 덕트)취득열량(q_F)+외기부하(q_O)+펌프 및 배관취득열량(q_P)

28. 난방부하 계산 시 일반적으로 무시할 수 있는 부하의 종류가 아닌 것은?
① 틈새바람 부하
② 조명기구 발열 부하
③ 재실자 발생 부하
④ 일사 부하

난방부하
난방부하 계산의 기본적인 방법은 냉방부하 계산과 동일하지만 태양열의 일사부하, 인체 및 실내기구 등의 취급에 차이가 있다. 그 이유는 일사부하나 인체부하, 조명부하, 기구부하 등은 난방부하를 경감시키는 요인들로 작용하기 때문에 일반적으로 난방부하 계산에 포함시키지 않고 냉방의 경우처럼 시각별 계산의 필요도 없다.

29. 난방부하를 산정할 때 난방부하의 요소에 속하지 않는 것은?
① 벽체의 열통과에 의한 열손실
② 유리창의 대류에 의한 열손실
③ 침입외기에 의한 난방손실
④ 외기부하

난방 시의 부하계산은 일반적으로 냉방부하와는 달리 태양복사의 영향이나 외기온도의 주기적 변화 등을 계산하지 않고 일정 온도차에 의한 정상 열전도만을 계산한다. 그러므로 유리창의 대류에 의한 영향은 고려하지 않고 유리창의 관류부하만 계산한다.

30. 다음 중 일반적으로 난방부하 계산에 포함시키지 않는 것은?
① 벽체의 열손실
② 유리면의 열손실
③ 극간풍에 의한 열손실
④ 조명기구의 발열

일사에 의한 열취득, 인체, 기기 발열량 등은 실내온도의 상승 요인이 되기 때문에 일반적으로 난방부하 계산에 포함시키지 않는다.

31. 일반적으로 난방부하를 계산할 때 실내 손실열량으로 고려해야 하는 것은?
① 인체에서 발생하는 잠열

Answer 27. ③ 28. ① 29. ② 30. ④ 31. ②

② 극간풍에 의한 잠열
③ 조명에서 발생하는 현열
④ 기기에서 발생하는 현열

난방부하의 종류

구분	부하의 종류
실내 손실부하	• 구조체의 손실열량 : 외벽, 지붕, 창유리, 내벽, 바닥, 문 • 틈새바람에 의한 손실열량
기기 손실부하	덕트나 송풍기에서 누설열량
외기부하	외기의 도입에 의한 손실열량

32. 다음 중 난방설비의 난방부하를 계산하는 방법 중 현열만을 고려하는 경우는?
① 환기 부하
② 외기 부하
③ 전도에 의한 열 손실
④ 침입 외기에 의한 난방 손실

난방부하의 종류

구분	부하의 종류	열의 종류
실내 손실 부하	• 구조체의 전도에 의한 손실열량 : 외벽, 지붕, 창유리, 내벽, 바닥, 문	현열
	• 틈새바람에 의한 손실열량	현열+잠열
기기 손실 부하	덕트나 송풍기에서 누설열량	현열
외기 부하	외기의 도입에 의한 손실열량	현열+잠열

33. 다음 중 난방부하를 경감시키는 요인으로만 짝지어진 것은?
① 지붕을 통한 전도열량, 태양열의 일사부하
② 조명부하, 틈새바람에 의한 부하
③ 실내기구부하, 재실인원의 발생열량
④ 기기(덕트 등) 부하, 외기부하

난방부하를 경감시키는 요인
일사부하, 인체부하(재실인원의 발생열량), 조명부하, 실내기구부하 등

34. 다음 중 일반 사무용 건물의 난방부하 계산 결과에 가장 작은 영향을 미치는 것은?
① 외기온도
② 벽체로부터의 손실열량
③ 인체 부하
④ 틈새바람 부하

난방부하 계산의 기본적인 방법은 냉방부하 계산과 동일하지만 태양열의 일사부하, 인체 및 실내기구 등의 취급에 차이가 있다. 그 이유는 일사부하나 인체부하, 조명부하, 기구부하 등은 난방부하를 경감시키는 요인들로 작용하기 때문에 일반적으로 난방부하 계산에 포함시키지 않고 냉방의 경우처럼 시각별 계산의 필요도 없다.

35. 다음 중 난방설비의 난방부하를 계산하는 방법에 대한 설명으로 틀린 것은?
① 난방부하 계산 시 설계용 외기온도 조건이 냉방부하 계산 시보다 낮다.
② 난방부하 계산 시 일사부하와 내부발열이 제외된다.
③ 난방부하 계산 시 구조체의 축열부하가 무시된다.
④ 난방부하 계산 시 일시부하, 내부발열, 축열효과를 제외하는 것 외 냉방부하 계산법과 기본적으로 동일하지 않다.

④ 난방부하 계산 시 냉방부하에서 고려하는 일사의 영향이나 내부발열(조명기구, 재실자의 발생열량 등), 축열효과는 일반적으로 제외하지만 그 외 부하계산 방법은 냉동부하 계산법과 기본적으로 동일하다.

 32. ③ 33. ③ 34. ③ 35. ④

36. 난방부하 계산에 있어서 설계 외기온도 선정 시 설계자가 고려해야 할 사항으로 맞지 않는 것은?

① 건물구조체의 열용량
② 내부 발열부하의 양과 계산 반영 여부
③ 난방기간
④ 건물의 용도

　난방부하 계산에 있어서 건물의 용도는 공조 설비 선정 시 고려한다.

37. 난방부하 계산 시 대기복사에 의한 외기온도 보정계수가 가장 큰 것은?

① 주위가 개방된 중간층(4~9층)의 외벽
② 구배가 5/10 이상의 지붕
③ 구배가 5/10 이하인 지붕
④ 주위가 개방된 중간층(4~9층)의 창문

　난방부하 계산 시 외벽인 경우는 방위계수를 고려하며 4층 이상이거나 지붕면에 대해서는 대기복사에 대한 외기온도 보정을 해야 한다.
　① 주위가 개방된 중간층(4~9층)의 외벽 : 2
　② 구배가 5/10 이상의 지붕 : 4
　③ 구배가 5/10 이하인 지붕 : 6
　④ 주위가 개방된 중간층(4~9층)의 창문 : 2

38. 유효온도차(상당외기온도차)에 대한 설명으로 틀린 것은?

① 태양 일사량을 고려한 온도차이다.
② 계절, 시각 및 방위에 따라 변화한다.
③ 실내온도와는 무관하다.
④ 냉방부하 시에 적용된다.

　유효온도차(상당외기온도차)
　일사를 받는 외벽이나 지붕같이 열용량을 갖는 구조체를 통과하는 열량을 산출하기 위하여 외기온도나 일사량을 고려하여 정한 온도인 상당외기온도와 실내온도의 차이다.

39. 상당외기온도차에 관한 설명으로 맞는 것은?

① 상당외기온도차=외기온도-실내온도
② 상당외기온도차=상당외기온도-실내온도
③ 상당외기온도차=외기온도-상당실내온도
④ 상당외기온도차=상당외기온도-상당실내온도

40. 어느 지방의 7월 중 콘크리트벽의 상당온도차가 16.6℃(설계 조건상의 외기온도 32.5℃, 실온 26℃)라면 외기온도 34℃, 실온 27℃일 때의 상당온도차는 어떻게 되는가?

① $\Delta t_e = 14.1℃$　② $\Delta t_e = 17.1℃$
③ $\Delta t_e = 19.1℃$　④ $\Delta t_e = 23.6℃$

　$\Delta t_e' = \Delta t_e + (t_o' - t_o) - (t_i' - t_i)$
　　　$= 16.6 + (34 - 32.5) - (27 - 26)$
　　　$= 17.1℃$
　여기서, $\Delta t_e'$: 수정상당온도차
　　　　 Δt_e : 상당온도차
　　　　 t_o' : 실제 외기온도
　　　　 t_o : 설계 외기온도
　　　　 t_i' : 실제 실내온도
　　　　 t_i : 설계 실내온도

41. 일사량에 대한 설명으로 틀린 것은?

① 대기투과율은 계절, 시각에 따라 다르다.
② 지표면에 도달하는 일사량을 전일사량이라고 한다.
③ 전일사량은 직달일사량에서 천공복사량을 뺀 값이다.
④ 일사는 건물의 유리나 외벽, 지붕을 통하여 공조(냉방)부하가 된다.

　③ 전일사량은 직달일사량에서 천공복사량을 합한 값이다.

Answer　36. ④　37. ③　38. ③　39. ②　40. ②　41. ③

42. 부하 계산 시 고려되는 지중온도에 대한 설명으로 틀린 것은?

① 지중온도는 지하실 또는 지중배관 등의 열손실을 구하기 위하여 주로 이용된다.
② 지중온도는 외기온도 및 일사의 영향에 의해 1일 또는 연간을 통하여 주기적으로 변한다.
③ 지중온도는 지표면의 상태변화, 지중의 수분에 따라 변화하나, 토질의 종류에 따라서는 큰 차이가 없다.
④ 연간변화에 있어 불역층 이하의 지중온도는 1m 증가함에 따라 0.03~0.05℃ 씩 상승한다.

☞ ③ 지중온도는 토질이나 수분의 상태에 따라 차이가 있을 수 있다. 또한 지면에 가까울수록 기상의 영향을 받는 비율이 높고 따라서 일변화도 심하다.

43. 침입 외기량을 산정하는 방법으로 잘못된 것은?

① 환기횟수법은 방의 체적에 비례하여 시간당 환기량을 체적비율로 환기량을 산정한다.
② 틈새길이법은 침입외기가 창이나 문의 틈새를 통해 들어오므로 이들의 틈새길이를 구하여 산정한다.
③ 창의 면적법은 창의 총 면적 및 형식에 따라 산정한다.
④ 사용 빈도수에 의한 침입외기량은 실내에 사용인원 1인당 필요한 최소 도입 외기량에 의해 산정한다.

☞ ④ 사용 빈도수에 의한 침입외기량은 실내에 사용인원 1인당 또는 문 1개당 침입외기량을 표를 통해 구하고 이 값에 실내인원수 또는 문 개수를 곱하여 산정한다.

44. 환기횟수를 나타낸 것으로 맞는 것은?

① 매시간 환기량×실용적
② 매시간 환기량＋실용적
③ 매시간 환기량－실용적
④ 매시간 환기량÷실용적

45. 건축 구조체의 열통과율에 대한 설명으로 옳은 것은?

① 열통과율은 구조체 표면 열전달 및 구조체 내 열전도율에 대한 열이동의 과정을 총합한 값을 말한다.
② 표면 열전달 저항이 커지면 열통과율도 커진다.
③ 수평구조체의 경우 상향 열류가 하향 열류보다 열통과율이 작다.
④ 각종 재료의 열전도율은 대부분 함습율의 증가로 인하여 열전도율이 작아진다.

☞ ② 표면 열전달 저항이 커지면 열통과율은 작아진다.
③ 수평구조체의 경우 상향 열류가 하향 열류보다 열통과율이 크다.
④ 각종 재료의 열전도율은 밀도, 온도, 함수율에 비례하므로 함습율의 증가로 인하여 열전도율이 커진다.

46. 다음 중 서로 올바르게 연결된 것은?

① 열통과율 : $W/m^2 K$
② 열전달률 : W/mK
③ 열전도율 : $W/m^2 K$
④ 열통과저항 : mK/W

☞ ② 열전달률 : $W/m^2 K$
③ 열전도율 : W/mK
④ 열통과저항 : $m^2 K/W$

Answer 42. ③ 43. ④ 44. ④ 45. ① 46. ①

47. 다음 중 열전도율(W/m·℃)이 가장 작은 것은?

① 납　　　　② 유리
③ 얼음　　　④ 물

> 열전도율(W/mK)
> ① 납 : 35　　② 유리 : 0.76
> ③ 얼음 : 2.23　④ 물 : 0.592

48. 두께 20mm, 열전도율 40W/m·K인 강판의 전달되는 두 면의 온도가 각각 200℃, 50℃일 때, 전열면 1m²당 전달되는 열량은?

① 125kW　　② 200kW
③ 300kW　　④ 420kW

> 열전도열량(Q)
> $Q = \lambda A \dfrac{\Delta t}{l}$ 이므로
> $\dfrac{Q}{A} = \lambda \dfrac{\Delta t}{l} = 0.040 \times \dfrac{(200-50)}{0.02} = 300\text{kW}$
> 여기서, $\lambda = 40\text{W/m}\cdot\text{K} = 0.04\text{kW/m}\cdot\text{K}$
> $l = 20\text{mm} = 0.02\text{m}$

49. 단면적 10m², 두께 2.5cm의 단열벽을 통하여 3kW의 열량이 내부로부터 외부로 전도된다. 내부 표면온도가 415℃이고, 재료의 열전도율이 0.2W/m·K일 때, 외부 표면온도는?

① 185℃　　② 218℃
③ 293℃　　④ 378℃

> $Q = KA\dfrac{\Delta t}{l}$
> $\Delta t = \dfrac{Ql}{KA} = \dfrac{3000 \times 0.025}{0.2 \times 10} = 37.5℃$
> $\Delta t = t_2 - t_1$ 이므로
> $t_1 = t_2 - \Delta t = 415 - 37.5 = 377.5℃$

50. 두께 5cm, 면적 10m²인 어떤 콘크리트 벽의 외측이 40℃, 내측이 20℃라 할 때, 10시간 동안 이 벽을 통하여 전도되는 열량은? (단, 콘크리트의 열전도율은 1.3W/m·K로 한다.)

① 5.2kWh　　② 52kWh
③ 7.8kWh　　④ 78kWh

> 전달열량(Q)
> $Q = \lambda A \dfrac{\Delta t}{l}$
> $= 1.3 \times 10 \times \dfrac{(40-20)}{0.05\text{m}(=5\text{cm})} \times 10\text{h}$
> $= 52000\text{Wh} = 52\text{kWh}$

51. 가로 및 세로가 2m, 두께는 20cm, 열전도율은 0.2W/m℃인 벽체로부터 열통과량은 50W였다. 한쪽 벽면의 온도가 30℃일 때 반대쪽 벽면의 온도는 몇 ℃인가? (단, 반대쪽 벽면온도는 한쪽 벽면의 온도 30℃보다 높다.)

① 87.5℃　　② 62.5℃
③ 50℃　　　④ 42.5℃

> $Q = KA\dfrac{\Delta t}{l}$
> $\Delta t = \dfrac{Ql}{KA} = \dfrac{50 \times 0.2}{0.2 \times (2 \times 2)} = 12.5℃$
> $\Delta t = t_2 - t_1$ 이므로
> $t_2 = \Delta t + t_1 = 12.5 + 30 = 42.5℃$

52. 건물의 외벽 크기가 10m×2.5m이며, 벽 두께가 250mm인 벽체의 양 표면온도가 각각 -15℃, 26℃일 때, 이 벽체를 통한 단위시간당의 손실열량은? (단, 벽의 열전도율은 0.05W/m℃이다.)

① 20.5W　　② 205W
③ 102.5W　　④ 240W

Answer　47. ④　48. ③　49. ④　50. ②　51. ④　52. ②

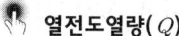

열전도열량(Q)

$$Q = \lambda A \frac{\Delta t}{l} = \lambda A \frac{(t_2 - t_1)}{l}$$

$$= 0.05 \times 25 \times \frac{26 - (-15)}{0.25} = 205W$$

여기서, $A = 10 \times 2.5 = 25m^2$

53. 일사를 받는 외벽으로부터의 침입열량(q)을 구하는 계산식으로 옳은 것은? (단, K는 열관류율, A는 면적, Δt는 상당외기 온도차이다.)

① $q = K \times A \times \Delta t$

② $q = \dfrac{0.86 \times A}{\Delta t}$

③ $q = 0.24 \times A \times \dfrac{\Delta t}{K}$

④ $q = \dfrac{0.29 \times K}{(A \times \Delta t)}$

외벽으로부터의 침입열량

$q_c = KA\Delta t [W]$

여기서, 열통과율 : $K[W/m^2 \cdot K]$
벽체의 면적 : $A[m^2]$
상당외기온도차 : $\Delta t[℃]$

54. 내벽의 열전달률 5W/m²℃, 외벽의 열전달률 10W/m²℃, 벽의 열전도율 4W/m℃, 벽 두께 20cm, 외기온도 0℃, 실내온도 20℃일 때 열통과율은 약 얼마인가?

① $2.86W/m^2℃$ ② $3.75W/m^2℃$
③ $4.52W/m^2℃$ ④ $5.35W/m^2℃$

$K = \dfrac{1}{\dfrac{1}{\alpha_i} + \sum\dfrac{l}{\lambda} + \dfrac{1}{\alpha_o}}$

$= \dfrac{1}{\dfrac{1}{5} + \dfrac{0.2}{4} + \dfrac{1}{10}} = 2.86W/m^2℃$

여기서, α_i : 내벽 열전달률(W/m²℃)

α_o : 외벽 열전달률(W/m²℃)
λ : 벽의 열전도율(W/m℃)
l : 벽두께(m)

55. 내벽 열전달률 4.7W/m² · K, 외벽 열전달률 5.8W/m² · K, 열전도율 2.9W/m · K, 벽 두께 25cm, 외기온도 -10℃, 실내온도 20℃일 때 열관류율(W/m²K)은?

① 1.8 ② 2.1
③ 3.6 ④ 5.2

열관류율(K)

$K = \dfrac{1}{\dfrac{1}{\alpha_i} + \dfrac{l}{\lambda} + \dfrac{1}{\alpha_o}} = \dfrac{1}{\dfrac{1}{4.7} + \dfrac{0.25}{2.9} + \dfrac{1}{5.8}}$

$= 2.1W/m^2K$

여기서, $l = 25cm = 0.25m$

56. 다음 그림과 같은 외벽의 열관류율 값은? (단, 표면 열전달률 α_o=20W/m²K, 표면 열전달률 α_i=7.5W/m²K이다.)

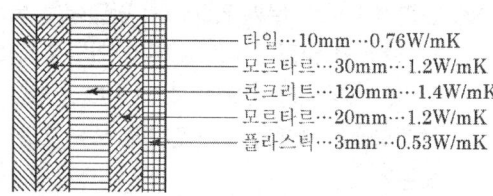

타일…10mm…0.76W/mK
모르타르…30mm…1.2W/mK
콘크리트…120mm…1.4W/mK
모르타르…20mm…1.2W/mK
플라스틱…3mm…0.53W/mK

① 약 $3.03W/m^2K$ ② 약 $10.1W/m^2K$
③ 약 $12.5W/m^2K$ ④ 약 $17.7W/m^2K$

외벽의 열관류율(K)

$K = \dfrac{1}{\dfrac{1}{\alpha_i} + \sum\dfrac{l}{\lambda} + \dfrac{1}{\alpha_o}}$

$= \dfrac{1}{\dfrac{1}{7.5} + \dfrac{0.01}{0.76} + \dfrac{0.03}{1.2} + \dfrac{0.12}{1.4} + \dfrac{0.02}{1.2} + \dfrac{0.003}{0.53} + \dfrac{1}{20}}$

$= 3.03W/m^2K$

Answer 53. ① 54. ① 55. ② 56. ①

57. 콘크리트 두께 10cm, 내면 회벽 두께 2cm의 벽체를 통하여 실내로 침입하는 열량은? (단, 외기온도 30℃, 실내온도 26℃, 콘크리트의 열전도율 1.4W/m℃, 회벽의 열전도율 0.62W/m℃, 벽 외면 열전달률 20W/m²℃, 벽 내면 열전달률 7W/m²℃, 외벽의 면적 20m²이다.)

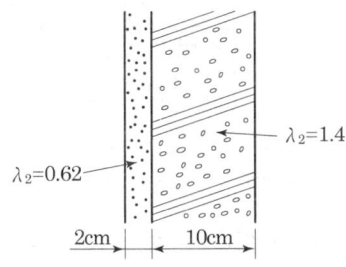

① 178.1W ② 269.8W
③ 326.9W ④ 378.2W

☞ ① 열통과율
$$K = \frac{1}{\frac{1}{7} + \frac{0.02}{0.62} + \frac{0.1}{1.4} + \frac{1}{20}}$$
$= 3.37 \text{W/m}^2\text{℃}$

② 실내로 침입하는 열량
$Q = KA\Delta t_m$
$= 3.37 \times 20 \times (30 - 26) = 269.8\text{W}$

58. 그림과 같은 지면에 접해 있는 바닥 구조체의 열관류율 K[W/m²℃]값은 약 얼마인가? (단, 내표면 열전달률 α_i = 8W/m²℃, 외표면 열전달률 α_o = 30W/m²℃이다.)

구조	재료	두께 [m]	열전도율 [W/m℃]
실내 ①	테라조	0.03	1.55
②	모르타르	0.02	1.2
③	콘크리트	0.15	1.4
④	잡석	0.2	1.6
⑤	지반	–	1.6

① 0.491 ② 0.632
③ 0.982 ④ 1.018

☞ 열관류율 계산 시 바닥이나 지층벽처럼 한쪽이 흙에 접하고 다른 쪽이 실내공기와 접할 때 외표면이 흙에 접하므로 내표면 열전달만 고려한다.

열관류율(열통과율)
$$K = \frac{1}{\frac{1}{\alpha_1} + \frac{l_1}{\lambda_1} + \frac{l_2}{\lambda_2} + \frac{l_3}{\lambda_3} + \frac{l_4}{\lambda_4} + \frac{1}{\lambda_5}}$$
$$= \frac{1}{\frac{1}{8} + \frac{0.03}{1.55} + \frac{0.02}{1.2} + \frac{0.15}{1.4} + \frac{0.2}{1.6} + \frac{1}{1.6}}$$
$= 0.982 \text{W/m}^2\text{℃}$

59. 냉동창고의 벽체가 두께 15cm, 열전도율 1.6W/m℃인 콘크리트와 두께 5cm, 열전도율이 1.4W/m℃인 모르타르로 구성되어 있다면 벽체의 열통과율(W/m²℃)은? (단, 내벽측 표면 열전달률은 9.3W/m²℃, 외벽측 표면 열전달률은 23.2W/m²℃이다.)

① 1.11 ② 2.58
③ 3.57 ④ 5.91

☞ 열통과율(K)
$$K = \frac{1}{\frac{1}{\alpha_i} + \Sigma \frac{l}{\lambda} + \frac{1}{\alpha_o}}$$
$$= \frac{1}{\frac{1}{9.3} + \frac{0.15}{1.6} + \frac{0.05}{1.4} + \frac{1}{23.2}}$$
$= 3.57 \text{W/m}^2\text{℃}$

60. 외기온도 5℃에서 실내온도 20℃로 유지되고 있는 방이 있다. 내벽 열전달계수 5.8W/m²K, 외벽 열전달계수 17.5W/m²K, 열전도율이 2.3W/mK이고, 벽 두께가 10cm일 때, 이 벽체의 열저항(m²K/W)은 얼마인가?

Answer 57. ② 58. ③ 59. ③ 60. ①

① 0.27　　　　② 0.55
③ 1.37　　　　④ 2.35

👉 열저항(R)
$$R = \frac{1}{\alpha_o} + \frac{l}{\lambda} + \frac{1}{\alpha_i}$$
$$= \frac{1}{17.5} + \frac{0.1}{2.3} + \frac{1}{5.8} = 0.27 \, m^2 K/W$$
여기서, $l = 10cm = 0.1m$

61. 두께 15cm, 열전도율이 1.4W/m℃인 철근 콘크리트의 외벽체에 대한 열관류율(W/m²℃)은 약 얼마인가? (단, 내측 표면 열전달률은 8W/m²℃, 외측 표면 열전달률은 20W/m²℃이다.)

① 0.1　　　　② 3.5
③ 5.9　　　　④ 7.6

👉 $K = \dfrac{1}{\dfrac{1}{\alpha_i} + \dfrac{l}{\lambda} + \dfrac{1}{\alpha_o}}$
$$= \frac{1}{\frac{1}{8} + \frac{0.15}{1.4} + \frac{1}{20}} = 3.5 \, W/m^2℃$$

62. 덕트의 외부가 유리섬유로 보온되어 있으며 유리섬유는 외기와 접해 있다. 유리섬유의 열전도율 $\lambda = 0.086W/m℃$, 외기의 전달률 $\alpha_o = 4.3W/m^2℃$라 할 때 보온재의 두께(mm)는 얼마로 하는 것이 좋은가?

① 2　　　　② 10
③ 15　　　　④ 20

👉 $K = \dfrac{1}{\dfrac{1}{\alpha_i} + \dfrac{l}{\lambda} + \dfrac{1}{\alpha_o}}$

위 식을 보온재 두께(l)에 관해 풀면
$$l = \frac{\lambda}{\alpha_o} = \frac{0.086}{4.3} = 0.02m = 20mm$$

63. 인접실, 복도, 상층, 하층이 공조되지 않는 일반 사무실의 남쪽 내벽 손실열량은 얼마인가? (단, 설계 조건은 실내온도 20℃, 실외온도 0℃, 내벽 K=1.6W/m²℃로 한다.)

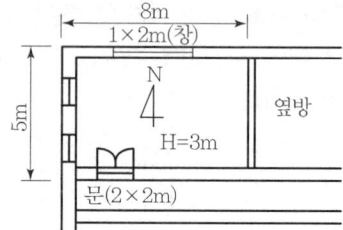

① 320W　　　　② 872W
③ 1193W　　　　④ 2937W

👉 복도의 온도 : $t_1 = \dfrac{20+0}{2} = 10℃$

$Q = KA\Delta t$
$= 1.6 \times \{(8 \times 3) - (2 \times 2)\} \times (20 - 10)$
$= 320W$

64. 극간풍(틈새바람)에 의한 침입 외기량이 3000L/s일 때, 현열부하와 잠열부하는 얼마인가? (단, 실내온도 25℃, 절대습도 0.0179 kg/kg$_{DA}$, 외기온도 32℃, 절대습도 0.0209 kg/kg$_{DA}$, 건공기 정압비열 1.005kJ/kg·K, 0℃ 물의 증발잠열 2501kJ/kg, 공기밀도 1.2kg/m³이다.)

① 현열부하 19.9kW, 잠열부하 20.9kW
② 현열부하 21.1kW, 잠열부하 22.5kW
③ 현열부하 23.3kW, 잠열부하 25.4kW
④ 현열부하 25.3kW, 잠열부하 27kW

👉 ① 현열부하
$q_{FS} = G_F \cdot C_p \cdot \rho(t_o - t_r)$
$= 3000 \times 1.005 \times 1.2 \times (32 - 25)$
$= 25326W ≒ 25.3kW$
② 잠열부하
$q_{FL} = G_F \cdot \gamma_w \cdot \rho(x_o - x_r)$

61. ②　**62.** ④　**63.** ①　**64.** ④

$= 3000 \times 2501 \times 1.2 \times (0.0209 - 0.0179)$
$= 27010W ≒ 27kW$

65. 극간풍(틈새바람)에 의한 침입 외기량이 2800 L/s일 때, 현열부하(q_S)와 잠열부하(q_L)는 얼마인가? (단, 실내의 공기온도와 절대습도는 각각 25℃ 0.0179kg/kg$_{DA}$이고, 외기의 공기온도와 절대습도는 각각 32℃, 0.0209kg/kg$_{DA}$이며, 건공기 정압비열 1.005kJ/kg·K, 0℃ 물의 증발잠열 2501kJ/kg, 공기밀도 1.2kg/m³이다.)

① q_S : 23.6kW, q_L : 17.8kW
② q_S : 18.9kW, q_L : 17.8kW
③ q_S : 23.6kW, q_L : 25.2kW
④ q_S : 18.9kW, q_L : 25.2kW

👉 ① 현열부하(q_S)
$q_S = \rho C_P Q_I (t_o - t_i)$
$= 1.2 \times 1.005 \times (2800 \times \frac{1m^3}{1000L}) \times (32-25)$
$= 23.6kW$
② 잠열부하(q_L)
$q_L = \rho \gamma Q_I (x_o - x_i)$
$= 1.2 \times 2501 \times 2800 \times \frac{1m^3}{1000L}$
$\times (0.0209 - 0.0179)$
$= 25.2kW$

66. 유리면을 통한 태양복사열량이 달라질 수 있는 요소가 아닌 것은?

① 건물의 높이   ② 차폐의 유무
③ 태양입사각   ④ 계절

👉 일반적으로 건물에 닿는 태양복사의 열량은 위도, 계절, 시각, 유리창의 방위에 따라서 다르며, 유리를 통과하는 열량은 입사각, 유리의 종류, 차폐 성능에 의하여 달라진다.

67. 냉방부하 중 유리창을 통한 일사취득열량을 계산하기 위한 필요 사항으로 가장 거리가 먼 것은?

① 창의 열관류율   ② 창의 면적
③ 차폐계수   ④ 일사의 세기

👉 유리의 취득열량
$q = I_{GR} \times K_S \times A_g + I_{GC} \times A_g$
I_{GR} : 일사투과량
A_g : 유리의 면적
I_{GC} : 창 면적당의 내표면으로부터 대류에 의하여 침입하는 열량
K_s : 차폐계수

68. 한 장의 보통 유리를 통해서 들어오는 취득열량을 $q = I_{GR} \times K_s \times A_g + I_{GC} \times A_g$라 할 때 K_s를 무엇이라 하는가? (단, I_{GR} : 일사투과량, A_g : 유리의 면적, I_{GC} : 창 면적당의 내표면으로부터 대류에 의하여 침입하는 열량)

① 차폐계수
② 유리의 반사율
③ 유리의 열전도계수
④ 단위시간에 단위면적을 통해 투과하는 열량

👉 67번 해설 참고

69. 어느 건물 서편의 유리 면적이 40m²이다. 안쪽에 크림색의 베네시언 블라인드를 설치한 유리면으로부터 오후 4시에 침입하는 열량(kW)은? (단, 외기는 33℃, 실내는 27℃, 유리는 1중이며, 유리의 열통과율(K)은 5.9W/m²℃, 유리창의 복사량(I_{GR})은 608W/m², 차폐계수(K_s)는 0.56이다.)

① 15   ② 13.6

Answer 65. ③ 66. ① 67. ① 68. ① 69. ①

③ 3.6   ④ 1.4

① 전도열량
$Q_c = KA\Delta t$
$= 5.9 \times 40 \times (33-27) = 1416W$
② 복사열량
$Q_r = A_g \times I_{GR} \times K_s$
$= 40 \times 608 \times 0.56 = 13619.2W$
③ 전체열량
$Q = Q_c + Q_r$
$= 1416 + 13619.2 = 15035.2W \fallingdotseq 15kW$

70. 태양으로부터의 일사량이 480W/m²이고, 유리면의 차폐계수가 0.75일 때 유리의 전열면적 10m²를 통해 실내의 침입하는 열부하량은 얼마인가?

① 2400W   ② 3600W
③ 4800W   ④ 6400W

$q_r = A_g \times I_{gr} \times K_s = 10 \times 480 \times 0.75$
$= 3600W$
여기서, 최대일사량 : $I_g[W/m^2]$
유리면의 면적 : $A[m^2]$
차폐계수 : K_s

71. 제주지방의 어느 한 건물에 대한 냉방기간 동안의 취득열량(GJ/기간)은? (단, 냉방도일 CD_{24-24}=162.4(deg℃ · day), 건물 구조체 표면적 500m², 열관류율은 0.58W/m² · ℃, 환기에 의한 취득열량은 168W/℃이다.)

① 9.37   ② 6.43
③ 4.07   ④ 2.36

① 건물 총 열부하(BLC)
BLC=관류열부하(KA)+환기부하
$= 0.58 \times 500 + 168 = 458W/℃$
② 취득열량(Q)

$Q = BLC \cdot CD \cdot 24h \cdot \dfrac{3600s}{1h}$
$= 458 \times 162.4 \times 24 \times 3600 = 6.43 GJ/년$

72. 900W의 형광등 밑에서 20명이 사무를 보고 있는 사무실의 전 발생열량은 얼마인가? (단, 1인당 인체 발생열량은 현열 50kcal/h, 잠열 42kcal/h, 형광등의 1kW당 발열량은 1000kcal/h로 한다.)

① 1880kcal/h   ② 2150kcal/h
③ 2740kcal/h   ④ 3780kcal/h

(1) 인체의 발생열량
① 현열 취득열량
q_{HS}=1인당 현열량×재실인수
$= 50 \times 20 = 1000 kcal/h$
② 잠열 취득열량
q_{HL}=1인당 잠열량×재실인수
$= 42 \times 20 = 840 kcal/h$
③ 인체의 발생열량
= 현열 취득열량+잠열 취득열량
$= 1000 + 840 = 1840 kcal/h$
(2) 조명기구 발생열량
$0.9kW \times 1000kcal/h \cdot kW = 900kcal/h$
(3) 사무실의 전 발생열량
= 인체의 발생열량+조명기구 발생열량
$= 1840 + 900 = 2740 kcal/h$

73. 40W짜리 형광등 10개를 조명으로 사용하는 어떤 사무실이 있다. 이때 조명기구로부터 취득열량은 약 얼마인가?

① 68kcal/h   ② 210kcal/h
③ 413kcal/h   ④ 625kcal/h

형광등 부하
$q = W \times \eta \times 안정기 \; 부하 \times 860$
$= 0.04 \times 10 \times 1.2 \times 860 = 412.8 kcal/h$
여기서, 1kW=860kcal/h

Answer 70. ② 71. ② 72. ③ 73. ③

74. 정방실에 35kW의 모터에 의해 구동되는 정방기가 12대 있을 때 전력에 의한 취득열량(kW)은? (단, 전동기와 이것에 의해 구동되는 기계가 같은 방에 있으며, 전동기의 가동률은 0.74이고, 전동기 효율은 0.87, 전동기 부하율은 0.92이다.)

① 483   ② 420
③ 357   ④ 329

👉 정방기의 발생열량

$$q_E = P \times \phi_1 \times \phi_2 \times \frac{1}{\eta_m}$$

$$= (35 \times 12) \times 0.92 \times 0.74 \times \frac{1}{0.87} = 329\,\text{kW}$$

여기서, 전동기 정격출력 : P
전동기 부하율 : ϕ_1
사용률 : ϕ_2, 전동기 효율 : η_m

75. 공장에 12kW의 전동기로 구동되는 기계장치 25대를 설치하려고 한다. 전동기는 실내에 설치하고 기계장치는 실외에 설치한다면 실내로 취득되는 열량(kW)은? (단, 전동기의 부하율은 0.78, 가동률은 0.9, 전동기 효율은 0.87이다.)

① 242.1   ② 210.6
③ 44.8   ④ 31.5

👉 전동기 취득열량

전동기는 실내에 있고, 실외의 기계를 구동할 때

$$q_E = P \times \phi_1 \times \phi_2 \times \left[\left(\frac{1}{\eta_m}\right) - 1\right]$$

$$= (12 \times 25) \times 0.78 \times 0.9 \times \left[\left(\frac{1}{0.87}\right) - 1\right]$$

$$= 31.5\,\text{kW}$$

여기서, P : 전동기 정격출력
ϕ_1 : 전동기 부하율
ϕ_2 : 전동기 가동률
η_m : 전동기 효율

[참고] 동력에 의한 부하

$$q_E = P \times \phi_1 \times \phi_2 \times f_k$$

여기서, f_k : 전동기와 기계의 사용 상태
① 전동기와 기계가 모두 실내에 있는 경우

$$f_k = \frac{1}{\eta_m}$$

② 전동기는 실외에 있고, 기계는 실내에 있는 경우

$$f_k = 1$$

③ 전동기는 실내에 있고, 기계는 실외에 있는 경우

$$f_k = \frac{1 - \eta_m}{\eta_m} = \frac{1}{\eta_m} - 1$$

76. 송풍기와 덕트로부터 부하를 설명한 것으로 틀린 것은?

① 급기덕트의 취득열은 냉각코일부하에 포함시킨다.
② 공조 스페이스 외에서의 급기덕트의 누설부하는 현열과 잠열부하가 된다.
③ 송풍기 발열량은 냉각코일부하에 포함시킨다.
④ 환기덕트의 열부하는 실내부하에 포함시킨다.

👉 ④ 환기부하(외기도입, 덕트 및 송풍기 취득열량)는 기기(장치)의 취득열량이다.

Answer 74. ④ 75. ④ 76. ④

chapter 05 공조기기

1 공기조화 설비의 구성

(1) 열원(냉원)장치

① 공기 가열 및 냉각을 위한 열원을 만드는 장치
② 보일러, 냉동기, 냉온수기, 냉각탑 등

(2) 공기조화장치(AHU : Air Handling Unit)

① 공기의 온도, 습도를 조정하고 정화하여 요구하는 공기의 상태를 만들어 내는 장치
② 공조기의 구성 요소 : 공기여과기, 냉각코일, 공기세정기, 가습기, 에어필터, 송풍기 등

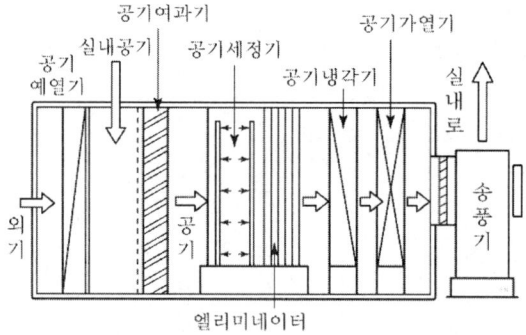

[공기조화장치(AHU : Air Handling Unit)]

(3) 열운반장치

중앙기계실에서 냉온수나 공기를 실내로 공급하기 위한 설비. 송풍기, 덕트, 냉온수 펌프, 배관 등

(4) 자동제어장치

실내의 온도, 습도를 일정하게 유지하기 위하여 기기의 운전 및 정지, 냉온수의 유량조절, 송풍량 조절을 행하는 데 있어서 경제적인 운전을 하기 위하여 각종 설비를 자동으로 작동시키기 위한 장치

2 에어 필터(Air filter, 여과기)

여과재에 공기를 통과시켜 분진을 포집하는 장치로 공기 중의 먼지, 오염 물질, 냄새를 제거하는 데 사용된다.

(1) 기능상의 종류

① 충돌점착식

비교적 거친 여과재에 기름이나 그리스(grease) 같은 점착물질이 입혀져 있어 오염 물질이 충돌하여 제거되는 것으로 식품용으로는 사용할 수 없다.
㉠ 유지성 먼지의 제거에 효과적이고, 통과 풍속은 1~2m/s이다.
㉡ 유닛식과 자동회전식이 있다.

② 건성 여과식(건식)

석면, 유리섬유 등의 여과재를 설치하여 섬유질의 먼지를 제거하는 것으로 일반공조기의 먼지제거용으로 많이 사용하며 클린 룸의 미립자 제거에 사용되는 고성능 필터 (HEPA : high efficiency particle air filter)도 여기에 해당된다.
㉠ 섬유질의 먼지를 제거하는 데 유리하며 통과 풍속은 1m/s 이하이다.
㉡ 점착식에 비해 작으므로 통과 면적이 큰 것이 필요하다.

③ 습식

공기세정기라고도 하며 물방울과 함께 공기를 접촉 통과시키며 여과한다.

④ 활성탄 흡착식

활성탄을 이용하여 유해가스나 냄새 등을 제거한다.

⑤ 전기 집진식

공기여과기를 통과하는 먼지는 +극성을 띠게 하고 집진부는 −극성을 띠게 함으로써 전기적 성질을 이용하여 집진한다. 먼지 제거 효율이 높고 미세한 먼지나 세균도 제거되므로 병원, 정밀기계공장, 약품공업, 고급빌딩 등에 사용된다.

㉠ 가장 우수한 집진효과가 있으며 작은 입자도 제거되므로 세균 제거도 가능하며, 수술실이나 약품공업에도 많이 이용된다.
㉡ 집진방식에 따라 세정식, 응집식, 유전식이 있다.

(2) 필터의 효율(포집률)

$$포집률 : \eta_{AF} = \left(1 - \frac{C_2}{C_1}\right) \times 100[\%]$$

(필터 입구 공기의 먼지량 : $C_1[g]$, 필터 출구 공기의 먼지량 : $C_2[g]$)

(3) 필터 효율 측정방법

① 중량법
  필터의 상류 및 하류측의 분진량을 측정하여 효율을 구하는 방법으로 비교적 큰 입자 측정
② 비색법(변색도법, NBS법)
  필터의 상류 및 하류의 분진을 각각 여과지로 채집하여 광투과량이 같아지도록 상하류에 통과하는 공기량을 조절하여 효율을 구하는 방법
③ DOP법(계수법)
  광산란식 입자계수기를 사용하여 필터의 상류 및 하류의 미립자에 의한 산란광에서 그 입경과 개수를 계측하여 농도를 측정함으로써 포집률을 구하는 방법 – 고성능 필터(헤파 필터) 측정 시 사용

(4) 필터의 종류

① 건식 유닛형 필터 : 유닛형의 틀 안에 여과재를 고정시킨 것
② 고성능 필터(HEPA 필터 : high efficiency particle air)
  ㉠ $0.3\mu m$의 입자 포집률이 99.97% 이상(DOP법)
  ㉡ 클린룸 또는 바이오클린룸에 사용 : 식품회사, 병원, 제약회사에 적용
③ 울트라 필터(ULPA : ultra low penetration air)

㉠ 반도체 제조공장에서 0.1㎛의 부유미립자를 제거
㉡ 클래스 10 이하의 초청정 클린룸에 사용
㉢ 입자 포집률이 99.9997% 이상(DOP법)
④ 활성탄 필터 : 활성탄을 이용하여 유해가스나 냄새 등을 제거한다.

> **클래스(class)**
> ① 클린룸의 성능을 표시하는 단위이다.
> ② 1ft³의 공기 체적 내에 있는 0.5㎛ 크기의 입자 수를 1class라 한다.

3 냉각코일 및 가열코일

(1) 코일의 종류

① 설치 목적에 따른 분류
 ㉠ 예열코일 : 혹한기에 외기를 예열(가습효율 증대)
 ㉡ 예냉코일 : 냉방 시에 외기를 예냉(냉각코일 용량을 감소)
 ㉢ 가열코일 : 난방 시에 급기를 가열
 ㉣ 냉각코일 : 냉방 시에 급기를 냉각 감습

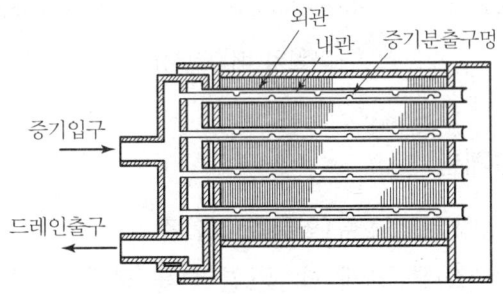

② 냉·열매에 따른 분류
 ㉠ 냉수코일 : 관내에 냉수(5~10℃)가 통과
 ㉡ 온수코일 : 관내에 온수(40~60℃)가 통과

ⓒ 냉온수 코일

ⓛ 증기코일 : 관내에 증기가 통과

ⓜ 직접팽창코일 : 관내에 냉매가 통과

③ 핀의 종류에 따른 분류

　ⓐ 나선형 핀 코일(spiral fin coil) : 전열효과를 높이기 위해 관 외부에 나선형 핀 부착

　　※ 에어로 핀 코일(aero fin coil) : 증기코일에 가장 많이 사용

　ⓑ 플레이트 핀 코일(plate fin coil) : 플레이트 핀을 관 외부에 부착

　ⓒ 슬릿 핀 코일(slit fin coil) : 슬릿 핀을 관 외부에 부착

④ 코일의 배열방식에 따른 분류

　ⓐ 풀 서킷 코일(full circuit coil) : 표준유속일 때

　ⓑ 더블 서킷 코일(double circuit coil) : 유량이 많아서 코일 내의 수속(1.5m/s 이상)이 빠를 때 통로수를 2배로 하여 유속을 1/2로 낮추는 더블 서킷 코일을 사용

　ⓒ 하프 서킷 코일(half circuit coil) : 유량이 적을 경우에 회로수를 1/2로 하여 유속을 2배로 하는 하프 서킷 코일을 사용

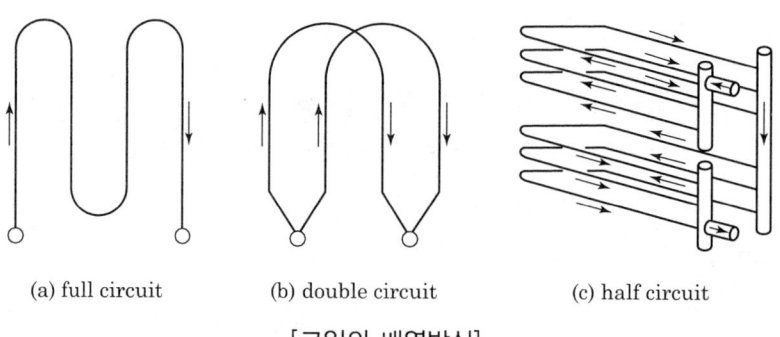

(a) full circuit　　(b) double circuit　　(c) half circuit

[코일의 배열방식]

(2) 냉온수 코일의 설계법

① 물과 공기의 흐름방향은 대향류(역류)로 할 것

② 대수평균온도차(LMTD)를 크게 할 것(열 수를 적게 할 수 있으며 코일의 열수는 4~8열이 적당)

③ 코일의 통과 풍속 : 2~3m/s

④ 관내의 수속 : 1m/s 전후

⑤ 물의 입출구 온도차 : 5℃
⑥ 공기의 출구온도와 물의 입구온도차 : 5℃ 이상

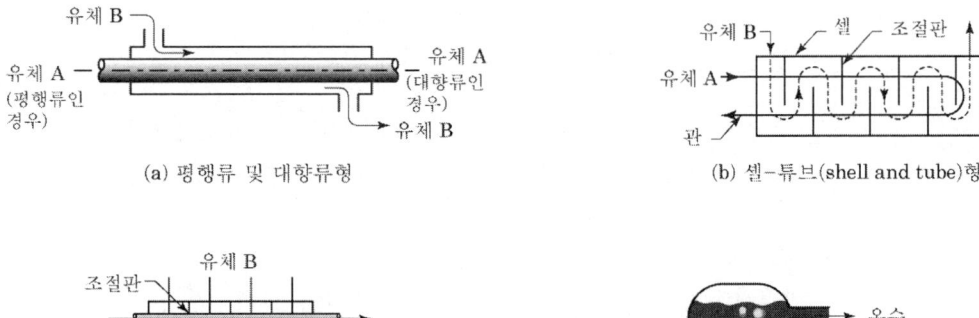

(a) 평행류 및 대향류형
(b) 셀-튜브(shell and tube)형

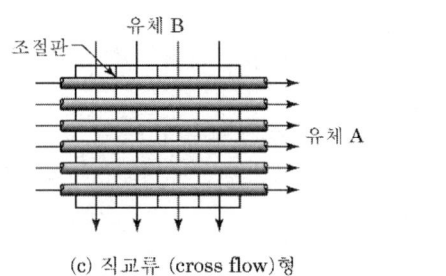
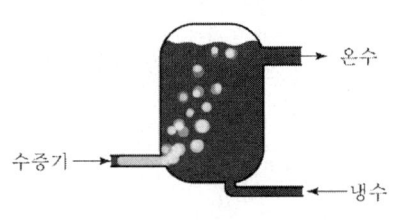

(c) 직교류 (cross flow)형
(d) 직접접촉형

[다양한 열교환기의 형태]

참고

① 대수평균온도차(MTD)
- 대향류 $\Delta_1 = t_1 - t_{w2}$, $\Delta_2 = t_2 - t_{w1}$
- 평행류 $\Delta_1 = t_1 - t_{w1}$, $\Delta_2 = t_2 - t_{w2}$

$$MTD = \frac{\Delta_1 - \Delta_2}{2.3 \log \frac{\Delta_1}{\Delta_2}} = \frac{\Delta_1 - \Delta_2}{\ln \frac{\Delta_1}{\Delta_2}} [℃]$$

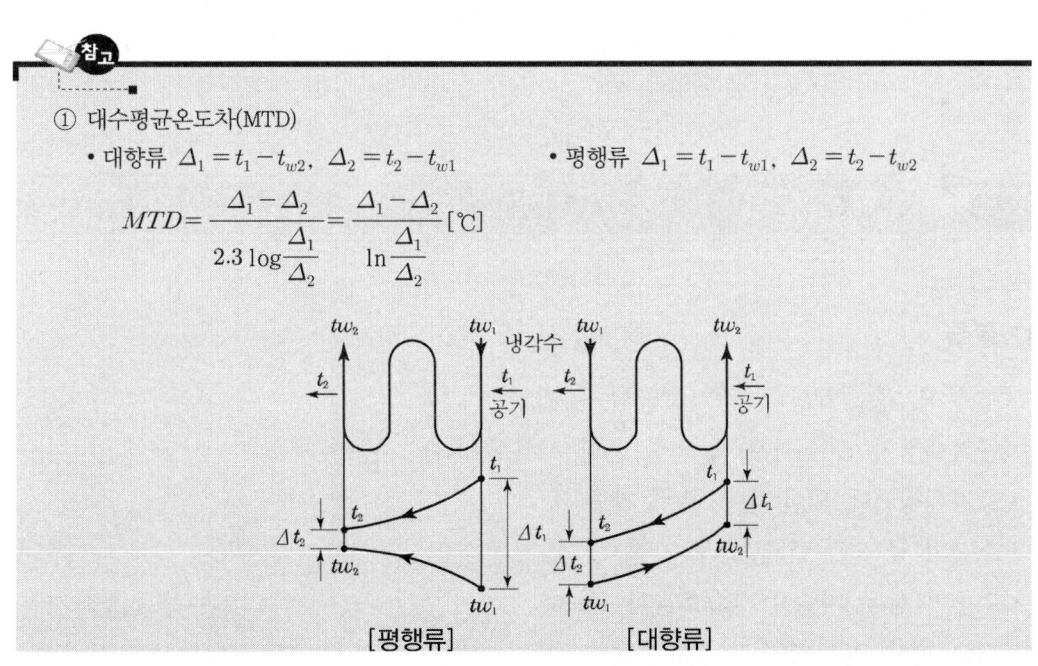

[평행류] [대향류]

제5장 공조기기 137

② 유체의 흐름
- 평행류(병류) : 공기와 물의 흐름방향이 같은 방향
- 대향류(역류) : 공기와 물의 흐름방향이 반대 방향

③ 코일의 열 수 : N

$$N = \frac{q_t}{K \times A \times MTD \times C_w}$$

여기서, 코일의 전열량 : q_t[W]   열통과율 : K[W/m²K]
전열면적 : A[m²]   대수평균온도차 MTD[℃]
습윤면 보정계수 : C_w

④ 코일의 순환수량 : L

$$L = \frac{60 \times q_c}{\rho C \Delta t} = \frac{14.3 \times q_c}{\Delta t} \text{[L/min]}$$

여기서, q_c : 코일 부하[kW] Δt : 냉수 입·출구 온도차[℃]
ρ : 물의 밀도[1kg/L] C : 물의 비열[4.18kJ/kg·K]

⑤ 정면면적 : A_0

$$A_0 = \frac{Q}{v_0 \times 3600} \text{[m}^2\text{]}$$

여기서, Q : 송풍량[m³/h] v_0 : 설계 풍속[m/s]

※ 정면면적 : 코일 입구에서 공기가 통과하는 부분의 면적

4 가습장치

(1) 분류

수분무식, 증기발생식, 증기공급식, 증발식

- 공기세정기(에어 와셔)에 의한 순환수 분무 가습 : 단열 가습
- 공기세정기에 의한 온수 분무 가습
- 소량의 물 또는 온수 분무 가습
- 수증기 분무 가습 : 가습효율이 100%
- 가습 팬에 의한 수증기 증발 가습
- 실내에 직접 분무 가습 : 인쇄공장, 방적공장, 연초공장

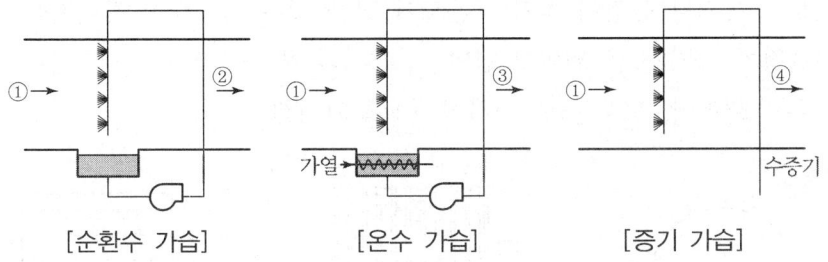

[순환수 가습]　　[온수 가습]　　[증기 가습]

① 증기식
   ㉠ 공기를 오염시키지 않는다. 세균, 불순물의 비산 우려가 없다.
   ㉡ 공기 온도를 저하시키지 않는다.
   ㉢ 가습량 제어를 용이하게 할 수 있다.(가습효율 100%에 가까움)
   ㉣ 물 속에 함유된 불순물 제거에 유의해야 한다.
   ㉤ 종류 : 전열식, 전극식, 적외선식, 과열 증기식, 노즐 분사식

② 물분무식
   ㉠ 분사력 및 초음파 진동 등으로 미세한 물 입자를 공기 중에 방출
   ㉡ 가습으로 공기 온도 저하된다.(항온항습에는 부담)
   ㉢ 가습량 제어성이 나쁘다.
   ㉣ 가습기 수조의 물 오염, 균 번식 등 위생상 문제점이 있다.
   ㉤ 소요 동력은 적다. 가습 흡수 거리는 긴 편이다.
   ㉥ 종류 : 원심식, 초음파식, 스프레이식

> **참고 — 초음파식**
> 수조 아래의 진동자를 작동시켜 초음파 진동을 발생시키면 수면으로부터 아주 미세한 물안개가 발생하고, 이를 팬을 이용해 공급한다.

③ 기화식
   ㉠ 젖은 표면에 공기를 통과시켜 습기를 증발시키는 방식
   ㉡ 증발판이나 증발 소자의 청소가 필요하다.(오염 물질 부착→증발 효율 저하)
   ㉢ 결로나 불순물의 비산이 적다.
   ㉣ 가습량을 제어하기 쉽지 않다.

ⓜ 습도가 높거나 풍량이 적거나 온도가 낮을 경우 가습량이 적어진다.
ⓗ 가습장치 크기가 큰 편이고 난방 시 효과가 좋다.
ⓢ 종류 : 회전식, 모세관식, 적하식, 에어 와셔식

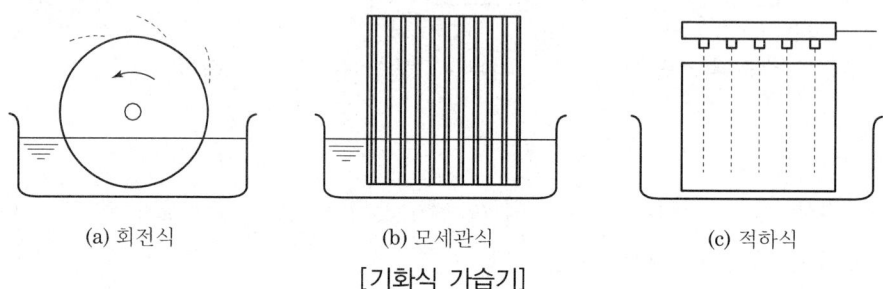

[기화식 가습기]

(2) 공기세정기(에어 와셔 : air washer)

① 통과 공기 중에 온수, 냉수를 분무하여 1차적 목적으로 냉각감습, 가열가습, 단열가습을 실시하고 2차적 목적으로 공기를 세정하는 역할을 한다.
② 공기세정기의 구조

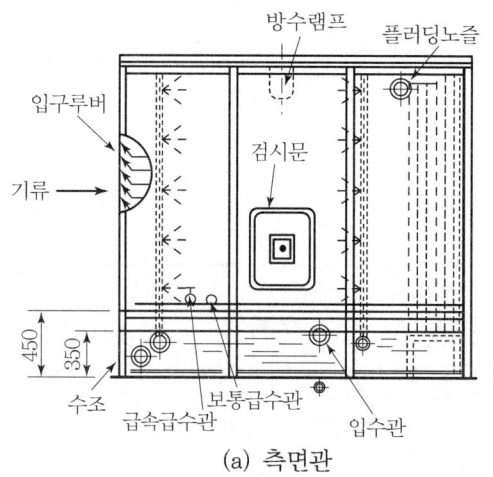
(a) 측면관

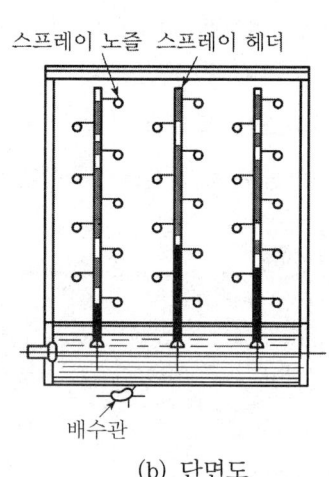
(b) 단면도

㉠ 루버(louver) : 유입되는 공기의 흐름을 일정하게 하고 분무수가 분무실 밖으로 튀어나가는 것을 방지하는 장치
㉡ 분무 노즐(spray nozzle)
  ⓐ 분무압 : 1~2kg/cm² 　　　ⓑ 통과 풍속 : 2~3m/s

ⓒ 플러딩 노즐(flooding nozzle) : 엘리미네이터에 부착된 이물질을 제거하는 장치
ⓔ 엘리미네이터(eliminator) : 출구공기에 섞여 나가는 비산수를 제거하는 장치
③ 종류 : 노즐용, 분무용, 충전용

(3) 수공기비(L/G)

$$수공기비(L/G) = \frac{분무수량}{공기량}$$

(4) 공기세정기의 포화효율

$$\eta_s = \frac{t_1 - t_2}{t_1 - t_s} \times 100 = \frac{x_1 - x_2}{x_1 - x_s} \times 100 = \frac{h_1 - h_2}{h_1 - h_s} \times 100 [\%]$$

여기서, t_1, x_1, h_1 : 입구공기의 건구온도, 절대습도, 엔탈피
t_2, x_2, h_2 : 출구공기의 건구온도, 절대습도, 엔탈피
t_s, x_s, h_s : 장치 노점의 온도, 절대습도, 엔탈피

[에어 와셔에서 상태 변화 과정]

과정	상태 변화	출구 수온(t_{w2}) 조건	그림
① → A (순환수 공급)	단열·가습	$t_{w2} = t_1'$	
① → B (냉수 공급)	냉각·가습	$t_1'' < t_{w2} < t_1'$	
① → C (냉수 공급)	냉각·감습	$t_{w2} < t_1''$	
① → D (온수 공급)	냉각·가습	$t_{w2} > t_1'$	
① → E (온수 공급)	가열·가습	$t_{w2} > t_1'$	

㈜ t_{w2} : 출구 온도, t_1' : 입구 공기의 습구 온도, t_1'' : 입구 공기의 노점 온도

5 감습장치

우리나라 여름철은 외기가 다습하여 공조 시 외기부하의 대부분이 잠열부하여서, 감습을 통하여 잠열부하를 제거하고 신선한 외기를 항상 일정하게 공급할 수 있어 쾌적한 실내 공조를 제공할 수 있다.

(1) 감습의 필요성

① 적절한 습도 유지(40~70%)로 쾌적한 실내 환경 유지
② 결로에 의한 피해 방지
③ 흡수성 제품의 품질 및 생산성 저하 방지
④ 잠열부하 제거로 에너지 절감

(2) 분류

① 냉각감습장치 : 냉각코일의 냉수를 이용하여 습공기를 노점온도 이하로 냉각하여 제습하는 방법 또는 공기세정기를 사용하는 방법으로 가장 많이 사용된다.
② 압축감습장치 : 공기를 압축하여 여분의 수분을 응축시키는 방법으로 설비비와 소요동력이 커 일반적으로 사용하지 않는다.
③ 흡수식 감습장치 : 염화리튬, 트리에틸렌글리콜의 액체 흡수제를 사용하므로 가열원이 있어야 한다.
④ 흡착식 감습장치 : 실리카겔, 활성알루미나, 애드솔의 고체 흡착제를 사용한다.

(3) 흡수식 감습장치가 냉각감습식보다 유리한 조건

① 실내온도가 0℃ 이상이고, 노점온도가 0℃ 이하일 때
② 실내의 현열비가 60% 이하일 때
③ 공조기 출구의 노점이 5℃ 이하일 때
④ 실내 현열부하가 클 때 실내 온도를 일정하게 유지할 경우
⑤ 온도가 32℃ 이상 또는 10℃ 이하에서 저습도로 할 때

(4) 냉각감습 시의 전열효율 : EF

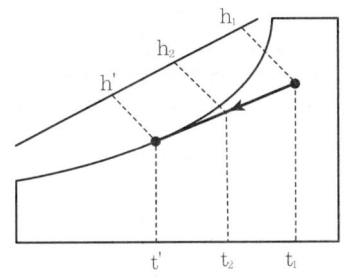

$$EF = \frac{h_1 - h_2}{h_1 - h'}$$

여기서, 입구공기의 엔탈피 : h_1
출구공기의 엔탈피 : h_2
입구공기에 상당하는 포화공기 엔탈피 h'

6 전열교환기

전열교환기는 공기 대 공기의 열교환기로 현열은 물로 잠열까지도 교환되는 엔탈피 교환장치로 회전형과 고정형이 있는데 주로 회전형이 많이 사용된다. 공조설비에서 배기와 도입 외기와의 전열교환으로 공조기는 물론 보일러나 냉동기의 용량을 줄일 수 있고 연료비를 절약할 수 있는 에너지 절약 기법으로 많이 이용되고 있으며, 외기 도입량이 많고 운전시간이 긴 시설에서 효과가 크다.

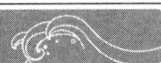

[전열교환기 설치도]

① 전열교환기의 효율

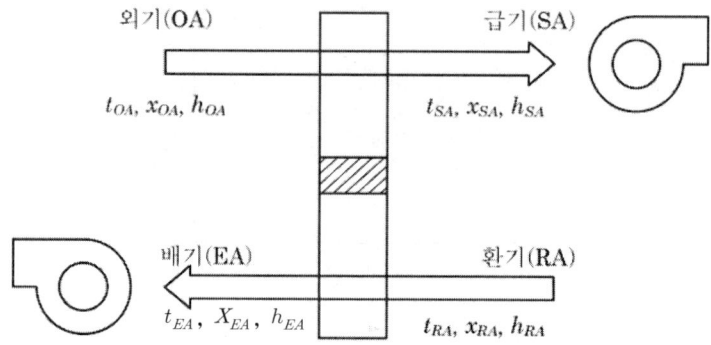

② 냉난방 효율

구 분	냉 방	난 방
현열 효율	$\eta_{CS} = \dfrac{t_{OA} - t_{SA}}{t_{OA} - t_{RA}}$	$\eta_{HS} = \dfrac{t_{SA} - t_{OA}}{t_{RA} - t_{OA}}$
잠열 효율	$\eta_{HL} = \dfrac{x_{OA} - x_{SA}}{x_{OA} - x_{RA}}$	$\eta_{HL} = \dfrac{x_{SA} - x_{OA}}{x_{RA} - x_{OA}}$
엔탈피 효율	$\eta_{CT} = \dfrac{h_{OA} - h_{SA}}{h_{OA} - h_{RA}}$	$\eta_{HT} = \dfrac{h_{SA} - h_{OA}}{h_{RA} - h_{OA}}$

7 송풍기

(1) 배출압력에 의한 분류

일반적으로 송풍기는 압력에 따라 저압용 팬(fan)과 고압용의 블로어(blower)로 구분한다.

① 팬 : 1000mmAq 미만(0.1kg/cm² 미만)

② 블로어 : 1000~10000mmAq 미만(0.1~1.0kg/cm² 미만)

공조용의 송풍기는 높은 압력이 필요 없으며, 일반적으로 100mmAq 이하의 것이 많고 고압의 것이라도 300mmAq 이하의 압력을 사용하므로 송풍기라 하면 팬(fan)이라 칭한다.

(2) 날개의 형상에 따른 분류

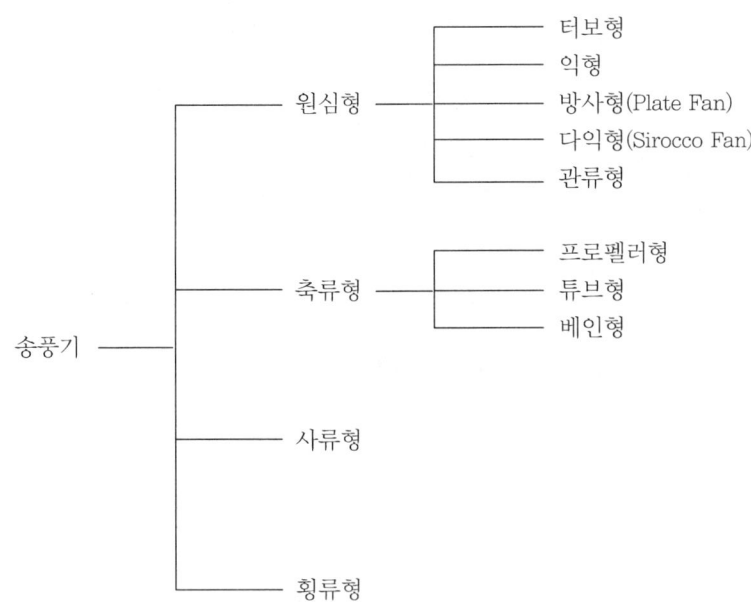

원심송풍기 가운데 가장 많이 사용되고 있는 것은 다익송풍기이며 치수는 작고 가격도 저렴하지만 효율이 떨어지며 발생소음도 크다. 또한 정압의 최고는 110mmAq로 한정된다.

정압이 100mmAq 이상인 경우 익형(에어포일)이나 리밋로드형이 많이 사용된다. 축류송풍기는 대풍량이며 정압이 낮은 경우에 적합하지만 발생소음이 큰 결점이 있다. 이 가운데 프로펠러형의 소형은 주택의 환기팬으로 대형은 냉각탑에 많이 사용된다. 사류형이나 관류형은 룸쿨러 등의 가정용 전기제품으로 많이 사용된다.

(3) 송풍기의 특성곡선

송풍기는 고유의 특성이 있다. 이러한 특성을 하나의 선도로 나타낸 것을 송풍기의 특성곡선이라 한다. 즉, 어떠한 송풍기의 특성을 나타내기 위하여 일정한 회전수에서 가로축을 풍량Q(m^3/min), 세로축을 정압(mmAq), 전압(mmAq), 효율(%), 소요동력(kW)로 놓고 풍량에 따라 이들의 압력 및 효율의 변화과정을 나타낸 것을 말하며, 다음 그림은 그 한 예이다.

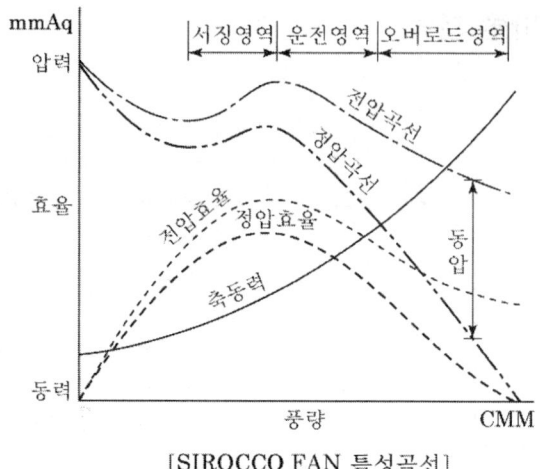

[SIROCCO FAN 특성곡선]

(4) 송풍기의 크기

송풍기의 크기는 송풍기 번호로 다음과 같이 계산된다.

$$\text{다익송풍기 번호(No.)} = \frac{\text{임펠러 직경[mm]}}{150}$$

$$\text{축류송풍기 번호(No.)} = \frac{\text{임펠러 직경[mm]}}{100}$$

(5) 송풍기 소요동력

$$L = \frac{P_t \times Q}{102 \times 60 \times \eta_f}[\text{kW}] = \frac{P_t \times Q}{75 \times 60 \times \eta_f}[\text{PS}]$$

여기서, 송풍기 전압 : $P_t = P_s(정압) + P_d(동압) = P_s + \frac{v^2}{2g} \times \gamma [\text{mmAq 또는 kg/cm}^2]$

송풍량 : $Q[\text{m}^3/\text{min}]$ 전압효율 : η_f

(6) 비속도(비교회전도) : N_s

공조용 송풍기 회전날개를 선정하고자 할 때 사용

$$N_s = N\left(\frac{\sqrt{Q}}{P^{\frac{3}{4}}}\right)$$

여기서, 회전수 : $N[\text{rpm}]$, 풍량 : $Q[\text{m}^3/\text{min}]$, 풍압 : $P[\text{mmAq}]$

(7) 송풍기의 상사법칙

송풍기 운전조건(회전수, 정압) 또는 임펠러 직경이 변했을 경우에 송풍기의 특성을 미리 예측할 수 있다.

회전수가 $N_1 \rightarrow N_2$로 변할 때 또는 임펠러 직경이 $D_1 \rightarrow D_2$로 변할 때

㉠ 풍량[Q] : $Q_2 = Q_1 \left(\dfrac{N_2}{N_1}\right) = Q_1 \left(\dfrac{D_2}{D_1}\right)^3$

㉡ 정압[P] : $P_2 = P_1 \left(\dfrac{N_2}{N_1}\right)^2 = P_1 \left(\dfrac{D_2}{D_1}\right)^2$

㉢ 동력[L] : $L_2 = L_1 \left(\dfrac{N_2}{N_1}\right)^3 = L_1 \left(\dfrac{D_2}{D_1}\right)^5$

여기서, 회전수 : N[rpm], 임펠러 직경 : D[mm]

(8) 송풍기 풍량 제어방법

① 토출댐퍼에 의한 제어방법 : 가장 일반적인 방법으로서 주로 다익송풍기나 소형 송풍기에 적용된다.
② 흡입댐퍼에 의한 제어방법 : 흡입측에 있는 댐퍼를 죄면 압력특성곡선은 낮아지며, 따라서 송풍량은 감소한다.
③ 흡입베인에 의한 제어방법 : 송풍기의 케이싱 입구에 부착한 가동날개를 수동 또는 자동으로 열림 정도를 조정하여 풍량을 조절한다.
④ 가변피치 제어방법 : 임펠러의 날개각도를 조절하여 성능곡선을 변화시켜 풍량을 조절한다. 효율이 높고 에너지절약효과가 크며 축류형 송풍기에 적용된다
⑤ 회전수에 의한 제어방법 : 송풍기 상사법칙에서처럼 회전수비의 세제곱에 비례하여 동력이 변화하므로 가장 에너지 절약효과가 높은 제어방법이다. 서징발생이 없어 소형에서 대형까지 적용 가능하고 제어성이 좋아 송풍기 운전이 안정적이다. 그러나 구조가 복잡하고 설비비가 고가이다.

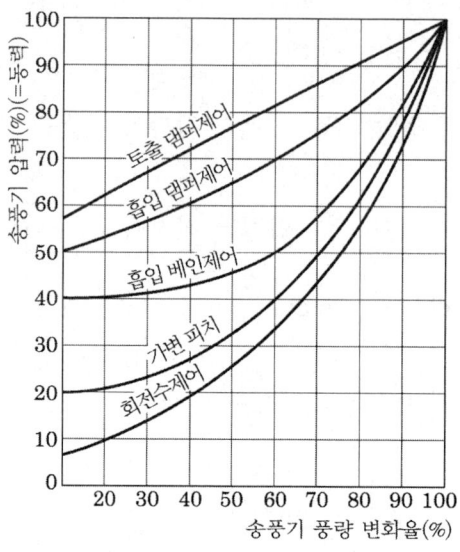

[풍량 제어법에 따른 송풍기 입력 변화]

> **참고**
> ■ 효과적인 풍량제어 순서
> 회전수 제어 > 가변피치 제어 > 흡입베인 제어 > 댐퍼 제어

8 펌프(pump)

(1) 펌프의 분류

펌프	터보형	원심식	벌류트 펌프, 터빈 펌프	1회전에 대한 송출량이 일정치 않다.
		사류식	벌류트 사류 펌프, 터빈 사류 펌프	
		축류식	축류 펌프	
	용적형	왕복식	피스톤 펌프, 플런저 펌프, 다이아프램 펌프	송출량이 일정하다.
		회전식	기어 펌프, 베인 펌프, 나사 펌프	
	특수형		와류 펌프, 제트 펌프, 수격 펌프, 재생 펌프, 점성 펌프, 분사 펌프, 기포 펌프, 전자 펌프	

(2) 각 펌프에 대한 특성

1) 원심 펌프(Centrifugal Pump)

회전차(Impeller)에 의한 원심력에 의하여 압력의 변화를 일으켜 유체를 수송하는 펌프 케이싱(casing), 회전차(Impeller), 흡입관, 토출관, 기타(주축, 안내깃 및 와실, 베어링, 축 봉장치) 장치로 구성되어 있다.

① 안내 날개에 의한 분류
  ㉠ 벌류트 펌프 : 안내 날개(Guide Vane)가 없으며 일반적으로 15~20m 이하의 저양 정용이다.
  ㉡ 터빈(디퓨저) 펌프 : 안내 날개(Guide Vane)가 있고 일반적으로 20m 이상의 고양 정용이다.

② 흡입에 의한 분류
  ㉠ 단흡입 펌프 : 회전차의 한쪽에서만 유체를 흡입
  ㉡ 양흡입 펌프 : 회전차의 양쪽에서 유체를 흡입

③ 단수에 의한 분류
  ㉠ 단단 펌프 : 펌프 1대에 회전차 1개를 갖는 펌프
  ㉡ 다단 펌프 : 펌프 1대에 회전차 여러 개의 축에 배치하여 직렬로 연결한 펌프

(3) 펌프의 특성곡선

일정한 속도에서 펌프의 성능을 결정하는 주요 인자들은 토출유량(Q)에 대한 전체수두 (H), 입력동력(축동력 : P), 그리고 효율 등이며, 이를 그래프로 나타낸 것을 펌프의 성능 곡선이라 한다.

① 양정곡선 : 일반적으로 토출유량이 0일 때의 전양정(체절양정)이 최대이고 토출유량 의 증가와 함께 양정은 낮아지는 특성
② 축동력곡선 : 토출유량이 0일 때에 축동력이 최소이고 토출유량의 증가와 함께 축동 력이 증가하는 우측상승곡선
③ 효율곡선 : 토출유량에 있어서 축동력에 대한 수동력의 비율을 %로 나타낸 것

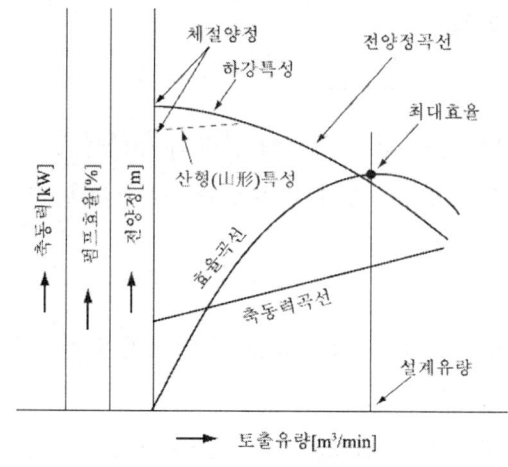

[원심펌프의 특성곡선]

(4) 펌프의 양정

물이 올라가는 높이를 양정(head)이라고 하는데, 이 용어는 물 단위 중량당 지니고 있는 에너지로써 물을 올릴 수 있는 물기둥 높이(m)로 나타낸 것이다

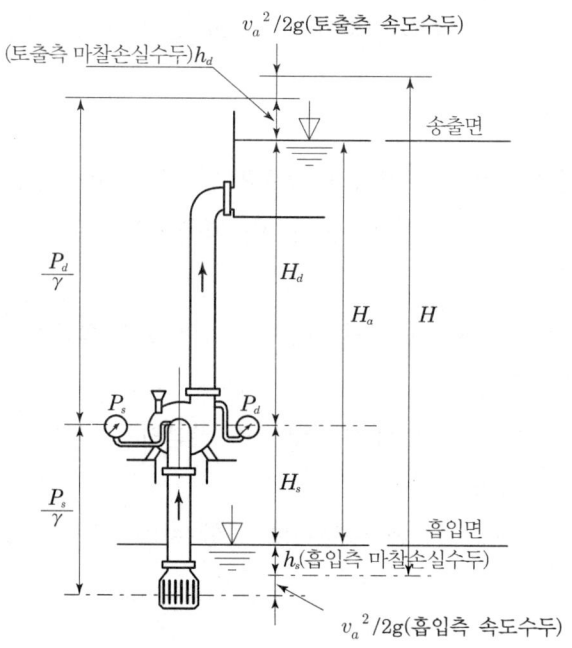

① 펌프 전양정(H)=실양정(H_a)+압력수두+속도수두+국부손실수두+배관마찰수두
  (국부손실수두는 밸브, 엘보, 응축기, 냉각탑 등의 기기 내의 손실수두)
② 실양정(H_a)=흡입실양정(H_s)+토출실양정(H_d)

(5) 펌프의 소요동력

1) 소요동력

① 수동력

일정량의 액체(유량)를 일정 높이(전양정)까지 올리는데 필요한 이론 동력

$$L = \frac{\gamma \times H \times Q}{102 \times 60}[\text{kW}] = \frac{\gamma \times H \times Q}{75 \times 60}[\text{PS}]$$

② 축동력

$$L = \frac{수동력}{\eta_p} = \frac{\gamma \times H \times Q}{102 \times 60 \times \eta_p}[\text{kW}] = \frac{\gamma \times H \times Q}{75 \times 60 \times \eta_p}[\text{PS}]$$

여기서, γ : 비중량[kg/m³] Q : 유량[m³/min]
       H : 전양정[m] η_p : 펌프효율

예제 유량 1500m³/h, 양정이 12m인 펌프의 축동력(kW)은 얼마인가? (단, 물의 비중량 1000kg/m³, 펌프 효율 η=0.7이다.)

[해설] $L = \dfrac{\gamma H Q}{102 \times 3600 \eta} = \dfrac{1000 \times 12 \times 1500}{102 \times 3600 \times 0.7} = 70.03 \text{kW}$

2) 비교 회전도(비속도)

펌프에서 임펠러의 모양을 표현하는 척도이고 펌프의 성능을 나타낸다.

$$N_s = N\left(\frac{\sqrt{Q}}{H^{\frac{3}{4}}}\right)$$

여기서, 회전수 : N[rpm], 토출량 : Q[m³/min], 양정 : H[m]

> **참고**
>
> ● 비속도가 큰 순서
>
> 축류 펌프>사류 펌프>벌류트 펌프>터빈 펌프(비속도가 클수록 양정은 감소하고 대유량 펌프이다.)

3) 펌프의 상사법칙

① 회전수가 $N_1 \to N_2$로 변할 때 또는 임펠러 직경이 $D_1 \to D_2$로 변할 때

㉠ 유량(Q) : $Q_2 = Q_1\left(\dfrac{N_2}{N_1}\right) = Q_1\left(\dfrac{D_2}{D_1}\right)^3$

㉡ 양정(H) : $H_2 = H_1\left(\dfrac{N_2}{N_1}\right)^2 = H_1\left(\dfrac{D_2}{D_1}\right)^2$

㉢ 동력(L) : $L_2 = L_1\left(\dfrac{N_2}{N_1}\right)^3 = L_1\left(\dfrac{D_2}{D_1}\right)^5$

여기서, 회전수 : N[rpm], 임펠러 직경 : D(mm)

(6) 펌프의 이상현상

1) 공동현상(cavitation)

밀폐계 내 배관계에서의 진공현상으로 유체 속에서 압력이 낮은 곳이 생기면 물 속에 포함되어 있는 기체가 분리하여 물이 없는 빈 곳(공동)이 생기는 현상이다. 발생한 기포는 압력이 높은 부분에 이르면 급격히 부서져 소음이나 진동의 원인이 된다.

① 발생 원인

㉠ 흡입양정이 클 경우

㉡ 액체의 온도가 높을 경우

㉢ 날개차의 원주속도가 클 경우

㉣ 날개차의 모양이 적당하지 않을 경우

② 방지대책

㉠ 흡입관경을 크게 하고 길이를 짧게 한다.

㉡ 펌프의 설치 위치를 낮추어 흡입양정을 짧게 한다.

㉢ 펌프의 회전차를 수중에 잠기게 한다.

㉣ 펌프의 회전수를 낮추어 속도를 줄인다.

㉤ 양흡입 펌프를 사용하거나 1대 펌프를 2대로 분할한다.

ⓑ 마찰 저항이 작은 흡입관을 사용하여 흡입관 손실을 줄인다.
ⓒ 배관을 완만하고 짧게 한다.

2) 수격현상(Water Hammering)

관속에 유체가 꽉 찬 상태로 흐를 때 관속 액체의 속도를 급격하게 변화시키면 액체에 압력변화가 생겨 관내에 순간적인 충격압과 진동이 발생하는 현상

① 발생 원인
  ㉠ 유속에 급격한 변화가 발생할 경우(대구경에서 소구경으로 전환되는 곳)
  ㉡ 급히 밸브를 개폐할 경우
  ㉢ 유체의 압력변동이 있는 경우(배관이 불규칙하고 심하게 꺾인 곳)

② 방지대책
  ㉠ 관경을 크게 하고 유속을 낮춘다.
  ㉡ 펌프에 플라이휠(fly wheel)을 설치하여 펌프의 급격한 속도변화 방지
  ㉢ 배관은 가능한 한 직선으로 설치
  ㉣ 조압수조(surge tank) 혹은 수격방지기(WHC)를 설치

3) 서징(surging) 현상

펌프가 한숨을 쉬는 듯한 현상으로 송출유량이 주기적으로 변화되며 토출측, 흡입측 압력계 지침이 안정적이지 못하고 흔들리는 불안정한 상태로 주기적인 진동과 소음이 발생

① 방지대책
  ㉠ 유속을 작게(관 지름 크게)
  ㉡ 밸브를 천천히 닫음
  ㉢ 펌프에 플라이휠 설치
  ㉣ 밸브를 펌프 송출구 가까이에 설치
  ㉤ 서지 탱크(surge tank) 설치
  ㉥ 펌프의 연결
    ⓐ 유량 부족 시 : 2대 이상의 펌프를 병렬로 연결하여 유량을 증가시킨다.
    ⓑ 양정 부족 시 : 2대 이상의 펌프를 직렬로 연결하여 양정을 증가시킨다.

chapter 05 출·제·예·상·문·제

01. 공기조화 설비는 공기조화기, 열원장치 등 4대 주요장치로 구성되어 있다. 4대 주요장치의 하나인 공기조화기에 해당되는 것이 아닌 것은?
① 에어필터   ② 공기냉각기
③ 공기가열기 ④ 왕복동식 압축기

공기조화기(AHU : Air Handling Unit)

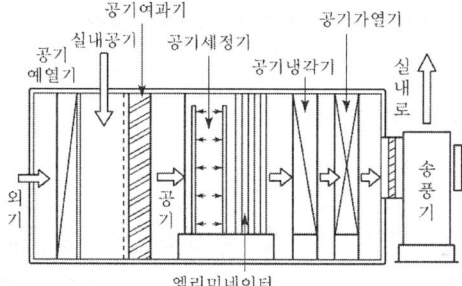

02. 공조설비를 구성하는 공기조화기는 공기여과기, 냉·온수 코일, 가습기, 송풍기로 구성되어 있는데, 다음 중 이들 장치와 직접 연결되어 사용되는 설비가 아닌 것은?
① 공급덕트   ② 주증기관
③ 냉각수관   ④ 냉수관

냉각수관은 냉각탑과 냉동기 사이에 연결되어 있는 배관이다.

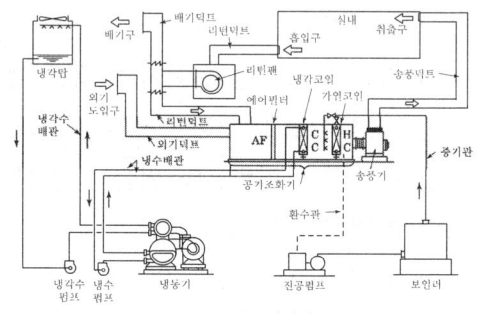

[공조설비 계통도]

03. 공기조화기에 관한 설명으로 옳은 것은?
① 유닛 히터는 가열코일과 팬, 케이싱으로 구성된다.
② 유인 유닛은 팬만을 내장하고 있다.
③ 공기세정기를 사용하는 경우에는 엘리미네이터를 사용하지 않아도 좋다.
④ 팬코일 유닛은 팬과 코일, 냉동기로 구성된다.

② 유인 유닛은 배관과 덕트로 구성된다.
③ 공기세정기를 사용하는 경우에는 출구공기에 섞여나가는 비산수를 제거하는 엘리미네이터를 반드시 사용해야 한다.
④ 팬코일 유닛은 팬과 코일로 구성된다.

04. 내부에 송풍기와 냉·온수 코일이 내장되어 있으며, 각 실내에 설치되어 기계실로부터 냉·온수를 공급받아 실내공기의 상태를 직접 조절하는 공조기는?
① 패키지형 공조기

01. ④ 02. ③ 03. ① 04. ③

② 인덕션 유닛
③ 팬코일 유닛
④ 에어핸들링 유닛

> 👉 **팬코일 유닛(Fan Coil Unit)**
> 냉각·가열코일, 송풍기, 공기여과기를 케이싱 내 수납한 것으로 기계실에서 냉·온수를 코일에 공급하여 실내공기를 팬으로 코일에 순환시켜 부하를 처리하는 방식으로 주로 외주부에 설치하여 콜드 드래프트를 방지한다.

05. 에어필터의 설치에 관한 설명으로 틀린 것은?

① 필터는 스페이스가 크므로 공조기 내부에 설치한다.
② 필터는 전풍량을 취급하도록 한다.
③ 롤형의 필터로 사용할 때는 필터 전면에 해체와 반출이 용이하도록 공간을 두어야 한다.
④ 병원용 필터를 설치할 때는 프리필터를 고성능 필터 뒤에 설치한다.

> 👉 ④ 병원용 필터를 설치할 때는 프리필터를 고성능 필터 앞에 설치한다.
> [참고] 공조 필터
> 프리필터 → 미디움필터 → 고성능 필터(헤파(HEPA) 필터 순으로 설치한다.
> ① 프리필터 : 공조기 외부도입부에 설치하여 굵은 먼지 제거(3~30μm 먼지입자를 40~85% 제거)
> ② 미디움 필터 : 프리필터 뒤에 위치하며 1.0~3.0μm 먼지입자를 60~98% 제거
> ③ 고성능 필터 : 0.3μm의 먼지입자를 제거(포집률이 99.97% 이상)하며 식품회사, 병원, 제약회사의 클린룸에 적용

06. 다음 중 공기여과기(air filter) 효율 측정법이 아닌 것은?

① 중량법
② 비색법(변색도법)
③ 계수법(DOP법)
④ HEPA 필터법

> 👉 **공기여과기 필터 효율 측정방법**
> ① 중량법 : 필터의 상류 및 하류측의 분진량을 측정하여 효율을 구하는 방법으로 비교적 큰 입자 측정
> ② 비색법(변색도법, NBS법) : 필터의 상류 및 하류의 분진을 각각 여지로 채집하여 광투과량이 같아지도록 상하류에 통과하는 공기량을 조절하여 효율을 구하는 방법
> ③ DOP법(계수법) : 광산란식 입자계수기를 사용하여 필터의 상류 및 하류의 미립자에 의한 산란광에서 그 입경과 개수를 계측하여 농도를 측정함으로써 포집률을 구하는 방법으로 고성능 필터 측정 시 사용

07. 공기여과기(air filter)의 여과효율을 측정하는 방법이 아닌 것은?

① 비색법
② DOP법
③ 중량법
④ 정전기법

> 👉 **분진 포집률의 측정법**
> 중량법(AFI), 비색법(NBS), 계수법(DOP법)

08. 다음 중 분진 포집률의 측정법이 아닌 것은?

① 비색법
② 계수법
③ 살균법
④ 중량법

> 👉 07번 해설 참고

09. 공기정화를 위해 설치한 프리필터 효율을 η_p, 메인필터 효율을 η_m이라 할 때 종합효율을 바르게 나타낸 것은?

① $\eta_T = 1-(1-\eta_p)(1-\eta_m)$
② $\eta_T = 1-(1-\eta_p)/(1-\eta_m)$
③ $\eta_T = 1-(1-\eta_p) \cdot \eta_m$

Answer 05. ④ 06. ④ 07. ④ 08. ③ 09. ①

④ $\eta_T = 1 - \eta_p \cdot (1 - \eta_m)$

👉 필요한 포집효율이 얻어지지 않을 때는 에어 필터를 2단으로 설치하고 이때의 종합효율은 다음 식으로 구한다.
$$\eta_T = 1 - (1-\eta_p)(1-\eta_m)$$

10. 외기 및 반송(return)공기의 분진량이 각각 C_O, C_R이고, 공급되는 외기량 및 필터로 반송되는 공기량은 각각 Q_O, Q_R이며, 실내 발생량이 M이라 할 때 필터의 효율(η)은?

① $\eta = \dfrac{Q_O(C_O - C_R) + M}{C_O Q_O + C_R Q_R}$

② $\eta = \dfrac{Q_O(C_O - C_R) + M}{C_O Q_O - C_R Q_R}$

③ $\eta = \dfrac{Q_O(C_O + C_R) + M}{C_O Q_O + C_R Q_R}$

④ $\eta = \dfrac{Q_O(C_O - C_R) - M}{C_O Q_O - C_R Q_R}$

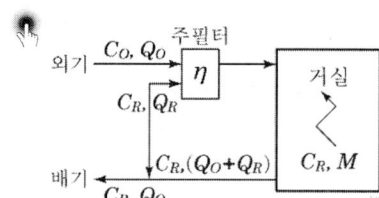

$\eta = \dfrac{C_O \cdot Q_O - C_R \cdot Q_O + M}{C_O \cdot Q_O + C_R \cdot Q_R}$
$= \dfrac{Q_O(C_O - C_R) + M}{C_O \cdot Q_O + C_R \cdot Q_R}$

11. 공기의 온도나 습도를 변화시킬 수 없는 것은?
① 공기필터　　② 공기재열기
③ 공기예열기　④ 공기가습기

👉 **공기여과기(에어필터)**
실내의 공기는 사람이나 기타 주위 환경에 의해 일산화탄소, 탄산가스, 유해가스, 냄새, 세균 및 분진 등으로 오염이 된다. 이 오염물질(분진, 냄새 등)을 제거하기 위해서 공기조화기 내에 설치하는 기기

12. 공기 중의 악취제거를 위한 공기정화 에어필터로 가장 적합한 것은?
① 유닛형 필터　② 점착식 필터
③ 활성탄 필터　④ 전기식 필터

👉 **활성탄 필터**
활성탄을 이용하여 유해가스나 냄새 등을 제거한다.

13. 에어 필터의 종류 중 병원의 수술실, 반도체 공장의 청정구역(clean room) 등에 이용되는 고성능 에어 필터는?
① 백 필터　　　② 롤 필터
③ HEPA 필터　 ④ 전기 집진기

👉 **고성능 필터(HEPA 필터)**
$0.3\mu m$의 먼지입자를 제거(포집률이 99.97% 이상)하며 반도체 공장, 식품회사, 병원, 제약회사의 클린 룸에 적용한다.

14. 다음 중 HEPA 필터의 설치가 요구되는 곳은?
① 방적공장　　② 클린 룸
③ 제분공장　　④ 호텔의 주방

👉 **고성능(HEPA) 필터의 설치 장소**
반도체 공장, 식품회사, 병원, 제약회사 등의 클린 룸

15. 클린 룸의 클래스를 결정하는 데 $1ft^3$의 공기 속에 들어 있는 먼지 미립자의 개수를 표시한다. 이때 표준이 되는 먼지 미립자의 크기는?
① $0.1\mu m$　　② $0.3\mu m$
③ $0.5\mu m$　　④ $1.0\mu m$

 10. ①　11. ①　12. ③　13. ③　14. ②　15. ③

👆 **클린 룸에 대한 규격**
1Class : 1ft³의 공기 체적 내에 있는 0.5μm 크기의 입자 수

16. 공기 중에 떠다니는 먼지는 물론 가스와 미생물 등의 오염 물질까지도 극소로 만든 설비로서 청정 대상이 주로 먼지인 경우로 정밀측정실이나 반도체 산업, 필름 공업 등에 이용되는 시설을 무엇이라 하는가?
① 클린 아웃(CO) ② 칼로리미터
③ HEPA 필터 ④ 산업용 클린룸(ICR)

👆 **산업용 클린룸(ICR, industrial clean room)**
전자공업, 필름공업, 정밀기계공업 등에서 응용되며 실내 미립자가 제품에 부착되어 제품 불량 초래 및 품질 저하 등이 발생하므로 공기 중의 부유분진을 제어대상으로 한다.

17. 다음 가습 방법 중 물분무식이 아닌 것은?
① 원심식 ② 초음파식
③ 노즐 분무식 ④ 적외선식

👆 **가습 방식의 종류**
① 증기식 : 전열식, 전극식, 적외선식, 과열 증기식, 노즐 분사식
② 물분무식 : 원심식, 초음파식, 스프레이식(분무식)
③ 기화식 : 회전식, 모세관식, 적하식, 에어 와셔식

18. 다음 가습방법 중 물분무식이 아닌 것은?
① 분무식 ② 원심식
③ 초음파식 ④ 회전식

👆 회전식 : 기화식

19. 습공기의 가습 방법으로 가장 거리가 먼 것은?

① 순환수를 분무하는 방법
② 온수를 분무하는 방법
③ 수증기를 분무하는 방법
④ 외부공기를 가열하는 방법

👆 **가습방법**
① 공기세정기(에어 와셔)에 의한 단열(순환수 분무) 가습
② 공기세정기에 의한 온수 분무 가습
③ 소량의 물 또는 온수 분무 가습
④ 수증기 분무 가습(가습효율 100%)
⑤ 가습 팬에 의한 수증기 증발 가습
⑥ 실내에 직접 분무 가습

20. 가습장치에 대한 설명으로 옳은 것은?
① 증기분무 방법은 제어의 응답성이 빠르다.
② 초음파 가습기는 다량의 가습에 적당하다.
③ 순환수 가습은 가열 및 가습효과가 있다.
④ 온수 가습은 가열·감습이 된다.

👆 ① 증기식 : 가습량 제어가 용이하고 제어의 응답성이 빠르다.(가습효율이 100%에 가까움)
② 초음파 가습 : 저온가습이 가능하며 전산실이나 저온 창고에 적합하다.
③ 순환수 가습 : 단열가습으로 냉각·가습이 된다.
④ 온수가습 : 냉각·가습이 된다.

21. 다음 중 감습(제습)장치의 방식이 아닌 것은?
① 흡수식 ② 감압식
③ 냉각식 ④ 압축식

👆 **감습장치의 종류**
냉각식, 압축식, 흡수식, 흡착식

22. 다음은 감습방법을 나타낸 것이다. 이들 중 공기조화에서 가장 일반적으로 쓰이고 있는 방법은?

Answer 16. ④ 17. ④ 18. ④ 19. ④ 20. ① 21. ② 22. ④

① 압축 감습 ② 흡수식 감습
③ 흡착식 감습 ④ 냉각 감습

☞ ④ 냉각 감습 : 냉각코일, 공기세정기를 이용하는 방법(가장 많이 사용)

23. 실리카겔, 활성 알루미나 등을 사용하여 감습을 하는 방식은?

① 냉각 감습 ② 압축 감습
③ 흡수식 감습 ④ 흡착식 감습

☞ **흡착식 감습장치**
실리카겔, 활성 알루미나, 애드솔의 고체 흡착제를 사용한다.
[참고] 감습장치의 종류

냉각 감습장치	냉각코일 또는 공기세정기를 사용하여 습공기를 노점 이하로 냉각하여 제습하는 방법으로 가장 많이 사용한다.
압축 감습장치	공기를 압축하여 여분의 수분을 응축시키는 방법으로 설비비와 소요동력이 커 일반적으로 사용하지 않는다.
흡수식 감습장치	염화리튬, 트리에틸렌글리콜의 액체 흡수제를 사용하므로 가열원이 있어야 한다.
흡착식 감습장치	실리카겔, 활성 알루미나, 애드솔의 고체 흡착제를 사용한다.

24. 공기의 감습장치에 관한 설명으로 틀린 것은?

① 화학적 감습법은 흡착과 흡수 기능을 이용하는 방법이다.
② 압축식 감습법은 감습만을 목적으로 사용하는 경우 재열이 필요하므로 비경제적이다.
③ 흡착식 감습법은 실리카겔 등을 사용하며, 흡습재의 재생이 가능하다.
④ 흡수식 감습법은 활성 알루미나를 이용하기 때문에 연속적이고 큰 용량의 것에는 적응하기 곤란하다.

☞ ④ 흡착식 감습법은 활성 알루미나(고체 건조제)를 이용하기 때문에 연속적이고 큰 용량의 것에는 적용하기 곤란하다. 흡수식 감습법은 염화리튬, 트리에틸렌글리콜의 액체 흡수제를 사용하므로 연속적이고 대용량에 적합하다.

25. 감습장치에 대한 설명으로 틀린 것은?

① 냉각 감습장치는 냉각코일 또는 공기세정기를 사용하는 방법이다.
② 압축성 감습장치는 공기를 압축해서 여분의 수분을 응축시키는 방법이며, 소요동력이 적기 때문에 일반적으로 널리 사용된다.
③ 흡수식 감습장치는 트리에틸렌글리콜, 염화리튬 등의 액체 흡수제를 사용하는 것이다.
④ 흡착식 감습장치는 실리카겔, 활성 알루미나 등의 고체 흡착제를 사용한다.

☞ ② 압축성 감습장치는 압축기를 사용하여 공기를 압축하여 여분의 수분을 응축시키는 방법으로 소요동력이 많이 들어 일반적으로 사용되지 않는다.

26. 다음 제습방법 중에서 −50℃ 정도의 극저온 공기를 얻을 수 있는 방법은?

① 압축식 ② 흡수식
③ 흡착식 ④ 냉각식

☞ **흡착식 제습법**
건조제를 이용하여 습공기 중의 수분을 제거하는 방법으로 극저온의 공기를 얻을 수 있다. 제습 시 냉각이나 압축이 불필요한 장점이 있다.

27. 염화리튬(LiCl)을 사용하는 흡수식 감습장치가 냉각코일을 사용하는 냉각식 감습장치

Answer 23. ④ 24. ④ 25. ② 26. ③ 27. ③

보다 유리한 경우가 아닌 것은?

① 공조기 출구의 노점이 5℃ 이하일 때
② 공조되어 있는 실내의 현열비가 0.6 이하일 때
③ 실내 현열부하의 변동이 작을 때 실내온도를 일정하게 유지할 경우
④ 온도가 32℃ 이상 또는 10℃ 이하에서 저습도로 할 때

☞ 흡수식 감습장치가 냉각식 감습장치보다 유리한 조건
① 실내온도가 0℃ 이상이고, 노점온도가 0℃ 이하일 때
② 실내의 현열비가 60% 이하일 때
③ 공조기 출구의 노점이 5℃ 이하일 때
④ 실내 현열부하가 클 때 실내 온도를 일정하게 유지할 경우
⑤ 온도가 32℃ 이상 또는 10℃ 이하에서 저습도로 할 때

28. 공기 냉각·가열 코일에 대한 설명으로 틀린 것은?

① 코일의 관 내에 물 또는 증기, 냉매 등의 열매를 통과시키고 외측에는 공기를 통과시켜서 열매와 공기 간의 열교환을 시킨다.
② 코일에 일반적으로 16mm 정도의 동관 또는 강관의 외측에 동, 강 또는 알루미늄제의 판을 붙인 구조로 되어 있다.
③ 에로핀 중 감아 붙인 핀이 주름진 것을 스무드 핀, 주름이 없는 평면상의 것을 링클 핀이라고 한다.
④ 관의 외부에 얇게 리본모양의 금속판을 일정한 간격으로 감아 붙인 핀의 형상을 에로핀형이라 한다.

☞ ③ 에로핀 중 감아 붙인 핀이 주름진 것을 링클핀, 주름이 없는 평면상의 것을 평판핀이라 한다.

29. 냉수코일의 설계상 유의사항으로 옳은 것은?

① 일반적으로 통과 풍속은 2~3m/s로 한다.
② 입구 냉수온도는 20℃ 이상으로 취급한다.
③ 관내의 물의 유속은 4m/s 전후로 한다.
④ 병류형으로 하는 것이 보통이다.

☞ ② 입구 냉수온도는 5~8℃로 취급한다.
[참고] 냉수코일의 설계 시 주의사항
㉠ 코일 내 유속은 1m/s 전후로 한다.
㉡ 코일의 통과풍속을 2~3m/s 정도로 한다.
㉢ 공기와 물의 흐름은 대향류(역류) 흐름으로 하고 대수평균온도차(LMTD)를 크게 한다.
㉣ 공기의 압력손실을 고려하여 코일열수는 최대 10열로 하며 보통 4~8열 정도로 한다.
㉤ 냉수의 입·출구 온도차를 5~10℃ 정도로 한다.
㉥ 코일의 설치는 수평으로 한다.

30. 공기조화 설비 중 냉수코일에 관한 설명으로 틀린 것은?

① 공기와 물의 흐름은 대향류로 한다.
② 냉수 입·출구 온도차는 5℃ 정도로 한다.
③ 가능한 한 대수평균온도차를 크게 한다.
④ 코일의 모양은 가능한 한 장방형으로 한다.

☞ ④ 코일의 모양은 가능한 한 원형으로 한다.

31. 공조기 냉수코일 설계 기준으로 틀린 것은?

① 공기류와 수류의 방향은 역류가 되도록 한다.
② 대수평균온도차는 가능한 한 작게 한다.
③ 코일을 통과하는 공기의 전면풍속은 2~3m/s로 한다.
④ 코일의 설치는 관이 수평으로 놓이게 한다.

☞ ② 대수평균온도차는 가능한 한 크게 한다.

Answer 28. ③ 29. ① 30. ④ 31. ②

32. 냉수코일 설계 시 유의사항으로 옳은 것은?

① 대향류로 하고 대수평균 온도차를 되도록 크게 한다.
② 병행류로 하고 대수평균 온도차를 되도록 작게 한다.
③ 코일 통과 풍속을 5m/s 이상으로 취하는 것이 경제적이다.
④ 일반적으로 냉수 입·출구 온도차는 10℃ 보다 크게 취하여 통과유량을 적게 하는 것이 좋다.

☞ ③ 코일통과 풍속을 2~3m/s로 취하는 것이 경제적이다.
④ 일반적으로 냉수 입·출구 온도차는 5℃ 정도로 하는 것이 좋다.

33. 냉수코일 설계상 유의사항으로 틀린 것은?

① 코일의 통과 풍속은 2~3m/s로 한다.
② 코일의 설치는 관이 수평으로 놓이게 한다.
③ 코일 내 냉수속도는 2.5m/s 이상으로 한다.
④ 코일의 출입구 수온 차이는 5~10℃ 전·후로 한다.

☞ ③ 코일 내 냉수속도는 1m/s 전후로 한다.

34. 공기냉각용 냉수코일의 설계 시 주의사항으로 틀린 것은?

① 코일을 통과하는 공기의 풍속은 2~3m/s로 한다.
② 코일 내 물의 속도는 5m/s 이상으로 한다.
③ 물과 공기의 흐름방향은 역류가 되게 한다.
④ 코일의 설치는 관이 수평으로 놓이게 한다.

☞ ② 코일 내 물의 속도는 1m/s 전후로 한다.

35. 냉수코일 설계 기준에 대한 설명으로 틀린 것은?

① 코일은 관이 수평으로 놓이게 설치한다.
② 관 내 유속은 1m/s 정도로 한다.
③ 공기 냉각용 코일의 열 수는 일반적으로 4~8열이 주로 사용된다.
④ 냉수 입·출구 온도차는 10℃ 이상으로 한다.

☞ ④ 냉수 입·출구 온도차는 5℃ 정도로 한다.

36. 냉수코일의 설계에 관한 설명으로 옳은 것은?

① 코일의 전면 풍속은 가능한 한 빠르게 하며, 통상 5m/s 이상이 좋다.
② 코일의 단수에 비해 유량이 많아지면 더블 서킷으로 설계한다.
③ 가능한 한 대수평균온도차를 작게 취한다.
④ 코일을 통과하는 공기와 냉수는 열교환이 양호하도록 평행류로 설계한다.

☞ ① 코일의 전면 풍속은 통상 2~3m/s로 한다.
③ 가능한 한 대수평균온도차를 크게 취한다.
④ 코일을 통과하는 공기와 냉수는 열교환이 양호하도록 대향류(역류)로 설계한다.

37. 냉수 코일의 설계에 관한 설명으로 틀린 것은?

① 공기와 물의 유동방향은 가능한 한 대향류가 되도록 한다.
② 코일의 열수는 일반 공기냉각용에는 4~8열이 주로 사용된다.
③ 수온의 상승은 일반적으로 20℃ 정도로 한다.
④ 수속은 일반적으로 1m/s 정도로 한다.

☞ **냉온수 코일의 입구온도와 수온차**

종류	코일 입구 온도	코일 입출구 온도차
냉수	5~8℃	5~10℃
온수	40~80℃	5~10℃

Answer 32. ① 33. ③ 34. ② 35. ④ 36. ② 37. ③

38. 냉수코일의 설계에 대한 설명으로 맞는 것은? (단, g_s : 코일의 냉각부하, k : 코일전열계수, F_A : 코일의 정면 면적, MTD : 대수평균온도차(℃), M : 젖은 면계수이다.)

① 코일 내의 순환수량은 코일 출입구의 수온차가 약 5~10℃가 되도록 선정하고 입구온도는 출구 공기 온도보다 3~5℃ 낮게 취한다.
② 관내의 수속은 2~3m/s 내외가 되도록 한다.
③ 수량이 적어 관내의 수속이 늦게 될 때에는 더블 서킷(double circuit)을 사용한다.
④ 코일의 열수 $N = \dfrac{(g_s \times MTD)}{(M \times k \times F_A)}$ 이다.

② 관내의 수속은 1m/s 내외가 되도록 한다.
③ 수량이 적어 관내의 수속이 늦게 될 때에는 하프서킷(half circuit)을 사용한다.
③ 코일의 열수 $N = \dfrac{q_s}{M \times k \times F_A \times MTD}$ 이다.

39. 냉수코일 설계 시 공기의 통과 방향과 물의 통과 방향을 역으로 배치하는 방법에 대한 설명으로 틀린 것은?

(단, Δ_1 : 공기 입구측에서의 온도차,
Δ_2 : 공기 출구측에서의 온도차)

① 열교환 형식은 대향류방식이다.
② 가능한 한 대수평균온도차를 크게 하는 것이 좋다.
③ 공기 출구측에서의 온도차는 5℃ 이상으로 하는 것이 좋다.
④ 대수평균온도차(MTD)인 $\dfrac{\Delta_1 - \Delta_2}{\ln \dfrac{\Delta_2}{\Delta_1}}$ 를 이용한다.

④ 대수평균 온도차
$MTD = \dfrac{\Delta_1 - \Delta_2}{2.3 \log \dfrac{\Delta_1}{\Delta_2}} = \dfrac{\Delta_1 - \Delta_2}{\ln \dfrac{\Delta_1}{\Delta_2}}$ 를 이용한다.

[참고] 냉·온수 코일의 설계법
① 물과 공기의 흐름방향은 대향류(역류)로 할 것
② 대수평균온도차(LMTD)를 크게 할 것 (열 수를 적게 할 수 있으며 코일의 열 수는 4~8열이 적당)
③ 코일의 통과 풍속 : 2~3m/s
④ 관 내의 수속 : 1m/s 전후
⑤ 물의 입·출구 온도 차 : 5℃
⑥ 공기의 출구온도와 물의 입구온도차 : 5℃ 이상

40. 다음 중에서 공기조화기에 내장된 냉각코일의 통과풍속으로 가장 적당한 것은?
① 0.5~1m/s   ② 2~3m/s
③ 4~5m/s   ④ 7~9m/s

코일의 통과 풍속 : 2~3m/s

41. 다음 중 일반 공기 냉각용 냉수코일에서 가장 많이 사용되는 코일의 열수로 가장 적절한 것은?
① 0.5~1   ② 1.5~2
③ 4~8   ④ 10~14

공기 냉각용 냉수코일
공기의 압력 손실을 고려하여 코일열수는 최대 10열로 하며, 보통 4~8열 정도로 한다.

42. 냉수코일 계산 시 관 1개당 통과 권장 냉수량은?
① 6~16L/min   ② 25~30L/min
③ 35~40L/min ④ 46~56L/min

Answer 38. ① 39. ④ 40. ② 41. ③ 42. ①

냉수코일 계산 시 관 1개당 통과 권장 냉수량은 보통 약 12L/min를 기준으로 한다.

43. 직접팽창코일의 습면 코일 열수를 산출하기 위하여 필요한 인자는?

① 대수평균온도차(MTD)
② 상당외기온도차(ETD)
③ 대수 평균 엔탈피차(MED)
④ 산술 평균 엔탈피차(AED)

코일의 열 수 계산 시 건코일인 경우는 코일의 표면온도가 현열만의 변화를 하므로 대수평균온도차(MTD)를 사용하고, 습코일인 경우는 현열뿐 아니라 잠열도 고려해야 하므로 대수 평균 엔탈피차(MED)를 사용한다.

44. 공조기용 코일은 관 내 유속에 따라 배열방식을 구분하는데, 그 배열 방식에 해당하지 않는 것은?

① 풀 서킷   ② 더블 서킷
③ 하프 서킷   ④ 탑 다운 서킷

코일의 배열 방식에 따른 분류
① 풀 서킷 코일(full circuit coil) : 표준유속일 때
② 더블 서킷 코일(double circuit coil) : 유량이 많아서 코일 내의 수속(1.5m/s 이상)이 빠를 때 통로수를 2배로 하여 유속을 1/2로 낮추는 더블 서킷 코일을 사용
③ 하프 서킷 코일(half circuit coil) : 유량이 적을 경우에 회로수를 1/2로 하여 유속을 2배로 하는 하프 서킷 코일을 사용

45. 냉각코일을 설계하고 있다. 풀 서킷(full circuit)을 적용하고자 하며 냉수와 공기와의 흐름은 역류형식을 취하는 것으로 한다. 코일 내 냉수의 유속이 1m/s라고 할 때 다음 중 옳은 것은?

① 그대로 풀 서킷(full circuit)을 적용한다.
② 하프 서킷(half circuit)으로 변경한다.
③ 더블 서킷(double circuit)으로 변경한다.
④ 헤더 형식을 변경시킨다.

표준유속일 때는 풀 서킷 코일을 적용하고 유량이 많아서 코일 내에 수속(1.5m/s 이상)이 빠를 때는 더블 서킷 코일 적용을 고려해야 한다.

46. 공조기의 풍량이 45000kg/h, 코일 통과 풍속을 2.4m/s로 할 때 냉수코일의 전면적(m^2)은? (단, 공기의 밀도는 1.2kg/m^3이다.)

① 3.2   ② 4.3
③ 5.2   ④ 10.4

냉수코일의 전면적(A)

$$A = \frac{Q}{\rho V} = \frac{45000 \text{kg/h} \times \frac{1\text{h}}{3600s}}{1.2 \times 2.4} = 4.3\text{m}^2$$

47. 어떤 공조기의 풍량이 35000kg/h, 코일 통과 풍속을 2.5m/s로 할 때 냉수코일의 전면적은 약 얼마인가? (단, 공기의 밀도는 1.2kg/m^3이다.)

① 4.86m^2 ② 3.2m^2
③ 3.89m^2 ④ 1.34m^2

냉수코일의 전면적

$$A = \frac{Q}{\rho V} = \frac{35000 \text{kg/h} \times \frac{1\text{h}}{3600s}}{1.2 \times 2.5} = 3.24\text{m}^2$$

48. 50000W의 열량으로 물을 가열하는 열교환기를 설계하고자 할 때, 필요 전열면적은? (단, 25A 동관을 사용하며, 동관의 열통과율은 1200W/m^2℃이고, 대수평균온도

Answer 43.③ 44.④ 45.① 46.② 47.② 48.①

차는 13℃로 한다.)

① 약 3.2m² ② 약 5.3m²
③ 약 8.6m² ④ 약 10.7m²

👆 $Q = K \cdot A \cdot \Delta t_m$

$A = \dfrac{Q}{K \cdot \Delta t_m} = \dfrac{50000}{1200 \times 13} = 3.2 \, \text{m}^2$

49. 0.2kg/cm²(abs)의 증기로 50000kg/h의 물을 50℃에서 80℃까지 가열하는 열교환기를 설계하고자 한다. 전열면적은 약 얼마인가? (단, 25A 동관을 사용하며 동관의 열통과율 K=1800kcal/m²h℃이고, 증기온도는 105℃로 한다.)

① 20.83m² ② 34.32m²
③ 41.66m² ④ 47.56m²

👆 ① 열교환기 열량(Q)
$Q = GC\Delta t = 50000 \times 1 \times (80-50)$
$= 1500000 \, \text{kcal/h}$

② 전열면적(A)
$Q = KA\Delta t_m$
$A = \dfrac{Q}{K\Delta t_m} = \dfrac{1500000}{1800 \times 40} = 20.83 \, \text{m}^2$

여기서, $\Delta t_m = t_c - \dfrac{t_1 + t_2}{2}$
$= 105 - \dfrac{50+80}{2} = 40$

50. 다음 그림은 열교환기를 배열(flow arrangement)에 따라 분류한 것이다. 맞는 것은?

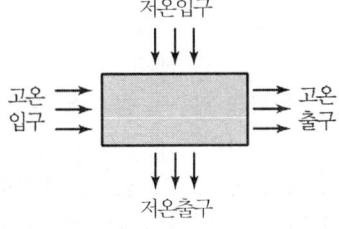

① 평행류 ② 대향류
③ 병행류 ④ 직교류

👆 열이 높은 유체와 유체의 흐름에서 같은 방향으로 흐르는 것을 병류형, 반대방향으로 흐르는 것을 향류형, 직각방향으로 흐르는 것을 직교류형이라고 한다.

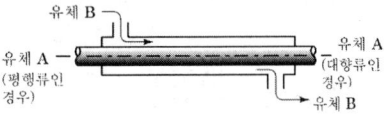

(a) 평행류 및 대향류형

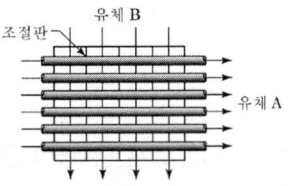

(b) 직교류(cross flow)형

51. 대향류의 경우 대수평균온도차(LMTD)에 대한 맞는 공식은? (단, Δ_1 : 공기 입구측에서 공기와 물의 온도차, Δ_2 : 공기 출구측에서 공기와 물의 온도차)

① $\dfrac{(\Delta_1 - \Delta_2)}{2.3\log\left(\dfrac{\Delta_1}{\Delta_2}\right)}$ ② $\dfrac{2.3\log\left(\dfrac{\Delta_2}{\Delta_1}\right)}{(\Delta_2 - \Delta_1)}$

③ $\dfrac{(\Delta_1 - \Delta_2)}{2.3\log\left(\dfrac{\Delta_2}{\Delta_1}\right)}$ ④ $\dfrac{2.3\log\left(\dfrac{\Delta_1}{\Delta_2}\right)}{(\Delta_1 - \Delta_2)}$

👆 **대수평균온도차**

$\text{LMTD} = \dfrac{\Delta_1 - \Delta_2}{2.3\log\dfrac{\Delta_1}{\Delta_2}} = \dfrac{\Delta_1 - \Delta_2}{\ln\dfrac{\Delta_1}{\Delta_2}}$

52. 그림과 같이 공기조화기의 냉각코일이 운전될 때 MTD는 몇 ℃인가?

Answer 👆 49. ① 50. ④ 51. ① 52. ④

제5장 공조기기 **163**

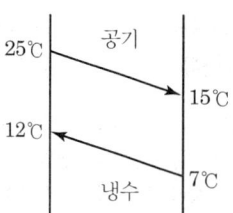

① 25.2　　　② 13
③ 8　　　　④ 10.3

👉 $\text{LMTD} = \dfrac{\Delta_1 - \Delta_2}{2.3\log\dfrac{\Delta_1}{\Delta_2}} = \dfrac{\Delta_1 - \Delta_2}{\ln\dfrac{\Delta_1}{\Delta_2}}$

$= \dfrac{(25-12)-(15-7)}{\ln\dfrac{(25-12)}{(15-7)}} = 10.3\,℃$

53. 다음 그림과 같은 냉수코일을 설계하고자 한다. 이때 대수평균온도차 MTD는 얼마인가?

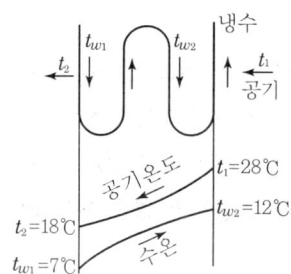

① 10.24℃　　　② 13.36℃
③ 14.28℃　　　④ 15.14℃

👉 대수평균온도차

$\text{MTD} = \dfrac{\Delta_1 - \Delta_2}{\ln\dfrac{\Delta_1}{\Delta_2}} = \dfrac{(28-12)-(18-7)}{\ln\dfrac{28-12}{18-7}}$

$= 13.34\,℃$

54. 공기조절기의 공기냉각 코일에서 공기와 냉수의 온도변화가 그림과 같았다. 이 코일의 대수평균온도차(LMTD)는?

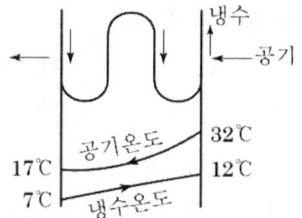

① 9.7℃　　　② 12.4℃
③ 14.4℃　　　④ 15.6℃

👉 대수평균온도차(LMTD)

$\text{LMTD} = \dfrac{\Delta_1 - \Delta_2}{\ln\dfrac{\Delta_1}{\Delta_2}} = \dfrac{(32-12)-(17-7)}{\ln\dfrac{(32-12)}{(17-7)}}$

$= 14.4\,℃$

55. 공기조절기의 공기 냉각코일에서 공기와 냉수의 온도변화가 그림과 같았다. 이 코일의 대수평균온도차(LMTD)는 약 얼마인가?

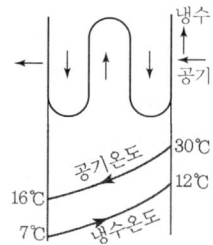

① 9.6℃　　　② 14.5℃
③ 13℃　　　　④ 5℃

👉 $\Delta_1 = 30 - 12 = 18\,℃$
$\Delta_2 = 16 - 7 = 9\,℃$

$\text{LMTD} = \dfrac{\Delta_1 - \Delta_2}{\ln\dfrac{\Delta_1}{\Delta_2}} = \dfrac{18-9}{\ln\dfrac{18}{9}} = 12.98\,℃$

56. 열교환기의 입구측 공기 및 물의 온도가 각각 30℃, 10℃, 출구측 공기 및 물의 온도가 각각 15℃, 13℃일 때, 대향류의 대수평균온도차(LMTD)는 약 얼마인가?

Answer　53. ②　54. ③　55. ③　56. ④

① 6.8℃   ② 7.8℃
③ 8.8℃   ④ 9.8℃

👉 **대수평균온도차(LMTD)**

$$\text{LMTD} = \frac{\Delta_1 - \Delta_2}{\ln\frac{\Delta_1}{\Delta_2}}$$

$$= \frac{(30-13)-(15-10)}{\ln\frac{30-13}{15-10}} = 9.8℃$$

57. 열교환기에서 냉수코일 입구측의 공기와 물의 온도차가 16℃, 냉수코일 출구측의 공기와 물의 온도차가 6℃이면 대수평균온도차(℃)는 얼마인가?

① 10.2   ② 9.25
③ 8.37   ④ 8.00

👉 **대수평균온도차(LMTD)**

$$\text{LMTD} = \frac{\Delta_1 - \Delta_2}{\ln\frac{\Delta_1}{\Delta_2}} = \frac{16-6}{\ln\frac{16}{6}} = 10.2℃$$

58. 냉수코일의 냉각부하 147000kJ/h이고, 통과풍량은 10000m²/h, 정면풍속 2m/s이다. 코일 입구 공기온도 28℃, 출구 공기온도 15℃이며, 코일의 입구 냉수온도 7℃, 출구 냉수온도 12℃, 열관류율은 2346kJ/m²h℃일 때 코일 열수는 얼마인가? (단, 습면 보정계수는 1.33, 공기와 냉수의 열교환은 대향류 형식이다.)

① 2열   ② 3열
③ 5열   ④ 6열

👉 ① 대수평균온도차(LMTD)

$$\text{LMTD} = \frac{\Delta_1 - \Delta_2}{\ln\frac{\Delta_1}{\Delta_2}}$$

$$= \frac{(28-12)-(15-7)}{\ln\frac{(28-12)}{(15-7)}} = 11.5℃$$

② 정면 면적(A_0)

$$A_0 = \frac{Q}{v_0 \times 3600} = \frac{10000}{2 \times 3600} = 1.39 \text{m}^2$$

③ 코일 열수(N)

$$N = \frac{q_c}{K \times A_0 \times MTD \times C_w}$$

$$= \frac{147000}{2346 \times 1.39 \times 11.5 \times 1.33} = 2.95 \approx 3\text{열}$$

59. 공기세정기의 주기능은 무엇인가?

① 세정실을 통과한 공기가 흐르는 물을 깨끗하게 정화시킨다.
② 세정실을 통과하면서 흐르는 물과 접속하여 가습이 이루어진다.
③ 세정실에서 분무되는 온수로 가열하는 것이 주목적이다.
④ 세정실에서 분무되는 냉수로 냉각·감습하는 것이 주목적이다.

👉 **공기세정기(air washer)**
통과 공기 중에 온수, 냉수를 분무하여 1차적 목적으로 냉각감습, 가열가습, 단열가습을 실시하고 2차적 목적으로 공기를 세정하는 역할을 한다.

60. 에어와셔에 대한 설명으로 틀린 것은?

① 세정실(Spray chamber)은 엘리미네이터 뒤에 있어 공기를 세정한다.
② 분무노즐(Spray nozzle)은 스탠드파이프에 부착되어 스프레이 헤더에 연결된다.
③ 플러딩 노즐(Flooding nozzle)은 먼지를 세정한다.
④ 다공판 또는 루버(Louver)는 기류를 정류해서 세정실 내를 통과시키기 위한 것이다.

Answer 57. ① 58. ② 59. ② 60. ①

에어와셔(Air Washer)
공기세정기는 앞부분의 분무수와 공기를 접촉시키는 세정실(Spray Chamber)과 출구 쪽에 물방울이 급기와 함께 혼합되지 않도록 엘리미네이터(Eliminator)를 설치한다.

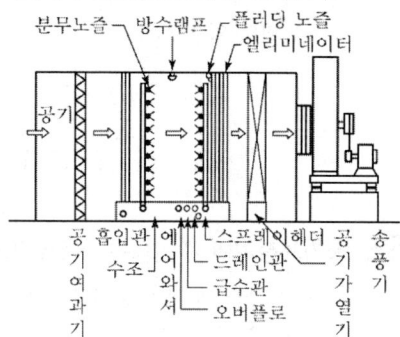

61. 공기세정기에 대한 설명으로 틀린 것은?
① 세정기 단면의 종횡비를 크게 하면 성능이 떨어진다.
② 공기세정기의 수·공기비는 성능에 영향을 미친다.
③ 세정기 출구에는 분무된 물방울의 비산을 방지하기 위해 루버를 설치한다.
④ 스프레이 헤더의 수를 뱅크(bank)라 하고 1본을 1뱅크, 2본을 2뱅크라 한다.

③ 세정기 출구에는 분무된 물방울의 비산을 방지하기 위해 엘리미네이터(Eliminator)를 설치한다.
[참고] 루버(Louver)
유입되는 공기의 흐름을 일정하게 하여 물방울과의 접촉효율을 향상시킨다.

62. 에어와셔에서 수공기비란?
① $\dfrac{수량}{공기량}$ ② $\dfrac{공기량}{수량}$
③ $1 - \dfrac{수량}{공기량}$ ④ $1 - \dfrac{공기량}{수량}$

수공기비(L/G) = $\dfrac{분무수량}{공기량}$

63. 공기세정기의 주요부는 세정실과 무엇으로 구분되는가?
① 배수관   ② 유닛 히트
③ 유량조절 밸브 ④ 엘리미네이트

공기세정기
분무수와 공기를 접촉시키는 세정실(Spray Chamber)과 출구 쪽에 물방울이 급기와 함께 혼합되지 않도록 엘리미네이터(Eliminator)를 설치한다.

64. 공기조화 설비 중 수분이 공기에 포함되어 실내로 급기되는 것을 방지하기 위해 설치하는 것은?
① 에어와셔   ② 에어필터
③ 엘리미네이터 ④ 벤틸레이터

엘리미네이터(eliminator)
출구공기에 섞여 나가는 비산수(물방울)를 제거하는 장치로 공기세정기에 반드시 설치해야 한다.

65. 공기세정기의 구성품인 엘리미네이터의 주된 기능은?
① 미립화 된 물과 공기와의 접촉 촉진
② 균일한 공기 흐름 유도
③ 공기 내부의 먼지 제거
④ 공기 중의 물방울 제거

64번 해설 참고

66. 공조기 내에 엘리미네이터를 설치하는 이유로 가장 적절한 것은?
① 풍량을 줄여 풍속을 낮추기 위해서

Answer 61. ③ 62. ① 63. ④ 64. ③ 65. ④ 66. ③

② 공조기 내의 기류의 분포를 고르게 하기 위해
③ 결로수가 비산되는 것을 방지하기 위해
④ 먼지 및 이물질을 효율적으로 제거하기 위해

👉 **엘리미네이터(eliminator)**
출구공기에 섞여 나가는 비산수(물방울)를 제거하는 장치

67. 공기조화 설비에서 에어와셔(air washer)의 플러딩 노즐이 하는 역할은?
① 공기 중에 포함된 수분을 제거한다.
② 입구공기의 난류를 정류로 만든다.
③ 엘리미네이터에 부착된 먼지를 제거한다.
④ 출구에 섞여 나가는 비산수를 제거한다.

👉 **공기세정기(에어와셔 : air washer) 구조**
① 루버(louver) : 유입되는 공기의 흐름을 일정하게 하고 분무수가 분무실 밖으로 튀어 나가는 것을 방지하는 장치
② 플러딩 노즐(flooding nozzle) : 엘리미네이터에 부착된 이물질을 제거하는 장치
③ 엘리미네이터(eliminator) : 출구공기에 섞여 나가는 비산수를 제거하는 장치

68. 에어와셔 단열 가습 시 포화효율은 어떻게 표시하는가? (단, 입구공기의 건구온도 t_1, 출구공기의 건구온도 t_2, 입구공기의 습구온도 t_{w1}, 출구공기의 습구온도 t_{w2}이다.)
① $\eta = \dfrac{(t_1-t_2)}{(t_2-t_{w2})}$ ② $\eta = \dfrac{(t_1-t_2)}{(t_1-t_{w1})}$
③ $\eta = \dfrac{(t_2-t_1)}{(t_{w2}-t_1)}$ ④ $\eta = \dfrac{(t_1-t_{w1})}{(t_2-t_1)}$

👉 **단열가습 시의 포화효율(CF)**

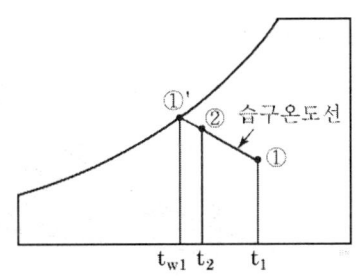

$$CF = \dfrac{t_1-t_2}{t_1-t_{w1}}$$

69. 에어와셔(air washer)에 의해 단열 가습을 하였다. 온도 변화가 아래 그림과 같을 때, 포화효율(η_s)은 얼마인가?

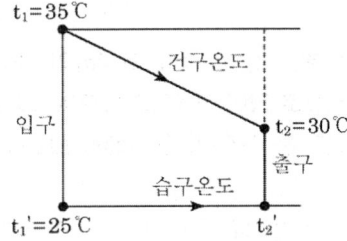

① 50%   ② 60%
③ 70%   ④ 80%

👉 **단열 가습 시 포화효율**
$$\eta_s = \dfrac{t_1-t_2}{t_1-t'} = \dfrac{35-30}{35-25} = 0.50 = 50\%$$

70. 에어와셔의 입구공기의 건구온도, 습구온도, 노점온도를 각각 t_1, t_1', t_1''라고 하고 출구 수온을 t_{w2}라 할 때 기능을 잘못 나타낸 것은?
① 공기냉각 : $t_{w2} < t_1$
② 공기감습 : $t_{w2} < t_1''$
③ 공기가열가습 : $t_{w2} > t_1'$
④ 공기냉각감습 : $t_1' < t_{w2} < t_1''$

👉 ④ 공기냉각가습 : $t_1'' < t_{w2} < t_1'$

Answer 67. ③ 68. ② 69. ① 70. ④

[참고]

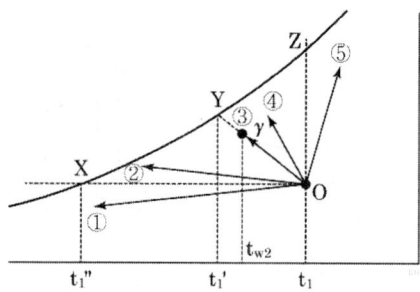

① 공기냉각감습 : $t_{w2} < t_1''$ (OX 아래구간)
② 공기냉각가습 : $t_1'' < t_{w2} < t_1'$ (OY와 OX구간)
③ 단열변화 : $t_{w2} = t_1'$ (OY선상)
④ 공기가습 : $t_1' < t_{w2} < t_1$ (OY와 OZ구간)
⑤ 공기가열가습 : $t_{w2} > t_1'$ (OZ 위 구간)

71. 열회수 방식 중 공조설비의 에너지절약기법으로 많이 이용되고 있으며, 외기 도입량이 많고 운전시간이 긴 시설에서 효과가 큰 것은?

① 잠열교환기 방식 ② 현열교환기 방식
③ 비열교환기 방식 ④ 전열교환기 방식

☞ **전열교환기 방식**
전열교환기는 현열뿐만 아니고 공기 중의 수분, 즉 잠열의 교환도 행하는 것으로 회전형과 고정형이 있는데 주로 회전형이 많이 사용된다. 공조부하 중 외기부하가 차지하는 비중은 약 30% 정도가 되는데, 전열교환기는 이러한 외기부하를 저감시키기 위해, 공조 배기(exhaust air)와 급기가 직접 공기-공기로 열교환하여, 70% 전후의 열량(현열+잠열)을 회수한다. 전열교환기는 설비비는 높으나 전열교환기에 의한 외기부하의 감소는 냉동기, 보일러, 기타 부속기기의 용량이 적게 되어 운전비를 절약할 수 있다.

72. 공기조화기(AHU)에 내장된 전열교환기에 대한 설명으로 가장 알맞은 것은?
① 환기와 배기의 현열교환장치이다.
② 배기와 도입 외기와의 잠열교환장치이다.
③ 환기와 배기의 잠열교환장치이다.
④ 배기와 도입 외기와의 전열교환장치이다.

☞ **전열교환기**
① 공조부하 중 외부부하가 차지하는 비중은 약 30% 정도가 되는데, 전열교환기는 이러한 외기부하를 저감시키기 위해 공조배기와 급기가 직접 공기-공기로 열교환하여 70% 전후의 열량(현열+잠열)을 회수할 수 있다.
② 전열교환기는 회전형과 고정형이 있다.(회전형이 많이 사용됨)

73. 전열교환기에 관한 설명으로 틀린 것은?
① 공기조화기기의 용량 설계에 영향을 주지 않음
② 열교환기 설치로 설비비와 요구 공간 증가
③ 회전식과 고정식이 있음
④ 배기와 환기의 열교환으로 현열과 잠열을 교환

☞ ① 전열교환기는 공조 외기부하의 피크 로드 감소에 의해 냉동기, 보일러, 부속기기의 용량이 작아지므로 공기조화기기의 용량 설계에 영향을 준다.

74. 그림과 같은 공조장치에서 냉방을 할 경우, 공조기 입구 "A"의 온도는 얼마인가?

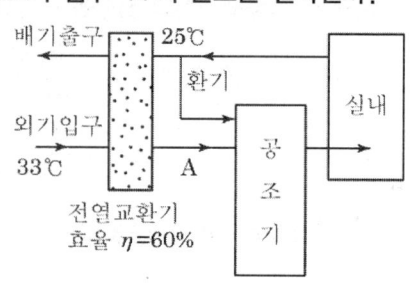

① 20.2℃   ② 24.2℃

Answer 71. ④ 72. ④ 73. ① 74. ④

③ 26.2℃ ④ 28.2℃

> 공조기 입구온도(t)
> $\eta = \dfrac{\text{외기온도} - \text{입구온도}}{\text{외기온도} - \text{배기입구온도}}$
> $= \dfrac{33-t}{33-25} = 0.6$
> $33 - t = 0.6(33-25)$
> $\therefore t = 28.2℃$

75. 다음 중 원심식 송풍기가 아닌 것은?
① 다익 송풍기   ② 프로펠러 송풍기
③ 터보 송풍기   ④ 익형 송풍기

> 원심식 송풍기의 종류
> 다익형, 리밋로드형, 터보형, 익형, 레이디얼형, 관류형

76. 송풍기의 크기는 송풍기의 번호(No, #)로 나타내는데, 원심송풍기의 송풍기 번호를 구하는 식으로 옳은 것은?
① $No(\#) = \dfrac{\text{회전날개의 지름}(mm)}{100(mm)}$
② $No(\#) = \dfrac{\text{회전날개의 지름}(mm)}{150(mm)}$
③ $No(\#) = \dfrac{\text{회전날개의 지름}(mm)}{200(mm)}$
④ $No(\#) = \dfrac{\text{회전날개의 지름}(mm)}{250(mm)}$

> 송풍기의 크기
> ① 원심송풍기 번호(No.)
> $= \dfrac{\text{회전날개의 지름}[mm]}{150}$
> ② 축류송풍기 번호(No.)
> $= \dfrac{\text{회전날개의 지름}[mm]}{100}$

77. 원심송풍기 번호가 No.2일 때 회전날개(깃)의 직경(mm)은 얼마인가?

① 150   ② 200
③ 250   ④ 300

> 원심송풍기 번호(No.) $= \dfrac{\text{임펠러 직경}[mm]}{150}$
> 임펠러 직경$[mm]$ = 원심송풍기 번호 $\times 150$
> $= 2 \times 150 = 300mm$

78. 축류송풍기의 크기를 결정하는 송풍기 번호는 회전날개의 지름(mm)을 얼마의 수로 나눈 값인가?
① 50mm   ② 100mm
③ 150mm   ④ 200mm

> 축류송풍기 번호(No.) $= \dfrac{\text{임펠러직경}(mm)}{100}$

79. 동일 풍량, 정압을 갖는 송풍기에서 형번이 다르면 축마력, 출구 송풍속도 등이 다르다. 송풍기의 형번이 작은 것을 큰 것으로 바꿔 선정할 때 설명이 틀린 것은?
① 모터 용량은 작아진다.
② 출구 풍속은 작아진다.
③ 회전수는 커진다.
④ 설비비는 증대한다.

> 같은 풍량, 정압을 갖는 송풍기에서, 송풍기 형번이 커지면 임펠러 직경이 커지게 되므로 회전수는 작아진다.

80. 송풍기 회전날개의 크기가 일정할 때, 송풍기의 회전속도를 변화시킬 경우 상사법칙에 대한 설명으로 옳은 것은?
① 송풍기 풍량은 회전속도비에 비례하여 변화한다.
② 송풍기 압력은 회전속도비의 3제곱에 비례하여 변화한다.
③ 송풍기 동력은 회전속도비의 제곱에 비례

Answer   75. ② 76. ② 77. ④ 78. ② 79. ③ 80. ①

제5장 공조기기 **169**

하여 변화한다.
④ 송풍기 풍량, 압력, 동력은 모두 회전속도 비에 제곱에 비례하여 변화한다.

송풍기의 상사법칙
② 송풍기 압력은 회전속도비의 제곱에 비례하여 변화한다.
③ 송풍기 동력은 회전속도비의 3제곱에 비례하여 변화한다.

81. 동일한 송풍기에서 회전수를 2배로 했을 경우 풍량, 정압, 소요동력의 변화에 대한 설명으로 옳은 것은?

① 풍량 1배, 정압 2배, 소요동력 2배
② 풍량 1배, 정압 2배, 소요동력 4배
③ 풍량 2배, 정압 4배, 소요동력 4배
④ 풍량 2배, 정압 4배, 소요동력 8배

송풍기 상사법칙
① 풍량 $Q_2 = Q_1\left(\dfrac{N_2}{N_1}\right) = Q_1\left(\dfrac{2N_1}{N_1}\right) = 2Q_1$
② 정압 $P_2 = P_1\left(\dfrac{N_2}{N_1}\right)^2 = P_1\left(\dfrac{2N_1}{N_1}\right)^2 = 4P_1$
③ 동력 $L_2 = L_1\left(\dfrac{N_2}{N_1}\right)^3 = L_1\left(\dfrac{2N_1}{N_1}\right)^3 = 8L_1$

82. 송풍기의 법칙에 따라 송풍기 날개 직경이 D_1일 때, 소요동력이 L_1인 송풍기를 직경 D_2로 크게 했을 때 소요동력 L_2를 구하는 공식으로 옳은 것은? (단, 회전속도는 일정하다.)

① $L_2 = L_1\left(\dfrac{D_1}{D_2}\right)^5$ ② $L_2 = L_1\left(\dfrac{D_1}{D_2}\right)^4$
③ $L_2 = L_1\left(\dfrac{D_2}{D_1}\right)^4$ ④ $L_2 = L_1\left(\dfrac{D_2}{D_1}\right)^5$

송풍기의 상사법칙
동력(L)은 송풍기 회전수에 3승에 비례하여 변화하고 임펠러 직경의 5승에 비례하여 변화한다.
$$L_2 = L_1\left(\dfrac{N_2}{N_1}\right)^3 = L_1\left(\dfrac{D_2}{D_1}\right)^5$$

83. 동일한 덕트 장치에서 송풍기의 날개의 직경이 d_1, 전동기 동력이 L_1인 송풍기를 직경 d_2로 교환했을 때 동력의 변화로 옳은 것은? (단, 회전수는 일정하다.)

① $L_2 = \left(\dfrac{d_2}{d_1}\right)^2 L_1$ ② $L_2 = \left(\dfrac{d_2}{d_1}\right)^3 L_1$
③ $L_2 = \left(\dfrac{d_2}{d_1}\right)^4 L_1$ ④ $L_2 = \left(\dfrac{d_2}{d_1}\right)^5 L_1$

송풍기의 상사법칙
회전수(rpm)가 $N_1 \to N_2$로 변할 때 또는 임펠러 직경(mm)이 $D_1 \to D_2$로 변할 때

풍량[Q]	$Q_1 = Q\left(\dfrac{N_1}{N}\right) = Q\left(\dfrac{d_1}{d}\right)^3$
정압[P]	$P_1 = P\left(\dfrac{N_1}{N}\right)^2 = P\left(\dfrac{d_1}{d}\right)^4$
동력[L]	$L_1 = L\left(\dfrac{N_1}{N}\right)^3 = L\left(\dfrac{d_1}{d}\right)^5$

84. 송풍기의 법칙에서 회전속도가 일정하고, 직경 d, 동력이 L인 송풍기를 직경이 d_1으로 크게 했을 때 동력(L_1)을 나타내는 식은?

① $L_1=(d/d_1)^5 L$ ② $L_1=(d/d_1)^4 L$
③ $L_1=(d_1/d)^4 L$ ④ $L_1=(d_1/d)^5 L$

송풍기의 상사법칙
동력 $L_1 = L\left(\dfrac{N_1}{N}\right)^3 = L\left(\dfrac{d_1}{d}\right)^5$

85. 송풍기의 회전수가 1500rpm인 송풍기의 압력이 300Pa이다. 송풍기 회전수를 2000rpm으

Answer 81. ④ 82. ④ 83. ④ 84. ④ 85. ②

로 변경할 경우 송풍기 압력은?

① 423.3Pa ② 533.3Pa
③ 623.5Pa ④ 713.3Pa

👉 **송풍기의 상사법칙**
압력은 송풍기 회전수에 제곱에 비례하고 임펠러 직경의 제곱에 비례하여 변화하므로
$$P_2 = P_1 \left(\frac{N_2}{N_1}\right)^2 = 300 \times \left(\frac{2000}{1500}\right)^2 = 533.3\text{Pa}$$

86. 송풍기의 풍량조절법이 아닌 것은?

① 토출 댐퍼에 의한 제어
② 흡입 댐퍼에 의한 제어
③ 토출 베인에 의한 제어
④ 흡입 베인에 의한 제어

👉 **송풍기 풍량제어 방법**
① 댐퍼에 의한 제어
  ㉠ 흡입 댐퍼 제어
  ㉡ 토출 댐퍼 제어
② 흡입 베인에 의한 제어
③ 회전수에 의한 제어
④ 가변 피치 제어

87. 원심 송풍기에 사용되는 풍량제어 방법으로 가장 거리가 먼 것은?

① 송풍기의 회전수 변화에 의한 방법
② 흡입구에 설치한 베인에 의한 방법
③ 바이패스에 의한 방법
④ 스크롤 댐퍼에 의한 방법

88. 다음 원심송풍기의 풍량제어 방법 중 동일한 송풍량 기준 소요동력이 가장 적은 것은?

① 흡입구 베인 제어
② 스크롤 댐퍼 제어
③ 토출측 댐퍼 제어
④ 회전수 제어

👉 **효과적인 풍량제어 순서**
회전수제어 > 가변피치제어 > 흡입베인제어 > 토출댐퍼제어

89. 다음 송풍기의 풍량 제어 방법 중 송풍량과 축동력의 관계를 고려하여 에너지절감 효과가 가장 좋은 제어방법은? (단, 모두 동일한 조건으로 운전된다.)

① 회전수 제어 ② 흡입베인 제어
③ 취출댐퍼 제어 ④ 흡입댐퍼 제어

👉 **효과적인 풍량 제어 순서**
회전수 제어 > 가변피치 제어 > 흡입베인 제어 > 흡입댐퍼 제어 > 토출(취출) 댐퍼 제어
[참고] 회전수 제어 : 송풍기 상사법칙에서처럼 회전수비의 세제곱에 비례하여 동력이 변화하므로 가장 에너지 절약효과가 높은 제어방법이다. 서징 발생이 없어 소형에서 대형까지 적용 가능하고 제어성이 좋아 송풍기 운전이 안정적이다. 그러나 구조가 복잡하고 설비비가 고가이다.

90. 풍량 Q(m³/h), 팬의 전압 P_T(mmAq), 팬의 정압 P_S(mmAq), 토출풍속 V_D(m/s), 전압효율 η_T, 정압효율 η_S라 할 때 송풍기의 소요동력을 계산하는 식은?

① $kW = \dfrac{Q \times P_T}{102\eta_S \times 3600}$

② $kW = \dfrac{Q \times V_D}{102\eta_T \times 3600}$

③ $kW = \dfrac{Q \times P_T}{102\eta_T \times 3600}$

④ $kW = \dfrac{Q \times P_S}{102\eta_T \times 3600}$

Answer 86. ③ 87. ③ 88. ④ 89. ① 90. ③

91. 송풍량 2000m³/min을 송풍기 전후의 전압차 20Pa로 송풍하기 위한 필요 전동기 출력(kW)은? (단, 송풍기의 전압효율은 80%, 전동효율은 V벨트로 0.95이며, 여유율은 0.2이다.)

① 1.05   ② 10.35
③ 14.04   ④ 25.32

① 축동력
$$L_s = \frac{Q \times \Delta P}{60 \times \eta_f}$$
$$= \frac{2000 \times 20}{60 \times 0.8} = 833W = 0.833kW$$

② 전동기 출력
$$L_d = \frac{L_s(1+\alpha)}{\eta_t}$$
$$= \frac{0.833(1+0.2)}{0.95} = 1.05kW$$

92. 500rpm으로 운전되는 송풍기가 풍량 300m³/min, 전압 40mmAq, 동력 3.5kW의 성능을 나타내고 있다. 회전수를 550rpm으로 상승시키면 동력은 약 몇 kW가 소요되는가?(단, 송풍기 효율은 변화되지 않는 것으로 가정한다.)

① 3.5kW   ② 4.7kW
③ 5.5kW   ④ 6.0kW

축동력
$$L_2 = \left(\frac{N_2}{N_1}\right)^3 \times L_1 = \left(\frac{550}{500}\right)^3 \times 3.5 = 4.7kW$$

[참고]

① 풍량: $Q_2 = \left(\frac{N_2}{N_2}\right) \times Q_1 = \left(\frac{550}{500}\right) \times 300$
$$= 330 m^3/min$$

② 정압:
$$P_2 = \left(\frac{N_2}{N_1}\right)^2 \times P_1 = \left(\frac{550}{500}\right)^2 \times 40$$
$$= 48.4mmAq$$

93. 풍량 600m³/min, 정압 60mmAq, 회전수 500rpm의 특성을 갖는 송풍기의 회전수를 600rpm으로 하면 동력은 약 몇 kW가 되는가? (단, 정압효율은 50%이다.)

① 12.12   ② 18.28
③ 20.32   ④ 24.58

① 풍량:
$$Q_2 = \left(\frac{N_2}{N_1}\right) \times Q_1 = \left(\frac{600}{500}\right) \times 600$$
$$= 720 m^3/min$$

② 정압:
$$P_2 = \left(\frac{N_2}{N_1}\right)^2 \times P_1 = \left(\frac{600}{500}\right)^2 \times 60$$
$$= 86.4mmAq$$

③ 축동력:
$$L = \frac{P \times Q}{102 \times 60 \times \eta_f} = \frac{720 \times 86.4}{102 \times 60 \times 0.5}$$
$$= 20.32kW$$

94. 펌프의 공동현상에 관한 설명으로 틀린 것은?

① 흡입 배관경이 클 경우 발생한다.
② 소음 및 진동이 발생한다.
③ 임펠러 침식이 생길 수 있다.
④ 펌프의 회전수를 낮추어 운전하면 이 현상을 줄일 수 있다.

① 흡입 배관경이 작고 길이가 길 경우 발생한다.(관경이 작으면 유속이 빨라지고 압력이 떨어진다)

[참고] 캐비테이션 현상(cavitation, 공동현상) 밀폐계 내 배관계에서의 진공현상으로 유체 속에서 압력이 낮은 곳이 생기면 물속에 포함되어 있는 기체가 분리하여 물이 없는 빈 곳(공동)이 생기는 현상이다. 발생한 기포는 압력이 높은 부분에 이르면 급격히 부서져 소음이나 진동의 원인이 된다.

[방지대책]
㉠ 흡입관경을 크게 하고 길이를 짧게 한다.

Answer 90. ③ 91. ① 92. ② 93. ③ 94. ①

ⓛ 펌프의 설치 위치를 낮추어 흡입양정을 짧게 한다.
ⓒ 펌프의 회전차를 수중에 잠기게 한다.
ⓔ 펌프의 회전수를 낮추어 속도를 줄인다.
ⓜ 양흡입 펌프를 사용하거나 1대 펌프를 2대로 분할한다.
ⓗ 마찰 저항이 작은 흡입관을 사용하여 흡입관 손실을 줄인다.
ⓢ 배관을 완만하고 짧게 한다.

95. 유량 1500m³/h, 양정이 12m인 펌프의 축동력(kW)은 얼마인가? (단, 물의 비중량 1000kg/m³, 펌프 효율 η=0.7이다.)

① 14.2kW ② 12.1kW
③ 38.5kW ④ 70.1kW

$$L = \frac{\gamma H Q}{102 \times 3600 \eta} = \frac{1000 \times 12 \times 1500}{102 \times 3600 \times 0.7}$$
$$= 70.03 \text{kW}$$

96. 비엔탈피가 12kcal/kg인 공기를 냉수코일을 이용하여 10kcal/kg까지 냉각제습하고자 한다. 이때 코일 입·출구의 온도차를 5℃로 할 때 냉수 순환 펌프의 수량은? (단, 코일 통과 풍량 6000m³/h이며, 공기의 비체적은 0.835m³/kg이다.)

① 약 0.80l/min ② 약 47.9l/min
③ 약 63.4l/min ④ 약 73.8l/min

$$q_s = \frac{1}{v} \cdot Q \cdot (h_1 - h_2) = G \cdot C \cdot \Delta t$$

$$G = \frac{\frac{1}{v} \cdot Q \cdot (h_1 - h_2)}{C \cdot \Delta t}$$

$$= \frac{\frac{1}{0.835} \times 6000 \times (12-10)}{1 \times 5}$$

$$= 2874 \text{kg/h} = 2874 \text{kg/h} \times \frac{1h}{60 \text{min}}$$

$$= 47.9 l/\text{min}$$

97. 회전수가 일정할 때 고양정 소유량일수록 펌프의 비속도(비교회전도)의 값은 어떻게 되겠는가? (단, 1단일 경우)

① 비속도 η의 값은 작게 된다.
② 비속도 η의 값은 크게 된다.
③ 비속도 η의 값은 변동 없다.
④ 비속도 η의 값은 크게 될 때도 작게 될 때도 있다.

비교회전도(비속도)
펌프에서 임펠러의 모양을 표현하는 척도이고 펌프의 성능을 나타낸다.

$$N_s = N \left(\frac{\sqrt{Q}}{H^{\frac{3}{4}}} \right)$$

여기서, 회전수 : N(rpm)
토출량 : Q(m³/min)
양정 : H(m)

위 식에서 비속도는 유량에 비례하고 양정에 반비례하므로 양정이 커지고 유량이 작아지면 비속도 값은 작게 된다.

Answer 95. ④ 96. ② 97. ①

제1편 에너지관리

chapter 06 덕트 및 부속설비

1. 덕트의 기초이론

덕트는 공기를 수송하는 데 사용하고 주로 공기조화나 환기를 위해 사용하는 것으로 공조설비 중 가장 큰 부분을 차지한다. 덕트는 주로 얇은 금속판으로 되어 있으며, 단면은 일반적으로 장방형과 원형의 것이 쓰인다. 그러나, 타원형으로 된 유연성 있는 덕트가 사용되기도 한다.

(1) 덕트의 종류

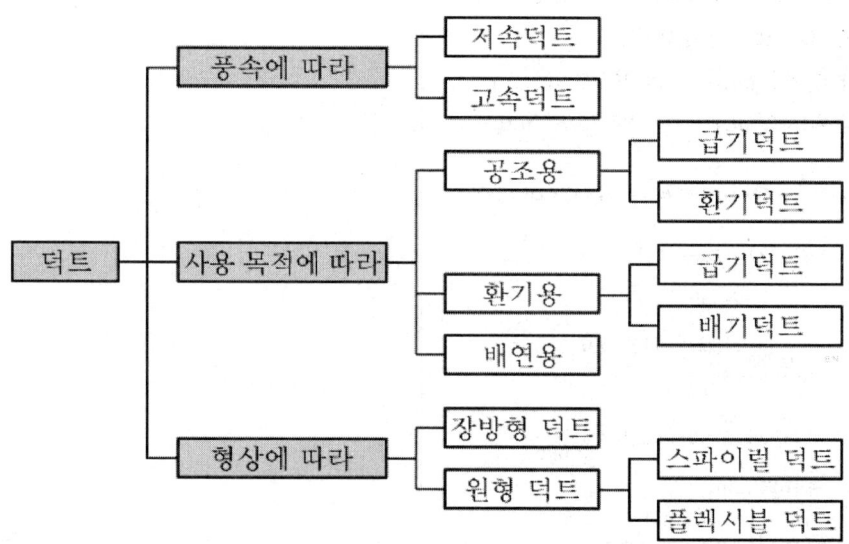

1) 풍속에 따른 덕트의 구분
① 저속덕트 : 주덕트의 풍속이 15m/s 이하이고, 주로 각형 덕트를 사용한다.
② 고속덕트 : 주덕트의 풍속이 15m/s 이상이고, 주로 원형 덕트를 사용한다.

2) 사용 목적에 따른 구분
① 급기덕트(Supply Air, SA) : 공조기에서 나온 공기를 실내로 공급하는 덕트
② 배기덕트(Exhaust Air, EA) : 실내의 오염된 공기를 외부로 배출하는 덕트
③ 환기덕트(Return Air, RA) : 실내의 공기를 공조기로 환기하여 보내는 덕트
④ 외기덕트(Fresh Air, Out Air, OA) : 신선한 외기를 공조기로 도입하는 덕트

3) 덕트 형상에 따른 구분
① 정방형 덕트 : 정사각형 모양으로 제작
② 장방형 덕트 : 직사각형 모양으로 제작
③ 원형 덕트 : 원형으로 제작
④ 스파이럴(나선형) 덕트 : 원형으로 철판을 띠 모양의 나선으로 제작
⑤ 플렉시블 덕트 : 주름모양으로 신축성이 있어 덕트에서 취출구 연결 시 사용

(2) 덕트의 배치

덕트의 배치 방식은 간선덕트 방식, 개별덕트 방식, 환상덕트 방식으로 구분된다.
① 간선덕트 방식 : 가장 간단하고 설비비가 싸고 스페이스가 작아도 된다.
② 개별덕트 방식 : 공기 취출구마다 덕트를 단독으로 설치하는 방식. 풍량조절이 용이하고 멀티존 방식에 주로 사용된다.
③ 환상덕트 방식 : 2개의 덕트 말단을 루프(loop) 상태로 연결하여 환상으로 만드는 형식으로 말단 공기 취출구의 압력조절이 용이하므로 송풍량의 언밸런스가 개선된다.

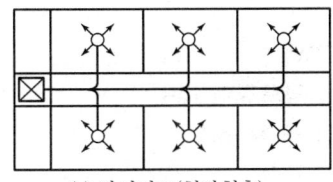
(a) 간선덕트(천장취출)

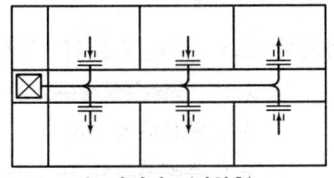
(b) 간선덕트(벽취출)

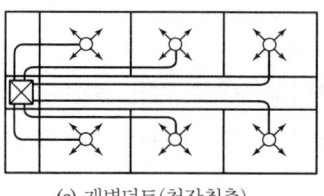
(c) 개별덕트(천장취출)

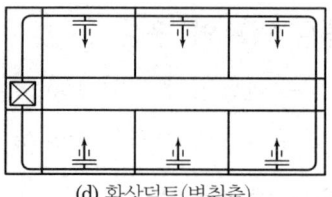
(d) 환상덕트(벽취출)

(3) 덕트 내의 공기 유동과 압력

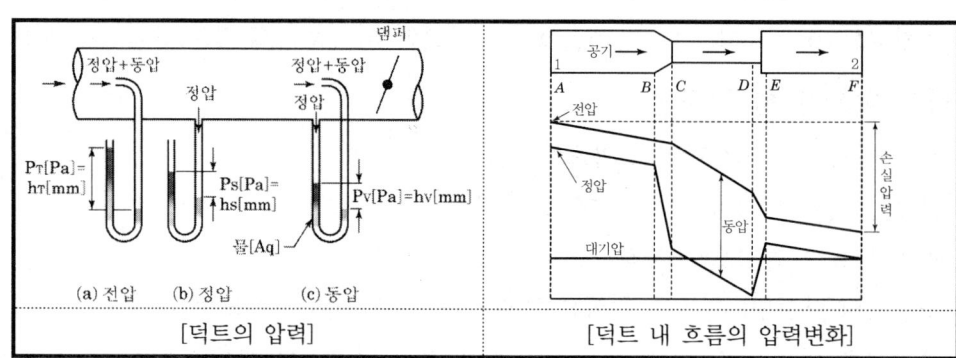

[덕트의 압력] [덕트 내 흐름의 압력변화]

① 전압(P_t) : $P_t = P_s + P_v = P_s + \dfrac{v^2}{2}\rho [\text{Pa}]$

여기서, P_s : 정압

$P_v = \dfrac{v^2}{2}\rho$: 동압 (v : 풍속[m/s], ρ : 공기의 밀도[1.2kg/m³])

② 원형 덕트 압력손실

일반적으로 원형 덕트의 직관부분의 압력손실은 다음 식(다르시-바이스바하 공식)으로 표시된다.

$$\Delta P = \lambda \cdot \dfrac{l}{d} \cdot \dfrac{v^2}{2g} \cdot \gamma$$

여기서, ΔP : 직선덕트의 마찰저항[Pa]

λ : 마찰손실계수 l : 덕트길이 [m]

d : 덕트내경 [m] v : 풍속 [m/s]

g : 중력가속도 [m/s²]

ρ : 공기의 밀도 [kg/m³]

③ 장방형 덕트의 마찰손실

장방형 덕트의 마찰손실은 이것과 동일한 풍량과 동일한 마찰손실을 갖는 원형 덕트와의 관계에서 구한다. 이 원형 덕트의 지름 D_e를 상당지름이라 부르고 장방형 덕트의 장변 및 단변의 길이를 a, b라 할 때 다음 식으로 구한다.

$$d_e = 1.3 \left[\frac{(ab)^5}{(a+b)^2} \right]^{1/8} \text{[mm]}$$

일반적으로 장방형 덕트인 경우 가능하면 정방형이 되도록 하며 종횡비는 2 : 1을 표준으로 하고 가능하면 4 : 1 이하로 제한하며 최대 8 : 1 이하로 하여야 한다.

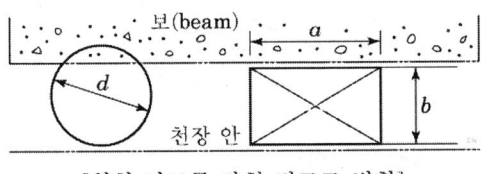

[원형 덕트를 각형 덕트로 변환]

> **참고** **아스펙트비 (Aspect Ratio, 종횡비, 장방비)**
> 장방형 덕트에 있어서 장변을 단변으로 나눈 값
> $$A_R = \frac{a}{b}$$
> 여기서, a : 장방향 덕트의 장변길이, b : 장방향 덕트의 단변길이

④ 일반적인 단위마찰손실
  ㉠ 저속덕트 : 0.08~0.15mmAq/m (표준 0.1mmAq/m 사용)
  ㉡ 고속덕트 : 0.30~0.50mmAq/m (표준 0.5mmAq/m 사용)

(4) 송풍기의 압력

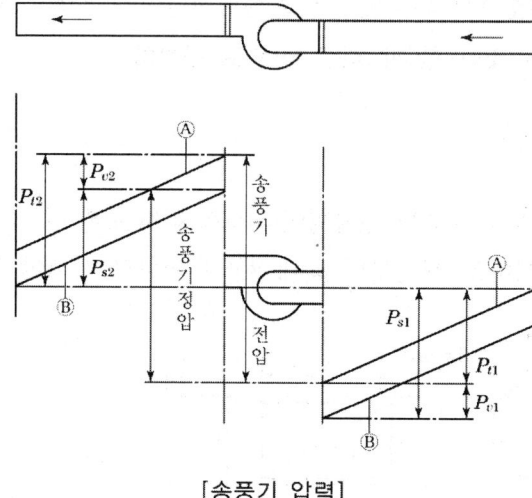

P_{v1} : 흡입구 동압
P_{v2} : 토출구 동압
P_{s1} : 흡입구 정압
P_{s2} : 토출구 정압
P_{t1} : 흡입구 전압
P_{t2} : 토출구 전압
P_T : 송풍기 전압
P_S : 송풍기 정압
Ⓐ : 전압선
Ⓑ : 정압선

[송풍기 압력]

① 흡입관과 토출관이 있는 송풍기
  ㉠ 송풍기 전압 : $P_T = P_{t2} - P_{t1} = P_{s2} - P_{s1}$
  ㉡ 송풍기 정압 : $P_S = P_T - P_{v2}$, $P_S = P_{s2} - P_{s1} - P_{v1}$
② 토출관만 있는 송풍기
  ㉠ 송풍기 전압 : $P_T = P_{t2} = P_{s2} + P_{v2}$
  ㉡ 송풍기 정압 : $P_S = P_{t2} - P_{v2} = P_{s2}$
③ 흡입관만 있는 송풍기
  ㉠ 송풍기 전압 : $P_T = P_{s1}$(송풍기 전압은 송풍기 흡입구 정압(부압)이 된다.)
  ㉡ 송풍기 정압 : $P_S = P_{s1} + P_{v1} = P_{t1}$(송풍기 정압은 흡입구 전압이 된다.)

(5) 덕트의 설계

1) 덕트의 설계 순서

송풍량 결정 → 취출구·흡입구 위치 결정 → 덕트 경로 결정 → 덕트 치수 결정 → 송풍기 선정 → 설계도 작성

2) 덕트의 설계법

① 등마찰손실법(정압법)
- ㉠ 덕트의 단위 길이당 마찰(압력)손실을 일정하게 하는 방법
- ㉡ 덕트 저항선도나 덕트 메저(Duct Measure) 등을 이용한 치수결정이 쉬움
- ㉢ 말단으로 갈수록 풍량과 풍속이 감소되어 소음의 문제가 적음
- ㉣ 취출구에서의 압력이 각각 다르게 되어 조정이 어려움

② 정압재취득법 : 주덕트에서 말단 또는 분기부로 갈수록 풍속이 감소함에 따라 동압의 차만큼 정압이 상승하며 이것을 덕트의 압력손실에 재이용하여 각 취출구 및 분기부분 직전의 정압이 균일하게 되도록 덕트 치수를 정하는 방법

③ 등속법
- ㉠ 덕트의 각 부분에서의 풍속이 일정하도록 설계
- ㉡ 구간별로 마찰손실을 구하여야 함
- ㉢ 풍량분배가 일정하지 않아 구간이 복잡하지 않은 덕트에 이용
- ㉣ 일정 이상의 풍속이 요구되는 분체수송이나 공장의 환기 등에 사용

※ 덕트 설계 시 공기의 온·습도 및 엔탈피는 고려대상이 아님

2 덕트 시공법

덕트의 재료는 아연도금강판이 가장 많이 사용된다.(가격이 싸고 가공이 쉬우며 강도가 크다.)

[덕트 치수에 따른 아연도금강판 두께]

구분 판두께	각형 덕트(장변 mm)		원형 덕트(직경 mm)	
	저속	고속	저속	고속
0.5t	450 이하	-	450 이하	200 이하
0.6t	450 초과~750 이하	-	450 초과~750 이하	200 초과~600 이하
0.8t	750 초과~1500 이하	450 이하	750 초과~1000 이하	600 초과~800 이하
1.0t	1500 초과~2250 이하	450 초과~1200 이하	1000 초과	800 초과~1000 이하
1.2t	2250 초과	1200 초과	-	-

(1) 덕트 이음

① 심(seam) : 길이 방향의 이음새
② 슬립(slip) : 가로 방향의 이음새(SMACNA 공법)

> **참고**
> **SMACNA 공법**
> 미국 덕트 공기조화업자 협회에서 채용하는 저속덕트 사용공법으로 작업능률이 좋고 슬립(D, S)을 사용하므로 재료비, 제작시간을 절감

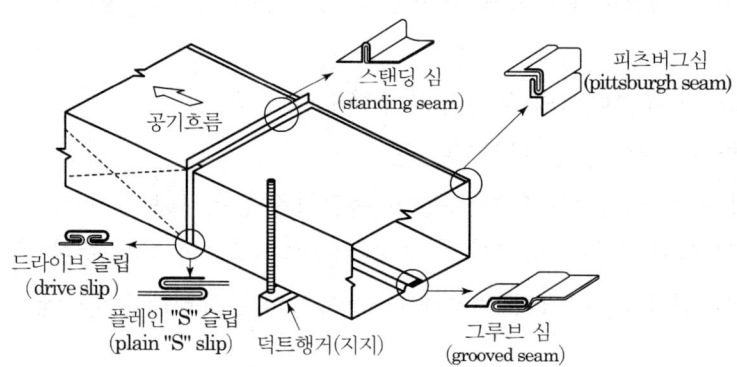

(2) 덕트의 보강

① 앵글에 의한 보강 : 장변 1000mm 이상의 덕트에 사용
② 다이아몬드 브레이크
　㉠ 장변 450mm 이상의 덕트에 사용
　㉡ 덕트의 옆면 철판에 주름을 잡아 덕트의 강도를 높이는 방법
③ 보강 리브 : 장변 450mm 이상의 덕트에 사용
④ 고속덕트 : 스파이럴 덕트를 사용

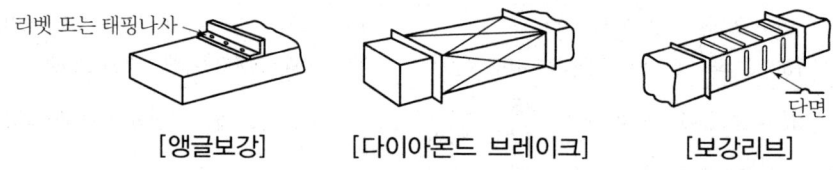

[앵글보강]　　[다이아몬드 브레이크]　　[보강리브]

(3) 덕트의 시공 시 주의사항

1) 일반사항
① 덕트의 경로는 될 수 있는 한 최단거리로 한다.
② 설치 시에 작업공간을 고려한다.
③ 필요한 치수를 기입한다.(덕트의 종·횡 치수, 취출구의 위치, 취출구의 종류와 풍량, 주위 장애물과의 거리, 적절한 분기 및 변형과 치수, 주위기기의 설치 위치 등)
④ 댐퍼의 조작 및 점검은 가능한 위치에 있도록 한다.
⑤ 소음과 진동을 고려한다.
⑥ 기타 설비(조명기구, 스피커, 스프링클러 등)와의 공간을 고려한다.
⑦ 덕트 내로 배관과 같은 장애물의 통과는 없는지 살핀다.
⑧ 단열 및 도장공사의 필요성을 검토한다.
⑨ 취출구와 분기부의 위치는 적절한가 검토한다.
⑩ 실내의 공기분포와 취출구 및 흡입구의 위치와의 관계를 검토한다.
⑪ 진동이나 소음의 전파는 없는지 검토하고 필요 시에 캔버스(canvas) 이음 또는 플렉시블(flexible) 이음 및 방진, 소음장치를 한다.

2) 특별사항
① 장방형 덕트의 아스펙트비(종횡비, 장변/단변) 4 : 1 이하로 한다.

표준	제한	최대
2 : 1	4 : 1 이하	8 : 1 이하

② 덕트 굽힘부 곡률반경(R/a)은 되도록 크게 하면 좋으나 일반적으로 1.5~2.0 정도로 한다.
③ 덕트의 확대 : 15° 이하, 축소 : 30° 이하(고속덕트에서는 확대 : 8° 이하, 축소 : 15° 이하)

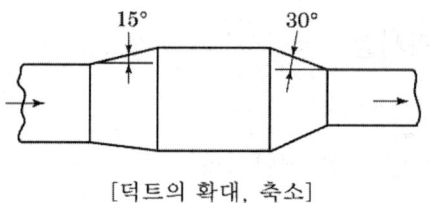

[덕트의 확대, 축소]

④ 가이드 베인(Guide Vane, Turning Vane)의 설치
  ㉠ 곡률반경이 덕트 장변의 1.5배 이하일 때
  ㉡ 확대 및 축소 시 : 상기 각도 이상일 때
  ㉢ 곡부의 기류를 세분해서 생기는 와류를 적게 하며, 곡부의 안쪽에 설치하는 것이 적당

⑤ 덕트 관로에 코일 부착 시
  ㉠ 확대각은 30° 이하, 축소각은 45° 이하로 한다.
  ㉡ 굽힘 직후에 코일을 설치할 때에는 가이드 베인을 설치한다.(확관 금지)

④ 송풍기와 덕트의 접속은 캔버스 이음(canvas connection)을 하여 송풍기의 진동이 덕트에 전달되는 것을 방지한다.

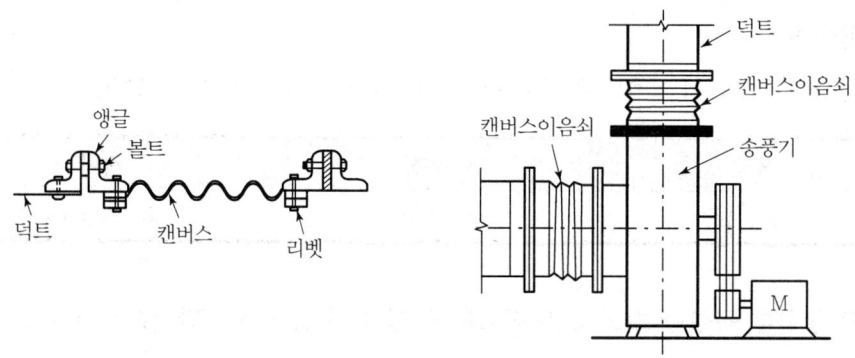

[캔버스 이음]

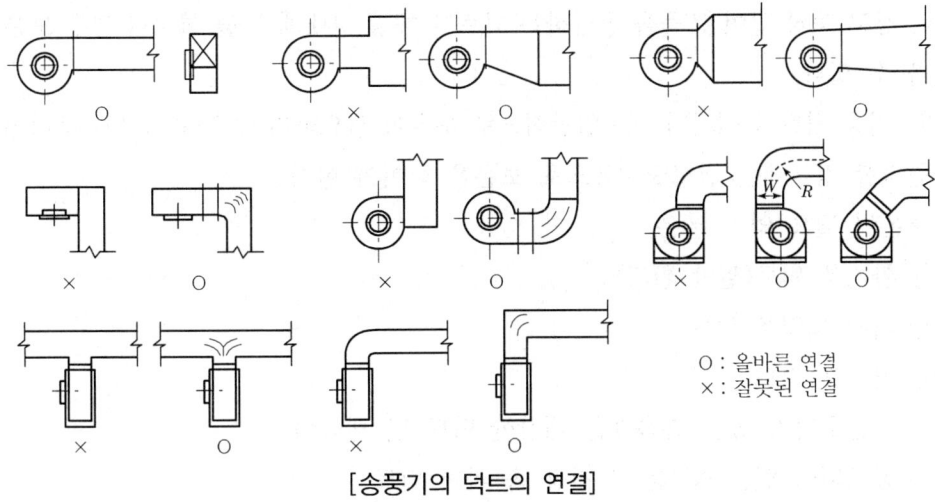

[송풍기의 덕트의 연결]

O : 올바른 연결
× : 잘못된 연결

(4) 덕트의 소음 방지대책

① 덕트의 도중에 흡음재 내장
② 송풍기 출구에 플리넘 체임버장치
③ 댐퍼나 취출구에 흡음재 부착
④ 덕트 도중에 흡음장치(셀형, 플레이트) 설치

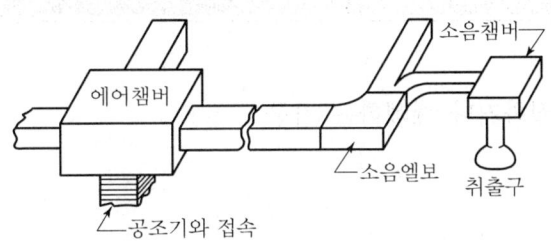

[에어 체임버(air chamber) 및 소음 엘보]

(5) 덕트의 보온

공조용 급기덕트에는 열취득 또는 열손실, 결로방지 등의 목적으로 보온을 한다. 단열재 두께는 25mm로 하는 것이 일반적이고 덕트 단열재로는 유리면(glass wool), 암면(rock wool)이 많이 사용된다.

환기덕트(return duct)의 경우 천정 환기 방식(ceiling plenum return system)일 경우 일반적으로 천정 내에서는 보온을 하지 않는다.

다만, 샤프트 또는 이와 유사한 비공조 공간을 통과하는 장소에서는 보온을 하여야 한다.

주차장, 창고 등과 같이 온풍을 공급하는 덕트가 해당 실내에 노출 설치될 경우 보온을 하지 않을 수 있다.

외기도입용 덕트나 배기덕트는 일반적으로 보온이 필요하지 않으나 결로가 우려되는 장소를 통과할 경우에는 결로방지용으로 보온을 하여야 한다.

① 보온이 필요 없는 부분
   ㉠ 환기용 덕트(일반 환기)
   ㉡ 외기 도입용 덕트
   ㉢ 배기용 덕트
   ㉣ 보온효과가 있는 흡음재를 내장한 덕트 및 체임버
   ㉤ 공조되어 있는 방 및 그 천장 속 환기 덕트
   ㉥ 덕트 보온효과가 있는 소음기 및 소음 엘보가 내장된 경우
   ㉦ 옥내외 노출된 배연 덕트
   ㉧ 단독으로 방화 구획된 샤프트 내의 배연 덕트

3 댐퍼(damper)

덕트 내 풍량을 조절하거나 폐쇄하는 기구

(1) 댐퍼의 종류

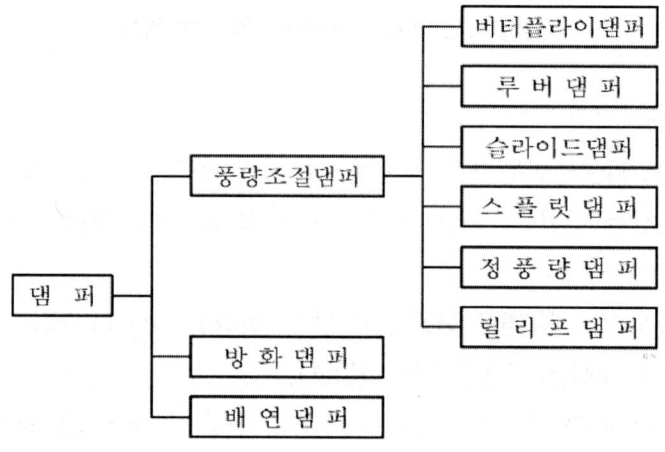

1) 풍량조절용 댐퍼(volume damper)

① 단익(버터플라이) 댐퍼 : 댐퍼의 날개가 1개로 되어 있고 구조가 간단하고 완폐 시 공기의 누설이 적다. 주로 소형 덕트의 개폐용 또는 풍량조절용으로 사용된다.
② 다익(루버) 댐퍼 : 2개 이상의 날개를 갖는 것으로 대형 덕트나 공조기에 사용
③ 베인 댐퍼 : 송풍기의 흡입구에 설치하여 흡입풍량을 세밀하게 조절하는 경우에 사용

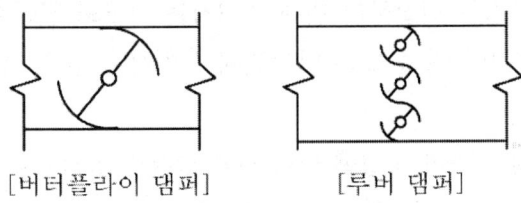

[버터플라이 댐퍼]   [루버 댐퍼]

2) 풍량 분배용 댐퍼

① 스플릿 댐퍼(split damper) : 덕트의 분기부에 설치해서 풍량의 분배를 하는 데 사용하며 길이가 짧으면 기류에 흩어짐이 생기기 쉽고, 댐퍼 날개의 강도가 적으면 진동 및 소음 발생

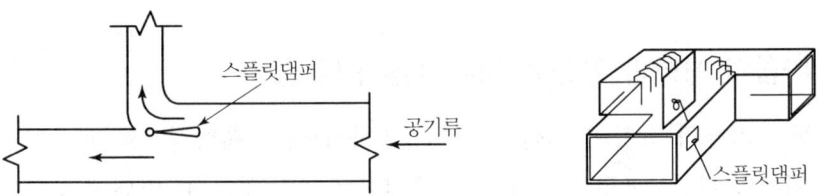

3) 차단용 댐퍼

① 방화 댐퍼(fire damper) : 화재 발생 시 화재가 확산되는 것을 방지하기 위한 차단용 댐퍼
② 방연 댐퍼(smoke damper) : 실내의 화재 시 발생한 연기가 다른 구역으로 이동하는 것을 방지하는 댐퍼

4) 점검구(Access Door)

덕트 내에 설치되어 댐퍼의 점검이나 조정 및 청소 등을 위하여 설치하는 것으로 설치장소로는 방화 댐퍼의 퓨즈를 교체할 수 있는 곳, 풍량조절 댐퍼의 점검 및 조정이 가능한 곳, 말단 코일이 있는 곳, 덕트의 말단(먼지의 제거가 가능한 곳), 에어 체임버가 있는 곳

등이며, 공조기의 주요 부분에도 설치한다.

4 취출구(토출구, diffuser)

덕트로부터 실내로 공기를 취출하기 위해 쓰여지는 기구로 일반적으로 천장(ceiling) 또는 벽면에 주로 설치하지만, 창틀 또는 바닥면에 설치하는 경우, 천장의 조명기구와 조합시키는 경우 등도 있다.

취출구는 취출 바람의 방향과 형상에 따라 크게 축류(Liner)형과 복류(Radial)형으로 나눌 수 있고 설치 장소에 따라서는 천장 설치형 취출구, 벽 설치형 취출구, 바닥 설치형 취출구 등으로 나눌 수 있다.

5 취출구의 종류 및 용도

(1) 취출 바람의 방향과 형상에 따른 취출구의 종류

㉠ 축류형 : 기류의 방향이 취출구에서 변화하지 않고 축방향으로 토출하는 방식으로 급기 기류을 직선상으로 분사함으로, 유인비는 크지 않으나, 반면에 도달거리가 길다.
㉡ 복류형 : 기류의 방향이 취출구와 같은 방향이 아닌 수평, 방사형으로 토출하는 방식으로 일반적으로 취출온도차를 크게 취할 수는 있으나 도달거리가 적다.

기류방향	취출구 종류	특 징
축류형	노즐형	ⓐ 구조가 간단하고 도달거리가 길다. ⓑ 다른 형식에 비해 소음발생이 적다. ⓒ 천장이 높은 경우에도 효과적이다. ⓓ 방송국, 스튜디오, 극장, 로비, 공장 등에서 사용한다.
	펑커루버형 (punkah louver)	ⓐ 선박의 환기용으로 제작된 것이다. ⓑ 목이 움직이게 되어 취출기류의 방향을 바꿀 수 있다. ⓒ 토출구에 달려있는 댐퍼에 의해 풍량조절이 가능하다. ⓓ 공장, 주방, 버스 등의 국소냉방에 주로 사용한다.
	베인격자형 또는 유니버셜형	ⓐ 그릴(고정 베인형, Grill) : 날개가 고정되고 셔터가 없는 것 ⓑ 레지스터(Register) : 그릴 뒤에 풍량 조절을 위한 셔터가 부착된 것
	라인형	ⓐ 종횡비가 큰 취출구로서 천장, 창틀 위에 설치 ⓑ 종류 : 브리즈 라인형(breeze line), 캄 라인형(calm line), T-라인형(T-line)
	다공판형	ⓐ 철판에 다수의 구멍을 뚫어 취출구로 한 것이다. ⓑ 확산 성능은 우수하나 소음이 크다. ⓒ 도달거리가 짧고 드래프트가 방지된다. ⓓ 공간높이가 낮거나 덕트공간이 협소할 때 적합하다. ⓔ 항온항습실, 클린룸 등에서 사용한다.
복류형	팬(Pan)형	ⓐ 수평방사형으로 공기를 취출하며 우산모양이다. ⓑ 구조가 간단하다. ⓒ 기류방향의 균등성을 얻기가 힘들다.
	아네모스탯형 (Anemostat)	ⓐ 확산반경이 크고 도달거리가 짧다. ⓑ 팬형의 단점을 보완한 것으로 천장취출구로 가장 많이 사용한다. ⓒ 오염방지 링이 부착되어 있다.

(2) 설치 장소에 따른 종류

㉠ 천장 취출구 : 천장 취출구에는 아네모스탯형, 팬형 등이 널리 사용되고 있으며, 모듈 방식을 채용하는 고급 건축물에서는 T-라인이, 극장 등과 같이 천장이 높을 때는 천장 노즐 혹은 아네모스탯 등이 일반적으로 사용된다.

㉡ 벽설치형 취출구 : 유니버셜형이 가장 많고, 대공간에서는 노즐형이 많이 사용된다.

드물기는 하지만 창 밑이나 바닥에 유니버설형을 설치하는 경우도 있다

(3) 취출구의 형상

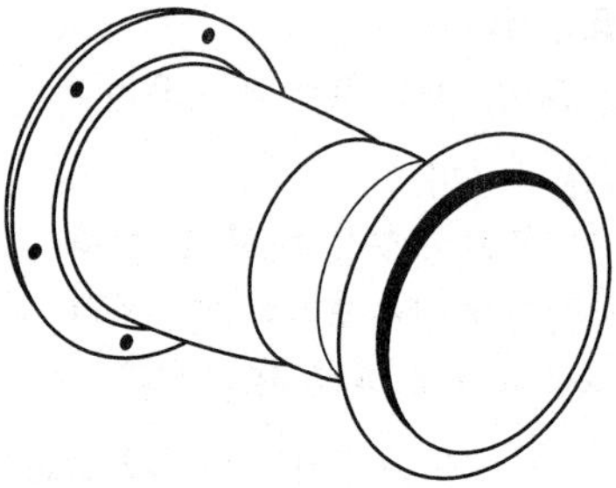

[노즐형]

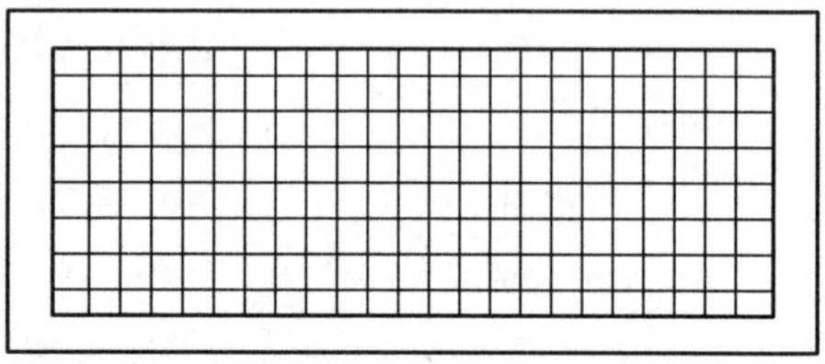

[유니버설형]

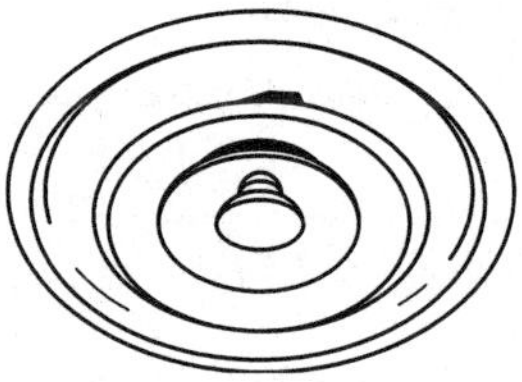

[아네모스탯형(원형)]

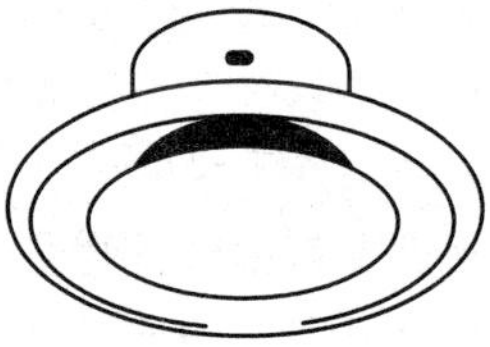

[팬형]

[펑커루버형]

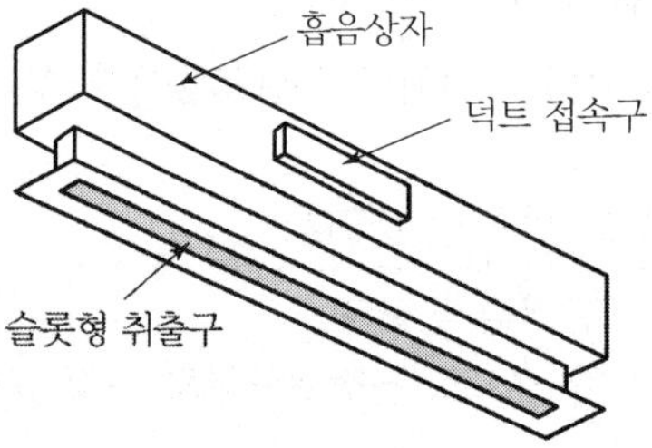

흡음상자
덕트 접속구
슬롯형 취출구

[슬롯형]

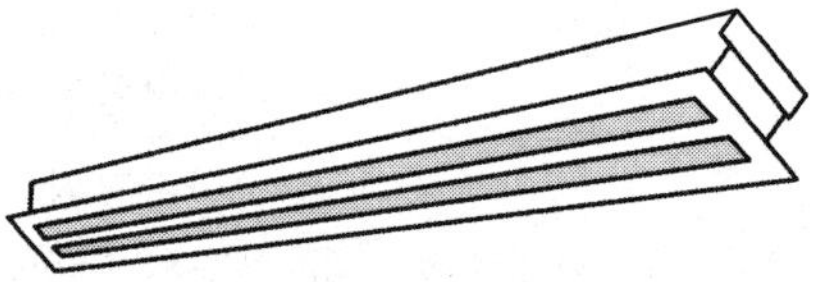

[라인형]

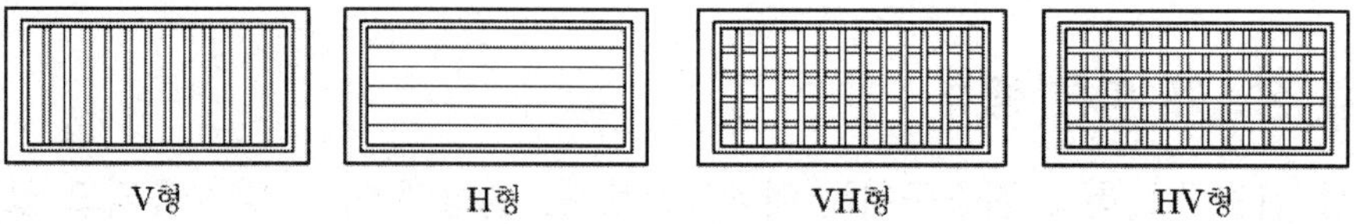

V형   H형   VH형   HV형

[베인(vane) 격자형]

6 취출구의 설계

(1) 취출구의 배치

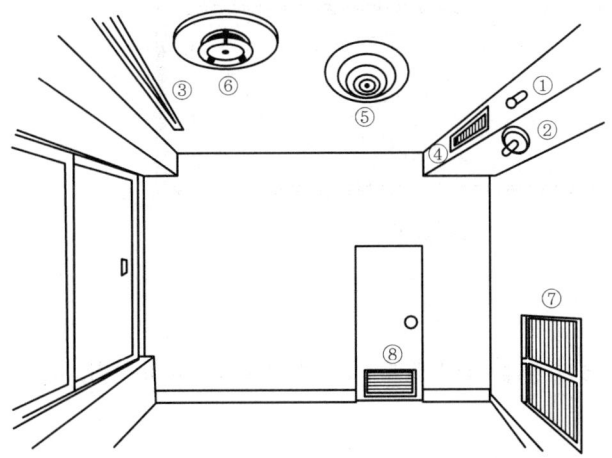

① 노즐형
② 펑커루버형
③ 슬롯형
④ 유니버설형
⑤ 아네모스탯형
⑥ 팬형
⑦ 그릴형
⑧ 도어·그릴형

(2) 취출구의 허용 토출풍속

건물의 종류		허용취출풍속(m/s)
방송국		1.5~2.5
주택, 아파트, 교회, 극장, 호텔, 침실, 음향 처리한 개인 사무실		2.5~3.75
개인 사무소		2.5~4.0
영화관		5.0
일반사무실		5.0~6.25
백화점	2층 이상	7.5
	1층	10.0

(3) 취출공기의 이동

① 도달거리
   ㉠ 취출구에서 취출공기가 0.25m/s의 풍속이 되는 위치까지의 거리(보통 안목의 3/4

지점, 대향류의 1/4 지점이며 평균도달거리는 0.5m/s)

ⓒ 확산반경을 크게 하면 도달거리와 하강거리는 감소하게 되고, 도달거리가 부적당한 취출구를 설치하면 그 취출구의 담당 범위 말단까지 공기가 도달하지 못하고 공기의 정체나 불균형이 생긴다.

② 강하도 : 취출구에서 취출공기가 도달거리에 도달될 때까지 생긴 기류의 강하

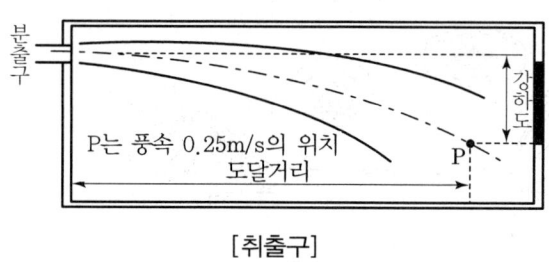

[취출구]

③ 강하거리 및 상승거리

기류 중심속도가 0.25m/s인 도달거리에서 내려온 거리를 강하거리, 올라간 거리를 상승거리라고 한다.

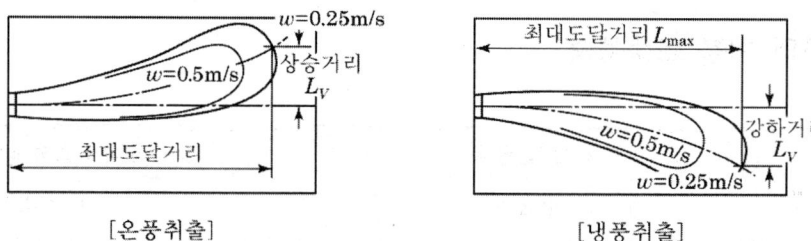

[온풍취출]   [냉풍취출]

④ 스머징(Smudging) 현상

천장취출구에서 취출기류나 유인된 실내공기 중에 함유된 먼지 등으로 취출구 주위의 천장면이 검게 더러워지는 현상으로 취출구 주위에 안티스머징링을 설치하여 이를 방지한다.

⑤ 천장취출

천장 취출구(하향)의 경우 온풍이면 공기의 비중량이 낮아지므로 부력작용에 의해 도달거리가 짧아진다. 반대로 냉풍이면 도달거리가 길어진다. 또한 베인의 각도에 따라 강하거리 및 도달거리는 다르게 나타난다. 즉, 베인의 선단과 수평선과의 각도

가 작은 경우에는 도달거리가 길고, 강하거리는 짧다. 그러나 그 각도가 크면 도달거리는 짧고 강하거리는 길어진다. 따라서 냉방 시에는 각도를 작게, 난방 시에는 크게 하며 또한 천장이 높은 실의 경우에도 각도를 크게 하므로 도달거리가 거주영역에 접근되도록 한다.

⑥ 확산반경

취출구의 배치는 최소 확산반경이 겹치지 않도록 하고, 거주영역에 최대 확산반경이 미치지 않는 영역이 없도록 천장을 장방형으로 나누어 배치한다. 이때, 분할된 천장의 장변은 단변의 1.5배 이하로, 또 거주영역에서 취출 높이의 3배 이하로 한다. 최소 확산반경 내에 보(beam)나 벽 등의 장애물이 있거나, 인접한 취출구의 최소 확산반경이 겹치면 드리프트, 즉 편류(偏流)현상이 생긴다.

㉠ 최대 확산반경 : 거주영역에서 평균풍속이 0.1~0.125m/s로 되는 최대 단면적의 반경

㉡ 최소 확산반경 : 거주영역에서 평균풍속이 0.125~0.25m/s로 되는 최대 단면적의 반경

(4) 취출구 배치 시 유의사항

① 공기의 분포

㉠ 취출기류가 실내에 골고루 분포될 수 있도록 한다.

㉡ 도달거리 및 확산반경이 적당하도록 한다.

㉢ 난방 시 상하의 온도구배가 지나치게 크지 않도록 한다.

㉣ 취출기류가 보(beam) 등에 의해 방해되지 않도록 한다.

㉤ 창문쪽의 냉풍이나 온풍이 직접 인체에 닿지 않도록 한다.

② 취출풍량

㉠ 취출풍량이 적으면 실의 부하를 처리하기 위하여 취출온도차를 크게 해야 한다. 그러나 취출온도차가 너무 크면 기류분포가 균일하지 못하다.

㉡ 취출풍량이 너무 적으면 취출기류의 속도가 너무 낮아져서 도달거리가 짧아진다.

③ 단락류

취출구와 흡입구의 배치가 좋지 않으면 취출공기가 실내로 확산되지 못하고 흡입구로 들어가는 단락류가 된다. 특히 취출기류의 속도가 낮을 때 주의한다.

④ 소음
  ㉠ 소음발생은 취출구의 종류, 취출 속도 등에 따라 다르므로 실의 허용소음 한계를 고려한다.
  ㉡ 옆방이나 실내외로 관통되는 덕트나, 도어의 루버(louver) 또는 언더컷(under cut)을 통하여 음이 전달되지 않도록 한다.

(5) 콜드 드래프트(cold draft)

창 부근의 온도는 실내의 공기온도보다 낮기 때문에 낮은 기온은 바닥부근 아래쪽으로 흘러서 방의 내부 쪽으로 들어오게 된다. 이 차가운 공기가 인체에 도달하면 인체 하부쪽 공기의 온도가 낮아지기 때문에 불쾌감을 느끼게 되는데 이러한 현상을 콜드 드래프트(cold draft)라 한다.

① 원인
  ㉠ 인체 주위의 공기온도가 너무 낮을 때
  ㉡ 인체 주위의 기류속도가 너무 빠를 때
  ㉢ 주위 공기의 습도가 낮을 때
  ㉣ 주위 벽면의 온도가 낮을 때
  ㉤ 창문 틈새를 통한 극간풍이 많을 때
② 방지대책 : 창틀이나 창 밑의 바닥면에 방열기를 설치

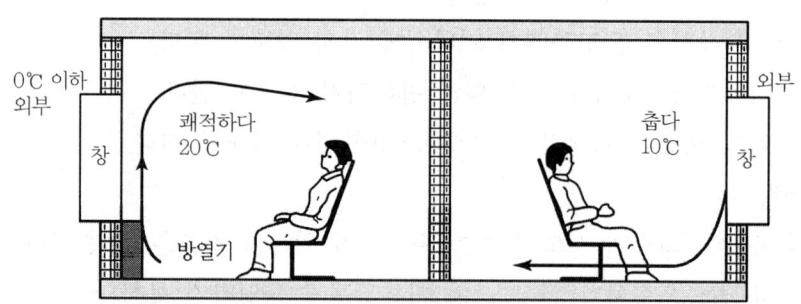

7 흡입구

실내공기를 환기 및 배기하기 위해 쓰여지는 것으로 흡입구를 통해 흡입된 실내공기는 공조실로 보내어져 여과, 정화되어 다시 취출구로 돌아온다. 흡입기류는 취출기류와는 달리 지향성이 없고 흡입구 주위에서 균등하게 흡입되므로 방향을 조절할 필요가 없어 흡입구의 종류는 취출구에 비해 적은 편이다.

(1) 흡입구 종류

① 도어 그릴형(door grille) : 문 하부에 부착되는 고정식 베인격자형의 흡입구
② 루버형(louver) : 큰 가로날개가 바깥쪽 아래로 경사지게 붙어서 고정되어 있으며 눈과 비의 침입을 방지한다.
③ 머시룸형(mushroom) : 극장 등의 바닥 좌석 밑에 설치하여 바닥면의 오염공기 및 먼지를 흡입하도록 한 것으로 필터나 코일을 오염시키므로 사용 시에는 먼지를 침전시킬 수 있는 구조로 하여야 한다.

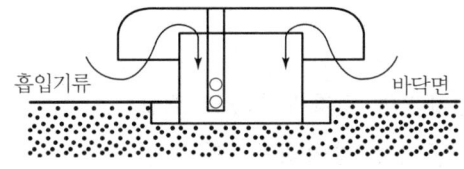

[머시룸형 흡입구]

(2) 흡입구의 허용 풍속

흡입구의 위치	허용흡입풍속(m/s)
거주구역의 상부에 있을 때	4.0 이상
거주영역 내에 있고 좌석에서 멀 때	3.0~4.0
거주영역 내에 있고 좌석에서 가까울 때	2.0~3.0
도어 그릴 또는 벽 설치용 그릴	3.0
주택	2.0
공장	4.0 이상

8 환기

환기란 실외로부터 청정한 공기를 실내에 공급하고 실내의 오염공기를 실외로 배출하여 실내의 오염공기를 제거하거나 희석하는 과정을 말한다.

(1) 환기의 목적

환기의 목적은 실내에서 발생한 오염물질(탄산가스, 먼지, 담배연기, 땀에 의한 수증기 등)에 의한 실내공기의 오염과 실내 산소농도 등의 감소에 의한 재실자의 불쾌감이나 보건, 위생에 대한 위험성을 방지하고 산업 생산 공정이나 제품의 품질관리에 있어서 주변공기환경의 악화로부터 제품과 주변기기의 손상을 방지하는 데 있다.

① 실내공기의 정화 및 신선한 공기를 공급(산소 공급)
② 발생열 제거
③ 수증기 제거

(2) 환기 방법

① 자연환기 및 기계환기(강제환기)
  ㉠ 제1종 환기 : 강제급기과 강제배기와의 조합
  ㉡ 제2종 환기 : 강제급기과 자연배기와의 조합
  ㉢ 제3종 환기 : 자연급기과 강제배기와의 조합
  ㉣ 제4종 환기 : 자연급기과 자연배기와의 조합

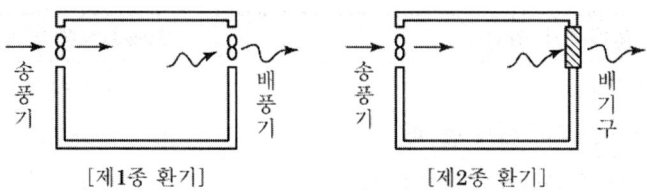

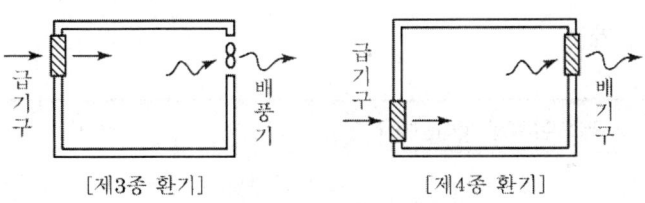

[제3종 환기]　　　　　[제4종 환기]

[환기방법의 종류]

구분	급기	배기	실내압	용도
제1종 환기법 (병용식 기계환기)	급기팬	배기팬	임의 압력	병원의 수술실, 대규모 보일러실, 변전실 등의 압력제어 조절 가능
제2종 환기법 (압입식 기계환기)	급기팬	자연배기	정압	반도체공장, 무균실 등의 청정실에 적합
제3종 환기법 (흡출식 기계환기)	자연급기	배기팬	부압 (−압)	주방, 화장실 등의 오염실에 적합
제4종 환기법 (자연환기식)	자연급기	자연배기	부압 (−압)	급기구와 배기통, 모니터 루프, 루프 벤틸레이터 사용

② 환기 방향에 따른 분류
　㉠ 상향 환기 : 급기부는 방의 하부에 두고 배기구는 방의 상부에 둔 것
　㉡ 하향 환기 : 급기부는 방의 상부에 두고 배기구는 방의 하부에 둔 것

③ 환기영역에 따른 분류
　㉠ 전반환기 : 열, 수증기, 오염물질의 발생이 실내에 널리 분포하는 경우 사용
　㉡ 국소(국부)환기 : 발생원이 집중되고 고정되어 있는 경우(주방, 화장실)

④ 실내의 환기량 표시방법
　㉠ 1인당 환기량 [$m^3/h \cdot 인$]
　㉡ 단위 바닥면적당의 환기량 [$m^3/h \cdot m^2$]
　㉢ 단위시간당의 환기량 [m^3/h]
　㉣ 환기 횟수 : $n = Q/V$ [회/h]

⑤ 필요환기량의 계산

환기인자	필요환기량 $Q[\text{m}^3/\text{h}]$	비고
공기	$Q = n \cdot V$	n : 환기횟수[회/h], V : 실체적[m^3]
열	$Q = \dfrac{q}{0.29(t_i - t_o)}$	q : 실내발열량[kcal/h] t_i : 실내 허용온도[℃], t_o : 외기온도[℃]
유해가스, 먼지	$Q = \dfrac{M}{K - K_o}$	M : 오염물질의 발생량[m^3/h 또는 mg/h] K : 실내 허용 오염농도[m^3/m^3 또는 mg/m^3] K_o : 외기의 오염농도[m^3/m^3 또는 mg/m^3]
수증기	$Q = \dfrac{W}{1.2(x_i - x_o)}$	W : 수증기량[kg/h] x_i : 실내 허용 절대습도[kg/kg′] x_o : 외기 절대습도 온도[kg/kg′]
끽연량	$Q = \dfrac{M}{0.017}$	M : 끽연량[g/h]

chapter 06 출·제·예·상·문·제

01. 덕트 내의 풍속이 8m/s이고 정압이 200Pa일 때, 전압(Pa)은 얼마인가? (단, 공기밀도는 1.2kg/m³이다.)

① 197.3Pa   ② 218.4Pa
③ 238.4Pa   ④ 255.3Pa

 전압(P_T)
전압=동압+정압이므로
$$P_T = \frac{w^2}{2}\rho + P_s$$
$$= \frac{8^2}{2} \times 1.2 + 200 = 238.4\text{Pa}$$

02. 다음 그림과 같은 덕트에서 점 ①의 정압 P_1=15mmAq, v_1=10m/s일 때 ②점에서의 전압은 몇 mmAq인가? (단, ①-②구간의 전압손실은 2mmAq이고, 공기비중량은 1kg/m³로 한다.)

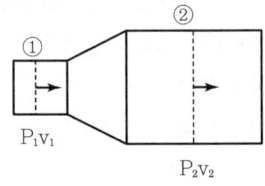

① 15.12   ② 17.12
③ 18.10   ④ 19.12

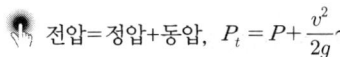 전압=정압+동압, $P_t = P + \frac{v^2}{2g}\gamma$
① 구간 전압:
$$P_1 = 15 + \frac{10^2}{2 \times 9.8} \times 1 = 20.1\text{mmAq}$$

② 구간 전압:
$$P_2 = P_1 - \Delta P = 20.1 - 2 = 18.1\text{mmAq}$$

03. 덕트 내 풍속을 측정하는 피토관을 이용하여 전압 23.8mmAq, 정압 10mmAq를 측정하였다. 이 경우 풍속은 약 얼마인가?

① 10m/s   ② 15m/s
③ 20m/s   ④ 25m/s

 ① 동압
동압=전압-정압=23.8-10=13.8mmAq
② 풍속(v)
전압=정압+동압
$$v = 1.29\sqrt{P_V} = 1.29\sqrt{9.8 h_V}$$
$$= 1.29\sqrt{9.8 \times 13.8} = 15\text{m/s}$$

여기서, 동압: $P_V = \frac{v^2}{2}\rho[\text{Pa}]$, $h_V[\text{mm}]$,
1mmAq=9.8Pa

04. 다음 그림과 같이 송풍기의 흡입 측에만 덕트가 연결되어 있을 경우 동압(mmAq)은 얼마인가?

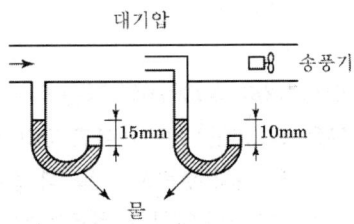

① 5   ② 10
③ 15   ④ 25

Answer 01. ③ 02. ③ 03. ② 04. ①

👆 사용상태에서 흡입관만을 가지고 토출구가 대기에 열려 있는 경우의 송풍기 전압은 흡입구 정압으로 표시된다. 이 경우 송풍기 정압은 흡입구 정압에 흡입구 동압을 가하지 않으면 얻지 못한다.
① 송풍기 전압=흡입구 정압=15mmAq
② 흡입구 전압=흡입구 정압+흡입구 동압
   흡입구 동압=흡입구 전압−흡입구 정압
   =10−15=−5mmAq
③ 송풍기 정압=흡입구 정압+흡입구 동압
   =15+(−5)=10mmAq
④ 송풍기 동압=송풍기 전압−송풍기 정압
   =15−10=5mmAq
[참고]

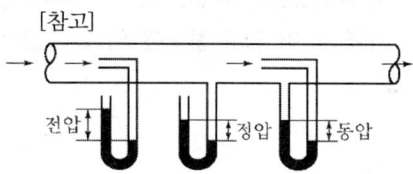

05. 덕트의 경로 중 단면적이 확대되었을 경우 압력변화에 대한 설명으로 틀린 것은?
① 전압이 증가한다.
② 동압이 감소한다.
③ 정압이 증가한다.
④ 풍속은 감소한다.

👆 ① 덕트의 단면적이 확대되면 국부손실이 발생하므로 전압(동압+정압)은 감소한다. 이때 동압의 유속이 감소하기 때문에 동압은 작아지고 정압은 동압이 감소한 만큼 증가한다.

06. 크기 1000×500mm의 직관 덕트에 35℃의 온풍 18000m³/h이 흐르고 있다. 이 덕트가 −10℃의 실외 부분을 지날 때 길이 20m당 덕트 표면으로부터의 열손실(kW)은? (단, 덕트는 암면 25mm로 보온되어 있고, 이때 1000m당 온도 차 1℃에 대한 온도 강하는 0.9℃이다. 공기의 밀도는 1.2kg/m³, 정압비열은 1.01kJ/kg·K이다.)
① 3.0
② 3.8
③ 4.9
④ 6.0

👆 ① 송풍량(Q)
$$Q = 18000\text{m}^3/\text{h} \times \frac{1\text{h}}{3600\text{s}} = 5\text{m}^3/\text{s}$$
② 20m당 실내외 온도차(=35−(−10)=45℃)에 대한 온도강하(Δt)
$$\Delta t = 0.9 \times \frac{20}{1000} \times 45 = 0.81℃$$
③ 덕트 표면으로부터의 열손실(q)
$$q = \gamma Q C \Delta t = 1.2 \times 5 \times 1.01 \times 0.81 = 4.9\text{kW}$$

07. 덕트의 설계 시 덕트 치수 결정과 관계가 없는 것은?
① 공기의 온도(℃)
② 풍속(m/s)
③ 풍량(m³)
④ 마찰손실(mmAq)

👆 일반적으로 덕트의 치수 결정은 덕트 내의 풍속을 정하고 필요 풍량을 산출한 후 덕트의 마찰손실을 사용하여 설계한다.

08. 덕트의 마찰저항을 증가시키는 요인은 여러 가지가 있다. 다음 중 값이 커지면 마찰저항이 감소되는 것은?
① 덕트재료의 마찰저항계수
② 덕트 길이
③ 덕트 직경
④ 풍속

👆 **덕트의 마찰손실**
$$\Delta P_f = f \frac{L}{d} \frac{V^2}{2g} \gamma$$
여기서, 마찰계수 : f
덕트의 길이 : L[m]

Answer 05. ① 06. ③ 07. ① 08. ③

덕트의 직경 : $d[\text{m}]$
풍속 : $V[\text{m/s}]$
공기의 비중량 : $\gamma[\text{kg/m}^3]$
중력가속도 : $g[\text{m/s}^2]$

위 식에서 덕트 지름과 마찰저항은 반비례하므로 덕트 지름이 커질수록 마찰저항은 감소한다.

09. 다음 중 일반적인 덕트의 설계 순서로 옳은 것은? (단, ① 송풍량 결정, ② 취출구·흡입구 위치 결정, ③ 덕트경로 결정, ④ 덕트 치수 결정, ⑤ 송풍기 선정이다.)

① ① → ② → ③ → ④ → ⑤
② ① → ③ → ④ → ② → ⑤
③ ⑤ → ① → ③ → ④ → ②
④ ⑤ → ① → ② → ③ → ④

👉 **덕트 설계 순서**

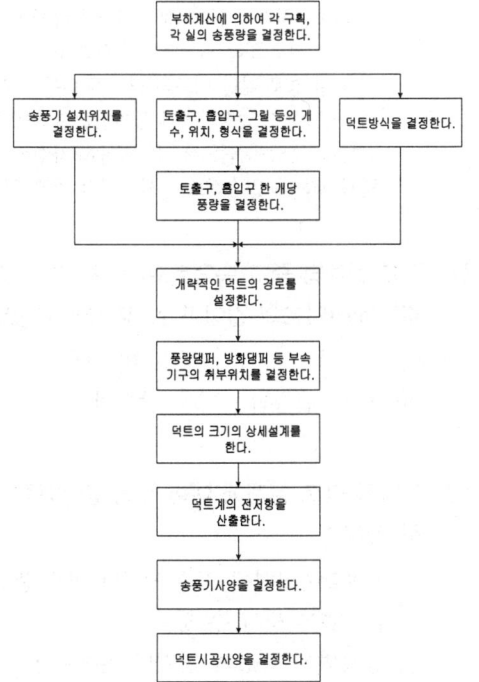

10. 덕트 시공도 작성 시 유의사항으로 틀린 것은?

① 소음과 진동을 고려한다.
② 설치 시 작업공간을 확보한다.
③ 덕트의 경로는 될 수 있는 한 최장거리로 한다.
④ 댐퍼의 조작 및 점검이 가능한 위치에 있도록 한다.

👉 **덕트 시공도 작성 시 유의사항**
㉠ 덕트의 경로는 될 수 있는 한 최단거리로 한다.
㉡ 설치 시에 작업공간을 고려한다.
㉢ 필요한 치수를 기입한다.
㉣ 댐퍼의 조작 및 점검이 가능한 위치에 있도록 한다.
㉤ 소음과 진동을 고려한다.
㉥ 기타 설비와의 공간을 고려한다.
㉦ 덕트 내로 배관과 같은 장애물의 통과는 없는지 살핀다.
㉧ 단열 및 도장공사의 필요성을 검토한다.
㉨ 취출구와 분기부의 위치는 적절한가 검토한다.
㉩ 실내의 공기분포와 취출구 및 흡입구의 위치와의 관계를 검토한다.
㉪ 진동이나 소음의 전파는 없는지 검토하고 필요 시에 캔버스 이음 또는 플렉시블 이음 및 방진, 소음장치를 한다.

11. 덕트의 크기를 결정하는 방법이 아닌 것은?

① 등속법   ② 등마찰법
③ 등중량법   ④ 정압재취득법

👉 **덕트의 설계법**
등속도법(정속법), 등마찰손실법(등압법), 정압재취득법

12. 덕트의 단위길이당 마찰저항이 일정하도록 치수를 결정하는 덕트 설계법은?

Answer 09. ① 10. ③ 11. ③ 12. ①

① 등마찰손실법 ② 정속법
③ 등온법 ④ 정압재취득법

등마찰손실법(정압법)
① 덕트의 단위 길이당 마찰(압력)손실을 일정하게 하는 방법
② 덕트 저항선도나 덕트 메저(Duct Measure) 등을 이용한 치수결정이 쉬움
③ 말단으로 갈수록 풍량과 풍속이 감소되어 소음의 문제가 적음
④ 취출구에서의 압력이 각각 다르게 되어 조정이 어려움

[참고]
① 등(정)속법 : 덕트의 각 부분에서의 풍속이 일정하도록 덕트 치수를 정하는 방법으로 일정 이상의 풍속이 요구되는 분체수송이나 공장의 환기 등에 사용
② 정압재취득법 : 주덕트에서 말단 또는 분기부로 갈수록 풍속이 감소함에 따라 동압의 차만큼 정압이 상승하며 이것을 덕트의 압력손실에 재이용하여 각 취출구 및 분기부분 직전의 정압이 균일하게 되도록 덕트 치수를 정하는 방법

13. 덕트의 설계법 중에서 모든 덕트 계통에서 동일한 단위마찰저항으로 하여 각 부의 덕트 치수를 결정하는 방법은?
① 등속법 ② 정압법
③ 등분기법 ④ 정압재취득법

12번 해설 참고

14. 공작기계인 연삭기로부터 발생되는 분진을 작업장 밖으로 배출시키기 위한 덕트 설계법으로 적당한 것은?
① 등마찰손실법 ② 등속법
③ 정압 재취득법 ④ 전압법

등속법

① 덕트의 각 부분에서의 풍속이 일정하도록 설계
② 구간별로 마찰손실을 구하여야 함
③ 풍량분배가 일정하지 않아 구간이 복잡하지 않은 덕트에 이용
④ 일정 이상의 풍속이 요구되는 분체수송이나 공장의 환기 등에 사용

15. 다음 중 정압의 상승분을 다음 구간 덕트의 압력손실에 이용하도록 한 덕트 설계법은?
① 정압법 ② 등속법
③ 등온법 ④ 정압 재취득법

정압 재취득법
각 분기 덕트 또는 취출구에서의 정압의 증가(풍속의 감속으로 인한 재취득)가 바로 다음 구간에서의 덕트마찰손실을 상쇄할 수 있도록 덕트 치수를 결정하는 방법이다. 이와 같이 하면 각 취출구 앞과 각 분기덕트에 있어서 정압이 일정하게 된다. 분기개소가 많아 덕트길이가 긴 경우 또는 고속덕트에 적합하나, 덕트길이가 길 경우 말단 덕트의 크기가 너무 크게 되며, 덕트치수 결정과정이 등마찰손실법보다 복잡하다. 정압재취득 계수를 정확히 가정하기 어렵기 때문에 일반적으로 사용되지 않고 있다.

16. 덕트 설계법 중 고속덕트로서 분기부가 많고 주(Main)덕트의 길이가 길 때 적합한 것은?
① 정속법 ② 등마찰법
③ 정압재취득법 ④ 감속법

17. 다음의 덕트 설계에 대한 설명 중 바르지 못한 것은?
① 등마찰손실법에 의해 설계할 경우 풍량의 불균형이 생길 수 있다.
② 등속법은 공장의 환기나 분체수송 덕트 설계에 이용된다.

 13. ② 14. ② 15. ④ 16. ③ 17. ④

③ 전압법은 기준경로의 전압손실을 다른 경로의 전압손실로 적용하여 설계한다.
④ 정압재취득법은 각 분기부의 전압이 거의 일정한 값을 가지므로 유리하다.

☞ ④ 정압재취득법은 각 분기부의 정압이 거의 일정한 값을 가지게 된다.

18. 공조용 저속덕트를 등마찰법으로 설계할 때 사용하는 단위마찰저항으로 가장 적당한 것은?

① 0.08~0.15mmAq/m
② 0.8~1.5mmAq/m
③ 8~15mmAq/m
④ 80~150mmAq/m

☞ 단위마찰손실
① 저속덕트 : 0.08~0.2mmAq/m
② 고속덕트 : 1mmAq/m

19. 고속덕트의 설계법에 관한 설명 중 맞지 않은 것은?

① 송풍기 동력이 과대해진다.
② 동력비가 증가된다.
③ 배연 덕트는 소음의 고려가 필요하지 않다.
④ 리턴 덕트와 공조기에서는 저속방식과 다른 풍속으로 한다.

☞ ④ 급기덕트는 조건에 따라 고속 또는 저속덕트 방식이지만, 리턴덕트의 경우 일반적으로 저속덕트방식이 일반적이다.

20. 다음은 고속덕트 방식의 특징에 관한 설명이다. 옳은 것은?

① 덕트 내의 풍속을 가급적 30m/s 이상으로 하는 것이 효과적이다.
② 소음박스를 설치하지 않는다.
③ 덕트의 단면적도 작게 할 수 있을 뿐 아니라 동력비도 적게 소요된다.
④ 덕트의 곡부나 분지는 될 수 있는 대로 원활하게 하여 와류의 발생을 줄인다.

☞ ① 덕트 내의 풍속을 가급적 30m/s 이하로 하는 것이 효과적이다.
② 고속덕트는 소음 및 진동이 발생하므로 이를 감소시키기 위한 장치가 필요하다.
③ 덕트의 단면적을 작게 할 수 있지만 고속으로 인한 송풍동력이 커 동력비가 많아진다.

21. 전압기준 국부저항계수 ζ_T와 정압기준 국부저항계수 ζ_S와의 관계를 바르게 나타낸 것은? (단, 덕트 상류 풍속은 v_1, 하류 풍속은 v_2이다.)

① $\zeta_T = \zeta_S - 1 + (\frac{v_2}{v_1})^2$
② $\zeta_T = \zeta_S + 1 - (\frac{v_2}{v_1})^2$
③ $\zeta_T = \zeta_S - 1 - (\frac{v_2}{v_1})^2$
④ $\zeta_T = \zeta_S + 1 + (\frac{v_2}{v_1})^2$

☞ 국부마찰손실(ζ_T가 전압기준일 때)

$\Delta P_T = \zeta_T \frac{v^2}{2g} \gamma$ (g : 중력가속도, γ : 공기비중량, v : 풍속)이고, 정압손실을 식으로 나타낼 때에는 $\Delta P_S = \zeta_S \frac{v^2}{2g} \gamma$로 한다. 이때 전압 기준의 ζ_T와 정압 기준의 ζ_S는 $\zeta_T = \zeta_S + 1 - (\frac{v_2}{v_1})^2$과 관계가 있다.

22. 다음 중 고속덕트와 저속덕트를 구분하는 기준이 되는 풍속은?

Answer 18. ① 19. ④ 21. ② 22. ①

① 15m/s ② 20m/s
③ 25m/s ④ 30m/s

 **풍속에 따른 덕트의 구분**
① 저속덕트 : 주덕트의 풍속이 15m/s 이하이고, 주로 각형 덕트를 사용한다.
② 고속덕트 : 주덕트의 풍속이 15m/s 이상이고, 주로 원형 덕트를 사용한다.

23. 공장의 저속덕트 방식에서 주덕트 내의 권장풍속으로 가장 적당한 것은?
① 36~39m/s ② 26~29m/s
③ 16~19m/s ④ 6~9m/s

 **덕트 내의 허용풍속**
㉠ 저속덕트 : 풍속이 15m/s 이하(8~15m/s)
㉡ 고속덕트 : 풍속이 15m/s 이상(20~30m/s)

24. 공조설비 중 덕트설계 시 주의사항으로 틀린 것은?
① 덕트 내의 정압손실을 적게 설계할 것
② 덕트의 경로는 될 수 있는 한 최장거리로 할 것
③ 소음 및 진동이 적게 설계할 것
④ 건물의 구조에 맞도록 설계할 것

 ② 덕트의 경로는 될 수 있는 한 최단거리로 할 것

25. 고속덕트의 설계법에 관한 설명 중 틀린 것은?
① 동력비가 증가된다.
② 송풍기 동력이 과대해진다.
③ 공조용 덕트는 소음의 고려가 필요하지 않다.
④ 리턴 덕트와 공조기에서는 저속 방식과 같은 풍속으로 한다.

 ③ 공조용 덕트는 고속덕트이므로 풍속이 빨라 덕트 저항이 커지고 압력이 높아지므로 소음과 진동이 발생하므로 이를 감소시키기 위한 장치가 필요하다.

26. 덕트 설계 시 주의사항으로 틀린 것은?
① 덕트의 분기지점에 댐퍼를 설치하여 압력 평형을 유지시킨다.
② 압력손실이 적은 덕트를 이용하고 확대 시와 축소 시에는 일정 각도 이내가 되도록 한다.
③ 종횡비(aspect ratio)는 가능한 한 크게 하여 덕트 내 저항을 최소화한다.
④ 덕트 굴곡부의 곡률반경은 가능한 한 크게 하며, 곡률이 매우 작을 경우 가이드 베인을 설치한다.

 ③ 종횡비는 가능한 한 작게 하여 덕트 내 저항을 최소화한다. 종횡비는 2 : 1을 표준으로 하고 가능하면 4 : 1 이하로 제한하며 최대 8 : 1 이하로 하여야 한다.

27. 덕트 설계 시 주의사항으로 틀린 것은?
① 장방형 덕트 단면의 종횡비는 가능한 한 6 : 1 이상으로 해야 한다.
② 덕트의 풍속은 15m/s 이하, 정압은 50 mmAq 이하의 저속덕트를 이용하여 소음을 줄인다.
③ 덕트의 분기점에는 댐퍼를 설치하여 압력 평행을 유지시킨다.
④ 재료는 아연도금강판, 알루미늄판 등을 이용하여 마찰저항 손실을 줄인다.

 ① 일반적으로 장방형 덕트인 경우 가능하면 정방형이 되도록 하며 종횡비는 2 : 1을 표준으로 하고 가능하면 4 : 1 이하로 제한하며 최대 8 : 1 이하로 하여야 한다.

Answer 23. ④ 24. ② 25. ③ 26. ③ 27. ①

28. 덕트 설계 시 주의사항으로 틀린 것은?
① 덕트 내 풍속을 허용풍속 이하로 선정하여 소음, 송풍기 동력 등에 문제가 발생하지 않도록 한다.
② 덕트의 단면은 정방형이 좋으나, 그것이 어려울 경우 적정 종횡비로 하여 공기 이동이 원활하게 한다.
③ 덕트의 확대부는 15° 이하로 하고, 축소부는 40° 이상으로 한다.
④ 곡관부는 가능한 한 크게 구부리며, 내측 곡률반경이 덕트 폭보다 작을 경우는 가이드 베인을 설치한다.

☞ ③ 덕트의 확대부는 15°(고속덕트 8°) 이하로 하고, 축소부는 30°(고속덕트 15°) 이하로 한다.

29. 덕트에 관한 설명 중 올바르지 못한 것은?
① 덕트의 아스펙트비는 일반적으로 4 : 1 이하로 하는 것이 좋다.
② 곡부의 저항은 이와 동일한 마찰저항이 생기는 직선덕트의 길이로 표현된다. 이를 국부저항의 상당길이라 한다.
③ 덕트의 국부저항은 곡부 및 분기부 등에서 생기는 와류의 에너지 소비에 따르는 압력손실과 마찰에 의한 압력손실을 합한 것이다.
④ 원형 덕트와 동일한 풍량, 동일한 단위길이당 마찰저항에서 구한 장방형 덕트의 단면적은 원형 덕트의 단면적과 같다.

☞ ④ 원형 덕트와 동일한 풍량, 동일한 단위길이당 마찰저항에서 구한 장방형 덕트의 단면적은 원형 덕트의 단면적보다 크다.

30. 덕트 설계도를 그리는 과정에서 주의할 사항 중 옳은 것은?
① 곡부분(曲部分)은 될 수 있는 대로 반경을 크게 한다.
② 확대부분의 각도는 가능한 한 45° 이상으로 한다.
③ 축소부분은 가능한 60° 이내로 한다.
④ 덕트 단면의 ASPECT RATIO는 가능한 한 6보다 작게 한다.

☞ ② 확대부분의 각도는 가능한 한 15° 이하로 한다.
③ 축소부분은 가능한 30° 이하로 한다.
④ 덕트의 아스펙트비는 일반적으로 4 : 1 이하로 하는 것이 좋다.

31. 덕트 단면이 축소되거나 확대될 때에는 가급적 그 각도를 작게 하여 압력손실이 적게 발생되도록 각도를 지키고자 할 때 바람직한 각도는?
① 축소부 20° 이하 확대부 30° 이하
② 축소부 15° 이하 확대부 30° 이하
③ 축소부 30° 이하 확대부 15° 이하
④ 축소부 10° 이하 확대부 20° 이하

☞ 덕트의 확대 각도는 15°(고속덕트 8°) 이하, 축소 각도는 30°(고속덕트 15°) 이하로 한다.

32. 장방형 덕트(긴 변 a, 짧은 변 b)의 원형 덕트 지름 환산식으로 옳은 것은?
① $de = 1.3\left[\dfrac{(ab)^2}{a+b}\right]^{1/8}$
② $de = 1.3\left[\dfrac{(ab)^5}{a+b}\right]^{1/6}$
③ $de = 1.3\left[\dfrac{(ab)^5}{(a+b)^2}\right]^{1/8}$

Answer 28. ③ 29. ④ 30. ① 31. ③ 32. ③

④ $de = 1.3\left[\dfrac{(ab)^2}{(a+b)}\right]^{1/6}$

▶ **장방형 덕트의 상당지름**

$d = 1.3\left[\dfrac{(ab)^5}{(a+b)^2}\right]^{1/8}$ (mm)

여기서, 장변 : a(mm), 단변 : b(mm)

33. 장방형 덕트(장변 a, 단변 b)를 원형 덕트로 바꿀 때 사용하는 계산식은 아래와 같다. 이 식으로 환산된 장방형 덕트와 원형 덕트의 관계는?

$$D_e = 1.3\left[\dfrac{(a\times b)^5}{(a+b)^2}\right]^{1/8}$$

① 두 덕트의 풍량과 단위 길이당 마찰손실이 같다.
② 두 덕트의 풍량과 풍속이 같다.
③ 두 덕트의 풍속과 단위 길이당 마찰손실이 같다.
④ 두 덕트의 풍량과 풍속 및 단위 길이당 마찰손실이 모두 같다.

▶ **장방형 덕트의 마찰손실**

장방형 덕트의 마찰손실은 이것과 동일한 풍량과 동일한 마찰손실을 갖는 원형 덕트와의 관계에서 구한다. 일반적으로 장방형 덕트인 경우 가능하면 정횡형이 되도록 하며 종횡비는 2:1을 표준으로 하고 가능하면 4:1 이하로 제한하며 최대 8:1 이하로 한다.

34. 타원형 덕트(flat oval duct)와 같은 저항을 갖는 상당직경 D_e를 바르게 나타낸 것은? (단, A는 타원형 덕트 단면적, P는 타원형 덕트 둘레길이이다.)

① $D_e = \dfrac{1.55P^{0.25}}{A^{0.625}}$ ② $D_e = \dfrac{1.55A^{0.25}}{P^{0.625}}$

③ $D_e = \dfrac{1.55P^{0.625}}{A^{0.25}}$ ④ $D_e = \dfrac{1.55A^{0.625}}{P^{0.25}}$

▶ **타원형 덕트의 상당지름**

$D_e = \dfrac{1.55A^{0.625}}{P^{0.250}}$

여기서, $A = \left[\dfrac{\pi b^2}{4} + b(a-b)\right]$
$P = \pi b + 2(a-b)$

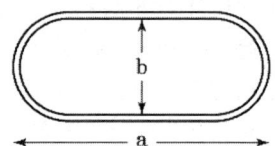

[참고] 타원형 덕트
층고가 낮고 사각덕트 및 원형 덕트 시공이 원활하지 않은 곳에 적용하며 기존 덕트에 비해 공간활용이 우수하다.

35. 덕트 조립공법 중 원형 덕트의 이음 방법이 아닌 것은?
① 드로우 밴드 이음(draw band joint)
② 비드 크림프 이음(beaded crimp joint)
③ 더블 심(double seam)
④ 스파이럴 심(spiral seam)

▶ **원형 덕트의 이음 종류**
버드 슬리브 이음, 비드 크림프 이음, 컴패니언 플랜지 이음, 드로우 밴드 이음, 스파이럴 심, 맞대기용접 이음, 아크메 로크 그루브 심
[참고] 더블 심
SMACNA 공법에 의한 장방형 덕트의 세로방향 조립법

36. 덕트에 설치되는 댐퍼에 대한 설명으로 틀린 것은?
① 버터플라이 댐퍼는 주로 소형 덕트에서 개폐용으로 사용되며 풍량 조절용으로도 사용된다.

Answer 33. ① 34. ④ 35. ③ 36. ④

② 평형익형 댐퍼는 닫혔을 때 공기의 누설이 많다.
③ 방화 댐퍼의 종류는 루버형, 피봇형 등이 있다.
④ 풍량 조절 댐퍼의 종류에는 슬라이드형과 스윙형이 있다.

☞ ④ 풍량 조절 댐퍼의 종류에는 단익(버터플라이) 댐퍼, 다익(루버) 댐퍼, 슬라이드 댐퍼, 스플릿 댐퍼 등이 있다.

37. 공기조화 시스템에 사용되는 댐퍼의 특성에 대한 설명으로 틀린 것은?

① 일반 댐퍼(Volume Control Damper) : 공기 유량조절이나 차단용이며, 아연도금 철판이나 알루미늄 재료로 제작된다.
② 방화 댐퍼(Fire Damper) : 방화벽을 관통하는 덕트에 설치되며, 화재 발생 시 자동으로 폐쇄되어 화염의 전파를 방지한다.
③ 밸런싱 댐퍼(Balancing Damper) : 덕트의 여러 분기관에 설치되어 분기관의 풍량을 조절하며, 주로 TAB 시 사용된다.
④ 정풍량 댐퍼(Linear Volume Control Damper) : 에너지절약을 위해 결정된 유량을 선형적으로 조절하며, 역류방지 기능이 있어 비싸다.

☞ ④ 정풍량 댐퍼(비례제어 댐퍼)는 에너지 절약 및 공정상의 이유로 어느 시스템에서 결정된 유량에 의한 공기량을 선형적으로 조절하며 역풍방지 댐퍼는 기류에 역류현상을 방지하기 위하여 기류의 중간에 설치하는 댐퍼를 말한다.

38. 다음 덕트의 풍량조절 댐퍼 중 2개 이상의 날개를 가진 것으로 대형 덕트에 사용되며 일명 루버댐퍼라고 하는 것은?

① 다익댐퍼   ② 스플릿댐퍼
③ 단익댐퍼   ④ 클로드댐퍼

☞ ① 루버댐퍼(louver damper, 다익댐) : 2개 이상의 날개를 가진 댐퍼, 대형 덕트에 사용
② 버터플라이(butterfly damper, 단익댐퍼) : 댐퍼의 날개가 1개로 되어 있어 구조가 간단하여 소형 덕트에 사용
③ 스플릿 댐퍼(split damper) : 덕트의 분기부에 설치해서 풍량의 분배를 하는 데 사용

39. 덕트의 구부러진 부분의 기류를 안정시키기 위해 사용하는 것은?

① 방화 댐퍼(fire damper)
② 가이드 베인(guide vane)
③ 라인 디퓨져(line diffuser)
④ 스플릿 댐퍼(split damper)

☞ **가이드 베인**
곡관부분의 기류의 안정을 유지하여 난류로 인한 압력손실을 줄이기 위해 설치하고 곡관부의 외측보다 내측에 설치하는 것이 좋다.
[참고] 가이드 베인의 설치
① 곡률반경이 덕트 장변의 1.5배 이하일 때
② 확대 및 축소 시 : 상기 각도 이상일 때
③ 곡부의 기류를 세분해서 생기는 와류를 작게 하며, 곡부의 안쪽에 설치하는 것이 적당

40. 덕트의 굴곡부 등에서 덕트 내에 흐르는 기류를 안정시키기 위한 목적으로 사용하는 기구는?

① 스플릿 댐퍼   ② 가이드 베인
③ 릴리프 댐퍼   ④ 버터플라이 댐퍼

☞ 39번 해설 참고

41. 가이드 베인에 대한 설명 중 틀린 것은?

Answer 37. ④ 38. ① 39. ② 40. ② 41. ③

① 곡률반지름이 덕트 장변의 1.5배 이내일 때 설치한다.
② 곡관부의 저항을 적게 한다.
③ 곡관부의 내측보다 외측에 설치하는 것이 좋다.
④ 곡관부의 기류를 세부하여 생기는 와류의 크기를 작게 한다.

☞ ③ 곡관부의 외측보다 내측에 설치하는 것이 좋다.

42. 덕트의 배치 방식에 관한 설명 중 틀린 것은?

① 간선덕트 방식은 주 덕트인 입상덕트로부터 각 층에서 분기되어 각 취출구로 취출관을 연결한다.
② 개별덕트 방식은 주 덕트에서 각개의 취출구로 각개의 덕트를 통해 분산하여 송풍하는 방식으로 각 실의 개별 제어성은 우수하다.
③ 환상덕트 방식은 2개의 덕트 말단을 루프(loop) 상태로 연결함으로써 덕트 말단에 가까운 취출구에서 송풍량의 언밸런스가 발생될 수 있다.
④ 각개 입상 덕트 방식은 호텔, 오피스빌딩 등 공기·수방식인 덕트병용 팬코일 유닛 방식이나 유인 유닛 방식 등에 사용된다.

☞ **덕트 배치 방식에 따른 분류**
① 간선덕트 방식 : 가장 간단하고 설비비가 싸고 덕트 스페이스가 작아도 된다.
② 개별덕트 방식 : 공기 취출구마다 덕트를 단독으로 설치하는 방식. 풍량 조절이 용이하고 멀티존 방식에 주로 사용된다.
③ 환상덕트 방식 : 덕트 끝을 연결하여 환상으로 만드는 형식. 말단 공기 취출구의 압력조절이 용이하므로 송풍량의 언밸런스가 개선된다.

43. 덕트의 부속품에 관한 설명으로 틀린 것은?

① 댐퍼는 통과풍량의 조정 또는 개폐에 사용되는 기구이다.
② 분기 덕트 내의 풍량제어용으로 주로 익형 댐퍼를 사용한다.
③ 방화구획 관통부에는 방화댐퍼 또는 방연댐퍼를 설치한다.
④ 가이드 베인은 곡부의 기류를 세분해서 와류의 크기를 작게 하는 것이 목적이다.

☞ ② 분기 덕트 내의 풍량제어용으로 주로 스플릿 댐퍼를 사용한다.
[참고] 스플릿 댐퍼(Split Damper)
풍량분배 댐퍼라고 하며, 덕트의 분기점에 설치하여 풍량조절용으로 사용된다. 구조가 간단하나 정밀한 풍량조절은 불가능하며 누설이 많아 폐쇄용으로 사용하지는 않는다.

44. 다음 중 풍량조절 댐퍼의 설치 위치로 가장 적절하지 않은 곳은?

① 송풍기, 공조기의 토출측 및 흡입측
② 연소의 우려가 있는 부분의 외벽 개구부
③ 분기덕트에서 풍량조정을 필요로 하는 곳
④ 덕트계에서 분기하여 사용하는 곳

☞ ② 연소의 우려가 있는 부분의 외벽 개구부는 방화구조로 하여야 하며 방화댐퍼를 설치해야 한다.

45. 덕트의 보온 목적으로 적합하지 않은 것은?

① 결로 방지를 위하여
② 급기덕트의 열손실을 방지하기 위하여
③ 천장 수납을 용이하게 하기 위하여
④ 소음을 줄이기 위하여

☞ 덕트를 보온하게 되면 덕트가 공간을 많이 차지하기 때문에 천장 수납이 용이하지 않다.

42. ③ 43. ② 44. ② 45. ③

46. 다음 중 보온, 보냉, 방로의 목적으로 덕트 전체를 단열해야 하는 것은?
① 급기 덕트
② 배기 덕트
③ 외기 덕트
④ 배연 덕트

☞ **덕트의 보온**
공조용 급기 덕트에는 열취득 또는 열손실, 결로방지 등의 목적으로 덕트 전체를 보온한다. 단열재 두께는 25mm로 하는 것이 일반적이고 덕트 단열재로는 유리면(glass wool), 암면(rock wool)이 많이 사용된다. 외기도입용 덕트나 배기덕트는 일반적으로 보온이 필요하지 않으나 결로가 우려되는 장소를 통과할 경우에는 결로방지용으로 보온을 하여야 한다.
[참고] 보온이 필요 없는 부분
① 환기용 덕트(일반 환기)
② 외기 도입용 덕트
③ 배기용 덕트
④ 보온효과가 있는 흡음재를 내장한 덕트 및 체임버
⑤ 공조되어 있는 방 및 그 천장 속 환기덕트
⑥ 덕트 보온효과가 있는 소음기 및 소음엘보우가 내장된 경우
⑦ 옥내외 노출된 배연덕트
⑧ 단독으로 방화구획된 샤프트 내의 배연덕트

47. 덕트의 소음 방지대책에 해당되지 않는 것은?
① 덕트의 도중에 흡음재를 부착한다.
② 송풍기 출구 부근에 플레넘 체임버를 장치한다.
③ 댐퍼 입·출구에 흡음재를 부착한다.
④ 덕트를 여러 개로 분기시킨다.

☞ **덕트의 소음 방지대책**
① 덕트의 도중에 흡음재를 부착
② 송풍기 출구 부근에 플레넘 체임버 설치
③ 덕트의 적당한 장소에 소음을 위한 흡음장치 설치
④ 댐퍼 취출구에 흡음재를 부착
⑤ 덕트, 배관, 벽, 천장 등의 관통부 차음 처리
⑥ 소음원의 이동 또는 줄임

48. 공기조화 설비에서 덕트계에서 발생되는 소음의 방음대책으로 틀린 것은?
① 발생 소음 자체를 줄인다.
② 음의 투과량을 크게 한다.
③ 소음발생원 등을 방음이 필요한 주요 실과 떨어뜨린다.
④ 덕트, 배관 등의 관통부를 차음 처리한다.

☞ ② 음의 투과량이 작을수록 방음성능이 높다.

49. 댐퍼의 종류에 관련된 내용이다. 서로 그 관련된 내용이 틀린 것은?
① 풍량조절댐퍼(VD) : 버터플라이 댐퍼
② 방화댐퍼(FD) : 루버형 댐퍼
③ 방연댐퍼(SD) : 연기감지기
④ 방연방화댐퍼(SFD) : 스플릿 댐퍼

☞ **스플릿 댐퍼(풍량분배 댐퍼)**
덕트의 분기점에 설치하여 풍량조절용으로 사용된다. 구조가 간단하나 정밀한 풍량조절은 불가능하며 누설이 많아 폐쇄용으로 사용하지는 않는다.

50. 덕트의 분기점에서 풍량을 조절하기 위하여 설치하는 댐퍼는?
① 방화 댐퍼
② 스플릿 댐퍼
③ 피봇 댐퍼
④ 터닝 베인

☞ **스플릿 댐퍼(split damper)**
덕트의 분기부에 설치해서 풍량의 분배를 하는 데 사용하며 길이가 짧으면 기류에 흩어짐이 생기기 쉽고, 댐퍼 날개의 강도가 작으면 진동 및 소음이 발생

Answer 46. ① 47. ④ 48. ② 49. ④ 50. ②

51. 공조용 덕트의 부속장치로 분기되는 지점에 설치하며 스플릿 댐퍼(split damper)라고도 하는 것은?
① 풍량조절 댐퍼(volume damper)
② 캔버스 이음(canvas connection)
③ 방화 댐퍼(fire damper)
④ 가이드 베인(guide vane)

> **풍량조절 댐퍼(volume damper)**
> 덕트 내 흐르는 풍량을 조절 또는 폐쇄하기 위해 사용되는 댐퍼로서, 특히 분기되는 지점에 설치되는 풍량조절용 댐퍼를 스플릿 댐퍼(split damper)라고 부른다.
> [참고]
> ① 캔버스 이음 : 송풍기의 진동이 덕트로 전달됨을 방지하기 위하여 석면으로 짠 캔버스를 이용하여 공기조화기와 덕트를 연결할 때 사용하는 방법이다.
> ② 방화 댐퍼 : 화재 발생 시 덕트를 통하여 다른 방으로 연소되는 것을 방지하기 위하여 사용되는 것이며, 퓨즈의 용융온도는 보통 70~80℃이다.
> ③ 가이드 베인 : 곡관부분의 기류의 안정을 유지하여 난류로 인한 압력손실을 줄이기 위해 설치하고 곡관부의 외측보다 내측에 설치하는 것이 좋다.

52. 다음 용어에 대한 설명으로 틀린 것은?
① 자유면적 : 취출구 혹은 흡입구 구멍면적의 합계
② 도달거리 : 기류의 중심속도가 0.25m/s에 이르렀을 때, 취출구에서의 수평거리
③ 유인비 : 전공기량에 대한 취출공기량(1차 공기)의 비
④ 강하도 : 수평으로 취출된 기류가 일정 거리만큼 진행한 뒤 기류중심선과 취출구 중심과의 수직거리

> **유인비**
> 취출공기량에 대한 유인공기의 비
> 유인비 = (1차 공기량 + 2차 공기량) / 1차 공기량
> • 1차 공기량 : 취출구로부터 취출된 공기량
> • 2차 공기량 : 취출 공기(1차 공기)로부터 유인되어 운동하는 실내 공기량

53. 다음의 취출과 관련한 용어 설명으로 틀린 것은?
① 그릴(grill)은 취출구의 전면에 설치하는 면격자이다.
② 아스펙트(aspect)비는 짧은 변을 긴 변으로 나눈 값이다.
③ 셔터(shutter)는 취출구의 후부에 설치하는 풍량조절용 또는 개폐용의 기구이다.
④ 드래프트(draft)는 인체에 닿아 불쾌감을 주는 기류이다.

> ② 아스펙트비(Aspect ratio)란 장방형 취출구의 긴 변을 짧은 변으로 나눈 값이다.

54. 취출에 관한 용어 설명 중 옳은 것은?
① 내부유인이란 취출구의 내부에 실내 공기를 흡입해서 이것과 취출 1차 공기를 혼합해서 취출하는 작용이다.
② 강하도란 수평으로 취출된 공기가 어느 거리만큼 진행했을 때의 기류 중심선과 취출구 중심과의 수평거리이다.
③ 2차 공기란 취출구로부터 취출되는 공기를 말한다.
④ 도달거리란 수평으로 취출된 공기가 어느 거리만큼 진행했을 때의 기류 중심선과 취출구와의 수직거리이다.

> ② 강하도란 수평으로 취출된 공기가 어느 거리만큼 진행했을 때의 기류 중심선과 취출구 중심과의 수직거리이다.

51. ① 52. ③ 53. ② 54. ①

③ 2차 공기란 내에 있던 공기 중에서 취출공기와 혼합되는 공기를 말한다.
④ 도달거리란 수평으로 취출된 공기가 어느 거리만큼 진행했을 때의 기류 중심선과 취출구와의 수평거리이다.

55. 취출구 관련 용어에 대한 설명으로 틀린 것은?
① 장방형 취출구의 긴 변과 짧은 변의 비를 아스펙트비라 한다.
② 취출구에서 취출된 공기를 1차 공기라 하고, 취출공기에 의해 유인되는 실내공기를 2차 공기라 한다.
③ 취출구에서 취출된 공기가 진행해서 취출기류의 중심선상의 풍속이 1.5m/s로 되는 위치까지의 수평거리를 도달거리라 한다.
④ 수평으로 취출된 공기가 어떤 거리를 진행했을 때 기류의 중심선과 취출구의 중심과의 거리를 강하도라 한다.

☞ ③ 도달거리 : 취출구에서 토출기류의 풍속이 0.25m/s로 되는 위치까지의 거리(보통 안목의 3/4, 대향류의 1/4 지점)

56. 취출구에서 수평으로 취출된 공기가 일정 거리만큼 진행된 뒤 기류 중심선과 취출구 중심과의 수직거리를 무엇이라고 하는가?
① 강하도   ② 도달거리
③ 취출온도차   ④ 셔터

☞ ① 강하도 : 취출구 중심에서 도달 거리 지점까지의 수직 높이
② 도달거리 : 취출구에서 나온 기류 속도가 0.25m/s의 풍속이 되는 위치까지의 수평거리(보통 안목의 3/4 지점, 대향류의 1/4 지점이며 평균도달거리는 0.5m/s)
③ 취출온도차 : 실내공기와 취출공기의 온도차

57. 취출기류에 관한 설명으로 틀린 것은?
① 거주영역에서 취출구의 최소 확산반경이 겹치면 편류현상이 발생한다.
② 취출구의 베인 각도를 확대시키면 소음이 감소한다.
③ 천장 취출 시 베인의 각도를 냉방과 난방 시 다르게 조정해야 한다.
④ 취출기류의 강하 및 상승거리는 기류의 풍속 및 실내공기와의 온도차에 따라 변한다.

☞ ② 취출구의 베인 각도를 확대시키면 소음이 증가한다.

58. 벽면에서 수평으로 취출되는 취출구의 베인 각도를 조정하여 확산거리를 증가시키면 도달거리는 어떻게 되는가?
① 길어진다.
② 온풍은 짧아지고 냉풍은 길어진다.
③ 변화 없다.
④ 짧아진다.

☞ 도달거리란 토출구에서 토출기류의 풍속이 0.25m/s로 되는 위치까지의 거리로 확산반경을 크게 하면 도달거리와 하강거리는 감소하게 된다.
[참고] 도달거리에 영향을 주는 요소
취출 속도, 취출구의 형상, 취출 공기의 온도와 실온과의 차이

59. 덕트의 취출구 및 흡입구 설계 시, 계획상의 유의점으로 가장 거리가 먼 것은?
① 취출기류가 보 등의 장애물에 방해되지 않게 한다.

Answer 55. ③ 56. ① 57. ② 58. ④ 59. ③

② 취출기류가 직접 인체에 닿지 않게 한다.
③ 흡연이 많은 회의실 등은 벽 하부에 흡입구를 설치한다.
④ 실내평면을 모듈로 분할하여 계획할 때에는 각 모듈에 취출구, 흡입구를 설치한다.

③ 흡연이 많은 회의실 등은 천장이나 벽 상부에 흡입구를 설치하여 담배연기를 밖으로 내보내도록 한다.

60. 다음 중 축류 취출구의 종류가 아닌 것은?
① 펑커루버형 취출구
② 그릴형 취출구
③ 라인형 취출구
④ 팬형 취출구

① 축류 취출구 : 노즐형, 펑커루버형, 유니버설형(그릴형), 라인형, 다공판형
② 복류 취출구 : 팬형, 아네모스탯형

61. 다음 중 축류형 취출구에 해당되는 것은?
① 아네모스탯형 취출구
② 펑커루버형 취출구
③ 팬형 취출구
④ 다공판형 취출구

① 축류형 취출구 : 급기 기류를 직선상으로 분사하므로, 유인비는 크지 않으나 반면에 도달거리가 길다. 여기에는 유니버설형, 노즐형, 펑커루버, 머쉬룸 디퓨저, 천장 슬롯형, 라인형, 다공판형 등이 있다.
② 복류형 취출구 : 복류형(확산형)은 공기를 층상으로 취출하여 여기에 실내공기를 유인 혼합하므로, 일반적으로 취출온도차를 크게 취할 수는 있으나 도달거리가 작다. 주로 천장에 설치하여 사용하는 경우가 많다. 팬형, 아네모스탯형 등이 있다.

62. 다음 중 천장 취출방식이 아닌 것은?
① 아네모스탯형   ② 팬형
③ 트로퍼형   ④ 유니버설형

① 천장 취출구 : 아네모스탯형, 팬형 등이 주로 사용되고 극장 등 천장이 높을 때는 천장 노즐 또는 아네모스탯 등이 사용된다.
② 벽 설치형 취출구 : 유니버설형, 노즐형(대공간)

63. 일종의 노즐형 취출기류의 방향조절이 가능하며 댐퍼가 있어 풍량 조절이 가능한 국소 냉방용으로 사용하는 취출구는?
① 펑커루버
② 노즐형 취출구
③ 슬롯 취출구
④ 아네모스탯형 취출구

펑커루버
① 목을 움직여 기류 방향조절 가능
② 풍량조절이 용이
③ 선박의 환기용, 주방에 사용

64. 다음 중 라인형 취출구의 종류로 가장 거리가 먼 것은?
① 브리즈 라인형   ② 슬롯형
③ T-라인형   ④ 그릴형

라인형 취출구
① 종횡비가 큰 취출구로서 천장, 창틀 위에 설치
② 종류 : 브리즈 라인형(breeze line), 캄 라인형(calm line), T-라인형(T-line), 슬롯형(slot line)

65. 공기의 흐름방향을 조절할 수 있으나 풍량은 조절할 수 없고 환기용 흡입구나 배기구로 사용되는 것은?

60. ④ 61. ②, ④ 62. ④ 63. ① 64. ④ 65. ①

① 그릴(grilles)
② 디퓨저(diffusers)
③ 레지스터(registers)
④ 아네모스탯(anemostat)

☞ 그릴(grilles)
전면의 형상으로는 공기의 흐름방향을 조절할 수 있도록 수평 또는 수직 방향으로 날개를 붙인 것과 펀칭한 것이 있다. 풍량은 조절할 수 없고 주로 환기용 흡기구나 배기구로 사용하고 있다.
[참고]
① 레지스터 : 그릴에 댐퍼를 부착하여 풍량을 조절할 수 있다. 주로 벽면이나 천장에 부착하여 급기구로 사용한다.
② 디퓨저 : 아네모스탯이라고도 부르며 사각형, 능형, 원형의 것을 주로 사용한다. 선형 디퓨저와 전면을 펀칭한 형태도 있다. 천장에 부착하여 급기구나 흡입구로 이용하며 구조상 1차 공기가 급기될 때 실내공기가 유도되어 혼합된 상태로 급기된다.

66. 취출구에서 레지스터(register)란?
① 취출구의 개구부를 덮는 면판
② 눈비의 침입을 막는 장치
③ 곤충의 침입을 막는 장치
④ 풍량 조절이 가능한 덕트 취출구

☞ 레지스터(Register)
그릴 뒤에 풍량 조절을 위한 셔터가 부착된 것

67. 아네모스탯(anemostat)형 취출구에서 유인비의 정의로 옳은 것은? (단, 취출구로부터 공급된 조화공기를 1차 공기(PA), 실내공기가 유인되어 1차 공기와 혼합한 공기를 2차 공기(SA), 1차와 2차 공기를 모두 합한 것을 전공기(TA)라 한다.)

① $\dfrac{TA}{SA}$ ② $\dfrac{PA}{TA}$

③ $\dfrac{TA}{PA}$ ④ $\dfrac{SA}{TA}$

☞ 유인비 = $\dfrac{1차 공기량 + 2차 공기량}{1차 공기량} = \dfrac{TA}{PA}$

[참고] 유인비
노즐 분출공기를 1차 공기, 1차 공기에 의해 유인된 실내공기를 2차 공기라 하고, 1차 공기량과 2차 공기량의 합을 1차 공기량으로 나누었을 때의 값을 유인비라고 한다. 유인비가 크면 도달거리가 짧고, 유인비가 작으면 도달거리가 길어 적정한 유인비가 선정되어야 한다. 보통 유인 유닛 방식에서 유인비는 3~4 정도이다.

68. 다음은 송풍기와 덕트(duct)의 연결방식을 나열한 것이다. 올바르게 된 것은? (단, 송풍기 :  덕트 : )

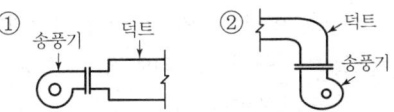

☞ 송풍기와 덕트의 연결방식

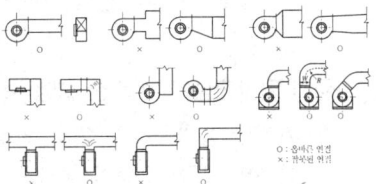

69. 환기(ventilation)란 A에 있는 공기의 오염을 막기 위하여 B로부터 C를 공급하여, 실내의 D를 실외로 배출하고 실내의 오염 공기를 교환 또는 희석시키는 것을 말한다. 여

Answer 66. ④ 67. ③ 68. ③ 69. ①

기서 A, B, C, D로 적절한 것은?

① A-일정 공간, B-실외, C-청정한 공기, D-오염된 공기
② A-실외, B-일정 공간, C-청정한 공기, D-오염된 공기
③ A-일정 공간, B-실외, C-오염된 공기, D-청정한 공기
④ A-실외, B-일정 공간, C-오염된 공기, D-청정한 공기

👉 **환기의 정의**
환기란 실외로부터 청정한 공기를 실내에 공급하고 실내의 오염공기를 실외로 배출하여 실내의 오염공기를 제거하거나 희석하는 과정을 말한다.

70. 환기에 따른 공기조화 부하의 절감 대책으로 틀린 것은?

① 예냉, 예열 시 외기도입을 차단한다.
② 열 발생원이 집중되어 있는 경우 국소배기를 채용한다.
③ 전열교환기를 채용한다.
④ 실내 정화를 위해 환기횟수를 증가시킨다.

👉 ④ 실내 정화를 위해 환기횟수를 증가시키면 실외 공기와 실내 공기를 교체하는 과정에서 환기부하(공기조화 부하)가 증가한다.

71. 환기 및 배연설비에 관한 설명 중 틀린 것은?

① 환기란 실내공기의 정화, 발생열의 제거, 산소의 공급, 수증기 제거 등을 목적으로 한다.
② 환기는 급기 및 배기를 통하여 이루어진다.
③ 환기는 자연환기 방식과 기계환기 방식으로 구분할 수 있다.
④ 배연설비의 주 목적은 화재 후기에 발생하는 연기만을 제거하기 위한 설비이다.

👉 ④ 배연설비의 주 목적은 화재 초기에 발생한 연기를 실외로 배출시키면서 피난 또는 소방활동을 용이하게 하기 위한 비상용의 설비이다.

72. 환기 종류와 방법에 대한 연결로 틀린 것은?

① 제1종 환기 : 급기팬(급기기)과 배기팬(배기기)의 조합
② 제2종 환기 : 급기팬(급기기)과 강제배기팬(배기기)의 조합
③ 제3종 환기 : 자연급기와 배기팬(배기기)의 조합
④ 자연환기(중력환기) : 자연급기와 자연배기의 조합

👉 ② 제2종 환기 : 급기팬(급기기)과 자연배기의 조합

73. 기계배기와 기계급기의 조합에 의한 환기방법으로 일반적으로 외기를 정화하기 위한 에어필터를 필요로 하는 환기법은?

① 1종 환기 ② 2종 환기
③ 3종 환기 ④ 4종 환기

👉 **환기방법**
① 제1종 환기방식 : 기계급기+기계배기(임의압력)
② 제2종 환기방식 : 기계급기+자연배기(정압)
③ 제3종 환기방식 : 자연급기+기계배기(부압)
④ 제4종 환기방식 : 자연환기

74. 기계급기와 자연배기에 의한 환기방식으로 주로 클린룸과 수술실 등에서 주로 적용하는 환기법은?

① 제1종 환기 ② 제2종 환기

 70. ④ 71. ④ 72. ② 73. ① 74. ②

③ 제3종 환기   ④ 제4종 환기

☞ 제2종 환기방식 : 기계급기＋자연배기(정압)

75. 환기방식에 관한 설명으로 옳은 것은?
① 제1종 환기는 자연급기와 자연배기 방식이다.
② 제2종 환기는 기계설비에 의한 급기와 자연배기 방식이다.
③ 제3종 환기는 기계설비에 의한 급기와 기계설비에 의한 배기 방식이다.
④ 제4종 환기는 자연급기와 기계설비에 의한 배기 방식이다.

☞ ① 제1종 환기는 기계설비에 의한 급기와 기계설비에 의한 배기 방식이다.
③ 제3종 환기는 자연급기와 기계설비에 의한 배기 방식이다.
④ 제4종 환기는 자연급기와 자연배기 방식이다.

76. 다음은 환기 방식에 관한 설명이다. 맞지 않는 것은?
① 1종 환기는 기계 환기의 일종으로 실내압을 임의로 조절할 수 있다.
② 2종 환기는 급기만 기계식이며, 청정실에 적합하다.
③ 3종 환기는 배기만 기계식으로 실내는 항상 정압(+)이며, 오염실에 적합하다.
④ 4종 환기는 자연환기 방식으로 실내외 온도차, 압력차에 의해 이루어진다.

☞ ③ 3종 환기는 배기만 기계식으로 실내는 부압(-)이며, 주방, 화장실 등 열 및 냄새가 있는 곳에 적합하다.

77. 건물의 지하실, 대규모 조리장 등에 적합한 기계환기법(강제급기＋강제배기)은?
① 제1종 환기   ② 제2종 환기
③ 제3종 환기   ④ 제4종 환기

☞ ① 제1종 환기 : 강제급기 강제배기
보통 대형 건물에서 주로 사용하는 형태로 대규모의 실내공기를 효과적으로 교체할 수 있다.
② 제2종 환기 : 강제급기 자연배기
중규모 시설의 공장 또는 사무실에서 사용하는 방식으로 급기량은 1종 환기량과 같이 할 수 있으나, 배기가 자연 배기라는 점이 다르며, 실내 내부가 약간의 정압(+)이 형성되는 경우이다.
③ 제3종 환기 : 자연급기 강제배기
보통 부분 환기개념에서 많이 사용되며, 오염된 공기를 외부로 배출시키기 위한 방법으로 화장실, 주방 배기 등이 여기에 많이 사용되는 방법
④ 제4종 환기 : 자연 급기 자연배기
가정이나 소규모 시설의 사무실 등에서 사용되는 방법으로 환기방법 중 가장 낮은 환기력을 가진 방법

78. 배출기만을 설치하여 급기는 개구부를 통해 자연히 도입되도록 하고 배기만 기계적으로 하는 방법으로 화장실, 욕실, 주방들에 적용되는 환기법은?
① 1종 환기   ② 2종 환기
③ 3종 환기   ④ 4종 환기

☞ 제3종 환기 : 자연급기 강제배기
부분 환기에 많이 사용되는 방법으로, 화장실, 주방 배기 등이 여기에 많이 사용되는 방법

79. 실내를 항상 급기용 송풍기를 이용하여 정압(+) 상태로 유지할 수 있어서 오염된 공기의 침입을 방지하고, 연소용 공기가 필요한 보일러실, 반도체 무균실, 소규모 변전실,

Answer   75. ②   76. ③   77. ①   78. ③   79. ②

창고 등에 적용하기에 적합한 환기법은?

① 제1종 환기 ② 제2종 환기
③ 제3종 환기 ④ 제4종 환기

👉 **제2종 환기 : 강제급기 자연배기**
중규모 시설의 공장 또는 사무실에서 사용하는 방식으로 급기량은 1종 환기량과 같이 할 수 있으나, 배기가 자연 배기라는 점이 다르며, 실내 내부가 약간의 정압(+)이 형성되는 경우이다.

80. 제3종 환기에 대한 설명으로 틀린 것은?

① 기계배기를 한다.
② 실내압력이 대기압 이하로 된다.
③ 오염공기가 발생하는 실내에 적합하다.
④ 급기만 송풍기에 의해 한다.

👉 ④ 배기만 송풍기에 의해 한다.

81. 공기의 온도에 따른 밀도 특성을 이용한 방식으로 실내보다 낮은 온도의 신선공기를 해당구역에 공급함으로써 오염물질을 대류효과에 의해 실내 상부에 설치된 배기구를 통해 배출시켜 환기 목적을 달성하는 방식은?

① 기계식 환기법 ② 전반 환기법
③ 치환 환기법   ④ 국소 환기법

👉 **치환 환기법**
유럽에서 발달한 시스템으로서 공기 온도차에 의한 무게의 차이를 이용하여 신선하고 차가운 공기를 해당구역에 공급하여 실내에서 발산되는 열과 기타 오염물질을 직접 대류효과에 의해 상승시켜 윗부분에 설치되어 있는 배기구를 통하여 외부로 배출시키는 환기방식으로 적은 환기량(에너지 사용)으로도 효율적인 실내 환경을 유지할 수 있다.

82. 외부의 신선한 공기를 공급하여 실내에서 발생한 열과 오염물질을 대류효과 또는 급배기팬을 이용하여 외부로 배출시키는 환기방식은?

① 자연환기 ② 전반환기
③ 치환환기 ④ 국소환기

👉 81번 해설 참고

83. 다음 설명에 있어서 ( ) 안에 적당한 용어로 옳은 것은?

> "최근에 사용빈도가 많은 동위원소를 검사하거나 치료에 이용하는 방은 실온을 개별 제어하며 실내를 (㉠)으로 (㉡)하여, 실내 공기를 (㉢)시켜서는 안 된다."

① ㉠ 정(+)압 ㉡ 국소량배기 ㉢ 배기
② ㉠ 부(−)압 ㉡ 전량배기   ㉢ 재순환
③ ㉠ 정(+)압 ㉡ 전량배기   ㉢ 배기
④ ㉠ 부(−)압 ㉡ 1/3배기   ㉢ 재순환

84. 수증기 발생으로 인한 환기를 계획하고자 할 때, 필요 환기량 Q(m³/h)의 계산식으로 옳은 것은? (단, q_s : 발생 현열량(kJ/h), W : 수증기 발생량(kg/h), M : 먼지발생량(m³/h), $t_1(℃)$: 허용 실내온도, x_i(kg/kg) : 허용 실내 절대습도, $t_o(℃)$: 도입 외기온도, x_o(kg/kg) : 도입 외기 절대습도, K, K_o : 허용 실내 및 도입 외기 가스농도, C, C_o : 허용 실내 및 도입 외기 먼지농도이다.)

① $Q = \dfrac{q_s}{0.29(t_i - t_o)}$

② $Q = \dfrac{W}{1.2(x_i - x_o)}$

③ $Q = \dfrac{100 \cdot M}{K - K_o}$

Answer 80. ④ 81. ③ 82. ③ 83. ② 84. ②

④ $Q = \dfrac{M}{C - C_o}$

필요환기량의 계산

환기 인자	필요환기량 $Q[m^3/h]$	비고
공기	$Q = n \cdot V$	n : 환기횟수(회/h) V : 실체적(m^3)
열	$Q = \dfrac{q}{0.29(t_i - t_o)}$	q : 실내발열량(kcal/h) t_i : 실내 허용온도(℃) t_o : 외기온도(℃)
유해 가스, 먼지	$Q = \dfrac{M}{K - K_o}$	M : 오염물질의 발생량 (m^3/h 또는 mg/h) K : 실내 허용 오염농도 (m^3/m^3 또는 mg/m^3) K_o : 외기의 오염농도 (m^3/m^3 또는 mg/m^3)
수증기	$Q = \dfrac{W}{1.2(x_i - x_o)}$	W : 수증기량(kg/h) x_i : 실내 허용 절대습도 (kg/kg′) x_o : 외기 절대습도 (kg/kg′)
끽연량	$Q = \dfrac{M}{0.017}$	M : 끽연량(g/h)

85. 실내의 CO_2 농도기준이 1000ppm이고, 1인당 CO_2 발생량이 18L/h인 경우, 실내 1인당 필요한 환기량(m^3/h)은? (단, 외기 CO_2 농도는 300ppm이다.)

① 22.7   ② 23.7
③ 25.7   ④ 26.7

👉 필요 환기량(Q)
$Q = \dfrac{M}{K - K_o} = \dfrac{0.018}{0.001 - 0.0003} = 25.7 m^3/h$

86. 가로 20m, 세로 7m, 높이 4.3m인 방이 있다. 아래 표를 이용하여 용적기준으로 한 전체 필요 환기량(m^3/h)은?

실용적 (m^3)	500 미만	500 ~1000	1000 ~1500	1500 ~2000	2000 ~2500
환기 횟수 n(회/h)	0.7	0.6	0.55	0.5	0.42

① 421   ② 361
③ 331   ④ 253

👉 ① 실용적(V) = 가로×세로×높이
  $= 20 \times 7 \times 4.3 = 602 m^3$
② 표에서 실용적 $602 m^3$일 때의 환기회수
  n = 0.6
③ 필요 환기량
  $Q = n \cdot V = 0.6 \times 602 = 361.2 m^3/h$

87. 9m×6m×3m의 강의실에 10명의 학생이 있다. 1인당 CO_2 토출량이 15L/h이면, 실내 CO_2 양을 0.1%로 유지시키는 데 필요한 환기량(m^3/h)은? (단, 외기의 CO_2 양은 0.04%로 한다.)

① 80   ② 120
③ 180   ④ 250

👉 필요 환기량(Q)
$Q \geq \dfrac{M}{C - C_a} = \dfrac{0.015 \times 10}{0.001 - 0.0004} = 250 m^3/h$
여기서, M : 실내에서 발생되는 CO_2량(m^3/h)
 C : 실내유지를 위한 CO_2량(%)
 C_a : 외기도입 공기 중 CO_2량(%)

88. 6인용 입원실이 100실인 병원의 입원실 전체 환기를 위한 최소 신선 공기량(m^3/h)은? (단, 외기 중 CO_2 함유량은 $0.0003 m^3/m^3$이고 실내 CO_2의 허용농도는 0.1%, 재실자의 CO_2 발생량은 개인당 $0.015 m^3/h$이다.)

① 6857   ② 8857

Answer 85. ③ 86. ② 87. ④ 88. ④

③ 10857   ④ 12857

 최소 신선 공기량(Q)

$$Q \geq \frac{M}{C-C_a} = \frac{0.015 \times 100 \times 6}{0.001-0.0003} = 12857 \text{m}^3/\text{h}$$

여기서, M : 실내의 CO_2 발생량
C : 실내 CO_2의 허용농도
C_a : 외기 CO_2 농도

89. 1000명을 수용하는 극장에서 1인당 CO_2 토출량이 15L/h이면 실내 CO_2량을 0.1%로 유지하는 데 필요한 환기량은? (단, 외기의 CO_2량은 0.04%이다.)

① 2500m³/h   ② 25000m³/h
③ 3000m³/h   ④ 30000m³/h

 환기량(Q)

$$Q = \frac{M}{C-C_a} = \frac{1,000 \times 0.015}{0.001-0.0004} = 25000 \text{m}^3/\text{h}$$

M : 실내에서 발생되는 CO_2량(m³/h)
C : 실내유지를 위한 CO_2량(%)
C_a : 외기도입 공기 중 CO_2량(%)

90. 20명의 인원이 각각 1개비의 담배를 동시에 피울 경우 필요한 실내 환기량은? (단, 담배 1개비당 발생하는 배연량은 0.54g/h, 1m³/h의 환기 가능한 허용 담배 연소량은 0.017g/h이다.)

① 235m³/h   ② 347m³/h
③ 527m³/h   ④ 635m³/h

 실내환기량(Q)

$$Q = \frac{M}{C_a} = \frac{0.54 \times 20}{0.017} = 635 \text{m}^3/\text{h}$$

여기서, M : 끽연량(g/h)
C_a : 허용담배연소량(g/h)

89. ② 90. ④

chapter 07 난방설비

1 개요

(1) 난방 방식의 분류

① 개별난방 : 열 발생원을 실내에 두고 열의 대류, 복사에 의한 난방
② 중앙난방
  ㉠ 직접난방 : 난방 공간에 방열기나 복사 패널 등 난방기기를 설치하고 증기, 온수 등의 열매체를 공급하여 실내를 난방하는 것으로 증기난방, 온수난방, 복사난방 등이 있다.
  ㉡ 간접난방 : 온풍난방과 같이 일정한 장소에서 공기를 가열하여 덕트 등을 통해 난방하는 방식
③ 지역난방 : 한 장소에서 다량의 고압증기($1{\sim}15\text{kg}/\text{cm}^2$) 또는 고온수($100℃$)를 도시의 일정지역에 공급

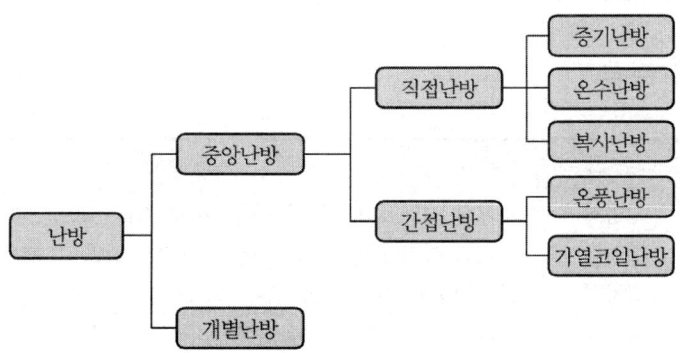

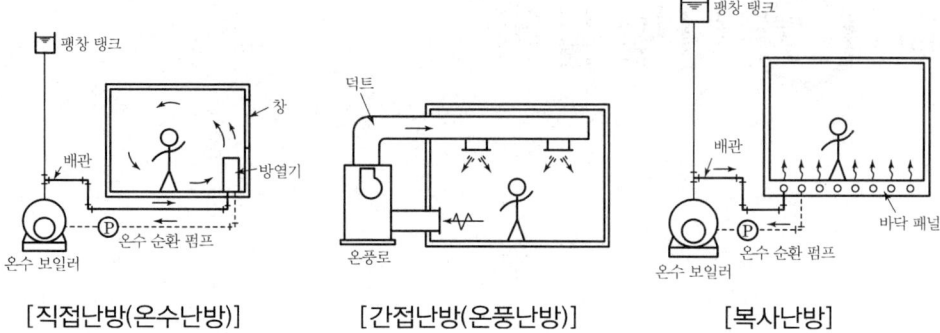

[직접난방(온수난방)]   [간접난방(온풍난방)]   [복사난방]

(2) 난방방식의 비교

① 쾌감도 : 복사난방 > 온수난방 > 증기난방
② 열용량 : 온수난방과 복사난방은 간헐난방에 부적합하지만, 증기난방은 적합
③ 부하변동에 대한 대응
   ㉠ 온수난방은 방열량 조절이 가능하지만 증기난방은 불가능하다.
   ㉡ 부하변동이 심한 곳은 온수난방이 적합
④ 설비비 : 태양열난방 > 복사난방 > 온수난방 > 증기난방 > 온풍난방

2 증기난방

증기난방은 증기보일러에서 발생한 증기를 배관을 통해 각 방에 설치된 방열기로 공급하여 증기가 응축수로 되면서 발생하는 증기의 응축잠열을 이용하여 난방하는 방식

(1) 증기난방의 분류

구 분	방 식	설 명
증기압력	고압식	증기의 압력 1.0kg/cm² 이상(1~3kg/cm² 정도)
	저압식	증기의 압력 1.0kg/cm² 미만(0.1~0.35kg/cm² 정도)
	진공식	진공 200mmHg~0.2kg/cm² 정도
배관 방식	단관식	증기관과 응축수관이 동일하게 하나로 구성
	복관식	증기관과 응축수관이 별개로 구성

구 분	방 식	설 명
공급 방식	상향식	증기주관을 최하층으로 배관하여 상향으로 공급
	하향식	증기주관을 최상층에 배관하여 하향으로 공급
	상하 혼용식	상향식과 하향식을 혼용하여 사용
환수배관 방식	건식	응축수환수관이 보일러 수면보다 위에 위치
	습식	응축수환수관이 보일러 수면보다 아래에 위치
응축수 환수 방식	중력환수식	응축수 자체의 중력에 의하여 환수(중·소규모)
	기계환수식	급수펌프를 설치하여 응축수를 보일러에 공급
	진공환수식	환수주관 말단부에 진공펌프를 연결하여 응축수를 신속하게 환수

(2) 증기난방의 특징

장 점	단 점
① 잠열을 이용하므로 열의 운반능력이 크다.	① 화상이 우려되며 먼지 등의 상승으로 불쾌감을 준다.
② 예열시간이 온수난방에 비해 짧고 증기 순환이 빠르다.	② 소음이 많이 난다.
③ 관경은 가늘어도 되므로 방열면적은 온수난방보다 작게 할 수 있다.	③ 부하변동에 대응이 곤란하다.(방열량 조정이 용이하지 못함)
④ 설비비가 싸다.	④ 실내의 상하온도차가 크기 때문에 쾌감도가 나쁘다.

(3) 증기난방용 기기

① 방열기 : 증기를 기기 내에 순환시켜 대류와 복사에 의해 실내를 난방을 하는 장치
② 증기트랩 : 방열기의 환수측 또는 증기배관의 최말단 등에 부착하여 응축수만을 환수시키는 장치로 수격작용, 부식 및 증기의 누설을 방지하고 비응축가스를 자동배출하여 난방기기의 효율을 높인다.

㉠ 증기트랩의 분류

분류	작동 원리	종류
기계식	증기와 응축수의 부력 차이	플로트 트랩, 버킷 트랩
온도식(열동식)	증기와 응축수의 온도 차이	바이메탈 트랩, 벨로즈 트랩
열역학식	증기와 응축수의 속도 차이	디스트 트랩, 오리피스 트랩

③ 증발탱크(flash tank) : 고압의 응축수를 고압 트랩을 통과시켜 플래시 탱크로 유도하여 팽창시키며 팽창된 응축수는 재증발되어 저압증기관으로 보내 재사용된다.

④ 감압밸브 : 고압과 저압관 사이에 설치하여 고압측 압력을 필요한 저압으로 낮추어 2차측 압력을 일정하게 유지하기 위한 밸브이다.

(4) 증기난방 배관의 시공

① 배관의 구배
  ㉠ 단관식 중력 환수식
    ⓐ 증기주관은 응축수가 체류하지 않도록 순구배로 한다.
    ⓑ 수평주관은 순류관일 경우 1/100~1/200의 구배로 하고, 역류관일 경우에는 1/50~1/100의 구배로 한다.
  ㉡ 복관식 중력 환수식에서 건식 환수관은 증기주관의 1/200의 순구배를 준다.
  ㉢ 진공 환수관의 증기주관은 1/200~1/300의 하향구배를 준다. 밸브 침식의 원인

② 배관시공
  ㉠ 수평배관에서 이경관을 접속하는 경우에는 편심 리듀서를 사용한다.
  ㉡ 온도변화에 따른 관의 팽창을 흡수하기 위하여 신축이음을 설치한다.
  ㉢ 배관의 중량과 열팽창에 따른 신축, 진동과 충격 등을 고려하여 일정한 간격으로 배관을 지지한다.
  ㉣ 암거 내에 배관이 통과할 경우 나관 표면에 콜타르를 입힌 후에 아스팔트로 방수 처리한다.
  ㉤ 증기주관에서 상향 수직관을 분기할 경우, 열팽창에 의한 신축 흡수를 위하여 스위블 이음을 한다.
  ㉥ 공기를 배출하기 위하여 에어 벤트(air vent) 등을 설치한다.

③ 증기보일러 주위 배관
  ㉠ 하트포드 접속법(hartford connection) : 증기관과 환수관 사이에 균형관을 접속하여 환수관 누설로 인하여 보일러 수위가 파괴되는 것을 방지(보일러 내의 안전 수위를 유지하기 위한 접속)

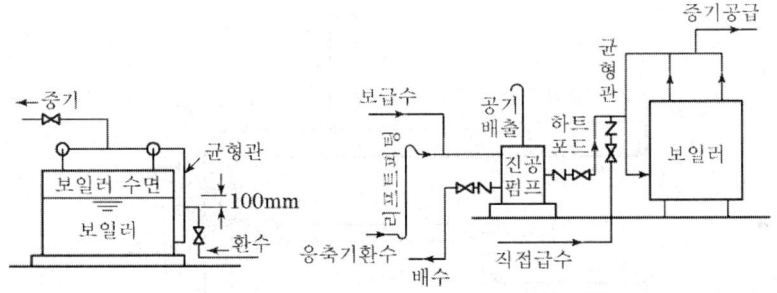

[증기보일러 주변의 배관법과 하트포드 접속]

ⓒ 리프트 피팅(lift fitting) : 진공환수식 난방의 경우에 방열기보다 높은 위치에 환수관을 연결하여 환수관보다 높은 위치로 환수관의 응축수를 끌어올려 환수하는 방법
　ⓐ 리프트관은 환수관보다 1치수 작은 것을 사용한다.
　ⓑ 1단 흡상높이는 1.5m 이내이며 그 이상의 높이는 2단이나 3단 직렬접속한다.
　ⓒ 설치 위치는 진공펌프 가까운 곳이 좋다.

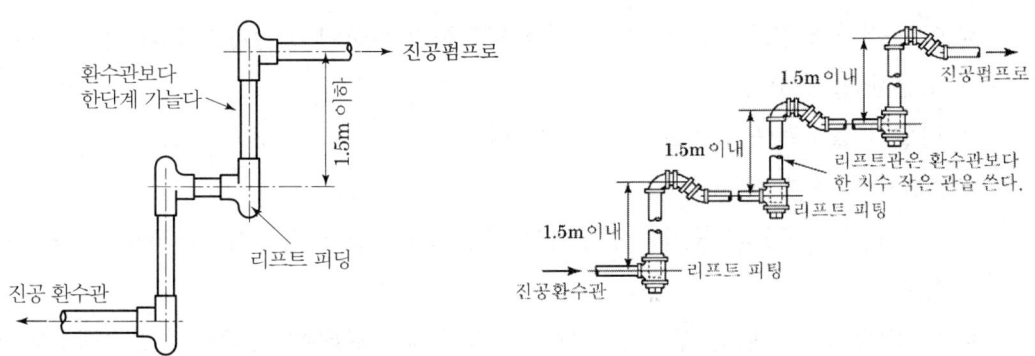

ⓒ 냉각레그 : 응축수 배출을 원활하게 하기 위하여 증기주관에서 관말 트랩까지 보온하지 않는 노출배관으로 냉각 면적을 넓히기 위해 냉각레그의 길이는 1.5m 이상으로 한다.

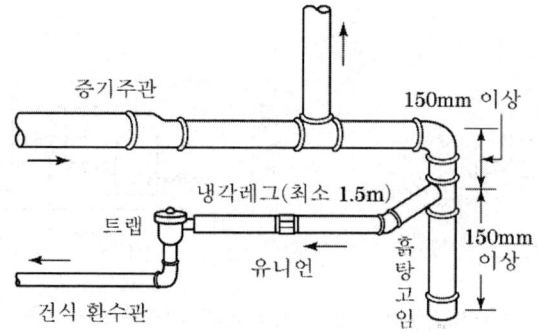

[증기주관의 관말 트랩 배관]

④ 방열기 주위 배관
  ㉠ 방열기 설치 위치는 열손실이 많은 곳에 설치하며 벽면과 50~60mm 정도 이격시켜야 한다.
  ㉡ 열팽창을 흡수하기 위하여 신축이음(스위블 이음)을 설치한다.
  ㉢ 방열기 상부에 공기빼기 밸브를 설치하여 공기를 배출시킨다.
  ㉣ 방열기 밸브는 응축수가 고이지 않도록 슬루스 밸브나 앵글 밸브를 설치한다.
  ㉤ 이중 서비스 밸브 : 응축수의 동결을 방지하기 위하여 방열기 밸브와 열동 트랩을 조합한 밸브이다.
  ㉥ 방열기 출구측에 증기트랩을 설치한다.
⑤ 감압밸브의 주위 배관
  ㉠ 설치 목적 : 고압의 증기를 감압하여 저압측 압력을 일정하게 유지하기 위하여 사용한다.
  ㉡ 설치방법 : 바이패스 배관을 구성하고, 입구에 스트레이너, 출구에 안전밸브를 설치한다.

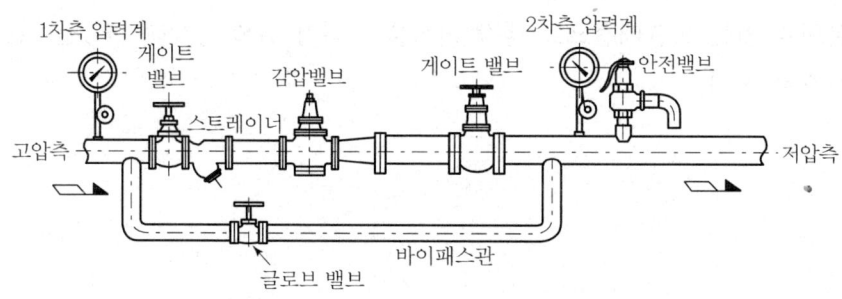

⑥ 증기 헤더
　㉠ 보일러에서 발생한 증기를 한 곳에 모아 각 실로 열원을 균등하게 공급하기 위하여 설치한다.
　㉡ 설치 시 유의사항
　　ⓐ 증기 헤더의 크기는 주증기관의 관경보다 2배 이상 크기로 한다.
　　ⓑ 각각의 배관마다 압력계를 설치한다.
　　ⓒ 증기 헤드 하부에는 드레인 밸브를 설치한다.
⑦ 신축이음
　온수, 냉수, 증기가 관내를 통과할 때 온도변화에 따른 관 팽창과 수축이 발생함으로써 기기의 파손을 초래하므로 신축을 흡수하기 위해 배관 도중에 설치한다.

3 온수난방

온수난방은 온수보일러에서 발생한 온수를 배관을 통해 각 방에 설치된 방열기로 순환시켜 온수의 온도가 낮아지면서 발생되는 현열(감열)을 이용하여 난방하는 방식

(1) 온수난방의 분류

구 분	방 식	설 명
순환방식	자연순환(중력식)	온수를 비중차를 이용하여 순환
	강제순환식(펌프식)	순환펌프를 사용하여 강제로 온수를 순환
온수온도	고온수식	온수온도가 100℃ 이상(보통 100~150℃ 정도, 밀폐식)
	보통온수식	온수온도가 100℃ 미만(보통 80~95℃ 정도)
	저온수식	온수온도가 100℃ 미만(보통 45~80℃ 정도)
배관방식	단관식	온수공급관과 환수관이 동일하게 하나로 구성
	복관식	온수공급관과 환수관이 별개로 구성
	역환수관식 (리버스리턴)	각 방열기로 공급되는 공급배관과 환수배관의 길이(마찰저항)를 같게 하여 온수가 균등하게 공급

구 분	방 식	설 명
공급방식	상향식	온수공급관을 최하층으로 배관하여 하향으로 공급
	하향식	온수공급관은 최하층으로 배관하여 상향으로 공급

(2) 온수난방의 특징

장 점	단 점
① 난방부하의 변동에 대한 온도(방열량)조절이 용이하다. ② 실내공기의 상하온도차가 작기 때문에 증기난방보다 쾌감도가 좋다. ③ 용량이 크므로 잘 식지 않는다.(에너지손실이 적다) ④ 보일러 취급이 용이하고 안전하다.	① 예열시간이 길다.(연료 소비량이 많다) ② 증기난방에 비해 방열면적과 관경이 커야 하므로 설비비가 비싸다. ③ 온수 순환 시간이 길다. ④ 한랭지에서 난방 정지 시 동결 우려가 있다. ⑤ 사용압력에 제한적이므로 고층건물에 부적당하다.

(3) 팽창탱크(Expansion Tank)

① 온수보일러에서 온수의 팽창에 따른 이상 압력의 상승을 흡수하여 장치나 배관의 파손을 방지하며 사용온도에 따라 개방식(85~95℃)과 밀폐식(100℃ 이상)이 있다.

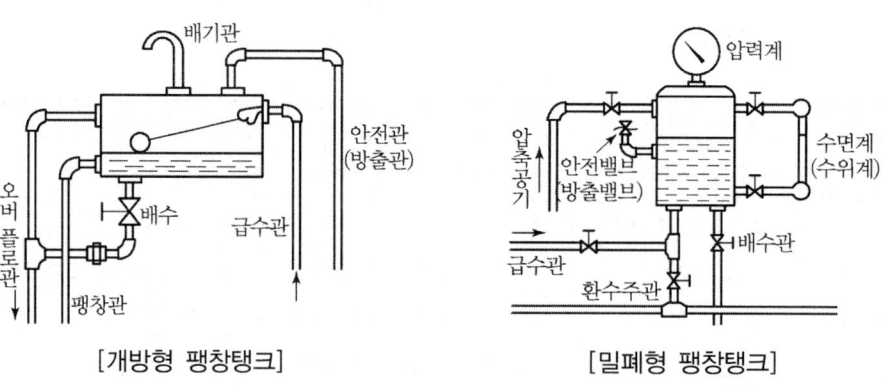

[개방형 팽창탱크]   [밀폐형 팽창탱크]

② 배관 : 급수관, 안전관, 통기관, 오버플로관, 배수관, 팽창관
③ 배관경 : 오버플로관은 급수관의 2배 크기
④ 팽창관 : 팽창수조(탱크)에 이르는 관(팽창관 도중 밸브 설치 안 함)
⑤ 팽창탱크의 설치 위치

㉠ 개방형 : 최고층의 방열기나 방열면보다 1m 이상 높게 설치
㉡ 밀폐형 : 설치 위치에 제한이 없다.

[개방형과 밀폐형 팽창탱크 비교]

구 분	개방형 팽창탱크	밀폐형 팽창탱크
배관 부식	공기혼입에 의한 배관 부식 발생	시스템 내의 공기접촉이 차단되어 방지된다.
보급수 보충량	지속적인 보급수의 보충이 필요	배관수의 손실이 없어 보급수가 거의 필요치 않다.
경제성	팽창탱크가 대기에 개방되어 증발, 오버플로 등에 의한 손실이 크다.	열손실이 없고 배관수명이 연장되므로 에너지 절약적이다.
성능	펌프 흡입측에 공기가 혼입되면 효율저하, 소음, 캐비테이션 등의 이상 현상이 발생한다.	순환장애, 배관의 소음 및 진동 등 이상 현상이 발생하지 않아 효율적인 운전이 가능
설치 위치	배관 최상부에 설치하므로 설치장소에 제약이 있다.	설치장소의 제한이 없다.
유지보수	유지보수가 필요하다.	유지보수가 불필요
가격	구조가 간단하고 가격이 싸다.	고가

⑥ 팽창탱크 용량

㉠ 개방식 : 팽창탱크의 유효용량은 시간 최대급탕량의 20분 내지 1시간 정도로 하거나 온수팽창량의 1.5~2배 정도로 결정

온수팽창량 $\Delta v = \left(\dfrac{1}{\rho_2} - \dfrac{1}{\rho_1}\right)v$ [L]

여기서, 가열된 온수의 밀도 : ρ_2[kg/L]
가열 전 물의 밀도 : ρ_1[kg/L]
가열장치 내 전수량 : v[L]

㉡ 밀폐식 : $V = \dfrac{\Delta v}{\dfrac{P_0}{P_1} - \dfrac{P_0}{P_2}}$ [L]

여기서, 팽창탱크의 용량 : V[L]
온수팽창량 : Δv[L]
밀폐식 팽창탱크의 초기 봉입 절대압력 : P_0[kPa]
팽창탱크 위치에서의 초기 절대압력 : P_1[kPa]
장치의 최대허용압력 : P_2[kPa]

ⓒ 온수순환펌프
ⓐ 흡입관 수평부에 1/50~1/100의 선상향 구배
ⓑ 펌프의 흡입측에 스트레이너를 설치, 토출측에 체크밸브를 설치
ⓒ 흡입과 토출측에 압력계를 설치
ⓓ 배관경 결정에서 수속 : 흡입측 0.5~1.5m/s, 토출측 1.5~2.5m/s

⑦ 온수난방 시공법
㉠ 온수공급관의 구배는 상향구배를 원칙으로 한다.
㉡ 배관 중에 공기가 고이지 않도록 팽창탱크 또는 공기밸브를 향해 1/250 이상의 상향구배를 한다.
㉢ 수평배관에서 관지름을 바꿀 때는 편심 조인트를 사용한다.
㉣ 배관을 합류하거나 분류할 때 신축을 흡수하기 위하여 티를 사용하지 않고 엘보를 사용한다.

4 복사난방

건축물의 바닥, 천장, 벽 등에 온수코일을 매립하여 증기나 온수를 순환시켜 발생하는 복사(방사)열에 의해 난방하는 방식으로 패널난방이라고도 한다.

(1) 복사난방의 분류

① 패널 위치에 의한 분류
㉠ 천장 패널식 : 천장면을 가열면으로 하는 것이므로 시공은 곤란하지만 가열면 온도는 50℃ 정도까지 올릴 수 있다. 따라서 패널 면적이 작아도 되며, 열량 손실이 큰 방에 적합하다. 그러나 천장이 높은 건물에서는 부적당하다.
㉡ 바닥 패널식 : 바닥면을 가열면으로 한 것으로 가열면의 온도를 높게 할 수 없으므로 보통 35℃ 이하로 유지시키며 큰 실내에는 바닥면만으로는 방열량이 부족하다. 시공은 비교적 간단하고 가구 등으로 복사면이 감소하여 먼지가 일기 쉬운 결점이 있다.
㉢ 벽 패널식 : 창문 주위에 천장이나 바닥 패널의 보조용으로 사용한다.

② 배관 방식에 의한 분류
  ㉠ 벤드 코일 방식 : 온수유량 분배가 우수 및 온도차가 일정
  ㉡ 그리드 코일식 : 코일 간 온도차가 균일하고, 배관저항이 적지만 유량이 불균일

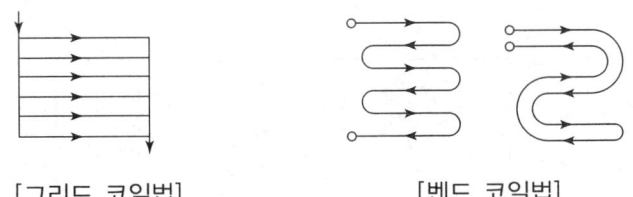

[그리드 코일법]　　　　　　[벤드 코일법]

③ 패널의 표면온도에 의한 분류
  ㉠ 저온식 : 패널의 표면온도는 30~45℃ 정도이고, 패널 내에 배관코일을 매설하여 여기에 온수 등의 열매를 통하게 하는 것으로, 패널면으로는 바닥, 벽체, 천장을 이용할 수 있으며, 실내공간 활용면에서는 천장 판넬이 효과적이지만, 우리나라에서는 바닥을 패널로 이용하는 경우가 많다.(로비 바닥, APT 방·거실바닥 등)
  ㉡ 고온식 : 강판에 파이프를 용접 부착한 것으로, 열매는 고온수나 증기를 사용하며, 패널 표면온도는 100℃ 정도를 유지한다. 천장이 높고 실내온도가 낮은 대형 기계 공장 등에 사용된다.

(2) 복사난방의 특징

장 점	단 점
① 실내의 온도분포가 균등하여 쾌감도가 높다.	① 외기 온도 급변에 따른 방열량 조절이 어렵다.
② 방을 개방상태로 하여도 난방의 효과가 있다.	② 증기난방 방식이나 온수난방 방식에 비해 설비비가 비싸다.
③ 방열기가 없으므로 방의 바닥면적의 이용도가 높아진다.	③ 구조체를 따뜻하게 하므로 예열시간이 길고 일시적인 난방에는 효과가 적다.
④ 실내 공기의 대류가 적기 때문에 바닥면의 먼지가 상승하지 않는다.	④ 매립배관이므로 시공이 어려우며, 고장 시 발견이 어렵고 수리가 곤란하다.
⑤ 방의 상·하 온도차가 적어 방 높이에 의한 실온의 변화가 적으며, 고온복사 난방 시 천장이 높은 방의 난방도 가능하다.	⑤ 열손실을 막기 위해 단열층이 필요하다.
⑥ 저온복사난방(35~50℃ 온수) 시 비교적 실온이 낮아도 난방효과가 있다.	

장 점	단 점
⑦ 실내 평균온도가 낮기 때문에 같은 방열량에 대하여 손실열량이 적다.	

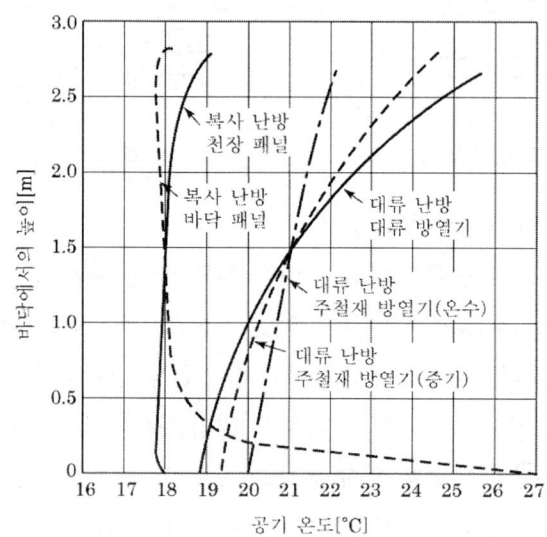

[복사난방과 대류난방의 실내온도분포]

(3) 복사난방 설계 시 주의사항

① 가열면(콘크리트 바닥) 표면 허용 최고온도 : 31℃ 정도
② 매설 배관의 관경 : 15~20A의 동관 또는 XL관, PPC관, PB관 등
③ 배관 피치 : 200~300mm 정도
④ 매설 깊이 : 관 위에서 표면까지 관경의 1.5~2배 이상
⑤ 배관 길이 : 배관회로 하나의 길이는 50m 이하로 하며 각 코일의 길이는 같게 한다.
⑥ 온수의 온도차(온도강하) : 6~8℃ (콘크리트 바닥 기준, 온수온도 38~55℃)
⑦ 온수는 창문(외벽쪽) 쪽에서 공급하고, 내측에서 리턴한다.(부하가 많은 쪽이 온도 높게)

5 온풍난방

열원장치에 의해 가열된 직접 도는 덕트에 의해 실내로 공급하는 난방 방식으로 가열장치에는 온풍기, 난방환기유닛, 유닛히터 등이 있다. 실내에 가열기를 설치하여 증기나 온수 등을 공급하여 실내를 난방하는 것은 직접난방이고, 온풍난방은 간접난방이다. 최근에는 소규모 건물 개별난방에 에너지 절약형 온풍기가 많이 사용되고 있다.

① 특징

장 점	단 점
① 열효율이 좋아 연료비가 적게 든다.	① 온도가 높아 실내온도 분포가 나쁘다.
② 증기, 온수난방에 비해 설비비가 저렴하다.	② 소음이 크고 쾌감도가 좋지 않다.
③ 온도와 습도의 조정이 쉽다.	③ 동력이 많이 들고 온풍로에 그을음이 생긴다.
④ 예열시간이 짧으며 누수나 동결의 우려가 적다.	
⑤ 기계실의 면적이 작아진다.	
⑥ 공사의 시공이 간단하고 장치의 조작이 간편하다.	

② 주요 구성기기 : 송풍기, 버너, 연소실, 열교환기, 에어필터, 가습장치, 제어장치

6 지역난방

중앙식 냉난방의 일종으로 일정한 장소의 기계실에서 넓은 지역 내의 여러 건물에 증기나 고온수 혹은 냉수를 공급하여 냉난방을 하는 방식

(1) 지역난방의 열매체

① 증기 : 1~15kg/cm²의 고압증기 사용
② 온수 : 100℃ 이상의 고온수를 사용

(2) 지역난방의 특징

① 에너지 이용 효율이 높다.
② 연료비, 유지관리 측면에서 인건비, 유지관리비가 절감된다.
③ 고도의 설비에 의한 대기공해가 없어 깨끗한 도시환경을 조성한다.
④ 초기 투자설비비가 많이 든다.
⑤ 예열시간이 길어 연료소비량이 크며 배관에서의 열손실이 발생한다.

7 보일러

밀폐되어 있는 용기 내에 열매체(물)를 넣고 고온의 화염이나 연소가스와 접촉시켜 대기압 이상의 증기나 온수를 발생하는 장치

① 보일러의 3대 구성 요소 : 본체, 연소장치, 부속장치
② 보일러의 부속장치 : 급수장치, 급유장치, 통풍장치, 송기장치, 안전장치, 분출장치, 계측장치, 폐열회수장치, 자동제어장치 등

> **폐열회수장치**
> 배기가스의 여열을 이용하여 열효율을 높이기 위한 장치
> [설치 순서] 과열기 → 재열기 → 절탄기 → 공기예열기
> ① 과열기 : 포화증기를 가열하여 증기온도를 높이는 장치
> ② 재열기 : 고압 증기터빈을 돌리고 난 증기를 다시 재가열하여 적당한 온도의 과열증기로 만든 후 저압 증기터빈을 돌리는 장치
> ③ 절탄기(급수예열기, Economizer) : 폐열을 이용하여 보일러에 급수되는 물을 예열하는 장치
> ④ 공기예열기 : 절탄기를 통과한 연소가스의 남은 열을 이용하여 연소 공기를 예열하는 장치

③ 보일러의 종류
　㉠ 원통형 보일러 : 입형 보일러, 연관 보일러, 노통 보일러, 노통연관 보일러
　㉡ 수관 보일러 : 자연순환식, 강제순환식, 관류순환식
　㉢ 주철제 보일러 : 증기 보일러, 온수 보일러

ⓔ 특수 보일러 : 간접 가열 보일러, 특수 연료 보일러, 특수 열매체 보일러, 폐열 보일러

(1) 보일러의 특징

① 노통연관 보일러 : 노통 보일러와 연관 보일러의 장점을 취한 것으로 횡형의 동체 내에 노통의 연소실과 다수의 연관으로 구성되어 있으며 보유수량이 많기 때문에 부하변동에 대해 안정성이 있고 열효율이 좋아 중규모 건물 등에 많이 사용한다.

장 점	단 점
① 열효율이 좋다(85%~90%).	① 증발 속도가 빨라 스케일 부착이 용이하여 급수처리가 필요하다.
② 패키지형으로 할 수 있다.	② 구조가 복잡하고 내부 청소가 곤란하다.
③ 수관식에 비하여 제작비가 싸다.	③ 구조상 고압, 대용량 제작이 불가능하다.
④ 노통에 의한 내분식이므로 열손실이 적다.	
⑤ 운반이나 설치가 간단하고 설치면적이 작다.	

② 수관 보일러 : 직경이 작은 드럼과 다수의 수관으로 구성된 보일러로 관(파이프) 속으로 물이 흐르고 관 바깥으로 뜨거운 열가스가 접촉하는 형식

장 점	단 점
① 고온 고압의 증기 발생으로 열의 이용도가 높다.	① 구조가 복잡하여 청소, 검사, 수리가 어렵다.
② 외분식으로 연소상태가 좋고 효율이 가장 높다.	② 스케일의 장애가 커 완벽한 급수처리를 하여야 한다.
③ 전열면적에 비해 보유수량이 적어 증기의 발생속도가 빠르다.	③ 외분식으로 외벽을 통한 열손실이 크다.
④ 보유수량이 적어 파열 시 피해가 적다.	④ 부하변동에 따른 압력변화가 크다.
⑤ 외분식으로 연료의 질에 따른 영향이 적다.	⑤ 제작이 어렵고 가격이 비싸다.

③ 주철제 보일러 : 주물로 제작한 것으로 전열면적이 비교적 큰 형식의 저압용 보일러

장 점	단 점
① 주물제작으로 복잡한 구조도 제작이 가능하다. ② 섹션의 증감으로 용량조절이 용이하다. ③ 조립식으로 반입 및 해체가 용이하다. ④ 저압(1kg/cm² 이하)이므로 파열 시 피해가 적다. ⑤ 전열면적이 크고 효율이 좋다. ⑥ 내식성 및 내열성이 좋다.	① 내압에 대한 강도가 약하다.(인장, 충격, 열충격 등) ② 고압 및 대용량으로는 부적당하다. ③ 열에 의한 부동팽창으로 균열이 생기기 쉽다. ④ 구조가 복잡하여 청소, 검사, 수리가 어렵다.

④ 관류 보일러 : 드럼이 없고 긴 관으로 구성되어 있으며 펌프로 급수를 압입하여 관 도중에 가열, 증발, 과열시켜 과열증기로 만들어 공급하는 보일러로 공조용으로 사용하기보다는 편리하게 고압의 증기를 발생하는 경우에 사용한다.

㉠ 보일러 효율이 대단히 높다.
㉡ 보유수량이 적어 시동시간이 짧고, 대용량에 부적합하다.
㉢ 수처리가 복잡하고 고가이다.
㉣ 관 배치를 자유로이 할 수 있어 보일러 전체를 합리적인 구조로 할 수 있다.
㉤ 부하변동에 따라 압력과 수위변동이 심하다.
㉥ 소음이 크다.

⑤ 폐열 보일러(특수 보일러) : 다른 공정에서 생기는 배기가스나 배출가스의 남은 열을 이용해 열효율을 높인 보일러로 버려지는 열을 다시 재활용하므로 연소장치가 필요없다.

(2) 보일러의 성능(용량)

보일러의 용량표시는 최대 연속부하(정격부하)의 상태에서 단위시간당 증발량(kg/h, ton/h)으로 표시하며 일반적으로 상당증발량을 사용한다.

> **참고 ▶ 보일러의 크기 표시**
> ① 정격용량　　② 정격출력　　③ 전열면적
> ④ 상당증발량　　⑤ 보일러 마력

① 상당증발량(G_e) : 환산증발량(기준 증발량)이라고도 하며 시간당 실제 보일러의 발생열량을 표준대기압에서의 100℃ 포화수가 100℃ 건조포화증기로 증발하는 능력

$$G_e = \frac{G_a(h_2 - h_1)}{2257} [\text{kg/h}]$$

여기서, G_a : 실제 증발량[kg/h]
h_2 : 발생증기 엔탈피[kJ/kg]
h_1 : 급수 엔탈피, 온도[kJ/kg, ℃]
2257kJ/kg : 100℃에서 물의 증발잠열

② 보일러 마력(BHP) : 표준대기압에서 100℃ 포화수 15.65kg을 1시간에 100℃ 건조포화증기로 바꿀 수 있는 능력

■ 보일러 마력
1BHP=15.65kg/h×2257kJ/kg=35322kJ/h=9.8kW

③ 보일러 효율과 연료소비량

㉠ 보일러 효율 $\eta = \dfrac{G(h_2 - h_1)}{G_I \times H_l}$

여기서, G : 증기량 또는 온수량[kg/h]
h_2, h_1 : 발생 증기 또는 온수의 엔탈피, 입구 물의 엔탈피[kJ/kg]
G_I : 연료소비량[kg/h]
H_l : 연료 저위발열량[kJ/kg]

④ 보일러 출력

㉠ 정격출력=난방부하+급탕부하+배관부하+예열(시동)부하
(온수보일러는 정미출력의 1.15배, 증기보일러는 정미출력의 1.35배로 한다.)

㉡ 상용출력=난방부하+급탕부하+배관부하 (정미출력의 1.05배~1.1배)

㉢ 정미출력=난방부하+급탕부하

㉣ 과부하 출력 : 운전 초기나 과부하가 발생했을 때 정격출력의 10~20% 정도 증가하여 운전할 때의 출력

(3) 보일러의 이상 현상

① 프라이밍(priming : 비수작용)

보일러가 과부하로 사용될 때, 수위가 너무 높을 때, 물에 불순물이 많이 포함되어 있는 경우 드럼 내에 설치된 부품에 기계적인 결함이 있으면 보일러수가 매우 심하게 비등하여 수면으로부터 증기가 수분(물방울)을 동반하면서 끊임없이 비산하고 기실에 충만하여 수위가 불안정하게 되는 현상

② 포밍(forming : 거품작용)

보일러수에 불순물이 많이 섞인 경우, 보일러수에 유지분이 섞인 경우 또는 알칼리분이 과한 경우에 비등과 더불어 수면 부근에 거품층이 형성되어 수위가 불안정하게 되는 현상

③ 캐리오버 현상(carry over : 기수 공발 현상)
  ㉠ 증기가 수분을 동반하면서 증발하는 현상이다.
  ㉡ 캐리오버 현상은 프라이밍이나 포밍 발생 시 필연적으로 발생한다.

④ 수격 작용(water hammering : 워터 해머)

배관 내부에 존재하고 있는 응축수가 송기 시에 밀려 배관 내부를 심하게 타격하여 소음을 발생시키는 현상으로 수격작용이 심하면 배관의 파손도 초래

> **워터 해머 방지책**
> ① 배관 내의 유속을 2.0m/s 미만으로 억제한다.
> ② 워터 해머가 생기기 쉬운 곳에 워터 해머 방지기를 설치한다.
> ③ 수격방지용 체크밸브를 사용한다.
> ④ 서지 탱크(surge tank)를 설치하여 압력변동을 방지한다.
> ⑤ 배관은 가능한 한 직선배관을 원칙으로 하여 구부리지 않는다.

8 보일러 부속장치

(1) 보일러의 부속장치

① 안전장치 : 안전밸브, 방폭문, 고저 수위 경보기, 화염검출기, 압력차단스위치

② 송기장치 : 기수분리기, 비수방지관, 주 증기밸브, 감압밸브, 증기트랩
③ 급수장치 : 급수펌프, 인젝터, 급수 내관
④ 여열장치 : 과열기, 재열기, 절탄기, 공기예열기
⑤ 통풍장치 : 송풍기, 연도, 연돌, 댐퍼
⑥ 분출장치 : 수면분출장치, 수저분출장치

(2) 급수장치

① 보일러 운전 중 이상감수를 방지하고 부하변동에 대해 상용수위를 유지하기 위해 급수를 공급하는 장치
② 급수장치 설치 기준
　㉠ 급수장치는 2세트 이상의 펌프(주펌프와 보조펌프)를 설치해야 한다.
　㉡ 전열면적 12m^2 이하의 보일러, 전열면적 14m^2 이하의 가스용 온수 보일러 및 전열면적 100m^2 이하의 관류 보일러에는 보조펌프를 생략할 수 있다.
③ 보일러 급수 및 보일러수 기준
　㉠ 보일러 급수 : pH 7~9　　㉡ 보일러수 : pH 11~11.8
④ 급수정지밸브 및 역정지밸브
　㉠ 급수정지밸브는 보일러 급수를 개폐시키는 밸브로서 앵글 밸브, 글로브 밸브가 사용된다.
　㉡ 역정지 밸브는 보일러수의 역류를 방지하기 위한 체크 밸브로서 최고사용압력이 0.1MPa 미만의 보일러는 생략할 수 있다.

> **참고 — 급수밸브의 크기**
> ① 보일러 전열면적이 10m^2 초과 : 호칭지름 20A 이상
> ② 보일러 전열면적이 10m^2 이하 : 호칭지름 15A 이상

⑤ 급수 내관
　㉠ 보일러 급수를 넓게 분포시켜 보일러 급수로 인한 국부적인 부동팽창을 방지하기 위해 설치한다.
　㉡ 보일러 안전저수위보다 50mm 아래에 설치한다.

(3) 송기장치

① 보일러에서 발생한 증기를 사용처까지 효율적으로 공급하는 장치이다.
② 증기 내관
    ㉠ 보일러에서 발생한 증기 중에 포함된 수분을 격리시켜 건조도가 높은 증기를 얻어 주증기관 내에서 수격작용을 방지한다.
    ㉡ 종류 : 비수방지관, 기수분리기
③ 감압밸브 : 고압관과 저압관 사이에 설치하여 저압측의 압력을 항상 일정하게 유지시키는 밸브이다.
④ 증기 헤더 : 보일러에서 발생한 증기를 한 곳에 모아 각 사용처에 일정한 압력으로 균등하게 공급하는 장치이다.
⑤ 증기 트랩 : 증기관 내의 증기와 응축수를 분리하여 응축수만 배출하는 일종의 자동 밸브로서 수격작용 및 배관 내의 부식을 방지한다.

(4) 안전장치

① 안전밸브(과압방지장치)
    ㉠ 설치 기준
        ⓐ 증기 보일러에는 2개 이상의 안전밸브를 설치하여야 한다. 단, 전열면적 $50m^2$ 이하의 증기 보일러에서는 1개 이상으로 한다.
        ⓑ 온수 발생 보일러에는 압력이 보일러의 최고사용압력에 도달하는 즉시 작동하는 압력 릴리프 밸브 또는 안전밸브를 1개 이상 설치하여야 한다.
        ⓒ 과열기 출구에는 1개 이상의 안전밸브를 설치한다.
        ⓓ 재열기 입구 및 출구에 각각 1개 이상의 안전밸브를 설치한다.
    ㉡ 안전밸브는 쉽게 검사할 수 있는 장소에 밸브축을 수직으로 하여 가능한 한 보일러의 동체에 직접 부착시켜야 한다.
    ㉢ 안전밸브의 구비 조건
        ⓐ 설정된 압력에서 방출한 것
        ⓑ 정상압력으로 될 때 밸브가 닫혀 분출을 정지할 것
        ⓒ 보일러 정격용량 이상 분출할 수 있을 것
        ⓓ 보일러 개폐동작이 안정적으로 신속하게 동작될 것

ⓔ 동작하고 있지 않을 때 밸브의 누설이 없을 것
ⓛ 스프링식 안전밸브의 조정
  ⓐ 안전밸브의 분출압력은 1개일 경우에는 최고사용압력 이하로 조정한다.
  ⓑ 안전밸브가 2개 이상 있는 경우에는 1개의 안전밸브를 최고사용압력 이하로 작동하게 조정하고 다른 안전밸브를 최고사용압력의 1.03배 이하로 작동할 수 있도록 조정한다.
  ⓒ 과열기용 안전밸브는 보일러 본체의 안전밸브보다 먼저 분출할 수 있도록 조정한다.

안전밸브 및 압력 릴리프 밸브의 크기
호칭지름 25A 이상

② 증기압력제한기(압력제한스위치) : 증기사용량이 증기발생량보다 적은 경우에는 보일러의 증기압력이 상승하게 되어 증기압력이 상한 설정치에 도달하게 되면 연료공급을 차단하여 버너의 운전을 정지한다.

③ 저수위 차단장치
  ㉠ 최고사용압력이 0.1MPa(1kgf/cm^2)를 초과하는 증기 보일러는 저수위 안전장치를 설치해야 한다.
  ㉡ 보일러의 수위가 안전을 확보할 수 있는 안전수위까지 내려가기 직전에 자동적으로 경보가 울리고 안전수위까지 내려가는 즉시 연소실 내에 공급하는 연료를 자동적으로 차단한다.
  ㉢ 저수위 차단장치의 기능 : 급수의 자동조절, 저수위 경보, 연료를 차단하는 신호
  ㉣ 종류 : 플로트식, 전극식, 차압식, 열팽창식

④ 화염검출기
  ㉠ 보일러 운전 중 실화가 되거나 불착화 시 연료공급을 중단시켜 노내의 연료누입으로 인한 미연소 가스에 의한 폭발사고를 미연에 방지한다.
  ㉡ 종류 : 플레임 아이, 플레임 로드, 스택 스위치

⑤ 방폭문
  ㉠ 보일러 운전 중 연소실의 미연소 가스로 인한 노내 폭발이 발생하였을 경우 폭발

압력을 연소실 밖의 안전한 곳으로 배출한다.
　　　　ⓒ 설치 : 연소실 후부
　　　　ⓓ 방폭문의 기능
　　　　　　ⓐ 가스폭발이 발생하여 노내가 고압이 되었을 때 반드시 열릴 것
　　　　　　ⓑ 폭발구가 열렸을 때 폭발가스를 안전한 방향으로 분산시킬 것
　　　　　　ⓒ 연소 중에는 밀폐를 유지하고 가스 누설 또는 공기의 침입이 없을 것
　　⑥ 배기가스 온도 상한스위치
　　　　ⓐ 보일러의 배기가스 온도가 설정 온도를 초과하면 연료의 공급을 차단한다.
　　　　ⓑ 배기가스 출구에 설치할 경우에는 보일러 동체의 출구로부터 1m 거리 이내에 설치하여야 한다.

(5) 계측기기

① 수면계
　　㉠ 수면계의 점검 시기
　　　　ⓐ 보일러를 가동하기 전
　　　　ⓑ 보일러를 가동하여 압력이 상승하기 시작했을 때
　　　　ⓒ 2개 수면계의 수위가 다를 경우
　　　　ⓓ 수위의 움직임이 둔하고, 정확한 수위인지 아닌지 의문이 생길 때
　　　　ⓔ 수면계 유리를 교체하거나 보수를 했을 때
　　　　ⓕ 프라이밍, 포밍 등이 생길 때
　　㉡ 수면계 취급 시 주의사항
　　　　ⓐ 수면계의 기능시험은 매일 실시한다.
　　　　ⓑ 수면계의 콕은 누설되기 쉬우므로 6개월 주기로 분해 정비한다.
　　　　ⓒ 수주관 하부의 분출관은 매일 1회 분출하여 물측 연결관의 찌꺼기를 배출한다.
　　　　ⓓ 수면계 파손 시 제일 먼저 물 콕을 닫는다.

② 부르동관식 압력계
　　㉠ 부르동관의 한쪽 끝을 막아둔 상태에서 곡관 튜브에 압력이 가해질 때 압력의 크기에 따라 변위가 생겨서 압력을 측정하는 것으로 보일러에서 가장 많이 사용된다.
　　㉡ 압력계의 최고 눈금은 보일러 최고사용압력의 1.5배~3배 이내이어야 한다.
　　㉢ 부르동관 내에 직접 증기가 들어가면 고장이 나기 쉬우므로 사이펀관에 물을 가득

채운다.
ⓔ 압력계는 원칙적으로 매년 1회 시험을 한다.

(6) 방열기

실내에 설치하여 증기의 잠열 및 온수의 현열을 이용하여 실내를 난방하는 설비로 증기 또는 온수를 방열기 내에 순환시켜 대류와 복사에 의해 난방을 한다. 복사와 대류만을 이용하는 자연대류형과 팬을 설치한 강제대류형으로 구분된다.

1) 방열기의 종류

① 주형 방열기 : 2주, 3주, 3세주, 5세주의 4종류가 있으며, 방열 면적은 1쪽당 표면적으로 나타낸다.
② 벽걸이 방열기 : 주철제로서 횡형(가로형)과 입형(세로형)이 있다.
③ 길드 방열기 : 1m 정도의 주철제로 된 파이프 방열기로서, 방열면적을 크게 하기 위하여 관 표면에는 많은 핀(fin)이 있다.
④ 대류 방열기 : 대류 작용을 촉진하기 위하여 철제 캐비넷 속에 핀 튜브를 넣은 것으로 외관도 미려하고 열효율도 좋아 널리 사용되고 있다. 대류 방열기는 노출형과 음폐형이 있으며, 높이가 낮은 것을 베이스 보드 히터(base board heater)라 한다. 유닛 히터(unit heater)는 핀 튜브의 위에 송풍기를 설치하여 대류 작용을 촉진하는 방열기이다.

구 분	종 류
자연대류형	방열기, 컨벡터, 베이스보드히터, 기타
강제대류형	팬컨벡터, 유닛히터
형상	주형 방열기, 벽걸이 방열기, 길드 방열기, 대류방열기, 관방열기, 베이스 보드 방열기
재료	주철제, 강판제, 기타 특수 금속제
열매	증기용, 온수용

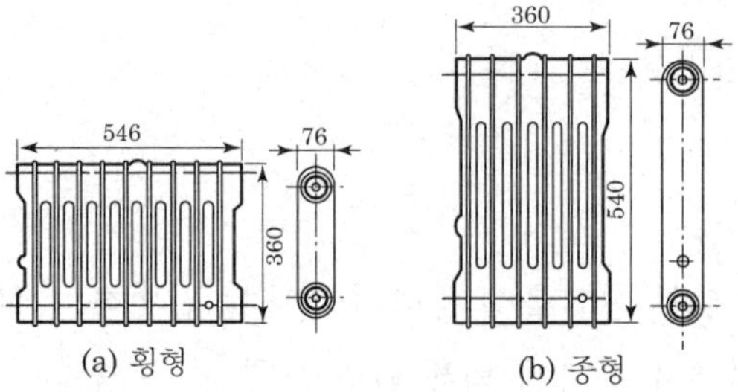

(a) 횡형   (b) 종형

[벽걸이 방열기] 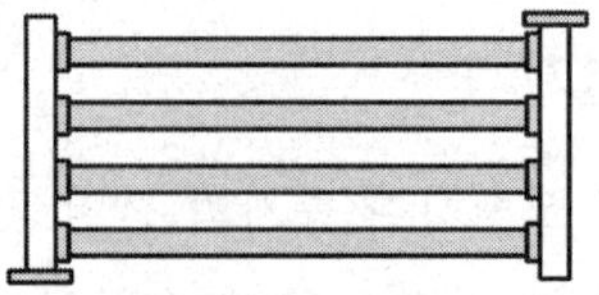   [관 방열기]

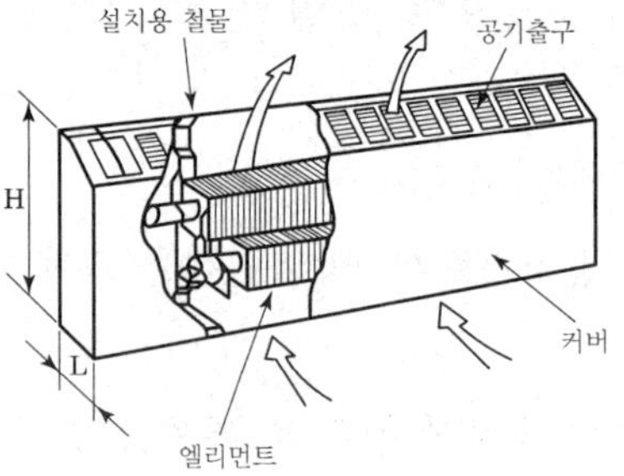

[베이스보드 히터] 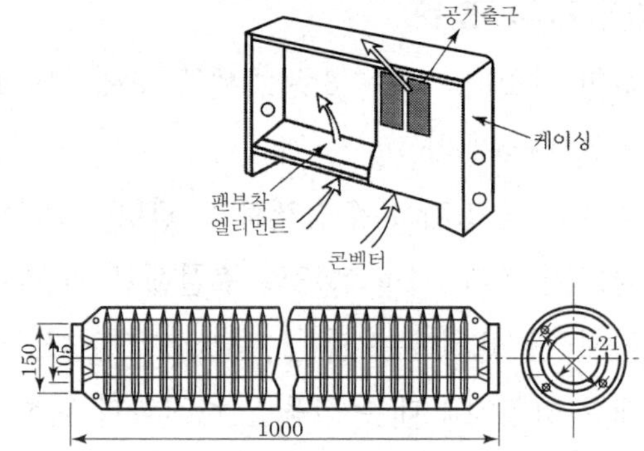   [길드 방열기]

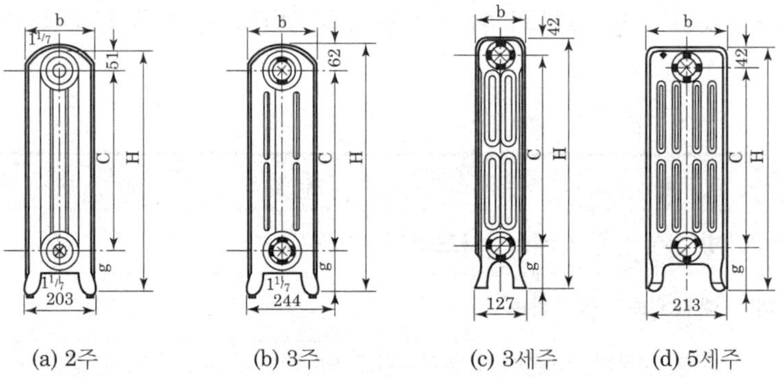

(a) 2주   (b) 3주   (c) 3세주   (d) 5세주

[방열기의 종류]

2) 방열기의 설치

① 외기에 접한 창문 아래쪽에 설치한다. 난방부하가 작은 내벽에 설치하면 외벽면의 냉기가 들어오는 콜드 드래프트가 생긴다.

② 벽에서 50~60mm, 바닥에서 100~150mm 정도 떨어지게 설치한다.

③ 방열기 주위에는 스위블 조인트를 설치한다.
④ 컨벡터의 케이싱은 바닥에서 90mm 이상 띄운다.

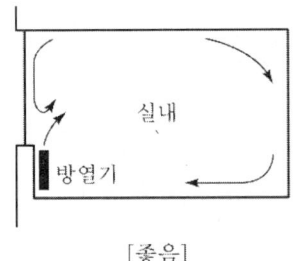
[좋음]

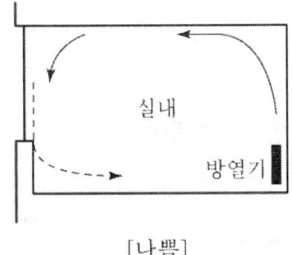
[나쁨]

3) 방열기 도시기호

구 분	종 별	기 호
주형	2주형	I
	3주형	III
세주형	3세주형	3(3C)
	5세주형	5(5C)
벽걸이형	횡형	W-H
	종형	W-V

㉮ 쪽수 ㉯ 형식 ㉰ 높이
㉱ 유입관경 ㉲ 유출관경 ㉳ 조(組) 수

4) 방열기의 표준 방열량
표준상태에서 단위시간에 단위면적당 방열되는 열량

구 분	표준방열량[kW/m²]	표준상태 조건	
		열매온도[℃]	실내온도[℃]
증기난방	0.756(650kcal/m² · h)	102	18.5
온수난방	0.523(450kcal/m² · h)	80	18.5

5) 상당방열면적(EDR)
난방부하에 상당하는 방열기의 면적

$$EDR = \frac{방열기\ 방열량(난방부하)}{표준방열량}\ [m^2]$$

6) 방열기 쪽수(section 수)

① 증기난방의 경우 : $N_s = \dfrac{\text{손실열량}(kW)}{0.756 \times \text{방열기 면적}}$

② 온수난방의 경우 : $N_w = \dfrac{\text{손실열량}(kW)}{0.523 \times \text{방열기 면적}}$

7) 방열기에 의한 난방부하

난방부하[kW] = 소요방열면적[m²] × 방열기의 방열량[kW/m²]

8) 방열기의 필요증기량

$$G = \dfrac{3600 \times q}{\gamma} = \dfrac{3600 \times 0.756 \times \text{EDR}}{\gamma} \; [kg/h]$$

여기서, q : 방열기 용량[kW] EDR : 상당방열면적[m²]
0.756 : 표준방열량[kW/m²] 3600 : 1[kg/s]=3600[kg/h]
γ : 증기온도에서 물의 증발잠열[kJ/kg]

9 T.A.B (Testing, Adjusting and Balancing)

(1) TAB(시험, 조정, 평가)

공기조화 설비에 대한 종합시험 조정으로 설계 목적에 부합되도록 모든 계통을 시험, 조정 및 평가하여 공기조화 설비의 성능과 품질 확보, 기기의 수명 연장, 에너지 절약, 소음 방지 및 실내환경의 쾌적성 등을 추구하는 중요한 기술 분야

① 시험(Testing) : 장비의 양적인 성능시험 작업
② 조정(Adjusting) : 터미널 기구에서의 풍량 및 유량을 적절하게 조정하는 작업
③ 평가(Balancing) : 설계치에 따른 각 분배 계통 내에서의 풍량 및 유량을 균등하게 배분시키는 작업

(2) 적용 범위

① 공기와 물 분배계통, 자동제어계통 및 소음에 대한 시스템 검토
② 공기조화설비가 설계도면에 부합하도록 설치되어 있는지의 현장설치 상태 확인

③ 공기와 물분배계통 밸런싱
④ 공기 및 물분배계통의 설계값을 유지할 수 있는 전체 계통의 조정
⑤ 공조장비의 성능확인 및 자동제어 작동상태 확인
⑥ 실내 소음 및 온습도 측정
⑦ TAB 결과에 대한 종합 보고서 작성

(3) TAB 필요성 및 효과

① 설비 초기 투자비 절감
② 시공의 품질 향상
③ 쾌적한 실내환경 조성
④ 불필요한 열손실 방지
⑤ 효율적인 시설관리

(4) 대상 설비

공기조화설비에 대한 시험조정평가를 수행할 대상이 되는 설비를 말하며, 공기분배와 물분배 계통으로 구분된다.

공기분배 계통		물분배 계통	
공조장비	공조기, 팬, 현열 및 전열교환기, 히트펌프, 가열 및 환기 유닛, 유인 유닛, 항온항습기 패키지 및 멀티형 에어컨디셔너	열원 관련 장비	보일러, 열교환기, 냉동기, 냉각탑, 냉온수펌프, 냉각수펌프
말단 유닛	변풍량 유닛, 정풍량 유닛, 팬파워 유닛	말단 유닛	냉각코일, 가열코일, 팬코일 유닛, 유닛 히터, 방열기, 복사 패널
공기터미널 및 댐퍼	디퓨저, 노즐, 레지스터, 트로퍼, 루버, 그릴, 풍량조절 댐퍼, 방화풍량조절 댐퍼	각종 조절밸브	
덕트	급기덕트, 배기덕트, 환기덕트	냉온수, 냉각수 및 증기 배관 계통	

(5) TAB 수행 순서

① 공기와 물 분배 관련설비가 설계 목적과 부합되게 설치되었는지 확인
② 설계 시방에 적합한 계통의 유량 측정
③ 수행 결과에 대한 기록 및 보고
④ 종합보고서 작성

(6) TAB 수행 항목

① 시스템 검토 : 설계도면, 계산서 및 설계 참고자료를 활용하여 TAB가 원활히 수행될 수 있도록 공기조화설비를 검토하고 미비점 보완
② 예비보고서 작성 : 계통검토 내용을 토대로 TAB 보고서 양식에 각 장비 사양 등을 작성하여 TAB 작업이 원활히 진행될 수 있도록 준비
③ 현장 점검 : TAB를 실시하기 전에 각 계통이 시공도면 및 장비제작업체의 규격에 나타난 사항과 일치하는지의 여부 확인
④ 전원점검 : 전력이 공급되는 공기조화장비에 있어서 전원이 적절히 공급되고 있는지를 측정
⑤ 공기분배계통의 시험조정 : 공조용 팬을 가동시킨 후 풍량이 설계값과 일치되도록 밸런싱을 실시
⑥ 물분배계통의 시험조정 : 공기분배계통의 TAB 작업이 완료되면 펌프를 가동시켜 펌프와 각 터미널에서의 유량 및 압력을 측정하여 설계값에 맞도록 조정
⑦ 자동제어계통 점검 : 외기 상태의 변화와 실내조건의 변경에 적절히 대응될 수 있는 계통인지를 파악하고 설계 의도에 적합하게 설치되었는지 점검
⑧ 온·습도 확인 : 실내 또는 덕트에 설치된 감지기에 의하여 실내 온·습도가 적절히 유지되고 있는지 확인
⑨ 소음 측정 : 장비 또는 설비에서 발생하는 소음을 측정하는 것으로, 장비 가동 시와 정지 시로 나누어 측정
⑩ 종합보고서 작성 : 공기조화계통에 대한 시험조정 평가 결과를 정리, 분석하여 보고서를 작성하는 공정으로 향후 건물 운전 관리 시 필요한 기술자료가 되도록 한다.

>  **종합보고서 포함사항**
> ㉠ 머리말, 목차, 약어설명, 참고문헌 ㉡ 용역 목적
> ㉢ 용역 범위 및 내용 ㉣ 건물 개요 및 기능
> ㉤ 용역기간 및 일정 ㉥ 용역수행 조직
> ㉦ 결과 요약 및 분석 ㉧ 설비 설계 개요
> ㉨ 측정범위, 측정방법 및 측정결과 ㉩ 문제점 및 특기사항
> ㉪ 측정 기록지
> ㉫ 기타(계측기, 측정장면 및 문제점 사진 등)

(7) TAB 계측장비

① 공통장비

장 비	측정 범위	허용 오차	교정 주기
회전수 측정 장비	0~5000rpm	지시값의 ±2%	12개월
온도 측정 장비	−40~120℃	지시값의 ±0.5℃	12개월
전기 계측 장비	0~600VAC, 0~100A	최대값의 ±3%	12개월
소음 측정계	25~130dB (옥타브밴드필터 포함)	지시값의 ±2dB	12개월

② 공기계통 장비

장 비	측정 범위	허용 오차	교정 주기
공기 압력 측정 장비	0~250Pa, 0~1250Pa, 0~4500Pa	지시값의 ±2%	12개월
피토 튜브	450mm, 900mm, 1200mm, 1500mm	해당 없음	해당 없음
풍속 측정 장비	0.5~15m/s	지시값의 ±10%	12개월
습도 측정 장비	10~90RH	지시값의 ±2% RH	12개월
후드형 풍량계	10~600L/s	지시값의 ±5%	12개월

③ 물계통 장비

장 비	측정 범위	허용 오차	교정 주기
압력 측정 장비	0~400kPa, 0~1400kPa -100~400kPa	최대값의 ±1.5%	12개월
차압 측정 장비	0~100kPa	최대값의 ±1.5%	12개월
초음파 유량계	0~6m/s	최대값의 ±3%	12개월

> **참고**
>
> **TAB 계측장비의 종류**
>
> | 측정 항목 | | 측정 장비 |
> |---|---|---|
> | 온도 및 습도 | 공기 및 유체 온도측정 | 유리막대형, 다이얼, 열전대, 저항 및 서미스터 온도계 |
> | | 표면온도 측정 | 고온계 |
> | | 공기 온·습도 측정 | 사이크로미터, 전자식 서머 하이그로미터 |
> | 회전수 | | 접촉식, 광학식, 스트로보스코프 및 복합형 타코미터 |
> | 공기계통 | | U-튜브 마노미터, 수직형/경사형 마노미터, 전자식 마노미터, 피토 튜브, 마그네헬릭 게이지, 회전날개형 풍속계, 편향 베인 풍속계, 열선 풍속계, 후드형 풍량계, 연기 발생기 |
> | 물 계통 | | U-튜브 마노미터, 압력계, 차압계, 유량계(면적식, 초음파, 오리피스) |
> | 전기 | | 전압, 전류계, 역률계 |
> | 기타 | | 덕트 누기 측정기, 연소 배기가스 분석기, 분진 측정계, 적산열량계 |

chapter 07 TAB 예·상·문·제

01. 다음 중 TAB에 대한 설명 중 옳지 않은 것은?
① TAB는 Testing, Adjusting and Balancing의 약자이다.
② TAB의 목적과 역할은 공조설비가 설계 목적에 부합되도록 시험, 조정 및 평가를 하는 것이다.
③ TAB는 건물의 설계 단계에서 수행된다.
④ TAB의 대상은 공조설비의 공기분배 계통, 물 분배 계통을 포함한다.

☞ ③ TAB는 모든 공사가 완료되고 각 장비들의 운전이 가능한 상태에서 실시한다.

02. 다음 설명에 해당하는 것은?

> 냉난방 설비의 공기분배 계통, 공기조화용 냉온수 물분배 계통 및 전체 공조시스템에 대한 시험, 조정과 균형을 시행하여 당해 설비가 설계 목적에 부합되는지를 검토하고 조정하는 과정으로 운전경비 절감, 쾌적한 실내환경 조성, 장비수명 연장 등 효율적인 운전관리의 효과를 얻을 수 있다.

① TAB   ② TAC
③ LCC   ④ BEMS

☞ **TAB**
Testing(시험), Adjusting(조정), Balancing(평가)의 약어로, 건물 내의 모든 공기조화시스템의 설계에서 의도하는 기능을 발휘하도록 점검, 조정하는 것

[참고]
② TAC 위험률 : 냉난방 설계 외기온도를 결정할 때, 냉난방 기간 중 외기 설정 온도 밖으로 벗어나는 비율(%)을 고려한 온도
③ LCC : 생애 주기 비용(시설물의 생애 주기 동안 발생하는 모든 비용)
④ BEMS : 건물에너지관리시스템

03. 다음 설명에 해당하는 것은?

> ㉠ 에너지의 사용 실태를 정밀하게 측정하고 에너지 흐름을 효율적으로 유도한다.
> ㉡ 낭비를 줄이고 부하 변동에 따른 최적의 설계치를 갖도록 장비를 점검·조정한다.

① PLC   ② 시운전
③ TAB   ④ TAC

☞ **TAB의 목적**
건물 내의 냉·난방설비에 대한 에너지사용 실태를 정밀하게 측정하여 에너지의 흐름을 효율적으로 유도하고 저장함으로써 불필요한 에너지의 낭비를 억제하여 부하 변동에 따른 최적의 설계치를 갖도록 모든 열원장비 및 장치류를 점검·조정하여 거주공간에 대한 쾌적한 환경을 조성하는데 목적을 둔 공조설비의 한 분야

04. TAB를 수행하기 위한 목적으로 가장 거리가 먼 것은?

 Answer   01. ③   02. ①   03. ③   04. ②

제7장 난방설비 **247**

① 불필요한 열손실 방지
② 설비 초기 투자비의 증가
③ 공조설비의 수명 연장
④ 쾌적한 실내환경 조성

> ② 설비 초기 투자비의 절감 : 설계도 상의 오류와 시스템 및 기기용량을 확인하여 적정하게 조정
> [참고] TAB의 필요성
> ① 설비 초기 투자비의 절감
> ② 공사 과정의 품질 향상
> ③ 쾌적한 실내환경 조성
> ④ 불필요한 열손실 방지
> ⑤ 운전비용 절감
> ⑥ 공조설비의 수명 연장
> ⑦ 효율적인 시설관리

05. TAB의 목적에 대한 설명으로 옳지 않은 것은?
① 설계된 성능과 일치하도록 시스템을 조정한다.
② 설비의 에너지 효율을 낮추기 위해 시행한다.
③ 실내 환경 조건을 균일하게 유지하기 위해 수행한다.
④ 덕트, 배관 내 유량과 압력 손실 등을 측정하여 조정한다.

> ② TAB의 목적 중 하나는 설비의 성능 최적화와 에너지 효율 향상에 있다.

06. 다음 중 TAB 예비 점검에 해당하지 않는 것은?
① 공조기 필터의 청결 상태 및 덕트 계통 청소 상태를 점검한다.
② 설비의 안전하고 정상적인 운전 가능 여부를 점검한다.
③ 방화댐퍼 및 풍량조절 댐퍼의 개폐 상태를 점검한다.
④ 케이싱 누설과 풍량조절 댐퍼의 작동 상태를 검사한다.

> ④ 케이싱 누설과 각종 댐퍼의 작동 상태를 검사하고, 덕트 치수의 적정 여부 및 공기 흐름의 상태를 점검·조정하는 것은 TAB의 세부 업무에 해당한다.

07. TAB(Testing, Adjusting and Balancing) 종합 보고서에 포함될 사항으로 거리가 먼 것은?
① 사업 목적, 사업 범위 및 내용, 건물 개요 및 기능, 용역 기간 및 일정
② 설비 설계 개요, 용역 수행 조직, 결과 요약 및 분석, 측정기록지
③ 초기 측정값 및 측정 결과
④ 용역 수행 중 문제점 및 특기사항

> 종합 보고서에 포함될 사항
> ① 머리말, 목차, 약어 설명, 참고문헌
> ② 용역 목적
> ③ 용역 범위 및 내용
> ④ 건물 개요 및 기능
> ⑤ 용역 기간 및 일정
> ⑥ 용역 수행 조직
> ⑦ 결과 요약 및 분석
> ⑧ 설비 설계 개요
> ⑨ 측정 범위, 측정 방법 및 측정 결과
> ⑩ 문제점 및 특기사항
> ⑪ 측정 기록지
> ⑫ 기타(계측기, 측정 장면 및 문제점 사진)

08. 다음 중 공기조화설비의 TAB 수행 시 작업 진행 순서로 올바른 것은?

 05. ② 06. ④ 07. ③ 08. ②

```
㉠ 전원점검
㉡ 현장점검
㉢ 예비보고서 작성
㉣ 물 분배계통의 시험조정
```

① ㉠ → ㉡ → ㉢ → ㉣
② ㉢ → ㉡ → ㉠ → ㉣
③ ㉢ → ㉠ → ㉡ → ㉣
④ ㉠ → ㉡ → ㉣ → ㉢

👉 **TAB 작업 진행 순서**
시스템 검토 → 예비보고서 작성 → 현장점검 → 전원 점검 → 시험조정(공기분배 시스템, 물분배 시스템) → 자동제어계통 점검 → 온·습도 조정 → 소음측정 → 종합보고서 작성

09. TAB의 수행 순서로 가장 적합한 것은?

```
㉠ 공기 및 물분배의 관련 설비가 설계에 부합되도록 설치되었는지 확인
㉡ 설계 시방에 맞게 되었는지에 대한 계통의 유량 측정
㉢ 수행 결과에 대한 기록 및 보고
㉣ 종합보고서 작성
```

① ㉠ → ㉡ → ㉢ → ㉣
② ㉡ → ㉠ → ㉢ → ㉣
③ ㉠ → ㉡ → ㉣ → ㉢
④ ㉡ → ㉠ → ㉣ → ㉢

👉 **TAB의 수행 순서**
① 공기와 물 분배의 관련 설비가 설계 목적과 부합되게 설치되었는지 확인 : 시스템 설치 상태 확인(설계도면, 시방서와 비교)
② 설계 시방에 적합한 계통의 유량 측정 : 실제 풍량, 수량 등 측정 및 조정
③ 수행 결과에 대한 기록 및 보고 : 수행된 작업 결과의 측정값과 조정값 기록
④ 종합보고서 작성 : 최종 성능 확인 및 보고

서 작성

10. 다음 중 공기조화설비의 TAB 수행 시 작업 진행 순서로 올바른 것은?

```
㉠ 전원점검      ㉡ 현장점검
㉢ 시험조정      ㉣ 시스템 검토
```

① ㉠ → ㉡ → ㉢ → ㉣
② ㉣ → ㉡ → ㉠ → ㉢
③ ㉣ → ㉠ → ㉡ → ㉢
④ ㉠ → ㉡ → ㉣ → ㉢

👉 08번 해설 참고

11. 공기조화기의 TAB 측정 절차 중 측정 요건으로 틀린 것은?

① 시스템의 검토 공정이 완료되고 시스템 검토보고서가 완료되어야 한다.
② 설계도면 및 관련 자료를 검토한 내용을 토대로 하여 보고서 양식에 장비규격 등의 기준이 완료되어야 한다.
③ 댐퍼, 말단 유닛, 터미널의 개도는 완전 밀폐되어야 한다.
④ 제작사의 공기조화기 시운전이 완료되어야 한다.

👉 ③ 댐퍼, 말단 유닛, 터미널의 개도는 완전 개방되어야 된다.

12. TAB 수행을 위한 계측기기의 측정 위치로 가장 적절하지 않은 것은?

① 온도 측정 위치는 증발기 및 응축기의 입·출구에서 최대한 가까운 곳으로 한다.
② 유량 측정 위치는 펌프의 출구에서 가장 가까운 곳으로 한다.

Answer 09. ① 10. ② 11. ③ 12. ②

③ 압력 측정 위치는 입·출구에 설치된 압력계용 탭에서 한다.
④ 배기가스 온도 측정 위치는 연소기의 온도계 설치 위치 또는 시료 채취 출구를 이용한다.

👉 ② 유량 측정 위치는 유량 측정 정확도를 위해 유량계 설치 지점의 상·하류측에는 각종 규격에서 요구하는 길이만큼의 직관부를 설치하여야 하므로 펌프의 출구에서 가장 가까운 곳은 부적절하다.

13. TAB(Testing, Adjusting and Balancing)에 있어서 코일 및 열교환기의 정유량 시스템 밸런싱에 대한 설명으로 틀린 것은?

① 시스템 배관 또는 터미널 유닛으로 모든 유량이 통과하는 상태에서 수행한다.
② 순환 펌프 유량과 터미널 유닛 합산 유량이 허용오차 범위 내에 있을 때 터미널 유닛을 밸런싱한다.
③ 정유량 시스템은 동시 최소 부하에서 밸런싱한다.
④ 유량은 부분 부하 조건에서 밸브 특성에 따라 설계값보다 작거나 많을 수 있지만 기본적으로 일정한 상태에서 시험한다.

👉 ③ 정유량 시스템은 동시 최대 부하 조건에서 밸런싱한다.

14. TAB 수행 시 수배관의 유량을 조절하기 위해 설치되는 밸브는?

① 글로브 밸브   ② 밸런싱 밸브
③ 볼 밸브   ④ 게이트 밸브

👉 밸런싱 밸브는 수배관 내 유량 조절 및 유량 밸런싱을 위해 사용된다.

15. TAB 작업에서 풍속을 측정하기 위해 사용되는 기기가 아닌 것은?

① 마노미터(U튜브식)
② 전자식 마노미터
③ 경사형 마노미터
④ 스트로보스코프(Stroboscope)

👉 ④ 스트로보스코프 : 회전수 측정
[참고] 풍속 측정 기기
  U튜브 마노미터, 경사형/수직형 마노미터, 전자식 마노미터 등

16. TAB 수행 시 실내온도 측정 기준으로 적절한 위치는?

① 천장 가까이
② 실내 출입문 앞
③ 점유구역의 중심 높이(약 1.2~1.5m)
④ 바닥 바로 위

👉 실내온도 측정은 사람이 주로 활동하는 점유 영역의 높이인 약 1.2~1.5m 위치에서 측정해야 한다.

Answer 13. ③ 14. ② 15. ④ 16. ③

제1편 에너지관리

chapter 07 출·제·예·상·문·제

01. 다음 중 직접난방 방식이 아닌 것은?
① 온풍난방　　② 고온수난방
③ 저압증기 난방　　④ 복사난방

> **직접난방**
> 난방 공간에 방열기나 복사 패널 등 난방기기를 설치하고 증기, 온수 등의 열매체를 공급하여 실내를 난방하는 방식(증기난방, 온수난방, 복사난방 등)

02. 난방설비의 분류에서 간접난방법에 속하는 것은?
① 증기난방　　② 온풍난방
③ 온수난방　　④ 복사난방

> **간접난방**
> 방열기를 두지 아니하고 (중앙)열원장비로 가열된 공기를 덕트 등을 통해 난방하는 방식 (온풍난방)

03. 간접난방과 직접난방 방식에 대한 설명으로 틀린 것은?
① 간접난방은 중앙공조기에 의해 공기를 가열해 실내로 공급하는 방식이다.
② 직접난방은 방열기에 의해서 실내공기를 가열하는 방식이다.
③ 직접난방은 방열체의 방열형식에 따라 대류난방과 복사난방으로 나눌 수 있다.
④ 온풍난방과 증기난방은 간접난방에 해당된다.

> ④ 온풍난방은 간접난방, 증기난방은 직접난방에 해당된다.
> [참고]
> ① 직접난방 : 증기난방, 온수난방, 복사난방 등
> ② 간접난방 : 공기조화에 의한 난방, 온풍난방 등

04. 다음 직접난방의 설명 중 옳은 것은?
① 저압증기난방은 온수난방보다 실내온도 조절이 용이하다.
② EDR이란 주철재 방열기의 표면을 나타낸다.
③ 온수난방 및 증기난방 모두 워터해머 현상이 일어난다.
④ 저압 증기난방의 증기압력은 보통 0.15~ 0.3kg/cm²g 정도이다.

> ① 저압증기난방은 증기량 제어가 어려워 방열량(온도) 조절이 어렵다.
> ② 상당방열면적(EDR)이란 표준방열량을 나타낸다.
> ③ 온수난방은 워터해머가 발생하지 않는다.

05. 증기난방 방식을 분류한 것으로 잘못된 것은?
① 증기온도에 따른 분류
② 배관방법에 따른 분류
③ 증기압력에 따른 분류
④ 응축수 환수법에 따른 분류

Answer 01. ①　02. ②　03. ④　04. ④　05. ①

제7장 난방설비 **251**

> **증기난방 방식의 분류**
> ① 증기압력 : 고압식, 저압식, 진공식
> ② 배관방식 : 단관식, 복관식
> ③ 공급방식 : 상향식, 하향식, 상하혼용식
> ④ 환수배관방식 : 건식, 습식
> ⑤ 응축수 환수방식 : 중력환수식, 기계환수식, 진공환수식

06. 다음 증기난방의 분류법에 해당되지 않는 것은?
① 응축수 환수법 ② 증기공급법
③ 증기압력 ④ 지역냉난방법

> 05번 해설 참고

07. 난방설비에 관한 설명으로 옳은 것은?
① 증기난방은 실내 상·하 온도차가 작은 특징이 있다.
② 복사난방의 설비비는 온수나 증기난방에 비해 저렴하다.
③ 방열기의 트랩은 증기의 유량을 조절하는 역할을 한다.
④ 온풍난방은 신속한 난방 효과를 얻을 수 있는 특징이 있다.

> ① 증기난방은 실내 상·하 온도차가 커 쾌감도가 나쁘다.
> ② 복사난방의 설비비는 특수한 건축구조를 필요로 하게 되므로 온수나 증기난방에 비해 비싸다.(설비비 : 복사난방>온수난방>증기난방>온풍난방)
> ③ 방열기 밸브는 방열기 입구에 설치하여 증기 유량을 조절하는 작용을 한다.
> [참고] 방열기 트랩
> 열교환에 의하여 생긴 응축수와 증기에 혼입되어 있는 공기를 자동적으로 배출하여 열교환기의 가열작용을 유지하는 장치

08. 난방설비에서 온수헤더 또는 증기헤더를 사용하는 주된 이유로 가장 적합한 것은?
① 미관을 좋게 하기 위해서
② 온수 및 증기의 온도 차가 커지는 것을 방지하기 위해서
③ 워터 해머(water hammer)를 방지하기 위해서
④ 온수 및 증기를 각 계통별로 공급하기 위해서

> **온수/증기헤더**
> 일종의 분배기로 온수 및 증기를 한 곳에 모았다가 소비처로 송기시키는 장치. 온수 및 증기를 일정하게 공급시켜준다.

09. 증기난방 방식에 대한 설명으로 틀린 것은?
① 환수 방식에 따라 중력환수식과 진공환수식, 기계환수식으로 구분한다.
② 배관방법에 따라 단관식과 복관식이 있다.
③ 예열시간이 길지만 열량 조절이 용이하다.
④ 운전 시 증기 해머로 인한 소음을 일으키기 쉽다.

> ③ 열용량이 작아 예열시간이 짧지만 증기량 제어가 어려워 방열량(온도) 조절이 어렵다.

10. 증기난방의 장점이 아닌 것은?
① 온수와 비교해서 열매온도가 높기 때문에 방열면적이 작아진다.
② 실내온도의 상승이 느리고 예열 손실이 많다.
③ 배관 내에 거의 물이 없으므로 한랭지에서도 동결의 위험이 적다.
④ 열의 운반능력이 커서 시설비가 적어진다.

> ② 난방 개시 후 실내온도의 상승이 빠르고, 예열 손실이 작다.

06. ④ 07. ④ 08. ④ 09. ③ 10. ②

[참고] 증기난방의 특징

장점	단점
① 잠열을 이용하므로 열의 운반능력이 크다.	① 화상이 우려되며 먼지 등의 상승으로 불쾌감을 준다.
② 예열시간이 온수난방에 비해 짧고 증기 순환이 빠르다.	② 소음이 많이 난다.
③ 관경은 가늘어도 되므로 방열면적은 온수난방보다 작게 할 수 있다.	③ 부하변동에 대응이 곤란하다. (방열량 조정 용이하지 못함)
④ 설비비가 싸다.	④ 실내의 상하온도차가 크기 때문에 쾌감도가 나쁘다.

11. 다음 증기난방의 설명 중 옳은 것은?

① 예열시간이 짧다.
② 실내온도의 조절이 용이하다.
③ 방열기 표면의 온도가 낮아 쾌적한 느낌을 준다.
④ 실내에서 상하온도차가 작으며, 방열량의 제어가 다른 난방에 비해 쉽다.

☞ ②, ③, ④는 온수난방에 대한 설명이다.

12. 증기난방의 설명 중 옳지 못한 것은?

① 열의 운반능력이 크다.
② 예열시간이 온수난방에 비해 짧다.
③ 실내 방열량 조절이 쉽다.
④ 스팀 해머링(steam hammering)으로 인한 소음을 일으키기 쉽다.

☞ ③ 부하변동에 대응이 곤란하여 실내 방열량 조절이 용이하지 못하다.

13. 증기난방에 대한 설명으로 틀린 것은?

① 건식 환수시스템에서 환수관에는 증기가 유입되지 않도록 증기관과 환수관 사이에 증기트랩을 설치한다.
② 중력식 환수시스템에서 환수관은 선하향 구배를 취해야 한다.
③ 증기난방은 극장같이 천장고가 높은 실내에 적합하다.
④ 진공식 환수시스템에서 관경을 가늘게 할 수 있고 리프트 피팅을 사용하여 환수관 도중에서 입상시킬 수 있다.

☞ ③ 증기난방은 실내의 상하온도차가 크기 때문에 극장, 강당 등과 같은 천장고가 높은 실내에는 부적합하다.

14. 증기난방 방식에 대한 설명 중 틀린 것은?

① 배관방법에 따라 단관식과 복관식이 있다.
② 환수 방식에 따라 중력환수식과 진공환수식, 기계환수식으로 구분한다.
③ 제어성이 온수에 비해 양호하다.
④ 부하기기에서 증기를 응축시켜 응축수만을 배출한다.

☞ ③ 제어성(온도 및 방열량 조절)은 증기난방에 비해 온수난방이 양호하다.

15. 증기난방에 관한 설명 중 옳지 않은 것은?

① 증기잠열에 의해 공기를 가열하는 난방방식이다.
② 저압식은 증기의 사용압력이 보통 1~3kg/cm^2·g이고, 고압식은 증기의 사용압력이 보통 5~19kg/cm^2·g이다.
③ 고압 증기난방 방식에서는 플래시 탱크를 도입하고 있다.
④ 응축수 환수방식에는 중력환수식과 기계환수식, 진공환수식이 있다.

☞ ② 저압식은 증기의 사용압력이 보통 0.1~0.35kg/cm^2·g이고, 고압식은 증기의 사용압력이 보통 1~3kg/cm^2·g이다.

Answer 11. ① 12. ③ 13. ③ 14. ③ 15. ②

16. 증기난방 방식에서 환수주관을 보일러 수면보다 높은 위치에 배관하는 환수배관 방식은?

① 습식 환수 방식 ② 강제 환수 방식
③ 건식 환수 방식 ④ 중력 환수 방식

> 환수관의 배치에 의한 분류
> ① 건식 환수관 : 환수주관을 보일러 수면보다 높은 곳에 설치
> ② 습식 환수관 : 환수주관을 보일러 수면보다 낮은 곳에 설치

17. 진공환수식 증기난방에 대한 설명으로 틀린 것은?

① 중력환수식, 기계환수식보다 환수관경을 작게 할 수 있다.
② 방열량을 광범위하게 조정할 수 있다.
③ 환수관 도중 입상부를 만들 수 있다.
④ 증기의 순환이 다른 방식에 비해 느리다.

> ④ 증기의 순환이 다른 방식에 비해 빠르다.
> [참고] 진공환수식
>   진공펌프를 사용하여 순환하는 방식으로 증기의 순환이 빨라서 대규모 건축물에 사용한다.
> ※ 진공환수식 증기난방의 특징
>   ① 배관 및 방열기 내의 공기도 뽑아낼 수 있으므로 끓기 시작하는 초기부터 증기의 순환이 빠르게 된다.
>   ② 응축수의 유속이 빠르게 되므로 환수관을 가늘게 할 수가 있다.
>   ③ 환수관의 기울기를(1/200~1/300) 낮게 할 수 있으므로 대규모 난방에 적합하다.
>   ④ 리프트 이음을 사용하여 환수를 위쪽 환수관으로 올릴 수도 있으므로 방열기의 설치 위치에 제한을 받지 않는다.
>   ⑤ 보통 증기 난방법에서는 이와 같은 결점이 없으므로, 방열기 밸브의 개폐도를 조절하면서 방열량을 광범위하게 조절 할 수 있다.

18. 천장높이 12m인 강당의 경우 증기난방 설계 시 적합한 실내 평균온도는? (단, 바닥에서 1.5m의 온도는 18℃로 한다.)

① 13℃ ② 15℃
③ 26℃ ④ 38℃

> 천장의 높이가 3m 이상이 되는 경우의 실내 평균온도
> $t_m = t + 0.05t(h-3)$
> $= 18 + 0.05 \times 18 \times (12-3) = 26.1℃$

19. 보일러에서 방열기까지 보내는 증기관과 환수관을 따로 배관하는 방식으로서 증기와 응축수가 유동하는데 서로 방해가 되지 않도록 증기트랩을 설치하는 증기난방 방식은?

① 트랩식   ② 상향 급기관
③ 건식 환수법 ④ 복관식

> 복관식(2관식 또는 순환식)
> 증기관과 환수관을 별개의 관으로 하고, 방열기마다 증기트랩을 설치하여 응축수만을 환수관을 통하여 보일러로 환수시킨다. 대부분의 난방배관은 복관식을 채택하며, 증기 흐름 방향에 따라 상향공급 방식과 하향공급 방식이 있다. 단관식에 비해 어떤 사용 장소에서나 온도의 저하가 적다.
> [참고]
>   ① 단관식 : 증기와 응축수가 동일관 내에 흐르도록 한 것으로 증기트랩을 쓰지 않고, 방열량의 조절을 방열기의 밸브에 의하여 행한다.
>   ② 건식 환수법 : 보일러의 수면보다 환수주관이 높은 위치에 있는 방식
>   ③ 습식 환수법 : 보일러의 수면보다 환수주관이 낮은 위치에 있는 방식

Answer 16. ③ 17. ④ 18. ③ 19. ④

20. 증기로 온수를 만드는 열교환기에서 열전달 효과를 높이기 위한 방법 중 옳은 것은?

① 증기압력을 높인다.
② 전열면적을 작게 한다.
③ 코일 재료의 두께가 두꺼운 재료를 사용한다.
④ 유체의 이동속도를 높인다.

👉 증기압력을 높이면 증기의 보유열량이 증가하여 열전달 효과가 커진다.

21. 다음 중 증기난방장치의 구성으로 가장 거리가 먼 것은?

① 트랩   ② 감압밸브
③ 응축수 탱크 ④ 팽창탱크

👉 **팽창탱크**
온수난방에서 관내의 물의 온도가 상승하면 체적도 팽창하므로 팽창 파이프를 통하여 증가한 양을 흡수하는 수조

22. 다음 중 서로 상관이 없는 것끼리 짝지어진 것은?

① 순환수두-밀도차
② VAV-변풍량 방식
③ 저압증기난방-팽창탱크
④ MRT-패널 표면온도

👉 ① 순환수두 : 온수난방에 있어 순환시키는 힘이 되는 압력차를 말하며, 이것을 수두(水頭)로 나타낸 값이다. 유체의 밀도차에 따라 일어나는 순환에서는 자연순환수두라고 하고, 펌프순환식에서는 강제순환수두라고 한다.
② VAV(Variable Air Volume System : 변풍량 공조방식)
③ 저압증기난방 – 증기난방, 팽창탱크 – 온수난방

④ MRT(Mean Radiant Temperature : 평균복사온도) – 복사난방 시 복사열의 정도를 판단하기 위한 구조체 패널의 평균복사온도

23. 증기난방 배관에서 증기트랩을 사용하는 이유로 옳은 것은?

① 관내의 공기를 배출하기 위하여
② 배관의 신축을 흡수하기 위하여
③ 관내의 압력을 조절하기 위하여
④ 증기관에 발생된 응축수를 제거하기 위하여

👉 **증기트랩**
증기관 내에 응축수와 공기를 증기와 분리하여 응축수를 환수관으로 배출시키는 장치

24. 온수난방 배관방식에서 단관식과 비교한 복관식에 대한 설명으로 틀린 것은?

① 설비비가 많이 든다.
② 온도 변화가 많다.
③ 온수 순환이 좋다.
④ 안정성이 높다.

👉 ② 복관식은 단관식에 비해 온도 변화가 작다.
[참고] 온수난방 배관 방식에 의한 분류
① 단관식 : 송수온수관과 환수온수관이 하나의 관으로 되어 있는 것
② 복관식 : 송수온수관과 환수온수관이 별개로 되어 있는 배관 방식이다. 단관식에 비하여 설비비가 필연적으로 많이 들게 마련이나, 역환수배관 방식을 채택하면 각 방열기마다 온수의 유량을 균등하게 분배하게 되므로, 배관 도중에 열손실을 무시한다면 각 방열기에 보내는 온수온도를 일정하게 할 수 있다. 그러므로 복관식은 주관 내의 온도 변화가 없고 방열기 밸브의 개폐에 의해 방열량을 임의로 조절할 수 있으며, 다른 방열기에 영향을 미치는 일이 적다. 일반 건물

Answer 20. ① 21. ④ 22. ③ 23. ④ 24. ②

에는 이 방식을 널리 채택하고 있다.

25. 온수난방에서 온수의 순환 방식과 가장 거리가 먼 것은?
① 중력순환 방식 ② 강제순환 방식
③ 역귀환 방식   ④ 진공환수 방식

> **온수난방 방식의 분류**
> ① 온수순환 방식에 의한 분류 : 중력환수식, 강제(기계)환수식
> ② 온수 온도에 따른 분류 : 저온수식, 고온수식
> ③ 배관방식에 따른 분류 : 단관식, 복관식
> ④ 온수의 환수방법에 의한 분류 : 직접환수식, 역환수식(리버스 리턴 방식)
> [참고] 증기난방 응축수 환수 방식
> 중력환수식, 기계환수식, 진공환수식

26. 다음 온수난방 분류 중 적당하지 않은 것은?
① 고온수식, 저온수식
② 중력순환식, 강제순환식
③ 건식 환수법, 습식 환수법
④ 상향 공급식, 하향 공급식

> **증기난방 환수배관방식의 따른 분류**
> 건식 환수법, 습식 환수법

27. 증기난방과 온수난방을 비교한 것이다. 맞지 않는 것은?
① 주 이용열량은 증기난방은 잠열이고, 온수난방은 현열이다.
② 증기난방에 비하여 온수난방은 방열량을 쉽게 조절할 수 있다.
③ 장거리 수송은 증기난방은 발생증기압에 의하여, 온수난방은 자연순환력 또는 펌프 등의 기계력에 의한다.
④ 온수난방에 비하여 증기난방은 예열부하와 시간이 많이 소요된다.

> ④ 온수난방에 비하여 증기난방은 예열부하와 시간이 짧다.

28. 온수난방에 대한 설명으로 틀린 것은?
① 증기난방에 비하여 연료소비량이 적다.
② 난방부하에 따라 온도 조절을 용이하게 할 수 있다.
③ 축열 용량이 크므로 운전을 정지해도 금방 식지 않는다.
④ 열용량이 크기 때문에 짧은 시간에 예열할 수 있다.

> ④ 열용량이 크므로 온수의 예열시간이 길고 예열부하가 크다.

29. 온수난방에 대한 설명으로 틀린 것은?
① 저온수 난방에서 공급수의 온도는 100℃ 이하이다.
② 사람이 상주하는 주택에서는 복사난방을 주로 한다.
③ 고온수 난방의 경우 밀폐식 팽창탱크를 사용한다.
④ 2관식 역환수 방식에서는 펌프에 가까운 방열기일수록 온수순환량이 많아진다.

> ④ 2관식 역환수 방식(리버스리턴 방식)은 각 방열기에서의 왕복배관이 같게 되므로 온수순환량을 균등하게 한다.

30. 온수난방에 대한 설명으로 틀린 것은?
① 온수의 체적팽창을 고려하여 팽창탱크를 설치한다.
② 보일러가 정지하여도 실내온도의 급격한 강하가 적다.
③ 밀폐식일 경우 배관의 부식이 많아 수명이 짧다.

Answer   25. ④   26. ③   27. ④   28. ④   29. ④   30. ③

④ 방열기에 공급되는 온수 온도와 유량 조절이 용이하다.

☞ ③ 밀폐식일 경우 배관의 부식이 적어 장치의 수명이 길다.
[참고] 온수난방의 특징

장점	단점
㉠ 방열기 온도가 낮아 실내 상하온도차가 적어 쾌감도가 좋다. ㉡ 중앙에서 온수온도 제어에 따른 방열량(온도) 조절이 용이하다. ㉢ 열용량이 커 실온의 변동이 적고 동결우려가 적다. ㉣ 보일러 취급이 용이하며 안전하다.	㉠ 열용량이 커 예열시간이 길다. ㉡ 수두에 제한이 있어 건축물의 높이에 제한을 받는다. ㉢ 보유열량이 적어 방열면적 및 관지름이 크다. ㉣ 순환펌프 등의 설치로 설비비가 비싸다.

31. 온수난방에 대한 설명으로 틀린 것은?
① 난방부하에 따라 온도조절을 용이하게 할 수 있다.
② 예열시간은 길지만 잘 식지 않으므로 증기난방에 비하여 배관의 동결우려가 적다.
③ 열용량이 증기보다 크고 실온 변동이 적다.
④ 증기난방보다 작은 방열기 또는 배관이 필요하므로 배관공사비를 절감할 수 있다.

☞ ④ 증기난방보다 큰 방열기 또는 배관이 필요하므로 배관공사비가 많이 든다.

32. 난방 방식의 종류별 특징에 대한 설명으로 틀린 것은?
① 저온 복사난방 중 바닥 복사난방은 특히 실내기온의 온도분포가 균일하다.
② 온풍난방은 공장과 같은 난방에 많이 쓰이고 설비비가 싸며 예열시간이 짧다.
③ 온수난방은 배관부식이 크고 워밍업 시간이 증기난방보다 짧으며 관의 동파 우려가 있다.
④ 증기난방은 부하변동에 대응한 조절이 곤란하고 실온분포가 온수난방보다 나쁘다.

☞ ③ 온수난방은 배관부식이 적고 증기난방보다 열용량이 커 예열시간이 길며 관의 동파 우려가 적다.

33. 실내의 난방에는 보통 몇 ℃ 이하의 저온수가 사용되는가?
① 120℃ 이하 ② 100℃ 이하
③ 80℃ 이하   ④ 60℃ 이하

☞ 온수난방의 분류
① 저온수식 : 100℃ 이하의 온수 사용(개방형 팽창탱크), 소규모 건물, 주철제 보일러를 사용
② 고온수식 : 100℃ 이상 고온수 사용(밀폐식 팽창탱크), 강판제 보일러 사용

34. 다음 중 온수난방과 관계없는 장치는 무엇인가?
① 트랩   ② 공기빼기 밸브
③ 순환펌프   ④ 팽창탱크

☞ 온수난방용 기기
팽창탱크, 팽창관, 온수순환펌프, 리턴 콕, 방열기 밸브, 공기빼기 밸브, 신축이음 등
[참고] 트랩
증기난방에서 발생하는 응축수를 회수하기 위한 기기

35. 다음 중 온수난방과 가장 거리가 먼 것은?
① 팽창탱크   ② 공기빼기 밸브
③ 관말트랩   ④ 순환펌프

☞ 34번 해설 참고

Answer 31. ④ 32. ③ 33. ② 34. ① 35. ③

제7장 난방설비 257

[참고] 관말트랩
관 끝에 설치하는 트랩으로 증기난방에서 발생하는 응축수를 회수하기 위한 기기

36. 다음 중 온수난방용 기기가 아닌 것은?
① 방열기 ② 공기방출기
③ 순환펌프 ④ 증발탱크

34번 해설 참고
[참고] 증발탱크(flash tank)
증기난방의 고압증기의 환수관과 저압 환수관 사이에 삽입하는 탱크. 고압 환수가 저압 환수관으로 유입될 때 관내 압력이 급격히 변화하는 것을 완화시켜 재증발 등에 의한 저압 배관이나 기구의 장해를 방지

37. 다음 중에서 온수 보일러의 부속품으로는 사용되지 않는 것은?
① 순환펌프 ② 릴리프밸브
③ 수면계 ④ 팽창탱크

수면계는 증기 보일러 내의 수위를 측정하는 지시장치로 온수 보일러는 내부가 전부 물이므로 수면계는 의미가 없고, 수고계에 의해 압력과 팽창 탱크까지의 수면위치를 측정한다.

38. 온수난방에서 개방식 팽창탱크의 용량은 온수 팽창량의 몇 배가 가장 적당한가?
① 1.5~2.5배 ② 3.5~4.5배
③ 5.5~6.5배 ④ 7.5~8.5배

개방식 팽창탱크의 용량은 온수 팽창량의 1.5~2.5배가 적당하다.

39. 온수난방장치의 체적이 700l이다. 이 경우 개방식 팽창탱크의 필요 체적은 약 몇 l인가? (단, 초기 수온은 5℃, 보일러 운전 시 수온을 80℃로 하고 각각의 온도에 대한 물의 밀도

는 0.99999kg/l 및 0.97183kg/l로 하며, 개방식 팽창탱크의 용량은 온수팽창탱크의 2배로 한다.)
① 40.5 ② 41.2
③ 43.5 ④ 45.7

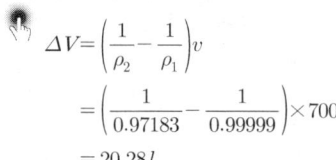

$$\Delta V = \left(\frac{1}{\rho_2} - \frac{1}{\rho_1}\right)v$$
$$= \left(\frac{1}{0.97183} - \frac{1}{0.99999}\right) \times 700$$
$$= 20.28 l$$
$$V' = \alpha \Delta V = 2 \times 20.28 = 40.5 l$$
여기서, 가열된 온수의 밀도 : ρ_2[kg/l]
가열 전 물의 밀도 : ρ_1[kg/l]
가열장치 내의 전수량 : v[l]

40. 강제순환식 온수난방에서 개방형 팽창탱크를 설치하려고 할 때, 적당한 온수의 온도는?
① 100℃ 미만 ② 130℃ 미만
③ 150℃ 미만 ④ 170℃ 미만

온수난방의 분류
① 저온수식 : 100℃ 이하의 온수 사용(개방형 팽창탱크), 소규모 건물, 주철제 보일러 사용
② 고온수식 : 100℃ 이상 고온수 사용(밀폐식 팽창탱크), 강판제 보일러 사용

41. 온수난방 설비에 사용되는 팽창탱크에 대한 설명으로 틀린 것은?
① 밀폐식 팽창탱크의 상부 공기층은 난방장치의 압력변동을 완화하는 역할을 할 수 있다.
② 밀폐식 팽창탱크는 일반적으로 개방식에 비해 탱크 용적을 크게 설계해야 한다.
③ 개방식 탱크를 사용하는 경우는 장치 내의 온수온도를 85℃ 이상으로 해야 한다.
④ 팽창탱크는 난방장치가 정지하여도 일정

Answer 36. ④ 37. ③ 38. ① 39. ① 40. ① 41. ③

압 이상으로 유지하여 공기침입 방지 역할을 한다.
③ 개방식 탱크를 사용하는 경우는 장치 내의 온수온도를 85~95℃로, 밀폐식은 100℃ 이상으로 해야 한다.

42. 열을 공급하여야 할 구역이 넓고 또한 건물이 산재하여 옥외 배관이 긴 경우에 가장 적당한 난방 방식은?
① 저압증기난방 ② 온풍난방
③ 고온수난방 ④ 고압증기난방

① 저온수난방 : 온수온도가 100℃ 미만이며, 일반 건축물에 적합하다.
② 고온수난방 : 온수온도가 100℃ 이상이며, 대용량의 지역난방에 유리하고 열교환기의 온도차를 높임으로써 유량 및 배관 관경을 줄일 수 있다.

43. 다음은 고온수난방 시스템의 2차측 배관 접속방법을 기술한 것이다. 2차측 배관 접속방법과 직접 관계가 없는 것은?
① 열교환 방식
② 직결 방식
③ 리버스 리턴 방식
④ 블리드 인 방식

고온수 배관의 2차측 접속방식
직결 방식, 블리드 인 방식, 열교환기 방식
[참고] 역환수 방식(리버스 리턴 방식)
각 층의 온수 순환을 균등하게 하기 위해 순환배관길이를 같게 하도록 환탕관을 역환수시켜 배관하는 방식

44. 온수난방설계 시 다르시-바이스바흐(Darcy-Weisbach)의 수식을 적용한다. 이 식에서 마찰저항계수와 관련이 있는 인자는?

① 누셀수(Nu)와 상대조도
② 프란틀수(Pr)와 절대조도
③ 레이놀즈수(Re)와 상대조도
④ 그라쇼프수(Gr)와 절대조도

마찰저항계수(f)는 일반적으로 레이놀즈수와 상대조도의 함수이다.
[참고] Darcy-Weisbach 방정식
$$h_L = f \cdot \frac{L}{d} \cdot \frac{V^2}{2g}$$
h_L : 손실수두 f : 관마찰저항계수
L : 배관 길이(m) d : 배관 직경(m)
V : 유속(m/s)
g : 중력가속도(9.8m/s²)

45. 개별난방 방식인 온풍로 난방을 분류하는 방식에 해당되지 않는 것은?
① 가열원 ② 통풍 방식
③ 설치법 ④ 환기법

온풍난방설비
① 가열원에 의한 분류 : 온풍로, 가열코일
② 통풍 방식에 의한 분류 : 자연대류식, 강제통풍식
③ 설치법에 의한 분류 : 직접식, 덕트식

46. 온풍난방에 관한 설명으로 틀린 것은?
① 송풍 동력이 크며, 설계가 나쁘면 실내로 소음이 전달되기 쉽다.
② 실온과 함께 실내습도, 실내기류를 제어할 수 있다.
③ 실내 층고가 높을 경우에는 상하의 온도차가 크다.
④ 예열부하가 크므로 예열시간이 길다.

④ 온풍난방은 공기를 직접 가열하는 방식이어서 예열시간이 짧아 신속하게 목표온도에 도달할 수 있다.

Answer 42. ③ 43. ④ 44. ③ 45. ④ 46. ④

[참고] 온풍난방의 특징

장점	단점
① 열효율이 좋아 연료비가 적게 든다.	① 온도가 높아 실내 온도 분포가 나쁘다.
② 증기, 온수난방에 비해 설비비가 저렴하다.	② 소음이 크고 쾌감도가 좋지 않다.
③ 온도와 습도의 조정이 쉽다.	③ 동력이 많이 들고 온풍로에 그을음이 생긴다.
④ 예열시간이 짧으며 누구나 동결의 우려가 적다.	
⑤ 기계실의 면적이 작아진다.	
⑥ 공사의 시공이 간단하고 장치의 조작이 간편하다.	

47. 온풍난방에 관한 설명으로 틀린 것은?

① 실내 층고가 높을 경우 상하 온도차가 커진다.
② 실내의 환기나 온습도 조절이 비교적 용이하다.
③ 직접 난방에 비하여 설비비가 높다.
④ 연도의 과열에 의한 화재에 주의해야 한다.

☞ ③ 직접 난방에 비하여 설비비가 저렴하다.

48. 온풍난방의 특징으로 틀린 것은?

① 연소장치, 송풍장치 등이 일체로 되어 있어 설치가 간단하다.
② 예열부하가 거의 없으므로 기동시간이 짧다.
③ 토출 공기온도가 높으므로 쾌적도는 떨어진다.
④ 실내 층고가 높을 경우에는 상하의 온도차가 작다.

☞ ④ 실내 층고가 높을 경우에는 상하의 온도차가 크므로 실내공기의 상하온도차가 없어지도록 취출공기의 풍속과 방향을 계획할 필요가 있다.

49. 온풍난방에서 중력식 순환 방식과 비교한 강제 순환 방식의 특징에 관한 설명으로 틀린 것은?

① 기기 설치장소가 비교적 자유롭다.
② 급기 덕트가 작아서 은폐가 용이하다.
③ 공급되는 공기는 필터 등에 의하여 깨끗하게 처리될 수 있다.
④ 공기순환이 어렵고 쾌적성 확보가 곤란하다.

☞ ④ 강제 순환 방식은 송풍기에 의해 공기가 강제 순환되므로 중력식(자연순환식)에 비해 공기순환이 잘 이루어진다.

[참고] 온풍난방
연료의 연소나 보일러에서 만들어진 증기 온수 또는 전열 등에 의하여 따뜻해진 공기로 실내를 따뜻하게 하는 방법이다. 공기가 자연대류에 의하여 순환되는 중력식(자연순환식)과 송풍기에 의하여 순환되는 강제 순환식이 있다.

50. 온풍난방의 특징에 관한 설명으로 틀린 것은?

① 예열부하가 거의 없으므로 기동시간이 아주 짧다.
② 취급이 간단하고 취급자격자를 필요로 하지 않는다.
③ 방열기나 배관 등의 시설이 필요 없어 설비비가 싸다.
④ 취출온도의 차가 적어 온도분포가 고르다.

☞ ④ 취출온도의 차가 커 온도분포가 고르지 않다.

Answer 47. ③ 48. ④ 49. ④ 50. ④

51. 온풍난방의 특징에 대한 설명으로 틀린 것은?

① 예열시간이 짧아 간헐운전이 가능하다.
② 실내 상하의 온도차가 커서 쾌적성이 떨어진다.
③ 소음 발생이 비교적 크다.
④ 방열기, 배관 설치로 인해 설비비가 비싸다.

👉 ④ 방열기기나 배관 등의 시설이 필요 없어 설비비가 싸다.

52. 온풍로 난방에 대한 특징을 말한 것으로 옳지 않은 것은 어느 것인가?

① 시스템 전체의 열용량이 적고 예열 소요 시간이 짧다.
② 취출온도차가 커서 온도분포가 나쁘다.
③ 설비비가 저렴하다.
④ 열효율이 나쁘고 연료가 많이 든다.

👉 ④ 열효율이 좋아 연료비가 적게 든다.

53. 공장이나 창고 등과 같이 높고 넓은 공간에 주로 사용되는 유닛 히터(unit heater)를 설치할 때 주의할 사항으로 틀린 것은?

① 온풍의 도달거리나 확산직경은 천장고나 흡출 공기온도에 따라 달라지므로 설치 위치를 충분히 고려해야 한다.
② 토출 공기 온도는 너무 높지 않도록 한다.
③ 송풍량을 증가시켜 고온의 공기가 상층부에 모이지 않도록 한다.
④ 열손실이 가장 적은 곳에 설치한다.

👉 ④ 유닛 히터의 설치 시 창문, 출입구 지역 등 열손실이 가장 많은 곳에 설치하되 설치 높이와 거주역, 도달거리, 소음 등도 충분히 고려해야 한다.
[참고] 유닛 히터 바닥면에 방열기가 설치되지 않은 공장, 창고 등과 국부난방을 위한 곳에 사용된다. 온풍의 범위와 도달거리는 유닛 히터가 설치된 높이와 토출공기온도에 크게 좌우되므로 설치 위치 결정에 충분한 주의를 기울여야 할 필요가 있다. 특히 열매온도가 높은 온풍은 바닥에 충분히 도달하지 않으므로 고온의 열매는 피하는 것이 좋다.

54. 다음 중 출입의 빈도가 잦아 틈새바람에 의한 손실부하가 비교적 큰 경우 난방 방식으로 적용하기에 가장 적합한 것은?

① 증기난방   ② 온풍난방
③ 복사난방   ④ 온수난방

👉 복사난방의 특징
① 실내 온도분포가 균등하여 쾌감도가 높다.
② 방을 개방상태로 하여도 난방의 효과가 있어 틈새바람에 의한 손실부하가 비교적 큰 경우에 적합하다.
③ 방의 상하 온도차가 적어 방 높이에 의한 실온의 변화가 적으며, 고온복사 난방 시 천장이 높은 방의 난방도 가능하다.

55. 다음 난방방식 중 자연환기가 많이 일어나도 비교적 난방효율이 좋은 것은?

① 온수난방   ② 증기난방
③ 온풍난방   ④ 복사난방

👉 난방효율 순서
복사난방 > 온수난방 > 증기난방 > 온풍난방

56. 복사 냉·난방 공조방식에 관한 설명으로 틀린 것은?

① 복사열을 사용하므로 쾌감도가 높다.
② 건물의 축열을 기대할 수 없다.
③ 구조체의 예열시간이 길고 일시적 난방에는 부적당하다.

Answer 51. ④ 52. ④ 53. ④ 54. ③ 55. ④ 56. ②

④ 바닥에 기기를 배치하지 않아도 되므로 이용공간이 넓다.

② 건물의 축열을 기대할 수 있다.
[복사 냉·난방 공조방식의 특징]

장점	단점
① 복사열을 이용하므로 쾌감도가 높다. ② 덕트 공간 및 열운반 동력을 줄일 수 있다. ③ 건물의 축열을 기대할 수 있다. ④ 유닛을 설치하지 않으므로 실내 바닥의 이용도가 좋다. ⑤ 실내 공기의 대류가 적기 때문에 바닥면의 먼지가 상승하지 않는다.	① 냉각패널에 이슬이 발생할 수 있으므로 잠열부하가 큰 곳에는 부적당하다. ② 열손실 방지를 위해 단열시공을 완벽히 하여야 한다. ③ 매립배관이므로 시공이 어려우며, 고장 시 발견이 어렵고 수리가 곤란하다. ④ 실내 방의 변경 등에 의한 융통성이 없다. ⑤ 중간기에 냉동기의 운전이 필요하다. ⑥ 외기 온도 급변에 따른 방열량 조절이 어렵다. ⑦ 구조체를 따뜻하게 하므로 예열시간이 길고 일시적인 난방에는 효과가 적다.

57. 복사 난방설비의 장점으로 틀린 것은?

① 실내상하의 온도차가 적고, 온도 분포가 균등하다.
② 매설배관이므로 준공 후의 보수·점검이 쉽다.
③ 인체에 대한 쾌감도가 높은 난방 방식이다.
④ 실내에 방열기가 없기 때문에 바닥면의 이용도가 높다.

② 매설배관이므로 준공 후의 보수·점검 및 누설 발견이 어렵다.

[참고] 복사 난방설비의 장점
㉠ 복사열에 의한 난방으로 쾌감도가 좋다.
㉡ 높이에 따른 실내온도의 분포가 균일하다.
㉢ 대류작용에 따른 바닥 먼지의 상승이 적다.
㉣ 방열기가 필요 없어 바닥의 이용도가 좋다.
㉤ 상하온도차가 적어 천장이 높은 방에 적합하다.
㉥ 실내온도가 낮아도 난방효과가 있으며 손실열량이 적다.

58. 복사 냉난방 방식(panel air system)에 대한 설명 중 틀린 것은?

① 건물의 축열을 기대할 수 있다.
② 쾌감도가 전공기식에 비해 떨어진다.
③ 많은 환기량을 요하는 장소에 부적당하다.
④ 냉각패널에 결로 우려가 있다.

② 복사 냉난방 방식은 복사열을 이용하므로 쾌감도가 전공기식에 비해 우수하다.

59. 다음 복사난방의 특징에 관한 설명 중 잘못된 것은?

① 방열기가 불필요하여 바닥 이용도가 크다.
② 실내 온도 분포가 균등하여 쾌감도가 높다.
③ 열손실을 막기 위한 단열층이 필요하다.
④ 예열시간이 짧아서 쉽게 난방효과를 얻을 수 있다.

④ 구조체의 예열시간이 길고 일시적 난방에는 부적당하다.

60. 복사난방을 대류난방과 비교할 때 복사난방의 장·단점을 열거한 것 중 틀린 것은?

① 실의 높이에 따른 온도 편차가 비교적 균일하며 쾌감도가 좋다.
② 방열기가 없으므로 공간의 이용도가 좋다.

Answer 57. ② 58. ② 59. ④ 60. ④

③ 배관의 수리가 곤란하고, 외기의 급변화에 따른 온도조절이 곤란하다.
④ 공기의 대류가 많아 실내의 먼지가 상승한다.

☞ ④ 복사난방은 실내 공기의 대류가 적기 때문에 바닥면의 먼지가 상승하지 않는다.

61. 복사 난방 방식의 특징에 대한 설명으로 틀린 것은?

① 외기온도와 갑작스러운 변화에 대응이 용이함
② 실내 상하 온도분포가 균일하여 난방효과가 이상적임
③ 실내공기 온도가 낮아도 되므로 열손실이 적음
④ 바닥에 난방기기가 필요 없어 바닥면의 이용도가 높음

☞ ① 예열시간이 길어 외기온도의 갑작스러운 변화에 대응하기 어렵다.

62. 복사난방 방식의 특징에 대한 설명으로 틀린 것은?

① 실내에 방열기를 설치하지 않으므로 바닥이나 벽면을 유용하게 이용할 수 있다.
② 복사열에 의한 난방으로써 쾌감도가 크다.
③ 외기온도가 갑자기 변하여도 열용량이 크므로 방열량의 조정이 용이하다.
④ 실내의 온도 분포가 균일하며, 열이 방의 위쪽으로 빠지지 않으므로 경제적이다.

☞ ③ 외기온도가 갑자기 변하면 열용량이 크므로 방열량 조절이 어렵다.

63. 복사난방(패널 히팅)의 특징을 설명한 것 중 맞지 않는 것은?

① 외기온도 변화에 따라 실내의 온도 및 습도조절이 쉽다.
② 방열기가 불필요하므로 가구배치가 용이하다.
③ 실내의 온도분포가 균등하다.
④ 복사열에 의한 난방이므로 쾌감도가 크다.

☞ ① 외기온도 변화에 따라 실내의 온도 및 습도조절이 어렵다.

64. 그림은 각 난방 방식에 의한 일반적인 실내 상하의 온도분포를 나타낸 것이다. 이 중 바닥 복사난방 방식에 의한 것은 어느 것인가?

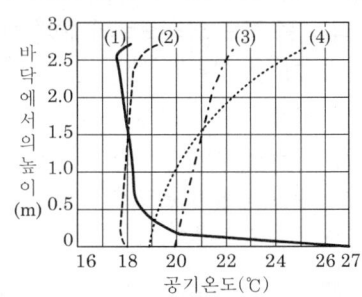

① (1)   ② (2)
③ (3)   ④ (4)

☞ 각종 난방 방식의 실내온도 분포

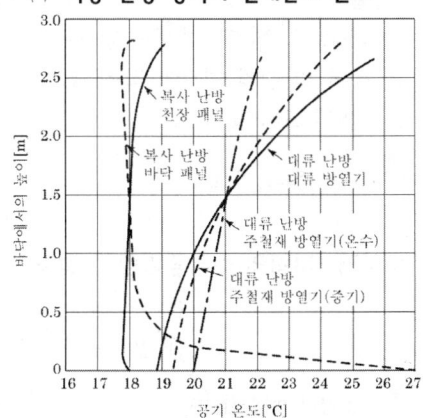

65. 겨울철 창면을 따라 발생하는 콜드 드래프트(cold draft)의 원인으로 틀린 것은?

① 인체 주위의 기류속도가 클 때
② 주위공기의 습도가 높을 때
③ 주위 벽면의 온도가 낮을 때
④ 창문의 틈새를 통한 극간풍이 많을 때

> **콜드 드래프트 발생 원인**
> ㉠ 인체 주위의 공기온도가 너무 낮을 때
> ㉡ 인체 주위의 기류속도가 클 때
> ㉢ 인체 주위의 습도가 낮을 때
> ㉣ 주위 벽면의 온도가 낮을 때
> ㉤ 겨울철 창문의 틈새를 통한 극간풍이 많을 때

66. 다음 중 콜드 드래프트의 발생 원인과 가장 거리가 먼 것은?

① 인체 주위의 공기온도가 너무 낮을 때
② 기류의 속도가 낮고 습도가 높을 때
③ 주위 벽면의 온도가 낮을 때
④ 겨울에 창문의 극간풍이 많을 때

> ② 기류의 속도가 크고 습도가 낮을 때

67. 난방용 보일러의 요구조건이 아닌 것은?

① 일상취급 및 보수관리가 용이할 것
② 건물로의 반출입이 용이할 것
③ 높이 및 설치 면적이 작을 것
④ 전열효율이 낮을 것

> ④ 전열효율이 높을 것

68. 보일러 1마력의 상당증발량은 얼마인가?

① 12.65 ② 13.25
③ 15.65 ④ 17.25

> **보일러 마력(BHP)**
> 1시간에 15.65kg의 상당증발량(15.65kg/h)을 갖는 보일러 능력, 즉 100℃ 물 15.65kg을 1시간에 같은 온도의 증기로 만들 수 있는 능력으로
> 1BHP(보일러 마력)=8435kcal/h=9.8kW

69. 다음 중 1보일러 마력과 관계없는 것은?

① 8435kcal/h ② 15.65kg/h
③ 13m²EDR ④ 0.5m²

> ① 1BHP(보일러 마력)=8435kcal/h=9.8kW
> ② 15.65kg/h(상당증발량)
> ③ 13m²(증기난방의 상당방열면적)

70. 증기 보일러에서 환산증발량에 관한 설명으로 옳은 것은?

① 대기압상태에서 100℃의 포화수를 100℃의 건포화증기로 증발시켜 상태변화시키는 경우의 증발량
② 대기압상태에서 37.8℃의 포화수를 100℃의 건포화증기로 증발시켜 상태변화시키는 경우의 증발량
③ 대기압상태에서 100℃의 포화수를 소요증기로 증발시켜 상태변화시키는 경우의 증발량
④ 대기압상태에서 37.8℃의 포화수를 소요증기로 증발시켜 상태변화시키는 경우의 증발량

> **환산증발량(상당증발량)**
> ① 실제증발량을 기준증발량으로 환산한 증발량
> ② 대기압하에서 100℃의 물이 같은 온도의 증기를 발생시킨다고 보고 이때의 증발량을 나타낸다.

71. 보일러의 출력에는 상용출력과 정격출력이 있다. 다음 중 이들의 관계가 적당한 것은?

65. ② 66. ② 67. ④ 68. ③ 69. ④ 70. ① 71. ①

① 상용출력=난방부하+급탕부하+배관부하
② 정격출력=난방부하+배관 열손실부하
③ 상용출력=배관 열손실부하+보일러 예열부하
④ 정격출력=난방부하+급탕부하+배관부하+예열부하+온수부하

☞ ② 정미출력 : 난방부하+급탕부하
　③ 상용출력 : 난방부하+급탕부하+배관부하
　④ 정격출력 : 난방부하+급탕부하+배관부하+예열부하

72. 보일러 능력의 표시법에 대한 설명으로 옳은 것은?

① 과부하출력 : 운전시간 24시간 이후는 정격 출력의 10~20% 더 많이 출력되는데 이것을 과부하출력이라 한다.
② 정격출력 : 정미출력의 2배이다.
③ 상용출력 : 배관 손실을 고려하여 정미출력의 약 1.05~1.10배 정도이다.
④ 정미출력 : 연속해서 운전할 수 있는 보일러의 최대능력이다.

☞ ① 과부하출력 : 운전 초기나 과부하가 발생하는 경우 정격출력보다 10~20% 증가해서 운전하는 경우의 출력
② 정격출력 : 연속 운전 시 출력으로 상용출력의 1.25배 정도
④ 정미출력 : 난방부하와 급탕부하의 합

73. 보일러 출력표시에 대한 설명으로 틀린 것은?

① 정격출력 : 연속 운전이 가능한 보일러의 능력으로 난방부하, 급탕부하, 배관부하, 예열부하의 합이다.
② 정미출력 : 난방부하, 급탕부하, 예열부하의 합이다.
③ 상용출력 : 정격출력에서 예열부하를 뺀 값이다.
④ 과부하출력 : 운전 초기에 과부하가 발생했을 때는 정격 출력의 10~20% 정도 증가해서 운전할 때의 출력으로 한다.

☞ ② 정미출력 : 난방부하와 급탕부하의 합

74. 보일러의 능력을 나타내는 표시방법 중 가장 작은 값을 나타내는 출력은?

① 정격출력　　② 과부하출력
③ 정미출력　　④ 상용출력

☞ 보일러 용량
㉠ 정격출력 : 난방부하+급탕부하+배관부하+예열부하
㉡ 상용출력 : 난방부하+급탕부하+배관부하
㉢ 정미출력 : 난방부하+급탕부하
㉣ 방열기출력 : 난방부하+배관부하

75. 보일러의 성능에 관한 설명으로 옳지 않은 것은?

① 증발계수는 실제증발량을 환산(상당)증발량으로 나눈 값을 말한다.
② 1보일러 마력은 매시 100℃의 물 15.65kg을 증기로 변화시킬 수 있는 능력이다.
③ 보일러 효율은 증기에 흡수된 열량과 연료의 발열량과의 비이다.
④ 보일러 마력을 전열면적으로 표시할 때는 수관 보일러의 전열면적 $0.929m^2$를 1보일러 마력이라 한다.

☞ ① 증발계수는 환산(상당)증발량을 실제증발량으로 나눈 값(환산증발량/실제증발량)을 말하며 보일러의 증발 능력을 표준상태와 비교한 값이다.

76. 공조설비에 사용되는 보일러에 대한 설명으

Answer　72. ③　73. ②　74. ③　75. ①　76. ②

로 적당하지 않은 것은?
① 증기 보일러의 보급수는 연수장치로 처리할 필요가 있다.
② 보일러 효율은 연료가 보유하는 고위 발열량을 기준으로 하고, 보일러에서 발생한 열량과의 비를 나타낸 것이다.
③ 관류 보일러는 소요 압력의 증기를 비교적 짧은 시간에 발생시킬 수 있다.
④ 증기 보일러 및 수온이 120℃를 초과하는 온수 보일러에는 안전장치로서 본체에 안전밸브를 설치할 필요가 있다.

② 보일러 효율은 연료가 보유하는 저위 발열량을 기준으로 한다.

77. 증기 사용압력이 가장 낮은 보일러는?
① 노통 연관 보일러
② 수관 보일러
③ 관류 보일러
④ 입형 보일러

입형 보일러는 소형 경량이고, 전열면적이 작고, 소용량으로 증기 사용압력이 가장 낮다.
[참고] 증기 사용압력

보일러	사용압력
노통 연관 보일러	4~7kg/cm^2
수관 보일러	10kg/cm^2 이상
관류 보일러	4~7kg/cm^2
입형 보일러	• 증기 : 0.5kg/cm^2 이하 • 온수 : 3kg/cm^2 이하

78. 다음 중 내연식 보일러의 특징이 아닌 것은?
① 설치 면적을 좁게 차지한다.
② 복사열의 흡수가 크다.
③ 노벽에 의한 열손실이 적다.
④ 완전연소가 가능하다.

내연식(내분식) 보일러
연소실이 동체 내부에 설치된 보일러

장점	단점
㉠ 설치 면적을 적게 차지한다.	㉠ 연소실 크기는 기관 본체에 의해 결정된다.
㉡ 복사열의 흡수가 크다.	㉡ 완전연소가 불가능하다.
㉢ 노벽 등에서 방산열 손실이 적다(노벽 등에서).	㉢ 역화(逆火)나 가스 폭발의 위험성이 크다.
㉣ 설치가 용이하다.	㉣ 연료는 양질이어야 한다.

79. 외분 연소실의 특징이 아닌 것은?
① 연소실의 크기를 자유롭게 할 수 있다.
② 연소실면의 온도가 높아 저질연료도 연소가 가능하다.
③ 복사열 흡수가 크다.
④ 설치 면적을 많이 차지한다.

③ 복사열 흡수가 적다.
[참고] 외분식 연소실
보일러 본체 외부에 내화벽돌을 쌓아 각형으로 만든 연소실이며, 수관식 보일러 등의 연소실이 여기에 속한다.
① 장점
  ㉠ 연소실의 크기를 자유롭게 할 수 있다.
  ㉡ 완전연소가 가능하다.
  ㉢ 노내의 온도가 내분식보다 높다.
  ㉣ 연료의 선택이 자유로워서 열등탄(저질연료)의 연소에도 유리하다.
  ㉤ 연소효율이 높고 연소실 열발생률이 크다.
② 사용상 단점
  ㉠ 설비비가 비싸다.
  ㉡ 설치 시 장소를 많이 차지한다.
  ㉢ 복사열의 흡수가 적다.
  ㉣ 방산열의 손실이 많다.

77. ④ 78. ④ 79. ③

80. 보일러 동체 내부의 중앙 하부에 파형 노통이 길이 방향으로 정착되며 이 노통의 하부 좌우에 연관들을 갖춘 보일러는?

① 노통 보일러 ② 노통 연관 보일러
③ 연관 보일러 ④ 수관 보일러

> **노통 연관 보일러**
> 노통 보일러와 연관 보일러의 장점을 취한 것으로 횡형의 동체 내에 노통의 연소실과 다수의 연관으로 구성되어 있으며 열효율이 좋아 중규모 건물 등에 많이 사용한다.

81. 노통 보일러는 지름이 큰 원통형 보일러동(shell)에 큰 노통을 설치한 것으로서 노통이 2개 있는 것은?

① Lancashire 보일러
② Drum 보일러
③ Shell 보일러
④ Cornish 보일러

> **노통 보일러(fluetube boiler)**
> 횡형으로 된 원통 내부에 노통이 1개 장착되어 있는 코니시(Cornish) 보일러와, 노통이 2개 장착되어 있는 랭커셔(Lancashire) 보일러가 있다. 설치 면적이 크고 보일러의 효율이 좋지 않아 현재는 거의 사용하지 않는다.

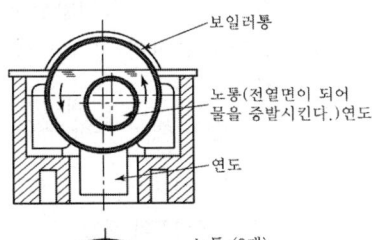
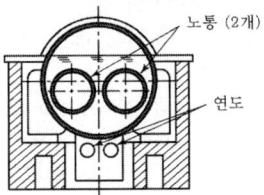

82. 주철제 보일러의 장점으로 틀린 것은?

① 강도가 높아 고압용에 사용된다.
② 내식성이 우수하며 수명이 길다.
③ 취급이 간단하다.
④ 전열면적이 크고 효율이 좋다.

> ① 조립형이므로 고압에는 사용할 수 없으며, 저압용이므로 파열 시 피해가 적다.
>
> [참고] 주철제 보일러
> 주철로 만든 섹션(section)을 조합하여 니플을 끼워 조립한 보일러로 주로 저압용으로 사용된다.
> ※ 특징
> ① 섹션의 증감으로 용량을 조절할 수 있다.
> ② 조립형이므로 고압에는 사용할 수 없으며, 저압용이므로 파열 시 피해가 적다.
> ③ 조립, 분해, 운반이 편리하고 설치 장소가 좁은 곳에서도 설치가 가능하다.
> ④ 강철제에 비하여 내식, 내열성이 좋다.
> ⑤ 압축력에는 강하고, 인장(충격)력에는 약하다.
> ⑥ 내부 청소 및 검사가 불편하고 보일러 효율이 낮다.

83. 주철제 보일러의 특징에 관한 설명으로 틀린 것은?

① 섹션을 분할하여 반입하므로 현장설치의 제한이 적다.
② 강제 보일러보다 내식성이 우수하며 수명이 길다.
③ 강제 보일러보다 급격한 온도변화에 강하여 고온·고압의 대용량으로 사용된다.
④ 섹션을 증가시켜 간단하게 출력을 증가시킬 수 있다.

> ③ 주절체 보일러는 재질이 약해 고압에는 사용할 수 없기에 주로 저압용으로 사용되며 용량도 적다.

Answer 80. ② 81. ① 82. ① 83. ③

84. 주철제 보일러의 단점에 해당하는 것은?
① 인장 및 충격에 약하다.
② 복잡한 구조는 제작이 불가능하다.
③ 내식 및 내열성이 나쁘다.
④ 파열 시 고압으로 인한 피해가 크다.

> **주철제 보일러**
> ① 압축력에는 강하고 인장(충격)력에는 약하다.
> ② 주물로 제작하기 때문에 복잡한 구조로 제작이 가능하다.
> ③ 내식 및 내열성이 좋다
> ④ 저압용이므로 파열 시 피해가 적다.

85. 같은 크기의 다른 보일러에 비해 전열면적이 크고 증기발생이 빠르며 고압증기를 만들기 쉬워 대용량의 보일러로서 가장 적당한 것은?
① 입형 보일러   ② 수관 보일러
③ 노통 보일러   ④ 관류 보일러

> **수관 보일러**
> 상하부의 드럼에 고압에 잘 견디는 다수의 수관을 연결한 것으로 전열면적이 크고, 효율이 가장 좋은 고압 대용량 보일러로서 외형은 사각형이며 산업용으로 많이 사용된다.

86. 보일러의 종류 중 수관 보일러 분류에 속하지 않는 것은?
① 자연순환식 보일러
② 강제순환식 보일러
③ 연관 보일러
④ 관류 보일러

> **수관식 보일러의 종류**
> 자연순환식, 강제순환식, 관류식 등
> [참고] 원통형 보일러의 종류
>   입형, 횡형(노통식, 연관식, 노통연관식)

87. 수관 보일러의 분류가 잘못된 것은?
① 동(드럼)의 유무에 따라 무동식과 7동식으로 분류
② 순환방식에 따라 자연순환식과 강제순환식으로 분류
③ 수관의 경사도에 따라 수평관식, 경사관식, 수직관식으로 분류
④ 수관의 형태에 따라 직관식과 곡관식으로 분류

> **수관 보일러**
> 다수의 수관과 동으로 구성된 보일러이며 고압 대용량으로 사용되며 효율이 좋다. 수관 보일러는 몸통의 직경이 작은 드럼과 여기에 보통 바깥직경이 38~65mm의 수관을 잇고, 수관군으로 연소실을 형성하며 연소가스를 수관군 내에서 회전시켜 전열면에 열을 흡수하도록 만든 것으로 드럼의 수에 의해서 단동, 2동, 3동 수관 보일러로 분류하는데 주로 D형의 곡관을 이용한 D형 2동 형식이 가장 많다.

88. 수관식 보일러의 특징에 관한 설명으로 틀린 것은?
① 관(드럼)의 직경이 작아서 고온·고압용에 적당하다.
② 전열면적이 커서 증기발생시간이 빠르다.
③ 구조가 단순하여 청소나 검사 수리가 용이하다.
④ 보유수량이 적어 부하 변동 시 압력변화가 크다.

> **수관식 보일러의 특징**
> ① 전열면적이 커서 고온, 고압, 대용량에 적당하다.
> ② 보일러수의 순환이 좋고 효율이 높다.
> ③ 일반적으로 구조가 복잡하여 청소, 검사, 보수가 불편하고 제작비가 고가이다.
> ④ 스케일에 의한 과열사고 발생이 쉬워 급수

84. ① 85. ② 86. ③ 87. ① 88. ③

처리를 철저히 해야 한다.
⑤ 보유수량에 비해 전열면적이 크므로 압력변화가 커서 부하변동에 따른 변화가 크다.

89. 다음 중 수관식 보일러의 단점으로 틀린 것은?
① 스케일로 인해 수관이 과열되기 쉬우므로 수 관리를 철저히 하여야 한다.
② 구조가 복잡하여 청소와 보수가 어렵고 가격이 비싸다.
③ 용량에 비해 중량이며 효율이 나쁘고 설치가 어렵다.
④ 부하변동에 따른 압력변화가 크다.

☞ ③ 수관식 보일러는 보일러수의 순환이 좋고 효율이 좋다.

90. 아래의 특징에 해당하는 보일러는 무엇인가?

> 공조용으로 사용하기보다는 편리하게 고압의 증기를 발생하는 경우에 사용하며, 드럼이 없이 수관으로 되어 있다. 보유 수량이 적어 가열시간이 짧고 부하변동에 대한 추종성이 좋다.

① 주철제 보일러 ② 연관 보일러
③ 수관 보일러 ④ 관류 보일러

☞ **관류 보일러**
드럼이 없고 긴 관으로 구성되어 있으며 펌프로 급수를 압입하여 관 도중에서 가열, 증발, 과열시켜 과열증기로 만들어 공급하는 보일러

91. 관류 보일러에 대한 설명으로 옳은 것은?
① 드럼과 여러 개의 수관으로 구성되어 있다.
② 관을 자유로이 배치할 수 있어 보일러 전체를 합리적인 구조로 할 수 있다.
③ 전열면적당 보유수량이 커 시동시간이 길다.
④ 고압 대용량에 부적합하다.

☞ ① 드럼이 없고 하나의 긴 관으로 구성되어 있다.
③ 전열면적당 보유수량이 적어 시동시간이 짧다.
④ 관 시스템만으로 구성되기 때문에 고압 보일러에 적합하다.

[참고] 관류 보일러 특징

장점	단점
① 임계압력 이상의 고압에 적당하다.	① 철저한 급수처리가 필요하다.
② 연소효율을 높일 수 있다.	② 스케일로 인한 피해가 상존한다.
③ 관 배치를 자유로이 할 수 있다.	③ 부하변동에 적응이 빠르므로 자동제어가 필요하다.
④ 증기발생 속도가 매우 빠르다.	④ 농축된 염(鹽) 등을 분리하기 위하여 염분리기(기수분리기)가 필요하다.
⑤ 증기드럼이 필요 없다.	
⑥ 증기의 가동 발생시간이 매우 짧다.	
⑦ 보일러 효율이 95% 정도로 매우 높다.	

92. 크기에 비해 전열면적이 크므로 증기발생이 빠르고, 열효율도 좋지만 내부청소가 곤란하므로 양질의 보일러수를 사용할 필요가 있는 보일러는?
① 입형 보일러 ② 주철제 보일러
③ 노통 보일러 ④ 연관 보일러

☞ **연관 보일러**
원통 보일러의 하나로 노통 대신에 여러 개의 연관이 배치된 보일러이며 그 속으로 열가스를 통해 바깥쪽의 보일러 몸체 안의 물을 가열하는 형식이다. 전열면적이 크고 값이 싸며 설치하거나 취급하기 쉽고, 넓이가 작아도 되는 장점이 있다. 또 연관 보일러는 증기의 발생도 빠르고 열효율도 좋으므로 공장에서 널

Answer 89. ③ 90. ④ 91. ② 92. ④

리 사용되지만 구조가 복잡하여 급수처리가 까다롭다.

93. 배출가스 또는 배기가스 등의 열을 열원으로 하는 보일러는?

① 관류 보일러 ② 폐열 보일러
③ 입형 보일러 ④ 수관 보일러

> **폐열 보일러(특수 보일러)**
> 다른 공정에서 생기는 배기가스나 배출가스의 남은 열을 이용하여 열효율을 높인 보일러로 버려지는 열을 다시 재활용하므로 연소장치가 필요 없다.

94. 연도는 보일러와 굴뚝을 접속하는 부분이므로 연도의 설계 시에 고려해야 할 사항으로 적당하지 않은 것은?

① 가스유속을 적당한 값으로 해야 한다.
② 길이는 가능한 한 길게 한다.
③ 굴곡부가 적어지도록 배치한다.
④ 급격한 단면변화는 피한다.

> **연도(煙道, Smoke Way)**
> ① 배기가스를 연소실에서 굴뚝(연돌)까지 운반하여 주는 일종의 덕트이며 주연도와 부연도가 있다.
> ② 연도의 굴곡부의 수가 많거나 급격한 단면변화가 있으면 통풍력을 저해시키고 가스의 흐름저항이 커지며 연소가스 내의 분진 등 이물질의 제거가 쉽지 않기 때문에 연도에는 굴곡부를 적게 두고 길이는 가능한 한 짧게 한다.

95. 보일러의 부속설비로서 연소실에서 연돌에 이르기까지 배치되는 순서로 맞는 것은?

① 과열기 → 절탄기 → 공기예열기
② 절탄기 → 과열기 → 공기예열기
③ 과열기 → 공기예열기 → 절탄기
④ 공기예열기 → 절탄기 → 과열기

> **연소가스의 흐름**
> 연소실→과열기→재열기→절탄기→공기예열기→집진기→연돌

96. 보일러의 부속장치인 과열기가 하는 역할은?

① 연료연소에 쓰이는 공기를 예열시킨다.
② 포화액을 습증기로 만든다.
③ 습증기를 건포화증기로 만든다.
④ 포화증기를 과열증기로 만든다.

> **과열기**
> 보일러의 포화증기를 가열하여 압력은 일정하게 유지하면서 증기의 온도를 높여 과열증기로 만드는 장치이다.

97. 과열증기를 사용한 후 포화증기를 재가열하여 열효율을 높이는 장치는?

① 과열기 ② 재열기
③ 절탄기 ④ 공기예열기

> **재열기**
> 고압 증기터빈을 돌리고 난 증기를 다시 재가열하여 적당한 온도의 과열증기로 만든 후 저압 증기터빈을 돌리는 장치

98. 보일러에서 발생한 증기량이 소비량에 비해 과잉일 경우 액화저장하고 증기량이 부족할 경우 저장 증기를 방출하는 장치는?

① 절탄기 ② 과열기
③ 재열기 ④ 축열기

> **증기 축열기(Steam Accumulator)**
> 보일러 가동 시 부하가 낮을 때 증기를 저장하였다가 과부하 시에 저장했던 증기를 빼서 보일러에 공급하는 장치로 주로 시간대별 부하의 변동이 심한 경우에 사용한다.

Answer 93. ② 94. ② 95. ① 96. ④ 97. ② 98. ④

99. 보일러의 발생증기를 한 곳으로만 취출하면 그 부근에 압력이 저하하여 수면 동요 현상과 동시에 비수가 발생된다. 이를 방지하기 위한 장치는?

① 급수내관　　② 비수방지관
③ 기수분리기　④ 인젝터

　비수방지관
　증기를 한 곳으로만 취출하면 그 부근에 압력이 저하하여 수면 동요와 동시에 비수가 발생된다. 이를 방지하기 위해 보일러 동체 또는 드럼 내부 증기 취출구에 부착하여 수면에서 발생하는 증기의 압력차 없이 증기관으로 취출시키는 관을 말한다.
　[참고]
　① 급수내관 : 급수의 비산으로 인한 동체의 부동팽창 방지 및 급수의 예열
　② 기수분리기 : 증기가 흐르는 도중에 생기는 물을 한 곳에 모이게 하는 장치
　③ 인젝터 : 보일러에 발생증기를 이용한 급수장치

100. 보일러에서 급수내관을 설치하는 목적으로 가장 적합한 것은?

① 보일러수 역류 방지
② 슬러지 생성 방지
③ 부동팽창 방지
④ 과열 방지

　급수내관
　보일러 급수내관의 길이 방향으로 관을 설치하여 양 선단은 폐쇄된 상태이고 관의 하부는 적당한 간격으로 작은 구멍을 뚫고 그 뚫은 구멍으로 급수를 분포시키는 관을 급수내관이라 한다. 급수를 균일하게 공급하여 급수와 보일러 온도차에 의한 부동팽창을 방지한다.

101. 연도를 통과하는 배기가스에 분무수를 접촉시켜 공해물질을 흡수, 융해, 응축작용에 의해 불순물을 제거하는 집진장치는 무엇인가?

① 세정식 집진기
② 사이클론 집진기
③ 공기주입식 집진기
④ 전기 집진기

　① 세정식 집진기 : 물이나 유체를 유적이나 액막으로 하여 함진가스를 관성력 등에 의해 부착시켜 분리하는 방법으로 유수식, 가압수식, 회전식이 있다.
　② 사이클론 집진기 : 배기가스를 동심원통의 접선방향으로 선회시켜 입자를 원심력에 의해 분리배출하는 방법
　④ 전기 집진기 : 공기여과기를 통과하는 먼지는 ⊕극성을 띠게 하고 집진부는 ⊖극성을 띠게 함으로 전기적 성질을 이용하여 집진한다. 먼지제거 효율이 높고 미세한 먼지나 세균도 제거되므로 병원, 정밀기계공장, 약품공장, 고급빌딩 등에 사용

102. 보일러의 집진장치 중 사이클론 집진기에 대한 설명으로 옳은 것은?

① 연료유에 적정량의 물을 첨가하여 연소시킴으로써 완전연소를 촉진시키는 방법
② 배기가스에 분무수를 접촉시켜 공해물질을 흡수, 용해, 응축작용에 의해 제거하는 방법
③ 연소가스에 고압의 직류전기를 방전하여 가스를 이온화시켜 가스 중 미립자를 집진시키는 방법
④ 배기가스를 동심원통의 접선방향으로 선회시켜 입자를 원심력에 의해 분리배출하는 방법

　사이클론 집진기의 원리

Answer　99. ②　100. ③　101. ①　102. ④

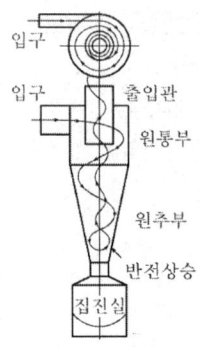

103. 다음 중 보일러의 안전장치가 아닌 것은?
① 가용전   ② 방폭문
③ 안전밸브   ④ 수면분출밸브

> ① 보일러 안전장치 : 안전밸브, 방폭문, 압력제한기, 고저수위경보기, 가용전 등
> ② 수면분출밸브 : 보일러 드럼 수면의 부유물, 유지분을 분출·제거하는 장치

104. 다음 보일러 부속 설비 중 안전장치가 아닌 것은?
① 안전밸브
② 연소안정장치
③ 고저수위 경보장치
④ 수고계

> 온수 보일러에서 보일러 몸체 또는 온수의 출구 부근에 설치하는 수고계는 안전장치가 아니라 지시장치이다.

105. 온수 보일러의 수두압을 측정하는 계기는?
① 수고계   ② 수면계
③ 수량계   ④ 수위 조절기

> **수고계**
> 수고계는 온수 보일러의 온수 압력인 수두압을 측정하는 계기이며, 수고계에 의해 압력과 팽창탱크까지의 수면위치를 측정한다.

106. 다음에서 보일러수로서 적당한 것은?
① pH 7   ② pH 9
③ pH 11   ④ pH 14

> **pH의 적정도**
> ① 급수 pH : 7.5~8.5 정도
> ② 보일러수의 pH : 10.5~11.5 정도

107. 물에 의한 보일러 장해 요인이 아닌 것은?
① 스케일 부착   ② 부식
③ 캐리오버   ④ 전열 촉진

> **보일러 및 부속설비의 물에 의한 장해**
> 스케일 생성 및 고착, 부식, 캐리오버, 전열면 과열로 전열방해, 수위저하 등

108. 보일러의 스케일 방지방법으로 틀린 것은?
① 슬러지는 적절한 분출로 제거한다.
② 스케일 방지 성분인 칼슘의 생성을 돕기 위해 경도가 높은 물을 보일러수로 활용한다.
③ 경수연화장치를 이용하여 스케일 생성을 방지한다.
④ 인산염을 일정 농도가 되도록 투입한다.

> ② 스케일 원인 성분인 경도 성분(칼슘, 마그네슘 등) 등의 제거를 위해 경도가 낮은 물(연수)을 만들어 보일러수로 활용한다.

109. 보일러의 수위를 제어하는 주된 목적으로 가장 적절한 것은?
① 보일러의 급수장치가 동결되지 않도록 하기 위하여
② 보일러의 연료공급이 잘 이루어지도록 하기 위하여
③ 보일러가 과열로 인해 손상되지 않도록 하기 위하여

 103. ④ 104. ④ 105. ① 106. ③ 107. ④ 108. ② 109. ③

④ 보일러에서의 출력을 부하에 따라 조절하기 위하여

👉 **보일러 수위 제어의 목적**
보일러가 연속운전되는 동안 증기의 부하변동이 생기면서 수위변동이 일어난다. 이 수위변동이 생길 때 일정 수위가 되도록 급수를 조절해 주어야 과열로 인해 손상되지 않고 운전이 유지되기 때문에 수위제어가 설치된다.

110. 보일러에서 화염이 없어지면 화염검출기가 이를 감지하여 연료공급을 즉시 정지시키는 형태의 제어는?

① 시퀀스 제어
② 피드백 제어
③ 인터록 제어
④ 수면 제어

👉 **인터록회로(상대동작 금지회로)**
두 회로가 동시에 기동되지 못하도록 다른 하나의 회로를 잠시 끊어버리는 회로

111. 보일러의 시운전 보고서에 관한 내용으로 가장 관련이 없는 것은?

① 제어기 세팅 값과 입/출수 조건 기록
② 입/출구 공기의 습구온도
③ 연도 가스의 분석
④ 성능과 효율 측정값을 기록, 설계값과 비교

👉 ② 입/출구 공기의 건구온도

112. 난방부하가 10kW인 온수난방 설비에서 방열기의 출·입구 온도차가 12℃이고, 실내·외 온도차가 18℃일 때 온수순환량(kg/s)은 얼마인가? (단, 물의 비열은 4.2kJ/kg·℃이다.)

① 1.3
② 0.8
③ 0.5
④ 0.2

👉 **온수순환량(G)**
$G = \dfrac{q}{C\Delta t} = \dfrac{10\text{kJ/s}}{4.2 \times 12} = 0.2\text{kg/s}$
여기서, 10kW=10kJ/s

113. 간이계산법에 의한 건평 150m²에 소요되는 보일러의 급탕부하는? (단, 건물의 열손실은 90kJ/m²·h, 급탕량은 100kg/h, 급수 및 급탕 온도는 각각 30℃, 70℃이다.)

① 3500kJ/h
② 4000kJ/h
③ 13500kJ/h
④ 16800kJ/h

👉 **급탕부하**
$Q = GC\Delta t = 100 \times 4.2 \times (70-30) = 16800\text{kJ/h}$
여기서, 물의 비열(C)=1kcal/kg℃
=4.2kJ/kg℃

114. 보일러 부하가 300000kcal/h이고, 효율이 60%일 때 오일버너의 연료소비량은 약 얼마인가? (단, 연료발열량은 9000kcal/kg이다.)

① 46.5kg/h
② 55.5kg/h
③ 61.5kg/h
④ 66.5kg/h

👉 효율(η) = $\dfrac{\text{열출력}}{\text{연료의 저위발열량} \times \text{연료소비율}}$

연료소비율 = $\dfrac{\text{열출력}}{\text{연료의 저위발열량} \times \text{효율}}$
= $\dfrac{300000}{9000 \times 0.6}$ = 55.5kg/h

115. 방열기의 설치 위치로 적당한 곳은?

① 실내의 중앙부분
② 실내의 가장 높은 곳
③ 외기에 접하는 창문 반대쪽
④ 외기에 접하는 창문 아래쪽

👉 방열기의 설치 위치는 열손실이 가장 많은 곳

Answer 110. ③ 111. ② 112. ④ 113. ④ 114. ② 115. ④

에 설치하되 실내 장치로서의 미관에도 유의하여 설치하며, 벽면과의 거리는 보통 50~60mm 정도가 적당하다. 그러므로 방열기는 외기에 접하는 창문 아래쪽에 설치하면 대류현상에 의해 실내온도를 균일하게 할 수 있다.

116. 다음과 같은 사무실에서 방열기 설치 위치로 가장 적당한 것은?

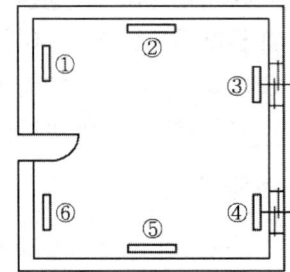

① ①, ② ② ②, ⑤
③ ③, ④ ④ ④, ⑥

열기의 설치 위치는 열손실이 가장 많은 곳에 설치하되 실내장치로서의 미관에도 유의하여 설치하며, 벽면과의 거리는 보통 50~60mm 정도가 적당하다. 그러므로 방열기는 외기에 접하는 창문 아래쪽에 설치하면 대류현상에 의해 실내온도를 균일하게 할 수 있다.

117. 그림과 같은 주철제 방열기의 도시법에서 최상단에 표시한 것은 무엇을 나타낸 것인가?

① 절수
② 방열기의 길이
③ 방열기의 종류
④ 높이

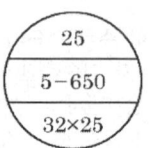

118. 다음은 주철제 방열기의 도면표시 예이다. 틀리는 설명은?

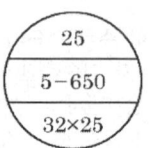

① 25는 25쪽(section) 방열기임을 뜻한다.
② 5는 5세주형 방열기를 나타낸다.
③ 650은 1쪽당 폭이 650mm임을 뜻한다.
④ 32×25는 유입 및 유출관경이 각각 32A와 25A임을 뜻한다.

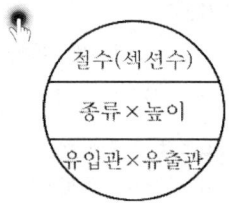

119. 다음 중 강제 대류형 방열기에 속하는 것은?

① 주철제 방열기
② 컨벡터
③ 베이스보드 히터
④ 유닛 히터

강제 대류형 방열기
팬코일 유닛, 유닛 히터

120. 방열기의 EDR은 무엇을 의미하는가?

① 상당방열면적 ② 표준방열면적
③ 최소방열면적 ④ 최대방열면적

상당방열면적(EDR)
난방에서의 보일러 용량 표시법 중 하나로 방열량을 표준방열량에 의한 방열면적으로 환산한 값

$$EDR = \frac{\text{방열기방열량(난방부하)}}{\text{표준방열량}} [\text{m}^2]$$

Answer 116. ③ 117. ① 118. ③ 119. ④ 120. ①

121. EDR(Equivalent Direct Radiation)에 관한 설명으로 틀린 것은?

① 증기의 표준방열량은 650kcal/m² · h이다.
② 온수의 표준방열량은 450kcal/m² · h이다.
③ 상당방열면적을 의미한다.
④ 방열기의 표준방열량을 전방열량으로 나눈 값이다.

☞ ④ 방열기의 전방열량을 표준방열량으로 나눈 값이다.
[참고] 상당방열면적(EDR)
$$EDR = \frac{방열기\ 방열량(난방부하)}{표준방열량}[m^2]$$
여기서, 표준방열량
① 증기난방 : 650kcal/m² · h=0.756kW/m²
② 온수난방 : 450kcal/m² · h=0.523kW/m²

122. 방열기에서 상당방열면적(EDR)은 아래의 식으로 나타낸다. 이 중 Q_o는 무엇을 뜻하는가? (단, 사용단위로 Q는 W, Q_o는 W/m² 이다.)

$$EDR(m^2) = \frac{Q}{Q_o}$$

① 증발량
② 응축수량
③ 방열기의 전방열량
④ 방열기의 표준방열량

☞ 상당방열면적(EDR)
방열량을 표준방열량에 의한 방열면적으로 환산한 값
$$EDR = \frac{방열기\ 방열량(난방부하)}{표준방열량}$$

123. 열매에 따른 방열기의 표준방열량(W/m²) 기준으로 가장 적절한 것은?

① 온수 : 405.2, 증기 : 822.3
② 온수 : 523.3, 증기 : 822.3
③ 온수 : 405.2, 증기 : 755.8
④ 온수 : 523.3, 증기 : 755.8

☞ 방열기의 표준방열량

구분	표준방열량 (kW/m²)	표준상태 조건	
		열매 온도(℃)	실내 온도(℃)
증기 난방	0.756	102	18.5
온수 난방	0.523	80	18.5

124. 다음 난방방식의 표준방열량에 대한 것으로 옳은 것은?

① 증기난방 : 0.523kW
② 온수난방 : 0.756kW
③ 복사난방 : 1.003kW
④ 온풍난방 : 표준방열량이 없다.

☞ 표준방열량
① 증기난방 : 650kcal/m² · h=0.756kW/m²
② 온수난방 : 450kcal/m² · h=0.523kW/m²

125. 난방부하가 6500kcal/hr인 어떤 방에 대해 온수난방을 하고자 한다. 방열기의 상당방열면적(m²)은?

① 6.7   ② 8.4
③ 10   ④ 14.4

☞ 상당방열면적(EDR)
$$EDR = \frac{방열기\ 방열량(난방부하)}{표준방열량}$$
$$= \frac{6500}{450} = 14.4m^2$$
[참고] 표준방열량
① 증기난방 : 650kcal/m² · h
② 온수난방 : 450kcal/m² · h

Answer 121. ④ 122. ④ 123. ④ 124. ④ 125. ④

126. 난방부하가 7559.5W인 어떤 방에 대해 온수난방을 하고자 한다. 방열기의 상당방열면적(m^2)은 얼마인가?

① 6.7　　② 8.4
③ 10.2　　④ 14.4

> **상당방열면적(EDR)**
> $EDR = \dfrac{\text{방열기의 방열량(난방부하)}}{\text{표준방열량}}$
> $= \dfrac{7559.5}{523} = 14.4\,m^2$
>
> [참고] 표준방열량
> ① 온수 : $523\,W/m^2$
> ② 증기 : $756\,W/m^2$

127. 난방부하가 3520kcal/h인 사무실을 약 85~90℃ 정도의 온수를 이용하여 온수난방을 하려고 한다. 온수방열기의 필요 방열면적(m^2)은 약 얼마인가?

① 5.4　　② 6.6
③ 7.8　　④ 8.9

> **온수난방 방열면적**
> $= \dfrac{\text{난방부하(방열기 방열량)}}{450(\text{온수방열기 표준방열량})}$
> $= \dfrac{3520}{450} = 7.8\,m^2$

128. 외기온도 -5℃, 실내온도 20℃일 때 온수방열기의 방열면적이 5m^2이면 방열기의 방열량은?

① 약 1.3kW　　② 약 2.6kW
③ 약 3.4kW　　④ 약 3.8kW

> ① 온수난방 표준방열량(q_o) : $0.523\,kW/m^2$
> ② 방열기 방열량(Q)
> $EDR = \dfrac{Q}{q_o}$ 이므로
> $5\,m^2 = \dfrac{Q}{0.523\,kW/m^2}$
> $\therefore Q = 5 \times 0.523 = 2.615\,kW$

129. 증기 보일러의 발생열량이 60000kcal/h, 환산증발량이 111.3kg/h이다. 이 증기 보일러의 상당방열면적(EDR)은? (단, 표준방열량을 이용한다.)

① 32.1m^2　　② 92.3m^2
③ 133.3m^2　　④ 539.8m^2

> **상당방열면적(EDR)**
> $EDR = \dfrac{\text{방열기방열량(난방부하)}}{\text{표준방열량}}$
> $= \dfrac{60000}{650} = 92.3\,m^2$
>
> [참고] 표준방열량
> ㉠ 증기 : $650\,kcal/m^2 \cdot h$
> ㉡ 온수 : $450\,kcal/m^2 \cdot h$

130. A, B 두 방의 열손실은 각각 4kW이다. 높이 600mm인 주철제 5세주 방열기를 사용하여 실내온도를 모두 18.5℃로 유지시키고자 한다. A실은 102℃의 증기를 사용하며, B실은 평균 80℃의 온수를 사용할 때 두 방 전체에 필요한 총 방열기의 절수는? (단, 표준방열량을 적용하며, 방열기 1절(節)의 상당 방열 면적은 0.23m^2이다.)

① 23개　　② 34개
③ 42개　　④ 56개

> **방열기의 절수(section 수)**
> ① 증기난방의 경우
> $N_s = \dfrac{\text{손실열량}}{0.756 \times \text{방열기면적}}$
> $= \dfrac{4\,kW}{0.756 \times 0.23} = 23$

Answer 126. ④ 127. ③ 128. ② 129. ② 130. ④

② 온수난방의 경우

$$N_w = \frac{손실열량}{0.523 \times 방열기면적}$$

$$= \frac{4kW}{0.523 \times 0.23} = 33$$

∴ 총 방열기의 절수 $= N_s + N_w$
$= 23 + 33 = 56$개

[참고] 표준방열량
① 증기 $0.756kW/m^2$
② 온수 $0.523kW/m^2$

131. 온수관의 온도가 80℃, 환수관의 온도가 60℃인 자연순환식 온수난방장치에서의 자연순환수두(mmAq)는? (단, 보일러에서 방열기까지의 높이는 5m, 60℃에서의 온수 밀도는 983.24kg/m³, 80℃에서의 온수 밀도는 971.84kg/m³이다.)

① 55 ② 56
③ 57 ④ 58

👉 **자연순환수두(H)**
$H = (\rho_1 - \rho_2)h$
$= (983.24 - 971.84) \times 5 = 57 mmAq$

132. 공기조화기의 TAB 측정 절차 중 측정 요건으로 틀린 것은?

① 시스템의 검토 공정이 완료되고 시스템 검토보고서가 완료되어야 한다.
② 설계도면 및 관련 자료를 검토한 내용을 토대로 하여 보고서 양식에 장비규격 등의 기준이 완료되어야 한다.
③ 댐퍼, 말단 유닛, 터미널의 개도는 완전 밀폐되어야 한다.
④ 제작사의 공기조화기 시운전이 완료되어야 한다.

👉 ③ 댐퍼, 말단 유닛, 터미널의 개도는 완전 개방되어야 된다.

133. TAB 수행을 위한 계측기기의 측정 위치로 가장 적절하지 않은 것은?

① 온도 측정 위치는 증발기 및 응축기의 입·출구에서 최대한 가까운 곳으로 한다.
② 유량 측정 위치는 펌프의 출구에서 가장 가까운 곳으로 한다.
③ 압력 측정 위치는 입·출구에 설치된 압력계용 탭에서 한다.
④ 배기가스 온도 측정 위치는 연소기의 온도계 설치 위치 또는 시료 채취 출구를 이용한다.

👉 ② 유량 측정 위치는 유량 측정 정확도를 위해 유량계 설치 지점의 상하류측에는 각종 규격에서 요구하는 길이만큼의 직관부를 설치하여야 하므로 펌프의 출구에서 가장 가까운 곳은 부적절하다.

Answer 131. ③ 132. ③ 133. ②

memo

part 02-1
공조냉동 설계 (기계 열역학)

제2-1편 공조냉동 설계(열역학)

chapter 01 열역학의 기초 사항

1. 열역학

열역학(thermodynamics)은 열(heat)과 일(work) 그리고 그와 관계된 물질의 성질(property)을 다루는 학문으로서 응용분야로는 열기관, 내연기관, 외연기관, 가스터빈, 공기압축기, 송풍기, 냉동기 등을 들 수 있다.

2. 기본 용어

(1) 계, 경계, 주위

- 계(system) : 연구 대상이 되는 일정량의 물질이나 공간의 어떤 구역
- 주위(surroundings) : 계의 외부
- 경계(boundary) : 계와 주위를 구분

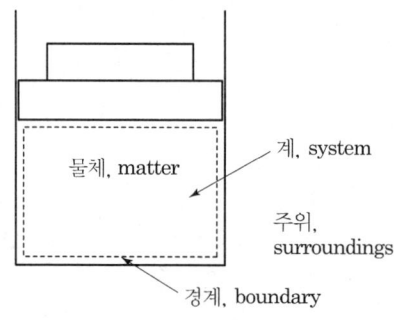

① 고립계(Isolated System) : 물질과 에너지가 경계를 통해 통과하지 않는 시스템
② 밀폐계(Closed System) : 에너지(열, 일)의 이동은 가능하나 물질의 이동(질량)이 불가능한 시스템
   [예] 피스톤 실린더 안에 들어 있는 공기
③ 개방계(Open System) : 에너지(열, 일) 및 물질(질량) 이동이 가능한 시스템
   [예] 자동차엔진, 제트엔진
④ 단열계(Adiabatic System) : 열의 이동이 없는 경우

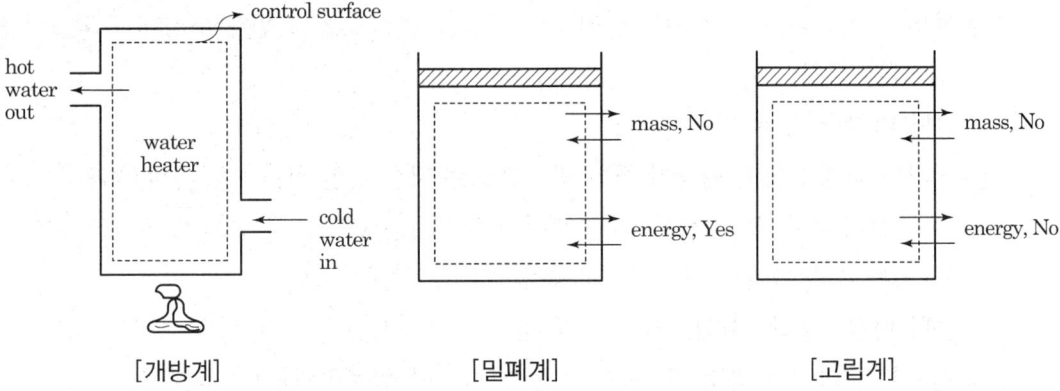

[개방계]   [밀폐계]   [고립계]

[각 시스템 비교]

구 분	질 량	에너지/열·일
고립계	×	×
밀폐계	×	○
개방계	○	○

(2) 과정, 사이클

① 과정(process) : 처음 상태에서 나중 상태로 바뀌어 가는 것으로 시스템이 변화하는 상태의 연속적인 경로

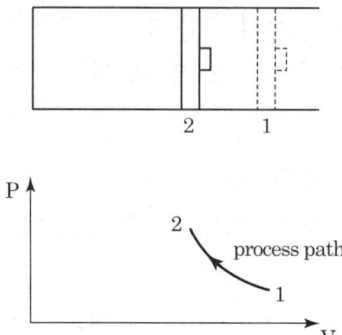

㉠ 가역 과정 : 어떤 계가 외부에 아무런 변화를 남기지 않고 원래의 상태로 되돌아올 수 있는 현상
   [예] 마찰이 없는 진자
㉡ 비가역 과정 : 어떤 현상이 한쪽 방향으로는 저절로 일어나지만, 다시 원래의 상태로 되돌아갈 수 없는 현상. 자연계에서 일어나는 대부분의 변화는 비가역 현상으로 자연 현상에 일정한 진행 방향이 있음을 알 수 있다.
   [예] 마찰, 혼합, 확산, 열의 이동 등
㉢ 등(정)적 과정 : 과정 중 체적 또는 비체적이 일정한 과정
㉣ 등(정)압 과정 : 과정 중 압력이 일정한 과정
㉤ 등(정)온 과정 : 과정 중 온도가 일정한 과정
㉥ 단열과정 : 과정 중 열 출입이 없는 과정
㉦ 정상 유동과정 : 과정 중 계의 각 점에서 시간에 따라 성질이 변화하지 않는 과정
㉧ 준평형 과정 : 과정이 진행되는 동안 계가 평형 상태에 무한히 근접하여 유지되고 있을 때의 과정(피스톤이 저속으로 움직이는 과정)
② 사이클(cycle) : 계의 상태가 다시 처음 상태로 돌아오는 과정

(3) 열역학적 상태량

상태량은 시스템의 특성을 정의하는 것으로 열역학적 상태량은 시스템의 질량, 에너지와 관계가 있다.

① 강도성 상태량(intensive property) : 물질이 가지는 질량의 크기에 관계없는 상태량
   [예] 온도, 압력, 밀도 등

② 종량성 상태량(extensive property) : 물질의 질량에 따라서 값이 변하는 상태량
  [예] 무게, 질량, 엔탈피, 체적, 엔트로피 등
③ 비상태량 : 물질의 종량성 상태량을 단위 질량으로 나눈 값
  [예] 비엔탈피, 비체적 등
④ 상태함수
  ㉠ 경로에 무관하고, 처음 상태와 최종 상태에만 좌우되는 함수
  ㉡ 수학적으로 완전 미분되는 함수(예 : dT/dt, dP/dt, dV/dt)
  ㉢ 온도, 압력, 부피, 엔트로피(S), 내부에너지(U) 등
⑤ 경로함수
  ㉠ 상태변화 과정 중 계가 취한 경로에 따라 좌우되는 함수
  ㉡ 수학적으로 완전미분이 아닌 함수(δq, δw)
  ㉢ 일(work), 열(q)
  ㉣ 일과 열은 오직 계와 주위의 경계에서만 관찰되는 양이며 계의 성질이 아니므로 상태함수가 아니다.
  ㉤ 에너지는 계의 경계를 통하여 일과 열의 형태로 이동한다.
  ㉥ 경로는 가역적 경로와 비가역적 경로로 나뉜다.

3 단위 및 차원

(1) 단위

① SI 단위 : 국제적으로 합의된 7개의 기본 물리 단위계 또는 이들의 유도 단위
  ㉠ 기본 단위

기본량	이름	단위	기본량	이름	단위
길이	meter	m	열역학적 온도	kelvin	K
질량	kilogram	kg	물질량	mole	mol
시간	second	s	광도	candela	cd
전류	Ampere	A			

ⓒ 기본 단위와 함께 자주 사용되는 접두어

10^n	접두어	기호	10^n	접두어	기호
10^{12}	테라(tera)	T	10^{-3}	밀리(milli)	m
10^9	기가(giga)	G	10^{-6}	마이크로(micro)	μ
10^6	메가(mega)	M	10^{-9}	나노(nano)	n
10^3	킬로(kilo)	k	10^{-12}	피코(pico)	p

② 절대 단위 : 기본량을 길이(cm, m), 질량(g, kg), 시간(second)을 기본 단위로 한 단위로 MKS 단위(m, kg, s)와 cgs 단위(cm, g, s)가 있다.

③ 중력(공학) 단위 : 절대 단위에서 질량 대신 중량(kgf, lbf)을 기본 단위로 한 단위

④ 중력 단위와 절대 단위 비교

중력 단위	구분	절대 단위
kg	질량	kg
kgf	힘(무게)	$N = kg \cdot m/s^2$
kgf · m	일(에너지)	$J = N \cdot m = kg \cdot m/s^2 \cdot m = kg \cdot m^2/s^2$
kgf · m/s	일률	$W = J/s = kg \cdot m^2/s^2 /s = kg \cdot m^2/s^3$

⑤ 힘의 단위

ⓐ 1N(Newton) : 질량 1kg인 물체를 $1m/s^2$의 가속도로 움직이게 하는 힘

$1N = 1kg \times 1m/s^2 = 1kg \cdot m/s^2$

ⓑ 1kgf(f=force) : 질량 1kg인 물체를 지구가 중력가속도($9.8m/s^2$)로 잡아당기는 힘. 이것은 물체의 무게를 나타내며, 무게도 힘의 일종이다.

$1kgf = 1kg \times 9.8m/s^2 = 9.8kg \cdot m/s^2 = 9.8N$

$= 1kg중(중=중력)$

$= 1kg$: 공학에서는 보통 f를 생략하여 사용함

예를 들어, 1PS(마력)=75kg · m/s라고 할 때, 여기서 kg은 kgf를 뜻한다.

⑥ 질량과 무게의 관계

ⓐ 질량 : 위치에 따라 변하지 않는 물체 고유의 양으로서, 단위는 kg이다.

ⓑ 무게 : 물체에 작용하는 지구의 중력으로서, 지구상의 위치나 높이에 따라 달라진

다. 단위는 kgf이다.
⑦ 무게와 힘의 비교
　㉠ 힘 : F=m·a(질량×가속도)
　㉡ 무게 : W=m·g(질량×중력가속도)

> **참고 ■ SI 단위**
> ① 힘 : $1N=1kg·m/s^2$(질량 1kg인 물체가 가속도 $1m/s^2$을 받았을 때의 힘)
> ② 에너지 : $1J=1N·m=1W·s=1kg·m^2/s^2$
> ③ 동력 : $1W=1J/s=1N·m/s=1kg·m^2/s^3$
> ④ 압력 : $1Pa=1N/m^2$
>
>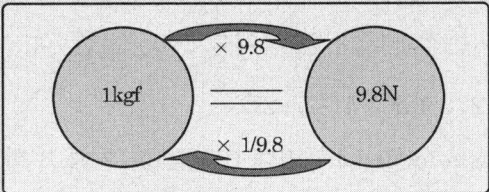

4 온도와 열평형

(1) 온도(temperature)
뜨겁고 찬 정도를 표시하는 시스템의 기본 성질

(2) 열역학 제0법칙(열평형의 법칙)
두 물질이 또 다른 물질과 열평형을 이루고 있으면 그 물질은 서로 열평형 상태에 있다. 즉, 온도가 높은 물질과 낮은 물질을 접촉시킬 때 온도가 높은 물질에서 낮은 물질로 이동하여 두 물질은 동일한 온도가 된다.(온도의 정의)

(3) 온도계와 온도 표시
① 섭씨(Celsius)온도 : 순수한 물의 어는점을 0도, 끓는점을 100도로 하여 그 사이를

100등분하여 한 눈금 간격을 1℃로 정함

② 화씨(Fahrenheit)온도 : 순수한 물의 어는점을 32도, 끓는점을 212도로 하여 그 사이를 180등분하여 한 눈금 간격을 1℉로 정함

③ 섭씨온도와 화씨온도 환산

㉠ 섭씨온도 → 화씨온도 : $°F = \dfrac{9}{5} \times ℃ + 32$

㉡ 화씨온도 → 섭씨온도 : $℃ = \dfrac{5}{9} \times (°F - 32)$

④ 절대온도(absolute temperature) : 분자운동이 정지하는 온도, 즉 자연계에서 가장 낮은 온도(절대 0°=0, °K=-273.15℃)를 0으로 기준한 온도

㉠ 켈빈온도(Kelvin degree) : 자연계에서 가장 낮은 온도를 절대 0도로 정하고 0도를 기준으로 어는점과 끓는점 사이를 100등분한 것

T(K)=T(℃)+273.15K≒T(℃)+273

㉡ 랭킨온도(Rankine degree) : 절대 0도를 0R로 하고 화씨온도에 맞추어 어는점과 끓는점 사이를 180등분한 것

T(R)=T(℉)+459.67≒T(℉)+460

㉢ 켈빈온도와 랭킨온도와의 관계식 : 1R=1.8K

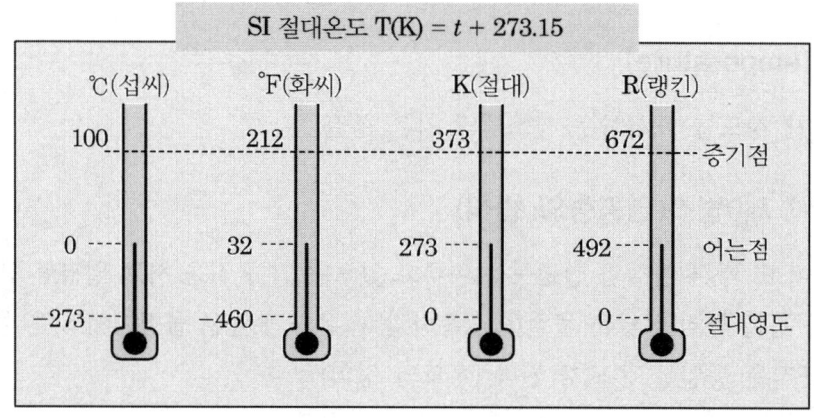

5 압력(pressure)

(1) 압력

단위 면적당 수직으로 작용하는 힘으로 국제단위계(SI)에서의 압력의 단위는 $1m^2$의 면적에 $1N$의 힘으로 $1N/m^2$ 또는 Pa을 사용하나, 공학 단위로 kgf/cm^2를 사용한다.

① 표준대기압 : 0℃ 중력이 작용할 때 수은주 760cmHg가 나타내는 압력

$$1atm = 76cmHg ≒ 30inHg ≒ 1013mbar = 1.013bar$$
$$≒ 10.33mH_2O\,(mAq) = 10.33mmAq$$
$$≒ 10,332kg/m^2 ≒ 1,033kg/cm^2 ≒ 14.7lb/in^2$$
$$≒ 101,325Pa ≒ 101kPa ≒ 0.1MPa$$

단, $1bar = 10^3 mbar = 10^5 N/m^2$, $1Pa = 1N/m^2 = 1kg/m · s^2$

$1kgf/m^2 ≒ 9.8N/m^2$

② 공학기압 : 1kgf 힘이 $1cm^2$의 면적에 작용될 때의 압력

$$1ata = 1kgf/cm^2 = 735.6mmHg = 98066.5Pa = 10mAq = 14.2psi$$

(2) 기준에 의한 압력의 구분

1) 절대압력(Absolute Pressure)
① 완전진공을 0으로 기준하여 측정한 압력
② $kg/cm^2 · abs$, $lb/in2 · A$ (PSIA)로 표시

2) 게이지 압력(Gauge Pressure)
① 표준대기압을 0으로 기준하여 측정한 압력
② 압력계에서 나타내는 압력으로 kg/cm^2, $kg/cm · G$, lb/in^2, $lb/in^2 · G$로 표시

3) 진공압력(Vacuum Pressure)
① 표준대기압 이하의 압력으로 부압(-압)이라 한다.
② 이 진공의 정도(대기압 이하)를 진공도라 하고, $cmHg · V$, $inHg · V$로 표시

(3) 압력의 환산관계

① 절대압력＝대기압＋게이지압력＝대기압－진공압력
② 게이지압력＝절대압력－대기압

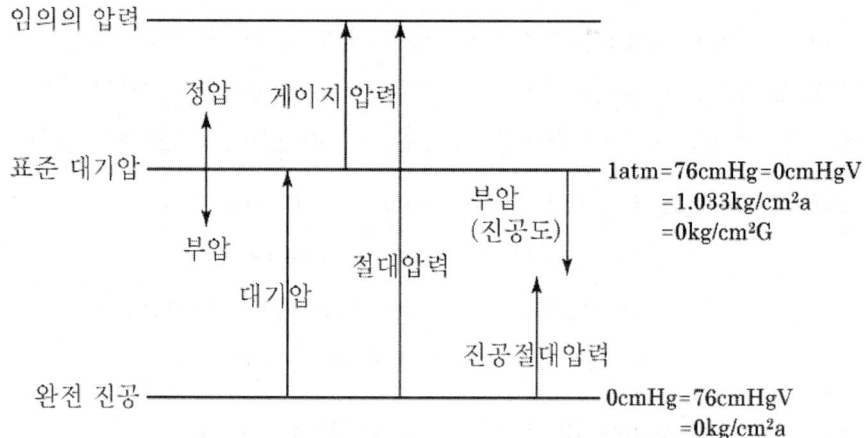

6 열량

(1) 열량

물질의 분자 운동에너지를 양적으로 표시한 것으로 보유하고 있는 물체의 에너지량을 말한다.

(2) 열량의 단위 : kcal, Btu, Chu

① 1kcal : 표준대기압 하에서 순수한 물 1L(1kg)를 1℃만큼 상승시키는 데 필요한 열량
② 1Btu(British Thermal Unit) : 물 1파운드(lb)를 1℉ 높이는 데 필요한 열량
③ 1Chu(Centigrade Heat Unit) : 물 1파운드(lb)를 1℃ 높이는 데 필요한 열량
④ 1kcal＝3.968Btu＝4.18673kJ＝427kgf・m

(3) 단위 환산

구 분	kcal	Btu	Chu	kJ
kcal	1	3.968	2.205	4.1867
Btu	0.2520	1	0.5556	1.0550
Chu	0.4536	1.800	1	1.8990
kJ	0.23885	0.94783	0.52657	1

7 비열(specific heat)

(1) 비열

질량 1kg인 물질의 온도를 1℃ 상승시키는 데 필요한 열량

(2) 단위 : [kJ/kg·K, kcal/kg·℃]

① 물의 비열 : 4.18kJ/kg·K 또는 1kcal/kg·℃
② 물체에 열량 Q를 가하여 1의 상태에서 2의 상태로 변화시켰을 때 가열량

$$Q = \int_1^2 GCdt = GC(t_2 - t_1)$$

(3) 정적비열과 정압비열

① 정적비열(C_v) : 기체의 가열에서 부피를 일정하게 유지하는 경우의 비열
② 정압비열(C_p) : 기체의 가열에서 압력을 일정하게 유지하는 경우의 비열
③ 비열비(ratio of specific heat) : $k = \dfrac{C_p}{C_v} > 1$

(4) 혼합물체의 평균온도

질량이 m_1, m_2인 두 물질의 비열(평균비열)을 C_1, C_2라 하고 온도가 T_1, $T_2(T_1 > T_2)$일 경우, 이 두 물질의 혼합 후 평균온도 T_m은

$$m_1 C_1 (T_1 - T_m) = m_2 C_2 (T_m - T_2)$$

$$\therefore T_m = \frac{m_1 C_1 T_1 + m_2 C_2 T_2}{m_1 C_1 + m_2 C_2}$$

일반적으로 n종류의 물질을 서로 혼합했을 경우에도 그 열평형온도 T_m은

$$T_m = \frac{m_1 C_1 T_1 + m_2 C_2 T_2 + \cdots + m_n C_n T_n}{m_1 C_1 + m_2 C_2 + \cdots + m_n C_n} = \frac{\sum M_n C_n T_n}{\sum m_n C_n}$$

(5) 물질의 비열

물질	비열(kJ/kg·K)	물질	비열(kJ/kg·K)
물	4.18	수증기	1.85
얼음	2.05	공기	1.01

8 현열과 잠열

(1) 현열(감열)

물질상태의 변화없이 온도가 변화하는 데 필요한 열량

$$Q = mC\Delta t \quad \text{(여기서, } m : \text{질량[kg], } C : \text{비열[kJ/kgK], } \Delta t : \text{온도차[℃])}$$

(2) 잠열

온도의 변화없이 상태가 변화하는 데 필요한 열량

$$Q = m \times \gamma \quad \text{(여기서, } m : \text{질량[kg], } \gamma : \text{잠열[kJ/kg])}$$

> **참고**
> - 0℃ 물의 응고잠열 : 335kJ/kg
> - 0℃ 물의 증발잠열 : 2501kJ/kg
> - 100℃ 물의 증발잠열 : 2257kJ/kg

(3) 물질의 상태변화

고체, 액체, 기체를 물질의 3태라 하며 얼음이 물이나 수증기로 되거나 또는 반대로 상태변화가 될 때에는 각각의 고유잠열이 필요하다.

① 융해잠열 : 고체에서 액체로 변하는 데 필요한 열
② 응고잠열 : 액체에서 고체로 변하는 데 필요한 열
③ 증발잠열 : 액체에서 기체로 변하는 데 필요한 열(기화잠열)
④ 응축잠열 : 기체에서 액체로 변하는 데 필요한 열(액화잠열)
⑤ 승화잠열 : 고체에서 기체로, 기체에서 고체로 변하는 데 필요한 열

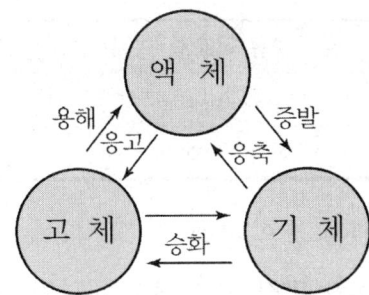

9 밀도, 비체적, 비중량

(1) 밀도 : 단위 체적당 물질의 질량. 비체적의 역수

$$\rho = \frac{m}{V}\,[\mathrm{kg/m^3}]$$

구분	절대 단위(SI)	공학(중력) 단위
단위	$\mathrm{kg/m^3}$	$\mathrm{kgf \cdot s^2/m^4}$
물(H_2O)	1000	102

(2) 비체적 : 단위 질량(중량)당 물질의 체적

㉠ 단위 질량당 체적(절대 단위) : $v = \dfrac{V}{m} = \dfrac{1}{\rho}$ [m³/kg]

㉡ 단위 중량당 체적(중력 단위) : $v = \dfrac{V}{G} = \dfrac{1}{\gamma}$ [m³/kgf]

(3) 비중량 : 단위 체적당 물체의 중량

$$\gamma = \dfrac{G}{V} = \dfrac{mg}{V} = \rho g$$

구분	공학(중력) 단위	절대 단위(SI)
단위	kgf/m³	kg/s²·m², N/m³
물(H₂O)	1000	9800

※ 중량 : 중력 가속도를 받은 상태
※ 질량 : 중력 가속도를 받지 않은 물질 고유의 무게

10 일(work), 에너지(energy), 동력(power)

(1) 일(work)

물체에 일어난 변화의 양을 힘과 이동거리로 나타낸 것이다. SI 단위에서는 J(Joule), 공학 단위에서는 kgf·m를 이용하여 표시한다.

힘의 크기를 F, 이동거리를 s라 하면,

W = F·s

① 일의 단위 : 일의 단위는 에너지의 단위와 같다.

1J(Joule) : 1N의 힘으로 1m 움직이는 데 필요한 일

1J=1N·m=1kg·m²/s²
1kgf·m=9.8J

(2) 에너지(energe)

에너지는 일을 할 수 있는 능력으로 일과 같은 단위를 사용하며, 역학적 에너지에는 위치에너지(potential energy)와 운동에너지(kinetic energy)가 존재한다.

① 위치에너지(E_p) : 중량 G(kgf) 또는 질량 m(kg)의 물체가 z(m) 높이에 있을 때

$$E_p = Gz = mgh [\text{kgf} \cdot \text{m 또는 N} \cdot \text{m}]$$

② 운동에너지(E_v) : 중량 G(kgf) 또는 질량 m(kg)의 물체가 v(m/s) 속도로 움직일 때

$$E_k = \frac{Gv^2}{2g} = \frac{1}{2}mv^2 [\text{kgf} \cdot \text{m 또는 N} \cdot \text{m}]$$

(3) 동력(power)

SI 단위에서는 W(watt)를 사용하여 표기하며, 공학 단위에서는 kgf·m/s 또는 HP(마력, Horse power), PS(Pferde starke)를 사용한다.

$$P = \frac{\text{Work}}{t} = \frac{F \cdot s}{t} = \frac{\text{힘} \times \text{거리}}{\text{시간}} = F \times V (\text{힘} \times \text{속도})$$

$$= \frac{F \cdot V}{75} [PS] = \frac{F \cdot V}{102} [kW]$$

동력의 단위에는 와트(W), 킬로와트(kW), 관용 단위로 마력(PS)이 있다.

    1W=1J/s

    1kW=1000W=1kJ/s

    1kW=102kgfm/s=1.34HP=1.36PS

    1HP=76kgfm/s=0.746kW

    1PS=75kgfm/s=0.735kW

동력×시간=에너지가 된다. 따라서

    1kWh=860kcal

    1HPh=641.6kcal

    1PSh=632.2kcal

11 효율

열효율은 열기관에 공급된 열량 중 유용하게 사용되어진 일량의 비를 열효율이라 한다. 열효율로서 열기관의 경제성 여부를 판단할 수 있다.

$$\eta = \frac{정미열량}{공급열량} = \frac{동력}{연료의\ 저위발열량 \times 연료소비율}$$

12 열전달(전열)

열전달이란 물체 사이의 온도차에 의하여 열이 이동하는 현상으로 전도, 대류, 복사로 분류된다.

(1) 전도(Conduction)

열이 물체 내부로 전달하는 현상으로 열전달률은 전열면적과 온도구배에 비례하며 부호는 고온에서 저온으로 흐르므로 음(-)의 기호를 붙인다.

■ 열전달률(Q)

$$Q = -kA\frac{dT}{dx}$$

여기서, A : 면적[m²], $\dfrac{dT}{dx}$: 온도구배, k : 열전도율[W/m·K]

① 평면벽을 통한 열전도

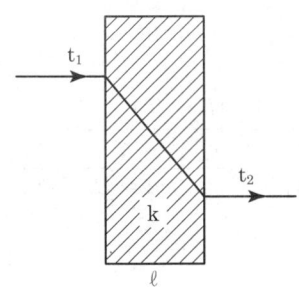

$$Q[\text{W}] = kA\frac{(t_1 - t_2)}{l} = A\frac{(t_1 - t_2)}{R}$$

② 다층벽을 통한 열전도

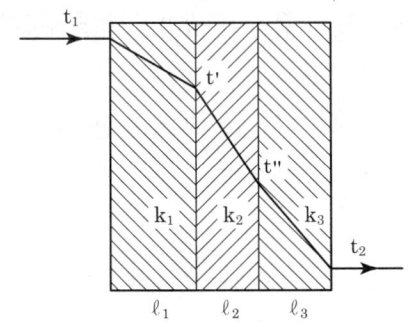

$$Q[\text{W}] = \frac{A(t_1 - t_2)}{\dfrac{l_1}{k_1} + \dfrac{l_2}{k_2} + \dfrac{l_3}{k_3}}$$

여기서, k : 열전도율[W/mK]　　　　A : 전열면적[m²]
　　　　l : 고체 두께[m]　　　　　　t_2 : 저온면 온도[℃]
　　　　R : 열전도저항[m²K/W]　　　t_1 : 고온면 온도[℃]

③ 원통벽의 열전도 : 원통이나 관내에 열유체가 흐르고 있을 때 열전달이 관의 축에 대하여 직각으로 이루어지는 전열량 Q는 반지름 r, 길이 L인 원관에 대하여

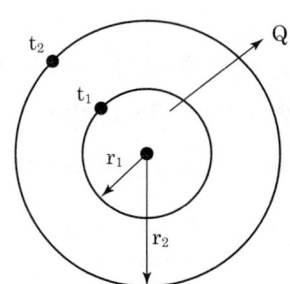

$$Q = \frac{k 2\pi L(t_1 - t_2)}{\ln\dfrac{r_2}{r_1}} = \frac{2\pi L(t_1 - t_2)}{\dfrac{1}{k}\ln\dfrac{r_2}{r_1}}$$

④ 다층 원통의 열전도 : 반지름이 r_1, r_2, r_3인 다층 원관의 전열량 Q는

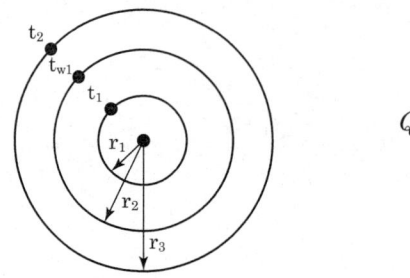

$$Q = \frac{(t_1 - t_2)}{\frac{1}{2\pi k_1 L} \ln \frac{r_2}{r_1} + \frac{1}{2\pi k_2 L} \ln \frac{r_3}{r_2}}$$

(2) 대류(Convection Heat Transfer)

고체벽의 온도가 다른 유체와 접촉하고 있을 때 유체의 유동이 생기면서 열이동하는 현상

① 자연대류(Natural Convection)

유체는 열을 받으면 밀도가 작아져서 부력이 생기기 때문에 상승현상이 생겨 유체 스스로 대류현상이 생긴다. 이런 현상을 자연대류라 한다.

② 강제대류(Forced Convection)

송풍기나 그 밖의 장치로 대류를 촉진시키는 것을 강제대류라고 한다.

㉠ 대류열전달량[W]

$$Q_c = hA(t_w - t_a)$$

여기서, h : 대류열전달률[W/m² · K]
A : 고체표면적[m²]
t_w : 고체표면온도[℃]
t_a : 유체온도[℃]

(3) 복사(Radiation Heat Transfer)

열에너지는 전도나 대류와 같이 물질을 매체로 하여 전달될 뿐만 아니라 서로 떨어져 있는 2개의 물체 사이가 진공(Vacuum)일 경우라도 빛과 같이 열에너지가 전자파 형태의 물체로 복사되며 이것이 다른 물체에 도달하여 흡수되면 변하는데 이러한 현상을 복사열전달 또는 열복사라고 한다.

① 스테판-볼츠만의 법칙

완전 복사체의 단위면적에서 단위시간당 복사되는 에너지는 완전 복사체 절대온도의

4제곱에 비례한다는 법칙

$$E = \sigma \cdot A \cdot T^4$$

여기서, E : 흑체의 복사되는 에너지[W]
σ : 스테판-볼츠만 상수[W/m²K⁴]
A : 단면적[m²]
T : 흑체의 절대온도[K]

(4) 열관류(열통과)

전도 및 대류 등 2가지 이상 복합하여 일어나는 열의 이동으로 고온측의 유체 → 금속벽 내부 → 저온측의 유체 순으로 열전달이 발생한다.

① 통과열량(Q)

$$Q = KA(t_1 - t_2)\,[\text{W}]$$

여기서, K : 열통과율[W/m²·K]
t_1 : 고온 유체 온도[℃]
t_2 : 저온 유체 온도[℃]

② 열통과율(열관류율)

$$K = \frac{1}{R} = \frac{1}{\frac{1}{\alpha_1} + \Sigma \frac{l}{\lambda} + \frac{1}{\alpha_2}}\,[\text{W/m}^2 \cdot \text{K}]$$

여기서, R : 열저항, 오염계수[m²K/W]
α : 열전달률[W/m²K]
λ : 열전도율[W/mK]
l : 고체의 두께[m]

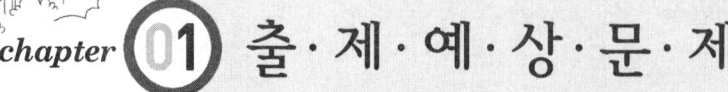

chapter 01 출·제·예·상·문·제

01. 다음 중 정확하게 표기된 SI 기본단위(7가지)의 개수가 가장 많은 것은? (단, SI 유도단위 및 그 외 단위는 제외한다.)
① A, Cd, ℃, kg, m, Mol, N, s
② cd, J, K, kg, m, Mol, Pa, s
③ A, J, ℃, kg, km, mol, S, W
④ K, kg, km, mol, N, Pa, S, W

👉 **SI 기본 단위 7가지**

물리량	단위
길이	m(미터)
질량	kg(킬로그램)
시간	s(초)
전류	A(암페어)
온도	K(켈빈)
물질의 양	mol(몰)
광도	cd(칸델라)

02. 상태와 상태량과의 관계에 대한 설명 중 틀린 것은?
① 순수물질 단순 압축성 시스템의 상태는 2개의 독립적 강도성 상태량에 의해 완전하게 결정된다.
② 상변화를 포함하는 물과 수증기의 상태는 압력과 온도에 의해 완전하게 결정된다.
③ 상변화를 포함하는 물과 수증기의 상태는 온도와 비체적에 의해 완전하게 결정된다.
④ 상변화를 포함하는 물과 수증기의 상태는 압력과 비체적에 의해 완전하게 결정된다.

👉 순수물질의 경우 단순 압축성 계(표면장력, 전기장, 자기장이 없는 상태)에서는 두 개의 독립된 강성적 상태량에 의해 완전하게 결정된다. 온도와 압력은 단상에서는 독립상태량이지만 혼상에서는 종속 상태량이 되므로 물과 수증기는 1기압 100℃ 상태에서 2상으로 (물 또는 수증기) 존재하기 때문에 압력과 온도에 의해 완전하게 결정할 수 없다.

03. 다음 중 강도성 상태량(intensive property)이 아닌 것은?
① 온도
② 내부에너지
③ 밀도
④ 압력

👉 **열역학적 상태량**
상태량은 시스템의 특성을 정의하는 것으로 열역학적 상태량은 시스템의 질량, 에너지와 관계가 있다.
① 강도성 상태량(intensive property) : 물질이 가지는 질량의 크기에 관계없는 상태량
[예] 온도, 압력, 밀도, 비체적 등
② 종량성 상태량(extensive property) : 물질의 질량에 따라서 값이 변하는 상태량이다.
[예] 무게, 질량, 엔탈피, 내부에너지, 엔트로피, 체적 등

04. 열역학적 상태량은 일반적으로 강도성 상태량과 용량성 상태량으로 분류할 수 있다. 강도성 상태량에 속하지 않는 것은?
① 압력
② 온도
③ 밀도
④ 체적

Answer 01. ② 02. ② 03. ② 04. ④

강도성 상태량(intensive property)
온도, 압력, 밀도, 비체적 등

05. 다음 중 강성적(강도성, intensive) 상태량이 아닌 것은?
① 압력 ② 온도
③ 엔탈피 ④ 비체적

04번 해설 참고

06. 다음 중 강도성 상태량(intensive property)에 속하는 것은?
① 온도 ② 체적
③ 질량 ④ 내부에너지

04번 해설 참고

07. 다음의 열역학 상태량 중 종량적 상태량(extensive property)에 속하는 것은?
① 압력 ② 체적
③ 온도 ④ 밀도

종량성 상태량(extensive property)
무게, 질량, 엔탈피, 체적, 엔트로피 등

08. 다음에 열거한 시스템의 상태량 중 종량적 상태량인 것은?
① 엔탈피 ② 온도
③ 압력 ④ 비체적

07번 해설 참고

09. 물질의 양을 1/2로 줄이면 강도성(강성적) 상태량의 값은?
① 1/2로 줄어든다.
② 1/4로 줄어든다.
③ 변화가 없다.
④ 2배로 늘어난다.

강도성 상태량은 물질이 가지는 질량의 크기에 관계없는 상태량이므로 물질의 양이 줄어들어도 강도성 상태량은 변화지 않는다.

10. 시스템의 열역학적 상태를 기술하는 데 열역학적 상태량(또는 성질)이 사용된다. 다음 중 열역학적 상태량으로 올바르게 짝지어진 것은?
① 열, 일
② 엔탈피, 엔트로피
③ 열, 엔탈피
④ 일, 엔트로피

열역학적 상태량
상태량은 시스템의 특성을 정의하는 것으로 열역학적 상태량은 시스템의 질량, 에너지와 관계가 있다.
① 강도성 상태량(intensive property) : 온도, 압력, 밀도 등
② 종량성 상태량(extensive property) : 무게, 질량, 엔탈피, 체적, 엔트로피 등
[참고] 일(work), 열(q)
일과 열은 오직 계와 주위의 경계에서만 관찰되는 양이며 계의 성질이 아니므로 상태함수가 아니고 경로함수이다.

11. 다음 중 열역학적 상태량이 아닌 것은?
① 기체상수 ② 정압비열
③ 엔트로피 ④ 압력

열역학적 상태량
온도, 압력, 밀도, 배열, 무게, 질량, 엔탈피, 체적, 엔트로피 등

12. 다음 중 경로함수(path function)는?
① 엔탈피 ② 엔트로피

Answer 05. ③ 06. ① 07. ② 08. ① 09. ③ 10. ② 11. ① 12. ④

③ 내부에너지 ④ 일

경로함수
㉠ 상태변화 과정 중 계가 취한 경로에 따라 좌우되는 함수
㉡ 수학적으로 완전미분이 아닌 함수
㉢ 일(work), 열(q)
㉣ 일과 열은 오직 계와 주위의 경계에서만 관찰되는 양이며 계의 성질이 아니므로 상태함수가 아니다.
㉤ 에너지는 계의 경계를 통하여 일과 열의 형태로 이동한다.
㉥ 경로는 가역적 경로와 비가역적 경로로 나눈다.

13. 다음 사항은 기계열역학에서 일과 열(熱)에 대한 설명이다. 이 중 틀린 것은?
① 일과 열은 전달되는 에너지이지 열역학적 상태량은 아니다.
② 일의 단위는 J(joule)이다.
③ 일(work)의 크기는 힘과 그 힘이 작용하여 이동한 거리를 곱한 값이다.
④ 일과 열은 점함수이다.

④ 일과 열은 오직 계와 주위의 경계에서만 관찰되는 양이며 계의 성질이 아니므로 상태함수(점함수)가 아니고 한 상태에서 다른 상태로 변화할 때 그 변화량이 과정의 경로에 따라 달라지는 경로함수이다.
[참고]
1) 일과 열
① 일과 열은 이동현상이다.
② 일과 열은 경계현상이다. 계의 경계에서만 측정된다.
③ 일과 열은 경로함수이며 불완전 미분이다.
④ 일과 열은 모두 방향성이 있으며 계를 중심으로 반대이다.
2) 상태함수(점함수) : 계의 현재 상태에 의해서만 유일하게 그 성질과 값이 결정되는 함수로 압력, 부피, 온도, 엔탈피, 엔트로피 등이 속한다.
3) 경로함수 : 상태변화 과정 중 계가 취한 경로에 따라 좌우되는 함수로 일과 열 등이 속한다.

14. 다음은 시스템(계)과 경계에 대한 설명이다. 옳은 내용을 모두 고른 것은?

> 가. 검사하기 위하여 선택한 물질의 양이나 공간 내의 영역을 시스템(계)이라 한다.
> 나. 밀폐계는 일정한 양의 체적으로 구성된다.
> 다. 고립계의 경계를 통한 에너지 출입은 불가능하다.
> 라. 경계는 두께가 없으므로 체적을 차지하지 않는다.

① 가, 다   ② 나, 라
③ 가, 다, 라   ④ 가, 나, 다, 라

나. 밀폐계는 계의 경계를 통하여 물질의 이동이 없는 계로 질량은 일정하며 체적은 변화가 가능하다.

15. 다음은 물질의 열역학 성질에 관한 설명이다. 이 중에서 미시적 관점의 설명은 어느 것인가?
① 밀폐공간의 기체를 가열하면 압력이 증가한다.
② 같은 온도에서 액체보다 증기가 더 많은 에너지를 갖고 있다.
③ 압력이 증가하면 액체의 끓는 온도가 증가한다.
④ 고체를 가열하면 격자의 진동이 활발해진다.

① 미시적 열역학 : 분자, 원자, 또는 그보다

13. ④ 14. ③ 15. ④

작은 기본적인 입자(소립자) 수준에서 물질의 상태를 설명
② 거시적 열역학 : 사람이 측정하고 감지할 수 있는 범위 안의 대상을 다룬다.

16. 다음 열역학 시스템에 대한 설명 중 틀린 것은?
① 주위(surrounding)는 시스템을 포함하지 않는 모든 물질이다.
② 개방계에서 열은 경계를 지날 수 있다.
③ 밀폐계에서 물질 및 일은 경계를 지날 수 없다.
④ 단열계에서 열은 경계를 지날 수 없다.

🖐 열역학 시스템

구분	질량	에너지/열·일
고립계	×	×
밀폐계	×	○
개방계	○	○

17. 다음 중 폐쇄계의 정의를 올바르게 설명한 것은?
① 동작물질 및 일과 열이 그 경계를 통과하지 아니하는 특정 공간
② 동작물질은 계의 경계를 통과할 수 없으나 열과 일은 경계를 통과할 수 있는 특정 공간
③ 동작물질은 계의 경계를 통과할 수 있으나 열과 일은 경계를 통과할 수 없는 특정 공간
④ 동작물질 및 일과 열이 모두 그 경계를 통과할 수 있는 특정 공간

🖐 ① 고립계의 정의
② 밀폐계(폐쇄계)의 정의
④ 개방계의 정의

18. 다음 식 중 틀린 것은?
① °F = $\frac{9}{5}$°C + 32
② °C = $\frac{9}{5}$°F − 32
③ K = °C + 273
④ R = °F + 460

🖐 ② °C = $\frac{5}{9}$(°F − 32)

19. 섭씨 −15℃는 절대온도 약 몇 K인가?
① 258
② 270
③ 150
④ 153

🖐 절대온도
K = °C + 273 = 273 − 15 = 258K

20. 화씨 온도가 86°F일 때 섭씨 온도는 몇 ℃인가?
① 30
② 45
③ 60
④ 75

🖐 섭씨 온도(t_c)
$t_c = \frac{5}{9}(t_f - 32) = \frac{5}{9}(86 - 32) = 30℃$

21. 다음 중 가장 낮은 온도는?
① 104℃
② 284°F
③ 410K
④ 684R

🖐 ① 104℃
② 284°F = $\frac{5}{9}(t_f - 32)$
　　　　 = $\frac{5}{9}(284 - 32) = 140℃$
③ 410K = (410 − 273)℃ = 137℃
④ 684R = (684 − 460)°F = 224°F

22. 다음 온도에 관한 설명 중 틀린 것은?
① 온도는 뜨겁거나 차가운 정도를 나타낸다.
② 열역학 제0법칙은 온도 측정과 관계된 법

Answer 16. ③ 17. ② 18. ② 19. ① 20. ① 21. ① 22. ④

칙이다.
③ 섭씨온도는 표준 기압하에서 물의 어는점과 끓는점을 각각 0과 100으로 부여한 온도 척도이다.
④ 화씨온도 F와 절대온도 K 사이에는 K=F+273.15의 관계가 성립한다.

☞ ④ 섭씨온도 ℃와 절대온도 K 사이에는 K=섭씨온도(℃)+273.15인 관계가 성립한다.

23. 시스템의 온도가 가열과정에서 10℃에서 30℃로 상승하였다. 이 과정에서 절대온도는 얼마나 상승하였는가?
① 11K   ② 20K
③ 293K   ④ 303K

☞ 절대온도는 섭씨온도에 273을 더한 값이므로 절대온도로 환산하여 구한 온도차나 섭씨온도차나 동일하다.
절대온도 상승분은 30-10=20K이다.

24. 단위에 대한 설명으로 틀린 것은?
① 토리첼리의 실험 결과 수은주의 높이가 68cm일 때, 실험장소에서의 대기압은 1.2atm이다.
② 비체적이 $0.5m^3/kg$인 암모니아 증기 $1m^3$의 질량은 2.0kg이다.
③ 압력 760mmHg는 1.01bar이다.
④ 작업대 위에 놓여진 밑면적이 $2.4m^3$인 가공물의 무게가 24kgf라면 작업대에 가해지는 압력은 98Pa이다.

☞ ① 토리첼리의 실험 결과 수은주의 높이가 68cm일 때 실험장소에서의 대기압은 0.89atm이다. (1atm=76cmHg)

25. 다음 중 압력에 대한 설명으로 옳은 것은?
① 표준대기압은 760mmHg이다.
② 10^{-1} Torr는 1mmHg이다.
③ 1bar는 1kPa이다.
④ 압력의 SI 단위는 kgf/m^2이다.

☞ ② 10^{-1} Torr는 10^{-1}mmHg이다. (1Torr=1mmHg)
③ 1bar는 100kPa이다.
④ 압력의 SI 단위 : N/m^2[Pa]

26. 27kPa의 압력차는 수은주로 어느 정도 높이가 되겠는가? (단, 수은의 밀도는 $13590kg/m^3$이다.)
① 약 158mm   ② 약 203mm
③ 약 265mm   ④ 약 557mm

☞ $P=\gamma h$이므로
$$h=\frac{P}{\gamma}=\frac{P}{\rho g}$$
$$=\frac{27\times 10^3}{13590\times 9.8}=0.203m=203mm$$

27. 표준대기압은 대략 몇 kPa인가?
① 1.01kPa   ② 10.1kPa
③ 101kPa   ④ 1013kPa

☞ $1atm=101,325Pa=760mmHg$
$=1.0332kg_f/cm^2=10.332mAq$
$101,325Pa=101.325kPa=0.1MPa$

28. 다음 압력값 중에서 표준대기압(1atm)과 차이가 가장 큰 압력은?
① 1MPa   ② 100kPa
③ 1bar   ④ 100hPa

☞ $1atm=101,325Pa=101.325kPa=0.1MPa$

Answer 23. ② 24. ① 25. ① 26. ② 27. ③ 28. ①

29. 국소 대기압력이 0.099MPa일 때 용기 내 기체의 게이지 압력이 1MPa이었다. 기체의 절대압력(MPa)은 얼마인가?

① 0.901　　② 1.099
③ 1.135　　④ 1.275

　절대압력=국소 대기압력+게이지 압력
　　　　　=0.099+1=1.099MPa
　[참고] 절대압력
　　=(국소)대기압력+게이지 압력
　　=(국소)대기압력−진공압력

30. 대기압이 100kPa일 때, 계기 압력이 5.23MPa인 증기의 절대압력은 약 몇 MPa인가?

① 3.02　　② 4.12
③ 5.33　　④ 6.43

　절대압력=대기압력+계기압력
　　　　　=(100×10^{-3})MPa+5.23MPa
　　　　　=5.33MPa
　[참고] 1MPa=1000kPa=1000000Pa

31. 용기에 부착된 압력계에 읽힌 계기압력이 150kPa이고 국소대기압이 100kPa일 때 용기 안의 절대압력은?

① 250kPa　　② 150kPa
③ 100kPa　　④ 50kPa

　절대압력=대기압+계기압력
　　　　　=100+150=250kPa
　[참고] 압력의 환산관계
　　① 절대압력=대기압+게이지압력
　　　　　　　=대기압−진공압력
　　② 게이지압력=절대압력−대기압

32. 국소 대기압이 750mmHg이고 계기압력이 0.2kgf/cm²일 때, 절대압력은?

① 약 0.46kgf/cm²
② 약 0.96kgf/cm²
③ 약 1.22kgf/cm²
④ 약 1.36kgf/cm²

　① 대기압 단위환산
　　1atm=760mmHg=1033kg/cm² 이므로
　　대기압 750mmHg=$\frac{750}{760} \times 1.033$
　　　　　　　　　=1.02kgf/cm²
　② 절대압력=대기압+게이지압력
　　　　　　=1.02+0.2=1.22kgf/cm²

33. 100kPa의 대기압 하에서 용기 속 기체의 진공압이 15kPa이었다. 이 용기 속 기체의 절대압력은 몇 kPa인가?

① 85　　② 90
③ 95　　④ 115

　절대압력=대기압+게이지 압력
　　　　　=대기압−진공압력
　　　　　=100−15=85kPa

34. 운전 중인 냉동장치의 저압측 진공게이지가 50cmHg를 나타내고 있다. 이때의 진공도는 약 얼마인가?

① 65.8%　　② 40.8%
③ 26.5%　　④ 3.4%

　1atm=760mmHg=76cmHg
　∴ 진공도=$\frac{50}{76} \times 100 = 65.8\%$

35. 진공압력이 60mmHg일 경우 절대압력(kPa)은? (단, 대기압은 101.3kPa이고, 수은의 비중은 13.6이다.)

① 53.8　　② 93.2

Answer　29. ②　30. ③　31. ①　32. ③　33. ①　34. ①　35. ②

③ 106.6 ④ 196.4

☞ 절대압=대기압-진공압
$= 101.3 - 8 = 93.3 \text{kPa}$

여기서, 진공압 $= 60\text{mmHg} \times \dfrac{101.3\text{kPa}}{760\text{mmHg}}$

$≒ 8\text{kPa}$

36. 탱크 안의 계기압을 재는 마노미터의 물 높이가 250mm이고, 대기압을 재는 기압계의 수은 높이가 770mm이면 탱크 안의 절대압력은 약 얼마인가? (단, 수은과 물의 밀도는 각각 13600kg/m^3, 1000kg/m^3이다.)

① 22kPa ② 90kPa
③ 105kPa ④ 132kPa

☞ 절대압=대기압+계기압
$= (\rho gh)_{Hg} + (\rho gh)_{H_2O}$
$= (13600 \times 9.8 \times 0.77)$
$\quad + (1000 \times 9.8 \times 0.25)$
$= 105075.6 \text{Pa} = 105 \text{kPa}$

37. 수은주에 의해 측정된 대기압이 753mmHg일 때 진공도 90%의 절대압력은? (단, 수은의 밀도는 13600kg/m^3, 중력가속도는 9.8m/s^2이다.)

① 약 200.08kPa ② 약 190.08kPa
③ 약 100.04kPa ④ 약 10.04kPa

☞ ① 진공압

진공도 $= \dfrac{진공압}{대기압} \times 100\%$

$90 = \dfrac{진공압}{753} \times 100\%$

∴ 진공압 $= 677.7 \text{mmHg}$

② 절대압력
절대압력=대기압-진공압
$= 753 - 677.7 = 75.3 \text{mmHg}$

$= \dfrac{75.3}{760} \times 101.325 = 10.04 \text{kPa}$

[참고] 1atm $= 101325 \text{Pa} = 760 \text{mmHg}$
$= 10332 \text{kgf}/m^2 = 1.0332 \text{kgf}/\text{cm}^2$
$= 10.332 \text{mAq} = 14.7 \text{psi} (= \text{lbf}/\text{in}^2)$

38. 상온의 실내에 있는 수은기압계의 수은주가 730mm 높이에 있다면, 이때 대기압은 얼마인가? (단, 25℃ 기준, 수은 밀도=13534 kg/m^3)

① 9.68kPa ② 96.8kPa
③ 4.34kPa ④ 43.4kPa

☞ 대기압(P_0)
$P_0 = \rho gh = 13534 \times 9.8 \times 0.73$
$= 96822 \text{Pa} ≒ 96.8 \text{kPa}$

39. 해수면 아래 20m에 있는 수중 다이버에게 작용하는 절대압력은 약 얼마인가? (단, 대기압은 101kPa이고, 해수의 비중은 1.03이다.)

① 101kPa ② 202kPa
③ 303kPa ④ 504kPa

☞ ① 표준대기압
1atm $= 1.0332 \text{kg}/\text{cm}^2 \cdot a$
$= 10.332 \text{mH}_2\text{O} = 101.325 \text{kPa}$

② 해수면 아래 20m의 해수압
$20 \text{mAq} = 2 \text{kg}/\text{cm}^2 = 196.13 \text{kPa}$

③ 수중 다이버에 작용하는 절대압력
=대기압+해수압
$= 101 \text{kPa} + 196.13 \times 1.03 = 303 \text{kPa}$

40. 다음 중 압력값이 다른 것은?

① 1mAq ② 73.56mmHg
③ 980.665Pa ④ 0.98N/cm^2

☞ ① 1mAq

Answer 36. ③ 37. ④ 38. ② 39. ③ 40. ③

② $73.56\text{mmHg} = \frac{73.56}{760} \times 10.332 = 1\text{mAq}$

③ $980.665\text{Pa} = \frac{980.665}{101,325} \times 10.332 = 0.1\text{mAq}$

④ $0.98\text{N/cm}^2 = 0.1\text{kg/cm}^2$
$= \frac{0.1}{1.0332} \times 10.332 = 1\text{mAq}$

41. 길이 5m인 밀폐 탱크에 물이 5m 차 있다. 수면에는 3kg/cm^2의 증기압이 작용하고 있을 때 탱크 밑면에 작용하는 압력은 얼마인가?

① $35 \times 10^5 \text{kg/cm}^2$ ② $35 \times 10^4 \text{kg/cm}^2$
③ 3.5kg/cm^2 ④ 35kg/cm^2

☞ $1.0332\text{kgf/cm}^2 = 10\text{mH}_2\text{O}$ 이므로
$5\text{H}_2\text{O} = 0.5\text{kg/cm}^2$
∴ $0.5 + 3 = 3.5\text{kg/cm}^2$

42. 그림과 같은 피스톤-실린더로 구성된 용기가 있다. 피스톤 아래의 공간에는 공기가 들어 있으며, 피스톤 위에는 물이 채워져 있고 실린더와 마찰이 없이 움직일 수 있는 피스톤이 정지상태에 있다. 용기 안에 들어 있는 공기의 압력은 약 얼마인가? (단, 대기압은 100kPa, 물의 높이는 0.5m, 물의 밀도는 1000kg/m^3, 중력가속도는 9.807m/s^2, 피스톤 질량은 2kg, 피스톤 단면적은 0.01m^2이다.)

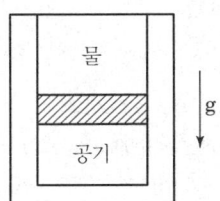

① 101kPa ② 107kPa
③ 6765kPa ④ 6965kPa

☞ ① 대기압 : $P_1 = 100\text{kPa}$
② 물의 압력 :
$P_2 = \gamma g h = 1000 \times 9.807 \times 0.5$
$= 4.9\text{kPa}$
③ 피스톤 압력 :
$P_3 = \frac{\text{피스톤의 힘}}{\text{단면적}} = \frac{2 \times 9.807}{0.01}$
$= 1.96\text{kPa}$
④ 공기의 압력
$P = $ 대기압 + 물의 압력 + 피스톤 압력
$= 100 + 4.9 + 1.96 = 106.86\text{kPa}$

43. 냄비를 이용하여 요리할 때 다음 중 요리에 필요한 가열시간에 대한 설명으로 옳은 것은?

① 뚜껑이 없는 냄비가 가열시간이 가장 짧다.
② 가벼운 뚜껑이 있는 냄비가 가열시간이 가장 짧다.
③ 무거운 뚜껑이 있는 냄비가 가열시간이 가장 짧다.
④ 가열시간은 뚜껑에 관계없이 항상 일정하다.

☞ 물은 압력이 높으면 끓는점이 높아지고 압력이 낮아지면 끓는점이 낮아지는 성질을 가지고 있다. 이러한 물의 성질을 이용해 냄비 안의 압력을 높이면 물의 끓는점이 높아져 음식물을 골고루 빨리 익혀 요리시간을 단축시킬 수 있다. 그러므로 냄비 내부에 압력을 가장 높일 수 있는 무거운 뚜껑이 있는 냄비가 가열시간이 가장 짧다.

44. 일정한 압력하에서 물체의 온도가 변화하지 않고 상태만 변화할 때, 이 열량을 무엇이라 하는가?

① 현열 ② 잠열
③ 생성열 ④ 폐열

Answer 41. ③ 42. ② 43. ③ 44. ②

☞ ① 현열(감열) : 상태는 변하지 않고 온도만 변할 때의 열
② 잠열 : 온도는 변하지 않고 상태만 변할 때의 열

45. 열의 종류에 대한 설명 중 옳은 것은?
① 고체에서 기체가 될 때에 필요한 열을 증발열이라 한다.
② 온도의 변화를 일으켜 온도계에 나타나는 열을 잠열이라 한다.
③ 기체에서 액체로 될 때 제거해야 하는 열은 응축열 또는 감열이라 한다.
④ 고체에서 액체로 될 때 필요한 열은 융해열이며 이를 잠열이라 한다.

☞ ① 고체에서 기체가 될 때에 필요한 열을 승화열이라 한다.
② 온도의 변화를 일으켜 온도계에 나타나는 열을 현열(감열)이라 한다.
③ 기체에서 액체로 될 때 제거해야 하는 열은 응축열 또는 잠열이라 한다.

46. 15℃의 물 24kg과 80℃ 물 85kg을 혼합하면 물의 온도는 약 얼마인가?
① 65.7℃
② 75.7℃
③ 80.8℃
④ 88.8℃

☞ 혼합온도
$$t_3 = \frac{G_1 t_1 + G_2 t_2}{G_1 + G_2} = \frac{(24 \times 15) + (85 \times 80)}{24 + 85}$$
$$= 65.69℃$$

47. 100℃의 구리 10kg을 20℃의 물 2kg이 들어 있는 단열 용기에 넣었다. 물과 구리 사이의 열전달을 통한 평형온도는 약 몇 ℃인가? (단, 구리 비열은 0.45kJ/kg·K, 물 비열은 4.2kJ/kg·K이다.)

① 48
② 54
③ 60
④ 68

☞ $Q = GC\Delta t = G_{Cu} C_{Cu} \Delta t_{Cu} = G_W C_W \Delta t_W$
$10 \times 0.45 \times (100 - t) = 2 \times 4.2 \times (t - 20)$
$$\therefore t = \frac{(10 \times 0.45 \times 100) + (2 \times 4.2 \times 20)}{10 \times 0.45 + 2 \times 4.2}$$
$$= 47.9℃$$

48. 온도 600℃의 구리 7kg을 8kg의 물속에 넣어 열적 평형을 이룬 후 구리와 물의 온도가 64.2℃가 되었다면 물의 처음 온도는 약 몇 ℃인가? (단, 이 과정 중 열손실은 없고, 구리의 비열은 0.386kJ/kg·K이며 물의 비열은 4.184kJ/kg·K이다.)
① 6℃
② 15℃
③ 21℃
④ 84℃

☞ $Q = GC\Delta t = G_{Cu} C_{Cu} \Delta t_{Cu} = G_W C_W \Delta t_W$
$7 \times 0.386 \times (600 - 64.2) = 8 \times 4.184 \times (64.2 - t)$
$$t = \frac{(8 \times 4.184 \times 64.2) - (7 \times 0.386 \times (600 - 64.2))}{8 \times 4.184}$$
$$\fallingdotseq 21℃$$

49. 0.08m³의 물 속에 700℃의 쇠뭉치 3kg을 넣었더니 그의 평균온도가 18℃로 되었다. 물의 온도 상승은 얼마인가? (단, 쇠의 비열은 0.145kcal/kg℃이고, 물과 공기와의 열교환은 없다.)
① 3.71℃
② 4.82℃
③ 5.78℃
④ 2.85℃

☞ $G_w C_w \Delta t_w = G_f C_f \Delta t_f$
$(0.08\text{m}^3 \times 1000\text{kg/m}^3) \times 1 \times \Delta t_w$
$= 3 \times 0.145 \times (700 - 18)$
$$\therefore \Delta t_w = \frac{3 \times 0.145 \times (700 - 18)}{0.08 \times 1000} = 3.71℃$$

Answer ☞ 45. ④ 46. ① 47. ① 48. ③ 49. ①

50. 온도가 각기 다른 액체 A(50℃), B(25℃), C(10℃)가 있다. A와 B를 동일 질량으로 혼합하면 40℃로 되고, A와 C를 동일 질량으로 혼합하면 30℃로 된다. B와 C를 동일 질량으로 혼합할 때는 몇 ℃로 되겠는가?

① 16.0℃ ② 18.4℃
③ 20.0℃ ④ 22.5℃

👉 혼합 후의 평균온도(t_m)
$$t_m = \frac{G_1 C_1 t_1 + G_2 C_2 t_2}{G_1 C_1 + G_2 C_2}$$

① A와 B의 동일 질량 혼합
$$\frac{GC_1 t_1 + GC_2 t_2}{GC_1 + GC_2} = \frac{C_1 t_1 + C_2 t_2}{C_1 + C_2}$$
$$= \frac{50 C_1 + 25 C_2}{C_1 + C_2} = 40$$
$$40(C_1 + C_2) = 50 C_1 + 25 C_2$$
$$\therefore 2C_1 = 3C_2$$

② A와 C의 동일 질량 혼합
$$\frac{GC_1 t_1 + GC_3 t_3}{GC_1 + GC_3} = \frac{C_1 t_1 + C_3 t_3}{C_1 + C_3}$$
$$= \frac{50 C_1 + 10 C_3}{C_1 + C_3} = 30$$
$$30(C_1 + C_3) = 50 C_1 + 10 C_3$$
$$\therefore C_1 = C_3$$

$C_1 = C_3$를 $2C_1 = 3C_2$에 대입하면
$$2C_3 = 3C_2 \rightarrow C_3 = 1.5 C_2$$

③ B와 C의 동일 질량 혼합
$$\frac{GC_2 t_2 + GC_3 t_3}{GC_2 + GC_3} = \frac{C_2 t_2 + C_3 t_3}{C_2 + C_3}$$이므로
$$\frac{25 C_2 + 10 C_3}{C_2 + C_3} = \frac{25 C_2 + 15 C_2}{C_2 + 1.5 C_2}$$
$$= \frac{40}{2.5} = 16℃$$

51. 그림과 같은 단열된 용기 안에 25℃의 물이 0.8m³ 들어 있다. 이 용기 안에 100℃, 50kg의 쇳덩어리를 넣은 후 열적 평형이 이루어졌을 때 최종 온도는 약 몇 ℃인가? (단, 물의 비열은 4.18kJ/(kg·K), 철의 비열은 0.45kJ/(kg·K)이다.)

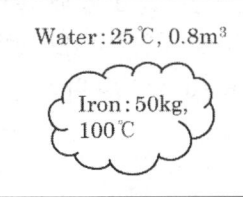

① 25.5 ② 27.4
③ 29.2 ④ 31.4

👉 최종 온도(T)
물이 얻은 열량=쇳덩어리가 뺏긴 열량
$$m_1 C_1 \Delta T_1 = m_2 C_2 \Delta T_2$$
$$\left(0.8\text{m}^3 \times \frac{1000\text{kg}}{1\text{m}^3}\right) \times 4.18 \times (T-25)$$
$$= 50 \times 0.45 \times (100-T)$$
$$3344(T-25) = 22.5(100-T)$$
$$\therefore T = 25.5℃$$

52. 400K의 물 1.0kg/s와 350K의 물 0.5kg/s가 정상과정으로 혼합되어 나온다. 이 과정 중에 300kJ/s의 열손실이 있다. 출구에서 물의 온도는 약 얼마인가? (단, 물의 비열은 4.18kJ/kg·K이다.)

① 369.2K ② 350.1K
③ 335.5K ④ 320.3K

👉 열량은 $Q = G \cdot C \cdot \Delta t$이고, 혼합 전 물의 열량과 혼합 후 물의 열량은 같으므로
$$(1.0 \times 4.18 \times 400) + (0.5 \times 4.18 \times 350) - 300$$
$$= 1.5 \times 4.18 \times \Delta t$$
$$\Delta t = \frac{(1.0 \times 4.18 \times 400) + (0.5 \times 4.18 \times 350) - 300}{1.5 \times 4.18}$$
$$= 335.5\text{K}$$

Answer 50. ① 51. ① 52. ③

53. 체적이 일정하고 단열된 용기 내에 80℃, 320kPa의 헬륨 2kg이 들어 있다. 용기 내에 있는 회전날개가 20W의 동력으로 30분 동안 회전한다고 할 때 용기 내의 최종 온도는 약 몇 ℃인가? (단, 헬륨의 정적비열은 3.12kJ/(kg·K)이다.)

① 81.9℃ ② 83.3℃
③ 84.9℃ ④ 85.8℃

 헬륨이 얻은 열량=회전날개가 일한 열량

$$\left(0.02\frac{kJ}{s} \times \frac{60s}{1min}\right) \times 30min$$
$$= 2 \times 3.12 \times (T_2 - 80)$$
$$T_2 = \frac{0.02 \times 60 \times 30}{2 \times 3.12} + 80 ≒ 85.8℃$$

여기서, 동력 20W=0.02kW=0.02kJ/s

54. 비열에 관한 설명으로 옳지 않은 것은?

① 공기의 비열비는 온도가 높을수록 증가한다.
② 단원자 기체의 비열비는 1.67로 일정하다.
③ 공기의 정압비열은 온도에 따라서 다르다.
④ 액체의 비열비는 1에 가깝다.

 ① 공기의 비열비는 온도에 관계없이 일정한 값을 가진다.

55. 질량 4kg의 액체를 15℃에서 100℃까지 가열하기 위해 714kJ의 열을 공급하였다면 액체의 비열(kJ/kg·K)은 얼마인가?

① 1.1 ② 2.1
③ 3.1 ④ 4.1

 액체의 비열(C)
$Q = mC\Delta T$
$C = \frac{Q}{m\Delta T} = \frac{714}{4 \times (100-15)} = 2.1 kJ/kg·K$

56. 어떤 유체의 밀도가 741kg/m³이다. 이 유체의 비체적은 약 몇 m³/kg인가?

① 0.78×10^{-3} ② 1.35×10^{-3}
③ 2.35×10^{-3} ④ 2.98×10^{-3}

 비체적(v)
비체적은 밀도의 역수이므로
$v = \frac{1}{\rho} = \frac{1}{741} = 0.00135 m^3/kg$
$= 1.35 \times 10^{-3} m^3/kg$

57. 그림과 같이 A, B 두 종류의 기체가 한 용기 안에서 박막으로 분리되어 있다. A의 체적은 0.1m³, 질량은 2kg이고, B의 체적은 0.4m³, 밀도는 1kg/m³이다. 박막이 파열되고 난 후에 평형에 도달하였을 때 기체 혼합물의 밀도(kg/m³)는 얼마인가?

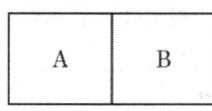

① 4.8 ② 6.0
③ 7.2 ④ 8.4

 ① A의 밀도 = $\frac{2kg}{0.1m^3} = 20 kg/m^3$

② 혼합물의 밀도
A의 체적 : B의 체적 = 0.1 : 0.4
$\rho = \frac{V_A \cdot \rho_A + V_B \cdot \rho_B}{V_A + V_B}$
$= \frac{0.1 \times 20 + 0.4 \times 1}{0.1 + 0.4} = 4.8 kg/m^3$

58. 질량이 m이고 한 변의 길이가 a인 정육면체 상자 안에 있는 기체의 밀도가 ρ이라면 질량이 2m이고 한 변의 길이가 $2a$인 정육면체 상자 안에 있는 기체의 밀도는?

① ρ ② $\frac{1}{2}\rho$

③ $\frac{1}{4}\rho$ ④ $\frac{1}{8}\rho$

 ① 질량 m, 한 변의 길이 a일 때 정육면체의 밀도(ρ)

$$\rho = \frac{m(질량)}{V(부피)} = \frac{m}{a \times a \times a} = \frac{m}{a^3}$$

② 질량 2m, 한 변의 길이 2a일 때 정육면체의 밀도(ρ_2)

$$\rho_2 = \frac{m(질량)}{V(부피)}$$
$$= \frac{2m}{2a \times 2a \times 2a} = \frac{2m}{8a^3} = \frac{1}{4}\rho$$

59. 질량이 m이고 비체적이 v인 구(sphere)의 반지름이 R이면, 질량이 4m이고, 비체적이 $2v$인 구의 반지름은?

① $2R$ ② $\sqrt{2}R$
③ $\sqrt[3]{2}R$ ④ $\sqrt[3]{4}R$

① 구의 부피(V) $V = \frac{4}{3}\pi r^3$

② 질량 m, 비체적 v, 반지름 R일 때 구의 부피
$$V_1 = vm = \frac{4}{3}\pi R^3$$

③ 질량 4m, 비체적 $2v$, 반지름 r일 때 구의 부피
$$V_2 = \frac{4}{3}\pi r^3$$
$$V_2 = 2v \times 4m = 8vm$$
$$= 8 \times \frac{4}{3}\pi r^3 = \frac{32}{3}\pi R^3$$
$$\frac{4}{3}\pi r^3 = \frac{32}{3}\pi R^3$$
$$\therefore r = 2R$$

60. 질량이 5kg인 강제 용기 속에 물이 20L 들어 있다. 용기와 물이 24℃인 상태에서 이 속에 질량이 5kg이고 온도가 180℃인 어떤 물체를 넣었더니 일정 시간 후 온도가 35℃가 되면서 열평형에 도달하였다. 이때 이 물체의 비열은 약 몇 kJ/(kg·K)인가? (단, 물의 비열은 4.2kJ/(kg·K), 강의 비열은 0.46kJ/(kg·K)이다.)

① 0.88   ② 1.12
③ 1.31   ④ 1.86

물체의 비열(C_3)
$$T_m = \frac{\sum G_i C_i T_i}{\sum G_i C_i}$$
$$= \frac{G_1 C_1 T_1 + G_2 C_2 T_2 + G_3 C_3 T_3}{G_1 C_1 + G_2 C_2 + G_3 C_3}$$ 이므로
$$308 = \frac{5 \times 0.46 \times 297 + 20 \times 4.2 \times 297 + 5 \times C_3 \times 453}{5 \times 0.46 + 20 \times 4.2 + 5 \times C_3}$$
$$\therefore C_3 = 1.31 kJ/(kg \cdot K)$$

여기서, $T_1 = 24℃ = (24 + 273)K = 297K$
$T_2 = 24℃ = (24 + 273)K = 297K$
$T_3 = 180℃ = (180 + 273)K = 453K$
$T_m = 35℃ = (35 + 273)K = 308K$

61. 다음의 단위 중 열량 단위가 아닌 것은?

① kcal   ② Btu
③ J   ④ PS

① 열량의 단위 : kcal, Btu, kJ, Chu
② 동력 단위 : kW, PS, HP

62. 200m의 높이로부터 250kg의 물체가 땅으로 떨어질 경우 일을 열량으로 환산하면 약 몇 kJ인가? (단, 중력가속도는 9.8m/s²이다.)

① 79   ② 117
③ 203   ④ 490

$W = 9.8mh$
$= 9.8 \times 200 \times 250 = 490000J = 490kJ$

Answer 59. ①   60. ③   61. ④   62. ④

63. 비열이 0.475kJ/kg·K인 철 10kg을 20℃에서 80℃로 올리는 데 필요한 열량은 몇 kJ인가?

① 222   ② 232
③ 285   ④ 315

$Q = GC\Delta t = 10 \times 0.475 \times (80-20) = 285\,kJ$

64. 움직이고 있던 중량 5톤의 차에 브레이크를 걸었더니 42.7m 미끄러진 후에 완전히 정지하였다. 노면과 바퀴 사이의 마찰계수를 0.2라 하면 제동 중에 발생된 열량(kJ)은 약 얼마인가?

① 49   ② 419
③ 837   ④ 17,800

열량
$W = FS = \mu mgS$
$\quad = 0.2 \times 5000 \times 9.8 \times 42.7$
$\quad = 418460\,J ≒ 419\,kJ$

65. 시속 30km로 주행하고 있는 질량 306kg의 자동차가 브레이크를 밟았더니 8.8m에서 정지하였다. 베어링 마찰을 무시하고 브레이크에 의해서 제동된 것으로 보았을 때 브레이크로부터 발생한 열량은? (단, 차륜과 도로면의 마찰계수는 0.4로 한다.)

① 약 25.6kJ   ② 약 20.6kJ
③ 약 15.6kJ   ④ 약 10.6kJ

발생 열량
$W = FS = \mu mgS$
$\quad = 0.4 \times 306 \times 9.8 \times 8.8$
$\quad = 10555.776\,J ≒ 10.6\,kJ$

66. 일정한 토크 100Nm가 걸린 상태에서 회전하는 축이 있다. 이 축을 50회전시키는 데 필요한 일은 얼마인가?

① 5.0kW   ② 5.0kJ
③ 31.4kW   ④ 31.4kJ

$W = 2\pi N\tau$
$\quad = 2\pi \times 50 \times 100$
$\quad = 31415.9\,J = 31.4\,kJ$

67. 어떤 물질 1kg이 20℃에서 30℃로 되기 위해 필요한 열량은 약 몇 kJ인가? (단, 비열(C, kJ/kg·K)은 온도에 대한 함수로서 C=3.594+0.0372T이며, 여기서 온도(T)의 단위는 K이다.)

① 4   ② 24
③ 45   ④ 147

$T_1 = 20℃ = (20+273)K = 293K$
$T_2 = 30℃ = (30+273)K = 303K$
$Q = GC\Delta T = \int_{293}^{303} GCdT$
$\quad = \int_{293}^{303} 1 \times [3.594 + 0.0372T]dT$
$\quad = [3.594T + \frac{0.0372}{2}T^2]_{293}^{303} = 147\,kJ$

68. 압력이 일정할 때 공기 5kg을 0℃에서 100℃까지 가열하는 데 필요한 열량은 약 몇 kJ인가? (단, 비열(C_p)은 온도 T(℃)에 관계한 함수로 C_p(kJ/kg·℃)=1.01+0.000079×T 이다.)

① 365   ② 436
③ 480   ④ 507

가열량(Q)
$Q = GC_p\Delta t = \int_0^{100} GC_p dt$
$\quad = \int_0^{100} 5(1.01 + 0.000079t)dt$

Answer 63. ③ 64. ② 65. ④ 66. ④ 67. ④ 68. ④

$$= 5\left[1.01t + \frac{0.000079}{2}t^2\right]_0^{100}$$
$$= 5\left[1.01\times 100 + \frac{0.000079}{2}\times 100^2\right]$$
$$= 506.975\text{kJ} ≒ 507\text{kJ}$$

69. 열교환기의 1차측에서 압력 100kPa, 질량유량 0.1kg/s인 공기가 50℃로 들어가서 30℃로 나온다. 2차측에서는 물이 10℃로 들어가서 20℃로 나온다. 이때 물의 질량유량(kg/s)은 약 얼마인가? (단, 공기의 정압비열은 1kJ/(kg·K)이고, 물의 정압비열은 4kJ/(kg·K)로 하며, 열 교환과정에서 에너지 손실은 무시한다.)

① 0.005　② 0.01
③ 0.03　④ 0.05

☞ $Q = \dot{m}_a C_a \Delta t_a = \dot{m}_w C_{wr} \Delta t_w$
$0.1\times 1 \times (50-30) = \dot{m}_w \times 4 \times (20-10)$
$\therefore \dot{m}_w = \dfrac{0.1\times 1\times (50-30)}{4\times (20-10)} = 0.05\text{kg/s}$

70. 밀도 1000kg/m³인 물이 단면적 0.01m²인 관속을 2m/s의 속도로 흐를 때, 질량유량은?

① 20kg/s　② 2.0kg/s
③ 50kg/s　④ 5.0kg/s

☞ 질량유량($\dot{m}$)
$\dot{m} = \rho AV = 1000 \times 0.01 \times 2 = 20\text{kg/s}$

71. 100kg의 물체가 해발 60m에 떠 있다. 이 물체의 위치 에너지는 해수면 기준으로 약 몇 kJ인가? (단, 중력가속도는 9.8m/s²이다.)

① 58.8　② 73.4
③ 98.0　④ 122.1

☞ 위치 에너지(E_p)
$E_p = mgz = 100\text{kg}\times 9.8\text{m/s}^2 \times 60\text{m}$
$= 58800\text{J} = 58.8\text{kJ}$

72. 천제연 폭포의 높이가 55m이고 주위와 열교환을 무시한다면 폭포수가 낙하한 후 수면에 도달할 때까지 온도 상승은 약 몇 K인가? (단, 폭포수의 비열은 4.2kJ/(kg·K)이다.)

① 0.87　② 0.31
③ 0.13　④ 0.68

☞ $9.8mh = mC\Delta t$ 이므로 $9.8h = C\Delta t$
$9.8\times 55 = 4.2\times 10^3 \times \Delta t$
$\therefore \Delta t = 0.128\text{K} ≒ 0.13\text{K}$

73. 질량 m=100kg인 물체에 a=2.5m/s²의 가속도를 주기 위해 가해야 할 힘(F)은 약 몇 N인가?

① 102　② 205
③ 225　④ 250

☞ $F = ma = 100\times 2.5 = 250\text{N}$

74. 중력에 의한 표준가속도가 9.80665m/s²이다. 50kg의 질량에 작용하는 표준 중력에 의한 힘은 약 얼마인가?

① 300.45N　② 390.33N
③ 400.45N　④ 490.33N

☞ $F = mg = 50\times 9.80665 = 490.33\text{N}$

75. 비열이 0.475kJ/kg·K인 철 10kg을 20℃에서 80℃로 올리는 데 필요한 열량은 몇 kJ인가?

① 222　② 232

Answer 69. ④　70. ①　71. ①　72. ③　73. ④　74. ④　75. ③

③ 285   ④ 315

👉 $Q = GC_p \Delta t$
$= 10 \times 0.475 \times (80-20) = 285\text{kJ}$

76. 500W의 전열기로 4kg의 물을 20℃에서 90℃까지 가열하는 데 몇 분이 소요되는가? (단, 전열기에서 열은 전부 온도 상승에 사용되고 물의 비열은 4180J/(kg·K)이다.)

① 16   ② 27
③ 39   ④ 45

👉 ① 가열량(Q)
$Q = GC\Delta t$
$= 4 \times 4.18 \times (90-20) = 1170.4\text{kJ}$
② 소요시간(T)
$T = \dfrac{1170.4\text{kJ}}{0.5\text{kJ/s} \times \dfrac{60\text{s}}{1\text{min}}} = 39$분

여기서, 4180J/kg·K=4.18kJ/kg·K
0.5kW=0.5kJ/s

77. 14.33W의 전등을 매일 7시간 사용하는 집이 있다. 1개월(30일) 동안 몇 kJ의 에너지를 사용하는가?

① 10830kJ   ② 15020kJ
③ 17,420kJ   ④ 10,840kJ

👉 월간 에너지사용량(Q)
$Q = 14.33\text{J/s} \times 7\text{h} \times \dfrac{3600\text{s}}{1\text{h}} \times 30\text{day} \times \dfrac{1\text{kJ}}{1000\text{J}}$
$= 10833.48\text{kJ}$

78. 공기 1kg을 정적과정으로 40℃에서 120℃까지 가열하고, 다음에 정압과정으로 120℃에서 220℃까지 가열한다면 전체 가열에 필요한 열량은 약 얼마인가? (단, 정압비열은 1.00kJ/kg·K, 정적비열은 0.71kJ/kg·K이다.)

① 127.8kJ/kg   ② 141.5kJ/kg
③ 156.8kJ/kg   ④ 185.2kJ/kg

👉 ① 초기 조건
$T_1 = 40℃ = (40+273)\text{K} = 313\text{K}$
$T_2 = 120℃ = (120+273)\text{K} = 393\text{K}$
$T_3 = 220℃ = (220+273)\text{K} = 493\text{K}$
② 전체 가열열량(q)
=정적과정 열량+정압과정 열량
$q = C_v(T_2-T_1) + C_p(T_3-T_2)$
$[0.71 \times (393-313)] + [1.00 \times (493-393)]$
$= 156.8\text{kJ/kg}$

79. 물 2L를 1kW의 전열기를 사용하여 20℃로부터 100℃까지 가열하는 데 소요되는 시간은 약 몇 분(min)인가? (단, 전열기 열량의 50%가 물을 가열하는 데 유효하게 사용되고, 물은 증발하지 않는 것으로 가정한다. 물의 비열은 4.18kJ/kg·K이다.)

① 22.3   ② 27.6
③ 35.4   ④ 44.6

👉 ① 전열기 용량 1kW = 1kJ/s
② 효율 $\eta = 50\% = 0.5$
③ 물 2L=2kg
④ 소요시간(T)
전열기 열량=물 가열량($Q = GC\Delta t$)
$1\text{kJ/s} \times 0.5 \times T = 2\text{kg} \times 4.18 \times (100-20)$
∴ $T = 1337.6\text{s} = 22.29\text{min}$

80. 다음 중 가장 큰 에너지는?

① 100kW 출력의 엔진이 10시간 동안 한 일
② 발열량 10000kJ/kg의 연료를 100kg 연소시켜 나오는 열량
③ 대기압하에서 10℃의 물 10m³를 90℃로 가열하는 데 필요한 열량(단, 물의 비열은

Answer 76. ③ 77. ① 78. ③ 79. ① 80. ①

4.2kJ/kg·K이다.)

④ 시속 100km로 주행하는 총 질량 2000kg인 자동차의 운동에너지

① $Q = 100\text{kW} \times 10\text{h} \times \dfrac{3600\text{s}}{1\text{h}} = 3600000\text{kJ}$

② $Q = 10000\text{kJ/kg} \times 100\text{kg} = 1000000\text{kJ}$

③ $Q = GC\Delta t$
$= (10\text{m}^3 \times \dfrac{1000\text{kg}}{1\text{m}^3}) \times 4.2\text{kJ/kg℃}$
$\times (90 - 10)$
$= 3360000\text{kJ}$

④ $Q = \dfrac{1}{2}mv^2$
$= \dfrac{1}{2} \times 2000 \times (100\text{km/h} \times \dfrac{1\text{h}}{3600\text{s}}$
$\times \dfrac{1000\text{m}}{1\text{km}})^2$
$= 772840\text{J} = 772.84\text{kJ}$

81. 어느 열기관이 33kW의 일을 발생할 때 1시간 동안의 일을 열량으로 환산하면 약 얼마인가?

① 83600kJ ② 104500kJ
③ 118800kJ ④ 98878kJ

1kW=1kJ/s이고 1h=3600s이므로 열기관의 열량
$Q = 33\text{kW} \times 3600\text{s} = 118800\text{kJ}$

82. 질량(質量) 50kg인 계(系)의 내부에너지(U)가 100kJ/kg이며, 계의 속도는 100m/s이고, 중력장(重力場)의 기준면으로부터 50m의 위치에 있다고 할 때, 계에 저장된 에너지(E)는?

① 3254.2kJ ② 4827.7kJ
③ 5274.5kJ ④ 6251.4kJ

총 에너지(E)
E = 위치에너지 + 운동에너지 + 내부에너지
$= 9.8mh + \dfrac{1}{2}mV^2 + U$
$= (9.8 \times 50 \times 50 \times \dfrac{1\text{kJ}}{1000\text{J}})$
$+ (\dfrac{1}{2} \times 50 \times 100^2 \times \dfrac{1\text{kJ}}{1000\text{J}}) + (50 \times 100)$
$= 5274.5\text{kJ}$

83. 효율이 40%인 열기관에서 유효하게 발생되는 동력이 110kW라면 주위로 방출되는 총 열량은 약 몇 kW인가?

① 375 ② 165
③ 135 ④ 85

효율 $\eta = \dfrac{W}{Q_{in}}$ 에서 $0.4 = \dfrac{110}{Q_{in}}$
$Q_{in} = 275\text{kW}$
$\therefore Q_{out} = Q_{in} - W = 275 - 110 = 165\text{kW}$

84. 시간당 380000kg의 물을 공급하여 수증기를 생산하는 보일러가 있다. 이 보일러에 공급하는 물의 엔탈피는 830kJ/kg이고, 생산되는 수증기의 엔탈피는 3230kJ/kg이라고 할 때, 발열량이 32000kJ/kg인 석탄을 시간당 34000kg씩 보일러에 공급한다면 이 보일러의 효율은 약 몇 %인가?

① 66.9% ② 71.5%
③ 77.3% ④ 83.8%

$\eta = \dfrac{\text{열출력}}{\text{연료소비율} \times \text{저위발열량}}$
$= \dfrac{G_a(h_2 - h_1)}{G_f \times H_l} = \dfrac{380000(3230 - 830)}{34000 \times 32000}$
$= 0.838 = 83.8\%$

85. 출력 10000kW의 터빈 플랜트의 시간당 연료소비량이 5000kg/h이다. 이 플랜트의 열효율은 약 몇 %인가? (단, 연료의 발열량은 33440kJ/kg이다.)

Answer 81. ③ 82. ③ 83. ② 84. ④ 85. ②

① 25.4% ② 21.5%
③ 10.9% ④ 40.8%

☞ 플랜트 열효율(η)

$$\eta = \frac{열출력}{연료소비량 \times 연료발열량} \times 100(\%)$$

$$= \frac{10000 \times 3600}{5000 \times 33440} \times 100 = 21.5\%$$

86. 출력이 50kW인 동력 기관이 한 시간에 13kg의 연료를 소모한다. 연료의 발열량이 45000kJ/kg 이라면, 이 기관의 열효율은 약 얼마인가?

① 25% ② 28%
③ 31% ④ 36%

☞ $\eta = \dfrac{열출력}{연료발열량 \times 연료소비량} \times 100$

$= \dfrac{50 \times 3600}{45000 \times 13} \times 100 \fallingdotseq 31\%$

87. 한 시간에 3600kg의 석탄을 소비하여 6050kW를 발생하는 증기터빈을 사용하는 화력발전소가 있다면, 이 발전소의 열효율은 약 몇 %인가? (단, 석탄의 발열량은 29900kJ/kg이다.)

① 약 20% ② 약 30%
③ 약 40% ④ 약 50%

☞ 발전소의 열효율(η)

$\eta = \dfrac{열출력}{연료소비율 \times 연료발열량} \times 100(\%)$

$= \dfrac{6050\text{kW}(=\text{kJ/s}) \times \dfrac{3600\text{s}}{1\text{h}}}{3600\text{kg/h} \times 29900\text{kJ/kg}} \times 100 = 20\%$

88. 가스 터빈으로 구동되는 동력 발전소의 출력이 10MW이고 열효율이 25%라고 한다. 연료의 발열량이 45000kJ/kg이라면 시간당 공급해야 할 연료량은 약 몇 kg/h인가?

① 3200 ② 6400
③ 8320 ④ 12800

☞ 열효율 = $\dfrac{열출력}{연료발열량 \times 연료소비량}$

연료소비량 = $\dfrac{열출력}{열효율 \times 연료발열량}$

$= \dfrac{10\text{MW} \times \dfrac{10^3\text{kW}}{1\text{MW}} \times \dfrac{3600\text{s}}{1\text{h}}}{0.25 \times 45000\text{kJ/kg}}$

$= 3200\text{kg/h}$

89. 매시간 20kg의 연료를 소비하여 74kW의 동력을 생산하는 가솔린 기관의 열효율은 약 몇 %인가? (단, 가솔린의 저위발열량은 43470kJ/kg이다.)

① 18 ② 22
③ 31 ④ 43

☞ 가솔린 기관의 열효율(η)

$\eta = \dfrac{열출력}{연료소비량 \times 저위발열량}$

$= \dfrac{74\dfrac{\text{kJ}}{\text{s}}(=\text{kW}) \times \dfrac{3600\text{s}}{1\text{h}}}{20\text{kg/h} \times 43470\text{kJ/kg}} = 0.306 \fallingdotseq 31\%$

90. 열효율이 25%이고, 수증기 1kg당 출력이 800kJ/kg인 증기기관의 증기소비율은 몇 kg/kWh인가?

① 1.125 ② 4.5
③ 800   ④ 18

☞ 증기소비율(SR)

$\text{SR} = \dfrac{1}{정미일} = \dfrac{1\text{kg}}{800\text{kJ}} \times \dfrac{3600\text{kJ}}{1\text{kWh}}$

$= 4.5\text{kg/kWh}$

91. 다음 전열에 관한 설명 중 틀린 것은?

① 대류는 유체의 흐름에 의해서 일어나는 현상이다.
② 열전도는 고체 내에서의 열이동 방법으로

Answer 86. ③ 87. ① 88. ① 89. ③ 90. ② 91. ④

물체는 움직이지 않고 그 물체의 구성분자 간에 정지상태에서 열이 이동하는 현상이다.
③ 태양과 지구 사이의 전열은 복사현상이다.
④ 전열에서는 전도, 대류, 복사가 각각 단독으로 일어난다.

👉 ④ 전열에서는 전도, 대류, 복사가 결합되어 일어난다.

[참고] 전열(열의 이동)
열은 높은 곳이나 낮은 곳으로 이동되며, 열의 이동방법에는 전도, 대류, 복사 3가지로 구분되며, 열의 이동에 있어서는 전도, 대류, 복사가 결합되어 일어난다.
① 전도 : 고체와 고체 사이에서의 분자의 열 진동으로 열이 전해지는 현상으로, 대류만큼 멀리 이동하지는 않는다.
② 대류 : 분자가 열을 가진 상태에서 이동하는 현상에서, 유체 분자의 움직임이 활발하므로 유체의 열 이동에 있어서 중요한 역할을 한다.
③ 복사 : 물체의 표면에서부터 광파와 같은 성질의 파장이 주위로 전파하는 현상을 말하며, 분자의 존재를 필요로 하지 않는다. 물체나 액체가 기체 중에서 가열되거나 냉각될 때, 복사는 대류와 함께 중요한 요인이 된다.

92. 다음 설명 중 옳지 않은 것은?
① 열전도는 물질 내에서 열이 전달되는 것이기 때문에 공기 중에서는 열전도가 일어나지 않는다.
② 열이 기체나 액체의 이동에 의하여 이동되는 현상을 열전달이라 한다.
③ 고온 물체와 저온 물체 사이에서는 복사에 의해서도 열이 전달된다.
④ 온도가 다른 유체가 고체벽을 사이에 두고 있을 때 온도가 높은 유체에서 온도가 낮은 유체로 열이 이동되는 현상을 열통과라 한다.

👉 ① 열전도는 두 물체 사이의 온도차에 의해서 생기는 에너지가 이동하는 현상이고 공기는 열전도를 방해는 하지만 열전도가 일어나지 않게 할 수는 없다.

93. 열전달에 관한 설명으로 틀린 것은?
① 전도란 물체 사이의 온도차에 의한 열의 이동 현상이다.
② 대류란 유체의 순환에 의한 열의 이동 현상이다.
③ 대류 열전달계수의 단위는 열통과율의 단위와 같다.
④ 열전도율의 단위는 $W/m^2 \cdot K$이다.

👉 ④ 열전도율의 단위는 $W/m \cdot K$이고, 열관류율(열통과율)의 단위는 $W/m^2 \cdot K$이다.

94. 다음 중 열전도율이 가장 낮은 것은?
① 물   ② 얼음
③ 공기   ④ 콘크리트

👉 일반적으로 열전도율은 고체>액체>기체 순이다.

95. 다음 중 열전도도가 가장 큰 것은?
① 수은   ② 석면
③ 동관   ④ 질소

👉 일반적으로 열전도도는 금속>비금속>단열재>액체>기체 순이므로 동관(구리)과 같은 금속은 높은 열전도도를 갖고, 기체와 액체는 금속에 비해 열전도도가 매우 낮다.
[참고] 열전도도
  ① 수은 : 8.3W/mK
  ② 석면 : 0.25W/mK

Answer 92. ① 93. ④ 94. ③ 95. ③

③ 동관(구리) : 397W/mK
④ 질소 : 0.0234W/mK

96. 단위 시간당 전도에 의한 열량에 대한 설명으로 틀린 것은?
① 전도열량은 물체의 두께에 반비례한다.
② 전도열량은 물체의 온도차에 비례한다.
③ 전도열량은 전열면적에 반비례한다.
④ 전도열량은 열전도율에 비례한다.

☞ 열전도열량 $Q = -kA\dfrac{dT}{dx}$에서
① 단면적(A)에 비례한다.
② 열전도계수(k)에 비례한다.
③ 온도차(dT)에 비례한다.
④ 물체의 두께(dx)에 반비례한다.

97. 다음 중 열전달률을 증가시키는 방법이 아닌 것은?
① 2중 유리창을 설치한다.
② 엔진실린더의 표면 면적을 증가시킨다.
③ 팬의 풍량을 증가시킨다.
④ 냉각수 펌프의 유량을 증가시킨다.

☞ ① 2중 유리창에는 공기층(열전도율이 작다)이 존재하여 열전달률이 감소한다.

98. 두께가 10cm이고, 내·외측 표면온도가 각각 20℃와 5℃인 벽이 있다. 정상상태일 때 벽의 중심온도는 몇 ℃인가?
① 4.5 ② 5.5
③ 7.5 ④ 12.5

☞ ① 정상상태 온도구배
$\dfrac{dT}{dx} = \dfrac{T_2 - T_1}{L}$
② 벽의 중심온도(T)
$\dfrac{20-T}{0.05} = \dfrac{T-5}{0.05}$ 이므로 $20-T = T-5$

∴ $T = \dfrac{20+5}{2} = 12.5$℃

여기서, 벽의 중심 5cm=0.05m

99. 유리창을 통해 실내에서 실외로 열전달이 일어난다. 이때 열전달량은 약 몇 W인가? (단, 대류열전달계수는 50W/(m²·K), 유리창 표면온도는 25℃, 외기온도는 10℃, 유리창 면적은 2m²이다.)
① 150 ② 500
③ 1500 ④ 5000

☞ 열전달량(Q)
$Q = K \cdot A \cdot \Delta t = 50 \times 2 \times (25-10) = 1500$W

100. 두께 10mm, 열전도율 45kJ/mh℃인 강판의 두 면의 온도가 각각 300℃, 50℃일 때 전열면 1m²당 1시간에 전달되는 열량은?
① 1125000kJ ② 1425000kJ
③ 925000kJ ④ 1625000kJ

☞ $q = \lambda A \dfrac{\Delta t}{l}$ 이므로
$\dfrac{q}{A} = \lambda \dfrac{\Delta t}{l} = 45 \times \dfrac{(300-50)}{0.01} = 1125000$kJ

101. 두께 30cm의 벽돌로 된 벽이 있다. 내면온도 21℃, 외면온도 35℃일 때 이 벽을 통해 흐르는 열량(W/m²)은? (단, 벽돌의 열전도율은 0.793W/m·K이다.)
① 32 ② 37
③ 40 ④ 43

☞ 단위 면적당 열전도열량($\dfrac{Q}{A}$)
$Q = \lambda A \dfrac{\Delta t}{l}$ 이므로
$\dfrac{Q}{A} = \lambda \dfrac{\Delta t}{l} = 0.793 \times \dfrac{308-294}{0.3} = 37$W/m²

Answer 96. ③ 97. ① 98. ④ 99. ③ 100. ① 101. ②

102. 두께 10mm, 열전도율 15W/m·℃인 금속판 두 면의 온도가 각각 70℃와 50℃일 때 전열면 1m²당 1분 동안에 전달되는 열량(kJ)은 얼마인가?

① 1800　　② 14000
③ 92000　　④ 162000

👉 **단위면적당 열전달량(kJ)**

$Q = kA\dfrac{dT}{dx}$

$\dfrac{Q}{A} = k\dfrac{dT}{dx} = 15\text{W/m℃} \times \dfrac{(70-50)℃}{0.01\text{m}} \times \dfrac{60\text{s}}{1\text{min}}$

　　$= 18 \times 10^5 \text{J} = 1800\text{kJ}$

여기서, 두께(dx) 10mm=0.01m W=J/s

103. 단면이 1m²인 단열재를 통하여 0.3kW의 열이 흐르고 있다. 이 단열재의 두께는 2.5cm 이고 열전도계수가 0.2W/m·℃일 때 양면 사이의 온도차(℃)는?

① 54.5　　② 42.5
③ 37.5　　④ 32.5

👉 **양면 사이의 온도차(Δt)**

$Q = kA\dfrac{\Delta t}{l}$

$0.3 = [0.2 \times 10^{-3}] \times 1 \times \dfrac{\Delta t}{0.025}$

$\therefore \Delta t = 37.5℃$

104. 가로 및 세로가 각 2m이고, 두께가 20cm, 열전도율이 0.2W/m·℃인 벽체로부터의 열통과량은 50W이었다. 한쪽 벽면의 온도가 30℃일 때 반대쪽 벽면의 온도는?

① 87.5℃　　② 62.5℃
③ 50.5℃　　④ 42.5℃

👉 **열전도열량(Q)**

$Q = \lambda A\dfrac{\Delta t}{l} = \lambda A\dfrac{(t_2-t_1)}{l}$

$t_2 = \dfrac{Ql}{\lambda A} + t_1 = \dfrac{50 \times 0.2}{0.2 \times 4} + 30 = 42.5℃$

여기서, $l = 20\text{cm} = 0.2\text{m}$, $A = 2\times2 = 4\text{m}^2$

105. 가열로(加熱爐)의 벽 두께가 80mm이다. 벽의 안쪽과 바깥쪽의 온도차는 32℃, 벽의 면적은 60m², 벽의 열전도율은 40kcal/m·h·℃일 때, 시간당 방열량(kcal/hr)은?

① 7.6×10^5　　② 8.9×10^5
③ 9.6×10^5　　④ 10.2×10^5

👉 **시간당 방열량(Q)**

$Q = \lambda A\dfrac{\Delta t}{l} = 40 \times 60 \times \dfrac{32}{0.08} = 9.6 \times 10^5 \text{kcal/hr}$

여기서, 벽 두께(l) 80mm=0.08m

106. 직경 20cm, 길이 5m인 원통 외부에 두께 5cm의 석면이 씌워져 있다. 석면 내면과 외면의 온도가 각각 100℃, 20℃이면 손실되는 열량은 약 몇 kJ/h인가? (단, 석면의 열전도율은 0.418kJ/m·h·℃로 가정한다.)

① 2591　　② 3011
③ 3431　　④ 3851

👉 **원통에서의 열전도**

$Q = \dfrac{2\pi L(t_i - t_o)}{\dfrac{1}{\lambda}\ln\left(\dfrac{r_o}{r_i}\right)} = \dfrac{2\pi \times 5 \times (100-20)}{\dfrac{1}{0.418}\ln\left(\dfrac{0.15}{0.1}\right)}$

　　$= 2591\text{kJ/h}$

107. 두께 1cm, 면적 0.5m²의 석고판의 뒤에 가열판이 부착되어 1000W의 열을 전달한다. 가열판의 뒤는 완전히 단열되어 열은 앞면으로만 전달된다. 석고판 앞면의 온도는 100℃ 이다. 석고의 열전도율이 k=0.79W/m·K 일 때 가열판에 접하는 석고면의 온도는 약 몇 ℃인가?

Answer 102. ①　103. ③　104. ④　105. ③　106. ①　107. ②

제1장 열역학의 기초사항　**317**

① 110　　　② 125
③ 150　　　④ 212

☞ $Q = KA \dfrac{\Delta t}{l}$

$\Delta t = \dfrac{Ql}{KA} = \dfrac{1000 \times 0.01}{0.79 \times 0.5} = 25.3℃$

$\Delta t = t_2 - t_1$

∴ $t_2 = \Delta t + t_1 = 25.3 + 100 = 125.3℃$

108. 두께가 200mm인 두꺼운 평판의 한 면(T_0)은 600K, 다른 면(T_1)은 300K로 유지될 때 단위면적당 평판을 통한 열전달량(W/m²)은? (단, 열전도율은 온도에 따라 $\lambda(T) = \lambda_0(1+\beta t_m)$로 주어지며, λ_n는 0.029W/m·K, β는 $3.6 \times 10^{-3} K^{-1}$이고, t_m은 양면 간의 평균온도이다.)

① 114　　　② 105
③ 97　　　④ 83

☞ ① 평균온도 $t_m = \dfrac{600+300}{2} = 450K$

② 열전도율 $\lambda(450) = \lambda_0(1+\beta t_m)$
$= 0.029(1+3.6 \times 10^{-3} \times 450)$
$= 0.076 W/mK$

③ 단위면적당 열전달량

$Q = \lambda A \dfrac{\Delta t}{l}$ 이므로

$\dfrac{Q}{A} = \lambda \dfrac{\Delta t}{l} = 0.076 \times \dfrac{600-300}{0.2}$
$= 114 W/m^2$

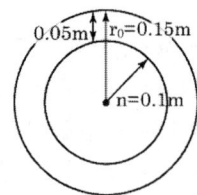

109. 내부지름이 2cm이고 외부지름이 4cm인 강철관을 3cm 두께의 석면으로 씌웠다면 관의 길이당 열손실은?
(단, 관 내부온도 600℃, 석면 바깥면 온도 100℃, 관 열전도도 16.34kcal/mh℃, 석면 열전도도 0.1264kcal/mh℃이다.)

① 430.85kcal/hm　② 439.85kcal/hm
③ 410.52kcal/hm　④ 510.52kcal/hm

☞ $Q = \dfrac{t_1 - t_2}{\dfrac{1}{2\pi \lambda_1 L} \ln\left(\dfrac{r_2}{r_1}\right) + \dfrac{1}{2\pi \lambda_2 L} \ln\left(\dfrac{r_3}{r_2}\right)}$

$= \dfrac{600-100}{\dfrac{1}{2\pi \times 16.34 \times 1} \ln\left(\dfrac{0.02}{0.01}\right) + \dfrac{1}{2\pi \times 0.1264 \times 1} \ln\left(\dfrac{0.05}{0.02}\right)}$

$= 430.85 kcal/h·m$

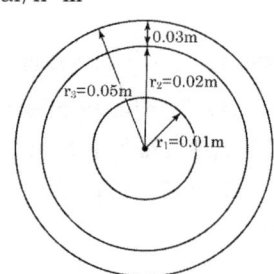

110. 직경 10cm, 길이 5m의 관에 두께 5cm의 보온재(열전도율 $\lambda = 0.1163 W/m·K$)로 보온을 하였다. 방열층의 내측과 외측의 온도가 각각 -50℃, 30℃이라면 침입하는 전열량(W)은?

① 133.4　　　② 248.8
③ 362.6　　　④ 421.7

☞ 원통벽의 전열량

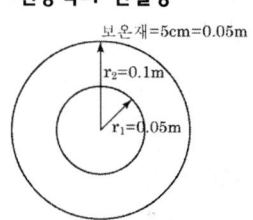

Answer　108. ①　109. ①　110. ④

$$Q = \frac{2\pi L(t_1-t_2)}{\frac{1}{k}\ln\frac{r_2}{r_1}} = \frac{2\pi \times 5[30-(-50)]}{\frac{1}{0.1163}\ln\frac{0.1}{0.05}}$$
$$= 421.7\text{W}$$

111. 내경이 20mm인 관 안으로 포화상태의 냉매가 흐르고 있으며 관은 단열재로 싸여 있다. 관의 두께는 1mm이며, 관재질의 열전도도는 50W/m·K이며, 단열재의 열전도도는 0.02W/m·K이다. 단열재의 내경과 외경은 각각 22mm와 42mm일 때, 단위길이당 열손실(W)은? (단, 이때 냉매의 온도는 60℃, 주변 공기의 온도는 0℃이며, 냉매측과 공기측의 평균 대류열전달계수는 각각 2000W/m²·K와 10W/m²·K이다. 관과 단열재 접촉부의 열저항은 무시한다.)

① 9.87　　② 10.15
③ 11.10　　④ 13.27

👆 ① $r_1 = d_1 \times \frac{1}{2} = 20 \times \frac{1}{2} = 10\text{mm} = 0.01\text{m}$
② $r_2 = r_1 + 1\text{mm}(관\ 두께)$
　　$= 10 + 1 = 11\text{mm} = 0.011\text{m}$
③ $r_3 = d_3 \times \frac{1}{2} = 42 \times \frac{1}{2} = 21\text{mm} = 0.021\text{m}$

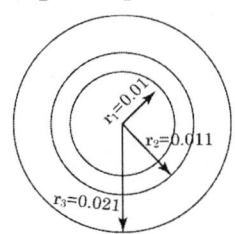

④ 단위길이당 열손실$\left(\frac{Q}{L}\right)$

$$\frac{Q}{L} = \frac{2\pi(t_r - t_a)}{\frac{1}{h_r r_1} + \left(\frac{1}{k_1}\ln\frac{r_2}{r_1}\right) + \frac{1}{k_2}\ln\frac{r_3}{r_2} + \frac{1}{h_a r_3}}$$
$$= \frac{2\pi(60-0)}{\frac{1}{2000\times 0.01} + \left(\frac{1}{50}\ln\frac{0.011}{0.01}\right) + \frac{1}{0.02}\ln\frac{0.021}{0.011} + \frac{1}{10\times 0.021}}$$
$$= 10.15\text{W}$$

112. 대류 열전달계수와 관계가 없는 것은?
① 유체의 열전도율　② 유체의 속도
③ 고체의 형상　　　④ 고체의 열전도율

👆 대류 열전달계수는 고체표면의 형태와 온도, 유체의 온도와 속도, 유체의 물성값 등의 영향을 받는다.

113. 평판을 따라서 고온의 유체가 흐르고 있다. 유체로부터 평판으로의 단위시간당 열전달량의 크기에 관한 설명으로 틀린 것은?
① 대류 열전달계수에 비례한다.
② 평판의 면적에 비례한다.
③ 평판과 유체의 온도차에 비례한다.
④ 유체의 속력에 영향을 받지 않는다.

👆 ④ 대유열전달량은 유체의 유동형태, 유체 물성값, 면의 형상 및 면적 등에 영향을 받는다.

114. 물속에 지름 10cm, 길이 1m인 배관이 있다. 이때 표면온도가 114℃로 가열되고 있고, 주위 온도가 30℃라면 열전달률(kW)은? (단, 대류 열전달계수는 1.6kW/m²K이며, 복사열전달은 없는 것으로 가정한다.)

① 36.7　　② 42.2
③ 45.3　　④ 96.3

👆 열전달률(kW)
$Q = h \cdot A \cdot \Delta t = h \cdot (\pi DL) \cdot \Delta t$
　　$= 1.6 \times (\pi \times 0.1 \times 1) \times (114-30) = 42.2\text{kW}$
여기서, D=10cm=0.1m, L=1m

115. 열전도계수 1.4W/(m·K), 두께 6mm 유리창의 내부 표면온도는 27℃, 외부 표면온도는 30℃이다. 외기 온도는 36℃이고 바깥에서 창문에 전달되는 총 복사열전달이 대류열전달의 50배라면, 외기에 의한 대류열

Answer　111. ②　112. ④　113. ④　114. ②　115. ③

전달계수[W/(m² · K)]는 약 얼마인가?

① 22.9 ② 11.7
③ 2.29 ④ 1.17

☞ ① 관류열전달량 $Q_1 = kA\dfrac{\Delta t_1}{x}$

② 대류열전달량 $Q_2 = \alpha A \Delta t_2$

③ 대류열전달계수(α)

$Q_1 = 50 Q_2$ 이므로 $kA\dfrac{\Delta t_1}{x} = 50\alpha A \Delta t_2$

$\alpha = \dfrac{k\Delta t_1}{50 x \Delta t_2}$

$= \dfrac{1.4(30-27)}{50 \times 0.006(36-30)} = 2.3\,W/(m^2 \cdot K)$

116. 다음 중 스테판-볼츠만의 법칙과 관련이 있는 열전달은?

① 대류 ② 복사
③ 전도 ④ 응축

☞ **스테판 볼츠만의 법칙**
흑체의 복사 발산량은 절대온도 T[K]의 4승에 비례한다.

117. 복사열을 방사하는 방사율과 면적이 같은 2개의 방열판이 있다. 각각의 온도가 A 방열판은 120℃, B 방열판은 80℃일 때 두 방열판의 복사 열전달량(Q_A/Q_B) 비는?

① 1.08 ② 1.22
③ 1.54 ④ 2.42

☞ **스테판-볼츠만의 법칙**
$Q = \sigma A T^4$ 에서

$\dfrac{Q_A}{Q_B} = \dfrac{\sigma A (273+120)^4}{\sigma A (273+80)^4} = 1.54$

여기서, σ : 스테판-볼츠만 상수
A : 단면적
T : 복사체의 절대온도

118. 흑체의 온도가 20℃에서 80℃로 되었다면 방사하는 복사 에너지는 약 몇 배가 되는가?

① 1.2 ② 2.1
③ 4.7 ④ 5.5

☞ **스테판-볼츠만 법칙**
$Q = \sigma A T^4$

여기서, σ : 스테판-볼츠만 상수
A : 면적[m²]
T : 흑체표면온도[K]

$\therefore \dfrac{Q_2}{Q_1} = \dfrac{\sigma A (273+80)^4}{\sigma A (273+20)^4} = 2.11$ 배

119. 한여름 낮 주차된 차량의 내부 온도는 외부보다 높은 경우가 많다. 어떤 이유인가?

① 태양으로부터 복사열로 인해서
② 대류 열전달이 활발히 일어나기 때문에
③ 복사에너지가 존재하지 않으므로
④ 차량 내부에 자연대류가 생성되어서

☞ 태양으로부터 복사열로 인해서 여름 낮 주차된 차량의 내부 온도는 외부보다 높은 경우가 많다. 특히 여름철에는 복사열로 인해 내부의 온도가 급상승하기 때문에 차 문을 열어서 자주 환기를 시켜주면 실내 건조도 막고, 온도 조절을 하는 데도 효과적이다.

chapter 02 열역학 제1법칙

제2-1편 공조냉동 설계(열역학)

1. 열역학 제1법칙

열은 에너지의 일종이므로 이 에너지양을 역학에서 정의한 에너지보존의 법칙(energy conservation law)에 적용함으로써 일과 열을 상호 환산할 수 있다는 것을 나타낸 법칙을 열역학 제1법칙이라 한다. 즉, 열을 일로, 일은 열로 변환할 수 있음을 나타낸 법칙이다. 기계적 일(W)을 하여 열량(Q)으로 바뀌고, 또 열량(Q)이 일(W)로 바뀌어졌다면 열역학 제1법칙은 다음과 같이 된다.

① 공학 단위 : $Q = AW[\text{kcal}]$ 또는 $W = JQ[\text{kgf} \cdot \text{m}]$

이 식에서 A를 일의 열당량, J를 열의 일당량이라고 하며, 그 값은 다음과 같다.

$$A = \frac{1}{427}[\text{kcal/kgf} \cdot \text{m}], \quad J = 427[\text{kgf} \cdot \text{m/kcal}]$$

② SI 단위 : $Q = W[\text{kJ}]$

> **참고 ▶ 일의 열당량 계산유도**
> $1\text{kgf} \cdot \text{m} = 9.8\text{N} \cdot \text{m} = 9.8\text{J} = 9.8 \times \dfrac{0.239}{1000}\text{kcal} ≒ \dfrac{1}{427}\text{kcal}$

(1) 일과 열

① 일과 열은 이동현상이다.
② 일과 열은 경계현상이다. 계의 경계에서만 측정된다.

③ 일과 열은 경로함수이며, 불완전 미분이다.
④ 일과 열은 모두 방향성이 있으며, 계를 중심으로 반대이다.
   일 : 시스템이 하는 일은 "+"이고, 시스템에 가해지는 일은 "-"이다.
   열 : 시스템에 전달되는 열량은 "+"이고 시스템에서 방출되는 열량은 "-"이다.

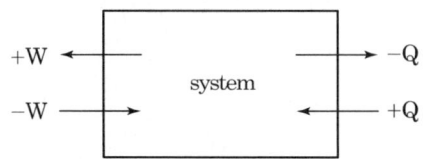

(2) 열기관(engine)에서의 열역학 제1법칙 설명

외부에 동력을 발생하는 기계는 동시에 다른 형태의 에너지를 소비해야만 한다.
→ 에너지를 소모하지 않고 일을 발생하는 제1종 영구기관은 존재할 수 없다.

> **■ 제1종 영구기관**
> 외부로부터 에너지 공급 없이 영구히 일을 할 수 있는 기관으로 열역학 제1법칙에 위배되는 기관이다.

2 일(work)

(1) 절대일(밀폐계의 일, 팽창일, 비유동일)

밀폐계에서 압축된 가스가 상태 1부터 2까지 변화할 때의 일

$$W = \int_1^2 PdV = \text{면적 } 12V_2V_1$$

(2) 공업일(개방계의 일, 압축일, 유동일)

팽창에 의한 일 외에 흡입과정에서 공급되는 일(P_1V_1)과 배기과정에서 외부에 하는 일(P_2V_2)까지 고려하는 일(개방계에서 작동물질이 하는 일)

$$W_t = P_1V_1 + \int_1^2 PdV - P_2V_2$$
$$= -\int_1^2 VdP = 면적\ 12P_2P_1$$

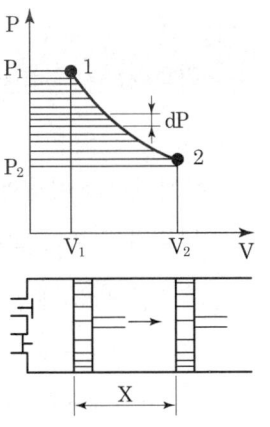

3 내부에너지(internal energy : U)

(1) 내부에너지

내부에너지란 그 물체 내에 보유하고 있는 에너지를 말한다. 즉, 물체에 저장된 전체에너지에서 역학적 에너지(위치, 운동에너지)를 제외한 에너지로서, 온도만의 함수이며 상태함수(수학적 미분 가능한 함수)이다. SI 단위에서 단위와 기호는 U[kJ], u[kJ/kg]로 쓰며, 공학 단위에서는 U[kcal], u[kcal/kgf]로 쓴다.

$$\Delta U = U_2 - U_1\ [\text{kJ}]$$

내부에너지가 증가하면 (+)이고 감소하면 (−)이다.
즉, 증가 : $\Delta U = U_2 - U_1 = (+)$, 감소 : $\Delta U = U_2 - U_1 = (-)$

(2) 내부에너지 계산식

어떤 물체(계)에 대하여 외부에서 열량 Q(kJ)을 공급하여 내부에너지가 U(kJ)만큼 증가하고 동시에 외부에 대해 W(kJ)의 일을 할 경우 에너지 보존법칙에 의하여 다음과 같다.

열량=내부에너지+외부에 행한 일(밀폐계의 일)
$$Q = (U_2 - U_1) + W\ [\text{kJ}]$$
$$q = (u_2 - u_1) + w\ [\text{kJ/kg}]$$

4 엔탈피(enthalpy)

내부에너지와 유동에너지의 합으로 정의되는 열역학적 성질을 갖는 열에너지로 SI 단위에서 단위와 기호는 H[kJ], h[kJ/kg]로 쓰며, 공학 단위에서는 H[kcal], h[kcal/kgf]로 쓴다.

엔탈피=내부에너지+유동에너지

$H = U + PV [\text{kJ}]$

$h = u + Pv [\text{kJ/kg}]$

위 식의 양변을 미분하고 제1법칙을 대입하여 Q로 정리하면

$dH = dU + d(PV) = dU + PdV + VdP = dQ + VdP$

$\therefore dQ = dH - VdP$

$\therefore Q = (H_2 - H_1) - \int_1^2 Vdp = (H_2 - H_1) + W_t$

5 에너지식

(1) 정상유동에서의 일반 에너지식

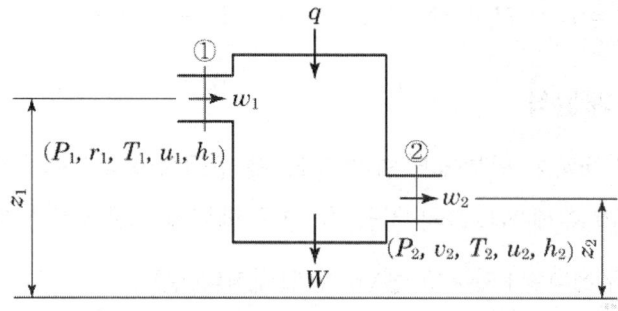

① 유입에너지 : $E_1 = u_1 + P_1 v_1 + \dfrac{v_1^2}{2g} + Z_1$

② 유출에너지 : $E_2 = u_2 + P_2 v_2 + \dfrac{v_2^2}{2g} + Z_2$

에너지 보존법칙에 의해 $E_1 + Q = E_2 + W_t$이므로 위 식을 대입·정리하면

$$u_1 + P_1 v_1 + \dfrac{v_1^2}{2g} + Z_1 + Q = u_2 + P_2 v_2 + \dfrac{v_2^2}{2g} + Z_2 + W_t$$

여기서, 비엔탈피 $h = u + Pv$이므로

$$h_1 + \dfrac{v_1^2}{2g} + Z_1 + Q = h_2 + \dfrac{v_2^2}{2g} + Z_2 + W_t \, [\text{kJ}]$$

로 쓸 수 있으며 이것을 정상유동에서의 일반 에너지식이라 한다.

w_t를 개방계의 일 또는 공업일이라 하며, 이 식은 터빈, 노즐, 펌프 등에 적용하여 이용할 수 있다.

(2) 압축기

압축기를 통과하는 유동은 압축기에서 하는 일이 행하여지고, 열손실(냉각수)이 있고, 근사적으로 운동에너지와 위치에너지는 0이 된다.

$$H_1 + \dfrac{mw_1^2}{2g} + mgz_1 + Q = H_2 + \dfrac{mw_2^2}{2g} + mgz_2 + W_t$$

$$\therefore Q = W_t + (H_2 - H_1) \, [\text{kJ}]$$

(3) 터빈

터빈을 통과하는 유동에서 터빈의 일은 발전기에 의해 행하고, 근사적으로 가열량, 위치에너지, 운동에너지 등을 무시한다.

$$H_1 + \dfrac{mw_1^2}{2g} + mgz_1 + Q = H_2 + \dfrac{mw_2^2}{2g} + mgz_2 + W_t$$

$$\therefore W_t = \Delta H = H_2 - H_1 = m(h_2 - h_1) \, [\text{kJ}]$$

(4) 노즐

노즐을 통과하는 유동은 근사적으로 가열량, 외부에 한 일, 위치에너지 등을 무시한다.

$$H_1 + \frac{mw_1^2}{2g} + mgz_1 + Q = H_2 + \frac{mw_2^2}{2g} + mgz_2 + W_t$$

$$\frac{m}{2}(w_2^2 - w_1^2) = (H_2 - H_1)$$

w_2는 w_1에 비해 값이 크므로 w_1을 무시하면 노즐출구속도 w_2는

$$\frac{m}{2}w_2^2 = (H_2 - H_1)$$

$$w_2 = \sqrt{\frac{2}{m}(H_1 - H_2)} = \sqrt{2(h_1 - h_2)}\,[\text{m/s}]$$

(5) 단열 정상류

압축기, 터빈 등을 통과하는 유동은 근사적으로 열출입이 없는 단열유동으로 취급하고 위치에너지를 무시한다.

$$H_1 + \frac{mw_1^2}{2g} + mgz_1 + Q = H_2 + \frac{mw_2^2}{2g} + mgz_2 + W_t$$

$$H_1 + \frac{mw_1^2}{2g} = H_2 + \frac{mw_2^2}{2g} + W_t$$

$$\therefore\ W_t = \frac{m}{2}(w_1^2 - w_2^2) + (H_1 - H_2)\,[\text{kJ}]$$

제2-1편 공조냉동 설계(열역학)

chapter 02 출·제·예·상·문·제

01. 열의 일당량은?
① 860kgf·m/kcal
② 1/860kgf·m/kcal
③ 427kgf·m/kcal
④ 1/427kgf·m/kcal

☞ ① 일의 열당량 : $A = \dfrac{1}{427}$ kcal/kgf·m
② 열의 일당량 : $J = 427$ kgf·m/kcal

02. 다음 중 차원이 다른 하나는 무엇인가?
① 일　　　　② 내부에너지
③ 엔탈피　　④ 엔트로피

☞ ① 일, 내부에너지, 엔탈피 : kcal/kg 또는 kJ/kg
② 엔트로피 : kcal/kg·K 또는 kJ/kg·K

03. 서로 같은 단위를 사용할 수 없는 것으로 나타낸 것은?
① 열과 일
② 비내부에너지와 비엔탈피
③ 비엔탈피와 비엔트로피
④ 비열과 비엔트로피

☞ ① 비엔탈피 단위 : kJ/kg
② 비엔트로피 단위 : kJ/kg·K

04. 두 물체가 각각 제3의 물체와 온도가 같을 때는 두 물체도 역시 서로 온도가 같다는 것을 말하는 법칙으로 온도측정의 기초가 되는 것은?
① 열역학 제0법칙
② 열역학 제1법칙
③ 열역학 제2법칙
④ 열역학 제3법칙

☞ ① 열역학 제0법칙 : 온도(열)평형의 법칙
② 열역학 제1법칙 : 에너지보존의 법칙
③ 열역학 제2법칙 : 엔트로피 법칙, 에너지(열, 일) 변환에 대한 방향성을 제시한 법칙
④ 열역학 제3법칙 : 절대온도의 법칙

05. 열과 일 사이의 에너지 보존의 원리를 표현한 것은?
① 열역학 제1법칙
② 열역학 제2법칙
③ 보일샤를의 법칙
④ 열역학 제0법칙

☞ ① 열역학 제1법칙 : 에너지는 한 형태에서 다른 형태로 변하지만 에너지의 양은 항상 일정하게 보존된다는 것을 보여주는 일종의 에너지 보존 법칙이다.

06. 열과 일에 대한 설명으로 옳은 것은?
① 열역학적 과정에서 열과 일은 모두 경로에 무관한 상태함수로 나타낸다.
② 일과 열의 단위는 대표적으로 Watt(W)를 사용한다.
③ 열역학 제1법칙은 열과 일의 방향성을 제시한다.

Answer　01. ③　02. ④　03. ③　04. ①　05. ①　06. ④

④ 한 사이클 과정을 지나 원래 상태로 돌아왔을 때 시스템에 가해진 전체 열량은 시스템이 수행한 전체 일의 양과 같다.

① 열역학적 과정에서 열과 일은 오직 계와 주위의 경계에서만 관찰되는 양이며 한 상태에서 다른 상태로 변화할 때 그 변화량이 과정의 경로에 따라 달라지는 경로함수이다.
② 일과 열의 단위(SI 단위)는 대표적으로 J(Joule)을 사용한다.
③ 열역학 제2법칙은 열과 일의 방향성을 제시한다.

07. 한 사이클 동안 열역학계로 전달되는 모든 에너지의 합은?

① 0이다.
② 내부에너지 변화량과 같다.
③ 내부에너지 및 일량의 합과 같다.
④ 내부에너지 및 전달열량의 합과 같다.

에너지가 다른 형태로 전환될 때 에너지의 총합은 항상 보존된다(열역학 제1법칙). 열역학계의 내부에너지의 변화는 외부계로부터 전달된 열과 그 열역학계가 한 일의 차와 동일하므로 한 사이클을 수행하는 동안 시스템이 환경과의 상호작용에 의해 경험한 총 에너지 합은 0이다.

08. 일과 열에 대한 표현 중 옳지 않은 것은?

① 일과 열은 경로함수이다.
② 일은 힘의 크기와 힘의 방향으로 이동한 거리의 곱이다.
③ 열은 검사 체적의 경계면에서 관찰할 수 없다.
④ 일과 열은 에너지이다.

일과 열의 비교
① 일과 열은 이동현상이다.
② 일과 열은 경계현상이다. 계의 경계에서만 측정된다.
③ 일과 열은 경로함수이며 불완전 미분이다.
④ 일과 열은 모두 방향성이 있으며 계를 중심으로 반대이다.
  ㉠ 일 : 시스템이 하는 일은 "+"이고, 시스템에 가해지는 일은 "-"이다.
  ㉡ 열 : 시스템에 전달되는 열량은 "+"이고 시스템에서 방출되는 열량은 "-"이다.

09. 열과 일에 대한 설명 중 맞는 것은?

① 열과 일은 경계현상이 아니다.
② 열과 일의 차이는 내부에너지만의 차이로 나타난다.
③ 열과 일은 항상 양의 수로 나타낸다.
④ 열과 일은 경로에 따라 변한다.

① 열과 일은 경계현상이다.
② 밀폐계에서 계의 열과 일의 차이는 내부에너지만의 차이로 나타난다.
③ 열과 일은 양의 수나 음의 수로 나타낸다.

10. 다음 중 열역학 제1법칙과 관계가 가장 먼 것은?

① 밀폐계가 임의의 사이클을 이룰 때 열전달의 합은 이루어진 일의 총합과 같다.
② 열은 본질적으로 일과 같은 에너지의 일종으로서 일을 열로 변환할 수 있다.
③ 어떤 계가 임의의 사이클을 겪는 동안 그 사이클에 따라 열을 적분한 것이 그 사이클에 따라서 일을 적분한 것에 비례한다.
④ 두 물체가 제3의 물체와 온도의 동등성을 가질 때는 두 물체도 역시 서로 온도의 동등성을 갖는다.

④ 열역학 0법칙(열평형의 법칙)에 대한 설명이다.

07. ①   08. ③   09. ④   10. ④

11. 다음 열역학 제1법칙에 관한 설명 중 틀린 것은?

① 밀폐계가 임의의 사이클을 이룰 때 전달되는 열량의 총합은 행하여진 열량의 총합과 같다.
② 열역학 기초법칙으로 에너지 보존법칙이 성립한다.
③ 열은 본질상 에너지의 일종이며 열과 일은 서로 전환이 가능하고, 이때 열과 일 사이에는 일정한 비례관계가 성립한다.
④ 어떤 열원에서 에너지를 받아 계속적으로 일로 바꾸고, 외부에 아무런 흔적을 남기지 않는 기관은 실현 불가능하다.

☞ ④는 열역학 제2법칙에 대한 설명이다.
[참고] 열역학 제2법칙
에너지(열, 일) 변환에 대한 방향성을 제시한 법칙으로 방향성 법칙이라고도 한다.
① Kelvin-Plank : 고온체로부터 받은 열량을 전부 일로 전환시키는 기관은 있을 수 없으며 그 일부는 반드시 저온체로 전달되어야 한다. 따라서 열효율이 100%인 기관은 만들 수 없다.

12. 열역학 제1법칙은 다음의 어떤 과정에서 성립하는가?

① 가역 과정에서만 성립한다.
② 비가역 과정에서만 성립한다.
③ 가역 등온 과정에서만 성립한다.
④ 가역이나 비가역 과정을 막론하고 성립한다.

☞ **열역학 제1법칙**
일종의 열과 일의 에너지보존의 법칙으로 열은 일로 또는 일은 열로 변환할 수 있고 변화시 에너지 총량은 변하지 않고 일정하다. 그러므로 가역, 비가역 과정 모두 열역학 제1법칙이 성립한다.

13. 계가 정적 과정으로 상태 1에서 상태 2로 변화할 때 단순압축성 계에 대한 열역학 제1법칙을 바르게 설명한 것은? (단, U, Q, W는 각각 내부에너지, 열량, 일량이다.)

① $U_1 - U_2 = Q_{12}$
② $U_2 - U_1 = W_{12}$
③ $U_1 - U_2 = W_{12}$
④ $U_2 - U_1 = Q_{12}$

☞ 열역학 제1법칙 $Q_{12} = (U_2 - U_1) + W_{12}$에서 정적과정은 체적이 일정한 상태를 유지하므로 $(v = C, \ dv = 0)$
$W_{12} = \int_1^2 P dv = 0$
∴ $Q_{12} = (U_2 - U_1)$

14. 그림과 같이 상태 1, 2 사이에서 계가 1 → A → 2 → B → 1과 같은 사이클을 이루고 있을 때, 열역학 제1법칙에 가장 적합한 표현은? (단, 여기서 Q는 열량, W는 계가 하는 일, U는 내부에너지를 나타낸다.)

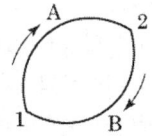

① $dU = \delta Q + \delta W$
② $\Delta U = Q - W$
③ $\oint \delta Q = \oint \delta W$
④ $\oint \delta Q = \oint \delta U$

☞ **열역학 제1법칙(에너지 보존의 법칙)**
어느 시스템(계)이 사이클 변화를 할 때, 전 사이클에 걸친 열의 합이 전 사이클에 걸친 일의 합에 비례한다. 시스템(계)에서의 에너지의 순수 변화량은 일과 열의 형태로 경계를 통과하는 에너지의 총합과 같다.

Answer 11. ④ 12. ④ 13. ④ 14. ③

$$J\oint \delta Q = \oint \delta W \quad \text{(여기서, } J\text{는 비례상수)}$$

15. 열역학 제1법칙에 관한 설명으로 거리가 먼 것은?

① 열역학적계에 대한 에너지 보존법칙을 나타낸다.
② 외부에 어떠한 영향을 남기지 않고 계가 열원으로부터 받은 열을 모두 일로 바꾸는 것은 불가능하다.
③ 열은 에너지의 한 형태로서 일을 열로 변환하거나 열을 일로 변환하는 것이 가능하다.
④ 열을 일로 변환하거나 일을 열로 변환할 때, 에너지의 총량은 변하지 않고 일정하다.

☞ ② 열역학 제2법칙에 대한 설명이다.

16. 준평형 정적과정을 거치는 시스템에 대한 열전달량은? (단, 운동에너지와 위치에너지의 변화는 무시한다.)

① 0이다.
② 이루어진 일량과 같다.
③ 엔탈피 변화량과 같다.
④ 내부에너지 변화량과 같다.

☞ 준평형 정적과정
정적과정은 체적변화가 없으므로 절대일은 0이며, 외부로부터 가해진 열량(열전달량)은 모두 내부에너지 변화에 사용된다(내부에너지 변화량과 같다).
[참고] 정적과정
$$Q = \Delta U + W = \Delta U$$
여기서, $W = \int_1^2 PdV = 0$
($dv = 0$, 체적변화가 없다.)

17. 밀폐계 안의 유체가 상태 1에서 상태 2로 가역 압축될 때, 하는 일을 나타내는 식은? (단, P는 압력, V는 체적, T는 온도이다.)

① $W = \int_1^2 PdV$ ② $W = \int_1^2 V^2 dP$
③ $W = \int_1^2 VdT$ ④ $W = -\int_1^2 TdP$

☞ 절대일(팽창일, 비유동일)
압축된 가스가 상태 1부터 2까지 변화할 때의 일
$$W = \int_1^2 PdV = \text{면적 } 12V_2V_1$$

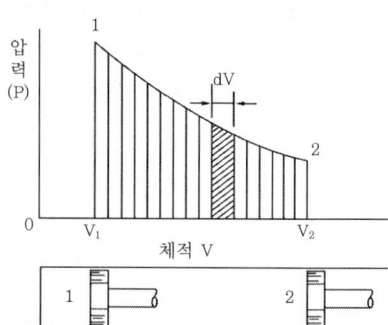

18. 그림과 같이 실린더 내의 공기가 상태 1에서 상태 2로 변화할 때 공기가 한 일은? (단, P는 압력, V는 부피를 나타낸다.)

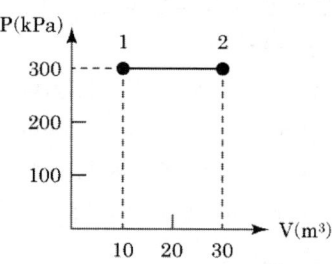

① 30kJ   ② 60kJ
③ 3000kJ   ④ 6000kJ

☞ 공기가 한 일(W)
$P - V$ 선도의 면적은 일을 나타내므로
$$W = \int_1^2 PdV = P(V_2 - V_1)$$

Answer 15. ② 16. ④ 17. ① 18. ④

$= 300 \times (30-10) = 6000 \text{kJ}$

19. 물 1kg이 압력 300kPa에서 증발할 때 증가한 체적이 0.8m³이었다면, 이때의 외부일은? (단, 온도는 일정하다고 가정한다.)

① 140kJ ② 240kJ
③ 320kJ ④ 420kJ

👉 외부일
$$W = \int_1^2 PdV$$
$$= P(V_2 - V_1) = 300 \times 0.8 = 240 \text{kJ}$$

20. 압력(P)-부피(V) 선도에서 이상기체가 그림과 같은 사이클로 작동한다고 할 때 한 사이클 동안 행한 일은 어떻게 나타내는가?

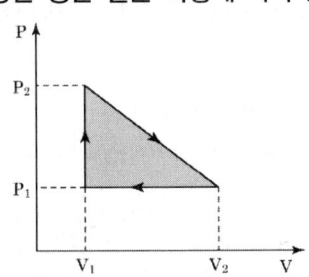

① $\dfrac{(P_2+P_1)(V_2+V_1)}{2}$

② $\dfrac{(P_2-P_1)(V_2+V_1)}{2}$

③ $\dfrac{(P_2+P_1)(V_2-V_1)}{2}$

④ $\dfrac{(P_2-P_1)(V_2-V_1)}{2}$

👉 P-V 선도의 경로선 아래 면적은 일량을 의미한다. 그러므로 일량은 삼각형의 면적을 구하면 된다.
$$W = \dfrac{(P_2-P_1)(V_2-V_1)}{2}$$

21. 그림과 같이 선형 스프링으로 지지되는 피스톤-실린더 장치 내부에 있는 기체를 가열하여 기체의 체적이 V_1에서 V_2로 증가하였고, 압력은 P_1에서 P_2로 변화하였다. 이때 기체가 피스톤에 행한 일은? (단, 실린더 내부의 압력(P)은 실린더 내부 부피(V)와 선형관계($P = aV$, a는 상수)에 있다고 본다.)

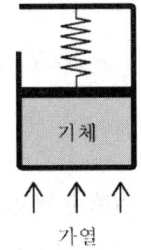

① $P_2V_2 - P_1V_1$

② $P_2V_2 + P_1V_1$

③ $\dfrac{1}{2}(P_2+P_1)(V_2-V_1)$

④ $\dfrac{1}{2}(P_2+P_1)(V_2+V_1)$

👉 $W = \dfrac{1}{2}(P_2-P_1)(V_2-V_1) + P_1(V_2-V_1)$
$= \dfrac{1}{2}(P_2+P_1)(V_2-V_1)$

22. 밀폐시스템이 압력(P_1) 200kPa, 체적(V_1) 0.1m³인 상태에서 압력(P_2) 100kPa, 체적(V_2) 0.3m³인 상태까지 가역 팽창되었다. 이 과정이 선형적으로 변화한다면, 이 과정 동안 시스템이 한 일(kJ)은?

① 10 ② 20
③ 30 ④ 45

👉 시스템이 한 일(W)

Answer 19. ② 20. ④ 21. ③ 22. ③

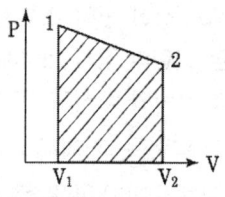

P-V 선도의 빗줄친 면적이 공기가 한 일을 나타내므로

$W = \frac{1}{2}[(P_1 - P_2) \times (V_2 - V_1)] + P_2(V_2 - V_1)$

$= \frac{1}{2}[(P_1 + P_2) \times (V_2 - V_1)]$

$= \frac{1}{2}[(100 + 200) \times (0.3 - 0.1)]$

$= 30 \text{kJ}$

23. 실린더에 밀폐된 8kg의 공기가 그림과 같이 압력 P_1=800kPa, 체적 V_1=0.27m³에서 P_2=350kPa, V_2=0.80m³으로 직선 변화하였다. 이 과정에서 공기가 한 일은 약 몇 kJ인가?

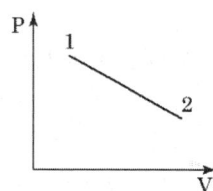

① 305   ② 334
③ 362   ④ 390

👉 공기가 한 일(W)

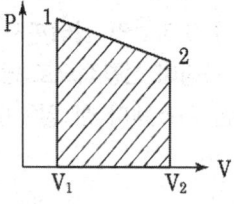

P-V 선도의 빗줄친 면적이 공기가 한 일을 나타내므로

$W = \frac{1}{2}[(P_1 - P_2) \times (V_2 - V_1)] + P_2(V_2 - V_1)$

$= \frac{1}{2}[(P_1 + P_2) \times (V_2 - V_1)]$

$= \frac{1}{2}[(800 + 350) \times (0.8 - 0.27)]$

$= 304.75 \text{kJ}$

24. 원형 실린더를 마찰 없는 피스톤이 덮고 있다. 피스톤에 비선형 스프링이 연결되고 실린더 내의 기체가 팽창하면서 스프링이 압축된다. 스프링의 압축 길이가 Xm일 때 피스톤에는 $kX^{1.5}$ N의 힘이 걸린다. 스프링의 압축 길이가 0m에서 0.1m로 변하는 동안에 피스톤이 하는 일이 W_a이고, 0.1m에서 0.2m로 변하는 동안에 하는 일이 W_b라면 W_a / W_b는 얼마인가?

① 0.083   ② 0.158
③ 0.214   ④ 0.333

👉 피스톤이 한 일

$W_a = \int_0^{0.1} kX^{1.5} dX = \left[\frac{k}{1+1.5} X^{1.5+1}\right]_0^{0.1}$

$= \left[\frac{k}{2.5} X^{2.5}\right]_0^{0.1} = 0.00126k$

$W_b = \int_{0.1}^{0.2} kX^{1.5} dX = \left[\frac{k}{1+1.5} X^{1.5+1}\right]_{0.1}^{0.2}$

$= \left[\frac{k}{2.5} X^{2.5}\right]_{0.1}^{0.2} = 0.0059k$

$\therefore \frac{W_a}{W_b} = \frac{0.00126k}{0.0059k} = 0.214$

25. 피스톤-실린더 장치 내에 있는 공기가 0.3m³에서 0.1m³으로 압축되었다. 압축되는 동안 압력(P)과 체적(V) 사이에 $P = aV^{-2}$의 관계가 성립하며, 계수 a=6kPa·m⁶이다. 이 과정 동안 공기가 한 일은 약 얼마인가?

① -53.3kJ   ② -1.1kJ
③ 253kJ   ④ -40kJ

Answer   23. ①   24. ③   25. ④

$$W = \int P dV = \int_{0.3}^{0.1} aV^{-2} dV$$
$$= \left[\frac{a}{-2+1}V^{-2+1}\right]_{0.3}^{0.1}$$
$$= -a[V^{-1}]_{0.3}^{0.1} = -6[0.1^{-1} - 0.3^{-1}]$$
$$= -40 \text{kJ}$$

26. 30℃, 100kPa의 물을 800kPa까지 압축한다. 물의 비체적이 0.001m³/kg로 일정하다고 할 때, 단위질량당 소요된 일(공업일)은?

① 167J/kg   ② 602J/kg
③ 700J/kg   ④ 1400J/kg

👉 공업일(W_t)
$$W_t = -\int_2^1 v dP$$
$$= v(P_2 - P_1)$$
$$= 0.001 \times (800 - 100)$$
$$= 0.7 \text{kJ/kg} = 700 \text{J/kg}$$

27. 상온의 감자를 가열하여 뜨거운 감자로 요리하였다. 감자의 에너지 변동 중 맞는 것은?

① 위치에너지 증가
② 엔탈피 감소
③ 운동에너지 감소
④ 내부에너지가 증가

👉 내부에너지와 엔탈피는 온도만의 함수이고 감자를 가열하면 온도가 상승하므로 온도상승분만큼 내부에너지와 엔탈피가 증가한다.

28. 300K에서 400K까지의 온도 구간에서의 공기의 평균 정적 비열은 0.721kJ/kg·K이다. 이 온도 범위에서 공기의 내부에너지 변화량은?

① 0.721kJ/kg   ② 7.21kJ/kg
③ 72.1kJ/kg   ④ 721kJ/kg

👉 내부에너지 변화량
$\Delta u = C_v \Delta t = 0.721 \times (400 - 300) = 72.1 \text{kJ/kg}$

29. 다음 관계식 중 옳은 것은? (단, 여기서 u는 내부에너지, h는 엔탈피, P는 압력, v는 비체적, T는 온도이다.)

① $h = u + Pv$ ② $h = u - Tv$
③ $h = u - Pv$ ④ $h = u + Tv$

👉 엔탈피(h)는 물질이 그 상태에서 보유하고 있는 총 에너지를 열량의 단위로 표시한 것으로 전열량이라 하고 에너지와 유사한 성질의 상태함수이다. 즉, 계의 내부 에너지와 계가 바깥에 한 일에 해당하는 에너지의 합이다.
$h = u$(내부에너지) $+ Pv$(유동에너지)

30. 대기압하에서 물질의 질량이 같을 때 엔탈피의 변화가 가장 큰 경우는?

① 100℃ 물이 100℃ 수증기로 변화
② 100℃ 공기가 200℃ 공기로 변화
③ 90℃의 물이 91℃ 물로 변화
④ 80℃의 공기가 82℃ 공기로 변화

👉 ① 물의 증발잠열(100℃) : 2257kJ/kg
② $dh = C_p(T_2 - T_1)$
$= 1.01 \times (200 - 100) = 101 \text{kJ/kg}$
③ $dh = C_p(T_2 - T_1)$
$= 4.18 \times (91 - 90) = 4.18 \text{kJ/kg}$
④ $dh = C_p(T_2 - T_1)$
$= 1.01 \times (82 - 80) = 2.02 \text{kJ/kg}$

31. 10kg의 증기가 온도 50℃, 압력 38kPa, 체적 7.5m³일 때 총 내부에너지는 6700kJ이다. 이와 같은 상태의 증기가 가지고 있는 엔탈피는 약 몇 kJ인가?

① 606   ② 1794

Answer 26. ③   27. ④   28. ③   29. ①   30. ①   31. ④

③ 3305　　④ 6985

☞ 엔탈피(h)
$h = u + Pv = 6700 + 38 \times 7.5 = 6985 kJ$

32. 내부에너지가 40kJ, 절대압력이 200kPa, 체적이 $0.1m^3$, 절대온도가 300K인 계의 엔탈피는 약 몇 kJ인가?

① 42　　② 60
③ 80　　④ 240

☞ 엔탈피(h)
$h = u + Pv = 40 + 200 \times 0.1 = 60 kJ$

33. 온도가 350K인 공기의 압력이 0.3MPa, 체적이 $0.3m^3$, 엔탈피가 100kJ이다. 이 공기의 내부에너지는?

① 1kJ　　② 10kJ
③ 15kJ　　④ 100kJ

☞ 엔탈피(h)
$h = u + Pv$이므로 내부에너지(u)는
$u = h - Pv = 100 - 0.3 \times 10^3 \times 0.3 = 10 kJ$

34. 압력 0.2MPa, 온도 10℃ 상태의 암모니아에 대하여 비체적 $v = 0.67319 m^3/kg$, 엔탈피 $h = 1486.8 kJ/kg$이다. 내부에너지는 약 몇 kJ/kg인가?

① 1352.2　　② 1486.7
③ 1586.9　　④ 1621.4

☞ $h = u + Pv$이므로
$u = h - Pv$
　$= 1486.8 - 0.2 \times 10^3 \times 0.67319$
　$= 1352.16 kJ/kg$

35. 1kg의 기체가 압력 50kPa, 체적 $2.5m^3$의 상태에서 압력 1.2MPa, 체적 $0.2m^3$의 상태로 변하였다. 엔탈피의 변화량은 약 몇 kJ인가?(단, 내부에너지의 증가 $U_2 - U_1 = 0$이다.)

① 306　　② 206
③ 155　　④ 115

☞ 내부에너지 $\Delta U = 0$이므로 엔탈피의 변화는
$\Delta H = \Delta U + \Delta(PV) = P_2 V_2 - P_1 V_1$
　$= (1.2 \times 10^3 \times 0.2) - (50 \times 2.5)$
　$= 115 kJ$

36. 내부에너지가 30kJ인 물체에 열을 가하여 내부에너지가 50kJ이 되는 동안에 외부에 대하여 10kJ의 일을 하였다. 이 물체에 가해진 열량(kJ)은?

① 10　　② 20
③ 30　　④ 60

☞ 물체에 가해진 열량(Q)
$Q = \Delta U + W = (50 - 30) + 10 = 30 kJ$
[참고] 일과 열의 부호규약
　㉠ 일 : 시스템이 하는 일은 "+"이고, 시스템에 가해지는 일은 "−"이다.
　㉡ 열 : 시스템에 전달되는 열량은 "+"이고, 시스템에서 방출되는 열량은 "−"이다.

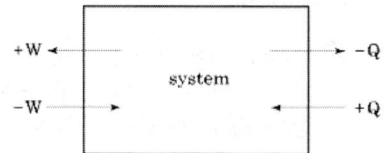

37. 기체가 열량 80kJ을 흡수하여 외부에 대하여 20kJ의 일을 하였다면 내부에너지 변화는 몇 kJ인가?

① 20　　② 60
③ 80　　④ 100

$\Delta U = Q - W = (+80) - (+20) = 60 \text{kJ}$

38. 한 밀폐계가 190kJ의 열을 받으면서 외부에 20kJ의 일을 한다면 이 계의 내부에너지의 변화는 약 얼마인가?

① 210kJ만큼 증가한다.
② 210kJ만큼 감소한다.
③ 170kJ만큼 증가한다.
④ 170kJ만큼 감소한다.

> 내부에너지의 변화
> $\Delta U = Q - W = 190 - 20 = +170 \text{kJ}$

39. 실린더 내의 유체가 68kJ/kg의 일을 받고 주위에 36kJ/kg의 열을 방출하였다. 내부에너지의 변화는?

① 32kJ/kg 증가   ② 32kJ/kg 감소
③ 104kJ/kg 증가 ④ 104kJ/kg 감소

> 내부에너지 변화(Δu)
> $q = \Delta u + w$ 이므로
> $\Delta u = q - w = -36 - (-68) = +32 \text{kJ/kg}$

40. 어떤 시스템에서 유체는 외부로부터 19kJ의 일을 받으면서 167kJ의 열을 흡수하였다. 이때 내부에너지의 변화는 어떻게 되는가?

① 148kJ 상승한다.
② 186kJ 상승한다.
③ 148kJ 감소한다.
④ 186kJ 감소한다.

> 내부에너지 변화량(ΔU)
> $Q = \Delta U + W$ 이므로
> $\Delta U = Q - W = 167 - (-19) = 186 \text{kJ}$

41. 어떤 기체가 5kJ의 열을 받고 0.18kN·m의 일을 외부로 하였다. 이때의 내부에너지의 변화량은?

① 3.24kJ   ② 4.82kJ
③ 5.18kJ   ④ 6.14kJ

> 내부에너지의 변화량(ΔU)
> $\Delta U = Q - W = 5 - 0.18 = 4.82 \text{kJ}$
> [참고] kN·m = kJ

42. 1kg의 기체로 구성되는 밀폐계가 50kJ의 열을 받아 15kJ의 일을 했을 때 내부에너지 변화량은 얼마인가? (단, 운동에너지의 변화는 무시한다.)

① 65kJ   ② 35kJ
③ 26kJ   ④ 15kJ

> 내부에너지 변화량(ΔU)
> $\Delta U = Q - W = 50 - 15 = 35 \text{kJ}$

43. 용기 안에 있는 유체의 초기 내부에너지는 700kJ이다. 냉각과정 동안 250kJ의 열을 잃고, 용기 내에 설치된 회전날개로 유체에 100kJ의 일을 한다. 최종상태의 유체의 내부에너지(kJ)는 얼마인가?

① 350   ② 450
③ 550   ④ 650

> $Q = \Delta U + W$
> $Q = (U_2 - U_1) + W$
> $U_2 = U_1 + Q - W$
> $\quad = 700 + (-250) - (-100) = 550 \text{kJ}$

44. 실린더 안에 0.8kg의 기체를 넣고 이것을 압축하기 위해서는 13kJ의 일이 필요하며, 또 이때 실린더를 냉각하기 위해서 10kJ의 열을 빼앗아야 한다면 이 기체의 비내부에너지 변화량은?

Answer 38. ③ 39. ① 40. ② 41. ② 42. ② 43. ③ 44. ①

① 3.75kJ/kg의 증가
② 28.8kJ/kg의 증가
③ 3.75kJ/kg의 감소
④ 28.8kJ/kg의 감소

👉 ① 내부에너지 변화량(kJ)
$Q = \Delta U + W$
$\Delta U = Q - W = -10 - (-13) = 3 \text{kJ}$
② 비내부에너지 변화량(kJ/kg)
$\Delta u = \dfrac{3}{0.8} = 3.75 \text{kJ/kg}$ 증가

45. 10℃에서 160℃까지 공기의 평균 정적비열은 0.7315kJ/(kg·K)이다. 이 온도 변화에서 공기 1kg의 내부에너지 변화는 약 몇 kJ인가?

① 101.1kJ ② 109.7kJ
③ 120.6kJ ④ 131.7kJ

👉 내부에너지(ΔU)
$\Delta U = U_2 - U_1 = GC_v(T_2 - T_1)$
$= 1 \times 0.7315 \times (160 - 10) = 109.7 \text{kJ}$

46. 기체가 0.3MPa로 일정한 압력하에 8m³에서 4m³까지 마찰 없이 압축되면서 동시에 500kJ의 열을 외부로 방출하였다면, 내부에너지의 변화는 약 몇 kJ인가?

① 700   ② 1700
③ 1200 ④ 1400

👉 내부에너지의 변화(ΔU)
$Q = \Delta U + W$
$\Delta U = Q - W = Q - P(V_2 - V_1)$
$= -500 - [0.3 \times 10^3 (4 - 8)] = 700 \text{kJ}$

47. 밀폐된 실린더 내의 기체를 피스톤으로 압축하는 동안 300kJ의 열이 방출되었다. 압축일의 양이 400kJ이라면 내부에너지 증가는?

① 100kJ ② 300kJ
③ 400kJ ④ 700kJ

👉 ① Q(열 방출) = -300kJ
② W(압축일) = -400kJ
③ 밀폐계 내부에너지 증가(ΔU)
$Q = \Delta U + W$
$\Delta U = Q - W = (-300) - (-400) = +100 \text{kJ}$

48. 밀폐용기에 비내부에너지가 200kJ/kg인 기체 0.5kg이 있다. 이 기체를 용량이 500W인 전기가열기로 2분 동안 가열한다면 최종 상태에서 기체의 내부에너지는? (단, 열량은 기체로만 전달된다고 한다.)

① 20kJ   ② 100kJ
③ 120kJ ④ 160kJ

👉 내부에너지(U)
$U = [200 \text{kJ/kg} \times 0.5 \text{kg}] + [0.5 \text{kW} \times 120 \text{s}]$
$= 160 \text{kJ}$
여기서, 1min = 120s, 500W = 0.5kW

49. 전류 25A, 전압 13V를 가하여 축전지를 충전하고 있다. 충전하는 동안 축전지로부터 15W의 열손실이 있다. 축전지의 내부에너지는 어떤 비율로 변하는가?

① +310J/s ② -310J/s
③ +340J/s ④ -340J/s

👉 $\Delta U = Q - W = Q - VI$
$= (-15) - (-13 \times 25) = 310 \text{W} = 310 \text{J/s}$

50. 완전 단열된 축전지를 전압 12V, 전류 3A로 1시간 동안 충전한다. 축전지를 시스템으로 삼아 1시간 동안 행한 일과 열은 약 얼마인가?

① 일 = 36kJ, 열 = 0kJ

② 일=0kJ, 열=36kJ
③ 일=129.6kJ, 열=0kJ
④ 일=0kJ, 열=129.6kJ

① 일 : $W = I^2Rt = VIt$
$= 12 \times 3 \times 3600s$
$= 129600J = 129.6kJ$

② 열 : 단열과정이므로 열의 출입이 없다.
$(Q = 0)$

51. 공기압축기로 매초 2kg의 공기가 연속적으로 유입된다. 공기에 50kW의 일을 투입하여 공기의 비엔탈피가 20kJ/kg 증가하면, 이 과정 동안 공기로부터 방출된 열량은 얼마인가?

① 105kW ② 90kW
③ 15kW   ④ 10kW

$Q = \Delta U + W$
$Q = (2kg/s \times 20kJ/kg) + (-50kW)$
$= -10kW$
∴ 방출된 열량은 10kW이다.
[참고] 일과 열의 부호 규약
일은 계에 가했을 경우는 (-)일량, 계에서 얻었을 경우는 (+)일량이라 하고 열은 계에 가한 경우를(가열한다) (+)열량, 계에서 주위로 방출되는 경우를 (-)열량이라 한다.

52. 밀폐용기에 비내부에너지가 200kJ/kg인 기체가 0.5kg 들어 있다. 이 기체를 용량이 500W인 전기가열기로 2분 동안 가열한다면 최종상태에서 기체의 내부에너지는 약 몇 kJ인가? (단, 열량은 기체로만 전달된다고 한다.)

① 20kJ   ② 100kJ
③ 120kJ ④ 160kJ

기체의 내부에너지
$U = m \cdot u + P \cdot t$
$= (0.5 \times 200) + (0.5 \times 120) = 160kJ$
여기서, P=500W=0.5kW=0.5kJ/s
2min=120s

53. 공기 1kg이 압력 50kPa, 부피 3m³인 상태에서 압력 900kPa, 부피 0.5m³인 상태로 변화할 때 내부 에너지가 160kJ 증가하였다. 이때 엔탈피는 약 몇 kJ이 증가하였는가?

① 30   ② 185
③ 235   ④ 460

엔탈피 변화량(ΔH)
$\Delta H = \Delta U + \Delta(PV)$
$= \Delta U + (P_2V_2 - P_1V_1)$
$= 160 + (900 \times 0.5 - 50 \times 3) = 460kJ$

54. 어떤 기체 1kg이 압력 50kPa, 체적 2.0m³의 상태에서 압력 1000kPa, 체적 0.2m³의 상태로 변화하였다. 이 경우 내부에너지의 변화가 없다고 한다면, 엔탈피의 변화는 얼마나 되겠는가?

① 57kJ   ② 79kJ
③ 91kJ   ④ 100kJ

엔탈피의 변화(ΔH)
내부에너지 변화가 없다면($\Delta U = 0$)
$\Delta H = \Delta U + (P_2V_2 - P_1V_1)$
$= (1000 \times 0.2) - (50 \times 2.0) = 100kJ$

55. 온도 300K, 압력 100kPa 상태의 공기 0.2kg이 완전히 단열된 강체 용기 안에 있다. 패들(paddle)에 의하여 외부로부터 공기에 5kJ의 일이 행해질 때 최종 온도는 약 몇 K인가? (단, 공기의 정압비열과 정적비열은 각

Answer 51. ④ 52. ④ 53. ④ 54. ④ 55. ③

각 1.0035kJ/kg·K, 0.7165kJ/kg·K이다.)

① 315 　　② 275
③ 335 　　④ 255

👆 $W = -\Delta U = -GC_v(T_2 - T_1)$
$\quad\quad = GC_v(T_1 - T_2)$

$T_2 = T_1 - \dfrac{W}{GC_v}$

$\quad = 300 - \dfrac{(-5)}{0.2 \times 0.7165} = 334.89K ≒ 335K$

(여기서, 일(W)은 외부에서 시스템에 가해지는 경우이므로 (-)일이 된다.)

56. 어느 내연기관에서 피스톤의 흡기과정으로 실린더 속에 0.2kg의 기체가 들어 왔다. 이것을 압축할 때 15kJ의 일이 필요하였고, 10kJ의 열을 방출하였다고 한다면, 이 기체 1kg당 내부에너지의 증가량은?

① 10kJ/kg 　　② 25kJ/kg
③ 35kJ/kg 　　④ 50kJ/kg

👆 ① 내부에너지 증가량(kJ)
$\Delta U = Q - W = (-10) - (-15) = 5kJ$
② 단위질량당 내부에너지 증가량(kJ/kg)
$\Delta u = \dfrac{\Delta U}{m} = \dfrac{5kJ}{0.2kg} = 25kJ/kg$

[참고] 열과 일의 부호
　㉠ 일 : 시스템이 하는 일은 "+"이고, 시스템에 가해지는 일은 "-"이다.
　㉡ 열 : 시스템에 전달되는 열량은 "+"이고, 시스템에서 방출되는 열량은 "-"이다.

57. 전류 25A, 전압 13V를 가하여 축전지를 충전하고 있다. 충전하는 동안 축전지로부터 15W의 열손실이 있다. 축전지의 내부에너지 변화율은 약 몇 W인가?

① 310 　　② 340
③ 370 　　④ 420

👆 내부에너지 변화율(ΔU)
$Q = \Delta U + W$
$\Delta U = Q - W = Q - VI$
$\quad = (-15) - (-13 \times 25) = 310W$

[참고] 일과 열의 부호 규약
일은 계에 가했을 경우 (-)일량, 계에서 얻었을 경우 (+)일량이라 하고, 열은 계에 가한 경우 (+)열량, 계에서 주위로 방출되는 경우 (-)열량이라 한다.

58. 보일러에 온도 40℃, 엔탈피 167kJ/kg인 물이 공급되어 온도 350℃, 엔탈피 3115kJ/kg인 수증기가 발생한다. 입구와 출구에서의 유속은 각각 5m/s, 50m/s이고, 공급되는 물의 양이 2000kg/h일 때, 보일러에 공급해야 할 열량(kW)은? (단, 위치에너지 변화는 무시한다.)

① 631 　　② 832
③ 1237 　　④ 1638

👆 보일러 공급열량(Q)
$Q = G[(h_2 - h_1) + \dfrac{1}{2}(v_2^2 - v_1^2)]$
$\quad = 2000kg/h \times \dfrac{1h}{3600s}[(3115 - 167)$
$\quad\quad + \dfrac{1}{2}(50^2 - 5^2) \times \dfrac{1kJ}{1000J}]$
$\quad = 1638kW$

59. 증기터빈 발전소에서 터빈 입구의 증기 엔탈피는 출구의 엔탈피보다 136kJ/kg 높고, 터빈에서의 열손실은 10kJ/kg이다. 증기속도는 터빈 입구에서 10m/s이고, 출구에서 110m/s일 때 이 터빈에서 발생시킬 수 있는 일은 약 몇 kJ/kg인가?

① 10 　　② 90
③ 120 　　④ 140

Answer　56. ②　57. ①　58. ④　59. ③

✋ 터빈일(W_t)

$$h_1 + \frac{v_1^2}{2} + gz_1 + Q = h_2 + \frac{v_2^2}{2} + gz_2 + W_t$$

(여기서, $z_1 \approx z_2$)

$$W_t = (h_1 - h_2) + \frac{1}{2}(v_1^2 - v_2^2) + Q$$
$$= 136 + \frac{1}{2}(10^2 - 110^2) \times \frac{1kJ}{1000J} - 10$$
$$= 120 kJ/kg$$

60. 어느 증기터빈에 0.4kg/s로 증기가 공급되어 260kW의 출력을 낸다. 입구의 증기 엔탈피 및 속도는 각각 3000kJ/kg, 720m/s, 출구의 증기 엔탈피 및 속도는 각각 2500kJ/kg, 120m/s이면, 이 터빈의 열손실은 약 몇 kW가 되는가?

① 15.9 ② 40.8
③ 20.0 ④ 104

✋ ① 터빈일(W_t)

$$W_t = m(h_1 - h_2) + \frac{1}{2}m(w_1^2 - w_2^1)$$
$$= 0.4(3000 - 2500)$$
$$+ \left[\frac{1}{2} \times 0.4(720^2 - 120^2) \times \frac{1kJ}{1000J}\right]$$
$$= 300.8 kW$$

② 터빈 열손실
터빈 열손실=터빈일-터빈출력
$$= 300.8 - 260 = 40.8 kW$$

61. 증기터빈에서 질량유량이 1.5kg/s이고, 열손실율이 8.5kW이다. 터빈으로 출입하는 수증기에 대하여 그림에 표시한 바와 같은 데이터가 주어진다면 터빈의 출력(kW)은 약 얼마인가?

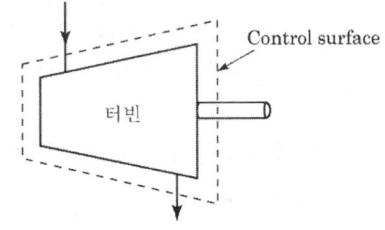

$\dot{m}_i = 1.5kg/s$
$z_i = 6m$
$v_i = 50m/s$
$h_i = 3137.0kJ/kg$

Control surface
터빈

$\dot{m}_e = 1.5kg/s$
$z_e = 3m$
$v_e = 200m/s$
$h_e = 2675.5kJ/kg$

① 273.3 ② 655.7
③ 1357.2 ④ 2616.8

✋ 정상유동에서의 일반 에너지식

$$Q = m\left[(h_2 - h_1) + \frac{v_2^2 - v_1^2}{2} + g(Z_2 - Z_1)\right] + W_t$$

$$W_t = m\left[(h_1 - h_2) + \frac{v_1^2 - v_2^2}{2} + g(Z_1 - Z_2)\right] + Q$$

$$= 1.5[(3137.0 - 2675.5) + ((\frac{50^2 - 200^2}{2})$$
$$+ 9.8(6-3)) \times \frac{1kJ}{10^3J}] - 8.5$$
$$= 656 kW$$

62. 열역학적 관점에서 다음 장치들에 대한 설명으로 옳은 것은?

① 노즐은 유체를 서서히 낮은 압력으로 팽창하여 속도를 감속시키는 기구이다.
② 디퓨저는 저속의 유체를 가속하는 기구이며 그 결과 유체의 압력이 증가한다.
③ 터빈은 작동유체의 압력을 이용하여 열을 생성하는 회전식 기계이다.
④ 압축기의 목적은 외부에서 유입된 동력을 이용하여 유체의 압력을 높이는 것이다.

Answer 60. ② 61. ② 62. ④

✋ ① 노즐은 유체를 서서히 낮은 압력으로 팽창하여 속도를 증가시키는 기구이다.
② 디퓨저는 고속의 유체를 감속하는 기구이며 그 결과 유체의 압력이 증가한다.
③ 터빈은 작동유체의 압력을 이용하여 일을 생성하는 회전식 기계이다.

63. 다음 정상유동 기기에 대한 설명으로 맞는 것은?
① 압축기의 가역 단열 공기(이상기체)유동에서 압력이 증가하면 온도는 감소한다.
② 일차원 정상유동 노즐 내 작동 유체의 출구 속도는 가역 단열과정이 비가역 과정보다 빠르다.
③ 스로틀(throttle)은 유체의 급격한 압력증가를 위한 장치이다.
④ 디퓨저(diffuser)는 저속의 유체를 가속시키는 기기로 압축기 내 과정과 반대이다.

✋ ① 압축기의 가역 단열 공기(이상기체)유동에서 압력이 증가하면 온도는 증가한다.
③ 스로틀(throttle)은 유체의 급격한 압력감소를 위한 장치이다.
④ 디퓨저(확대관)는 고속의 유체를 감속시키는 기기로 압축기 내 과정과 반대이다.

64. 공기가 20m/s의 속도로 풍차 속으로 유입되고, 6m/s의 속도로 유출된다. 공기 1kg당 풍차가 한 일은?
① 182J/kg   ② 224J/kg
③ 241J/kg   ④ 340J/kg

✋ $W = \dfrac{V_1^2 - V_2^2}{2} = \dfrac{20^2 - 6^2}{2} = 182 \text{J/kg}$

65. 단열된 노즐에 유체가 10m/s의 속도로 들어와서 200m/s의 속도로 가속되어 나간다. 출구에서의 엔탈피가 2770kJ/kg일 때 입구에서의 엔탈피는 약 몇 kJ/kg인가?
① 4370   ② 4210
③ 2850   ④ 2790

✋ 노즐 단열유동 입구 엔탈피(h_1)
$h_1 - h_2 = \dfrac{1}{2}(v_2^2 - v_1^2)$
$h_1 = h_2 + \dfrac{1}{2}(v_2^2 - v_1^2)$
$= 2770 + \left[\dfrac{1}{2}(200^2 - 10^2) \times \dfrac{1\text{kJ}}{1000\text{J}}\right]$
$= 2790 \text{kJ/kg}$

66. 수증기가 정상과정으로 40m/s의 속도로 노즐에 유입되어 275m/s로 빠져나간다. 유입되는 수증기의 엔탈피는 3300kJ/kg, 노즐로부터 발생되는 열손실은 5.9kJ/kg일 때 노즐 출구에서의 수증기 엔탈피는 약 몇 kJ/kg인가?

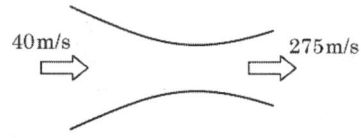

① 3257   ② 3024
③ 2795   ④ 2612

✋ 노즐 출구에서 수증기 엔탈피(h_2)
$\Delta h = h_1 - h_2 - h_{loss} = \dfrac{1}{2}(v_2^2 - v_1^2)$
$h_2 = h_1 - h_{loss} - \dfrac{1}{2}(v_2^2 - v_1^2)$
$= 3300 - 5.9 - \left[\dfrac{1}{2}(275^2 - 40^2) \times \dfrac{1\text{kJ}}{1000\text{J}}\right]$
$= 3257 \text{kJ/kg}$

67. 증기가 디퓨저를 통하여 0.1MPa, 150℃, 200m/s의 속도로 유입되어 출구에서 50m/s의 속도로 빠져나간다. 이때 외부로 방열된

Answer 63. ② 64. ① 65. ④ 66. ① 67. ③

열량이 500J/kg일 때 출구 엔탈피(kJ/kg)는 얼마인가? (단, 입구의 0.1MPa, 150℃ 상태에서 엔탈피는 2776.4kJ/kg이다.)

① 2751.3   ② 2778.2
③ 2794.7   ④ 2812.4

　👉 유동의 일반에너지식

$q = \frac{1}{2}(w_2^2 - w_1^2) + (h_2 - h_1) + g(Z_2 - Z_1) \pm w_t$

디퓨저에서의 위치에너지 $g(Z_2 - Z_1) = 0$, 외부에 대한 공업일 $w_t = 0$이므로

$q = \frac{1}{2}(w_2^2 - w_1^2) + (h_2 - h_1)$

$-500 = \frac{1}{2}(50^2 - 200^2) + [h_2 - (2776.4 \times 10^3)]$

$\therefore h_2 = 2794650 \text{J/kg} ≒ 2794.7 \text{kJ/kg}$

68. 잘 단열된 노즐에서 공기가 0.45MPa에서 0.15MPa로 팽창한다. 노즐 입구에서 공기의 속도는 50m/s, 온도는 150℃이며 출구에서의 온도는 45℃이다. 출구에서의 공기 속도는? (단, 공기의 정압비열과 정적비열은 1.0035kJ/kg·K, 0.7165kJ/kg·K이다.)

① 약 350m/s   ② 약 363m/s
③ 약 445m/s   ④ 약 462m/s

　👉 $dh = C_p dT = \frac{V_2^2 - V_1^2}{2}$

$V_2 = \sqrt{2C_p(T_1 - T_2) + V_1^2}$
$= \sqrt{2 \times 1003.5 \times (423 - 318) + 50^2}$
$≒ 462 \text{m/s}$

69. 유체의 교축과정에서 Joule-Thomson 계수(μ_J)가 중요하게 고려되는데 이에 대한 설명으로 옳은 것은?

① 등엔탈피 과정에 대한 온도변화와 압력변화의 비를 나타내며 $\mu_J < 0$인 경우 온도 상승을 의미한다.

② 등엔탈피 과정에 대한 온도변화와 압력변화의 비를 나타내며 $\mu_J < 0$인 경우 온도 강하를 의미한다.

③ 정적 과정에 대한 온도변화와 압력변화의 비를 나타내며 $\mu_J < 0$인 경우 온도 상승을 의미한다.

④ 정적 과정에 대한 온도변화와 압력변화의 비를 나타내며 $\mu_J < 0$인 경우 온도 강하를 의미한다.

　👉 줄-톰슨 계수 $\mu_{JT} = \left(\frac{\partial T}{\partial P}\right)_h$

① 교축(등엔탈피 과정) 중에 압력강하에 따라 온도가 감소하면 양수, 증가하면 음수이다.
② 이상기체의 경우(높은 온도 또는 낮은 압력) 0이다.
③ 실제 유체의 경우 높은 압력에서는 음수이면 대체로 낮은 온도에서만 양수이다.
④ 액체상태에서는 항상 양수이다.

Answer 68. ④   69. ①

chapter 03 이상기체(Ideal Gas)

1. 이상기체

이상기체 법칙($Pv = RT$)을 따르는 기체로, 분자 간의 거리가 멀고 기체를 구성하고 있는 분자 간에 작용하는 분자력과 분자의 크기를 무시할 수 있는 기체를 말하며 완전가스라고도 한다.

실제의 기체들은 충분히 낮은 압력과 높은 온도에서 이상기체와 비슷하게 움직인다.

※ 실제의 기체나 증기가 이상기체에 접근하기 위한 조건
① 압력이 낮을수록
② 온도가 높을수록
③ 비체적이 클수록
④ 분자량이 작을수록

2. 보일-샤를(Boyle-Charles)의 법칙

(1) 보일(Boyle)의 법칙

"온도가 일정할 때 기체의 체적은 압력에 반비례한다."

즉, 기체의 절대온도 T가 일정할 때, 부피 V와 압력 P의 곱은 일정하다.

$$T = C(\text{일정})\text{하면 } PV = \text{일정} \rightarrow P_1 V_1 = P_2 V_2$$

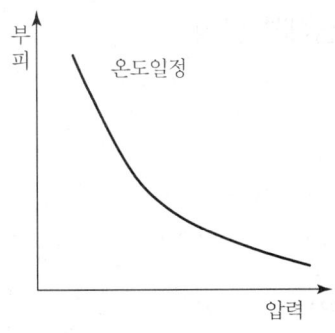

(2) 샤를(Charles)의 법칙

"압력이 일정할 때 기체의 체적은 절대 온도에 비례한다."

압력이 일정할 때 기체의 부피는 기체의 종류에 관계없이 온도 1℃(K) 상승 시마다 0℃(273.15K)일 때의 부피의 1/273.15씩 변화한다.

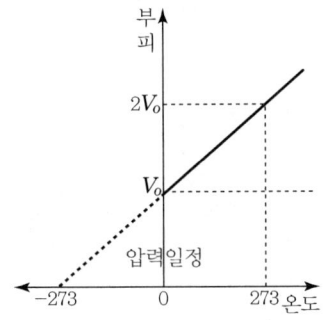
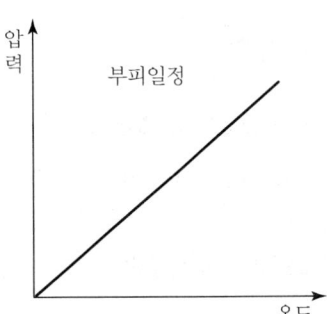

$$P = C \text{(일정)} \text{하면} \ \frac{V}{T} \text{는 일정} \rightarrow \frac{V_1}{T_1} = \frac{V_2}{T_2} = C$$

(3) 보일-샤를(Boyle-Charles)의 법칙

기체의 부피는 압력에 반비례하고 절대 온도에 비례한다는 법칙으로 보일-샤를의 법칙은 이상기체의 상태식이 된다.

$$\frac{P_1 V_1}{T_1} = \frac{P_2 V_2}{T_2} \rightarrow \frac{PV}{T} = \text{일정}$$

(4) 이상기체(완전가스)의 상태방정식

보일-샤를의 법칙에 의해

$$\frac{P \cdot v}{T} = C = R$$

여기서, R : 기체상수, v : 비체적

$$P \cdot v = R \cdot T \text{ 또는 } PV = mRT \left(\because v = \frac{1}{\rho} = \frac{1}{\frac{m}{V}} = \frac{V}{m} \right)$$

3 일반 기체상수

(1) 일반 기체상수

$$R_u = 848 \, \text{kgf} \cdot \text{m/kmol} \cdot \text{K} \quad \text{(공학 단위)}$$
$$= 8.314 \, \text{kJ/kmol} \cdot \text{K} \quad \text{(SI 단위)}$$

(2) 임의 가스의 기체상수

$$R = \frac{R_u}{M} = \frac{848}{M} [\text{kgf} \cdot \text{m/kg} \cdot \text{K}] = \frac{8.3143}{M} [\text{kJ/kg} \cdot \text{K}]$$

여기서, M : 기체의 몰 질량[kg/kmol] 또는 분자량
　　　　질량=분자량(M)×몰수(N)

[예] 공기의 기체상수

① $R = \dfrac{R}{m} = \dfrac{848}{28.964} = 29.27 \, \text{kgf} \cdot \text{m/kg} \cdot \text{K}$

② $R = \dfrac{R}{m} = \dfrac{8.314}{28.964} = 0.287 \, \text{kJ/kg} \cdot \text{K}$

4 이상기체의 비열과 기체상수

(1) 이상기체의 비열

① 정적비열(C_v)과 정압비열(C_p)

$$C_v = \frac{du}{dT}[\text{kJ/kg} \cdot \text{K}]$$

$$C_p = \frac{dh}{dT}[\text{kJ/kg} \cdot \text{K}]$$

② 에너지 관계식

$$dq = du + Pdv = C_v dT + Pdv$$
$$dq = dh - vdP = C_p dT - vdP$$

③ 위 관계식으로부터

$$C_p - C_v = R$$

④ 비열비(k)

$$k = \frac{C_p}{C_v}, \quad C_p = kC_v$$

$$C_v = \frac{1}{k-1} \cdot R, \quad C_p = \frac{k}{k-1} \cdot R$$

$$k = \frac{C_p}{C_v} > 1, \quad C_p > C_v$$

제3장 이상기체(Ideal Gas)

5 이상기체의 상태변화

(1) 정압변화(isobaric change) : 압력이 일정한 상태의 변화

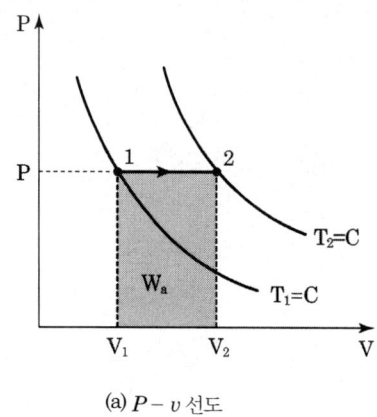

(a) $P-v$ 선도   (b) $T-s$ 선도

① P, v, T 관계

$$dP=0, \quad \frac{v_1}{T_1}=\frac{v_2}{T_2}=C$$

② 일량

㉠ 절대일 : $W_a = \int_1^2 Pdv = P(v_2 - v_1) = R(T_2 - T_1)$

㉡ 공업일 : $W_t = -\int_1^2 vdP = -v(P_2 - P_1) = 0$

③ 내부에너지 변화

$$du = C_v dT \Rightarrow \int_1^2 du = C_v \int_1^2 dT$$

$$u_2 - u_1 = C_v(T_2 - T_1) = \frac{R}{k-1}(T_2 - T_1) = \frac{P}{k-1}(v_2 - v_1)$$

④ 엔탈피 변화

$$dh = C_p dT \Rightarrow \int_1^2 dh = C_p \int_1^2 dT$$

$$h_2 - h_1 = C_p(T_2 - T_1) = \frac{k}{k-1}R(T_2 - T_1) = \frac{k}{k-1}(v_2 - v_1)$$

⑤ 가열량

$$dq = du + Pdv = dh - vdP = dh = C_p dT (\because dP = 0)$$

$$_1q_2 = h_2 - h_1 = C_p(T_2 - T_1)$$

∴ 정압과정에서 가열량은 엔탈피 변화량과 같고 외부로 일을 하고 나머지는 내부에너지 변화에 사용된다.

(2) 정적변화(isochoric change) : 부피가 일정한 상태의 변화

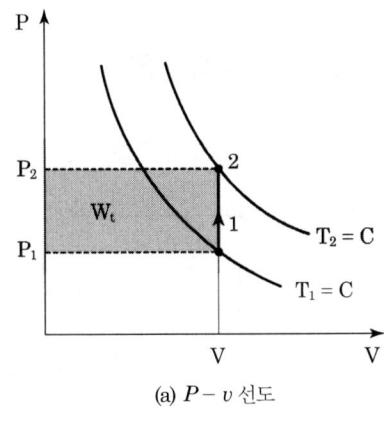

(a) $P-v$ 선도

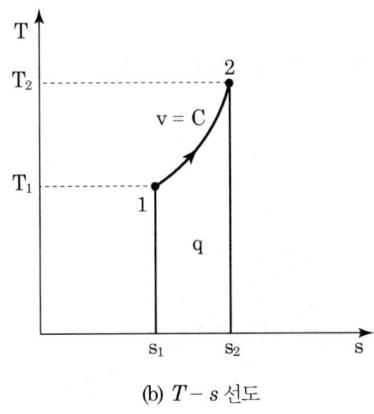

(b) $T-s$ 선도

① P, v, T 관계

$$dv = 0, \quad \frac{P_1}{T_1} = \frac{P_2}{T_2} = C$$

② 일량

㉠ 절대일 : $W_a = \int_1^2 Pdv = P(v_2 - v_1) = 0$

㉡ 공업일 : $W_t = -\int_1^2 vdP = -v(P_2 - P_1)$

제3장 이상기체(Ideal Gas)

③ 내부에너지 변화

$$du = C_v dT = dq - Pdv = dq (\because dv = 0)$$

$$\Delta u = C_v(T_2 - T_1)$$

④ 엔탈피 변화

$$dh = C_p dT$$

$$\Delta h = C_p(T_2 - T_1)$$

⑤ 가열량

$$dq = du + Pdv = du = C_v dT$$

$$_1q_2 = u_2 - u_1 = C_v(T_2 - T_1)$$

$$= \frac{R}{k-1}(T_2 - T_1) = \frac{v}{k-1}(P_2 - P_1)$$

→ 가열량은 모두 내부에너지 변화에 사용된다.(내부에너지 변화량과 같다.)

(3) 등온변화(isothermal change) : 온도가 일정한 상태변화

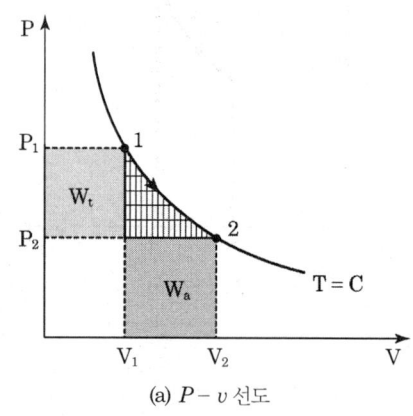

(a) $P-v$ 선도

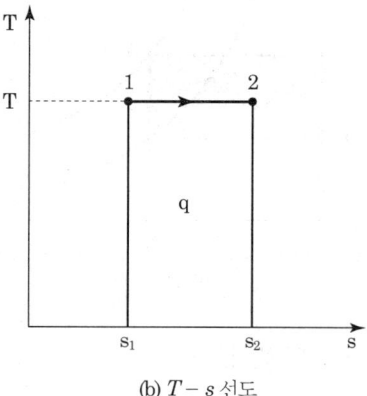

(b) $T-s$ 선도

① P, v, T 관계

$$dT = 0, \ P_1 v_1 = P_2 v_2 = C$$

② 일량

㉠ 절대일(팽창일) : $dW_a = Pdv$, $(P_1 v_1 = Pv = RT \rightarrow P = \dfrac{RT}{v})$로부터

$$dW_a = \int_1^2 Pdv = RT\int_1^2 \frac{1}{v}dv$$

$$W_a = RT\ln\frac{v_2}{v_1} = RT\ln\frac{P_1}{P_2} = P_1v_1\ln\frac{v_2}{v_1} = P_1v_1\ln\frac{P_1}{P_2}$$

㉡ 공업일(압축일) : $dW_t = -vdP$, $(P_1v_1 = Pv = RT \to v = \frac{RT}{P})$로부터

$$dW_t = -\int_1^2 vdP = -RT\int_1^2 \frac{1}{P}dP$$

$$W_t = -RT\ln\frac{P_2}{P_1} = -RT\ln\frac{v_1}{v_2} = -P_1v_1\ln\frac{P_2}{P_1} = -P_1v_1\ln\frac{v_1}{v_2}$$

㉢ 등온과정에서 절대일과 압축일과의 관계

$$W_a = W_t$$

③ 내부에너지 변화

$$du = C_v dT = 0\,(dT=0)$$

④ 엔탈피 변화

$$dh = C_p dT = 0\,(dT=0)$$

$$du = 0, \ dh = 0$$

이므로, 등온변화 시 내부에너지 변화와 엔탈피 변화는 없다.

⑤ 가열량

$$dq = du + Pdv\,(du=0)$$

$$_1q_2 = \int_1^2 Pdv = W_a = W_t = P_1v_1\ln\frac{v_2}{v_1} = RT_1\ln\frac{P_1}{P_2}$$

→ 외부에서 계에 공급된 열량은 모두 일로 변화한다.

(4) 단열변화(adiabatic change) : 계와 외부와의 열량이동이 없는 경우

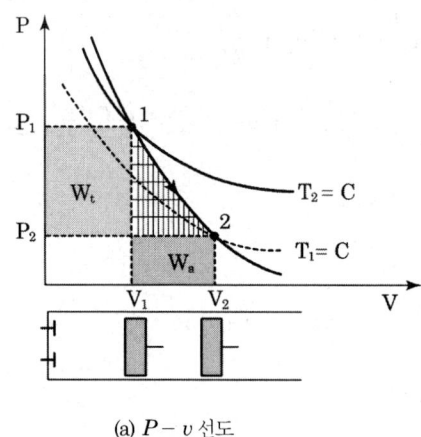

(a) $P-v$ 선도

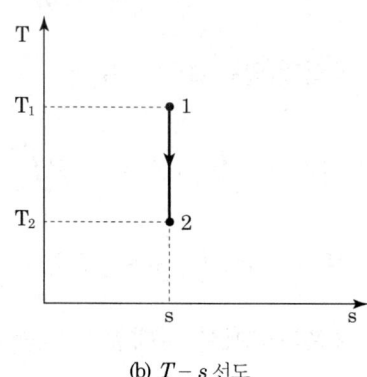

(b) $T-s$ 선도

① P, v, T 관계

$$dq = du + pdv = dh - vdP = 0$$

$pv = RT$로부터 양변을 미분하면

$$Pdv + vdP = RdT \quad \cdots\cdots ⓐ$$

$$du = C_v dT = -Pdv, \quad dT = -\frac{1}{C_v}Pdv \quad \cdots\cdots ⓑ$$

식 ⓐ와 ⓑ를 정리하면

$$Pdv + vdP = -\frac{R}{C_v}Pdv$$

$kPdv + vdP = 0$, $\frac{1}{Pv}$을 곱한 후 적분하면

$$k \ln v + \ln P = C$$

$$Pv^k = C \quad \cdots\cdots ⓒ$$

(위 식에 $pv = RT$를 대입하여 정리하면)

$$Tv^{k-1} = C \quad \cdots\cdots ⓓ$$

$$T^k P^{1-k} = C \quad \cdots\cdots ⓔ$$

※ 따라서 식 ⓒ, ⓓ, ⓔ와 $P_1v_1 = RT_1$, $P_2v_2 = RT_2$ 로부터

$$\frac{T_2}{T_1} = \left(\frac{v_1}{v_2}\right)^{k-1} = \left(\frac{P_2}{P_1}\right)^{\frac{k-1}{k}}$$

② 일량

    ㉠ 절대일 : $dW = Pdv$, $(Pv^k = P_1v_1^k P_2v_2^k = C)$ 로부터

$$du = -Pdv$$

$$W_a = \int_1^2 Pdv = -\int_1^2 du = -\int_1^2 C_v dT = C_v(T_1 - T_2)$$

$$= \frac{R}{k-1}(T_1 - T_2) = \frac{RT_1}{k-1}\left(1 - \frac{T_2}{T_1}\right) = \frac{P_1v_1}{k-1}\left(1 - \frac{T_2}{T_1}\right)$$

    ㉡ 공업일(압축일) : $dW_t = -vdP$, $(Pv^k = P_1v_1^k = P_2v_2^k = C)$ 로부터

$$dq = dh - vdP = 0, \quad vdP = dh$$

$$W_t = -\int_1^2 vdP = -\int_1^2 dh = -\int_1^2 C_p dT = C_p(T_1 - T_2)$$

$$= \frac{kR}{k-1}(T_1 - T_2) = \frac{kRT_1}{k-1}\left(1 - \frac{T_2}{T_1}\right) = \frac{kP_1v_1}{k-1}\left(1 - \frac{T_2}{T_1}\right)$$

    ㉢ 단열과정에서 절대일과 공업일과의 관계

$$W_t = k \cdot W_a \rightarrow \text{단열변화에서 공업일은 절대일과 비열비의 곱과 같다.}$$

③ 내부에너지 변화

$$du = C_v dT = C_v(T_2 - T_1) = -Pdv = -W_a$$

④ 엔탈피 변화

$$dh = C_p dT = vdP$$
$$= C_p(T_2 - T_1) = -kC_v(T_1 - T_2) = -kW_a = -W_t$$

⑤ 가열량

$$dq = 0 \text{(단열변화이므로)}$$

(5) 폴리트로픽 변화

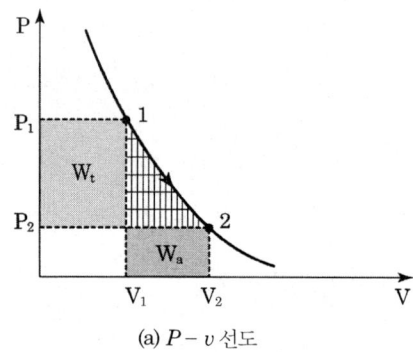

(a) $P-v$ 선도

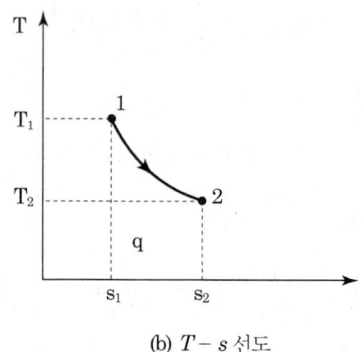

(b) $T-s$ 선도

$$PV^n = C \,(n = \text{폴리트로픽 지수})$$

→ 적당한 n 값을 취하여 실제 상태를 보다 가깝게 표현

① P, V, T 관계 : 단열변화 시의 관계식에서 $k \to n$

$$\frac{T_2}{T_1} = \left(\frac{V_1}{V_2}\right)^{n-1} = \left(\frac{P_2}{P_1}\right)^{\frac{n-1}{n}} \to \left(\frac{V_1}{V_2}\right)^n = \frac{P_2}{P_1} \Rightarrow P_1 V_1^n = P_2 V_2^n$$

㉠ $n = 0$,　$PV^0 = \text{const.}$　→　$P = \text{const.}$　　: 정압변화

㉡ $n = 1$,　$PV^1 = \text{const.}$　→　$PV = \text{const.}$　　: 등온변화

㉢ $n = k$,　$PV^k = \text{const.}$　　　　　　　　　　　　: 단열변화

㉣ $n = \infty$,　$PV^\infty = \text{const.}$　→　$V = \text{const.}$　　: 정적변화

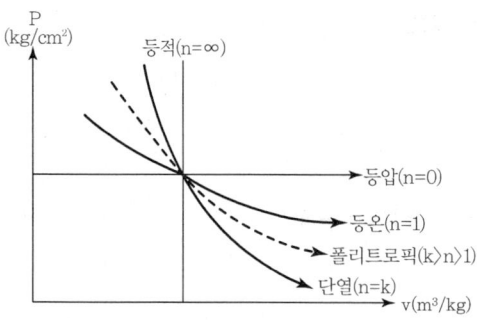

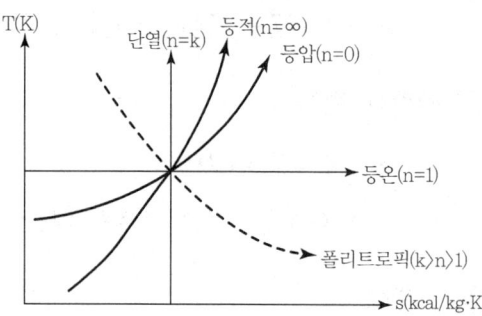

② 절대일

$$W_a = \frac{R}{n-1}(T_1 - T_2) = \frac{RT_1}{n-1}\left(1 - \frac{T_2}{T_1}\right)$$

$$= \frac{RT_1}{n-1}\left[1 - \left(\frac{V_1}{V_2}\right)^{n-1}\right] = \frac{RT_1}{n-1}\left[1 - \left(\frac{P_2}{P_1}\right)^{\frac{n-1}{n}}\right]$$

③ 공업일

$$W_t = \frac{nR}{n-1}(T_1 - T_2) = \frac{nRT_1}{n-1}\left(1 - \frac{T_2}{T_1}\right)$$

$$= \frac{nRT_1}{n-1}\left[1 - \left(\frac{V_1}{V_2}\right)^{n-1}\right] = \frac{nRT_1}{n-1}\left[1 - \left(\frac{P_2}{P_1}\right)^{\frac{n-1}{n}}\right]$$

$$\therefore W_t = n\,W_a$$

④ 내부에너지 변화

$$du = C_v\,dT$$

$$\Delta u = u_2 - u_1 = C_v(T_2 - T_1) = \frac{R}{k-1}(T_2 - T_1) = -\frac{(n-1)}{(k-1)}W_a$$

⑤ 엔탈피 변화

$$dh = C_p\,dT$$

$$\Delta h = h_2 - h_1 = C_p(T_2 - T_1) = \frac{kR}{k-1}(T_2 - T_1) = -\frac{k(n-1)}{(k-1)}W_a$$

⑥ 가열량

$$dq = du + Pdv = C_v dT + Pdv$$

$$_1q_2 = (u_2 - u_1) + W_a = C_v(T_2 - T_1) + \frac{R}{n-1}(T_1 - T_2)$$

$$= \frac{(n-k)}{(n-1)}C_v(T_2 - T_1) = C_n(T_2 - T_1)$$

여기서, $C_n = \frac{(n-k)}{(n-1)}C_v$ 이며 폴리트로픽 비열이라 한다.

제3장 이상기체(Ideal Gas)

chapter 03 출·제·예·상·문·제

01. 다음 이상기체에 대한 설명으로 옳은 것은?
① 이상기체의 내부에너지는 압력이 높아지면 증가한다.
② 이상기체의 내부에너지는 온도만의 함수이다.
③ 이상기체의 내부에너지는 항상 일정하다.
④ 이상기체의 내부에너지는 온도와 무관하다.

☞ 이상기체의 경우 기체 분자 간 상호작용(인력과 반발력)이 없어서 내부에너지와 엔탈피는 온도만의 함수이다.

02. 이상기체에 대한 설명으로 옳은 것은?
① 이상기체 상태방정식은 충분히 낮은 밀도를 갖는 기체에 대해 적용할 수 있다.
② 실제기체에 대해서 이상기체 상태방정식을 적용할 수 없다.
③ 압축성 계수가 0일 경우는 이상기체로 간주할 수 있다.
④ 공기는 항상 이상기체로 간주할 수 있다.

☞ ② 실제기체에 대해서 압력이 낮고 온도가 높을 때 이상기체로 간주할 수 있으므로 상태방정식을 적용할 수 있다.
③ 압축성 계수가 1일 경우는 이상기체로 간주할 수 있다.
④ 상온상태에서 공기는 이상기체로 간주할 수 있다.

03. 실제기체가 이상기체에 가장 가까울 때는?
① 온도가 높고 압력이 낮을 때
② 온도가 낮고 압력이 낮을 때
③ 온도가 높고 압력이 높을 때
④ 온도가 낮고 압력이 높을 때

☞ 실제기체가 이상기체를 만족하는 조건
① 압력이 낮을수록
② 온도가 높을수록
③ 비체적이 클수록
④ 분자량이 작을수록

04. 완전가스의 내부에너지(u)는 어떤 함수인가?
① 압력과 온도의 함수이다.
② 압력만의 함수이다.
③ 체적과 압력의 함수이다.
④ 온도만의 함수이다.

☞ 완전가스의 내부에너지
가스의 내부에너지는 온도와 압력의 함수로 정의할 수 있다. 그러나 줄(Joule)의 법칙에 의해 이상기체(완전가스) 내부에너지는 체적, 압력 등과 무관한 온도만의 함수이다.

05. 단순압축성 물질의 압력-체적-온도 사이의 관계식을 나타내는 상태방정식 Pv=RT에 관한 다음 설명 중 잘못된 것은?
① 이상 기체에 적용할 때 정확한 결과를 얻는다.

Answer 01. ② 02. ① 03. ① 04. ④ 05. ②

② 압력이 충분히 높은 기체에 적용할 때 정확한 결과를 얻는다.
③ 밀도가 충분히 낮은 기체에 적용할 때 정확한 결과를 얻는다.
④ 분자 사이에 작용하는 힘이 없다고 가정할 수 있는 기체에 작용할 때 정확한 결과를 얻는다.

👉 ② 압력이 충분히 낮고 온도가 높은 기체에 적용할 때 정확한 결과를 얻는다.

06. Joule의 실험에 의하면 이상기체의 내부에너지는 온도만의 함수이다. 이의 결과에 합당하지 않은 것은?
① 이상기체 정압비열은 온도만의 함수이다.
② 이상기체 정적비열은 온도와 관계없이 일정하다.
③ 이상기체 정압비열과 이상기체 정적비열의 차이는 온도와 관계없이 일정하다.
④ 이상기체 엔탈피는 온도만의 함수이다.

👉 ② 이상기체 정적비열은 온도만의 함수이므로 온도와 따라 변한다.

07. 이상기체의 비열에 대한 설명으로 옳은 것은?
① 정적비열과 정압비열의 절대값의 차이가 엔탈피이다.
② 비열비는 기체의 종류에 관계없이 일정하다.
③ 정압비열은 정적비열보다 크다.
④ 일반적으로 압력은 비열보다 온도의 변화에 민감하다.

👉 ① 정적비열과 정압비열의 절대값의 차이가 일반가스 정수(gas constant)이다.
② 비열비는 기체의 종류에 따라 다르다.
④ 일반적으로 이상기체의 비열은 온도의 함수로서 온도의 변화에 민감하다.

08. 다음 비열비 $k = \dfrac{C_p}{C_v}$의 값은 얼마인가?
① 1보다 작다.
② 1보다 크다.
③ 1보다 크기도 하고 작기도 하다.
④ 1이다.

👉 $C_p > C_v$이므로 $k = \dfrac{C_p}{C_v} > 1$이다.

09. 이상기체에 대한 관계식 중 옳은 것은? (단, C_p, C_v는 정압 및 정적 비열, k는 비열비이고, R은 기체 상수이다.)
① $C_p = C_v - R$
② $C_v = \dfrac{k-1}{k}R$
③ $C_p = \dfrac{k}{k-1}R$
④ $R = \dfrac{C_p + C_v}{2}$

👉 **이상기체 관계식**
① $C_p = C_v + R$
② $C_v = \dfrac{1}{k-1}R$
④ $R = C_p - C_v$

10. 다음 중 이상기체의 정적비열(C_v)과 정압비열(C_p)에 관한 관계식으로 옳은 것은? (단, R은 기체상수이다.)
① $C_v - C_p = 0$
② $C_v + C_p = R$
③ $C_p - C_v = R$
④ $C_v - C_p = R$

👉 $C_p - C_v = R$
[참고]
① 비열비 $k = \dfrac{C_p}{C_v}$
② 정적비열 $C_v = \dfrac{1}{k-1} \cdot R$

Answer 06. ② 07. ③ 08. ② 09. ③ 10. ③

③ 정압비열 $C_p = \dfrac{k}{k-1} \cdot R$

11. 이상기체에 대한 다음 관계식 중 잘못된 것은? (단, C_v는 정적비열, C_p는 정압비열, u는 내부에너지, T는 온도, V는 부피, h는 엔탈피, R은 기체상수, k는 비열비이다.)

① $C_v = \left(\dfrac{\partial u}{\partial T}\right)_v$ ② $C_p = \left(\dfrac{\partial h}{\partial T}\right)_v$

③ $C_p - C_v = R$ ④ $C_p = \dfrac{kR}{k-1}$

☝ ② $C_p = \left(\dfrac{\partial h}{\partial T}\right)_p$

12. 이상기체에서 엔탈피 h와 내부에너지 u, 엔트로피 s 사이에 성립하는 식으로 옳은 것은? (단, T는 온도, v는 체적, P는 압력이다.)

① $Tds = dh + vdP$
② $Tds = dh - vdP$
③ $Tds = du - Pdv$
④ $Tds = dh + d(Pv)$

☝ 열역학 제1법칙 제2상태식($dq = dh - vdP$)으로부터 엔트로피 변화를 T, P항으로 표시하면 $dq = dh - vdP = C_p dT - vdP = Tds$

13. 이상기체를 단열팽창시키면 온도는 어떻게 되는가?

① 내려간다.
② 올라간다.
③ 변화하지 않는다.
④ 알 수 없다.

☝ 이상기체인 경우 내부에너지는 온도에만 의존하므로 단열팽창인 경우 이상기체의 온도는 내려간다.

[참고] $\delta q = du + APdv = 0$
$du = -APdv = C_v dt$
$-AW = C_v(T_2 - T_1)$
$C_v > 0$이므로 $T_2 - T_1 < 0$
$\therefore T_2 < T_1$

14. 다음 중 이상기체의 교축(스로틀) 과정에 대한 사항으로서 틀린 것은?

① 엔탈피 변화가 없다.
② 온도의 변화가 없다.
③ 엔트로피의 변화가 없다.
④ 비가역 단열과정이다.

☝ 유로의 도중에 밸브, 콕(Cock), 세공 등을 두어서 유로의 단면을 급격히 좁게 할 때 유동방향으로 압력하강이 일어나는 것을 교축과정이라 하고 이상기체의 교축 과정 시 엔탈피와 온도가 변하지 않지만 실제 기체에서는 온도가 하강하게 된다. 또한 가역 과정에서는 엔트로피의 변화가 없지만 비가역 과정에서는 엔트로피가 증가하게 된다.

15. 실제 기체의 경우 압력이 0에 가까워지면 $Z = Pv/RT$의 값은 어떻게 되는가?

① 1에 가까워진다.
② 0에 가까워진다.
③ 무한대(∞)의 값을 갖는다.
④ 온도에 따라 값이 달라진다.

☝ 모든 온도 범위에서 압력 P가 진공에 가까우면 Z는 이상기체 값인 1이 된다. 즉, 압력이 작아지면 비체적 v는 커지고 P는 작아지므로 이상기체가 된다.

16. 다음 중 기체상수(gas constant, R [kJ/(kg·K)]) 값이 가장 큰 기체는?

① 산소(O_2)

11. ② 12. ② 13. ① 14. ③ 15. ① 16. ②

② 수소(H_2)
③ 일산화탄소(CO)
④ 이산화탄소(CO_2)

> 👉 기체상수(R)
> $$R = \frac{R_u}{M} = \frac{8.3143}{M} \text{(kJ/kg·K)}$$
> 여기서, R_u : 일반기체 상수
> M : 기체의 몰 질량(kg/kmol) 또는 분자량
>
> 위 식에서 기체의 분자량이 작을수록 기체의 기체상수가 커진다.
> ① 산소(O_2)
> $$R = \frac{8.3143}{M} = \frac{8.3143}{32} = 0.260 \text{(kJ/kg·K)}$$
> ② 수소(H_2)
> $$R = \frac{8.3143}{M} = \frac{8.3143}{2} = 4.157 \text{(kJ/kg·K)}$$
> ③ 일산화탄소(CO)
> $$R = \frac{8.3143}{M} = \frac{8.3143}{28} = 0.297 \text{(kJ/kg·K)}$$
> ④ 이산화탄소(CO_2)
> $$R = \frac{8.3143}{M} = \frac{8.3143}{44} = 0.189 \text{(kJ/kg·K)}$$

17. 분자량이 30인 C_2H_6(에탄)의 기체상수는 몇 kJ/kg·K인가?

① 0.277 ② 2.013
③ 19.33 ④ 265.43

> 👉 에탄(C_2H_6)의 기체상수(R)
> $$R = \frac{8.3143}{M} = \frac{8.3143}{30} = 0.277 \text{kJ/kg·K}$$

18. 체적이 0.5m³인 밀폐 압력용기 속에 이상기체가 들어 있다. 분자량이 24이고, 질량이 10kg이라면 기체상수는 몇 kN·m/kg·K인가? (단, 일반기체상수는 8.313kJ/kmol·K이다.)

① 0.3635 ② 0.3464
③ 0.3767 ④ 0.3237

> 👉 기체상수(R)
> $$R = \frac{R_u}{M} = \frac{8.313}{M}$$
> $$= \frac{8.313}{24} = 0.3464 \text{kN·m/kg·K}$$

19. 어떤 이상기체 1kg이 압력 100kPa, 온도 30℃의 상태에서 체적 0.8m³을 점유한다면 기체상수(kJ/kg·K)는 얼마인가?

① 0.251 ② 0.264
③ 0.275 ④ 0.293

> 👉 기체상수(R)
> $PV = mRT$
> $$R = \frac{PV}{mT} = \frac{100 \times 0.8}{1 \times 303} = 0.264 \text{kJ/kgK}$$
> 여기서, T=30℃=(30+273)K=303K

20. 어느 이상기체 2kg이 압력 200kPa, 온도 30℃의 상태에서 체적 0.8m³를 차지한다. 이 기체의 기체상수[kJ/(kg·K)]는 약 얼마인가?

① 0.264 ② 0.528
③ 2.34   ④ 3.53

> 👉 기체상수(R)
> $PV = GRT$
> $$R = \frac{PV}{GT} = \frac{200 \times 0.8}{2 \times 303} = 0.264 \text{kJ/(kg·K)}$$
> 여기서, T=30℃=(30+273)K=303K

21. 절대압력 100kPa, 온도 100℃인 상태에 있는 수소의 비체적(m³/kg)은? (단, 수소의 분자량은 2이고, 일반기체상수는 8.3145kJ/(kmol·K)이다.)

제3장 이상기체(Ideal Gas)

① 31.0　② 15.5
③ 0.428　④ 0.0321

① 수소의 기체상수(R)
$$R = \frac{R_u}{M} = \frac{8.3145}{2} = 4.15 \text{kJ/kg} \cdot \text{K}$$
② 수소의 비체적(v) : 이상기체 상태방정식
$Pv = RT$에서
$$v = \frac{RT}{P} = \frac{4.15 \times (273+100)}{100} = 15.5 \text{m}^3/\text{kg}$$

22. 견고한 밀폐용기 속에 300kPa, 0℃인 이상기체가 들어 있다. 이 이상기체를 100℃까지 가열하였을 때 증가한 압력은 약 몇 kPa인가?

① 110　② 260
③ 380　④ 710

$$\frac{P_1}{T_1} = \frac{P_2}{T_2}$$
$$P_2 = P_1 \times \frac{T_2}{T_1} = 300 \times \frac{273+100}{273} = 410 \text{kPa}$$
$$\therefore \Delta P = P_2 - P_1 = 410 - 300 = 110 \text{kPa}$$

23. 압력 100kPa, 온도 20℃인 일정량의 이상기체가 있다. 압력을 일정하게 유지하면서 부피가 처음 부피의 2배가 되었을 때 기체의 온도는 약 몇 ℃가 되는가?

① 148　② 256
③ 313　④ 586

정압과정
$$\frac{V_1}{T_1} = \frac{V_2}{T_2} = \text{일정}$$
$$T_2 = T_1 \times \frac{V_2}{V_1} = T_1 \times \frac{2V_1}{V_1}$$
$$= 293 \times 2 = 586\text{K} = 313℃$$

여기서, $T_1 = 20℃ = (20+273)\text{K} = 293\text{K}$
$V_2 = 2V_1$

24. 풍선에 공기 2kg이 들어 있다. 일정 압력 500kPa하에서 가열 팽창하여 체적이 1.2배가 되었다. 공기의 초기온도가 20℃일 때 최종온도(℃)는 얼마인가?

① 32.4　② 53.7
③ 78.6　④ 92.3

정압과정
$$\frac{V_1}{T_1} = \frac{V_2}{T_2} = C$$
$$\therefore T_2 = T_1 \times \frac{V_2}{V_1} = 293 \times \frac{1.2V_1}{V_1}$$
$$= 351.6\text{K} = 78.6℃$$
여기서, 초기 온도
$$T_1 = 20℃ = (20+273)\text{K} = 293\text{K}$$

25. 압력이 287kPa일 때 1m³의 공기질량이 2kg이었다. 이때 공기의 온도(℃)는? (단, 공기의 기체상수 R=287J/kg·K이다.)

① 500　② 400
③ 770　④ 227

이상기체 상태방정식 $PV = mRT$
온도(T)에 관해 풀면
$$T = \frac{PV}{mR} = \frac{287 \times 1}{2 \times 0.287} = 500\text{K} = 227℃$$

26. 체적이 150m³인 방 안에 질량이 200kg이고 온도가 20℃인 공기(이상기체상수=0.287 kJ/kg·K)가 들어 있을 때 이 공기의 압력은 약 몇 kPa인가?

① 112　② 124
③ 162　④ 184

Answer　22. ①　23. ③　24. ③　25. ④　26. ①

이상기체 상태방정식($PV = GRT$)을 압력에 관해 풀면

$P = \dfrac{GRT}{V} = \dfrac{200 \times 0.287 \times 293}{150} = 112\text{kPa}$

여기서, $T = 20℃ = (20 + 273)\text{K} = 293\text{K}$

27. 압력이 100kPa이며 온도가 25℃인 방의 크기가 240m³이다. 이 방에 들어 있는 공기의 질량은 약 몇 kg인가? (단, 공기는 이상기체로 가정하며, 공기의 기체상수는 0.287kJ/(kg·K)이다.)

① 0.00357 　② 0.28
③ 3.57 　　　④ 280

이상기체 상태방정식
$PV = mRT$
$m = \dfrac{PV}{RT} = \dfrac{100 \times 240}{0.287 \times 298} = 280\text{kg}$

여기서, $T = 25℃ = (25 + 273)\text{K} = 298\text{K}$

28. 대기 1kg의 성분을 산소(R=0.2598kJ/kg·K) 0.232kg, 질소(R=0.2969kJ/kg·K) 0.768kg 이라고 가정할 때 이 대기의 기체상수(kJ/kg·K)는?

① 0.274 　② 0.288
③ 1.536 　④ 1.723

대기의 기체상수

$R = \dfrac{G_{O_2} R_{O_2} + G_{N_2} R_{N_2}}{G_{O_2} + G_{N_2}}$

$= \dfrac{0.232 \times 0.2598 + 0.768 \times 0.2969}{0.232 + 0.768}$

$= 0.288\text{kJ/kg}$

29. 정압비열 209.5J/kg·K이고, 정적비열 159.6J/kg·K인 이상기체의 기체상수는?

① 11.7J/kg·K 　② 27.4J/kg·K
③ 32.6J/kg·K 　④ 49.9J/kg·K

$R = C_p - C_v = 209.5 - 159.6 = 49.9\text{J/kg·K}$

30. 기체상수가 0.462kJ/(kg·K)인 수증기를 이상기체로 간주할 때 정압비열(kJ/(kg·K))은 약 얼마인가? (단, 이 수증기의 비열비는 1.33이다.)

① 1.86 　② 1.54
③ 0.64 　④ 0.44

정압비열

$C_p = \dfrac{k}{k-1} R$

$= \dfrac{1.33}{1.33 - 1} \times 0.462 = 1.86\text{kJ/(kg·K)}$

[참고] 정적비열

$C_v = \dfrac{1}{k-1} R$

$= \dfrac{1}{1.33 - 1} \times 0.462 = 1.4\text{kJ/(kg·K)}$

31. 비열비가 1.29, 분자량이 44인 이상기체의 정압비열은 약 몇 kJ/(kg·K)인가? (단, 일반 기체상수는 8.314kJ/(kmol·K)이다.)

① 0.51 　② 0.69
③ 0.84 　④ 0.91

① 이상기체 기체상수(R)

$R = \dfrac{R_u}{M} = \dfrac{8.314}{44} = 0.189\text{kJ/kg·K}$

② 정압비열(C_p)

$C_p = \dfrac{k}{k-1} \cdot R = \dfrac{1.29}{1.29 - 1} \times 0.189$

$= 0.841\text{kJ/kg·K}$

32. 이상기체 1kg을 일정 체적 하에 20℃로부터 100℃로 가열하는데 836kJ의 열량이 소요되었다면 정압비열(kJ/kg·K)은 약 얼마

Answer　27. ④　28. ②　29. ④　30. ①　31. ③　32. ④

인가? (단, 해당가스의 분자량은 2이다.)

① 2.09   ② 6.27
③ 10.5   ④ 14.6

$C_p - C_v = R$

$C_p = R + C_v = \dfrac{8.3143}{M} + \dfrac{du}{dT}$

$= \dfrac{8.3143}{2} + \dfrac{836}{100-20} = 14.6\,\text{kJ/kg}\cdot\text{K}$

33. 0.5MPa, 375℃의 수증기의 정압 비열(kJ/kg·K)은? (단, 0.5MPa, 350℃에서 엔탈피 h=3167.7kJ/kg·K이고, 0.5MPa, 400℃에서 엔탈피 h=3271.9kJ/kg·K이다. 수증기는 이상기체로 가정한다.)

① 1.042   ② 2.084
③ 4.168   ④ 8.742

$\Delta h = h_2 - h_1 = C_p(T_2 - T_1)$

$C_p = \dfrac{h_2 - h_1}{T_2 - T_1}$

$= \dfrac{3271.9 - 3167.7}{400 - 350} = 2.084\,\text{kJ/kgK}$

34. 어떤 가스의 비내부에너지 u(kJ/kg), 온도 t(℃), 압력 P(kPa), 비체적 v(m³/kg) 사이에는 아래의 관계식이 성립한다면, 이 가스의 정압비열(kJ/kg·℃)은 얼마인가?

$u = 0.28t + 532$
$Pv = 0.560(t+380)$

① 0.84   ② 0.68
③ 0.50   ④ 0.28

① 엔탈피(h)
$h = u + Pv$
$= 0.28t + 532 + 0.560(t+380)$

② 정압비열(C_p)

$dh = C_p dT$

$C_p = \dfrac{dh}{dT}$

$= \dfrac{d(0.28t + 532 + 0.560(t+380))}{dT}$

$= 0.28 + 0.56 = 0.84\,\text{kJ/kg℃}$

35. 정압비열이 0.9309kJ/kgK, 정적비열 0.6661 kJ/kgK인 이상기체를 압력 400kPa, 온도 20℃로서 0.25kg을 담은 용기의 체적은 몇 m³인가?

① 0.0213   ② 0.1039
③ 0.0119   ④ 0.0485

① 기체상수 : $R = C_p - C_v = 0.9309 - 0.6661$
$= 0.2648\,\text{kJ/kg}$

② 체적 : $PV = mRT$

$V = \dfrac{mRT}{P} = \dfrac{0.25 \times 0.2648 \times (273+20)}{400}$

$= 0.0485\,\text{m}^3$

36. 부피가 0.4m³인 밀폐된 용기에 압력 3MPa, 온도 100℃의 이상기체가 들어있다. 기체의 정압비열 5kJ/kg·K, 정적비열 3kJ/kg·K일 때 기체의 질량(kg)은 얼마인가?

① 1.2   ② 1.6
③ 2.4   ④ 2.7

이상기체 상태방정식

$PV = mRT$

$m = \dfrac{PV}{RT} = \dfrac{3000 \times 0.4}{2 \times 373} = 1.6\,\text{kg}$

여기서,
① 이상기체 압력 P=3MPa=3000kPa
② 이상기체 온도
T=100℃=(100+273)K=373K
③ 일반기체상수
$R = C_p - C_v = 5 - 3 = 2\,\text{kJ/kg·K}$

 33. ② 34. ① 35. ④ 36. ②

37. 분자량이 M이고 질량이 $2V$인 이상기체 A가 압력 P, 온도 T(절대온도)일 때 부피가 V이다. 동일한 질량의 다른 이상기체 B가 압력 $2P$, 온도 $2T$(절대온도)일 때 부피가 $2V$면 이 기체의 분자량은 얼마인가?

① $0.5M$ ② M
③ $2M$ ④ $4M$

☞ $PV = mRT = m\dfrac{R_u}{M}T$

여기서, $R = \dfrac{R_u}{M}$

(R_u : 일반기체상수, M : 기체의 분자량)

∴ $M = \dfrac{mR_u T}{PV}$

① 이상기체 A(질량 $2V$)

$M_A = \dfrac{mR_u T}{PV} = \dfrac{(2V)R_u T}{PV} = \dfrac{2R_u T}{P}$

② 이상기체 B
(압력 $2P$, 온도 $2T$, 질량 $2V$, 부피 $2V$)

$M_B = \dfrac{mR_u T}{PV}$

$= \dfrac{(2V)R_u(2T)}{(2P)(2V)} = \dfrac{R_u T}{P} = 0.5M_A$

38. 이상기체 프로판(C_3H_8, 분자량 M=44)의 상태는 온도 20℃, 압력 300kPa이다. 이것을 52L(liter)의 내압 용기에 넣을 경우 적당한 프로판의 질량은? (단, 일반기체상수는 8.314kJ/kmol·K이다.)

① 0.282kg   ② 0.182kg
③ 0.414kg   ④ 0.318kg

☞ ① 프로판 기체상수(R)

$R = \dfrac{\overline{R}}{M} = \dfrac{8.314}{44} = 0.189\text{kJ/kg}\cdot\text{K}$

② 프로판의 질량(m)

$PV = mRT$

$m = \dfrac{PV}{RT} = \dfrac{300 \times (52 \times 10^{-3})\text{kg}}{0.189 \times (273+20)\text{K}} = 0.282\text{kg}$

39. 대기압 100kPa에서 용기에 가득 채운 프로판을 일정한 온도에서 진공펌프를 사용하여 2kPa까지 배기하였다. 용기 내에 남은 프로판의 중량은 처음 중량의 몇 % 정도 되는가?

① 20%   ② 2%
③ 50%   ④ 5%

☞ 기체 압력은 기체의 중량에 비례($PV = mRT$)하므로 대기압 100kPa일 때의 프로판의 중량은 1(100%)이라고 하면 2kPa일 때의 남은 중량 (x)은
$100\text{kPa} : 100\% = 2\text{kPa} : x(\%)$
∴ $x = 2\%$

40. 견고한 밀폐 용기 안에 공기가 압력 100 kPa, 체적 1m^3, 온도 20℃ 상태로 있다. 이 용기를 가열하여 압력이 150kPa이 되었다. 최종상태의 온도와 가열량은 각각 얼마인가? (단, 공기는 이상기체이며, 공기의 정적비열은 0.717kJ/kg·K, 기체상수는 0.287kJ/kg·K이다.)

① 303.2K, 117.8kJ
② 303.2K, 124.9kJ
③ 439.7K, 117.8kJ
④ 439.7K, 124.9kJ

☞ ① 가열 후 최종 온도(T_2)

$\dfrac{P_1}{T_1} = \dfrac{P_2}{T_2}$

$T_2 = T_1 \times \dfrac{P_2}{P_1} = 293 \times \dfrac{150}{100} = 439.5\text{K}$

여기서, $T_1 = 20℃ = (20+273)\text{K} = 293\text{K}$

② 가열량(Q)

$P_1 V_1 = mRT_1$

$m = \dfrac{P_1 V_1}{RT_1} = \dfrac{100 \times 1}{0.287 \times 293} = 1.19\text{kg}$

$Q = mC_v\Delta T$

$= 1.19 \times 0.717 \times (439.5 - 293) = 125\text{kJ}$

Answer 37. ① 38. ① 39. ② 40. ④

41. 이상기체 공기가 안지름 0.1m인 관을 통하여 0.2m/s로 흐르고 있다. 공기의 온도는 20℃, 압력은 100kPa, 기체상수는 0.287kJ/(kg·K) 라면 질량유량은 약 몇 kg/s인가?

① 0.0019　　② 0.0099
③ 0.0119　　④ 0.0199

 $Pv = RT$
$v = \dfrac{RT}{P}\left(v = \dfrac{1}{\rho}\text{이므로}\right)$
$\rho = \dfrac{P}{RT} = \dfrac{100}{0.287 \times (273+20)}$
$\quad = 1.189 \text{kg/m}^3$
$\therefore \dot{m} = \rho AV = 1.189 \times \dfrac{\pi \times 0.1^2}{4} \times 0.2$
$\quad\quad = 0.00187 \fallingdotseq 0.0019 \text{kg/s}$

42. 체적이 0.5m³인 탱크에, 분자량이 24kg/kmol인 이상기체 10kg이 들어 있다. 이 기체의 온도가 25℃일 때 압력(kPa)은 얼마인가? (단, 일반기체상수는 8.3143kJ/kmol·K이다.)

① 126　　② 845
③ 2066　　④ 49578

 ① 기체상수(R)
$R = \dfrac{R_u}{M}$
$\quad = \dfrac{8.3143}{M} = \dfrac{8.3143}{24} = 0.3464 \text{kJ/kg·K}$
② 압력(P)
$PV = mRT$
$P = \dfrac{mRT}{V} = \dfrac{10 \times 0.3464 \times 298}{0.5} = 2065 \text{kPa}$
여기서, 온도(T)=25℃=(25+273)K=298K

43. 100kPa, 25℃ 상태의 공기가 있다. 이 공기의 엔탈피가 298.615kJ/kg이라면 내부에너지는 약 몇 kJ/kg인가? (단, 공기는 분자량 28.97인 이상기체로 가정한다.)

① 213.05kJ/kg　　② 241.07kJ/kg
③ 298.15kJ/kg　　④ 383.72kJ/kg

 ① 이상기체의 기체상수(R)
$R = \dfrac{R}{m} = \dfrac{8.314}{28.97} = 0.287 \text{kJ/kg·K}$
② 이상기체의 비체적(v)
$Pv = RT$
$v = \dfrac{RT}{P}$
$\quad = \dfrac{0.287 \times (273+25)}{100} = 0.8553 \text{m}^3/\text{kg}$
③ 내부에너지(u)
$h = u + Pv$
$u = h - Pv = 298.615 - (100 \times 0.8553)$
$\quad = 213.085 \text{kJ/kg}$

44. 공기 정압비열(C_p, kJ/kg·℃)이 다음과 같을 때 공기 5kg을 0℃에서 100℃까지 일정한 압력하에서 가열하는데 필요한 열량(kJ)은 약 얼마인가? (단, 다음 식에서 t는 섭씨온도를 나타낸다.)

$$C_p = 1.0053 + 0.000079 \times t\,[\text{kJ/kg·℃}]$$

① 85.5　　② 100.9
③ 312.7　　④ 504.6

 가열열량(Q)
$Q = G C_p \Delta t = \displaystyle\int_0^{100} G C_p \, dt$
$\quad = \displaystyle\int_0^{100} 5(1.0053 + 0.000079t)\,dt$
$\quad = 5\left[1.0053 t + \dfrac{0.000079}{2} t^2\right]_0^{100}$
$\quad = 5\left[1.0053 \times 100 + \dfrac{0.000079}{2} \times 100^2\right]$
$\quad = 504.625 \text{kJ}$

Answer　41. ①　42. ③　43. ①　44. ④

45. 체적 2500L인 탱크에 압력 294kPa, 온도 10℃의 공기가 들어 있다. 이 공기를 80℃까지 가열하는데 필요한 열량(kJ)은 얼마인가? (단, 공기의 기체상수는 0.287kJ/(kg·K), 정적비열은 0.717kJ/(kg·K)이다.)

① 408　　② 432
③ 454　　④ 469

① 부피(V) : $V = 2500L = 2.5m^3$
② 온도(T) : $T = 10℃ = (10+273)K = 283K$
③ 질량(m) : $PV = mRT$ 에서
$m = \dfrac{PV}{RT} = \dfrac{294 \times 2.5}{0.287 \times 283} = 9.05kg$
④ 가열 시 필요 열량(Q)
$Q = mC_v \Delta t$
$\quad = 9.05 \times 0.717 \times (80-10) = 454.2kJ$

46. 체적이 500cm³인 풍선에 압력 0.1MPa, 온도 288K의 공기가 가득 채워져 있다. 압력이 일정한 상태에서 풍선 속 공기 온도가 300K로 상승했을 때 공기에 가해진 열량은 약 얼마인가? (단, 공기는 정압비열이 1.005kJ/(kg·K), 기체상수가 0.287kJ/(kg·K)인 이상기체로 간주한다.)

① 7.3J　　② 7.3kJ
③ 14.6J　　④ 14.6kJ

$PV = mRT$
$m = \dfrac{PV}{RT} = \dfrac{(0.1 \times 10^3) \times (500 \times 10^{-6})}{0.287 \times 288}$
$\quad = 0.000605kg$
$Q = mC_p(T_2 - T_1)$
$\quad = 0.000605 \times 1.005 \times (300-288)$
$\quad = 0.00729kJ ≒ 7.3J$

47. 1kW의 전기히터를 이용하여 101kPa, 15℃의 공기로 차 있는 100m³의 공간을 난방하려고 한다. 이 공간은 견고하고 밀폐되어 있으며 단열되어 있다. 히터를 10분 동안 작동시킨 경우, 이 공간의 최종온도(℃)는? (단, 공기의 정적비열은 0.718kJ/kg·K이고, 기체상수는 0.287kJ/kg·K이다.)

① 18.1　　② 21.8
③ 25.3　　④ 29.4

① 가열량(Q)
$Q = 1kJ/s \times 10min \times \dfrac{60s}{1min} = 600kJ$
여기서, 1kW=1kJ/s
② 공기의 질량(m)
$PV = mRT$
$m = \dfrac{PV}{RT} = \dfrac{101 \times 100}{0.287 \times 288} = 122.19kg$
③ 최종 온도(t_2)
$Q = m \cdot C \cdot \Delta t$
$\Delta t = \dfrac{Q}{m \cdot C} = \dfrac{600}{122.19 \cdot 0.718} = 6.8℃$
∴ $\Delta t = t_2 - t_1$ 이므로
$t_2 = \Delta t + t_1 = 6.8 + 15 = 21.8℃$

48. 외부에서 받은 열량이 모두 내부에너지 변화만을 가져오는 완전가스의 상태변화는?

① 정적변화　　② 정압변화
③ 등온변화　　④ 단열변화

정적변화 가열량
$Q = \Delta U + W = \Delta U = GC_v(T_2 - T_1)$
정적변화에서는 절대일(W)은 0이며, 외부로부터 가해진 열량은 모두 내부에너지의 증가로서 축적된다. 즉 내부에너지 변화량과 같다.

49. 체적이 0.1m³인 용기 안에 압력 1MPa, 온도 250℃의 공기가 들어 있다. 정적과정을 거쳐 압력이 0.35MPa로 될 때 이 용기에서 일어난 열전달 과정으로 옳은 것은?

Answer　45. ③　46. ①　47. ②　48. ①　49. ①

(단, 공기의 기체상수는 0.287kJ/kg·K, 정압비열은 1.0035kJ/kg·K, 정적비열은 0.7165kJ/kg·K이다.)

① 약 162kJ의 열이 용기에서 나간다.
② 약 162kJ의 열이 용기로 들어간다.
③ 약 227kJ의 열이 용기에서 나간다.
④ 약 227kJ의 열이 용기로 들어간다.

👉 ① 비열비 : $k = \dfrac{C_p}{C_v} = \dfrac{1.0035}{0.7165} = 1.4$

② 열량 : $Q = \dfrac{V}{k-1}(P_2 - P_1)$

$= \dfrac{0.1}{1.4-1}(0.35-1) \times 10^3$

$= -162 \text{kJ}$

50. 그림과 같이 다수의 추를 올려놓은 피스톤이 끼워져 있는 실린더에 들어 있는 가스를 계로 생각한다. 초기 압력이 300kPa이고, 초기 체적은 0.05m³이다. 피스톤을 고정하여 체적을 일정하게 유지하면서 압력이 200kPa로 떨어질 때까지 계에서 열을 제거한다. 이때 계가 외부에 한 일(kJ)은 얼마인가?

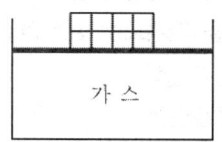

① 0   ② 5
③ 10   ④ 15

👉 계가 외부에 한 일

$_1W_2 = \int_1^2 PdV = P(V_2 - V_1) = 0$

여기서, 체적이 일정하므로 $V_1 = V_2$

51. 열역학적 변화와 관련하여 다음 설명 중 옳지 않은 것은?

① 단위 질량당 물질의 온도를 1℃ 올리는 데 필요한 열량을 비열이라 한다.
② 정압과정으로 시스템에 전달된 열량은 엔트로피 변화량과 같다.
③ 내부 에너지는 시스템의 질량에 비례하므로 종량적(extensive) 상태량이다.
④ 어떤 고체가 액체로 변화할 때 융해(Melting)라고 하고, 어떤 고체가 기체로 바로 변화할 때 승화(Sublimation)라고 한다.

👉 ② 정압과정으로 시스템에 전달된 열량은 엔탈피 변화량과 같다.

52. 이상기체가 정압과정으로 dT만큼 온도가 변하였을 때 1kg당 변화된 열량 Q는? (단, C_v는 정적비열, C_p는 정압비열, k는 비열비를 나타낸다.)

① $Q = C_v dT$ ② $Q = k^2 C_v dT$
③ $Q = C_p dT$ ④ $Q = kC_p dT$

👉 정압과정에서 계에 출입하는 열량
$dq = du + APdv = dh - vdP = dh = C_p dT$

53. 밀폐계에서 기체의 압력이 100kPa으로 일정하게 유지되면서 체적이 1m³에서 2m³으로 증가되었을 때 옳은 설명은?

① 밀폐계의 에너지 변화는 없다.
② 외부로 행한 일은 100kJ이다.
③ 기체가 이상기체라면 온도가 일정하다.
④ 기체가 받은 열은 100kJ이다.

👉 외부로 행한 일(W)

$W = \int_1^2 Pdv = P(V_2 - V_1)$

$= 100(2-1) = 100 \text{kJ}$

Answer 50. ① 51. ② 52. ③ 53. ②

54. 밀폐계가 가역 정압변화를 할 때 계가 받은 열량은?

① 계의 엔탈피 변화량과 같다.
② 계의 내부에너지 변화량과 같다.
③ 계의 엔트로피 변화량과 같다.
④ 계가 주위에 대해 한 일과 같다.

👉 **가역 정압변화**
공업일은 0이며, 외부로부터 가해진 열량은 모두 엔탈피의 증가로서 축적된다.
$Q = \Delta H + AW_t = \Delta H$

55. 밀폐 시스템의 가역 정압변화에 관한 다음 사항 중 옳은 것은? (단, U : 내부에너지, Q : 전달열, H : 엔탈피, V : 체적, W : 일이다.)

① $dU = dQ$　② $dH = dQ$
③ $dV = dQ$　④ $dW = dQ$

👉 **밀폐시스템의 가역 정압변화**
정압변화는 압력이 일정한 상태에서의 변화 ($dP = 0$)이므로
$dQ = dU + Pdv = dh - vdP = dH (\because dP = 0)$
정압과정에서 가열량은 엔탈피 변화량과 같고 ($dH = dQ$) 외부로 일을 하고 나머지는 내부에너지 변화에 사용된다.

56. 이상기체의 마찰이 없는 정압과정에서 열량 Q는? (단, C_v는 정적비열, C_p는 정압비열, k는 비열비, dT는 임의의 점의 온도변화이다.)

① $Q = C_v dT$　② $Q = k^2 C_v dT$
③ $Q = C_p dT$　④ $Q = kC_p dT$

👉 ① 정압과정 가열량
$dq = du + APdv$
$ = dh - vdP = dh = C_p dT$
② 정적과정 가열량
$dq = du + APdv = du = C_v dT$

57. 대기압하에서 20℃의 물 1kg을 가열하여 같은 압력의 150℃의 과열 증기로 만들었다면, 이때 물이 흡수한 열량은 20℃와 150℃에서 어떠한 양의 차이로 표시되겠는가?

① 내부에너지　② 엔탈피
③ 엔트로피　④ 일

👉 정압과정(대기압하)에서 가열량은 엔탈피 변화량과 같다.
$\Delta h = C_p(t_2 - t_1)$

58. 그림과 같이 다수의 추를 올려놓은 피스톤이 끼워져 있는 실린더에 들어있는 가스를 계로 생각한다. 초기 압력이 300kPa이고, 초기 체적은 0.05m³이다. 압력을 일정하게 유지하면서 열을 가하여 가스의 체적을 0.2m³으로 증가시킬 때 계가 한 일(kJ)은?

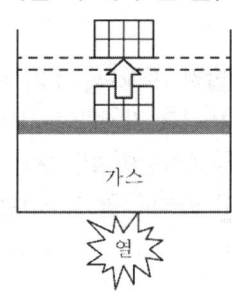

① 30　② 35
③ 40　④ 45

👉 정압과정에서 계가 한 일(kJ)
$W = \int_1^2 PdV = P(V_2 - V_1)$
$ = 300(0.2 - 0.05) = 45 \text{kJ}$

59. 밀폐계에서 기체의 압력이 500kPa로 일정하게 유지되면서 체적이 0.2m³에서 0.7m³로 팽창하였다. 이 과정 동안에 내부에너지의 증가가 60kJ이라면 계가 한 일(kJ)은 얼

마인가?

① 450 ② 310
③ 250 ④ 150

👉 $W = \int_1^2 PdV = P(V_2 - V_1)$
$= 500(0.7 - 0.2) = 250\text{kJ}$

60. 압력 5kPa, 체적이 0.3m³인 기체가 일정한 압력하에서 압축되어 0.2m³로 되었을 때 이 기체가 한 일은? (단, +는 외부로 기체가 일을 한 경우이고, −는 기체가 외부로부터 일을 받은 경우이다.)

① −1000J ② 1000J
③ −500J ④ 500J

👉 $W = P(V_2 - V_1)$
$= 5(0.2 - 0.3) = -0.5\text{kJ} = -500\text{J}$

61. 초기 압력 100kPa, 초기 체적 0.1m³인 기체를 버너로 가열하여 기체 체적이 정압과정으로 0.5m³이 되었다면 이 과정 동안 시스템이 외부에 한 일(kJ)은?

① 10 ② 20
③ 30 ④ 40

👉 시스템이 외부에 한 일(W)
정압과정이므로
$W = \int_1^2 PdV = P(V_2 - V_1)$
$= 100(0.5 - 0.1) = 40\text{kJ}$

62. 압력 250kPa, 체적 0.35m³의 공기가 일정 압력하에서 팽창하여, 체적이 0.5m³로 되었다. 이때 내부에너지의 증가가 93.9kJ이었다면, 팽창에 필요한 열량은 약 몇 kJ인가?

① 43.8 ② 56.4

③ 131.4 ④ 175.2

👉 ① 팽창일
$W = \int_1^2 PdV = P(V_2 - V_1)$
$= 250(0.5 - 0.35) = 37.5\text{kJ}$
② 내부에너지 증가
$\Delta U = 93.9\text{kJ}$
③ 팽창에 필요한 열량
$Q = \Delta U + W = 93.9 + 37.5 = 131.4\text{kJ}$

63. 압력이 10^6N/m^3, 체적이 1m³인 공기가 압력이 일정한 상태에서 400kJ의 일을 하였다. 변화 후의 체적은 약 몇 m³인가?

① 1.4 ② 1.0
③ 0.6 ④ 0.4

👉 변화 후 체적(V_2)
$W = \int_1^2 Pdv = P(V_2 - V_1)$
$V_2 = V_1 + \dfrac{W}{P} = 1 + \dfrac{400 \times 10^3}{10^6} = 1.4\text{m}^3$

64. 온도 200℃, 압력 500kPa, 비체적 0.6m³/kg의 산소가 정압하에서 비체적이 0.4m³/kg으로 되었다면, 변화 후의 온도는 약 얼마인가?

① 42℃ ② 55℃
③ 315℃ ④ 437℃

👉 정압과정에서 P, v, T 관계
P=C, $\dfrac{v_1}{T_1} = \dfrac{v_2}{T_2}$ 에서
$T_2 = \dfrac{T_1}{v_1} \times v_2 = \dfrac{473}{0.6} \times 0.4 = 315\text{K}$
여기서, $T_1 = 200℃ = (200+273)\text{K} = 473\text{K}$
∴ 315K − 273K = 42℃

Answer 60. ③ 61. ④ 62. ③ 63. ① 64. ①

65. 20℃의 공기(기체상수 R=0.287kJ/kg·K, 정압비열 C_P=1.004kJ/kg·K) 3kg이 압력 0.1MPa에서 등압 팽창하여 부피가 두 배로 되었다. 이 과정에서 공급된 열량은 대략 얼마인가?

① 약 252kJ ② 약 883kJ
③ 약 441kJ ④ 약 1765kJ

① $T_1 = 20℃ = (20+273)\text{K} = 293\text{K}$
② $2V_1 = V_2$
③ 정압과정이므로 $\dfrac{V_1}{T_1} = \dfrac{V_2}{T_2}$

$$T_2 = T_1 \times \dfrac{V_2}{V_1} = 293 \times \dfrac{2V_1}{V_1} = 586\text{K}$$

④ 공급열량(Q)
$$Q = GC_p(T_2 - T_1)$$
$$= 3 \times 1.004 \times (586 - 293)$$
$$= 882.516\text{kJ} ≒ 883\text{kJ}$$

66. 기압력 0.5MPa, 온도 207℃ 상태인 공기 4kg이 정압과정으로 체적이 절반으로 줄었을 때의 열전달량은 약 얼마인가? (단, 공기는 이상기체로 가정하고, 비열비는 1.4, 기체상수는 287J/kg·K이다.)

① −240kJ ② −864kJ
③ −482kJ ④ −964kJ

정압 과정($P_1 = P_2 = C$)
① 초기 부피(V_1) : 이상기체 상태방정식
$PV = mRT$으로부터
$$V_1 = \dfrac{mRT}{P} = \dfrac{4 \times 0.287 \times 480}{0.5 \times 10^3} = 1.102\text{m}^3$$

② 최종 부피(V_2)
$$V_2 = \dfrac{1}{2}V_1 = \dfrac{1}{2} \times 1.102 = 0.551\text{m}^3$$

③ 열전달량
$$_1q_2 = h_2 - h_1 = C_p(T_2 - T_1) = \dfrac{k}{k-1}P(V_2 - V_1)$$

$$= \dfrac{1.4}{1.4-1} \times 0.5 \times 10^3 \times (0.551 - 1.102)$$
$$= -964.25\text{kJ}$$

67. 체적이 0.1m^3인 피스톤-실린더 장치 안에 질량 0.5kg의 공기가 430.5kPa하에 있다. 정압과정으로 가열하여 온도가 400K가 되었다. 이 과정 동안의 일과 열전달량은? (단, 공기는 이상기체이며, 기체상수는 0.287kJ/kg·K, 정압비열은 1.004kJ/kg·K이다.)

① 14.35kJ, 35.85kJ
② 14.35kJ, 50.20kJ
③ 43.05kJ, 78.90kJ
④ 43.05kJ, 64.55kJ

① 초기온도(T)
이상기체 상태방정식 $PV = mRT$에서 온도(T)에 관해 풀면
$$T = \dfrac{PV}{mR} = \dfrac{430.5 \times 0.1}{0.5 \times 0.287} = 300\text{K}$$

② 일(W)
$$W = mRT$$
$$= 0.5 \times 0.287 \times (400-300) = 14.35\text{kJ}$$

③ 열전달량(Q)
$$Q = mC\Delta T$$
$$= 0.5 \times 1.004 \times (400-300) = 50.20\text{kJ}$$

68. 20℃의 공기 5kg이 정압 과정을 거쳐 체적이 2배가 되었다. 공급한 열량은 몇 약 kJ인가? (단, 정압비열은 1kJ/kg·K이다.)

① 1465 ② 2198
③ 2931 ④ 4397

① 변화 후 온도(T_2)
$T_1 = 20℃ = (20+273)\text{K} = 293\text{K}$
$V_2 = 2V_1$
정압과정이므로

Answer 65. ② 66. ④ 67. ② 68. ①

$$\frac{V_1}{T_1} = \frac{V_2}{T_2} = C \text{이므로} \quad \frac{V_1}{293} = \frac{2V_1}{T_2}$$

$$\therefore T_2 = 586K$$

② 공급열량(Q)

$$Q = GC_p(T_2 - T_1) = 5 \times 1 \times (586 - 293)$$
$$= 1465 kJ$$

69.
온도 150℃, 압력 0.5MPa의 공기 0.2kg이 압력이 일정한 과정에서 원래 체적의 2배로 늘어난다. 이 과정에서의 일은 약 몇 kJ인가? (단, 공기는 기체상수가 0.287kJ/(kg·K)인 이상기체로 가정한다.)

① 12.3kJ　② 16.5kJ
③ 20.5kJ　④ 24.3kJ

👉 정압 과정

① 변화 후 온도(T_2)

$$\frac{V_1}{T_1} = \frac{V_2}{T_2} \text{이므로} \quad \frac{V_1}{423} = \frac{2V_1}{T_2}$$

$$\therefore T_2 = 846K$$

여기서,
$$t_1 = 150℃ = (150+273)K = 423K$$
$$V_2 = 2V_1$$

② 과정에서 한 일
$$_1W_2 = GR(T_2 - T_1)$$
$$= 0.2 \times 0.287(846 - 423) = 24.3 kJ$$

70.
온도 150℃, 압력 0.5MPa의 이상기체 0.287 kg이 정압과정에서 원래 체적의 2배로 늘어난다. 이 과정에서 가해진 열량은 약 얼마인가? (단, 공기의 기체 상수는 0.287kJ/kg·K 이고, 정압 비열은 1.004kJ/kg·K이다.)

① 98.8kJ　② 111.8kJ
③ 121.9kJ　④ 134.9kJ

👉 정압과정 $\frac{V_1}{T_1} = \frac{V_2}{T_2}$ 에서

$$T_2 = \frac{T_1}{V_1} \times V_2 = \frac{V_2}{V_1} \times T_1 = \frac{2V_1}{V_1} \times 423 = 846K$$

$$T_1 = 150℃ = (150+273)K = 423K$$

$$Q = GC_p(T_2 - T_1)$$
$$= 0.287 \times 1.004(846 - 423) = 121.9 kJ$$

71.
이상기체의 등온과정에 관한 설명 중 옳은 것은?

① 엔트로피 변화가 없다.
② 엔탈피 변화가 없다.
③ 열 이동이 없다.
④ 일이 없다.

👉 이상기체의 등온과정
① 내부에너지 변화 $du = C_v dT = 0 (dT=0)$
② 엔탈피 변화 $dh = C_p dT = 0 (dT=0)$
③ 가열량

$$_1q_2 = \int_1^2 Pdv = W_a = W_t$$
$$= P_1v_1 \ln\frac{v_1}{v_2} = RT_1 \ln\frac{P_1}{P_2}$$

④ 엔트로피 변화 $\Delta s = R\ln\frac{v_2}{v_1} = R\ln\frac{P_1}{P_2}$

∴ 이상기체의 등온과정은 온도가 일정한 상태변화이므로 위 식에서 내부에너지 변화와 엔탈피 변화는 없고, 외부에서 계에 공급된 열량은 모두 일로 변화한다.

72.
이상기체의 등온 과정에서 압력이 증가하면 엔탈피는?

① 증가 또는 감소　② 증가
③ 불변　④ 감소

👉 이상기체의 등온 과정에서
$dh = C_p dT = 0(dT=0)$이므로 압력이 증가해도 엔탈피 변화는 없다.

Answer　69. ④　70. ③　71. ②　72. ③

73. 이상기체 1kg이 초기에 압력 2kPa, 부피 $0.1m^3$를 차지하고 있다. 가역등온과정에 따라 부피가 $0.3m^3$로 변화했을 때 기체가 한 일(J)은 얼마인가?

① 9540 ② 2200
③ 954   ④ 220

👉 $W = \int_1^2 Pdv = P_1 V_1 \ln \dfrac{V_2}{V_1}$

$= 2000 \times 0.1 \times \ln \dfrac{0.3}{0.1} = 219.7J$

여기서, $P = 2kPa = 2000Pa$

74. 공기가 등온과정을 통해 압력이 200kPa, 비체적이 $0.02m^3$인 상태에서 압력이 100kPa인 상태로 팽창하였다. 공기를 이상기체로 가정할 때 시스템이 이 과정에서 한 단위질량당 일은 약 얼마인가?

① 1.4kJ/kg ② 2.0kJ/kg
③ 2.8kJ/kg ④ 8.0kJ/kg

👉 등온과정

$W_a = P_1 v_1 \ln \dfrac{P_1}{P_2}$

$= (200 \times 0.02) \ln \dfrac{200}{100} = 2.8 kJ/kg$

75. 공기 1kg을 1MPa, 250℃의 상태로부터 압력 0.2MPa까지 등온변화한 경우 외부에 대하여 한 일량은 약 몇 kJ인가? (단, 공기의 기체상수는 0.287kJ/kg·K이다.)

① 157 ② 242
③ 313 ④ 465

👉 등온과정 절대일(W)

$W = \int_1^2 PdV = GRT \ln \dfrac{P_1}{P_2}$

$= 1 \times 0.287 \times 523 \times \ln \dfrac{1}{0.2} \fallingdotseq 242 kJ$

(여기서, T = 250℃ = (273+250)K = 523K)

76. 온도가 127℃, 압력이 0.5MPa, 비체적이 $0.4m^3/kg$인 이상기체가 같은 압력 하에서 비체적이 $0.3m^3/kg$으로 되었다면 온도는 약 몇 ℃가 되는가?

① 16   ② 27
③ 96   ④ 300

👉 정압과정

$\dfrac{v_1}{T_1} = \dfrac{v_2}{T_2}$

$T_2 = T_1 \times \dfrac{v_2}{v_1} = 400 \times \dfrac{0.3}{0.4} = 300K$

∴ $T_2 = 300 - 273 = 27℃$

여기서, $T_1 = 127℃ = (273 + 127)K = 400K$

77. 비열비가 k인 이상기체로 이루어진 시스템이 정압과정으로 부피가 2배로 팽창할 때 시스템이 한 일이 W, 시스템에 전달된 열이 Q일 때, $\dfrac{W}{Q}$는 얼마인가? (단, 비열은 일정)

① k ② $\dfrac{1}{k}$
③ $\dfrac{k}{k-1}$ ④ $\dfrac{k-1}{k}$

👉 정압 과정

㉠ 시스템이 한 일(W)

$W = \int_1^2 PdV = P(V_2 - V_1) = R(T_2 - T_1)$

㉡ 시스템에 전달된 열(Q)

$C_p = \dfrac{k}{k-1} \cdot R$

$Q = C_p(T_2 - T_1) = \dfrac{k}{k-1} \cdot R(T_2 - T_1)$

㉢ $\dfrac{W}{Q} = \dfrac{R(T_2 - T_1)}{\dfrac{k}{k-1} \cdot R(T_2 - T_1)} = \dfrac{k-1}{k}$

Answer 73. ④ 74. ③ 75. ② 76. ② 77. ④

78. 온도 20℃에서 계기압력 0.183MPa의 타이어가 고속주행으로 온도 80℃로 상승할 때 압력은 주행 전과 비교하여 약 몇 kPa 상승하는가? (단, 타이어의 체적은 변하지 않고, 타이어 내의 공기는 이상기체로 가정하며, 대기압은 101.3kPa이다.)

① 37kPa ② 58kPa
③ 286kPa ④ 445kPa

① $t_1 = 20℃ = (20+273)K = 293K$
② $t_2 = 80℃ = (80+273)K = 353K$
③ $P_1 = 0.183\text{MPa} \cdot g = 183\text{kPa} \cdot g$
   $= (101.3+183)\text{kPa} \cdot a = 284.3\text{kPa} \cdot a$
   (절대압=대기압(101.3kPa)+계기압)
④ 압력변화(ΔP)
   정적 변화(타이어의 체적이 일정)이므로
   $\dfrac{P_1}{T_1} = \dfrac{P_2}{T_2} \rightarrow \dfrac{284.3}{293} = \dfrac{P_2}{353}$
   ∴ $P_2 = 342.5\text{kPa}$
   ∴ $\Delta P = P_2 - P_1 = 342.5 - 284.3 = 58.2\text{kPa}$

79. 시스템 내의 임의의 이상기체 1kg이 채워져 있다. 이 기체의 정압비열은 1.0kJ/(kg·K)이고, 초기 온도가 50℃인 상태에서 323kJ의 열량을 가하여 팽창시킬 때 변경 후 체적은 변경 전 체적의 약 몇 배가 되는가? (단, 정압과정으로 팽창한다.)

① 1.5배 ② 2배
③ 2.5배 ④ 3배

① 초기 온도(T_1)
   $T_1 = 50℃ = (50+273)K = 323K$
② 팽창 후 온도(T_2)
   $Q = GC_p(T_2 - T_1)$
   $323 = 1 \times 1 \times (T_2 - 323)$ 이므로 $T_2 = 646K$
③ 정압과정에서 P, V, T 관계
   $P = C$, $\dfrac{V_1}{T_1} = \dfrac{V_2}{T_2}$ 에서
   $V_2 = \dfrac{T_2}{T_1} \times V_1 = \dfrac{646}{323} \times V_1 = 2V_1$

80. 공기 10kg이 압력 200kPa, 체적 5m³인 상태에서 압력 400kPa, 온도 300℃인 상태로 변한 경우 최종 체적(m³)은 얼마인가? (단, 공기의 기체상수는 0.287kJ/kg·K이다.)

① 10.7 ② 8.3
③ 6.8 ④ 4.1

최종상태의 체적(V_2)
이상기체 상태방정식 $P_2V_2 = mRT_2$에서
$V_2 = \dfrac{mRT_2}{P_2}$
$= \dfrac{10 \times 0.287 \times 573}{400} = 4.1\text{m}^3$
여기서, $T_2 = 300℃ = (300+273)K = 573K$

81. 초기에 온도 T, 압력 P 상태의 기체(질량 m)가 들어 있는 견고한 용기에 같은 기체를 추가로 주입하여 최종적으로 질량 3m, 온도 2T 상태가 되었다. 이때 최종 상태에서의 압력은? (단, 기체는 이상기체이고, 온도는 절대온도를 나타낸다.)

① $6P$ ② $3P$
③ $2P$ ④ $\dfrac{3P}{2}$

$\dfrac{P_1 v_1}{T_1} = \dfrac{P_2 v_2}{T_2}$

$\dfrac{P_1\left(\dfrac{V_1}{m_1}\right)}{T_1} = \dfrac{P_2\left(\dfrac{V_2}{m_2}\right)}{T_2}$

$V_1 = V_2$ 이므로 $\dfrac{P_1}{m_1 T_1} = \dfrac{P_2}{m_2 T_2}$

∴ $P_2 = m_2 T_2 \times \dfrac{P_1}{m_1 T_1} = 3m \times 2T \times \dfrac{P}{mT} = 6P$

 78. ② 79. ② 80. ④ 81. ①

82. 이상기체로 작동하는 어떤 기관의 압축비가 17이다. 압축 전의 압력 및 온도는 112kPa, 25℃이고 압축 후의 압력은 4350kPa이었다. 압축 후의 온도는 약 몇 ℃인가?

① 53.7　　② 180.2
③ 236.4　　④ 407.8

👉 압축 후의 온도(T_2)
보일-샤를의 법칙
$$\frac{P_1 V_1}{T_1} = \frac{P_2 V_2}{T_2}$$
$$\frac{112 \times V_1}{298} = \frac{4350 \times \frac{1}{17} V_1}{T_2}$$
∴ $T_2 = 680\text{K} = (680-273)℃ = 407℃$
여기서, $T_1 = 25℃ = (25+273)\text{K} = 298\text{K}$
압축비가 17이므로 $V_2 = \frac{1}{17} V_1$

83. 1kg의 이상기체가 압력 100kPa, 온도 20℃의 상태에서 압력 200kPa, 온도 100℃의 상태로 변화하였다면 체적은 어떻게 되는가? (단, 변화 전 체적을 V라고 한다.)

① 0.64V　　② 1.57V
③ 3.64V　　④ 4.57V

👉 $T_1 = 20℃ = (20+273)\text{K} = 293\text{K}$
$T_2 = 100℃ = (100+273)\text{K} = 373\text{K}$
$$\frac{P_1 V_1}{T_1} = \frac{P_2 V_2}{T_2} = C$$
$$\frac{100 \times V_1}{293} = \frac{200 \times V_2}{373}$$
∴ $V_2 = 0.64 V_1$

84. 1kg의 공기를 압력 2MPa, 온도 20℃의 상태로부터 4MPa, 온도 100℃의 상태로 변화하였다면 최종 체적은 초기 체적의 약 몇 배인가?

① 0.125　　② 0.637

③ 3.86　　④ 5.25

👉 $\frac{P_1 V_1}{T_1} = \frac{P_2 V_2}{T_2}$
$V_2 = \frac{P_1 V_1}{T_1} \times \frac{T_2}{P_2}$
$= \frac{2 V_1}{(273+20)} \times \frac{(273+100)}{4} = 0.637 V_1$

85. 밀폐계의 가역 정적변화에서 다음 중 옳은 것은? (단, U : 내부에너지, Q : 전달된 열, H : 엔탈피, V : 체적, W : 일이다.)

① dU=dQ　　② dH=dQ
③ dV=dQ　　④ dW=dQ

👉 밀폐계의 가역 정적변화에서는 체적에 변화가 없으므로 절대일($W = \int_1^2 PdV = 0$)은 0이며, 외부로부터 가해진 열량은 모두 내부에너지 변화에 사용된다. 즉, 가해진 열량은 내부에너지 변화량과 같다.
$dQ = dU + PdV = dU$

86. 이상기체가 등온과정으로 체적이 감소할 때 엔탈피는 어떻게 되는가?

① 변하지 않는다.
② 체적에 비례하여 감소한다.
③ 체적에 반비례하여 증가한다.
④ 체적의 제곱에 비례하여 감소한다.

👉 ① 등온 과정 : 온도 일정($T = T_1 = T_2$)
② 등온 과정 엔탈피 변화(ΔH)
$\Delta H = G C_p (T_2 - T_1) = 0$
∴ 이상기체가 등온과정으로 체적이 감소하는 것과 상관없이 이상기체의 엔탈피는 온도만의 함수이므로 위 식에서처럼 변하지 않는다.

Answer　82. ④　83. ①　84. ②　85. ①　86. ①

87. 처음 압력이 500kPa이고, 체적이 2m³인 기체가 "PV=일정"인 과정으로 압력이 100kPa까지 팽창할 때 밀폐계가 하는 일(kJ)을 나타내는 계산식으로 옳은 것은?

① $1000\ln\dfrac{2}{5}$ ② $1000\ln\dfrac{5}{2}$

③ $1000\ln 5$ ④ $1000\ln\dfrac{1}{5}$

 등온과정의 일(W)

PV=일정인 과정이므로 등온변화이고, 이때 밀폐계가 하는 일은

$W = P_1 V_1 \ln\dfrac{P_1}{P_2} = (500 \times 2)\ln\dfrac{500}{100} = 1000\ln 5$

88. 실린더 내의 이상기체 1kg이 27℃를 일정하게 유지하면서 200kPa에서 100kPa까지 팽창하였다. 기체가 수행한 일은? (단, 이 기체의 기체상수는 1kJ/kgK이다.)

① 27kJ   ② 208kJ
③ 300kJ   ④ 433kJ

$W = GRT \ln\dfrac{P_1}{P_2}$

$= 1 \times 1 \times (273+27) \times \ln\dfrac{200}{100} = 207.94\text{kJ}$

89. 밀폐시스템에서 초기 상태가 300K, 0.5m³인 이상기체를 등온과정으로 150kPa에서 600kPa까지 천천히 압축하였다. 이 압축과정에 필요한 일은 약 몇 kJ인가?

① 104   ② 208
③ 304   ④ 612

등온과정 필요한 일(W)

$W = P_1 V_1 \ln\dfrac{P_1}{P_2} = (150 \times 0.5)\ln\dfrac{150}{600} \fallingdotseq -104\text{kJ}$

여기서, (−)는 시스템에 필요한 일을 의미

90. 마찰이 없는 피스톤에 12℃, 150kPa의 공기 1.2kg이 들어 있다. 이 공기가 600kPa의 압축되는 동안 외부로 열이 전달되어 온도는 일정하게 유지되었다. 이 과정에서 행해진 일은 약 얼마인가? (단, 공기의 기체 상수는 0.287kJ/kgK이다.)

① 0kJ   ② −136kJ
③ −1.36kJ   ④ −13.6kJ

 등온과정 압축일

$W_t = GRT \ln\dfrac{P_1}{P_2}$

$= 1.2 \times 0.287 \times (273+12)\ln\dfrac{150}{600}$

$= -136.07\text{kJ}$

91. 그림과 같이 다수의 추를 올려놓은 피스톤이 설치된 실린더 안에 가스가 들어 있다. 이때 가스의 최초압력이 300kPa이고, 초기 체적은 0.05m³이다. 여기에 열을 가하여 피스톤을 상승시킴과 동시에 피스톤 추를 덜어내어 가스온도를 일정하게 유지하여 실린더 내부의 체적을 증가시킬 경우 이 과정에서 가스가 한 일은 약 몇 kJ인가? (단, 이상기체 모델로 간주하고, 상승 후의 체적은 0.2m³이다.)

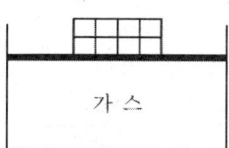

① 10.79kJ   ② 15.79kJ
③ 20.79kJ   ④ 25.79kJ

등온과정이므로

$_1W_2 = \int_1^2 P dV = P_1 V_1 \ln\dfrac{V_2}{V_1}$

Answer 87. ③ 88. ② 89. ① 90. ② 91. ③

$$= 300 \times 0.05 \times \ln\frac{0.2}{0.05} = 20.79 \text{kJ}$$

92. 마찰이 없는 피스톤에 12℃, 150kPa의 공기 1.2kg이 들어 있다. 이 공기가 600kPa로 압축되는 동안 외부로 열이 전달되어 온도는 일정하게 유지되었다. 이 과정에서 공기가 한 일은 약 얼마인가? (단, 공기의 기체상수는 0.287kJ/kg·K이며, 이상기체로 가정한다.)

① −136kJ ② −100kJ
③ −13.6kJ ④ −10kJ

👉 등온과정의 공업일(압축일)
$$W_t = GRT \ln \frac{P_2}{P_1}$$
$$= 1.2 \times 0.287 \times 285 \times \ln \frac{150}{600} = -136.07 \text{kJ}$$
(여기서, $T = 12℃ = (12+273)\text{K} = 285\text{K}$)

93. 피스톤-실린더 시스템에 100kPa의 압력을 갖는 1kg의 공기가 들어 있다. 초기 체적은 0.5m³이고, 이 시스템에 온도가 일정한 상태에서 열을 가하여 부피가 1.0m³이 되었다. 이 과정 중 시스템에 가해진 열량(kJ)은 얼마인가?

① 30.7 ② 34.7
③ 44.8 ④ 50.0

👉 $Q = mP_1V_1 \ln \frac{V_2}{V_1}$
$$= 100 \times 0.5 \times \ln \frac{1.0}{0.5} = 34.7 \text{kJ}$$

94. 어떤 액체 1몰을 P_1(atm)으로부터 P_2(atm)으로 T(℃)에서 등온가역 압축한다. 이 범위에서 등온압축률(isothermal compressibility) K와 비체적(specific volume) v가 일정하다고 할 때, 이 액체가 한 일(W)을 구하는 식은? (단, 등온압축률 $K = \frac{1}{v}\left(\frac{\partial v}{\partial P}\right)_T$ 이다.)

① $W = vK(P_2 - P_1)$
② $W = -TK(P_2^2 - P_1^2)$
③ $W = \frac{vK}{T}(P_2 - P_1)$
④ $W = -\frac{vK}{2}(P_2^2 - P_1^2)$

👉 $W = \int_1^2 Pdv$
$$= -\int_1^2 vdP = -Kv\int_1^2 PdP$$
$$= -Kv\left[\frac{P^2}{2}\right]_{P_1}^{P_2} = -\frac{Kv}{2}(P_2^2 - P_1^2)$$

95. 순수한 물질로 되어 있는 밀폐계가 단열 과정 중에 수행한 일의 절대값에 관련된 설명으로 옳은 것은? (단, 운동에너지와 위치에너지의 변화는 무시한다.)

① 엔탈피의 변화량과 같다.
② 내부에너지의 변화량과 같다.
③ 단열과정 중의 일은 0이 된다.
④ 외부로부터 받은 열량과 같다.

👉 단열변화는 외부와 열 출입이 전혀 없는 상태의 변화이므로 열역학 1법칙의 상태식 $Q = \Delta U + W$에서 $Q = 0$이므로 $\Delta U = -W$가 된다. 그러므로 단열변화에서 절대일의 양은 내부에너지 변화량과 같다.

96. 완전히 단열된 실린더 안의 공기가 피스톤을 밀어 외부로 일을 하였다. 이때 외부로 행한 일의 양과 동일한 값(절대값 기준)을 가지는 것은?

① 공기의 엔탈피 변화량

Answer 92. ① 93. ② 94. ④ 95. ② 96. ④

② 공기의 온도 변화량
③ 공기의 엔트로피 변화량
④ 공기의 내부에너지 변화량

☞ 95번 해설 참고

97. 공기와 헬륨의 비열비는 각각 1.4, 1.667이다. 상온의 두 기체를 동일한 압력비로 가역단열 압축하였다. 두 기체의 압축 후 온도에 대한 설명으로 옳은 것은?
① 공기의 온도가 더 높다.
② 헬륨의 온도가 더 높다.
③ 공기와 헬륨의 온도가 같다.
④ 압축기의 종류에 따라 다르다.

☞ 단열변화 : $\dfrac{T_2}{T_1} = \left(\dfrac{v_1}{v_2}\right)^{k-1} = \left(\dfrac{P_2}{P_1}\right)^{\frac{k-1}{k}}$

위 식에서 압축 후 온도는 비열비가 클수록 높아진다.

98. 이상기체의 압력(P), 체적(V)의 관계식 "PV^n = 일정"에서 가역단열 과정을 나타내는 n의 값은? (단, C_p는 정압비열, C_v는 정적비열이다.)
① 0
② 1
③ 정적비열에 대한 정압비열의 비(C_p/C_v)
④ 무한대

☞ 가역단열과정
$n = k$(비열비 $k = \dfrac{C_p}{C_v}$)이면
$PV^n = C$에서 $PV^k = C$

99. 이상기체의 가역단열 변화에서는 압력 P, 체적 V, 절대온도 T 사이에 어떤 관계가 성립하는가?(단, 비열비 $k = C_p/C_v$이다.)

① PV = 일정
② PV^{k-1} = 일정
③ PT^k = 일정
④ TV^k = 일정

☞ 이상기체 가역단열 변화
$PV^k = TV^{k-1} = T^k P^{1-k} = C$
[참고] 이상기체 가역단열변화의 P, v, T 관계
$\dfrac{T_2}{T_1} = \left(\dfrac{v_1}{v_2}\right)^{k-1} = \left(\dfrac{P_2}{P_1}\right)^{\frac{k-1}{k}}$

100. 8℃의 이상기체를 가역단열 압축하여 그 체적을 $\dfrac{1}{5}$로 하였을 때 기체의 최종온도(℃)는? (단, 이 기체의 비열비는 1.4이다.)
① -125
② 294
③ 222
④ 262

☞ 단열변화에서 P, v, T 관계
$\dfrac{T_2}{T_1} = \left(\dfrac{v_1}{v_2}\right)^{k-1} = \left(\dfrac{P_2}{P_1}\right)^{\frac{k-1}{k}}$

$T_2 = T_1 \times \left(\dfrac{V_1}{V_2}\right)^{k-1}$

$= (8+273) \times \left[\dfrac{V_1}{\frac{1}{5}V_1}\right]^{1.4-1}$

$= 535\text{K} = (535-273)℃ = 262℃$

101. 압력이 0.2MPa, 온도가 20℃의 공기를 압력이 2MPa로 될 때까지 가역단열 압축했을 때 온도는 약 몇 ℃인가? (단, 공기는 비열비가 1.4인 이상기체로 간주한다.)
① 225.7
② 273.7
③ 292.7
④ 358.7

☞ 단열변화
$\dfrac{T_2}{T_1} = \left(\dfrac{P_2}{P_1}\right)^{\frac{k-1}{k}}$

Answer 97. ② 98. ③ 99. ④ 100. ④ 101. ③

$$T_2 = T_1 \times \left(\frac{P_2}{P_1}\right)^{\frac{k-1}{k}} = 293 \times \left(\frac{2}{0.2}\right)^{\frac{1.4-1}{1.4}}$$
$$= 565.7\text{K} = (565.7 - 273)\text{℃} = 292.7\text{℃}$$
여기서, $T_1 = 20\text{℃} = (20+273)\text{K} = 293\text{K}$

102. 초기 온도와 압력이 50℃, 600kPa인 질소가 100kPa까지 가역 단열팽창하였다. 이때 온도는 약 몇 K인가? (단, 비열비 k=1.4)

① 194　　② 294
③ 467　　④ 539

$T_1 = 50\text{℃} = (50+273)\text{K} = 323\text{K}$
$P_1 = 600\text{kPa},\ P_2 = 100\text{kPa}$
$$\frac{T_2}{T_1} = \left(\frac{P_2}{P_1}\right)^{\frac{k-1}{k}} \rightarrow \frac{T_2}{323} = \left(\frac{100}{600}\right)^{\frac{1.4-1}{1.4}}$$
$$T_2 = 323 \times \left(\frac{100}{600}\right)^{\frac{1.4-1}{1.4}} \fallingdotseq 194\text{K}$$

103. 압력이 0.2MPa이고, 초기 온도가 120℃인 1kg의 공기를 압축비 18로 가역단열 압축하는 경우 최종온도는 약 몇 ℃인가? (단, 공기는 비열비가 1.4인 이상기체이다.)

① 676℃　　② 776℃
③ 876℃　　④ 976℃

단열변화에서 P, v, T 관계
$$\frac{T_2}{T_1} = \left(\frac{v_1}{v_2}\right)^{k-1} = \left(\frac{P_2}{P_1}\right)^{\frac{k-1}{k}}$$
$$T_2 = T_1 \times \left(\frac{v_1}{v_2}\right)^{k-1} = 393 \times (18)^{1.4-1}$$
$$= 1249\text{K} = (1249 - 273)\text{℃} = 976\text{℃}$$
여기서, $T_1 = 120\text{℃} = (120+273)\text{K} = 393\text{K}$
압축비$\left(\dfrac{v_1}{v_2}\right) = 18$
비열비$(k) = 1.4$

104. 피스톤-실린더 장치에 들어 있는 100kPa, 27℃의 공기가 600kPa까지 가역단열 과정으로 압축된다. 비열비가 1.4로 일정하다면 이 과정 동안에 공기가 받은 일(kJ/kg)은? (단, 공기의 기체상수는 0.287kJ/kg·K이다.)

① 263.6　　② 171.8
③ 143.5　　④ 116.9

단열과정
① 압축 후 온도(T_2)
$$\frac{T_2}{T_1} = \left(\frac{P_2}{P_1}\right)^{\frac{k-1}{k}}$$
$$T_2 = T_1\left(\frac{P_2}{P_1}\right)^{\frac{k-1}{k}} = 300\left(\frac{600}{100}\right)^{\frac{1.4-1}{1.4}} = 500\text{K}$$
여기서 $T_1 = 27\text{℃} = (273+27)\text{K} = 300\text{K}$
② 공기가 받은 일
$$W = \frac{R}{k-1}(T_1 - T_2)$$
$$= \frac{0.287}{1.4-1}(300-500) = -143.5\text{kJ/kg}$$
여기서, 시스템이 외부로 일을 하면 (+), 시스템이 외부로부터 일을 받으면 (-)가 된다.

105. PV^n=일정($n \neq 1$)인 가역 과정에서 밀폐계(비유동계)가 하는 일은?

① $\dfrac{P_1V_1(V_2 - V_1)}{n}$

② $\dfrac{P_2V_2^{n-1} - P_1V_1^{n-1}}{n-1}$

③ $\dfrac{P_2V_2^n - P_1V_1^n}{n-1}$

④ $\dfrac{P_1V_1 - P_2V_2}{n-1}$

밀폐계(비유동계)가 하는 일
$$w = \frac{1}{n-1}(P_1V_1 - P_2V_2) = \frac{GR}{n-1}(T_1 - T_2)$$

Answer　102. ①　103. ④　104. ③　105. ④

106. 온도 100℃, 압력 200kPa의 이상기체 0.4kg이 가역단열 과정으로 압력이 100kPa로 변화하였다면, 기체가 한 일(kJ)은 얼마인가? (단, 기체 비열비 1.4, 정적비열 0.7kJ/kg·K이다.)

① 13.7 ② 18.8
③ 23.6 ④ 29.4

👉 풀이 1)
① 일반기체상수(R)
$k = \dfrac{C_p}{C_v}$ 이므로
$C_p = kC_v = 1.4 \times 0.7 = 0.98\text{kJ/kg}\cdot\text{K}$
$R = C_p - C_v = 0.98 - 0.7 = 0.28\text{kJ/kg}\cdot\text{K}$

② 기체가 한 일(W)
$W = \dfrac{mRT_1}{k-1}\left\{1 - \left(\dfrac{P_2}{P_1}\right)^{\frac{k-1}{k}}\right\}$
$= \dfrac{0.4 \times 0.28 \times 373}{1.4 - 1}\left\{1 - \left(\dfrac{100}{200}\right)^{\frac{1.4-1}{1.4}}\right\}$
$= 18.8\text{kJ}$

풀이 2)
① 변화 후 온도(T_2)
$\dfrac{T_2}{T_1} = \left(\dfrac{P_2}{P_1}\right)^{\frac{k-1}{k}}$
$T_2 = T_1 \times \left(\dfrac{P_2}{P_1}\right)^{\frac{k-1}{k}}$
$= 373 \times \left(\dfrac{100}{200}\right)^{\frac{1.4-1}{1.4}} = 306℃$

② 일반기체상수(R)
$k = \dfrac{C_p}{C_v}$ 이므로
$C_p = kC_v = 1.4 \times 0.7 = 0.98\text{kJ/kg}\cdot\text{K}$
$R = C_p - C_v = 0.98 - 0.7 = 0.28\text{kJ/kg}\cdot\text{K}$

③ 기체가 한 일(W)
$W = \dfrac{mR}{k-1}(T_1 - T_2)$
$= \dfrac{0.4 \times 0.28}{1.4 - 1}(373 - 306) = 18.8\text{kJ}$

107. 가역단열펌프에 100kPa, 50℃의 물이 2kg/s로 들어가 4MPa로 압축된다. 이 펌프의 소요동력은? (단, 50℃에서 포화액체(saturated liquid)의 비체적은 0.001m³/kg이다.)

① 3.9kW ② 4.0kW
③ 7.8kW ④ 8.0kW

👉 가역단열과정이므로 펌프의 소요동력(L_{kW})
$L_{kW} = G \cdot \int_1^2 vdP$
$= G \cdot v(P_2 - P_1)$
$= 2 \times 0.001 \times (4 \times 10^3 - 100) = 7.8\text{kW}$

108. 다음 그림과 같이 관으로 300K, 1MPa의 고압헬륨이 흐르고 있고, 단열용기는 비어 있다. 밸브를 열어서 헬륨이 유입되는데 용기의 압력이 1MPa에 이르면 밸브를 닫는다. 용기에 들어 있는 헬륨의 최종온도는 얼마인가? (단, 헬륨의 정압비열과 정적비열은 각각 5.19kJ/kg·K, 3.11kJ/kg·K이다.)

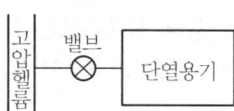

① 300K ② 420K
③ 500K ④ 600K

👉 $Q - W = m_e h_e - m_i h_i + [m_2 u_2 - m_1 u_1]$
단열과정이고 $m_e = 0$, $m_1 = 0$이므로
$0 = -m_i h_i + m_2 u_2$ (여기서, $m_i = m_2$)
$h_i = u_2$
$C_p t_i = C_v t_2$
$t_2 = \dfrac{C_p}{C_v} t_i = \dfrac{5.19}{3.11} \times 300 = 500.6\text{K}$

109. 300L 체적의 진공인 탱크가 25℃, 6MPa의 공기를 공급하는 관에 연결된다. 밸브를

Answer 106. ② 107. ③ 108. ③ 109. ④

열어 탱크 안의 공기 압력이 5MPa이 될 때까지 공기를 채우고 밸브를 닫았다. 이 과정이 단열이고 운동에너지와 위치에너지의 변화를 무시한다면 탱크 안의 공기의 온도(℃)는 얼마가 되는가? (단, 공기의 비열비는 1.4이다.)

① 1.5 ② 25.0
③ 84.4 ④ 144.2

$Q - W = m_e h_e - m_i h_i + [m_2 u_2 - m_1 u_1]$
단열과정이고 $m_e = 0, m_1 = 0$이므로
$0 = -m_i h_i + m_2 u_2 \ (m_i = m_2)$
$h_i = u_2$
$C_p t_i = C_v t_2$
$t_2 = \dfrac{C_p}{C_v} t_i = k \cdot t_i = 1.4 \times (25 + 273)$
$\qquad = 417.2K = 144.2℃$

110. 이상기체의 가역 폴리트로픽 과정은 다음과 같다. 이에 대한 설명으로 옳은 것은? (단, P는 압력, v는 비체적, C는 상수이다.)

$$Pv^n = C$$

① n=0이면 등온과정
② n=1이면 정적과정
③ n=∞이면 정압과정
④ n=k(비열비)이면 단열과정

가역 폴리트로픽 과정
$PV^n = C$
$n = 0$이면 $P = C$(등압과정)
$n = 1$이면 $PV = C$(등온과정)
$n = k$이면 $PV^k = C$(단열과정)
$n = \infty$이면 $V = C$(정적과정)

111. 폴리트로픽 변화를 표시하는 식 $PV^n = C$에서 $n = k$일 때의 변화는? (단, k는 비열비다.)

① 등압변화 ② 등온변화
③ 등적변화 ④ 가역단열변화

$PV^n = C$ (폴리트로픽 변화)
① $n = 0$이면 $P = C$: 정압변화
② $n = 1$이면 $PV = C$
  ∴ $T =$ 일정 : 등온과정
③ $n = k$이면 $PV^k = C$: 단열과정
④ $n = \infty$이면 $PV^\infty = C$: 정적과정

112. 폴리트로픽 과정 $PV^n = C$에서 지수 $n = \infty$인 경우는 어떤 과정인가?

① 등온과정 ② 정적과정
③ 정압과정 ④ 단열과정

$PV^n = C$
① $n = 0$이면 $P = C$: 정압변화
② $n = 1$이면 $PV = C$: 등온과정
③ $n = k$이면 $PV^k = C$: 단열과정
④ $n = \infty$이면 $PV^\infty = C$: 정적과정

113. 10^5 Pa, 15℃의 공기가 $n = 1.3$인 폴리트로픽 과정(Polytropic process)으로 변화하여 7×10^5 Pa로 압축되었다. 압축 후의 온도는 약 몇 ℃인가?

① 187℃ ② 193℃
③ 165℃ ④ 178℃

폴리트로픽 과정
$\dfrac{T_2}{T_1} = \left(\dfrac{V_1}{V_2}\right)^{n-1} = \left(\dfrac{P_2}{P_1}\right)^{\frac{n-1}{n}}$

$T_2 = T_1 \times \left(\dfrac{P_2}{P_1}\right)^{\frac{n-1}{n}}$

$\quad = (273 + 15) \times \left(\dfrac{7 \times 10^5}{10^5}\right)^{\frac{1.3-1}{1.3}}$

$\quad = 451K = 178℃$

Answer 110. ④ 111. ④ 112. ② 113. ④

제3장 이상기체(Ideal Gas)

114. 70kPa에서 어떤 기체의 체적이 12m^3이었다. 이 기체를 800kPa까지 폴리트로픽 과정으로 압축했을 때 체적이 2m^3으로 변화했다면, 이 기체의 폴리트로픽 지수는 약 얼마인가?

① 1.21　　② 1.28
③ 1.36　　④ 1.43

☞ 폴리트로픽 과정
$P_1 V_1^n = P_2 V_2^n = C$이므로
$70 \cdot 12^n = 800 \cdot 2^n$
$(\frac{12}{2})^n = \frac{800}{70} \to 6^n = \frac{80}{7}$
양변에 ln를 취하면
$\ln 6^n = \ln \frac{80}{7} \to n \ln 6 = \ln \frac{80}{7}$
$\therefore n = \frac{\ln \frac{80}{7}}{\ln 6} = 1.36$

115. 질량 1kg의 공기가 밀폐계에서 압력과 체적이 100kPa, 1m^3이었는데 폴리트로픽 과정(PV^n=일정)을 거쳐 체적이 0.5m^3이 되었다. 최종 온도(T_2)와 내부에너지의 변화량(ΔU)은 각각 얼마인가? (단, 공기의 기체상수는 287J/kg·K, 정적비열은 718J/kg·K, 정압비열은 1005J/kg·K, 폴리트로픽 지수는 1.30이다.)

① T_2=459.7K, ΔU=111.3kJ
② T_2=459.7K, ΔU=79.9kJ
③ T_2=428.9K, ΔU=80.5kJ
④ T_2=428.9K, ΔU=57.8kJ

☞ ① 초기 온도
$PV = mRT \to T = \frac{PV}{mR} = \frac{100 \times 1}{1 \times 0.287}$
$= 348.4\text{K}$
② 최종 온도
$\frac{T_2}{T_1} = \left(\frac{V_1}{V_2}\right)^{n-1} = \left(\frac{P_2}{P_1}\right)^{\frac{n-1}{n}}$
$T_2 = T_1 \times \left(\frac{V_1}{V_2}\right)^{n-1} = 348.4 \times \left(\frac{1}{0.5}\right)^{1.3-1}$
$= 428.93\text{K}$
③ 내부에너지 변화량
$\Delta U = U_2 - U_1$
$= -\frac{(n-1)}{(k-1)} \times \frac{R}{n-1}(T_1 - T_2)$
$= -\frac{1.3-1}{1.4-1} \times \frac{0.287}{1.3-1}(348.4 - 428.93)$
$= 57.8\text{kJ}$
(여기서, $k = \frac{C_p}{C_v} = \frac{1005}{718} = 1.4$)

116. 실린더 내부에 기체가 채워져 있고 실린더에는 피스톤이 끼워져 있다. 초기 압력 50kPa, 초기 체적 0.05m^3인 기체를 버너로 $PV^{1.4}$= constant가 되도록 가열하여 기체 체적이 0.2m^3이 되었다면, 이 과정 동안 시스템이 한 일은?

① 1.33kJ　　② 2.66kJ
③ 3.99kJ　　④ 5.32kJ

☞ ① 폴리트로픽 변화
$\frac{T_2}{T_1} = \left(\frac{V_1}{V_2}\right)^{n-1} = \left(\frac{P_2}{P_1}\right)^{\frac{n-1}{n}}$
② 팽창 후 압력
$\left(\frac{v_1}{v_2}\right)^{n-1} = \left(\frac{P_2}{P_1}\right)^{\frac{n-1}{n}}$
$P_2 = P_1 \times \left(\frac{v_1}{v_2}\right)^n = 50 \times \left(\frac{0.05}{0.2}\right)^{1.4} = 7.18\text{kPa}$
③ 시스템이 한 일
$_1W_2 = -m(u_2 - u_1) = -mC_v(T_2 - T_1)$
$= \frac{mR}{1-k}(T_2 - T_1)$
$= \frac{P_2 V_2 - P_1 V_1}{1-k} = \frac{P_1 V_1 - P_2 V_2}{k-1}$

Answer　114. ③　115. ④　116. ②

$$= \frac{(50 \times 0.05)-(7.18 \times 0.2)}{1.4-1} = 2.66\,\text{kJ}$$

117. 피스톤이 끼워진 실린더 내에 들어 있는 기체가 계로 있다. 이 계에 열이 전달되는 동안 "$PV^{1.3}$=일정"하게 압력과 체적의 관계가 유지될 경우 기체의 최초압력 및 체적이 200kPa 및 0.04m³이었다면 체적이 0.1m³로 되었을 때 계가 한 일(kJ)은?

① 약 4.35 ② 약 6.41
③ 약 10.56 ④ 약 12.37

👆 ① 폴리트로픽 변화

$$\frac{T_2}{T_1} = \left(\frac{v_1}{v_2}\right)^{n-1} = \left(\frac{P_2}{P_1}\right)^{\frac{n-1}{n}}$$

② 팽창 후 압력(P_2)

$$\left(\frac{v_1}{v_2}\right)^{n-1} = \left(\frac{P_2}{P_1}\right)^{\frac{n-1}{n}}$$

$$P_2 = P_1 \times \left(\frac{v_1}{v_2}\right)^n = 200 \times \left(\frac{0.04}{0.1}\right)^{1.3}$$

$$= 60.8\,\text{kPa}$$

③ 계가 한 일

$$_1W_2 = \frac{P_1V_1 - P_2V_2}{n-1}$$

$$= \frac{(200 \times 0.04)-(60.8 \times 0.1)}{1.3-1}$$

$$= 6.4\,\text{kJ}$$

118. 이상기체가 등온과정으로 부피가 2배로 팽창할 때 한 일이 W_1이다. 이 이상기체가 같은 초기 조건 하에서 폴리트로픽 과정($n=2$)으로 부피가 2배로 팽창할 때 W_1 대비 한 일은 얼마인가?

① $\dfrac{1}{2\ln 2} \times W_1$ ② $\dfrac{2}{\ln 2} \times W_1$
③ $\dfrac{\ln 2}{2} \times W_1$ ④ $2\ln 2 \times W_1$

👆 ① 등온과정 팽창일(W_1)
부피가 2배 팽창하므로 $V_2 = 2V_1$
$W_1 = GRT \ln(V_2/V_1)$
$\quad = GRT \ln(2V_1/V_1) = GRT \ln 2$

② 폴리트로픽 팽창일(W_2)
지수(n)=2, $V_2 = 2V_1$,
같은 초기 조건 $T = T_1$

$$W_2 = \frac{GRT_1}{n-1}\left\{1-\left(\frac{V_1}{V_2}\right)^{n-1}\right\}$$

$$= \frac{GRT}{2-1}\left\{1-\left(\frac{V_1}{2V_1}\right)^{2-1}\right\}$$

$$= \frac{1}{2}GRT = \frac{1}{2\ln 2} \times W_1$$

119. 압력 2MPa, 300℃의 공기 0.3kg이 폴리트로픽 과정으로 팽창하여, 압력이 0.5MPa로 변화하였다. 이때 공기가 한 일은 약 몇 kJ인가? (단, 공기는 기체상수가 0.287kJ/(kg·K)인 이상기체이고, 폴리트로픽 지수는 1.3이다.)

① 416 ② 157
③ 573 ④ 45

👆 공기가 한 일(W)

$$W = \frac{GRT_1}{n-1}\left\{1-\left(\frac{P_2}{P_1}\right)^{\frac{n-1}{n}}\right\}$$

$$= \frac{0.3 \times 0.287 \times 573}{1.3-1}\left\{1-\left(\frac{0.5 \times 10^3}{2 \times 10^3}\right)^{\frac{1.3-1}{1.3}}\right\}$$

$$= 45\,\text{kJ}$$

여기서 $T_1 = 300℃ = (300+273)\text{K} = 573\text{K}$

120. 가역 과정으로 실린더 안의 공기를 50kPa, 10℃ 상태에서 300kPa까지 압력(P)과 체적(V)의 관계가 다음과 같은 과정으로 압축할 때 단위 질량당 방출되는 열량은 약 몇 kJ/kg인가? (단, 기체 상수는 0.287kJ/(kg·K)이고,

Answer 117. ② 118. ① 119. ④ 120. ②

제3장 이상기체(Ideal Gas)

정적비열은 0.7kJ/(kg·K)이다.)

$$PV^{1.3}=일정$$

① 17.2 ② 37.2
③ 57.2 ④ 77.2

👉 ① 최종온도(T_2)

$$\frac{T_2}{T_1}=\left(\frac{V_1}{V_2}\right)^{n-1}=\left(\frac{P_2}{P_1}\right)^{\frac{n-1}{n}} \text{에서}$$

$$T_2 = T_1 \times \left(\frac{P_2}{P_1}\right)^{\frac{n-1}{n}}$$

$$= 283 \times \left(\frac{300}{50}\right)^{\frac{1.3-1}{1.3}} = 428K$$

여기서, $T_1 = 10℃ = (10+273)K = 283K$

② 방출되는 열량(Q)

$$Q = C_v(T_2 - T_1) + \frac{R}{n-1}(T_1 - T_2)$$

$$= 0.7(428-283) + \frac{0.287}{1.3-1}(283-428)$$

$$= -37.2 kJ/kg$$

여기서 "−"는 시스템에서 방출되는 열량을 의미한다.

121. 피스톤-실린더로 구성된 용기 안에 들어 있는 100kPa, 20℃ 상태의 질소 기체를 가역 단열압축하여 압력이 500kPa이 되었다. 질소의 정적 비열은 0.745kJ/kg·K이고, 비열비는 1.4이다. 질소 1kg당 필요한 압축일은 약 얼마인가?

① 102.7kJ/kg ② 127.5kJ/kg
③ 171.8kJ/kg ④ 240.5kJ/kg

👉 $\frac{T_2}{T_1}=\left(\frac{v_1}{v_2}\right)^{k-1}=\left(\frac{P_2}{P_1}\right)^{\frac{k-1}{k}}$

$$T_2 = T_1 \times \left(\frac{P_2}{P_1}\right)^{\frac{k-1}{k}}$$

$$=(273+20)\times\left(\frac{500}{100}\right)^{\frac{1.4-1}{1.4}}=464.1K$$

$$W = C_v(T_1 - T_2)$$
$$= 0.745(293-464.1) = -127.5 kJ/kg$$

122. 피스톤-실린더로 구성된 용기 안에 300kPa, 100℃ 상태의 CO_2가 0.2m³ 들어 있다. 이 기체를 "$PV^{1.2}$=일정"인 관계가 만족되도록 피스톤 위에 추를 더해가며 온도가 200℃가 될 때까지 압축하였다. 이 과정 동안 기체가 한 일을 구하면? (단, CO_2의 기체상수는 0.189kJ/kg·K이다.)

① −20kJ ② −60kJ
③ −80kJ ④ −120kJ

👉 ① 기체의 무게(m)

$PV = mRT$에서

$$m = \frac{PV}{RT} = \frac{300 \times 0.2}{0.189 \times (100+273)}$$

$$= 0.851 kg$$

② 기체가 한 일(W)

$$W = \frac{mRT_1}{n-1}\left(1-\frac{T_2}{T_1}\right)$$

$$= \frac{0.851 \times 0.189 \times (100+273)}{1.2-1}$$

$$\left(1-\frac{(200+273)}{(100+273)}\right)$$

$$= -80 kJ$$

123. 3kg의 공기가 들어 있는 실린더가 있다. 이 공기가 200kPa, 10℃인 상태에서 600kPa이 될 때까지 압축할 때 공기가 한 일은 약 몇 kJ인가? (단, 이 과정은 폴리트로픽 변화로서 폴리트로픽 지수는 1.3이다. 또한 공기의 기체상수는 0.287kJ/kg·K이다.)

① −285 ② −235
③ 13   ④ 125

👉 ① 압축 후 공기온도(T_2)

$T_1 = 10℃ = (10+273)K = 283K$

Answer 121. ② 122. ③ 123. ②

$$\frac{T_2}{T_1} = \left(\frac{P_2}{P_1}\right)^{\frac{n-1}{n}}$$

$$T_2 = T_1\left(\frac{P_2}{P_1}\right)^{\frac{n-1}{n}} = 283 \times \left(\frac{600}{200}\right)^{\frac{1.3-1}{1.3}}$$
$$= 364.7K$$

② 공기가 한 일(W)

$$W = m \times \frac{R}{n-1}(T_1 - T_2)$$
$$= 3 \times \frac{0.287}{1.3-1}(283 - 364.7) \fallingdotseq -235kJ$$

124. 그림과 같이 다수의 추를 올려놓은 피스톤이 장착된 실린더가 있는데, 실린더 내의 초기 압력은 300kPa, 초기 체적은 $0.05m^3$이다. 이 실린더에 열을 가하면서 적절히 추를 제거하여 폴리트로픽 지수가 1.3인 폴리트로픽 변화가 일어나도록 하여 최종적으로 실린더 내의 체적이 $0.2m^3$이 되었다면 가스가 한 일은 약 몇 kJ인가?

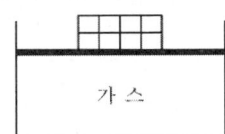

① 17   ② 18
③ 19   ④ 20

폴리트로픽 변화
① P, V, T 관계식

$$\frac{T_2}{T_1} = \left(\frac{V_1}{V_2}\right)^{n-1} = \left(\frac{P_2}{P_1}\right)^{\frac{n-1}{n}} \text{에서}$$

$$\left(\frac{V_1}{V_2}\right)^{n-1} = \left(\frac{P_2}{P_1}\right)^{\frac{n-1}{n}} \text{는} \left(\frac{V_1}{V_2}\right)^n = \left(\frac{P_2}{P_1}\right)$$

이므로

$$P_2 = P_1\left(\frac{V_1}{V_2}\right)^n = 300\left(\frac{0.05}{0.2}\right)^{1.3} = 49.48kPa$$

② 가스가 한 일

$$_1W_2 = \frac{1}{n-1}(P_1V_1 - P_2V_2)$$

$$= \frac{1}{1.3-1}(300 \times 0.05 - 49.48 \times 0.2)$$
$$= 17.01kJ$$

125. 준평형 과정으로 실린더 안의 공기를 100kPa, 300K 상태에서 400kPa까지 압축하는 과정 동안 압력과 체적의 관계는 "PV^n=일정(n=1.3)"이며, 공기의 정적비열은 C_v=0.717kJ/kg·K, 기체상수(R)=0.287kJ/kg·K이다. 단위 질량당 일과 열의 전달량은?

① 일=-108.2kJ/kg, 열=-27.11kJ/kg
② 일=-108.2kJ/kg, 열=-189.3kJ/kg
③ 일=-125.4kJ/kg, 열=-27.11kJ/kg
④ 일=-125.4kJ/kg, 열=-189.3kJ/kg

① 단위질량당 일(w)

$$w = \frac{RT_1}{n-1}\left\{1 - \left(\frac{P_2}{P_1}\right)^{\frac{n-1}{n}}\right\}$$

$$= \frac{0.287 \times 300}{1.3-1}\left\{1 - \left(\frac{400}{100}\right)^{\frac{1.3-1}{1.3}}\right\}$$

$$= -108.2kJ/kg$$

② 압축 후 온도(T_2)

$$\frac{T_2}{T_1} = \left(\frac{v_1}{v_2}\right)^{n-1} = \left(\frac{P_2}{P_1}\right)^{\frac{n-1}{n}} \text{에서}$$

$$\frac{T_2}{T_1} = \left(\frac{P_2}{P_1}\right)^{\frac{n-1}{n}}$$

$$T_2 = T_1 \times \left(\frac{P_2}{P_1}\right)^{\frac{n-1}{n}}$$

$$= 300 \times \left(\frac{400}{100}\right)^{\frac{1.3-1}{1.3}} = 413.1K$$

③ 비열비(k)

$$C_p - C_v = R$$
$$C_p = C_v + R = 0.717 + 0.287 = 1.004kJ/kgK$$
$$k = \frac{C_p}{C_v} = \frac{1.004}{0.717} = 1.4$$

④ 단위질량당 열전달량(q)

$$q = \frac{n-k}{n-1}C_v(T_2 - T_1)$$

Answer 124. ① 125. ①

제3장 이상기체(Ideal Gas)

$$= \frac{1.3-1.4}{1.3-1} \times 0.717(413.1-300)$$
$$= -27.03 \text{kJ/kg}$$

126. 어떤 물질에서 기체상수(R)가 0.189kJ/kg·K, 임계온도가 305K, 임계압력이 7380kPa이다. 이 기체의 압축성 인자(compressibility factor, Z)가 다음과 같은 관계식을 나타낸다고 할 때 이 물질의 20℃, 1000kPa 상태에서의 비체적(v)은 약 몇 m³/kg인가? (단, P는 압력, T는 절대온도, P_r은 환산압력, T_r은 환산온도를 나타낸다.)

$$Z = \frac{Pv}{RT} = 1 - 0.8\frac{P_r}{T_r}$$

① 0.0111   ② 0.0303
③ 0.0491   ④ 0.0554

👆 ① 환산온도 $T_r = \frac{T}{T_c} = \frac{293}{305} = 0.961$

② 환산압력 $P_r = \frac{P}{P_c} = \frac{1000}{7380} = 0.136$

③ 비체적(v)
$$Z = \frac{Pv}{RT} = 1 - 0.8\frac{P_r}{T_r}$$
$$\frac{1000 \times v}{0.189 \times 293} = 1 - 0.8\frac{0.136}{0.961}$$
∴ $v = 0.0491 \text{m}^3/\text{kg}$
여기서, T=20℃=(20+273)K=293K

127. Van der Waals 상태 방정식은 다음과 같이 나타낸다. 이 식에서 $\frac{a}{v^2}$, b는 각각 무엇을 의미하는 것인가? (단, P는 압력, v는 비체적, R은 기체상수, T는 온도를 나타낸다.)

$$(P + \frac{a}{v^2}) \times (v - b) = RT$$

① 분자 간의 작용 인력, 분자 내부 에너지
② 분자 간의 작용 인력, 기체 분자들이 차지하는 체적
③ 분자 자체의 질량, 분자 내부 에너지
④ 분자 자체의 질량, 기체 분자들이 차지하는 체적

👆 **반 데르 발스 방정식(이상기체 상태 방정식의 보정)**
실제 기체는 분자 간에 인력이 존재하고, 기체 분자 자체의 부피가 존재하기 때문에 이것을 무시한 이상 기체 상태 방정식에 잘 들어맞지 않는다. 이러한 실제 기체에 보다 정확하게 적용될 수 있는 반 데르발스가 고안한 상태방정식
$$(P + \frac{a}{v^2})(v - b) = RT$$
(여기서, a : 압력보정상수, b : 부피보정상수)
여기서 a와 b는 기체에 따라 다르며 실험에 의해 결정되는 상수들이다. a는 분사 간의 인력에 의존하고 b는 1몰의 분자들이 차지하는 부피를 나타낸다.

Answer 👆 126. ③ 127. ②

chapter 04 순수물질

1 순수물질의 상변화

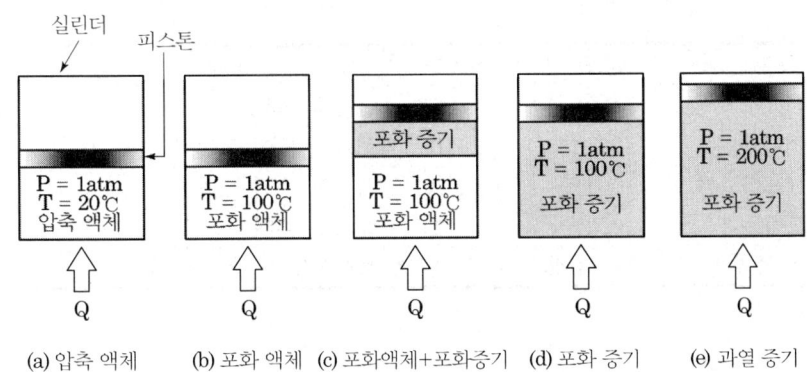

[물의 증발과정]

(a) 압축 액체   (b) 포화 액체   (c) 포화액체+포화증기   (d) 포화 증기   (e) 과열 증기

(a) 압축액 : 아직 포화상태에 도달하지 못한 물을 가열하면 온도 및 체적이 증가한다. 이 때 가해진 열량을 감열(sensible heat) 또는 액체열(heat of liquid)이라 한다.

(b) 포화액(saturated liquid) : 압축액을 계속 가열하면 온도상승은 멈추고, 증발이 일어나기 시작하는 상태에 도달한다(포화수, 포화액). 이때의 온도, 압력을 포화온도 및 포화압력(100℃, 760mmHg[101.35kPa])이라 한다.

(c) 습포화증기(wet saturated vapor) : 포화액에 열을 공급하면 증발이 일어나기 시작한다. 증발이 완료될 때까지 온도는 포화온도로 일정하게 유지되고, 액체가 기체로 바뀌면 체적은 급격히 증가한다. 증발과정에서 흡수하는 열을 증발잠열이라고 하고 습포화증기는 증기와 액체가 동시에 존재하게 된다. 만약 1kg의 습포화증기 중에 x kg이 증

기라면 $(1-x)$kg은 액체이다.

건도(x) → $x=0$: 포화액, $0<x<1$: 습증기, $x=1$: 건포화증기

(d) 건포화증기(dry saturated vapor) : 증발이 일어나기 시작한 상태에서 계속 열을 공급하면 그림 (d)와 같이 액체가 모두 증발하여 증기만 존재한다. 이와 같은 상태를 건포화증기 또는 건증기라 한다.

(e) 과열증기(superheated vapor) : 건포화증기를 계속 가열하면 증기의 온도는 포화온도보다 높게 된다. 그림 (e)와 같은 증기를 과열증기라 한다.

■ **과열도(Degree of Superheat)**
과열도=과열증기의 온도-동일 압력의 포화온도
→ 과열도를 높이면 증기는 이상기체의 성질에 가까워진다.

구분	온도	건조도	상태	비고
과냉액(액체)	100℃ 이하	$x=0$	압축액(액체)	a
포화액(포화수)	100℃	$x=0$	포화 온도에 도달한 압축액	b
습증기(포화증기)	100℃	$0<x<1$	액체와 증기가 공존	c
건포화증기	100℃	$x=1$	증기로 존재	d
과열증기	100℃ 이상	$x=1$	포화온도 이상의 증기	e

2 증기의 등압선

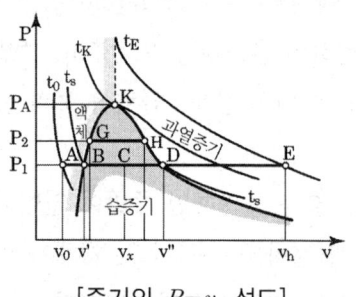
[증기의 $P-v$ 선도]

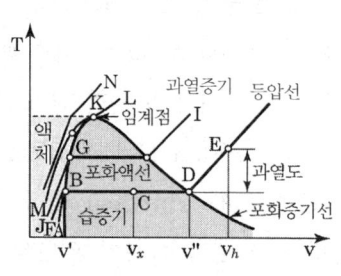
[증기의 $T-v$ 선도]

3 증기의 열적 상태량

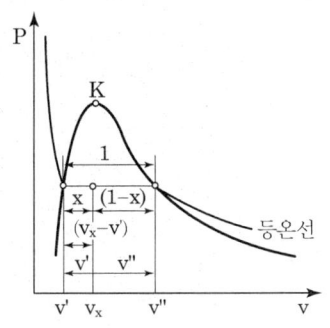
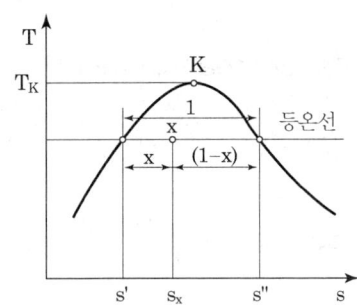

(1) 습증기의 건도(건조도)

습증기 1kg 속에 $x$kg이 증기이고, $(1-x)$kg가 액체일 때 x를 습증기의 건도(dryness fraction 또는 질, quality)라 하고, 습도(습기도, wetness fraction)는 $1-x$이다.

$$x(습증기의\ 건도) = \frac{습증기\ 1kg\ 중에\ 포함되어\ 있는\ 건포화증기량}{습증기\ 1kg}$$

(2) 포화액(saturated liquid)

① 비엔탈피$(h') = h_0 + \int_{273}^{T_s} C_p dT$

② 비엔트로피$(s') = s_0 + \int_{273}^{T_s} \frac{C_p dT}{T} = s_0 + C_p \ln \frac{T_s}{273}$

(3) 습증기의 $v_x,\ u_x,\ h_x,\ s_x$

① 비체적$(v_x) = v' + x(v'' - v')$

② 비내부에너지$(u_x) = u' + x(u'' - u')$

③ 비엔탈피$(h_x) = h' + x(h'' - h')$

④ 비엔트로피$(s_x) = s' + x(s'' - s')$

제4장 순수물질

(4) 건포화증기(dry saturated vapor)

① 비엔탈피$(h_x) = h' + x(h'' - h') = h' + xr$

② 비엔트로피$(s_x) = s' + x(s'' - s') = s' + x\dfrac{r}{T_s}$

(5) 과열증기(superheated vapor)

① 비엔탈피$(h) = h'' + \displaystyle\int_{T_S}^{T} C_p \, dT$

② 비엔트로피$(s) = s'' + \displaystyle\int_{T_S}^{T} C_p \dfrac{dT}{T} = s'' + C_p \ln \dfrac{T}{T_S}$

(6) 증기의 상태식

실제의 가스도 증기의 온도가 매우 높거나 압력이 아주 낮으면 완전가스의 상태식 $Pv = RT$를 적용할 수 있으나 보통의 실제가스는 분자 간의 인력 및 분자 자신의 체적 때문에 $Pv \neq RT$가 된다. 그러므로 실제가스의 상태식은 다음과 같은 반데르 발스(Van der Waals)식을 적용한다.

$$\left(P + \dfrac{a}{v^2}\right)(v - b) = RT$$

  a : 기체의 종류에 따라 정해지는 상수(분자 사이의 상호작용의 세기)
  b : 기체의 종류에 따라 정해지는 상수(유체를 이루는 입자가 차지하는 부피)
  $\dfrac{a}{v^2}$: 분자 간의 인력이 압력에 미치는 영향을 수정하는 항
  v : 1kgf의 기체 중에 포함하는 차지하는 체적
  $v - b$: 분자가 자유로이 운동할 수 있는 체적

4 증기표 및 증기선도

(1) 증기표

포화액, 건포화증기 및 과열증기의 열역학적 상태량을 측정하여 이를 기초로 계산한 결

과를 종합한 것

1) 포화증기표

포화액 및 건포화증기의 포화온도 및 포화압력에 대한 비체적(v), 엔탈피(h), 증발열(r), 엔트로피(s) 등의 값을 나타내고 있다.

증기표에 없는 온도나 압력에 대해서는 보간법 등에 의해 구할 수 있다.

2) 과열증기표

각각의 압력에 대한 온도를 기준으로 과열증기의 성질을 표시한다. 증기표에는 내부에너지의 값이 주어지지 않으므로 $u = h - APdv$의 식으로 구할 수 있다.

(2) 증기선도

상태량(P, V, T, h, s) 중에서 2개의 양을 가로, 세로의 좌표로 하여 각 성질의 변화를 표시한 것

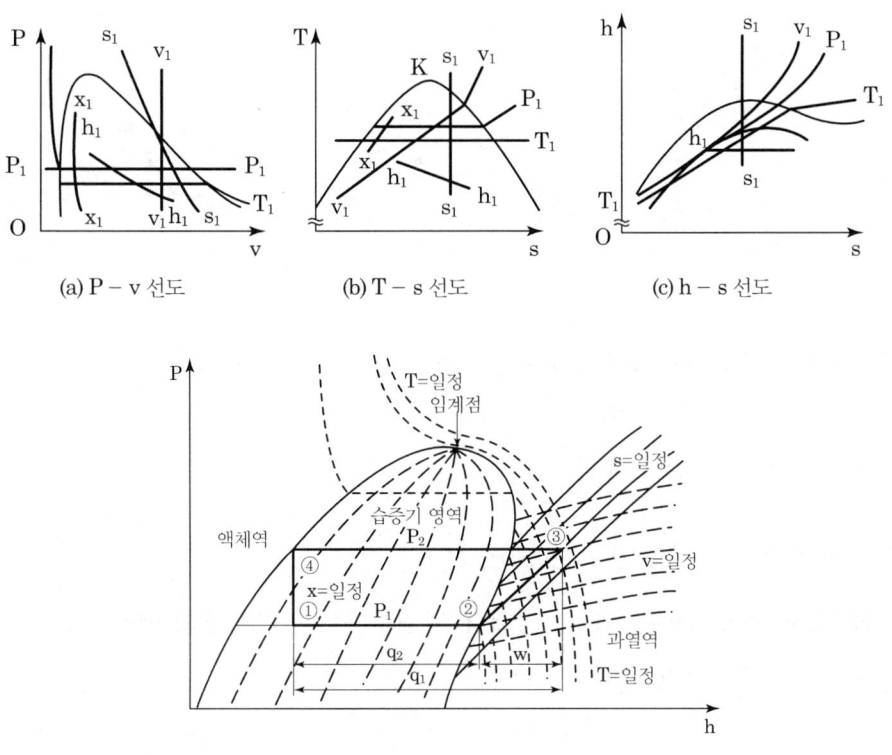

(a) P – v 선도   (b) T – s 선도   (c) h – s 선도

(d) P – h 선도

① $P-v$(압력-비체적) 선도 : 지압선도라고도 하며, 일은 이 선도상의 면적으로 표시한다.
② $T-s$(온도-엔트로피) 선도 : 증기가 상태변화를 하는 동안 주고 받은 열량은 면적으로 나타낼 수 있다.
③ $h-s$(엔탈피-엔트로피) 선도 : 몰리에르 선도라고도 하며, 증기의 등엔탈피, 등엔트로피 변화와 교축변화의 해석에 주로 이용된다.
④ $P-h$(압력-엔탈피) 선도 : 주로 냉동사이클의 해석에 이용된다.

5 증기의 상태변화

(1) 등적변화($v_1 = v_2 = C$)

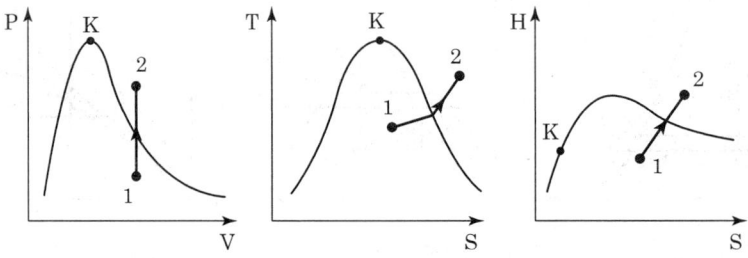

① 출입열량 : $dq = du + Pdv\,(dv=0) = du$
$\qquad\qquad\quad = dh - vdP$

② 절대일 : $W_a = PdV = 0$

③ 공업일 : $W_t = -\int vdP = -v(P_2 - P_1)$

등적과정에서 절대일은 없고, 가열량은 내부에너지로만 변화한다.
※ $v_1 = v_1' + x_1(v_1'' - v_1')$, $v_2 = v_2' + x_2(v_2'' - v_2')$

(2) 등압변화($P_1 = P_2 = C$)

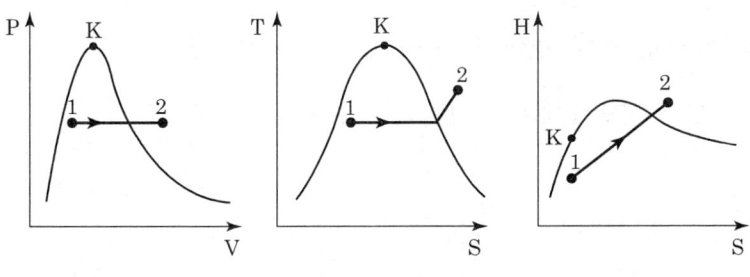

[증기의 정압변화]

① 출입열량 : $dq = \int_1^2 du + \int_1^2 P dv = u_2 - u_1 + P(v_2 - v_1) = h_2 - h_1$

② 절대일 : $W_a = \int_1^2 P dv = P(v_2 - v_1)$

③ 공업일 : $W_t = -\int_1^2 v dP = 0$

등압변화에서 공업일은 없고 가열량은 엔탈피 변화량과 같다.

(3) 등온변화($T_1 = T_2 = C$)

등온변화는 습증기 구역에서는 등온선이 등압선과 일치하는 특징을 가지고 있다.

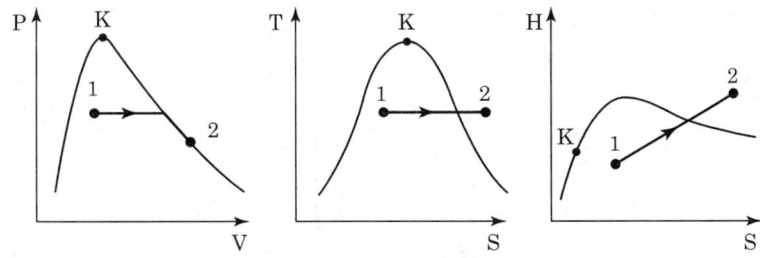

① 출입열량 : $dq = \int_1^2 du + \int_1^2 P dv = \int_1^2 T ds = T(s_2 - s_1)$

② 절대일 : $W_a = \int_1^2 P dv = {}_1q_2 - (u_2 - u_1)$

③ 공업일 : $W_t = -\int_1^2 vdP = {}_1q_2 - (h_2 - h_1) = W_a + P_1v_1 - P_2v_2$

(4) 단열변화($q_1 = q_2 = C,\ dq = 0,\ s_1 = s_2 = C,\ ds = 0$)

T-s 선도 및 h-s 선도상에서 단열변화는 수직선으로 표시된다.

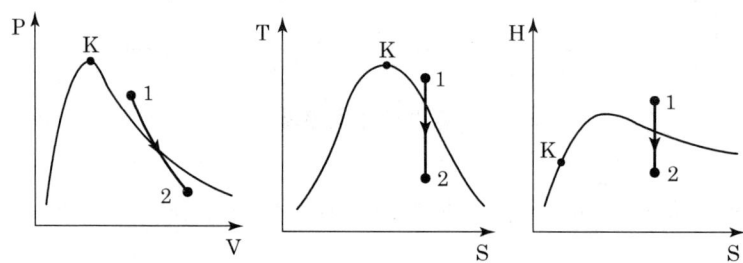

① 출입열량 : $q_1 = q_2 = C,\ dq = 0$

② 절대일 : $W_a = \int_1^2 Pdv = -\int_1^2 du = (u_2 - u_1) = du$

③ 공업일 : $W_t = -\int_1^2 vdP = h_2 - h_1 = dh$

단열변화에서 공업일은 엔탈피 변화와 같다.

습증기를 가역 단열 압축시키면 건조도는 "증가" 또는 "감소"된다.

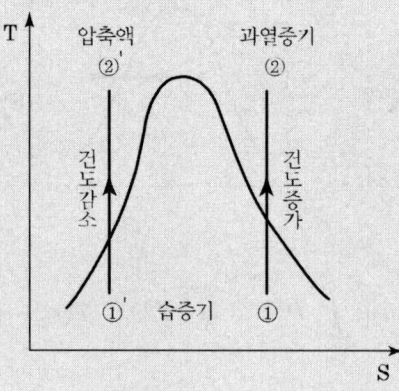

(5) 교축과정(throttling : 등엔탈피 과정)

유로의 도중에 밸브, 콕(cock), 세공 등을 두어서 유로의 단면을 급격히 좁게 할 때 이 부분을 지나는 가스 또는 증기는 마찰이나 와류 때문에 유체의 압력이 떨어진다. 이와 같은 압력강하 현상을 교축(throttling)이라고 한다. 압력강하는 와류의 발생이나 흐름의 마찰에 의해서 일어나므로 교축현상은 대표적인 비가역과정이다. 이상기체의 엔탈피는 온도만의 함수이므로 교축과정 시(등엔탈피 과정) 온도가 변하지 않고, 실제 기체에서는 떨어지게 되는데 이 현상을 줄-톰슨(Joule-Thomson) 효과라고 한다. 예를 들면 200기압의 공기를 진공 중에 분출시켜서 1기압으로 강하시키면 온도는 45℃나 내려간다. 이 성질은 공기를 액화하거나 탄산가스를 고체화하는 등에 이용되고 있다.

> **참고**
>
> **줄-톰슨(Joule-Thomson) 효과**
>
> 압축한 기체를 단열된 좁은 구멍에 분출시키면 온도가 변하는 현상이다. 분자 간 상호작용에 의해 온도가 변하는 것으로, 공기를 액화시킬 때나 냉매의 냉각에 응용되는 현상이다.
>
> 줄-톰슨 계수 $\mu_{JT} = \left(\dfrac{\partial T}{\partial P}\right)_h$
>
> ① 교축(등엔탈피 과정) 중에 압력강하에 따라 온도가 감소하면 양수, 증가하면 음수이다.
> ② 이상기체의 경우(높은 온도 또는 낮은 압력) 0이다.
> ③ 실제 유체의 경우 높은 압력에서는 음수이면 대체로 낮은 온도에서만 양수이다.
> ④ 액체상태에서는 항상 양수이다.

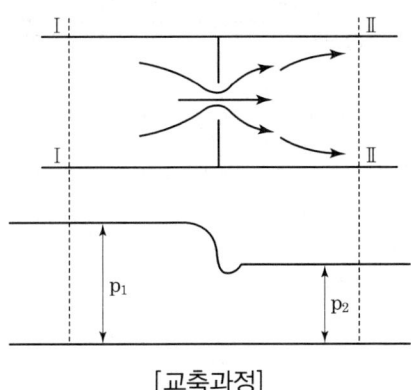

[교축과정]

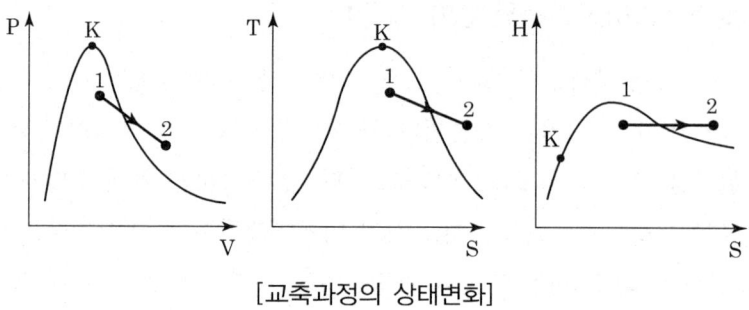

[교축과정의 상태변화]

(6) 삼중점(triple point)

불순물이 들어 있지 않는 순수물질이 고체상, 액체상, 기체상 등의 3상이 모두 평형을 이루어 공존하는 점으로, 물의 삼중점 온도와 압력은 0.01℃(273.16K)와 0.6113kPa(4.58mmHg)이다.

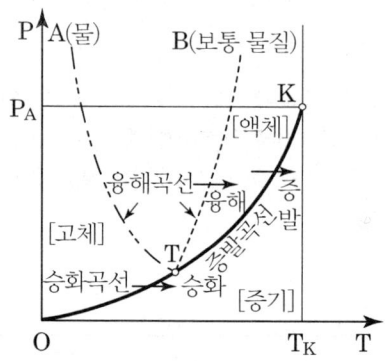

제2-1편 공조냉동 설계(열역학)

chapter 04 출·제·예·상·문·제

01. 물질의 상태에 관한 설명으로 옳은 것은?
① 압력이 포화압력보다 높으면 과열증기 상태이다.
② 온도가 포화온도보다 높으면 압축액체이다.
③ 임계압력 이하의 액체를 가열하면 증발현상을 거치지 않는다.
④ 포화상태에서 압력과 온도는 종속관계에 있다.

① 압력이 포화압력보다 높으면 과열증기 또는 압축액체이다.
② 온도가 포화온도보다 높으면 압축액체 또는 과열증기이다.
③ 임계압력 이상의 액체를 가열하면 증발현상을 거치지 않는다.

02. 다음 설명 중 옳은 것은?
① 잠열은 0℃의 물을 가열하여 100℃의 증기로 변할 때까지 가하여진 열량이다.
② 잠열은 100℃의 물이 증발하는 데 필요한 열량으로서 증기의 압력과는 관계없이 일정하다.
③ 임계점에서는 물과 증기의 비체적이 같다.
④ 증기의 정적비열은 정압비열보다 항상 크다.

① 잠열은 물질의 온도 변화없이 상태변화에만 필요한 열이므로 100℃의 물을 가열하여 100℃의 증기로 변할 때까지 가하여진 열량이다.
② 잠열은 100℃의 물이 증발하는 데 필요한 열량으로서 증기의 압력에 따라 값이 변한다.
④ 증기의 정압비열은 정적비열보다 항상 크다. 그 이유는 분자운동에너지가 정적비열보다 정압비열이 언제나 크기 때문이다.

03. 다음 중 순수물질이 아닌 것은?
① 포화상태의 물
② 물과 수증기의 혼합물
③ 얼음과 물의 혼합물
④ 액체공기와 기체공기의 혼합물

공기
질소, 산소, 기타 가스로 혼합되어 있는 기체 혼합물이다.

04. 순수물질이 기체-액체 평형상태(포화상태)에 있다. 다음 설명 중 일반적으로 성립하지 않는 것은?
① 각 상의 온도가 같다.
② 각 상의 압력이 같다.
③ 각 상의 비체적이 다르다.
④ 각 상의 엔탈피가 같다.

순수물질에 있어서 평형상태는 온도와 압력에 의해 정해지며 기체-액체 평형상태에서는 일반적으로 각 상의 온도와 압력이 같다.

05. 밀폐계 내에 있는 순수물질의 포화액체를 압력을 일정하게 유지하면서 열을 가하여 포화증기로 만들 경우 다음 사항 중 틀린 것은?

Answer 01. ④ 02. ③ 03. ④ 04. ④ 05. ①

제4장 순수물질 **393**

① 온도가 증가한다.
② 건도가 1이 된다.
③ 비체적이 증가한다.
④ 내부에너지가 증가한다.

👉 압력이 일정한 상태에서 순수물질의 열을 가하여 포화증기로 만들 경우 온도는 일정하다.

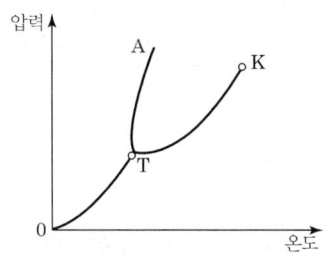

06. 다음 그림은 순수물질의 압력-온도 선도이다. 옳게 설명한 것은?

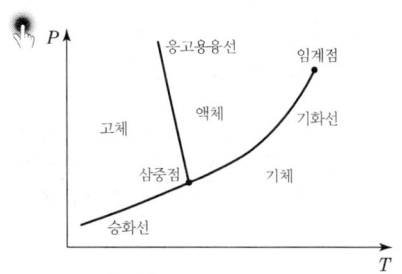

① K는 임계점이고, TA는 융해곡선이다.
② T는 임계점이고, OT는 증발곡선이다.
③ K는 임계점이고, TK는 승화곡선이다.
④ T는 임계점이고, OT는 승화곡선이다.

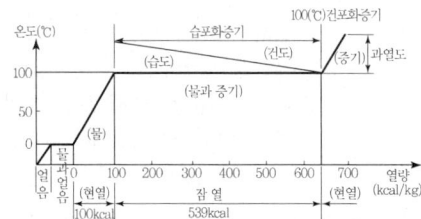

07. 그림은 압력-온도 선도이다. 다음 설명 중 틀린 것은?

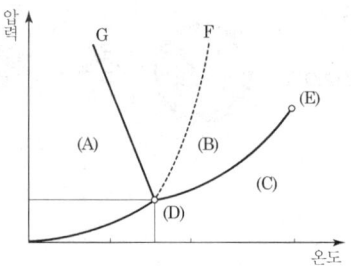

① (A)는 고체, (B)는 액체, (C)는 기체이다.
② (D)는 삼중점으로 물의 경우 압력은 대기압보다 낮다.
③ (E)는 임계점이다.
④ 융해곡선으로서 물은 파선 F에, 그 밖의 대부분의 물질은 실선 G에 해당한다.

👉 ④ 융해곡선으로서 물은 실선 G에 해당한다.

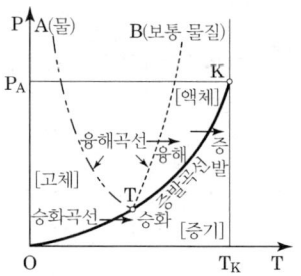

08. 포화액체와 포화증기의 구분이 없어지는 상태가 물의 경우 고온고압에서 나타난다. 이 상태를 표시하는 점을 무엇이라고 하는가?

① 삼중점   ② 포화점
③ 임계점   ④ 비점

👉 **임계점**(critical point)
액체와 기체의 두 상태를 서로 분간할 수 없게 되는 임계상태에서의 온도와 이때의 증기압이다. 따라서 이 점까지만 액체가 존재할 수 있다.

09. 임계점 및 삼중점에 대한 설명 중 맞는 것은?

Answer 👉 06. ① 07. ④ 08. ③ 09. ④

① 헬륨이 상온에서 기체로 존재하는 이유는 임계온도가 상온보다 훨씬 높기 때문이다.
② 초임계 압력에서는 두 개의 상이 존재한다.
③ 물의 삼중점 온도는 임계온도보다 높다.
④ 임계점에서는 포화액체와 포화증기의 상태가 동일하다.

> ① 헬륨이 상온에서 기체로 존재하는 이유는 임계온도가 상온보다 훨씬 낮기 때문이다.
> ② 초임계 압력에서는 한 개의 상이 존재한다.
> ③ 물의 삼중점 온도는 임계온도보다 낮다.

10. 순수물질의 임계점(critical point)에 관한 설명으로 틀린 것은?

① 기체, 액체, 고체가 공존한다.
② 임계점은 물질마다 다르다.
③ 증발잠열(latent heat)이 0이다.
④ 액체와 증기의 밀도가 같다.

> ① 기체와 액체의 구분이 사라진다.

11. 과열증기에 대한 설명 중 옳은 것은?

① 습포화증기에 압력을 높인 것이다.
② 습포화증기에 열을 가한 것이다.
③ 건조포화증기에 압력을 낮춘 것이다.
④ 일정한 압력조건에서 포화증기의 온도를 높인 것이다.

> **과열증기**
> 일정한 압력하에서 (건조)포화증기를 가열하여 포화온도 이상으로 온도를 높인 증기

12. 다음 열역학적 내용에 대한 설명 중 옳은 것은?

① 포화압력이 증가할수록 포화증기와 포화액에 대한 비체적의 차이는 증가한다.
② 일반화된 압축성 선도와 임계상태값을 알면 주어진 조건에서 기체가 이상기체 거동을 따르는지 알 수 있다.
③ 압축액체는 동일한 온도 조건에서 압력이 증가할 때, 비체적과 엔탈피 변화는 거의 없고 엔트로피는 상당히 증가한다.
④ 엔탈피 이탈선도 및 엔트로피 이탈선도는 이상기체의 엔탈피와 엔트로피 값을 결정하기 위하여 사용된다.

> ① 포화압력이 증가할수록 포화증기와 포화액에 대한 비체적의 차이는 감소하게 되고 포화압력이 증가해 임계압력에 도달하게 되면 액체와 기체의 두 상태가 서로 분간할 수 없게 되는 임계상태가 된다.
> ③ 압축액체는 동일한 온도 조건에서 압력이 증가할 때, 비체적은 감소하고 엔탈피 및 엔트로피는 증가한다.
> ④ h-s(엔탈피-엔트로피) 선도는 증기의 등엔탈피, 등엔트로피 변화와 교축변화의 해석에 주로 이용된다.

13. 체적이 $1m^3$인 용기에 물이 5kg 들어 있으며 그 압력을 측정해보니 500kPa이었다. 이 용기에 있는 물 중에 증기량(kg)은 얼마인가? (단, 500kPa에서 포화액체의 비체적은 $0.001093m^3/kg$, 포화증기 비체적은 $0.37489m^3/kg$이다.)

① 0.005 ② 0.94
③ 1.87   ④ 2.66

> ① 물 $1kg=0.001m^3$, 물 $5kg=0.005m^3$
> ② 수증기 체적=전체 체적-물 체적
> $=1-0.005=0.995m^3$
> ③ 수증기(kg)$=\dfrac{0.995m^3}{0.37489m^3/kg}=2.66kg$

14. 습증기 상태에서 엔탈피 h를 구하는 식은?

Answer 10. ① 11. ④ 12. ② 13. ④ 14. ②

(단, h_f는 포화액의 엔탈피, h_g는 포화증기의 엔탈피, x는 건도이다.)

① $h = h_f + (xh_g - h_f)$
② $h = h_f + x(h_g - h_f)$
③ $h = h_g + (xh_f - h_g)$
④ $h = h_g + x(h_g - h_f)$

👉 습증기의 상태량
① 비체적 $v = v_f + x(v_g - v_f)$
② 내부에너지 $u = u_f + x(u_g - u_f)$
③ 엔탈피 $h = h_f + x(h_g - h_f)$
④ 엔트로피 $s = s_f + x(s_g - s_f)$

15. 과열증기를 냉각시켰더니 포화영역 안으로 들어와서 비체적이 $0.2327\text{m}^3/\text{kg}$이 되었다. 이때 포화액과 포화증기의 비체적이 각각 $1.079 \times 10^{-3}\text{m}^3/\text{kg}$, $0.5243\text{m}^3/\text{kg}$이라면 건도는 얼마인가?

① 0.964　　② 0.772
③ 0.653　　④ 0.443

👉 습증기의 건도(x)
$v = v_f + x(v_g - v_f)$
$x = \dfrac{v - v_f}{v_g - v_f} = \dfrac{0.2327 - 1.079 \times 10^{-3}}{0.5243 - 1.079 \times 10^{-3}} = 0.443$

16. 압력 2.5kg/cm^2에서 포화온도는 $-20℃$이고, 이 압력에서의 포화액 및 포화증기의 비체적 값이 각각 0.74L/kg, $0.09254\text{m}^3/\text{kg}$일 때, 압력 2.5kg/cm^2에서 건도(x)가 0.98인 습증기의 비체적(m^3/kg)은 얼마인가?

① 0.08050　　② 0.00584
③ 0.06754　　④ 0.09070

👉 ① 포화액의 비체적
$v_f = 0.74\text{L/kg}$
$= (0.74 \times 10^{-3})\text{m}^3/\text{kg} = 0.00074\text{m}^3/\text{kg}$
② 포화증기의 비체적
$v_g = 0.09254\text{m}^3/\text{kg}$
③ 습증기의 비체적
$v = v_f + x(v_g - v_f)$
$= 0.00074 + 0.98(0.09254 - 0.00074)$
$= 0.0907\text{m}^3/\text{kg}$

17. 체적이 0.01m^3인 밀폐용기에 대기압의 포화혼합물이 들어 있다. 용기 체적의 반은 포화액체, 나머지 반은 포화증기가 차지하고 있다면, 포화혼합물 전체의 질량과 건도는? (단, 대기압에서 포화액체와 포화증기의 비체적은 각각 $0.001044\text{m}^3/\text{kg}$, $1.6729\text{m}^3/\text{kg}$이다.)

① 전체 질량 : 0.0119kg, 건도 : 0.50
② 전체 질량 : 0.0119kg, 건도 : 0.00062
③ 전체 질량 : 4.792kg, 건도 : 0.50
④ 전체 질량 : 4.792kg, 건도 : 0.00062

👉 ① 포화액체의 질량
$m_f = \dfrac{1}{2} \times \dfrac{1}{v_f} \times V_f$
$= \dfrac{1}{2} \times \dfrac{1}{0.001044} \times 0.01 = 4.789\text{kg}$
② 포화증기의 질량
$m_g = \dfrac{1}{2} \times \dfrac{1}{v_g} \times V_g = \dfrac{1}{2} \times \dfrac{1}{1.6729} \times 0.01$
$= 0.00299\text{kg}$
③ 포화수 전체 질량
$m = m_f + m_g = 4.789 + 0.00299 = 4.792\text{kg}$
④ 건도
$v = v_f + x(v_g - v_f)$
$\dfrac{0.01}{4.792} = 0.001044 + x(1.6729 - 0.001044)$
$\therefore x = 0.00062$

Answer 15. ④　16. ④　17. ④

18. 어떤 습증기의 엔트로피가 6.78kJ/kg·K라고 할 때 이 습증기의 엔탈피는 약 몇 kJ/kg인가? (단, 이 기체의 포화액 및 포화증기의 엔탈피와 엔트로피는 다음과 같다.)

구분	포화액	포화증기
엔탈피 (kJ/kg)	384	2666
엔트로피 (kJ/kg·K)	1.25	7.62

① 2365 ② 2402
③ 2473 ④ 2511

👉 **습증기의 상태량**
① 건도(x)
$$s = s' + x(s'' - s')$$
$$x = \frac{s-s'}{s''-s'} = \frac{6.78-1.25}{7.62-1.25} = 0.868$$
② 엔탈피(h)
$$h = h' + x(h'' - h')$$
$$= 384 + 0.868(2666-384) = 2365 kJ/kg$$

19. 압력 1MPa, 건도 0.89인 습증기 100kg을 일정 압력의 조건에서 엔탈피가 3052kJ/kg인 300℃의 과열증기로 되는 데 필요한 열량(kJ)은? (단, 1MPa에서 포화액의 엔탈피는 759kJ/kg, 증발잠열은 2018kJ/kg이다.)

① 44208 ② 49698
③ 229311 ④ 103432

👉 ① 습증기 엔탈피
$$h_1 = h' + xh = 759 + 0.89 \times 2018$$
$$= 2555.02 kJ/kg$$
② 과열증기 엔탈피
$$h_2 = 3052 kJ/kg$$
③ 필요 열량
$$G \cdot \Delta h = G(h_2 - h_1)$$
$$= 100 \times (3052 - 2555.02) = 49698 kJ$$

20. 포화상태량 표를 참조하여 온도 −42.5℃, 압력 100kPa 상태의 암모니아 엔탈피를 구하면?

암모니아의 포화상태량 표		
온도 (℃)	압력 (kPa)	포화액체엔탈피 (kJ/kg)
−45	54.5	−21.94
−40	71.7	0
−35	93.2	22.06
−30	119.5	44.26

① −10.97kJ/kg ② 11.03kJ/kg
③ 27.80kJ/kg ④ 33.16kJ/kg

👉 **보간법으로 계산**

온도(℃)	포화액체엔탈피(kJ/kg)
−45	−21.94
−42.5	x
−40	0

5℃ : −21.94kJ/kg = 2.5℃ : x
$$\therefore x = \frac{2.5 \times (-21.94)}{5} = -10.97 kJ/kg$$

21. 순수물질의 압력을 일정하게 유지하면서 엔트로피를 증가시킬 때 엔탈피는 어떻게 되는가?

① 증가한다.
② 감소한다.
③ 변함없다.
④ 경우에 따라 다르다.

👉 아래 선도에서 순수물질의 압력이 일정할 때 엔트로피가 증가하면 엔탈피도 증가한다.

Answer 18. ① 19. ② 20. ① 21. ①

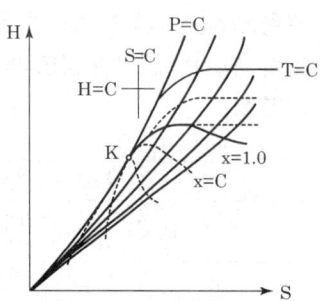

22. 다음 그림은 수증기에 대한 몰리에르 선도이다. 14atm, 205℃에서 등엔탈피 팽창을 한다. 최종 압력이 4atm일 때, 수증기의 온도는 어떻게 되는가?

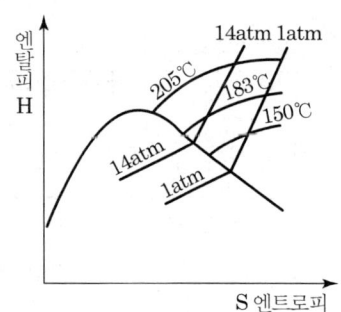

① 떨어진다.
② 올라간다.
③ 불변이다.
④ 엔트로피를 알아야 알 수 있다.

🖐 등엔탈피 팽창 시 위 선도에서 우측으로 향하므로 압력과 온도는 떨어지고 엔트로피는 증가하게 된다.
[참고] 등엔탈피 팽창 시 엔탈피의 변화는 없고 교축작용으로 유체의 속도가 증가하면 압력과 온도는 저하된다.

23. 포화증기를 정적하에서 압력을 높이면 어떻게 되며, 압력 일정하에서 온도를 높이면 어떻게 되겠는가?

① 모두 포화증기 그대로이다.
② 모두 과열증기로 변화한다.
③ 정적하에서 압력을 높이면 포화증기가 되나 압력 일정하에 온도를 높이면 과열증기가 된다.
④ 정적하에서 압력을 높이면 과열증기가 되나 압력 일정하에 온도를 높이면 포화증기가 된다.

🖐 ① 정적과정 : 정적하에서 압력을 높이면 포화증기는 과열증기로 변한다.

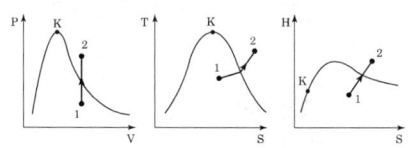

② 정압과정 : 정압하에서 온도를 높이면 포화증기는 과열증기로 변한다.

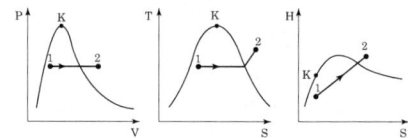

24. 건포화증기를 정적하에서 압력을 낮추면 건도는 어떻게 되는가?

① 증가한다.
② 감소한다.
③ 불변이다.
④ 증가할 수도 감소할 수도 있다.

🖐 아래 그림에서 건포화증기를 정적하에서 압력을 낮추면 건도는 감소하게 된다.

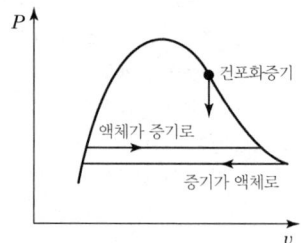

Answer 22. ① 23. ② 24. ②

25. 교축과정(스로틀 과정)을 전후하여 일정한 값을 유지하는 상태량은?
① 엔트로피 ② 압력
③ 내부에너지 ④ 엔탈피

☞ 교축과정(등엔탈피 과정)
단열팽창과정이므로 교축 전후의 엔탈피는 변화가 없다.

26. 정상상태 정상유동 과정의 팽창밸브가 있다. 입구에 액체가 유입되며, 이 과정을 스로틀로 간주할 수 있다. 입구상태를 1, 출구상태를 2로 각각 나타낼 때, 다음 중 어느 관계식이 가장 정확한가?
① $u_1 = u_2$(내부에너지)
② $h_1 = h_2$(엔탈피)
③ $s_1 = s_2$(엔트로피)
④ $v_1 = v_2$(비체적)

☞ 교축과정(등엔탈피 과정)
단열팽창과정이므로 교축 전후의 엔탈피는 변화가 없다.

27. 800kPa, 350℃의 수증기를 200kPa로 교축한다. 이 과정에 대하여 운동 에너지의 변화를 무시할 수 있다고 할 때 이 수증기의 Joule-Thomson 계수(K/kPa)는 얼마인가? (단, 교축 후의 온도는 344℃이다.)
① 0.005 ② 0.01
③ 0.02   ④ 0.03

☞ μ(줄-톰슨 계수)
$= \left(\frac{\partial T}{\partial P}\right)_h \approx \left(\frac{\Delta t}{\Delta p}\right)_h = \left(\frac{t_2 - t_1}{P_2 - P_1}\right)$
$= \left(\frac{623 - 617}{800 - 200}\right) = 0.01 \, \text{K/kPa}$
여기서, $t_1 = 350℃ = 350 + 273 = 623\text{K}$

$t_2 = 344℃ = 344 + 273 = 617\text{K}$

28. Joule-Thomson 계수 $\mu_J = (\partial T / \partial P)_h$로 정의된다. 양(+)의 Joule-Thomson 계수는 교축(throttle) 중에 온도가 어떻게 된다는 것을 뜻하는가?
① 온도가 올라간다는 것을 뜻한다.
② 온도가 떨어진다는 것을 뜻한다.
③ 온도가 일정하다는 것을 뜻한다.
④ 온도가 올라가고 압력은 내려간다.

☞ 줄-톰슨 계수 $\mu_{JT} = \left(\frac{\partial T}{\partial P}\right)_h$
① 교축(등엔탈피 과정) 중에 압력강하에 따라 온도가 감소하면 양수, 증가하면 음수이다.
② 이상기체의 경우(높은 온도 또는 낮은 압력) 0이다.
③ 실제 유체의 경우 높은 압력에서는 음수이면 대체로 낮은 온도에서만 양수이다.
④ 액체상태에서는 항상 양수이다.

29. Van der Waals 상태 방정식은 다음과 같이 나타낸다. 이 식에서 $\frac{a}{v^2}$, b는 각각 무엇을 의미하는 것인가? (단, P는 압력, v는 비체적, R은 기체상수, T는 온도를 나타낸다.)

$$\left(P + \frac{a}{v^2}\right) \times (v - b) = RT$$

① 분자 간의 작용 인력, 분자 내부에너지
② 분자 간의 작용 인력, 기체 분자들이 차지하는 체적
③ 분자 자체의 질량, 분자 내부에너지
④ 분자 자체의 질량, 기체 분자들이 차지하는 체적

☞ 반 데르 발스 방정식(이상기체 상태 방정식의 보정)

Answer 25. ④ 26. ② 27. ② 28. ② 29. ②

실제 기체는 분자 간에 인력이 존재하고, 기체 분자 자체의 부피가 존재하기 때문에 이것을 무시한 이상 기체 상태 방정식에 잘 들어맞지 않는다. 이러한 실제 기체에 보다 정확하게 적용될 수 있는 반 데르 발스가 고안한 상태방정식

$$\left(P+\frac{a}{v^2}\right)(v-b)=RT$$

여기서, a : 압력보정상수
b : 부피보정상수

a와 b는 기체에 따라 다르며 실험에 의해 결정되는 상수들이다. a는 분자 간의 인력에 의존하고, b는 1몰의 분자들이 차지하는 부피를 나타낸다.

30. 어떤 물질에서 기체상수(R)가 0.189kJ/kg·K, 임계온도가 305K, 임계압력이 7380kPa이다. 이 기체의 압축성 인자(compressibility factor, Z)가 다음과 같은 관계식을 나타낸다고 할 때 이 물질의 20℃, 1000kPa 상태에서의 비체적(v)은 약 몇 m³/kg인가? (단, P는 압력, T는 절대온도, P_r은 환산압력, T_r은 환산온도를 나타낸다.)

$$Z=\frac{Pv}{RT}=1-0.8\frac{P_r}{T_r}$$

① 0.0111 ② 0.0303
③ 0.0491 ④ 0.0554

 ① 환산온도 $T_r = \dfrac{T}{T_e} = \dfrac{293}{305} = 0.961$

② 환산압력 $P_r = \dfrac{P}{P_e} = \dfrac{1000}{7380} = 0.136$

③ 비체적(v)

$$Z=\frac{Pv}{RT}=1-0.8\frac{P_r}{T_r}$$

$$\frac{1000 \times v}{0.189 \times 293} = 1 - 0.8\frac{0.136}{0.961}$$

∴ $v = 0.0491 \text{m}^3/\text{kg}$

여기서, T=20℃=(20+273)K=293K

 30. ③

제2-1편 공조냉동 설계(열역학)

chapter 05 열역학 제2법칙

1 사이클, 열효율, 성능계수

(1) 사이클(cycle)

열기관, 냉동기 등에서 동작물질이 어떤 상태에서 출발하여 여러 가지 상태변화를 거치고 원래의 상태로 복귀할 때의 일련의 과정

[예] … → 배기 → 흡입 → 압축 → 폭발 → 배기 → 흡입 → 압축 → …

(2) 열기관의 열효율(thermal efficiency)

① 열기관(heat engine)

외부로 일을 발생하는 사이클을 행하는 기계. 외부로부터 열량을 공급받아 동력으로 변환한다.

② 열효율

열기관에서 동작물질이 고열원의 열량 Q_1을 공급하여 일을 하고 저열원으로 열량 Q_2를 방출한다. 즉, $Q_1 - Q_2$의 차이만큼 열에너지가 일로 변환된 것이다. 여기서 공급열량 Q_1과 사이클의 일 $W(Q_1 - Q_2)$와의 비를 열효율이라 한다.

$$\eta = \frac{\text{행한 일(유효에너지)}}{\text{공급열량}} = \frac{W}{Q_1} = \frac{Q_1 - Q_2}{Q_1} = 1 - \frac{Q_2}{Q_1} < 1$$

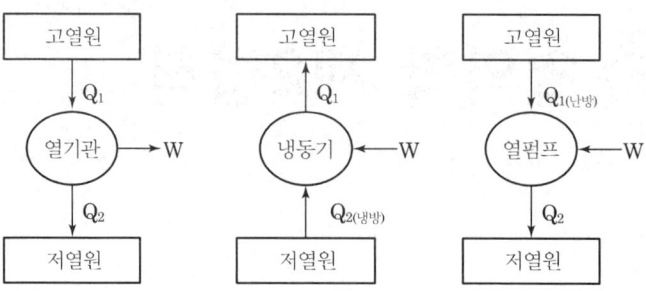

(3) 냉동기(refrigerator)의 성적계수(coefficient of performance)

저열원에서 흡수한 열량과 공급일량의 비

$$\varepsilon_R = \frac{흡수열량}{유효에너지} = \frac{Q_2}{W} = \frac{Q_2}{Q_1 - Q_2}$$

→ 냉동기의 경우 계에 공급되는 열량(Q_2)에 관심

(4) 열펌프(heat pump)의 성적계수

고열원에서 흡수한 열량과 공급일량과의 비

$$\varepsilon_H = \frac{방출열량}{유효에너지} = \frac{Q_1}{W} = \frac{Q_1}{Q_1 - Q_2} = \frac{Q_1 - Q_2 + Q_2}{Q_1 - Q_2} = 1 + \varepsilon_R$$

→ 열펌프의 경우는 외부로 방출되는 열량(Q_1)에 초점

열펌프의 성적계수는 냉동기의 성적계수보다 항상 1만큼 크다.

냉동기와 열펌프는 같은 장치이며, 저열원의 온도를 낮추는 것이 목적일 때는 냉동기라 하고 고열원에 열을 공급하여 온도를 높이는 목적으로 사용될 때는 열펌프라고 한다.

2 가역변화와 비가역변화

(1) 가역변화

물질의 상태가 변화하는 과정에서 처음의 상태로 아무런 변화없이 되돌아가는 변화를 말한다. 즉, 외부에 아무런 변화를 남기지 않고 자발적으로 원래의 상태로 되돌아갈 수 있는 현상이다. 실제로 가역변화는 존재하지 않지만 압력, 온도, 속도차 등이 무한히 적은 경우를 가역변화로 고려하여 준정적평형(quasi-static change)이라고 한다.

(2) 비가역변화

비가역변화란 가역변화와는 반대로 처음의 상태로 되돌아갈 수 없는 변화를 말한다. 즉, 어떤 현상이 한 방향으로 저절로 일어나지만 반대방향으로는 저절로 일어나지 않는 현상을 말한다. 자연계에서 모든 실제의 과정변화는 비가역변화이며 뜨거운 물과 찬물을 섞는 경우, 다시 이것을 뜨거운 물과 찬물로 분리할 수 없는 현상이 비가역변화의 대표적인 예이다.

[예] 유한한 온도 차이가 나는 열 흐름, 기체의 자유 팽창, 비가역 단열변화
     마찰에 의한 일의 열 전환, 교축, 가스의 확산 및 혼합 등

3 열역학 제2법칙

에너지(열, 일) 변환에 대한 방향성을 제시한 법칙으로 방향성 법칙이라고도 한다.

(1) Kelvin-Plank

"고온체로부터 받은 열량을 전부 일로 전환시키는 기관은 있을 수 없으며 그 일부는 반드시 저온체로 전달되어야 한다. 따라서 열효율이 100%인 기관은 만들 수 없다."

(2) Clausius

"일을 소비하지 않고 열을 저온체에서 고온체로 이동시킬 수 없다."

(3) 제2종 영구기관

열역학 제2법칙을 위배하며 열원으로부터 받은 열량 전부를 일로 변환시키는 100% 효율을 가진 기관을 말한다.

> 참고
>
> 열역학 제1법칙이 '에너지를 투입한 이상으로 나오지 않는다.'라는 의미를 갖는다면, 열역학 제2법칙은 '에너지를 투입한 만큼 온전히 다 나오지 않는다.'는 의미를 갖는다고 볼 수 있다.

4 카르노 사이클(Carnot cycle)

열기관 중 가장 열효율이 좋은 가역사이클로서 두 개의 등온변화, 두 개의 단열변화로 구성된 사이클(고온에서 열기관을 통해 저온으로 열이동)

(1) 카르노의 정리

두 열원 사이에서 작동하는 열기관 중 같은 두 열원 사이에서 작동하는 카르노 기관보다 더 효율적인 실제 기관은 없다.

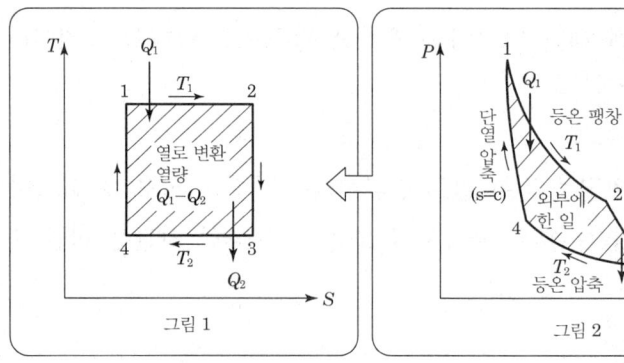

그림 1   그림 2

(2) 카르노 사이클의 효율

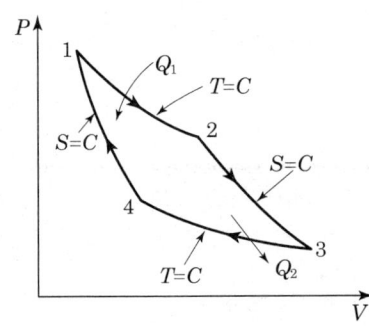
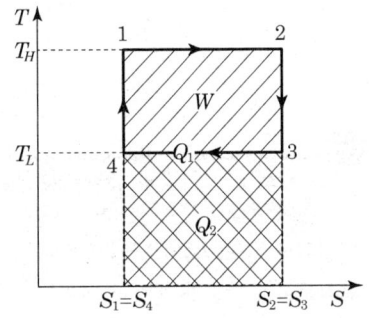

① 1→2 등온팽창 : 고온에서 열(Q_1)을 흡수

$$P_1 v_1 = P_2 v_2$$

② 2→3 단열팽창 : 고온에서 저온으로 온도 강하

$$Pv^k = C, \quad \frac{T_2}{T_3} = \left(\frac{v_3}{v_2}\right)^{k-1} = \left(\frac{P_2}{P_3}\right)^{\frac{k-1}{k}}$$

③ 3→4 등온압축 : 저온에서 열(Q_2)을 방출

$$P_3 v_3 = P_4 v_4$$

④ 4→1 단열압축 : 저온에서 고온으로 온도 상승

$$Pv^k = C, \quad \frac{T_1}{T_4} = \left(\frac{v_4}{v_1}\right)^{k-1} = \left(\frac{P_1}{P_4}\right)^{\frac{k-1}{k}}$$

여기서, 공급열량 : $Q_1 = RT_H \ln \dfrac{v_2}{v_1}$

방출열량 : $Q_2 = RT_L \ln \dfrac{v_3}{v_4}$

2→3과정과 4→1과정에서($T_3 = T_4 = T_L, \ T_2 = T_1 = T_H$)

$$\frac{T_2}{T_3} = \left(\frac{v_3}{v_2}\right)^{k-1} = \frac{T_H}{T_L}, \quad \frac{T_1}{T_4} = \left(\frac{v_4}{v_1}\right)^{k-1} = \frac{T_H}{T_L}$$

$$\frac{T_H}{T_L} = \left(\frac{v_3}{v_2}\right)^{k-1} = \left(\frac{v_4}{v_1}\right)^{k-1} \quad \left(\therefore \ \frac{v_3}{v_2} = \frac{v_4}{v_1} \Rightarrow \frac{v_2}{v_1} = \frac{v_3}{v_4}\right)$$

$$\therefore \text{효율 } \eta_c = \frac{W}{Q_1} = \frac{Q_1 - Q_2}{Q_1} = 1 - \frac{Q_2}{Q_1} = 1 - \frac{RT_L \ln \frac{v_3}{v_4}}{RT_H \ln \frac{v_2}{v_1}} = 1 - \frac{T_L}{T_H}$$

■ **카르노 사이클의 열효율을 높이려면?**
① 고열원의 온도(T_H)가 높아야 한다.
② 저열원의 온도(T_L)가 낮아야 한다.
③ 동작물질의 밀도가 작아야 한다. (∵ 마찰이 덜 생기게 하기 위해서)

(3) 카르노 사이클의 성질

① 같은 두 열 저장소 사이에서 작동되는 열기관 중에 외부적으로 가역인 열기관의 열효율이 가장 좋다.
② 같은 두 열 저장소 사이에서 작동되는 외부적 가역기관의 열효율은 서로 같다.
③ 열효율은 동작물질과 관계가 없으며 두 열 저장소의 온도에만 관계된다.

(4) 역카르노 사이클(Reverse-Carnot Cycle)

카르노 사이클을 역으로 행하는 이상적인 냉동 사이클로서 두 개의 단열선으로 이루어진 사이클

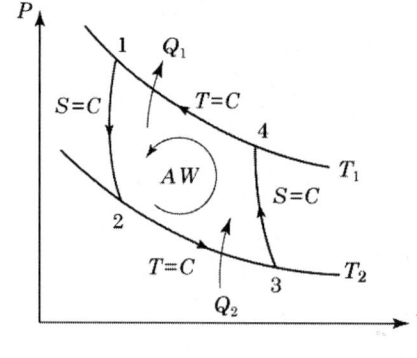 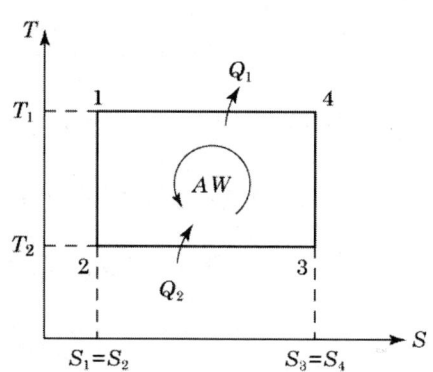

① 1→2 과정 : 단열팽창(팽창밸브)
② 2→3 과정 : 등온팽창(증발기)

③ 3→4 과정 : 단열압축(압축기)
④ 4→1 과정 : 등온압축(응축기)
  ㉠ 역카르노 사이클에서의 성적계수

$$COP_R = \frac{Q_2}{AW} = \frac{Q_2}{Q_1 - Q_2} = \frac{T_2}{T_1 - T_2}$$

예제 −3℃에서 열을 흡수하여 27℃에 방열하는 이상적인 냉동기의 최대 성적계수는?
① 9.0 ② 10.0
③ 11.25 ④ 15.25

[해설] $T_1 = 27℃ = (273+27)\text{K} = 300\text{K}$
$T_2 = -3℃ = (273+(-3))\text{K} = 270\text{K}$
$\text{COP} = \dfrac{T_2}{T_1 - T_2} = \dfrac{270}{300 - 270} = 9.0$

정답 : ①

---

5 엔트로피(entropy)

열에너지를 이용하여 기계적 일을 하는 과정에서 열의 이용 가치를 나타내는 종량적 성질을 엔트로피라 한다. 즉, 계가 두 상태 간의 가역경로를 따라 전달하는 열에너지를 dQ라 하면, 엔트로피의 변화 dS는 가역 과정에서 전달되는 열에너지를 그 계의 절대 온도로 나눈 것이다.

$$dS = \frac{dQ}{T}[\text{kJ/K}] \text{ 또는 } ds = \frac{\delta q}{T}[\text{kJ/kgK}]$$

① 에너지가 계에 의하여 흡수되면 dQ는 양(+)이고 그 계의 엔트로피는 증가한다.
② 계가 에너지를 내보내면 dQ는 음(−)이고 그 계의 엔트로피는 감소한다.
③ 위 식은 엔트로피를 정의하는 것이 아니라 엔트로피의 변화를 정의하는 것이다. 어떤 과정의 표현에 의미가 있는 것은 엔트로피 자체가 아니라 엔트로피의 변화이다.

(1) 엔트로피의 표기 : S[kJ/K], s[kJ/kg·K]

(2) 클라우지우스(Clausius)의 부등식

$$\oint \frac{\delta Q}{T} \leq 0$$

① 가역과정 : $\oint \frac{\delta Q}{T} = 0$

② 비가역과정 : $\oint \frac{\delta Q}{T} < 0$

(3) 엔트로피 증가의 원리($dS \geq 0$)

엔트로피는 감소하지 않으며 가역이면 불변이고 비가역이면 증가한다. 실제 자연계에서 일어나는 상태변화는 비가역변화를 동반하게 되므로, 엔트로피는 증가하고 감소하는 일은 발생되지 않는다. 이것을 엔트로피 증가의 원리라고 한다.

① 엔트로피 선도 : T-S 선도 및 열선도라 하며, 이 선도의 면적은 가역변화에서 열량을 표시한다.

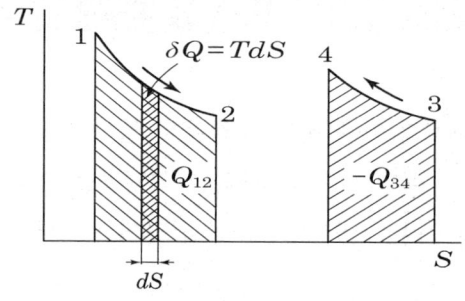

㉠ 1 → 2 사이에 물체가 받는 열량(공급열량) : $Q_{12} = \int_1^2 TdS$

㉡ 3 → 4 사이에 물체로부터 버린 열량(방출열량) : $Q_{34} = -\int_3^4 TdS$

6. 이상기체의 엔트로피

(1) T와 v의 함수 : $\Delta s = s_2 - s_1 = C_v \ln \dfrac{T_2}{T_1} + R \ln \dfrac{v_2}{v_1}$

(2) T와 P의 함수 : $\Delta s = s_2 - s_1 = C_p \ln \dfrac{T_2}{T_1} - R \ln \dfrac{P_2}{P_1}$

(3) P와 v의 함수 : $\Delta s = s_2 - s_1 = C_v \ln \dfrac{P_2}{P_1} + C_p \ln \dfrac{v_2}{v_1}$

(4) 정적변화의 경우 : $\Delta s = s_2 - s_1 = C_v \ln \dfrac{T_2}{T_1} = C_v \ln \dfrac{P_2}{P_1}$

(5) 정압변화의 경우 : $\Delta s = s_2 - s_1 = C_p \ln \dfrac{T_2}{T_1} = C_p \ln \dfrac{v_2}{v_1}$

(6) 등온변화의 경우 : $\Delta s = s_2 - s_1 = R \ln \dfrac{v_2}{v_1} = R \ln \dfrac{P_1}{P_2}$

(7) 단열변화의 경우 : $\Delta s = s_2 - s_1 = 0$, $s_2 = s_1$ (등엔트로피 변화)

(8) Polytropic 변화의 경우 : $\Delta s = s_2 - s_1 = C_p \ln \dfrac{T_2}{T_1} = C_v \dfrac{n-k}{n-1} \ln \dfrac{T_2}{T_1}$

(9) 비가역단열 : $\Delta S > 0$

7. 엔트로피 선도

(1) 엔트로피는 상태량이므로 다른 상태량을 엔트로피의 함수로 표현 가능

→ T-S 선도(엔트로피 선도) : 그래프의 면적은 열량(Q)을 나타냄(열선도)

① 1→2 사이에 물체가 받는 열량(공급열량)

$dS = \dfrac{dQ}{T} \rightarrow dQ = TdS$

적분하면 $\int_1^2 dQ = \int_1^2 TdS$ 에서

$$Q_{12} = \int_1^2 TdS$$

② 3→4 사이에 물체로부터 버린 열량(방출열량)

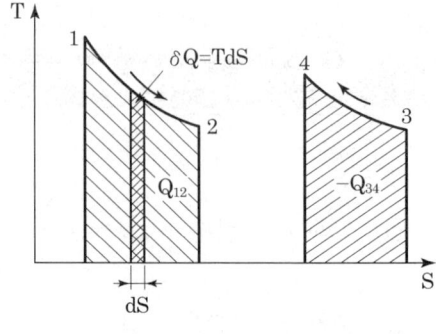

$$Q_{34} = -\int_3^4 TdS$$

3 → 4의 경우에는 엔트로피의 변화가 음(-)이므로 Q_{34}는 음(-)이 되고, 계로부터 외부로 방출되는 열량을 나타낸다.

(2) 비가역과정의 엔트로피 변화

① 유한한 온도 차에 의한 열전달 : 열이동 - 고온물체 I에서 저온물체 II로 흐른다.

  ㉠ I에서 II로 이동한 고온물체의 엔트로피는 감소 : $\Delta S_1 = -\dfrac{Q}{T_1}$

  ㉡ 저온물체의 엔트로피는 증가 : $\Delta S_2 = \dfrac{Q}{T_2}$

  ㉢ 열이동에 대한 물체 전체의 엔트로피의 변화 : $\Delta S = \Delta S_1 + \Delta S_2 = Q\left(\dfrac{1}{T_2} - \dfrac{1}{T_1}\right) > 0$

② 마찰을 수반하는 과정 : 마찰 도중에 마찰 손실일 W_f는 Q_f로 변하여 물체에 전달한다. 따라서 엔트로피는 증가한다.

$$\therefore \Delta S > \dfrac{Q_f}{T}$$

③ 교축(Throttling)

교축 전후 이상기체의 상태식은

$$s_1 = C_p \ln T_1 - R \ln P_1 + s_0 \quad \text{ⓐ}$$

$$s_2 = C_p \ln T_2 - R \ln P_2 + s_0 \quad \text{ⓑ}$$

교축과정은 엔탈피가 일정하고 엔트로피는 증가 → $\Delta s = s_2 - s_1 = R \ln \dfrac{P_1}{P_2}$

즉, 압력강하가 현저할수록 엔트로피는 더 증가한다.

④ 기체의 혼합 : 동일한 압력 및 온도에서 이상기체 1과 2를 단열 확산 혼합하는 경우
  ㉠ 혼합 전의 엔트로피

  $$S_1 = m_1(C_{p1} \ln T - R_1 \ln P + s_0), \quad S_2 = m_2(C_{p2} \ln T - R_2 \ln P + s_0)$$

  ㉡ 혼합 전의 전체의 엔트로피 : $S = S_1 + S_2$

  기체의 분압을 P_1, P_2라 하면 $P_1 < P$(전압력), $P_2 < P$이므로

  ㉢ 혼합 후의 각 기체의 엔트로피는

  $$S_1' = m_1(C_{p1} \ln T - R_1 \ln P_1 + s_0), \quad S_2' = m_2(C_{p2} \ln T - R_2 \ln P + s_0)$$

  따라서, 혼합 후의 전엔트로피는 $S' = S_1' + S_2'$

  ㉣ 혼합 전후의 전체 엔트로피의 변화

  $$\Delta S = S' - S = (S_1' - S_1) - (S_2' - S_2) \rightarrow \Delta S = m_1 R_1 \ln \frac{P}{P_1} + m_2 R_2 \ln \frac{P}{P_2}$$

  따라서, 혼합에 의하여 엔트로피는 증가한다.

8 유효에너지와 무효에너지

고열원 T_1에서 열량 Q_1을 받아 저열원 T_2로 열량 Q_2를 버리면서 일을 하는 카르노 사이클이 있다. 이때에 유효하게 사용된 열은 $Q_a = Q_1 - Q_2$이다. 이렇게 유효하게 사용되는 에너지를 유효에너지(Q_a)라 하고 버리는 열 Q_2를 무효에너지라 한다.

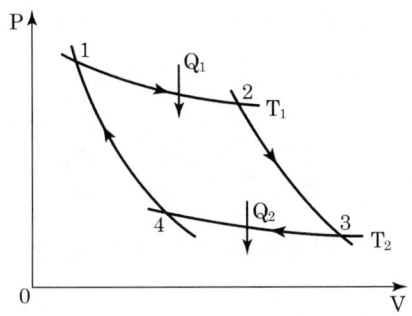 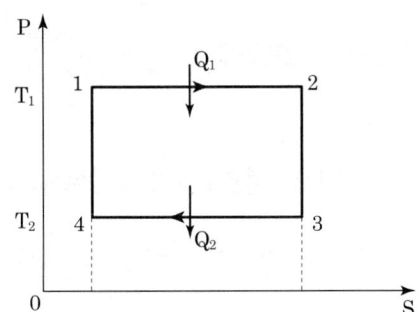

카르노 사이클의 열효율을 η_c라 하면 Q_a와 Q_2는

$$Q_a = Q_1 - Q_2 = \frac{Q_1 - Q_2}{Q_1} \cdot Q_1 = \eta_c \cdot Q_1$$

$$Q_2 = Q_1 - \eta_c Q_1 = (1 - \eta_c) Q_1 \text{이 되며},$$

$$\eta_c = 1 - \frac{T_2}{T_1},\ \Delta S = \frac{Q_1}{T_1} = \frac{Q_2}{T_2}\ \text{이므로}$$

유효에너지 $Q_a = \left(1 - \dfrac{T_2}{T_1}\right) Q_1 = Q_1 - T_2 \Delta S$

무효에너지 $Q_2 = \dfrac{T_2}{T_1} Q_1 = T_2 \Delta S$

무효에너지는 엔트로피의 변화와 밀접한 관계가 있으므로 엔트로피의 증가에 따라 유효에너지는 감소하게 된다.

9 효율

(1) 열역학 제2법칙으로부터 열효율 : $\eta = \dfrac{W_{net}}{Q_H}$

(2) 터빈의 단열효율 : $\eta_t = \dfrac{\text{터빈의 실제일}}{\text{터빈의 이론일}} = \dfrac{W_a}{W_s}$

(3) 펌프의 단열효율 : $\eta_P = \dfrac{\text{펌프의 이론일}}{\text{펌프의 실제일}} = \dfrac{W_s}{W_a}$

(4) 압축기의 단열효율(가역단열일 때) : $\eta_{cs} = \dfrac{\text{압축기의 이론일}}{\text{압축기의 실제일}} = \dfrac{W_s}{W_a}$

압축 중에 유체를 냉각하지 않는 경우의 이상적인 압축기는 가역단열과정으로 간주

(5) 노즐의 효율 : $\eta_N = \dfrac{\text{노즐의 실제 운동에너지}}{\text{노즐의 이론 운동에너지}} = \dfrac{V_a^2/2}{V_s^2/2}$

노즐은 입구상태와 출구상태에서 최대의 운동에너지를 얻는 것을 목적으로 하며 이상적인 노즐은 가역단열과정이다.

10 열역학 제3법칙

(1) Nernst

"어떠한 방법에 의해서도 물질의 온도를 절대 0도 이하로 내릴 수 없다."

(2) Plank

"열역학적으로 평형상태에 있는 모든 순수물질의 엔트로피는 절대온도가 0에 접근함에 따라 0에 가까워진다."

① 절대 엔트로피 S_{abs} 는

$$S_{abs} = \int_0^T C_p \frac{dT}{T}$$

② 실제의 계산에서는 엔트로피의 변화량만이 중요하다. 따라서 기준이 되는 온도의 엔트로피를 0으로 취급하는 경우가 많다. ← 열역학 제3법칙에 위배

---

① 제1종 영구기관 : 입력보다 출력이 더 큰 기관. 즉, 열효율이 100% 이상인 기관
   ← 열역학 제 1법칙에 위배
② 제2종 영구기관 : 입력과 출력이 같은 기관. 즉 열효율이 100%인 기관
   ← 열역학 제2법칙에 위배
③ 제3종 영구기관 : 마찰이 없어서 운동은 계속하나 일을 얻을 수 없는 기관
   ← 열역학 제3법칙에 위배

chapter 05 출·제·예·상·문·제

제2-1편 공조냉동 설계(열역학)

01. 다음 중 이론적인 카르노 사이클 과정(순서)을 옳게 나타낸 것은? (단, 모든 사이클은 가역 사이클이다.)

① 단열압축→정적가열→단열팽창→정적방열
② 단압축→단열팽창→정적가열→정적방열
③ 등온팽창→등온압축→단열팽창→단열압축
④ 등온팽창→단열팽창→등온압축→단열압축

카르노 사이클(Carnot Cycle)
① 이상적인 열기관 사이클이며 손실을 수반하지 않는 가역사이클($\Delta s=0$)
② 2개의 등온과정과 2개의 단열과정으로 구성
③ 열기관 중 가장 효율이 좋은 기관 사이클

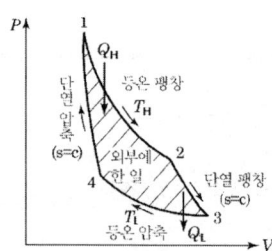

① 1→2 과정 : 등온팽창(열공급)
② 2→3 과정 : 단열팽창
③ 3→4 과정 : 등온압축(열방출)
④ 4→1 과정 : 단열압축

02. 카르노 사이클에 대한 설명으로 옳은 것은?

① 이상적인 2개의 등온과정과 이상적인 2개의 정압과정으로 이루어진다.
② 이상적인 2개의 정압과정과 이상적인 2개의 단열과정으로 이루어진다.
③ 이상적인 2개의 정압과정과 이상적인 2개의 정적과정으로 이루어진다.
④ 이상적인 2개의 등온과정과 이상적인 2개의 단열과정으로 이루어진다.

카르노 사이클
① 이상적인 열기관 사이클이며 손실을 수반하지 않는 가역사이클($\Delta s=0$)
② 2개의 등온과정과 2개의 단열과정으로 구성
③ 열기관 중 가장 효율이 좋은 기관 사이클

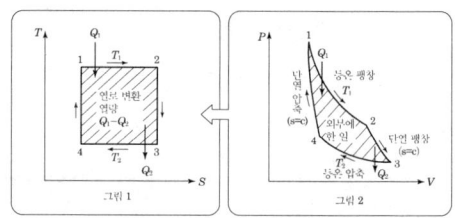

03. 카르노 열기관에서 열공급은 다음 중 어느 가역과정에서 이루어지는가?

① 등온팽창   ② 등온압축
③ 단열팽창   ④ 단열압축

카르노 사이클
두 개의 등온변화와 두 개의 단열변화로 이루어지는 열기관의 이상 사이클

Answer 01. ④ 02. ④ 03. ①

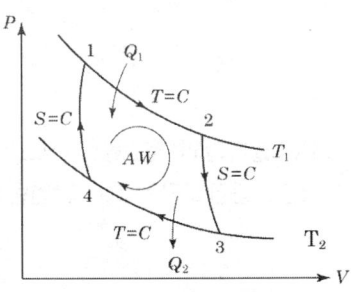

① 1 → 2 과정 : 등온팽창(열공급)
② 2 → 3 과정 : 단열팽창
③ 3 → 4 과정 : 등온압축(열방출)
④ 4 → 1 과정 : 단열압축

04. 다음 카르노 사이클의 P–V 선도를 T–S 선도로 바르게 나타낸 것은?

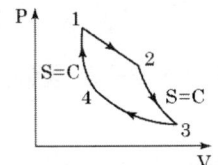

① 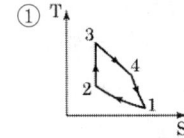   ②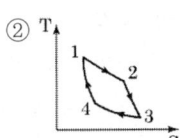

③ 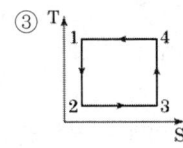   ④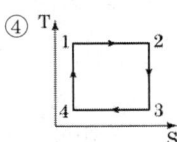

카르노 사이클

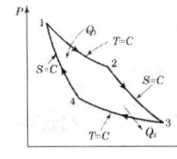 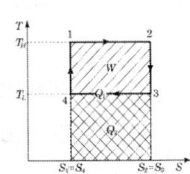

① 1→2 과정 : 등온팽창
② 2→3 과정 : 단열팽창
③ 3→4 과정 : 등온압축
④ 4→1 과정 : 단열압축

05. 다음과 같은 카르노 사이클에 대한 설명으로 옳은 것은?

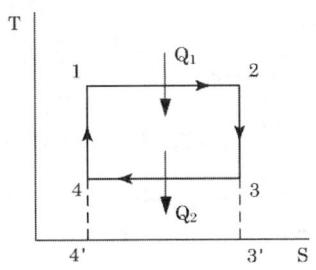

① 면적 1-2-3′-4′는 흡열 Q_1을 나타낸다.
② 면적 4-3-3′-4′는 유효열량을 나타낸다.
③ 면적 1-2-3-4는 방열 Q_2를 나타낸다.
④ Q_1, Q_2는 면적과는 무관하다.

② 면적 4-3-3′-4는 방열 Q_2를 나타낸다.
③ 면적 1-2-3-4는 유효열량을 나타낸다.

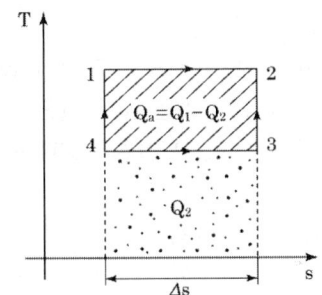

06. 다음과 같은 카르노 사이클에서 옳은 것은?

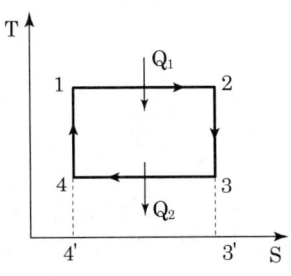

① 면적 1-2-3′-4′는 급열 Q_1을 나타낸다.
② 면적 4-3-3′-4′는 Q_1-Q_2를 나타낸다.

Answer   04. ④   05. ①   06. ①

③ 면적 1-2-3-4는 방열 Q_2를 나타낸다.
④ Q_1, Q_2는 면적과는 무관하다.

👉 흡수열량 : 1-2-3'-4'-1
   방출열량 : 3-4-4'-3'-3

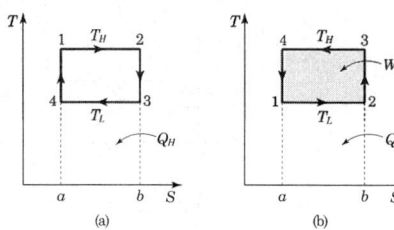

① 과정 1 → 2 : 가역등온팽창과정
   (면적 1-2-b-a-1)
② 과정 2 → 3 : 가역단열팽창
③ 과정 3 → 4 : 가역등온압축과정과정
   (면적 3-4-a-b-3)
④ 과정 4 → 1 : 가역단열압축과정

07. 이론적인 카르노 열기관의 효율(η)을 구하는 식으로 옳은 것은? (단, 고열원의 절대온도는 T_H, 저열원의 절대온도는 T_L이다.)

① $\eta = 1 - \dfrac{T_H}{T_L}$ ② $\eta = 1 + \dfrac{T_L}{T_H}$

③ $\eta = 1 - \dfrac{T_L}{T_H}$ ④ $\eta = 1 + \dfrac{T_H}{T_L}$

👉 **카르노 사이클의 열효율(η_c)**

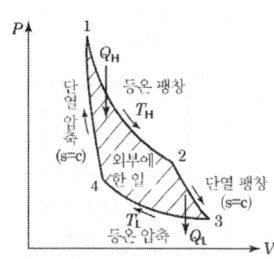

$$\eta_c = \dfrac{\text{유효열량}}{\text{공급열량}} = \dfrac{AW}{Q_H} = \dfrac{Q_H - Q_L}{Q_H}$$

$$= 1 - \dfrac{Q_L}{Q_H} = 1 - \dfrac{T_L}{T_H}$$

08. 카르노 열기관의 열효율(η)식으로 옳은 것은? (단, 공급열량은 Q_1, 방열량은 Q_2)

① $\eta = 1 - \dfrac{Q_2}{Q_1}$ ② $\eta = 1 + \dfrac{Q_2}{Q_1}$

③ $\eta = 1 - \dfrac{Q_1}{Q_2}$ ④ $\eta = 1 + \dfrac{Q_1}{Q_2}$

👉 **카르노 사이클의 열효율(η_c)**

$$\eta_c = \dfrac{\text{유효열량}}{\text{공급열량}} = \dfrac{AW}{Q_1} = \dfrac{Q_1 - Q_2}{Q_1}$$

$$= 1 - \dfrac{Q_2}{Q_1} = 1 - \dfrac{T_L}{T_H}$$

09. 사이클의 열효율을 높이는 데 유효한 방법은?

① 급열온도를 높게 한다.
② 동작물질의 양을 증가한다.
③ 밀도가 큰 동작물질을 사용한다.
④ 방출 열 온도를 높게 한다.

👉 **카르노 열기관의 열효율**

$$\eta_{Carnot} = \dfrac{W}{Q_1} = 1 - \dfrac{Q_2}{Q_1} = 1 - \dfrac{T_2}{T_1}$$

사이클의 열효율을 높이기 위해서는 고온측(급열)의 온도를 높이거나 저온측(방열)의 온도를 낮추어 고온과 저온 간의 온도차를 크게 해야 한다.

10. 고온 열원의 온도가 700℃이고, 저온 열원의 온도가 50℃인 카르노 열기관의 열효율(%)은?

① 33.4   ② 50.1
③ 66.8   ④ 78.9

👉 **카르노 열기관의 열효율**

Answer 07. ③ 08. ① 09. ① 10. ③

$$\eta_c = 1 - \frac{T_2}{T_1} = 1 - \frac{323}{973} = 0.668 = 66.8\%$$

여기서, $T_1 = 700℃ = (700+273)K = 973K$
$T_2 = 50℃ = (50+273)K = 323K$

11. 대기압하에서 물의 어는점과 끓는점 사이에서 작동하는 카르노 사이클(Carnot cycle) 열기관의 열효율은 약 몇 %인가?

① 2.7　　② 10.5
③ 13.2　　④ 26.8

① 물의 어는점
$T_L = 0℃ = (0+273)K = 273K$
② 물의 끓는점
$T_H = 100℃ = (100+273)K = 373K$
③ 열효율
$$\eta = 1 - \frac{T_L}{T_H} = 1 - \frac{273}{373} = 0.268 = 26.8\%$$

12. 500℃의 고온부와 50℃의 저온부 사이에서 작동하는 Carnot 사이클 열기관의 열효율은 얼마인가?

① 10%　　② 42%
③ 58%　　④ 90%

카르노 사이클의 열효율
$$\eta = 1 - \frac{T_L}{T_H} = 1 - \frac{323}{773} = 0.58 = 58\%$$

여기서,
$T_L = 50℃ = (50+273)K = 323K$
$T_H = 500℃ = (500+273)K = 773K$

13. 가역 카르노 사이클에서 고온부 40℃, 저온부 0℃로 운전될 때 열기관의 효율은?

① 7.825　　② 6.825
③ 0.147　　④ 0.128

카르노 사이클의 열효율

$$\eta = 1 - \frac{T_L}{T_H} = 1 - \frac{273}{313} = 0.128$$

여기서,
$T_L = 0℃ = (0+273)K = 273K$
$T_H = 40℃ = (40+273)K = 313K$

14. 523℃의 고열원으로부터 1MW의 열을 받아서 300K의 대기로 600kW의 열을 방출하는 열기관이 있다. 이 열기관의 효율은 약 몇 %인가?

① 40　　② 45
③ 60　　④ 65

$$\eta = \frac{W}{Q_H} = 1 - \frac{Q_L}{Q_H} = 1 - \frac{600}{1 \times 10^3} = 0.4 = 40\%$$

15. 어떤 사람이 만든 열기관을 대기압하에서 물의 빙점과 비등점 사이에서 운전할 때 열효율이 28.6%였다고 한다. 다음에서 옳은 것은?

① 이론적으로 판단할 수 없다.
② 경우에 따라 있을 수 있다.
③ 이론적으로 있을 수 있다.
④ 이론적으로 있을 수 없다.

카르노 사이클의 이론 열효율(η_c)
① 물의 빙점 : $T_L = 0℃ = 273K$
② 물의 비등점 : $T_H = 100℃ = 373K$

$$\eta_c = 1 - \frac{Q_L}{Q_H} = 1 - \frac{T_L}{T_H}$$
$$= 1 - \frac{273}{373} = 0.268 = 26.8\%$$

이론적으로 가능한 최대 열효율은 26.8%이고 문제에서의 열효율은 이론 열효율보다 좋으므로 이론적으로 있을 수 없는 열기관이다.

16. 어떤 발명가가 태양열 집열판에서 나오는 77℃의 온수에서 1kW의 열을 받아 동력을

Answer　11. ④　12. ③　13. ④　14. ①　15. ④　16. ④

생성하는 열기관을 고안하였다고 주장한다. 이러한 열기관이 생성할 수 있는 최대 출력은? (단, 주위 공기의 온도는 27℃라고 가정한다.)

① 1000W   ② 649W
③ 333W   ④ 143W

👉 $\eta = \dfrac{W}{Q_H} = 1 - \dfrac{T_L}{T_H} = 1 - \dfrac{(273+27)}{(273+77)} = 0.143$

$\eta = \dfrac{W}{Q_H}$ 이므로 $0.143 = \dfrac{W}{1}$

∴ $W = 0.143\text{kW} = 143\text{W}$

17. 카르노 사이클로 작동되는 열기관이 200kJ의 열을 200℃에서 공급받아 20℃에서 방출한다면 이 기관의 일은 약 얼마인가?

① 38kJ   ② 54kJ
③ 63kJ   ④ 76kJ

👉 $\eta_{\text{carnot}} = \dfrac{W}{Q_H} = 1 - \dfrac{Q_L}{Q_H} = 1 - \dfrac{T_L}{T_H}$

$\dfrac{W}{200} = 1 - \dfrac{273+20}{273+200}$

∴ $W = 76.1\text{kJ}$

18. 카르노 사이클로 작동되는 열기관이 고온체에서 100kJ의 열을 받고 있다. 이 기관의 열효율이 30%라면 방출되는 열량은 약 몇 kJ인가?

① 30   ② 50
③ 60   ④ 70

👉 카르노 사이클의 열효율(η)

$\eta = 1 - \dfrac{Q_L}{Q_H}$ 이므로 $0.3 = 1 - \dfrac{Q_L}{100}$

∴ $Q_L = 70\text{kJ}$

19. 이상적인 카르노 사이클 열기관에서 사이클

당 585.5J의 일을 얻기 위하여 필요로 하는 열량이 1kJ이다. 저열원의 온도가 15℃라면 고열원의 온도(℃)는 얼마인가?

① 422   ② 595
③ 695   ④ 722

👉 카르노 사이클의 열효율

열효율(η_c) = $\dfrac{\text{유효열량}}{\text{공급열량}} = \dfrac{AW}{Q_H} = 1 - \dfrac{T_L}{T_H}$

$\dfrac{AW}{Q_H} = 1 - \dfrac{T_L}{T_H} \rightarrow \dfrac{0.5855}{1} = 1 - \dfrac{288}{T_H}$

∴ $T_H = 695\text{K} = 422℃$

여기서, 유효열량(AW) = 585.5J = 0.5855kJ
저열원의 온도(T_L)
    = 15℃ = (15+273)K = 288K

20. 카르노 사이클로 작동되는 열기관이 600K에서 800kJ의 열을 받아 300K에서 방출한다면 일은 약 몇 kJ인가?

① 200   ② 400
③ 500   ④ 900

👉 ㉠ 카르노 사이클의 효율(η)

$\eta = \dfrac{W}{Q_H} = 1 - \dfrac{T_L}{T_H}$

㉡ 카르노 사이클의 일(W)

$W = Q_H \times \left(1 - \dfrac{T_L}{T_H}\right) = 800 \times \left(1 - \dfrac{300}{600}\right)$
$= 400\text{kJ}$

21. 온도 600℃의 고온 열원에서 열을 받고, 온도 150℃의 저온 열원에 방열하면서 5.5kW의 출력을 내는 카르노 기관이 있다면 이 기관의 공급열량은?

① 20.2kW   ② 14.3kW
③ 12.5kW   ④ 10.7kW

👉 $T_1 = 600℃ = (600+273)\text{K} = 873\text{K}$

Answer 17. ④   18. ④   19. ①   20. ②   21. ④

$T_2 = 150℃ = (150+273)K = 423K$
$AW = 5.5kW$

카르노 사이클의 열효율

열효율$(\eta_c) = \dfrac{유효열량}{공급열량}$

$\dfrac{AW}{Q_1} = 1 - \dfrac{T_2}{T_1} \rightarrow \dfrac{5.5}{Q_1} = 1 - \dfrac{423}{873}$

$\therefore Q_1 = 10.67kW$

22. 그림과 같이 카르노 사이클로 운전하는 기관 2개가 직렬로 연결되어 있는 시스템에서 두 열기관의 효율이 똑같다고 하면 중간 온도 T는 약 몇 K인가?

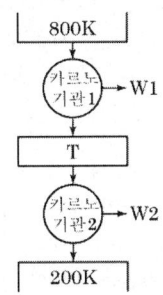

① 330K ② 400K
③ 500K ④ 660K

① 카르노 기관 1의 열효율
$\eta = 1 - \dfrac{T_L}{T_H} = 1 - \dfrac{T}{800}$

② 카르노 기관 2의 열효율
$\eta = 1 - \dfrac{T_L}{T_H} = 1 - \dfrac{200}{T}$

③ 두 열기관의 열효율이 같으므로
$1 - \dfrac{T}{800} = 1 - \dfrac{200}{T} \rightarrow \dfrac{T}{800} = \dfrac{200}{T}$
$T^2 = 160000$
$\therefore T = 400K$

23. 500℃와 100℃ 사이에서 작동하는 이상적인 Carnot 열기관이 있다. 열기관에서 생산되는 일이 200kW이라면 공급되는 열량은 약 몇 kW인가?

① 255 ② 284
③ 312 ④ 387

카르노 사이클의 열효율(η_c)

$\eta_c = \dfrac{W}{Q} = 1 - \dfrac{T_L}{T_H}$

$\eta = 1 - \dfrac{T_L}{T_H} = 1 - \dfrac{373}{773} = 0.517(51.7\%)$

여기서,
$T_L = 100℃ = (100+273)K = 373K$
$T_H = 500℃ = (500+273)K = 773K$

$\therefore \eta_c = \dfrac{W}{Q} \rightarrow Q = \dfrac{W}{\eta} = \dfrac{200}{0.517} = 387kW$

24. 카르노 사이클로 작동하는 열기관이 1000℃의 열원과 300K의 대기 사이에서 작동한다. 이 열기관이 사이클당 100kJ의 일을 할 경우 사이클당 1000℃의 열원으로부터 받은 열량은 약 몇 kJ인가?

① 70.0 ② 76.4
③ 130.8 ④ 142.9

카르노 사이클의 열효율

① 열효율(η_C)
$\eta_C = \dfrac{W}{q_1} = 1 - \dfrac{T_2}{T_1} = 1 - \dfrac{300}{1273} = 0.764$

여기서,
$T_1 = 1000℃ = (1000+273)K = 1273K$

② 받은 열량(q_1)
$\eta_C = \dfrac{W}{q_1}$

$q_1 = \dfrac{W}{\eta_C} = \dfrac{100}{0.764} = 130.89kJ$

25. 이상적인 카르노 사이클의 열기관이 500℃인 열원으로부터 500kJ을 받고, 25℃에 열을 방출한다. 이 사이클의 일(W)과 효율

Answer 22. ② 23. ④ 24. ③ 25. ①

제5장 열역학 제2법칙 **419**

(η_{th})은 얼마인가?

① W=307.2kJ, η_{th}=0.6143
② W=207.2kJ, η_{th}=0.5748
③ W=250.3kJ, η_{th}=0.8316
④ W=401.5kJ, η_{th}=0.6517

👉 **카르노 사이클의 효율**

$$\eta_{th} = \frac{유효일량(W)}{공급한\ 열량(q_1)} = 1 - \frac{q_2}{q_1} = 1 - \frac{T_2}{T_1}$$

① 열효율(η_{th})
$T_1 = 500℃ = (500+273)K = 773K$
$T_2 = 25℃ = (25+273)K = 298K$
∴ $\eta_{th} = 1 - \frac{T_2}{T_1} = 1 - \frac{298}{773} = 0.6144$

② 일(W)
$\eta_{th} = \frac{유효일량(W)}{공급한\ 열량(q_1)}$ 이므로
$0.6144 = \frac{W}{500}$
∴ $W = 307.2kJ$

26. 효율이 40%인 열기관에서 유효하게 발생되는 동력이 110kW라면 주위로 방출되는 총 열량은 약 몇 kW인가?

① 375   ② 165
③ 155   ④ 110

👉 효율 $\eta = \frac{W}{Q_{in}}$ 에서 $0.4 = \frac{110}{Q_{in}}$
$Q_{in} = 275kW$
$Q_{out} = Q_{in} - W = 275 - 110 = 165kW$

27. 어떤 카르노 열기관이 100℃와 30℃ 사이에서 작동되며 100℃의 고온에서 100kJ의 열을 받아 40kJ의 유용한 일을 한다면 이 열기관에 대하여 가장 옳게 설명한 것은?

① 열역학 제1법칙에 위배된다.
② 열역학 제2법칙에 위배된다.
③ 열역학 제1법칙과 제2법칙에 모두 위배되지 않는다.
④ 열역학 제1법칙과 제2법칙에 모두 위배된다.

👉 **카르노 사이클의 열효율**

$$\eta = \frac{AW}{q_1} = 1 - \frac{T_2}{T_1}$$

카르노 열기관이 100℃와 30℃ 사이에서 작동되므로 이 열기관의 효율은
$\eta_1 = 1 - \frac{T_2}{T_1} = 1 - \frac{303}{373} = 0.188$
(여기서, $t_1 = 100℃ = (100+273)K = 373K$
$t_2 = 30℃ = (30+273)K = 303K$)
100℃의 고온에서 100kJ의 열을 받아 40kJ의 유용한 일을 할 때의 이 열기관의 열효율은
$\eta_2 = \frac{AW}{q_1} = \frac{40}{100} = 0.4$
인이이 두 개 온도이 열 저장소 사이에서 가역 사이클인 카르노 사이클로 작동되는 기관은 모두 같은 열효율을 가지므로 $\eta_1 \neq \eta_2$ 인 이 열기관은 열역학 제2법칙에 위배된다.

28. 카르노 열기관 사이클 A는 0℃와 100℃ 사이에서 작동되며 카르노 열기관 사이클 B는 100℃와 200℃ 사이에서 작동된다. 사이클 A의 효율(η_A)과 사이클 B의 효율(η_B)을 각각 구하면?

① η_A=26.80%, η_B=50.00%
② η_A=26.80%, η_B=21.14%
③ η_A=38.75%, η_B=50.00%
④ η_A=38.75%, η_B=21.14%

👉 **카르노 사이클의 열효율**

$$\eta = \frac{T_H - T_L}{T_H} = 1 - \frac{T_L}{T_H}$$

㉠ 사이클 A의 열효율

Answer 26. ② 27. ② 28. ②

$$\eta_A = \left(1 - \frac{273}{373}\right) \times 100 = 26.80\%$$

ⓛ 사이클 B의 열효율

$$\eta_B = \left(1 - \frac{373}{473}\right) \times 100 = 21.14\%$$

29. 카르노 열기관 사이클 A는 0℃와 100℃ 사이에서 작동되며 카르노 열기관 사이클 B는 100℃와 200℃ 사이에서 작동된다. 사이클 B의 효율은 사이클 A의 효율보다 어떠한가?

① 높다.　② 낮다.
③ 같다.　④ 비교할 수 없다.

👉 카르노 사이클의 열효율

$$\eta = \frac{T_H - T_L}{T_H} = 1 - \frac{T_L}{T_H}$$

㉠ 사이클 A의 열효율

$$\eta_A = \left(1 - \frac{273}{373}\right) \times 100 = 26.80\%$$

㉡ 사이클 B의 열효율

$$\eta_B = \left(1 - \frac{373}{473}\right) \times 100 = 21.14\%$$

∴ 사이클 B의 열효율은 사이클 A의 열효율보다 낮다.

30. 0℃와 100℃ 사이에서 작용하는 카르노 사이클 기관(㉮)과 400℃와 500℃ 사이에서 작용하는 카르노 사이클 기관(㉯)이 있다. ㉮ 기관 열효율은 ㉯ 기관 열효율의 약 몇 배가 되는가?

① 1.2배　② 2배
③ 2.5배　④ 4배

👉 카르노 사이클의 열효율

㉮ 기관 열효율

$$\eta_{㉮} = 1 - \frac{T_2}{T_1} = 1 - \frac{273}{373} = 0.2681$$

$T_1 = 100℃ = (100+273)\text{K} = 373\text{K}$
$T_2 = 0℃ = (0+273)\text{K} = 273\text{K}$

㉯ 기관 열효율(η_C)

$$\eta_{㉯} = 1 - \frac{T_2}{T_1} = 1 - \frac{673}{773} = 0.1294$$

$T_1 = 500℃ = (500+273)\text{K} = 773\text{K}$
$T_2 = 400℃ = (400+273)\text{K} = 673\text{K}$

∴ ㉮ 기관 열효율은 ㉯ 기관 열효율의 약 2배가 된다.

31. 공기표준 Carnot 열기관 사이클에서 최저온도는 280K이고, 열효율은 60%이다. 압축 전 압력과 열을 방출한 후 압력은 100kPa이다. 열을 공급하기 전의 온도와 압력은? (단, 공기의 비열비는 1.4이다.)

① 700K, 2470kPa
② 700K, 2200kPa
③ 600K, 2470kPa
④ 600K, 2200kPa

👉 ① 열을 공급하기 전의 온도

$$\eta = 1 - \frac{T_2(=T_L)}{T_1(=T_H)}$$

$$0.6 = 1 - \frac{280}{T_1}$$

∴ $T_1 = 700\text{K}$

② 열을 공급하기 전의 압력

$$\frac{T_2}{T_1} = \left(\frac{v_1}{v_2}\right)^{k-1} = \left(\frac{P_2}{P_1}\right)^{\frac{k-1}{k}} \text{에서}$$

$$P_1 = P_2 \times \left(\frac{T_1}{T_2}\right)^{\frac{k}{k-1}}$$

$$= 100 \times \left(\frac{700}{280}\right)^{\frac{1.4}{1.4-1}} ≒ 2470\text{kPa}$$

32. 다음 설명 중 옳은 것은?

① 압력(P)과 체적(V)의 곱의 단위는 에너지의 단위와 같다.
② 카르노 열기관의 효율은 비가역 열기관의

Answer 29. ②　30. ②　31. ①　32. ①

효율보다 항상 높다.
③ 열기관 효율은 온도만의 함수이다.
④ 스로틀(throttling) 과정 전후로 이상기체의 온도는 하강한다.

② 동일 두 열에너지원 사이에서 카르노 열기관의 효율은 비가역 열기관의 효율보다 크다.
③ 카르노 열기관의 효율은 온도만의 함수이다.
④ 스로틀(throttling) 과정 전후로 실제 압축기체의 온도는 하강하지만 이상기체의 온도는 변하지 않는다.

33. 열역학 과정을 비가역으로 만드는 인자가 아닌 것은?

① 마찰
② 열의 일당량
③ 유한한 온도차에 의한 열전달
④ 두 개의 서로 다른 물질의 융화

비가역 인자
① 마찰
② 비구속 팽창
③ 두 가스의 혼합
④ 유한한 온도차에서의 열전달
⑤ 전기저항
⑥ 고체의 소성변형
⑦ 화학반응

34. 다음 중 비가역 과정으로 볼 수 없는 것은?

① 마찰 현상
② 낮은 압력으로의 자유 팽창
③ 등온 열전달
④ 상이한 조성물질의 혼합

③ 등온 열전달 – 가역과정
[참고]
① 가역과정 : 계와 주변 환경에 아무런 변화를 일으키지 않고 원래대로 되돌아올 수 있는 변화 과정
② 비가역과정 : 원래의 상태로 되돌아올 수 없는 변화 과정

35. 다음 설명 중 틀린 것은?

① 마찰은 대표적인 비가역 현상이다.
② 자동차 엔진이 가역적으로 작동될 때 출력이 가장 크다.
③ 엔진이 가역적으로 작동되면 열효율이 100%가 된다.
④ 80℃의 구리가 20℃의 물속에서 온도가 내려가는 현상은 비가역 현상이다.

③ 엔진이 가역적으로 작동되어도 주어진 열을 100% 일로 바꾸는 열기관을 만드는 것은 불가능하다.

36. 엔트로피의 단위로 가장 알맞은 것은?

① kJ/kgm   ② kJ/kg
③ kJ/kgK   ④ kJ/kmol

엔트로피의 표기
$S[kJ/K]$, $s[kJ/kgK]$

37. 상태 1에서 경로 A를 따라 상태 2로 변화하고 경로 B를 따라 다시 상태 1로 돌아오는 가역 사이클이 있다. 아래의 사이클에 대한 설명으로 틀린 것은?

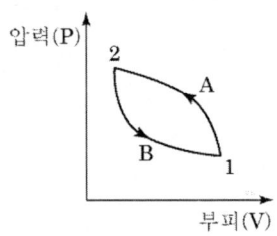

① 사이클 과정 동안 시스템의 내부에너지

 33. ② 34. ③ 35. ③ 36. ③ 37. ④

변화량은 0이다.
② 사이클 과정 동안 시스템은 외부로부터 순(net) 일을 받았다.
③ 사이클 과정 동안 시스템의 내부에서 외부로 순(net) 열이 전달되었다.
④ 이 그림으로 사이클 과정 동안 총 엔트로피 변화량을 알 수 없다.

☞ ④ 이 그림에서 사이클 과정 동안 총 엔트로피 변화량($\oint \frac{dQ}{T}$)을 알 수 있다.

38. 다음 중 검사질량의 가역 열전달 과정에 관한 설명으로 옳은 것은?
① 열전달량은 $\int PdV$와 같다.
② 열전달량은 $\int PdV$보다 크다.
③ 열전달량은 $\int TdS$와 같다.
④ 열전달량은 $\int TdS$보다 크다.

☞ T-s 선도는 열의 공급과 방출에 관한 문제를 다룬다. 가역 열전달과정에서 미소열량의 변화는 온도와 엔트로피의 곱으로 쓸 수 있고, 양변을 적분하면 열량은 온도를 엔트로피에 대해 적분함으로써 구할 수 있다.
그래프의 아래 면적(적분값)은 그 과정에서 전달된 열전달량이다.

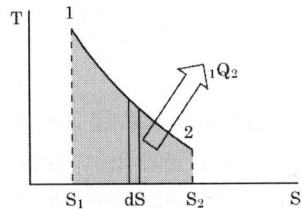

$\delta Q = TdS$
$_1Q_2 = \int_1^2 \delta Q = \int_{S_1}^{S_2} TdS$

39. 다음 온도-엔트로피 선도(T-S 선도)에서 과정 1-2가 가역일 때 빗금 친 부분은 무엇을 나타내는가?

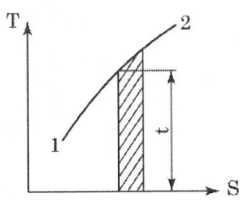

① 공업일　　② 절대일
③ 열량　　　④ 내부에너지

☞ T-S 선도(엔트로피 선도)

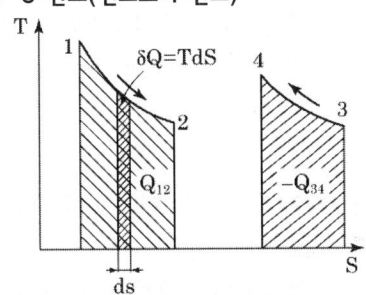

그래프의 아래 면적은 열량을 나타냄
① 1 → 2 : 물체가 받는 열량(공급열량)
② 3 → 4 : 물체로부터 버린 열량(방출열량)

40. 다음 중 1kg의 질량이 있는 어떤 계가 가역적으로 상태 1에서 2로 바뀔 때 열을 나타내는 것은?
① $T-s$ 선도에서의 아래 면적
② $h-s$ 선도에서의 아래 면적
③ $p-v$ 선도에서의 아래 면적
④ $p-h$ 선도에서의 아래 면적

☞ T-S 선도(엔트로피 선도)
1 → 2 : 물체가 받는 열량을 나타냄

41. 어떤 사이클이 다음 온도(T)-엔트로피(s) 선도와 같을 때 작동 유체에 주어진 열량은

Answer 38. ③　39. ③　40. ①　41. ③

약 몇 kJ/kg인가?

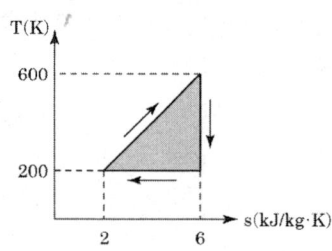

① 4 ② 400
③ 800 ④ 1600

☞ 가역과정 중 T-s 선도상의 과정을 나타내는 선 밑의 면적은 과정 중의 전열량을 나타내므로 그림에서 삼각형의 면적이 작동유체에 주어진 열량이 된다.

$$q = \frac{1}{2}(6-2)(600-200) = 800 \text{kJ/kg}$$

42. 다음 중 엔트로피에 대한 설명으로 맞는 것은?

① 엔트로피의 생성항은 열전달의 방향에 따라 양수 또는 음수일 수 있다.
② 비가역성이 존재하면 동일한 압력하에 동일한 체적의 변화를 갖는 가역과정에 비해 시스템이 외부에 하는 일이 증가한다.
③ 열역학 과정에서 시스템과 주위를 포함한 전체에 대한 순 엔트로피는 절대 감소하지 않는다.
④ 엔트로피는 가역과정에 대해서 경로함수이다.

☞ ① 엔트로피 생성항은 항상 양수이다. : 엔트로피 증가의 원리
② 비가역성이 존재하면 동일한 압력하에 동일한 체적의 변화를 갖는 가역과정에 비해 시스템이 외부에 하는 일이 감소한다. 비가역 과정에서 엔트로피는 보통 증가하고 엔트로피를 감소시키기 위해서는 일을 하거나 에너지를 투입시켜야 한다. 그러므로 엔트로피가 작을수록(가역과정) 외부에 하는 일이 증가한다.
④ 엔트로피는 상태함수로 경로에 무관하다.

43. 다음 사항 중 옳은 것은?

① 엔트로피는 상태량이 아니다.
② 엔트로피를 구하는 적분 경로는 반드시 가역변화라야 한다.
③ 비가역 사이클에서 클라우지우스(Clausius) 적분은 영이다.
④ 가역, 비가역을 포함하는 모든 이상기체의 등온변화에서 압력이 저하하면 엔트로피도 저하한다.

☞ ① 엔트로피는 (종량성)상태량이다.
③ 가역사이클에서 클라우지우스 적분은 0이다.
④ 이상기체의 등온변화에서 엔트로피 변화는
$$\Delta S = S_2 - S_1 = \int_1^2 \frac{dQ}{T} = R\ln\frac{V_2}{V_1} = R\ln\frac{P_1}{P_2}$$
이므로 압력이 저하하면 엔트로피는 증가한다.

[참고] 엔트로피의 정의
어떤 변화가 일어날 때(A → B) 여러 가지 경로 중에서 가역경로를 선택하여 이 경로의 각 단계에서 출입하는 열량을 그때의 온도로 나누어서 그 가역경로에 대해 적분하는 것이다.
$$\Delta s = s_2 - s_1 = \int_1^2 \frac{dq}{T}$$

44. 두 정지계가 서로 열 교환을 하는 경우에 한 쪽 계는 수열에 의한 엔트로피 증가가 있고, 다른 계는 방열에 의한 엔트로피 감소가 있다. 이들 두 계를 합하여 한 계로 생각하면 단열된 계가 된다. 이 합성계가 비가역 단열변화를 하면 이 합성계의 엔트로피 변화 dS는?

① dS<0 ② dS>0

Answer 42. ③ 43. ② 44. ②

③ $dS=0$ ④ $dS \neq 0$

👉 ① 가역 단열과정 : $dS=0$
② 비가역 단열과정 : $dS>0$
[참고] 엔트로피 증가의 원리($dS \geq 0$)
　엔트로피는 감소하지 않으며 가역이면 불변이고 비가역이면 증가한다. 실제 자연계에서 일어나는 상태변화는 비가역변화를 동반하게 되므로, 엔트로피는 증가하고 감소하는 일은 발생되지 않는다. 이것을 엔트로피 증가의 원리라고 한다.

45. 계가 비가역 사이클을 이룰 때 클라우지우스(Clausius)의 적분을 옳게 나타낸 것은? (단, T는 온도, Q는 열량이다.)

① $\oint \frac{\delta Q}{T} < 0$ ② $\oint \frac{\delta Q}{T} > 0$

③ $\oint \frac{\delta Q}{T} \geq 0$ ④ $\oint \frac{\delta Q}{T} \leq 0$

👉 **클라우지우스(Clausius)의 부등식**
$\oint \frac{\delta Q}{T} \leq 0$
① 가역 과정 : $\oint \frac{\delta Q}{T} = 0$
② 비가역 과정 : $\oint \frac{\delta Q}{T} < 0$

46. 작동 유체가 상태 1부터 상태 2까지 가역 변화할 때의 엔트로피 변화로 가장 옳은 것은?

① $S_2 - S_1 \geq -\int_1^2 \frac{\delta Q}{T}$

② $S_2 - S_1 > \int_1^2 \frac{\delta Q}{T}$

③ $S_2 - S_1 = \int_1^2 \frac{\delta Q}{T}$

④ $S_2 - S_1 < \int_1^2 \frac{\delta Q}{T}$

👉 ① 가역과정 : $\Delta S = S_2 - S_1 = \int_1^2 \frac{\delta Q}{T}$
② 비가역과정 : $\Delta S = S_2 - S_1 > \int_1^2 \frac{\delta Q}{T}$

47. 이상적인 가역과정에서 열량 ΔQ가 전달될 때, 온도 T가 일정하면 엔트로피 변화 ΔS를 구하는 계산식으로 옳은 것은?

① $\Delta S = 1 - \frac{\Delta Q}{T}$ ② $\Delta S = 1 - \frac{T}{\Delta Q}$

③ $\Delta S = \frac{\Delta Q}{T}$ ④ $\Delta S = \frac{T}{\Delta Q}$

👉 **엔트로피**
엔트로피는 출입하는 열량의 이용가치를 나타내는 상태량으로 과정 중 전달되는 열에너지를 그 계의 절대온도로 나눈 것이다.
$\Delta S = \frac{\Delta Q}{T}$

48. 온도 T_1의 고온열원으로부터 온도 T_2의 저온열원으로 열량 Q가 전달될 때 두 열원의 총 엔트로피 변화량을 옳게 표현한 것은?

① $-\frac{Q}{T_1} + \frac{Q}{T_2}$ ② $\frac{Q}{T_1} - \frac{Q}{T_2}$

③ $\frac{Q(T_1 + T_2)}{T_1 \cdot T_2}$ ④ $\frac{T_1 - T_2}{Q(T_1 \cdot T_2)}$

👉 고온열원의 엔트로피 감소 : $S_1 = \frac{Q}{T_1}$
저온열원의 엔트로피 증가 : $S_2 = \frac{Q}{T_2}$
$\Delta S = S_2 - S_1 = \frac{Q}{T_2} - \frac{Q}{T_1} = \frac{Q(T_1 - T_2)}{T_1 T_2}$

49. 다음 4가지 경우에서 ( ) 안의 물질이 보유한 엔트로피가 증가한 경우는?

Answer 45. ① 46. ③ 47. ③ 48. ① 49. ①

ⓐ 컵에 있는 (물)이 증발하였다.
ⓑ 목욕탕의 (수증기)가 차가운 타일 벽에서 물로 응결되었다.
ⓒ 실린더 안의 (공기)가 가역 단열적으로 팽창되었다.
ⓓ 뜨거운 (커피)가 식어서 주위온도와 같게 되었다.

① ⓐ　　　② ⓑ
③ ⓒ　　　④ ⓓ

☞ 물체에 열을 가하면 엔트로피는 증가하고 냉각시키면 감소한다. 그러나 가역과정에서는 엔트로피가 일정하다.
ⓐ : 엔트로피 증가
ⓑ, ⓓ : 엔트로피 감소
ⓒ : 엔트로피 일정

50. 증기를 가역 단열과정을 거쳐 팽창시키면 증기의 엔트로피는?

① 증가한다.
② 감소한다.
③ 변하지 않는다.
④ 경우에 따라 증가도 하고, 감소도 한다.

☞ 가역 단열과정(등엔트로피 변화)
가역 단열과정은 엔트로피를 일정하게 유지하는 단열변화이므로 엔트로피의 증감이 없고, 비가역 단열과정에서는 엔트로피가 증가한다.

51. 비가역 단열변화에 있어서 엔트로피 변화량은 어떻게 되는가?

① 증가한다.
② 감소한다.
③ 변화량은 없다.
④ 증가할 수도 감소할 수도 있다.

☞ 엔트로피 증가의 원리
엔트로피는 감소하지 않으며 가역이면 불변이고 비가역이면 증가한다. 실제 자연계에서 일어나는 상태변화는 비가역변화를 동반하게 되므로, 엔트로피는 증가하고 감소하는 일은 발생되지 않는다.

52. 단열 과정으로 25℃의 물과 50℃의 물이 혼합되어 열평형을 이루었다면, 다음 사항 중 올바른 것은?

① 열평형에 도달되었으므로 엔트로피의 변화가 없다.
② 전계의 엔트로피는 증가한다.
③ 전계의 엔트로피는 감소한다.
④ 온도가 높은 쪽의 엔트로피가 증가한다.

☞ 엔트로피 증가의 원리
엔트로피는 감소하지 않으며 가역이면 불변이고 비가역이면 증가한다. 실제 자연계에서 일어나는 상태변화는 비가역변화를 동반하게 되므로, 엔트로피는 증가하고 감소하는 일은 발생되지 않으므로 문제의 혼합과정에서 전계의 엔트로피는 증가한다.

53. 어떤 열기관이 550K의 고열원으로부터 20kJ의 열량을 공급받아 250K의 저열원에 14kJ의 열량을 방출할 때 이 사이클의 Clausius 적분값과 가역, 비가역 여부의 설명으로 옳은 것은?

① Clausius 적분값은 −0.0196kJ/K이고 가역 사이클이다.
② Clausius 적분값은 −0.0196kJ/K이고 비가역 사이클이다.
③ Clausius 적분값은 0.0196kJ/K이고 가역 사이클이다.
④ Clausius 적분값은 0.0196kJ/K이고 비

50. ③　51. ①　52. ②　53. ②

가역 사이클이다.

👉 **클라우지우스(Clausius)의 적분**
① 가역과정 : $\oint \dfrac{dq}{T}=0$
② 비가역과정 : $\oint \dfrac{dq}{T}<0$

공급받은 열량의 부호를 (+), 방출된 열량을 (−)로 하면

$$\oint \dfrac{dq}{T}=\dfrac{dq_1}{T_1}+\dfrac{dq_2}{T_2}=\dfrac{20}{550}-\dfrac{14}{250}$$
$$=-0.0196\text{kJ/K}<0$$

∴ 비가역 과정이다.

54. 520K의 고온 열원으로부터 18.4kJ 열량을 받고 273K의 저온 열원에 13kJ의 열량을 방출하는 열기관에 대하여 옳은 설명은?

① Clausius 적분값은 −0.0122kJ/K이고, 가역 과정이다.
② Clausius 적분값은 −0.0122kJ/K이고, 비가역 과정이다.
③ Clausius 적분값은 +0.0122kJ/K이고, 가역 과정이다.
④ Clausius 적분값은 +0.0122kJ/K이고, 비가역 과정이다.

👉 **클라우지우스(Clausius)의 적분**
① 가역과정 : $\oint \dfrac{dq}{T}=0$
② 비가역과정 : $\oint \dfrac{dq}{T}<0$

공급받은 열량의 부호를 (+), 방출된 열량을 (−)로 하면

$$\oint \dfrac{dq}{T}=\dfrac{dq_1}{T_1}+\dfrac{dq_2}{T_2}=\dfrac{18.4}{520}-\dfrac{13}{273}$$
$$=-0.0122<0$$

∴ 비가역 과정이다.

55. 계의 엔트로피 변화에 대한 열역학적 관계식 중 옳은 것은? (단, T는 온도, S는 엔트로피, U는 내부 에너지, V는 체적, P는 압력, H는 엔탈피를 나타낸다.)

① $TdS=dU-PdV$
② $TdS=dH-PdV$
③ $TdS=dU-VdP$
④ $TdS=dH-VdP$

👉 열역학 제1법칙으로부터 엔트로피 변화를 T, P항으로 표시하면
$dQ=dH-VdP=C_vdT-VdP=TdS$

56. 자연계의 비가역 변화와 관련 있는 법칙은?
① 제0법칙   ② 제1법칙
③ 제2법칙   ④ 제3법칙

👉 **열역학 제2법칙의 개요**
㉠ 자연계에서 일어나는 모든 변화는 비가역 과정이다.
㉡ 비가역 과정은 가역 사이클보다 항상 엔트로피가 증가한다. 즉, 엔트로피는 결코 감소하지 않으며 자연계에서 일어나는 모든 변화는 그것에 관여하는 엔트로피의 총합이 증가하는 방향으로 진행된다.
㉢ 에너지(열, 일) 변환에 대한 방향성을 제시한 법칙으로 방향성 법칙이라고도 한다.

57. 열역학 제2법칙과 관계된 설명으로 가장 옳은 것은?
① 과정(상태변화)의 방향성을 제시한다.
② 열역학적 에너지의 양을 결정한다.
③ 열역학적 에너지의 종류를 판단한다.
④ 과정에서 발생한 총 일의 양을 결정한다.

👉 56번 해설 참고

58. 열의 이동에 대한 설명으로 옳지 않은 것은?

① 고체표면과 이에 접하는 유동 유체 간의 열이동을 열전달이라 한다.
② 자연계의 열이동은 비가역 현상이다.
③ 열역학 제1법칙에 따라 고온체에서 저온체로 이동한다.
④ 자연계의 열이동은 엔트로피가 증가하는 방향으로 흐른다.

☞ ③ 열역학 제2법칙에 따라 고온체에서 저온체로 이동한다.

59. 열역학 제2법칙에 대한 설명으로 틀린 것은?
① 효율이 100%인 열기관은 얻을 수 없다.
② 제2종의 영구 기관은 작동 물질의 종류에 따라 가능하다.
③ 열은 스스로 저온의 물질에서 고온의 물질로 이동하지 않는다.
④ 열기관에서 작동 물질이 일을 하게 하려면 그보다 더 저온인 물질이 필요하다.

☞ ② 자연계에 아무 변화를 남기지 않고 어느 열원의 열을 계속해서 일로 바꾸는 제2종의 영구 기관은 존재하지 않는다.

60. 열역학 제2법칙과 관련된 설명으로 옳지 않은 것은?
① 열효율이 100%인 열기관은 없다.
② 저온 물체에서 고온 물체로 열은 자연적으로 전달되지 않는다.
③ 폐쇄계와 그 주변계가 열교환이 일어날 경우 폐쇄계와 주변계 각각의 엔트로피는 모두 상승한다.
④ 동일한 온도 범위에서 작동되는 가역 열기관은 비가역 열기관보다 열효율이 높다.

☞ ③ 폐쇄계와 그 주변계가 열교환이 일어날 경우 폐쇄계의 엔트로피는 증가하거나 일정하다.

61. 열역학 제2법칙에 관해서는 여러 가지 표현으로 나타낼 수 있는데, 다음 중 열역학 제2법칙과 관계되는 설명으로 볼 수 없는 것은?
① 열을 일로 변환하는 것은 불가능하다.
② 열효율이 100%인 열기관을 만들 수 없다.
③ 열은 저온 물체로부터 고온 물체로 자연적으로 전달되지 않는다.
④ 입력되는 일 없이 작동하는 냉동기를 만들 수 없다.

☞ ① 열을 일로, 일은 열로 변환이 가능하고 일과 열을 상호 환산할 수 있다는 것을 나타낸 법칙을 열역학 제1법칙이라 한다.

62. 어느 발명가가 바닷물로부터 매시간 1800kJ의 열량을 공급받아 0.5W 출력의 열기관을 만들었다고 주장한다면, 이 사실은 열역학 제 몇 법칙에 위배되는가?
① 제0법칙   ② 제1법칙
③ 제2법칙   ④ 제3법칙

☞ ① $Q = 1800$ kJ/h
② $W = 0.5$ kW $= 0.5$ kJ/s
→ $0.5 \dfrac{\text{kJ}}{\text{s}} \times \dfrac{3600\text{s}}{1\text{h}} = 1800$ kJ/h
③ 효율(η)
$\eta = \dfrac{W}{Q} \times 100(\%) = \dfrac{1800}{1800} \times 100 = 100\%$
∴ 열역학 제2법칙에 의해 효율이 100%인 열기관은 불가능하다.

[참고] 열역학 제2법칙
에너지(열, 일) 변환에 대한 방향성을 제시한 법칙으로 고온체로부터 받은 열량을 전부 일로 전환시키는 기관은 있을 수 없으며 그 일부는 반드시 저온체로 전달되어야 한다. 따라서 열효율이 100%인 기관은 만들 수 없다.

Answer   59. ②   60. ③   61. ①   62. ③

63. 가정용 냉장고를 이용하여 겨울에 난방을 할 수 있다고 주장하였다면 이 주장은 이론적으로 열역학 법칙과 어떠한 관계를 갖겠는가?

① 열역학 1법칙에 위배된다.
② 열역학 2법칙에 위배된다.
③ 열역학 1, 2법칙에 위배된다.
④ 열역학 1, 2법칙에 위배되지 않는다.

☞ 가정용 냉장고는 외부에서 일을 받아 동작유체인 냉매를 이용하여 열을 저온부에서 흡수(냉방)하여 고온부로 이동시켜 방출(난방)하므로 겨울에 난방을 할 수가 있다. 그러므로 열역학 1법칙(열을 일로, 일은 열로 상호 변환 가능하고 이들 사이에는 일정한 비례관계가 성립한다.) 및 열역학 2법칙(열을 저온의 물체로부터 고온의 물체로 이동시키려면 에너지를 공급하여야 한다.)에 위배되지 않는다.

64. 다음 냉동 사이클에서 열역학 제1법칙과 제2법칙을 모두 만족하는 Q_1, Q_2, W는?

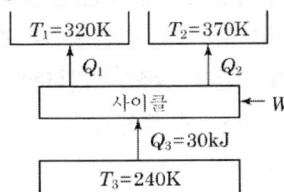

① $Q_1 = 20\text{kJ}$, $Q_2 = 20\text{kJ}$, $W = 20\text{kJ}$
② $Q_1 = 20\text{kJ}$, $Q_2 = 30\text{kJ}$, $W = 20\text{kJ}$
③ $Q_1 = 20\text{kJ}$, $Q_2 = 20\text{kJ}$, $W = 10\text{kJ}$
④ $Q_1 = 20\text{kJ}$, $Q_2 = 15\text{kJ}$, $W = 5\text{kJ}$

☞ 1) 열역학 제1법칙(에너지보존의 법칙)
$$Q_3 + W = Q_1 + Q_2$$
2) 열역학 제2법칙(엔트로피 증가의 법칙)
$$\Delta S = S_2 - S_1 = \left(\frac{Q_1}{T_1} + \frac{Q_2}{T_2}\right) - \left(\frac{Q_3}{T_3}\right) > 0$$

① $Q_3 + W = Q_1 + Q_2$
  $30 + 20 = 20 + 20$
  $50 \neq 40$
  ∴ 부적합(열역학 제1법칙 위배)

② $Q_3 + W = Q_1 + Q_2$
  $30 + 20 = 20 + 30$
  ∴ 적합(열역학 제1법칙)
  $\Delta S = \left(\frac{Q_1}{T_1} + \frac{Q_2}{T_2}\right) - \left(\frac{Q_3}{T_3}\right)$
  $= \left(\frac{20}{320} + \frac{30}{370}\right) - \left(\frac{30}{240}\right) > 0$: 적합
  (열역학 제2법칙)

③ $\Delta S = \left(\frac{Q_1}{T_1} + \frac{Q_2}{T_2}\right) - \left(\frac{Q_3}{T_3}\right)$
  $= \left(\frac{20}{320} + \frac{20}{370}\right) - \left(\frac{30}{240}\right) < 0$: 부적합
  (열역학 제2법칙 위배)

④ $\Delta S = \left(\frac{Q_1}{T_1} + \frac{Q_2}{T_2}\right) - \left(\frac{Q_3}{T_3}\right)$
  $= \left(\frac{20}{320} + \frac{15}{370}\right) - \left(\frac{30}{240}\right) < 0$: 부적합
  (열역학 제2법칙 위배)

65. 다음 중 그림과 같은 냉동사이클로 운전할 때 열역학 제1법칙과 제2법칙을 모두 만족하는 경우는?

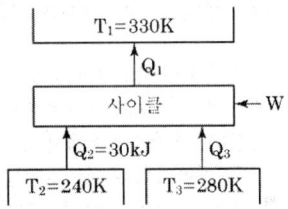

① $Q_1 = 100\text{kJ}$, $Q_3 = 30\text{kJ}$, $W = 30\text{kJ}$
② $Q_1 = 80\text{kJ}$, $Q_3 = 40\text{kJ}$, $W = 10\text{kJ}$
③ $Q_1 = 90\text{kJ}$, $Q_3 = 50\text{kJ}$, $W = 10\text{kJ}$
④ $Q_1 = 100\text{kJ}$, $Q_3 = 30\text{kJ}$, $W = 40\text{kJ}$

☞ ㉠ 열역학 제1법칙(에너지보존의 법칙)
  $Q_1 + W = Q_2 + Q_3$
㉡ 열역학 제2법칙(엔트로피 증가의 법칙)

Answer 63. ④ 64. ② 65. ④

$$\Delta S = S_2 - S_1 = \left(\frac{Q_1}{T_1}\right) - \left(\frac{Q_2}{T_2} + \frac{Q_3}{T_3}\right) > 0$$

④ $Q_1 = 100\text{kJ}$, $Q_2 = 30\text{kJ}$, $Q_3 = 30\text{kJ}$,
$W = 40\text{kJ}$
$Q_1 - W = Q_2 + Q_3$ 이므로
$100 - 40 = 30 + 30 \rightarrow 60 = 60$
∴ 열역학 제1법칙 만족

$$\Delta S = S_2 - S_1 = \left(\frac{Q_1}{T_1}\right) - \left(\frac{Q_2}{T_2} + \frac{Q_3}{T_3}\right)$$
$$= \left(\frac{100}{330}\right) - \left(\frac{30}{240} + \frac{30}{280}\right) > 0$$

∴ 열역학 제2법칙 만족

66. 다음 열기관 사이클의 에너지 전달량으로 적절한 것은?

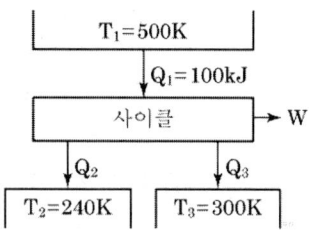

① $Q_2 = 20\text{kJ}$, $Q_3 = 30\text{kJ}$, $W = 50\text{kJ}$
② $Q_2 = 20\text{kJ}$, $Q_3 = 50\text{kJ}$, $W = 30\text{kJ}$
③ $Q_2 = 30\text{kJ}$, $Q_3 = 30\text{kJ}$, $W = 50\text{kJ}$
④ $Q_2 = 30\text{kJ}$, $Q_3 = 20\text{kJ}$, $W = 50\text{kJ}$

👉 가역변화의 엔트로피는 변화 전후가 일정하지만 비가역 변화의 경우 엔트로피는 항상 증가한다. 실제자연계에서 일어나는 상태변화는 비가역변화로 엔트로피는 항상 증가한다(엔트로피 증가의 법칙). 그러므로 문제의 열기관 사이클에서 에너지 이동 후 엔트로피는 증가하므로 아래의 식을 만족하는 답을 보기에서 찾으면 된다.

㉠ 고온체의 엔트로피(S_1) : $\frac{Q_1}{T_1}$

㉡ 저온체의 엔트로피(S_2) : $\frac{Q_2}{T_2} + \frac{Q_3}{T_3}$

㉢ 엔트로피의 변화량(ΔS) :

$$\Delta S = S_2 - S_1 = \left(\frac{Q_2}{T_2} + \frac{Q_3}{T_3}\right) - \left(\frac{Q_1}{T_1}\right) > 0$$

① $\Delta S = \left(\frac{Q_2}{T_2} + \frac{Q_3}{T_3}\right) - \left(\frac{Q_1}{T_1}\right)$
$= \left(\frac{20}{240} + \frac{30}{300}\right) - \left(\frac{100}{500}\right)$
$= -\frac{1}{60} < 0$: 부적합

② $\Delta S = \left(\frac{Q_2}{T_2} + \frac{Q_3}{T_3}\right) - \left(\frac{Q_1}{T_1}\right)$
$= \left(\frac{20}{240} + \frac{50}{300}\right) - \left(\frac{100}{500}\right)$
$= \frac{1}{20} > 0$: 적합

③ $Q_1 = Q_2 + Q_3 + W$
$100 = 30 + 30 + 50$
$100 \neq 110$: 부적합(열역학1법칙 위배)

④ $\Delta S = \left(\frac{Q_2}{T_2} + \frac{Q_3}{T_3}\right) - \left(\frac{Q_1}{T_1}\right)$
$= \left(\frac{30}{240} + \frac{20}{300}\right) - \left(\frac{100}{500}\right)$
$= -\frac{1}{120} < 0$: 부적합

67. 절대 온도가 0에 접근할수록 순수 물질의 엔트로피는 0에 접근한다는 절대 엔트로피 값의 기준을 규정한 법칙은?

① 열역학 제0법칙이다.
② 열역학 제1법칙이다.
③ 열역학 제2법칙이다.
④ 열역학 제3법칙이다.

👉 ① 열역학 제0법칙 : 온도(열)평형의 법칙
② 열역학 제1법칙 : 에너지보존의 법칙
③ 열역학 제2법칙 : 엔트로피 법칙, 에너지(열, 일) 변환에 대한 방향성을 제시한 법칙
④ 열역학 제3법칙 : 절대온도의 법칙

68. 순수물질의 엔트로피에 관하여 다음 중 열역학 3법칙과 가장 관계가 깊은 사항은?

Answer 66. ② 67. ④ 68. ④

① 0K에서 엔트로피는 0이다.
② 273K에서 엔트로피는 0이다.
③ 엔트로피는 그 변화량만이 문제이므로 절대치는 없다.
④ 0K에 근접하면 엔트로피는 0에 근접한다.

> **열역학 제3법칙**
> ① Nernst : "어떠한 방법에 의해서도 물질의 온도를 절대 0도 이하로 내릴 수 없다."
> ② Plank : "열역학적으로 평형상태에 있는 모든 순수물질의 엔트로피는 절대온도가 0에 접근함에 따라 0에 가까워진다."

69. 어떤 시스템이 변화를 겪는 동안 주위의 엔트로피가 5kJ/K 감소하였다. 시스템의 엔트로피 변화는?

① 2kJ/K 감소 ② 5kJ/K 감소
③ 3kJ/K 증가 ④ 6kJ/K 증가

> 열역학 제2법칙에 의해 실제 자연계에서 일어나는 상태변화는 비가역변화를 동반하게 되므로 엔트로피는 항상 증가한다. 에너지를 변환시킬 때마다 엔트로피가 발생하며, 그 결과 엔트로피의 총량은 증가하게 되므로 주위의 엔트로피가 5kJ/K 감소했다면 시스템은 주위 엔트로피가 감소한 양 또는 그 이상 증가하게 된다.

70. 견고한 단열 용기 안에 온도와 압력이 같은 이상기체 산소 1kmol과 이상기체 질소 2kmol이 얇은 막으로 나뉘어져 있다. 막이 터져 두 기체가 혼합될 경우 이 시스템의 엔트로피의 변화는?

① 변화가 없다.
② 증가한다.
③ 감소한다.
④ 증가한 후 감소한다.

> 혼합과정은 비가역 과정이므로 시스템의 엔트로피는 증가한다.

71. 어떤 시스템이 100kJ의 열을 받고, 150kJ의 일을 하였다면 이 시스템의 엔트로피는?

① 증가했다.
② 감소했다.
③ 변하지 않았다.
④ 시스템의 온도에 따라 증가할 수도 있고 감소할 수도 있다.

> **엔트로피의 변화(ΔS)**
> $$\Delta S = \frac{\Delta Q}{T}$$
> 이때 시스템이 100kJ의 열을 받으므로
> $$\Delta Q > 0 \text{이고 } \Delta S = \frac{\Delta Q}{T} > 0$$
> 즉, 엔트로피가 증가한다.

72. 온도가 보기와 같은 4개의 열원(heat source)에서 100kJ의 열을 방출하였을 때 이 열원의 엔트로피가 가장 적게 감소하는 것은?

[보기] 50℃, 100℃, 500℃, 1000℃

① 50℃ ② 100℃
③ 500℃ ④ 1000℃

> **엔트로피**
> $$dS = \frac{dQ}{T}$$
> 위 식에서 엔트로피는 열에너지가 적을수록, 온도가 높을수록 감소하므로 1000℃일 때 엔트로피가 가장 적게 감소한다.
> ① $dS_{50℃} = \frac{dQ}{T} = \frac{100}{273+50} = 0.31$
> ② $dS_{100℃} = \frac{dQ}{T} = \frac{100}{273+100} = 0.27$
> ③ $dS_{500℃} = \frac{dQ}{T} = \frac{100}{273+500} = 0.13$

Answer 69. ④ 70. ② 71. ① 72. ④

④ $dS_{1000℃} = \dfrac{dQ}{T} = \dfrac{100}{273+1000} = 0.08$

73. 온도 90℃의 물이 일정 압력하에서 냉각되어 30℃가 되고 이때 25℃의 주위로 500kJ의 열이 전달된다. 주위의 엔트로피 증가량은 얼마인가?

① 1.50kJ/K   ② 1.68kJ/K
③ 8.33kJ/℃ ④ 20.0kJ/℃

👆 엔트로피 증가량
$dS = \dfrac{\delta Q}{T} = \dfrac{500}{298} = 1.68 \text{kJ/K}$

74. 물 1kg이 포화온도 120℃에서 증발할 때, 증발잠열은 2203kJ이다. 증발하는 동안 물의 엔트로피 증가량은 약 몇 kJ/K인가?

① 4.3   ② 5.6
③ 6.5   ④ 7.4

👆 $T = 120℃ = (273+120)\text{K} = 393\text{K}$
$dS = \dfrac{dQ}{T} = \dfrac{2203}{393} = 5.6 \text{kJ/K}$

75. 2MPa 압력에서 작동하는 가역 보일러에 포화수가 들어가 포화증기가 되어서 나온다. 보일러의 물 1kg당 가한 열량은 약 몇 kJ인가? (단, 2MPa 압력에서 포화온도는 212.4℃이고 이 온도는 일정하다. 포화수 비엔트로피는 2.4473kJ/kg·K, 포화증기 비엔트로피는 6.3408kJ/kg·K이다.)

① 295   ② 827
③ 1890 ④ 2423

👆 $ds = \dfrac{dq}{T}$
$dq = Tds = T(s_2 - s_1)$
$= (273 + 212.4)(6.3408 - 2.4473)$
$= 1889.7 \text{kJ/kg}$

76. 전동기에 브레이크를 설치하여 출력 시험을 하는 경우, 축 출력 10kW의 상태에서 1시간 운전을 하고, 이때 마찰열을 20℃의 주위에 전할 때 주위의 엔트로피는 어느 정도 증가하는가?

① 123kJ/K   ② 133kJ/K
③ 143kJ/K   ④ 153kJ/K

👆 $T = 20℃ = (20+273)\text{K} = 293\text{K}$
$Q = 10\text{kW} = 10\text{kJ/s}$

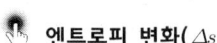

$dS = \dfrac{dQ}{T} = \dfrac{10\text{kJ/s} \times \dfrac{3,600\text{s}}{1\text{h}}}{293\text{K}}$
$= 122.87 \text{kJ/K} ≒ 123 \text{kJ/K}$

77. 카르노 사이클로 작동되는 기관의 실린더 내에서 1kg의 공기가 온도 120℃에서 열량 40kJ를 받아 등온팽창한다면 엔트로피의 변화(kJ/kg·K)는 약 얼마인가?

① 0.102   ② 0.132
③ 0.162   ④ 0.192

👆 엔트로피 변화(Δs)
$\Delta s = \dfrac{dq}{T} = \dfrac{40}{273+120} = 0.102 \text{kJ/kg·K}$

78. 1kg의 공기가 100℃를 유지하면서 가역등온 팽창하여 외부에 500kJ의 일을 하였다. 이때 엔트로피의 변화량은 약 몇 kJ/K인가?

① 1.895   ② 1.665
③ 1.467   ④ 1.340

👆 엔트로피 변화량(ΔS)
$\Delta S = \dfrac{\Delta Q}{T} = \dfrac{500}{373} = 1.340 \text{kJ/K}$
여기서, $T = 100℃ = (100+273)\text{K} = 373\text{K}$

Answer 73. ② 74. ② 75. ③ 76. ① 77. ① 78. ④

79. 227℃의 증기가 500kJ/kg의 열을 받으면서 가역등온 팽창한다. 이때 증기의 엔트로피 변화가 약 얼마인가?

① 1.0kJ/kg·K ② 1.5kJ/kg·K
③ 2.5kJ/kg·K ④ 2.8kJ/kg·K

증기의 엔트로피 변화량(Δs)
$$\Delta s = \frac{\delta q}{T} = \frac{500}{273+227} = 1.0 \text{kJ/kg·K}$$

80. 그림과 같이 2개의 탱크가 연결되어 있다. 초기에 탱크 A에 20kg의 공기가 들어 있으며 탱크 B는 진공이다. 탱크 A의 공기의 엔트로피는 초기에는 0.821kJ/kgK이며, 최종적으로 1.356kJ/kgK로 변하였다. 이 과정 중 외부에서 2500kJ의 열량을 받았다면, 이 과정에서 비가역성의 값은? (단, 외계의 온도는 20℃이다.)

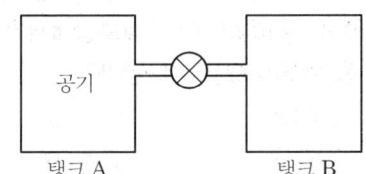

탱크 A 탱크 B

① 약 448.6kJ ② 약 635.1kJ
③ 약 1824.6kJ ④ 약 8136.7kJ

$dQ = GT(S_2 - S_1) - W$
$= [20 \times (273+20) \times (1.356 - 0.821)] - 2500$
$= 635.1 \text{kJ}$

81. 4kg의 공기가 들어 있는 용기 A(체적 0.5m³)와 진공 용기 B(체적 0.3m³) 사이를 밸브로 연결하였다. 이 밸브를 열어서 공기가 자유팽창하여 평형에 도달했을 경우 엔트로피 증가량은 약 몇 kJ/K인가? (단, 온도 변화는 없으며 공기의 기체상수는 0.287kJ/kg·K이다.)

① 0.54 ② 0.49
③ 0.42 ④ 0.37

등온변화 시 엔트로피 증가량(Δs)
$$\Delta s = s_2 - s_1 = GR\ln\frac{v_2}{v_1}$$
$$= 4 \times 0.287 \times \ln\frac{0.8}{0.5} = 0.54 \text{kJ/K}$$

여기서 $v_1 = 0.5\text{m}^3$
$v_2 = 0.5\text{m}^3 + 0.3\text{m}^3 = 0.8\text{m}^3$

82. 단열된 용기 안에 두 개의 구리 블록이 있다. 블록 A는 10kg, 온도 300K이고, 블록 B는 10kg, 900K이다. 구리의 비열은 0.4kJ/kg·K일 때, 두 블록을 접촉시켜 열교환이 가능하게 하고 장시간 놓아두어 최종 상태에서 두 구리 블록의 온도가 같아졌다. 이 과정 동안 시스템의 엔트로피 증가량(kJ/K)은?

① 1.15 ② 2.04
③ 2.77 ④ 4.82

① 혼합온도(T_3)
$$T_3 = \frac{G_A T_A + G_B T_B}{G_A + G_B}$$
$$= \frac{(10 \times 300) + (10 \times 900)}{10+10} = 600\text{K}$$

② 엔트로피 증가량(ΔS)
$$\Delta S = G_A C_A \ln\frac{T_3}{T_A} - G_B C_B \ln\frac{T_B}{T_3}$$
$$= 10 \times 0.4 \times \ln\frac{600}{300} - 10 \times 0.4 \times \ln\frac{900}{600}$$
$$= 1.15 \text{kJ/K}$$

83. 27℃의 물 1kg과 87℃의 물 1kg이 열의 손실 없이 직접 혼합될 때 생기는 엔트로피의 차는 다음 중 어느 것에 가장 가까운가? (단, 물의 비열은 4.18kJ/kg·K로 한다.)

① 0.035kJ/K ② 1.36kJ/K

Answer 79. ① 80. ② 81. ① 82. ① 83. ①

③ 4.22kJ/K　　④ 5.02kJ/K

☞ ① 혼합 후의 온도(t_3)

$$T_3 = \frac{m_1 T_1 + m_2 T_2}{m_1 + m_2} = \frac{1 \times 27 + 1 \times 87}{1+1}$$
$$= 57℃$$

② 혼합 엔트로피 차(ΔS)

$$\Delta S = m_1 C \ln \frac{T_m}{T_1} + m_2 C \ln \frac{T_m}{T_2}$$
$$= \left(1 \times 4.18 \times \ln \frac{273+57}{273+27}\right)$$
$$+ \left(1 \times 4.18 \times \ln \frac{273+57}{273+87}\right)$$
$$= 0.03469 \text{kJ/K} ≒ 0.035 \text{kJ/K}$$

84. 실린더 내의 공기가 100kPa, 20℃ 상태에서 300kPa이 될 때까지 가역단열 과정으로 압축된다. 이 과정에서 실린더 내의 계에서 엔트로피의 변화(kJ/kg · K)는? (단, 공기의 비열비(k)는 1.4이다.)

① −1.35　　② 0
③ 1.35　　④ 13.5

☞ 가역 단열과정(등엔트로피 과정)에서는 열출입, 물질의 출입이 없으므로 열전달량이 0이며 따라서 엔트로피의 변화가 없다.

85. 액체 상태 물 2kg을 30℃에서 80℃로 가열하였다. 이 과정 동안 물의 엔트로피 변화량을 구하면? (단, 액체 상태 물의 비열은 4.184kJ/kg · K로 일정하다.)

① 0.6391kJ/K　　② 1.278kJ/K
③ 4.100kJ/K　　④ 8.208kJ/K

☞ 물의 엔트로피 변화량(ΔS)

$$\Delta S = GC \ln \frac{T_2}{T_1}$$
$$= 2 \times 4.184 \times \ln \frac{273+80}{273+30} = 1.278 \text{kJ/K}$$

86. 터빈을 통과하는 유체로서 물이 흐를 경우, 마찰열에 의해 물의 온도가 18℃에서 20℃로 상승하였다. 터빈에서 열전달이 없었다면, 터빈 통과 중 물 1kg당 엔트로피 변화량은 얼마인가? (단, 비열 C=4.184kJ/kg · K이다.)

① 8.37kJ/kg · K
② 4.21kJ/kg · K
③ 0.0287kJ/kg · K
④ 0.0069kJ/kg · K

☞ $\Delta S = S_2 - S_1$

$$= GC \ln \frac{T_2}{T_1} = 1 \times 4.184 \times \ln \frac{273+20}{273+18}$$
$$= 0.0287 \text{kJ/K}$$

87. 표준대기압 상태에서 물 1kg이 100℃로부터 전부 증기로 변하는 데 필요한 열량이 0.652kJ이다. 이 증발과정에서의 엔트로피 증가량(J/K)은 얼마인가?

① 1.75　　② 2.75
③ 3.75　　④ 4.00

☞ 엔트로피 증가량(dS)

$$dS = \frac{dQ}{T} = \frac{652 \text{J}}{373 \text{K}} = 1.75 \text{J/K}$$

여기서, dQ=0.652kJ=652J
온도(T)
　　=100℃=(100+273)K=373K

88. 1kg의 공기가 100℃를 유지하면서 등온 팽창하여 외부에 100kJ의 일을 하였다. 이때 엔트로피의 변화량은 약 몇 kJ/kg · K인가?

① 0.268　　② 0.373
③ 1.00　　④ 1.54

☞ 등온팽창과정은 변화 전후의 기체가 갖는 내

Answer　84. ②　85. ②　86. ③　87. ①　88. ①

부에너지, 엔탈피는 모두 같으므로 가열된 열량은 전부 일(절대일, 공업일)로서 방출된다.

$$dS = \frac{dQ(=dW)}{T} = \frac{100}{373} = 0.268 \text{kJ/kg} \cdot \text{K}$$

여기서, $T = 100℃ = (273+100)\text{K} = 373\text{K}$

89. 일정한 정적비열 c_v와 정압비열 c_p를 가진 이상기체 1kg의 절대온도와 체적이 각각 2배로 되었을 때 엔트로피의 변화량으로 옳은 것은?

① $c_v \ln 2$ ② $c_p \ln 2$
③ $(c_p - c_v) \ln 2$ ④ $(c_p + c_v) \ln 2$

👉 $C_p - C_v = R$

$$\Delta S = C_v \ln \frac{T}{T_0} + R \ln \frac{V}{V_0}$$
$$= C_v \ln 2 + R \ln 2 = (C_v + R) \ln 2 = C_p \ln 2$$

90. 그림과 같이 중간에 격벽이 설치된 계에서 A에는 이상기체가 충만되어 있고, B는 진공이며, A와 B의 체적은 같다. A와 B 사이의 격벽을 제거하면 A의 기체는 단열비가역 자유팽창을 하여 어느 시간 후에 평형에 도달하였다. 이 경우의 엔트로피 변화 Δs는? (단, C_v는 정적비열, C_p는 정압비열, R은 기체상수이다.)

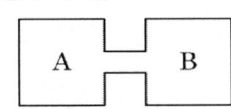

① $\Delta s = C_v \times \ln 2$ ② $\Delta s = C_p \times \ln 2$
③ $\Delta s = 0$ ④ $\Delta s = R \times \ln 2$

👉 자유팽창 과정(등온과정)의 엔트로피 변화량
$$\Delta s = s_2 - s_1 = R \ln \frac{V_2}{V_1} = R \ln \frac{2V_1}{V_1} = R \ln 2$$

91. 공기 2kg이 300K, 600kPa 상태에서 500K, 400kPa 상태로 가열된다. 이 과정 동안의 엔트로피 변화량은 약 얼마인가? (단, 공기의 정적비열과 정압비열은 각각 0.717kJ/kg·K과 1.004kJ/kg·K로 일정하다.)

① 0.73kJ/K   ② 1.83kJ/K
③ 1.02kJ/K   ④ 1.26kJ/K

👉 $C_p - C_v = R$
$R = 1.004 - 0.717 = 0.287 \text{kJ/kg} \cdot \text{K}$

$$\Delta S = S_2 - S_1 = G C_p \ln \frac{T_2}{T_1} - GR \ln \frac{P_2}{P_1}$$
$$= 2 \times 1.004 \times \ln \frac{500}{300} - 2 \times 0.287 \times \ln \frac{400}{600}$$
$$= 1.26 \text{kJ/K}$$

92. 600kPa, 300K 상태의 이상기체 1kmol이 엔탈피가 등온과정을 거쳐 압력이 200kPa로 변했다. 이 과정 동안의 엔트로피 변화량은 약 몇 kJ/K인가? (단, 일반기체상수($\overline{R}$)은 8.31451kJ/(kmol·K)이다.)

① 0.782   ② 6.31
③ 9.13   ④ 18.6

👉 엔트로피 변화량(ΔS)
$$\Delta S = S_2 - S_1$$
$$= n \overline{R} \ln \frac{P_1}{P_2} = 1 \times 8.31451 \times \ln \frac{600}{200}$$
$$= 9.13 \text{kJ/K}$$

93. 600kPa, 300K 상태의 아르곤(argon) 기체 1kmol이 엔탈피가 일정한 과정을 거쳐 압력이 원래의 1/3배가 되었다. 일반 기체상수 R=8.31451kJ/kmolK이다. 이 과정 동안 아르곤(이상기체)의 엔트로피 변화량은?

① 0.782kJ/K   ② 8.31kJ/K
③ 9.13kJ/K   ④ 60.0kJ/K

Answer 89. ② 90. ④ 91. ④ 92. ③ 93. ③

$$\Delta S = S_2 - S_1$$
$$= nR\ln\frac{P_1}{P_2} = 1 \times 8.31451 \times \ln\frac{600}{600 \times \frac{1}{3}}$$
$$= 9.13 \text{kJ/K}$$

94. 1kg의 헬륨이 100kPa 하에서 정압 가열되어 온도가 27℃에서 77℃로 변하였을 때 엔트로피의 변화량은 약 몇 kJ/K인가? (단, 헬륨의 엔탈피(h, kJ/kg)는 아래와 같은 관계식을 가진다.)

h=5.238T, 여기서 T는 온도(K)

① 0.694 ② 0.756
③ 0.807 ④ 0.968

① 정압비열(C_p)
$$C_p = \frac{dh}{dT} = 5.238 \text{kJ/kg}\cdot\text{K}$$
② 엔트로피 변화량(ΔS)
$$\Delta S = S_2 - S_1 = GC_p\ln\frac{T_2}{T_1}$$
$$= 1 \times 5.238 \times \ln\frac{350}{300} = 0.807 \text{kJ/K}$$

95. 온도 15℃, 압력 100kPa 상태의 체적이 일정한 용기 안에 어떤 이상 기체 5kg이 들어 있다. 이 기체가 50℃가 될 때까지 가열되는 동안의 엔트로피 증가량은 약 몇 kJ/K인가? (단, 이 기체의 정압비열과 정적비열은 각각 1.001kJ/(kg·K), 0.7171kJ/(kg·K)이다.)

① 0.411 ② 0.486
③ 0.575 ④ 0.732

정적변화
$$\Delta S = S_2 - S_1 = GC_v\ln\frac{T_2}{T_1}$$
$$= 5 \times 0.7171 \times \ln\frac{273+50}{273+15} = 0.411 \text{kJ/kg}$$

96. 대기압하에서 물을 20℃에서 90℃로 가열하는 동안의 엔트로피 변화량은 약 얼마인가? (단, 물의 비열은 4.184kJ/kg·K로 일정하다.)

① 0.8kJ/kg·K ② 0.9kJ/kg·K
③ 1.0kJ/kg·K ④ 1.2kJ/kg·K

정압과정의 엔트로피 변화량
$$\Delta s = s_2 - s_1 = C_p\ln\frac{T_2}{T_1}$$
$$= 4.184 \times \ln\frac{363}{293} = 0.896 \text{kJ/kg}\cdot\text{K}$$
여기서, $T_1 = 20℃ = (20+273)\text{K} = 293\text{K}$
$T_2 = 90℃ = (90+273)\text{K} = 363\text{K}$

97. 물 2kg을 20℃에서 60℃가 될 때까지 가열할 경우 엔트로피 변화량은 약 몇 kJ/K인가? (단, 물의 비열은 4.184kJ/kg·K이고, 온도 변화과정에서 체적은 거의 변화가 없다고 가정한다.)

① 0.78 ② 1.07
③ 1.45 ④ 1.96

정적과정에서의 엔트로피 변화량(ΔS)
$$\Delta S = S_2 - S_1 = GC_v\ln\frac{T_2}{T_1}$$
$$= 2 \times 4.184 \times \ln\frac{333}{293} = 1.07 \text{kJ/K}$$
여기서, $T_1 = 20℃ = (20+273)\text{K} = 293\text{K}$
$T_2 = 60℃ = (60+273)\text{K} = 333\text{K}$

98. 단위질량의 이상기체가 정적과정하에서 온도가 T_1에서 T_2로 변하였고, 압력도 P_1에서 P_2로 변하였다면, 엔트로피 변화량 ΔS

Answer 94. ③ 95. ① 96. ② 97. ② 98. ③

는? (단, C_v와 C_p는 각각 정적비열과 정압비열이다.)

① $\Delta S = C_v \ln \dfrac{P_1}{P_2}$ ② $\Delta S = C_p \ln \dfrac{P_2}{P_1}$

③ $\Delta S = C_v \ln \dfrac{T_2}{T_1}$ ④ $\Delta S = C_p \ln \dfrac{T_1}{T_2}$

> 정적과정의 엔트로피 변화량(ΔS)
> $\Delta S = S_2 - S_1 = C_v \ln \dfrac{T_2}{T_1} = C_v \ln \dfrac{P_2}{P_1}$

99. 5kg의 산소가 정압하에서 체적이 0.2m^3에서 0.6m^3로 증가했다. 이때의 엔트로피의 변화량(kJ/K)은 얼마인가? (단, 산소는 이상기체이며, 정압비열은 0.92kJ/kg·K이다.)

① 1.857   ② 2.746
③ 5.054   ④ 6.507

> 엔트로피 변화량(등압과정)
> $\Delta S = GC_p \ln \dfrac{T_2}{T_1} = GC_p \ln \dfrac{V_2}{V_1}$
> $= (5 \times 0.92) \ln \dfrac{0.6}{0.2} = 5.054\text{kJ/K}$

100. 4kg의 공기가 들어 있는 체적 0.4m^3의 용기(A)와 체적이 0.2m^3인 진공의 용기(B)를 밸브로 연결하였다. 두 용기의 온도가 같을 때 밸브를 열어 용기 A와 B의 압력이 평형에 도달했을 경우, 이 계의 엔트로피 증가량은 약 몇 J/K인가? (단, 공기의 기체상수는 0.287kJ/kg·K이다.)

① 712.8   ② 595.7
③ 465.5   ④ 348.2

> $\Delta S = mR \ln \dfrac{V_2}{V_1} = 4 \times 0.287 \times \ln \dfrac{0.6}{0.4}$
> $= 0.4655\text{kJ/K} = 465.5\text{J/K}$

여기서, $V_1 = 0.4\text{m}^3$,
$V_2 = 0.4\text{m}^3 + 0.2\text{m}^3 = 0.6\text{m}^3$

101. 공기 3kg이 300K에서 650K까지 온도가 올라갈 때 엔트로피 변화량(J/K)은 얼마인가? (단, 이때 압력은 100kPa에서 550kPa로 상승하고, 공기의 정압비열은 1.005kJ/kg·K, 기체상수는 0.287kJ/kg·K이다.)

① 712   ② 863
③ 924   ④ 966

> 엔트로피 변화량(ΔS)
> $\Delta S = S_2 - S_1 = \int_1^2 dS$
> $= G[C_p \ln \dfrac{T_2}{T_1} - R \ln \dfrac{P_2}{P_1}]$
> $= 3 \times (1.005 \ln \dfrac{650}{300} - 0.287 \ln \dfrac{550}{100})$
> $= 0.863\text{kJ/K} = 863\text{J/K}$

102. 온도가 150℃인 공기 3kg이 정압 냉각되어 엔트로피가 1.063kJ/K만큼 감소되었다. 이때 방출된 열량은 약 몇 kJ인가? (단, 공기의 정압비열은 1.01kJ/kg·K이다.)

① 27   ② 379
③ 538   ④ 715

> ① 초기 조건
> $G = 3\text{kg}$, $C_p = 1.01\text{kJ/kg}$
> $T_1 = 150℃ = (150+273)\text{K} = 423\text{K}$
> $\Delta S = -1.063\text{kJ/K}$
> ② 정압냉각 후 온도(T_2)
> $\Delta S = GC_p \ln \dfrac{T_2}{T_1}$
> $-1.063 = 3 \times 1.01 \times \ln \dfrac{T_2}{423}$
> $\dfrac{-1.063}{3.03} = \ln T_2 - \ln 423$

Answer 99. ③ 100. ③ 101. ② 102. ②

$\ln T_2 = 5.696$

$\therefore T_2 = e^{5.696} ≒ 297K$

③ 방출열량

$Q = GC_p \Delta T = 3 \times 1 \times (423 - 297) = 378 kJ$

103. 마찰이 없는 실린더 내에 온도 500K, 비엔트로피 3kJ/(kg·K)인 이상기체가 2kg 들어 있다. 이 기체의 비엔트로피가 10kJ/(kg·K)이 될 때까지 등온과정으로 가열한다면 가열량은 약 몇 kJ인가?

① 1400kJ ② 2000kJ
③ 3500kJ ④ 7000kJ

👉 ① 등온과정 엔트로피 변화(Δs)

$\Delta s = s_2 - s_1 = AR \ln \dfrac{P_1}{P_2}$

② 가열량(Q)

$Q = GTAR \ln \dfrac{P_1}{P_2} = GT(s_2 - s_1)$

$= 2 \times 500(10-3) = 7000 kJ$

104. 어떤 시스템에서 공기가 초기에 290K에서 330K로 변화하였고, 이때 압력은 200kPa에서 600kPa로 변화하였다. 이때 단위질량당 엔트로피 변화는 약 몇 kJ/(kg·K)인가? (단, 공기는 정압비열이 1.006kJ/(kg·K)이고, 기체상수가 0.287kJ/(kg·K)인 이상기체로 간주한다.)

① 0.445 ② -0.445
③ 0.185 ④ -0.185

👉 엔트로피 변화(Δs)

$\Delta s = s_2 - s_1 = C_p \ln \dfrac{T_2}{T_1} - R \ln \dfrac{P_2}{P_1}$

$= 1.006 \times \ln \dfrac{330}{290} - 0.287 \times \ln \dfrac{600}{200}$

$= -0.185 kJ/(kg·K)$

105. 4kg의 공기를 온도 15℃에서 일정 체적으로 가열하여 엔트로피가 3.35kJ/K 증가하였다. 이때 온도는 약 몇 K인가? (단, 공기의 정적비열은 0.717kJ/(kg·K)이다.)

① 927 ② 337
③ 533 ④ 483

👉 정적변화

$\Delta S = GC_v \ln \dfrac{T_2}{T_1} \rightarrow \dfrac{\Delta S}{GC_v} = \ln \dfrac{T_2}{T_1}$

$e^{\frac{\Delta S}{GC_v}} = \dfrac{T_2}{T_1}$

$T_2 K = T_1 \times e^{\frac{\Delta S}{GC_v}}$

$= (273 + 15) \times e^{\frac{3.35}{4 \times 0.717}} = 926.14 K$

106. 이상기체 1kg을 300K, 100kPa에 500K까지 "PV^n=일정"의 과정(n=1.2)을 따라 변화시켰다. 이 기체의 엔트로피 변화량(kJ/K)은? (단, 기체의 비열비는 1.3, 기체상수는 0.287kJ/kg·K이다.)

① -0.244 ② -0.287
③ -0.344 ④ -0.373

👉 엔트로피 변화량(ΔS)

$\Delta S = m \cdot C_v \cdot \dfrac{n-k}{n-1} \ln \dfrac{T_2}{T_1}$

$= m \cdot \dfrac{R}{k-1} \cdot \dfrac{n-k}{n-1} \ln \dfrac{T_2}{T_1}$

$= 1 \times \dfrac{0.287}{1.3-1} \times \dfrac{1.2-1.3}{1.2-1} \times \ln \dfrac{500}{300}$

$= -0.244 kJ/K$

[참고] $k = \dfrac{C_p}{C_v} = \dfrac{C_v + R}{C_v} = 1 + \dfrac{R}{C_v}$

$\therefore C_v = \dfrac{R}{k-1}$

Answer 103. ④ 104. ④ 105. ① 106. ①

107. 산소 2몰과 질소 3몰을 100kPa, 25℃에서 단열정적 과정으로 혼합한다. 이때 엔트로피 증가량은 약 얼마인가? (단, 일반 기체상수 R=8.31434kJ/kmol·K)

① 25J/K ② 205J/K
③ 28J/K ④ 305J/K

👉 ① 산소분압 : $\frac{2}{2+3} \times 100 = 40\text{kPa}$

② 질소분압 : $\frac{3}{2+3} \times 100 = 60\text{kPa}$

③ 과정 중의 엔트로피 변화
$$\Delta S = m\Delta s = m(s_2 - s_1)$$
$$= m_{O_2} R \ln \frac{P_{O_2}}{P_0} + m_{N_2} R \ln \frac{P_{N_2}}{P_0}$$
$$= \left(2 \times 8.31434 \times \ln \frac{40}{100}\right)$$
$$+ \left(3 \times 8.31434 \times \ln \frac{60}{100}\right)$$
$$= 27.978 \text{J/K}$$

108. 저열원의 온도가 20℃이다. 100℃ 및 1000℃ 고온체에서 등온 과정으로 2100kJ의 열을 받을 때 각각의 무용 에너지(unavailable energy)는?

① 2650kJ, 16493kJ
② 1987kJ, 995kJ
③ 4830kJ, 16493k
④ 1650kJ, 483kJ

👉 $Q_1 = Q\left(\frac{T_L}{T_H}\right) = 2100 \times \left(\frac{273+20}{273+100}\right)$
$= 1649.6 \text{kJ}$

$Q_2 = Q\left(\frac{T_L}{T_H}\right) = 2100 \times \left(\frac{273+20}{273+1000}\right)$
$= 483.3 \text{kJ}$

109. 한 계가 300K의 대기로 2100kJ의 열량을 방출하면서 온도가 800K에서 500K로 떨어지고 엔트로피는 3kJ/K만큼 증가하였다. 이 2100kJ의 열량 중 유효 에너지는?

① 2100kJ ② 1200kJ
③ 900kJ   ④ 0kJ

👉 유효에너지
$$Q_a = \left(1 - \frac{T_2}{T_1}\right)Q_1 = Q_1 - T_2 \Delta S$$
$$= 2100 - 300 \times 3 = 1200 \text{kJ}$$

110. 공기압축기에서 입구 공기의 온도와 압력은 각각 27℃, 100kPa이고, 체적유량은 0.01m³/s이다. 출구에서 압력이 400kPa이고, 이 압축기의 등엔트로피 효율이 0.8일 때, 압축기의 소요 동력(kW)은 얼마인가? (단, 공기의 정압비열과 기체상수는 각각 1kJ/(kg·K), 0.287kJ/(kg·K)이고, 비열비는 1.4이다.)

① 0.9 ② 1.7
③ 2.1 ④ 3.8

👉 ① 등엔트로피 압축일(W_{th})
$$W_{th} = \frac{kRT_1}{k-1}\left\{1 - \left(\frac{P_2}{P_1}\right)^{\frac{k-1}{k}}\right\}$$
$$= \frac{1.4 \times 0.287 \times 300}{1.4-1}\left\{1 - \left(\frac{400}{100}\right)^{\frac{1.4-1}{1.4}}\right\}$$
$$= -146.45 \text{kJ/kg}$$
여기서 $T_1 = 27℃ = (27+273)\text{K} = 300\text{K}$

② 실제 압축일(W_t)
$$W_t = \frac{W_{th}}{\eta} = \frac{146.45}{0.8} = 183.06 \text{kJ/kg}$$

③ 압축기 동력
$$\dot{W} = \dot{m} \times W_t$$
$$= \left(0.01\text{m}^3/\text{s} \times 1.2\frac{\text{kg}}{\text{m}^3}\right) \times 183.06\frac{\text{kJ}}{\text{kg}}$$
$$= 2.1 \text{kW}$$
여기서, 1.2kg/m³ : 공기 비중량

Answer 107. ③ 108. ④ 109. ② 110. ③

111. 엔트로피(s) 변화 등과 같은 직접 측정할 수 없는 양들을 압력(P), 비체적(v), 온도(T)와 같은 측정 가능한 상태량으로 나타내는 Maxwell 관계식과 관련하여 다음 중 틀린 것은?

① $(\frac{\partial T}{\partial P})_s = (\frac{\partial v}{\partial s})_P$

② $(\frac{\partial T}{\partial v})_s = -(\frac{\partial P}{\partial s})_v$

③ $(\frac{\partial v}{\partial T})_P = -(\frac{\partial s}{\partial P})_T$

④ $(\frac{\partial P}{\partial v})_T = (\frac{\partial s}{\partial T})_v$

④ $(\frac{\partial s}{\partial v})_T = (\frac{\partial P}{\partial T})_v$

[참고] Maxwell 관계식
열역학 퍼텐셜들로부터 유도되는 관계식

$du = Tds - Pdv \rightarrow \left(\frac{\partial T}{\partial v}\right)_s = -\left(\frac{\partial P}{\partial s}\right)_v$

$da = -sdT - Pdv \rightarrow \left(\frac{\partial s}{\partial v}\right)_T = \left(\frac{\partial P}{\partial T}\right)_v$

$dh = Tds + vdP \rightarrow \left(\frac{\partial T}{\partial P}\right)_s = \left(\frac{\partial v}{\partial s}\right)_P$

$dg = -sdT + vdP \rightarrow -\left(\frac{\partial s}{\partial P}\right)_T = \left(\frac{\partial v}{\partial T}\right)_P$

111. ④

chapter 06 가스동력 사이클

1. 공기표준 사이클

(1) 열기관

열(연소에너지 등…)을 일로 변환시키는 기계장치. 고온과 저온의 두 열원 사이에서 일을 발생

[예] 디젤기관, 가솔린기관, 가스터빈, 증기기관 등

① 내연기관(가솔린 엔진, 디젤 엔진)
  ㉠ 작업유체의 조성이 변화함 : 연소과정에서(공기+연료) → 연소생성물
  ㉡ 개방 사이클로 작동
② 외연기관(증기동력기관)
  ㉠ 연소생성물로부터 작업유체로 열이 전달됨
  ㉡ 밀폐 사이클로 작동(열역학적 사이클)

> **참고** ■ 열역학의 목적
> 주어진 열량에 대해 유용한 최대의 일(즉, 최대의 효율)을 얻는 것

(2) 가스동력 사이클

작업물질(working fluid)이 상변화를 일으키지 않고 기체상태로만 운전되는 사이클
① 공기표준 사이클을 해석하는 데 필요한 가정

㉠ 동작물질인 공기는 이상기체 법칙을 따르며, 비열이 일정하다.
㉡ 흡입·배기과정을 생략하고, 열의 공급과 방출만을 고려하는 밀폐 사이클이다.
㉢ 사이클을 구성하는 각 과정은 모두 가역적이다.
㉣ 압축·팽창은 완전 가역단열(등엔트로피) 과정이다.
㉤ 가스동력 사이클은 자동차용 기관으로서 피스톤의 왕복에 의해 동력을 얻는 내연기관과, 비행기용 기관으로서 연속적으로 터빈의 회전에 의해 동력을 얻는 가스터빈 등에 적용

2 오토 사이클(Otto cycle)

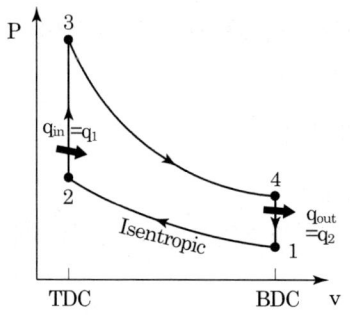
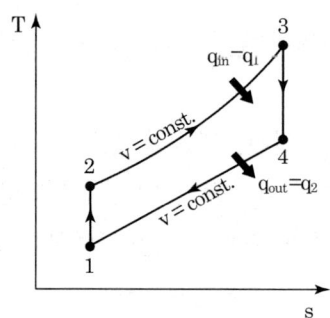

전기점화기관의 공기 표준 사이클. 2개의 단열과정과 2개의 정적과정으로 구성

- 1~2 : 단열압축($s_1 = s_2$)
- 2~3 : 등적가열(폭발과정)
- 3~4 : 단열팽창($s_3 = s_4$)
- 4~1 : 등적방열

(1) 공급열량 : $q_1 = C_v(T_3 - T_2)$

(2) 방출열량 : $q_2 = C_v(T_4 - T_1)$

(3) 일의 열상당량 : $AW = q_1 - q_2 = [C_v(T_3 - T_2) - C_v(T_4 - T_1)]$

(4) 이론 효율 : $\eta_o = 1 - \dfrac{q_2}{q_1} = 1 - \dfrac{T_4 - T_1}{T_3 - T_2} = 1 - \left(\dfrac{v_2}{v_1}\right)^{k-1} = 1 - \left(\dfrac{1}{\varepsilon}\right)^{k-1}$

($\varepsilon = \dfrac{v_1}{v_2}$: 압축비, $v_1 - v_2$: 행정체적, v_2 : 간극체적)

오토 사이클의 열효율은 압축비의 함수이고 압축비가 클수록 효율은 증가한다.
① 오토 사이클의 효율은 압축비 ε과 비열비 k의 값에 의해 결정된다. 그런데, 작동물질의 종류에 따라 비열비는 고정되는 값이므로 압축비가 사이클의 효율을 좌우하게 된다. 즉, 압축비가 커질수록 효율은 증가한다.
  → 압축비의 제한 : 노킹(knocking) 현상
② 노킹(Knocking) : 내연기관에서 연소 조건이 가혹할 때 발생하는 비정상적 연소를 말한다. 실린더 벽을 때리는 듯한 금속성 소음이 발생, 엔진출력 저하, 효율 저하
③ 가솔린기관의 경우 압축비는 5~10 정도 범위로 제한된다.

참고

압축비
상사점에서와 하사점에서의 실린더 부피비 : $\varepsilon = \dfrac{\text{실린더체적}}{\text{간극체적}} = \dfrac{\text{행정체적}+\text{간극체적}}{\text{간극체적}} = \dfrac{v_1}{v_2}$

3 디젤 사이클(Diesel cycle)

2개의 단열(등엔트로피)과정, 1개의 등압과정, 1개의 등적과정으로 이루어진 사이클이다. 이 사이클은 주로 저속 디젤기관에 적용한다.

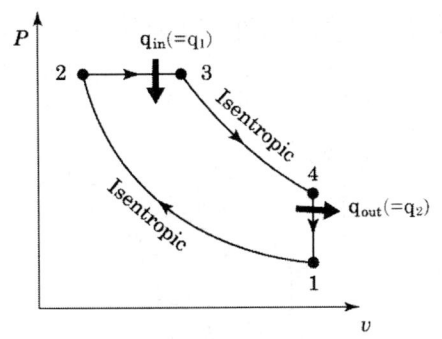
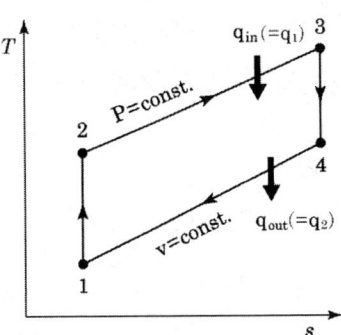

〈과정 설명〉
- 1~2 : 단열압축($s_1 = s_2$)
- 2~3 : 등압가열(연소과정)

- 3~4 : 단열팽창($s_3 = s_4$)   • 4~1 : 등적방열

(1) 가열량 : $q_1 = C_p(T_3 - T_2)$

(2) 방열량 : $q_2 = C_v(T_4 - T_1)$

(3) 일의 열상당량 : $AW = q_1 - q_2 = [C_p(T_3 - T_2) - C_v(T_4 - T_1)]$

(4) 이론 효율 : $\eta_d = 1 - \dfrac{q_2}{q_1} = 1 - \dfrac{C_v(T_4 - T_1)}{C_p(T_3 - T_2)} = 1 - \dfrac{1}{\varepsilon^{k-1}} \dfrac{\alpha^k - 1}{k(\alpha - 1)}$

(압축비 $\varepsilon = \dfrac{v_1}{v_2}$, 체절(단절)비 $\alpha = \dfrac{v_3}{v_2}$)

디젤 사이클의 열효율은 압축비, 체절비의 함수이다.

이론적으로는 오토사이클의 효율이 같은 조건에서의 디젤사이클보다 높다. 그러나 오토사이클에는 압축비의 제한이 있어서 디젤사이클이 더 높은 압축비에서 운전되므로 실제의 사용 효율은 디젤사이클이 더 높다.

4 사바테 사이클(Sabathe cycle) : 복합 사이클

사바테 사이클은 2개의 단열과정, 2개의 정적과정, 1개의 정압과정으로 구성된 복합사이클로 고속 디젤기관의 기본 사이클이다.

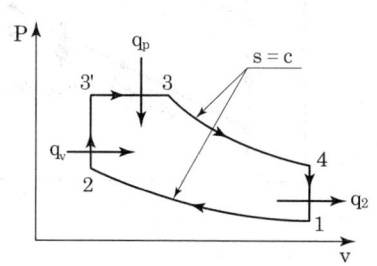 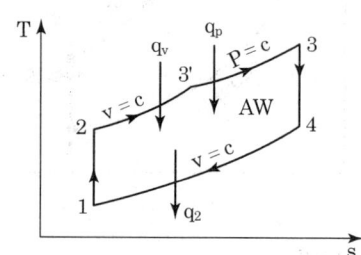

〈과정 설명〉
- 1~2 : 단열압축($s_1 = s_2$)
- 2~3' : 등적가열
- 3'~3 : 등압가열
- 3~4 : 단열팽창($s_3 = s_4$)
- 4~1 : 등적방열

(1) 공급열량 : $q_1 = q_v + q_p = C_v(T_3' - T_2) + C_p(T_3 - T_3')$

(2) 방출열량 : $q_2 = C_v(T_4 - T_1)$

(3) 일의 열상당량 : $AW = q_1 - q_2$

(4) 열효율 : $\eta_s = 1 - \left(\dfrac{1}{\varepsilon}\right)^{k-1} \dfrac{\rho\alpha^k - 1}{(\rho - 1) + k\rho(\alpha - 1)}$

(체절비 $\alpha = \dfrac{v_3}{v_3'}$, 폭발비 $\rho = \dfrac{P_3'}{P_2}$)

5 각 사이클의 효율 비교

① 최저온도 및 압력, 공급열량과 압축비가 같은 경우 : $\eta_O > \eta_S > \eta_D$
② 최저온도 및 압력, 공급열량과 최고 압력이 같은 경우 : $\eta_D > \eta_S > \eta_O$

6 가스터빈 사이클

  속도형 압축기는 고속으로 회전하여 대용량의 가스를 취급하는데 적합하다. 이와 같은 압축기로 공기를 압축하고 연료를 분사하여 연소시켜서 여기서 생성된 가스로 터빈을 구동하여 동력을 얻는 열기관을 가스터빈이라 한다. 즉, 왕복형 내연기관은 연소가스의 열에너지를 피스톤의 왕복운동을 통하여 기계적 에너지로 변환시키지만, 가스터빈은 터빈 날개에 연소가스를 직접 분사시켜 회전에너지를 얻게 된다.

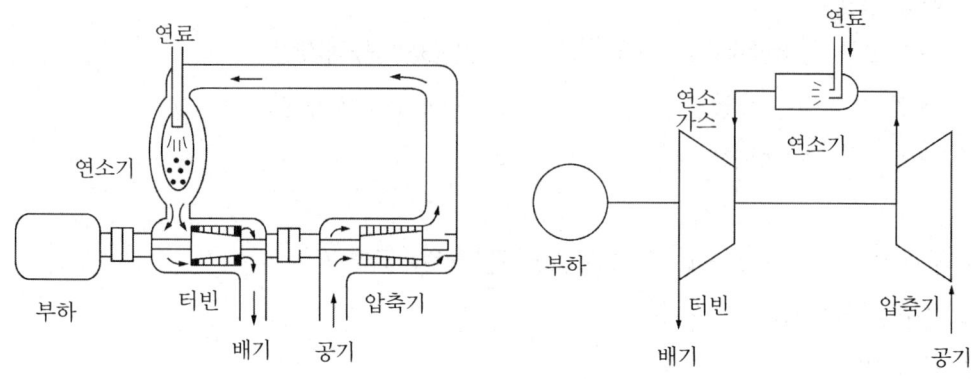

[가스터빈의 개요도]

가스터빈은 압축기(compressor), 연소기(combustor), 터빈으로 구성되며, 이러한 터빈의 경우 공기는 압축기에 흡입되어 단열압축되고 연소실로 보내져 이곳에서 연료를 분사시켜 연소가스를 얻게 된다. 여기서 만들어진 연소가스는 터빈에서 단열팽창하여 동력을 발생한다. 터빈에서 발생된 동력은 대부분 압축기를 구동하는데 이용되고 일부가 실제의 출력으로 쓰인다.

(1) 브레이턴 사이클(Brayton cycle)

2개의 단열과정과 2개의 등압과정으로 이루어진 사이클로 가스 터빈의 이상적 사이클이다.

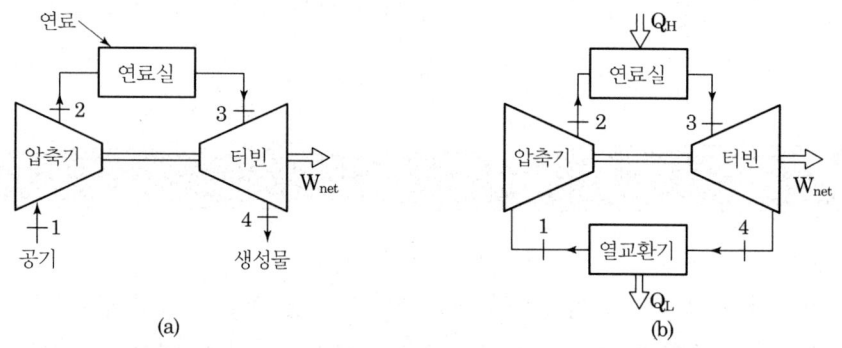

[Brayton 사이클로 운전되는 가스 터빈 : (a) 개방 사이클 (b) 밀폐 사이클]

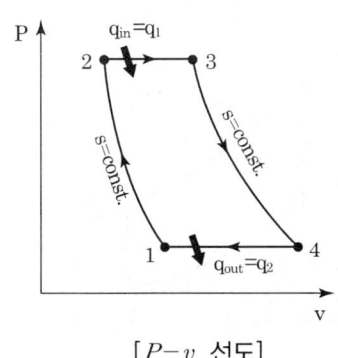
[$P-v$ 선도]

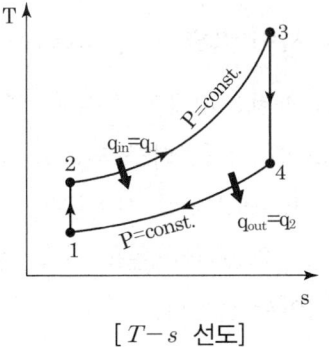
[$T-s$ 선도]

〈과정설명〉
- 1~2 : 단열압축(압축기)
- 3~4 : 단열팽창(터빈)
- 2~3 : 정압가열(연소기)
- 4~1 : 정압방열

1) 공급열량 : $q_1 = C_p(T_3 - T_2)$
2) 방출열량 : $q_2 = C_p(T_4 - T_1)$
3) 일의 열 상당량 : $AW = q_1 - q_2 = [C_p(T_3 - T_2) - C_p(T_4 - T_1)]$
4) 열효율 : $\eta_b = 1 - \dfrac{q_2}{q_1} = 1 - \dfrac{T_4 - T_1}{T_3 - T_2} = 1 - \left(\dfrac{1}{r}\right)^{\frac{k-1}{k}}$ (압력비 $\gamma = \dfrac{P_2}{P_1}$)

브레이턴 사이클의 열효율은 압력비만의 함수이다.

(2) 에릭슨 사이클(Ericsson cycle)

2개의 등온과정과 2개의 정압과정으로 구성된 가스터빈의 이상 사이클로 등온과정 중 에너지 전달이 어려워 실현 곤란한 사이클이다.

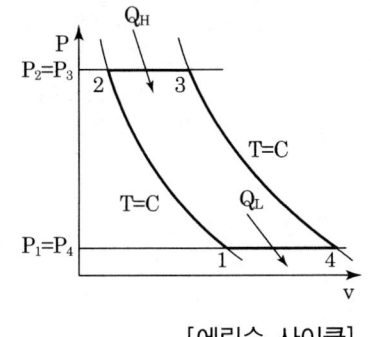

[에릭슨 사이클]

(3) 스털링 사이클(Stirling cycle)

2개의 정적과정과 2개의 등온과정으로 구성되어 있으며 체적변화를 최소로 유지할 수 있다. 또 역스털링 사이클은 헬륨(He)을 냉매로 하는 극저온용 가스 냉동기의 기준 사이클이 된다.

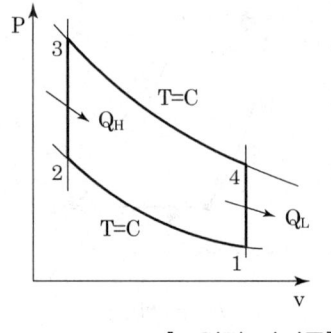

1→2 : 등온 압축
2→3 : 정적 연소
3→4 : 등온 팽창
4→1 : 정적 배기

[스털링 사이클]

(4) 아트킨슨 사이클(Atkinson cycle)

2개의 단열과정과 1개의 정적과정, 1개의 정압과정으로 이루어진 가스터빈의 이상 사이클로서 정적 가스터빈사이클이라고도 한다.

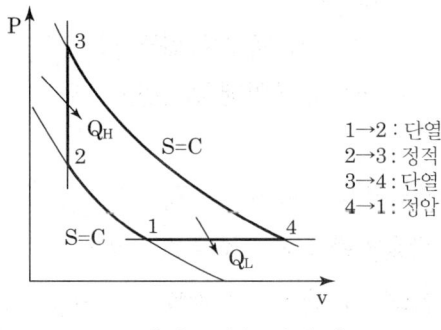

1→2 : 단열 압축
2→3 : 정적 연소
3→4 : 단열 팽창
4→1 : 정압 배기

[아트킨슨 사이클]

(5) 르노아 사이클(Lenoir cycle)

1개의 정압과정과 1개의 정적과정으로 이루어진 르노아 사이클은 동작 물질의 압축과정이 없으며 정적하에서 급열되어 압력이 상승한 후 기체가 팽창하면서 일을 하고 정압하에서 방출한다.

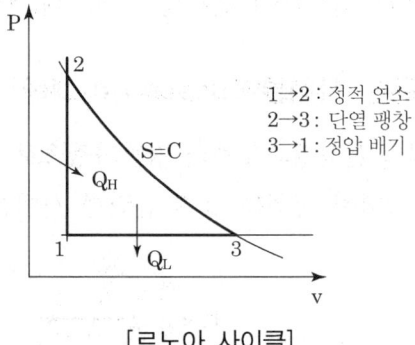

1→2 : 정적 연소
2→3 : 단열 팽창
3→1 : 정압 배기

[르노아 사이클]

 가스 동력 사이클

① 간헐 연소 과정
  ㉠ 오토 사이클(정적 연소) : 2개 단열, 2개 정적
  ㉡ 디젤 사이클(정압 연소) : 2개 단열, 1개 정압 연소, 1개 정적 배기
  ㉢ 사바테 사이클(복합 연소) : 2개 단열, 정압+정적 연소, 1개 정적 배기
② 연속 연소 기관
  ㉠ 브레이턴 사이클 : 2개 단열, 2개 정압
③ 기타 사이클
  ㉠ 에릭슨 사이클 : 2개 등온, 2개 정압
  ㉡ 스털링 사이클 : 2개 등온, 2개 정적
  ㉢ 아트킨슨 사이클 : 2개 단열, 1개 정적, 1개 정압
  ㉣ 르노아 사이클 : 1개 단열, 1개 정적, 1개 정압

chapter 06 출·제·예·상·문·제

01. 오토(Otto) 사이클에 관한 일반적인 설명 중 틀린 것은?
① 불꽃 점화 기관의 공기 표준 사이클이다.
② 연소과정을 정적 가열과정으로 간주한다.
③ 압축비가 클수록 효율이 높다.
④ 효율은 작업기체의 종류와 무관하다.

☞ ④ 오토사이클의 열효율은 기관의 압축비와 작동 유체(작업기체의) 비열비에 의존하므로 열효율은 작동 유체의 종류와 관련이 있다.

02. 오토사이클에 관한 설명 중 틀린 것은?
① 압축비가 커지면 열효율이 증가한다.
② 열효율이 디젤사이클보다 좋다.
③ 불꽃점화 기관의 이상사이클이다.
④ 열의 공급(연소)이 일정한 체적하에 일어난다.

☞ 각 사이클 효율 비교
① 가열량 및 압축비가 일정할 때
오토사이클 → 복합사이클 → 디젤사이클
② 가열량 및 최대 압력을 일정하게 할 때
디젤사이클 → 복합사이클 → 오토사이클

03. 다음 설명 중 틀린 것은?
① 오토사이클의 효율은 압축비의 함수이다.
② 오토사이클은 전기점화 내연기관의 기본이 되는 이상적인 사이클이다.
③ 디젤사이클은 압축점화 내연기관의 기본이 되는 이상적인 사이클이다.
④ 동일한 압축비에 대해서 디젤사이클의 효율이 오토사이클의 효율보다 크다.

☞ ④ 동일한 압축비에 대해서 디젤사이클의 효율이 오토사이클의 효율보다 작다.

04. 오토사이클과 디젤사이클에 있어서 최고압력과 최고온도가 동일하면, 두 사이클의 압축비는?
① 디젤사이클의 압축비가 크다.
② 오토사이클의 압축비가 크다.
③ 두 사이클의 압축비는 같다.
④ 이 조건만으로는 비교할 수 없다.

☞ 가열량 및 최대 압력을 일정하게 할 때 효율 비교
디젤사이클 → 복합사이클 → 오토사이클

05. 다음 중 단열과정과 정적과정만으로 이루어진 사이클(cycle)은?
① Otto cycle   ② Diesel cycle
③ Sabathe cycle   ④ Rankine cycle

☞ ① 오토사이클(정적 연소) : 2개 단열과정, 2개 정적과정
② 디젤사이클(정압 연소) : 2개 단열과정, 1개 정압과정(연소), 1개 정적과정(배기)
③ 사바테사이클(복합 연소) : 2개 단열과정, 정압과정+정적과정(연소), 1개 정적과정(배기)

Answer 01. ④ 02. ② 03. ④ 04. ① 05. ①

④ 랭킨사이클(증기사이클) : 2개 정압과정, 2개 단열과정

06. 다음 그림은 이상적인 오토사이클의 압력 (P)-부피(V) 선도이다. 여기서 "ㄱ"의 과정은 어떤 과정인가?

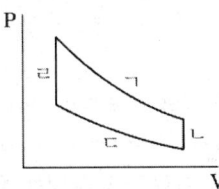

① 단열 압축과정 ② 단열 팽창과정
③ 등온 압축과정 ④ 등온 팽창과정

👉 오토사이클의 P-V 선도

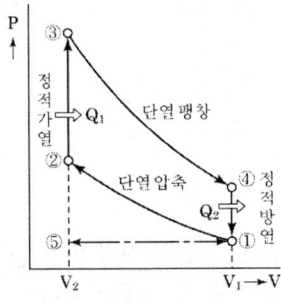

07. 다음 중 이상적인 오토사이클의 효율을 증가시키는 방안으로 맞는 것은?
① 최고온도 증가, 압축비 증가, 비열비 증가
② 최고온도 증가, 압축비 감소, 비열비 증가
③ 최고온도 증가, 압축비 증가, 비열비 감소
④ 최고온도 감소, 압축비 증가, 비열비 감소

👉 오토사이클 열효율

$$\eta_o = 1 - \frac{q_2}{q_1} = 1 - \frac{T_4 - T_1}{T_3 - T_2}$$
$$= 1 - \left(\frac{v_2}{v_1}\right)^{k-1} = 1 - \left(\frac{1}{\varepsilon}\right)^{k-1}$$

여기서, $\varepsilon = \frac{v_1}{v_2}$: 압축비
$v_1 - v_2$: 행정체적
v_2 : 간극체적

오토사이클의 열효율은 상사점과 하사점에서의 체적의 비(즉, 압축비)와 기체의 성질인 비열의 비의 함수로 결정된다. 그러므로 열효율 식에서 압축비 및 비열비가 커질수록 열효율은 증가한다.

08. 오토사이클(Otto Cycle)의 이론적 열효율 η_{th}를 나타내는 식은? (단, ε는 압축비, k는 비열비이다.)

① $\eta_{th} = 1 - \left(\frac{1}{\varepsilon}\right)^{\frac{k}{k-1}}$

② $\eta_{th} = 1 - (\frac{k-1}{k})^\varepsilon$

③ $\eta_{th} = 1 - \left(\frac{1}{\varepsilon}\right)^{k-1}$

④ $\eta_{th} = 1 - \left(\frac{1}{k}\right)^\varepsilon$

👉 오토사이클(Otto Cycle)
① P-v 선도

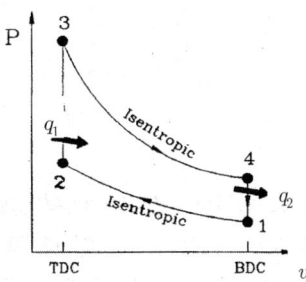

② 과정 설명
  ㉠ 1~2 : 단열압축($s_1 = s_2$)
  ㉡ 2~3 : 등적가열(폭발과정)
  ㉢ 3~4 : 단열팽창($s_3 = s_4$)
  ㉣ 4~1 : 등적방열
③ 이론적 열효율

Answer 06. ② 07. ① 08. ③

$$\eta_{th} = \frac{AW}{q_1} = \frac{q_1 - q_2}{q_1} = 1 - \frac{T_4 - T_1}{T_3 - T_2}$$
$$= 1 - \left(\frac{v_2}{v_1}\right)^{k-1} = 1 - \left(\frac{1}{\varepsilon}\right)^{k-1}$$

여기서, $\frac{v_1}{v_2} = \varepsilon$: 압축비

09. 다음은 오토(Otto) 사이클의 온도-엔트로피(T-S) 선도이다. 이 사이클의 열효율을 온도를 이용하여 나타낼 때 옳은 것은? (단, 공기의 비열은 일정한 것으로 본다.)

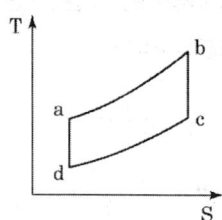

① $1 - \dfrac{T_c - T_d}{T_b - T_a}$ ② $1 - \dfrac{T_b - T_a}{T_c - T_d}$

③ $1 - \dfrac{T_a - T_d}{T_b - T_c}$ ④ $1 - \dfrac{T_b - T_c}{T_a - T_d}$

☞ 오토사이클의 열효율(η_{tho})

$$\eta_{tho} = \frac{Aw}{q_1} = 1 - \frac{q_2}{q_1} = 1 - \frac{T_c - T_d}{T_b - T_a}$$

여기서, q_1 : 공급열량, q_2 : 방출열량,
일량 : $Aw = q_1 - q_2$

10. 어느 왕복동 내연기관에서 실린더 안지름이 6.8cm, 행정이 8cm일 때 평균유효압력은 1200kPa이다. 이 기관의 1행정당 유효일은 약 몇 kJ인가?

① 0.09 ② 0.15
③ 0.35 ④ 0.48

☞ ① 배기량 : $V_s = \dfrac{\pi}{4} D^2 \cdot L$

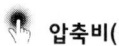
$= \dfrac{\pi}{4}(0.068)^2 \times 0.08$
$= 0.00029 \text{m}^3$

② 1행정당 유효일(W)
$$P_m = \frac{W}{V_s}$$
$W = P_m \cdot V_s = 1200 \times 0.00029 = 0.35 \text{kJ}$

여기서, $\text{kPa} \cdot \text{m}^3 = \text{kJ}$

11. 배기량(displacement volume)이 1200cc, 극간체적(clearance volume)이 200cc인 가솔린 기관의 압축비는 얼마인가?

① 5 ② 6
③ 7 ④ 8

☞ 압축비(ε)

$$\varepsilon = \frac{\text{실린더 체적}}{\text{간극 체적}}$$
$$= \frac{\text{행정체적(배기량)} + \text{간극체적}}{\text{간극체적}}$$
$$= \frac{1200 + 200}{200} = 7$$

12. 어떤 가솔린 기관의 실린더 내경이 6.8cm, 행정이 8cm일 때 평균유효압력 1200kPa이다. 이 기관의 1행정당 출력(kJ)은?

① 0.04 ② 0.14
③ 0.35 ④ 0.44

☞ 1행정당 출력(kJ)
$= 1{,}200 \text{kPa} \times \dfrac{\pi (0.068)^2}{4} \times 0.08$
$= 0.348 \text{kJ} ≒ 0.35 \text{kJ}$

13. 오토사이클의 압축비(ε)가 8일 때 이론 열효율은 약 몇 %인가? (단, 비열비(k)는 1.4이다.)

① 36.8% ② 46.7%

Answer 09. ① 10. ③ 11. ③ 12. ③ 13. ③

③ 56.5% ④ 66.6%

오토사이클의 열효율

$$\eta_o = 1 - \left(\frac{1}{\varepsilon}\right)^{k-1} = 1 - \left(\frac{1}{8}\right)^{1.4-1}$$
$$= 0.565 = 56.5\%$$

14. 압축비가 18인 오토사이클의 효율(%)은? (단, 기체의 비열비는 1.4이다.)

① 65.7 ② 69.4
③ 71.3 ④ 74.6

오토사이클의 효율(%)

$$\eta_o = 1 - \left(\frac{1}{\varepsilon}\right)^{k-1}$$
$$= 1 - \left(\frac{1}{18}\right)^{1.4-1} = 0.694 = 69.4\%$$

여기서, $\varepsilon = \dfrac{v_1}{v_2}$: 압축비, k : 비열비

15. 이상적인 오토사이클에서 단열압축되기 전 공기가 101.3kPa, 21℃이며, 압축비 7로 운전할 때 이 사이클의 효율은 약 몇 %인가? (단, 공기의 비열비는 1.4이다.)

① 62% ② 54%
③ 46% ④ 42%

오토사이클의 열효율

$$\eta_o = 1 - \left(\frac{1}{\varepsilon}\right)^{k-1} = 1 - \left(\frac{1}{7}\right)^{1.4-1} = 0.54 = 54\%$$

여기서, ε : 압축비, k : 비열비

16. 다음 그림과 같은 오토사이클의 열효율은? (단, T_1=300K, T_2=689K, T_3=2364K, T_4=1029K이고, 정적비열은 일정하다.)

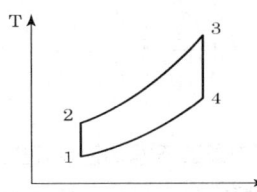

① 37.5% ② 43.5%
③ 56.5% ④ 62.5%

오토사이클의 열효율(η_o)

$$\eta_o = 1 - \frac{T_4 - T_1}{T_3 - T_2}$$
$$= 1 - \frac{1,029 - 300}{2,364 - 689} = 0.565 = 56.5\%$$

17. 이상적인 오토사이클의 열효율이 56.5%이라면 압축비는 약 얼마인가? (단, 작동 유체의 비열비는 1.4로 일정하다.)

① 7.5 ② 8.0
③ 9.0 ④ 9.5

오토사이클의 압축비(ε)

$$\eta_o = 1 - \left(\frac{1}{\varepsilon}\right)^{k-1}$$
$$\therefore \varepsilon = \left(\frac{1}{1-\eta_o}\right)^{\frac{1}{k-1}}$$
$$= \left(\frac{1}{1-0.565}\right)^{\frac{1}{1.4-1}} = 8.0$$

18. 이상적인 오토사이클에서 열효율을 55%로 하려면 압축비를 약 얼마로 하면 되겠는가? (단, 기체의 비열비는 1.4이다.)

① 5.9 ② 6.8
③ 7.4 ④ 8.5

오토사이클의 효율(η_o)

$$\eta_o = 1 - \left(\frac{1}{\varepsilon}\right)^{k-1}$$

여기서, ε : 압축비

Answer 14. ② 15. ② 16. ③ 17. ② 18. ③

$$\therefore \varepsilon = \left(\frac{1}{1-\eta_o}\right)^{\frac{1}{k-1}} = \left(\frac{1}{1-0.55}\right)^{\frac{1}{1.4-1}} = 7.4$$

19. 오토사이클로 작동되는 기관에서 실린더의 극간 체적(clearance volume)이 행정 체적(stroke volume)의 15%라고 하면 이론 열효율은 약 얼마인가? (단, 비열비 k=1.4이다.)

① 39.3% ② 45.2%
③ 50.6% ④ 55.7%

☞ ① 압축비(ε)

$$\varepsilon = \frac{실린더체적}{간극체적} = \frac{행정체적+간극체적}{간극체적}$$
$$= \frac{1+0.15}{0.15} = 7.67$$

② 이론 열효율

$$\eta_o = 1-\left(\frac{1}{\varepsilon}\right)^{k-1} = 1-\left(\frac{1}{7.67}\right)^{1.4-1}$$
$$= 0.557 = 55.7\%$$

20. 내연기관에서 실린더의 극간체적을 증가시키면 효율은 어떻게 되겠는가?

① 증가한다.
② 감소한다.
③ 변화가 없다.
④ 출력은 증가하나 효율은 감소한다.

☞ ① 내연기관에서 압축비가 클수록 효율은 증가한다.
② 극간체적을 증가시키면 압축비가 작아지므로 효율은 감소한다.
③ 압축비 = $\frac{실린더체적}{간극체적}$
$= \frac{행정체적+간극체적}{간극체적}$

21. 간극체적이란 피스톤 상사점에 있을 때 기통의 최소 면적을 말한다. 만약, 간극이 5%라면 이 기관의 압축비는 얼마일까?

① 16 ② 19
③ 21 ④ 24

☞ 압축비 = $\frac{행정체적+간극체적}{간극체적}$
$= \frac{1+0.05}{0.05} = 21$

22. 오토사이클 기관에서 헬륨(비열비=1.66)을 사용하는 경우의 효율(η_{He})과 공기(비열비=1.4)를 사용하는 경우의 효율(η_{air})을 비교하고자 한다. 이때 η_{He}/η_{air} 값은? (단, 오토사이클의 압축비는 10이다.)

① 0.681 ② 0.770
③ 1.298 ④ 1.468

☞ 오토사이클 효율(η)

$$\eta = 1-\left(\frac{1}{\varepsilon}\right)^{k-1}$$

① 헬륨 효율:
$$\eta_{He} = 1-\left(\frac{1}{\varepsilon}\right)^{k-1} = 1-\left(\frac{1}{10}\right)^{1.66-1} = 0.7812$$

② 공기 효율:
$$\eta_{air} = 1-\left(\frac{1}{\varepsilon}\right)^{k-1} = 1-\left(\frac{1}{10}\right)^{1.4-1} = 0.6019$$

$$\therefore \frac{\eta_{He}}{\eta_{air}} = \frac{0.781}{0.602} = 1.298$$

23. 자동차 엔진을 수리한 후 실린더 블록과 헤드 사이에 수리 전과 비교하여 더 두꺼운 개스킷을 넣었다면 압축비와 열효율은 어떻게 되겠는가?

① 압축비는 감소하고, 열효율도 감소한다.
② 압축비는 감소하고, 열효율은 증가한다.
③ 압축비는 증가하고, 열효율은 감소한다.
④ 압축비는 증가하고, 열효율도 증가한다.

Answer 19. ④ 20. ② 21. ③ 22. ③ 23. ①

자동차 압축비는 내연기관에서 실린더 안으로 들어간 기체가 피스톤에 의해 압축되는 용적의 비율이고 효율은 압축비가 커질수록 증가한다. 자동차 엔진 수리 후 더 두꺼운 개스킷을 넣었다면 압축비가 감소하고 그로 인해 열효율도 감소하게 된다.

24. 출력 15kW의 디젤기관에서 마찰 손실이 그 출력의 15%일 때 그 마찰 손실에 의해서 시간당 발생하는 열량은 약 몇 kJ인가?

① 2.25   ② 25
③ 810   ④ 8100

① 출력 15kW
② 마찰손실 = 출력 × 0.15
           = 15 × 0.15 = 2.25kW
③ 시간당 마찰손실 = $2.25 \dfrac{kJ}{s} \times \dfrac{3600s}{1h}$
           = 8100kJ/h

25. 공기표준 동력사이클에서 오토사이클이 디젤사이클과 다른 과정은?

① 가열 과정   ② 팽창 과정
③ 방열 과정   ④ 압축 과정

① 오토사이클(Otto Cycle) : 정적연소방식
  (단열압축 → 정적가열 → 단열팽창 → 정적방열)
② 디젤사이클(Diesel Cycle) : 정압연소방식
  (단열압축 → 정압가열 → 단열팽창 → 정적방열)

26. 이상 디젤사이클에 대한 설명으로 옳지 않은 것은?

① 2개의 등엔트로피 과정이 포함되어 있다.
② 압축착화기관의 이상사이클이다.
③ 한 개의 등압과정과 한 개의 등온과정이 포함되어 있다.
④ 압축비가 동일할 때 이상 오토사이클보다 열효율이 낮다.

이상 디젤사이클(정압사이클)
압축비 증가에 따른 이상연소를 개선하여 효율을 증가시키는 사이클로 압축착화기관의 이상사이클이다. 2개의 단열과정과 정압 및 정적과정 각 1개로 구성

27. 디젤사이클의 구성 요소로서 그 과정이 맞는 것은?

① 단열압축 → 정압가열 → 단열팽창 → 정압방열
② 단열압축 → 정적가열 → 단열팽창 → 정압방열
③ 단열압축 → 정적가열 → 단열팽창 → 정적방열
④ 단열압축 → 정압가열 → 단열팽창 → 정적방열

디젤사이클
2개의 단열과정과 정압 및 정적과정 각 1개로 구성
단열압축 → 정압가열(연소과정) → 단열팽창 → 정적방열

28. 공기 표준 사이클로 운전하는 디젤사이클 엔진에서 압축비는 18, 체절비(분사단절비)는 2일 때 이 엔진의 효율은 약 몇 %인가? (단, 비열비는 1.4이다.)

① 63%   ② 68%
③ 73%   ④ 78%

디젤사이클 엔진의 효율
$\eta_d = 1 - \left(\dfrac{1}{\varepsilon}\right)^{k-1} \cdot \dfrac{\sigma^k - 1}{k(\sigma - 1)}$

Answer 24. ④ 25. ① 26. ③ 27. ④ 28. ①

$$= 1-\left(\frac{1}{18}\right)^{1.4-1} \cdot \frac{2^{1.4}-1}{1.4(2-1)}$$
$$= 0.63 = 63\%$$

29. 이상적인 디젤기관의 압축비가 16일 때 압축 전의 공기 온도가 90℃라면 압축 후의 공기 온도(℃)는 얼마인가? (단, 공기의 비열비는 1.4이다.)

① 1101.9 ② 718.7
③ 808.2   ④ 827.4

👉 **압축 후 공기의 온도(T_2)**

$$T_2 = T_1\left(\frac{v_1}{v_2}\right)^{k-1} = T_1\varepsilon^{k-1}$$
$$= 363 \times 16^{1.4-1} = 1100.4K = 827.4℃$$

여기서,
① 압축비(ε)=16
② 초기 공기온도(T_1)
　　=90℃=(90+273)K=363K
③ 공기의 비열비(k)=1.4

30. 이상적인 복합 사이클(사바테 사이클)에서 압축비는 16, 최고압력비(압력상승비)는 2.3, 체절비는 1.6이고, 공기의 비열비는 1.4일 때 이 사이클의 효율은 약 몇 %인가?

① 55.52 ② 58.41
③ 61.54 ④ 64.88

👉 **사바테 사이클의 열효율**

$$\eta_s = 1 - \frac{1}{\varepsilon^{k-1}} \cdot \frac{\alpha\sigma^k-1}{(\alpha-1)+k\alpha(\sigma-1)}$$
$$= 1 - \frac{1}{16^{1.4-1}} \cdot \frac{2.3 \cdot 1.6^{1.4}-1}{(2.3-1)+1.4 \cdot 2.3(1.6-1)}$$
$$= 0.6488 = 64.88\%$$

여기서, ε : 압축비　　k : 비열비
　　　　σ : 체절비　　α : 압력비

31. 다음 중 정압연소 가스터빈의 표준 사이클 이라 할 수 있는 것은?

① 랭킨 사이클　　② 오토 사이클
③ 디젤 사이클　　④ 브레이턴 사이클

👉 **브레이턴 사이클(정압연소 사이클)**
가스터빈의 기본 사이클로 2개의 등압과정과 2개의 단열과정으로 구성된 공기표준 사이클
[참고]
① 랭킨 사이클(베이퍼 사이클) : 증기원동소의 기본 사이클
② 오토 사이클 : 전기점화기관(가솔린기관)의 기본 사이클
③ 디젤 사이클 : 저속 디젤기관의 기본 사이클

32. 브레이턴 사이클(Brayton Cycle)은 다음 무슨 사이클에 가장 가까운가?

① 정적 연소 사이클
② 정압 연소 사이클
③ 등온 연소 사이클
④ 합성 연소 사이클

👉 **브레이턴 사이클**
두 개의 단열과정과 두 개의 등압과정으로 이루어진 사이클로 압축기에서 압축된 공기는 연소실에서 정압 연소시켜 열을 공급하기 때문에 정압 연소 사이클이라고도 하며 가스터빈의 이상적 사이클이다.

33. 공기표준 Brayton 사이클에 대한 설명 중 틀린 것은?

① 단순 가스터빈에 대한 이상 사이클이다.
② 열교환기에서의 과정은 등온과정으로 가정한다.
③ 터빈에서의 과정은 가역 단열팽창과정으로 가정한다.
④ 터빈에서 생산되는 일의 40% 내지 80%를 압축기에서 소모한다.

Answer　29. ④　30. ④　31. ④　32. ②　33. ②

② 연소실과 열교환기에서의 과정은 등압과정으로 가정한다.
[참고] 브레이턴 사이클
2개의 단열과정과 2개의 등압과정으로 이루어진 사이클로 가스 터빈의 이상적 사이클이다.

34. 최고온도(T_H)와 최저온도(T_L)가 모두 동일한 이상적인 가역 사이클 중 효율이 다른 하나는? (단, 사이클 작동에 사용되는 가스(기체)는 모두 동일하다.)
① 카르노 사이클　② 브레이턴 사이클
③ 스털링 사이클　④ 에릭슨 사이클

카르노 사이클, 에릭슨 사이클, 스털링 사이클의 효율은 온도만의 함수(두 열저장조의 온도에만 의존)이고, 브레이턴 사이클의 효율은 압력비만의 함수이므로 압력비가 증가하면 열효율도 증가한다.

35. 최고온도 1300K와 최저온도 300K 사이에서 작동하는 공기표준 Brayton 사이클의 열효율(%)은? (단, 압력비는 9, 공기의 비열비는 1.4이다.)
① 30.4　② 36.5
③ 42.1　④ 46.6

브레이턴 사이클의 열효율(η_{thB})
$$\eta_{thB} = 1 - \frac{1}{\phi^{\frac{k-1}{k}}} = 1 - \frac{1}{9^{\frac{1.4-1}{1.4}}}$$
$$= 0.466 = 46.6\%$$

36. 공기 표준 브레이턴(Brayton) 사이클 기관에서 최고 압력이 500kPa, 최저압력은 100kPa이다. 비열비(k)가 1.4일 때, 이 사이클의 열효율(%)은?

① 3.9　② 18.9
③ 36.9　④ 26.9

브레이턴 사이클의 열효율(η_B)
$$\eta_B = 1 - \left(\frac{P_1}{P_2}\right)^{\frac{k-1}{k}} = 1 - \left(\frac{100}{500}\right)^{\frac{1.4-1}{1.4}}$$
$$= 0.369 = 36.9\%$$

37. Brayton 사이클에서 압축기 소요일은 175kJ/kg, 공급열은 627kJ/kg, 터빈 발생일은 406kJ/kg로 작동될 때 열효율은 약 얼마인가?
① 0.28　② 0.37
③ 0.42　④ 0.48

Brayton 사이클의 열효율(η_B)
$$\eta_B = \frac{AW}{q_1} = \frac{AW_t - AW_c}{q_1}$$
$$= \frac{406 - 175}{627} = 0.37$$

38. 그림에서 T_1=561K, T_2=1010K, T_3=690K, T_4=383K인 공기를 작동 유체로 하는 브레이턴 사이클의 이론 열효율은?

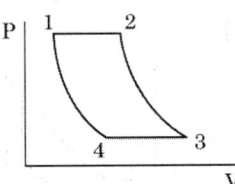

① 0.388　② 0.465
③ 0.316　④ 0.412

브레이턴 사이클의 이론 열효율(η)
$$\eta = 1 - \frac{T_3 - T_4}{T_2 - T_1} = 1 - \frac{690 - 383}{1010 - 561} = 0.316$$

39. 어떤 기체 동력장치가 이상적인 브레이턴 사이클로 다음과 같이 작동할 때 이 사이클

Answer　34. ②　35. ④　36. ③　37. ②　38. ③　39. ②

의 열효율은 약 몇 %인가? (단, 온도(T)-엔트로피(s) 선도에서 $T_1=30℃$, $T_2=200℃$, $T_3=1060℃$, $T_4=160℃$이다.)

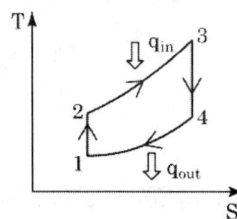

① 81% ② 85%
③ 89% ④ 92%

👉 브레이턴 사이클의 이론 열효율(η)

$\eta = 1 - \dfrac{(T_4 - T_1)}{(T_3 - T_2)}$

$= 1 - \dfrac{160-30}{1060-200} = 0.85 = 85\%$

40. 그림과 같은 공기표준 브레이턴(Brayton) 사이클에서 작동유체 1kg당 터빈 일(kJ/kg)은? (단, $T_1=300K$, $T_2=475.1K$, $T_3=1100K$, $T_4=694.5K$이고, 공기의 정압비열과 정적비열은 각각 1.0035kJ/kg·K, 0.7165kJ/kg·K 이다.)

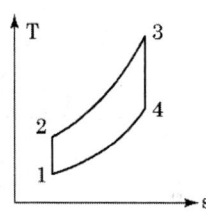

① 290 ② 407
③ 448 ④ 627

👉 터빈 일(W_t)
$W_t = C_p(T_3 - T_4)$
$= 1.0035(1100-694.5) = 406.9 kJ/kg$

41. 비열비 1.3, 압력비 3인 이상적인 브레이턴 사이클(Brayton Cycle)의 이론 열효율이 X(%)였다. 여기서 열효율 12%를 추가 향상시키기 위해서는 압력비를 약 얼마로 해야 하는가? (단, 향상된 후 열효율은 (X+12)%이며, 압력비를 제외한 다른 조건은 동일하다.)

① 4.6 ② 6.2
③ 8.4 ④ 10.8

👉 ① 열효율
$\eta_1 = 1 - \dfrac{1}{\phi^{\frac{k-1}{k}}} = 1 - \dfrac{1}{3^{\frac{1.3-1}{1.3}}} = 0.224$

② 열효율 12% 향상 시 압력비(ϕ)
$\eta_2 = \eta_1 + 0.12 = 0.224 + 0.12 = 0.344$

$\eta_2 = 1 - \dfrac{1}{\phi^{\frac{k-1}{k}}}$ 이므로

$0.344 = 1 - \dfrac{1}{\phi^{\frac{1.3-1}{1.3}}}$

$\dfrac{1}{\phi^{\frac{0.3}{1.3}}} = 1 - 0.344$

$\therefore \phi = 6.2$

42. 2개의 정적과정과 2개의 등온과정으로 구성된 동력 사이클은?

① 브레이턴(Brayton) 사이클
② 에릭슨(Ericsson) 사이클
③ 스털링(Stirling) 사이클
④ 오토(Otto) 사이클

👉 ① 브레이턴 사이클 : 2개 단열과정, 2개 정압과정
② 에릭슨 사이클 : 2개 등온과정, 2개 정압과정
③ 스털링 사이클 : 2개 등온과정, 2개 정적과정
④ 오토 사이클 : 2개 단열과정, 2개 정적과정

Answer 40. ② 41. ② 42. ③

[참고] 스털링 사이클
2개의 등적과정과 2개의 등온과정으로 구성된 밀폐형 재생사이클로 외연기관의 이론 사이클이다.

43. 다음 기체 동력사이클 중 설명이 잘못된 것은?

① 오토사이클은 전기점화기관의 이상사이클이다.
② 브레이턴사이클은 가스터빈의 이상사이클이다.
③ 아트킨스사이클은 가스터빈의 이상사이클이다.
④ 역 스털링사이클은 디젤기관의 이상사이클이다.

④ 역 스털링사이클은 극저온용 기체 냉동기의 이상사이클이고, 디젤기관의 이상사이클은 디젤사이클이다.

44. 대형 Brayton 사이클 가스 터빈 동력발전소의 압축기 입구에서 온도가 300K, 압력은 100kPa이고 압축기 압력비는 10 : 1이다. 공기의 비열은 1.004kJ/kg·K, 비열비는 1.400이다. 압축기 일은 약 얼마인가?

① 280.3kJ/kg   ② 299.7kJ/kg
③ 350.1kJ/kg   ④ 370.5kJ/kg

$$\frac{T_2}{T_1} = \left(\frac{v_1}{v_2}\right)^{k-1} = \left(\frac{P_2}{P_1}\right)^{\frac{k-1}{k}}$$

$$T_2 = T_1 \times \left(\frac{P_2}{P_1}\right)^{\frac{k-1}{k}}$$

$$= 300 \times (10)^{\frac{1.4-1}{1.4}} = 579.2\text{K}$$

$$W_c = h_2 - h_1 = C_p(T_2 - T_1)$$

$$= 1.004 \times (579.2 - 300) = 280.3\text{kJ/kg}$$

Answer 43. ④ 44. ①

chapter 07 랭킨 사이클(Rankine cycle)

1 랭킨 사이클(Rankine cycle)

2개의 정압변화와 2개의 단열변화로 구성된 사이클로 증기 사이클, 베이퍼 사이클이라고도 한다. 급수 펌프로 가압된 고압의 물이 보일러로 공급, 연소장치에 의해 가열되면 과열 증기가 되어 노즐을 통해 터빈에 가해지면서 일을 발생하게 된다. 일을 한 습증기는 복수기(condenser)에 의해 냉각되어 펌프에 의해 순환과정을 반복하게 된다. 이때 형성되는 사이클이 랭킨 사이클이고, 증기 동력사이클의 이상사이클이다.

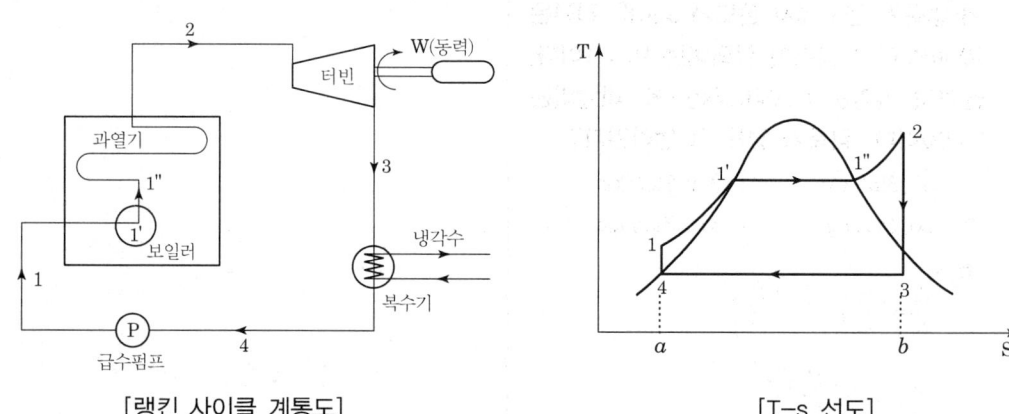

[랭킨 사이클 계통도]   [T-s 선도]

⟨과정 설명⟩

급수펌프→①→ 보일러(정압가열 : 압축액 → 포화액 → 건포화증기 → 과열증기) →②→ 터빈(단열팽창 : 과열증기 → 습증기) →③→ 응축기(정압방열 : 습증기 → 포화액) →④→ 급수펌프(단열압축 : 저압의 포화액 → 압축액) → 반복순환

- 과정 1-2 : 가역 정압열전달 과정(Boiler)
- 과정 2-3 : 가역 단열팽창 과정(Turbine)
- 과정 3-4 : 가역 정압열전달 과정(Condenser)
- 과정 4-1 : 가역 단열압축 과정(Pump)

$$효율\ \eta_{th} = \frac{W_{net}}{q_H} = \frac{면적\ 4-1-1'-1''-2-3-4}{면적\ a-1-1'-1''-2-b-a}$$

랭킨 사이클의 효율 증대 방안

① 증기터빈 입구 증기의 압력과 온도를 높인다.
② 배기 압력과 배기 온도를 낮춘다.
③ 과열증기를 사용한다.(터빈부식을 방지하지만 복수기 용량이 커진다.)

증기동력 시스템에서 카르노 사이클을 택하지 않고 랭킨 사이클을 이상적인 사이클로 택하는 이유

① 압축 과정 : 수증기와 액체가 혼합된 습증기를 효율적으로 압축하는 펌프 제작이 어렵고, 액체만을 압축하는 것이 용이하기 때문
② 증기의 과열 : 팽창과정 중에 열이 증기로 전달되어야 하는데 이것은 실현하기 어렵다.

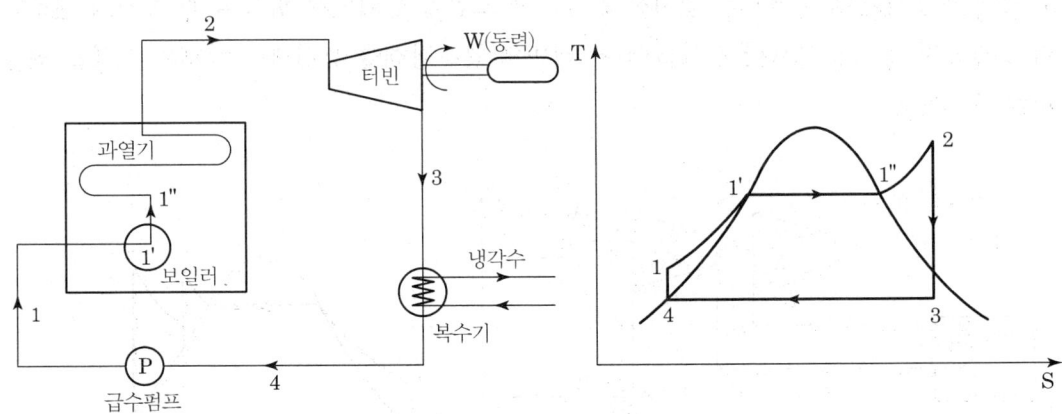

(1) 보일러에서 가해진 열량 : $q_1 = h_2 - h_1 \rightarrow (P_1 = P_2)$
(2) 터빈이 하는 일 : $W_T = h_2 - h_3 \rightarrow (s_2 = s_3)$

(3) 복수기에서 방출한 열량 : $q_2 = h_3 - h_4 \rightarrow (P_3 = P_4)$

(4) 펌프에서 한 열량 : $W_P = h_1 - h_4 = v'(P_1 - P_4)$

(5) 펌프일을 고려한 열효율

$$\eta_R = 1 - \frac{q_2}{q_1} = \frac{W_T - W_P}{q_1} = \frac{(h_2 - h_3) - (h_1 - h_4)}{h_2 - h_1}$$

(6) 펌프일을 무시한 열효율($h_1 \fallingdotseq h_4$) : 펌프일은 터빈일에 비하여 대단히 적기 때문에 펌프일을 무시하여 열효율을 구하면

$$\eta_R = \frac{h_2 - h_3}{h_2 - h_1}$$

※ 랭킨 사이클의 효율은 터빈입구의 온도(과열도)와 압력을 높게 하거나 터빈 출구 배압(응축온도)을 낮게 할수록 증가한다.

2 재열 사이클(reheat cycle)

랭킨 사이클에서 터빈 입구에서의 증기 온도와 압력이 높을수록 또는 복수기(condenser) 압력이 낮을수록 효율이 증가하지만 습증기에 의해 터빈 부식 및 효율이 낮아지는 문제점이 발생하기 때문에 재열기를 설치하여 증기의 초압을 높이면서 팽창 후의 증기의 건조도가 낮아지지 않도록 보완한 사이클이다. 터빈의 복수장해를 방지하여 기계의 수명을 연장시킬 수 있다.

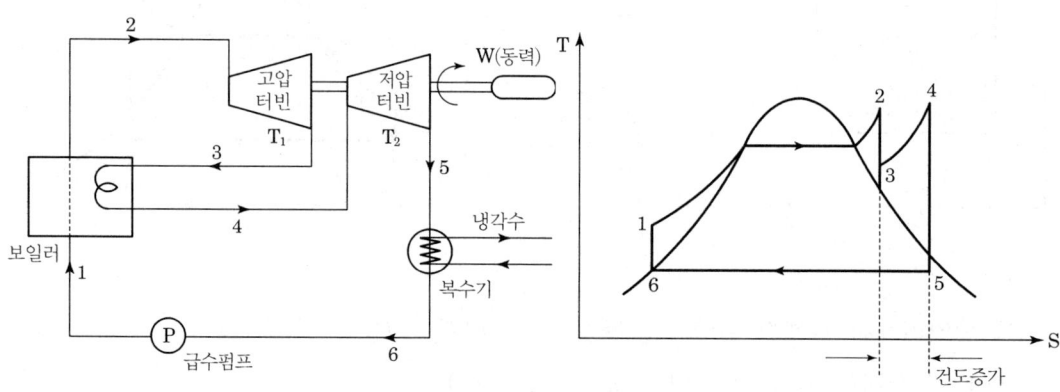

〈과정 설명〉

급수펌프 → ① → 보일러(정압가열 : 압축액 → 포화액 → 건포화증기 → 과열증기)
→ ② → 고압터빈(단열팽창 : 고압의 과열증기 → 중간압의 포화증기) → ③ → 재열기(정압가열 : 중간압의 포화증기 → 중간압의 과열증기) → ④ → 저압터빈(단열팽창 : 중간압의 과열증기 → 저압의 습증기) → ⑤ → 응축기(정압방열 : 습증기 → 포화액) → ⑥ → 급수펌프(정적압축 : 저압의 포화액 → 압축액) → 반복순환

(1) 보일러에서 가해진 열량 : $q_1' = h_2 - h_1 \to (P_1 = P_2)$
(2) 재열기에서 가해진 열량 : $q_1'' = h_4 - h_3 \to (P_3 = P_4)$
(3) 총 공급열량 : $q_1 = q_1' + q_1''$
(4) 터빈이 하는 일
   고압터빈 : $W_{T1} = h_2 - h_3$ 저압터빈 : $W_{T2} = h_4 - h_5$
(5) 복수기에서 방출한 열량 : $q_2 = h_5 - h_6$
(6) 펌프에서 한 열량 : $W_P = h_1 - h_6 = v(P_1 - P_6)$
(7) 펌프일을 고려한 사이클 효율

$$\eta_{Reh} = 1 - \frac{q_2}{q_1' + q_1''} = \frac{(h_2 - h_3) + (h_4 - h_5) - (h_1 - h_6)}{(h_2 - h_1) + (h_4 - h_3)}$$

(8) 펌프일을 무시한 사이클 효율($h_1 ≒ h_6$)

$$\eta_{Reh} = \frac{(h_2 - h_3) + (h_4 - h_5)}{(h_2 - h_1) + (h_4 - h_3)}$$

3 재생 사이클(regenerative cycle)

랭킨 사이클에서 복수기에 의한 손실을 최소화하기 위한 사이클로, 터빈 내에서 팽창 도중 증기의 일부를 추출해서 급수의 가열에 사용하여 보일러 효율을 상승시키는 사이클

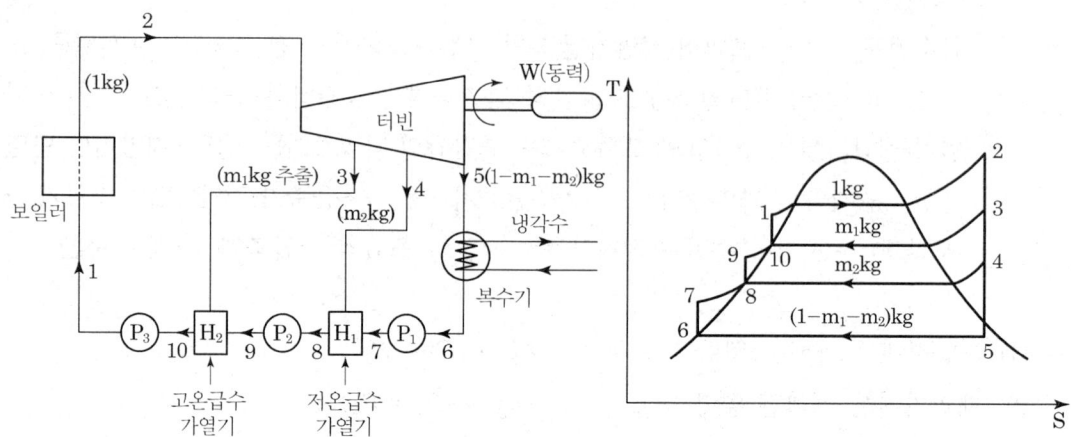

[재생사이클의 계통도]

(1) 보일러에서 가해진 열량 : $q_1 = h_2 - h_1$

(2) 터빈이 한 일량

$$W_T = (h_2 - h_3) + (1 - m_1)(h_3 - h_4) + (1 - m_1 - m_2)(h_4 - h_5)$$
$$= (h_2 - h_5) - [m_1(h_3 - h_5) + m_2(h_4 - h_5)]$$

(3) 사이클 효율

$$\eta_{reg} = \frac{w_T}{q_1} = \frac{(h_2 - h_5) - m_1(h_3 - h_5) + m_2(h_4 - h_5)}{h_2 - h_{10}}$$

$$= \frac{(h_2 - h_3) + (1 - m_1)(h_3 - h_4) + (1 - m_1 - m_2)(h_4 - h_5)}{h_2 - h_{10}}$$

(4) 추기량(m_1)

m_1이 잃은 열량 = $(1-m_1)$이 얻은 열량

$m_1(h_3 - h_{10}) = (1 - m_1)(h_{10} - h_8) = (h_{10} - h_8) - m_1(h_{10} - h_8)$

$m_1\{(h_3 - h_{10})(h_{10} - h_8)\} = h_{10} - h_8$

$\therefore m_1 = \dfrac{h_{10} - h_8}{h_3 - h_8}$

(5) 추기량(m_2)

m_2가 잃은 열량 = $(1-m_1-m_2)$가 얻은 열량

$m_2(h_4 - h_8) = (1 - m_1 - m_2)(h_8 - h_6)$

$$\therefore m_2 = \frac{(1-m_1)(h_8-h_6)}{h_4-h_6} = \frac{h_3-h_{10}}{h_3-h_8} \times \frac{h_8-h_6}{h_4-h_6}$$

이상 재생사이클은 비현실적이다. 그 이유는 터빈 내 증기에서 액체로 필요한 열전달을 하는 것이 불가능할 뿐만 아니라 열전달 결과로 터빈 출구에서 증기의 습분이 현저하게 증가하기 때문이다.

4 재생·재열 사이클

재생사이클과 재열사이클을 혼합하여 이용하게 되면 재생에 의한 열효율 개선과 재열 사이클의 목적인 터빈 출구에서 건도를 높일 수 있어 기계수명을 증가시킬 수 있다.

재생의 효과와 재열의 효과를 동시에 만족시켜주기 위해 결합시킨 사이클을 재열·재생 사이클이라 한다.

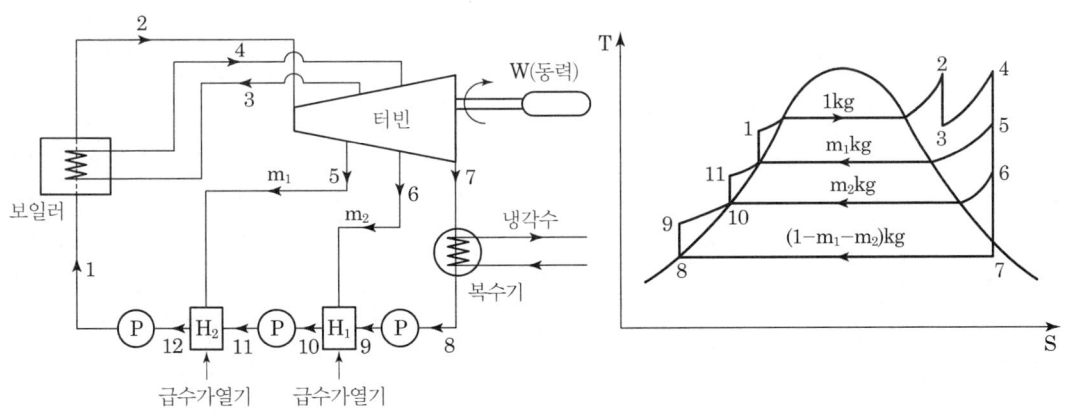

(1) 터빈일 : $W_T = (h_2-h_3) + (h_4-h_5) + (1-m_1)(h_5-h_6) + (1-m_1-m_2)(h_6-h_7)$

(2) 펌프일 : $W_T = (1-m_1-m_2)(h_9-h_8) + (1-m_1)(h_{11}-h_{10}) + (h_1-h_{12})$

(3) 가열량 : $q_1 = (h_2-h_1) + (h_4-h_3)$

(4) 재생사이클의 열효율($\eta_{reh-reg}$) : $\eta_{reh-reg} = \dfrac{W_t - W_P}{q_1} = \dfrac{W_{net}}{q_1}$

(5) 추기량 계산

$$h_{12} = m_1 h_5 + (1-m_1)h_{11}$$

$$\therefore m_1 = \frac{h_{12} - h_{11}}{h_5 - h_{11}} \quad \text{(제2단 열교환기 추출 증기량)}$$

$$(1-m_1)h_{10} = m_2 h_6 + (1-m_1-m_2)h_9$$

$$\therefore m_2 = \frac{(1-m_1)(h_{10} - h_9)}{h_6 - h_9} \quad \text{(제1단 열교환기 추출 증기량)}$$

chapter 07 출·제·예·상·문·제

01. 다음 동력 사이클에서 두 개의 정압과정이 포함된 사이클은?

① 랭킨 사이클
② 오토 사이클
③ 디젤 사이클
④ 카르노 사이클

☞ 랭킨 사이클
2개의 정압변화와 2개의 단열변화로 구성된 사이클로 증기 동력 사이클의 이상사이클이다.

02. 다음 중 이상적인 증기 터빈의 사이클인 랭킨 사이클을 옳게 나타낸 것은?

① 가역등온압축 → 정압가열 → 가역등온팽창 → 정압냉각
② 가역단열압축 → 정압가열 → 가역단열팽창 → 정압냉각
③ 가역등온압축 → 정적가열 → 가역등온팽창 → 정적냉각
④ 가역단열압축 → 정적가열 → 가역단열팽창 → 정적냉각

☞ 랭킨 사이클
2개의 정압변화와 2개의 단열변화로 구성된 사이클로 증기 동력 사이클의 이상 사이클이다.
• 과정 1-2 : 가역 단열압축 과정(Pump)
• 과정 2-3 : 가역 정압열전달 과정(Boiler)
• 과정 3-4 : 가역 단열팽창 과정(Turbine)
• 과정 4-1 : 가역 정압열전달 과정(Condenser)

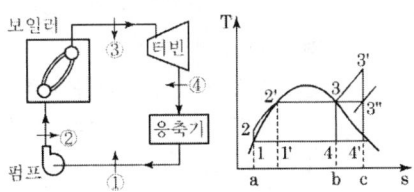

03. 다음 중 이상 랭킨 사이클과 카르노 사이클의 유사성이 가장 큰 두 과정은?

① 등온가열, 등압방열
② 단열팽창, 등온방열
③ 단열압축, 등온가열
④ 단열팽창, 등적가열

☞ ① 랭킨 사이클 : 2개의 정압과정과 2개의 단열과정으로 구성된 사이클(단열압축, 정압가열, 단열팽창, 정압(등온)방열)
② 카르노 사이클 : 2개의 단열과정과 2개의 등온과정을 갖는 사이클(등온팽창(등온방열), 단열팽창, 등온압축, 단열압축)

04. Rankine 사이클에 대한 설명으로 틀린 것은?

① 응축기에서의 열방출 온도가 낮을수록 열효율이 좋다.
② 증기의 최고온도는 터빈 재료의 내열특성에 의하여 제한된다.
③ 팽창일에 비하여 압축일이 적은 편이다.
④ 터빈 출구에서 건도가 낮을수록 효율이 좋아진다.

☞ ④ 터빈 출구에서 건도가 낮을수록 터빈 날개

Answer 01. ① 02. ② 03. ② 04. ④

의 마모, 부식 등의 문제가 발생하여 효율이 나빠진다.

05. 다음 중 Rankine 사이클에 대한 설명으로 틀린 것은?
① Carnot 사이클을 현실화한 사이클이다.
② 증기의 최고온도는 터빈 재료의 내열특성에 의하여 제한된다.
③ 팽창일에 비하여 압축일이 적은 편이다.
④ 터빈 출구에서 건도가 낮을수록 유지관리에 유리하다.

☞ 터빈 출구에서 건도가 낮으면 증기의 습도가 증가하여 터빈 부식 및 내부 손실 등이 발생한다. 이로 인해 기기의 수명이 짧아지므로 유지관리에 불리하다.

06. 다음 사항 중 틀린 것은?
① 랭킨 사이클의 열효율은 터빈 입구의 과열증기 상태와 복수기의 진공도에 의해서 거의 결정된다.
② 랭킨 사이클의 열효율을 열역학적으로 개선한 것이 재생 사이클이다.
③ 증기 터빈에서 복수기의 배압은 냉각수의 온도에 의해서 정해지므로 자유로이 바꿀 수는 없다.
④ 랭킨 사이클의 열효율은 터빈의 입구압력, 입구온도의 영향만을 받는다.

☞ ④ 랭킨 사이클의 열효율은 터빈의 입구압력, 입구온도의 영향뿐 아니라 터빈의 출구압력, 출구온도의 영향도 받으며, 터빈입구의 온도(과열도)와 압력을 높게 하거나 터빈출구 배압(응축온도)을 낮게 할수록 열효율은 증가한다.

07. 증기 동력 시스템에서 이상적인 사이클로 카르노 사이클을 택하지 않고 랭킨 사이클을 택한 이유는 무엇인가?
① 이론적으로 카르노 사이클을 구성하는 것이 불가능하다.
② 랭킨 사이클의 효율이 동일한 작동 온도를 갖는 카르노 사이클의 효율보다 높다.
③ 수증기와 액체가 혼합된 습증기를 효율적으로 압축하는 펌프를 제작하는 것이 어렵다.
④ 보일러에서 열전달 과정을 정온 과정으로 가정하는 것이 타당하지 않다.

☞ 증기 동력 시스템에서 카르노 사이클을 택하지 않고 랭킨 사이클을 이상적인 사이클로 택하는 이유
① 압축 과정 : 수증기와 액체가 혼합된 습증기를 효율적으로 압축하는 펌프 제작이 어렵고, 액체만을 압축하는 것이 용이하기 때문이다.
② 증기의 과열 : 팽창과정 중에 열이 증기로 전달되어야 하는데 이것은 실현하기 어렵다.

08. 랭킨 사이클(Rankine cycle)에 관한 설명 중 틀린 것은?
① 보일러에서 수증기를 과열하면 열효율이 증가한다.
② 응축기 압력이 낮아지면 열효율이 증가한다.
③ 보일러에서 수증기를 과열하면 터빈 출구에서 건도가 감소한다.
④ 응축기 압력이 낮아지면 터빈 날개가 부식될 가능성이 높아진다.

☞ 보일러에서 수증기를 과열하면 터빈 출구에서 건도 및 열효율이 증가하지만 강도에 제한을 받는다.
수증기 과열(3 → 3′) → 건도 증가(4 → 4′)

05. ④   06. ④   07. ③   08. ③

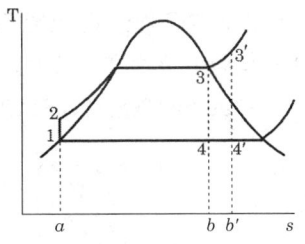

09. 랭킨 사이클에서 보일러 압력과 온도가 일정할 때 복수기 압력이 높을수록 열효율은 어떻게 되는가?

① 감소한다.
② 증가한다.
③ 불변이다.
④ 증가하고 감소도 한다.

　랭킨 사이클의 열효율은 터빈의 입구인 초압 및 초온이 높을수록, 터빈의 출입구인 배압이 낮을수록 커진다. 또한, 재열사이클 또는 재생사이클을 채택하면 효율을 높일 수 있다. 보일러 압력과 온도가 일정할 때 터빈 출구의 배압이 높으면(복수기 압력이 높으면) 열효율은 감소하게 된다.

10. 랭킨 사이클의 열효율을 높이는 방법으로 틀린 것은?

① 복수기의 압력을 저하시킨다.
② 보일러 압력을 상승시킨다.
③ 재열(reheat) 장치를 사용한다.
④ 터빈 출구온도를 높인다.

　랭킨 사이클의 열효율 증대 방안
　① 보일러의 압력과 터빈 입구 압력을 증가시키거나 복수기 압력을 낮출 때 사이클 열효율이 증가한다.
　② 터빈 입구온도가 높거나 터빈 출구온도가 낮아지면 터빈의 엔탈피의 차가 커져서 기계적 일량이 많아지고, 건도가 낮아져 열효율이 증가한다.

11. 랭킨 사이클의 열효율 증대 방법에 해당하지 않는 것은?

① 복수기(응축기) 압력 저하
② 보일러 압력 증가
③ 터빈의 질량유량 증가
④ 보일러에서 증기를 고온으로 과열

　랭킨사이클 열효율 증대 방안
　① 보일러의 압력과 터빈 입구압력을 증가시키거나 복수기(응축기) 압력을 낮출 때 사이클 열효율 증가
　② 터빈 입구온도가 높거나 터빈 출구온도가 낮아지면 터빈의 엔탈피의 차가 커져서 기계적 일량이 많아지고, 건도가 낮아져 열효율 증가

12. 증기동력 사이클에 대한 다음의 언급 중 옳은 것은?

① 이상적인 보일러에서는 등온 가열 과정이 진행된다.
② 재열 사이클은 주로 사이클 효율을 낮추기 위해 적용한다.
③ 터빈의 토출 압력을 낮추면 사이클 효율도 낮아진다.
④ 최고 압력을 높이면 사이클 효율이 높아진다.

　① 이상적인 보일러에서는 등압 가열과정이 진행된다.
　② 재열 사이클은 주로 사이클 효율을 높이기 위해 적용한다.
　③ 터빈의 토출 압력을 낮추면 사이클 효율은 높아진다.
　[참고] 랭킨 사이클
　　2개의 정압과정과 2개의 단열과정으로 구성된 사이클(단열압축, 정압과정, 단열팽창, 정압과정)로 랭킨 사이클의 열효율은 터빈 입구의 온도(과열도)와 압력을 높게 하거나 터빈출구 배압(응축온도)을 낮게 할 수

록 증가한다.

13. 다음의 기본 랭킹 사이클의 보일러에서 가하는 열량을 엔탈피의 값으로 표시하였을 때 올바른 것은?(단, h는 엔탈피이다.)

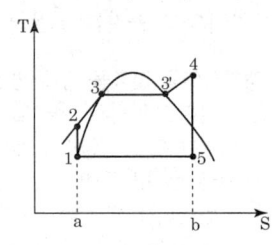

① $h_5 - h_1$ ② $h_4 - h_5$
③ $h_4 - h_2$ ④ $h_2 - h_1$

👉 **보일러에서 가해진 열량(1-4과정)**
$q = h_4 - h_2$
[참고]
① $h_5 - h_1$: 복수기에서 방출된 열량
② $h_4 - h_5$: 터빈이 한 일
④ $h_2 - h_1$: 펌프에서 한 일

14. 보일러, 터빈, 응축기, 펌프로 구성되어 있는 증기원동소가 있다. 보일러에서 2500kW의 열이 발생하고 터빈에서 550kW의 일을 발생시킨다. 또한, 펌프를 구동하는데 20kW의 동력이 추가로 소모된다면 응축기에서의 방열량은 약 몇 kW인가?

① 980   ② 1930
③ 1970 ④ 3070

👉 • 총 공급열량(보일러 발생열량)
 =터빈일+응축기 방열량-펌프 구동 일
• 응축기 방열량
 =총 공급열량-터빈일+펌프 구동 일
 =2500-550+20=1970kW

15. 그림과 같은 Rankine 사이클의 열효율은 약 얼마인가? (단, h는 엔탈피, s는 엔트로피를 나타내며, h_1=191.8kJ/kg, h_2=193.8kJ/kg, h_3=2799.5kJ/kg, h_4=2007.5kJ/kg이다.)

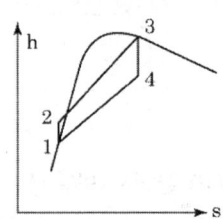

① 30.3% ② 36.7%
③ 42.9% ④ 48.1%

👉 **랭킨 사이클의 열효율(η)**
$$\eta = \frac{(h_3 - h_4) - (h_2 - h_1)}{h_3 - h_2}$$
$$= \frac{(2799.5 - 2007.5) - (193.8 - 191.8)}{2799.5 - 193.8}$$
$$= 0.303 = 30.3\%$$

16. 랭킨 사이클의 각 점에서의 엔탈피가 아래와 같을 때 사이클의 이론 열효율(%)은?

보일러 입구 :	58.6kJ/kg
보일러 출구 :	810.3kJ/kg
응축기 입구 :	614.2kJ/kg
응축기 출구 :	57.4kJ/kg

① 32   ② 30
③ 28   ④ 26

👉 **랭킨 사이클의 이론 열효율**
$$\eta = \frac{(h_3 - h_4) - (h_2 - h_1)}{h_3 - h_2}$$
$$= \frac{(810.3 - 614.2) - (58.6 - 57.4)}{810.3 - 58.6} = 0.26 = 26\%$$

17. 랭킨 사이클의 각각의 지점에서 엔탈피는 다음과 같다. 이 사이클의 효율은 약 몇 %인가? (단, 펌프일은 무시한다.)

Answer 13. ③ 14. ③ 15. ① 16. ④ 17. ③

보일러 입구	: 290.5kJ/kg
보일러 출구	: 3476.9kJ/kg
응축기 입구	: 2622.1kJ/kg
응축기 출구	: 286.3kJ/kg

① 32.4%   ② 29.8%
③ 26.7%   ④ 23.8%

 펌프일을 무시한 경우 이론열효율(η)

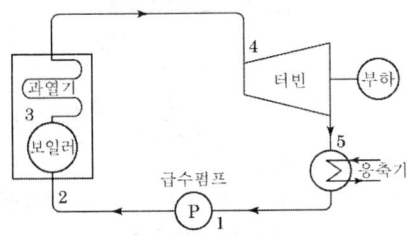

$$\eta = \frac{h_4 - h_5}{h_4 - h_1} = \frac{3476.9 - 2622.1}{3476.9 - 286.3} = 0.267 = 26.7\%$$

보통, 랭킨 사이클에서 펌프일은 보일러 내의 압력이 극히 높지 않을 경우, 터빈일에 비하여 적으므로 펌프일을 무시할 수 있다.
[참고] 펌프일 고려 시 이론열효율
$$\eta = \frac{(h_4 - h_5) - (h_2 - h_1)}{h_4 - h_2}$$

18. 그림의 랭킨 사이클(온도(T)-엔트로피(s) 선도)에서 각각의 지점에서 엔탈피는 표와 같을 때 이 사이클의 효율은 약 몇 %인가?

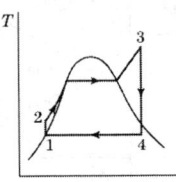

	엔탈피(kJ/kg)
1지점	185
2지점	210
3지점	3100
4지점	2100

① 33.7%   ② 28.4%
③ 25.2%   ④ 22.9%

👉 랭킨 사이클의 효율(η)

$$\eta = \frac{(h_3 - h_4) - (h_2 - h_1)}{h_3 - h_2}$$
$$= \frac{(3100 - 2100) - (210 - 185)}{3100 - 210}$$
$$= 0.337 = 33.7\%$$

19. 랭킨 사이클에서 보일러 입구 엔탈피 192.5 kJ/kg, 터빈 입구 엔탈피 3002.5kJ/kg, 응축기 입구 엔탈피 2361.8kJ/kg일 때 열효율(%)은? (단, 펌프의 동력은 무시한다.)

① 20.3   ② 22.8
③ 25.7   ④ 29.5

👉 랭킨 사이클 열효율(%)
$$\eta_R = \frac{h_2 - h_3}{h_2 - h_1}$$
$$= \frac{3002.5 - 2361.8}{3002.5 - 192.5} = 0.228 = 22.8\%$$

20. 이상적인 랭킨 사이클에서 터빈 입구 온도가 350℃이고, 75kPa과 3MPa의 압력범위에서 작동한다. 펌프 입구와 출구, 터빈 입구와 출구에서 엔탈피는 각각 384.4kJ/kg, 387.5kJ/kg, 3116kJ/kg, 2403kJ/kg이다. 펌프일을 고려한 사이클의 열효율과 펌프일을 무시한 사이클의 열효율 차이는 약 몇 %인가?

① 0.0011   ② 0.092
③ 0.11   ④ 0.18

👉 ① 펌프일을 고려한 열효율
$$\eta_{R1} = \frac{(h_4 - h_5) - (h_2 - h_1)}{h_4 - h_2}$$
$$= \frac{3116 - 2403}{3116 - 387.5} = 0.2613 = 26.13\%$$

② 펌프일을 무시한 열효율
$$\eta_{R2} = \frac{h_4 - h_5}{h_4 - h_2}$$

$$= \frac{3116 - 2403}{3116 - 387.5} = 0.2613 = 26.13\%$$

$$\therefore \text{열효율 차이}(\%) = \eta_{R2} - \eta_{R1}$$
$$= 26.13 - 26.02 = 0.11\%$$

21. 그림과 같은 Rankine 사이클로 작동하는 터빈에서 발생하는 일은 약 몇 kJ/kg인가? (단, h는 엔탈피, s는 엔트로피를 나타내며, h_1=191.8kJ/kg, h_2=193.8kJ/kg, h_3=2799.5kJ/kg, h_4=2007.5kJ/kg이다.)

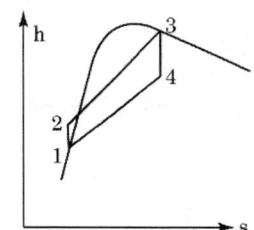

① 2.0kJ/kg ② 792.0kJ/kg
③ 2605.7kJ/kg ④ 1815.7kJ/kg

터빈일(Aw_T)
$Aw_T = h_3 - h_4 = 2799.5 - 2007.5 = 792$kJ/kg

[참고] 랭킨 사이클의 효율(η)
$$\eta = \frac{(h_3 - h_4) - (h_2 - h_1)}{h_3 - h_2}$$
$$= \frac{(2799.5 - 2007.5) - (193.8 - 191.8)}{2799.5 - 193.8}$$
$$= 0.303 = 30.3\%$$

22. 그림과 같이 온도(T)-엔트로피(S)로 표시된 이상적인 랭킨 사이클에서 각 상태의 엔탈피(h)가 다음과 같다면, 이 사이클의 효율은 약 몇 %인가? (단, h_1=30kJ/kg, h_2=31kJ/kg, h_3=274kJ/kg, h_4=668kJ/kg, h_5=764kJ/kg, h_6=478kJ/kg이다.)

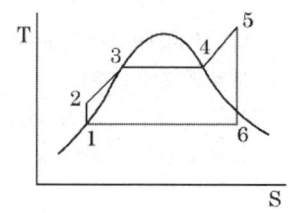

① 39 ② 42
③ 53 ④ 58

랭킨 사이클의 열효율
$$\eta = \frac{(h_5 - h_6) - (h_2 - h_1)}{h_5 - h_2}$$
$$= \frac{(764 - 478) - (31 - 30)}{764 - 31} = 0.389 \fallingdotseq 39\%$$

[참고]
보통, 펌프일($h_2 - h_1$)은 보일러 내의 압력이 극히 높지 않을 경우, 터빈일($h_5 - h_6$)에 비하여 적으므로 펌프일을 무시할 수 있다. 이 경우 열효율은 $\eta = \frac{h_5 - h_6}{h_5 - h_2} = \frac{764 - 478}{764 - 31}$
$= 0.39 = 39\%$가 되어 펌프일을 고려한 경우와 큰 차이가 없다.

23. 랭킨(Rankine) 사이클의 각 점(그림 참조)에서 엔탈피가 다음과 같다. h_1=100kJ/kg, h_2=110kJ/kg, h_3=2000kJ/kg, h_4=1500kJ/kg, 이 사이클의 열효율은?

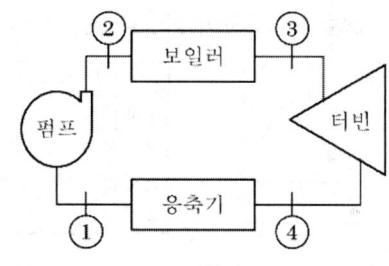

① 28% ② 26%
③ 24% ④ 30%

$$\eta = \frac{(h_3 - h_4) - (h_2 - h_1)}{h_3 - h_2}$$

Answer 21. ② 22. ① 23. ②

$$= \frac{(2000-1500)-(110-100)}{2000-110}$$
$$= 0.259 \fallingdotseq 26\%$$

24. 보일러에 물(온도 20℃, 엔탈피 84kJ/kg)이 유입되어 600kPa의 포화증기(온도 159℃, 엔탈피 2757kJ/kg) 상태로 유출된다. 물의 질량유량이 300kg/h이라면 보일러에 공급된 열량은 약 몇 kW인가?

① 121　　② 140
③ 223　　④ 345

☞ 보일러에 공급된 열량(Q)
$Q = G(h_2 - h_1)$
$= 300 \times (2757-84) = 801900 \text{kJ/h}$
$\therefore Q(\text{kW}) = 801900 \text{kJ/h} \times \frac{1\text{h}}{3600\text{s}} = 223 \text{kW}$

25. 증기터빈 발전소에서 터빈 입출구의 엔탈피 차이는 130kJ/kg이고, 터빈에서의 열손실은 10kJ/kg이었다. 이 터빈에서 얻을 수 있는 최대 일은 얼마인가?

① 10kJ/kg　　② 120kJ/kg
③ 130kJ/kg　　④ 140kJ/kg

☞ 최대일 = 터빈 입출구 엔탈피 차 - 열손실
$= 130 - 10 = 120 \text{kJ/kg}$

26. 기본 Rankine 사이클의 터빈 출구 엔탈피 h_{te}=1200kJ/kg, 응축기 방열량 q_L=1000 kJ/kg, 펌프 출구 엔탈피 h_{pe}=210kJ/kg, 보일러 가열량 q_H=1210kJ/kg이다. 이 사이클의 출력일은?

① 210kJ/kg　　② 220kJ/kg
③ 230kJ/kg　　④ 420kJ/kg

☞ 출력일

$w_{net} = q_H - q_L = 1,210 - 1,000 = 210 \text{kJ/kg}$

27. 질량 유량이 10kg/s인 터빈에서 수증기의 엔탈피가 800kJ/kg 감소한다면 출력은 몇 kW인가? (단, 역학적 손실, 열손실은 모두 무시한다.)

① 80　　② 160
③ 1600　　④ 8000

☞ 터빈 출력(W_t)
$W_t = \Delta H = G(h_2 - h_1) = 10 \times 800 = 8000 \text{kW}$

28. 효율이 85%인 터빈에 들어갈 때의 증기의 엔탈피가 3390kJ/kg이고, 가역 단열 과정에 의해 팽창할 경우에 출구에서의 엔탈피가 2135kJ/kg이 된다고 한다. 운동 에너지의 변화를 무시할 경우 이 터빈의 실제 일은 약 몇 kJ/kg인가?

① 1476　　② 1255
③ 1067　　④ 906

☞ 터빈이 하는 일
$W_T = \eta \times (h_2 - h_3)$
$= 0.85 \times (3390 - 2135) = 1067 \text{kJ/kg}$

29. 열효율이 30%인 증기사이클에서 1kWh의 출력을 얻기 위하여 공급되어야 할 열량은 약 몇 kWh인가?

① 1.25　　② 2.51
③ 3.33　　④ 4.90

☞ 공급열량(Q)
$Q = \frac{1 \text{kWh}}{0.3} = 3.33 \text{kWh}$

Answer　24. ③　25. ②　26. ①　27. ④　28. ③　29. ③

제7장 랭킨 사이클(Rankine cycle)

30. 보일러 입구의 압력이 9800kN/m²이고, 응축기의 압력이 4900N/m²일 때 펌프가 수행한 일(kJ/kg)은? (단, 물의 비체적은 0.001m²/kg이다.)

① 9.79   ② 15.17
③ 87.25 ④ 180.52

👆 펌프가 수행한 일(W_P)

$$W_P = -\int_1^2 vdP = -v(P_2 - P_1)$$
$$= -0.001(9800 - 4.9) = -9.795 \text{kJ/kg}$$

31. 랭킨 사이클에서 25℃, 0.01MPa 압력의 물 1kg을 5MPa 압력의 보일러로 공급한다. 이때 펌프가 가역단열과정으로 작용한다고 가정할 경우 펌프가 한 일(kJ)은? (단, 물의 비체적은 0.001m³/kg이다.)

① 2.58   ② 4.99
③ 20.12 ④ 40.24

👆 펌프가 한 일(W_p)

$$W_p = -\int_2^1 vdP = v(P_2 - P_1)$$
$$= 0.001[(5 - 0.01) \times 10^3] = 4.99 \text{kJ}$$

32. 펌프를 사용하여 150kPa, 26℃의 물을 가역단열과정으로 650kPa까지 변화시킨 경우, 펌프의 일(kJ/kg)은? (단, 26℃의 포화액의 비체적은 0.001m³/kg이다.)

① 0.4 ② 0.5
③ 0.6 ④ 0.7

👆 펌프의 일(W_p)

$$W_p = v(P_2 - P_1)$$
$$= 0.001(650 - 150) = 0.5 \text{kJ/kg}$$

33. 랭킨 사이클로 작동되는 증기동력 발전소에서 20MPa, 45℃의 물이 보일러에 공급되고, 응축기 출구에서의 온도는 20℃, 압력은 2.339kPa이다. 이때 급수펌프에서 수행하는 단위질량당 일은 약 몇 kJ/kg인가? (단, 20℃에서 포화액 비체적은 0.001002m³/kg, 포화증기 비체적은 57.79m³/kg이며, 급수펌프에서는 등엔트로피 과정으로 변화한다고 가정한다.)

① 0.4681 ② 20.04
③ 27.14   ④ 1020.6

👆 급수펌프 단위질량당 일(W_P)

$$W_P = h_1 - h_4 = v'(P_1 - P_4)$$
$$= 0.001002(20 \times 10^3 - 2.339)$$
$$= 20.04 \text{kJ/kg}$$

34. 100kPa, 20℃의 물을 매시간 3000kg씩 500kPa로 공급하기 위하여 소요되는 펌프의 동력은 약 몇 kW인가? (단, 펌프의 효율은 70%로 물의 비체적은 0.001m³/kg으로 본다.)

① 0.33 ② 0.48
③ 1.32 ④ 2.48

👆 ① 펌프일

$$w_p = v(P_2 - P_1)$$
$$= 0.001(500 - 100) = 0.4 \text{kJ/kg}$$
$$W_p = m \cdot w_p = 3000 \text{kg/h} \times 0.4 \text{kJ/kg}$$
$$= 1200 \text{kJ/h}$$

② 펌프의 소요동력

$$N_P = \frac{1200}{3600 \times 0.7} = 0.476 \text{kW} \fallingdotseq 0.48 \text{kW}$$

35. 엔탈피 125kJ/kg인 물을 보일러에서 가열하며 엔탈피 2940kJ/kg인 증기를 시간당 10톤을 만든다. 이 증기를 증기터빈에 송입한 후 증기터빈의 출구에서 엔탈피가 2570

Answer 30. ① 31. ② 32. ② 33. ② 34. ② 35. ③

kJ/kg이 되었다. 이 경우 보일러에서의 가열량은? (단, 보일러에서는 정압가열이며 터빈에서는 단열팽창이다.)

① $3.175 \times 10^5 \, \text{kJ/h}$
② $3.255 \times 10^6 \, \text{kJ/h}$
③ $2.815 \times 10^7 \, \text{kJ/h}$
④ $2.413 \times 10^9 \, \text{kJ/h}$

☞ $q = G(h_2 - h_1) = 10 \times 10^3 \times (2940 - 125)$
$\qquad = 2.815 \times 10^7 \, \text{kJ/h}$

36. 다음은 증기사이클의 P-V 선도이다. 이는 어떤 종류의 사이클인가?

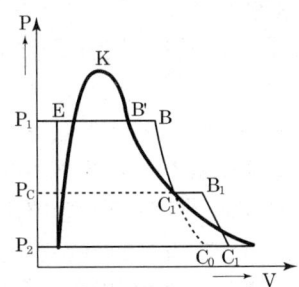

① 재생사이클 ② 재생재열사이클
③ 재열사이클 ④ 급수가열사이클

☞ 재열사이클
① 계통도

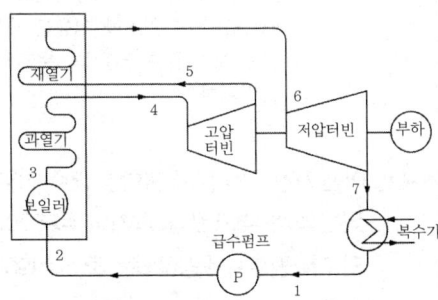

② P-V 선도

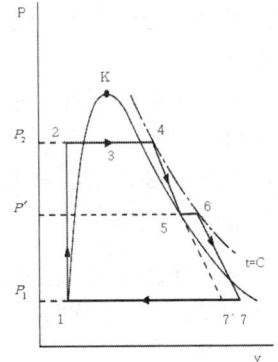

[참고] 재생사이클
① 계통도

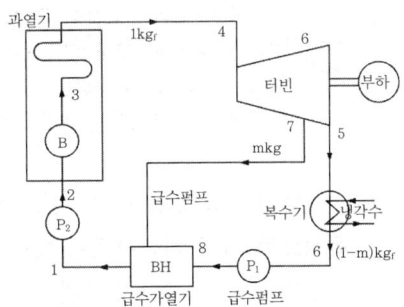

② P-V 선도

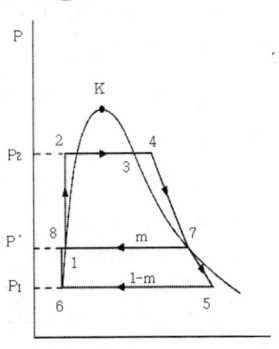

37. 과열기가 있는 랭킨 사이클에 이상적인 재열사이클을 적용할 경우에 대한 설명으로 틀린 것은?

Answer 36. ③ 37. ④

제7장 랭킨 사이클(Rankine cycle) **475**

① 이상 재열사이클의 열효율이 더 높다.
② 이상 재열사이클의 경우 터빈 출구 건도가 증가한다.
③ 이상 재열사이클의 기기 비용이 더 많이 요구된다.
④ 이상 재열사이클의 경우 터빈 입구 온도를 더 높일 수 있다.

☞ 이상 재열사이클의 경우 열효율을 높이기 위하여 터빈팽창 도중의 증기를 다시 재열기로 보내어 처음의 과열 온도까지 가열한다.
[참고] 재열사이클(reheat cycle)
랭킨 사이클에서 터빈 입구에서의 증기 온도와 압력이 높을수록 또는 복수기(condenser) 압력이 낮을수록 효율이 증가하지만 습증기에 의해 터빈 부식 및 효율이 낮아지는 문제점이 발생하기 때문에 재열기를 설치하여 이러한 결점을 보완한 사이클

38. 증기동력 사이클의 종류 중 재열사이클의 목적으로 가장 거리가 먼 것은?
① 터빈 출구의 습도가 증가하여 터빈 날개를 보호한다.
② 이론 열효율이 증가한다.
③ 수명이 연장된다.
④ 터빈 출구의 질(quality)을 향상시킨다.

☞ ① 터빈 출구의 습도가 감소하여 터빈 날개를 보호한다.
[참고] 재열사이클
증기의 초압을 높이면서 팽창 후의 증기의 건조도가 낮아지지 않도록 하여 터빈의 복수장해를 방지하기 위한 사이클로 수명 연장에 주안점을 두고 있는 사이클

39. 이상 재열사이클과 단순 랭킨 사이클을 비교한 설명으로 틀린 것은?
① 이상 재열사이클의 열효율이 더 높다.
② 이상 재열사이클의 경우 터빈 출구 건도가 증가한다.
③ 이상 재열사이클의 기기 비용이 더 많이 요구된다.
④ 이상 재열사이클의 경우 터빈 입구 온도를 더 높일 수 있다.

☞ ④ 이상 재열사이클의 경우 터빈 출구 온도를 더 높일 수 있다.

40. 재열 및 재생 사이클에 대한 설명 중 맞는 것은?
① 재생사이클은 터빈 출구의 건도를 증가시킨다.
② 재생사이클은 터빈 출구의 건도를 감소시킨다.
③ 추기 재생사이클의 단수가 너무 많으면 효율의 증가에 따른 에너지 절약의 효과보다 추가적인 장비의 가격이 높아져서 경제성이 떨어진다.
④ 개방형 급수가열기를 이용한 재생사이클에서는 급수가열기와 동일한 숫자의 급수펌프가 필요하다.

☞ ①, ② 재생사이클이 아니라 재열사이클이 터빈 출구의 건도를 증가시킨다.
④ 개방형 급수가열기를 이용한 재생사이클에서는 1개의 급수가열기와 두개의 급수펌프가 필요하다.

41. 어떤 재생 사이클의 혼합형 급수 가열기에서는 터빈에서 추가된 습증기(h_1=2690kcal/kg)와 저압펌프에서 공급되는 물(h_2=190kcal/kg)이 혼합되어 고압 펌프에 엔탈피 h_3=600kcal/kg인 상태로 공급된다. 터빈에 공급된 증기 1kg당 터빈에서 추가되는 수증기의 양은?

38. ① 39. ④ 40. ③ 41. ②

① 0.142kg ② 0.164kg
③ 0.223kg ④ 0.317kg

👉 수증기 양
$$m = \frac{h_3 - h_2}{h_1 - h_2} = \frac{600-190}{2690-190} = 0.164\text{kg}$$

42. 단열된 가스터빈의 입구측에서 압력 2MPa, 온도 1200K인 가스가 유입되어 출구측에서 압력 100kPa, 온도 600K로 유출된다. 5MW의 출력을 얻기 위해 가스의 질량유량(kg/s)은 얼마이어야 하는가? (단, 터빈의 효율은 100%이고, 가스의 정압비열은 1.12kJ/kg·K이다.)

① 6.44 ② 7.44
③ 8.44 ④ 9.44

👉 $W_t = 5\text{MW} = 5\times 10^3 \text{kW}$
$W_t = \dot{m} C_p (T_1 - T_2)$
$\dot{m} = \dfrac{W_t}{C_p(T_1 - T_2)}$
$= \dfrac{5\times 10^3}{1.12(1200-600)} = 7.44\text{kg/s}$

43. 증기터빈으로 질량 유량 1kg/s, 엔탈피 $h_1 = 3500$kJ/kg의 수증기가 들어온다. 중간 단에서 $h_2 = 3100$kJ/kg의 수증기가 추출되며 나머지는 계속 팽창하여 $h_3 = 2500$kJ/kg 상태로 출구에서 나온다면, 중간 단에서 추출되는 수증기의 질량 유량은? (단, 열손실은 없으며, 위치 에너지 및 운동 에너지의 변화가 없고, 총 터빈 출력은 900kW이다.)

① 0.167kg/s ② 0.323kg/s
③ 0.714kg/s ④ 0.886kg/s

👉 $W_T = (h_1 - h_2) \times 1 + (1-m)(h_2 - h_3)$
$900 = (3500-3100) + (1-m)(3100-2500)$

$(1-m) \times 600 = 500$
$\therefore m = 0.167 \text{kg/s}$

44. 압력 2MPa, 온도 300℃의 수증기가 20m/s 속도로 증기터빈으로 들어간다. 터빈 출구에서 수증기 압력이 100kPa, 속도는 100m/s이다. 가역단열과정으로 가정 시, 터빈을 통과하는 수증기 1kg당 출력일은 약 몇 kJ/kg인가? (단, 수증기표로부터 2MPa, 300℃에서 비엔탈피는 3023.5kJ/kg, 비엔트로피는 6.7663kJ/(kg·K)이고, 출구에서의 비엔탈피 및 비엔트로피는 아래 표와 같다.)

출구	포화액	포화증기
비엔트로피 [kJ/(kg·K)]	1.3025	7.3593
비엔탈피 [kJ/kg]	417.44	2675.46

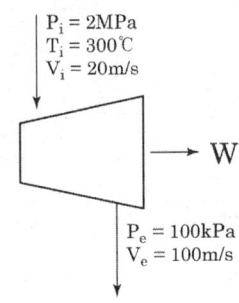

$P_i = 2\text{MPa}$, $T_i = 300℃$, $V_i = 20\text{m/s}$
$P_e = 100\text{kPa}$, $V_e = 100\text{m/s}$

① 1534 ② 564.3
③ 153.4 ④ 764.5

👉 ① 건도(x)
$s_x = s' + x(s'' - s')$
$6.7663 = 1.3025 + x(7.3593 - 1.3025)$
$x = 0.9021$

② 증기터빈 출구 엔탈피
$h_2 = h' + x(h'' - h')$
$= 417.44 + 0.9021(2675.46 - 417.44)$
$= 2454.4\text{kJ/kg}$

Answer 42. ② 43. ① 44. ②

③ 터빈일(W_t)

$$h_1 + \frac{v_1^2}{2} + gz_1 + Q = h_2 + \frac{v_2^2}{2} + gz_2 + W_t$$

(여기서, $z_1 \approx z_2$, 가역단열과정 $Q=0$)

$$W_t = (h_1 - h_2) + \frac{1}{2}(v_1^2 - v_2^2)$$
$$= (3023.5 - 2454.4) + \frac{1}{2}(20^2 - 100^2) \times 10^{-3}$$
$$= 564.3 \text{kJ/kg}$$

45. 증기 터빈의 입구 조건은 3MPa, 350℃이고 출구의 압력은 30kPa이다. 이때 정상 등엔트로피 과정으로 가정할 경우, 유체의 단위 질량당 터빈에서 발생되는 출력은 약 몇 kJ/kg인가? (단, 표에서 h는 단위질량당 엔탈피, s는 단위질량당 엔트로피이다.)

	h(kJ/kg)	s(kJ/kg·K)
터빈입구	3115.3	6.7428

	엔트로피(kJ/kg·K)		
	포화액	증발	포화증기
	s_f	s_{fg}	s_g
터빈출구	0.9439	6.8247	7.7686

	엔탈피(kJ/kg)		
	포화액	증발	포화증기
	h_f	h_{fg}	h_g
터빈출구	289.2	2336.1	2625.3

① 679.2　　② 490.3
③ 841.1　　④ 970.4

☞ 등엔트로피 과정

$s = s_f + x(s_g - s_f)$에서 건도 x에 관해 풀면

$$x = \frac{s - s_f}{s_g - s_f} = \frac{6.7428 - 0.9439}{7.7686 - 0.9439} = 0.8497$$

$$h_2 = h_f + x(h_g - h_f)$$
$$= 289.2 + 0.8497(2625.3 - 289.2)$$
$$= 2274.18 \text{kJ/kg}$$

$$W_t = \Delta h = h_1 - h_2 = 3115.3 - 2274.18$$
$$= 841.12 \text{kJ/kg}$$

46. 압력 1000kPa, 온도 300℃ 상태의 수증기 (엔탈피(h)=3051.15kJ/kg, 엔트로피(s)=7.1228kJ/kg·K)가 증기 터빈으로 들어가서 100kPa 상태로 나온다. 터빈의 출력일은 370kJ/kg이다. 수증기표를 이용하여 터빈 효율을 구하면 약 얼마인가?

수증기의 포화 상태표			
압력=100kPa, 온도=99.62℃			
엔탈피(kJ/kg)		엔트로피(kJ/kg·K)	
포화액체	포화증기	포화액체	포화증기
417.44	2675.46	1.3025	7.3593

① 0.156　　② 0.332
③ 0.668　　④ 0.798

☞ ① 복수기 입구 건도

$$x = \frac{s - s'}{s'' - s'} = \frac{7.1228 - 1.3025}{7.3593 - 1.3025} = 0.961$$

② 열효율

$$h_3 = h' + x(h'' - h')$$
$$= 417.44 + 0.961(2675.46 - 417.44)$$
$$= 2587.4 \text{kJ/kg}$$

$$\eta_R = \frac{W_T}{q} = \frac{W_T}{h_2 - h_3}$$
$$= \frac{370}{3051.15 - 2587.4} = 0.798$$

47. 등엔트로피 효율이 80%인 소형 공기터빈의 출력이 270kJ/kg이다. 입구 온도는 600K이며, 출구 압력은 100kPa이다. 공기의 정압비열은 1.004kJ/(kg·K), 비열비는 1.4일 때, 입구 압력(kPa)은 약 몇 kPa인가? (단, 공기는 이상기체로 간주한다.)

① 1984　　② 1842
③ 1773　　④ 1621

☞ ① 출구온도(T_2)

$$W_t = C_p(T_1 - T_2)$$
$$270 = 1.004(600 - T_2)$$

Answer 45. ③　46. ④　47. ③

$\therefore T_2 = 331\text{K}$

② 단열과정 출구온도(T_{2s})

$\eta = \dfrac{T_1 - T_2}{T_1 - T_{2s}}$ 이므로 $0.8 = \dfrac{600 - 331}{600 - T_{2s}}$

$\therefore T_{2s} = 263.75\text{K}$

③ 입구압력(P_1)

단열과정 P, v, T 관계식 적용

$\dfrac{T_{2s}}{T_1} = \left(\dfrac{v_1}{v_2}\right)^{k-1} = \left(\dfrac{P_2}{P_1}\right)^{\frac{k-1}{k}}$

$\dfrac{T_{2s}}{T_1} = \left(\dfrac{P_2}{P_1}\right)^{\frac{k-1}{k}}$

$\therefore P_1 = P_2 \left(\dfrac{T_1}{T_{2s}}\right)^{\frac{k}{k-1}} = 100 \times \left(\dfrac{600}{263.75}\right)^{\frac{1.4}{1.4-1}}$

$= 1774\text{kPa}$

48. 압력 1000kPa, 온도 300℃ 상태의 수증기(엔탈피 3051.15kJ/kg, 엔트로피 7.1228 kJ/kg·K)가 증기터빈으로 들어가서 100kPa 상태로 나온다. 터빈의 출력 일이 370kJ/kg 일 때 터빈의 효율(%)은?

수증기의 포화 상태표			
(압력 100kPa / 온도 99.62℃)			
엔탈피(kJ/kg)		엔트로피(kJ/kg·K)	
포화 액체	포화 증기	포화 액체	포화 증기
417.44	2675.46	1.3025	7.3593

① 15.6 ② 33.2
③ 66.8 ④ 79.8

터빈은 단열과정(등엔트로피 과정)이므로
$s_1 = s_2$

① 건도(x)
$s = s' + x(s'' - s')$
$7.1228 = 1.3025 + x(7.3593 - 1.3025)$
$x = 0.961$

② 터빈 출구 엔탈피(h_2)
$h = h' + x(h'' - h')$
$h = 417.44 + 0.961(2675.46 - 417.44)$
$h = 2587.4\text{kJ/kg}$

③ 터빈의 효율(η)

$\eta = \dfrac{370}{h_1 - h_2} = \dfrac{370}{3051.15 - 2587.4}$
$= 0.798 = 79.8\%$

49. 가스 터빈 엔진의 열효율에 대한 다음 설명 중 잘못된 것은?

① 압축기 전후의 압력비가 증가할수록 열효율이 증가한다.
② 터빈 입구의 온도가 높을수록 열효율이 증가하나 고온에 견딜 수 있는 터빈 블레이드 개발이 요구된다.
③ 역일비는 터빈 일에 대한 압축 일의 비로 정의되며 이것이 높을수록 열효율이 높아진다.
④ 가스 터빈 엔진은 증기 터빈 원동소와 결합된 복합시스템을 구성하여 열효율을 높일 수 있다.

③ 역일비(압축일/터빈일)가 커질수록 열효율은 급격히 감소하게 된다. 또한 가스터빈 사이클에서 역일비가 크기 때문에 압축기와 터빈효율이 감소하면 사이클의 열효율은 감소한다.

50. 열병합발전시스템에 대한 설명으로 옳은 것은?

① 증기 동력 시스템에서 전기와 함께 공정용 또는 난방용 스팀을 생산하는 시스템이다.
② 증기 동력 사이클 상부에 고온에서 작동하는 수은 동력 사이클을 결합한 시스템이다.
③ 가스 터빈에서 방출되는 폐열을 증기 동력 사이클의 열원으로 사용하는 시스템

Answer 48. ④ 49. ③ 50. ①

이다.
④ 한 단의 재열사이클과 여러 단의 재생사이클의 복합 시스템이다.

> **열병합발전시스템(Co-generation system)**
> 하나의 에너지원으로부터 전기생산과 그 폐열을 이용하여 열의 공급, 즉 난방을 동시에 진행하여 에너지 이용률을 70~85%(기존 발전의 2배 이상)로 높이는 종합에너지시스템(Total Energy System)이다. 열병합발전시스템은 가스, 석유 등의 연료를 에너지원으로 하여 증기 터빈 또는 엔진을 구동시켜서 발전하고 터빈의 배기를 이용해서 지역난방(냉방·난방·급탕)을 하므로 에너지 절약성이 높아 최근 많은 분야에서 보급 이용되고 있다.

51. 화력발전의 열효율은 39%이고, 발열량(kWh)을 기준으로 한 원가는 12원/kWh이다. 복합발전의 열효율은 48%이고 발열량(kWh)을 기준으로 한 원가는 41원/kWh이다. 전력 수요에 대응하면서 발전원가를 최소로 하기 위한 선택으로 옳은 것은?
① 화력발전만을 사용한다.
② 복합발전만을 사용한다.
③ 화력발전과 복합발전을 함께 1 : 1로 사용한다.
④ 화력발전과 복합발전 중 어느 것을 사용해도 관계없다.

그러므로 전력수요에 대응하면서 발전원가를 최소로 하기 위해서는 실제 발전원가가 더 저렴한 화력발전만을 사용하는 것이 옳은 선택이다.

> ① 화력발전
> 실제 발전원가
> $= \dfrac{발전원가}{\eta} = \dfrac{12원/kWh}{0.39}$
> $= 30.77원/kWh$
>
> ② 복합발전
> 실제 발전원가
> $= \dfrac{발전원가}{\eta} = \dfrac{41원/kWh}{0.48}$
> $= 85.42원/kWh$

Answer 51. ①

part 02-2
공조냉동 설계 (냉동공학)

chapter 01 냉동 기초

1. 냉동의 정의

일정한 공간이나 물체의 온도를 주위의 온도보다 인공적으로 낮추어 주는 조작, 즉 열 제거를 뜻한다.

(1) 냉동의 분류

① 냉각(cooling) : 상온보다 낮은 온도로 열을 제거하는 것
② 냉장(storage) : 식품류 등을 얼지 않을 정도로 차게 보관하는 것
③ 냉방(air conditioning) : 실내의 온습도를 냉각·조절하는 일. 일반적으로 공기조화의 일환으로서 행하여진다.
④ 동결(freezing) : 냉각작용에 의해 물질을 응고점 이하까지 열을 제거하여 고체상태로 만드는 것
⑤ 제빙 : 얼음의 생산을 목적으로 물을 얼리는 조작

2. 냉동 방법

(1) 자연적인 냉동방법(일시적 냉동법)

물질의 물리적인 자연현상을 이용하는 방법
① 융해열을 이용하는 방법 : 얼음이 녹을 때 그 융해잠열을 이용한 방법

② 승화열을 이용하는 방법 : 드라이아이스가 승화할 때 그 승화잠열을 이용하는 방법
③ 증발열을 이용하는 방법 : 한여름 뜨거운 도로에 물을 뿌려 증발할 때 그 증발잠열을 이용하는 방법
④ 기한제를 이용하는 방법 : 두 종류 이상의 물질을 혼합하면 한 종류만을 사용할 때보다 더 낮은 온도를 얻을 수 있는 성질을 이용하는 방법

참고 ─ 기한제의 종류와 최저온도

기한제	최저온도(℃)
얼음 + 소금(3 : 1)	−21.2
얼음 + 염화칼슘(10 : 4.3)	−55
얼음 + 묽은 염산(1 : 1)	−12
얼음 + 묽은 황산(1 : 1)	−35
에틸에테르 + dry ice	−77
에틸알코올 + dry ice	−72

(2) 기계적인 냉동방법(연속적 냉동법)

일이나 열에너지를 사용하여 냉동효과를 연속적으로 얻는 것
① 증기압축식 냉동법
　냉매의 증발잠열을 이용하여 피냉각 물체를 냉각시킨다.
　※ 냉매(refrigerant) : 냉동기 안을 순환하면서 상태변화에 의해 열을 빼앗는 물질
　　[예] 암모니아(NH_3), 프레온(Freon)
　㉠ 증기압축식 냉동장치 구성 요소
　　ⓐ 압축기
　　　• 냉매증기를 압축하여 배출하는 장치(냉동기의 심장부)
　　　• 냉매의 압력과 온도를 증대하여 응축 액화하기 쉽게 만드는 역할을 한다.
　　ⓑ 응축기 : 압축기로부터 토출된 냉매증기는 응축기에서 물 또는 공기와 열교환을 통해 냉각 응축된다.
　　ⓒ 팽창밸브(교축작용)
　　　• 액체 냉매를 고압에서 저압으로 만드는 장치
　　　• 고압의 냉매는 이곳을 지나는 동안 액체에서 급격히 저온 저압의 습증기가 된다.

ⓓ 증발기 : 냉동목적이 이루어지는 곳이며 냉매는 여기에서 주변의 열을 빼앗아
(흡열) 증발하므로 주위는 저온이 된다.

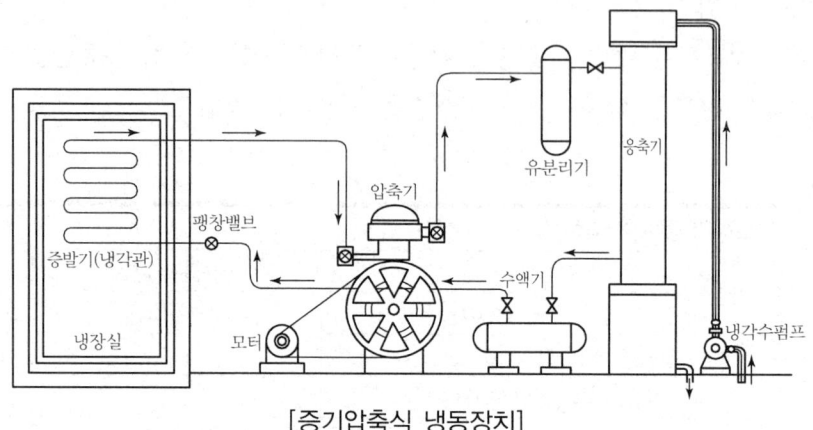

[증기압축식 냉동장치]

> **참고**
> ■ 교축작용
> 유체가 갑자기 작은 공간을 통과하면 압력이 떨어지는 현상을 이용하여 압력을 낮추는 작용

ⓒ 냉매순환 : 압축기 → 응축기 → 팽창밸브 → 증발기

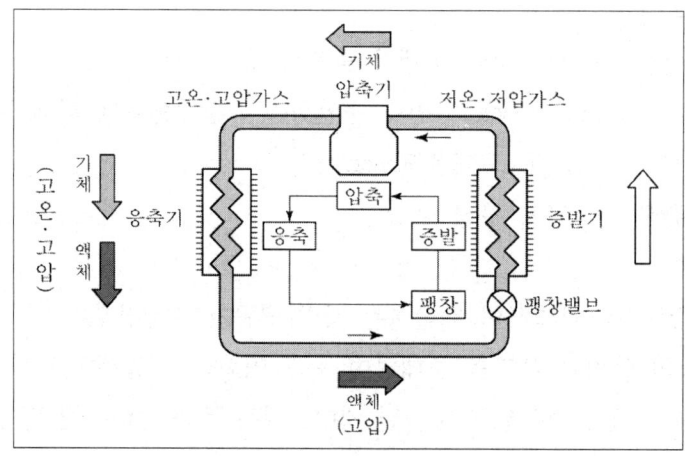

[증기 압축식 냉동장치의 구성]

② 증기분사식 냉동법

증기 이젝터(steam ejector)를 이용하여 다량의 증기를 분사할 때의 부압작용에 의

하여 진공을 만들어 냉동작용을 하는 방법. 증기분사식 냉동법은 응축기와 증발기를 가지고 있는 점에서 압축식 냉동법과 같으나 압축기 대신에 증기 분출기로 압축일을 한다는 점이 다르다. 이 냉동법은 배출증기가 풍부한 공장에서 냉수를 만드는 장치 등에 이용하여 배출 증기를 유효하게 이용할 수 있다.

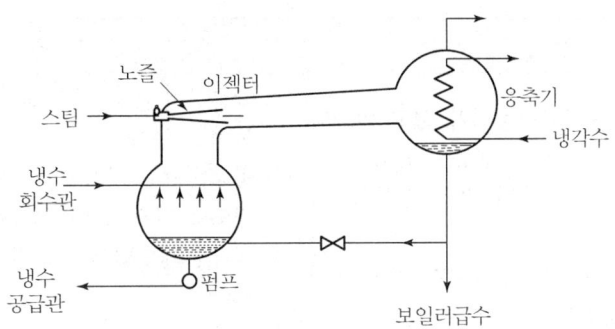

[증기분사식 냉동장치]

③ 흡수식 냉동법

기계적인 일을 사용하지 않고, 고온의 열(온수 및 수증기)을 이용하여 냉방하는 것으로 서로 잘 용해되는 두 가지 물질을 사용한다. 증기압축식 냉동장치에서 사용하고 있는 압축기 대신 흡수기, 용액펌프, 발생기(재생기)를 사용하여 저온상태에서는 두 물질이 강하게 용해하나 고온에서는 두 물질이 분리되어 그 중 한 물질이 냉매 작용을 하여 냉방을 하는 것이다. 이때 열을 운반하는 물질을 냉매라 하고, 이 가스를 용해하여 흡수하는 물질을 흡수제라 한다.

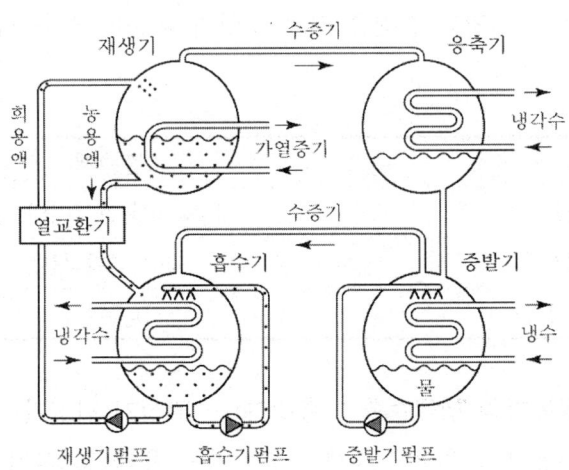

㉠ 흡수식 냉동기의 구성 요소

　　흡수기, 재생기(발생기), 증발기, 팽창밸브, 응축기, 용액 열교환기

㉡ 압축기의 역할을 하는 것 → 발생기, 흡수기, 흡수용액펌프

㉢ 특징

장 점	단 점
① 압축기를 기동하는 전동기가 없고 열에너지를 이용하므로 소음, 진동이 없다. ② 증기를 열원으로 이용할 경우 전력소비가 적다. ③ 자동제어가 용이하며 연료비가 적게 들어 운전비가 절감된다. ④ 과부하 시에도 사고의 우려가 없다. ⑤ 냉동온도가 저하되어도 냉동능력 감소가 적다.	① 압축식에 비해 성적계수가 낮으며 무겁고 높이가 높아 설치 면적이 크다. ② 냉각탑 등의 부속설비가 압축식에 비해 2배 정도로 커져 설비비가 많이 든다. ③ 냉각수온의 급랭으로 결정사고가 발생하기 쉽다. ④ 예냉시간이 길다. ⑤ 낮은 온도(6℃ 이하)의 냉수를 얻기가 곤란하다.(냉수 입구온도 : 12℃, 냉수 출구온도 : 7℃)

㉣ 흡수제와 냉매

　　흡수식 냉동기용 냉매/흡수제 중에서 현재 실용화된 것은 H_2O/LiBr와 NH_3/H_2O의 2종류 뿐이다. H_2O/LiBr는 비등점이 높은 물이 냉매이기 때문에 시스템의 공랭화가 어려우며, 0℃ 이하의 저온을 얻을 수가 없고, 부식성이 강하기 때문에 용액관리가 어렵다. 한편 NH_3/H_2O에서는 냉매인 암모니아가 유독성, 가연성 및 폭발성 등의 치명적 결점을 지니고 있기 때문에 적용 시 이 점에 유의하여야 한다.

냉 매	흡수제
H_2O(물)	LiBr(리튬브로마이드)
H_2O(물)	LiCl(염화리튬)
NH_3(암모니아)	H_2O(물)

　　ⓐ 흡수식 냉동기의 냉매순환 : 흡수기 → 발생기(재생기) → 응축기 → 증발기

　　ⓑ 흡수식 냉동기의 흡수제 순환 : 흡수기 → 용액열교환기 → 발생기(재생기) →

용액열교환기 → 흡수기
ⓜ 냉매와 흡수제의 구비 조건

냉매의 구비 조건	흡수제의 구비 조건
① 증발압력이 너무 낮지 않을 것	① 냉매의 용해도가 높을 것
② 응축압력이 너무 높지 않을 것	② 냉매와의 비점차가 클 것.(냉매와 흡수제의 분리가 용이)
③ 증발잠열이 클 것	
④ 증기의 비체적이 작을 것	③ 결정온도가 낮을 것
⑤ 가급적 불활성이며 안전할 것	④ (냉매의 잠열/용액의 비열)이 클 것
⑥ 독성이 없을 것	⑤ 불활성이고 안전할 것
⑦ 점성이 작고 열전도율이 높을 것	⑥ 점성이 작고 열전도율이 높을 것
⑧ 접촉 내부재료를 침식시키기 어려울 것	⑦ 독성이 없을 것
⑨ 가연성, 폭발성이 없을 것	⑧ 가연성, 폭발성이 없을 것
⑩ 누설검사가 용이할 것	⑨ 접촉 내부재료를 침식하지 않을 것
⑪ 가격이 싸고 구입이 쉬울 것	⑩ 가격이 싸고 구입이 쉬울 것

ⓑ 원리

냉매로서 물은 대기압 중에서 100℃로 가열하면 비등 증발한다. 그러나 대기압보다 압력이 낮은 상태(진공상태)에서는 증발온도가 100℃보다 낮아진다. 이 점을 이용, 증발기를 6~7mmHg 정도의 진공상태로 유지하여 냉매인 물을 약 5℃ 정도에서 비등 증발시켜 냉각효과를 발생한다.

ⓢ 구성기기의 역할

ⓐ 흡수기 : 냉매를 흡수제에 흡수시켜 희석용액(흡수제+냉매)으로 만들어 용액펌프로 발생기(재생기)에 보낸다.

ⓑ 발생기 : 희석용액을 열원에 의하여 가열하여 냉매와 흡수제를 분리시켜 교환기를 거쳐 흡수기에 보낸다.

ⓒ 응축기 : 냉각수와 열교환하여 응축, 액화된다.

ⓓ 증발기 : 냉수로부터 열을 빼앗아 증발하여 흡수기의 흡수제에 흡수되며 냉각된 냉수를 냉동목적에 이용한다.

ⓔ 열교환기 : 흡수기에서 희석된 용액은 펌프에 의해 열교환기에 보내지고 여기에서는 발생기에서 돌아오는 고온의 농축 흡수액을 열교환시켜 발생기로 보냄으로써 열효율을 향상시킨다.

◎ 압축식과 흡수식 냉동장치의 비교

증기압축식과 흡수식의 근본적 차이점은 증기압축식은 전기를 구동원으로 하고, 흡수식은 열에너지를 구동원으로 한다는 것이다.

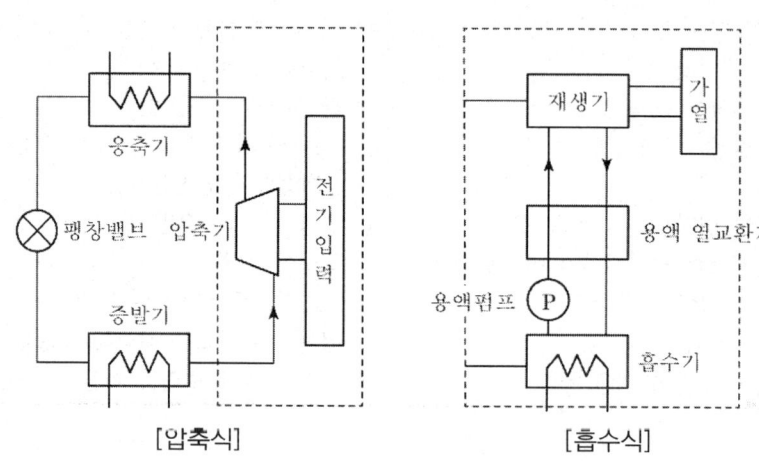

[압축식]　　　　　　　　[흡수식]

구분	압축식 냉동기	흡수식 냉동기
1	증발기	증발기
2	응축기	응축기
3	팽창밸브	U자 트랩 또는 오리피스
4	압축기	흡수용액(LiBr 수용액), 용액순환펌프, 흡수기, 재생기
5	냉매(R12, R22 등)	증류수(H_2O)
6	중간 냉각기	용액열교환기
7	전기	연료 또는 증기, 온수, 폐가스와 소량 전기

㉢ 흡수식 냉동기의 종류

　ⓐ 일중 효용 : 재생기와 열교환기가 하나만 있는 구조
　ⓑ 이중 효용 : 재생기와 열교환기가 두 개씩 있는 구조
　　※ 현재는 이중 효용이 주로 사용되며 저압의 수증기와 중온수를 이용한 일중
　　　효용 흡수식 냉동기가 사용되기도 한다.

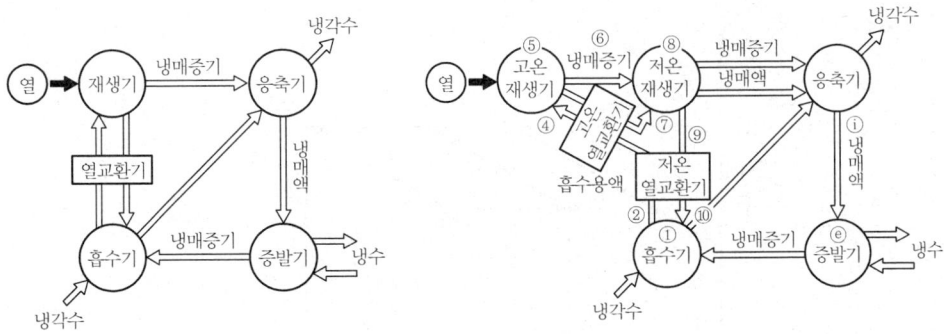

[일중 효용과 이중 효용의 비교]

ⓒ 듀링 선도
  • 흡수식 냉동기의 운전 중 각 부위에 해당되는 온도 및 압력을 알 수 있는 선도
  • 각 구성부품의 작동압력이나 온도 등 흡수사이클의 열역학적 상태를 파악하는데 편리함
  ⓐ 일중 효용 흡수식 사이클

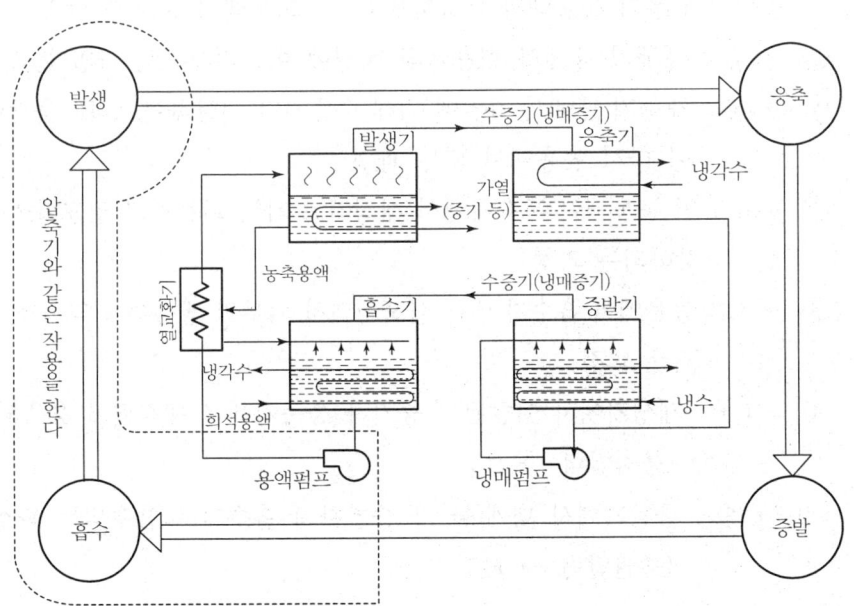

[일중 효용 흡수식 냉동기 장치도]

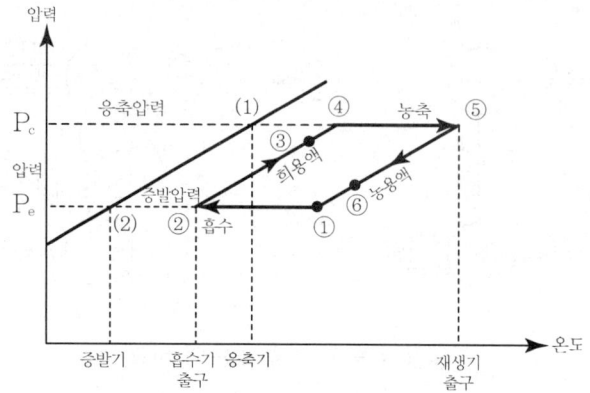

[일중 효용 흡수식 냉동기 듀링 선도]

① → ② : 흡수기에서 LiBr 용액(농용액)이 증발기에서 오는 수증기를 흡수 → 희용액으로 되는 과정. 이때 흡수열이 발생한다.(흡수열은 냉각수에 의해 제거됨)

② → ③ : 흡수기에서 재생기로 가는 희용액이 재생기에서 흡수기로 내려오는 고온의 농용액과 열교환하여 → 희용액의 온도가 상승

③ → ④ : 재생기 내에서 희용액의 비점에 이르기까지의 가열(현열)

④ → ⑤ : 재생기 내에서 가열에 의해 수증기가 이탈하여, LiBr 용액이 농축되어 다시 농용액이 되는 과정

⑤ → ⑥ : 이 농용액이 흡수기에서 재생기로 가는 희용액과 열교환하여 온도가 강하되는 과정

⑥ → ① : 농용액이 흡수기 내에 살포되면서 외부의 냉각수에 의해 온도가 강하되는 과정

④ → (1) : 재생기에서 이탈된 수증기가 응축기에서 냉각되어 응축되는 과정
(응축압력 → P_c)

(2) → ② : 증발기에서 냉매(물)가 증발하여 흡수기로 흡수되는 과정
(증발압력 → P_e)

ⓑ 이중 효용 흡수식 사이클

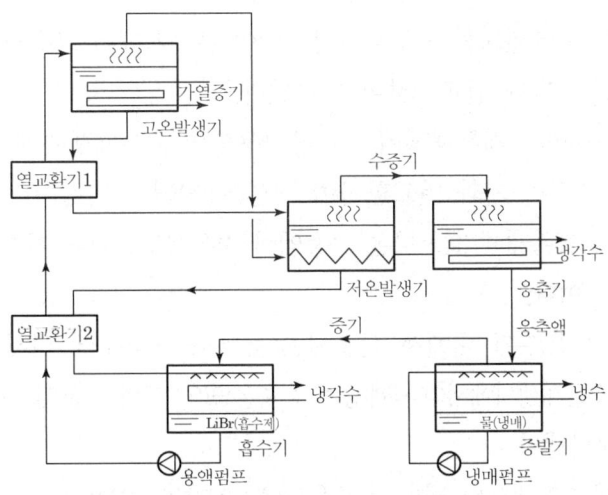

[이중 효용 흡수식 냉동기]

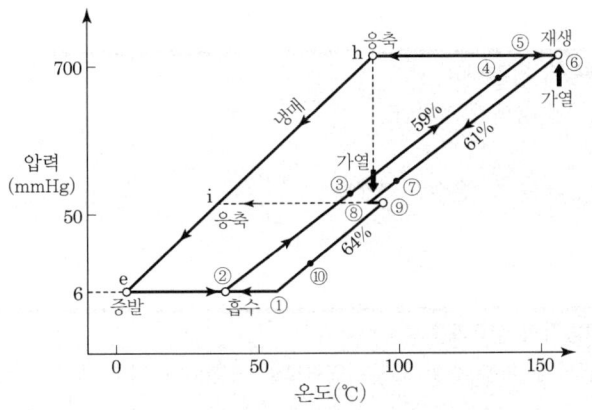

[이중 효용 흡수식 냉동기 듀링 선도]

① → ② : 흡수과정을 나타내며, 산포된 농용액(약 64%)이 냉매를 흡수하여 희용액(약 59%)으로 된다.

② → ③ → ④ : 저온열교환기와 고온열교환기를 거치면서 희용액이 가열된다.

④ → ⑤ : 고온재생기에서 희용액의 비점에 이르기까지의 가열(현열) 과정을 나타낸다.

③ → ④ : 재생기 내에서 희용액의 비점에 이르기까지의 가열(현열)

⑤ → ⑥ : 고온재생기에서 가열에 의해 수증기가 이탈하여, LiBr 용액이 농축되어 중간용액으로 되는 과정(61%)

⑥ → ⑦ : 고온열교환기에서 중간용액이 흡수기에서 고온재생기로 공급되는 희용액과 열교환하여 냉각된다.

⑦ → ⑧ → ⑨ : 저온재생기에서 중간용액이 고온재생기에서 온 고온의 냉매증기와 열교환하여 재생(64%)되는 과정이다.

⑨ → ⑩ : 저온재생기를 나온 농용액이 저온열교환기를 거치면서 냉각되는 과정이다.

⑩ → ① : 흡수기 내에서 산포된 농용액이 냉각수에 의해 냉각된다.

h : 고온재생기에서의 냉매증기 응축온도(98℃)와 고온재생기 압력(707mmHg)을 나타낸다.

i : 응축기에서의 냉매 응축온도(40.3℃)와 압력(56.1mmHg)을 나타낸다.

e : 증발기에서의 냉매 증발온도(4.1℃)와 압력(6.1mmHg)을 나타낸다.

> **참고 — 흡수식 냉동기 용량제어**
> ① 발생기(재생기) 공급 용액량 조절법
> ② 응축수량 조절법
> ③ 발생기(재생기) 공급 증기, 온수량 조절법

> **참고 — 흡수식 냉동기의 성적계수**
> 발생기(재생기) 공급열에 대한 증발기 냉각열량으로 표현되며 일중 효용 0.6~0.7, 이중 효용 1.2~1.3 정도이다.
> $$COP_C = \frac{Q_E(증발기\ 냉각열량)}{Q_G(발생기\ 공급열)}$$

④ 전자냉동법(펠티어 효과를 이용)

㉠ 종류가 서로 다른 두 반도체(P, N)를 접합시켜 직류전류를 통하면 P, N 사이의 에너지 차가 발생하여 한쪽에서는 열의 흡수가 한쪽에서는 열의 방출이 일어남을 이용한 냉동방법

ⓒ 제작비에 비하여 성적계수는 좋지 않으나 소음 및 진동이 없어 앞으로 발전 가능성이 높은 냉동방식
    ※ 냉동용 열전 반도체 : 비스무트텔루르, 안티몬텔루르, 비스무트셀렌 등

> **펠티어 효과(Peltier's effect)**
> 금속, 반도체를 접속한 두 점 사이에 폐로를 구성, 전류를 흘리면 한쪽은 열이 발생하고 다른 쪽은 열을 흡수하는 현상으로 전자 냉동기에 응용된다.

> **제벡 효과(Seebeck effect)**
> 2종의 금속 또는 반도체를 폐로가 되도록 접속하고, 접속한 두 점 사이에 온도차를 주면 기전력이 발생하여 전류가 흐르는 현상. 이때 발생한 기전력을 열기전력이라 한다. 펠티어 효과와 반대되는 현상으로 열전쌍, 열전온도계, 열전형 계기 등에 사용된다.

⑤ 공기압축 냉동법

냉매인 공기를 압축하여 고온고압의 압축공기를 만들고 상온까지 냉각한 후 팽창시키면 저온의 공기를 얻을 수 있다. 이 저온의 공기를 이용하여 냉동작용을 하는 것을 공기압축 냉동법이라고 한다. 효율은 낮지만 소형 및 경량이기 때문에 주로 항공기 공조용으로 많이 사용된다.

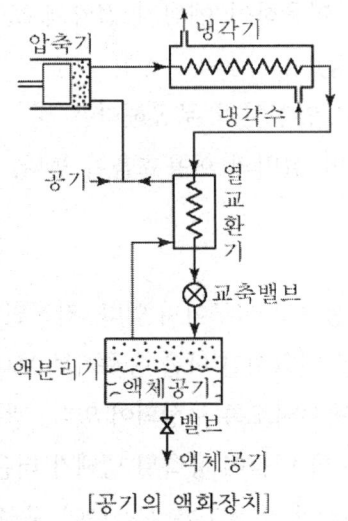
[공기의 액화장치]

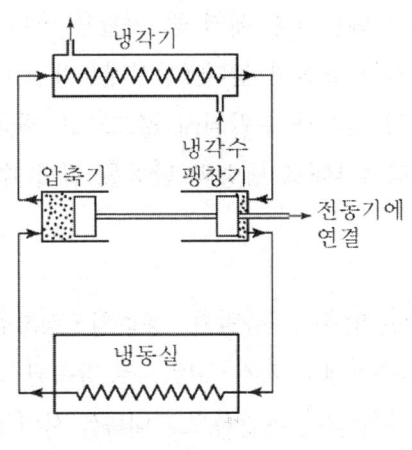
[공기냉동장치]

3 히트펌프(Heat Pump)

저온 범위의 열(공기, 지하수, 폐열 등)을 흡수하여 고온 범위로 펌프-업(pump-up)한다는 데서 그 이름이 붙여진 것. 일반적인 냉동기는 낮은 온도의 증발열을 이용하는 데 반해 히트펌프는 높은 온도를 발생하는 응축기의 방열을 이용하고 구동 방식에 따라 전기식과 엔진식으로 구분한다. 현재 대부분이 냉방과 난방을 겸용하는 구조로 되어 있다.

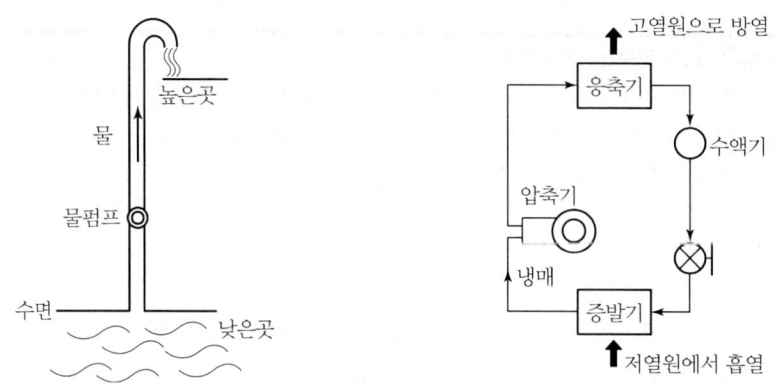

[물펌프와 히트펌프의 비교]

(1) 특징

① 히트펌프는 각종 배열 등 미활용 에너지를 이용하여 에너지 절약에 도움이 된다.
② 에너지의 효율이 높다.(성적계수가 3.0 이상)
③ 연료의 연소가 수반되지 않으므로 깨끗하고 안전하며 무공해라는 것
④ 히트펌프 1대로 냉방과 난방을 겸할 수 있어 설비의 이용효율이 높다.

(2) 원리

히트펌프는 압축기·증발기·응축기·팽창밸브 등으로 이루어져 있다. 작동원리는 난방용의 경우, 압축기에서 고온·고압으로 압축된 냉매를 기화시킨 다음 응축기로 보내 높은 온도의 열을 온도가 낮은 바깥쪽으로 내뿜는 사이클을 반복하도록 구성되어 있다. 냉방용은 이와 반대로 응축기는 증발기로, 증발기는 응축기로 하도록 만들어 응축된 냉매가 더운 바깥 공기와 열교환됨으로써 냉방을 하고자 하는 대상을 차갑게 만들도록 시스템이 구성되어 있다.

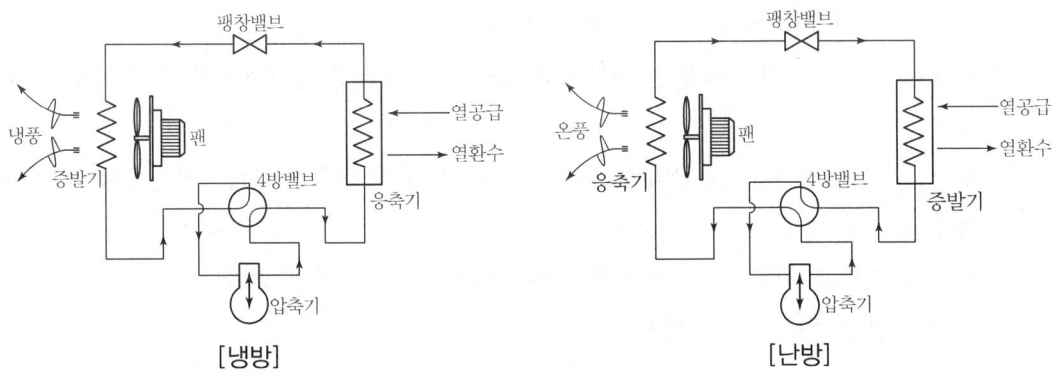

(3) 히트펌프 성적계수

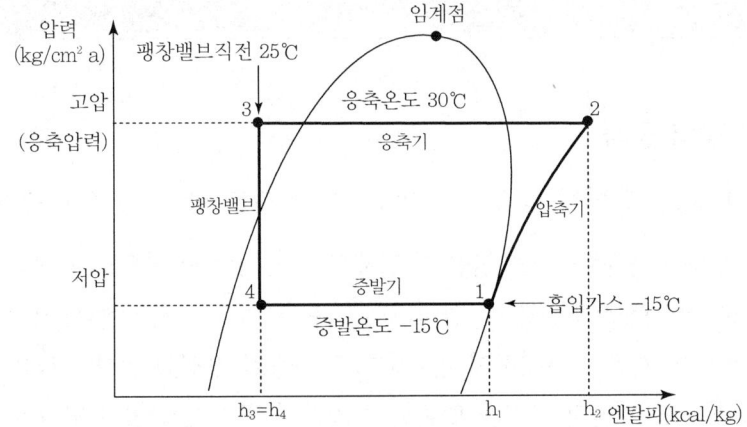

① 냉동기 성적계수

$$COP_R = \frac{Q_L}{AW} = \frac{h_1 - h_4}{h_2 - h_1}$$

② 히트펌프 성적계수

$$COP_H = \frac{Q_H}{AW} = \frac{h_2 - h_3}{h_2 - h_1} = \frac{h_2 - h_1 + h_1 - h_4}{h_2 - h_1} = COP_R + 1$$

※ 주의 : 냉동기의 응축기 발열을 가열원으로 하기 때문에 분모항이 바뀐다.

(4) 히트펌프에서 사용하는 열원

① 공기
　㉠ 외기 온도가 낮을 경우 난방 능력이 저하(보조 열원, 축열 필요)

ⓒ 장소의 제한이 없어 현재 가장 널리 이용
② 지하수, 하수, 폐열 : 충분한 수량이면 성능은 안정되고 성적계수도 커서 운전비 최소화
③ 태양열 : 일기에 따라 열원의 변동이 심하고, 열량이 적은 문제(소규모 주택, 건물에 적용)
④ 건물의 배열 : 조명기기, 실내 발열 이용(축열, 보조 열원 필요)
⑤ 지열 : 연간 온도 일정. 열원으로는 우수한 성질

4 축열 시스템

(1) 축열시스템의 종류

수축열 방식, 빙축열 방식, 잠열축열 방식, 토양 축열 방식, 구조체 축열 방식

① 수축열 방식 : 열용량이 큰 물을 축열제로 이용하는 방식으로 건물의 지하나 일정 장소에 물 저장탱크(축열조)를 설치하여 소요 부하만큼 축열한다. 비교적 구조가 간단하고 설비의 시공이 용이하며 온수축열도 가능한 장점이 있다. 그러나 축열조의 설치 면적이 넓고 표면적이 커서 열손실이 많으며 방수와 단열이 까다로운 점 등의 단점이 있다.

장점	① 냉동기나 히트펌프 등의 열원을 야간에도 운전하여 축열조에 저장하였다가 주간에 사용이 가능하다(열원 용량의 절감). ② 부분부하 운전 가능으로 열원기기의 운전효율 향상 ③ 기계실 공간, 변전설비 용량 절감 ④ 전력요금 감소와 열회수 용이 ⑤ 열원기기 공장 시 대응 가능
단점	① 축열조, 단열 및 방수 시공비 증가로 보수 관리비 증대 ② 축열조에서 열손실과 반송 동력 증가 ③ 온도제어, 유량제어, 야간 운전을 위한 경비 필요 ④ 수처리가 필요한 경우가 있다.

축열재가 갖추어야 할 조건
① 단위 부피 및 단위무게당 축열 용량(에너지 저장 밀도)이 클 것
② 가격이 저렴하고 쉽게 구할 수 있을 것
③ 융해열이 클 것
④ 반복사용이 가능하고 화학적으로 안정할 것
⑤ 과냉각 및 상분리가 일어나지 않을 것
⑥ 상변화에 따른 부피변화가 작을 것
⑦ 독성, 인화성, 부식성이 적고 및 용해성이 좋을 것
⑧ 열전도도 및 결정속도가 크며 열응답성이 좋을 것

② 빙축열 방식 : 현재 축열장치의 대부분을 차지하는 방식으로 값싼 심야전력으로 심야 시간에 냉동기를 가동시켜 빙축열조(얼음저장용 탱크)에 얼음을 만들어 저장하였다가 주간에 이를 녹여서 냉방에 이용하는 시스템으로 운전비가 다른 시스템보다 매우 저렴하고 수축열 방식에 비해 단위 체적당 발생열량이 커 축열조의 크기를 수축열조에 비해 30% 정도 줄일 수 있어 설치 공간이 크지 않아도 되는 이점이 있다.

※ 제빙방식에 따른 빙축열 시스템의 분류

정적 제빙형	관내착빙형, 관외착빙형, 캡슐형, 완전동결형
동적 제빙형	• 빙박리형 • 액체식 빙생성형(슬러리형) 　- 직접식 : 리키드 아이스방식, 과냉각아이스방식 　- 간접식 : 직팽형 직접 열교환 방식, 비수용성 액체이용 직접열교환 방식

③ 잠열축열 방식 : 물질의 융해 및 응고 시 상변화에 따른 잠열을 이용하는 방식
④ 토양축열 방식 : 흙을 이용한 축열을 말하며 대지가 가지고 있는 지중온도뿐만 아니라 토양의 단열성과 축열성을 이용하는 방식
⑤ 구조체축열 방식: 건물의 구조체인 콘크리트 등을 이용한 축열방식

5 CA 냉장고(Controlled Atmosphere Cold Storage)

청과물(특히, 사과)을 저장 시 보다 좋은 저장성을 얻기 위하여 냉장고 내의 산소를 3~5% 감소시키고, 탄산가스를 3~5% 증대시켜 청과물의 호흡 작용을 억제하면서 냉장하는 냉장고

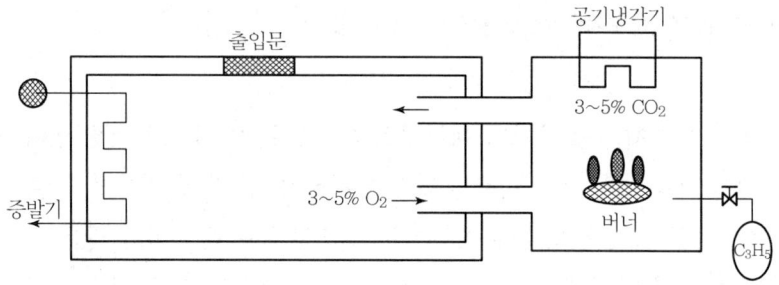

6 냉동용어 및 단위

(1) 냉동효과(냉동력, 냉동량)

냉매 1kg이 증발기에 들어가서 흡수하는 열량[kJ/kg]

(2) 냉동능력

증발기에서 시간당 제거할 수 있는 열량[kW]

냉동능력=시간당 냉매순환량[kg/s]×냉동효과[kJ/kg]

(3) 냉동톤

① 1RT(냉동톤)

0℃의 순수한 물 1ton을 24시간 동안에 0℃의 얼음으로 만드는 데 필요한 냉동능력
(여기서, 얼음의 융해잠열 : 79.68kcal/kg)

$$1\text{RT} = \frac{79.68\text{kcal/kg} \times 1000\text{kg}}{24\text{h}} = 3320\text{kcal/h} = 3.86\text{kW}$$

② 1USRT(미국 냉동톤)

32°F의 순수한 물 2000lb을 24시간 동안에 32°F의 얼음으로 만드는 데 필요한 열량

$$1\text{USRT} = \frac{144\text{bBtu/lb} \times 2000\text{lb}}{24\text{h}} = 12000\text{Btu/h} = 3024\text{kcal/h} = 3.52\text{kW}$$

여기서, 얼음의 융해잠열 : 144Btu/lb=79.68kcal/kg

(4) 법정 냉동능력 산정

① 원심식 압축기의 냉동설비 : 압축기의 원동기 정격출력 1.2kW를 1일의 냉동능력 1톤으로 본다.
② 흡수식 냉동설비 : 발생기를 가열하는 1시간의 입열량 6640kcal를 1일의 냉동능력 1톤으로 본다.

(5) 제빙톤

25℃의 원수 1ton을 24시간 동안에 -9℃의 얼음으로 만드는 데 제거할 열량(외부열손실 20% 고려)

① 25℃ 물을 0℃ 물로

$$Q = G \cdot C \cdot \Delta t = 1000\text{kg} \times 1\text{kcal/kg℃} \times (25-0) = 25000\text{kcal/day}$$

② 0℃ 물을 0℃ 얼음으로

$$Q = G \cdot \gamma = 1000\text{kg} \times 79.68\text{kcal/kg} = 79680\text{kcal/day}$$

③ 0℃ 얼음을 -9℃ 얼음으로

$$Q = G \cdot C \cdot \Delta t = 1000\text{kg} \times 0.5\text{kcal/kg℃} \times (0-(-9)) = 4500\text{kcal/day}$$

∴ 전체열량=①+②+③=109180kcal/day

④ 제빙톤 계산

열손실 20%를 고려한 전체열량 $Q = 109180 \times 1.2 = 131016\text{kcal/day}$

냉동톤으로 환산하면(1RT=3320kcal/h)

$$\frac{131106}{24 \times 3320} = 1.65\text{RT} \qquad ∴ 1제빙톤 = 1.65\text{RT}$$

(6) 얼음의 결빙시간

얼음을 얼리는 데 소요되는 시간은 얼음 두께의 제곱에 비례하고 브라인의 온도에는 반비례한다.

$$결빙시간[h] = \frac{c \times t^2}{-(t_b)}$$

여기서, t : 얼음두께[cm]
t_b : 브라인 온도[℃]
c : 결빙계수(0.53~0.6)

[예제] 제빙장치에서 브라인의 온도 -10℃, 결빙시간 48시간 이내일 때 얼음의 두께는?

(풀이) $결빙시간[h] = \dfrac{0.56 \times t^2}{-(t_b)}$

$48 = \dfrac{0.56 \times t^2}{-(-10)}$

$\therefore t = \sqrt{\dfrac{48 \times 10}{0.56}} = 29.27 \, cm ≒ 293 \, mm$

참고 ▶ 제빙장치의 주요기기

① 제빙조 : 얼려지는 물이 담기는 일종의 물탱크로 제빙실의 대부분을 차지한다.
② 빙관 : 아연철판으로 만든 용기로 원료수(제빙용 원수)를 담는 관
③ 공기교반장치 : 얼음을 만들기 위해 빙관 내로 공기를 투입하여 물을 교반시키는 장치
④ 양빙기 : 빙관을 제빙조로부터 끌어올리는 기계
⑤ 용빙조 : 상온의 물이 들어 있는 탱크(얼음 표면을 녹여 탈빙하기 쉽게 함)
⑥ 탈빙기 : 용빙된 얼음을 빙관으로부터 탈빙시키는 장치
⑦ 주수조 : 탈수 후 비어 버린 빙관에 원료수를 공급하는 탱크
⑧ 저빙고 : 얼음을 잠시 저장하는 시설
    저빙고 수용능력 기준 - $0.75 \, ton/m^3$

제2-2편 공조냉동설계(냉동공학)

chapter 01 출·제·예·상·문·제

01. 냉각 방식에 관한 설명 중 가장 거리가 먼 것은?
① 어떤 물질을 얼리는 것만이 냉동이라고 할 수 있다.
② 일반적으로 실내의 온도를 외기온도보다 낮추어 시원하게 하는 것을 냉방이라 한다.
③ 우유 등의 제품을 영상의 온도에서 차게 보관하는 것을 냉장이라고 한다.
④ 상온 이상의 뜨거운 물질을 식히는 것을 냉각이라 한다.

① 일정한 공간이나 물체의 온도를 주위의 온도보다 인위적으로 낮추어 주는 조작을 냉동이라고 할 수 있다.

02. 다음 냉동기에 관한 설명 중 옳은 것은?
① 열에너지를 기계적 에너지로 변환시키는 것이다.
② 요구되는 소정의 장소에서 열을 흡수하여 다른 장소에 열을 방출하도록 기계적 에너지를 사용한 것이다.
③ 높은 온도에서 열을 흡수하여 낮은 온도 장소에 열을 발산하도록 기계적 에너지를 사용한 것이다.
④ 증기원동기와 비슷한 원리이며 외연기관이다.

①, ④ 증기원동기는 시스템으로 전달되어 들어오는 열의 일부를 일로 전환하는 것이며 냉동기는 외부로부터 일을 전달받아 저온 열원에서 고온 열원으로 열을 이동시킨다.
③ 낮은 온도에서 열을 흡수하여 높은 온도 장소에 열을 발산하도록 기계적 에너지를 사용한 것이다.

03. 다음 중 자연냉동법이 아닌 것은?
① 융해열을 이용하는 방법
② 승화열을 이용하는 방법
③ 기한제를 이용하는 방법
④ 증기분사를 하여 냉동하는 방법

냉동방법의 분류

자연 냉동법	① 증발열을 이용하는 방법 ② 융해열을 이용하는 방법 ③ 승화열을 이용하는 방법 ④ 기한제를 이용하는 방법 ⑤ 현열(감열)을 이용하는 방법
기계식 냉동법	① 증기압축식 냉동법 ② 증기분사식 냉동법 ③ 흡수식 냉동법 ④ 흡착식 냉동법 ⑤ 전자(열전) 냉동법 ⑥ 공기압축 냉동법 ⑦ 단열 소자법

04. 냉동을 행하는 데 있어 냉동기를 사용하지 않고 드라이아이스(dry ice)를 이용하는 경우가 있는데 이는 드라이아이스의 무엇을 이용한 것인가?
① 융해열   ② 증발열
③ 승화열   ④ 응축열

Answer 01. ① 02. ② 03. ④ 04. ③

① 융해열을 이용하는 방법 : 얼음
② 승화열을 이용하는 방법 : 드라이아이스
③ 증발열을 이용하는 방법 : 액화질소

05. 얼음과 식염의 혼합에 의하여 냉동력을 얻는 방법이 있다. 이와 같은 물질을 무엇이라 하는가?
① 냉매   ② 흡수제
③ 기한제   ④ 첨가제

👉 **기한제**
2종류의 물질을 혼합하면 단독으로 사용할 때보다 저온이 얻어지는 혼합물
[예] 얼음과 염화나트륨(식염)의 혼합물, 눈 온 다음날 뿌리는 염화칼슘 등

06. 냉동용 압축기를 냉동법의 원리에 의해 분류할 때, 저온에서 증발한 가스를 압축기로 압축하여 고온으로 이동시키는 냉동법을 무엇이라고 하는가?
① 화학식 냉동법
② 기계식 냉동법
③ 흡착식 냉동법
④ 전자식 냉동법

👉 **냉동법의 원리에 의한 분류**
① 기계식 냉동법 : 기계적인 일이나 열에너지를 소비하여 저온의 물체에서 열을 뽑아서 고온구역으로 열을 방출하는 냉동법
  ㉠ 체적식 압축기 : 왕복동식 압축기, 회전식 압축기(스크류, 로터리압축기)
  ㉡ 원심식 압축기 : 터보압축기
② 화학식 냉동법 : 흡수식 냉동기
③ 흡착식 냉동법 : 흡착식 냉동기
④ 전자식 냉동법 : 전자식 냉동기

07. 일반적으로 증기압축식 냉동기에서 사용되지 않는 것은?
① 응축기   ② 압축기
③ 터빈   ④ 팽창밸브

👉 **증기압축식 냉동기**
증기압축식 냉동기는 증발열을 이용한 냉동법으로 흡수식 냉동기와 더불어 공기조화에 많이 사용되고 있다. 압축기, 응축기, 팽창밸브, 증발기의 4대 구성 요소로 되어 있으며, 압축기의 형식에 따라 왕복동, 로터리, 스크류, 터보냉동기 등이 있다.

08. 증기압축식 냉동법에 적용되고 있는 원리의 설명으로 틀린 것은?
① 물질이 저온으로 되는 것은 그 물질로부터 열이 빼앗기기 때문이다.
② 냉각시키는 데 필요한 온도는 증발한 액체의 압력을 올리게 되면 저온이 얻어진다.
③ 증발한 기체는 외부로 열을 방출한다.
④ 물질의 열을 제거하는 데는 그 물질보다 낮은 온도의 물체를 접촉시키면 된다.

👉 **증기압축식 냉동법**
냉매의 증발잠열을 이용하여 피냉각물체를 냉각시키므로 냉매의 온도와 압력이 일정하게 된다.(증발기 : 등온등압과정)

09. 냉동방법의 분류이다. 해당되지 않는 것은?
① 융해열을 이용하는 방법
② 증발열을 이용하는 방법
③ 펠티어(Peltier) 효과를 이용하는 방법
④ 제벡(Seebeck) 효과를 이용하는 방법

👉 **제벡 효과(Seebeck effect)**
2종의 금속 또는 반도체를 폐로가 되도록 접속하고, 접속한 두 점 사이에 온도차를 주면 기전력이 발생하여 전류가 흐르는 현상. 이때 발생한 기전력을 열기전력이라 한다. 펠티어

Answer   05. ③   06. ②   07. ③   08. ②   09. ④

효과와 반대되는 현상으로 열전쌍, 열전온도계, 열전형 계기 등에 사용된다.

10. 다음 중 증기 이젝터(ejector)가 필요하며 물의 냉각목적에 사용하는 냉동기는?

① 전자 냉동기
② 흡수식 냉동기
③ 증기압축식 냉동기
④ 증기분사식 냉동기

☞ **증기분사식 냉동법**
증기 이젝터(steam ejector)를 이용하여 다량의 증기를 분사할 때의 부압작용에 의하여 진공을 만들어 냉동작용을 하는 방법. 증기분사식 냉동법은 응축기와 증발기를 가지고 있는 점에서 압축식 냉동법과 같으나 압축기 대신에 증기 분출기로 압축일을 한다는 점이 다르다.

11. 증기분사식 냉동기에 대한 설명 중 옳지 못한 것은?

① 물의 증발잠열을 이용하여 냉동효과를 얻는다.
② 공급 열원은 증기이다.
③ −10℃ 정도의 냉각에 이용된다.
④ 증기를 고속으로 분출시켜 증기를 증발기로부터 끌어올려 저압을 형성한다.

☞ **증기분사식 냉동기**
증기 이젝터를 사용하여 대량의 증기를 분사할 때의 부압작용으로 진공을 만들어 냉동을 하는 방법. 진공냉각법과 같은 원리이며, 주로 공장 같은 데서 다량의 폐증기를 얻을 수 있을 때 사용한다. 냉수 온도가 크게 높지 않은 경우에 유리하지만 열효율이 좋지 않으므로 증기, 물 등이 쉽게 얻어지는 경우에만 사용한다.

12. 냉동기 중 공급 에너지원이 동일한 것끼리 짝지어진 것은?

① 흡수 냉동기, 압축기체 냉동기
② 증기분사 냉동기, 증기압축 냉동기
③ 압축기체 냉동기, 증기분사 냉동기
④ 증기분사 냉동기, 흡수 냉동기

☞ 증기분사 냉동기, 흡수식 냉동기의 공급 에너지원 : 증기

13. 각종 냉동기의 압축작용에 대한 설명 중 옳지 않은 것은?

① 증기압축식 냉동기 : 증발기에서 증발한 저온저압의 증기를 압축기에서 압축하여 고온고압의 증기로 내보낸다.
② 흡수식 냉동기 : 흡수기 및 발생기가 증기압축식 냉동기의 압축기 역할을 한다고 할 수 있다.
③ 증기분사식 냉동기 : 노즐에서 분사된 증기와 증발기에서 증발한 증기가 혼합되지만 압축작용을 하는 기기는 없다.
④ 열펌프 : 증기압축식 냉동기와 같은 방법으로 증기를 압축한다.

☞ ③ 증기분사식 냉동법은 응축기와 증발기를 가지고 있는 점에서 압축식 냉동법과 같으나 압축기 대신에 증기 이젝터로 압축일(압축작용)을 한다는 점이 다르다.
[참고] 증기분사식 냉동기
흡수식 냉동기가 진공펌프로 증발기 내를 진공으로 만들어 물을 낮은 온도에서 증발하게 만드는 것과 같이, 진공펌프 대신 증기 이젝터를 이용하여 다량의 증기를 분사할 때의 부압작용에 의하여 진공을 만들어 냉동작용을 하는 방법을 증기분사냉동법이라 한다. 이 냉동법은 배출증기가 풍부한 공장에서 냉수를 만드는 장치 등에 이용하여 배출 증기를 유효하게 이용할 수 있다.

Answer 10. ④ 11. ③ 12. ④ 13. ③

14. 다음 중 펠티어 효과를 이용한 냉동법은?

① 공기 압축식 ② 흡수식
③ 증기 분사식 ④ 열전식

> **전자냉동법(열전냉동장치)**
> 펠티어 효과를 이용한 냉동방법으로 냉동용 열전 반도체인 비스무트, 비스무트텔루르, 텔루르안티몬, 비스무트셀렌 등을 사용한다.

15. 펠티에(Peltier) 효과를 이용하는 냉동방법에 대한 설명으로 틀린 것은?

① 펠티에 효과를 냉동에 이용한 것이 전자냉동 또는 열전기식 냉동법이다.
② 펠티에 효과를 냉동법으로 실용화에 어려운 점이 많았으나 반도체 기술이 발달하면서 실용화되었다.
③ 펠티에 효과가 적용된 냉동방법은 휴대용 냉장고, 가정용 특수냉장고, 물 냉각기, 핵잠수함 내의 냉난방장치 등에 사용된다.
④ 증기 압축식 냉동장치와 마찬가지로 압축기, 응축기, 증발기 등을 이용한 것이다.

> ④ 이 냉동방법은 증기 압축식 냉동장치와 다르게 서로 다른 종류의 금속이나 반도체를 연결하여 직류 전류를 흐르게 하면 한쪽의 접점은 고온이 되고 다른 한쪽의 접점은 저온이 되며, 이 저온쪽 접점에 의하여 냉동을 얻는다.

16. 비스무트, 텔루르비스무트, 셀렌이라는 반도체를 이용하여 냉각작용을 유도하는 냉동장치는?

① 공기팽창 냉동장치
② 진공 냉각식 냉동장치
③ 증기 분사식 냉동장치
④ 열전 냉동장치

> **펠티어 효과**
> 서로 다른 두 금속의 도체선의 양 끝을 접합하고 이들 회로에 직류전류를 흐르게 하면 한쪽의 접점에서는 발열이 일어나고, 다른 쪽 접점에서는 흡열이 일어나는 현상을 말한다. 이 현상을 이용하는 냉동법을 열전냉동이라고도 한다.
> • 냉동용 열전 반도체 : 비스무트텔루르, 안티몬텔루르, 비스무트셀렌 등

17. 다음 냉동장치에서 물의 증발열을 이용하지 않는 것은?

① 흡수식 냉동장치
② 흡착식 냉동장치
③ 증기분사식 냉동장치
④ 열전식 냉동장치

> **열전식 냉동장치**
> 성질이 다른 두 금속을 접속시켜 직류전류를 흐르게 하면 접합부에서 열의 방출과 흡수가 일어나는 현상을 이용하여 저온을 얻는 방법, 즉 펠티어(Peltier) 효과를 이용한 것으로 열전냉동법이라 한다.

18. 증발하기 쉬운 유체를 이용한 냉동방법이 아닌 것은?

① 증기분사식 냉동법
② 열전냉동법
③ 흡수식 냉동법
④ 증기압축식 냉동법

> 17번 해설 참고

19. 다음 중 냉매를 사용하지 않는 냉동장치는?

① 열전 냉동장치
② 흡수식 냉동장치
③ 교축팽창식 냉동장치

Answer 14. ④ 15. ④ 16. ④ 17. ④ 18. ② 19. ①

④ 증기압축식 냉동장치

열전 냉동장치(전자냉동법)
냉매 대신 냉동용 열전 반도체인 비스무트, 비스무트텔루르, 안티몬텔루르, 비스무트셀렌 등을 이용하는 냉동장치

20. 다음 냉동에 관한 설명으로 옳은 것은?
① 팽창밸브에서 팽창 전후의 냉매 엔탈피 값은 변한다.
② 단열 압축은 외부와의 열의 출입이 없기 때문에 단열 압축 전후의 냉매 온도는 변한다.
③ 응축기 내에서 냉매가 버려야 하는 열은 현열이다.
④ 현열에는 응고열, 융해열, 응축열, 증발열, 승화열 등이 있다.

① 팽창밸브에서 팽창 전후의 냉매 엔탈피 값은 동일하다.(등엔탈피 과정)
③ 응축기 내에서 냉매가 버려야 하는 열은 잠열(냉매가스 → 냉매액)이다.
④ 잠열에는 응고열, 융해열, 응축열, 증발열, 승화열 등이 있다.
[참고] 현열과 잠열
① 현열(감열) : 물질의 상태 변화없이 온도변화에만 필요한 열
② 잠열 : 물질의 온도 변화없이 상태변화에만 필요한 열

21. 흡수식 냉동기에서의 냉각원리로 옳은 것은?
① 물이 증발할 때 주위에서 기화열을 빼앗고 열을 빼앗기는 쪽은 냉각되는 현상을 이용한다.
② 물이 응축할 때 주위에서 액화열을 빼앗고 열을 빼앗기는 쪽은 냉각되는 현상을 이용한다.
③ 물이 팽창할 때 주위에서 팽창열을 빼앗

고 열을 빼앗기는 쪽은 냉각되는 현상을 이용한다.
④ 물이 압축할 때 주위에서 압축열을 빼앗고 열을 빼앗기는 쪽은 냉각되는 현상을 이용한다.

흡수식 냉동기
흡수식 냉동기는 압축식 냉동기와는 달리 용액에서 냉매를 가열분리하고 다시 흡수시킬 때의 열의 이동현상을 이용한다. 즉 증발기에서 냉각관 내를 흐르는 냉수(약 12~14℃)로부터 열을 빼앗아(기화열) 냉매(물)가 증발하며 열을 빼앗긴 냉수는 냉각(약 7℃)된다.

22. 흡수식 냉동기에 적용하는 원리 중 잘못된 것은?
① 대기압의 물은 100℃에서 증발하지만, 높은 산과 같이 대기압이 1기압 이하인 곳은 100℃ 이하에서 증발한다.
② 냉매가 물일 때에는 흡수제로서 LiBr(리튬브로마이드)를 사용한다.
③ 흡수식 냉동기에서 물이 증발할 때에는 주위에서 기화열을 빼앗고 열을 빼앗기는 쪽은 냉각되게 된다.
④ 흡수식 냉동기는 증발기, 흡수기, 재생기, 응축기, 압축기, 열교환기로 구성되어 있다.

흡수식 냉동기는 일반 냉동장치에서 사용하고 있는 압축기 대신 흡수기, 용액펌프, 발생기(재생기)를 사용하여 냉방을 하는 것이다.
[참고] 흡수식 냉동기의 구성 요소
흡수기, 재생기(발생기), 증발기, 팽창밸브, 응축기, 용액 열교환기

23. 여름철 냉방으로 인한 전력 부하 상승은 발전시스템에 큰 부담이 되고 있다. 이러한 관점에서 천연가스를 열원으로 사용하는 흡수

Answer   20. ② 21. ① 22. ④ 23. ④

제1장 냉동 기초 | 505

식 냉동기에 관심이 집중되고 있다. 흡수식 냉동기에 대한 설명 중 잘못된 것은?

① 암모니아를 작동유체로 사용할 수 있다.
② 액체를 가압하므로 소요되는 일이 매우 적다.
③ 증기 압축 냉동기에 비해 더 많은 장비가 필요하므로 장치가 복잡하다.
④ 흡수기에서 열을 발생시키기 위하여 열원이 필요하다.

④ 발생기(재생기)에서 가열원(고온수, 증기, 가스직화 등)이 필요하다.
[참고] 흡수식 냉동기의 특징

장 점	단 점
① 압축기를 기동하는 전동기가 없고 열에너지를 이용하므로 소음, 진동이 없다.	① 압축식에 비해 성적계수가 낮으며 무겁고 높이가 높아 설치면적이 크다.
② 증기를 열원으로 이용할 경우 전력소비가 적다.	② 냉각탑 등의 부속설비가 압축식에 비해 2배 정도로 커져 설비비가 많이 든다.
③ 자동제어가 용이하며 연료비가 적게 들어 운전비가 절감된다.	③ 냉각수온의 급랭으로 결정사고가 발생하기 쉽다.
④ 과부하 시에도 사고의 우려가 없다.	④ 예냉시간이 길다.
⑤ 냉동온도가 저하되어도 냉동능력 감소가 적다.	⑤ 낮은 온도(6℃ 이하)의 냉수를 얻기가 곤란하다.(냉수 입구온도 : 12℃, 냉수 출구온도 : 7℃)

24. 흡수식 냉동기를 이용함에 따른 장점으로 가장 거리가 먼 것은?

① 여름철 피크전력이 완화된다.
② 대기압 이하로 작동하므로 취급에 위험성이 완화된다.
③ 가스수요의 평준화를 도모할 수 있다.
④ 야간에 열을 저장하였다가 주간의 부하에 대응할 수 있다.

④ 축열 시스템에 대한 설명이다.
[참고] 축열 시스템
심야시간대에 냉동기 또는 히트펌프를 이용하여 냉난방용 열에너지를 생산하고 이를 축열조에 저장하였다가 주간시간대에 저장된 열에너지를 이용하는 시스템

25. 흡수식 냉동기의 장점이 아닌 것은?

① 용량제어의 범위가 넓어 용량제어가 가능하다.
② 부분 부하 시의 운전 특성이 우수하다.
③ 압축식이나 터보식 냉동기에 비하여 소음과 진동이 적다.
④ 4℃ 이하의 낮은 냉수 출구온도를 얻기 쉽다.

④ 4℃ 이하의 낮은 냉수 출구온도를 얻기가 곤란하다.

26. 흡수식 냉동기에 관한 설명으로 옳지 않은 것은?

① 비교적 소용량보다는 대용량에 적합하다.
② 발생기에는 증기에 의한 가열이 이루어진다.
③ 냉매는 브롬화리튬(LiBr), 흡수제는 물(H_2O)의 조합으로 이루어진다.
④ 흡수기에서는 냉각수를 사용하여 냉각시킨다.

③ 냉매가 물(H_2O)일 경우 흡수제는 리튬브로마이드(LiBr)의 조합으로 이루어지고, 냉매가 암모니아(NH_3)일 경우 흡수제는 물(H_2O)의 조합으로 이루어진다.

27. 다음 중 흡수식 냉동기의 구성기기가 아닌 것은?

Answer 24. ④ 25. ④ 26. ③ 27. ④

① 응축기　② 흡수기
③ 발생기　④ 압축기

👉 **흡수식 냉동기의 구성기기**
증발기, 흡수기, 재생기(발생기), 응축기, 팽창밸브, 열교환기

28. 흡수식 냉동기를 구성하는 요소들의 조합으로 올바른 것은?

① 흡수기-압축기-응축기-팽창장치-증발기
② 흡수기-재생기-응축기-증발기
③ 흡수기-압축기-응축기-증발기
④ 흡수기-재생기-압축기-응축기-증발기

👉 **흡수식 냉동기**
흡수기-열교환기-재생기-응축기-증발기

29. 다음 중 일반적으로 냉방시스템에서 물을 냉매로 사용하는 냉동방식은?

① 터보식　② 흡수식
③ 전자식　④ 증기압축식

👉 **흡수식 냉방시스템의 냉매와 흡수제**

냉매	흡수제
암모니아(NH_3)	물(H_2O)
물(H_2O)	리튬브로마이드(LiBr)

[참고] 흡수식 냉방시스템
증기 압축식 냉동기의 구동원인 압축기 대신 흡수기와 발생기(재생기)를 설치하고 저온상태에서는 서로 용해가 잘 되고 고온에서는 분리가 잘 되는 냉매와 흡수제를 사용하여 이 중 냉매가 실제 냉방을 행하는 방식의 냉동기를 말한다. 흡수식 냉동장치는 냉매와 흡수용액을 분리시키기 위한 목적으로 발생기에 가해지는 열에너지가 추가로 필요하기 때문에 성적계수는 낮으나 에너지 절약기기로서 최근 각광을 받고 있다.

30. 냉동기 중 폐열을 이용하기 적합한 냉동기는?

① 흡수식 냉동기　② 전자식 냉동기
③ 터보 냉동기　④ 회전식 냉동기

👉 **흡수식 냉동기의 열원**
증기, 고온수, 저온수, 버너, 태양열, 배수폐열 및 배기폐열 등

31. 흡수식 냉동기에 대한 설명으로 틀린 것은?

① 흡수식 냉동기는 열의 공급과 냉각으로 냉매와 흡수제가 함께 분리되고 섞이는 형태로 사이클을 이룬다.
② 냉매가 암모니아일 경우에는 흡수제로 리튬브로마이드(LiBr)를 사용한다.
③ 리튬브로마이드 수용액 사용 시 재료에 대한 부식성 문제로 용액에 미량의 부식억제제를 첨가한다.
④ 압축식에 비해 열효율이 나쁘며 설치 면적을 많이 차지한다.

👉 ② 냉매가 암모니아일 경우에는 흡수제로 물을 사용하고, 냉매가 물일 경우에는 흡수제로 리튬브로마이드(LiBr)를 사용한다.

32. 흡수식 냉동기에 대한 설명이다. 틀린 것은?

① 주요 부품은 응축기, 증발기, 발생기, 압축기이다.
② 운전 압력이 낮고 용량제어 특성이 좋고, 부하의 범위가 넓다.
③ 진동이나 소음이 적고 건물의 어느 위치에서도 용이하게 설치할 수 있다.
④ 흡수식 냉동기는 일반적으로 냉매를 물, 흡수액은 취화리튬 수용액을 사용한다.

👉 ① 흡수식 냉동기의 주요 부품은 응축기, 증발기, 발생기(재생기), 흡수기 등이다.

Answer 28. ②　29. ②　30. ①　31. ②　32. ①

33. 흡수식 냉동장치에 관한 설명으로 틀린 것은?
① 흡수식 냉동장치는 냉매가스가 용매에 용해하는 비율이 온도, 압력에 따라 현저하게 다른 것을 이용한 것이다.
② 흡수식 냉동장치는 기계압축식과 마찬가지로 증발기와 응축기를 가지고 있다.
③ 흡수식 냉동장치는 기계적인 일 대신에 열에너지를 사용하는 것이다.
④ 흡수식 냉동장치는 흡수기, 압축기, 응축기 및 증발기인 4개의 열교환기로 구성되어 있다.

④ 흡수식 냉동장치는 흡수기, 응축기, 재생기(발생기), 열교환기로 구성되어 있다.

34. 흡수식 냉동기의 특징에 대한 설명으로 옳은 것은?
① 자동제어가 어렵고 운전경비가 많이 소요된다.
② 초기 운전 시 정격 성능을 발휘할 때까지의 도달 속도가 느리다.
③ 부분 부하에 대한 대응이 어렵다.
④ 증기 압축식보다 소음 및 진동이 크다.

① 진공상태에서 운전하므로 취급자의 자격요건이 까다롭지 않고 보수, 관리가 용이하고 전력단가에 비해 가스, 중유 등의 연료비가 적게 들어 운전비용이 저렴하다.
③ 폭넓은 용량제어가 가능하고 부분 부하 시 운전 특성이 우수하다.
④ 압축기를 기동하는 전동기가 없고 열에너지를 이용하므로 소음, 진동이 적다.

35. 흡수식 냉동기의 장점을 열거한 것 중 맞지 않는 것은?
① 흡수식 냉동기는 냉매에 윤활유가 전혀 포함되지 않는다.
② 흡수식 냉동기는 동력부분이 펌프이므로 기계적 진동 소음이 적다.
③ 흡수식 냉동기는 부하 조절이 비교적 용이하다.
④ 흡수식 냉동기는 압축식에 비해 성능이 좋다.

④ 같은 용량의 압축식에 비해 냉각열량이 크므로 냉각탑이 커지고 흡수식 냉동기의 성적계수는 보통 1.2 정도로 증기압축식 냉동기에 비해 성능이 좋지 않다.

36. 흡수식 냉동기의 특징 중 틀린 것은?
① 증기열원을 사용할 경우 전력수요가 적다.
② 소음 및 진동이 적다.
③ 자동제어가 용이하고 운전경비가 절감된다.
④ 증기압축식 냉동기에 비해 예냉시간이 짧다.

④ 증기압축식 냉동기에 비해 예냉시간이 길다.

37. 압축식 냉동기와 흡수식 냉동기에 대한 설명 중 잘못된 것은?
① 증기를 저렴하게 얻을 수 있는 장소에서는 흡수식 냉동기가 경제적으로 유리하다.
② 흡수식 냉동기에 비해 압축식 냉동기의 열효율이 높다.
③ 냉매 압축 방식은 압축식에서는 기계적 에너지, 흡수식은 화학적 에너지를 이용한다.
④ 동일한 냉동능력을 갖기 위해서 흡수식은 압축식에 비해 냉동장치가 커진다.

③ 냉매 압축 방식은 압축식에서는 기계적 에너지, 흡수식은 열에너지를 이용한다.
[참고] 압축식 냉동기는 전기모터 또는 엔진

33. ④ 34. ② 35. ④ 36. ④ 37. ③

을 동력원으로 압축기를 구동하여 프레온, 암모니아 등의 냉매를 압축, 팽창 시 열의 이동현상을 이용하지만 흡수식 냉동기는 화학적 에너지가 아니라 용액에서 냉매를 가열분리하고 다시 흡수시킬 때의 열의 이동현상을 이용한다.

[참고] 압축식과 흡수식의 비교

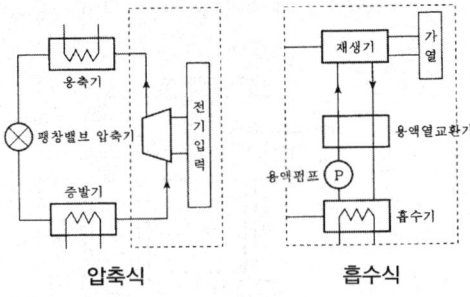

38. 증기 압축식 냉동기와 비교하여 흡수식 냉동기의 특징이 아닌 것은?

① 일반적으로 증기 압축식 냉동기보다 성능계수가 낮다.
② 압축기의 소비동력을 비교적 절감시킬 수 있다.
③ 초기 운전 시 정격성능을 발휘할 때까지 도달속도가 느리다.
④ 냉각수 배관, 펌프, 냉각탑의 용량이 커져 보조기기 설비비가 증가한다.

✋ ② 흡수식 냉동기는 압축기를 기동하는 전동기가 없지만 열에너지가 추가로 필요하기 때문에 성적계수는 낮으나 전력단가에 비해 가스, 중유 등의 연료비가 적게 들어 운전비용이 저렴하다.

39. 흡수식 냉동기의 특징에 대한 설명으로 틀린 것은?

① 부분 부하에 대한 대응성이 좋다.
② 압축식, 터보식 냉동기에 비해 소음과 진동이 적다.
③ 초기 운전 시 정격 성능을 발휘할 때까지의 도달 속도가 느리다.
④ 용량 제어 범위가 비교적 작아 큰 용량 장치가 요구되는 장소에 설치 시 보조기기 설비가 요구된다.

✋ ④ 폭넓은 용량제어가 가능하고 부분 부하 시 운전특성이 우수하다.

40. 흡수식 냉동장치에 관한 설명 중 맞지 않는 것은?

① 재생기의 가열원으로 증기, 고온수 등이 있다.
② 흡수식 냉동기의 가동부분은 작은 펌프뿐이므로 진동·소음이 없고 전력소비도 감소된다.
③ 무단계 용량제어가 불가능하다.
④ 압축식 냉동기만큼 저온은 불가능하다.

✋ **흡수식 냉동기**
흡수식 냉동기의 용량제어는 종류에 따라 다소 차이는 있지만, 일반적으로 25~100%까지는 무단계 용량제어(비례제어)가 가능하며, 그 외의 범위에서는 온-오프(on-off) 제어하는 것이 일반적이다.

41. 흡수식 냉동사이클 선도에 대한 설명으로 틀린 것은?

① 듀링 선도는 수용액의 농도, 온도, 압력 관계를 나타낸다.
② 증발잠열 등 흡수식 냉동기 설계상 필요한 열량은 엔탈피-농도 선도를 통해 구할 수 있다.
③ 듀링 선도에서는 각 열교환기 내의 열교환량을 표현할 수 없다.
④ 엔탈피-농도 선도는 수평축에 비엔탈피,

Answer 38. ② 39. ④ 40. ③ 41. ④

제1장 냉동 기초 **509**

수직축에 농도를 잡고 포화용액의 등온, 등압선과 발생증기의 등압선을 그은 것이다.

④ 엔탈피-농도(h-x) 선도는 수평축(가로축) 농도, 수직축(세로축)을 엔탈피로 하여 등온, 등압선 등을 나타낸 선도

42. 흡수식 냉동사이클 선도와 설명이 잘못된 것은?

① 듀링 선도는 수용액의 농도, 온도, 압력 관계를 나타낸다.
② 엔탈피-농도(h-x) 선도는 흡수식 냉동기 설계 시 증발잠열, 엔탈피, 농도 등을 나타낸다.
③ 듀링 선도에서는 각 열교환기 내의 열교환량을 표현할 수 없다.
④ 몰리에르(P-h) 선도는 냉동사이클의 압력, 온도, 비체적 등을 이용 각종 계산을 할 수 있다.

④ 몰리에르(P-h) 선도는 증기압축식 냉동장치의 냉동사이클의 압력, 온도, 비체적 등을 이용 각종 계산을 할 수 있다.

43. 흡수식 냉동기의 재생기에 사용하는 열원으로 적당하지 않은 것은?

① 증기   ② 버너
③ 온수   ④ 냉수

흡수식 냉동기는 냉매와 흡수제를 이용하여 냉방을 실시하며 흡수식 냉동기의 가열원으로는 증기, 고온수, 저온수, 버너, 태양열, 배수폐열 및 배기폐열 등이 있다.

44. 흡수식 냉동기에서 고온의 열을 필요로 하는 곳은?

① 응축기   ② 흡수기
③ 재생기   ④ 증발기

재생기(발생기)
용액펌프를 통해 들어온 희석용액을 열원에 의해 가열하여 냉매와 흡수제를 분리시켜 증발된 냉매가스는 응축기로 공급하고, 농흡수액은 열교환시켜 흡수기로 다시 공급된다.

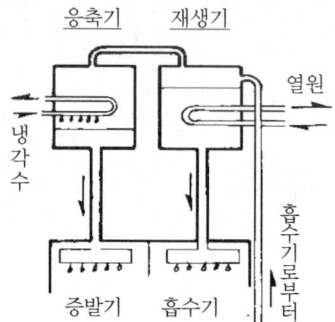

45. 흡수식 냉동기에서 냉동시스템을 구성하는 기기들 중 냉각수가 필요한 기기의 구성으로 옳은 것은?

① 재생기와 증발기
② 흡수기와 응축기
③ 재생기와 응축기
④ 증발기와 흡수기

흡수식 냉동시스템

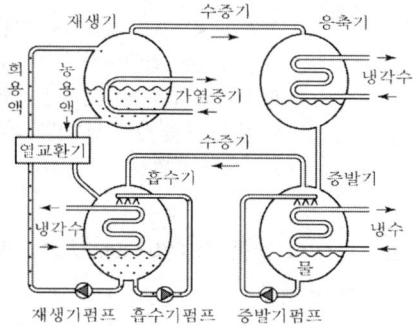

46. 리튬 브로마이드 수용액을 사용하는 흡수식

Answer 42. ④ 43. ④ 44. ③ 45. ② 46. ④

냉동기의 증발기 속의 압력은 보통 어느 정도인가?

① -666mmHg ② -675mmHg
③ -705mmHg ④ -755mmHg

☞ 흡수식 냉동의 증발기 내의 압력은 약 6~7 mmHg의 진공상태이므로 증발기 속의 압력은 대기압이 1atm=760mmHg이므로 6-760=-754mmHg 정도이다.

47. 흡수식 냉동기의 냉매와 흡수제 조합으로 가장 적절한 것은?

① 물(냉매) – 프레온(흡수제)
② 암모니아(냉매) – 물(흡수제)
③ 메틸아민(냉매) – 황산(흡수제)
④ 물(냉매) – 디메틸에테르(흡수제)

☞ 흡수식 냉동기의 냉매와 흡수제

냉매	흡수제
암모니아(NH_3)	물(H_2O)
물(H_2O)	리튬브로마이드(LiBr)

48. 흡수식 냉동기에 사용하는 냉매 흡수제가 아닌 것은?

① 물 – 리튬브로마이드
② 물 – 염화리튬
③ 물 – 에틸렌글리콜
④ 물 – 암모니아

☞ 47번 해설 참고

49. 흡수식 냉동기에 사용되는 흡수제의 구비 조건으로 틀린 것은?

① 냉매와 비등온도의 차이가 작을 것
② 화학적으로 안정하고 부식성이 없을 것
③ 재생에 필요한 열량이 크지 않을 것
④ 점성이 작을 것

☞ ① 냉매와 비등온도 차이가 클 것
[참고] 흡수제의 구비 조건
 ① 용액의 증기압이 낮을 것
 ② 농도 변화에 대한 증기압의 변화가 작을 것
 ③ 재생에 많은 열을 필요로 하지 않을 것
 ④ 점도가 높지 않을 것
 ⑤ 냉매와 비점 차이가 클 것
 ⑥ 냉매와 용해도가 클 것
 ⑦ 열전도율이 클 것
 ⑧ 부식성이 작을 것
 ⑨ 독성, 가연성이 없을 것
 ⑩ 가격이 싸고 구입이 쉬울 것
 ⑪ 환경파괴가 없을 것

50. 흡수식 냉동기에 사용하는 흡수제의 구비 조건으로 틀린 것은?

① 농도 변화에 의한 증기압의 변화가 클 것
② 용액의 증기압이 낮을 것
③ 점도가 높지 않을 것
④ 부식성이 없을 것

☞ ① 농도 변화에 대한 증기압의 변화가 작을 것

51. 흡수식 냉동기용 흡수제의 구비 조건 중 잘못된 것은?

① 용액의 증기압이 낮을 것
② 농도 변화에 의한 증기압의 변화가 작을 것
③ 재생에 많은 열량을 필요로 하지 않을 것
④ 동일압력에서 증발 시 증발온도가 냉매의 증발온도와 차이가 없을 것

☞ ④ 동일압력에서 증발 시 증발온도가 냉매의 증발온도와 차이가 클 것

52. 물(H_2O)-리튬브로마이드(LiBr) 흡수식 냉동기에 대한 설명으로 틀린 것은?

Answer 47. ② 48. ③ 49. ① 50. ① 51. ④ 52. ④

① 특수 처리한 순수한 물을 냉매로 사용한다.
② 4~15℃ 정도의 냉수를 얻는 기기로 일반적으로 냉수온도는 출구온도 7℃ 정도를 얻도록 설계한다.
③ LiBr 수용액은 성질이 소금물과 유사하여, 농도가 진하고 온도가 낮을수록 냉매 증기를 잘 흡수한다.
④ LiBr의 농도가 진할수록 점도가 높아져 열전도율이 높아진다.

☞ ④ LiBr 수용액은 농도가 진할수록 점도가 높아져 열전도율이 낮아진다.

53. H_2O –LiBr 흡수식 냉동기에 대한 설명 중 틀린 것은?

① 냉매는 물(H_2O), 흡수제는 LiBr을 사용한다.
② 냉매 순환과정은 발생기 → 응축기 → 증발기 → 흡수기로 되어 있다.
③ 소형보다는 대용량 공기조화용으로 많이 사용한다.
④ 흡수제는 가능한 한 농도가 낮고, 흡수제는 고온이어야 한다.

☞ ④ 흡수제는 냉매를 많이 함유할 수 있도록 농도는 가능한 한 높아야 하고, 흡수제의 온도는 저온이어야 한다.

54. 물과 리튬브로마이드 용액을 사용하는 흡수식 냉동기의 특징으로 틀린 것은?

① 흡수기의 개수에 따라 단효용 또는 다중효용 흡수식 냉동기로 구분된다.
② 냉매로 물을 사용하고, 흡수제로 리튬브로마이드를 사용한다.
③ 사이클은 압력-엔탈피 선도가 아닌 듀링 선도를 사용하여 작동상태를 표현한다.
④ 단효용 흡수식 냉동기에서 냉매는 재생기, 응축기, 냉각기, 흡수기의 순서로 순환한다.

☞ ① 발생기(재생기)의 개수에 따라 단효용 또는 다중효용 흡수식 냉동기로 구분된다.

55. 흡수식 냉동기의 냉매의 순환 과정으로 옳은 것은?

① 증발기(냉각기) → 흡수기 → 재생기 → 응축기
② 증발기(냉각기) → 재생기 → 흡수기 → 응축기
③ 흡수기 → 증발기(냉각기) → 재생기 → 응축기
④ 흡수기 → 재생기 → 증발기(냉각기) → 응축기

☞ ① 흡수식 냉동기의 냉매 순환
    증발기 → 흡수기 → 열교환기 → 발생기(재생기) → 응축기 → 증발기
② 흡수식 냉동기의 흡수제 순환
    흡수기 → 용액열교환기 → 발생기(재생기) → 용액열교환기 → 흡수기

56. 다음 중 흡수식 냉동기의 냉매 흐름 순서로 옳은 것은?

① 발생기 → 흡수기 → 응축기 → 증발기
② 발생기 → 흡수기 → 증발기 → 응축기
③ 흡수기 → 발생기 → 응축기 → 증발기
④ 응축기 → 흡수기 → 발생기 → 증발기

☞ **흡수식 냉동기의 냉매 순환**
    증발기 → 흡수기 → 열교환기 → 발생기(재생기) → 응축기 → 증발기

57. 흡수식 냉동장치에서의 흡수제 유동방향으

53. ④ 54. ① 55. ① 56. ③ 57. ②

로 틀린 것은?

① 흡수기 → 재생기 → 흡수기
② 흡수기 → 재생기 → 증발기 → 응축기 → 흡수기
③ 흡수기 → 용액 열교환기 → 재생기 → 용액 열교환기 → 흡수기
④ 흡수기 → 고온재생기 → 저온재생기 → 흡수기

👉 흡수식 냉동기의 흡수제 순환
흡수기 → 용액 열교환기 → 발생기(재생기) → 용액 열교환기 → 흡수기

58. 압력-온도 선도(듀링 선도)를 이용하여 나타내는 냉동사이클은?

① 증기압축식 냉동기
② 원심식 냉동기
③ 스크롤식 냉동기
④ 흡수식 냉동기

👉 듀링 선도
흡수식 냉동기의 운전 중 각 부위에 해당되는 온도 및 압력을 알 수 있는 선도로 각 구성부품의 작동압력이나 온도 등 흡수사이클의 열역학적 상태를 파악하는 데 편리함

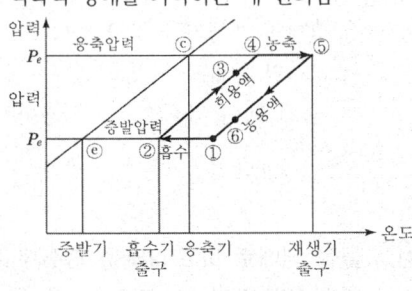

[일중효용 방식의 듀링선도]

59. 다음은 흡수식 냉동기의 Duhring 선도이다. 각 점의 설명이 옳지 않은 것은?

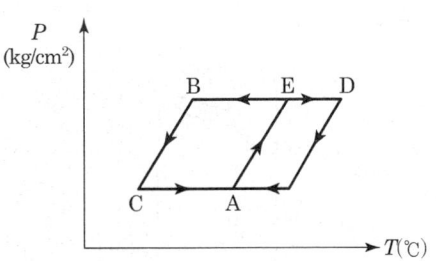

① A점 : 흡수기　② C점 : 증발기
③ D점 : 재생기　④ B점 : 열교환기

👉 B점 : 응축기

60. 다음 그림은 단효용 흡수식 냉동기에서 일어나는 과정을 나타낸 것이다. 각 과정에 대한 설명으로 틀린 것은?

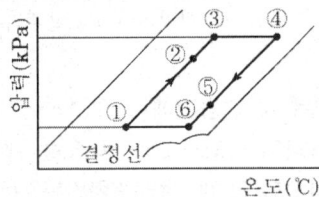

① ① → ② 과정 : 재생기에서 돌아오는 고온 농용액과 열교환에 의한 희용액의 온도 증가
② ② → ③ 과정 : 재생기 내에서 비등점에 이르기까지의 가열
③ ③ → ④ 과정 : 재생기 내에서 가열에 의한 냉매 응축
④ ④ → ⑤ 과정 : 흡수기에서의 저온 회용액과 열교환에 의한 농용액의 온도 감소

👉 ③ → ④ 과정 : 재생기 내에서의 가열에 의한 냉매 분리 및 흡수제 농축

61. 다음은 h-x(엔탈피-농도) 선도에 흡수식 냉동기의 사이클을 나타낸 것이다. 그림에서 흡수사이클을 나타내는 것으로 옳은 것

Answer　58. ④　59. ④　60. ③　61. ①

은?

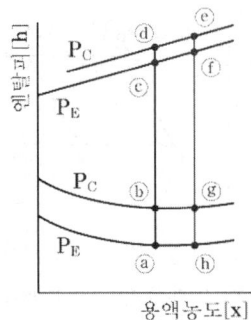

① a - b - g - h - a
② a - c - f - h - a
③ b - c - f - g - b
④ b - d - e - g - b

👉 a - b - g - h - a 과정은 냉매인 물과 흡수제인 리튬브로마이드의 흡수과정(순환)이다.

62. 흡수식 냉동기에서 재생기에 들어가는 희용액의 농도가 50%, 나오는 농용액의 농도가 65%일 때, 용액순환비는? (단, 흡수기의 냉각열량은 730kcal/kg이다.)

① 2.5   ② 3.7
③ 4.3   ④ 5.2

👉 용액순환비(a)
$$a = \frac{X_2}{X_2 - X_1} = \frac{0.65}{0.65 - 0.5} = 4.3$$

63. 현재 일반 건축물의 냉난방 열원설비로서 많이 사용되고 있는 2중 흡수식 냉온수기의 구성 요소로 옳은 것은?

① 응축기, 증발기, 압축기, 저온재생기, 중온재생기
② 응축기, 증발기, 팽창밸브, 저온재생기, 흡수기
③ 고온재생기, 중온재생기, 압축기, 응축기, 흡수기
④ 고온재생기, 저온재생기, 흡수기, 응축기, 증발기

👉 **2중 흡수식 냉온수기의 구성 요소**
증발기, 흡수기, 저온재생기, 고온재생기, 응축기, 용액 열교환기

64. 다음 중 이중 효용 흡수식 냉동기는 단효용 흡수식 냉동기와 비교하여 어떤 장치가 복수개로 설치되는가?

① 흡수기   ② 증발기
③ 응축기   ④ 재생기

👉 **이중 효용 흡수식 냉동기**
재생기에 가한 열에너지를 보다 효과적으로 활용하여 가열량을 감소시켜 냉동효율을 높이기 위한 방식으로 단효용 흡수식 냉동기에 재생기(고압재생기)와 열교환기(고온열교환기)를 하나 더 추가한 것이다.

65. 2중 효용 흡수식 냉동기에 대한 설명으로 틀린 것은?

① 단중 효용 흡수식 냉동기에 비해 증기 소비량이 적다.
② 2개의 재생기를 갖고 있다.
③ 2개의 증발기를 갖고 있다.
④ 증기 대신 가스연소를 사용하기도 한다.

👉 ③ 1개의 증발기를 갖고 있다.

66. 물을 냉매로 하고 LiBr을 흡수제로 하는 흡수식 냉동장치에서 장치의 성능을 향상시키기 위하여 열교환기를 설치하였다. 이 열교환기의 기능을 가장 잘 나타낸 것은?

① 발생기 출구 LiBr 수용액과 흡수기 출구 LiBr 수용액의 열 교환

② 응축기 입구 수증기와 증발기 출구 수증기의 열 교환
③ 발생기 출구 LiBr 수용액과 응축기 출구 물의 열 교환
④ 흡수기 출구 LiBr 수용액과 증발기 출구 수증기의 열 교환

👉 **열교환기**
흡수기에서 희석된 용액은 펌프에 의해 열교환기에 공급되고, 발생기에서 되돌아오는 고온의 농흡수액과 열교환하면 재생기에서의 가열량을 줄일 수 있고, 흡수기로 유입되는 농용액의 온도를 강하시켜 냉각수량을 감소시켜 열효율을 향상시킨다.

67. 다음은 빙축열 설비와 비교한 흡수식 설비의 장·단점을 설명한 것이다. 적절하지 못한 것은?

① 동일기기로 냉난방이 가능하다.
② 빙축열 설비에 비해 설치 면적이 적게 소요된다.
③ 설비의 고효율 운전으로 성적계수가 높다.
④ 리튬브로마이드(LiBr)용액의 부식성이 커 기밀성 유지와 억제제 보충에 주의가 있다.

👉 흡수식 설비의 성적계수는 빙축열 설비보다 낮다.
① 1중 효용 흡수식 냉동기 : 0.68 ~ 0.72
② 2중 효용 흡수식 냉동기 : 1.1 ~ 1.25

68. 다음 중 흡수식 냉동기의 용량제어 방법으로 적당하지 않은 것은?

① 흡수기 공급흡수제 조절
② 재생기 공급용액량 조절
③ 재생기 공급증기 조절
④ 응축수량 조절

👉 **흡수식 냉동기 용량제어 방법**

① 발생기(재생기) 공급용액량 조절법
② 응축수량 조절법
③ 발생기(재생기) 공급증기, 온수량 조절법

69. 흡수냉동기의 용량제어 방법으로 가장 거리가 먼 것은?

① 구동열원 입구 제어
② 증기토출 제어
③ 희석운전 제어
④ 버너 연소량 제어

👉 **흡수식 냉동기 용량제어 방법(발생기(재생기) 가열량 제어)**
구동열원 입구 제어, 버너 연소량 제어, 증기 드레인 제어

70. 흡수식 냉동기에서 냉매의 과냉 원인으로 가장 거리가 먼 것은?

① 냉수 및 냉매량 부족
② 냉각수 부족
③ 증발기 전열면적 오염
④ 냉매에 용액이 혼입

👉 **냉매 과냉 원인과 조치방법**

과냉 원인	조치방법
냉수량 부족	냉수계통 점검 및 규정 유량 공급
냉매량 부족	냉매 보충
증발기 튜브 오염	튜브 청소
설정온도가 표준보다 낮음	설정온도 재조절
온도 조절기 고장	온도 조절기 교환
냉매에 용액이 혼입	냉매 재생
냉동부하가 지나치게 적음	온도를 높게 설정 또는 부하 증가 시까지 냉동기 정지

71. 다음 냉동 시스템의 설명 중 틀린 것은?

① 왕복동식 압축기는 냉매가 낮은 비체적과

Answer 67. ③ 68. ① 69. ③ 70. ② 71. ④

높은 압력일 때 적합하며 원심 압축기는 높은 비체적과 낮은 압력일 때 적합하다.
② R-22와 같이 수소를 포함하는 HCFC는 대기 중의 수명이 비교적 짧으므로 성층권에 도달하여 분해되는 양이 적다.
③ 냉동사이클은 동력 사이클의 터빈을 밸브나 긴 모세관 등의 스로틀 기기로 대치하여 작동유체가 고압에서 저압으로 스로틀을 팽창하도록 한다.
④ 흡수식 시스템은 액체를 가압하므로 소요되는 입력일이 매우 크다.

👉 ④ 증기식 시스템은 액체를 가압하므로 소요되는 입력일이 크다.

72. 그림과 같은 사이클을 난방용 히트펌프로 사용한다면 이론 성적계수를 구하는 식은 다음 중 어느 것인가?

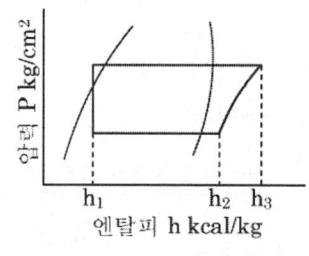

[압력-엔탈피 선도]

① $COP = \dfrac{h_2 - h_1}{h_3 - h_2}$

② $COP = 1 + \dfrac{h_3 - h_1}{h_3 + h_2}$

③ $COP = \dfrac{h_2 + h_1}{h_3 + h_2}$

④ $COP = 1 + \dfrac{h_2 - h_1}{h_3 - h_2}$

👉 **히트펌프의 이론 성적계수**

$COP = \dfrac{h_3 - h_1}{h_3 - h_2} = \dfrac{h_3 - h_2 + h_2 - h_1}{h_3 - h_2}$

$= 1 + \dfrac{h_2 - h_1}{h_3 - h_2}$

73. 고온열원(T_1)과 저온열원(T_2) 사이에서 작동하는 역카르노 사이클에 의한 열펌프(heat pump)의 성능계수는?

① $\dfrac{T_1 - T_2}{T_1}$ ② $\dfrac{T_2}{T_1 - T_2}$

③ $\dfrac{T_1}{T_1 - T_2}$ ④ $\dfrac{T_1 - T_2}{T_2}$

👉 **역카르노 사이클**

① 열펌프 성능계수 : $\varepsilon_H = \dfrac{T_1}{T_1 - T_2}$

② 냉동기 성능계수 : $\varepsilon_R = \dfrac{T_2}{T_1 - T_2}$

74. 다음과 같이 운전되고 있는 열펌프의 성적계수는?

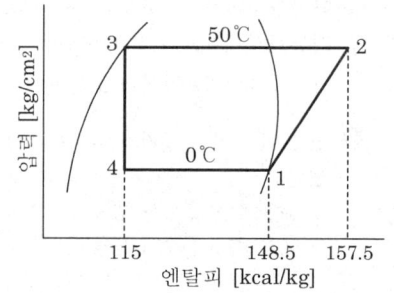

① 1.7 ② 2.7
③ 3.7 ④ 4.7

👉 **열펌프의 성적계수**

$COP_H = \dfrac{h_2 - h_3}{h_2 - h_1} = \dfrac{157.5 - 115}{157.5 - 148.5} = 4.72$

[참고] 냉동기의 성적계수

$COP_R = \dfrac{h_1 - h_4}{h_2 - h_1} = \dfrac{148.5 - 115}{157.5 - 148.5} = 3.72$

75. 난방용 열펌프가 저온 물체에서 1500kJ/h의 열을 흡수하여 고온 물체에 2100kJ/h로 방출한다. 이 열펌프의 성능계수는?

① 2.0 ② 2.5
③ 3.0 ④ 3.5

👉 **열펌프의 성적계수**

$$COP_H = \frac{Q_H}{Q_H - Q_L} = \frac{2100}{2100 - 1500} = 3.5$$

76. 증기압축식 열펌프에 관한 설명으로 틀린 것은?

① 하나의 장치로 난방 및 냉방으로 사용할 수 있다.
② 일반적으로 성적계수가 1보다 작다.
③ 난방을 위한 별도의 보일러 설치가 필요 없어 대기오염이 적다.
④ 증발온도가 높고 응축온도가 낮을수록 성적계수가 커진다.

👉 ② 일반적으로 성적계수가 1보다 크다.

77. 카르노 열펌프와 카르노 냉동기가 있는데, 카르노 열펌프의 고열원 온도는 카르노 냉동기의 고열원 온도와 같고, 카르노 열펌프의 저열원 온도는 카르노 냉동기의 저열원 온도와 같다. 이때 카르노 열펌프의 성적계수(COP_{HP})와 카르노 냉동기의 성적계수(COP_R)의 관계로 옳은 것은?

① $COP_{HP} = COP_R + 1$
② $COP_{HP} = COP_R - 1$
③ $COP_{HP} = \dfrac{1}{COP_R + 1}$
④ $COP_{HP} = \dfrac{1}{COP_R - 1}$

👉 ① 카르노 냉동기의 성적계수

$$COP_R = \frac{Q_2}{W} = \frac{Q_2}{Q_1 - Q_2}$$

② 열펌프의 성적계수

$$COP_{HP} = \frac{Q_1}{W} = \frac{Q_1}{Q_1 - Q_2}$$
$$= \frac{Q_1 - Q_2 + Q_2}{Q_1 - Q_2}$$
$$= \frac{Q_1 - Q_2}{Q_1 - Q_2} + \frac{Q_2}{Q_1 - Q_2}$$
$$= 1 + COP_R$$

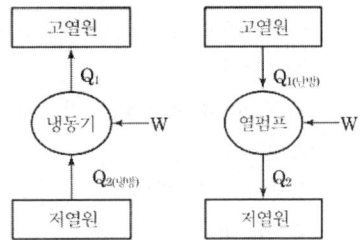

78. 열펌프의 성능계수를 높이는 방법이 아닌 것은?

① 응축온도를 낮춘다.
② 증발온도를 낮춘다.
③ 손실 일을 줄인다.
④ 생성엔트로피를 줄인다.

👉 **열펌프의 성적계수**

$$\varepsilon_h = \frac{응축온도}{응축온도 - 증발온도}$$

그러므로 성적계수를 높이기 위해서는 응축온도는 되도록 낮게, 증발온도는 되도록 높게 하여, 즉 응축온도와 증발온도의 차가 적을수록 열펌프의 성능계수는 좋게 된다.

79. 열펌프(heat pump)의 성적계수를 높이기 위한 방법으로 가장 거리가 먼 것은?

① 응축온도와 증발온도와의 차를 줄인다.

Answer 75. ④ 76. ② 77. ① 78. ② 79. ③

② 증발온도를 높인다.
③ 응축온도를 높인다.
④ 압축동력을 줄인다.

👉 응축온도를 너무 높이면 압축비의 증가로 압축일이 커지게 되고 결국 소요동력이 증가하여 성적계수가 낮아지게 된다.

80. 여름철 공기열원 열펌프 장치로 냉방 운전할 때, 외기의 건구온도 저하 시 나타나는 현상으로 옳은 것은?

① 응축압력이 상승하고, 장치의 소비전력이 증가한다.
② 응축압력이 상승하고, 장치의 소비전력이 감소한다.
③ 응축압력이 저하하고, 장치의 소비전력이 증가한다.
④ 응축압력이 저하하고, 장치의 소비전력이 감소한다.

👉 외기의 건구온도 저하 시 응축압력이 저하하여 압축기 소비전력이 감소한다. 그 이유는 응축기와 외기온도의 차이가 커져 열교환량이 증가하기 때문이다.

81. 열펌프의 난방운전에 대한 설명 중 올바른 것은?

① 응축온도를 높게 유지할수록 냉매순환량이 감소한다.
② 응축압력을 높게 유지할수록 압축일량이 감소한다.
③ 응축온도를 높게 유지할수록 냉매순환량이 증가한다.
④ 응축압력을 높게 유지하여도 압축일량은 변하지 않는다.

👉 응축온도(압력)를 높게 유지할수록 냉매순환

량이 감소하고 압축일량이 증가한다.

82. 열원에 따른 열펌프의 종류가 잘못된 것은?

① 공기-공기 열펌프
② 잠열 이용 열펌프
③ 태양열 이용 열펌프
④ 물-공기 열펌프

👉 **히트펌프의 열원**
공기, 물, 지열, 태양복사열 등 자연에서 얻을 수 있는 열원, 상업용 건물, 산업용 건물, 공장 등에서 회수할 수 있는 폐열

83. 열펌프를 난방에 이용하려 한다. 실내온도는 18℃이고, 실외 온도는 -15℃이며 벽을 통한 열손실은 12kW이다. 열펌프를 구동하기 위해 필요한 최소 동력은 약 몇 kW인가?

① 0.65kW   ② 0.74kW
③ 1.36kW   ④ 1.53kW

👉 $T_H = 18℃ = (18+273)K = 291K$
$T_L = -15℃ = (-15+273)K = 258K$

$$COP_H = \frac{q_H}{W} = \frac{T_H}{T_H - T_L}$$

$$\frac{12}{W} = \frac{291}{291-258}$$

∴ $W = 1.36$kW

84. 1냉동톤의 설명으로 맞는 것은?

① 0℃ 물 1kg을 0℃ 얼음으로 만드는 데 24시간 동안 제거해야 할 열량
② 0℃ 물 1ton을 0℃ 얼음으로 만드는 데 24시간 동안 제거해야 할 열량
③ 0℃ 물 1kg을 0℃ 얼음으로 만드는 데 1시간 동안 제거해야 할 열량
④ 0℃ 물 1ton을 0℃ 얼음으로 만드는 데 1

 80. ④ 81. ① 82. ② 83. ③ 84. ②

시간 동안 제거해야 할 열량

1냉동톤(1RT)
0℃의 순수한 물 1ton을 24시간 동안에 0℃의 얼음으로 만드는 데 필요한 냉동능력

$1RT = \dfrac{79.68 kcal/kg \times 1000 kg}{24h}$

$= 3320 kcal/h = 3.86 kW$

(여기서, 얼음의 융해잠열 : 79.68kcal/kg)

85. 1분간에 25℃ 순수한 물 40L를 5℃로 냉각하기 위하여 최대 필요한 냉동톤의 냉동기는?

① 10.5　　② 12.0
③ 14.5　　④ 16

1RT=3320kcal/h, 물 1l=1kg
$Q = GC\Delta t = 40kg \times 1kcal/kg℃ \times (25-5)℃$
　　$= 800kcal/min = 48000kcal/h$
∴ $\dfrac{48000}{3320} = 14.5RT$

86. 20℃의 물 50L 중에 −10℃의 얼음 2kg을 넣어 완전히 용해시켰다. 외부와 완전히 단열되어 있을 때 물의 온도는 약 몇 ℃가 되는가? (단, 물의 비열은 1kcal/kg℃, 얼음의 비열은 0.5kcal/kg℃로 하며, 융해열은 79.7kcal/kg이다.)

① 13.75　　② 15.97
③ 17.62　　④ 20.35

물이 잃은 열량=얼음이 얻은 열량
$G_w C_w (t_1 - t_m)$
　$= G_I C_I (t_m - 0) + G_I C_I (0 - t_2) + G_f \gamma$
$50 \times 1 \times (20 - t_m)$
　$= 2 \times 1 \times (t_m - 0) + 2 \times 0.5$
　　　$\times (0 - (-10)) + 2 \times 79.7$
∴ $t_m = 15.97℃$

87. 25℃ 원수 1ton을 1일 동안에 −9℃의 얼음으로 만드는 데 필요한 냉동능력(RT)은? (단, 열손실은 없으며, 동결잠열 80kcal/kg, 원수 비열 1kcal/kg℃, 얼음의 비열 0.5kcal/kg℃이며, 1RT는 3320kcal/h로 한다.)

① 1.37　　② 1.88
③ 2.38　　④ 2.88

① 25℃ 물을 0℃ 물로
　$Q = GC\Delta t$
　　$= 1000 \times 1 \times 25 = 25000 kcal/day$
② 0℃ 물을 0℃ 얼음으로
　$Q = G\gamma = 1000 \times 79.68 = 79680 kcal/day$
③ 0℃ 얼음을 −9℃ 얼음으로
　$Q = GC\Delta t = 1000 \times 0.5 \times 9 = 4500 kcal/day$
전체열량 ①+②+③ = 109180 kcal/day
1RT 3320kcal/h이고, 하루는 24시간이므로
∴ $\dfrac{109180 kcal/day}{24h \times 3320 kcal/h} = 1.37 RT$

[참고]
위 문제는 열손실을 고려하지 않은 제빙톤의 정의이다. 열손실(20%)을 고려하면 1제빙톤은 1.65RT이다.

88. 20℃, 500kg의 물을 −10℃의 얼음으로 만들고자 한다. 이때 필요한 냉동능력은 약 몇 RT인가? (단, 물의 비열을 1kcal/kg℃, 얼음의 비열을 0.5kcal/kg℃, 물의 응고잠열을 80kcal/kg, 1RT를 3320kcal/h로 한다.)

① 9.79　　② 13.55
③ 15.81　　④ 16.57

① 20℃ 물을 0℃ 물로
　$Q = GC\Delta t$
　　$= 500 \times 1 \times (20-0) = 10000 kcal$
② 0℃ 물을 0℃ 얼음으로
　$Q = G\gamma = 500 \times 80 = 40000 kcal$
③ 0℃ 얼음을 −10℃ 얼음으로
　$Q = GC\Delta t$

Answer　85. ③　86. ②　87. ①　88. ③

$= 500 \times 0.5 \times (0-(-10)) = 2500 \text{kcal}$

④ 전체열량=①+②+③
$= 10000+40000+2500 = 52500 \text{kcal}$

⑤ 냉동능력(RT)$= \dfrac{52500}{3320} = 15.81 \text{RT}$

89. 15℃의 물로부터 0℃의 얼음을 매시 50kg을 만드는 냉동기의 냉동능력은 약 몇 냉동톤인가?

① 1.4 냉동톤　　② 2.2 냉동톤
③ 3.1 냉동톤　　④ 4.3 냉동톤

① $Q_1 = G \times C \times \Delta t = 50 \times 1 \times (15-0)$
$= 750 \text{kcal/h}$

② $Q_2 = G \times \gamma = 50 \times 79.68 = 3984 \text{kcal/h}$

③ 냉동기 냉동능력(Q)
$Q = Q_1 + Q_2 = 750 + 3984 = 4734 \text{kcal/h}$
1냉동톤=3200kcal/h이므로
냉동기 냉동능력(냉동톤)$= \dfrac{4734}{3200} ≒ 1.4 \text{RT}$

90. 20℃의 물로부터 0℃의 얼음을 매 시간당 90kg을 만드는 냉동기의 냉동능력(kW)은 얼마인가? (단, 물의 비열 4.2kJ/kg·K, 물의 응고잠열 335kJ/kg이다.)

① 7.8　　② 8.0
③ 9.2　　④ 10.5

① 열량(20℃ 물 → 0℃ 물, 현열)
$Q_1 = GC\Delta t = 90 \times 4.2(20-0) = 7560 \text{kJ/h}$

② 열량(0℃ 물 → 0℃ 얼음, 잠열)
$Q_2 = G\gamma = 90 \times 335 = 30150 \text{kJ/h}$

③ 냉동기의 냉동능력
$Q(\text{kJ/h}) = Q_1 + Q_2$
$= 7560 + 30150 = 37710 \text{kJ/h}$
∴ $Q(\text{kW}) = 37710 \text{kJ/h} \times \dfrac{1\text{h}}{3600\text{s}} = 10.5 \text{kW}$

여기서, kJ/s=kW

91. 15℃의 순수한 물로 0℃의 얼음을 매시간 50kg 만드는데 냉동기의 냉동능력은 약 몇 냉동톤인가? (단, 1냉동톤은 3320kcal/h이며, 물의 응축잠열은 80kcal/kg이고, 비열은 1kcal/kg℃이다.)

① 0.67　　② 1.43
③ 2.80　　④ 3.21

냉동능력(Q)
$Q = GC\Delta t + G\gamma = 50 \times 1 \times (15-0) + 50 \times 80$
$= 4750 \text{kcal/h}$
$Q(\text{RT}) = 4750 \text{kcal/h} \times \dfrac{1\text{RT}}{3320\text{kcal/h}} = 1.43 \text{RT}$

92. 냉동능력이 5kW인 제빙장치에서 0℃의 물 20kg을 모두 0℃ 얼음으로 만드는 데 걸리는 시간(min)은 얼마인가? (단, 0℃ 얼음의 융해열은 334kJ/kg이다.)

① 22.2　　② 18.7
③ 13.4　　④ 11.2

① 얼음의 열량=20kg×334kJ/kg=6680kJ

② 시간 $T = \dfrac{얼음의\ 열량}{제빙장치\ 냉동능력}$
$= \dfrac{6680\text{kJ}}{5\text{kJ/s}(=\text{kW})}$
$= 1336\text{s} = 22.2 \text{min}$

93. 1분간에 25℃의 물 100L를 0℃의 물로 냉각시키기 위하여 최소 몇 냉동톤의 냉동기가 필요한가?

① 45.2RT　　② 4.52RT
③ 452RT　　④ 42.5RT

$Q = GC\Delta t$
$= 100\text{kg} \times 1\text{kcal/kg℃} \times (25-0)℃$
$= 2500 \text{kcal/min}$
1RT=3320kcal/h이므로

Answer　89. ①　90. ④　91. ②　92. ①　93. ①

$$Q(\text{RT}) = \frac{2500\text{kcal/min} \times \frac{60\text{min}}{1\text{h}}}{3320\text{kcal/h}} = 45.2\text{RT}$$

94. 비열이 3.86kJ/kg·K인 액 920kg을 1시간 동안 25℃에서 5℃로 냉각시키는 데 소요되는 냉각열량은 몇 냉동톤(RT)인가? (단, 1RT는 3.5kW이다.)

① 3.2 ② 5.6
③ 7.8 ④ 8.3

👉 냉각열량(Q)
$Q(\text{kW}) = GC\Delta$
$= (920\text{kg/h} \times \frac{1\text{h}}{3600\text{s}}) \times 3.86 \times (25-5)$
$= 19.7\text{kW}$
$\therefore Q(\text{RT}) = 19.7\text{kW} \times \frac{1\text{RT}}{3.5\text{kW}} = 5.6\text{RT}$

95. 어떤 냉장고의 방열벽 면적이 500m², 열통과율이 0.311W/m²·℃일 때, 이 벽을 통하여 냉장고 내로 침입하는 열량(kW)은? (단, 이때의 외기온도는 32℃이며, 냉장고 내부온도는 -15℃이다.)

① 12.6 ② 10.4
③ 9.1   ④ 7.3

👉 냉장고 침입열량(Q)
$Q = K \cdot A \cdot \Delta t$
$= (0.311 \times 10^{-3}) \times 500 \times [32-(-15)]$
$= 7.3\text{kW}$

96. 대기압에서 암모니아액 1kg을 증발시킨 열량은 0℃ 얼음 몇 kg을 융해시킨 것과 유사한가?

① 2.1 ② 3.1
③ 4.1 ④ 5.1

👉 ⊙ 끓는점에서의 암모니아 증발잠열 : 1371kJ/kg
ⓒ 얼음 융해잠열 : 334kJ/kg
$\therefore \frac{1371\text{kJ/kg}}{334\text{kJ/kg}} = 4.1\text{kg}$

97. 제빙에 필요한 시간을 구하는 공식이 아래와 같다. 이 공식에서 a와 b가 의미하는 것은?

$$r = (0.53\sim0.6)\frac{a^2}{-b}$$

① a : 브라인 온도, b : 결빙 두께
② a : 결빙 두께, b : 브라인 유량
③ a : 결빙 두께, b : 브라인 온도
④ a : 브라인 유량, b : 결빙 두께

👉 0.53~0.6 : 결빙계수
 a : 결빙 두께(cm)
 b : 브라인의 온도(℃)

98. 제빙장치에서 브라인 온도가 -10℃, 결빙시간이 48시간일 때, 얼음의 두께는? (단, 결빙계수는 0.56이다.)

① 약 29.3cm ② 약 39.3cm
③ 약 2.93cm ④ 약 3.93cm

👉 결빙시간[h] $= \frac{0.56 \times t^2}{-(t_b)}$
$48 = \frac{0.56 \times t^2}{-(-10)}$
$\therefore t = \sqrt{\frac{48 \times 10}{0.056}} = 29.27\text{cm}$

99. 제빙장치에서 두께가 290mm인 얼음을 만드는 데 48시간이 걸렸다. 이때의 브라인 온도는 약 몇 ℃인가?

Answer 👉 94. ② 95. ④ 96. ③ 97. ③ 98. ① 99. ②

① 0℃ ② -10℃
③ -20℃ ④ -30℃

☞ **제빙시간(H)**

$$H = \frac{0.56 \times t^2}{-t_b}$$

t : 얼음 두께(cm), t_b : 브라인 온도(℃)

$$48 = \frac{0.56 \times 29^2}{-t_b}$$

∴ $t_b = -9.81℃ ≒ -10℃$

100. 제빙능력은 원료수 온도 및 브라인 온도 등 조건에 따라 다르다. 다음 중 제빙에 필요한 냉동능력을 구하는 데 필요한 항목으로 가장 거리가 먼 것은?

① 온도 t_w℃인 제빙용 원수를 0℃까지 냉각하는 데 필요한 열량
② 물의 동결잠열에 대한 열량(79.68kcal/kg)
③ 제빙장치 내의 발생열과 제빙용 원수의 수질 상태
④ 브라인 온도 t_1℃ 부근까지 얼음을 냉각하는 데 필요한 열량

☞ **얼음을 제조하는데 필요한 전체열량**
① t_w℃의 원수 Gkg을 0℃의 물로 냉각시키는 데 필요한 현열량($Q = GC_w t_w$)
② 0℃의 물 Gkg을 0℃의 얼음으로 응고시키는 데 필요한 잠열량($Q = Gr$)
③ 0℃의 얼음 Gkg을 t_i℃의 얼음으로 냉각시키는 데 필요한 현열량($Q = GC_i t_i$)

[참고] 제빙능력
하루의 얼음 생산 능력을 ton으로 나타낸 것으로 25℃의 원수 1ton을 24시간 동안에 -9℃의 얼음으로 만드는 데 제거해야 할 열량(단, 제빙과정 중의 외부 열손실은 제거 열량의 20%로 함)을 냉동능력과 비교해서 나타낸 것으로 제빙장치의 능력을 말한다.

101. 축열시스템 방식에 대한 설명으로 틀린 것은?

① 수축열 방식 : 열용량이 큰 물을 축열재료로 이용하는 방식
② 빙축열 방식 : 냉열을 얼음에 저장하여 작은 체적에 효율적으로 냉열을 저장하는 방식
③ 잠열축열 방식 : 물질의 융해 및 응고 시 상변화에 따른 잠열을 이용하는 방식
④ 토양축열 방식 : 심해의 해수온도 및 해양의 축열성을 이용하는 방식

☞ ④ 토양축열 방식 : 흙을 이용한 축열을 말하며 대지가 가지고 있는 지중온도뿐만 아니라 토양의 단열성과 축열성을 이용하는 방식이다. 주택 등 태양난방시스템에 보조적으로 이용하는 예가 많으며 빌딩에 이용하는 경우도 있다.

[참고]
축열시스템은 수축열, 잠열축열 2가지로 크게 구분되고, 잠열축열시스템은 빙축열과 공융염축열로 나눌 수 있다. 잠열축열 가운데 빙축열 방식은 물의 상변화에 따른 잠열(약 80kcal/kg)을 이용하기 때문에 비교적 작은 체적에 효율적으로 냉열을 저장할 수 있어 현재 국내에 가장 많이 보급되고 있다.

102. 축열장치의 종류로 가장 거리가 먼 것은?

① 수축열 방식 ② 빙축열 방식
③ 잠열축열 방식 ④ 공기축열 방식

☞ **축열장치의 종류**
수축열 방식, 잠열축열 방식, 빙축열 방식, 구조체 축열 방식, 토양축열 방식

103. 축열시스템에 대한 설명으로 잘못된 것은?

Answer 100. ③ 101. ④ 102. ④ 103. ④

① 열흐름에 관해서는 축열장치를 경유하는 전축열과 부열이 축열장치를 경유하는 부분축열이 있다.
② 열의 공급방법은 축열장치 단독으로 공급하는 방식과 축열장치와 열원장치에서 동시에 공급하는 방식이 있다.
③ 축열시간은 일반적으로 야간에 축열, 주간에 방열하는 1일 사이클을 많이 사용한다.
④ 수축열시스템이란 냉열을 얼음에 저장하는 방법으로 작은 체적에 효율적으로 냉열을 저장하는 방법이다.

④ 빙축열시스템이란 냉열을 얼음에 저장하는 방법으로 작은 체적에 효율적으로 냉열을 저장하는 방법이다.

104. 축열시스템에서 수축열조의 장점으로 맞는 것은?
① 단열, 방수공사가 필요 없고 축열조를 따로 구축하는 경우 추가비용이 소요되지 않는다.
② 축열 배관 계통이 여분으로 필요하고 배관설비비 및 반송동력비가 절약된다.
③ 축열수의 혼합에 따른 수온저하 때문에 공조기 코일 열수, 2차측 배관계의 설비가 감소할 가능성이 있다.
④ 열원기기는 공조부하의 변동에 직접 추종할 필요가 없고 효율이 높은 전부하에서의 연속운전이 가능하다.

① 단열, 방수공사가 필요하고 축열조를 따로 구축하는 경우 추가비용이 소요된다.
② 축열 배관 계통이 여분으로 필요하고 배관설비비 및 반송동력비가 증가된다.
③ 축열수의 혼합에 따른 수온저하 때문에 공조기 코일 열수, 2차측 배관계의 설비가 증가할 가능성이 있다.

105. 수축열 방식의 축열재 구비 조건으로 잘못된 것은?
① 단위체적당 축열량이 적을 것
② 가격이 저렴할 것
③ 화학적으로 안정할 것
④ 열의 출입이 용이할 것

축열재가 갖추어야 할 조건
① 단위 부피 및 단위무게당 축열 용량(에너지 저장 밀도)이 클 것
② 가격이 저렴하고 쉽게 구할 수 있을 것
③ 융해열이 클 것
④ 반복사용이 가능하고 화학적으로 안정할 것
⑤ 과냉각 및 상분리가 일어나지 않을 것
⑥ 상변화에 따른 부피변화가 작을 것
⑦ 독성, 인화성, 부식성이 적고 및 용해성이 좋을 것
⑧ 열전도도 및 결정속도가 크며 열응답성이 좋을 것

106. 잠열 축열장치에서 잠열 축열재가 갖추어야 할 필요한 조건으로 맞는 것은?
① 융해열이 작을 것
② 과냉각이 작고 상분리를 일으키지 않을 것
③ 단기간 화학적으로 안정할 것
④ 가격이 비쌀 것

① 융해열이 클 것
③ 반복사용이 가능하고 화학적으로 안정할 것
④ 가격이 저렴하고 쉽게 구할 수 있을 것
[참고] 잠열 축열재
고체에서 액체로 혹은 액체에서 고체로 상변화할 때 발생하는 잠열을 이용하여 열을 저장하는 재료

107. 축열시스템 중 빙축열 방식이 수축열 방식에 비해 유리하다고 할 수 없는 것은?
① 축열조를 소형화할 수 있다.

Answer 104. ④ 105. ① 106. ② 107. ③

② 낮은 온도를 이용할 수 있다.
③ 난방 시의 축열대응에 적합하다.
④ 축열조의 설치 장소가 자유롭다.

③ 난방 시의 축열대응에는 수축열 방식이 적합하다.

[참고]
① 수축열 방식 : 열용량이 큰 물을 축열재로 이용하는 방식으로 건물의 지하나 일정 장소에 물 저장탱크(축열조)를 설치하여 소요 부하만큼 축열한다. 비교적 구조가 간단하고 설비의 시공이 용이하며 온수축열도 가능한 장점이 있다. 그러나 축열조의 설치 면적이 넓고 표면적이 커서 열손실이 많으며 방수와 단열이 까다로운 점 등의 단점이 있다.
② 빙축열 방식 : 현재 축열장치의 대부분을 차지하는 방식으로 얼음을 축열재로 이용한다. 이 방식은 수축열 방식에 비해 단위 체적당 발생 열량이 커 축열조의 크기를 수축열조에 비해 30% 정도 줄일 수 있어 설치 공간이 크지 않아도 되는 이점이 있다. 또한 냉동기 및 부속기기 용량 축소에 따른 투자비 절감, 저온용 냉동기 및 자동제어 시스템의 도입으로 고효율 운전이 가능하다.

108. 최근에 심야전력을 이용한 축열시스템의 도입이 활발하다. 다음 중 수축열시스템과 비교한 빙축열시스템의 설명으로 틀린 것은?
① 축열조 출구의 냉수온도를 낮출 수 있다.
② 냉동기의 동력이 다소 많아진다.
③ 냉동기의 능력이 다소 높아진다.
④ 축열조의 용량을 줄일 수 있다.

③ 냉동기의 능력이 다소 저하된다.
[참고]
수축열은 물의 온도변화를 이용한 현열축열이고 빙축열은 상태변화에 따른 잠열축열이다. 빙축열 시스템은 냉동기 성능저하, 설계시공의 어려움, 온수축열 사용의 제약이 있으나 축열성능이 크고 축열조 용량이 적고, 밀폐회로로서 반송동력을 절감할 수 있고 배관의 부식이 적다.

109. 빙축열 방식에 대한 설명 중 틀린 것은?
① 제빙을 위한 냉동기 운전은 냉수 취출을 위한 운전보다 증발온도가 낮기 때문에 성능계수(COP)가 높아 20~30% 소비동력이 감소한다.
② 냉매의 종류는 프레온 냉매를 직접 제빙부에 공급하는 직접팽창식과 냉동기에서 냉각된 브라인을 제빙부에 공급하는 브라인 방식으로 나눈다.
③ 제빙 방식은 축열조 내측 또는 외측에 얼음을 생성시키는 정적제빙 방식과 축열조 외부에서 제빙하고 그 얼음을 축열조에 옮겨 축열하는 동적제빙 방식으로 나눈다.
④ 빙축열조 축열용량= 냉동기 능력×야간 축열운전시간이 된다. 여기에 제빙온도 등을 고려하여 기기를 선정한다.

① 제빙을 위한 냉동기 운전은 냉수 취출을 위한 운전보다 증발온도가 낮기 때문에 성능계수(COP)가 나빠져 20~30% 소비동력이 증가한다.

110. 빙축열 설비의 특징에 대한 설명으로 틀린 것은?
① 축열조의 크기를 소형화할 수 있다.
② 값싼 심야전력을 사용하므로 운전비용이 절감된다.
③ 자동화 설비에 의한 최적화 운전으로 시스템의 운전효율이 높다.
④ 제빙을 위한 냉동기 운전은 냉수 취출을

108. ③ 109. ① 110. ④

위한 운전보다 증발온도가 높기 때문에 소비동력이 감소한다.

👉 ④ 제빙을 위한 냉동기 운전은 냉수 취출을 위한 운전보다 증발온도가 낮기 때문에 성능계수가 나빠져 20~30% 소비동력이 증가한다.

111. 다음 중 빙축열 시스템의 분류에 대한 조합으로 적당하지 않은 것은?

① 정적제빙형 - 관내착빙형
② 정적제빙형 - 캡슐형
③ 동적제빙형 - 관외착빙형
④ 동적제빙형 - 과냉각아이스형

👉 **빙축열 시스템의 분류**

정적 제빙형	관내착빙형, 관외착빙형, 캡슐형, 완전동결형

동적 제빙형	• 빙박리형
	• 액체식 빙생성형(슬러리형)
	  - 직접식 : 리키드 아이스 방식, 과냉각아이스 방식
	  - 간접식 : 직팽형 직접 열교환 방식, 비수용성 액체 이용 직접열교환 방식

112. 최근 에너지를 효율적으로 사용하자는 측면에서 빙축열시스템이 보급되고 있다. 빙축열시스템의 분류에 대한 조합으로 적절하지 않은 것은?

① 정적제빙형 - 관외착빙형
② 정적제빙형 - 빙박리형
③ 동적제빙형 - 리키드아이스형
④ 동적제빙형 - 과냉각아이스형

👉 ② 동적제빙형 - 빙박리형

113. 심야전력을 이용하여 냉동기를 가동 후 주간 냉방에 이용하는 빙축열시스템의 일반적인 구성장치로 옳은 것은?

① 펌프, 보일러, 냉동기, 증기축열조
② 축열조, 판형 열교환기, 냉동기, 냉각탑
③ 판형 열교환기, 증기트랩, 냉동기, 냉각탑
④ 냉동기, 축열기, 브라인펌프, 에어프리히터

👉 **빙축열 시스템의 일반적인 구성장치**
저온냉동기, 냉각탑, 축열조, 열교환기, 자동밸브(3-way v/v)

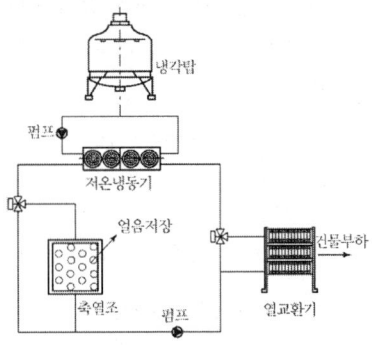

[빙축열 냉방시스템의 개략도]

114. C.A 냉장고의 용도로 옳은 것은?

① 가정용 냉장고로 쓰인다.
② 제빙용으로 주로 쓰인다.
③ 청과물 저장에 쓰인다.
④ 공조용으로 철도, 항공에 주로 쓰인다.

👉 **CA 냉장고**
청과물(특히, 사과)을 저장 시 보다 좋은 저장성을 얻기 위하여 냉장고 내의 산소를 3~5% 감소시키고, 탄산가스를 3~5% 증대시켜 청과물의 호흡 작용을 억제하면서 냉장하는 냉장고

115. 제빙장치에서 135kg용 빙관을 사용하는 냉동장치와 가장 거리가 먼 것은?

① 헤어 핀 코일

Answer 👉 111. ③ 112. ② 113. ② 114. ③ 115. ②

② 브라인 펌프
③ 공기교반장치
④ 브라인 애지테이터(agitator)

👉 **제빙장치의 주요기기**
제빙탱크, 증발기(헤링본 코일, 셸 앤드 튜브형, 헤어 핀 코일 등) 빙관, 브라인 교반기(brine agitator), 공기교반장치, 양빙기, 용빙조, 탈빙기, 자동 주수조 등

116. 다음 중 아이스크림 등을 제조할 때 혼합원료에 공기를 포함시켜서 얼리는 동결장치는?

① 프리저(freezer)
② 스크류 컨베이어
③ 하드닝 터널
④ 동결 건조기(freeze drying)

👉 **프리저(freezer)**
아이스크림 등을 제조할 때 혼합원료에 공기를 포함시켜서 얼리는 동결장치

117. 쇼케이스형 냉동장치의 종류가 아닌 것은?

① 밀폐형 쇼케이스
② 반밀폐형 쇼케이스
③ 개방형 쇼케이스
④ 리칭형(REACH) 쇼케이스

👉 **쇼케이스의 종류**
① 냉동기 내장형
② 냉동기 별치형 : 밀폐형, 리칭(reach)형, 개방형

118. 아이스머신 중 칩 아이스머신(chip ice machine)은 어느 식과 어느 식의 개량형인가?

① 팩 아이스머신식과 플레이트 아이스머신식
② 플레이트 아이스머신식과 튜브 아이스머신식
③ 팩 아이스머신식과 튜브 아이스머신식
④ 튜브 아이스머신식과 코일 아이스머신식

👉 **칩 아이스머신**
팩 아이스머신식과 플레이트 아이스머신식을 합하여 개발한 형식

119. 일반적으로 급속동결이라 하면 동결속도가 몇 cm/h 이상인 것을 말하는가?

① 0.01~0.03   ② 0.05~0.08
③ 0.1~0.3   ④ 0.6~2.5

👉 일반적으로 급속동결이라 하면 최대 빙결정 생성대를 30~35분 정도에 통과하는 동결방식 또는 품온강하(0~-15℃로)의 진행이 0.6~4cm/h되는 동결속도를 갖는 동결방식을 말한다. 급속동결을 통해 해동 후에도 냉동 전의 상태와 유사한 품질을 유지하게 해주는 고품질의 제품을 제조하고자 할 때 사용하는 냉동방식이다.

120. 초저온 동결에 액체질소를 사용할 때의 장점이라 할 수 없는 것은?

① 동결시간이 단축되어 연속작업이 가능하다.
② 급속 동결이 가능하므로 품질이 우수하다.
③ 동결건조가 일어나지 않는다.
④ 발생되는 질소가스를 다시 사용할 수 있다.

👉 **액체질소동결법**
대기압하에서 -196℃의 극저온 액체로 존재하는 액체질소는 증발할 때 1kg당 47.65kcal의 높은 잠열을 필요로 하며 화학적으로 비활성이므로 취급이 쉽기 때문에 초저온 동결의 매체로서 뛰어난 재료이다. 액체질소를 피동결 식품에 직접분사(살포법) 또는 침적(침지법)하여 무산소 분위기에서 급속동결하게 된다.

Answer 👉 116. ① 117. ② 118. ① 119. ④ 120. ④

장점	단점
① 초급속 동결 가능 ② 연속작업이 가능 ③ 급속동결에 의하여 제품의 품질 손상이 적음	① 설치비, 운영비가 많이 소요

121. 식품의 평균 초온이 0℃일 때 이것을 동결하여 온도중심점을 -15℃까지 내리는 데 걸리는 시간을 나타내는 것은?

① 유효동결시간   ② 유효냉각시간
③ 공칭동결시간   ④ 시간상수

☞ ① 공칭동결시간 : 평균 초온이 0℃인 식품을 동결하여 온도 중심점을 -15℃까지 내리는 데 소요된 시간
② 유효동결시간 : 초온이 t_a℃인 식품을 동결시켜 t_b℃까지 내리는 데 필요한 시간

122. 식품을 동결하고자 할 때 사용되는 최대 빙결정 생성대의 일반적인 온도범위는 얼마인가?

① 5~-1℃   ② -1~-5℃
③ -8~-18℃   ④ -10~-25℃

☞ **최대 빙결정 생성대**
식품을 동결하는 과정에서 빙결정이 최대로 생성되는 온도대로 일반적으로 동결점이 -1℃인 경우 -1~-5℃ 사이를 말하며 빙결 석출이 가장 많다. 급속동결은 이 온도대를 30분 이내로 통과되는 것을 말하며, 30분 이상 걸리면 완만 동결이라 한다.

123. 동결속도에 따라 동결방법을 구분하면 급속 동결과 완만 동결로 구분할 수 있는데, 급속 동결일 때 최대 빙결정 생성대를 통과하는 시간으로 적당한 것은?

① 25~35시간   ② 25~35분
③ 1~2시간   ④ 1~2일

☞ 대부분의 식품은 -1℃~-5℃ 사이에서 함유된 수분의 대부분이 빙결정으로 되며 이 범위를 최대 빙결정 생성대라 하고 통과하는 냉각 속도에 따라 빙결정의 크기가 결정된다. 급속 동결은 일반적으로 최대 빙결정 생성대(-1~-5℃, 빙결률 80% 이상)를 단시간(25~35분 이내)에 통과하여 빙결정의 크기를 작게 함(식품의 조직감, 영양분 유출에 영향)으로써 고품질의 제품을 제조하고자 하는 동결방법이다.

124. 산업용 식품동결 방법은 열을 빼앗는 방식에 따라 분류가 가능하다. 다음 중 위의 분류 방식에 따른 식품동결 방법이 아닌 것은?

① 진공동결   ② 분사동결
③ 접촉동결   ④ 담금동결

☞ **식품의 동결방법**
공기 동결법, 송풍(분사) 동결법, 접촉식 동결법, 침지(담금)식 동결법, 액화가스 동결법, 유동층식 동결법, Partial freezing

125. 다음 중 밀착 포장된 식품을 냉각부동액 중에 집어넣어 동결시키는 방식은?

① 침지식 동결장치
② 접촉식 동결장치
③ 진공 동결장치
④ 유동층 동결장치

☞ **침지식 동결법**
냉각된 부동액 중에 피동결물을 침지하여 동결시키는 방법으로 23% 식염수를 -15~-16℃로 냉각하여 여기에 어류를 침지한다. 표층으로부터 급속히 동결하기 때문에 식염이 인체에 침입하는 것은 적지만 염수가 혈액이나 점액으로 오염되는 결점이 있다. 가공품 원료어

Answer 121. ③ 122. ② 123. ② 124. ① 125. ①

동결에 많이 이용한다.

[참고]
① 접촉식 동결법 : 냉각된 냉매 또는 염수를 흘려 금속판을 냉각(-40~-30℃)시킨 후 이 금속판 사이에 원료를 넣고 양면을 밀착(압력 0.1~0.2kg/cm²)하여 동결하는 방법
② 유동측식 동결법 : 컨베이어 없이 유동하면서 동결되는 방법으로 농산물에 가장 많이 이용되는 방법

126. 25℃ 원수 1ton을 1일 동안에 -9℃의 얼음으로 만드는데 필요한 냉동능력은 약 얼마인가? (단, 외부 열손실은 20%, 물의 비열 4.2kJ/kg·K, 얼음의 비열 2.1kJ/kg·K, 동결잠열 334kJ/kg, 1RT=3.86kW로 한다)
① 1.65냉동톤(RT)
② 2.65냉동톤(RT)
③ 1.88냉동톤(RT)
④ 2.88냉동톤(RT)

 ① 25℃ 물을 0℃ 물로
$Q_1 = GC\Delta t$
$= 1,000 \times 4.18 \times (25-0)$
$= 105,000 \text{kJ/day}$
② 0℃ 물을 0℃ 얼음으로
$Q_2 = G\gamma$
$= 1,000 \times 334 = 334,000 \text{kJ/day}$
③ 0℃ 얼음을 -9℃ 얼음으로
$Q_3 = GC\Delta t$
$= 1,000 \times 2.1 \times (0-(-9))$
$= 18,900 \text{kJ/day}$
④ 전체 열량
①+②+③ = 457,900 kJ/day
⑤ 외부 열손실을 고려한 전체 열량
$Q = 457,900 \times 1.2 = 549,480 \text{kJ/day}$
⑥ 냉동능력(RT)
$\text{RT} = \dfrac{549,480}{24h \times \dfrac{3600s}{1h} \times 3.86} = 1.65 \text{RT}$

 126. ①

chapter 02 냉동사이클

1 증기선도

세로축에 변화되는 냉매의 절대압력(P)과 가로축에 냉매의 엔탈피(h, i)의 변화를 표시하여 냉매의 상태변화를 여러 가지 선으로 나타내는 선도로서 냉동장치의 계산에서 매우 중요하게 이용된다.

(1) 증기선도 종류

① 압력 – 체적 선도(P-V 선도)
② 온도 – 엔트로피 선도(T-s 선도)
③ 엔탈피 – 엔트로피 선도(h-s 선도)
④ 압력 – 엔탈피 선도(P-h 선도)
　㉠ 응축 및 증발 열량, 압축일의 열당량을 엔탈피의 차로 표시
　㉡ 압력과 온도의 변화에 따른 엔탈피 차를 구하는 데 편리 → 가장 많이 사용

(2) 일반증기의 성질

① 과냉각액 : 포화온도 및 포화압력 이하의 냉매액
② 포화액 : 포화온도 및 포화압력에 해당하는 냉매액
③ 습포화증기 : 포화액의 동일 온도 및 압력에서의 액과 증기가 공존
④ 건조포화증기 : 포화액이 완전히 증발하여 증기로 전환된 냉매증기
⑤ 과열증기 : 건조포화증기를 가열하여 증기가 포화온도 이상으로 상승된 냉매증기
⑥ 임계점 : 액체와 기체의 상이 구분될 수 있는 최대의 온도 – 압력 한계

임계온도 이상에서는 증기를 냉각시켜도 액화되지 않으며, 임계온도 이상에서는 액체와 증기가 서로 평형으로 존재할 수 없는 상태

⑦ 비등점 : 액체의 증기압이 액체 상부의 압력(대기 중에서는 대기압)과 같아질 때의 온도
⑧ 건조도 : 습포화증기 중의 증기의 비율로서 포화액은 건조도 $(x)=0$, 건조포화증기는 건조도 $(x)=1$로 표시
⑨ 과열도=과열증기온도 − 포화온도
⑩ 과냉각온도=응축온도 − 팽창밸브 직전 온도

(3) P-h 선도(몰리에르 선도)

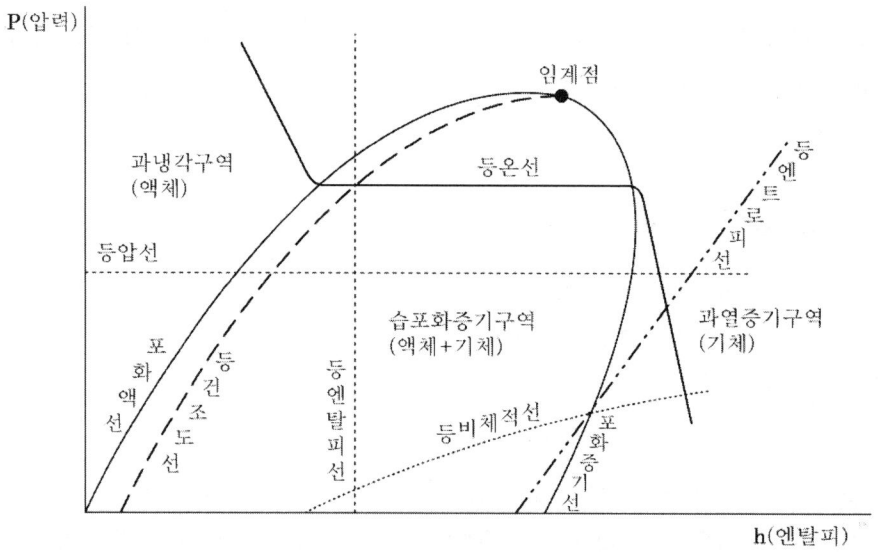

1) P-h 선도(몰리에르 선도)를 이용하여 구할 수 있는 것들
① 증발압력에서 증발온도를, 반대로 증발온도에서 증발압력
② 응축압력에서 응축온도를, 반대로 응축온도에서 응축압력
③ 압축기로 흡입되는 냉매가스의 엔탈피 및 비체적
④ 압축기에서 토출된 냉매가스의 엔탈피 및 온도
⑤ 팽창밸브 직전의 냉매액 온도에서 그 엔탈피 및 교축 팽창 후의 건조도

이상과 같이 구한 값에서 냉동사이클의 특성을 나타내는 여러 가지 값을 계산해서 구할 수 있다.

2) P-h 선도(몰리에르 선도)
① 포화액선 : 과냉각액 구역과 습포화 증기 구역을 구분하는 선으로 포화압력에 따른 포화온도의 점들을 이은 선
② (건조)포화증기선 : 습포화증기 구역과 과열증기 구역을 구분하는 선으로 포화압력에 따른 습포화증기가 건조포화증기로 상태가 바뀌는 점들을 이은 선
③ 등압선(P, kg/cm² · a)
　㉠ 가로축과 평행하다(등엔탈피선과 직교).
　㉡ 한 선에서의 압력은 과냉각액, 습증기, 과열증기 구역에서 모두 동일하다.
　㉢ 냉매의 상태변화 과정 중에서 응축과정과 증발과정 중의 절대 압력을 알 수 있고 이를 통해 압축비를 구할 수 있다.
④ 등엔탈피선($h(i)$, kJ/kg)
　㉠ 세로축과 평행하다(등압선과 직교).
　㉡ 모든 냉매의 0℃ 포화액의 엔탈피는 100kcal/kg(420kJ/kg)이다.
　㉢ 냉동효과, 응축부하, 소요동력, 성적계수, 플래시 가스량 등을 구할 수 있다.

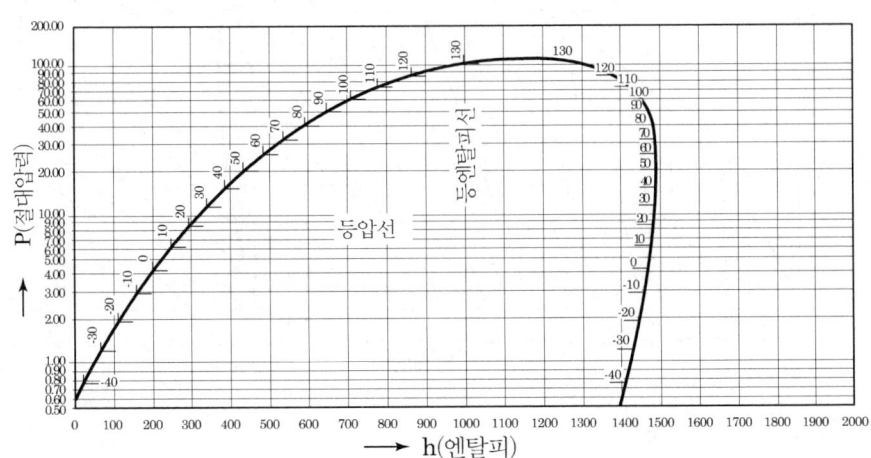

⑤ 등온선(t, ℃)
　㉠ 과냉각 구역에서는 등엔탈피선, 습증기 구역에서는 등압선과 일치하며 과열증기

구역에서는 우측 하단으로 급경사로 그려진다.

ⓒ 응축온도, 증발온도, 흡입가스 및 토출가스 온도 등을 알 수 있다.

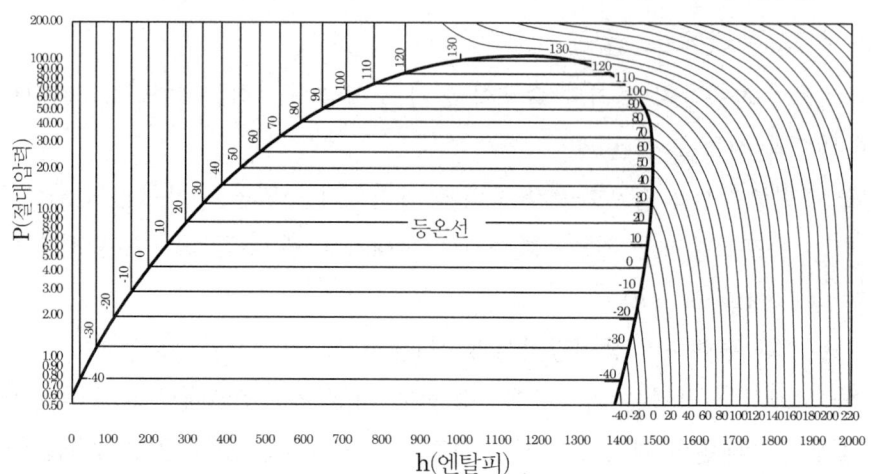

⑥ 등엔트로피선(s, kJ/kgK)

㉠ 습증기, 과열증기 구역만 존재

ⓒ 압축과정은 이론상 단열압축 과정(등엔트로피 과정)

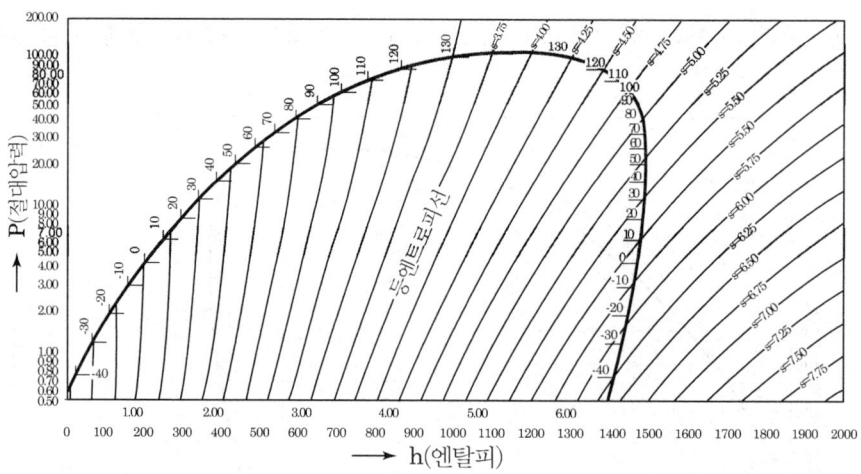

⑦ 등비체적선(v, m³/kg)

㉠ 습증기, 과열증기 구역에만 존재

ⓒ 압축기 흡입증기의 비체적을 알 수 있다.

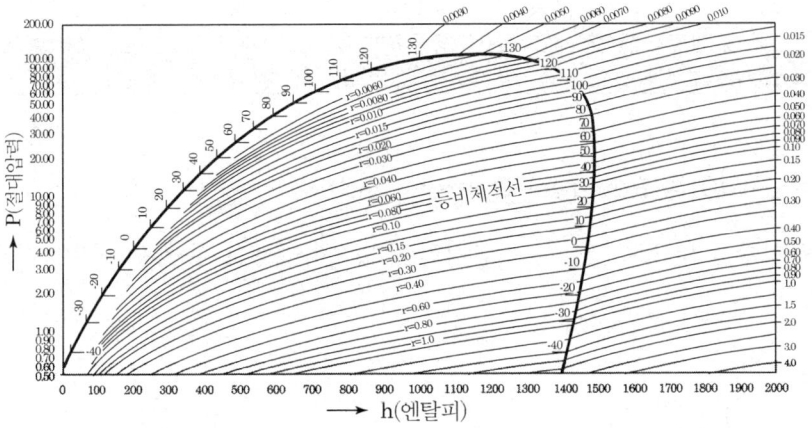

⑧ 등건조도선(x, %)
  ㉠ 습증기 구역에서만 존재
  ㉡ 단위중량의 습증기 중에 건조포화 증기가 차지하고 있는 무게비를 나타낸 값이다.
  $$건조도(x) = \frac{건조포화증기}{습증기} = \frac{플래시가스의\ 열량}{증발잠열} \quad (0 \leq x \leq 1)$$
  ㉢ 과냉각 구역과 포화액선까지의 건조도는 0이고, 건조포화 증기선에서의 건조도는 1이다.
  ㉣ 건조도가 0.25이면 습포화 증기 중 증기가 25%이고, 액은 75%이다.
  ㉤ 플래시 가스량 및 냉동효과를 알 수 있다.

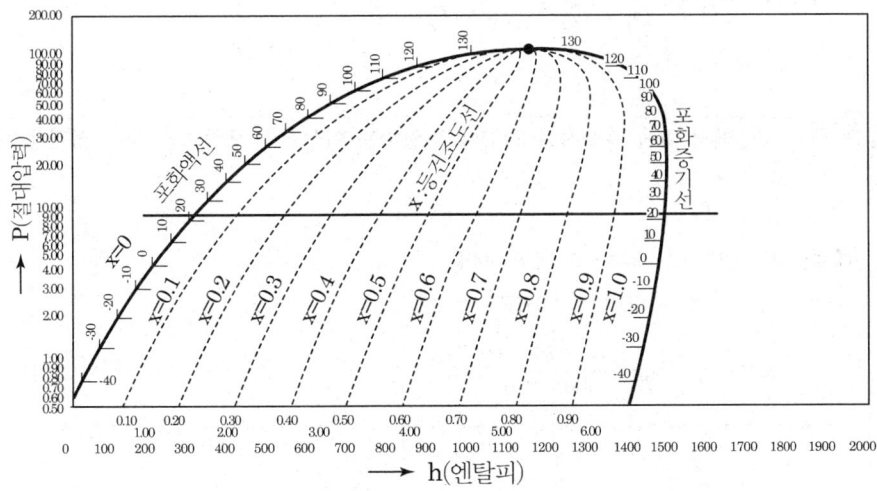

2 표준냉동사이클

(1) 역카르노 사이클(Reverse-Carnot Cycle)

카르노 사이클을 역으로 행하는 이상적인 냉동사이클로서 두 개의 단열선으로 이루어진 사이클

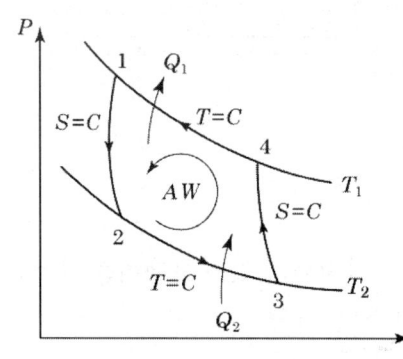
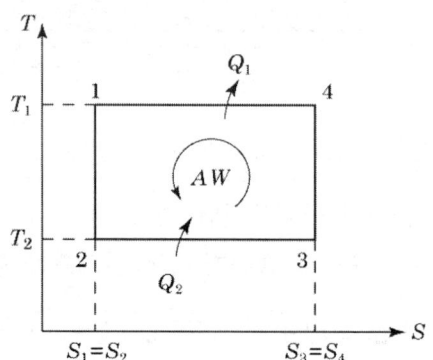

① 1→2 과정 : 단열팽창(팽창밸브) ② 2→3 과정 : 등온팽창(증발기)
③ 3→4 과정 : 단열압축(압축기)   ④ 4→1 과정 : 등온압축(응축기)

㉠ 역카르노 사이클에서의 성적계수

$$COP_R = \frac{Q_2}{AW} = \frac{Q_2}{Q_1 - Q_2} = \frac{T_2}{T_1 - T_2}$$

> **예제** -3℃에서 열을 흡수하여 27℃에 방열하는 이상적인 냉동기의 최대 성적계수는?
> ① 9.0 ② 10.0
> ③ 11.25 ④ 15.25
>
> **[해설]** $T_1 = 27℃ = (273+27)K = 300K$
> $T_2 = -3℃ = (273+(-3))K = 270K$
> $COP = \dfrac{T_2}{T_1 - T_2} = \dfrac{270}{300-270} = 9.0$ 정답 : ①

(2) 냉동사이클

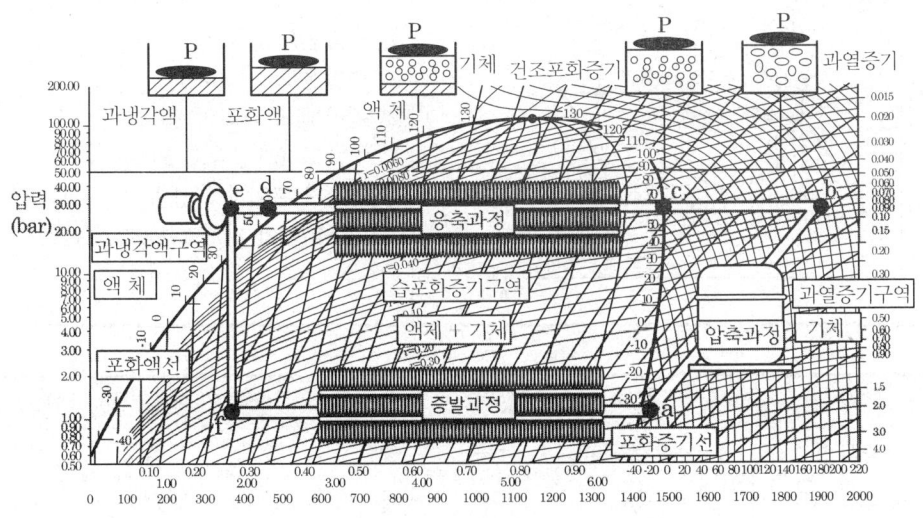

a : 압축기 흡입 지점(증발기 출구)   b : 압축기 토출 지점(응축기 입구)
c : 응축기에서 응축이 시작하는 시점   d : 과냉각이 시작되는 지점
e : 팽창 밸브 입구 지점   f : 팽창밸브 출구 지점(증발기 입구)

P-h 선도상의 냉동사이클		열역학적 상태 변화
a→b	압축 과정	압력상승, 온도상승, 엔탈피 증가, 비체적 감소, 엔트로피 일정
b→c	과열 제거 과정	압력일정, 온도강하, 비체적 감소, 엔탈피 감소
c→d	응축 과정	압력일정, 온도일정, 엔탈피 감소, 건조도 감소
d→e	과냉각 과정	압력일정, 온도강하, 엔탈피 감소
e→f	팽창 과정	압력강하, 온도강하, 엔탈피 불변, 비체적 증대
f→a	증발 과정	압력일정, 온도일정, 엔탈피 증가, 건조도 증가, 비체적 증대

(3) 표준냉동사이클

증발온도, 응축온도 등 조건에 따라 냉동기의 성능은 다르게 나타난다. 따라서 각 냉동기의 크기(용량 또는 능력)를 서로 비교하려면 실제 냉동장치의 운전조건에 상관없이 일정한 온도 조건에 의해 냉동사이클이 운전된다고 가정하고 냉동능력을 산정하는데, 이것을 표준냉동사이클 또는 법정냉동사이클이라고 한다.

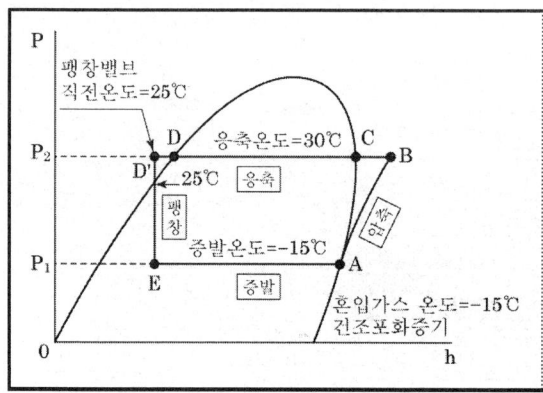

① 응축온도 : 30℃
② 증발온도 : -15℃
③ 팽창밸브 직전의 온도
  : 25℃(과냉각도 5℃)
④ 압축기 흡입가스 상태
  : -15℃의 건조포화증기

구 분	과정	압력	온도	엔탈피	엔트로피	비체적
압축과정(A-B)	등엔트로피	상승	상승	증가	일정	감소
응축과정(B-D')	등압	일정	저하	감소	감소	감소
팽창과정(D'-E)	등엔탈피	감소	저하	일정	증가	증가
증발과정(E-A)	등압	일정	일정	증가	증가	증가

(4) 법정냉동능력(R) 산정방법

① 일반적인 방법

$$R = \frac{V \times q_e}{v \times 3320} \times \eta_v$$

여기서, R : 냉동능력(냉동톤, RT) V : 피스톤 압출량(m^3/h)
q_e : 냉동효과(kcal/kg) η_v : 체적효율
v : -15℃의 건조포화증기의 비체적(m^3/kg)
(압축기 1개 기통 체적이 5000cm^3 이하 → 0.75, 5000cm^3 초과 → 0.8)

② 고압가스안전관리법에서의 방법

$$R = \frac{V}{C}$$

여기서, R : 냉동능력(냉동톤, RT)
V : 피스톤 압출량(m^3/h)
C : 상수(고압가스안전관리법에 정하여져 있음)

(5) 냉매 상태에 따른 압축방식

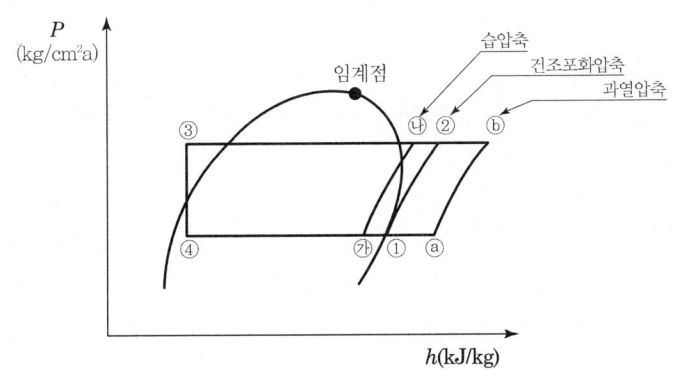

구 분	습압축	건조포화압축	과열압축
흡입증기	습증기를 흡입	건조포화증기 흡입	과열증기 흡입
구 간	㉮ → ㉯ → ③ → ④	① → ② → ③ → ④	ⓐ → ⓑ → ③ → ④
특징	1. 흡입가스 중에 액이 존재, 액압축의 우려가 있음 2. 냉동기의 성적계수 저하 및 액 해머링이 발생	1. 표준냉동사이클	1. 프레온은 토출가스온도가 높지 않으므로 흡입가스를 과열시켜 액백을 방지 2. 냉동효과 향상 3. 과열도(5℃가 적당) =압축흡입가스온도-증발온도

(6) 과냉각도의 변화

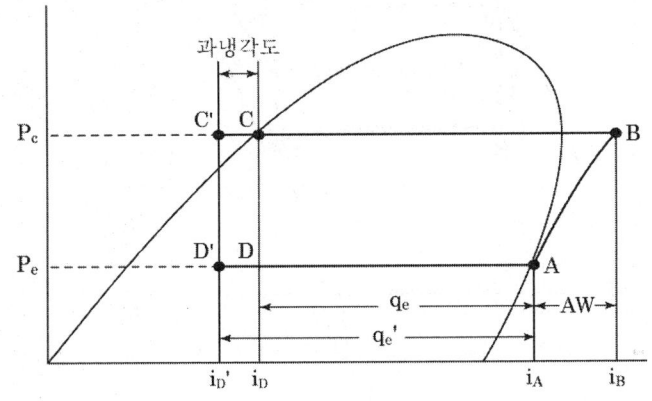

q_e : 과냉각이 없을 경우의 냉동효과

$q_e{'}$: 과냉각이 있을 경우의 냉동효과

1) 과냉각(subcooling)

 냉동기의 응축기로 응축, 액화한 냉매를 다시 냉각해서 그 압력에 대한 포화온도보다 낮은 온도가 되도록 하는 것

2) 과냉각도(degree of subcooling)

 냉동사이클의 응축기 내에서 응축된 냉매액이 응축압력에 상당하는 포화온도 이하로 냉각되어 있을 때 이 포화온도와의 차이로 응축온도 및 증발온도가 일정할 때 과냉각도가 크면 클수록 팽창밸브 통과 시 플래시 가스(flash gas) 발생량이 감소하므로 냉동능력과 성적계수가 증가한다.

(7) 실제 냉동사이클과 이론 냉동사이클의 비교

 실제 냉동장치에서는 냉매가 배관계통이나 각 장치 내를 흐를 때 유동저항에 의하여 압력이 강하하며, 외부에서 열이 침입하거나 압축기에서 마찰손실 등이 발생하므로 이론 사이클과 다소 차이가 생기고 실제 냉동사이클은 이론 냉동사이클보다 효율이 낮다. 아래의 그림에서 A-B-C-D(이론 냉동사이클)는 이론상 냉매의 변화이며, 실제 과정의 냉매는 1-2-3-4-5-6-7-8(실제 냉동사이클)과 같이 변화하면서 사이클을 구성한다.

1) 이론 냉동사이클과 실제 냉동사이클의 비교

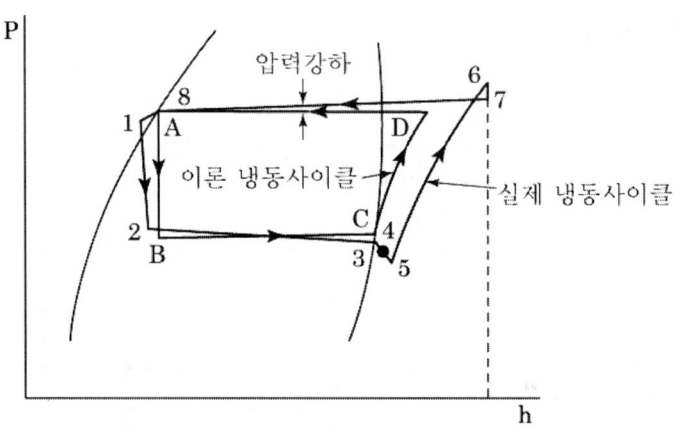

과정	실제 냉동사이클	이론 냉동사이클
1→2	팽창밸브에서의 엔탈피 증가	교축팽창, 등엔탈피 과정
2→3	증발기에서 압력손실	증발기 정압증발 과정
3→4	압축기 흡입배관에서의 압력손실과 열취득	
4→5	압축기 내에서 압력손실과 냉각열에 의한 흡입가스 변화	
5→6	폴리트로픽 압축, 초기 흡열로 온도, 엔탈피 및 엔트로피 증가	등엔트로피 과정
6→7	압축기 토출배관에서의 압력손실	
7→8	응축기에서의 압력손실	응축기 정압방열 과정
8→1	관 저항으로 압력 약간 감소	응축기의 포화액 과냉 과정

2) 표준 냉동사이클과 실제 냉동사이클의 차이점

표준 냉동사이클	실제 냉동사이클
① 압축기 및 팽창밸브를 통과할 때 이외에는 냉매압력의 변화는 없다. ② 응축기 및 증발기 이외의 장소에서는 열교환을 하지 않는다. ③ 압축과정은 등엔트로피 변화하고, 팽창과정은 등엔탈피 변화를 한다.	① 관의 마찰로 인해 응축기와 증발기에서의 압력 강하 ② 응축기 출구의 액체 과냉(100% 액체가 팽창밸브로 유입이 바람직) ③ 증발기 출구의 증기 과열(압축기로 액체 방울 유입이 되지 않도록 유의) ④ 압축과정이 등엔트로피 과정이 아니므로 (폴리트로픽 과정) 효율이 떨어짐

3 온도 및 압력 변화에 따른 냉동사이클에 미치는 영향

(1) 응축온도(압력) 변화

① 응축온도(압력) 상승의 경우

처음 냉동사이클 1→2→3→4, 나중 냉동사이클 1→2'→3'→4'

㉠ 압축비 증가로 인한 토출가스온도 상승

㉡ 냉동효과 감소

㉢ 성능계수(COP) 감소

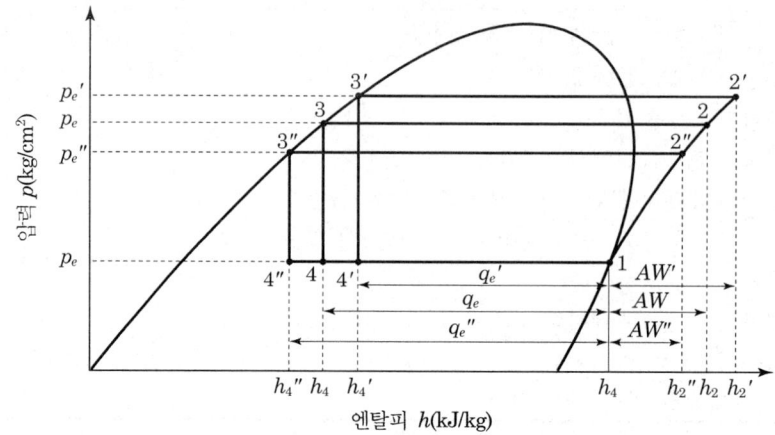

② 응축온도(압력) 하강의 경우

처음 냉동사이클 1→2→3→4, 나중 냉동사이클 1→2″→3″→4″

㉠ 압축비 감소로 인한 토출가스온도 저하

㉡ 냉동효과 증대

㉢ 성능계수(COP) 증대

(2) 증발온도(압력) 변화

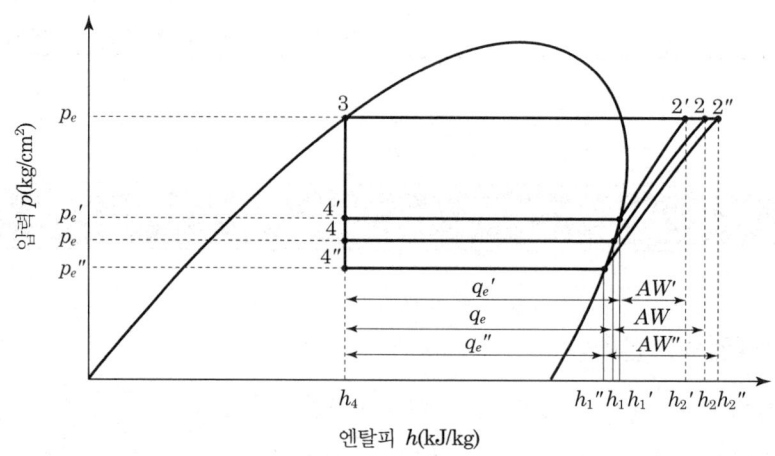

① 증발온도(압력) 하강의 경우

처음 냉동사이클 1→2→3→4, 나중 냉동사이클 1″→2″→3→4″

㉠ 압축비의 증대
㉡ 토출가스 온도 상승
㉢ 냉동효과 감소
㉣ 성능계수(COP) 감소
㉤ 비체적 증대로 인한 냉매순환량 감소

② 증발온도(압력) 상승의 경우
처음 냉동사이클 1→2→3→4, 나중 냉동사이클 1'→2'→3→4'
㉠ 압축비 감소
㉡ 토출가스 온도 강하
㉢ 냉동효과 증대
㉣ 성능계수(COP) 증가
㉤ 비체적 감소로 인한 냉매순환량 증가

4 냉동사이클의 각종 계산

(1) 1단 압축 냉동사이클

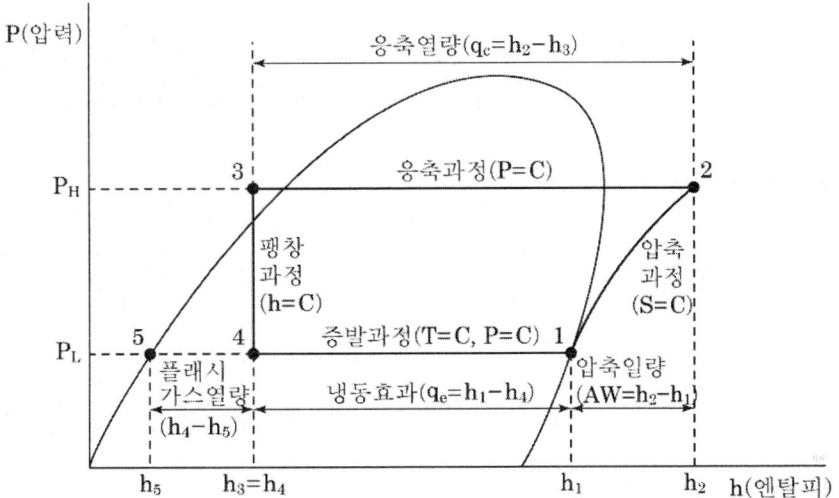

① 냉동효과[kJ/kg] : 냉매 1kg이 증발기를 통과하는 동안 피냉각물체로부터 흡수하는 열량

$$q_e = h_1 - h_4$$

② 압축일량[kJ/kg] : 압축기에서 저압의 냉매가스 1kg을 고압으로 상승시키는 데 소요되는 압축일을 열량으로 환산한 값

$$Aw = h_2 - h_1$$

③ 응축기 방열량[kJ/kg] : 증발기를 통과하는 동안 냉매 1kg이 흡수한 열량과 압축기에서 받은 열량을 공기나 냉각수에 의해 방출하는 열량

$$q_c = q_e + Aw = h_2 - h_3$$

(응축기 방열량은 냉동효과와 압축일량을 합한 것이다.)

④ 증발잠열[kJ/kg] : $q = h_1 - h_5$

⑤ 플래시 가스 발생량[kJ/kg] : $q_f = h_4 - h_5$

⑥ 건조도 : $x = \dfrac{q_f}{q} = \dfrac{h_4 - h_5}{h_1 - h_5}$

⑦ 압축비 : $a = \dfrac{P_H}{P_L}$

여기서, P_H : 응축압력의 절대압력-고압, P_L : 증발압력의 절대압력-저압

⑧ 성적계수(COP) : 냉동능력과 압축일에 해당하는 소요동력과의 비

㉠ 이상적 성적계수 : $COP = \dfrac{T_L}{T_H - T_L}$

여기서, T_H : 응축 절대온도, T_L : 증발 절대온도

㉡ 이론적 성적계수 : $COP = \dfrac{q_e}{A\omega} = \dfrac{h_1 - h_4}{h_2 - h_1}$

㉢ 실제 성적계수 : $COP = \dfrac{q_e}{A\omega} \eta_c \eta_m = \dfrac{h_1 - h_4}{h_2 - h_1} \eta_c \eta_m$

여기서, η_c : 압축효율, η_m : 기계효율

> **참고 — 성적계수(COP)**
>
> 냉동기의 성적계수(COP)란 냉동기의 냉각성능을 나타내는 값으로서 압축일량에 대한 냉동기 증발기에서 흡수한 열량비이다. 냉동장치에서는 얻은 에너지가 투입한 에너지보다 많기 때문에 효율을 사용하지 않고 성적계수라는 단위가 사용된다. 얻은 에너지가 투입한 에너지보다 크게 되는 주된 원인은 얻은 에너지가 투입한 에너지와 회수한 폐열의 합이 되기 때문에 투입한 에너지보다 크게 된 것이므로 에너지보존법칙에 위배되는 것은 아니다. 또한 냉동기의 성능계수를 향상하기 위해서는 응축온도(T_H)는 되도록 낮게, 증발온도(T_L)는 되도록 높게 하는 것이 좋다. 즉, $T_H - T_L$ 차가 작을수록 좋다.

⑨ 냉동능력[kW] : 냉매가 증발기에서 흡수하는 열량

$$Q_e = G \times q_e \text{[kW]} = \frac{G \times q_e}{3.86} \text{[RT]} \quad (G : 냉매순환량\text{[kg/s]},\ q_e : 냉동효과\text{[kJ/kg]})$$

⑩ 냉매순환량[kg/s] : 증발기에서 단위시간에 냉동사이클을 순환하는 냉매량, 즉 단위시간에 냉매가 증발기에서 증발하는 양

$$G = \frac{Q_e}{q_e} = \frac{V}{v_a} \times \eta_v$$

여기서, Q_e : 냉동능력[kW]　　　　　q_e : 냉동효과[kJ/kg]
　　　　V : 피스톤 토출량[m³/s]　　v_a : 흡입가스 비체적[m³/kg]
　　　　η_v : 체적효율

⑪ 압축기 소요동력 : $L = \dfrac{G \times Aw}{\eta_c \times \eta_m} = \dfrac{G \times (h_2 - h_1)}{\eta_c \times \eta_m}$ 　(η_c : 압축효율, η_m : 기계효율)

> **참고 — 이론 피스톤 토출량**
>
> ① 왕복동식 압축기 : $V\text{[m}^3/\text{h]} = \dfrac{\pi D^2}{4} \cdot L \cdot N \cdot R \cdot 60$
>
> 　　여기서, D : 실린더 내경[m]　　L : 피스톤 행정[m]
> 　　　　　　N : 기통수　　　　　　R : 분당 회전수[rpm]
>
> ② 회전식 압축기 : $V\text{[m}^3/\text{h]} = \dfrac{\pi (D^2 - d^2)}{4} \cdot t \cdot R \cdot 60$
>
> 　　여기서, D : 실린더 내경[m]　　d : 피스톤 외경[m]
> 　　　　　　R : 분당 회전수[rpm]　t : 피스톤 축방향 길이, 두께[m]

5 성적계수 향상 방법

(1) 성적(성능)계수(COP)의 향상

"성적계수(COP) = $\dfrac{냉동효과}{압축일}$" 이므로 성적계수를 향상시키기 위해서는

① 냉동효과를 크게 한다.
② 압축일을 적게 한다.
③ 액-가스 열교환기를 설치한다.
　증발기 출구 냉매증기와 팽창밸브로 공급되는 냉매액을 상호 열교환시켜, 팽창밸브 공급 냉매액의 과냉각도를 높일 수 있다.
④ 배관에서의 플래시 가스 발생을 최소화한다.(냉매증기의 증발기 공급방지)

6 2단 압축 냉동사이클

1단 냉동사이클에서는 증발온도가 −30℃ 정도 이하가 되면 증발압력이 너무 낮아져 압축비가 증대하여 토출가스 온도가 상승되며, 실린더 가열, 피스톤 마모, 체적효율 감소, 윤활유 열화 및 소요동력이 증가한다. 이런 단점 때문에 증발온도가 일정(−30℃) 이하가 되면 1단 압축을 하지 않고, 압축을 2단으로 나누어 2단 압축 방식을 채택한다.

(1) 2단 압축 채용범위

① 암모니아 : 압축비가 6 이상, 증발온도가 −35℃ 이하일 때 채용
② 프레온 : 압축비가 9 이상, 증발온도가 −50℃ 이하일 때 채용

(2) 중간냉각기

① 저단측 냉매의 토출가스 온도를 낮추어 고단측 압축기의 과열압축을 방지
② 고단측 압축기의 흡입가스를 액과 분리하여 습(액)압축을 방지

③ 증발기에 공급되는 고압액을 과냉각시켜 플래시 가스 발생을 억제하여 냉동효과를 증대

④ 동일한 압축비를 한 대의 압축기로 압축할 때보다 저·고압 압축기가 작용함으로써 압축비가 적어지므로 소요동력이 감소된다.

(3) 부스터(Booster) 압축기

증발압력에서 중간압력까지 압력을 상승시키기 위한 압축기로 저단측 압축기를 말하며, 고단측 압축기보다 용량이 커야 한다.

(4) 콤파운드 압축기(Compound Compressor)

2단 압축에서 저단측 압축기와 고단측 압축기를 1대의 압축기로 기통을 2단(저단측 기통, 고단측 기통)으로 나누어 사용한 것으로서 설치 면적, 중량, 설비비 등의 절감을 위하여 채택한 방식

(5) 구조상 특징

① 2단 압축 1단 팽창

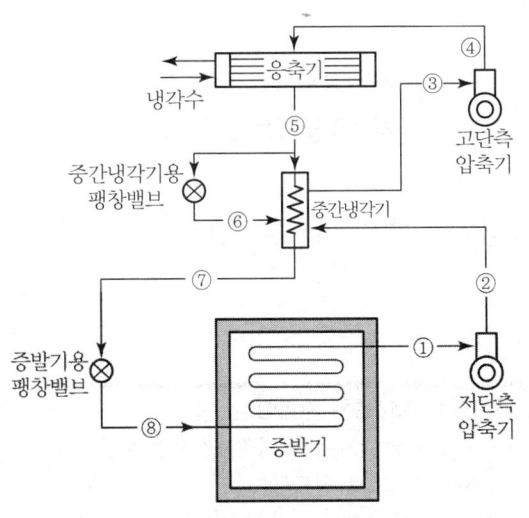
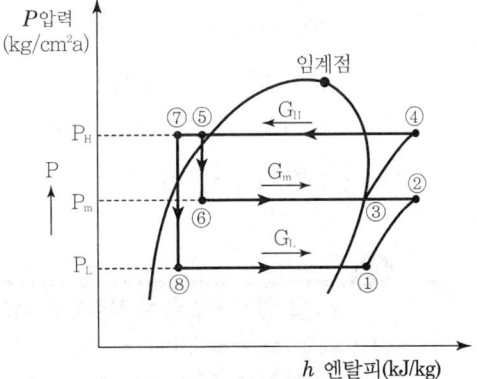

- 저단압축기(부스터) : ①-②
- 중간냉각기 : ③-⑥
- 주팽창밸브 : ⑦-⑧
- 고단압축기 : ③-④
- 중간냉각기용 팽창밸브 : ⑤-⑥

> **참고**
>
> ■ 부스터
> 저단측 압축기를 부스터(Booster)라고 한다.

② 2단 압축 2단 팽창

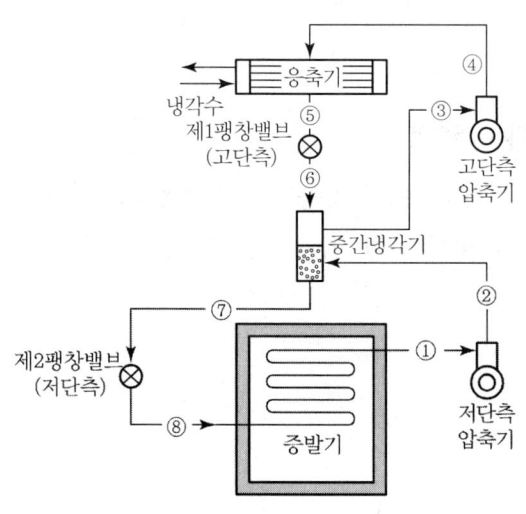
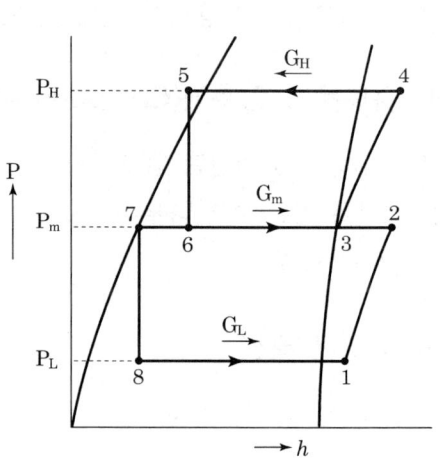

- 저단압축기(부스터) : ①-②
- 제1팽창밸브 : ⑤-⑥
- 중간냉각기 : ③-⑥
  [②-③ : 과열도 제거, ③-⑥ : 습압축 방지, ⑥-⑦ : 과냉각]
- 증발기 : ①-⑧
- 고단압축기 : ③-④
- 제2팽창밸브 : ⑦-⑧

> **참고**
>
> ■ 2단 압축 1단 팽창 사이클과 2단 압축 2단 팽창 사이클의 차이점
> ① 2단 압축 1단 팽창 사이클의 중간냉각기는 응축기 출구 고압액 일부를 바이패스시켜 중간냉각기용 팽창밸브를 거쳐 증발기용 팽창밸브로 감압하여 증발기로 공급한다.
> ② 2단 압축 2단 팽창 사이클에서는 고단수액기를 나온 냉매의 전량을 제1팽창밸브(중간냉각기용 팽창밸브)에 의해 중간압력까지 내리고 중간냉각기는 냉매액을 다시 제2팽창밸브(증발기용 팽창밸브)로 감압해서 증발기로 보내는 사이클이다.

(6) 2단 압축 냉동사이클의 각종 계산

① 저단압축기 냉매순환량 : $G_L = \dfrac{Q_e}{q_e} = \dfrac{Q_e}{h_1 - h_8}$

② 중간냉각기 냉매순환량 : $G_m = G_L \times \dfrac{(h_2 - h_3) + (h_5 - h_7)}{h_3 - h_6}$

③ 고단압축기의 냉매순환량 : $G_H = G_L + G_m = G_L \times \dfrac{h_2 - h_7}{h_3 - h_6}$

④ 중간압력 : $P_m = \sqrt{P_L \times P_H}$

  여기서, P_L : 저압측 절대압력, P_H : 고압측 절대압력

⑤ 압축비

  • 저단압축기 압축비 $= \dfrac{P_m}{P_L}$ • 고단압축기 압축비 $= \dfrac{P_H}{P_m}$

⑥ COP

$$\text{COP} = \dfrac{q_e}{Aw} = \dfrac{q_e}{Aw_L + Aw_H} = \dfrac{h_1 - h_8}{(h_2 - h_1) + \dfrac{h_2 - h_7}{h_3 - h_6}(h_4 - h_3)}$$

7 2원 냉동사이클

2단 또는 다단 압축 냉동시스템으로도 −70℃ 이하의 저온을 얻기 어려울 경우에 채택되는 냉동방식으로 서로 다른 냉매를 사용하여 각각의 독립된 냉동사이클을 온도적으로 2단계로 분리한 장치

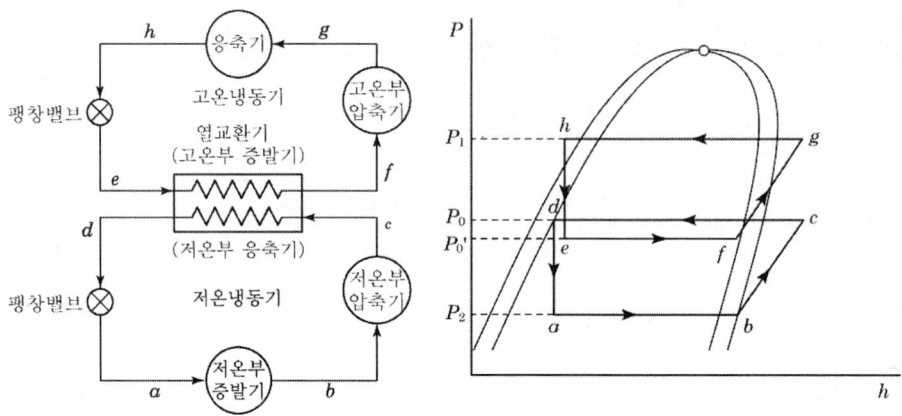

[2원 냉동사이클 및 P-h 선도]

(1) 냉매

① 저온측 : R-13, R-14, 에틸렌, 메탄, 에탄 등 비등점이 낮은 냉매
② 고온측 : R-12, R-22 등 비등점이 높고 응축압력이 낮은 냉매

(2) 캐스케이드 콘덴서

저온측 응축기와 고온측 증발기를 조합시킨 열교환기

(3) 팽창탱크

2원 냉동장치에서 운전 중 저온측의 냉동기를 정지하였을 때 초저온 냉매의 증발로 인한 압력상승으로 냉동 장치가 파괴되는 일이 있는데, 이를 방지하기 위하여 일정압력 이상이 되면 일부 가스를 저장하는 안전장치

(4) 특징

① 저온, 고온측의 냉매가 다르다.
② 저온, 취성에 강한 재료를 사용
③ 사용 윤활유는 점도가 큰 것을 선택
④ 팽창탱크를 반드시 설치

(5) 2원 냉동사이클의 각종 계산

① 저온부 냉매순환량(G_L)

$$G_L = \frac{R}{h_b - h_a}$$

여기서, R : 냉동능력

② 고온부 냉매순환량(G_H)

$$G_H = G_L \frac{(h_c - h_d)}{(h_f - h_e)} = \frac{R(h_c - h_d)}{(h_f - h_e)(h_b - h_a)}$$

③ 압축비

㉠ 저온측 압축비 $= \dfrac{P_0}{P_2}$

㉡ 고온측 압축비 $= \dfrac{P_1}{P_0{'}}$

④ 성적계수(COP)

$$COP = \frac{q_e}{Aw} = \frac{R}{N} = \frac{(h_b - h_d)(h_f - h_h)}{(h_c - h_b)(h_f - h_h) + (h_c - h_d)(h_g - h_f)}$$

8 냉장 부하계산

(1) 열손실

외부침입열, 냉각열, 발생열, 환기열, 기타 등

구 분		계산식	비 고
외부침입열(Q_1)		$Q_1 = KA\Delta T$	K : 구조체 열관류율, $W/(m^2 \cdot K)$ A : 외기와 접한 벽체면적, m^2 ΔT : 냉장고와 외기온도의 온도차, ℃
냉각열(Q_2)		$Q_2 = \dfrac{GC_p(T_3 - T_4)}{24}$	G : 1일 중 입고되는 냉장품의 질량, kg C_p : 냉장품의 비열, $W \cdot h/(kg \cdot K)$ T_3 : 입고 냉장품의 온도, ℃ T_4 : 입고 냉장품의 온도, ℃
발생열 (Q_3)	전동 송풍기	$Q_{3.0} = \dfrac{WNn}{24}$	W : 전동 송풍기의 총동력, kW N : 전동 송풍기의 수량 n : 1일 동안의 전동 송풍기 사용시간, h
	하역기계	$Q_{3.1} = \dfrac{WNn}{24}$	W : 하역기기의 총동력, kW N : 하역기기의 대수 n : 1일 동안의 하역기기 사용시간, h
	작업원	$Q_{3.2} = \dfrac{WNn}{24}$	W : 인체에서 발생하는 열량, kW N : 냉장 시 작업하는 인원수 n : 1일 동안의 작업시간, h
	전등(작업등)	$Q_{3.3} = \dfrac{WNn}{24}$	W : 전등의 총 동력, kW N : 전등 대수 n : 1일 동안의 전등 사용시간, h
환기열(Q_4)		$Q_4 = \dfrac{V(h_a - h_r)n}{24}$	V : 냉장실 내 유효 용적, m^3 h_a : 외부 공기의 엔탈피, $W \cdot h/m^3$ h_r : 내부 공기의 엔탈피, $W \cdot h/m^3$ n : 1일 동안의 환기 횟수
기타 (냉동고 저장 산물의 호흡열, Q_5)		$Q_5 = \dfrac{GRn}{24}$	G : 1회 입고량, kg n : 입고 횟수 R : 호흡열, kW/kg

제2-2편 공조냉동 설계(냉동공학)

chapter 02 출·제·예·상·문·제

01. 이상적인 냉동사이클의 기본 사이클은?
① 브레이턴 사이클
② 사바테 사이클
③ 오토 사이클
④ 역카르노 사이클

👉 **역카르노 사이클**
① 냉동기의 이상사이클
② 카르노 사이클의 역방향(반시계방향) 사이클
[참고]
① 브레이턴 사이클 : 2개의 정압과정과 2개의 단열과정으로 이루어진 가스터빈 기관의 이상 사이클
② 사바테 사이클 : 2개의 단열과정, 2개의 정적과정, 1개의 정압과정으로 구성된 복합 사이클로 고속 디젤기관의 기본 사이클
③ 카르노 사이클 : 2개의 단열과정과 2개의 등온과정을 갖는 열기관의 이상 사이클

02. 이상적 냉동사이클의 상태변화 순서를 표현한 것 중 옳은 것은?
① 단열팽창 → 단열압축 → 단열팽창 → 단열압축
② 단열압축 → 단열팽창 → 등온압축 → 등온팽창
③ 단열팽창 → 등온팽창 → 단열압축 → 등온압축
④ 단열압축 → 등온팽창 → 등온압축 → 단열팽창

👉 **역카르노 사이클(Reverse-Carnot Cycle)**
카르노 사이클을 역으로 행하는 이상적인 냉동사이클로서 두 개의 단열선으로 이루어진 사이클
[상태변화 순서]
단열팽창(팽창밸브) → 등온팽창(증발기) → 단열압축(압축기) → 등온압축(응축기)

03. 다음의 역카르노 사이클에서 등온팽창 과정을 나타내는 것은?

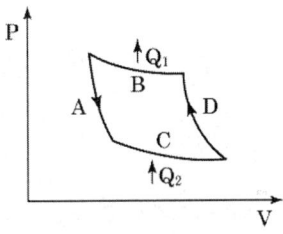

① A
② B
③ C
④ D

👉 ① A : 단열팽창(팽창과정)
② C : 등온팽창(증발과정)
③ D : 단열압축(압축과정)
④ B : 등온압축(응축과정)

04. 다음 그림은 이상적인 냉동사이클을 나타낸 것이다. 각 과정에 대한 설명으로 틀린 것은?

Answer 01. ④ 02. ③ 03. ③ 04. ②

① Ⓐ 과정은 단열팽창이다.
② Ⓑ 과정은 등온압축이다.
③ Ⓒ 과정은 단열압축이다.
④ Ⓓ 과정은 등온압축이다.

👉 ② Ⓑ 과정은 등온팽창이다.(증발과정)

05. 고온부의 절대온도를 T_1, 저온부의 절대온도를 T_2, 고온부로 방출하는 열량을 Q_1, 저온부로부터 흡수하는 열량을 Q_2라고 할 때, 이 냉동기의 이론 성적계수(COP)를 구하는 식은?

① $\dfrac{Q_1}{Q_1 - Q_2}$ ② $\dfrac{Q_2}{Q_1 - Q_2}$

③ $\dfrac{T_1}{T_1 - T_2}$ ④ $\dfrac{T_1 - T_2}{T_1}$

👉 이론 성적계수(COP)
$$\text{COP} = \dfrac{Q_2}{Q_1 - Q_2} = \dfrac{T_2}{T_1 - T_2}$$

06. 역카르노 사이클에서 T-S 선도상 성적계수 ε를 구하는 식은 어느 것인가? (단, AW : 외부로부터 받은 일, Q_1 : 고온으로 배출하는 열량, Q_2 : 저온으로부터 받은 열량, T_1 : 고온, T_2 : 저온)

① $\varepsilon = \dfrac{AW}{Q_1}$ ② $\varepsilon = \dfrac{Q_1 - Q_2}{Q_2}$

③ $\varepsilon = \dfrac{T_1 - T_2}{T_1}$ ④ $\varepsilon = \dfrac{T_2}{T_1 - T_2}$

👉 성적계수(COP)
$$\varepsilon(\text{COP}) = \dfrac{Q_2}{AW} = \dfrac{Q_2}{Q_1 - Q_2} = \dfrac{T_2}{T_1 - T_2}$$

07. 성적계수인 COP에 관한 설명으로 틀린 것은?

① 냉동기의 성능을 표시하는 무차원수로서 압축일량과 냉동효과의 비를 말한다.
② 열펌프의 성적계수는 일반적으로 1보다 작다.
③ 실제 냉동기에서는 압축효율도 COP에 영향을 미친다.
④ 냉동사이클에서는 응축온도가 가능한 한 낮고, 증발온도가 높을수록 성적계수는 크다.

👉 ② 열펌프의 성적계수는 일반적으로 1보다 크고(성적계수가 3.0 이상), 냉동기의 성적계수보다 항상 1만큼 크다.

08. 이상적인 냉동사이클에서 응축기 온도가 30℃, 증발기 온도가 -10℃일 때 성적계수는?

① 4.6   ② 5.2
③ 6.6   ④ 7.5

👉 성적계수(COP)
$$\text{COP} = \dfrac{T_L}{T_H - T_L} = \dfrac{263}{303 - 263} = 6.6$$
여기서, $T_H = 30℃ = (273+30)\text{K} = 303\text{K}$
$T_L = -10℃ = (273+(-10))\text{K} = 263\text{K}$

09. 100℃와 50℃ 사이에서 작동하는 냉동기로 가능한 최대 성능계수(COP)는 약 얼마인가?

① 7.46   ② 2.54
③ 4.25   ④ 6.46

👉 냉동기의 최대 성능계수(COP)

Answer   05. ②   06. ④   07. ②   08. ③   09. ④

$$\text{COP} = \frac{T_L}{T_H - T_L} = \frac{323}{373 - 323} = 6.46$$

여기서, $T_L = 50℃ = (50 + 273)\text{K} = 323\text{K}$
$T_H = 100℃ = (100 + 273)\text{K} = 373\text{K}$

$$\text{COP} = \frac{T_L}{T_H - T_L} = \frac{300}{430 - 300} = 2.3$$

여기서, $T_L = 27℃ = (27 + 273)\text{K} = 300\text{K}$
$T_H = 157℃ = (157 + 273)\text{K} = 430\text{K}$

10. 역카르노 사이클로 운전하는 이상적인 냉동사이클에서 응축기 온도가 40℃, 증발기 온도가 -10℃이면 성능계수는?

① 4.26　　　② 5.26
③ 3.56　　　④ 6.56

☞ 역카르노 사이클의 성능계수

$$COP_R = \frac{T_1}{T_2 - T_1} = \frac{263}{313 - 263} = 5.26$$

여기서, $T_2 = 40℃ = (40 + 273)\text{K} = 313\text{K}$
$T_1 = -10℃ = (-10 + 273)\text{K} = 263\text{K}$

13. 냉동사이클에서 응축온도 47℃, 증발온도 -10℃이면 이론적인 최대 성적계수는 얼마인가?

① 0.21　　　② 3.45
③ 4.61　　　④ 5.36

☞ 이론적인 최대 성적계수(COP)

$$\text{COP} = \frac{T_L}{T_H - T_L} = \frac{263}{320 - 263} = 4.61$$

여기서, $T_H = 47℃ = (47+273)\text{K} = 320\text{K}$
$T_L = -10℃ = (-10+273)\text{K} = 263\text{K}$

11. 역카르노 사이클로 300K와 240K 사이에서 작동하고 있는 냉동기가 있다. 이 냉동기의 성능계수는?

① 3　　　② 4
③ 5　　　④ 6

☞ ① 저열원 $T_L = 240\text{K}$
② 고열원 $T_H = 300\text{K}$
③ 성적계수(COP)

$$\text{COP} = \frac{T_L}{T_H - T_L} = \frac{240}{300 - 240} = 4$$

14. 응축온도가 30℃, 증발온도가 -15℃인 R-12 냉동기에서 이상적인 냉동사이클 시 성적계수(COP_R)와 열펌프(Heat pump) 사이클 시 성적계수(COP_H)는 얼마인가?

① (COP_R)=3.7, (COP_H)=4.7
② (COP_R)=4.7, (COP_H)=5.7
③ (COP_R)=5.7, (COP_H)=6.7
④ (COP_R)=6.7, (COP_H)=7.7

☞ $COP_R = \dfrac{T_L}{T_H - T_L}$

$$= \frac{273 - 15}{(273 + 30) - (273 - 15)} = 5.7$$

$COP_H = \dfrac{T_H}{T_H - T_L}$

$$= \frac{273 + 30}{(273 + 30) - (273 - 15)} = 6.7$$

[참고] $COP_H = COP_R + 1$

12. 고열원의 온도가 157℃이고, 저열원의 온도가 27℃인 카르노 냉동기의 성적계수는 약 얼마인가?

① 1.5　　　② 1.8
③ 2.3　　　④ 3.3

☞ 카르노 냉동기의 성적계수(COP)

Answer 10. ② 11. ② 12. ③ 13. ③ 14. ③

15. 역카르노 사이클로 작동하는 증기압축 냉동 사이클에서 고열원의 절대온도를 T_H, 저열원의 절대온도를 T_L이라 할 때, $\dfrac{T_H}{T_L}=1.6$이다. 이 냉동사이클이 저열원으로부터 2.0kW의 열을 흡수한다면 소요 동력은?

① 0.7kW
② 1.2kW
③ 2.3kW
④ 3.9kW

👉 ① $\dfrac{T_H}{T_L} = 1.6 \rightarrow T_H = 1.6 T_L$, $Q = 2.0$kW

② 성적계수(COP)

$$\text{COP} = \dfrac{Q}{W} = \dfrac{T_L}{T_H - T_L}$$

$$\dfrac{2.0}{W} = \dfrac{T_L}{1.6T_L - T_L}$$

∴ $W = 1.2$kW

16. 터빈, 압축기, 노즐과 같은 정상 유동장치의 해석에 유용한 몰리에르(Mollier) 선도를 옳게 설명한 것은?

① 가로축에 엔트로피, 세로축에 엔탈피를 나타내는 선도이다.
② 가로축에 엔탈피, 세로축에 온도를 나타내는 선도이다.
③ 가로축에 엔트로피, 세로축에 밀도를 나타내는 선도이다.
④ 가로축에 비체적, 세로축에 압력을 나타내는 선도이다.

👉 **몰리에르(h-s) 선도**
세로축에 변화하는 엔탈피(h)와 가로축의 엔트로피(s)의 변화를 표시하여 물-증기의 열역학적 특성을 이용하는 열동력 기관(증기터빈, 압축기, 노즐, 보일러, 냉동기 등)의 해석에 주로 이용된다.

17. 다음 중 P-h 선도(압력-엔탈피)에서 나타내지 못하는 것은?

① 엔탈피   ② 습구온도
③ 건조도   ④ 비체적

👉 **P-h 선도**
세로축에 변화되는 냉매의 절대압력(P)과 가로축에 냉매의 엔탈피(h)의 변화를 표시하여 냉매의 상태변화를 여러 가지 선(등압선, 등엔탈피선, 포화액선, 포화증기선, 등온선, 등엔트로피선, 등비체적선, 등건조선 등)으로 나타내는 선도로서 이 표시되어 있는 선은 냉동장치의 계산에서 매우 중요하게 이용된다.

18. 몰리에르 선도를 통해 알 수 없는 것은?

① 냉동능력   ② 성적계수
③ 압축비   ④ 압축효율

👉 **몰리에르 선도(P-h 선도)**
응축 및 증발 열량, 압축일의 열당량을 엔탈피의 차로 표시한 선도로 냉동능력, 냉동효과, 압축일, 응축열량, 압축비, 성적계수 등을 구할 수 있다.

19. 몰리에르 선도 상에서 표준 냉동사이클의 냉매 상태 변화에 대한 설명으로 옳은 것은?

① 등엔트로피 변화는 압축과정에서 일어난다.
② 등엔트로피 변화는 증발과정에서 일어난다.
③ 등엔트로피 변화는 팽창과정에서 일어난다.
④ 등엔트로피 변화는 응축과정에서 일어난다.

Answer 15. ② 16. ① 17. ② 18. ④ 19. ①

표준 냉동사이클의 냉매상태 변화

구분	과정
압축과정	등엔트로피
응축과정	등압
팽창과정	등엔탈피
증발과정	등온, 등압

20. 다음의 이상적인 1단 증기압축 냉동사이클에 대한 설명으로 틀린 것은?

① 압축 과정은 등엔트로피 과정이다.
② 팽창 과정은 등엔탈피 과정이다.
③ 응축 과정은 등적 과정이다.
④ 증발 과정은 등압 과정이다.

③ 응축 과정은 등압 과정이다.

21. 모리엘 선도 내 등건조도선의 건조도(x) 0.2는 무엇을 의미하는가?

① 습증기 중의 건포화 증기 20%(중량비율)
② 습증기 중의 액체인 상태 20%(중량비율)
③ 건증기 중의 건포화 증기 20%(중량비율)
④ 건증기 중의 액체인 상태 20%(중량비율)

건조도(x)
$$= \frac{건조포화증기}{습증기} = \frac{플래시\ 가스의\ 열량}{증발잠열}$$
건조도가 0.2이면 습포화 증기 중 증기가 20%이고, 액은 80%이다.

22. 몰리에르 선도상에서 건조도(x)에 관한 설명으로 옳은 것은?

① 몰리에르 선도의 포화액선상 건조도는 1이다.
② 액체 70%, 증기 30%의 냉매의 건조도는 0.7이다.
③ 건조도는 습포화증기 구역 내에서만 존재한다.
④ 건조도라 함은 과열증기에 대한 포화액체의 양을 말한다.

① 포화액선의 건조도는 0이다.
② 액체 70%, 증기 30%의 냉매의 건조도는 0.3이다.
④ 건조도는 습포화 증기 중의 증기의 비율로서 포화액은 건조도(x)=0, 건조포화증기는 건조도(x)=1로 표시한다.

23. 증기 압축 냉동기에서 냉매가 순환되는 경로를 올바르게 나타낸 것은?

① 증발기 → 팽창밸브 → 응축기 → 압축기
② 증발기 → 압축기 → 응축기 → 팽창밸브
③ 팽창밸브 → 압축기 → 응축기 → 증발기
④ 응축기 → 증발기 → 압축기 → 팽창밸브

증기 압축식 냉동장치의 냉매 순환 경로

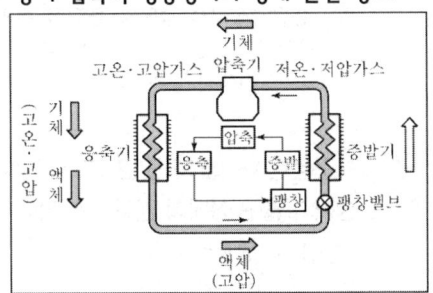

24. 1단 압축 1단 팽창 이론 냉동사이클에서 압축기의 압축과정은?

① 등엔탈피 변화   ② 정적 변화
③ 등엔트로피 변화 ④ 등온 변화

① 압축과정 : 등엔트로피 변화
② 응축과정 : 등압 변화
③ 팽창과정 : 등엔탈피 변화
④ 증발과정 : 등온·등압 변화

Answer 20. ③ 21. ① 22. ③ 23. ② 24. ③

25. 이상적인 증기-압축 냉동사이클에서 엔트로피가 감소하는 과정은?
① 증발과정 ② 압축과정
③ 팽창과정 ④ 응축과정

☞ ① 증발과정 : 엔트로피 증가
② 압축과정 : 등엔트로피 과정
③ 팽창과정 : 엔트로피 감소 또는 증가
④ 응축과정 : 엔트로피 감소

26. 이상적인 냉동사이클을 따르는 증기압축 냉동장치에서 증발기를 지나는 냉매의 물리적 변화로 옳은 것은?
① 압력이 증가한다.
② 엔트로피가 감소한다.
③ 엔탈피가 증가한다.
④ 비체적이 감소한다.

☞ 증발과정에서 냉매의 물리적 변화
압력 일정, 온도 일정, 엔탈피 증가, 건조도 증가, 비체적 증대, 엔트로피 증가

27. 표준냉동사이클의 단열 교축과정에서 입구 상태와 출구 상태의 엔탈피는 어떻게 되는가?
① 입구 상태가 크다.
② 출구 상태가 크다.
③ 같다.
④ 경우에 따라 다르다.

☞ 단열 교축과정(팽창밸브)
교축과정은 단열팽창과정이므로 교축 전후의 엔탈피는 변화가 없다.(등엔탈피 과정)

28. 표준 냉동사이클의 냉매 상태변화에 대한 설명으로 틀린 것은?
① 압축 과정 - 온도 상승
② 응축 과정 - 압력 불변
③ 과냉각 과정 - 엔탈피 감소
④ 팽창 과정 - 온도 불변

☞ ④ 팽창 과정 - 온도 강하

29. 어떤 냉동사이클의 T-S 선도에 대한 설명으로 틀린 것은?

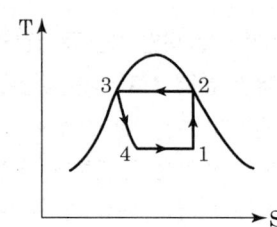

① 1-2 과정 : 가역단열압축
② 2-3 과정 : 등온흡열
③ 3-4 과정 : 교축과정
④ 4-1 과정 : 증발기에서 과정

☞ ② 2-3 과정 : 등압(등온)방열

30. 다음 그림과 같은 몰리에르 선도상에서 압축 냉동사이클의 각 상태점에 있는 냉매의 상태 설명 중 틀린 것은?

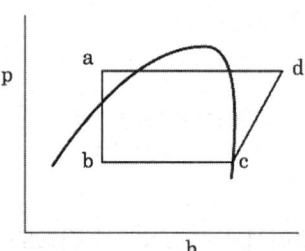

① a점의 냉매는 팽창 밸브 직전의 과냉각된 냉매액
② b점은 감압되어 응축기에 들어가는 포화액
③ c점은 압축기에 흡입되는 건포화 증기
④ d점은 압축기에서 토출되는 과열 증기

Answer 25. ④ 26. ③ 27. ③ 28. ④ 29. ② 30. ②

② b점은 팽창밸브 출구 또는 증발기 흡입지점으로 증발기로 흡입되는 저압의 포화액과 증기(플래시 가스)가 공존

31. 증기압축 냉동사이클에 대한 설명 중 옳은 것은?

① 응축압력과 증발압력의 차이가 작을수록 압축기의 소비동력은 작아진다.
② 팽창과정을 통해 유체의 압력은 상승한다.
③ 압축과정에서는 과열도가 작을수록 압축일량은 커진다.
④ 증발압력이 낮을수록 비체적은 작아진다.

② 팽창과정은 교축작용에 의하여 단열팽창(교축)시켜 저온·저압으로 낮춰주는 과정이다.
③ 압축과정에서는 과열도(과열증기온도 – 포화온도)가 클수록 압축일량은 커진다.
④ 증발압력이 낮을수록 비체적과 증발잠열은 커진다.

32. 냉동사이클에서 습압축으로 일어나는 현상과 가장 거리가 먼 것은?

① 응축잠열 감소
② 냉동능력 감소
③ 압축기의 체적 효율 감소
④ 성적계수 감소

습압축으로 일어나는 현상
냉동효과(냉동능력) 감소, 압축기의 체적효율 감소, 성적계수 감소 등
[참고] 습압축 냉동사이클 : 냉동부하가 감소하거나 냉매량이 증가하게 되면 증발기 출구에서 냉매액이 전부 증발하지 못하고, 액이 포함되어 압축기로 흡입되어 압축되어 냉동효과는 감소하고, 리퀴드 백(liquid back)에 의해 흡입관에 적상이 생기고 심하면 액압축이 일어나 압축기가 파손될 수 있다.

33. 다음 중 압축기의 냉동능력(R)을 산출하는 식은? (단, V : 피스톤 압출량[m³/min], ν : 압축기 흡입 냉매 증기의 비체적[m³/kg], q : 냉매의 냉동효과[kcal/kg], η : 체적효율)

① $R = \dfrac{\nu \times q \times \eta \times 60}{3320 \times V}$

② $R = \dfrac{V \times q \times 60}{3320 \times \eta \times \nu}$

③ $R = \dfrac{V \times q \times \eta \times 60}{3320 \times \nu}$

④ $R = \dfrac{V \times q \times \nu \times 60}{3320 \times \eta}$

법정냉동능력(R) 산정방법

① 일반적인 방법 : $R = \dfrac{V \times q \times \eta \times 60}{3320 \times \nu}$

※ 분자의 60은 분당 피스톤 압출량을 시간당 피스톤 압출량으로 환산하기 위한 환산계수임

② 고압가스안전관리법에서의 방법

$R = \dfrac{V}{C}$

R : 냉동능력[냉동톤, RT]
V : 피스톤 압출량[m³/h]
C : 상수(고압가스안전관리법에 정하여져 있음)

34. 다음 그림은 T–S 선도에 나타낸 냉동사이클이다. 압축일의 열당량을 나타낸 것은?

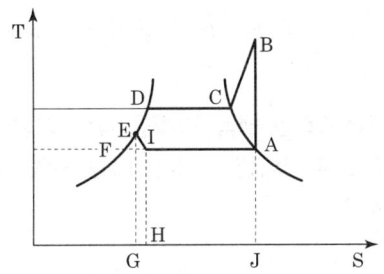

Answer 31. ① 32. ① 33. ③ 34. ③

① 면적 A-B-C-D-E-I-A
② 면적 A-B-C-D-E-I-H-J-A
③ 면적 A-B-C-D-E-G-H-I-A
④ 면적 A-B-C-D-E-F-G-H-I-A

👉 T-S 선도(엔트로피 선도)
그래프의 아래 면적은 열량을 나타냄
① 1→2 사이에 물체가 받는 열량(공급열량)
② 3→4 사이에 물체로부터 버린 열량(방출 열량)

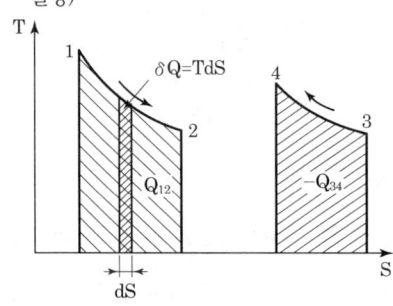

35. 다음의 만액식 냉동사이클 선도에서 냉매순환량을 G라 하면 증발기의 냉동능력(Q_e)은?

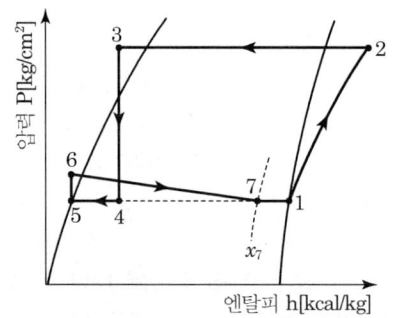

① $Q_e = G(h_7 - h_4)$ ② $Q_e = G(h_7 - h_5)$
③ $Q_e = G(h_1 - h_4)$ ④ $Q_e = G(h_1 - h_5)$

36. 다음 그림은 냉동사이클을 압력-엔탈피(P-h) 선도에 나타낸 것이다. 다음 설명 중 옳은 것은?

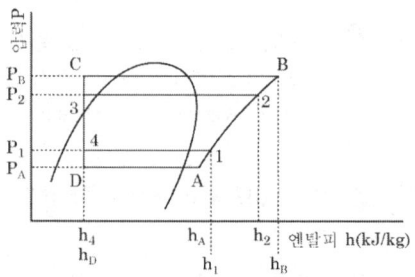

① 냉동사이클이 1-2-3-4-1에서 1-B-C-4-1로 변하는 경우 냉매 1kg당 압축일의 증가는 ($h_B - h_1$)이다.
② 냉동사이클이 1-2-3-4-1에서 1-B-C-4-1로 변하는 경우 성적계수는 [($h_1 - h_4$)/($h_2 - h_1$)]에서 [($h_1 - h_4$)/($h_B - h_1$)]로 된다.
③ 냉동사이클이 1-2-3-4-1에서 A-2-3-D-A로 변하는 경우 증발압력이 P_1에서 P_A로 낮아져 압축비는 (P_2/P_1)에서 (P_1/P_A)로 된다.
④ 냉동사이클이 1-2-3-4-1에서 A-2-3-D-A로 변하는 경우 냉동효과는 ($h_1 - h_4$)에서 ($h_A - h_4$)로 감소하지만, 압축기 흡입증기의 비체적은 변하지 않는다.

👉 ① 냉동사이클이 1-2-3-4-1에서 1-B-C-4-1로 변하는 경우 냉매 1kg당 압축일의 증가는 ($h_B - h_2$)이다.
③ 냉동사이클이 1-2-3-4-1에서 A-2-3-D-A로 변하는 경우 증발압력이 P_1에서 P_A로 낮아져 압축비는 (P_2/P_1)에서 (P_2/P_A)로 된다.
④ 냉동사이클이 1-2-3-4-1에서 A-2-3-D-A로 변하는 경우 냉동효과는 (h_1-h_4)에서 (h_A-h_1)로 감소하지만, 압축기 흡입증기의 비체적은 증가한다.

37. 그림은 냉동사이클을 압력-엔탈피 선도에 나타낸 것이다. 이 그림에 대한 설명으로 옳

Answer   35. ②   36. ②   37. ①

은 것은?

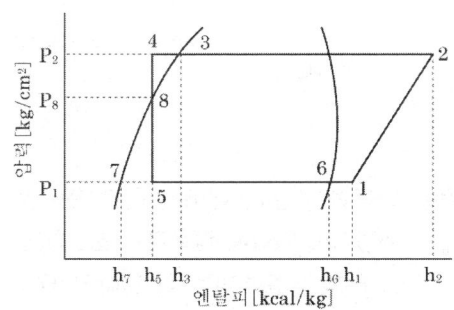

① 팽창밸브 출구의 냉매 건조도는 [(h_5-h_7)/(h_6-h_7)]로 계산한다.
② 증발기 출구에서의 냉매 과열도는 엔탈피차 (h_1-h_6)로 계산한다.
③ 응축기 출구에서의 냉매 과냉각도는 엔탈피차 (h_3-h_5)로 계산한다.
④ 냉매순환량은 [냉동능력/(h_6-h_5)]로 계산한다.

② 증발기 출구에서의 냉매 과열도는 온도차 (t_1-t_6)로 표현된다.
③ 응축기 출구에서의 냉매 과냉각도는 온도차 (t_3-t_5)로 표현된다.
④ 냉매순환량은 [냉동능력/(h_1-h_5)]로 계산할 수 있다.

38. -15℃의 R134a 냉매 포화액의 엔탈피는 180.1kJ/kg, 같은 온도에서 포화증기의 엔탈피는 389.6kJ/kg이다. 증기압축식 냉동 시스템에서 팽창밸브 직전의 액의 엔탈피가 237.5kJ/kg이라면 팽창밸브를 통과한 후 냉매의 건도는?

① 0.27   ② 0.32
③ 0.56   ④ 0.72

냉매의 건도(x)
$h = h_f + x(h_g - h_f)$

$x = \dfrac{h-h_f}{h_g-h_f} = \dfrac{237.5-180.1}{389.6-180.1} = 0.27$

39. 0.24MPa 압력에서 작동되는 냉동기의 포화액 및 건포화증기의 엔탈피는 각각 396kJ/kg, 615kJ/kg이다. 동일압력에서 건도가 0.75인 지점의 습증기의 엔탈피(kJ/kg)는 얼마인가?

① 398.75   ② 481.28
③ 501.49   ④ 560.25

습공기의 엔탈피(h)
$h = h' + x(h''-h')$
$= 396 + 0.75(615-396) = 560.25 kJ/kg$

40. 30RT, R-22 냉동기에서 증발기 입구 온도 엔탈피 97kJ/kg, 출구 엔탈피 147kJ/kg, 응축기 입구 엔탈피 151kJ/kg이다. 이 냉동기의 냉동효과는 얼마인가?

① 30kJ/kg   ② 35kJ/kg
③ 45kJ/kg   ④ 50kJ/kg

냉동효과(q_e)
=증발기 출구 엔탈피-증발기 입구 엔탈피
=147-97=50kJ/kg

41. 어떤 냉장고에서 엔탈피 17kJ/kg의 냉매가 질량 유량 80kg/hr로 증발기에 들어가 엔탈피 36kJ/kg가 되어 나온다. 이 냉장고의 냉동능력은?

① 1220kJ/hr   ② 1800kJ/hr
③ 1520kJ/hr   ④ 2000kJ/hr

냉동능력=시간당 냉매순환량×냉동효과
=80×(36-17)=1520kJ/hr
(냉동효과=증발기 출구 엔탈피 - 증발기 입구 엔탈피)

Answer 38. ① 39. ④ 40. ④ 41. ③

42. 어떤 냉동사이클을 압력-엔탈피 선도에 나타내었더니 그림과 같았다. 이 냉동사이클에서의 냉매순환량이 200kg/h라면 냉동장치의 냉동능력은 약 몇 RT인가? (단, 1RT는 3320kcal/h로 한다.)

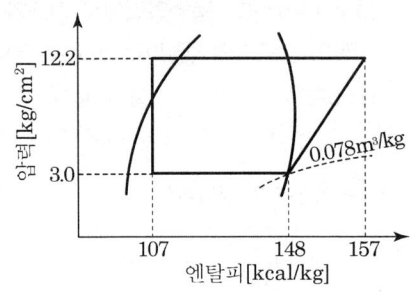

① 0.54   ② 2.47
③ 3.01   ④ 5.91

✋ 냉동능력(Q_e)
= 냉매순환량(G) × 냉동효과(q_e)
= $200 \times (148 - 107) = 8200$ kcal/h

∴ 냉동능력[RT] = $\dfrac{8200}{3320} = 2.47$ RT

43. 그림과 같은 증기압축 냉동사이클이 있다. 1, 2, 3 상태의 엔탈피가 다음과 같을 때 냉매의 단위질량당 소요동력과 냉각량은 얼마인가? (단, h_1=178.16, h_2=210.38, h_3=74.53, 단위 : kJ/kg)

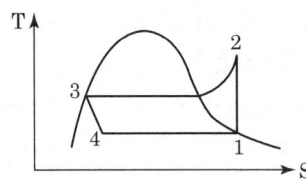

① 32.22kJ/kg, 103.63kJ/kg
② 32.22kJ/kg, 136.85kJ/kg
③ 103.63kJ/kg, 32.22kJ/kg
④ 136.85kJ/kg, 32.22kJ/kg

✋ ① 소요동력 = $h_2 - h_1$
= $210.38 - 178.16 = 32.22$ kJ/kg
② 냉각량 = $h_1 - h_3$
= $178.16 - 74.53 = 103.63$ kJ/kg

44. 다음과 같은 상태에서 운전되는 암모니아 냉동기에 있어서 압축기가 흡입하는 가스 1 m³/h의 냉동효과는 약 얼마인가?

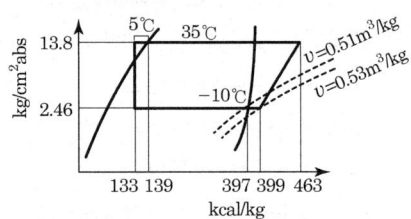

① 490kcal/h   ② 502kcal/h
③ 611kcal/h   ④ 735kcal/h

✋ $G = \dfrac{Q_e}{q_e} = \dfrac{V}{v}$

$Q_e = \dfrac{V}{v} \times q_e = \dfrac{1}{0.53} \times (399 - 133) \times 1.0$
= 501.89 kcal/h

45. 어떤 R-22 냉동장치에서 냉매 1kg이 팽창변을 통과하여 5℃의 포화증기로 될 때까지 약 40kJ의 열을 흡수하였다. 같은 조건에서 냉동능력이 25000kJ/h이라면 증발 냉매량은 얼마인가?

① 387kg/h   ② 450kg/h
③ 525kg/h   ④ 625kg/h

✋ 증발 냉매량
$G = \dfrac{Q_e}{q_e} = \dfrac{25,000}{40} = 625$ kg/h

46. 다음과 같은 1단 압축 1단 팽창 냉동사이클에서 증발기 입구의 냉매 중 포화액의 유량

42. ② 43. ① 44. ② 45. ④ 46. ③

Part

이 13kg/min일 때 증발기를 통과하는 전체 냉매순환량은 약 얼마인가?

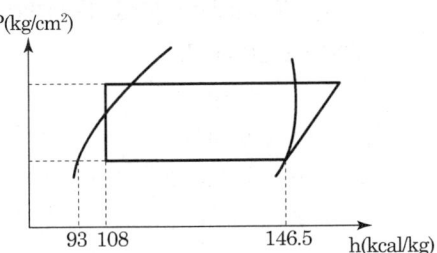

① 46.4kg/min ② 28.6kg/min
③ 18kg/min   ④ 16.4kg/min

① 건도 : $x = \dfrac{h_f - h_g}{h_a - h_g}$

$= \dfrac{108 - 93}{146.5 - 93} = 0.28$

② 습도 : $1 - 0.28 = 0.72$

③ 포화증기 유량 : $G_v = \dfrac{0.28}{0.72} \times 13$

$= 5\,\text{kg/min}$

냉매순환량 = 포화액유량 + 포화증기유량
∴ $G = 13 + 5 = 18\,\text{kg/min}$

47. 표준 증기압축식 냉동사이클에서 압축기 입구와 출구의 엔탈피가 각각 105kJ/kg 및 125kJ/kg이다. 응축기 출구의 엔탈피가 43 kJ/kg이라면 이 냉동사이클의 성능계수 (COP)는 얼마인가?

① 2.3 ② 2.6
③ 3.1 ④ 4.3

성능계수(COP)

$\text{COP} = \dfrac{h_1 - h_4}{h_2 - h_1} = \dfrac{105 - 43}{125 - 105} = 3.1$

48. 그림과 같은 상태에서 운전되는 암모니아 냉동기에 있어서 냉동사이클의 이론성적계수는 약 얼마인가?

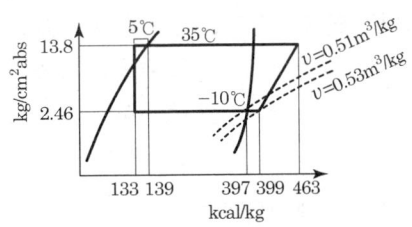

① 1.2 ② 3.9
③ 4.2 ④ 5.1

성적계수

$\text{COP} = \dfrac{h_1 - h_4}{h_2 - h_1} = \dfrac{399 - 133}{463 - 399} = 4.2$

49. 저온실로부터 46.4kW의 열을 흡수할 때 10kW의 동력을 필요로 하는 냉동기가 있다면, 이 냉동기의 성능계수는?

① 4.64 ② 5.65
③ 7.49 ④ 8.82

성능계수(COP)

$\text{COP} = \dfrac{Q_L}{W} = \dfrac{46.4}{10} = 4.64$

50. 어떤 냉장고의 소비전력이 2kW이고, 이 냉장고의 응축기에서 방열되는 열량이 5kW 라면, 냉장고의 성적계수는 얼마인가? (단, 이론적인 증기압축 냉동사이클로 운전된다고 가정한다.)

① 0.4 ② 1.0
③ 1.5 ④ 2.5

냉장고 성적계수(COP)

$\text{COP} = \dfrac{q_e}{W} = \dfrac{q_c - W}{W} = \dfrac{5 - 2}{2} = 1.5$

51. 증기 압축 냉동사이클로 운전하는 냉동기에서 압축기 입구, 응축기 입구, 증발기 입구

Answer 47. ③ 48. ③ 49. ① 50. ③ 51. ①

의 엔탈피가 각각 387.2kJ/kg, 435.1kJ/kg, 241.8kJ/kg일 경우 성능계수는 약 얼마인가?

① 3.0　　② 4.0
③ 5.0　　④ 6.0

성능계수(COP)
$$COP = \frac{h_1 - h_4}{h_2 - h_1} = \frac{387.2 - 241.8}{435.1 - 387.2} = 3.0$$

52. 역카르노 사이클로 작동되는 냉동기의 성적계수가 6.84이다. 응축온도가 22.7℃일 때 증발온도는?

① −5℃　　② −15℃
③ −25℃　　④ −30℃

① 응축온도(T_H)
$$T_H = 22.7℃ = (22.7 + 273)K = 295.7K$$
② 증발온도(T_L)
$$COP = \frac{T_L}{T_H - T_L} \rightarrow 6.84 = \frac{T_L}{295.7 - T_L}$$
$$\therefore T_L = 258K = (258 - 273)℃ = -15℃$$

53. 냉동기에서 성적계수가 6.84일 때 증발온도가 −15℃이다. 이때 응축온도는 몇 ℃인가?

① 17.5　　② 20.7
③ 22.7　　④ 25.5

① 증발온도(T_L)
$$T_L = -15℃ = (-15 + 273)K = 258K$$
② 응축온도(T_H)
$$COP = \frac{T_L}{T_H - T_L}$$
$$6.84 = \frac{258}{T_H - 258}$$
$$\therefore T_H = 295.7K = (295.7 - 273)℃ = 22.7℃$$

54. 냉매 R−22를 사용하는 냉동기에서 증발기 입구 엔탈피 106kJ/kg, 증발기 출구 엔탈피 451kJ/kg, 응축기 입구 엔탈피 471kJ/kg이었다. 이 냉동기의 ㉠ 냉동효과(kJ/kg), ㉡ 성적계수는 얼마인가?

① ㉠ 345, ㉡ 17.2
② ㉠ 365, ㉡ 17.2
③ ㉠ 345, ㉡ 10.2
④ ㉠ 365, ㉡ 10.2

① 냉동효과(q_e)
$$q_e = h_1 - h_4 = 451 - 106 = 345kJ/kg$$
② 성적계수(COP)
$$COP = \frac{h_1 - h_4}{h_2 - h_1} = \frac{451 - 106}{471 - 451} = 17.25$$
(h_1 : 증발기 출구 엔탈피, h_2 : 응축기 입구 엔탈피, h_4 : 증발기 입구 엔탈피)

55. 축 동력 10kW, 냉매순환량 33kg/min인 냉동기에서 증발기 입구 엔탈피가 406kJ/kg, 증발기 출구 엔탈피가 615kJ/kg, 응축기 입구 엔탈피가 632kJ/kg이다. ㉠ 실제 성능계수와 ㉡ 이론 성능계수는 각각 얼마인가?

① ㉠ 8.5, ㉡ 12.3
② ㉠ 8.5, ㉡ 9.5
③ ㉠ 11.5, ㉡ 9.5
④ ㉠ 11.5, ㉡ 12.3

① 실제 성능계수
$$Q_e = G \times q_e = G \times (h_1 - h_4)$$
$$= [33kg/min \times \frac{1min}{60s}] \times (615 - 406)$$
$$= 115 kJ/s(kW)$$
$$COP = \frac{Q_e}{AW} = \frac{115}{10} = 11.5$$
② 이론 성능계수
$$COP = \frac{h_1 - h_4}{h_2 - h_1} = \frac{615 - 406}{632 - 615} = 12.3$$

Answer　52. ②　53. ③　54. ①　55. ④

56. 어떤 냉동기에서 0℃의 물로 0℃의 얼음 2ton을 만드는데 180MJ의 일이 소요된다면 이 냉동기의 성적계수는? (단, 물의 융해열은 334kJ/kg이다.)

① 2.05　　② 2.32
③ 2.65　　④ 3.71

　냉동기 성적계수(COP)

$$COP = \frac{Q}{W} = \frac{(2 \times \frac{10^3 kg}{1톤}) \times 334}{180 \times \frac{10^3 kJ}{1MJ}} = 3.71$$

57. 냉동장치로 얼음 1ton을 만드는 데 50kWh의 동력이 소비된다. 이 장치에 20℃의 물이 들어가서 −10℃의 얼음으로 나온다고 할 때, 이 냉동장치의 성적계수는? (단, 얼음의 융해 잠열은 80kcal/kg, 비열은 0.5kcal/kg·℃이다.)

① 1.12　　② 2.44
③ 3.42　　④ 4.67

$$COP = \frac{q_e}{AW} = \frac{GC_1 \Delta t_1 + G\gamma + GC_2 \Delta t_2}{AW}$$

$$= \frac{[1000 \times 1 \times (20-0)] + [1000 \times 80] + [1000 \times 0.5 \times (0-(-10))]}{50kWh \times \frac{860kcal/h}{1kW}}$$

$$= 2.44$$

물의 비열(C_1) : 1kcal/kg℃
얼음의 비열(C_2) : 0.5kcal/kg℃
물의 응고잠열(γ) : 80kcal/kg

58. 여름철 외기의 온도가 30℃일 때 김치냉장고의 내부를 5℃로 유지하기 위해 3kW의 열을 제거해야 한다. 필요한 최소 동력은 약 몇 kW인가? (단, 이 냉장고는 카르노 냉동기이다.)

① 0.27　　② 0.54
③ 1.54　　④ 2.73

　성능계수 $COP = \frac{Q}{W} = \frac{T_L}{T_H - T_L}$에서

$$동력 \ W = \frac{T_H - T_L}{T_L} \times Q$$

$$= \frac{(273+30) - (273+5)}{273+5} \times 3$$

$$= 0.27kW$$

59. 주위의 온도가 27℃일 때, −73℃에서 1kJ의 냉동효과를 얻으려 한다. 냉동사이클을 구동하는 데 필요한 최소일은 얼마인가?

① 2kJ　　② 1.5kJ
③ 1kJ　　④ 0.5kJ

　성적계수 $COP_R = \frac{q_2}{W} = \frac{q_2}{q_1 - q_2} = \frac{T_2}{T_1 - T_2}$ 이므로

$$COP_R = \frac{T_2}{T_1 - T_2} = \frac{200}{300-200} = 2$$

$COP_R = \frac{q_2}{W}$ 이므로 $2 = \frac{1}{W}$

∴ $W = 0.5kJ$

60. 냉동용량이 35kW인 어느 냉동기의 성능계수가 4.8이라면 이 냉동기를 작동하는 데 필요한 동력은?

① 약 9.2kW　　② 약 8.3kW
③ 약 7.3kW　　④ 약 6.5kW

　성능계수 $COP = \frac{Q}{W}$에서 소요동력(W)을 계산하면

$$W = \frac{Q}{COP} = \frac{35}{4.8} ≒ 7.3kW$$

61. 에어컨을 이용하여 실내의 열을 외부로 방출하려 한다. 실외 35℃, 실내 20℃인 조건

Answer　56. ④　57. ②　58. ①　59. ④　60. ③　61. ①

에서 실내로부터 3kW의 열을 방출하려 할 때 필요한 에어컨의 최소 동력은 약 몇 kW인가?

① 0.154　　② 1.54
③ 0.308　　④ 3.08

① $T_2 = 35℃ = (35+273)\text{K} = 308\text{K}$
② $T_1 = 20℃ = (20+273)\text{K} = 293\text{K}$
③ 에어컨의 동력(T_1)

$$\text{COP} = \frac{T_1}{T_2 - T_1} = \frac{Q}{W}$$

$$\frac{293}{308-293} = \frac{3}{W} \rightarrow \frac{293}{15} = \frac{3}{W}$$

∴ $W = 0.154\text{kW}$

62. 성능계수가 0.8인 냉동기로서 7200kJ/h로 냉동하려면, 이에 필요한 동력은?

① 약 0.9kW　　② 약 1.6kW
③ 약 2.0kW　　④ 약 2.5kW

COP = $\frac{q_e}{W}$ 이므로

$W = \frac{q_e}{\text{COP}} = \frac{7200\text{kJ/h}}{0.8} = 9000\text{kJ/h}$

$= 9000\text{kJ/h} \times \frac{1\text{h}}{3600\text{s}} = 2.5\text{kJ/s} = 2.5\text{kW}$

[참고]
성능계수는 열기관의 열효율에 상당하는 것으로, 냉동기의 성능을 표시하는 것으로 증발기의 온도가 특히 낮을 경우 1 이하로 되는 경우도 있으나, 보통 3~10의 값이다.

63. Carnot 냉동기로 25℃의 실내로부터 총 4kW의 열을 온도 36℃인 주위로 방출하여야 한다. 최소동력은 얼마인가?

① 0.148kW　　② 1.44kW
③ 2.81kW　　④ 4.00kW

COP = $\frac{Q_e}{L_{kW}} = \frac{T_L}{T_H - T_L}$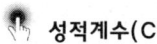

$$L_{kW} = \frac{T_H - T_L}{T_L} \times Q_e$$

$$= \frac{(273+36)-(273+25)}{273+25} \times 4 = 0.148\text{kW}$$

64. 냉동사이클에서 각 지점에서의 냉매 엔탈피값으로 압축기 입구에서는 150kJ/kg, 압축기 출구에서는 166kJ/kg, 팽창밸브 입구에서는 110kJ/kg인 경우 이 냉동장치의 성적계수는?

① 0.4　　② 1.4
③ 2.5　　④ 3.5

성적계수(COP)

$$\text{COP} = \frac{Q_e}{AW} = \frac{h_1 - h_4}{h_2 - h_1} = \frac{150-110}{166-150} = 2.5$$

65. R-12를 작동 유체로 사용하는 이상적인 증기압축 냉동사이클이 있다. 여기서 증발기 출구 엔탈피는 229kJ/kg, 팽창밸브 출구 엔탈피는 81kJ/kg, 응축기 입구 엔탈피는 255kJ/kg일 때 이 냉동기의 성적계수는 약 얼마인가?

① 4.1　　② 4.9
③ 5.7　　④ 6.8

냉동기의 성적계수(COP)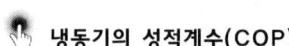

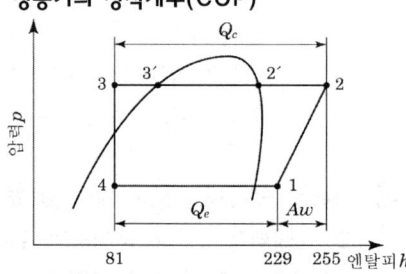

$$\text{COP} = \frac{Q_e}{Aw} = \frac{h_1 - h_4}{h_2 - h_1} = \frac{229-81}{255-229} = 5.7$$

Answer　62. ④　63. ①　64. ③　65. ③

66. Carnot 냉동기는 온도 27℃인 주위로 열을 방출하여 냉동실의 온도를 5℃로 유지하고 있다. 냉동실에서 주위로의 열손실은 온도 차에 비례한다. 냉동실의 온도를 -5℃로 내리려면 입력일이 처음의 몇 배가 되어야 하는가?

① 5.5배 ② 4.5배
③ 3.2배 ④ 2.2배

① $COP_1 = \dfrac{T_L}{T_H - T_L}$
$= \dfrac{273 + 5}{(273 + 27) - (273 + 5)} = 12.6$

냉동실에서 열손실은 온도차에 비례하므로 (27-5=22℃) 입력일(AW_1)은

$COP_1 = \dfrac{Q_1}{AW_1} = \dfrac{22Q}{AW_1} = 12.6$

$AW_1 = 1.75Q$

② $COP_2 = \dfrac{T_L}{T_H - T_L}$
$= \dfrac{273 - 5}{(273 + 27) - (273 - 5)} = 8.375$

냉동실에서 열손실은 온도차에 비례하므로(27+5=32℃) 입력일(AW_2)은

$COP_2 = \dfrac{Q_2}{AW_2} = \dfrac{32Q}{AW_2} = 8.375$

$AW_2 = 3.82Q$

∴ 입력일 $\dfrac{AW_2}{AW_1} = \dfrac{3.82Q}{1.75Q} ≒ 2.2$배

67. 표준 냉동사이클에서 상태 1, 2, 3에서의 각 성적계수값을 모두 합하면 약 얼마인가?

상태	응축온도	증발온도
1	32℃	-18℃
2	42℃	2℃
3	37℃	-13℃

① 5.11 ② 10.89
③ 17.17 ④ 25.14

① $COP_1 = \dfrac{T_L}{T_H - T_L}$
$= \dfrac{(273 - 18)}{(273 + 32) - (273 - 18)} = 5.1$

② $COP_2 = \dfrac{T_L}{T_H - T_L}$
$= \dfrac{(273 + 2)}{(273 + 42) - (273 + 2)} = 6.87$

③ $COP_3 = \dfrac{T_L}{T_H - T_L}$
$= \dfrac{(273 - 13)}{(273 + 37) - (273 - 13)} = 5.2$

∴ ①+②+③=17.17

68. 브라인 냉각용 증발기가 설치된 소형 냉동기가 있다. 브라인 순환량이 20kg/min이고, 브라인의 입·출구 온도차는 15K이다. 압축기의 실제 소요동력이 5.6kW일 때, 이 냉동기의 실제 성적계수는? (단, 브라인의 비열은 3.3kJ/kg·K이다.)

① 1.82 ② 2.18
③ 2.94 ④ 3.31

실제 성적계수

$COP = \dfrac{Q}{W} = \dfrac{GC\Delta t}{W}$

$= \dfrac{(20 \times \dfrac{1\min}{60s}) \times 3.3 \times 15}{5.6} = 2.94$

69. 그림과 같은 냉동사이클로 작동하는 압축기가 있다. 이 압축기의 체적효율이 0.65, 압축효율이 0.8, 기계효율이 0.9라고 한다면 실제 성적계수는?

Answer 66. ④ 67. ③ 68. ③ 69. ②

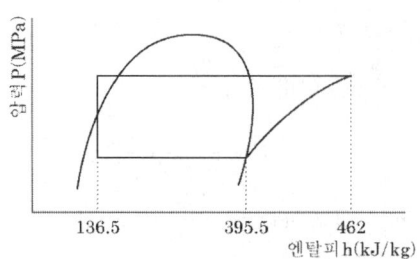

① 3.89 ② 2.81
③ 1.82 ④ 1.42

실제 성적계수

$$COP = \frac{h_1 - h_4}{h_2 - h_1} \eta_c \eta_m$$

$$= \frac{395.5 - 136.5}{462 - 395.5} \times 0.8 \times 0.9 = 2.8$$

여기서, η_c : 압축효율, η_m : 기계효율

70. 만액식 증발기를 사용하는 R134a용 냉동장치가 아래 그림과 같다. 이 장치에서 압축기의 냉매순환량이 0.2kg/s이며, 이론 냉동사이클의 각 점에서의 엔탈피가 아래 표와 같을 때, 이론 성능 계수(COP)는? (단, 배관의 열손실은 무시한다.)

h_1=393kJ/kg, h_2=440kJ/kg, h_3=230kJ/kg,
h_4=230kJ/kg, h_5=185kJ/kg, h_6=185kJ/kg,
h_7=385kJ/kg

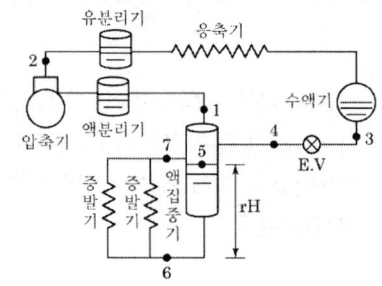

① 1.98 ② 2.39
③ 2.87 ④ 3.47

이론성능계수(COP)

$$COP = \frac{q_e}{AW} = \frac{h_1 - h_4}{h_2 - h_1} = \frac{393 - 230}{440 - 393} = 3.47$$

71. 다음 이론 냉동사이클의 P-h 선도에 대한 설명으로 옳은 것은? (단, 냉동장치의 냉매 순환량은 540kg/h이다.)

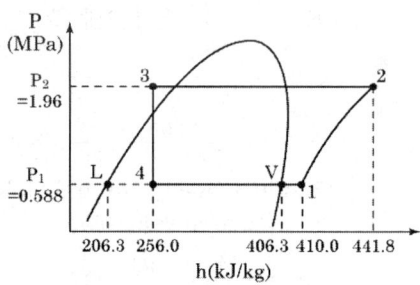

① 냉동 능력은 약 23.1RT이다.
② 응축기의 방열량은 약 9.27kW이다.
③ 냉동사이클의 성적계수는 약 4.84이다.
④ 증발기 입구에서 냉매의 건도는 약 0.8이다.

① 냉동능력

$$Q_e = G \times q_e = G \times (h_1 - h_4)$$
$$= 540 \times (410.0 - 256.0) = 83160 \text{kJ/h}$$

$$= \frac{83160 \text{kJ/h} \times \frac{1\text{kcal}}{4.18\text{kJ}}}{3320\text{kcal/h}(=1\text{RT})} ≒ 6\text{RT}$$

② 응축기의 방열량

$$Q_c = G(h_2 - h_3)$$
$$= 540 \times (441.8 - 256.0) = 100332 \text{kJ/h}$$
$$= 100332 \text{kJ/h} \times \frac{1\text{h}}{3600\text{s}} = 27.87 \text{kW}$$

③ 냉동사이클의 성적계수

$$COP = \frac{h_1 - h_4}{h_2 - h_1} = \frac{410.0 - 256.0}{441.8 - 410.0} = 4.84$$

④ 냉매건도(x)

$$h_4 = h_L + x(h_V - h_L)$$
$$x = \frac{h_4 - h_L}{h_V - h_L} = \frac{256.0 - 206.3}{406.3 - 206.3} ≒ 0.25$$

Answer 70. ④ 71. ③

72. 아래의 사이클이 적용된 냉동장치의 냉동능력이 119kW일 때, 다음 설명 중 틀린 것은? (단, 압축기의 단열효율 η_c=0.7, η_m=0.85이며, 기계적 마찰손실 일은 열이 되어 냉매에 더해지는 것으로 가정한다.)

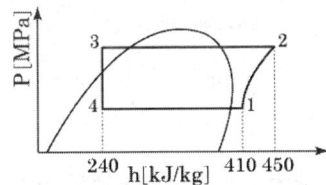

① 냉매순환량은 0.7kg/s이다.
② 냉동장치의 실제 성능계수는 4.25이다.
③ 실제 압축기 토출 가스의 엔탈피는 약 497kJ/kg이다.
④ 실제 압축기 축 동력은 약 47.1kW이다.

👆 ① 냉매순환량
$$G = \frac{Q_e}{q_e} = \frac{119}{410-240} = 0.7\text{kg/s}$$

② 실제 성적계수
$$COP = \frac{h_1-h_4}{h_2-h_1}\eta_c\eta_m$$
$$= \frac{410-240}{450-410} \times 0.7 \times 0.85 = 2.53$$

[참고] 이론 성적계수
$$COP = \frac{h_1-h_4}{h_2-h_1} = \frac{410-240}{450-410} = 4.25$$

③ 실제 압축기 토출가스 엔탈피(h_2')
$$\eta_c = \frac{h_2-h_1}{h_2'-h_1}$$

여기에 기계적 마찰손실일은 열이 되어 냉매에 더해지므로 기계효율을 고려하면
$$\eta_c = \frac{h_2-h_1}{h_2'-h_1} \times \frac{1}{\eta_m}$$
$$0.7 = \frac{450-410}{h_2'-410} \times \frac{1}{0.85}$$
$$\therefore h_2' = 477\text{kJ/kg}$$

④ 축동력
$$W = \frac{G(h_2-h_1)}{\eta_c \cdot \eta_m} = \frac{0.7(450-410)}{0.7 \times 0.85}$$
$$= 47.1\text{kW}$$

공단 답 : ②, 저자 답 : ②, ③

73. 압축기 입구 온도가 -10℃, 압축기 출구 온도가 100℃, 팽창기 입구 온도가 5℃, 팽창기 출구 온도가 -75℃로 작동되는 공기 냉동기의 성능계수는? (단, 공기의 C_p는 1.0035kJ/kg·℃로서 일정하다.)

① 0.56   ② 2.17
③ 2.34   ④ 3.17

👆 ① 냉동효과
$$q_e = C\Delta t$$
$$= 1.0035 \times [(-10)-(-75)] = 65.2\text{kJ/kg}$$

② 응축기 방열량
$$q_c = C\Delta t = 1.0035 \times [(100)-(5)] = 95.3\text{kJ/kg}$$

③ 압축일
$$A_W = q_c - q_e = 95.3 - 65.2 = 30.1\text{kJ/kg}$$

④ 성능계수
$$COP = \frac{q_e}{A_W} = \frac{65.2}{30.1} = 2.17$$

74. 소형 냉동기의 브라인 순환량이 10kg/min이고, 출입구 온도차는 10℃이다. 압축기의 실소요마력은 3PS일 때, 이 냉동기의 실제 성적계수는 약 얼마인가?(단, 브라인의 비열은 0.8kcal/kg℃이다.)

① 1.8   ② 2.5
③ 3.2   ④ 4.7

👆 ① 냉동능력(Q)
$$Q = GC\Delta t = 10 \times \frac{60\text{min}}{1\text{h}} \times 0.8 \times 10$$
$$= 4800\text{kcal/h}$$

② 압축열량(AW) : 1PS=632.2kcal/h이므로
AW=3PS

Answer 72. ② 73. ② 74. ②

$$= (3 \times 632.2)\text{kcal/h} = 1896.6\text{kcal/h}$$

③ 성적계수(COP)

$$\text{COP} = \frac{Q}{AW} = \frac{4,800}{1,896.6} = 2.53$$

75. 성능계수가 3.2인 냉동기가 시간당 20MJ의 열을 흡수한다면 이 냉동기의 소비동력(kW)은?

① 2.25　　② 1.74
③ 2.85　　④ 1.45

$$\text{COP} = \frac{Q_L}{AW}$$

$$AW = \frac{Q_L}{\text{COP}} = \frac{20 \times 10^3}{3.2 \times 3600} ≒ 1.74\text{kW}$$

76. 냉동능력이 10RT이고 실제 흡입가스의 체적이 15m³/h인 냉동기의 냉동효과(kJ/kg)는? (단, 압축기 입구 비체적은 0.52m³/kg이고, 1RT는 3.86kW이다.)

① 4817.2　　② 3128.1
③ 2984.7　　④ 1534.8

냉동효과(q_e)

$$G = \frac{Q}{q_e} = \frac{V_a}{v} \text{ 에서}$$

$$q_e = \frac{Q \cdot v}{V_a} = \frac{(10 \times \frac{3.86\text{kW}}{1\text{RT}}) \times 0.52}{15 \times \frac{1h}{3600s}}$$

$$= 4817.2\text{kJ/kg}$$

77. 증기압축 냉동사이클에서 압축기의 압축일은 5HP이고, 응축기의 용량은 12.86kW이다. 이때 냉동사이클의 냉동능력(RT)은? (단, 1RT는 3.5kW이다.)

① 1.8　　② 2.6
③ 3.1　　④ 3.5

$Q_c = Q_e + W$

Q_c : 응축부하
Q_e : 냉동능력
W : 압축일

$$Q_e = Q_c - W$$

$$= 12.86 - (5\text{HP} \times \frac{0.746\text{kW}}{1\text{HP}}) = 9.13\text{kW}$$

$$\therefore Q_e(\text{RT}) = \frac{9.13}{3.5} = 2.6\text{RT}$$

78. 냉동효과가 70kW인 냉동기의 방열기 온도가 20℃, 흡열기 온도가 -10℃이다. 이 냉동기를 운전하는 데 필요한 압축기의 이론 동력(kW)은 얼마인가?

① 6.02　　② 6.98
③ 7.98　　④ 8.99

① 냉동효과(q_e) 70kW
② 방열기 온도(T_1)
　= 20℃ = (20+273)K = 293K
③ 흡열기 온도(T_2)
　= -10℃ = [(-10)+273]K = 263K
④ 냉동기의 이론동력(kW)

$$\text{COP} = \frac{q_e}{W} = \frac{T_2}{T_1 - T_2} \text{ 에서}$$

$$\frac{70}{W} = \frac{263}{293 - 263}$$

$$\therefore W = 7.98\text{kW}$$

79. 다음의 P-h 선도상에서 냉동능력이 1냉동톤인 소형 냉장고의 실제 소요동력(kW)은? (단, 1냉동톤은 3.8kW이며, 압축효율은 0.75, 기계효율은 0.9이다.)

Answer　75. ②　76. ①　77. ②　78. ③　79. ①

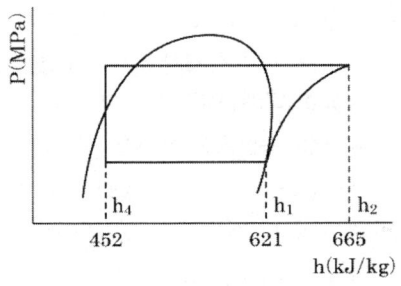

① 1.47 ② 1.81
③ 2.73 ④ 3.27

👉 ① 실제 성능계수(COP)

$$COP = \frac{h_1 - h_4}{h_2 - h_1} \eta_c \eta_m$$

$$= \frac{621 - 452}{665 - 621} \times 0.75 \times 0.9 = 2.59$$

② 실제 소요동력(L)

$$L = \frac{Q_e}{COP}$$

$$= \frac{1RT \times 3,320 kcal/h \times \frac{1kW}{860kcal}}{2.59} = 1.48kW$$

80. 다음의 P-h 선도상에서 냉동능력이 1냉동톤인 소형 냉장고의 실제 소요동력은? (단, 압축효율(η_e)은 0.75, 기계효율(η_m)은 0.9이다.)

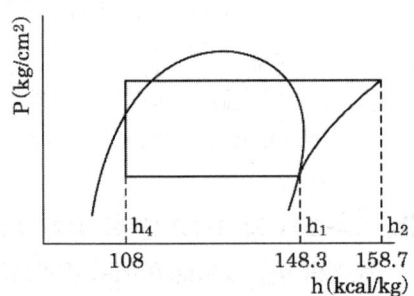

① 약 1.48kW ② 약 1.62kW
③ 약 2.73kW ④ 약 3.27kW

👉 ① 실제 성적계수

$$COP = \frac{Q}{AW} \eta_c \eta_m = \frac{h_1 - h_4}{h_2 - h_1} \eta_c \eta_m$$

$$= \frac{148.3 - 108}{158.7 - 148.3} \times 0.75 \times 0.9 = 2.61$$

② 실제 압축기 소요동력

$$L = \frac{Q}{COP} [kW]$$

$$= \frac{1RT \times 3.86kW}{2.61} = 1.48kW$$

81. 다음 조건을 갖는 냉동용 압축기의 구동에 필요한 동력은 약 몇 kW인가?

- 냉동능력=27000kcal/h
- 압축효율=0.8
- 팽창밸브 직전의 냉매액의 엔탈피
  =128kcal/kg
- 압축기 흡입가스의 엔탈피=398kcal/kg
- 압축기 토출가스의 엔탈피=454kcal/kg
- 압축기 마찰부분에 의하여 소요되는 동력
  =1kW

① 8.4kW ② 7.6kW
③ 9.1kW ④ 12.1kW

👉 ① 성적계수 : $COP = \frac{Q}{AW} = \frac{h_1 - h_4}{h_2 - h_1}$

$$\frac{27000}{AW} = \frac{398 - 128}{454 - 398}$$

$$AW = 5600kcal/h$$

② 압축기 소요동력

$$L_{kW} = \frac{AW}{860\eta} = \frac{5600}{860 \times 0.8} = 8.13kW$$

∴ 실제압축기 소요동력=8.13+1=9.13kW

82. 다음과 같은 15RT 암모니아 냉동장치의 압축기 운전 소요동력(kW)은 약 얼마인가? (단, 압축기 압축효율 η_c=0.7, 기계효율 η_m=0.9, 1RT=3320kcal/h이다.)

Answer 80. ① 81. ③ 82. ②

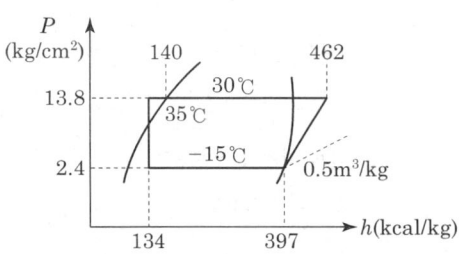

① 24.3 ② 22.7
③ 16.8 ④ 11.5

 ① 냉동능력(Q_e)
= 냉매순환량(G)×냉동효과(q_e)
② 냉매순환량
$$G = \frac{Q_e}{q_e} = \frac{15 \times 3320}{397 - 134} = 189.35 \text{kg/h}$$
③ 압축기 소요동력
$$L_{kW} = \frac{189.35 \times (462 - 397)}{860 \times 0.7 \times 0.9} = 22.7 \text{kW}$$

83. 냉동실에서의 흡수 열량이 5냉동톤(RT)인 냉동기의 성능계수가 2, 냉동기를 구동하는 가솔린 엔진의 열효율이 20%, 가솔린의 발열량이 43000kJ/kg일 경우, 냉동기 구동에 소요되는 가솔린의 소비율은 약 몇 kg/h인가? (단, 1냉동톤(RT)은 약 3.86kW이다.)

① 1.28kg/h ② 2.54kg/h
③ 4.04kg/h ④ 4.85kg/h

 ① 가솔린 엔진 출력(W)
$$\text{COP} = \frac{Q}{W}$$
$$W = \frac{Q}{\text{COP}} = \frac{5\text{RT} \times 3.86\text{kW}}{2} = 9.65 \text{kW}$$
② 가솔린 소비율
$$\text{효율} = \frac{\text{출력}}{\text{연료소비율} \times \text{발열량}}$$
$$\text{연료소비율} = \frac{\text{출력}}{\text{효율} \times \text{발열량}}$$
$$= \frac{9.65\text{kW} \times \frac{3600\text{s}}{1\text{h}}}{43000\text{kJ/kg} \times 0.2} = 4.04 \text{kg/h}$$

84. 유량 100L/min의 물을 15℃에서 5℃로 냉각하는 수 냉각기가 있다. 이 냉동장치의 냉동효과(냉매단위질량당)가 40kcal/kg일 경우 냉매순환량은 얼마인가?

① 25kg/h ② 1000kg/h
③ 1500kg/h ④ 500kg/h

 ① 냉동능력(Q_e)
$$Q_e = m \cdot C \cdot \Delta t = (100 \times 60) \times 1 \times (15 - 5)$$
$$= 60000 \text{kcal/h}$$
② 냉매순환량(G)
$$G = \frac{Q_e}{q_e} = \frac{60000}{40} = 1500 \text{kg/h}$$

85. 냉동톤의 냉동부하를 가지는 제빙공장이 있다. 이 제빙공장 냉동기의 압축기 출구 엔탈피가 457kcal/kg, 증발기 출구 엔탈피가 369kcal/kg, 증발기 입구 엔탈피가 128 kcal/kg일 때, 냉매순환량(kg/h)은? (단, 1RT는 3320kcal/h이다.)

① 551 ② 403
③ 290 ④ 25.9

 냉매 순환량(G)
$$G = \frac{Q_e}{q_e} = \frac{Q_e}{h_{증발기\ 출구} - h_{증발기\ 입구}}$$
$$= \frac{40\text{RT} \times \frac{3320\text{kcal/h}}{1\text{RT}}}{369 - 128} = 551 \text{kg/h}$$
여기서, Q_e : 냉동능력, q_e : 냉동효과

86. t_0=−20℃의 R-22 냉동장치가 있고, 냉매순환량 q_{mr}=300kg/h에서 건조포화증기를 흡입 압축하는 것으로 한다. 액분리기 드럼의 내경은 약 몇 m 정도로 하면 좋은가? (단, 액분리기의 가스속도를 0.5m/s로 하고, −20℃의 R-22 건조포화 증기의 비체

Answer 83. ③ 84. ③ 85. ① 86. ①

적 v_a=0.0925m³/kg이다.)

① 0.14　　② 1.4
③ 2.4　　④ 3.1

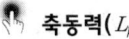 $G(\text{kg/h}) = \dfrac{V_a}{v} \times \eta_v$

$V(\text{m}^3/\text{h}) = G \times \nu_a = 300 \times 0.0925 = 27.75 \text{m}^3/\text{h}$

$D = \sqrt{\dfrac{4V}{\pi \times v \times 3600}} = \sqrt{\dfrac{4 \times 27.75}{\pi \times 0.5 \times 3600}}$

$= 0.14\text{m}$

87. 암모니아 냉동기에서 압축기의 흡입 포화온도 -20℃, 응축온도 30℃, 팽창밸브의 직전 온도가 25℃, 피스톤 압출량이 288m³/h일 때, 냉동능력은? (단, 압축기의 체적효율 0.8, 흡입냉매의 엔탈피 396kcal/kg, 냉매 흡입 비체적 0.62m³/kg, 팽창밸브 직전 냉매의 엔탈피 128kcal/kg이다.)

① 25RT　　② 30RT
③ 35RT　　④ 40RT

$G = \dfrac{Q_e}{q_e} = \dfrac{V_a}{v} \times \eta_v$

$Q_e = \dfrac{V_a}{v} \times \eta_v \times q_e$

$= \dfrac{288}{0.62} \times 0.8 \times (396 - 128) \times \dfrac{1\text{RT}}{3320\text{kcal/h}}$

$= 30\text{RT}$

88. 냉매순환량이 100kg/h인 압축기의 압축효율이 75%, 기계효율이 93%, 압축일량이 50kcal/kg일 때 축동력은?

① 4.7kW　　② 6.3kW
③ 7.8kW　　④ 8.3kW

축동력(L_{kW})

$L_{kW} = \dfrac{G \times AW}{860 \times \eta_c \times \eta_m}$

$= \dfrac{100 \times 50}{860 \times 0.75 \times 0.93} = 8.3\text{kW}$

89. 암모니아 냉동장치에서 피스톤 압출량 120m³/h의 압축기가 아래 선도와 같은 냉동사이클로 운전되고 있을 때 압축기의 소요동력(kW)은?

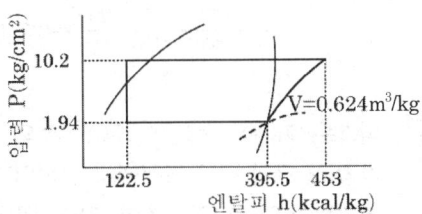

① 8.7　　② 10.9
③ 12.8　　④ 15.2

① 냉매순환량 $G = \dfrac{V_a}{v} = \dfrac{120}{0.624} = 192\text{kg/h}$

② 압축기 소요동력

$L(\text{kW}) = \dfrac{G \times AW}{860} = \dfrac{G \times (h_2 - h_1)}{860}$

$= \dfrac{192 \times (453 - 395.3)}{860} = 12.88\text{kW}$

여기서, 1kW=860kcal/h

90. 다음 사이클로 작동되는 압축기의 피스톤 압출량이 180m³/h, 체적효율(η_v)이 0.75, 압축효율(η_c)이 0.78, 기계효율(η_m)이 0.9일 때, 이 압축기의 소요동력은?

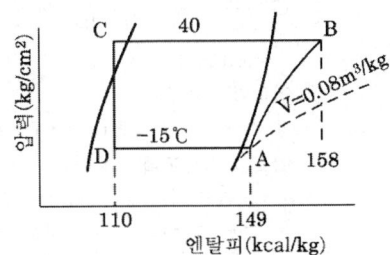

① 11.5kW　　② 15.8kW
③ 25.2kW　　④ 30.2kW

① 냉매순환량

Answer　87. ②　88. ④　89. ③　90. ③

$$G = \frac{V_a}{v} \times \eta_v = \frac{180}{0.08} \times 0.75 = 1687.5 \text{kg/h}$$

② 압축기 소요동력

$$L_{kW} = \frac{G \times AW}{860 \times \eta_c \times \eta_m} = \frac{G \times (h_B - h_A)}{860 \times \eta_c \times \eta_m}$$
$$= \frac{1687.5 \times (158 - 149)}{860 \times 0.78 \times 0.9} = 25.15 \text{kW}$$

91. 피스톤 이론적 토출량 $200\text{m}^3/\text{h}$의 압축기가 아래 표와 같은 조건에서 운전되고 있다. 흡입증기 엔탈피와 토출한 가스압력의 측정치로부터 압축기가 단열 압축동작을 하는 것으로 가정했을 경우의 토출가스 엔탈피 $h_2 = 158.6 \text{kcal/kg}$이다. 이 압축기의 소요동력은?

흡입증기의 엔탈피	150.0kcal/kg
흡입증기의 비체적	$0.04\text{m}^3/\text{kg}$
체적효율	0.72
기계효율	0.9
압축효율	0.8

① 약 25.9kW   ② 약 40.0kW
③ 약 50.0kW   ④ 약 68.8kW

① 냉매순환량(G)
$$G = \frac{Q_e}{q_e} = \frac{V_a}{v} \times \eta_v = \frac{200}{0.04} \times 0.72$$
$$= 3600 \text{kg/h}$$

② 압축열량(AW)
$$AW = h_2 - h_1 = 158.6 - 150.0 = 8.6 \text{kcal/kg}$$

③ 압축기 소요동력
$$L = \frac{G \times AW}{860 \cdot \eta_c \cdot \eta_m} = \frac{3600 \times 8.6}{860 \times 0.8 \times 0.9}$$
$$= 50.0 \text{kW}$$

92. 어떤 암모니아 냉동기의 이론 성적계수는 4.75이고, 기계효율은 90%, 압축효율은 75%일 때 1냉동톤(1RT)의 능력을 내기 위한 실제 소요마력은 약 몇 마력(PS)인가?

① 1.64   ② 2.73
③ 3.63   ④ 4.74

① 성적계수:
$$COP_{실제} = COP_{이론} \cdot \eta_c \cdot \eta_m$$
$$= 4.75 \times 0.75 \times 0.9 = 3.2$$

② 소요마력(L_{PS})
$$COP_{실제} = \frac{Q_e}{L_{PS}}$$
$$L_{PS} = \frac{Q_e}{COP_{실제}}$$
$$= \frac{1RT \times 3320 \text{kcal/h}}{632.3 \times 3.2} = 1.64 \text{PS}$$
$$(1PS = 632.3 \text{kcal/h})$$

93. 냉동실의 온도를 $-5℃$로 유지하기 위하여 매시 150000kcal의 열량을 제거해야 한다. 이 제거열량을 냉동기로 제거한다면 이 냉동기의 소요마력은 약 얼마인가? (단, 냉동기의 방열온도는 10℃, 1HP=632kcal/h로 한다.)

① 16.5HP   ② 15.2HP
③ 14.1HP   ④ 13.3HP

$$COP = \frac{Q_e}{AW} = \frac{T_L}{T_H - T_L}$$
$$AW = \frac{Q_e(T_H - T_L)}{T_L}$$
$$= \frac{150000(15)}{273 + (-5)} = 8395.5 \text{kcal/h}$$
$$\therefore L_{HP} = \frac{8395.5}{632} = 13.3 \text{HP}$$

94. 유량이 1800kg/h인 30℃ 물을 -10℃의 얼음으로 만드는 능력을 가진 냉동장치의 압축기 소요동력은 약 얼마인가? (단, 응축기의 냉각수 입구온도 30℃, 냉각수 출구온도 35℃, 냉각수 수량 $50\text{m}^3/\text{h}$이고, 열손실은 무시하는 것으로 한다.)

Answer 91. ③   92. ①   93. ④   94. ③

① 30kW   ② 40kW
③ 50kW   ④ 60kW

👆 ① 냉동능력(Q_e)
　　㉠ 30℃ 물을 0℃ 물로
　　　$Q_1 = GC\Delta t = 1800 \times 1 \times (30-0)$
　　　　　$= 54000\,\text{kcal/h}$
　　㉡ 0℃ 물을 0℃ 얼음으로
　　　$Q_2 = G\gamma = 1800 \times 80$
　　　　　$= 144000\,\text{kcal/h}$
　　㉢ 0℃ 얼음을 -10℃ 얼음으로
　　　$Q_3 = GC\Delta t$
　　　　$= 1,800 \times 0.5 \times (0-(-10))$
　　　　$= 9000\,\text{kcal/h}$
　　∴ $Q_e = Q_1 + Q_2 + Q_3$
　　　　$= 54000 + 144000 + 9000$
　　　　$= 207000\,\text{kcal/h}$

② 응축기방열량(Q_c)
　$Q_c = GC\Delta t$
　　$= \left(50\text{m}^3/\text{h} \times \dfrac{10^3\text{kg}}{1\text{m}^3}\right) \times 1 \times (35-30)$
　　$= 250000\,\text{kcal/h}$

③ 압축기 소요동력(W)
　$Q_c = Q_e + W$에서
　$W = Q_c - Q_e$
　　$= 250000 - 207000 = 43000\,\text{kcal/h}$
　∴ $W = 43000\,\text{kcal/h} \times \dfrac{1\text{h}}{3600\text{s}} \times \dfrac{4.18\text{kJ}}{1\text{kcal}}$
　　$= 49.93\,\text{kW} \fallingdotseq 50\,\text{kW}$

95. 시간당 2000kg의 30℃ 물을 -10℃의 얼음으로 만드는 능력을 가진 냉동장치가 있다. 조건이 아래와 같을 때, 이 냉동장치 압축기의 소요동력은? (단, 열손실은 무시한다.)

응축기 냉각수	입구온도	32℃
	출구온도	37℃
	유량	60m³/h
	물의 비열	1kcal/kg·℃
얼음	응고잠열	80kcal/kg
	비열	0.5kcal/kg·℃

① 71kW   ② 76kW
③ 78kW   ④ 81kW

👆 ① 냉동능력
　$Q_e = 2000 \times [1 \times (30-0) + 80 + 0.5 \times (0-(-10))]$
　　$= 230000\,\text{kcal/h}$

② 응축열량
　$Q_c = GC\Delta t = 60 \times 10^3 \times 1 \times (37-32)$
　　$= 300000\,\text{kcal/h}$

③ 압축기 소요동력(kW)
　$Q_c = Q_e + W$
　$W = Q_c - Q_e$
　　$= 300000 - 230000 = 70000\,\text{kcal/h}$
　　$= \dfrac{70000}{860}\,\text{kW} = 81\,\text{kW}$
　(1kW = 860kcal/h)

96. 암모니아 냉동장치에서 고압측 게이지 압력이 14kg/cm²·g, 저압측 게이지 압력이 3kg/cm²·g이고, 피스톤 압출량이 100m³/h, 흡입증기의 비체적이 0.5m³/kg이라 할 때, 이 장치에서의 압축비와 냉매순환량(kg/h)은 각각 얼마인가? (단, 압축기의 체적효율은 0.7로 한다.)

① 3.73, 70   ② 3.73, 140
③ 4.67, 70   ④ 4.67, 140

👆 ① 압축비(a)
　$a = \dfrac{P_H}{P_L} = \dfrac{15.0322}{4.0322} = 3.73$
　여기서,

Answer 95. ④ 96. ②

$$P_H = 14\text{kg/cm}^2 \cdot \text{g} = (14 + 1.0332)$$
$$= 15.0332\text{kg/cm}^2 \cdot \text{a}$$
$$P_L = 3\text{kg/cm}^2 \cdot \text{g} = (3 + 1.0332)$$
$$= 4.0332\text{kg/cm}^2 \cdot \text{a}$$
$$1\text{atm} = 1.0322\text{kgf/cm}^2$$

② 냉매순환량(G)

$$G = \frac{Q_e}{q_e} = \frac{V}{v_a} \times \eta_v = \frac{100}{0.5} \times 0.7 = 140\text{kg/h}$$

97. 어떤 냉동사이클에서 냉동효과를 γ kJ/kg, 흡입건조 포화증기의 비체적을 v m³/kg로 표시하면 NH_3와 R-22에 대한 값은 다음과 같다. 사용 압축기의 피스톤 압출량은 NH_3와 R-22의 경우 동일하며, 체적효율도 75%로 동일하다. 이 경우 NH_3와 R-22 압축기의 냉동능력을 각각 R_N, R_F(RT)로 표시한다면 R_N/R_F는?

	NH_3	R-22
γ (kJ/kg)	1126.37	168.90
v (m³/kg)	0.509	0.077

① 0.6   ② 0.7
③ 1.0   ④ 1.5

$R_N = G_N \times \gamma_N = (\frac{V_a}{v} \cdot \eta_v) \times \gamma_N$
$= (\frac{V}{0.509} \cdot 0.75) \times 1126.37 = 1659.68V$

$R_F = G_F \times \gamma_F = (\frac{V_a}{v} \cdot \eta_v) \times \gamma_N$
$= (\frac{V}{0.077} \cdot 0.75) \times 168.90 = 1645.13V$

$\therefore \frac{R_N}{R_F} = \frac{1659.68V}{1645.13V} = 1.009$

98. 실린더 직경 80mm, 행정 50mm, 실린더수 6개, 회전수 1750rpm인 왕복동식 압축기의 피스톤 압출량은 약 얼마인가?

① 158m³/h   ② 168m³/h
③ 178m³/h   ④ 188m³/h

피스톤 압출량(V)

$$V = \frac{\pi D^2}{4} \cdot L \cdot N \cdot R \cdot 60$$
$$= \frac{\pi (0.08)^2}{4} \times 0.05 \times 6 \times 1750 \times 60$$
$$= 158\text{m}^3/\text{h}$$

99. 증발온도 -20℃, 응축온도 30℃에서 작동하는 암모니아와 R-12의 냉동기가 있다. -20℃, 30℃일 때의 각각의 값은 다음과 같다.

	암모니아	R-12
냉동효과(kcal/kg)	261.62	27.74
증기의 비체적(m³/kg)	0.6236	0.1107
액의 비체적(l/kg)	1.680	1.293

위의 값을 사용하여 1냉동톤에 대한 암모니아 및 R-12 압축기의 피스톤 배출량을 구하면 다음 중 어느 것인가?

① 암모니아 : 7.9m³/h, R-12 : 13.25m³/h
② 암모니아 : 79.1m³/h, R-12 : 13.25m³/h
③ 암모니아 : 7.91m³/h, R-12 : 15.52m³/h
④ 암모니아 : 79.1m³/h, R-12 : 15.52m³/h

$G = \frac{Q_e}{q_e} = \frac{V_a}{v} \times \eta_v$

$V_{R717} = \frac{Q_e \cdot v}{q_e} = \frac{3320 \times 0.6236}{261.62} = 7.91\text{m}^3/\text{h}$

$V_{R12} = \frac{Q_e \cdot v}{q_e} = \frac{3320 \times 0.1107}{27.74} = 13.25\text{m}^3/\text{h}$

100. 실린더 지름 200mm, 행정 200mm, 회전수 400rpm, 기통수 3기통인 냉동기의 냉동능력이 5.72RT이다. 이때 냉동효과(kJ/kg)는?

Answer 97. ③ 98. ① 99. ① 100. ①

(단, 체적효율은 0.75, 압축기 흡입 시의 비체적은 0.5m³/kg이고, 1RT는 3.8kW이다.)

① 115.3 ② 110.8
③ 89.4   ④ 68.8

① 피스톤 토출량
$$V = \frac{\pi D^2}{4} \cdot L \cdot N \cdot R$$
$$= \frac{\pi (0.2)^2}{4} \cdot 0.2 \cdot 3 \cdot 600 \cdot \frac{1\min}{60s}$$
$$= 0.126 \text{m}^3/\text{s}$$

② 냉매순환량
$$G = \frac{V_a}{v} \times \eta_v = \frac{0.126}{0.5} \times 0.75 = 0.189 \text{kg/s}$$

③ 냉동효과
$$q_e = \frac{Q}{G} = \frac{21.736}{0.189} = 115 \text{kJ/kg}$$

여기서, 냉동능력
$$Q(\text{kW}) = 5.72\text{RT} \times \frac{3.8\text{kW}}{1\text{RT}} = 21.736\text{kW}$$

101. 다음 그림과 같이 작동되는 냉동장치의 압축기 소요동력이 50kW일 때, 압축기의 피스톤 토출량은? (단, 압축기 체적효율 65%, 기계효율 85%, 압축효율 80%이다.)

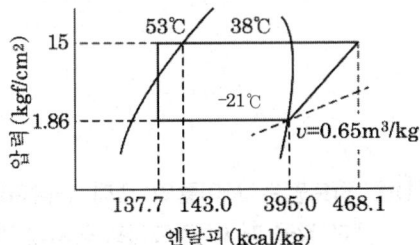

① 약 260m³/h ② 약 320m³/h
③ 약 400m³/h ④ 약 500m³/h

① 냉동효과
$$q_e = h_1 - h_4$$
$$= 395.0 - 137.7 = 257.3 \text{kcal/kg}$$

② $\text{COP} = \frac{Q}{AW}\eta_c\eta_m = \frac{h_1 - h_4}{h_2 - h_1}\eta_c\eta_m$
$$= \frac{395.0 - 137.7}{468.1 - 395.0} \times 0.8 \times 0.85 = 2.39$$

③ 냉동능력
$$\text{COP} = \frac{Q}{AW}$$
$$Q = \text{COP} \times AW$$
$$= 2.39 \times 50\text{kW} \times 860\text{kcal/h}(=1\text{kW})$$
$$= 102770 \text{kcal/h}$$

④ 피스톤 토출량(V)
$$G = \frac{Q}{q_e} = \frac{V_a}{v} \times \eta_v$$
$$V = \frac{Q \times v}{q_e \times \eta_v}$$
$$= \frac{102770 \times 0.65}{257.3 \times 0.65} = 399.4 \text{m}^3/\text{h} ≒ 400 \text{m}^3/\text{h}$$

102. 압축기의 기통수가 6기통이며, 피스톤 직경 140mm, 행정 110mm, 회전수 800rpm인 NH_3 표준 냉동사이클의 냉동능력(kW)은? (단, 압축기의 체적효율은 0.75, 냉동효과는 1126.3kJ/kg, 비체적은 0.5m³/kg이다.)

① 122.7 ② 148.3
③ 193.4 ④ 228.9

① 피스톤 토출량
$$V = \frac{\pi D^2}{4} \cdot L \cdot N \cdot R$$
$$= \frac{\pi (0.14)^2}{4} \cdot 0.11 \cdot 6 \cdot 800 \cdot \frac{1\min}{60s}$$
$$= 0.1355 \text{m}^3/\text{s}$$

② 냉매순환량
$$G = \frac{V_a}{v} \times \eta_v = \frac{0.1355}{0.5} \times 0.75 = 0.2033 \text{kg/s}$$

③ 냉동능력
$$Q = q_e \times G = 1126.3 \times 0.2033 = 228.9 \text{kW}$$

103. 암모니아 냉동장치에서 고압측 게이지 압

Answer 101. ③ 102. ④ 103. ②

력이 1372.9kPa, 저압측 게이지 압력이 294.2kPa이고, 피스톤 압출량이 100m³/h, 흡입증기의 비체적이 0.5m³/kg일 때, 이 장치에서의 압축비와 냉매순환량(kg/h)은 각각 얼마인가? (단, 압축기의 체적효율은 0.7이다.)

① 압축비 3.73, 냉매순환량 70
② 압축비 3.73, 냉매순환량 140
③ 압축비 4.67, 냉매순환량 70
④ 압축비 4.67, 냉매순환량 140

① 압축비 $a = \dfrac{P_H}{P_L} = \dfrac{1474.2}{395.5} = 3.73$

여기서,
고압측 절대압력(P_H)
  = 1372.9 + 101.3(대기압) = 1474.2kPa
저압측 절대압력(P_L)
  = 294.2 + 101.3(대기압) = 395.5kPa

② 냉매순환량
  $G = \dfrac{V}{v_a} \times \eta_v = \dfrac{100}{0.5} \times 0.7 = 140$ kg/h

104. 냉동장치에서 압축기의 고압압력이 16 kg/cm²·g, 저압압력이 2kg/cm²·g일 때 압축비는 약 얼마인가?

① 2.82 ② 4.26
③ 5.62 ④ 8.36

절대압력으로 환산하면
P_H(고압) = 16 + 1.0332
  = 17.0332 kg/cm²·a
P_L(저압) = 2 + 1.0332 = 3.0332 kg/cm²·a
∴ 압축비 $a = \dfrac{P_H}{P_L} = \dfrac{17.0332}{3.0332} = 5.62$

105. 그림에서 사이클 A(1-2-3-4-1)로 운전될 때 증발기의 냉동능력은 5RT, 압축기의 체적효율은 0.78이었다. 그러나 운전 중 부하가 감소하여 압축기 흡입밸브 개도를 줄여서 운전하였더니 사이클 B(1'-2'-3-4-1-1')로 되었다. 사이클 B로 운전될 때의 체적효율이 0.7이라면 이때의 냉동능력(RT)은 얼마인가? (단, 1RT는 3.8kW이다.)

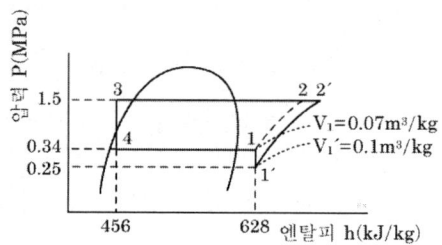

① 1.37 ② 2.63
③ 2.94 ④ 3.14

$G = \dfrac{Q_e}{q_e} = \dfrac{V_a}{v} \times \eta_v$ 에서

① 피스톤 토출량
$V = \dfrac{Q_e \times v}{q_e \times \eta_v} = \dfrac{(5 \times 3.8) \times 0.07}{(628 - 456) \times 0.78}$
  = 0.0099 m³/s

② 냉동능력
$Q_e = q_e \times \dfrac{V_a}{v} \times \eta_v$
  = $(628 - 456) \times \dfrac{0.0099}{0.1} \times 0.7$
  = 11.92 kW = $\dfrac{11.92}{3.8}$ RT = 3.14 RT

106. 히트펌프 사이클의 냉매 엔탈피값이 다음과 같을 때 이 히트펌프 장치의 가열능력이 30kW였다. 이 히트펌프 장치의 실제 냉동능력은 몇 kW인가? (단, 압축기의 흡입증기 엔탈피 h_1 = 148kcal/kg, 압축기 실제 토출가스 엔탈피 h_2 = 160kcal/kg, 팽창밸브 직전 냉매액 엔탈피 h_3 = 110kcal/kg이다.)

① 12.8 ② 22.8
③ 32.4 ④ 39.5

① 히트펌프 성적계수
$$COP_H = \frac{h_2 - h_3}{h_2 - h_1} = \frac{160-110}{160-148} = 4.17$$

② 실제 압축일
$$COP_H = \frac{Q}{W}$$
$$W = \frac{Q}{COP_H} = \frac{30}{4.17} = 7.19$$

③ 냉동기 성적계수
$$COP_R = \frac{h_1 - h_3}{h_2 - h_1} = \frac{148-110}{160-148} = 3.17$$

④ 실제 냉동능력
$$COP_R = \frac{Q}{W}$$
$$Q = COP_R \times W = 3.17 \times 7.19 = 22.79 \text{kW}$$

107. 냉동장치에서 냉매 1kg이 팽창밸브를 통과하여 5℃의 포화증기로 될 때까지 50kJ의 열을 흡수하였다. 같은 조건에서 냉동능력이 400kW라면 증발냉매량(kg/s)은 얼마인가?

① 5 ② 6
③ 7 ④ 8

증발냉매량(G)
$$G = \frac{Q_e}{q_e} = \frac{400\text{kJ/s}(=\text{kW})}{50\text{kJ}} = 8\text{kg/s}$$

108. 어떤 냉동기의 증발기 내 압력이 245kPa이며, 이 압력에서의 포화온도, 포화액 엔탈피 및 건포화증기 엔탈피, 정압비열은 [조건]과 같다. 증발기 입구측 냉매의 엔탈피가 455kJ/kg이고, 증발기 출구측 냉매온도가 −10℃의 과열증기일 경우 증발기에서 냉매가 취득한 열량(kJ/kg)은?

[조건] • 포화온도 : −20℃
• 포화액 엔탈피 : 396kJ/kg
• 건포화증기 엔탈피 : 615.6kJ/kg
• 정압비열 : 0.67kJ/kg·K

① 167.3 ② 152.3
③ 148.3 ④ 112.3

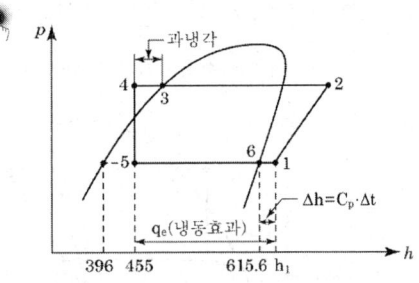

① $\Delta h = C_p \cdot \Delta t = 0.67 \times [-10 - (-20)]$
    $= 6.7\text{kJ/kg}$
② $h_1 = h_6 + \Delta h = 615.6 + 6.7 = 622.3\text{kJ/kg}$
③ $q_e = h_1 - h_5 = 622.3 - 455 = 167.3\text{kJ/kg}$

109. 다음 중 냉동기의 성능계수를 높이는 것으로 틀린 것은?

① 증발기의 온도를 높인다.
② 증발기의 온도를 낮춘다.
③ 압축기의 효율을 높인다.
④ 증발기와 응축기에서 마찰압력손실을 줄인다.

성능계수(COP)
$$COP = \frac{T_L}{T_H - T_L}$$

위 식에서 성능계수를 높이기 위해서는 증발온도를 높이고 응축온도와 증발온도의 차이를 작게 하여야 한다.

110. 저온 열원의 온도가 T_L, 고온 열원의 온도가 T_H인 두 열원 사이에서 작동하는 이상

Answer 107. ④ 108. ① 109. ② 110. ②

적인 냉동사이클의 성능계수를 향상시키는 방법으로 옳은 것은?

① T_L을 올리고 $T_H - T_L$을 올린다.
② T_L을 올리고 $T_H - T_L$을 줄인다.
③ T_L을 내리고 $T_H - T_L$을 올린다.
④ T_L을 내리고 $T_H - T_L$을 줄인다.

☞ 성적계수 COP = $\dfrac{q_e}{AW} = \dfrac{T_L}{T_H - T_L}$ 이므로 성적계수를 향상시키기 위해서는

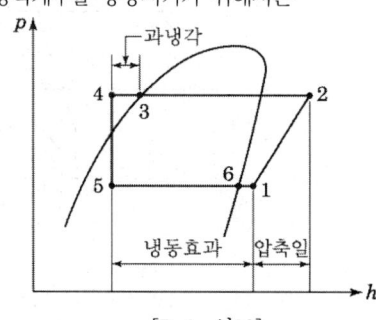

[P-h 선도]

① 냉동효과(q_e)를 크게 한다.
② 압축일(AW)을 적게 한다.
③ 저온열원(T_L)의 온도를 높게 한다.
④ 고온열원과 저온열원의 온도차($T_H - T_L$)를 줄인다.

111. 다음 선도와 같이 응축온도만 변화하였을 때 각 사이클의 특성 비교로 틀린 것은?
(단, 사이클 A : (A-B-C-D-A),
사이클 B : (A-B'-C'-D'-A),
사이클 C : (A-B"-C"-D"-A)이다.)

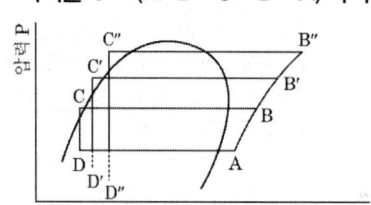

(응축온도만 변했을 경우) 엔탈피 h(kJ/kg)

① 압축비 : 사이클C>사이클B>사이클A
② 압축일량 : 사이클C>사이클B>사이클A
③ 냉동효과 : 사이클C>사이클B>사이클A
④ 성적계수 : 사이클A>사이클B>사이클C

☞ ③ 냉동효과 : 사이클 A>사이클 B>사이클 C

112. 다음과 같은 냉동사이클 중 성적계수가 가장 큰 사이클은 어느 것인가?

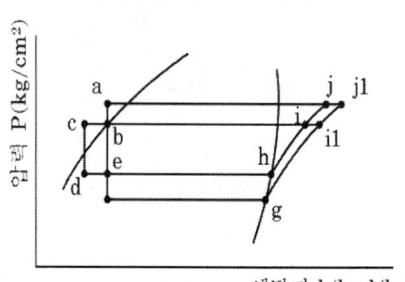

엔탈피 h(kcal/kg)

① b - e - h - i - b
② c - d - h - i - c
③ b - f - g - i1 - b
④ a - e - h - j - a

☞ **성능계수(COP)의 향상**
"성적계수(COP)=냉동효과/압축일"이므로 성능계수를 향상시키기 위해서는
① 냉동효과를 크게 한다.
② 압축일을 작게 한다.

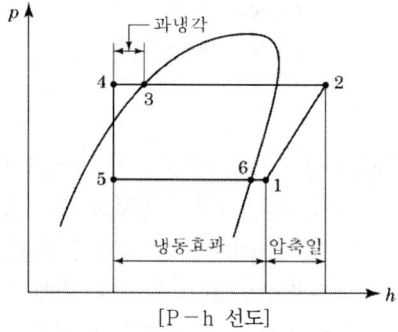

[P-h 선도]

113. 증발온도는 일정하고 응축온도가 상승할 경우 나타나는 현상으로 틀린 것은?

① 냉동능력 증대
② 체적효율 저하
③ 압축비 증대
④ 토출가스 온도 상승

☞ **응축온도(압력) 상승에 의한 영향**
① 압축비 증가로 인한 토출가스 온도 상승 및 소요동력 증가
② 냉동효과 및 냉동능력 감소
③ 성능계수(COP) 감소
④ 플래시 가스 발생량 증가

114. 증기압축식 냉동사이클에서 증발온도를 일정하게 유지시키고, 응축온도를 상승시킬 때 나타나는 현상이 아닌 것은?

① 소요동력 증가
② 성적계수 감소
③ 토출가스 온도 상승
④ 플래시 가스 발생량 감소

☞ ④ 증발온도가 일정할 때 응축온도가 상승하면 과냉각도가 작아지므로 팽창밸브 통과 시 플래시 가스(flash gas) 발생량이 증가한다.

115. 냉동장치에서 증발온도를 일정하게 하고 응축온도를 높일 때 일어나는 현상으로 옳은 것은?

① 성적계수 증가
② 압축일량 감소
③ 토출가스온도 감소
④ 플래시가스 발생량 증가

☞ ① 성적계수 감소
② 압축일량 증가
③ 압축비 증가로 인한 토출가스 온도 상승

116. 냉동사이클에서 응축온도 상승에 의한 영향과 가장 거리가 먼 것은?

① COP 감소
② 압축기 토출가스 온도 상승
③ 압축비 증가
④ 압축기 흡입가스 압력 상승

☞ **응축온도(압력) 상승**
① 압축비 증가로 인한 토출가스 온도 상승
② 냉동효과 감소
③ 성능계수(COP) 감소

117. 과열, 과냉이 없는 이상적인 증기압축 냉동사이클에서 증발온도가 일정하고 응축온도가 내려갈수록 성능계수는?

① 증가한다.
② 감소한다.
③ 일정하다.
④ 증가하기도 하고 감소하기도 한다.

☞ **성능계수(COP)**
$$COP = \frac{Q}{AW} \equiv \frac{T_L}{T_H - T_L}$$
(여기서, T_L : 증발온도, T_H : 응축온도)
위 식에서 증발온도(T_L)가 일정하고 응축온도(T_H)가 내려갈수록 분모의 증발온도와 응축온도의 차가 작아지므로 성능계수는 증가한다.

118. 압축 냉동사이클에서 응축기 내부 압력이 일정할 때, 증발온도가 낮아지면 나타나는 현상으로 가장 거리가 먼 것은?

① 압축기 단위흡입체적당 냉동효과 감소
② 압축기 토출가스 온도 상승
③ 성적계수 감소
④ 과열도 감소

👆 증발온도가 낮은 경우 나타나는 현상
㉠ 압축비의 증대
㉡ 토출가스 온도 상승
㉢ 냉동효과 감소
㉣ 성적계수(COP) 감소
㉤ 비체적 증대로 인한 냉매순환량 감소

119. 몰리에르(P-h) 선도상에서 응축온도를 일정하게 하고, 증발온도를 저하시킬 때 발생하는 현상으로 잘못된 것은?
① 소요동력이 증대한다.
② 압축비가 감소한다.
③ 냉동능력이 감소한다.
④ 플래시 가스 발생량이 증가한다.

👆 ② 압축비가 증가한다.

120. 압축 냉동사이클에서 응축온도가 일정할 때 증발온도가 낮아지면 일어나는 현상 중 틀린 것은?
① 압축일의 열당량 증가
② 압축기 토출가스 온도 상승
③ 성적계수 감소
④ 냉매순환량 증가

👆 ④ 비체적 증대로 인한 냉매순환량 감소

121. 냉동기의 증발압력이 낮아졌을 때 나타나는 현상으로 옳은 것은?
① 냉동능력이 증가한다.
② 압축기의 체적효율이 증가한다.
③ 압축기의 토출가스 온도가 상승한다.
④ 냉매순환량이 증가한다.

👆 ① 냉동능력이 감소한다.
② 압축기의 체적효율이 감소한다.
④ 냉매순환량이 감소한다.

122. 냉동사이클에서 응축온도 상승에 따른 시스템의 영향으로 가장 거리가 먼 것은? (단, 증발온도는 일정하다.)
① COP 감소
② 압축비 증가
③ 압축기 토출가스 온도 상승
④ 압축기 흡입가스 압력 상승

👆 113번 해설 참고

123. 실제 냉동사이클에서 냉매가 증발기에서 나온 후, 압축기의 흡입 전 흡입가스 변화는?
① 압력은 감소하고 엔탈피는 증가한다.
② 압력과 엔탈피는 감소한다.
③ 압력은 증가하고 엔탈피는 감소한다.
④ 압력과 엔탈피는 증가한다.

👆 증발기 출구에서 압축기 입구에 이르는 흡입 배관에는 압력손실이 발생한다. 따라서 흡입 배관의 길이가 지나치게 길거나 단열되지 않으면 증발기를 나와서 압축기로 들어가는 동안 냉매는 외부로부터 열을 받아 엔탈피가 증가한다.

124. 냉동기에서 고압의 액체냉매와 저압의 흡입증기를 서로 열교환시키는 열교환기의 주된 설치 목적은?
① 압축기 흡입증기 과열도를 낮추어 압축효율을 높이기 위함
② 일종의 재생 사이클을 만들기 위함
③ 냉매액을 과냉시켜 플래시가스 발생을 억제하기 위함
④ 이원 냉동사이클에서의 캐스케이드 응축기를 만들기 위함

👆 액-가스 열교환기 설치 목적
증발기 출구 냉매증기와 팽창밸브로 공급되

119. ② 120. ④ 121. ③ 122. ④ 123. ① 124. ③

는 냉매액을 상호 열교환시켜, 팽창밸브 공급 냉매액의 과냉각도를 높일 수 있으며 배관에서의 플래시가스 발생을 최소화한다.

125. 다음의 장치는 액-가스 열교환기가 설치되어 있는 1단 증기압축식 냉동장치를 나타낸 것이다. 이 냉동장치의 운전 시에 아래와 같은 현상이 발생하였다. 이 현상에 대한 원인으로 옳은 것은?

> 액-가스 열교환기에서 응축기 출구 냉매액과 증발기 출구 냉매증기가 서로 열교환할 때, 이 열교환기 내에서 증발기 출구 냉매 온도변화(T_1-T_6)는 18℃이고, 응축기 출구 냉매액의 온도변화(T_3-T_4)는 1℃이다.

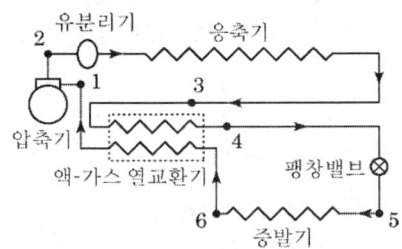

① 증발기 출구(점 6)의 냉매상태는 습증기이다.
② 응축기 출구(점 3)의 냉매상태는 불응축상태이다.
③ 응축기 내에 불응축가스가 혼입되어 있다.
④ 액-가스 열교환기의 열손실이 상당히 많다.

☞ 액-가스 열교환기는 증발기에서 나온 저온의 냉매증기와 팽창밸브로 가는 고압의 냉매액을 열교환시켜 압축기의 흡입증기를 과열시킴과 동시에 고압액의 과냉각도를 증가시키는 방법이며 보기에서 응축기 출구 냉매(점 3~4)의 열교환이 잘 이루어지지 않아 온도변화가 적으므로 열교환기 입구 응축기 출구 냉매(점 3)의 이상(불응축상태)이 있는 것으로 보는 것이 타당하다.

126. 냉매 액가스 열교환기의 사용에 대한 설명으로 틀린 것은?

① 액가스 열교환기는 보통 암모니아 장치에는 사용하지 않는다.
② 프레온 냉동장치에서 액압축 방지 및 액관 중의 플래쉬 가스 발생을 방지하는 데 도움이 된다.
③ 증발기로 들어가는 저온의 냉매 증기와 압축기에서 응축기에 이르는 고온의 냉매액을 열교환시키는 방법을 이용한다.
④ 습압축을 방지하여 냉동효과와 성적계수를 향상시킬 수 있다.

☞ ③ 증발기 출구의 저온 냉매증기와 압축기에서 응축기에 이르는(팽창밸브로 공급되는 냉매액) 고온의 냉매액을 열교환시키는 방법이다.

127. 그림은 R-134a를 냉매로 한 건식 증발기를 가진 냉동장치의 개략도이다. 지점 1, 2에서의 게이지 압력은 각각 0.2MPa, 1.4MPa으로 측정되었다. 각 지점에서의 엔탈피가 아래 표와 같을 때, 5지점에서의 엔탈피(kJ/kg)는 얼마인가? (단, 비체적(v_1)은 0.08m³/kg이다.)

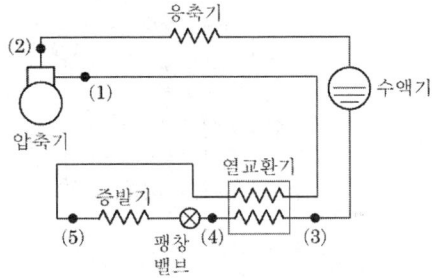

Answer 125. ② 126. ③ 127. ④

지점	엔탈피(kJ/kg)
1	623.8
2	665.7
3	460.5
4	439.6

① 20.9 ② 112.8
③ 408.6 ④ 602.9

👉 냉매가스 엔탈피차=냉매액 엔탈피 차
$h_1 - h_5 = h_3 - h_4$
$h_5 = h_1 - h_3 + h_4$
$= 623.8 - 460.5 + 439.6 = 602.9 \text{kJ/kg}$

128. 피스톤 압출량이 $48\text{m}^3/\text{h}$인 압축기를 사용하는 아래와 같은 냉동장치가 있다. 압축기 체적효율(η_v)이 0.75이고, 배관에서의 열손실을 무시하는 경우, 이 냉동장치의 냉동능력(RT)은? (단, 1RT는 3320kcal/h이다.)

$h_1 = 135.5 \text{kcal/kg}$
$v_1 = 0.12 \text{m}^3/\text{kg}$
$h_2 = 105.5 \text{kcal/kg}$
$h_3 = 104.0 \text{kcal/kg}$

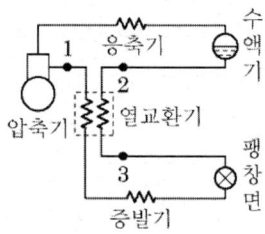

① 1.83 ② 2.54
③ 2.71 ④ 2.84

👉 ① 증발기 출구 엔탈피(h_x)
$h_1 - h_x = h_2 - h_3$
$h_x = h_1 - h_2 + h_3$
$= 135.5 - 105.5 + 104 = 134 \text{kcal/kg}$
② 냉매순환량
$G = \dfrac{Q_e}{q_e} = \dfrac{V}{v_1} \times \eta_v$
③ 냉동능력
$Q_e = \dfrac{V \times q_e}{v_1} \times \eta_v = \dfrac{48 \times (134 - 104)}{3320 \times 0.12} \times 0.75$
$= 2.71 \text{RT}$

129. 단열 밀폐된 실내에서 [A]의 경우는 냉장고 문을 닫고, [B]의 경우는 냉장고 문을 연 채 냉장고를 작동시켰을 때 실내온도의 변화는?

① [A] 실내온도 상승, [B] 실내온도 변화 없음
② [A] 실내온도 변화 없음, [B] 실내온도 하강
③ [A], [B] 모두 실내온도가 상승
④ [A] 실내온도 상승, [B] 실내온도 하강

👉 응축기 방열량(q_c)
$q_c = q_e + AW$
여기서, q_e : 냉동효과, AW : 압축열량
위 식에서 응축기 방열량은 냉동효과와 압축일의 열당량을 합한 것이므로 압축일의 열량으로 인해 실내온도는 상승한다.

130. 2단 압축 냉동장치에 관한 설명으로 틀린 것은?

① 동일한 증발온도를 얻을 때 단단압축 냉동장치 대비 압축비를 감소시킬 수 있다.
② 일반적으로 두 개의 냉매를 사용하여 -30℃ 이하의 증발온도를 얻기 위해 사용된다.
③ 중간 냉각기는 증발기에 공급하는 액을 과냉각시키고 냉동 효과를 증대시킨다.
④ 중간 냉각기는 냉매증기와 냉매액을 분

Answer 128. ③ 129. ③ 130. ②

리시켜 고단측 압축기 액백 현상을 방지한다.

☞ ② 일반적으로 단일 냉매를 사용하여 -30℃ 이하의 증발온도를 얻기 위해 사용된다.

131. 왕복동 냉동기에서 -70 ~ -30℃ 정도의 저온을 얻기 위하여 2단 압축방식을 채용하고 있다. 그 이유를 설명한 것 중 옳은 것은?

① 토출가스 온도를 낮추기 위하여
② 압축기의 효율 향상을 막기 위하여
③ 윤활유의 온도를 상승시키기 위하여
④ 성적계수를 낮추기 위하여

☞ 1단 냉동사이클에서는 증발온도가 -30℃ 정도 이하가 되면, 증발압력 저하로 압축비가 상승하여 체적효율이 저하하고(클리어런스에 남아 있던 고압의 가스가 흡입 방해), 압축기 흡입가스는 비체적 증가(증발압력이 낮으므로)하여 압축기 과열 및 (토출가스 온도가 상승하여) 윤활유 열화, 소요동력이 증가한다. 이 때문에 증발온도가 일정(-30℃) 이하가 되면 1단 압축을 하지 않고, 압축을 2단으로 나누어 저단압축기는 저압을 중간압력까지 상승시키고, 이 가스를 중간냉각기로 냉각한 후 고단압축기로 고압까지 상승시켜주는 2단 압축 방식을 채택하게 된다.

132. 1대의 압축기로 증발온도를 -30℃ 이하의 저온도로 만들 경우 일어나는 현상이 아닌 것은?

① 압축기 체적효율의 감소
② 압축기 토출 증기의 온도 상승
③ 압축기의 단위흡입체적당 냉동효과 상승
④ 냉동능력당의 소요동력 증대

☞ 131번 해설 참고

133. 다음은 2단 압축 냉동장치에 관한 내용이다. 옳지 않은 것은?

① 2단 압축에서 중간 압력이란 저단 압축기의 토출압력과 고단 압축기의 흡입압력을 말한다.
② 중간냉각기는 고압측 흡입가스의 압력을 낮추어 압축비를 증가시킨다.
③ 중간냉각기는 저압측 토출가스의 온도를 내려 냉동장치의 성적계수를 높인다.
④ 압축비가 6 이상이면 2단 압축을 채택한다.

☞ **2단 압축의 중간 압력**
$P_m = \sqrt{P_L \times P_H}$ (kg/cm² · a)
여기서, P_L : 저압측 절대압력
P_H : 고압측 절대압력

134. 다음은 2단압축 1단팽창 냉동장치의 중간냉각기를 나타낸 것이다. 각 부에 대한 설명으로 틀린 것은?

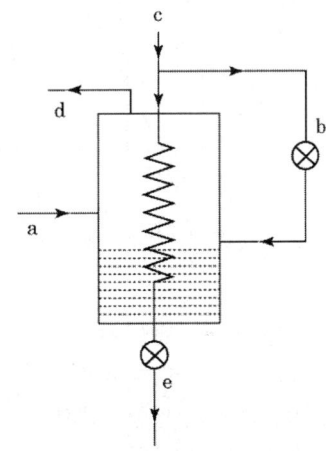

① a의 냉매관은 저단압축기에서 중간냉각기로 냉매가 유입되는 배관이다.
② b는 제1(중간냉각기 앞) 팽창밸브이다.
③ d부분의 냉매증기온도는 a부분의 냉매증

Answer 131. ① 132. ③ 133. ① 134. ④

기온도보다 낮다.
④ a와 c의 냉매순환량은 같다.

☞ ④ 2단압축 냉동사이클은 냉매를 저단압축기에서 압축한 후 액화한 고압냉매의 일부를 사용하여 중간냉각기에서 증발기로 가는 냉매를 냉각한 후 고단압축기로 보내는 방식으로 ⓐ는 저단측의 냉매순환량이고 ⓒ는 고단측의 냉매순환량이므로 냉매순환량이 같지 않다.

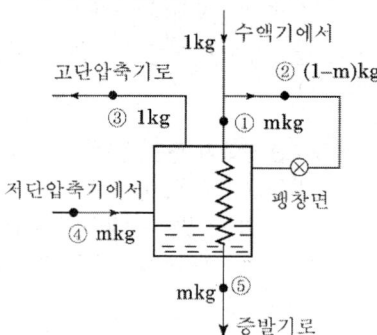

135. 다음의 몰리에르 선도는 어떤 냉동장치를 나타낸 것인가?

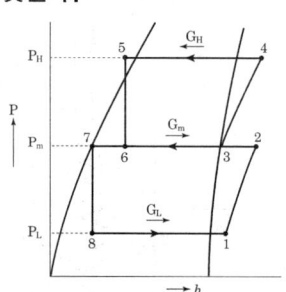

① 1단압축 1단팽창 시스템
② 1단압축 2단팽창 시스템
③ 2단압축 1단팽창 시스템
④ 2단압축 2단팽창 시스템

☞ ① 2단압축 1단팽창 시스템

① 2단압축 1단팽창 시스템

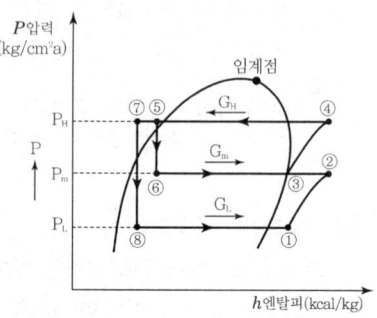

② 2단압축 2단팽창 시스템

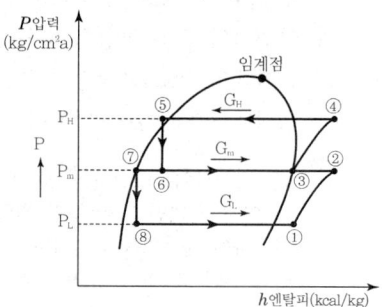

③ 2원냉동 시스템

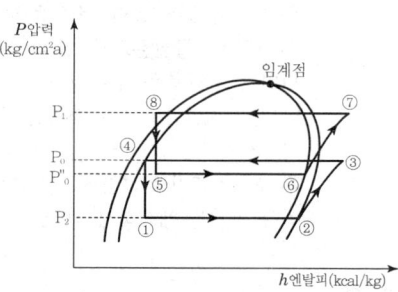

136. 2단압축 1단팽창식과 2단압축 2단팽창식의 비교 설명으로 옳은 것은? (단, 동일운전 조건으로 가정한다.)

① 2단팽창식의 경우에는 두 가지의 냉매를 사용한다.
② 2단팽창식의 경우가 성적계수가 약간 높다.

Answer 135. ④ 136. ②

③ 2단팽창식은 중간냉각기를 필요로 하지 않는다.
④ 1단팽창식의 팽창밸브는 1개가 좋다.

🖐 2단압축 1단팽창식은 증발기로 유입되는 냉매 습증기의 건도가 증가하므로 냉동효과가 점점 작아질 수밖에 없다. 이를 개선하기 위해 기-액 분리기를 설치한 냉동사이클이 2단압축 2단팽창식이다. 그러므로 2단팽창식의 냉동효과가 1단팽창식보다 약간 크므로 성적계수 또한 높게 된다.
[참고]
① 2단 팽창식의 경우에는 단일 냉매를 사용한다.
③ 2단 팽창식도 중간냉각기가 필요하다.
④ 1단 팽창식의 팽창밸브는 2개가 필요하다.

137. 암모니아를 사용하는 2단압축 냉동기에 대한 설명으로 틀린 것은?

① 증발온도가 -30℃ 이하가 되면 일반적으로 2단압축 방식을 사용한다.
② 중간냉각기의 냉각방식에 따라 2단압축 1단팽창과 2단압축 2단팽창으로 구분한다.
③ 2단압축 1단팽창 냉동기에서 저단측 냉매와 고단측 냉매는 서로 같은 종류의 냉매를 사용한다.
④ 2단압축 2단팽창 냉동기에서 저단측 냉매와 고단측 냉매는 서로 다른 종류의 냉매를 사용한다.

🖐 ④ 2원 냉동기에서 저단측 냉매와 고단측 냉매는 서로 다른 종류의 냉매를 사용한다.

138. 암모니아 냉동장치에서 증발온도 -30℃, 응축온도 30℃의 운전조건에서 2단압축과 1단압축을 비교한 설명 중 옳은 것은? (단, 냉동 부하는 동일하다고 가정한다.)

① 부하에 대한 피스톤 압출량은 같다.
② 냉동효과는 1단압축의 경우가 크다.
③ 고압측 토출가스 온도는 2단압축의 경우가 높다.
④ 필요 동력은 2단압축의 경우가 적다.

🖐 ① 부하에 대한 피스톤 압출량은 1단압축의 경우가 많다.
② 냉동효과는 2단압축의 경우가 크다.
③ 고압측 토출가스 온도는 2단압축의 경우가 낮다.(1단압축 후의 토출가스를 냉각하여 다시 압축함으로써 2단압축 후의 토출가스 온도를 낮게 할 수 있다.)
[참고] 2단압축
한 대의 압축기를 이용하여 -30℃ 이하의 저온을 얻으려면 증발압력 저하로 압축비가 크게 상승하므로 압축기를 2단으로 나누어 저단압축기는 저압을 중간압력까지 상승시키고, 이 가스를 중간냉각기로 냉각한 후 고단압축기로 고압까지 상승시켜주는 방식으로 체적효율 감소, 압축기 과열 및 소요동력의 증가를 방지할 수 있다.

139. 2단압축 냉동장치 내 중간냉각기 설치에 대한 설명으로 옳은 것은?

① 냉동효과를 증대시킬 수 있다.
② 증발기에 공급되는 냉매액을 과열시킨다.
③ 저압 압축기 흡입가스 중의 액을 분리시킨다.
④ 압축비가 증가되어 압축효율이 저하된다.

🖐 **중간냉각기의 역할**
① 저단측 압축기 토출가스의 과열을 제거하여 고단측 압축기에서의 과열 방지
② 증발기로 공급되는 냉매액을 과냉각시켜 냉동효과 및 성적계수 증대

140. 중간냉각기의 역할을 설명한 것이다. 틀린 것은?

Answer 137. ④ 138. ④ 139. ① 140. ④

① 저압 압축 토출가스의 과열도를 낮춘다.
② 증발기에 공급되는 액을 냉각시켜 엔탈피를 적게 하여 냉동효과를 증대시킨다.
③ 고압 압축기 흡입가스 중의 액을 분리시켜 리퀴드백을 방지한다.
④ 저·고압 압축기가 작용함으로써 동력을 증대시킨다.

☞ ④ 동일한 압축비를 한 대의 압축기로 압축할 때보다 저·고압 압축기가 작용함으로써 압축비가 적어지며 소요동력이 감소된다.

141. 다음 중간냉각기의 설명 중 맞는 것은?

① 2단압축 1단팽창 시스템과 2단압축 2단팽창 시스템의 구분은 중간냉각기의 형식에 따라 구분된다.
② 냉동시스템은 반드시 중간냉각기를 설치해야 한다.
③ 2단압축 냉동장치의 중간냉각기는 냉각수량이 적을수록 냉동효과는 좋아진다.
④ 중간냉각기 내의 압력은 고단압력, 중간압력, 저단압력 모두 존재한다.

☞ ② 2단압축 냉동시스템은 반드시 중간냉각기를 설치해야 한다.
③ 2단 압축 냉동장치의 중간냉각기는 냉각수량이 많을수록 냉동효과는 좋아진다.
④ 중간냉각기 내의 압력은 고단압력과 중간압력이 존재한다.

142. 다음 중간 압력에 대한 설명 중 맞는 것은? (단, 저압 압축기, 고압 압축기 모두 건조 포화증기가 흡입 압축되는 정상운전을 하는 것으로 고려한다.)

① 중간 압력을 저압에 가까이 하면 성적계수는 커진다.
② 중간 압력을 저항에 가까이 하면 성적계수는 커진다.
③ 중간 압력이 낮을수록 냉동효과는 커진다.
④ 중간 압력이 낮을수록 고압 압축기 일량이 적어진다.

☞ ③ 중간압력이 낮을수록 냉동효과 및 고압 압축기 일량이 커진다.

143. 2단 냉동사이클에서 응축압력을 P_c, 증발압력을 P_e라 할 때, 이론적인 최적의 중간 압력으로 가장 적당한 것은?

① $P_c \times P_e$ ② $(P_c \times P_e)^{\frac{1}{2}}$
③ $(P_c \times P_e)^{\frac{1}{3}}$ ④ $(P_c \times P_e)^{\frac{1}{4}}$

☞ 중간압력(P_m)
$$P_m = \sqrt{P_c \times P_e} = (P_c \times P_e)^{\frac{1}{2}}$$

144. 증발 및 응축압력이 각각 0.8kg/cm², 20kg/cm²인 2단압축 냉동기에서 최적 중간압력은?

① 4kg/cm²   ② 10kg/cm²
③ 16kg/cm²   ④ 20kg/cm²

☞ 2단압축 냉동기의 최적 중간압력(P_m)
$P_m = \sqrt{\text{저압측 절대압력(증발압력)} \times \text{고압측 절대압력(응축압력)}}$
$= \sqrt{0.8 \times 20} = 4\text{kg/cm}^2 \cdot \text{a}$

145. 2단압축 냉동기의 저압측 흡입압력과 고압측 토출압력이 게이지압으로 각각 5kgf/cm², 15kgf/cm²일 때, 성적계수가 최대로 되는 중간압력(절대압)은? (단, 대기압은 1.033kgf/cm²으로 한다.)

① 약 9.83kgf/cm²   ② 약 11.15kgf/cm²

Answer 141. ① 142. ③ 143. ② 144. ① 145. ①

③ 약 12.65kgf/cm² ④ 약 13.11kgf/cm²

중간압력(P_m)
$P_m = \sqrt{P_L \times P_H}$ [kgf/cm² · a]
$= \sqrt{(5+1.033) \times (15+1.033)}$
$= 9.83$ [kgf/cm² · a]

146. 다음 P-i 선도와 같은 2단압축 암모니아 냉동사이클의 중간 압력은?

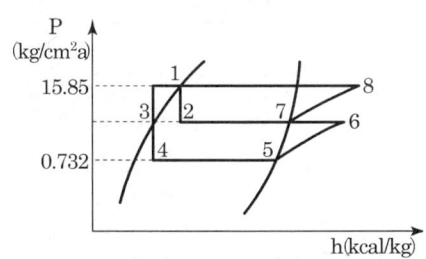

① 8.29kg/cm² · a ② 15.12kg/cm² · a
③ 3.4kg/cm² · a ④ 2.4kg/cm² · a

중간압력
$P_m = \sqrt{저압측\ 절대압력 \times 고압측\ 절대압력}$
$= \sqrt{0.732 \times 15.85} = 3.4$ kg/cm² · a

147. 흡입압력이 6kg/cm² · a인 2단 압축기에서 각 단의 압축비를 3으로 하면 2단의 토출압력은 몇 kg/cm² · g이 되겠는가?

① 24 ② 53
③ 66 ④ 92

압축비
① 저온측 압축비 = $\dfrac{P_0}{P_2}$
$3 = \dfrac{P_0}{6}$, $P_0 = 18$kg/cm² · a
② 고온측 압축비 = $\dfrac{P_1}{P_0}$
$3 = \dfrac{P_1}{18}$

$P_1 = 54$kg/cm² · = 53kg/cm² · g

148. 2단압축 1단팽창 냉동장치에서 게이지압력계로 증발압력 0.19MPa, 응축압력 1.17MPa일 때, 중간냉각기의 절대압력(MPa)은?

① 2.166 ② 1.166
③ 0.608 ④ 0.409

① 대기압 : 0.101MPa
② 증발압력(절대압력)
= 증발압력(게이지 압력) + 대기압
= 0.19 + 0.101 = 0.291MPa
③ 응축압력(절대압력)
= 응축압력(게이지압력) + 대기압
= 1.17 + 0.101 = 1.271MPa
④ 중간냉각기의 절대압력
$P_m = \sqrt{P_L \times P_H}$
$= \sqrt{0.291 \times 1.271} = 0.608$MPa

149. 2단압축 1단팽창 냉동시스템에서 게이지 압력계로 증발압력이 100kPa, 응축압력이 1100kPa일 때, 중간냉각기의 절대압력은 약 얼마인가?

① 331kPa ② 491kPa
③ 732kPa ④ 1010kPa

① 증발압력(P_L)
$P_L = 100$kPa · g $= 100 + 101 = 201$kPa · a
여기서, 절대압력 = 계기압력 + 대기압력
② 응축압력(P_H)
$P_H = 1100$kPa · g $= 1100 + 101$
$= 1201$kPa · a
③ 중간압력(중간냉각기의 절대압력)
$P_m = \sqrt{P_L \times P_H} = \sqrt{201 \times 1201} = 491$kPa

150. 그림과 같이 2단압축 1단팽창을 하는 냉동사이클이 R-22 냉매로 작동되고 있을 때

146. ③ 147. ② 148. ③ 149. ② 150. ③

성적계수는 얼마인가? (단, 각 상태점의 엔탈피는 a : 95, c : 143, d : 154, e : 149, f : 158(kcal/kg)이다.)

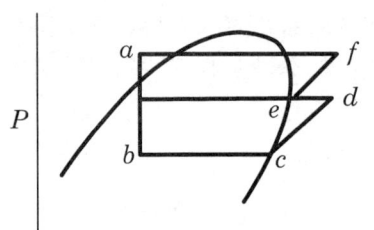

① 0.9　　　　② 1.4
③ 2.4　　　　④ 3.1

👉 $COP = \dfrac{(h_c - h_b)}{(h_d - h_c) + (h_f - h_e)}$

　　　$= \dfrac{143 - 95}{(154 - 143) + (158 - 149)} = 2.4$

151. 다음 그림에서 중간냉각기 냉매순환량은? (단, 주냉동사이클 순환냉매량은 1kg/s이고, 각 점의 엔탈피값은 다음과 같다.)

①: 110.6kcal/kg　②: 110.6kcal/kg
③: 148.4kcal/kg　④: 152.4kcal/kg
⑤: 99.7kcal/kg

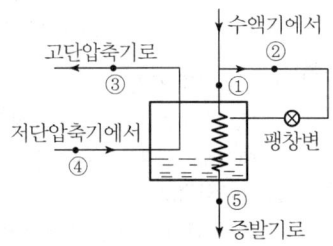

① 0.284kg　　② 0.394kg
③ 0.493kg　　④ 0.582kg

👉 $G_m = G_L \cdot \dfrac{(h_4 - h_3) + (h_1 - h_5)}{h_3 - h_1}$

　　　$= 1 \cdot \dfrac{(152.4 - 148.4) + (110.6 - 99.7)}{148.4 - 110.6}$

　　　$= 0.394 \text{kg/s}$

152. 다음 그림은 2단압축 암모니아 사이클을 나타낸 것이다. 냉동능력이 2RT인 경우 저단압축기의 냉매순환량(kg/h)은? (단, 1RT는 3.8kW이다.)

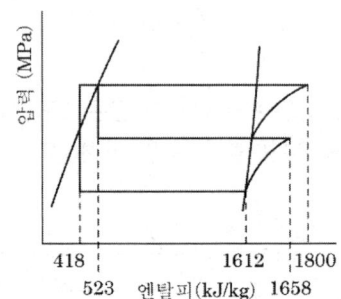

① 10.1　　　　② 22.9
③ 32.5　　　　④ 43.2

👉 저단압축기 냉매순환량(G_L)

$G_L = \dfrac{Q_e}{q_e} = \dfrac{Q_e}{h_1 - h_8}$

　　$= \dfrac{2RT \times \dfrac{3.8\text{kW(kJ/s)}}{1\text{RT}} \times \dfrac{3600\text{s}}{1\text{h}}}{1612 - 418}$

　　$= 22.9 \text{kg/h}$

153. 다기통 콤파운드 압축기가 다음과 같이 2단압축 1단팽창 냉동사이클로 운전되고 있다. 냉동능력이 12RT일 때 저단측 피스톤 토출량(m^3/h)은? (단, 저·고단측의 체적효율은 모두 0.65이다.)

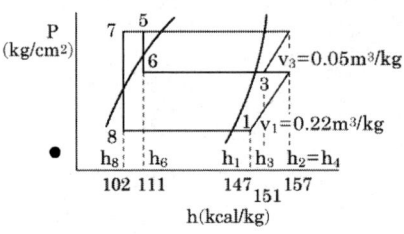

① 219.2　　　　② 249.2
③ 299.7　　　　④ 329.7

👉 저단측 냉매순환량(G_L)

Answer　151. ②　152. ②　153. ③

$$G_L = \frac{Q_e}{h_1 - h_8} = \frac{V}{v_1} \times \eta_v$$

$$G_L = \frac{Q_e}{h_1 - h_8} = \frac{12\text{RT} \times \frac{3320\text{kcal/h}}{1\text{RT}}}{147 - 102}$$
$$= 885.3\text{kg/h}$$

$$G_L = \frac{V}{v_1} \times \eta_v$$

$$V = \frac{G_L \times v_1}{\eta_v} = \frac{885.33 \times 0.22}{0.65} = 299.7\text{m}^3/\text{h}$$

154. 다음 P-i 선도와 같은 2단압축 2단팽창 사이클로 운전되는 NH_3 냉동장치에서 고단 측 냉매순환량(kg/h)은 얼마인가? (단, 냉 동능력은 55000kcal/h이다.)

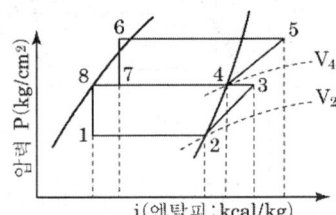

i(엔탈피 :kcal/kg)
$i_1=89.0$, $i_2=388$, $i_3=433$, $i_4=399$,
$i_5=447$, $i_6=128$
$V_2=1.55(\text{m}^3/\text{kg})$, $V_4=0.42(\text{m}^3/\text{kg})$

① 210.8 ② 220.7
③ 233.5 ④ 242.9

☞ ① 저단측 냉매순환량(G_L)

$$G_L = \frac{Q_e}{h_2 - h_1} = \frac{55000}{388 - 89} = 183.95\text{kg/h}$$

② 고단측 냉매순환량(G_H)

$$G_H = G_L \times \frac{h_3 - h_1}{h_4 - h_6}$$
$$= 183.95 \times \frac{433 - 89}{399 - 128} = 233.5\text{kg/h}$$

155. 다음 그림과 같은 2단 압축 1단 팽창식 냉 동장치에서 고단측의 냉매순환량(kg/h)은? (단, 저단측 냉매순환량은 1000kg/h이며, 각 지점에서의 엔탈피는 아래 표와 같다.)

지점	엔탈피(kJ/kg)	지점	엔탈피(kJ/kg)
1	1641.2	4	1838.0
2	1796.1	5	535.9
3	1674.7	7	420.8

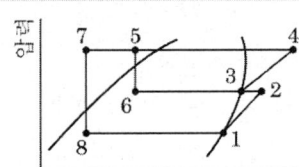

① 1058.2 ② 1207.7
③ 1488.5 ④ 1594.6

☞ 고단측 압축기의 냉매순환량

$$G_H = G_L + G_m = G_L \times \frac{h_2 - h_7}{h_3 - h_6}$$
$$= 1000 \times \frac{1796.1 - 420.8}{1674.7 - 535.9}$$
$$= 1207.7\text{kg/h}$$

여기서, G_L : 저단 압축기 냉매순환량
G_m : 중간 냉각기 냉매순환량

[참고] 중간냉각기 냉매순환량

$$G_m = G_L \times \frac{(h_2 - h_3) + (h_5 - h_7)}{h_3 - h_6}$$
$$= 1000 \times \frac{(1796.1 - 1674.7) + (535.9 - 420.8)}{(1674.7 - 535.9)}$$
$$= 207.7\text{kg/h}$$

156. 2단압축 1단팽창 냉동장치에서 각 점의 엔탈피는 다음의 P-h 선도와 같다고 할 때, 중간냉각기 냉매순환량은? (단, 냉동능력은 20RT이다.)

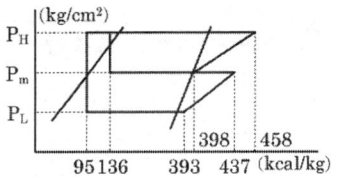

Answer 154. ③ 155. ② 156. ①

① 68.04kg/h ② 85.89kg/h
③ 222.82kg/h ④ 290.8kg/h

☞ ① 저단압축기 냉매순환량

$$G_L = \frac{Q_e}{q_e} = \frac{Q_e}{h_1 - h_8}$$

$$= \frac{20\text{RT} \times \frac{3320\text{kcal/h}}{1\text{RT}}}{393 - 95}$$

$$= 222.82\text{kg/h}$$

② 중간냉각기 냉매순환량

$$G_m = G_L \times \frac{(h_2 - h_3) + (h_5 - h_7)}{h_3 - h_6}$$

$$= 222.8 \times \frac{(437 - 398) + (136 - 95)}{398 - 136}$$

$$= 68.04\text{kg/h}$$

157. 2단압축 1단팽창 냉동장치에서 고단 압축기의 냉매순환량을 G_2, 저단 압축기의 냉매순환량을 G_1이라고 할 때 G_2/G_1은 얼마인가?

저단 압축기 흡입증기 엔탈피(h_1)	610.4kJ/kg
저단 압축기 토출증기 엔탈피(h_2)	652.3kJ/kg
고단 압축기 흡입증기 엔탈피(h_3)	622.2kJ/kg
중간 냉각기용 팽창밸브 직전 냉매 엔탈피(h_4)	462.6kJ/kg
증발기용 팽창밸브 직전 냉매 엔탈피(h_5)	427.1kJ/kg

① 0.8 ② 1.4
③ 2.5 ④ 3.1

☞ ① 저단압축기 냉매순환량

$$G_1 = \frac{Q_e}{h_1 - h_5}$$

$$= \frac{Q_e}{610.4 - 427.1} = \frac{Q_e}{183.3} = 0.0055Q_e$$

② 고단압축기 냉매순환량

$$G_2 = G_1 \times \frac{h_2 - h_5}{h_3 - h_4}$$

$$= \frac{Q_e}{183.3} \times \frac{652.3 - 427.1}{622.2 - 462.6} = 0.0077Q_e$$

$$\therefore \frac{G_2}{G_1} = \frac{0.0077Q_e}{0.0055Q_e} = 1.4$$

158. 다음 2단 냉동사이클에서 고저단 냉매 순환량비(고단/저단)를 구하시오.

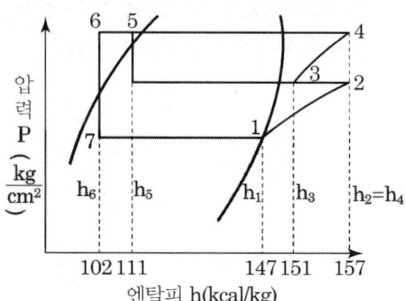

① 1.38 ② 1.45
③ 1.59 ④ 1.72

☞ $G_H = G_L \times \frac{h_2 - h_6}{h_3 - h_5} = G_L \times \frac{157 - 102}{151 - 111}$

$$= 1.375 G_L$$

$$\therefore \frac{G_H}{G_L} = \frac{1.375 G_L}{G_L} = 1.375$$

159. 암모니아를 냉매로 하고 증발온도 -40℃, 응축온도 30℃, 중간냉각기의 팽창변 직전 온도 28℃인 조건에서 2단압축 1단팽창 냉동사이클이 아래 그림과 같다고 할 때 이 사이클의 성적계수와 같은 온도 조건에서 단단 압축할 때의 성적계수를 비교하면?

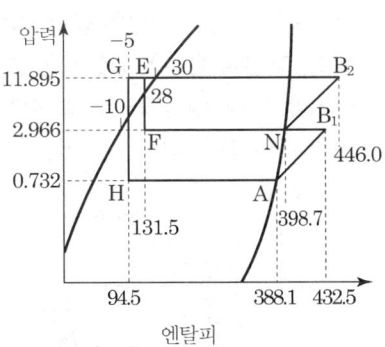

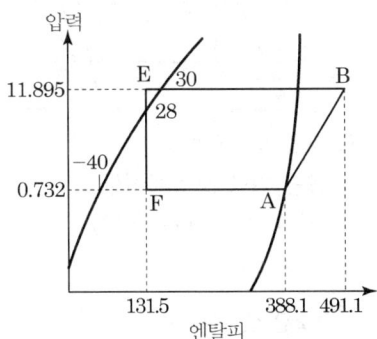

(압력 : P kg/cm², 엔탈피 : i kcal/kg)

① COP(2단/단단)=0.883
② COP(2단/단단)=0.933
③ COP(2단/단단)=1.133
④ COP(2단/단단)=1.233

👆 COP(2단)

$$= \frac{h_A - h_H}{h_{B1} - h_A + \left[\dfrac{h_{B1} - h_G}{h_N - h_F} \times (h_{B2} - h_N)\right]}$$

$$= \frac{388.1 - 94.5}{(432.5 - 388.1) + \left[\dfrac{432.5 - 94.5}{398.7 - 131.5} \times (446 - 398.7)\right]}$$

$= 2.82$

COP(단단) $= \dfrac{h_A - h_F}{h_B - h_A} = \dfrac{388.1 - 131.5}{491.1 - 388.1}$

$\qquad\qquad = 2.49$

∴ COP$\left(\dfrac{2단}{단단}\right) = \dfrac{2.82}{2.49} = 1.13$

160. 중간냉각이 완전한 2단압축 1단팽창 사이클로 운전되는 R134a 냉동기가 있다. 냉동능력은 10kW이며, 사이클의 중간압, 저압부의 압력은 각각 350kPa, 120kPa이다. 전체 냉매순환량을 $\dot{m}$, 증발기에서 증발하는 냉매의 양을 $\dot{m}_e$라 할 때, 중간냉각시키기 위해 바이패스되는 냉매의 양 $\dot{m} - \dot{m}_e$ (kg/h)은 얼마인가? (단, 제1압축기의 입구 과열도는 0이며, 각 엔탈피는 아래 표를 참고한다.)

압력 (kPa)	포화액체 엔탈피 (kJ/kg)	포화증기 엔탈피 (kJ/kg)
120	160.42	379.11
350	195.12	395.04

지점별 엔탈피(kJ/kg)	
h_2	227.23
h_4	401.08
h_7	482.41
h_8	234.29

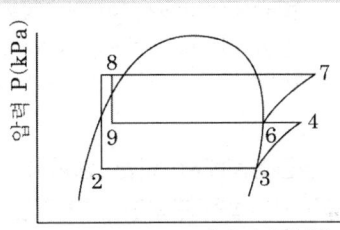

① 5.8　　② 11.1
③ 15.7　　④ 19.3

👆 ① 증발기의 냉매순환량

$Q = \dot{m}_e (h_3 - h_2)$

$\dot{m}_e = \dfrac{Q}{h_3 - h_2} = \dfrac{10\text{kJ/s} \times \dfrac{3600\text{s}}{1\text{h}}}{379.11 - 227.23}$

$\qquad = 237 \text{kg/h}$

② 전체 냉매순환량

Answer 160. ④

$$\dot{m} = \dot{m}_m \times \frac{h_4 - h_2}{h_6 - h_9}$$

$$= 237 \times \frac{401.08 - 227.23}{395.04 - 234.29} = 256.3 \text{kg/h}$$

여기서 $h_9 = h_8$

③ 중간냉각기의 바이패스 냉매순환량

$$\dot{m} = \dot{m}_e + \dot{m}_m$$

$$\dot{m}_m = \dot{m} - \dot{m}_e = 256.3 - 237 = 19.3 \text{kg/h}$$

161. 일반적으로 증발온도의 작동범위가 -70℃ 이하일 때 사용되기 적절한 냉동사이클은?

① 2원 냉동사이클
② 다효 압축 사이클
③ 2단압축 1단팽창 사이클
④ 1단압축 2단팽창 사이클

👉 **2원 냉동**

단일냉매로서는 2단 또는 다단압축을 하여도 냉매의 특성(극도의 진공운전, 압축비 과대) 때문에 초저온을 얻을 수 없으므로 비등점이 각각 다른 2개의 냉동기를 저온용과 고온용으로 만들어 고온측 증발기로 저온측 응축기를 냉각시켜 -70℃ 이하의 초저온을 얻기 위해 채용한다.

162. 냉동장치에서 일원 냉동사이클과 이원 냉동사이클을 구분짓는 가장 큰 차이점은?

① 증발기의 대수   ② 압축기의 대수
③ 사용 냉매 개수   ④ 중간냉각기의 유무

👉 일원 냉동은 단일 사이클 즉 냉동기 배관라인이 하나로 구성되어 있어 하나의 냉매를 사용하고, 이원 냉동은 냉동사이클이 고온측과 저온측, 즉 2개의 냉동사이클(저온, 고온측의 냉매가 다르다)로 구성되어 초저온(-70℃ 이하)을 얻기 위해 사용한다.

163. 다음 그림과 같은 특성을 갖고 독립적으로 작동하는 고·저온측 냉동사이클로 구성되며, 저온측 응축기 방열량을 고온측의 증발기에 의해 냉각되도록 설계한 냉동기의 명칭(사이클)은 어느 것인가?

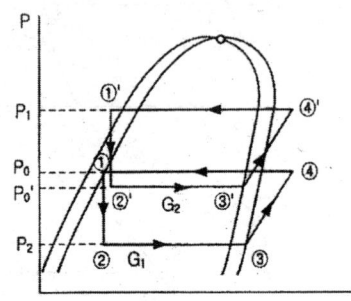

① 2원 냉동사이클
② 2단 압축 냉동사이클
③ 다효 압축 냉동사이클
④ 표준 냉동사이클

👉 **2원 냉동사이클**

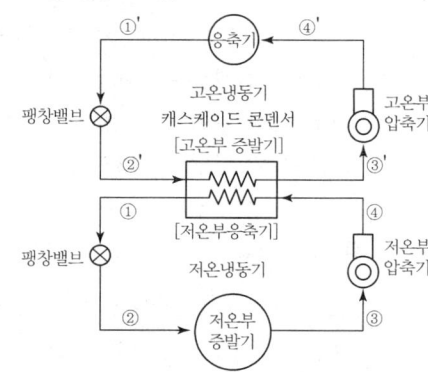

[참고] 2단 압축 냉동사이클

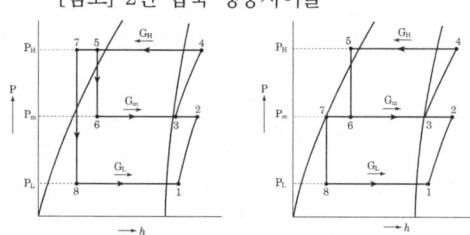

[2단 압축 1단 팽창 냉동사이클]   [2단 압축 2단 팽창 냉동사이클]

Answer 161. ① 162. ③ 163. ①

164. 이원 냉동사이클에 대한 설명으로 옳은 것은?

① -100℃ 정도의 저온을 얻고자 할 때 사용되며, 보통 저온측에는 임계점이 높은 냉매를, 고온측에는 임계점이 낮은 냉매를 사용한다.
② 저온부 냉동사이클의 응축기 방열량을 고온부 냉동사이클의 증발기가 흡열하도록 되어있다.
③ 일반적으로 저온측에 사용하는 냉매로는 R-12, R-22, 프로판이 적절하다.
④ 일반적으로 고온측에 사용하는 냉매로는 R-13, R-14가 적절하다.

☞ ① -70℃ 이하의 초저온을 얻고자 할 때 사용되며 보통 저온측에는 임계점이 낮은 냉매를 고온측에는 임계점이 높은 냉매를 사용한다.
③ 일반적으로 고온측에는 R-12, R-22 등 비등점이 높고 응축압력이 낮은 냉매를 사용한다.
④ 일반적으로 저온측에는 R-13, R-14, 에틸렌, 메탄, 에탄 등 비등점이 낮은 냉매를 사용한다.

165. 2원 냉동장치에 관한 설명으로 틀린 것은?

① 증발온도 -70℃ 이하의 초저온 냉동기에 적합하다.
② 저단압축기 토출냉매의 과냉각을 위해 압축기 출구에 중간냉각기를 설치한다.
③ 저온측 냉매는 고온측 냉매보다 비등점이 낮은 냉매를 사용한다.
④ 두 대의 압축기 소비동력을 고려하여 성능계수(COP)를 구한다.

☞ ② 2단압축 냉동장치에 대한 설명이다.

166. 이원 냉동장치에 대한 설명 중 틀린 것은?

① -70℃ 이하의 초저온을 얻기 위하여 사용한다.
② 팽창탱크는 고온측 증발기 출구에 부착한다.
③ 고온측 냉매로는 비등점이 높고 응축압력이 낮은 냉매를 사용한다.
④ 저온측 응축기와 고온측 증발기를 조합한 것을 캐스케이드 콘덴서라고 한다.

☞ ② 팽창탱크는 저온측 증발기 출구에 부착하여 냉동기 정지 시 저온냉매의 체적팽창으로 인한 장치파열을 방지한다.

167. 다음 중 2원 냉동사이클에 대한 설명으로 옳은 것은?

① 팽창탱크는 저압측에 설치하는 안전장치이다.
② 고압측과 저압측에 사용하는 윤활유는 동일하다.
③ 일반적으로 저온측에 사용하는 냉매는 R-12, R-22, 프로판 등이다.
④ 일반적으로 고온측에 사용하는 냉매는 R-13, R-14 등이다.

☞ ② 고압측과 저압측에 사용하는 윤활유는 다르다.
③ 일반적으로 고온측에 사용하는 냉매는 R-12, R-22, 프로판 등이다.
④ 일반적으로 저온측에 사용하는 냉매는 R-13, R-14 등이다.

168. 이원 냉동방식에서 안전장치로서 냉동기 정지 시 초저온 냉매의 증발로 인한 압력의 상승을 방지할 수 있는 것은?

① 캐스케이드 콘덴서
② 팽창탱크

Answer 164. ② 165. ② 166. ② 167. ① 168. ②

③ 중간냉각기
④ 바이패스 밸브

팽창탱크
냉동기 정지 시 저온냉매의 체적팽창으로 인한 장치파열을 방지한다.(안전장치 역할)

169. 2원 냉동사이클의 주요장치로 가장 거리가 먼 것은?
① 저온압축기　　② 고온압축기
③ 중간냉각기　　④ 팽창밸브

2원 냉동사이클

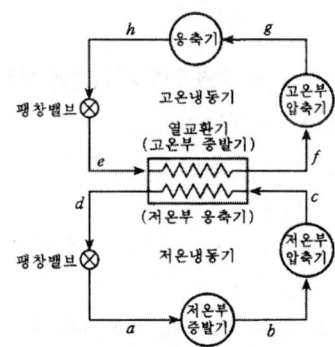

[참고] 중간냉각기
2단 압축 냉동사이클에서 저단측 압축기 토출가스 온도를 낮추어 고단 압축기의 과열압축을 방지하는 장치이다.

170. 다음 냉매 중 2원 냉동장치의 저온측 냉매로 가장 부적합한 것은?
① R-14　　　　② R-32
③ R-134a　　　④ 에탄(C_2H_6)

2원 냉동사이클
① 저온측 냉매 : R-13, R-14, 에틸렌, 메탄, 에탄, 프로판 등 비등점이 낮은 냉매
② 고온측 : R-12, R-22 등 비등점이 높고 응축압력이 낮은 냉매

Answer　169. ③　170. ③

chapter 03 냉 매

1 냉 매

냉매란 넓은 의미에서 냉각작용을 일으키는 모든 물질을 가리키며, 특히 냉동장치, 열펌프, 공기조화장치 등의 사이클 내부를 순환하는 동작유체로서 저온의 열을 흡수하여 고온부로 운반, 이동시키는 순환 및 동작물질을 냉매라 한다. 냉매로서 널리 사용되고 있는 것으로 암모니아(NH_3 : R-717)와 프레온계 냉매(R-22, R-12, R-11, R-13, R-114, R-134a, R-123 등)가 있으며, 특히 근래에 와서는 프레온계 냉매의 오존(ozone)층 파괴가 문제가 되어, R-134a, R-123 등의 대체냉매가 개발되고 있다.

[냉매의 작용]

(1) 1차 냉매(직접냉매)

냉동장치를 직접 순환하면서 잠열 상태로 열을 운반하는 냉매
[예] NH_3(암모니아), 프레온, SO_2, CO_2 등

(2) 2차 냉매(간접냉매)

냉동장치 밖을 순환하면서 현열(감열) 상태로 열을 운반하는 냉매로, 일명 브라인(brine)

이라 한다.

[예] 유기질 브라인, 무기질 브라인 등

2 냉매의 구비 조건

(1) 물리적 조건

① **증발압력이 대기압보다 높을 것**
증발압력이 대기압 이하가 되면 공기가 냉동기에 침입되어 토출압력이 상승하고 윤활유가 산화된다.

② **임계온도가 높고 상온에서 반드시 액화할 것**
냉매의 임계온도가 낮으면 냉매가스의 액화(응축)가 불가능

③ **응축압력이 낮을 것**
응축압력이 높으면 냉매가 누설되거나 토출가스 온도가 상승하여 체적효율이 감소한다.

④ **응고온도가 낮을 것**
냉매가 높은 온도에서 응고하면 냉동작용을 수행할 수 없다.

⑤ **증발잠열이 크고 액체 비열이 작을 것**
증발열이 크면 적은 냉매량으로 큰 냉동능력을 얻을 수 있고 액체 비열이 크면 팽창밸브를 지날 때 플래시 가스가 많이 발생하여 냉동효과가 작아지게 된다.

⑥ **절연내력이 크고, 전기절연물을 침식시키지 않을 것**

⑦ **증기의 비체적 및 비열비(단열지수)가 작을 것**
비체적이 작으면 냉동장치를 작게 할 수 있고 비열비가 작으면 압축 후의 토출가스 온도 상승이 적어 고온에 의한 윤활유 변질을 막을 수 있다.

⑧ **점도와 표면장력이 작고, 전열성능이 양호할 것**
점도가 상승하면 유동저항이 증대하고 표면장력이 작으면 액화냉매가 증발관 표면을 잘 적셔주어 전열이 양호(전열이 양호한 순서 : NH_3 > H_2O > Freon > Air)

⑨ **누설이 거의 안 되며 누설 시 발견이 용이할 것**

⑩ 냉매 중에 수분 또는 윤활유와 혼합되어도 냉동작용에 영향을 주지 않을 것
⑪ 터보냉동기의 냉매가스는 비중량이 클 것
　　터보냉동기의 경우 가스의 비중이 클수록 큰 압력이 생겨 효율이 좋다.
⑫ 패킹재료에 영향이 없을 것
　　㉠ 암모니아 : 천연고무, 석면 사용
　　㉡ 프레온 : 특수고무, 합성고무 사용

(2) 화학적 특성

① 화학적으로 안정되고 변질되지 않을 것
② 부식성 및 윤활에 해가 없을 것
③ 인화 폭발성이 없을 것

(3) 생물학적인 특성

① 인체에 무해하고 누설 시 냉장품에 손상이 없을 것
② 악취가 없고 독성이 없을 것

(4) 기타 조건

① 가격이 저렴하고 구입이 용이할 것
② 동일 냉동능력에 대해 소요동력이 적을 것
③ 자동운전이 용이할 것(효율적 운전 및 인건비 절약)
④ 환경에 대한 악영향(오존층 붕괴, 지구온난화 등)이 없을 것

3 냉매의 종류

(1) 무기화합물 냉매

① 무기화합물로서는 암모니아·탄산가스·아황산가스·물 등이 있는데, 이 중에서 암모니아는 독성이 큰 점을 빼놓고는 우수한 냉매로서 과거부터 현재에 이르기까지 널

리 사용되고 있으며, 물은 증기분사 냉동기나 흡수식 냉동기의 냉매로서 냉방용으로 널리 쓰이고 있다.

② 탄산가스는 비교적 안전한 냉매이고 냉동기의 장치가 작아도 된다는 장점이 있기 때문에 과거에는 주로 선박용 냉동기에 쓰였지만 극히 고압이 필요하고, 임계온도 31℃로 낮은 결점이 있어서 할로겐화탄화수소의 출현과 더불어 사용하지 않게 되었다. 그러나 탄산가스를 고체화한 드라이 아이스(dry ice)는 저온용 냉매로서 널리 사용되고 있다.

③ 아황산가스는 예전 소형 냉동기에 사용된 적이 있으나 독성이 심하여 현재는 전혀 사용되지 않는다. 냉매는 R-700으로 표시하며 뒤 두자리는 분자량을 적는다.
 [예] 암모니아(NH_3) : R-717, 물(H_2O) : R-718, 탄산가스(CO_2) : R-744,
 　　아황산가스(SO_2) : R-764

(2) 유기화합물 냉매

냉매는 R-600으로 표시하며 개발된 순서대로 일련번호를 붙인다.
부탄계 : R-60X, 산소화합물 : R-61X, 유황화합물 : R-62X, 질소화합물 : R-63X

불포화 유기화합물 냉매는 R-1000으로 표시하며, 100 단위 이하는 할로카본 냉매의 번호를 붙이는 방법을 따른다. 에틸렌 : R-1150

(3) 비공비혼합냉매

냉매는 R-400으로 표시하며 혼합냉매를 이루고 있는 구성냉매의 번호 및 질량 조성비를 명시한다. 조성비에 따라 오른쪽에 A, B, C 등을 붙인다. R-407C, R-410A 등

(4) 공비혼합냉매

공비혼합물이란 2종 이상의 냉매가 일정 조성으로 혼합되어 단일 냉매와 같은 물리적 특성을 갖는 것으로, 증발이나 응축점이 각기 다른 냉매가 혼합되어 단일냉매인 것처럼 1개의 동일한 증발온도와 응축온도를 갖는다. 냉매는 R-500으로 표시하며 개발된 순서대로 일련번호를 붙인다. R-500, R-501, R-502 등

(5) 할로겐화탄화수소 냉매

할로겐화탄화수소란 한 개 또는 그 이상의 할로겐 원소(Cl, F, Br, I)를 포함하는 냉매로 보통 프레온이라 불린다. 할로카본 탄화수소가 1개인 메탄(CH_4)과 2개인 에탄(C_2H_6)에 할로겐 원소들이 치환된 냉매로 분류된다. 메탄계 냉매는 R-12, R-13, R-22 등이고, 에탄계 냉매는 R-113, R-123 등이 있다.

> **참고 ─ 탄화수소 냉매와 할로겐화탄화수소 냉매 명명법**
>
> R-○△□
> ① 1자리 숫자 : □-F원자의 수
> ② 10자리 숫자 : △-H원자의 수에 1을 더한다.
> ③ 100자리 숫자 : ○-C원자의 수에서 1을 뺀다.
> ④ Cl 수 : 메탄계일 때는 C 이외의 원소수가 4개가 되도록 Cl 수로 맞추어 채운다.
>   에탄계일 때는 C_2 이외의 원소수가 6개가 되도록 Cl 수로 맞추어 채운다.
> [예] $CHClF_2$: 100자리 숫자=1(탄소원자수)-1=0
>   10자리 숫자=1(수소원자수)+1=2
>   1자리 숫자=2(불소원자수)=2
>   ∴ $CHClF_2$의 냉매번호는 R-22

4 주요 냉매의 성질

(1) 암모니아(NH_3 : R-717)

1) 특성

① 현재까지 알려진 냉매 중 이상적인 냉매조건을 가지고 있어 증기압축식 및 흡수식 냉동기 냉매로 널리 사용된다.

② 무색의 기체이며, 전열성능이 양호하여 냉동능력이 좋다.

③ 가연성, 폭발성, 독성, 자극성의 악취가 있다.(독성 : SO_3 > NH_3 > Freon)

④ 비열비($\dfrac{C_p}{C_v}$)가 커 토출가스 온도가 높으므로(98℃) 압축기 실린더 상부에 워터 재킷

(Water Jacket)을 설치하여 수냉각시켜 압축기 토출가스 온도가 높아지지 않도록 한다.
⑤ 동 및 동합금을 부식시킨다.
⑥ 패킹은 천연고무나 석면을 사용한다.
⑦ 전기절연물을 열화, 침식시키므로 밀폐형 압축기에는 부적당하다.
⑧ 오일보다 가볍다.(비중의 순서 : Freon > H_2O > Oil > NH_3)
⑨ 물에 잘 용해하지만 윤활유에는 거의 용해하지 않는다.
⑩ 수분 침입 시 오일과 암모니아수가 혼합되면 유탁액(Emulson) 현상이 발생하여 전열 불량을 초래한다.

유탁액(Emulson) 현상
암모니아에 다량의 수분이 용해되면 수산화암모늄($NH_4(OH)$)이 생성되어 윤활유를 미립자로 분리시키고, 우윳빛과 같이 뿌옇게 되는 현상으로 윤활유의 기능이 저하된다.

(2) 아황산가스(SO_2) : R-764

① 암모니아와 더불어 오래전부터 사용되어온 냉매
② 냉매 중 냄새와 독성(허용농도 5ppm)이 가장 강하다.
③ 암모니아와 접촉 시 흰 연기가 발생한다.
④ 가스 중에 수분이 50ppm 이상이 되면 금속(철, 동, 아연)을 부식시킨다.

(3) 염화메틸(클로로메탄, CH_3Cl)

① 주로 소형 냉동기에 사용
② 냄새가 없고 난연성
③ 공기가 8.2~18.6%(용적비)로 혼합되면 폭발
④ Al, Pb, Mg와 그 합금(alloy)과는 폭발성 물질이 될 염려가 있다.
⑤ 기름에 잘 용해되고 마취성이 있어 유독하다.

(4) 물(H_2O) : R-718

① 물은 자연에서 가장 널리 구할 수가 있고 무엇보다도 환경에 대한 피해가 없다.
② 공기조화용 흡수식 냉동기의 냉매로 널리 사용된다.

② 0℃ 이하의 저온에서는 사용이 불가능하고 비체적이 커 증기압축식 냉동기 사용에는 제한적이다.

(5) 공기(Air) : R-729

① 물과 같이 투명한 무해, 무미, 무취의 냉매로 공기압축식 냉동장치의 냉매로 쓰인다.
② 소요동력이 크고 성적계수가 낮아 주로 항공기의 냉방과 같은 특수한 목적의 냉방용 냉동기와 냉방에 이용된다.

(6) 이산화탄소(CO_2) : R-744

① 안정성이 뛰어나고 무독, 무취, 불연성이며 부식성이 없다.
② 윤활유와 잘 용해되지 않고 냉매의 회수가 필요 없다.
③ 비체적이 작아 체적유량이 적으며 장치의 소형화가 가능하다.
④ 임계온도(31℃)가 낮아 응축이 힘들고, 동일 냉동능력당 동력소비가 크고, 성적계수가 나쁘다.

(7) 탄화수소 냉매

① 탄화수소는 탄소와 수소만으로 구성된 냉매
② 메탄(CH_4) : R-50, 에탄(C_2H_6) : R-170, 프로판(C_3H_8) : R-290, 부탄(C_4H_{10}) : R-600 등
③ 독성이 없고 화학적으로 안정적이지만 가연성이 있다.
④ 액체의 비체적이 커 동일한 냉동능력을 내는 다른 냉매에 비해 냉매주입량이 적다.

(8) 프레온(Freon)

프레온계 냉매는 탄소(C), 수소(H_2), 염소(Cl_2), 불소(F)로 구성
프레온은 제조회사의 상품명이고, 정식명칭은 불화염화탄소(Chlorofluoro Carbon)이다.

① 프레온의 종류
　㉠ CFC계 : 염소, 불소, 탄소로 구성 [예] R-11, R-12, R-113 등
　　CFC계(R-11, R-12, R-113 등) 냉매는 염소를 함유하고 있어 오존층 파괴 가능성이 높아 국제적으로 점차 사용이 규제되고 있다.
　㉡ HCFC계 : 수소, 염소, 불소, 탄소로 구성

[예] R-22, R-123 등

ⓒ HFC계 : 수소, 불소, 탄소로 구성

[예] R-125, R-134a 등 염소를 포함하고 있지 않아 CFC계 대체 냉매로 사용

② 특징

㉠ 화학적으로 안정하여 연소성, 폭발성, 독성, 취기가 없지만 800℃ 이상의 화염과 접촉하면 포스겐($COCl_2$) 가스가 발생한다.

㉡ 비열비가 크지 않아 토출가스 온도가 높지 않다.(R-12 : 37.8℃, R-22 : 55℃)

㉢ 마그네슘 및 마그네슘을 2% 이상 함유한 Al합금을 부식시킨다.(염화메틸 : Al, Mg, Zn과 이들 합금을 부식시킨다)

㉣ 전기절연물을 침식시키지 않으므로 밀폐형 냉동기의 냉매로 적합하며 설치 면적이 적어 소형화가 가능하다.

㉤ 무색, 무취이므로 누설 시 발견이 어렵다.

㉥ 전열이 불량하므로 핀(fin)을 부착하여 전열면적을 증대시킨다.

㉦ 윤활유와의 관계 : 윤활유와 비교적 잘 용해된다.

　ⓐ 윤활유와 용해도가 큰 냉매 : R-11, R-12, R-21, R-113, R-500

　ⓑ 윤활유와 용해도가 작고, 저온에서 분리되는 냉매 : R-13, R-14

　ⓒ 냉매와의 용해로 윤활유의 응고온도가 낮아져 저온부에서도 윤활이 양호하지만 윤활유의 점도가 낮아진다.

　ⓓ 오일 포밍(Oil Foaming) 현상이 일어난다.

㉧ 수분과의 영향

　ⓐ 수분과는 용해되지 않으므로 팽창밸브를 동결 폐쇄시킨다(팽창밸브 직전에 드라이어를 설치하여 수분을 제거한다).

　ⓑ 산(HCl, HF)을 생성하여 금속 또는 장치 부식이 촉진된다.

　ⓒ 동부착 현상이 일어날 수 있다.

㉨ 오일 중에 냉매가 용해되면

장 점	단 점
① 윤활작용이 힘든 곳까지 급유가 가능하다.	① 오일의 점도가 묽어진다.
② 초저온용에서는 오일의 응고온도가 낮아진다.	② 증발압력이 작아진 반면 응축온도 압력은 상승하여 전열이 불량해진다.
③ 오일의 회수가 용이하다.	

※ 냉동기 오일 중의 냉매가스가 용해하려면→냉매가스의 압력을 높이거나 오일의 온도를 낮춘다.

(6) 현재 널리 사용되는 프레온 냉매

① R-11(CCl_3F)
  ㉠ 비등점이 높고(대기압하에서 23.7℃), 저압이 낮은 냉매로 비중이 크다.
  ㉡ 터보 냉동기용으로 사용되며 대용량 에어컨에 사용
  ㉢ 오일을 잘 용해하므로 냉동장치 내의 오일 세척용으로 사용

② R-12(CCl_2F_2)
  ㉠ 대기압에서 비등점 -29.8℃, 응고점 -158.2℃, 임계온도 111.5℃
  ㉡ 소형에서 대형까지 고온에서 저온까지 광범위하게 사용
  ㉢ 냉동능력은 NH_3에 비해 60% 정도이다.

③ R-13($CClF_3$)
  ㉠ 대기압에서 비등점 -81.5℃, 임계온도 28.8℃
  ㉡ 비등점이 대단히 낮아 2원 냉동장치 저온측 냉매로 사용되며 -100℃ 정도의 초저온 장치에 이용

④ R-21($CHCl_2F$)
  ㉠ 대기압에서 비등점 8.9℃
  ㉡ 압력은 R-11과 R-22의 중간이며, R-12보다 압력이 높은 곳에 사용

⑤ R-22($CHClF_2$)
  ㉠ 대기압에서 비등점 -40.8℃, 응고점 -160℃, 임계온도 96℃
  ㉡ 냉동능력은 프레온 냉매 중 가장 좋으며 소형에서 대형까지 폭넓게 사용
  ㉢ 왕복동식 에어컨에 사용되며 저온용 냉동장치에도 사용
  ㉣ 1단 압축으로 암모니아보다 낮은 온도를 얻을 수 있고 2단 압축에 의해서 극저온을 얻을 수 있다.

⑥ R-113($C_2Cl_3F_3$) : 저압 냉매로서 R-11과 함께 주로 공조용 터보냉동기에 많이 사용한다.

⑦ R-114($C_2Cl_2F_4$) : 회전식 압축기용 냉매로서 소형에서 많이 사용한다.

⑧ R-134a

㉠ R-12의 대체 냉매로서 끓는점은 26.5℃, 어는점은 -108℃이다.

㉡ R-12에 비하여 냉동능력이 좋고, 토출가스 온도는 약간 낮다.

㉢ R-12 냉동장치에 그대로 사용 시 약 8% 정도의 냉동성능이 감소한다.

㉣ 현재 가정용 냉장고나 자동차 에어컨에 사용하고 있다.

> **참고 ▪ 냉매의 주요 특성**
> ① 전열효과 : NH_3 > H_2O > Freon > 공기
> ② 물과의 용해도 : NH_3 > R-22 > R-12
> ③ 오일과의 용해도 : R-12 > R-22 > NH_3
> ④ 액 비중 : Freon > 물 > 오일 > 암모니아
> ⑤ 증발잠열이 큰 순서 : NH_3 > R-22 > R-12
> ⑥ 비등점이 큰 순서 : R-12 > NH_3 > R-22

(7) 여러 가지 냉매의 주요 용도와 냉매

냉매명	대체 구냉매	주요 용도	비고
R-123	R-11	원심식 터보 냉동기	대체 냉매
R-134a	R-12	자동차 에어컨, 가정용 냉장고, 상업용 냉장고	대체 냉매
R-23	R-13 및 R-503	특수 저온 냉미	대체 냉매
R-404A	R-502, R-508	선박용 에어컨, 진열장, 냉동차 및 컨테이너	대체 냉매
R-407C	R-22, R-502	가정용 에어컨, 상업 및 업소용 냉·난방기	대체 냉매
R-410A	R-22, R-502	에어컨, 냉동기 및 냉장고	대체 냉매
R-11		백화점, 건축물, 공장 등 대형 건물 냉장장치	규제 대상
R-12		자동차 에어컨, 냉장고 및 중·대형 냉동기	규제 대상
R-13		특수 저온 냉매, 이원 냉각기	규제 대상
R-22		가정용, 산업용 에어컨	규제 대상
R-502		중·저온 상업용 냉장 및 냉동기	규제 대상
R-507A		중·저온 상업용 냉장 및 냉동기	규제 대상

5. 혼합냉매

(1) 단순혼합 냉매

프레온 냉매는 모두 불포화 탄화수소계 냉매이므로 종류가 다른 냉매끼리 서로 섞어서 쓸 수 있다. 즉, 서로의 단점을 보완하고 장점을 활용하기 위해 서로 다른 두 가지 냉매를 섞어서 사용하는데, 액체상태에서나 기체상태에서 각각의 특성을 나타낸다.

(2) 공비혼합 냉매

서로 다른 두 개의 순수물질을 혼합하였는데도 등압의 증발 또는 응축과정 중에 기체와 액체의 성분비가 변하지 않으며 온도가 변하지 않는 혼합 냉매

1) R-500
① R-12의 능력을 개선할 때 사용한다(약 20% 냉동력 증대).
② 열에 대한 안정성이 양호하다.
③ 윤활유에 잘 용해되며 절연내력이 크다.
④ 밀폐형 소형압축기에 사용

2) R-501
① R-12에 R-22를 20% 정도 첨가하면 냉동능력은 약 30% 정도 증가한다.
② R-22와 같이 오일이 압축기로 돌아오기 힘든 냉매는 R-12를 첨가하여 사용함으로써 오일을 압축기로 잘 회수할 수 있게 된다.

3) R-502
① R-22의 능력을 개선할 때 사용한다(약 13% 냉동력 증대).
② R-22보다 저온을 얻고자 할 때 사용된다.

4) R-503
① R-13의 능력을 개선할 때 사용한다.
② R-13보다 낮은 온도를 얻는 데 유리하다.
③ R-13과 같이 2원 냉동장치의 저온용 냉매로 이용된다.

냉매번호	혼합된 냉매	비등점
R-500	R-152 + R-12 $CH_3CHF_2 + CCl_2F_2$	-33.5℃
R-501	R-12 + R-22 $CCl_2F_2 + CHClF_2$	-41℃
R-502	R-22 + R-115 $CHClF_2 + CClF_2CF_3$	-45.4℃
R-503	R-23 + R-13 $CHF_3 + CClF_3$	-88.7℃

6 냉매 누설 검사

(1) 암모니아(NH_3)

① 냄새(악취)로 알 수 있다.
② 붉은 리트머스 시험지가 파란색으로 변색
③ 페놀프탈레인지가 붉은색으로 변색
④ 유황초(황산, 염산)를 대면 흰연기 발생
⑤ 물 또는 브라인에 암모니아가 누설하고 있을 때
   네슬러시약 → 소량 누설 : 노란색, 다량 누설 : 보라색

(2) 프레온(Freon)

① 비눗물 검사(누설 의심이 있는 곳에 비눗물을 발라 기포의 유무확인)
② 폭발의 위험이 없을 때에는 할라이드 토치를 사용한다.
   ㉠ 누설이 없을 시 → 파란색
   ㉡ 소량 누설 → 초록색
   ㉢ 다량 누설 → 보라색
   ㉣ 극심할 때 → 불이 꺼짐
③ 할로겐 누설검지기를 사용한다.

7 브라인(Brine : 간접 냉매, 2차 냉매)

브라인은 냉동장치 밖을 순환하면서 피냉각 물질로부터 감열(현열)에 의하여 열을 운반하는 매개체로서 2차 냉매 또는 간접냉매라고 한다.

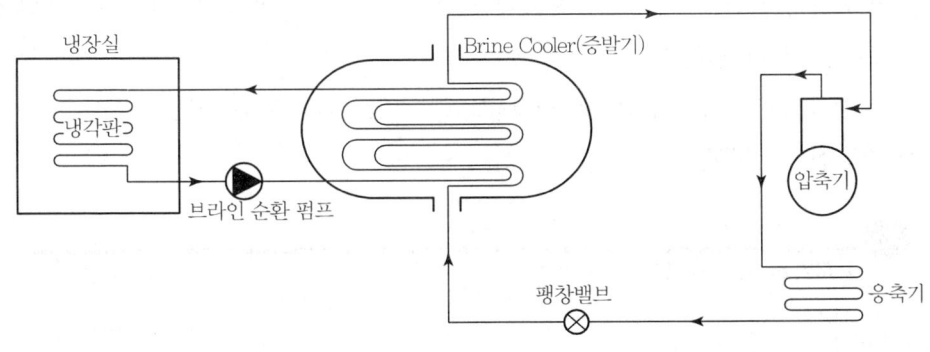

[브라인 냉동장치]

(1) 브라인의 구비 조건

① 열용량(비열)이 크고, 전열이 양호할 것
② 공정점과 점도가 낮을 것
③ 부식성이 없고 불연성일 것
④ 동결온도가 낮을 것
⑤ 악취, 쓴맛이 없고 독성이 없어 누설 시 냉장물품에 손상이 없을 것
⑥ 가격이 싸고, 구입이 용이할 것
⑦ pH값이 적당할 것(7.5~8.2 정도 유지)

(2) 브라인의 종류

1) 무기질 브라인

탄소(C)를 포함하지 않는 브라인으로 가격은 싸지만 금속의 부식력이 크다.

① 염화나트륨(NaCl)
  ㉠ 무기질 브라인 중 부식력이 가장 크다.

ⓒ 가격이 저렴하여 주로 식품냉동에 사용

ⓒ 공정점 : -21.2℃

② 염화마그네슘($MgCl_2$)

　ⓒ 부식성은 염화칼슘보다 높고, 현재는 거의 사용하지 않는다.

　ⓒ 공정점 : -33.6℃

③ 염화칼슘($CaCl_2$)

　ⓒ 흡수성이 강하고, 누설 시 식품에 접촉되면 떫은 맛이 나기 때문에 식품저장용으로 사용하지 않는다.

　ⓒ 일반적으로 제빙, 냉장 및 공업용으로 가장 많이 사용된다.

　ⓒ 공정점 : -55℃

> **참고 ▶ 무기질 브라인 비교**
> ⓐ 부 식 : $CaCl_2$ < $MgCl_2$ < $NaCl$
> ⓑ 공정점 : $CaCl_2$ < $MgCl_2$ < $NaCl$
> 　　　　　-55℃　-33.6℃　-21.2℃

2) 유기질 브라인

탄소(C)를 포함한 브라인으로 금속의 부식력은 적으나 가격이 비싸다.

① 에틸렌글리콜($C_2H_6O_2$)

　ⓒ 금속에 대한 부식성이 적어서 모든 금속재료에 적용할 수 있다.

　ⓒ 물보다 무거우며(비중 1.1), 점성이 크고, 단맛이 있는 무색의 액체로 주로 제상용에 사용

　ⓒ 어는점 : -12.6℃, 끓는점 : 177.2℃, 인화점 : 116℃

② 프로필렌글리콜($C_3H_6(OH)_2$)

　ⓒ 물보다 약간 무거우며(비중 1.04), 독성이 거의 없고, 응고점이 낮다.

　ⓒ 분무식 식품냉동이나 식품의 침지냉각 방식에 이용

　ⓒ 어는점 : -59.5℃, 끓는점 : 188.2℃, 인화점 : 107℃

③ 에틸알코올(C_2H_5OH)

　ⓒ 마취성이 있고 인화점이 낮아 위험성이 높으므로 취급에 주의를 요한다.

　ⓒ 식품의 초저온 동결(-100℃ 정도)에 사용할 수 있다.

ⓒ 어는점 -114.5℃, 끓는점 : 78.5℃, 인화점 15.8℃

(3) 브라인의 금속부식 방지법

① 브라인은 pH 7.5~8.2 정도의 약알칼리성으로 유지한다.
② 방식아연판을 사용한다.
③ 공기와 접촉하지 않도록 하여 산소가 브라인 중에 녹아들지 않는 순환방법을 채택한다.
④ 부식방지제(방청제)를 첨가한다.
　㉠ $CaCl_2$: 브라인 1ℓ당 중크롬산소다 1.6g을 첨가, 중크롬산소다 100g당 가성소다 27g씩 첨가
　㉡ $NaCl$: 브라인 1ℓ당 중크롬산소다 3.2g을 첨가, 중크롬산소다 100g당 가성소다 27g씩 첨가

(4) 브라인의 동파방지

① 동파방지용 온도조절기(T/C)를 설치한다.
② 부동액을 첨가한다.
③ 증발압력조절밸브(EPR)를 설치한다.
④ 단수 릴레이를 설치한다.
⑤ 브라인의 순환펌프의 모터를 인터록 시킨다.

(5) 직접 팽창식과 간접 팽창식 비교

① 직접 팽창식 : 냉매의 증발잠열로 물체를 냉각시키는 방법
② 간접 팽창식 : 브라인의 현열로 물체를 냉각시키는 방법

구 분	직접 팽창식(1차 냉매)	간접 팽창식(2차 냉매)
① 냉매의 증발온도	고	저
② 소요동력	소	대
③ 설비의 복잡성	간단	복잡
④ 냉매순환량	소	대
⑤ 냉동능력	소	대
⑥ 냉매충전량	대	소

(6) 냉매의 상해에 대한 응급처치

① 암모니아(NH_3)
  ㉠ 눈에 들어간 경우 : 물로 세척한 후 2%의 붕산액으로 세척하고, 유동파라핀을 2~3방울 점안한다.
  ㉡ 피부에 묻은 경우 : 물로 세척한 후 피크린산 용액을 바른다.
② 프레온(Freon)
  ㉠ 눈에 들어간 경우 : 2%의 살균광물유로 세척하거나, 5%의 붕산액으로 세척한다.
  ㉡ 피부에 묻은 경우 : 물로 세척한 후 피크린산 용액을 바른다.

8 냉동기유

냉동용 압축기에 사용되는 윤활유

(1) 목적

① 유막이 형성되어 누설 및 마모를 방지 : 기계효율 증대
② 마찰열을 제거 : 냉각작용
③ 방청작용 : 부식 방지
④ 진동, 소음, 충격을 흡수

(2) 구비 조건

① 응고점과 유동점이 낮을 것
② 인화점이 높을 것
③ 점도가 적당할 것
④ 항유화성이 있을 것
⑤ 산에 대해 안정성이 좋을 것
⑥ 왁스성분이 적을 것
⑦ 냉매와의 분리성이 좋고 화학반응을 일으키지 않을 것

⑧ 수분 및 산류 등의 불순물이 함유되어 있지 않을 것
⑨ 전기절연 내력이 클 것
⑩ 유막의 강도가 커 마찰부에서 유막이 쉽게 파괴되지 않을 것

(3) 유압과 유온

① 유압계 압력=순수유압 + 정상저압(크랭크 케이스 내 압력)
② 정상 유압
    ㉠ 소형=정상저압 + 0.5kg/cm^2
    ㉡ 입형 저속=정상저압 + $0.5 \sim 1.5 \text{kg/cm}^2$
    ㉢ 고속다기통=정상저압 + $1.5 \sim 3 \text{kg/cm}^2$
    ㉣ 터보=정상저압 + 6kg/cm^2
    ㉤ 스크류=토출압력(고압) + $2 \sim 3 \text{kg/cm}^2$
③ 유압의 상승 원인
    ㉠ 유온이 너무 낮을 때
    ㉡ 유압조정 밸브 열림이 작을 때
    ㉢ 오일의 과다 공급
    ㉣ 유순환 회로가 막혔을 때
④ 유압이 낮아지는 원인
    ㉠ 오일이 부족할 때
    ㉡ 유온이 너무 높을 때
    ㉢ 기름여과망이 막혔을 때
    ㉣ 유압조정 밸브 열림이 클 때
    ㉤ 오일에 냉매가 섞였을 때
    ㉥ 오일펌프 전동기가 역회전하거나 고장일 때
    ㉦ 오일안전밸브에서 누설이 있을 때
⑤ 유온이 상승하는 원인
    ㉠ 유압이 낮을 때
    ㉡ 압축기를 과열 운전할 때
    ㉢ 오일 냉각기가 고장났을 때

㉣ 오일 냉각기의 냉각수 흐름이 불량할 때

(4) 냉매와 냉동기유의 용해도 관계

용해하기 쉬운 냉매	중간의 냉매	용해하기 어려운 냉매
R-11	R-22	R-13
R-12	R-114	R-14
R-21	R-115	R-502
R-13B1	R-152A	R-717
R-500		R-744

(1) 오일 중에 냉매가 용해되면

장점	단점
① 윤활작용이 힘든 곳까지 급유 가능 ② 초저온용에서는 오일의 응고온도가 낮아진다. ③ 오일의 회수가 용이	① 오일의 점도가 묽어짐 ② 증발압력이 작아진 반면 응축압력은 상승하여 전열이 불량해진다.

(2) 냉동기 오일 중에 냉매가스가 용해하려면
    ① 냉매가스의 압력을 높인다.
    ② 오일의 온도를 낮춘다.

제2-2편 공조냉동 설계(냉동공학)

chapter 03 출·제·예·상·문·제

01. 냉매로서 갖추어야 될 요구 조건으로 적합하지 않은 것은?
① 불활성이고 안정하며 비가연성이어야 한다.
② 비체적이 커야 한다.
③ 증발 온도에서 높은 잠열을 가져야 한다.
④ 열전도율이 커야 한다.

② 비체적이 작아야 한다.
[참고] 냉매의 구비 조건
① 저온에서도 대기압 이상의 압력에서 쉽게 증발할 것
② 임계온도가 높고 상온에서 쉽게 액화할 것
③ 응고온도가 낮을 것
④ 증발잠열이 클 것
⑤ 냉매액은 비열이 작을 것
⑥ 비열비가 작을 것(비열비가 작을수록 압축 후의 토출가스 온도 상승이 적다.)
⑦ 점도와 표면장력이 작고, 전열이 양호할 것
⑧ 누설 시 발견이 용이할 것
⑨ 절연내력이 크고, 전기절연물을 침식시키지 않을 것
⑩ 가스의 비체적이 작을 것
⑪ 패킹재료에 영향이 없을 것
⑫ 윤활유와 혼합되어도 냉동작용에 영향을 주지 않을 것

02. 냉동기 냉매의 일반적인 구비 조건으로서 적합하지 않은 것은?
① 임계 온도가 높고, 응고 온도가 낮을 것
② 증발열이 작고, 증기의 비체적이 클 것
③ 증기 및 액체의 점성(점성계수)이 작을 것
④ 부식성이 없고, 안정성이 있을 것

② 증발열이 크고, 증기의 비체적이 작을 것
[참고]
증발열이 크면 적은 양의 액화냉매로 소요 냉동능력을 얻을 수 있고 비체적이 작으면 냉동장치를 작게 할 수 있다.

03. 냉매의 구비 조건으로 틀린 것은?
① 임계온도가 낮을 것
② 응고점이 낮을 것
③ 액체비열이 작을 것
④ 비열비가 작을 것

① 임계온도가 높을 것
※ 냉매의 임계온도가 낮으면 냉매가스의 액화(응축)가 불가능

04. 냉매의 구비 조건에 대한 설명으로 틀린 것은?
① 증기의 비체적이 작을 것
② 임계온도가 충분히 높을 것
③ 점도와 표면장력이 크고, 전열성능이 좋을 것
④ 부식성이 적을 것

③ 점도와 표면장력이 작고, 전열성능이 좋을 것
※ 점도가 상승하면 유동저항이 증대하고, 표

Answer 01. ② 02. ② 03. ① 04. ③

제3장 냉매 613

면장력이 작으면 액화냉매가 증발관 표면을 잘 적셔주어 전열이 양호해진다.

05. 냉매가 갖추어야 할 요건으로 틀린 것은?
① 증발온도에서 높은 잠열을 가져야 한다.
② 열전도율이 커야 한다.
③ 표면장력이 커야 한다.
④ 불활성이고 안전하며 비가연성이어야 한다.

👉 ③ 표면장력이 작아야 한다.

06. 일반적인 냉매의 구비 조건으로 옳은 것은?
① 활성이며 부식성이 없을 것
② 전기저항이 적을 것
③ 점성이 크고 유동저항이 클 것
④ 열전달률이 양호할 것

👉 ① 불활성이며 부식성이 없을 것
② 전기저항이 클 것
③ 점성이 작고 유동저항이 작을 것

07. 증기압축식 냉동사이클용 냉매의 성질로 적당하지 않은 것은?
① 증발잠열이 크다.
② 임계온도가 상온보다 충분히 높다.
③ 증발압력이 대기압 이상이다.
④ 응고온도가 상온 이상이다.

👉 ④ 냉매가 높은 온도에서 응고하면 냉매로서 사용이 불가능하므로 응고온도가 낮아야 한다.

08. 냉매의 구비 조건에 대한 설명으로 틀린 것은?
① 동일한 냉동능력에 대하여 냉매가스의 용적이 적을 것
② 저온에 있어서도 대기압 이상의 압력에서 증발하고 비교적 저압에서 액화할 것
③ 점도가 크고 열전도율이 좋을 것
④ 증발열이 크며 액체의 비열이 작을 것

👉 ③ 점도가 작고 열전도율이 좋을 것

09. 압축기에 사용되는 냉매의 이상적인 구비 조건으로 맞는 것은?
① 임계온도가 낮을 것
② 비열비가 클 것
③ 토출가스의 온도가 낮을 것
④ 가스의 비체적이 클 것

👉 ① 임계온도가 높을 것
② 비열비가 작을 것
④ 가스의 비체적이 작을 것

10. 냉매의 화학적 조건 중 맞는 것은?
① 불활성이며 부식성이 없을 것
② 전기저항이 적을 것
③ 점성이 크고 유동저항이 클 것
④ 열전달률이 양호할 것

👉 화학적 조건
① 화학적 결합이 안정하여 분해되지 않을 것
② 불활성이고, 금속을 부식시키지 않을 것
③ 인화 및 폭발성이 없을 것
④ 액상 및 기상의 점도는 낮고, 열전도도는 높을 것
⑤ 전기저항이 크고, 절연파괴를 일으키지 않을 것

11. 증기압축 냉동기에는 다양한 냉매가 사용된다. 이러한 냉매의 특징에 대한 설명으로 틀린 것은?
① 냉매는 냉동기의 성능에 영향을 미친다.

Answer 05. ③ 06. ④ 07. ④ 08. ③ 09. ③ 10. ① 11. ④

② 냉매는 무독성, 안정성, 저가격 등의 조건을 갖추어야 한다.
③ 우수한 냉매로 알려져 널리 사용되던 염화불화탄화수소(CFC) 냉매는 오존층을 파괴한다는 사실이 밝혀진 이후 사용이 제한되고 있다.
④ 현재 CFC 냉매 대신에 R-12(CCl_2F_2)가 냉매로 사용되고 있다.

④ 현재 CFC 냉매의 오존(ozone)층 파괴가 문제가 되어, R-134a, R-123 등의 대체 냉매가 사용되고 있다.

[참고] 여러 가지 냉매의 대체 냉매와 주요 용도

대체 냉매명	대체 구냉매	주요 용도
R-123	R-11	원심식 터보 냉동기
R-134a	R-12	자동차 에어컨, 가정용 냉장고, 상업용 냉장고
R-23	R-13 및 R-503	특수 저온 냉매
R-404A	R-502, R-508	선박용 에어컨, 진열장, 냉동차 및 컨테이너
R-407C	R-22, R-502	가정용 에어컨, 상업 및 업소용 냉·난방기

12. 냉동기에 사용되고 있는 냉매로 대기압하에서 비등점이 가장 높은 냉매는?
① SO_2 ② NH_3
③ CO_2 ④ CH_3Cl

냉매의 비등점
① SO_2 : -10℃   ② NH_3 : -33.3℃
③ CO_2 : -78.5℃   ④ CH_3Cl : -23.8℃

13. 냉동기에 사용되고 있는 냉매로 대기압에서 비등점이 가장 낮은 냉매는?
① SO_2 ② NH_3
③ CO_2 ④ CH_3Cl

12번 해설 참고

14. 다음 냉매 중 비등점이 가장 낮은 것은?
① R-717   ② R-14
③ R-500   ④ R-502

냉매의 비등점
R-717 : -33.3℃   R-14 : -128℃
R-500 : -33.3℃   R-502 : -45.4℃

15. 다음 중 대기 중의 오존층을 가장 많이 파괴시키는 물질은?
① 질소   ② 수소
③ 염소   ④ 산소

오존층 파괴와 관련된 물질
염화불화탄소라 불리는 프레온 가스(CFC_s)가 있다. 염소, 불소, 탄소 등의 세 가지 원소로 이루어져 있는 이 물질은 매우 안정적이기에 냉장고의 냉매, 스프레이의 분사제, 우레탄 발포제, 반도체 세정제 등 다양한 용도로 사용해 왔다. 프레온 가스는 인체에 독성이 없고 불에 잘 타지 않아 이상적인 화합물로 간주되었지만 프레온 가스가 성층권으로 이동하면 지구의 방패막 역할을 하는 오존층을 파괴하기 때문에 문제가 생긴다. 성층권에서 자외선에 의해 프레온 가스로부터 염소(Cl)가 분리되면, 염소는 오존 파괴의 촉매자가 되어 $Cl + O_3 \rightarrow ClO + O_2$의 화학반응을 통해 오존층을 파괴한다.

16. 프레온 냉매(CFC) 화합물은 태양의 무엇에 의해 분해되어 오존층 파괴의 원인이 되는가?
① 자외선   ② 감마선
③ 적외선   ④ 알파선

프레온 냉매(CFC계)는 냉매의 구비 요건을 아주 잘 만족하고 화학적으로 아주 안전할 뿐 아니라 인체에 무해하지만 대기 중에 방출되면 대부분이 분해되지 않은 채 성층권에 도달하고, 그곳에서 자외선에 의해 분해된 염소원

Answer 12. ① 13. ③ 14. ② 15. ③ 16. ①

자가 오존층을 파괴한다.

17. 다음 냉매 중 가연성이 있는 냉매는?
① R-717　　② R-744
③ R-718　　④ R-502

☞ NH_3 (R-717)
① 자극성 냄새, 유독성
　(독성 : SO_3 > NH_3 > Freon)
② 공기 중 13~27% volume일 때 폭발 위험성

18. 암모니아 냉매의 특성에 대한 설명으로 틀린 것은?
① 암모니아는 오존파괴지수(ODP)와 지구온난화지수(GWP)가 각각 0으로 온실가스 배출에 대한 영향이 적다.
② 암모니아는 독성이 강하여 조금만 누설되어도 눈, 코, 기관지 등을 심하게 자극한다.
③ 암모니아는 물에 잘 용해되지만 윤활유에는 잘 녹지 않는다.
④ 암모니아는 전기절연성이 양호하므로 밀폐식 압축기에 주로 사용된다.

☞ ④ 암모니아는 전기절연도가 떨어져 밀폐식 압축기에 부적당하다.

19. 암모니아(NH_3) 냉매의 특성 중 잘못된 것은?
① 기준증발온도(-15℃)와 기준응축온도(30℃)에서 포화압력이 별로 높지 않으므로 냉동기 제작 및 배관에 큰 어려움이 없다.
② 암모니아수는 철 및 강을 부식시키므로 냉동기와 배관재료로 강관을 사용할 수 없다.
③ 리트머스 시험지와 반응하면 청색을 띠고, 유황 불꽃과 반응하여 흰 연기를 발생시킨다.
④ 오존파괴계수(ODP)와 지구온난화계수(GWP)가 각각 0이므로 누설에 의해 환경을 오염시킬 위험이 없다.

☞ ② 암모니아수는 동 및 동합금을 부식시키므로 냉동기와 배관재료로 동 및 동합금을 사용할 수 없고 강관을 사용한다.

20. 다음 중 암모니아 냉동장치에서 워터재킷을 설치하는 이유로서 옳은 것은?
① 다른 냉매에 비해 압축비가 크기 때문
② 다른 냉매에 비해 비열비가 크기 때문
③ 체적효율을 낮추기 위해
④ 냉동능력을 낮추기 위해

☞ 암모니아 냉매는 비열비가 크기 때문에 압축 후의 토출가스 온도가 높다. 따라서 실린더가 과열되어 윤활유 열화 및 탄화현상이 발생되며 압축기 성능이 저하되므로 실린더를 냉각시켜 주기 위한 워터재킷을 설치한다.

21. 압축 후의 온도가 너무 높으면 실린더 헤드를 냉각할 필요가 있다. 다음 표를 참고하여 압축 후 냉매의 온도가 가장 높은 냉매는? (단, 모든 냉매는 같은 조건으로 압축함)

냉매	비열비	정압비열
R-12	1.136	0.147
R-22	1.184	0.152
NH_3	1.31	0.52
CH_3Cl	1.20	0.62

① R-12　　② R-22
③ NH_3　　④ CH_3Cl

☞ 비열비가 큰 냉매일수록 압축 후의 토출가스 온도가 높아 실린더가 과열되어 윤활유 기능

Answer 17. ①　18. ④　19. ②　20. ②　21. ③

이 상실되므로 실린더를 냉각시켜 주는 장치가 필요하다.

22. 냉매에 관한 설명으로 옳은 것은?

① 암모니아 냉매가스가 누설된 경우 비중이 공기보다 무거워 바닥에 정체한다.
② 암모니아의 증발잠열은 프레온계 냉매보다 작다.
③ 암모니아는 프레온계 냉매에 비하여 동일 운전 압력조건에서는 토출가스 온도가 높다.
④ 프레온계 냉매는 화학적으로 안정한 냉매이므로 장치 내에 수분이 혼입되어도 운전상 지장이 없다.

☞ ① 프레온 냉매가스가 누설된 경우 비중이 공기보다 무거워 바닥에 정체한다.
② 암모니아의 증발잠열(313.5kcal/kg)은 프레온계 냉매(38~52kcal/kg)보다 크다.
④ 프레온계 냉매는 수분을 용해하지 않으므로 수분 침입 시 팽창밸브에 동결이 일어나 냉매순환이 안 되며 부식의 원인이 되는 등 여러 가지 문제가 발생하므로 수분이 침입하지 않도록 관리해야 한다.

23. 냉매에 대한 각 항 중 옳은 것은?

㉠ 암모니아는 물에 잘 녹는다.
㉡ 프레온 12는 기름에는 잘 용해되나 물에는 잘 녹지 않는다.
㉢ 단열 압축지수가 크면 토출가스 온도는 낮다.
㉣ 증발면에서 열전달률이 암모니아가 프레온계 냉매보다 매우 크다.
㉤ 프레온 12는 철을 부식하므로 동배관을 하지 않으면 안 된다.

① ㉢, ㉤   ② ㉡, ㉤

③ ㉢, ㉣   ④ ㉠, ㉣

☞ ㉡ 프레온 냉매는 기름은 잘 용해하나 물에는 잘 녹지 않는다.
㉢ 단열 압축지수가 크면 토출가스 온도는 높다.
㉤ 프레온 냉매는 마그네슘 및 마그네슘을 2% 이상 함유한 Al합금을 부식시킨다.

24. 냉매와 기름과의 관계 중 맞는 것은?

㉠ 냉동기유는 NH_3액보다 가볍다.
㉡ NH_3는 기름에 용해하기 어렵지만 R-22는 기름에 잘 용해한다.
㉢ R-22와 기름의 혼합액 중에서 천연고무는 팽창하기 쉽다.
㉣ 증발기 중에서 기름은 R-22의 액 위에 분리하여 뜬다.

① ㉠, ㉡   ② ㉠, ㉢

③ ㉡, ㉢   ④ ㉠, ㉣

☞ ① 암모니아 냉매는 물에 잘 용해되어 흡수식 냉동기에 사용되고 윤활유에는 거의 용해하지 않는다. 냉동기유는 암모니아보다 더 무겁다.
② 프레온 냉매는 윤활유와 잘 용해하지만 물과는 잘 용해하지 않는다. 프레온은 오일보다 무겁다. 패킹은 인조고무를 사용한다.(천연고무는 침식됨)

25. 암모니아 및 프레온 냉매와의 비교 중 틀린 것은?

① 암모니아 냉동장치에서 수분이 1% 함유에 따라 증발온도 0.5℃ 상승한다.
② R-22는 암모니아보다 냉동효과(kcal/kg)가 크고 안전하다.
③ R-13은 R-22에 비하여 저온용에 적합하다.
④ 암모니아는 R-22에 비하여 유분리가 용

Answer 22. ③ 23. ④ 24. ③ 25. ②

제3장 냉 매 | 617

이하다.

👉 **냉동효과**
① R-22 : 40.2kcal/kg
② NH_3 : 269.03kcal/kg

26. 냉매에 관한 설명으로 옳은 것은?
① 냉매표기 R+xyz 형태에서 xyz는 공비혼합냉매 경우 400번대, 비공비혼합냉매 경우 500번대로 표시한다.
② R-502는 R-22와 R-113과의 공비혼합냉매이다.
③ 흡수식 냉동기는 냉매로 NH_3와 R-11이 일반적으로 사용된다.
④ R-1234yf는 HFO 계열의 냉매로서 지구온난화지수(GWP)가 매우 낮아 R-134a의 대체 냉매로 활용 가능하다.

👉 ① 냉매표기 R+xyz 형태에서 xyz는 공비혼합냉매인 경우 500번대, 비공비혼합냉매는 400번대로 표시한다.
② R-502는 R-22와 R-115과의 공비혼합냉매이다.
③ 흡수식 냉동기는 냉매로 암모니아(NH_3)와 물(H_2O)이 일반적으로 사용된다.

27. 다음 중 가연성이 있어 조건이 나쁘면 인화, 폭발위험이 가장 큰 냉매는?
① R-717   ② R-744
③ R-718   ④ R-502

👉 **암모니아(NH_3 : R-717)**
① 무색의 기체이며, 전열성능이 양호하여 냉동능력이 좋다.
② 가연성, 폭발성, 독성, 자극성의 악취가 있다.
③ 동 및 동합금을 부식시킨다.
④ 패킹은 천연고무나 석면을 사용한다.
⑤ 수분 침입 시 오일과 암모니아수가 혼합되면 유탁액 현상이 발생하여 전열 불량을 초래한다.

[참고]
① R-744 : 이산화탄소(CO_2)
② R-718 : 물(H_2O)
③ R-502 : 공비 혼합냉매(R-22+R-115)

28. Cl을 함유한 냉매에서 야기되는 구리도금 현상이 일어나기 쉬운 순서대로 나열된 것은?
① R-12 → R-22 → CH_3Cl
② R-22 → R-12 → CH_3Cl
③ CH_3Cl → R-22 → R-12
④ CH_3Cl → R-12 → R-22

👉 **구리도금 현상**
프레온 장치 내에 동이 오일에 용해되어 금속 표면에 도금되는 현상으로 수분이 많고 온도가 높을수록 수소분자가 많은 냉매일수록 일어나기 쉽다.

29. 다음의 냉매 중 지구온난화지수(GWP)가 가장 낮은 것은?
① R1234yf   ② R23
③ R12   ④ R744

👉 **지구온난화지수(GWP)**

냉매명	지구온난화지수(GWP)
R744(CO_2)	1
R1234yf	4
R12	8100
R23	11700

30. 다음 중 절연내력이 크고 절연물질을 침식시키지 않기 때문에 밀폐형 압축기에 사용하기에 적합한 냉매는?
① 프레온계 냉매   ② H_2O

Answer 26. ④ 27. ① 28. ③ 29. ④ 30. ①

③ 공기 ④ NH_3

> 암모니아(NH_3)는 전기절연물을 침식하므로 밀폐형 냉동기에 사용할 수 없지만 프레온계 냉매는 절연내력이 커서 밀폐형 냉동기에 많이 사용된다.

31. 암모니아와 프레온 냉매의 비교 설명으로 틀린 것은? (단, 동일 조건을 기준으로 한다.)

① 암모니아가 R-13보다 비등점이 높다.
② R-22는 암모니아보다 냉동효과(kcal/kg)가 크고 안전하다.
③ R-13은 R-22에 비하여 저온용으로 적합하다.
④ 암모니아는 R-22에 비하여 유분리가 용이하다.

> ② 기준 냉동사이클에 R-22(40.15kcal/kg)는 암모니아(269.03kcal/kg)보다 냉동효과가 작다.

32. 화학식 CF_2Cl_2의 냉매 번호는?

① R-12 ② R-13
③ R-14 ④ R-22

> 탄소가 1개 있으므로 메탄계 냉매이다.
> ① 일의 자리 : F의 수=2
> ② 십의 자리 : H의 수+1=1
> ∴ R-12

33. 화학식이 CHF_2Cl인 냉매는?

① R-12 ② R-13
③ R-22 ④ R-21

> ① 일의 자리 : F의 수=2
> ② 십의 자리 : H의 수+1=2
> ∴ R-22
> [참고] 프레온 냉매 화학식

$R12-CCl_2F_2$, $R13-CClF_3$, $R21-CHCl_2F$

34. 다음은 R-12의 성질을 설명한 것이다. 옳은 것은 어느 것인가?

① 응고점은 -258℃로서 암모니아보다 80℃가 낮고 임계온도는 112℃로 충분히 낮다.
② 증발열은 -15℃에서 38.6kcal/kg로서 암모니아의 약 1/5이 되고 1RT당 소요마력은 비슷하다.
③ R-12는 천연고무를 침식하지만 합성고무는 침식하지 않는다.
④ 냉동기 및 배관의 내압력이 큰 것이 요구된다.

> R-12(CCl_2F_2)
> ① 대기압에서 비등점 -29.8℃, 응고점 -158.2℃, 임계온도 111.5℃, 표준증발열 39.97kcal/kg (암모니아의 1/8)
> ② 소형에서 대형까지 고온에서 저온까지 광범위하게 사용
> ③ 냉동능력은 NH_3에 비해 60% 정도이다.
> ④ 비부식성으로 장치 내 배관의 손상이 없고 무독성으로 식품사용에 용이하며 취급이 쉽다. 또한 낮은 압력에서도 액화하여 열효율이 좋아 냉장고, 에어컨의 냉매제로 사용된다.

35. 암모니아, 프레온 22 및 프레온 12를 각기 717, 22 및 12라 표시할 때 정하여진 증발온도에서 압축기 토출온도가 낮은 것으로부터 점차 높아지는 순서는?

① 717-22-12 ② 12-717-22
③ 22-12-717 ④ 12-22-717

> 표준냉동사이클 토출가스 온도
> NH_3(717) > R-22 > R-12
>   98℃   55℃   37.8℃

Answer 31. ② 32. ① 33. ③ 34. ③ 35. ④

36. NH_3, R-12, R-22의 냉매특성을 비교할 때 증발잠열이 큰 것부터 나열한 순서가 옳은 것은?

① NH_3 > R-12 > R-22
② NH_3 > R-22 > R-12
③ R-12 > NH_3 > R-22
④ R-22 > NH_3 > R-12

☞ NH_3(313.5kcal/kg) > R-22(52.0kcal/kg) > R-12(38.57kcal/kg)

37. 표준 냉동사이클로 운전될 때 단위 냉동톤당 이론적 피스톤 압축량이 큰 것부터 순서대로 나열하면?

① R11-R12-NH_3
② R12-R11-NH_3
③ R11-NH_3-R12
④ R12-NH_3-R11

☞ 냉동효과가 적을수록 피스톤 압출량은 증가한다.
R11 : 65.9m³/h·RT
R12 : 10.425m³/h·RT
NH_3 : 6.278m³/h·RT

38. 냉매가 윤활유에 용해되는 순위가 큰 것부터 올바르게 나타낸 것은?

① R12 - R502 - R13
② R12 - R14 - R502
③ R502 - R21 - R114
④ R502 - R12 - R717

☞ ① 윤활유와 용해도가 큰 냉매 : R-11, R-12, R-21, R-113, R-500
② 윤활유와 용해도가 적고, 저온에서 분리되는 냉매 : R-13, R-14

39. NH_3, R-12, R-22 냉매의 기름과 물에 대한 용해도를 설명한 것 중 옳은 것은?

㉠ 물에 대한 용해도는 R-12가 가장 크다.
㉡ 기름에 대한 용해도는 R-12가 가장 크다.
㉢ R-22는 물에 대한 용해도와 기름에 대한 용해도가 모두 암모니아보다 크다.

① ㉠, ㉡, ㉢
② ㉡, ㉢
③ ㉡
④ ㉢

☞ ① 물에 대한 용해도 :
  암모니아 > R-22 > R-12
② 오일에 대한 용해도 :
  R-12 > R-22 > 암모니아

40. 암모니아 냉매의 누설검지 방법으로 적절하지 않은 것은?

① 냄새로 알 수 있다.
② 리트머스 시험지를 사용한다.
③ 페놀프탈레인 시험지를 사용한다.
④ 할로겐 누설검지기를 사용한다.

☞ ④ 할로겐 누설검지기는 프레온 냉매의 누설검사에 사용된다.

41. 암모니아 냉동기에서 암모니아가 새고 있는 장소에 붉은 리트머스 시험지를 대면 어떤 색으로 변하는가?

① 황색
② 다갈색
③ 청색
④ 홍색

☞ **암모니아(NH_3) 누설검사**
① 냄새(악취)
② 붉은 리트머스 시험지 → 파란색(청색)으로 변색
③ 페놀프탈레인지 → 붉은색으로 변색
④ 유황초(황산, 염산) → 하얀색 연기 발생
⑤ 물 또는 브라인에 암모니아가 누설하고 있을 때 네슬러 시약 → 소량 누설 : 노란색,

36. ② 37. ① 38. ① 39. ③ 40. ④ 41. ③

다량 누설 : 보라색

42. 암모니아 냉동기에서 암모니아의 누설 검사를 할 때 페놀프탈레인지를 사용하면 암모니아가 누설되는 곳에서 무슨 색으로 변하는가?
① 홍색　　② 청색
③ 황색　　④ 다갈색

43. 암모니아 냉매를 사용하고 있는 과일 보관용 냉장창고에서 암모니아가 누설되었을 때 보관물품의 손상을 방지하기 위한 방법으로 옳지 않은 것은?
① SO_2로 중화시킨다.
② CO_2로 중화시킨다.
③ 환기시킨다.
④ 물로 씻는다.

☞ 아황산가스(SO_2)는 무색의 자극성 있는 유독성 기체로 암모니아와 접촉 시 흰 연기가 발생하므로 암모니아 누설 시 사용하면 안 된다.

44. 프레온 냉동장치의 배관공사 중에 수분이 장치 내에 잔류했을 경우 이 수분에 의한 장치에 나타나는 현상으로 틀린 것은?
① 프레온 냉매는 수분의 용해도가 적으므로 냉동장치 내의 온도가 0℃ 이하이면 수분은 빙결한다.
② 수분은 냉동장치 내에서 철재 재료 등을 부식시킨다.
③ 증발기의 전열기능을 저하시키고, 흡입관 내 냉매 흐름을 방해한다.
④ 프레온 냉매와 수분이 서로 화합반응하여 알칼리를 생성시킨다.

☞ ④ 수분과 프레온은 직접적으로 반응하지는 않으나 금속, 프레온과 수분이 공존하면 프레온은 서서히 가수분해를 일으켜 산성물질을 만들고 이것이 금속을 부식시킨다. 이 가수분해에 의해서 만들어진 산은 동과 반응해서 염화동을 만들고 염화동은 철의 표면에 동을 석출시키는 현상이 있다. 이와 같은 현상을 동도금 현상이라고 한다. 철의 연마된 표면(실린더 내벽, 피스톤, 핀, 크랭크 축) 등에 주로 발생한다.

45. 공비혼합물(azeotrope) 냉매의 특성에 관한 설명으로 틀린 것은?
① 서로 다른 할로카본 냉매들을 혼합하여 서로의 결점이 보완되는 냉매를 얻을 수 있다.
② 응축압력과 압축비를 줄일 수 있다.
③ 대표적인 냉매로 R407C와 R410A가 있다.
④ 각각의 냉매를 적당한 비율로 혼합하면 혼합물의 비등점이 일치할 수 있다.

☞ ③ 공비혼합냉매는 R-500으로 표시하며 R-500, R-501, R-502, R-503 등이 있다.
※ 비공비혼합냉매는 R-400으로 표시하며 조성비에 따라 오른쪽에 A, B, C 등을 붙인다. R-407C, R-410A 등이 있다.
[참고] 공비혼합냉매

냉매번호	혼합된 냉매	비등점
R-500	R-152 + R-12 $CH_3CHF_2 + CCl_2F_2$	-33.5℃
R-501	R-12 + R-22 $CCl_2F_2 + CHClF_2$	-41℃
R-502	R-22 + R-115 $CHClF_2 + CClF_2CF_3$	-45.4℃
R-503	R-23 + R-13 $CHF_3 + CClF_3$	-88.7℃

Answer 42. ① 43. ① 44. ④ 45. ③

46. 프레온(freon)계 냉매 중 R-22와 R-115의 혼합 냉매는?

① R-717　　② R-744
③ R-500　　④ R-502

종류	조합	혼합비 (중량비)
R-502	R-22+R-115	48.8%
	$CHClF_2 + CClF_2CF_3$	+51.2%

47. 냉매 R-502는 R-22와 R-115의 혼합비율이 얼마인가?

① 48.8% : 51.2%
② 26.2% : 73.8%
③ 25% : 75%
④ 40.1% : 59.9%

　46번 해설 참고

48. 다음 중 냉매와 화학분자식이 옳게 짝지어진 것은?

① R-500 → CCl_2CHF
② R-502 → $CClF_2CF_3 + CHClF_2$
③ R-22 → CCl_2F_2
④ R-717 → NH_4

　① R-500(R152+R12)
　　： $CH_3CHF_2 + CCl_2F_2$
　② R-502(R115+R22)
　　： $CClF_2CF_3 + CHClF_2$
　③ R-22 ： $CHClF_2$
　④ R-717 ： NH_3

49. 다음 공비혼합냉매의 조합이 잘못 짝지어진 것은?

① R501 = R12+R22
② R502 = R115+R12
③ R503 = R13+R23
④ R504 = R115+R32

　② R502 = R115+R22

50. 동일한 냉동실 온도조건으로 냉동설비를 할 경우 브라인식과 비교한 직접팽창식에 관한 설명으로 틀린 것은?

① 냉매의 증발온도가 낮다.
② 냉매 소비량(충전량)이 많다.
③ 소요동력이 적다.
④ 설비가 간단하다.

　① 같은 냉장실온에 대해서 냉매의 증발온도가 높다.
　[참고] 직접 팽창식의 특징

장점	단점
㉠ 부속설비가 간단하다.	㉠ 사용냉매량이 많다.
㉡ 같은 냉장실온에 대해서 냉매의 증발온도가 높다.	㉡ 냉매 누설 시 냉장품을 손상시킨다.
㉢ 냉매순환량이 적다.	㉢ 냉동기 정지에 따른 냉장실 온도의 상승이 빠르다.
	㉣ 여러 냉장실을 동시에 운영할 때 팽창밸브수가 많아진다.
	㉤ 냉동능력 저장이 곤란하다.

51. 냉매와 브라인에 관한 설명 중 틀린 것은?

① 프레온 냉매에서 동부착 현상은 수소원자가 적을수록 크다.
② 유기 브라인은 무기 브라인에 비해 금속을 부식시키는 경향이 적다.
③ 염화칼슘 브라인에 의한 부식을 방지하기 위해 방식제를 첨가한다.
④ 프레온 냉매와 냉동기유의 용해 정도는

46. ④　47. ①　48. ②　49. ②　50. ①　51. ①

온도가 낮을수록 많아진다.

☞ ① 프레온 냉매에서 동부착 현상은 수소원자가 많을수록 크다.

[참고] 동부착(Copper plating) 현상
프레온 냉동장치에서 수분과 프레온이 작용하여 산이 생성되고, 나아가 침입한 공기 중의 산소와 반응된 다음 냉매 순환 계통 중의 동을 침식시키고, 침식된 동이 냉동장치를 순환하다가 압축기 고온부(실린더, 피스톤)에 동이 부착되는 현상

※ 동부착 현상이 일어날 수 있는 조건
① 수소분자가 많은 냉매일수록
   [예 : R-40(CH_3Cl, 메틸클로라이드]
② 장치 중에 수분이 많을수록
③ Oil 중에 왁스 성분이 많이 함유되었을 때
④ 압축기의 피스톤, 실린더와 같은 고온부일수록 부착이 잘 된다.

52. 2차 유체로 사용되는 브라인의 구비 조건으로 틀린 것은?

① 비등점이 높고, 응고점이 낮을 것
② 점도가 낮은 것
③ 부식성이 없을 것
④ 열전달률이 작을 것

브라인의 구비 조건
① 열용량(비열)이 클 것
② 열전도율이 클 것
③ 점도와 응고점이 낮을 것
④ 불연성이며 독성이 없을 것
⑤ 누설 시 냉장물품에 손상이 없을 것
⑥ 가격이 싸고, 구입이 용이할 것
⑦ pH값이 적당할 것(7.5~8.2 정도)

53. 브라인의 구비 조건으로 적당하지 않은 것은?

① 응고점이 낮을 것
② 점도가 클 것
③ 열전달률이 클 것
④ 불연성이며 독성이 없을 것

☞ ② 점도가 작을 것

54. 브라인(2차 냉매) 중 무기질 브라인이 아닌 것은?

① 염화마그네슘   ② 에틸렌글리콜
③ 염화칼슘   ④ 식염수

브라인의 종류
㉠ 무기질 브라인 : 염화칼슘($CaCl_2$), 염화마그네슘($MgCl_2$), 염화나트륨(NaCl ; 식염수)
㉡ 유기질 브라인 : 에틸렌글리콜($C_2H_6O_2$), 프로필렌글리콜($C_3H_6(OH)_2$), 에탈알코올(C_2H_5OH)

55. 다음 중 무기질 브라인이 아닌 것은?

① NaCl   ② $MgCl_2$
③ $CaCl_2$ ④ $C_2H_6O_2$

☞ ④ 에틸렌글리콜($C_2H_6O_2$) : 유기질 브라인

56. 다음 중 무기질 브라인이 아닌 것은?

① $CaCl_2$ ② CH_3OH
③ $MgCl_2$ ④ NaCl

☞ ② 메탄올(CH_3OH)은 유기 화합물이다.

57. 다음 브라인에 대한 설명 중 틀린 것은?

① 브라인은 농도가 진하게 될수록 부식성이 크다.
② 염화칼슘 브라인은 동결점이 매우 낮으며 부식성도 염화나트륨 브라인보다 작다.
③ 염화마그네슘 브라인은 염화나트륨 브라

Answer 52. ④ 53. ② 54. ② 55. ④ 56. ② 57. ①

인보다 동결점이 낮으며 부식성도 작다.
④ 브라인에 대한 부식 방지를 위해서는 밀폐 순환식을 채택하여 공기에 접촉하지 않게 해야 한다.

① 브라인은 농도가 진할수록 산소침입을 막을 수 있으므로 부식성이 작아지게 된다.

58. 다음은 브라인을 설명한 것이다. 옳게 설명된 것은?

① 브라인은 그 감열을 이용하여 냉각한다.
② 염화칼슘 브라인보다 염화나트륨 브라인 쪽이 온도를 더 내릴 수 있다.
③ 염화칼슘 브라인은 그 중에 용해되고 있는 산소량이 많을수록 부식성이 적다.
④ 브라인은 비점이 낮아도 상관없다.

② 염화나트륨 브라인보다 염화칼슘 브라인 쪽이 온도를 더 내릴 수 있다.
③ 염화칼슘 브라인은 그 중에 용해되고 있는 산소량이 많을수록 부식성이 크다.
④ 브라인은 공정점이 낮고 비점이 높아야 한다.

59. 브라인에 대한 설명으로 틀린 것은?

① 에틸렌글리콜은 무색, 무취이며, 물로 희석하여 농도를 조절할 수 있다.
② 염화칼슘은 무취로서 주로 식품동결에 쓰이며, 직접적 동결방법을 이용한다.
③ 염화마그네슘 브라인은 염화나트륨 브라인보다 동결점이 낮으며 부식성도 작다.
④ 브라인에 대한 부식 방지를 위해서는 밀폐 순환식을 채택하여 공기에 접촉하지 않게 해야 한다.

② 염화칼슘은 식품에 접촉되면 떫은 맛이 나기 때문에 식품저장용으로 사용하지 않는다.

60. 염화칼슘 브라인에 대한 설명으로 옳은 것은?

① 염화칼슘 브라인은 식품에 대해 무해하므로 식품동결에 주로 사용된다.
② 염화칼슘 브라인은 염화나트륨 브라인보다 일반적으로 부식성이 크다.
③ 염화칼슘 브라인은 공기 중에 장시간 방치하여 두어도 금속에 대한 부식성은 없다.
④ 염화칼슘 브라인은 염화나트륨 브라인보다 동일조건에서 동결온도가 낮다.

염화칼슘($CaCl_2$) 브라인
흡수성이 강하고 부식성이 있으며 누설되어 식품에 접촉이 되면 떫은 맛이 나기 때문에 식품 저장용으로 사용하지 않는다. 제빙, 냉장 등 공업용으로 가장 널리 사용된다. 염화칼슘 브라인은 부식성이 있어 냉동기 재료의 보호를 위해 방식제를 첨가하며 염화칼슘 브라인은 염화나트륨 브라인보다 부식성이 작다.

61. 염화칼슘 브라인에 대한 설명 중 옳은 것은?

① 냉동작용은 브라인의 잠열을 이용하는 것이다.
② 염화나트륨 브라인보다 일반적으로 부식성이 크다.
③ 공기 중에 장시간 방치하여 두어도 금속에 대한 부식성은 없다.
④ 가장 일반적인 브라인으로 제빙, 냉장 및 공업용으로 이용된다.

① 냉동작용은 브라인의 현열(감열)을 이용하는 것이다.
② 염화나트륨 브라인이 브라인 중 부식성이 가장 좋다.
  (부식성 : $CaCl_2$ < $MgCl_2$ < $NaCl$)
③ 공기 중에 장시간 방치하면 금속에 대한 부식성이 크다.

Answer 58. ① 59. ② 60. ④ 61. ④

62. 다음 기술 중 옳은 것은?
① 메틸렌 클로라이드, 프로필렌글리콜, 염화칼슘 용액은 유기질 브라인이다.
② 브라인은 잠열 및 현열 상태로 열을 운반한다.
③ 프로필렌글리콜은 부식성, 독성이 없어 냉동식품의 동결용으로 사용된다.
④ 식염수의 공정점은 염화칼슘의 공정점보다 낮다.

☞ ① 염화칼슘 용액은 무기질 브라인이다.
② 브라인은 현열 상태로 열을 운반한다.
④ 식염수의 공정점은 염화칼슘의 공정점보다 높다.

63. 다음 중 독성이 거의 없고 금속에 대한 부식성이 적어 식품냉동에 사용되는 유기질 브라인은?
① 프로필렌글리콜 ② 식염수
③ 염화칼슘   ④ 염화마그네슘

☞ 프로필렌글리콜($C_3H_6(OH)_2$)
부식성이 적고 독성이 적어서 냉동식품의 동결용에 사용되는 유기질 브라인

64. 염화칼슘 브라인의 공정점은?
① −15℃   ② −21℃
③ −33.6℃   ④ −55℃

☞ ㉠ 염화칼슘($CaCl_2$) : −55℃
㉡ 염화나트륨($NaCl$) : −21℃
㉢ 염화마그네슘($MgCl_2$) : −33.6℃

65. 다음 무기 Brine 중에 공정점이 제일 낮은 것은?
① $MgCl_2$ ② $CaCl_2$
③ H_2O ④ $NaCl$

☞ 64번 해설 참고

66. 브라인 사용 냉각장치의 동파방지책으로 틀린 것은?
① 부동액을 첨가한다.
② 단수 릴레이를 설치한다.
③ 동결방지용 TC(Thermostat Control)를 설치한다.
④ 흡입압력조절밸브를 설치한다.

☞ 브라인의 동파방지
① 동파방지용 온도조절기(T/C)를 설치한다.
② 부동액을 첨가한다.
③ 증발압력조절밸브(EPR)를 설치한다.
④ 단수 릴레이를 설치한다.
⑤ 브라인의 순환펌프의 모터를 인터록시킨다.

67. 냉동기유의 역할로 가장 거리가 먼 것은?
① 윤활작용   ② 냉각작용
③ 탄화작용   ④ 밀봉작용

☞ 냉동기유의 역할
㉠ 윤활작용
㉡ 누설방지(밀봉) 작용
㉢ 냉각작용
㉣ 방청작용
㉤ 소음방지
㉥ 청정작용

68. 냉동장치의 윤활 목적으로 틀린 것은?
① 마모 방지   ② 부식 방지
③ 냉매 누설방지 ④ 동력손실 증대

☞ 냉동장치의 윤활 목적
① 유막이 형성되어 누설 및 마모를 방지 : 기계 효율 증대(동력손실 감소)
② 마찰열을 제거 : 냉각작용
③ 방청작용 : 부식 방지

Answer 62. ③ 63. ① 64. ④ 65. ② 66. ④ 67. ③ 68. ④

④ 진동, 소음, 충격을 흡수

69. 냉동기의 압축기 윤활 목적으로 틀린 것은?
① 마찰을 감소시켜 마모를 적게 한다.
② 패킹재를 보호한다.
③ 열을 발생시킨다.
④ 피스톤, 스터핑박스 등에서 냉매누출을 방지한다.

☞ ③ 마찰열을 제거하여 열의 발생을 감소시킨다.

70. 냉동기유의 구비 조건으로 틀린 것은?
① 점도가 적당할 것
② 응고점이 높고 인화점이 낮을 것
③ 유성이 좋고 유막을 잘 형성할 수 있을 것
④ 수분 등의 불순물을 포함하지 않을 것

☞ ② 응고점이 낮고, 인화점이 높을 것
[참고] 냉동기유의 구비 조건
① 응고점과 유동점이 낮을 것
② 인화점이 높을 것
③ 점도가 적당할 것
④ 항유화성이 있을 것
⑤ 산에 대해 안정성이 좋을 것
⑥ 왁스성분이 적을 것
⑦ 냉매와의 분리성이 좋고 화학반응을 일으키지 않을 것
⑧ 수분 및 산류 등의 불순물이 함유되어 있지 않을 것
⑨ 전기절연 내력이 클 것
⑩ 유막의 강도가 커 마찰부에서 유막이 쉽게 파괴되지 않을 것

71. 냉동기유의 구비 조건으로 틀린 것은?
① 응고점이 높아 저온에서도 유동성이 있을 것
② 냉매나 수분, 공기 등이 쉽게 용해되지 않을 것
③ 쉽게 산화하거나 열화하지 않을 것
④ 적당한 점도를 가질 것

☞ ① 응고점이 낮고, 저온에서도 유동성이 있을 것

72. 냉동기의 압축기에 사용되는 냉동유의 구비 조건으로 옳지 않은 것은?
① 저온에서 응고점이 충분히 낮고, 고온에서 열화가 되지 않을 것
② 인화점이 높고, 냉매에 잘 용해될 것
③ 수분 함유량이 적고, 전기절연내력이 클 것
④ 장기간 사용하여도 변질되거나 열화되지 않을 것

☞ ② 인화점이 높고 냉매와의 분리성이 좋을 것

73. 냉동기유가 갖추어야 할 조건으로 틀린 것은?
① 응고점이 낮고, 인화점이 높아야 한다.
② 냉매와 잘 반응하지 않아야 한다.
③ 산화가 되기 쉬운 성질을 가져야 된다.
④ 수분, 산분을 포함하지 않아야 된다.

☞ ③ 산화가 되기 어려운 성질을 가져야 된다.

74. 윤활유의 구비 조건으로 틀린 것은?
① 저온에서 왁스가 분리될 것
② 전기절연 내력이 클 것
③ 응고점이 낮을 것
④ 인화점이 높을 것

☞ ① 왁스성분이 적고, 저온에서 왁스성분이 분리되지 않을 것

69. ③ 70. ② 71. ① 72. ② 73. ③ 74. ①

75. 윤활유가 유동하는 최저온도인 유동점은 응고온도보다 몇 도 정도 높은가?

① 2.5℃ ② 5℃
③ 7.5℃ ④ 10℃

 유동점
오일을 냉각시키면 점도가 점차 증대되어 유동성을 잃게 되고 굳어지기 시작하는데, 이때의 온도를 응고점이라고 하며, 유동점은 응고점에 달하기 전의 오일이 유동 가능한 최저 온도로 보통 응고 온도보다 2.5℃ 높은 온도를 말한다.

76. 냉동기에서 유압이 낮아지는 원인으로 옳은 것은?

① 유온이 낮은 경우
② 오일이 과충전된 경우
③ 오일에 냉매가 혼입된 경우
④ 유압조정밸브의 개도가 작은 경우

 유압이 낮아지는 원인
㉠ 오일이 부족할 때
㉡ 유온이 너무 높을 때
㉢ 기름여과망이 막혔을 때
㉣ 유압조정 밸브 열림이 클 때
㉤ 오일에 냉매가 섞였을 때
㉥ 오일펌프 전동기가 역회전하거나 고장일 때
㉦ 오일안전밸브에서 누설이 있을 때

75. ① 76. ③

chapter 04 압축기(Compressor)

1 압축기

증발기에서 증발한 저온·저압의 기체냉매를 흡입하여 다음의 응축기에서 응축 액화하기 쉽도록 응축 온도에 상당하는 포화압력까지 압력과 온도를 증대시켜 주는 기기

2 압축기의 분류

(1) 구조에 의한 분류

1) 개방형(Open Type)

압축기와 전동기(motor)가 분리되어 있는 구조
① 직결 구동식 : 압축기의 축과 전동기의 축을 직접 연결하여 구동시키는 방식
② 벨트 구동식 : 압축기와 전동기를 벨트(Velt)로 연결하여 구동시키는 방식

2) 밀폐형 압축기(Hermetic Type)

압축기와 전동기가 일체형으로 되어 있는 구조
① 반밀폐형 : 볼트로 조립되어 분해조립이 가능하고, 서비스 밸브가 흡입 및 토출측에 부착되어 있다.
② 전밀폐형 : 하우징이 용접되어 있어 분해조립이 불가능하며 주로 흡입측에 서비스 밸브가 부착되어 있다.

참고 ▶ 개방형 압축기와 밀폐형 압축기 비교

구분	개방형	밀폐형
장점	압축기 회전수의 조절이 쉽다.	과부하 운전이 가능하다.
	분해 조립이 가능하다.	소음이 적다.
	타구동원에 의해 기동이 가능하다.	냉매 및 오일누설이 없다.
	냉매 및 오일의 충전이 가능하다.	소형이며 가벼워 제작비가 적게 든다.
단점	외형이 크므로 설치면적이 크다.	타구동원에 의한 운전이 불가능하다.
	소음이 커서 고장발견이 어렵다.	고장 시 수리가 어렵다.
	냉매 및 오일의 누설 우려가 있다.	회전수의 조절이 불가능하다.
	제작비가 많이 든다.	냉매 및 오일의 교환이 어렵다.

(2) 압축방법에 의한 분류

1) 용적식(체적식)

① 왕복동식(Recipto cating type) : 입형(수직형), 횡형(수평형), 고속다기통

② 회전식(Rotary type) : 고정익형, 회전익형

③ 나사식(Screw type) : 싱글로터, 트윈로터

④ 스크롤식(Scroll type)

2) 원심식(Turbo type)

소형(30~100RT), 중형(100~1000RT), 대형(1000~3500RT)

(3) 회전수에 따른 분류

① 고속 압축기 : 1000rpm 이상

② 중속 압축기 : 700~1000rpm

③ 저속 압축기 : 700rpm 이하

(4) 압축단수에 의한 분류

① 1단 압축기

② 다단 압축기 : 압축비가 6~10 이상일 경우 사용

3 각 압축기의 특징

(1) 왕복동식 압축기

실린더 내에 피스톤의 상하 또는 좌우 왕복운동에 의해 냉매가스를 압축하는 방식

(2) 왕복동식 압축기의 분류

1) 작동방법에 의한 분류

① 단동식 압축기

② 복동식 압축기

2) 실린더수에 의한 분류

① 입형 압축기(vertical type compressor)

② 횡형 압축기(horizontal type compressor)

③ V, W, W-V형 압축기

④ 성형 압축기

3) 실린더 배열에 의한 분류

① 입형(수직형) 압축기(Vertical Type Compressor)

　㉠ 실린더를 수직으로 설치한 압축기로 회전수는 400rpm 이하의 저속이다.

　㉡ 보통 단동식이며 밀폐형이 많고, 주로 암모니아 및 프레온용 압축기에 사용된다.

　㉢ 간극체적(Top Clearance)은 0.8~1mm 정도로 작게 할 수 있어 체적효율이 양호하다.

　㉣ 암모니아용은 토출가스 온도가 높아 워터 재킷(Water Jacket)을 설치하고 프레온용은 냉각핀(Fin)을 부착하여 방열효율을 증대시킨다.

　㉤ 안전두(Safety Head)를 설치하여 액압축으로 인한 압축기의 파손을 방지한다.

>
> ① 안전두(Safety Head) : 압축기에 액냉매나 윤활유 등이 다량 흡입되는 경우에는 실린더 상부에 액압축에 의한 이상압력 상승으로 압축기가 파손되는 것을 방지하기 위해 실린더 헤드커버와 밸브판의 토출밸브 시트 사이를 강한 스프링이 누르고 있는 것으로 정상 토출압력보다 $3kg/cm^2$ 정도 상승하면 작동한다.
> ② 워터 재킷(Water Jacket) : 암모니아 냉동장치는 비열비가 커 토출가스 온도가 높으므로(98℃) 압축기 실린더 상부에 냉각수를 순환시켜 압축기 과열방지, 실린더 마모방지, 윤활작용, 체적효율을 증가시킨다.

② 횡형(수평형) 압축기(Horizontal Type Compressor)
  ㉠ 실린더를 수평으로 설치한 압축기로 회전수는 300rpm 이하의 저속이다.
  ㉡ 간극체적(Top Clearance)이 3mm 정도로 체적효율이 나쁘다.
  ㉢ 냉매 누설의 위험이 있어 축상형 축봉장치를 사용한다.
  ㉣ 중량 및 설치면적이 크고 진동이 심하여 튼튼한 기초가 필요하다.
  ㉤ 주로 암모니아용으로 복동식이며 현재는 거의 사용되지 않는다.

> **클리어런스(Clearance, 틈새, 간극, 공극)**
> 1) 이물질 혼입과 액압축 시에 압축기를 보호하기 위한 피스톤과 실린더 사이 간격
>   ① 상부 틈새(Top Clearance) : 실린더 상부와 피스톤 상부와의 간극
>   ② 측부 틈새(Side Clearance) : 실린더벽과 피스톤 측부와의 간극
> 2) 클리어런스(Clearance, 틈새, 간극, 공극)가 클 경우에 냉동기에 미치는 영향
>   ① 토출가스 온도가 상승→열 전도→실린더 과열→윤활유 열화 및 탄화현상이 발생(윤활유 기능이 상실)→실린더가 마모→기계효율 및 압축효율이 저하
>   ② 압축비가 증가→체적효율이 저하
>   ③ 플래시 가스 발생량이 증가→냉동효과 감소(냉동능력이 저하)
>   ④ 압축일의 열당량(압축일량)이 증가→압축기 소요동력이 증대
>   ⑤ 냉동기 성적계수 저하→냉동효과 감소, 압축일량 증대로 인하여 성적계수가 저하
>   ⑥ 냉동실 온도가 상승

③ 고속 다기통 압축기(High Speed Multi-Cylinder Compressor)
  ㉠ 회전수는 암모니아용이 900~1000rpm, 프레온용은 1750~3500rpm 정도이고, 소형은 600rpm, 대형은 3000rpm까지도 있다.

ⓒ 대개 4, 6, 8, 12, 16기통으로 밸런스를 유지하기 위해 기통수는 짝수로 한다.
　　ⓒ 실린더 직경이 행정보다 크거나 같다.
　　ⓔ 고속회전으로 밸브의 저항과 상부간극에 의해 체적효율이 저하되고 냉동능력이 감소한다.
　　ⓜ 유압을 이용한 언로더(unloader) 기구가 있어 용량제어가 가능하다.
　　ⓗ 무부하 기동을 할 수 있어 큰 기동토크가 필요하지 않다.
　　ⓢ 소형(설치면적이 작다), 경량이다.

[고속 다기통 압축기의 장·단점]

장 점	단 점
고속으로 능력에 비해 소형이다.	체적효율이 낮고, 고진공이 어렵다.
동적·정적 균형이 양호하여 진동이 적다.	고속으로 윤활유 소비량이 많다.
용량제어가 가능하다.	음향으로 고장 발견이 어렵다.
부품의 호환성이 좋다.	마찰이 커 베어링의 마모가 심하다.
강제 급유식을 채택, 윤활이 용이하다.	암모니아용 윤활유의 경우 열화 및 탄화가 쉽다.

2) 왕복동식 압축기의 주요 구성 부품

① 실린더(Cylinder) 및 본체(Body)
　　㉠ 실린더와 본체는 특수 주철로 제작되며 입형 저속은 실린더와 본체가 일체형이고 대형은 실린더와 본체가 분리 가능하다.
　　㉡ 실린더의 최대 지름은 저속 300mm, 고속은 180mm 정도이다.

② 피스톤(Piston)
　　㉠ 고속회전으로 인한 관성력의 최소화 및 가볍게 하기 위해 중공(속이 비어 있는 상태)으로 제작하며, 플러그형, 싱글 트렁크형, 더블 트렁크형 등이 있다.

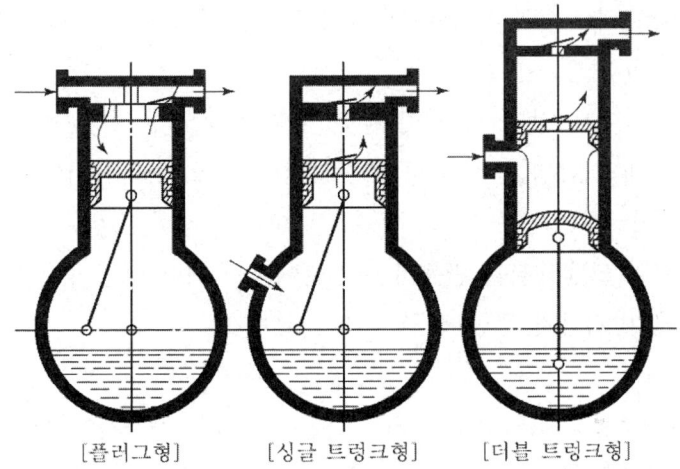

[플러그형]　　　[싱글 트렁크형]　　　[더블 트렁크형]

③ 피스톤 링(Piston Ring)
  ㉠ 압축링 : 피스톤 상부에 2~3개의 링으로 냉매가스의 누설을 방지하고 마찰면적을 감소시켜 기계효율을 증대
  ㉡ 오일링 : 피스톤 하부에 1~2개의 링으로 오일이 응축기 등으로 넘어가는 것을 방지

> **참고 ▶ 피스톤 링 마모의 영향**
> ① 크랭크 케이스 내 압력 상승
> ② 압축기 오일 부족 및 과열
> ③ 유막형성으로 인한 응축기 및 증발기에서 전열 불량
> ④ 냉동능력당 소요동력이 증가
> ⑤ 체적효율 및 냉동능력 감소

④ 커넥팅 로드(Connecting Rod)
  전동기의 회전부와 피스톤을 연결시키는 연결봉으로 축의 회전운동을 피스톤의 왕복운동으로 바꾸어주는 역할을 하며 종류로는 분할형과 일체형이 있다.
⑤ 크랭크 축(Crank Shaft)
  ㉠ 전동기의 회전운동을 피스톤의 직선운동으로 바꾸어 주는 동력전달장치이다.
  ㉡ 대형에 사용하는 크랭크형과, 피스톤 행정이 짧은 소형에는 편심형, 가정용 소형에 사용되는 스카치 요크형 등이 있다.
⑥ 크랭크실(Crank Case)

㉠ 고급주철로 되어 있으며 크랭크 실의 하부는 윤활유조의 역할을 하고 유면계가 장착되어 있다.
㉡ 유면계의 높이는 정지 시 2/3, 운전 시 1/2 정도가 적당하다.
㉢ 크랭크 실내의 압력은 저압(증발기 압력)과 동일(왕복동식일 경우)하다.

⑦ 축봉장치(Shaft Seal)
㉠ 크랭크 축이 크랭크실을 관통하는 부분에서 냉매나 오일이 누설되거나 외부공기의 침입을 방지하기 위한 장치
㉡ 종류
ⓐ 축상형 축봉장치(Stuffing Box Type) : 저속 압축기에 사용
ⓑ 기계적 축봉장치(Mechanical Shaft Seal) : 고속다기통에 사용

3) 밸브

고압과 저압 사이로 냉매가스의 자유이동을 방지하는 역할을 하며 흡입밸브와 토출밸브로 나뉜다.

① 밸브의 구비 조건
㉠ 가스가 흐를 때 유동저항이 적을 것
㉡ 밸브의 개폐가 확실하고 밸브가 닫혔을 때 누설이 없을 것
㉢ 마모와 파손에 강하고 흠이 없을 것
㉣ 고온에서 변질되지 말 것

② 밸브의 종류
㉠ 포핏 밸브(Poppet Valve) : 구조가 간단하고 견고하여 파손이 적어 주로 암모니아 입형 저속에 많이 사용한다. 중량이 무거우므로 개폐가 확실하나 고속다기통에서는 사용 불가
㉡ 플레이트 밸브(Plate Valve) : 원상으로 제작된 밸브로 여러 개의 스프링에 의해 눌려져 있으며 작동이 경쾌하고 무게가 가벼워 주로 고속다기통 압축기에 많이 사용한다.
㉢ 리드 밸브(Read Valve)
ⓐ 흡입 및 토출밸브가 실린더 상부의 하나의 밸브판에 같이 부착되어 있다.
ⓑ 무게가 가벼워 신속, 경쾌하게 작동하며 자체탄성에 의해 개폐된다.
ⓒ 주로 프레온용 소형 냉동기(가정용)에 주로 사용한다.

ⓔ 서비스 밸브(Service Valve)
  ⓐ 냉매 및 오일의 충전이나 회수시 이용한다.
  ⓑ 압축기 흡입측과 토출측에 부착되어 있다.

(2) 회전식 압축기

편심 회전자 고속회전에 의해 슬라이드 밸브로 실린더와 회전자 사이의 공간이 있는 냉매가스를 압축하는 압축기로, 주로 소형에 많이 채용되고 고압을 얻는 데 부적당하다.

① 회전식 압축기의 특징

장 점	단 점
① 부품수가 적어 구조가 간단하다.	① 분해 조립 및 정비에 특수한 기술이 필요
② 압축이 연속적이고 고진공을 얻을 수 있다.	② 마모가 있을 경우 성능저하가 크다.
③ 진동과 소음이 적다.	③ 정밀한 가공이 필요
④ 흡입밸브는 없고 토출밸브는 체크밸브형이다.	④ 대형 압축기에 사용이 곤란하다.

② 종류
  ㉠ 고정익(날개)형 : 스프링에 의해 고정된 블레이드와 회전축에 의한 회전자와 실린더(피스톤)와의 접촉에 의해 냉매가스를 압축하는 형식
  ㉡ 회전익(날개)형 : 회전로터와 함께 블레이드(베인)가 실린더 내면에 접촉하면서 회전하여 원심력에 의해 냉매가스를 압축하는 형식

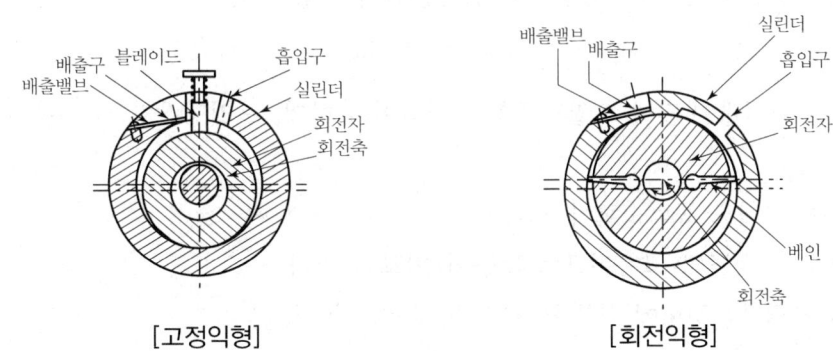

[고정익형]　　　　　　[회전익형]

(3) 스크류(screw) 압축기

암나사와 수나사로 된 두 개의 로터의 맞물림에 의해 냉매가스를 흡입 → 압축 → 토출

시키는 방식으로 운전 및 정지 중 토출가스의 역류 방지를 위해 흡입측과 토출측에 체크밸브를 설치한다. 냉동공조용, 저온냉동, 열펌프 및 산업용 냉동장치 등에 널리 사용된다.

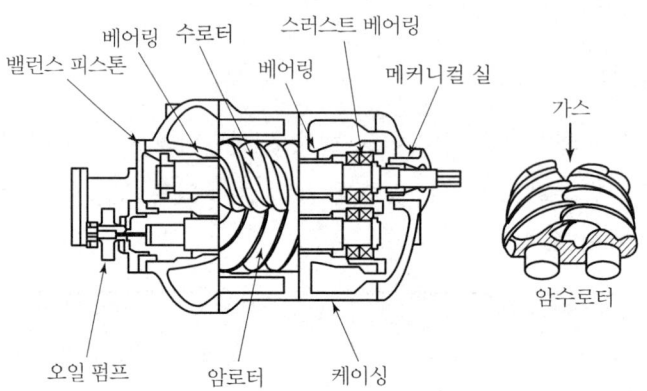

1) 장점
① 소형 경량으로 설치면적이 작다.
② 부품수가 적어 고장률이 적고, 수명이 길다.
③ 소형으로 대용량의 가스를 처리할 수 있다.
④ 10~100%의 무단계 용량제어가 가능하며 자동운전에 적합하다.
⑤ 맥동이 없고 연속적으로 토출된다.
⑥ 액해머 및 오일해머 현상이 적다.
⑦ 밸브와 피스톤이 없어 장시간의 연속운전이 가능하다.

2) 단점
① 윤활유 소비량이 많아 오일펌프를 설치하여야 하며, 오일냉각기 및 유분리기가 필요하다.
② 경부하 시에도 동력소모가 크다.
③ 3500rpm 정도의 고속이므로 소음이 비교적 크다.
④ 분해 조립 및 정비에 특별한 기술을 필요로 한다.

(4) 스크롤(scroll) 압축기

스크롤이란 소용돌이란 뜻이며, 스크롤 압축기는 2개의 스크롤 형상의 부품을 상대적으로 운동시켜 가스를 압축하는 것으로, 그 원리는 오래 전부터 알려져 왔지만, 제작상의 어려움 등으로 실용화되지 못하였다. 그러나 최근 제작기술의 발달로 실용화되어, 소형 냉동 장치에 주로 사용되고 있다.

1) 원리

선회 스크롤이 고정 스크롤에 대하여 공전운동을 하여 압축실을 형성한다. 이 압축실의 용적이 선회 스크롤의 회전에 따라 용적이 감소하여 압력이 상승하고 동시에 이 공간은 중심부로 이동하여 고정 스크롤 중심부에 열려 있는 토출구로 토출된다.

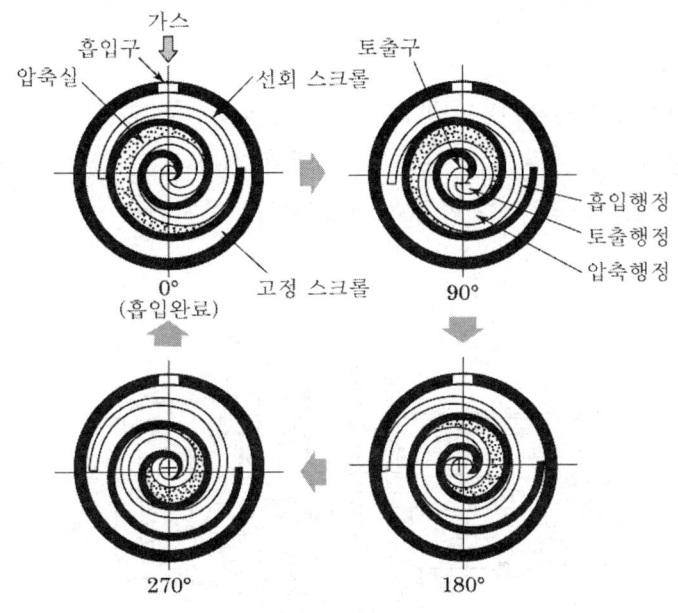

[스크롤 압축기의 구조]

2) 특징

① 부품수가 적고 소형 경량이며 고속회전이 가능하고 액압축에 강하다.
② 압축, 흡입 및 토출이 동시에 연속적으로 이루어지므로 토출압력의 변동이 적고, 진동 및 소음이 적다.
③ 흡입밸브나 토출밸브가 없고, 압축 중에 누설이 없어 효율이 높다.

(5) 원심식 압축기

일명 터보(Turbo) 압축기라 하며 고속회전하는 임펠러(Impeller)의 원심력을 이용하여 냉매가스의 속도에너지를 압력으로 바꾸어 압축하는 형식으로 고속회전을 위해 증속장치가 요구되며 1단으로는 압축비를 크게 할 수 없어 다단 압축방식을 주로 채택한다.

1) 냉동용량에 의한 분류
① 소형 : 30~100RT (R-11, R-113 냉매 사용)
② 중형 : 100~1000RT (R-11, R-114 냉매 사용)
③ 대형 : 1000~3500RT (R-12, R-500 냉매 사용)

2) 구조
① 디퓨저(diffuser) : 속도에너지를 압력에너지로 변환하는 장치로 단면적을 점차 넓게 한 통로(노즐과 반대)
② 이코노마이저(중간냉각기) : 냉동효과 및 성적계수를 증대
③ 추기회수장치 : 불응축가스 자동 퍼지, 냉매 재생 및 충전, 진공작업
④ 파열판(Rupture Disk) : 저압측 터보냉동기의 안전밸브

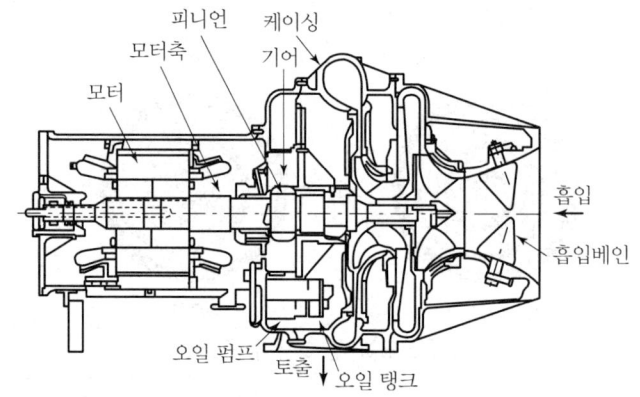

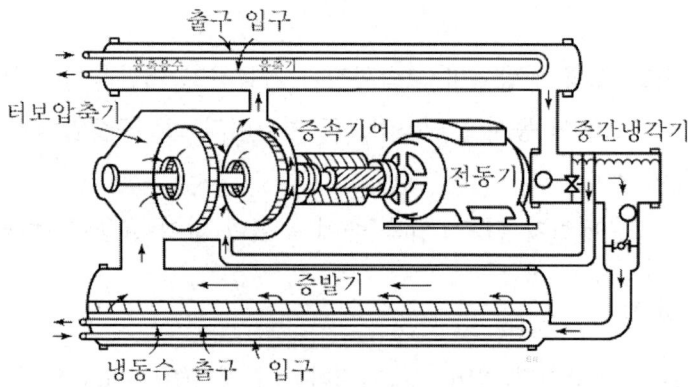

[2단 압축 터보 냉동기]

3) 터보 압축기의 특징

① 장점
　㉠ 중형 이상이 될수록 효율이 좋고 가격도 저렴하다.
　㉡ 마찰부가 작아 고장이 적고, 신뢰성이 높다.
　㉢ 회전운동을 하므로 동적 균형을 잡기 좋고 진동이 적다.
　㉣ 10~100%까지 광범위하게 무단계 용량제어가 용이하며 제어범위가 넓어 정밀한 제어가 가능하다.
　㉤ 수명이 길며 운전 및 보수가 용이하다.
　㉥ 저압냉매를 사용하므로 위험이 적고 취급이 쉽다.

② 단점
　㉠ 작은 용량에 한계가 있다. 1단의 압축으로는 압축비를 크게 할 수 없다.
　㉡ 부하가 감소하면 맥동(Surging)현상이 발생한다.
　㉢ 소용량에는 제작상 한계가 있어 가격이 비싸진다.
　㉣ 경부하 시에는 운전불능이 되므로 중간기나 겨울철 운전 시 주의한다.

> **참고 — 맥동(Surging)현상**
> 터보냉동기 운전 중 고압부분 압력이 상승하고, 저압부분 압력이 저하하면 압력차가 증가하여 고압측 냉매가 임펠러를 통해 저압측으로 역류하여 전류계의 지침이 흔들리고, 심한 소음 및 진동이 발생하는 현상

4) 원심식 냉동기의 냉동능력(R)

압축기의 원동기 정격출력 1.2kW를 1일의 냉동능력 1톤으로 한다.

$$R = \frac{\text{압축기의 원동기 정격출력}(kW)}{1.2}$$

4 압축기 용량 제어법

(1) 용량제어의 목적
① 부하변동에 따른 경제적인 운전을 도모한다.
② 무부하 및 경부하 기동으로 기동 시 소비전력이 적다.
③ 압축기를 보호하여 기계의 수명을 연장시킨다.
④ 일정한 냉장실온(증발온도)을 유지할 수 있다.

(2) 각 압축기에 따른 용량제어 방법

1) 왕복동식 압축기
① 회전수 제어
② 흡입밸브의 일부를 언로드(unload)시키는 방법
③ 바이패스 제어
④ 타임 밸브에 의한 방법
⑤ 클리어런스 증대법
⑥ 냉각수량 조절법(응축압력 조절법)

2) 원심식(터보) 압축기
① 회전수 제어
② 흡입베인(vane) 제어
③ 디퓨저(diffuser) 제어
④ 바이패스 제어
⑤ 흡입, 토출 댐퍼 조절법
⑥ 냉각수량 조절법(응축압력 조절법)

3) 스크류 압축기
① 용량제어 슬라이드 밸브에 의한 방법
② 고압측에서 저압측으로 가스를 바이패스하는 방법

③ 회전수 제어
④ 저압측에서 교축하여 비체적을 키우는 방법

4) 흡수식 냉동기
① 발생기 공급 용액량 조절법
② 응축수량 조절법
③ 발생기(재생기) 공급 증기, 온수량 조절법

5 압축기의 성능

(1) 압축기 피스톤 압출량

1) 피스톤 압출량(V)

① 왕복동식 압축기

$$V[\text{m}^3/\text{h}] = \frac{\pi D^2}{4} \cdot L \cdot N \cdot R \cdot 60$$

여기서, D : 실린더 내경[m] L : 피스톤 행정[m]
N : 기통수 R : 분당 회전수[rpm]

② 회전식 압축기

$$V[\text{m}^3/\text{h}] = \frac{\pi (D^2 - d^2)}{4} \cdot t \cdot R \cdot 60$$

여기서, D : 실린더 내경[m] d : 피스톤 외경[m]
R : 분당 회전수[rpm] t : 피스톤 축방향 길이, 두께[m]

> **예제** 실린더 안지름 80mm, 피스톤 행정 75mm, 실린더 수 6, 회전수 1450rpm인 왕복동식 압축기의 이론 피스톤 토출량(m^3/h)은?
>
> [해설] $V = \dfrac{\pi D^2}{4} \cdot L \cdot N \cdot R \cdot 60 = \dfrac{\pi \times 0.08^2}{4} \times 0.075 \times 1450 \times 6 \times 60 = 196.79 \text{m}^3/\text{h}$

(2) 압축비(Pressure Ratio)

고압측 절대압력(P_H)과 저압측 절대압력(P_L)과의 비

$$P_a = \frac{P_H}{P_L}$$

압축비가 클 때 장치에 미치는 영향
① 토출가스 온도 상승　　② 실린더 과열
③ 윤활유 열화 및 탄화　　④ 피스톤 마모 증대
⑤ 축수 하중 증대　　　　⑥ 냉동능력 감소
⑦ 1RT당 소요동력 증대　⑧ 체적 효율, 압축 효율, 기계 효율 감소

(3) 압축기에서의 효율

1) 체적효율(η_v)

압축기의 용량을 결정하는 피스톤 압출량은 이론적인 값이며 이것은 냉매가 실린더에 가득 흡입되어 그 흡입가스의 상태가 흡입 전의 상태와 완전히 같은 경우의 값이다. 그러나 실제로는 여러 가지 이유로 냉매가 실린더에 흡입되는 양은 이론적인 양보다 적게 된다. 이와 같이 감소하는 비율을 나타낸 것이 체적효율이다. 따라서 체적효율은 항상 1보다 작은 값이 된다.

$$\eta_v = \frac{\text{실제 흡입되는 냉매가스량}(V_g)}{\text{이론적인 냉매가스량}(V)}$$

체적효율이 감소하는 원인
① 압축비가 클 경우
② 클리어런스가 클 경우
③ 흡입가스가 과열될 경우(비체적이 클 경우)
④ 압축기가 작을 경우
⑤ 압축기의 회전수가 빨라 밸브의 개폐가 확실하지 못하고 저항이 커질 경우

2) 간극이 있는 경우에 체적효율

① 간극체적(Clearance)

이물질 혼입과 액압축 시에 압축기를 보호하기 위한 피스톤과 실린더 사이 간격

㉠ 상부 틈새(Top Clearance) : 실린더 상부와 피스톤 상부와의 간극

㉡ 측부 틈새(Side Clearance) : 실린더벽과 피스톤 측부와의 간극

② 클리어런스(Clearance, 틈새, 간극, 공극)가 클 경우에 냉동기에 미치는 영향

㉠ 토출가스 온도가 상승→열 전도→실린더 과열→윤활유 열화 및 탄화현상이 발생(윤활유 기능이 상실)→실린더가 마모→기계효율 및 압축효율이 저하

㉡ 압축비가 증가→체적효율이 저하

㉢ 플래시 가스 발생량이 증가→냉동효과 감소(냉동능력이 저하)

㉣ 압축일의 열당량(압축일량)이 증가→압축기 소요동력이 증대

㉤ 냉동기 성적계수 저하→냉동효과 감소, 압축일량 증대로 인하여 성적계수가 저하

㉥ 냉동실 온도가 상승

③ 간극체적효율(η_{VC})

$$\eta_{VC} = 1 - \varepsilon \left[\left(\frac{P_2}{P_1} \right)^{\frac{1}{n}} - 1 \right]$$

여기서, ε : 간극비, n : 폴리트로픽 지수, $\frac{P_2}{P_1}$: 압축비

간극체적효율은 간극 및 압축비가 클수록, 냉매의 단열지수(비열비)값이 적을수록 적게 된다.

3) 압축효율(η_c)

흡입밸브 및 토출밸브 등을 지날 때 가스의 흐름에 대한 저항이 발생하여 토출가스의 압력이 토출관 내의 압력보다 높게 되어 실제 압축일은 증가하게 된다. 소요되는 일과 이론적 일량과의 비를 압축효율이라고 한다. 압축기의 압축효율은 압축비나 회전수가 클수록 작아진다.

$$\eta_v = \frac{\text{이론상 가스를 압축하는 데 소요되는 동력}}{\text{실제 가스를 압축하는 데 소요되는 동력}}$$

4) 기계효율(η_m)

기계효율이란 실제로 가스를 압축하는 데 필요한 동력과 피스톤과 실린더와의 마찰부 베어링 등에 의한 손실을 합하여 실제로 압축기를 운전하는 데 필요한 총 동력과의 비를 말한다.

$$\eta_m = \frac{\text{실제 가스를 압축하는 데 소요되는 동력}}{\text{압축기를 운전하는 데 필요한 동력}}$$

제2-2편 공조냉동 설계(냉동공학)

chapter 04 출·제·예·상·문·제

01. 다음 압축기 중 압축방식에 의한 분류에 속하지 않는 것은?
① 왕복동식 압축기 ② 흡수식 압축기
③ 회전식 압축기 ④ 스크류식 압축기

☞ 압축방식에 의한 분류
㉠ 용적식(체적식) : 왕복동식, 회전식, 나사식(스크류식), 스크롤식
㉡ 원심식(Turbo type)

02. 다음 압축과 관련한 설명으로 옳은 것은?

㉠ 압축비는 체적효율에 영향을 미친다.
㉡ 압축기의 클리어런스(clearance)를 크게 할수록 체적효율은 크게 된다.
㉢ 체적효율이란 압축기가 실제로 흡입하는 냉매와 이론적으로 흡입하는 냉매 체적과의 비이다.
㉣ 압축비가 클수록 냉매 단위 중량당의 압축일량은 작게 된다.

① ㉠, ㉣   ② ㉠, ㉢
③ ㉡, ㉣   ④ ㉡, ㉢

☞ ㉡ 압축기의 클리어런스를 작게 할수록 체적효율은 크게 된다.
㉣ 압축비가 클수록 냉매 단위 중량당의 압축일량은 크게 된다.

03. 다음 사항 중 틀린 것은?
① 성적계수란 냉동효과와 압축기 토출가스의 온도에 대한 엔탈피와의 비이다.
② 압축비의 값이 클수록 체적효율 및 냉동능력은 저하된다.
③ 압축비는 압축기의 토출측과 흡입측의 절대압력의 비이다.
④ 체적효율이란 실제 흡입가스량과 피스톤 압출량과의 비이다.

☞ ① 성적계수란 냉동기의 냉각성능을 나타내는 값으로서 냉동효과와 압축일량에 대한 엔탈피와의 비이다.

04. 압축기의 압축비 및 체적효율에 관한 설명 중 틀린 것은?
① 압축비는 고압측 게이지압력을 저압측의 게이지압력으로 나눈 값이다.
② 압축비가 적을수록 체적효율은 커진다.
③ 간극이 작을수록 체적효율은 커진다.
④ 흡입온도가 같을 경우 압축비가 커질수록 토출가스의 온도는 높아진다.

☞ ① 압축비는 고압측 절대압력을 저압측의 절대압력으로 나눈 값이다.

05. 압축기의 체적효율에 대한 설명으로 옳은 것은?
① 간극체적(top clearance)이 작을수록 체적효율은 작다.
② 같은 흡입압력, 같은 증기 과열도에서 압

Answer 01. ② 02. ② 03. ① 04. ① 05. ②

축비가 클수록 체적효율은 작다.
③ 피스톤 링 및 흡입 밸브의 시트에서 누설이 작을수록 체적효율이 작다.
④ 이론적 요구 압축동력과 실제 소요 압축동력의 비이다.

① 간극체적이 작을수록 체적효율은 좋다.
③ 피스톤링 및 흡입변의 시트에서 누설이 작을수록 체적효율이 좋다.
④ 압축기의 압축효율은 이론적 요구 압축동력과 실제 소요 압축동력의 비이며 압축기의 체적효율은 실제 흡입되는 냉매가스량과 이론적인 냉매가스량의 비이다.

06. 왕복동식 압축기의 체적효율이 감소하는 이유로 적합한 것은?
① 단열 압축지수의 감소
② 압축비의 감소
③ 극간비의 감소
④ 흡입 및 토출밸브에서의 압력손실의 감소

압축기의 체적효율은 극간이 클수록, 압축비가 클수록, 냉매의 단열 압축지수(비열비, C_p/C_v)값이 작을수록 감소하게 된다.
[참고] 압축기의 체적효율 향상
① 압축비가 작아야 한다.
② 톱클리어런스를 작게 해야 한다.
③ 회전수가 적을수록 좋다.
④ 압축기가 클수록 좋다.(저항이 적어지므로)

07. 클리어런스 포켓이 설치된 압축기에서 클리어런스가 커질 경우에 대한 설명으로 틀린 것은?
① 냉동능력이 감소한다.
② 피스톤의 체적 배출량이 감소한다.
③ 체적효율이 저하한다.
④ 실제 냉매흡입량이 감소한다.

클리어런스(간극)가 클 경우에 냉동기에 미치는 영향
① 토출가스 온도가 상승→열 전도→실린더 과열→윤활유 열화 및 탄화현상 발생(윤활유 기능이 상실)→실린더가 마모→기계효율 및 압축효율이 저하
② 압축비가 증가→체적효율이 저하
③ 플래시 가스 발생량이 증가→냉동효과 감소(냉동능력이 저하)
④ 압축일의 열당량(압축일량)이 증가→압축기 소요동력이 증대
⑤ 냉동기 성적계수 저하→냉동효과 감소, 압축일량 증대로 인하여 성적계수가 저하
⑥ 냉동실 온도가 상승

08. 냉동기에서 동일한 냉동효과를 구현하기 위해 압축기가 작동하고 있다. 이 압축기의 클리어런스(극간)가 커질 때 나타나는 현상으로 틀린 것은?
① 윤활유가 열화된다.
② 체적효율이 저하한다.
③ 냉동능력이 감소한다.
④ 압축기의 소요동력이 감소한다.

④ 압축기의 소요동력이 증가한다.

09. 압축기 톱 클리어런스가 클 경우에 대한 설명으로 틀린 것은?
① 냉동능력이 감소한다.
② 토출가스 온도가 저하한다.
③ 체적효율이 저하한다.
④ 압축기가 과열된다.

② 토출가스 온도가 상승한다.

10. 응축압력 및 증발압력이 일정할 때 압축기의 흡입증기 과열도가 크게 된 경우의 설명

06. ① 07. ② 08. ④ 09. ② 10. ③

중 옳은 것은?
① 증발기의 냉동효과는 증대한다.
② 냉매순환량이 증대한다.
③ 압축기의 토출가스 온도가 상승한다.
④ 압축기의 체적효율은 변하지 않는다.

👉 흡입증기 과열도가 크게 되면 토출가스 온도가 상승하고 실린더가 과열되어 윤활유의 열화 및 탄화현상이 발생한다. 결국 소요동력이 증대하게 되어 효율이 저하된다.

11. 압축기 실린더의 체적효율이 감소되는 경우가 아닌 것은?
① 클리어런스(clearance)가 작을 경우
② 흡입·토출밸브에서 누설될 경우
③ 실린더 피스톤이 과열될 경우
④ 회전속도가 빨라질 경우

👉 ① 클리어런스(clearance)가 작을 경우 압축기의 체적효율이 향상된다.

12. 암모니아를 사용하는 냉동기의 압축기에서 압축비(P_2/P_1)가 5, 폴리트로픽 지수(n)는 1.3, 간극비(ε)가 0.05일 때, 체적효율은?
① 약 0.88 ② 약 0.62
③ 약 0.38 ④ 약 0.22

👉 체적효율(η_{VC})

$$\eta_{VC} = 1 - C\left[\left(\frac{P_2}{P_1}\right)^{\frac{1}{n}} - 1\right]$$
$$= 1 - 0.05[(5)^{\frac{1}{1.3}} - 1] = 0.878 ≒ 88\%$$

13. 왕복동식 압축기의 회전수를 n[rpm], 피스톤의 행정을 S[m]라 하면 피스톤의 평균속도 V_m[m/s]를 나타내는 식은?

① $V_m = \dfrac{\pi \cdot S \cdot n}{60}$ ② $V_m = \dfrac{S \cdot n}{60}$

③ $V_m = \dfrac{S \cdot n}{30}$ ④ $V_m = \dfrac{S \cdot n}{120}$

👉 피스톤의 평균속도
$V_m[m/s] = \dfrac{2S \cdot n}{60} = \dfrac{S \cdot n}{30}$

14. 압축기의 구조와 작용에 대한 설명으로 옳은 것은?
① 다기통 압축기의 실린더 상부에 안전두(safety head)가 있으면 액압축이 일어나도 실린더 내 압력의 과도한 상승을 막기 때문에 어떠한 액압축에도 압축기를 보호한다.
② 입형 암모니아 압축기는 실린더를 워터재킷에 의해 냉각하고 있는 것이 보통이다.
③ 압축기를 방진고무로 지지할 경우 시동 및 정지 때 진동이 적어 접속 연결배관에는 플렉시블 튜브 등을 설치할 필요가 없다.
④ 압축기를 용적식과 원심식으로 분류하면 왕복동식 압축기는 용적식이고 스크류 압축기는 원심식이다.

👉 ① 다기통 압축기의 실린더 상부에 안전두(safety head)가 있으면 액압축에 의한 사고를 다소 줄일 수 있다.
③ 압축기를 방진고무로 지지할 경우 시동 및 정지 시 기계의 진동이 크게 되는 일이 있으므로 접속 연결배관(증발기에서 압축기 또는 압축기에서 응축기 사이)에는 플렉시블 튜브(가요관) 등을 설치할 필요가 있다.
④ 압축기를 용적식과 원심식으로 분류하면 왕복동식 압축기, 스크류 압축기는 용적식이고, 터보 압축기는 원심식이다.

15. 압축기 구조 형태 중 개방형 압축기에 대한

Answer 11. ① 12. ① 13. ③ 14. ② 15. ③

특징으로 틀린 것은?

① 압축기를 구동하는 전동기가 따로 설치되어 있다.
② 크랭크축이 크랭크실 밖으로 관통되어 있어 냉매가 누설될 염려가 있다.
③ 축봉장치가 필요 없다.
④ 소음이 심하고 좁은 장소에서의 설치가 곤란하다.

☞ ③ 개방형 압축기에서 냉매누설 및 공기침입 방지를 위해 축봉장치가 필요하다.

[참고] 개방형 압축기와 밀폐형 압축기 비교

구분		개방형	밀폐형
장점		압축기 회전수의 조절이 쉽다.	과부하 운전이 가능하다.
		분해 조립이 가능하다.	소음이 적다.
		타구동원에 의해 기동이 가능하다.	냉매 및 오일누설이 없다.
		냉매 및 오일의 충전이 가능하다.	소형이며 가벼워 제작비가 적게 든다.
단점		외형이 크므로 설치면적이 크다.	타구동원에 의한 운전이 불가능하다.
		소음이 커서 고장발견이 어렵다.	고장 시 수리가 어렵다.
		냉매 및 오일의 누설 우려가 있다.	회전수의 조절이 불가능하다.
		제작비가 많이 든다.	냉매 및 오일의 교환이 어렵다.

16. 다음 중 개방형 압축기에 대한 설명으로 틀린 것은?

① 전동기와 압축장치가 서로 분리되어 있다.
② 풀리의 크기에 따라 회전수를 임의로 조절할 수 있다.
③ 소음이 심하고 좁은 장소에서의 설치가 곤란하다.
④ 냉매나 오일이 누설될 염려가 없다.

☞ ④ 개방형 압축기는 압축기와 전동기가 분리되어 있는 구조로 냉매와 오일이 누설될 수가 있다.

17. 다음은 압축기의 구조에 대해 설명한 것이다. 틀린 것은?

① 반밀폐형은 고정식이므로 분해가 곤란하다.
② 개방형에는 벨트 구동식과 직결 구동식이 있다.
③ 밀폐형은 전동기와 압축기가 한 하우징 속에 있다.
④ 기통 배열에 따라 입형, 횡형, 다기통형으로 구분된다.

☞ ① 반밀폐형은 볼트로 조립되어 있어 분해조립이 용이하다.

18. 왕복 압축기에 관한 설명 중 맞는 것은?

① 압축기의 압축비가 증가하면 일반적으로 압축 효율은 증가하고 체적효율은 낮아진다.
② 고속다기통 압축기의 용량제어에 언로더를 사용하는 이점은 입형 저속에 비해 압축기의 능력을 무단계로 제어가 가능하기 때문이다.
③ 고속다기통 압축기의 밸브는 일반적으로 링 모양의 플레이트 밸브가 사용되고 있다.
④ 2단압축 냉동장치에서 저단측과 고단측의 실제 피스톤 토출량은 일반적으로 같다.

☞ ① 압축기의 압축비가 증가하면 체적효율 및 압축효율이 저하하며 부하가 많이 걸려 압축기의 능력이 저하되며 동력소비가 증가한다.
② 언로더는 중형 이상의 고속다기통에서 사용되는 방법으로 유압피스톤에 의해 흡입밸브를 밀어 올려 개방상태로 함으로써 가스가 압축되지 않도록(무부하 상태) 하는 방법으로 무단계 제어는 어렵다.
④ 2단압축 냉동장치에서 저단측과 고단측의

실제 피스톤 토출량은 저단측이 크다.

19. 다음 그림은 왕복 압축기의 피스톤을 나타낸 것이다. 어떤 형식의 피스톤인가?

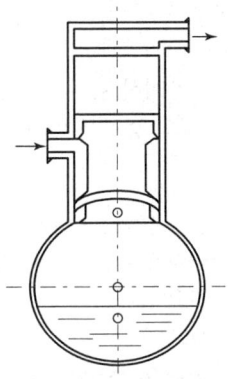

① 더블 트렁크형　② 플러그형
③ 싱글 트렁크형　④ 더블 플러그형

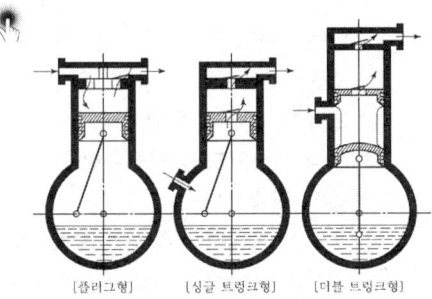

[플러그형]　[싱글 트렁크형]　[더블 트렁크형]

20. 왕복동식 압축기의 흡입밸브와 배출밸브의 구비 조건으로 틀린 것은?

① 작동이 확실하고 냉매증기의 유동에 저항을 적게 주는 구조이어야 한다.
② 밸브의 관성력이 크고 개폐작동이 원활해야 한다.
③ 밸브 개폐에 필요한 냉매증기 압력의 차가 작아야 한다.
④ 밸브가 파손되거나 마모되지 않아야 한다.

☞ 왕복동식 압축기 밸브의 구비 조건
㉠ 가스가 흐를 때 유동저항이 적을 것
㉡ 밸브의 관성력이 작고 밸브의 개폐가 확실하며 밸브가 닫혔을 때 누설이 없을 것
㉢ 마모와 파손에 강하고 흠이 없을 것
㉣ 고온에서 변질되지 말 것

21. 암모니아 입형 저속 압축기에 많이 사용되는 포펫트 밸브(poppet valve)에 관한 설명으로 틀린 것은?

① 중량이 가벼워 밸브 개폐가 불확실하다.
② 구조가 튼튼하고 파손되는 일이 적다.
③ 회전수가 높아지면 밸브의 관성 때문에 개폐가 자유롭지 못하다.
④ 흡입밸브는 피스톤 상부 스프링으로 가볍게 지지되어 있다.

☞ ① 중량이 무거우므로 밸브 개폐가 확실하나 고속다기통에서는 사용 불가

22. 다음 중 소형의 프레온 냉동기용 토출밸브로 많이 이용되는 것은?

① 다이어프램 밸브
② 페더 밸브
③ 플레이트 밸브
④ 리드 밸브

☞ 리드 밸브(reed valve)
㉠ 소형 프레온 냉동기용 배출밸브에 많이 사용
㉡ 판 두께 : 0.35~0.2mm 정도
[참고]
① 다이어프램 밸브 : 고속다기통 암모니아 압축기의 배출밸브로 사용
② 플레이트 밸브 : 밸브가 가볍고 운동이 경쾌하므로 고속압축기에 적합

23. 암모니아용 압축기의 실린더에 있는 워터 재킷의 주된 설치 목적은?

Answer　19. ①　20. ②　21. ①　22. ④　23. ②

제4장 압축기(Compressor)　**649**

① 밸브 및 스프링의 수명을 연장하기 위해서
② 압축효율의 상승을 도모하기 위해서
③ 암모니아는 토출온도가 낮기 때문에 이를 방지하기 위해서
④ 암모니아의 응고를 방지하기 위해서

> **워터 재킷(Water Jacket)**
> 암모니아 냉동장치는 비열비가 커 압축기 실린더 상부에 냉각수를 순환시켜 압축기 과열방지, 실린더 마모방지, 윤활작용 불량방지, 체적효율을 증가시킨다.

24. 압축기의 피스톤 링이 현저하게 마모되면 압축기의 작용은 어떻게 되는지 다음 [보기]에서 옳은 것만 고른 것은?

[보기]
㉠ 냉동능력이 감소한다.
㉡ 실린더 내에 기름이 올라가는 양이 많아진다.
㉢ 단위 냉동능력당의 동력소비가 적게 된다.
㉣ 체적효율은 변화가 없다.

① ㉠, ㉢   ② ㉠, ㉡
③ ㉡, ㉣   ④ ㉢, ㉣

> **피스톤 링의 과대 마모 시 장치에 미치는 영향**
> ① 체적효율 감소
> ② 냉매순환량 감소로 인한 냉동능력 저하
> ③ 크랭크 케이스 내의 압력 상승
> ④ 냉동능력당 소요동력 증대
> ⑤ 윤활유의 장치 내 배출로 윤활유 부족
> ⑥ 압축기 실린더의 과열로 윤활유 열화 및 탄화

25. 고속다기통 압축기의 장점으로 틀린 것은?
① 용량제어장치인 시동부하 경감기(starting unloader)를 이용하여 기동 시 무부하 기동이 가능하고, 대용량에서도 시동에 필요한 동력이 적다.
② 크기에 비하여 큰 냉동능력을 얻을 수 있고, 설치 면적은 입형 압축기에 비하여 1/2~1/3 정도이다.
③ 언로더 기구에 의해 자동제어 및 자동운전이 용이하다.
④ 압축비의 증가에 따라 체적효율의 저하가 작다.

> ④ 압축비 증가에 따라 체적효율의 감소가 많아지며 냉동능력이 감소하고 동력손실이 커진다.

26. 고속다기통 압축기의 윤활에 대한 설명 중 틀린 것은?
① 고온에서도 분해가 되지 않고 탄화하지 않는 윤활유를 선정하여 사용해야 한다.
② 윤활은 마찰부의 열을 제거하여 기계적 효율을 높이기 위함이다.
③ 압축기가 고도의 진공운전을 계속하면 유압은 상승한다.
④ 유압이 과대하게 상승하면 실린더에 필요 이상의 유량이 공급되어 오일해머링의 우려가 있다.

> ③ 압축기가 고도의 진공운전을 하면 오일펌프로의 기름 흡입이 저해되어 충분한 유량이 토출되지 않으므로 유압이 낮아진다.

27. 고속다기통 왕복동식 압축기의 특징으로 틀린 것은?
① 언로더 기구에 의한 자동제어와 자동운전이 용이하다.
② 강제급유 방식이므로 윤활유의 소비량이 비교적 많다.

 24. ② 25. ④ 26. ③ 27. ④

③ 실린더수가 많아 정적, 동적 평형이 양호하여 진동이 비교적 적다.
④ 회전수는 암모니아 냉동장치보다 프레온 냉동장치가 작다.

☞ 고속다기통 압축기의 회전수
  ㉠ 암모니아 냉동장치(900~1000rpm)
  ㉡ 프레온 냉동장치(1750~3500rpm)

28. 다음 중 고속다기통 압축기의 특징이 아닌 것은?
① 소형 경량이기 때문에 설치나 점검이 용이하다.
② 진동이 적어 운전이 조용하다.
③ 자연 급유 방식을 채용하고 있다.
④ 각 부품의 호환성이 있다.

☞ ③ 강제 급유 방식을 채용하고 있다.

29. 고속다기통 압축기의 단점이 아닌 것은?
① 실린더 수가 많아 진동이 크다.
② 윤활 소비량이 비교적 많다.
③ 윤활유가 열화되기 쉽다.
④ 간극이 큰 편이라 체적효율이 나쁘다.

☞ ① 동적·정적 균형이 양호하여 진동이 적다.

30. 운전 토출온도가 가장 높은 것은?
① 스크류 냉동기
② 고속다기통 냉동기
③ 회전용적형 냉동기
④ 터보 냉동기

☞ 고속다기통 압축기는 토출가스 온도가 높아 윤활유 열화 및 탄화되기 쉽다.

31. 회전식 압축기에 대한 설명으로 틀린 것은?

① 소형으로 설치면적이 작다.
② 진동과 소음이 적다.
③ 용량제어를 자유롭게 할 수 있다.
④ 흡입밸브가 없다.

☞ 회전식 압축기의 특징

장점	단점
① 부품수가 적어 구조가 간단하다.	① 분해 조립 및 정비에 특수한 기술이 필요
② 압축이 연속적이고 고진공을 얻을 수 있다.	② 마모가 있을 경우 성능저하가 크다.
③ 진동과 소음이 적다.	③ 정밀한 가공이 필요
④ 흡입밸브는 없고 토출밸브는 체크밸브형이다.	④ 대형압축기에 사용이 곤란하다.
	⑤ 용량제어가 어렵다.

32. 회전식 압축기에 관한 설명 중 옳지 않은 것은?
① 압축이 연속적이다.
② 소형 경량화가 가능하여 설치면적이 작다.
③ 진동이 작다.
④ 왕복동식 압축기보다 구조가 복잡하다.

☞ ④ 왕복동식 압축기보다 부품수가 적어 구조가 간단하다.

33. 회전식 압축기에서 회전식 베인형의 베인은 어떻게 회전하는가?
① 무게에 의하여 실린더에 밀착되어 회전한다.
② 고압에 의하여 실린더에 밀착되어 회전한다.
③ 스프링 힘에 의하여 실린더에 밀착되어 회전한다.
④ 원심력에 의하여 실린더에 밀착되어 회전한다.

Answer ☞ 28. ③ 29. ① 30. ② 31. ③ 32. ④ 33. ④

제4장 압축기(Compressor) **651**

👆 **회전식 압축기**
왕복운동을 하지 않고, 로터가 실린더 내를 회전하면서 가스를 압축하는 형식

34. 흡입, 압축, 토출의 3행정으로 구성되며, 밸브와 피스톤이 없어 장시간의 연속운전에 유리하고 소형으로 큰 냉동능력을 발휘하기 때문에 대형 냉동공장에 적합한 압축기는?
① 왕복동식 압축기   ② 스크류 압축기
③ 회전식 압축기   ④ 원심식 압축기

👆 **스크류 압축기(Screw Compressor)**
① 왕복동식에 비하여 설치면적이 작고 중·대용량에 적합하다.
② 고속 회전으로 소음은 크나 맥동과 진동이 없다.
③ 10~100%의 무단 용량제어가 가능하며 자동운전에 적합하다.
④ 흡입, 토출밸브가 없어 구조가 간단하고 수명이 길다.
⑤ 액압축의 우려가 적다.
⑥ 운전 유지비(전력 소비)가 크고 고장 시 고도의 기술이 필요하다.
⑦ 별도의 오일펌프가 필요하다.
⑧ 냉동공조용, 저온냉동, 열펌프 및 산업용 냉동장치 등에 널리 사용된다.

35. 스크류 압축기의 작동 3행정이라고 할 수 없는 것은?
① 흡입행정   ② 압축행정
③ 토출행정   ④ 팽창행정

👆 **스크류 압축기 3행정**
흡입행정, 압축행정, 토출행정

36. 다음 중 스크류 압축기의 구성 요소가 아닌 것은?
① 스러스트 베어링   ② 숫 로터

③ 암 로터   ④ 크랭크축

👆 **스크류 압축기의 구성 요소**

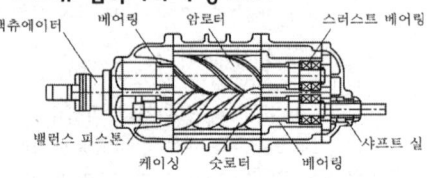

37. 스크류 압축기에 대한 설명으로 틀린 것은?
① 동일 용량의 왕복동식 압축기에 비하여 소형 경량으로 설치 면적이 작다.
② 장시간 연속운전이 가능하다.
③ 부품수가 적고 수명이 길다.
④ 오일펌프를 설치하지 않는다.

👆 ④ 별도의 오일펌프가 필요하다.
[참고] 스크류 냉동기의 특징

장점	단점
① 부품수가 적어 고장률이 적고, 수명이 길다.	① 윤활유 소비량이 많아 별도의 오일펌프와 오일쿨러 및 유분리기가 필요하다.
② 냉매와 오일이 함께 토출되어 냉매손실이 없으므로 체적효율이 증대된다.	② 3500rpm 정도의 고속이므로 소음이 크다.
③ 소형으로 대용량의 가스를 처리할 수 있다.	③ 분해 조립 시 특별한 기술을 필요로 한다.
④ 맥동이 없고 연속적으로 토출된다.	④ 경부하 시에도 동력소모가 크다.
⑤ 10~100%의 무단계 용량제어가 가능하다.	
⑥ 액해머 및 오일해머 현상이 적다.	

38. 스크류(screw) 냉동기의 특징을 설명한 것이다. 잘못된 것은?
① 경부하 시에는 동력소모가 아주 적다.
② 압축기의 용량을 10~100%까지 연속적으로 제어가 가능하다.

 34. ② 35. ④ 36. ④ 37. ④ 38. ①

③ 체적효율 및 압축효율이 높아 고성능이고 경제적이다.
④ 흡입, 토출밸브가 없어 밸브의 마모, 운전 소음이 적다.

☞ ① 경부하 시에는 동력 소모가 크다.

39. 스크류 압축기의 특징에 대한 설명으로 틀린 것은?
① 소형 경량으로 설치면적이 작다.
② 밸브와 피스톤이 없어 장시간의 연속운전이 불가능하다.
③ 암수 회전자의 회전에 의해 체적을 줄여가면서 압축한다.
④ 왕복동식과 달리 흡입밸브와 토출밸브를 사용하지 않는다.

☞ ② 밸브와 피스톤이 없어 장시간의 연속운전이 가능하다.

40. 스크류 압축기에 관한 설명으로 틀린 것은?
① 흡입밸브와 피스톤을 사용하지 않아 장시간의 연속운전이 가능하다.
② 압축기의 행정은 흡입, 압축, 토출행정의 3행정이다.
③ 회전수가 3500rpm 정도의 고속회전임에도 소음이 적으며, 유지보수에 특별한 기술이 없어도 된다.
④ 10~100%의 무단계 용량제어가 가능하다.

☞ ③ 회전수가 3500rpm 정도의 고속회전이므로 소음이 비교적 크고 유지보수에 특별한 기술이 필요하다.

41. 실제 냉동사이클에서 압축과정 동안 냉매 변환 중 스크류 냉동기는 어떤 압축과정에 가장 가까운가?
① 단열압축   ② 등온압축
③ 등적압축   ④ 과열압축

☞ 스크류 냉동기의 압축과정은 기체가 빠른 속도로 압축이 이루어지므로 외부 열 출입이 없는 단열 과정에 의한 압축이 발생하는 단열압축, 즉 등엔트로피 압축으로 취급되나 실제 압축기에서는 마찰손실 등에 의하여 이론값보다 많은 일을 필요로 한다.

42. 스크류 압축기의 운전 중 로터에 오일을 분사시켜주는 목적으로 가장 거리가 먼 것은?
① 높은 압축비를 허용하면서 토출온도 유지
② 압축효율 증대로 전력소비 증가
③ 로터의 마모를 줄여 장기간 성능 유지
④ 높은 압축비에서도 체적효율 유지

☞ ② 압축효율 증대로 전력소비 감소
[참고]
로터의 분사되어지는 다량의 윤활유는 압축가스의 냉각효과, 숫로터와 암로터 간의 간극에서의 누설방지 및 로터 밀봉선의 윤활을 형성하며 두 개의 로터와 케이싱에 형성되는 유막에 의한 밀봉으로 압축가스의 내부누설을 최소화시켜 압축효율을 증대시킨다.

43. 부스터(booster)로서 사용하기에 적합한 압축기는?
① 회전식   ② 원심식
③ 스크류식 ④ 기어식

☞ **부스터(Booster) 압축기**
2단압축 냉동장치에서 증발압력에서 중간압력까지 압력을 상승시키기 위한 압축기로 저단측 압축기를 말하며, 고단측 압축기보다 용량이 커야 하므로 다단압축기에 적합한 스크류식이 적합하다.

Answer 39. ② 40. ③ 41. ① 42. ② 43. ③

제4장 압축기(Compressor) 653

44. 고속으로 회전하는 임펠러에 의해 대량 증기의 흡입, 압축이 가능하며 토출밸브를 잠그고 작동시켜도 일정한 압력 이상으로는 더 이상 상승하지 않는 특징을 가진 압축기는?

① 왕복동식 압축기 ② 회전식 압축기
③ 스크류식 압축기 ④ 원심식 압축기

☞ ㉠ 왕복동식 압축기 : 실린더 내 피스톤의 왕복운동에 의해 냉매가스를 압축하는 압축기
㉡ 스크류 압축기 : 정밀하게 가공된 한 쌍의 기어를 이용해서 회전자가 회전하여 가스를 압축하는 압축기
㉢ 회전식 압축기 : 실린더 내에서 회전 운동하는 회전자(rotor)에 의해 가스를 압축하는 형식으로 주로 소형에 많이 채용되고 고압을 얻는 데 부적당하다.

45. 냉동기에 사용되는 냉매는 일반적으로 비체적이 적은 것이 요구된다. 그러나 냉매의 비체적이 어느 정도 큰 것을 사용하는 냉동기는 어느 것인가?

① 회전식   ② 흡수식
③ 왕복동식   ④ 터보(원심)식

☞ 원심식(터보식) 압축기
임펠러 고속회전에 의해 원심력이 생기는데 이 힘을 이용하여 냉매가스를 압축하는 압축기로 냉매의 비체적이 큰 것을 사용하여야 한다.

46. 원심 압축기의 압축비는?

① 압축기체의 밀도 및 익차의 주속도의 자승에 비례
② 압축기체의 밀도 및 익차의 주속도의 삼승에 비례
③ 압축기체의 밀도 및 익차의 주속도의 사승에 비례
④ 압축기체의 밀도 및 익차의 주속도는 압축비와는 관계없다.

☞ 원심 압축기
고속으로 회전하는 임펠러(impeller)의 원심력을 이용하여 냉매가스의 속도에너지를 압력으로 바꾸는 냉동기로, 원심 압축기의 압축비는 압축가스의 밀도 및 날개차의 원주속도의 제곱에 비례한다.

47. 터보 압축기에서 속도에너지를 압력으로 변환시키는 장치는?

① 임펠러   ② 베인
③ 증속기어   ④ 디퓨져

☞ 디퓨져(diffuser)
속도에너지를 압력에너지로 변환하는 장치

48. 다음 중 파열판을 안전장치로 사용하는 냉동기는?

① 왕복동식 냉동기 ② 전자식 냉동기
③ 터보냉동기   ④ 스크류 냉동기

☞ 파열판(안전장치)
① 압력용기 등에 설치하여 내부압력의 이상 상승 시 박판이 파열되어 가스를 분출한다.
② 1회용으로 한번 파열되면 새로운 것으로 교체해야 한다.
③ 스프링식 안전밸브보다 가스분출량이 많다.
④ 주로 터보냉동기 저압측에 설치한다.
⑤ 구조가 간단하고 취급이 용이하다.
⑥ 지지 방식에 따라 플랜지형, 유니언형, 나사형이 있다.

49. 터보 압축기의 특징으로 틀린 것은?

① 회전운동이므로 진동이 적다.
② 냉매의 회수장치가 불필요하다.
③ 부하가 감소하면 서징현상이 일어난다.

Answer 44. ④ 45. ④ 46. ① 47. ④ 48. ③ 49. ②

④ 응축기에서 가스가 응축되지 않는 경우에도 이상 고압이 되지 않는다.

👉 ② 냉매의 회수장치가 필요하다.(단, R-12는 필요 없다)

50. 압축기에 대한 설명 중 옳지 못한 것은?
① 고속다기통 압축기는 입형 압축기의 실린더수를 많이 한 것이다.
② 체적효율이란 압축기의 실제적인 흡입량과 이상적 흡입량의 비를 말한다.
③ 터보 압축기의 증속장치는 하이포이드 기어를 채용한다.
④ 압축비란 압축기의 토출측과 흡입측의 절대 압력의 비를 말한다.

👉 터보냉동기는 고속회전하는 임펠러(Impeller)의 원심력을 이용하여 냉매가스의 속도에너지를 압력으로 바꾸어 압축하는 형식으로 고속회전을 위해 증속장치가 요구되며 일반적으로 헬리컬 기어(고속회전을 위한 증속장치)를 채용한다. 1단으로는 압축비를 크게 할 수 없어 다단 압축방식을 주로 채택한다.
[참고] 헬리컬 기어
보통의 전동기로는 이론상 60Hz에서 3000rpm까지의 회전이 가능하다. 따라서 그 이상의 고속회전을 위한 증속장치로 정밀 가공된 1쌍의 헬리컬 기어를 사용한다.

51. 터보 냉동기의 특징으로 적합하지 않은 것은?
① 저압의 냉매를 사용하고 취급이 용이하다.
② 흡입밸브와 토출밸브가 없다.
③ 회전운동을 하기 때문에 동적 균형을 잡기가 어렵다.
④ 왕복동식에 비해 가스의 흡입량이 많고 회전수가 많다.

👉 ③ 회전운동을 하므로 동적 균형을 잡기 좋고 진동이 적다.

52. 다음은 냉동용 압축기의 종류에 대한 설명이다. 옳지 못한 것은 어느 것인가?
① 왕복동식 압축기에는 횡형 압축기, 입형 압축기, 고속다기통 압축기, 밀폐형 압축기 등이 있다.
② 스크류 압축기가 최근의 냉동용 압축기로 많이 사용되고 있으며 대형 냉동공장에 적합하다.
③ 회전식 압축기는 편심형으로 된 회전축이 케이싱의 실린더 내면을 일정한 편심으로 회전하여 가스를 압축한다.
④ 터보 압축기는 임펠러를 고속 회전시켜 임펠러 주위 속도의 5승에 비례하는 원심력을 이용하여 냉매 가스를 압축한다.

👉 ④ 터보 압축기는 임펠러를 고속으로 회전하면 임펠러 주위 속도의 2승에 비례하는 원심력이 생기는 데, 이 힘을 이용하여 냉매 가스를 압축하는 것이다. 또한 용량이 큰 것일수록 회전수는 적다.

53. 냉동기 용량제어의 목적으로 가장 거리가 먼 것은?
① 고내온도를 일정하게 할 수 있다.
② 중부하 기동으로 기동이 용이하다.
③ 압축기를 보호하여 수명을 연장한다.
④ 부하변동에 대응한 용량제어로 경제적인 운전을 한다.

👉 **냉동기 용량제어의 목적**
㉠ 부하변동에 따른 경제적인 운전을 도모한다.
㉡ 무부하 및 경부하 기동으로 기동 시 소비전력이 적다.

Answer 50. ③ 51. ③ 52. ④ 53. ②

ⓒ 압축기를 보호하여 기계의 수명을 연장시킨다.
ⓓ 일정한 냉장실온(증발온도)을 유지할 수 있다.

54. 다음 중 터보 압축기의 용량(능력)제어 방법이 아닌 것은?
① 회전속도에 의한 제어
② 흡입 댐퍼에 의한 제어
③ 부스터에 의한 제어
④ 흡입 가이드 베인에 의한 제어

> **원심식(터보) 압축기 용량제어**
> ① 회전수 제어
> ② 흡입 베인(vane) 제어
> ③ 디퓨저(diffuser) 제어
> ④ 바이패스 제어
> ⑤ 흡입, 토출 댐퍼 조절법

55. 고속다기통 압축기의 냉동용량 제어장치는?
① 압축기 회전수를 가감하는 방법
② 클리어런스 포켓을 이용하는 방법
③ 바이패스에 의한 방법
④ 언로더에 의한 방법

> 고속다기통 압축기는 유압을 이용한 언로더(unloader) 기구가 있어 용량제어가 가능하다.

56. 용량제어가 불가능한 압축기는?
① 스크류 압축기
② 고속다기통 압축기
③ 로터리 압축기
④ 터보 압축기

> **용량제어가 가능한 압축기**
> ① 왕복동식 압축기
> ② 원심식(터보) 압축기
> ③ 스크류 압축기

④ 흡수식 냉동기

54. ③ 55. ④ 56. ③

제2-2편 공조냉동 설계(냉동공학)

chapter 05 응축기(Condenser)

1 응축기

압축기에서 토출된 고온·고압의 냉매가스를 상온 이하의 물이나 공기를 이용하여 냉매가스 중의 열을 제거하여 응축, 액화시키는 기기로 냉동사이클의 고압측에서 사이클 내의 열을 외부로 방출하는 역할을 한다. 응축기 방출열량, 즉 응축부하는 증발기에서 냉매가 얻은 열량과 압축기에서 가해진 열량의 합으로 응축기에 있어서 단위시간당 냉매로부터 제거하는 열량이다. 동일 냉동부하에 대해 압축일은 흡입증기의 포화온도가 낮을수록 응축온도가 높을수록 증가하게 된다. 응축기는 열교환매체에 따라 공랭식, 수냉식, 증발식으로 나뉜다.

(1) 응축기의 종류

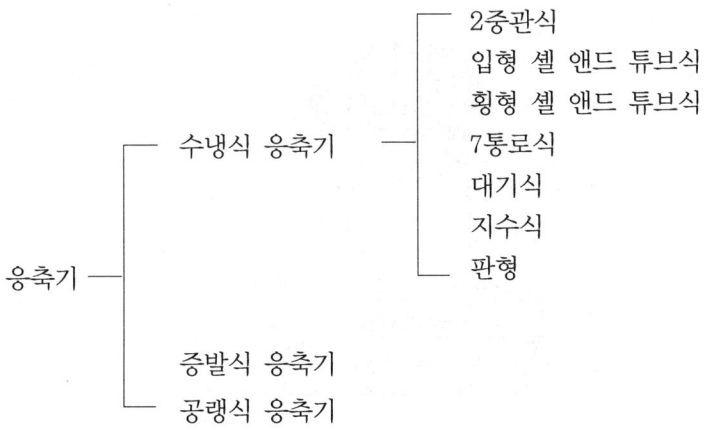

> **참고** ■ 수냉식과 공랭식 응축기의 경제성 비교
> ① 공랭식의 경우 수냉식에 비해 약 20% 큰 압축기가 사용되어 전력비용이 커진다.
> ② 저렴한 용수가 공급되는 곳에서는 수냉식 응축기가 비용 측면에서 유리하다.
> ③ 냉각탑 설치 시 초기 비용과 운전비가 추가되므로 경제성 분석을 해야 한다.
> ④ 경제성 비교에서는 수냉식과 공랭식의 관 내부 또는 외벽 핀 사이의 오염물질 제거 등에 소요되는 제반비용을 포함한다.
> ⑤ 실제 운전경험상 공랭식 응축기는 수냉식 응축기 유지 비용의 25% 정도이다.
> ⑥ 공랭식 응축기는 관의 오염으로 인한 성능 감소면에서 수냉식보다 유리하다.

2 응축기의 특징 및 구조

(1) 입형 셸 튜브식 응축기

① 입형 원통의 상하에 다수의 냉각관을 설치해서 상부의 냉각수 입구에서 냉각수를 냉각관 내면을 따라 자연 낙하시키면서 관 외면과 접촉하는 냉매증기를 응축시키는 구조로 주로 대형의 암모니아 냉동장치의 수냉식 응축기로 사용한다.
② 냉각관 입구에 물분배기(Swirl)가 부착되어 냉각수가 관벽을 따라 선회하면서 흐른다(유효 냉각면적 증대).

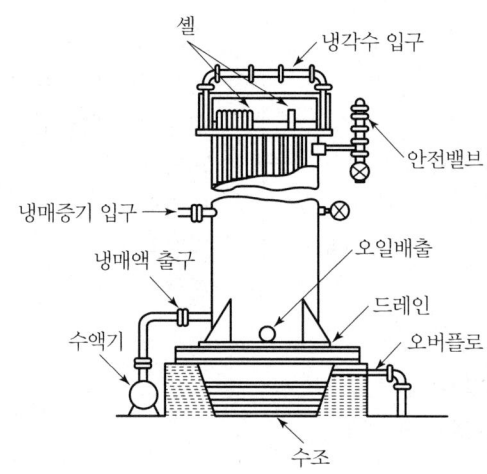

③ 장·단점

장 점	단 점
① 전열이 양호하고 과부하에 잘 견딘다. ② 운전 중 냉각관 청소가 가능하다. ③ 설치 면적이 적게 들고, 옥외설치가 가능하다.	① 냉매와 냉각수가 평행하게 흐르므로 과냉각이 어렵다. ② 냉각수 소비량이 크다.(수냉식 중 가장 많다.) ③ 냉각관이 부식되기 쉽다.

(2) 횡형 셸 튜브식 응축기

① 횡형 원통의 양단에 설치한 원판에 다수의 냉각관을 설치하여 그 내부에 냉각수를 펌프로 압송하여 관 외면의 냉매를 냉각 액화시킨다.
② 냉각관내 유속 1.0~1.5m/s, 냉각수 입출구 온도차 4~7℃ 정도이다.
③ 프레온 및 암모니아에 관계없이 소형, 대형에 사용이 가능하다.
④ 설치 면적이 적고 입형에 비해 냉각수량이 소량이며 냉각효과도 좋아 현재 널리 사용된다.

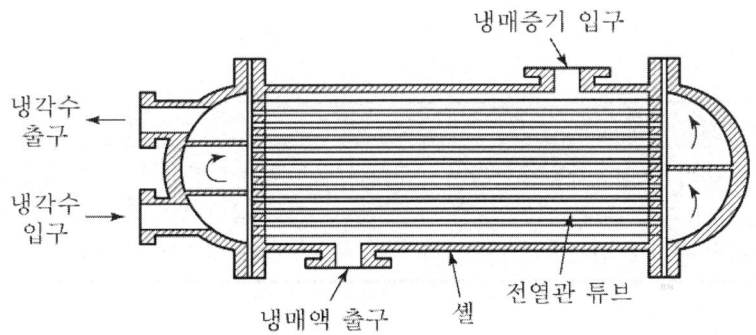

⑤ 장·단점

장 점	단 점
① 전열이 양호하며 입형에 비해 냉각수가 적게 든다. ② 설치 면적이 적다. ③ 능력에 비해 소형, 경량화가 가능하다.	① 과부하에 견디지 못한다. ② 냉각관 청소가 어렵다. ③ 냉각관이 부식되기 쉽다.

(3) 7통로식 응축기

① 횡형 셸 앤드 튜브식 응축기의 한 종류로서 원통 내에 냉각관 7개가 설치되어 냉각수가 순차적으로 흐르게 한 형식이다.
② 주로 암모니아 냉동장치에 사용하며, 냉동능력에 따라 적당한 대수를 조립하여 사용할 수 있다.
③ 열통과율이 가장 좋다. (7통로식 > 횡형 > 입형 > 증발식 > 공랭식)
④ 구조가 복잡하고 냉각관의 청소가 곤란하여 현재는 거의 사용하지 않는다.

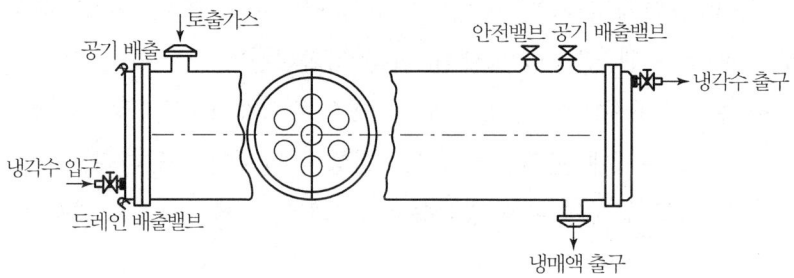

⑤ 장·단점

장 점	단 점
① 수냉식 응축기 중 전열작용이 가장 우수하다. ② 설치 면적이 적게 든다. ③ 냉동능력에 따라 조립사용이 가능하다.	① 구조가 복잡하며 1대로 대용량 사용이 어렵고 설비비가 비싸다. ② 냉각관 청소가 어렵다.

(4) 대기식 응축기

① 냉각수를 최상부에 있는 수조로부터 관 전체에 균일하게 흐르게 하고 냉각수가 위의 관에서 밑의 관으로 차례로 관 표면을 따라서 낙하하게 한 형식
② 냉각효과가 커 냉각수량이 적어도 되며 물의 증발에 의해서도 냉각된다.
③ 겨울철에는 공랭식으로 사용이 가능하고 주로 중·대형의 암모니아용 냉동장치에 사용된다.

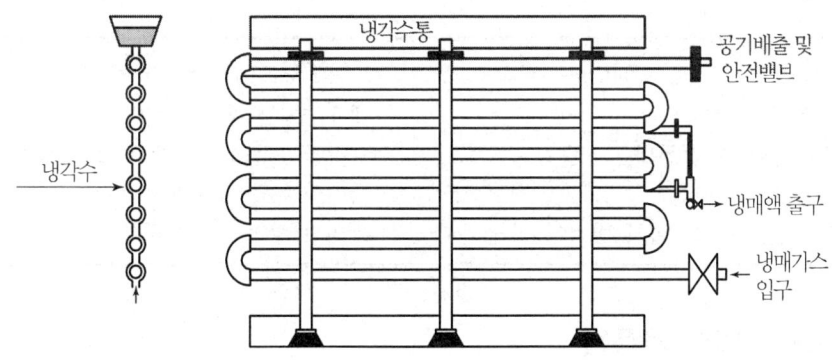

④ 장·단점

장 점	단 점
① 대기 중에 노출되어 있어 냉각관의 청소가 쉽다.	① 설치장소가 너무 크고 구조가 복잡하다.
② 수질이 나쁜 곳이나 해수도 사용이 가능하다.	② 관이 길어지면 압력강하가 크다.
③ 대용량 제작이 가능하다.	

(5) 이중관식 응축기

① 지름이 작은 원형관(내관)을 지름이 큰 관 속(외관)에 설치한 대향류식 열교환기이다.

② 냉각수와 냉매가 서로 향류형으로 흐르기 때문에 냉각효과가 좋다.

③ 소형 냉동기에 주로 사용되나 현재는 거의 사용하지 않는다.

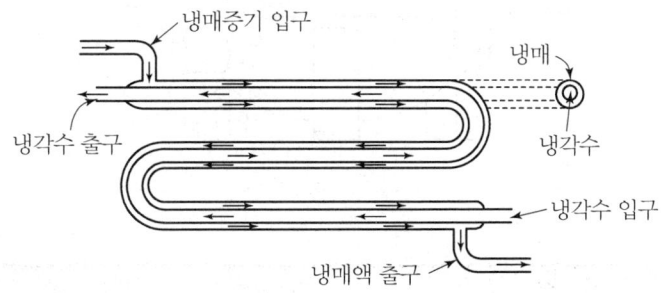

제5장 응축기(Condenser)

④ 장·단점

장 점	단 점
① 전열이 양호하다.	① 대용량에는 부적합하다.
② 냉각수량이 적게 든다.	② 냉각관의 청소 및 부식 발견이 어렵다.
③ 고압에 잘 견딘다.	③ 냉매의 누설 발견이 어렵다.
④ 구조가 간단하고, 설치 면적이 적게 든다.	④ 관의 보수가 불가능하다.

(6) 셸 앤드 코일식 응축기

① 원통 내에 나선모양의 코일이 감겨져 있는 구조로 비교적 양질의 냉각수를 얻을 수 있는 장소에서 사용이 가능하다.
② 소용량의 프레온 냉동장치에 사용한다.
③ 고압에 잘 견디고 구조가 간단하여 제작이 용이하나 점검과 보수가 어렵다.

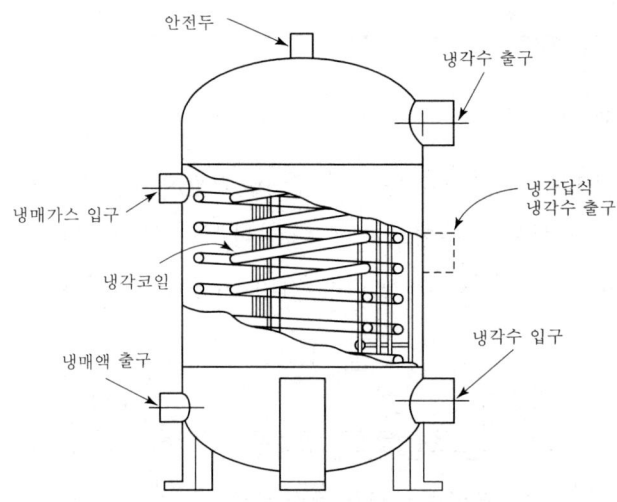

④ 장·단점

장 점	단 점
① 소형이므로 경량화 할 수 있다.	① 냉각관 청소가 어렵다.
② 제작비가 적게 든다.	② 냉각관의 교환이 어렵다.
③ 냉각수량이 적게 든다.	

(7) 증발식 응축기

① 증발식 응축기는 수냉식과 공랭식의 작용을 혼합한 방식으로, 현재 대형 냉동설비에 가장 많이 사용되고 있는 방식
② 냉각수를 충분히 얻을 수 없는 곳에서 냉각수의 잠열(냉각수의 증발)을 이용하는 응축기
③ 냉각관에 냉각수를 분무시키고 공기를 불어주면 냉각수가 증발하면서 증발열을 흡수하므로 냉각수와 냉매의 온도차뿐만 아니라 증발열에 의한 냉각작용을 동시에 얻을 수 있다.

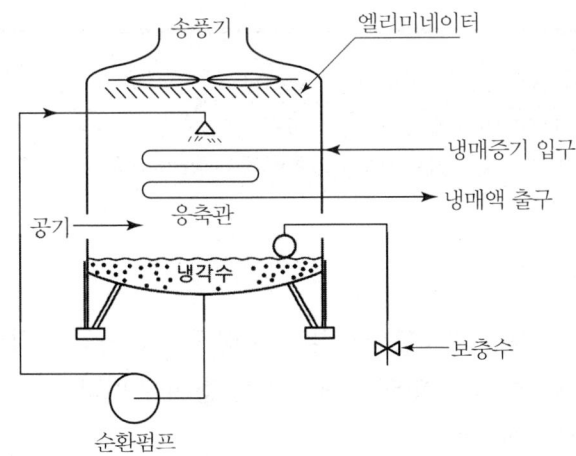

1) 특징

① 냉각수 소비량이 적어 냉각수량이 부족한 곳에 적합하다.
② 외기의 습구온도 영향을 많이 받는다(외기 습구온도가 높으면 물의 증발이 어려워 냉각능력이 저하한다).
③ 겨울철에는 공랭식으로도 사용이 가능하여 연간 운전에 특히 우수하다.
④ 송풍기에 의해 물이 비산하므로 이를 방지하기 위해 엘리미네이터(eliminator)를 설치한다.
⑤ 관이 길이가 길고 가늘어지면 냉매의 압력강하가 크다.
⑥ 펌프, 송풍기, 수조 등의 부속설비가 많아 외형과 설치 면적이 커진다.

⑦ 주로 암모니아 냉동장치와 중형의 프레온 냉동장치에 사용한다.
⑧ 장·단점

장 점	단 점
① 냉각수가 가장 적게 든다. ② 옥외 설치가 가능하다. ③ 냉각탑을 별도로 설치하지 않아도 된다.	① 일반 수냉식에 비해 전열이 불량하다. ② 옥탑이나 지상 설치로 배관이 길어져 압력강하가 크다. ③ 청소 및 보수가 곤란하고 냉각관 부식이 일어나기 쉽다. ④ 구조가 복잡하고 설비비가 비싸다.

① 열통과율이 가장 좋은 응축기 : 7통로식 응축기
② 냉각수가 가장 적게 드는 응축기 : 증발식 응축기
③ 대기의 습구온도에 영향을 받는 응축기 : 증발식, 대기식 응축기

(8) 공랭식 응축기

고온의 냉매증기와 공기가 열교환하는 방식의 응축기로 주로 냉각수를 전혀 얻을 수 없는 경우나 소형 냉동장치에서 사용된다. 공기순환 방식에 따라 자연대류식과 송풍기를 사용하는 강제대류식으로 분류한다.

1) 자연대류식

공기의 자연대류를 이용하여 냉매를 냉각시키는 방법으로 전열효과를 좋게 하기 위해서 냉각관 외부에 핀(Fin)을 부착한다. 주로 소형 프레온 냉동기에 사용한다.

2) 강제대류식

자연대류식과 마찬가지로 냉각관 외부에 얇을 핀(Fin)을 부착하고 송풍기 등을 이용하여 강제로 공기를 불어 응축시키는 방법이다.

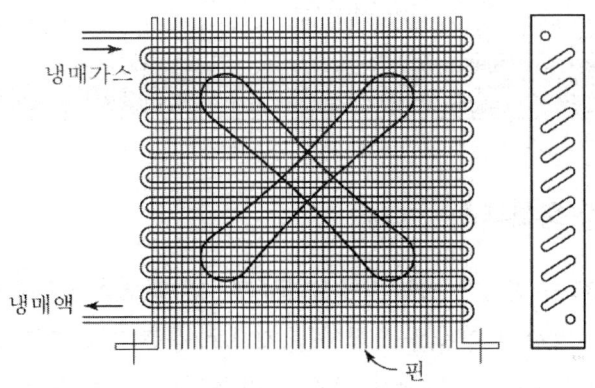

3) 특징

① 관내에 냉매증기를 외부공기로 냉각 응축시킨다.
② 공기측 표면의 열전달률을 보완하기 위해 외면에 핀(Fin)을 설치하여 전열면적을 크게 한다.
③ 냉각수가 필요 없으므로 냉각수 관련 시설이 필요 없다.
④ 응축온도가 수냉식에 비해 높고, 응축기 형상이 커진다.
⑤ 송풍기에 의한 소음이 발생한다.
⑥ 주로 소형의 프레온용 응축기로 사용한다.
⑦ 장·단점

장 점	단 점
① 설치가 간단하다.	① 전열이 불량하여 응축온도가 높다.
② 냉각수 관련 설비가 불필요하다.	② 응축기의 크기가 대형
③ 통풍이 잘되는 곳에 설치	③ 송풍기에 의한 소음 발생
	④ 배관의 길이가 길어진다.

① 열통과율이 가장 좋은 응축기 : 7통로식 응축기
② 냉각수가 가장 적게 드는 응축기 : 증발식 응축기
③ 대기의 습구온도에 영향을 받는 응축기 : 증발식, 대기식 응축기

3 응축기의 성능계산

(1) 응축기 방열량(응축부하 : Q_c)

응축기에서 방출하는 열량은 증발기에서 흡수한 열량(냉동능력)뿐만 아니라 냉매를 압축하는 데 소요되는 압축기 일량을 포함하는 것으로 응축기의 열부하를 말한다. 즉, 응축기에서 냉매가 물이나 공기를 통해서 시간당 방출하는 열량(kW)이다.

(2) 냉동장치에서의 계산

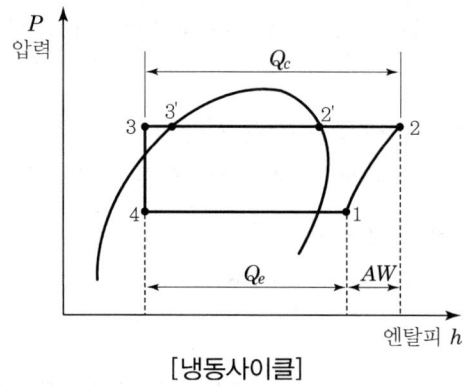

[냉동사이클]

① 압축일량 : $Aw = G(h_2 - h_1)$
② 냉동능력 : $Q_e = G(h_1 - h_4)$
③ 응축부하 : $Q_c = Q_e + Aw = G(h_2 - h_3)$

여기서 Q_c : 응축부하[kW], Q_e : 냉동능력[kW], Aw : 압축일량[kW]

(3) 방열계수에 의한 계산

$$Q_c = Q_e \times C$$

> **방열계수**
> 응축기 방열량과 증발기 흡입열량과의 비
> $C = \dfrac{Q_c}{Q_e} = 1.2 \sim 1.3$ (냉장·공조 : 1.2, 제빙·냉동 : 1.3)

(4) 냉매순환량에 의한 계산

$$Q_c = G \times q_c = G(h_2 - h_3)$$

여기서, G : 냉매순환량[kg/s]
q_c : 냉매 1kg당 응축기 방열량[kJ/kg]
h_2 : 응축기 입구 냉매가스의 엔탈피[kJ/kg]
h_3 : 응축기 출구 냉매가스의 엔탈피[kJ/kg]

(5) 수냉식 응축기에서의 계산

$$Q_c = G_c \cdot C \cdot \Delta t$$

여기서, G_c : 냉각수량[kg/s] C : 냉각수 비열[kJ/kg℃]
Δt : 냉각수 입·출구 온도차[℃]

(6) 열통과율에 의한 계산

$$Q_c = K \cdot F \cdot \Delta t_m$$

여기서, K : 열통과율[kW/m²℃] F : 전열면적[m²]
Δt_m : 냉매와 냉각수 온도차[℃]

> **참고**
> ■ 열통과율(열관류율, K, kW/m²℃ 또는 kcal/m²h℃)
> $$K = \frac{1}{R} = \frac{1}{\frac{1}{\alpha_r} + \Sigma \frac{l}{\lambda} + \frac{1}{\alpha_w}}$$
> 여기서, α_r : 냉매측 열전달률[kW/m²℃ 또는 kcal/m²h℃]
> α_w : 냉각수 또는 공기측 열전달률[kW/m²℃ 또는 kcal/m²h℃]
> λ : 관벽재료 열전도율[kW/m℃ 또는 kcal/mh℃]
> l : 관벽 두께[m]
> R : 열저항[m²℃/kW 또는 m²h℃/kcal]

(7) 온도차(Δt_m)

① 냉각수 온도차

$\Delta t =$ 냉각수 출구온도(t_{w2}, ℃) − 냉각수 입구온도(t_{w1}, ℃)

② 산술평균온도차

$$\Delta t_m = t_c - \frac{t_{w1} + t_{w2}}{2} \, [℃] \qquad 여기서, \ t_c : 응축온도[℃]$$

③ 대수평균온도차(LMTD, Log Mean Temperature Difference)

입·출구의 고온측과 저온측 유체 간에 온도차를 좀 더 정확히 구하기 위해 '로그평균치'를 사용

$$\Delta t_m = \frac{\Delta_1 - \Delta_2}{\ln \frac{\Delta_1}{\Delta_2}} = \frac{\Delta_1 - \Delta_2}{2.3 \log \frac{\Delta_1}{\Delta_2}} \, (℃) \ \ (\Delta_1 = t_c - t_{w1}, \ \Delta_2 = t_c - t_{w2})$$

[예제] 응축기의 냉매 응축온도가 30℃, 냉각수 입구수온이 25℃, 출구수온이 28℃일 때 대수평균온도차(LMTD)는?

[해설] $\Delta_1 = t_c - t_{w1} = 30 - 25 = 5℃$

$\Delta_2 = t_c - t_{w2} = 30 - 28 = 2℃$

$\text{LMTD} = \dfrac{\Delta_1 - \Delta_2}{\ln \dfrac{\Delta_1}{\Delta_2}} = \dfrac{5-2}{\ln \dfrac{5}{2}} = 3.27℃$

[예제] 다음과 같은 대향류 열교환기의 대수평균온도차는 얼마인가? (단, $t_1 : 27℃$, $t_2 : 13℃$, $t_{w1} : 5℃$, $t_{w2} : 10℃$)

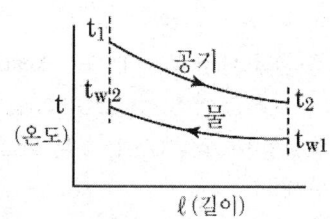

[해설] $\Delta_1 = (t_1 - t_{w2}) = 27 - 10 = 17℃$

$\Delta_2 = (t_2 - t_{w1}) = 13 - 5 = 8℃$

$\text{LMTD} = \dfrac{\Delta_1 - \Delta_2}{\ln \dfrac{\Delta_1}{\Delta_2}} = \dfrac{17-8}{\ln \dfrac{17}{8}} = 11.94℃$

> 참고 응축온도 대신 냉매와 냉각수 온도가 각각 주어질 때 온도차 계산법
> ① 병류형일 경우(냉매와 냉각수 방향이 동일)
> Δ_1 = 냉매 증기와 냉각수 입구의 온도차 = $t_1 - t_{w1}$
> Δ_2 = 냉매 증기와 냉각수 출구의 온도차 = $t_2 - t_{w2}$
> ② 대항류형일 경우(냉매와 냉각수 방향이 반대)
> Δ_1 = 냉매 증기와 냉각수 입구의 온도차 = $t_1 - t_{w2}$
> Δ_2 = 냉매 증기와 냉각수 출구의 온도차 = $t_2 - t_{w1}$

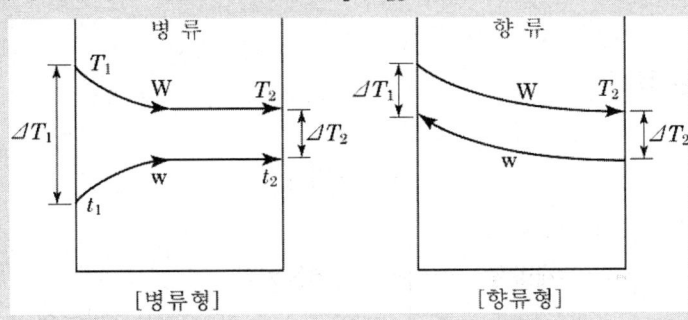

(8) 응축능력 향상 방법

① 냉각수량을 증가시킨다.
② 전열면적을 크게 한다.(핀을 부착, 관경을 작게, 관 폭을 작게)
③ 유속을 적당히 할 것
④ 냉각수 온도차를 크게 할 것
⑤ 응축기 배관 내를 깨끗하게 유지할 것

4 냉각탑(cooling tower)

 수냉식 응축기에서 냉매를 응축 액화시키고 열을 흡수하여 온도가 높아진 냉각수를 공기와 접촉시켜 물의 증발잠열을 이용하여 냉각수를 재생시키는 장치이다. 냉각탑의 냉각 효과는 외기습구 온도의 영향을 받으며 외기습구 온도는 냉각탑 출구수온보다 낮으므로 냉각수는 외기습구 온도보다 낮게 냉각시킬 수 없다. 물을 분무, 낙하시켜서 충전재에 보

내어 송풍기에 의해 공기를 강제 송풍하는 구조의 것이 많고, 공기의 접촉법에 따라 향류형 냉각탑, 직교류식 냉각탑 등이 있다. 구조는 송풍기, 케이싱, 살수장치, 충전재, 엘리미네이터, 하부구조, 보급수장치 등으로 구성된다. 냉각탑과 냉동기를 순환하는 냉각수는 증발에 의해 잃는 수분과 공기흐름에 의해 비산하는 물방울이 있으므로 일반적으로 순환수량의 1~3%가 보급수량으로 공급되고 공기조화용으로 사용되는 왕복식, 터보식 냉동기용의 냉각탑 용량은 냉동능력×(1.2~1.3)배, 흡수식 냉동기의 경우 냉동능력×(2~2.5)배가 필요하다.

(1) 냉각탑의 종류

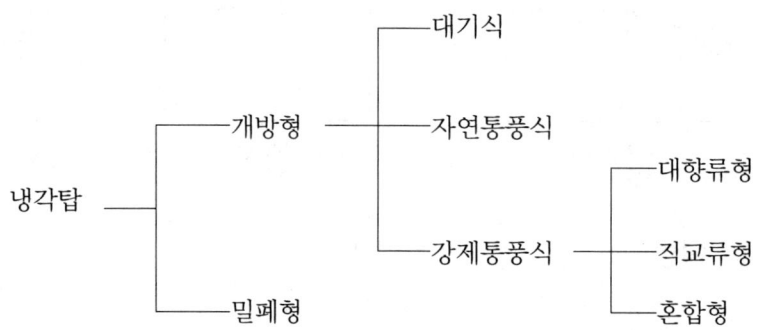

1) 열전달 방법에 따른 구분
① 개방형 : 냉각수와 공기가 직접 접촉하며 냉각수의 증발이 수반되어 열교환하는 형태
② 밀폐형 : 냉각수와 공기가 간접 접촉하여 열교환하는 형태

2) 송풍방식에 따른 구분
① 흡입식 : 팬이 냉각탑의 공기 출구측에 위치해 있는 것
② 압송식 : 팬이 냉각탑의 공기 입구측에 위치해 있는 것

3) 공기흐름에 따른 구분
① 대향류형 : 충전부에서 공기의 흐름이 수직상방향으로 움직여 냉각수와 마주 교차하며 열교환되는 형태로 냉각효율이 높고, 대·소용량에 널리 사용된다.
② 직교류형 : 충전부에서 공기의 흐름이 수평방향으로 움직여 냉각수와 직각으로 교차하며 열교환되는 형태로 구조가 간단하며, 보수 점검이 쉽고, 여러 대를 배열하기가 용이하다.

③ 혼합형 : 대향류형과 직교류형의 단점을 보완한 냉각탑으로 상부 충전재는 대향류형으로, 하부 충전재는 직교류형이 되도록 배치한 형식이다.

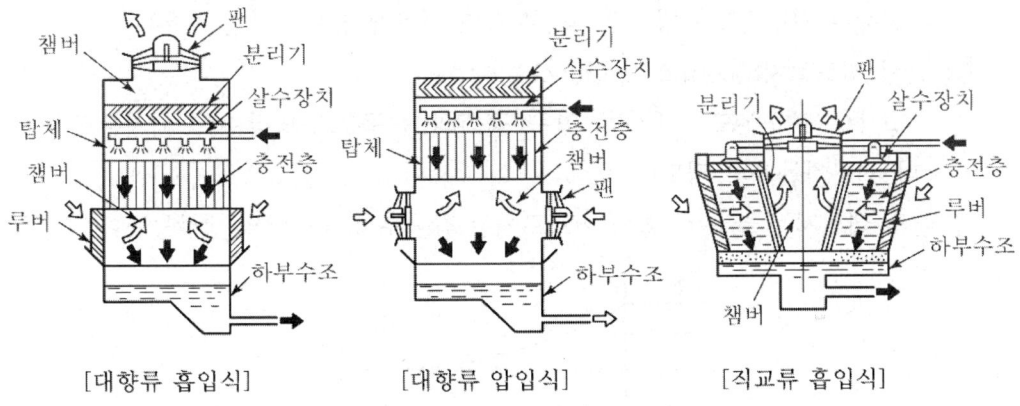

[대향류 흡입식]　　　　[대향류 압입식]　　　　[직교류 흡입식]

(2) 냉각탑의 냉각능력

① 냉각탑에서의 제거열량

$$Q_{CT} = \omega \cdot C \cdot \Delta t = \omega \cdot C \cdot 쿨링 레인지$$

여기서, Q_{CT} : 냉각탑의 냉각능력[kcal/h]　　ω : 냉각수 순환수량[kg/h]
　　　　C : 냉각수 비열[kcal/kg℃]　　　　Δt : 냉각수 입·출구 온도차[℃]

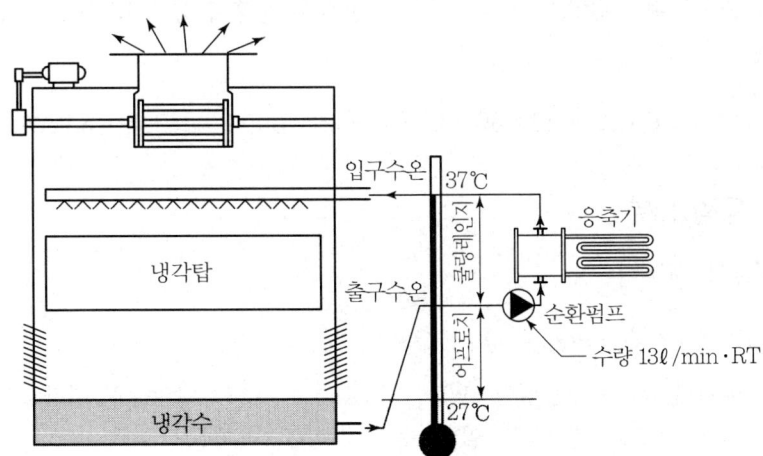

② 쿨링 레인지와 쿨링 어프로치
　㉠ 쿨링 레인지(Cooling Range)
　　＝냉각수 입구온도 － 냉각수 출구온도(냉각탑에서 냉각되는 수온)
　㉡ 쿨링 어프로치(Cooling Approach)
　　＝냉각수 출구온도 － 냉각탑 입구 공기의 습구온도(냉각수가 최저온도에 얼마나 접근하는가의 정도)
　※ 쿨링 레인지는 클수록, 쿨링 어프로치는 작을수록 냉각탑의 냉각능력이 우수하다.

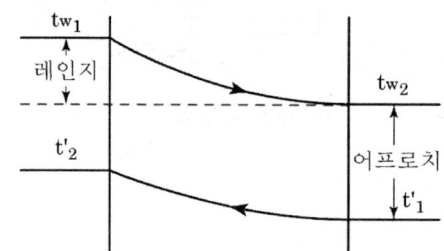

(3) 냉각톤 표준설계 조건

① 조건

　입구공기의 습구온도 : 27℃　　　냉각수 입구수온 : 37℃
　냉각수 출구수온 : 32℃　　　　　냉각수 순환수량 : 13 l/min·RT

② 1냉각톤

$$Q_{CT} = \omega \cdot C \cdot \Delta t = 13 \times 60 \times 1 \times (37-32) = 3900 \text{kcal/h} = 4.53 \text{kW}$$

(4) 냉각탑 용량(kW)

① 증기압축식 냉동기

$$Q_{CT} = Q_E + Q_C + Q_P \fallingdotseq Q_E + Q_C$$

　여기서, Q_E : 냉동열량(kW)　　　Q_C : 압축동력 열량(kW)
　　　　　Q_P : 펌프동력 열량(kW)

② 흡수식 냉동기

$$Q_{CT} = Q_E + Q_R + Q_P \fallingdotseq Q_E + Q_R$$

　여기서, Q_R : 재생기(발생기) 가열용량(kW)

일반적으로 증기압축식 냉동기에 대한 냉각탑 용량은 냉동열량의 약 1.2~1.3배, 흡수식 냉동기에 대한 냉각탑 용량은 냉동열량의 약 2.5배이다.

(5) 증발식 응축기 및 냉각탑의 보급수량 결정

① 냉각을 위해 소비되는 증발수량
② 비산수(Carry Over) : 송풍기나 팬에 의해 밖으로 날아가는 수량
③ 블로우 다운(Blow Down) : 냉각수 중 불순물에 의해 생성된 고형물 등을 드레인, 오버플로우시키는 수량
④ 메이크 업(Make Up) : 비산수나 블로우 다운에 의해 손실되는 수량만큼 보충시켜 주는 냉각수량

(6) 냉각탑 설치 시 주의사항

① 산성, 매연, 먼지 발생이 적고, 고온의 배기에 영향을 받지 않는 장소에 설치한다.
② 기온이 낮고 통풍이 잘 되며 인접 건물에 영향을 주지 않는 장소에 설치한다.
③ 2대 이상을 설치할 때 상호 2m 이상의 간격을 유지하고 2대 이상을 병렬로 운전할 경우 수위를 동일하게 유지하기 위해 균압관을 설치한다.
④ 팬이나 물의 낙차로 인한 소음으로 주위에 피해가 되지 않는 장소에 설치한다.
⑤ 냉각탑 반향음이 발생하지 않으며 냉동기로부터 가깝고, 설치 및 보수, 점검이 용이한 장소에 설치한다.
⑥ 동절기 동결방지를 위해 배관 아래의 물을 뺄 수 있는 장치를 설치한다.

chapter 05 출·제·예·상·문·제

01. 응축기에서 냉매가스의 열이 제거되는 방법은?
① 대류와 전도 ② 증발과 복사
③ 승화와 휘발 ④ 복사와 액화

☞ 응축기에서 고온고압 냉매가스의 열이 제거되는 방법은 냉각수나 냉각공기와 열교환(전도, 대류)을 통해 이루어진다.

02. 응축기에 관한 설명으로 틀린 것은?
① 응축기의 역할은 저온, 저압의 냉매증기를 냉각하여 액화시키는 것이다.
② 응축기의 용량은 응축기에서 방출하는 열량에 의해 결정된다.
③ 응축기의 열부하는 냉동기의 냉동능력과 압축기 소요일의 열당량을 합한 값과 같다.
④ 응축기 내에서의 냉매상태는 과열영역, 포화영역, 액체영역 등으로 구분할 수 있다.

☞ ① 응축기의 역할은 고온, 고압의 냉매증기를 냉각하여 액화시키는 것이다.

03. 냉동장치의 응축 열전달에 관한 설명 중 옳지 않은 것은?
① 응축기에서 열전달 현상을 응축 열전달이라 한다.
② 응축 열전달은 응축기의 전열면적과는 상관이 없다.
③ 응축 열전달은 피냉각유체의 유속에 따라 달라진다.
④ 강제대류 응축 열전달이 자연대류 응축 열전달보다 크다.

☞ ② 응축 열전달은 응축기의 전열면적에 비례한다.

04. 수냉식 응축기와 공랭식 응축기의 구조와 전열특성상 초기 설치 비용 및 유지 보수 관점에 따른 경제성을 비교한 것 중에서 옳지 않은 것은?
① 공랭식 응축기의 경우 수냉식에 비하여 일반적으로 큰 압축기가 사용되므로 전력비용이 커진다.
② 저렴한 용수가 공급되는 곳에서는 수냉식 응축기가 관리 유지비용면에서 유리하다.
③ 경제성 비교에서는 수냉식이나 공랭식 응축기 모두 관 내부 또는 외벽 핀 사이의 오염물질 제거 등에 소요되는 제반 비용을 고려할 필요가 없다.
④ 냉각탑 설치가 필요한 경우는 초기 비용과 운전비가 추가되므로 경제성 분석을 할 필요가 있다.

☞ ③ 경제성 비교에서는 수냉식이나 공랭식 응축기 모두 관 내부 또는 외벽 핀 사이의 오염물질 제거 등에 소요되는 제반 비용을 고려할 필요가 있다.
[참고] 수냉식과 공랭식 응축기의 경제성 비교
① 공랭식의 경우 수냉식에 비해 약 20%

 01. ① 02. ① 03. ② 04. ③

큰 압축기가 사용되어 전력비용이 커진다.
② 저렴한 용수가 공급되는 곳에서는 수냉식 응축기가 비용 측면에서 유리하다.
③ 냉각탑 설치 시 초기 비용과 운전비가 추가되므로 경제성 분석을 해야 한다.
④ 경제성 비교에서는 수냉식과 공랭식의 관 내부 또는 외벽 핀 사이의 오염물질 제거 등에 소요되는 제반 비용을 포함한다.
⑤ 실제 운전경험상 공랭식 응축기는 수냉식 응축기 유지비용의 25% 정도이다.
⑥ 공랭식 응축기는 관의 오염으로 인한 성능감소면에서 수냉식보다 유리하다.

05. 냉동장치에서 응축기에 관한 설명 중 옳은 것은?

① 응축기 내의 액회수가 원활하지 못하면 액면이 높아져 열교환의 면적이 적어지므로 응축압력이 낮아진다.
② 응축기에서 방출하는 냉매가스의 열량은 증발기에서 흡수하는 열량보다 크다.
③ 냉매가스의 응축온도는 압축기의 토출가스 온도보다 높다.
④ 응축기 냉각수 출구온도는 응축온도보다 높다.

① 응축기 내의 액회수가 원활하지 못하면 액면이 높아져 열교환의 면적이 적어지므로 응축압력이 높아진다.
③ 냉매가스의 응축온도는 압축기의 토출가스 온도보다 낮다.
④ 응축기 냉각수 출구온도는 응축온도보다 낮다.

06. 응축기에 관한 설명으로 틀린 것은?

① 증발식 응축기의 냉각작용은 물의 증발잠열을 이용하는 방식이다.

② 이중관식 응축기는 설치 면적이 작고, 냉각 수량도 작기 때문에 과냉각 냉매를 얻을 수 있는 장점이 있다.
③ 입형 셸 튜브 응축기는 설치 면적이 작고 전열이 양호하며 냉각관의 청소가 가능하다.
④ 공랭식 응축기는 응축압력이 수냉식보다 일반적으로 낮기 때문에 같은 냉동기일 경우 형상이 작아진다.

④ 공랭식 응축기는 응축압력(온도)가 수냉식에 비해 높기 때문에 같은 냉동기일 경우 응축기 형상이 커진다.

07. 응축기에 관한 설명으로 옳은 것은?

① 횡형 셸 앤 튜브식 응축기의 관내 수속은 5m/s가 적당하다.
② 공랭식 응축기는 기온의 변동에 따라 응축능력이 변하지 않는다.
③ 입형 셸 앤 튜브식 응축기는 운전 중에 냉각관의 청소를 할 수 있다.
④ 주로 물의 감열로써 냉각하는 것이 증발식 응축기이다.

① 횡형 셸 앤드 튜브식 응축기의 관내 수속은 1~1.5m/s가 적당하다.
② 공랭식 응축기는 송풍기의 현열을 이용하여 냉각하는 방식으로 기온의 변동에 따라 응축능력이 변하게 된다.
④ 주로 물의 잠열을 이용하여(냉각수의 증발에 의해) 냉각하는 것이 증발식 응축기이다.

08. 냉동장치의 응축기에 관한 설명 중 옳은 것은?

① 횡형 셸 튜브 응축기는 전열이 양호하고 냉각관 청소가 용이하다.
② 7통로 응축기는 전열이 양호하고 입형에

Answer 05. ② 06. ④ 07. ③ 08. ④

비해 냉각수량이 많다.
③ 대기식 응축기는 냉각수량이 적어도 되며 설치 장소가 작다.
④ 입형 셸 튜브 응축기는 냉각관 청소가 용이하고 과부하에 잘 견딘다.

✋ ① 횡형 셸 튜브 응축기는 전열이 양호하지만 냉각관 청소가 어렵다.
② 7통로 응축기는 전열이 양호하여 냉각수량이 입형에 비해 적어도 되며 설치 면적이 적다.
③ 대기식 응축기는 냉각수량이 적어도 되지만 설치 면적이 너무 크고 구조가 복잡하다.

09. 냉동장치에서 응축기에 관한 설명으로 옳은 것은?

① 응축기 내의 액회수가 원활하지 못하면 액면이 높아져 열교환의 면적이 적어지므로 응축압력이 낮아진다.
② 응축기에서 방출하는 냉매가스의 열량은 증발기에서 흡수하는 열량보다 크다.
③ 냉매가스의 응축온도는 압축기의 토출가스 온도보다 높다.
④ 응축기 냉각수 출구온도는 응축온도보다 높다.

✋ ① 응축기 내의 액회수가 원활하지 못하면 액면이 높아져 열교환의 면적이 적어지므로 응축압력이 높아진다.
③ 냉매가스의 응축온도는 압축기의 토출가스 온도보다 낮다.
④ 응축기 냉각수 출구온도는 응축온도보다 낮다.

10. 응축기에 대한 설명 중 옳은 것은?

① 수냉식 응축기 냉각관에 물때가 부착될 경우 냉매의 응축온도는 저하한다.
② 불응축가스가 응축기 내로 유입될 경우 전열에 영향을 미치므로 불응축가스를 제거하기 위하여 균압관을 설치한다.
③ 수냉식 응축기 내에서 냉각수 온도가 낮고 냉각수량이 많을수록 응축온도는 저하한다.
④ 공랭식 응축기에서는 외기의 습구온도가 높을수록 응축온도가 상승하지만 건구온도에 의한 영향은 없다.

✋ ① 수냉식 응축기 냉각관의 유막 및 물때가 끼었을 때는 응축압력이 상승하기 때문에 응축온도는 상승한다.
② 불응축가스가 응축기 내로 유입될 경우 전열에 영향을 미치므로 불응축가스를 제거하기 위하여 가스퍼저를 설치한다.
④ 공랭식 응축기에서 외기의 건구온도가 높아지고 습구온도가 낮으면 고압은 높아지므로 외기의 습구온도뿐 아니라 건구온도에도 영향을 받는다.

11. 다음 냉동장치에 이용되는 응축기에 관한 설명 중 틀린 것은?

① 증발식 응축기는 주로 물의 증발로 인해 냉각하므로 잠열을 이용하는 방식이다.
② 횡형 수냉식 응축기에서 냉각수 입구온도가 일정하고 수량이 감소하면 출구온도는 높아진다.
③ 수냉식 응축기에서 냉각관을 관판에 부착하는 방법으로 확관법과 용접이 있다.
④ 수냉식 응축기의 응축압력의 변동은 공랭식 응축기에 비해 심하다.

✋ ④ 수냉식 응축기의 응축압력의 변동은 공랭식 응축기에 비해 적다. 그 이유는 공랭식 응축기는 공기를 이용하여 냉매를 응축시키는데 공기는 물에 비해 전열이 불량하므로 응축온도가 높고 크기가 대형이다. 반

Answer ✋ 09. ② 10. ③ 11. ④

면에 수냉식 응축기는 물을 이용하여 냉매를 응축시키는데 물은 공기에 비해 온도변화가 작으므로 응축압력이 일정하다.

12. 응축기에 대한 설명 중 맞는 것은?

> ㉠ 증발식 응축기의 응축온도는 주로 공기의 습구온도에 따라 정해지며 통과풍속에는 관계없다.
> ㉡ 셸 앤드 튜브 응축기(관내에 냉각수가 흐름)의 냉매의 압력강하는 증발식 응축기보다 작다.
> ㉢ 강제 통풍식 공랭 응축기는 수냉 응축기에 비해 열통과율이 작기 때문에 냉매의 응축온도와 입구 온도와의 온도차를 보통 30℃ 정도로 한다.
> ㉣ 응축기에서 냉매로부터 제거해야 할 열량은 냉동능력과 압축기를 구동하는 동력에 해당되는 열량을 합한 것이다.

① ㉠, ㉡   ② ㉡, ㉢
③ ㉠, ㉢   ④ ㉡, ㉣

㉠ 증발식 응축기의 응축온도는 외기의 건구온도보다 습구온도의 영향을 많이 받고, 외기 습구온도에 의해 응축기 능력이 결정된다. 증발식 응축기는 송풍기의 송풍량이 많고 외기의 습구온도가 저하하면 응축압력(온도)이 저하되므로 통과풍속에도 영향을 받는다.
㉢ 강제 통풍식 공랭 응축기는 수냉 응축기에 비해 열통과율이 작기 때문에 냉매의 응축온도와 입구 온도와의 온도차를 보통 15~20℃ 정도로 한다.

13. 응축기에 대한 다음 설명 중 옳은 것은?

① 냉매가스를 압축할 때 온도 상승은 압축비가 동일하면 R-12나 R-22 다같이 동일하다.
② 증발식 응축기에서 응축온도는 외기 습구온도보다 건구온도측이 더 영향을 주게 된다.
③ 수냉 응축기의 냉각관에 부착된 두꺼운 물때를 제거하면 전열작용은 현저히 양호하게 된다.
④ 증발식 응축기의 엘리미네이터는 공기 중의 먼지를 제거한다.

① 냉매가스를 압축할 때 온도 상승은 비열비가 작을수록 온도상승이 적다.
(R-22 : 55℃ > R-12 : 37.8℃)
② 증발식 응축기에서 응축온도는 외기의 건구온도보다 습구온도의 영향을 많이 받고, 외기 습구온도에 의해 응축기 능력이 결정된다.
④ 증발식 응축기의 엘리미네이터는 수분의 비산을 방지한다.

14. 입형 수냉식 응축기의 단점이 아닌 것은?

① 냉각관이 부식되기 쉽다.
② 설치 면적이 커서 옥외설치가 불가능하다.
③ 액냉매의 과냉각도가 작다.
④ 수량이 비교적 많이 필요하다.

② 설치 면적이 적게 들고 옥외설치가 가능하다.
[참고] 입형 수냉식 응축기의 장·단점

장 점	단 점
① 대용량이므로 과부하에 잘 견딘다.	① 수냉식 응축기 중에서 냉각수 소비량이 가장 많다.
② 운전 중 냉각관 청소가 용이하다.	② 냉매와 냉각수가 평행으로 흐르므로 과냉각이 어렵다.
③ 설치 면적이 적게 들고, 옥외설치가 가능하다.	③ 냉각관 부식이 쉽다.

15. 다음 중 열통과율이 가장 작은 응축기 형식

Answer 12. ④ 13. ③ 14. ② 15. ③

은? (단, 동일 조건 기준으로 한다.)
① 7통로식 응축기
② 입형 셸 튜브식 응축기
③ 공랭식 응축기
④ 2중관식 응축기

💡 **응축기 열통과율**

응축기 종류	열통과율 (kcal/m²h℃)
7통로식	1000
입형 셸 앤드 튜브식	900
2중관식	900
횡형 셸 앤드 튜브식	750
증발식	200~280
공랭식	20~25

16. 다음 응축기 중 열통과율이 가장 좋은 것은?
① 공랭식 응축기
② 7통로식 응축기
③ 증발식 응축기
④ 입형 셸 앤드 튜브식 응축기

💡 15번 해설 참고

17. 나선상의 관에 냉매를 통과시키고, 그 나선관을 원형 또는 구형의 수조에 담고, 물을 수조에 순환시켜서 냉각하는 방식의 응축기는?
① 대기식 응축기   ② 이중관식 응축기
③ 지수식 응축기   ④ 증발식 응축기

💡 **지수식 응축기**
원통 내에 나선모양의 코일이 감겨져 있는 구조로 Shell 내에는 냉매가, Tube 내에는 냉각수가 흐른다. 소용량의 프레온 냉동장치에 사용한다. 고압에 잘 견디고 가격이 싸지만 다량의 냉각수가 필요하고 전열효과도 나빠 현재는 거의 사용하지 않는다.

18. 다음 그림과 같이 수냉식과 공랭식 응축기의 작용을 혼합한 형태의 응축기는?

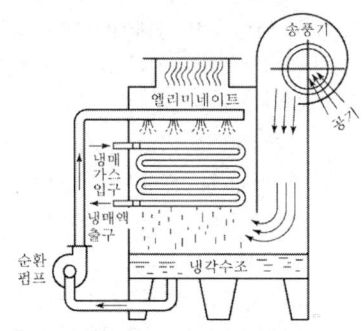

① 증발식 응축기   ② 셸코일 응축기
③ 공랭식 응축기   ④ 7통로식 응축기

💡 **증발식 응축기**
수냉식 응축기와 공랭식 응축기인 냉각탑을 조합한 방식으로 냉매증기가 통하는 냉각코일에 노즐로 물을 분무하고, 또 상부에 설치된 송풍기로 코일 표면에 공기가 흐르게 하여, 코일 표면에 발생된 수증기를 배출하는 구조로 되어 있다. 또한 분무된 물은 아래에 있는 냉각수 수조에 모여 순환펌프에 의해 다시 분무용 노즐로 보내지며 증발에 의한 물의 부족량만큼 보충한다. 증발식 응축기의 응축온도는 외기의 건구온도보다 습구온도의 영향을 많이 받고, 외기 습구온도에 의해 응축기 능력이 결정된다. 겨울철에는 공랭식으로 사용 가능하고 주로 암모니아 냉동장치와 중형의 프레온 냉동장치에 사용한다.

19. 냉동부하가 일정할 때 계절의 변화에 따라 응축능력의 변동이 가장 심한 응축기는 어

는 것인가?
① 증발식 응축기   ② 대기식 응축기
③ 2중관식 응축기 ④ 공랭식 응축기

👉 **공랭식 응축기**
동관 내에 냉매를 통하고 그 외면을 공기로 냉각하는 것으로 자연 대류식과 강제 대류식이 있다. 이 종류의 응축기는 특히 물을 얻을 수 없는 장소나 차량 등의 냉방용에는 편리하나 공기의 열전달률이 작기 때문에 수냉식에 비해 많은 냉각면적을 필요로 한다. 또한 응축압력이 높으므로 압축기의 소요동력이 증가되고, 기온의 변동에 의해서 응축능력이 변하는 결점이 있다. 주로 가정용 냉장고나 소형 냉동기에 사용된다.

20. 증발식 응축기에 대한 설명으로 옳은 것은?
① 냉각수의 감열(현열)로 냉매가스를 응축
② 외기의 습구 온도가 높아야 응축능력 증가
③ 응축온도가 낮아야 응축능력 증가
④ 냉각탑과 응축기의 기능을 하나로 합한 것

👉 ① 냉각수의 잠열(냉각수의 증발)로 냉매가스를 응축
② 외기의 습구 온도가 낮아야 응축능력 증가한다. 외기 습구온도가 높으면 물의 증발이 어려워 냉각능력이 저하한다.
③ 응축온도가 낮아지면 응축능력 감소
[참고]
겨울철 외기의 온도나 습도가 내려가면 응축온도와 응축압력이 낮아진다. 그러나 냉동부하는 변하지 않기 때문에 증발온도가 변하지 않는다고 하면 팽창밸브 전후의 압력차가 감소하기 때문에 팽창밸브의 능력은 감소하고 팽창밸브로 통과하는 냉매량이 감소하여 소정의 능력을 발휘할 수 없게 된다.

21. 증발식 응축기에 관한 설명으로 옳은 것은?
① 외기의 습구온도 영향을 많이 받는다.

② 외부공기가 깨끗한 곳에서는 엘리미네이터(eliminator)를 설치할 필요가 없다.
③ 공급수의 양은 물의 증발량과 엘리미네이터에서 배제하는 양을 가산한 양으로 충분하다.
④ 냉각작용은 물을 살포하는 것만으로 한다.

👉 ② 외부공기가 깨끗한 곳에서도 물이 비산하므로 물의 비산방지를 위해 엘리미네이터를 설치해야 한다.
③ 공급수의 양은 물의 소비량이 적어 냉각수량의 1.5~3% 정도가 필요하다.
④ 증발식 응축기는 수냉식과 공랭식의 작용을 혼합한 방식이기 때문에 냉각수의 증발에 의한 냉각작용과 냉각수 및 공기의 현열에 의한 냉각작용으로 냉매가스를 냉각, 응축한다.

22. 외기 습구온도에 영향을 받는 것은?
① 증발식 응축기
② 대기식 응축기
③ 입형 셸 앤드 튜브식 응축기
④ 7통로식 응축기

👉 **증발식 응축기**
수냉식 응축기와 공랭식 응축기인 냉각탑을 조합한 방식으로 응축온도는 외기의 건구온도보다 습구온도의 영향을 많이 받고, 외기습구온도에 의해 응축기 능력이 결정된다.

23. 증발식 응축기의 응축능력을 높이기 위한 방법으로 옳은 것은?
① 순환수 온도를 저하시킨다.
② 외기의 습구 온도를 높인다.
③ 순환수 온도를 높인다.
④ 순환수량을 줄인다.

👉 ① 순환수(냉각수)의 온도가 낮아지면 성능

Answer 20. ④ 21. ① 22. ① 23. ①

제5장 응축기(Condenser) 679

이 향상되고 입력이 감소하기 때문에 냉각수 온도가 낮을수록 유리하다
② 외기 습구온도가 높으면 물의 증발이 어려워 냉각능력이 저하한다.

24. 증발식 응축기의 보급수량의 결정요인과 관계가 없는 것은?
① 냉각수 상·하부의 온도차
② 냉각할 때 소비한 증발수량
③ 탱크 내의 불순물의 농도를 증가시키지 않기 위한 보급 수량
④ 냉각공기와 함께 외부로 비산되는 소비수량

> **증발식 응축기 보급수량 결정**
> ① 냉각을 위해 소비되는 증발수량
> ② 캐리오버(Carry Over) : 송풍기나 팬에 의해 밖으로 날아가는 수량
> ③ 블로우 다운(Blow Down) : 냉각수 중 불순물에 의해 생성된 고형물 등을 드레인, 오버플로우시키는 수량
> ④ 메이크 업(Make Up) : Carry Over나 Blow Down에 의해 손실되는 수량만큼 보충시켜 주는 냉각수량

25. 공랭식 응축기에 대한 설명 중 옳지 않은 것은?
① 냉각수를 사용하지 않으므로 냉각수 배관 및 펌프, 배수설비 등이 필요 없다.
② 암모니아 냉동기에 주로 사용한다.
③ 겨울철 응축온도가 낮아지기 쉽다.
④ 냉매배관의 시공이 필요하다.

> **공랭식 응축기**
> 냉각수를 사용하지 않고 송풍 공기의 현열을 이용하여 냉매를 냉각 응축하는 방식으로 공기는 물에 비해 전열이 불량하므로 소형 냉동장치(프레온용)에 주로 사용된다.

26. 공랭식 응축기에서 열통과량을 증대시키기 위한 방법으로 적당하지 못한 것은?
① 전열면에 핀(fin)을 부착한다.
② 관 두께를 얇게 한다.
③ 응축압력을 낮춘다.
④ 냉매와 공기와의 온도차를 증가시킨다.

> **열통과량 증대방법**
> ① 냉각관이 냉매액에 잠겨 있거나 접촉해 있을 것
> ② 관에 핀을 부착한 것일 것
> ③ 관 폭이 좁고 관경이 작을 것
> ④ 관 두께를 얇게 할 것
> ⑤ 유속이 적당할 것
> ⑥ 냉매와 공기와의 온도차를 증가시킬 것

27. 다음 냉동장치에 이용되는 응축기에 관한 설명 중 틀린 것은?
① 증발식 응축기는 주로 물의 증발로 인해 냉각하므로 열을 이용하는 방식이다.
② 이중관식 응축기는 좁은 공간에서도 설치가 가능하므로 설치면적이 적고, 또 냉각수량도 적기 때문에 과냉각 냉매를 얻을 수 있는 장점이 있다.
③ 입형 셸 튜브 응축기는 설치면적이 적고 전열이 양호하며 운전 중에도 냉각관의 청소가 가능하다.
④ 공랭식 응축기에서의 능력 변동요소는 공기의 습구온도이다.

> ④ 증발식 응축기에서의 능력 변동요소는 공기의 습구온도이다.

28. 다음 설명 중 옳은 것은?

 24. ① 25. ② 26. ③ 27. ④ 28. ②

○ 프레온(freon)용 입형 응축기에서 냉각수의 pH는 3 이하로 유지해야 한다.
○ 냉동장치의 증발식 응축기에서 보급수 온도가 약간 높아져도 응축부하, 외기조건, 풍량이 변화하지 않으면 고압은 거의 변화하지 않는다.
© 공랭식 응축기에서 외기의 건구온도가 높아지고 습구온도가 낮으면, 고압은 높아진다.
② 공랭식 입형 응축기의 열통과율은 물 속도에 비례하여 변화한다.

① ㉠, ㉡ ② ㉡, ㉢
③ ㉢, ㉣ ④ ㉠, ㉣

㉠ 응축기 냉각수의 pH는 중성을 유지하는 것이 좋다. 그 이유는 pH가 알칼리 또는 산 보다는 항시 중성이어야만 배관의 부식이 일어나지 않기 때문이다.
② 공랭식 입형 응축기는 냉각수를 사용하지 않고 송풍 공기의 현열을 이용하여 냉매를 냉각 응축하는 방식으로 열통과율은 송풍량에 비례하여 변화한다.

29. 응축열량에 대한 설명 중 틀린 것은?

① 응축기 입구 냉매증기의 엔탈피와 응축기 출구 냉매액의 엔탈피 차로 나타낸다.
② 증발기에서 저온의 물체로부터 흡수한 열량과 압축기의 압축일량을 합한 값이다.
③ 응축열량은 증발온도와 응축온도에 따라 다르다.
④ 증발온도가 낮아져도 응축온도의 변화는 없다.

④ 증발온도가 낮아지면 증발압력의 저하로 압축비가 증대하여 압축기의 토출가스 온도가 높아져 응축온도가 상승하게 된다.

30. 냉동능력이 1RT인 냉동장치가 1kW의 압축동력을 필요로 할 때, 응축기에서의 방열량(kW)은?

① 2   ② 3.3
③ 4.8 ④ 6

① 냉동능력
$Q_e = 1RT$
$= 3320 \text{kcal/h} \times \dfrac{1\text{kW}}{860\text{kcal/h}} = 3.86\text{kW}$

② 응축기 방열량
$Q_c = Q_e + AW = 3.86\text{kW} + 1\text{kW} = 4.86\text{kW}$

31. 냉동능력 1RT로 압축되는 냉동기가 있다. 이 냉동기에서 응축기의 방열량은? (단, 응축기 방열량은 냉동능력의 1.2배로 한다.)

① 3.32kW ② 3.98kW
③ 4.22kW ④ 4.63kW

응축기의 방열량(Q_c)
$Q_c = 1.2 \times Q = 1.2 \times 3.86 = 4.63\text{kW}$
여기서, $Q = 1RT = 3.86\text{kW}$

32. 냉각수 입구 온도가 32℃, 출구 온도가 37℃, 냉각수량이 100L/min인 수냉식 응축기가 있다. 압축기에 사용되는 동력이 8kW이라면 이 장치의 냉동능력은 약 몇 냉동톤인가?

① 7RT   ② 8RT
③ 9RT   ④ 10RT

풀이1) 냉동능력은 응축열량에서 압축열량을 제외한 열량이므로
$Q_e = Q_c - AW = m \cdot C \cdot \Delta t - AW$
$= [100 L/\text{min} \times \dfrac{1\text{min}}{60s} \times 4.18 \times (37-32)] - 8$
$= 26.83\text{kW}$
∴ 냉동톤 $= \dfrac{26.83}{3.86} ≒ 7RT$

Answer 29. ④ 30. ③ 31. ④ 32. ①

여기서, 1RT=3.86kW
물의 비열(C)=4.18kJ/kg℃

풀이2) 냉동능력은 응축열량에서 압축열량을 제외한 열량이므로
$Q_e = Q_c - AW = m \cdot C \cdot \Delta t - AW$
$= [100 \times 60 \times 1 \times (37-32)] - 8 \times 860$
$= 23120 \text{ kcal/h}$
∴ 냉동톤 $= \dfrac{23120}{3320} ≒ 7\text{RT}$

여기서, 1RT=3320kcal/h
1kW=860kcal/h
물의 비열(C)=1kcal/kg℃

33. 수냉 패키지형 공조기의 냉각수 온도를 측정하였더니 입구온도 32℃, 출구온도 37℃, 수량 70L/min였다. 이 밀폐형 압축기의 소요동력이 5kW일 때 이 공조기의 냉동능력은 몇 kcal/h인가? (단, 열손실은 무시한다.)

① 21300　　② 18200
③ 16700　　④ 14200

① 응축기 방열량(Q_c)
$Q_c = G_c C \Delta t = (70 \times 60) \times 1 \times (37-32)$
$= 21000 \text{ kcal/h}$

② 압축일량(AW) : 1kW=860kcal/h이므로 압축기의 소요동력(5kW)을 kcal/h로 환산하면
$5\text{kW} = 5 \times 860 = 4300 \text{ kcal/h}$

③ 냉동능력(Q_e)
$Q_c = Q_e + AW$에서
$Q_e = Q_c - AW$
$= 21000 - 4300 = 16700 \text{ kcal/h}$

34. 냉각관의 열관류율이 500W/m²·℃이고, 대수평균온도차가 10℃일 때, 100kW의 냉동부하를 처리할 수 있는 냉각관의 면적은?

① 5m²　　② 15m²
③ 20m²　　④ 40m²

$Q = KA\Delta t$
$A = \dfrac{Q}{K\Delta t} = \dfrac{100}{0.5 \times 10} = 20\text{m}^2$
여기서, $K = 500\text{W/m}^2\text{℃} = 0.5\text{kW/m}^2\text{℃}$

35. 냉동능력이 7kW인 냉동장치에서 수냉식 응축기의 냉각수 입·출구 온도차가 8℃인 경우, 냉각수의 유량(kg/h)은? (단, 압축기의 소요동력은 2kW이다.)

① 630　　② 750
③ 860　　④ 964

응축부하(Q_c)
$Q_c = Q_e + AW = G_c \cdot C \cdot \Delta t$
$Q_c = Q_e + AW = 7 + 2 = 9\text{kW}$
$Q_c = G_c \cdot C \cdot \Delta t$
$G_c = \dfrac{Q_c}{C\Delta t} = \dfrac{9\frac{\text{kJ}}{\text{s}} \times \frac{3600\text{s}}{1\text{h}}}{4.2 \times 8} = 964 \text{kg/h}$
여기서, 물의 비열(C)=4.2kJ/kg℃

36. 냉각수 입구온도가 15℃이며 매분 40L로 순환되는 수냉식 응축기에서 시간당 18000kcal의 열이 제거되고 있을 때 냉각수 출구온도(℃)는?

① 22.5　　② 23.5
③ 25　　④ 30

$Q = GC\Delta t$
$18000\text{kcal/h} = \left(40\text{L/min} \times \dfrac{60\text{min}}{1\text{h}}\right)$
$\times 1\text{kcal/kg℃} \times (t_2 - 15)$
∴ $t_2 = 22.5℃$

37. 냉방능력이 1냉동톤당 10L/min의 냉각수가 응축기에 사용되었다. 냉각수 입구의 온도가 32℃이면 출구온도는? (단, 응축열량은

Answer 33. ③　34. ③　35. ④　36. ①　37. ③

냉방능력의 1.2배로 한다.)

① 22.5℃　　② 32.6℃
③ 38.6℃　　④ 43.5℃

① 응축열량(냉방능력의 1.2배)
$$Q_c = 3.86 \times 1.2 = 4.632 \text{kW}$$
여기서, 1RT=3.86kW
② $Q_c = GC\Delta t = GC(t_2 - t_1)$
$$t_2 = \frac{Q_c}{GC} + t_1 = \frac{4.632 \text{kW}}{(10 \times \frac{1\text{min}}{60\text{s}}) \times 4.18} + 32$$
$$= 38.64℃$$

38. 냉각수량 600L/min, 전열면적 80m², 응축온도 32℃, 냉각수 입구 및 출구 온도가 각각 23℃, 31℃인 수냉응축기의 냉각관 열통과율은?

① 720kcal/m²h℃　　② 600kcal/m²h℃
③ 480kcal/m²h℃　　④ 360kcal/m²h℃

① 응축기 방열량(Q_c)
$$Q_c = GC\Delta t = KA\Delta t_m$$
② 열통과율(K)
$$K = \frac{GC\Delta t}{A\Delta t_m}$$
$$= \frac{\left(600 \times \frac{60\text{min}}{1\text{h}}\right) \times 1 \times (31-23)}{80 \times \left(32 - \frac{23+31}{2}\right)}$$
$$= 720 \text{kcal/m}^2\text{h℃}$$
(여기서, $\Delta t_m = t_c - \frac{t_{w1}+t_{w2}}{2}$)

39. 냉동능력 50RT 브라인 냉각장치에서 브라인 입구온도 -5℃, 출구온도 -10℃, 냉매의 증발온도 0℃로 운전되고 있을 때, 냉각관 전열면적이 30m²이라면 열통과율은? (단, 열손실은 무시하고 평균온도차는 산술평균으로 계산하며, 1RT=3320kcal/h로 계산한다.)

① 약 572kcal/m²h℃
② 약 673kcal/m²h℃
③ 약 737kcal/m²h℃
④ 약 842kcal/m²h℃

① 산술평균온도차
$$\Delta t_m = t_e - \frac{t_1+t_2}{2} = 0 - \frac{-5-10}{2} = 7.5℃$$
② 열통과율(K)
$$Q = K \cdot A \cdot \Delta t_m$$
$$K = \frac{Q}{A \cdot \Delta t_m} = \frac{50 \times 3,320}{30 \times 7.5}$$
$$= 737.8 \text{kcal/m}^2\text{h℃}$$

40. 어떤 냉장실 온도를 -20℃로 유지하고자 할 때, 필요한 관 길이는? (단, 관의 열통과율은 7kcal/cm²h℃이고, 냉동부하는 20RT, 냉매증발 온도는 -35℃이며 관의 외경은 5cm이다.)

① 약 10.26cm　　② 약 20.26cm
③ 약 40.26cm　　④ 약 50.26cm

① 전열면적(A)
$$Q = K \cdot A \cdot \Delta t_m$$
$$20\text{RT} \times 3320\text{kcal/h}$$
$$= 7\text{kcal/cm}^2\text{h℃} \times A \times [-20-(-35)]℃$$
$$\therefore A = 632.4 \text{cm}^2$$
② 관의 길이(l)
$$A = \pi D \cdot l \rightarrow 632.4\text{cm}^2 = \pi \times 5\text{cm} \times l$$
$$\therefore l = \frac{632.4}{\pi \times 5} = 40.26\text{cm}$$

41. 냉동능력이 15RT인 냉동장치가 있다. 흡입증기 포화온도가 -10℃이며, 건조포화증기 흡입압축으로 운전된다. 이때 응축온도가 45℃이라면 이 냉동장치의 응축부하(kW)는 얼마인가? (단, 1RT는 3.8kW이다.)

Answer 38. ①　39. ③　40. ③　41. ①

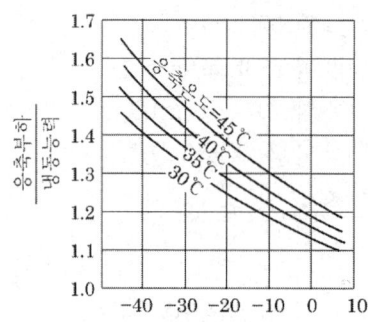

① 74.1　　　② 58.7
③ 49.8　　　④ 36.2

👉 표에서 흡입 증기포화온도가 −10℃일 때
$\dfrac{\text{응축부하}}{\text{냉동능력}} = 1.3$이므로

응축부하 = 냉동능력 × 1.3

$= \left[15\text{RT} \times \dfrac{3.8\text{kW}}{1\text{RT}}\right] \times 1.3 = 74.1\text{kW}$

42. 다음 조건을 이용하여 응축기 설계 시 1RT(3.86kW)당 응축면적(m²)은 얼마인가? (단, 온도차는 산술평균온도차를 적용한다.)

[조건] 방열계수 : 1.3
　　　응축온도 : 35℃
　　　냉각수 입수온도 : 28℃
　　　냉각수 출구온도 : 32℃
　　　열통과율 : 1.05kW/m²·℃

① 1.25　　　② 0.96
③ 0.74　　　④ 0.45

👉 $Q_c = KA\Delta T = Q_e \times C$

$\therefore A = \dfrac{Q_e \times C}{K \times \Delta T} = \dfrac{3.86 \times 1.3}{1.05 \times 5} = 0.96\text{m}^2$

여기서, $\Delta T = T_c - \dfrac{t_{w1} + t_{w2}}{2}$

$= 35 - \dfrac{32 + 28}{2} = 5℃$

43. 수냉식 응축기에서 냉각수 입·출구 온도차가 5℃, 냉각수량이 300LPM인 경우 이 냉각수에서 1시간에 흡수하는 열량은 1시간당 LNG 몇 N·m³을 연소한 열량과 같은가? (단, 냉각수의 비열은 4.2kJ/kg℃, LNG 발열량은 43961.4kJ/N·m³, 열손실은 무시한다.)

① 4.6　　　② 6.3
③ 8.6　　　④ 10.8

👉 ① 응축열량

$Q = GC\Delta t$

$= \left(300\text{kg/min} \times \dfrac{60\text{min}}{1\text{h}}\right) \times 4.2 \times 5$

$= 378300\text{kJ/h}$

(여기서, 냉각수량 300LPM
$= 300\text{L/min} = 300\text{kg/min})$

② LNG 환산열량

$\dfrac{\text{응축열량}}{1\text{시간당 LNG 열량}} = \dfrac{378300}{43961.4} = 8.6\text{N}\cdot\text{m}^3$

44. 냉동장치의 냉동능력이 38.8kW, 소요동력이 10kW이었다. 이때 응축기 냉각수의 입·출구 온도차가 6℃, 응축온도와 냉각수 온도와의 평균온도차가 8℃일 때 수냉식 응축기의 냉각수량(L/min)은 얼마인가? (단, 물의 정압비열은 4.2kJ/(kg·℃)이다.)

① 126.1　　　② 116.2
③ 97.1　　　④ 87.1

👉 ① 응축열량(Q_c)

$Q_c = Q_e + W = 38.8 + 10 = 48.8\text{kW}$

② 응축기의 냉각수량(G)

$Q_c = GC\Delta T$

$G = \dfrac{Q_c}{C\Delta T} = \dfrac{48.8\text{kJ/s} \times \dfrac{60s}{1\text{min}}}{4.2 \times 6}$

$= 116.2\text{L/min}$

Answer　42. ②　43. ③　44. ②

45. 냉동장치의 냉동부하가 3냉동톤이며, 압축기의 소요동력이 20kW일 때 응축기에 사용되는 냉각수량(L/h)은? (단, 냉각수 입구온도는 15℃이고, 출구온도는 25℃이다.)

① 2716　　② 2547
③ 1530　　④ 600

👉 ① 냉동부하(Q_e)

$$Q_e = 3RT \times \frac{3.86kW}{1RT} = 11.6kW$$

② 압축동력(AW)

$AW = 20kW$

③ 응축기 방열량(Q_c)

$Q_c = Q_e + AW = 11.6 + 20 = 31.6kW$

④ 냉각수량(G)

$Q_c = G \cdot C \cdot \Delta t$

$$G = \frac{Q_c}{C \cdot \Delta t} = \frac{31.6 \times \frac{3600s}{1h}}{4.18(25-15)} ≒ 2716L/h$$

46. 전열면적 4.5m², 열통과율 800kcal/m²h℃인 수냉식 응축기를 사용하는 냉각장치가 있다. 또한 응축기를 냉각수 입구온도 32℃로 운전하는 경우 응축온도가 40℃가 된다. 이 응축기의 냉각수량은 몇 L/min인가? (단, 냉매와 냉각수 간의 온도차는 산술평균온도차 5℃를 사용한다.)

① 30L/min　　② 50L/min
③ 60L/min　　④ 80L/min

👉 ① 산술평균온도차

$\Delta t_m = t_c - \frac{t_{w1} + t_{w2}}{2}$

$5 = 40 - \frac{32 + t_{w2}}{2}$

∴ $t_{w2} = 38℃$

② 응축열량

$Q_c = KA\Delta_m = 800 \times 4.5 \times 5$
　　　$= 18000kcal/h$

③ 냉각수량

$$G = \frac{Q_c}{C\Delta t} = \frac{18000}{1 \times (38-32) \times 60} = 50L/min$$

47. 전열면적 40m², 냉각수량 300L/min, 열통과율 3140kJ/m²h℃인 수냉식 응축기를 사용하며, 응축부하 439614kJ/h일 때 냉각수 입구온도가 23℃이라면 응축온도(℃)는 얼마인가? (단, 냉각수의 비열은 4.186kJ/kg·K이다.)

① 29.42℃　　② 25.92℃
③ 20.35℃　　④ 18.28℃

👉 응축기 방열량(Q_c)

$Q_c = K \cdot A \cdot \Delta t_m = G_c \cdot C \cdot \Delta t$

① 냉각수 출구온도(t_2)

$Q_c = G_c \cdot C \cdot \Delta t$

$\Delta t = \frac{Q_c}{G_c \cdot C}$

$= \frac{439614}{(300L/min \times \frac{60min}{1h}) \times 4.186}$

$= 5.83℃$

$\Delta t = t_2 - t_1 = t_2 - 23 = 5.83$

∴ $t_2 = 28.83℃$

② 냉매와 냉각수 온도차(Δt_m)

$Q_c = K \cdot A \cdot \Delta t_m$

$\Delta t_m = \frac{Q_c}{K \cdot A} = \frac{439614}{3140 \times 40} = 3.5℃$

③ 응축온도(t_c)

$\Delta t_m = t_c - \frac{t_{w1} + t_{w2}}{2}$

$t_c = \Delta t_m + \frac{t_{w1} + t_{w2}}{2} = 3.5 + \frac{23 + 28.83}{2}$

$= 29.42℃$

48. 냉동능력이 30RT, 압축소요동력이 35kW인 냉동기에서 응축기의 냉각수 입구온도가

Answer　45. ①　46. ②　47. ①　48. ③

20℃, 냉각수량이 360L/min이면 응축기 출구의 냉각수 온도는? (단, 1RT=3.86kW, 냉각수의 비열은 4.18kJ/kg·K이다.)

① 22℃ ② 24℃
③ 26℃ ④ 28℃

👉 ① 응축기 방열량(Q_c)

$Q_c = Q_e + W$

$= 30RT \times \dfrac{3.86kW}{1RT} + 35kW = 150.8kW$

② 응축기 출구 온도(t_2)

$Q_c = G \cdot C \cdot (t_2 - t_1)$

$t_2 = \dfrac{Q_c}{G \cdot C} + t_1$

$= \dfrac{150.8}{(360L/min \times \frac{1min}{60s}) \times 4.18} + 20 = 26℃$

49. 냉각수 입구온도 30℃, 냉각수량 1000L/min이고, 응축기의 전열면적이 $8m^2$, 총괄 열전달계수 $7kW/m^2 \cdot K$일 때 대수평균온도차 6.5℃로 하면 냉각수 출구온도는?

① 26.7℃ ② 30.9℃
③ 32.6℃ ④ 35.2℃

👉 ① 냉각수 입출구 온도차(Δt)

$Q_c = GC\Delta t = KA\Delta t_m$

$\Delta t = \dfrac{KA\Delta t_m}{GC}$

$= \dfrac{7 \times 8 \times 6.5}{\left(1000L/min \times \frac{1min}{60s}\right) \times 4.18} = 5.2℃$

② 냉각수 출구온도(t_2)

$\Delta t = t_2 - t_1 = 5.2℃$

∴ $t_2 = \Delta t + t_1 = 5.2 + 30 = 35.2℃$

50. 전열면적이 $20m^2$인 수냉식 응축기의 용량이 200kW이다. 냉각수의 유량은 5kg/s이고, 응축기 입구에서 냉각수 온도는 20℃이다. 열관류율이 $800W/m^2 \cdot K$일 때, 응축기 내부 냉매의 온도(℃)는 얼마인가? (단, 온도차는 산술평균온도차를 이용하고, 물의 비열은 4.18kJ/kg·K이며, 응축기 내부 냉매의 온도는 일정하다고 가정한다.)

① 36.5 ② 37.3
③ 38.1 ④ 38.9

👉 ① 냉각수 출구온도(t_{w2})

$Q_c = G_c \cdot C \cdot \Delta t$

$200 = 5 \times 4.18 \times (t_{w2} - 20)$

∴ $t_2 = 29.6℃$

② 산술평균온도차(Δt_m)

$Q_c = K \cdot A \cdot \Delta t_m$

$200 = 0.8 \times 20 \times \Delta t_m$

∴ $\Delta t_m = 12.5℃$

② 냉매의 온도(t_c)

$\Delta t_m = t_c - \dfrac{t_{w1} + t_{w2}}{2}$

$12.5 = t_c - \dfrac{20 + 29.6}{2}$

∴ $t_c = 37.3℃$

51. 나관식 냉각코일로 물 1000kg/h를 20℃에서 5℃로 냉각시키기 위한 코일의 전열면적(m^2)은? (단, 냉매액과 물과의 대수평균온도차는 5℃, 물의 비열은 4.2kJ/kg℃, 열관류율은 $0.23kW/m^2℃$이다.)

① 15.2 ② 30.0
③ 65.3 ④ 81.4

👉 $Q_c = G \cdot C \cdot \Delta t = K \cdot A \cdot \Delta t_m$

$A = \dfrac{G \cdot C \cdot \Delta t}{K \cdot \Delta t_m}$

$= \dfrac{(1000kg/h \times \frac{1h}{3600s}) \times 4.2 \times (20-5)}{0.23 \times 5}$

$= 15.2 m^2$

Answer 49. ④ 50. ② 51. ①

52. 냉동부하가 15RT인 냉동장치의 증발기에서 열통과율 6kcal/m²h℃, 유체의 입·출구 평균온도와 냉매의 증발온도의 차가 14℃일 때 전열면적은 약 얼마인가?

① 592.9m² ② 1383.3m²
③ 526.5m² ④ 782.4m²

① 냉동부하(Q)
  15RT = 15 × 3320 = 49800kcal/h
  (1RT = 3320kcal/h)
② 전열면적(A)
  냉동부하 $Q = K \cdot A \cdot \Delta t$ 이므로
  $A = \dfrac{Q}{K \cdot \Delta t} = \dfrac{49800}{6 \times 14} = 592.9 \text{m}^2$

53. 다음 조건에서 작동되는 냉동장치의 수냉식 응축기에서 냉매와 냉각수의 산술평균온도차는? (단, 냉각수 입구온도 : 16℃, 냉각수량 : 200 l/min, 냉각수의 출구온도 : 24℃, 응축기의 냉각면적 : 20m², 응축기의 열통과율 : 800kcal/m²h℃)

① 6℃ ② 16℃
③ 8℃ ④ 18℃

냉각수 열량 = 응축열량
$Q_c = G \cdot C(t_{w2} - t_{w1}) = K \cdot A \cdot \Delta t_m$
$\Delta t_m = \dfrac{GC(t_{w2} - t_{w1})}{KA}$
$= \dfrac{(200 l/\text{min} \times \frac{60\text{min}}{1\text{h}}) \times 1 \times (24 - 16)}{800 \times 20}$
$= 6℃$

54. 다음 조건을 이용하여 응축기 설계 시 1RT (3.86kW)당 응축면적(m²)은? (단, 온도차는 산술평균온도차를 적용한다.)

[조건] 응축온도 : 35℃
      냉각수 입구온도 : 28℃
      냉각수 출구온도 : 32℃
      열통과율 : 1.05kW/m² · ℃

① 1.05 ② 0.74
③ 0.52 ④ 0.35

① 산술평균온도차
  $\Delta t_m = t_c - \left(\dfrac{t_{w_1} + t_{w_2}}{2}\right)$
  $= 35 - \left(\dfrac{28 + 32}{2}\right) = 5℃$
② 응축면적(A)
  $Q_c = K \cdot A \cdot \Delta t_m$
  $A = \dfrac{Q_c}{K \cdot \Delta t_m} = \dfrac{3.86}{1.05 \times 5} = 0.74 \text{m}^2$

55. 밀도가 1200kg/m³, 비열이 0.705kcal/kg℃인 염화칼슘 브라인을 사용하는 냉각기의 브라인 입구온도가 -10℃, 출구온도가 -4℃되도록 냉각기를 설계하고자 한다. 냉동부하가 36000kcal/h라면 브라인의 유량은 얼마이어야 하는가?

① 118L/min ② 120L/min
③ 136L/min ④ 150L/min

브라인의 유량(G)
$Q = \gamma G C \Delta t$
$G = \dfrac{Q}{\gamma C \Delta t}$
$= \dfrac{36000}{1.2 \times 0.705 \times \{-4 - (-10)\}} \times \dfrac{1\text{h}}{60\text{min}}$
$= 118.2 \text{L/min}$

56. 염화나트륨 브라인을 사용한 식품냉장용 냉동장치에서 브라인의 순환량이 220L/min 이며, 냉각관 입구의 브라인 온도가 -5℃,

Answer 52. ① 53. ① 54. ② 55. ① 56. ②

출구의 브라인 온도가 -9℃라면 이 브라인 쿨러의 냉동능력(kcal/h)은? (단, 브라인의 비열은 0.75kcal/kg·℃, 비중은 1.150이다.)

① 759
② 45540
③ 60720
④ 148005

👉 브라인 쿨러의 냉동능력(Q)

$Q = GC\Delta t$
$= \left(220\text{L/min} \times \dfrac{60\text{min}}{1\text{h}} \times 1.15\right) \times 0.75$
$\quad \times [(-5)-(-9)]$
$= 45540\text{kcal/h}$

57. 냉동장치에 사용하는 브라인 순환량이 200L/min이고, 비열이 0.7kcal/kg·℃이다. 브라인의 입·출구 온도는 각각 -6℃와 -10℃일 때, 브라인 쿨러의 냉동능력(kcal/h)은? (단, 브라인의 비중은 1.20이다.)

① 36880
② 38860
③ 40320
④ 43200

👉 브라인 쿨러의 냉동능력(Q)

$Q = GC\Delta t$
$= (200\text{L/min} \times \dfrac{60\text{min}}{1\text{h}} \times 1.2) \times 0.7$
$\quad \times [(-6)-(-10)]$
$= 40320\text{kcal/h}$

58. 전열면적이 17m^2인 브라인 쿨러(Brine cooler)가 있다. 브라인 유량이 180L/min, 쿨러의 브라인 입·출구 온도는 -12℃ 및 -16℃이다. 브라인 쿨러의 냉동부하는 약 몇 kcal/h인가? (단, 브라인의 비중량은 1.2kg/L이고, 비열은 0.72kcal/kg℃이다.)

① 31104
② 33460
③ 37324
④ 51840

👉 냉동부하(Q)

$Q = GC\Delta t$
$= \left(180\text{L/min} \times \dfrac{60\text{min}}{1\text{h}} \times 1.2\right) \times 0.72$
$\quad \times [-12-(-16)]$
$= 37324.8\text{kcal/h}$

59. 냉동부하가 25RT인 브라인 쿨러가 있다. 열전달 계수가 1.53kW/m^2·K이고, 브라인 입구온도가 -5℃, 출구온도가 -10℃, 냉매의 증발온도가 -15℃일 때 전열면적(m^2)은 얼마인가? (단, 1RT는 3.8kW이고, 산술평균온도차를 이용한다.)

① 16.7
② 12.1
③ 8.3
④ 6.5

👉 ① 냉동부하(Q_e)

$Q_e = 25\text{RT} \times \dfrac{3.8\text{kW}}{1\text{RT}} = 95\text{kW}$

② 산술평균온도차(Δt_m)

$\Delta t_m = \dfrac{t_{w1} + t_{w2}}{2} - t_c$
$= \dfrac{(-5)+(-10)}{2} - (-15) = 7.5℃$

③ 전열면적(A)

$Q_e = K \cdot A \cdot \Delta t_m$
$A = \dfrac{Q_e}{K \cdot \Delta t_m} = \dfrac{95}{1.53 \times 7.5} = 8.3\text{m}^2$

60. 냉각수 입구온도 25℃, 냉각수량 900kg/min인 응축기의 냉각 면적이 80m^2, 그 열통과율이 1.6kW/m^2·K이고, 냉각 수온의 평균온도차가 6.5℃이면 냉각수 출구온도(℃)는? (단, 냉각수의 비열은 4.2kJ/kg·K이다.)

① 28.4
② 32.6
③ 29.6
④ 38.2

👉 $Q = GC\Delta t = KA\Delta t_m$

Answer 57. ③ 58. ③ 59. ③ 60. ④

$$\Delta t = \frac{KA\Delta t_m}{GC} \to t_2 - t_1 = \frac{KA\Delta t_m}{GC}$$

$$t_2 = \frac{KA\Delta t_m}{GC} + t_1$$

$$= \frac{1.6 \times 80 \times 6.5}{(900\text{kg/min} \times \frac{1\text{min}}{60\text{s}}) \times 4.2} + 25 = 38.2\text{°C}$$

61. 열전달에 관한 설명으로 옳은 것은?
① 열관류율의 단위는 kW/m·℃이다.
② 열교환기에서 성능을 향상시키려면 병류형보다는 향류형으로 하는 것이 좋다.
③ 일반적으로 핀(fin)은 열전달계수가 높은 쪽에 부착한다.
④ 물때 및 유막의 형성은 전열작용을 증가시킨다.

① 열관류율의 단위는 W/m²K 이다.
③ 일반적으로 핀은 열전달계수가 낮은 쪽(전열이 불량한 쪽)에 부착하여 유효 전열면적을 증대시켜 전열을 양호하게 한다.
④ 물때 및 유막의 형성은 전열작용을 감소시킨다.

62. 셸 앤 튜브 응축기에서 냉각수 입구 및 출구온도가 각각 16℃와 22℃, 냉매의 응축온도를 25℃라 할 때, 이 응축기의 냉매와 냉각수와의 대수평균온도차(℃)는?
① 3.5   ② 5.5
③ 6.8   ④ 9.2

대수평균온도차(LMTD)
$$\Delta t_m = \frac{\Delta_1 - \Delta_2}{\ln\frac{\Delta_1}{\Delta_2}} = \frac{(25-16)-(25-22)}{\ln\frac{(25-16)}{(25-22)}} = 5.5\text{°C}$$
여기서, $\Delta_1 = t_c - t_{w1}$, $\Delta_2 = t_c - t_{w2}$

63. 2단 압축 냉동기에서 냉매의 응축온도가 38℃일 때 수냉식 응축기의 냉각수 입·출구의 온도가 각각 30℃, 35℃이다. 이때 냉매와 냉각수와의 대수평균온도차(℃)는?
① 2   ② 5
③ 8   ④ 10

대수평균온도차(Δt_m)
$$\Delta t_m = \frac{\Delta_1 - \Delta_2}{\ln\frac{\Delta_1}{\Delta_2}} = \frac{8-3}{\ln\frac{8}{3}} = 5\text{°C}$$
여기서, $\Delta_1 = t_c - t_{w1} = 38 - 30 = 8\text{°C}$
$\Delta_2 = t_c - t_{w2} = 38 - 35 = 3\text{°C}$

64. 두께가 0.1cm인 관으로 구성된 응축기에서 냉각수 입구온도 15℃, 출구온도 21℃, 응축온도를 24℃라고 할 때, 이 응축기의 냉매와 냉각수의 대수평균온도차(℃)는?
① 9.5   ② 6.5
③ 5.5   ④ 3.5

대수평균온도차(Δt_m)
$$\Delta t_m = \frac{\Delta_1 - \Delta_2}{\ln\frac{\Delta_1}{\Delta_2}}$$
$$= \frac{(24-15)-(24-21)}{\ln\frac{(24-15)}{(24-21)}} = 5.5\text{°C}$$

65. 열통과율 900kcal/m²h℃, 전열면적 5m²인 아래 그림과 같은 대향류 열교환기에서의 열교환량(kcal/h)은? (단, t_1 : 27℃, t_2 : 13℃, t_{w1} : 5℃, t_{w2} : 10℃이다.)

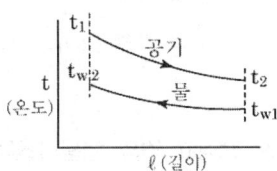

① 26865   ② 53730

③ 45000　　　　④ 90245

👉 ① 대수평균온도차(LMTD)

$$\Delta t_m = \frac{\Delta_1 - \Delta_2}{\ln\frac{\Delta_1}{\Delta_2}} = \frac{17 - 8}{\ln\frac{17}{8}} = 11.94\,\text{°C}$$

$\Delta_1 = (t_1 - t_{w2}) = 27 - 10 = 17\,\text{°C}$
$\Delta_2 = (t_2 - t_{w1}) = 13 - 5 = 8\,\text{°C}$

② 열교환량(Q_c)
$Q_c = KA\Delta t_m = 900 \times 5 \times 11.94$
　　　　$= 53730\,\text{kcal/h}$

66. R22 수냉식 응축기에서 최초 설치 시에는 냉매 응축온도가 25°C이며 입·출구 수온이 20°C, 23°C이었던 것이 장기간 사용 후에는 출구 수온이 22°C가 되었다. 최초 설치 시보다 열통과율이 약 몇 %나 저하하였는가?

① 7%　　　　② 17%
③ 73%　　　　④ 83%

👉 수냉식 응축기의 방열량은 온도차에 비례한다.

① $LMTD_1 = \dfrac{\Delta_1 - \Delta_2}{\ln\dfrac{\Delta_1}{\Delta_2}}$

$= \dfrac{(25-20)-(25-23)}{\ln\dfrac{25-20}{25-23}} = 3.27\,\text{°C}$

② $LMTD_2 = \dfrac{\Delta_1 - \Delta_2}{\ln\dfrac{\Delta_1}{\Delta_2}}$

$= \dfrac{(25-20)-(25-22)}{\ln\dfrac{25-20}{25-22}} = 3.92\,\text{°C}$

∴ $\dfrac{LMTD_2 - LMTD_1}{LMTD_2} \times 100$

$= \dfrac{3.92 - 3.27}{3.92} \times 100 = 17\%$

67. 어떤 냉장고 벽의 열통과율이 0.32kcal/m²h°C, 벽면적이 700m², 실온이 -5°C, 그리고 외기온도가 30°C라면 이 벽을 통한 침입열량은 약 몇 kcal/h인가? (단, 열손실은 무시한다.)

① 6720kcal/h　　　② 7840kcal/h
③ 8200kcal/h　　　④ 8750kcal/h

👉 침입열량(Q)
$Q = K \cdot A \cdot \Delta t$
　$= 0.32 \times 700 \times (30 - (-5)) = 7840\,\text{kcal/h}$

68. 방열벽 면적 1000m², 방열벽 열통과율 0.232W/m²·°C인 냉장실에 열통과율 29.03W/m²·°C, 전달면적 20m²인 증발기가 설치되어 있다. 이 냉장실에 열전달률 5.805W/m²·°C, 전열면적 500m², 온도 5°C인 식품을 보관한다면 실내온도는 몇 °C로 변화되는가? (단, 증발온도는 -10°C로 하며, 외기온도는 30°C로 한다.)

① 3.7°C　　　② 4.2°C
③ 5.8°C　　　④ 6.2°C

👉 ① 방열벽 침입열량
　　$Q_1 = K_1 A_1 \Delta t_1 = 0.232 \times 1000 \times (30 - t)$
② 식품 냉각열량
　　$Q_2 = K_2 A_2 \Delta t_2 = 5.805 \times 500 \times (5 - t)$
③ 냉동장치의 냉동능력
　　$Q_3 = K_3 A_3 \Delta t_3 = 29.03 \times 20 \times [t - (-10)]$
④ 실내온도(t) : 방열벽 침입열량+식품 냉각열량=냉동장치의 냉동능력
　　$K_1 A_1 \Delta t_1 + K_2 A_2 \Delta t_2 = K_3 A_3 \Delta t_3$
　　$0.232 \times 1{,}000 \times (30 - t) + 5.805 \times 500$
　　　$\times (5 - t) = 29.03 \times 20 \times [t - (-10)]$
　　$6960 - 232t + 14512.5 - 2902.5t$
　　　$= 580.6t + 5806$
　　$3715.1t = 15666.5$
　　∴ $t = 4.2\,\text{°C}$

Answer　66. ②　67. ②　68. ②

69. 응축기에서 두께 3mm의 냉각관에 두께 0.1mm의 물때와 0.02mm의 유막이 있다. 열전도는 냉각관 40W/m·℃, 물때 0.8W/m·℃, 유막 0.1W/m·℃이고 열전달률은 냉매측 2500W/m²·℃, 냉각수측 1500W/m²·℃일 때 열통과율은 약 얼마인가?

① $681.8W/m^2 \cdot ℃$
② $618.7W/m^2 \cdot ℃$
③ $714.7W/m^2 \cdot ℃$
④ $741.8W/m^2 \cdot ℃$

👉 열통과율(K)

$$K = \frac{1}{R}$$

$$= \frac{1}{\frac{1}{\alpha_r} + \frac{l_1}{\lambda_1} + \frac{l_2}{\lambda_2} + \frac{l_3}{\lambda_3} + \frac{1}{\alpha_w}}$$

$$= \frac{1}{\frac{1}{2500} + \frac{0.003}{40} + \frac{0.0001}{0.8} + \frac{0.00002}{0.1} + \frac{1}{1500}}$$

$$= 681.8 W/m^2 \cdot ℃$$

70. 다음 그림과 같은 냉동실 벽의 통과율(kcal/m²h℃)은 약 얼마인가?(단, 공기막 계수는 실내벽면 8kcal/m²h℃, 외부벽면 29kcal/m²h℃이며, 벽의 구조에 따른 각 열전도율(σ, kcal/mh℃), 두께(mm)는 아래 그림과 같다.)

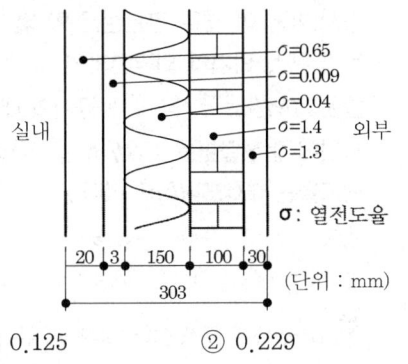

① 0.125
② 0.229

③ 0.035
④ 0.437

👉 $K = \dfrac{1}{\dfrac{1}{\alpha_i} + \dfrac{\lambda_1}{\delta_1} + \dfrac{\lambda_2}{\delta_2} + \dfrac{\lambda_3}{\delta_3} + \dfrac{\lambda_4}{\delta_4} + \dfrac{\lambda_5}{\delta_5} + \dfrac{1}{\alpha_o}}$

$$= \frac{1}{\frac{1}{8} + \frac{0.02}{0.65} + \frac{0.003}{0.009} + \frac{0.15}{0.04} + \frac{0.1}{1.4} + \frac{0.03}{1.3} + \frac{1}{29}}$$

$$= 0.229 kcal/m^2 h℃$$

71. 두께 100mm의 콘크리트벽의 내면에 두께 200mm의 발포스티로폼으로 방열을 하고 또 그 내면을 10mm 두께의 내장판을 설치한 냉장고가 있다. 냉장실 온도가 −30℃이고, 평균외기 온도가 35℃이며 냉장고의 벽면적이 100m²인 경우 전열량은 약 얼마인가?

재료명	열전도율(kcal/mh℃)
콘크리트	0.9
발포스티로폼	0.04
내장판	0.15

벽 면	표면열전달률(kcal/m²h℃)
외벽면	20
내벽면	5

① 1076kcal/h
② 1196kcal/h
③ 1296kcal/h
④ 1396kcal/h

👉 ① 열관류율(K)

$$K = \frac{1}{\frac{1}{\alpha_i} + \Sigma \frac{l}{\lambda} + \frac{1}{\alpha_o}}$$

$$= \frac{1}{\frac{1}{5} + \frac{0.1}{0.9} + \frac{0.2}{0.04} + \frac{0.01}{0.15} + \frac{1}{20}}$$

$$= 0.184 kcal/m^2 h℃$$

② 전열량(q)

$q = K \cdot A \cdot \Delta t$
$= 0.184 \times 100 \times [35 - (-30)]$
$= 1196 kcal/h$

Answer 69. ① 70. ② 71. ②

72. 냉장고의 방열벽의 열통과율이 0.000117kW/m²·K일 때 방열벽의 두께(cm)는? (단, 각 값은 아래 표와 같으며, 방열재 이외의 열전도 저항은 무시하는 것으로 한다.)

외기와 외벽면과의 열전달률	0.023kW/m²·K
고내 공기와 내벽면과의 열전달률	0.0116kW/m²·K
방열벽의 열전도율	0.000046kW/m·K

① 35.6　　② 37.1
③ 38.7　　④ 41.8

👆 ① 열통과율(K)

$$K=\frac{1}{\frac{1}{\alpha_i}+\frac{l}{\lambda}+\frac{1}{\alpha_o}} \rightarrow \frac{1}{K}=\frac{1}{\alpha_i}+\frac{l}{\lambda}+\frac{1}{\alpha_o}$$

② 방열벽 두께(l)

$$l=\lambda\left(\frac{1}{K}-\frac{1}{\alpha_i}-\frac{1}{\alpha_o}\right)$$
$$=0.000046\left(\frac{1}{0.000117}-\frac{1}{0.0116}-\frac{1}{0.023}\right)$$
$$=0.387\text{m}=38.7\text{cm}$$

73. 방열벽의 열통과율(K)이 0.2W/m²℃이며, 외기와 벽면과의 열전달률(α_1)은 20W/m²℃, 실내공기와 벽면과의 열전달률(α_2)이 5W/m²℃, 방열층의 열전도율(λ)이 0.03W/m℃라 할 때, 방열벽의 두께는 얼마가 되는가?

① 142.5mm　　② 146.5mm
③ 155.5mm　　④ 164.5mm

👆 ① 열통과율(K)

$$K=\frac{1}{\frac{1}{\alpha_1}+\frac{l}{\lambda}+\frac{1}{\alpha_2}} \Rightarrow \frac{1}{K}=\frac{1}{\alpha_1}+\frac{l}{\lambda}+\frac{1}{\alpha_2}$$

② 방열벽 두께(l)

$$l=\lambda\left(\frac{1}{K}-\frac{1}{\alpha_1}-\frac{1}{\alpha_2}\right)$$
$$=0.03\left(\frac{1}{0.2}-\frac{1}{20}-\frac{1}{5}\right)$$
$$=0.1425\text{m}=142.5\text{mm}$$

74. 냉장고의 방열벽의 열통과율이 0.131W/m²℃일 때 방열벽의 두께는 약 몇 cm인가? (단, 외기와 외벽면과의 열전달률 : 20W/m²℃, 고내 공기와 내벽면과의 열전달률 : 10W/m²℃, 방열재 열전도율 : 0.04W/m℃이다. 또, 방열재 이외의 열전도 저항은 무시하는 것으로 한다.)

① 0.3　　② 3
③ 30　　④ 300

👆 ① 열통과율(K)

$$K=\frac{1}{\frac{1}{\alpha_i}+\frac{l}{\lambda}+\frac{1}{\alpha_o}} \rightarrow \frac{1}{K}=\frac{1}{\alpha_i}+\frac{l}{\lambda}+\frac{1}{\alpha_o}$$

② 방열벽 두께(l)

$$l=\lambda\left(\frac{1}{K}-\frac{1}{\alpha_i}-\frac{1}{\alpha_o}\right)$$
$$=0.04\left(\frac{1}{0.131}-\frac{1}{20}-\frac{1}{10}\right)$$
$$=0.3\text{mm}=30\text{cm}$$

75. 냉장고 방열재의 두께가 200mm이었는데, 냉동효과를 좋게 하기 위해서 300mm로 보강시켰다. 이 경우 열손실은 약 몇 % 감소하는가?(단, 외기와 외벽면과의 사이에 열전달률은 20W/m²℃, 창고 내 공기와 내벽면과의 사이에 열전달률은 10W/m²℃, 방열재의 열전도율은 0.035W/m℃이다.)

① 30　　② 33
③ 38　　④ 40

👆 ① 방열재 두께 200mm일 때 열전달률

Answer 72. ③　73. ①　74. ③　75. ②

$$K_1 = \cfrac{1}{\cfrac{1}{\alpha_o}+\cfrac{l}{\lambda}+\cfrac{1}{\alpha_i}} = \cfrac{1}{\cfrac{1}{20}+\cfrac{0.2}{0.035}+\cfrac{1}{10}}$$
$$= 0.1705\,W/m^2\,℃$$

② 방열재 두께 300mm일 때 열전달률

$$K_2 = \cfrac{1}{\cfrac{1}{\alpha_o}+\cfrac{l}{\lambda}+\cfrac{1}{\alpha_i}} = \cfrac{1}{\cfrac{1}{20}+\cfrac{0.3}{0.035}+\cfrac{1}{10}}$$
$$= 0.1147\,W/m^2\,℃$$

③ 열손실 감소율

$$\cfrac{K_1 - K_2}{K_1}\times 100 = \cfrac{0.1705-0.1147}{0.1705}\times 100$$
$$= 32.7\% ≒ 33\%$$

76. 냉동설비에서 응축기의 냉각용수를 다시 냉각시키는 장치를 무엇이라 하는가?

① 냉각탑　　② 냉동실
③ 증발기　　④ 팽창탱크

> **냉각탑(cooling tower)**
> 수냉식 응축기에서 냉매를 응축시키는 과정에서 냉각수의 온도가 높아져 냉각수를 재사용하기 위하여 냉각수를 냉각하는 장치이다.

77. 냉각탑에 관한 설명으로 옳은 것은?

① 오염된 공기를 깨끗하게 정화하며 동시에 공기를 냉각하는 장치이다.
② 냉매를 통과시켜 공기를 냉각시키는 장치이다.
③ 찬 우물물을 냉각시켜 공기를 냉각하는 장치이다.
④ 냉동기의 냉각수가 흡수한 열을 외기에 방사하고 온도가 내려간 물을 재순환시키는 장치이다.

> 76번 해설 참고

78. 소형, 경량으로 설치 면적이 적고 효율이 좋아 가장 많이 사용되고 있는 냉각탑은?

① 대기식 냉각탑
② 대향류식 냉각탑
③ 직교류식 냉각탑
④ 밀폐식 냉각탑

> **대향류식 냉각탑**
> 하부에서 올라가는 공기의 흐름과 상부에서 살수를 대향으로 한 것으로 소형, 경량으로 설치 면적이 적고, 기류분포가 균등하여 냉각 효율이 높으며 동절기 결빙의 우려가 적다. 그러나 냉각탑 높이가 높고 많은 팬 동력이 필요하며 점검 및 보수가 불편하다.

79. 냉동기, 열기관, 발전소, 화학플랜트 등에서의 뜨거운 배수를 주위의 공기와 직접 열교환시켜 냉각시키는 방식의 냉각탑은?

① 밀폐식 냉각탑　② 증발식 냉각탑
③ 원심식 냉각탑　④ 개방식 냉각탑

> **열전달 방법에 따른 구분**
> ① 개방식 : 냉각수와 공기가 직접 접촉하며 냉각수의 증발이 수반되어 열교환하는 형태
> ② 밀폐식 : 냉각수와 공기가 간접 접촉하여 열교환하는 형태
>
> [참고] 공기흐름에 따른 구분
> ① 대향류형 : 충전부에서 공기의 흐름이 수직 상방향으로 움직여 냉각수와 마주 교차하며 열교환되는 형태
> ② 직교류형 : 충전부에서 공기의 흐름이 수평 방향으로 움직여 냉각수와 직각으로 교차하며 열교환되는 형태

80. 압력계를 설치하지 않아도 되는 곳은?

① 감압밸브 입구측과 출구측
② 펌프 출구측
③ 냉각탑 입구측과 출구측
④ 증기헤더 출구측

Answer　76. ①　77. ④　78. ②　79. ④　80. ③

③ 냉각탑 입구측과 출구측은 압력계가 아니라 온도측정장치가 필요하다.

81. 냉각탑과 관계가 가장 먼 것은?
① 엘리미네이터 ② 쿨링 어프로치
③ 쿨링 레인지 ④ 스월

스월은 입형 셸 튜브식 응축기 튜브 내에 설치하여 열교환을 향상시키는 역할을 한다.
[참고]
① 엘리미네이터(eliminator) : 냉각탑의 수분비산 방지를 목적으로 설치
② 쿨링 어프로치(Cooling Approach) : 냉각수가 최저온도에 얼마나 접근하는가의 정도
③ 쿨링 레인지(Cooling Range) : 냉각탑에서 냉각되는 수온

82. 냉각탑에 관한 설명으로 틀린 것은?
① 어프로치는 냉각탑 출구수온과 입구공기 건구온도 차
② 레인지는 냉각수의 입구와 출구의 온도차
③ 어프로치를 작게 할수록 설비비 증가
④ 어프로치는 일반 공조용에서 5℃ 정도로 설정

① 쿨링 어프로치는 냉각수가 최저 온도에 얼마나 접근하는가의 정도로 냉각탑 출구수온과 입구공기 습구온도와의 차이다.

83. 냉각탑의 성능이 좋아지기 위한 조건으로 적절한 것은?
① 쿨링 레인지가 작을수록, 쿨링 어프로치가 작을수록
② 쿨링 레인지가 작을수록, 쿨링 어프로치가 클수록
③ 쿨링 레인지가 클수록, 쿨링 어프로치가 작을수록
④ 쿨링 레인지가 클수록, 쿨링 어프로치가 클수록

쿨링 레인지는 클수록, 쿨링 어프로치는 작을수록 냉각탑의 냉각능력이 우수하다.
[참고] 쿨링 레인지와 쿨링 어프로치
㉠ 쿨링 레인지(Cooling Range)
  = 냉각수 입구온도－냉각수 출구온도 (냉각탑에서 냉각되는 수온)
㉡ 쿨링 어프로치(Cooling Approach)
  = 냉각수 출구온도－냉각탑 입구공기의 습구온도(냉각수가 최저온도에 얼마나 접근하는가의 정도)

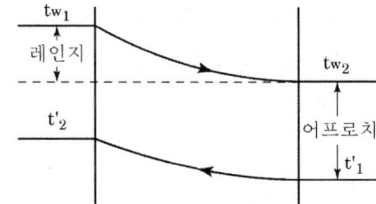

84. 냉각탑에 대한 설명으로 틀린 것은?
① 밀폐식은 개방식 냉각탑에 비해 냉각수가 외기에 의해 오염될 염려가 적다.
② 냉각탑의 성능은 입구공기의 습구온도에 영향을 받는다.
③ 쿨링 레인지는 냉각탑의 냉각수 입·출구 온도의 차이다.
④ 어프로치는 냉각탑의 냉각수 입구온도에서 냉각탑 입구공기의 습구온도의 차이다.

④ 어프로치는 냉각탑의 냉각수 출구온도에서 냉각탑 입구공기의 습구온도의 차이로 냉각수가 최저온도에 얼마나 접근하는가의 정도를 나타낸다.

85. 냉각탑(cooling tower)에 대한 설명으로 틀린 것은?

Answer 81. ④ 82. ① 83. ③ 84. ④ 85. ④

① 일반적으로 쿨링 어프로치는 5℃ 정도로 한다.
② 냉각탑은 응축기에서 냉각수가 얻은 열을 공기 중에 방출하는 장치이다.
③ 쿨링 레인지란 냉각탑에서의 냉각수 입·출구 수온차이다.
④ 일반적으로 냉각탑으로의 보급수량은 순환수량의 15% 정도이다.

☞ ④ 일반적으로 냉각탑에서 보급수량은 순환수량의 1~3% 정도이다.

86. 냉각탑의 설명 중 옳은 것은?

① 냉각탑 출구의 수온과 출구공기의 습구온도와의 차를 어프로치(apporach)라 한다.
② 냉각탑의 내부에는 수적이 공기와 접촉하는 면적을 증가시키기 위해 충전재를 설치하고 있다.
③ 냉각탑에서는 보급수량은 일반적으로 순환수량의 10~15%이다.
④ 냉각탑에는 물이 대기와 직접 접촉하므로 대기 중의 아황산가스 등을 흡수하여 알칼리성이 된다.

☞ ① 냉각탑 출구의 수온과 입구공기의 습구온도와의 차를 어프로치라 한다.
  ③ 냉각탑에서 보급수량은 일반적으로 순환수량의 1~3% 정도이다.
  ④ 냉각탑에는 물이 대기와 직접 접촉하므로 대기 중의 아황산가스 등을 흡수하여 산성이 되어 수질이 악화되는 경우가 많으므로 수질관리에 세심한 주의가 필요하다.

87. 증기압축식 냉동기의 냉각탑에서 표준냉각능력을 산정하는 일반적 기준으로 틀린 것은?

① 입구수온 37℃
② 출구수온 32℃
③ 순환수량 23L/min
④ 입구공기 습구온도 27℃

☞ ③ 순환수량 13L/min

Answer 86. ② 87. ③

제5장 응축기(Condenser) 695

chapter 06 팽창밸브

1. 팽창밸브

응축기에서 응축된 고온·고압의 냉매액을 증발기에서 증발하기 쉽도록 교축작용에 의하여 단열팽창(교축)시켜 저온·저압으로 낮춰주는 작용을 하는 동시에 냉동부하(증발부하)의 변동에 대응하여 냉매량을 조절하는 기기이다. 팽창밸브에서 냉매의 공급이 부족하면 증발온도를 일정하게 유지하지 못하고 압축기가 과열운전된다. 반대로 냉매의 공급이 지나치면 냉매액이 증발기를 넘쳐나와 압축기는 액냉매를 흡입, 압축하여 액해머를 일으켜 안정된 운전이 곤란하게 된다. 이와 같은 냉매유량이 과잉되거나 부족함이 없는 정상적인 작동상태를 얻어내기 위해서 정밀한 유량조절이 필요하다.

2. 팽창밸브의 원리

(1) 유체가 노즐이나 오리피스와 같이 유로(流路)가 좁은 곳을 통과하게 되면, 외부와 열량이나 일량의 교환 없이도 압력이 감소하는데, 이와 같은 현상을 교축(throttling)이라 한다.

(2) 유체가 유동 중에 교축되면 유체의 마찰과 와류의 증가로 압력손실이 발생하여 압력이 감소한다.

(3) 액체의 경우는 교축되어 압력이 내려가 액체의 포화압력보다 낮아지면 액체의 일부

가 증발하며, 증발에 필요한 열을 액체 자신으로부터 흡수하므로 액체의 온도는 감소하게 되며, 교축과정은 단열팽창 과정이므로 교축 전후의 엔탈피는 변화가 없다. (등엔탈피 과정)

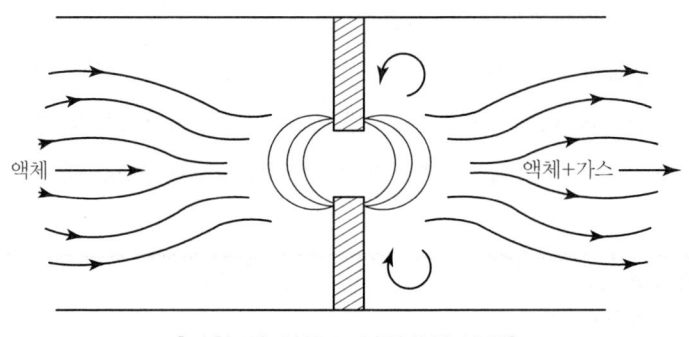

[마찰 및 와류로 압력손실 발생]

3 팽창밸브의 종류

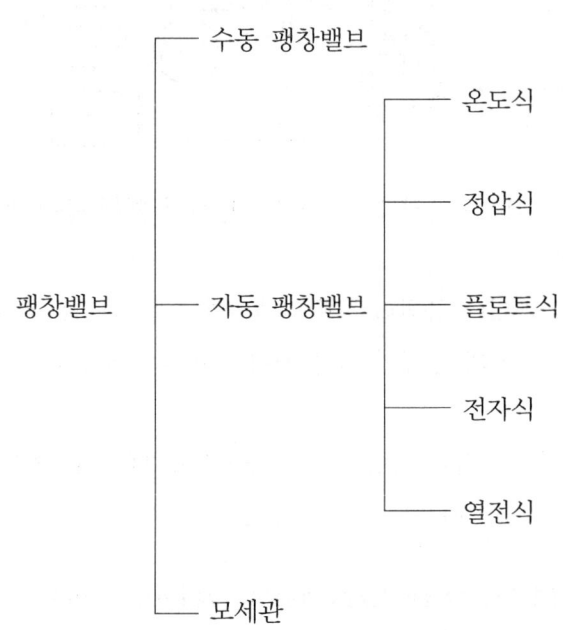

(1) 수동 팽창밸브(Manual Expansion Valve, MEV)

냉매의 유량을 고도의 숙련에 의해 수동으로 밸브의 핸들을 돌려 조절하는 방식으로, 최근에는 냉동장치의 운전 자동화로 사용되는 경우가 적다.

① 주로 암모니아 건식 증발기에 사용한다.
② 냉동부하의 변동에 대응하여 수동에 의해 냉매소요량을 조절 공급한다.
③ 미세한 유량을 제어하기 위해 니들 밸브(Needle valve)로 되어 있다.
④ 자동팽창밸브의 고장을 대비하여 바이패스(Bypass)용으로 사용한다.

> **참고 ─ 팽창밸브 용량**
> 밸브 시트의 오리피스 지름

(2) 정압식 팽창밸브(Automatic Expansion Valve, AEV)

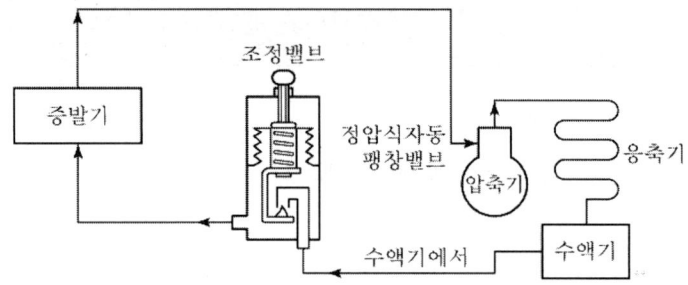

① 증발압력이 높아지면 밸브가 닫히고, 낮아지면 밸브가 열려 증발압력을 항상 일정하게 유지하며 개폐된다.
② 냉동부하의 변동에 관계없이 증발압력에 의해서만 작동되므로 부하 변동이 적은 소용량에 적합하며 냉동부하의 변동이 심한 곳에 사용되면 과열압축 및 액압축이 발생되기 쉽다.
③ 냉동기가 정지하면 증발압력이 상승하여 자동적으로 밸브가 닫힌다.
④ 냉수 또는 브라인의 동결방지용으로도 사용된다.

(3) 온도식 자동팽창밸브(Thermal Expansion Valve, TEV)

온도식 팽창밸브는 증발기 출구의 냉매가스 과열도(superheat)에 대응하여 증발기로 공급하는 냉매유량을 제어하는 밸브로, 증발기 전체를 유효하게 이용하고 흡입관을 통하여 압축기로 액냉매가 되돌아오는 것을 방지하는 데 그 목적이 있다.

　증발기 출구에 감온통을 설치하여 감온통에서 감지한 냉매가스의 과열도가 증가하면 열리고, 부하가 감소하여 과열도가 적어지면 닫혀 팽창작용 및 냉매량을 제어하는 것으로 내부균압형과 외부균압형이 있으며 팽창밸브 중 가장 많이 사용한다.

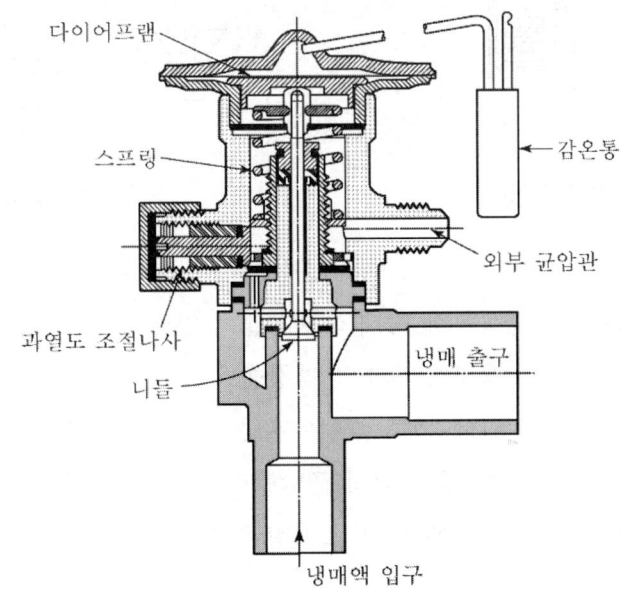

1) 특징

① 주로 프레온 건식 증발기에 사용한다.
② 냉동부하의 변동에 따라 냉매량이 조절(유량제어 가능)된다.
③ 온도식 자동팽창밸브는 내부균압형과 외부균압형이 있다.
　㉠ 내부균압형 : 증발기 입구측의 압력을 밸브 격막의 차압으로 유량을 조절한다.
　㉡ 외부균압형 : 증발기 출구측의 압력을 튜브를 통해 밸브에 연결하여 조절한다.
④ 감온통 충전방식에 따라 가스충전식(사용 냉매가스 봉입), 액체충전식(사용 냉매액 봉입), 크로스 충전식(사용냉매와 다른 액 또는 가스 봉입)이 있다.
⑤ 팽창밸브 직전에 전자밸브를 설치하여 압축기 정지 시 증발로 액이 유입되는 것을 방지한다.

2) 종류

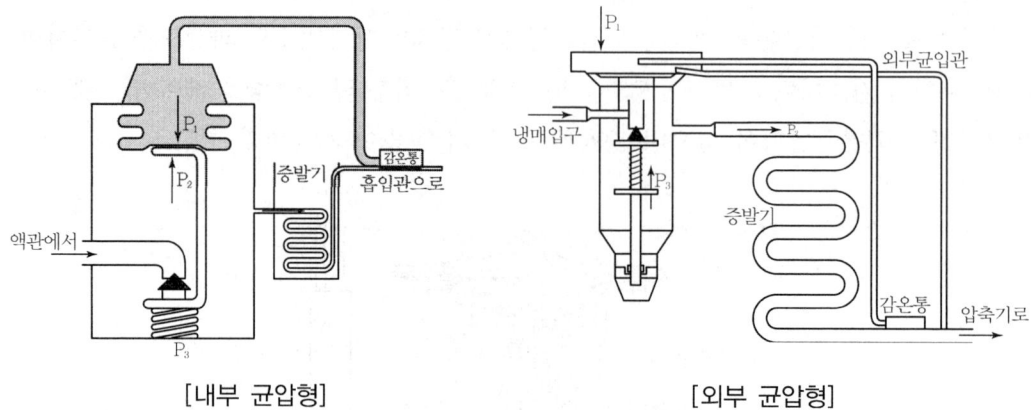

[내부 균압형]　　　　　　　　　　[외부 균압형]

① 내부 균압형

　㉠ $P_1 > P_2 + P_3$ → 냉동부하 증대 : 팽창밸브 열림

　㉡ $P_1 < P_2 + P_3$ → 냉동부하 감소 : 팽창밸브 닫힘

　　　　P_1 : 과열도에 의해 다이아프램에 전해지는 압력

　　　　P_2 : 증발기 내 냉매의 증발압력

　　　　P_3 : 조절나사에 의한 스프링 압력

② 외부 균압형

　㉠ 설치 목적 : 증발관 내의 압력강하가 크면($0.14kg/cm^2$ 이상) 증발기 출구온도가 입구온도보다 낮아져 과열도가 감소됨으로써 팽창변이 작게 열리게 되어 냉매순환량의 감소로 인한 냉동능력의 감소를 초래하게 되므로 이를 해소하기 위해 설치한다.

　㉡ 설치 위치 : 증발기 출구 감온통 부착 위치 넘어 압축기 흡입관

　㉢ 설치 경우 : 증발기 코일 내 압력강하가 $0.14kg/cm^2$ 이상 시 채택한다.

3) 감온통의 설치

① 증발기 출구측 가까이 흡입관과 수평으로 설치한다.

② 흡입관경이 7/8″(20mm) 이하일 때 : 흡입관의 수직 상단

　　흡입관경이 7/8″(20mm) 초과일 때 : 흡입관 수평의 45° 하단

③ 감온통의 감도를 좋게 하려면 흡입관과 단단히 밀착하여 고정시킨다.

④ 흡입관에 트랩이 있는 경우는 트랩에 고여 있는 액은 영향을 받지 않게 하기 위해

트랩에서 가능한 한 멀리 설치한다.

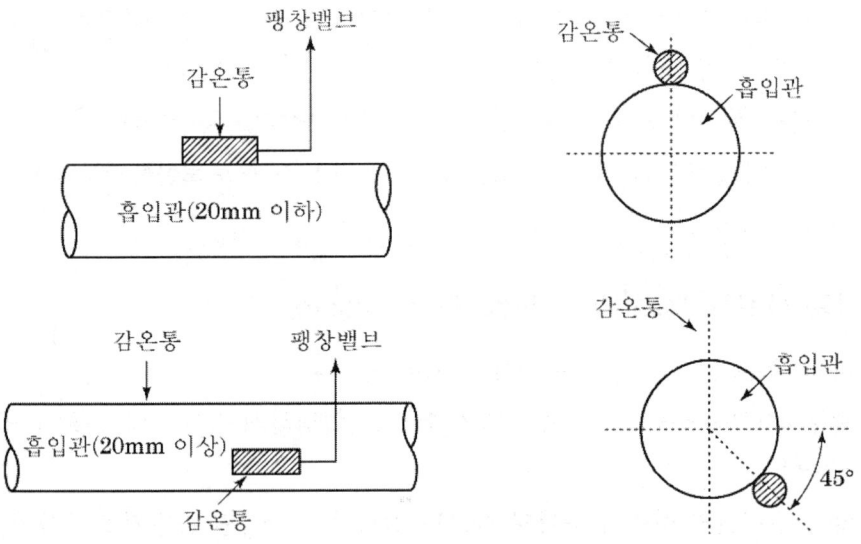

> **참고 ■ 감온통의 가스충전방식**
> ① 가스충전식 : 사용 냉매가스 봉입
> ② 액충전식 : 사용 냉매액 봉입
> ③ 크로스(cross) 충전식 : 사용냉매와 다른 액 또는 가스 봉입

(4) 파일럿 온도식 자동팽창밸브(Pilot Expansion Valve)

온도식 자동팽창밸브(T.E.V)의 단독용량에는 한계가 있어 냉동능력 100~270RT의 대용량이 되면 많은 유량이 필요하게 되고 액관이 굵어지므로 이 팽창밸브를 사용한다.

(5) 저압측 플로트 밸브(Low Side Float Valve)

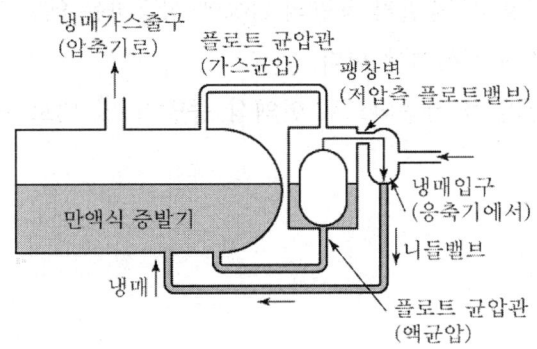

① 만액식 증발기에 사용하고 증발기 출구 저압측 액분리기에 설치한다.
② 부하 변동에 따라 증발기 액면을 항상 일정하게 유지하여 냉매유량을 조절한다.
③ 냉매량은 2/3가 적당하다.
④ 밸브 전에 전자변을 설치하여 냉동기 정지 시 냉매를 차단한다.
⑤ 증발기 내에 플로트를 직접 띄우는 직접식과 별도로 플로트실을 설치하여 부자를 띄우는 간접식이 있다.

(6) 고압측 플로트 밸브(High Side Float Valve)

① 응축기 출구와 증발기 입구 전에 설치한다.
② 응축부하에 따라 응축기나 수액기의 액면을 일정하게 유지하여 증발기 냉매유량을 조절한다.
③ 고압측 수액기의 액면이 높아져 플로트 밸브가 올라가면 증발기로 냉매가 공급되고 액면이 낮아져 플로트 밸브가 내려가면 냉매공급이 차단된다.

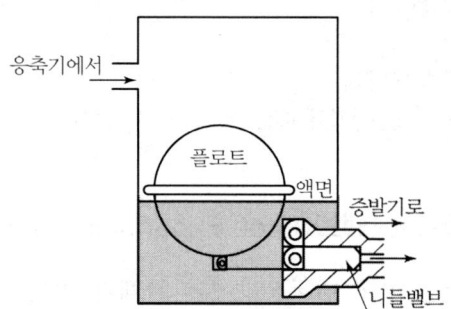

④ 고압측 수액기의 액면에 따라 작동되므로 증발부하 변동에 따른 냉매량의 조절이 불가능하다.
⑤ 고압측 부자변 사용 시 증발기 용량의 25%에 상당하는 액분리기를 설치하여 액압축(Liquid Back)을 방지하여야 한다.
⑥ 부하 변동에 관계없이 작동되므로 만액식 증발기 및 터보 냉동기에 사용된다.

> **참고**
> ■ 에어벤트(Air Vent)
> 플로트실 상부에 불응축가스가 고이면 플로트실 압력이 높아져 플로트가 뜨지 않아 냉매의 공급이 곤란해지므로 불응축가스를 빠져나가게 하기 위하여 설치한다.

(7) 전자밸브(Solenoid Valve)

1) 역할
전기적인 조작에 의하여 밸브 본체를 자동적으로 개폐하여 유량을 제어한다.

2) 종류 및 작동 원리
① 직동식 전자밸브(direct operative solenoid valve) : 전자 코일에 전류가 흐르면 전기자(plunger)가 들어올려져 밸브가 열리게 되고 전류가 차단되면 전기자의 자중(自重)에 의해 밸브는 닫히게 되며 밸브 시트의 제한으로 소용량이 사용된다.
② 파일럿식 전자밸브(pilot operative solenoid valve) : 대용량에서는 필연적으로 전기자 및 밸브의 구조가 커지게 되어 전자코일의 힘만으로는 확실한 밸브의 작동을 기대할 수 없기 때문에 밸브와 전기자를 분리한 파일럿식 전자밸브가 사용되며 주밸브는 입·출구 압력에 의해 개폐된다.

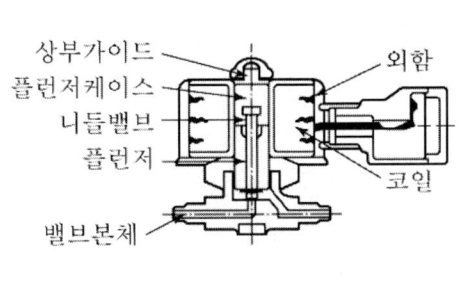

[직동식 전자밸브]

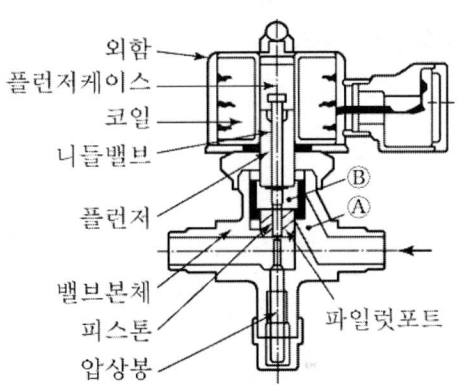

[파일럿 직동식 전자밸브]

3) 전자밸브 설치 시 주의사항
① 출입구를 확인하여 유체의 흐름방향(화살표 방향)과 일치시켜야 한다.
② 코일부분이 상부에 위치하도록 수직으로 설치하여야 한다.

③ 전자밸브 직전에는 가능한 한 여과기를 설치하여야 한다.
④ 용량에 맞추어 사용하고 사용전압에 유의하여야 한다.
⑤ 용접 시에는 코일부분이 타지 않도록 주의해야 한다.

(8) 모세관(Capillary Tube)

밸브가 아닌 길이 1m 전후, 내경 0.8~2mm 정도의 가늘고 긴 튜브로 작은 관을 통과할 때 유체의 압력손실을 이용한 일종의 팽창기구로, 가격이 싸고 구조가 간단하여 고장 발생이 적다.

① 모세관은 길이와 굵기가 같고, 길이와 굵기가 가늘고 길수록 압력 강하가 크다.
② 모세관 전후에 밸브가 없으므로 정지 시 고·저압이 균형을 이루어 기동 시 압축기의 부하가 작아진다.
③ 가정용 소형 냉동기나 창문형 에어컨 등 프레온 냉매의 소형 냉동장치에 사용된다.
④ 수분 또는 이물질의 동결, 폐쇄 우려가 있어 액관에는 반드시 드라이어와 여과기를 설치해야 한다.
⑤ 유량조절밸브가 없어 냉매량 조절은 불가능하므로 냉매충전량이 정확해야 한다.
⑥ 수냉식 응축기 사용 시에는 모세관을 팽창밸브로 사용할 수 없다.
⑦ 냉동장치의 고압측 액부분에는 액이 고일 수 있는 부분을 가능한 한 설치하지 않는다(액압축 방지).

chapter 06 출·제·예·상·문·제

01. 팽창밸브의 역할로 가장 거리가 먼 것은?
① 압력 강하
② 온도 강하
③ 냉매량 제어
④ 증발기에 오일 흡입 방지

> **팽창밸브**
> 고온·고압의 냉매액을 증발기에서 증발하기 쉽도록 교축작용에 의하여 단열팽창(교축)시켜 저온·저압으로 낮춰주는 작용을 하는 동시에 냉동부하(증발부하)의 변동에 대응하여 냉매량을 조절한다.

02. 일반 냉동장치의 팽창밸브의 작용에 대한 설명 중 옳은 것은?
① 고압측의 냉매액은 팽창밸브를 통하면서 기화하여 고온가스로 되어 증발기로 들어간다.
② 냉매액은 팽창밸브를 통하여 액체가 될 때까지 감압되어 증발기로 들어가 열을 얻어 가스로 된다.
③ 냉매액은 팽창밸브에서 교축작용에 의해 저압으로 된다. 그때 일부는 가스로 되어 증발기로 들어간다.
④ 냉매액은 팽창밸브에서 교축작용에 의해 고압으로 된다. 그때 일부가 가스로 되어 증발기로 들어간다.

> ① 고압측의 냉매액은 팽창밸브를 통하면서 감압되어 저온저압의 냉매액과 증기가 되어 증발기로 들어간다.
> ② 냉매액은 팽창밸브를 통하여 기체가 될 때까지 감압되어 증발기로 들어가 열을 얻어 가스로 된다.
> ④ 냉매액은 팽창밸브에서 교축작용에 의해 저압으로 된다. 그때 일부가 가스가 되어 증발기로 들어간다.

03. 팽창밸브에 대한 설명이다. 틀린 것은?
① 냉동부하 변동에 의해 증발기에 공급되는 냉매량을 제어한다.
② 고압측과 저압측 간의 일정 압력차를 유지시킨다.
③ 밸브의 교축작용 시 플래시 가스가 발생한다.
④ 증발기 크기, 냉매의 종류에 따라 밸브를 달리할 필요가 없다.

> ④ 팽창밸브는 냉동능력에 영향을 미치는 중요한 기기로서 증발기 크기, 냉매의 종류에 따라 밸브를 달리할 필요가 있다.

04. 다음 중 이상적인 스로틀 과정에서 일정하게 유지되는 양은?
① 압력   ② 엔탈피
③ 엔트로피   ④ 온도

> **스로틀 과정(throttle process, 교축과정)**
> 유체가 오리피스나 밸브 등의 작은 단면을 지날 때
> ① 단열팽창 과정이므로 교축 전후의 엔탈피

Answer 01. ④ 02. ③ 03. ④ 04. ②

는 변화가 없다.(등엔탈피 과정)
② 압력 강하, 온도 저하, 비체적 상승, 엔트로피 증가

05. 냉동기 팽창밸브장치에서 교축과정을 일반적으로 어떤 과정이라고 하는가? (단, 이때 일반적으로 운동에너지 차이를 무시한다.)
① 정압과정 ② 등엔탈피 과정
③ 등엔트로피 과정 ④ 등온과정

👆 04번 해설 참고
[참고]
① 정압과정 : 증발과정, 응축과정
② 등엔트로피 과정 : 압축과정
③ 등온과정 : 증발과정
④ 등엔탈피 과정 : 팽창과정

06. 교축과정(throttling process)에서 처음 상태와 최종 상태의 엔탈피는 어떻게 되는가?
① 처음 상태가 크다.
② 최종 상태가 크다.
③ 같다.
④ 경우에 따라 다르다.

👆 **교축과정(등엔탈피 과정)**
유체가 오리피스나 밸브 등의 작은 단면을 지날 때 압력은 하강하고, 엔탈피는 일정하며, 엔트로피는 항상 증가하는 과정이다.

07. 이상적인 교축과정(throttling process)을 해석하는 데 있어서 다음 설명 중 옳지 않은 것은?
① 엔트로피는 증가한다.
② 엔탈피의 변화가 없다고 본다.
③ 정압과정으로 간주한다.
④ 냉동기의 팽창밸브의 이론적인 해석에 적용될 수 있다.

👆 ③ 교축과정은 반드시 압력이 감소하는 방향으로 일어나므로 정압과정이 아니고 등엔탈피 과정으로 간주한다.

08. 냉동장치 내 팽창밸브를 통과한 냉매의 상태로 옳은 것은?
① 엔탈피 감소 및 압력 강하
② 온도 저하 및 엔탈피 감소
③ 압력 강하 및 온도 저하
④ 엔탈피 감소 및 비체적 감소

👆 **팽창과정**
압력 강하, 온도 강하, 엔탈피 불변, 비체적 증대

09. 표준 냉동사이클에서 냉매의 교축 후에 나타나는 현상으로 틀린 것은?
① 온도는 강하한다.
② 압력은 강하한다.
③ 엔탈피는 일정하다.
④ 엔트로피는 감소한다.

👆 ④ 엔트로피는 증가한다.

10. 냉매 배관용 팽창밸브 종류로 가장 거리가 먼 것은?
① 수동형 팽창밸브 ② 정압식 팽창밸브
③ 열동식 팽창밸브 ④ 팩리스 팽창밸브

👆 **냉매 배관용 팽창밸브의 종류**
수동형, 정압식, 온도식, 플로트식, 전자식, 열동식, 모세관 등

11. 팽창밸브에서 가장 많이 일어나는 고장은?
① 격막의 고장
② 감온구의 누설
③ 스프링의 늘어남

Answer 05. ② 06. ③ 07. ③ 08. ③ 09. ④ 10. ④ 11. ④

④ 침과 침좌의 빙결

☜ 프레온 냉동장치에서는 팽창장치를 통과하면서 수분이 동결되어 오리피스가 막혀 냉매의 순환이 불량하게 되는 경우가 있다. 그러므로 건조기(dryer)를 설치하여 냉동장치 내 수분을 제거하여 침과 침좌의 빙결을 방지한다.

12. 팽창밸브 중 과열도를 검출하여 냉매유량을 제어하는 것은?

① 정압식 자동팽창밸브
② 수동팽창밸브
③ 온도식 자동팽창밸브
④ 모세관

☜ **온도식 자동팽창밸브(TEV : Thermal Expansion Valve)**
증발기 출구에 감온통을 설치하여 감온통에서 감지한 냉매가스의 과열도가 증가하면 열리고, 부하가 감소하여 과열도가 작아지면 닫혀 팽창작용 및 냉매량을 제어하는 것으로 가장 많이 사용한다.

13. 온도식 팽창밸브는 어떤 요인에 의해 작동되는가?

① 증발온도   ② 과냉각도
③ 과열도   ④ 액화온도

☜ 온도식 팽창밸브는 증발기 출구의 온도를 감지해 증발기 내부의 액체 냉매의 공급량을 조절하고 증발기 출구의 과열도를 제어한다.

14. 온도식 자동팽창밸브에 관한 설명이 잘못된 것은?

① 주로 암모니아 냉동장치에 사용한다.
② 감온통의 설치는 액가스 열교환기가 있을 경우에는 증발기 쪽에 밀착하여 설치한다.
③ 부하변동에 따라 냉매유량 제어가 가능하다.
④ 내부 균압형과 외부 균압형이 있다.

☜ ① 주로 프레온 냉동장치에 사용한다.
[참고] 온도식 자동팽창밸브
소형 프레온 공조냉동장치의 냉매유량제어에 가장 일반적으로 사용되는 방식으로, 냉매의 온도와 압력을 검출하여, 이들로부터 과열도를 산정, 과열도가 일정하도록 냉매유량을 제어한다.

15. 온도식 자동팽창밸브에 관한 설명이 잘못된 것은?

① 주로 프레온 냉동기에 사용한다.
② 온도식 자동팽창밸브의 작동불량 원인은 감온통이 토출관에 너무 밀착되어 있기 때문이다.
③ 부하변동에 따라 냉매유량 제어가 가능하다.
④ 내부 균압형과 외부 균압형이 있다.

☜ ② 온도식 자동팽창밸브의 작동불량 원인은 감온통이 토출관에 확실하게 밀착이 되어 있지 않았기 때문이다.

16. 온도식 자동팽창밸브에 대한 설명으로 틀린 것은?

① 형식에는 일반적으로 벨로즈식과 다이어프램식이 있다.
② 구조는 크게 감온부와 작동부로 구성된다.
③ 만액식 증발기나 건식 증발기에 모두 사용이 가능하다.
④ 증발기 내 압력을 일정하게 유지하도록 냉매유량을 조절한다.

☜ ④ 온도식 자동팽창밸브는 증발기 내 온도를 일정하게 유지하도록 냉매유량을 조절한다.

Answer 12. ③ 13. ③ 14. ① 15. ② 16. ④

17. 증발관의 길이가 너무 길거나, 관 길이에 대하여 부하가 과대한 경우 증발관 내의 압력 강하가 커져서 과열도가 설정치가 되어도 밸브가 열리지 않게 되며 냉동능력이 감소하여 과열을 증가시킨다. 이 현상을 방지하기 위하여 사용되는 밸브는 무엇인가?
① 내부 균압형 자동팽창밸브
② 외부 균압형 자동팽창밸브
③ 액면 제어용 감온자동팽창밸브
④ 부자식 자동팽창밸브

☞ **외부 균압형 자동팽창밸브**
① 설치 목적 : 증발관 내의 압력강하가 크면 (0.14kg/cm² 이상) 증발기 출구온도가 입구온도보다 낮아져 과열도가 감소됨으로써 팽창변이 적게 열리게 되어 냉매순환량의 감소로 인한 냉동능력의 감소를 초래하게 되므로 이를 해소하기 위해 설치한다.
② 설치 위치 : 증발기 출구 감온통 부착 위치 넘어 압축기 흡입관

18. 온도식 자동팽창밸브(TEV)의 감온통 설치 방법으로 옳은 것은?
① 증발기 출구 수평관에 정확히 밀착한다.
② 흡입관 지름이 15mm일 때 관의 하부에 설치한다.
③ 흡입관 지름이 30mm일 때 관 중앙에서 45° 위로 설치한다.
④ 흡입관에 트랩이 있으면 피하며 설치해야 할 경우 트랩 이후에 설치한다.

☞ **감온통 설치 방법**
① 감온통은 증발기 출구의 흡입관 수평부분에 설치하며, 감온통과 관의 접촉부분은 전열이 좋게 완전하게 밀착시켜야 한다.
② 흡입관 지름이 20mm 이하(7/8")인 경우에는 흡입관 상부에 부착하고, 20mm(7/8")를 넘는 경우에는 수평에서 45° 내려간 위치에 부착한다.
③ 관의 하부에는 냉매액이 고여 정확한 온도가 감지되지 않는 경우가 있다.
④ 트랩(Trap) 부위에는 설치할 수 없다.

19. 팽창밸브에 사용하는 감온통의 배관상 설치 위치에 대한 설명이 잘못된 것은?
① 증발기 출구측 흡입관의 수평부에 설치한다.
② 흡입관 관경이 20mm 이상일 때는 중심부 수평에서 45° 상부에 설치한다.
③ 흡입관 관경이 20mm 이하일 때는 배관 상부에 설치한다.
④ 트랩부분에는 설치하지 않는다.

☞ ② 흡입관 관경이 20mm 이상일 때는 중심부 수평에서 45° 하부에 설치한다.

20. 온도식 자동팽창밸브의 감온통 설치방법으로 틀린 것은?
① 증발기 출구측 압축기로 흡입되는 곳에 설치할 것
② 흡입 관경이 20A 이하인 경우에는 관 상부에 설치할 것
③ 외기의 영향을 받을 경우는 보온해 주거나 감온통 포켓을 설치할 것
④ 압축기 흡입관에 트랩이 있는 경우에는 트랩 부분에 부착할 것

☞ ④ 압축기 흡입관에 트랩이 있는 경우 감온통은 트랩 부분에 설치할 수 없다.

21. 온도식 자동팽창밸브에 있어서 감온통의 설치 위치가 올바른 것은?

17. ② 18. ① 19. ② 20. ④ 21. ④

①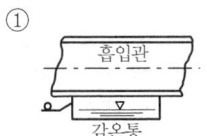
②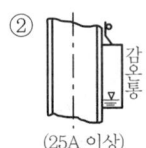
(25A 이상)

③
④
(25A 이상)

액기의 액면에 플로트를 설치한 것으로 액면의 양에 의해 작동한다.

22. 감온 팽창밸브를 사용할 경우 과열도를 5℃로 조정하였을 때 증발기의 포화온도가 0℃이면 감온통의 감지온도는 얼마인가?

① -5℃ ② 5℃
③ -10℃ ④ 10℃

👉 과열도
=흡입관 내 가스온도(t_2)-증발기 내 냉매의 포화온도(t_1)
∴ $t_2 = 5 + 0 = 5℃$

23. 냉동기에 사용되는 팽창밸브에 관한 설명으로 옳은 것은?

① 온도 자동팽창밸브는 응축기의 온도를 일정하게 유지・제어한다.
② 흡입압력조정밸브는 압축기의 흡입압력이 설정치 이상이 되지 않도록 제어한다.
③ 전자밸브를 설치할 경우 흐름방향을 고려할 필요가 없다.
④ 고압측 플로트(float) 밸브는 냉매액의 속도로 제어한다.

👉 ① 온도식 자동팽창밸브는 증발기 출구의 냉매가스온도가 일정한 과열도로 유지되도록 냉매유량을 조절하는 팽창밸브이다.
③ 전자밸브를 설치할 경우 화살표 방향과 유체의 흐름방향을 일치시킨다.
④ 고압측 플로트(float) 밸브는 고압부인 수

24. 팽창밸브에 관한 설명으로 틀린 것은?

① 정압식 팽창밸브는 증발압력이 일정하게 유지되도록 냉매의 유량을 조절하기 위한 밸브이다.
② 모세관은 일반적으로 소형 냉장고에 적용되고 있다.
③ 온도식 자동팽창밸브는 감온통이 저온을 받으면 냉매의 유량이 증가된다.
④ 자동식 팽창밸브에는 플로트식이 있다.

👉 ③ 온도식 자동팽창밸브는 증발기 출구에 감온통을 설치하고 냉매가스 과열도에 대응하여 증발기로 공급하는 냉매유량을 제어하는 밸브로 감온통이 저온을 받으면(과열도 저하) 밸브가 닫히는 방향으로 이동하여 냉매유량이 감소한다.

25. 다음 중 증발기 내 압력을 일정하게 유지하기 위해 설치하는 팽창장치는?

① 모세관
② 정압식 자동팽창밸브
③ 플로트식 팽창밸브
④ 수동식 팽창밸브

👉 정압식 자동팽창밸브
증발압력이 높아지면 밸브가 닫히고, 낮아지면 밸브가 열려 증발압력을 항상 일정하게 유지시켜 간접적으로 증발온도를 일정하게 할 목적으로 사용된다. 부하변동이 적은 소용량에 적합하며 냉수 또는 브라인의 동결방지용으로도 사용된다.

26. 부하변동에 따라 밸브의 개도를 조절함으로써 만액식 증발기의 액면을 일정하게 유지

Answer 22. ② 23. ② 24. ③ 25. ② 26. ④

하는 역할을 하는 것은?
① 에어 벤트
② 온도식 자동팽창밸브
③ 감압밸브
④ 플로트 밸브

> **플로트 팽창밸브**
> 액면에 플로트(float)를 띄워 액면 변동에서 오는 플로트의 움직임에 따라 팽창밸브를 개폐시키는 형식
> ① 저압측 플로트 밸브 : 저압측에 설치하여 부하변동에 따라 밸브의 열림을 조절함으로서 증발기 내의 액면을 유지하는 역할을 하며 암모니아, CFC계 냉매의 만액식 증발기에 주로 사용한다.
> ② 고압측 플로트 밸브 : 고압측에 설치하여 부하변동에 따라 밸브의 개도를 조절하여 증발기 내의 액면을 일정하게 유지시키는 밸브로 고압측의 액면이 높아지면 밸브가 열리고 액면이 낮아지면 닫히게 되어 냉매 공급을 감소시켜주지만 부하의 변동에 신속히 대응할 수 없다.

27. 냉동장치의 제어기기에 관한 설명 중 올바르게 서술된 것은?
① 만액식 증발기에 저압측 플로트식 팽창밸브를 설치하여 증발온도를 거의 일정하게 제어할 수 있다.
② 냉장고용 냉동장치에서 겨울철에 응축온도가 낮아지면 팽창밸브 전후의 압력차가 커지기 때문에 팽창밸브가 작동하지 않는다.
③ 일반적인 증발압력조정밸브는 증발기 입구측에 설치하여 냉매의 유량을 조절하고 증발기 내 냉매의 압력을 일정하게 유지하는 조정밸브이다.
④ R-22를 냉매로 하는 냉방기에서 증발기 출구의 과열도가 커지면 감온통 내의 가스압력이 높아져 온도식 자동팽창밸브가

열린다.
① 만액식 증발기에 저압측 플로트식 팽창밸브를 설치하여 부하 변동에 따른 증발기 저압측의 액면을 항상 일정하게 유지할 수 있다.
② 냉장고용 냉동장치에서 겨울철에 응축온도가 낮아지면 팽창밸브 전후의 압력차가 작아진다.
③ 증발압력조정밸브(EPR)는 증발압력이 일정압력 이하가 되는 것을 방지하기 위해 증발기 출구측에 설치한다.

28. 다음 팽창밸브 중 인버터 구동 가변 용량형 공기조화장치나 증발온도가 낮은 냉동장치에서 팽창밸브의 냉매유량 조절 특성 향상과 유량제어 범위 확대 등을 목적으로 사용하는 것은?
① 전자식 팽창밸브   ② 모세관
③ 플로트 팽창밸브   ④ 정압식 팽창밸브

> **전자식 팽창밸브**
> 증발기의 냉매유량을 전자제어장치에 의하여 조절하는 밸브로 증발기 출구와 입구 사이의 온도차를 설정된 설정값으로 유지시킴으로써 부하가 변동되어도 일정한 과열도를 유지되도록 제어하는 장치로 큰 부하변동에 신속하게 대응하여 정밀하게 제어할 수 있다.

29. 냉동장치의 전자식 팽창밸브에 대한 설명 중 틀린 것은?
① 응축압력 변화에 따른 영향을 받지 않는다.
② 응축기 출구 과냉각의 변화를 보상할 수 있다.
③ 높은 과열도를 유지하여 시스템의 효율을 높일 수 있다.
④ 센서를 사용하여 감지하고 제어함으로써 설치 위치 선정이 용이하다.

27. ④ 28. ① 29. ③

③ 낮은 과열도를 유지하여 시스템의 효율을 높일 수 있다.
[참고] 전자식 팽창밸브 특징
① 장점
  ㉠ 응축압력의 변화에 따른 영향을 받지 않는다.
  ㉡ 응축기 출구 과냉각의 변화를 보상할 수 있다.
  ㉢ 큰 부하변동에 신속하게 대응하여 정밀하게 제어할 수 있다.
  ㉣ 시스템의 운전조건에 맞추어 증발기의 전열면적을 유효하게 활용하여 에너지를 효과적으로 사용할 수 있다.
  ㉤ 낮은 과열도를 유지하여 시스템의 효율을 높일 수 있다.
  ㉥ 센서를 사용하여 감지하고 제어함으로써 설치 위치 선정이 용이하다.
② 단점
  ㉠ 온도식 팽창밸브에 비하여 초기 투자 비용이 비싸다.
  ㉡ 내구성이 떨어진다.

30. 다음 중 모세관의 압력 강하가 가장 큰 경우는?
① 직경이 가늘고 길수록
② 직경이 가늘고 짧을수록
③ 직경이 굵고 짧을수록
④ 직경이 굵고 길수록

☞ $\Delta P = \dfrac{l}{D^2}$

모세관의 압력 강하의 정도는 직경의 제곱에 반비례하고 길이에 비례한다.
길이가 같을 때 굵기가 가늘수록, 굵기가 같을 때는 길이가 길수록 압력강하가 크다.

31. 다음 중 암모니아 냉동 시스템에 사용되는 팽창장치로 적절하지 않은 것은?

① 수동식 팽창밸브
② 모세관식 팽창장치
③ 저압 플로트 팽창밸브
④ 고압 플로트 팽창밸브

☞ **모세관식 팽창밸브**
밸브가 아닌 길이 1m 전후, 내경 0.8~2mm 정도의 가늘고 긴 튜브로 작은 관을 통과할 때 유체의 압력손실을 이용한 일종의 팽창기구로, 가격이 싸고 구조가 간단하여 고장 발생이 적으며 주로 프레온 냉매의 소형 냉동장치(가정용 냉장고, 룸에어컨, 쇼케이스 등)에 사용된다.

32. 모세관 팽창밸브의 특징에 대한 설명으로 옳은 것은?
① 가정용 냉장고 등 소용량 냉동장치에 사용된다.
② 베이퍼록 현상이 발생할 수 있다.
③ 내부균압관이 설치되어 있다.
④ 증발부하에 따라 유량조절이 가능하다.

☞ ③ 모세관은 밸브가 아닌 길이가 가늘고 긴 튜브로 작은 관을 통과할 때 유체의 압력 손실을 이용한 일종의 팽창기구로 내부 균압관이 없다.
④ 유량조절밸브가 없어 증발부하에 따라 냉매량 조절은 불가능하므로 냉매 충전량이 정확해야 한다.

33. 모세관의 용도 및 특징에 관한 설명 중 틀린 것은?
① 부하변동에 따른 유량조절이 불가능하다.
② 구조가 간단하나 기동 시 경부하 기동이 어렵다.
③ 수분이나 이물질에 의해 동결, 폐쇄의 우려가 있다.
④ 고압측에 수액기를 설치할 수 없다.

Answer 30. ① 31. ② 32. ①, ② 33. ②

② 구조가 간단하여 기동 시 경부하 기동이 쉽다.

34. −20℃의 암모니아 포화액의 엔탈피 58 kJ/kg, 동 온도의 건조포화증기의 엔탈피 295.5kJ/kg, 팽창밸브 직전의 액의 엔탈피는 86kJ/kg이다. 이 냉매액이 팽창밸브를 통과하여 증발기에 들어갈 때에 일부는 증기로 되고 나머지는 액이 될 경우에 액은 중량비로 나타내면 대략 몇 %가 되는가?

① 11.8%   ② 34.3%
③ 65.3%   ④ 88.2%

[풀이 ①]
팽창과정은 등엔탈피 과정이므로 팽창밸브 통과 후 냉매 엔탈피는 86kJ/kg
냉매액의 중량비

$$= \frac{h_{포화증기} - h_{팽창밸브\ 통과\ 후}}{h_{포화증기} - h_{포화액}}$$

$$= \frac{295.5 - 86}{295.5 - 58} = 0.882 = 88.2\%$$

[풀이 ②]
① 건조도 : $x = \dfrac{86 - 58}{295.5 - 58} = 0.118$

② 냉매액의 중량비 :
$y = 1 - x = 1 - 0.118 = 0.882 = 88.2\%$

Answer 34. ④

제2-2편 공조냉동 설계(냉동공학)

chapter 07 증발기(Evaporator)

1 증발기

팽창밸브에서 교축팽창된 저온·저압의 냉매액이 피냉각물체로부터 열을 흡수하여 냉매액이 증발함으로써 실제 냉동의 목적을 이루는 열교환기의 일종이다. 증발기는 냉각하고자 하는 물체를 직접 냉각하는 직접 팽창식 냉각도 있고, 냉각된 공기나 물 또는 브라인 등을 이용하여 다른 곳의 피냉각 물체를 냉각하는 간접 팽창식 냉각도 있다.

2 증발기의 종류 및 특성

(1) 냉각방식에 의한 분류

① 직접 팽창식(Direct Expansion Evaporator)
   냉장실의 냉각관(증발관) 내에 직접 냉매를 순환시켜 피냉각 물체로부터 열을 흡수하는 방식으로 냉매의 잠열을 이용한다. 소형 냉동기, 가정용 냉동기 등에 널리 사용된다.

② 간접 팽창식(Indirect Expansion Evaporator)
   냉장실의 냉각관(증발관) 내에 간접 냉매인 브라인을 순환시켜 피냉각 물체로부터 열을 흡수하며 냉매의 현열을 이용하는 형식으로 브라인식 또는 칠러(chiller)라고 한다. 주로 냉동어선, 제빙, 양조 등의 산업용 대형 냉동기나 대형 공조기에 사용된다.

1) 직접 팽창식과 간접 팽창식 장·단점

① 직접 팽창식

장 점	단 점
① 부속설비가 간단하다. ② 같은 냉장실온에 대해서 냉매의 증발온도가 높다. ③ 냉매순환량이 적다.	① 사용 냉매량이 많다. ② 냉매 누설 시 냉장품을 손상시킨다. ③ 냉동기 정지에 따른 냉장실 온도의 상승이 빠르다. ④ 여러 냉장실을 동시에 운영할 때 팽창밸브수가 많아진다. ⑤ 냉동능력 저장이 곤란하다.

② 간접 팽창식

장 점	단 점
① 냉매량은 적어도 되며 냉매가 누설되어도 냉장품의 오염우려가 없다. ② 냉동능력 저장이 가능하며 배관이 쉽다. ③ 냉동기 정지에 따른 냉장실 온도의 상승이 느리다. ④ 냉장실이 여러 대라도 팽창밸브는 하나이면 되므로 능률적인 운전이 가능하다.	① 냉매의 증발온도가 낮아야 하며 설비가 복잡하다. ② 순환펌프 등을 사용하므로 소요동력이 증대하여 운전비가 많이 든다.

2) 직접 팽창식 증발기와 간접 팽창식의 증발기 비교

구 분	직접 팽창식(1차 냉매)	간접 팽창식(2차 냉매)
냉매의 증발온도	고	저
소요동력	소	대
설비의 복잡성	간단	복잡
냉매순환량	소	대
냉동능력	소	대
냉매충전량	대	소

 **냉매 분배기(Distributor)**
직접 팽창식 증발기에서 증발기 입구에 설치하여 냉매공급을 균등하게 하기 위해 설치한다.

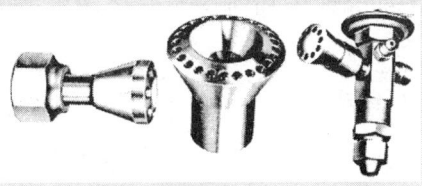

(2) 증발기 출구의 냉매상태에 따른 분류

1) 건식 증발기(Dry Expansion Type Evaporator)

① 팽창밸브를 통과한 냉매액과 증기가 코일 내를 동시에 흐르면서 냉매액이 증발하는 것으로 전열면에 냉매액과 증기가 동시에 접촉하게 되어 냉매의 열통과율이 나쁘고 전열작용이 불량하다.

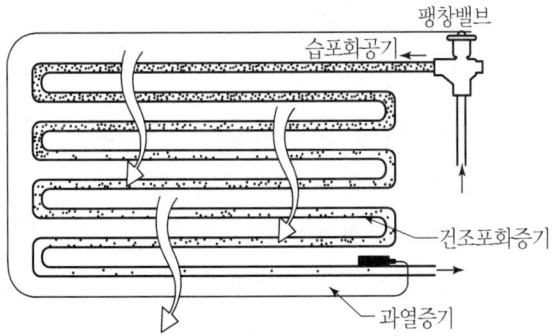

② 증발기 내에 액이 25%, 냉매가스가 75% 존재한다.

③ 냉매액의 순환량이 적어 액분리기가 필요 없고 주로 공기 냉각용으로 사용된다.

2) 만액식 증발기(Flooded Type Evaporator)

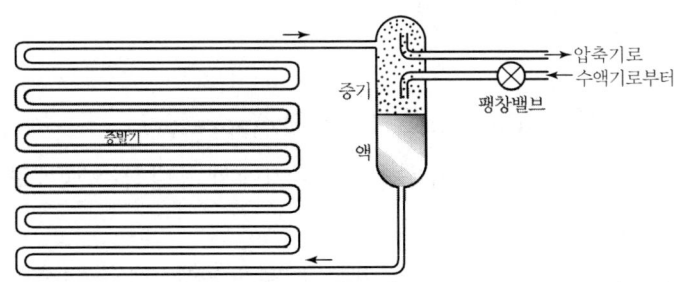

① 증발기 내에 냉매액이 항상 가득차 있어 전열면은 거의 냉매액과 접촉하고 있기 때문에 전열작용이 양호하다.

② 증발기 내에 액이 75%, 냉매가스가 25% 존재한다.

③ 이 방식은 증발기 냉매액을 가득 채우기 위해 액면제어장치와 액과 증기를 분리시키는 액분리기가 필요하다.
④ 프레온 냉동장치의 경우 증발기 내에 윤활유가 고일 우려가 있으므로 유회수장치가 필요하다.
⑤ 주로 액체 냉각용에 사용된다.

> **참고 — 만액식 증발기에서 냉매측의 전열을 좋게 하는 방법**
> ① 관이 냉매액과 접촉하거나 잠겨 있을 것
> ② 평균 온도차가 크고, 유속이 적당히 클 것
> ③ 관지름이 작고, 관 간격이 좁을 것
> ④ 관면이 거칠거나 핀(fin)을 부착할 것
> ⑤ 오일이 체류하지 않을 것

3) 반만액식 증발기(Semi Flooded Type Evaporator)

① 건식과 만액식의 중간 정도되는 장치로 전열효과는 건식보다 좋고 만액식 보다는 좋지 않다.
② 액유출을 방지하기 위해 증발기와 압축기 사이에 액분리기를 설치할 필요가 있다.
③ 건식은 상부로부터 냉매를 공급하며 반만액식은 하부에서 액을 공급한다.

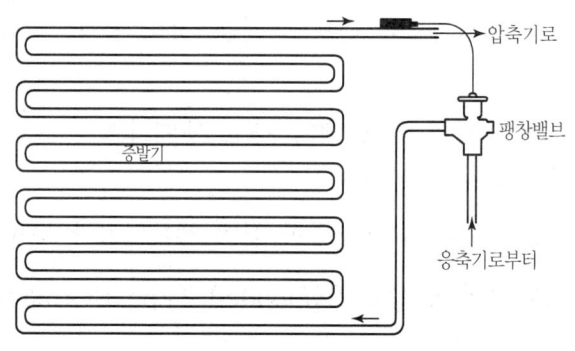

4) 액순환식 증발기(Liquid Pump Type Evaporator)

① 증발기의 냉매액을 액펌프를 이용하여 증발기에서 증발하는 냉매량의 4~6배의 냉매를 강제순환시킨다.
② 냉매액을 강제순환시키므로 오일의 체류 우려가 없고, 다른 형식의 증발기보다 순환되는 냉매액이 많으므로 전열이 가장 우수하다.
③ 복수의 증발기로 균등하게 냉매를 공급할 수 있는 장점이 있다.
④ 냉매량이 많이 소요되며 액펌프, 저압수액기 등 설비가 복잡하고 제작비가 비싸다.

⑤ 원심식 냉동기와 저온용 냉동장치에 많이 사용된다.

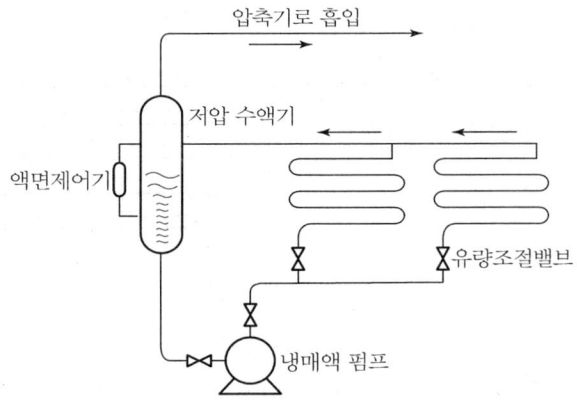

 액펌프 설치 시 주의사항
① 액펌프를 저압수액기보다 약 1.2m 정도 낮게 설치할 것
② 액펌프 흡입관의 마찰저항을 줄이기 위하여 흡입관 지름은 충분할 것
③ 흡입관의 저항을 고려하여 여과기를 가능하면 설치하지 않을 것
④ 흡입배관에 녹이나 먼지가 흡입되는 것을 방지하여 펌프의 파손을 방지할 것

(3) 냉각에 의한 분류

1) 공기 냉각용 증발기

① 관 코일식 증발기(Hair Pin Coil Evaporator)
  ㉠ 증발기의 기본형으로 동관 및 강관의 나관(bare tube)으로 제작한다.
  ㉡ 냉장실 내의 천장, 바닥, 벽면 등에 설치하여 공기 냉각용으로 사용된다.
  ㉢ 냉장고 및 쇼케이스에 많이 이용된다.

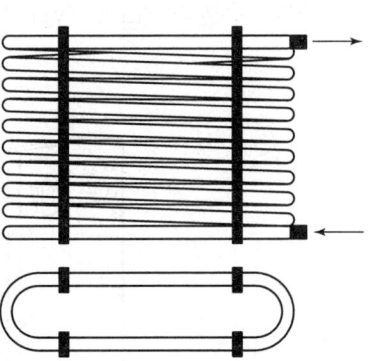

② 멀티피드 멀티석션 증발기
   (Multifeed Multisuction Evaporator)
   ㉠ 캐스케이드식과 동일한 구조이다.
   ㉡ 암모니아 냉매를 사용하는 공기 동결용 선반 및 벽코일로 사용된다.

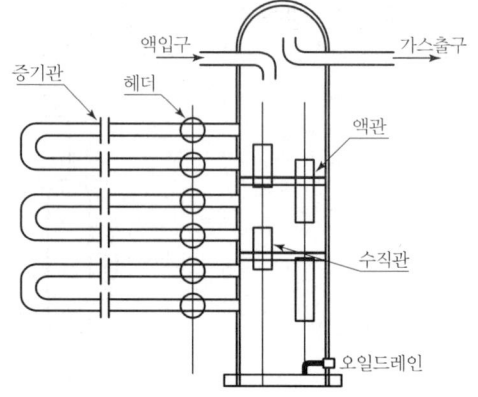

③ 캐스케이드 증발기(Cascade Evaporator)
   ㉠ 냉매액을 냉각관 내에 순차적으로 순환시켜 증발된 냉매가스를 분리하면서 냉각하는 방식이다.
   ㉡ 충분한 용량의 액분리기가 있어 압축기에서의 액압축은 방지할 수 있으나 암모니아 냉동장치에서는 흡입가스가 과열될 우려가 있다.
   ㉢ 공기 동결용 선반 및 벽코일로 제작 사용한다.
④ 판형 증발기(Plate Type Evaporator)

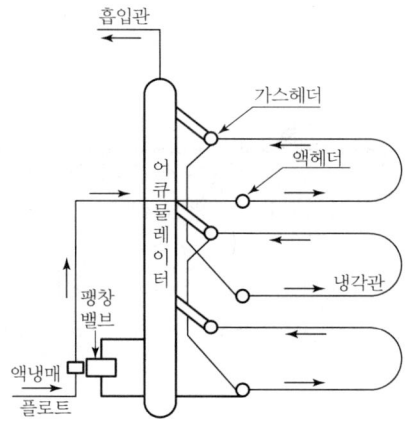

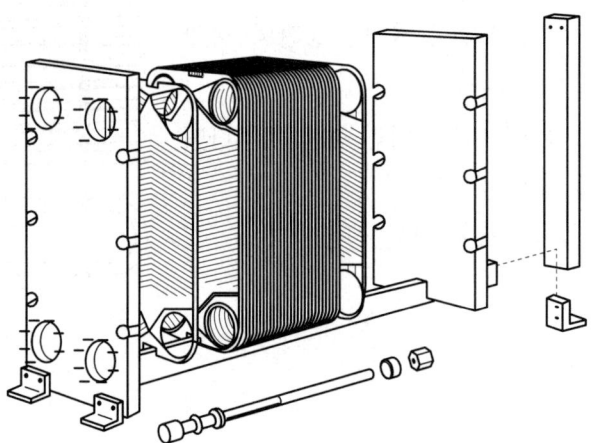

㉠ 알루미늄이나 스테인리스판 2장을 압접하여 그 사이에 요철의 통로를 만들어 냉매가 통과하도록 한 구조이다.
㉡ 구조가 간단하여 가정용 냉장고, 쇼케이스 등에 주로 사용한다.
⑤ 핀 코일식 증발기(Pinned Tube Type Evaporator)
  ㉠ 나관에 알루미늄핀을 부착하여 공기측 전열면적을 크게 하여 전열량을 증가시킨 것이다.
  ㉡ 송풍기를 이용한 강제 대류식으로 부하변동에 신속히 대응할 수 있다.
  ㉢ 제상은 곤란하나 소형에는 냉동력이 커 소형 냉장고, 쇼케이스, 에어컨 등에 사용한다.

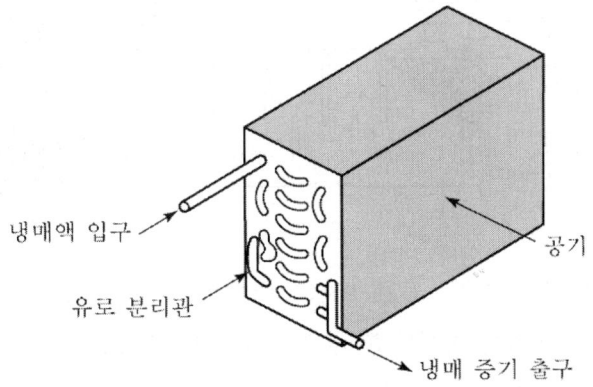

2) 액체 냉각용 증발기

① 만액식 셸 앤드 튜브식 증발기(Flooded Shell & Tube Type Evaporator)

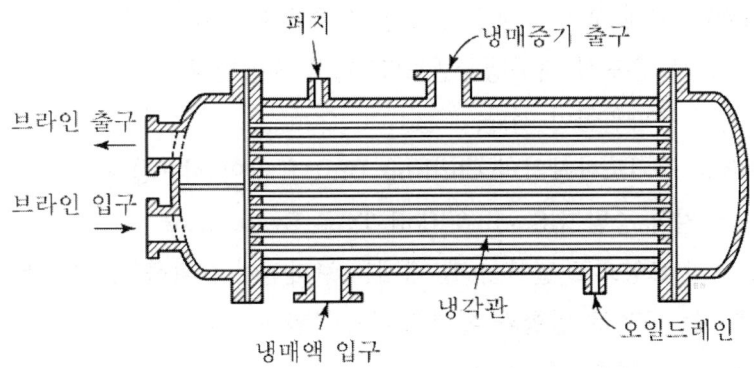

㉠ 속이 빈 원통 내에 다수의 관(Tube)을 설치하고 원통 안과 관 속에 각각 비등하는 냉매와 브라인을 흐르게 하여 간접 냉각 방식을 취하는 구조로 원통다관식 증발기 라고도 한다.

ⓒ 암모니아 냉매인 경우 압축기에서 액압측의 우려가 있으므로 액분리기를 설치하고, 프레온 냉매인 경우 증발기 내의 유회수가 곤란하여 특별한 유회수 장치가 필요하다.

ⓒ 냉매량이 다량으로 필요하고 동결에 의한 관 파손의 우려가 있다.

ⓔ 냉매가 암모니아인 경우 제빙용으로 가장 많이 사용되고, 프레온인 경우는 공기조화장치, 화학공업, 식품공업 등의 브라인 냉각에 사용한다.

② 건식 셸 앤드 튜브 증발기(Dry Shell & Tube Type Evaporator)

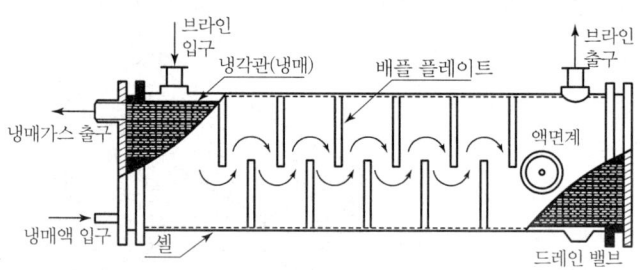

㉠ 셸(Shell) 내에 브라인, 튜브(Tube) 내에는 냉매가 흐르는 구조

ⓒ 건식이므로 냉매량은 적어도 되나 열통과율이 나쁘므로 전열을 양호하게 하기 위해 핀 튜브(Inner Finn Tube)를 사용한다.

ⓒ 셸(shell) 내에 배플 플레이트(Baffle plate)를 설치하여 브라인의 흐름을 고르게 한다.

ⓔ 셸(Shell) 내에 오일이 체류하지 않아 유회수 장치를 필요로 하지 않는다.

ⓜ 일반적으로 온도식 자동팽창밸브(TEV)를 사용한다.

ⓗ 냉각관의 동파위험이 적다.

ⓢ 프레온용 공기조화장치의 Chilling Unit에 많이 사용한다.

③ 셸 앤드 코일식 증발기(Shell & Coil Type Evaporator)

㉠ 관을 코일 모양으로 말아서 셸 내에는 브라인이 순환하고, 관(tube) 내에는 냉매가 흐르는 구조로 입형과 횡형으로 구분할 수 있다.

ⓒ 유속이 늦고 열통과율이 나쁘다.

ⓒ 건식 증발기에 사용되며 온도식 자동팽창밸브(TEV)를 채용한다.

ⓔ 주로 프레온 소형 냉동장치에서 음료수 냉각용으로 많이 사용한다.

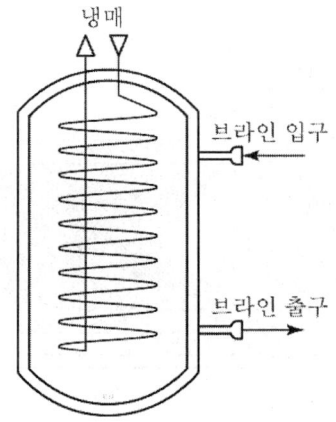

④ 보데로형 증발기(Baudelot Type Evaporator)

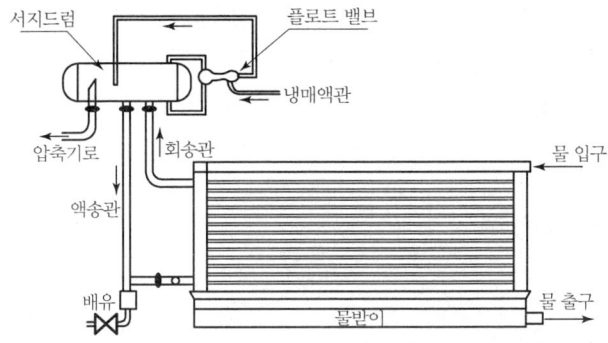

㉠ 구조는 대기식 응축기와 비슷하며 튜브(Tube) 내 냉매, 튜브(Tube) 외측에 피냉각물(브라인)이 흐른다.
㉡ 냉각되는 액체가 동결되더라도 장치에 미치는 위험을 최소화하고자 할 때 사용한다.
㉢ 냉각관이 스테인리스로 제작되어 위생적이고 청소가 용이하다.
㉣ 식품 공업에서 물 및 우유 등을 2℃ 이하로 냉각하는데 사용한다.

⑤ 탱크형 증발기(Herring Bone Type Evaporator)

㉠ 만액식 증발기로서 상부에는 가스헤더, 하부에 액헤더를 설치하고 그 사이에 다수의 냉각관을 붙여 냉매액의 순환이 좋고 전열이 양호하다.
㉡ 제빙용 대형 브라인이나 물의 냉각장치로 주로 사용된다.

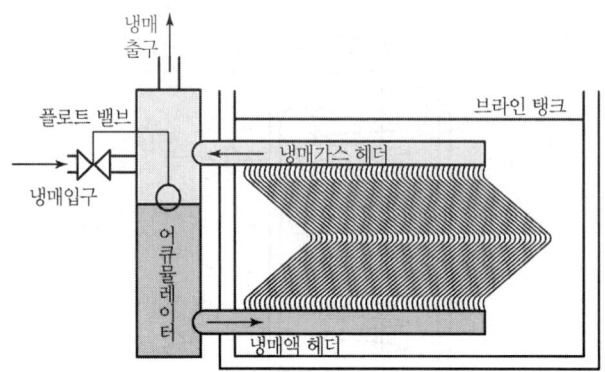

제2-2편 공조냉동 설계(냉동공학)

chapter 07 출·제·예·상·문·제

01. 증발기의 종류에 대한 설명으로 옳은 것은?
① 대형 냉동기에서는 주로 직접 팽창식 증발기를 사용한다.
② 직접 팽창식 증발기는 2차 냉매를 냉각시켜 물체를 냉동, 냉각시키는 방식이다.
③ 만액식 증발기는 팽창밸브에서 교축팽창된 냉매를 직접 증발기로 공급하는 방식이다.
④ 간접 팽창식 증발기는 제빙, 양조 등의 산업용 냉동기에 주로 사용된다.

👉 ① 대형 냉동기에는 주로 간접 팽창식 증발기를 사용하고 직접 팽창식 증발기는 소형 냉동기, 가정용 냉동기 등에 널리 사용된다.
② 직접 팽창식 증발기는 1차 냉매(직접 냉매)를 냉각시켜 물체를 냉동, 냉각시키는 방식이다.
③ 만액식 증발기는 팽창밸브에서 교축팽창된 냉매를 액분리기로 보내 증기는 압축기로, 냉매액은 증발기로 공급하는 방식이다.

02. 다음 중 공기 냉각기용 증발기에 속하는 것은?
① 관 코일 증발기
② 건식 셀 앤드 튜브 증발기
③ 헤링본식 증발기
④ 만액식 셀 앤드 튜브 증발기

👉 ① 공기 냉각용 증발기 : 관 코일식, 핀 튜브식, 캐스케이드 증발기, 멀티피드 멀티석션 증발기 등
② 액체 냉각용 증발기 : 만액식 셸 & 튜브식, 건식 셸 & 튜브식, 셸 & 코일형, 보데로, 탱크형(헤링본형) 등

03. 다음 액체 냉각용 증발기와 가장 거리가 먼 것은?
① 만액식 셸 앤드 튜브식
② 핀 코일식 증발기
③ 건식 셸 앤드 튜브식
④ 보데로 증발기

👉 02번 해설 참고

04. 증발기에 대한 설명으로 틀린 것은?
① 냉각실 온도가 일정한 경우, 냉각실 온도와 증발기 내 냉매 증발온도의 차이가 작을수록 압축기 효율은 좋다.
② 동일 조건에서 건식 증발기는 만액식 증발기에 비해 충전냉매량이 적다.
③ 일반적으로 건식 증발기 입구에서는 냉매의 증기가 액냉매에 섞여 있고, 출구에서 냉매는 과열도를 갖는다.
④ 만액식 증발기에서는 증발기 내부에 윤활유가 고일 염려가 없어 윤활유를 압축기로 보내는 장치가 필요하지 않다.

👉 ④ 만액식 증발기 중 프레온 냉동장치의 경우 증발기 내에 윤활유가 고일 우려가 있으므로 유회수 장치가 필요하다.

Answer 01. ④ 02. ① 03. ② 04. ④

05. 다음 사항은 증발기의 구조와 작용에 관한 설명이다. 이 중 옳은 것은?

① 동일 운전상태에서는 만액식 증발기가 건식 증발기보다 열통과율이 나쁘다.
② 만액식 증발기에서 부하가 커지면 냉매순환량이 적어진다.
③ 건식 증발기는 주로 온도식 팽창밸브와 모세관을 팽창밸브로 사용한다.
④ 증발기의 냉각능력은 전열면적이 작을수록 증가한다.

☞ ① 동일 운전상태에서는 만액식 증발기가 건식 증발기보다 열통과율이 좋다.
② 만액식 증발기에서 부하가 커지면 냉매 증발량이 증가하여 냉매순환량이 많아진다.
④ 증발기의 냉각능력은 $Q = KA \Delta t$에서 열전달률, 전열면적, 온도차 등이 커질수록 증가한다.

06. 건식 증발기의 일반적인 장점이라 할 수 없는 것은?

① 냉매 사용량이 아주 많아진다.
② 물회로의 유로저항이 작다.
③ 냉매량 조절을 비교적 간단히 할 수 있다.
④ 냉매 증기속도가 빨라 압축기로의 유회수가 좋다.

☞ ① 냉매액의 순환량이 적어 액분리기가 필요 없다.

07. 만액식 증발기에 대한 설명 중 틀린 것은?

① 증발기 내에서는 냉매액이 항상 충만되어 있다.
② 증발된 가스는 액 중에서 기포가 되어 상승 분리된다.
③ 피냉각 물체와 전열면적이 거의 냉매액과 접촉하고 있다.
④ 전열작용이 건식 증발기에 비해 미흡하지만 냉매액은 거의 사용되지 않는다.

☞ ④ 증발기 내에 냉매액이 항상 가득차 있어 전열면은 거의 냉매액과 접촉하고 있기 때문에 건식 증발기에 비해 전열작용이 양호하다.

08. 다음은 프레온 만액식 셸 튜브 증발기에 대한 설명이다. 틀린 것은?

① 냉매액으로 충만되어 전열이 좋다.
② 유회수가 용이하므로, 별도의 유회수 장치가 필요 없다.
③ 공기조화장치, 화학공업, 식품공업 등에서 물 또는 브라인을 냉각하는 경우에 많이 사용된다.
④ 하부에 액헤더를 설치하여 액의 분포를 고르게 한다.

☞ ② 프레온 만액식 셸 튜브 증발기는 증발기 내에 오일이 고일 염려가 있고 프레온의 경우 오일과 잘 혼합하므로 유회수가 어려워 특별한 유회수 장치가 필요하다. 유회수 장치는 압축기와 응축기 사이의 1/4 지점에 설치한다.

09. 냉매액 강제순환식 증발기에 대한 설명으로 틀린 것은?

① 냉매액이 충분한 속도로 순환되므로 타 증발기에 비해 전열이 좋다.
② 일반적으로 설비가 복잡하며 대용량의 저온냉장실이나 급속 동결장치에 사용한다.
③ 강제 순환식이므로 증발기에 오일이 고일 염려가 적고 배관 저항에 의한 압력강하도 작다.
④ 냉매액에 의한 리퀴드백(liquid back)의 발생이 적으며 저압 수액기와 액펌프의

Answer 05. ③ 06. ① 07. ④ 08. ② 09. ④

위치에 제한이 없다.
④ 저압 수액기를 액펌프보다 위에 설치해야 한다.
[참고] 액순환식 증발기의 특징
① 증발기 출구에 냉매액이 80%, 가스가 20% 존재한다.
② 액펌프를 이용하여 증발기에서 증발하는 냉매량의 4~6배의 냉매액을 강제순환시킨다.
③ 냉매액을 강제순환시키므로 오일의 체류우려가 없고, 다른 형식의 증발기보다 순환되는 냉매액이 많으므로 전열이 가장 우수하다.
④ 증발기가 여러 대라도 팽창밸브는 하나면 된다.
⑤ 저압측 수액기(액분리기)가 있어 압축기에서의 액압축이 방지된다.
⑥ 오일의 체류 우려가 없고, 제상의 자동화가 용이하다.
⑦ 냉매량이 많이 소요되며 액펌프, 저압 수액기 등 설비가 복잡하다.
⑧ 저압 수액기를 액펌프보다 위에 설치해야 한다.

10. 다음 냉매액 강제순환식 증발기에 대한 설명 중 옳은 것은 어느 것인가?
① 냉매액 펌프 출구의 냉매량은 증발기에서 증발하는 냉매량과 같다.
② 냉매액을 강제순환시키므로 냉각작용은 냉매의 잠열을 이용한 것이다.
③ 강제순환식이므로 증발기에 오일이 고일 염려가 없고 배관 저항에 의한 압력강하도 보강된다.
④ 증발기에는 항상 냉매액이 충만하여 있으므로 액압축이 일어나기 쉽다.

① 냉매액 펌프 출구의 냉매량은 증발기에서 증발하는 냉매량의 4~6배를 강제순환시킨다.
② 냉매액을 강제순환시키므로 전열이 양호하고 냉각작용은 냉매의 현열을 이용한 것이다.
④ 증발기에는 항상 냉매액이 충만하여 있으므로 액압축이 일어나지 않는다.

11. 증발기 출구에 액 냉매가 80% 존재하지만 리퀴드백 현상을 방지할 수 있고 제상의 자동화가 용이하며, 증발기가 여러 대일지라도 팽창밸브는 1개로 가능한 증발기는?
① 건식 증발기
② 반만액식 증발기
③ 만액식 증발기
④ 액순환(액펌프)식 증발기

09번 해설 참고

12. 다음 증발기에 대하여 기술한 것 중 옳은 것은?
① 액순환식 증발기에는 냉매순환량은 증발량의 8~9배이다.
② 액순환식 증발기를 통해 나오는 냉매는 일반적으로 습한 증기가 된다.
③ 만액식 증발기에는 관 밖에 냉매가 있고, 관 안에 냉매가 있는 것은 없다.
④ 건식 증발기에는 냉각관의 출구증기의 과열도는 될 수 있는 대로 크게 하는 것이 좋다.

① 액순환식 증발기에는 냉매순환량은 증발량의 4~6배이다.
② 액순환식 증발기는 증발기 출구에 냉매액이 80%, 가스가 20% 존재하므로 증발기를 통해 나오는 냉매는 습한 증기가 된다.
③ 만액식 증발기에는 관 밖에 냉매가 있고, 관 안에 냉매가 있는 것도 있다.
④ 건식 증발기에는 냉각관의 출구증기의 과열도는 일정하게 유지하는 것이 좋다.

Answer 10. ③ 11. ④ 12. ②

13. 증발기에 관한 설명으로 틀린 것은?

① 냉매는 증발기 속에서 습증기가 건포화 증기로 변한다.
② 건식 증발기는 유회수가 용이하다.
③ 만액식 증발기는 액백을 방지하기 위해 액분리기를 설치한다.
④ 액순환식 증발기는 액 펌프나 저압 수액기가 필요없으므로 소형 냉동기에 유리하다.

☞ ④ 액순환식 증발기는 액펌프와 저압수액기가 필요하여 설비가 복잡하며 소형 냉동기에서는 체적효율이 나빠 채택하지 않는다.

14. 다음 설명 중 맞는 것은?

① 건식 증발기에서는 온도 자동팽창밸브의 설정 과열도가 너무 높으면 액백(liquid back)이 일어나기 쉽다.
② 공조용의 공기냉각기에서 풍량이 감소하면 제습량이 많게 되고, 그 결과 냉동능력도 크게 된다.
③ 브라인 냉각기에서 건식 셸 앤드 튜브 증발기를 사용하면 단시간에 큰 부하변동이 발생하더라도 액백(liquid back)이 일어나지 않는다.
④ 액순환식 증발기는 냉매량이 많고 충분한 속도로 순환되므로 전열이 양호하다.

☞ ① 증발기 출구에서 냉매 상태는 완전히 기체화되어 압축에 지장이 없어야 한다. 이렇게 증발기 출구에서 액체 냉매가 있을 수 없도록 하는 것이 냉매의 과열이고 냉매의 과열도가 낮으면 액백현상이 일어나기 쉽게 된다.
② 공조용의 공기냉각기에서 풍량이 감소하면 냉동능력은 저하된다.
③ 브라인 냉각기에서 건식 셸 앤드 튜브 증발기를 사용하면 단시간에 큰 부하변동이 발생하여 액백(liquid back)이 일어날 수 있다.

15. 다음 냉각기 중 공기조화의 냉방용 물, 우유, 각종 기름류 등의 냉각에 많이 사용하는 것은?

① 셸 튜브식 냉각기
② 헤링본식 냉각기
③ 보데로 냉각기
④ 팬 코일식 냉각기

☞ 보데로 냉각기(baudelot cooler)
튜브 내 냉매, 튜브 외측에 피냉각물(브라인)이 흐르고 대기식 응축기와 구조가 비슷하다. 냉각관이 스테인리스로 제작되어 위생적이므로 물 또는 우유 등을 2℃ 이하의 저온으로 냉각할 때 사용한다. 냉각관 청소가 용이하고 습식 팽창형이다.

16. 제빙장치에 주로 사용되며 상부에는 가스헤더가 있고 하부에는 액헤더가 있으며 상하의 헤더 사이에는 다수의 구부러진 증발관이 부착되어 있는 형태의 증발기는?

① 탱크형 증발기
② 보데로 증발기
③ 이중관식 증발기
④ 원통다관식 증발기

☞ 탱크형 증발기(헤링본형 증발기)
만액식 증발기로서 상부에는 가스헤더, 하부에 액헤더를 설치하고 그 사이에 다수의 냉각관을 붙여 전열이 양호하며 주로 암모니아 제빙용에 사용된다.

17. 다음 증발기 중 가정용 냉장고, 쇼케이스 등과 같이 소형 냉동시스템에 주로 사용하는 것은?

13. ④ 14. ④ 15. ③ 16. ① 17. ③

① 만액식 셸 앤드 튜브식 증발기
② 건식 셸 앤드 튜브식 증발기
③ 나관 코일식 증발기
④ 헤링본식 증발기

나관 코일식 증발기
① 증발기의 기본형으로 동관 및 강관으로 제작한다.
② 핀(Fin)이 부착되어 있지 않으므로 전열이 불량하여 관이 길어져 압력강하가 크다.
③ 관내에 냉매, 외측에 공기가 흐르고, 팽창밸브로는 모세관이나 TEV가 많이 사용된다.
④ 냉장고 및 쇼케이스에 많이 이용된다.

18. 어떤 냉장고의 증발기가 냉매와 공기의 평균 온도차가 7℃로 운전되고 있다. 이때 증발기의 열통과율이 30W/m²℃라고 하면 냉동톤당 증발기의 소요 외표면적은?

① 15.81m²   ② 18.38m²
③ 20.70m²   ④ 23.14m²

증발기의 소요 외표면적(A)
$Q_e = KA \Delta t$

$$A = \frac{Q_e}{K \Delta t} = \frac{3.86\text{kW} \times \frac{1000\text{W}}{1\text{kW}}}{30 \times 7} = 18.38\text{m}^2$$

(여기서, Q_e = 1RT = 3.86kW)

Answer 18. ②

chapter 08 부속기기

제2-2편 공조냉동 설계(냉동공학)

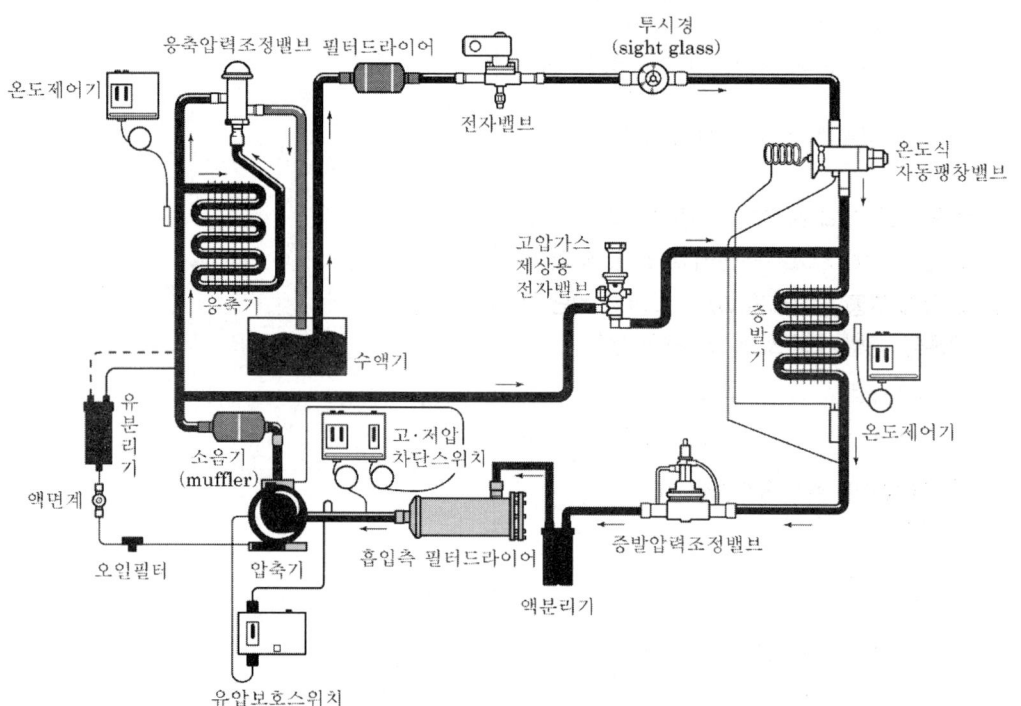

1 유분리기(oil separator)

압축기에서 토출되는 냉매가스와 윤활유를 분리시키는 장치

(1) 설치 위치

압축기와 응축기 사이에 설치

① 프레온 냉동장치 : 압축기와 응축기 사이의 1/4 지점에 설치
② 암모니아 냉동장치 : 압축기와 응축기 사이의 3/4 지점에 설치

(2) 설치 이유

① 냉동장치 내에 윤활유의 혼입량이 많아지면 압축기에서 오일 부족으로 인하여 실린더가 마모되어 압축기 파손을 초래한다.
② 윤활유가 응축기 또는 증발기에 유입되면 전열이 불량하게 되어 냉동기의 성능을 저하시킨다.

(3) 유분리기를 설치하는 경우

① 암모니아 냉동장치에는 반드시 설치한다.
② 프레온 냉매는 냉동유와 잘 혼합하기 때문에 유분리기를 설치하지 않지만 다음의 조건하에서는 설치한다.
  ㉠ 만액식 증발기를 사용할 경우
  ㉡ 증발온도가 낮은 저온장치인 경우
  ㉢ 토출배관이 길어지는 경우
  ㉣ 토출가스에 다량의 오일이 장치 내로 유출되는 경우

(4) 오일의 처리

① 암모니아 냉동기 : 분리한 오일을 밖으로 배출시킨다.(높은 온도로 인한 열화 및 탄화로 재사용 불가)
② 프레온 냉동기 : 크랭크 케이스 내로 돌려보낸다.

2 수액기(liquid receiver)

수액기는 응축기에서 응축된 냉매액을 팽창밸브로 보내기 전 일시 저장하는 고압용기로 증발기 부하변동에 따라 냉매공급 역할을 하며 응축기의 전열면적을 넓혀 주는 기능도 한다. 일반적으로 횡형 수액기가 많이 이용되고 있다.

(1) 역할

① 응축기에서 액화된 고온·고압의 냉매액을 저장하는 고압측 부속장치로 응축기와 팽창밸브 사이에 설치한다.
② 냉동장치를 운전하지 않을 때 또는 저압측 수리 시 냉매를 회수(펌프 다운)하여 저장하는 용기

(2) 수액기의 크기

① 암모니아 : 냉매 충전량의 1/2을 저장할 수 있는 크기
② 프레온 : 냉매 충전량의 전량을 저장할 수 있는 크기

(3) 특징

① 수액기의 보편적인 크기는 NH_3 냉동장치에 있어서는 충전냉매량의 1/2을 회수할 수 있는 크기로 하고 프레온 냉동장치에 있어서는 충전량 전부를 회수할 수 있는 크기로 제작한다.
② 수액기는 만액시켜서는 안 되며 직경의 3/4(75%) 정도가 이상적이다.
③ 응축기 하부에 설치하며 수액기 상부와 응축기 상부 사이에는 적당한 굵기의 균압관을 설치하여 준다.
④ 직경이 서로 다른 두 대의 수액기를 병렬로 설치할 경우 수액기 상단을 일치시킨다.
⑤ 액면계는 파손을 방지하기 위하여 금속제 보호 커버를 씌우게 되어 있으며, 파손 시 냉매의 분출을 막기 위하여 수동 및 자동밸브를 설치해 준다.
⑥ 불의의 사고 시 위험을 방지하기 위해 수액기 상부에 안전밸브를 설치해 준다.

(4) 수액기에 연결되는 기기

① 안전밸브(암모니아용)
② 가용전(프레온용)
③ 균압관
④ 입·출구 밸브
⑤ 액면계
⑥ 오일 드레인 밸브

3 균압관

응축기와 수액기 간의 압력을 균등하게 함으로써 냉매의 흐름을 원활하게 하기 위해서 응축기와 수액기 상부를 연결한 관으로 균압관 상부에는 불응축가스를 방출시키는 에어퍼지 밸브를 설치한다.

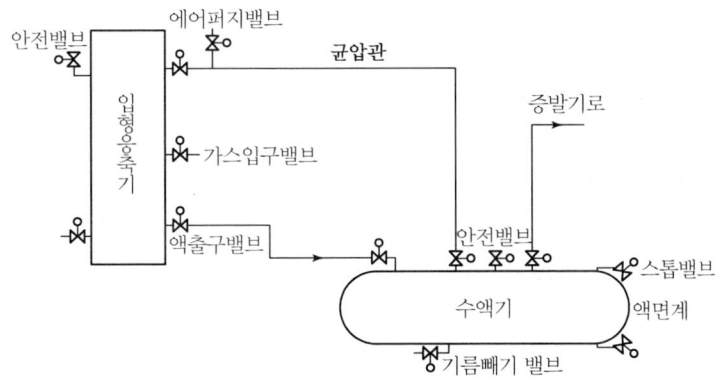

(1) 균압관의 설치 위치

① 응축기 상부와 수액기 상부 사이
② 응축기와 응축기 사이
③ 수액기와 수액기 사이
④ 압축기와 압축기 사이

4 액분리기(accumulator)

증발기에서 완전히 증발하지 않은 냉매액과 냉매가스가 압축기로 흡입되면 압축기는 비압축성 냉매액을 압축하므로 파손의 우려가 생긴다. 이에 압축기 흡입가스 중의 냉매액과 냉매가스를 분리시켜 액압축을 방지한다.

(1) 설치 위치와 용량

① 위치 : 증발기와 압축기 사이의 흡입배관에 설치하며 증발기보다 높은 위치에 설치
② 용량 : 증발기 내용적의 20~25% 정도의 용량일 것

(2) 설치하는 경우

① 암모니아 냉동장치
② 부하변동이 심한 경우
③ 만액식 브라인 쿨러

(3) 분리된 냉매 처리 방법

① 증발기로 재순환하는 방법
② 가열시켜 액을 증발시키고 압축기로 회수하는 방법
③ 고압측 수액기로 회수하는 방법

5 불 응축가스분리기(Non Condensing Gas Purger)

　냉동장치의 냉매계통 중에 공기 등 불응축가스가 존재하게 되면 이는 응축기나 수액기 상부에 보이게 되어 그 분압만큼 응축압력이 높아짐에 따라 냉동능력의 감소, 소비동력의 증가, 압축기 실린더의 과열, 열교환기의 전열악화 등 악영향이 생기게 되므로 신속하게 장치에서 제거해 줄 필요가 있다. 또한 공기 중의 수분이나 산소의 영향으로 냉동장치가 부식될 위험도 있다. 불응축가스는 운전 중에 장치의 고압부(응축기나 수액기)에 모이게 되므로 운전을 정지해서 응축기를 충분히 냉각시킨 다음 응축기 상부의 공기빼기밸브를 이용하여 불응축가스를 방출하는 경우도 있으나, 이렇게 할 경우 공기와 더불어 냉매도 같이 배출되기 때문에 냉매의 손실량이 많아질 수 있다. 따라서 대형 냉동장치에서는 냉매의 손실을 최소한으로 하면서 공기를 배출하기 위해서 운전 중에도 불응축가스만을 분리할 수 있는 불응축가스 분리기가 사용된다.

(1) 불응축가스 분리기 종류

① 수동식 가스분리기
② 온도식(York식) 가스분리기
③ 액면식(Armstrong형) 가스분리기

불응축가스

냉동장치 중에 응축되지 않는 가스로 장치 외부에서 침입하는 공기나 윤활유 탄화에 따른 오일 가스 등을 말한다.
1) 불응축가스의 발생 원인
　① 내부적 원인
　　㉠ 오일의 탄화, 열화 시 생성된 증기
　　㉡ 냉매의 화학적 변화에 의해 생성된 증기
　　㉢ 밀폐형의 경우 전동기 코일의 소손 등에 의해 생성된 증기
　② 외부적 원인
　　㉠ 장치의 신설, 수리 시 진공 건조작업 불충분에 의한 잔류공기
　　㉡ 냉매, 오일 충전 시 부주의로 인하여 침입한 공기
　　㉢ 순도가 낮은 냉매 및 오일 충전 시 이들에 섞인 공기
　　㉣ 저압을 대기압 이하로 운전 시 축봉부 등으로 유입된 공기
2) 불응축가스 체류 장소
　① 응축기 상부 및 수액기 상부의 균압관
　② 증발식 응축기의 액헤더와 수액기 상부
　③ 고압부 중 차가운 곳

6 투시경(sight glass)

냉매에 대한 수분 혼입 여부와 충전냉매의 부족 여부를 확인하는 장치

(1) 수분 혼입 확인

중앙에 있는 수분표시기의 색깔 변화로 확인한다.
① 녹색 : 건조

② 황록색 : 수분 혼입 – 주의 요망

③ 황색 : 수분 다량 혼입

(2) 냉매량 확인

기포발생 유무로 확인한다.

(3) 설치 위치

응축기 → 수액기 → **투시경** → 드라이어 → 전자밸브 → 팽창밸브

7 여과기(filter or strainer)

냉매장치 중에 혼입된 이물질(금속분말, 먼지 등)을 제거하여 전자밸브, 팽창밸브, 자동밸브 및 압축기 실린더 손상 등 기기의 파손을 방지

(1) 설치 위치

팽창밸브와 전자밸브 및 압축기 흡입측에 설치

(2) 규격(mesh)

① 액관 : 80~100 mesh 정도

② 가스관 : 40 mesh 정도

mesh(메시)
체의 구멍이나 입자의 크기를 나타내는 단위로 1in²당 그물의 눈금 수

8. 드라이어(drier, 제습제)

(1) 설치 목적

프레온 냉동장치에서 수분을 제거하여 팽창밸브 통과 시 수분이 팽창밸브 출구에서 동결 폐쇄되는 것을 방지하기 위해 설치한다. 암모니아의 경우는 수분과 잘 혼합하므로 건조기를 사용하지 않는다.

(2) 설치 위치

팽창밸브 직전의 고압액관에 설치

(3) 냉동장치 내 수분 침투 원인

① 장치의 지나친 진공운전으로 축봉부로 외기 침입
② 공기로 장치 내압시험 실시 후 진공 불충분
③ 부족된 냉매 오일 충전 시 부주의
④ 제작 정비상 부주의

(4) 수분 침투 시 장치에 미치는 영향

프레온	암모니아
① 팽창밸브 동결폐쇄	① 장치부식
② 장치부식	② 유탁액 현상
③ 동부착 현상	③ 증발온도 저하
④ 흡입압력 저하	④ 흡입압력 저하

(5) 건조제(제습제)

① 실리카겔
② 활성 알루미나 겔
③ 소바비드
④ 몰레큘러 시브

(6) 건조제(제습제)의 구비 조건

① 수분이나 냉매, 오일에 녹지 않을 것
② 냉매나 오일과 반응하지 않을 것
③ 큰 흡착력을 장시간 유지할 수 있을 것
④ 건조도와 건조효율이 클 것
⑤ 충분한 강도를 가지고 분해되지 않을 것
⑥ 안전하고 취급이 편리할 것
⑦ 가격이 저렴하고 구입이 용이할 것

9 열교환기(heat exchanger)

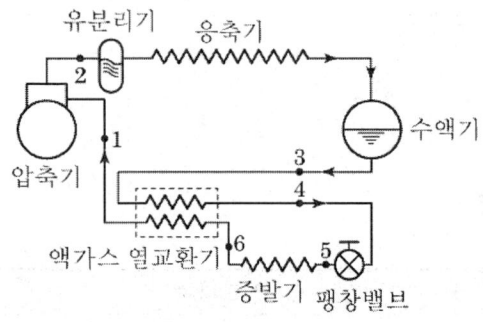

[액-가스 열교환기 부착 냉동장치]

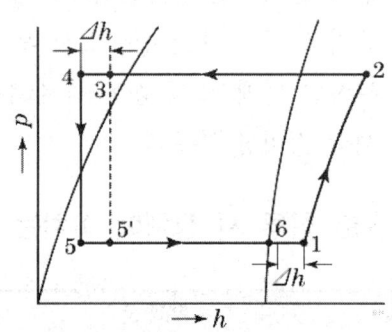

[액-가스 열교환기 부착 P-h 선도]

(1) 설치 목적

① 응축기 출구의 냉매액을 과냉각시켜 팽창 시 플래시 가스량을 감소시켜 냉동효과를 향상시킨다.
② 압축기 흡입가스를 과열시켜 압축기에서의 액압축(Liquid back)을 방지한다.
③ 흡입가스를 과열시키므로 RT당 소요동력 감소 및 성적계수 향상으로 냉동능력이 증대된다.
④ 프레온 만액식 증발기에서 유회수를 용이하게 하기 위해 설치한다.

(2) 설치해야 할 경우

① R-12나 R-500을 사용하는 증발온도 -15℃ 정도인 경우
② 액관이 현저하게 입상된 경우
③ 액관이 보온 없이 통과되는 경우
④ 만액식 증발기를 사용하는 경우

10 중간냉각기(inter-cooler)

2단압축 냉동장치에 고단 압축기의 토출가스 온도가 너무 높게 되지 않도록 저단압축기의 토출가스를 그 토출압력(중간압력)의 포화온도까지 냉각하기 위하여 중간냉각기를 사용한다. 또한 중간냉각기는 응축기로부터 저압측의 증발기로 보내는 냉매액을 과냉각하는 열교환기의 역할도 한다. 중간냉각기는 냉각방법에 따라 플래시형, 액냉각식, 직접 팽창식 중간냉각기가 있다.

11 안전장치 및 자동제어장치

(1) 안전장치(Safety System)

1) 안전밸브(Safety Valve)

① 역할
　냉동장치에서 압축기 토출압력의 이상 상승되었을 때 작동하여 장치의 파손을 방지하는 기기로서 이때 압축기는 정지하지 않는다.

② 작동압력
　㉠ 정상고압 + 5kg/cm² 이상
　㉡ 장치의 내압시험 압력(TP)의 8/10배 이하

ⓒ 설치 위치
ⓐ 압축기 토출밸브와 스톱밸브 사이에 고압차단스위치(HPS)와 같은 위치에 설치한다.
ⓑ 압축기가 여러 대일 때는 각 압축기의 스톱밸브 직전에 설치한다.
③ 종류
㉠ 스프링식   ㉡ 중추식   ㉢ 지렛대식
④ 압축기용 안전밸브의 구경 계산

$$d_1 = C_1 \sqrt{V_1}$$

여기서, d_1 : 안전밸브의 최소구경(mm)
C : 표준회전속도에서의 압출량(m^3/h)
V_1 : 냉매 종류에 따른 정수

2) 파열판(Rupture Disk)

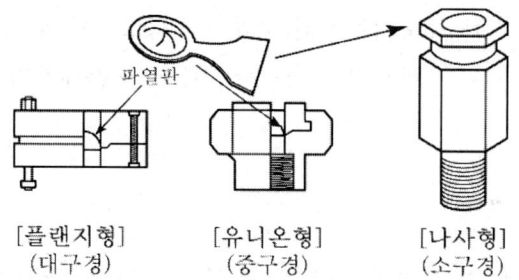

[플랜지형]   [유니온형]   [나사형]
(대구경)   (중구경)   (소구경)

① 압력용기 등에 설치하여 내부압력의 이상 상승 시 박판이 파열되어 가스를 분출한다.
② 1회용으로 한번 파열되면 새로운 것으로 교체해야 한다.
③ 구조가 간단하고 취급이 용이하다.
④ 파열판은 터보냉동기, 흡수식 냉동기와 일부 선박용 냉동장치 이외에는 사용하지 않는다.

3) 가용전(Fusible Plug)

① 1회용으로 이상온도 발생 시 가용합금이 용융되어 가스를 외부로 분출한다.
② 가용전의 크기는 최소 안전밸브 직경의 1/2 이상으로 한다.
③ 납, 주석, 안티몬, 카드뮴, 비스무트 등의 합금으로 만들고, 용융온도는 68~75℃ 정도이다.
④ 압축기 토출가스의 영향을 받지 않는 곳에 설치한다.

⑤ 암모니아 냉동장치에서는 가용합금이 침식되므로 사용하지 않는다.
⑥ 주로 20RT 미만의 프레온용 응축기나 수액기의 상부에 안전밸브 대신 설치한다.

4) 고압차단스위치(HPS, High Pressure Control Switch)

① 고압이 일정 이상의 압력으로 상승되면 회로를 차단하여 압축기를 정지시켜 이상고압으로 인한 장치의 파손을 방지한다.
② 압축기의 안전장치로 작동압력은 정상고압+4kg/cm² 정도이다.
③ 설치 위치
  ㉠ 1대의 압축기 제어 : 압축기 토출밸브와 스톱밸브 사이
  ㉡ 여러 대의 압축기 제어 : 토출가스에 공동헤더를 설치하여 제어
④ 고압차단스위치가 작동되었을 경우 압력차 설정나사를 통해 설정된 일정 압력 이하로 압력이 하강하였을 때만 압축기 재가동이 가능하다.

5) 저압차단스위치(LPS, Low Pressure Control Switch)

시스템에 저압이 일정 이하가 되면 회로를 차단하여 압축기를 정지시키는 안전장치로 압축기 흡입관에 설치한다.

6) 고·저압 차단스위치(DPS, Dual Pressure Switch)

고압차단스위치(HPS)와 저압차단스위치(LPS)를 한 케이스 내에 위치시켜 각각 독립적으로 작동한다. 고압차단용은 압축기 토출측에, 저압차단용은 압축기 흡입측에 연결하여 이상 압력상태가 발생하면 압축기를 정지시킨다.

7) 유압보호스위치(OPS, Oil Pressure Protection Switch)

① 압축기 기동 시나 운전 중 일정 시간(60~90초 정도 : Time Leg)에 유압이 형성되지 않거나 유압이 일정 이하로 될 경우 압축기를 정지시켜 윤활불량으로 인한 압축기의 파손을 방지하는 안전장치로 흡입압력과 유압의 압력차에 의해 작동된다.
② 종류 : 바이메탈식, 가스통식

(2) 자동제어장치

1) 전자밸브(SV, Solenoid Valve)

① 특징
  ㉠ 전자석의 원리(전류에 위한 자기 작용)를 이용하여 밸브를 개폐한다.

ⓛ 용량제어, 액면제어, 온도제어, 액압축 방지, 제상, 냉매 및 브라인 등의 흐름을 제어한다.
　　ⓒ 전자코일에 전기가 통하면 자장을 만들어 플런저가 상승하여 열리고, 전기가 통하지 않으면 닫힌다.
　　ⓔ 플런저 자체가 밸브로 되어있는 직동식과 파일럿으로 되어있는 파일럿 작동식으로 구분할 수 있다.
　② 전자밸브 설치 시 주의사항
　　㉠ 전자밸브의 화살표 방향과 유체의 흐름 방향을 일치시킨다.
　　ⓛ 전자밸브의 전자코일을 상부로 하고, 수직으로 설치한다.
　　ⓒ 전자밸브의 폐쇄를 방지하기 위해 입구측에 여과기를 설치한다.
　　ⓔ 전자밸브에 하중이 걸리지 않도록 한다.
　　ⓜ 전압과 용량에 맞게 설치한다.
　　ⓗ 고장, 수리 등에 대비하여 바이패스관을 설치할 수도 있다.

2) 증발압력조정밸브(EPR, Evaporate Pressure Regulating Valve)

증발기 출구배관에 설치하여 설정된 설정압력(EPR 입구 압력)으로 증발압력을 일정하게 유지하여 운전 중 증발압력이 낮아져 냉수, 브라인 등의 동결이나 압축비 상승으로 인한 영향을 방지한다.

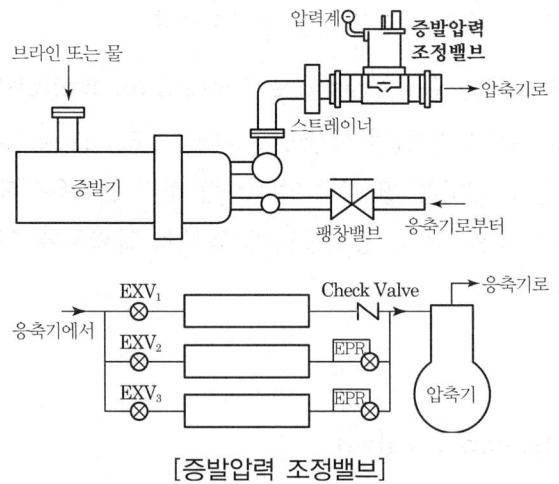

[증발압력 조정밸브]

① 설치 위치
　㉠ 증발기가 1대일 때 : 증발기 출구에 설치
　㉡ 증발기가 여러 대일 때 : 증발온도가 높은 곳에 설치하고, 가장 낮은 곳에는 체크 밸브를 설치한다.
② 설치 경우
　㉠ 1대의 압축기로 증발온도가 서로 다른 여러 대의 증발기를 사용하는 경우
　㉡ 냉수 및 브라인의 동결 우려가 있는 경우
　㉢ 냉장실 내의 온도를 일정하게 유지하여야 하는 경우
　㉣ 고압가스 제상 시 응축기 냉각수 동결을 방지하고자 하는 경우
　㉤ 피냉각 물체의 과도한 제습을 방지하고자 하는 경우

3) 흡입압력조정밸브(SPR, Suction Pressure Regulating Valve)

증발기와 압축기 사이의 흡입관 중간에 설치하여 압축기 흡입압력이 일정 압력(SPR 출구측 압력) 이상으로 되었을 때 과부하로 인한 전동기의 파손을 방지한다.

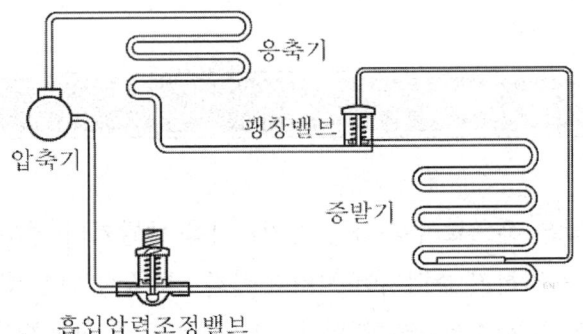

① 설치 목적
　㉠ 압축기 흡입압력이 일정 압력(SPR 출구측 압력) 이상 상승 방지
　㉡ 증발기로부터 액 유입으로 인한 압축기 파손 방지
　㉢ 고압가스 제상 후, 장기간 압축기 정지 후 재가동 시 증발기에 고여 있는 냉매에 의한 압축기 파손 방지
　㉣ 흡입압력이 큰 폭으로 변동하는 것을 방지
　㉤ 흡입압력이 과도하게 높아 액압축 발생 방지
　㉥ 높은 흡입압력으로 장시간 운전되는 경우

4) 냉각수 조절밸브(Water Regulating Valve)

① 응축기 부하변동에 따른 응축기 냉각수량을 제어하는 밸브로 자동급수밸브 또는 절수밸브라고도 부른다.
② 냉각수량의 제어로 부하변동에 관계없이 응축압력을 일정하게 유지한다(자동급수밸브).
③ 운전 정지 중에는 냉각수를 차단하여 경제적인 운전을 도모한다(절수밸브).

5) 온도 조절기(TC, Temperature Controller, Thermostat)

냉동 시스템의 온도 제어를 목적으로 측온부의 온도변화를 감지하여 전기접점을 개폐하는 스위치로 바이메탈식, 가스압력식, 전기식 등이 있다.

6) 습도 조절기(Humidistat)

냉동 시스템의 습도제어를 목적으로 하는 습도조절기는 모발식, 건구습구식, Dewcel식 등이 있다.

12 착상 및 제상

온도를 0℃보다 낮은 온도로 유지하는 공기냉각용 증발기의 경우 공기 중의 수증기가 증발기 표면에 응축 동결하고 축적되어 서리가 부착, 즉 착상하면 냉각관의 열통과율이 불량해지므로 냉각기의 성능이 떨어지게 된다. 그러므로 냉각관에 착상이 되지 않도록 서리를 제거하는 작업을 제상(Defrost)이라 한다.

(1) 착상이 냉동장치에 미치는 영향

① 전열불량으로 냉장실 내 온도상승 및 액압축 초래
② 증발압력 저하로 압축비 상승
③ 증발온도 저하
④ 실린더 과열로 토출가스 온도 상승
⑤ 윤활유의 열화 및 탄화 우려
⑥ 체적효율 저하 및 압축기 소요동력 증대

⑦ 성적계수 및 냉동능력 감소

(2) 제상방법

① 고압가스 제상(Hot Gas Defrost) : 압축기에서 토출된 고온 고압의 냉매가스를 증발기로 유입시켜 고압가스의 응축잠열에 의해 제상한다. 제상시간이 짧고 쉽게 설비할 수 있어 대형의 경우 가장 많이 사용하지만 서리의 두께가 두꺼우면 제상이 어렵다.

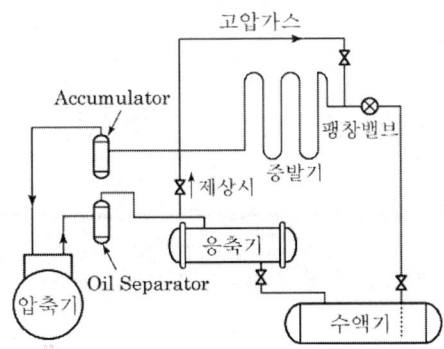

② 살수식 제상(Water Spray Defrost) : 냉각기 내의 냉매를 회수하고 송풍기를 정지한 후 증발기 표면에 온수를 살수시켜 제상하는 방법으로 가장 간단하고 일반적인 방법이다. 보통 제상 수온은 10~25℃이며, 수량은 20l/min·RT 정도이다.

③ 전열에 의한 제상(Electric Defrost) : 증발기에 전기히터를 설치하여 제상하는 방법으로 유닛형 냉각기나 가정용 냉동고 등 자동제상을 하는 소형장치에 많이 사용된다.

④ 온공기 제상(Warm Air Defrost) : 압축기 정지 후 증발기 팬(fan)을 가동시켜 실내공기로 6~8시간 제상하는 방법으로 냉장실온이 2~5℃까지 상승하더라도 저장품에 손상이 없을 때 사용한다.

⑤ 브라인 분무제상(Brine Spray Defrost) : 압축기를 정지시키고 냉각관 표면에 부동액 또는 브라인을 분무시켜 제상하는 방법

⑥ 온 브라인 제상(Hot Brine Defrost) : 순환되는 차가운 브라인을 주기적으로 따뜻한 브라인으로 교환하여 제상하는 방법으로 브라인이 공기를 냉각시켜 주는 냉각관 적상 시 사용한다. 조작은 간단하지만 열손실이 많고 온 브라인 탱크가 필요하다.

⑦ 압축기 정지제상(Off Cycle Defrost) : 압축기를 정지하고 증발기의 팬(fan)을 가동시킨 상태에서 고내온도의 상승만으로 제상을 하는 방식. 통상 증발기를 두 대 사용

하여 하나가 사용 중일 때는 다른 하나로 제상한다. 고내에 외기를 보낼 때는 노점을 낮추어 보내야 한다.

13 냉동기의 시험

(1) 시험의 구분

① 내압시험   ② 기밀시험   ③ 누설시험   ④ 진공시험

소형 냉동기의 경우 진공시험으로 내압, 기밀, 누설시험을 대체한다.

1) 내압시험(물 또는 오일 등의 액을 가압하여 시험)

① 내압시험은 압축기, 냉매펌프, 윤활유펌프 및 압력용기(수액기), 부스터 등의 배관을 제외한 구성장치에 실시하는 액압시험으로서 안전한 사용에 필요한 강도와 변형유무를 확인하기 위해 제작사에서 실시하는 시험

② 시험압력은 허용압력 또는 설계압력 중 낮은 압력의 1.5배 이상으로 하고 유지시간은 5~20분으로 한다.

③ 시험요령은 피시험품에 오일이나 물을 채워서 공기를 완전히 배제한 후 액압을 서서히 가하면서 피시험품의 각 부에 이상이 없는 것을 확인한다. 액압은 그 최고압력을 1분 이상 유지한 후 압력을 시험압력의 8/10까지 저하시켜 용접이음 및 기타 이음매의 전장에 걸쳐 둥근 해머로 두드린다.

④ 이때 피시험품의 누설, 변형, 파괴 등이 없을 때에만 합격으로 간주한다.

2) 기밀시험

① 기밀시험은 내압시험을 실시한 압축기, 부스터, 냉매펌프 및 압력용기, 밸브 등 배관을 제외한 구성부품이 모두 조립된 상태에서 내압강도의 확인에 이어 기밀성능을 확인하기 위하여 실시하는 가스압 시험으로 제작사에서 실시

② 시험에 사용하는 압축가스는 공기 또는 불연성 가스(질소, 이산화탄소)를 사용하고,

산소 또는 독성가스를 사용해서는 안 된다(암모니아는 이산화탄소를 피하고, 프레온은 공기를 피하도록 한다). 공기압축기를 사용하여 압축공기를 공급하는 경우에는 1회에 3kg/cm² 이상이 넘지 않도록 서서히 압력을 올리도록 하며 온도는 140℃ 이하가 되도록 한다.

③ 시험은 피시험품 내의 가스를 시험압력(최소 누설시험압력의 5/4배 이상)으로 유지한 후 물 속에 넣거나 외부에 발포액 등을 도포하여 기포발생 유무에 따라 누설을 확인하여 누설이 없는 것을 합격으로 한다.

3) 누설시험

① 누설시험은 진공시험으로 최종적인 기밀의 확인을 하기 전에 냉동장치의 배관공사 완료 후 방열공사 및 냉매충전을 하기 전 냉동장치 전 계통에 걸쳐 누설되는 곳을 점검하여 완전 기밀로 하는 것이 목적인 시험

② 시험에 사용하는 가스는 건조공기, 질소 등의 불연성 가스를 사용하고, 기밀시험과 같은 방식으로 행한다.

③ 시험은 냉매가스 계통의 압력을 시험압력으로 유지한 후 장치의 외부에 발포액 등을 도포하여 기포의 발생유무로 누설을 확인하고, 누설이 없는 것을 합격으로 한다. 프레온을 충전하여 시험하는 경우에는 가스누설검지기로 검사할 수 있다.

④ 누설개소 발견 시 가스를 배출한 후 용접 또는 조임을 실시한다.

4) 진공시험

① 냉동기의 최종 기밀 확인을 위한 시험

② 누설시험이 끝난 후 충전 전에 배기밸브나 배유밸브를 열어 장치 내의 가스를 배출하고 진공상태에서 수분을 완전히 증발시켜 냉매설비 내를 충분히 건조시킨다. 이것을 진공건조라고 하고 밸브를 닫고 진공을 유지하는데 이 시험을 진공방치시험이라고 한다.

③ 진공방치시험 후 압력상승이 있으면 누설 개소가 있거나 건조가 불충분했기 때문이다.

④ 진공방치시험으로 누설이 없거나 건조가 확인되면 이어서 냉매의 충전작업을 실시한다.

제2-2편 공조냉동 설계(냉동공학)

chapter 08 출·제·예·상·문·제

01. 유분리기에 대한 설명으로 가장 거리가 먼 것은?
① 만액식 증발기를 사용하거나 증발온도가 높은 경우에 설치한다.
② 압축기에서 응축기까지의 배관이 긴 경우에 설치한다.
③ 왕복동식 압축기인 경우는 고압냉매의 맥동을 완화시키는 역할을 한다.
④ 일종의 소음기 역할도 한다.

☞ 유분리기를 설치하는 경우
① 암모니아 냉동장치는 반드시 설치한다.
② 프레온 냉매는 냉동유와 잘 혼합하기 때문에 유분리기를 설치하지 않지만 다음의 조건하에서는 설치한다.
  ㉠ 만액식 증발기를 사용하는 경우
  ㉡ 증발온도가 낮은 저온장치인 경우
  ㉢ 토출가스 배관이 길어지는 경우(9m 이상)
  ㉣ 다량의 오일이 토출가스에 혼입되는 것으로 생각되는 경우

02. 유분리기를 반드시 사용하지 않아도 되는 경우는?
① 만액식 증발기를 사용하는 경우
② 토출가스 배관이 길어지는 경우
③ 증발온도가 낮은 경우
④ 프레온 냉매를 건식 증발기에 사용하는 소형냉동장치의 경우

☞ 01번 해설 참고

03. 다음 중 냉동장치의 액분리기와 유분리기의 설치 위치를 올바르게 나타낸 것은?
① 액분리기 : 증발기와 압축기 사이
  유분리기 : 압축기와 응축기 사이
② 액분리기 : 증발기와 압축기 사이
  유분리기 : 응축기와 팽창밸브 사이
③ 액분리기 : 응축기와 팽창밸브 사이
  유분리기 : 증발기와 압축기 사이
④ 액분리기 : 응축기와 팽창밸브 사이
  유분리기 : 압축기와 응축기 사이

☞ 1) 액분리기 설치 위치 : 증발기 출구와 압축기 사이 흡입관(증발기보다 높은 위치)
2) 유분리기 설치 위치
  ① 암모니아 냉동기 : 압축기와 응축기 사이의 응축기 가까운 토출관(압축기에서 3/4 정도 지점, 토출가스 온도(98℃)가 높으므로)
  ② 프레온 냉동기 : 압축기와 응축기 사이의 압축기 가까운 토출관(압축기에서 1/4 정도 지점)

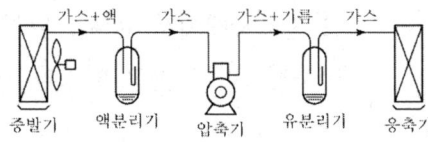

04. 암모니아 장치에 유분리기를 설치하려 한다. 유분리기는 어느 위치에 설치하면 작용이 양호한가?
① 증발기와 압축기 사이에서 증발기 가까

Answer 01. ① 02. ④ 03. ① 04. ③

② 증발기와 압축기 사이에서 압축기 가까운 쪽
③ 압축기와 응축기 사이에서 응축기 가까운 쪽
④ 압축기와 응축기 사이에서 압축기 가까운 쪽

☞ 03번 해설 참고

05. 압축기와 응축기 사이에 유분리기를 설치하려 한다. 유분리기를 압축기로부터 어느 위치 거리에 설치하면 작용이 양호한가? (단, 암모니아 장치인 경우)

① 1/4 위치　② 2/4 위치
③ 3/4 위치　④ 1 위치

☞ 03번 해설 참고

06. 수액기에 대한 설명으로 틀린 것은?

① 응축기에서 응축된 고온고압의 냉매액을 일시 저장하는 용기이다.
② 장치 안에 있는 모든 냉매를 응축기와 함께 회수할 정도의 크기를 선택하는 것이 좋다.
③ 소형 냉동기에는 필요로 하지 않다.
④ 어큐뮬레이터라고도 한다.

☞ ④ 수액기는 리시버(Receiver)라고 하고, 액분리기는 어큐뮬레이터(accumulator)라고 한다.

07. 직경이 다른 2개 이상의 수액기를 병렬연결하기 위한 설치 방법으로 옳은 것은?

① 하단을 일치시켜 연결시킨다.
② 상단을 일치시켜 연결시킨다.
③ 옆으로 일치시켜 연결시킨다.
④ 아무 곳에나

☞ **수액기 설치 방법**
① 수액기의 보편적인 크기
　㉠ NH_3 냉동장치에 있어서는 충전냉매량의 1/2을 회수할 수 있는 크기
　㉡ 프레온 냉동장치에 있어서는 충전량 전부를 회수할 수 있는 크기로 제작
② 수액기는 만액시켜서는 안 되며 직경의 3/4(75%) 정도가 이상적이다.
③ 응축기 하부에 설치하며 수액기 상부와 응축기 상부 사이에는 적당한 굵기의 균압관을 설치하여 준다.
④ 직경이 서로 다른 두 대의 수액기를 병렬로 설치할 경우 수액기 상단을 일치시킨다.
⑤ 액면계는 파손을 방지하기 위하여 금속제 보호 커버를 씌우게 되어 있으며 파손 시 냉매의 분출을 막기 위하여 수동 및 자동 밸브를 설치해 준다.
⑥ 불의의 사고 시 위험을 방지하기 위해 수액기 상부에 안전밸브를 설치해 준다.

08. 다음 중 액압축을 방지하고 압축기를 보호하는 역할을 하는 것은?

① 유분리기　② 액분리기
③ 수액기　　④ 드라이어

☞ **액분리기(accumulator)**
증발기에서 완전히 증발하지 않은 냉매액과 냉매가스가 압축기로 흡입되면 압축기는 비압축성 냉매액을 압축하므로 파손의 우려가 생긴다. 이에 압축기 흡입가스 중의 냉매액과 냉매가스를 분리시켜 액압축을 방지하여 압축기를 보호한다.

09. 다음 중 증발기 출구와 압축기 흡입관 사이에 설치하는 저압측 부속장치는?

① 액분리기　② 수액기
③ 건조기　　④ 유분리기

Answer　05. ③　06. ④　07. ②　08. ②　09. ①

👉 **액분리기(accumulator) 설치 위치**
증발기와 압축기 사이의 흡입배관에 설치하며 증발기보다 높은 위치에 설치

10. 냉동장치에서 액분리기의 적절한 설치 위치는?
① 수액기 출구   ② 압축기 출구
③ 팽창밸브 입구 ④ 증발기 출구

👉 **액분리기 설치 위치와 용량**
① 위치 : 증발기 출구와 압축기 사이 흡입관 (증발기보다 높은 위치)
② 용량 : 증발기 내용적의 20~25% 정도

11. 액분리기에 관한 설명으로 옳은 것은?
① 증발기 입구에 설치한다.
② 액압축을 방지하며 압축기를 보호한다.
③ 냉각할 때 침입한 공기와 냉매를 혼합시킨다.
④ 증발기에 공급되는 냉매액을 냉각시킨다.

👉 08번 해설 참고

12. 냉매배관 중 액분리기에서 분리된 냉매의 처리방법으로 틀린 것은?
① 응축기로 순환시키는 방법
② 증발기로 재순환시키는 방법
③ 고압측 수액기로 회수하는 방법
④ 가열시켜 액을 증발시키고 압축기로 회수하는 방법

👉 **분리된 냉매의 처리**
㉠ 증발기로 재순환시킨다.
㉡ 열교환기에 의해 액을 증발시켜 압축기로 회수한다.
㉢ 액회수장치를 이용하여 고압측 수액기로 회수한다.

13. 어큐뮬레이터(accumulator)에 대한 설명으로 옳은 것은?
① 건식 증발기에 설치하여 냉매액과 증기를 분리시킨다.
② 냉매액과 증기를 분리시켜 증기만을 압축기에 보낸다.
③ 분리된 증기는 다시 응축하도록 응축기로 보낸다.
④ 냉매 속에 흐르는 냉동유를 분리시키는 장치이다.

👉 ① 만액식 증발기에 설치하여 냉매액과 증기를 분리시킨다.
③ 분리된 증기는 다시 압축하도록 압축기로 보낸다.
④ 냉매 속에 흐르는 가스 중 액을 분리시키는 장치이다.

14. 압축기에 부착하는 안전밸브의 최소 구경을 구하는 공식으로 옳은 것은?
① 냉매상수 × (표준 회전 속도에서 1시간의 피스톤 압출량)$^{1/2}$
② 냉매상수 × (표준 회전 속도에서 1시간의 피스톤 압출량)$^{1/3}$
③ 냉매상수 × (표준 회전 속도에서 1시간의 피스톤 압출량)$^{1/4}$
④ 냉매상수 × (표준 회전 속도에서 1시간의 피스톤 압출량)$^{1/5}$

👉 **압축기용 안전밸브의 구경 계산**
$d_1 = C_1 \sqrt{V_1}$
여기서,
　d_1 : 안전밸브의 최소 구경(mm)
　V_1 : 표준회전속도에서의 압출량(m^3/h)
　C_1 : 냉매 종류에 따른 정수

15. 안전밸브의 시험방법에서 약간의 기포가

Answer 10. ④ 11. ② 12. ① 13. ② 14. ① 15. ②

발생할 때의 압력을 무엇이라고 하는가?
① 분출 전개압력　② 분출 개시압력
③ 분출 정지압력　④ 분출 종료압력

👉 **분출 개시압력**
입구 쪽의 압력이 증가하여 출구측에서 미량의 유출이 지속적으로 검지될 때의 입구 쪽의 압력

16. 냉동능력 감소와 압축기 과열 등의 악영향을 미치는 냉동 배관 내의 불응축가스를 제거하기 위해 설치하는 장치는?
① 액-가스 열교환기
② 여과기
③ 어큐뮬레이터
④ 가스 퍼저

👉 **불응축가스 퍼저(Non Condensing Gas Purger)**
불응축가스는 응축기에서 액화되지 않는 가스로 불응축가스의 분압만큼 응축압력이 상승하고, 유효 전열면적의 감소로 응축능력 감소, 압축기 과열, 소요동력 증대, 냉동능력 감소 등의 영향이 있으므로 가스 퍼저를 이용하여 불응축가스를 제거시킨다.
[참고]
① 액-가스 열교환기 : 증발기 출구 냉매증기와 팽창밸브로 공급되는 냉매액을 상호 열교환시켜 팽창밸브 공급 냉매액의 과냉각도를 높이는 장치
② 여과기 : 냉매장치 중에 혼입된 이물질(금속분말, 먼지 등)을 제거하여 기기의 파손을 방지
③ 액분리기(accumulator) : 암모니아 만액식 증발기 또는 부하변동이 심한 냉동장치에서 압축기로 유입되는 가스 중 액을 분리시켜 액유입에 의한 액압축(Liquid Back)을 방지하여 압축기를 보호시켜 주기 위한 기기

17. 냉동장치에서 가스 퍼저(Gas purger)를 설치하는 이유로서 옳지 않은 것은?
① 냉동능력 감소를 방지한다.
② 응축압력 상승으로 소요동력이 증대하는 것을 방지한다.
③ 응축기 전열작용의 저하를 방지한다.
④ 불응축가스의 배제를 가능한 한 억제한다.

👉 16번 해설 참고

18. 불응축가스 분리기의 작용에 대한 설명으로 가장 적합한 것은?
① 불응축가스와 냉매가스를 가열 분리한다.
② 불응축가스와 냉매가스를 압축하여 분리한다.
③ 불응축가스를 냉매와 분리하여 대기 중에 방출한다.
④ 방출된 가스에는 냉매가스는 전혀 혼입되어 있지 않다.

👉 **불응축가스 분리기(gas purger)**
장치 내에 침입된 불응축가스를 냉매와 분리하여 대기(외부)로 방출시키는 기기

19. 다음 중 불응축가스를 제거하는 가스 퍼저(gas purger)의 설치 위치로 가장 적당한 곳은?
① 수액기 상부　② 압축기 흡입부
③ 유분리기 상부　④ 액분리기 상부

👉 불응축가스가 모이는 곳(응축기 상부, 수액기 상부, 증발식 응축기는 액 헤드)에 가스 퍼저를 설치해야 한다.

20. 다음 중 사용 용도가 다른 것은?
① 안전밸브　② 가용전

 16. ④　17. ④　18. ③　19. ①　20. ④

제8장 부속기기　749

③ 파열판   ④ 가스 퍼저

① 안전장치 : 안전밸브, 가용전, 파열판
② 불응축가스 제거 : 가스 퍼저

21. 냉동장치의 고압부에 설치하지 않는 부속기기는?

① 투시경
② 유분리기
③ 냉매액 펌프
④ 불응축가스 분리기(gas purger)

냉매액 펌프는 저압부(수액기~증발기 사이)에 설치하는 부속기기이다.

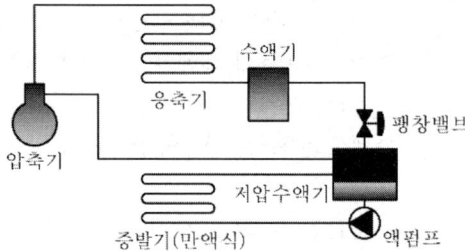

22. 냉동장치의 고압부에 대한 안전장치가 아닌 것은?

① 안전밸브   ② 고압스위치
③ 가용전   ④ 방폭문

방폭문(폭발구)
보일러 연소실 내에 불완전연소나 매화작업 등에 의해 미연소가스가 충만할 경우 점화에 의한 가스폭발이나 역화 등으로 노내의 가스압력이 상승하여 노통이나 내화벽돌 등에 악영향을 미칠 수 있기 때문에 폭발된 가스를 외부로 배기시켜 사고를 방지하는 안전장치
[참고]
① 안전밸브(relief valve, safety valve) : 냉동장치가 고압이 되면 장치가 파손될 수 있으므로 장치를 보호하기 위하여 설치

② 고압 차단 압력 스위치(HPS : high pressure cut out switch) : 고압이 일정 압력 이상이 되면 압축기용 전동기 전원을 차단하여 압축기를 정지시킨다.
③ 가용전(fusible plug) : 1회용으로 이상 온도 발생 시 가용전이 녹아 장치의 가스를 외부로 방출한다. 프레온용으로 안전밸브 대용으로 사용하며 응축기와 수액기 상부에 설치한다.

23. 프레온 냉동장치에서 가용전에 대한 설명으로 틀린 것은?

① 가용전의 용융온도는 일반적으로 75℃ 이하로 되어 있다.
② 가용전은 Sn, Cd, Bi 등의 합금이다.
③ 온도상승에 따른 이상 고압으로부터 응축기 파손을 방지한다.
④ 가용전의 구경은 안전밸브 최소구경의 1/2 이하이어야 한다.

가용전(fusible plug)
① 1회용으로 이상온도 발생 시 가용전이 녹아 장치의 가스를 외부로 방출한다.
② 프레온용으로 안전밸브 대용으로 사용하며 응축기와 수액기 상부에 설치하고 용융온도는 70±5℃이다.
③ Pb, Sn, Sb, Bi 등의 합금으로 만들고 가용전의 크기는 안전밸브 직경의 1/2 이상으로 한다.

24. 증기압축식 냉동기에 설치되는 가용전에 대한 설명으로 틀린 것은?

① 냉동설비의 화재 발생 시 가용합금이 용융되어 냉매를 대기로 유출시켜 냉동기 파손을 방지한다.
② 안전성을 높이기 위해 압축가스의 영향이 미치는 압축기 토출부에 설치한다.
③ 가용전의 구경은 최소 안전밸브 구경의 1/2

Answer 21. ③ 22. ④ 23. ④ 24. ②

이상으로 한다.
④ 암모니아 냉동장치에서는 가용합금이 침식되므로 사용하지 않는다.

👆 ② 안전성을 높이기 위해 압축가스의 영향이 미치는 응축기와 수액기 상부에 설치한다.

25. 냉동장치에서 압력용기의 안전장치로 사용되는 가용전 및 파열판에 대한 설명으로 옳지 않은 것은?
① 파열판의 파열압력은 내압시험 압력 이상의 압력으로 한다.
② 응축기에 부착하는 가용전의 용융온도는 보통 75℃ 이하로 한다.
③ 안전밸브에 파열판을 부착한 경우 파열판의 파열압력은 안전밸브의 작동 압력 이상으로 해도 좋다.
④ 파열판은 터보 냉동기에 주로 사용된다.

👆 ① 파열판의 파열압력은 내압시험 압력의 0.8배 이하의 압력으로 한다.

26. 다음 안전장치에 대한 설명으로 틀린 것은?
① 가용전은 응축기, 수액기 등의 압력용기에 안전장치로 설치된다.
② 파열판은 얇은 금속판으로 용기의 구멍을 막고 있는 구조이며 안전밸브로 사용된다.
③ 안전밸브의 최소구경은 실린더 지름과 피스톤 행정에 관여한다.
④ 고압차단스위치는 조정설정압력보다 벨로즈에 가해진 압력이 낮아졌을 때 압축기를 정지시키는 안전장치이다.

👆 ④ 고압차단스위치는 조정설정압력보다 벨로즈에 가해진 압력이 상승하였을 때 회로를 차단하여 압축기를 정지시켜 이상고압으로 인한 장치의 파손을 방지하는 안전장치이다.

27. 다음 중 고압차단스위치가 하는 역할은?
① 유압의 이상고압을 자동으로 감소시킨다.
② 수액기 내의 이상고압을 자동으로 감소시킨다.
③ 증발기 내의 이상고압을 자동으로 감소시킨다.
④ 압력이 이상고압이 되었을 때 압축기를 정지시킨다.

👆 **고압차단압력스위치**(HPS, high pressure cut out switch)
고압이 일정 압력 이상이 되면 압축기용 전동기 전원을 차단하여 압축기를 정지시킨다.
① 작동압력은 고압+4kg/cm² 이다.
② 설치 위치 : 압축기 토출밸브 직후와 스톱밸브 사이

28. 냉동장치에 부착하는 안전장치에 관한 설명이다. 맞는 것은?
① 안전밸브는 압축기의 헤드나 고압측 수액기 등에 설치한다.
② 안전밸브의 압력이 높은 만큼 가스의 분사량이 증가하므로 규정보다 높은 압력으로 조정하는 것이 안전하다.
③ 압축기가 1대일 때 고압차단장치는 흡입밸브에 부착한다.
④ 유압보호 스위치는 압축기에서 유압이 일정 압력 이상이 되었을 때 압축기를 정지시킨다.

👆 ② 안전밸브는 규정보다 낮은 압력으로 조정하는 것이 안전하다.
③ 압축기가 1대일 때 고압차단장치는 토출변과 토출밸브 사이에 부착하고 여러 대의 압축기일 때는 토출가스 공동헤더에 부착한다.

Answer 25. ① 26. ④ 27. ④ 28. ①

④ 유압보호스위치는 일정시간(60~90초 정도)에 유압이 형성되지 않거나 유압이 일정 이하로 되었을 때 압축기를 정지시킨다.

29. 다음은 냉동장치에 사용되는 자동제어기기에 대하여 설명한 것이다. 이 중 옳은 것은?
① 고압차단스위치는 토출압력이 이상 저압이 되었을 때 작동하는 스위치이다.
② 온도조절스위치는 냉장고 등의 온도가 일정범위가 되도록 작용하는 스위치이다.
③ 저압차단스위치(정지용)는 냉동기의 고압축 압력이 너무 저하하였을 때 차단하는 스위치이다.
④ 유압보호스위치는 유압이 올라간 경우에 유압을 내리기 위한 스위치이다.

① 고압차단스위치는 토출압력이 일정압력 이상이 되었을 때 작동하는 스위치이다.
③ 저압차단스위치(정지용)는 냉동기의 저압축 압력이 일정 압력 이하가 되었을 때 차단하는 스위치이다.
④ 유압보호스위치는 일정시간(60~90초 정도)에 유압이 형성되지 않거나 유압이 일정 압력 이하가 되었을 때 전원을 차단하는 스위치이다.

30. 냉동장치에서 흡입압력조정밸브는 어떤 경우를 방지하기 위해 설치하는가?
① 흡입압력이 설정 압력 이상으로 상승하는 경우
② 흡입압력이 일정한 경우
③ 고압측 압력이 높은 경우
④ 수액기의 액면이 높은 경우

흡입압력 조정밸브
증발기와 압축기 사이의 흡입관 중간에 설치하여 압축기 흡입압력이 일정 압력(SPR 출구측 압력) 이상으로 되었을 때 과부하로 인한 전동기의 파손을 방지한다.

31. 여러 대의 증발기를 사용할 경우 증발관 내의 압력이 가장 높은 증발기의 출구에 설치하여 압력을 일정 값 이하로 억제하는 장치를 무엇이라고 하는가?
① 전자밸브
② 압력개폐기
③ 증발압력조정밸브
④ 온도조절밸브

증발압력조정밸브(EPR)
증발기 출구배관에 설치하여 설정된 설정압력(EPR 입구 압력)으로 증발압력을 일정하게 유지하여 운전 중 증발압력이 낮아져 냉수, 브라인 등의 동결이나 압축비 상승으로 인한 영향을 방지한다. 증발기가 1대일 때는 증발기 출구에 설치하며, 증발기가 여러 대일 때는 증발온도가 높은 곳에 설치하고, 가장 낮은 곳에는 체크 밸브를 설치한다.

32. 냉수나 브라인의 동결방지용으로 사용하는 것은?
① 고압차단장치
② 차압제어장치
③ 증발압력제어장치
④ 유압보호스위치

증발압력제어장치(증발압력조정밸브)
증발압력이 일정 압력 이하가 되는 것을 방지하는 장치로 냉수나 브라인의 동결방지용으로 사용된다.

33. 1대의 압축기로 −20℃, −10℃, 0℃, 5℃의 온도가 다른 저장실로 구성된 냉동장치에서 증발압력조정밸브(EPR)를 설치하지 않는 저장실은?

29. ② 30. ① 31. ③ 32. ③ 33. ①

① -20℃의 저장실
② -10℃의 저장실
③ 0℃의 저장실
④ 5℃의 저장실

> 증발압력조정밸브(EPR)의 설치 위치
> ㉠ 증발기가 1대인 경우 : 증발기 출구와 압축기 흡입관에 설치한다.
> ㉡ 증발기가 여러 대인 경우 : 증발온도가 높은 곳에 설치하며, 증발온도가 가장 낮은 곳에는 체크밸브를 설치한다.

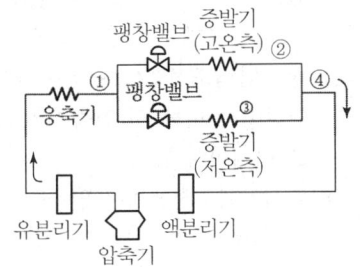

34. 증발압력조정밸브(EPR)의 부착 위치로 옳은 것은?

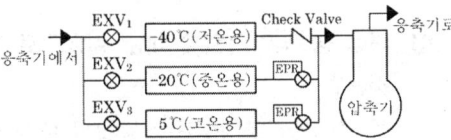

① ①　　　　　② ②
③ ③　　　　　④ ④

> 증발압력조정밸브(EPR)의 부착 위치
> ① 증발기가 1대인 경우 : 증발기 출구와 압축기 흡입관에 설치한다.
> ② 증발기가 여러 대인 경우 : 증발온도가 높은 곳에 설치한다.(증발온도가 가장 낮은 곳에는 체크밸브를 설치)

35. 냉동장치의 제어에 관한 설명 중 올바른 것은?

① 온도식 자동팽창밸브는 증발기 입구의 냉매가스 온도가 일정한 과열도로 유지되도록 냉매유량을 조절하는 팽창밸브이다.
② 증발온도가 다른 2대의 증발기를 1대의 압축기로 운전할 때 증발압력조정밸브는 증발온도가 높은 쪽의 증발기 출구측에 설치한다.
③ 흡입압력조정밸브는 증발기 입구측에 설치하여 기동 시 과부하 등으로 인해 압축기용 전동기가 손상되기 쉬운 것을 방지한다.
④ 저압측 플로트식 팽창밸브는 주로 건식 증발기의 액면 높이에 따라 냉매의 유량을 조절하는 것이다.

> ① 온도식 자동팽창밸브는 증발기 출구의 냉매가스 온도가 일정한 과열도로 유지되도록 냉매유량을 조절하는 팽창밸브이다.
> ③ 흡입압력조정밸브는 증발기 출구측(압축기 흡입측)에 설치하여 기동 시 과부하 등으로 인해 압축기용 전동기가 손상되기 쉬운 것을 방지한다.
> ④ 저압측 플로트식 팽창밸브는 주로 만액식 증발기의 액면 높이에 따라 냉매의 유량을 조절하는 것이다.

36. 다음 설명 중 옳은 것은?

① 증발압력조정밸브는 증발기 출구에 설치하며 밸브입구 압력에 의해서 작동된다.
② 플로트 밸브의 구경이 크면 클수록 조정하기가 쉽다.
③ 암모니아의 액관 중에 건조기를 설치하여 액 중의 수분을 제거하는 것이 꼭 필요하다.
④ R12 만액식 증발기에는 냉동유 회수장치가 필요 없다.

> ② 플로트 밸브의 구경이 크면 클수록 조정하기가 어렵다.

Answer   34. ②　35. ②　36. ①

③ 프레온의 액관 중에 건조기를 설치하여 액 중의 수분을 제거하는 것이 필요하다.
④ 암모니아 냉동장치에서는 냉동유 회수장치를 반드시 설치한다. 그러나 프레온 냉매는 냉동유와 잘 혼합하기 때문에 유분리기를 설치하지 않지만 만액식 증발기에는 냉동유 회수장치를 설치한다.

37. 다음 안전장치에 대한 설명으로 틀린 것은?
① 가용전은 응축기, 수액기 등의 압력용기에 안전장치로 설치된다.
② 파열판은 얇은 금속판으로 용기의 구멍을 막고 있는 구조이며 안전밸브로 사용된다.
③ 안전밸브는 고압측의 각 부분에 설치하여 일정 이상 고압이 되면 밸브가 열려 저압부로 보내거나 외부로 방출하도록 한다.
④ 고압차단스위치는 조정설정압력보다 벨로즈에 가해진 압력이 낮아졌을 때 압축기를 정지시키는 안전장치이다.

④ 고압차단스위치는 조정설정압력보다 벨로즈에 가해진 압력이 상승하였을 때 회로를 차단하여 압축기를 정지시켜 이상고압으로 인한 장치의 파손을 방지하는 안전장치이다.

38. 냉동장치의 안전장치에 대한 설명이다. 옳은 것은?
① 겨울에는 고압측 압력이 높기 때문에 압축기의 안전밸브 설정 압력은 낮게 해야만 한다.
② 콤파운드 압축기의 저압 토출측 안전밸브 설정 압력은 저단측 운전의 최고압력을 기준으로 정하는 것이 좋다.
③ 압축기의 고압차단장치는 토출밸브측보다 수액기측에 설치해야만 한다.
④ 저압부에는 압축기용 고압차단장치 이외 저압차단장치를 설치해서는 안 된다.

① 안전밸브는 냉동장치에서 압축기 토출압력의 이상 상승되었을 때 작동하여 장치의 파손을 방지하는 기기이므로 안전밸브 설정 압력을 임의로 변경해서는 안된다.
③ 압축기의 고압차단장치는 토출밸브측에 설치해야만 한다.
④ 저압부에는 압축기용 저압차단장치를 설치해서 저압이 일정 이하가 되면 회로를 차단하여 압축기를 정지시킨다.

39. 다음 중 제어기기에 대한 설명으로 올바른 것은?
① 증발압력조정밸브는 증발기 내의 압력이 설정치보다 감소하면 밸브는 열리고 밸브에 흐르는 냉매 가스량은 증가한다.
② 증발압력조정밸브는 피냉각물의 온도를 검출해서 밸브의 개도를 증감하고 밸브에 흐르는 냉매 가스량을 조정한다.
③ 흡입압력조정밸브는 압축기의 흡입측에 설치해서 시동 시 압축기의 과부하 운전을 방지한다.
④ 흡입압력조정밸브는 입구측 압력에 의해 작동한다.

① 증발압력조정밸브는 증발기 내의 압력이 설정치보다 감소하면 밸브가 닫혀 밸브에 흐르는 냉매 가스량은 감소한다.
② 증발압력조정밸브는 피냉각물의 압력을 검출해서 밸브의 개도를 증감하고 밸브에 흐르는 냉매 가스량을 조정한다.
④ 흡입압력조정밸브는 출구측 압력에 의해 작동한다.

40. 다음은 제어기기와 안전장치에 대한 설명이다. 옳은 것은 어느 것인가?
① 유압보호스위치는 유압계의 지시가 일정

Answer 37. ④ 38. ② 39. ③ 40. ②

압력보다 내려갔을 때 압축기가 작동하도록 조정한다.
② 압축기에 안전밸브와 고압차단 장치를 설치했을 때 안전밸브의 작동압력은 고압차단 장치의 작동압력보다 높게 조정하는 것이 좋다.
③ 압축기의 토출압력이 올라가면 전동기의 부하도 커지므로 전동기의 과부하차단장치(오버로드 릴레이)가 있으면 냉매계통의 안전장치는 없어도 된다.
④ 절수밸브는 증발압력을 검지하여 냉각수량을 가감하는 조정밸브이므로 안전장치로 간주한다.

👉 ① 유압보호스위치 압축기에서 유압이 일정 압력 이하가 되어 일정 시간(60~90초) 이내에 정상압력에 도달하지 못하면 전동기 전원을 차단하여 압축기를 정지시킨다.
③ 전동기의 과부하차단장치가 있어도 냉동장치의 안전장치가 반드시 필요하다.
④ 절수밸브는 안전장치가 아니라 수냉식 응축기의 부하변동에 대하여 냉각수량을 제어하는 장치이다.

41. 다음 압력 스위치 중 연결부위의 압력이 소정의 압력 이하가 되었을 때 작동되는 것은?
① 고압스위치   ② 플로트스위치
③ 저압스위치   ④ 고액면스위치

👉 저압차단압력스위치(LPS, low pressure cut out switch)
① 저압이 일정 압력 이하가 되면 전기적 접점이 떨어져 압축기용 전동기 전원을 차단하여 압축기를 정지시킨다.
② 설치 위치 : 압축기 흡입관상에 설치

42. 플로트 스위치를 설치할 장소로 옳은 것은?
① LPS와 조합하여 unloader용으로 설치
② 수액기 출구 스톱밸브와 팽창밸브 사이의 액관
③ 냉매유량 확보를 위한 응축기에 설치
④ 액분리기에 설치

👉 플로트 스위치
저압수액기, 액분리기 등의 압력용기 내의 액 레벨을 제어

43. 냉동기 부속기기의 설치 위치로 옳지 않은 것은?
① 암모니아 냉동기의 유분리기는 압축기와 응축기 사이
② 액 분리기는 증발기와 압축기 사이
③ 건조기는 수액기와 응축기 사이
④ 수액기는 응축기와 팽창변 사이

👉 건조기(dryer)
프레온 냉동장치에서 수분을 제거하여 팽창밸브 통과 시 수분이 팽창밸브 출구에서 동결 폐쇄되는 것을 방지하기 위해 팽창밸브 직전의 고압액관(수액기와 팽창밸브 사이)에 설치한다. 암모니아의 경우는 수분과 잘 혼합하므로 건조기를 사용하지 않는다.

44. 다음 냉동장치의 부속기기 중 수분을 제거하는 것은?
① 가스 퍼저   ② 안전밸브
③ 유분리기   ④ 드라이어

👉 드라이어(drier, 제습제)
프레온 냉동장치에서 사용하는 수분을 제거하는 장치

45. 드라이어(dryer)에 관한 설명으로 옳은 것은?
① 주로 프레온 냉동기보다 암모니아 냉동기에 사용된다.

Answer   41. ③ 42. ④ 43. ③ 44. ④ 45. ③

② 냉동장치 내에 수분이 존재하는 것은 좋지 않으므로 냉매 종류에 관계없이 소형 냉동장치에 설치한다.
③ 프레온은 수분과 잘 용해하지 않으므로 팽창밸브에서의 동결을 방지하기 위하여 설치한다.
④ 건조제로는 황산, 염화칼슘 등의 물질을 사용한다.

> ① 주로 암모니아 냉동기보다 프레온 냉동기에서 수분을 제거하여 팽창밸브 통과 시 수분이 팽창밸브 출구에서 동결 폐쇄되는 것을 방지하기 위해 사용된다.
> ② 냉매가 암모니아인 경우는 수분과 잘 혼합하므로 건조기(dryer)를 사용하지 않는다.
> ④ 건조제로는 실리카겔, 활성 알루미나 겔, 소바비드, 몰레큘러 시이브, 보크사이트 등의 물질을 사용한다.

46. 냉동장치에서 디스트리뷰터(distributor)의 역할로서 옳은 것은?

① 냉매의 분배
② 흡입가스의 과열 방지
③ 증발온도의 저하 방지
④ 플래시 가스의 발생 방지

> **냉매분배기(Distributor)**
> 증발기 입구에 설치하여 팽창밸브에서 분사된 액증기를 균질의 혼합체로 만들어 냉매공급을 균등하게 하기 위해 설치

47. 냉동장치의 제어기기 중 전기식 액면제어기에 대한 설명으로 틀린 것은?

① 플로트 스위치(float switch)와 전자밸브를 사용한다.
② 만액식 증발기의 액면 제어에 사용한다.
③ 부하 변동에 의한 유면 제어가 불가능하다.
④ 증발기 내 액면 유동을 방지하기 위해 수동팽창밸브(MEV)를 설치한다.

> **전기식 액면제어기**
> 액면에 의해 전원이 연결되어 전자밸브를 개폐시키는 제어이다. 상부의 플로트 스위치는 액면이 높아지면 플로트에 의해 수은이 이동하면서 전자밸브와 연결되는 전원을 차단시켜 액공급을 중단시키고, 액면이 낮아지면 전자밸브가 열려 액이 공급되는 구조로 되어 있어 부하 변동에 의한 신속한 유면(유량) 제어가 가능하다.

48. 다음 중 전자밸브(solenoid valve)의 사용목적이 아닌 것은?

① 온도 조절
② 액면 조정
③ 리퀴드백 방지
④ 외기 침입 방지

> **전자밸브**
> ① 전자석의 원리(전류에 위한 자기 작용)를 이용하여 밸브를 On-Off시킨다.
> ② 용량 및 액면 제어, 온도 제어, 액압축 방지, 제상, 냉매 및 브라인 등의 흐름을 제어한다.
> ③ 전자코일에 전기가 통하면 플런저가 상승하여 열리고, 전기가 통하지 않으면 닫힌다.
> ④ 소용량에는 직동식 전자밸브를 사용하고, 대용량에는 파일럿 전자밸브를 사용한다.

49. 전자밸브(solenoid valve) 설치 시 주의사항으로 틀린 것은?

① 코일 부분이 상부로 오도록 수직으로 설치한다.
② 전자밸브 직전에 스트레이너를 장치한다.
③ 배관 시 전자밸브에 과대한 하중이 걸리

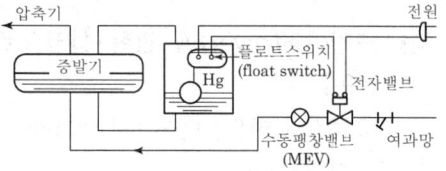

 46. ① 47. ③ 48. ④ 49. ④

지 않아야 한다.
④ 전자밸브 본체의 유체 방향성에 무관하게 설치한다.

👉 전자밸브 설치 시 주의사항
㉠ 전자밸브의 화살표 방향과 유체의 흐름 방향을 일치시킨다.
㉡ 전자밸브의 전자코일을 상부로 하고, 수직으로 설치한다.
㉢ 전자밸브의 폐쇄를 방지하기 위해 입구측에 여과기를 설치한다.
㉣ 전자밸브에 하중이 걸리지 않도록 한다.
㉤ 전압과 용량에 맞게 설치한다.
㉥ 고장, 수리 등에 대비하여 바이패스관을 설치할 수도 있다.

50. 증발기의 착상이 냉동장치에 미치는 영향에 대한 설명으로 틀린 것은?
① 냉동능력 저하에 따른 냉장(동)실 내 온도 상승
② 증발온도 및 증발압력의 상승
③ 냉동능력당 소요동력의 증대
④ 액압축 가능성의 증대

👉 착상의 영향
① 냉각능력 저하에 의한 냉장실 내 온도 상승
② 증발온도 및 증발압력의 저하
③ 압축비 증가, 체적효율 감소, 냉동능력 감소, 성능계수 저하
④ 토출가스 온도 상승, 윤활유의 열화
⑤ 냉동능력당 소요동력 증대
⑥ 액압축 가능성의 증대

51. 증발기에서의 착상이 냉동장치에 미치는 영향에 대한 설명으로 옳은 것은?
① 압축비 및 성적계수 감소
② 냉각능력 저하에 따른 냉장실 내 온도 강하
③ 증발온도 및 증발압력 강하
④ 냉동능력에 대한 소요동력 감소

👉 ① 압축비 증가 및 성적계수 감소
② 냉각능력 저하에 따른 냉장실 내 온도 상승
④ 냉동능력에 대한 소요동력 증가

52. 착상이 냉동장치에 미치는 영향으로 가장 거리가 먼 것은?
① 냉장실 내 온도가 상승한다.
② 증발온도 및 증발압력이 저하한다.
③ 냉동능력당 전력소비량이 감소한다.
④ 냉동능력당 소요동력이 증대한다.

👉 ③ 냉동능력당 전력소비량이 증가한다.

53. 냉동장치의 제상에 대한 설명으로 옳은 것은?
① 제상은 증발기의 성능 저하를 막기 위해 행해진다.
② 증발기에 착상이 심해지면 냉매 증발압력은 높아진다.
③ 살수식 제상장치에 사용되는 일반적인 수온은 약 50~80℃로 한다.
④ 핫가스 제상이라 함은 뜨거운 수증기를 이용하는 것이다.

👉 ② 증발기에 착상이 심해지면 냉매 증발압력은 낮아진다.
③ 살수식 제상장치에 사용되는 일반적인 수온은 약 10~25℃의 온수를 살수시켜 제상한다.
④ 핫가스 제상이라 함은 압축기에서 배출되는 고온, 고압의 냉매가스를 이용하는 것으로 냉매가스를 직접 증발기로 보내어 증발기에서 응축되면서 응축잠열로 제상을 수행하는 방식이다.

54. 저온용 냉장고의 제상에 대한 다음 설명 중 옳은 것은?

Answer 50. ② 51. ③ 52. ③ 53. ① 54. ③

㉠ 온수 제상의 경우는 수온이 높을수록 좋다.
㉡ 강제통풍식 공기냉각기에는 제상이 필요 없다.
㉢ 제상 방식에는 온수식, 고압가스식, 그리고 전열식 등이 사용된다.
㉣ 제상 종료 후에는 증발기의 수분을 제거한 후 정상운전으로 들어가야 한다.

① ㉠, ㉡ ② ㉡, ㉢
③ ㉢, ㉣ ④ ㉠, ㉢

👉 ① 온수 제상의 경우 10~25℃의 온수를 살수시켜 제상한다.
② 제상장치는 주로 공기냉각용에 많이 설치하고 제상시간은 빠를수록 좋다. 그러므로 강제통풍식 공기냉각기에는 제상이 필요하다.

55. 제상방식에 대한 설명으로 틀린 것은?
① 살수방식은 저온의 냉장창고용 유니트 쿨러 등에서 많이 사용된다.
② 부동액 살포방식은 공기 중의 수분이 부동액에 흡수되므로 일정한 농도 관리가 필요하다.
③ 핫가스 제상방식은 응축기 출구측 고온의 액냉매를 이용한다.
④ 전기히터방식은 냉각관 배열의 일부에 핀 튜브 형태의 전기히터를 삽입하여 착상부를 가열한다.

👉 핫가스 제상방식
압축기에서 배출되는 고온, 고압의 냉매가스를 직접 증발기로 보내 증발기에서 응축되면서 응축잠열로 제상을 수행하는 방식이다.

56. 일반적으로 사용되고 있는 제상방법이라고 할 수 없는 것은?

① 핫 가스에 의한 방법
② 전기가열기에 의한 방법
③ 운전정지에 의한 방법
④ 액 냉매 분사에 의한 방법

👉 제상방법
① 핫가스 제상(Hot Gas Defrost)
② 살수식 제상(Water Spray Defrost)
③ 전열에 의한 제상(Electric Defrost)
④ 온공기 제상(Warm Air Defrost)
⑤ 브라인 분무제상(Brine Spray Defrost)
⑥ 온브라인 제상(Hot Brine Defrost)
⑦ 압축기 운전정지 제상(Off Cycle Defrost)

57. 공기를 냉각시키는 증발기의 증발관 표면에 착상된 서리(frost)를 제상하는 방법으로 틀린 것은?
① 고압가스 제상(hot gas defrost)
② 살수 제상(water spray defrost)
③ 전열식 제상(electric defrost)
④ 질소 제상(N_2 spray defrost)

👉 56번 해설 참고

58. 고온가스 제상(hot gas defrost) 방식에 대한 설명으로 틀린 것은?
① 압축기의 고온·고압가스를 이용한다.
② 소형 냉동장치에 사용하면 언제라도 정상 운전을 할 수 있다.
③ 비교적 설비하기가 용이하다.
④ 제상 소요시간이 비교적 짧다.

👉 ② 소형 냉동장치에 사용하면 냉매충전량이 적으므로 제상 시에 냉매가 증발기 내에서 응축 액화하면 증발기에 전량이 체류하여 정상 운전이 되지 않는다.
[참고] 고압가스 제상(hot gas defrost)
압축기에서 배출되는 고온, 고압의 냉매가

Answer 55. ③ 56. ④ 57. ④ 58. ②

스를 직접 증발기로 보내어 증발기에서 응축되면서 응축잠열로 제상을 수행하는 방식으로, 제상시간이 짧고 쉽게 설비할 수 있어 일반적으로 가장 많이 사용한다.

59. 고압가스 제상장치에서 필요 없는 것은?
① 압축기 ② 팽창밸브
③ 응축기 ④ 열교환기

👉 **고압가스 제상장치(Hot Gas Defrost)**

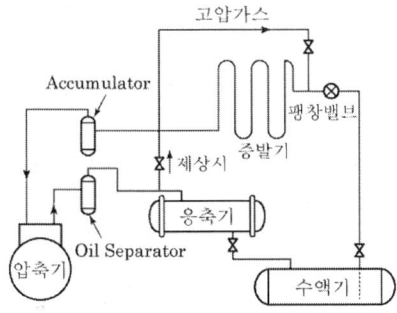

60. 고압가스 제상방식에서 필요 없는 것은?
① 압축기
② 제상 타이머
③ 솔레노이드 밸브
④ 유분리기

👉 **유분리기(oil separator)**
압축기에서 토출되는 냉매가스와 윤활유를 분리시키는 장치

61. 다음 완성된 냉동기의 작업순서로 바르게 열거된 것은?

| ㉠ 내압시험 | ㉡ 누설시험 |
| ㉢ 진공시험 | ㉣ 냉매충전 |

① ㉡-㉢-㉠-㉣   ② ㉢-㉡-㉠-㉣
③ ㉠-㉡-㉢-㉣   ④ ㉡-㉠-㉢-㉣

👉 **완성된 냉동기의 작업순서**
내압시험(물 또는 오일 등의 액을 가압하여 시험) – 기밀시험 – 누설시험 – 진공시험 – 냉각시험(냉각운전, 시운전) – 방열시험 – 해방시험 – 냉매충전

62. 냉동장치의 배관공사가 완료된 후 방열공사의 시공 및 냉매를 충전하기 전에 전 계통에 걸쳐 설치하며, 진공시험으로 최종적인 기밀 유무를 확인하기 전에 하는 시험은?
① 내압시험   ② 기밀시험
③ 누설시험   ④ 수압시험

👉 61번 해설 참고

63. 다음 냉동장치의 여러 시험에 관한 기술 중 타당한 것들로 이루어진 것은?

> ㉠ 기밀시험에 탄산가스는 이용되지 않는다.
> ㉡ 기밀시험에 이어서 진공 시험한다.
> ㉢ 일반적으로 프레온 냉동장치에서 진공 방치시험과 진공건조시험은 겸해서 한다.
> ㉣ 기밀시험 압력은 허용압력의 0.8배로 한다.

① ㉠, ㉡, ㉢   ② ㉠, ㉡
③ ㉡, ㉢   ④ ㉡, ㉣

👉 ① 시험에 사용하는 압축가스는 공기 또는 불연성 가스(질소, 탄산가스 또는 냉매 가스)를 사용하고, 산소 또는 독성가스를 사용해서는 안 된다.(암모니아는 이산화탄소를 피하고, 프레온은 공기를 피한다)
② 시험압력을 최소 누설 시 압력의 5/4배 이상의 압력으로 한다.

64. 암모니아를 냉매로 사용하는 냉동설비에서 시운전에 사용하면 안 되는 기체는?
① 이산화탄소   ② 산소

Answer 59. ④ 60. ④ 61. ③ 62. ③ 63. ③ 64. ①, ②

제8장 부속기기

③ 질소 ④ 일반공기

👆 산소는 조연성 가스이므로 가연성 장치의 사용 시 폭발의 위험이 있어 사용하면 안 되며, 암모니아 가스가 이산화탄소와 반응하여 유해한 탄산 암모늄을 생성하여 탱크 내를 부식시키거나 잔존한 이산화탄소 가스가 설비 가동 중에 동결하여 장치 내 배관이나 밸브를 폐쇄시킬 우려가 있어 사용하면 안 된다.

chapter 09 안전관리

1 냉동장치의 운전관리

 냉동장치를 운전하는 경우 냉동장치의 기본 원리, 장치의 구조 및 역할, 배관계통, 전기결선 등의 취급방법을 잘 알아야 하고 운전 조건을 잘 확인해야 냉동장치의 효율적이고 안전한 운전이 가능하며, 또한 냉동장치의 이상 상태를 조기에 발견할 수 있고 올바른 조치를 취할 수 있다. 다음은 일반적인 수냉식 냉동장치의 운전방법이다.

(1) 운전 준비

① 압축기의 유면을 점검한다.
② 냉매량을 확인한다.
③ 응축기, 유냉각기의 냉각수 출구밸브를 연다.
④ 압축기의 흡입측 및 토출측 스톱밸브를 완전히 연다(단, 흡입측의 냉매배관 중에 액냉매가 고여있을 경우 흡입측 스톱밸브를 완전히 닫는다).
⑤ 운전 중에 열어두어야 할 밸브는 전부 열어 놓고 닫아야 할 밸브는 닫는다.
⑥ 배관 중에 있는 전자밸브의 작동을 확인한다.
⑦ 개방형 압축기는 벨트 상태를 점검하고 직결인 경우 커플링을 점검한다.
⑧ 전기결선, 조작회로를 점검하고 절연저항을 측정해 둔다.
⑨ 냉각수 펌프를 운전하여 응축기 및 실린더 자켓의 물흐름을 확인한다.
⑩ 각 전동기에 대하여 수초 간격으로 2~3회 전동기를 기동, 정지시켜 기동상태, 회전방향을 확인해 둔다.

(2) 운전 개시

① 냉각수 펌프를 기동하여 응축기 및 압축기의 실린더 자켓에 물을 공급한다.
② 냉각탑(증발식 응축기 등)을 운전한다.
③ 응축기 등 수배관 내의 공기를 배출시킨 후 완전하게 만수시킨 후 확실히 닫는다.
④ 증발기의 송풍기 또는 냉수(브라인) 순환펌프를 운전하고 공기를 완전히 배출한다.
⑤ 압축기를 기동하여 흡입측 스톱밸브를 서서히 연다(이때 압축기에서 노킹(Knocking) 이 발생하면 즉시 밸브를 닫는다).
⑥ 수동팽창밸브의 경우에는 팽창밸브를 서서히 규정 열림 지름까지 연다(자동인 경우 밸브 앞에 있는 수동밸브를 완전히 열어준다).
⑦ 압축기의 유압을 확인하여 조정한다. 유압은 흡입압력+순수 적정유압으로 하고 제조 회사의 취급 설명서를 참조하여 조정한다.
⑧ 운전상태가 안정되면 전동기의 전압, 운전전류를 확인한다.
⑨ 압축기의 크랭크 케이스 유면을 확인한다.
⑩ 응축기 또는 수액기 액면을 확인한다.
⑪ 응축기 또는 수액기에서 팽창밸브에 이르기까지의 액배관에 손을 대고 현저한 온도 변화(온도저하)가 있는 곳이 없는지 확인한다.
⑫ 투시경이 있을 때는 기포가 발생되지 않나 확인한다.
⑬ 팽창밸브 상태에 주의하고, 소정의 흡입가스 압력, 적당한 과열도가 되도록 조정한다.
⑭ 토출가스압력을 확인하고 필요에 따라 냉각수량, 냉각수 조절밸브를 조정한다.
⑮ 증발기에서 냉각 상황, 서리부착 상황, 냉매의 액면 등을 점검한다.
⑯ 고·저압 압력스위치, 유압보호 압력스위치, 냉각수 압력스위치 등의 작동을 확인하여 필요에 따라 조정한다.
⑰ 유분리기의 기능을 점검한다.

(3) 운전정지

① 팽창밸브 직전의 밸브(수액기 출구밸브)를 닫는다. 저압이 정상적인 운전압력보다 $1 \sim 1.5 \text{kg/cm}^2$ 정도 내려갔을 때 압축기의 흡입측 스톱밸브를 닫고 전동기를 정지시 킨다(이때, 프레온 냉매의 경우 0.1kg/cm^2, 암모니아는 0kg/cm^2 이하가 되어서는

안 된다).
② 압축기가 완전 정지한 후 토출측 스톱밸브를 닫는다.
③ 유분리기의 반유밸브를 닫는다(정지 중 분리기 내에 응축된 냉매가 압축기로 돌아오는 것을 방지한다).
④ 응축기의 냉각수를 정지시킨다(겨울철에 동파의 위험성이 있을 때는 응축기 내의 물을 배출시킨다).

(4) 기동과 정지 시 주의할 점

1) 기동 시 주의사항
① 토출밸브는 반드시 열려 있을 것
② 흡입밸브를 조작할 때에는 신중을 기할 것
③ 팽창밸브 조정에 신중을 기할 것
④ 안전밸브의 원변은 열려 있는지 확인할 것
⑤ 이상음에 신경 쓸 것

2) 운전 중 주의사항
① 액을 흡입하지 않도록(액압축) 한다(암모니아는 프레온보다 조금 낮은 온도에서 압축).
② 흡입가스가 과열되지 않도록 한다(프레온은 5℃ 과열압축).
③ 압력계, 전류계 지시에 주의한다.
④ 토출가스 온도가 심하게 높지 않도록 한다(암모니아는 120℃ 이하).
⑤ 유분리기, 응축기, 증발기로부터 배유상태 확인
⑥ 응축기의 수량 및 냉각관의 청결상태 확인
⑦ 불응축가스 배출
⑧ 윤활상태 및 유면 점검
⑨ 누설 유무 및 진동 확인

3) 장시간 정지 시의 조치
① 수액기 출구밸브를 닫는다(저압측 냉매를 전부 수액기로 회수한다).
② 팽창밸브를 닫는다.
③ 저압이 0.1kg/cm² 정도일 때 흡입밸브를 닫는다.
④ 압축기를 정지시킨다(전원 스위치 차단).

⑤ 압축기 회전이 완전히 정지하면 토출밸브를 닫는다.
⑥ 브라인 펌프 등을 정지하고 유분리기 자동반유밸브를 닫는다.
⑦ 냉각수 공급을 차단한다.
⑧ 겨울철 동파의 위험이 있을 때는 배관 내의 물을 배출시킨다.

4) 정전 시 조치사항

① 주전원 스위치를 차단시킨다.
② 수액기 출구밸브를 닫는다.
③ 흡입측 스톱밸브를 닫는다.
④ 압축기가 완전 정지하면 토출측 스톱밸브를 닫는다.
⑤ 냉각수 공급을 차단한다.

2 냉매의 회수

(1) 펌프아웃(pump-out)

압축기의 행하는 펌프 다운을 펌프 아웃이라고 하며, 고압측의 누설이나 이상 발생 시 고압측 냉매를 저압측(저압측 수액기, 증발기)으로 이송시켜 압축기의 수리나 윤활유의 교환, 내부청소 등을 위해 실시한다.

(2) 펌프다운(pump-down)

① 저압측(증발기, 흡입관 등)의 냉매를 회수하여 수액기에 모으는 것
② 이렇게 함으로써 다음 기동 시 액압축을 방지할 수 있으며, 압축기 수리 등으로 압축기를 개방할 때 냉매의 낭비를 줄일 수 있다.

3. 압축기 안전관리

(1) 압축기 과열 원인(토출가스 온도 상승 원인)

① 원인
  ㉠ 고압이 상승하였을 때
  ㉡ 흡입가스 과열 시(냉매 부족, 팽창밸브 열림 부족 - 속도 증가에 따른 압력강하가 커져(저압이 낮아져) 온도 역시 기준보다 내려간다)
  ㉢ 윤활 불량 및 워터재킷 기능 불량(암모니아)
  ㉣ 토출·흡입밸브, 내장형 안전밸브, 피스톤링, 유분리기, 자동반유밸브, 제상용 전자밸브 등의 누설

② 영향
  ㉠ 체적효율 감소로 냉동능력 감소
  ㉡ 윤활유 열화·탄화로 압축기 소손
  ㉢ 냉동능력당 소요동력 증대
  ㉣ 패킹 및 개스킷의 노화 촉진

(2) 토출밸브 누설 시 장치에 미치는 영향

① 실린더 과열 및 토출가스 온도 상승
② 윤활유의 열화 및 탄화
③ 체적효율 저하
④ 냉매순환량 감소로 인한 냉동능력 저하
⑤ 축수하중 증대

(3) 피스톤 링의 과대 마모 시 장치에 미치는 영향

① 체적효율 감소
② 냉매순환량 감소로 인한 냉동능력 저하
③ 크랭크 케이스 내의 압력상승

④ 냉동능력당 소요동력 증대
⑤ 윤활유의 장치 내 배출로 윤활유 부족
⑥ 압축기 실린더의 과열로 윤활유 열화 및 탄화

(4) 액압축(Liquid Back)

증발기의 냉매액이 전부 증발하지 못하고, 액체상태로 압축기로 흡입되는 현상

① 원인
  ㉠ 팽창밸브 열림이 클 때(속도 저하에 따른 압력강하의 폭이 작아진다. 즉, 저압이 높아진다.)
  ㉡ 증발기 냉각관의 유막 및 성에가 두껍게 덮였을 때(전열이 불량하여 증발이 제대로 되지 않는다.)
  ㉢ 급격한 부하 변동(부하 감소)
  ㉣ 냉매 과충전 시
  ㉤ 흡입관에 트랩 등과 같은 액이 고이는 장소가 있을 때
  ㉥ 액분리기 기능 불량
  ㉦ 기동 시 흡입밸브를 갑자기 열었을 때

② 영향
  ㉠ 흡입관에 성에가 심하게 덮인다.
  ㉡ 토출가스 온도가 저하되며 심하면 토출관이 차가워진다.
  ㉢ 실린더가 냉각되어 이슬이 맺히거나 성에가 낀다.
  ㉣ 심할 경우 크랭크 케이스에 성에가 끼고, 수격작용이 일어나 타격음이 난다.
  ㉤ 축수하중 및 소요동력 증대
  ㉥ 압력계 및 전류계의 지침이 떨리고 압축기가 파손될 수 있다.

③ 대책
  ㉠ 흡입관에 성에가 낄 정도로 경미할 경우에는 팽창밸브 열림을 조절한다.
  ㉡ 실린더에 성에가 낄 경우에는 흡입스톱밸브를 닫고 팽창밸브를 닫은 후, 정상상태가 될 때까지 운전을 한 다음 흡입스톱밸브를 서서히 열고, 팽창밸브를 재조정한다.
  ㉢ 수격작용이 일어날 경우, 압축기를 정지시키고 워터재킷의 냉각수를 배출하고 크랭크 케이스를 가열(액냉매를 증발시킨다)시켜 열교환을 한 후 재운전하며, 정도가 심하면 압축기 파손 부품을 교환한다.

　　ⓔ 냉매 충전량을 적정하게 하고 기동조작에 신중을 기한다.

(1) 압축기의 토출압력이 너무 높은 원인
　① 공기가 냉매 계통에 혼입된 경우
　② 응축된 냉각관에 스케일의 퇴적 또는 수로커버의 칸막이 벽의 부식, 또는 공랭식 응축기 핀이 오염되었을 때
　③ 냉매가 과잉 충전되어서 응축기의 냉각관이 액냉매에 잠겨 유효전열면적이 감소
　④ 토출 배관 중의 스톱밸브가 완전히 열려 있지 않은 경우
(2) 압축기의 토출압력이 너무 낮은 원인
　① 냉각수량이 너무 많거나 수온이 너무 낮은 경우
　② 공랭식의 경우 냉각공기량이 너무 많거나 냉각공기 온도가 너무 낮다.
　③ 증발기에서 압축기로 액냉매가 혼입된다.
　④ 냉매 충전량 부족
　⑤ 토출 밸브로부터 냉매누설이 있을 때

4 응축기 안전관리

응축기 및 수액기 상부에 모여 응축액화가 되지 않고 남아 있는 가스. 주성분은 공기 및 오일의 증기, 수증기 등의 냉매 혼합물이다.

(1) 불응축가스 발생 원인

① 내부적 원인
　㉠ 오일의 탄화, 열화 시 생성된 증기
　㉡ 냉매의 화학적 변화에 의해 생성된 증기
　㉢ 밀폐형의 경우 전동기 코일의 소손 등에 의해 생성된 증기
② 외부적 원인
　㉠ 장치의 신설, 수리 시 진공 건조작업 불충분에 의한 잔류공기
　㉡ 냉매, 오일 충전 시 부주의로 인하여 침입한 공기
　㉢ 순도가 낮은 냉매 및 오일 충전 시 이들에 섞인 공기

② 저압을 대기압 이하로 운전 시 축봉부 등으로 유입된 공기

(2) 불응축가스 발생 시 냉동기에 미치는 영향

① 토출가스 온도가 상승
  ㉠ 실린더 과열
  ㉡ 윤활유 열화 및 탄화현상이 발생(윤활유 기능이 상실)
  ㉢ 실린더가 마모
  ㉣ 기계효율 및 압축효율이 저하
② 압축비가 증가 : 체적효율이 저하
③ 플래시 가스 발생량이 증가 : 냉동능력 저하
④ 압축일의 열당량(압축일량)이 증가 : 압축기 소요동력 증대
⑤ 냉동기 성적계수 저하
⑥ 냉동실 온도가 상승

(3) 불응축가스가 모이는 곳

① 응축기 상부
② 수액기 상부
③ 증발식 응축기는 액 헤드

(4) 응축압력이 상승되는 원인

① 응축기 내 공기 또는 불응축가스가 혼입된 경우
② 냉각수온이 높거나 순환수량이 적은 경우
③ 냉각관 스케일(물때) 부착
④ 냉매 과다 충전
⑤ 유분리기 기능 불량

(5) 응축압력 상승 시 영향

① 압축비 증대로 소요동력 증대
② 압축기 토출가스온도 상승
③ 실린더 과열로 오일의 열화 및 탄화

④ 윤활불량으로 피스톤링 및 부품 마모
⑤ 체적효율 감소로 인한 냉동능력 감소
⑥ 축수부 하중 증대

5 팽창밸브 안전관리

(1) 팽창밸브를 많이 열었을 때

① 냉매량이 많아져 액압축 우려
② 냉매의 분출속도 저하로 증발압력(저압)이 높아진다.
③ 증발온도 상승

(2) 팽창밸브를 작게 열었을 때

① 냉매의 분출속도 증가로 증발압력(저압)이 낮아지고, 증발온도 역시 낮아진다.
② 압축비가 증가하고 냉매순환량이 감소하여 압축기로 과열증기가 흡입된다.
③ 체적효율 및 냉동능력 감소
④ 압축기 과열
⑤ 윤활유 열화 및 탄화

(3) 장치 내 수분이 존재할 때

① 장치 내 수분 침투 원인
　㉠ 진공작업 불충분으로 잔류하는 수분
　㉡ 냉매, 오일 충전 작업, 수리, 정비, 설치 시 부주의
　㉢ 수분이 섞여 있는 냉매나 오일 충전 시
　㉣ 저압측의 진공 운전 시 바깥 공기 침입(개방형)
② 영향
　㉠ 팽창밸브 동결 폐쇄(프레온)

6 증발기 안전관리

(1) 증발압력(저압) 저하 원인

① 팽창밸브가 작게 열리거나 막혔을 때
② 냉매충전량이 부족할 때
③ 증발 부하가 감소하였을 때
④ 증발기 냉각관의 유막 및 성에가 덮였을 때
⑤ 액관에 플래시 가스가 발생하였을 때
⑥ 액관 부속품(제습기, 여과기 등)이 막혔을 때

(2) 영향

① 증발온도 저하
② 압축비 증대로 압축기 소요동력 증가
③ 실린더 과열로 토출가스 온도 상승
④ 오일의 열화 및 탄화
⑤ 흡입가스 비체적이 증가하여 체적효율 및 냉매순환량 감소
⑥ 냉도효과, 냉동능력, 성적계수(COP) 감소

(3) 방지대책

① 팽창밸브 열림 조절
② 증발기 성에 발생 시 성에를 제거하고 윤활유을 배출시킨다.
③ 액관부속품의 관지름 및 배관계통의 막힘 여부 점검
④ 냉매충전량과 부하상태 점검
⑤ 액관 단열 및 과냉각 등으로 플래시 가스(Flash Gas) 발생 방지

(4) 플래시 가스(Flash Gas)

① 발생 원인
  ㉠ 액관이 현저히 입상하였거나 길 때

- ⓛ 액관 지름이 심하게 가늘 때
- ⓒ 여과기, 드라이어(냉매 건조기) 등이 막혔을 때
- ⓔ 전자밸브, 스톱밸브, 드라이어, 여과기 등의 지름이 가늘 때
- ⓜ 수액기나 액관이 직사광선에 노출되었을 때
- ⓗ 액관을 보온없이 고온 장소에 통과시켰을 때
- ⓢ 응축온도가 현저히 낮아졌을 때

② 영향
- ⓐ 냉매순환량 감소로 증발온도가 저하하고 냉동효과가 감소
- ⓛ 증발압력이 낮아져 압축비 상승 및 냉동능력 감소
- ⓒ 압축기 흡입가스 과열로 토출가스 온도 상승
- ⓔ 실린더 과열로 윤활유 열화 및 탄화
- ⓜ 냉동효과 감소로 냉장실 온도 상승

③ 방지대책
- ⓐ 열교환기를 설치하여 냉매액을 과냉각시킨다.
- ⓛ 밸브류, 냉매배관이 냉매순환량에 대해 충분한 크기에를 가지도록 한다.
- ⓒ 여과기나 필터의 점검 및 청소 실시
- ⓔ 액관의 방열시공
- ⓜ 대용량일 경우 액펌프를 설치한다.

7 프레온 냉동장치에서의 이상현상

(1) 오일포밍(Oil Foaming) 현상

① 정의

압축기가 정지하고 있는 동안 크랭크 케이스 내의 윤활유에 냉매가 많이 혼입된 상태에서 압축기가 가동되면 크랭크 케이스 내의 압력이 급격히 낮아지면서 윤활유 속의 냉매도 급격히 증발하면서 유면이 약동하고 심한 거품이 일어나는 현상

② 영향
  ㉠ 오일 해머링(Oil Hammering)이 발생
  ㉡ 응축기와 증발기로 윤활유가 넘어가 전열을 방해한다.
  ㉢ 크랭크 케이스 내의 오일 부족으로 활동부의 마모 및 소손을 초래한다.
③ 방지대책
  ㉠ 크랭크 케이스 내에 오일 히터를 설치하여 압축기 기동 전 가동
  ㉡ 터보 냉동기 : 무정전 히터를 설치하여 유온을 60~80℃로 유지

(2) 오일 해머링(Oil Hammering)

오일포밍 등이 발생하게 되면 실린더 내로 다량의 윤활유가 넘어가 윤활유를 압축하게 되는데 윤활유는 비압축성이므로 실린더 헤드부에서 충격음이 발생하게 되며, 이러한 현상이 심하면 압축기가 파손된다.

(3) 동부착(Copper plating) 현상

냉동장치에 수분이 침입하면 수분과 프레온이 작용하여 산이 생성되고, 침입한 공기 중의 산소와 반응한 후 냉매 순환 계통 중의 동을 침식시키고, 침식된 동이 냉동장치를 순환하다가 압축기 고온부(실린더, 피스톤)에 동이 부착되는 현상으로 냉동장치가 동작불능이 되거나 흡입 및 토출밸브에서 가스누설의 원인이 된다.

> **참고**
> **동부착(Copper plating) 현상이 일어날 수 있는 조건**
> ① 수소분자가 많은 냉매일수록
> ② 장치 중에 수분이 많고 온도가 높을수록
> ③ 오일 중에 왁스 성분이 많을수록
> ④ 압축기의 피스톤, 실린더와 같은 고온부

chapter 09 출·제·예·상·문·제

제2-2편 공조냉동 설계(냉동공학)

01. 냉동장치의 운전 준비 작업으로 가장 거리가 먼 것은?
① 윤활상태 및 전류계 확인
② 벨트의 장력상태 확인
③ 압축기 유면 및 냉매량 확인
④ 각종 밸브의 개폐 유·무 확인

① 윤활상태 및 전류계 확인은 운전 개시 후 점검 사항이다.
[참고] 냉동기의 운전 준비
① 압축기의 유면을 점검한다.
② 냉매량을 확인한다.
③ 응축기, 유냉각기의 냉각수 출구밸브를 연다.
④ 압축기의 흡입측 및 토출측 스톱밸브를 완전히 연다.(단, 흡입측의 냉매배관 중에 액냉매가 고여 있을 경우 흡입측 스톱밸브를 완전히 닫는다).
⑤ 운전 중에 열어두어야 할 밸브는 전부 열어 놓고 닫아야 할 밸브는 닫는다.
⑥ 배관 중에 있는 전자밸브의 작동을 확인한다.
⑦ 개방형 압축기는 벨트 상태를 점검하고 직결인 경우 커플링을 점검한다.
⑧ 전기결선, 조작회로를 점검하고 절연저항을 측정해 둔다.
⑨ 냉각수 펌프를 운전하여 응축기 및 실린더 자켓의 물흐름을 확인한다.
⑩ 각 전동기에 대하여 수초 간격으로 2~3회 전동기를 기동, 정지시켜 기동상태, 회전방향을 확인해 둔다.

02. 냉동장치를 운전할 때 다음 중 가장 먼저 실시하여야 하는 것은?
① 응축기 냉각수 펌프를 기동한다.
② 증발기 팬을 기동한다.
③ 압축기를 기동한다.
④ 압축기의 유압을 조정한다.

냉동장치의 운전 순서
① 냉각수 펌프를 기동하여 응축기 등에 통수한다.
② 냉각탑(증발식 응축기 등)을 운전한다.
③ 응축기 등 수배관 내의 공기를 배출시킨 후 완전하게 만수시킨 후 확실히 닫는다.
④ 증발기의 송풍기 또는 냉수(브라인) 순환 펌프를 운전하고 공기를 완전히 배출한다.
⑤ 압축기를 기동하여 흡입측 정지밸브를 서서히 연다.
⑥ 압축기의 유압을 확인하여 조정한다.
⑦ 운전상태가 안정되면 전동기의 전압, 운전 전류를 확인한다.
⑧ 각종 기기 및 계기류(압축기의 크랭크 케이스 유면, 압축기 또는 수액기 액면, 투시경, 각종 스위치 등)의 작동을 확인한다.

03. 냉동장치의 운전 시 유의사항으로 틀린 것은?
① 펌프다운 시 저압측 압력은 대기압 정도로 한다.
② 압축기 가동 전에 냉각수 펌프를 기동시킨다.
③ 장시간 정지시키는 경우에는 재가동을 위

Answer 01. ① 02. ① 03. ③

제9장 안전관리 **773**

하여 배관 및 기기에 압력을 걸어둔 상태로 둔다.
④ 장시간 정지 후 시동 시에는 누설여부를 점검한 후에 기동시킨다.

☞ ③ 냉동장치를 장시간 정지할 경우 펌프다운을 실시하며 장치 내부의 압력은 대기압보다 조금 높게 유지하여 외부의 공기나 이물질의 침입을 방지할 수 있다.

[참고] 장시간 정지 시의 조치
① 수액기 출구밸브를 닫는다(저압 쪽 냉매를 전부 수액기로 회수한다).
② 팽창밸브를 닫는다.
③ 저압이 0.1kg/cm² 정도일 때 흡입밸브를 닫는다.
④ 압축기를 정지시킨다(전원 스위치 차단).
⑤ 압축기 회전이 완전히 정지하면 토출밸브를 닫는다.
⑥ 브라인 펌프 등을 정지하고 유분리기 자동반유밸브를 닫는다.
⑦ 냉각수 공급을 차단한다.
⑧ 겨울철 동파의 위험이 있을 때는 배관 내의 물을 배출시킨다.

04. 냉동장치를 장시간 정지시킬 때 조치사항 중 옳지 못한 것은?
① 저압측의 냉매를 전부 수액기로 회수한다. 이때 저압부의 압력을 대기압 이하로 유지한다.
② 응축기와 수액기 사이의 밸브는 열어둔다.
③ 냉각수는 전부 배출시켜 동파에 대비한다.
④ 냉매계통 전체누설을 조사하고 누설 시 수리해둔다.

☞ 03번 해설 참고

05. 프레온계 냉매를 사용하는 압축기를 기동할 때 오일이 올라가지 않아 윤활불량을 일으키는 원인으로 맞는 것은?
① 오일포밍
② 전압강하
③ 고압상승
④ 응축기 냉각수 오염

☞ 프레온 냉매가 냉동기유에 다량으로 용해되면 냉동기유의 점도가 낮아져서 윤활불량을 일으키거나 또는 압축기를 기동시킬 때에 크랭크 케이스 내의 압력이 급격하게 낮아져서 냉동기유 속에 남아 있던 냉매가 냉동기유 속에서 기포를 발생하는 오일포밍 현상이 일어나 윤활불량을 일으킬 수 있다.

06. 냉동장치가 정상적으로 운전되고 있을 때에 관한 설명으로 틀린 것은?
① 팽창밸브 직후의 온도는 직전의 온도보다 낮다.
② 크랭크 케이스 내의 유온은 증발온도보다 높다.
③ 응축기의 냉각수 출구온도는 응축온도보다 높다.
④ 응축온도는 증발온도보다 높다.

☞ ③ 응축기의 냉각수 출구온도는 응축온도보다 낮다.(응축온도>냉각수 출구온도>냉각수 입구온도)

07. 냉장실의 냉동부하가 크게 되었다. 이때 냉동기의 고압측 및 저압측의 압력의 변화는?
① 압력의 변화가 없음
② 저압측 및 고압측 압력이 모두 상승
③ 저압측은 압력 상승, 고압측은 압력 저하
④ 저압측은 압력 저하, 고압측은 압력 상승

☞ 냉동부하가 증가하면 증발압력(저압측)이 상승하여 압축기로 흡입되는 냉매가스가 과열되고 압축기 토출가스의 온도와 압력이 상승

Answer 04. ① 05. ① 06. ③ 07. ②

하게 된다.

08. 냉동장치의 냉매량이 부족할 때 일어나는 현상으로 옳은 것은?

① 흡입압력이 낮아진다.
② 토출압력이 높아진다.
③ 냉동능력이 증가한다.
④ 흡입압력이 높아진다.

☞ 냉동장치에서 냉매량이 부족하면 증발온도를 일정하게 유지하지 못하고 흡입가스는 과열(흡입압력과 토출압력은 낮아짐)되어 온도가 상승하게 되고 냉동능력이 저하된다.

09. 증기압축식 냉동장치 내에 순환하는 냉매의 부족으로 인해 나타나는 현상이 아닌 것은?

① 증발압력 감소   ② 토출온도 증가
③ 과냉도 감소   ④ 과열도 증가

☞ ③ 순환하는 냉매가 부족하면 과냉의 원인이 되므로 과냉도가 증가한다.

10. 증기압축식 냉동 시스템에서 냉매량 부족 시 나타나는 현상으로 틀린 것은?

① 토출압력의 감소
② 냉동능력의 감소
③ 흡입가스의 과열
④ 토출가스의 온도 감소

☞ 냉매량이 부족하면 증발기 출구에 이르기 전 냉매액의 증발이 완료된 이후에도 계속 열을 흡수하여 동일 압력하에서 온도만이 상승한 과열증기의 상태로 압축기에 흡입되어(흡입가스 과열) 토출가스 온도가 상승하고 압축기가 과열운전된다.

11. 냉매충전량이 부족하거나 냉매가 누설로 인해 발생할 수 있는 현상이 아닌 것은?

① 토출압력이 너무 낮다.
② 흡입압력이 너무 낮다.
③ 압축기의 정지시간이 길다.
④ 압축기가 시동하지 않는다.

☞ ③ 냉매가 부족하게 되면 압축기의 정지시간이 짧게 되고 냉동능력이 저하한다.

12. 압축기 과열 원인으로 가장 적합한 것은?

① 냉각수 과대
② 수온 저하
③ 냉매 과충전
④ 압축기 흡입밸브 누설

☞ 압축기 과열 원인(토출가스 온도 상승 원인)
① 고압이 상승하였을 때
② 흡입가스 과열 시(냉매 부족, 팽창밸브 열림 부족 - 속도 증가에 따른 압력강하가 커져(저압이 낮아져) 온도 역시 기준보다 내려간다)
③ 윤활 불량 및 워터 재킷 기능 불량 (암모니아)
④ 토출·흡입밸브, 내장형 안전밸브, 피스톤링, 유분리기, 자동반유밸브, 제상용 전자밸브 등의 누설

13. 압축기 과열(토출가스 온도 상승) 원인이 아닌 것은?

① 고압이 저하하였을 때
② 흡입가스 과열 시(냉매부족, 팽창밸브 개도 과소)
③ 워터재킷 기능 불량(암모니아 냉동기)
④ 윤활 불량

☞ ① 고압이 상승하였을 때 압축기가 과열된다.

14. 압축기가 과열되는 원인이 아닌 것은?

Answer 08. ① 09. ③ 10. ④ 11. ③ 12. ④ 13. ① 14. ④

제9장 안전관리 **775**

① 토출변의 누설
② 워터재킷 기능 불량
③ 냉매량 부족
④ 압축비 감소

☞ ④ 압축비 증가

15. 다음 설명 중 옳지 않은 것은?
① 한랭지에서 냉동기가 장기간 정지해 있을 때 압축기 재킷의 냉각수를 빼준다.
② 고속다기통 압축기에 안전두(safety head)가 있는 압축기는 액압축에 의한 사고를 다소 줄일 수 있다.
③ 단단 압축기는 압축비가 높으면 토출온도가 높아져 오일 탄화의 원인이 되기 때문에 보통 증발온도가 −30℃ 이하의 냉동장치에는 사용하지 않는다.
④ 압축기에서 토출밸브에 누설이 있으면 냉매 토출가스의 온도 및 압력은 이상 저하한다.

☞ ④ 압축기에서 토출밸브에 누설이 있으면 냉매 토출가스의 온도가 상승하여 실린더가 과열되고 압축기의 소손 우려가 있다.
[참고] 압축기에서 토출밸브에 누설될 경우 냉동장치에 미치는 영향
① 실제로 흡입하는 가스량이 감소하므로 체적 효율 감소
② 냉매순환량 감소로 인하여 냉동능력이 저하
③ 토출온도 상승으로 실린더가 과열되어 압축기 소손우려
④ 윤활유 열화 또는 탄화
⑤ 냉동능력당 소요동력 증대
⑥ 축수 하중 증대

16. 냉장고 내 유지온도에 따라 저압압력이 낮아지는 원인이 아닌 것은?

① 냉장고 내 공기가 냉각되므로 증발기에 서리가 두껍게 부착한다.
② 냉매가 장치에 과충전되어 있다.
③ 냉장고의 부하가 작다.
④ 냉매 액관 중에 플래시 가스(flash gas)가 발생하고 있다.

☞ ② 냉매의 과충전이 아니라 냉매충전량이 부족할 경우에 저압압력이 낮아진다.

17. 증기압축식 냉동장치의 운전 중에 액백(Liquid back)이 발생되고 있을 때 나타나는 현상으로 옳은 것은?
① 소요동력이 감소한다.
② 토출관이 뜨거워진다.
③ 압축기에 서리가 생긴다.
④ 냉동능력이 증가한다.

☞ **액백(Liquid back)의 영향**
① 흡입관에 성에가 심하게 덮인다.
② 토출가스 온도가 저하되며 심하면 토출관이 차가워진다.
③ 실린더가 냉각되어 이슬이 맺히거나 성에가 낀다.
④ 심할 경우 크랭크 케이스에 성에가 끼이고, 수격작용이 일어나 타격음이 난다.
⑤ 축수하중 및 소요동력 증대
⑥ 압력계 및 전류계의 지침이 떨리고 압축기가 파손될 수 있다.

18. 냉동장치 내에 수분이 혼입된 경우에 대한 설명으로 적합하지 않은 것은?
① 프레온 냉동장치에서는 프레온과 수분이 상호 작용하여 내부에 부식을 일으킨다.
② 암모니아 냉동장치의 경우 팽창밸브가 막히는 현상이 프레온 냉매의 경우보다 더 많이 발생한다.

15. ④ 16. ② 17. ③ 18. ②

③ 암모니아 냉매의 경우 유탁액(emulsion) 현상이 발생한다.
④ 프레온 냉매의 경우 동부착 현상(copper plating)이 발생한다.

☞ ② 프레온 냉동장치의 경우 팽창밸브가 막히는 현상이 암모니아 냉매의 경우보다 더 많이 발생한다.

[참고]
프레온 냉동장치에서는 팽창장치를 통과하면서 수분이 동결되어 오리피스가 막혀 냉매의 순환이 불량하게 되므로 팽창밸브 직전에 드라이어(제습기)를 설치하여 팽창밸브 통과 시 수분이 팽창밸브 출구에서 동결폐쇄되는 것을 방지한다.

19. 냉동장치의 운전 중 압축기에 이상음이 발생했다. 그 원인으로 가장 적합한 것은?
① 크랭크 케이스 내 유량이 감소하고 유면이 하한까지 낮아지고 있다.
② 실린더에 서리가 끼고 액백 현상이 일어나고 있다.
③ 고압은 그다지 높지 않지만 저압이 높고 전동기 전류는 전부하로 운전되고 있다.
④ 유압펌프의 토출압력은 압축기의 흡입압력보다 높게 운전되고 있다.

☞ 증발기의 냉매액이 전부 증발하지 못하고, 액체상태의 냉매가 압축기로 흡입되는 현상이 발생하면(액압축) 실린더가 냉각되어 이슬이 맺히거나 서리가 끼고 압축기에 이상음이 발생하고 압축기가 파손될 수 있다.

20. 냉동장치를 운전하는 중 압축기의 패킹, 배관의 이음쇠 등에서 공기가 침입했을 때의 설명으로 옳은 것은?
① 모터의 암페어(ampere)에는 변화가 없다.
② 압축기 토출압력은 정상운전의 경우에 비하여 높아진다.
③ 공기가 존재함으로 인하여 고압압력이 상승하는 한도는 대기압까지이다.
④ 토출가스 온도는 낮아진다.

☞ 냉동장치에 공기가 혼입되면
① 비정상적인 작동이 되므로 모터의 암페어가 변화가 된다.
③ 공기가 존재함으로 인하여 고압압력이 상승하는 한도는 대기압 이상이다.
④ 압축기 토출가스 온도 및 압력이 상승하게 되어 결국 냉동능력이 저하된다.

21. 냉동장치에서 공기가 들어 있음을 무엇을 보고 알 수 있는가?
① 응축기에서 소리가 난다.
② 응축기 온도가 떨어진다.
③ 토출온도가 높다.
④ 증발압력이 낮아진다.

☞ 응축기 속에 공기가 들어 있으면 전열을 방해하며 침입한 공기의 분압만큼 고압측 압력이 상승하며 토출가스 온도도 높아져 소요동력이 증가하게 된다.

22. 프레온 냉매를 사용하는 냉동장치에 공기가 침입하면 어떤 현상이 일어나는가?
① 고압 압력이 높아지므로 냉매순환량이 많아지고 냉동능력도 증가한다.
② 냉동톤당 소요동력이 증가한다.
③ 고압 압력은 공기의 분압만큼 낮아진다.
④ 배출가스의 온도가 상승하므로 응축기의 열통과율이 높아지고 냉동능력도 증가한다.

☞ **냉동장치 내 공기 침입 영향**
① 토출가스 온도가 상승하여 실린더가 과열되고 윤활유의 열화 및 탄화현상이 발생한다. 결국 실린더가 마모되어 기계효율 및

Answer 19. ② 20. ② 21. ③ 22. ②

제9장 안전관리 | 777

압축효율이 저하된다.
② 압축비 증가로 체적효율이 저하
③ 플래시 가스 발생량 증가로 냉동능력 저하
④ 압축일의 열당량(압축일량)이 증가로 압축기 소요동력 증대

23. 다음 중 왕복동식 냉동기의 고압측 압력이 높아지는 원인에 해당되는 것은?
① 냉각수량이 많거나 수온이 낮음
② 압축기 토출밸브 누설
③ 불응축가스 혼입
④ 냉매량 부족

> **응축압력(고압) 상승 원인**
> ① 응축기 밑에 냉매액이나 오일이 고여 유효 전열면적이 감소할 때(균압관 불량)
> ② 응축기 냉각수량 부족 및 수온이 상승할 때(공랭식은 송풍량 부족 및 바깥공기 온도 상승)
> ③ 응축기 냉각관에 유막 및 물때가 끼었을 때
> ④ 불응축가스가 장치 내에 존재할 때
> ⑤ 냉매의 과충전이나 응축부하가 클 때

24. 증발압력이 너무 낮은 원인으로 가장 거리가 먼 것은?
① 냉매가 과다하다.
② 팽창밸브가 너무 조여 있다.
③ 팽창밸브에 스케일이 쌓여 빙결하고 있다.
④ 증발압력조절밸브의 조정이 불량하다.

> ① 냉매충전량이 부족하다.

25. 프레온 냉매를 사용하는 냉동장치에 공기가 침입하면 어떤 현상이 일어나는가?
① 고압 압력이 높아지므로 냉매순환량이 많아지고 냉동능력도 증가한다.
② 냉동톤당 소요동력이 증가한다.
③ 고압 압력은 공기의 분압만큼 낮아진다.
④ 배출가스의 온도가 상승하므로 응축기의 열통과율이 높아지고 냉동능력도 증가한다.

> ① 고압 압력이 높아지므로 냉매순환량이 적어지고 냉동능력도 감소한다.
> ③ 고압 압력은 공기의 분압만큼 높아진다.
> ④ 배출가스의 온도가 상승하므로 응축기의 열통과율이 낮아지고 냉동능력도 감소한다.

26. 냉동장치 내 공기가 혼입되었을 때, 나타나는 현상으로 옳은 것은?
① 응축기에서 소리가 난다.
② 응축온도가 떨어진다.
③ 토출온도가 높다.
④ 증발압력이 낮아진다.

> 냉동장치에 공기가 혼입되면 공기의 분압만큼 응축압력(온도)이 상승하며 압축기 토출가스 온도(압력)가 상승하게 되어 냉동능력의 감소, 소비동력 증가, 압축기 실린더 과열 등 악영향이 있으므로 신속하게 장치 내에서 제거해 줄 필요가 있다.

27. 압축기 토출압력 상승 원인이 아닌 것은?
① 응축온도가 낮을 때
② 냉각수 온도가 높을 때
③ 냉각수 양이 부족할 때
④ 공기가 장치 내에 혼입되었을 때

> **토출압력 상승 원인**
> ㉠ 공기가 냉매 계통에 혼입된 경우
> ㉡ 냉각수(냉각공기) 온도가 높거나 유량이 부족한 경우
> ㉢ 응축된 냉각관에 스케일의 퇴적 또는 수로 커버의 칸막이 벽의 부식, 또는 공랭식 응축기 핀이 오염되었을 때
> ㉣ 냉매의 과충전으로 응축기의 냉각관이 냉

Answer   23. ③   24. ①   25. ②   26. ③   27. ①

매액에 잠겨 유효전열면적이 감소
ⓒ 토출 배관 중의 밸브가 완전히 열려 있지 않은 경우

내부의 압력은 대기압보다 조금 높게 유지하여 외부의 공기나 이물질의 침입을 방지해야 한다.

28. 불응축가스의 발생 원인으로 맞지 않은 것은?
① 냉동기를 고속 운전할 때
② 윤활유가 탄화되었을 때
③ 냉매 및 오일의 순도가 불량할 때
④ 진공시험 시 완전진공이 되지 않았을 때

👉 **불응축가스 발생 원인**
① 냉동장치의 신설 보수 후 진공작업 불충분으로 잔류하는 공기
② 냉매 및 윤활유 충전 시 부주의로 침입하는 공기
③ 순도가 낮은 냉매 및 오일 충전 시 이들에 섞인 공기
④ 저압측의 진공운전으로 침입하는 공기
⑤ 오일 탄화 시 발생하는 오일의 증기
⑥ 냉매의 화학분해 시 발생하는 산 증기(염산, 불화수소산 등)
⑦ 밀폐형의 경우 전동기 코일의 소손 등에 의해 생성된 증기

29. 냉동장치 내에 불응축가스가 생성되는 원인으로 가장 거리가 먼 것은?
① 냉동장치의 압력이 대기압 이상으로 운전될 경우 저압측에서 공기가 침입한다.
② 장치를 분해, 조립하였을 경우에 공기가 잔류한다.
③ 압축기의 축봉장치 패킹 연결부분에 누설부분이 있으면 공기가 장치 내에 침입한다.
④ 냉매, 윤활유 등의 열분해로 인해 가스가 발생한다.

👉 ① 냉동장치의 압력이 대기압 이하로 운전될 경우 저압측에서 공기가 침입하므로 장치

30. 불응축가스가 냉동기에 미치는 영향에 대한 설명으로 틀린 것은?
① 토출가스 온도의 상승
② 응축압력의 상승
③ 체적효율의 증대
④ 소요동력의 증대

👉 **불응축가스의 영향**
① 침입한 불응축가스의 분압만큼 압력 상승
② 압축비 증대로 소요동력 증대
③ 실린더 과열 및 윤활유 열화 및 탄화
④ 윤활 불량으로 활동부 마모
⑤ 체적효율 감소로 냉동능력 감소
⑥ 축수하중 증대 및 성적계수 감소

31. 냉동장치의 응축기 속에 공기(불응축가스)가 들어있을 때 일어나는 현상이라고 할 수 없는 것은?
① 고압측 압력이 보통보다 높다.
② 소비동력이 증가한다.
③ 응축기에서의 전열이 불량해진다.
④ 응축기의 온도가 낮아진다.

👉 ④ 응축기의 응축압력 및 온도가 높아진다.

32. 냉동장치의 운전에 대한 설명 중 옳지 못한 것은?
① 수냉 응축기 냉각관의 냉각수측에 물때가 두껍게 부착하면 냉매의 응축온도와 냉각수의 평균 온도차가 증가한다.
② 수냉 응축기를 사용할 경우 압축기의 운전을 정지한 상태에서 냉각수를 계속 공급하더라도 고압측 압력은 운전 중과 같다.

Answer 28. ① 29. ① 30. ③ 31. ④ 32. ②

③ 하절기 동일한 외기조건에서 횡형 수냉 응축기와 냉각탑을 병용한 경우와 증발식 응축기를 사용한 경우의 응축압력은 증발식 응축기가 낮다.
④ 직접 팽창식 냉동장치에서는 부하 변동이 클 때 액백 현상이 나타나므로 액분리기를 설치해야 한다.

② 수냉 응축기를 사용할 경우 압축기의 운전을 정지한 상태에서 냉각수를 계속 공급하면 냉매가스가 액화되어 응축압력은 낮아지게 된다.

33. 냉동장치의 보수관리에 대한 설명 중 옳지 못한 것은?
① 수냉 응축기를 청소하면 냉각수 출입구의 온도차가 작아지고, 고압측 압력도 내려간다.
② 증발기를 제상하면 압축기의 저압측 압력은 상승한다.
③ 암모니아 냉동장치에 혼입된 공기는 가스 퍼지의 방출관을 수조에 넣어 방출시킨다.
④ 암모니아 냉동장치의 유분리기에서 분리된 오일은 다시 사용하지 않고 폐유시킨다.

① 수냉식 응축기를 청소하면 전열작용이 좋아지므로 냉각수 출입구의 온도차가 커지게 된다.

34. 팽창밸브 및 액배관에서 냉매의 흐름이 나쁜 원인에 해당되지 않는 것은?
① 팽창밸브 전까지의 압력손실이 큼
② 응축압력이 너무 높음
③ 팽창밸브의 오리피스 구경이 작음
④ 팽창밸브의 막힘

 냉매의 유량감소 원인
① 팽창밸브의 직전까지의 압력 손실이 크다.
② 응축압력이 너무 낮다.
③ 팽창밸브의 선정 잘못(오리피스 구경이 작다.)
④ 팽창밸브의 막힘

35. 냉동장치 운전 중 팽창밸브의 열림이 작을 때, 발생하는 현상이 아닌 것은?
① 증발압력은 저하한다.
② 냉매순환량은 감소한다.
③ 액압축으로 압축기가 손상된다.
④ 체적효율은 저하한다.

팽창밸브를 작게 열었을 때
① 냉매의 분출속도 증가로 증발압력(저압)이 낮아지고, 증발온도 역시 낮아진다.
② 압축비가 증가한다.
③ 냉매순환량이 감소하여 압축기로 과열증기가 흡입된다.
④ 압축기 과열
⑤ 체적효율 감소
⑥ 냉동능력 감소
⑦ 윤활유 열화 및 탄화

36. 안정적으로 작동되는 냉동 시스템에서 팽창밸브를 과도하게 닫았을 때 일어나는 현상이 아닌 것은?
① 흡입압력이 낮아지고 증발기 온도가 저하한다.
② 압축기의 흡입가스가 과열된다.
③ 냉동능력이 감소한다.
④ 압축기의 토출가스 온도가 낮아진다.

④ 압축기의 토출가스 온도가 높아진다.
[참고] 팽창밸브를 과도하게 닫았을 때 일어나는 현상
① 냉매의 분출속도 증가로 증발압력(저압)이 낮아지고, 증발온도 역시 낮아진다.
② 압축비가 증가하고 냉매순환량이 감소

Answer 33. ① 34. ② 35. ③ 36. ④

하여 압축기로 과열증기가 흡입된다.
③ 체적효율 및 냉동능력 감소
④ 압축기 과열
⑤ 윤활유 열화 및 탄화

37. 팽창밸브가 냉동 용량에 비하여 작을 때 일어나는 현상은?
① 증발기 내의 압력 상승
② 압축기 흡입가스 과열
③ 습압축
④ 소요 전류 증대

☞ 팽창밸브가 냉동 용량에 비해 작을 때
① 저압 저하
② 증발온도 저하
③ 흡입가스 과열
④ 고내온도 상승
⑤ 토출온도 상승
⑥ 냉동기 오일 열화 및 탄화
⑦ 냉동능력 감소
⑧ 냉동기 능력당 소요동력 증대

38. 냉동장치에서 플래시 가스의 발생 원인으로 틀린 것은?
① 액관이 직사광선에 노출되었다.
② 응축기의 냉각수 유량이 갑자기 많아졌다.
③ 액관이 현저하게 입상하거나 지나치게 길다.
④ 관의 지름이 작거나 관 내 스케일에 의해 관경이 작아졌다.

☞ ② 응축기의 냉각수 유량이 갑자기 적어졌다.
[참고] 플래시 가스 발생 원인
㉠ 액관이 현저히 입상하였거나 길 때
㉡ 액관 지름이 심하게 가늘 때
㉢ 여과기, 드라이어(냉매 건조기) 등이 막혔을 때
㉣ 전자밸브, 스톱밸브, 드라이어, 여과기 등의 지름이 가늘 때
㉤ 수액기나 액관이 직사광선에 노출되었

을 때
㉥ 액관을 보온없이 고온 장소에 통과시켰을 때
㉦ 응축온도가 현저히 낮아졌을 때

39. 냉매 배관 내에 플래시 가스(flash gas)가 발생했을 때 나타나는 현상으로 틀린 것은?
① 팽창밸브의 능력 부족 현상 발생
② 냉매부족과 같은 현상 발생
③ 액관 중의 기포 발생
④ 팽창밸브에서의 냉매순환량 증가

☞ ④ 팽창밸브에서의 냉매순환량 감소
[참고1] 플래시 가스(Flash Gas)의 영향
① 냉매순환량이 감소하므로 증발온도가 저하하고 냉동효과가 감소
② 증발압력이 낮아져 압축비 상승 및 냉동능력 감소
③ 압축기 흡입가스 과열로 토출가스 온도 상승
④ 실린더 과열로 윤활유 열화 및 탄화
⑤ 냉동효과 감소로 냉장실 온도 상승
[참고2] 플래시 가스(flash gas)
증발기가 아닌 곳에서 증발한 냉매가스

40. 냉매 배관 내에 플래시 가스(flash gas)가 발생했을 때 운전상태가 아닌 것은?
① 팽창밸브의 능력 부족 현상
② 냉매부족과 같은 현상
③ 팽창밸브 직전의 액 냉매의 온도상승 현상
④ 액관 중의 기포 발생

☞ 액관에서 생긴 플래시 가스는 팽창밸브에서 소음을 발생시키며 오리피스에서 마찰을 일으키고 액관 중의 기포를 발생하여 기기의 성능을 저하시킨다. 또한 액 배관 내에 플래시 가스 또는 증기가 발생하면 팽창밸브의 능력은 현저히 감소하고 냉매 부족과 같은 현상이 발생한다. 일반적으로 증기의 발생은 배관도

Answer 37. ② 38. ② 39. ④ 40. ③

제9장 안전관리 **781**

중의 열 침입에 의한 것이 많다. 플래시 가스를 방지하려면 냉매가 적어도 5℃ 과냉각된 상태에서 팽창밸브에 도달하도록 운전하는 것이다.

41. 다음은 증기압축식 냉동장치를 운전할 때 나타나는 현상이다. 옳지 않은 것은?
① 냉매 액관 중에 플래시 가스(flash gas)가 현저히 발생하면 저압측 압력이 높아진다.
② 냉동장치 내에 냉매가 부족하면 증발압력이 저하된다.
③ 응축액의 과냉각도가 클수록 액관 중에서 플래시 가스의 발생이 어렵다.
④ 증발기 출구가스의 과열도가 커지면 압축기 토출가스의 온도는 높아진다.

☞ ① 냉매 액관 중에 플래시 가스(flash gas)가 현저히 발생하면 저압측 압력이 낮아져 압축비 상승 및 냉동능력 감소한다.

42. 증기압축식 냉동장치에 관한 설명으로 옳은 것은?
① 증발식 응축기에서는 대기의 습구온도가 저하하면 고압압력은 통상의 운전압력보다 높게 된다.
② 압축기의 흡입압력이 낮게 되면 토출압력도 낮게 되어 냉동능력이 증대한다.
③ 언로더 부착 압축기를 사용하면 급격하게 부하가 증가하여도 액백 현상을 막을 수 있다.
④ 액배관에 플래시 가스가 발생하면 냉매순환량이 감소되어 증발기의 냉동능력이 저하된다.

☞ ① 증발식 응축기에 외기습구온도에 의해 응축기 능력이 결정되고 대기의 습구온도가 저하하면 응축압력이 저하하기 때문에 고압력은 통상의 운전압력보다 낮게 된다.
② 압축기 흡입압력이 낮아지면 압축비가 증가하여 체적효율이 저하한다. 이로 인해 냉동능력이 감소되며 영향은 토출가스압력 상승의 경우보다 크다. 이것은 흡입증기의 비체적이 커져 이로 인해 냉매순환량이 적어지기 때문이다.
③ 언로더 부착 압축기를 사용하여도 급격하게 부하가 증가하면 액백(liquid back) 현상을 막을 수 없다.

43. 냉동장치에서 흡입가스의 압력을 저하시키는 원인으로 가장 거리가 먼 것은?
① 냉매 유량의 부족
② 흡입배관의 마찰 손실
③ 냉각부하의 증가
④ 모세관의 막힘

☞ ③ 냉각부하의 감소 시 흡입가스의 압력이 저하된다.

44. 응축압력 및 증발압력이 일정할 때 압축기의 흡입증기 과열도가 크게 된 경우 나타나는 현상으로 옳은 것은?
① 냉매순환량이 증대한다.
② 증발기의 냉동능력은 증대한다.
③ 압축기의 토출가스 온도가 상승한다.
④ 압축기의 체적효율은 변하지 않는다.

☞ 흡입증기 과열도가 크게 되면 토출가스 온도가 상승하고 실린더가 과열되어 윤활유의 열화 및 탄화현상이 발생한다. 결국 소요동력이 증대하게 되어 효율이 저하된다.

45. 응축압력의 이상 고압에 대한 원인으로 가장 거리가 먼 것은?
① 응축기의 냉각관 오염

Answer 41. ① 42. ④ 43. ③ 44. ③ 45. ④

② 불응축가스 혼입
③ 응축부하 증대
④ 냉매 부족

> 응축압력이 상승되는 원인
> ㉠ 응축기 내 공기 또는 불응축가스가 혼입된 경우
> ㉡ 냉각수온이 높거나 순환수량이 적은 경우
> ㉢ 냉각관 스케일(물때) 부착
> ㉣ 냉매 과다 충전
> ㉤ 유분리기 기능 불량

46. 수냉식 냉동장치에서 응축압력이 과다하게 높은 경우로 가장 거리가 먼 것은?
① 냉각 수량 과다
② 높은 냉각수 온도
③ 응축기 내 불결한 상태
④ 장치 내 불응축가스가 존재

> ① 냉각 수량이 적은 경우 응축압력이 상승하게 된다.

47. 공랭식 냉동장치에서 응축압력이 과다하게 높은 경우가 아닌 것은?
① 순환공기 온도가 높을 때
② 응축기가 불결한 상태일 때
③ 장치 내 불응축가스가 존재할 때
④ 공기순환량이 충분할 때

> ④ 공기순환량이 적을 때
> [참고] 응축압력이 상승되는 원인
> ① 응축기 내 공기 또는 불응축가스가 혼입된 경우
> ② 냉각수온이 높거나 순환수량이 적은 경우
> ③ 냉각관 스케일(물때) 부착(불결한 상태)
> ④ 냉매 과다 충전
> ⑤ 유분리기 기능 불량

48. 냉동장치가 정상운전되고 있을 때 나타나는 현상으로 옳은 것은?
① 팽창밸브 직후의 온도는 직전의 온도보다 높다.
② 크랭크 케이스 내의 유온은 증발온도보다 낮다.
③ 수액기 내의 액온은 응축온도보다 높다.
④ 응축기의 냉각수 출구온도는 응축온도보다 낮다.

> ① 냉매가 팽창밸브를 통과하게 되면 온도와 압력이 저하된다.(등엔탈피 과정)
> ② 크랭크 케이스 내의 유온은 대체로 50℃ 이하로 유지하고 온도상승을 막기 위해 쿨러를 설치한다. 만약 유온의 온도가 너무 낮을 때는 액을 흡입하기 때문이다. 그러므로 정상운전 시 유온은 증발온도보다 높게 된다.
> ③ 수액기는 응축기에서 응축액화된 냉매액을 팽창밸브로 보내기 전에 일시 저장하는 용기로 수액기 내의 냉매의 온도는 응축기보다 낮다.
> ④ 응축온도>냉각수 출구온도>냉각수 입구온도

49. 냉동장치의 운전에 관한 설명으로 옳은 것은?
① 압축기에 액백(liquid back) 현상이 일어나면 토출가스 온도가 내려가고 구동 전동기의 전류계 지시값이 변동한다.
② 수액기 내에 냉매액을 충만시키면 증발기에서 열부하 감소에 대응하기 쉽다.
③ 냉매 충전량이 부족하면 증발압력이 높게 되어 냉동능력이 저하한다.
④ 냉동부하에 비해 과대한 용량의 압축기를 사용하면 저압이 높게 되고, 장치의 성적 계수는 상승한다.

Answer 46. ① 47. ④ 48. ④ 49. ①

② 수액기 내부에는 공간의 여유가 있어야 하며 만액된 상태는 좋지 않으므로 수액기 내에 냉매액은 3/4(75%) 정도가 이상적이다.
③ 냉매 충전량이 부족하면 증발압력이 저하되어 냉동능력이 저하한다.
④ 냉동부하에 비해 과대한 용량의 압축기를 사용하면 저압이 높게 되고 장치의 성적계수는 감소한다.

50. 냉동장치의 운전 중 장치 내에 공기가 침입하였을 때 나타나는 현상으로 옳은 것은?
① 토출가스 압력이 낮게 된다.
② 모터의 암페어가 적게 된다.
③ 냉각 능력에는 변화가 없다.
④ 토출가스 온도가 높게 된다.

> **냉동장치에 공기가 혼입되면**
> ① 압축기 소요동력이 증가하므로 모터의 암페어가 커지게 된다.
> ② 압축기 토출가스 온도 및 압력이 상승하게 되어 결국 냉동능력이 저하된다.
> ③ 공기가 존재함으로 인하여 고압압력이 상승하는 한도는 대기압 이상이다.

51. R-22를 사용하는 냉동장치에 R-134a를 사용하려 할 때, 장치의 운전 시 유의사항으로 틀린 것은?
① 냉매의 능력이 변하므로 전동기 용량이 충분한지 확인한다.
② 응축기, 증발기 용량이 충분한지 확인한다.
③ 가스켓, 시일 등의 패킹 선정에 유의해야 한다.
④ 동일 탄화수소계 냉매이므로 그대로 운전할 수 있다.

> ④ R-22 대비 효율이 약 40%로 저하되고 R-22를 사용할 때와 동일 용량을 내기 위해서는 설비의 크기가 약 1.5배 증가하여야 하므로 그대로 운전하기 어렵다.

52. 여름철 공기열원 열펌프 장치로 냉방 운전할 때, 외기의 건구온도 저하 시 나타나는 현상으로 옳은 것은?
① 응축압력이 상승하고, 장치의 소비전력이 증가한다.
② 응축압력이 상승하고, 장치의 소비전력이 감소한다.
③ 응축압력이 저하하고, 장치의 소비전력이 증가한다.
④ 응축압력이 저하하고, 장치의 소비전력이 감소한다.

> 외기의 건구온도 저하 시 응축압력이 저하하여 압축기 소비전력이 감소한다. 그 이유는 응축기와 외기온도의 차이가 커져 열교환량이 증가하기 때문이다.

53. 공기열원 수가열 열펌프 장치를 가열운전(시운전)할 때 압축기 토출밸브 부근에서 토출가스 온도를 측정하였더니 일반적인 온도보다 지나치게 높게 나타났다. 이러한 현상의 원인으로 가장 거리가 먼 것은?
① 냉매 분해가 일어났다.
② 팽창밸브가 지나치게 교축되었다.
③ 공기측 열교환기(증발기)에서 눈에 띄게 착상이 일어났다.
④ 가열측 순환온수의 유량이 설계값보다 많다.

> ④ 가열측 순환온수의 유량을 설계값보다 많게 하면 토출가스 압력 및 온도는 저하되므로 가열측 순환온수의 유량을 설계값보다 적게 하는 것이 원인이 된다.

Answer 50. ④ 51. ④ 52. ④ 53. ④

part 03
시운전 및 안전관리

chapter 01 전기 기초

1. 전기 기초

(1) 기본 단위

물리량	MKS 단위계	단위
길이	미터(meter)	m
질량	킬로그램(kilogram)	kg
힘	뉴턴(newton)	N
시간	초(second)	s
전하	쿨롬(coulomb)	C
전위	볼트(volt)	V
전류	암페어(ampere)	A
저항	옴(ohm)	Ω
전기장	볼트/미터(volt/meter)	V/m
전기용량	패럿(farad)	F
출력	와트(watt)	W
에너지	줄(joule)	J
자속	웨버(weber)	Wb

물리량	MKS 단위계	단위
자속밀도	웨버/제곱미터(weber/m^2)	Wb/m^2
자기장	암페어/제곱미터(ampere/m^2)	A/m^2
인덕턴스	헨리(Henry)	H
온도	켈빈(Kelvin)	K

(2) 기본 용어

① 전원 : 전기에너지를 공급하는 장치

   [예] 발전기, 전지 등

② 부하 : 전원으로부터 전기를 공급받아 에너지를 소비하는 장치

   [예] 조명기구, 에어컨, 전동기 등

③ 전압(V) : 전류를 흐르게 하는 힘

   물이 높은 곳에서 낮은 곳으로 흐르는 것처럼 전하는 전위가 높은 곳에서 낮은 곳으로 이동한다. 이때 전위의 차이가 전압이다.

④ 전류(A) : 전기의 흐름을 나타내는 크기, 단위 시간에 흐르는 전기의 양

⑤ 저항(R) : 전류의 흐름을 방해하는 것

⑥ 도체 : 전기가 잘 흐르는 물질(은, 구리 등 대부분의 금속류)

⑦ 부도체 : 전기가 잘 흐르지 않는 물질(유리, 고무, 나무 등)

⑧ 반도체 : 도체와 부도체의 중간 특성을 갖는 물질(실리콘, 게르마늄 등)

⑨ 전기장 : 중력장처럼 전하에 전기력이 미치는 공간

⑩ 전기력선 : 전기장 내에 단위 양전하를 놓고 전하에 작용하는 힘의 방향으로 전하를 조금씩 움직여 갈 때 그려지는 직선이나 곡선. 전기력선이 밀하게 나타나는 곳은 전기장의 세기가 크고, 전기력선이 소하게 나타나는 곳은 전기장의 세기가 작다. 즉, 전기장의 세기는 전기력선의 밀도에 비례한다.

⑪ 자성체 : 자성을 지닌 물. 즉, 자기장 안에서 자화하는 물질이다.

> **참고**
>
> ① 전기력선의 특징
>   ㉠ 양전하에서 시작해서 음전하에서 끝난다.
>   ㉡ 임의 점에서의 전계의 방향은 전기력선의 접선방향과 같다.
>   ㉢ 임의 점에서의 전계의 세기는 전기력선의 밀도와 같다.(가우스의 법칙)
>   ㉣ 전기력선은 전위가 높은 점에서 낮은 점으로 향한다.
>   ㉤ 전하가 없는 곳에서는 전기력선의 발생, 소멸도 없다.
>   ㉥ 전기력선은 그 자신만으로 폐곡선을 이루지 않는다.(불연속)
>   ㉦ 두 개의 전기력선은 서로 반발하며 교차하지 않는다.
>   ㉧ 전기력선은 도체 표면에 수직으로 출입하며 내부를 통과할 수 없다.
>   ㉨ 전기력선은 등전위면과 수직으로 교차한다.
> ② 자성체의 종류
>   ㉠ 강자성체 : 자화 강도가 세고 영구자석과 같이 강한 자석을 만들 수 있는 물질
>   철(Fe), 니켈(Ni), 코발트(Co), 망간(Mn) 등
>   ㉡ 상자성체 : 자화 강도가 약하여 그 물질 자체만으로는 자석이 될 수 없으나, 자석이 접근하면 자화의 세기가 커져 자석이 되는 물질
>   알루미늄(Al), 백금(Pt), 산소, 공기 등
>   ㉢ 반자성체 : 자화 강도는 약하지만 자석이 접근하면 반발하는 힘이 생기는 물질
>   은(Ag), 구리(Cu), 아연(Zn), 납(Pb) 등

(3) 전기회로

전류가 흐를 수 있도록 전지, 도선, 스위치 등을 연결해 놓은 통로

① 전기회로를 구성하는 장치

전원(Source), 저항(Resistance), 인덕터(Inductor), 커패시터(Capacitor), 스위치, 전선 등

특히 전원은 건전지와 같이 전압을 발생하여 주는 전압원(Voltage Source)과 전류를 발생시켜 주는 전류원(Current Source)이 있다.

② 회로 기호

심벌(기호)	명 칭	심벌(기호)	명 칭
─┤├─	전압원, 단위 : V(Volt)	─⌒⌒⌒─	인덕터, 단위 : H(henry)
─⊖─	전류원, 단위 : A(Ampere)	─/─	스위치
─/\/\/─	저항, 단위 : Ω(Ohm)	]((	변압기
─┤├─	커패시터, 단위 : F(Farad)		

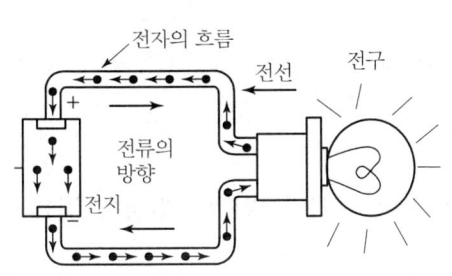
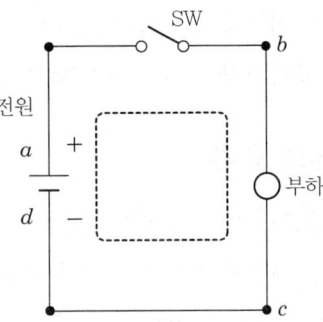

[전기회로의 구성]

2 직류회로

(1) 전류(current)

도체 내부의 전자가 에너지를 얻어서 이동하는 것을 전류라 한다.

① 기호 : I(Intensity)

② 단위 : A(Ampere)

③ 보조 단위 : mA=10^{-3}[A], μA=10^{-6}[A]

④ 1A : 매초 1C(쿨롬)의 전하가 이동할 때의 전류의 크기

전류 : $I = \dfrac{Q}{t}$[A]   (여기서, 전기량 : Q[C], 시간 : t[sec])

⑤ 전기량 : 전하가 가지고 있는 전기의 양

㉠ 전기량 : $Q = It$ [C]

㉡ 시간 t초 동안의 전기량 변화량 : $dq = \int_{t_1}^{t_2} i \, dt$ [C]

[예제] 15C의 전기가 3초간 흐르면 전류는 몇 A인가?

(풀이) : $\dfrac{15\text{C}}{3\text{초}} = 5\text{A}$

⑥ 전류의 3대 작용

㉠ 발열작용 : 전기다리미, 전기히터 등

㉡ 자기작용 : 전동기(모터)

㉢ 화학작용 : 물의 전기분해, 전기도금 등

(2) 전류의 종류

① 직류(DC : Direct Current) : 시간에 따라 크기와 방향이 일정한 전류이다.
[예] 건전지나 배터리, 휴대용 기기

② 교류(AC : Alternating Current) : 시간에 따라 크기와 방향이 주기적으로 변하는 전류이다. [예] 가정용 전기

③ 맥류(PC : Pulsating Current) : 직류 위에 교류가 합성된 형태의 전류

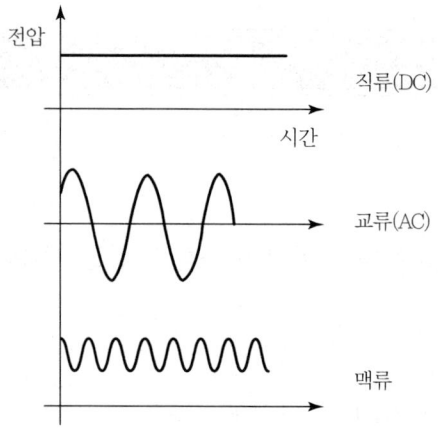

(3) 전압(electric voltage)

전자를 이동시켜서 전류를 흐르게 하는 전기적인 입력

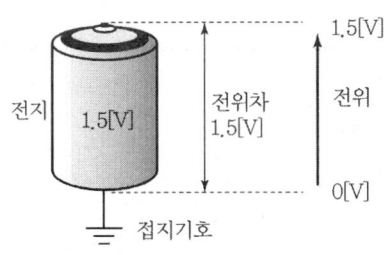

① 기호 : V(electric voltage)
② 단위 : V(volt)
③ 보조 단위 : mV= 10^{-3}[V], kV= 10^3[V]
④ 1V : 1쿨롬의 전하가 어떤 2점 간을 이동하여 1줄(joule)의 일을 하였을 경우 이 두 점 간의 전위차

$$전압\ V=\frac{W}{Q}[V]\quad (여기서,\ 일 : W[J],\ 전기량 : Q[C])$$

(4) 저항(resistance)과 컨덕턴스(conductance)

① 저항
  ㉠ 전자의 흐름을 방해하는 성질
  ㉡ 기호는 R, 단위는 옴(ohm, Ω)을 사용

■ 1Ω
도체의 양단에 1V의 전압을 가할 때 1A의 전류가 흐르는 경우의 저항값

  ㉢ 특징
    ⓐ 도체의 길이가 길수록 단면적이 작을수록 저항은 커진다.
    ⓑ 도체의 온도가 상승할수록 저항은 커진다.
② 컨덕턴스(conductance, G)
  전류가 잘 흐르는 정도를 말하며 저항의 역수($G=1/R$)이다.
    ㉠ 단위 : 모(mho, ℧), Siemens(S)

저항계산

$$R = \rho \frac{l}{A} = R_0(1+\alpha \Delta t) = \frac{1}{G}[\Omega]$$

여기서, 고유저항 : $\rho[\Omega \cdot m]$, 길이 : $l[m]$, 단면적 : $A[m^2]$
온도변화 전의 저항 : $R_0[\Omega]$, 온도계수 : α, 온도차 : $\Delta t[℃]$
컨덕턴스 : $G[℧]$

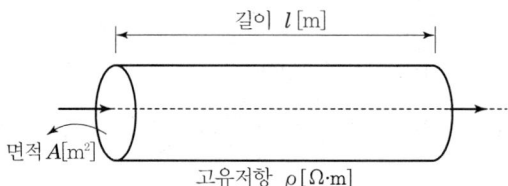

(5) 온도 변화에 따른 저항값

도체의 저항값은 온도에 따라 그 값이 변화되며 일반적으로 금속은 온도가 상승하면 저항도 증가한다. 도체의 온도가 t_1에서 t_2까지 변할 때 각각의 저항을 R_{t1}, R_{t2}라 하면 아래의 식이 성립된다.

$$R_{t2} = R_{t1}\{1+\alpha_t(t_2-t_1)\}[\Omega] \quad \text{(여기서, } \alpha_t : t_1\text{에서의 온도계수)}$$

(6) 옴의 법칙

전압, 전류, 저항과의 관계식으로 전류는 전압에 비례하고 저항에 반비례한다.

① 전압 : $V = IR[V]$

② 전류 : $I = \dfrac{V}{R} = VG[A]$

③ 저항 : $R = \dfrac{V}{I}[\Omega]$ (여기서, V : 전압, I : 전류, R : 저항)

(7) 저항의 접속

① 저항의 직렬접속
  ㉠ 전류가 일정 : $I = I_1 = I_2 = I_3[A]$

ⓒ 옴의 법칙 적용 : $V = IR$에서

$$V = V_1 + V_2 + V_3 [V]$$

$$IR = I_1R_1 + I_2R_2 + I_3R_3$$

ⓒ 합성저항 : $R = R_1 + R_2 + R_3 [\Omega]$

ⓔ 각 저항에 걸리는 전압

$$V_1 = I_1R_1[V] \qquad V_2 = I_2R_2[V] \qquad V_3 = I_3R_3[V]$$

② 저항의 병렬접속

㉠ 전압이 일정 : $V = V_1 = V_2 [V]$

ⓒ 옴의 법칙 적용 : $I = \dfrac{V}{R}$에서

$$I = I_1 + I_2 [A]$$

$$\dfrac{V}{R} = \dfrac{V_1}{R_1} + \dfrac{V_2}{R_2}$$

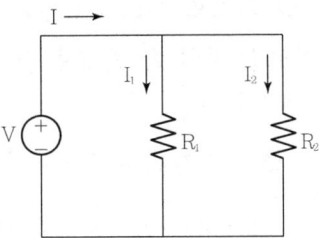

ⓒ 합성저항

$$\dfrac{1}{R} = \dfrac{1}{R_1} + \dfrac{1}{R_2} [\Omega] \qquad \therefore R = \dfrac{R_1R_2}{R_1 + R_2} [\Omega]$$

ⓔ 각 저항에 걸리는 전류

$$IR = I_1R_1 \text{에서 } I_1 = \dfrac{R_2}{R_1 + R_2} I [A]$$

$$IR = I_2R_2 \text{에서 } I_2 = \dfrac{R_1}{R_1 + R_2} I [A]$$

③ 저항의 직병렬접속

㉠ 합성저항 : $R = R_1 + \dfrac{R_2R_3}{R_2 + R_3} [\Omega]$

ⓒ 전전류 : $I = \dfrac{V}{R} [A]$

ⓒ 각 저항에 걸리는 전류를 구하는 방법

ⓐ 저항의 병렬접속의 합성저항을 구한다.

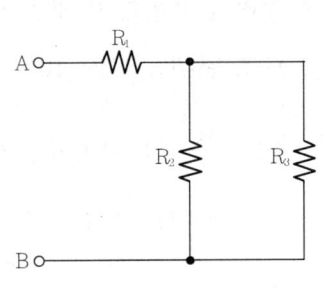

제1장 전기기초 **793**

$$R_4 = \frac{R_2 R_3}{R_2 + R_3} [\Omega]$$

ⓑ 전전류 $I = I_1 = I_4$ 이다.

ⓒ R_2에 흐르는 전류는 $I_2 = \left(\dfrac{R_3}{R_2 + R_3}\right) I[A]$

ⓓ R_3에 흐르는 전류는 $I_3 = \left(\dfrac{R_2}{R_2 + R_3}\right) I[A]$

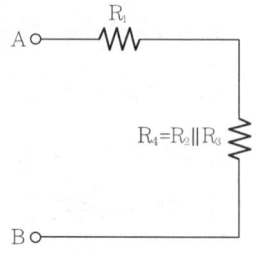

(8) 키르히호프 법칙(Kirchhoff's law)

① 키르히호프 제1법칙(전류 평형의 법칙)

회로망 중의 한 점에 흘러 들어오는 전류의 총합과 흘러 나가는 전류의 총합은 같다.

$$\Sigma 유입전류 = \Sigma 유출전류$$

$$\Sigma I = 0 \rightarrow I_1 + I_2 + I_3 + (-I_4) + (-I_5) = 0$$

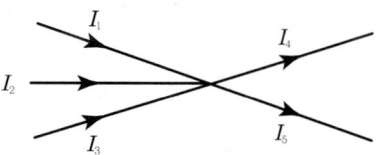

② 키르히호프 제2법칙(전압 평형의 법칙)

폐회로에서 기전력의 합과 전압강하의 합은 같다.

$$\Sigma 기전력 = \Sigma 전압강하$$

$$\Sigma E = \Sigma IR \rightarrow V_1 + V_2 - V_3 = I_1 R_1 + I_2 R_2 + I_3 R_3$$

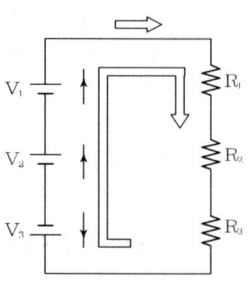

(9) 전력과 열량

① 전력 : 단위시간당 에너지가 소비되는 비율

㉠ 전력의 표기와 단위 : $P[W,\ watts]$

㉡ 보조 단위 : $kW = 10^3 [W]$, $mW = 10^{-3} [W]$

$$P = \frac{W}{t} = VI = I^2 R = \frac{V^2}{R}$$

여기서, 일량 : $W = VQ = IVt[J]$

시간 : $t[sec]$ 전류 : $I[A]$

전압 : V[V]   저항 : R[Ω]

② 전력량 : 시간당 사용되는 전기량

㉠ 전력량 단위 : Wh(Watt hour)

㉡ 보조 단위 kWh= 10^3[Wh]

$$W = Pt = IVt = I^2Rt = \frac{V^2}{R}t$$

③ 줄의 법칙(Joule의 법칙)

도체에 전류가 흐를 때, 단위 시간 내에 발생하는 열량은 전류의 제곱과 도체의 전기 저항의 곱에 비례한다.

I[A]의 전류가 저항 R[Ω]인 도선을 시간 t[sec] 동안 흘렀을 때 도선에서 발생하는 열량은

$$H = I^2Rt[\text{J}] = 0.24I^2Rt[\text{cal}]$$ (여기서, 1[J]=0.24[cal], 1[cal]=4.18[J])

(10) 전지의 종류

① 1차 전지(1회용 전지) : 수은전지, 망간전지, 알칼리전지, 리튬전지
② 2차 전지(충전해서 반복 사용이 가능한 전지) : 납축전지, 니켈-카드뮴전지, 니켈-수소전지, 리튬-이온전지, 리튬-폴리머전지

(11) 전지의 접속

① 직렬접속

㉠ 총 기전력 : $E_0 = E_1 + E_2 + E_3 = nE$[V]

㉡ 총 내부저항 : $r_0 = r_1 + r_2 + r_3 = nr$[Ω]

㉢ 키르히호프 제2법칙에 의해서

$E_0 = nE = (R + nr)I$

㉣ 전류 : $I = \dfrac{nE}{R + nr}$[A]

㉤ 용량 : 용량이 변하지 않고 1개일 때와 같다.

② 병렬접속

㉠ 총 기전력 : $E_0 = E$[V]

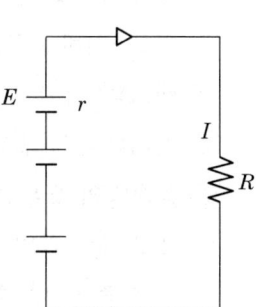

ⓒ 총 내부저항 : $r_0 = \dfrac{r}{m}[\Omega]$

ⓒ 키르히호프 제2법칙에 의해서

$$E_0 = E = \left(R + \dfrac{r}{m}\right)I$$

ⓔ 전류 : $I = \dfrac{E}{R + \dfrac{r}{m}}[A]$

ⓜ 용량 : 병렬접속 개수만큼 증가

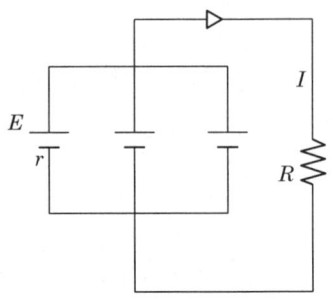

축전지 연결에 따른 용량과 전압의 변화

① 직렬연결 : 같은 전압, 같은 용량의 축전지 2개 이상을 +단자 기둥과 다른 축전지의 −단자 기둥에 서로 접속하는 방법이며 전압은 접속한 개수만큼 증가하고 용량은 변하지 않고 1개일 때와 같다.
② 병렬연결 : 같은 전압, 같은 용량의 축전지 2개 이상을 +단자 기둥은 다른 축전지의 +단자 기둥에, −단자 기둥은 −단자 기둥에 접속하는 방법이며 전압은 변화없고 용량은 접속한 개수만큼 증가한다.

3 전기법칙 정리

① 앙페르의 오른나사법칙 : 전류에 의한 자계의 방향을 결정하는 법칙
② 비오-사바르의 법칙 : 직선 전류에 의한 자계의 세기를 나타내는 법칙
③ 렌츠의 법칙 : 자속변화에 의한 유도기전력의 방향 결정
④ 패러데이의 법칙 : 유도기전력의 크기 결정, 전기화학당량에 비례
⑤ 플레밍의 오른손법칙 : 전자유도에 의해서 생기는 유도전류의 방향을 나타내는 법칙으로 발전기의 전류방향을 구하는 데 유용
  ㉠ 오른손 세 손가락을 서로 수직으로 벌렸을 때
    ⓐ 엄지손가락 : 힘(운동)의 방향
    ⓑ 둘째손가락 : 자기장의 방향
    ⓒ 셋째손가락 : 유도전류의 방향

⑥ 플레밍의 왼손법칙 : 전자기력의 방향을 결정하는 법칙으로서 전동기의 회전 방향을 구하는 데 유용
　㉠ 왼손의 세 손가락을 서로 수직으로 벌렸을 때
　　ⓐ 엄지손가락 : 힘의 방향
　　ⓑ 둘째손가락 : 자기장의 방향
　　ⓒ 셋째손가락 : 전류의 방향
⑦ 제벡효과(Seebeck effect)

종류가 다른 2종의 금속선을 접속하여 폐회로를 만들어서 두 개의 접합점을 다른 온도로 유지할 때 이 회로에 전류가 흐르는 현상으로 열전쌍, 열전온도계 등에 응용된다.

⑧ 펠티어 효과(Peltier effect)

금속, 반도체를 접속한 두 점 사이에 폐로를 구성, 전류를 흘리면 한쪽은 열이 발생하고 다른 쪽은 열을 흡수하는 현상으로 전자냉동기에 적용된다.

제3편 시운전 및 안전관리

chapter 01 출·제·예·상·문·제

01. 전류에 의해서 발생되는 작용이라고 볼 수 없는 것은?
① 발열작용 ② 자기차폐작용
③ 화학작용 ④ 자기작용

☞ 전류의 3대작용
① 발열작용 : 전기다리미, 전기히터 등
② 자기작용 : 전동기(모터)
③ 화학작용 : 물의 전기분해, 전기도금 등

02. 전기력선의 기본 성질에 대한 설명으로 틀린 것은?
① 전기력선의 방향은 그 점의 전계의 방향과 일치한다.
② 전기력선은 전위가 높은 점에서 낮은 점으로 향한다.
③ 두 개의 전기력선은 전하가 없는 곳에서 교차한다.
④ 전기력선의 밀도는 전계의 세기와 같다.

☞ 전기력선 성질
① 양전하에서 시작해서 음전하에서 끝난다.
② 임의 점에서의 전계의 방향은 전기력선의 접선방향과 같다.
③ 임의 점에서의 전계의 세기는 전기력선의 밀도와 같다.(가우스의 법칙)
④ 전기력선은 전위가 높은 점에서 낮은 점으로 향한다.
⑤ 전하가 없는 곳에서는 전기력선의 발생, 소멸도 없다.
⑥ 전기력선은 그 자신만으로 폐곡선을 이루지 않는다.(불연속)
⑦ 두 개의 전기력선은 서로 반발하며 교차하지 않는다.
⑧ 전기력선은 도체 표면에 수직으로 출입하며 내부를 통과할 수 없다.
⑨ 전기력선은 등전위면과 수직으로 교차한다.

03. 전기력선에 관한 성질로 옳은 것은?
① 음전하에서 시작하여 양전하로 끝나는 연속선이다.
② 상호 교차한다.
③ 도체 표면에서 수직으로 나온다.
④ 같은 (+)전하일 경우 흡입한다.

☞ ① 양전하에서 시작해서 음전하에서 끝난다.
② 두 개의 전기력선은 서로 반발하며 교차하지 않는다.
④ 같은 (+)전하일 경우 반발한다.

04. 서로 같은 방향으로 전류가 흐르고 있는 두 도선 사이에는 어떤 힘이 작용하는가?
① 서로 미는 힘
② 서로 당기는 힘
③ 하나는 밀고, 하나는 당기는 힘
④ 회전하는 힘

☞ 두 개의 평형 도체에서 같은 방향으로 전류를 흘리면 서로 당기는 힘을 받고, 반대 방향의 전류를 흘리면 서로 반발하는 힘이(서로 미는 힘) 작용한다.

Answer 01. ② 02. ③ 03. ③ 04. ②

05. 평행한 두 도체에 같은 방향의 전류를 흘렸을 때 두 도체 사이에 작용하는 힘은?
① 흡인력
② 반발력
③ $\dfrac{I}{2\pi r}$의 힘
④ 힘이 작용하지 않는다.

👉 **평행도체 상호간에 작용하는 힘**
① 두 도체의 전류가 동일 방향 : 흡인력
② 두 도체의 전류가 반대 방향 : 반발력

06. 다음 중 자성체가 아닌 것은?
① 니켈   ② 백금
③ 산소   ④ 나무

👉 **자성체**
자성을 지닌 물질, 즉 자기장 안에서 자화하는 물질이다.
[참고] 자성체의 종류
　㉠ 강자성체 : 자화 강도가 세고 영구자석과 같이 강한 자석을 만들 수 있는 물질. 철(Fe), 니켈(Ni), 코발트(Co), 망간(Mn) 등
　㉡ 상자성체 : 자화 강도가 약하여 그 물질 자체만으로는 자석이 될 수 없으나, 자석이 접근하면 자화의 세기가 커져 자석이 되는 물질. 알루미늄(Al), 백금(Pt), 산소, 공기 등
　㉢ 반자성체 : 자화 강도는 약하지만 자석이 접근하면 반발하는 힘이 생기는 물질. 은(Ag), 구리(Cu), 아연(Zn), 납(Pb) 등

07. 다음 설명은 어떤 자성체를 표현한 것인가?

N극을 가까이 하면 N극으로, S극을 가까이 하면 S극으로 자화되는 물질로 구리, 금, 은 등이 있다.

① 강자성체   ② 상자성체
③ 반자성체   ④ 초강자성체

👉 **반자성체**
반자성을 보이는 물질로 외부 자기장에 의해서 자기장과 반대 방향으로 자화되는 물질을 말한다. 금속과 산소를 제외한 기체, 물 등이 반자성체의 대표적인 예이다.

08. 도체의 전기저항에 대한 설명으로 옳은 것은?
① 단면적에 비례하고 길이에 반비례한다.
② 고유저항의 단위는 mho를 사용한다.
③ 같은 길이, 같은 단면적에서 온도가 상승하면 저항이 감소한다.
④ 도체 반지름의 제곱에 반비례한다.

👉 ① 저항은 단면적에 반비례하고 길이에 비례한다.
② 고유저항의 단위는 Ω·m이다.
③ 온도가 상승하면 도선의 저항은 증가한다.

09. 도체를 늘려서 길이가 4배인 도선을 만들었다면 도체의 전기저항은 처음의 몇 배인가?
① $\dfrac{1}{4}$ ② $\dfrac{1}{16}$
③ 4   ④ 16

👉 길이를 4배 연장하면 단면적은 $\dfrac{1}{4}$로 감소하므로
① $R_1 = \rho \dfrac{l}{A}$
② $R_2 = \rho \dfrac{4l}{\dfrac{1}{4}A} = 16\rho \dfrac{l}{A}$
∴ $\dfrac{R_2}{R_1} = \dfrac{16\rho \dfrac{l}{A}}{\rho \dfrac{l}{A}} = 16$배

10. 20℃에서 5Ω의 동선이 온도가 100℃로 상승하였을 때 저항은 몇 Ω으로 되겠는가?

Answer 05. ① 06. ④ 07. ③ 08. ④ 09. ④ 10. ②

(온도계수는 0.00393)
① 0.572   ② 6.572
③ 12.572 ④ 1.572

👉 저항

$$R = \rho\frac{l}{A} = R_0(1+\alpha\Delta t)$$
$$= 5 \times (1+0.00393 \times 80) = 6.572[\Omega]$$

여기서, 고유저항 : $\rho[\Omega \cdot m]$
길이 : $l[m]$
단면적 : $A[m^2]$
온도변화 전의 저항 : $R_0[\Omega]$
온도계수 : α
온도차 : $\Delta t[℃]$

11. 반지름 1.5mm, 길이 2km인 도체의 저항이 32Ω이다. 이 도체가 지름이 6mm, 길이가 500m로 변할 경우 저항은 몇 Ω이 되는가?

① 1   ② 2
③ 3   ④ 4

👉 ① 고유저항 :

$$\rho = \frac{RA}{l} = \frac{32 \times \frac{\pi}{4} \times 0.003^2}{2000}$$
$$= 1.13 \times 10^{-7} \Omega \cdot m$$

② 저항 :

$$R = \rho\frac{l}{A} = 1.13 \times 10^{-7} \times \frac{500}{\frac{\pi}{4} \times 0.006^2}$$
$$= 2\Omega$$

12. 지멘스(siemens)는 무엇의 단위인가?

① 도전율   ② 자기저항
③ 리액턴스   ④ 컨덕턴스

👉 컨덕턴스(conductance, G)
전류가 잘 흐르는 정도를 말하며 저항의 역수 ($G=1/R$)이다.
단위 : 모(mho, ℧), Siemens(S)

13. 어떤 전지에 5A의 전류가 10분간 흘렀다면 이 전지에서 나온 전기량은 몇 C인가?

① 1000   ② 2000
③ 3000   ④ 4000

👉 전기량(C)
$Q = I \cdot t = 5A \times 600s = 3000C$
여기서, 10min=600s

14. I=$2t^2+8t$[A]로 표시되는 전류가 도선에 3초 동안 흘렀을 때 통과한 전체 전기량은 몇 C인가?

① 18   ② 48
③ 54   ④ 61

👉 $Q = \int_0^t i dt$
$= \int_0^3 (2t^2+8t)dt = \left[\frac{2}{3}t^3 + 4t^2\right]_0^3$
$= \frac{2}{3} \cdot 3^3 + 4 \cdot 3^2 = 18+36 = 54C$

15. 다음 설명에 알맞은 전기관련법칙은?

도선에서 두 점 사이 전류의 크기는 그 두 점 사이의 전위차에 비례하고, 전기저항에 반비례한다.

① 옴의 법칙   ② 렌츠의 법칙
③ 플레밍의 법칙 ④ 전압분배의 법칙

👉 옴의 법칙
전압, 전류, 저항과의 관계식으로 전류는 전압에 비례하고 저항에 반비례($I=\frac{V}{R}$)한다.

[참고]
① 렌츠의 법칙 : 유도기전력의 방향은 자속 변화를 방해하려는 방향으로 발생하며 유도기전력의 방향을 결정하는 법칙
② 플레밍의 오른손법칙 : 전자유도에 의해서 생기는 유도전류의 방향을 나타내는

 Answer 11. ② 12. ④ 13. ③ 14. ③ 15. ①

법칙으로 발전기의 전류방향을 구하는 데 유용
③ 플레밍의 왼손법칙 : 전자기력의 방향을 결정하는 법칙으로서 전동기의 회전 방향을 구하는 데 유용
④ 전압분배의 법칙 : 다른 전압(V_{in})에 비례하는 전압(V_{out})을 만들기 위해 사용하는 설계기술

16. 다음 중 옴의 법칙에 대한 설명으로 옳지 않은 것은?
① 저항에 전류가 흐를 때 전압, 전류, 저항의 관계를 설명해 준다.
② 옴의 법칙은 저항으로 전류의 크기를 조절할 수 있음을 보여준다.
③ 옴의 법칙은 저항에 의한 전압강하를 설명해 준다.
④ 옴의 법칙을 이용하여 임피던스에 의한 전압강하는 설명할 수 없다.

☞ 전류가 두 전위 사이를 흐를 때 저항을 직렬로 여러 개 연결하면 전류가 각 저항을 통과할 때마다 옴의 법칙[전압(V)=전류(I)·저항(R)]만큼 전압이 작아져 나타나는 현상을 전압강하라 한다. 그러므로 옴의 법칙을 이용하면 어떤 유한한 임피던스를 통해 전류가 흐르면 유한한 크기의 전압강하가 발생한다는 것을 설명할 수 있다.

17. 15C의 전기가 3초간 흐르면 전류는 몇 A인가?
① 2　　　　　② 3
③ 4　　　　　④ 5

☞ 전류
$I = \dfrac{Q}{t} = \dfrac{15}{3} = 5\text{A}$

18. 4kΩ의 저항에 25mA의 전류를 흘리는 데 필요한 전압은 몇 V인가?
① 10V　　　　② 100V
③ 160V　　　　④ 200V

☞ $V = IR = 4 \times 10^3 \times 25 \times 10^{-3} = 100\text{V}$

19. 전압을 V, 전류를 I, 저항을 R, 그리고 도체의 비저항을 ρ라 할 때 옴의 법칙을 나타낸 식은?
① $V = \dfrac{R}{I}$　　② $V = \dfrac{I}{R}$
③ $V = IR$　　　　④ $V = IR\rho$

☞ 옴의 법칙은 어떤 물체에 전류가 흐를 때 전압과 전류가 비례하고 전기저항에 반비례한다는 법칙이다.
$V = IR,\ I = \dfrac{V}{R}$
여기서, V : 전압, I : 전류, R : 저항

20. 4000Ω의 저항기 양단에 100V의 전압을 인가할 경우 흐르는 전류의 크기(mA)는?
① 4　　　　　② 15
③ 25　　　　④ 40

☞ 전류(I)
$I = \dfrac{V}{R} = \dfrac{100}{4000} = 0.025\text{A} = 25\text{mA}$

21. 100V, 40W의 전구에 0.4A의 전류가 흐른다면 이 전구의 저항은?
① 100Ω　　　② 150Ω
③ 200Ω　　　④ 250Ω

☞ 옴의 법칙
$R = \dfrac{V}{I} = \dfrac{100}{0.4} = 250\,\Omega$

Answer　16. ④　17. ④　18. ②　19. ③　20. ③　21. ④

22. 일정 전압의 직류전원 V에 저항 R을 접속하니 정격전류 I가 흘렀다. 정격전류 I의 130%를 흘리기 위해 필요한 저항은 약 얼마인가?

① 0.6R ② 0.77R
③ 1.3R ④ 3R

$R_1 = \dfrac{V}{I_1}$

$R_2 = \dfrac{V}{I_2} = \dfrac{V}{1.3I_1} = 0.77\dfrac{V}{I_1} = 0.77R_1$

23. 일정전압의 직류전원에 저항을 접속하고, 전류를 흘릴 때 이 전류값을 20% 감소시키기 위한 저항값은 처음 저항의 몇 배가 되는가? (단, 저항을 제외한 기타 조건은 동일하다.)

① 0.65 ② 0.85
③ 0.91 ④ 1.25

$V_1 = V_2 \rightarrow I_1R_1 = I_2R_2$

$I_1R_1 = 0.8I_1R_2$

$\therefore R_2 = \dfrac{I_1}{0.8I_1}R_1 = 1.25R_1$

여기서, $I_2 = 0.8I_1$

24. 그림과 같은 회로에서 각 저항에 걸리는 전압 V_1과 V_2는 몇 V인가?

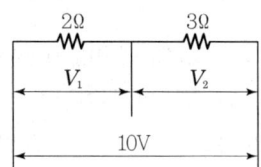

① $V_1=10$, $V_2=10$ ② $V_1=6$, $V_2=4$
③ $V_1=4$, $V_2=6$ ④ $V_1=5$, $V_2=5$

저항을 직렬 접속하였으므로 전류가 일정하다. ($I_1 = I_2 = I$)

$R = 2+3 = 5\,\Omega$

$I = \dfrac{V}{R} = \dfrac{10}{5} = 2\text{A}$

① $V_1 = IR_1 = 2 \times 2 = 4\text{V}$
② $V_2 = IR_2 = 2 \times 3 = 6\text{V}$

25. 그림과 같은 회로에서 I_1 및 I_2는 몇 A인가?

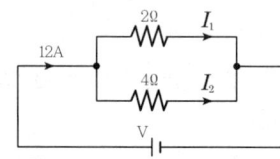

① $I_1=8$A, $I_2=4$A ② $I_1=4$A, $I_2=8$A
③ $I_1=7$A, $I_2=5$A ④ $I_1=5$A, $I_2=7$A

① 합성저항 : $R = \dfrac{R_1 \times R_2}{R_1 + R_2} = \dfrac{4 \times 2}{4+2} = \dfrac{8}{6}$

② 전압 : $V = V_1 = V_2$, $IR = I_1R_1 = I_2R_2$

③ 전류 : $I_1 = \dfrac{R}{R_1}I = \dfrac{\frac{8}{6}}{2} \times 12 = 8\text{A}$

$I_2 = \dfrac{R}{R_2}I = \dfrac{\frac{8}{6}}{4} \times 12 = 4\text{A}$

26. 그림과 같은 회로에서 부하전류 I_L은 몇 A인가?

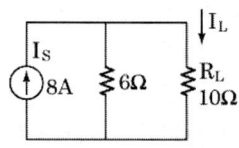

① 1 ② 2
③ 3 ④ 4

부하전류(I_L)

$I_L = \dfrac{R_1}{R_1 + R_L}I_s = \dfrac{6}{6+10} \times 8 = 3\text{A}$

[참고] 6Ω에 흐르는 부하전류(I_1)

$I_1 = \dfrac{R_2}{R_1 + R_L}I_s = \dfrac{10}{6+10} \times 8 = 5\text{A}$

Answer 22. ② 23. ④ 24. ③ 25. ① 26. ③

27. 그림에서 전전류 I는 몇 A인가?

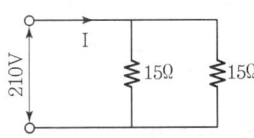

① 7A   ② 14A
③ 28A   ④ 35A

$\dfrac{1}{R}=\dfrac{1}{R_1}+\dfrac{1}{R_2}=\dfrac{1}{15}+\dfrac{1}{15}=\dfrac{2}{15}$

$R=7.5\,\Omega$

$\therefore I=\dfrac{V}{R}=\dfrac{210}{7.5}=28\,\text{A}$

28. 그림과 같은 회로에서 a, b 단자에 200V를 가할 때 저항 2Ω에 흐르는 전류 I_1의 값은 몇 A인가?

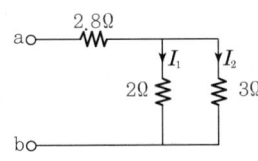

① 20   ② 30
③ 40   ④ 50

① 전체저항
$R=\dfrac{1}{R_1}+\dfrac{1}{R_2}+R_3=\dfrac{1}{2}+\dfrac{1}{3}+2.8=4\,\Omega$

② 전전류 : $I=\dfrac{V}{R}=\dfrac{200}{4}=50\,\text{A}$

③ 전류 : $I_1=\dfrac{R_2}{R_1+R_2}I=\dfrac{3}{2+3}\times 50=30\,\text{A}$

29. 그림에서 S를 OFF했을 때 전류계 Ⓐ가 18A를 나타냈다면 S를 ON했을 때 Ⓐ는 몇 A를 나타내겠는가? (단, 저항의 단위는 모두 Ω이다.)

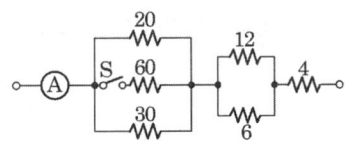

① 10A   ② 20A
③ 25A   ④ 40A

① OFF 상태의 전압
  ㉠ 합성저항 :
  $R=\dfrac{20\times 30}{20+30}+\dfrac{6\times 12}{6+12}+4=20\,\Omega$
  ㉡ 전압 : $V=IR=18\times 20=360\,\text{V}$

② ON 상태의 전류
  ㉠ 합성저항
  $R=\dfrac{1}{\frac{1}{20}+\frac{1}{60}+\frac{1}{30}}+\dfrac{6\times 12}{6+12}+4$
  $=18\,\Omega$
  ㉡ 전류 : $I=\dfrac{V}{R}=\dfrac{360}{18}=20\,\text{A}$

30. 다음과 같이 저항이 연결된 회로의 a점과 b점의 전위가 일치할 때, 저항 R_1과 R_5의 값(Ω)은?

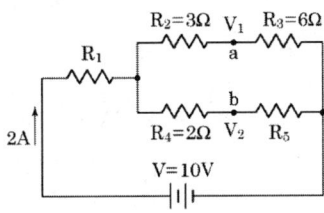

① $R_1=4.5\,\Omega$, $R_5=4\,\Omega$
② $R_1=1.4\,\Omega$, $R_5=4\,\Omega$
③ $R_1=4\,\Omega$, $R_5=1.4\,\Omega$
④ $R_1=4\,\Omega$, $R_5=4.5\,\Omega$

① a점의 전류 : $I_a=\dfrac{2+R_5}{(3+6)+(2+R_5)}\times 2$

② a점의 전압강하 : $E_a=I_a\times 3$

③ b점의 전류 : $I_b=\dfrac{3+6}{(3+6)+(2+R_5)}\times 2$

Answer 27. ③   28. ②   29. ②   30. ②

④ b점의 전압강하 : $E_b = I_b \times 2$

⑤ $E_a = E_b$

$$\frac{2+R_5}{(3+6)+(2+R_5)} \times 2 \times 3$$

$$= \frac{3+6}{(3+6)+(2+R_5)} \times 2 \times 2$$

$$\therefore R_5 = 4\,\Omega$$

⑥ 합성저항

$$R = R_1 + \frac{1}{\frac{1}{3+6}+\frac{1}{2+4}} = R_1 + \frac{54}{15}$$

$$R = \frac{V}{I} \rightarrow R_1 + \frac{54}{15} = \frac{10}{2}$$

$$\therefore R_1 = 1.4\,\Omega$$

31. r=2Ω인 저항을 그림과 같이 무한히 연결할 때 ab 사이의 합성저항은 몇 Ω인가?

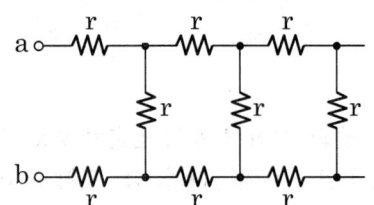

① 0
② ∞
③ 2
④ $2(1+\sqrt{3})$

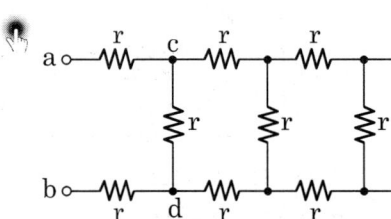

$$R_{ab} = r + \frac{r \times R_{cd}}{r + R_{cd}} + r$$

$$= 2r + \frac{rR_{cd}}{r+R_{cd}} = \frac{2r^2 + 2rR_{cd} + rR_{cd}}{r+R_{cd}}$$

$R_{ab} = R_{cd}$

$rR_{ab} + R_{ab}^2 = 2r^2 + 2rR_{ab} + rR_{ab}$

$R_{ab}^2 - 2rR_{ab} - 2r^2 = 0$

$$R = \frac{2r+\sqrt{4r^2+8r^2}}{2} = \frac{4+\sqrt{12\times 2^2}}{2}$$

$$= 2(1+\sqrt{3})$$

32. 그림과 같은 회로에서 저항 R을 E, V, r로 표시하면?

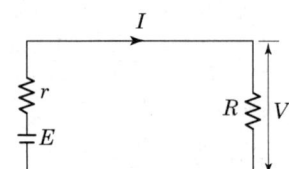

① $\dfrac{V}{E-V}r$ ② $\dfrac{E}{E-V}r$

③ $\dfrac{E-V}{V}r$ ④ $\dfrac{E-V}{E}r$

👉 $E-V = I \cdot r$, $I = \dfrac{V}{R}$ 이므로

$E-V = \dfrac{V \cdot r}{R}$

$\therefore R = \dfrac{V}{E-V} \cdot r$

33. 다음 설명에 알맞은 전기관련법칙은?

> 회로 내의 임의의 폐회로에서 한쪽 방향으로 일주하면서 취할 때 공급된 기전력의 대수합은 각 회로 소자에서 발생한 전압 강하의 대수합과 같다.

① 옴의 법칙   ② 가우스의 법칙
③ 쿨롱의 법칙   ④ 키르히호프의 법칙

👉 ① 키르히호프 제1법칙(전류 평형의 법칙) : 회로망 중의 한 점에 흘러 들어오는 전류의 총합과 흘러 나가는 전류의 총합은 같다.
② 키르히호프 제2법칙(전압 평형의 법칙) : 폐회로에서 기전력의 합과 전압강하의 합은 같다.

Answer 31. ④ 32. ① 33. ④

34. 다음 설명이 나타내는 법칙은?

> 회로 내의 임의의 한 폐회로에서 한 방향으로 전류가 일주하면서 취한 전압상승의 대수합은 각 회로 소자에서 발생한 전압강하의 대수합과 같다.

① 옴의 법칙 ② 가우스 법칙
③ 쿨롱의 법칙 ④ 키르히호프의 법칙

33번 해설 참고

35. 그림과 같은 회로에 흐르는 전류 I(A)는?

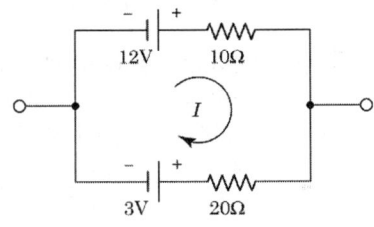

① 0.3 ② 0.6
③ 0.9 ④ 1.2

키르히호프의 제2법칙
공급전압 합=전압강하 합($\sum E = \sum IR$)
$E_1 - E_2 = IR_1 + IR_2$
$\therefore I = \dfrac{E_1 - E_2}{R_1 + R_2} = \dfrac{12-3}{10+20} = 0.3\text{A}$

36. 스위치 S의 개폐에 관계없이 전류 I가 항상 30A라면 R_3와 R_4는 각각 몇 Ω인가?

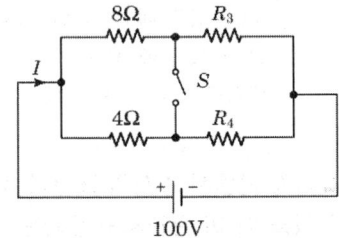

① $R_3=1$, $R_4=3$ ② $R_3=2$, $R_4=1$
③ $R_3=3$, $R_4=2$ ④ $R_3=4$, $R_4=4$

① 전체저항 $R = \dfrac{V}{I} = \dfrac{100}{30} = \dfrac{10}{3}\Omega$
② 브리지 평형상태
  $8 \times R_4 = 4 \times R_3 \to 2R_4 = R_3$
③ 회로의 합성(전체)저항을 구하면
  $\dfrac{1}{\dfrac{1}{8+R_3}+\dfrac{1}{4+R_4}} = \dfrac{10}{3}$
  $\therefore R_3 = 2\Omega,\ R_4 = 1\Omega$

37. $R_1=100\Omega$, $R_2=1000\Omega$, $R_3=800\Omega$일 때 전류계의 지시가 0이 되었다. 이때 저항 R_4는 몇 Ω인가?

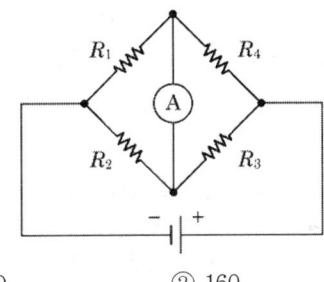

① 80 ② 160
③ 240 ④ 320

휘트스톤 브리지
$R_4 = \dfrac{R_1 R_3}{R_2} = \dfrac{100 \times 800}{1000} = 80$

38. 다음과 같은 회로에서 a, b 양 단자 간의 합성저항은? (단, 그림에서의 저항의 단위는 Ω이다.)

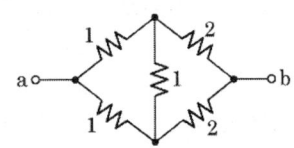

① 1.0Ω ② 1.5Ω
③ 3.0Ω ④ 6.0Ω

Answer 34. ④ 35. ① 36. ② 37. ① 38. ②

브리지 평형상태($1\Omega \times 2\Omega = 1\Omega \times 2\Omega$)이므로 중간에 연결된 1Ω의 저항은 개방이다. 개방된 저항에는 전류가 흐르지 않으므로 합성저항은

$$R_{ab} = \frac{R_1 R_2}{R_1 + R_2} = \frac{3 \times 3}{3+3} = 1.5\Omega$$

39. 회로에서 A와 B 간의 합성저항은 약 몇 Ω인가? (단, 각 저항의 단위는 모두 Ω이다.)

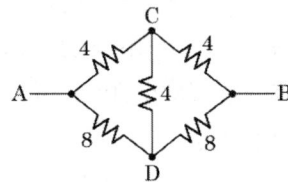

① 2.66 ② 3.2
③ 5.33 ④ 6.4

브리지 회로가 평형($4 \times 8 = 4 \times 8$, 마주보는 변의 곱은 서로 같다)이므로 4Ω 저항은 개방이다. 그러므로 합성저항(R)은

$$R = \frac{1}{\frac{1}{8} + \frac{1}{16}} = \frac{1}{\frac{3}{16}} = \frac{16}{3} = 5.33\Omega$$

40. 그림에서 스위치 S의 개폐에 관계없이 전전류 I가 항상 30A라면 저항 r_3와 r_4의 값은 몇 Ω인가?

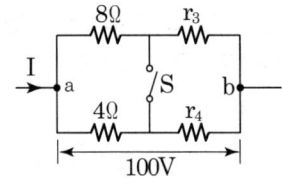

① $r_3 = 1$, $r_4 = 3$ ② $r_3 = 2$, $r_4 = 1$
③ $r_3 = 3$, $r_4 = 2$ ④ $r_3 = 4$, $r_4 = 4$

① 전체저항 $R = \frac{V}{I} = \frac{100}{30} = \frac{10}{3}\Omega$
② 브리지 평형상태

$8 \times r_4 = 4 \times r_3 \rightarrow 2r_4 = r_3$

③ 회로의 합성(전체)저항을 구하면

$$\frac{1}{\frac{1}{8+r_3} + \frac{1}{4+r_4}} = \frac{10}{3}$$

∴ $r_3 = 2\Omega$, $r_4 = 1\Omega$

41. 내부 임피던스가 50Ω인 정전압 전원의 출력단자에 50Ω의 저항을 연결할 때 단자전압이 6V이었다면 같은 전원에서 100Ω의 저항을 연결했을 때는 단자전압이 몇 V인가?

① 4 ② 6
③ 8 ④ 10

단자전압이 6V이면 내부저항에 의한 전압강하도 6V이므로 전원전압 $V = 6 + 6 = 12V$이다. 여기에 100Ω의 저항연결 시 단자전압은

$$I = \frac{R_2}{R_1 + R_2} \times V = \frac{100}{100 + 50} \times 12 = 8V$$

42. 단자전압 V_{ab}는 몇 V인가?

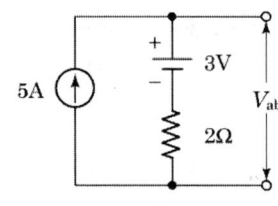

① 3   ② 7
③ 10 ④ 13

중첩의 정리
① 5A만 있을 때 $V_1 = IR = 5 \times 2 = 10V$
② 3V만 있을 때 $V_2 = 3V$
③ 단자전압 $V_{ab} = V_1 + V_2 = 10 + 3 = 13V$

43. 세라믹 콘덴서 소자의 표면에 103K라고 적혀있을 때 이 콘덴서의 용량은 몇 μF 인가?

① 0.01 ② 0.1

Answer 39. ③ 40. ② 41. ③ 42. ④ 43. ①

③ 103 ④ 10^3

👆 콘덴서의 용량 표시에 3자리의 숫자가 사용되는 경우가 있다. 부품 메이커에 따라 용량을 3자리의 숫자로 표시하든가, 그대로 표시하기도 한다. 3자리 숫자로 나타내는 경우에는 앞의 2자리 숫자가 용량의 제1숫자와 제2숫자이고, 3자리째가 승수가 된다. 표시의 단위는 pF(피코 패러드)로 되어 있다. 예를 들면 103K이면 $10 \times 10^3 = 10000 pF = 0.01 \mu F$ 로 된다. 224K는 $22 \times 10^4 = 220000 pF = 0.22 \mu F$ 이다. 100pF 이하의 콘덴서는 용량을 그대로 표시하고 있다. 즉, 47은 47pF를 의미한다.

44. 저항 R[Ω]에 전류 I[A]를 일정 시간 동안 흘렸을 때 도선에 발생하는 열량의 크기로 옳은 것은?

① 전류의 세기에 비례
② 전류의 세기에 반비례
③ 전류의 세기의 제곱에 비례
④ 전류의 세기의 제곱에 반비례

👆 **줄의 법칙(Joule의 법칙)**
도체에 전류가 흐를 때, 단위시간 내에 발생하는 열량은 전류의 제곱과 도체의 전기저항의 곱에 비례한다.

45. 저항체에 전류가 흐르면 줄열이 발생하는데 이때 전류 I와 전력 P의 관계는?

① $I = P$ ② $I = P^{0.5}$
③ $I = P^{1.5}$ ④ $I = P^2$

👆 **줄열**
저항체에 전류가 흐를 때 전기 에너지가 저항선 내의 열에너지로 전환되는데 이를 줄열이라고 하고 이때 발생한 열량은
$H = I^2 Rt [J] = Pt (\because P = IV = I^2 R)$
$\therefore I = P^{0.5}$

46. 물 20L를 15℃에서 60℃로 가열하려고 한다. 이때 필요한 열량은 몇 kcal인가? (단, 가열 시 손실은 없는 것으로 한다.)

① 700 ② 800
③ 900 ④ 1000

👆 $q = GC\Delta t = 20 \times 1 \times (60 - 15) = 900 kcal$

47. 100V, 6A의 전열기로 2L의 물을 15℃에서 95℃까지 상승시키는 데 약 몇 분이 소요되는가? (단, 전열기는 발생열량의 80%가 유효하게 사용되는 것으로 한다.)

① 15.64 ② 18.36
③ 21.26 ④ 23.15

👆 [풀이1]
① 가열량(Q)
$Q = GC\Delta t = 2 \times 4.18 \times (95 - 15)$
$= 668.8 kW = 668800 W$
(여기서, 물의 비열 : 4.18kJ/kg℃)
② 전열기 열량(H)
$H = Pt = VIt = 100 \times 6 \times t = 600t [W]$
③ 소요시간(t) : 가열량(Q) = 전열기 열량(H)
$Q = H \rightarrow 668800 = 600t$
$t = \dfrac{668800}{600} \times \dfrac{1}{0.8} \times \dfrac{1 min}{60 s} = 23.22 min$

[풀이2]
① 가열량(Q)
$Q = GC\Delta t = 2 \times 1 \times (95 - 15)$
$= 160 kcal = 160000 cal$
(여기서, 물의 비열 : 1kcal/kg℃)
② 전열기 열량(H)
$H = 0.24 Pt = 0.24 VIt = 0.24 \times 100 \times 6 \times t$
$= 144t [cal]$
③ 소요시간(t) : 가열량(Q) = 전열기 열량(H)
$t = \dfrac{160,000}{144 \times \dfrac{60s}{1min} \times 0.8} = 23.15 min$

Answer 44. ③ 45. ② 46. ③ 47. ④

48. 어떤 저항에 전압 100V, 전류 50A를 5분간 흘렸을 때 발생하는 열량은 약 몇 kcal인가?

① 90　　② 180
③ 360　　④ 720

$H = I^2 Rt \,[J] = 0.24 IVt \,[cal]$
$= 0.24 \times 50 \times 100 \times 5\min \times \dfrac{60s}{1\min}$
$= 360000 cal = 360 kcal$

49. 다음 그림과 같은 회로에서 스위치를 2분 동안 닫은 후 개방하였을 때 A지점에서 통과한 모든 전하량을 측정하였더니 240C이었다. 이때 저항에서 발생한 열량은 약 몇 cal인가?

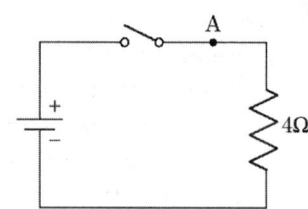

① 80.2　　② 160.4
③ 240.5　　④ 460.8

① 전류 : $I = \dfrac{Q}{t} = \dfrac{240}{2 \times 60} = 2A$
② 줄의 법칙 :
$H = 0.24 I^2 Rt = 0.24 \times 2^2 \times 4 \times 2 \times 60$
$= 460.8 cal$

50. 어떤 저항에 100V의 전압을 공급하니 2A의 전류가 흐르고 300cal의 열량이 발생할 경우 전류가 흐른 시간은 약 몇 초인가?

① 1.5초　　② 3.0초
③ 6.3초　　④ 12.5초

$W = 300 \times 4.18 = 1254 [J]$　(1cal=4.18J)
$W = Pt = VIt \rightarrow 100 \times 2 \times t = 1254$
∴ $t = 6.27$초

51. 발열체의 구비 조건으로 틀린 것은?

① 내열성이 클 것
② 용융온도가 높을 것
③ 산화온도가 낮을 것
④ 고온에서 기계적 강도가 클 것

발열체의 구비 조건
① 내열성, 내식성이 클 것
② 경제적일 것
③ 가공이 용이할 것
④ 용융, 연화, 산화온도가 높을 것
⑤ 적당한 고유저항값을 가질 것
⑥ 저항의 온도계수가 정(+)이며 작을 것

52. 전력(W)에 관한 설명으로 틀린 것은?

① 단위는 J/s이다.
② 열량을 적분하면 전력이다.
③ 단위 시간에 대한 전기에너지이다.
④ 공률(일률)과 같은 단위를 갖는다.

② 전력을 일정 시간 동안 적분하면 전력량을 얻을 수 있다.

53. 전력에 대한 설명으로 옳지 않은 것은?

① 단위는 J/s이다.
② 단위 시간의 전기 에너지이다.
③ 공률(일률)과 같은 단위를 갖는다.
④ 열량으로 환산할 수 있다.

④ 열량으로 환산할 수 없다.
[참고]
어느 시간 내에 하는 일량을 전력량 W라 하며 전력과 시간의 곱으로 구한다. 전력이 아니라 전력량을 열량으로 환산할 수 있다. 전력량을 열량으로 환산하면 $Q = 0.24 Pt$ [cal]가 된다.

Answer　48. ③　49. ④　50. ③　51. ③　52. ②　53. ④

54. 전력(electric power)에 관한 설명 중 맞는 것은?
① 전력은 전압의 제곱에 비례하고 전류에 반비례한다.
② 전력은 전류의 제곱에 비례하고 전압의 제곱에 반비례한다.
③ 전력은 전류의 제곱에 저항을 곱한 값이다.
④ 전력은 전압의 제곱에 저항을 곱한 값이다.

① 전력은 전압의 제곱에 비례하고 저항에 반비례한다.
② 전력은 전류의 제곱에 비례하고 저항에 비례한다.
④ 전력은 전류의 제곱에 저항을 곱한 값이다.
$P = VI = I^2R = \dfrac{V^2}{R}$

55. 100V의 전압으로 30C의 전기량을 20초 동안에 운반했을 때 전력은 몇 W인가?
① 50   ② 100
③ 150 ④ 200

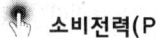
① 전류 $I = \dfrac{Q}{t} = \dfrac{30C}{20s} = 1.5A$
② 전력 $P = IV = 1.5 \times 100 = 150W$

56. 저항 100Ω의 전열기에 5A의 전류를 흘렸을 때 소비되는 전력은 몇 W인가?
① 500   ② 1000
③ 1500 ④ 2500

소비전력(P)
$P = I^2R = 5^2 \times 100 = 2500W$

57. 전류계와 전압계를 읽었을 때 110V, 12A 이면 몇 kW의 전력이 소비되는가?
① 1.32   ② 3.21
③ 120   ④ 12000

소비전력(P)
$P = \dfrac{W}{t} = IV = 110 \times 12 = 1320W = 1.32kW$

58. 200V의 정격전압에서 1kW의 전력을 소비하는 저항에 90%의 정격전압을 가한다면 소비전력은 몇 W인가?
① 640   ② 810
③ 900   ④ 990

소비전력 $P = \dfrac{V^2}{R}$ 에서
① 저항 : $R = \dfrac{V^2}{P} = \dfrac{V^2}{1000}$
② 소비전력(90% 정격전압) :
$P = \dfrac{V^2}{R} = \dfrac{(0.9V)^2}{\dfrac{V^2}{1000}} = 810W$

59. 정격 600W 전열기에 정격전압의 80%를 인가하면 전력은 몇 W로 되는가?
① 384   ② 486
③ 545   ④ 614

전력은 전압의 제곱에 비례($P = \dfrac{V^2}{R}$)하므로
$P = (0.8)^2 \times 600 = 384W$

60. 100V에서 500W를 소비하는 저항이 있다. 이 저항에 100V의 전원을 200V로 바꾸어 접속하면 소비되는 전력(W)은?
① 250   ② 500
③ 1000   ④ 2000

전력 $P = \dfrac{V^2}{R}$ 이므로 저항 R에 관해 풀면
$R = \dfrac{V_1^2}{P_1} = \dfrac{V_2^2}{P_2}$
$P_2 = P_1 \times \dfrac{V_2^2}{V_1^2} = 500 \times \dfrac{200^2}{100^2} = 2000W$

Answer 54. ③ 55. ③ 56. ④ 57. ① 58. ② 59. ① 60. ④

61. 200V의 전원에 접속하여 1kW의 전력을 소비하는 부하를 100V의 전원에 접속하면 소비전력은 몇 W가 되겠는가?

① 100　　② 150
③ 200　　④ 250

① 소비전력 $P = VI = I^2R = \dfrac{V^2}{R}$ 에서
저항(R)을 구하면
$R = \dfrac{V^2}{P} = \dfrac{200^2}{1 \times 10^3} = 40\,\Omega$

② 100V의 전원 접속 시 소비전력
$P = \dfrac{V^2}{R} = \dfrac{100^2}{40} = 250\,W$

62. 200V, 1kW 전열기에서 전열선의 길이를 $\dfrac{1}{2}$로 할 경우 소비전력은 몇 kW인가?

① 1　　② 2
③ 3　　④ 4

① 저항 $R = \dfrac{V^2}{P} = \dfrac{200^2}{1 \times 10^3} = 40\,\Omega$
도체의 길이가 길고 단면적이 작을수록 저항은 비례하여 커지므로, 전열선을 1/2로 하면 저항은 20Ω이 된다.

② 소비전력 $P = \dfrac{V^2}{R} = \dfrac{200^2}{20} = 2000\,W = 2\,kW$

63. 200V, 300W의 전열선의 길이를 1/3로 하여 200V의 전압을 인가하였다. 이때의 소비전력은 몇 W인가?

① 100　　② 300
③ 600　　④ 900

소비전력(P)
$P = VI = \dfrac{V^2}{R}$ 이므로 $V^2 = PR$
$P_1 R_1 = P_2 R_2$

∴ $P_2 = P_1 \dfrac{R_1}{R_2} = P_1 \dfrac{R_1}{\dfrac{1}{3}R_1}$
$= 3P_1 = 3 \times 300 = 900\,W$

64. 100V용 전구 30W와 60W 두 개를 직렬로 연결하고 직류 100V 전원에 접속하였을 때 두 전구의 상태로 옳은 것은?

① 30W 전구가 더 밝다.
② 60W 전구가 더 밝다.
③ 두 전구의 밝기가 모두 같다.
④ 두 전구가 모두 켜지지 않는다.

전력을 저항으로 환산
㉠ 30W 전구
$P = \dfrac{V^2}{R} \rightarrow R = \dfrac{V^2}{P} = \dfrac{100^2}{30} = 333\,\Omega$
㉡ 60W 전구
$P = \dfrac{V^2}{R} \rightarrow R = \dfrac{V^2}{P} = \dfrac{100^2}{60} = 167\,\Omega$

직렬연결회로에서 전류는 일정하므로 전력은 위 식에서 저항에 비례하므로 30W 전구쪽이 더 밝다.

65. 다음 전지에서 2차 전지에 속하는 것은?

① 망간건전지　　② 공기전지
③ 수은전지　　　④ 납축전지

① 1차 전지(1회용 전지) : 수은전지, 망간전지, 알칼리전지, 리튬전지
② 2차 전지(충전해 반복 사용할 수 있는 전지) : 납축전지, 니켈-카드뮴전지, 니켈-수소 전지, 리튬-이온전지, 리튬-폴리머전지

66. 같은 전지 n개를 병렬로 접속하면 기전력은 (㉠)배, 전류용량은 (㉡)배, 내부저항은 (㉢)이다. ( ) 안에 알맞은 것은?

① ㉠ 1, ㉡ 1, ㉢ 1

Answer 61. ④　62. ②　63. ④　64. ①　65. ④　66. ③

② ㉠ 1, ㉡ 0, ㉢ n
③ ㉠ 1, ㉡ n, ㉢ $1/n$
④ ㉠ n, ㉡ 0, ㉢ $1/n$

☞ 전지 n개를 직렬 및 병렬로 접속할 경우

비교	기전력	전류용량	내부저항
직렬접속	n배	$1/n$배	n배
병렬접속	1배	n배	$1/n$배

67. 기전력 1.5V, 내부저항 0.2인 전지 5개를 직렬로 접속하면 총 기전력은 몇 V가 되는가?

① 0
② 1.5
③ 3.0
④ 7.5

☞ 총 기전력 : $E_o = nE = 5 \times 1.5 = 7.5 V$

68. 어떤 전지의 외부회로의 저항은 4Ω이고, 전류는 5A가 흐른다. 외부회로에 4Ω 대신 8Ω의 저항을 접속하였더니 전류가 3A로 떨어졌다면, 이 전지의 기전력은 몇 V인가?

① 10
② 20
③ 30
④ 40

☞ 기전력(V)
$V = I(R+r)$
$I_1(R_1+r) = I_2(R_2+r) \rightarrow 5(4+r) = 3(8+r)$
∴ $r = 2$
∴ $V = I_1(R_1+r) = 5(4+2) = 30V$

69. 축전지 용량의 단위는?

① A
② Ah
③ V
④ kW

☞ 축전지 용량
충전한 축전지를 방전했을 때 규정 전압으로 내려갈 때까지 낼 수 있는 전기량으로 보통 암페어시(Ah)로 나타낸다.

70. 종류가 다른 금속으로 폐회로를 만들어 두 접속점에 온도를 다르게 하면 전류가 흐르게 되는 것은?

① 펠티어 효과
② 평형현상
③ 제벡효과
④ 자화현상

☞ ① 제벡효과 : 서로 다른 두 종류의 금속을 접합하여 두 접점 간에 온도차를 주면 전압이 발생하는 현상으로 열전온도계, 열전형 계기 등에 사용된다.
② 펠티어효과 : 금속, 반도체를 접속한 두 점 사이에 폐로를 구성, 전류를 흘리면 한쪽은 열이 발생하고 다른 쪽은 열을 흡수하는 현상으로 전자냉동기에 적용된다.

71. 여러 가지 전해액을 이용한 전기분해에서 동일량의 전기로 석출되는 물질의 양은 각각의 화학당량에 비례한다고 하는 법칙은?

① 줄의 법칙
② 렌츠의 법칙
③ 쿨롱의 법칙
④ 패러데이의 법칙

☞ 패러데이의 법칙(Faraday's law)
전기분해에 의해서 석출되는 물질의 양은 전해액 속에 통과한 전기량에 비례한다. 전기량이 일정할 때 석출되는 물질의 양은 화학당량에 비례한다.

72. 전자유도현상에서 유도기전력의 크기에 관한 법칙은 어느 것인가?

① 렌츠의 법칙
② 앙페르의 법칙
③ 패러데이의 법칙
④ 쿨롱의 법칙

☞ ① 렌츠의 법칙 : 유도기전력의 방향
② 앙페르의 법칙 : 자력선의 방향
③ 패러데이의 법칙 : 유도기전력의 크기
④ 쿨롱의 법칙 : 자극의 세기

Answer 67. ④ 68. ③ 69. ② 70. ③ 71. ④ 72. ③

시운전 및 안전관리

73. 자장 안에 놓여 있는 도선에 전류가 흐를 때 도선이 받는 힘은 $F = BI\ell\sin\theta$ (N)이다. 이것을 설명하는 법칙과 응용기기가 알맞게 짝지어진 것은?

① 플레밍의 오른손법칙 – 발전기
② 플레밍의 왼손법칙 – 전동기
③ 플레밍의 왼손법칙 – 발전기
④ 플레밍의 오른손법칙 – 전동기

👉 **플레밍의 왼손법칙**
전자기력의 방향을 결정하는 법칙으로서 전동기의 회전방향을 구하는 데 유용

74. 발전기에 적용되는 법칙으로 유도기전력의 방향을 알기 위해 사용되는 법칙은?

① 옴의 법칙
② 암페어의 주회적분 법칙
③ 플레밍의 왼손법칙
④ 플레밍의 오른손법칙

👉 **플레밍의 오른손법칙**
전자유도에 의해서 생기는 유도전류의 방향을 나타내는 법칙으로 발전기의 전류방향을 구하는 데 유용

75. 전동기의 회전방향을 알기 위한 법칙은?

① 렌츠의 법칙
② 앙페르의 법칙
③ 플레밍의 왼손법칙
④ 플레밍의 오른손법칙

👉 ① 전동기의 회전방향 : 플레밍의 왼손법칙
② 발전기의 회전방향 : 플레밍의 오른손법칙
③ 유도기전력의 방향 : 렌츠의 법칙
④ 전류에 의해서 생기는 자계의 방향 : 앙페르의 법칙

76. 플레밍의 왼손법칙에서 엄지손가락이 가리키는 것은?

① 전류 방향
② 힘의 방향
③ 기전력 방향
④ 자력선 방향

👉 **플레밍의 왼손법칙**
전자기력의 방향을 결정하는 법칙으로서 전동기의 회전 방향을 구하는 데 유용

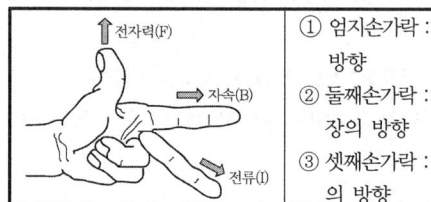

① 엄지손가락 : 힘의 방향
② 둘째손가락 : 자기장의 방향
③ 셋째손가락 : 전류의 방향

77. 다음 전선 중 도전율이 가장 우수한 재질의 전선은?

① 경동선
② 연동선
③ 경알루미늄선
④ 아연도금철선

👉 **도전율**
경동선 97%   연동선 100%
경알루미늄선 61%   니크롬선 1.6%

78. 영구자석의 재료로 요구되는 사항은?

① 잔류자기 및 보자력이 큰 것
② 잔류자기가 크고 보자력이 작은 것
③ 잔류자기는 작고 보자력이 큰 것
④ 잔류자기 및 보자력이 작은 것

👉 **영구자석**
외부로부터 전기에너지를 공급받지 않고서도 안정된 자기장을 발생, 유지하는 자석이다. 영구자석에 대해 자화상태를 유지하는 능력이 극히 작은 자석을 일시자석이라 한다. 영구자석의 재료로는 높은 투자율을 지닌 물질과는 반대로 잔류자기가 클 뿐 아니라 보자력이 큰 것이 적합하다.

Answer: 73. ② 74. ④ 75. ③ 76. ② 77. ② 78. ①

제3편 시운전 및 안전관리

chapter 02 교류회로

1 교류회로 이론

(1) 교류(Alternating Current : AC)

시간의 변화에 따라 전류 또는 전압의 크기와 방향이 일정한 주기를 가지고 규칙적으로 변화하는 것

(2) 파형

교류의 크기와 방향이 시간에 따른 변화를 나타내는 곡선

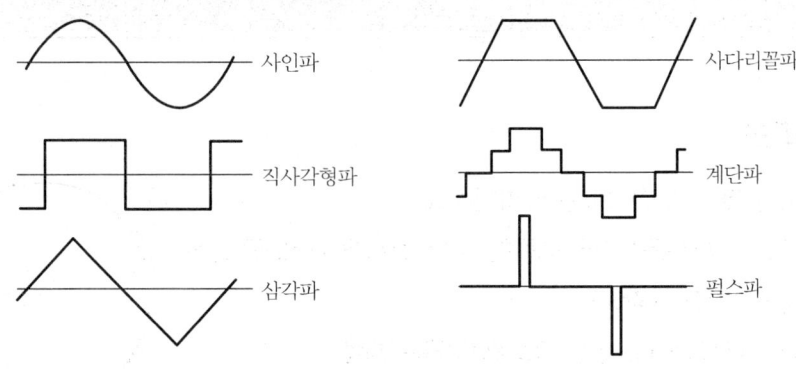

[여러 가지 교류파형]

(3) 정현파(sine wave)

① 파형이 사인 곡선이 되는 파

② 교류회로를 계산하는 경우의 교류전원은 모두 정현파로 가정

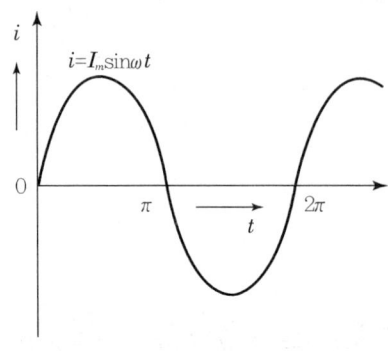

[정현파 교류]

 사인곡선
삼각함수 $y=\sin\theta$ 값의 변화를 나타낸 그래프로 360°를 주기로 갖는 주기함수

2 사인파 교류의 표현 방법

(1) 각도 표현

① 각도의 단위 : 도(°) 또는 라디안(rad)
   ※ 라디안 : 반지름(r)과 이동한 호의 길이가 원의 중심에 대하여 만드는 각도
② 호도법 : 각도를 라디안으로 표기하는 방법

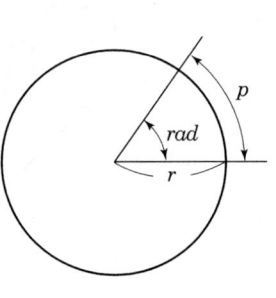

[호도법]

(2) 각도와 라디안의 관계

$$360° = \frac{2\pi r}{r} = 2\pi [\text{rad}]$$

라디안(rad) = 각도 × $\frac{2\pi}{360}$ = 각도 × $\frac{\pi}{180}$

도	1°	30°	45°	$\frac{180°}{\pi}$	60°	90°	180°	360°	720°
라디안	$\frac{\pi}{180}$	$\frac{\pi}{6}$	$\frac{\pi}{4}$	1	$\frac{\pi}{3}$	$\frac{\pi}{2}$	π	2π	4π

[예제] 120°를 라디안(rad)으로 표시하면?

① $\pi/3$[rad] ② $2/3\pi$[rad] ③ $\pi/4$[rad] ④ $\pi/6$[rad]

(풀이) rad = $\frac{\pi}{180} \times \theta = \frac{\pi}{180} \times 120 = \frac{2\pi}{3}$

3 주파수와 주기

(1) 주기(period)

1사이클에 필요한 시간

주기 $T = \frac{1}{f}$ [sec]

(2) 주파수(frequency)

① 1초 동안의 진동수이며 주기의 역수이다.
② 단위 : 헤르츠(Hz : hertz)
　[예] 100Hz : 주기적 현상이 1초에 100회 반복되는 것을 의미

주파수 $f = \frac{1}{T}$ [Hz]

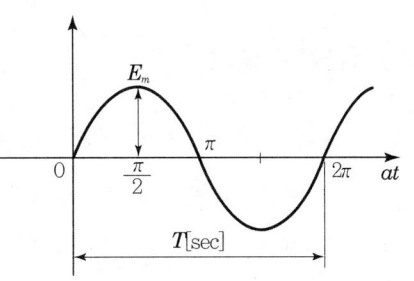

(3) 각속도

회전체가 1초 동안에 회전한 각도[rad/s]

$$\text{각속도 } \omega = 2\pi f = \frac{2\pi}{T}$$

(4) 회전수

도체가 자계 속을 1분 동안 회전하는 수

$$\text{회전수 } N = \frac{120f}{P} [\text{rpm}] \quad \text{(여기서, 주파수 : } f[\text{Hz}], \text{ 극수 : } P)$$

4 위상과 위상차

(1) 위상($\theta = \omega t$)

주파수가 동일한 2개 이상의 교류가 동시에 존재할 때 상호간의 시간적 차이

(2) 위상차

① 주파수는 같고 위상이 다른 교류 사이의 시간적인 차를 위상차라 한다.
② 위상차는 교류에서만 존재한다.

(3) 위상차 표시

$$v_1 = V_m \sin(\omega t + \theta_1), \quad v_2 = V_m \sin(\omega t + \theta_2)$$

① $\theta_1 > \theta_2$ 인 경우 : v_1은 v_2보다 위상이 앞선다.
② $\theta_1 = \theta_2$ 인 경우 : v_1은 v_2와 동상이다.
③ $\theta_1 < \theta_2$ 인 경우 : v_1은 v_2보다 위상이 뒤진다.

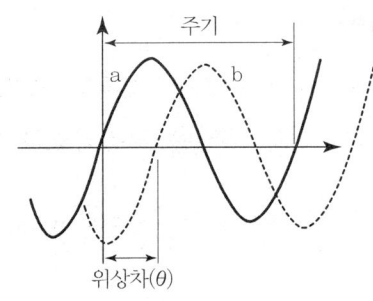

b의 파형은 a보다 f만큼 시간적으로 늦고 있어서, b는 a보다 위상이 f만큼 늦는다(lag)라고 표현한다.

5 정현파 교류의 크기

(1) 정현파 교류의 식

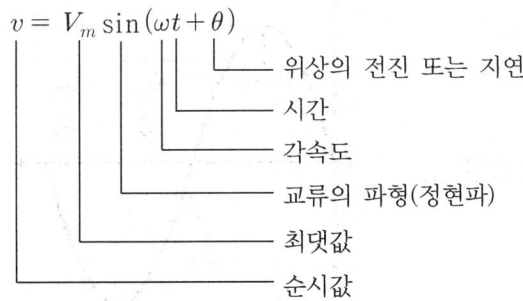

(2) 순시값(instantaneous value)

교류가 순간순간 임의적으로 변하는 값이다.

(3) 최댓값(maximum value)

① 순시값 중에서 가장 큰 값
② 최댓값 : I_m[A], V_m[V]

(4) 실효값(effective value)

① 교류의 크기를 교류와 동일한 일을 하는 직류의 크기로 바꿔 나타냈을 때의 값
② 가정에서 사용하는 220V의 상용 전압은 교류전압의 실효값을 의미

$$I = \frac{I_m}{\sqrt{2}} = 0.707 I_m \, [\text{A}]$$

(여기서, I : 전류의 실효값, I_m : 전류의 최댓값)

(5) 평균값(mean value)

교류파형의 면적을 주기로 나누어 구한 평균값. 정현파형의 한주기 평균값은 0이 되므로 반주기로 평균값을 산출하게 된다.

① 전류의 평균값 : $I_a = \dfrac{2}{\pi} I_m = 0.637 I_m \, [\text{A}]$

② 전압의 평균값 : $V_a = \dfrac{2}{\pi} V_m = 0.637 V_m$

여기서, I : 전류의 실효값 I_m : 전류의 최댓값
      V : 전압의 실효값 V_m : 전압의 최댓값

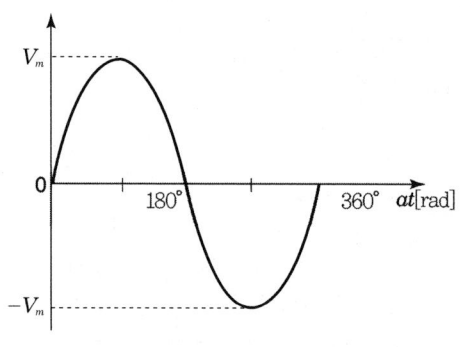
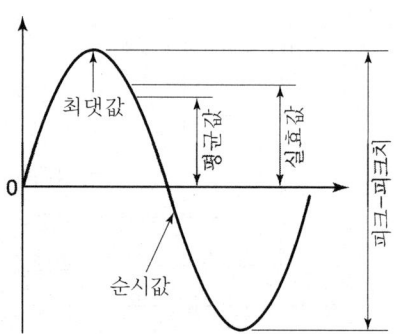

(6) 최댓값과 실효값 및 평균값의 관계

① 전류 : $I_m = \sqrt{2}\, I = \dfrac{\pi}{2} I_a \, [\text{A}]$

② 전압 : $V_m = \sqrt{2}\, V = \dfrac{\pi}{2} V_a \, [\text{V}]$

(7) 파고율, 파형률

① 파고율 : 최댓값을 실효값으로 나눈 값으로 파두의 날카로운 정도

$$파고율 = \frac{최댓값}{실효값} = \sqrt{2} = 1.414$$

② 파형률 : 실효값을 평균값으로 나눈 값으로 파의 기울기 정도

$$파형률 = \frac{실효값}{평균값} = \frac{\pi}{2\sqrt{2}} = 1.11$$

(8) 파형의 종류와 실효값, 평균값, 파형률, 파고율의 관계

파형	실효값	평균값	파형률	파고율
정현파	$\dfrac{V_m}{\sqrt{2}}$	$\dfrac{2V_m}{\pi}$	1.11	1.414
정현반파	$\dfrac{V_m}{2}$	$\dfrac{V_m}{\pi}$	1.57	2
삼각파	$\dfrac{V_m}{\sqrt{3}}$	$\dfrac{V_m}{2}$	1.15	1.73
구형반파	$\dfrac{V_m}{\sqrt{2}}$	$\dfrac{V_m}{2}$	1.41	1.41
구형파	V_m	V_m	1	1

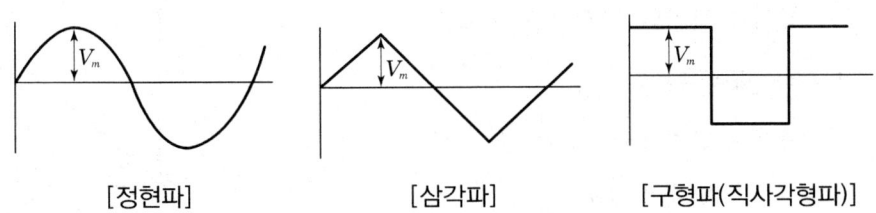

[정현파]　　　　[삼각파]　　　　[구형파(직사각형파)]

6 정현파 교류의 복소수 표현

정현파 교류를 해석하는 데 간단하고 편리하게 연산할 수 있는 것이 복소수 계산이다.

(1) 복소수(complex number)

실수(real number)와 허수(imaginary number)의 조합으로 이루어진 수를 말하며 실수를 X축, 허수를 Y축으로 하는 복소평면(complex plane)상에 한 점으로 나타낸다.
① 실수 : 1을 기본 단위
② 허수 : $\sqrt{-1}$ 을 기본 단위로 하며 j로 표현한다.
복소수 A의 크기 $|A|$와 편각 θ는 각각 다음과 같이 표현된다.

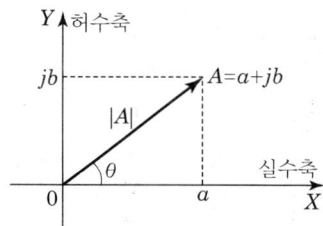

(2) 정현파 교류의 복소수 표현

① 극좌표 형식 : 크기와 편각으로만 표시

$$A = a + jb = A \angle \theta$$

여기서, 크기 $|A| = \sqrt{(a^2 + b^2)}$

편각 $\theta = \tan^{-1} \dfrac{b}{a}$

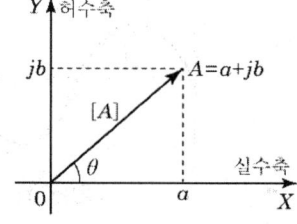

② 직각좌표(삼각함수) 형식

$$A = a + jb = A(\cos\theta + j\sin\theta)$$

③ 지수함수 형식 : 크기와 편각을 지수함수 형태로 표시

$$A = A \angle \pm \theta = Ae^{\pm j\theta}$$

여기서, $e^{j\theta} = \cos\theta + j\sin\theta = \angle \theta$, $e^{-j\theta} = \cos\theta - j\sin\theta = \angle -\theta$

④ 정현파 교류의 복소수 표시(Phaser)

$$v = \sqrt{2}\, V\sin(\omega t + \theta) \rightarrow V = V\angle\theta = \frac{V_m}{\sqrt{2}}\angle\theta$$

[예제] 정현파 전압 $v = 10\sqrt{2}\sin(wt + 60°)[V]$의 복소수 표현

$$V = 5 + j5\sqrt{3} = \sqrt{5^2 + (5\sqrt{3})^2}\,\tan^{-1}\left(\frac{5\sqrt{3}}{5}\right) = 10\angle 60° = 10(\cos 60 + j\sin 60)$$

7 기본 교류회로

(1) 기본 교류회로

① 저항 R만의 회로

전류순시값	최대 전류	실효값 전류	위상관계
$i = I_m \sin\omega t$ $= \sqrt{2}\, I\sin\omega t$	$I_m = \dfrac{V_m}{R} = \dfrac{\sqrt{2}\,V}{R}$	$I = \dfrac{V}{R} = \dfrac{\frac{V_m}{\sqrt{2}}}{R}$	동위상 역률 $\cos\theta = 1$

② 코일 L만의 회로

전류순시값	최대 전류	실효값 전류	위상관계
$i = I_m \sin(\omega t - 90°)$ $= \sqrt{2}\, I\sin(\omega t - 90°)$	$I_m = \dfrac{V_m}{\omega L}$ 또는 $X_L = \dfrac{\sqrt{2}\,V}{X_L}$	$I = \dfrac{V}{\omega L} = \dfrac{\frac{V_m}{\sqrt{2}}}{\omega L}$	지상(전류가 전압보다 위상이 90° 뒤진다.)

③ 콘덴서 C만의 회로

전류순시값	최대 전류	실효값 전류	위상관계
$i = I_m \sin(\omega t + 90°)$ $= \sqrt{2}\, I\sin(\omega t + 90°)$	$I_m = \dfrac{V_m}{\frac{1}{\omega C}}$ 또는 $X_C = \dfrac{\sqrt{2}\,V}{X_C}$ $= \omega C V_m = \omega C\sqrt{2}\,V$	$I = \dfrac{V}{X_C} = \dfrac{\frac{V_m}{\sqrt{2}}}{X_C} = \omega C V$	진상(전류가 전압보다 위상이 90° 앞선다.)

(2) 기본 교류회로 소자의 응답

① 직렬회로

구분	임피던스	위상각	실효값 전류	위상
R-L	$\sqrt{R^2+(\omega L)^2}$	$\tan^{-1}\dfrac{\omega L}{R}$	$\dfrac{V}{\sqrt{R^2+(\omega L)^2}}$	전류가 뒤진다.
R-C	$\sqrt{R^2+(\dfrac{1}{\omega C})^2}$	$\tan^{-1}\dfrac{1}{\omega CR}$	$\dfrac{V}{\sqrt{R^2+(\dfrac{1}{\omega C})^2}}$	전류가 앞선다.
R-L-C	$\sqrt{R^2+(\omega L-\dfrac{1}{\omega C})^2}$	$\tan^{-1}\dfrac{\omega L-\dfrac{1}{\omega C}}{R}$	$\dfrac{V}{\sqrt{R^2+(\omega L-\dfrac{1}{\omega C})^2}}$	L이 크면 전류는 뒤진다. C가 크면 전류는 앞선다.

② 병렬회로

구분	임피던스	위상각	실효값 전류	위상
R-L	$\sqrt{(\dfrac{1}{R})^2+(\dfrac{1}{\omega L})^2}$	$\tan^{-1}\dfrac{R}{\omega L}$	$\sqrt{(\dfrac{1}{R})^2+(\dfrac{1}{\omega L})^2}\,V$	전류가 뒤진다.
R-C	$\sqrt{(\dfrac{1}{R})^2+(\omega C)^2}$	$\tan^{-1}\omega CR$	$\sqrt{(\dfrac{1}{R})^2+(\omega C)^2}\,V$	전류가 앞선다.
R-L-C	$\sqrt{(\dfrac{1}{R})^2+(\dfrac{1}{\omega L}-\omega C)}$	$\tan^{-1}\dfrac{\dfrac{1}{\omega L}-\omega C}{\dfrac{1}{R}}$	$\sqrt{(\dfrac{1}{R})^2+(\dfrac{1}{\omega L}-\omega C)^2}$	L이 크면 전류는 뒤진다. C가 크면 전류는 앞선다.

8 공진회로

(1) 공진회로

① 공진현상을 전기적으로 일으키는 회로로 전압과 전류가 동위상인 회로
② 주로 콘덴서의 정전에너지와 인덕턴스의 전자기 에너지가 자유로이 변환될 수 있도록 이어진 회로를 말하며, 축전기와 유도기가 직렬 접속된 직렬공진회로와 병렬 접속된 병렬공진회로가 기본이 된다.

구 분	직렬공진	병렬공진
공진 조건	$\omega L = \dfrac{1}{\omega C}$	$\omega C = \dfrac{1}{\omega L}$
공진의 의미	• 허수부가 0이다. • 전압과 전류가 동상이다. • 역률이 1이다. • 임피던스가 최소이다. • 흐르는 전류가 최대이다.	• 허수부가 0이다. • 전압과 전류가 동상이다. • 역률이 1이다. • 어드미턴스가 최소이다. • 흐르는 전류가 최소이다.
전류	$I = \dfrac{V}{R}$	$I = GV$
공진주파수	$f_0 = \dfrac{1}{2\pi\sqrt{LC}}$	$f_0 = \dfrac{1}{2\pi\sqrt{LC}}$

9. 교류전력

(1) 교류전력

종류	단위	표시	
전력삼각도		 전력삼각도: 피상전력 P_a (VA), 무효전력 P_r (Var), 유효전력 P (W), 각 θ	
피상전력	VA	단상	$P_a = \sqrt{P^2 + P_r^2} = VI = I^2 Z = \dfrac{V^2}{Z} = \dfrac{P}{\cos\theta}$
		3상	$P_a = 3 V_p I_p = \sqrt{3}\, V_l I_l = 3 I_p^2 Z$
유효전력	W	단상	$P = VI\cos\theta = I^2 R$
		3상	$P_a = 3 V_p I_p \cos\theta = \sqrt{3}\, V_l I_l \cos\theta = 3 I_p^2 R$
무효전력	Var	단상	$P_r = VI\sin\theta = I^2 X$
		3상	$P_a = 3 V_p I_p \sin\theta = \sqrt{3}\, V_l I_l \sin\theta = 3 I_p^2 X$
역률		$\cos\theta = \dfrac{P}{IV} = \dfrac{\text{유효전력}}{\text{피상전력}}$	

① 피상전력 : 전원의 용량을 표시한 겉보기 전력
② 유효전력 : 교류회로에서 부하에 유용하게 사용되는 전력
③ 무효전력 : 교류회로에서 실제로 전력으로 이용할 수 없는 전력
④ 유효·무효·피상전력 사이의 관계 : $P_a^2 = P^2 + P_r^2 \rightarrow P_a = \sqrt{P^2 + P_r^2}$
⑤ 역률 : 전기기기에 실제로 걸리는 전압과 전류가 얼마나 유효하게 일을 했는가를 의미

> **참고**
> ■ 유도전동기의 역률 제어
> ① 역률 개선 : 무부하 유도전동기는 역률이 나쁘지만 부하를 증가하면 역률이 좋아지는 이유는 전 전류에 대한 유효전류가 증가하기 때문
> ② 역률 개선용 콘덴서 용량(Q_c)
> $$Q_c = P\left(\frac{\sqrt{1-\cos\theta_1^2}}{\cos\theta_1} - \frac{\sqrt{1-\cos\theta_2^2}}{\cos\theta_2}\right)[\text{kVA}]$$
> 여기서, $\cos\theta_1$: 개선 전 역률, $\cos\theta_2$: 개선 후 역률

(2) 복소전력

복소전력은 복소전압과 복소전류의 공액복소수를 곱하여 구할 수 있고, 이때 실수부는 유효전력이고 허수부는 무효전력이다.

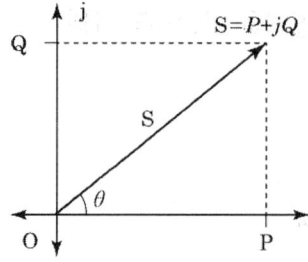

$$S = VI\cos\theta + jVI\sin\theta = VI\angle\theta$$
$$= P + jQ = RI^2 + jXI = (R+jX)I^2$$
$$= ZI^2 = ZI\overline{I} = V\overline{I}$$

[예제] $V = 25 - j40[\text{V}]$, $I = 4 - j8[\text{A}]$인 회로의 전력을 구하시오.

(풀이) 복소전력 $= V\overline{I} = (25-j40)(4+j8) = 420 + j40 = 422\angle 5.44°$

따라서 피상전력 422[VA], 유효전력 420[W], 무효전력 40[Var]

(3) 전부하전류

① 단상 전류 $I = \dfrac{P}{V \times \eta \times \cos\theta}[\text{A}]$

② 삼상 전류 $I = \dfrac{P}{\sqrt{3} \times V \times \eta \times \cos\theta}[\text{A}]$

여기서, 용량 : $P[\text{W}]$ 전압 : $V[\text{V}]$
효율 : η 역률 : $\cos\theta$

(4) 최대전력 전송 조건

내부 저항 r, 부하 저항 R, 부하 전력을 P라 하면

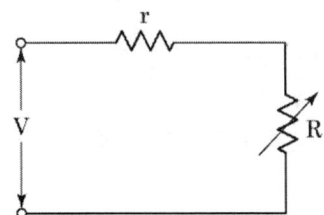

$$P = I^2 R = \frac{V^2 R}{(r+R)^2} [W]$$

$\frac{dP}{dR} = 0$인 조건을 만족할 때 부하 전력이 최대가 된다. 즉, 전원의 내부 저항과 부하 저항이 같을 때($R = r$) 최대전력이 전송된다. 이때의 최대전력을 P_m이라 하면

$$\therefore P_m = \frac{V^2}{4R} [W]$$

(5) 유도 결합회로

① 유기(유도) 기전력

1차측(유도) 전압	2차측(유도) 전압
$e_1 = -L_1 \frac{di}{dt} = -N_1 \frac{d\phi}{dt}$	$e_2 = -L_2 \frac{di}{dt} = -N_2 \frac{d\phi}{dt}$
자기 인덕턴스 : L_1, L_2, 1차 권수 : N_1, 2차 권수 : N_2, 1차 자속 : ϕ_1, 2차 자속 : ϕ_2	

② 상호 인덕턴스 : 1차 전류와 2차 전류 상호가 주고받는 전자유도 크기값

상호 인덕턴스	결합계수(두 코일 간 유도결합 정도를 나타내는 양)
$M = k\sqrt{L_1 L_2} [H]$	$k = \frac{M}{\sqrt{L_1 L_2}}$ $0 \leq k \leq 1$ $k = 0$: 상호자속이 없는 경우 $k = 1$: 누설자속이 없는 경우

③ 합성 인덕턴스

구 분	직 렬	병 렬
가동결합 (전류방향이 같을 때)	$L_0 = L_1 + L_2 + 2M$	$L_0 = \dfrac{L_1 L_2 - M^2}{L_1 + L_2 - 2M}$
차동결합 (전류방향이 다를 때)	$L_0 = L_1 + L_2 - 2M$	$L_0 = \dfrac{L_1 L_2 - M^2}{L_1 + L_2 + 2M}$

10 다상교류

(1) 다상 교류

① 결선방법

㉠ Y결선 : 전원과 부하를 Y형으로 접속하는 방법으로 Y결선 또는 성형 결선이라 한다.

ⓐ 상전압 : 각 상에 걸리는 전압

ⓑ 선간전압 : 부하에 전력을 공급하는 선들 사이의 전압

ⓒ 선간전압과 선전류의 관계 : Y결선에서 선전류와 상전류는 같으며 선간전압은 상전압의 $\sqrt{3}$ 배이다.

$$V_l = \sqrt{3}\,V_p,\ I_l = I_p$$

여기서, V_l, V_p : 선간전압, 상전압 I_l, I_p : 선전류, 상전류

ⓓ 위상 : 선간전압이 상전압보다 $\dfrac{\pi}{2}(1 - \dfrac{2}{n})$[rad]만큼 앞선다.

㉡ △결선 : 전원과 부하를 △형으로 접속하는 방법으로 △결선 또는 환상결선이라 한다.

ⓐ 선간전압과 선전류의 관계 : △결선에서 선간전압과 상전압은 같으며 선전류는 상전류의 $\sqrt{3}$ 배이다.

$$V_l = V_p,\ I_l = \sqrt{3}\,I_p$$

여기서, V_l, V_p : 선간전압, 상전압 I_l, I_p : 선전류, 상전류

ⓑ 위상 : 선전류가 상전류보다 $\dfrac{\pi}{2}(1-\dfrac{2}{n})$[rad]만큼 뒤진다.

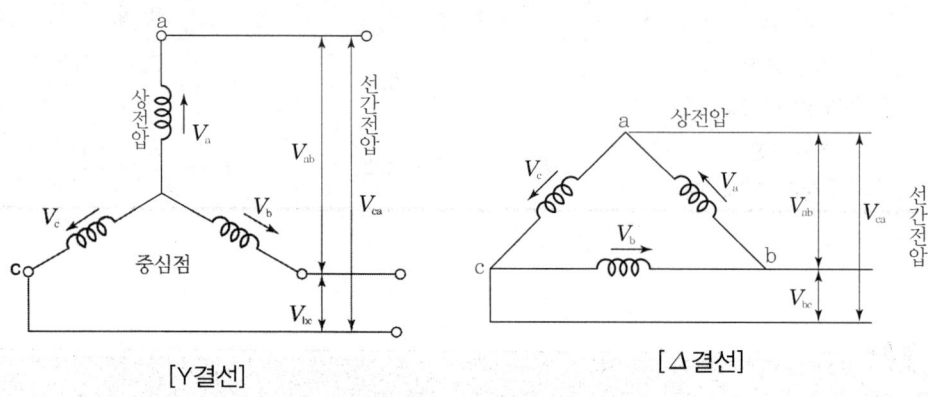

[Y결선]   [Δ결선]

ⓒ V결선 : 단상변압기 P_T[kVA] 3대로 Δ결선 운전 중 변압기 1대 고장으로 인해 나머지 2대의 변압기로 2상 부하를 운전할 수 있는 결선

ⓐ 이용률 = $\dfrac{\text{V 결선의 출력}}{\text{변압기 2대의 정격}} = \dfrac{\sqrt{3}\,P}{2P} = \dfrac{\sqrt{3}}{2} = 0.866$

※ 출력은 변압기 2대의 용량을 합한 것의 86.6%로 줄게 된다.

ⓑ 출력비 = $\dfrac{\text{V 결선의 출력}}{\text{변압기 3대의 정격출력}} = \dfrac{\sqrt{3}\,P}{3P} = \dfrac{\sqrt{3}}{3} = 0.577$

※ 3대의 출력이 100%일 때, V결선의 경우에는 57.7%이다.

② 3상 출력

$$P = \sqrt{3}\,V_l I_l = 3\,V_p I_p = \text{단상출력} \times 3$$

③ Δ결선과 Y결선의 변환

㉠ Δ결선 → Y결선 : 각 상의 극성이 서로 다른 단자끼리 직렬로 접속한 방식으로 Δ결선을 Y결선으로 변환하면 저항값이 $\dfrac{1}{3}$로 줄어든다.

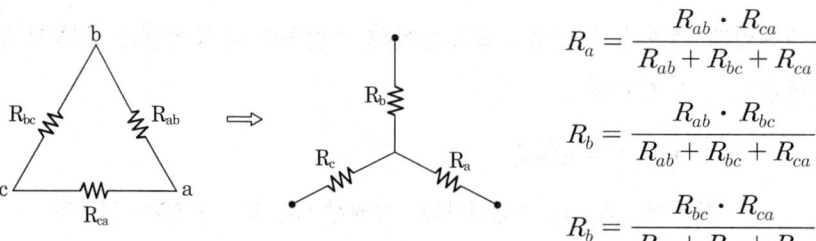

$R_a = \dfrac{R_{ab} \cdot R_{ca}}{R_{ab}+R_{bc}+R_{ca}} = \dfrac{1}{3}R$

$R_b = \dfrac{R_{ab} \cdot R_{bc}}{R_{ab}+R_{bc}+R_{ca}} = \dfrac{1}{3}R$

$R_b = \dfrac{R_{bc} \cdot R_{ca}}{R_{ab}+R_{bc}+R_{ca}} = \dfrac{1}{3}R$

ⓛ Y결선 → △결선 : 각 상의 동일극성의 단자를 한 점에서 묶어 결선한 방식으로 Y결선을 △결선으로 변환하면 저항값이 3배로 커진다.

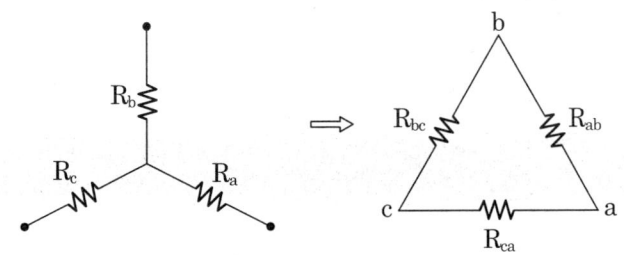

$$R_{ab} = \frac{R_a \cdot R_b + R_b \cdot R_c + R_c \cdot R_a}{R_c} = 3R$$

$$R_{bc} = \frac{R_a \cdot R_b + R_b \cdot R_c + R_c \cdot R_a}{R_a} = 3R$$

$$R_{ca} = \frac{R_a \cdot R_b + R_b \cdot R_c + R_c \cdot R_a}{R_b} = 3R$$

참고 — △결선을 Y결선으로 하면

전류	전압	전력	임피던스(R, L)	어드미턴스(G, C)
$\frac{1}{3}$배	$\frac{1}{\sqrt{3}}$배	$\frac{1}{3}$배	$\frac{1}{3}$배	3배

(2) 대칭좌표법

선로 사고 시 전기사고를 해석하기 위해 사용

영상, 정상, 역상 전압	불평형 3상 전압
영상 전압 $V_0 = \frac{1}{3}(V_a + V_b + V_c)$ 정상 전압 $V_1 = \frac{1}{3}(V_a + aV_b + a^2V_c)$ 역상 전압 $V_2 = \frac{1}{3}(V_a + a^2V_b + aV_c)$	$V_a = V_0 + V_1 + V_2$ $V_b = V_0 + a^2V_1 + aV$ $V_c = V_0 + aV_1 + a^2V$
여기서, $a = -\frac{1}{2} + j\frac{\sqrt{3}}{2}$, $a^2 = -\frac{1}{2} - j\frac{\sqrt{3}}{2}$	

① 불평형률 : 회로의 불평형 정도를 나타내는 척도

$$불평형률 = \frac{역상분}{정상분} \times 100 [\%]$$

11 과도현상

① 과도현상 : 회로에서 스위치를 닫은 후 정상상태에 이르는 사이에 나타나는 여러 가지 현상
② 정상상태 : 회로에서 전류가 일정한 값에 도달한 상태

항목	R-L 직렬회로	R-C 직렬회로
회로		
전원 투입 시 흐르는 전류	$i = \frac{E}{R}\left(1 - e^{-\frac{R}{L}t}\right)$	$i = \frac{dq}{dt} = \frac{E}{R} e^{-\frac{1}{RC}t}$
전원 개방 시 흐르는 전류	$i = \frac{E}{R} e^{-\frac{R}{L}t}$	$i = -\frac{E}{R} e^{-\frac{1}{RC}t}$
전원 투입 시 충전되는 전하	-	$q = CE\left(1 - e^{-\frac{1}{RC}t}\right)$
전원 투입 시 양단의 전압	$E_L = L\frac{di}{dt} = Ee^{-\frac{R}{L}t}$	$E_c = \frac{q}{C} = E\left(1 - e^{-\frac{1}{RC}t}\right)$
시정수	$\tau = \frac{L}{R}$	$\tau = -RC$

③ 과도상태 : 회로에서 스위치를 닫은 후 정상상태에 이르는 사이의 상태

chapter 02 출·제·예·상·문·제

01. 120°를 라디안[rad]으로 표시하면?
① $\pi/3$[rad] ② $2/3\pi$[rad]
③ $\pi/4$[rad] ④ $\pi/6$[rad]

☞ $r = \dfrac{\pi}{180} \times \theta = \dfrac{\pi}{180} \times 120 = \dfrac{2\pi}{3}$

02. $\dfrac{3}{2}\pi$[rad] 단위를 각도(°) 단위로 표시하면 얼마인가?
① 120° ② 240°
③ 270° ④ 360°

☞ π[rad] $= 180°$이므로 1[rad] $= \dfrac{180°}{\pi}$ 이다.
$\dfrac{3}{2}\pi$[rad] $\times \dfrac{180°}{\pi} = 270°$

03. 교류에서 똑같은 변화가 반복해서 나타날 때 표현되는 용어로 1회의 변화를 하는 데 걸리는 시간을 무엇이라 하는가?
① 주파수 ② 각속도
③ 주기   ④ 각주파수

☞ ① 주기(T) : 1사이클이 진행하는 동안의 시간을 의미
② 주파수(f) : 1초 동안에 반복되는 사이클의 수
③ 각속도 : 시간에 대한 각도의 변화율로 표시
④ 각주파수 : 시간에 대한 라디안 위상각의 변화율로 표시
※ 각속도는 일반 각도 속도의 표현이고, 각주파수는 라디안 각도 속도의 표현임

04. 다음과 같은 두 개의 교류전압이 있다. 두 개의 전압은 서로 어느 정도의 시간차를 가지고 있는가?

$$v_1 = 10\cos 10t,\ v_2 = 10\cos 5t$$

① 약 0.25초 ② 약 0.46초
③ 약 0.63초 ④ 약 0.72초

☞ 각속도 $\omega = 2\pi f = \dfrac{2\pi}{T}$ 이므로
① $T_1 = \dfrac{2\pi}{\omega_1} = \dfrac{2\pi}{10} = 0.63$sec
② $T_2 = \dfrac{2\pi}{\omega_2} = \dfrac{2\pi}{5} = 1.26$sec
③ 시간차 : $T_2 - T_1 = 1.26 - 0.63 = 0.63$sec

05. 순시전압 $e = E_m \sin(\omega t + \theta)$의 파형은?

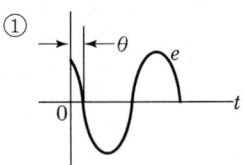

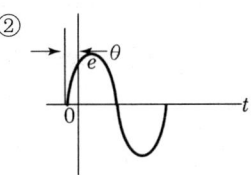

Answer 01. ② 02. ③ 03. ③ 04. ③ 05. ②

③
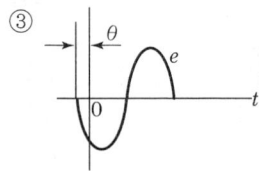

④
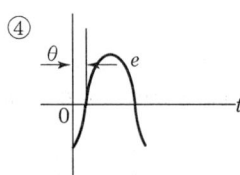

$e = E_m \sin(\omega t + \theta)$

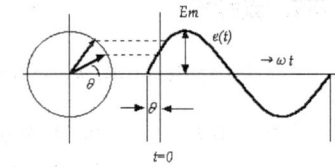

06. $i = I_m \sin\omega t$인 정현파 교류가 있다. 이 전류보다 90° 앞선 전류를 표시하는 식은?

① $I_m \cos\omega t$ ② $I_m \sin\omega t$
③ $I_m \cos(\omega t + 90°)$ ④ $I_m \sin(\omega t - 90°)$

 $i = I_m \sin(\omega t + 90°) = I_m \cos\omega t$
[참고] 위상차 표시
$i_1 = I_m \sin(\omega t + \theta_1)$, $i_2 = I_m \sin(\omega t + \theta_2)$
① $\theta_1 > \theta_2$인 경우 : i_1은 i_2보다 위상이 앞선다.
② $\theta_1 = \theta_2$인 경우 : i_1은 i_2와 동상이다.
③ $\theta_1 < \theta_2$인 경우 : i_1은 i_2보다 위상이 뒤진다.

07. $v = 141\sin\left(377t - \dfrac{\pi}{6}\right)$인 파형의 주파수는 약 몇 Hz인가?

① 50 ② 60
③ 100 ④ 377

정현파 교류전압 $v = V_m \sin(\omega t + \theta)$에서
① 각속도 : $\omega = 2\pi f$
② 주파수 : $f = \dfrac{\omega}{2\pi} = \dfrac{377}{2\pi} = 60\,\mathrm{Hz}$

08. 다음 중 파고율이 가장 큰 파형은?

① 삼각파 ② 정현파
③ 반원파 ④ 구형파

파형	실효값	평균값	파형률	파고율
정현파	$\dfrac{V_m}{\sqrt{2}}$	$\dfrac{2V_m}{\pi}$	1.11	1.414
정현반파	$\dfrac{V_m}{2}$	$\dfrac{V_m}{\pi}$	1.57	2
삼각파	$\dfrac{V_m}{\sqrt{3}}$	$\dfrac{V_m}{2}$	1.15	1.73
구형반파	$\dfrac{V_m}{\sqrt{2}}$	$\dfrac{V_m}{2}$	1.41	1.41
구형파	V_m	V_m	1	1

09. 정현파 전압 $v = 220\sqrt{2}\sin(\omega t + 30°)\,V$보다 위상이 90° 뒤지고 최댓값이 20A인 정현파 전류의 순시값은 몇 A인가?

① $20\sin(\omega t - 30°)$
② $20\sin(\omega t - 60°)$
③ $20\sqrt{2}\sin(\omega t + 60°)$
④ $20\sqrt{2}\sin(\omega t - 60°)$

① 최댓값(I_m) : 20A
② 90° 뒤진 위상 :
$\sin(\omega t + 30°) \to \sin(\omega t + 30° - 90°)$
$= \sin(\omega t - 60°)$
③ 정현파 전류의 순시값 :
$i = I_m \sin(\omega t + \theta) = 20\sin(\omega t - 60°)$

10. 평형 3상 전원에서 각 상 간 전압의 위상차(rad)는?

 06. ① 07. ② 08. ① 09. ② 10. ④

① $\dfrac{\pi}{2}$ ② $\dfrac{\pi}{3}$
③ $\dfrac{\pi}{6}$ ④ $\dfrac{2\pi}{3}$

 평형 3상 전원

기전력의 크기가 같고 $\dfrac{2\pi}{3}$ [rad]의 위상차를 갖는 3상 기전력

11. 대칭 3상 교류에서는 각 상 간의 위상차가 몇 도인가?

① 0 ② 30
③ 60 ④ 120

① 3상 교류 : 주파수가 동일하고 위상이 $\dfrac{2\pi}{3}$ [rad]만큼씩 다른 3개의 파형
② 대칭 3상 교류 : 크기가 같고 서로 $\dfrac{2\pi}{3}$ [rad]만큼의 위상차를 가지는 3상 교류
∴ 위상차 $\phi = \dfrac{2\pi}{3} \times \dfrac{180}{\pi} = 120°$

12. 동일한 저항에 교류와 직류를 동일 시간 동안 인가하였을 때 소비되는 전력량(발열량)이 같은 경우, 이때의 직류값을 정현파 교류의 무엇이라 하는가?

① 실효값 ② 파고값
③ 평균값 ④ 파형률

 실효값(effective value)
① 교류의 크기를 교류와 동일한 일을 하는 직류의 크기로 바꿔 나타냈을 때의 값
② 가정에서 사용하는 220V의 상용 전압은 교류전압의 실효값을 의미

13. "가정용 전원 전압이 200V이다."라고 하는 것은 정현파 교류에서 어느 값을 나타내는가?

① 실효값 ② 평균값
③ 최댓값 ④ 순시값

 13번 해설 참고

14. 정현파 교류의 실효값(V)과 최댓값(V_m)의 관계식으로 옳은 것은?

① $V = \sqrt{2}\,V_m$ ② $V = \dfrac{1}{\sqrt{2}}V_m$
③ $V = \sqrt{3}\,V_m$ ④ $V = \dfrac{1}{\sqrt{3}}V_m$

정현파 교류의 실효값

교류의 크기를 교류와 동일한 일을 하는 직류의 크기로 바꿔 나타냈을 때의 값
$V = \sqrt{\dfrac{1}{T}\int v(t)^2 dt}$
$= \sqrt{v\text{의 제곱의 한 주기 평균값}}$
$= \dfrac{V_m}{\sqrt{2}} = 0.707\,V_m$

15. 정현파 교류의 실효값은 최대값보다 어떻게 되는가?

① π배로 된다. ② $\dfrac{1}{\pi}$로 된다.
③ $\sqrt{2}$배로 된다. ④ $\dfrac{1}{\sqrt{2}}$로 된다.

전류의 실효값(I)

$I = \dfrac{I_m}{\sqrt{2}} = 0.707 I_m$ [A]

여기서, I_m : 전류의 최댓값
그러므로 정현파 교류의 실효값은 최대값의 $\dfrac{1}{\sqrt{2}}$배이다.

16. 정현파 교류전압 $v = V_m \sin(\omega t + \theta)$의 평균값은 최댓값의 약 몇 배인가?

① 0.414 ② 0.577

 11. ④ 12. ① 13. ① 14. ② 15. ④ 16. ③

③ 0.637   ④ 0.707

👉 전압의 평균값 : $V_a = \dfrac{2}{\pi} V_m = 0.637 V_m$

17. $I(t) = 141.4 \sin \omega t$ [A] 실효값은 몇 A인가?

① 81.6   ② 100
③ 173.2   ④ 200

👉 실효값 $I = \dfrac{I_m}{\sqrt{2}} = \dfrac{141.4}{\sqrt{2}} = 99.98\text{A}$

18. 어떤 교류전압의 실효값이 100V일 때 최댓값은 약 몇 V가 되는가?

① 100   ② 141
③ 173   ④ 200

👉 교류전압의 최댓값(V_m)
교류전압의 실효값과 최댓값은 $V = \dfrac{V_m}{\sqrt{2}}$ 이므로
$V_m = \sqrt{2}\, V = \sqrt{2} \times 100 = 141\text{V}$

19. 그림과 같은 파형의 평균값은 얼마인가?

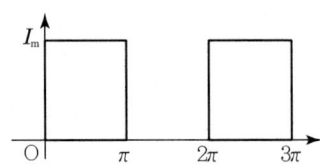

① $2I_m$ ② I_m
③ $\dfrac{I_m}{2}$ ④ $\dfrac{I_m}{4}$

👉 평균값 : $I_a = \dfrac{1}{2\pi} \int_0^\pi I_m d\theta = \dfrac{I_m}{2}$

20. 교류의 크기는 보통 실효값으로 나타내는데 실효값으로 파형을 알 수 없으므로 파형의 개략을 알기 위한 방법으로 파형률이라는 계수를 쓴다. 다음 중 파형률의 맞는 식은?

① $\dfrac{\text{실효값}}{\text{평균값}}$ ② $\dfrac{\text{최대값}}{\text{평균값}}$
③ $\dfrac{\text{최대값}}{\text{실효값}}$ ④ $\dfrac{\text{실효값}}{\text{최대값}}$

👉 파형률
실효값을 평균값으로 나눈 값으로 파의 기울기 정도. 파형률 = $\dfrac{\text{실효값}}{\text{평균값}}$

21. $i = I_{m1} \sin \omega t + I_{m2} \sin(2\omega t + \theta)$의 실효값?

① $\dfrac{I_{m1} + I_{m2}}{2}$ ② $\sqrt{\dfrac{I_{m1}^2 + I_{m2}^2}{2}}$
③ $\dfrac{\sqrt{I_{m1}^2 + I_{m2}^2}}{2}$ ④ $\sqrt{\dfrac{I_{m1} + I_{m2}}{2}}$

👉 비정현파의 실효값
$i = I_0 + I_{m1}\sin(\omega t + \theta_1) + I_{m1}\sin(\omega t + \theta_2) + \cdots$
각 고조파의 실효값 제곱의 합의 제곱근
$I = \sqrt{I_0^2 + \left(\dfrac{I_{m1}}{\sqrt{2}}\right)^2 + \left(\dfrac{I_{m2}}{\sqrt{2}}\right)^2 + \cdots}$ 이므로
$I = \sqrt{\left(\dfrac{I_{m1}}{\sqrt{2}}\right)^2 + \left(\dfrac{I_{m2}}{\sqrt{2}}\right)^2} = \sqrt{\dfrac{I_{m1}^2 + I_{m2}^2}{2}}$

[참고]
$i = 30\sin\omega t + 50\sin(3\omega t + 60)$ [A] 의 실효값 [A]은?
$I = \sqrt{\left(\dfrac{30}{\sqrt{2}}\right)^2 + \left(\dfrac{50}{\sqrt{2}}\right)^2} = 41.23\text{A}$

22. 어떤 회로에 정현파 전압을 가하니 90° 위상이 뒤진 전류가 흘렀다면 이 회로의 부하는?

① 저항   ② 용량성
③ 무부하   ④ 유도성

👉 ① 유도성 회로 : 전류가 전압보다 θ만큼 뒤진다.
② 용량성 회로 : 전류가 전압보다 θ만큼 앞선다.

Answer 17. ② 18. ② 19. ③ 20. ① 21. ② 22. ④

23. 콘덴서만의 회로에서 전압과 전류의 위상 관계는?
① 전압이 전류보다 180도 앞선다.
② 전압이 전류보다 180도 뒤진다.
③ 전압이 전류보다 90도 앞선다.
④ 전압이 전류보다 90도 뒤진다.

👉 콘덴서의 단독회로는 전하를 축적하는 회로로서 $i = I_m \sin \omega t$ 일 때 $v = V_m \sin\left(\omega t - \dfrac{\pi}{2}\right)$ 이므로 전압이 전류보다 $90°\left(\dfrac{\pi}{2}\right)$ 뒤진다.

24. 교류는 그 주파수가 증가함에 따라 어떻게 되는가?
① 코일에는 잘 흐르나 콘덴서에는 흐르기 곤란해진다.
② 콘덴서에는 잘 흐르나 코일에는 흐르기 곤란해진다.
③ 코일, 콘덴서 모두 흐르기 곤란해진다.
④ 코일, 콘덴서 모두 흐르기 쉽다.

👉 콘덴서의 리액턴스 $X_C = \dfrac{1}{2\pi fC}[\Omega]$에서 주파수($f$)가 증가하면 리액턴스는 작아지므로 콘덴서에서는 잘 흐른다.
코일의 리액턴스 $X_L = 2\pi fL[\Omega]$에서 주파수(f)가 증가하면 리액턴스가 커지므로 코일에서는 흐르기 곤란해진다.

25. 그림과 같은 전류 파형을 커패시터 양단에 가하였을 때 커패시터에 충전되는 전압 파형은?

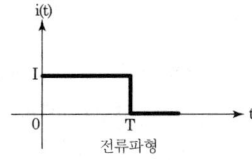
전류파형

①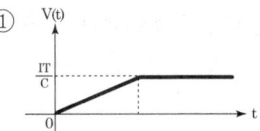

②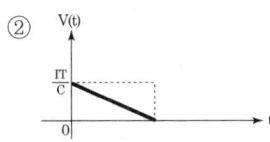

③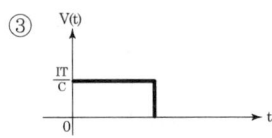

④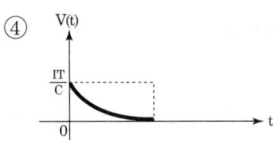

👉 $v = v_0 + \dfrac{1}{C}\displaystyle\int_0^t i\,dt$

① $0 \leq t \leq T$, $i = I$, $v_0 = 0$
$v = v_0 + \dfrac{1}{C}\displaystyle\int_0^t i\,dt$
$= \dfrac{1}{C}\displaystyle\int_0^t I\,dt = \dfrac{I}{C}[t]_0^t = \dfrac{It}{C}$

② $t \geq T$, $i = 0$, $v_0 = \dfrac{IT}{C}$
$v = v_0 + \dfrac{1}{C}\displaystyle\int_T^t i\,dt$
$= \dfrac{IT}{C} + \dfrac{1}{C}\displaystyle\int_T^t 0\,dt = \dfrac{IT}{C}$

[참고] 커패시터의 전압과 전류 사이의 관계
$q(t) = Cv(t)$, $\dfrac{dq(t)}{dt} = C\dfrac{dv(t)}{dt}$
$i(t) = C\dfrac{dv(t)}{dt}$

전압이 시간에 따라 비례하여 증가하는 경우에는 위 식에 따라 전류가 일정하게 흐른다.

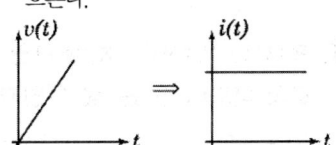

Answer 23. ④ 24. ② 25. ①

26. 그림과 같은 RL 직렬회로에서 공급전압의 크기가 10V일 때 $|V_R|$=8V이면 V_L의 크기는 몇 V인가?

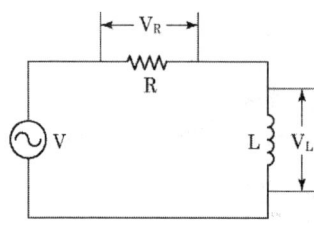

① 2 ② 4
③ 6 ④ 8

👉 RL 직렬회로 V_L의 크기
$V = \sqrt{V_R^2 + V_L^2}$
$\therefore V_L = \sqrt{V^2 - V_R^2} = \sqrt{10^2 - 8^2} = 6V$

27. 그림의 회로에 교류 100V를 가할 때 소비전력은 몇 W인가?

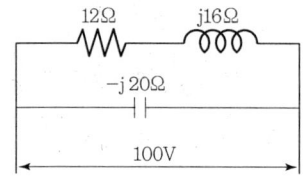

① 180 ② 240
③ 300 ④ 360

👉 소비전력은 저항에서 소비되므로 저항으로 흐르는 전류를 구하면 된다.
① 임피던스(Z)
$Z = 12 + j16 = \sqrt{12^2 + 16^2} = 20\,\Omega$
② $I = \dfrac{V}{R} = \dfrac{V}{Z} = \dfrac{100}{20} = 5A$
③ 전력 $P = I^2 R = 5^2 \times 12 = 300W$

28. R=4Ω, X_L=9Ω, X_C=6Ω인 직렬접속 회로의 어드미턴스는 몇 ℧인가?

① 4+j8 ② 0.16-j0.12
③ 4-j5 ④ 0.16+j0.12

👉 ① 임피던스(Z)
$Z = R + j\omega L + \dfrac{1}{j\omega C} = R + j\left(\omega L - \dfrac{1}{\omega C}\right)$
$= 4 + j(9-6) = 4 + j3$
② 어드미턴스(Y)
$Y = \dfrac{1}{Z} = \dfrac{1}{4+j3}$
$= \dfrac{4-j3}{(4+j3)(4-j3)} = \dfrac{4-j3}{16+9}$
$= \dfrac{4-j3}{25} = 0.16 - j0.12$

29. 다음 회로에서 E=100V, R=4Ω, X_L=5Ω, X_C=2Ω일 때 이 회로에 흐르는 전류 A는?

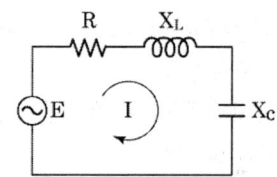

① 10 ② 15
③ 20 ④ 25

👉 회로에 흐르는 전류(I)
① 임피던스 $Z = \sqrt{R^2 + (X_L - X_C)^2}$
$= \sqrt{4^2 + (5-2)^2} = 5\,\Omega$
② 전류 $I = \dfrac{V}{Z} = \dfrac{100}{5} = 20A$

30. 자기 인덕턴스 377mH에 200V, 60Hz의 교류전압을 가했을 때 흐르는 전류는 약 몇 A인가?

① 0.4 ② 0.7
③ 1.0 ④ 1.4

👉 ① 리액턴스(X_L) = $\omega L = 2\pi f L$이므로
$X_L = 2\pi \times 60Hz \times 377mH \times 10^{-3} = 142\,\Omega$
② 전류(I) = $\dfrac{V}{X_L} = \dfrac{200V}{142\Omega} = 1.4A$

Answer 👉 26. ③ 27. ③ 28. ② 29. ③ 30. ④

31. 인덕턴스 20mH에 실효값 50V, 60Hz인 정현파 교류전압을 인가하였을 때, 인덕턴스에 축적되는 평균 자기에너지는 약 몇 J인가?

① 0.44J ② 1.44J
③ 6.34J ④ 63.4J

① 유도 리액턴스 $X_L = \omega L = 2\pi fL[\Omega]$이므로 전류($I$)는
$$I = \frac{V}{X_L} = \frac{50}{2\pi \times 20 \times 10^{-3} \times 60} = 6.631 A$$
② 자기에너지
$$W = \frac{1}{2}LI^2 = \frac{1}{2} \times 20 \times 10^{-3} \times 6.631^2$$
$$= 0.44 J$$

32. 저항 4Ω, 유도 리액턴스 3Ω을 직렬로 구성하였을 때 전류가 5A 흐른다면 이 회로에 인가한 전압은 몇 V인가?

① 15 ② 20
③ 25 ④ 35

$V = IZ = I\sqrt{R^2 + X_L^2} = 5 \times \sqrt{4^2 + 3^2} = 25 V$

33. R=10Ω, L=10mH에 가변콘덴서 C를 직렬로 구성시킨 회로에 교류주파수 1000Hz를 가하여 직렬공진을 시켰다면 가변콘덴서는 약 몇 μF인가?

① 2.533 ② 12.675
③ 25.35 ④ 126.75

직렬공진회로이므로
$$f = \frac{1}{2\pi\sqrt{LC}}$$
$$C = \frac{1}{4\pi^2 f^2 L}$$
$$= \frac{1}{4\pi^2 \times (1000)^2 \times (10 \times 10^{-3})} \times 10^6$$
$$= 2.533 \mu F$$
여기서, $1mH = 10^{-3}H$, $1F = 10^6 \mu F$

34. 다음 조건을 만족시키지 못하는 회로는?

어떤 회로에 흐르는 전류가 20A이고, 위상이 60도이며, 앞선 전류가 흐를 수 있는 조건

① RL 병렬 ② RC 병렬
③ RLC 병렬 ④ RLC 직렬

RL 병렬회로 위상관계
전류가 전압보다 위상이 θ만큼 뒤진다.(지상)

35. RLC 직렬회로에서 전류가 전압보다 위상이 앞서기 위해서는 다음 어떤 조건이 만족되어야 하는가?

① $X_L = X_C$ ② $X_L > X_C$
③ $X_L < X_C$ ④ $X_L + X_C = 0$

$X_L < X_C (\omega L < \frac{1}{\omega C})$: 용량성 회로 – 전류는 전압에 비해 앞선 위상

36. RLC 병렬회로에서 용량성 회로가 되기 위한 조건은?

① $X_L = X_C$ ② $X_L > X_C$
③ $X_L < X_C$ ④ $X_L + X_C = 0$

① 동상회로, ② 용량성 회로, ③ 유도성 회로

37. 아래 RLC 직렬회로의 합성 임피던스는 몇 Ω인가?

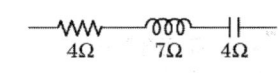

① 1 ② 5
③ 7 ④ 15

Answer 31. ① 32. ③ 33. ① 34. ① 35. ③ 36. ② 37. ②

※ 합성 임피던스(Z)
$$Z = \sqrt{R^2 + (X_L - X_C)^2}$$
$$= \sqrt{4^2 + (7-4)^2} = 5\,\Omega$$

38. 다음 회로의 임피던스는?

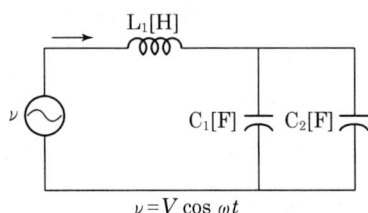

$v = V\cos\omega t$

① $L_1 + \dfrac{1}{C_1} + \dfrac{1}{C_2}$

② $\omega L_1 - \dfrac{1}{\omega(C_1 + C_2)}$

③ $\sqrt{\omega^2 L_1^2 + \dfrac{1}{\omega^2(C_1+C_2)^2}}$

④ $\omega L_1 + \dfrac{1}{\omega(C_1 + C_2)}$

※ 콘덴서가 병렬접속이므로 합성정전용량 C는
$$C = C_1 + C_2$$
LC 직렬회로의 임피던스 Z는
$$Z = \omega L - \dfrac{1}{\omega C} = \omega L - \dfrac{1}{\omega(C_1 + C_2)}$$

39. R=100[Ω], L=20[mH], C=47[μF]인 R-L-C 직렬회로에 순시전압 v=141.4 sin 377t[V]를 인가하면 이 회로의 임피던스는 약 몇 Ω인가?

① 97   ② 111
③ 122 ④ 130

※ R-L-C 직렬회로
① 주파수(f)
$v = V_m \sin\omega t = 141.4\sin 377t$ 에서 $\omega = 2\pi f$

∴ $f = \dfrac{\omega}{2\pi} = \dfrac{377}{2\pi} = 60\,\text{Hz}$

② 유도성 리액턴스(X_L)
$$X_L = \omega L = 2\pi f L$$
$$= 2\pi \times 60 \times 20 \times 10^{-3} = 7.5\,\Omega$$

③ 용량성 리액턴스(X_c)
$$X_c = \dfrac{1}{\omega C} = \dfrac{1}{2\pi f C}$$
$$= \dfrac{1}{2\pi \times 60 \times 47 \times 10^{-6}} = 56.4\,\Omega$$

④ 임피던스(Z)
$$Z = \sqrt{R^2 + (X_L - X_c)^2}$$
$$= \sqrt{100^2 + (7.5 - 56.4)^2} = 111\,\Omega$$

40. $R=8\,\Omega$, $X_L=2\,\Omega$, $X_C=8\,\Omega$의 직렬회로에 100V의 교류전압을 가할 때, 전압과 전류의 위상관계로 옳은 것은?

① 전류가 전압보다 약 37° 뒤진다.
② 전류가 전압보다 약 37° 앞선다.
③ 전류가 전압보다 약 43° 뒤진다.
④ 전류가 전압보다 약 43° 앞선다.

※ RLC 직렬회로에서 위상차(ϕ)
$$\phi = \tan^{-1}\dfrac{X_L - X_C}{R} = \tan^{-1}\dfrac{2-8}{8} = -37°$$

위상각이 음수이므로 전압은 전류보다 위상이 뒤처지는 것이 아니라 전류가 전압보다 위상이 앞선다는 의미이다. 이 회로에서는 전류가 전압보다 위상차(37°)만큼 앞선다.

41. RLC 직렬회로에서 전압(E)과 전류(I) 사이의 위상 관계에 관한 설명으로 옳지 않은 것은?

① $X_L = X_C$인 경우 I는 E와 동상이다.
② $X_L > X_C$인 경우 I는 E보다 θ만큼 뒤진다.
③ $X_L < X_C$인 경우 I는 E보다 θ만큼 앞선다.
④ $X_L < (X_C - R)$인 경우 I는 E보다 θ만큼

Answer 38. ② 39. ② 40. ② 41. ④

뒤진다.

④ $X_L < X_C - R$: $\theta = \tan^{-1}\dfrac{X_L - X_C}{R} < 0$이
   므로 전류(I)는 전압(E)보다 θ만큼 앞선다.
   [참고]
   ① $X_L > X_C$: $\theta = \tan^{-1}\dfrac{X_L - X_C}{R} > 0$이므
      로 전류는 전압에 비해 θ만큼 뒤진 위상
      (유도성 리액턴스)
   ② $X_L < X_C$: $\theta = \tan^{-1}\dfrac{X_L - X_C}{R} < 0$이므
      로 전류는 전압에 비해 θ만큼 앞선 위상
      (용량성 리액턴스)
   ③ $X_L = X_C$: 전류와 전압이 같은 위상
      (직렬공진)

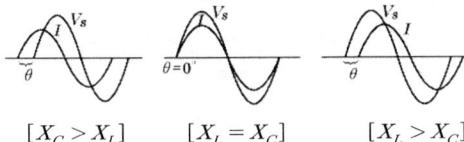

$[X_C > X_L]$ $[X_L = X_C]$ $[X_L > X_C]$

42. R, L, C가 서로 직렬로 연결되어 있는 회로에서 양단의 전압과 전류가 동상이 되는 조건은?

① $\omega = LC$ ② $\omega = L^2C$
③ $\omega = \dfrac{1}{LC}$ ④ $\omega = \dfrac{1}{\sqrt{LC}}$

① 직렬 공진의 의미
   ㉠ 허수부가 0이다.
   ㉡ 전압과 전류가 동상이다.
   ㉢ 역률이 1이다.
   ㉣ 임피던스가 최소이다.
   ㉤ 흐르는 전류가 최대이다.
② 공진조건 :
   $\omega L = \dfrac{1}{\omega C} (X_L = X_C) \rightarrow \omega = \dfrac{1}{\sqrt{LC}}$
③ 공진주파수 : $f_0 = \dfrac{1}{2\pi\sqrt{LC}}$

43. 그림과 같은 회로에서 단자 a, b 간에 주파수 f[Hz]의 정현파 전압을 가했을 때, 전류값 A_1과 A_2의 지시가 같았다면 f, L, C 간의 관계는?

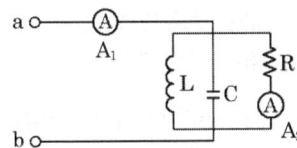

① $f = \dfrac{1}{\sqrt{LC}}$ ② $f = \sqrt{LC}$
③ $f = \dfrac{2\pi}{\sqrt{LC}}$ ④ $f = \dfrac{1}{2\pi\sqrt{LC}}$

① 전류값 $A_1 = A_2$이 되기 위해서는 L과 C가 개방되면 된다.(공진조건)
② 공진조건($X_L = X_C$)
   $\omega L = \dfrac{1}{\omega C} \rightarrow 2\pi f L = \dfrac{1}{2\pi f C}$
   $\therefore f = \dfrac{1}{2\pi\sqrt{LC}}$ [Hz]

44. 그림과 같은 RLC 병렬공진회로에 관한 설명으로 틀린 것은?

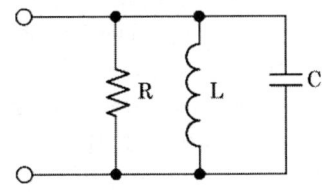

① 공진조건은 $\omega C = \dfrac{1}{\omega L}$이다.
② 공진 시 공진전류는 최소가 된다.
③ R이 작을수록 선택도 Q가 높다.
④ 공진 시 입력 어드미턴스는 매우 작아진다.

③ 선택도 $Q = R\sqrt{\dfrac{C}{L}}$이므로 R이 작을수록 선택도 Q는 작아진다.

Answer 42. ④ 43. ④ 44. ③

45. R-L-C 병렬회로에서 회로가 병렬공진되었을 때 합성전류는 어떻게 되는가?

① 최소가 된다.
② 최대가 된다.
③ 전류는 흐르지 않는다.
④ 전류는 무한대가 된다.

☞ 직렬공진은 임피던스가 이론상 0이 되는 현상을 말하고 이때 합성전류는 최대가 된다. 반대로 병렬공진은 전압이 상승하는 현상을 말하고 임피던스값이 대단히 큰 값으로 되기 때문에 합성전류는 최소가 된다.

46. R-L-C 직렬회로에서 임피던스가 최소가 되기 위한 조건은?

① $\omega L + \dfrac{1}{\omega C} = 1$ ② $\omega L - \dfrac{1}{\omega C} = 0$

③ $\omega L + \dfrac{1}{\omega C} = 0$ ④ $\omega L - \dfrac{1}{\omega C} = 1$

☞ **R-L-C 직렬회로 공진조건**
임피던스(Z) : 교류회로의 합성저항
$Z = \sqrt{R^2 + (X_L - X_C)^2}$
X_L : 유도 리액턴스, R : 저항
X_C : 용량 리액턴스, Z : 임피던스
임피던스가 최소가 되려면 위 식에서 $X_L = X_C$일 때이다. 이때 전류가 최대가 되고, 이 주파수를 공진주파수라고 한다.

47. R=10Ω, L=100mH, C=10μF인 직렬회로에서의 공진주파수는 약 몇 Hz인가?

① 159   ② 169
③ 1590   ④ 1690

☞ $f = \dfrac{1}{2\pi\sqrt{LC}} = \dfrac{1}{2\pi\sqrt{100 \times 10^{-3} \times 10 \times 10^{-6}}}$
$= 159 \text{Hz}$

48. 그림과 같은 병렬공진회로에서 주파수를 f라 할 때, 전압 E가 전류 I보다 앞서는 조건은?

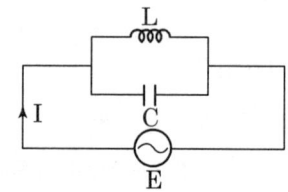

① $f < \dfrac{1}{2\pi\sqrt{LC}}$ ② $f > \dfrac{1}{2\pi\sqrt{LC}}$

③ $f = \dfrac{1}{2\pi\sqrt{LC}}$ ④ $f \geq \dfrac{1}{2\pi\sqrt{LC}}$

☞ 회로의 어드미턴스 Y는
$Y = \dfrac{1}{j\omega L} + j\omega C = j(\omega C - \dfrac{1}{\omega L})$
전압이 전류보다 앞서기 위해서는 어드미턴스는 부(-)이어야 하므로
$\omega C - \dfrac{1}{\omega L} < 0$이므로 $\omega C < \dfrac{1}{\omega L}$
$2\pi f C < \dfrac{1}{2\pi f L}$
$\therefore f < \dfrac{1}{2\pi\sqrt{LC}}$

49. 교류에서 역률에 관한 설명으로 틀린 것은?

① 역률은 $\sqrt{1-(무효율)^2}$로 계산할 수 있다.
② 역률을 이용하여 교류전력의 효율을 알 수 있다.
③ 역률이 클수록 유효전력보다 무효전력이 커진다.
④ 교류회로의 전압과 전류의 위상차에 코사인(cos)을 취한 값이다.

☞ ③ 역률이란 상전력에 대한 유효전력의 비율로 전기기기에 실제로 걸리는 전압과 전류가 얼마나 유효하게 일을 하는가 하는 비율을 의미한다. 그러므로 역률이 클수록 유효전력이 피상전력에 근접하는 것으로 무효전력은 작아지고 유효전력이 커진다.

Answer 45. ① 46. ② 47. ① 48. ① 49. ③

50. 다음 중 kVA는 무엇의 단위인가?
① 유효전력 ② 피상전력
③ 효율   ④ 무효전력

- ㉠ 피상전력 : kVA
- ㉡ 유효전력 : W
- ㉢ 무효전력 : Var

51. 다음은 역률이 $\cos\theta$ 인 교류전력의 벡터도이다. 이때 실제로 일을 한 전력은 어느 벡터인가?

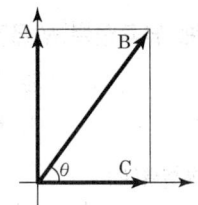

① A   ② B
③ C   ④ B, C

- ① 유효전력(C) : 부하에서 실제로 소비된 전력
- ② 피상전력(B) : 교류의 부하 또는 전원의 용량을 표시하는 전력
- ③ 역률($\cos\theta$) : 피상전력에 대한 유효전력의 비 ($\frac{C}{B}$)

52. 피상전력이 P_a[kVA]이고 무효전력이 P_r[kvar]인 경우 유효전력 P[kW]를 나타낸 것은?
① $P = \sqrt{P_a - P_r}$ ② $P = \sqrt{P_a^2 - P_r^2}$
③ $P = \sqrt{P_a + P_r}$ ④ $P = \sqrt{P_a^2 + P_r^2}$

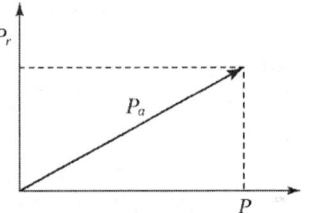

$P_a^2 = P^2 + P_r^2$ 이므로 $P^2 = P_a^2 - P_r^2$
∴ $P = \sqrt{P_a^2 - P_r^2}$

53. 교류전력 중 무효전력을 바르게 표현한 것은?
① $P_r = VI\cos\theta$[Var]
② $P_r = VI$[Var]
③ $P_r = VI\sin\theta$[Var]
④ $P_r = VI\tan\theta$[Var]

- 무효전력(wattless power)
  교류회로에서 실제로 전력으로 이용할 수 없는 전력
  $P_r = VI\sin\theta$[Var]
  ① 유효전력 : $P_r = VI\cos\theta$[Var]
  ② 피상전력 : $P_r = VI$[Var]

54. 무효전력을 나타내는 단위는?
① VA   ② W
③ Var   ④ Wh

- ① 피상전력 : VA
- ② 유효전력 : W
- ③ 전력량 : Wh

55. 선간전압 200V의 3상 교류전원에 화물용 승강기를 접속하고 전력과 전류를 측정하였더니 2.77kW, 10A이었다. 이 화물용 승강기 모터의 역률은 약 얼마인가?
① 0.6   ② 0.7

Answer 50. ② 51. ③ 52. ② 53. ③ 54. ③ 55. ③

③ 0.8　　　　　④ 0.9

 역률($\cos\theta$)

유효전력 $P=\sqrt{3}\,VI\cos\theta$에서 역률($\cos\theta$)에 관해 풀면

$$\cos\theta=\frac{P}{\sqrt{3}\,VI}=\frac{2.77\times10^3}{\sqrt{3}\times200\times10}=0.8$$

56. 어떤 회로의 유효전력이 80W, 무효전력이 60Var이면 역률은 몇 %인가?

① 20%　　　　② 60%
③ 80%　　　　④ 100%

① 피상전력 :
$$P_a=\sqrt{P^2+P_r^{\,2}}=\sqrt{80^2+60^2}=100\text{VA}$$

② 역률 : $\cos\theta=\dfrac{P}{P_a}=\dfrac{80}{100}=0.8$

57. 저항 8Ω과 유도리액턴스 6Ω이 직렬접속된 회로의 역률은?

① 0.6　　　　② 0.8
③ 0.9　　　　④ 1

 역률($\cos\theta$)

$$\cos\theta=\frac{R}{Z}=\frac{R}{\sqrt{R^2+X_L^2}}=\frac{8}{\sqrt{8^2+6^2}}=0.8$$

58. 역률이 80%이고, 유효전력이 80kW라면 피상전력은 몇 kVA인가?

① 100　　　　② 120
③ 160　　　　④ 200

 피상전력(P_a)

$$P_a=IV=I^2Z=\frac{V^2}{Z}=\frac{P}{\cos\theta}=\frac{80}{0.8}=100\text{kVA}$$

59. 피상전력 100kVA, 유효전력 80kW인 부하가 있다. 무효전력은 몇 kVar인가?

① 20　　　　② 60
③ 80　　　　④ 100

유효·무효·피상전력 사이의 관계

$$P_a^{\,2}=P^2+P_r^{\,2}$$
$$P_r=\sqrt{P_a^{\,2}-P^2}=\sqrt{100^2-80^2}=60$$

여기서, P_a : 피상전력
　　　　P : 유효전력
　　　　P_r : 무효전력

60. $e(t)=200\sin\omega t\text{(V)},\quad i(t)=4\sin\left(\omega t-\dfrac{\pi}{3}\right)$
(A)일 때 유효전력(W)은?

① 100　　　　② 200
③ 300　　　　④ 400

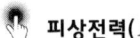 유효전력(P)

$$P=VI\cos\theta=\frac{V_m}{\sqrt{2}}\cdot\frac{I_m}{\sqrt{2}}\cos\theta$$
$$=\frac{200}{\sqrt{2}}\cdot\frac{4}{\sqrt{2}}\cos\left(0-\left(-\frac{\pi}{3}\right)\right)$$
$$=400\cos\frac{\pi}{3}=200\text{W}$$

61. 위상차가 45°이고 단상 220V의 교류전압을 인가했더니 20A의 전류가 흘렀다면 소비전력은 약 몇 kW인가?

① 10.7　　　　② 6.6
③ 5.6　　　　④ 3.1

소비전력
$$P=VI\cos\theta=20\times220\times\cos45°$$
$$=3111\text{W}=3.111\text{kW}$$

62. 코일에 단상 200V의 전압을 가하면 10A의 전류가 흐르고 1.6kW의 전력이 소비된다. 이 코일과 병렬로 콘덴서를 접속하여 회로의 합성역률을 100%로 하기 위한 용량 리액

Answer　56. ③　57. ②　58. ①　59. ②　60. ②　61. ④　62. ③

턴스(Ω)는 약 얼마인가?
① 11.1   ② 22.2
③ 33.3   ④ 44.4

① 피상전력
$P_a = VI = 200 \times 10 = 2000\text{VA}$
$P_a = \sqrt{P^2 + P_r^2}$

② 무효전력
$P_r = \sqrt{2000^2 - 1600^2} = 1200\text{Var}$
$P_r = \dfrac{V^2}{X_c}$
$1200 = \dfrac{200^2}{X_c} \rightarrow X_c = 33.3\,\Omega$

63. 저항 40Ω, 유도리액턴스 30Ω의 직렬회로에 200V의 교류 전압을 가했을 때 소비전력은 몇 W인가?
① 480   ② 640
③ 800   ④ 1000

$I = \dfrac{V}{Z} = \dfrac{V}{\sqrt{R^2 + X_L^2}}$
$= \dfrac{200}{\sqrt{40^2 + 30^2}} = 4\text{A}$
$P = VI = I^2 R = 4^2 \times 40 = 640\text{W}$

64. 역률이 80%이고, 무효전력이 300Var인 부하를 4시간 사용할 때의 소비전력량은 몇 kWh인가?
① 1.2   ② 1.6
③ 1.8   ④ 2.0

$\cos\theta(역률) = 0.8$
$\cos^2\theta + \sin^2\theta = 1$
$\sin\theta = \sqrt{1-\cos^2\theta} = \sqrt{1-0.8^2} = 0.6$
$\sin\theta(무효율) = \dfrac{무효전력}{피상전력}$
피상전력 $= \dfrac{무효전력}{\sin\theta} = \dfrac{300}{0.6} = 500\text{VA}$

소비전력 $= 500 \times 0.8 \times 4 = 1,600\text{Wh} = 1.6\text{kWh}$

65. 내부저항 r[Ω]인 전원이 있다. 부하 R에 최대전력을 공급하기 위한 조건은?
① $R = \dfrac{1}{2}r$ ② $R = r$
③ $R = 2\sqrt{r}$ ④ $R = r^2$

전원이 부하에 연결되어 있을 경우 최대전력은 부하저항이 내부전원저항과 같을 때 ($R=r$) 부하에 전달된다.

66. 다음 회로에서 부하 R_L에 전달되는 최대전력은?

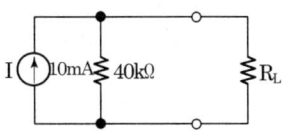

① 1W   ② 2W
③ 3W   ④ 4W

전원이 부하에 연결되어 있을 경우 최대전력은 부하저항이 내부전원저항과 같을 때 부하에 전달된다. 그러므로 $R_L = 40\text{k}\Omega$이다. 전체전류가 10mA이므로 R_L 부하의 전류는 5mA이다.
최대전력 $P = VI = I^2 R$
$= (5 \times 10^{-3})^2 \times 40 \times 10^3 = 1\text{W}$

67. 어느 회로에 V=30+j10[V]의 전압이 인가되어 I=40+j30[A]의 전류가 흐른다면 이 회로의 역률은 약 몇 %인가?
① 85%   ② 92%
③ 95%   ④ 98%

① 복소전력
$P = \overline{V}I = (40+j30)(30-j10)$

Answer 63. ② 64. ② 65. ② 66. ① 67. ③

제2장 교류회로 **843**

$$= 1200 - j400 + j900 - j^2 300$$
$$= 1500 + j500$$

② 피상전력 $P_a = \sqrt{P^2 + P_r^2}$
$$= \sqrt{1500^2 + 500^2} = 1581\,VA$$

③ 역률 $\cos\theta = \dfrac{P}{P_a} = \dfrac{1500}{1581} = 0.949$

68. 대칭 3상 Y부하에서는 각 상의 임피던스가 Z=3+j4Ω이고, 부하전류가 20A일 때, 이 부하의 선간전압은 약 몇 V인가?

① 141 ② 173
③ 220 ④ 282

① 임피던스 : $Z = \sqrt{3^2 + 4^2} = 5\,\Omega$
② 선간전압 :
$V_l = \sqrt{3}\,V_p = \sqrt{3}\,I_p \cdot Z = \sqrt{3} \times 20 \times 5$
$= 173.2\,V$

69. 선간 전압이 200V인 10kW의 3상 대칭 부하를 갖는 3상 유도전동기에 전력을 공급하는 선로 임피던스가 $4+j3[\Omega]$이고 부하가 뒤진 역률 80%이면 선전류는 몇 A인가?

① 18.8+j21.6 ② 28.8−j21.6
③ 35.7+j4.3   ④ 14.1+j33.1

$P = \sqrt{3}\,VI\cos\theta$
$I = \dfrac{P}{\sqrt{3}\,V\cos\theta} = \dfrac{10 \times 10^3}{\sqrt{3} \times 200 \times 0.8} = 36\,A$
$\dot{I} = |I|\angle\theta = |I|(\cos\theta - j\sin\theta)$
$= 36(0.8 - j0.6) = 28.8 - j21.6$

70. 뒤진 역률 80%, 1000kW의 3상 부하가 있다. 이것에 콘덴서를 설치하여 역률을 95%로 개선하려고 한다. 필요한 콘덴서의 용량은 약 몇 kVA인가?

① 422 ② 633
③ 844 ④ 1266

✋ 콘덴서 용량(Q_c)
$$Q_c = P\left(\dfrac{\sqrt{1-\cos\theta_1^{\,2}}}{\cos\theta_1} - \dfrac{\sqrt{1-\cos\theta_2^{\,2}}}{\cos\theta_2}\right)$$
$$= 1000\left(\dfrac{\sqrt{1-0.8^2}}{0.8} - \dfrac{\sqrt{1-0.95^2}}{0.95}\right)$$
$$= 421.3\,kVA$$

여기서, $\cos\theta_1$: 개선 전 역률
$\cos\theta_2$: 개선 후 역률

[참고] 역률 개선의 효과
㉠ 변압기와 배전선의 전력손실 감소
㉡ 전압강하의 감소
㉢ 설비용량의 여유 증가
㉣ 전기요금의 감소

71. A=6+j8, B=20∠60°일 때 A+B를 직각좌표형식으로 표현하면?

① 16+j18   ② 26+j28
③ 16+j25.32 ④ 23.32+j18

$B = 20\angle 60° = a + jb$
$|B| = \sqrt{a^2 + b^2} = 20$
$a^2 + b^2 = 400$ ⋯⋯⋯ ①
$\phi = \tan^{-1}\left(\dfrac{b}{a}\right) = 60°$
$\dfrac{b}{a} = \tan 60° = \sqrt{3}$ ⋯⋯ ②
①식과 ②식을 연립하여 풀면
a=10, b=17.32
$B = 10 + j17.32$
∴ $A + B = (6+10) + j(8+17.32)$
$= 16 + j25.32$

72. 3상 교류에서 a, b, c상에 대한 전압을 기호법으로 표시하면 $E_a = E\angle 0°$, $E_b = E\angle -\dfrac{2}{3}\pi$, $E_c = E\angle -\dfrac{4}{3}\pi$로 표시된다. 여기서

Answer  68. ② 69. ② 70. ① 71. ③ 72. ③

$a = \varepsilon^{j\frac{2}{3}\pi}$ 라는 페이저 연산자를 이용하면 E_c는 어떻게 표시되는가?

① $E_c = E$
② $E_c = a^2 E$
③ $E_c = aE$
④ $E_c = (\frac{1}{a})E$

$a = \varepsilon^{j\frac{2}{3}\pi} = \cos\frac{2}{3}\pi + j\sin\frac{2}{3}\pi = -\frac{1}{2} + j\frac{\sqrt{3}}{2}$

$E_c = E\angle -\frac{4}{3}\pi = E\left(\cos\frac{4}{3}\pi - j\sin\frac{4}{3}\pi\right)$
$= E\left(-\frac{1}{2} + j\frac{\sqrt{3}}{2}\right) = aE$

[참고] $a^2 = \varepsilon^{j\frac{4}{3}\pi} = \cos\frac{4}{3}\pi + j\sin\frac{4}{3}\pi$
$= -\frac{1}{2} - j\frac{\sqrt{3}}{2}$

$E_b = E\angle -\frac{2}{3}\pi = E\left(\cos\frac{2}{3}\pi - j\sin\frac{2}{3}\pi\right)$
$= E\left(-\frac{1}{2} - j\frac{\sqrt{3}}{2}\right) = a^2 E$

73. $G(j\omega) = e^{-j\omega 0.4}$일 때 $\omega=2.5\text{rad/sec}$에서의 위상각은 약 몇 도인가?

① -28.6
② -42.9
③ -57.3
④ -71.5

$G(j\omega) = e^{-j\omega 0.4} = \cos\omega 0.4 - j\sin\omega 0.4$
$\theta = \angle G(j\omega) = -\tan^{-1}\frac{\sin\omega 0.4}{\cos\omega 0.4} = -\omega 0.4$
여기서, $\omega = 2.5\text{rad/sec}$일 때의 위상각($\theta$)은
$\theta = \angle G(j\omega) = -\omega 0.4 = -2.5\times 0.4$
$= -1\text{rad} = -\frac{180°}{\pi} = -57.3°$

74. 불평형 3상전류 $I_a = 18+j3$[A], $I_b = -25-j7$[A], $I_c = -5+j10$[A]일 때, 정상분 전류 I_1[A]은 약 얼마인가?

① $-12-j6$
② $15.9-j5.27$
③ $6+j6.3$
④ $-4+j2$

불평형 3상전류 정상분 전류(A)
$I_1 = \frac{1}{3}(I_a + aI_b + a^2 I_c)$
$= \frac{1}{3}[(18+j3) + (-\frac{1}{2}+j\frac{\sqrt{3}}{2})(-25-j7)$
$\quad + (-\frac{1}{2}-j\frac{\sqrt{3}}{2})(-5+j10)]$
$= 15.9 - j5.27$

75. 90Ω의 저항 3개가 △결선으로 되어 있을 때, 상당(단상) 해석을 위한 등가 Y결선에 대한 각 상의 저항 크기는 몇 Ω인가?

① 10
② 30
③ 90
④ 120

△결선 → Y결선
각 상의 극성이 서로 다른 단자끼리 직렬로 접속한 방식으로 △결선을 Y결선으로 변환하면 저항값이 $\frac{1}{3}$로 줄어든다.
$R_Y = \frac{1}{3}R_\Delta = \frac{1}{3}\times 90 = 30\,\Omega$

76. 100Ω의 저항 3개를 Y결선한 것을 △결선으로 환산했을 때 각 저항의 크기는 몇 Ω인가?

① 33
② 100
③ 300
④ 600

Y결선을 △결선으로 변환하면 저항값이 3배로 커지므로 100Ω의 저항 3개를 Y결선한 것을 △결선으로 환산했을 때 각 저항의 크기는 $100\,\Omega \times 3 = 300\,\Omega$이 된다.

77. 평형 3상 Y결선에서 상전압 E_S와 E_L과의 관계는?

① $E_L = E_S$
② $E_L = \sqrt{3}E_S$
③ $E_L = \frac{1}{\sqrt{3}}E_S$
④ $E_L = 3E_S$

Answer 73. ③ 74. ② 75. ② 76. ③ 77. ②

👆 평형 3상 Y결선의
① 선간전압 : $E_L = \sqrt{3}\,E_S$
② 선간전류 : $I_L = I_S$

78. 그림과 같은 △결선회로를 등가 Y결선으로 변환할 때 R_c의 저항값(Ω)은?

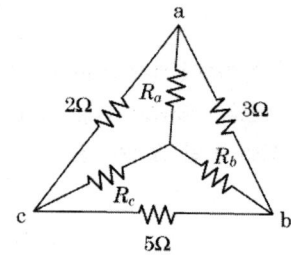

① 1 ② 3
③ 5 ④ 7

👆 $R_a = \dfrac{R_1 R_3}{R_1 + R_2 + R_3} = \dfrac{2\times 3}{2+3+5} = \dfrac{6}{10} = 0.6\,\Omega$

$R_b = \dfrac{R_3 R_2}{R_1 + R_2 + R_3} = \dfrac{3\times 5}{2+3+5} = \dfrac{15}{10} = 1.5\,\Omega$

$R_c = \dfrac{R_1 R_2}{R_1 + R_2 + R_3} = \dfrac{2\times 5}{2+3+5} = \dfrac{10}{10} = 1\,\Omega$

79. 그림과 같은 Y결선회로에서 X에 걸리는 전압은?

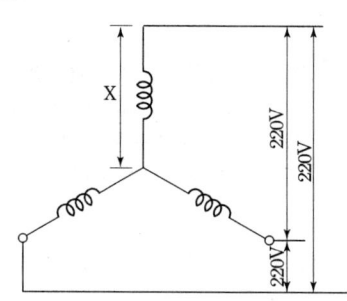

① $\dfrac{220}{\sqrt{3}}$ V ② $\dfrac{220}{3}$ V
③ 110V ④ 220V

👆 Y결선에서 선전류와 상전류는 같으며, 선간전압은 상전압의 $\sqrt{3}$ 배이다.

상전압 = $\dfrac{\text{선간전압}}{\sqrt{3}} = \dfrac{220}{\sqrt{3}}$ V

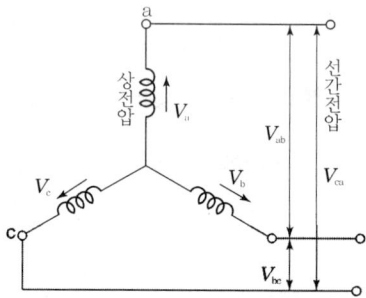

80. 역률 0.85, 선전류 50A, 유효전력 28kW인 평형 3상 △부하의 전압(V)은 약 얼마인가?

① 300 ② 380
③ 476 ④ 660

👆 3상 평형부하의 유효전력(P)
$P = \sqrt{3}\,VI\cos\theta$

$V = \dfrac{P}{\sqrt{3}\times I \times \cos\theta} = \dfrac{28000}{\sqrt{3}\times 50\times 0.85} = 380\,\text{V}$

여기서, P=28kW=28000W

81. 직류전압 E[V]가 인가된 R-L 직렬회로에서 스위치 S를 개방한 시점으로부터 $\dfrac{L}{R}$[s] 후의 전류값은 몇 A인가?

① $\dfrac{0.368E}{R}$ ② $\dfrac{0.5E}{R}$
③ $\dfrac{0.632E}{R}$ ④ $\dfrac{E}{R}$

👆 $i(t) = \dfrac{E}{R}\left(1 - e^{-\frac{R}{L}t}\right)$

$= \dfrac{E}{R}\left(1 - e^{-\frac{R}{L}\times\frac{L}{R}}\right) = 0.632\dfrac{E}{R}$

Answer 👆 78. ① 79. ① 80. ② 81. ③

82. 전압방정식이 $e(t) = Ri(t) + L\dfrac{di(t)}{dt}$ 로 주어지는 RL 직렬회로가 있다. 직류전압 E를 인가했을 때, 이 회로의 정상상태 전류는?

① $\dfrac{E}{RL}$　　② E

③ $\dfrac{E}{R}$　　④ $\dfrac{RL}{E}$

👉 RL 직렬회로의 과도전류는

$i(t) = \dfrac{E}{R}(1 - e^{-\frac{R}{L}t})$[A]이며

정상상태 전류는 $t = \infty$인 경우이므로

$i(t) = \dfrac{E}{R}$[A]가 정상상태 전류가 된다.

83. 비정현파에서 왜형률(distortion factor)을 나타내는 식은?

① $\dfrac{\text{전 고조파의 실효값}}{\text{기본파의 실효값}}$

② $\dfrac{\text{전 고조파의 최대값}}{\text{기본파의 실효값}}$

③ $\dfrac{\text{전 고조파의 실효값}}{\text{기본파의 최대값}}$

④ $\dfrac{\text{전 고조파의 최대값}}{\text{기본파의 최대값}}$

👉 **비정현파의 왜형률**

기본파에 비해 고조파 성분의 포함 정도로 파형의 찌그러진 비율

$D = \dfrac{\text{전 고조파의 실효값}}{\text{기본파의 실효값}}$

$= \dfrac{\sqrt{I_2^2 + I_3^2 + I_4^2 + \cdots + I_n^2}}{I_1}$

Answer 82. ③　83. ①

제4편 전기제어공학

chapter 03 전기계측

1 지시계기

측정하려는 여러 가지 전기량(전압, 전류, 전력, 역률, 주파수 등)을 지침으로 직접 눈금판에 지시하는 계기

2 지시계기의 3요소

① 구동장치 : 가동력을 발생하는 장치
② 제어장치 : 제어력을 발생하는 장치
③ 제동장치 : 지침이 진동되지 않도록 신속하게 정지시키는 장치

3 계기의 정확도에 의한 분류

계 급	허용오차(%)	용 도
0.2급	±0.2	초정밀급(계기시험의 부표준기)
0.5급	±0.5	정밀 측정용(휴대용)
1.0급	±1.0	보통 측정용(휴대용)
1.5급	±1.5	공업용의 정밀 측정용
2.5급	±2.5	정확도에 관계없는 측정에 사용(소형 배전반용)

4 계측

① 계측기 선정 시 고려사항

측정대상 및 범위, 정확성, 안정도, 내구성, 신뢰성, 신속성(측정 능률), 경제성, 주위환경 등

② 오차 : 측정값(M)과 참값(T)이 어느 정도 다른가를 나타낸 것

오차=$M-T$, 오차백분율=$\dfrac{M-T}{T}\times 100$

③ 보정 : 측정값을 참값과 같게 하려면 얼마나 보정해야 하는가를 나타낸 것

보정=$T-M$, 보정백분율=$\dfrac{T-M}{M}\times 100$

5 측정방식

① 편위법(Deflection Method) : 측정물의 작용에 의하여 계측기의 지침에 변위를 일으켜, 이 변위를 눈금과 비교하여 측정치를 얻는 방법(다이얼 게이지, 전류계, 전압계 등)으로 정밀도가 낮은 것이 보통이며, 조작이 간단하여 널리 사용된다.

② 영위법(Zero Method) : 측정하려고 하는 양과 같은 크기의 기준량과 측정물을 평형시켜 계측기의 값이 영(0)을 나타낼 때 기준량의 크기로부터 측정값을 구하는 방법(마이크로미터, 휘트스톤 브리지, 전위차계 등)

③ 치환법(Substitution Method) : 지시량과 미리 알고 있는 양으로부터 측정량을 아는 방법

④ 보상법(Compensation Method) : 측정량과 크기가 거의 같은 알고 있는 양을 준비하여 측정량과의 차이로부터 측정량을 알아내는 방법

6 지시전기계기의 종류

7 측정기구

① 메거(megger) : 절연저항 측정
② 어스 테스터(earth resistance tester) : 접지저항 측정
③ 콜라우시 브리지(Kohlrausch bridge) : 전지의 내부저항 측정
④ 휘트스톤 브리지(Wheatstone bridge) : 미지의 저항($1 \sim 10^6 \Omega$)을 측정하는 측정기
⑤ 훅온 미터(Hook on meter) : 전선의 전류를 측정하는 계기

8 전압 및 전류 측정

(1) 전류계 및 전압계 사용법

① 전압계와 전류계로 사용하여 저항에 걸리는 전압과 전류를 측정하고자 할 때에는 전

압계는 저항과 병렬로 연결하고, 전류계는 저항과 직렬로 연결해야 한다.
② 계기에 과부하가 걸리면 파손될 우려가 있으므로 과부하가 걸리지 않도록 주의한다.
③ 가능한 한 전류계의 내부저항은 작고, 전압계의 내부저항은 큰 것을 사용해야 한다.
④ 전압계 및 전류계를 접속할 때에는 +, - 극성을 올바르게 접속해야 한다.

(2) 전류 측정

① 전류계 : 전류의 세기를 측정하는 계기로 직렬로 회로에 접속하여 내부저항이 전압계보다 작다.
② 분류기 : 전류계의 측정범위를 확대하기 위해 전류계와 병렬로 접속하는 저항기

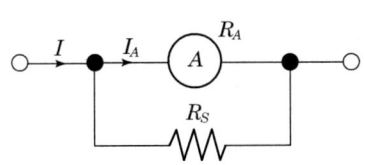

배율 $m = \dfrac{I}{I_A} = 1 + \dfrac{R_A}{R_S}$

여기서, R_A : 전압계 내부저항

∴ $R_s = \dfrac{R_A}{m-1}$

(3) 전압 측정

① 전압계 : 전압을 측정하는 계기로 병렬로 회로에 접속하여 가동코일형 직류측정에 사용
② 배율기 : 전압계의 측정범위를 확대하기 위해 전압계에 직렬로 접속하는 저항기

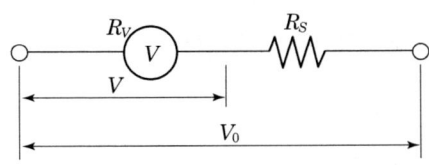

배율 $m = \dfrac{V_0}{V} = 1 + \dfrac{R_S}{R_V}$

여기서, R_V : 전압계 내부저항

∴ $R_S = (m-1)R_V$

9 전기저항의 분류

저항의 분류	측정 범위
저저항	1Ω 이하
중저항	1Ω ~ 1MΩ
고저항	1MΩ 이상
특수저항	

(1) 저저항 측정 : 1Ω 이하

① 전압 강하법(전압 전류계법)
② 전위차계법 : 0.1Ω 이하의 저저항 측정
③ 캘빈 더블 브리지법 : 접촉저항이나 도선 저항의 영향이 매우 작아 $10^{-5}Ω~1Ω$ 정도의 저저항 정밀측정에 사용

(2) 중저항 측정 : 1Ω~1MΩ

① 전압 강하법(전압 전류계법) : 백열전구의 필라멘트 저항, 발전기나 변압기 권선저항 측정 시
② 휘트스톤 브리지법 : 수천 Ω의 가는 전선의 저항 측정 시 사용하며, 검류계의 G가 평형이 되어 전류가 흐르지 않을 때 미지의 저항을 측정(1Ω~10^6Ω의 중저항 측정)

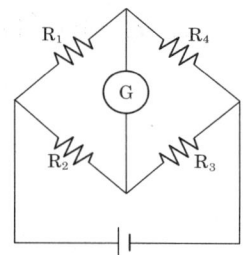

$R_1 R_3 = R_2 R_4$ 에서

$$\therefore R_4 = \frac{R_1 R_3}{R_2} [\Omega]$$

③ 저항계(Ohm meter)
④ 회로시험기(Circuit tester) : 저항, 직류 전압, 교류 전압, 직류 전류 등을 측정

(3) 고저항 측정 : 1MΩ 이상

① 직편법
② 전압계법
③ 절연 저항계(메거) : $10^5\,\Omega$ 이상의 고저항 측정, 옥내 전등선이나 변압기 등의 절연저항, 절연재료의 고유저항 등 측정에 사용

(4) 특수저항 측정

① 검류계의 내부저항 측정 : 휘트스톤 브리지법
② 전지의 내부저항 측정 : 전압계법, 전류계법, 콜라우시 브리지법, 맨스법
③ 전해액의 저항 측정 : 콜라우시 브리지법, 슈트라우스와 헨더슨법
④ 접지저항의 측정 : 접지저항계, 콜라우시 브리지법, 비헤르트법

10 단상 교류전력의 측정

① 3전압계법 : 1개 저항과 3개 전압계를 이용하여 단상 부하의 역률과 전력을 구할 수 있는 방법
② 3전류계법 : 1개 저항과 3개 전류계를 이용하여 역률과 전력을 구할 수 있는 방법

3전압계법	3전류계법
$P=\dfrac{1}{2R}(V_3^2 - V_1^2 - V_2^2)\,[\text{W}]$	$P=\dfrac{R}{2}(I_3^2 - I_1^2 - I_2^2)\,[\text{W}]$

전압계가 앞에	전류계가 앞에

$P = VI - \dfrac{V^2}{R_L}$ [W]	$P = VI - I^2 R_L$ [W]

11 3상 교류전력의 측정

① 2전력계법 : 3전압계법, 3전류계법과 달리 2개의 전력계를 이용하여 3상 부하의 역률과 전력을 구할 수 있는 방법

2전력계법	3전력계법
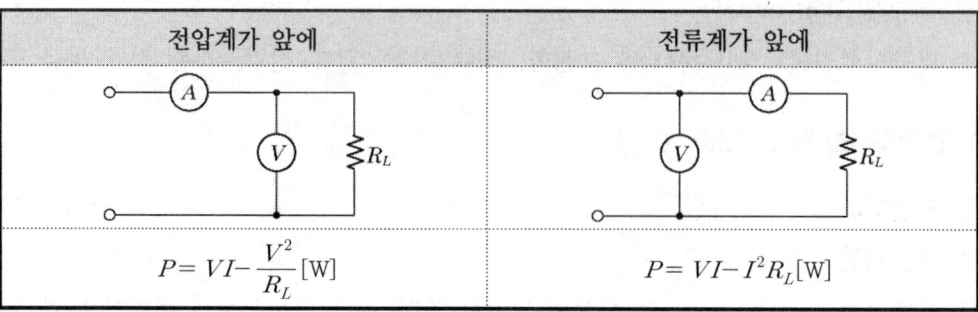	
$P = P_1 + P_2$	$P = P_1 + P_2 + P_3$
$I = \dfrac{P_1 + P_2}{\sqrt{3}\, V}$	$I = \dfrac{P_1 + P_2 + P_3}{\sqrt{3}\, V}$
$P_r = \sqrt{3}\,(P_1 - P_2)$	
$\cos\theta = \dfrac{P_1 + P_2}{2\sqrt{P_1^2 + P_2^2 - P_1 P_2}}$	

chapter 03 출·제·예·상·문·제

01. 계측기 선정 시 고려사항이 아닌 것은?
① 신뢰도 ② 정확도
③ 미려도 ④ 신속도

👆 **계측기 선정 시 고려사항**
측정대상 및 범위, 정확성, 안정도, 내구성, 신뢰성, 신속성(측정능률), 경제성, 주위 환경 등

02. 지시계기의 구성 3대 요소가 아닌 것은?
① 유도장치 ② 제어장치
③ 제동장치 ④ 구동장치

👆 **지시계기**
측정하려는 여러 가지 전기량(전압, 전류, 전력, 역률, 주파수 등)을 지침으로 직접 눈금판에 지시하는 계기
[참고] 지시계기의 3대 구성요소
① 가동력을 발생하는 장치(구동장치)
② 제어력을 발생하는 장치(제어장치)
③ 제동장치

03. 측정하고자 하는 양을 표준량과 서로 평형을 이루도록 조절하여 측정량을 구하는 측정방식은?
① 편위법 ② 보상법
③ 치환법 ④ 영위법

👆 **영위법(zero method)**
측정하려고 하는 양과 같은 크기의 기준량과 측정물을 평형시켜 계측기의 값이 영(0)을 나타낼 때 기준량의 크기로부터 측정값을 구하는 방법으로서 마이크로미터, 휘트스톤 브리지, 전위차계 등의 계측기가 이 방식이다. 일반적으로 미리 알고 있는 양의 정밀도는 사람이 눈금을 보는 것보다 정확하므로 영위법은 편위법보다 정밀도가 높은 측정을 할 수 있다.
[참고]
① 편위법(Deflection Method) : 측정물의 작용에 의하여 계측기의 지침에 변위를 일으켜, 이 변위를 눈금과 비교하여 측정치를 얻는 방법으로서 다이얼 게이지, 전류계, 전압계 등 일반적인 계측기가 이 방식이다. 정밀도가 낮은 것이 보통이며, 조작이 간단하여 널리 사용된다.
② 치환법(Substitution Method) : 지시량과 미리 알고 있는 양으로부터 측정량을 아는 방법으로서, 예를 들어 다이얼 게이지를 이용하여 길이를 측정하는 경우에 블록게이지를 놓고 측정한 후 측정물을 측정하였을 때 지시눈금의 차를 읽고 사용한 블록 게이지의 높이를 알면 측정물의 높이를 구할 수 있다.
③ 보상법(Compensation Method) : 측정량과 크기가 거의 같은 알고 있는 양을 준비하여 측정량과의 차이로부터 측정량을 알아내는 방법이다.

04. 어떤 전기계기의 지시값을 M, 참값을 T라고 할 때에 오차율은 다음 중 어떻게 나타나는가?
① $\dfrac{M}{M-T}[\%]$ ② $\dfrac{T}{M-T}[\%]$

Answer 01. ③ 02. ① 03. ④ 04. ③

③ $\dfrac{M-T}{T}[\%]$ ④ $\dfrac{M-T}{M}[\%]$

☞ 지시계기의 오차율 : $\dfrac{M-T}{T} \times 100\,[\%]$

05. 지시 전기계기의 정확성에 의한 분류가 아닌 것은?
① 0.2급　② 0.5급
③ 2.5급　④ 5급

☞ 계기의 계급과 용도

계급	허용차	용도
0.2급	±0.2	계기시험의 부표준기
0.5급	±0.5	휴대용 정밀계기
1.0급	±1.0	소형 휴대용계기
1.5급	±1.5	보통급 공업용 계기
2.5급	±2.5	소형 배전반 계기

06. 다음 중 지시 전기계기에 장시간 전류를 흘린 후 전류를 끊어도 지침이 0으로 되돌아오지 못하는 이유로 가장 알맞은 것은?
① 외부자계 영향
② 자기 가열
③ 스프링의 피로도
④ 정전계의 영향

☞ 스프링 제어
대부분의 지시계기에 사용되며 스프링의 변형에 의해 발생되는 탄력을 제어 토크로 이용하는 방식으로, 비자성의 가느다란 인청동판을 나선이나 와선 모양으로 스프링을 만들어 사용함. 제어 스프링은 도선의 역할을 겸하고 있으므로 전기저항이 낮고, 온도계수가 작으며, 오래 사용하여도 피로가 없는 재질을 사용하여야 한다. 만일 장시간 전류를 흘린 후 전류를 끊어도 지침이 0으로 되돌아오지 못하는 주된 이유는 스프링의 피로도가 증가했기 때문이다.

07. 미소한 전류나 전압의 유무를 검출하는 데 사용되는 계기는?
① 검류계　② 전위차계
③ 회로시험계　④ 오실로스코프

☞ 검류계
㉠ 미소한 전류・전압・전기량을 검출 또는 측정하는 계기. 직류나 교류의 증폭기와 지시계를 맞춘 것이 많이 이용되고 진공관 전위계를 이용하는 방법 등도 있다.
㉡ 비교적 큰 전류의 크기를 측정할 때는 전류계를 사용하지만, 매우 작은 전류를 측정할 때는 검류계를 이용한다.

08. 전류의 측정 범위를 확대하기 위하여 사용되는 것은?
① 배율기　② 분류기
③ 전위차계　④ 계기용 변압기

☞ ㉠ 분류기 : 일정한 전류계로서 큰 전류를 측정하고자 할 때 전류계의 측정 범위를 넓히기 위하여 전류계에 저항을 병렬로 연결한 것
㉡ 배율기 : 일정한 전압계로서 큰 전압을 측정하고자 할 경우 전압계의 측정 범위를 확대할 목적으로 외부의 저항을 전압계와 직렬로 연결한 저항

09. 다음 중 전류계에 대한 설명으로 틀린 것은?
① 전류계의 내부저항이 전압계의 내부저항보다 작다.
② 전류계를 회로에 병렬접속하면 계기가 손상될 수 있다.
③ 직류용 계기에는 (+), (−)의 단자가 구별되어 있다.
④ 전류계의 측정 범위를 확장하기 위해 직렬로 접속한 저항을 분류기라고 한다.

Answer　05. ④　06. ③　07. ①　08. ②　09. ④

④ 전류계의 측정 범위를 확장하기 위해 병렬로 접속한 저항을 분류기라고 한다.

10. 배율기(multiplier)의 설명으로 틀린 것은?
① 전압계와 병렬로 접속한다.
② 전압계의 측정범위가 확대된다.
③ 저항에 생기는 전압강하원리를 이용한다.
④ 배율기의 저항은 전압계 내부 저항보다 크다.

① 전압의 측정 범위를 넓히기 위해 전압계와 직렬로 접속하는 저항을 배율기라고 한다.

11. 내부저항 r인 전류계의 측정범위를 n배로 확대하려면 전류계에 접속하는 분류기 저항(Ω)값은?
① nr
② r/n
③ (n-1)r
④ r/(n-1)

분류기
전류계의 측정범위를 넓히기 위해 전류계에 병렬로 접속하는 저항으로 내부저항 r인 전류계의 측정범위를 n배 넓히기 위해서는 r/(n-1)의 저항을 전류계에 병렬로 연결해야 한다.

12. 전류계와 병렬로 연결되어 전류계의 측정범위를 확대해 주는 것은?
① 배율기
② 분류기
③ 절연저항
④ 접지저항

① 분류기 : 일정한 전류계로서 큰 전류를 측정하고자 할 때 전류계의 측정 범위를 넓히기 위하여 전류계에 저항을 병렬로 연결한 것
② 배율기 : 일정한 전압계로서 큰 전압을 측정하고자 할 경우 전압계의 측정 범위를 확대할 목적으로 외부에 저항을 전압계와 직렬로 연결한 저항

13. 내부저항 90Ω, 최대지시값 100μA의 직류 전류계로 최대지시값 1mA를 측정하기 위한 분류기 저항은 몇 Ω인가?
① 9
② 10
③ 90
④ 100

$\frac{I_s}{I} = 1 + \frac{R}{R_s}$

$\frac{1 \times 10^{-3}}{100 \times 10^{-6}} = 1 + \frac{90}{R_s}$

$\therefore R_s = 10\Omega$

14. 배율기의 저항이 50Ω, 전압계의 내부저항이 25Ω이다. 전압계가 100V를 지시하였을 때, 측정한 전압(V)은?
① 10
② 50
③ 100
④ 300

$\frac{V_m}{V} = 1 + \frac{R_m}{R}$

$V_m = V(1 + \frac{R_m}{R}) = 100(1 + \frac{50}{25}) = 300V$

여기서, 측정전압 : V_m
전압계 전압 : V
배율기 저항 : R_m
전압계 저항 : R

15. 최대눈금 100mA, 내부저항 1.5Ω인 전류계에 0.3Ω의 분류기를 접속하여 전류를 측정할 때 전류계의 지시가 50mA라면 실제 전류는 몇 mA인가?
① 200
② 300
③ 400
④ 600

분류기의 배율
$n = \frac{I}{I_a} = \frac{R_s + r_a}{R_s} = 1 + \frac{r_a}{R_s}$

$\frac{I}{50} = 1 + \frac{1.5}{0.3}$

Answer 10. ① 11. ④ 12. ② 13. ② 14. ④ 15. ②

$$\therefore I = 50 \times \left(1 + \frac{1.5}{0.3}\right) = 300\text{mA}$$

여기서, R_s : 분류기 저항
r_a : 전류계의 내부저항
n : 분류기의 배율
I : 전전류
I_a : 전류계에 흐르는 전류

16. 최대눈금이 100V인 직류전압계가 있다. 이 전압계를 사용하여 150V의 전압을 측정하려면 배율기의 저항(Ω)은? (단, 전압계의 내부저항은 5000Ω이다.)

① 1000   ② 2500
③ 5000   ④ 10000

$$\frac{V_m}{V} = 1 + \frac{R_m}{R}$$

$$R_m = \left(\frac{V_m}{V} - 1\right)R = \left(\frac{150}{100} - 1\right) \times 5000 = 2500\ \Omega$$

여기서, 측정전압 : V_m
전압계 전압 : V
배율기 저항 : R_m
전압계 저항 : R

17. 그림과 같이 직류 전력을 측정하였다. 가장 정확하게 측정한 전력은? (단, R_I : 전류계의 내부저항, R_e : 전압계의 내부저항이다.)

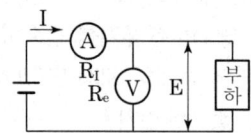

① $P = EI - \dfrac{E^2}{R_e}$ [W]

② $P = EI - \dfrac{E^2}{R_I}$ [W]

③ $P = EI - 2R_e I$ [W]

④ $P = EI - 2R_I I$ [W]

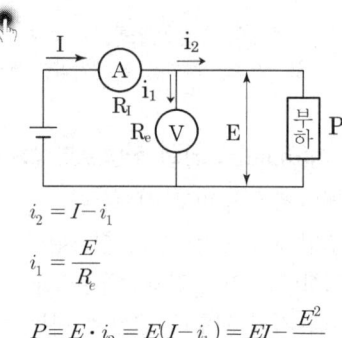

$i_2 = I - i_1$

$i_1 = \dfrac{E}{R_e}$

$P = E \cdot i_2 = E(I - i_1) = EI - \dfrac{E^2}{R_e}$

18. 전류계와 전압계는 내부저항이 존재한다. 이 내부저항은 전압 또는 전류를 측정하고자 하는 부하의 저항에 비하여 어떤 특성을 가져야 하는가?

① 내부저항이 전류계는 가능한 한 커야 하며, 전압계는 가능한 한 작아야 한다.
② 내부저항이 전류계는 가능한 한 커야 하며, 전압계도 가능한 한 커야 한다.
③ 내부저항이 전류계는 가능한 한 작아야 하며, 전압계는 가능한 한 커야 한다.
④ 내부저항이 전류계는 가능한 한 작아야 하며, 전압계도 가능한 한 작아야 한다.

전류계 및 전압계 사용법
① 전압계와 전류계로 사용하여 저항에 걸리는 전압과 전류를 측정하고자 할 때에는 전압계는 저항과 병렬로 연결하고, 전류계는 저항과 직렬로 연결해야 한다.
② 계기에 과부하가 걸리면 파손될 우려가 있으므로 과부하가 걸리지 않도록 주의한다.
③ 가능한 한 전류계의 내부 저항은 작고, 전압계의 내부저항은 큰 것을 사용해야 한다.
④ 전압계 및 전류계를 접속할 때에는 +, - 극성을 올바르게 접속해야 한다.

19. 비전해콘덴서의 누설전류 유무를 알아보는

Answer 16. ② 17. ① 18. ③ 19. ②

데 사용될 수 있는 것은?

① 역률계 ② 전압계
③ 분류기 ④ 자속계

☞ **전압계**
전기회로상 두 점 사이의 전위 차이를 측정하기 위하여 사용하는 기구로 전압계의 측정 범위는 저항의 값을 변경하여 증가 또는 감소시킬 수 있어 비전해콘덴서에서 발생하는 소량의 누설전류를 측정하는데 사용할 수 있다.

20. 직류전압, 직류전류, 교류전압 및 저항 등을 측정할 수 있는 계측기기는?

① 검전기 ② 검상기
③ 메거 ④ 회로시험기

☞ **회로시험기**
저항, 전압, 전류 등을 측정하는 전기계측기로 전기 · 전자 부품을 점검하거나 수리하는 데 이용한다. 측정할 수 있는 것으로는 직류전압, 교류전압, 직류전류, 저항이 있으며, 교류전류는 측정이 불가능하다. 통전시험, 절연시험 등을 할 수 있다.

21. 다음 중 회로시험기로 측정할 수 없는 것은?

① 저항 ② 교류전압
③ 고주파전류 ④ 직류전류

☞ 20번 해설 참고

22. 전기기기 및 전로의 누전 여부를 알아보기 위해 사용되는 계측기는?

① 메거 ② 전압계
③ 전류계 ④ 검전기

☞ **절연저항계(메거, megger)**
전기회로의 절연상태를 조사하는 계기로 전기기기, 부품 및 전기 시설 등의 절연 열화에 의한 감전이나 누전 등의 위험성을 예방하기 위해 사용한다. 인가전압과 누설전류에서 절연저항치를 알 수 있다.

23. 절연저항 측정 시 가장 적당한 방법은?

① 메거에 의한 방법
② 전압, 전류계에 의한 방법
③ 전위차계에 의한 방법
④ 더블브리지에 의한 방법

☞ ① 메거(megger) : $10^6\,\Omega$ 이상의 고저항을 측정하고 절연저항 측정 시 사용

24. 다음 중 절연저항을 측정하는 데 사용되는 계측기는?

① 메거 ② 저항계
③ 켈빈 브리지 ④ 휘트스톤 브리지

☞ 23번 해설 참고
[참고]
③ 켈빈 더블 브리지 : 단자의 접촉 저항이나 리드선의 저항을 무시할 수 있으므로 $0.1\,\Omega$ 이하의 저저항 측정(굵고 짧은 전선의 저항)
④ 휘트스톤 브리지 : 전기저항을 정밀하게 측정하는 장치로 $1\sim10^6\,\Omega$의 중저항 측정

25. 승강기나 에스컬레이터 등의 옥내 전선의 절연저항을 측정하는 데 가장 적당한 측정기기는?

① 메거 ② 휘트스톤 브리지
③ 켈빈 더블 브리지 ④ 콜라우시 브리지

☞ **절연저항계(Megger)**
절연저항계는 옥내 배선 또는 전기기기의 절연저항을 측정할 때 사용하는 기구로, 흔히 메거(megger)라고도 하며 수동식과 자동식이 있다.

Answer 20. ④ 21. ③ 22. ① 23. ① 24. ① 25. ①

[참고]
③ 콜라우시 브리지 : 미끄럼 저항선을 사용하고, 전원에 가청 주파수의 교류를 사용하는 점이 특색이며, 전지의 내부저항이나 전해액의 도전율 측정

26. 전압을 인가하여 전동기가 동작하고 있는 동안에 교류전류를 측정할 수 있는 계기는?

① 후크미터(클램프 미터)
② 회로시험기
③ 절연저항계
④ 어스 테스터

👉 **후크미터(클램프 미터)**
클램프형 전류계로서, 전기회로를 열거나 분리하지 않고 전류를 측정하기 위해서 사용하는 변류기 내장형의 전류계이다. 고정밀을 요하는 측정에는 어려운 점이 있으나, 전기설비의 보수나 안전상의 용도에는 적합하다.

27. 켈빈 더블 브리지로 저저항을 측정할 수 있는 이유로서 알맞은 것은?

① 단자의 접촉저항이나 리드선의 저항을 무시할 수 있으므로
② 검류기의 감도가 매우 양호하므로
③ 저저항과 비교될 수 있으므로
④ 표준저항과 비교될 수 있으므로

👉 **켈빈 더블 브리지**
단자의 접촉저항이나 리드선 저항을 무시할 수 있으므로 0.1Ω 이하의 저저항 측정(굵고 짧은 전선의 저항)

28. 다음과 같은 회로에서 i_2가 0이 되기 위한 C의 값은? (단, L은 합성인덕턴스, M은 상호인덕턴스이다.)

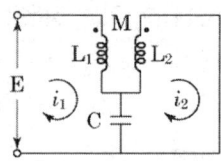

① $\dfrac{1}{\omega L}$ ② $\dfrac{1}{\omega^2 L}$
③ $\dfrac{1}{\omega M}$ ④ $\dfrac{1}{\omega^2 M}$

👉 문제의 회로(캠벨 브리지 회로)는 직렬접속이 가극성이므로 등가회로도는

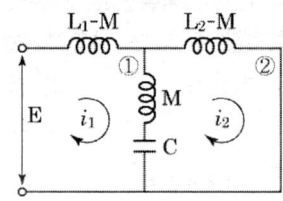

loop ②에 키르히호프의 전압법칙(KVL)을 적용하면

$$j\omega(L_2-M)I_2 + \dfrac{1}{j\omega C}(I_2-I_1) + j\omega M(I_2-I_1) = 0$$

$I_2 = 0$이므로 위 식은

$$-\dfrac{1}{j\omega C}I_1 - j\omega MI_1 = 0 \rightarrow \dfrac{1}{\omega C} = \omega M$$

$$\therefore C = \dfrac{1}{\omega^2 M}$$

29. 예비전원으로 사용되는 축전지의 내부저항을 측정할 때 가장 적합한 브리지는?

① 캠벨 브리지   ② 맥스웰 브리지
③ 휘트스톤 브리지   ④ 콜라우시 브리지

👉 **콜라우시 브리지**
직류 슬라이드 브리지의 전원을 교류로 하고 직류 검류계(수화기)를 쓴 것으로 접지저항이나 전해액의 저항과 같이 성극작용이 있는 저저항 측정에 적당하다.
[참고]
① 캠벨 브리지 : 가청주파수를 측정할 때 사용하는 주파수 브리지의 일종

Answer 26. ① 27. ① 28. ④ 29. ④

② 맥스웰 브리지 : 브리지에 인덕턴스를 포함한 것으로 교류를 가하여 미지의 인덕턴스를 측정하는 브리지
③ 휘트스톤 브리지 : 미지의 저항을 보다 정밀하게 측정할 수 있는 방법으로 고안된 기구

30. 전압의 실효값이 100V, 주파수 60Hz인 교류를 직류용 가동코일형 계기를 사용하여 그림과 같이 측정하였다. 전압계의 눈금은 약 몇 V인가? (단, 전압계의 내부저항 R의 값은 충분히 크다고 한다.)

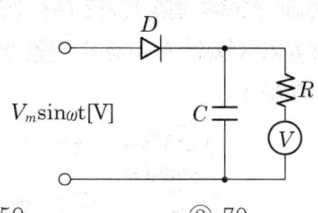

① 50 ② 70
③ 100 ④ 141

👉 $E_m = \sqrt{2}\,E = \sqrt{2} \times 100 = 141\text{V}$

31. 단상 교류전력을 측정하는 방법이 아닌 것은?

① 3전압계법 ② 3전류계법
③ 단상전력계법 ④ 2전력계법

👉 **2전력계법**
단상 전력계 2대를 접속하여 3상 전력을 측정하는 방법으로 불평형 부하 전력도 측정할 수 있다.

32. 다음과 같은 회로에 전압계 3대와 저항 10Ω을 설치하여 V_1=80V, V_2=20V, V_3=100V의 실효치 전압을 계측하였다. 이때 순저항 부하에서 소모하는 유효전력은 몇 W인가?

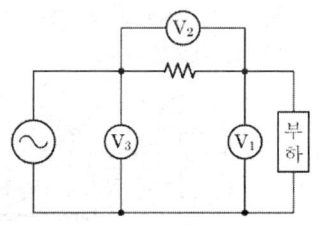

① 160 ② 320
③ 460 ④ 640

👉 $P = V_1 I \cos\theta$
$= V_1 \times \dfrac{V_2}{R} \times \dfrac{V_3^2 - V_1^2 - V_2^2}{2V_1 V_2}$
$= \dfrac{1}{2R}(V_3^2 - V_1^2 - V_2^2)$
$= \dfrac{1}{2 \times 10}(100^2 - 80^2 - 20^2) = 160\text{W}$

33. 고압 전기기기의 절연저항 측정에 관한 사항으로 틀린 것은?

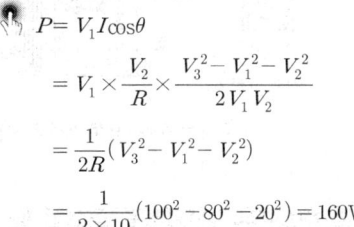

① 절연저항은 무한대의 값을 갖는 것이 가장 이상적이다.
② 메거의 선(L)단자에 기기의 코일 단자를 연결한다.
③ 메거의 접지(E)단자에 기기 외함을 연결한다.
④ 절연저항의 측정치는 10Ω 이하가 적당하다.

👉 **전기기기 절연 측정방법**
L단자에 전동기나 변압기의 코일단자를 연결하고 E단자를 외함에 연결하여 측정한다. 절연저항은 무한대에 가까울수록 절연상태에 가까워지므로 이상적이고, 보통 고압 전기기

Answer 30. ④ 31. ④ 32. ① 33. ④

기의 경우 절연 저항측정값은 3MΩ 이상이면 양호한 편으로 본다.

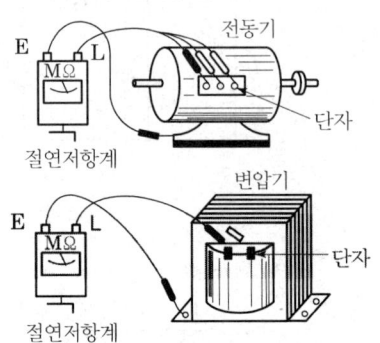

[전기기기의 절연저항측정]

34. 2전력계법으로 3상전력을 측정할 때 전력계의 지시가 W_1=200W, W_2=200W이다. 부하전력(W)은?

① 200 ② 400
③ $200\sqrt{3}$ ④ $400\sqrt{3}$

부하전력(P)
$P = W_1 + W_2 = 200 + 200 = 400W$

35. 다음 회로와 같이 외전압계법을 통해 측정한 전력(W)은? (단, R_i : 전류계의 내부저항, R_e : 전압계의 내부저항이다.)

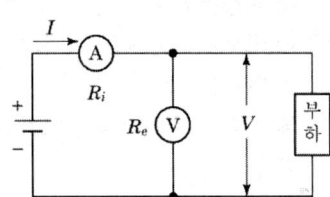

① $P = VI - \dfrac{V^2}{R_e}$ ② $P = VI - \dfrac{V^2}{R_i}$
③ $P = VI - 2R_e I$ ④ $P = VI - 2R_i I$

전력(P)

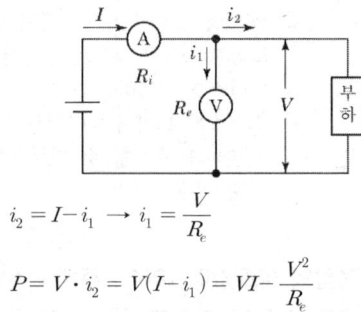

$i_2 = I - i_1 \rightarrow i_1 = \dfrac{V}{R_e}$

$P = V \cdot i_2 = V(I - i_1) = VI - \dfrac{V^2}{R_e}$

36. 다음 그림과 같은 회로에서 전력계 W와 직류전압계 V의 지시가 각각 60W, 150V일 때 부하 전력은 얼마인가? (단, 전력계의 전류코일의 저항은 무시하고 전압계의 저항은 1kΩ이다.)

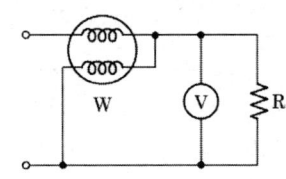

① 27.5W ② 30.5W
③ 34.5W ④ 37.5W

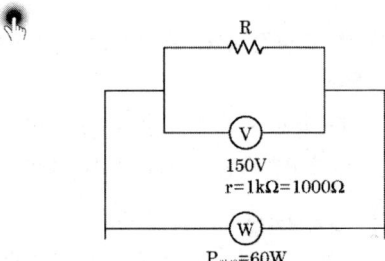

① $R_{전체} = \dfrac{V^2}{P_{전체}} = \dfrac{22500}{60} = 375\,\Omega$

② $R_{전체} = \dfrac{Rr}{R+r} = \dfrac{1000R}{1000+R} = 375$
$375000 + 375R = 1000R$
$R = 600\,\Omega$

③ 부하전력
$P = \dfrac{V^2}{R} = \dfrac{150^2}{600} = 37.5W$

Answer 34. ② 35. ① 36. ④

37. 3상전력을 측정하는 3전력계법에서 각 상의 전력계의 지시값은 어떤 값을 나타내는가?
① 최댓값
② 순시값
③ 실효값
④ 평균값

🖐 단상 전력계 3대를 그림과 같이 접속하여 측정하는 방법으로 각 상의 전력계의 지시값은 평균값을 나타낸다.

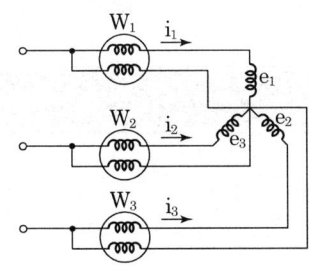

Answer 37. ④

chapter 04 전기기기

1. 직류발전기

(1) 직류발전기 원리

기계적 에너지를 전기적 에너지로 변환하는 장치로 자극 N, S에 의하여 만들어지는 자계 안에서 도체를 일정한 속도로 회전시키면 도체에는 교류기전력이 유도된다.

(2) 직류발전기의 구조

① 전기자(armature)
  ㉠ 자속을 끊어서 기전력을 유도하는 장치를 말한다.
  ㉡ 철손(와류손)을 감소하기 위하여 규소강판으로 성층한다.
② 계자(field) : 전기자가 쇄교하는 자속을 만들어 주는 장치로 계자권선, 계자철심, 자극편, 계철로 구성되어 있다.
③ 정류자(commutator) : 전기자 권선에서 발생한 교류를 직류로 변환하는 장치
④ 브러시(brush) : 정류자면에 접촉해서 전기자 권선과 외부회로를 연결하는 장치

① 직류기 3대 요소 : 계자, 전기자, 정류자
② 전기자 철심은 규소강판으로 성층한다.
  • 철심 : 두께 0.35~0.5mm, 규소함유량 : 1~1.4%
  • 이유 : 철손(히스테리시스손, 와류손) 감소
② 브러시의 구비 조건
  • 기계적 강도가 클 것   • 내열성, 내마모성이 클 것
  • 접촉저항이 클 것   • 전기저항, 마찰저항이 작을 것

(3) 유도기전력, 규약효율

① 유도기전력

　㉠ 유도기전력 : $E = \dfrac{PZ\phi N}{60a}$ [V]

　　여기서, 자속 : ϕ[Wb]　　회전수 : N[rpm]　　극수 : P
　　　　　　병렬 수 : a　　　전기자 도체 수 : Z

② 발전기의 규약효율

$$\eta = \dfrac{출력}{출력+손실} \times 100 [\%]$$

(4) 전기자 반작용(직류발전기, 직류전동기 공통사항)

전기자 전류에 의한 자속이 계자 자속에 영향을 미쳐서 공극의 자속분포를 변화시키는 현상

전기자 반작용의 영향
① 주자속이 감소한다.
　㉠ 발전기 → 유도기전력이 감소한다.
　㉡ 전동기 → 토크가 감소한다.
② 중성축이 이동한다.
　㉠ 발전기 → 회전방향과 같은 방향으로 이동한다.
　㉡ 전동기 → 회전방향과 반대 방향으로 이동한다.
③ 정류자편과 브러시 사이에 높은 전압이 발생하여 불꽃이 발생되어 정류가 불량하게 된다.

전기자 반작용의 방지방법
① 보상권선을 설치(가장 유효한 방법)
　자극편에 전기자 권선과 평행하게 슬롯을 만들고 여기에 권선을 하여 전기자권선과 직렬로 접속하는 방식이다.
② 보극을 설치 : 주자속 중간 위치에 보조자극을 설치하는 방식이다.

(5) 정류

교류를 직류로 변환시키는 것

① 정류를 양호하게 하는 방법
　㉠ 전압정류 : 보극을 설치한다.
　㉡ 저항정류 : 접촉저항을 크게 하기 위해 탄소질 브러시를 사용한다.
　㉢ 리액턴스 전압을 작게 한다.
　㉣ 정류주기를 길게 한다.
　㉤ 코일의 자기인덕턴스(L)를 작게 한다.

(6) 직류발전기의 분류

① 타여자발전기

다른 직류 전원으로부터 계자전류를 받아서 계자 자속을 만드는 발전기
　㉠ 특징
　　ⓐ 전압강하가 작다.
　　ⓑ 광범위하고 안정하게 전압을 조정할 수 있다.
　　ⓒ 용도 : 대형 직류기, 교류발전기의 여자기

② 자여자발전기

자체에서 발생한 유도기전력에 의해서 계자전류를 통하여 여자하는 발전기이다.
　㉠ 직권발전기 : 계자 권선과 전기자 권선이 직렬로 접속되어 있는 방식
　　ⓐ 특징
　　　• 부하 변화에 따라 단자전압의 변동이 심하다.
　　　• 용도 : 승압기
　㉡ 분권발전기 : 계자 권선과 전기자 권선이 병렬로 접속되어 있는 방식
　　ⓐ 특징
　　　• 전압변동률이 작고 어느 범위 내에서 전압 조정을 할 수 있다.
　　　• 용도 : 전기 화학용, 전지 충전용, 동기기 여자용
　㉢ 복권발전기 : 두 개의 계자 권선(분권 계자 권선과 직권 계자 권선)을 가지고 있는 방식
　　ⓐ 종류
　　　• 가동복권발전기 : 부하의 증감에 관계없이 단자 전압을 일정하게 유지할 수 있다.
　　　• 차동복권발전기 : 부하의 증가에 따라 단자 전압이 저하되나 부하저항을 어떤 값 이하로 감소하여도 전류가 일정하게 되므로 정전류를 얻는 데 사용한다.

(7) 직류발전기의 병렬운전

① 병렬운전 조건

병렬운전 목적	병렬운전 조건
• 1대의 발전기로 용량이 부족할 때 • 예비설비 및 수리점검이 유리 • 부하변동이 심한 수용가	• 극성이 일치할 것 • 단자전압이 일치할 것 • 외부특성이 수하특성일 것

② 균압선 설비

설치 목적	병렬운전을 안전하게 운전하기 위해
설치 기계	직권발전기, 복권발전기

2 직류전동기

전기적 에너지를 기계적 동력으로 변환하는 장치이다.

(1) 직류전동기의 원리

자극 N과 S극 사이에 코일을 두고 단자에 전압을 가하면 전기자에 전류가 흐르게 된다. 이에 전류와 자계의 작용으로 전기자 권선에 플레밍의 왼손법칙에 의해 힘이 작용하여 토크가 발생되어 전동기를 회전한다. 구조는 직류발전기와 같다.

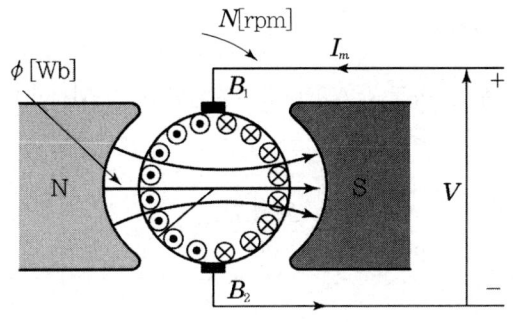

(2) 토크, 역기전력, 회전속도, 속도변동률, 기계적 출력

① 토크(T)

$$T = \frac{P}{\omega} = \frac{PZ\phi I_a}{2\pi a} = K\phi I_a [\text{N} \cdot \text{m}]$$

여기서, 도체가 받는 힘 : $F = BI_a l$[N] 전기자 전류 : I_a[A]
극수 : P 전기자 도체 수 : Z
병렬 수 : a 자속 : ϕ[Wb]
출력 : P[W] 각속도 : $\omega = \frac{2\pi N}{60}$[rad/s]
회전수 : N[rpm] 상수 : $K = \frac{PZ}{2a\pi}$

② 역기전력(E_c)

$$E_c = V - I_a R_a [\text{V}]$$

여기서, 단자전압 : V[V], 전기자 전류 : I_a[A], 전기자 저항 : R_a[Ω]

③ 회전속도

$$N = K\frac{E_c}{\phi} = K\frac{V - I_a R_a}{\phi} [\text{rpm}]$$

> **참고 — 회전 속도 제어**
> 계자 자속 ϕ, 단자 전압 V, 전기자 회로의 저항 R_a 셋 중 어느 하나를 변화시키면 된다.

④ 속도변동률

$$\varepsilon = \frac{N_o - N}{N} \times 100 [\%]$$

여기서, 무부하 속도 : N_o[rpm], 정격 속도 : N[rpm]

⑤ 기계적 출력

$$P_m = EI_a = \frac{P}{a}z\phi \cdot \frac{N}{60} \cdot I_a = \frac{2\pi NT}{60} [\text{W}]$$

(3) 직류전동기의 종류 및 특성, 용도

① 타여자전동기
  ㉠ 부하변동에 대한 속도의 감소가 매우 작다.
  ㉡ 세밀하고 광범위한 속도제어를 할 수 있다.
  ㉢ 정속도 전동기이다.
  ㉣ 용도 : 대형 압연기, 엘리베이터
② 분권전동기
  ㉠ 계자 조정에 의해서 광범위 속도제어를 할 수 있다.
  ㉡ 토크는 부하전류에 비례하고 기동 토크는 크지 않다.
  ㉢ 정속도 전동기이다.
  ㉣ 용도 : 공작기계, 펌프, 제철용 압연기, 권상기, 제지기
③ 직권전동기
  ㉠ 토크는 전류의 제곱에 비례하고 기동 토크가 상당히 크다.
  ㉡ 속도는 부하전류에 반비례한다.
  ㉢ 기동이 빈번하고 토크 변동이 큰 곳에 사용된다.
  ㉣ 가변속도 전동기이다.
  ㉤ 용도 : 전차, 기중기
④ 복권전동기
  ㉠ 가동 복권전동기 : 분권전동기와 직권전동기의 중간 특성을 가지고 있으며 기동 토크가 크다.
  ㉡ 차동 복권전동기 : 직권계자권선의 기자력이 분권 권선의 기자력을 상쇄하도록 작용하며 기동 토크가 매우 작을 경우에는 역전의 위험성이 있다.(크레인, 엘리베이터, 공작기계, 공기압축기)

(4) 직류전동기의 속도제어법

① 속도제어법
  ㉠ 계자제어법 : 분권 계자권선과 직렬로 접속한 계자 조정기의 저항을 가감하여 자속을 변화시켜 속도를 제어하는 방법으로 정출력 가변속도 방식
  ㉡ 직렬저항법 : 전자권선과 직렬로 접속한 직렬저항을 가감하여 속도를 제어하는 방

법으로 정토크 가변속도 방식

구 분	효 율	특 징
전압제어	효율이 좋다.	• 광범위 속도제어 • 일그너 방식(부하가 급변하는 곳) • 워드 레오나드 방식 • 정토크 제어
계자제어	효율이 좋다.	• 세밀하고 안정된 속도제어 • 속도조정 범위 좁다. • 정출력 구동방식
저항제어	효율이 나쁘다.	• 속도조정 범위 좁다.

※ 효율이 큰 순서 : 전압제어 > 계자제어 > 저항제어

ⓒ 전압제어법 : 직류 가변 전압 전원장치를 설치하여 단자전압을 가감하여 속도를 제어하는 방법으로 광범위 속도제어 방식(엘리베이터, 전차운전에 적용)
　ⓐ 워드 레오나드 방식(Ward Leonard system) : 직류전동기를 사용하여 보조발전기를 운전하는 방법과 사이리스터(SCR)를 이용하여 위상제어에 따른 속도제어 방법이 있으며 광범위 속도 조정이 가능하다.
　ⓑ 일그너 방식(Ilgner syetem)
　　• 직류전동기 대신 유도전동기를 사용하고 축에 플라이 휠(fly wheel)을 붙인 방식
　　• 제어범위가 넓고 손실도 거의 없지만 설비비가 고가
　ⓒ 초퍼 제어(chopper control) 방식 : 지하철 및 전철의 견인용 전동기의 속도 제어에 저항을 이용한 종래의 방식을 이 초퍼 제어방식으로 대치함으로써 종래 저항 제어에서 발생하던 열이 없어지고 전력의 손실이 작아진다.
　ⓓ 직·병렬 제어(series parallel control) 방식
② 회전방향 변경
　㉠ 입력단자의 극성을 바꾼다.
　㉡ 즉, 전기자 권선과 계자권선 중 하나만을 반대로 연결하면 된다.

(5) 전기 제동

① 발전 제동

운전 중의 전동기를 전원으로부터 끊어 발전기로 동작시키면 회전부가 갖는 기계적 에너지를 전기에너지로 바꿔 저항기 내에서 열로 소비시켜 제동하는 방식

② 역전 제동(플러깅)

전동기를 전원에 접속한 상태로 전기자의 접속을 바꾸어 회전방향과 반대의 토크를 발생하여 급속히 정지시키는 방법을 플러깅(plugging)이라 한다.

③ 회생 제동

제동 시 전기자에 발생되는 역기전력을 전원전압보다 크게 하여 역기전력을 전원측으로 반환시켜서 제동하는 방식으로 케이블카 등에 쓰이는 방식

(6) 효율 및 손실

① 실측효율

$$\eta = \frac{출력}{입력} \times 100 [\%]$$

② 규약효율

$$\eta_{전동기} = \frac{입력 - 손실}{입력} \times 100 [\%]$$

$$\eta_{발전기} = \frac{출력}{출력 + 손실} \times 100 [\%]$$

③ 손실

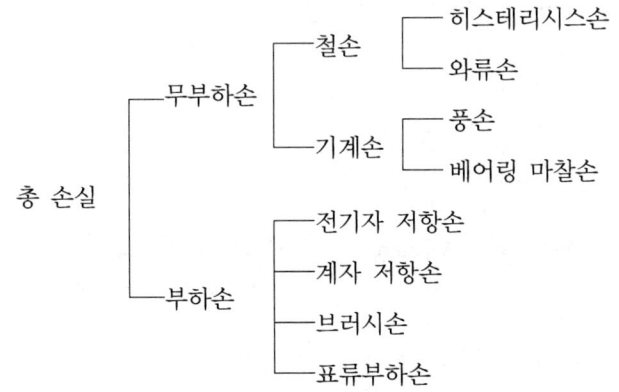

> **최대효율조건**
> ① 발전기 : 무부하손(고정손)=부하손(가변손)
> ② 변압기 : 철손(P_i)=동손(P_c)

(7) 절연재료의 허용온도

절연의 종류	Y종	A종	E종	B종	F종	H종	G종
최고허용온도[℃]	90	105	120	130	155	180	180 초과

3 유도전동기

(1) 유도전동기

전자유도작용을 이용한 전동기로서 직류전동기와 달리 정류자와 브러시가 필요하지 않아 고장이 적고 유지 보수가 편리하다.

(2) 속도와 슬립

① 동기 속도(회전자계의 속도)

$$N_s = \frac{120f}{P}[\text{rpm}]$$

여기서, 극수 : P, 주파수 : $f[\text{Hz}]$

② 슬립

$$s = \frac{N_s - N}{N_s} \times 100[\%] = \frac{f_2}{f_1} \times 100[\%]$$

여기서, 동기속도 : $N_s[\text{rpm}]$ 실제속도 : $N[\text{rpm}]$
주파수 : $f_1[\text{Hz}]$ 회전자 주파수 : $f_2[\text{Hz}]$

③ 실제속도(회전자의 회전속도)

$$N = (1-s)N_s = \frac{120f}{P}(1-s)[\text{rpm}]$$

여기서, 동기속도 : $N_s[\text{rpm}]$, 실제속도 : $N[\text{rpm}]$, 슬립 : s

④ 회전방향 변경 : 유도전동기의 3선 중 임의의 2선을 반대로 바꾸어 접속

(3) 전력, 토크, 효율

① 1차 입력

$$P = \sqrt{3}\, V_l I_l = 3 V_p I_p [\text{W}]$$

여기서, 선간전압, 상전압 : V_l, V_p, 선전류, 상전류 : I_l, I_p

② 2차 출력과 동손의 관계

㉠ $P = P_2 - P_{c2} = P_2 - sP_2 = (1-s)P_2 [\text{W}]$

㉡ $P_{c2} = sP_2$

여기서, 2차 입력(회전자 입력) : $P_2[\text{W}]$, 2차 동손 : P_{c2}, 슬립 : s

③ 토크

$$T = \frac{P}{\omega} = \frac{P_2}{2\pi N_s} [\text{N}\cdot\text{m}]$$

여기서, 2차 입력 : $P_2[\text{W}]$ 2차 출력 : $P[\text{W}]$
  각속도 : $\omega[\text{rad/s}]$ 동기속도 : $N_s[\text{rps}]$

④ 전부하 슬립(발생 슬립)

$$s_2 = s_1 \times \left(\frac{V_1}{V_2}\right)^2$$

여기서, 발생전압에서의 전부하 슬립 : s_2
  정격전압에서의 전부하 슬립 : s_1
  정격전압, 발생전압 : V_1, V_2

⑤ 효율

㉠ $\eta = \dfrac{\text{입력} - \text{손실}}{\text{입력}} \times 100 [\%]$

㉡ $\eta = \dfrac{P}{\sqrt{3}\times V_l \times I_l \times \cos\theta_1} \times 100 [\%]$

여기서, 3상 유도전동기 출력 : $P[\text{W}]$
  선간전압, 선전류 : V_l, I_l
  역률 : $\cos\theta_1$

(4) 유도전동기의 역률 제어

① 역률 개선 : 무부하 유도전동기는 역률이 나쁘지만 부하를 증가하면 역률이 좋아지는 이유는 전 전류에 대한 유효전류가 증가하기 때문

② 역률 개선용 콘덴서 용량(Q_c)

$$Q_c = P\left(\frac{\sqrt{1-\cos\theta_1^{\,2}}}{\cos\theta_1} - \frac{\sqrt{1-\cos\theta_2^{\,2}}}{\cos\theta_2}\right)[\text{kVA}]$$

여기서, $\cos\theta_1$: 개선 전 역률, $\cos\theta_2$: 개선 후 역률

(5) 유도전동기의 종류

① 농형 유도전동기

회전자가 구리 또는 알루미늄 막대를 단락고리로 단락한 것을 비뚤어진 홈 속에 넣은 구조이다.

② 권선형 유도전동기

회전자가 반개형으로 고정자가 만드는 자극과 같은 수의 자극이 되도록 3상 파권 Y 결선을 한다.

(6) 유도전동기의 기동법

① 농형 유도전동기의 기동법

㉠ 전전압기동법 : 출력이 5kW 이하의 소형에 사용한다.

㉡ Y-Δ기동법 : 5~15kW 이하에 사용되며, 기동 전류와 기동 토크가 $\frac{1}{3}$로 감소된다.

㉢ 기동보상기법 : 15kW 이상의 전동기에 사용되며, 탭 전압은 정격전압의 50%, 65%, 80%를 표준으로 한다.

㉣ 리액터기동법 : 전전압 기동법으로는 기동전류가 큰 경우 1차측에 직렬로 리액터를 접속하고 기동 완료 후에 리액터를 개폐기로 단락시키는 방법이다.

② 권선형 유도전동기의 기동법

㉠ 2차 저항 제어법 : 비례추이의 원리를 이용하여 기동 전류는 작게 하고 기동 토크는 크게 한다.

① 3상 유도전동기에서 2차 저항을 줄이려면?
- 최대 토크는 변하지 않고 기동 역률은 증가한다.
- 최대 토크일 때의 슬립은 커지고, 전부하 효율과 속도가 저하된다.
- 기동 전류는 감소하나 기동 토크는 증가한다.

② 60Hz의 유도전동기를 50Hz에 사용하면
- 속도가 5/6로 떨어진다.
- 여자 전류가 증가하고 역률이 떨어진다.
- 온도 상승이 증가한다.
- 최대 토크는 증가한다.
- 기동전류가 증가한다.

(7) 유도전동기의 속도제어법

① 농형 유도전동기의 속도제어법

㉠ 주파수 변환법 : 주파수 변화에 대하여 자속이 일정하도록 전원전압을 주파수에 비례해서 변화시키는 방법이다.

㉡ 극수 변환법 : 동일 권선의 접속을 직렬 또는 병렬로 바꿔 접속하여 2 : 1의 2단 속도를 얻는 방법이다.

㉢ 종속법 : 2개의 유도전동기를 직결하고 속도를 제어하는 방법이다.

ⓐ 직렬종속법 : $N = \dfrac{120f}{P_1 + P_2}$ [rpm]

ⓑ 차동종속법 : $N = \dfrac{120f}{P_1 - P_2}$ [rpm]

ⓒ 병렬종속법 : $N = \dfrac{2 \times 120f}{P_1 + P_2}$ [rpm]

② 권선형 유도전동기의 속도제어법

㉠ 저항 제어법(슬립 제어) : 비례추이를 이용하여 2차 회로의 저항을 변화시켜서 슬립을 바꾸어 속도를 제어하는 방법이다.

㉡ 2차 여자법(슬립 제어) : 2차 회로에 슬립 주파수의 기전력을 가감하여 속도를 제어하는 방법이다.

ⓒ 종속법 : 농형 유도전동기의 속도제어법과 같다.

유도전동기의 속도제어법 요약

농형	권선형
주파수 제어법	2차 저항법
극수 변환법	종속법
전압제어법	2차 여자법

(8) 단상 유도전동기

① 콘덴서 기동형 : 기동권선에 저항 대신 콘덴서를 접속하면 기동 토크가 크고 역률이 좋다.

② 셰이딩 코일형
  ㉠ 고저항 단락권선인 셰이딩 코일을 홈에 삽입시키는 방법
  ㉡ 회전방향을 바꿀 수 없고 기동 토크가 작아 소형 전동기에 사용

③ 반발기동형 : 직류전동기와 같은 권선 및 정류자가 있고 기동 토크가 가장 크다.

④ 분상기동형 : 단상전동기에 보조권선을 설치하여 단상 전원에 위상이 다른 전류를 흘려서 기동하는 방법

토크가 큰 순서

반발기동형 > 반발 유도형 > 콘덴서 기동형 > 콘덴서 운전형 > 분상 기동형 > 셰이딩 코일형 > 모노사이클릭형

4 동기기

정상 운전상태에서 동기속도(회전 자기장의 회전속도)로 회전하는 교류 전기기계로, 비교적 낮은 회전수로 큰 출력이 요구되는 부하에 사용

(1) 종류

동기발전기(수차, 증기 터빈 발전기), 동기전동기

(2) 동기속도

$$N_s = \frac{120f}{P} \text{[rpm]}$$

(3) 동기전동기의 특징

장 점	단 점
① 효율이 좋고 정속도 전동기이다.	① 기동 토크가 작고 기동하는 데 손이 많이 간다.
② 역률이 1 또는 앞서는 역률로 운전이 가능하다.	② 직류여자가 필요하다.
③ 공극이 넓어 기계적으로 튼튼하고 보수가 용이하다.	③ 난조가 일어나기 쉽다.

(4) 동기발전기의 병렬운전

① 기전력의 크기가 같을 것 ② 기전력의 위상이 같을 것
③ 기전력의 주파수가 같을 것 ④ 기전력의 파형이 같을 것
⑤ 상회전이 같을 것

(5) 난조

난조 발생 원인	난조 방지
① 원동기의 조속기 감도가 지나치게 예민한 경우	제동권선을 설치
② 원동기의 토크에 고조파의 토크가 포함된 경우	
③ 전기자 회로의 저항이 상당히 큰 경우	
④ 부하가 맥동할 경우	

(6) 안정도 향상 대책

① 정상 과도 리액턴스를 작게 하고, 단락비를 크게 한다.
② 영상 임피던스와 역상 임피던스를 크게 한다.
③ 회전자 관성을 크게 한다.(플라이휠 효과)
④ 속응 여자 방식을 채용한다.
⑤ 조속기 동작을 신속히 한다.

5 변압기

교류 전기회로에서 전압을 증가 또는 감소시켜 다른 교류 전기회로로 전기에너지를 전달하는 기구. 전자 유도작용에 의하여 1차측 코일에 교류전압을 가하면 2차측 코일에는 1, 2차 코일의 권수비에 비례하는 유도기전력이 발생한다.

(1) 변압기의 이론

① 권선비(주파수와는 무관)

$$a = \frac{N_1}{N_2} = \frac{E_1}{E_2} = \frac{I_2}{I_1} = \sqrt{\frac{Z_1}{Z_2}}$$

여기서, 1차, 2차 권수 : N_1, N_2 1차, 2차 유도기전력 : $E_1[V]$, $E_2[V]$
1차, 2차 전류 : $I_1[A]$, $I_2[A]$ 1차, 2차 임피던스 : $Z_1[\Omega]$, $Z_2[\Omega]$

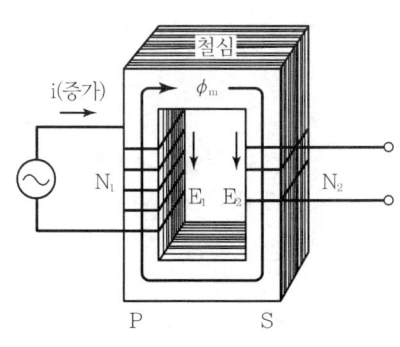
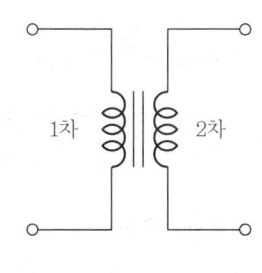

② 전압변동률

$$\varepsilon = \frac{V_{2o} - V_{2n}}{V_{2n}} \times 100 \, [\%]$$

여기서, 2차 무부하 전압 : $V_{2o}[\text{V}]$, 2차 정격 전압 : $V_{2n}[\text{V}]$

③ 부하손실

부하손 $P_r = P_c + P_s \, [\text{W}]$

여기서, 동손(저항손) : $P_c[\text{W}]$, 표류부하손 : $P_s[\text{W}]$

④ 임피던스 전압강하율

$$Z = \frac{V_s}{V_{1n}} \times 100 \, [\%] = \frac{I_{1n}}{I_s} \times 100 \, [\%]$$

여기서, 임피던스 전압 : $V_s[\text{V}]$ 1차 정격전압 : $V_{1n}[\text{V}]$
　　　 단락전류 : $I_s[\text{A}]$ 1차 정격전류 : $I_{1n}[\text{A}]$

> **참고 - 임피던스 전압**
> 변압기 2차를 단락하고 1차측에 정격 전류가 흐를 때까지만 인가하는 전압

⑤ 변압기 효율

㉠ 규약효율

$$\eta = \frac{\text{입력} - \text{손실}}{\text{입력}} \times 100 \, [\%] = \frac{\text{출력}}{\text{출력} + \text{손실}} \times 100 \, [\%]$$

ⓒ 전부하효율

$$\eta = \frac{P\cos\theta}{P\cos\theta + P_i + P_c} \times 100[\%]$$

여기서, 변압기의 정격출력 : P 2차 역률 : $\cos\theta$
철손 : $P_i[W]$ 동손 : $P_c[W]$

ⓒ 최대효율 조건
  ⓐ 전부하인 경우 : 철손(P_i)=동손(P_c)
  ⓑ $\frac{1}{m}$ 부하인 경우 : $P_i = \left(\frac{1}{m}\right)^2 P_c \rightarrow \frac{1}{m} = \sqrt{\frac{P_i}{P_c}}$

⑥ 변압기의 손실

손실 종류			손실 내용
무부하손	철손	히스테리시스손	철심 중에서 자속밀도가 변할 때 생김
		와류손	철심 내에 발생하는 와전류에 의한 손실
	유전체		절연물 중에서 발생하는 손실
부하손	동손	저항손	권선의 저항에 의한 손실
		와류손	권선 내의 와전류에 의한 손실
	표류(漂流)부하손		누설자속에 의해 외함 등에서 생기는 손실

(2) 변압기 3상 결선의 특징

V-V 결선	• 3상 전력을 공급 • 설치방법이 간단하고 소용량이며 가격이 저렴 • 설비의 이용률이 86.6%, 출력비가 Δ 결선에 비해 57.7% 저하된다. • 부하의 상태에 따라 2차 단자전압이 불평형이 될 수 있다.
Δ-Δ결선	• 고조파 전류가 생기지 않아 통신장애가 없다 • 변압기 1대가 고장나면 V-V 결선으로 운전하여 3상전력 공급가능 • 중성점 접지를 할 수 없다. • 상전압=선간전압

결선	특징
Y-Y결선	• 중성점을 접지할 수 있다. • 상전압=선간전압/$\sqrt{3}$ • 제3고조파가 발생하여 통신선 유도장해를 일으킨다.
Δ-Y결선, Y-Δ결선	• Y 결선으로 중성점을 접지할 수 있다. • Δ 결선으로 제3고조파가 생기지 않는다. • Δ-Y는 송전단에 Y-Δ는 수전단에 설치한다. • 1차와 2차의 전압 사이에 30°의 변위가 발생한다.

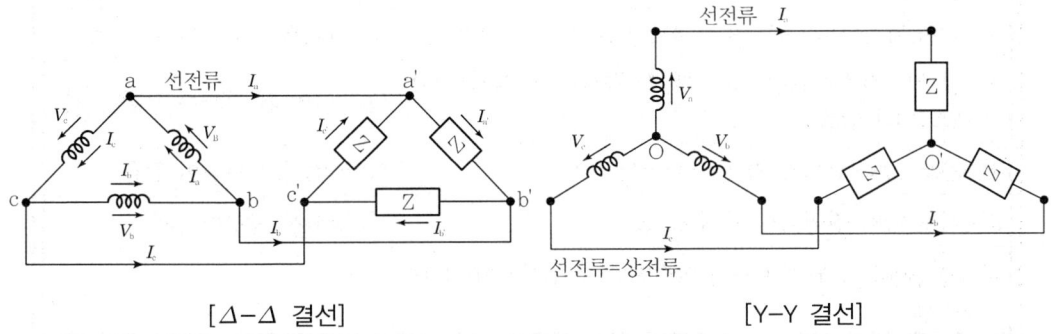

[Δ-Δ 결선]   [Y-Y 결선]

⑤ 2대의 단상변압기를 사용해서 3상을 2상으로 변환하는 결선 방법

  ㉠ 스코트 결선(Scott connection) : 일명 T결선이라 한다.

    ⓐ 결선의 출력 $P = \sqrt{3}\, V_1 V_2$

    ⓑ 변압기 이용률= $\dfrac{\sqrt{3}\,P}{2P}$ = 86.6%

  ㉡ 메이어 결선(meyer connection)

  ㉢ 우드브리지 결선(wood bridge connection)

(3) 변압기 절연내력시험

유도시험, 가압시험, 충격전압시험

(4) 변압기 절연유의 구비 조건

① 절연내력이 커야 한다.

② 점도가 낮아 유동성이 좋아야 한다.

③ 인화점이 높아야 한다.

④ 응고점이 낮아야 한다.
⑤ 화학적으로 안정성이 높아야 한다.
⑥ 인체에 무해하고 독성이 없어야 한다.

(5) 변압기 및 동기발전기 병렬운전 조건

변압기	동기발전기
① 각 변압기의 극성이 같을 것	① 기전력의 크기가 같을 것
② 각 변압기의 권수비 및 1, 2차의 정격전압이 같을 것	② 기전력의 위상이 같을 것
③ 각 변압기의 %임피던스 강하가 같으며, 저항과 리액턴스비가 같을 것	③ 기전력의 주파수가 같을 것
④ 온도 상승 한도가 가능한 한 같을 것	④ 기전력의 파형이 같을 것
⑤ 기준 충격 절연 강도가 같을 것	⑤ 상회전 방향이 같을 것
⑥ 3상식에서는 위 조건에 상회전방향 및 위상 변위가 같을 것	

6 정류기

(1) 회전변류기

교류 형태를 직류 형태로 변환시키는 회전기기

(2) 회전변류기 난조의 원인 및 방지법

난조 원인	방지법
① 브러시의 위치가 중성점보다 늦은 위치	① 제동권선 설치
② 부하의 급변	② 전기자 저항에 비해 리액턴스를 크게 한다.
③ 주파수가 주기적으로 변동할 때	
④ 저항이 리액턴스에 비해 클 때	

(3) 전력용 반도체 소자

심벌(기호)	명 칭	기 본 특 성
▶│	정류 다이오드	P형 반도체와 N형 반도체를 접한 구조이다. 한쪽 방향으로만 전류를 통과시키는 기능을 가지고 있다.
▶│	제너 다이오드	정전압 소자로 만든 PN 접합 다이오드 전압을 일정하게 유지하기 위한 전압제어소자(정전압 회로에 사용)
A ─▶│─ K (G)	실리콘제어정류기 (SCR, 사이리스터)	① 3극 순방향 대전류 스위칭 소자로서 전력의 변환과 제어가 가능한 정류소자 ② 제어이득이 높고, 고전압, 대전류의 제어가 용이하다. ③ 래칭전류 : 턴 온(turn-on)할 때 유지전류 이상의 순전류를 필요로 하는 최소의 순전류 ④ 특징 　• 정류 기능을 갖는 단일방향성 3단자 소자이다. 　• 과전압에 약하고, 열의 발생이 적다. 　• 고온에 약하고 양극의 전압강하가 적다.
NPN PNP	트랜지스터	① 증폭 소자로 PNP 및 NPN형 트랜지스터가 있다. ② 기본 증폭회로 　• 이미터 접지회로 : 전압증폭에 사용 　• 컬렉터 접지회로 : 임피던스변환기에 사용 　• 베이스 접지회로 : 고주파 증폭기에 사용
T_1 G T_2	TRIAC	• 쌍방향 전력용 소자로서, 교류전력의 개폐, 제어가 가능하다.
T_1 T_2	DIAC	• 쌍방향 전력 제어 소자 • 트리거(trigger)회로, 과전압 보호회로로 사용
─⊗─	서미스터 (Thermistor)	• 부성저항 특성을 가진 저항기로서 니켈, 망간, 코발트 등의 산화물을 혼합한 것 • 주로 온도보상용으로 사용
─▶│◀─	바리스터(Varistor)	비직선적인 전압·전류 특성을 갖는 2단자 반도체 소자로 인가전압이 높을 때 저항값은 작아지고 인가전압이 낮을 때 저항값이 크게 되어 회로를 보호한다. 주로 서지전압에 대한 보호용으로 사용한다.

(4) 다이오드 정류회로

① 다이오드

한쪽 방향으로만 전류가 흐를 수 있도록 만들어진 소자로서 양극(애노드)에서 음극(캐소드)으로는 전류가 쉽게 흐를 수 있지만 반대방향으로는 전류가 흐르지 못하는 소자

㉠ 순방향 도통상태 : 양극의 전압이 음극에 비하여 높을 때는 전압을 약간만 증가시켜도 전류가 크게 증가한다. 즉, 다이오드의 저항이 매우 낮은 상태가 되며 이 상태를 순방향 도통상태라 한다.

㉡ 역방향 저지상태 : 양극의 전압이 음극에 비하여 낮을 때는 상당히 큰 전압이 걸려도 전류가 흐르지 않는다. 즉, 다이오드의 저항이 매우 큰 상태가 되며 이 상태를 역방향 저지상태라 한다.

② 단상 반파정류회로(반파 정현파)

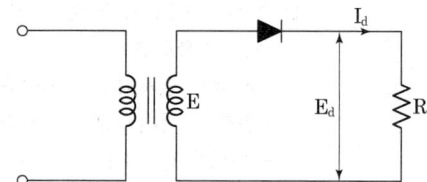

㉠ $E_d = \dfrac{1}{2\pi}\displaystyle\int_0^\pi \sqrt{2}\,E\sin\theta\,d\theta = \dfrac{\sqrt{2}}{\pi}E$

$E_d = \dfrac{E_m}{\pi} = \dfrac{\sqrt{2}}{\pi}E = 0.45E \rightarrow I_d = \dfrac{E_d}{R}$

㉡ $E_d = \dfrac{\sqrt{2}}{\pi}E - e \rightarrow E = \dfrac{\pi}{\sqrt{2}}(E_d + e)$

여기서, e : 전압강하

③ 단상 전파정류회로(전파 정현파)

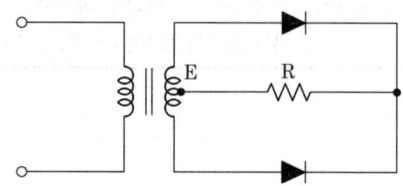

㉠ $E_d = \dfrac{1}{\pi}\displaystyle\int_0^{\pi} \sqrt{2}\,E\sin\theta\,d\theta = \dfrac{2\sqrt{2}}{\pi}E$

$E_d = \dfrac{2}{\pi}E_m = \dfrac{2\sqrt{2}}{\pi}E = 0.9E$

㉡ $E_d = \dfrac{2\sqrt{2}}{\pi}E - e \rightarrow E = \dfrac{\pi}{2\sqrt{2}}(E_d + e)$

여기서, e : 전압강하

(5) 다이오드와 SCR 비교

구 분	반파정류	전파정류
다이오드	$E_d = \dfrac{\sqrt{2}\,V}{\pi} = 0.45[V]$	$E_d = \dfrac{2\sqrt{2}\,V}{\pi} = 0.9[V]$
SCR	$E_d = \dfrac{\sqrt{2}\,V}{2\pi}(1+\cos\alpha)$	$E_d = \dfrac{\sqrt{2}\,V}{\pi}(1+\cos\alpha)$
PIV(최대 역전압)	PIV $= \sqrt{2}\,E = \pi E_d$	PIV $= 2\sqrt{2}\,E = \pi E_d$

(6) 맥동률

정류된 직류값 속에 교류성분이 포함된 정도

① 맥동률 $= \sqrt{\dfrac{실효값^2 - 평균값^2}{평균값^2}} \times 100[\%] = \dfrac{교류분}{직류분} \times 100[\%]$

② 파형의 맥동률 크기

단상반파(120%) > 단상전파(48%) > 3상반파(17%) > 3상전파(4%)

(7) 수은정류기 이상 현상

① 역호 : 정류기의 밸브 기능이 상실되는 현상

② 통호 : 아크가 방전되는 현상

③ 실호 : 양극의 점호가 실패하는 현상

④ 점호 : 음극과 양극 사이에 불꽃이 생기고 관내에 빛나는 수은 아크가 생기는 것

⑤ 이상전압 : 리액턴스 전압이 유도되어 절연이 파괴되는 현상

역호 발생 원인	역호 방지대책
① 내부 잔존 가스 압력의 상승 ② 화성 불충분 ③ 양극의 수은 방울 부착 ④ 양극 표면의 불순물 부착 ⑤ 양극 재료의 불량 ⑥ 전압, 전류의 과대 ⑦ 증기 밀도의 과대	① 진공도를 높게 한다. ② 과열, 과냉을 피한다. ③ 과부하를 피한다. ④ 양극재료의 선택에 주의한다.

(8) 교류 정류 자기

① 단상 직권 교류 정류자 전동기

교류 및 직류 양용으로 쓰이는 만능 전동기로 전기자에 정류자가 붙어 있는 교류기
  ㉠ 가정용 미싱, 소형 공구, 영상기, 믹서기 등에 사용
  ㉡ 직권형, 보상 직권형, 유도 보상 직권형
  ㉢ 보상권선을 설치하면 역률을 좋게 할 수 있다.

② 단상 반발전동기

브러시에 의해 단락된 정류자가 있는 당상 전동기로 브러시를 이동하여 회전속도를 제어하며 아트킨슨형, 톰슨형, 테리형 전동기 등이 있다.

③ 3상 정류자 전동기
  ㉠ 3상 직권 정류자 전동기 : 중간변압기 사용, 회전자 전압을 선택하고 실효 권수비를 조정하여 속도 상승을 제한하는 전동기
  ㉡ 3상 분권 정류자 전동기(슈라게 전동기) : 브러시를 이동시켜 속도제어 및 역률 개선

④ 서보전동기

명령에 따라서 정확한 위치와 가속 및 감속을 요구하는 경우 신속 정확하게 전동기의 속도를 제어할 수 있는 전동기

 ■ 서보 전동기의 특징
① 원칙적으로 정역이 가능하여야 한다.
② 저속이며 거침없는 운전이 가능하여야 한다.
③ 기계적 응답이 우수하여 속응성이 좋아야 한다.
④ 급감속, 급가속이 용이한 것이어야 한다.
⑤ 시정수가 작아야 하며, 기동 토크가 커야 한다.

chapter 04 출·제·예·상·문·제

01. 직류기에서 전압정류의 역할을 하는 것은?
① 보극
② 보상권선
③ 탄소 브러시
④ 리액턴스 코일

  👉 **정류작용**
  ㉠ 저항정류 : 접촉 저항이 큰 전기 흑연이나 탄소질의 브러시를 써서 정류
  ㉡ 전압정류 : 보극에 의하여 정류 전압을 정류 코일에 유도시켜 직선 정류에 가까운 정류가 되게 하는 것

02. 정류자와 접촉하여 전기자 권선과 외부회로를 연결하여 주는 역할을 하는 것은?
① 계자
② 전기자
③ 브러시
④ 계자철심

  👉 **전동기의 구성**
  ① 계자 : 자속을 만들어 주는 장치
  ② 전기자 : 기전력을 유도하는 장치
  ③ 정류자 : 교류를 직류로 변환하는 장치

03. 전기자 철심을 규소 강판으로 성층하는 주된 이유는?
① 정류자면의 손상이 적다.
② 가공하기 쉽다.
③ 철손을 적게 할 수 있다.
④ 기계손을 적게 할 수 있다.

  👉 전기자 철심을 규소 강판으로 성층하여 만드는 것은 와류손과 히스테리시스손으로 구성되는 철손을 적게 하기 위한 것이다. 규소를 넣는 것은 자기저항을 크게 하여 와류손과 히스테리시스손을 감소하게 하고 강판을 성층하여 와류손을 감소시킨다.

04. 직류기의 전기자 반작용에 대한 설명으로 옳지 않은 것은?
① 중성축이 이동한다.
② 전동기는 속도가 저하된다.
③ 국부적 섬락이 발생한다.
④ 발전기는 기전력이 감소한다.

  👉 **전기자 반작용의 영향**
  ① 주자속이 감소한다.
    ㉠ 발전기 → 유도기전력이 감소한다.
    ㉡ 전동기 → 토크가 감소한다.
  ② 중성축이 이동한다.
    ㉠ 발전기 → 회전방향과 같은 방향으로 이동한다.
    ㉡ 전동기 → 회전방향과 반대 방향으로 이동한다.
  ③ 정류자편과 브러시 사이에 높은 전압이 발생하여 불꽃이 발생되어 정류가 불량하게 된다.
  [참고] 전기자 반작용의 방지방법
    ① 보상권선을 설치(가장 유효한 방법) : 자극편에 전기자 권선과 평행하게 슬롯을 만들고 여기에 권선을 하여 전기자 권선과 직렬로 접속하는 방식이다.
    ② 보극을 설치 : 주자속 중간 위치에 보조 자극을 설치하는 방식이다.

Answer 01. ① 02. ③ 03. ③ 04. ②

05. 직류기에서 전기자 반작용의 영향을 줄이기 위한 방법 중 효과가 가장 큰 것은?
① 보극   ② 보상권선
③ 균압 고리   ④ 전자식 브러시

👉 전기자 반작용의 방지방법
① 보상권선을 설치(가장 유효한 방법) : 자극편에 전기자 권선과 평행하게 슬롯을 만들고 여기에 권선을 하여 전기자 권선과 직렬로 접속하는 방식
② 보극을 설치 : 주자속 중간 위치에 보조자극을 설치하는 방식

06. 회전자가 슬립 s로 회전하고 있을 때 고정자 및 회전자의 실효 권수비를 a라 하면, 고정자 기전력 E_1과 회전자 기전력 E_2와의 비는 어떻게 표현되는가?

① $\dfrac{a}{s}$ ② sa
③ $(1-s)a$ ④ $\dfrac{a}{1-s}$

👉 ① 정지 시 : $\dfrac{E_1}{E_2}=a$, ∴ $E_2=\dfrac{E_1}{a}$
② 운전 시 : $E_{2S}=sE_2=\dfrac{sE_1}{a}$
∴ $\dfrac{E_1}{E_{2S}}=\dfrac{E_1}{\dfrac{sE_1}{a}}=\dfrac{a}{s}$

07. 직류전동기에 관한 사항으로 틀린 것은? (단, N은 회전속도, ϕ는 자속, I_a는 전기자 전류, R_a는 전기자 저항, R은 전동기 저항, ω는 회전 각속도, k는 상수이다.)

① 역기전력 : $E = K \cdot \phi \cdot N$[V]
② 회전속도 : $N = k\dfrac{V-I_a R_a}{\phi}$[rpm]
③ 토크 : $\tau = \dfrac{EI_a}{2\pi N}$[N·m]
④ 기계적 출력 : $P = 9.8\omega R^2$[W]

👉 ④ 기계적 출력 : $P = \tau\omega = \tau\dfrac{2\pi N}{60}$[W]

08. 자극수 6극, 슬롯수 40, 슬롯 내 코일변수 6인 단중 중권직류기의 정류자 편수는?
① 60   ② 80
③ 100   ④ 120

👉 정류자 편수(k)
$k = \dfrac{u}{2} \cdot N_s = \dfrac{6}{2} \times 40 = 120$
여기서, k : 정류자 편수
u : 슬롯 내부 코일변수
N_s : 슬롯 수

09. 전동기에 일정 부하를 걸어 운전 시 전동기 온도 변화로 옳은 것은?

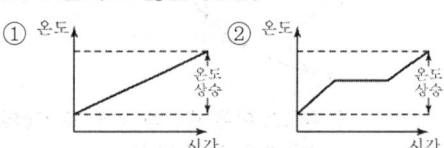
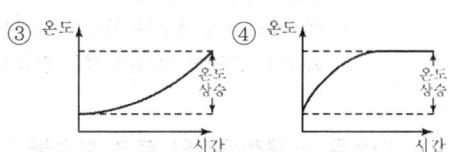

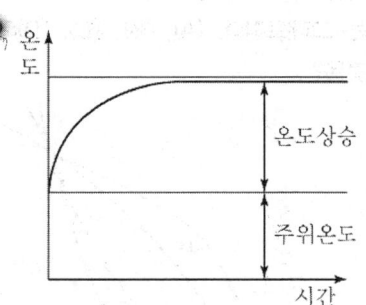

Answer 05. ② 06. ① 07. ④ 08. ④ 09. ④

10. 자성을 갖고 있지 않은 철편에 코일을 감아서 여기에 흐르는 전류의 크기와 방향을 바꾸면 히스테리시스 곡선이 발생되는데, 이 곡선 표현에서 X축과 Y축을 옳게 나타낸 것은?

① X축 - 자화력, Y축 - 자속밀도
② X축 - 자속밀도, Y축 - 자화력
③ X축 - 자화세기, Y축 - 잔류자속
④ X축 - 잔류자속, Y축 - 자화세기

☞ 히스테리시스 곡선

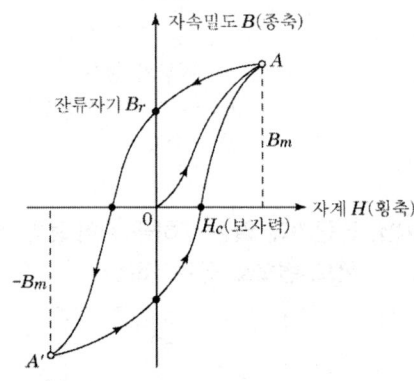

① 횡축(X축)은 자화력(자계, 자기장의 세기), 종축(Y축)은 자속밀도
② 히스테리시스 곡선과 횡축이 만나는 점은 보자력, 종축이 만나는 점은 잔류자기

11. 다음은 직류전동기의 토크 특성을 나타내는 그래프이다. (A), (B), (C), (D)에 알맞은 것은?

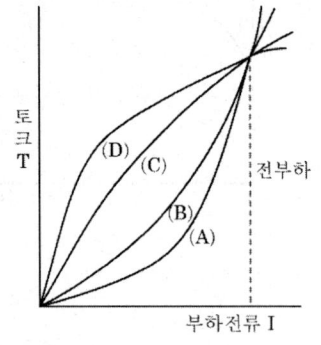

① (A) : 직권전동기
   (B) : 가동복권전동기
   (C) : 분권전동기
   (D) : 차동복권전동기
② (A) : 분권전동기
   (B) : 직권전동기
   (C) : 가동복권전동기
   (D) : 차동복권전동기
③ (A) : 직권전동기
   (B) : 분권전동기
   (C) : 가동복권전동기
   (D) : 차동복권전동기
④ (A) : 분권전동기
   (B) : 가동복권전동기
   (C) : 직권전동기
   (D) : 차동복권전동기

☞ 직류전동기 토크 특성 비교
직권>가동복권>분권>차동복권

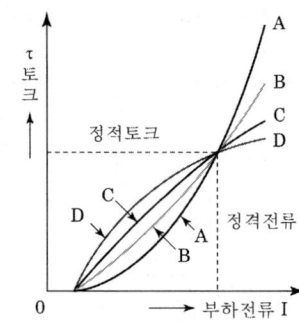

A : 직권전동기   B : 가동복권전동기
C : 분권전동기   D : 차동복권전동기

12. 병렬 운전 시 균압모선을 설치해야 되는 직류발전기로만 구성된 것은?

① 직권발전기, 분권발전기
② 분권발전기, 복권발전기
③ 직권발전기, 복권발전기
④ 분권발전기, 동기발전기

Answer 10. ① 11. ① 12. ③

☞ **균압모선(equalizing busbar)**
전기자와 계자가 직렬로 연결된 발전기를 병렬로 연결하여 운전을 안정적으로 하기 위하여 설치한 모선
① 균압선이 필요한 발전기 : 직권, 복권
② 균압선이 필요없는 발전기 : 타여자, 분권

13. 교류를 직류로 변환하는 전기기기가 아닌 것은?
① 수은정류기 ② 단극발전기
③ 회전변류기 ④ 컨버터

☞ **단극발전기**
직류발전기의 일종으로 균일한 정적 자기장에 수직인 평면에서 회전하는 실린더 또는 전도성 디스크로 구성된 직류 전기발생기

14. 직류 분권발전기를 운전 중 역회전시키면 일어나는 현상은?
① 단락이 일어난다.
② 정회전 때와 같다.
③ 발전되지 않는다.
④ 과대 전압이 유기된다.

☞ 직류 분권발전기를 역회전하면 잔류자기가 소멸되기 때문에 발전되지 않는다. 즉 잔류자기가 있어야 분권발전기는 발전이 된다.

15. 직류 분권발전기에 대하여 설명한 것 중 옳은 것은?
① 단자전압이 강하하면 계자전류가 증가한다.
② 타여자발전기의 경우보다 외부특성곡선이 상향으로 된다.
③ 분권권선의 접속방법에 관계없이 자기여자로 전압을 올릴 수가 있다.
④ 부하에 의한 전압의 변동이 타여자발전기에 비하여 크다.

☞ 직류 분권발전기에서 단자전압이 강하하면 계자전류가 감소하여 타여자발전기보다 전압강하가 크게 된다.

16. 3상 동기발전기를 병렬운전하는 경우 고려하지 않아도 되는 것은?
① 기전력 파형의 일치 여부
② 상회전 방향의 동일 여부
③ 회전수의 동일 여부
④ 기전력 주파수의 동일 여부

☞ **동기발전기의 병렬운전 조건**
① 기전력의 크기가 같을 것
② 기전력의 위상이 같을 것
③ 기전력의 주파수가 같을 것
④ 기전력의 파형이 같을 것
⑤ 상회전 방향이 같을 것

17. 동기속도가 3600rpm인 동기발전기의 극수는 얼마인가? (단, 주파수는 60Hz이다.)
① 2극 ② 4극
③ 6극 ④ 8극

☞ 동기속도 $N_s = \dfrac{120f}{P}$ [rpm]
∴ 극수 $P = \dfrac{120f}{N_s} = \dfrac{120 \times 60}{3600} = 2$극

18. 60Hz인 전력선에 4극 발전기를 연결시켜 운전하고자 한다. 이때 발전기의 회전수를 얼마로 해야 주파수의 변동을 일으키지 않는가?
① 20rps ② 30rps
③ 60rps ④ 120rps

☞ ① 분당 회전수(rpm) :

Answer 13. ② 14. ③ 15. ④ 16. ③ 17. ① 18. ②

$N = \dfrac{120f}{P} = \dfrac{120 \times 60}{4} = 1800\,\text{rpm}$

② 초당 회전수(rps) : $N = \dfrac{1800\,\text{rpm}}{60s} = 30\,\text{rps}$

19. 단자전압 300V, 전기자저항 0.3Ω의 직류 분권발전기가 있다. 전부하의 경우 전기자 전류가 50A 흐른다고 할 때 이 전동기의 기동전류를 정격 시의 1.7배로 하려면 기동저항은 약 몇 Ω인가?

① 2.8　　　　② 3.2
③ 3.5　　　　④ 3.8

☞ ① 기동전류(I) : $I = 50\text{A} \times 1.7 = 85\text{A}$
② 전체저항(R) : $R = \dfrac{V}{I} = \dfrac{300}{85} = 3.53\,\Omega$
③ 기동저항
전체저항=전기자저항+기동저항
∴ 기동저항=전체저항-전기자저항
　　　　＝3.53-0.3=3.23Ω

20. 토크가 증가하면 속도가 낮아져 대체적으로 일정한 출력이 발생하는 것을 이용해서 전차, 기중기 등에 주로 사용하는 직류전동기는?

① 직권전동기　　② 분권전동기
③ 가동 복권전동기　④ 차동 복권전동기

☞ **직권전동기**
직권전동기는 토크가 증가하면 속도가 저하하므로 회전속도와 토크와의 곱에 비례하는 출력도 어떤 범위 내에서는 대체로 일정하다. 그러므로 전차, 기중기 등의 부하 변동이 심하고 큰 기동 토크가 요구되는 기기에 주로 사용한다.

21. 직류 분권전동기의 계자저항을 운전 중에 증가시키면?

① 전류는 일정하게 된다.
② 속도는 일정하게 된다.
③ 속도가 감소하게 된다.
④ 속도가 증가하게 된다.

☞ 계자저항이 증가하면 여자전류 및 자속은 감소하여 회전속도는 증가하게 된다.

22. 벨트 운전이나 무부하 운전을 해서는 안 되는 직류전동기는?

① 분권　　　　② 가동복권
③ 직권　　　　④ 차동복권

☞ 직류 직권전동기에서 벨트 운전 시 벨트가 벗겨지면 무부하 상태가 되어 여자 전류가 거의 0이 되어 무구속 속도에 도달하여 위험속도가 되므로 벨트 운전이나 무부하 운전을 해서는 안 된다.

23. 엘리베이터용 전동기로서 필요한 특성이 아닌 것은?

① 기동 토크가 클 것
② 관성 모멘트가 작을 것
③ 기동 전류가 클 것
④ 속도 제어범위가 클 것

☞ **엘리베이터용 전동기 특성**
① 기동 토크가 클 것
② 회전부의 관성 모멘트가 작을 것
③ 기동 전류가 작을 것
④ 속도 제어범위가 클 것
⑤ 고빈도로 단속 사용하는 데 적합한 것

24. 건물의 전기설비에 이용되는 교류전동기에서 2단 속도형의 속도비에 해당되는 것은?

① 2 : 1　　　　② 3 : 1
③ 4 : 1　　　　④ 5 : 1

Answer 19. ②　20. ①　21. ④　22. ③　23. ③　24. ③

👉 승강기 등 건물의 전기설비에 가장 많이 사용되는 것이 교류 2단 속도제어방법이고 그때의 속도비는 4 : 1이다.

25. 동기전동기의 특징이 아닌 것은?
① 정속도 전동기이다.
② 저속도에서 효율이 좋다.
③ 난조가 일어나기 쉽다.
④ 기동 토크가 크다.

👉 **동기전동기의 특성**
① 항상 동기속도로 회전하는 전동기
② 동기속도 이외의 속도에서는 토크를 낼 수 없다.
③ 기동 토크가 없어 기동장치 또는 기동방법이 필요하다.
④ 역률 1로 운전할 수 있으며 앞선 역률도 가능하다.
⑤ 저속도 대용량의 전동기(대형 송풍기, 압축기, 압연기, 분쇄기 등)

26. 전기자 전류가 100A일 때 50kg · m의 토크가 발생하는 전동기가 있다. 전동기의 자계의 세기가 80%로 감소되고 전기자 전류가 120A로 되었다면 토크[kg · m]는?
① 39 ② 43
③ 48 ④ 52

👉 토크 $T = K\phi I_a$ 이고, 토크는 전기자 전류(I_a)와 자속(ϕ)에 비례하므로
$100 : 50 = 0.8 \times 120 : T_2$
∴ $T_2 = 48\text{kg} \cdot \text{m}$

27. 직류전동기의 규약효율을 구하는 식은?
① $\dfrac{손실}{입력} \times 100\%$
② $\dfrac{입력 - 손실}{입력} \times 100\%$
③ $\dfrac{출력 - 손실}{출력 + 손실} \times 100\%$
④ $\dfrac{출력}{출력 - 손실} \times 100\%$

👉 **규약효율**
㉠ $\eta_{전동기} = \dfrac{입력 - 손실}{입력} \times 100\%$
㉡ $\eta_{발전기} = \dfrac{출력}{출력 + 손실} \times 100\%$

28. 전동기의 역률에 대한 설명 중 옳은 것은?
① 극수가 같고 출력이 틀릴 경우, 출력이 클수록 역률이 좋게 된다.
② 극수가 다르고 출력이 같을 경우, 극수가 증가하면 무부하 전류는 감소하므로 역률은 좋다.
③ 권선형은 농형에 비하여 역률이 좋다.
④ 기동 코일을 크게 하면 할수록 역률은 개선된다.

👉 ② 극수가 다르고 출력이 같을 경우, 극수가 증가하면 무부하 전류는 증가하므로 역률은 저하된다.
③ 농형이 권선형에 비하여 역률이 좋다.
④ 기동 코일을 크게 하면 할수록 리액턴스가 증가하므로 역률이 저하된다.

29. 다음 중 직류전동기의 속도제어방식으로 맞는 것은?
① 주파수 제어
② 극수 변환 제어
③ 슬립 제어
④ 계자 제어

Answer 25. ④ 26. ③ 27. ② 28. ① 29. ④

직류전동기의 속도제어법

구분	제어특성	특징
계자 제어법	정출력 제어	속도 제어 범위가 좁다.
전압 제어법	• 정토크 제어 − 워드 레오나드 방식 − 일그너 방식	• 제어범위가 넓다. • 손실이 매우 적다. • 정역운전이 가능 • 설비비가 고가
직렬 저항법		• 효율이 나쁘다.

30. 직류전동기의 속도제어법이 아닌 것은?
① 전압 제어 ② 계자 제어
③ 직렬 저항 제어 ④ 주파수 제어

👉 **직류전동기 속도제어**
전압 제어, 계자 제어, 직렬 저항 제어

31. 워드 레오나드 속도 제어는?
① 저항 제어 ② 계자 제어
③ 전압 제어 ④ 직병렬 제어

👉 **워드 레오나드 방식(전압 제어)**
사이리스터(SCR)를 이용하여 위상각을 변화시켜 전동기의 속도를 제어하는 방법이다. 직류전동기를 사용하여 보조발전기를 운전하는 방법과 사이리스터를 이용하여 위상제어에 따른 속도제어 방법이 있으며 전압을 가감하여 속도를 제어하며 광범위한 속도 조정이 가능하고 엘리베이터, 전차운전에 적용한다.

32. 다음 중 변동이 심한 직류분권전동기의 광범위한 속도제어 방식으로 가장 적당한 방법은?
① 직렬저항제어방식
② 2차 여자방식
③ 계자제어방식
④ 워드 레오나드 방식

👉 31번 해설 참고

33. 상용전원을 이용하여 직류전동기를 속도제어하고자 할 때 필요한 장치가 아닌 것은?
① 초퍼 ② 인버터
③ 정류장치 ④ 속도센서

👉 **인버터**
인버터의 원리는 전력용 반도체(Diode, Thyristor, Transistor, IGBT, GTO 등)를 사용하여 상용 교류전원을 직류전원으로 변환시킨 후, 다시 임의의 주파수와 전압의 교류로 변환시켜 유도전동기의 회전속도를 제어하는 것이다.

34. 단자전압 200V, 전기자 전류 100A, 회전속도 1200rpm으로 운전하고 있는 직류전동기가 있다. 역기전력은 몇 V인가? (단, 전기자 회로의 저항은 0.2Ω이다.)
① 80 ② 120
③ 180 ④ 210

👉 **역기전력(E_c)**
$E_c = V - I_a R_a = 200 - 100 \times 0.2 = 180V$
여기서, 단자전압 : $V[V]$
　　　　전기자 전류 : $I_a[A]$
　　　　전기자 저항 : $R_a[\Omega]$

35. 절연의 종류를 최고 허용온도가 낮은 것부터 높은 순서로 나열한 것은?
① A종 < Y종 < E종 < B종
② Y종 < A종 < E종 < B종
③ E종 < Y종 < B종 < A종
④ B종 < A종 < E종 < Y종

Answer 30. ④ 31. ③ 32. ④ 33. ② 34. ③ 35. ②

각종 절연의 허용온도

절연의 종류	최고 허용온도(℃)
Y	90
A	105
E	120
B	130
F	155
H	180
C	180 초과

36. 정격주파수 60Hz의 농형 유도전동기를 50Hz의 정격전압에서 사용할 때, 감소하는 것은?

① 토크　　② 온도
③ 역률　　④ 여자전류

60Hz의 유도전동기를 50Hz에 사용하면
① 속도가 감소한다.
② 여자전류가 증가하고 역률이 감소한다.
③ 온도가 상승한다.
④ 최대 토크 및 기동전류가 증가한다.

37. 유도전동기의 회전력은 단자전압과 어떤 관계를 갖는가?

① 단자전압에 반비례한다.
② 단자전압에 비례한다.
③ 단자전압의 $\frac{1}{2}$ 승에 비례한다.
④ 단자전압의 2승에 비례한다.

유도전동기 회전력

$$T = K_0 \left(\frac{V}{f_1}\right)^2 \times f_s$$

f_1 : 전원주파수　　f_s : 슬립주파수
V : 전압　　K_0 : 상수

회전자에서 발생하는 회전력(T)은 전동기 전압과 전원주파수의 비의 제곱과 슬립주파수(f_s)의 곱에 비례한다. 그러므로 유도전동기의 회전력은 단자전압의 2승에 비례한다.

38. 3상 유도전동기에서 일정 토크 제어를 위하여 인버터를 사용하여 속도제어를 하고자 할 때 공급전압과 주파수의 관계는?

① 공급전압이 항상 일정하여야 한다.
② 공급전압과 주파수는 반비례되어야 한다.
③ 공급전압과 주파수는 비례되어야 한다.
④ 공급전압의 제곱에 비례하여야 한다.

주파수 변환법

인버터 시스템을 사용하여 $N_s = \frac{120f}{P}$ 에서 주파수 f를 변환시켜 속도를 제어하는 방법으로 자속을 일정하게 유지하기 위하여 "$\frac{V}{f}$ = 일정" 해야 하므로 공급전압(V)과 주파수(f)는 서로 비례되어야 한다.

39. 유도전동기에서 극수가 일정할 때 동기속도(N_s)와 주파수(f)와의 관계는?

① 회전자계의 속도는 주파수에 비례한다.
② 회전자계의 속도는 주파수에 반비례한다.
③ 회전자계의 속도는 주파수의 제곱에 비례한다.
④ 회전자계의 속도는 주파수와 관계가 없다.

동기속도 $N_s = \frac{120f}{P}$

위 식에서 극수(P)가 일정할 때 회전자계의 속도(N_s)는 주파수(f)에 비례한다.

40. 3상 유도전동기 회전방향을 바꾸려면 어떻게 하여야 하는가?

① 고저항을 임의의 1선에 삽입한다.
② 회전자를 수동으로 역회전시켜 기동한다.
③ 3선을 차례대로 바꾸어 연결한다.
④ 3선 중 임의의 2선을 서로 바꾸어 연결한다.

3상 유도전동기의 역전은 3선 중 임의의 2선을 바꾸어 연결하면 된다.

Answer 36. ③　37. ④　38. ③　39. ①　40. ④

41. 유도전동기에서 슬립이 '0'이란 의미와 같은 것은?
① 유도제동기의 역할을 한다.
② 유도전동기가 정지상태이다.
③ 유도전동기가 전부하 운전상태이다.
④ 유도전동기가 동기속도로 회전한다.

☞ 유도전동기 실제속도
$N = (1-s)N_s = (1-s)\dfrac{120f}{P}$
여기서, 동기속도 : N_s[rpm]
실제속도 : N[rpm]
슬립 : s
유도전동기는 무부하에서는 거의 동기속도와 같은(엄밀히 말하면 약간 느린) 속도로 회전자가 회전하지만, 부하를 걸면 회전속도가 수 % 느려진다. 이것을 슬립(slip)이라고 하고, 만약 슬립이 '0'이라면 동기속도와 같은 속도로 회전한다는 의미이다.

42. 60Hz, 4극, 슬립 6%인 유도전동기를 어느 공장에서 운전하고자 할 때 예상되는 회전수는 약 몇 rpm인가?
① 240 ② 720
③ 1690 ④ 1800

☞ 회전수(rpm)
$N = \dfrac{120f}{P}(1-s)$
$= \dfrac{120 \times 60}{4}(1-0.06) = 1692\text{rpm}$

43. 주파수 50Hz, 슬립 0.2일 때 회전수가 600rpm인 3상 유도전동기의 극수는?
① 4 ② 6
③ 8 ④ 10

☞ ① 동기속도(N_s)

$N = (1-s)N_s$ 에서
$N_s = \dfrac{N}{(1-s)} = \dfrac{600}{1-0.2} = 750\text{rpm}$
② 극수(P)
$P = \dfrac{120f}{N_s} = \dfrac{120 \times 50}{750} = 8$

44. 4극 60Hz의 3상 유도전동기가 있다. 1725rpm으로 회전하고 있을 때 2차 기전력의 주파수는 약 몇 Hz인가?
① 2.5 ② 7.5
③ 52.5 ④ 57.5

☞ ① 동기속도(N_s)
$N_s = \dfrac{120f_1}{P} = \dfrac{120 \times 60}{4} = 1800\text{rpm}$
② 슬립(s)
$s = \dfrac{N_s - N}{N_s} = \dfrac{1800-1725}{1800} = 0.0417$
③ 2차 기전력의 주파수(f_2)
$f_2 = sf_1 = 0.0417 \times 60 = 2.5\text{Hz}$

45. 극수가 4인 유도전동기가 900rpm으로 회전하고 있다. 현재 슬립 속도는 20rpm일 때 주파수는 약 몇 Hz인가?
① 7.5 ② 28
③ 31 ④ 37

☞ 유도전동기의 실제속도식을 주파수에 관해 풀면
$N = (1-s)N_s = (1-s)\dfrac{120f}{P}$
$f = \dfrac{PN}{120 \times (1-s)} = \dfrac{4 \times (900+20)}{120 \times (1-0.02)} = 31\text{Hz}$
여기서, $s = \dfrac{900-(900-20)}{900} = 0.02$

46. 3상 유도전동기의 주파수 60Hz, 극수가 6극, 전부하 시 회전수가 1160rpm이라면 슬립

Answer 41. ④ 42. ③ 43. ③ 44. ① 45. ③ 46. ①

은 약 얼마인가?

① 0.03 ② 0.24
③ 0.45 ④ 0.57

① 동기속도(N_s)
$$N_s = \frac{120f}{P} = \frac{120 \times 60}{6} = 1200\text{rpm}$$
② 슬립(s)
$$s = \frac{N_s - N}{N_s} = \frac{1200 - 1160}{1200} = 0.03$$

47. 220V, 3상, 4극, 60Hz인 3상 유도전동기가 정격전압, 정격 주파수에서 최대 회전력을 내는 슬립은 16%이다. 200V, 50Hz로 사용할 때의 최대 회전력 발생 슬립은 약 몇 %가 되는가?

① 15.6 ② 17.6
③ 19.4 ④ 21.4

슬립 s는
$$s = \frac{N_s - N}{N_s} \times 100 = \frac{f_2}{f_1} \times 100(\%)$$
여기서, 동기속도 : N_s[rpm]
실제속도 : N[rpm]
주파수 : f_1[Hz]
회전자 주파수 : f_2[Hz]
$$s_2 = s_1 \left(\frac{f_1}{f_2}\right) = 16 \times \left(\frac{60}{50}\right) = 19.2\%$$

48. 6극, 60Hz인 유도전동기가 1164rpm으로 회전하며 토크 56N·m를 발생할 때의 동기와트는 약 얼마인가?

① 6834W ② 6934W
③ 7034W ④ 7134W

$$N_s = \frac{120f}{P} = \frac{120 \times 60}{6} = 1200\text{rpm}$$
$$s = \frac{N_s - N}{N_s} = \frac{1200 - 1164}{1200} = 0.03$$

$$P_0 = 2\pi \cdot \frac{N}{60} \cdot T$$
$$= 2\pi \times \frac{1164}{60} \times 56 = 6826\text{W}$$
$$\therefore P_2 = \frac{P_0}{1-s} = \frac{6826}{1-0.03} = 7037\text{W}$$

49. 60Hz에서 회전하고 있는 4극 유도전동기의 출력이 10kW일 때 전동기의 토크는 약 몇 N·m인가?

① 48 ② 53
③ 63 ④ 84

① 회전수 :
$$N = \frac{120f}{P} = \frac{120 \times 60}{4} = 1800\text{rpm}$$
② 각속도 :
$$\omega = \frac{2\pi N}{60} = \frac{2\pi \times 1800}{60} = 188.5\text{rad/sec}$$
③ 토크 :
$$T = \frac{P_m}{\omega} = \frac{102 \times 9.8 \times 10}{188.5} = 53.03\text{N} \cdot \text{m}$$

50. 3상 유도전동기의 출력이 5kW, 전압 200V, 역률 80%, 효율이 90%일 때 유입되는 선전류는 약 몇 A인가?

① 14 ② 17
③ 20 ④ 25

선전류(I)
$$\eta = \frac{P}{\sqrt{3} \times V \times I \times \cos\theta}$$
$$I = \frac{P}{\sqrt{3}\, V \times \eta \times \cos\theta} = \frac{5 \times 10^3}{\sqrt{3} \times 200 \times 0.9 \times 0.8}$$
$$= 20\text{A}$$

51. 3상 유도전동기의 출력이 10kW, 슬립이 4.8%일 때의 2차 동손은 약 몇 kW인가?

① 0.24 ② 0.36

Answer 47. ③ 48. ③ 49. ② 50. ③ 51. ③

③ 0.5   ④ 0.8

 2차 동손(P_{c2})

$$P_{c2} = sP_2 = \frac{s}{1-s}P_0$$
$$= \frac{0.048}{1-0.048} \times (10+0.2) = 0.5\text{kW}$$

52. 정격 10kW의 3상 유도전동기가 기계손 200 W, 전부하 슬립 4%로 운전될 때 2차 동손은 약 몇 W인가?

① 400   ② 408
③ 417   ④ 425

$$P_{C2} = sP_2 = \frac{s}{1-s}P_0$$
$$= \frac{0.04}{1-0.04} \times (10 \times 10^3 + 200) = 425\text{W}$$

53. 60Hz, 15kW, 4극의 3상 유도전동기가 있다. 전부하가 걸렸을 때 슬립이 4%라면, 이 때의 2차(회전자)측 동손[kW]은?

① 0.428   ② 0.528
③ 0.625   ④ 0.724

 2차 동손

$$P_2 = \frac{P}{1-s} = \frac{15}{1-0.04} = 15.625\text{kW}$$
$$P_{c2} = sP_2 = 0.04 \times 15.625 = 0.625\text{kW}$$

[참고] 유도전동기의 2차측 효율
$$\eta_2 = \frac{P}{P_2} = \frac{15}{15.625} = 0.96 = 96\%$$
또는
$$\eta_2 = 1 - s = 1 - 0.04 = 0.96 = 96\%$$

54. 3상 권선형 유도전동기 2차측에 외부저항을 접속하여 2차 저항값을 증가시키면 나타나는 특성으로 옳은 것은?

① 슬립 감소   ② 속도 증가

③ 기동 토크 증가   ④ 최대 토크 증가

 3상 유도전동기에서 2차 저항을 증가하면
① 최대 토크는 변하지 않고 기동 역률은 증가한다.
② 최대 토크일 때의 슬립은 커지고, 전부하 효율과 속도가 저하된다.
③ 기동전류는 감소하나 기동 토크는 증가한다.

55. 주권선 양쪽에 각각 보호권선을 설치하여 어느 한 권선을 전원에 대하여 반대로 접속하여 회전방향을 바꾸는 전동기는?

① 반발기동형 전동기
② 분상기동형 전동기
③ 콘덴서 기동형 전동기
④ 셰이딩 코일형 전동기

 반발기동형 전동기
고정자에는 단상의 주권선이 감겨져 있고 회전자는 직류 전동기의 전기자와 거의 같은 권선과 정류자로 되어 있고 고정자와 회전자 사이에 일어나는 자극의 반발력에 의해 시동한다. 주권선 양쪽에 각각 보호권선을 설치하여 어느 한 권선을 전원에 대하여 반대로 접속하여 회전방향을 바꿀 수 있다. 시동 토크가 대단히 큰 것이 그 특징이며 단상전동기 등에서 대형인 것은 이 전동기이다.

56. 단상 유도전동기를 기동할 때 기동 토크가 가장 큰 것은?

① 분상기동형   ② 콘덴서 기동형
③ 반발기동형   ④ 반발유도형

 반발기동형
직류전동기와 같은 권선 및 정류자가 있고 기동 토크가 가장 크다.
[참고] 기동 토크가 큰 순서
반발기동형＞반발유도형＞콘덴서 기동형＞콘덴서 운전형＞분상 기동형＞셰이딩 코일형＞

 52. ④ 53. ③ 54. ③ 55. ① 56. ③

모노사이클릭형

57. 단상 유도전동기에서 기동 토크의 순서가 옳은 것은?
① 반발기동형<반발유도형<콘덴서전동기<분상기동형<세이딩코일형
② 세이딩코일형<분상기동형<콘덴서전동기<반발유도형<반발기동형
③ 반발유도형<반발기동형<콘덴서전동기<세이딩코일형<분상기동형
④ 분상기동형<세이딩코일형<콘덴서전동기<반발기동형<반발유도형

👆 기동 토크가 큰 순서
반발기동형>반발유도형>콘덴서 기동형>콘덴서 운전형>분상기동형>세이딩 코일형>모노사이클릭형

58. 유도전동기의 속도제어 방법이 아닌 것은?
① 극수변환법   ② 역률제어법
③ 2차 여자제어법   ④ 전원전압제어법

👆 유도전동기의 속도제어 방법
㉠ 극수변환법
㉡ 2차 여자제어법
㉢ 전원전압제어법
㉣ 주파수 변환법
㉤ 종속제어법
㉥ 저항제어법

59. 3상 농형 유도전동기의 속도제어 방법이 아닌 것은?
① 극수변환   ② 주파수제어
③ 2차 저항제어   ④ 1차 전압제어

👆 농형 유도전동기의 속도제어
① 주파수를 바꾸는 방법
② 극수를 바꾸는 방법
③ 전원전압을 바꾸는 방법
[참고] 권선형 유도전동기 속도제어
2차 저항제어법, 2차 여자제어법

60. 농형 3상 유도전동기의 속도를 제어하는 방법으로 가장 옳은 것은?
① 부하를 조정하여 제어한다.
② 극수를 변환하여 제어한다.
③ 회전자 자속을 변환하여 제어한다.
④ 2차 저항을 삽입하여 제어한다.

👆 59번 해설 참고

61. 유도전동기의 속도제어에 사용할 수 없는 전력변환기는?
① 인버터   ② 사이클로 컨버터
③ 위상제어기   ④ 정류기

👆 유도전동기 속도제어
① 인버터 : 직류를 교류로 변환하는 장치로 유도전동기의 속도제어, 효율제어, 역률제어 등이 가능하다.
② 사이클로 컨버터 : 어떤 주파수의 교류를 다른 주파로의 교류로 직접 변환하는 장치로 유도전동기의 속도제어용으로 사용
③ 위상제어기 : 위상제어를 통해 유도전동기의 속도제어
[참고] 정류기 : 교류를 직류로 바꾸는 장치

62. 3상 농형 유도전동기에 상용전원을 투입하여 구동을 했을 경우 다음 설명 중 틀린 것은?
① 무부하인 경우 유도전동기는 투입전원의 주파수와 거의 같은 속도로 회전한다.
② 부하를 증가시키면 유도전동기의 회전속도가 점차 감소한다.
③ 부하가 증가하면 슬립 주파수는 감소한다.

Answer 57. ② 58. ② 59. ③ 60. ② 61. ④ 62. ③

④ 3상 유도전동기는 기동 시 전류를 억제할 수 있는 저항 이외에 특별한 기동장치를 필요로 하지 않는다.

③ 부하가 증가하면 회전축에 힘이 더 걸리고 그 힘을 돌려줄 더 큰 전류가 필요하기 때문에 슬립은 증가하게 된다.

63. 전동기 2차측에 기동저항기를 접속하고 비례 추이를 이용하여 기동하는 전동기는?
① 단상 유도전동기
② 2상 유도전동기
③ 권선형 유도전동기
④ 2중 농형 유도전동기

비례 추이
권선형 유도전동기의 회전자에 외부에서 2차 저항을 접속한 후 변화시키면 토크는 그대로 유지하면서 저항에 비례하여 슬립(속도)이 이동하는데 이를 비례 추이라 한다. 그러므로 2차 저항을 가감하여 원하는 토크를 발생할 수 있고 속도 제어를 할 수 있다.

64. 권선형 유도전동기의 특성이 아닌 것은?
① 최대 토크는 2차 저항과 무관하다.
② 최대 토크에서 발생된 슬립은 2차 저항이 증가하면 증가한다.
③ 최대 토크에서의 슬립은 최대 출력에서의 슬립보다 적다.
④ 2차 저항이 증가하면 최대 토크도 증가한다.

3상 유도전동기에서 2차 저항을 증가하면
① 최대 토크는 변하지 않고 기동 역률은 증가한다.
② 최대 토크일 때의 슬립은 커지고, 전부하 효율과 속도가 저하된다.
③ 기동전류는 감소하나 기동 토크는 증가한다.

65. 유도전동기의 1차 접속을 △에서 Y로 바꾸면 기동 시의 1차 전류는 어떻게 변화하는가?
① $\frac{1}{3}$로 감소
② $\frac{1}{\sqrt{3}}$로 감소
③ $\sqrt{3}$배로 증가
④ 3배로 증가

△결선을 Y결선으로 하면

전류	전압	전력	임피던스	어드미턴스
$\frac{1}{3}$배	$\frac{1}{\sqrt{3}}$배	$\frac{1}{3}$배	$\frac{1}{3}$배	3배

66. 3상 농형 유도전동기 기동방법이 아닌 것은?
① 2차 저항법
② 전전압 기동법
③ 기동 보상기법
④ 리액터 기동법

3상 농형 유도전동기 기동방법
전전압 기동법, Y-△ 기동법, 리액터 기동법, 기동 보상기법, 콘돌퍼 기동법, 직렬 임피던스 기동법 등

67. 농형 유도전동기의 기동방법 중 10~15kW 정도 용량의 전동기에 사용하는 방법으로 기동전류가 전전압 기동전류의 $\frac{1}{3}$으로 감소될 수 있는 기동법은?
① 직입 기동
② Y-△ 기동
③ 기동보상기 기동
④ 리액터 기동

Y-△ 기동법
기동 시 Y결선하여 기동 전류를 제한하고 전동기를 가속시킨 후 △결선으로 전전압 운전한다. 5~15kW 이하에 사용되며, 기동전류와 기동 토크가 $\frac{1}{3}$로 감소된다.

68. 유도전동기의 기동방법 중 용량이 5kW 이하인 소용량 전동기에는 주로 어떤 기동법이 사용되는가?

63. ③ 64. ④ 65. ① 66. ① 67. ② 68. ①

① 전전압 기동법   ② Y-Δ 기동법
③ 기동보상기법   ④ 리액터 기동법

👉 **전전압 기동법**
전동기에 별도의 기동장치를 사용하지 않고 직접 정격전압을 인가하여 기동하는 방법으로 5kW 이하의 소용량 농형 유도전동기에 적용
[참고]
　① Y-Δ 기동법 : 5~15kW에 사용
　② 기동보상법 : 15kW 이상에 사용
　③ 리액터 기동법 : 전전압 기동법에서 기동전류가 클 경우에 사용

69. 유도전동기의 기동 방식 중 권선형에만 사용할 수 있는 방법은?
① 2차 회로의 저항 삽입
② 리액터 기동
③ Y-Δ 기동
④ 기동보상기 사용

👉 3상 유도전동기는 농형 유도전동기와 권선형 유도전동기로 나누어진다.

농형 유도전동기의 기동법	권선형 유도전동기의 기동법
① 전전압기동법 ② Y-Δ기동 ③ 기동보상기동법 ④ 리액터 기동법	① 2차 저항 기동법 ② 2차 임피던스 기동법

70. 전동기를 전원에 접속한 상태에서 중력부하를 하강시킬 때 속도가 빨라지는 경우 전동기의 유기기전력이 전원전압보다 높아져서 발전기로 동작하고 발생전력을 전원으로 되돌려 줌과 동시에 속도를 감속하는 제동법은?
① 회생제동   ② 역전제동
③ 발전제동   ④ 유도제동

👉 **회생제동**
유도전동기가 부하에 의하여 동기속도 이상으로 회전할 때만 적용되는 제동법으로 동기속도 이하에는 제동이 되지 않는다. 이 방법은 과속을 방지하고 부하에 의한 회전토크를 이용하여 동기속도 이상에서의 유도전동기는 유도발전기로 되어 전력을 전원에 반환하여 제동된다.
[참고]
　① 역전제동 : 회전 중인 전동기의 1차 권선 3단자 중 임의의 2단자 접속을 바꾸어 역방향 토크 발생으로 제동
　② 발전제동 : 전동기를 발전기로 동작시켜 발생된 전력을 저항에서 열로 소비되면서 제동

71. 유도전동기를 유도발전기로 동작시켜 그 발생 전력을 전원으로 반환하여 제동하는 유도전동기 제동방식은?
① 발전제동   ② 역상제동
③ 단상제동   ④ 회생제동

👉 70번 해설 참고

72. 회전 중인 유도전동기의 3상 단자 중 임의의 2상의 단자를 바꾸어서 제동하는 방법은?
① 발전제동   ② 회생제동
③ 플러깅   ④ 직입제동

👉 **플러깅(역전제동)**
전동기를 더욱 빨리 정지시키거나 비상 정지를 위해 사용하는 방법으로 전기자에 반대 극성의 전원을 연결하여 역기전력이 전원전압과 합해져 전기자 회로에 인가됨으로써 매우 큰 전기자 전류가 역방향으로 흐름에 따라 역방향 토크가 발생하여 전동기를 정지시킨다.

73. 유도전동기에 인가되는 전압과 주파수의 비를 일정하게 제어하여 유도전동기의 속도를 정격속도 이하로 제어하는 방식은?

Answer　69. ①　70. ①　71. ④　72. ③　73. ②

① CVCF 제어방식
② VVVF 제어방식
③ 교류 궤환 제어방식
④ 교류 2단 속도 제어방식

👉 **VVVF 방식(Variable Voltage Variable Frequency)**
전력변환장치에 접속된 교류전동기(특히 유도전동기)를 가변속 구동하기 위한 인버터의 제어기술로서, 교류전동기 속도의 연속적 제어가 가능하다. 전동기에 인가되는 전압이 변화하면 전류와 토크가 변하며, 전동기의 회전속도는 주파수에 비례한다는 원리를 이용하여 전동기를 제어한다.

74. 2차 저항의 불평형에 의해 발생하는 소음으로 부하가 증가함에 따라 그 주기가 빠르고 심한 진동을 일으킬 수 있는 소음은?

① 슬립 비트음
② 언밸런스에 의한 진동음
③ 고주파 자속에 의한 진동음
④ 브러시음

👉 유도전동기에서 2차 회로의 저항을 크게 하면 비례추이에 의하여 슬립이 클 때 큰 토크를 얻을 수 있어 기동전류를 억제할 수 있다. 그러나 2차 회로의 저항을 크게 하면 운전상태에서의 특성이 나쁘게 되는데 2차 저항의 불평형에 의해 발생하는 소음으로 부하가 증가함에 따라 그 주기가 빠르고 심한 진동을 일으킬 수 있는 소음은 미끄러짐이 생겼을 때 발생하는 슬립 비트음이다.

75. 다음의 전동력 응용기계에서 GD^2의 값이 작은 것에 이용될 수 있는 것으로서 가장 바람직한 것은?

① 압연기   ② 냉동기
③ 송풍기   ④ 승강기

👉 **부하관성모멘트(GD^2)**
모터축과 입력축의 환산치로 부하관성이 크고 기동 빈도가 빈번한 경우에는 기동 시 충격 토크가 발생하므로 GD^2과 시동 빈도를 고려해야 한다. 모터의 회전수가 적고 기동빈도가 연속적이 아닌 승강기가 부하관성모멘트가 작은 것에 이용하기에 가장 적합하다.

76. 변압기에 대한 설명으로 옳지 않은 것은?

① 변압기의 2차측 권선수가 1차측 권선수보다 적은 경우에는 1차측의 전압보다 2차측의 전압이 낮다.
② 변압기의 1차측 전압이 2차측 전압보다 높을 경우, 2차측에 부하가 연결되면, 흐르는 전류는 1차측에서 공급되는 전류값보다 크다.
③ 변압기의 1차측 권선수와 전압, 2차측 권선수와 전압을 이용하여 권수비를 구할 수 있다.
④ 변압기의 1차측과 2차측의 권선수가 다를 경우에는 1차측에 인가한 전압의 주파수와 2차측에 나타나는 전압의 주파수는 다르다.

👉 ④ 유도기전력은 1차 권선과 2차 권선이 철심에 감긴 권선수에 의해 변하지만, 1차 권선에 인가한 전압의 주파수는 2차측 권선에 동일한 전압 주파수로 출력된다.
[참고] 변압기 : 변압기는 전자유도작용에 의하여 1차 권선(입력측)에 공급한 교류전기를 2차 권선(출력측)에 동일 주파수의 교류 전기의 전압으로 변환시켜 주는 역할을 하는 것이다. 1차측에 가해지는 전압과 2차측에 유기되는 전압의 크기는 두 권선의 권선수에 비례하고 전류는 권선수에 반비례하여 전달되므로 권선수를 조정하여 교류전압의 승압, 강압을 자유로이 할 수 있다.

Answer   74. ①   75. ④   76. ④

77. 변압기의 1차 및 2차의 전압, 권선수, 전류를 각각 E_1, N_1, I_1 및 E_2, N_2, I_2라고 할 때 성립하는 식으로 옳은 것은?

① $\dfrac{E_2}{E_1}=\dfrac{N_1}{N_2}=\dfrac{I_2}{I_1}$ ② $\dfrac{E_1}{E_2}=\dfrac{N_2}{N_1}=\dfrac{I_1}{I_2}$

③ $\dfrac{E_2}{E_1}=\dfrac{N_2}{N_1}=\dfrac{I_1}{I_2}$ ④ $\dfrac{E_1}{E_2}=\dfrac{N_1}{N_2}=\dfrac{I_1}{I_2}$

☞ $a=\dfrac{N_1}{N_2}=\dfrac{E_1}{E_2}=\dfrac{I_2}{I_1}=\sqrt{\dfrac{Z_1}{Z_2}}$

여기서, 1차, 2차 권수 : N_1, N_2
　　　　1차, 2차 유도기전력 : $E_1(V)$, $E_2(V)$
　　　　1차, 2차 전류 : $I_1(A)$, $I_2(A)$
　　　　1차, 2차 임피던스 : $Z_1(\Omega)$, $Z_2(\Omega)$

78. 변압기의 정격 1차 전압의 의미를 바르게 설명한 것은?

① 정격 2차 전압에 권수비를 곱한 것이다.
② $\dfrac{1}{2}$ 부하를 걸었을 때의 1차 전압이다.
③ 무부하일 때의 1차 전압이다.
④ 정격 2차 전압에 효율을 곱한 것이다.

☞ ① 변압기의 정격 1차 전압 : 정격 2차 전압에 권수비를 곱한 것
　② 변압기의 정격 2차 전압 : 정격 1차 전압을 권수비로 나눈 것

79. 1차 전압 3300V, 권수비 30인 단상변압기가 전등부하에 20A를 공급하고자 할 때의 입력전력(kW)은?

① 2.2　② 3.4
③ 4.6　④ 5.2

☞ ① 권수비
$a=\dfrac{N_1}{N_2}=\dfrac{E_1}{E_2}=\dfrac{I_2}{I_1}=\sqrt{\dfrac{Z_1}{Z_2}}$

$a=\dfrac{E_1}{E_2}\to E_2=\dfrac{E_1}{a}=\dfrac{3300}{30}=110V$

② 입력전력
$P=IV=20\times110=2200W=2.2kW$

80. 단상변압기의 2차측 110V 단자에 0.4Ω의 저항을 접속하고 1차측 단자에 720V를 가했을 때 1차 전류가 2A이었다. 이때 1차측 탭 전압은? (단, 변압기의 임피던스와 손실은 무시한다.)

① 3100V　② 3150V
③ 3300V　④ 3450V

☞ $V_1 I_1 = V_2 I_2 = \dfrac{V_2^2}{R_2}$

$720\times2=\dfrac{V_2^2}{0.4}\to V_2=24V$

∴ 권수비 $a=\dfrac{V_1}{V_2}=\dfrac{720}{24}=30$

1차측 탭 전압 :
$V_T=aV_2=30\times110=3300V$

81. 200kVA 변압기 5대를 수용할 수 있는 건물 변전실이 있다. 변압기 최대 시의 효율을 98%로 하고, 전력이 피크일 때의 전 건물의 변압기 역률은 94%라면, 이때의 변압기 발열량은 얼마인가?

① 67680kJ/h　② 211720kJ/h
③ 216040kJ/h　④ 331730kJ/h

☞ **변압기 발열량(q)**
$q=$변압기용량$\times(1-$효율$)\times$역률
$=5\times200\times(1-0.98)\times0.94=18.8kW$
$q=18.8kJ/s\times3600s/h=67680kJ/h$
[참고] kW=kJ/s

82. 변압기의 부하손(동손)에 관한 설명으로 옳은 것은?

Answer 77. ③ 78. ① 79. ① 80. ③ 81. ① 82. ③

① 동손은 온도 변화와 관계없다.
② 동손은 주파수에 의해 변화한다.
③ 동손은 부하 전류에 의해 변화한다.
④ 동손은 자속 밀도에 의해 변화한다.

👉 변압기의 동손은 부하 전류의 제곱에 비례하여 변화한다.

83. 두 대 이상의 변압기를 병렬 운전하고자 할 때 이상적인 조건으로 틀린 것은?

① 각 변압기의 극성이 같을 것
② 각 변압기의 손실비가 같을 것
③ 정격용량에 비례해서 전류를 분담할 것
④ 변압기 상호간 순환전류가 흐르지 않을 것

👉 **변압기 병렬운전 조건**
① 각 변압기의 극성이 같을 것
② 각 변압기의 권수비 및 1, 2차의 정격전압이 같을 것
③ 각 변압기의 %임피던스 강하가 같으며 저항과 리액턴스 비가 같을 것
④ 온도 상승 한도가 가능한 한 같을 것
⑤ 기준 충격 절연 강도가 같을 것
⑥ 3상식에서는 위의 조건에 상 회전방향 및 위상 변위가 같을 것

[참고] 변압기 병렬운전 : 부하설비 용량이 늘어난 경우나 기간산업 등에서 중요 부하가 변압기 고장으로 인한 정전 방지 공급의 신뢰도 향상을 위해 2대 이상의 변압기를 각각 병렬접속해서 운전하는 것

84. 단상변압기 2대를 사용하여 3상 전압을 얻고자 하는 결선방법은?

① Y결선　　　② V결선
③ △결선　　　④ Y-△결선

👉 **V결선**
단상변압기 3대로 △결선 운전 중 변압기 1대 고장으로 인하여 나머지 2대의 변압기로 3상 부하를 운전할 수 있는 결선으로 변압기 이용률은 86.6%로 줄게 된다.

85. 변압기 Y-Y 결선방법의 특성을 설명한 것으로 틀린 것은?

① 중성점을 접지할 수 있다.
② 상전압이 선간전압의 $1/\sqrt{3}$ 이 되므로 절연이 용이하다.
③ 선로에 제3조파를 주로 하는 충전전류가 흘러 통신장해가 생긴다.
④ 단상변압기 3대로 운전하던 중 한 대가 고장이 발생해도 V결선 운전이 가능하다.

👉 ④ △-△ 결선 방식에서 단상변압기 3대로 운전하던 중 1대가 고장이 발생해도 간단하게 V결선 운전이 가능하다.

86. 기전력에 고조파를 포함하고 있으며, 중성점이 접지되어 있을 때에는 선로에 제3고조파의 충전전류가 흐르고 통신장해를 주는 변압기 결선법은?

① △-△결선　　② Y-Y 결선
③ V-V 결선　　④ △-Y 결선

👉 **Y-Y 결선**
① 중성점을 접지할 수 있다.
② 상전압=선간전압/$\sqrt{3}$
③ 제3고조파가 발생하여 통신선 유도장해를 일으킨다.

87. 3대의 단상변압기를 결선하여 사용 중 1대가 고장이 났을 경우 2대의 단상변압기로 V-V 결선을 하여 사용할 수 있는 변압기 결선방법은?

① △-Y　　　　② Y-△
③ △-△　　　　④ Y-Y

Answer 👉 83. ②　84. ②　85. ④　86. ②　87. ③

△—△결선의 특징
① V-V결선의 변경
② 고조파 전류가 생기지 않아 통신장애가 없다.
③ 변압기 1대가 고장나면 V-V결선으로 운전하여 3상전력 공급 가능
④ 중성점 접지를 할 수 없다.
⑤ 상전압=선간전압

88. 한 대의 용량이 P[kVA]인 변압기 2대를 가지고 V결선으로 했을 경우의 용량은 어떻게 나타낼 수 있는가?

① P[kVA]　　② $\sqrt{3}$ P[kVA]
③ 2P[kVA]　　④ 3P[kVA]

👉 V결선시 용량 = $\frac{\sqrt{3}}{2} \times 2P$ (2대)
　　　　　　　　= $\sqrt{3}$ P[kVA]

89. 단상변압기 3대를 △ 결선하여 3상 전원을 공급하다가 1대의 고장으로 인하여 고장난 변압기를 제거하고 V결선으로 바꾸어 전력을 공급할 경우 출력은 당초 전력의 약 몇 %까지 가능하겠는가?

① 46.7　　② 57.7
③ 66.7　　④ 86.7

👉 출력비 = $\dfrac{\text{V결선의 출력}}{\text{변압기 3대의 정격 출력}}$
　　　　= $\dfrac{\sqrt{3}P}{3P} = \dfrac{\sqrt{3}}{3} = 0.577$

∴ 3대의 정격출력이 100%일 때, V결선의 경우에는 57.7%이다.

90. 변압기를 스코트(scott) 결선할 때 이용률은 몇 %인가?

① 57.7　　② 86.6
③ 100　　④ 173

스코트 결선(T결선)
2개의 단상변압기를 사용해서 3상을 2상으로 변환하는 결선방법으로 3상 3선식에서 매우 큰 단상전력을 얻고자 할 때 사용한다.
① 결선의 출력 : $P = \sqrt{3}\, V_2 I_2$
② 변압기 이용률(%) = $\dfrac{\sqrt{3}P}{2P} \times 100 = 86.6\%$

91. 10kVA의 단상변압기 2대로 V결선하여 공급할 수 있는 최대 3상 전력은 약 몇 kVA인가?

① 20　　② 17.3
③ 10　　④ 8.7

👉 V결선 최대 3상 전력
= $\sqrt{3}P = \sqrt{3} \times 10 = 17.3$ kVA

92. 변압기 내부의 저항과 누설 리액턴스의 % 강하는 3% 및 4%이다. 부하역률이 지상 60%일 때 이 변압기의 전압변동률은 몇 %인가?

① 1.4　　② 4
③ 4.8　　④ 5

👉 전압변동률(지상부하 시)
$p = 3\%,\ q = 4\%,\ \cos\theta = 0.6$
$\sin^2\theta + \cos^2\theta = 1 \rightarrow \cos^2\theta = 1 - \sin^2\theta$
$0.6^2 = 1 - \sin^2\theta \rightarrow \sin\theta = 0.8$
∴ $\varepsilon = p\cos\theta + q\sin\theta = 3 \times 0.6 + 4 \times 0.8 = 5\%$
[참고] 전압변동률(진상부하 시)
$\varepsilon = p\cos\theta - q\sin\theta$

93. 변압기의 효율이 가장 좋을 때의 조건은?

① 철손 = $\dfrac{2}{3}$ × 동손　② 철손 = 2 × 동손
③ 철손 = $\dfrac{1}{2}$ × 동손　④ 철손 = 동손

Answer　88. ②　89. ②　90. ②　91. ②　92. ④　93. ④

변압기 효율

규약효율 = $\dfrac{출력}{출력+손실} \times 100(\%)$

$= \dfrac{출력}{출력+철손+동손} \times 100(\%)$

$= \dfrac{P}{P + \dfrac{1}{m}P_i + mP_c}$

최고 효율이 되려면 손실이 없어야 하므로
손실 $\dfrac{1}{m}P_i + mP_c$를 미분하면

$\dfrac{d}{dm}(\dfrac{1}{m}P_i + mP_c) = 0$

$-\dfrac{1}{m^2}P_i + P_c = 0 \to P_c = \dfrac{P_i}{m^2}$

$\therefore m = \sqrt{\dfrac{P_i}{P_c}}$

손실이 최소가 되는 조건에서 최대효율이 되며 무부하손(철손)과 부하손(동손)이 같아지는 지점에서 최대 효율이 된다.

94. 150kVA 단상변압기의 철손이 1kW, 전 부하 동손이 4kW이다. 이 변압기의 최대 효율은 몇 kVA의 부하에서 나타나는가?

① 25　　② 75
③ 100　　④ 125

$\dfrac{1}{m}$ 부하인 경우 최대효율조건

$m^2 P_c = P_i$

$\dfrac{1}{m} = \sqrt{\dfrac{P_i}{P_c}} = \sqrt{\dfrac{1}{4}} = \dfrac{1}{2}$

150kVA 단상변압기의 최대효율은 부하의 $\dfrac{1}{2}$
인 $150 \times \dfrac{1}{2} = 75$kVA에서 나타난다.

95. 5kVA, 3000/200V의 변압기가 단락시험을 통한 임피던스 전압이 100V, 동손이 100W 라 할 때 퍼센트 저항강하는 몇 %인가?

① 2　　② 3
③ 4　　④ 5

% 저항강하

$P = \dfrac{임피던스와트(W)}{변압기용량(VA)} \times 100(\%)$

$= \dfrac{100}{5 \times 10^3} \times 100 = 2\%$

96. 어떤 단상변압기의 무부하 시 2차 단자전압이 250V이고, 정격 부하 시의 2차 단자전압이 240V일 때 전압변동률은 약 몇 %인가?

① 4.0　　② 4.17
③ 5.65　　④ 6.35

전압변동률(ε)

$\varepsilon = \dfrac{V_{2o} - V_{2n}}{V_{2n}} \times 100[\%] = \dfrac{250 - 240}{240} \times 100$

$= 4.17\%$

97. 변압기 절연내력시험이 아닌 것은?

① 가압시험　　② 유도시험
③ 절연저항시험　　④ 충격전압시험

변압기 절연내력시험
유도시험, 가압시험, 충격전압시험
[참고] 절연저항시험 : 모든 전기, 전자제품에서 누전 여부를 알아보기 위한 시험

98. 변압기유로 사용되는 절연유에 요구되는 특성으로 틀린 것은?

① 점도가 클 것
② 인화점이 높을 것
③ 응고점이 낮을 것
④ 절연내력이 클 것

절연유의 구비 조건
㉠ 절연내력이 커야 한다.
㉡ 점도가 낮아 유동성이 좋아야 한다.

Answer　94. ②　95. ①　96. ②　97. ③　98. ①

ⓒ 인화점이 높아야 한다.
ⓔ 응고점이 낮아야 한다.
ⓜ 화학적으로 안정성이 높아야 한다.
ⓗ 인체에 무해하고 독성이 없어야 한다.

99. 직류·교류 양용에 만능으로 사용할 수 있는 전동기는?
① 직권 정류자 전동기
② 직류 복권전동기
③ 유도전동기
④ 동기전동기

> **단상 직권 정류자 전동기**
> ① 직류·교류 양용 가능
> ② 와류손 감소를 위해 성층 철심 사용
> ③ 역률과 효율 개선을 위해 약계자 강전기자 형의 구조 사용
> ④ 역률 개선과 전기자 반작용 개선을 위해 보상권선 사용
> ⑤ 회전속도가 증가할수록 역률 증가
> ⑥ 75kW 이하의 가정용 미싱, 소형 공구, 의료기기, 영사기 등으로 사용

100. 전력선, 전기기기 등 보호대상에 발생한 이상 상태를 검출하여 기기의 피해를 경감시키거나 그 파급을 저지하기 위하여 사용되는 것은?
① 보호계전기   ② 보조계전기
③ 전자접촉기   ④ 시한계전기

> **보호계전기**
> 전선 또는 기기에 이상이나 고장이 생겼을 때 그 부분을 급속히 발견·차단하는 계전기. 기기의 손상을 경감하고, 다른 계통에 대한 피해 방지를 목적으로 하는 계전기
> [참고]
> ① 보조계전기 : 보호계전기의 보조용으로 쓰이며 접점용량 및 접점수의 증가 또는 한시의 부가 등을 목적으로 하는 계전기
> ② 시한계전기 : 일정한 시간이 되면 그에 알맞은 신호를 보내어 회로를 끊거나 바꾸거나 조종하는 계전기

101. 서보전동기의 특징이 아닌 것은?
① 속응성이 높다.
② 전기자의 지름이 작다.
③ 시동, 정지 및 역전의 동작을 자주 반복한다.
④ 큰 회전력을 얻기 위해 축 방향으로 전기자의 길이가 짧다.

> ④ 큰 회전력을 얻기 위해 전기자의 길이가 그 직경에 비해 비교적 길다.
> [참고] 서보전동기의 특징
> ① 원칙적으로 정역이 가능하여야 한다.
> ② 저속이며 거침없는 운전이 가능하여야 한다.
> ③ 기계적 응답이 우수하여 속응성이 좋아야 한다.
> ④ 급감속, 급가속이 용이한 것이어야 한다.
> ⑤ 시정수가 작아야 하며, 기동 토크가 커야 한다.

102. 서보전동기에 필요한 특징을 설명한 것으로 옳지 않은 것은?
① 정·역회전이 가능하여야 한다.
② 직류용은 없고 교류용만 있어야 한다.
③ 속도제어 범위와 신뢰성이 우수하여야 한다.
④ 급가속, 급감속이 용이하여야 한다.

> ② 서보전동기는 직류용과 교류용이 있다.

103. 조작기기로 사용되는 서보전동기의 설명 중 옳지 않은 것은?
① 제어범위가 넓고 특성 변경이 쉬워야 한다.

Answer 99. ① 100. ① 101. ④ 102. ② 103. ②

② 시정수와 관성이 클수록 좋다.
③ 서보전동기는 그다지 큰 회전력이 요구되지 않아도 된다.
④ 급 가·감속 및 정·역 운전이 쉬워야 한다.

👉 ② 시정수가와 관성이 작아야 하며, 기동 토크가 커야 한다.

104. AC 서보 전동기에 대한 설명 중 옳은 것은?
① AC 서보전동기의 전달함수는 미분요소이다.
② 고정자의 기준 권선에 제어용 전압을 인가한다.
③ AC 서보전동기는 큰 회전력이 요구되는 시스템에 사용된다.
④ AC 서보전동기는 두 고정자 권선에 90도 위상차의 2상 전압을 인가하여 회전자계를 만든다.

👉 ① AC 서보전동기의 전달함수는 적분요소와 2차 요소의 직렬결합이다.
② 고정자의 기준 권선에 정전압을 인가하며 제어권선에는 제어용 전압을 인가한다.
③ AC 서보전동기는 그다지 큰 회전력이 요구되지 않는 시스템에 적용된다.

105. 전원전압을 안정하게 유지하기 위하여 사용되는 다이오드로 가장 옳은 것은?
① 제너 다이오드
② 터널 다이오드
③ 본드형 다이오드
④ 바랙터 다이오드

👉 제너 다이오드
정전압 다이오드라고도 하며, 제너 효과를 이용하여 일정한 전압을 얻을 목적으로 사용되는 소자

[참고]
① 터널 다이오드 : 터널효과를 이용하는 다이로드로 불순물 반도체에서 부성저항 특성이 나타나는 현상을 응용한 p-n 접합 다이오드
② 바랙터 다이오드 : 역방향으로 PN 접합에 전압을 인가하면 역전압이 커질수록 정전용량이 감소하는 특성을 이용한 다이오드
③ 본드형 다이오드 : 점접촉 다이오드의 금속침에 미리 불순물을 첨가한 후 반도체 표면과 접촉시키고 순간적으로 큰 전류를 통하게 하여 금속침과 반도체가 융착되어 P-N 접합을 이루게 한 것이다.

106. 그림과 같은 다이오드 브리지 정류회로가 있다. 교류전원 v가 양일 때와 음일 때의 전류의 방향을 바로 적은 것은? (단, 화살표 방향을 양으로 한다.)

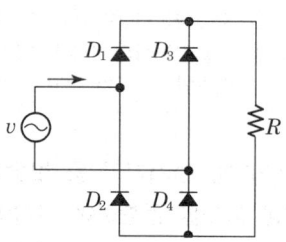

① $v>0$: $v \to D_1 \to R \to D_2 \to v$
   $v<0$: $v \to D_2 \to R \to D_1 \to v$
② $v>0$: $v \to D_1 \to R \to D_2 \to v$
   $v<0$: $v \to D_4 \to R \to D_1 \to v$
③ $v>0$: $v \to D_1 \to R \to D_4 \to v$
   $v<0$: $v \to D_3 \to R \to D_2 \to v$
④ $v>0$: $v \to D_1 \to R \to D_2 \to v$
   $v<0$: $v \to D_4 \to R \to D_3 \to v$

Answer 104. ④ 105. ① 106. ③

① $v > 0$

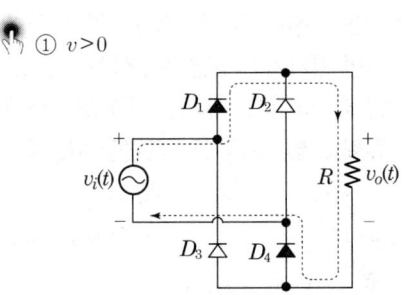

② $v < 0$

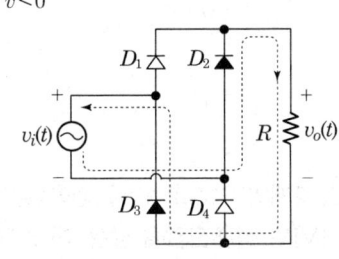

107. 그림과 같은 브리지 정류회로는 어느 점에 교류입력을 연결하여야 하는가?

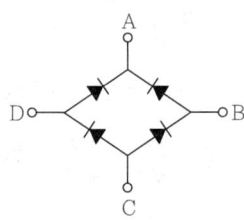

① A–B점   ② A–C점
③ B–C점   ④ B–D점

교류입력은 B–D점이며, 직류출력은 A(+)와 C점(−)이다.

108. 그림과 같은 회로에서 E를 교류전압 V의 실효값이라 할 때, 저항 양단에 걸리는 전압 e_d의 평균값은 E의 약 몇 배 정도인가?

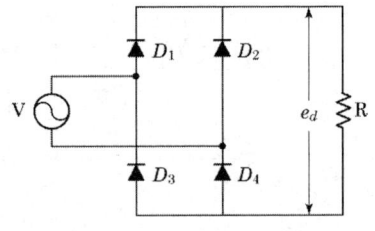

① 0.6   ② 0.9
③ 1.4   ④ 1.7

$E_d = \dfrac{2}{\pi} E_m = \dfrac{2}{\pi} \times \sqrt{2}\, E = 0.9 E$

109. 그림은 전동기 속도제어의 한 방법이다. 전동기에 가해지는 평균 출력전압의 식은? (단, 전원은 사인파 교류로서 V[V], 점호각은 α이며, 전동기는 유도성 부하이다.)

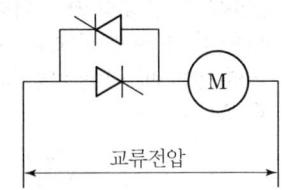

① $\dfrac{2\sqrt{2}}{\pi} V \cos \alpha$

② $\dfrac{\sqrt{2}}{\pi} V \cos \alpha$

③ $\dfrac{2\sqrt{2}}{\pi} V (1 + \cos \alpha)$

④ $\dfrac{\sqrt{2}}{\pi} V (1 + \cos \alpha)$

점호각이 α일 때 평균출력 전압은 전파정류일 때

$V_d = \dfrac{2\sqrt{2}}{\pi} V \cos \alpha$

110. 제너 다이오드 회로에서 $V_1 = 20 \sin \omega t$ V, $V_2 = 5$ V, $R_L < R_S$일 때 V_2의 파형으로 옳은 것은?

Answer   107. ④   108. ②   109. ①   110. ④

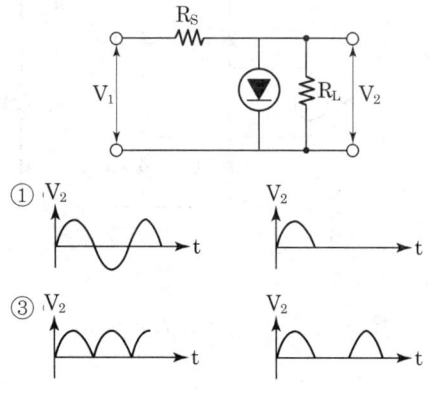

① V_2 ② V_2

③ V_2 ④ V_2

👆 **반파 정류회로(Half-wave rectification circuit)**
반파 정류는 교류전압을 인가하였을 경우 양(+)의 주기는 도통되고 음(-)의 주기는 차단시킴으로써 양(+)의 파형을 가지는 것을 말한다. 그림 (a)와 같은 회로에서 교류전압 $v(t)=V_m\sin\omega t$가 주어졌을 때, 입력파형과 출력파형을 비교하면 그림 (b)와 같이 나타낼 수 있다.

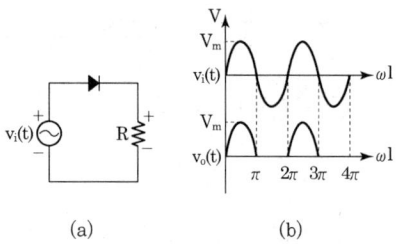

(a)   (b)

111. 단상반파정류로 직류전압 100V를 얻으려고 한다. 최대 역전압(Peak Inverse Voltage : PIV)이 약 몇 V 이상인 다이오드를 사용하여야 하는가?

① 100   ② 141.1
③ 222   ④ 314

👆 **최대 역전압(PIV)**
다이오드에 가할 수 있는 역방향 전압의 최댓값
$PIV = \pi E = \pi \times 100 = 314V$

112. 단상 전파정류로 직류전압 100V를 얻으려면 변압기 2차 권선의 상전압은 몇 V로 하면 되는가?(단, 부하는 무유도 저항이고, 정류회로 및 변압기의 전압강하는 무시한다.)

① 90   ② 111
③ 141   ④ 200

👆 단상 전파전류이므로
$E_d = \dfrac{2\sqrt{2}E}{\pi} = 0.9E$
$\therefore E = \dfrac{E_d}{0.9} = \dfrac{100}{0.9} = 111V$

113. 2개의 SCR로 단상 전파정류하여 $100\sqrt{2}$ [V]의 직류전압을 얻는 데 필요한 1차측 교류전압은 약 몇 V인가?

① 120   ② 141
③ 157   ④ 220

👆 $E_d = \dfrac{2}{\pi}E_m$
$E_m = \dfrac{\pi}{2}E_d = \dfrac{3.14}{2}\times(100\sqrt{2}) = 222V$
$\therefore E_e = \dfrac{E_m}{\sqrt{2}} = \dfrac{222}{\sqrt{2}} = 157V$

114. 맥동률이 가장 큰 정류회로는?

① 3상 전파   ② 3상 반파
③ 단상 전파   ④ 단상 반파

👆 맥동주파수와 맥동률 비교

구분	단상 반파	단상 전파	3상 반파	3상 전파
맥동률	$r=1.21$	$r=0.482$	$r=0.183$	$r=0.042$
맥동 주파수	f (60Hz)	$2f$ (120Hz)	$3f$ (180Hz)	$6f$ (360Hz)

115. 맥동 주파수가 가장 많고 맥동률이 가장 적은 정류 방식은?

Answer 111. ④ 112. ② 113. ③ 114. ④ 115. ④

① 단상 반파정류 ② 단상 전파정류
③ 3상 반파정류 ④ 3상 전파정류

☞ 114번 해설 참고

116. 다음 중 정류기의 평활회로에 이용되는 것은?

① 고역필터 ② 저역필터
③ 대역통과필터 ④ 대역소거필터

☞ 정류기의 평활회로는 저주파용의 초크 또는 저항과 콘덴서로 구성되어 맥동성분이 출력측에 나오지 않도록 하는 일종의 저역필터(low pass filter)이다.

117. SCR에 관한 설명으로 틀린 것은?

① PNPN 소자이다.
② 스위칭 소자이다.
③ 양방향성 사이리스터이다.
④ 직류나 교류의 전력제어용으로 사용된다.

☞ **실리콘제어정류소자(SCR)**
정류기능을 갖는 단일방향성 3단자 소자이며, 부하전류를 단락시키거나 개방시킬 수 있는 소자이다.

118. 다음 중 사이리스터에서 래칭전류에 대한 설명으로 가장 옳은 것은?

① 사이리스터의 게이트를 개방한 상태에서 전압을 상승하면 급히 증가하게 되는 순전류
② 사이리스터가 턴온하기 시작하는 순전류
③ 게이트 전압을 인가한 후에 급히 제거한 상태에서 도통상태가 유지되는 최소의 순전류
④ 게이트를 개방한 상태에서 사이리스터가 도통상태를 유지하기 위한 최소의 순전류

☞ 사이리스터는 정류기능을 갖는 단일방향성 3단자 소자로서 사이리스터가 턴온하기 시작하는 전류를 래칭전류라 한다.

119. 바리스터(Varistor)의 주된 용도에 해당되는 것은?

① 저항증가에 대한 손실 보상
② 서지전압에 대한 회로 보호
③ 고조파에 대한 온도 보상
④ 압력에 대한 출력 증폭

☞ **바리스터**
비직선적인 전압–전류 특성을 갖는 2단자 반도체 소자로 주로 서지전압에 대한 보호용으로 사용된다. 인가전압이 높을 때 저항값은 작아지고 인가전압이 낮을 때 저항값이 크게 되어 회로를 보호한다.

120. 연산증폭기의 응용회로가 아닌 것은?

① 적분기
② 아날로그 가산증폭기
③ 미분기
④ 디지털 반가산증폭기

☞ 연산증폭기란 아날로그 기기에서 연산을 실행하기 위해 사용되는 신호증폭기로 OP앰프라고도 한다. 아날로그 신호처리에서 가장 기본적으로 사용되는 소자로 입력되는 신호들을 더하기, 빼기, 곱하기, 나누기, 미분, 적분 등을 할 수 있는 일종의 신호변환기이며, 매우 높은 전압 이득을 갖는 차동증폭기이다.

121. 그림과 같은 연산증폭기를 사용한 회로의 기능은?

Answer 116. ② 117. ③ 118. ② 119. ② 120. ④ 121. ①

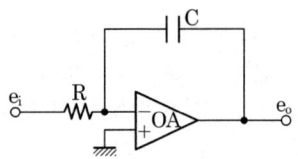

① 적분기　　② 미분기
③ 가산기　　④ 제한기

 적분기

주어진 전압의 적분값을 출력하는 것으로 적분기의 대부분은 램프파를 얻고자 하는 데 이용된다.

$$e_0 = -\frac{1}{RC}\int e_i dt$$

[참고] 미분기 : 출력함수가 입력함수의 변화율에 비례하는 출력을 얻는 장치. 즉, 입력신호 $v(t)$의 시간 미분인 $\dfrac{dv(t)}{dt}$ 에 비례하는 출력을 얻는 회로로 적분기회로에서 저항과 콘덴서의 위치만 바꾸면 된다.

chapter 05 자동제어

1. 자동제어

어떤 동작을 하도록 만들어진 장치가 자동적으로 동작하도록 필요한 동작을 가하는 것

(1) 개루프 제어시스템(Open-loop control system)

① 출력량을 귀환(Feedback)하는 요소가 없는 제어계를 말한다.
② 즉, 1개의 동작이 끝나면 그 결과에 따라서 다음 동작이 개시되는 식으로 순차동작을 일으켜 목적을 달성하는 방식. 시스템 구성이 간단하지만 외란의 영향을 많이 받는다.
③ 오차가 많이 발생할 수 있고 이 오차를 수정할 수 없다.(세탁기, 전자레인지 등에 적용)

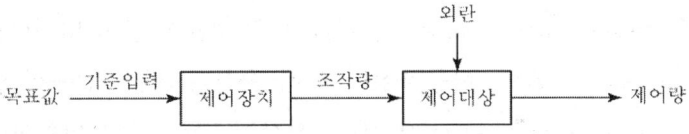

(2) 폐루프 제어시스템(Closed-loop control system : 피드백 제어시스템)

① 출력량을 귀환(Feedback)할 수 있는 귀환경로를 포함한 제어계
② 즉, 제어계의 출력값이 목표값과 비교하여 일치하지 않을 경우에는 다시 출력값을 입력으로 피드백시켜 오차를 수정하도록 귀환경로를 갖는 방식으로 제어의 질의 개선에 효과가 있다.
③ 대부분의 제어장치에 적용된다.

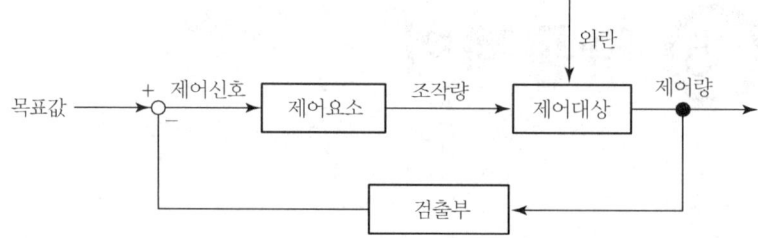

④ 특징
　㉠ 입력과 출력을 비교하는 장치가 있어야 한다.
　㉡ 정확성이 증가한다.
　㉢ 계의 특성 변화에 대한 입력 대 출력비의 감도가 감소한다.
　㉣ 감대폭(대역폭)이 증가한다.
　㉤ 발진을 일으키고 불안정한 상태로 되어 가는 경향이 있다.
　㉥ 구조가 복잡하고 설치비가 비싸다.

2 자동제어의 분류

(1) 목표값에 의한 분류(입력에 의한 분류)

① 정치 제어(constant-value control) : 시간에 관계없이 값이 일정한 목표값을 유지하는 제어로 프로세스 제어, 자동조정이 이에 속한다.(예 : 연속식 압연기)
② 추치 제어(follow-up value control) : 시간에 따라 값이 변화하는 제어
　㉠ 추종 제어 : 목표값이 임의의 시간적 변화(예 : 대공포, 레이더)
　㉡ 프로그램 제어 : 미리 정해진 신호에 따라 동작(예 : 무인열차, 무인엘리베이터, 무인자판기)
　㉢ 비율 제어 : 시간에 비례하여 변화(예 : 배터리)

(2) 제어량에 의한 분류

① 서보 기구(servo mechanism)
　㉠ 목표값의 임의의 변화에 항상 추종시키는 것을 목적으로 한다.

ⓒ 제어량 : 기계적인 변위량(위치, 방향, 자세, 거리, 각도 등)
[예] 공작기계, 비행기, 선박, 추적용 레이더, 미사일 발사대의 자동위치 제어 등
② 프로세스 제어(process control)
㉠ 생산공정 중의 상태량, 외란의 억제를 주목적으로 한다.
ⓒ 제어량 : 공업공정의 상태량(밀도, 농도, 온도, 압력, 유량, 습도 등)
[예] 대단위 화학 플랜트, 수조의 온도제어 등
③ 자동조정(auto regulating)
㉠ 전기적 또는 기계적 양의 제어로 응답속도가 빨라야 한다.
ⓒ 제어량 : 전기적, 기계적 신호(속도, 전압, 전류, 힘, 주파수, 장력 등)
[예] 컴퓨터, 증기기관의 조속기 등

(3) 제어동작에 따른 분류

① 목표값에 의한 분류

종류		목표값	제어 예
정치 제어		목표값이 시간에 관계없이 일정	연속 압연기의 압연 두께, 항온조의 온도
추치 제어	추종 제어	목표값의 임의 시간적 변화	미사일 추적장치, 대공포 포신 제어
	프로그램 제어	목표값의 미리 정해진 시간적 변화	엘리베이터 자동제어, 자판기
	비율 제어	입력이 변화해도 그것과 항상 일정한 비례관계 유지	재료의 일정 혼합, 비율 유지

② 제어량에 의한 분류

종류	특징	제어량의 종류
프로세스 제어 (공정제어)	플랜트나 생산공정 중의 상태량 제어(외란 억제가 주목적)	온도, 유량, 압력, 액위, 농도, 밀도
서보기구 (추종제어)	기계의 변위를 제어량으로 해서 목표값의 변화에 추종하는 제어	위치, 방위, 자세, 거리, 각도
자동 조정 (정치제어)	전기적, 기계적 양을 제어하는 것으로 응답 속도가 매우 빠르다.	전압, 전류, 주파수, 회전속도, 힘

> **참고**
>
> ■ 서보전동기
>
> 위치, 자세, 각도 등을 제어량으로 하기 위한 전동기
>
> ※ 서보전동기의 특징
> ① 원칙적으로 정역이 가능하여야 한다.
> ② 저속이며 거침없는 운전이 가능하여야 한다.
> ③ 기계적 응답이 우수하여 속응성이 좋아야 한다.
> ④ 급감속, 급가속이 용이한 것이어야 한다.
> ⑤ 시정수가 작아야 하며, 기동 토크가 커야 한다.

③ 동작에 의한 분류

종류		동작	특징
연속제어	비례제어	P 동작	구조가 간단. 잔류편차(off set) 발생
	비례적분제어	PI 동작	잔류편차가 없지만 속응성이 길다.
	비례미분제어	PD 동작	속응성 향상, 과도특성 개선
	비례적분미분제어	PID 동작	잔류편차 제거, 속응성 향상, 가장 안정한 제어
불연속 제어 (간헐현상발생)	ON-OFF제어	ON-OFF동작	사이클링(cycling)과 오프셋(off set) 발생
	샘플값 제어	샘플값 주기	PID 제어보다 시간 낭비 감소

> **참고**
>
> ■ 조절부 동작 수식 표현
>
> | 구분 | 비례제어 | 비례적분제어 | 비례미분제어 | 비례적분미분제어 |
> |---|---|---|---|---|
> | 조절부 동작 | $G(s) = K$ | $G(s) = K_p(1 + \dfrac{1}{T_i s})$ | $G(s) = K_p(1 + T_d s)$ | $G(s) = K_p(1 + T_d s + \dfrac{1}{T_i s})$ |

④ 구동장치에 의한 분류

　㉠ 자력 제어(direct control) : 조작부를 조작하는 데 외부의 동력을 필요로 하지 않고 제어신호 자체를 이용하는 제어로 구조가 간단하고 동작이 확실하며 저가이다.

　㉡ 타력 제어(indirect control) : 조작부를 움직이는 데 외부의 동력을 필요로 하는 제어로 자력 제어에 비해 구조가 복잡하고 고가이지만, 정보처리, 조작 속도면에서 자력 제어보다 우수하다.

정성적 제어와 정량적 제어의 차이점

구분	정성적 제어	정량적 제어
정보	불연속적인 시각에만 결정하는 내용의 신호를 받는 것	연속한 시각에 결정하는 내용의 신호를 받는 것
명령처리	있음	없음
외부로부터의 명령	입력명령(작업명령)	제어명령, 출력명령
회로 구성	반드시 폐회로가 되지 않는다.	반드시 폐회로이다.

3 시퀀스 제어(Sequence control)

(1) 시퀀스 제어 정의

① 미리 정해진 순서에 따라 제어의 각 단계를 순차적으로 제어하는 방식
② 전기밥솥, 세탁기, 커피자판기, 엘리베이터 제어 등에 적용

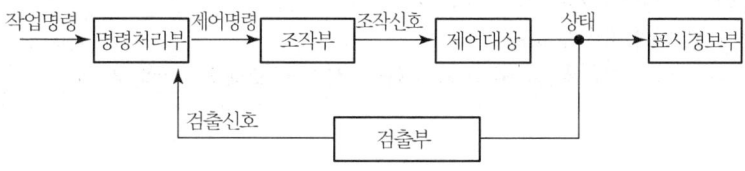

(2) 시퀀스 제어의 종류

① 명령처리에 따른 분류

제어의 종류	설 명
시한 제어	• 제어의 순서와 제어 시간이 기억되어 정해진 제어순서를 정해진 시간에 행하는 제어 • 가정용 세탁기, 교통 신호기, 네온사인의 점등과 소등제어용
순서 제어	• 제어의 순서만이 기억되고 시간은 검출기에 의해 이루어지는 제어 • 컨베이어 장치, 공작기계, 자동 조립기계 제어용
조건 제어	• 검출 결과에 따라 제어 명령이 결정되는 제어 • 불량품처리 제어, 엘리베이터 제어용

② 제어장치에 따른 분류
　㉠ 유접점 제어 : 릴레이 또는 전자계전기 등의 소자를 사용하여 제어하는 방식
　㉡ 무접점 제어 : 트랜지스터, 다이오드 등의 반도체 스위칭 소자를 사용하여 제어하는 방식
　㉢ PLC(Program Logic Controller) : 논리연산이 주된 기능이며 또한 수치 연산 기능, 데이터 처리 기능, 프로그램 제어 기능을 조합하여 공정을 제어하는 방식

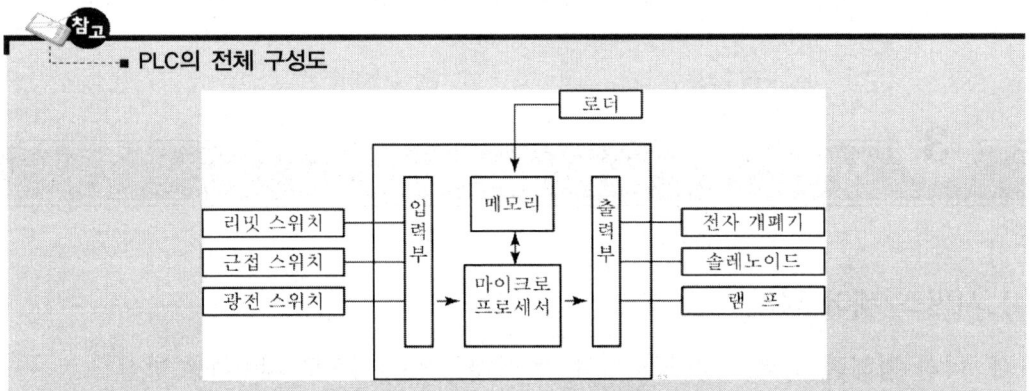

■ PLC의 전체 구성도

① 중앙처리장치(CPU) : 마이크로프로세서 및 메모리를 중심으로 구성, 인간의 두뇌 역할을 하는 부분으로 메모리에 저장되어 있는 프로그램을 해독하여 처리 내용을 실행한다.
② 입·출력부 : 외부 기기와 신호를 연결
③ 전원부 : 각 부에 전원을 공급
④ 주변장치 : PLC 내의 메모리에 프로그램을 기록하는 장치(PC, 핸디로더)

(3) 시퀀스 제어 요소

제어 요소	설 명
입력기구	검출 스위치 및 센서
출력기구	전자개폐기(MC), 전자밸브(SV), 솔레노이드 표시 램프, 경보기구
보조기구	제어기구를 구성하는 보조 릴레이, 논리 소자, 타이머 소자, 입출력 소자, PLC 장치 등

(4) 수동 스위치

수동 동작에 의해 제어장치로 신호를 넣어주는 기구
① 복귀형 수동 스위치 : 사람의 손으로 누르는 동안에만 회로를 유지하고, 놓으면 즉시

원상태로 되돌아오는 스위치(예 : 푸시 버튼 스위치, 키보드)

② 유지형 수동 스위치 : 일단 수동 조작하면 다시 복귀시킬 때까지 그대로 상태를 유지하는 스위치(예 : 양쪽 버튼 스위치, 나이프 스위치, 텀블러 스위치)

(5) 시퀀스 제어의 접점 종류

① a접점(arbeit contact) : 항상 열려 있는 접점
② b접점(break contact) : 항상 닫혀 있는 접점
③ c접점(change-over contact) : a, b접점 모두 공유한 전환 접점

a접점 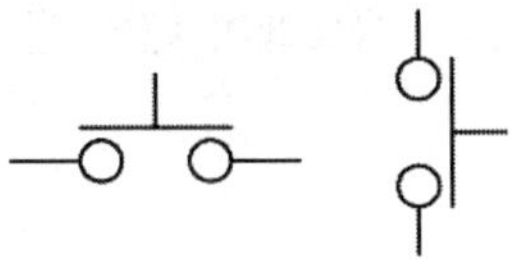	b접점 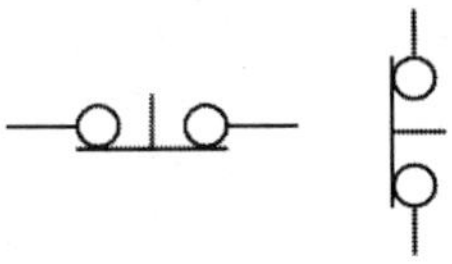	c접점 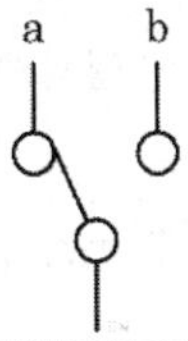

(6) 검출 스위치

제어 대상의 상태나 변화를 검출하기 위한 것으로 위치, 압력, 온도, 액면, 전압 등의 제어량 검출에 이용

① 리미트 스위치(Limit Switch)

캠(Cam) 또는 도그(Dog)라고 하는 물체의 뾰족한 부분을 이용하여 정해진 위치를 검출하는 스위치

② 플로트 스위치(Float Switch)

액체의 부력으로 플로트를 이용하여 액면을 확인하는 스위치

(7) 릴레이(전자계전기, Electro Magnetic Relay)

① 원리

전자력에 의해 접점이 개폐되는 원리를 이용한 것으로 전원에 의해 전류가 코일에 흐르면 코일이 여자되어 a는 닫히고, b는 열린다.

② 8핀 릴레이

코일 접점과 a접점 2개, b접점 2개로 구성

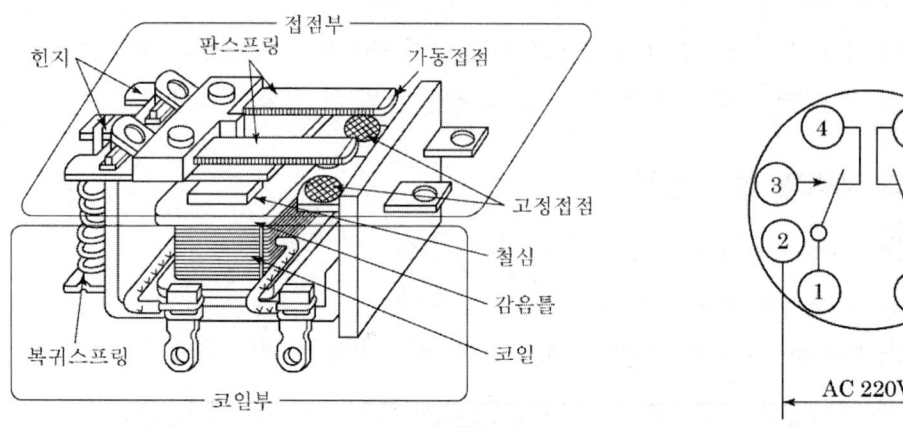

① 2-7:코일접점 ② 1-3:a접점 ③ 1-4:b접점 ④ 8-6:a접점 ⑤ 8-5:b접점

[전자계전기의 구조]　　　　　　　　　　　　[릴레이 내부 결선도]

(8) 타이머(Time Lag Relay)

① 타이머

　입력신호를 받아 설정 시간만큼 지난 뒤 출력신호를 나타내는 계전기

② 동작방법에 의한 분류

　㉠ 한시동작 순시복귀 접점 : 동작의 지연기능

　㉡ 순시동작 한시복귀 접점 : 복귀의 지연기능

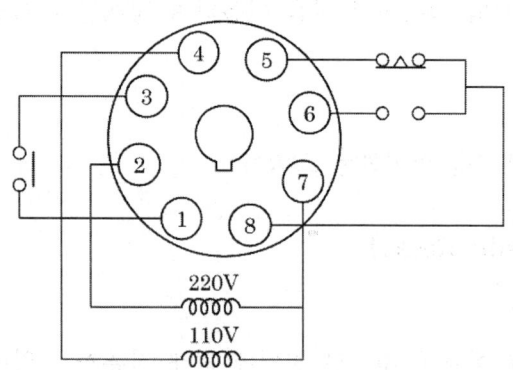

입력신호(코일)		접점심벌
한시동작 순시복귀	a접점	─o △ o─
	b접점	─o▲o─
순시동작 한시복귀	a접점	─o ▽ o─
	b접점	─o▼o─

(출력신호)

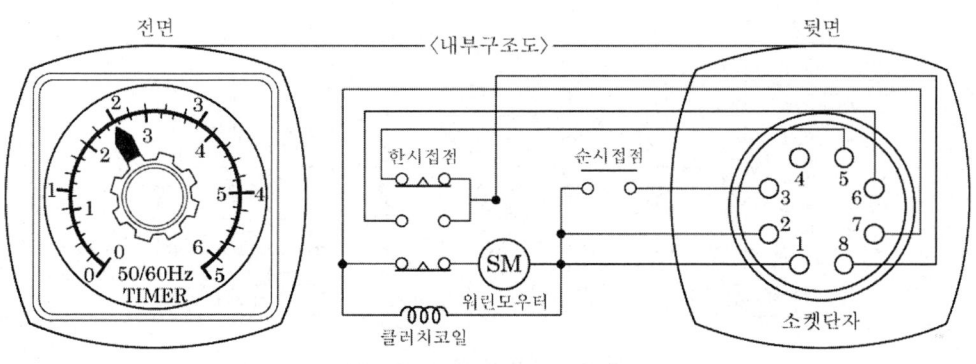

[모터식 타이머의 내부 접속도]

(9) 전자개폐기(Magnetic Switch)

① 전자개폐기

전자력에 의해 접점이 개폐되는 전자접촉기(Magnet Contact)와 과전류에 의해 동작하는 과부하계전기(Overload Relay)로 구성된 개폐기로서 전동기 제어 등의 전력제어 기구로 많이 사용한다.

㉠ 전자접촉기 : 고정철심에 감겨 있는 코일에 전원이 가해지면 전자력이 발생하여 가동철심을 흡인한다. 이때 접점은 닫히고, 전원이 차단되면 접점은 스프링에 의해 원위치로 복귀한다.

㉡ 열동형 과부하계전기 : 전류의 흐름에 따른 열발생 효과에 의해 동작하는 계전기로 전동기 등에서 과전류가 흐르면 내부 히터가 가열되어 바이메탈에 열이 전달되고, 바이메탈이 휘어져 변형되면 접점이 열린다.(수동복귀 b접점)

② 전원, 주접점 3개, 보조접점(각 a접점, b접점 2개) 이렇게 4개가 있다.

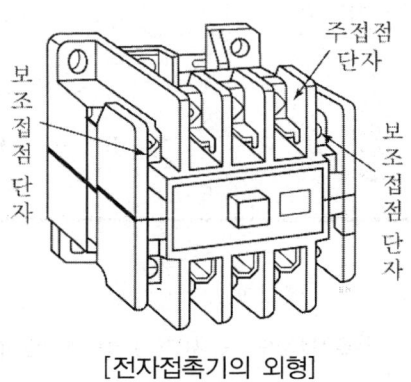

[전자접촉기의 외형]

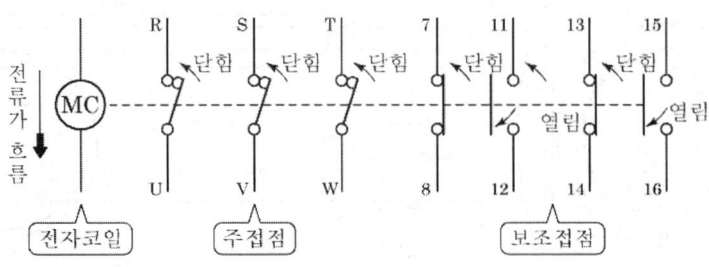

[전자접촉기의 동작 시 기호]

(10) 기본 논리회로

① AND 회로

두 개의 접점 A, B가 모두 입력이 1일 때만 출력이 1이 되는 회로

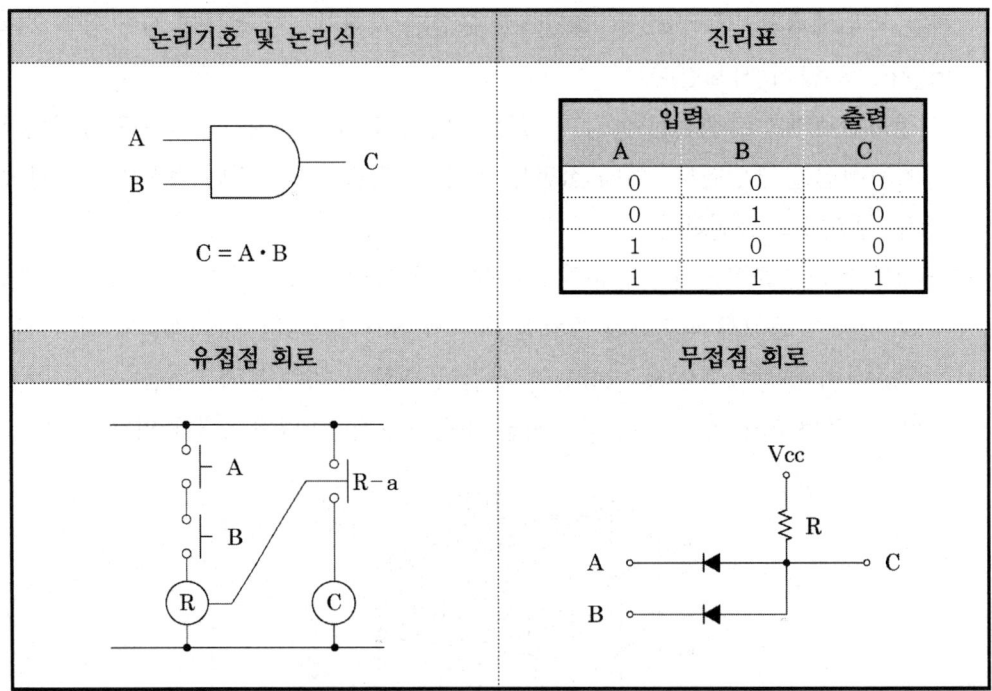

② OR 회로

입력 A 또는 B의 어느 한쪽이든가, 양자가 1일 때 출력이 1이 되는 회로

논리기호 및 논리식	진리표
A, B → C C = A + B	입력 A B / 출력 C 0 0 / 0 0 1 / 1 1 0 / 1 1 1 / 1
유접점 회로	무접점 회로

③ NOT 회로

입력이 0일 때 출력은 1, 입력이 1일 때 출력은 0이 되는 회로

논리기호 및 논리식	진리표
A → C $C = \overline{A}$	입력 A / 출력 C 0 / 1 1 / 0
유접점 회로	무접점 회로

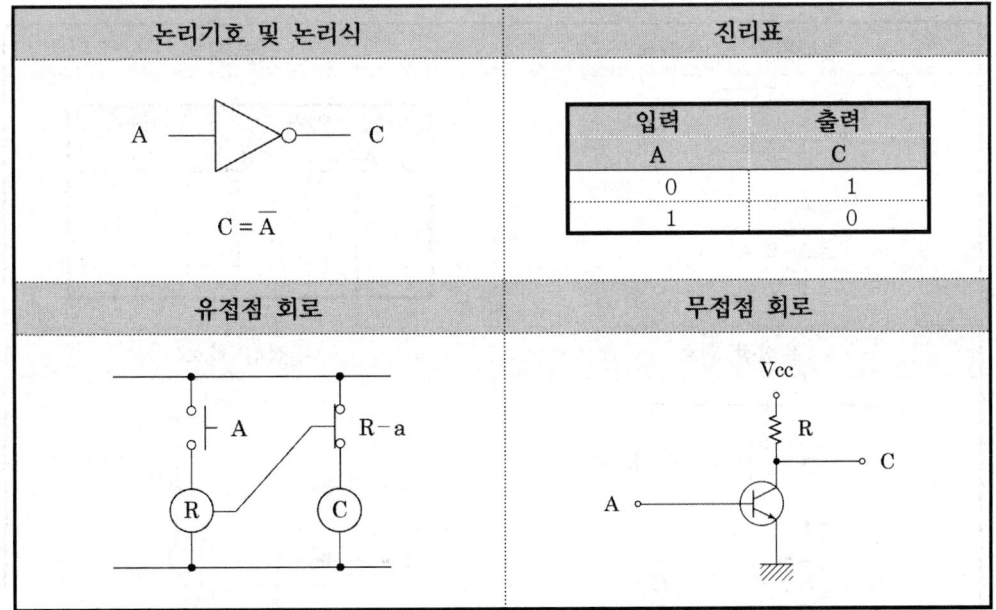

④ NAND 회로

　　AND 회로 결과에 NOT 회로를 접속한 회로

논리기호 및 논리식	진리표		
A ─┐ 　　⊃o─ C B ─┘ $\overline{C} = A \cdot B$ $\overline{\overline{C}} = \overline{A \cdot B}$ $C = \overline{A \cdot B} = \overline{A} + \overline{B}$	입력		출력
	A	B	C
	0	0	1
	0	1	1
	1	0	1
	1	1	0

유접점 회로	무접점 회로

⑤ NOR 회로

　　OR 회로 결과에 NOT 회로를 접속한 회로

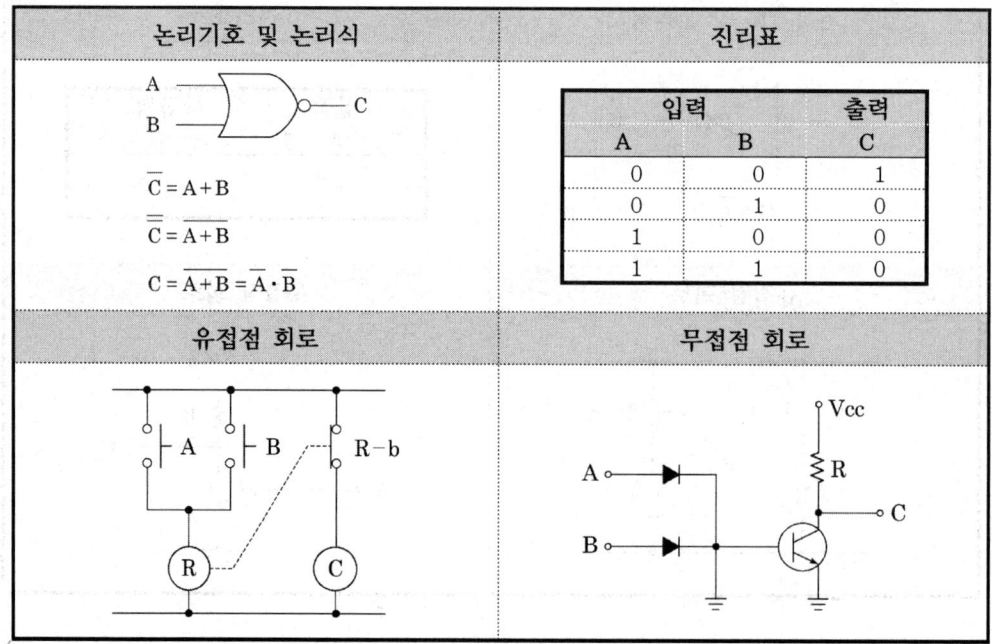

논리기호 및 논리식	진리표		
$\overline{C} = A + B$ $\overline{\overline{C}} = \overline{A + B}$ $C = \overline{A + B} = \overline{A} \cdot \overline{B}$	입력		출력
	A	B	C
	0	0	1
	0	1	0
	1	0	0
	1	1	0

유접점 회로	무접점 회로

> **참고**
>
> ■ 시퀀스 회로
> ① 자기유지회로 : 전자 릴레이에 시동신호를 주어 동작시키면 시동신호를 제거해도 동작을 계속함과 동시에 정지신호를 주면 전자릴레이가 복귀하는 회로
> ② 플리커회로 : 입력신호를 단속신호로 변환하여 기기의 고장 등을 운전자에게 알려주는 회로로서 경보용 부저 등에 적용
> ③ 인터록회로 : 2대 이상의 기기를 운전하는 경우 기기의 보호를 위해 운전 순서를 결정하거나 동시 기동을 피할 경우에 사용하는 기기의 동작을 금지하는 회로로서 브라인의 동결방지용으로 냉동기 압축기와 브라인 쿨러의 냉수펌프를 제어하는 회로에 적용

(11) 논리 공식

항등법칙	$A+0=A$, $A+1=1$, $A \cdot 1=A$, $A \cdot 0=0$
동일법칙	$A \cdot A=A$, $A+A=A$
부정법칙	$A \cdot \overline{A}=0$, $A+\overline{A}=1$, $\overline{\overline{A}}=A$
교환법칙	$A \cdot B=B \cdot A$, $A+B=B+A$
결합법칙	$A \cdot (B \cdot C)=(A \cdot B) \cdot C$, $A+(B+C)=(A+B)+C$
분배법칙	$A \cdot (B+C)=A \cdot B+A \cdot C$, $A+(B \cdot C)=(A+B) \cdot (A+C)$
흡수법칙	$A \cdot (A+B)=A$, $A+(A \cdot B)=A$
드모르간의 법칙	$\overline{AB}=\overline{A}+\overline{B}$, $\overline{A+B}=\overline{A} \cdot \overline{B}$

(12) 논리식과 등가 접점회로

논리식	등가접점회로
$A \cdot A=A$(누승법칙)	—o A o—o A o— = —o A o—
$A \cdot \overline{A}=0$(보원법칙)	—o A o—o $\overline{A}$ o— = —o 0 o—
$A \cdot 1=A$	—o A o—o 1 o— = —o A o—
$A \cdot 0=0$	—o A o—o 0 o— = —o 0 o—
$A+A=A$(누승법칙)	(A 병렬 A) = —o A o—

논리식	등가접점회로
$A + \overline{A} = 1$(보원법칙)	
$A + 1 = 1$	
$A + 0 = A$(보원법칙)	

(13) 논리식의 간단화

기본 정리를 적절히 선택하여 항의 수를 줄여 간단한 함수를 얻는 방법

㉠ $A + A \cdot B = A(1+B) = A$

㉡ $A \cdot (A+B) = AA + AB = A \cdot (1+B) = A$

㉢ $A + \overline{A} \cdot B = A(1+B) + \overline{A} \cdot B = A + AB + \overline{A} \cdot B = A + B(A + \overline{A}) = A + B$

㉣ $A + B + \overline{B} = A + 1 = 1$

㉤ $A \cdot (B + \overline{B}) = A \cdot 1 \cdot A$

㉥ $A \cdot (A + B + C) = AA + AB + AC = A + AB + AC$
$= A(1+B) + AC = A + AC = A(1+C) = A$

㉦ $A \cdot \overline{B} + B + A \cdot C = A \cdot \overline{B} + B(A+1) + A \cdot C = A \cdot \overline{B} + AB + B + A \cdot C$
$= A(\overline{B} + B) + B + AC = A + B + AC = A(1+C) + B = A + B$

㉧ $(A+B) \cdot (\overline{A} + \overline{B}) \cdot \overline{B} = (A+B) \cdot (\overline{AB} + \overline{BB}) = (A+B) \cdot (\overline{AB} + \overline{B})$
$= (A+B) \cdot \{\overline{B}(A+1)\} = (A+B) \cdot (\overline{B}) = A\overline{B} + B\overline{B} = A \cdot \overline{B}$

㉨ $A \cdot B + \overline{A} \cdot C + B \cdot C + \overline{B} \cdot C = A \cdot B + \overline{A} \cdot C + C(B + \overline{B}) = A \cdot B + \overline{A} \cdot C + C$
$= A \cdot B + (\overline{A} + 1)C = A \cdot B + C$

(14) 시퀀스 회로의 무접점 논리회로로 변환

무접점 논리회로는 접점이 없이 입력 신호로 출력신호를 제어하는 것으로, 전자회로를 이용한 제어회로 구성에 널리 사용되고 있다. 아래 그림은 시퀀스 회로와 논리회로를 나타낸 것으로, 유접점 회로를 무접점 회로로 바꾼 것이다. 이러한 것을 이용한 것이 전자 제어

방식이며, 진보된 것으로 PLC(programmable logic controller)나 컴퓨터를 이용한 제어 방식이 있다.

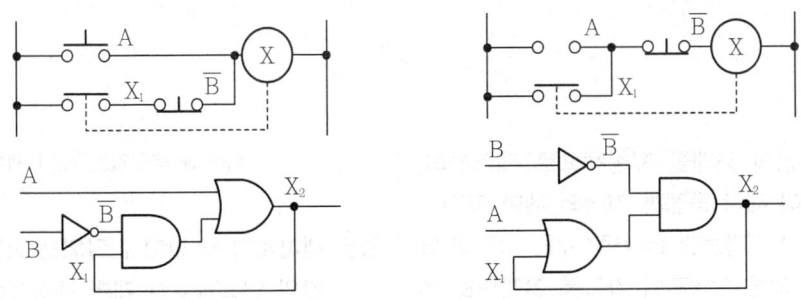

(15) 논리식의 유도

원래의 회로에 게이트를 거칠 때마다 게이트의 출력을 적어주면서 한 단계씩 출력 쪽으로 나아가면 된다.

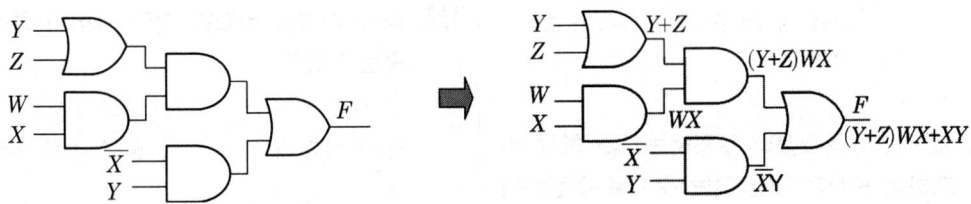

제3편 시운전 및 안전관리

chapter 05 출·제·예·상·문·제

01. 제어대상의 상태를 자동적으로 제어하며, 목표값이 제어 공정과 기타의 제한 조건에 순응하면서 가능한 한 가장 짧은 시간에 요구되는 최종 상태까지 가도록 설계하는 제어는?
① 디지털 제어   ② 적응 제어
③ 최적 제어   ④ 정치 제어

☞ **최적 제어**
제어 대상을 자동적으로 최적의 상태로 유지하려는 것. 제어 대상의 상태와 제어 신호가 생성해 낸 제어 결과를 평가하여 가장 좋은 평가 결과를 유지하면서 제어 목적을 달성하려는 방식이다.

02. 제어량이 목표값과 일치하는가를 항상 비교하여 편차가 있을 때는 수시로 수정하여 늘 제어량이 목표값과 일치하도록 하는 제어는?
① 연속 데이터 제어
② 불연속 데이터 제어
③ 샘플값 제어
④ 오픈 루프 제어

☞ **제어 동작의 시간 연속성에 의한 분류**
① 연속 데이터 제어 : 제어량이 목표값과 일치하도록 하는 제어(비교, 오차 수정)
② 불연속 데이터 제어 : 일정한 시간 간격을 두어 오차가 있을 때에는 즉시 제어하는 경우
③ 샘플값 제어 : 계속적으로 측정한 제어 신호가 한 샘플값일 때의 제어

03. 제어계의 각 부에 전달되는 모든 신호가 시간의 연속함수인 궤환 제어계는?
① 개회로 제어계
② 간헐형 제어계
③ 릴레이형 제어계
④ 연속 데이터 제어계

☞ 02번 해설 참고

04. 타력 제어와 비교한 자력 제어의 특징 중 틀린 것은?
① 저비용   ② 구조 간단
③ 확실한 동작   ④ 빠른 조작 속도

☞ ① 자력 제어(direct control) : 조작부를 조작하는 데 외부의 동력을 필요로 하지 않고 제어신호 자체를 이용하는 제어로 구조가 간단하고 동작이 확실하며 저가이다.
② 타력 제어(indirect control) : 조작부를 움직이는 데 외부의 동력을 필요로 하는 제어로 자력 제어에 비하여 구조가 복잡하고 고가이지만, 정보 처리, 조작 속도면에서 자력 제어보다 우수하다.

05. 조작지원부를 움직이는 에너지로 공기, 유압, 전기 등을 사용하는 것은?
① 정치 제어   ② 타력 제어
③ 자력 제어   ④ 프로그램 제어

Answer   01. ③   02. ①   03. ④   04. ④   05. ②

👉 **타력 제어(indirect control)**
제어 대상의 검출값을 전압, 전류, 공기압 등의 다른 보조 에너지에 의한 신호로 교환하고, 또 조작부를 움직이는 데 필요한 에너지가 전기나 공기압 등의 보조 에너지원으로부터 주어지는 제어를 말하며 자력 제어에 비해 구조가 복잡하고 고가이지만, 정보 처리, 조작 속도면에서 자력 제어보다 우수하다. 대부분의 자동 제어는 타력 제어이다.

06. 출력의 변동을 조정하는 동시에 목표값에 정확히 추종하도록 설계한 제어계는?
① 타력 제어   ② 추치 제어
③ 안정 제어   ④ 프로세스 제어

👉 **추치 제어**
목표값이 시간적으로 변화하는 경우의 제어
① 추종 제어 : 출력의 변동을 조정하는 동시에 목표값에 정확히 추종하도록 설계한 제어(서보기구, 대공포, 자동평형 계기, 추적 레이더 등)
② 프로세스 제어 : 생산 공정 중의 상태량, 외란의 억제를 주목적으로 한 제어(밀도, 농도, 온도, 압력, 유량, 습도 등)
③ 비율 제어 : 목표값이 다른 어떤 양과 일정한 비율 관계를 가지는 제어(보일러의 자동 연소 제어)

07. 다음 중 추치 제어에 속하는 제어계는?
① 자동전압조정제어
② SCR 전원장치제어
③ 발전소의 주파수제어
④ 미사일 유도제어

👉 **추치 제어(follow-up value control)**
시간에 따라 값이 변화하는 제어로 주로 서보기구 시스템이 이에 속한다. 다음과 같이 구분할 수 있다.
① 추종 제어(follow up control) : 대공포신제어, 자동 아날로그 선반 등
② 프로그램 제어(program control) : 열처리노의 온도제어, 무인 열차운전 등
③ 비율 제어(proportional control) : 보일러의 자동 연소장치, 암모니아의 합성 프로세스 제어 등

08. 추치 제어가 아닌 것은?
① 탱크의 레벨 제어
② 자동 아날로그 선반 제어
③ 열처리로의 온도 제어
④ 보일러의 자동연소 제어

👉 탱크의 레벨 제어 : 정치 제어(프로세스 제어)

09. 보일러의 자동연소제어가 속하는 제어는?
① 비율 제어   ② 프로그램 제어
③ 추종 제어   ④ 정치 제어

👉 **비율 제어**
시간에 비례하여 변화(배터리, 보일러의 자동 연소제어)

10. 추종 제어에 속하지 않는 제어량은?
① 위치   ② 방위
③ 자세   ④ 유량

👉 **추종 제어**
① 시간에 따라 값이 변화하는 제어로 주로 서보기구 시스템이 이에 속한다.
② 제어량 : 위치, 방위, 자세 등

11. 목표치가 시간에 관계없이 일정한 경우로 정전압장치, 일정 속도제어 등에 해당하는 제어는?
① 정치 제어   ② 비율 제어
③ 추종 제어   ④ 프로그램 제어

Answer 06. ② 07. ④ 08. ① 09. ① 10. ④ 11. ①

정치 제어
시간에 관계없이 값이 일정한 목표값을 유지하는 제어로 프로세스 제어와 자동조정이 있다.

12. 시간에 대해서 설정값이 변화하지 않는 것은?
① 비율 제어   ② 추종 제어
③ 프로세스 제어   ④ 프로그램 제어

정치 제어(constant-value control)
시간에 관계없이 값이 일정한 목표값을 유지하는 제어로 프로세스 제어, 자동조정이 이에 속한다.(예 : 연속식 압연기)
[참고] 추치 제어
시간에 따라 값이 변화하는 제어(추종 제어, 프로그램 제어, 비율 제어 등)

13. 연속식 압연기의 자동제어는?
① 추종 제어   ② 프로그램 제어
③ 비례 제어   ④ 정치 제어

① 추종 제어 : 대공포의 포신제어, 자동아날로그선반
② 프로그램 제어 : 열처리 노의 온도 제어, 무인 열차운전
③ 비율 제어 : 보일러의 자동 연소장치

14. 컴퓨터실의 온도를 항상 18℃로 유지하기 위하여 자동냉난방기를 설치하였다. 이 자동냉난방기의 제어는?
① 정치 제어   ② 추종 제어
③ 비율 제어   ④ 서보 제어

12번 해설 참고

15. 전압, 전류, 주파수 등의 양을 주로 제어하는 것으로 응답속도가 빨라야 하는 것이 특징이며, 정전압장치나 발전기 및 조속기의 제어 등에 활용하는 제어방법은?
① 서보기구   ② 비율 제어
③ 자동조정   ④ 프로세스 제어

자동조정(auto regulating)
전기적 또는 기계적 양의 제어로 응답속도가 빨라야 한다. 목표값은 장기간 계속하여 고정시키는 경우가 많다.(정전압장치, 발전기 및 조속기 제어 등)
① 제어량 : 전기적, 기계적 신호(속도, 전압, 전류, 힘, 주파수, 장력 등)
② 예 : 컴퓨터, 증기기관의 조속기 등

16. 자동조정제어의 제어량에 해당하는 것은?
① 전압   ② 온도
③ 위치   ④ 압력

15번 해설 참고

17. 전열기에서와 같이 온도가 높고 낮음이나, 열량이 많고 적음에 관계없이 전류를 통하게 하거나 끊거나 하는 제어명령만을 자동적으로 행하는 제어를 어떤 제어라 하는가?
① 정량적 제어   ② 정성적 제어
③ 시퀀스 제어   ④ 피드백 제어

제어 명령(control instruction)
제어량을 원하는 상태로 하기 위한 입력 신호
① 정성적 제어(qualitative control) : 스위치 개폐에 의한 상태의 제어
② 정량적 제어(quantitative control) : 크기 및 양에 대한 제어

18. 정성적 제어에서 전열기의 제어 명령이 되는 신호는 전열기에 흐르는 전류를 흐르게 한다든가 아니면 차단하면 된다. 이와 같은 신호를 무엇이라 하는가?
① 제어 신호   ② 목표값 신호

Answer 12. ③ 13. ④ 14. ① 15. ③ 16. ① 17. ② 18. ③

③ 2진 신호 ④ 3진 신호

👉 전열기에 흐르는 전류를 흐르게 한다든가 아니면 차단하면 되므로 On/Off인 2개의 신호로만 되는 2진 신호이다.

19. 프로세스 제어용 검출기기는?
① 유량계 ② 전위차계
③ 속도검출기 ④ 전압검출기

👉 **프로세스 제어(process control)**
① 생산공정 중의 상태량, 외란의 억제를 주 목적으로 한다.
② 제어량 : 공업공정의 상태량(밀도, 농도, 온도, 압력, 유량, 습도 등)
[예] 대단위 화학 플랜트, 수조의 온도 제어 등

20. 온도, 유량, 압력 등의 상태량을 제어량으로 하는 제어로 일반적으로 응답속도가 늦은 제어계는?
① 서보기구 ② 정치 제어
③ 샘플값 제어 ④ 프로세스 제어

👉 19번 해설 참고

21. 제어량에 따른 분류 중 프로세스 제어에 속하지 않는 것은?
① 온도 ② 유량
③ 위치 ④ 압력

👉 19번 해설 참고

22. 다음 중 프로세스 제어에 속하는 제어량은?
① 온도 ② 전류
③ 전압 ④ 장력

👉 19번 해설 참고

23. 목표값이 미리 정해진 시간적 변화를 하는 경우 제어량을 변화시키는 제어는?
① 정치 제어 ② 추종 제어
③ 비율 제어 ④ 프로그램 제어

👉 **프로그램 제어**
목표값이 미리 정해진 시간적 변화를 하는 제어량이다.(무인열차, 무인엘리베이터, 무인 자판기)
[참고]
① 정치 제어 : 시간에 관계없이 값이 일정한 목표값을 유지하는 제어로 프로세스 제어, 자동조정이 이에 속한다.(예 : 연속식 압연기)
② 추종 제어 : 목표값이 임의로 시간적 변화를 할 경우의 제어(예 : 대공포, 레이더)
③ 비율 제어 : 목표값이 다른 양과 일정한 비율 관계에 따라 변하는 경우의 제어(예 : 배터리)

24. 승강기 등 무인장치의 운전은 어떤 제어인가?
① 정치 제어 ② 비율 제어
③ 추종 제어 ④ 프로그램 제어

👉 **프로그램 제어**
미리 정해진 신호에 따라 동작(예 : 무인열차, 무인엘리베이터, 무인자판기, 승강기 등)

25. 무인 엘리베이터의 자동제어로 가장 적합한 제어는?
① 추종제어 ② 정치 제어
③ 프로그램 제어 ④ 프로세스 제어

👉 24번 해설 참고

26. 목표값이 다른 양과 일정한 비율 관계를 가지고 변화하는 경우의 제어는?

Answer 👉 19. ① 20. ④ 21. ③ 22. ① 23. ④ 24. ④ 25. ③ 26. ②

제5장 자동제어 **931**

① 추종 제어　　② 비율 제어
③ 정치 제어　　④ 프로그램 제어

비율 제어
목표치가 있는 다른 양과 일정의 비율관계를 가지고 변화시키는 것을 목적으로 하는 수치 제어로 주로 유량 제어 등에 널리 사용되고 있다.

27. 물체의 위치, 방향 및 자세 등의 기계적 변위를 제어량으로 해서 목표값의 임의의 변화에 추종하도록 구성된 제어계는?
① 프로그램 제어　　② 프로세스 제어
③ 서보 기구　　④ 자동 조정

서보 기구
물체의 위치, 방위, 자세 등의 기계적 변위를 제어량으로 해서 목표값의 임의의 변화에 추종하도록 구성된 제어계로 비행기 및 선박의 방향제어계, 미사일 발사대의 자동위치 제어계, 추적용 레이더, 자동평형 기록계 등에 적용된다.

28. 서보전동기는 서보 기구에서 주로 어떤 곳의 기능을 담당하는가?
① 조작부　　② 검출부
③ 제어부　　④ 비교부

서보전동기
서보 기구의 조작부로서 제어신호에 의해 부하를 구동하는 장치로 빠른 응답과 넓은 속도 제어의 범위를 가진 제어용 전동기이다. 서보 모터의 동력원에 따라 전기식(서보 전동기), 공기식(공기 서보모터), 유압식(유압 모터) 등이 있다.

29. 서보 기구에서 제어량은?
① 유량　　② 전압
③ 위치　　④ 주파수

서보 기구(servo mechanism)
목표치의 임의의 변화에 항상 추종시키는 것을 목적으로 한다.
① 제어량 : 기계적인 변위량(위치, 방향, 자세, 거리, 각도 등)
② 사용 예 : 공작기계, 비행기, 선박, 추적용 레이더, 미사일 발사대의 자동위치 제어 등

30. 서보 기구에서 주로 사용하는 제어량은?
① 전류　　② 전압
③ 방향　　④ 속도

29번 해설 참고

31. 방사성 위험물을 원격으로 조작하는 인공수(人工手, manipulator)에 사용되는 제어계는?
① 서보 기구　　② 자동조정
③ 시퀀스 제어　　④ 프로세스 제어

서보 기구(서보계)
물체의 위치나 속도, 가속도 등 방향 및 자세 등의 기계적인 변위를 제어량으로 하고 시간에 따라 변화하는 목표값에 정확히 추종되도록 설계한 제어계로서 공작기계, 로봇, 로켓, 레이더, 비행기의 방향제어, 미사일 발사대의 자동위치 제어계 등이 있다.

32. 인공위성을 추적하는 레이더에 이용되는 제어는?
① 프로세스 제어　　② 서보 제어
③ 자동조정　　④ 프로그램 제어

29번 해설 참고

33. 비행기 및 선박의 방향 제어에 사용되는 것은?

　27. ③　28. ①　29. ③　30. ③　31. ①　32. ②　33. ③

① 프로세스 제어 ② 자동조정
③ 서보 제어 ④ 시퀀스 제어

☞ 29번 해설 참고

34. 비행기 등과 같은 움직이는 목표값의 위치를 알아보기 위한, 즉 원뿔주사를 이용한 서보용 제어기는?

① 추적레이더 ② 자동조타장치
③ 공작기계의 제어 ④ 자동평형기록계

☞ 움직이는 목표값의 위치를 알아보기 위한 원뿔주사를 이용한 서보용 제어기에는 추적레이더, 위성 추미장치 등이 있다.

35. 서보 기구의 특징에 관한 설명으로 틀린 것은?

① 원격제어의 경우가 많다.
② 제어량이 기계적 변위이다.
③ 추치 제어에 해당하는 제어장치가 많다.
④ 신호는 아날로그에 비해 디지털인 경우가 많다.

☞ **서보 기구**
물체의 위치·방위·자세 등의 변위를 제어량(출력)으로 하고, 목표값(입력)의 임의의 변화에 추종하도록 한 제어계로, 주로 추치 제어에 해당하는 제어장치가 많다. 움직이는 목표로서의 항공기, 자동차, 선박 등의 진로를 자동적으로 조정하거나, 레이더로 목표를 추적하는 장치 등을 조정하는 제어 기구에 사용된다.
[참고] 서보 기구의 특징
  ㉠ 보통 제어량이 기계적 변위인 위치일 것
  ㉡ 목표치가 광범위하게 변화할 것
  ㉢ 입력이 갖고 있는 에너지는 작고, 정면을 향한 경로로 파워증폭이 이루어질 것
  ㉣ 원격 제어가 되는 경우가 많은 것

36. 서보 기구 제어에 사용되는 검출기기가 아닌 것은?

① 전압검출기 ② 전위차계
③ 싱크로 ④ 차동변압기

☞ **서보기구 제어에 사용되는 검출기**
전위차계, 싱크로, 차동변압기, 마이크로신
[참고] 검출기의 종류
  ① 자동조정용 : 전압 검출기, 속도 검출기
  ② 공정제어용 : 압력계, 유량계, 액면계, 온도계, 가스성분계, 습도계, 액체성분계

37. 서보 드라이브에서 펄스로 지령하는 제어운전은?

① 위치제어운전 ② 속도제어운전
③ 토크제어운전 ④ 변위제어운전

☞ **서보 드라이브의 제어운전**
  ① 위치제어 : 상위 제어기로부터 위치지령신호를 디지털 펄스로 입력받고 서보 드라이브는 펄스의 개수에 해당하는 위치제어를 실행한다.
  ② 속도제어 : 상위 제어기로부터 속도지령신호를 아날로그 전압으로 입력받고 서보 드라이브는 전압값에 해당하는 속도제어를 실행한다.
  ③ 토크제어(전류제어) : 상위 제어기로부터 토크지령신호를 아날로그 전압으로 입력받고 서보 드라이브는 전압값에 해당하는 토크제어를 실행한다.
[참고] 서보 드라이브
모션제어기로부터 위치 명령을 입력받아 서보 모터가 정해진 위치만큼 움직이도록 코일에 원하는 전류를 흘려주는 장치

38. 공작기계의 물품 가공을 위하여 주로 펄스를 이용한 프로그램 제어를 하는 것은?

① 수치 제어 ② 속도 제어
③ PLC 제어 ④ 계산기 제어

Answer 34. ① 35. ④ 36. ① 37. ① 38. ①

👆 **수치 제어**
① 컴퓨터 등의 제어장치를 이용해 기계를 자동제어하는 기술로 주로 공작기계의 자동화에 이용된다.
② 특히 공작기계에 사용하여 공작물에 대한 공구의 위치를 기억시켜 놓은 명령으로 공작기계를 제어하거나 자동으로 조작하는 데 이용된다.

39. 제어계에서 미분요소에 해당하는 것은?
① 한 지점을 가진 지렛대에 의하여 변위를 변환한다.
② 전기로에 열을 가하여도 처음에는 열이 올라가지 않는다.
③ 직렬의 RC 회로에 전압을 가하여 C에 충전전압을 가한다.
④ 계단 전압에서 임펄스 전압을 얻는다.

👆 ① : 비례요소, ②, ③ : 적분요소
④ : 미분요소

40. 입력신호 $x(t)$와 출력신호 $y(t)$의 관계가 $y(t) = K\dfrac{dx(t)}{dt}$ 로 표현되는 것은 어떤 요소인가?
① 비례요소   ② 미분요소
③ 적분요소   ④ 지연요소

👆 **미분요소**
출력의 값이 입력을 미분한 값에 비례하는 요소(예 : 인덕턴스 회로, C-R회로 등)
입력신호 $x(t)$와 출력신호 $y(t)$의 관계가 $y(t) = K\dfrac{dx(t)}{dt}$ 로 표시된다.

41. 제어계에서 적분요소에 해당되는 것은?
① 물탱크에 일정 유량의 물을 공급하여 수위를 올린다.

② 트랜지스터에 저항을 접속하여 전압증폭을 한다.
③ 마찰계수, 질량이 있는 스프링에 힘을 가하여 그 변위를 구한다.
④ 물탱크에 열을 공급하여 물의 온도를 올린다.

👆 **적분요소**

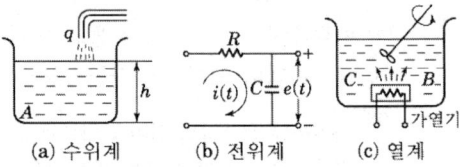
(a) 수위계   (b) 전위계   (c) 열계

42. 제어동작에 대한 설명으로 틀린 것은?
① 비례동작 : 편차의 제곱에 비례한 조작신호를 출력한다.
② 적분동작 : 편차의 적분값에 비례한 조작신호를 출력한다.
③ 미분동작 : 조작신호가 편차의 변화속도에 비례하는 동작을 한다.
④ 2위치동작 : ON-OFF 동작이라고도 하며, 편차의 정부(+, -)에 따라 조작부를 전폐 또는 전개하는 것이다.

👆 ① 비례동작 : 설정값과 제어 결과와의 편차 크기에 비례한 조작신호를 낸다.

43. 스위치를 닫거나 열기만 하는 제어동작은?
① 비례동작   ② 미분동작
③ 적분동작   ④ 2위치동작

👆 ① 비례동작 : 편차 크기에 비례한 조작신호를 낸다.
② 미분동작 : 조작신호가 편차의 증가속도에 비례하는 동작을 한다.
③ 적분동작 : 편차의 적분치에 비례한 조작신호를 낸다.

Answer 39. ④ 40. ② 41. ① 42. ① 43. ④

④ 2위치동작 : ON-OFF 동작이라고도 하며, 편차의 정부(+, -)에 따라 조작부를 전폐 또는 전개하는 것이다.

44. 사이클링(cycling)을 일으키는 제어는?
① I 제어   ② PI 제어
③ PID 제어 ④ ON-OFF 제어

☞ ON-OFF 제어를 하는 경우, 설정값을 중심으로 상하로 일정한 폭의 진동을 하게 된다. 이러한 진동을 사이클링(cycling)이라고 하는데, 이러한 사이클링의 폭이 작을 경우에는 정확도가 높은 제어가 가능하다.

45. 제어 결과로 사이클링(cycling)과 오프셋(offset)을 발생시키는 동작은?
① on-off 동작 ② P 동작
③ I 동작   ④ PI 동작

☞ ON-OFF 제어(2위치 제어)
㉠ 제어량이 설정값에서 어긋나면 조작부를 닫아 운전을 정지하고, 조작부를 반대로 열어 운전을 기동하는 동작
㉡ 사이클링과 오프셋이 발생한다.

46. 다음 중 불연속 제어에 속하는 것은?
① 비율 제어   ② 비례 제어
③ 미분 제어   ④ ON-OFF 제어

제어 방법	종류
불연속 제어	2위치 제어(ON-OFF 제어), 다위치제어, 샘플값 제어
연속제어	비례제어, 적분제어, 미분제어, 비례적분제어, 비례미분제어, 비례적분미분제어

47. 입력에 대한 출력의 오차가 발생하는 제어 시스템에서 오차가 변화하는 속도에 비례하여 조작량을 가변하는 제어방식은?
① 미분 제어   ② 정치 제어
③ on-off 제어 ④ 시퀀스 제어

☞ 미분 제어
제어 편차가 검출될 때 편차가 변화하는 속도에 비례하여 조작량을 가감하는 제어방식으로 단독으로는 사용하지 않으며 진동이 제어되어 빨리 안정된다.

48. 제어오차의 변화속도에 비례하여 조작량을 조절하는 제어동작은?
① P 동작   ② D 동작
③ I 동작   ④ PI 동작

☞ 미분동작 제어(D 동작)
오차가 변화하는 속도에 비례하여 조작부를 제어함. 오차가 커지는 것을 사전에 방지함

제어동작	특징
① 비례제어 (P동작)	• 조절부의 입력신호(설정값과 제어량의 편차)의 크기에 비례하여 조작부를 제어하는 것 • 구조가 간단하나 정상오차를 발생시킨다.
② 적분동작 제어 (I동작)	오차의 면적(적분값)에 비례하여 조작부를 제어함. 정상오차를 없앨 수 있음
③ 비례 적분 제어 (PI동작)	P동작에 의한 발생오차를 I동작으로 소멸시키기 위함. 제어결과가 진동적으로 될 수 있음
④ 비례 미분 제어 (PD동작)	제어결과에 빨리 도달하도록 미분동작을 부가한 것. 응답속도성의 개선에 사용함
⑤ 비례적분미분제어 (PID동작)	미분동작에 의해 응답의 오버슈트를 감소시키고, 정정시간을 적게 하는 효과가 있으며, 적분동작에 의해 잔류편차를 없애는 작용을 함. 연속제어에서 가장 고급제어 방식

Answer 44. ④ 45. ① 46. ④ 47. ① 48. ②

49. 온 오프(on-off) 동작에 관한 설명으로 옳은 것은?

① 응답속도는 빠르나 오프셋이 생긴다.
② 사이클링은 제거할 수 있으나 오프셋이 생긴다.
③ 간단한 단속적 제어동작이고 사이클링이 생긴다.
④ 오프셋은 없앨 수 있으나 응답시간이 늦어질 수 있다.

☞ **온 오프(on-off) 동작(2위치 동작)**
제어동작 중 가장 간단한 단속적 제어동작이고, 제어 결과는 제어량의 주기적인 변동, 소위 사이클링을 만들어 항상 일정한 값으로 유지하게 할 수 없다.

50. 제어기의 설명 중 틀린 것은?

① P 제어기 : 잔류편차 발생
② I 제어기 : 잔류편차 소멸
③ D 제어기 : 오차예측제어
④ PD 제어기 : 응답속도 지연

☞ ④ PD 제어기 : 응답속도 개선

51. PI 동작의 전달함수는? (단, K_P는 비례감도이고, T_I는 적분시간이다.)

① K_P
② $K_P s T_I$
③ $K_P(1+sT_I)$
④ $K_P(1+\dfrac{1}{sT_I})$

☞ ① P 동작, ③ PD 동작, ④ PI 동작

52. 제어편차가 검출될 때 편차가 변화하는 속도에 비례하여 조작량을 가감하도록 하는 제어로서 오차가 커지는 것을 미연에 방지하는 제어동작은?

① ON/OFF 제어 동작
② 미분 제어 동작
③ 적분 제어 동작
④ 비례 제어 동작

☞ ① ON/OFF 동작 : 제어량이 설정값에서 어긋나면 조작부를 개폐하여 운전을 정지하거나 기동하는 것으로 제어결과가 사이클링 및 오프셋을 일으키는 결점이 있다. 대부분의 프로세스 제어계에서 이용하나 응답속도가 요구되는 제어계에는 사용할 수 없다.
③ 적분제어동작 : 오차의 크기와 오차가 발생하고 있는 시간에 둘러싸인 면적, 즉 적분값의 크기에 비례하여 조작부를 제어하는 것으로 잔류오차가 없도록 제어할 수 있다.
④ 비례제어동작 : 조절부의 전달특성이 비례적인 특성을 가진 제어시스템으로 정상오차를 수반한다. 사이클링은 없으나 잔류편차가 생기는 결점이 있다.

53. 오차 발생시간과 오차의 크기로 둘러싸인 면적에 비례하여 동작하는 것은?

① P 동작
② I 동작
③ D 동작
④ PD 동작

☞ **적분동작(I 동작) 제어**
오차의 크기와 오차가 발생하고 있는 시간에 둘러싸인 면적, 즉 적분값의 크기에 비례하여 조작부를 제어하는 것으로 잔류오차가 없도록 제어할 수 있다.

54. 조절계의 조절요소에서 비례미분제어에 관한 기호는?

① P
② PI
③ PD
④ PID

☞ ① 비례제어 : P 제어

Answer 49. ③ 50. ④ 51. ④ 52. ② 53. ② 54. ③

② 비례적분제어 : PI 제어
③ 비례미분제어 : PD 제어
④ 비례적분미분제어 : PID 제어

55. 입력으로 단위 계단함수 u(t)를 가했을 때, 출력이 그림과 같은 조절계의 기본 동작은?

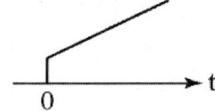

① 비례 동작
② 2위치 동작
③ 비례적분 동작
④ 비례미분 동작

☞ **비례적분제어(PI 제어)**
① 비례동작에 의해 발생한 잔류편차를 소멸시키기 위해 적분동작을 조합시킨 제어동작
② 비례동작에서 발생한 잔류편차를 제거하여 정상 특성을 개선하기 위해 사용한다.

56. 비례적분제어동작의 특징으로 옳은 것은?
① 간헐현상이 있다.
② 잔류편차가 많이 생긴다.
③ 응답의 안정성이 낮은 편이다.
④ 응답의 진동시간이 매우 길다.

☞ **비례적분제어(PI 제어)**
비례동작에 의해 발생된 잔류편차를 제거하기 위해 적분동작을 추가시킨 제어동작으로 속응성이 길어 간헐현상이 발생된다.

57. 잔류편차와 사이클링이 없어 널리 사용되는 동작은?
① I 동작
② D 동작
③ P 동작
④ PI 동작

☞ **PI 제어동작(Proportion Integral action)**
비례동작에 의해 발생한 잔류편차를 소멸시키기 위해 적분동작을 조합시킨 제어 동작.

비례동작에서 발생한 잔류편차를 제거하여 정상특성을 개선하기 위해 사용한다.

58. 잔류편차와 사이클링이 없고, 간헐현상이 나타나는 것이 특징인 동작은?
① I 동작
② D 동작
③ P 동작
④ PI 동작

☞ 57번 해설 참고

59. 오버슈트를 감소시키고, 정정 시간을 적게 하는 효과가 있으며 잔류편차를 제거하는 작용을 하는 제어방식은?
① PI 제어
② PD 제어
③ PID 제어
④ P 제어

☞ **PID 제어(비례미분적분제어)**
미분동작에 의해 오버슈트를 감소시키며 응답속도(속응성)가 향상되어 과도응답 특성을 개선하고 적분동작에 의해 잔류편차를 개선하므로 가장 우수한 제어동작이다.

[참고] 제어 시스템의 분류

동작	특징
P 동작	구조가 간단. 잔류편차(off set) 발생
PI 동작	잔류편차가 없지만 속응성이 길다.
PD 동작	속응성 향상, 과도특성 개선
PID 동작	잔류편차 제거, 속응성 향상, 가장 안정한 제어

60. 정상 편차를 개선하고 응답속도를 빠르게 하며 오버슈트를 감소시키는 동작은?
① K
② $K(1+sT)$
③ $K\left(1+\dfrac{1}{sT}\right)$
④ $K\left(1+sT+\dfrac{1}{sT}\right)$

☞ ① 비례제어
② 비례미분제어
③ 비례적분제어
④ 비례미분적분제어
[참고] PID 제어(비례미분적분 제어)

Answer 55. ③ 56. ① 57. ④ 58. ④ 59. ③ 60. ④

미분동작에 의해 오버슈트를 감소시키며 응답속도(속응성)가 향상되어 정정시간을 적게 하는 효과가 있으며 과도응답 특성을 개선하고 적분동작에 의해 잔류편차를 개선하므로 연속제어에서 가장 우수한 제어동작이다.

61. 비례적분미분제어를 이용했을 때의 특징에 해당되지 않는 것은?

① 정정시간을 적게 한다.
② 응답의 안전성이 작다.
③ 잔류편차를 최소화시킨다.
④ 응답의 오버슈트를 감소시킨다.

② 응답의 안정성이 높다.

62. 자동제어에서 미리 정해 놓은 순서에 따라 제어의 각 단계가 순차적으로 진행되는 제어 방식은?

① 서보 제어   ② 되먹임 제어
③ 시퀀스 제어 ④ 프로세스 제어

시퀀스 제어(순서 제어)
미리 정해진 순서에 따라 제어의 각 단계를 순차적으로 제어하는 방식으로 전체 계통에 연결된 스위치가 순차적으로 작동한다. 시퀀스 제어에는 유접점시퀀스와 무접점시퀀스가 있다. [예] 전기밥솥, 세탁기, 커피자판기 등
[참고]
① 서보 제어 : 물체의 위치, 방위, 자세 등의 기계적 변위를 제어량으로 해서 목표 값의 임의의 변화에 추종하도록 구성된 제어
② 되먹임 제어 : 기계 스스로 판단하여 수정동작을 하는 방식으로 구조가 복잡하고 반드시 입력과 출력을 비교하는 장치가 필요하다.
③ 프로세스 제어 : 온도, 유량, 농도 등 공업 프로세스의 상태를 제어의 대상으로 하는 제어

63. 순서 제어에 대한 설명으로 옳은 것은?

① 제어장치에서 만들어지고 제어대상을 제어하기 위한 명령이다.
② 동작명령의 순서가 미리 프로그램으로 짜여져 있는 제어이다.
③ 전(前)단계의 동작이 끝나고 일정시간이 경과한 후 다음 단계로 이동하는 제어이다.
④ 각 시점에서 조건을 논리적으로 판단하여 행하는 제어이다.

62번 해설 참고

64. 무인 커피판매기는 무슨 제어인가?

① 서보 기구   ② 자동조정
③ 시퀀스 제어 ④ 프로세스 제어

시퀀스 제어
미리 정해진 순서에 따라 제어의 각 단계를 순차적으로 제어하는 방식. [예] 전기밥솥, 세탁기, 커피자판기 등

65. 시퀀스 제어에 관한 설명으로 틀린 것은?

① 조합논리회로가 사용된다.
② 시간지연요소가 사용된다.
③ 제어용 계전기가 사용된다.
④ 폐회로 제어계로 사용된다.

④ 시퀀스 제어는 미리 정해진 순서에 따라 제어의 각 단계를 순차적으로 제어하는 방식으로 개회로 제어계(open loop control system)로 사용된다.

66. 시퀀스회로에서 a접점에 대한 설명으로 옳은 것은?

① 수동으로 리셋할 수 있는 접점이다.

Answer 61. ② 62. ③ 63. ② 64. ③ 65. ④ 66. ④

② 누름버튼스위치의 접점이 붙어 있는 상태를 말한다.
③ 두 접점이 상호 인터록이 되는 접점을 말한다.
④ 전원을 투입하지 않았을 때 떨어져 있는 접점이다.

👆 ① a접점 : 초기상태에는 접점이 열려 있으며, 외부에서 힘이 가해지면 접점이 닫혀 전류가 흐르게 된다. 항상 열려 있는 접점으로 "NO접점"이라고도 한다.
② b접점 : 초기상태에서 접점이 닫혀 있으며, 외부에서 힘이 가해지면 접점이 열려 전류가 흐르지 않는다. 항상 닫혀 있는 접점으로 "NC접점"이라고도 한다.

67. 시퀀스 제어의 장점이 아닌 것은?
① 구성하기 쉽다.
② 시스템의 구성비가 낮다.
③ 원하는 출력을 얻기 위해 보정이 필요 없다.
④ 유지 및 보수가 간단하다.

👆 ③ 시퀀스 제어는 미리 정해진 순서에 따라 제어의 각 단계를 순차적으로 진행해 나가는 제어로 원하는 출력을 얻기 위해 보정이 필요하다.

68. 타이머를 이용한 난방기구의 제어는 어느 분류에 속하는가?
① 공정 제어   ② 시퀀스 제어
③ 수치 제어   ④ 피드백 제어

👆 **타이머**
시퀀스 제어에서 시간조정이 필요할 때 사용하는 릴레이의 한 종류로 입력전류가 들어간 후에도 어느 시간만큼 경과해야 접점이 개폐한다.

69. 다음은 한시 계전기(timer relay)의 접점 기호 중에서 한시 동작 a접점은?
① ─o─△─o─   ② ─o─▽─o─
③ ─o─△─o─   ④ ─o─▽─o─

👆 ② 한시 복귀 a접점
③ 한시 동작 b접점
④ 한시 복귀 b접점

70. 디지털 제어에 관한 설명으로 옳지 않은 것은?
① 디지털 제어의 연산속도는 샘플링계에서 결정된다.
② 디지털 제어를 채택하면 조정 개수 및 부품수가 아날로그 제어보다 줄어든다.
③ 디지털 제어는 아날로그 제어보다 부품편차 및 경년변화의 영향을 덜 받는다.
④ 정밀한 속도 제어가 요구되는 경우 분해능이 떨어지더라도 디지털 제어를 채택하는 것이 바람직하다.

👆 **아날로그 시스템과 비교한 디지털 시스템의 장점**
① 내부와 외부의 잡음에 강함
② 설계가 용이함
③ 프로그래밍으로 전체 시스템 제어 가능
④ 정보를 저장하거나 가공하기 용이함

71. PLC(Programmable Logic Controller)에 대한 설명 중 틀린 것은?
① 시퀀스 제어방식과는 함께 사용할 수 없다.
② 무접점 제어방식이다.
③ 산술연산, 비교연산을 처리할 수 있다.
④ 계전기, 타이머, 카운터의 기능까지 쉽게 프로그램 할 수 있다.

Answer 👆 67. ③ 68. ② 69. ① 70. ② 71. ①

시퀀스 제어에서 프로그램 제어는 일명 무접점 제어라 할 수 있으며, 릴레이, 타이머, 카운터 등이 내장된 PLC를 이용한 제어이다. 유접점 회로의 배선작업과 비교하여 많은 배선작업이 필요 없으며 프로그램에 의하여 간단하게 제어 로직을 변경할 수 있는 장점이 있다.

72. PLC에서 CPU부의 구성과 거리가 먼 것은?
① 연산부
② 전원부
③ 데이터 메모리부
④ 프로그램 메모리부

PLC 구성
① 중앙처리장치(CPU) : 마이크로프로세서 및 메모리를 중심으로 구성, 인간의 두뇌역할을 하는 부분으로 메모리에 저장되어 있는 프로그램을 해독하여 처리 내용을 실행한다.
② 입·출력부 : 외부 기기와 신호를 연결
③ 전원부 : 각 부에 전원을 공급
④ 주변장치 : PLC 내의 메모리에 프로그램을 기록하는 장치(PC, 핸디로더)

73. PLC(Programmable Logic Controller)의 출력부에 설치하는 것이 아닌 것은?
① 전자개폐기   ② 열동계전기
③ 시그널 램프   ④ 솔레노이드 밸브

① PLC 출력부 : 내부연산의 결과를 외부에 접속한 외부기기에 전달하여 구동시키는 부분
② 출력부에 접속되는 외부기기
  ㉠ 표시경보 : 시그널 램프, 파일럿 램프, 부저 등
  ㉡ 구동출력(액추에이터) : 전자 밸브(솔레노이드 밸브), 전자 클러치, 전자 브레이크, 전자개폐기 등
[참고] 열동계전기(Thermal Relay)

과부하계전기 또는 서멀 릴레이라고도 하며 주로 시퀀스 제어에서 과부하 보호에 사용된다. 정격 전류 이상의 전류(과부하 전류)가 흐르면 내부에서 발생된 열에 의해 바이메탈이 동작하여 접점이 차단되고 전자접촉기의 회로를 차단하여 부하와 전선의 과열을 방지하는 데 사용한다.

74. PLC가 시퀀스 동작을 소프트웨어적으로 수행하는 방법으로 틀린 것은?
① 래더도 방식
② 사이클릭 처리방식
③ 인터럽트 우선 처리방식
④ 병행 처리방식

① 래더도 방식(Ladder Diagram) : 제어회로를 PLC용 접점기호를 사용하여 PLC의 동작순서에 맞추어 가로로 그린 도면으로 시퀀스 회로설계에서 제어 순서를 구체적으로 표현한 도형 기반 언어로 현재 일반적으로 가장 많이 사용한다.
② 사이클릭 처리방식 : 프로그램의 첫 번째 스텝부터 시작하여 마지막 스텝까지 실행하고 다시 첫 번째 스텝으로 되돌아가 몇 번이고 반복하여 실행하는 방식
③ 인터럽트 우선 처리방식 : 현재 실행 중인 프로그램을 일시 중단하고 긴급을 요하는 다른 프로그램을 먼저 실행하는 방식
④ 병행 처리방식 : 두 개의 작업이 동시에 실행되는 방식

75. 자동화의 네 번째 단계로서 전 공장의 자동화를 컴퓨터 통합생산시스템으로 구성하는 것은?
① FMC(Factory Manufacturing Cell)
② FMS(Flexible Manufacturing System)
③ CIM(Computer Intergrated Manufacturing)
④ MIS(Management Information System)

72. ② 73. ② 74. ① 75. ③

✋ **CIM**
컴퓨터에 의한 통합 제조라는 의미로, 제조부문, 기술부문 등의 제조 시스템과 경영 시스템을 통합 운영하는 생산관리시스템
[참고]
① FMC(flexible manufacturing cell) : 좁은 의미의 제조 시스템에 대한 자동화를 의미하며 1대 이상의 가공 설비와 자동 운송 시스템 등을 서로 연결시켜 제어하는 시스템
② FMS(Flexible Manufacturing System) : 유연성 생산시스템으로 소재의 투입, 가공, 조립 및 출고까지 중앙컴퓨터로 제어하면서 관리하는 생산방식
③ MIS(management information system) : 기업의 경영관리에 필요한 정보를 기업의 각 부 내에서 정확 신속히 수집하여 종합적·조직적으로 가공, 제공하는 전체 시스템과 그 네트워크를 경영정보시스템이라 한다.

76. 입력이 011_2일 때, 출력은 3V인 컴퓨터 제어의 D/A 변환기에서 입력을 101_2로 하였을 때 출력은 몇 V인가? (단, 3bit 디지털 입력이 011_2은 off, on, on을 뜻하고 입력과 출력은 비례한다.)
① 3 ② 4
③ 5 ④ 6

✋ $011_{(2)} = 2^2 \times 0 + 2 \times 1 + 1 = 3V$
$101_{(2)} = 2^2 \times 1 + 2 \times 0 + 1 = 5V$

77. 입력 신호가 모두 "1"일 때만 출력이 생성되는 논리회로는?
① AND 회로 ② OR 회로
③ NOR 회로 ④ NOT 회로

✋ AND 회로

두 개의 접점 A, B가 모두 동작해야 출력되는 회로. 입력단자 A, B 중 모두 1일 때만 출력이 1이 되는 회로
[참고]
① OR 회로 : 입력단자 A, B 중 어느 하나라도 1이 되면 출력이 1이 되는 회로
② NOT 회로 : 입력이 0일 때 출력은 1, 입력이 1일 때 출력은 0이 되는 회로
③ NOR 회로 : OR 회로에 NOT 회로를 접속한 OR-NOT 회로로 입력 A, B 중 모두 0이 되어야 출력이 1이 되고 그 중 어느 입력단자 하나라도 1이 되면 출력이 0이 되는 회로

78. 그림과 같은 논리회로는?

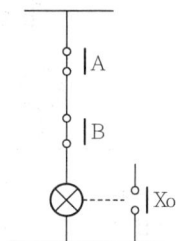

① OR 회로 ② AND 회로
③ NOT 회로 ④ NOR 회로

✋ 그림의 유접점회로는 A와 B가 직렬로 연결되어 두 개의 접점 A, B가 모두 동작해야 출력되는 회로이므로 AND 회로이다.

79. PLC 프로그래밍에서 여러 개의 입력 신호 중 하나 또는 그 이상의 신호가 ON되었을 때 출력이 나오는 회로는?
① OR 회로 ② AND 회로
③ NOT 회로 ④ 자기유지회로

✋ **OR 회로(논리화 회로)**
입력단자 중 어느 하나라도 ON되면 출력이 ON되고 모든 단자가 OFF되어야 출력이 OFF되는 회로

Answer 76. ③ 77. ① 78. ② 79. ①

[참고]
① AND 회로 : 입력단자가 모두 ON되어야 출력이 ON되고 그 중 어느 한 단자라도 OFF되면 출력이 OFF되는 회로
② NOT 회로 : 입력이 ON되면 출력이 OFF되고 입력이 OFF되면 출력이 ON 되는 회로
③ 자기유지회로 : 계전기 자신의 접점에 의하여 동작회로를 구성하고 스스로 동작을 유지하는 회로이며 복귀 신호를 주어야 비로소 복귀하는 회로

80. 그림과 같은 논리회로는?

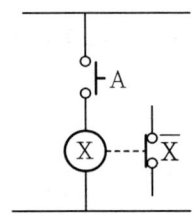

① AND 회로　　② OR 회로
③ NOT 회로　　④ NOR 회로

👉 **NOT 회로(부정회로)**
입력이 ON되면 출력이 OFF되고 입력이 OFF되면 출력이 ON되는 회로

81. 다음 중 인버터 기능을 갖는 회로는?
① AND 회로　　② OR 회로
③ NOT 회로　　④ 기억회로

👉 **NOT 회로**
입력과 출력의 상태가 반대로 되는 상태 반전, 즉 부정의 판단기능을 갖는 회로이며 인버터(inverter)라고도 한다.

82. 그림과 같은 전자릴레이회로는 어떤 게이트 회로인가?

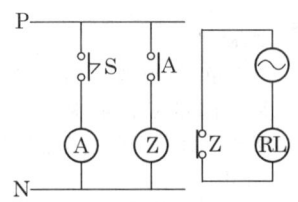

① AND　　② OR
③ NOR　　④ NOT

👉 **NOT 회로**
입력이 ON되면 출력이 OFF되고 입력이 OFF되면 출력이 ON되는 회로로 위 문제 그림에서 스위치 S(한시동작 a접점)를 누르면(ON) 릴레이 A가 동작하여 릴레이 Z의 b접점이 a접점으로 바뀌어(OFF) RL(적색표시등)이 점멸된다.

83. 2개의 입력이 1일 때 출력이 0이 되는 회로는?
① AND 회로　　② OR 회로
③ NOT 회로　　④ NOR 회로

👉 **NOR 회로**
입력과 출력의 상태가 반대로 되는 상태 반전 회로로 입력 A, B 중 모두 OFF되어야 출력이 ON되고 그 중 어느 입력단자 하나라도 ON되면 출력이 OFF되는 회로

84. 다음 유접점회로를 논리식으로 변환하면?

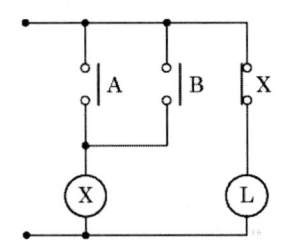

① $L = A \cdot B$　　② $L = A + B$
③ $L = \overline{(A+B)}$　　④ $L = \overline{(A \cdot B)}$

Answer　80. ③　81. ③　82. ④　83. ④　84. ③

> **NOR 회로**
> OR 회로에 NOT 회로를 접속한 회로로 논리식은 $L = \overline{(A+B)}$ 이다.
> [참고]
>   ① AND 회로
>   ② OR 회로
>   ④ NAND 회로

85. 그림과 같은 유접점 회로를 논리 게이트로 바꾸었을 때 올바른 것은?

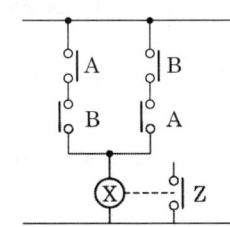

①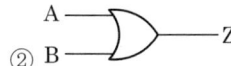

② (OR gate) — Z

③ (AND gate) — Z

④ A —▷∘— Z

> **EOR 회로(Exclusive OR)**
> A, B 두 개의 입력 중 어느 하나만 입력할 때 출력이 ON 상태가 나오는 회로
> 논리식 $X = \overline{A}B + A\overline{B}$
> [참고] ② OR 회로
>   ③ AND 회로
>   ④ NOT 회로

86. 입력 A, B, C에 따라 Y를 출력하는 다음의 회로는 무접점 논리회로 중 어떤 회로인가?

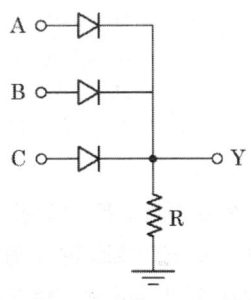

① OR 회로   ② NOR 회로
③ AND 회로   ④ NAND 회로

> **OR 회로(논리화 회로)**
> 입력단자 A, B, C 중 어느 하나라도 ON되면 출력이 ON되고 A, B, C 모든 단자가 OFF되어야 출력이 OFF되는 회로
>
>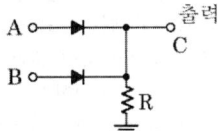
>
> [참고] AND 회로
>
>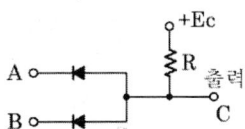

87. 그림과 같이 트랜지스터를 사용하여 논리소자를 구성한 논리회로의 명칭은?

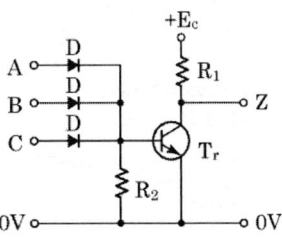

① OR 회로   ② AND 회로
③ NOR 회로   ④ NAND 회로

> A, B, C 중 어느 하나에 신호가 입력되면 Tr이 동작하여 출력 Z가 소멸된다. 따라서 NOR 회로에 해당한다.

Answer 85. ① 86. ① 87. ③

[참고] NOR 회로(논리화 부정회로) : 입력 A, B, C 중 모두 OFF되어야 출력이 ON 되고 그 중 어느 입력단자 하나라도 ON되면 출력이 OFF되는 회로

88. 무접점 논리회로를 구성할 때 NOR 게이트와 NAND 게이트를 많이 활용하고 있다. 그 이유가 되지 못하는 것은?

① 가격이 낮아진다.
② 진행속도가 빠르다.
③ 전력 소모가 적다.
④ 안전하다.

👆 무접점 논리회로를 구성할 때 NAND와 NOR 게이트가 널리 사용되고 있는데, 그 이유는 회로가 간단하여 트랜지스터로 쉽게 만들어지며 모든 논리함수가 NAND와 NOR 게이트로서 쉽게 설계가 가능하고 호환성이 있기 때문이다. 그로 인해 응답속도가 빠르고 소비전력이 적다. 또한 논리회로를 소형화할 수 있어 가격이 낮아지는 이점이 있다.

89. 다음 논리기호의 논리식은?

① $X = A+B$
② $X = \overline{AB}$
③ $X = AB$
④ $X = \overline{A+B}$

👆 드모르간의 정리
$\overline{A+B} = \overline{A} \cdot \overline{B}$

90. 그림의 논리회로를 NAND 소자만으로 구성하려면 NAND 소자는 최소 몇 개가 필요한가?

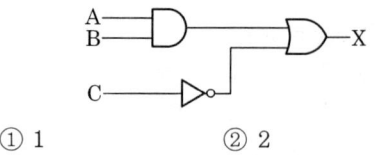

① 1
② 2
③ 3
④ 5

👆 ① 논리식의 간단화

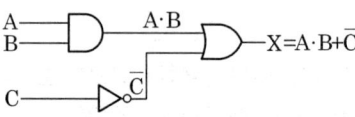

② NAND 회로로 등가변환

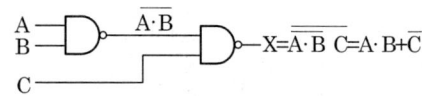

∴ NAND 소자 최소 2개가 필요하다.

91. 다음 논리식 중 옳지 않은 것은?

① $A+A=A$
② $A \cdot A = A$
③ $A+\overline{A}=1$
④ $A \cdot \overline{A}=1$

👆 $A \cdot \overline{A} = 0$

92. 논리식 A+AB를 간단히 하면?

① 0
② 1
③ A
④ B

👆 $A+AB=A(1+B)=A$

93. 논리식 A+BC와 등가인 논리식은?

① $AB+AC$
② $(A+B)(A+C)$
③ $(A+B)C$
④ $(A+C)B$

👆 ② $(A+B)(A+C)$
$= AA+AC+AB+BC$
$= A+AC+AB+BC = A+AB+BC$
$= A+BC$

Answer 👆 88. ④ 89. ④ 90. ② 91. ④ 92. ③ 93. ②

94. 논리식 $\overline{A} \cdot B + A \cdot B$와 같은 것은?

① B ② $\overline{B}$
③ $\overline{A}$ ④ A

☞ $\overline{A} \cdot B + A \cdot B = B(\overline{A}+A) = B$

95. 논리식 $X = (A+B)(\overline{A}+B)$를 간단히 하면?

① A ② B
③ AB ④ A+B

☞ $X = (A+B)(\overline{A}+B)$
$= A \cdot \overline{A} + A \cdot B + B \cdot \overline{A} + B \cdot B$
$= 0 + A \cdot B + B \cdot \overline{A} + B = B(A+\overline{A}) + B$
$= B \cdot 1 + B = B$

96. 다음의 논리식 중 다른 값을 나타내는 논리식은?

① $X(\overline{X}+Y)$ ② $X(X+Y)$
③ $XY+X\overline{Y}$ ④ $(X+Y)(X+\overline{Y})$

☞ ① $X(\overline{X}+Y) = X\overline{X} + XY = XY$
② $X(X+Y) = XX + XY = X + XY$
      $= X(1+Y) = X$
③ $XY + X\overline{Y} = X(Y+\overline{Y}) = X$
④ $(X+Y)(X+\overline{Y}) = XX + X\overline{Y} + XY + Y\overline{Y}$
      $= X + X\overline{Y} + XY = X + X(\overline{Y}+Y)$
      $= X + X = X$

97. 다음 중 간략화한 논리식이 다른 것은?

① $(A+B) \cdot (A+\overline{B})$
② $A \cdot (A+B)$
③ $A + (\overline{A} \cdot B)$
④ $(A \cdot B) + (A \cdot \overline{B})$

☞ ① $(A+B)(A+\overline{B}) = AA + A\overline{B} + BA + B\overline{B}$
      $= A + A(\overline{B}+B) = A$
② $A \cdot (A+B) = A \cdot A + A \cdot B = A + A \cdot B$

$= A \cdot (1+B) = A \cdot 1 = A$
③ $A + \overline{A} \cdot B = A(1+B) + \overline{A} \cdot B$
$= A + AB + \overline{A} \cdot B$
$= A + B(A+\overline{A}) = A+B$
④ $A \cdot B + A \cdot \overline{B} = A \cdot (B+\overline{B}) = A \cdot 1 = A$

98. 다음 논리식 중 틀린 것은?

① $\overline{A \cdot B} = \overline{A} + \overline{B}$
② $\overline{A+B} = \overline{A} \cdot \overline{B}$
③ $A + A = A$
④ $A + \overline{A} \cdot B = A + \overline{B}$

☞ ④ $A + \overline{A} \cdot B = A(1+B) + \overline{A} \cdot B$
$= A + AB + \overline{A} \cdot B$
$= A + B(A+\overline{A}) = A+B$

99. 논리식 $A = X(X+Y)$를 간단히 하면?

① A=X ② A=Y
③ A=X+Y ④ A=X·Y

☞ $A = X(X+Y) = XX + XY = X + XY = X(1+Y) = X$

100. 논리식 $\overline{x} \cdot y + \overline{x} \cdot \overline{y}$를 간단히 하면?

① $\overline{x}$ ② $\overline{y}$
③ 0 ④ $x+y$

☞ $\overline{x} \cdot y + \overline{x} \cdot \overline{y} = \overline{x}(y+\overline{y}) = \overline{x}$

101. 논리식 $X + \overline{X} + Y$를 불대수의 정리를 이용하여 간단히 하면?

① Y ② 1
③ 0 ④ X+Y

☞ $X + \overline{X} + Y = (X + \overline{X}) + Y = 1 + Y = 1$

102. 논리식 $L = \overline{x} \cdot \overline{y} + \overline{x} \cdot y$를 간단히 하면?

Answer 94. ① 95. ② 96. ① 97. ③ 98. ④ 99. ① 100. ① 101. ② 102. ②

① $L = x$ ② $L = \overline{x}$
③ $L = y$ ④ $L = \overline{y}$

👉 $L = \overline{x} \cdot \overline{y} + \overline{x} \cdot y = \overline{x}(\overline{y}+y) = \overline{x} \cdot 1 = \overline{x}$

103. 다음의 논리식을 간단히 한 것은?

$$X = \overline{A}\overline{B}C + A\overline{B}\overline{C} + A\overline{B}C$$

① $\overline{B}(A+C)$ ② $C(A+\overline{B})$
③ $\overline{C}(A+B)$ ④ $\overline{A}(B+C)$

👉 OR 회로에서 동일한 논리식을 추가하여도 그 값은 변함이 없으므로 $A\overline{B}C$를 추가
$X = \overline{A}\overline{B}C + A\overline{B}\overline{C} + A\overline{B}C + A\overline{B}C$
$= \overline{B}C(\overline{A}+A) + A\overline{B}(\overline{C}+C)$
$= \overline{B}C + A\overline{B} = \overline{B}(C+A)$

104. 논리식 $X = \overline{A} \cdot \overline{B} \cdot \overline{C} + \overline{A} \cdot \overline{B} \cdot C + \overline{A} \cdot B \cdot C + \overline{A} \cdot B \cdot \overline{C}$ 를 가장 간단히 정리한 것은?

① $\overline{A}$ ② $\overline{B}+\overline{C}$
③ $\overline{B} \cdot \overline{C}$ ④ $\overline{A} \cdot \overline{B} \cdot \overline{C}$

👉 $X = \overline{A} \cdot \overline{B} \cdot \overline{C} + \overline{A} \cdot \overline{B} \cdot C + \overline{A} \cdot B \cdot C + \overline{A} \cdot B \cdot \overline{C}$
$= \overline{A} \cdot \overline{B} \cdot (\overline{C}+C) + \overline{A} \cdot B \cdot (C+\overline{C})$
$= \overline{A} \cdot \overline{B} + \overline{A} \cdot B = \overline{A}(\overline{B}+B) = \overline{A}$

105. 다음 회로도를 보고 진리표를 채우고자 한다. 빈칸에 알맞은 값은?

A	B	X_1	X_2	X_3
1	1	1	0	ⓐ
1	0	0	1	ⓑ
0	1	0	0	ⓒ
0	0	0	0	ⓓ

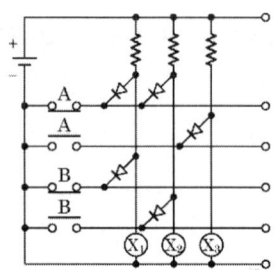

① ⓐ 1, ⓑ 1, ⓒ 0, ⓓ 0
② ⓐ 0, ⓑ 0, ⓒ 1, ⓓ 1
③ ⓐ 0, ⓑ 1, ⓒ 0, ⓓ 1
④ ⓐ 1, ⓑ 0, ⓒ 1, ⓓ 0

👉 $\overline{A}$ 또는 $\overline{B}$가 ON되면 다이오드가 ON되므로 회로의 논리식은
$X_1 = A \cdot B$
$X_2 = A \cdot \overline{B}$
$X_3 = \overline{A}$ (A가 OFF 또는 0)이므로
a와 b는 0, c와 d는 1이 된다.

106. 그림과 같은 유접점 논리회로를 간단히 하면?

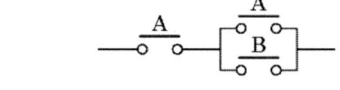

① ─○ $\overline{A}$ ○─   ② ─○ A ○─
③ ─○ B ○─   ④ ─○ $\overline{B}$ ○─

👉 $Y = A(A+B) = AA + AB$
$= A + AB = A(1+B) = A$

107. 아래 접점회로의 논리식으로 옳은 것은?

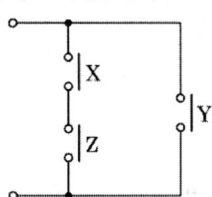

Answer 103. ① 104. ① 105. ② 106. ② 107. ③

① X·Y·Z   ② (X+Y)·Z
③ (X·Z)+Y ④ X+Y+Z

👉 접점회로의 논리식
문제의 그림을 간략히 하면

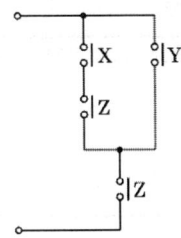

위 그림은 OR 회로이므로 (X·Z)+Y

108. 그림과 같은 계전기 접점회로의 논리식은?

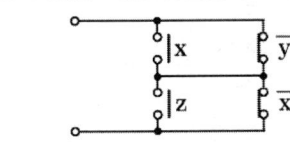

① XZ+Y   ② (X+Y)Z
③ (X+Z)Y   ④ X+Y+Z

👉 $((X·Z)+Y)Z = X·Z·Z+Y·Z$
$= X·Z+Y·Z = (X+Y)·Z$

109. 그림과 같은 계전기 접점회로의 논리식은?

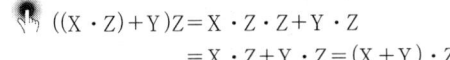

① $xz+\overline{yx}$ ② $xy+z\overline{x}$
③ $(x+\overline{y})(z+\overline{x})$ ④ $(x+z)(\overline{y}+\overline{x})$

👉
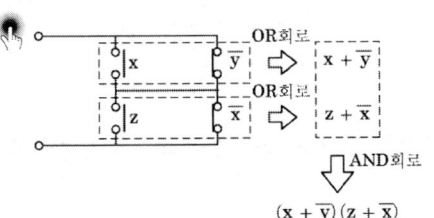

110. 그림과 같은 릴레이 시퀀스 제어회로를 불 대수를 사용하여 간단히 하면?

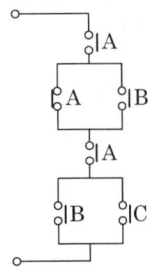

① AB   ② A+B
③ A+C   ④ B+C

👉 $A(\overline{A}+B)A(B+C)$
$= (A\overline{A}+AB)(AB+AC) = AB(AB+AC)$
$= ABAB+ABAC = AB+ABC$
$= AB(1+C) = AB$

111. 그림과 같은 회로는 어떤 회로를 조합한 것인가?

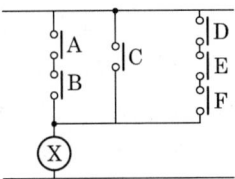

① OR 회로와 NOR 회로
② OR 회로와 NOT 회로
③ AND 회로와 NOT 회로
④ AND 회로와 OR 회로

👉 출력 : X = AB+C+DEF
위 회로는 3개의 AND 회로와 OR 회로의 조합회로이다.

Answer 108. ② 109. ③ 110. ① 111. ④

112. 그림과 같은 계전기 접점회로의 논리식은?

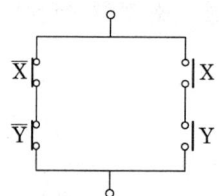

① X・Y
② $\overline{X}\cdot\overline{Y}+X\cdot Y$
③ X+Y
④ $(\overline{X}+\overline{Y})(X+Y)$

👆 계전기 접점회로의 논리식
  ① 직렬연결 : $\overline{X}\cdot\overline{Y}$, X・Y
  ② 전체(병렬연결) : $\overline{X}\cdot\overline{Y}+X\cdot Y$

113. 그림과 같은 단자 1, 2 사이의 계전기 접점회로 논리식은?

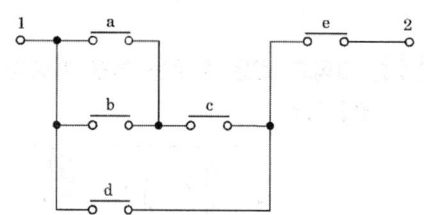

① {(a+b)d+c}e
② {(ab+c)d}+e
③ {(a+b)c+d}e
④ (ab+d)c+e

👆
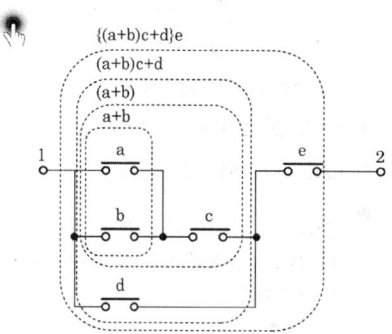

114. 그림과 같은 회로에서의 논리식은?

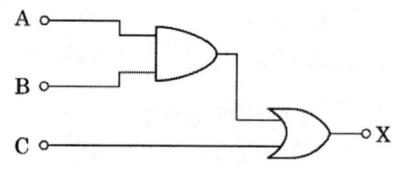

① X=(A+B)・C
② X=A・B+C
③ X=A・B+A・C
④ X=A・B・C

👆
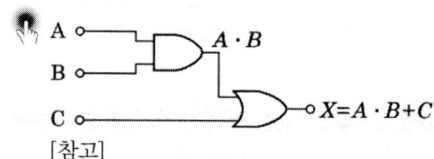

[참고]

구분	논리식	논리기호
AND 회로	X=A・B	A,B →⊃— X
OR 회로	X=A+B	A,B →⊃— X

115. 다음 중 그림과 등가인 게이트는?

① A,B NOR → Y
② A,B NOR → Y
③ A,B NAND → Y
④ A,B AND → Y

(등가: $\dfrac{A}{B}$ NAND → Y)

👆 $Y = A\cdot\overline{B}$
① $Y = \overline{\overline{A}+B} = A\cdot\overline{B}$
② $Y = \overline{A}+B$
③ $Y = \overline{A+B}$
④ $Y = \overline{A}+\overline{B}$

116. 그림과 같은 논리회로의 출력은?

Answer 112. ② 113. ③ 114. ② 115. ① 116. ④

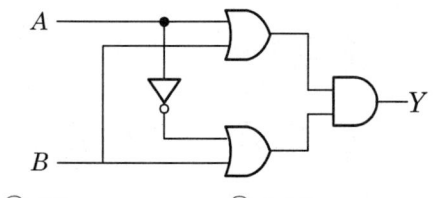

① AB   ② A+B
③ A   ④ B

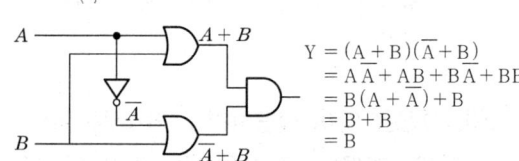

$Y = (A+B)(\overline{A}+B)$
$ = A\overline{A} + AB + B\overline{A} + BB$
$ = B(A+\overline{A}) + B$
$ = B + B$
$ = B$

117. 그림의 논리회로에서 A, B, C, D를 입력, Y를 출력이라 할 때 출력식은?

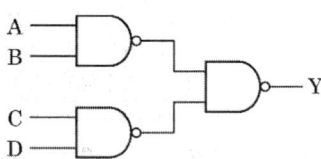

① A+B+C+D   ② (A+B)(C+D)
③ AB+CD   ④ ABCD

👆 **논리회로 출력식(Y)**
그림의 회로는 NAND 회로가 결합된 형태이고, NAND 회로의 논리식은 $Y = \overline{AB}$이므로
$Y = \overline{\overline{AB} \cdot \overline{CD}} = AB + CD$

118. 그림에서 출력 Y는?

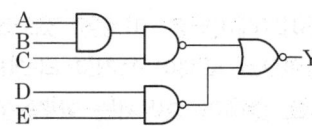

① $\overline{A} + \overline{B} + \overline{C} + \overline{D} + \overline{E}$
② $A + B + C + D + E$
③ $ABCDE$
④ $\overline{ABCDE}$

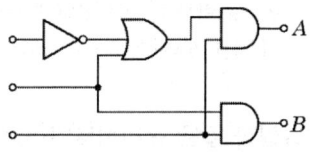

$Y = \overline{\overline{ABC} + \overline{DE}}$
$ = ABCDE$

119. 그림에서 3개의 입력단자 모두 1을 입력하면 출력단자 A와 B의 출력은?

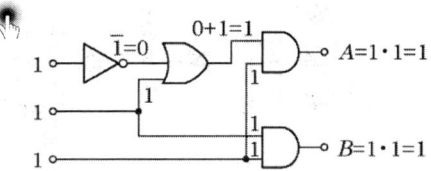

① A=0, B=0   ② A=0, B=1
③ A=1, B=0   ④ A=1, B=1

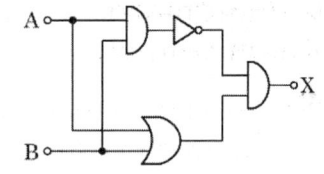

120. 그림과 같은 논리회로가 나타내는 식은?

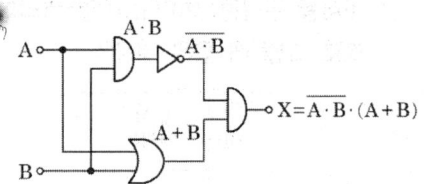

① $X = AB + BA$ ② $X = \overline{(A+B)}AB$
③ $X = \overline{AB}(A+B)$ ④ $X = AB + (A+B)$

[그림: $A \cdot B$, $\overline{A \cdot B}$, $A+B$, $X = \overline{A \cdot B} \cdot (A+B)$]

121. 다음 논리회로의 출력은?

Answer 117. ③ 118. ③ 119. ④ 120. ③ 121. ①

① $Y = A\overline{B} + \overline{A}B$ ② $Y = \overline{AB} + \overline{A}\overline{B}$
③ $Y = \overline{AB} + A\overline{B}$ ④ $Y = \overline{A} + \overline{B}$

👉 **XOR(exclusive OR) 게이트**
두 개의 입력 A와 B를 받아 입력값이 같으면 0을 출력하고, 입력값이 다르면 1을 출력한다. 논리식의 출력 $Y = A \oplus B = A\overline{B} + \overline{A}B$ 이다.

122. 그림과 같은 논리회로의 출력 X_0에 해당하는 것은?

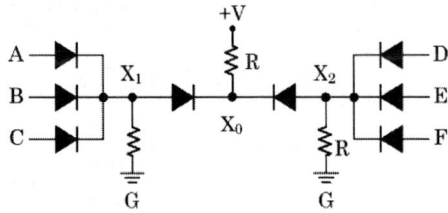

① $(ABC)+(DEF)$
② $(ABC)+(D+E+F)$
③ $(A+B+C)(D+E+F)$
④ $(A+B+C)+(D+E+F)$

👉 $X_1 = A+B+C$, $X_2 = D+E+F$
∴ $X_0 = (A+B+C)+(D+E+F)$

123. 그림은 릴레이 접점에 의하여 자기유지 회로를 구성한 것이다. 이를 논리게이트 회로로 그릴 때 옳은 것은?

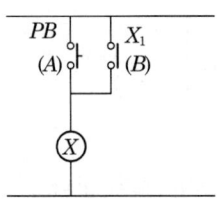

①
$\begin{matrix} A \\ B \end{matrix}$ ⟶ x (OR)

②
$\begin{matrix} B \\ A \end{matrix}$ ⟶ X_1, x (NOR)

③
$\begin{matrix} B \\ A \end{matrix}$ ⟶ X_1, x (NAND)

④
$\begin{matrix} A \\ B \end{matrix}$ ⟶ x (AND)

👉 A : PB(푸시버튼스위치)
B : 릴레이 a접점
A와 B는 OR 회로이고, A가 작동하면 B가 작동하여 X의 동작유지가 가능한 자기유지회로이다.

124. 그림은 L_1이 점등하면 L_2가 소등되고 L_2가 점등되면 L_1이 소등되는 회로이다. A에 알맞은 접점은?

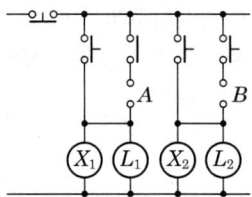

① X_1-a접점   ② X_1-b접점
③ X_2-a접점   ④ X_2-b접점

👉 인터록회로(상대동작 금지회로) : 두 회로가 동시에 기동되지 못하도록 다른 하나의 회로를 잠시 끊어버리는 회로
① A : X_2-b접점
② B : X_1-b접점

125. 두 개의 안정된 상태를 갖는 쌍안정 멀티바이브레이터를 이용한 것으로 세트(Set) 입력으로 출력이 생기고 리셋(Reset) 입력으로 출력이 없어지는 회로는?

① 기동우선회로
② 정지우선회로
③ 플립플롭회로
④ 리플카운터회로

Answer 👉 122. ④ 123. ② 124. ④ 125. ③

👆 **플립플롭(filp-flop)회로**
2개의 안정상태를 가지며 이것에 세트(set) 또는 리셋(reset)의 입력을 주었을 때 반대의 입력을 줄 때까지 각각 1 또는 0의 상태를 지속하며 그 상태에 대응하는 출력을 계속 내는 회로를 말한다. 또 이것을 쌍안정회로라고도 부르고 2개의 안정점을 가진 일종의 기억회로이다. 이 플립플롭의 동작을 잘 이용하면 기억회로, 전자카운터, 프로그램 시퀀스 등을 용이하게 만들 수 있다.

126. 그림은 전동기 제어회로의 일부이다. 이 회로의 기능으로 볼 수 없는 것은?

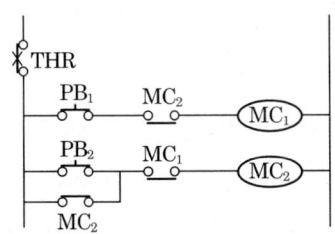

① 자기유지회로
② 인터록회로
③ 정·역 운전회로
④ 과부하 정지회로

👆 ① THR : 열동형 과부하 계전기, 과부하 등의 이상 상태로부터 부하를 보호
② 자기유지회로 : PB_2, MC_2, 기동 스위치를 동작 시 입력을 출력에 기억시킬 수 있는 회로
③ 인터록회로 : MC_2 b접점, MC_1 b접점, 두 회로가 동시에 기동되지 못하도록 다른 하나의 회로를 잠시 끊어버리는 회로

127. 유접점 시퀀스 회로의 설명으로 옳지 않은 것은?

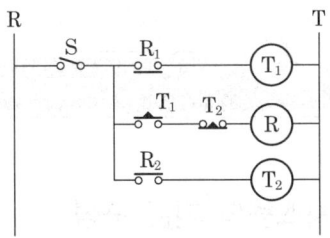

① S는 유지형 스위치이다.
② R은 릴레이로서 반복 작동을 한다.
③ T_1 타이머는 S가 ON되어 있는 동안 계속 ON 상태를 유지한다.
④ T_2 타이머가 ON되면 릴레이 R이 OFF된다.

👆 T_1 타이머는 스위치 S가 ON되면 한시동작 a접점에 의해 타이머 설정시간 후에 b접점이 되어 릴레이(R)가 동작한다.
R_1 : b접점
R_2 : a접점
T_1 : 한시동작 순시복귀 a접점
T_2 : 한시동작 순시복귀 b접점

Answer 126. ③ 127. ③

4 피드백(Feedback) 제어

(1) 시스템의 기본 구성

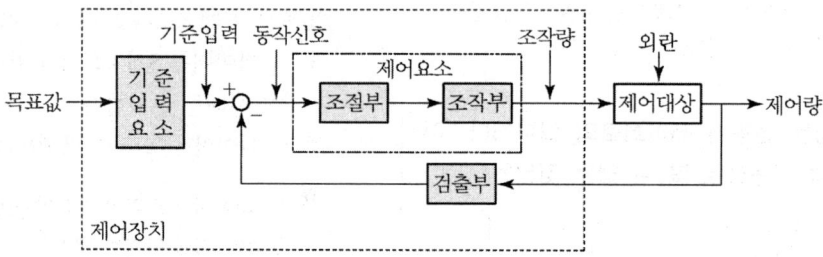

① 목표값(입력값) : 외부에서 사용자가 제어시스템에서 원하는 입력치로서 설정값이다.
② 기준입력요소 : 목표값에 비례하는 기준입력신호를 발생하는 요소로 설정부이다.
③ 동작신호 : 기준입력과 주피드백량의 차이로서 제어계의 동작을 일으키는 원인이 되는 신호로서 오차를 의미한다.
④ 제어요소 : 동작신호를 조작량으로 변환시키는 요소이며 조절부와 조작부로 구성
　㉠ 조절부 : 동작신호를 만드는 부분이며 기준입력과 검출부 출력을 합하여 제어계가 소요의 작용을 하는 데 필요한 신호를 만들어 조작부에 보내는 장치
　㉡ 조작부 : 조절부에서 받은 신호를 조작량으로 변화하여 제어대상에 작용하게 하는 부분
　㉢ 조작량 : 제어요소가 제어대상에 주는 양을 말한다.
⑤ 비교부 : 기준입력과 피드백 신호를 비교하는 장치
⑥ 검출부 : 제어량을 검출하고 기준입력 신호와 비교시키는 장치로서 피드백 요소라고 한다.
⑦ 외란(disturbance) : 외부로부터 제어대상에 작용하여 제어계의 상태를 교란시키는 모든 변수값
⑧ 제어량 : 제어대상에서 제어된 출력량
⑨ 제어대상 : 제어량을 발생시키는 장치로서 제어계에서 직접 제어를 받는 기계, 프로세스, 시스템의 전체 또는 일부가 여기에 속하며 제어하고자 하는 대상

⑩ 제어 명령(control instruction) : 제어량을 원하는 상태로 하기 위한 입력신호
　㉠ 정성적 제어(qualitative control) : 스위치 개폐에 의한 상태의 제어
　㉡ 정량적 제어(quantitative control) : 크기 및 양에 대한 제어

5 라플라스 변환(Laplace transform)

복잡한 미분방정식을 대수방정식(보조방정식)으로 변환시켜 보다 쉽게 해를 구할 수 있으며 이러한 연산자를 도입함으로써 자동제어를 보다 체계적으로 해석할 수 있다.

(1) 라플라스 변환의 정의

$0 < t < \infty$로 정의된 시간 함수 $f(t)$를 s의 함수 $F(s)$로 표시한다.

$$F(s) = \int_0^\infty f(t)e^{-st}dt \quad (\text{라플라스 연산자} : s = \sigma + j\omega)$$

여기서, $F(s)$: $f(t)$의 라플라스 변환

(2) 주요 함수의 라플라스 변환

구 분	$f(t)$	$F(s)$
임펄스함수	$\delta(t)$	1
단위계단함수	$u(t),\ 1$	$\dfrac{1}{s}$
단위램프함수	t	$\dfrac{1}{s^2}$
n차 램프함수	t^n	$\dfrac{n!}{s^{n+1}}$
정현파 함수	$\sin \omega t$	$\dfrac{\omega}{s^2+\omega^2}$
	$\cos \omega t$	$\dfrac{s}{s^2+\omega^2}$
지수감쇠함수	e^{-at}	$\dfrac{1}{s+a}$
지수감쇠램프함수	$t^n e^{at}$	$\dfrac{n!}{(S+a)^{n+1}}$

구 분	$f(t)$	$F(s)$
정현파 램프함수	$t\sin\omega t$	$\dfrac{2\omega s}{(s^2+\omega^2)^2}$
	$t\cos\omega t$	$\dfrac{s^2-\omega^2}{(s^2+\omega^2)^2}$
지수감쇠 정현파함수	$e^{-at}\sin\omega t$	$\dfrac{\omega}{(s+a)^2+\omega^2}$
	$e^{-at}\cos\omega t$	$\dfrac{s+a}{(s+a)^2+\omega^2}$
쌍곡선함수	$\sinh\omega t$	$\dfrac{\omega}{s^2-\omega^2}$
	$\cosh\omega t$	$\dfrac{s}{s^2-\omega^2}$

(3) 초기값 및 최종값 정리 계산법

① 초기값 정리

$$f(0+)=\lim_{t\to 0}f(t)=\lim_{s\to\infty}sF(s)$$

[예] $F(s)=\dfrac{2s^3+2s^2+8s+2}{s^4+8s^3+2s^2+s}$ 일 때, $f(t)$의 초기값은?

(풀이) $\lim\limits_{t\to 0}f(t)=\lim\limits_{s\to\infty}sF(s)=\lim\limits_{s\to\infty}s\dfrac{2s^3+2s^2+8s+2}{s(s^3+8s^2+2s+1)}=2$

② 최종값 정리

$$f(\infty)=\lim_{t\to\infty}f(t)=\lim_{s\to 0}sF(s)$$

[예] $F(s)=\dfrac{2s+15}{s^3+s^2+3s}$ 일 때, $f(t)$의 최종값은?

(풀이 1) $\lim\limits_{t\to\infty}f(t)=\lim\limits_{s\to 0}sF(s)=\lim\limits_{s\to 0}s\dfrac{2s+15}{s(s^2+s+3)}=5$

6. 전달함수(transfer function)

모든 초기 조건을 0으로 했을 경우 입력에 대한 출력의 비 $G(s) = \dfrac{Y(s)}{X(s)}$

① 각종 요소의 전달함수

요소의 종류	전달 함수	비고
비례요소	$G(s) = \dfrac{Y(s)}{X(s)} = K$	K : 비례감도 또는 이득정수
적분요소	$G(s) = \dfrac{Y(s)}{X(s)} = \dfrac{1}{s}$	
미분요소	$G(s) = \dfrac{Y(s)}{X(s)} = s$	
비례미분요소	$G(s) = \dfrac{Y(s)}{X(s)} = 1 + Ts$	τ : 시정수
1차 지연요소	$G(s) = \dfrac{Y(s)}{X(s)} = \dfrac{1}{1 + Ts}$	
2차 지연요소	① 전달함수 $G(s) = \dfrac{Y(s)}{X(s)} = \dfrac{1}{1 + 2\zeta Ts + T^2 s^2} = \dfrac{\omega_n^2}{s^2 + 2\zeta\omega_n s + \omega_n^2}$ 　여기서, 제동비 $\omega_n = \dfrac{1}{T}$ ② 특성 방정식 : $s^2 + 2\zeta\omega_n s + \omega_{n^2} = 0$ 　여기서, ζ : 제동비(감쇠비), ω_n : 고유주파수 ③ 제동비(감쇠비) : 과도응답이 소멸되는 정도 　감쇠비 $= \dfrac{\text{제2 오버슈트}}{\text{최대 오버슈트}}$ ④ 제동비(감쇠비)의 종류 및 조건 　㉠ $\zeta > 1$: 과제동　　㉡ $\zeta < 1$: 부족(감쇠) 제동 　㉢ $\zeta = 1$: 임계제동　㉣ $\zeta = 0$: 무제동 　㉤ $\zeta < 0$: 부제동	

7 블록선도 및 신호흐름선도

(1) 블록선도

제어시스템에 포함되어 있는 각 요소의 신호가 어떠한 모양으로 전달되고 있는가를 나타내는 선도, 즉 입력과 출력 간의 원인과 결과의 상호관계를 그림으로 간단하게 나타낸 것으로 시각적으로 시스템의 구조를 개념적으로 분명하게 나타내기 때문에 계의 구성, 동작 및 특성 사이의 관계를 쉽게 파악할 수 있다.

① 블록선도 표시법

㉠ 전달요소 : 입력신호를 받아서 변환된 출력신호를 만드는 신호 전달요소

$$\xrightarrow[\text{입력}]{R(s)} \boxed{G(s)} \xrightarrow[\text{출력}]{C(s)}$$

$$C(s) = G(s) \cdot R(s)$$

$$\therefore G(s) = \frac{C(s)}{R(s)}$$

㉡ 가합점의 합과 차 : 두 가지 이상의 신호가 있을 때, 이들 신호의 합과 차를 나타냄

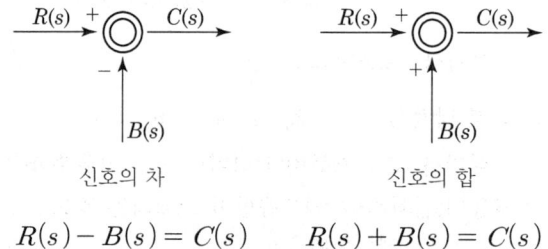

신호의 차   신호의 합

$$R(s) - B(s) = C(s) \qquad R(s) + B(s) = C(s)$$

㉢ 인출점 : 하나의 신호를 여러 개로 분기하기 위함

$$\xrightarrow{R(s)} \bigcirc \xrightarrow{C(s)}$$
$$\downarrow B(s)$$

신호의 차

$$R(s) = B(s) = C(s)$$

(2) 블록선도의 등가변환

- 복잡한 블록선도는 등가변환하여 시스템의 전달함수를 구함으로써, 시스템을 간단히 파악한다.
- 블록선도는 수식을 도형화한 것이므로(수식을 연산 정리한 것처럼) 등가변환해도 전체적인 뜻은 잃지 않는다.

① 직렬접속의 등가변환

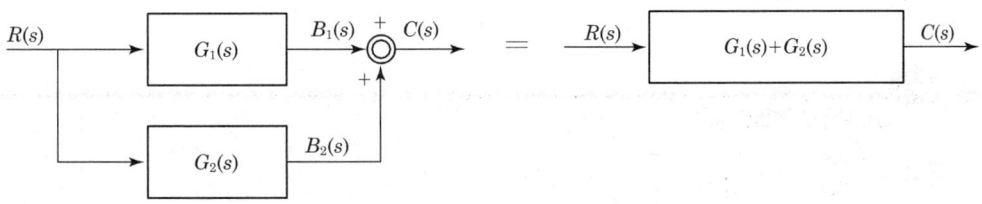

첫째요소 : $A(s) = G_1(s)R(s)$

둘째요소 : $C(s) = G_2(s)A(s)$

따라서 위의 두 식을 정리하면 $C(s) = [G_1(s)G_2(s)]R(s)$ 이며, 직렬접속의 전달함수는 $\dfrac{C(s)}{R(s)} = G_1(s)G_2(s)$ 이다.

※ 2개의 요소가 직렬접속된 경우의 전체 전달함수는 각 요소의 전달함수를 곱한 값으로 대치

② 병렬접속의 등가변환

첫째요소 : $B_1(s) = G_1(s)R(s)$

둘째요소 : $B_2(s) = G_2(s)R(s)$

또한 $C(s) = B_1(s) + B_2(s)$ 이므로 $C(s) = B_1(s) + B_2(s) = [G_1(s) + G_2(s)]R(s)$ 병렬접속의 전달함수는 $\dfrac{C(s)}{R(s)} = G_1(s) + G_2(s)$ 이다.

※ 2개의 요소가 병렬접속된 경우의 전체 전달함수는 각 요소의 전달함수를 합한 값

으로 대치

③ 궤환접속의 등가변환

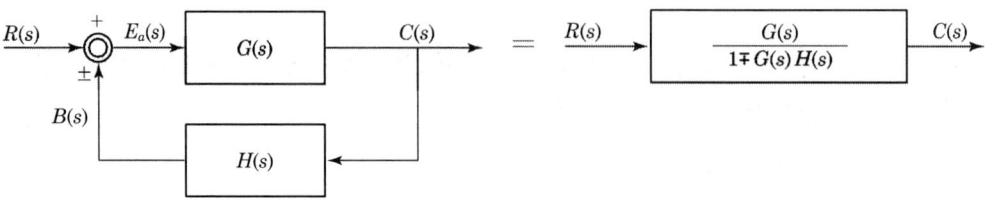

인출점 : $E_a(s) = R(s) \pm B(s)$

$G(s)$요소 : $C(s) = G(s)E_a(s)$

$H(s)$요소 : $B(s) = H(s)C(s)$

위 식을 정리하면

$$C(s) = G(s)\{R(s) \pm H(s)C(s)\}$$

$\dfrac{C(s)}{R(s)} = \dfrac{G(s)}{1 \mp G(s)H(s)}$ 가 된다.

위 식의 분모에 해당하는 식 $1 \mp G(s)H(s) = 0$을 특성방정식이라고 하며, 이 방정식의 해들은 시스템의 특성에 거의 결정적인 영향을 미친다.

※ $E(s) = R(s) + B(s)$의 경우를 정(+)궤환이라 하며, $E(s) = R(s) - B(s)$를 부(−)궤환이라 한다.

> **간이전달함수 공식**
>
> $G(s) = \dfrac{C(s)}{R(s)} = \dfrac{경로}{1 - 폐로}$
>
> • 경로 : 입력에서 출력으로 가는 도중에 있는 각 소자의 곱
> • 폐로 : 입력으로 되돌아오는 도중에 있는 각 소자의 곱

④ 블록선도 변형법

변환	블록선도	블록선도 등가변환
인출점을 블록 뒤로 이동		
인출점을 블록 앞으로 이동		
가합점을 블록 뒤로 이동		
가합점을 블록 앞으로 이동		
궤환루프 없앰		

[예제 1] 전달함수 $G(s)$는?

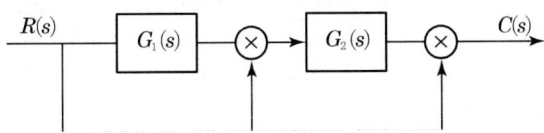

(풀이) $C(s) = G_1(s)G_2(s)R(s) + G_2(s)R(s) + R(s)$

$$\therefore G(s) = \frac{C(s)}{R(s)} = G_1(s)G_2(s) + G_2(s) + 1$$

[예제 2] 전달함수 $G(s)$는?

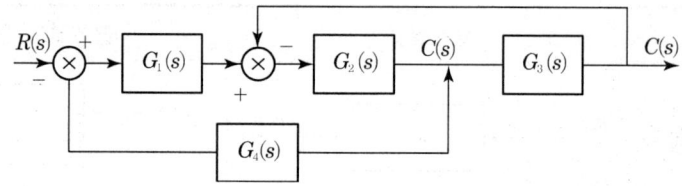

(풀이) $G(s) = \dfrac{G_1 G_2 G_3}{1-(-G_1 G_2 G_3 \cdot \dfrac{G_4}{G_3} - G_2 G_3)} = \dfrac{G_1 G_2 G_2}{1+G_1 G_2 G_4 + G_2 G_3}$

(3) 신호흐름선도

복잡한 블록선도의 전달함수를 간단한 선형 신호로 구성하여 해석

① 신호흐름선도의 구성

　㉠ 마디(node) : 신호의 변수

　㉡ 가지(branch) : 전달특성 → 방향

② 신호흐름선도의 등가변환

번호	항목	블록선도	신호 흐름 선도
1	신호	a→	a○
2	전달요소 $b = G \cdot a$	a→[G]→b	a○—G—○b
3	가합점 $c = a \pm b$	a→⊕→c, ±b	a○—1—○c, b○—±1—○c
4	인출점 $a = b = c$	a→•→b, →c	a○—1—○b, —1—○c

번호	항목	블록선도	신호 흐름 선도
5	종속접속 $c = G_1 \cdot G_2 \cdot a$	$a \to \boxed{G_1} \xrightarrow{b} \boxed{G_2} \to c$	$a \circ \xrightarrow{G_1} \circ \xrightarrow{b} \circ \xrightarrow{G_2} \circ c$
6	병렬접속 $d = (G_1 \pm G_2)a$		
7	피드백 접속 $d = \dfrac{G}{1 \pm GH} \cdot a$		

③ 피드백 회로의 신호흐름선도 작성법

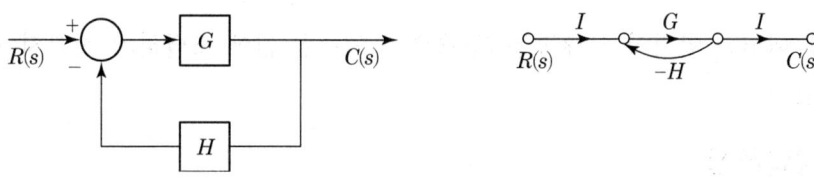

㉠ 합성점, 분기점, 입력, 출력단자를 node로 바꾼다.
㉡ 신호를 선형화하여 적당한 가지로 node를 연결하고 방향을 설정한다.

$$G(s) = \frac{G}{1-(-GH)} = \frac{G}{1+GH}$$

[예제 1] 전달함수 $G(s)$는?

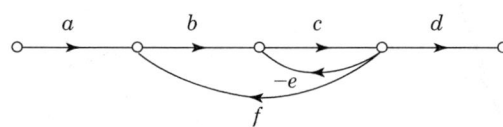

(풀이) $G(s) = \dfrac{abcd}{1-(-ce+bcf)} = \dfrac{abcd}{1+ce-bcf}$

[예제 2] 전달함수 $G(s)$는?

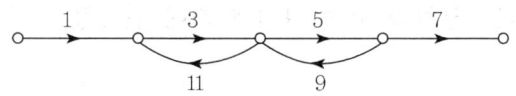

(풀이) $G(s) = \dfrac{105}{1-(33+45)} = -\dfrac{105}{77}$

8 제어계의 응답

(1) 정상응답

제어계에 어떠한 입력이 가해졌을 때 출력이 과도기가 지난 후 일정한 값에 도달하는 응답

(2) 과도응답

제어계에 어떠한 압력이 가해졌을 때 출력이 일정한 값에 도달하기 전까지 과도적으로 나타나는 응답

(3) 시간응답특성

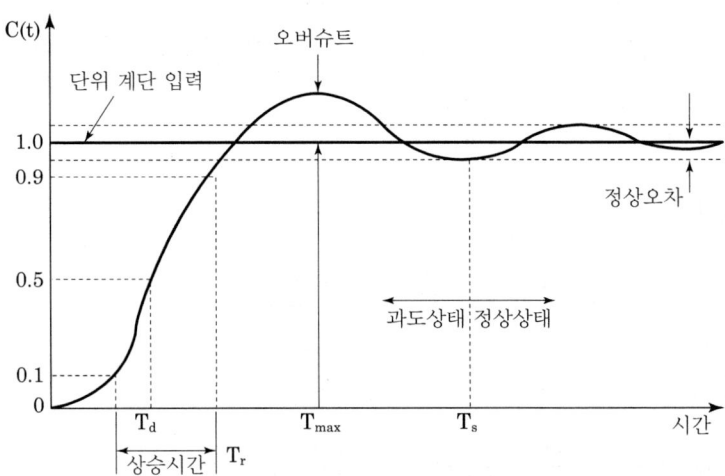

[단위 입력에 대한 시간응답]

① 오버슈트(over shoot)

응답 중에 발생하는 입력과 출력 사이의 최대 편차량

$$\text{백분율 오버슈트} = \frac{A}{B} = \frac{\text{최대 오버슈트}}{\text{최종 목표값}} \times 100$$

② 지연시간(time deley, Td)

지연시간 T_d는 응답이 최초로 목표값의 50% 진행되는 데 요하는 시간

③ 감쇠비(decay ratio)

감쇠비는 과도 응답의 소멸되는 정도를 나타내는 양으로서 최대 오버슈트와의 비로 정의한다.

$$\text{감쇠비} = \frac{\text{제2 오버슈트}}{\text{최대 오버슈트}}$$

④ 상승시간(rise time, Tr)

응답이 최종 희망값의 10%로부터 90%까지 도달하는 데 요하는 시간

⑤ 응답시간(정정시간 : respond time or setting time, Ts)

응답이 요구하는 오차 이내로 정차되는 데 요하는 시간으로 보통 목표값의 ±2% 또는 ±5% 이내의 오차 내에 정착되는 시간이다.

(4) 정상편차

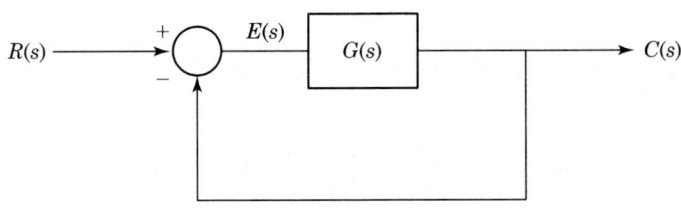

[단위 피드백 제어계]

$$M(s) = \frac{C(s)}{R(s)} = \frac{G(s)}{1+G(s)}, \ \ C(s) = M(s)R(s)$$

$$E(s) = R(s) - C(s) = R(s) - M(s)R(s)$$
$$= [1-M(s)]R(s) = \left[1 - \frac{G(s)}{1+G(s)}\right]R(s)$$

$$\therefore \ E(s) = \frac{R(s)}{1+G(s)}$$

정상편차 : $e_{ss} = \lim_{t \to \infty} e(t) = \lim_{s \to 0} sE(s) = \lim_{s \to 0} s\left[\dfrac{R(s)}{1+G(s)}\right]$

① 단위 계단 입력에 대한 정상 상태 편차($r(t) = u(t) \to R(s) = 1/S$)

$$e_{ss} = \lim_{s \to 0} \dfrac{sR(s)}{1+G(s)} = \lim_{s \to 0} \dfrac{1}{1+G(s)} = \dfrac{1}{1+\lim_{s \to 0}G(s)} = \dfrac{1}{1+K_p}$$

단, K_p : 위치 편차 상수

② 단위 램프 입력에 대한 정상 상태 편차($r(t) = tu(t) \to R(s) = 1/S^2$)

$$e_{ss} = \lim_{s \to 0} \dfrac{s}{1+G(s)} \cdot \dfrac{1}{s^2} = \lim_{s \to 0} \dfrac{1}{s + sG(s)} = \dfrac{1}{\lim_{s \to 0} sG(s)} = \dfrac{1}{K_v}$$

단, K_v : 속도 편차 상수

③ 단위 포물선형 입력에 대한 정상 상태 편차($r(t) = \dfrac{1}{2}t^2 u(t) \to R(s) = 1/S^3$)

$$e_{ss} = \lim_{s \to 0} \dfrac{s}{1+G(s)} \cdot \dfrac{1}{s^3} = \lim_{s \to 0} \dfrac{1}{s^2 + s^2 G(s)} = \dfrac{1}{\lim_{s \to 0} s^2 G(s)} = \dfrac{1}{K_a}$$

단, K_a : 가속도 편차 상수

[예제 1] 입력이 $r(t) = 5t$일 때 정상 상태 편차는? (단, $G(s) = \dfrac{5}{s(s+6)}$)

(풀이) $e_{ss} = \lim_{s \to 0} sE(s) = \lim_{s \to 0}\left(\dfrac{1}{1+G(s)}\right)R(s) \to R(s) = \dfrac{5}{s^2}$

$= \lim_{s \to 0}\left(1 + \dfrac{1}{1+\dfrac{5}{s+6}}\right) = 6$

[예제 2] 단위 피드백 제어계에서 개루프 전달함수 $G(s) = \dfrac{10}{(s+1)(s+2)}$으로 주어지는 계의 단위 계단 압력에 대한 정상 편차는?

(풀이) $e_{ss} = \dfrac{1}{1+\lim_{s \to 0}G(s)} = \dfrac{1}{1+\lim_{s \to 0}\dfrac{10}{(s+1)(s+2)}} = \dfrac{1}{1+5} = \dfrac{1}{6}$

9 제어기기

(1) 제어계의 요소

기계적 요소	스프링, 다이어프램, 벨로즈, 노즐 플래퍼, 파이프, 드로틀, 대시포트, 파일럿 밸브, 피스톤, 분사관
전기적 요소	회전증폭기, 자기증폭기, 차동변압기, 싱크로, 직류 서보전동기, 교류 서보전동기, 셀신(동기발전기의 일종)

(2) 증폭기기

① 기계계

　㉠ 공기식

　　ⓐ 노즐 플래퍼(nozzle flapper) : 노즐과 조합하여 압력조정에 사용하며 변위를 공기압으로 변환하는 장치

　　ⓑ 벨로즈 : 벨로즈의 신축량을 이용하여 압력을 변위로 변환하는 장치

　㉡ 유압식

　　ⓐ 파일럿 밸브 : 외부의 압력에 따라 서보 모터에서 피스톤과 실린더에 공급되는 높은 압력의 기름을 제어하는 밸브로, 비례동작에 의해 제어되며 변위를 유량으로 변환시키는 장치

② 전기계

　㉠ 진공관 : 진공이나 고체 속의 전자 운동을 이용하여 증폭작용을 한다.

　㉡ 반도체 증폭 소자(트랜지스터, 사이리스터 등)

　㉢ 자기증폭기

　㉣ 회전증폭기(앰플리다인, 로토트롤 등)

(3) 조작기기

구분	전기계	기계계	
		공기식	유압식
적응성	대단히 넓고 특성의 변경이 쉽다.	PID 동작을 만들기 쉽다.	관성이 적고 큰 출력을 얻기가 쉽다.
속응성	늦다.	장거리에서는 어렵다.	빠르다.
전송	장거리의 전송이 가능하고 지연이 적다.	장거리가 되면 지연이 크다.	지연은 적으나 배관에서 장거리 전송은 어렵다.
출력	출력은 작다.	출력은 크지 않다.	인화성이 있다.
조작기기	전자밸브, 전동밸브, 서보전동기, 펄스 전동기	다이어프램 밸브, 밸브 포지셔너, 파워 실린더	안내밸브, 조작 실린더, 조작 피스톤, 분사관

(4) 검출기기

① 온도 검출

    ㉠ 열팽창식 온도계 : 유리 온도계, 바이메탈 온도계, 압력식 온도계

    ㉡ 전기식 온도계 : 열전대 온도계(제벡효과 이용), 저항 온도계

    ㉢ 방사식 온도계 : 방사 고온계, 광고온계, 광전관 고온계, 색 온도계

② 압력 검출

    ㉠ 액체식 압력계 : U자관식, 단관식, 경사관식, 링 평형식, 침종식

    ㉡ 탄성식 압력계 : 부르동관식, 다이어프램식, 벨로즈식

    ㉢ 전기식 압력계 : 저항선식, 압전기식

③ 유량 검출

구 분	유량계 종류
접촉식	차압식(벤투리형, 오리피스형, 노즐형)
	면적식(플로트형, 피스톤형)
	용적식
비접촉식	초음파식, 전자식

④ 자동조정용 검출기 : 전압 검출기, 속도 검출기

속도 검출기	① 회전속도를 위치나 전압 또는 주파수 등으로 변환시키는 검출기 ② 종류 : 스피더, 회전계 발전기, 속도 검출법
전압 검출기	① 직류 또는 교류 전압을 항상 일정한 값으로 유지시켜주는 검출기 ② 종류 : 전자관, 트랜지스터 증폭기, 자기 증폭기

⑤ 서보 기구용 검출기
  ㉠ 물체의 방위나 위치 또는 자세를 기계적인 변위를 제어량으로 하는 검출기
  ㉡ 종류 : 전위차계, 차동 변압기, 싱크로, 마이크로신

(5) 변환요소의 종류

변환량	변환요소
압력→변위	벨로즈, 다이어프램, 스프링
변위→압력	노즐플래퍼, 유압 분사관, 스프링
변위→임피던스	가변저항기, 용량형 변환기
변위→전압	포텐셔미터, 차동변압기, 전위차계
전압→변위	전자석, 전자코일
광 →임피던스	광전관, 광전도 셀, 광전 트랜지스터
광→전압	광전지, 광전 다이오드
방사선→임피던스	GM관, 전리함
온도→임피던스	측온 저항(열선, 서미스터, 백금, 니켈)
온도→전압	열전대(열전쌍)

chapter 05 출·제·예·상·문·제

01. 아날로그 신호로 이루어지는 정량적 제어로서 일정한 목표값과 출력값을 비교·검토하여 자동적으로 행하는 제어는?
① 피드백 제어 ② 시퀀스 제어
③ 오픈 루프 제어 ④ 프로그램 제어

> **피드백 제어(feedback control)**
> 정량적 제어로 피드백되는 측정값을 목표값과 비교하여 이 두 값이 일치하도록 수정 동작을 행하는 제어로 구조가 복잡하고 반드시 입력과 출력을 비교하는 장치가 필요하다.

02. 제어계의 동작상태를 교란하는 외란의 영향을 제거할 수 있는 제어는?
① 순서 제어 ② 피드백 제어
③ 시퀀스 제어 ④ 개루프 제어

> **피드백 제어**
> 자동제어의 한 방식으로 제어의 결과로 나타난 제어량의 변화를 감지하여 그것을 목표값과 비교하고 그 차이를 바탕으로 다시 제어량을 변환시키는 것을 반복하여 원하는 제어를 하는 것으로, 예측할 수 없는 외란이 작용할 때 피드백 제어를 사용하여 제어함

03. 기억과 판단기구 및 검출기를 가진 제어방식은?
① 시한 제어
② 피드백 제어
③ 순서 프로그램 제어
④ 조건 제어

> **피드백 제어 시스템**
> 목표한 제어량과 동작 결과를 비교하여 목표값에 맞도록 수정하고 동작할 수 있는 제어방식으로 입력장치, 제어요소, 제어대상기기, 비교부(피드백 제어), 검출부(피드백 신호) 등으로 구성

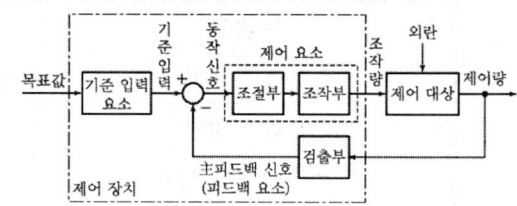

04. 피드백 제어의 특징에 대한 설명으로 틀린 것은?
① 외란에 대한 영향을 줄일 수 있다.
② 목표값과 출력을 비교한다.
③ 조절부와 조작부로 구성된 제어요소를 가지고 있다.
④ 입력과 출력의 비를 나타내는 전체 이득이 증가한다.

> **피드백 제어의 특징**
> ㉠ 정확도 개선 및 대역폭 증가
> ㉡ 계의 특성 변화에 대한 입력 대 출력비의 감도 감소
> ㉢ 발진을 일으키고 불안정한 상태로 되어가는 경향성
> ㉣ 구조가 복잡하여 설치비가 고가이고, 반드시 입력과 출력을 비교하는 장치가 필요

Answer 01. ① 02. ② 03. ② 04. ④

05. 피드백 제어계를 시퀀스 제어계와 비교하였을 경우 그 이점으로 틀린 것은?
① 목표값에 정확히 도달할 수 있다.
② 제어계의 특성을 향상시킬 수 있다.
③ 제어계가 간단하고 제어기가 저렴하다.
④ 외부조건의 변화에 대한 영향을 줄일 수 있다.

③ 제어계가 복잡하고 제어기가 고가이다.

06. 피드백 제어시스템의 피드백 효과가 아닌 것은?
① 대역폭 증가
② 정확도 개선
③ 시스템 간소화 및 비용 감소
④ 외부 조건의 변화에 대한 영향 감소

③ 시스템이 복잡하고 설치비가 고가

07. 제어계의 구성도에서 시퀀스 제어계에는 없고, 피드백 제어계에는 있는 요소는?
① 조작량   ② 목표값
③ 검출부   ④ 제어대상

시퀀스 제어(순차 제어)는 미리 정해진 순서에 따라 제어의 각 단계를 차례로 진행시키는 제어로서 신호는 한 방향만으로 전달되는 데 비하여 피드백 제어계는 정확하고 신뢰성 있는 제어를 위해서 출력의 일부를 입력방향으로 피드백시켜 목표값과 비교되도록 귀한 경로(검출부)를 가지고 있는 제어계이다.

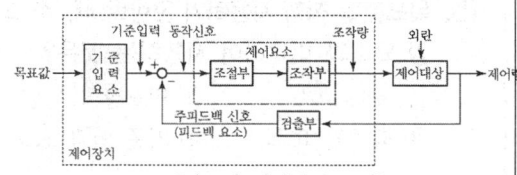

[피드백 제어계의 구성]

08. 그림과 같은 제어에 해당하는 것은?

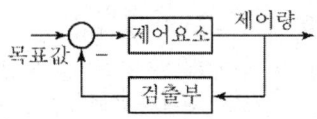

① 개방 제어   ② 시퀀스 제어
③ 개루프 제어 ④ 폐루프 제어

폐루프 제어(피드백 제어)
출력량을 귀환(Feedback)할 수 있는 귀환경로를 포함한 제어계로 제어계의 출력값이 목표값과 비교하여 일치하지 않을 경우에는 다시 출력값을 입력으로 피드백시켜 오차를 수정하도록 귀환경로를 갖는 방식으로 제어의 질의 개선에 효과가 있다.

09. 피드백(feedback) 제어 시스템의 피드백 효과로 틀린 것은?
① 정상상태 오차 개선
② 정확도 개선
③ 시스템 복잡화
④ 외부 조건의 변화에 대한 영향 증가

피드백 제어 시스템의 특징
㉠ 정확성 및 감대폭(대역폭) 증가
㉡ 계의 특성 변화에 대한 입력 대 출력비의 감도 감소
㉢ 발진을 일으키고 불안정한 상태로 되어가는 경향성
㉣ 구조가 복잡하고 반드시 입력과 출력을 비교하는 장치가 필요
㉤ 시스템이 복잡해지고 설치비가 고가이다.

10. 피드백 제어에 관한 설명으로 틀린 것은?
① 정확성이 증가한다.
② 감대폭(대역폭)이 증가한다.
③ 입력과 출력의 비를 나타내는 전체이득이 증가한다.
④ 개루프 제어에 비해 구조가 비교적 복잡

Answer 05. ③ 06. ③ 07. ③ 08. ④ 09. ④ 10. ③

하고 설치비가 많이 든다.

👉 ③ 피드백 제어는 제어대상의 출력과 기준입력의 차이를 감소시킬 수 있는 제어방식이므로 입력과 출력의 비를 나타내는 전체이득이 감소한다.

11. 피드백 제어계의 특징으로 옳은 것은?
① 정확성이 감소된다.
② 감대폭(대역폭)이 증가된다.
③ 특성 변화에 대한 입력 대 출력비의 감도가 증대된다.
④ 발진을 일으켜도 안정된 상태로 되어가는 경향이 있다.

👉 09번 해설 참고

12. 피드백 제어의 장점으로 틀린 것은?
① 목표값에 정확히 도달할 수 있다.
② 제어계의 특성을 향상시킬 수 있다.
③ 외부 조건의 변화에 대한 영향을 줄일 수 있다.
④ 제어기 부품들의 성능이 나쁘면 큰 영향을 받는다.

👉 ④는 피드백 제어의 단점이다.
[참고] 피드백 제어의 단점
① 제어시스템이 복잡해지고 가격도 비싸진다.
② 궤한의 사용으로 야기될 수 있는 안정성 문제를 고려해야 한다.
③ 제어장치의 운전 및 수리 시 고도의 기술이 필요하다.

13. 자동제어 계통의 조작순서로 옳은 것은?
① 검출단→조작량→조작부
② 조절량→조절부→조작단
③ 조절부→검출부→조작부
④ 검출부→조절부→조작부

👉 ① 피드백제어의 회로구성

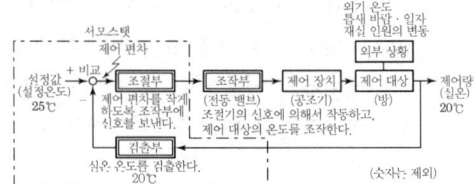

14. 피드백 제어계에서 목표치를 기준입력신호로 바꾸는 역할을 하는 요소는?
① 비교부   ② 조절부
③ 조작부   ④ 설정부

👉 **기준입력요소(설정부)**
목표값에 비례하는 기준 입력 신호를 발생하는 요소로서 설정부라고도 한다.
[참고]
① 제어요소 : 동작신호를 조작량으로 변환시키는 요소이며 조절부와 조작부로 구성
  ㉠ 조절부 : 동작신호를 만드는 부분이며 기준 입력과 검출부 출력을 합하여 제어계가 소요의 작용을 하는 데 필요한 신호를 만들어 조작부에 보내는 장치
  ㉡ 조작부 : 조절부에서 받은 신호를 조작량으로 변화하여 제어대상에 작용하게 하는 부분
② 비교부 : 기준입력과 피드백 신호를 비교하는 장치

15. 목표값을 직접 사용하기 곤란할 때, 주 되먹임 요소와 비교하여 사용하는 것은?
① 제어 요소   ② 비교장치
③ 되먹임 요소   ④ 기준 입력 요소

👉 **기준 입력 요소**
제어계를 소정대로 동작시키기 위하여 직접

Answer 👉 11. ② 12. ④ 13. ④ 14. ④ 15. ④

폐루프에 주어지는 입력으로 제어계가 목표값대로 동작해 주기를 바라는 희망값. 목표값을 직접 사용하기 곤란할 때 기준 입력 요소를 이용하여 주 되먹임 요소와 비교하여 사용
[참고]
① 제어 요소 : 동작신호를 조작량으로 변환시키는 요소이며 조절부와 조작부로 구성
② 되먹임 요소 : 제어대상으로부터 나오는 출력을 기준 입력과 비교될 수 있게 하여 주는 장치
③ 비교장치 : 기준 입력과 주 되먹임 신호의 차이를 구해주는 장치

16. 기준입력신호에서 제어량을 뺀 값으로 제어계의 동작결정의 기초가 되는 것은?
① 기준 입력 ② 제어 편차
③ 제어 입력 ④ 동작 편차

☞ **제어 편차**
기준입력신호로부터 제어량을 뺀 값으로 정의되며 제어 동작을 일으키는 신호로 이 신호가 그대로 동작신호로 되기도 한다.

17. 동작신호에 따라 제어 대상을 제어하기 위하여 조작량으로 변환하는 장치는?
① 제어요소 ② 외란요소
③ 피드백요소 ④ 기준입력요소

☞ **제어요소**
동작신호를 조작량으로 변환시키는 요소이며 조절부와 조작부로 구성
[참고]
① 기준입력요소 : 목표값에 비례하는 기준 입력신호를 발생하는 요소로 설정부이다.
② 피드백요소(검출부) : 제어량을 검출하고 기준 입력신호와 비교시키는 장치
③ 외란요소 : 외부로부터 제어대상에 작용하여 제어계의 상태를 교란시키는 모든 변수값

18. 폐루프 제어시스템의 구성에서 조절부와 조작부를 합쳐서 무엇이라고 하는가?
① 보상요소 ② 제어요소
③ 기준입력요소 ④ 귀환요소

☞ **제어요소(control element)**
동작신호를 조작량(제어요소가 출력하는 양)으로 변환하는 요소이고 조절부와 조작부로 이루어진다.

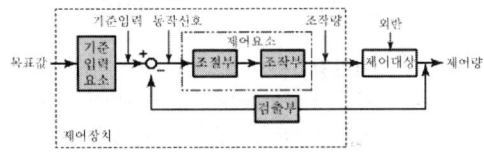

19. 제어시스템의 구성에서 제어요소는 무엇으로 구성되는가?
① 검출부
② 검출부와 조절부
③ 검출부와 조작부
④ 조작부와 조절부

☞ **제어요소(control element)**
동작신호를 조작량(제어요소가 출력하는 양)으로 변환하는 요소이고 조절부와 조작부로 이루어진다.

20. 피드백 제어계에서 제어요소에 대한 설명 중 옳은 것은?
① 조작부와 검출부로 구성되어 있다.
② 조절부와 검출부로 구성되어 있다.
③ 목표값에 비례하는 신호를 발생하는 요소이다.
④ 동작신호를 조작량으로 변화시키는 요소이다.

Answer 16. ② 17. ① 18. ② 19. ④ 20. ④

① 기준입력요소(설정부)에 대한 설명이다.
② 피드백 요소(검출부)에 대한 설명이다.
④ 동작신호에 대한 설명이다.
[참고] 제어요소
　동작신호를 조작량으로 변환시키는 요소이며 조절부와 조작부로 구성
※ 조작량 : 제어요소가 제어대상에 주는 양

21. 제어하려는 물리량을 무엇이라 하는가?
① 제어　　　　② 제어량
③ 물질량　　　④ 제어대상

👆 제어량
제어 대상에 속하는 양 가운데에서 목표에 맞도록 제어되는 물리량으로 압력, 속도, 온도, 습도, 유량, 수위, pH, 전압, 전류, 주파수 등이 있다.

22. 전동기 온도변화를 제어하려는 물리량을 무엇이라 하는가?
① 제어　　　　② 제어량
③ 물질량　　　④ 제어대상

👆 21번 해설 참고

23. 입력전압을 변화시켜서 전동기의 회전수를 900rpm으로 조정하였을 때 회전수는 제어의 구성 요소 중 어느 것에 해당되는가?
① 목표값　　　② 조작량
③ 제어량　　　④ 제어대상

👆 ① 회전수 : 제어량
② 900rpm : 목표값
③ 전동기 : 제어대상

24. 콘덴서의 정전용량을 변화시켜서 발진기의 주파수를 1kHz로 하고자 한다. 이때 발진기는 자동제어 용어 중 어느 것에 해당되는가?
① 목표값　　　② 조작량
③ 제어량　　　④ 제어대상

👆 ① 주파수 : 제어량
② 1kHz : 목표값
③ 발진기 : 제어대상
[참고] 제어대상
　제어량을 발생시키는 장치로서 제어계에서 직접 제어를 받는 기계, 프로세스, 시스템의 전체 또는 일부가 여기에 속하며 제어하고자 하는 대상으로 발진기는 제어대상에 해당한다.

25. 발전기의 단자전압을 200V로 일정하게 유지하기 위하여 전압계를 보면서 계자저항을 조정하여 계자전류를 조정한다. 다음 중 잘못 짝지어진 것은?
① 목표값 - 200V
② 조작량 - 계자전류
③ 제어량 - 계자저항
④ 제어대상 - 발전기

👆 ③ 제어량(제어대상에서 제어된 출력량) - 단자전압

26. 전기로의 온도를 1000℃로 일정하게 유지시키기 위하여 열전도 온도계의 지시값을 보면서 전압조정기로 전기로에 대한 인가전압을 조정하는 장치가 있다. 이 경우 열전도 온도계는 어느 용어에 해당되는가?
① 조작부　　　② 검출부
③ 제어량　　　④ 조작량

👆 ① 제어대상 : 전기로
② 제어량 : 온도
③ 목표값 : 1000℃
④ 검출부 : 열전도 온도계

Answer　21. ②　22. ②　23. ③　24. ④　25. ③　26. ②

27. 기계장치, 프로세스 및 시스템 등에서 제어되는 전체 또는 부분으로서 제어량을 발생시키는 장치는?

① 제어장치 ② 제어대상
③ 조작장치 ④ 검출장치

제어대상
제어량을 발생시키는 장치로서 제어계에서 직접 제어를 받는 기계, 프로세스, 시스템의 전체 또는 일부가 여기에 속하며 제어하고자 하는 대상으로 발전기는 제어대상에 해당한다.

28. 궤환제어계에 속하지 않는 신호로서 외부에서 제어량이 그 값에 맞도록 제어계에 주어지는 신호를 무엇이라 하는가?

① 목표값 ② 기준입력
③ 동작신호 ④ 궤환신호

① 목표값(입력값) : 외부에서 사용자가 제어량에 대한 희망값을 갖도록 목표로서 주어지는 값
② 기준입력 : 목표값에 비례하는 기준입력신호를 발생하는 요소로 설정부이다.
③ 동작신호 : 제어요소에 가해지는 신호
④ 궤환신호 : 출력신호의 일부가 입력측으로 궤한되는 신호

29. 자동제어계의 출력신호를 무엇이라 하는가?

① 조작량 ② 목표값
③ 제어량 ④ 동작신호

① 조작량 : 제어장치가 제어 대상에 가하는 제어 신호로 제어장치의 출력인 동시에 제어 대상의 입력이 된다.
③ 제어량 : 제어대상에서 제어된 출력량으로 제어 대상에 속하는 양이다.

30. 그림과 같은 제어계에서 ⓐ부분에 해당하는 것은?

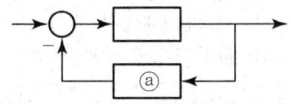

① 조절부 ② 조작부
③ 검출부 ④ 비교부

검출부
제어량을 검출하고 기준 입력신호와 비교시키는 장치로서 피드백 요소라고 한다.

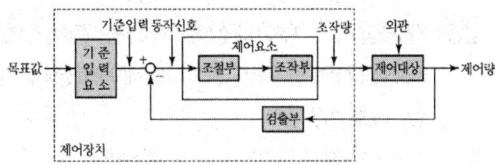

31. 제어량을 원하는 상태로 하기 위한 입력신호는?

① 제어명령 ② 작업명령
③ 명령처리 ④ 신호처리

제어명령(control instruction)
제어량을 원하는 상태로 하기 위한 입력 신호
① 정성적 제어(qualitative control) : 스위치 개폐에 의한 상태의 제어
② 정량적 제어(quantitative control) : 크기 및 양에 대한 제어
[참고]
① 작업명령 : 외부로부터 주어지는 입력신호
② 명령처리 : 작업명령과 장치의 상태를 판단하고 적시에 적절한 명령을 발신하는 것

32. 피드백 제어계의 제어장치에 속하지 않는 것은?

① 설정부 ② 조절부

③ 검출부 ④ 제어대상

👉 **제어장치**
피드백 제어계에서 제어 동작신호를 증폭하여 제어 대상에 가하는 부분

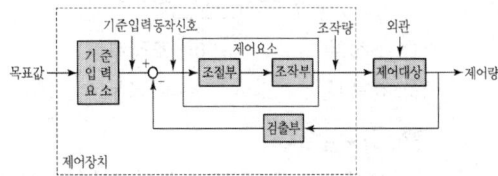

33. 제어장치가 제어대상에 가하는 제어신호로 제어장치의 출력인 동시에 제어대상의 입력인 신호는?
① 조작량 ② 제어량
③ 목표값 ④ 동작신호

👉 **조작량**
제어요소에서 제어대상에 인가되는 양으로 제어장치의 출력인 동시에 제어대상의 입력신호

34. 목표값 이외의 외부 입력으로 제어량을 변화시키며 인위적으로 제어할 수 없는 요소는?
① 제어동작신호 ② 조작량
③ 외란 ④ 오차

👉 **외란**
외부로부터 제어대상에 작용하여 제어계의 상태를 교란시키는 모든 변수값
[참고] 제어동작신호
기준입력과 주피드백량의 차이로 제어계의 동작을 일으키는 원인이 되는 신호로서 오차를 의미한다.

35. 방 안의 온도를 배출열량의 제어가 가능한 히터로 제어하고자 한다. 이러한 제어계를 간단하게 블록선도로 그리면 다음과 같이 되는데 이때, A지점에 들어갈 가장 적당한 것은?

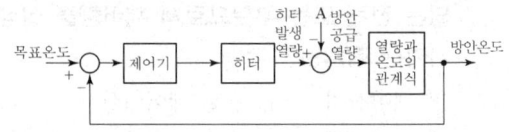

① 외부 온도
② 외부에 빼앗긴 열량
③ 조작량
④ 온도 오차

👉 그림에서 A지점은 외란이므로 외부에 빼앗긴 열량이 외란으로 적합하다.

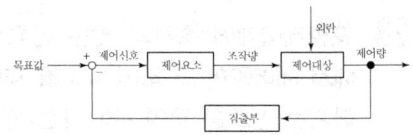

36. 제어계에서 전달함수의 정의는?
① 모든 초기값을 0으로 하였을 때 계의 입력 신호의 라플라스 값에 대한 출력 신호의 라플라스 값의 비
② 모든 초기값을 1로 하였을 때 계의 입력 신호의 라플라스 값에 대한 출력 신호의 라플라스 값의 비
③ 모든 초기값을 ∞로 하였을 때 계의 입력 신호의 라플라스 값에 대한 출력 신호의 라플라스 값의 비
④ 모든 초기값을 입력과 출력의 비로 한다.

👉 **전달함수(transfer function)**
모든 초기값을 0으로 했을 때 출력 신호의 라플라스 변환과 입력 신호의 라플라스 변환의 비로 입력 신호 $x(t)$에 대하여 출력 신호 $y(t)$를 발생하는 요소의 전달함수 $G(s) = \dfrac{Y(s)}{X(s)}$로 표현한다.

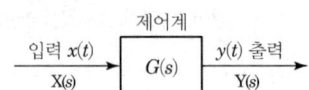

Answer 33. ① 34. ③ 35. ② 36. ①

37. 다음 전달함수에 대한 설명으로 옳지 않은 것은?

① 전달함수는 선형 제어계에서만 정의되고, 비선형 시스템에서는 정의되지 않는다.
② 계 전달함수의 분모를 0으로 놓으면 이것이 곧 특성방정식이 된다.
③ 어떤 계의 전달함수는 그 계에 대한 임펄스 응답의 라플라스 변환과 같다.
④ 입력과 출력에 대한 과도응답의 라플라스 변환과 같다.

👆 전달함수의 성질
① 전달함수는 선형 제어계에서만 정의되고, 비선형 시스템에서는 정의되지 않는다.
② 전달함수는 임펄스 응답의 라플라스 변환으로 정의되며 제어계의 입력 및 출력 함수의 라플라스 변환식의 비가 된다.
③ 전달함수를 구할 때 모든 초기 조건을 0으로 하므로 정상상태의 주파수 응답을 나타내며 과도응답 특성은 알 수 없다.
④ 전달함수는 제어계의 입력과는 관계가 없다.
⑤ 제어시스템의 전달함수는 s만의 함수로 표시된다.

38. 적분시간이 2초, 비례감도가 5mA/mV인 PI 조절계의 전달함수는?

① $\dfrac{1+2s}{5s}$ ② $\dfrac{1+5s}{2s}$

③ $\dfrac{1+2s}{0.4s}$ ④ $\dfrac{1+0.4s}{2s}$

👆 비례적분제어(PI 제어)의 전달함수
$G(s) = K_p\left(1 + \dfrac{1}{T_i s}\right)$
$= 5\left(1 + \dfrac{1}{2s}\right) = 5 + \dfrac{5}{2s} = \dfrac{10s+5}{2s}$
$= \dfrac{2s+1}{0.4s}$

(여기서, K_p : 비례감도, T_i : 적분시간)

39. 그림과 같은 회로에서 전달함수 $G(s) = \dfrac{I(s)}{V(s)}$를 구하면?

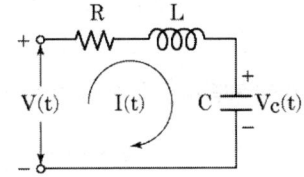

① $R+Ls+Cs$ ② $\dfrac{1}{R+Ls+Cs}$

③ $R+Ls+\dfrac{1}{Cs}$ ④ $\dfrac{1}{R+Ls+\dfrac{1}{Cs}}$

👆 $e(t) = Ri(t) + L\dfrac{d}{dt}i(t) + \dfrac{1}{C}\int_0^t i(t)dt$

→ $V(s) = RI(s) + LsI(s) + \dfrac{1}{Cs}I(s)$

$= \left(R + Ls + \dfrac{1}{Cs}\right)I(s)$

$G(s) = \dfrac{I(s)}{V(s)} = \dfrac{1}{R+Ls+\dfrac{1}{Cs}}$

40. 그림과 같은 R-L-C 회로의 전달함수는?

① $\dfrac{1}{LCs+RC+1}$ ② $\dfrac{1}{LC+RCs+1}$

③ $\dfrac{1}{LCs^2+RCs+1}$ ④ $\dfrac{1}{LCs+RCs^2+1}$

👆 ① 회로의 전압방정식
$V(t) = Ri(t) + L\dfrac{di(t)}{dt} + \dfrac{1}{C}\int i(t)dt$
$V_c(t) = \dfrac{1}{C}\int i(t)dt$

② 초기값을 0으로 하고 라플라스 변환
$V(s) = RI(s) + LsI(s) + \dfrac{I(s)}{Cs}$

Answer 37. ④ 38. ③ 39. ④ 40. ③

$$= (R + Ls + \frac{1}{Cs})I(s)$$

$$V_c(s) = \frac{1}{Cs}I(s)$$

③ 전달함수

$$G(s) = \frac{V_c(s)}{V(s)} = \frac{\frac{1}{Cs}}{R + Ls + \frac{1}{Cs}}$$

$$= \frac{1}{LCs^2 + RCs + 1}$$

41. 어떤 제어계의 임펄스 응답이 $\sin\omega t$ 일 때 계의 전달함수는?

① $\dfrac{\omega}{s+\omega}$ ② $\dfrac{\omega^2}{s+\omega}$

③ $\dfrac{\omega}{s^2+\omega^2}$ ④ $\dfrac{\omega^2}{s^2+\omega^2}$

$$\mathcal{L}[\sin\omega t] = \int_0^\infty \frac{1}{2j}(e^{j\omega t} - e^{-j\omega t})e^{-st}dt$$
$$= \frac{1}{2j}\int_0^\infty [e^{-(s-j\omega)t} - e^{-(s+j\omega)t}]dt$$
$$= \frac{1}{2j}\left[\frac{1}{s-j\omega} - \frac{1}{s+j\omega}\right] = \frac{\omega}{s^2+\omega^2}$$

42. 그림에 해당하는 함수를 라플라스 변환하면?

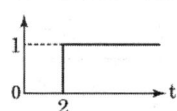

① $\dfrac{1}{s}$ ② $\dfrac{1}{s-2}$

③ $\dfrac{1}{s}e^{-2s}$ ④ $\dfrac{1}{s}(1-e^{-2s})$

① $f(t) = u(t-2)$

② $F(s) = \int_0^\infty f(t)e^{-st}dt = \int_2^\infty e^{-st}dt$
$$= \left[-\frac{1}{s}e^{-st}\right]_2^\infty = \frac{1}{s}e^{-2s}$$

43. 그림과 같은 펄스를 라플라스 변환하면 그 값은?

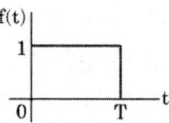

① $\dfrac{1}{T}\left(\dfrac{1-e^{Ts}}{s}\right)$ ② $\dfrac{1}{T}\left(\dfrac{1+e^{Ts}}{s}\right)$

③ $\dfrac{1}{s}(1-e^{-Ts})$ ④ $\dfrac{1}{s}(1+e^{Ts})$

$f(t) = u(t) - u(t-T)$
$F(s) = \mathcal{L}[f(t) - u(t-T)]$
$= \dfrac{1}{s} - \dfrac{1}{s}(1-e^{-Ts}) = \dfrac{1}{s}(1-e^{-Ts})$

44. 어떤 제어계의 입력으로 단위 임펄스가 가해졌을 때 출력이 te^{-3t} 이었다. 이 제어계의 전달함수는?

① $\dfrac{1}{(s+3)^2}$ ② $\dfrac{s}{(s+1)(s+2)}$

③ $s(s+2)$ ④ $(s+1)(s+2)$

$\begin{cases} f(t) = t & \to \; F(s) = \dfrac{1}{s^2} \\ f(t) = e^{-3t} & \to \; F(s) = \dfrac{1}{s+3} \end{cases}$

$\therefore f(t) = te^{-3t} \to F(s) = \dfrac{1}{(s+3)^2}$

45. $G(s) = \dfrac{10}{s(s+1)(s+2)}$ 의 최종값은?

① 0 ② 1
③ 5 ④ 10

최종값 정리

$\lim\limits_{t\to\infty} f(t) = \lim\limits_{s\to 0} sF(s) = \lim\limits_{s\to 0} s\dfrac{10}{s(s+1)(s+2)}$
$= \lim\limits_{s\to 0}\dfrac{10}{s^2+3s+2} = \dfrac{10}{2} = 5$

Answer 41. ③ 42. ③ 43. ③ 44. ① 45. ③

46. 어떤 제어계의 출력 C(s)가 $\dfrac{5}{s(s^2+s+3)}$ 일 때 출력의 시간함수 C(t)의 정상치는 얼마인가?

① 3   ② 5
③ $\dfrac{3}{5}$ ④ $\dfrac{5}{3}$

최종값 정리 : $f(\infty)=\lim_{t\to\infty}f(t)=\lim_{s\to 0}sF(s)$

$\lim_{t\to\infty}C(t)=\lim_{s\to 0}sC(s)=\lim_{s\to 0}s\dfrac{5}{s(s^2+s+3)}$
$=\lim_{s\to 0}\dfrac{5}{(s^2+s+3)}=\dfrac{5}{3}$

47. 주어진 회로에서 전류 i(t)의 라플라스 변환을 구하였더니 $I_s=\dfrac{2s+5}{s(s+1)(s+2)}$ 로 주어졌다. t=∞에서 i(∞)의 값은?

① 0   ② 2.5
③ 5   ④ ∞

최종값 정리 : $f(\infty)=\lim_{t\to\infty}f(t)=\lim_{s\to 0}sF(s)$

$\lim_{t\to\infty}I(s)=\lim_{s\to 0}sI(s)=\lim_{s\to 0}s\dfrac{2s+5}{s(s+1)(s+2)}$
$=\lim_{s\to 0}\dfrac{2s+5}{s^2+3s+2}=\dfrac{5}{2}=2.5$

48. 피드백 제어의 전달함수가 $\dfrac{3}{s+2}$ 일 때 $\lim_{t\to 0}f(t)=\lim_{s\to\infty}s\dfrac{3}{s+2}$ 의 값을 구하면?

① 0   ② 3
③ $\dfrac{3}{2}$ ④ ∞

$\lim_{s\to\infty}s\dfrac{3}{s+2}=\lim_{s\to\infty}\dfrac{3}{1+\dfrac{2}{s}}=3$

(∵ $s\to\infty$, $\dfrac{1}{s}\to 0$)

49. 블록선도에 대한 설명으로 가장 알맞은 것은?

① 전달함수를 신호의 흐름으로 표현하여 전달함수와 전기적인 상수와의 관계를 알기 쉽게 나타낸 것이다.
② 제어계의 직렬접속 개소를 방정식으로 표현하고 그 방정식의 해법을 직접 알 수 있게 한 것이다.
③ 제어계의 병렬접속 개소를 방정식으로 표현하고 그 방정식의 해법을 직접 알 수 있게 한 것이다.
④ 자동제어계 중에 포함되어 있는 각 요소의 신호가 어떤 모양으로 전달되고 있는가를 나타낸 것이다.

블록선도
자동제어계의 각 요소를 블록으로 나타내어 입출력 신호 사이의 관계를 나타내는 계통도

50. 그림과 같은 블록선도에서 $\dfrac{X_3}{X_1}$ 를 구하면?

$X_1 \to \boxed{G_1} \to X_2 \to \boxed{G_2} \to X_3$

① G_1+G_2 ② G_1-G_2
③ $G_1\cdot G_2$ ④ $\dfrac{G_1}{G_2}$

$X_3=X_1G_1G_2$ 이므로 $\dfrac{X_3}{X_1}=G_1G_2$

51. 그림과 같은 블록선도에서 $\dfrac{C}{R}$ 의 값은?

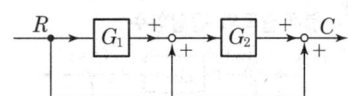

① $G_1\cdot G_2+G_2+1$ ② $G_1\cdot G_2+1$

Answer 46. ④ 47. ② 48. ② 49. ④ 50. ③ 51. ①

③ $G_1 \cdot G_2 + G_2$ ④ $G_1 \cdot G_2 + G_1 + 1$

$C = RG_1G_2 + RG_2 + R = R(G_1G_2 + G_2 + 1)$
$\therefore \dfrac{C}{R} = G_1G_2 + G_2 + 1$

52. 그림과 같은 단위 피드백 제어시스템의 전달함수 $\dfrac{C(s)}{R(s)}$ 는?

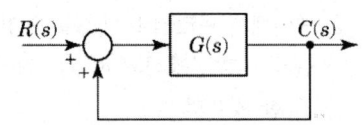

① $\dfrac{1}{1+G(s)}$ ② $\dfrac{G(s)}{1+G(s)}$

③ $\dfrac{1}{1-G(s)}$ ④ $\dfrac{G(s)}{1-G(s)}$

전달함수 $(\dfrac{C(s)}{R(s)})$
$C(s) = R(s)G(s) + C(s)G(s)$
$C(s) - C(s)G(s) = R(s)G(s)$
$C(s)[(1-G(s)] = R(s)G(s)$
$\therefore \dfrac{C(s)}{R(s)} = \dfrac{G(s)}{1-G(s)}$

53. 다음 블록선도의 전달함수 $\dfrac{C(s)}{R(s)}$ 는?

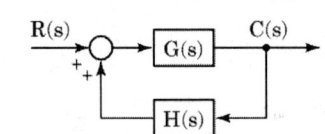

① $\dfrac{G(s)}{1-G(s)H(s)}$ ② $\dfrac{G(s)}{1+G(s)H(s)}$

③ $\dfrac{H(s)}{1-G(s)H(s)}$ ④ $\dfrac{H(s)}{1+G(s)H(s)}$

블록선도의 전달함수

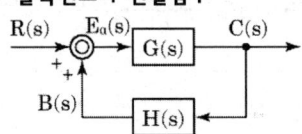

① 인출점 : $E_a(s) = R(s) + B(s)$
② $G(s)$ 요소 : $C(s) = G(s)E_a(s)$
③ $H(s)$ 요소 : $B(s) = H(s)C(s)$
④ $C(s) = G(s)\{R(s) + H(s)C(s)\}$
위 식을 정리하면
$C(s) - G(s)H(s)C(s) = G(s)R(s)$
즉, $\dfrac{C(s)}{R(s)} = \dfrac{G(s)}{1-G(s)H(s)}$

54. 그림과 같은 피드백 회로의 종합 전달함수는?

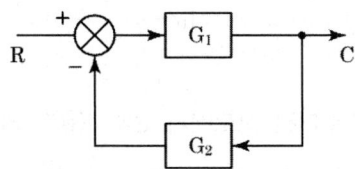

① $\dfrac{1}{G_1} + \dfrac{1}{G_2}$ ② $\dfrac{G_1}{1-G_1G_2}$

③ $\dfrac{G_1}{1+G_1G_2}$ ④ $\dfrac{G_1G_2}{1-G_1G_2}$

$C = (R - CG_2)G_1$ 이므로 $RG_1 = C(1+G_1G_2)$
$\therefore \dfrac{C}{R} = \dfrac{G_1}{1+G_1G_2}$

55. 다음 블록선도의 전달함수는?

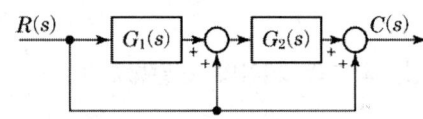

① $G_1(s)G_2(s) + G_2(s) + 1$
② $G_1(s)G_2(s) + 1$
③ $G_1(s)G_2(s) + G_2$
④ $G_1(s)G_2(s) + G_1 + 1$

전달함수 $(\dfrac{C}{R})$
$(RG_1 + R)G_2 + R = C$
$RG_1G_2 + RG_2 + R = C$

Answer 52. ④ 53. ① 54. ③ 55. ①

$R(G_1G_2+G_2+1)=C$

$\therefore \dfrac{C}{R}=G_1G_2+G_2+1$

56. 다음 블록선도의 전달함수는?

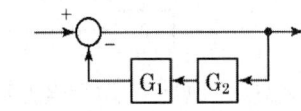

① $\dfrac{1}{G_2(G_1+1)}$ ② $\dfrac{1}{G_1(G_2+1)}$

③ $\dfrac{1}{G_1G_2(1+G_1G_2)}$ ④ $\dfrac{1}{1+G_1G_2}$

$C=R-CG_1G_2$ 이므로 $C(1+G_1G_2)=R$

$\therefore \dfrac{C(s)}{R(s)}=\dfrac{1}{1+G_1G_2}$

57. 그림의 블록선도에서 C(s)/R(s)를 구하면?

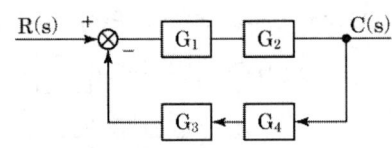

① $\dfrac{G_1G_2}{1+G_1G_2G_3G_4}$

② $\dfrac{G_3G_4}{1+G_1G_2G_3G_4}$

③ $\dfrac{G_1+G_2}{1+G_1G_2+G_3G_4}$

④ $\dfrac{G_1G_2}{1+G_1G_2+G_3G_4}$

$C(s)=R(s)G_1G_2-C(s)G_1G_2G_3G_4$

$C(s)(1+G_1G_2G_3G_4)=R(s)G_1G_2$

$\therefore \dfrac{C(s)}{R(s)}=\dfrac{G_1G_2}{1+G_1G_2G_3G_4}$

58. 그림과 같은 계통의 전달함수는?

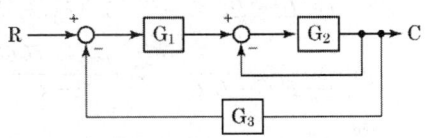

① $\dfrac{G_1G_2}{1+G_2G_3}$

② $\dfrac{G_1G_2}{1+G_1+G_2G_3}$

③ $\dfrac{G_1G_2}{1+G_2+G_1G_2G_3}$

④ $\dfrac{G_1G_2}{1+G_1G_2+G_2G_3}$

문제의 블록선도를 간략히 하면

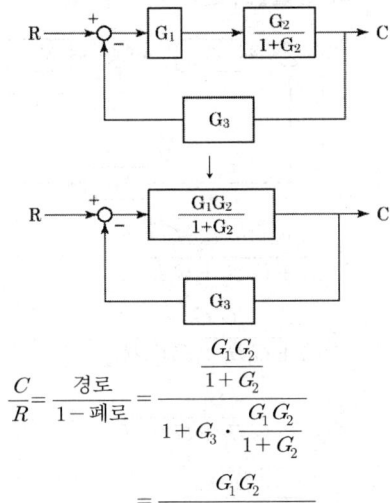

$\dfrac{C}{R}=\dfrac{경로}{1-폐로}=\dfrac{\dfrac{G_1G_2}{1+G_2}}{1+G_3\cdot\dfrac{G_1G_2}{1+G_2}}$

$=\dfrac{G_1G_2}{1+G_2+G_1G_2G_3}$

59. 그림과 같은 블록선도에서 등가 합성 전달함수는?

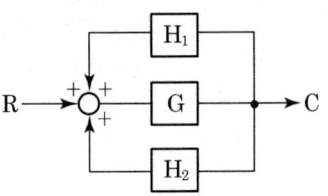

Answer 56. ④ 57. ① 58. ③ 59. ②

① $\dfrac{G}{1-H_1-H_2}$ ② $\dfrac{G}{1-H_1G-H_2G}$

③ $\dfrac{G-1}{1-H_1G-H_2G}$ ④ $\dfrac{H_1G+H_2G}{1-G}$

풀이 ① : $C = R(G + CH_1G + CH_2G)$

$C(1 - H_1G - H_2G) = RG$

$\dfrac{C}{R} = \dfrac{G}{1 - H_1G - H_2G}$

풀이 ② : $G(s) = \dfrac{C}{R} = \dfrac{경로}{1-폐로}$

$= \dfrac{G}{1 - H_1G - H_2G}$

60. 그림과 같은 블록선도로 표시되는 제어계의 전달함수는?

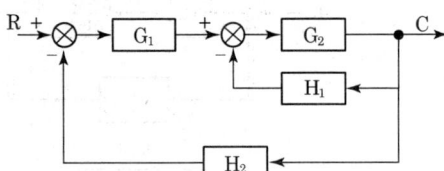

① $\dfrac{G_1(1+G_2H_1)}{1+G_1G_2+G_2H_1}$

② $\dfrac{G_1G_2}{1+G_2H_1+G_1G_2H_2}$

③ $\dfrac{G_1}{1+G_2H_1+G_1G_2H_2}$

④ $\dfrac{G_1G_2}{1+G_2H_1+G_1H_2}$

전달함수

$G(s) = \dfrac{C}{R} = \dfrac{경로}{1-폐로}$

$= \dfrac{G_1G_2}{1-(-G_2H_1)-(-G_1G_2H_2)}$

$= \dfrac{G_1G_2}{1+G_2H_1+G_1G_2H_2}$

61. 다음 블록선도에서 성립이 안되는 식은?

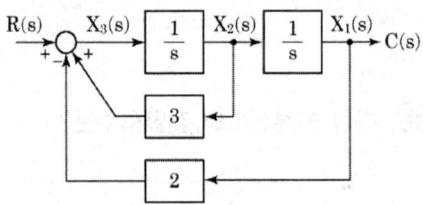

① $x_3(t) = r(t) + 3x_2(t) - 2c(t)$

② $\dfrac{dx_3(t)}{dt} = x_2(t)$

③ $x_2(t) = \int (r(t) + 3x_2(t) - 2x_1(t))dt$

④ $x_1(t) = c(t)$

② $\dfrac{dx_1(t)}{dt} = x_2(t)$

∴ $\dfrac{dx_2(t)}{dt} = x_3(t) = r(t) + 3x_2(t) - 2x_1(t)$

62. 그림과 같은 블록선도에서 C(s)는? (단, G_1=5, G_2=2, H=0.1, R(s)=1이다.)

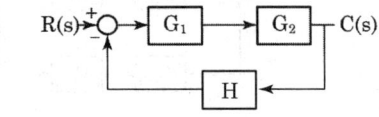

① 0 ② 1
③ 5 ④ ∞

$G(s) = \dfrac{C(s)}{R(s)} = \dfrac{경로}{1-폐로}$

$= \dfrac{G_1G_2}{1-(-G_1G_2H)} = \dfrac{G_1G_2}{1+G_1G_2H}$

$\dfrac{C(s)}{1} = \dfrac{5 \times 2}{1 + 5 \times 2 \times 0.1}$

∴ $C(s) = 5$

63. R-L-C 직렬회로에서 인가전압을 입력으로, 흐르는 전류를 출력으로 할 때 전달함수를 구하면?

Answer 60. ② 61. ② 62. ③ 63. ④

① $R+Ls+Cs$ ② $\dfrac{1}{R+Ls+Cs}$

③ $R+Ls+\dfrac{1}{Cs}$ ④ $\dfrac{1}{R+Ls+\dfrac{1}{Cs}}$

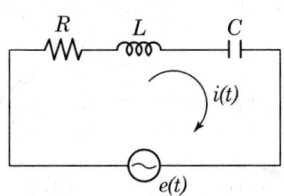

$e(t) = Ri(t) + L\dfrac{d}{dt}i(t) + \dfrac{1}{C}\displaystyle\int_0^t i(t)dt$

$\to E(s) = RI(s) + LsI(s) + \dfrac{1}{Cs}I(s)$

$= \left(R + Ls + \dfrac{1}{Cs}\right)I(s)$

$\therefore G(s) = \dfrac{I(s)}{E(s)} = \dfrac{1}{R + Ls + \dfrac{1}{Cs}}$

64. 블록선도에서 신호의 흐름을 반대로 할 때, (a)에 해당하는 것은?

A(S) → [3S] → B(S)

A(S) ← [(a)] ← B(S)

① S   ② −3S

③ $\dfrac{1}{3}S$ ④ $\dfrac{1}{3S}$

$G_1(S) = \dfrac{B(S)}{A(S)} = 3S$

$G_2(S) = \dfrac{A(S)}{B(S)} = \dfrac{1}{G_1(S)} = \dfrac{1}{3S}$

65. 그림과 같은 블록선도를 등가 변환한 것은?

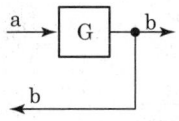

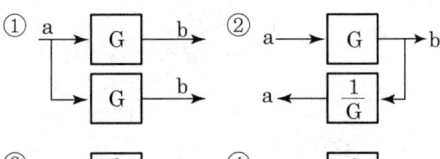

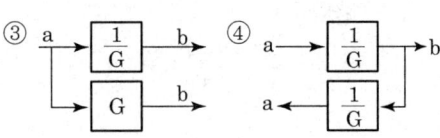

66. 단위 피드백 제어계통에서 입력과 출력이 같다면 전향전달함수 $G(s)$의 값은?

① 0   ② 0.707

③ 1   ④ ∞

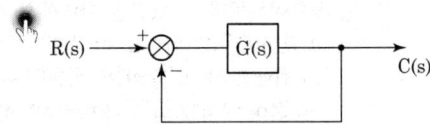

전달함수

$C(s) = R(s)G(s) - C(s)G(s)$

$C(s) + C(S)G(s) = R(s)G(s)$

$C(s)(1+G(s)) = R(s)G(s)$

$G(S) = \dfrac{C(S)}{R(S)} = \dfrac{G(s)}{1+G(s)}$

입력과 출력이 같다면

$G(S) = \dfrac{C(S)}{R(S)} = \dfrac{G(s)}{1+G(s)} = 1$

$\dfrac{1}{\dfrac{1}{G(s)}+1} = 1$

$\therefore \dfrac{1}{G(s)} = 0 \to G(s) = \infty$

67. 다음의 블록선도의 출력이 4가 되기 위해서는 입력은 얼마이어야 하는가?

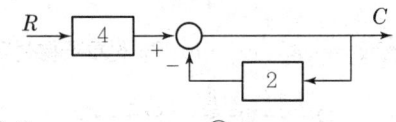

① 2   ② 3

③ 4   ④ 5

$$G(s) = \frac{C}{R} = \frac{경로}{1-폐로} = \frac{4}{1-(-2)}$$
$$= \frac{4}{1+2} = \frac{4}{3}$$

$4R = 3C$

$$\therefore r = \frac{3C}{4} = \frac{3 \times 4}{4} = 3$$

68. 신호흐름선도의 기본 성질로 틀린 것은?

① 마디는 변수를 나타낸다.
② 대수방정식으로 도시한다.
③ 선형 시스템에만 적용된다.
④ 루프이득이란 루프의 마디이득이다.

☞ ④ 루프이득이란 루프(같은 마디에서 시작하고 끝나며 어떤 마디도 한 번만 거치는 경로) 회로를 한 번 돌 때의 경로이득(경로를 이동하며 거치게 되는 가지의 이득을 모두 곱한 값)이다. 예를 들어 아래 그림에서 루프이득은 $a_2 a_4 a_6 b_3$ 이다.

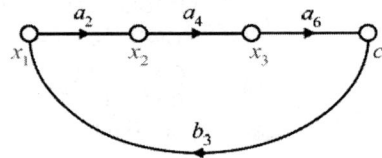

[참고] 신호흐름선도 기본 성질
1. 신호흐름도는 선형 시스템에만 적용된다.
2. 신호흐름도로 나타내기 위한 식은 반드시 인과관계를 갖는 대수식이어야 한다.
3. 마디는 변수를 나타내기 위해 사용된다. 보통 입력변수는 왼쪽에, 출력변수는 오른쪽에 배치한다.
4. 신호는 가지를 통해 전달되며 가지의 화살표 방향으로만 전달된다.

69. $x_2 = ax_1 + cx_3 + bx_4$의 신호흐름선도는?

①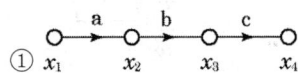

②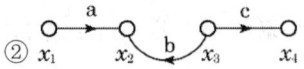

③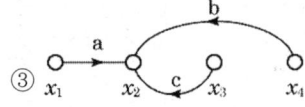

④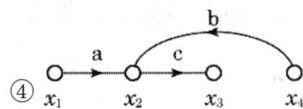

☞ ① $x_2 = ax_1$, $x_4 = abcx_1$

② $x_2 = ax_1 + bx_3 = ax_1 + \frac{b}{c}x_4$

(여기서, $x_4 = cx_3$)

③ $x_2 = ax_1 + cx_3 + bx_4$

④ $x_2 = ax_1 + bx_4$, $x_3 = cx_2$

[참고]

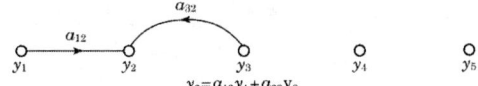
$y_2 = a_{12}y_1 + a_{32}y_3$

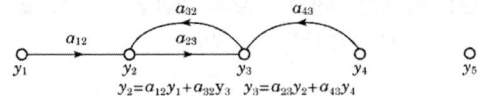
$y_2 = a_{12}y_1 + a_{32}y_3$ $y_3 = a_{23}y_2 + a_{43}y_4$

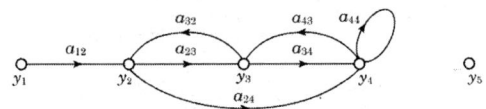
$y_2 = a_{12}y_1 + a_{32}y_3$ $y_3 = a_{23}y_2 + a_{43}y_4$ $y_4 = a_{24}y_2 + a_{34}y_3 + a_{44}y_4$

70. 그림의 신호흐름선도에서 $\dfrac{X_2}{X_1}$를 구하면?

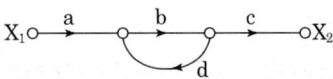

① $\dfrac{abc}{1-bd}$ ② $\dfrac{abc}{1+bd}$

③ $\dfrac{bd}{1-abc}$ ④ $\dfrac{bd}{1+abc}$

---

68. ④   69. ③   70. ①

$G = \dfrac{X_2}{X_1} = \dfrac{경로}{1-폐로} = \dfrac{abc}{1-bd}$

[풀이2]
$G = \dfrac{C}{R} = \dfrac{경로}{1-폐로} = \dfrac{2\times 3\times 2}{1-(3\times -1)} = \dfrac{12}{4} = 3$

71. 그림과 같은 신호흐름선도에서 $\dfrac{C}{R}$ 는?

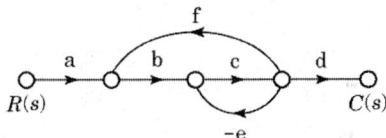

① $\dfrac{abcd}{1+ce+bcf}$ ② $\dfrac{abcd}{1-ce+bcf}$

③ $\dfrac{abcd}{1+ce-bcf}$ ④ $\dfrac{abcd}{1-ce-bcf}$

[풀이1] $G = \dfrac{C}{R} = \dfrac{경로}{1-폐로}$

$= \dfrac{abcd}{1-(-ce+bcf)} = \dfrac{abcd}{1+ce-bcf}$

[풀이2] 전달함수(G)

$G_1 = abcd,\ \Delta_1 = 1,\ L_{11} = -ce,\ L_{21} = bcf$

$\Delta = 1-(L_{11}+L_{21}) = 1+ce-bcf$

$\therefore G = \dfrac{C}{R} = \dfrac{G_1 \Delta_1}{\Delta} = \dfrac{abcd}{1+ce-bcf}$

73. 그림의 신호흐름선도에서 $\dfrac{C(s)}{R(s)}$ 는?

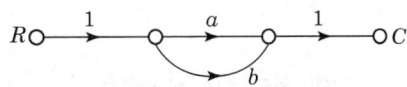

① $\dfrac{1}{ab}$ ② $\dfrac{1}{a}+\dfrac{1}{b}$

③ ab ④ $a+b$

병렬 접속 시 전달함수
$\dfrac{C(s)}{R(s)} = 1\cdot a\cdot 1 + 1\cdot b\cdot 1 = a+b$

74. 그림과 같은 신호-흐름선도에서 전달함수 G를 구하면?

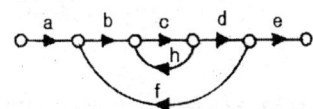

① $G = \dfrac{abcde}{1+ch+bcdf}$

② $G = \dfrac{1+ch-bcdf}{abcde}$

③ $G = \dfrac{abcde}{1-ch+bcdf}$

④ $G = \dfrac{abcde}{1-ch-bcdf}$

72. 그림의 신호흐름선도에서 전달함수 $\dfrac{C}{R}$ 는?

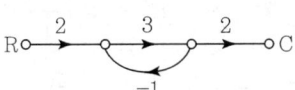

① -1 ② 2
③ 3 ④ 4

[풀이1]
① 전방경로 이득 : $G_1 = 2\cdot 3\cdot 2 = 12$
② 전방경로와 접하지 않은 루프가 없으므로
 $\Delta_1 = 1$
③ 폐루프이득 : $L_{11} = -1\cdot 3 = -3$
④ $\Delta = 1 - L_{11} = 1+3 = 4$
⑤ 전달함수 : $G = \dfrac{C}{R} = \dfrac{G_1\Delta_1}{\Delta} = \dfrac{12\cdot 1}{4} = 3$

[풀이1]
① 전방경로 이득 : $G_1 = abcde$
② 전방경로와 접하지 않는 루프가 없으므로
 $\Delta_1 = 1$
③ 개개 폐루프의 합 : $L_{11} = ch,\ L_{21} = bcdf$
④ $\Delta = 1-(L_{11}+L_{21}) = 1-(ch+bcdf)$
⑤ 전달함수
$G = \dfrac{C}{R} = \dfrac{G_1\Delta_1}{\Delta} = \dfrac{abcde\times 1}{1-(ch+bcdf)}$

Answer 71. ③ 72. ③ 73. ④ 74. ④

$$= \frac{abcde}{1-ch-bcdf}$$

[풀이2] 전달함수

$$G = \frac{C}{R} = \frac{경로}{1-폐로} = \frac{abcde}{1-(ch+bcdf)}$$
$$= \frac{abcde}{1-ch-bcdf}$$

75. 그림의 선도에서 전달함수 $\frac{C(s)}{R(s)}$ 는?

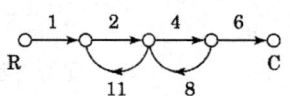

① $-\frac{8}{9}$ ② $\frac{4}{5}$

③ $-\frac{48}{53}$ ④ $-\frac{105}{77}$

☞ $\frac{C(s)}{R(s)} = \frac{경로}{1-폐로}$
$= \frac{1\times2\times4\times6}{1-[(2\times11)+(4\times8)]} = -\frac{48}{53}$

76. 다음의 신호흐름선도에서 전달함수 $\frac{C(s)}{R(s)}$ 는?

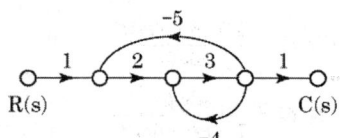

① $-\frac{6}{41}$ ② $\frac{6}{41}$

③ $-\frac{6}{43}$ ④ $\frac{6}{43}$

☞ 전달함수
$\frac{C(s)}{R(s)} = \frac{경로}{1-폐로}$
$= \frac{1\times2\times3\times1}{1-(2\times3\times-5)-(3\times-4)} = \frac{6}{43}$

77. 신호흐름선도에서 $\frac{C}{R}$ 의 값은?

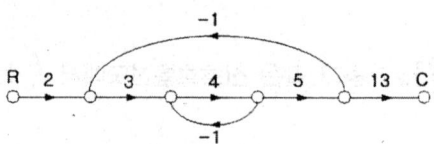

① 24   ② 26.2
③ 54   ④ 88

☞ $\frac{C}{R} = \frac{경로}{1-폐로}$
$= \frac{2\times3\times4\times5\times13}{1-(4\times-1)-(3\times4\times5\times-1)} = 24$

78. 다음 신호흐름선도와 등가인 블록선도는?

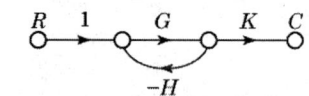

①, ②, ③, ④

☞ 전달함수 $\frac{C(s)}{R(s)} = \frac{GK}{1+GH}$

[참고] 신호흐름선도의 등가변환

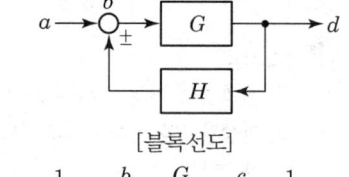

[블록선도]

Answer 75. ③ 76. ④ 77. ① 78. ①

79. 신호흐름선도와 등가인 블록선도를 그리려고 한다. 이때 $G(s)$로 알맞은 것은?

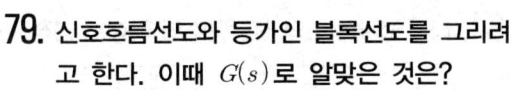

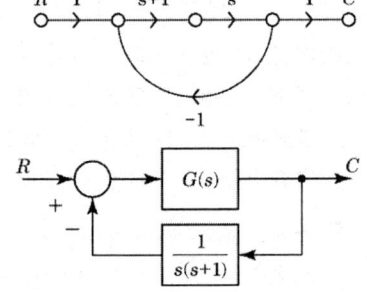

① s
② $\dfrac{1}{s+1}$
③ 1
④ $s(s+1)$

🖐 **신호흐름선도의 등가변환**
① 신호흐름선도의 전달함수
$$\frac{C(s)}{R(s)} = \frac{1 \cdot (s+1) \cdot s \cdot 1}{1-[(s+1) \cdot s \times -1]}$$
$$= \frac{s(s+1)}{1+s(s+1)}$$
② 블록선도의 전달함수
$$\frac{C(s)}{R(s)} = \frac{G(s)}{1+G(s)\dfrac{1}{s(s+1)}}$$
$$= \frac{G(s)}{\dfrac{s(s+1)+G(s)}{s(s+1)}}$$
$$= \frac{G(s)s(s+1)}{s(s+1)+G(s)}$$
③ 두 선도는 등가이므로 ①=②
$$\frac{s(s+1)}{1+s(s+1)} = \frac{G(s)s(s+1)}{s(s+1)+G(s)}$$
$$\frac{1}{1+s(s+1)} = \frac{G(s)}{s(s+1)+G(s)}$$
∴ $G(s) = 1$

80. 다음 (a), (b) 두 개의 블록선도가 등가가 되기 위한 K는?

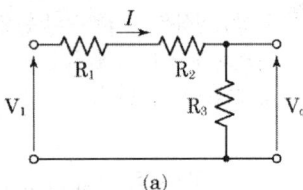

① 0 ② 0.1
③ 0.2 ④ 0.3

🖐 (a) $G(s) = \dfrac{C}{R} = \dfrac{경로}{1-폐로}$
$$= \dfrac{3}{1-(-3\times 4)} = \dfrac{3}{13}$$
(b) $G(s) = \dfrac{C}{R} = \dfrac{경로}{1-폐로}$
$$= \dfrac{3K}{1-(-3K)} = \dfrac{3K}{1+3K}$$
(a)=(b)이므로 $\dfrac{3}{13} = \dfrac{3K}{1+3K}$
$39K = 3+9K$이므로 $30K = 3$
∴ $K = 0.1$

81. 그림 (a)의 직렬로 연결된 저항회로에서 입력전압 V_1과 출력전압 V_o의 관계를 그림 (b)의 신호흐름선도로 나타낼 때 A에 들어갈 전달함수는?

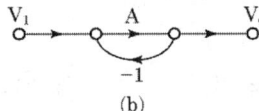

① $\dfrac{R_3}{R_1+R_2}$
② $\dfrac{R_1}{R_2+R_3}$
③ $\dfrac{R_2}{R_1+R_3}$
④ $\dfrac{R_3}{R_1+R_2+R_3}$

🖐 (a) 전달함수
$$v_i(t) = R_1 i(t) + R_2 i(t) + R_3 i(t)$$

Answer 79. ③ 80. ② 81. ①

$V_i(s) = R_1 I(s) + R_2 I(s)$
$v_0(t) = R_3 i(t)$
$V_0(s) = R_3 I(s)$
$\therefore G(s) = \dfrac{V_0(s)}{V_i(s)} = \dfrac{R_3}{R_1 + R_2 + R_3}$

(b) 전달함수
$G(s) = \dfrac{V_0(s)}{V_i(s)} = \dfrac{A}{1+A}$

(a)와 (b)는 등가이므로
$\dfrac{R_3}{R_1 + R_2 + R_3} = \dfrac{A}{1+A}$
$A(R_1 + R_2 + R_3) = R_3(1+A)$
$A(R_1 + R_2) = R_3$
$\therefore A = \dfrac{R_3}{R_1 + R_2}$

82. $G(s) = \dfrac{2s+1}{s^2+1}$ 에서 특성 방정식의 근은?

① $s = -\dfrac{1}{2}$ ② $s = -1$

③ $s = -\dfrac{1}{2}, -j$ ④ $s = \pm j$

특성방정식은 전달함수의 분모가 0인 방정식이므로 $s^2 + 1 = 0$에서 $(s+j)(s-j) = 0$이므로 근은 ±j가 된다.

83. $G(s) = \dfrac{2(s+2)}{(s^2+5s+6)}$ 에서 특성방정식의 근은?

① 2, 3   ② -2, -3
③ 2, -3   ④ -2, 3

특성방정식의 근
특성방정식은 전달함수의 분모가 0인 방정식이므로 $s^2 + 5s + 6 = 0$에서
$(s+2)(s+3) = 0$
그러므로 특성방정식의 근 s=-2, -3이다.

84. 다음 블록선도의 전달함수의 극점과 영점은?

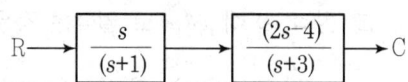

① 영점 0, 2   극점 -1, 3
② 영점 1, -3   극점 0, -2
③ 영점 0, -1   극점 3, 3
④ 영점 0, -3   극점 -1, -2

영점 : s(2s-4)=0, s=0, 2
극점 : (s+1)(s-3)=0, s=-1, 3

85. 전달함수 $G(s) = \dfrac{s+b}{s+a}$ 를 갖는 회로가 지상보상회로의 특성을 갖기 위한 조건으로 맞는 것은?

① a>b   ② a<b
③ a>1   ④ b>1

지상보상회로
출력신호의 위상이 입력 신호의 위상보다 뒤지도록 하는 보상회로로 전달함수가 지상보상회로의 특성을 갖기 위해서는 a<b를 만족해야 한다. 만약 a>b이면 진상보상회로의 특성을 갖는다.

86. 전달함수 $G(s) = \dfrac{s+b}{s+a}$ 를 갖는 회로가 진상보상회로의 특성을 갖기 위한 조건으로 옳은 것은?

① a > b   ② a < b
③ a > 1   ④ b < 1

전달함수 $G(s) = \dfrac{s+b}{s+a}$ 일 때
① 진상 보상회로 : $a > b$
② 지상 보상회로 : $a < b$

Answer 82. ④ 83. ② 84. ① 85. ② 86. ①

87. 주파수 응답에 필요한 입력은?
① 계단 입력   ② 램프 입력
③ 임펄스 입력 ④ 정현파 입력

> **주파수 응답**
> 시스템에 정현파 입력을 가했을 때 입력의 크기에 대한 정상상태에서의 출력의 크기의 비로서 입력과 출력 사이의 위상차이다.

88. 선형 시 불변회로의 임펄스 응답은 어떻게 구하는가?
① 스텝응답을 미분하여 구한다.
② 스텝응답을 적분하여 구한다.
③ 램프응답을 미분하여 구한다.
④ 출력응답을 적분하여 구한다.

> ① 스텝응답 : 임펄스 신호가 어떤 일정한 값에서 다른 일정한 값으로 갑자기 변화하였을 때의 응답으로 미분하면 응답속도를 알 수 있다.
> ② 임펄스 응답 : 선형 시 불변시스템에서 임펄스 수열을 입력신호로 할 경우, 이때 출력신호를 시스템의 임펄스 응답이라 한다.

89. 단위계단 함수 u(t)의 그래프는?

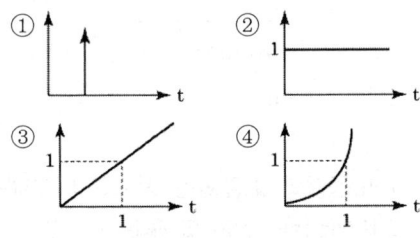

> ② 단위계단 함수로서 $u(t)=1$, $F(s)=\dfrac{1}{s}$
> ③ 램프 함수로서 $(t)=t$, $F(s)=\dfrac{1}{s^2}$

90. 제어계의 과도응답특성을 해석하기 위해 사용하는 단위계단 입력은?
① $\delta(t)$ ② $u(t)$
③ $-3tu(t)$ ④ $\sin(120\pi t)$

> **단위계단 입력**
> 기준입력이 정상상태에서 갑자기 변환한 후, 변환된 상태로 일정하게 유지되는 입력으로 시스템에 갑작스런 외란이 들어올 경우의 시험신호로 쓰임
> $r(t)=u(t)\begin{cases}1, t\geq 0\\ 0, t<0\end{cases}$

91. 전달함수 $G(s)=\dfrac{1}{s+1}$ 인 제어계의 인디셜 응답은?
① e^{-t} ② $1-e^{-t}$
③ $1+e^{-t}$ ④ $e^{-t}-1$

> $G(s)=\dfrac{C(s)}{R(s)}=\dfrac{1}{s+1}$
> 인디셜 응답은 입력에 단위계단 함수 $R(s)=\dfrac{1}{s}$ 를 가했을 때의 응답이므로
> $C(s)=G(s)\cdot R(s)=\dfrac{1}{s+1}\cdot R(s)$
> $=\dfrac{1}{s+1}\cdot\dfrac{1}{s}=\dfrac{1}{s(s+1)}=\dfrac{1}{s}-\dfrac{1}{s+1}$
> $\therefore c(t)=\mathcal{L}^{-1}[C(s)]$
> $=\mathcal{L}^{-1}[\dfrac{1}{s}-\dfrac{1}{s+1}]=1-e^{-t}$

92. 2차계 시스템의 응답 형태를 결정하는 것은?
① 히스테리시스 ② 정밀도
③ 분해도   ④ 제동계수

> 2차 시스템에서 응답 특성을 정량화하는 주요 특성치 : 제동계수, 고유진동수

93. 단위 피드백 계통에서 G(s)가 다음과 같을 때 X=2이면 무슨 제동인가?

Answer 87. ④ 88. ① 89. ② 90. ② 91. ② 92. ④ 93. ④

$$G(s) = \frac{X}{s(s+2)}$$

① 과제동 ② 임계제동
③ 무제동 ④ 부족제동

☞ $X=2$일 때 보기 식의 특성방정식은
$s(s+2)+X = s^2+2s+2 = 0$
$\therefore s = -1 \pm j$ (공액 복소수근)
공액 복소수근을 가지며 감쇠 진동을 하므로 부족제동이다.

94. 제동계수 중 최대 초과량이 가장 큰 것은?

① $\delta=0.5$ ② $\delta=1$
③ $\delta=2$ ④ $\delta=3$

☞ ① 과제동(비진동) : $\delta>1$
② 임계제동 : $\delta=1$
③ 부족제동(감쇠진동) : $\delta<1$
④ 무제동(무한진동) : $\delta=0$
오버슈트는 부족 제동인 경우에 발생하며 제동계수가 작아질수록 오버슈트가 증가하고 최대 초과량이 커진다.

95. $G(j\omega) = \dfrac{1}{1+3(j\omega)+3(j\omega)^2}$ 일 때 이 요소의 인디셜 응답은?

① 진동 ② 비진동
③ 임계진동 ④ 선형진동

☞ $G(s) = \dfrac{1}{3s^2+3s+1} = \dfrac{\frac{1}{3}}{s^2+s+\frac{1}{3}}$

2차 시스템 전달함수
$G(s) = \dfrac{\omega_n^2}{s^2+2\delta\omega_n s + \omega_n^2}$ 와 비교하면
$2\delta\omega_n = 1,\ \omega_n = \dfrac{1}{\sqrt{3}}$ 이므로

$\delta = \dfrac{1}{2\omega_n} = \dfrac{1}{2\times\frac{1}{\sqrt{3}}} = \dfrac{\sqrt{3}}{2} < 1$

$\therefore$ 감쇠 진동(부족 제동)

[참고]
특성방정식 $s^2+2\delta w_n s + w_n^2 = 0$
(δ : 제동비(감쇠비), ω_n : 고유진동수)
① $0<\delta<1$인 경우 : 부족 제동(감쇠 진동)
② $\delta=1$인 경우 : 임계 제동(임계 감쇠)
③ $\delta>1$인 경우 : 과제동(비진동)
④ $\delta=0$인 경우 : 무제동(무한진동)

96. 개루프 전달함수 $G(s) = \dfrac{1}{s^2+2s+3}$ 인 단위 궤환계에서 단위계단 입력을 가하였을 때의 오프셋(off set)은?

① 0 ② 0.25
③ 0.5 ④ 0.75

☞ ① 단위계단 입력 $R(s) = \dfrac{1}{s}$
② 오프셋(e_{ss})
$e_{ss} = \lim\limits_{s\to 0} \dfrac{s}{1+G(s)} R(s)$
$= \lim\limits_{s\to 0} \dfrac{s}{1+G(s)} \cdot \dfrac{1}{s} = \dfrac{1}{1+\lim\limits_{s\to 0}G(s)}$
$= \dfrac{1}{1+\lim\limits_{s\to 0}\frac{1}{s^2+2s+3}} = \dfrac{1}{1+\frac{1}{3}} = \dfrac{3}{4}$
$= 0.75$

97. 과도응답의 소멸되는 정도를 나타내는 감쇠비(decay ratio)로 옳은 것은?

① $\dfrac{제2\ 오버슈트}{최대\ 오버슈트}$ ② $\dfrac{제4\ 오버슈트}{최대\ 오버슈트}$
③ $\dfrac{최대\ 오버슈트}{제2\ 오버슈트}$ ④ $\dfrac{최대\ 오버슈트}{제4\ 오버슈트}$

☞ 감쇠비(decay ratio)
① 과도응답의 소멸 정도를 나타내는 척도

Answer 94. ① 95. ① 96. ④ 97. ①

② 감쇠비 = 제2 오버슈트 / 최대 오버슈트

여기서, 오버슈트(overshoot)는 과도응답 중에 생기는 입력과 출력 사이의 최대 편차량으로 제어계의 안정성의 척도

98. 자동제어계의 응답 중 입력과 출력 사이의 최대 편차량은?

① 오차   ② 오버슈트
③ 외란   ④ 감쇠비

👉 **오버슈트(over shoot)**
응답 중에 발생하는 입력과 출력 사이의 최대 편차량

백분율 오버슈트 = $\dfrac{A}{B}$ = $\dfrac{최대\ 오버슈트}{최종\ 목표값} \times 100$

[참고]
① 오차 : 검출된 제어변수와 설정값과의 차이
② 외란 : 외부로부터 제어대상에 작용하여 제어계의 상태를 교란시키는 모든 변수값
③ 감쇠비(decay ratio) : 과도응답의 소멸되는 정도를 나타내는 양으로서 최대 오버슈트와의 비

99. 대부분의 시간지연은 시스템의 무엇 때문에 발생하는가?

① 전파지연   ② 정밀도
③ 전달함수   ④ 오버슈트

👉 **전파지연**
신호값의 변화가 입력에서 출력까지 전달되는 데 걸리는 시간을 나타내고 대부분의 시간지연은 시스템의 전파지연 때문에 발생한다.

100. 계단상 입력에 대한 정상오차에서 입력 크기가 R인 계단상 입력 $r(t) = Ru(t)$를 가한 경우 개루프 전달함수가 $G(s)$일 때 $\lim_{s \to 0} G(s)$는?

① 가속 오차 정수   ② 정속 위치 오차
③ 위치 오차 정수   ④ 속도 오차 정수

👉 **정상 위치 오차**
크기가 R인 계단입력 $r(t) = Ru(t)$를 입력으로 가했을 때의 정상 오차

$e_{ssp} = \lim_{s \to 0} \dfrac{sR(s)}{1+G(s)} \Big|_{R(s)}$

$= \dfrac{R}{s} = \lim_{s \to 0} \dfrac{R}{1+G(s)}$

$= \dfrac{R}{1+\lim_{s \to 0} G(s)} = \dfrac{1}{1+K_p}$

여기서 $\lim_{s \to 0} G(s) = K_p$를 위치 오차 정수라고 정의한다.

[참고]
① 정상 속도 오차 : 제어계에 램프 입력 $r(t) = Rtu(t)$를 가했을 경우의 정상 오차

$e_{ssv} = \lim_{s \to 0} \dfrac{sR(s)}{1+G(s)} \Big|_{R(s)}$

$= \dfrac{R}{s^2} = \lim_{s \to 0} \dfrac{R}{s+sG(s)}$

$= \dfrac{R}{\lim_{s \to 0} sG(s)} = \dfrac{1}{K_v}$

여기서 $\lim_{s \to 0} sG(s)H(s) = K_v$를 속도 오차 정수라고 정의한다.

② 정상 가속 오차 : 제어계에 포물선 입력 $r(t) = \dfrac{1}{2}Rt^2 u(t)$를 가했을 경우의 정상 오차

$e_{ssa} = \lim_{s \to 0} \dfrac{sR(s)}{1+G(s)} \Big|_{R(s)}$

$= \dfrac{1}{s^3} = \lim_{s \to 0} \dfrac{R}{s^2+s^2 G(s)}$

$= \dfrac{R}{\lim_{s \to 0} s^2 G(s)} = \dfrac{1}{K_a}$

여기서 $\lim_{s \to 0} s^2 G(s)H(s) = K_a$를 가속 오차 정수라고 정의한다.

Answer 98. ② 99. ① 100. ③

101. 그림과 같은 피드백 제어시스템에서 단위 계단 함수를 입력으로 할 때 정상상태 오차가 0.01이 되도록 하는 a의 값은?

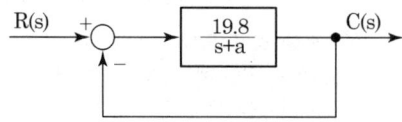

① 0.1 ② 0.2
③ 0.3 ④ 0.4

> 단위 계단 함수를 입력으로 할 때의 정상상태 오차 e_{ss} 는
>
> $e_{ss} = 0.01 = \dfrac{1}{1+K_p}$, $K_p = 99$
>
> 루프전달함수는
>
> $G(s)H(s) = \dfrac{19.8}{s+a}$
>
> $K_p = 99 = \lim\limits_{s \to 0} G(s)H(s)$
>
> $= \lim\limits_{s \to 0} \dfrac{19.8}{s+a} = \dfrac{19.8}{a}$
>
> $\therefore a = \dfrac{19.8}{99} = 0.2$

102. 물리적인 제량이 전기적인 신호로 처리되는 변환장치의 정적 특성이 아닌 것은?

① 정밀도 ② 분해능
③ 반복성 ④ 시정수

> **시정수(time constant)**
> 어떤 회로, 어떤 물체, 혹은 어떤 제어대상이 외부로부터의 입력에 얼마나 빠르게 혹은 느리게 반응할 수 있는지를 나타내는 지표

103. 공기식 조작기기에 관한 설명으로 옳은 것은?

① 큰 출력을 얻을 수 있다.
② PID 동작을 만들기 쉽다.
③ 속응성이 장거리에서는 빠르다.
④ 신호를 먼 곳까지 보낼 수 있다.

> **공기식 조작기기의 특징**
> ① PID 동작을 만들기 쉽다.
> ② 장거리에서는 어렵다.
> ③ 출력은 크지 않고 안전하다.
> ④ 장거리가 되면 늦음이 크게 된다.

104. 저속이지만 큰 출력을 얻을 수 있고 속응성이 빠른 조작기기는?

① 유압식 조작기기
② 공기압식 조작기기
③ 전기식 조작기기
④ 기계식 조작기기

> **유압식 조작기기의 특징**
> ① 비례적분미분동작을 만들기가 어렵다.
> ② 조작력이 크고 응답이 빠르다.
> ③ 오일 누설로 인한 화재의 위험성이 있다.
> ④ 고압의 유압에 의해 작동하므로 저속이고 큰 출력을 얻을 수 있다.

105. 자동제어기기의 조작용 기기가 아닌 것은?

① 클러치 ② 전자밸브
③ 서보전동기 ④ 앰플리다인

> **조작기기**
>
> | 전기식 | 기계식 |
> |---|---|
> | 전자밸브, 전동밸브, 2상 서보전동기, 직류 서보전동기, 펄스 전동기 | 클러치, 다이어프램 밸브, 밸브 포지셔너, 유압식 조작기(안내밸브, 조작 실린더, 조작 피스톤, 분사관) |

106. 전기식 증폭기기가 아닌 것은?

① SCR ② 앰플리다인
③ 다이너트론 ④ 노즐 플래퍼

> **전기식 증폭기기**

Answer 101. ② 102. ④ 103. ② 104. ① 105. ④ 106. ④

　　㉠ 진공관
　　㉡ 반도체 증폭 소자(트랜지스터, 사이리스터 등)
　　㉢ 자기증폭기
　　㉣ 회전증폭기(앰플리다인, 로토트롤 등)
　　※ 노즐 플래퍼(기계계 공기식)

107. 서보전동기(Servo motor)는 다음의 제어기기 중 어디에 속하는가?
① 증폭기　　② 조작기기
③ 변환기　　④ 검출기

👉 **서보전동기**
　서보기구의 조작부로서 제어신호에 의해 부하를 구동하는 장치로 빠른 응답과 넓은 속도 제어의 범위를 가진 제어용 전동기이다. 서보모터의 동력원에 따라 전기식(서보전동기), 공기식(공기 서보 모터), 유압식(유압 모터) 등이 있다.

108. 철심을 가진 변압기 모양의 코일에 교류와 직류를 중첩하여 흘리면 교류임피던스는 중첩된 직류의 크기에 따라 변하는데 이 현상을 이용하여 전력을 증폭하는 장치는?
① 회전증폭기　　② 자기증폭기
③ 사이리스터　　④ 차동변압기

👉 **자기증폭기**
　자심에 권선을 감은 리액터의 교류임피던스가 별도로 감긴 제2권선에 흐르는 직류전류의 값에 의해서 변화하는 현상을 이용하여 입력전류의 변화에 의해 부하 전류를 제어하는 증폭기. 구조가 견고하고 큰 출력을 얻을 수 있으므로 자동제어장치 등에 쓰인다.

109. 탄성식 압력계에 해당되는 것은?
① 경사관식　　② 압전기식
③ 환상 평형식　　④ 벨로즈식

👉 **탄성식 압력계**
　부르돈관식, 벨로즈식, 다이어프램식

110. 온도를 전압으로 변환시키는 것은?
① 광전관　　② 열전대
③ 포토 다이오드　　④ 광전 다이오드

👉 **변환요소**

변환량	변환요소
온도 → 전압	열전대
압력 → 변위	벨로즈, 다이어프램, 스프링
변위 → 압력	노즐 플래퍼, 유압 분사관, 스프링
변위 → 임피던스	가변저항기, 용량형 변환기
변위 → 전압	포텐셔미터, 차동변압기, 전위차계
전압 → 변위	전자석, 전자코일
광 → 임피던스	광전관, 광전도 셀, 광전 트랜지스터
광 → 전압	광전지, 광전 다이오드
방사선 → 임피던스	GM관, 전리함
온도 → 임피던스	측온 저항(열선, 서미스터, 백금, 니켈)

111. 다음의 제어기기에서 압력을 변위로 변환하는 변환요소가 아닌 것은?
① 스프링　　② 벨로즈
③ 다이어프램　　④ 노즐 플래퍼

👉 ㉠ 변위를 압력으로 변환 : 노즐 플래퍼, 유압 분사관, 스프링
　㉡ 압력을 변위로 변환 : 벨로즈, 다이어프램, 스프링

112. 변위를 전압으로 변환하는 장치는?
① 차동변압기　　② 서미스터
③ 노즐 플래퍼　　④ 벨로즈

👉 변위를 전압으로 변환 : 포텐셔미터, 차동변압기, 전위차계

113. 온도를 임피던스로 변환시키는 요소는?
① 측온 저항체　　② 광전지

Answer　107. ②　108. ②　109. ④　110. ②　111. ④　112. ①　113. ①

③ 광전 다이오드   ④ 전자석

👉 ① 온도 → 임피던스 : 측온 저항(열선, 서미스터, 백금, 니켈)
② 광 → 전압 : 광전지, 광전 다이오드
③ 전압 → 변위 : 전자석, 전자코일
④ 변위 → 압력 : 노즐 플래퍼, 유압 분사관, 스프링

114. 기계적 제어의 요소로서 변위를 공기압으로 변환하는 요소는?
① 벨로즈   ② 트랜지스터
③ 다이어프램   ④ 노즐 플래퍼

👉 **노즐 플래퍼(nozzle flapper)**
노즐과 조합하여 압력조정에 사용하며 변위를 공기압으로 변환하는 장치
111번 해설 참고

115. 회전각을 전압으로 변환시키는 데 사용되는 위치 변환기는?
① 속도계   ② 증폭기
③ 변조기   ④ 전위차계

👉 **전위차계(potentiometer)**
직류전압을 측정하는 장치로 위치(회전형의 경우는 회전각)를 전압(저항 변화)으로 꺼내기 위하여 슬라이드 접점이 저항 소자상에 접촉하면서 움직여, 접점의 변위량에 따른 저항 변화를 일으키는 가변저항기의 일종

116. 검출용 스위치에 속하지 않는 것은?
① 광전 스위치   ② 액면 스위치
③ 리미트 스위치   ④ 누름 버튼 스위치

👉 **검출용 스위치**
리미트 스위치, 플로트(액면) 스위치, 온도 스위치, 압력 스위치, 광전 스위치, 근접 스위치 등

117. 회전하는 각도를 디지털량으로 출력하는 검출기는?
① 로드셀   ② 보간치
③ 엔코더   ④ 퍼텐쇼미터

👉 **엔코더(Encoder)**
축의 회전 변위량을 전기적 디지털 및 아날로그 신호로 변환하는 검출기로서 광 센서의 일종이다. 즉 기계적 이동량 또는 변위를 검출하여 전기적 신호로 변환시키는 광센서
[참고]
① 로드셀 : 하중을 가하면 그 크기에 비례하는 전기적 출력을 발생하는 원리를 이용하여 중량을 측정하는 센서
② 퍼텐쇼미터 : 기계적 변위를 전압으로 나타내는 센서

118. 온도 보상용으로 사용되는 소자는?
① 서미스터   ② 바리스터
③ 제너 다이오드   ④ 버랙터 다이오드

👉 **서미스터**
온도상승에 따라 저항값이 작아지는 특성을 이용하여 온도 보상용으로 사용된다.
[참고]
① 바리스터 : 비직선적인 전압-전류 특성을 갖는 2단자 반도체 소자로 주로 서지전압에 대한 보호용으로 사용된다.
② 제너 다이오드 : 전압을 일정하게 유지하기 위한 전압제어소자(정전압 회로에 사용)
③ 버랙터 다이오드(가변용량 다이오드) : 다이오드 접합부의 용량이 역전압에 비례하는 것을 이용한 것으로 마이크로파 회로에 사용된다.

119. 서미스터는 온도가 증가할 때 그 저항은 어떻게 되는가?
① 증가한다.

Answer 114. ④ 115. ④ 116. ④ 117. ③ 118. ① 119. ②

② 감소한다.
③ 임의로 변화한다.
④ 변화가 전혀 없다.

👉 **서미스터(thermistor)**
서미스터란 온도의 변화에 의해 저항값이 변화하는 반도체로 온도가 상승하면 저항값이 감소하는 부특성 서미스터(NTC, Negative Temperature Coefficient thermistor)와 온도가 상승하면 저항값도 증가하는 정특성 서미스터(PTC, Positive Temperature Coefficient thermistor)가 있다. 일반적으로 서미스터라고 하면 부특성 서미스터를 의미하며 전자회로의 온도보상, 온도계, 화재경보기 등의 온도센서에 사용된다.

120. 발열체의 구비 조건으로 틀린 것은?
① 내열성이 클 것
② 용융온도가 높을 것
③ 산화온도가 낮을 것
④ 고온에서 기계적 강도가 클 것

👉 **발열체의 구비 조건**
① 내열성, 내식성이 클 것
② 경제적일 것
③ 가공이 용이할 것
④ 용융, 연화, 산화온도가 높을 것
⑤ 적당한 고유저항값을 가질 것
⑥ 저항의 온도계수가 정(+)이며 작을 것

121. 빛의 양(조도)에 의해서 동작되는 CdS를 이용한 센서에 해당하는 것은?
① 저항 변화형 ② 용량 변화형
③ 전압 변화형 ④ 인덕턴스 변화형

👉 **광전도 셀(CdS)**
반도체의 광전도를 이용하여 빛을 검출하는 소자로, 빛의 양에 따라 내부저항이 변화하는 방식으로 동작한다.(즉, 빛이 없으면 CdS 셀은 거의 절연체에 가까워져 전류를 흘려보내지 못하나 반대로 빛을 받으면 CdS 셀은 내부 저항이 작아져 전류를 흐르게 하는 원리)

122. 광전형 센서에 대한 설명으로 틀린 것은?
① 전압 변화형 센서이다.
② 포토 다이오드, 포토 TR 등이 있다.
③ 반도체의 pn접합 기전력을 이용한다.
④ 초전 효과(pyroelectric effect)를 이용한다.

👉 **초전 효과(Pyroelectric effect)**
결정에 온도변화를 주면 이 온도변화에 대응하여 결정의 면에 전하가 유기되는 현상으로 광전형 센서가 아니라 서미스터, 열전대 등에 이용된다.

123. 열전대에 대한 설명이 아닌 것은?
① 열전대를 구성하는 소선은 열기전력이 커야 한다.
② 철, 콘스탄탄 등의 금속을 이용한다.
③ 제벡효과를 이용한다.
④ 열팽창계수에 따른 변형 또는 내부응력을 이용한다.

👉 ④ 열전대는 서로 다른 두 종류의 금속의 기전력을 이용한다.
[참고] 열전대
두 가지의 각각 다른 금속선을 접속했을 때 두 개의 접점 온도가 다르면 기전력이 생겨서 회로에 전류가 흐른다. 이 기전력을 열기전력이라 부르고, 이 열기전력을 이용하기 위해서 사용하는 두 가지의 금속선을 열전대(소선)라고 한다. 열전대는 철과 콘스탄탄, 구리와 콘스탄탄 또는 크로뮴과 알루멜 같은 두 개의 이질 금속선으로 제작되며 이러한 열전현상은 양단 간의 온도차를 이용하여 기전력을 얻어내는 제벡 효과, 기전력으로 냉각과 가열을 하는 펠티에 효과,

Answer 120. ③ 121. ① 122. ④ 123. ④

도체의 선상의 온도차에 의해 기전력이 발생하는 톰슨 효과로 나눌 수 있다.

124. 열 기전력형 센서에 대한 설명이 아닌 것은?

① 전압변화용 센서이다.
② 철, 콘스탄탄의 금속을 이용한다.
③ 제벡효과(Seebeck effect)를 이용한다.
④ 진동주파수는 $\dfrac{1}{2\pi\sqrt{LC}}$ 이다.

☞ ④ 공진주파수는 $\dfrac{1}{2\pi\sqrt{LC}}$ 이다.

125. 사이클로 컨버터의 작용은?

① 직류-교류 변환
② 직류-직류 변환
③ 교류-직류 변환
④ 교류-교류 변환

☞ **사이클로 컨버터**
어떤 주파수의 교류를 직류회로로 변환하지 않고 그 주파수의 교류로 변환하는 직접 주파수 변환장치

126. 와류 브레이크(eddy current break)의 특징이나 특성에 대한 설명으로 옳은 것은?

① 전기적 제동으로 마모부분이 심하다.
② 정지 시에는 제동 토크가 걸리지 않는다.
③ 제동 토크는 코일의 여자전류에 반비례한다.
④ 제동 시에는 회전에너지가 냉각작용을 일으키므로 별도의 냉각방식이 필요 없다.

☞ **와전류 브레이크**
영구 자석 또는 직류 전자석으로 만든 자계 내에서 도체가 운동함으로써 생기는 와전류와 자계 사이에 작용하는 전자력에 의해 도체의 운동이 제동력을 발생하는 것으로 전류에 의한 자장을 이용하여 회전체에 연결된 금속판을 제동하여 브레이크를 작동시킨다. 여자전류로 브레이크 토크를 광범위하게 조정할 수 있다. 전기적 제동이므로 마모되는 부분은 없다. 정지 시에는 제동 토크가 걸리지 않고 정지용 브레이크와 병용한다. 일반 사업용 기계의 제동, 감속용 또는 크레인 권상기의 제동 토크 제어에 의한 권하(감아내리기)운전에 이용한다.

Answer 124. ④ 125. ④ 126. ②

10 안전관리의 개요

(1) 안전관리의 정의

재해발생을 최소화하기 위한 계획적이고 체계적인 제반활동이며 인간의 생명과 재산을 보호하고 사고발생을 미연에 방지한다.

① 안전관리의 목적
  ㉠ 근로자의 생명을 존중하고 사회복지를 증진시킨다.
  ㉡ 작업능률을 향상시켜 생산성이 향상된다.
  ㉢ 기업의 경제적 손실을 방지한다.

산업안전보건법 제정 목적
① 근로자의 안전과 보건의 유지 및 증진
② 산업재해를 예방
③ 쾌적한 작업환경 조성

② 안전대책의 3원칙
  ㉠ 기술적(공학적) 대책
  ㉡ 교육적 대책
  ㉢ 규제적(관리적) 대책

③ 재해율
  ㉠ 연천인율 : 근로자 1000명당 1년간에 발생하는 재해자의 수

  $$연천인율 = \frac{재해자수}{평균 근로자수} \times 1000 = 빈도율 \times 2.4$$

  ㉡ 빈도율(도수율) : 연 근로시간 1,000,000시간당 재해발생 건수

  $$빈도율 = \frac{재해 발생 건수}{연간 근로시간수} \times 1000000$$

  ㉢ 강도율 : 근로시간 1000시간당 근로 손실일수

  $$강도율 = \frac{근로 손실일수}{연간 근로시간수} \times 1000$$

(2) 안전·보건관리 규정

① 안전·보건관리 규정 작성
  ㉠ 상시 근로자 100명 이상을 사용하는 사업장에는 안전·보건관리 규정을 작성해야 한다.
  ㉡ 사유가 발생한 날부터 30일 이내에 안전·보건관리 규정을 작성해야 한다.

② 안전·보건관리 규정 내용
  ㉠ 안전·보건관리 조직과 직무에 관한 사항
  ㉡ 안전·보건교육에 관한 사항
  ㉢ 작업장의 안전관리에 관한 사항
  ㉣ 작업장의 보건관리에 관한 사항
  ㉤ 사고 조사 및 대책수립에 관한 사항

(3) 재해의 원인

① 직접적인 원인
  ㉠ 불안전한 행동(인적 원인)
    ⓐ 안전장치의 기능을 제거한 경우
    ⓑ 개인 복장 및 보호구를 용도에 맞지 않게 잘못 착용하거나 미착용한 경우
    ⓒ 기계장치를 잘못된 방법으로 운전하는 경우
    ⓓ 운전 중인 기계를 청소, 주유, 점검, 수리를 하는 경우
    ⓔ 기계운전 시 부적당한 속도로 운전하는 경우
    ⓕ 결함이 있는 장치를 사용하거나 허가없이 장치를 운전하는 경우
    ⓖ 추락, 전도, 협착 등이 발생할 수 있는 위험한 장소에 접근하는 경우
    ⓗ 기계장치 및 자재의 부적당한 적재와 정리정돈이 안 된 불안전한 상태로 방치한 경우
    ⓘ 불안전한 자세 또는 동작으로 작업하는 경우
  ㉡ 불안전한 상태(물적 원인)
    ⓐ 안전 및 방호장치에 결함이 있거나 설치되지 않았을 경우
    ⓑ 결함이 있는 공구나 장치를 사용하는 경우
    ⓒ 작업환경이 지나친 소음과 조명 및 환기가 불충분하여 작업환경에 결함이 있는

경우
ⓓ 작업장소가 너무 밀집되어 있을 경우
ⓔ 화재 또는 폭발성의 위험성이 있는 작업장
ⓕ 작업순서나 위험한 공정에 대한 생산공정에 결함이 있는 경우
ⓖ 경계표시 및 시건장치가 없는 경우
ⓗ 복장 및 보호구가 필요한 수량만큼 구비되지 않았을 경우

사고발생이 많이 일어나는 순서
① 사고발생은 작업자의 실수(불안전한 행동이나 상태)에 의해 가장 많이 발생한다.
② 사고발생은 불안전한 행동에 의해 가장 많이 발생하고, 불안전한 상태, 불가항력 순으로 발생한다.

② 간접적인 원인
  ㉠ 관리적 원인
    ⓐ 안전수칙을 제정하지 않았을 경우
    ⓑ 작업준비가 미흡한 경우
    ⓒ 작업원의 배치가 부적당한 경우
    ⓓ 작업지시가 부적당한 경우
  ㉡ 교육적 원인
    ⓐ 안전지식이 부족한 경우
    ⓑ 안전수칙을 오해한 경우
    ⓒ 작업방법에 대한 교육이 불충분한 경우
  ㉢ 기술적 원인
    ⓐ 기계장치의 설계가 불량한 경우
    ⓑ 생산방법이 부적당한 경우
    ⓒ 구조 및 재료가 부적합한 경우
    ⓓ 점검, 정비, 보존이 불량한 경우

재해발생의 3요소
인간의 결함, 환경의 결함, 기계의 결함

(4) 재해의 조사

① 재해 조사의 목적
   ㉠ 산업재해의 재발을 방지하기 위한 방지대책을 강구하기 위해 실시한다.
   ㉡ 재해자를 처벌하기 위해 조사하는 것이 아니라 재해의 원인을 규명하고 예방을 하기 위한 자료수집을 하기 위해 조사한다.

② 재해 조사의 방법
   ㉠ 재해발생 직후에 실시하며 조사자는 주관적인 관점이 아닌 객관적으로 현장의 물적 증거를 토대로 조사한다.
   ㉡ 재해현장을 사진으로 촬영하여 보관하고 기록한다.
   ㉢ 재해 피해자와 목격자 등 주위 사람들에게 재해의 직전 상황을 듣는다.

(5) 재해 발생의 형태별 분류

① 추락 : 사람이 건축물, 비계, 기계, 사다리, 계단, 경사면, 나무 등에서 떨어지는 경우
② 전도 : 사람이 평면상으로 넘어졌을 경우
③ 충돌 : 사람이 정지된 물체에 부딪친 경우
④ 낙하, 비래 : 물건이 주체가 되어 사람이 맞은 경우
⑤ 붕괴, 도괴 : 적재물, 비계, 건축물이 무너진 경우
⑥ 협착 : 물건에 끼워진 상태이거나 말려든 상태
⑦ 감전 : 전기접촉이나 방전에 의해 사람이 충격을 받은 경우
⑧ 폭발 : 압력의 급격한 발생 또는 개방으로 폭음을 수반한 팽창이 일어난 경우
⑨ 파열 : 용기 또는 장치가 물리적인 압력에 의해 파열한 경우
⑩ 화재 : 화재로 인한 경우
⑪ 무리한 동작 : 무거운 물건을 들다 허리를 삐거나 부자연한 자세 또는 동작의 반복으로 상해를 입은 경우
⑫ 이상온도 접촉 : 고온이나 저온에 접촉한 경우
⑬ 유해물 접촉 : 유해물 접촉으로 중독되거나 질식된 경우

(6) 사고예방의 원리

① 사고예방의 4원칙
  ㉠ 원인 연계의 원칙 : 사고는 여러 가지 원인이 연속적으로 연계되어 발생한다.
  ㉡ 손실 우연의 원칙 : 사고로 인한 손실에는 우연성이 있다.
  ㉢ 예방 가능의 원칙 : 모든 사고는 사전에 예방이 가능하다.
  ㉣ 대책 선정의 원칙 : 사고를 예방하기 위해서는 반드시 안전대책이 선정되고 적용되어야 한다.

② 사고예방의 5단계
  ㉠ 1단계 안전조직 : 안전활동방침 및 기획을 수립하고 안전관리자를 임명하여 구체적인 안전관리 조직을 통하여 안전활동을 전개하는 단계이다.
  ㉡ 2단계 사실의 발견 : 안전활동(안전점검, 사고 조사, 안전회의 등)에 대한 기록을 검토하고, 작업요소를 분석하여 불안전한 요소들을 발견하는 단계이다.
  ㉢ 3단계 분석 : 현장조사의 결과 분석, 사고 보고, 작업공정 및 작업환경 등을 분석하여 불안전 요소들을 찾아내는 단계이다.
  ㉣ 4단계 시정책의 선정 : 분석을 통하여 기술적인 개선, 교육훈련 개선, 규정 및 수칙을 개선, 체제를 강화하여 불안전한 행동과 상태를 바로잡는 단계이다.
  ㉤ 5단계 시정책의 적용 : 문제 해결을 위해서는 교육, 기술, 독려로 완성하여 선정한 시정책을 강구하고 반드시 적용되어야 하는 단계이다.

> **참고**
> **안전대책의 3원칙**
> ① 기술적 대책 : 안전설계, 작업공정의 개선, 안전기준 설정, 환경설비 개선, 점검보존 확립
> ② 교육적 대책 : 안전교육 및 훈련 실시
> ③ 관리적 대책 : 엄격한 규칙에 의해 제도적으로 시행

(7) 안전관리자

① 안전관리자의 종류
  ㉠ 안전관리 총괄자 : 해당 사업소 또는 사용신고시설의 안전에 관한 업무를 총괄한다.
  ㉡ 안전관리 부총괄자 : 안전관리 총괄자를 보좌하여 해당 사업소의 안전에 대해 직접 관리한다.

ⓒ 안전관리 책임자 : 안전관리 부총괄자를 보좌하여 사업장의 안전에 관한 기술적인 사항을 관리하고 안전관리원에 대해 지휘 및 감독한다.

ⓔ 안전관리원 : 안전관리 책임자의 지시에 따라 안전관리자의 직무를 수행한다.

② 안전관리자의 업무
- ㉠ 사업소 또는 사용신고시설의 시설·용기 또는 작업과정의 안전유지
- ㉡ 용기 등의 제조공정 관리
- ㉢ 공급자의 의무이행 확인
- ㉣ 안전관리규정의 시행 및 그 기록의 작성·보존
- ㉤ 사업소 또는 사용신고시설의 종사자에 대한 안전관리를 위하여 필요한 지휘·감독
- ㉥ 그 밖의 위해방지 조치

③ 냉동제조시설의 안전관리규정 작성 요령
- ㉠ 안전관리자의 직무·조직 및 책임에 관한 사항
- ㉡ 사업소시설의 공사·유지에 관한 사항
- ㉢ 공급자의 의무이행에 관한 사항
- ㉣ 충전용기 및 차량에 고정된 탱크의 운반에 관한 사항
- ㉤ 종업원의 훈련에 관한 사항
- ㉥ 위해 발생 시 소집방법·조치·훈련에 관한 사항
- ㉦ 자율검사를 위한 검사장비의 보유 및 자율검사요원의 관리에 관한 사항
- ㉧ 고압가스의 제조·저장·판매시설에 대한 자율검사에 관한 사항
- ㉨ 가스 사용시설에 대한 안전조치에 관한 사항
- ㉩ 용기 등의 제조공정 및 자율검사에 관한 사항
- ㉪ 외부협력업체 등의 안전관리규정 적용에 관한 사항

(8) 안전점검

① 안전점검의 구분
- ㉠ 정기점검 : 안전상 주요 부분의 마모, 손상 등 장치의 이상유무를 점검하는 것으로 일정한 기간이나 날짜를 정해 놓고 주기적으로 시설이나 기계를 점검한다.
- ㉡ 일상점검 : 기계를 가동하기 전 또는 가동 중이나 가동 종료 시 작업동작에 대한 이상유무를 점검하는 것으로 수시점검이다.
- ㉢ 특별점검 : 설비의 신설, 변경 또는 천재지변 발생 후 실시하는 점검이다.

ⓔ 임시점검 : 정기점검 기일 전에 임시로 실시하는 것으로 위험한 부분이나 특정한 부분을 비정기적으로 실시하는 점검이다.
② 일일점검
　㉠ 운전 중의 제조설비는 1일 1회 이상 작동상황에 대하여 이상유무를 점검한다.
　㉡ 운전 중의 점검사항
　　ⓐ 제조설비로부터 누출 여부
　　ⓑ 계측기기의 지시, 경보, 제어상태
　　ⓒ 제조설비의 온도, 압력, 유량 등 조업조건의 변동상황
　　ⓓ 제조설비의 외부식, 마모, 균열 등의 손상유무
　　ⓔ 회전기계의 진동, 이상음, 이상온도 상승 등 작동상황
　　ⓕ 가스누출경보장치의 상태
　　ⓖ 수액기 액면의 지시상태
　　ⓗ 접지접속선의 단선 및 그 밖의 손상유무

11 고압가스안전관리법

(1) 목적

고압가스의 제조·저장·판매·운반·사용과 고압가스의 용기·냉동기·특정설비 등의 제조와 검사 등에 관한 사항 및 가스안전에 관한 기본적인 사항을 정함으로써 고압가스 등으로 인한 위해를 방지하고 공공의 안전을 확보한다.

(2) 고압가스의 종류 및 범위

① 상용(常用)의 온도에서 압력(게이지압력)이 1MPa(메가파스칼) 이상이 되는 압축가스로서 실제로 그 압력이 1MPa 이상이 되는 것 또는 섭씨 35도의 온도에서 압력이 1MPa 이상이 되는 압축가스(아세틸렌가스 제외)
② 섭씨 15도의 온도에서 압력이 0Pa(파스칼)을 초과하는 아세틸렌가스
③ 상용의 온도에서 압력이 0.2MPa(메가파스칼) 이상이 되는 액화가스로서 실제로 그

압력이 0.2MPa 이상이 되는 것 또는 압력이 0.2MPa이 되는 경우의 온도가 섭씨 35도 이하인 액화가스

④ 섭씨 35도의 온도에서 압력이 0Pa을 초과하는 액화가스 중 액화시안화수소·액화브롬화메탄 및 액화산화에틸렌가스

※ 냉동능력이 3톤 미만인 냉동설비 안의 고압가스는 제외

(3) 용어의 정의

① 저장탱크 : 고압가스를 충전·저장하기 위하여 지상 또는 지하에 고정 설치된 탱크
② 초저온 저장탱크 : 섭씨 영하 50도 이하의 액화가스를 저장하기 위한 저장탱크로서 단열재를 씌우거나 냉동설비로 냉각시키는 등의 방법으로 저장탱크 내의 가스온도가 상용의 온도를 초과하지 아니하도록 한 것
③ 가연성 가스 저온 저장탱크 : 대기압에서의 끓는 점이 섭씨 0도 이하인 가연성 가스를 섭씨 0도 이하인 액체 또는 해당 가스의 기상부의 상용압력이 0.1MPa 이하인 액체상태로 저장하기 위한 저장탱크로서 단열재를 씌우거나 냉동설비로 냉각하는 등의 방법으로 저장탱크 내의 가스온도가 상용 온도를 초과하지 아니하도록 한 것
④ 저온 저장탱크 : 액화가스를 저장하기 위한 저장탱크로서 단열재를 씌우거나 냉동설비로 냉각시키는 등의 방법으로 저장탱크 내의 가스온도가 상용의 온도를 초과하지 아니하도록 한 것(단, 초저온 저장탱크와 가연성 가스 저온 저장탱크 제외)
⑤ 초저온 용기 : 섭씨 영하 50도 이하의 액화가스를 충전하기 위한 용기로서 단열재를 씌우거나 냉동설비로 냉각시키는 등의 방법으로 용기 내의 가스온도가 상용 온도를 초과하지 아니하도록 한 것
⑥ 저온 용기 : 액화가스를 충전하기 위한 용기로서 단열재를 씌우거나 냉동설비로 냉각시키는 등의 방법으로 용기 내의 가스온도가 상용의 온도를 초과하지 아니하도록 한 것(단, 초저온 용기 제외)
⑦ 충전 용기 : 고압가스의 충전 질량 또는 충전 압력의 2분의 1 이상이 충전되어 있는 상태의 용기
⑧ 잔가스 용기 : 고압가스의 충전 질량 또는 충전 압력의 2분의 1 미만이 충전되어 있는 상태의 용기
⑨ 냉동기 : 고압가스를 사용하여 냉동하기 위한 기기로서 냉동능력 산정기준에 따라 계산된 냉동능력이 3톤 이상인 것

(4) 냉동기 제조 기술 기준

① 냉동기의 정의
  ㉠ 냉동기 : 고압가스를 사용하여 냉동하기 위한 기기로서 냉동능력 산정기준에 따라 계산된 냉동능력이 3톤 이상인 것을 말한다.
  ㉡ 일체형 냉동기
    ⓐ 냉동설비 및 압축기용 원동기가 하나의 프레임 위에 일체로 조립된 것
    ⓑ 냉동설비를 사용할 때 스톱밸브 조작이 필요 없는 것
    ⓒ 사용장소에 분할·반입하는 경우에는 냉매설비에 용접 또는 절단을 수반하는 공사를 하지 아니하고 재조립해서 냉동제조용으로 사용할 수 있는 것
    ⓓ 냉동설비 수리 등을 하는 경우에 냉매설비 부품의 종류, 설치 개수, 부착 위치 및 외형 치수와 압축기용 운동기의 정격출력이 제조사와 동일하도록 설계, 수리될 수 있는 것
    ⓔ 응축기와 증발기 유닛이 냉매배관으로 연결된 것으로 1일의 냉동능력이 20톤 미만인 공조용 패키지 에어컨이다.

② 법정 냉동능력 산정
  ㉠ 원심식 압축기의 냉동설비 : 압축기의 원동기 정격출력 1.2kW를 1일의 냉동능력 1톤으로 본다.
  ㉡ 흡수식 냉동설비 : 발생기를 가열하는 1시간의 입열량 6640kcal를 1일의 냉동능력 1톤으로 본다.
  ㉢ 증기압축식 냉동설비

  $$R = \frac{V}{C}[\text{RT}]$$

  여기서, $R[\text{RT}]$: 법정 냉동능력 $V[\text{m}^3/\text{h}]$: 피스톤 압출량
  C : 냉매가스의 종류에 따른 수치

  ㉣ 피스톤 압출량(V) 계산
    ⓐ 다단압축기, 다원압축기

    $$V = V_H + 0.08 V_L [\text{m}^3/\text{h}]$$

    여기서, $V_H[\text{m}^3/\text{h}]$: 고단측 압축기의 피스톤 압출량
    $V_L[\text{m}^3/\text{h}]$: 저단측 압축기의 피스톤 압출량

ⓑ 회전식 압축기

$$V = 0.785 \times 60 \times (D^2 - d^2)tN [\text{m}^3/\text{h}]$$

여기서, $D[\text{m}]$: 실린더 내경 $d[\text{m}]$: 피스톤 외경
$t[\text{m}]$: 피스톤의 두께 $N[\text{rpm}]$: 회전수

ⓒ 왕복동식 압축기

$$V = 0.785 \times 60 \times D^2 LNn [\text{m}^3/\text{h}]$$

여기서, $D[\text{m}]$: 실린더 내경 $L[\text{m}]$: 피스톤 행정
$n[\text{m}]$: 실린더수 $N[\text{rpm}]$: 회전수

③ 냉동능력 합산 기준
㉠ 냉매가스가 배관에 의하여 공통으로 되어 있는 냉동설비
㉡ 냉매계통을 달리하는 2개 이상의 설비가 1개의 규격품으로 인정되는 설비 내에 조립되어 있는 것(Unit형의 것)
㉢ 2원(元) 이상의 냉동방식에 의한 냉동설비
㉣ 모터 등 압축기의 동력설비를 공통으로 하고 있는 냉동설비
㉤ 브라인(Brine)을 공통으로 사용하고 있는 2개 이상의 냉동설비

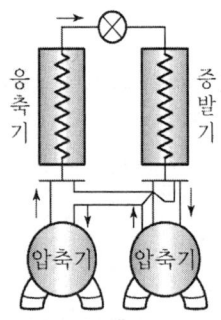

① 냉매배관 공통의 냉동설비

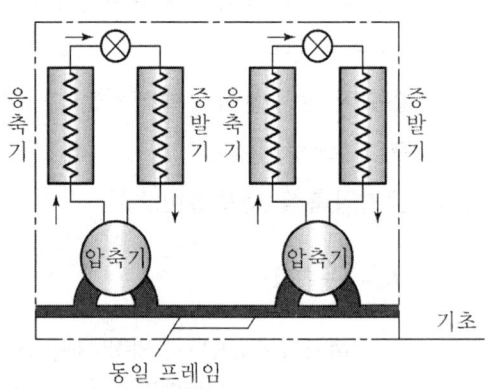

② 동일 프레임 위에 조립한 냉동설비

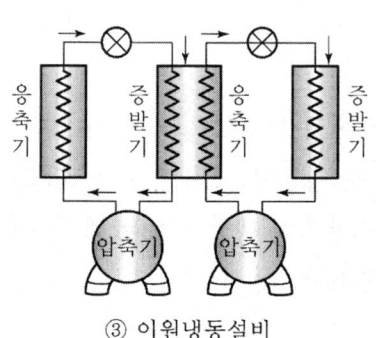
③ 이원냉동설비

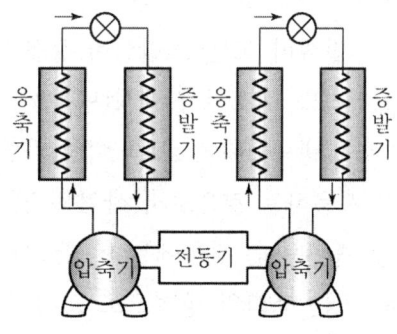
④ 동력 공통의 냉동설비

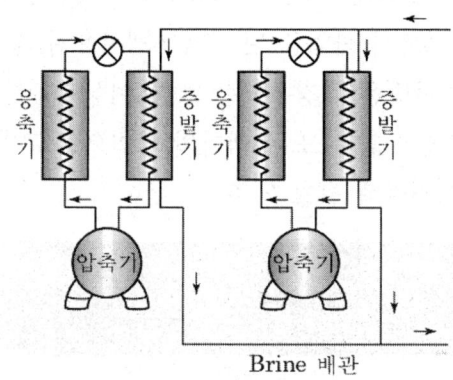
⑤ Brine 공통의 냉동설비

④ 냉동기 제품 표시
　㉠ 냉동기 제조자의 명칭 또는 약호
　㉡ 냉매가스의 종류
　㉢ 냉동능력(단위 : RT), 압력용기(단위 : L)
　㉣ 원동기 소요전력 및 전류(단위 : kW, A)
　㉤ 제조번호
　㉥ 검사에 합격한 연월
　㉦ 내압시험압력(기호 : TP, 단위 : MPa)
　㉧ 최고사용압력(기호 : DP, 단위 : MPa)
⑤ 냉동기 제조등록 대상범위 및 등록기준
　㉠ 냉동기 제조 : 냉동능력이 3톤 이상인 냉동기를 제조하는 것

ⓒ 냉동기의 제조등록기준 : 냉동기 제조에 필요한 프레스설비·제관설비·건조설비·용접설비 또는 조립설비 등을 갖출 것

ⓒ 고압가스 제조허가 대상(냉동제조)

1일의 냉동능력이 20톤 이상(가연성 가스 또는 독성 가스 외의 고압가스를 냉매로 사용하는 것으로서 산업용 및 냉동·냉장용인 경우에는 50톤 이상, 건축물의 냉·난방용인 경우에는 100톤 이상)인 설비를 사용하여 냉동을 하는 과정에서 압축 또는 액화의 방법으로 고압가스가 생성되게 하는 것

ⓔ 고압가스 제조의 신고대상(냉동제조)

냉동능력이 3톤 이상 20톤 미만(가연성 가스 또는 독성 가스 외의 고압가스를 냉매로 사용하는 것으로서 산업용 및 냉동·냉장용인 경우에는 20톤 이상 50톤 미만, 건축물의 냉·난방용인 경우에는 20톤 이상 100톤 미만)인 설비를 사용하여 냉동을 하는 과정에서 압축 또는 액화의 방법으로 고압가스가 생성되게 하는 것

⑥ 냉동제조시설의 안전관리자 선임 기준

저장 및 처리능력	선임 구분		
	안전관리자 구분	선임 인원	자격구분
냉동능력 300톤 초과 (프레온을 냉매로 사용 시 냉동능력 600톤 초과)	안전관리총괄자	1인	
	안전관리책임자	2인	공조냉동기계산업기사
	안전관리원	2인 이상	공조냉동기계기능사 또는 냉동시설안전관리자양성교육이수자
냉동능력 100톤 초과 300톤 이하 (프레온을 냉매로 사용 시 냉동능력 200톤 초과 600톤 이하)	안전관리총괄자	1인	
	안전관리책임자	1인	공조냉동기계산업기사 또는 공조냉동기계기능사
	안전관리원	1인 이상	공조냉동기계기능사 또는 냉동시설안전관리자양성교육이수자
냉동능력 50톤 초과 100톤 이하 (프레온을 냉매로 사용 시 냉동능력 100톤 초과 200톤 이하)	안전관리총괄자	1인	
	안전관리책임자	1인	공조냉동기계기능사
	안전관리원	1인 이상	공조냉동기계기능사 또는 냉동시설안전관리자양성교육이수자
냉동능력 50톤 이하 (프레온을 냉매로 사용 시 냉동능력 100톤 이하)	안전관리총괄자	1인	
	안전관리책임자	1인	공조냉동기계기능사 또는 냉동시설안전관리자양성교육이수자

 **고압가스안전관리자 선임 기준**
① 안전관리자를 선임한 자는 안전관리자를 선임 또는 해임하거나 안전관리자가 퇴직한 경우에는 지체없이 허가관청, 신고관청, 등록관청, 사용신고관청에 신고한다.
② 해임 또는 퇴직한 날부터 30일 이내에 다른 안전관리자를 선임하여야 한다.

12 기계설비법

(1) 제정 목적
① 기계설비산업의 발전을 위한 기반을 조성
② 기계설비의 안전하고 효율적 유지관리를 위해 필요한 사항을 정함
　☞ 국가경제의 발전과 국민의 안전 및 공공복리 증진에 기여

(2) 용어의 정리
① 기계설비 : 건축물, 시설물 등(이하 "건축물 등"이라 한다)에 설치된 기계·기구·배관 및 그 밖에 건축물 등의 성능을 유지하기 위한 설비
② 유지관리 및 성능점검 대상 기계설비

기계설비의 종류	세무 항목
1. 열원 및 냉난방설비	냉동기
	냉각탑
	축열조
	보일러
	열교환기
	팽창탱크
	펌프(냉·난방)
	신재생에너지(지열, 태양열, 연료전지 등)
	패키지 에어컨
	항온항습기

기계설비의 종류	세무 항목
2. 공기조화설비	공기조화기
	팬코일 유닛
3. 환기설비	환기설비
	필터
4. 위생기구설비	위생기구설비
5. 급수·급탕설비	급수펌프, 급탕탱크
	고·저수조
6. 오·배수 통기 및 우수배수설비	오·배수배관
	통기배관
	우수배관
7. 오수정화 및 물재이용설비	오수정화설비
	물 재이용설비
8. 배관설비	배관 및 부속기기
9. 덕트설비	덕트 및 부속기기
10. 보온설비	보온 및 부속기기
11. 자동제어설비	자동제어설비
12. 방음·방진·내진설비	방음설비
	방진설비
	내진설비

③ 기계설비공사 : 건설산업기본법의 "건설공사" 중 "기계설비"와 관련된 공사를 말함

> 건설산업기본법 제2조(정의) 제4호 "건설공사 "
> "건설공사"란 토목공사, 건축공사, 산업설비공사, 조경공사, 환경시설공사, 그 밖에 명칭과 관계없이 시설물을 설치·유지·보수하는 공사(시설물을 설치하기 위한 부지 조성공사를 포함한다) 및 기계설비나 그 밖의 구조물의 설치 및 해체공사 등을 말한다. 다만, 다음 각 목의 어느 하나에 해당하는 공사는 포함하지 아니한다.
> 가. 「전기공사업법」에 따른 전기공사
> 나. 「정보통신공사업법」에 따른 정보통신공사
> 다. 「소방시설공사업법」에 따른 소방시설공사
> 라. 「문화재 수리 등에 관한 법률」에 따른 문화재 수리공사

④ 기계설비산업 : 기계설비 관련 연구개발, 계획, 설계, 시공, 감리, 유지관리, 기술진단, 안전관리 등의 경제활동을 하는 산업

⑤ 기계설비사업 : 기계설비 관련 활동을 수행하는 사업
⑥ 기계설비사업자 : 기계설비사업을 경영하는 자
⑦ 기계설비기술자 :「국가기술자격법」,「건설기술 진흥법」또는 대통령령으로 정하는 법령에 따라 기계설비 관련 분야의 기술자격을 취득하거나 기계설비에 관한 기술 또는 기능을 인정받은 사람
　㉠ 기계설비기술자의 범위(제3조제2항 관련)

> 1. 다음 각 목의 어느 하나에 해당하는 기계설비 관련 자격을 취득한 사람
>   가.「국가기술자격법」제9조제1호에 따른 기술·기능 분야의 국가기술자격 중 다음 표의 구분에 따른 국가기술자격을 취득한 사람
>
> | 등 급 | 기술·기능 분야 |
> |---|---|
> | ① 기술사 | 건축기계설비·기계·건설기계·공조냉동기계·산업기계설비·용접·소음진동 |
> | ② 기능장 | 배관·에너지관리·판금제관·용접 |
> | ③ 기사 | 일반기계·건축설비·건설기계설비·공조냉동기계·설비보전·메카트로닉스·용접·소음진동·에너지관리·신재생에너지발전설비(태양광) |
> | ④ 산업기사 | 건축설비·배관·정밀측정·건설기계설비·공조냉동기계·생산자동화·판금제관·용접·소음진동·에너지관리·신재생에너지발전설비(태양광) |
> | ⑤ 기능사 | 온수온돌·배관·전산응용기계제도·정밀측정·공조냉동기계·설비보전·생산자동화·판금제관·용접·특수용접·에너지관리·신재생에너지발전설비(태양광) |
>
>   나.「건설기술 진흥법 시행령」별표 1에 따른 기계 직무분야의 건설기술인 자격
>   다.「엔지니어링산업 진흥법 시행령」별표 1에 따른 설비부문의 설비 전문분야의 엔지니어링 기술자 자격
>   라. 그 밖에「건설산업기본법」및「자격기본법」에 따른 자격으로서 국토교통부장관이 정하여 고시하는 기계설비 관련 자격을 갖춘 사람
> 2. 기계설비 관련 학과의 학사, 석사 또는 박사 학위를 취득하거나 특수목적 고등학교 또는 특성화 고등학교에서 기계설비 관련 교육과정이나 학과를 이수하거나 졸업하고, 기계설비 유지관리에 관한 교육의 신규교육 또는 보수교육을 이수한 사람

⑧ 기계설비유지관리자 : 기계설비 유지관리(기계설비의 점검 및 관리를 실시하고 운전·운용하는 모든 행위를 말한다)를 수행하는 자
　㉠ 기계설비유지관리자의 종류
　　ⓐ 책임기계설비유지관리자(특급·고급·중급·초급)
　　ⓑ 보조기계설비유지관리자

ⓛ 기계설비유지관리자 구분 방법
  ⓐ 자격 및 경력 기준에 따라 구분
  ⓑ 종합평가(경력, 자격·학력, 교육) 결과에 따라 등급 조정
    ※ 종합평가점수
      : 실무경력 30점 이내, 보유자격·학력 30점 이내, 교육 40점 이내
ⓒ 기계설비유지관리자 자격 세부기준

구 분		자격 및 경력 기준		종합평가 결과에 따른 등급 산정
		보유자격	실무경력	
책임 기계설비 유지관리자	1) 특급	가) 기술사	–	제1호나목에 따라 특급으로 산정된 기계설비유지관리자
		나) 기능장	10년 이상	
		다) 기사	10년 이상	
		라) 산업기사	13년 이상	
		마) 특급 건설기술인	10년 이상	
	2) 고급	가) 기능장	7년 이상	제1호나목에 따라 고급으로 산정된 기계설비유지관리자
		나) 기사	7년 이상	
		다) 산업기사	10년 이상	
		라) 고급 건설기술인	7년 이상	
	3) 중급	가) 기능장	4년 이상	제1호나목에 따라 중급으로 산정된 기계설비유지관리자
		나) 기사	4년 이상	
		다) 산업기사	7년 이상	
		라) 중급 건설기술인	4년 이상	
	4) 초급	가) 기능장	–	제1호나목에 따라 초급으로 산정된 기계설비유지관리자
		나) 기사	–	
		다) 산업기사	3년 이상	
		라) 초급 건설기술인	–	
보조기계설비 유지관리자		기계설비기술자 중 기계설비유지관리자에 필요한 자격을 갖추었다고 국토교통부장관이 정하여 고시하는 사람		

※ 보유자격의 종류
  - 국가기술자격법에 따른 건축기계설비·기계·건설기계·공조냉동기계·산업기계설비·용접기술사

- 국가기술자격법에 따른 배관·에너지관리·용접 기능장
- 국가기술자격법에 따른 일반기계·건축설비·건설기계설비·공조냉동기계·설비보전·용접·에너지관리기사
- 국가기술자격법에 따른 건축설비·배관·건설기계설비·공조냉동기계·용접·에너지관리산업기사
- 건설기술진흥법에 따른 기계 직무분야의 공조냉동 및 설비 전문분야와 용접 전문분야 건설기술인

(3) 기계설비산업발전을 위한 계획 수립 및 추진

① 기계설비 발전 기본계획의 수립
국토교통부장관은 기계설비산업의 육성과 기계설비의 효율적인 유지관리 및 성능 확보를 위하여 기계설비 발전 기본계획(이하 "기본계획"이라 함)을 5년마다 수립·시행해야 함

② 실태조사(법 제6조, 시행령 제6조)
국토교통부장관은 기계설비산업의 발전에 필요한 기초 자료를 확보하기 위하여 기계설비산업에 관한 실태를 매년 조사할 수 있고, 실태조사를 한 경우에는 그 결과를 공표할 수 있음

③ 기계설비산업 정보체계의 구축(법 제7조, 시행규칙 제2조)
국토교통부장관은 기계설비산업 관련 정보 및 자료 등을 체계적으로 수집·관리 및 활용하기 위하여 기계설비산업 정보체계(이하 "정보체계"라 함)를 구축·운영할 수 있음

(4) 기계설비 안전관리를 위한 조치

① 기계설비공사 착공 전 확인
기계설비공사를 발주한 자는 해당 공사를 시작하기 전에 전체 설계도서 중 기계설비에 해당하는 설계도서 특별자치시장·특별자치도지사·시장·군수·자치구 구청장(이하 "시·군·구청장"이라 함)에게 제출하여 기술기준에 적합한지를 확인받아야 함

② 기계설비의 사용 전 검사
기계설비공사를 끝냈을 때에는 시·군·구청장의 사용 전 검사를 받고 기계설비를 사용하여야 함

③ 기계설비의 착공 전 확인과 사용 전 검사의 대상 건축물 또는 시설물

No.	세 부 기 준
1	용도별 건축물 중 연면적 1만제곱미터 이상인 건축물(「건축법」 제2조제2항제18호에 따른 창고시설은 제외한다)
2	2. 에너지를 대량으로 소비하는 다음 각 목의 어느 하나에 해당하는 건축물 　가. 냉동·냉장, 항온·항습 또는 특수청정을 위한 특수설비가 설치된 건축물로서 해당 용도에 사용되는 바닥면적의 합계가 500제곱미터 이상인 건축물 　나. 「건축법 시행령」 별표 1 제2호가목 및 나목에 따른 아파트 및 연립주택 　다. 다음의 어느 하나에 해당하는 건축물로서 해당 용도에 사용되는 바닥면적의 합계가 500제곱미터 이상인 건축물 　　1) 「건축법 시행령」 별표 1 제3호다목에 따른 목욕장 　　2) 「건축법 시행령」 별표 1 제13호가목에 따른 놀이형 시설(물놀이를 위하여 실내에 설치된 경우로 한정한다) 및 같은 호 다목에 따른 운동장(실내에 설치된 수영장과 이에 딸린 건축물로 한정한다) 　라. 다음의 어느 하나에 해당하는 건축물로서 해당 용도에 사용되는 바닥면적의 합계가 2천제곱미터 이상인 건축물 　　1) 「건축법 시행령」 별표 1 제2호라목에 따른 기숙사 　　2) 「건축법 시행령」 별표 1 제9호에 따른 의료시설 　　3) 「건축법 시행령」 별표 1 제12호다목에 따른 유스호스텔 　　4) 「건축법 시행령」 별표 1 제15호에 따른 숙박시설 　마. 다음의 어느 하나에 해당하는 건축물로서 해당 용도에 사용되는 바닥면적의 합계가 3천제곱미터 이상인 건축물 　　1) 「건축법 시행령」 별표 1 제7호에 따른 판매시설 　　2) 「건축법 시행령」 별표 1 제10호마목에 따른 연구소 　　3) 「건축법 시행령」 별표 1 제14호에 따른 업무시설
3	지하역사 및 연면적 2천제곱미터 이상인 지하도 상가(연속되어 있는 둘 이상의 지하도 상가의 연면적 합계가 2천제곱미터 이상인 경우를 포함한다)

④ 착공 전 확인 및 사용 전 검사 행정 프로세스

구분	착공 전 확인	사용 전 검사
신청자	기계설비공사 발주자(신청인)	
신청시기	해당 기계설비공사 시작 전	해당 기계설비공사 완료 후 사용 전
신청처	특별자치시장·특별자치도지사·시장·군수·구청장	
제출서류	① 기계설비공사 착공 전 확인신청서 　(규칙 별지 제4호서식) ② 기계설비공사 설계도서 사본 ③ 기계설비설계자 등록증 사본	① 기계설비 사용 전 검사신청서 　(규칙 별지 제7호서식) ② 기계설비공사 준공설계도서 사본 ③ 기계설비 사용 적합 확인서(기계설비기술기준 별지 제1호 서식) ④ 영 제13조제1항 각 호의 검사 결과서(해당하는 경우만 제출)
처리기간	신청 후 14일 이내	

(5) 기계설비 유지관리 기준

① 유지관리교육의 교육과정, 교육대상자 및 교육시기

교육과정	교육대상자	교육시기
가. 신규교육	법 제19조제1항에 따라 선임된 기계설비유지관리자	선임된 날부터 6개월 이내
나. 보수교육	법 제19조제1항에 따라 선임되어 신규교육을 이수하고 업무를 수행하고 있는 기계설비유지관리자	최근에 이수한 유지관리교육의 이수일부터 3년이 지난 날을 기준으로 3개월 이내

② 기계설비 유지관리교육에 관한 업무 위탁기관
  ㉠ 관련 법령 : 기계설비법 시행령 제16조제2항
  ㉡ 위탁기관 : 대한기계설비건설협회

③ 교육과목

가. 기계설비 유지관리 실무 I	나. 기계설비 유지관리 실무 II
① 기계설비 일반 ② 기계설비 운영계획 ③ 기계설비 유지관리점검 ④ 기계설비 관련 법령	① 열원설비 및 냉난방설비 ② 공기조화·공기청정·환기설비 ③ 위생기구·급수·급탕·오배수·통기설비 ④ 자동제어설비 ⑤ 그 밖의 설비

④ 그 밖의 사항

가. 제1호가목의 신규교육은 기계설비유지관리자가 법 제19조제1항에 따라 선임될 때마다 이수해야 한다. 다만, 해당 기계설비유지관리자가 선임된 날을 기준으로 최근 1년 이내에 신규교육 또는 보수교육을 이수한 경우에는 선임에 따른 신규교육을 이수한 것으로 본다.

나. 교육과정별 교육시간은 총 21시간 이상으로 하되, 교육과목의 일부는 온라인 교육으로 실시할 수 있다.

다. 그 밖에 교육과목별 교육시간, 교육내용 및 온라인 교육 대상 교육과목은 국토교통부장관이 정한다. 다만, 국토교통부장관이 법 제20조제2항에 따라 유지관리교육을 위탁한 경우에는 그 위탁받은 관계 기관 및 단체가 정할 수 있다.

⑤ 기계설비유지관리자의 "선임자격"

다른 건축물 등의 기계설비유지관리자로 선임되어 있지 않은 사람으로서 해당 기계설비유지관리자 등급 이상을 보유한 사람을 말함

㉠ 기계설비유지관리자 선임대상 건축물

ⓐ 연면적 1만m^2 이상 건축물(창고시설은 제외)

ⓑ 500세대 이상 공동주택, 300세대 이상 중앙집중식 난방방식의 공동주택

ⓒ 다음 각 목의 건축물 등 중 규모에 해당 건축물(고시에 정하는 건축물)

가. 시설물의 안전 및 유지관리에 관한 특별법 제2조제1호에 따른 시설물

나. 학교시설사업 촉진법 제2조제1호에 따른 학교시설

다. 실내공기질 관리법 제3조제1항제1호에 따른 지하역사 및 지하도상가

라. 중앙행정기관의 장, 지방자치단체의 장 및 그 밖에 국토교통부장관이 정하는 자가 소유하거나 관리하는 건축물 등

ⓛ 기계설비유지관리자의 선임기준(제8조제1항 관련)

구 분	선임 대상	선임 자격	선임 인원
1. 영 제14조제1항 제1호에 해당하는 용도별 건축물	가. 연면적 6만제곱미터 이상	특급 책임기계설비유지관리자	1
		보조기계설비유지관리자	1
	나. 연면적 3만제곱미터 이상 연면적 6만제곱미터 미만	고급 책임기계설비유지관리자	1
		보조기계설비유지관리자	1
	다. 연면적 1만5천제곱미터 이상 연면적 3만제곱미터 미만	중급 책임기계설비유지관리자	1
	라. 연면적 1만제곱미터 이상 연면적 1만5천제곱미터 미만	초급 책임기계설비유지관리자	1
2. 영 제14조제1항 제2호에 해당하는 공동주택	가. 3천세대 이상	특급 책임기계설비유지관리자	1
		보조기계설비유지관리자	1
	나. 2천세대 이상 3천세대 미만	고급 책임기계설비유지관리자	1
		보조기계설비유지관리자	1
	다. 1천세대 이상 2천세대 미만	중급 책임기계설비유지관리자	1
	라. 500세대 이상 1천세대 미만	초급 책임기계설비유지관리자	1
	마. 300세대 이상 500세대 미만으로서 중앙집중식 난방방식(지역난방방식을 포함한다)의 공동주택	초급 책임기계설비유지관리자	1
3. 영 제14조제1항 제3호에 해당하는 건축물 등(같은 항 제1호 및 제2호에 해당하는 건축물은 제외한다.)	영 제14조제1항제3호에 해당하는 건축물 등(같은 항 제1호 및 제2호에 해당하는 건축물은 제외한다.)	건축물의 용도, 면적, 특성 등을 고려하여 국토교통부장관이 정하여 고시하는 기준에 해당하는 초급 책임기계설비유지관리자 또는 보조기계설비유지관리자	1

ⓒ 기계설비유지관리자의 선임 시기

구 분	선임기준일	선임일
신축·증축·개축·재축 및 대수선	해당 건축물 등의 완공일 (「건축법」 등 관계법령에 따라 사용 승인 및 준공인가 등을 받은 날을 말함)	해당 기준일부터 30일 이내 선임
용도 변경	용도변경 사실이 건축물관리대장에 기재된 날	
기계설비유지관리업무 위탁 계약이 해지 또는 종료	기계설비 유지관리업무의 위탁이 끝난 날	
기계설비유지관리자 해임	기계설비유지관리자 해임한 날	

(6) 기계설비 성능점검업

건축물 기계설비의 성능 확보와 효율적 관리를 위하여 기계설비의 점검 및 진단하는 업무

① 기계설비 성능점검업의 등록 요건(제17조제1항 관련)

구 분	요 건		
1. 자본금	1억원 이상일 것		
2. 기술인력	다음 각 목의 기술인력을 모두 갖출 것 　가. 다음의 어느 하나에 해당하는 분야의 특급 책임기계설비유지관리자 1명 　　1)「국가기술자격법」에 따른 건축설비 분야 　　2)「국가기술자격법」에 따른 공조냉동기계 분야 또는 「건설기술 진흥법 시행령」 별표 1에 따른 공조냉동 및 설비 전문분야 　　3)「국가기술자격법」에 따른 에너지관리 분야 　나. 고급 이상인 책임기계설비유지관리자 1명 　다. 중급 이상인 책임기계설비유지관리자 2명		
3. 장비	다음 각 목의 장비를 모두 갖출 것(21가지)		
	적외선 열화상카메라	초음파유량계	디지털압력계
	데이터기록계	연소가스분석기	건습구온도계
	표준온도계	적외선온도계	디지털풍속계
	디지털풍압계	교류전력측정계	조도계
	회전계(R.P.M 측정기)	초음파두께측정기	아들자 캘리퍼스
	이산화탄소(CO_2) 측정기	일산화탄소(CO) 측정기	미세먼지측정기
	누수탐지기	배관 내시경카메라	수질분석기

② 기계설비 성능점검업자는 기계설비 성능점검업을 등록한 사항 중 상호, 대표자, 영업소, 소재지, 기술인력 사항이 변경된 경우에는 변경 사유가 발생한 날부터 30일 이내에 변경등록을 하여야 함

(7) 기계설비 성능점검 시 검토사항

점검 항목	세부 검토사항
1. 기계설비 시스템 검토	① 유지관리지침서의 적정성 ② 기계설비 시스템의 작동 상태 ③ 점검대상 현황표 상의 설계값과 측정값 일치 여부
2. 성능개선 계획 수립	① 기계설비의 내구연수에 따른 노후도 ② 성능점검표에 따른 부적합 및 개선사항 ③ 성능개선 필요성 및 연도별 세부개선계획
3. 에너지사용량 검토	① 냉난방설비 등 분류별 에너지사용량 ② 효율적인 에너지 사용을 위한 설비 운용 방법

제3편 시운전 및 안전관리

chapter 05 출·제·예·상·문·제

I. 고압가스 안전관리법

01. 냉동설비와 1일 냉동능력 1톤의 산정기준에 대한 연결이 바르게 된 것은?
① 원심식 압축기 사용 냉동설비-압축기의 원동기 정격출력 1.2kW
② 원심식 압축기 사용 냉동설비-발생기를 가열하는 1시간의 입열량 3,320kcal
③ 흡수식 냉동설비-압축기의 원동기 정격출력 2.4kW
④ 흡수식 냉동설비-발생기를 가열하는 1시간의 입열량 7,740kcal

👉 ① 원심식 압축기 사용 냉동설비-압축기의 원동기 정격출력 1.2kW
② 흡수식 냉동설비-발생기를 가열하는 1시간의 입열량 6,640kcal
③ 그 외의 냉동설비
$R = \dfrac{V}{C}$ [RT]
여기서, R[RT] : 법정 냉동능력
V[m³/h] : 피스톤 압출량
C : 냉매가스의 종류에 따른 수치

02. 흡수식 냉동설비는 발생기를 가열하는 1시간의 입열량이 몇 kcal인 것을 1일의 냉동능력 1톤으로 보는가?
① 34003　② 5540
③ 6640　④ 7200

👉 01번 해설 참고

03. 고압가스 냉동제조시설에서 냉동능력 2ton 이상의 냉동설비에 설치하는 압력계의 설치 기준으로 틀린 것은?
① 압축기의 토출압력 및 흡입압력을 표시하는 압력계를 보기 쉬운 곳에 설치한다.
② 강제 윤활방식인 경우에는 윤활압력을 표시하는 압력계를 설치한다.
③ 강제 윤활방식인 것은 윤활유 압력에 대한 보호장치가 설치되어 있는 경우 압력계를 설치한다.
④ 발생기에는 냉매가스의 압력을 표시하는 압력계를 설치한다.

👉 ③ 강제 윤활방식인 것은 윤활유 압력에 대한 보호장치가 설치되어 있는 경우 압력계를 설치하지 아니할 수 있다.

04. 고압가스 냉동시설에서 냉동능력의 합산 기준으로 틀린 것은?
① 냉매가스가 배관에 의하여 공통으로 되어 있는 냉동설비
② 냉매계통을 달리하는 2개 이상의 설비가 1개의 규격품으로 인정되는 설비 내에 조립되어 있는 것
③ 1원(元) 이상의 냉동방식에 의한 냉동설비
④ Brine을 공통으로 하고 있는 2 이상의 냉

Answer　[I. 고압가스 안전관리법] 01. ①　02. ③　03. ③　04. ③

동설비
- 2원(元) 이상의 냉동방식에 의한 냉동설비
  [참고] 냉동능력 합산 기준
  ① 냉매배관 공통의 냉동설비
  ② 동일 프레임 위에 조립된 냉동설비
  ③ 이원 냉동설비
  ④ 동력 공통의 냉동설비
  ⑤ Brine 공통의 냉동설비

05. 냉동 용기에 표시된 각인 기호 및 단위로서 틀린 것은?

① 냉동능력 : RT
② 원동기 소요전력 : kW
③ 최고사용압력 : DP
④ 내압 시험압력 : AP

👉 내압 시험압력 : TP(MPa)

06. 냉동기에 반드시 표기하지 않아도 되는 기호는?

① RT   ② DP
③ TP   ④ DT

👉 ① RT : 냉동능력
   ② DP : 최고사용압력
   ③ TP : 내압 시험압력
   ④ DT : 설계온도(저장탱크 및 압력용기에 표시)

07. 냉동제조설비의 안전관리자의 인원에 대한 설명 중 바른 것은?

① 냉동능력 300톤 초과(냉매가 프레온일 경우는 600톤 초과)인 경우 안전관리원은 3명 이상이어야 한다.
② 냉동능력이 100톤 초과 300톤 이하(냉매가 프레온일 경우는 200톤 초과 600톤 이하)인 경우 안전관리원은 1명 이상이어야 한다.
③ 냉동능력 50톤 초과 100톤 이하(냉매가 프레온인 경우 100톤 초과 200톤 이하)인 경우 안전관리총괄자는 없어도 상관없다.
④ 냉동능력 50톤 이하(냉매가 프레온인 경우 100톤 이하)인 경우 안전관리책임자는 없어도 상관없다.

👉 **안전관리자 선임기준**

처리 및 저장능력	안전관리자 인원
냉동능력 300톤 초과(프레온을 냉매로 사용하는 것은 냉동능력 600톤 초과)	안전관리총괄자 : 1인 안전관리책임자 : 1인 안전관리원 : 2인 이상
냉동능력 100톤 초과 300톤 이하(프레온을 냉매로 사용하는 것은 냉동능력 200톤 초과 600톤 이하)	안전관리총괄자 : 1인 안전관리책임자 : 1인 안전관리원 : 1인 이상
냉동능력 50톤 초과 100톤 이하(프레온을 냉매로 사용하는 것은 냉동능력 100톤 초과 200톤 이하)	안전관리총괄자 : 1인 안전관리책임자 : 1인 안전관리원 : 1인 이상
냉동능력 50톤 이하(프레온을 냉매로 사용하는 것은 냉동능력 100톤 이하)	안전관리총괄자 : 1인 안전관리책임자 : 1인

08. 다음 중 냉동제조시설에서 안전관리자의 직무에 해당되지 않은 것은?

① 안전관리 규정의 시행
② 냉동시설 설계 및 시공
③ 사업소의 시설 안전유지
④ 사업소 종사자 지휘 감독

👉 **안전관리자의 직무**
① 사업소 또는 사용신고시설의 시설·용기 또는 작업과정의 안전유지
② 용기 등의 제조공정관리
③ 공급자의 의무이행 확인

Answer 05. ④ 06. ④ 07. ② 08. ②

④ 안전관리규정의 시행 및 그 기록의 작성·보존
⑤ 사업소 또는 사용신고시설의 종사자에 대한 안전관리를 위하여 필요한 지휘·감독

09. 냉동기를 제조하고자 하는 자가 갖추어야 할 제조설비가 아닌 것은
① 프레스 설비　② 조립 설비
③ 용접 설비　④ 도막측정기

> 냉동기 제조 시 갖추어야 할 제조설비
> ① 프레스 설비
> ② 제관설비
> ③ 압력용기의 제조에 필요한 설비 : 성형설비, 세척설비, 열처리로
> ④ 구멍가공기, 외경절삭기, 내경절삭기, 나사전용 가공기 등 공작기계 설비
> ⑤ 전처리 설비 및 부식 방지 도장설비
> ⑥ 건조설비
> ⑦ 용접설비
> ⑧ 조립설비
> ⑨ 그 밖에 제조에 필요한 설비 및 가구

10. 고압가스 안전관리법에 의하여 냉동기를 사용하여 고압가스를 제조하는 자는 안전관리자를 해임하거나, 퇴직한 때에는 지체 없이 이를 허가 또는 신고 관청에 신고하고, 해임 또는 퇴직한 날로부터 며칠 이내에 다른 안전관리자를 선임하여야 하는가?
① 7일　② 10일
③ 20일　④ 30일

> 안전관리자의 선임은 해임 또는 퇴직한 날부터 30일 이내에 다른 안전관리자를 선임해야 한다.

11. 냉동설비에는 안전을 확보하기 위하여 액면계를 설치하여야 한다. 가연성 또는 독성 가스를 냉매로 사용하는 수액기에 사용할 수 없는 액면계는?
① 환형 유리관 액면계
② 정전용량식 액면계
③ 편위식 액면계
④ 회전튜브식 액면계

> 가연성 또는 독성 가스를 냉매로 사용하는 수액기에는 환형 유리관 액면계 외의 액면계를 설치한다.

12. 냉동기의 냉매설비는 진동, 충격, 부식 등으로 냉매가스가 누출되지 않도록 조치하여야 한다. 다음 중 그 조치방법이 아닌 것은?
① 주름관을 사용한 방진 조치
② 냉매설비 중 돌출부위에 대한 적절한 방호 조치
③ 냉매가스가 누출될 우려가 있는 부분에 대한 부식 방지 조치
④ 냉매설비 중 냉매가스가 누출될 우려가 있는 곳에 차단밸브 설치

> 냉매설비 외면 부식에 의하여 냉매가스가 누출될 우려가 있는 곳에 부식 방지를 위한 조치를 하여야 한다.

13. 고압가스 냉동제조시설 중 냉매설비의 안전장치에 대한 설명으로 틀린 것은?
① 파열판은 냉매설비 내의 냉매가스 압력이 이상 상승할 때 판이 파열되어야 한다.
② 파열판의 파열압력은 최고사용압력 이상의 압력으로 하여야 한다.
③ 냉매설비에 파열판과 안전밸브를 부착하는 경우에는 파열판의 파열압력은 안전밸

Answer　09. ④　10. ④　11. ①　12. ④　13. ②

브의 작동압력 이상이어야 한다.
④ 사용하고자 하는 파열판의 파열압력을 확인하고 사용하여야 한다.

☞ ② 파열판의 파열압력은 내압시험압력 이하의 압력으로 한다.

14. 고압가스 냉동제조설비의 시설기준에 대한 설명 중 틀린 것은?
① 가연성 가스의 검지경보장치는 방폭성능을 갖는 것으로 한다.
② 냉매설비의 안전을 확보하기 위하여 액면계를 설치하며 액면계의 상하에는 수동식 및 자동식 스톱밸브를 각각 설치한다.
③ 압력이 상용압력을 초과할 때 압축기의 운전을 정지시키는 고압차단장치를 설치하되 원칙적으로 수동복귀방식으로 한다.
④ 냉매설비에 부착하는 안전밸브는 분리할 수 없도록 단단하게 부착한다.

☞ ④ 냉매설비에 부착하는 안전밸브는 점검 및 보수가 용이한 구조로 한다.

15. 고압가스 냉동제조의 기술기준에 대한 설명으로 옳지 않은 것은?
① 암모니아를 냉매로 사용하는 냉동제조시설에는 제독제로 물을 다량 보유한다.
② 냉동기의 재료는 냉매가스 또는 윤활유 등으로 인한 화학작용에 의하여 약화되어도 상관없는 것으로 한다.
③ 독성가스를 사용하는 내용적이 1만L 이상인 수액기 주위에는 방류둑을 설치한다.
④ 냉동기의 냉매설비는 설계압력 이상의 압력으로 실시하는 기밀시험 및 설계압력의 1.5배 이상의 압력으로 하는 내압시험에 각각 합격한 것이어야 한다.

☞ ② 냉동기의 재료는 냉매가스 또는 윤활유 등으로 인한 화학작용에 의하여 약화되지 않는 재질이어야 한다.

16. 냉동제조의 안전을 위한 설비기준에 대한 설명으로 가장 거리가 먼 것은?
① 냉매설비에는 긴급사태가 발생하는 것을 방지하기 위하여 자동제어장치를 설치할 것
② 독성가스를 사용하는 내용적이 1천L 이상인 수액기 주위에는 액상의 가스가 누출될 경우에 그 유출을 방지하기 위한 조치를 마련할 것
③ 독성가스를 제조하는 시설에는 그 시설로부터 독성가스가 누출될 경우 그 독성가스로 인한 피해를 방지하기 위하여 필요한 조치를 마련할 것
④ 냉동제조시설에는 이상사태가 발생하는 것을 방지하고 이상사태 발생 시 그 확대를 방지하기 위하여 압력계·액면계 등 필요한 부대설비를 설치할 것

☞ ② 독성가스를 사용하는 내용적이 1만L 이상인 수액기 주위에는 액상의 가스가 누출될 경우 그 유출을 방지하기 위한 조치를 마련할 것

17. 냉동제조의 시설 및 기술·검사 기준으로 적당하지 못한 것은?
① 냉동제조설비 중 특정설비는 검사에 합격한 것일 것
② 냉매설비에는 자동제어장치를 설치할 것
③ 냉매설비는 진동, 충격, 부식 등으로 냉매

Answer 14. ④ 15. ② 16. ② 17. ④

가스가 누설되지 않도록 할 것
④ 압축기 최종단에 설치한 안전장치는 2년에 1회 이상 압력시험을 할 것

　압축기 최종단에 설치한 안전장치는 1년에 1회 이상, 그 밖의 안전장치는 2년에 1회 이상 점검을 실시한다.

18. 냉동능력 20톤 이상의 냉동설비의 압력계에 관한 설명 중 틀린 것은?
① 냉매설비에는 압축기의 토출 및 흡입압력을 표시하는 압력계를 부착할 것
② 압축기가 강제 윤활방식인 경우에는 윤활유 압력을 표시하는 압력계를 부착할 것
③ 발생기에는 냉매가스의 압력을 표시하는 압력계를 부착할 것
④ 압력계 눈금판의 최고 눈금 수치는 당해 압력계의 설치 장소에 따른 시설의 기밀시험 압력 이상이고 그 압력의 1배 이하일 것

　냉동설비의 압력계 눈금판은 기밀시험 압력 이상이고, 그 압력의 2배 이하로 하고, 진공부의 눈금이 있는 경우 최저 눈금은 76cmHg로 한다.

19. 냉동용 특정설비 제조시설에서 냉동기 냉매설비에 대하여 실시하는 기밀시험 압력의 기준으로 적합한 것은?
① 설계압력 이상의 압력
② 사용압력 이상의 압력
③ 설계압력의 1.5배 이상의 압력
④ 사용압력의 1.5배 이상의 압력

　냉동기 제조의 기술 기준
냉동기의 냉매설비는 설계압력 이상의 압력으로 실시하는 기밀시험 및 설계압력의 1.5배 이상의 압력으로 하는 내압시험(배관의 경우를 제외)에 각각 합격한 것이어야 한다.

20. 고압가스 냉동제조시설에서 가스설비의 내압 성능을 확인하기 위한 시험압력의 기준은? (단, 기체의 압력으로 내압시험을 하는 경우이다.)
① 설계압력 이상
② 설계압력의 1.25배 이상
③ 설계압력의 1.5배 이상
④ 설계압력의 2배 이상

　고압가스 설비 내압시험 압력
설계압력의 1.5배 이상, 기체의 압력으로 실시할 때는 1.25배 이상

21. 고압가스 일반제조시설에서 고압가스 설비의 내압시험 압력은 상용압력의 몇 배 이상으로 하는가?
① 1　　　　　　② 1.1
③ 1.5　　　　　④ 1.8

　내압시험은 상용압력의 1.5배(공기 등 기체의 압력으로 하는 내압시험은 상용압력의 1.25배) 이상으로 하고, 규정 압력을 유지하는 시간은 5분에서 20분간을 표준으로 한다.

22. 고압가스 냉동제조시설에서 해당 냉동설비의 냉동능력에 대응하는 환기구의 면적을 확보하지 못하는 때에는 그 부족한 환기구 면적에 대하여 냉동능력 1ton 당 얼마 이상의 강제환기장치를 설치해야 하는가?
① 0.05m^3/분　② 1m^3/분
③ 2m^3/분　　④ 3m^3/분

18. ④　19. ①　20. ②　21. ③　22. ③

해당 냉동설비의 냉동능력에 대응하는 환기구의 면적을 갖추지 못하는 때에는 그 부족한 환기구 면적에 대하여 냉동능력 1ton당 2m³/분 이상의 환기능력을 갖는 강제환기장치를 설치한다. 이 경우 강제환기장치는 해당 설비를 설치한 방의 내부와 외부의 어느 쪽에서도 시동 및 정지가 가능한 것으로 한다.

23. 고압가스 냉동기의 발생기는 흡수식 냉동설비에 사용하는 발생기에 관계되는 설계온도가 몇 ℃를 넘는 열교환기를 말하는가?
① 80℃   ② 100℃
③ 150℃   ④ 200℃

발생기란 흡수식 냉동설비에 사용하는 발생기에 관계되는 설계온도가 200℃를 넘는 열교환기 및 이들과 유사한 것을 말한다.

24. 고압가스 제조설비의 기밀시험이나 시운전 시 가압용 고압가스로 부적당한 것은?
① 질소   ② 아르곤
③ 공기   ④ 수소

고압가스 설비와 배관의 기밀시험은 원칙적으로 공기 또는 위험성이 없는 기체의 압력으로 실시한다. 수소는 가연성 가스에 해당하므로 기밀시험용으로 사용할 수 없다.

25. 다음 냉동장치의 여러 시험에 관한 기술 중 타당한 것들로 이루어진 것은?

㉠ 기밀시험에 탄산가스는 이용되지 않는다.
㉡ 기밀시험에 이어서 진공시험을 실시한다.
㉢ 일반적으로 프레온 냉동장치에서 진공 방치시험과 진공 건조시험은 겸해서 한다.
㉣ 기밀시험 압력은 허용압력의 0.8배로 한다.

① ㉠, ㉡, ㉢   ② ㉠, ㉡
③ ㉡, ㉢   ④ ㉡, ㉣

㉠ 기밀시험에 사용하는 압축가스는 공기 또는 불연성 가스 질소, 이산화탄소를 사용하고, 산소 또는 독성 가스를 사용해서는 안 된다(암모니아는 이산화탄소를 피하고, 프레온은 공기를 피한다).
㉣ 기밀시험의 압력은 최소 누설 시 압력의 1.25배 이상의 압력으로 한다.

26. 저온 및 초저온 용기의 취급 시 주의사항으로 틀린 것은?
① 용기는 항상 누운 상태를 유지한다.
② 용기를 운반할 때는 별도 제작된 운반용구를 이용한다.
③ 용기를 물기나 기름이 있는 곳에 두지 않는다.
④ 용기 주변에서 인화성 물질이나 화기를 취급하지 않는다.

용기는 항상 수직상태로 세워져 있어야 하며, 용기를 이동하거나 적재할 경우 굴리거나 충격을 주면 안 된다.

27. 초저온 용기에 대한 정의를 가장 바르게 나타낸 것은?
① 섭씨 영하 50℃ 이하의 액화가스를 충전하기 위한 용기로서 단열재를 씌우거나 냉동설비로 냉각시키는 등의 방법으로 용

Answer 23. ④ 24. ④ 25. ③ 26. ① 27. ①

기 내의 가스온도가 상용온도를 초과하지 않도록 한 용기
② 액화가스를 충전하기 위한 용기로서 단열재로 피복하여 용기 내의 가스온도가 상용 온도를 초과하지 않도록 한 용기
③ 대기압에서 비점이 0℃ 이하인 가스를 사용압력이 0.1MPa 이하의 액체 상태로 저장하기 위한 용기로서 단열재로 피복하여 가스온도가 상용온도를 초과하지 않도록 한 용기
④ 액화가스를 냉동설비로 냉각하여 용기 내의 가스의 온도가 섭씨 영하 70℃ 이하로 유지하도록 한 용기

👉 **초저온 용기**
섭씨 영하 50℃ 이하의 액화가스를 충전하기 위한 용기로서 단열재를 씌우거나 냉동설비로 냉각시키는 등의 방법으로 용기 내의 가스온도가 상용온도를 초과하지 아니하도록 한 것을 말한다.
[참고]
① 저온 용기 : 액화가스를 충전하기 위한 용기로서 단열재를 씌우거나 냉동설비로 냉각시키는 등의 방법으로 용기 내의 가스온도가 상용온도를 초과하지 아니하도록 한 것 중 초저온 용기 외의 것
② 충전 용기 : 고압가스의 충전 질량 또는 충전 압력의 2분의 1 이상이 충전되어 있는 상태의 용기
③ 잔가스 용기 : 고압가스의 충전 질량 또는 충전 압력의 2분의 1 미만이 충전되어 있는 상태의 용기

28. 냉동제조시설이 적합하게 설치 또는 유지·관리되고 있는지 확인하기 위한 검사의 종류가 아닌 것은?
① 중간검사　　② 완성검사
③ 불시검사　　④ 정기검사

👉 **냉동제조시설 검사의 종류**
중간검사, 완성검사, 정기검사, 수시검사

29. 고압가스 냉동제조시설의 자동제어장치에 해당하지 않는 것은?
① 저압 차단장치
② 과부하 보호장치
③ 자동급수 및 살수장치
④ 단수 보호장치

👉 **자동제어장치의 설치**
① 고압 차단장치 : 압축기의 고압측 압력이 상용 압력을 초과할 때에 압축기의 운전 정지
② 저압 차단장치 : 개방형 압축기인 경우 저압측 압력이 상용 압력보다 이상 저하할 때 압축기 운전 정지
③ 강제 윤활장치를 갖는 개방형 압축기는 윤활유 압력이 운전에 지장을 주는 상태에 이르는 압력까지 저하할 때 압축기를 정지하는 장치
④ 압축기를 구동하는 동력장치의 과부하 보호장치
⑤ 셸형 액체 냉각기인 경우는 액체의 동결 방지장치
⑥ 수냉식 응축기인 경우 냉각수 단수 보호장치
⑦ 공랭식 응축기 및 증발식 응축기인 경우는 해당 응축기용 송풍기가 운전되지 않는 한 압축기가 운전되지 않도록 하는 연동장치
⑧ 난방용 전열기를 내장한 에어컨 또는 이와 유사한 전열기를 내장한 냉동설비에서의 과열 방지장치

30. 독성 가스를 냉매로 하는 냉동설비에서 수액기에 대한 방류둑 설치 기준은 몇 L 이상인가?

Answer　28. ③　29. ③　30. ②

① 내용적 5000   ② 내용적 10000
③ 내용적 15000   ④ 내용적 20000

👉 방류둑은 저장탱크 내의 액체가 누설될 경우 다른 곳으로 유출되는 것을 방지하기 위하여 설치하며 독성 가스를 냉매로 사용하는 경우 수액기 내용적이 10,000L 이상인 곳에 설치한다.

31. 냉동설비에 설치된 수액기의 방류둑 용량에 관한 설명으로 옳은 것은?

① 방류둑 용량은 설치된 수액기 내용적의 90% 이상으로 할 것
② 방류둑 용량은 설치된 수액기 내용적의 80% 이상으로 할 것
③ 방류둑 용량은 설치된 수액기 내용적의 70% 이상으로 할 것
④ 방류둑 용량은 설치된 수액기 내용적의 60% 이상으로 할 것

👉 냉동설비의 방류둑 용량은 수액기 내용적의 90% 이상으로 해야 한다.

32. 고압가스 안전관리법령에 따라 ( ) 안의 내용으로 옳은 것은?

> "충전용기"란 고압가스의 충전질량 또는 충전압력의 (㉠)이 충전되어 있는 상태의 용기를 말한다.
> "잔가스용기"란 고압가스의 충전질량 또는 충전압력의 (㉡)이 충전되어 있는 상태의 용기를 말한다.

① ㉠ 2분의 1 이상, ㉡ 2분의 1 미만
② ㉠ 2분의 1 초과, ㉡ 2분의 1 이하
③ ㉠ 5분의 2 이상, ㉡ 5분의 2 미만
④ ㉠ 5분의 2 초과, ㉡ 5분의 2 이하

👉 고압가스 안전관리법 시행규칙 제2조(정의)
① "충전용기"란 고압가스의 충전질량 또는 충전압력의 2분의 1 이상이 충전되어 있는 상태의 용기를 말한다.
② "잔가스용기"란 고압가스의 충전질량 또는 충전압력의 2분의 1 미만이 충전되어 있는 상태의 용기를 말한다.

33. 고압가스 안전관리법령에 따라 고압가스 중 냉동제조 허가의 대상범위는 다음과 같다. ( ) 안의 내용으로 옳은 것은?

> 1일의 냉동능력(이하 "냉동능력"이라 한다)이 ( ) 이상(가연성 가스 또는 독성 가스 외의 고압가스를 냉매로 사용하는 것으로서 산업용 및 냉동·냉장용인 경우에는 50톤 이상, 건축물의 냉·난방용인 경우에는 100톤 이상)인 설비를 사용하여 냉동을 하는 과정에서 압축 또는 액화의 방법으로 고압가스가 생성되게 하는 것. 다만, 다음 각 목의 어느 하나에 해당하는 자가 그 허가받은 내용에 따라 냉동제조를 하는 것은 제외한다.

① 3톤   ② 5톤
③ 10톤   ④ 20톤

👉 고압가스 안전관리법 시행령 제3조(고압가스 제조허가 등의 종류 및 기준 등) 제1항4호

34. 고압가스 안전관리법령에서 규정하는 냉동기 제조 등록을 하는 냉동기의 기준은 얼마인가?

① 냉동능력 3톤 이상인 냉동기
② 냉동능력 5톤 이상인 냉동기
③ 냉동능력 8톤 이상인 냉동기

Answer 31. ① 32. ① 33. ④ 34. ①

④ 냉동능력 10톤 이상인 냉동기

> **고압가스 안전관리법 시행령 제5조(용기 등의 제조등록)**
> 냉동기 제조 : 냉동능력이 3톤 이상인 냉동기를 제조하는 것

35. 다음 중 고압가스 안전관리법령에 따라 500만원 이하의 벌금 기준에 해당되는 경우는?

> ㉠ 고압가스를 제조하려는 자가 신고를 하지 아니하고 고압가스를 제조한 경우
> ㉡ 특정고압가스 사용신고자가 특정고압가스의 사용 전에 안전관리자를 선임하지 않은 경우
> ㉢ 고압가스의 수입을 업(業)으로 하려는 자가 등록을 하지 아니하고 고압가스 수입업을 한 경우
> ㉣ 고압가스를 운반하려는 자가 등록을 하지 아니하고 고압가스를 운반한 경우

① ㉠　　② ㉠, ㉡
③ ㉠, ㉡, ㉢　　④ ㉠, ㉡, ㉢, ㉣

> **고압가스 안전관리법 제39조(벌칙)**
> ㉢, ㉣의 경우 2년 이하의 징역 또는 2천만원 이하의 벌금 대상

36. 아래 표는 암모니아 냉매설비 운전을 위한 안전관리 절차서에 대한 설명이다. 이 중 틀린 내용은?

> ㉠ 노출 확인 절차서 : 반드시 호흡용 보호구를 착용한 후 감지기를 이용하여 공기 중 암모니아 농도를 측정한다.
> ㉡ 노출로 인한 위험관리 절차서 : 암모니아가 노출되었을 때 호흡기를 보호할 수 있는 호흡 보호 프로그램을 수립하여 운영하는 것이 바람직하다.
> ㉢ 근로자 작업 확인 및 교육 절차서 : 암모니아 설비가 밀폐된 곳이나 외진 곳에 설치된 경우, 해당 지역에 근로자 작업을 할 때에는 다음 중 어느 하나에 의해 근로자의 안전을 확인할 수 있어야 한다.
> 　(가) CCTV 등을 통한 육안 확인
> 　(나) 무전기나 전화를 통한 음성 확인
> ㉣ 암모니아 설비 및 안전설비의 유지관리 절차서 : 암모니아 설비 주변에 설치된 안전대책의 작동 및 사용 가능여부를 최소한 매년 1회 확인하고 점검하여야 한다.

① ㉠　　② ㉡
③ ㉢　　④ ㉣

> ㉣ 암모니아 설비 주변에 설치된 안전대책의 작동 및 사용 가능여부를 최소한 분기별로 1회 확인하고 점검하여야 한다.

37. 고압가스안전관리법령에 따라 "냉매로 사용되는 가스 등 대통령령으로 정하는 종류의 고압가스"는 품질기준으로 고시하여야 하는데, 목적 또는 용량에 따라 고압가스에서 제외될 수 있다. 이러한 제외 기준에 해당되는 경우로 모두 고른 것은?

> ㉠ 수출용으로 판매 또는 인도되거나 판매 또는 인도될 목적으로 저장·운송 또는 보관되는 고압가스

Answer 35. ② 36. ④ 37. ①

ⓒ 시험용 또는 연구개발용으로 판매 또는 인도되거나 판매 또는 인도될 목적으로 저장·운송 또는 보관되는 고압가스(해당 고압가스를 직접 시험하거나 연구 개발하는 경우만 해당한다.)
ⓒ 1회 수입되는 양이 400킬로그램 이하인 고압가스

① ㉠, ㉡   ② ㉠, ㉢
③ ㉡, ㉢   ④ ㉠, ㉡, ㉢

☞ **고압가스 품질기준 고시 제외 기준**
1. 수출용으로 판매 또는 인도되거나 판매 또는 인도될 목적으로 저장·운송 또는 보관되는 고압가스
2. 시험용 또는 연구개발용으로 판매 또는 인도되거나 판매 또는 인도될 목적으로 저장·운송 또는 보관되는 고압가스(해당 고압가스를 직접 시험하거나 연구 개발하는 경우만 해당한다.)
3. 1회 수입되는 양이 40킬로그램 이하인 고압가스

38. 고압가스 안전관리법령에 따라 일체형 냉동기의 조건으로 틀린 것은?

① 냉매설비 및 압축기용 원동기가 하나의 프레임 위에 일체로 조립된 것
② 냉동설비를 사용할 때 스톱밸브 조작이 필요한 것
③ 응축기 유닛 및 증발 유닛이 냉매배관으로 연결된 것으로 하루 냉동능력이 20톤 미만인 공조용 패키지 에어컨
④ 사용 장소에 분할 반입하는 경우에는 냉매설비에 용접 또는 절단을 수반하는 공사를 하지 않고 재조립하여 냉동제조용으로 사용할 수 있는 것

☞ ② 냉동설비를 사용할 때 스톱밸브 조작이 필요 없는 것

39. 냉동기 제품의 성능 기준으로 틀린 것은?

① 주름관을 사용한 방진조치
② 냉매설비 중 돌출부위에 대한 적절한 방호 조치
③ 냉매가스가 누출될 우려가 있는 부분에 대한 부식 방지 조치
④ 냉매설비 중 냉매가스가 누출될 우려가 있는 곳에 차단밸브 설치

☞ **냉동기의 제품 성능의 기준**
냉매설비에는 진동·충격 및 부식 등으로 냉매가스가 누출되지 않도록 필요한 조치를 해야 한다.
① 진동 방지 성능 : 진동에 의하여 냉매가스가 누출될 우려가 있는 부분에 대하여는 주름관을 사용하는 등 방진조치를 한다.
② 파손 방지 성능 : 냉매설비의 돌출부 등 충격에 의하여 쉽게 파손되어 냉매가스가 누출될 우려가 있는 부분에 대하여는 적절한 방호조치를 한다.
③ 부식 방지 성능 : 냉매설비의 외면의 부식에 의하여 냉매가스가 누출될 우려가 있는 부분에 대하여는 부식 방지 조치를 한다.

40. 안전밸브의 선정 절차에서 가장 먼저 검토하여야 하는 것은?

① 기타 밸브 구동기 선정
② 해당 메이커의 자료 확인
③ 밸브 용량계수값 확인
④ 통과 유체 확인

☞ 안전밸브 선정을 위해 유체의 특성(급격한 압력 상승, 독성 배출 물질, 안전밸브 기능 저하 물질 등)을 가장 먼저 검토해야 한다.

Answer 38. ② 39. ④ 40. ④

41. 고압가스 냉동기 제조의 시설에서 냉매가스가 통하는 부분의 설계압력 설정에 대한 설명으로 틀린 것은?

① 보통의 운전상태에서 응축온도가 65℃를 초과하는 냉동설비는 그 응축온도에 대한 포화증기 압력을 그 냉동설비의 고압부 설계압력으로 한다.
② 냉매설비의 저압부가 항상 저온으로 유지되고 또한 냉매가스의 압력이 0.4MPa 이하인 경우에는 그 저압부의 설계압력을 0.8MPa로 할 수 있다.
③ 보통의 상태에서 내부가 대기압 이하로 되는 부분에는 압력이 0.1MPa을 외압으로 하여 걸리는 설계압력으로 한다.
④ 냉매설비의 주위 온도가 항상 40℃를 초과하는 냉매설비 등의 저압부 설계압력은 그 주위 온도의 최고온도에서의 냉매가스의 평균압력 이상으로 한다.

④ 냉매설비의 주위 온도가 항상 40℃를 초과하는 냉매설비 등의 저압부 설계압력은 그 주위 온도의 최고온도에서의 냉매가스의 포화압력 이상으로 한다.

42. 고압가스 냉동제조설비의 냉매설비에 설치하는 자동제어장치의 설치 기준으로 틀린 것은?

① 압축기의 고압측 압력이 상용압력을 초과하는 때에 압축기의 운전을 정지하는 고압차단장치를 설치한다.
② 개방형 압축기에서 저압측 압력이 상용압력보다 이상 저하할 때 압축기의 운전을 정지하는 저압차단장치를 설치한다.
③ 압축기를 구동하는 동력장치에 과열방지장치를 설치한다.
④ 셸형 액체 냉각기에 동결방지장치를 설치한다.

③ 압축기를 구동하는 동력장치에 과부하 보호장치를 설치한다.

43. 고압가스 안전보건법령에 따른 벌칙 규정 중 2년 이하의 징역 또는 2천만원 이하의 벌금에 해당하지 않는 것은?

① 허가를 받지 아니하고 고압가스를 제조한 자
② 허가를 받지 아니하고 저장소를 설치하거나 고압가스를 판매한 자
③ 안전점검을 실시하지 아니한 자 또는 시설시준과 기술기준을 위반한 자
④ 기준에 따르지 아니하고 굴착작업을 한 자

고압가스 안전관리법 제40조제3호
③ 안전점검을 실시하지 아니한 자 또는 시설기준과 기술기준을 위반한 자 : 1년 이하의 징역 또는 1천만원 이하의 벌금

44. 고압가스 안전관리법령상 냉동기의 제조 시 갖추어야 할 제조설비에 해당하지 않는 것은?

① 건조설비 ② 프레스 설비
③ 제관설비 ④ 소방설비

냉동기 제조 시 갖추어야 할 제조설비
① 프레스 설비
② 제관설비
③ 압력용기의 제조에 필요한 설비 : 성형설비, 세척설비, 열처리로
④ 구멍가공기, 외경절삭기, 내경절삭기, 나사전용 가공기 등 공작기계 설비
⑤ 전처리설비 및 부식방지 도장설비

41. ④ 42. ③ 43. ③ 44. ④

⑥ 건조설비
⑦ 용접설비
⑧ 조립설비
⑨ 그 밖에 제조에 필요한 설비 및 가구

45. 고압가스 안전관리법령상 냉동기의 제조 시 갖추어야 할 제조설비에 해당하지 않는 것은?

① 세척설비 ② 프레스 설비
③ 제관설비 ④ 용접설비

☞ 44번 해설 참조

46. 고압가스 안전관리법령상 냉동기의 제조 시 갖추어야 할 제조설비에 해당하지 않는 것은?

① 프레스 설비 ② 조립 설비
③ 용접 설비 ④ 도막측정기

☞ 44번 해설 참조

47. 고압가스 안전관리법령에 따라 고압가스 제조시설에 대한 정밀안전검진의 실시기관은?

① 한국가스안전공사
② 한국에너지공단
③ 한국산업인력공단
④ 한국가스공사

☞ 정밀안전검진의 실시기관
① 한국가스안전공사
② 한국산업안전보건공단

48. 고압가스 안전관리법령에 따라 고압가스 제조신고대상 중 냉동제조신고 대상범위는 다음과 같다. ( ) 안의 내용으로 옳은 것은?

냉동능력이 3톤 이상 ( )톤 미만(가연성가스 또는 독성가스 외의 고압가스를 냉매로 사용하는 것으로서 산업용 및 냉동·냉장용인 경우에는 20톤 이상 50톤 미만, 건축물의 냉·난방용인 경우에는 20톤 이상 100톤 미만)인 설비를 사용하여 냉동을 하는 과정에서 압축 또는 액화의 방법으로 고압가스가 생성되게 하는 것. 다만, 다음 각 목의 어느 하나에 해당하는 자가 그 허가받은 내용에 따라 냉동 제조를 하는 것은 제외한다.

① 3톤 ② 5톤
③ 10톤 ④ 20톤

☞ 고압가스 안전관리법 시행령 제4조(고압가스 제조의 신고대상)
냉동능력이 3톤 이상 20톤 미만인 설비를 사용하여 냉동을 하는 과정에서 압축 또는 액화의 방법으로 고압가스가 생성되게 하는 것

49. 고압가스 안전관리법령에 따라 정밀안전검진을 실시하여야 하는 노후기기는 완성검사증명서를 받은 날부터 몇 년이 경과한 시설인가?

① 5년 ② 10년
③ 15년 ④ 20년

☞ 고압가스 안전관리법 시행규칙 제33조에 따라 15년이 경과한 시설이 정밀안전검진대상이다.

50. 고압가스 안전관리법령에 따르면 안전성향상계획에 대한 한국가스안전공사의 의견을 듣고자 하는 자는 안전성향상계획 심사신청서를 한국가스안전공사에 제출하여야 한다.

Answer 45. ① 46. ④ 47. ① 48. ④ 49. ③ 50. ④

시운전 및 안전관리

다음 중 안전성향상계획 심사신청서에 포함되어야 할 내용이 아닌 것은?
① 안전성 평가서   ② 비상조치계획
③ 안전운전계획   ④ 성능점검표

☞ **안전성향상계획의 내용**
① 공정안전 자료   ② 안정성 평가서
③ 안전운전계획   ④ 비상조치계획

51. 다음은 고압가스제조자의 정밀안전검진에 대한 설명이다. ㉠에 공통으로 들어갈 말로 알맞은 것은?

> 고압가스제조자는 고압가스제조시설로서 (㉠)으로 정하는 종류와 규모에 해당되는 노후시설에 대하여 가스안전관리 전문기관으로서 대통령령으로 정하는 기관으로부터 4년의 범위에서 (㉠)으로 정하는 기간마다 정밀안전검진을 정기적으로 받아야 한다.

① 대통령령
② 산업통상자원부령
③ 행정안전부령
④ 과학기술정보통신부령

☞ 고압가스 안전관리법 제16조의 3(정밀안전검진의 실시)

---

51. ②

제3편 시운전 및 안전관리

II. 산업안전보건법

01. 산업안전보건법령에 따라 사업주가 보일러의 폭발 사고를 예방하기 위하여 유지·관리하여야 할 안전장치가 아닌 것은?

① 압력방호판
② 화염검출기
③ 압력방출장치
④ 고·저수위 조절장치

☞ **보일러 안전장치의 종류**
압력방출장치, 압력제한스위치(온도제한스위치), 고·저수위 조절장치, 화염검출기

02. 사업주가 보일러의 폭발사고예방을 위하여 기능이 정상적으로 작동될 수 있도록 유지·관리할 대상이 아닌 것은?

① 과부하방지장치
② 압력방출장치
③ 압력제한스위치
④ 고·저수위 조절장치

☞ 01번 해설 참고

03. 산업안전보건법령상 보일러 방호장치로 거리가 가장 먼 것은?

① 고·저수위 조절장치
② 아우트리거
③ 압력방출장치
④ 압력제한스위치

☞ 01번 해설 참고

04. 다음 중 보일러 운전 시 안전수칙으로 가장 적절하지 않은 것은?

① 가동 중인 보일러에는 작업자가 항상 정위치를 떠나지 아니할 것
② 보일러의 각종 부속장치의 누설상태를 점검할 것
③ 압력방출장치는 매 7년마다 정기적으로 작동시험을 할 것
④ 노 내의 환기 및 통풍장치를 점검할 것

☞ ③ 압력방출장치는 매 1년마다 정기적으로 작동시험을 할 것

05. 산업안전보건법령상 보일러 수위가 이상현상으로 인해 위험수위로 변하면 작업자가 쉽게 감지할 수 있도록 경보등, 경보음을 발하고 자동적으로 급수 또는 단수되어 수위를 조절하는 방호장치는?

① 압력방출장치
② 고·저수위 조절장치
③ 압력제한스위치
④ 과부하방지장치

☞ **고·저수위 조절장치**
보일러의 이상 수위에 의한 사고를 미연에 방지하기 위해 설치하는 장치로, 고·저수위를 알리는 경보등·경보음 장치 등을 설치하여 자동급수 또는 단수가 되어 수위를 조절하는 장치로 플로트식, 전극식, 차압식 등이 있다.

06. 산업안전보건법령상 보일러의 압력방출장치가 2개 설치된 경우 그 중 1개는 최고사용압력 이하에서 작동된다고 할 때 다른 압력방출장치는 최고사용압력의 최대 몇 배 이하에서 작동되도록 하여야 하는가?

① 0.5
② 1
③ 1.05
④ 2

Answer [II. 산업안전보건법] 01. ① 02. ① 03. ② 04. ③ 05. ② 06. ③

압력방출장치가 2개 이상 설치된 경우에는 최고사용압력 이하에서 1개가 작동되고, 다른 압력방출장치는 최고사용압력 1.05배 이하에서 작동되도록 부착하여야 한다.

07. 상용운전압력 이상으로 압력이 상승할 경우 보일러의 파열을 방지하기 위하여 버너의 연소를 차단하여 정상압력으로 유도하는 장치는?

① 압력방출장치
② 고·저수위 조절장치
③ 압력제한스위치
④ 통풍제어스위치

압력제한스위치
보일러의 안전한 가동(보일러의 과열 및 파열 방지 등)을 위하여 최고사용압력과 상용압력 사이에서 보일러의 버너 연소를 차단할 수 있도록 압력제한스위치를 부착하여 사용하여야 한다.

08. 보일러에서 폭발사고를 미연에 방지하기 위해 화염 상태를 검출할 수 있는 장치가 필요하다. 이 중 바이메탈을 이용하여 화염을 검출하는 것은?

① 플레임 아이
② 스택 스위치
③ 전자 개폐기
④ 플레임 로드

① 플레임 아이 : 화염의 발광체(방사선, 적외선, 자외선)를 이용하여 검출
② 스택 스위치 : 바이메탈의 신축성을 이용하여 화염 상태를 검출하며 버너의 용량이 가장 큰 곳에 사용
④ 플레임 로드 : 가스의 이온화(전기전도성)를 이용하여 검출하며 가스 점화 버너에 이용

09. 보일러 부하의 급변, 수위의 과상승 등에 의해 수분이 증기와 분리되지 않아 보일러 수면이 심하게 솟아올라 올바른 수위를 판단하지 못하는 현상은?

① 프라이밍
② 모세관
③ 워터해머
④ 역화

② 모세관 현상 : 액체 속에 모세관을 세우면 관 내의 액면이 관 외부의 자유표면보다 높아지거나 낮아지는 현상
③ 워터해머(수격현상) : 관 속에 유체가 꽉 찬 상태로 흐를 때 관 속 액체의 속도를 급격하게 변화시키면 액체에 압력변화가 생겨 관 내에 순간적인 충격압과 진동이 발생하는 현상
④ 역화 : 가스 절단이나 용접에서 사용하는 토치의 화구로부터 불꽃이 돌발적으로 역행하는 현상

10. 다음 중 산업안전보건법령상 보일러 및 압력용기에 관한 사항으로 틀린 것은?

① 공정안전보고서 제출대상으로서 이행상태 평가결과가 우수한 사업장의 경우 보일러의 압력방출장치에 대하여 8년에 1회 이상으로 설정압력에서 압력방출장치가 적정하게 작동하는지 검사할 수 있다.
② 보일러의 안전한 가동을 위하여 보일러 규격에 맞는 압력방출장치를 1개 이상 설치하고 최고사용압력 이하에서 작동되도록 하여야 한다.
③ 보일러의 과열을 방지하기 위하여 최고사용압력과 상용압력 사이에서 보일러의 버너 연소를 차단할 수 있도록 압력제한스위치를 부착하여 사용하여야 한다.
④ 압력용기에서는 이를 식별할 수 있도록 하기 위하여 그 압력용기의 최고사용압

Answer 07. ③ 08. ② 09. ① 10. ①

력, 제조연월일, 제조회사명이 지워지지 않도록 각인(刻印) 표시된 것을 사용하여야 한다.

👉 ① 공정안전보고서 제출 대상으로서 이행상태 평가결과가 우수한 사업장의 경우 보일러의 압력방출장치에 대하여 4년에 1회 이상으로 설정압력에서 압력방출장치가 적정하게 작동하는지 검사할 수 있다.

11. 산업안전보건법령상 냉동·냉장 창고시설 건설공사에 대한 유해위험방지계획서를 제출해야 하는 대상시설의 연면적 기준은 얼마인가?
① 3천제곱미터 이상
② 4천제곱미터 이상
③ 5천제곱미터 이상
④ 6천제곱미터 이상

👉 **유해위험방지계획서 제출 대상**
연면적 5천제곱미터 이상인 냉동·냉장 창고시설의 건설공사, 설비공사 및 단열공사

12. 산업안전보건법령상 유해·위험 방지를 위한 방호조치가 필요한 기계·기구에 해당하는 것은?
① 응축기   ② 저장탱크
③ 공기압축기   ④ 냉각기

👉 **유해·위험 방지를 위한 방호조치가 필요한 기계·기구**
① 예초기   ② 원심기
③ 공기압축기   ④ 금속절단기
⑤ 지게차
⑥ 포장기계(진공포장기, 래핑기로 한정)

13. 산업안전보건법령상 사업주는 다음 중 어느 하나에 해당하는 위험으로 인한 산업재해를 예방하기 위한 필요한 조치 중 가장 거리가 먼 것은?
① 기계·기구, 그 밖의 설비에 의한 위험
② 폭발성, 발화성 및 인화성 물질 등에 의한 위험
③ 전기, 열, 그 밖의 에너지에 의한 위험
④ 방사선·유해광선·고온·저온·초음파·소음·진동·이상기압 등에 의한 건강장해

👉 ④번은 건강장해를 예방하기 위하여 필요한 조치(보건조치)이다.

14. 산업안전보건법령상 안전관리자의 업무가 아닌 것은?
① 업무 수행 내용의 기록
② 산업재해에 관한 통계의 유지·관리·분석을 위한 보좌 및 지도·조건
③ 안전교육계획의 수립 및 안전교육 실시에 관한 보좌 및 지도·조언
④ 작업장 내에서 사용되는 전체 환기장치 및 국소배기장치 등에 관한 설비의 점검

👉 **안전관리의 업무**
1. 안전보건관리규정 및 취업규칙에서 정한 업무
2. 위험성평가에 관한 보좌 및 지도·조언
3. 안전인증대상기계 등과 자율안전확인대상기계 등 구입 시 적격품의 선정에 관한 보좌 및 지도·조언
4. 해당 사업장 안전교육계획의 수립 및 안전교육 실시에 관한 보좌 및 지도·조언
5. 사업장 순회점검, 지도 및 조치 건의
6. 산업재해 발생의 원인 조사·분석 및 재발 방지를 위한 기술적 보좌 및 지도·조언
7. 산업재해에 관한 통계의 유지·관리·분석

Answer 11. ③ 12. ③ 13. ④ 14. ④

을 위한 보좌 및 지도·조언
8. 법 또는 법에 따른 명령으로 정한 안전에 관한 사항의 이행에 관한 보좌 및 지도·조언
9. 업무 수행 내용의 기록·유지
10. 그 밖에 안전에 관한 사항으로서 고용노동부장관이 정하는 사항

15. 암모니아 설비 및 안전설비의 유지관리 절차로 옳지 않은 것은?

① 암모니아 설비 주변에 설치된 안전대책을 주기적으로 점검하고 작동여부를 확인하여야 한다.
② 암모니아 설비 주변에 설치된 안전대책의 작동 및 사용 가능여부를 연 1회 확인하고 점검하여야 한다.
③ 암모니아 열교환기 및 주변 설비의 유지보수는 반드시 작업계획을 수립하여 작업허가를 받은 후에 시행되어야 한다.
④ 암모니아 설비 주변의 안전대책에는 모니터, 감지설비, 경보설비, 무전기, 응급조치함 등이 포함되어야 한다.

☞ ② 암모니아 설비 주변에 설치된 안전대책의 작동 및 사용 가능여부를 최소한 분기별로 1회 확인하고 점검하여야 한다.

16. 암모니아 냉매설비 운전 시 암모니아 노출 확인 절차로 옳지 않은 것은?

① 암모니아 냄새가 날 경우에는 냄새지역을 벗어나 감독자에게 알려야 한다.
② 호흡용 보호구를 착용한 후 감지기를 이용하여 공기 중 암모니아 농도를 측정한다.
③ pH 시험지를 물에 적셔 누출지역을 먼저 확인하고 난 후, 새로운 시험지를 이용하여 누출지점을 찾아낸다.
④ 누출지역을 확인한 후, 감독자나 동료가 현장에 도착하기 전에라도 누출을 멈추기 위해 지속적으로 조치를 취해야 한다.

☞ ④ 누출지역을 확인한 후, 감독자나 동료가 현장에 도착하기 전까지는 누출을 멈추기 위한 어떤 시도도 하지 말아야 한다.

17. 산업안전보건법령에 따른 안전관리자에 대한 설명으로 적절하지 않은 것은?

① 산업안전지도사 자격을 가진 사람은 안전관리자가 될 수 있다.
② 전기사업자가 선임하는 전기안전관리자는 안전관리자가 될 수 없다.
③ 300인 미만 사업장의 경우 필수인력 선임을 안전(보건)관리 전문기관에 위탁할 수 있다.
④ 상시 근로자 100명 이상인 사업장은 안전관리자를 선임해야 한다.

☞ ④ 상시 근로자 50인 이상인 사업장은 법정자격을 가진 안전관리자를 선임해야 한다.

18. 다음 중 유해위험방지계획서를 작성 제출하여야 하는 경우가 아닌 것은?

① 해당 제품의 생산 공정과 직접적으로 관련된 건설물·기계·기구 및 설비 등 전부를 설치하려는 경우
② 대통령령으로 정하는 크기, 높이 등에 해당하는 건설공사를 착공하려는 경우
③ 유해하거나 위험한 작업 또는 장소에서 사용하거나 건강장해를 방지하기 위하여 사용하는 기계·기구 및 설비의 외관을

Answer 15. ② 16. ④ 17. ④ 18. ③

도색하는 경우

④ 해당 제품의 생산 공정과 직접적으로 관련된 건설물·기계·기구 및 설비 등 전부를 이전하려는 경우

☞ ③ 유해하거나 위험한 작업 또는 장소에서 사용하거나 건강장해를 방지하기 위하여 사용하는 기계·기구 및 설비의 주요 구조부분을 변경하려는 경우에 유해위험계획서를 작성·제출하여야 한다.

19. 재해예방의 기본적 자세로 가장 거리가 먼 것은?

① 사고는 우연의 법칙에 의하여 반복적으로 발생할 수 있다.
② 재해는 사고발생의 예방대책보다 우연적 손실의 반복이 더 크게 작용해야 한다.
③ 재해는 원칙적으로 모두 예방이 가능하다. 이를 위한 과학적이고 체계적인 관리가 중요하다.
④ 모든 재해는 필연적 원인에 의해 발생하므로 조속한 예방대책이 실시되어야 한다.

☞ ② 재해는 우연적인 손실의 방지보다는 사전에 예방하는 것이 중요하다.

20. 다음 중 산업안전보건법령에서 규정하는 중대재해에 해당하는 것은?

① 1개월 이상의 요양이 필요한 부상자가 동시에 2명 이상 발생한 재해
② 3개월 이상의 요양이 필요한 부상자가 동시에 2명 이상 발생한 재해
③ 6개월 이상의 요양이 필요한 부상자가 동시에 2명 이상 발생한 재해
④ 부상자 또는 직업성 질병자가 동시에 5명 이상 발생한 재해

☞ **중대재해의 범위**
① 사망자가 1명 이상 발생한 재해
② 3개월 이상의 요양이 필요한 부상자가 동시에 2명 이상 발생한 재해
③ 부상자 또는 직업성 질병자가 동시에 10명 이상 발생한 재해

21. 산업안전보건법령상 안전검사 대상기계가 아닌 것은?

① 리프트
② 압력용기
③ 컨베이어
④ 이동식 국소 배기장치

☞ 국소 배기장치 중 이동식은 안전검사 대상에서 제외한다.

22. 산업안전보건법령상 안전관리자를 2인 이상 선임하여야 하는 사업이 아닌 것은? (단, 기타 법령에 관한 사항은 제외한다.)

① 상시 근로자가 500명인 통신업
② 상시 근로자가 700명인 발전업
③ 상시 근로자가 600명인 식료품 제조업
④ 공사금액이 1000억이며 공사진행률(공정률) 20%인 건설업

☞ 상시 근로자가 500명인 통신업은 안전관리자를 1명 이상 선임하여야 한다.

Answer 19. ② 20. ② 21. ④ 22. ①

III. 기계설비법

01. 기계설비법령에서 규정하고 있는 기계설비의 범위에 해당되지 않는 것은?
① 우수배수설비
② 플랜트 설비
③ 가스설비
④ 오수정화·물재이용 설비

👉 **기계설비의 범위**
열원설비, 냉난방설비, 공기조화·공기청정·환기설비, 위생기구·급수·급탕·오배수·통기설비, 오수정화·물재이용설비, 우수배수설비, 보온설비, 덕트설비, 자동제어설비, 방음·방진·내진설비, 플랜트설비, 특수설비

02. 기계설비법령에 따라 기계설비 발전 기본계획은 몇 년마다 수립·시행하여야 하는가?
① 1 ② 2
③ 3 ④ 5

👉 **기계설비 발전 기본계획의 수립**
국토교통부장관은 기계설비산업의 육성과 기계설비의 효율적인 유지관리 및 성능확보를 위하여 다음 각 호의 사항이 포함된 기계설비 발전 기본계획을 5년마다 수립·시행하여야 한다.

03. 기계설비법령에 따라 기계설비 유지관리교육에 관한 업무를 위탁받아 시행하는 기관은?
① 한국기계설비건설협회
② 대한기계설비건설협회
③ 한국공작기계산업협회
④ 한국건설기계산업협회

👉 **기계설비 유지관리교육에 관한 업무 위탁기관**
① 관련법령 : 기계설비법 시행령 제16조제2항
② 위탁기관 : 대한기계설비건설협회

04. 기계설비법령에 따라 전문인력 양성기관의 교육시설 및 인력 요건에 관한 세부기준 중 알맞지 않은 것은?
① 전용면적이 60제곱미터 이상인 강의실을 하나 이상 갖출 것
② 실습을 위한 장비가 갖추어진 실습장을 하나 이상 갖출 것
③ 전문인력의 양성과 자질 향상을 위한 교육훈련을 운영할 수 있는 전문 교수요원을 1명 이상 갖출 것
④ 전문인력의 양성과 자질 향상을 위한 교육훈련을 운영·관리하는 전담 관리자를 1명 이상 갖출 것

👉 ① 전용면적이 66제곱미터 이상인 강의실을 하나 이상 갖출 것

05. 기계설비법 제19조제1항에 따라 선임된 기계설비유지관리자의 유지관리교육 중 신규교육의 교육시기는?
① 선임된 날부터 1개월 이내
② 선임된 날부터 2개월 이내
③ 선임된 날부터 3개월 이내
④ 선임된 날부터 6개월 이내

👉 기계설비유지관리자의 신규교육은 선임된 날부터 6개월 이내

06. 기계설비법령에 따라 관리주체는 기계설비유지관리자를 선임하는 경우 며칠 이내에 선임하여야 하는가?
① 7일 ② 15일

Answer [III. 기계설비법] 01. ③ 02. ④ 03. ② 04. ① 05. ④ 06. ③

③ 30일 ④ 60일

👆 ② 관리주체는 제1항에 따라 기계설비유지관리자를 선임하는 경우 다음 각 호의 구분에 따른 날부터 30일 이내에 선임해야 한다.
1. 신축·증축·개축·재축 및 대수선으로 기계설비유지관리자를 선임해야 하는 경우 : 해당 건축물·시설물 등의 완공일(건축법 등 관계법령에 따라 사용승인 및 준공인가 등을 받은 날)
2. 용도변경으로 기계설비유지관리자를 선임해야 하는 경우 : 용도변경 사실이 건축물관리대장에 기재된 날
3. 법 제19조제1항 단서에 따라 기계설비유지관리업무를 위탁한 경우로서 그 위탁 계약이 해지 또는 종료된 경우 : 기계설비 유지관리업무의 위탁이 끝난 날

07. 기계설비법령에 따라 연면적 1만5천제곱미터 이상 연면적 3만제곱미터 미만 용도별 건축물의 기계설비유지관리자의 선임기준은?
① 특급 책임기계설비유지관리자 1명
② 고급 책임기계설비유지관리자 1명
③ 중급 책임기계설비유지관리자 1명
④ 초급 책임기계설비유지관리자 1명

👆 **기계설비유지관리자의 선임기준**

선임대상	선임자격	선임인원
연면적 6만m² 이상	특급 책임기계설비유지관리자	1
	보조기계설비유지관리자	1
연면적 3만m² 이상 연면적 6만m² 미만	고급 책임기계설비유지관리자	1
	보조기계설비유지관리자	1
연면적 1만5천m² 이상 연면적 3만m² 미만	중급 책임기계설비유지관리자	1
연면적 1만m² 이상 연면적 1만5천m² 미만	초급 책임기계설비유지관리자	1

08. 기계설비법령에 따라 기계설비유지관리자 선임대상 건축물 중 잘못된 것은?
① 연면적 1만제곱미터 이상 건축물(창고시설은 제외)
② 300세대 이상 공동주택
③ 300세대 이상 중앙집중식 난방방식의 공동주택
④ 지하역사 및 연면적 2천제곱미터 이상인 지하도 상가

👆 ② 500세대 이상 공동주택

09. 기계설비법령에 따라 정당한 사유없이 몇 회 이상 기계설비 유지관리교육을 받지 않은 기계설비유지관리자는 해임하여야 하는가?
① 1회 ② 2회
③ 3회 ④ 4회

👆 정당한 사유 없이 2회 이상 기계설비 유지관리교육을 받지 않은 기계설비유지관리자는 해임하여야 한다.

10. 유지관리교육을 받지 아니한 사람을 해임하지 아니한 경우에 과태료는 얼마인가?
① 100만원 이하 ② 300만원 이하
③ 500만원 이하 ④ 1000만원 이하

👆 **100만원 이하의 과태료**
① 점검기록을 시·군·구청장에게 제출하지 아니한 자
② 유지관리교육을 받지 아니한 사람을 해임하지 아니한 자
③ 기계설비유지관리자 선임 또는 해임 신고를 하지 아니하거나 거짓으로 신고한 자
④ 유지관리교육을 받지 아니한 사람

Answer 07. ③ 08. ② 09. ② 10. ①

11. 기계설비법령에 따른 기계설비의 착공 전 확인과 사용 전 검사의 대상 건축물 또는 시설물에 해당하지 않는 것은?

① 연면적 1만제곱미터 이상인 건축물
② 목욕장으로 사용되는 바닥면적 합계가 500제곱미터 이상인 건축물
③ 기숙사로 사용되는 바닥면적 합계가 1천제곱미터 이상인 건축물
④ 판매시설로 사용되는 바닥면적 합계가 3천제곱미터 이상인 건축물

☞ ③ 기숙사로 사용되는 바닥면적 합계가 2천제곱미터 이상인 건축물

12. 기계설비법령에 따른 기계설비의 착공 전 확인과 사용 전 검사의 대상 건축물 또는 시설물 관련 내용 중 ( ) 안의 내용으로 옳은 것은?

> 2. 에너지를 대량으로 소비하는 다음 각 목의 어느 하나에 해당하는 건축물
>   가. 냉동·냉장, 항온·항습 또는 특수청정을 위한 특수설비가 설치된 건축물로서 해당 용도에 사용되는 바닥면적의 합계가 ( )제곱미터 이상인 건축물

① 500 ② 2000
③ 3000 ④ 10000

☞ 기계설비의 착공 전 확인과 사용 전 검사 대상 건축물(기계설비법 시행령 별표5)
1. 용도별 건축물 중 연면적 1만제곱미터 이상인 건축물(건축법 제2조제2항제18호에 따라 창고시설은 제외한다)
2. 에너지를 대량으로 소비하는 다음 각 목의 어느 하나에 해당하는 건축물
   가. 냉동·냉장, 항온·항습 또는 특수청정을 위한 특수설비가 설치된 건축물로서 해당 용도에 사용되는 바닥면적의 합계가 500제곱미터 이상인 건축물

13. 기계설비법령에 따라 기계설비성능점검업자는 기계설비성능점검업의 등록한 사항 중 대통령령으로 정하는 사항이 변경된 경우에는 변경등록을 하여야 한다. 만약 변경등록을 정해진 기간 내 못한 경우 1차 위반 시 받게 되는 행정처분 기준은?

① 등록취소 ② 업무정지 2개월
③ 업무정지 1개월 ④ 시정명령

☞ 기계설비성능점검업을 등록한 자는 등록한 사항 중 대통령령으로 정하는 사항이 변경된 경우에는 변경 사유가 발생한 날부터 30일 이내에 변경등록을 하여야 한다.

행정처분 기준		
1차 위반	2차 위반	3차 위반
시정명령	업무정지 1개월	업무정지 2개월

14. 기계설비법령에 따라 기계설비성능점검업의 기술인력 등록요건 중 잘못된 것은?

① 특급 책임기계설비유지관리자 1명
② 고급 이상인 책임기계설비유지관리자 1명
③ 중급 이상인 책임기계설비유지관리자 2명
④ 초급 이상인 책임기계설비유지관리자 2명

☞ 기술인력 등록요건
가. 다음의 어느 하나에 해당하는 분야의 특급 책임기계설비유지관리자 1명
   1) 「국가기술자격법」에 따른 건축설비 분야
   2) 「국가기술자격법」에 따른 공조냉동기계 분야 또는 「건설기술 진흥법 시행령」 별표 1에 따른 공조냉동 및 설비 전문분야
   3) 「국가기술자격법」에 따른 에너지관리 분야

Answer 11. ③ 12. ① 13. ④ 14. ④

나. 고급 이상인 책임기계설비유지관리자 1명
다. 중급 이상인 책임기계설비유지관리자 2명

15. 기계설비법령에 따라 기계설비성능점검업의 기술인력 등록요건 중 옳은 것은?

① 공조냉동기계 분야 특급 책임기계설비유지관리자 2명
② 건축설비 분야 특급 책임기계설비유지관리자 2명
③ 고급 이상인 책임기계설비유지관리자 2명
④ 중급 이상인 책임기계설비유지관리자 2명

☞ ① 공조냉동기계 분야 특급 책임기계설비유지관리자 1명
② 건축설비 분야 특급 책임기계설비유지관리자 1명
③ 고급 이상인 책임기계설비유지관리자 1명

16. 기계설비법령에 따라 기계설비성능점검업의 변경등록 사항이 아닌 것은?

① 상호   ② 대표자
③ 영업소 소재지 ④ 자본금

☞ 기계설비성능점검업의 변경등록 사항
1. 상호   2. 대표자
3. 영업소 소재지 4. 기술인력

17. 기계설비법령에 따라 기계설비성능점검업을 등록한 자가 등록한 사항 중 대통령령으로 정하는 사항이 변경된 경우에는 변경 사유가 발생한 날부터 며칠 이내에 변경등록을 하여야 하는가?

① 10일   ② 15일
③ 20일   ④ 30일

☞ 기계설비법 제21조 제2항

기계설비성능점검업을 등록한 자는 제1항에 따라 등록한 사항 중 대통령령으로 정하는 사항이 변경된 경우에는 변경 사유가 발생한 날부터 30일 이내에 변경등록을 하여야 한다.

18. 기계설비유지관리자는 신고사항(근무처 · 경력 · 학력 및 자격 등)이 변경된 때에는 변경된 날부터 며칠 이내에 경력변경신고서에 변경 사항을 증명하는 서류를 첨부하여 경력관리 수탁기관에 제출해야 하는가?

① 10일   ② 15일
③ 20일   ④ 30일

☞ 기계설비법 시행규칙 제8조의3(기계설비유지관리자의 경력 신고 등)제2항

기계설비유지관리자는 법 제19조제8항 후단에 따라 신고사항이 변경된 때에는 변경된 날부터 30일 이내에 경력관리 수탁기관에 제출하여야 한다.

19. 다음 중 기계설비법령에 따라 500만원 이하의 벌금 기준에 해당되는 경우가 아닌 것은?

① 유지관리기준을 준수하지 아니한 자
② 점검기록을 작성하지 아니하거나 거짓으로 작성한 자
③ 점검기록을 시 · 군 · 구청장에게 제출하지 아니한 자
④ 기계설비유지관리자를 선임하지 아니한 자

☞ 500만원 이하의 과태료
① 유지관리기준을 준수하지 아니한 자
② 점검기록을 작성하지 아니하거나 거짓으로 작성한 자
③ 점검기록을 보존하기 아니한 자
④ 기계설비유지관리자를 선임하지 아니한 자

Answer 15. ④ 16. ④ 17. ④ 18. ④ 19. ③

20. 다음 중 기계설비법령에 따라 100만원 이하의 벌금 기준에 해당되는 경우가 아닌 것은?

① 착공 전 확인과 사용 전 검사에 관한 자료를 시·군·구청장에게 제출하지 아니한 자
② 점검기록을 작성하지 아니하거나 거짓으로 작성한 자
③ 유지관리교육을 받지 아니한 사람을 해임하지 아니한 자
④ 유지관리교육을 받지 아니한 사람

☞ 100만원 이하의 과태료
① 점검기록을 시·군·구청장에게 제출하지 아니한 자
② 유지관리교육을 받지 아니한 사람을 해임하지 아니한 자
③ 기계설비유지관리자 선임 또는 해임 신고를 하지 아니하거나 거짓으로 신고한 자
④ 유지관리교육을 받지 아니한 사람

21. 기계설비법령에 따라 특급 책임기계설비유지관리자의 자격 및 경력기준으로 틀린 것은?

① 기능장 10년 이상
② 기사 10년 이상
③ 산업기사 10년 이상
④ 특급 건설기술인 10년 이상

☞ 기계설비유지관리자의 자격 및 등급

구분		자격 및 경력 기준		종합평가 결과에 따른 등급 산정
		보유자격	실무경력	
책임 기계 설비 유지 관리 자	특급	기술사		제1호나목에 따라 특급으로 산정된 기계설비유지관리자
		기능장	10년 이상	
		기사	10년 이상	
		산업기사	13년 이상	
		특급 건설기술인	10년 이상	

22. 기계설비법령에 따라 일정 규모 이상의 건축물 등에 설치된 기계설비의 소유자 또는 관리자는 유지관리기준을 준수하기 위하여 기계설비유지관리자를 선임하여야 한다. 아래 내용은 일정 규모 이상의 건축물 중 공동주택에 해당하는 내용이다. ( ) 안에 내용으로 옳은 것은?

> 가. (㉠)세대 이상의 공동주택
> 나. (㉡)세대 이상으로서 중앙집중식 난방방식(지역난방방식을 포함한다)의 공동주택

① ㉠ 100, ㉡ 200
② ㉠ 200, ㉡ 100
③ ㉠ 300, ㉡ 500
④ ㉠ 500, ㉡ 300

☞ 2. 「건축법」제2조제2항제2호에 따른 공동주택(이하 "공동주택"이라 한다) 중 다음 각 목의 어느 하나에 해당하는 공동주택
가. 500세대 이상의 공동주택
나. 300세대 이상으로서 중앙집중식 난방방식(지역난방방식을 포함한다)의 공동주택

23. 기계설비법령에 따라 사용 전 검사 신청서에 제출서류로 가장 거리가 먼 것은?

① 기계설비공사 준공설계도서 사본
② 건축법 등 관계법령에 따라 기계설비에 대한 감리업무를 수행한 자가 확인한 기계설비사용적합확인서
③ 기계설비법에 따른 완성검사에 합격한 경우 그 검사결과서
④ 에너지이용합리화법에 따른 검사대상기기검사 합격한 경우 그 검사결과서

☞ ③ 고압가스 안전관리법에 따른 완성검사에 합격한 경우 그 검사결과서
[참고] 제13조(기계설비의 사용 전 검사)
① 법 제15조제1항 본문에 따라 사용 전 검

Answer 20. ② 21. ③ 22. ④ 23. ③

사를 받으려는 자는 국토교통부령으로 정하는 기계설비 사용 전 검사신청서를 시장·군수·구청장에게 제출해야 한다. 이 경우 해당 기계설비가 다음 각 호의 어느 하나에 해당하는 경우에는 그 검사 결과를 함께 제출할 수 있다.
1. 「에너지이용 합리화법」 제39조제2항에 따른 검사대상기기 검사에 합격한 경우
2. 「고압가스 안전관리법」 제16조제3항 본문에 따른 완성검사에 합격한 경우(같은 항 단서에 따라 감리적합판정을 받은 경우를 포함한다)

24. 기계설비법령에 따라 기계설비성능점검업 등록 시 기술인력 조건은?

① 특급 유지관리자 1명 및 고급 유지관리자 1명, 중급 유지관리자 1명
② 특급 유지관리자 1명 및 고급 유지관리자 1명, 중급 유지관리자 2명
③ 특급 유지관리자 1명 및 고급 유지관리자 2명, 중급 유지관리자 2명
④ 특급 유지관리자 1명 및 고급 유지관리자 2명, 중급 유지관리자 3명

> **기계설비성능점검업의 기술인력 등록 요건 (제17조제1항 관련)**
> 가. 특급 책임기계설비유지관리자 1명
> 1) 「국가기술자격법」에 따른 건축설비분야
> 2) 「국가기술자격법」에 따른 공조냉동기계분야 또는 「건설기술진흥법 시행령」 별표1에 따른 공조냉동 및 설비 전문분야
> 3) 「국가기술자격법」에 따른 에너지관리 분야
> 나. 고급 이상인 책임기계설비유지관리자 1명
> 다. 중급 이상인 책임기계설비유지관리자 2명

25. 다음 중 기계설비 성능점검업 기술인력 등록 요건으로 잘못된 것은?

① 특급 책임기계설비유지관리자 1명
② 고급 책임기계설비유지관리자 1명
③ 중급 책임기계설비유지관리자 2명
④ 초급 책임기계설비유지관리자 2명

> **기계설비성능점검업 등록요건**
> ① 특급 책임기계설비유지관리자 1명
> ② 고급 이상인 책임기계설비유지관리자 1명
> ③ 중급 이상인 책임기계설비유지관리자 2명

26. 기계설비법령에 따라 기계설비의 소유자 또는 관리자의 범위에 해당하지 않는 것은?

① 건축물 등의 소유자(개인 또는 법인)
② 공동주택의 경우 관리사무소장
③ 집합건물의 경우 관리단
④ 민간 투자법상의 사업시행자

> ② 관리사무소장 또는 주택관리업자는 공동주택 관리를 위해 입주자대표회의와 선임 또는 위탁한 자로, 기계설비법에 따른 관리주체에 해당하지 않음
> [참고] 기계설비 소유자 또는 관리자의 범위
> ① 건축물 등의 소유자(개인 또는 법인)
> ② 공동주택의 경우 입주자대표회의, 집합건물의 경우 관리단
> ③ 임대계약 등에 따라 소유자 등으로부터 건축물 등을 실질적으로 사용·수익할 수 있는 권리와 건축물에 대한 전반적인 관리 및 보존의 의무를 부여받은 자

27. 기계설비법령에 따라 기계설비 유지관리자를 선임하지 않는 경우, 과태료의 부과 기준은?

① 1차 위반 시 100만원, 2차 위반 시 200만원, 3차 위반 시 500만원
② 1차 위반 시 100만원, 2차 위반 시 300만

Answer 24. ② 25. ④ 26. ② 27. ④

원, 3차 위반 시 500만원
③ 1차 위반 시 200만원, 2차 위반 시 300만원, 3차 위반 시 500만원
④ 1차 위반 시 300만원, 2차 위반 시 400만원, 3차 위반 시 500만원

☞ 기계설비 유지관리자를 선임하지 않는 경우 1차 위반 시 300만원, 2차 위반 시 400만원, 3차 위반 시 500만원의 과태료가 부과되며, 3차 이상 위반 시 미선임 사실이 적발될 때마다 500만원의 과태료가 부과된다.

28. 기계설비 유지관리자의 보수교육의 교육주기로 올바른 것은?
① 최근에 이수한 교육이수일부터 1년이 지난 날을 기준으로 1개월 이내
② 최근에 이수한 교육이수일부터 2년이 지난 날을 기준으로 2개월 이내
③ 최근에 이수한 교육이수일부터 3년이 지난 날을 기준으로 3개월 이내
④ 최근에 이수한 교육이수일부터 4년이 지난 날을 기준으로 4개월 이내

☞ **기계설비 유지관리자의 교육시기**
① 신규교육 : 선임된 날부터 6개월 이내
② 보수교육 : 최근에 이수한 유지관리교육의 이수일부터 3년이 지난 날을 기준으로 3개월 이내

29. 다음 중 기계설비법령에 따라 100만원 이하의 과태료 사항이 아닌 것은?
① 착공 전 확인과 사용 전 검사에 관한 자료를 시·군·구청장에게 제출하지 아니한 자
② 유지관리교육을 받지 아니한 사람을 해임하지 아니한 자
③ 유지관리교육을 받지 아니한 사람
④ 기계설비 유지관리자를 선임하지 아니한 자

☞ ④ 500만원 이하의 과태료 부과
[참고] 500만원 이하의 과태료 부과
① 유지관리 기준을 준수하지 아니한 자
② 점검기록을 작성하지 아니하거나 거짓으로 작성한 자
③ 점검기록을 보존하지 아니한 자
④ 기계설비 유지관리자를 선임하지 아니한 자

30. 기계설비법령에 따라 기계설비의 유지관리 및 점검을 위하여 필요한 유지관리 기준으로 적합하지 않은 것은?
① 기계설비 유지관리 및 점검에 대한 계획 수립
② 기계설비 유지관리 및 점검의 종류, 항목, 방법 및 주기
③ 기계설비 유지관리 및 점검 참여자의 선발 및 근무형태
④ 기계설비 유지관리 및 점검의 기록 및 문서 보존 방법

☞ **기계설비 유지관리기준의 내용 및 방법**
1. 기계설비 유지관리 및 점검에 대한 계획 수립
2. 기계설비 유지관리 및 점검 참여자의 자격, 역할 및 업무내용
3. 기계설비 유지관리 및 점검의 종류, 항목, 방법 및 주기
4. 기계설비 유지관리 및 점검의 기록 및 문서 보존 방법
5. 그 밖에 유지관리기준의 관리, 운영, 조사, 연구 및 개선업무에 관한 사항

Answer 28. ③ 29. ④ 30. ③

31. 기계설비법령에 따라 공조냉동기계기사를 취득한 자가 특급기술자 자격을 갖추기 위해 필요한 실무경력으로 알맞은 것은?
① 3년 이상 ② 5년 이상
③ 7년 이상 ④ 10년 이상

☞ 책임 기계설비 유지관리자(특급) 보유자격 및 경력기준

보유자격	실무경력
기술사	–
기능장	10년 이상
기사	10년 이상
산업기사	13년 이상
특급 건설기술인	10년 이상

32. 기계설비법령에 따라 공조냉동기계산업기사를 취득한 자가 특급기술자 자격을 갖추기 위해 필요한 실무경력으로 알맞은 것은?
① 3년 이상 ② 5년 이상
③ 10년 이상 ④ 13년 이상

☞ 31번 해설 참조

33. 기계설비성능점검업 등록 시 등록요건으로 적합하지 않은 것은?
① 자본금 ② 기술인력
③ 점검장비 ④ 사무실

☞ 기계설비성능점검업의 등록 요건
자본금, 기술인력, 점검장비

34. 기계설비법령에 따라 성능점검업 준수 대상건축물 중 잘못된 것은?
① 연면적 1만제곱미터 이상 건축물(창고 시설은 제외)
② 300세대 이상 공동주택
③ 300세대 이상 중앙집중식 난방방식의 공동주택
④ 지하역사 및 연면적 2천제곱미터 이상인 지하도 상가

☞ ② 500세대 이상 공동주택

35. 다음 중 기계설비 유지관리자의 업무에 해당하지 않는 것은?
① 기계설비 유지관리지침서 구비
② 기계설비 유지관리 및 성능점검계획 수립
③ 기계설비 유지관리 현황표 작성 및 관리
④ 기계설비 성능점검 대행

☞ ④ 기계설비 성능점검 대행은 기계설비 성능점검업자의 업무이다.

36. 다음 중 기계설비 유지관리지침서에 포함되어야 할 내용이 아닌 것은?
① 기계설비 준공도서
② 기계설비 시스템 운용 매뉴얼
③ 기계설비 유지관리 및 성능점검 대상 현황표
④ 기계설비 사용 전 확인표

☞ 기계설비 유지관리지침서의 구비 및 관리사항
① 기계설비 준공도서
② 기계설비 시스템 운용 매뉴얼
③ 기계설비 사용 전 확인표
④ 기계설비 성능확인서
⑤ 기계설비 안전확인서
⑥ 기계설비 사용적합 확인서

37. 다음 중 기계설비 유지관리업무로 알맞지 않은 것은?
① 기계설비 대상 점검표에 연 1회 이상 기록한다.

Answer 31. ④ 32. ④ 33. ④ 34. ② 35. ④ 36. ③ 37. ①

② 점검대상 기계설비의 외관, 운전 및 안전 상태를 주기적으로 점검한다.
③ 기계설비 유지관리지침서를 구비한다.
④ 기계설비 유지관리 및 성능점검 계획을 수립한다.

☞ 기계설비 대상 점검표는 반기별(=6개월) 1회 이상 기록한다.

38. 기계설비법령에 따라 기계설비 유지관리자 선임기준이 아닌 것은?
① 연면적 1만제곱미터 이상 연면적 1만5천 제곱미터 미만은 초급 책임기계설비유지관리자 1명이 필요하다.
② 연면적 1만5천제곱미터 이상 연면적 3만제곱미터 미만은 보조기계설비유지관리자 1명이 필요하다.
③ 연면적 3만제곱미터 이상 연면적 6만제곱미터 미만은 고급 책임기계설비유지관리자 1명이 필요하다.
④ 연면적 6만제곱미터 이상은 특급 책임기계설비유지관리자 1명이 필요하다.

☞ ② 연면적 1만5천제곱미터 이상 연면적 3만제곱미터 미만은 중급 책임기계설비유지관리자 1명이 필요하다.

39. 기계설비법령에 따라 기계설비성능점검업의 변경등록 사항이 아닌 것은?
① 상호   ② 보유설비
③ 영업소 소재지   ④ 기술인력

☞ 기계설비성능점검업의 변경등록 사항
 ① 상호   ② 대표자
 ③ 영업소 소재지   ④ 기술인력

40. 기계설비법령에 따라 기계설비유지관리자는 근무처·경력·학력 및 자격 등의 관리에 필요한 사항을 신고하려는 경우 기계설비유지관리자 경력신고서에 첨부해야 하는 서류가 아닌 것은?
① 근무처 및 경력을 증명하는 서류
② 기계설비 관련 자격증 사본
③ 졸업증명서
④ 최근 3개월 이내에 촬영한 증명사진

☞ 기계설비유지관리자 경력신고서 첨부서류
 ① 근무처 및 경력을 증명하는 서류
 ② 기계설비 관련 자격증(국가기술자격증은 제외) 사본
 ③ 졸업증명서
 ④ 최근 6개월 이내에 촬영한 증명사진 (가로 2.5cm×세로 3cm)

41. 기계설비 유지관리기준에 따른 기계설비의 성능점검 시 점검항목이 아닌 것은?
① 기계설비 시스템 검토
② 성능개선 계획 수립
③ 에너지사용량 검토
④ 유지관리비용 최소화 방안 검토

☞ 기계설비 성능점검 시 검토사항
 ① 기계설비 시스템 검토
 ② 기계설비 성능개선 계획 수립
 ③ 기계설비 에너지사용량 검토

42. 기계설비법에서 사용 전 검사 신청서에 구비서류로 가장 거리가 먼 것은?
① 기계설비공사 준공설계도서 사본
② 관계 법령에 따라 기계설비에 대한 감리업무를 수행한 자가 확인한 기계설비 사용 적합 확인서

Answer 38. ② 39. ② 40. ④ 41. ④ 42. ④

③ 에너지이용합리화법 검사대상기기로 합격한 경우 그 검사결과서

④ 기계설비법 완성검사에 합격한 경우 그 검사결과서

☞ ④ 고압가스 안전관리법 완성검사에 합격한 경우 그 검사결과서

43. 기계설비법령에 따라 1차 위반 시 50만원, 2차 위반 시 70만원의 과태료가 부과되는 경우가 아닌 것은?

① 유지관리교육을 받지 않은 사람을 해임하지 않은 경우
② 기계설비의 성능점검 및 점검기록을 시장·군수·구청장에게 제출하지 않은 경우
③ 기계설비의 성능점검 및 점검기록을 작성하지 않거나 거짓으로 작성한 경우
④ 착공 전 확인과 사용 전 검사에 관한 자료를 특별자치시장·특별자치도지사·시장·군수·구청장에게 제출하지 않은 경우

☞ ③ 기계설비의 소유자 또는 관리자는 기계설비 유지관리에 필요한 성능을 점검하고 그 점검기록을 작성하여야 한다. 점검기록을 작성하지 않거나 거짓으로 작성한 경우 1차 위반 시 300만원의 과태료가 부과된다.

44. 다음 중 기계설비유지관리자 자격 및 경력 기준에 관한 설명으로 옳지 않은 것은?

① 산업기사 자격증을 보유하고 실무경력이 4년 이상이면 초급 등급으로 인정된다.
② 산업기사 자격증을 보유하고 실무경력이 7년 이상이면 중급 등급으로 인정된다.
③ 기사 자격증을 보유하고 실무경력이 7년 이상이면 고급 등급으로 인정된다.
④ 기사 자격증을 보유하고 실무경력이 10년 이상이면 특급 등급으로 인정된다.

☞ ① 산업기사 자격증을 보유하고 실무경력이 3년 이상이면 초급 등급으로 인정된다.

45. 다음 중 기계설비법령상 과태료 규정에 관한 설명으로 틀린 것은?

① 유지관리기준을 준수하지 아니한 자에게는 500만원 이하의 과태료를 부과한다.
② 유지관리교육을 받지 아니한 자에게는 100만원 이하의 과태료를 부과한다.
③ 점검기록을 보존하지 아니한 자에게는 100만원 이하의 과태료를 부과한다.
④ 점검기록을 제출하지 아니한 자에게는 100만원 이하의 과태료를 부과한다.

☞ ③ 점검기록을 보존하지 아니한 자에게는 500만원 이하의 과태료를 부과한다.

46. 기계설비 사용 전 검사신청서를 제출할 때 첨부하지 않아도 되는 서류는?

① 기계설비공사 준공설계도서 사본
② 기계설비 사용 적합 확인서
③ 고압가스 완성검사 증명서
④ 안전성평가서

☞ ④ 고압가스 안전관리법에 따라 안전성평가 대상시설의 사업자 등은 안전성향상계획을 제출하여야 하고 그 내용에는 안전성평가서가 포함되어야 한다.

Answer 43. ③ 44. ① 45. ③ 46. ④

memo

part 04
유지보수 공사관리

chapter 01 배관재료

제4편 유지보수 공사관리

1 배관

물, 기름, 증기 등의 수송용으로 관을 배치하는 것으로 온도, 유량, 화학적 성질 등을 고려하여 관경의 크기 및 두께를 결정한다.

> **참고** — 튜브와 파이프의 차이점
> ① 열전달이 목적인 경우 – 튜브
> ② 물질의 이동이 목적인 경우 – 파이프

2 배관의 기본사항

(1) 배관재료의 구비 조건

① 관의 진동 및 충격 또는 외압, 내압에 견딜 수 있는가를 고려
② 유체의 온도 및 부식성과 관의 내식성을 고려
③ 관의 가공성(접합, 굽힘, 용접)을 고려
④ 관의 중량과 수송조건을 고려

(2) 배관시공의 기본 사항

① 배관재료는 냉매의 종류, 온도와 압력에 적합한 것을 선택한다.

② 배관길이는 되도록 짧게 하고 관경은 충분히 크게 한다.
③ 배관의 곡관부는 가능한 한 없게 하고 곡률반경을 크게 취한다.
④ 곡관부의 곡률반경은 크게 한다.
⑤ 배관은 외부 열원의 영향을 받지 않도록 하며 고온의 장소를 통과할 경우 단열처리한다.
⑥ 냉동장치의 운전 및 정지 시의 온도변화에 대한 배관의 신축을 고려해야 한다.
⑦ 배관 내에 오일의 회수를 원활하게 하고 배관 중에 오일이 체류하지 않도록 한다.
⑧ 배관의 처짐을 고려하여 적당한 간격으로 배관을 지지한다.

3 강관(steel pipe)

(1) 강관의 특징

① 연관이나 주철관에 비해 가볍고 인장강도가 크다.
② 내충격성 및 굴요성이 크다.
③ 관의 접합 작업이 우수하다.
④ 가격이 저렴하고 부식이 되기 쉽다.

(2) 강관의 표시방법

상표 SPPS 38-S.H-100×SCH40×6

여기서, SPPS 38 : 관종류(압력배관용 탄소강관, 최저인장강도 38kg/mm²)
S.H : 제조법(열간가공 이음매 없는 관)
100A : 호칭구경   SCH40 : 스케줄 번호   6 : 길이[m]

제조방법에 따른 분류

기 호	용 도	기 호	용 도
-E	전기저항 용접관	-E -C	냉간 완성 전기저항 용접관
-B	단접관	-B -C	냉간 완성 단접관
-A	아크 용접관	-A -C	냉간 완성 아크 용접관
-S -H	열간 가공 이음매 없는 관	-S -C	냉간 완성 이음매 없는 관

(3) 스케줄 번호(Schedule Number)

관의 두께를 나타내는 번호로서 스케줄 번호가 클수록 관의 두께가 두꺼워진다. 압력·고압·고온 배관용 탄소강 강관 등에 사용하고 스케줄 번호(Schedule No)는 5S, 10S, 20S, 40S, 80S, 120S, 160S 등이 있다.

① $SCH.\ No. = 10 \times \dfrac{P}{S}$, P : 사용압력[kg/cm²], S : 허용응력$\left(= \dfrac{인장강도}{안전율}\right)$[kg/mm²]

② $SCH.\ No. = 1000 \times \dfrac{P}{S}$, P : 사용압력[MPa], S : 허용응력$\left(= \dfrac{인장강도}{안전율}\right)$[N/mm²]

(4) 강관의 종류

① 배관용 탄소강관 : SPP
  ㉠ 일명 가스관이라고 한다.
  ㉡ 사용온도 : 350℃ 이하
  ㉢ 사용압력 : 1MPa(10kg/cm²) 이하
  ㉣ 용도 : 증기, 물, 가스, 공기배관
  ㉤ 종류 : 백관 – 내식성을 부여하기 위하여 아연을 도금한 관
           흑관 – 아연 도금을 하지 않은 관

② 압력배관용 탄소강관 : SPPS
  ㉠ 일반적으로 이음매 없는 관을 사용
  ㉡ 사용온도 : 350℃ 이하
  ㉢ 사용압력 : 1~10MPa(10~100kg/cm²)
  ㉣ 용도 : 보일러 증기관, 수도관, 유압배관
  ㉤ 호칭 방법 : 호칭지름과 두께로 표시

③ 고압배관용 탄소강관 : SPPH
  ㉠ 킬드강으로 이음매 없는 관
  ㉡ 사용온도 : 350℃ 이하
  ㉢ 사용압력 : 10MPa(100kg/cm²) 이상
  ㉣ 용도 : 암모니아관, 내연기관의 연료분사관, 화학공업용 고압관

④ 고온배관용 탄소강관 : SPHT
  ㉠ 킬드강을 사용하여 이음매 없이 제조하거나 전기저항 용접에 의해 제조된다.

ⓛ 사용온도 : 350~450℃의 고온에 사용

　　　ⓒ 용도 : 과열증기관

　⑤ 배관용 합금강관 : SPA

　　　㉠ 고온에서 높은 강도와 내산화성 및 내식성이 요구되는 배관에 적합

　　　ⓒ 용도 : 석유정제용 배관

　⑥ 저온배관용 탄소강관 : SPLT

　　　㉠ 0℃(빙점) 이하의 저온에 사용한다.

　　　ⓒ 용도 : LPG 탱크용, 냉동기 배관

　⑦ 수도용 아연도금 강관 : SPPW

　　　㉠ 배관용 탄소강관의 백관보다 아연도금의 두께를 두껍게 하여 내식성, 내구성을 증가시킨 강관

　　　ⓒ 용도 : 정수두 100m 이하의 급수관

　⑧ 배관용 아크용접 탄소강 강관 : SPW

　　　㉠ 사용압력 : 도시가스배관 $10kg/cm^2$ 이하, 수도용 배관 $15kg/cm^2$ 이하

　　　ⓒ 용도 : 사용압력이 낮은 증기, 물, 기름, 가스 및 공기 등의 수송용 배관

　⑨ 배관용 스테인리스강 강관 : STSXT

　　　㉠ 내식용, 내열용 및 고온 배관에 사용하며 저온(-100℃) 배관에도 사용

　　　ⓒ 용도 : 내식성이 요구되는 화학공업배관

　⑩ 보일러 열교환기용 탄소강 강관 : STH

　　　㉠ 관의 내외부에서 열의 접촉을 목적으로 하는 장소에 사용

　　　ⓒ 용도 : 보일러의 수관·연관, 과열기, 예열기 등의 화학공업용, 석유공업의 열교환기용

　⑪ 보일러 열교환기용 스테인리스 강관 : STSXTB

　　　㉠ 용도 : 보일러의 과열관, 화학공업, 석유공업의 열교환기관으로 사용

　⑫ 특수강관

　　　㉠ 모르타르 라이닝 강관 : 수도용 도금강관, 배관용 아크용접 강관의 부식을 방지하기 위해 관의 내면에는 시멘트 모르타르를 부착하고, 외면에는 아스팔트 피막을 입힌 강관이다.

　　　ⓒ 플라스틱 라이닝 강관 : 탄소강관의 내외면에 폴리에틸렌 등의 합성수지를 라이닝한 강관이다.(내식성, 내약품성 우수)

4 주철관(cast iron pipe)

(1) 주철관의 특징
① 강관에 비해 내식성, 내마모성, 내구성이 우수하다.
② 압축강도가 크고 인장강도가 작다.
③ 충격(내진성)에 약하다.
④ 용도 : 급수관, 배수관, 통기관, 지하 매설관
⑤ 호칭지름 : 관의 내경으로 표시

5 동관(copper tube)

(1) 동관의 특징
① 전기 및 열전도율이 우수하다.
② 내식성이 우수하다
　㉠ 산성(암모니아, 초산, 진한 황산)에는 약하나 알칼리성(가성소다, 가성칼리)에는 강하다.
　㉡ 담수에는 강하나 연수에는 부식된다.
③ 연성 및 전성이 풍부하다.
　㉠ 가요성, 가공성, 굴요성이 우수하다.
　㉡ 동파, 진동, 열변형에 강하다.
④ 무게가 가볍고 마찰손실이 적다.
⑤ 용도 : 열교환기, 급탕·급수관, 화학공업용, 급유관, 기름가열기, 냉매배관
⑥ 호칭치수 : 내경×두께×길이로 표시
⑦ 바깥지름=호칭지름(inch)+1/8(inch)

6 스테인리스(stainless) 강관

(1) 특징

① 내식성이 우수하여 부식성이 있는 유체를 이송할 경우에 사용된다.
② 위생적이다.
③ 강관에 비해 기계적 성질이 우수하며 두께가 얇다.
④ 운반 및 시공이 용이하다.

7 연관(lead pipe : 납관)

(1) 연관의 특징

① 전연성이 풍부하여 가공이 용이하다.
② 내식성이 우수하다.
③ 산성에는 강하고 해수, 천연수에 안전하다.
④ 초산, 진한 염산, 증류수에 침식된다.
⑤ 가격이 비싸고 무겁고 강도가 작다.

(2) 용도

수도용, 배수용, 일반공업용

8 비금속관

(1) 석면 시멘트관(eternit pipe)

① 특징
  ㉠ 석면과 시멘트를 1 : 5 비율로 혼합하여 만든 관이다.
  ㉡ 재질이 치밀하고 강도가 크다.
  ㉢ 내식성 및 내알칼리성이 우수하다.
  ㉣ 비교적 고압에 견딘다. (250~300kg/cm^2)
② 용도 : 수도관, 배수관, 가스관, 공업용수관

(2) 원심력 철근 콘크리트관(흄관 : hume pipe)

상하수도, 배수로용, 보통압관, 압력관이 있다.

9 합성수지관

(1) 경질 염화비닐관(PVC)

① 특징
  ㉠ 주원료인 염화비닐을 압축 가공하여 만든 관이다.
  ㉡ 내식성, 내산성, 내알칼리성이 크다.
  ㉢ 가격이 저렴하고 마찰손실이 적다.
  ㉣ 굴곡 접합, 용접 등의 배관시공이 용이하다.
  ㉤ 저온 및 고온에서의 강도와 충격에 약하다.
  ㉥ 열팽창률이 심하다. (강의 7~8배)
  ㉦ 가볍고 강인하다.
② 용도 : 수도관, 도시가스 배관, 약품관, 전선관

(2) 폴리에틸렌관(PE : poly ethylene)

① 특징
  ㉠ 가볍고 유연성이 좋다.
  ㉡ 내열성 및 보온성이 염화비닐관보다 우수하다.
  ㉢ 내충격성, 내한성(-60℃)이 우수하여 한랭지 배관에 적합하다.
  ㉣ 화력에 약하고 인장강도가 작다.

chapter 02 배관이음

1 강관이음

(1) 나사이음

① 물, 증기, 기름, 공기 등의 저압용 일반배관에 사용한다.
② 충격, 진동, 부식, 균열이 생길 우려가 있는 곳에는 사용을 피하는 것이 좋다.
③ 소구경 접합(50A 이하)에 용이하다.
④ 나사이음 호칭방법
　㉠ 지름이 같은 경우는 호칭지름으로 표시한다.
　㉡ 지름이 2개인 경우는 지름이 큰 것을 첫 번째, 작은 것을 두 번째로 기입한다.
　㉢ 지름이 3개인 경우는 동일 중심선 또는 평행 중심선상에 있는 지름이 큰 것을 첫 번째, 작은 것을 두 번째, 세 번째로 기입한다. 단, 90° Y인 경우에는 지름이 큰 것을 첫 번째, 작은 것을 두 번째, 세 번째로 기입한다.
　㉣ 지름이 4개인 경우에는 가장 큰 것을 첫 번째, 이것과 동일 중심선상에 있는 것을 두 번째, 나머지 2개 중에서 지름이 큰 것을 세 번째, 작은 것을 네 번째로 기입한다.

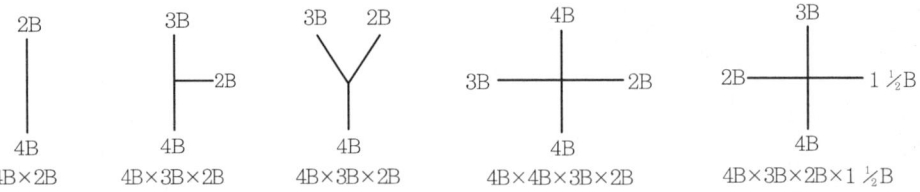

⑤ 사용 목적에 따른 분류
  ㉠ 관의 방향을 바꿀 때 : 엘보, 벤드
  ㉡ 관을 도중에 분기할 때 : 티(T), 와이(Y), 크로스(+)
  ㉢ 관을 직선 연결할 때 : 소켓, 유니언, 플랜지, 니플
  ㉣ 이경관을 연결할 때 : 이경엘보, 이경소켓, 이경티, 부싱, 리듀서
  ㉤ 관 끝을 막을 때 : 캡, 플러그
  ㉥ 관을 자주 분해하거나 교체가 필요할 때 : 유니언(소구경, 50A 이하), 플랜지(대구경, 50A 이상)

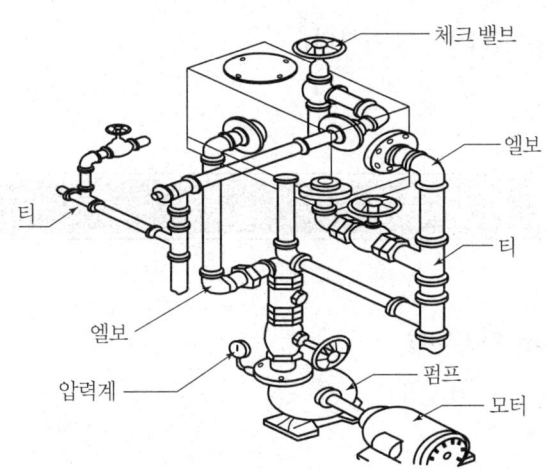

2 용접이음

(1) 특징

① 제품의 성능과 수명이 향상된다.
② 재료가 절약되고 작업 공정이 단축된다.
③ 강도가 크고, 중량이 가벼워진다.
④ 기밀성이 우수하며 이음효율이 높다.
⑤ 품질 검사가 곤란하다.
⑥ 잔류응력이 존재하므로 균열과 수축이 발생할 우려가 있다.

3 플랜지 이음

(1) 특징

① 볼트나 너트로 플랜지를 접속하여 관을 연결하는 이음이다.
② 관을 자주 분해 또는 점검, 결합을 필요로 하는 곳에 사용한다.
③ 유체가 새는 것을 방지하기 위하여 플랜지 사이에 개스킷(gasket)을 삽입한다.
④ 대구경(65A 이상) 접합에 용이하다.

4 강관용 배관공구

(1) 파이프 커터(pipe cutter)

파이프 절단용 공구

(2) 쇠톱(hack saw)

파이프 절단용 공구

(3) 파이프 바이스(pipe vice)

절단, 나사절삭, 조립 시에 파이프를 고정하는 공구

(4) 파이프 리머(pipe reamer)

파이프 절단 시 파이프 내면에 생기는 거스러미를 제거하는 공구

(5) 파이프 렌치(pipe wrench)

관 접속 시에 이음쇠와 밸브를 조이고 분해할 때 사용하는 공구

(6) 수동 나사절삭기

① 관 끝에 나사를 절삭하는 공구로서 수동형이다.
② 오스터형과 리드형이 있다.
③ 관경이 20A 이하는 14산, 25A 이상은 11산으로 절삭한다.

(7) 동력 나사절삭기

① 자동 나사절삭기이다.
② 오스터형, 호브형, 다이헤드형이 있다.
③ 나사절삭, 관 절단, 리머(거스러미 제거)작업을 할 수 있다.

(8) 파이프 벤딩 머신

① 램식(유압식)과 로터리식이 있다.
② 강관의 열간 벤딩온도는 800~900℃이다.

5 소요길이 계산

(1) 나사이음의 강관 길이

관 길이 $l = L - 2(A - a)\,[\text{mm}]$

여기서, $L[\text{mm}]$: 배관 중심선 간의 길이
$A[\text{mm}]$: 단면까지의 길이
$a[\text{mm}]$: 여유치수

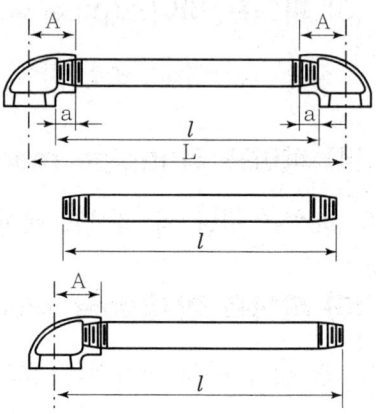

(2) 45° 배관 길이

① 45° 파이프 전체길이

$$L' = \sqrt{L^2 + L^2} = \sqrt{2}\,L$$

② 파이프 실제길이(부속이 같을 때)

$$l = L' - 2(A - a)$$

③ 파이프 실제길이(부속이 다를 때)

$$l = L' - [(A - a) + (B - b)]$$

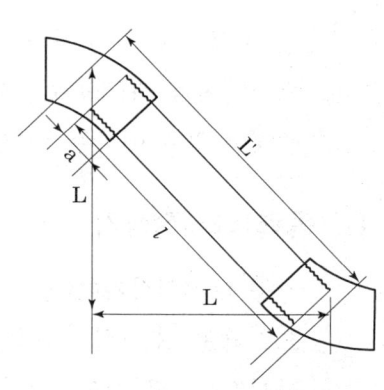

(3) 배관 굽힘길이

곡관의 전길이 $L = l_1 + l_2 + l$

$$l = \frac{2\pi R \theta}{360}$$

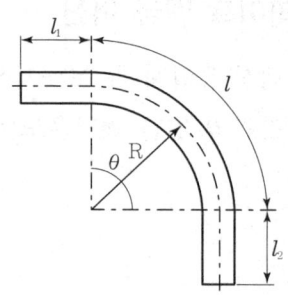

6. 배관유량 계산

(1) 유량 계산

$$Q = A \times V = \frac{\pi D^2}{4} \times V$$

여기서 Q : 유량[m³/s] A : 단면적[m²]
       V : 유체속도[m/s] D : 배관직경[m]

(2) 배관경 계산

$$D = \sqrt{\frac{4Q}{\pi V}}$$

7. 주철관 이음

주철은 용접이 어렵고 인장강도가 낮아 소켓 접합과 플랜지 접합이 가장 많이 사용된다.

(1) 소켓 접합(socket joint)

① 한쪽은 삽입구(spigot)와 다른 한쪽은 수구(socket)로 제조되어 있는 관을 사용하여 납과 얀을 넣어 접합하는 방식이다.
② 얀(누수 방지)과 납(얀의 이탈 방지)을 사용
③ 소켓 접합 시 주의사항
    ㉠ 관의 편심과 굴곡에 주의한다.
    ㉡ 납의 주입은 1회에 끝내고 표면의 산화납을 제거한다.
    ㉢ 접합부의 물기를 제거한다.
    ㉣ 코킹 정은 날이 얇은 것부터 차례로 사용한다.
    ㉤ 납이 굳은 후 기밀을 유지하기 위해 코킹(다지기)작업을 한다.

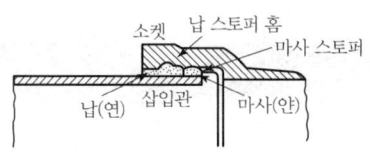
[소켓 이음]

[납주입 작업]

(2) 노허브 이음(No Hub Joint)

　최근 소켓(허브) 이음의 단점을 개량한 것으로 스테인리스 커플링과 고무링만으로 쉽게 이음할 수 있는 방법으로 시공이 간편하고 경제성이 커 현재 오배수관에 많이 사용하고 있다.

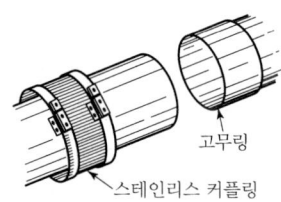

(3) 플랜지 접합(flange joint)

① 주철관의 끝부분에 플랜지를 서로 맞추어 틈새에 패킹을 끼우고 볼트, 너트로 조이는 방식이다.
② 고압배관, 펌프 등의 기계 주위의 이음에 사용한다.
③ 패킹재료는 고무, 석면, 마, 납판이 사용된다.

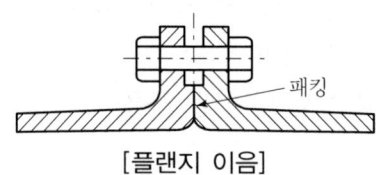
[플랜지 이음]

(4) 메커니컬 조인트(mechanical joint : 기계적 이음)

① 이음부에 고무링을 박아 넣고 압윤으로 눌러 체결하는 방식이다.
② 접합작업이 쉽고 수중작업이 용이하다.
③ 지진 등의 외압에 견디며 가요성(신축성)이 풍부하다.(진동이 발생하거나 다소 굴곡

이 있더라도 누설이 없다.)
④ 고압에 잘 견디고 기밀성이 좋다.
⑤ 150mm 이하의 수도관에 사용한다.

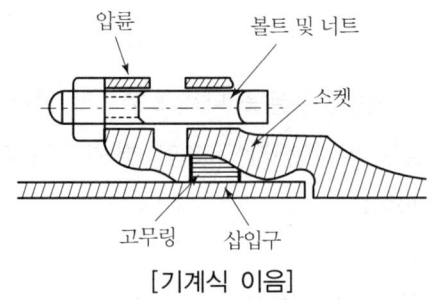

[기계식 이음]

(5) 빅토릭 접합(victaulic joint)

① U자형의 고무링과 주철제 칼라로 눌러 접합하는 방식이다.
② 파이프 내의 수압이 고무링을 바깥쪽으로 밀어 수밀을 유지하는 구조이다.

(6) 타이튼 이음

고무링 하나만으로 이음이 되고 소켓 내부 홈은 고무링을 고정시키고 돌기부는 고무링이 있는 홈 속에 들어맞게 되어 있으며 삽입구 끝은 테이퍼로 되어 있다.

> **참고 ─ 주철관용 공구**
> ① 납 용해용 공구 세트 : 냄비, 파이어포트(Fire Pot), 납물용 국자, 산화납 제거기 등이 있다.
> ② 클립(Clip) : 소켓 접합 시 용해된 납의 주입 시 납물의 비산(飛散)을 방지
> ③ 코킹 정 : 소켓 접합 시 얀(Yarn)을 박아넣거나 납을 다져 코킹하는 정
> ④ 링크형 파이프 커터 : 주철관 전용 절단공구

8 동관접합

(1) 동관의 접합

① 압축 이음(flare joint) : 관 끝부분을 나팔모양으로 넓혀서 플레어 너트로 고정시키는 방법으로 동관의 점검 및 분해가 필요한 경우 사용한다.

② 납땜 이음(soldering joint)
   ㉠ 경납땜
      ⓐ 경납(황동, 은, 동경납)을 사용하여 모재를 녹이지 않고 붙이는 방법
      ⓑ 연납보다 강도가 크기 때문에 동합금 접합에 사용
   ㉡ 연납땜
      ⓐ 연납(450℃보다 낮은 용융점을 가진 땜 납)을 사용하여 모재를 녹이지 않고 붙이는 방법
      ⓑ 연납땜으로 플라스턴(60% Pb+40% Sn)이 사용된다.

③ 플랜지 이음(flange joint) : 플랜지를 경납땜으로 이음하는 방식이다.

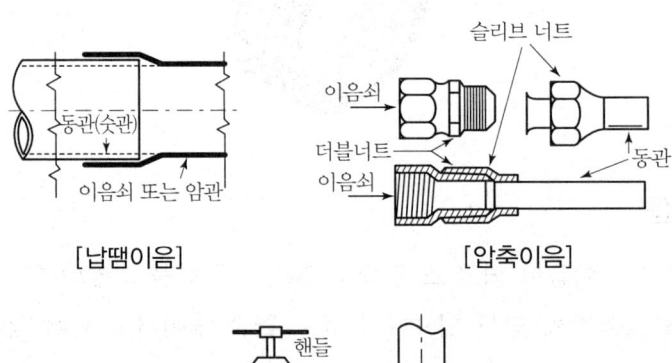

[납땜이음]　　　　　　　[압축이음]

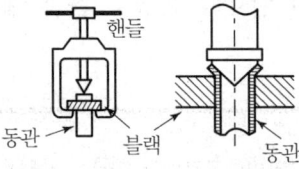

[플레어링 공구에 의한 작업]

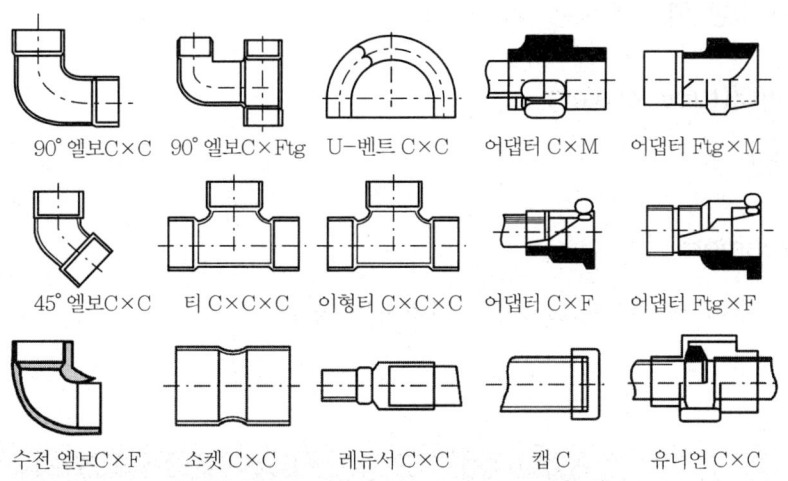

C : 이음쇠 내에 동관이 들어가는 형태
Ftg : 이음쇠의 외경이 동관 내경 치수에 맞게 만들어진 이음쇠의 끝부분
F : 나사가 안으로 난 나사이음용 이음쇠의 끝부분
M : 나사가 밖으로 난 나사이음용 이음쇠의 끝부분

9 동관용 배관공구

(1) 플레어링 툴 세트(flaring tool set)

플레어 이음용 공구

(2) 익스팬더(expander)

동관을 소켓 모양으로 확관하는 데 사용하는 공구

(3) 사이징 툴(sizing tool)

동관의 끝부분을 원형으로 정형하는 데 사용하는 공구

(4) 튜브 벤더(tube bender)

① 동관을 90°, 180°로 벤딩하는 데 사용하는 공구

② 동관의 열간 벤딩 온도는 600~700℃이다.

(5) 튜브 커터(tube cutter)

동관 절단용 공구

(6) 리머(reamer)

동관 절단 후에 생기는 거스러미를 제거하는 공구

10 연관접합

(1) 플라스턴 접합(plastann joint)

용융점이 낮은 플라스턴(Sn 40%, Pb 60%)을 녹여 접합하는 방식이다.

(2) 연관용 배관공구

① 봄 볼(bome ball) : 분기관 접합 시 주관에 구멍을 뚫을 때 사용하는 공구
② 드레서(dresser) : 연관 표면의 산화물을 제거하는 데 사용하는 공구
③ 턴 핀(turn pin) : 접합부의 관 끝을 원뿔 모양으로 넓히는 데 사용하는 공구
④ 벤드 벤(bend ben) : 연관을 굽히거나 펼 때 사용하는 공구
⑤ 맬릿(mallet) : 접합부 주위를 오므리거나 턴 핀을 때려 박을 때 사용하는 나무해머
⑥ 토치 램프(torch lamp)
  ㉠ 연관을 국부 가열하는 데 사용하는 공구
  ㉡ 연관의 열간 벤딩 온도는 100℃ 정도이다.

(3) 비금속관 이음

① 경질염화비닐관(PVC관)
  ㉠ 냉간이음 : 냉간이음은 관 또는 이음관의 어느 부분도 가열하지 않고 접착제를 발라 관 및 이음관의 표면을 녹여 붙여 이음하는 방법으로 TS식 조인트(Taper Sized Fitting)를 이용하며 가열이 필요 없으며 시공 작업이 간단하여 시간이 절약된다.

또한 특별한 숙련이 필요 없는 경제적 이음방법으로 좁은 장소 또는 화기를 사용할 수 없는 장소에서 작업할 수 있다.

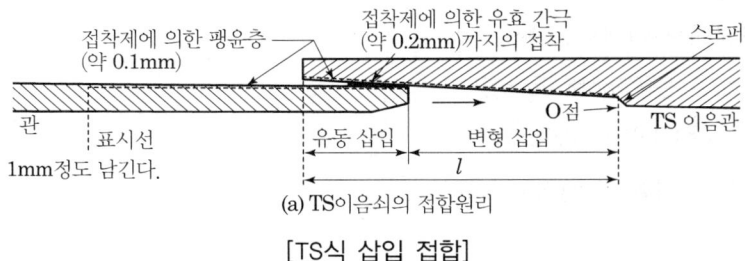

[TS식 삽입 접합]

    ⓒ 열간이음 : 열간 접합을 할 때에는 열가소성, 복원성 및 융착성을 이용해서 접합한다.
    ⓒ 용접이음 : 염화비닐관을 용접으로 연결할 때에는 열풍용접기(Hot Jet Gun)를 사용하며 주로 대구경관의 분기접합, T접합 등에 사용한다.
② 폴리에틸렌관(PE관)
    폴리에틸렌관은 용제에 잘 녹지 않으므로 염화비닐관에서와 같은 방법으로는 이음이 불가능하며 테이퍼 조인트 이음, 인서트 이음, 플랜지 이음, 테이퍼 코어 플랜지 이음, 융착 슬리브 이음, 나사이음 등이 있으나 융착 슬리브 이음은 관 끝의 바깥쪽과 이음부속의 안쪽을 동시에 가열, 용융하여 이음하는 방법으로 이음부의 접합강도가 가장 확실하고 안전한 방법으로 가장 많이 사용된다.

[융착 슬리브 이음]

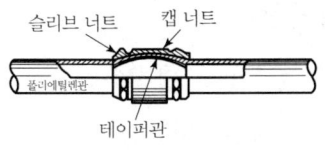

[테이퍼 조인트 이음]

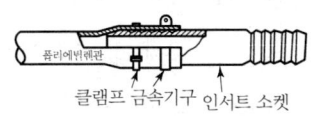

[인서트 조인트 이음]

③ 철근 콘크리트관(흄관)
　㉠ 모르타르 접합(Mortar Joint)
　㉡ 칼라 이음(Collar Joint)
④ 석면 시멘트관(이터니트관)
　㉠ 기볼트 이음(Gibolt Joint)
　㉡ 칼라 이음(Collar Joint)
　㉢ 심플렉스 이음(Simplex Joint)

11 신축이음(expansion joint)

(1) 온수, 냉수, 증기가 관 내를 통과할 때 온도변화에 따른 관 팽창과 수축이 발생함으로써 기기의 파손을 초래하므로 신축을 흡수하기 위해 설치한다.
(2) 펌프 및 압축기 가동 시 유체의 급격한 압력과 유속 변화에 따른 기구의 파손을 방지하기 위해 설치한다.
(3) 파이프의 굽힘에 의해 진동이 발생할 수 있으므로 배관 도중에 진동을 흡수할 수 있도록 신축이음을 사용한다.
(4) 동관은 20m, 강관은 30m마다 1개소씩 설치한다.
(5) 팽창길이

$$\lambda = l \times \alpha \times \Delta t \,[\text{mm}]$$

여기서, $l\,[\text{mm}]$: 배관길이
　　　　$\alpha\,[\text{mm/mm}^\circ\text{C}]$: 선팽창계수
　　　　$\Delta t\,[^\circ\text{C}]$: 온도차

(1) 루프형(loop type expansion joint : 신축곡관)

관을 구부려 관 자체의 가요성을 이용하여 신축을 흡수하는 방식이다.
① 고압에 견디고 고장이 적어 고온, 고압용 배관에 사용한다.
② 신축흡수에 따른 응력이 발생한다.
③ 고압 증기관의 옥외배관에 많이 사용한다.

④ 곡률반경은 직경의 6배 이상으로 한다.

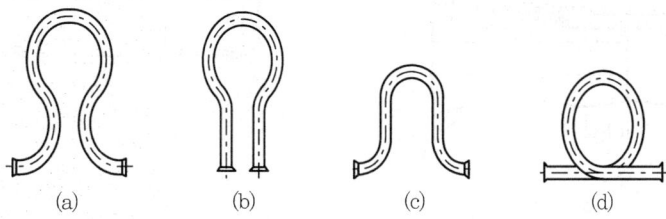

(a)　　　　(b)　　　　(c)　　　　(d)

(2) 스위블 조인트(swivel type expansion joint)

2개 이상의 엘보를 사용하여 이음부의 나사회전을 이용하여 팽창을 흡수하는 방식이다.
① 증기 또는 온수난방용 배관에 사용한다.
② 굴곡부에서 압력강하가 발생하며 신축량이 큰 배관에서는 나사가 헐거워져 누설 우려가 있다.
③ 설비비가 저렴하고 쉽게 조립이 가능하다.
④ 직관길이 30m에 대하여 1.5m의 회전관이 필요하다.

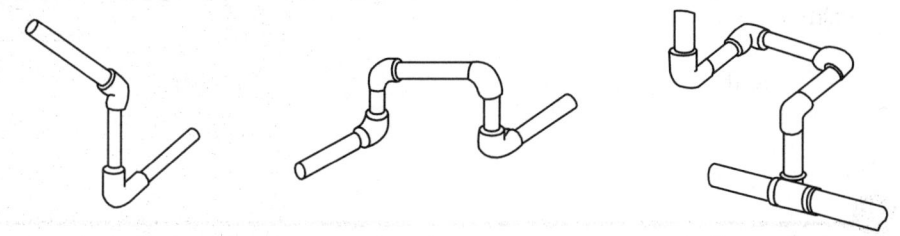

(3) 슬리브형(sleeve type expansion joint)

관의 팽창과 수축은 본체 속을 슬라이드하는 슬리브 파이프에 의해 흡수하는 방식이다.
① 슬리브와 본체 사이에 패킹을 넣어 온수 또는 증기가 누설하는 것을 방지한다.
② 물, 압력 $8kg/cm^2$ 이하의 포화증기, 기름, 가스 배관에 사용한다.
③ 루프형에 비해 설치장소가 적다.
④ 배관에 곡선부분이 있으면 비틀림이 발생하여 파손의 원인이 된다.
⑤ 장시간 사용 시 패킹이 마모되어 유체가 누설하는 원인이 된다.

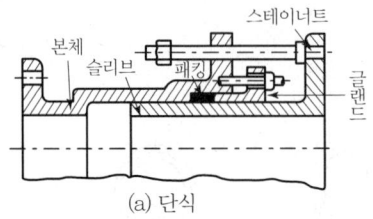
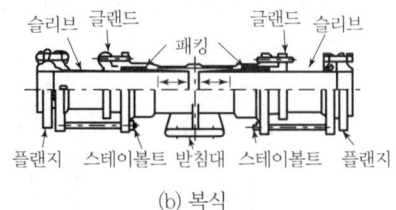

(a) 단식   (b) 복식

(4) 벨로즈형(bellows type expansion joint)

파형 주름관에 의해 신축을 흡수하는 방식이다.
① 패킹 대신 벨로즈로 관 내 유체의 누설을 방지한다.
② 설치 장소가 적고 응력이 발생하지 않는다.
③ 부식이 우려될 경우에는 벨로즈에 스테인리스, 청동제품을 사용한다.

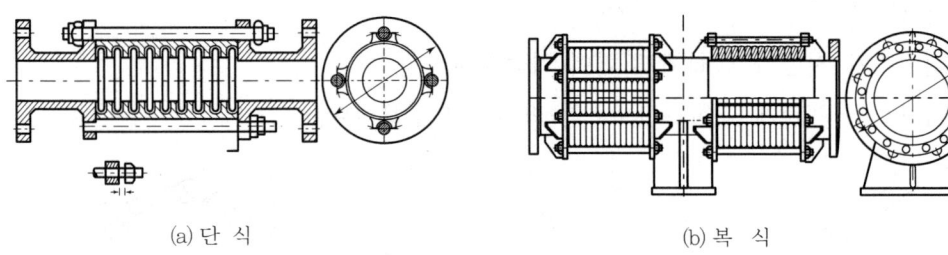

(a) 단식   (b) 복식

> **신축량이 큰 순서**
> 루프형 > 슬리브형 > 벨로즈형 > 스위블형

chapter 03 밸브 및 배관 부속장치

제4편 유지보수 공사관리

1 밸브(valve)

(1) 밸브의 구비 조건

① 유체의 통과저항이 작을 것
② 밸브의 개폐가 확실하고 누설이 없을 것
③ 마모 및 파손에 강할 것
④ 고온에서 변형이 없을 것
⑤ 관성력이 작을 것

(2) 밸브의 종류

① 슬루스 밸브(sluice valve)
  ㉠ 파이프의 횡단면과 평행하게 개폐하는 밸브로, 게이트(gate) 밸브로 불린다.
  ㉡ 유체의 흐름저항이 적어 유체의 흐름 차단용으로 사용
  ㉢ 밸브의 개폐시간이 길어 밸브를 자주 개폐할 필요가 없는 곳에 사용(수평관, 난방용 배관)
② 스톱 밸브(stop valve)
  ㉠ 유체가 흐르는 방향에 따라 입구와 출구가 일직선상에 있는 밸브로, 글로브 밸브(glove valve)로 불린다.
  ㉡ 유량 조절용으로 사용되고 유체의 흐름에 대하여 흐름저항이 크다.
  ㉢ 가볍고 가격이 저렴하다.

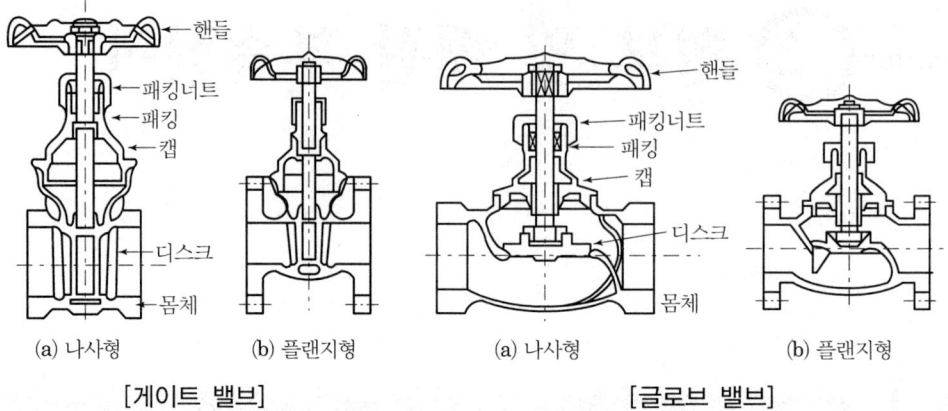

[게이트 밸브]   [글로브 밸브]

③ 앵글 밸브(angle valve) : 유체의 흐름방향을 직각으로 바꿀 때 사용한다.

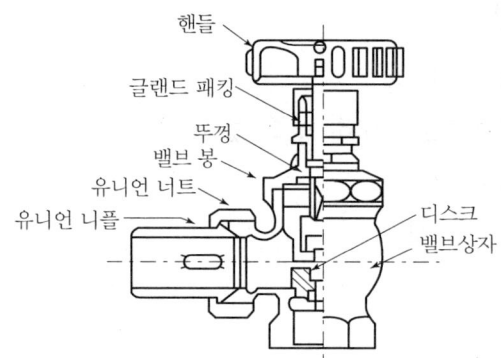

④ 체크 밸브(check vavle : 역지밸브) : 유체를 일정한 방향으로만 흐르게 하고 역류를 방지하는 데 사용

   ㉠ 종류

      ⓐ 스윙형 : 수직, 수평배관에 사용

      ⓑ 리프트형 : 수평배관에 사용

      ⓒ 풋 밸브(foot valve) : 펌프 흡입관 하부에 사용

      ⓓ 싱글 및 듀얼 플레이트 체크 밸브

      ⓔ 해머리스형(스모렌스키형)

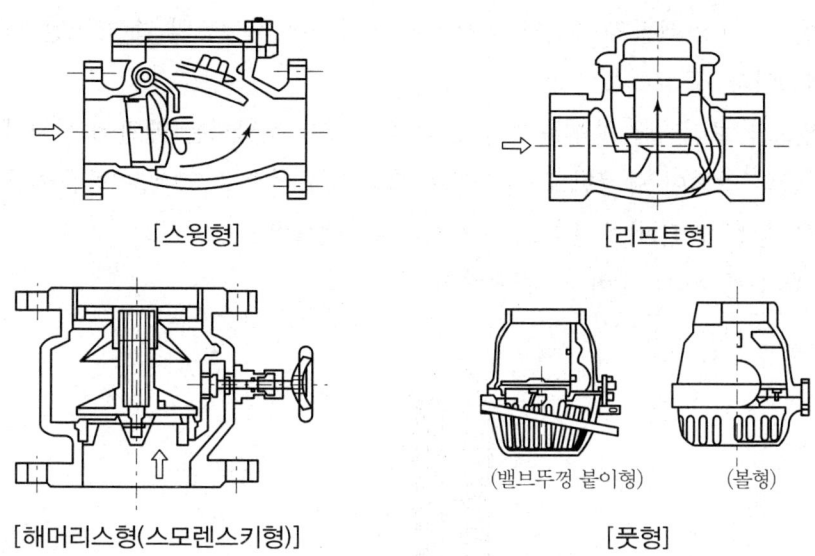

[스윙형] [리프트형]
[해머리스형(스모렌스키형)] [풋형]
(밸브뚜껑 붙이형) (볼형)

⑤ 콕(cock)
  ㉠ 콕은 원뿔에 구멍을 뚫은 것으로 90° 회전함에 따라 구멍이 개폐되어 유체가 흐르고 멈추게 되어 있는 일종의 간단한 밸브이다.
  ㉡ 기밀성이 나빠 고압 대유량에는 부적당하다.
  ㉢ 개폐가 빠르며 유체의 저항이 적다.

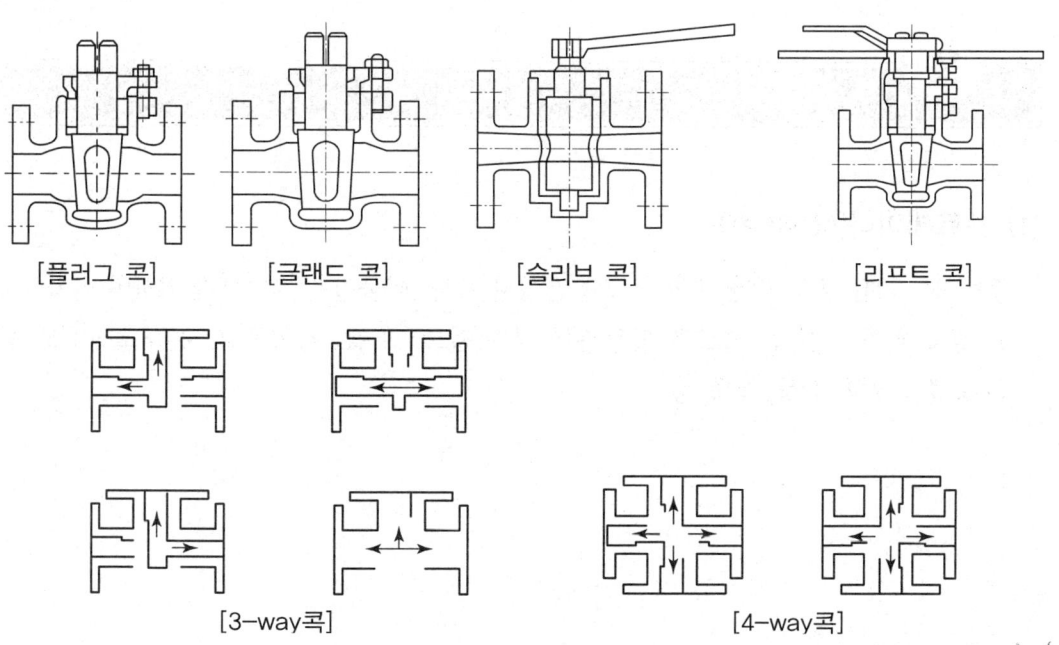

[플러그 콕]   [글랜드 콕]   [슬리브 콕]   [리프트 콕]

[3-way콕]   [4-way콕]

제3장 밸브 및 배관 부속장치 **1073**

⑥ 감압밸브 : 고압배관과 저압배관 사이에 설치하여 저압측의 압력을 일정하게 유지하는 밸브이다.

⑦ 안전밸브 : 보일러나 압력용기 등 고압의 유체를 취급하는 배관에 설치하여 관 또는 용기 안의 압력이 규정한도 이상으로 되면 자동적으로 외부로 방출하여 용기 속의 압력을 항상 안전한 수준으로 유지해 주는 밸브이다.

㉠ 종류 : 중추식, 레버식, 스프링식

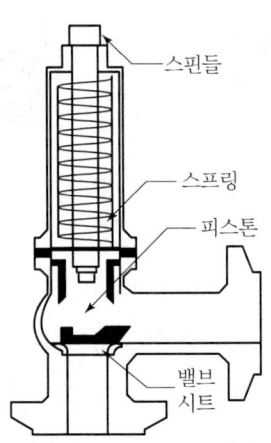

2 부속장치

(1) 스트레이너(strainer)

증기, 물, 기름 등의 배관 내의 유체에 혼입된 토사, 이물질을 제거하기 위하여 설치한다.

① 설치 위치 : 장치, 밸브류 입구측에 부착(펌프, 트랩, 감압밸브, 온도조절밸브 등)

② 종류 : Y형, U형, V형 등

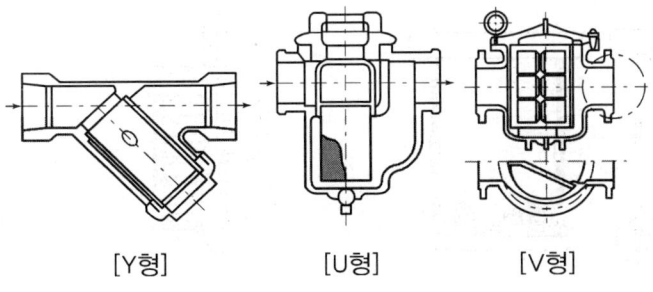

[Y형]　　　[U형]　　　[V형]

3 배관 지지

(1) 배관 지지의 조건

① 관과 관 내에 흐르는 유체를 포함한 중량을 지지할 수 있는 충분한 강도를 가질 것
② 외부 조건에 따른 충격과 진동에 대하여 견딜 수 있는 구조일 것
③ 열에 의한 배관의 신축을 흡수할 수 있을 것
④ 배관 구배를 자유롭게 조정할 수 있을 것
⑤ 배관길이가 길 경우 처짐이 발생하므로 지지간격이 적당할 것

(2) 분류

① 행거(hanger) : 배관의 하중을 위에서 걸어당겨 지지하는 것
　㉠ 리지드 행거(rigid hanger) : I빔에 턴버클을 연결하여 관을 지지하며, 수직방향의 변위가 없는 곳에 사용한다.
　㉡ 콘스탄트 행거(constant hanger) : 배관의 상, 하 이동을 허용하면서 관을 지지하며, 변위가 큰 곳에 사용한다.
　㉢ 스프링 행거(spring hanger) : 스프링의 장력을 이용하여 관을 지지하며, 변위가 적은 곳에 사용한다.

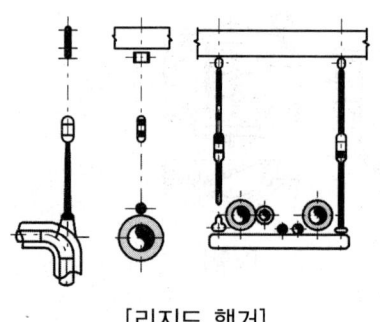
[리지드 행거]

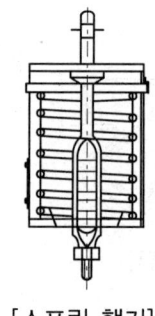
[스프링 행거]

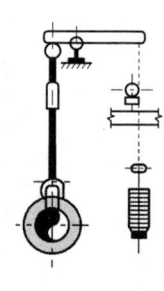
[콘스탄트 행거]

② 서포트(support) : 배관의 하중을 아래에서 위로 받쳐서 지지하는 것
  ㉠ 리지드 서포트(rigid support) : 강성이 큰 빔(beam)을 이용하여 관을 지지한다.
  ㉡ 스프링 서포트(spring support) : 스프링의 장력을 이용하여 관을 지지한다.
  ㉢ 롤러 서포트(roller support) : 롤러로 지지하여 관의 축방향 이동을 자유롭게 한다.
  ㉣ 파이프 슈(pipe shoe) : 파이프로 직접 접속하여 배관의 수평부와 곡관부를 지지한다.

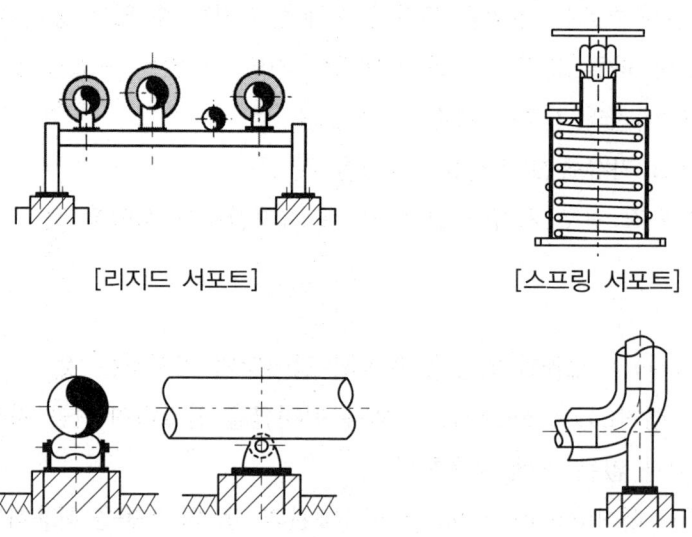

[리지드 서포트]   [스프링 서포트]

[롤러 서포트]   [파이프 슈]

③ 리스트레인트(restraint) : 열팽창에 의한 배관의 좌우, 상하이동을 구속하고 제한하는 것
  ㉠ 앵커(anchor) : 이동 및 회전을 방지하기 위하여 지지점 위치에 완전히 고정하는 것
  ㉡ 스토퍼(stopper) : 배관의 일정방향 이동과 회전만 구속하고 다른 방향은 자유롭게 이동하는 것

ⓒ 가이드(guide) : 배관의 축방향 이동은 허용하고 관의 회전이나 축과 직각방향을 구속하는 데 사용한다.

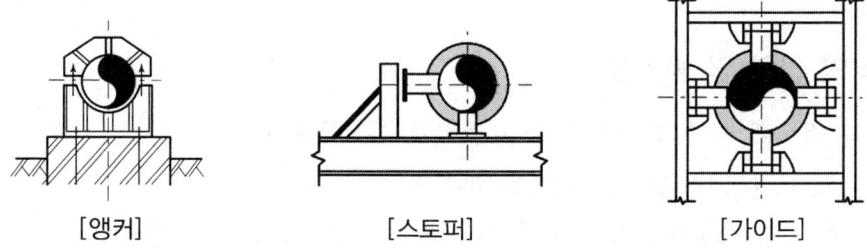

[앵커]   [스토퍼]   [가이드]

④ 브레이스(brace)

압축기, 펌프에서 발생하는 배관계의 진동을 억제하는 데 사용한다.

㉠ 방진구 : 진동방지 및 감쇠장치

㉡ 완충기 : 충격을 완화시키는 장치

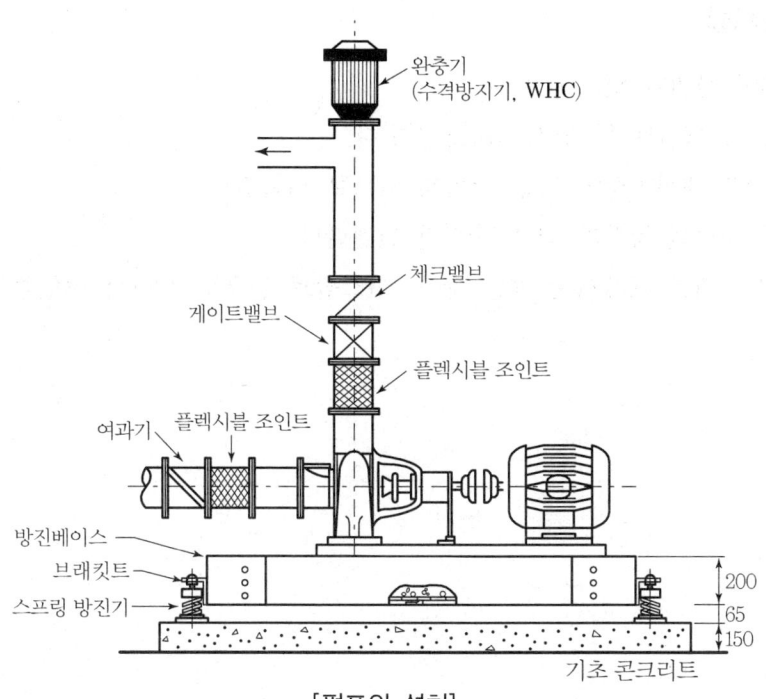

[펌프의 설치]

4 배관의 부식

(1) 부식의 원인 및 방지법

① 물과 접촉에 의한 부식 : 가장 보편적인 부식작용
② 접촉된 다른 금속 간에 일어나는 부식
    ㉠ 2종류 금속의 이온화 경향의 차이가 큰 관이 접촉할 때 발생
    ㉡ 서로 다른 금속의 접촉점 근처에서 발생
③ 전식(Electrolyric corrosion)
    ㉠ 지하 매설관 등에서 외부로부터의 전류가 관의 내부로 유입되어 일어나는 현상
    ㉡ 부식은 전류가 이탈하는 곳에서 발생

(2) 부식방지법

① 금속관에 물기가 없도록 한다.
② 아스팔트, 페인트 등 방식도료를 칠한다.
③ 금속 간에 내화학성이 강한 금속의 막으로 피복한다.
④ 이온화 경향의 차이가 작은 관끼리 연결한다.
⑤ 전식의 방지를 위해서는 관을 황마, 아스팔트 등으로 감아서 절연층을 만든다.

chapter 04 보온재, 패킹, 도료

1 보온재

(1) 상온 20℃에서 열전도율이 0.1kcal/mh℃ 이하인 것을 보온재라 한다.
(2) 안전사용온도에 의해 보냉재(100℃ 이하), 보온재(100~800℃), 단열재(850~1200℃)로 구분한다.
(3) 보온재는 유기질 보온재, 무기질 보온재, 금속질 보온재로 나뉜다.
(4) 보온시공에서 경제적 두께 산정은 시공비와 방산열량이 적어야 하며 사용에 지장이 없어야 한다.
(5) 표준 시공 두께를 규정하는 데 있어서 외기온도, 보온재의 열전도율, 표면 열전달률, 관내 온도, 시공비 등을 고려해야 한다.

(1) 보온재의 구비 조건

① 보온능력이 크고 열전도율이 작을 것
② 비중이 작을 것
③ 어느 정도 기계적 강도를 가질 것
④ 흡습성, 흡수성이 없을 것
⑤ 불연성일 것
⑥ 사용온도에서 장시간 사용해도 변질이 없을 것
⑦ 구입이 용이하고 시공이 쉬우며 내용년수가 길 것

(2) 유기질 보온재

저온용 보온재로 사용하며 안전사용온도는 100~150℃이다.

① 펠트(felt)
  ㉠ 양모, 우모를 이용하여 펠트모양으로 제조한 것
  ㉡ 곡면 시공이 용이하다.
  ㉢ 안전사용온도는 100℃이며 아스팔트로 방습 가공한 것은 -60℃까지 사용 가능하다.

② 코르크(cork)
  ㉠ 코르크를 적당한 크기로 분쇄한 것을 금형에 넣어 압축 가열하여 만든 것
  ㉡ 액체 또는 기체의 침투력을 방지하는 효과가 있어서 보냉 및 보온효과가 좋다.
  ㉢ 안전사용온도는 130℃이며 냉수, 냉매배관의 보냉용에 사용된다.

③ 기포성 수지(plastic foam)
  ㉠ 고무 또는 합성수지를 발포제로 가하여 다공질로 제조한 것

(3) 무기질 보온재

① 저온용 : 안전사용온도가 200~600℃ 정도이다.
  ㉠ 탄산마그네슘 보온재 : 염기성 탄산마그네슘 85%와 석면 15%를 배합하여 물에 갠 것으로, 안전사용온도는 250℃이며 파이프, 탱크의 보냉용으로 사용한다.
  ㉡ 석면 : 아스베스토스를 주원료로 하여 판이나 원통모양으로 성형하여 만든 것으로, 400℃ 이하의 파이프, 탱크, 노벽의 보온재로 적합하다. 또한 사용 중에 부서지거나 뭉그러지지 않아 진동이 심한 곳에 사용한다.
  ㉢ 암면 : 안전사용온도는 600℃이며 석면에 비해 섬유가 거칠고 굳어서 부서지기 쉽다.
  ㉣ 규조토 : 규조토에 4~7%의 석면섬유 또는 3~6%의 마 여물을 혼입하여 물에 이긴 것으로, 단열효과가 떨어지므로 두껍게 시공해야 한다. 안전사용온도는 500℃이며 파이프, 탱크, 노벽의 보온재로 적합하다.
  ㉤ 유리섬유(glass wool) : 용융유리를 압축공기 또는 원심력을 이용하여 섬유화시킨 것으로, 흡음률 및 흡습성이 크기 때문에 방수처리를 해야 한다. 안전사용온도는 300℃이며 보냉, 보온재로 사용하고 덕트에 많이 사용한다.

② 고온용 : 안전사용온도는 600~800℃ 정도이다.

  ㉠ 펄라이트(pearlite)
    ⓐ 진주암, 흑석을 소성, 팽창시켜 다공질로 하여 접착제와 석면 등의 무기질 섬유를 배합하여 성형한 것
    ⓑ 흡습성, 열전도율이 적고 내열도가 높다.
    ⓒ 안전사용온도는 650℃ 정도이다.
  ㉡ 규산칼슘 보온재
    ⓐ 규산에 석회 및 석면 섬유를 섞어서 성형하고 다시 수증기로 처리하여 만든 것
    ⓑ 기계적 강도가 크고 내산성, 내열성, 내수성이 크다.
    ⓒ 안전사용온도는 650℃ 정도이다.
  ㉢ 세라믹 파이버(ceramic fiber)
    ⓐ 용융석영을 방사하여 만든 실리카울이나 고석회질의 규산유리로 만든 것
    ⓑ 융점이 높고 내약품성이 우수하여 고온용 단열재로 사용된다.
    ⓒ 안전사용온도는 1100℃ 정도이다.

> **참고 ■ 배관의 표준 보온두께**
> ① 온수관, 증기관, 유관(주위온도 20℃)
>
> | 관내온도 \ 관경 | 15 | 20 | 25 | 50 | 100 | 200 | 300 |
> |---|---|---|---|---|---|---|---|
> | 100℃ | 20 | 20 | 20 | 20 | 25 | 40 | 50 |
> | 150℃ | 20 | 20 | 25 | 25 | 30 | 40 | 50 |
> | 보온재 | 록울 보온통, 글라스 울 보온통, 규산칼슘 보온통 2호, 펄라이트 보온통 1호 ||||||||
>
> ② 냉수관(주위온도 30℃)
>
> | 관내온도 | 주위상대습도 \ 관경 | 15 | 20 | 25 | 50 | 100 | 200 | 300 |
> |---|---|---|---|---|---|---|---|---|
> | 5℃ | 85% | 30 | 30 | 30 | 40 | 40 | 40 | 50 |
> | | 90% | 25 | 25 | 25 | 30 | 30 | 40 | 50 |
> | 10℃ | 85% | 40 | 40 | 40 | 50 | 65 | 65 | 65 |
> | | 90% | 30 | 40 | 40 | 40 | 50 | 50 | 50 |
> | 보온재 || 록울 보온통, 글라스 울 보온통, 폼 폴리스티렌 보온통 3호 |||||||

2 패킹재(packing, gasket)

유체가 접합부로부터 새는 것을 방지하기 위하여 사용한다.

(1) 패킹재 선정 시 고려사항

① 관내 유체의 물리적 성질 : 온도, 압력, 점도, 밀도
② 관내 유체의 화학적 성질 : 화학성분, 부식성, 휘발성, 용해도, 인화성
③ 기계적 성질 : 교체의 용이, 진동의 유무, 내·외압의 정도

(2) 플랜지 패킹(flange packing)

① 고무패킹
　㉠ 탄성이 우수하며 흡수성은 없다.
　㉡ 산, 알칼리에는 강하고 기름에는 약하다.
　㉢ 100℃ 이상의 고온에는 사용할 수 없다.
　㉣ 급수, 배수, 공기 밀폐용으로 사용한다.

② 네오프렌(neoprene)
　㉠ 합성고무로서 내열범위가 -46~121℃이다.
　㉡ 물, 공기, 기름, 냉매배관에 사용하며 증기배관에는 사용하지 않는다.

③ 석면조인트 패킹
　㉠ 광물질로서 섬유가 미세하고 강인하다.
　㉡ 증기, 온수, 고온의 오일배관에 적합하다.
　㉢ 450℃까지 사용 가능하다.

④ 합성수지(테플론) 패킹
　㉠ 기름에 침식되지 않으며 내산, 내알칼리성이 크다.
　㉡ 내열범위는 -260~260℃이다.

⑤ 오일 씰 패킹
　㉠ 한지를 일정한 두께로 겹쳐 내유 가공한 것
　㉡ 펌프, 기어박스에 사용한다.

⑥ 금속 패킹
　㉠ 구리, 납 등의 연질 금속을 사용한다.
　㉡ 탄성이 적어 관의 팽창, 수축, 진동이 발생할 경우 누설이 되는 경우가 있다.

(3) 나사용 패킹

① 페인트 : 광명단을 혼합하여 사용하고, 고온의 오일배관을 제외한 모든 배관에 사용한다.
② 일산화납(일산화연) : 페인트에 소량의 일산화납을 혼합하여 사용하고, 냉배배관용으로 사용된다.
③ 액상 합성수지 : 화학약품 및 내유성이 크므로 증기, 기름, 약품배관에 사용한다.

(4) 글랜드 패킹

밸브의 회전부분에 사용하여 기밀을 유지하는 역할을 한다.

3 페인트(paint : 도료)

재료의 부식 방지와 외관을 아름답게 칠하기 위하여 사용한다. 또한, 특수 목적으로 방화, 방수, 발광, 전기절연을 위하여 사용한다.

(1) 광명단 도료

① 연단을 아마인유와 혼합한 것으로, 밀착력이 강하고 풍화에 견딘다.
② 녹을 방지하기 위한 페인트 밑칠용으로 사용한다.

(2) 합성수지 도료

① 염화비닐계 : 내약품성, 내유성, 내산성이 우수하여 금속의 방식 재료에 적합하다.
② 프탈산계(pthalic) : 상온에서 자연 건조성 재료로 사용한다.
③ 요소 멜라민계(melamine) : 내열, 내수, 내수성이 우수하여 베이킹 도료로 사용한다.
④ 실리콘계 : 내열성이 크고 소부 도료에 이용한다.

(3) 산화철 도료

산화 제2철을 보일유나 아마인유를 혼합한 것으로 도막이 부드럽지만 방청효과는 떨어지고 값이 싸다.

(4) 알루미늄 도료(은분)

① 알루미늄 분말에 유성 바니시(oil varnish)를 혼합한 것으로 방청효과 및 내열성이 우수하다.
② 열을 잘 반사시키므로 증기관, 방열기에 사용한다.

(5) 타르 및 아스팔트

① 관의 벽면과 물과의 사이에 내식성의 도막을 만들어 물과의 접촉을 방지한다.
② 노출 시 온도변화에 따른 균열이 발생할 우려가 있다.

chapter 05 배관 제도

제4편 유지보수 공사관리

1 배관 도시 기호

(1) 치수 표시

① 단위는 mm를 사용한다.
② 치수선에 숫자만 기입한다.

(2) 높이 표시

① EL : 배관의 높이를 관의 중심을 기준으로 표시
  ㉠ TOP : 지름이 다른 관의 높이를 나타낼 때 관외경의 윗면까지를 기준으로 표시
  ㉡ BOP : 지름과 다른 관의 높이를 나타낼 때 적용되며 관외경의 아랫면까지를 기준으로 하여 표시
② GL : 포장된 지표면을 기준으로 하여 배관장치의 높이를 표시
③ FL : 1층의 바닥면을 기준으로 표시
④ TOP : 지름이 다른 관의 높이를 나타낼 때 관외경의 아랫면까지를 기준으로 표시

2 배관도면 표시법

(1) 관의 표시

관은 1개의 실선으로 도시하고 같은 굵기의 선을 사용한다. 다만 관의 계통, 관 내를 흐

르는 유체의 종류·상태·목적 또는 관의 굵기를 표시하기 위하여 선의 종류를 바꿔 사용해도 된다. 또한 관을 파단하여 표시할 경우는 아래와 같이 파단선을 표시한다.

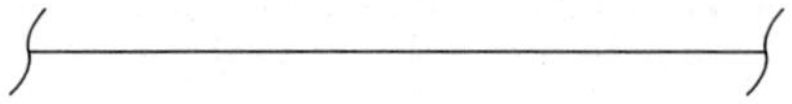

① 온수 및 증기의 송기관 : 실선으로 표시
② 온수 및 증기의 복귀관 : 점선으로 표시
③ 급수관 : 일점쇄선으로 표시

(2) 유체의 종류에 따른 도시기호

종류	기호	색채
물(Water)	W	청색
증기(Steam)	S	진한 적색
공기(Air)	A	백색
가스(Gas)	G	황색
유류(Oil)	O	진한 황적색

(3) 유체의 흐름방향은 화살표 방향으로 표시한다.

(4) 배관의 표시방법

[예] 2B – S115 – A10 – H20

- 관의 호칭지름 – 2B
- 유체의 종류 및 상태 – S115
- 배관계의 시방 : 관의 종류, 두께, 압력 구분 – A10
- 관 외면에 실시하는 설비, 재료 : 보온, 보냉 재료 – H20

① 관의 이음표시

종류	도시기호	종류	도시기호
일반 (나사형)	—┼—	엘보 또는 밴드	
플랜지형	—╫—	티(T)	
턱걸이형	—⊢—	크로스	
막힌 플랜지형	—╢	신축이음	
유니언형	—╫—	용접이음	—●—
		납땜이음	—○—

② 관 접속상태

접속상태	실제모양	도시기호	굽은상태	실제모양	도시기호
접속하지 않을 때			파이프 A가 앞쪽 수직으로 구부러질 때		A —⊙
접속하고 있을 때			파이프 B가 뒤쪽 수직으로 구부러질 때		B —○
분기하고 있을 때			파이프 C가 뒤쪽으로 구부러져서 D에 접속될 때		C —○— D

③ 관 끝부분 표시

끝부분의 종류	그림 기호
블라인더(막힌 플랜지) 스냅 커버 플랜지	—╢
나사박음식 캡 및 나사박음식 플러그	—⊐
용접식 캡	—⌓
체크 조인트	—□
핀치 오프	—✕

④ 밸브 표시

밸브·콕의 종류	그림 기호	밸브·콕의 종류	그림 기호
밸브 일반		앵글 밸브	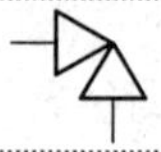
게이트 밸브	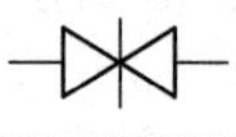	3방향 밸브	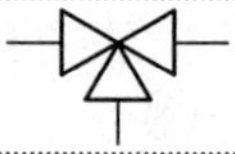
글로브 밸브		4방향 밸브	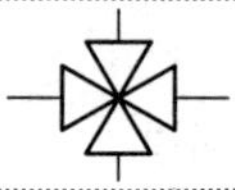
체크 밸브	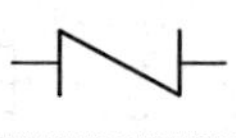	안전 밸브	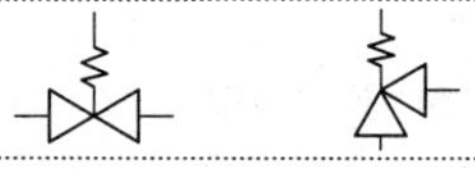
볼 밸브		팽창 밸브(일반)	
버터플라이 밸브		모세관 (capillary tube)	
다이어프램 밸브	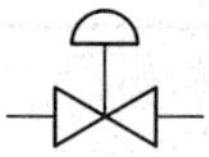	콕	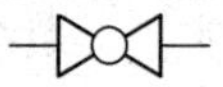
전동밸브	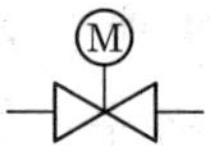	증발압력 조정밸브	 EPR
전자밸브	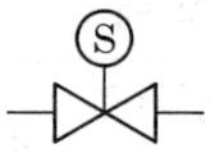	흡입압력 조정밸브	 SPR

⑤ 배관 부속품

부속품의 종류	그림 기호	부속품의 종류	그림 기호
스트레이너	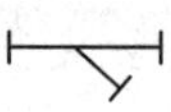 또는 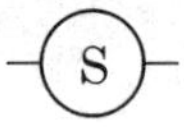 S	스프레이	
드라이어	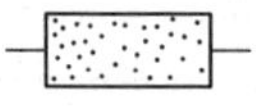 또는 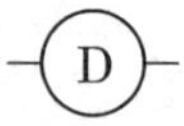 D	팽창 이음쇠	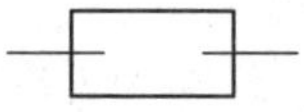
필터 드라이어	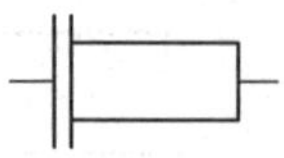 또는 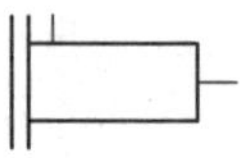	플렉시블 이음쇠	
사이트 글래스	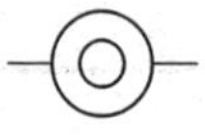	파열판	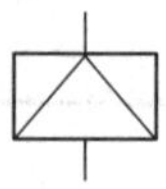

⑥ 기기의 표시방법

기기의 종류		그림 기호	기기의 종류		그림 기호
압축기	일반	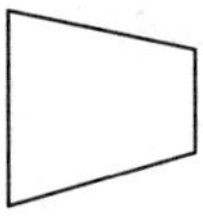 (사다리꼴)	열교환기	용기있음	 ∿∿∿
	밀폐형 일반	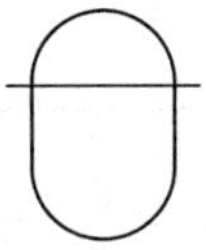 (타원)		용기없음	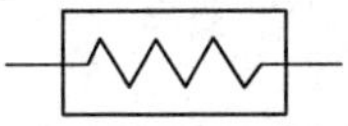 □∿□ 또는  ○∿
	로터리형	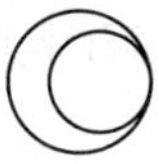 ◎	압력용기		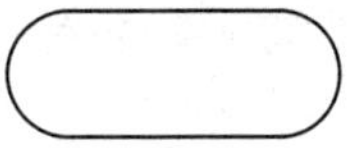 (캡슐형)
	스크류형 또는 원심형	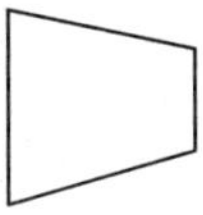 (사다리꼴)	펌프		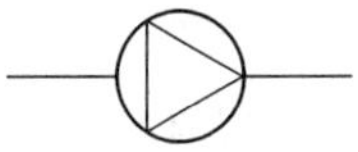 ⊕
	왕복동형	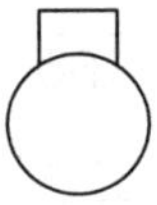 ○ 또는 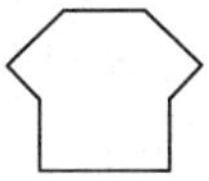 ⬠	송풍기		 (송풍기 기호)

⑦ 제어기기의 표시방법

제어기기의 종류	그림 기호	제어기기의 종류	그림 기호
압력 스위치	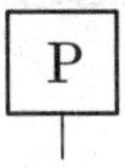 P	차압 스위치	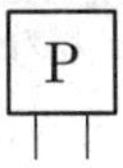 P
고압 압력 스위치	 HP	레벨 스위치	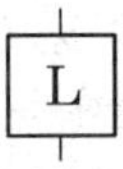 L
저압 압력 스위치	 LP	플로 스위치	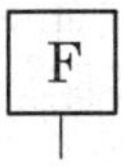 F

제5장 배관 제도 **1089**

제어기기의 종류	그림 기호	제어기기의 종류	그림 기호
고저압 압력 스위치	DP	서모스탯	T 또는 T
유압 압력 스위치	OP	휴미디스탯	H

⑧ 계기 표시 : 관을 표시하는 선에서 분기시킨 가는 선의 끝에 원을 그려서 표시

계기의 종류		그림 기호	계기의 종류	그림 기호
계기	일반	○		
압력계		P	압력지시계	PI
온도계		T	온도지시계	TI
유량계		F	유량지시계	FI
액면계		LG		

> **참고**
>
> ■ 계기식별
>
> ① 첫째 문자는 측정량을 표시한다.
>   P : 압력(Pressure)   F : 유량(Flow)
>   T : 온도(Temperature)   L : 수위(Level)
> ② 두 번째 문자는 계기가 수행하는 기능을 표시한다.
>   R : 기록(Record)   C : 조절(Control)
>   I : 지시(Indicate)   S : 스위치(Switch)
>   T : 전송(Transmit)   A : 경보(Alarm)

chapter 05 출·제·예·상·문·제

01. 배관재료의 선정 시 고려해야 할 사항과 거리가 먼 것은?
① 수송유체에 의한 관의 내식성
② 유체의 온도변화에 따른 물리적 성질의 변화
③ 사용 기간(수명) 및 시공방법
④ 사용 시기 및 가격

> **배관재료의 선택 시 고려사항**
> ㉠ 관의 진동 및 충격 또는 외압, 내압에 견딜 수 있는가를 고려
> ㉡ 유체의 온도 및 부식성과 관의 내식성을 고려
> ㉢ 관의 가공성(접합, 굽힘, 용접)을 고려
> ㉣ 관의 중량과 수송조건을 고려

02. 배관재질의 선정 시 기본적으로 고려할 사항과 거리가 먼 것은?
① 사용온도
② 사용유량
③ 화학적, 물리적 성질
④ 사용압력

> **배관재질 선정 시 고려사항**
> 사용온도, 사용압력, 수송유체의 화학적, 물리적 성질

03. 배관재료에 대한 설명으로 틀린 것은?
① 배관용 탄소강 강관은 1MPa 이상, 10MPa 이하 증기관에 적합하다.
② 주철관은 용도에 따라 수도용, 배수용, 가스용, 광산용으로 구분한다.
③ 연관은 화학 공업용으로 사용되는 1종관과 일반용으로 쓰이는 2종관, 가스용으로 사용되는 3종관이 있다.
④ 동관은 관 두께에 따라 K형, L형, M형으로 구분한다.

> ① 배관용 탄소강 강관은 사용 압력이 비교적 낮은 증기, 물, 기름, 가스 및 공기 등의 배관용으로 적합하다.
> [참고] 배관용 탄소강관(SPP)
> ㉠ 일명 가스관이라고 한다.
> ㉡ 사용온도 : 350℃ 이하
> ㉢ 사용압력 : $10kg/cm^2$ 이하
> ㉣ 용도 : 증기, 물, 가스, 공기배관

04. 고온고압용 관 재료의 구비 조건 중 틀린 것은?
① 유체에 대한 내식성이 클 것
② 고온에서 기계적 강도를 유지할 것
③ 가공이 용이하고 값이 쌀 것
④ 크리프 강도가 작을 것

> **크리프(creep) 강도**
> 일정 온도하에서, 규정된 부하시간에 규정된 변형이 생기는 응력. 일반적으로 크리프 강도가 높은 재료일수록 응력이완에 대한 저항력도 크게 되므로 고온고압용 관 재료는 크리프 강도가 커야 한다.

Answer 01. ④ 02. ② 03. ① 04. ④

05. 관의 표시 설명이 틀린 것은?

> 2B-S115-A10-H20

① S115 : 유체의 종류, 상태
② 2B : 관의 길이
③ A10 : 배관계의 시방
④ H20 : 관의 외면에 실시하는 설비, 재료

☞ ② 2B : 호칭 구경(50A)

06. 배관 도면에서 각 장치와 관에 번호를 부여하는 라인 인덱스의 기재 순서 예로 '4-2B-N-15-39-CINS'로 기재하는데 이 중 '39'는 무엇을 나타내는 표시인가?

① 관의 호칭지름   ② 배관재료의 종류
③ 유체별 배관번호 ④ 장치번호

☞ • 4 : 장치번호
• 2B : 관의 호칭지름(미터계열 A, 인치계열 B)
• N : 관내 유체의 기호(P-석유, N-질소 등)
• 15 : 유체별 배관 번호
• 39 : 배관재료의 종류
• CINS : 배관의 보냉(INS), 보온(CINS), 화상방지(PP) 등을 필요로 할 때 사용하는 기호

07. 아래 강관 표시방법 중 "S – H"의 의미로 옳은 것은?

> SPPS-S-H-1965, 11-100A×SCH40×6

① 강관의 종류   ② 제조회사명
③ 제조방법   ④ 제품표시

☞ 압력배관용 탄소강관

-SPPS-S-H-2005.11-100A×SCH40×6
상표 한국산업규격 관 제조 제조 호칭 스케줄 길이
   표시기호 종류 방법 년월 방법 번호

08. 다음은 강관의 호칭관경을 관계있는 것끼리 짝지은 것이다. 잘못된 것은?

① 25A-1$\frac{1}{2}$B   ② 20A-$\frac{3}{4}$B
③ 32A-1$\frac{1}{4}$B   ④ 50A-2B

☞ 1B=1inch=25.4mm=25A

09. 강관의 종류와 KS 규격 기호가 바르게 짝지어진 것은?

① 배관용 탄소강관 : SPA
② 저온배관용 탄소강관 : SPPT
③ 고압배관용 탄소강관 : SPTH
④ 압력배관용 탄소강관 : SPPS

☞ ① 배관용 탄소강관 : SPP
② 저온배관용 탄소강관 : SPLT
③ 고압배관용 탄소강관 : SPPH

10. 압력배관용 탄소강 강관의 기호는?

① SPP   ② SPPS
③ SPPH   ④ STBH

☞ ① SPP : 배관용 탄소강 강관
② SPPS : 압력배관용 탄소강 강관
③ SPPH : 고압배관용 탄소강 강관
④ STBH : 보일러 열교환기용 탄소강 강관

11. 다음의 강관 표시기호 중 배관용 합금강관을 고르면?

① SPPH   ② SPHT
③ STA   ④ SPA

☞ ① SPPH : 고압배관용 탄소강관
② SPHT : 고온배관용 탄소강관
③ STA : 구조용 합금강관

Answer 05. ② 06. ② 07. ③ 08. ① 09. ④ 10. ② 11. ④

12. 저온 열 교환기용 강관의 KS 기호로 맞는 것은?
① STBH ② STHA
③ SPLT ④ STLT

① STBH : 보일러 및 열교환기용 탄소강관
② STHA : 합금강 강관
③ SPLT : 저온 배관용 강관

13. 다음 중 LPG 탱크 및 냉동기 배관 등 빙점 이하의 온도에서만 사용되며 두께를 스케줄 번호로 나타내는 강관의 KS 표시기호는?
① SPP   ② SPLT
③ SPH   ④ SPHT

저온배관용 탄소강관(SPLT)
① 0℃(빙점) 이하의 저온에 사용한다.
② 용도 : LPG 탱크용, 냉동기 배관

14. 다음 KS 규격기호 중에서 고압배관용 탄소강관을 나타내는 기호는?
① SPPS ② STHA
③ SPHT ④ SPPH

① SPPS : 압력배관용 탄소강관
② STHA : 보일러 열교환기용 합금 강관
③ SPHT : 고온배관용 탄소강관

15. 양질의 수돗물을 공급하기 위해 내·외면에 부식 방지 아연도금한 관은?
① SPPW ② SPPS
③ SPPH ④ SPPG

수도용 아연도금 강관(SPPW)
배관용 탄소강관의 백관보다 아연도금의 두께를 두껍게 하여 내식성, 내구성을 증가시킨 강관이다.
② SPPS : 압력배관용 탄소강관
③ SPPH : 고압배관용 탄소강관
④ SPPG : 연료가스 배관용 탄소강관

16. 수도용 아연도금 강관에 수증기가 흐르도록 한 관의 표시로 맞는 것은?
① SPP-A ② SPP-W
③ SPPW-S ④ SPPW-G

수도용 아연도금 강관 : SPPW

종류	기호	색채
물(Water)	W	청색
수증기(Steam)	S	진한 적색
공기(Air)	A	백색
가스(Gas)	G	황색
유류(Oil)	O	진한 황적색

17. 다음 중 유체의 종류가 냉동기유(油)를 표시하는 문자는?
① G   ② A
③ O   ④ V

16번 해설 참고

18. 강관의 두께를 나타내는 스케줄 번호에 관한 설명이다. 잘못된 것은? (단, P는 사용압력(kgf/cm^2), S는 허용응력(kgf/mm^2)이다.)
① 관의 두께를 나타내는 계산식 Sch No. = 10×P/S이다.
② 호칭번호는 5~160까지로 되어 있다.
③ 스케줄 번호는 사용압력과 재료의 허용응력과의 비 P/S의 10에 상당한다.
④ 허용응력은 안전율을 인장강도로 나눈 값이다.

스케줄 번호(Sch No.)
$$Sch\ No. = 10 \times \frac{P}{S}$$
여기서, 사용압력 $P[kg/cm^2]$

Answer 12. ④ 13. ② 14. ④ 15. ① 16. ③ 17. ③ 18. ④

허용응력$(S) = \dfrac{\text{인장강도}}{\text{안전율}}$ [kg/mm²]

※ 스케줄 번호가 클수록 관의 두께가 크다.

19. 최고 사용압력 P=76kg/cm²의 배관에 SPPS-38을 사용하는 경우 스케줄 번호는 얼마인가? (단, 인장강도는 38kg/mm²이고 안전율은 4이다.)

① 25　　② 68
③ 80　　④ 102

☞ Sch No. $= 10 \times \dfrac{P}{\sigma} = 10 \times \dfrac{76}{\frac{38}{4}} = 80$

20. 스케줄 번호에 의해 관의 두께를 나타내는 강관은?

① 배관용 탄소강관
② 수도용 아연도금강관
③ 압력배관용 탄소강관
④ 내식성 급수용 강관

☞ **압력배관용 탄소강관(SPPS)**
㉠ 일반적으로 이음매 없는 관을 사용
㉡ 사용온도 : 350℃ 이하
㉢ 사용압력 : 10~100kg/cm²
㉣ 용도 : 보일러 증기관, 수도관, 유압배관 등
㉤ 호칭방법 : 호칭지름×호칭두께(스케줄 번호)

21. 다음은 강관에 대한 표시를 나타낸 것이다. 이에 대한 설명으로 옳은 것은?

(SPW 400)

① 고온배관용 탄소강관으로 항복점이 400N/mm² 이상이다.
② 배관용 아크용접 탄소강관으로 인장강도가 400N/mm² 이상이다.
③ 배관용 합금강관으로 항복점이 400kg/mm² 이상이다.
④ 고압배관용 탄소강관으로 인장강도가 400kg/mm² 이상이다.

☞ **배관용 아크용접 탄소강 강관 : SPW**
인장강도 : 400N/mm² 이상
① 사용압력 : 도시가스배관 10kg/cm² 이하, 수도용 배관 15kg/cm² 이하
② 용도 : 사용압력이 낮은 증기, 물, 기름, 가스 및 공기 등의 수송용 배관

22. 다음의 설명은 어떤 강관에 대한 설명인가?

재질은 P.S 모두 0.04%로 하고 인장강도가 30kg/mm² 이상으로 되어 있으며, 사용압력이 비교적 낮은(10kg/cm² 이하) 증기, 물, 기름, 가스 및 공기 등의 배관에 많이 사용한다.

① 압력배관용 탄소강 강관
② 배관용 탄소강 강관
③ 보일러 열교환기용 강관
④ 고압배관용 탄소강 강관

☞ **배관용 탄소강관(SPP)**
① 일명 가스관이라고 한다.
② 사용온도 : 350℃ 이하
③ 사용압력 : 10kg/cm² 이하
④ 용도 : 증기, 물, 가스, 공기배관

23. 고압배관용 탄소강관에 대한 설명으로 틀린 것은?

① 9.8MPa 이상에 사용하는 고압용 강관이다.
② KS 규격기호로 SPPH라고 표시한다.
③ 치수는 호칭지름×호칭두께(Sch. No.)×바깥지름으로 표시하며, 림드강을 사용하여 만든다.
④ 350℃ 이하에서 내연기관용 연료분사관,

Answer　19. ③　20. ③　21. ②　22. ②　23. ③

화학공업의 고압배관용으로 사용된다.

③ 관의 치수 표시는 호칭지름×호칭두께(Sch. No.) 또는 바깥지름×두께로 표시하며 킬드강을 사용하여 만든다.
[참고] 고압배관용 탄소강관(SPPH)
350℃ 정도 이하의 온도에서 사용압력이 높은 배관에 사용하는 강관이다. 일반적으로 9.8MPa(100kgf/cm²) 이상의 암모니아 합성용 배관, 내연기관의 연료분사관, 화학공업에서의 고압배관 등에 주로 사용된다. 관은 킬드강을 소재로 이음매 없이 제조하여 그대로 사용하거나, 종류에 따라 풀림 또는 불림(normalizing)에 의한 열처리를 한다.

24. 스테인리스 강관의 특징에 대한 설명으로 틀린 것은?
① 내식성이 우수하여 내경의 축소, 저항 증대현상이 없다.
② 위생적이라서 적수, 백수, 청수의 염려가 없다.
③ 저온 충격성이 적고, 한랭지 배관이 가능하다.
④ 나사식, 용접식, 몰코식, 플랜지식 이음법이 있다.

③ 저온 충격성이 크고, 한랭지에서도 배관이 가능하다.

25. 위생적이어서 적수, 백수의 염려가 없으며 내식성, 내마모성이 우수하여 고온, 고압용에 이용되는 관은?
① 배관용 탄소강관   ② 동관
③ 경질 염화비닐관   ④ 스테인리스관

스테인리스(stainless) 강관의 특징
① 내식성이 우수하여 부식성이 있는 유체를 이송할 경우에 사용된다.
② 위생적이다.

③ 강관에 비해 기계적 성질이 우수하며 두께가 얇다.
④ 운반 및 시공이 용이하다.

26. 배관용 스테인리스 강관(STS-TP)에 대한 설명이 옳지 않은 것은?
① 관의 바깥지름은 배관용 탄소강관(SPP)과 동일하다.
② 호칭지름의 기호는 Su를 사용한다.
③ 관의 두께는 스케줄 번호에 의한 호칭두께가 사용된다.
④ 치수를 표시할 때는 호칭지름×호칭두께로 나타낸다.

② 호칭지름의 기호는 A 및 B를 사용한다.

27. 다음 중 주철관의 용도가 아닌 것은?
① 수도용 급수관   ② 가스공급관
③ 난방 코일관   ④ 오배수관

주철관(cast iron pipe)의 특징
① 강관에 비해 내식성, 내마모성, 내구성이 우수하다.
② 압축강도가 크고 인장강도가 적다.
③ 충격(내진성)에 약하다.
④ 용도 : 급수관, 배수관, 통기관, 지하 매설관, 가스공급관

28. 주철관의 일반적인 사항에 해당되지 않는 것은?
① 주철관은 지하 매설관에 적합하다.
② 주철관은 인성이 풍부하여 나사이음과 용접이음에 적합하다.
③ 주철관의 용도는 수도, 배수, 가스용으로 사용한다.
④ 주철관의 제조방법은 수직법과 원심력법이 있다.

Answer 24. ③ 25. ④ 26. ② 27. ③ 28. ②

② 나사이음과 용접이음은 강관에 적합하다.

29. 동관의 용도로 적당하지 못한 것은?
① 급유관　　② 프레온 냉매
③ 열교환기관　④ 배수관

① 동관의 용도 : 열교환기, 급탕·급수관, 화학공업용, 급유관, 기름가열기, 냉매배관
② 배수관 : 강관, 주철관, 흄관 등

30. 다음 설명 중 틀린 것은?
① 강관은 주철관에 비해 인장강도와 부식성이 크다.
② 주철관은 내식성이 강해 지하 매설 시 부식이 적다.
③ 콘크리트관은 강도가 강관에 비해 적으나 이음공사가 간단하다.
④ 연관은 알칼리성에는 내식성이 강하며 신축에 잘 견딘다.

연관의 특징
① 전연성이 풍부하여 가공이 용이하다.
② 내식성이 우수하다.
③ 산성에는 강하고 해수, 천연수에 안전하다.
④ 알칼리에 부식되며 가격이 비싸고 무겁고 강도가 작다.

31. 관에 관한 설명 중 틀린 것은?
① 강관은 주철관이나 납관에 비해 가볍다.
② 주철관은 내식성이 강해 지하 매설 시 부식이 적다.
③ 도관은 내산 및 내알칼리성이 우수하고 내마모성이 있다.
④ 연관은 알칼리성에는 내식성이 강하며 신축에 잘 견딘다.

30번 해설 참고

32. 염화비닐관의 설명으로 틀린 것은?
① 열팽창률이 크다.
② 관내 마찰손실이 작다.
③ 산, 알칼리 등에 대해 내식성이 작다.
④ 고온 또는 저온의 장소에 부적당하다.

경질 염화비닐관(PVC)
① 주원료인 염화비닐을 압축 가공하여 만든 관이다.
② 내식성, 내산성, 내알칼리성이 크다.
③ 가격이 저렴하고 마찰손실이 작다.
④ 굴곡접합, 용접 등의 배관시공이 용이하다.
⑤ 저온 및 고온에서의 강도와 충격에 약하다.
⑥ 열팽창률이 심하다.(강의 7~8배)
⑦ 가볍고 강인하다.
⑧ 용도 : 수도관, 도시 가스배관, 약품관, 전선관

33. 염화비닐관의 특징에 관한 설명으로 틀린 것은?
① 내식성이 우수하다.
② 열팽창률이 작다.
③ 가공성이 우수하다.
④ 가볍고 관의 마찰저항이 적다.

32번 해설 참고

34. 경질 염화비닐관의 열간작업에 필요한 가열온도로 적당한 것은?
① 50℃　　② 70℃
③ 120℃　 ④ 200℃

경질 염화비닐관의 열간가공온도는 약 120~130℃가 적당하다.

35. 플라스틱 배관재료에 관한 설명 중 틀린 것은?
① 경질 염화비닐관은 대부분의 무기산, 알

29. ④　30. ④　31. ④　32. ③　33. ②　34. ③　35. ④

칼리에도 침식되지 않는다.
② 일반적으로 플라스틱 배관재는 고온이 될수록 인장강도는 저하된다.
③ 폴리에틸렌관은 경질 염화비닐관보다 가볍고 충격에도 강하다.
④ 일반적으로 플라스틱 배관재는 마찰손실이 크고 전기절연성이 작다.

☞ ④ 일반적으로 플라스틱 배관재는 마찰손실이 작고 전기절연성이 크다.

36. 가스 배관재료 중 내약품성 및 전기절연성이 우수하며 사용온도가 80℃ 이하인 관은?
① 주철관   ② 강관
③ 동관   ④ 폴리에틸렌관

☞ 폴리에틸렌관(PE : poly ethylene)
㉠ 가볍고 유연성이 좋다.
㉡ 화학 전기적 성질은 염화비닐관보다 우수하다.
㉢ 약 90℃에서 연화하지만, 내충격성, 내한성(-60℃)이 우수하여 한랭지 배관에 적합하다.
㉣ 화력에 약하고 인장강도가 작다.
㉤ 가스배관의 지하매설용, 수도용 등으로 사용된다.

37. 원심력 철근 콘크리트관에 대한 설명으로 틀린 것은?
① 흄(hume)관이라고 한다.
② 보통관과 압력관으로 나뉜다.
③ A형 이음재 형상은 칼라이음쇠를 말한다.
④ B형 이음재 형상은 삽입이음쇠를 말한다.

☞ 원심력 철근 콘크리트관
이음재의 형상에 따라 A형(칼라이음쇠 : 모르타르 사용), B형(소켓이음쇠 : 고무링 사용), C형(삽입이음쇠 : 고무링 사용)의 3종류가 있고, C형은 보통압관에만 사용한다.

[참고] 원심력 철근 콘크리트관
오스트레일리아의 흄(Hume) 형제에 의해 발명되어 흄관이라고도 불리는 관으로 KS F 4403에 규격화되어 있으며 원심력에 의해 성형시킨 후 일정 강도를 얻기까지 양생시켜 제작한다. 국내규격의 경우 보통관과 압력관으로 구분되어 있고 압력관의 경우라도 최대 시험압력은 10kg/cm²이며 적용가능 관경은 75~400mm로서 도복장강관의 시험수압 25kg/cm²(A종), 20kg/cm²(B종)에는 미치지 못한다.

38. 같은 지름의 관을 직선으로 연결할 때 사용하는 배관 이음쇠가 아닌 것은?
① 소켓   ② 유니언
③ 벤드   ④ 플랜지

☞ ③ 벤드, 엘보 : 관의 방향을 바꿀 때 사용

39. 배관에서 지름이 다른 관을 연결할 때 사용하는 것은?
① 유니언   ② 니플
③ 부싱   ④ 소켓

☞ 지름이 다른 관을 연결할 때
리듀서(이경소켓), 이경엘보, 이경티, 부싱(부속연결) 등
[참고] 동일 지름의 관을 직선연결할 때
소켓, 유니언, 플랜지, 니플(부속연결) 등

40. 배관에서 지름이 다른 관을 연결하는 데 사용하는 것은?
① 엘보   ② 티
③ 리듀서   ④ 플랜지

☞ 39번 해설 참고

Answer 36. ④ 37. ④ 38. ③ 39. ③ 40. ③

41. 분기관을 만들 때 사용되는 배관 부속품은?

① 유니언(union) ② 엘보(elbow)
③ 티(tee) ④ 플랜지(flange)

> ① 관의 방향을 바꿀 때 : 엘보, 벤드
> ② 관을 도중에 분기할 때 : 티(T), 와이(Y), 크로스(+)
> ③ 관을 직선 연결할 때 : 소켓, 유니언, 플랜지, 니플
> ④ 이경관을 연결할 때 : 이경엘보, 이경소켓, 이경티, 부싱, 리듀서
> ⑤ 관을 자주 분해하거나 교체가 필요할 때 : 유니언(소구경, 50A 이하), 플랜지(대구경, 50A 이상)

42. 배관의 끝을 막을 때 사용하는 이음쇠는?

① 유니언 ② 니플
③ 플러그 ④ 소켓

> ① 관 끝을 막을 때 : 캡, 플러그
> ③ 관을 직선 연결할 때 : 소켓, 유니언, 플랜지, 니플

43. 동일 구경의 관을 직선 연결할 때 사용하는 관 이음재료가 아닌 것은?

① 소켓 ② 플러그
③ 유니언 ④ 플랜지

> 관의 직선 연결 시 이음재료
> 소켓, 유니언, 플랜지, 니플
> [참고] 관 끝을 막을 때 재료 : 캡, 플러그

44. 같은 지름의 관을 직선으로 연결할 때 사용하는 배관 이음쇠가 아닌 것은?

① 소켓(socket) ② 유니언(union)
③ 벤드(bend) ④ 플랜지(flange)

> 벤드, 엘보 : 관의 방향을 바꿀 때 사용

45. 배관의 분해, 수리 및 교체가 필요할 때 사용하는 관 이음재의 종류는?

① 부싱 ② 소켓
③ 엘보 ④ 유니언

> 배관의 분해, 수리, 교체 필요 시 관 이음재
> ① 소구경(50A 이하) : 유니언
> ② 대구경(50A 이상) : 플랜지

46. 유체 흐름의 방향을 바꾸어 주는 관 이음쇠는?

① 리턴 벤드 ② 리듀서
③ 니플 ④ 유니언

> 관의 방향을 바꿀 때 : 엘보, 벤드

47. 증기배관의 수평 환수관에서 관경을 축소할 때 사용하는 이음쇠로 가장 적합한 것은?

① 소켓 ② 부싱
③ 플랜지 ④ 편심 리듀서

> 수평 증기관에서 관경을 축소시킬 때에는 반드시 편심 리듀서를 사용하여 응축수가 체류하는 일이 없도록 한다.

48. 강관 이음쇠 중 분기관을 낼 때 사용되는 것이 아닌 것은?

① 티 ② 크로스
③ 와이 ④ 엘보

> 관을 도중에 분기할 때
> 티(T), 와이(Y), 크로스(+)

49. 배관 도시기호 치수기입법 중 높이 표시에 관한 설명으로 틀린 것은?

① EL : 배관의 높이를 관의 중심을 기준으로 표시
② GL : 포장된 지표면을 기준으로 하여 배

Answer 41. ③ 42. ③ 43. ② 44. ③ 45. ④ 46. ① 47. ④ 48. ④ 49. ④

관장치의 높이를 표시
③ FL : 1층의 바닥면을 기준으로 표시
④ TOP : 지름이 다른 관의 높이를 나타낼 때 관외경의 아랫면까지를 기준으로 표시

　① TOP(Top Of Pipe) : 지름이 다른 관의 높이를 나타낼 때 관외경의 윗면까지를 기준으로 표시
　② BOP(Bottom of Pipe) : 지름과 다른 관의 높이를 나타낼 때 적용되며 관외경의 아랫면까지를 기준으로 하여 표시

50. 그림과 같은 입체도에 대한 설명으로 맞는 것은?

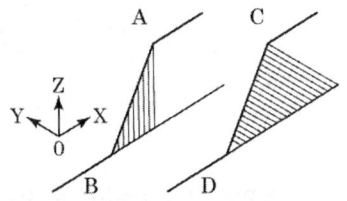

① 직선 A와 B, 직선 C와 D는 각각 동일한 수직평면에 있다.
② A와 B는 수직높이 차가 다르고, 직선 C와 D는 동일한 수평평면에 있다.
③ 직선 A와 B, 직선 C와 D는 각각 동일한 수평평면에 있다.
④ 직선 A와 B는 동일한 수평평면에, 직선 C와 D는 동일한 수직평면에 있다.

　직선 A와 B는 동일한 수직평면, 직선 C와 D는 동일한 수평평면에 있다.

51. 배관 접속상태 표시 중 배관 A가 앞쪽으로 수직하게 구부러져 있음을 나타낸 것은?

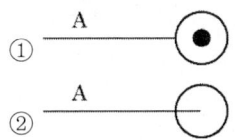

③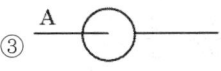
④ (생략)

　관 접속 상태

굽은상태	실제모양	도시기호
파이프 A가 앞쪽 수직으로 구부러질 때		
파이프 B가 뒤쪽 수직으로 구부러질 때		
파이프 C가 뒤쪽으로 구부러져서 D에 접속될 때		

52. 아래 그림과 같이 A로부터 B까지의 배관에서 지나가는 각종 관이음의 종류는 ①, ②, ③의 3가지이다. 이들의 설명 중 맞는 것은?

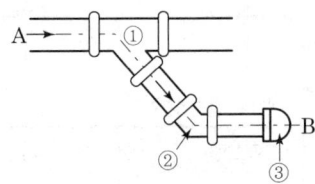

① ① 135° Y 티, ② 45° 엘보, ③ 플러그
② ① 45° Y 티, ② 45° 엘보, ③ 캡
③ ① 45° Y 티, ② 135° 엘보, ③ 플러그
④ ① 135° Y 티, ② 135° 엘보, ③ 캡

53. 다음 그림과 같은 이음쇠의 호칭법이 맞는 것은?

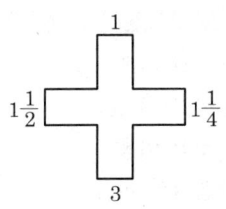

Answer 50. ② 51. ① 52. ② 53. ③

① 크로스 $3 \times 1\frac{1}{2} \times 1\frac{1}{4} \times 1B$

② 크로스 $3 \times 1\frac{1}{4} \times 1\frac{1}{2} \times 1B$

③ 크로스 $3 \times 1 \times 1\frac{1}{2} \times 1\frac{1}{4} B$

④ 크로스 $3 \times 1\frac{1}{4} \times 1\frac{1}{2} \times 1\frac{1}{4} B$

👉 **크로스의 호칭방법**
직경이 가장 큰 것×동일 선상에 있는 직경×나머지 2개 중에서 직경이 큰 것×남은 직경으로 표시

54. 다음 중 "접속해 있을 때"를 나타내는 관의 도시기호는?

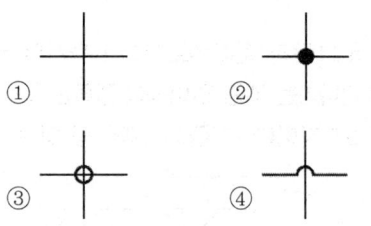

👉 **관의 접속상태**

접속상태	실제모양	도시기호
접속하지 않을 때		┼ ┼
접속하고 있을 때		┼
분기하고 있을 때		┴

55. 다음 도시기호의 이음은?

① 나사식 이음
② 용접식 이음 ─➤
③ 소켓식 이음
④ 플랜지식 이음

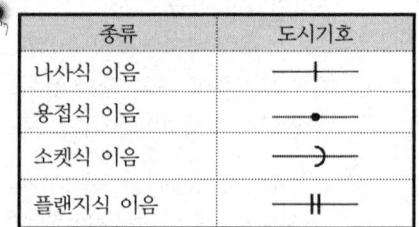

[참고] 배관 도식기호

56. 관의 결합방식 표시방법 중 용접식의 그림 기호로 맞는 것은?

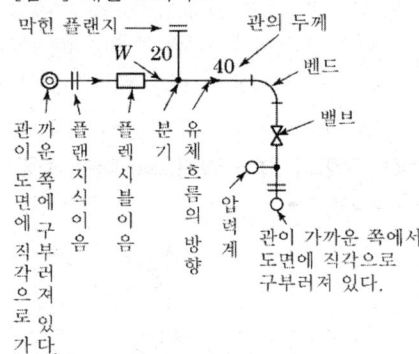

👉 ① 일반(나사식)
② 용접식
③ 플랜지식
④ 유체의 흐름방향 표시

57. 엘보를 용접 이음으로 나타낸 기호는?

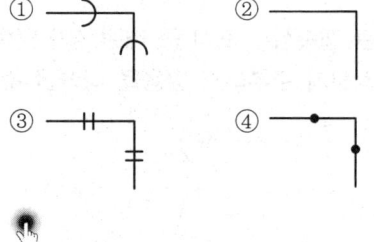

Answer 54. ② 55. ③ 56. ② 57. ④

결합방식의 종류	그림 기호
일반(나사식)	
용접식	
플랜지식	
턱걸이식	
유니온식	

58. 다음 도시기호 중 플랜지식 관 결합방식 기호는?

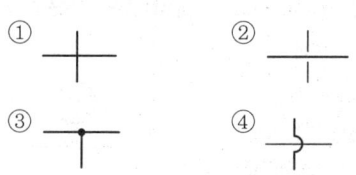

59. KS 냉동용 그림기호 중 관의 접속상태를 표시하는 것은?

① ② ③ ④

접속하지 않을 때	접속하고 있을 때

60. 관 도면과 직각으로 바로 앞쪽이 올라가 있는 것을 표시하는 기호는?

61. 관이음 도시기호 중 유니언 이음은?

① 일반이음(나사형) ② 플랜지이음

62. ─⊃ 은 어떤 관의 말단부 표시인가?
① 티   ② 소켓
③ 플러그   ④ 캡

끝부분의 종류	그림 기호
막힌 플랜지	
나사박음식 캡 및 나사박음식 플러그	
용접식 캡	

63. 다음의 KS 규격 밸브 기호 중 게이트밸브는?

① : 게이트밸브
② : 글로브밸브
③ : 체크밸브
④ : 볼밸브

64. 다음의 배관 도시기호 중 앵글밸브를 나타낸 것은?

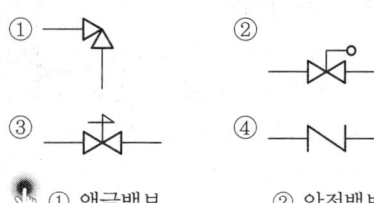

① 앵글밸브   ② 안전밸브
④ 체크밸브

Answer 58. ① 59. ③ 60. ① 61. ④ 62. ④ 63. ① 64. ①

65. 체크밸브를 나타내는 것은?

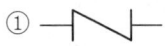 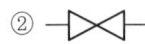
 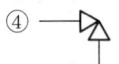

👉 ② 밸브 일반
　③ 볼밸브
　④ 앵글밸브

66. 다음 배관 밸브 기호 중 콕 일반의 기호는?

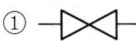

👉 ① 일반밸브　　② 콕
　③ 글로브밸브　④ 조작밸브

67. 다음 중 안전밸브의 그림 기호로 옳은 것은?

① ②
③ ④

👉 **안전밸브(스프링식)**

또는

[참고] ① 수동 팽창밸브
　　　② 글로브밸브
　　　④ 다이어프램 밸브

68. 다음의 도시기호는?

① 슬리브 턱걸이 이음
② 엘보 턱걸이 이음
③ 디스트리뷰터 용접이음
④ 리듀서 용접이음

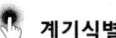

결합방식의 종류		그림 기호
일반(나사식)		
용접식		
플랜지식		
턱걸이식		
유니언식		
리듀서	동심	
	편심	

69. 다음 도시기호가 나타내는 것은?

① 모세관　　② 신축이음
③ 오리피스　④ 스프레이

70. 다음 도시 기호가 나타내는 것은?

① 유량계
② 온도계
③ 합성압력계
④ 공기유량계

👉 **계기식별**
P : 압력(Pressure)
F : 유량(Flow)
T : 온도(Temperature)
L : 수위(Level)

71. 다음 중 압력계를 나타내는 것은?

① T　② G
③ S　④ P

👉 **계기식별**
P : 압력(Pressure)

Answer 65. ①　66. ②　67. ③　68. ④　69. ①　70. ①　71. ④

F : 유량(Flow)
T : 온도(Temperature)
L : 수위(Level)

72. 배관계의 계기표시 방법 중 온도지시계를 나타낸 것은?

① Ⓟₜ   ② Ⓕᵢ
③ Ⓖᵢ   ④ Ⓣᵢ

☜ ① 압력전송기   ② 유량지시계
   ③ 가스지시계   ④ 온도지시계

73. 냉동장치에서 압축기의 표시방법으로 틀린 것은?

① 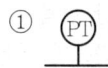 : 밀폐형 일반
② ◯ : 로터리형
③  : 원심형
④ ◯ : 왕복동형

☜ ③, ④ : 왕복동형

[참고] ▱ : 원심형 또는 스크류형

74. 다음 KS 냉동용 그림기호가 나타내는 배관 부속품은?

① 스트레이너
② 드라이어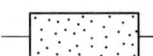
③ 수액기
④ 사이트 글라스

75. 강관 접합법에 해당되지 않는 것은?

① 나사접합   ② 플랜지접합
③ 용접접합   ④ 몰코접합

☜ ① 강관이음 : 나사이음, 용접이음, 플랜지 이음
   ② 스테인리스 강관 이음 : 몰코 이음

76. 강관의 이음법에 속하지 않는 것은?

① 나사이음   ② 플랜지 이음
③ 용접이음   ④ 코킹 이음

☜ **강관 이음**
나사이음, 용접이음, 플랜지 이음 등
[참고] 리벳 이음
① 보일러, 교량 등과 같이 철판이나 형강을 영구적으로 결합하는 데 사용한다.
② 리벳 이음을 할 때, 기밀을 필요로 할 경우에는 코킹(caulking)을 하며, 코킹을 완벽하게 하기 위해 풀러링(fullering)을 하는 경우도 있다.

77. 강관의 용접이음에 해당되지 않는 것은?

① 맞대기 용접이음
② 기계식 용접이음
③ 슬리브 용접이음
④ 플랜지 용접이음

☜ **강관의 용접이음**
맞대기 용접이음, 슬리브 용접이음, 플랜지 용접이음
[참고] 기계식 이음
이음부에 고무링을 박아 넣고 압운으로 눌러 체결하는 방식으로 소켓 이음과 플랜지 이음의 특징을 채택한 것이다.

78. 다음 중 용접을 이용하는 관 연결방법은?

① 강관의 나사접합
② 주철관의 기계적 접합
③ 동관의 플레어 접합
④ 강관의 플랜지 접합

Answer 72. ④ 73. ③ 74. ② 75. ④ 76. ④ 77. ② 78. ④

💡 **플랜지 이음**
두 강관의 마구리면에 수직으로 강판을 각각 용접하여 두 강판 사이를 고력볼트로 접합시키는 이음으로 관을 자주 분해 또는 점검, 결합을 필요로 하는 곳에 사용한다.

79. 다음은 플랜지 이음에 대한 설명이다. 옳지 않은 것은?
① 배관의 점검이나 보수를 위하여 관을 해체할 필요가 있는 곳에 적용한다.
② 강관인 경우 플랜지 이음은 특별한 규약이 없으면 최소 호칭지름 100A 이상에 적용한다.
③ 플랜지를 설치하는 위치는 볼트를 체결하기 용이한 곳으로 한다.
④ 여러 개가 통과하는 배관에는 플랜지가 서로 어긋나도록 위치시킨다.

💡 강관인 경우 플랜지 이음은 특별한 규약이 없으면 일반적으로 최소 호칭지름 50A 이상에 적용한다.

80. 배관된 관의 수리·교체에 편리한 이음방법은?
① 용접이음　　② 신축이음
③ 플랜지 이음　④ 스위블 이음

💡 **플랜지 이음**
배관의 점검이나 보수를 위하여 관을 해체할 필요가 있는 곳에 적용한다.

81. 고무링과 가단 주철제의 칼라를 죄어서 이음하는 방법은?
① 플랜지 접합　② 빅토릭 접합
③ 기계적 접합　④ 동관 접합

💡 **빅토릭 접합**
① U자형의 고무링과 주철제 칼라로 눌러 접합하는 방식이다.
② 파이프 내의 수압이 고무링을 바깥쪽으로 밀어 수밀을 유지하는 구조이다.

82. 주철관 이음에 해당되는 것은?
① 납땜 이음　　② 열간 이음
③ 타이튼 이음　④ 플라스탄 이음

💡 **주철관 이음**
① 소켓 이음
② 노허브 이음
③ 플랜지 이음
④ 기계식 이음(메커니컬 조인트)
⑤ 타이튼 이음
⑥ 빅토릭 이음

83. 배관의 이음에 관한 설명으로 틀린 것은?
① 동관의 압축 이음(flare joint)은 지름이 작은 관에서 분해·결합이 필요한 경우에 주로 적용하는 이음방식이다.
② 주철관의 타이톤 이음은 고무링을 압륜으로 죄어 볼트로 체결하는 이음방식이다.
③ 스테인리스 강관의 프레스 이음은 고무링이 들어 있는 이음쇠에 관을 넣고 압축공구로 눌러 이음하는 방식이다.
④ 경질염화비닐관의 TS이음은 접착제를 발라 이음관에 삽입하여 이음하는 방식이다.

💡 ② 주철관의 기계식 이음은 고무링을 압륜으로 죄어 볼트로 체결하는 이음방식으로 소켓 이음과 플랜지 이음의 특징을 채택한 것이다.

84. 주철관을 소켓 이음할 때 코킹작업을 하는 이유는?
① 누수 방지　　② 얀(yarn)과의 결합

Answer 79. ②　80. ③　81. ②　82. ③　83. ②　84. ①

③ 강도 증가   ④ 진동에 견딤

> **주철관의 소켓 이음(socket joint)**
> 한쪽은 삽입구, 다른 쪽은 소켓(수구)으로 되어 있으며 관의 소켓부에 납(얀)의 이탈방지용과 얀(누수방지용)을 넣은 후 정으로 다져(코킹)접합하는 방법으로 코킹은 기밀을 유지하기 위해 하는 작업이다.

85. 스테인리스강 커플링과 고무링만으로 이음할 수 있는 방법으로 쉽게 이음할 수 있고, 시공이 간편하며, 경제성이 있어 건물의 배수관 등에 많이 사용되는 주철관 이음은?

① 기계식 이음   ② 노-허브 이음
③ 빅토릭 이음   ④ 플랜지 이음

> **노-허브 이음(No Hub Joint)**
> 최근 소켓(허브) 이음의 단점을 개량한 것으로 스테인리스 커플링과 고무링만으로 쉽게 이음할 수 있는 방법으로 시공이 간편하고 경제성이 커 현재 오배수관에 많이 사용하고 있다.

86. 주철관의 이음방법 중 고무링(고무 개스킷 포함)을 사용하지 않는 방법은?

① 기계식 이음   ② 타이튼 이음
③ 소켓 이음   ④ 빅토릭 이음

> **소켓 이음(Socket Joint, Hub-Type)**
> 연납(Lead Joint)이라고도 하며, 주로 건축물의 배수배관 지름이 작은 관에 많이 사용된다. 주철관의 소켓(Hub) 쪽에 삽입구(Spigot)를 넣어 맞춘 다음 마(Yarn)를 단단히 꼬아 감고 정으로 다져 넣은 후 충분히 가열되어 표면의 산화물이 완전히 제거된 용융된 납(연)을 한번에 충분히 부어 넣은 후 정을 이용하여 충분히 틈새를 코킹한다.

87. 주철관 이음 중 기계식 이음에 대한 설명으로 틀린 것은?

① 굽힘성이 풍부하므로 이음부가 다소 굴곡이 있어도 누수되지 않는다.
② 수중작업이 불가능하다.
③ 간단한 공구로 신속하게 이음이 되며 숙련공이 필요하지 않다.
④ 고압에 대한 저항이 크다.

> **기계식 이음의 특징**
> ① 수중작업이 가능하다.
> ② 고압에 잘 견디고 기밀성이 좋다.
> ③ 간단한 공구로 신속하게 이음이 되며 숙련공을 요하지 않는다.
> ④ 지진 기타 외압에 대하여 굽힘성이 풍부하므로 누수되지 않는다.

88. 관의 종류와 이음방법의 연결로 틀린 것은?

① 강관 - 나사 이음
② 동관 - 압축 이음
③ 주철관 - 칼라 이음
④ 스테인리스강관 - 몰코 이음

> **주철관 이음**
> ① 소켓 이음
> ② 노허브 이음
> ③ 플랜지 이음
> ④ 기계식 이음(메커니컬 조인트)
> ⑤ 타이튼 이음
> ⑥ 빅토릭 이음
> [참고] 칼라 이음(collar joint)
>   석면 시멘트나 철근 콘크리트제 관 이음의 일종. 관과 관을 맞대어 바깥쪽에서 약간 큰 지름의 고리를 이음 부분에 씌운다.

89. 배관의 종류별 주요 접합 방법이 아닌 것은?

① MR조인트 이음 - 스테인리스 강관
② 플레어 접합 이음 - 동관
③ TS식 이음 - PVC관
④ 콤포 이음 - 연관

Answer   85. ② 86. ③ 87. ② 88. ③ 89. ④

④ 콤포(compo) 이음 : 콘크리트관
[참고]
연관 : 플라스턴 이음, 납땜 이음, 용접 이음

90. 스테인리스 강관에 삽입하고 전용 압착공구를 사용하여 원형의 단면을 갖는 이음쇠를 6각의 형태로 압착시켜 접착하는 배관 이음쇠는?

① 나사식 이음쇠
② 그립식 관 이음쇠
③ 몰코 조인트 이음쇠
④ MR 조인트 이음쇠

몰코 이음(Molco Joint)
스테인리스 강관 13SU에서 60SU를 이음쇠에 삽입하고 전용 압착공구를 사용하여 접합하는 이음 방법으로 급수, 급탕, 냉난방 등의 분야에서 나사 이음, 용접 이음 대신 단시간에 배관할 수 있는 배관이음

[참고]
① 그립식 관 이음쇠 : 급수, 배수, 냉온수 배관 등에 사용되는 관을 그립식으로 연결할 때 사용되는 이음쇠
② MR 조인트 이음쇠 : 관을 나사가공이나 압착(프레스)가공, 용접가공을 하지 않고, 청동 주물제 이음쇠 본체에 관을 삽입하고 동합금제 링을 캡 너트로 죄어 고정시켜 접속하는 방법

91. 배관 및 수도용 동관의 표준 치수에서 호칭지름은 관의 어느 지름을 기준으로 하는가?

① 유효지름   ② 안지름
③ 중간지름   ④ 바깥지름

동관의 호칭지름은 외경(바깥지름)이 기준이다.

92. 동관의 외경 산출공식으로 바르게 표시된 것은?

① 외경=호칭경(인치)+1/8(인치)
② 외경=호칭경(인치)×25.4
③ 외경=호칭경(인치)+1/4(인치)
④ 외경=호칭경(인치)×3/4+1/8(인치)

KS D 5301(ASTM-B88, JIS-H300)의 규격 동관은 호칭지름을 아는 경우 아래 식에 의해 관의 바깥지름을 쉽게 구할 수 있다. 이때 호칭지름은 인치 단위(B)로 하여 계산한다.

$$\text{바깥지름} = \text{호칭지름} + \frac{1}{8}''$$

예) 호칭지름이 $\frac{1}{2}$B인 경우

$$\frac{1}{2}'' + \frac{1}{8}'' = \frac{5}{8}'' = 15.88\text{mm}$$

호칭지름이 2B인 경우

$$2'' + \frac{1}{8}'' = (25.4 \times 2)\text{mm} + 3.175\text{mm}$$
$$= 53.98\text{mm}$$

93. 동관의 호칭경이 20A일 때 실제 외경은?

① 15.87mm   ② 22.22mm
③ 28.57mm   ④ 34.93mm

동관의 외경(OD)

$$OD = [\text{호칭경(인치)} + \frac{1}{8}(\text{인치})] \times 25.4$$
$$= (\frac{3}{4} + \frac{1}{8}) \times 25.4 = 22.22\text{mm}$$

여기서, 20A = $\frac{3}{4}$ 인치, 1인치 = 25.4mm

[참고] 동관 규격

호칭경		외경(mm)
A	B(in)	
20	$\frac{3}{4}$	22.22
25	1	25.58
32	$1\frac{1}{4}$	34.92
50	2	53.98

Answer 90. ③ 91. ④ 92. ① 93. ②

94. 동관 이음 중 경납땜 이음에 사용되는 것으로 가장 거리가 먼 것은?
① 황동납   ② 은납
③ 양은납   ④ 규소납

> **경납(hard solder)**
> ㉠ 융점이 450℃ 이상인 땜납재를 경납이라 한다. 경납은 연납에 비하여 용융점이 높고, 기계적 강도도 좋으므로 강도를 필요로 하는 장소든지 내열성, 내식성, 내마멸성을 필요로 하는 장소 또는 색채 등을 가능한 한 충족시키는 곳에 사용된다.
> ㉡ 경납의 종류로는 은납, 황동납, 양은납, 알루미늄납, 니켈납 등이 있으며, 기타 특수 용도의 납이 몇 종 있다.

95. 동관 이음의 종류가 아닌 것은?
① 납땜 이음   ② 용접 이음
③ 나사 이음   ④ 압축 이음

> **동관 이음**
> ① 압축 이음(플레어 이음, flare joint)
> ② 용접 이음
> ③ 플랜지 이음
> ④ 납땜 이음

96. 동관의 이음에서 기계의 분해, 점검, 보수를 고려하여 사용하는 이음법은?
① 납땜 이음   ② 플라스턴 이음
③ 플레어 이음   ④ 소켓 이음

> **압축 이음(flare joint)**
> 관 끝부분을 나팔모양으로 넓혀서 플레어 너트로 고정시키는 방법으로 기계의 점검, 분해 및 보수가 필요한 경우 사용한다.

97. 다음 중 한쪽은 커플링으로 이음쇠 내에 동관이 들어갈 수 있도록 되어 있고 다른 한쪽은 수나사가 있어 강부속과 연결할 수 있도록 되어 있는 동관용 이음쇠는 다음 중 어느 것인가?
① 커플링 C×C   ② 어댑터 C×M
③ 어댑터 Ftg×M   ④ 어댑터 C×F

> **이음쇠의 기호**
> ① C : 이음쇠 내에 동관이 들어가는 형태
> ② Ftg : 이음쇠의 외경이 동관 내경치수에 맞게 만들어진 이음쇠의 끝부분
> ③ F : 나사가 안으로 난 나사이음용 이음쇠의 끝부분
> ④ M : 나사가 밖으로 난 나사이음용 이음쇠의 끝부분

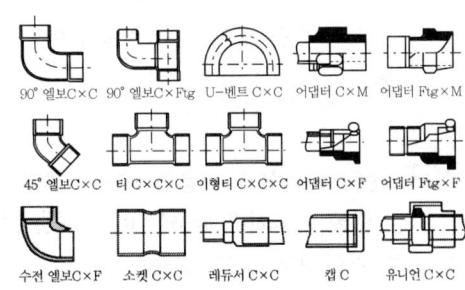

98. 동관을 납땜이음으로 배관하다가 끝에 숫나사가 달린 수도꼭지를 설치하기 위하여 엘보를 사용하려고 한다. 여기에 사용되는 엘보의 기호로 올바른 것은?
① Ftg×C   ② C×M
③ M×F   ④ C×F

> 97번 해설 참고

99. 관의 두께별 분류에서 가장 두꺼워 고압배관으로 사용할 수 있는 동관의 종류는?
① K형 동관   ② S형 동관
③ L형 동관   ④ N형 동관

> 배관용 동관의 두께는 K형, L형, M형의 3종류가 있으며, K형이 두께가 가장 두꺼우며 순

Answer 94. ④ 95. ③ 96. ③ 97. ② 98. ④ 99. ①

차적으로 얇아진다. 두께가 두꺼울수록 높은 압력에 사용할 수 있으므로 적정두께의 규격을 선정해야 한다. 냉온수, 냉난방 배관에는 주로 L, M형이 사용된다.

[참고]
이음매 없는 동 및 동합금관은 재질에 따라 경질(O), 반경질(OL), 반연질($\frac{1}{2}$H), 연질(H)의 4종류가 있으며, 제조형태에 따라 직관, 코일관 및 온돌난방 전용관 등이 있다.

100. 동관 이음 방법에 해당하지 않는 것은?
① 타이튼 이음   ② 납땜 이음
③ 압축 이음   ④ 플랜지 이음

👉 95번 해설 참고

101. 순동 이음쇠를 사용할 때에 비하여 동합금 주물 이음쇠를 사용할 때 고려할 사항으로 가장 거리가 먼 것은?
① 순동 이음쇠 사용에 비해 모세관 현상에 의한 용융 확산이 어렵다.
② 순동 이음쇠와 비교하여 용접재 부착력은 큰 차이가 없다.
③ 순동 이음쇠와 비교하여 냉벽 부분이 발생할 수 있다.
④ 순동 이음쇠 사용에 비해 열팽창의 불균일에 의한 부정적 틈새가 발생할 수 있다.

👉 ② 순동 이음쇠와 비교하여 용접재와의 부착력(친화력)은 많은 차이가 있다.
동합금 주물 이음쇠 사용 시 다수의 결점 때문에 순동 이음쇠를 사용하는 것이 좋으나 특별한 형태의 이음쇠는 순동 이음쇠로 제작이 불가능하여 주물 이음쇠를 사용하게 된다.

[참고]
① 순동 이음쇠 : 주물 이음쇠의 결점을 보완하기 위해 미국에서 개발. 동관을 성형 가공시킨 것으로 주로 엘보, 티, 소켓, 리듀서 등이다.
② 동합금 주물이음쇠 : 청동주물로 이음쇠 본체를 만들고 관과의 접합 부분을 기계 가공으로 다듬질한 것으로 이음쇠와 접합하는 동관부분을 정확하게 다듬질하면 이들 사이의 틈새를 맞추는 것은 어렵지 않다.

102. 경질 염화비닐관의 TS식 이음에서 작용하는 3가지 접착효과로 가장 거리가 먼 것은?
① 유동 삽입   ② 일출 접착
③ 소성 삽입   ④ 변형 삽입

👉 **경질 염화비닐관 TS식 이음**
관을 1/25~1/37의 일정한 테이퍼로 절삭하여 삽입한 다음 접합하는 방법으로 유동 삽입, 일출 삽입, 변형 삽입의 접착효과가 있다.

103. 폴리에틸렌 배관의 접합방법이 아닌 것은?
① 기볼트 접합
② 용착 슬리브 접합
③ 인서트 접합
④ 테이퍼 접합

👉 **기볼트 접합**
석면 시멘트관의 접합에 주로 쓰이는 이음. 관의 접합부에 주철제의 슬리브를 끼워 양단을 고무링으로 막고 이 고무링을 주철제의 플랜지로 조인다.
[참고] 폴리에틸렌 배관의 접합방법
용착 슬리브 접합, 인서트 접합, 테이퍼 접합

104. 폴리에틸렌관의 이음방법이 아닌 것은?
① 콤포 이음   ② 용착 이음
③ 플랜지 이음   ④ 테이퍼 이음

100. ① 101. ② 102. ③ 103. ① 104. ①

> **폴리에틸렌관 이음방법**
> 용착 슬리브 이음, 테이퍼 이음, 인서트 이음, 플랜지 이음, 고무링 접합, 나사 접합
> [참고] 콤포(compo) 이음 : 콘크리트관

105. 다음 중 폴리에틸렌관의 접합법이 아닌 것은?
① 나사 접합 ② 인서트 접합
③ 소켓 접합 ④ 용착 접합

> 104번 해설 참고

106. 폴리에틸렌관의 접합방법으로 관 끝의 외면과 이음쇠의 내면을 동시에 가열하여 이용하는 방법은?
① 인서트 이음
② 테이퍼 코어 이음
③ 용착 이음
④ TS 이음

> **용착 이음**
> 파이프를 부속 수구에 넣고 접촉면의 파이프 외면 및 부속 내면을 가열하여 녹여 접착하는 방법

107. 폴리부틸렌관(PB) 이음에 대한 설명으로 틀린 것은?
① 에이콘 이음이라고도 한다.
② 나사이음 및 용접이음이 필요 없다.
③ 그랩링, O-링, 스페이스 와셔가 필요하다.
④ 이종관 접합 시 어댑터를 사용하여 인서트 이음을 한다.

> ④ 이종관 접합 시 커넥터 및 어댑터를 사용하여 나사 이음과 접합하여 사용한다.

108. 신축 이음쇠의 종류에 해당되지 않는 것은?
① 벨로즈형 ② 플랜지형
③ 루프형   ④ 슬리브형

> **신축 이음의 종류**
> ① 스위블 이음
> ② 신축곡관(루프형)
> ③ 슬리브형
> ④ 벨로즈형
> [참고] 플랜지 이음
> 관 끝에 플랜지를 만들어 관을 결합하는 것으로, 관의 지름이 크거나 유체의 압력이 큰 경우에 사용되며, 분해 및 조립할 필요가 있을 때에 사용한다.

109. 신축곡관이라고 통용되는 신축 이음은?
① 스위블형 ② 벨로즈형
③ 슬리브형 ④ 루프형

> **루프형 신축 이음(신축곡관)**
> 관을 구부려 관 자체의 가요성을 이용하여 신축을 흡수하는 방식이다.
> ① 고압에 견디고 고장이 적어 고온, 고압용 배관에 사용한다.
> ② 신축흡수에 따른 응력이 발생한다.
> ③ 고압증기관의 옥외배관에 많이 사용한다.
> ④ 곡률반경은 직경의 6배 이상으로 한다.

110. 관의 탄성을 이용하여 신축을 흡수하며 옥외 고압배관에 가장 적합한 신축관 이음쇠는?
① 루프(loop)형
② 슬리브(sleeve)형
③ 벨로즈(bellows)형
④ 스위블조인트(swivel joint)형

> **루프형 신축이음**
> 신축곡관이라고도 하며 강관 또는 동관 등을 루프(Loop) 모양으로 구부려서 그 휨에 의하여 신축을 흡수하는 것으로 고온 고압의 옥외배관에 설치한다.

Answer 105. ③ 106. ③ 107. ④ 108. ② 109. ④ 110. ①

111. 내구성이 가장 좋은 신축 이음쇠는?

① 루프형 ② 슬리브형
③ 벨로즈형 ④ 팩리스형

109번, 110번 해설 참고

112. 다음 중 배관의 중심이동이나 구부러짐 등의 변위를 흡수하기 위한 이음이 아닌 것은?

① 슬리브형 이음 ② 플렉시블 이음
③ 루프형 이음 ④ 플라스턴 이음

신축이음의 종류
루프형, 스위블형, 벨로즈형, 슬리브형
[참고] 플라스턴 이음
동관이나 연관의 접합에 땜납 대신 납과 주석을 분말 상태에서 합금하여 이것을 중성 용제로 혼합한 플라스턴을 이음 부분에 삽입하고 토치 램프로 가열하여 접합하는 이음

113. 관의 신축이음에 대한 설명으로 틀린 것은?

① 슬리브와 본체 사이에 패킹을 넣어 온수 또는 증기가 누설되는 것을 방지하며, 물, 공기, 가스, 기름 등의 배관에 사용되는 것은 슬리브형이다.
② 응축수가 고이면 부식의 우려가 있으므로 트랩과 함께 사용되며, 패킹을 넣어 누설을 방지하는 것은 벨로즈형이다.
③ 배관의 구부림을 이용하여 신축이음하며, 고온고압의 옥외 배관에 많이 사용되는 것은 루프형이다.
④ 2개 이상의 엘보를 사용하여 이음부의 나사 회전을 이용해서 배관의 신축을 흡수하는 것은 스위블형이다.

② 응축수가 고이면 부식의 우려가 있으므로 슬리브와 본체 사이에 패킹을 넣어 온수 또는 증기가 누설하는 것을 방지하는 것은 슬리브형이다.

114. 평면상의 변위 및 입체적인 변위까지 안전하게 흡수할 수 있는 이음은?

① 스위블형 이음
② 벨로즈형 이음
③ 슬리브형 이음
④ 볼 조인트 신축 이음

볼 조인트 신축 이음
평면상의 변위뿐만 아니라 입체적인 변위까지 안전하게 흡수하므로 어떠한 형상의 배관에도 안전하며 설치 공간이 적다. 가스, 증기, 물, 기름 등의 $30kg/cm^2$의 압력과 $220℃$ 정도의 온도까지 사용할 수 있다.

115. 배관계가 축 방향 힘과 굽힘에 의한 회전력을 동시에 받을 때 사용하는 신축 이음쇠는?

① 슬리브형 ② 볼형
③ 벨로즈형 ④ 루프형

볼 조인트형 신축이음쇠
평면상의 변위뿐만 아니라 입체적인 변위까지 안전하게 흡수하므로 어떠한 형상의 배관에도 안전하며, 설치 공간이 적고 간단히 설치할 수 있다. 가스, 증기, 물, 기름 등의 $30kg/cm^2$의 압력과 $220℃$ 정도의 온도까지 사용할 수 있다.

116. 저압증기의 분기점을 2개 이상의 엘보로 연결하여 한쪽이 팽창하면 비틀림이 일어나 팽창을 흡수하는 특징의 이음방법은?

① 슬리브형 ② 벨로즈형
③ 스위블형 ④ 루프형

스위블 이음
2개 이상의 엘보를 사용하여 이음부의 나사회

Answer 111. ① 112. ④ 113. ② 114. ④ 115. ② 116. ③

전을 이용하여 신축을 흡수하는 신축이음으로서 증기나 온수난방용 배관에 사용된다.

117. 2개 이상의 엘보를 사용하여 주로 증기 및 온수난방용 방열기 주변 배관에 사용하는 신축이음 방법은?

① 슬리브형　② 루프형
③ 벨로즈형　④ 스위블형

☞ 116번 해설 참고

118. 다음 신축 이음 중 주로 증기 및 온수 난방용 배관에 사용되는 것은?

① 루프형 신축 이음
② 슬리브형 신축 이음
③ 스위블형 신축 이음
④ 벨로즈형 신축 이음

☞ **신축 이음의 종류**
① 루프형 신축 이음 : 신축곡관이라고도 하며 강관 또는 동관 등을 루프(Loop)모양으로 구부려서 그 휨에 의하여 신축을 흡수하는 것으로 고온 고압의 옥외 배관에 설치한다.
② 스위블형 이음 : 2개 이상의 엘보를 사용하여 이음부의 나사회전을 이용하여 신축을 흡수하는 신축 이음으로서 증기나 온수난방용 배관에 사용된다.
③ 벨로즈형 신축 이음 : 일반적으로 급수, 냉난방 배관에서 많이 사용되는 신축 이음으로 일명 팩리스(Packless) 신축 이음이라고도 하며 인청동제 또는 스테인리스제의 벨로즈를 주름잡아 신축을 흡수하는 형태의 신축 이음이다.
④ 슬리브형 신축 이음 : 본체와 슬리브 파이프로 되어 있으며 관의 신축은 본체 속의 미끄럼하는 슬리브관에 의해 흡수되며 슬리브와 본체 사이에 패킹을 넣어 누설을 방지

119. 다음 중 방열기나 팬코일 유닛에 가장 적합한 관 이음은?

① 스위블 이음　② 루프 이음
③ 슬리브 이음　④ 벨로즈 이음

☞ **스위블 이음(swivel joint)**
2개 이상의 나사엘보를 사용하여 이음부 나사의 회전을 이용하여 배관의 신축을 흡수하는 것으로 주로 온수 또는 저압의 증기난방 등의 방열기 주위 배관용으로 사용된다.

120. 슬리브 신축 이음쇠에 대한 설명 중 틀린 것은?

① 신축량이 크고 신축으로 인한 응력이 생기지 않는다.
② 직선으로 이음하므로 설치 공간이 루프형에 비하여 적다.
③ 배관에 곡선부가 있어도 파손이 되지 않는다.
④ 장시간 사용 시 패킹의 마모로 누수의 원인이 된다.

☞ ③ 배관에 곡선부분이 있으면 비틀림이 발생하여 파손의 원인이 된다.

121. 벨로즈형 신축이음쇠의 특징이 아닌 것은?

① 설치 공간을 많이 차지하지 않는다.
② 신축량은 벨로즈의 산수와 피치의 구조에 따라 다르다.
③ 장시간 사용 시 패킹의 마모로 누수의 원인이 된다.
④ 곡선배관 부분에서 각도변위를 흡수한다.

☞ **벨로즈형 신축이음쇠 특징**
① 설치공간을 많이 차지하지 않는다.
② 고압배관에는 부적당하다.
③ 신축에 따른 자체 응력 및 누설이 없다.
④ 주름의 하부에 이물질이 쌓이면 부식의 우

Answer 117. ④　118. ③　119. ①　120. ③　121. ③

제5장 배관 제도 | **1111**

려가 있다.

122. 열팽창에 의한 배관의 이동을 구속 또는 제한하기 위해 사용되는 관 지지장치는?
① 행거(hanger)
② 서포트(support)
③ 브레이스(brace)
④ 리스트레인트(restraint)

👉 ① 행거 : 배관의 하중을 위에서 걸어당겨 지지하는 데 사용
② 서포트 : 배관의 하중을 아래에서 위로 받쳐서 지지하는 것
③ 브레이스 : 압축기나 펌프에서 발생하는 배관의 진동을 억제하는 데 사용
④ 리스트레인트 : 신축으로 인한 배관의 좌우, 상하이동을 구속하고 제한하는 데 사용

123. 다음 중 열팽창에 의한 관의 신축으로 배관의 이동을 구속 또는 제한하는 장치가 아닌 것은?
① 앵커(anchor)
② 스토퍼(stopper)
③ 가이드(guide)
④ 인서트(insert)

👉 **리스트레인트(restraint)**
열팽창에 의한 배관의 좌우, 상하 이동을 구속하고 제한하는 것
㉠ 앵커(anchor) : 이동 및 회전을 방지하기 위하여 지지점 위치에 완전히 고정하는 것
㉡ 스토퍼(stopper) : 배관의 일정방향 이동과 회전만 구속하고 다른 방향은 자유롭게 이동하는 것
㉢ 가이드(guide) : 배관의 축방향 이동은 허용하고 관의 회전이나 축과 직각방향을 구속하는 데 사용한다.
㉣ 브레이스(brace) : 압축기, 펌프에서 발생하는 배관계의 진동을 억제하는 데 사용한다.

124. 배관의 일정방향의 이동과 회전만 구속하고 다른 방향의 이동과 회전은 자유롭게 이동하게 하는 배관지지 금속은 무엇인가?
① 행거
② 가이드
③ 앵커
④ 스토퍼

👉 **스토퍼(stopper)**
배관의 일정방향 이동과 회전만 구속하고 다른 방향은 자유롭게 이동하는 것

125. 배관을 지지장치에 완전하게 구속시켜 움직이지 못하도록 한 장치는?
① 리지드 행거
② 앵커
③ 스토퍼
④ 브레이스

👉 ② 앵커(anchor) : 이동 및 회전을 방지하기 위하여 지지점 위치에 완전히 고정하는 것
[참고] 리지드 행거(Riged Hanger)
I빔에 턴버클을 이용하여 지지한 것으로 상하방향에 변위가 없는 곳에 사용

126. 배관이 응력을 받아서 휘어지는 것을 방지하고 팽창 시 움직임을 바르게 유도하는 장치이며 배관의 굽힘 장소나 신축이음 부분에 설치하여 관의 회전을 방지하는 역할을 하는 것은?
① 가이드(Guide)
② 롤러 서포트(Roller Support)
③ 리지드(Rigid)
④ 파이프 슈(Pipe Shoe)

👉 **가이드**
배관의 축방향 이동은 허용하고 관의 회전이나 축과 직각 방향을 구속하는 데 사용한다.

127. 배관의 자중이나 열팽창에 의한 힘 이외에 기계의 진동, 수격작용, 지진 등 다른 하

Answer 122. ④ 123. ④ 124. ④ 125. ② 126. ① 127. ②

중에 의해 발생하는 변위 또는 진동을 억제시키기 위한 장치는?
① 스프링 행거   ② 브레이스
③ 앵커   ④ 가이드

> **브레이스(brace)**
> 압축기, 펌프에서 발생하는 배관계의 진동을 억제하는 데 사용한다.

128. 관지지 장치 중 서포트(support)의 종류로 틀린 것은?
① 파이프 슈   ② 리지드 서포트
③ 롤러 서포트   ④ 콘스탄트 행거

> **서포트(support)의 종류**
> ㉠ 리지드 서포트(rigid support)
> ㉡ 스프링 서포트(spring support)
> ㉢ 롤러 서포트(roller support)
> ㉣ 파이프 슈(pipe shoe)

129. 배관지지 장치에서 변위가 큰 개소에 사용하는 행거는?
① 리지드 행거   ② 콘스탄트 행거
③ 베리어블 행거 ④ 스프링 행거

> **콘스탄트 행거(constant hanger)**
> 배관의 상하 이동을 허용하면서 관을 지지하며, 변위가 큰 곳에 사용한다.

130. 배관의 하중을 위에서 걸어 당겨 지지하는 행거(hanger) 중 상하 방향의 변위가 없는 개소에 사용하는 것은?
① 콘스탄트 행거(constant hanger)
② 리지드 행거(rigid hanger)
③ 베리어블 행거(variable hanger)
④ 스프링 행거(spring hanger)

> **리지드 행거(rigid hanger)**
> I빔에 턴버클을 연결하여 관을 지지하며, 수직방향의 변위가 없는 곳에 사용한다.

131. 급수관에서 수평관을 상향구배 주어 시공하려고 할 때, 행거로 고정한 지점에서 구배를 자유롭게 조정할 수 있는 기기금속은?
① 고정 인서트   ② 앵커
③ 롤러   ④ 턴버클

> ① 고정 인서트(Insert) : 건축 구조물에 미리 매입하는 고정용 철물
> ② 앵커(Anchor) : 이동 및 회전을 방지하기 위하여 지지점 위치에 완전히 고정하는 것
> ③ 롤러 서포트(Roller Support) : 관의 축 방향의 이동을 자유롭게 하기 위해 배관을 롤러로 지지하는 것
> ④ 턴버클(turnbuckle) : 두 점 사이에 연결된 와이어로프, 케이블 등의 장력을 조절하는 기구로 행거로 고정한 지점에서 배관 기울기(구배) 수정 시 턴버클로 조정한다.

132. 롤러 서포트를 사용하여 배관을 지지하는 주된 이유는?
① 신축 허용   ② 부식 방지
③ 진동 방지   ④ 해체 용이

> **롤러 서포트(roller support)**
> 롤러로 지지하여 열팽창에 의한 배관의 축방향 이동을 자유롭게 한다.

133. 일반적으로 배관계의 지지에 필요한 조건으로 틀린 것은?
① 관과 관내 유체 및 그 부속장치, 단열피복 등의 합계중량을 지지하는 데 충분해야 한다.
② 온도변화에 의한 관의 신축에 대하여 적응할 수 있어야 한다.

Answer 128. ④ 129. ② 130. ② 131. ④ 132. ① 133. ④

③ 수격현상 또는 외부에서의 진동, 동요에 대해서 견고하게 대응할 수 있어야 한다.
④ 배관계의 소음이나 진동에 의한 영향을 다른 배관계에 전달하여야 한다.

배관지지의 조건
㉠ 관과 관내에 흐르는 유체를 포함한 중량을 지지할 수 있는 충분한 강도를 가질 것
㉡ 외부 조건에 따른 충격과 진동에 대하여 견딜 수 있는 구조일 것
㉢ 열에 의한 배관의 신축을 흡수할 수 있을 것
㉣ 배관 구배를 자유롭게 조정할 수 있을 것
㉤ 배관길이가 길 경우 처짐이 발생하므로 지지간격이 적당할 것
㉥ 배관계의 소음이나 진동에 의한 영향은 외부전달보다 되도록 흡수하여야 한다.

134. 파이프 지지의 구조와 위치를 정하는 데 꼭 고려해야 할 것은?
① 유속 및 온도
② 압력 및 유속
③ 배출구
④ 중량과 지지간격

133번 해설 참고

135. 다음 중 관의 지지 금속 설치 시공 시 고려해야 할 사항이 아닌 것은?
① 관의 신축
② 배관 구배의 조절
③ 배관 중량
④ 관내 수용물질

133번 해설 참고

136. 급탕배관길이 L[m], 관의 선팽창계수 a [mm/mm℃], 초기온도 t_1[℃], 최종온도 t_2[℃]일 때 관의 팽창량은 몇 m인가?
① $1000La(t_2-t_1)$
② $\dfrac{1000(t_2-t_1)}{aL}$
③ $\dfrac{a(t_2-t_1)}{1000L}$
④ $\dfrac{L(t_2-t_1)}{1000a}$

팽창량
$\lambda = l \times \alpha \times \Delta t [mm] = 1000 \times L \times \alpha \times \Delta t [m]$
여기서, l : 배관길이[mm]
α : 선팽창계수[mm/mm℃]
Δt : 온도차[℃]

137. 배관에 사용되는 강관은 1℃ 변화함에 따라 1m당 몇 mm만큼 팽창하는가? (단, 관의 열팽창계수는 0.00012m/m·℃이다.)
① 0.012
② 0.12
③ 0.022
④ 0.22

강관의 열팽창량(ΔL)
$\Delta L = \alpha \times \Delta t \times L$
$= 0.00012 \times 1 \times 1 \times \dfrac{10^3 mm}{1m} = 0.12 mm$

138. 길이 30m의 강관의 온도변화가 120℃일 때 강관에 대한 열팽창량은? (단, 강관의 열팽창계수는 11.9×10^{-6}mm/mm·℃이다.)
① 42.8mm
② 42.8cm
③ 42.8m
④ 4.28mm

강관의 열팽창량(ΔL)
$\Delta L = \alpha \cdot \Delta t \cdot L$
$= (11.9 \times 10^{-6}) \times 120 \times 30 \times \dfrac{10^3 mm}{1m}$
$= 42.8 mm$

139. 관경 100A인 강관을 수평주관으로 시공할 때 지지간격으로 가장 적절한 것은?
① 2m 이내
② 4m 이내
③ 8m 이내
④ 12m 이내

Answer 134. ④ 135. ④ 136. ① 137. ② 138. ① 139. ②

👆 **강관의 수평배관 지지간격**

관지름	지지간격
20A 이하	1.8m 이내
25A~40A	2.0m 이내
50A~80A	3.0m 이내
100A~150A	4.0m 이내
200A 이상	5.0m 이내

140. 밸브의 역할로 가장 거리가 먼 것은?

① 유체의 밀도 조절
② 유체의 방향 전환
③ 유체의 유량 조절
④ 유체의 흐름 단속

👆 **밸브의 역할**
차단기능, 방향전환, 유량조절, 보호기능 등

141. 게이트 밸브(G.V)라고도 하며 유체 흐름의 개폐용으로 사용하는 대표적인 밸브는?

① 다이어프램 밸브   ② 콕
③ 글로브 밸브   ④ 슬루스 밸브

👆 **슬루스 밸브(sluice valve)**
① 파이프의 횡단면과 평행하게 개폐하는 밸브로 게이트(gate) 밸브로 불린다.
② 유체의 흐름저항이 적어 유체의 흐름 차단용으로 사용
③ 밸브의 개폐시간이 길어 밸브를 자주 개폐할 필요가 없는 곳에 사용

142. 다음 중 밸브 몸통 내에 밸브대를 축으로 하여 원판형태의 디스크가 회전함에 따라 개폐하는 밸브는 무엇인가?

① 버터플라이 밸브   ② 슬루스 밸브
③ 앵글 밸브   ④ 볼 밸브

👆 **버터플라이 밸브**
일명 나비밸브라 하며 원통형의 몸체 속에 밸브봉을 축으로 하여 원형 평판이 회전함으로써 밸브가 개폐된다. 밸브의 개도를 알 수 있고 조작이 간편하며 경량이고, 설치공간을 작게 차지하므로 설치가 용이하다. 작동방법에 따라 레버식, 기어식 등이 있다.
[참고]
① 슬루스 밸브 : 파이프의 횡단면과 평행하게 개폐하는 밸브로 게이트 밸브로 불리며 유체의 흐름저항이 적어 유체의 흐름 차단용으로 사용
② 앵글 밸브 : 유체의 흐름방향을 직각으로 바꿀 때 사용
③ 볼 밸브 : 밸브 유로가 배관과 같은 형상으로 압력손실이 작고 핸들을 90° 회전시키면서 신속한 개폐가 가능

143. 체크밸브의 종류에 대한 설명으로 옳은 것은?

① 리프트형 - 수평, 수직 배관용
② 풋형 - 수평 배관용
③ 스윙형 - 수평, 수직 배관용
④ 리프트형 - 수직 배관용

👆 **체크밸브(check vavle : 역지밸브)**
유체를 일정한 방향으로만 흐르게 하고 역류를 방지하는 데 사용
※ 종류
㉠ 스윙형 : 수직, 수평 배관에 사용
㉡ 리프트형 : 수평 배관에 사용
㉢ 풋 밸브(foot valve) : 펌프 흡입관 하부에 사용
㉣ 싱글 및 듀얼 플레이트 체크밸브
㉤ 해머리스형(스모렌스키형)

144. 수직배관에서의 역류방지를 위해 사용하기 가장 적당한 밸브는?

① 리프트식 체크 밸브
② 스윙식 체크 밸브

Answer 140. ① 141. ④ 142. ① 143. ③ 144. ②

③ 안전 밸브
④ 코크 밸브

☞ **스윙식 체크 밸브**
유체를 일정한 방향으로만 흐르게 하고 역류를 방지하는데 사용. 수직, 수평배관에 사용

145. 다음은 역지밸브(check valve)에 대한 기술이다. 잘못된 것은?
① 관내 유체의 흐름을 일정한 방향으로 유지하기 위하여 사용한다.
② 스윙형, 리프트형, 풋형 등이 있다.
③ 구조에 따라 수평관, 수직관에 사용할 수 있다.
④ 필요할 때 수동으로 개폐하여야 한다.

☞ **체크밸브(check vavle, 역지밸브)**
유체를 일정한 방향으로만 흐르게 하고 역류를 방지하는 데 사용한다. 체크 밸브는 배관계통 구성에 있어서 계통의 운전 상태에 따라 자력으로 개폐하는(Self Actuating) 유일한 밸브이다. 따라서 다른 밸브와는 달리 한번 설치하면 유지, 보수 등의 문제를 간과하기 쉬운 밸브이므로 최초 선정에 주의를 요한다.

146. 유체의 흐름방향을 90° 변환시키는 밸브는?
① 앵글밸브   ② 게이트밸브
③ 체크밸브   ④ 볼밸브

☞ **앵글밸브(angle valve)**
유체의 흐름방향을 직각으로 바꿀 때 사용하는 유량조절용 밸브로서 글로브밸브의 일종이다.

147. 다음 중 앵글밸브에 대한 설명이 잘못된 것은?
① 앵글밸브는 게이트밸브의 일종이다.
② 출구 쪽에 드레인이 허용되지 않는 경우에 사용된다.
③ 유체의 입구와 출구의 각이 90°로 되어 있다.
④ 방열기용 밸브로 많이 사용된다.

☞ ① 앵글밸브는 글로브 밸브의 일종이며 수류의 방향을 90°로 변환시켜주는 밸브이다.

148. 보일러 등 압력용기와 그 밖에 고압 유체를 취급하는 배관에 설치하여 관 또는 용기 내의 압력이 규정 한도에 달하면 내부에너지를 자동적으로 외부에 방출하여 항상 안전한 수준으로 압력을 유지하는 밸브는?
① 감압밸브   ② 온도조절밸브
③ 안전밸브   ④ 전자밸브

☞ **안전밸브(Safety Valve)**
안전 밸브는 기기나 배관의 압력이 일정한 압력을 넘었을 경우에 기기의 손상을 방지하기 위해 유체를 외부로 방출하는 밸브로, 안전밸브의 종류는 스프링식과 레버식이 있으며, 화학설비에서는 스프링식이 많이 사용되고 있다.

149. 밸브 종류 중 디스크의 형상을 원뿔모양으로 하여 고압 소유량의 유체를 누설없이 조절할 목적으로 사용되는 밸브는?
① 앵글밸브   ② 슬루스 밸브
③ 니들밸브   ④ 버터플라이 밸브

☞ **니들밸브**
오리피스를 통하여 흐르는 유체의 양을 조절하기 위하여 길고 끝이 좁아지는 니들을 사용하여 고압 소유량의 유체를 누설없이 조절할 목적으로 사용되는 유체조절밸브

150. 구조가 간단하고 개폐가 빠르며 전개 시 유체의 저항이 적은 밸브는?

Answer 145. ④ 146. ① 147. ① 148. ③ 149. ③ 150. ④

① 앵글밸브　　② 체크밸브
③ 글로브 밸브　④ 콕

👉 **콕(cock)**
콕은 원뿔에 구멍을 뚫은 것으로 90° 회전함에 따라 구멍이 개폐되어 유체가 흐르고 멈추게 되어 있는 일종의 간단한 밸브. 개폐가 빠르며 유체의 저항이 적다.

151. 패럴렐 슬라이드 밸브(parallel slide valve)에 대한 설명으로 틀린 것은?
① 평행한 두 개의 밸브 몸체 사이에 스프링이 삽입되어 있다.
② 밸브 몸체와 디스크 사이에 시트가 있어 밸브 측면의 마찰이 적다.
③ 쐐기 모양의 밸브로서 쐐기의 각도는 보통 6~8°이다.
④ 밸브 시트는 일반적으로 경질금속을 사용한다.

👉 ③ 웨지 게이트 밸브에 대한 설명이다.
[참고] 웨지 게이트 밸브(Wedge Gate valve)
① 일반적으로 사용되는 것으로 디스크가 쐐기 모양
② 쐐기의 각도는 6~8도, 청동 소형 밸브의 경우 8도
③ 밸브 시트의 마찰 저항 및 열팽창으로 변형이 생길 경우 완전한 개폐가 곤란

152. 배관의 보온재를 선택할 때 고려해야 할 점이 아닌 것은?
① 불연성일 것
② 열전도율이 클 것
③ 물리적, 화학적 강도가 클 것
④ 흡수성이 적을 것

👉 **보온재의 구비 조건**
① 보온 능력이 크고 열전도율이 작을 것
② 비중이 작을 것
③ 어느 정도 기계적 강도를 가질 것
④ 흡습성, 흡수성이 없을 것
⑤ 불연성일 것
⑥ 사용온도에서 장시간 사용해도 변질이 없을 것
⑦ 구입이 용이하고 시공이 쉬우며 내용 연수가 길 것

153. 배관용 보온재의 구비 조건에 관한 설명으로 틀린 것은?
① 내열성이 높을수록 좋다.
② 열전도율이 작을수록 좋다.
③ 비중이 작을수록 좋다.
④ 흡수성이 클수록 좋다.

👉 ④ 흡수성이 적을수록 좋다.

154. 보온재 선정 시 고려해야 할 조건으로 틀린 것은?
① 부피 및 비중이 작아야 한다.
② 열전도율이 가능한 한 작아야 한다.
③ 물리적, 화학적 강도가 커야 한다.
④ 흡수성이 크고, 가공이 용이해야 한다.

👉 ④ 흡수성이 적고, 가공이 용이해야 한다.

155. 보온재의 구비 조건으로 틀린 것은?
① 열전도율이 적을 것
② 균열 신축이 적을 것
③ 내식성 및 내열성이 있을 것
④ 비중이 크고 흡습성이 클 것

👉 ④ 비중이 작고, 흡습성이 적을 것

156. 배관의 보온재 선택방법에 관한 설명으로 틀린 것은?

① 대상온도에 충분히 견딜 수 있을 것
② 방수·방습성이 우수할 것
③ 가볍고 시공성이 좋을 것
④ 열전도율이 클 것

☞ ④ 열전도율이 작을 것

157. 보온재의 선정 조건으로 적당하지 않은 것은?

① 열전도율이 작아야 한다.
② 안전 사용온도에 적합해야 한다.
③ 물리적·화학적 강도가 커야 한다.
④ 흡수성이 적고, 부피와 비중이 커야 한다.

☞ ④ 흡수성이 적고 부피, 비중이 작아야 한다.

158. 저온용 단열재의 조건으로 틀린 것은?

① 내구성이 있을 것
② 흡습성이 클 것
③ 팽창계수가 작을 것
④ 열전도율이 작을 것

☞ **저온용 단열재의 구비 조건**
① 열전도율이 작을 것
② 투습 저항이 크고 흡습성이 작을 것
③ 팽창계수가 작을 것
④ 불연성 또는 난연성일 것
⑤ 중량이 가볍고 내구성이 있는 재료일 것
⑥ 구입 및 시공이 용이할 것

159. 보온재의 두께 계산 시 고려하여야 할 대상이 아닌 것은?

① 외기 온도   ② 보온재의 열전도율
③ 시공 가격   ④ 보온재의 강도

☞ 보온재의 두께는 일반적으로 외기온도와 실내온도 간의 온도차와 사용하는 보온재의 열전도율과 내용연수를 고려하여 선정한다.

160. 보온재를 유기질과 무기질로 구분할 때, 다음 중 성질이 다른 하나는?

① 우모펠트   ② 규조토
③ 탄산마그네슘 ④ 슬래그 섬유

☞ ① 유기질 보온재 : 기포성 수지, 펠트, 코르크 등
② 무기질 보온재 : 석면, 암면, 규조토, 탄산마그네슘, 규산칼슘, 유리섬유, 글라스폼, 경질 폴리우레탄 폼, 슬래그 섬유, 세라크울 등

161. 다음 중 무기질 보온재가 아닌 것은?

① 유리면   ② 암면
③ 규조토   ④ 코르크

☞ 160번 해설 참고

162. 무기질 단열재에 관한 설명으로 틀린 것은?

① 암면은 단열성이 우수하고 아스팔트 가공된 보냉용의 경우 흡수성이 양호하다.
② 유리섬유는 가볍고 유연하여 작업성이 매우 좋으며 칼이나 가위 등으로 쉽게 절단된다.
③ 탄산마그네슘 보온재는 열전도율이 낮으며 300~320℃에서 열분해한다.
④ 규조토 보온재는 비교적 단열효과가 낮으므로 어느 정도 두껍게 시공하는 것이 좋다.

☞ ① 암면은 단열성이 우수하고 보냉용의 경우 아스팔트 가공을 하여 방습처리를 하므로 흡수성이 작다.

163. 다음은 저온용 무기질 보온재에 관한 설명이다. 맞지 않는 것은?

① 암면은 단위체적마다의 섬유량이 많아서

Answer 157. ④ 158. ② 159. ④ 160. ① 161. ④ 162. ① 163. ①

이상적인 단열 공기층을 형성함으로써 단열성이 우수하고 흡수성이 양호하다.
② 유리섬유는 가볍고 유연하여 작업성이 매우 좋으며 칼이나 가위 등으로 쉽게 절단된다.
③ 탄산마그네슘 보온재는 열전도율이 낮으며 300~320℃에서 열분해한다.
④ 규조토 보온재는 비교적 단열효과가 낮으며 어느 정도 두껍게 시공하는 것이 좋다.

① 암면은 단위체적마다의 섬유량이 많아서 이상적인 단열 공기층을 형성함으로써 단열성이 우수하고 습기를 거의 흡수하지 않으며 수분에 강하다.

164. 유리섬유 단열재의 특징에 관한 설명으로 틀린 것은?
① 사용 온도범위는 보통 약 -25~300℃이다.
② 다량의 공기를 포함하고 있으므로 보온·단열 효과가 양호하다.
③ 유리를 녹여 섬유화한 것이므로 칼이나 가위 등으로 쉽게 절단되지 않는다.
④ 순수한 무기질의 섬유제품으로서 불에 잘 타지 않는다.

유리섬유는 스펀 유리(spun glass)라고도 하며 유리를 섬유 형태로 만든 것이다. 그러므로 칼이나 가위 등에 쉽게 절단된다. 실과 직물을 제조할 때 절연재로 사용하고 플라스틱의 강화재로 쓰기도 한다.

165. 유기질 보온재가 아닌 것은?
① 펠트   ② 코르크
③ 기포성 수지   ④ 탄산마그네슘

유기질 보온재
펠트, 코르크, 기포성 수지 등

166. 유기질 보온재로 냉수, 냉매배관, 냉각기 등의 보냉용으로 사용되는 것은?
① 암면   ② 글라스울
③ 규조토   ④ 코르크

코르크 보온재는 코르크를 적당한 크기로 분쇄한 것을 금형에 넣어 압축 가열하여 만든 것으로 안전사용온도는 130℃이며 냉수, 냉매배관의 보냉용에 사용된다.

167. 단열시공 시 곡면부의 시공에 적합하고 표면에 아스팔트 피복을 하면 -60℃까지 보냉이 되며 양모, 우모 등의 모(毛)를 이용한 피복제는?
① 실리카울(silica wool)
② 아스베스토스(asbestos)
③ 섬유유리(glass wool)
④ 펠트(felt)

펠트
양모, 우모를 이용하여 펠트모양으로 제조한 것

168. 난방 또는 급탕설비의 보온재료로서 부적합한 것은?
① 유리섬유   ② 발포폴리스티렌폼
③ 암면   ④ 규산칼슘

보온재
가열기 및 배관에서의 열손실을 방지하기 위하여 보온피복을 한다. 보온재는 열전도율이 작고, 내열성·내식성이 크며, 흡수성·흡습성이 작아야 한다.
① 저탕조 및 보일러 : 암면, 유리섬유, 규산칼슘, 펄라이트 등의 보온판이나, 규조토 보온재를 50mm 두께로 피복한다.
② 배관계 : 암면, 유리섬유, 펄라이트, 규산칼슘 등의 보온통으로 관경 15~40A는 25mm, 50A 이상은 40mm 두께로 피복한다.

Answer 164. ③ 165. ④ 166. ④ 167. ④ 168. ②

169. 다음 보온재 중 고온에서 사용하기 부적당한 것은?
① 규조토 ② 암면
③ 석면 ④ 스티로폼

👉 스티로폼의 안전사용온도는 80℃ 이하여서 고온에 사용하기에는 부적당하다.
① 규조토 : 500℃ 이하
② 암면 : 400~600℃
③ 석면 : 350~550℃

170. 다음 중 온수온도 90℃의 온수난방 배관의 보온재로 사용하기에 가장 부적합한 것은?
① 규산칼슘 ② 펄라이트
③ 암면 ④ 폴리스티렌

👉 폴리스티렌 폼(poly styrene form)
일반적으로 스티로폼이라고 불리는 것으로서 가장 널리 사용되고 있는 대표적인 판상형 단열재이다. 안전사용온도 70℃이며 경량 및 흡수성이 적으며 보온, 보냉성이 우수하다.

171. 다음 보온재 중에서 안전사용온도가 제일 높은 것은?
① 규산칼슘 ② 경질폼러버
③ 탄화코르크 ④ 우모펠트

👉 안전사용온도
① 규산칼슘 : 650℃
② 경질폼러버 : 80℃
③ 탄화코르크 : 150℃
④ 우모펠트 : 100℃

172. 보온재 중 사용온도 범위가 가장 높은 것은?
① 규조토 보온재
② 암면 보온재
③ 탄산마그네슘 보온재
④ 펄라이트 보온재

👉 사용온도 범위
① 규조토 : 500℃ 이하
② 암면 : 600℃ 이하
③ 탄산마그네슘 : 250℃ 이하
④ 펄라이트 : 650℃ 이하

173. 다른 보온재에 비해 단열효과가 적으며 500℃ 이하의 파이프, 탱크, 노벽 등의 보온에 사용하는 것은?
① 탄산마그네슘 ② 암면
③ 펠트 ④ 규조토

👉 규조토
규조토에 4~7%의 석면섬유 또는 3~6%의 마 여물을 혼입하여 물에 이긴 것으로, 단열효과가 떨어지므로 두껍게 시공해야 한다. 안전사용온도는 500℃이며 파이프, 탱크, 노벽의 보온재로 적합하다.

174. 다음 중 흡수성이 있으므로 방습재를 병용해야 하며, 아스팔트로 가공한 것은 -60℃까지의 보냉용으로 사용이 가능한 것은?
① 펠트 ② 탄화 코르크
③ 석면 ④ 암면

👉 펠트
양모 펠트와 우모 펠트, 압축 펠트와 제직 펠트로 구분하며, 주로 방로 피복에 사용한다. 아스팔트로 방온한 것은 영하 60도 정도까지 유지할 수 있어 보냉용에 사용되며 관의 곡면 부분의 시공도 가능하다. 탄력성이 좋으며, 흡음, 차음, 단열, 내습성 등이 뛰어나 방음, 단열 결로방지, 음향조절용 흡음재 등 다양하게 사용된다.
[참고]
① 코르크 : 관상, 원통형 등이 있으며 보냉과 보온 효과가 우수하다. 탄화 코르크는 금속모양으로 압축한 뒤 300도로 가

 169. ④ 170. ④ 171. ① 172. ④ 173. ④ 174. ①

열해 만든 것으로 냉수, 냉매배관, 냉각기, 펌프 등의 보냉용으로 사용된다.
② 암면 : 안산암, 현무암 등을 용융 후 섬유모양으로 만든 것으로, 흡수성이 적고 가격도 저렴해서 400도 이하의 파이프, 덕트, 탱크 등의 보온·보냉용으로 사용된다.
③ 석면 : 석면질 섬유로 되어 있으며, 400℃ 이하의 파이프, 탱크 노벽 등의 보온재로 적합하다.

175. 다음 장치 중 일반적으로 보온, 보냉이 필요한 것은?
① 공조기용의 냉각수 배관
② 방열기 주변 배관
③ 환기용 덕트
④ 급탕배관

☞ 보온이 필요한 배관
① 피트 내 배관
② 덕트 내 배관
③ 천장 속 급수, 급탕배관
④ 온돌바닥의 급수, 급탕배관(방로보온)
⑤ 벽체 매립 배관(방로보온)
⑥ 보일러실, 중간기계실 및 공동구의 급수, 급탕, 난방, 팽창, 소화배관
⑦ 펌프실 배관

176. 다음 중 보온, 보냉, 방로의 목적으로 덕트 전체를 단열해야 하는 것은?
① 급기 덕트   ② 배기 덕트
③ 외기 덕트   ④ 배연 덕트

☞ 덕트의 보온
공조용 급기 덕트에는 열취득 또는 열손실, 결로방지 등의 목적으로 덕트 전체를 보온한다. 단열재 두께는 25mm로 하는 것이 일반적이고 덕트 단열재로는 유리면(glass wool), 암면(rock wool)이 많이 사용된다. 외기도입용 덕트나 배기 덕트는 일반적으로 보온이 필요하지 않으나 결로가 우려되는 장소를 통과할 경우에는 결로방지용으로 보온을 하여야 한다.

177. 다음 중에서 보온피복을 하지 않아도 되는 곳은?
① 급탕용 배관   ② 급수용 배관
③ 증기용 배관   ④ 통기용 배관

☞ 통기관은 보온이 필요 없다.
[참고] 보온이 필요 없는 부분
① 환기용 덕트(일반 환기)
② 외기 도입용 덕트
③ 배기용 덕트
④ 보온효과가 있는 흡음재를 내장한 덕트 및 체임버
⑤ 공조되어 있는 방 및 그 천장 속 환기덕트
⑥ 덕트 보온효과가 있는 소음기 및 소음엘보가 내장된 경우
⑦ 옥내외 노출된 배연덕트
⑧ 단독으로 방화구획된 샤프트 내의 배연덕트

178. 보온 시공 시 외피의 마무리재로서 옥외 노출부에 사용되는 재료로 사용하기에 가장 적당한 것은?
① 면포   ② 비닐 테이프
③ 방수 마포   ④ 아연 철판

☞ 아연도금 철판
철이나 강철에 아연을 도금함으로써 대기에 노출되어 생기는 부식으로부터 보호하는 방법. 잘 된 아연도금은 15~30년 이상 대기 중에 노출되어 생기는 부식을 방지할 수 있다.

179. 다음 중 방열재로 사용되는 재료가 아닌 것은?

Answer 175. ④ 176. ① 177. ④ 178. ④ 179. ①

① 메틸클로라이드 ② 폴리스티렌
③ 폴리우레탄   ④ 글라스울

👉 **방열재의 종류**
유리섬유(글라스울), 폴리스티렌, 페놀폼, 폼글라스, 폴리우레탄
※ 메틸클로라이드(냉매) : R-40(CH_3Cl)

180. 냉동창고에 있어서 기둥, 바닥, 벽 등의 철근콘크리트 구조체 외벽에 단열시공을 하는 외부 단열방식에 대한 설명으로 틀린 것은?

① 시공이 용이하다.
② 단열의 내구성이 좋다.
③ 창고 내 벽면에서의 온도차가 거의 없어 온도가 균일한 벽면을 이룬다.
④ 각 층 각 실이 구조체로 구획되고 구조체의 내측에 맞추어 각각 단열을 시공하는 방식이다.

👉 ④ 내부단열 방식에 대한 설명이다.
[참고] 외부 단열방식
① 기둥, 바람, 벽 등의 철근콘크리트 구조물에 대해 외부에서 방열 및 방습시공을 하는 방식으로, 냉장고의 대형화·고층화 추세에 따라 이 시공법의 적용이 증가하고 있다.
② 장점
  ㉠ 건축물의 구조체가 단열층으로 둘러싸임으로써 구조체가 보호되고, 구조체의 온도변화도 적다.
  ㉡ 단열의 내구성이 좋다.
  ㉢ 에너지절약 효과가 크다.
  ㉣ 시공하기가 쉬워 불량시공이 적다. (내부방열의 경우 시공의 어려움으로 결함 발생이 많음)
  ㉤ 고 내 벽면에서의 온도차가 거의 없으므로 벽면의 온도가 균일한 냉장창고가 된다.
③ 단점 : 각 층별 온도구획은 가능하나 개조공사가 쉽지 않다.

181. 배관용 패킹재료 선정 시 고려해야 할 사항으로 가장 거리가 먼 것은?

① 유체의 압력   ② 재료의 부식성
③ 진동의 유무   ④ 시트면의 형상

👉 **배관용 패킹재료 선정 시 고려사항**
① 유체의 물리적인 성질 : 온도, 압력, 밀도, 점도 등
② 유체의 화학적인 성질 : 화학성분과 안정도, 부식성, 용해능력, 휘발성, 인화성, 폭발성 등
③ 기계적인 조건 : 교체의 난이, 진동의 유무, 내압과 외압 등

182. 패킹재의 선정 시 고려사항으로 관내 유체의 화학적 성질이 아닌 것은?

① 점도   ② 부식성
③ 휘발성   ④ 용해능력

👉 **관내 유체의 화학적인 성질**
화학성분과 안정도, 부식성, 용해능력, 휘발성, 인화성, 폭발성 등

183. 100℃ 이상의 배관에서는 사용할 수 없고 물, 공기, 급배수 배관 등에 사용하는 패킹은?

① 고무패킹   ② 금속패킹
③ 네오프렌   ④ 일산화연

👉 **고무패킹**
㉠ 탄성이 우수하며 흡수성은 없다.
㉡ 산, 알칼리에는 강하고 기름에는 약하다.
㉢ 100℃ 이상의 고온에는 사용할 수 없다.
㉣ 급수, 배수, 공기 밀폐용으로 사용한다.

184. 배관용 플랜지 패킹의 종류가 아닌 것은?

① 오일 씰 패킹   ② 합성수지 패킹
③ 고무 패킹   ④ 몰드 패킹

Answer 180. ④ 181. ④ 182. ① 183. ① 184. ④

> **플랜지 패킹 종류**
> 고무 패킹, 네오프렌, 석면조인트 패킹, 합성수지 패킹, 오일 씰 패킹, 금속 패킹

185. 합성수지류 패킹 중 테플론(teflon)의 내열범위로 옳은 것은?

① −30℃~140℃ ② −100℃~260℃
③ −260℃~260℃ ④ −40℃~120℃

> ① 테플론 : 기름에 강하며 내산 및 내알칼리성이 크며 용제에 잘 녹지 않는다.
> ② 테플론 내열범위 : −260℃~260℃

186. 다음 중 나사용 패킹류가 아닌 것은?

① 페인트 ② 네오프렌
③ 일산화연 ④ 액상합성수지

> **나사용 패킹**
> 페인트, 일산화연, 액상합성수지
> [참고] 네오프렌 : 플랜지 패킹

187. 주철관의 플랜지 접합 시 사용되는 패킹재로 적합하지 않는 것은?

① 고무 ② 석면
③ 아마존 ④ 합성수지

> **아마존 패킹**
> 석면포에 내열성 고무를 도포하여 주심 주위를 감아 붙여 각형으로 성형하고 흑연처리를 한 패킹으로 고압에 견딜 수 있는 구조이다. 주로 증기, 물, 기름, 암모니아 등의 밸브용으로 사용된다.

188. 열을 잘 반사하고 확산하여 방열기 표면 등의 도장용으로 적합한 도료는?

① 광명단 ② 산화철
③ 합성수지 ④ 알루미늄

> **알루미늄 도료(은분)**
> 알루미늄 분말에 유성 바니시(oil varnish)를 혼합한 것으로 방청효과 및 내열성이 우수하다. 열을 잘 반사시키므로 증기관, 방열기에 사용한다.

189. 배관의 착색도료 밑칠용으로 사용되며, 녹방지를 위하여 많이 사용되는 도료는?

① 산화철 도료 ② 광명단
③ 에나멜 ④ 조합페인트

> **광명단 도료**
> 연단을 아마인유와 혼합한 것으로, 밀착력이 강하고 풍화에 견딘다. 녹을 방지하기 위한 페인트 밑칠용으로 사용한다.

190. 녹 방지용 도료가 아닌 것은?

① 광명단 도료 ② 수성 도료
③ 산화철 도료 ④ 알루미늄 도료

> **녹 방지용 도료**
> 광명단, 합성수지, 알루미늄(은분), 산화철, 타르 및 아스팔트, 고농도 아연도료 등

191. 배관의 부식에 관한 사항이다. 옳은 것은?

① 온수온도가 낮아짐에 따라 부식의 정도는 심하게 된다.
② 온수의 유속이 늦어질수록 부식의 정도는 심하다.
③ 동일한 금속의 배관은 매설환경에 따른 이온화 정도의 차이가 없다.
④ 흙 속에 매설된 배관은 흙 속의 수분, 공기, 박테리아 등의 함유량에 따라 부식성이 다르다.

> ① 온수온도가 높아짐에 따라 부식의 정도는 심하게 된다.

Answer 185. ③ 186. ② 187. ③ 188. ④ 189. ② 190. ② 191. ④

② 온수의 유속이 빨라질수록 부식의 정도는 심하다.
③ 동일한 금속의 배관은 매설환경에 따른 이온화 정도의 차이가 있다.

[참고] 배관의 부식 방지대책
① 배관 부식 : 관재질, 유체온도, 화학적 성질, 금속이온화, 이종금속접촉, 전식, 온수온도 및 용존산소에 의해 주로 일어난다.
② 부식 종류 : 습식과 건식, 전면 및 국부 부식(이종금속접촉, 전식, 극간 및 입계 부식, 선택 부식)
③ 부식 방지대책 : 동일배관 재선정, 라이닝 재선정, 온수 50℃ 이상 부식촉진, 유속 1.5m/s 이하, 약제투입으로 용존산소 제어, 지하 매설 시 Mg 등 희생양극제 배관 설치, 규산인산계 방식제 이용, 물리화학적 급수수처리

192. 관의 부식 원인과 현상에 관계가 없는 것은?
① 금속의 이온화에 의한 부식
② 2종의 금속 간에 발생하는 전류에 의한 부식
③ 유체의 화학적 성질에 의한 부식
④ 무기물에 의한 부식

☞ 배관의 부식은 관의 재질, 흐르는 유체의 온도 및 화학적 성질에 따라 다르나 일반적으로 금속의 이온화, 이종금속의 접촉, 전식, 온수온도 및 용존산소에 의한 부식이 주로 일어난다.

193. 관의 부식 방지 방법으로 틀린 것은?
① 전기절연을 시킨다.
② 아연도금을 한다.
③ 열처리를 한다.
④ 습기의 접촉을 없게 한다.

☞ 열처리
열처리기술은 금속재료, 기계부품, 금형공구의 기계적 성질을 변화시키기 위하여 가열과 냉각을 반복함으로써 특별히 유용한 성질(내마모성, 내충격성, 사용수명연장 등)을 부여하는 기술

194. 배관에서 금속의 산화부식 방지법 중 칼로라이징(calorizing)법이란?
① 크롬(Cr)을 분말상태로 배관외부에 침투시키는 방법
② 규소(Si)를 분말상태로 배관외부에 침투시키는 방법
③ 알루미늄(Al)을 분말상태로 배관외부에 침투시키는 방법
④ 구리(Cu)를 분말상태로 배관외부에 침투시키는 방법

☞ ① 크로마이징chromizing)
② 실리코나이징(siliconizing)
③ 칼로라이징(calorizing)
[참고] 칼로라이징(calorizing)
확산침투도금법의 일종으로 알루미늄을 피복하는 방법이다. 강의 내열성 및 내식성을 증가하기 위해 분말 알루미늄 또는 이를 함유한 혼합 분말 속에서 강을 가열하여 강 표면에 알루미늄을 확산시키는 것으로 이 피막은 500℃ 정도까지는 내열, 내식성이 있다.

195. 수배관의 경우 부식을 방지하기 위한 방법으로 틀린 것은?
① 밀폐 사이클의 경우 물을 가득 채우고 공기를 제거한다.
② 개방 사이클로 하여 순환수가 공기와 충분히 접하도록 한다.
③ 캐비테이션을 일으키지 않도록 배관한다.
④ 배관에 방식도장을 한다.

☞ ② 개방 사이클 순환수가 공기와 충분히 접촉하여 수중 산소량이 커 부식이 생기기 쉬

Answer 192. ④ 193. ③ 194. ③ 195. ②

우므로 백강관 등을 사용하여 신중하게 수처리해야 할 필요가 있다.

196. 강관의 나사이음 시 관을 절단한 후 관 단면의 안쪽에 생기는 거스러미를 제거할 때 사용하는 공구는?

① 파이프 바이스   ② 파이프 리머
③ 파이프 렌치   ④ 파이프 커터

☞ **파이프 리머(pipe reamer)**
파이프 절단 시 파이프 내면에 생기는 거스러미를 제거하는 공구
[참고]
① 파이프 바이스(pipe vice) : 절단, 나사 절삭, 조립 시 파이프를 고정하는 공구
② 파이프 렌치(pipe wrench) : 관 접속 시 이음쇠와 밸브를 조이고 분해할 때 사용하는 공구
③ 파이프 커터(pipe cutter) : 파이프 절단용 공구

197. 벤더에 의한 관 굽힘 시 주름이 생겼다. 주된 원인은?

① 재료에 결함이 있다.
② 굽힘형의 홈이 관지름보다 작다.
③ 클램프 또는 관에 기름이 묻어 있다.
④ 압력형이 조정이 세고 저항이 크다.

☞ ② 굽힘형의 홈이 관지름보다 작으면 관에 주름이 생긴다.
[참고] 벤더 사용 시 관 파손 원인
① 굽힘 반지름이 너무 작다.
② 압력의 조정이 세고 저항이 크다.
③ 받침쇠가 너무 나와 있다.

198. 유압 벤더(bender)에 의한 작업 중에 관이 파손되는 원인이 아닌 것은?

① 굽힘형의 홈이 관지름보다 작다.
② 굽힘 반지름이 너무 작다.
③ 압력의 조정이 세고 저항이 크다.
④ 받침쇠가 너무 나와 있다.

☞ ① 굽힘형의 홈이 관지름보다 작으면 관에 주름이 생긴다.

199. 다이헤드형 동력 나사절삭기에서 할 수 없는 작업은?

① 리밍   ② 나사 절삭
③ 절단   ④ 벤딩

☞ **다이헤드식 나사절삭기**
다이헤드에 의해 나사가 절삭되는 것으로 관의 절삭, 절단, 리밍, 거스러미(Burr) 제거 등을 연속으로 할 수 있어 가장 많이 사용된다.

200. 동력 나사절삭기의 종류 중 관의 절단, 나사 절삭, 거스러미 제거 등의 작업을 연속적으로 할 수 있는 유형은?

① 리드형   ② 호브형
③ 오스터형   ④ 다이헤드형

☞ 199번 해설 참고
[참고]
㉠ 오스터식 나사절삭기 : 수동식의 오스터형 또는 리드형을 이용한 동력용 나사절삭기. 주로 50A 이하 소형관에 사용된다.
㉡ 호브식 나사절삭기 : 나사절삭 전용기계로서 호브(Hob)를 저속으로 회전시켜 나사를 절삭하는 것으로 50A 이하, 65~150A, 80~200A의 3종류가 있다.

201. 배관작업용 공구의 설명으로 틀린 것은?

① 파이프 리머(pipe reamer) : 관을 파이프 커터 등으로 절단한 후 관 단면의 안쪽에 생긴 거스러미(burr)를 제거
② 플레어링 툴(flaring tools) : 동관을 압축

Answer   196. ② 197. ② 198. ① 199. ④ 200. ④ 201. ④

이음하기 위하여 관 끝을 나팔모양으로 가공

③ 파이프 바이스(pipe vice) : 관을 절단하거나 나사이음을 할 때 관이 움직이지 않도록 고정

④ 사이징 툴(sizing tools) : 동일지름의 관을 이음쇠 없이 납땜이음을 할 때 한쪽 관 끝을 소켓모양으로 가공

☞ ④ 사이징 툴(sizing tools) : 동관의 끝부분을 원형으로 정형하는 데 사용하는 공구

202. 배관설비 공사에서 파이프 래크의 폭에 관한 설명으로 틀린 것은?

① 파이프 래크의 실제 폭은 신규라인을 대비하여 계산된 폭보다 20% 정도 크게 한다.
② 파이프 래크상의 배관밀도가 작아지는 부분에 대해서는 파이프 래크의 폭을 좁게 한다.
③ 고온배관에서는 열팽창에 의하여 과대한 구속을 받지 않도록 충분한 간격을 둔다.
④ 인접하는 파이프의 외측과 외측과의 최소 간격을 25mm로 하여 래크의 폭을 결정한다.

☞ ④ 인접하는 플랜지의 외측과 외측과의 최소 간격을 25mm(1inch)로 하여 래크의 폭을 결정하고, 인접하는 파이프의 외측과 외측과의 최소 간격은 75mm(3inch), 인접하는 파이프와 플랜지의 외측과의 최소 간격을 25mm(1inch)로 하여 래크의 폭을 결정한다.

203. 배관 용접 작업 중 다음과 같은 결함을 무엇이라고 하는가?

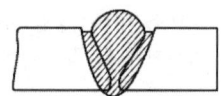

① 용입 불량   ② 언더컷
③ 오버랩   ④ 피트

☞ ① 융합 불량 : 용접 경계면에서 서로 충분히 용융되지 않은 부분이 남는 것
② 언더컷 : 용접 끝단에 생기는 작은 홈
③ 오버랩 : 용융된 금속이 모재와 잘못 녹아 어울리지 못하고 모재면에 덮여 있는 현상
④ 크레이터 : 용융부위가 그대로 응고되어 움푹하게 패인 것(화산의 분지 같은 것)으로 균열이 발생하기 쉽다.

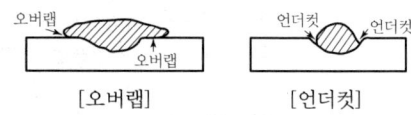

[오버랩]   [언더컷]

204. 강관의 용접접합법으로 적합하지 않은 것은?

① 맞대기 용접   ② 슬리브 용접
③ 플랜지 용접   ④ 플라스턴 용접

☞ **강관의 용접이음**
맞대기 용접, 슬리브 용접, 플랜지 용접 등
[참고] 연관의 접합
  플라스턴 접합, 납땜 접합, 용접 접합 등

205. 맞대기 용접의 홈 형상이 아닌 것은?

① V형   ② U형
③ X형   ④ Z형

☞ **맞대기 용접**
I형, V형, U형, X형, K형, Y형 등

206. 배관의 접합 방법 중 용접접합의 특징으로 틀린 것은?

① 중량이 무겁다.

Answer 202. ④ 203. ② 204. ④ 205. ④ 206. ①

② 유체의 저항 손실이 적다.
③ 접합부 강도가 강하여 누수우려가 적다.
④ 보온피복 시공이 용이하다.

🖐 용접이음의 특징
① 제품의 성능과 수명이 향상된다.
② 재료가 절약되고 작업 공정이 단축된다.
③ 강도가 크고, 중량이 가벼워진다.
④ 기밀성이 우수하며 이음효율이 높다.
⑤ 품질 검사가 곤란하다.
⑥ 잔류응력이 존재하므로 균열과 수축이 발생할 우려가 있다.

207. 25mm 강관의 용접이음용 숏(short) 엘보의 곡률반경(mm)은 얼마 정도로 하면 되는가?

① 25   ② 37.5
③ 50   ④ 62.5

🖐 용접형 엘보의 곡률반경
① Long Elbow=호칭경×1.5배
② Short Elbow=호칭경×1배
　　　　　　　=25mm×1=25mm

208. 호칭지름 20A 강관을 곡률반경 150mm로 90° 구부림할 경우 곡관부 길이는 약 얼마인가?

① 117.8mm   ② 235.5mm
③ 471.0mm   ④ 942.0mm

🖐 파이프 곡선길이
$l = \dfrac{2\pi R\theta}{360°} = \dfrac{2\pi \times 150 \times 90°}{360°} = 235.5\text{mm}$

209. 호칭지름 20A의 강관을 곡률반지름 200mm로 120°의 각도로 구부릴 때 강관의 곡선길이는 약 몇 mm인가?

① 390   ② 405
③ 419   ④ 487

🖐 강관의 곡선길이
$l = \dfrac{2\pi R\theta}{360} = \dfrac{2\pi \times 200 \times 120}{360} ≒ 419\text{mm}$

210. 다음 그림과 같이 두 개의 90° 엘보와 직관길이 l=262mm인 관이 연결되어 있다. L=300mm이고 관 규격이 20A이며 엘보의 중심에서 단면까지의 길이 A=32mm일 때 물린 부분 B의 길이는?

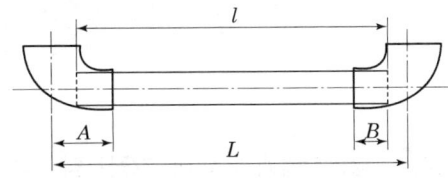

① 12mm   ② 13mm
③ 14mm   ④ 15mm

🖐 물린 부분 길이(B)
$l = L - 2(A-B) \rightarrow 262 = 300 - 2(32-B)$
∴ $B = 13\text{mm}$

211. 호칭지름 20A인 강관을 2개의 45° 엘보를 사용해서 그림과 같이 연결하고자 한다. 밑면과 높이가 똑같이 150mm라면 빗면 연결부분의 관의 실제소요길이(ℓ)는? (단, 45° 엘보 나사부의 길이는 15mm, 이음쇠의 중심선에서 단면까지 거리는 25mm이다.)

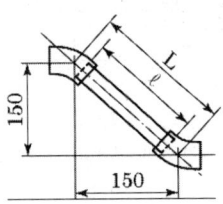

① 178mm   ② 180mm
③ 192mm   ④ 212mm

🖐 ① 파이프 전체길이

Answer   207. ① 208. ② 209. ③ 210. ② 211. ③

$L' = \sqrt{L^2 + L^2} = \sqrt{2}\,L$
$= \sqrt{2} \times 150 = 212\,\text{mm}$

② 관의 실제 소요길이
$l = L' - 2(A-a)$
$= 212 - 2(25-15) = 192\,\text{mm}$

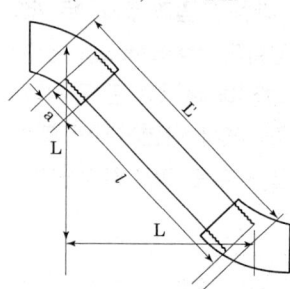

212. 강관작업에서 아래 그림처럼 15A 나사용 90° 엘보 2개를 사용하여 길이가 200mm가 되게 연결 작업을 하려고 한다. 이때 실제 15A 강관의 길이는? (단, a : 나사가 물리는 최소길이는 11mm, A : 이음쇠의 중심에서 단면까지의 길이는 27mm로 한다.)

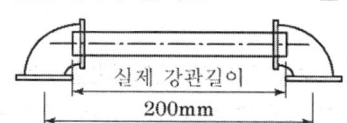

① 142mm ② 158mm
③ 168mm ④ 176mm

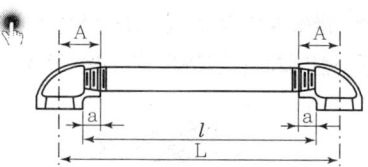

관 길이 $l = L - 2(A-a)\,(\text{mm})$
여기서, $L(\text{mm})$: 배관 중심선 간의 길이
$A(\text{mm})$: 단면까지의 길이
$a(\text{mm})$: 여유치수

관 길이 $l = L - 2(A-a)$
$= 200 - 2 \times (27-11) = 168\,\text{mm}$

213. 지름 20mm 이하의 동관을 이음할 때, 기계의 점검 보수, 기타 관을 분해하기 쉽게 하기 위해 이용하는 동관 이음방법은?

① 슬리브 이음 ② 플레어 이음
③ 사이징 이음 ④ 플랜지 이음

▶ **플레어 접합(Flare Joint)**
동관 끝부분을 플레어 공구(Flaring Tool)로 나팔 모양으로 넓히고 압축이음쇠를 사용하여 체결하는 이음방법으로 지름 20mm 이하의 동관을 이음할 때, 기계의 점검 및 보수 등을 위해 분해가 필요한 장소나 기기를 연결하고자 할 때 이용된다.

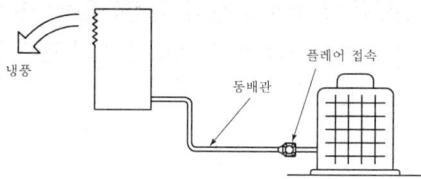

214. 동관작업용 사이징 툴(sizing tool) 공구에 관한 설명으로 옳은 것은?

① 동관의 확관용 공구
② 동관의 끝부분을 원형으로 정형하는 공구
③ 동관의 끝을 나팔형으로 만드는 공구
④ 동관 절단 후 생긴 거스러미를 제거하는 공구

▶ **동관용 배관공구**
① 플레어링 툴 : 플레어 이음용 공구
② 익스팬더 : 동관을 소켓 모양으로 확관하는 데 사용하는 공구
③ 사이징 툴 : 동관의 끝부분을 원형으로 정형하는 데 사용하는 공구
④ 튜브 벤더 : 동관을 90°, 180°로 벤딩하는 데 사용하는 공구
⑤ 튜브 커터 : 동관 절단용 공구
⑥ 리머 : 동관 절단 후에 생기는 거스러미를 제거하는 공구

Answer 212. ③ 213. ② 214. ②

215. 관 공작용 공구에 대한 설명으로 틀린 것은?

① 익스팬더 : 동관의 끝부분을 원형으로 정형 시 사용
② 봄볼 : 주관에서 분기관을 따내기 작업 시 구멍을 뚫을 때 사용
③ 열풍 용접기 : PVC관의 접합, 수리를 위한 용접 시 사용
④ 리드형 오스타 : 강관에 수동으로 나사를 절삭할 때

☞ ① 익스팬터 : 동관을 소켓 모양으로 확관하는데 사용하는 공구

216. 동관용 공구로 가장 거리가 먼 것은?

① 링크형 파이프커터
② 익스팬더
③ 플레어링 툴
④ 사이징 툴

☞ 동관용 배관공구
  ① 플레어링 툴 : 플레어 이음용 공구
  ② 익스팬더 : 동관을 소켓 모양으로 확관하는 데 사용하는 공구
  ③ 사이징 툴 : 동관의 끝부분을 원형으로 정형하는 데 사용하는 공구
  ④ 튜브 벤더 : 동관을 90°, 180°로 벤딩하는 데 사용하는 공구
  ⑤ 튜브 커터 : 동관 절단용 공구
  ⑥ 리머 : 동관 절단 후에 생기는 거스러미를 제거하는 공구

Answer 215. ① 216. ①

chapter 06 난방설비(증기난방)

1 증기난방 배관설비

증기보일러에서 발생한 증기를 배관을 통하여 각 실의 방열기로 공급하며 증기의 증발잠열로 난방을 실시하는 방법이다.

방열기에서 발생한 응축수는 트랩에서 증기와 분리되어 환수관을 통하여 보일러에 복귀되어 다시 가열된다.

(1) 증기난방의 분류

분 류	종 류
증기 압력	• 저압식 : 사용증기압력 0.1MPa 미만 • 고압식 : 사용증기압력 0.1MPa 이상
응축수 환수	• 중력식 : 응축수를 중력에 의하여 환수하는 방식 • 기계식 : 응축수펌프를 사용하여 강제적으로 순환하는 방식 • 진공식 : 진공펌프를 사용하여 순환하는 방식
배관방식	• 단관식 : 공급관과 환수관이 동일 • 복관식 : 공급관, 환수관이 각각 다른 배관
온수 공급방식	• 상향공급식 : 공급주관을 최하층 방열기보다 낮은 곳에 설치 • 하향공급식 : 공급주관을 최상층 천장에 설치
환수관 배치방식	• 건식 환수관식 : 환수관을 보일러 수면보다 높은 곳에 설치 • 습식 환수관식 : 환수관을 보일러 수면보다 낮은 곳에 설치

(2) 증기난방 배관의 시공

① 배관의 구배
  ㉠ 단관식 중력환수식
    ⓐ 증기주관은 응축수가 체류하지 않도록 순구배로 한다.
    ⓑ 수평주관은 순류관일 경우 1/100~1/200의 구배로 하고, 역류관일 경우 1/50~1/100의 구배로 한다.
  ㉡ 복관식 중력환수식에서 건식 환수관은 증기주관의 1/200의 순구배를 준다.
  ㉢ 진공환수관의 증기주관은 1/200~1/300의 하향구배를 준다.

> **참고 ▶ 증기난방의 표준구배**
> ① 증기관 : 순구배 1/100~1/200, 역구배 1/50~1/100
> ② 환수관 : 순구배 1/200~1/300

② 배관시공
  ㉠ 수평배관에서 이경관을 접속하는 경우에는 편심 리듀서를 사용한다.
  ㉡ 온도변화에 따른 관의 팽창을 흡수하기 위하여 신축이음을 설치한다.
  ㉢ 배관의 중량과 열팽창에 따른 신축, 진동과 충격 등을 고려하여 일정한 간격으로 배관을 지지한다.
  ㉣ 암거 내에 배관이 통과할 경우 나관 표면에 콜타르를 입힌 후에 아스팔트로 방수처리한다.
  ㉤ 증기주관에서 상향수직관을 분기할 경우, 열팽창에 의한 신축 흡수를 위하여 스위블 이음을 한다.
  ㉥ 공기를 배출하기 위하여 에어 벤트(air vent) 등을 설치한다.
  ㉦ 증기배관의 도중에 밸브를 설치하는 경우 글로브 밸브는 응축수가 괴게 되므로 슬루스 밸브를 사용한다. 글로브 밸브를 설치할 때에는 밸브축을 수평으로 하여 응축수가 흐르기 쉽게 해야 한다.

(3) 증기 난방기기 배관

① 증기보일러 주위 배관
  ㉠ 하트포드(hartford) 접속법 : 보일러 측면에 밸런스관을 연결하여 안전수면보다

높은 위치에 환수관을 접속하는 방법으로 환수관 누설로 인하여 보일러 수위가 파괴되는 것을 방지한다.

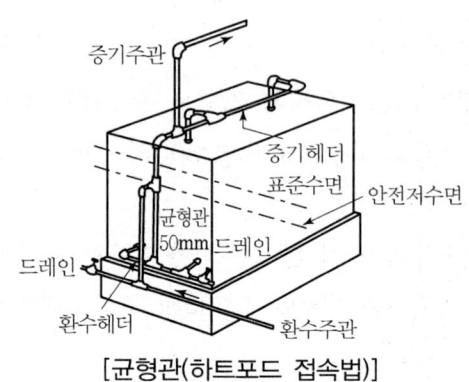

[균형관(하트포드 접속법)]

　ⓒ 리프트 피팅(lift fitting) : 진공환수식 난방의 경우에 방열기보다 높은 위치에 환수관을 연결하여 환수관보다 높은 위치로 환수관의 응축수를 끌어올려 환수하는 방법
　　ⓐ 리프트관은 환수관보다 1치수 작은 것을 사용한다.
　　ⓑ 1단 흡상높이는 1.5m 이내

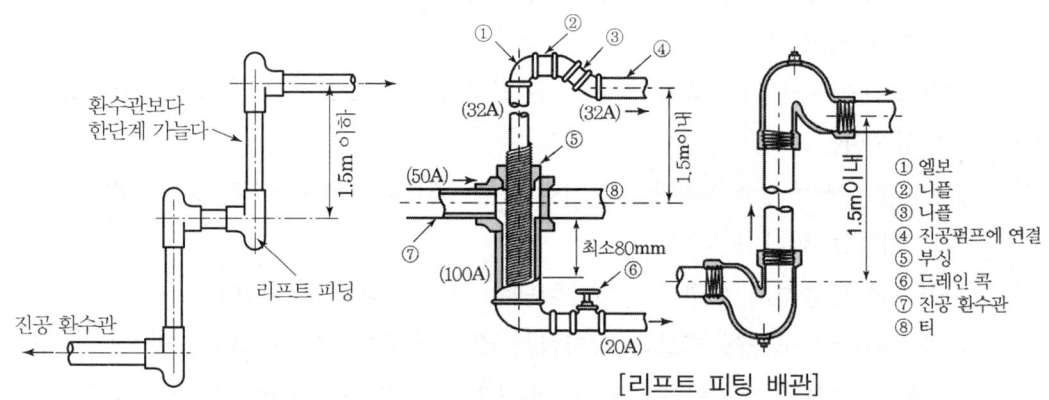

[리프트 피팅 배관]

② 방열기 주위 배관
　㉠ 방열기 설치 위치는 열손실이 많은 곳에 설치하며 벽면과 50~60mm 정도 이격시켜야 한다.
　㉡ 열팽창을 흡수하기 위하여 신축이음(스위블 이음)을 설치한다.

ⓒ 방열기 상부에 공기빼기 밸브를 설치하여 공기를 배출시킨다.
ⓔ 방열기 밸브는 응축수가 고이지 않도록 슬루스 밸브나 앵글 밸브를 설치한다.
ⓜ 이중 서비스 밸브 : 응축수의 동결을 방지하기 위하여 방열기 밸브와 열동트랩을 조합한 밸브이다.
ⓗ 방열기 출구측에 증기트랩을 설치한다.

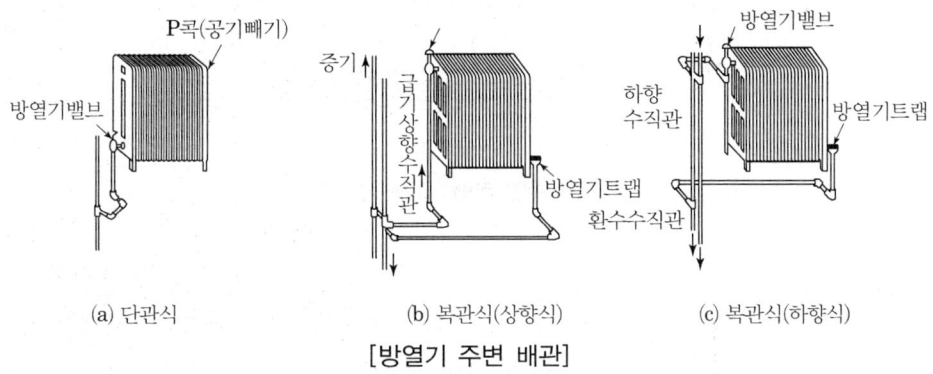

[방열기 주변 배관]

③ 증기트랩

㉠ 증기관 내에 응축수와 공기를 증기와 분리하여 응축수를 환수관으로 배출시키는 장치이다.

㉡ 종류

ⓐ 기계적 트랩
- 플로트 트랩(다량트랩) : 플로트의 부력에 의해 작동하며, 저압증기용으로 다량의 응축수를 처리할 때 사용한다.
- 버킷 트랩 : 버킷의 부력에 의해 작동하며 증기의 압력에 의해 배출하므로 다량의 응축수를 간헐적으로 배출하는 데 사용한다. 견고하며 워터해머에 강하지만 동파의 위험이 있다. 주로 고압, 중압의 환수관에 적합하다.

ⓑ 온도조절 트랩(열동식 트랩) : 포화수와 포화증기 간의 온도차를 이용한 형식(바이메탈식, 벨로즈식)으로 공기와 드레인을 분리하여 처리한다.

ⓒ 열역학적 트랩 : 증기와 응축수의 속도차에 의해 작동(베르누이 정리)하며 오리피스식, 디스크식 등이 있다.

ⓓ 충동 트랩(임펄스 트랩) : 실린더 속의 온도변화에 의해 밸브가 작동되고 저압,

중압, 고압에 사용하며 증기가 약간 새는 결점이 있다.
ⓒ 설치 장점 : 응축수의 배출 증기의 열손실 방지, 수격작용, 관내 부식을 방지한다.

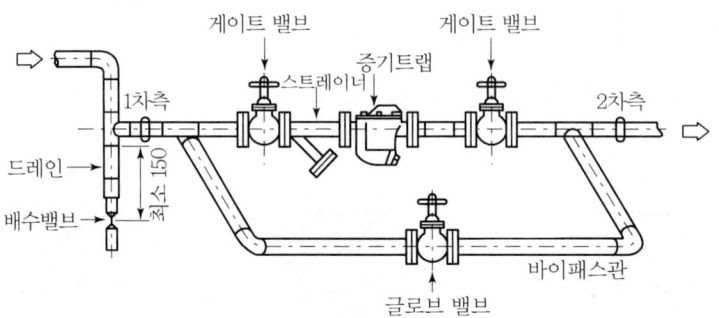

[증기(관말)트랩 설치 상세도]

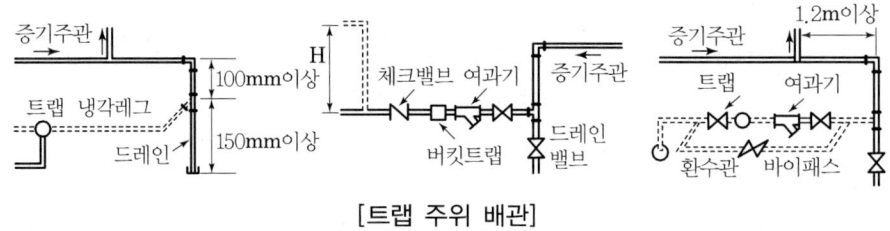

[트랩 주위 배관]

④ 감압밸브의 주위 배관
  ㉠ 설치 목적 : 고압의 증기를 감압하여 저압측 압력을 일정하게 유지하기 위하여 사용한다.
  ㉡ 설치방법 : 바이패스 배관을 구성하고, 입구에 스트레이너, 출구에 안전밸브를 설치한다.

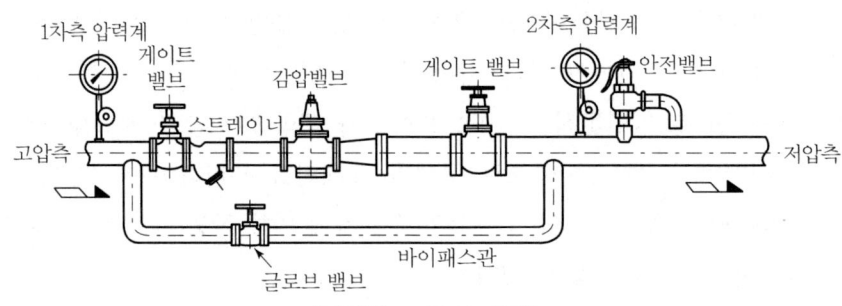

[감압밸브 주위 배관]

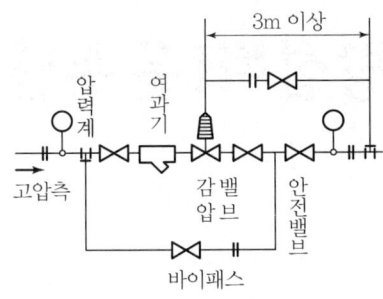

[감압 밸브의 설치 배관도]

바이패스 장치

바이패스 장치는 배관계통 중에서 증기트랩, 전동밸브, 온도조절밸브, 감압밸브, 유량계, 인젝터 등과 같이 비교적 정밀한 기계들의 고장과 일시적인 응급사항에 대비하여 비상용 배관을 구성하는 것을 말한다.

⑤ 증기헤더
  ㉠ 보일러에서 발생한 증기를 한 곳에 모아 각 실로 열원을 균등하게 공급하기 위하여 설치한다.
  ㉡ 설치 시 유의사항
    ⓐ 증기헤더의 크기는 주증기관의 관경보다 2배 이상 크기로 한다.
    ⓑ 각각의 배관마다 압력계를 설치한다.
    ⓒ 증기 헤드 하부에는 드레인 밸브, 트랩장치를 설치한다.
    ⓓ 증기헤더의 접속관에 설치하는 밸브류는 조작하기 쉽도록 바닥 위 1.5m 정도 위치에 설치한다.

chapter 07 난방설비(온수난방)

1 온수난방 배관설비

보일러에서 온수를 만들어 공조기의 온수코일과 실내장치의 팬코일 유닛 또는 방열기로 공급하여 실내를 난방하는 방식이다.

2 온수난방의 분류

(1) 회로방식에 따른 분류

① 개방회로 : 물의 순환경로가 대기 중의 수조에 개방되어 있는 회로
② 밀폐회로 : 물의 순환경로가 대기 중에 개방되어 있지 않는 회로

개방회로	밀폐회로
• 밀폐식에 비하여 배관의 부식이 크다. • 밀폐식에 비하여 배관경이 크다. • 밀폐식에 비하여 펌프 동력이 크다. • 냉각탑의 냉각수 배관이나 축열방식에 사용	• 팽창탱크를 설치해야만 한다. • 일반적으로 공조배관의 냉온수배관에 널리 사용된다.

(2) 배관방식에 따른 분류

구분	방식	설 명
순환 방식	자연순환(중력식)	온수를 비중차를 이용하여 순환
	강제순환식(펌프식)	순환펌프를 사용하여 강제로 온수를 순환
온수 온도	고온수식	온수온도가 100℃ 이상(보통 120~150℃ 정도, 밀폐식)
	저온수식	온수온도가 100℃ 미만(보통 45~80℃ 정도)
배관 방식	단관식	온수공급관과 환수관이 동일하게 하나로 구성
	복관식	온수공급관과 환수관이 별개로 구성
	역환수관식(리버스리턴)	각 방열기로 공급되는 공급배관과 환수배관의 길이(마찰저항)를 같게 하여 온수가 균등하게 공급
공급 방식	상향식	온수공급관을 최하층으로 배관하여 하향으로 공급
	하향식	온수공급관을 최하층으로 배관하여 상향으로 공급

(3) 제어방식에 따른 분류

① 정유량방식 : 부하변동 시에 유량은 일정하고 수온을 변화시키는 회로
② 변유량방식 : 부하변동에 따라 유량이 변하는 회로

정유량방식	변유량방식
• 3방 밸브를 사용한다. • 부분 부하 시 펌프동력이 크다. • 에너지 절약에 불리하다.	• 2방 밸브를 사용한다. • 부분 부하 시 펌프의 동력을 절감시킬 수 있다. • 에너지가 절약된다.

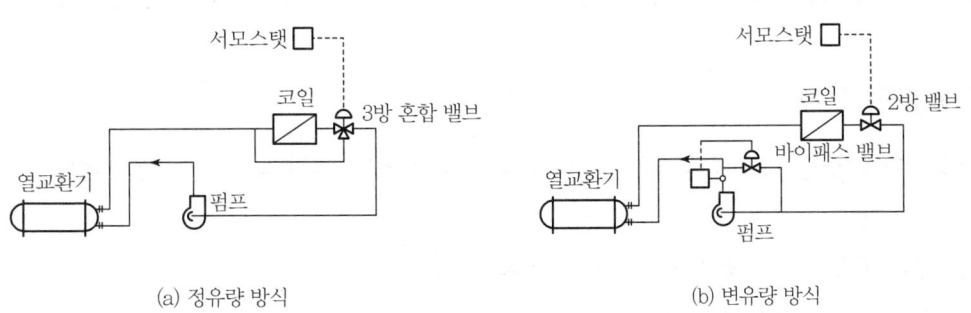

(a) 정유량 방식   (b) 변유량 방식

(4) 환수방식에 따른 분류

① 직접환수(direct return) 방식 : 배관설비가 간단하고 각각의 방열기 용량이 다를 때 사용하고, 유량분배가 균등하지 못하므로 유량제어 밸브가 필요하다.
② 역환수(reverse return) 방식 : 공급관과 환수관의 배관길이가 같으므로 유량분배가 균등하지만, 배관이 복잡하고 설비비가 비싸다.

(5) 배관 개수에 따른 분류

① 1관식
  ㉠ 1개의 배관으로 공급관과 환수관을 겸용으로 사용하는 방식
  ㉡ 실온의 개별제어가 곤란하며 소규모 온수난방에 채택한다.
② 2관식 : 각각의 공급관과 환수관을 갖는 방식으로 일반적으로 가장 많이 사용한다.
③ 3관식
  ㉠ 공급관이 2개(온수관, 냉수관)이고 환수관이 1개인 방식
  ㉡ 배관설비가 복잡하고 개별제어가 가능하다.
  ㉢ 환수관이 1개이므로 냉수와 온수의 혼합 열손실이 발생한다.
④ 4관식
  ㉠ 공급관(냉수관, 온수관)이 2개, 환수관(냉수관, 온수관)이 2개인 방식
  ㉡ 배관설비가 가장 복잡하며 혼합 열손실이 발생하지 않는다.

3 온수난방 배관 시공

(1) 배관의 구배

배관 내에 공기가 고이지 않도록 하는 것이 원칙이며 배관의 구배는 일반적으로 1/250 이상으로 한다.
① 공기빼기 밸브, 팽창탱크 : 상향구배
② 배수밸브 : 하향구배

(2) 온수난방기기의 설치

① 팽창탱크

  ㉠ 설치 목적

   ⓐ 물의 온도변화에 따른 체적팽창과 장치 내의 압력을 흡수하여 장치의 파열을 방지하고 수축 시에는 장치 내의 압력을 일정하게 유지함으로써 공기가 침입하는 것을 방지한다.
   ⓑ 온수보일러에서 장치 내의 공기배출구로 사용하며 안전장치 역할을 한다.
   ⓒ 사용온도에 따라 개방식(85~95℃)과 밀폐식(100℃ 이상)이 있다.
   ⓓ 팽창관에는 밸브를 설치하지 않는다.

  ㉡ 종류

개방식 팽창탱크	밀폐식 팽창탱크
• 100℃ 이하의 저온수 난방에서 채택 • 최고 높은 곳의 온수관이나 방열기보다 1m 이상 높은 곳에 설치	• 100℃ 이상의 고온수 난방에서 채택

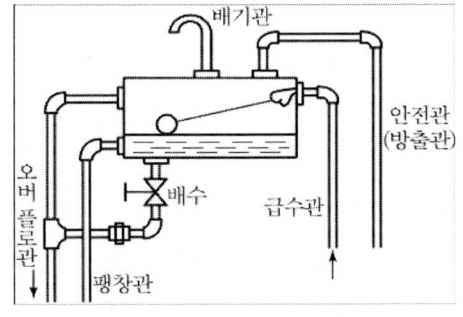

[개방형 팽창탱크]

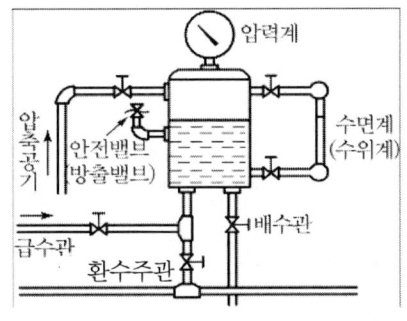

[밀폐형 팽창탱크]

② 팽창탱크의 설치 위치

  ㉠ 개방형 : 최고층의 방열기나 방열면보다 1m 이상 높게 설치
  ㉡ 밀폐형 : 설치 위치에 제한이 없다.

③ 팽창탱크 용량

㉠ 개방식 : 온수팽창량 $\Delta v = \left(\dfrac{1}{\rho_2} - \dfrac{1}{\rho_1}\right) v\,[\text{L}]$

여기서, 가열된 온수의 밀도 : $\rho_2[\text{kg/L}]$
가열 전 물의 밀도 : $\rho_1[\text{kg/L}]$
가열장치 내 전수량 : $v[\text{L}]$

※ 팽창탱크의 용량=온수 팽창량의 1.5~2배 정도

㉡ 밀폐식 : $V = \dfrac{\Delta v}{\dfrac{P_0}{P_1} - \dfrac{P_0}{P_2}}\,[\text{L}]$

여기서, 온수팽창량 : $\Delta v[\text{L}]$
밀폐식 팽창탱크의 초기 봉입 절대압력 : $P_0[\text{kPa}]$
팽창탱크 위치에서의 초기 절대압력 : $P_1[\text{kPa}]$
장치의 최대허용압력 : $P_2[\text{kPa}]$

chapter 08 복사난방, 지역난방

1. 복사난방 (Panel Heating)

건축물의 바닥, 천장, 벽 등에 온수코일을 매립하여 증기나 온수를 순환시켜 발생하는 복사(방사)열에 의해 난방하는 방식으로 패널난방이라고도 한다.

(1) 복사난방 패널 코일 분류

① 바닥 패널 : 시공이 용이, 가열면의 온도를 30℃ 이내로 한다.
② 천장 패널 : 시공이 어려우나 50~100℃ 정도까지 가능하다.
③ 벽 패널 : 창틀 부근에 설치하며 열손실이 크다.

(2) 배관방식

① 밴드 코일식 : 온수 유량 분배가 우수 및 온도차가 일정
② 사관식 코일 : 밴드 코일식의 일종
③ 그리드 코일식 : 코일 간 온도차가 균일하고, 배관저항이 적지만 유량이 불균일
④ 벽면 그리드 코일식

(3) 복사난방 시공 시 주의사항

① 가열면(콘크리트 바닥) 표면 허용 최고온도 : 31℃ 정도
② 매설 배관의 관경 : 15~20A의 동관 또는 XL관, PPC관, PB관 등
③ 배관 피치 : 200~300mm 정도
④ 매설 깊이 : 관 위에서 표면까지의 두께를 관경의 1.5~2배 이상으로 한다.

⑤ 배관 길이 : 배관회로 하나의 길이는 50m 이하
⑥ 온수의 온도차(온도 강하) : 6~8℃(콘크리트 바닥 기준, 온수온도 38~55℃)

2 지역난방

중앙식 냉난방의 일종으로 일정한 장소의 기계실에서 넓은 지역 내 여러 건물에 증기나 고온수 혹은 냉수를 공급하여 냉난방을 하는 방식

(1) 지역난방의 열매체

① 증기 : 1~15kg/cm² 의 고압증기 사용
② 온수 : 100℃ 이상의 고온수를 사용

(2) 지역난방의 특징

① 에너지 이용 효율이 높다.
② 연료비, 유지관리 측면에서 인건비, 유지관리비가 절감된다.
③ 고도의 설비에 의한 대기공해가 없어 깨끗한 도시환경을 조성한다.
④ 초기 투자설비비가 많이 든다.
⑤ 예열시간이 길어 연료소비량이 크며 배관에서의 열손실이 발생한다.

chapter 09 공조배관

1 공조배관 계통도

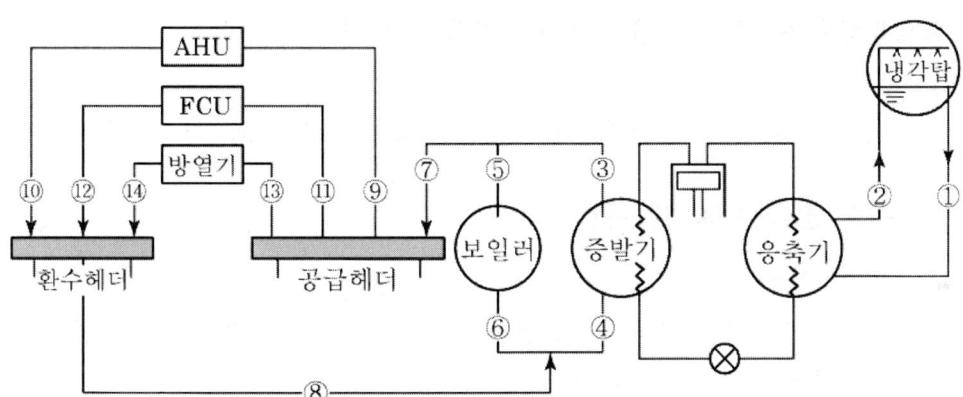

① 냉각수공급관　② 냉각수환수관　③ 냉수공급관　④ 냉수환수관
⑤ 온수공급관　⑥ 온수환수관　⑦ 냉·온수공급관　⑧ 냉·온수환수관
⑨ 냉·온수공급관　⑩ 냉·온수환수관　⑪ FCU공급관　⑫ FCU환수관
⑬ 온수공급관　⑭ 온수환수관

(1) 응축기 냉각탑 주변 배관

① 냉각수 공급관

응축기에서 냉매의 열을 제거하는 물을 냉각수라 하고, 냉각수를 재사용하기 위하야 냉각탑으로 순환시켜 열을 방출하는데 이때 냉각탑에서 응축기로 공급되는 냉각수 관

② 냉각수 환수관

응축기에서 열을 제거하여 온도가 상승한 냉각수가 냉각탑으로 되돌아오는 관

(2) 증발기와 코일 주변 배관

① 냉수공급관

냉동기 증발기에서 냉매에 의하여 냉각된 물은 냉수라 하고, 증발기에서 목적지(코일, 유닛 등)로 냉수를 공급하는 관

② 냉수환수관

공조기의 냉수코일이나 팬코일 유닛 등에서 냉방의 목적을 달성하고 다시 증발기로 되돌아오는 관

(3) 보일러와 코일 및 방열기 주변 배관

① 온수공급관

보일러에서 발생한 온수를 공조기의 가열코일이나 방열기 등에 공급하는 관

② 온수환수관

공조기의 가열코일이나 방열기에서 열을 방출하고 보일러로 다시 되돌아오는 관

(4) 냉·온수 공급관 및 환수관

① 냉·온수 공급관

하나의 관으로 냉방 또는 난방을 동시에 하고자 할 때 냉수 또는 온수를 전환하여 사용하여 목적지로 공급하는 관

② 냉·온수 환수관

냉방 또는 난방을 위하여 공급되어진 냉수 또는 온수가 다시 보일러나 냉동기로 되돌아오는 관

(5) 팬코일 유닛 주변 배관

① 팬코일 유닛 공급관

냉온수 헤더에서 냉난방을 위하여 설치된 팬코일 유닛에 냉온수를 공급하는 관

② 팬코일 유닛 환수관

팬코일 유닛에서 냉난방의 목적을 달성하고 되돌아가는 관

③ 팬코일 유닛 배수관

팬코일 유닛에서 냉방 시 공기 중의 수증기가 응결되어 배수되는 관

제4편 유지보수 공사관리

chapter 09 출·제·예·상·문·제

01. 증기난방에서 사용증기압력 몇 kg/cm² · G 이상을 고압증기난방이라 하는가?

① 0.3kg/cm² · G 이상
② 1kg/cm² · G 이상
③ 5kg/cm² · G 이상
④ 10kg/cm² · G 이상

☞ ① 저압 : 사용증기압력 0.1~0.35kg/cm² · G
　② 고압 : 사용증기압력 1kg/cm² · G 이상

02. 증기난방 방식에서 응축수 환수방법에 따른 분류가 아닌 것은?

① 기계 환수식　② 응축 환수식
③ 진공 환수식　④ 중력 환수식

☞ 증기난방의 응축수 환수방식에 의한 분류
㉠ 중력 환수식 : 응축수 자체의 중력에 의하여 환수(중·소규모)
㉡ 기계 환수식 : 급수펌프를 설치하여 응축수를 보일러에 공급
㉢ 진공 환수식 : 환수주관 말단부에 진공펌프를 연결하여 응축수를 신속하게 환수

03. 증기난방을 응축수 환수법에 의해 분류하였을 때 그 종류가 아닌 것은?

① 기계 환수식　② 하트포드 환수식
③ 중력 환수식　④ 진공 환수식

☞ 하트포드 접속법(hartford connection)
증기관과 환수관 사이에 균형관을 접속하여 환수관 누설로 인하여 보일러 수위가 파괴되는 것을 방지(보일러 내의 안전수위를 유지하기 위한 접속)

04. 증기난방 배관설비의 응축수 환수방법 중 증기의 순환이 가장 빠른 방법은?

① 진공 환수식　② 기계 환수식
③ 자연 환수식　④ 중력 환수식

☞ 진공 환수식 증기난방
대규모 난방에 많이 사용하는 것으로 환수 주관의 끝, 보일러의 바로 앞에 진공 펌프를 설치하여 응축수를 신속하게 배출시킬 수 있고 방열기 내의 공기도 빼낼 수 있다. 증기 순환이 빠르고 환수관 관경을 작게 할 수 있으나, 운전 등에 애로 사항이 많아 지금은 거의 사용하지 않음

05. 진공 환수식 증기난방 배관에 대한 설명으로 틀린 것은?

① 배관 도중에 공기빼기 밸브를 설치한다.
② 배관 기울기를 작게 할 수 있다.
③ 리프트 피팅에 의해 응축수를 상부로 배출할 수 있다.
④ 응축수의 유속이 빠르게 되므로 환수관을 가늘게 할 수가 있다.

☞ ① 진공 환수식인 경우는 배관 도중에 공기빼기 밸브를 설치하지 않고 주로 온수난방에서 공기빼기 밸브를 설치한다.

Answer　01. ②　02. ②　03. ②　04. ①　05. ①

제9장 공조배관 | 1145

06. 증기난방법에 관한 설명으로 틀린 것은?

① 저압식은 증기의 사용압력이 0.1MPa 미만인 경우이며, 주로 10~35kPa인 증기를 사용한다.
② 단관 중력 환수식의 경우 증기와 응축수가 역류하지 않도록 선단 하향 구배로 한다.
③ 환수주관을 보일러 수면보다 높은 위치에 배관한 것은 습식 환수관식이다.
④ 증기의 순환이 가장 빠르며 방열기, 보일러 등의 설치 위치에 제한을 받지 않고 대규모 난방용으로 주로 채택되는 방식은 진공환수식이다.

③ 환수주관을 보일러 수면보다 높은 위치에 배관한 것은 건식 환수관식이다.
[참고] 환수관의 배치에 의한 분류
① 건식 환수관 : 환수주관을 보일러 수면보다 높은 곳에 설치
② 습식 환수관 : 환수주관을 보일러 수면보다 낮은 곳에 설치

07. 증기난방 설비의 특징에 대한 설명으로 틀린 것은?

① 증발열을 이용하므로 열의 운반능력이 크다.
② 예열시간이 온수난방에 비해 짧고 증기 순환이 빠르다.
③ 방열면적을 온수난방보다 적게 할 수 있다.
④ 실내 상하온도차가 작다.

④ 증기난방은 실내의 상하온도차가 크기 때문에 쾌감도가 나쁘고, 부하변동에 대응이 곤란하다.

08. 증기난방의 특징에 관한 설명으로 틀린 것은?

① 이용열량이 증기의 증발잠열로서 매우 크다.
② 실내온도의 상승이 느리고 예열 손실이 많다.
③ 운전을 정지시키면 관에 공기가 유입되므로 관의 부식이 빠르게 진행된다.
④ 취급안전상 주의가 필요하므로 자격을 갖춘 기술자를 필요로 한다.

증기난방의 특징
온수와 비교해서 열매온도가 높기 때문에 방열면적이 작고 실내온도의 상승이 빠르고 예열시간이 온수난방에 비해 짧아 예열손실이 적으며 열운반능력이 크므로 온수난방에 비하여 설비비가 싸다. 다만 방열기의 발열량 제어가 힘들고 부식이 쉬우며 방열기의 표면온도가 높아 쾌적성이 온수난방보다 못하다.

09. 증기난방 배관 시공법에 대한 설명으로 틀린 것은?

① 증기주관에서 지관을 분기하는 경우 관의 팽창을 고려하여 스위블 이음법으로 한다.
② 진공환수식 배관의 증기주관은 1/100~1/200 선상향 구배로 한다.
③ 주형 방열기는 일반적으로 벽에서 50~60mm 정도 떨어지게 설치한다.
④ 보일러 주변의 배관방법에서는 증기관과 환수관 사이에 밸런스관을 달고, 하트포드(hartford) 접속법을 사용한다.

② 진공환수식 배관의 증기주관은 1/200~1/300 선하향 구배로 한다.

10. 난방배관에 대한 설명으로 옳은 것은?

① 환수주관의 위치가 보일러 표준수위보다 위쪽에 배관되어 있으면 습식 환수라고 한다.

06. ③ 07. ④ 08. ② 09. ② 10. ④

② 진공환수식 증기난방에서 하트포드 접속법을 활용하면 응축수를 1.5m까지 흡상할 수 있다.
③ 온수난방의 경우 증기난방보다 운전 중 침입 공기에 의한 배관의 부식 우려가 크다.
④ 증기배관 도중에 글로브 밸브를 설치하는 경우에는 밸브축이 옆을 향하도록 설치하여야 한다.

① 환수주관의 위치가 보일러 표준수위보다 위쪽에 배관되어 있으면 건식 환수, 아래쪽에 배관되어 있으면 습식 환수라고 한다.
② 진공환수식 증기난방에서 리프트 피팅을 활용하면 응축수를 1.5m까지 흡상할 수 있다.
③ 온수난방의 경우 증기난방보다 운전 중 침입공기에 의한 배관의 부식 우려가 적고 수명이 길다.

11. 증기배관에 관한 설명으로 틀린 것은?
① 수평주관의 지름을 줄일 때에는 편심 리듀서를 사용한다.
② 수평주관의 지름을 줄일 때에는 응축수가 이음부에 체류하지 않도록 내림구배는 관밑을 직선으로 일치시킨다.
③ 증기주관 위쪽에서의 입하관 분기는 상향으로 올린 후에 올림구배로 입하시킨다.
④ 증기관이나 환수관이 장애물과 교차할 때는 드레인이나 공기가 유통하기 쉽도록 한다.

③ 증기주관은 응축수가 체류하지 않도록 순구배로 하고, 증기주관 위쪽에서의 입하관 분기는 상향으로 올린 후에 앞내림구배로 한다. 또한 증기주관 위쪽으로 상향공급관으로 할 때에는 앞올림구배로 한다.

12. 저압 증기난방 배관에 대한 설명으로 옳은 것은?
① 하향공급식의 경우에는 상향공급식의 경우보다 배관경이 커야 한다.
② 상향공급식의 경우에는 하향공급식의 경우보다 배관경이 커야 한다.
③ 상향공급식이나 하향공급식은 배관경과 무관하다.
④ 하향공급식의 경우 상향공급식보다 워터해머를 일으키기 쉬운 배관법이다.

증기 공급방식에 따른 분류
① 상향공급식 : 증기주관을 건물의 하부에 설치하고 수직관에 의해 증기를 방열기에 공급하며, 입상관의 관경을 크게 하고 증기의 유속을 느리게 한다. 상향공급식의 경우 증기관 표면에서 방열에 의해 발생한 응축수가 증기관의 흐름방향과 반대가 되어 증기속도가 빠를수록 응축수의 흐름이 방해되어 워터해머를 일으키기 쉽다.
② 하향공급식 : 증기주관을 건물의 상부에 설치하고 수직관에 의해 방열기에 증기를 공급하며, 상향공급식보다 관경을 작게 할 수 있다.

13. 중력 환수식 증기난방에서 단관식 상향급기의 배관경은 단관식 하향급기의 배관경에 비해 어떻게 결정해야 하는가?
① 같은 크기로 결정한다.
② 상관없이 결정한다.
③ 작은 크기로 결정한다.
④ 큰 크기로 결정한다.

① 증기와 응축수의 흐름을 동일한 관으로 사용하는 단관식과 각각 다른 관을 사용하는 복관식으로 나누어진다. 단관식일 경우 관의 하부층으로는 응축수가 흐르고 상부층에는 증기가 흐르므로 관경을 크게 하여 수격작용이 일어나지 않도록 주의하여야 한다.

Answer 11. ③ 12. ② 13. ④

② 이에 비해 복관식은 널리 사용되고 있으며 증기와 응축수가 유동하는 데 서로 방해가 되지 않도록 증기관에는 필요한 곳마다 응축수 배제를 위한 증기트랩 장치를 설비해 주고 환수관에는 증기가 재증발하는 경우 이를 회수 처리하도록 하고 있다.

14. 증기난방에서 증기배관 경로가 옳은 것은?
① 보일러-스팀헤더-증기공급관-감압밸브-방열기
② 보일러-감압밸브-증기공급관-스팀헤더-방열기
③ 보일러-증기공급관-감압밸브-스팀헤더-방열기
④ 보일러-스팀헤더-감압밸브-증기공급관-방열기

👉 **증기배관 경로**
보일러 → 스팀헤더 → 증기주관 → 감압밸브 → 방열기 → 증기트랩 → 환수관 → 보일러

15. 다음은 증기배관의 표준구배에 대한 사항이다. 이 중 적당하지 않은 것은?
① 단관 중력 환수배관(상향공급식) : 1/100~1/200
② 단관 중력 환수배관(하향공급식) : 1/50~1/100
③ 진공 환수배관의 증기주관(선하구배) : 1/200 ~1/300
④ 복관 중력 환수배관(건식 : 선하구배) : 1/50

👉 ④ 복관 중력 환수배관(건식 : 선하구배) : 1/200

16. 증기난방 배관 시 단관 중력 환수식 배관에서 증기와 응축수의 흐름 방향이 다른 역류관의 구배는 얼마로 하는가?
① 1/50~1/100
② 1/100~1/200
③ 1/200~1/250
④ 1/250~1/300

👉 **중력환수식에서의 배관 구배**

배관방식	순류관 (상향공급식)	역류관 (하향공급식)
단관식	$\dfrac{1}{100} \sim \dfrac{1}{200}$	$\dfrac{1}{50} \sim \dfrac{1}{100}$

17. 단관식 중력 환수 증기난방의 상향 공급식 순구배로 가장 적합한 것은?
① 1/10~1/30
② 1/50~1/100
③ 1/100~1/200
④ 1/250~1/300

👉 17번 해설 참고

18. 증기배관 시공 시 환수관의 구배는?
① 1/250 이상의 내림구배
② 1/350 이상의 내림구배
③ 1/250 이상의 올림구배
④ 1/350 이상의 올림구배

👉 **증기난방배관의 기울기**

종류	기울기 방향	기울기
증기관	순구배(내림구배)	1/250 이상
	역구배(올림구배)	1/50 이상
환수관	순구배(내림구배)	1/250 이상

19. 증기보일러 배관에서 환수관의 일부가 파손된 경우 보일러수의 유출로 안전수위 이하가 되어 보일러수가 빈 상태로 되는 것을 방지하기 위해 하는 접속법은?
① 하트포드 접속법
② 리프트 접속법
③ 스위블 접속법
④ 슬리브 접속법

👉 하트포드(hartford) 접속법

14. ① 15. ④ 16. ① 17. ③ 18. ① 19. ①

보일러 측면에 밸런스관을 연결하여 안전수면보다 높은 위치에 환수관을 접속하는 방법으로 환수관 누설로 인하여 보일러 수위가 파괴되는 것을 방지한다.

20. 저압 증기난방 장치에서 적용되는 하트포드 접속법(Hartford connection)과 관련된 용어로 가장 거리가 먼 것은?
① 보일러 주변 배관
② 균형관
③ 보일러수의 역류방지
④ 리프트 피팅

☞ **하트포드 접속법(Hartford Connection)**
저압증기 난방의 보일러 주변 배관으로서 보일러 물이 환수관으로 역류하여 보일러 수면이 저수위 이하로 내려가는 경우가 있는데 이것을 방지하기 위하여 증기관과 환수관 사이에 표준수면에서 50mm 아래로 균형관을 설치하여 증기압력과 환수관의 균형을 유지시켜 주는 접속법이다.
[참고] 리프트 피팅(lift fitting)
진공환수식 난방의 경우에 방열기보다 높은 위치에 환수관을 연결하여 환수관보다 높은 위치로 환수관의 응축수를 끌어올려 환수하는 배관 방법

21. 하트포드(Hart ford) 배관법에 관한 설명으로 틀린 것은?
① 보일러 내의 안전 저수면보다 높은 위치에 환수관을 접속한다.
② 저압증기 난방에서 보일러 주변의 배관에 사용한다.
③ 하트포드 배관법은 보일러 내의 수면이 안전수위 이하로 유지하기 위해 사용된다.
④ 하트포드 배관 접속 시 환수주관에 침적된 찌꺼기의 보일러 유입을 방지할 수 있다.

☞ ③ 하트포드 배관법은 보일러 내 수면이 안전수위 이상으로 유지하기 위해 사용한다.

22. 다음 증기난방 설비 중 증기헤더(steam header)에 관한 설명 중 틀린 것은?
① 증기를 일단 증기헤더에 모은 다음 각 계통별로 분배한다.
② 증기헤더의 관경은 그것에 접속하는 관내 단면적 합계의 2배 이상의 단면적을 갖게 해야 한다.
③ 증기헤더는 압력계, 드레인 포켓, 트랩장치 등을 함께 부착시킨다.
④ 증기헤더의 접속관에 설치하는 밸브류는 바닥 위 5m 정도의 위치에 설치하는 것이 좋다.

☞ ④ 증기헤더의 접속관에 설치하는 밸브류는 조작하기 좋도록 바닥 위 1.5m 정도의 위치에 설치하는 것이 좋다.

23. 증기배관의 수평 환수관에서 관경을 축소할 때 사용하는 이음쇠로 가장 적합한 것은?
① 소켓   ② 부싱
③ 플랜지   ④ 리듀서

☞ 수평 증기관에서 관경을 축소시킬 때에는 반드시 편심 리듀서를 사용하여 응축수가 체류하는 일이 없도록 한다.

24. 열교환기 입구에 설치하여 탱크 내의 온도에 따라 밸브를 개폐하며, 열매의 유입량을 조절하여 탱크 내의 온도를 설정범위로 유지시키는 밸브는?
① 감압 밸브   ② 플랩 밸브
③ 바이패스 밸브 ④ 온도조절 밸브

Answer 20. ④ 21. ③ 22. ④ 23. ④ 24. ④

제9장 공조배관 | 1149

① 감압 밸브 : 유체의 압력이 사용 목적보다 높을 때 이것을 감압하고, 또 감압한 후 압력을 일정하게 유지하는 밸브
② 플랩 밸브 : 체크 밸브의 일종
③ 바이패스 밸브 : 배관계통에 고장일 일시적인 응급사항에 대비하기 위해 바이패스에 설치하는 밸브이며, 바이패스의 개폐 및 분기, 유량의 조절 등에 사용된다.

25. 증기난방 배관시공에서 환수관에 수직 상향부가 필요할 때 리프트 피팅을 써서 응축수가 위쪽으로 배출되게 하는 방식은?

① 단관 중력 환수식
② 복관 중력 환수식
③ 진공 환수식
④ 압력 환수식

리프트 피팅(lift fitting, 흡상이음)
진공환수식 난방의 경우 방열기보다 높은 위치에 환수관을 연결하여 환수관보다 높은 위치로 환수관의 응축수를 끌어올려 환수하는 방법으로 1단 흡상높이는 1.5m 이내이며 그 이상의 높이는 2단이나 3단 직렬 접속한다.

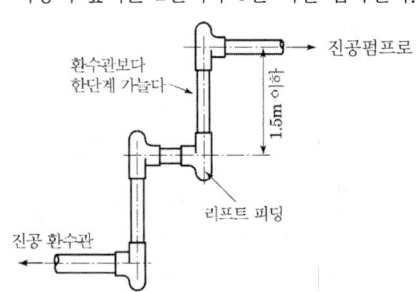

26. 진공환수식 증기난방 설비에서 흡상이음(lift fitting) 시 1단의 흡상높이로 적당한 것은?

① 1.5m 이내   ② 2.5m 이내
③ 3.5m 이내   ④ 4.5m 이내

흡상이음(lift fitting)
① 리프트관은 환수관보다 1치수 작은 것을 사용한다.
② 1단 흡상높이는 1.5m 이내이며 그 이상의 높이는 2단이나 3단 직렬접속한다.
③ 설치 위치는 진공펌프 가까운 곳이 좋다.

27. 냉각 레그(cooling leg) 시공에 대한 설명으로 틀린 것은?

① 관경은 증기주관보다 한 치수 크게 한다.
② 냉각 레그와 환수관 사이에는 트랩을 설치하여야 한다.
③ 응축수를 냉각하여 재증발을 방지하기 위한 배관이다.
④ 보온피복을 할 필요가 없다.

① 관경은 증기주관보다 한 치수 작게 한다.
[참고] 냉각 레그(Cooling Leg)
① 증기를 응축수로 바꾸어 환수하기 위한 배관을 냉각 레그라 한다.
② 증기주관에서부터 트랩에 이르는 냉각 레그는 완전한 응축수를 트랩에 보내는 관계로 보온 피복을 하지 않으며, 또한 냉각 면적을 넓히기 위하여 그 길이를 1.5m 이상으로 한다.
③ 증기주관이 긴 경우 응축수가 다량으로 흐를 때는 플로트 트랩을 사용한다.
④ 트랩의 고장수리, 교환 등에 대비한 바이패스를 달아두면 편리하다.

28. 암거 내에 증기난방 배관 시공을 하고자 할 때 나관(Bare pipe)상태라면 관 표면에 무엇을 바르는가?

① 시멘트   ② 석면
③ 테플론 테이프   ④ 콜타르

암거 내는 습기가 많으므로 파이프가 부식될 수 있으며 나관의 경우에는 표면에 콜타르를

25. ③ 26. ① 27. ① 28. ④

바르고 보온피복을 하였을 때에는 그 위에 아스팔트 테이프를 감는다.
[참고] 암거
　하수관 내 점검이나 청소, 파이프의 연결이나 접합을 위해, 사람이 출입하는 시설을 말한다. 지하에 매설하든지, 지표에 있으면 복개를 해서 수면이 안보이도록 한 통수로

29. 급수에 사용되는 물은 탄산칼슘의 함유량에 따라 연수와 경수로 구분된다. 경수 사용 시 발생될 수 있는 현상으로 틀린 것은?
① 보일러 용수로 사용 시 내면에 관석이 많이 발생한다.
② 전열효율이 저하하고 과열 원인이 된다.
③ 보일러의 수명이 단축된다.
④ 비누거품이 많이 발생한다.

☞ 보일러 관수로 경수를 사용하면 보일러 내면에 스케일이 축적돼 점부식으로 연관 누수와 배관의 부식을 촉진시켜 보일러 효율 저하 및 수명을 단축시키므로 연수로 바꾸어 줄 필요가 있다.

30. 증기나 응축수가 트랩이나 감압밸브 등의 기기에 들어가기 전 고형물을 제거하여 고장을 방지하기 위해 설치하는 장치는?
① 스트레이너　　② 리듀서
③ 신축이음　　　④ 유니언

☞ **스트레이너(strainer)**
증기나 물, 기름 등의 유체 속에 포함된 고형물(모래, 녹, 금속쓰레기 등)을 제거하여 배관라인에 증기트랩, 감압밸브, 펌프, 유량계, 열교환기 등의 장치의 고장을 막기 위해 설치하는 여과장치
[참고]
　① 리듀서 : 이경관을 연결할 때 사용
　② 신축이음 : 온도변화에 따른 배관의 신축 팽창량을 흡수하기 위하여 사용
　③ 유니언 : 관을 직선 연결할 때 사용

31. 증기 및 물배관 등에서 찌꺼기를 제거하기 위하여 설치하는 부속품은?
① 유니온　　　　② P트랩
③ 부싱　　　　　④ 스트레이너

☞ 30번 해설 참고

32. 스트레이너의 형상에 따른 종류가 아닌 것은?
① Y형　　　　　② S형
③ U형　　　　　④ V형

☞ **스트레이너(strainer)**
① 설치 위치 : 장치, 밸브류 입구측에 부착 (펌프, 트랩, 감압밸브, 온도조절밸브 등)
② 종류 : Y형, U형, V형 등

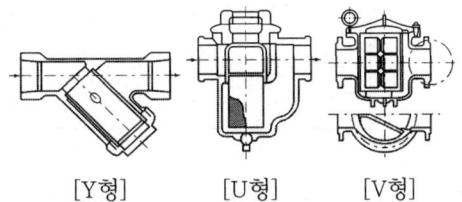

[Y형]　　[U형]　　[V형]

33. 증기배관의 트랩장치에 관한 설명이 옳은 것은?
① 저압증기에서는 보통 버킷형 트랩을 사용한다.
② 냉각레그(cooling leg)는 트랩의 입구 쪽에 설치한다.
③ 트랩의 출구 쪽에는 스트레이너를 설치한다.
④ 플로트형 트랩은 상·하 구분없이 수직으로 설치한다.

☞ ① 고압증기에서는 보통 버킷형 트랩을 사용

Answer 29. ④　30. ①　31. ④　32. ②　33. ②

한다.
③ 트랩의 입구 쪽에 스트레이너를 설치하여 불순물에 의한 트랩의 오동작을 방지할 수 있다.
④ 플로트형 트랩은 설치방향이 올바르지 않으면 부력과 중력의 균형이 무너져 정상작동이 어려워지므로 트랩의 상하를 확인 후 밸브 본체의 움직임이 연직방향이 되도록 설치한다.

34. 증기 트랩의 종류를 대분류한 것으로 가장 거리가 먼 것은?
① 박스 트랩
② 기계적 트랩
③ 온도조절 트랩
④ 열역학적 트랩

👉 **증기 트랩의 분류**

분류	작동 원리	종류
기계식	증기와 응축수의 부력 차이	플로트 트랩, 버킷 트랩
온도식 (열동식)	증기와 응축수의 온도 차이	바이메탈 트랩, 벨로즈 트랩
열역학식	증기와 응축수의 속도 차이	디스크 트랩, 오리피스 트랩

35. 증기설비에 사용하는 증기 트랩 중 기계식 트랩의 종류로 바르게 조합한 것은?
① 버킷 트랩, 플로트 트랩
② 버킷 트랩, 벨로즈 트랩
③ 바이메탈 트랩, 열동식 트랩
④ 플로트 트랩, 열동식 트랩

👉 **기계식 트랩의 종류**
플로트 트랩, 버킷 트랩

36. 다음 중 증기와 응축수 사이의 밀도차, 즉 부력 차이에 의해 작동되는 기계식 트랩은?
① 버킷 트랩
② 벨로즈 트랩
③ 바이메탈 트랩
④ 디스크 트랩

👉 35번 해설 참고

37. 증기와 응축수의 온도차를 이용하여 응축수를 배출하는 열동식 트랩이 아닌 것은?
① 벨로즈 트랩
② 디스크 트랩
③ 바이메탈식 트랩
④ 다이어프램식 트랩

👉 ① 열동식 트랩 : 벨로즈의 신축에 의해 작동하며 저압 배관이나 방열기 출구, 관말 트랩에 주로 사용한다. 바이메탈식, 벨로즈식, 다이어프램식 트랩 등이 있다.
② 열역학적 트랩 : 작동부문이 디스크 하나뿐이므로 디스크 트랩이라고도 불리며 증기와 응축수의 속도차에 의해 작동된다. 오리피스식, 디스크식 등이 있다.

38. 온도조절식 트랩에 속하지 않는 것은?
① 벨로즈식 트랩
② 다이어프램식 트랩
③ 바이메탈식 트랩
④ 디스크식 트랩

👉 ④ 디스크식 트랩 : 열역학적 트랩

39. 증기와 응축수의 온도 차이를 이용하여 응축수를 배출하는 트랩은?
① 버킷 트랩(bucket trap)
② 디스크 트랩(disk trap)
③ 벨로즈 트랩(bellows trap)
④ 플로트 트랩(float trap)

👉 37번 해설 참고

40. 증기트랩에 관한 설명으로 옳은 것은?

Answer 34. ① 35. ① 36. ① 37. ② 38. ④ 39. ③ 40. ③

① 플로트 트랩은 응축수나 공기가 자동적으로 환수관에 배출되며, 저·고압에 쓰이고 형식에 따라 앵글형과 스트레이트형이 있다.
② 열동식 트랩은 고압, 중압의 증기관에 적합하며, 환수관을 트랩보다 위쪽에 배관할 수도 있고, 형식에 따라 상향식과 하향식이 있다.
③ 임펄스 증기 트랩은 실린더 속의 온도 변화에 따라 연속적으로 밸브가 개폐하며, 작동 시 구조상 증기가 약간 새는 결점이 있다.
④ 버킷 트랩은 구조상 공기를 함께 배출하지 못하지만 다량의 응축수를 처리하는 데 적합하며, 다량 트랩이라고 한다.

☞ ① 열동식 트랩에 대한 설명이다.
　② 버킷 트랩에 대한 설명이다.
　④ 플로트 트랩에 대한 설명이다.

41. 증기트랩에 관한 설명으로서 맞는 것은?

① 응축수나 공기가 자동적으로 환수관에 배출되며, 실로폰 트랩, 방열기 트랩이라고도 하는 트랩은 플로트 트랩이다.
② 열동식 트랩은 고압, 중압의 증기관에 적합하며, 환수관을 트랩보다 위쪽에 배관할 수도 있고, 형식에 따라 상향식과 하향식이 있다.
③ 버킷 트랩은 구조상 공기를 함께 배출하지 못하지만 다량의 응축수를 처리하는 데 적합하며, 다량트랩이라고 한다.
④ 고압, 중압, 저압에 사용되며 작동 시 구조상 증기가 약간 새는 결점이 있는 것이 충격식 트랩이다.

☞ ① 열동식 트랩에 대한 설명이다.

② 버킷 트랩에 대한 설명이다.
③ 플로트 트랩에 대한 설명이다.
[참고] 증기트랩
　방열기의 환수부 또는 증기 배관의 최말단 열교환기 등에 부착하여 증기관 내에 생긴 응축수만을 보일러 등에 환수시키기 위해 사용하는 장치

42. 부력에 의해 밸브를 개폐하여 간헐적으로 응축수를 배출하는 구조를 가진 증기트랩은?

① 버킷 트랩　② 열동식 트랩
③ 벨 트랩　④ 충격식 트랩

☞ **버킷 트랩**
버킷의 부력에 의해 작동하며 응축수를 간헐적으로 배출하는 데 사용하는데 주로 고압증기의 관말 트랩, 증기 사용 세탁기, 증기 탕비기 등에 많이 쓰인다.

43. 환수관 및 증기관의 압력차가 있어야 응축수를 배출하고 고압, 중압의 증기관에 적합하며 상향식 및 하향식이 있고 환수관을 트랩보다 위쪽에 배관할 수도 있는 트랩은?

① 버킷 트랩
② 플로트 트랩
③ 벨로즈 트랩
④ 임펄스 증기 트랩

☞ 42번 해설 참고

44. 증기용 버킷 트랩의 장점이 아닌 것은?

① 견고하고 워터해머에 강하다.
② 고압으로 다량의 응축수를 배출한다.
③ 별도의 에어벤트가 필요 없다.
④ 응축수를 높은 곳으로 밀어올릴 수 있다.

☞ ③ 공기배출이 조그만 벤트구멍을 통하여 이

Answer　41. ④　42. ①　43. ①　44. ③

제9장 공조배관 | 1153

루어지므로 별도의 에어벤트가 요구된다.

45. 저압 증기배관에 관한 설명이 옳지 않은 것은?
① 증기와 응축수의 흐름방향이 동일한 경우 증기관 배관은 1/250 이상의 내림구배를 준다.
② 주관에서 지관을 분기하는 경우에는 배관의 신축을 고려하여 스위블 이음으로 한다.
③ 진공환수식의 환수관에서 리프트이음 1단 높이는 1.5m 이하로 하고, 리프트관의 지름은 환수관보다 한 치수 작은 것으로 한다.
④ 버킷형 트랩은 저압증기에 사용되며 수평 또는 수직 어느 쪽으로 설치해도 지장이 없다.

☜ ④ 버킷형 트랩은 저압증기에 사용되며 트랩은 반드시 버킷이 상하로 자유롭게 움직일 수 있도록 몸체를 수직으로 설치해야 한다.

46. 저·중압의 공기가열기, 열교환기 등 다량의 응축수를 처리하는 데 사용되며, 작동 원리에 따라 다량트랩, 부자형 트랩으로 구분하는 트랩은?
① 바이메탈 트랩 ② 벨로즈 트랩
③ 플로트 트랩   ④ 벨 트랩

☜ 플로트 트랩(다량트랩)
플로트의 부력에 의해 작동하며, 저압증기용으로 다량의 응축수를 처리할 때 사용

47. 플로트 트랩의 특징이 아닌 것은?
① 항상 응축수가 생기는 대로 배출되므로 최대의 열효율을 요구하는 곳에 적합하다.
② 자동 에어벤트가 내장되어 있으므로 공기

배출 능력이 뛰어나다.
③ 고압에서도 사용이 가능하며 견고하고 수격작용에도 강하다.
④ 동파의 위험이 있으므로 외부에 설치할 때는 보온해야 한다.

☜ ③ 플로트의 부력에 의해 작동하며, 저압증기용으로 다량의 응축수를 처리할 때 사용

48. 방열기 트랩에 대한 설명으로 틀린 것은?
① 방열기 내에 머무는 공기만을 제거시켜 배관의 순환을 빠르게 한다.
② 방열기 내에 생긴 응축수를 보일러에 환수시키는 역할을 한다.
③ 방열기 밸브의 반대쪽 하부 태핑에 부착한다.
④ 증기가 환수관에 유출되지 않도록 한다.

☜ ① 방열기 내에 머무는 응축수와 증기에 혼입되어 있는 공기를 자동으로 배출하여 방열기의 가열작용을 유지하는 장치이다.

49. 증기 트랩장치에서 필요치 않은 것은?
① 스트레이너   ② 게이트 밸브
③ 바이패스관   ④ 안전밸브

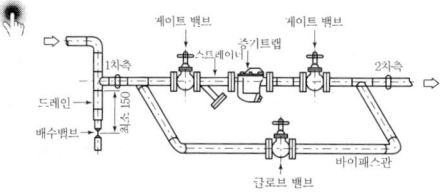

50. 다음에서 바이패스관 설치 시 필요치 않은 부속은?
① 엘보(Elbow)
② 글로브 밸브(Globe valve)
③ 유니언(Union)

Answer 45. ④ 46. ③ 47. ③ 48. ① 49. ④ 50. ④

④ 안전변(safety valve)

> **바이패스 장치**
> 바이패스 장치는 배관계통 중에서 증기트랩, 전동밸브, 온도조절밸브, 감압밸브, 유량계, 인젝터 등과 같이 비교적 정밀한 기계의 고장과 일시적인 응급사항에 대비하여 비상용 배관을 구성하는 것을 말하고 바이패스 배관 설치 시 안전변은 필요치 않다.

51. 다음 그림은 감압밸브 주위의 배관도이다. 명칭이 틀린 것은?

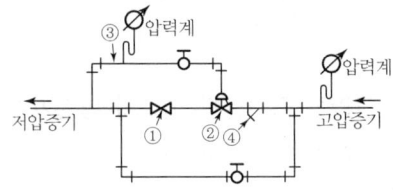

① ① 스톱밸브   ② ② 감압밸브
③ ③ 파일럿관   ④ ④ 티

> ④ : 스트레이너(여과기)

52. 방열기 전체의 수저항이 배관의 마찰손실에 비해 큰 경우 채용하는 환수방식은?

① 개방류 방식   ② 재순환 방식
③ 역귀환 방식   ④ 직접 귀환 방식

> ① 직접 환수(direct return) 방식 : 배관설비가 간단하고 각각의 방열기 용량이 다르거나 방열기 전체의 수저항이 배관의 마찰손실에 비하여 큰 경우에 사용하고 유량 분배가 균등하지 못하므로 유량제어 밸브가 필요하다.
> ② 역환수(reverse return) 방식 : 공급관과 환수관의 배관길이가 같으므로 유량분배가 균등하지만, 배관이 복잡하고 설비비가 비싸다.

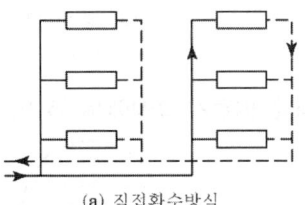

(a) 직접환수방식

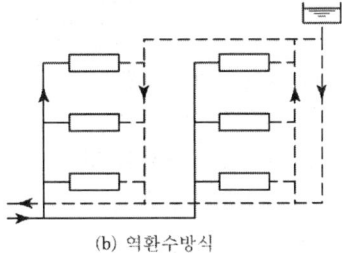

(b) 역환수방식

53. 방열기 전체의 수저항이 배관의 마찰손실에 비하여 큰 경우 채용하는 환수방식은?

① 개방류 방식
② 재순환 방식
③ 리버스 리턴 방식
④ 다이렉트 리턴 방식

> 52번 해설 참고

54. 증발량 5000kg/h인 보일러의 증기 엔탈피가 640kcal/kg이고, 급수 엔탈피가 15kcal/kg일 때, 보일러의 상당증발량(kg/h)은?

① 278   ② 4800
③ 5797   ④ 3125000

> **상당증발량(G_e)**
> $$G_e = \frac{G_a(h_2 - h_1)}{539}$$
> $$= \frac{5000 \times (640 - 15)}{539} = 5797 \text{kg/h}$$
> G_a : 실제증발량[kg/h]
> h_2 : 발생증기 엔탈피[kcal/kg]
> h_1 : 급수 엔탈피 또는 급수온도[kcal/kg, ℃]
> 539kcal/kg : 100℃의 포화수 1kg을 100℃의

Answer 51. ④   52. ④   53. ④   54. ③

증기로 변화할 때 증발잠열

55. 다음 방열기 표시에서 "5"의 의미는?

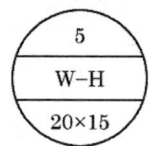

① 방열기의 섹션수
② 방열기 사용 압력
③ 방열기의 종별과 형
④ 유입관의 관경

👆 ① 5 : 섹션수
② W-H : 벽걸이 횡형 방열기
③ 25×15 : 유입관경×유출관경

56. 다음 주철 방열기의 도면 표시에 관한 설명으로 틀린 것은?

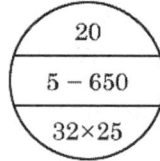

① 방열기 20쪽 수
② 유출관경 32A
③ 방열기 높이 650mm
④ 방열기 종류 5세주형

👆 ② 유출관경 25A

57. 다음 중 증기난방용 방열기를 열손실이 가장 많은 창문 쪽의 벽면에 설치할 때 벽면과의 거리로 가장 적절한 것은?

① 5~6cm   ② 10~11cm
③ 19~20cm ④ 25~26cm

👆 **방열기의 설치**
① 외기에 접한 창문 아래쪽에 설치한다. 난방부하가 작은 내벽에 설치하면 외벽면의 냉기가 들어오는 콜드 드래프트가 생긴다.
② 벽에서 50~60mm, 바닥에서 100~150mm 정도 떨어지게 설치한다.
③ 방열기 주위에는 스위블 조인트를 설치한다.
④ 컨벡터의 케이싱은 바닥에서 90mm 이상 띄운다.

58. 단관식 증기난방 설비의 방열기 밸브로서 가장 적당한 것은?

① 감압 밸브   ② 이중 서비스밸브
③ 체크 밸브   ④ 앵글 밸브

👆 단관식 방열기의 밸브는 게이트 밸브 또는 앵글 밸브로 방열기 하부의 나사부에 설치하고 반대쪽 상부의 나사부에는 에어벤트 밸브를 설치하여 방열기 내의 공기를 제거한다.

59. 방열기 주위배관에 대한 설명으로 틀린 것은?

① 방열기 주위는 스위블 이음으로 배관한다.
② 공급관은 앞쪽올림의 역구배로 한다.
③ 환수관은 앞쪽내림의 순구배로 한다.
④ 구배를 취할 수 없거나 수평주관이 2.5m 이상일 때는 한 치수 작은 지름으로 한다.

👆 방열기 주위 배관에 사용되는 이음은 신축이음으로 주로 스위블 이음(swivel joint)이 사용되고 건식 환수에서는 반드시 증기트랩을 설치해야 한다. 배관의 기울기는 증기관은 끝올림, 환수관을 끝내림으로 하고 구배를 취할 수 없거나 수평주관이 2.5m 이상일 때는 한 치수 큰 지름으로 한다.

 55. ① 56. ② 57. ① 58. ④ 59. ④

60. 5세주형 700mm의 주철제 방열기를 설치하여 증기온도가 110℃, 실내 공기온도가 20℃이며 난방부하가 29kW일 때 방열기의 소요쪽수는? (단, 방열계수는 8W/m^2 · ℃, 1쪽당 방열면적은 0.28m^2이다.)

① 144쪽   ② 154쪽
③ 164쪽   ④ 174쪽

👉 **방열기 쪽수(N_s)**

$N_s = \dfrac{난방부하}{방열기의 방열계수 \times 온도차 \times 쪽당 방열면적}$

$= \dfrac{29000}{8 \times (110-20) \times 0.28} = 143.8 ≒ 144쪽$

여기서, 난방부하 29kW=29000W

61. 증기난방 시 방열 면적 1m^2당 증기가 응축되는 양은 약 몇 kg/m^2·h인가? (단, 증발잠열은 539kcal/kg이다.)

① 3.4   ② 2.1
③ 2.0   ④ 1.2

👉 **방열기 내의 증기응축량**

$G_s = \dfrac{방열기의 방열량}{증기의 증발잠열}$

$= \dfrac{650 kcal/m^2h}{539 kcal/kg} = 1.21 kg/m^2h$

62. 방열량이 3kW인 방열기에 공급하여야 하는 온수량(l/s)은 얼마인가? (단, 방열기 입구온도 80℃, 출구온도 70℃, 온수 평균온도에서 물의 비열은 4.2kJ/kg·K, 물의 밀도는 977.5kg/m^3이다.)

① 0.002   ② 0.025
③ 0.073   ④ 0.098

👉 **온수량(G)**

$G = \dfrac{q}{\rho C \Delta t}$

$= \dfrac{3 kJ/s}{977.5 \times 4.2 \times (80-70)} = 0.000073 m^3/s$

$G = 0.000073 m^3/s \times \dfrac{1000l}{1m^3} = 0.073 l/s$

여기서, 3kW=3kJ/s

63. 온수난방 배관방식에서 단관식과 비교한 복관식에 대한 설명으로 틀린 것은?

① 설비비가 많이 든다.
② 온도변화가 많다.
③ 온수 순환이 좋다.
④ 안정성이 높다.

👉 **온수난방 배관방식에 의한 분류**
① 단관식 : 송수온수관과 환수온수관이 하나의 관으로 되어 있는 것
② 복관식 : 송수온수관과 환수온수관이 별개로 되어 있는 배관방식이다. 단관식에 비하여 설비비가 필연적으로 많이 들게 마련이나, 역환수배관방식을 채택하면 각 방열기마다 온수의 유량을 균등하게 분배하게 되므로, 배관 도중에 열손실을 무시한다면 각 방열기에 보내는 온수온도를 일정하게 할 수 있다. 그러므로 복관식은 주관 내의 온도변화가 없고 방열기밸브의 개폐에 의해 방열량을 임의로 조절할 수 있으며, 다른 방열기에 영향을 미치는 일이 적다. 일반 건물에는 이 방식을 널리 채택하고 있다.

64. 온수난방 배관에서 역귀환방식(reverse return)을 채택하는 주된 목적으로 가장 적합한 것은?

① 배관의 신축을 흡수하기 위하여
② 온수가 식지 않게 하기 위하여
③ 온수의 유량분배를 균일하게 하기 위하여
④ 배관길이를 짧게 하기 위하여

👉 **귀환관의 배관방법에 따른 분류**
① 직접 귀환방식 : 귀환 온수를 가장 짧은 거

Answer 60. ① 61. ④ 62. ③ 63. ② 64. ③

제9장 공조배관 1157

리로 순환할 수 있도록 배관하는 형식으로 각 방열기에 이르는 배관 길이가 다르므로 마찰저항으로 인하여 온수의 순환율이 다르게 된다.

② 역귀환 방식 : 동일한 층에서뿐만 아니라 각 층간에도 각 방열기에 이르는 배관에서의 순환율을 같도록 하기 위하여 주로 급탕설비와 온수난방 설비의 배관에 채택된다. 배관 길이가 길어지고 마찰 저항이 증대하지만 건물 내 모든 실의 온도를 동일하게 할 수 있는 이점이 있다.

65. 리버스 리턴 배관 방식에 대한 설명으로 틀린 것은?
① 각 기기 간의 배관회로 길이가 거의 같다.
② 저항의 밸런싱을 취하기 쉽다.
③ 개방회로 시스템(open loop system)에서 권장된다.
④ 환수관이 2중이므로 배관 설치 공간이 커지고 재료비가 많이 든다.

> 역환수(reverse return) 방식
> ① 열원기기에서 나온 냉온수가 어느 기기를 경유해도 같은 순환길이를 갖는다.
> ② 배관저항이 동일하므로 냉온수 공급이 균등하게 이루어진다.
> ③ 각 배관경로에서의 압력손실은 균등하게 할 수 있으나, 부하기기 자체에서 생기는 저항의 불균일은 해소하지 못한다.
> ④ 환수관이 길어지고 2중으로 되므로 배관 설치 공간을 많이 차지하고 복잡하며 설비비가 비싸다.

66. 온수난방 배관 시공 시 기울기에 관한 설명으로 틀린 것은?
① 배관의 기울기는 일반적으로 1/250 이상으로 한다.
② 단관 중력 순환식의 온수 주관은 하향 기울기를 준다.
③ 복관 중력 순환식의 상향 공급식에서는 공급관, 복귀관 모두 하향 기울기를 준다.
④ 강제 순환식은 상향 기울기나 하향 기울기 어느 쪽이든 자유로이 할 수 있다.

> ③ 복관 중력 순환식의 상향 공급식에서는 공급관은 상향 기울기, 복귀관은 하향 기울기로 준다.
> [참고] 온수 난방의 시공법(배관 기울기)
> 온수 난방의 배관은 관내에 공기가 차지 않도록 공기빼기 밸브(air vent valve)나 팽창탱크를 향하여 상향 기울기로 한다.(일반적인 배관 기울기는 1/250 이상)
> ① 단관 중력 순환식 : 온수 주관은 하향 기울기로 하여 공기가 모두 팽창탱크로 빠지도록 한다.
> ② 복관 중력 순환식 : 상향 공급식에서는 온수 공급관은 상향 기울기, 복귀관은 하향 기울기로 준다. 하향 공급식은 공급관, 복귀관 모두 하향 기울기로 한다.
> ③ 강제 순환식 : 상향 기울기나 하향 기울기 어느 쪽이든 지장이 없으나, 공기가 모이지 않도록 배관을 하여야 한다.

67. 밀폐식 온수난방 배관에 대한 설명으로 틀린 것은?
① 팽창탱크를 사용한다.
② 배관의 부식이 비교적 적어 수명이 길다.
③ 배관경이 작아지고 방열기도 작게 할 수 있다.
④ 배관 내의 온수온도는 70℃ 이하이다.

> 밀폐식 온수난방(고온수 난방)
> 전 설비를 밀폐하여 100℃ 이상의 고온수를 사용하는 방법으로 180℃까지 가능하다.

Answer 65. ③ 66. ③ 67. ④

68. 다음 ( )에 알맞은 말은?

> 온수난방 배관시공 시 수두를 작게 하면 관경은 (㉠) 수두를 크게 하면 관경은 (㉡)진다.

① ㉠ 커지고, ㉡ 작아
② ㉠ 작아지고, ㉡ 커
③ ㉠ 같아지고, ㉡ 커
④ ㉠ 커지고, ㉡ 같아

69. 중력순환식 온수관의 구배로 적당한 것은?
① 1/50   ② 1/150
③ 1/250 ④ 1/350

> ① 중력순환식 구배 : 1/150
> ② 강제순환식 구배 : 1/200

70. 온수난방 배관에서 에어포켓(air pocket)이 발생될 우려가 있는 곳에 설치하는 공기빼기 밸브(◇)의 설치 위치로 가장 적절한 것은?

①   ②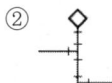

③ 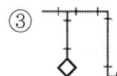   ④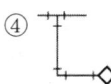

> 공기빼기 밸브(air vent valve)
> 배관의 최상부 또는 공기가 정체할 우려가 있는 곳에 설치한다.

71. 온수난방 배관에서 에어포켓(air pocket)이 발생될 우려가 있는 곳에 설치하는 공기빼기 밸브의 설치 위치로 가장 적절한 것은?

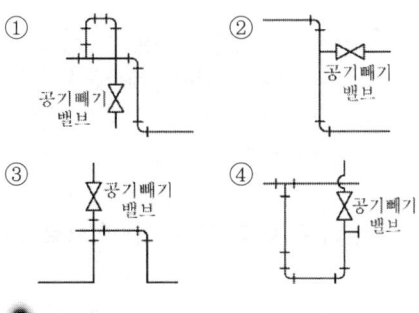

> 70번 해설 참고

72. 저온수 난방장치에서 배기관 설치 위치는?
① 팽창관 하단   ② 순환펌프 출구
③ 드레인관 하단 ④ 팽창탱크 상단

> 개방형 팽창탱크는 저온수 난방에 사용되고 배기관은 팽창탱크 상부에 설치한다.

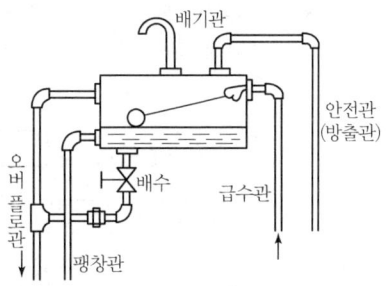

73. 냉온수 배관 시 유의사항으로 틀린 것은?
① 공기가 체류하는 장소에는 공기빼기 밸브를 설치한다.
② 기계실 내에서는 일정장소에 수동 공기빼기 밸브를 모아서 설치하고 간접 배수하도록 한다.
③ 자동 공기빼기 밸브는 배관이 (-)압이 걸리는 부분에 설치한다.
④ 주관에서의 분기배관은 신축을 흡수할 수 있도록 스위블 이음으로 하며, 공기가 모이지 않도록 구배를 준다.

Answer 68. ① 69. ② 70. ② 71. ③ 72. ④ 73. ③

③ 냉온수 배관 시 자동 공기빼기 밸브는 수직관이나 공기빼기 배관을 향하여 상향 구배로 하고 배관이 (+)압이 걸리는 부분에 설치한다.

74. 온수배관 시공 시 유의사항으로 틀린 것은?

① 일반적으로 팽창관에는 밸브를 설치하지 않는다.
② 배관의 최저부에는 배수밸브를 설치한다.
③ 공기밸브는 순환펌프의 흡입측에 부착한다.
④ 수평관은 팽창탱크를 향하여 올림구배로 배관한다.

③ 온수난방에서 순환펌프의 흡입측은 팽창관과 연결되므로 되도록 밸브를 달지 않는다.

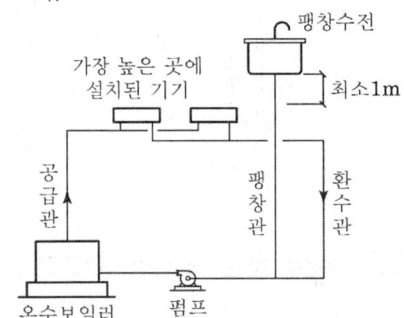

[참고] 공기빼기 밸브(air valve)
온수 난방장치에서는 배관 내에서 발생한 공기의 대부분을 보통 개방식 팽창탱크로 인도되도록 하고 있으나, 이것이 불가능한 경우, 즉 배관 내에 공기가 모이는 곳에는 자동 또는 수동식의 공기밸브를 설치한다. 밀폐식 팽창탱크에서는 탱크에서 공기배출을 하지 않으므로 공기배출은 모두 공기밸브에서 행해진다.

75. 온수난방 설비의 온수배관 시공법에 관한 설명으로 틀린 것은?

① 공기가 고일 염려가 있는 곳에는 공기배출을 고려한다.
② 수평배관에서 관의 지름을 바꿀 때에는 편심 리듀서를 사용한다.
③ 배관재료는 내열성을 고려한다.
④ 팽창관에는 슬루스 밸브를 설치한다.

④ 온수난방에서 팽창관은 팽창수조에 이르는 안전을 위해 설치한 배관으로 팽창관에는 흐름을 차단하는 어떠한 장치도 설치해서는 안 된다.

76. 온수난방 배관 설치 시 주의 사항으로 틀린 것은?

① 온수방열기마다 수동식 에어벤트를 설치한다.
② 수평배관에서 관경을 바꿀 때는 편심 이음을 사용한다.
③ 팽창관에 스톱밸브를 부착하여 긴급상황 시 유체 흐름을 차단하도록 한다.
④ 수리나 난방 휴지 시 배수를 위한 드레인 밸브를 설치한다.

③ 팽창관은 부피가 증가된 온수를 팽창탱크로 전달하는 배관으로 팽창관에는 절대 차단장치(밸브 등)를 달아서는 안 된다.

77. 팽창탱크 주위 배관에 관한 설명으로 틀린 것은?

① 개방식 팽창탱크는 시스템의 최상부보다 1m 이상 높게 설치한다.
② 팽창탱크의 급수에는 전동밸브 또는 볼밸브를 이용한다.
③ 오버플로우관 및 배수관은 간접배수로 한다.

Answer 74. ③ 75. ④ 76. ③ 77. ④

④ 팽창관에는 팽창량을 조절할 수 있도록 밸브를 설치한다.

👉 76번 해설 참고

78. 팽창수조에 대한 설명으로 틀린 것은?
① 개방식 팽창수조의 설치 높이는 장치의 최고 높은 곳에서 1m 이상으로 한다.
② 팽창관에는 밸브를 반드시 설치하여야 한다.
③ 팽창수조는 물의 팽창·수축을 흡수하기 위한 장치이다.
④ 밀폐식 팽창수조는 가압상태를 확인할 수 있도록 압력계를 설치하여야 한다.

👉 76번 해설 참고

79. 온수난방에서 개방식 팽창탱크에 관한 설명으로 틀린 것은?
① 공기빼기 배기관을 설치한다.
② 4℃의 물을 100℃로 높였을 때 팽창체적 비율이 4.3% 정도이므로 이를 고려하여 팽창탱크를 설치한다.
③ 팽창탱크에는 오버플로우관을 설치한다.
④ 팽창관에는 반드시 밸브를 설치한다.

👉 76번 해설 참고

80. 급탕배관과 온수난방배관에 사용하는 팽창탱크에 관한 설명이다. 적합하지 않은 것은?
① 고온수난방에는 밀폐형 팽창탱크를 사용한다.
② 물의 체적변화에 대응하기 위한 것이다.
③ 팽창탱크를 통한 열손실은 고려하지 않아도 좋다.
④ 안전밸브의 역할을 겸한다.

③ 팽창탱크는 팽창된 물의 배출을 방지하여 장치의 열손실을 방지하여야 하므로 팽창탱크를 통한 열손실을 고려하여야 한다.
[참고] 팽창탱크의 설치 목적
① 장치 내의 온도상승에 의한 체적팽창이나 이상팽창의 압력을 흡수한다.
② 운전 중 장치 내를 일정한 압력으로 유지하고 온수온도를 유지한다.
③ 팽창한 물의 배출을 방지하여 장치 내 열손실을 방지한다.
④ 보충수를 공급하여 준다.
⑤ 공기를 배출하고 운전정지 후에도 일정 압력이 유지된다.

81. 온수난방 배관에서 온수의 팽창, 수축량은 다음 식에 의하여 구한다. 설명이 잘못된 것은?

$$\Delta v = \left(\frac{1}{\rho_2} - \frac{1}{\rho_1}\right) Q$$

① Δv : 수온변화에 의한 팽창, 수축량[m^3]
② ρ_2 : 가열 후의 물의 밀도[kg/m^3]
③ ρ_1 : 가열 전의 물의 밀도[kg/m^3]
④ Q : 팽창탱크 내의 물의 총량[kg]

👉 ④ Q : 가열장치 내의 전수량[l]

82. 개방식 팽창탱크장치 내 전수량이 20000L이며 수온을 20℃에서 80℃로 상승시킬 경우, 물의 팽창수량은? (단, 비중량은 20℃일 때 0.99823kg/L, 80℃일 때 0.97183kg/L이다.)
① 54.3L   ② 400L
③ 544L   ④ 5430L

👉 **온수 팽창량**
$$\Delta v = \left(\frac{1}{\rho_2} - \frac{1}{\rho_1}\right) v$$

Answer 78. ② 79. ④ 80. ③ 81. ④ 82. ③

$$= \left(\frac{1}{0.97183} - \frac{1}{0.99823}\right) \times 20000 = 544L$$

83. 관경 50A인 온수배관에서 직선길이가 200m 라고 한다. 중간에 사용된 부속품은 90° 엘보 10개, 게이트 밸브 2개라고 할 때 전체 등가길이는 얼마인가?

국부저항의 등가길이(단위 : m)

부품 \ 관경(A)	15	20	25	32	40	50	65	80	100	125	150	200
90° 엘보	0.5	0.5	0.8	1.1	1.5	1.8	2.3	3.1	4.0	4.9	6.1	
45° 엘보	0.2	0.3	0.4	0.5	0.6	0.8	1.2	1.6	2.0	2.4	3.1	
티 (분류)	0.9	1.2	1.5	2.1	2.4	3.1	3.7	4.6	5.4	7.6	9.1	12.2
티 (직류)	0.3	0.4	0.5	0.7	0.8	1.0	1.3	1.5	2.0	2.5	3.1	4.0
글로브밸브·리프트형 체크밸브	5.5	6.7	8.8	11.6	13.1	16.8	21.0	25.6	36.6	42.7	51.8	67.1
앵글밸브	2.1	2.7	3.7	4.6	5.5	7.1	8.8	10.7	14.3	17.7	21.3	25.9
게이트밸브	0.2	0.3	0.3	0.5	0.6	0.7	1.0	1.4	1.8	2.1	2.7	
스윙형 체크밸브	1.8	2.4	3.4	4.3	4.8	6.1	7.6	9.1	12.7	15.2	18.3	24.4
방열기·보일러	0.9	1.4	1.9	2.4	2.8	3.8	4.7	5.7	–	–	–	–
방열기밸브	1.6	2.2	2.8	3.6	4.2	–	–	–	–	–	–	–
리턴 밴드	0.4	0.7	1.0	1.2	1.7	2.2	2.8	–	–	–	–	–
관의 급확대 4/1	0.6	0.8	1.0	1.4	1.8	2.4	3.1	4.0	5.2	7.3	8.8	
D/d 2/1	0.3	0.5	0.6	0.9	1.1	1.5	1.9	2.4	3.4	4.6	6.7	7.6
4/3	0.1	0.2	0.2	0.3	0.4	0.5	0.6	0.8	1.2	1.5	1.8	2.6
관의 급축소 1/4	0.3	0.4	0.5	0.7	0.9	1.2	1.5	2.0	2.7	3.4	4.6	
d/D 1/2	0.2	0.3	0.4	0.6	0.7	0.9	1.5	2.1	2.7	3.4	4.6	
3/4	0.1	0.1	0.2	0.3	0.4	0.5	0.6	0.8	1.2	1.5	2.0	2.6
탱크 입구	0.6	0.9	1.1	1.7	2.0	2.7	3.7	4.3	6.1	8.2	10.1	14.3
탱크 출구	0.3	0.4	0.6	0.8	1.0	1.3	1.7	2.2	3.1	4.3	5.8	7.3

① 216.4m ② 232.8m
③ 249.2m ④ 265.6m

👉 등가길이
① 90° 엘보 10개 : 1.5m × 10 = 15m
② 게이트 밸브 2개 : 0.7m × 2 = 1.4m
③ 직선길이 : 200m
④ 전체길이 : ①+②+③ = 15+1.4+200
= 216.4m

84. 그림에서 보일러 수직상향관 ①의 온수온도를 90℃, 복귀 수직하향관 ②의 온수온도를 70℃라 할 때 순환 수두압은 얼마인가?

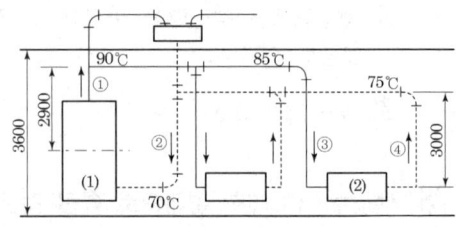

온수 자연 순환 수두압[mmAq]

(높이 1m당)

공급 \ 복귀	90	85
60	18.0	14.6
65	15.2	12.0
70	12.5	9.15
75	9.55	6.24

① 10.53mmAq ② 13.53mmAq
③ 15.35mmAq ④ 17.53mmAq

👉 $H = (2.9 \times 12.5) - (3 \times 6.24) = 17.53 \text{mmAq}$

85. 온수배관 시공 시 유의사항으로 틀린 것은?
① 배관재료는 내열성을 고려한다.
② 온수배관에는 공기가 고이지 않도록 구배를 준다.
③ 온수보일러의 릴리프 관에는 게이트 밸브를 설치한다.
④ 배관의 신축을 고려한다.

👉 ③ 온수 보일러의 릴리프 관에는 원칙적으로 밸브를 설치해서는 안 된다.

86. 난방 배관 시공을 위해 벽, 바닥 등에 관통 배관 시공을 할 때, 슬리브(sleeve)를 사용하는 이유로 가장 거리가 먼 것은?
① 열팽창에 따른 배관 신축에 적응하기 위해
② 관 교체 시 편리하게 하기 위해
③ 고장 시 수리를 편리하게 하기 위해

Answer 83. ① 84. ④ 85. ③ 86. ④

④ 유체의 압력을 증가시키기 위해

👉 **슬리브 설치 목적**
① 배관의 수리 및 교체가 용이
② 열팽창에 따른 배관의 신축팽창에 대응
③ 진동 방지
[참고] 슬리브
바닥이나 벽을 관통하는 배관의 경우 콘크리트 시공 전 미리 철관인 슬리브를 넣고 이 슬리브 속에 관을 통과시켜 시공하면 열팽창에 따른 배관 신축에 적응이 가능하고 관의 교체 및 수리 시 편리하다.

87. 다음 중 온도계를 설치하지 않아도 되는 곳은?
① 열교환기　　② 감압밸브
③ 냉·온수 헤더　　④ 냉수코일

👉 감압밸브에는 압력계를 설치한다.

88. 다음 중 용어 연결이 맞는 것은?
① 온수난방-잠열
② 증기난방-팽창탱크
③ 온풍난방-팽창관
④ 복사난방-평균복사온도

👉 ① 온수난방-현열
　② 온수난방-팽창탱크
　③ 온수난방-팽창관

89. 복사난방 배관에서 코일의 구배로 옳은 것은?
① 상향식 : 올림구배, 하향식 : 올림구배
② 상향식 : 내림구배, 하향식 : 올림구배
③ 상향식 : 내림구배, 하향식 : 내림구배
④ 상향식 : 올림구배, 하향식 : 내림구배

90. 복사난방에서 패널(panel) 코일의 배관방식이 아닌 것은?
① 그리드 코일식　　② 리버스 리턴식
③ 벤드 코일식　　　④ 벽면 그리드 코일식

👉 **복사난방 패널 코일의 배관방식**
㉠ 벤드 코일식 : 온수유량 분배가 우수 및 온도차가 일정
㉡ 사관식 코일 : 벤드 코일식의 일종
㉢ 그리드 코일식 : 코일 간 온도차가 균일하고, 배관저항이 적지만 유량이 불균일
㉣ 벽면 그리드 코일식
[참고] 리버스 리턴(reverse return) 방식
온수 난방에서 각 방열기로 공급되는 공급배관과 환수배관의 길이(마찰저항)를 같게 하여 온수를 균등하게 공급하는 배관방식

91. 복사난방을 바닥패널로 시공할 경우 적당한 가열면의 온도 범위는?
① 30~33℃　　② 40~43℃
③ 50~53℃　　④ 60~63℃

👉 **바닥패널**
바닥면을 가열면으로 한 것으로 가열면의 온도를 높게 할 수 없으므로 보통 35℃ 이하로 유지시키며 27~30℃가 적정온도이다.

92. 복사난방에 있어서 바닥패널의 온도로 가장 알맞은 것은?
① 95℃ 정도　　② 80℃ 정도
③ 55℃ 정도　　④ 30℃ 정도

👉 **바닥패널**
바닥면을 가열면으로 한 것으로 가열면의 온도를 높게 할 수 없으므로 보통 35℃ 이하로 유지시키며 큰 실내에는 바닥면만으로는 방열량이 부족하다. 시공은 비교적 간단하고 가구 등으로 복사면이 감소하여 먼지가 일기 쉬운 결점이 있다.

Answer　87. ②　88. ④　89. ④　90. ②　91. ①　92. ④

유지보수 공사관리

93. 공기조화 설비 중 복사난방의 패널형식이 아닌 것은?
① 바닥패널　② 천장패널
③ 벽패널　　④ 유닛패널

👉 **복사난방의 패널위치에 의한 분류**
천장패널, 바닥패널, 벽패널

94. 다음 중 아파트 복사난방의 바닥 매설 배관용으로 가장 좋은 것은?
① 동관　　　② 스테인리스강관
③ 연관　　　④ 강관

👉 아파트 복사난방의 바닥 매설 배관용으로 쓰이는 관은 주로 강관, 동관, X-L관 등이다. 내식, 열전도율의 관점에서 보면 동관이 가장 우수하다.

95. 복사 패널의 시공법에 관한 설명으로 틀린 것은?
① 코일의 전 길이는 50m 정도 이내로 한다.
② 온도에 따른 열팽창을 고려하여 천장의 짧은 변과 코일의 직선부가 평행하도록 배관한다.
③ 콘크리트의 양생은 30℃ 이상의 온도에서 12시간 이상 건조시킨다.
④ 파이프 코일의 매설 깊이는 코일 외경의 1.5배 정도로 한다.

👉 ③ 콘크리트 양생은 상온에서 72시간 이상 건조시키는 것이 좋다.

96. 지역난방의 특징에 관한 설명으로 틀린 것은?
① 대기 오염물질이 증가한다.
② 도시의 방재수준 향상이 가능하다.
③ 사용자에게는 화재에 대한 우려가 적다.
④ 대규모 열원기기를 이용한 에너지의 효율적 이용이 가능하다.

👉 **지역난방의 특징**
㉠ 에너지의 이용 효율 상승
㉡ 도시 내 환경개선
㉢ 인력 및 공간의 절약
㉣ 방화 효과 증대
㉤ 보일러, 냉동기 등의 설치 공간이 불필요
㉥ 도시 미관 향상
㉦ 설비비의 경감

97. 지역난방 열공급 관로 중 지중 매설방식과 비교한 공동구내 배관 시설의 장점이 아닌 것은?
① 부식 및 침수 우려가 적다.
② 유지보수가 용이하다.
③ 누수점검 및 확인이 쉽다.
④ 건설비용이 적고 시공이 용이하다.

👉 ④ 지중 매설방식의 장점이다.
[참고] 배관부설방식
① 공동구 배관방식 : 지하공동구 내에 하수도, 전력, 가스, 전화 등의 공급부설배관과 지역난방배관을 동일 공간 내에 설치하는 방식으로, 건설비, 점용공간에 따른 사용료 등 각 관계부분의 제약으로 실시가 곤란한 경우가 많음
② 지중매설방식(공장보온배관방식) : 공장보온배관은 내관을 강관으로 하고 외관 Casing을 고밀도 폴리에틸렌으로 하여 그 사이에 직접 폴리우레탄폼 단열재를 발포하여 제조한 지역난방용 단열관으로 국내에 가장 널리 사용되고 있으며, 이 방식의 장점은 배관자재를 공장에서 보온시킨 상태로 제품화함으로써 공정의 단순화, 비용절감을 꾀할 수 있으며 단열성능 및 외관의 내부식성이 강하여 지하직접매설이 가능

 93. ④ 94. ① 95. ③ 96. ① 97. ④

98. 고온수 난방방식에서 2차측 접속 방식이 아닌 것은?

① 직결 방식
② 블리드인 방식
③ 열교환 방식
④ 오리피스 접합 방식

👉 **고온수 배관 2차측 접속 방식**
고온수 배관은 넓은 지역에 공급하며, 고온수는 1차측 열매로, 부하 2차측과 접속점에 중간 기계실을 설치한다. 접속 방식은 직결, 블리드인, 열교환기 방식이 있다.
[참고] 접속 방식
① 직결 방식 : 120℃ 이하에서 사용하며 열원 플랜트에서 온 열매가 그대로 2차측에 공급되며 2차측과의 접속부에는 감압밸브, 승압 펌프 등을 설치
② 블리드인(Bleed in) 방식 : 열매의 공급측에 2차측의 환수를 혼합하여 2차측 공급 열매 온도를 제어하는 방식
③ 열교환기 방식 : 1차측과 2차측 사이에 열교환기를 설치하여 2차측 열매 온도를 자유롭게 제어하는 방식

99. 지역난방의 옥외배관에서 고온수 배관은 얼마 정도의 구배를 주는가?

① $\frac{1}{250}$ 이상   ② $\frac{1}{350}$ 이상
③ $\frac{1}{450}$ 이상   ④ $\frac{1}{500}$ 이상

👉 지역난방의 옥외배관에서 고온수 배관은 1/250 이상의 구배를 주고 공기빼기 밸브를 설치해야 한다.

100. 배관 관련 설비 중 공기조화 설비의 구성 요소로 가장 거리가 먼 것은?

① 열원장치   ② 공기조화기
③ 환기장치   ④ 트랩장치

👉 **공기조화의 4대 장치**
열원장치, 열운반장치, 공기조화기, 자동제어장치
[참고] 트랩장치는 증기난방설비에서 응축수를 제거하는 데 사용한다.

101. 공조배관 설계 시 유속을 빠르게 했을 경우의 현상으로 틀린 것은?

① 관경이 작아진다.
② 운전비가 감소한다.
③ 소음이 발생된다.
④ 마찰손실이 증대한다.

👉 ① 유속이 빠를수록 관경이 작아지므로 설비비가 감소한다.
② 유속이 빠를수록 운전동력이 증가하므로 운전비가 증가한다.
③, ④ 유속이 빠를수록 소음이 커지고 마찰손실이 증가한다.

102. 공조배관 설계 시 유속을 빠르게 설계하였을 때 나타나는 결과로 옳은 것은?

① 소음이 작아진다.
② 펌프양정이 높아진다.
③ 설비비가 커진다.
④ 운전비가 감소한다.

👉 ① 유속이 빠를수록 소음이 커진다.
③ 유속이 빠를수록 관경이 작아지므로 설비비가 감소한다.
④ 유속이 빠를수록 운전동력이 증가하므로 운전비가 증가한다.

103. 공기조화설비 배관 시 지켜야 할 사항으로 틀린 것은?

① 배관이 보, 천장, 바닥을 관통하는 개소에

Answer 98. ④ 99. ① 100. ④ 101. ② 102. ② 103. ④

는 슬리브를 삽입하여 배관한다.
② 수평주관은 공기 체류부가 생기지 않도록 배관한다.
③ 배관은 모두 관의 신축을 고려하여 시공한다.
④ 주관의 굽힘부는 벤드(곡관) 대신 엘보를 사용한다.

👆 ④ 굽힘부의 곡률반경은 크게 하는 것이 좋으므로 엘보 대신 벤드를 사용하는 것이 좋다.

104. 공기조화 수배관 제어방식 중 2방 밸브를 사용하는 방식은?

① 변유량 방식 ② 정유량 방식
③ 개방회로 방식 ④ 중력 방식

👆 ① 정유량 방식 : 부하 변동 시 유량은 일정하게 하고 수온을 변화시키는 방식으로서 3방 밸브를 사용한다.
② 변유량 방식 : 부하변동에 따라 유량이 변하는 방식으로서 2방 밸브를 사용한다.

105. 다음 그림과 같은 배관장치에서 부하의 변동에 대하여 장치에 흐르는 수량은 변화시키지 않고, 순환수의 온도차로서 대응시키도록 (A)부에 설치하는 밸브는?

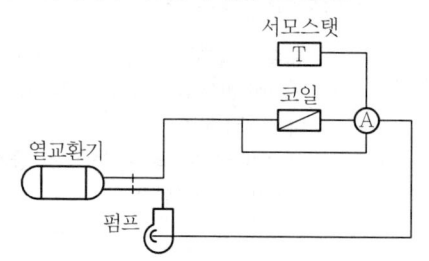

① 3방 밸브 ② 혼합밸브
③ 2방 밸브 ④ 바이패스 장치밸브

👆 그림은 정유량 방식이다.

정유량 방식	변유량 방식
① 3방 밸브를 사용한다.	① 2방 밸브를 사용한다.
② 부분 부하 시 펌프동력이 크다.	② 부분 부하 시 펌프의 동력을 절감시킬 수 있다.
③ 에너지 절약에 불리하다.	③ 에너지가 절약된다.

106. 냉온수가 팬코일 유닛에 균등하게 공급할 수 있게 하는 역순환 방식을 대신하여 설치하는 것은?

① 체크 밸브 ② 정유량 밸브
③ 앵글 밸브 ④ 삼방 밸브

👆 **정유량 밸브**
팬코일 유닛이나 방열기 등에서 방열기에 온수를 공급하면 복잡한 배관계에서는 각 방열기의 위치에 따라 압력이 변하므로 공급되는 유량이 다르게 되어 방열량이 일정하지 않아 난방이 고르지 못하게 된다. 이때 각 배관계통이나 기기로 일정량의 유량이 공급되도록 하는 자동밸브이다.

107. 공조배관설비에서 수격작용의 방지책으로 틀린 것은?

① 관 내의 유속을 낮게 한다.
② 밸브는 펌프 흡입구 가까이 설치하고 제어한다.
③ 펌프에 플라이휠(fly wheel)을 설치한다.
④ 서지탱크를 설치한다.

👆 ② 밸브는 펌프 토출측(송출구) 가까이에 설치하고 밸브 조작을 적절히(천천히) 한다.
[참고] 수격현상 방지법
① 관경을 크게 하고 유속을 낮춘다.
② 펌프에 플라이 휠(fly wheel)를 설치하여 펌프의 급격한 속도변화를 방지한다.
③ 조압수조(surge tank) 혹은 수격방지기 (WHC)를 설치한다.
④ 밸브는 펌프 송출구 가까이 설치하고 적

Answer 104. ① 105. ① 106. ② 107. ②

당한 밸브제어를 한다.
⑤ 배관은 가능한 한 직선적으로 시공한다.

108. 공기조화설비에서 수배관 시공 시 주요 기기류의 접속배관에는 수리 시에 전계통의 물을 배수하지 않도록 서비스용 밸브를 설치한다. 이때 밸브를 완전히 열었을 때 저항이 적은 밸브가 요구되는데 가장 적당한 밸브는?

① 나비 밸브 ② 게이트 밸브
③ 니들 밸브 ④ 글로브 밸브

👉 게이트 밸브
① 파이프의 횡단면과 평행하게 개폐하는 밸브로 슬루스(sluice) 밸브로 불린다.
② 유체의 흐름저항이 적어 유체의 흐름 차단용이며 밸브의 개폐시간이 길어 밸브를 자주 개폐할 필요가 없는 곳에 사용(수평관, 난방용 배관)한다.
[참고]
① 글로브 밸브 : 디스크의 모양이 구형이며 유체가 밸브시트 아래에서 위로 평행하게 흐르므로 유체의 흐름방향이 바뀌게 되어 유체의 마찰저항이 크게 된다. 글로브 밸브는 유량조절이 용이하지만 마찰저항은 크다.
② 니들 밸브 : 디스크의 형상이 원뿔모양으로 유체가 통과하는 단면적이 극히 작아 고압 소유량의 조절에 적합하다.
③ 버터플라이 밸브(나비 밸브) : 원통형의 몸체 속에 밸브봉을 축으로 하여 원형 평판이 회전함으로써 밸브가 개폐된다. 밸브의 개도를 알 수 있고 조작이 간편하며 경량이고, 설치공간을 작게 차지하므로 설치가 용이하다. 작동방법에 따라 레버식, 기어식 등이 있다.

109. 다음 공조용 배관 중 배관 샤프트 내에서 단열시공을 하지 않는 배관은?

① 온수관 ② 냉수관
③ 증기관 ④ 냉각수관

👉 냉각탑과 응축기 사이에 설치된 냉각수관은 단열시공을 하지 않는다.

110 팬코일 유닛방식을 배관방식으로 분류할 때 각 방식의 특징에 대한 설명으로 틀린 것은?

① 4관식은 혼합손실은 없으나 배관의 양이 증가하므로 공사비 및 배관설치용 공간이 증가한다.
② 3관식은 환수관에서 냉수와 온수가 혼합되므로 열손실이 없다.
③ 3관식은 온수 공급관, 냉수 공급관, 냉온수 겸용 환수관으로 구성되어 있다.
④ 4관식은 냉수배관, 온수배관을 설치하여 각 계통마다 동시에 냉난방을 자유롭게 할 수 있다.

👉 ② 3관식은 환수관에서 냉수와 온수과 혼합되므로 열손실이 발생한다. 그러나 배관을 존별로 구분하게 되면 열손실의 감소가 가능하다.
[참고]

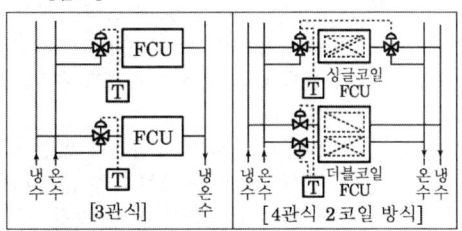

111. 팬코일 유닛방식은 배관방식에 따라 2관식, 3관식, 4관식이 있다. 아래의 설명 중 적당치 못한 것은?

① 4관식은 냉수배관, 온수배관을 설치하여 각 계통마다 동시에 냉난방을 자유롭게

Answer 108. ② 109. ④ 110. ② 111. ②

할 수 있다.
② 4관식 중 2코일식은 냉온수 간의 밸런스 문제가 복잡하고 열손실이 많다.
③ 3관식은 환수관에서 냉수와 온수가 혼합되므로 열손실이 생긴다.
④ 환경 제어 성능이나 열손실면에서 4관식이 가장 좋으나 설비비나 설치 면적이 큰 것이 단점이다.

☜ 4관식은 공급관과 환수관 모두 냉수와 온수로 분리되어 혼합손실이 없다.
[참고] 4관식
① 1 coil 방식 : 부하기기 내에 코일이 1개 설치되며 부하에 따라 냉·온수 전환을 해야 한다.
② 2 coil 방식 : 부하기기 내에 냉수전용과 온수전용 코일 2개가 내장되어 각각 제어밸브가 제어한다.

112. 팬코일 유닛방식의 배관방식 중 공급관이 2개이고 환수관이 1개인 방식은?
① 1관식   ② 2관식
③ 3관식   ④ 4관식

☜ ① 1관식 : 1개의 배관으로 공급관과 환수관을 겸용으로 사용하는 방식으로 실온의 개별제어가 곤란하며 소규모 온수난방에 채택한다.
② 2관식 : 각각의 공급관과 환수관을 갖는 방식으로 일반적으로 가장 많이 사용한다.
③ 3관식 : 공급관이 2개(온수관, 냉수관)이고, 환수관은 1개를 갖는 방식으로 배관설비가 복잡하고 개별제어가 가능하다. 환수관이 1개이므로 냉수와 온수의 혼합열손실이 발생한다.
④ 4관식 : 공급관(냉수관, 온수관)이 2개, 환수관(냉수관, 온수관) 2개를 갖는 방식으로 배관설비가 가장 복잡하며 혼합열손실이 발생하지 않는다.

113. 배관방식 중 관으로 냉수 또는 온수를 팬코일 유닛에 공급하고 또 다른 하나의 관으로 냉수 또는 온수를 환수하는 배관 방식은?
① 1관식   ② 2관식
③ 3관식   ④ 4관식

☜ 2관식
각각의 공급관과 환수관을 갖는 방식으로 일반적으로 가장 많이 사용한다.

114. 공조설비에서 증기코일의 동결방지대책으로 잘못 설명한 것은?
① 외기와 실내환기가 혼합되지 않도록 차단한다.
② 외기 댐퍼와 송풍기를 인터록(interlock)시킨다.
③ 야간의 운전정지 중에도 순환펌프를 운전한다.
④ 증기코일 내에 응축기가 고이지 않도록 한다.

☜ ① 외기와 실내공기가 충분히 혼합되도록 해야 한다.

제4편 유지보수 공사관리

chapter 10 급수, 급탕 및 배수설비

1 급수 설비

급수설비는 건물의 각종 위생기구에서 필요한 물을 공급하기 위한 기기와 장치를 말한다. 급수설비는
① 급수기구가 충분한 기능을 발휘할 수 있는 수량의 공급
② 사용 목적에 알맞은 수압유지
③ 항상 위생적으로 안전한 물의 공급 등이 요구된다.

(1) 급수량

① 매시 평균 예상급수량(Q_h) : 1일 총급수량 $Q_d[l/d]$를 1일 평균 사용시간 T[h/d]로 나눈 것이다.

$$Q_h = \frac{Q_d}{T}[l/h]$$

② 매시 최대 예상급수량(Q_m) : 하루 중 가장 물을 많이 사용하는 1시간의 수량을 말하며, 이 수량은 Q_h의 1.5~2.0배 정도로 한다.

$$Q_m = (1.5 \sim 2.0)Q_h[l/h]$$

③ 순간 최대 예상급수량(Q_p) : 학교·공장·영화관 등에서 휴식시간과 식사시간 등의 특정시간에 순간적으로 물을 많이 사용하는 일이 있다. 이때의 수량을 말하며, 일반적으로 Q_h의 3~4배 정도로 한다.

$$Q_p = \frac{(3 \sim 4)Q_h}{60}[l/h]$$

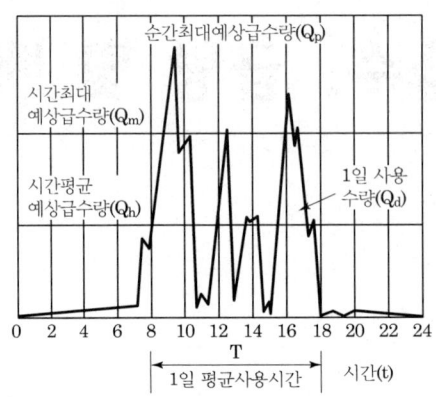

[급수량의 시간별 변화]

④ 급수량 산정

㉠ 급수 인원에 의한 산정

$$Q_d = N \cdot q$$

여기서, Q_d : 1일 급수량[l/day] N : 급수 인원[인]
q : 건물 용도별 1일 1인당 사용 수량[l/day·인]

㉡ 건물 면적에 의한 산정

$$Q_d = A \cdot k \cdot n \cdot q$$

여기서, Q_d : 1일 급수량[l/day] A : 건물의 연면적[m^2]
k : 유효 면적 비율[%] n : 유효 면적당 거주 인원[인/m^2]
q : 건물 용도별 1일 1인당 사용 수량[l/day·인]

㉢ 위생기구 수에 의한 산정

$$Q_d = Q_f \cdot F \cdot P$$

여기서, Q_d : 1일 급수량[l/day] Q_f : 위생기구당 사용수량[l/day]
F : 위생기구수[개] P : 동시사용량[%]

(2) 급수방식 종류

① 수도 직결 방식

② 옥상탱크 방식

③ 압력탱크 방식

④ 탱크가 없는 부스터 방식

2 급수방식 종류별 특징

(1) 수도직결방식

일반적으로 도로 밑의 수도 본관에서 분기하여 건물 내에 직접 급수하는 방식
① 구조가 간단하고 설비비가 싸 소규모 건물에 이용된다.
② 급수오염이 적으며 정전 시에도 급수가 가능하다.
③ 고층일수록 급수압이 감소하므로 수도 본관의 최소 소요압력이 최고층에 설치한 위생기구까지 급수할 수 있어야 한다.
④ 수도 본관의 최소 소요압력

$$P \geq \frac{H}{10} + P_2 + P_3 \,[\text{kg/cm}^2]$$

여기서, $H[\text{m}]$: 수도 본관에서 최고층 급수기구까지의 높이
$P_2[\text{kg/cm}^2]$: 관내의 마찰손실수두에 대한 압력
$P_3[\text{kg/cm}^2]$: 기구별 최소 소요압력

⑤ 기구별 최소 소요압력

기구명	최소 소요압력[kg/cm²]	기구명	최소 소요압력[kg/cm²]
세정밸브	0.7	순간 온수기(대)	0.5
보통밸브	0.3	순간 온수기(중)	0.4
자동밸브	0.7	순간 온수기(소)	0.1
샤워	0.7	살수전	2.0

(2) 고가(옥상)탱크방식

대규모 시설에서 일정한 수압을 얻고자 할 때 많이 이용되며 수돗물을 저수탱크에 모은 후 양수펌프에 의하여 고가탱크에 양수하여 탱크에서 급수관에 의해 급수하는 방식으로 가장 많이 사용하는 방식이다.

① 특징
  ㉠ 정전, 단수 시 탱크에 받은 물을 사용할 수 있다.
  ㉡ 저수량을 충분히 확보할 수 있으므로 단수가 되지 않는다.

ⓒ 항상 일정한 수압으로 급수가 가능하다.

　　　ⓔ 배관 부속품의 파손이 적다.

　　　ⓜ 옥상탱크의 설치 면적 및 하중을 고려하여 건축물 구조를 강화해야 한다.

　　　ⓗ 물이 옥상의 수조에 정체하여 수질오염의 우려가 높다.

　② 급수경로

　　수도 본관→수도 인입관→양수기→저수조(수수탱크)→양수펌프→양수관→고가수조→급수관→수전

(3) 압력탱크방식

　고가탱크식과 같이 저수탱크에 저장된 물을 급수펌프로 압력탱크 내로 공급하면 가압된 공기압에 의하여 건물 상부로 급수되는 방식

　① 특징

　　　㉠ 옥상에 탱크를 설치할 필요가 없으므로 건축물의 구조를 강화할 필요가 없다.

　　　㉡ 탱크의 설치 위치에 제한을 받지 않는다.

　　　㉢ 국부적으로 고압을 필요로 할 때 적합하다.

　　　㉣ 조작상 최고, 최저의 압력차가 크므로 급수압이 일정하지 않다.

　　　㉤ 정전이나 펌프 고장 시 급수가 중단된다.

　　　㉥ 압력탱크의 제작으로 제작비, 시설비가 고가이며 취급이 어렵다.

　② 압력탱크의 최저 필요압력

$$P_L = P_1 + P_2 + P_3 [\mathrm{kg/cm^2}]$$

　　　여기서, $P_1[\mathrm{kg/cm^2}]$: 최고층 수전의 높이에 해당하는 압력
　　　　　　　$P_2[\mathrm{kg/cm^2}]$: 기구별 최저 필요압력
　　　　　　　$P_3[\mathrm{kg/cm^2}]$: 관 내의 마찰손실 수압

(4) 탱크가 없는 부스터 방식

　수도 본관으로부터 물을 일단 물받이 탱크에 저수하여 급수 펌프만으로 건물 내의 소요 개소에 급수하는 방식으로 요즘 많이 보급되고 있다.

　① 특징

　　　㉠ 옥상탱크나 압력탱크가 필요 없다.

　　　㉡ 정전이나 단수 시 압력탱크와 동일하다.

ⓒ 설비비가 고가이다.
ⓔ 자동제어 시스템이어서 고장 시 수리가 어렵다.
ⓜ 전력소비가 많다.

3 급수배관 방식

(1) 상향식 배관법

수평주관을 지하실 천장이나 1층 바닥 밑에 설치하고 수직관(riser pipe)을 세워서 급수하는 방식으로 수도직결식·압력수조식·펌프직송식에 주로 적용한다.
① 장점 : 수평주관이 노출배관이므로 보수·관리상 유리하다.
② 단점 : 상층으로 갈수록 마찰손실 영향으로 압력이 저하되어 급수사정이 나빠지는 경우가 있다.

(2) 하향식 배관법

수평주관을 제일 위층의 천장 안이나 옥상에 설치하고 수직관(down riser pipe)을 내려 급수하는 방식이며 고가수조식에 적용한다.
① 장점 : 급수가 합리적이며 급수압이 일정하다.
② 단점 : 수평 주관을 외관상 천장 안에 은폐하므로 점검·수리를 위한 공간이 필요

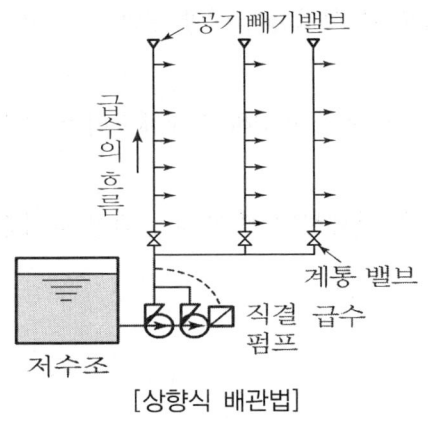

[상향식 배관법]

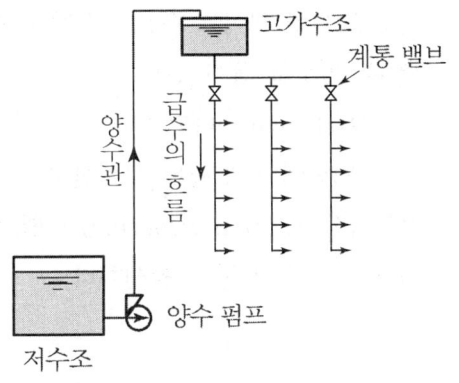

[하향식 배관법]

4 급수배관 시공

(1) 배관의 구배

① 상향 급탕 공급방식에서 수평주관은 선상향 구배로 하고 환수관은 선하향 구배로 한다.
② 굴곡부를 가능한 한 적게 하고 최소거리로 시공한다.
③ 배관 내에 공기가 정체되지 않도록 한다.

(2) 수평관의 지지간격

관지름	지지간격
20A 이하	1.8m
25~40A	2.0m
50~80A	3.0m
90~150A	4.0m
200~300A	5.0m

(3) 밸브의 설치

① 공기빼기 밸브(air vent) : 배관의 최상부 또는 공기가 정체할 우려가 있는 곳에 설치하여 배관 중의 제일 높은 급탕꼭지나 배관의 최상부에서 공기 배출관을 위로 세워 옥상탱크나 개방탱크에 개방하여 뽑아낸다.
② 배수밸브 및 게이트 밸브 : 수직 주관의 하단부에 설치하여 배관 내의 물을 완전하게 뺄 수 있도록 해야 한다.
③ 슬리브(sleeve) : 바닥이나 벽을 관통할 경우 신축을 흡수하고 교체수리를 편리하게 하기 위하여 보호관을 설치한다.
④ 수격작용(water hammering) : 밸브를 급속히 개폐하면 관 내의 급격한 압력변동에 의해 소음과 진동이 발생한다.

> **참고** 수격작용(워터 해머) 방지방법
> ① 유속을 2m/s 이하가 되도록 한다.
> ② 관경을 크게 한다.
> ③ 밸브의 개폐를 천천히 한다.
> ④ 급수전 가까이 공기실(air chamber)을 설치한다.
> ⑤ 굴곡배관을 억제하고 가능한 한 직선배관으로 한다.

> **참고**
> ① 급수 배관의 수압시험
>   ㉠ 공공 수도직결식 : 17.5kg/cm²
>   ㉡ 탱크 및 급수관 : 10.5kg/cm²
> ② 급탕 배관의 수압시험 : 실제 사용압력의 2배 이상으로 10분간 수압시험
> ③ 배수 배관의 압력시험
>   ㉠ 수압시험 : 0.3kg/cm²의 압력으로 15분간 수압시험
>   ㉡ 기압시험 : 0.35kg/cm²의 압력으로 15분간 기압시험
>   ㉢ 기밀시험 : 연기 및 박하향 이용

(4) 급수설비 배관 시공

① 기울기 : 1/250을 표준으로 하며 상향 급수는 상향 구배, 하향 급수는 하향 구배로 한다.
② 배관 시공상 부득이 공기가 모일 우려가 있는 곳은 공기빼기 밸브를 설치한다.
③ 급수관이 벽, 바닥 등을 관통할 때에는 관의 신축, 수리 등을 위하여 슬리브를 설치한다.
④ 급수관의 매설 시 평지에서는 450mm 이하로 하고, 차량의 통행에는 750mm 이상, 대형 차량의 통로나 냉한 지대에서는 1m 이상 깊이 묻는다.
⑤ 급수배관의 최소 관경은 원칙적으로 20mm로 한다.
⑥ 급수, 급탕계통은 가능한 한 크로스커넥션(cross connection)을 피해야 한다.

(5) 펌프 주위 배관 시공

① 펌프의 흡입 배관은 가능한 한 길이를 짧게 하고(6m 이하) 굴곡을 적게 한다.
② 흡입관은 펌프 전방에서 관경의 3배 이상 직관부를 두고 관경을 바꿀 때는 편심이음

쇠를 사용해야 한다.
③ 흡입 수위가 펌프보다 높으면 관계없지만, 낮으면 펌프측으로 상향 구배(1/50 이상)가 되도록 하여 흡입관에 공기가 머물지 않도록 한다.
④ 펌프 흡입구에는 이물질 인입 방지를 위하여 스트레이너를 설치한다.
⑤ 펌프의 흡입관 및 토출관에는 진동, 소음, 신축 등을 흡수할 수 있도록 신축이음(플렉시블 조인트)을 한다.

(6) 펌프의 이상현상

① 수격현상(Water Hammering)

관 속에 유체가 꽉 찬 상태로 흐를 때 관 속 액체의 속도를 급격하게 변화시키면 액체에 압력변화가 생겨 관 내에 순간적인 충격압과 진동이 발생하는 현상

수격현상 발생 원인	수격현상 방지대책
① 유속에 급격한 변화가 발생할 경우(대구경에서 소구경으로 전환되는 곳) ② 급히 밸브를 개폐할 경우 ③ 유체의 압력변동이 있는 경우(배관이 불규칙하고 심하게 꺾인 곳)	① 관경을 크게 하고 유속을 낮춘다. ② 펌프에 플라이 휠(fly wheel)을 설치하여 펌프의 급격한 속도변화 방지 ③ 배관은 가능한 한 직선으로 설치 ④ 조압수조(surge tank) 혹은 수격방지기(WHC)를 설치

② 캐비테이션 현상(cavitation, 공동현상)

밀폐계 내 배관계에서의 진공현상으로 유체 속에서 압력이 낮은 곳이 생기면 물속에 포함되어 있는 기체가 분리하여 물이 없는 빈 곳(공동)이 생기는 현상이다. 발생한 기포는 압력이 높은 부분에 이르면 급격히 부서져 소음이나 진동의 원인이 된다.

캐비테이션의 발생 조건	캐비테이션(Cavitation) 방지책
① 흡입양정이 클 경우 ② 액체의 온도가 높을 경우 ③ 날개차의 원주속도가 클 경우 ④ 날개차의 모양이 적당하지 않을 경우	① 흡입양정을 줄인다. ② 흡입관 손실을 줄인다. ③ 스트레이너 통수면적을 크게 잡고 청소를 한다. ④ 규정회전수 내 운전(회전수를 줄임) ⑤ 필요 이상 양정을 잡지 않는다. ⑥ 2대 이상의 펌프 사용

③ 서징(surging) 현상

펌프가 한숨을 쉬는 듯한 현상으로 송출유량이 주기적으로 변화되며 토출측 흡입측 압력계 지침이 안정적이지 못하고 흔들리는 불안정한 상태로 주기적인 진동과 소음이 발생

㉠ 방지책

ⓐ 유속을 작게(관 지름 크게)

ⓑ 밸브를 천천히 닫음

ⓒ 펌프에 플라이휠 설치

ⓓ 밸브를 펌프 송출구 가까이에 설치

ⓔ 서지 탱크(surge tank) 설치

ⓕ 펌프의 연결
- 유량 부족 시 : 2대 이상의 펌프를 병렬로 연결하여 유량을 증가시킨다.
- 양정 부족 시 : 2대 이상의 펌프를 직렬로 연결하여 양정을 증가시킨다.

5 급탕설비

(1) 급탕방식

구분	중앙식	개별식
분류	직접 가열식, 간접 가열식	순간식, 저탕식, 기수 혼합식
장점	① 대규모여서 열효율이 좋음 ② 동시 사용률을 고려하여 총용량 축소 가능 ③ 유지관리가 용이하다. ④ 배관에 의해 필요한 어느 장소에도 공급이 가능하다.	① 소규모 건물에서 공급개소가 적을 때 설비비가 싸며 유지관리가 용이하다. ② 필요에 따라 어디에나 설치가 가능하다. ③ 용도에 따라 필요한 온도의 온수를 간단히 얻는다. ④ 배관길이가 짧아 열손실이 적다. ⑤ 건물이 완성된 후에도 증설이 비교적 용이하다.

구분	중앙식	개별식
단점	① 설비 규모가 크고 복잡하므로 초기 시설비가 많이 든다. ② 대규모이고 복잡하므로 전문기술자가 필요하다. ③ 기기, 배관에서 열손실이 크다.	① 규모가 커지면 가열기 설치 개수가 많아 유지관리가 불편하다. ② 공급개소마다 가열기 설치 공간이 필요하다. ③ 가스온수기의 경우 건축의장, 구조상으로 제약을 받기 쉽다. ④ 값싼 연료를 쓰기 어렵다. ⑤ 소형 온수보일러의 경우 수두 10m 이하의 제한을 받는다.

(2) 개별식 급탕방법

① 순간온수기(즉시 탕비기)

일반적으로 가스 또는 전기를 열원으로 하고 원리는 수전을 열면 벤투리관에서 동압차가 생겨 다이어프램 밸브를 작동시켜 가스가 버너에 공급되면 항상 점화되어 있는 파일럿 프레임에 의하여 연소되고 가열 코일에서 즉시 가열된다. 급탕온도는 60~70℃까지 얻을 수 있고 적은 양의 탕을 필요로 하는 곳에 적합하다.

② 저탕형 탕비기

항상 일정량의 탕이 저장되어 있어 학교, 공장, 기숙사 등과 같이 일정시간에 다량의 온수를 필요로 하는 곳에 적합하다.

③ 기수혼합식

병원이나 공장에서 증기를 열원으로 하는 경우, 증기를 직접 물 속에 넣어 가열하는 방식이다. 열효율은 양호하지만 소음이 따르는 결점이 있어 스팀 사일렌서(steam silencer)를 사용해야 한다. 스팀 사일렌서는 S형과 F형이 있으며, 사용증기압력은 약 $1\sim4kg/cm^2$(약 $0.1\sim0.4MPa$) 정도이고 학교 공장 등의 욕조에 많이 쓰인다.

(3) 중앙식 급탕방식

① 직접 가열식

보일러 내부에 냉수를 넣고 직접 열을 가하여 온수로 만들어 급수하는 방법으로 주철제 또는 강판제 보일러가 사용된다.

② 간접 가열식

저장탱크 내부에 가열코일을 투입시켜 증기 또는 열탕을 통과시켜 탱크 내의 물을 간접적으로 가열하는 방식이다. 따라서 증기 또는 고온수가 반복 순환하므로 스케일 부착이 적고 전열효율이 높으며, 건물높이에 관계없이 저압보일러를 사용한다. 일반적으로 대규모 고층건물(호텔, 사무소, 병원, 아파트 등)에 쓰이며, 공조설비와 병용이므로 열원단가가 낮아지며 시설비가 절약되고 유지관리상 편리하다.

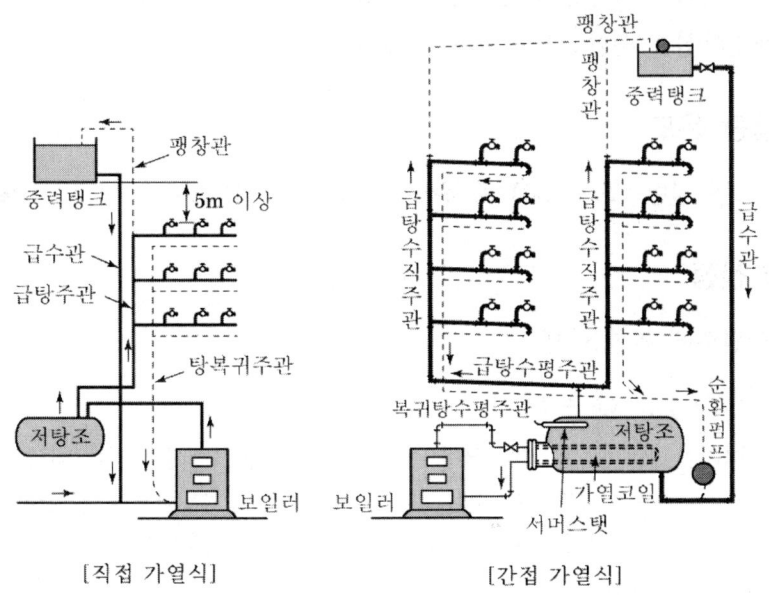

[직접 가열식]   [간접 가열식]

(4) 급탕방식 분류

① 배관방식에 따른 분류
  ㉠ 단관식 : 온수를 급탕전까지 공급하는 배관만 설치되어 있는 방식. 주택 등 소규모 설비에 적합하며 설비비가 싸다.
  ㉡ 복관식 : 회로배관이 형성되어 온수가 순환하는 방식. 아파트 등 중·대규모 시설에 적합하며 시설비가 비싸다.
② 복관식에 따른 분류
  ㉠ 상향식 : 저장탱크로부터 급탕수평 주관을 배관하고 여기에 수직관을 세워 상향으로 공급하는 방식
  ㉡ 하향식 : 급탕주관을 건물 최고층까지 끌어올린 후 수직관을 아래로 내려 하향으로 공급하는 방식

ⓒ 상하 혼용식 : 건물 일부는 상향, 일부는 하향식으로 배관하는 방식

ⓔ 역환수방식(리버스리턴 방식) : 각 층의 온수순환을 균등하게 하기 위해 순환배관 길이를 같게 하도록 환탕관을 역환수시켜 배관하는 방식

③ 온수순환방식

ⓐ 중력순환식 : 급탕관과 반탕관의 온도차에 의해 순환하는 방식

ⓑ 강제순환식 : 순환펌프를 이용한 방식

(5) 표준 급탕 온도

급탕의 온도는 일반적으로 60℃로 환산한 급탕량으로 표시

(6) 급탕량 산정

① 사용 인원수에 의한 방법

$$Q_d = N \cdot q_d, \quad Q_h = Q_d \cdot q_h$$

여기서, Q_d : 1일 최대 급탕량[L/day] Q_h : 1시간 최대 급탕량[L/h]
N : 급탕 인원수 q_d : 1일 1인당 급탕량[L/c·d]
q_h : 1일 사용에 대해 필요한 1시간 최대치 비율

② 급탕 기구수에 의한 방법

$$Q_h = e \cdot q_e \cdot F$$

여기서, e : 동시 사용률(30~40%) F : 급탕기구의 수량
q_e : 기구 1개의 1시간 급탕량[L/h·개]

(7) 급탕용 순환펌프의 설계

① 순환펌프의 순환수두

ⓐ 중력순환식

순환 수두 $H = 1000(\rho_1 - \rho_2)h\,[\text{N/m}^2$ 또는 mmAq$]$

여기서, 가열기에서 기구까지의 높이 h[m]
반탕관 내의 밀도 ρ_1[kg/l]
급탕관 내의 밀도 ρ_2[kg/l]

ⓒ 강제 순환식

펌프의 전 양정 $H = 0.01\left(\dfrac{L}{2} + l\right)$[m]

여기서, 급탕관의 전 길이 L[m]
복귀관의 전 길이 l[m]

② 순환량(Q)

$$Q = \dfrac{3600\text{J}/(\text{W}\cdot h) \times H_L}{4186\text{J}/\text{kg}\cdot\text{℃} \times \Delta t \times 1\text{kg}/\text{L} \times 60\text{min}/h} = \dfrac{0.86 H_L}{60\Delta t}\text{[L/min]}$$

여기서, H_L : 순환 배관에서의 열손실[W]
Δt : 급탕과 환탕 온도차[℃]

③ 순환펌프 동력

$$L_{kW} = \dfrac{Q \cdot H}{60 \times 102 \times \eta}\text{[kW]}$$

여기서, $Q[l/\text{min}]$: 순환펌프의 순환량
H[m] : 순환펌프의 양정
η : 순환펌프의 효율

(8) 급탕배관 시공

① 상향식 공급방식 : 급탕관은 선상향 구배, 복귀관은 선하향 구배로 한다.
② 하향식 공급방식 : 급탕관 및 복귀관 모두 선하향 구배로 한다.
③ 중력순환식 배관 구배는 1/150 이상, 강제순환식은 1/200 이상으로 한다.
④ 공기빼기 : 공기가 정체할 우려가 있는 곳 또는 굴곡배관에 공기빼기 밸브를 설치하며 배관 도중에 공기가 체류하지 않도록 하기 위하여 슬루스 밸브를 사용한다.
⑤ 관경 결정은 급수관과 동일하며 복귀관은 급탕관보다 1치수 작은 것을 사용한다. 팽창탱크는 최고층의 급탕전보다 5m 이상 높게 설치되어야 하며 팽창관 도중에는 밸브를 설치해서는 안 된다.
⑥ 팽창관은 급탕 수직 주관 끝을 연장하여 팽창탱크에 개방시키며 25A 이상의 관경을 사용한다.
⑦ 배관의 굽힘 부분에는 스위블 이음을 하고 배관의 직선 30m, 곡선 20m, 수직 10~20m마다 신축이음을 한다.

⑧ 팽창탱크는 최고층의 급탕전보다 5m 이상 높게 설치되어야 하며 팽창관 도중에는 밸브를 설치해서는 안 된다.

⑨ 팽창관은 급탕 수직 주관 끝을 연장하여 팽창탱크에 개방시키며 25A 이상의 관경을 사용한다.

⑩ 급탕배관의 보온

배관 보온 두께(단위 : mm)

용도 \ 관경	40 이하	50~65	80~100	125~150	200 이상	비고
급탕관	25	40	40	40	–	

팽창관 역할
① 온수 순환 배관 도중에 이상 압력이 생겼을 때 그 압력을 흡수하는 도피구이다.
② 안전밸브 역할을 하며, 보일러 내의 공기나 증기를 배출시킨다.
③ 급탕 수직관을 연장하여 팽창관으로 하고 이를 팽창(중력)탱크에 자유 개방한다.
④ 팽창관의 도중에는 절대로 밸브를 달아서는 안 된다.
⑤ 팽창관 배수는 간접배수로 한다.
⑥ 팽창관의 관경은 보일러의 전열면적에 따라 달라진다.
⑦ 설치 : 저탕조와 고가탱크 사이

⑩ 팽창관의 높이

$$H = h\left(\frac{\rho_1}{\rho_2} - 1\right)$$

여기서, H : 팽창탱크(고가탱크) 수면에서 팽창관 끝까지의 높이[m]
　　　　h : 급탕의 최저 수위에서 고가탱크 수면까지의 높이[m]
　　　　ρ_1 : 물의 밀도(비중량)[kg/m³]
　　　　ρ_2 : 온수의 밀도(비중량)[kg/m³]

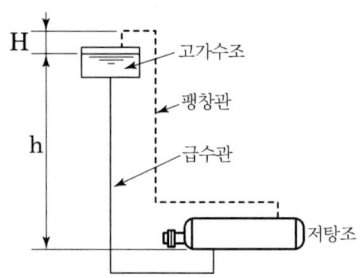

6 배수통기설비

건물에서 발생한 각종 오수 및 잡배수를 신속히 밖으로 배출시키는 설비를 배수설비라 하고 통기설비는 배수설비의 기능을 완수하기 위해 설치하는 설비이다.

(1) 배수의 종류

① 오수 : 대소변기, 비데 등에서의 배설물에 관련한 배수
② 잡배수 : 세탁기, 세면기, 욕조, 싱크대 등에서의 배수
③ 우수 : 옥상, 마당 등의 빗물
④ 특수배수(위험물질을 포함한 배수) : 공장, 실험실 등에서의 폐수, 화학물질 배수 등

(2) 옥내배수설비

① 배수트랩 : 일정량의 물을 괴게 해서, 하수관 속에서 발생한 부패 가스가 배수관을 통하여 실내로 역류하는 것을 방지하는 장치

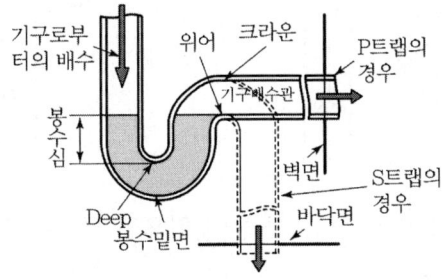

㉠ 사이펀식 트랩 : S트랩, P트랩, U트랩

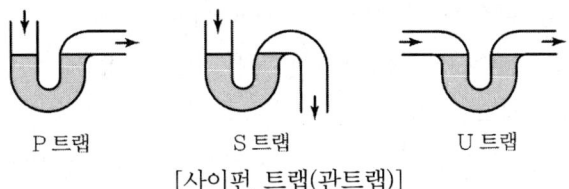

[사이펀 트랩(관트랩)]

ⓒ 비사이펀식 트랩 : 벨 트랩, 드럼 트랩, 그리스 트랩, 가솔린 트랩 등

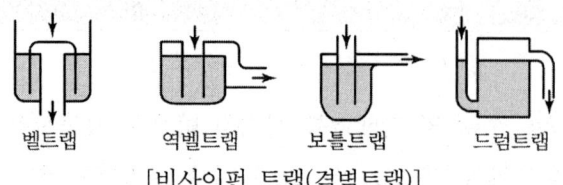

[비사이펀 트랩(격벽트랩)]

② 트랩의 구비 조건
   ㉠ 하수가스를 완전히 차단하고, 더욱 충분한 안정성이 있을 것
   ㉡ 봉수가 유실되지 않는 구조일 것
   ㉢ 구조가 간단할 것
   ㉣ 재질은 내식성, 내구성이 있을 것
   ㉤ 오물이 체류하지 않는 구조이며, 동시에 배수 자체가 통수로를 세정하는 구조일 것
③ 트랩 봉수 : 트랩 내부의 물(악취)을 차단. 봉수의 깊이는 50~100mm가 적당

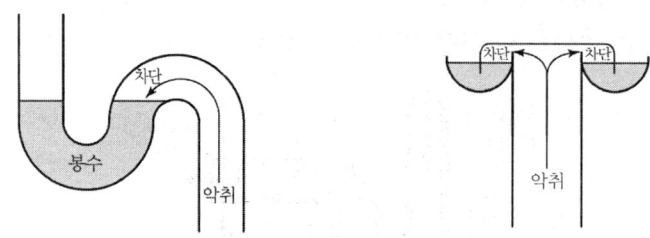

④ 봉수 파괴 : 트랩 내에 머리카락, 실 등이 있으면 모세관작용으로 봉수가 서서히 빨려 나가 봉수가 파괴된다.
⑤ 통기배관
   배수관 내의 유해가스, 추기 혹은 해충의 실내에의 침입을 방지하기 위하여 설치하는 트랩의 봉수를 확실히 유지하기 위하여 설치
   ㉠ 배수용 트랩의 봉수를 보호(사이펀 작용, 분출작용))
   ㉡ 배수관 내의 흐름을 원활하게 한다.
   ㉢ 배수관 내의 공기 유통을 자연스럽게 하여 관 내 기압변화를 최소로 한다.
   ㉣ 배수관 내에 신선한 공기를 유통시켜 배수관 계통의 환기를 도모하여 관 내를 청결하게 유지

ⓐ 종류

종 류	특 징	최소 관경
각개통기관	• 위생기구마다 각각 통기관을 설치하는 방법으로 가장 이상적인 방법 • 설비비가 많이 소요	배수관경의 $\frac{1}{2}$ 이상, 32A 이상
회로통기관 (환상 또는 루프)	• 최상류 기구로부터 기구 배수관이 배수수평 지관에 연결된 직후 하류측에서 입상하는 통기관 • 회로통기 1개당 기구수는 8개 이내, 통기관 길이는 7.5m 이내	배수관경의 $\frac{1}{2}$ 이상, 40A 이상
도피통기관	• 배수 수평지관 하류에 통기관을 연결 • 회로통기를 돕는다.	배수관경의 $\frac{1}{2}$ 이상, 32A 이상
신정통기관 (옥상)	• 배수수직관 상부에 통기관을 연장하여 대기에 개방시킨다. • 배관 길이에 비해 성능이 우수	
결합통기관	• 통기관과 배수관을 접속하는 통기관 • 5층마다 설치해서 배수주관의 통기를 촉진함 • 통기관 중 관경이 가장 크다.(50mm 이상)	배수관경의 $\frac{1}{2}$ 이상, 50A 이상
습식(습윤) 통기관	• 배수 수평지관 최상류기구에 설치하여 배수와 통기를 동시에 하는 통기관	

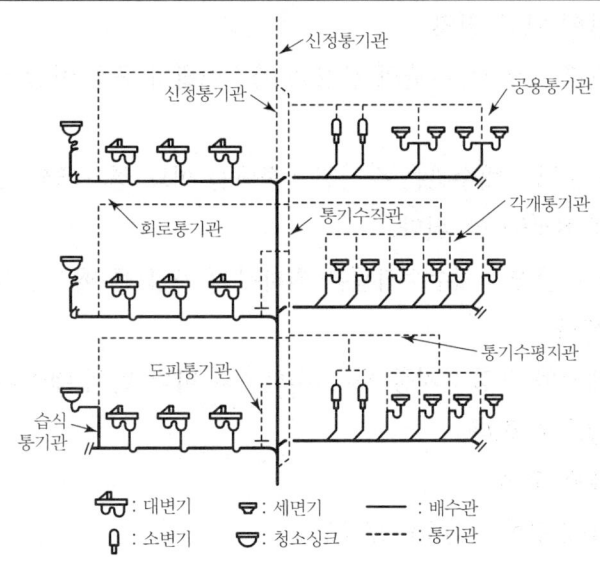

■ **특수통기방식**
1. 소벤트 방식 : 하나의 배수 수직관으로 배수와 통기를 겸하는 시스템이다. 별도의 통기관을 사용하지 않는다.
2. 섹스티아 방식 : 신정통기관만 사용하므로 통기 및 배구계통이 간단하다. 배수관경이 적어도 되고 소음이 적다.

    ⓑ 통기배관의 시공상 주의점
- 통기관은 기구의 오버플로우선보다 150mm 이상 입상시킨 다음 통기 수직관에 연결한다.
- 바닥 아래의 통기배관은 금지한다.
- 2중 트랩이 되지 않도록 배관한다.
- 오물 정화조 및 간접배수 통기관은 단독으로 개구한다.
- 오수, 잡배수는 각개통기한다.
- 통기관의 관경은 대상 일반배수관 관경의 $\frac{1}{2}$ 이상으로 한다.
- 통기관과 실내 환기용 덕트를 연결해서는 안 된다.
- 통기수직관을 빗물수직관과 연결해서는 안 된다.

       ※ 통기관은 근본적으로 다른 배관이나 덕트와 겸용할 수 없다.

⑥ 배수관경 결정의 기본 원칙
    ㉠ 기구 배수관경 : 기구배수관의 관경은 배수트랩의 구경 이상으로 하고 최소 30mm로 한다.
    ㉡ 관경축소의 금지 : 배수관은 수직관·수평관 어느 경우에서도, 배수의 유하방향의 관경을 축소해서는 안 된다.
    ㉢ 배수수직관의 관경 : 배수수직관은 최하부의 가장 큰 배수부하를 부담하는 부분의 관경으로 한다.
    ㉣ 지중 매설배관의 관경 : 지중 또는 지하층의 바닥 밑에 매설되는 배수관의 관경은 50mm 이상으로 한다.

⑦ 배수관의 구배와 유속
    ㉠ 배수관의 표준구배 : 1/50~1/100
    ㉡ 배수관의 표준유속 : 0.6~1.2m/s

⑧ 청소구 : 배수배관의 관이 막혔을 때 이것을 점검, 수리하기 위해 찌꺼기가 쌓일 수 있는 배관 굴곡부나 분기점, 긴 경로의 도중에 반드시 설치해야 한다.

㉠ 청소구의 설치 장소
ⓐ 배수수평주관이 부지배수관(택지하수관)과 접속하는 곳
ⓑ 배수수직관의 최하부 또는 그 부근
ⓒ 길이가 긴 배수수평관의 도중
ⓓ 배수관이 45° 이상의 각도로 방향이 바뀌는 곳
ⓔ 배수수평주관 및 수평지관의 최상류 지점
ⓕ 각종 트랩, 기타 배관상 필요한 곳

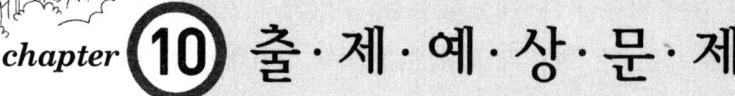

chapter 10 출·제·예·상·문·제

01. 건물의 급수량 산정의 기준이 되지 않는 것은?

① 건물의 연면적
② 건물의 전체 체적
③ 건물의 거주 인원수
④ 시설된 위생기구수

☞ **급수량 산정기준**
① 급수인원에 의한 산정
② 건물면적에 의한 산정
③ 사용 기구에 의한 급수량 산정
※ 소화용수, 비상발전용 냉각수 및 건물의 체적은 급수량 산정에서 제외한다.

02. 건물 내에서 하루 중 물이 가장 많이 사용되는 시간대에서 순간적(분 단위)으로 흐르는 최대급수량을 무엇이라고 하는가?

① 시간 평균 예상급수량
② 시간 최대 예상급수량
③ 순간 평균 예상급수량
④ 순간 최대 예상급수량

☞ ① 시간 평균 예상급수량 : 1일당 급수량을 1일 평균 사용시간으로 나눈 값
② 시간 최대 예상급수량 : 하루 중에 가장 많은 물이 사용된다고 추정한 1시간에 사용되는 수량을 시간 최대 예상급수량이라고 한다.
③ 순간 최대 예상급수량 : 하루 중에 물을 가장 많이 사용하는 순간(분 단위)을 고려하여, 이 순간에 사용되는 수량을 순간 최대 예상급수량이라 한다.

03. 다음 중 1시간당 최대 급탕량 Q_h(L/h)를 구하는 식은? (단, F : 기구 1개 1회당 급탕량(L), P : 기구의 사용 횟수(회/h), A : 기구 동시 사용률(%)이다.)

① $Q_h = F \times P \times A$
② $Q_h = (F/P) \times A$
③ $Q_h = (F \times P)/A$
④ $Q_h = F + (P/A)$

☞ ① 기구의 사용 횟수를 측정되는 경우 : 각 기구의 1시간마다의 사용횟수를 산정하여 1시간 급탕량의 누계를 구하고, 이 누계에 기구의 동시사용률을 곱해서 1시간당 급탕량을 구한다.
② 기구의 시간당 사용횟수가 측정되지 않는 경우 : 기구별 급탕량에 기구수를 곱하고, 이 누계에 동시 사용률을 곱하여 1시간당 최대 급탕량을 구한다.

04. 급수량 산정에 있어서 시간 평균예상 급수량(Q_h)이 3000L/h였다면, 순간 최대 예상 급수량(Q_p)은?

① 75~100L/min
② 150~200L/min
③ 225~250L/min
④ 275~300L/min

☞ **순간 최대 예상급수량(Q_p)**
학교·공장·영화관 등에서 휴식시간과 식사시간 등의 특정시간에 순간적으로 물을 많이 사용하는 일이 있다. 이때의 수량을 말하며, 일반적으로 시간 평균 예상급수량(Q_h)의 3~4배 정도로 한다.

Answer 01. ② 02. ④ 03. ① 04. ②

$$Q_p = \frac{(3 \sim 4)Q_h}{60} = \frac{(3 \sim 4) \times 3000}{60}$$
$$= 150 \sim 200 \, l/\text{min}$$

05. 다음은 고층건물의 급수배관법에서 특별히 고려하여야 할 사항이다. 틀린 것은?
① 고층부에 고가탱크가 설치되는 관계상 건축 구조물의 설계에 신중을 기해야 한다.
② 온도변화에 따른 팽창이음을 적절히 설치하여야 한다.
③ 배관이음에 누설 방지대책이 강구되어야 한다.
④ 급수압은 보통건물과 같은 정도로 한다.

☞ ④ 고층건물은 최고층과 최하층의 수압차가 크므로 급수압은 보통건물과 다른 정도로 한다.
[참고] 고층건물 급수배관법(급수 조닝)
초고층건물은 최고층과 최하층의 수압차가 크므로 최하층에서는 과대한 급수압으로 수전의 수압이 너무 커서 수격 작용이 생기고, 그 결과 소음이나 진동이 일어나며 기구의 부속품 등의 파손이 생기므로 적절한 수압을 유지하기 위해 급수 조닝을 한다. 그러므로 고층건물의 급수압은 보통건물보다 다르게 해야 한다.

06. 배관의 구배와 유속에 대하여 설명한 것 중 틀린 것은?
① 수평배관의 구배는 장치 내의 물이나 공기의 배제, 유체의 흐름, 적정 유속 등을 고려한다.
② 관내에 공기의 정체를 방지하기 위해서는 최저 0.6m/s 정도로 한다.
③ 장치의 운전시간이 긴 경우는 유속을 크게 한다.
④ 점도가 큰 유체는 유속을 작게 한다.

☞ 배관의 유속을 빠르게 하면 마찰손실이 증대하고 소음을 발생시킨다. 그러므로 장치의 운전시간이 긴 경우일수록 유속을 작게 하여 관내의 침식을 작게 해야 한다.

07. 각 수전에 급수공급이 일반적으로 하향식에 의해 공급되는 급수방식은?
① 수도 직결식 ② 옥상 탱크식
③ 압력 탱크식 ④ 부스터 방식

☞ **옥상(고가) 탱크 방식**
대규모 시설에서 일정한 수압을 얻고자 할 때 많이 이용되며 수돗물을 저수탱크에 모은 후 양수펌프에 의하여 고가탱크에 양수하여 탱크에서 각 수전에 급수관에 의해 하향식으로 급수하는 방식으로 가장 많이 사용하는 방식이다.

08. 전기가 정전되어도 계속하여 급수를 할 수 있으며 급수오염 가능성이 적은 급수방식은?
① 압력탱크 방식 ② 수도직결 방식
③ 부스터 방식 ④ 고가탱크 방식

☞ **수도직결 방식**
일반적으로 도로 밑의 수도본관에서 분기하여 건물 내에 직접 급수하는 방식
① 구조가 간단하고 설비가 싸 소규모 건물에 이용된다.
② 급수오염이 적으며 정전 시에도 급수가 가능하다.
③ 고층일수록 급수압이 감소하므로 수도 본관의 최소 소요압력이 최고층에 설치한 위생기구까지 급수할 수 있어야 한다.

09. 급수방식 중 급수량의 변화에 따라 펌프의 회전수를 제어하여 급수압을 일정하게 유지할 수 있는 회전수 제어시스템을 이용한 방식은?

Answer 05. ④ 06. ③ 07. ② 08. ② 09. ④

① 수조방식 ② 수도직결방식
③ 압력수조방식 ④ 펌프직송방식

펌프직송방식
지하수조에서 부스터 펌프에 의해 고가수조 없이 직송하며 수질오염 방지와 에너지절감 차원에서 최근에 보급이 확대되고 있는 방식이다. 토출압력 및 양수량을 일정하게 유지하기 위해 급수관 내의 압력 또는 유량을 탐지하여 펌프의 대수를 제어하는 정속방식과 회전수를 제어하는 변속방식이 있으며, 이를 병용하기도 한다.

10. 수도 직결식 급수방식에서 건물 내에 급수를 할 경우 수도 본관에서의 최저 필요압력을 구하기 위한 필요 요소가 아닌 것은?

① 수도 본관에서 최고 높이에 해당하는 수전까지의 관 재질에 따른 저항
② 수도 본관에서 최고 높이에 해당하는 수전이나 기구별 소요압력
③ 수도 본관에서 최고 높이에 해당하는 수전까지의 관내 마찰손실수두
④ 수도 본관에서 최고 높이에 해당하는 수전까지의 상당압력

최저 필요압력(P)
$P \geq P_1 + P_2 + P_3$
P_1 : 수도 본관으로부터 최고층에 있는 수전 또는 기구까지의 높이에 상당하는 압력
P_2 : 수도 본관으로부터 최고층에 있는 수전 또는 기구까지의 관내력손실(마찰손실수두)
P_3 : 수도 본관으로부터 최고층에 있는 수전 또는 기구의 필요(소요) 압력

11. 급수방식 중 압력탱크 방식에 대한 설명으로 틀린 것은?

① 국부적으로 고압을 필요로 하는 데 적합하다.
② 탱크의 설치위치에 제한을 받지 않는다.
③ 항상 일정한 수압으로 급수할 수 있다.
④ 높은 곳에 탱크를 설치할 필요가 없으므로 건축물의 구조를 강화할 필요가 없다.

③ 압력탱크 방식은 조작상 최고 · 최저의 압력차가 크므로 급수압이 일정하지 않다.
[참고]
고가(옥상) 탱크 급수방식이 항상 일정한 수압으로 급수가 가능하다.

12. 급수방식 중 압력탱크 방식의 특징으로 틀린 것은?

① 높은 곳에 탱크를 설치할 필요가 없으므로 건축물의 구조를 강화할 필요가 없다.
② 탱크의 설치위치에 제한을 받지 않는다.
③ 조작상 최고, 최저의 압력차가 없으므로 급수압이 일정하다.
④ 옥상탱크에 비해 펌프의 양정이 길어야 하므로 시설비가 많이 든다.

③ 조작상 최고, 최저의 압력차가 크므로 급수압이 일정하지 않다.
[참고] 압력탱크 방식
저수조의 물을 압력탱크 내로 공급한 후 에어컴프레서(공기압축기)에 의한 압축공기로 물에 압력을 가해 상부로 물을 공급하는 급수방식이다. 설치비와 유지비가 비싸다.
① 장점
  ㉠ 압력탱크의 설치위치에 제한을 받지 않는다.
  ㉡ 고가수조가 없어 구조상, 미관상 좋다.
② 단점
  ㉠ 조작상 최고, 최저의 압력차가 크므로 급수압이 일정하지 않다.
  ㉡ 고장이 잦다.
  ㉢ 제작비와 관리비가 높다.
  ㉣ 단전과 단수 시에 급수가 안 된다.

Answer 10. ① 11. ③ 12. ③

13. 압력탱크 급수방식에서 압력탱크의 필요 최저 압력을 구하는 요소가 아닌 것은?

① 급수펌프의 수압
② 수전의 필요압력
③ 배관 내에서의 마찰손실압력
④ 압력탱크에서의 최고층 수전까지에 해당하는 수압

> 압력탱크의 최저 필요압력
> $P_L = P_1 + P_2 + P_3 [\text{kg/cm}^2]$
> $P_1 [\text{kg/cm}^2]$: 최고층 수전의 높이에 해당하는 압력
> $P_2 [\text{kg/cm}^2]$: 기구별 최저 필요압력
> $P_3 [\text{kg/cm}^2]$: 관 내의 마찰손실수

14. 압력탱크 급수방법에서 사용되는 탱크의 부속품이 아닌 것은?

① 안전밸브   ② 수면계
③ 압력계   ④ 트랩

> 압력탱크의 구조
> ① 원통형으로 되어 있으며 수직형과 수평형이 있고 용접이음으로 만든다.
> ② 탱크에는 압력계, 수면계, 안전밸브, 압력스위치, 배수밸브 등이 설치된다.

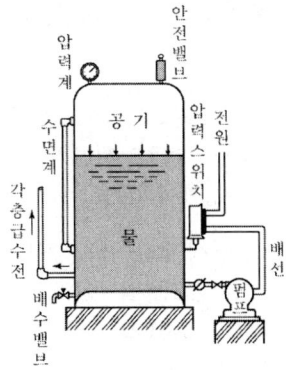

15. 급수탱크 부속설비 중에서 압력탱크 부속품에 속하지 않는 것은?

① 압력계   ② 수면계
③ 안전밸브 ④ 볼탭

> 볼탭(ball-tap)은 개방형 팽창탱크에서 보급수의 급수 조절용 기기이다.

16. 급수방식 중 대규모의 급수 수요에 대응이 용이하고 단수 시에도 일정량의 급수를 계속할 수 있으며 거의 일정한 압력으로 항상 급수되는 방식은?

① 양수 펌프식   ② 수도 직결식
③ 고가 탱크식   ④ 압력 탱크식

> 고가(옥상) 탱크식
> 상수도물을 일단 지하저수조에 받아 이를 양수펌프로 옥상탱크로 끌어올린 후 다시 급수관으로 각 층에 공급하는 방식. 대규모 급수설비에 적합하고 수도공사나 정전 시에도 급수가 가능하며, 소화용수를 저장할 수 있으므로 대규모 공동주택의 급수설비로서 적당하다. 배관의 부속품 파손이 적으나, 급수오염이 심하고, 설비비가 비싸다.

17. 고가(옥상) 탱크 급수방식의 특징에 대한 설명으로 틀린 것은?

① 저수시간이 길어지면 수질이 나빠지기 쉽다.
② 대규모의 급수 수요에 쉽게 대응할 수 있다.
③ 단수 시에도 일정량의 급수를 계속할 수 있다.
④ 급수 공급 압력의 변화가 심하다.

> ④ 항상 일정한 수압으로 급수가 가능하다.
> [참고] 고가수조식 급수방법의 특징
> ① 장점
> ㉠ 정전, 단수 시 탱크에 받은 물을 사용할 수 있다.
> ㉡ 저수량을 충분히 확보할 수 있으므로 단수가 되지 않는다.
> ㉢ 항상 일정한 압으로 급수가 가능하다.

Answer 13. ① 14. ④ 15. ④ 16. ③ 17. ④

ⓔ 배관 부속품의 파손이 적다.
② 단점
  ㉠ 옥상탱크의 설치면적 및 하중을 고려하여 건축물 구조를 강화해야 한다.
  ㉡ 저수량이 많아 수질오염 가능성이 크다.
  ㉢ 건물 미관상 불리하다.

18. 고가 탱크식 급수방법에 대한 설명으로 틀린 것은?

① 고층건물이나 상수도 압력이 부족할 때 사용된다.
② 고가 탱크의 용량은 양수펌프의 양수량과 상호 관계가 있다.
③ 건물 내의 밸브나 각 기구에 일정한 압력으로 물을 공급한다.
④ 고가 탱크에 펌프로 물을 압송하여 탱크 내에 공기를 압축 가압하여 일정한 압력을 유지시킨다.

☞ ④ 고가 탱크에 펌프로 물을 압송하여 자연압(중력 이용)으로 각 세대에 급수하는 방식

19. 고가수조식 급수방식의 장점이 아닌 것은?

① 급수압력이 일정하다.
② 단수 시에도 일정량의 급수가 가능하다.
③ 급수 공급계통에서 물의 오염 가능성이 없다.
④ 대규모 급수에 적합하다.

☞ ③ 고가수조식 급수방식은 저수조에서 양수펌프로 고가수조까지 양수시켜 자연압(중력을 이용)으로 각 세대에 급수하는 방식으로 저수량이 많아 물탱크(저수조)에서 수질오염 가능성이 크다.

20. 옥상탱크식 급수법에 관한 설명이 옳은 것은?

① 옥상탱크의 오버플로관(over flow pipe) 지름은 일반적으로 양수관의 지름보다 2배 정도 큰 것으로 한다.
② 옥상탱크의 용량은 1일간 무제한 급수할 수 있는 용량(크기)이어야 한다.
③ 펌프에서의 양수관은 옥상탱크의 하부에 연결한다.
④ 급수를 위한 급수관은 탱크의 최저 하부에서 빼낸다.

☞ ② 옥상탱크의 용량
  =1시간 최대 사용수량×1~3시간(m^3)
③ 펌프에서의 양수관은 옥상탱크의 상부에 연결한다.
④ 급수를 위한 급수관은 탱크의 하부에서 꺼낸다. 옥상탱크 내의 청소를 신속 용이하게 할 수 있도록 수조의 최저부에 배수관을 설치한다.

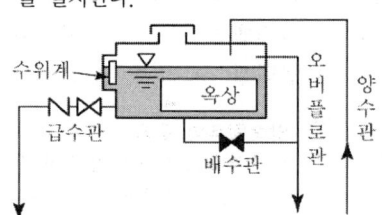

21. 다음 보기에서 설명하는 급수 공급 방식은?

〈보기〉
㉠ 고가탱크를 필요로 하지 않는다.
㉡ 일정 수압으로 급수할 수 있다.
㉢ 자동제어설비에 비용이 든다.

① 층별식 급수 조닝방식
② 고가수조방식
③ 압력수조방식
④ 부스터 방식

☞ **부스터 방식(tankless booster)**
수도 본관으로부터의 인입관 등에 의해 물을

 18. ④ 19. ③ 20. ① 21. ④

제4편 유지보수 공사관리

일단 물받이 탱크에 저수하여 급수 펌프만으로 건물 내의 소요 개소에 급수하는 방식
※ 특징
㉠ 옥상탱크나 압력탱크가 필요 없다.
㉡ 정전이나 단수 시 압력탱크와 동일하다.
㉢ 설비비가 고가이다.
㉣ 자동제어시스템이어서 고장 시 수리가 어렵다.
㉤ 전력소비가 많다.

22. 옥상탱크에서 오버플로관을 설치하는 가장 적합한 위치는?

① 배수관보다 하위에 설치한다.
② 양수관보다 상위에 설치한다.
③ 급수관과 수평위치에 설치한다.
④ 양수관과 동일 수평위치에 설치한다.

👉 **오버플로관**
고가탱크의 안전수위를 위해 설치한 관으로 양수관 구경보다 2치수 이상 크게 하고 양수관보다 높게 설치하며 간접배수로 한다.

23. 하향급수 배관방식에서 수평주관의 설치 위치로 가장 적절한 것은?

① 지하층의 천장 또는 1층의 바닥
② 중간층의 바닥 또는 천장
③ 최상층의 바닥 또는 천장
④ 최상층의 천장 또는 옥상

👉 **하향급수 배관방식**
① 고가(옥상)탱크방식에 흔히 사용한다.
② 최상층의 천장 또는 옥상에 수평주관을 설치하고 여기에 하향 수직관을 내려 각 층으로 분기관을 뽑아 각 급수 개소를 배관하는 방식이다.
③ 각 층 급수가 합리적이고 급수압이 일정하나 점검·보수 등이 불편하다.

24. 급수관의 수리 시 물을 배제하기 위한 관의 최소 구배 기준은?

① 1/120 이상   ② 1/150 이상
③ 1/200 이상   ④ 1/250 이상

👉 **급수배관의 구배**
급수관은 수리와 기타 관 속의 물을 완전히 뺄 수 있도록 기울기를 주어야 하고 공기가 모여 있는 곳이 없도록 시공하여야 한다. 급수관의 모든 기울기는 1/250을 표준으로 하며, 배관의 현장 사정으로 부득이 ㄷ자형의 배관이 되어 공기가 모일 경우는 반드시 빼기밸브를 설치해야 한다.

25. 급수배관 내 권장 유속은 어느 정도가 적당한가?

① 2m/s 이하   ② 7m/s 이하
③ 10m/s 이하   ④ 13m/s 이하

👉 급수배관 내 유량을 늘리기 위해서는 유속이 증가되어야 하며, 유속이 증가되면 워터해머와 유수 소음이 발생하여 장애를 일으키므로 급수 압력(주택이나 호텔 등 3~4kgf/cm^2, 기타 건축물 4~5kgf/cm^2) 및 유속은 일정한 범위(유속은 2.0m/s 이내로 제한) 내에 있도록 설계되어야 한다.

26. 급수관의 유속을 제한(1.5~2m/s 이하)하는 이유로 가장 거리가 먼 것은?

① 유속이 빠르면 흐름방향이 변하는 개소의 원심력에 의한 부압(-)이 생겨 캐비테이션이 발생하기 때문에
② 관 지름을 작게 할 수 있어 재료비 및 시공비가 절약되기 때문에
③ 유속이 빠른 경우 배관의 마찰손실 및 관 내면의 침식이 커지기 때문에
④ 워터해머 발생 시 충격압에 의해 소음, 진동이 발생하기 때문에

Answer 22. ② 23. ④ 24. ④ 25. ① 26. ②

👉 ② 관 지름을 작게 선정하면 소음, 부식 및 소비동력 등이 증가하므로 적정 관경을 선정해야 한다.

[참고] 급수관 유속 제한 이유
시스템 내에서 유수(流水)에 의한 소음, 캐비테이션(cavitation) 발생, 워터해머로 인한 관 및 관이음쇠, 기구 및 장비, 탱크 및 코일 등에 손상이 발생하지 않도록 하며, 시스템의 노화를 가속하거나 부식으로 인한 갑작스런 사고를 방지하기 위한 것이다.

27. 급수관 내의 유속을 2m/sec 이하로 제한하는 이유로서 거리가 가장 먼 것은?
① 수격작용이 발생할 때 충격압을 줄이기 위하여
② 관의 부식을 방지하기 위하여
③ 관내의 마찰손실을 적게 하기 위하여
④ 흐름방향이 변하는 개소에서 캐비테이션의 발생을 방지하기 위하여

👉 유속이 너무 빠르면 마찰에 의해 관이 손상되고, 캐비테이션이 발생할 수 있으므로 유속은 가급적 작게 하는 것이 좋다. 그러나 유속의 제한과 관의 부식방지와는 거리가 멀다.

28. 배관 내로 물을 수송할 때, 다음 설명 중 틀린 것은?
① 관이 길수록 관내에서의 압력강하는 끝부분에서 커진다.
② 같은 시간에 같은 양의 물을 흐르게 하면 관이 가늘수록 유속이 빠르다.
③ 유량은 관의 단면적에 물의 평균유속을 곱하면 구해진다.
④ 관경과 물의 유속은 일정한 관계가 없다.

👉 ④ 관경이 클수록 유속이 느려지고, 관경이 작을수록 유속이 빨라진다.

29. 우리나라 상수도 원수의 기준에서 수질검사를 위한 원수채취 기준으로 맞는 것은?
① 상온의 일반 기상상태하에서 5일 이상의 간격으로 2회 채취한 물
② 상온의 일반 기상상태하에서 5일 이상의 간격으로 3회 채취한 물
③ 상온의 일반 기상상태하에서 7일 이상의 간격으로 2회 채취한 물
④ 상온의 일반 기상상태하에서 7일 이상의 간격으로 3회 채취한 물

30. 급수배관 시공에 관한 설명으로 가장 거리가 먼 것은?
① 수리와 기타 필요 시 관 속의 물을 완전히 뺄 수 있도록 기울기를 주어야 한다.
② 공기가 모여 있는 곳이 없도록 하여야 하며, 공기가 모일 경우 공기빼기 밸브를 부착한다.
③ 급수관에서 상향 급수는 선단 하향 구배로 하고, 하향 급수에서는 선단 상향 구배로 한다.
④ 가능한 한 마찰손실이 작도록 배관하며 관의 축소는 편심 리듀서를 써서 공기의 고임을 피한다.

👉 ③ 급수관(수평배관)에서 상향 급수는 선단 상향 구배(진행방향에 따라 올라가는 기울기)로 하고 하향 급수에는 선단 하향 구배(진행방향에 따라 내려가는 기울기)로 한다.

31. 급수배관에 대한 설명으로 틀린 것은?
① 상향급수 배관방식에서 상향수직관은 상층으로 올라갈수록 관경을 작게 한다.
② 하향급수 배관방식은 옥상탱크식의 경우에 흔히 사용되는 배관법으로 급수수압이

Answer 27. ② 28. ④ 29. ④ 30. ③ 31. ①

일정하다.
③ 상·하향 혼용배관 방식은 일반적으로 1, 2층은 상향식, 3층 이상은 하향식으로 한다.
④ 벽이나 바닥의 관통배관 시에는 슬리브(sleeve)를 넣고 배관하여 교체나 수리가 가능하도록 하여야 한다.

① 상향급수 배관방식에서 상향수직관은 상층으로 올라갈수록 관경을 크게 해야 한다. 만약 상향 수직관이 상층으로 올라갈수록 관경을 크게 하지 않으면 상층의 수압이 떨어져 물이 잘 나오지 않게 된다.

32. 급수배관 시공 중 옳지 않은 것은?

① 급수 지관의 구배는 상향구배로 한다.
② 급수관의 구배는 1/250로 한다.
③ 배관 사정상 공기가 모이는 곳에는 공기빼기 밸브를 설치한다.
④ 고가 탱크식에서 수평주관은 상향구배로 한다.

④ 고가 탱크식에서 수평주관은 하향구배로 한다.

33. 급수배관에 관한 설명으로 옳은 것은?

① 수평배관은 필요할 경우 관 내의 물을 배제하기 위하여 1/100~1/150의 구배를 준다.
② 상향식 급수배관의 경우 수평주관은 내림구배, 수평분기관은 올림구배로 한다.
③ 배관이 벽이나 바닥을 관통하는 곳에는 후일 수리 시 교체가 쉽도록 슬리브(sleeve)를 설치한다.
④ 급수관과 배수관을 수평으로 매설하는 경우 급수관을 배수관의 아래쪽이 되도록 매설한다.

① 수평배관은 필요할 경우 관 내의 물을 배제하기 위하여 1/250 이상의 구배를 준다.
② 상향식 급수배관의 경우 수평관은 진행 방향에 따라 상향 기울기로 하고 하향 급수배관의 경우는 진행방향에 따라 하향 기울기로 하여 공기의 고임 및 물이 전부 빠질 수 있게 균일한 구배로 배관한다.
④ 급수관과 배수관을 수평으로 매설하는 경우 배수관을 급수관의 아래쪽이 되도록 매설한다.

34. 급수배관의 시공에 관한 설명으로 틀린 것은?

① 수리와 기타 필요 시 관속의 물을 완전히 뺄 수 있도록 기울기를 주어야 한다.
② 공기가 모여 있는 곳이 없도록 하여야 하며 공기빼기 밸브를 부착한다.
③ 급수관을 지하 매설 시 외부로부터 충격이나 겨울에 동파방지를 위해 일반적으로 평지에서는 750mm 이상 깊이로 묻어야 한다.
④ 급수배관 공사가 끝나면 탱크 및 금속관의 경우에는 1.05MPa(10.5kgf/cm^2)의 수압시험에 합격하여야 한다.

급수관의 매설
급수관을 땅속에 매설할 때는 외부로부터의 충격이나 겨울에 동파를 방지하기 위하여 일정한 깊이로 묻어야 한다. 일반적으로 평지에서는 450mm 이상으로 하고, 차량의 통행이 있는 장소에는 750mm 이상, 중차량의 통로나 한랭 지방에서는 1m 이상의 깊이로 매설하여야 한다.

35. 급수배관 설계 및 시공상의 주의사항으로 틀린 것은?

① 수평배관에는 공기나 오물이 정체하지 않도록 한다.

Answer 32. ④ 33. ③ 34. ③ 35. ③

② 주 배관에는 적당한 위치에 플랜지(유니언)를 달아 보수점검에 대비한다.
③ 수격작용이 우려되는 곳에는 진공브레이커를 설치한다.
④ 음료용 급수관과 다른 용도의 배관을 접속하지 않아야 한다.

③ 수격작용이 우려되는 곳에는 급수배관 내에 공기실(air chamber)을 설치한다.
[참고] 진공브레이커(Vacuum Breaker)
물 사용기기에서 토수한 물 또는 사용한 물이 역사이펀 작용에 의해 상수 급수계통으로의 역류를 방지하기 위해, 급수관 내에 부압이 발생할 때 자동적으로 공기를 흡인하도록 하는 구조를 가진 기구로서 수격작용을 방지하는 장치가 아니다. 수격작용을 방지하기 위해서는 공기실을 설치한다.

36. 밀폐 배관계에서는 압력계획이 필요하다. 압력계획을 하는 이유로 가장 거리가 먼 것은?
① 운전 중 배관계 내에 대기압보다 낮은 개소가 있으면 접속부에서 공기를 흡입할 우려가 있기 때문에
② 운전 중 수온에 알맞은 최소압력 이상으로 유지하지 않으면 순환수 비등이나 플래시 현상 발생우려가 있기 때문에
③ 수온의 변화에 의한 체적의 팽창·수축으로 배관 각 부에 악영향을 미치기 때문에
④ 펌프의 운전으로 배관계 각 부의 압력이 감소하므로 수격작용, 공기정체 등의 문제가 생기기 때문에

④ 펌프의 운전으로 배관계 각 부의 압력이 증가하므로 수격작용, 공기정체 등의 문제가 생기기 때문에

37. 상수 및 급탕배관에서 상수 이외의 배관 또는 장치가 접속되는 것을 무엇이라고 하는가?
① 크로스 커넥션 ② 역압 커넥션
③ 사이펀 커넥션 ④ 에어갭 커넥션

크로스 커넥션(교차 연결)
급수계통에 오수가 유입되어 오염되도록 배관된 것
[참고] 급수설비의 오염 원인
① 저수탱크에 유해물질 침입에 의한 발생
② 배수의 급수설비로의 역류
③ 크로스 커넥션(cross connection)
④ 배관의 부식

38. 급수배관에서 크로스 커넥션을 방지하기 위하여 설치하는 기구는?
① 체크밸브 ② 워터햄머 어레스터
③ 신축이음 ④ 버큠 브레이커

크로스 커넥션(교차 연결)
급수계통에서 급수배관이나 기구 구조의 불량으로 급수관 내 오수가 역류하여 오염되도록 배관된 것으로 크로스 커넥션에 의한 오수의 유입을 방지하기 위해 역류방지기, 진공 브레이커(Vacuum Breaker) 등을 설치한다.

39. 관 지름이 50mm인 수평 급수강관의 지지간격은?
① 1.8m ② 2.0m
③ 3.0m ④ 4.0m

관의 지지
배관이 움직이지 않도록 그 관경이 13mm 미만의 것에는 1m마다, 13mm 이상 33mm 미만의 것에는 2m마다, 33mm 이상의 것에는 3m마다 고정장치를 설치한다.

40. 급수설비 중 수평배관의 지지간격이 3m일 경우 강관의 관경은 얼마인가?

Answer 36. ④ 37. ① 38. ④ 39. ③ 40. ④

① 20A 이하　② 25~30A
③ 32~40A　④ 50~80A

관지름	지지간격
20A 이하	1.8m
25~40A	2.0m
50~80A	3.0m
90~150A	4.0m
200~300A	5.0m

41. 급수배관 내에 공기실을 설치하는 주된 목적은?

① 공기밸브를 작게 하기 위하여
② 수압시험을 원활하게 하기 위하여
③ 수격작용을 방지하기 위하여
④ 관내 흐름을 원활하게 하기 위하여

　수격작용은 플러시 밸브(flush valve)나 기타 수전류를 급격히 열고 닫을 때 소음과 진동이 발생하는 것으로 수전의 패킹이나 와셔 등의 손상이 커지고 누수가 우려된다. 이러한 수격 작용을 방지하기 위해서는 기구류 가까이에 공기실(air chamber)을 설치함으로써 완화할 수 있다.

42. 배관 내에서의 수격작용을 방지하기 위해 설치하는 것은?

① 공기실　② 신축이음
③ 스톱밸브　④ 트랩

　41번 해설 참고

43. 급수배관에서 워터해머 방지 또는 경감시키는 방법으로 옳지 않은 것은?

① 급격히 개폐되는 밸브의 사용을 제한한다.
② 피스톤형, 벨로즈형, 다이어프램형 등의 워터해머 흡수기를 설치한다.
③ 관내의 유속을 1.5~2m/s 정도로 제한한다.
④ 배관은 가능한 한 구부러지게 한다.

　④ 배관은 가능한 한 직선배관을 원칙으로 하여 구부리지 않는다.

44. 급수배관 시공 시 수격작용의 방지대책으로 틀린 것은?

① 플래시 밸브 또는 급속 개폐식 수전을 사용한다.
② 관 지름은 유속이 2.0~2.5m/s 이내가 되도록 설정한다.
③ 역류 방지를 위하여 체크 밸브를 설치하는 것이 좋다.
④ 급수관에서 분기할 때에는 T이음을 사용한다.

　① 플래시 밸브 또는 급속 개폐식 수전을 사용하면 유속이 불규칙하게 변화되어 수격작용이 일어난다. 이 수격작용을 방지하기 위해 급히 닫히고 열리는 밸브의 근처에 공기실(air chamber)을 설치한다.

45. 급수설비에서 발생하기 쉬운 수격작용에 대한 설명으로 틀린 것은?

① 플러시 밸브 또는 급속개폐식 수전 사용 시 많이 발생된다.
② 평시 수압이 $2kg/cm^2$이라면 수격작용 발생 시에는 $14kg/cm^2$ 이상의 이상압력이 발생한다.
③ 수격작용의 방지법으로는 급폐쇄형 밸브 근처에 공기실을 설치하는 방법이 많이 이용된다.
④ 과대한 수격작용은 배관 밸브와 기기 이음쇠를 진동시키고 충격음을 발생시킨다.

　② 평시 수압이 $2kg/cm^2$이라면 수격작용 발

Answer　41. ③　42. ①　43. ④　44. ①　45. ②

생 시에는 14×2=28kg/cm² 이상의 이상 압력이 발생한다.

46. 급수설비에 있어서 수격작용 방지를 위하여 설치하는 기기와 관계가 먼 것은?

① 에어 체임버
② 스모렌스키 체크밸브
③ 서포트
④ 어레스터

> **수격작용 방지기기**
> ① 에어 체임버
> ② 스모렌스키 체크밸브 : 배관 내의 역류를 방지하는 데 사용되며, 역류를 차단할 때 발생하는 소음 및 워터해머 현상을 획기적으로 차단할 수 있는 기능을 가진 체크밸브이다.
> ③ (워터해머) 어레스터 : 수격방지기
> [참고] 서포트
> 배관의 하중을 아래에서 위로 받쳐서 지지하는 것

47. 세정밸브식 대변기에서 급수관의 관경은 얼마 이상이어야 하는가?

① 15A   ② 25A
③ 32A   ④ 40A

> **세정밸브식(flush valve system) 대변기**
> 한번 밸브를 누르면 일정량의 물이 나오고 잠기는 방식으로 급수관의 최소관경이 25A 이상 급수압력이 최저 0.07MPa 이상이어야 한다.

48. 다음 위생기구 중 배수 부하단위가 가장 큰 것은?

① 세정밸브식 대변기
② 벽걸이식 소변기
③ 치과용 세면기
④ 주택용 샤워기

> **위생기구의 트랩구경과 기구배수부하단위(fuD)**
>
> | 기구 | 트랩 최소 구경 | 기구배수 부하단위 |
> |---|---|---|
> | 대변기(세정밸브식) | 75 | 8 |
> | 소변기(벽걸이식) | 40 | 4 |
> | 치과용 세면기 | 30 | 1 |
> | 주택용 샤워기 | 50 | 2 |

49. 다음 중 각 기구 또는 밸브별 최저 필요수압이 가장 작은 것은?

① 샤워
② 자동밸브
③ 세정밸브
④ 저압용 순간온수기(소)

> **위생기구 최저 필요압력**
>
> | 기구명 | 최소 필요압력 [kg/cm²] |
> |---|---|
> | 세정밸브 | 0.7 |
> | 보통밸브 | 0.3 |
> | 자동밸브 | 0.7 |
> | 샤워 | 0.7 |
> | 저압용 순간온수기(소) | 0.1 |

50. 옥상 탱크의 설치 높이는 건물의 최고층에서 탱크로부터 가장 먼 장소에 있는 세정 밸브에 걸리는 압력을 고려하여야 한다. 세정밸브에 필요한 압력은 몇 kg/cm² 이상의 수압을 유지하여야 하는가?

① 0.3kg/cm²   ② 0.5kg/cm²
③ 0.7kg/cm²   ④ 1.0kg/cm²

> **위생기구 최저 필요압력**
>
> | 기구명 | 최소 필요압력 [kg/cm²] |
> |---|---|
> | 세정밸브 | 0.7 |

Answer 46. ③ 47. ② 48. ① 49. ④ 50. ③

51. 5층 건물에 압력 수조식으로 급수하고자 한다. 5층 말단에 일반 대변기(세정밸브)를 설치할 경우 압력수조 출구의 압력을 어느 정도로 하여야 하는가? (단, 압력수조에서 대변기까지 수직높이에 상당하는 압력 1.5kgf/cm²이고, 압력수조에서 대변기까지의 마찰손실수두 4mAq, 세정밸브의 필요 최소압력 70kPa이다.)

① 약 1.5kg/cm²   ② 약 2.0kg/cm²
③ 약 2.3kg/cm²   ④ 약 2.6kg/cm²

👉 1atm=760mmHg=1.0332kg/cm²
        =10.332mAq
4mAq=0.4kg/cm², 70kPa=0.7kg/cm²
∴ P=1.5+0.4+0.7=2.6kg/cm²

52. 연건평 30000m²인 사무소건물에서 필요한 급수량은? (단, 건물의 유효면적비율은 연면적의 60%, 유효면적당 거주인원은 0.2인/m², 1인 1일당 사용급수량 100L이다.)

① 36m³/d   ② 360m³/d
③ 3600m³/d   ④ 360000m³/d

👉 건물면적에 의한 급수량 산정
$Q_d = A \cdot k \cdot n \cdot q$
  = 30000m² × 0.6 × 0.2인/m² × 100ℓ/day · 인
  = 360000ℓ/day = 360m³/day

53. 급수배관의 수격현상 방지방법으로 가장 거리가 먼 것은?

① 펌프에 플라이휠을 설치한다.
② 관경을 작게 하고 유속을 매우 빠르게 한다.
③ 에어체임버를 설치한다.
④ 완폐형 체크밸브를 설치한다.

👉 ② 관경을 크게 하고 유속을 낮춘다.

54. 급수설비에서 발생하는 수격작용의 방지법으로 틀린 것은?

① 관내의 유속을 낮게 한다.
② 직선배관을 피하고 굴곡배관을 한다.
③ 수전류 등의 폐쇄를 서서히 한다.
④ 기구류 가까이에 공기실을 설치한다.

👉 수격작용 방지법
① 배관 내의 유속을 2.0m/s 미만으로 억제한다.
② 워터해머가 생기기 쉬운 곳에 워터해머 방지기를 설치
③ 수격방지용 체크밸브를 사용한다.
④ 서지탱크(surge tank)를 설치하여 압력변동을 방지한다.
⑤ 배관은 가능한 한 직선배관을 원칙으로 하여 구부리지 않는다.
⑥ 밸브의 개폐를 천천히 한다.
⑦ 급수전 가까이 공기실(air chamber)을 설치한다.

55. 수격현상(water hammer) 방지법이 아닌 것은?

① 관내의 유속을 낮게 한다.
② 펌프에 플라이 휠을 설치하여 펌프의 속도가 급격히 변하는 것을 막는다.
③ 밸브는 펌프 송출구에서 멀리 설치하고 밸브는 적당히 제어한다.
④ 조압수조(surge tank)를 관선에 설치한다.

👉 ③ 밸브는 펌프 송출구 가까이 설치하고 적당한 밸브제어를 한다.

56. 급수 펌프에 대한 배관 시공법 중 옳은 것은?

① 수평관에서 관경을 바꿀 경우 동심 리듀서를 사용한다.
② 흡입관은 되도록 길게 하고 굴곡 부분이 되도록 많게 하여야 한다.

Answer 51. ④ 52. ② 53. ② 54. ② 55. ③ 56. ③

③ 풋 밸브는 동 수위면보다 흡입관경의 2배 이상 물 속에 들어가야 한다.
④ 토출측은 진공계를, 흡입측은 압력계를 설치한다.

① 수평관에서 관경을 바꿀 경우 편심 리듀서를 사용해서 파이프 내부에 공기가 차지 않도록 한다.
② 흡입관은 되도록 짧게하고 굴곡배관은 되도록 피한다.
④ 토출측에는 압력계, 흡입측에는 연성계 또는 진공계를 설치한다.

57. 급수관의 방로피복에 대해 틀리게 설명한 것은?
① 옥내노출 배관은 방로피복을 한다.
② 목조벽 속의 배관은 방로피복을 한다.
③ 콘크리트 바닥 속의 배관은 방로피복을 한다.
④ 실내벽 콘크리트 속의 매설배관은 방로피복을 한다.

방로피복
여름철에 습기가 많고 실온이 높으면 공기 중의 습기가 결로하여 건물의 천장이나 벽에 얼룩이 생기므로 방로피복을 해야 한다. 그러나 콘크리트 바닥 속의 배관은 방로피복을 하지 않는다.

58. 급수펌프에서 발생하는 캐비테이션 현상의 방지법으로 틀린 것은?
① 펌프 설치 위치를 낮춘다.
② 입형 펌프를 사용한다.
③ 흡입손실수두를 줄인다.
④ 회전수를 올려 흡입속도를 증가시킨다.

캐비테이션(Cavitation) 방지책
① 흡입양정을 줄인다.
② 흡입관 손실을 줄인다.
③ 펌프 설치 위치를 가능한 한 낮추고 흡입관을 가능한 한 짧게 하고 관내 유속을 작게 한다.
④ 규정회전수 내 운전(회전수를 줄임)
⑤ 양정에 필요 이상 양정을 잡지 않는다.
⑥ 2대 이상의 펌프 사용

59. 캐비테이션(cavitation) 현상의 발생 조건이 아닌 것은?
① 흡입양정이 지나치게 클 경우
② 흡입관의 저항이 증대될 경우
③ 흡입 유체의 온도가 높은 경우
④ 흡입관의 압력이 양압인 경우

캐비테이션의 발생 조건
① 흡입양정이 클 경우
② 액체의 온도가 높을 경우
③ 흡입관의 저항이 증대될 경우
④ 날개차의 원주속도가 클 경우
⑤ 날개차의 모양이 적당하지 않을 경우
[참고] 캐비테이션
펌프의 양정이 높거나 임펠러의 회전속도가 너무 빠를 때, 액체의 온도가 높은 경우, 흡입배관 및 부속류에서 누설이 발생할 경우 임펠러 입구에서 국부적으로 고진공이 발생되어 물이 증발하고 기포가 발생하는 현상

60. 급수배관의 수격현상 방지방법에 관한 설명 중 잘못된 것은?
① 밸브를 천천히 열고 닫는다.
② 공기실을 설치한다.
③ 관내 유속을 빠르게 한다.
④ 굴곡배관을 억제하고 가능한 한 직선배관으로 한다.

수격작용 방지책
① 유속을 낮춘다.

Answer 57. ③ 58. ④ 59. ④ 60. ③

② 밸브를 천천히 열고 닫는다.
③ 수격방지기나 공기실을 설치하여 압력변동을 방지한다.
④ 플라이 휠을 부착하여 펌프의 속도를 완만하게 변화시킨다.
⑤ 배관은 가능한 한 직선배관을 원칙으로 하여 구부리지 않는다.

61. 펌프를 운전할 때 공동현상(캐비테이션)의 발생 원인으로 가장 거리가 먼 것은?
① 토출양정이 높다.
② 유체의 온도가 높다.
③ 날개차의 원주속도가 크다.
④ 흡입관의 마찰저항이 크다.

👉 59번 해설 참고

62. 배관계통 중 펌프에서의 공동현상(cavitation)을 방지하기 위한 대책으로 틀린 것은?
① 펌프의 설치 위치를 낮춘다.
② 회전수를 줄인다.
③ 양 흡입을 단 흡입으로 바꾼다.
④ 굴곡부를 적게 하여 흡입관의 마찰 손실수두를 작게 한다.

👉 ③ 단 흡입을 양 흡입으로 바꾼다.

63. 베이퍼록 현상을 방지하기 위한 방법으로 틀린 것은?
① 실린더 라이너의 외부를 가열한다.
② 흡입 배관을 크게 하고 단열 처리한다.
③ 펌프의 설치 위치를 낮춘다.
④ 흡입 관로를 깨끗이 청소한다.

👉 **베이퍼록 발생 방지법**
① 실린더 라이너의 외부를 냉각시킨다.

② 흡입관 지름을 크게 하거나 펌프의 설치 위치를 낮춘다.
③ 흡입 배관을 단열 처리한다.
④ 흡입 배관 경로를 청소한다.

[참고] 펌프의 베이퍼록(vapor-lock) 현상 저비등점 액체 등을 이송할 경우 펌프의 입구측에서 발생되는 현상으로 일종의 액체의 비등현상에 의한 것이다.

※ 베이퍼록 발생 요인
㉠ 액 자체 또는 흡입 배관 외부의 온도가 상승할 경우
㉡ 펌프 냉각기가 부작동하거나 설치되지 않은 경우
㉢ 흡입관 지름이 작거나 펌프 설치 위치가 적당하지 않을 때
㉣ 흡입 관로의 막힘, 스케일 부착 등에 의한 저항의 증대

64. 펌프 흡입측 수평배관에서 관경을 바꿀 때 편심 리듀서를 사용하는 목적은?
① 유속을 빠르게 하기 위하여
② 펌프 압력을 높이기 위하여
③ 역류 발생을 방지하기 위하여
④ 공기가 고이는 것을 방지하기 위하여

👉 펌프 흡입측의 편심 리듀서를 사용하는 이유는 기포(공기)가 생겨 펌프에 들어가 공동현상((캐비테이션) 등이 발생하지 않도록 하기 위해서이다.

65. 밀폐 배관계에서는 압력계획이 필요하다. 압력계획을 하는 이유로 틀린 것은?
① 운전 중 배관계 내에 대기압보다 낮은 개소가 있으면 접속부에서 공기를 흡입할 우려가 있기 때문에
② 운전 중 수온에 알맞은 최소압력 이상으로 유지하지 않으면 순환수 비등이나 플래시 현상 발생 우려가 있기 때문에

Answer 61. ① 62. ③ 63. ① 64. ④ 65. ③

제10장 급수, 급탕 및 배수설비 | 1201

③ 펌프의 운전으로 배관계 각 부의 압력이 감소하므로 수격작용, 공기정체 등의 문제가 생기기 때문에
④ 수온의 변화에 의한 체적의 팽창·수축으로 배관 각 부에 악영향을 미치기 때문에

☞ ③ 펌프의 운전으로 배관계 각 부의 압력이 증가하므로 수격작용, 공기정체 등의 문제가 생기기 때문에

66. 펌프 주위 배관시공에 관한 사항으로 틀린 것은?

① 풋 밸브 등 모든 관의 이음은 수밀, 기밀을 유지할 수 있도록 한다.
② 흡입관의 길이는 가능한 한 짧게 배관하여 저항이 작도록 한다.
③ 흡입관의 수평배관은 펌프를 향하여 하향 구배로 한다.
④ 양정이 높을 경우 펌프 토출구와 게이트 밸브 사이에 체크밸브를 설치한다.

☞ **펌프 주위 배관시공**
펌프의 흡입배관은 가능한 한 길이를 짧게 하고 굴곡을 적게 하지만, 흡입관은 펌프전방에서 관경의 3배 이상 직관부를 두고 관경을 바꿀 때는 편심이음쇠를 사용해야 한다. 또한 흡입관의 길이는 6m 이하로 하고 관경은 펌프의 흡입구 지름보다 한 치수 큰 것을 사용하고 말단에는 스트레이너를 설치한다. 흡입인 경우에는 펌프를 향하여 상향으로 구배(1/50 이상)가 되도록 하고 압입인 경우에는 반대로 구배가 되도록 하여야 한다.

67. 펌프 주위의 배관 시 주의해야 할 사항으로 틀린 것은?

① 흡입관의 수평배관은 펌프를 향해 위로 올라가도록 설계한다.
② 토출부에 설치한 체크 밸브는 서징현상 방지를 위해 펌프에서 먼 곳에 설치한다.
③ 흡입구는 수위면에서부터 관경의 2배 이상 물속으로 들어가게 한다.
④ 흡입관의 길이는 되도록 짧게 하는 것이 좋다.

☞ ② 토출부에 설치한 체크 밸브는 서징현상 방지를 위해 펌프 토출구와 슬루스 밸브 사이 펌프에서 가까운 곳에 설치한다.

68. 동일한 특성을 갖는 원심펌프를 병렬로 연결운전 시 증가하는 것은? (단, 배관의 마찰저항은 무시한다.)

① 효율   ② 양정
③ 유량   ④ 회전수

☞ ① 병렬연결 : 유량은 2배 증가, 양정은 일정
② 직렬연결 : 유량은 일정, 양정은 2배 증가

69. 급수설비에서 마찰저항선도를 이용하여 관 지름을 구할 때 관계가 먼 것은?

① 압력   ② 유속
③ 유량   ④ 마찰저항

☞ 마찰저항선도에서는 유량, 마찰저항 및 유속을 이용하여 그 교점을 찾아 관지름을 구할 수 있다.

70. 급수관의 평균 유속이 2m/s이고 유량이 100L/s로 흐르고 있다. 관 내의 마찰손실을 무시할 때 안지름(mm)은 얼마인가?

① 173   ② 227
③ 247   ④ 252

☞ 연속방정식 $Q = AV = (\frac{\pi D^2}{4})V$에서 관경(D)에 관해 풀면

Answer 66. ③ 67. ② 68. ③ 69. ① 70. ④

$$D = \sqrt{\frac{4Q}{\pi V}} = \sqrt{\frac{4 \times (100\text{L/s} \times \frac{10^{-3}\text{m}^3}{1\text{L}})}{\pi \times 2}}$$
$$= 0.252\text{m} = 252\text{mm}$$

71. 관경 25A(내경 27.6mm)의 강관에 매분 30*l*/min의 가스를 흐르게 할 때 유속은 약 얼마인가?

① 0.14m/s ② 0.34m/s
③ 0.64m/s ④ 0.84m/s

연속방정식 $Q = AV = \frac{\pi D^2}{4}V$ 에서

$$V = \frac{4Q}{\pi D^2} = \frac{4 \times 30l/\text{min} \times \frac{10^{-3}\text{m}^3}{1l} \times \frac{1\text{min}}{60s}}{\pi \times 0.0276^2}$$
$$= 0.84\text{m/s}$$

여기서 $1l = 10^{-3}\text{m}^3$, 27.6mm = 0.0276m

72. 직경 300mm인 철관에 3m/s의 속도로 물이 흐를 때 관의 길이 150m에서의 마찰손실수두는? (단, 마찰계수 f는 0.03이다.)

① 6.89m ② 7.52m
③ 9.13m ④ 12.6m

마찰손실수두(H_l)

$$H_l = f \cdot \frac{l}{d} \cdot \frac{V^2}{2g} = 0.03 \times \frac{150}{0.3} \times \frac{3^2}{2 \times 9.8}$$
$$= 6.89\text{m}$$

73. 양정 40m, 양수량 0.4m³/min으로 작동하고 있는 펌프의 회전수가 2000rpm이었다가 전압강하로 인하여 회전수가 1500rpm으로 되었다면 양수량은 다음 중 어느 것인가?

① 0.2m³/min ② 0.3m³/min
③ 0.4m³/min ④ 0.5m³/min

펌프 상사법칙을 적용

$$Q_2 = \left(\frac{N_2}{N_1}\right)Q_1 = \left(\frac{1500}{2000}\right) \times 0.4 = 0.3\text{m}^3/\text{min}$$

74. 펌프의 양수량이 60m³/min이고 전양정 20m일 때 벌류트 펌프(volute pump)로 구동할 경우 필요한 동력은 약 몇 kW인가? (단, 펌프의 효율은 60%로 한다.)

① 196.1kW ② 200kW
③ 326.8kW ④ 405.8kW

펌프의 소요동력(L)

$$L = \frac{\gamma \times H \times Q}{102 \times 60 \times \eta}$$
$$= \frac{1,000\text{kg/m}^3 \times 20\text{m} \times 60\text{m}^3/\text{min}}{102 \times 60 \times 0.6}$$
$$= 326.8\text{kW}$$

75. 급탕량의 산정에는 일반적으로 2가지 방법이 있다. 2가지 방법으로 급탕량을 계산할 경우 반드시 일치하지는 않지만 양자의 값을 비교 검토하여 급탕량을 추정한다. 2가지 방법은 어느 것인가?

① 기구수에 의한 방법과 가열코일에 의한 방법
② 사용인원에 의한 방법과 기구의 종류와 개수에 의한 방법
③ 사용인원에 의한 방법과 보일러 부하에 의한 방법
④ 저탕조의 용량에 의한 방법과 보일러 부하에 의한 방법

급탕량은 건물의 종류, 사용목적, 기구수, 사용시간에 따라 달라지지만 일반적으로 1일 급수량의 2/3로 생각하여 가열장치나 저탕탱크의 용량을 결정한다. 급탕량을 산출하는 방법으로는 인원수로 산정하는 방법과 기구 개수

Answer 71. ④ 72. ① 73. ② 74. ③ 75. ②

로 산정하는 방법이 있다. 이 중 기구 개수에 따른 방법은 우선 기구 1개당의 급탕량을 구하고, 여기에 기구수, 동시사용률을 곱하는 방법과 기구 1회당의 급탕량에 1시간당 사용횟수, 동시사용률을 곱하는 방법이 있다.

76. 급탕량을 산정하는 단계에서 동시사용률이 고려되어야 하는 경우는?

① 재실인원을 기준하여 1인당 1일 급탕량을 산정하는 경우
② 사용인원수에 따르는 경우 주거시설이므로 식기세척기, 세탁기 등을 별도로 산정하는 경우
③ 설치된 기구수를 기준하여 급탕량을 산정하는 경우
④ 건물의 용도별 바닥면적에 따라 거주인원을 추정하여 산정하는 경우

☞ 75번 해설 참고

77. 중앙식 급탕법에 대한 설명으로 틀린 것은?

① 탱크 속에 직접 증기를 분사하여 물을 가열하는 기수 혼합식의 경우 소음이 많아 증기관에 소음기(silencer)를 설치한다.
② 열원으로 비교적 가격이 저렴한 석탄, 중유 등을 사용하므로 연료비가 적게 든다.
③ 급탕설비를 다른 설비 기계류와 동일한 장소에 설치하므로 관리가 용이하다.
④ 저탕 탱크 속에 가열 코일을 설치하고, 여기에 증기보일러를 통해 증기를 공급하여 탱크 안의 물을 직접 가열하는 방식을 직접 가열식 중앙 급탕법이라 한다.

☞ ④ 저탕 탱크 속에 가열 코일을 설치하고 여기에 증기보일러를 통해 증기를 공급하여 탱크 안의 물을 간접 가열하는 방식을 간접가열식 급탕법이라고 한다.

[참고] 중앙식 급탕방식의 특징
① 가스를 사용하므로 연료비가 절감된다.
② 대규모 급탕을 실시하므로 열효율이 높다.
③ 기계실에 집중 배치되어 있으므로 관리가 용이하다.
④ 호텔, 병원, 아파트 등과 같이 급탕개소가 많은 대규모 건축물에 적합하다.
⑤ 중앙식 급탕방법은 대규모 건축물 중 급탕개소가 많을 때 채택하기 때문에 설비비가 고가이다.

78. 중앙식 급탕방식의 특징으로 틀린 것은?

① 일반적으로 다른 설비 기계류와 동일한 장소에 설치할 수 있어 관리가 용이하다.
② 저탕량이 많으므로 피크 부하에 대응할 수 있다.
③ 일반적으로 열원장치는 공조설비와 겸용하여 설치되기 때문에 열원단가가 싸다.
④ 배관이 연장되므로 열효율이 높다.

☞ ④ 배관이 연장되므로 열손실이 크다.

79. 다음 중 중앙식 급탕법의 특징이 아닌 것은?

① 저탕량이 많으므로 피크 로드에 대응할 수 있다.
② 열원에 중유, 석탄 등의 값싼 것을 사용할 수 있다.
③ 다른 설비 기계류와 동일한 장소에 설치되므로 관리가 용이하다.
④ 급탕개소가 적을 경우에는 설비비가 싸다.

☞ ④ 중앙식 급탕방법은 대규모 건축물 중 급탕개소가 많을 때 채택하기 때문에 설비비가 고가이다.

80. 저장 탱크 내부에 가열 코일을 설치하고 코일 속에 증기를 공급하여 물을 가열하는 급

Answer 76. ③ 77. ④ 78. ④ 79. ④ 80. ①

탕법은?

① 간접 가열식 ② 기수 혼합식
③ 직접 가열식 ④ 가스 순간 탕비식

☞ **간접 가열식 급탕법**
보일러에서 만들어진 증기나 고온수를 이용하여 저탕조 내에 설치한 코일로 증기나 고온수를 통하여 물을 간접적으로 가열하여 필요한 장소에 공급하는 방식이다. 대체로 호텔, 사무소, 병원, 아파트 등의 대규모 건물의 급탕에 적합하며, 난방용 보일러의 열원으로 이용할 수도 있다.

81. 간접 가열식 급탕법에 관한 설명으로 틀린 것은?

① 대규모 급탕설비에 부적당하다.
② 순환증기는 높이에 관계 없이 저압으로 사용 가능하다.
③ 저탕탱크와 가열용 코일이 설치되어 있다.
④ 난방용 증기보일러가 있는 곳에 설치하면 설비비를 절약하고 관리가 편하다.

☞ ① 대규모 급탕설비에 적합하다.
[참고] 간접 가열식 급탕법
증기 또는 고온수를 열원으로 하며, 온수탱크 내에 설치한 가열코일에 열원을 통과시켜 탱크 내의 물과 열교환시켜 간접적으로 가열하는 방식이다. 따라서 증기 또는 고온수가 반복 순환하므로 스케일 부착이 적고 전열효율이 높으며, 건물높이에 관계없이 저압보일러를 사용한다. 일반적으로 대규모 고층건물에 쓰이며, 공조설비와 병용이므로 열원단가가 낮아지며 시설비가 절약되고 유지관리상 편리하다.

82. 증기로 가열하는 간접가열식 급탕설비에서 저탕 탱크 주위에 설치하는 장치와 가장 거리가 먼 것은?

① 증기트랩장치
② 자동온도조절장치
③ 개방형 팽창탱크
④ 안전장치와 온도계

☞ **간접가열식 급탕설비 저탕조 부속기기**
자동온도조절장치(서모스탯), 증기트랩장치, 온도계, 안전밸브, 순환펌프, 가열코일, 보일러, 급탕관 등

83. 간접가열 급탕법과 가장 거리가 먼 장치는?

① 증기 사일렌서 ② 저탕조
③ 보일러   ④ 고가수조

☞ 증기 사일렌서는 증기를 물 속에 직접 분사하여 물을 가열하는 기수혼합식 급탕법에서 소음을 제거하기 위해 사용한다.
[참고] 간접가열식 급탕법

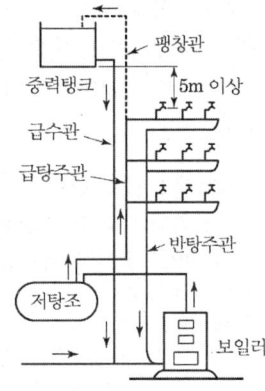

84. 개별식 급탕방법의 특징이 아닌 것은?

① 배관의 길이가 길어 열손실이 크다.
② 사용이 쉽고 시설이 편리하다.
③ 필요한 즉시 따뜻한 온도의 물을 쓸 수 있다.
④ 소형 가열기를 급탕이 필요한 곳에 설치하는 방법이다.

☞ **개별식 급탕방식**
① 소규모 건물에서 급탕개소가 적을 때 사용

Answer 81. ① 82. ③ 83. ① 84. ①

한다.
② 온수를 쉽게 얻을 수 있다.
③ 배관 열손실이 적어서 설비비, 유지비가 저렴하다.

85. 급탕설비에 관한 설명으로 틀린 것은?
① 개별식 급탕법은 욕실, 세면장, 주방 등에 소형의 가열기를 설치하여 급탕하는 방법이다.
② 온수보일러에 의한 간접가열방식이 직접가열방식보다 저탕조 내부에 스케일이 잘 생기지 않는다.
③ 급수관에서 공급된 물이 코일 모양으로 배관된 가열관을 통과하는 동안에 가스 불꽃에 의해 가열되어 급탕하는 장치를 순간온수기라 한다.
④ 열효율은 양호하지만 소음이 심하여 S형, Y형의 사일렌서를 부착하며, 사용증기압력은 약 10~40MPa인 급탕법을 기수혼합식이라 한다.

👉 ④ 열효율은 양호하지만 소음이 심하여 S형, F형 스팀 사일렌서(steam silencer)를 부착하며 사용증기압력은 약 1~4kg/cm^2(약 0.1~0.4MPa)인 급탕법을 기수혼합식이라 한다.

86. 기수혼합식 급탕법에 관한 다음 설명 중 잘못된 것은?
① 증기를 열원으로 하는 급탕법이다.
② 증기로 인한 소음은 스팀 사일렌서로 완화시킨다.
③ 스팀 사일렌서의 종류에는 P형과 U형이 있다.
④ 사용증기압력은 1~4kg/cm^2 정도이다.

👉 ③ 스팀 사일렌서의 종류에는 S형과 F형이 있다.

87. 다음 중 기수혼합식(증기분류식) 급탕설비에서 소음을 방지하는 기구는?
① 가열코일 ② 사일렌서
③ 순환펌프 ④ 서모스탯

👉 **기수혼합식 급탕법**
증기와 물을 혼합해서 온수를 만드는 방법. 증기를 물속에 직접 분사하여 물을 가열하는 것으로 소음을 제거하기 위해 증기 사일렌서를 사용한다. 사일렌서는 S형과 F형이 있으며, 사용증기압력은 1~4kg/cm^2 정도이다.

88. 기수혼합식 급탕설비에서 일반적으로 사용하고 있는 스팀 사일렌서(steam silencer)의 역할은?
① 증기관 내에 발생된 공기를 배출한다.
② 급탕설비의 효율을 증진시킨다.
③ 배관 내의 이물질을 제거한다.
④ 소음을 방지한다.

👉 87번 해설 참고

89. 급탕 배관에서 설치되는 팽창관의 설치 위치로 적당한 것은?
① 순환펌프와 가열장치 사이
② 가열장치와 고가탱크 사이
③ 급탕관과 환수관 사이
④ 반탕관과 순환펌프 사이

👉 **팽창관**
온수 순환 배관 도중에 이상 압력이 생겼을 때 그 압력을 흡수하는 도피구로 가열장치(저탕조)와 고가탱크 사이에 설치한다. 팽창관의 도중에는 절대로 밸브를 달아서는 안 된다.

Answer 85. ④ 86. ③ 87. ② 88. ④ 89. ②

90. 증기가열 코일이 있는 저탕조의 하부(저온부)에 부착하는 배관이 아닌 것은?
① 팽창관　② 급수관
③ 배수관　④ 반탕관

　온수난방에서 팽창관은 팽창수조에 이르는 안전을 위해 설치한 배관으로 팽창탱크에 연결한다. 팽창관에는 흐름을 차단하는 어떠한 장치도 설치해서는 안 된다.

91. 급탕배관에서 팽창탱크의 설치 높이는 급수원보다 탱크 저면이 몇 m 이상 높아야 하는가?
① 3m　② 5m
③ 7m　④ 10m

　급탕배관에서 중력탱크의 설치 높이는 탱크의 저면이 최고층의 급탕전보다 5m 이상 높은 곳에 설치하며 탱크 급수는 볼탭에 의해 자동급수한다.

92. 팽창탱크는 최고층 급탕기구보다 얼마 이상 높은 곳이 바람직한가?
① 3m 이상　② 5m 이상
③ 7m 이상　④ 9m 이상

　팽창탱크에서 개방형은 탱크 저면에서 최고층 급탕전까지 5m 이상 높은 곳에 설치한다.

93. 급탕설비에 관한 설명 중 틀린 것은?
① 저탕탱크의 설계에 있어서 가열 능력을 크게 취하면 저탕량을 적게 할 수 있다.
② 팽창관의 개구 높이는 급수탱크에서 펌프의 양정만큼 반드시 높게 하지 않으면 안 된다.
③ 급탕배관은 배관방식과 공급방식에 의하여 분류된다.
④ 간접가열식은 저탕조 내부에 스케일이 잘 생기지 않는다.

　② 고가수조의 최고수위의 수면에서 입상높이가 작으면 운전 시에 탕이 수조 내로 유입될 우려가 있으므로 팽창관의 개구 높이는 팽창관과 밀도차에 해당하는 수두만큼 입상시켜야 한다.

94. 급탕설비의 과압방지 장치인 팽창관, 팽창탱크에 대한 설명이 잘못된 것은?
① 팽창관의 관경은 겨울철 동결을 고려하여 25A를 최저관경으로 한다.
② 팽창탱크의 용량은 통상 가열장치와 저탕조 용량합계의 30%를 유효 용량으로 한다.
③ 팽창관의 도중에는 밸브류가 없도록 한다.
④ 팽창탱크의 설치 높이는 저면이 최상층 급탕전보다 5m 이상 높은 곳에 설치한다.

　팽창탱크의 용량 선정방법
　① 급탕일 경우 : 가열장치와 저탕조 용량합계(온수탱크 용량)의 10%로 팽창탱크 선정
　② 난방일 경우 (보일러 관수량×5)×10/100 : 일반적으로 물의 온도변화에 따른 팽창계수와 연관이 있으나 통상적으로 총관수용량에 10%로 적용한다.

95. 급탕배관 시공에 대한 설명 중 틀린 것은?
① 배관의 굽힘 부분에는 벨로즈 이음을 한다.
② 하향식 급탕주관의 최상부에는 공기빼기 장치를 설치한다.
③ 팽창관의 관경은 겨울철 동결을 고려하여 25A 이상으로 한다.
④ 단관식 급탕배관 방식에는 상향배관, 하향배관 방식이 있다.

　① 배관의 굽힘부분에서는 급탕배관의 신축방지를 위하여 스위블 이음으로 접합한다.

Answer　90. ①　91. ②　92. ②　93. ②　94. ②　95. ①

[참고] 급탕설비 배관시공
① 배관의 구배는 온수의 순환을 원활히 하기 위해 현장 조건이 허용하는 한 급구배로 하는 것이 좋다.
② 상향 공급방식에 있어서는 급탕 수평주관은 선상향(앞올림) 구배로 하고, 복귀관은 선하향(앞내림) 구배로 한다.
③ 하향 공급방식에는 급탕관 및 복귀관 모두 하향(앞내림) 구배로 한다.
④ 배관구배는 중력환수식은 1/150, 강제순환방식은 1/200 정도로 하는 것이 좋다.
⑤ 배관시공에서 가능한 한 직선배관으로 설치하고 부득이 굴곡 배관을 해야 할 경우에는 그곳에 고일 공기를 배제하기 위해 공기빼기 밸브를 설치해야 한다.
⑥ 보통 1개의 신축이음쇠로 30mm 전후의 팽창량을 흡수한다. 따라서 강관은 보통 30m, 동관은 20m마다 신축이음을 1개씩 설치하는 것이 좋다.

96. 급탕설비의 설계 및 시공에 관한 설명으로 틀린 것은?
① 중앙식 급탕방식은 개별식 급탕방식보다 시공비가 많이 든다.
② 온수의 순환이 잘 되고 공기가 고이는 것을 방지하기 위해 배관에 구배를 둔다.
③ 게이트 밸브는 공기고임을 만들기 때문에 글로브 밸브를 사용한다.
④ 순환방식은 순환펌프에 의한 강제순환식과 온수의 비중량 차이에 의한 중력식이 있다.

☜ ③ 배관 도중의 스톱 밸브, 글로브 밸브 등은 공기 체류를 유발하기 쉬우므로 공기의 체류를 적게 하는 게이트 밸브가 적당하다.

97. 급탕설비의 배관에 대한 설명 중 틀린 것은?
① 공기를 신속히 도피시키기 위해 요철(凹凸)부를 만들지 않고 가능하면 큰 구배로 한다.
② 가급적 곡부배관보다 직선배관을 하는 것이 좋다.
③ 급탕용 배관재료는 부식작용을 고려하여 내식성이 있는 재료를 사용한다.
④ 수평관의 지름을 축소할 때는 동심 리듀서를 사용한다.

☜ ④ 배관 도중의 구경이 다른 관과의 연결은 되도록 편심형 리듀서를 사용하여 공기가 고이지 않도록 한다.

98. 급탕설비의 배관에 대한 설명 중 부적당한 것은?
① 급탕관은 급수관보다 부식이 심하므로 방식에 대한 대책을 필요로 한다.
② 공기가 정체하기 쉽기 때문에 직선배관보다는 굴곡배관이 좋다.
③ 공기빼기 밸브로는 공기의 체류를 적게 하는 게이트 밸브가 적당하다.
④ 보통 30~40m마다 1개소씩 신축이음을 만들어 주어야 한다.

☜ ② 공기가 정체하기 쉽기 때문에 굴곡배관보다는 직선배관이 좋다.

99. 다음 중 급탕설비의 배관 시공에 관한 설명이 옳은 것은?
① 배관과 기기류와의 접속은 용접에 의해 견고하게 이음한다.
② 보일러, 저탕탱크 및 도피관의 배수는 간접배수로 한다.
③ 산형(山形) 배관이 되어 공기체류가 우려되는 곳에는 공기실을 설치한다.

 96. ③ 97. ④ 98. ② 99. ②

④ 상향공급식 급탕주관은 내림구배(하향구배)로 한다.

① 배관과 기기류의 접속은 탈착이 용이하도록 플랜지 또는 유니언 이음을 한다.
③ 산형(山形) 배관이 되어 공기체류가 우려되는 곳 또는 굴곡배관에는 공기빼기 밸브를 설치한다.
④ 상향공급식 급탕주관은 올림구배(상향구배)로 하고, 복귀관은 내림구배(하향구배)로 한다.

100. 급탕배관에 관한 설명으로 틀린 것은?

① 단관식의 경우 급수관경보다 큰 관을 사용해야 한다.
② 하향식 공급 방식에서는 급탕관 및 복귀관은 모두 선하향구배로 한다.
③ 보통 급탕관은 수명이 짧으므로 장래에 수리, 교체가 용이하도록 노출 배관하는 것이 좋다.
④ 연관은 열에 강하고 부식도 잘되지 않으므로 급탕배관에 적합하다.

④ 연관은 열에 약하고 탕에 침식되기 쉬우므로 급탕배관에 부적합하다.

101. 급탕배관 시공에 관한 설명으로 틀린 것은?

① 배관의 굽힘 부분에는 벨로즈 이음을 한다.
② 하향식 급탕주관의 최상부에는 공기빼기 장치를 설치한다.
③ 팽창관의 관경은 겨울철 동결을 고려하여 25A 이상으로 한다.
④ 단관식 급탕배관 방식에는 상향배관, 하향배관 방식이 있다.

① 배관의 굽힘부분에서는 급탕배관의 신축 방지를 위하여 스위블 이음으로 접합한다.

102. 다음 중 급탕설비에 관한 설명으로 맞는 것은?

① 급탕배관의 순환방식은 상향순환식, 하향순환식, 상하향 혼용순환식으로 구분된다.
② 물에 증기를 직접 분사시켜 가열하는 기수혼합식의 사용증기압은 0.01MPa(0.1 kgf/cm^2) 이하가 적당하다.
③ 가열에 따른 관의 신축을 흡수하기 위하여 팽창탱크를 설치한다.
④ 강제순환식 급탕배관의 구배는 1/200 이상으로 한다.

① 급탕배관의 순환방식은 중력순환식(자연순환식), 강제순환식(기계순환식)으로 구분된다. 급탕배관의 공급방식은 상향순환식, 하향순환식, 상하향 혼용순환식으로 구분된다.
② 물에 증기를 직접 분사시켜 가열하는 기수혼합식의 사용증기압은 0.1~0.4MPa (1~4kgf/cm^2)가 적당하다.
③ 가열에 따른 관의 신축을 흡수하기 위하여 신축이음을 설치한다.

103. 급탕배관에 대한 설명이 잘못된 것은?

① 복관식은 가열장치와 기구와의 배관거리가 먼 대규모 설비에 채택된다.
② 배관의 각 지관에서 온수의 순환을 균일하게 하기 위해 리버스리턴 방식이 사용된다.
③ 기계순환식은 반탕관의 말단과 저탕탱크 사이에 순환펌프를 설치하여 순환시키는 방식이다.
④ 자연순환식은 건물의 높이에 따른 압력차에 의해 순환하는 방식이다.

④ 자연순환식(중력식)은 급탕관과 반탕관 내의 수온 차에 의해 발생되는 물의 밀도

Answer 100. ④ 101. ① 102. ④ 103. ④

차에 의해 생기는 자연순환력을 이용하는 방식이다.

104. 다음 설명 중 가장 적절하게 표현된 것은?

① 물이 뜨거워지면 수중에 포함된 공기가 분리되기 쉽고 이 공기는 배관의 하부에 모여서 급탕의 순환을 방해한다.
② 급탕배관은 신축에 견디도록 가능하면 요철부가 많도록 배관하는 것이 원칙이다.
③ 급탕배관의 구배는 중력순환식에서는 1/150 이상, 강제순환식에서는 1/200 이상으로 한다.
④ 배관의 구배는 하향구배로 가능한 한 구배를 작게 배관한다.

☞ ① 물이 뜨거워지면 수중에 포함된 공기가 분리되기 쉽고 이 공기는 배관의 상부에 모인다.
② 급탕 배관은 신축에 견디도록 가능하면 요철부가 적도록 배관하는 것이 원칙이다.
④ 온수의 순환을 좋게 하기 위해 구배를 되도록 크게 배관한다.

105. 급탕배관 시공법에 관하여 옳게 설명한 것은?

① 급수관보다 부식이 심하지 않아 가급적 은폐배관을 한다.
② 배관 구배는 중력순환식은 1/200, 강제순환식은 1/150이 표준이다.
③ 벽, 바닥 등을 관통할 때에는 강관제 슬리브를 사용한다.
④ 복귀탕의 역류방지를 위하여 복귀관에 체크밸브를 설치하되 탕의 저항을 적게 하기 위해 2개 이상 설치한다.

☞ ① 재료의 수명이 비교적 짧으므로 수리·교환이 쉽도록 가급적 노출배관을 한다.
② 배관 구배는 중력순환식은 1/150, 강제순환식은 1/200이 표준이다.
④ 복귀탕의 역류방지를 위하여 복귀관에 체크밸브를 설치하되 탕의 저항을 적게 하기 위해 2개 이상 설치하지 않는다.

106. 급탕 배관 시 주의사항으로 틀린 것은?

① 구배는 중력순환식인 경우 $\frac{1}{150}$, 강제순환식에서는 $\frac{1}{200}$로 한다.
② 배관의 굽힘 부분에는 스위블 이음으로 접합한다.
③ 상향배관인 경우 급탕관은 하향구배로 한다.
④ 플랜지에 사용되는 패킹은 내열성 재료를 사용한다.

☞ ③ 상향배관인 경우 급탕관은 상향구배로 한다.

107. 하향공급식 급탕 배관법의 구배는?

① 급탕관은 끝올림, 복귀관은 끝내림 구배를 준다.
② 급탕관은 끝내림, 복귀관은 끝올림 구배를 준다.
③ 급탕관, 복귀관 모두 끝올림 구배를 준다.
④ 급탕관, 복귀관 모두 끝내림 구배를 준다.

☞ **급탕배관 구배**
① 중력순환식 : 1/150 이상
② 강제순환식 : 1/200 이상
③ 상향공급식 : 급탕 수평주관은 선상향(앞올림) 구배로 하고, 복귀관은 선하향(앞내림) 구배로 한다.
④ 하향공급식 : 급탕관 및 복귀관 모두 선하향(끝내림) 구배로 한다.

108. 급탕배관의 구배에 관한 설명으로 옳은 것은?

① 상향공급식의 경우 급탕관은 올림구배, 반탕관은 내림구배로 한다.
② 상향공급식의 경우 급탕관과 반탕관 모두 내림구배로 한다.
③ 하향공급식의 경우 급탕관은 내림구배, 반탕관은 올림구배로 한다.
④ 하향공급식의 경우 급탕관과 반탕관 모두 올림구배로 한다.

☞ 107번 해설 참고

109. 급탕배관 시공 시 주의사항으로 옳지 않은 것은?

① 상향식 공급방식에서 급탕 수평주관은 선상향구배로 한다.
② 하향식 공급방식에서는 급탕관은 선상향 구배로 한다.
③ 상향식 공급방식에서 복귀관은 선하향구배로 한다.
④ 하향식 공급방식에서는 복귀관은 선하향 구배로 한다.

☞ ② 하향식 공급방식에서는 급탕관은 선하향 구배로 한다.

110. 상향식 급탕배관에서 구배를 적합하게 설명한 내용은?

① 급탕 수평주관은 상향, 복귀관은 하향구배이다.
② 급탕 수평주관은 하향, 복귀관은 하향구배이다.
③ 급탕 수평주관, 복귀관 모두 상향구배이다.
④ 급탕 수평주관, 복귀관 모두 하향구배이다.

☞ 107번 해설 참고

111. 급탕배관의 신축을 흡수하기 위한 시공방법으로 틀린 것은?

① 건물의 벽 관통부분 배관에는 슬리브를 끼운다.
② 배관의 굽힘 부분에는 벨로즈 이음으로 접합한다.
③ 복식 신축관 이음쇠는 신축구간의 중간에 설치한다.
④ 동관을 지지할 때에는 석면, 고무 등의 보호재를 사용하여 고정시킨다.

☞ ② 배관의 굽힘 부분에는 스위블 이음으로 접합한다.

112. 중력순환식 급탕관의 권장유속으로 적당한 것은?

① 0.03~2.0m/s   ② 3.0~5.0m/s
③ 6.0~8.0m/s   ④ 10~12m/s

☞ 급탕관의 유속은 되도록 2.0m/s 이하가 되도록 한다.

113. 냉온수 펌프 토출관의 권장유속으로 적합한 것은?

① 0.5~1m/s   ② 1.5~2m/s
③ 3~5m/s   ④ 7~10m/s

☞ ① 각 위생배관의 최적 유속
  ㉠ 건물 내 급수관 : 0.5~0.7m/s
  ㉡ 급탕관 : 0.7~1.0m/s
  ㉢ 배수/오수배관 : 0.6~1.2m/s
  ㉣ 수도본관 : 1.0~2.0m/s
  ㉤ 펌프 토출관 : 1.5~2.0m/s
② 구배 : 1/50~1/100

Answer 108. ① 109. ② 110. ① 111. ② 112. ① 113. ②

114. 급탕 배관의 호칭경이 32mm인 관의 보온 두께로 적당한 것은? (단, 보온재는 아스베스트이다.)

① 15 ② 20
③ 25 ④ 40

👆 **급탕배관의 보온**

관경\용도	급수, 소화수관	급탕관
40 이하	25	25
50~65	25	40
80~100	25	40
125~150	40	40
200 이상	40	–

115. 급탕배관에서 강관의 신축을 흡수하기 위한 신축이음쇠의 설치 간격으로 적합한 것은?

① 10m 이내 ② 20m 이내
③ 30m 이내 ④ 40m 이내

👆 신축이음은 강관일 경우 30m, 동관일 경우 20m마다 1개소씩 설치한다.

116. 급탕배관의 신축방지를 위한 시공 시 틀린 것은?

① 배관의 굽힘 부분에는 스위블 이음으로 접합한다.
② 건물의 벽 관통부분 배관에는 슬리브를 끼운다.
③ 배관 직관부에는 팽창량을 흡수하기 위해 신축이음쇠를 사용한다.
④ 급탕밸브나 플랜지 등의 패킹은 고무, 가죽 등을 사용한다.

👆 ④ 급탕밸브나 플랜지 등의 패킹은 고무, 가죽 등을 사용하지 말고 내열성 재료를 선택하여 시공한다.

[참고] 급탕배관의 신축방지 시공방법
① 배관의 굽힘 부분에는 스위블 이음으로 접합
② 건물의 벽 관통부분에는 슬리브를 끼운다.
③ 배관 중간에 신축 이음을 설치(직관 30m 이내)
④ 순환펌프는 보수가 편리한 곳에 설치하고 가열기를 하부에 설치 시 바이패스 배관을 한다.
⑤ 급탕밸브나 플랜지 등은 고무, 가죽 등을 사용하지 말고 내열성 재료를 사용
⑥ 동관을 지지할 때에는 석면, 고무 등의 보호재를 사용하여 고정시킨다.

117. 급탕관으로 많이 사용되는 동관은?

① K형 동관 ② S형 동관
③ L형 동관 ④ N형 동관

👆 ① K형 동관 : 가장 두꺼운 배관으로 고압배관, 상수도관 및 의료배관용에 사용된다.
② S형 동관 : 두꺼운 배관으로 의료배관용 및 일반배관용에 사용된다.
③ L형 동관 : 보통 두꺼운 배관으로 냉난방, 급수 및 급탕관에 사용된다.
④ N형 동관 : 가장 얇은 배관

118. 급탕용 배관재료로서 동관과 강관을 비교했을 때 동관의 특징으로 틀린 것은?

① 관 내면이 미끄러워 마찰저항이 적다.
② 스케일 부착이 크다.
③ 산화 피막이 만들어지기 쉽다.
④ 부식이 관 내부에서 진행되기 어렵다.

👆 급탕용으로 쓰여지는 배관재에는 배관용 탄소강 강관(백관), 동관, 황동관 등을 들 수 있다. 그 중 동관은 내식성이 우수하고 무게가 가볍고 마찰손실이 적어 강관보다 스케일 부착이 크지 않다.

Answer 114. ③ 115. ③ 116. ④ 117. ③ 118. ②

119. 급탕배관의 단락현상(short circuit)을 방지할 수 있는 배관 방식은?
① 리버스 리턴 배관방식
② 다이렉트 리턴 배관방식
③ 단관식 배관방식
④ 상향식 배관방식

👉 **리버스 리턴(reverse return) 방식 (역환수 방식)**
각 층의 온도차를 줄이기 위하여 층마다 배관 길이를 같게 하도록 환탕관을 역회전시켜 배관한다. 이 방법은 각 층의 온수순환(유량)을 균등하게 할 목적으로 사용된다. 급탕, 반탕관의 순환거리를 각 계통에 있어서 거의 같게 하여 가열장치 가까이에 위치한 급탕계통의 단락현상을 방지하며 전 계통의 탕의 순환을 촉진하는 방식으로 주로 급탕설비와 온수난방 설비의 배관에 채택된다.

120. 급수급탕설비에서 탱크류에 대한 누수의 유무를 조사하기 위한 시험방법으로 가장 적절한 것은?
① 수압시험   ② 만수시험
③ 통수시험   ④ 잔류염소의 측정

👉 ① 수압시험 : 배관계통의 관이나 이음쇠로부터 누수의 유무를 조사하기 위한 시험
② 만수시험 : 탱크류에 대한 누수의 유무를 조사하기 위한 시험
③ 통수시험 : 수전 등과 같은 토수구에서 유량이나 수압이 사용하기에 적합한지 확인하기 위한 시험
④ 잔류염소의 측정 : 음용수용으로서 위생적으로 안전한 물인지 확인하기 위한 시험

121. 급탕배관의 관경을 결정할 때 고려해야 할 요소로 가장 거리가 먼 것은?
① 1m마다의 마찰손실
② 순환수량
③ 관 내 유속
④ 펌프의 양정

👉 **급탕배관의 관경 결정**
① 유량산정(부하유량+순환수량)
② 허용마찰손실 또는 관 내 유속을 기준으로 유량-관마찰선도를 이용하여 관경 결정
③ 관 내 유속은 소음, 진동 등을 고려하여 결정
[참고] 펌프의 양정
급탕순환펌프 계산 시 고려해야 할 요소

122. 급탕의 온도는 사용온도에 따라 각각 다르나 계산을 위하여 기준온도로 환산하여 급탕의 양을 표시하고 있다. 이때 환산의 온도로 맞는 것은?
① 40℃   ② 50℃
③ 60℃   ④ 70℃

👉 급탕량의 계획 시 급탕의 온도는 일반적으로 60℃로 환산한 급탕량으로 표시한다.

123. 일반적인 급탕부하의 계산에서 1시간의 최대급탕량이 2000L일 때 급탕부하(kcal/h)는 얼마인가? (단, 급탕온도는 60℃를 기준으로 한다.)
① 2000   ② 72000
③ 120000   ④ 240000

👉 일반적으로 급탕온도는 60℃를 기준으로 하여 급탕 부하 산정 시 60kcal/l이므로 문제에서의 급탕부하(kcal/h)는
급탕부하 = 2000L/h × 60kcal/L
       = 120000kcal/h

124. 5명 가족이 생활하는 아파트에서 급탕가열기를 설치하려고 할 때 필요한 가열기의 용량(kcal/h)은? (단, 1일 1인당 급탕량 90L/d,

Answer 119. ① 120. ② 121. ④ 122. ③ 123. ③ 124. ④

1일 사용량에 대한 가열능력 비율 1/7, 탕의 온도 70℃, 급수온도 20℃이다.)

① 459 ② 643
③ 2250 ④ 3214

① 1일 급탕량 = $90l/d \times 5$인 $= 450l/d$
② 급탕가열기 용량
$\left(450 \times \dfrac{1}{7}\right) \times [1 \times (70-20)] = 3214 \text{kcal/h}$
(여기서, 가열능력 비율 1/7이란 1일 급탕량의 1/7을 1시간 동안 가열하는 능력)

125. 급수온도 5℃, 급탕온도 60℃, 가열 전 급탕설비의 전수량은 $2m^3$, 급수와 급탕의 압력차는 50kPa일 때, 절대압력 300kPa의 정수두가 걸리는 위치에 설치하는 밀폐식 팽창탱크의 용량(m^3)은? (단, 팽창탱크의 초기 봉입 절대압력은 300kPa이고, 5℃일 때 밀도는 1000kg/m^3, 60℃일 때 밀도는 983.1kg/m^3이다.)

① 0.83 ② 0.57
③ 0.24 ④ 0.17

밀폐식 팽창탱크 용량
① 팽창량(Δv)
$\Delta v = \left(\dfrac{1}{\rho_2} - \dfrac{1}{\rho_1}\right) v$
$= \left(\dfrac{1}{983.1} - \dfrac{1}{1000}\right) \times 2000 = 34.4 L$
여기서, $v = 2m^3 = 2000L$
② 팽창탱크 용량(V)
$P_0 = 300 \text{kPa}$ $P_1 = 300 \text{kPa}$
$P_2 = 300 + 50 = 350 \text{kPa}$
$V = \dfrac{\Delta v}{\dfrac{P_0}{P_1} - \dfrac{P_0}{P_2}} = \dfrac{34.4}{\dfrac{300}{300} - \dfrac{300}{350}}$
$= 240L = 0.24 m^3$

126. 급탕설비에서 급탕온도가 70℃, 복귀탕 온도가 60℃일 때, 온수 순환펌프의 수량은? (단, 배관계의 총 손실열량은 3000kcal/h로 한다.)

① 50L/min ② 5L/min
③ 45L/min ④ 4.5L/min

순환펌프의 수량(G)
$Q = GC\Delta t$
$G = \dfrac{Q}{C\Delta t} = \dfrac{3,000 \text{kcal/h} \times \dfrac{1h}{60 \text{min}}}{1 \times (70-60)} = 5 \text{L/min}$

127. 급탕온도가 80℃, 복귀탕온도가 60℃일 때 온수 순환펌프의 수량은? (단, 배관 중의 총 손실열량은 6000kcal/h로 한다.)

① 5L/min ② 10L/min
③ 20L/min ④ 25L/min

온수 순환펌프의 수량(G)
$Q = GC\Delta t$
$G = \dfrac{Q}{C\Delta t} = \dfrac{6,000 \text{kcal/h} \times \dfrac{1h}{60 \text{min}}}{1 \times (80-60)} = 5 \text{L/min}$

128. 급탕량이 300kg/h이고 급탕온도 80℃, 급수온도 20℃, 중유의 발열량이 10000kcal/kg, 가열기의 효율이 60%일 때 연료소모량은 얼마인가?

① 2kg/h ② 2.5kg/h
③ 3kg/h ④ 3.5kg/h

연료소비량
$G = \dfrac{w(t_h - t_w)}{H \cdot \eta} = \dfrac{300(80-20)}{10000 \times 0.6} = 3 \text{kg/h}$

129. 급탕온도가 80℃, 급수온도가 15℃, 사용하는 가스의 발열량이 7000kcal/m^3, 보

Answer 125. ③ 126. ② 127. ① 128. ③ 129. ②

일러의 효율이 70%일 때 매시 200l의 급탕을 필요로 하는 건물의 가스사용량은?

① 1.55m³/h   ② 2.65m³/h
③ 3.55m³/h   ④ 4.65m³/h

👉 보일러 효율 $\eta = \dfrac{GC\Delta t}{G_f \times H_\ell}$

가스 사용량

$G_f = \dfrac{GC\Delta t}{\eta \times H_\ell}$

$= \dfrac{200 \times 1 \times (80-15)}{0.7 \times 7000} = 2.65\,\mathrm{m^3/h}$

130. 90℃의 온수 2000kg/h을 필요로 하는 간접가열식 급탕탱크에서 가열관의 표면적(m²)은 얼마인가? (단, 급수의 온도 10℃, 급수의 비열 4.2kJ/kgK, 가열관으로 사용할 동관의 전열량 1.28kW/m²℃, 증기의 온도 110℃이며 전열효율은 80%이다.)

① 2.92   ② 3.03
③ 3.72   ④ 4.07

👉 가열관의 표면적(S)

$S = \dfrac{WC(t_h - t_w)}{\lambda E(t_s - t_a)}$

$= \dfrac{(2000\,\mathrm{kg/h} \times \dfrac{1\mathrm{h}}{3600\mathrm{s}}) \times 4.2 \times (90-10)}{1.28 \times 0.8 \times (110-50)}$

$= 3.03\,\mathrm{m^2}$

여기서, t_a : 급수온도와 급탕온도의 평균값

131. 가열기에서 최고위 급탕전까지 높이가 12m이고, 급탕온도가 85℃, 복귀탕의 온도가 70℃일 때, 자연순환수두(mmAq)는? (단, 85℃일 때 밀도는 0.96876kg/L이고, 70℃일 때 밀도는 0.97781kg/L이다.)

① 70.5   ② 80.5
③ 90.5   ④ 108.6

👉 자연순환수두(H)

$H = 1000(\rho_1 - \rho_2)h$
$= 1000 \times (0.97781 - 0.96876) \times 12$
$= 108.6\,\mathrm{mmAq}$

132. 어느 주택 급탕설비설계 계산 결과 1일 최대급탕량이 24850l/d이었다. 온수의 급탕온도는 60℃이고 급수온도는 5℃일 경우 가열기의 소요능력은 몇 kcal/h인가? (단, 이때 1일 사용량에 대한 가열 능력비율 r은 1/7로 한다.)

① 195250kcal/h   ② 213000kcal/h
③ 1366750kcal/h   ④ 1491000kcal/h

👉 가열기의 소요능력

$H = Q_d \times r \times (t_h - t_c) = 24850 \times \dfrac{1}{7} \times (60-5)$

$= 195250\,\mathrm{kcal/h}$

133. 온수난방에서 상당 방열면적이 200m²이고, 한 시간의 최대급탕량이 700l/h일 때 보일러 크기는 몇 kcal/h인가? (단, 배관손실 부하는 총부하의 20%로 하며 급탕 공급 온도차는 60℃로 한다.)

① 132000   ② 158400
③ 100000   ④ 90000

👉 ① 방열기 : $q_r = 450 \times 200 = 90000\,\mathrm{kcal/h}$
② 급탕부하 : $q = 700 \times 1 \times 60 = 42000\,\mathrm{kcal/h}$
③ 보일러출력 :
$q_b = (q_r + q) \times 1.2 = (90000 + 42000) \times 1.2$
$= 158400\,\mathrm{kcal/h}$

134. 다음 중 배수의 종류가 아닌 것은?

① 청수   ② 오수
③ 잡배수   ④ 우수

Answer   130. ② 131. ④ 132. ① 133. ② 134. ①

👆 **배수의 종류**
① 오수 : 대·소변기, 비데 등에서의 배설물에 관련한 배수
② 잡배수 : 세탁기, 세면기, 욕조, 싱크대 등에서의 배수
③ 우수 : 옥상, 마당 등의 빗물
④ 특수배수(위험물질을 포함한 배수) : 공장, 실험실 등에서의 폐수, 화학물질 배수 등

135. 배수설비의 종류에서 요리실, 욕조, 세척 싱크와 세면기 등에서 배출되는 물을 배수하는 설비의 명칭으로 맞는 것은?
① 오수 설비   ② 잡배수 설비
③ 빗물배수 설비   ④ 특수배수 설비

👆 **잡배수**
세탁기, 세면기, 욕조, 싱크대 등에서의 배수

136. 대소변기를 제외한 세면기, 싱크대, 욕조 등에서 나오는 배수를 무엇이라고 하는가?
① 오수   ② 우수
③ 잡배수   ④ 특수배수

👆 135번 해설 참고

137. 배수의 성질에 따른 구분에서 수세식 변기의 대·소변에서 나오는 배수는?
① 오수   ② 잡배수
③ 특수배수   ④ 우수배수

👆 **오수**
대·소변기, 비데 등에서의 배설물에 관련한 배수

138. 병원, 연구소 등에서 발생하는 배수로 하수도에 직접 방류할 수 없는 유독한 물질을 함유한 배수를 무엇이라 하는가?
① 오수   ② 우수
③ 잡배수   ④ 특수배수

👆 **특수배수(위험물질을 포함한 배수)**
공장, 실험실 등에서의 폐수, 화학물질 배수 등

139. 배수설비에 대한 설명 중 틀린 것은?
① 오수란 대·소변기, 비데 등에서 나오는 배수이다.
② 잡배수란 세면기, 싱크대, 욕조 등에서 나오는 배수이다.
③ 특수배수는 그대로 방류하거나 오수와 함께 정화하여 방류시키는 배수이다.
④ 우수는 옥상이나 부지 내에 내리는 빗물의 배수이다.

👆 138번 해설 참고

140. 다음 중 배수설비와 관련된 용어는?
① 공기실(air chamber)
② 봉수(seal water)
③ 볼탭(ball tap)
④ 드렌처(drencher)

👆 배수설비의 배수관으로부터 하수가스와 불쾌한 냄새, 벌레 등이 배수관을 통해 실내로 침입해서 실내의 공기를 오염시키거나 위생상 중대한 영향을 저지하는 목적으로 설치되는 것이 트랩이고 봉수는 트랩 내부의 물(악취)을 차단하는 역할을 한다.

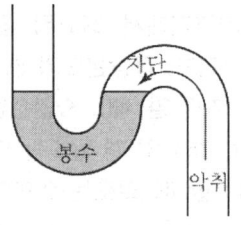

Answer 135. ② 136. ③ 137. ① 138. ④ 139. ③ 140. ②

141. 배수관의 최소 관경은? (단, 지중 및 지하층 바닥 매설관 제외)
① 20mm ② 30mm
③ 50mm ④ 100mm

> **배수관의 최소 관경**
> 배수관의 최소 관경은 30mm이고, 지중 또는 지하층의 바닥에 매설하는 배수관의 관경은 50mm 이상으로 한다.

142. 지중에 매설하는 배수관의 관경은 몇 mm 이상으로 해야 하는가?
① 10mm ② 20mm
③ 30mm ④ 50mm

> 141번 해설 참고

143. 배수관의 관경 선정방법에 관한 설명으로 틀린 것은?
① 기구배수관의 관경은 배수트랩의 구경 이상으로 하고 최소 30mm 정도로 한다.
② 수직, 수평관 모두 배수가 흐르는 방향으로 관경이 축소되어서는 안 된다.
③ 배수수직관은 어느 층에서나 최하부의 가장 큰 배수부하를 담당하는 부분과 동일한 관경으로 한다.
④ 땅속에 매설되는 배수관 최소 구경은 30mm 정도로 한다.

> **지중 매설배관의 관경**
> ④ 땅속에 매설되는 배수관의 최소 구경은 50mm 이상으로 한다.
> [참고] 배수관경 결정의 기본법칙
> ㉠ 기구 배수관 관경 : 배수트랩의 구경 이상으로 하고 최소 30mm로 한다.
> ㉡ 관경축소의 금지 : 배수관은 수직관·수평관 어느 경우에서도 배수의 유하방향으로 관경을 축소해서는 안 된다.
> ㉢ 배수수직관의 관경 : 배수수직관은 최하부의 가장 큰 배수부하를 부담하는 부분의 관경으로 한다.
> ㉣ 지중 매설배관의 관경 : 지중 또는 지하층의 바닥 밑에 매설되는 배수관의 관경은 50mm 이상으로 한다.

144. 배수관에서 자정작용을 위해 필요한 최소 유속으로 적당한 것은?
① 0.1m/s ② 0.2m/s
③ 0.4m/s ④ 0.6m/s

> ① 배수관의 표준유속 : 0.6~1.2m/s
> ② 배수관의 표준구배 : 1/50~1/100

145. 옥내 배수관의 평균유속은 얼마가 적당한가?
① 0.6~1.2m/s ② 2.2~2.8m/s
③ 3.2~4.3m/s ④ 5.3~6.4m/s

> 옥내 배수관의 평균유속은 0.6~1.2m/s이다.

146. 배수관은 피복 두께를 보통 10mm 정도 표준으로 하여 피복한다. 피복의 주된 목적은?
① 충격 방지 ② 진동 방지
③ 방로 및 방음 ④ 부식 방지

> **배관의 피복**
> ㉠ 방로 : 배수의 경우에도 관내를 흐르는 물의 온도가 주변 공기의 노점온도보다 낮을 때에는 관 표면에 이슬이 맺히므로 방로피복을 해야 한다.
> ㉡ 방음 : 물이 배수관을 흐르면 소리가 난다. 특히, 노출된 배수관일 경우에는 더욱 심하므로 방로 못지않게 방음을 위하여 피복을 해야 한다.

Answer 141. ② 142. ④ 143. ④ 144. ④ 145. ① 146. ③

147. 배수관에 트랩을 설치하는 가장 큰 목적은?
① 유체의 역류방지를 위해
② 통기를 원활하게 하기 위해
③ 배수속도를 일정하게 하기 위해
④ 유해, 유취 가스의 역류 방지를 위해

☞ **배수 트랩**
일정량의 물을 괴게 해서, 하수관 속에서 발생한 부패 가스가 배수관을 통하여 실내로 역류하는 것을 방지하는 장치

148. 배수 트랩의 형상에 따른 종류가 아닌 것은?
① S트랩　② P트랩
③ U트랩　④ H트랩

☞ **배수 트랩의 종류**
㉠ S트랩 : 세면기, 대변기, 소변기 등에 부착하여 바닥 밑의 횡주 배수관에 접속 사용
㉡ P트랩 : 벽체 내의 배수 입관에 접속하여 사용
㉢ U트랩 : 가옥트랩이라고도 하며, 공공 하수관에서의 하수 가스의 역류를 방지하기 위해 사용
㉣ 드럼 트랩 : 싱크의 배수트랩으로 사용
㉤ 벨(bell) 트랩(종트랩) : 공공하수관에서 발생하는 하수가스의 역류를 방지시키기 위해 사용

149. 다음 중 배수 트랩의 종류로 가장 거리가 먼 것은?
① 드럼 트랩　② 피(P) 트랩
③ 에스(S) 트랩　④ 버킷 트랩

☞ **버킷 트랩**
증기난방에서 고압증기의 관말트랩으로 사용

150. 다음 중 바닥 배수구 트랩의 종류가 아닌 것은?
① 드럼 트랩　② P트랩
③ 벨 트랩　④ 그리스 트랩

☞ **그리스 트랩**
주방 배수 시 포함되어 있는 각종 유지분을 물과 기름의 비중 차이를 이용하여 제거하기 위해 사용

151. 배수 트랩의 구비 조건으로서 옳지 않은 것은?
① 트랩 내면이 거칠고 오물부착으로 유해가스 유입이 어려울 것
② 배수 자체의 유수에 의하여 배수로를 세정할 것
③ 봉수가 항상 유지될 수 있는 구조일 것
④ 재질은 내식 및 내구성이 있을 것

☞ **배수 트랩의 구비 조건**
㉠ 하수가스를 완전히 차단하고, 더욱 충분한 안정성이 있을 것
㉡ 봉수를 잃지 않는 구조일 것
㉢ 구조가 간단할 것
㉣ 재질은 내식성, 내구성이 있을 것
㉤ 오물이 체류하지 않는 구조이며, 동시에 배수 자체가 통수로를 세정하는 구조일 것

152. 배수 트랩의 구비 조건으로 틀린 것은?
① 내식성이 클 것
② 구조가 간단할 것
③ 봉수가 유실되지 않는 구조일 것
④ 오물이 트랩에 부착될 수 있는 구조일 것

☞ ④ 오물이 트랩에 체류하지 않는 구조일 것

153. 배수 트랩의 구비 조건이 아닌 것은?
① 재료의 내식성이 풍부할 것
② 구조가 복잡할 것
③ 봉수가 유실되지 않는 구조일 것

Answer　147. ④　148. ④　149. ④　150. ④　151. ①　152. ④　153. ②

④ 트랩 자신이 세정작용을 할 수 있을 것
② 구조가 간단할 것

154. 트랩의 봉수 파괴 원인에 해당하지 않는 것은?
① 자기사이펀작용 ② 모세관 현상
③ 증발 ④ 공동 현상

▸ **트랩 봉수**
트랩 내부의 물(악취)을 차단
① 봉수 파괴 원인 : 자기사이펀작용, 유인사이펀작용, 분출작용, 모세관 작용, 증발, 운동량에 의한 관성 작용
② 봉수 파괴 대책
 ㉠ 자기사이펀, 유인사이펀, 분출작용 : 통기관 설치
 ㉡ 모세관 현상 : 천조각, 머리카락 제거
 ㉢ 증발 : 기름
 ㉣ 운동량에 의한 관성작용 : 격자쇠 설치

155. 트랩에서 봉수의 파괴 원인으로 볼 수 없는 것은?
① 자기사이펀 작용 ② 흡인 작용
③ 분출 작용 ④ 통기 작용

▸ 154번 해설 참고

156. 배수트랩의 봉수 파괴 원인 중 트랩 출구 수직배관부에 머리카락이나 실 등이 걸려서 봉수가 파괴되는 현상과 관련된 작용은?
① 사이펀작용 ② 모세관작용
③ 흡인작용 ④ 토출작용

▸ **모세관 현상**
배수트랩의 위어(weir)부에 천조각, 머리카락 등이 걸려 있으면 모세관 작용으로 봉수가 서서히 빨려 올라가 마침내 봉수가 파괴되는 현상

157. 통기관을 접속하여도 장시간 위생기기를 사용하지 않을 때 봉수파괴가 될 수 있는 원인으로 가장 적당한 것은?
① 자기사이펀 작용 ② 흡인작용
③ 분출작용 ④ 증발작용

▸ **트랩의 봉수파괴 원인**
① 자기사이펀작용 : 다량의 물이 일시에 배수되면 사이펀 작용으로 트랩 내의 봉수가 흡인력에 의해 함께 흘러가는 작용을 말한다.
② 유도사이펀작용(감압에 의한 흡인작용) : 수직관에 접근하여 트랩을 설치할 경우 수직관 상부에서 일시에 다량의 물이 낙하하면서 흡인력에 의해 트랩 내의 봉수를 끌어내는 작용을 말한다.
③ 분출작용(토출작용) : 하층부 수직관 가까이에 트랩을 설치할 경우 수직관 위로부터 일시에 다량의 물이 흐르게 되면 역으로 피스톤 작용을 일으켜서 공기의 압축에 의하여 실내쪽으로 역류시키는 작용을 말한다.
④ 모세관현상 : 트랩의 출구에 솜이나 천조각, 머리카락 등이 걸렸을 경우 모세관현상에 의해 봉수가 배출되는 작용을 말한다.
⑤ 증발 : 기구를 장시간 사용하지 않거나 바닥배수 설치 부분을 난방하게 되면 봉수부의 수면에서 봉수가 증발하여 봉수가 파괴되기 쉽게 된다. 일반적인 트랩의 봉수는 약 1~2개월 동안은 안전하지만 장기간 사용하지 않을 때에는 파라핀유를 충만시켜서 동결방지를 겸하는 경우도 있다.
⑥ 관성에 의한 배출 : 유도사이펀작용과 역사이펀 작용으로 빈번하게 봉수에 관성작용이 일어나서 상하 동요를 일으켜서 봉수가 없어진다. 강풍 시통기관 개구부에 가까운 기구트랩 또는 초고층빌딩의 최하층 부분의 기구트랩에 이러한 현상이 일어나기 쉽다.

Answer 154. ④ 155. ④ 156. ② 157. ④

158. 통기관의 설치 목적으로 가장 적절한 것은?
① 배수의 유속을 조절한다.
② 배수 트랩의 봉수를 보호한다.
③ 배수관 내의 진공을 완화한다.
④ 배수관 내의 청결도를 유지한다.

> **통기관의 설치 목적**
> ① 사이펀 작용, 분출작용, 흡출작용, 배압으로부터 트랩의 봉수를 보호하기 위하여 설치한다.
> ② 배수관 내의 흐름을 원활하게 한다.
> ③ 배수관 내의 공기 소통을 자연스럽게 하여 관(트랩) 내 기압변화를 최소로 한다.
> ④ 배수관 내에 신선한 공기를 유통시켜 배수관 계통의 환기를 도모하여 관 내를 청결하게 유지한다.

159. 통기관의 설치 목적으로 가장 거리가 먼 것은?
① 배수의 흐름을 원활하게 하여 배수관의 부식을 방지한다.
② 봉수가 사이펀 작용으로 파괴되는 것을 방지한다.
③ 배수계통 내에 신선한 공기를 유입하기 위해 환기시킨다.
④ 배수계통 내의 배수 및 공기의 흐름을 원활하게 한다.

> 158번 해설 참고

160. 다음 중 배수관 통기방식에서 가장 통기효과가 큰 것은?
① 각개 통기식   ② 회로 통기식
③ 환상 통기식   ④ 신정 통기식

> **각개 통기식**
> 위생기구의 트랩마다 통기관을 설치하는 방식으로 가장 이상적이다.

161. 통기관의 종류에서 최상부의 배수 수평관이 배수 수직관에 접속된 위치보다도 더욱 위로 배수 수직관을 끌어올려 대기 중에 개구하여 사용하는 통기관은?
① 각개 통기관   ② 루프 통기관
③ 신정 통기관   ④ 도피 통기관

> **신정 통기관**
> 일반적으로 배수수직 입상배관의 최상부는 배관경을 축소하지 않고 그대로 연장하여 지붕을 뚫고 대기 중으로 개방하는데 이 연장된 배관을 신정 통기배관이라고 부른다. 신정 통기방식은 통기 수직배관을 별도로 설치하지 않고 배수배관에 연결된 신정 통기배관만으로 통기하는 방식이다.

162. 다음 [보기]에서 설명하는 통기관 설비방식과 특징으로 적합한 방식은?

> [보기]
> ㉠ 배수관의 청소구 위치로 인해서 수평관이 구부러지지 않게 시공한다.
> ㉡ 배수 수평 분기관이 수평주관의 수위에 잠기면 안 된다.
> ㉢ 배수관의 끝부분은 항상 대기 중에 개방되도록 한다.
> ㉣ 이음쇠를 통해 배수에 선회력을 주어 관 내 통기를 위한 공기 코어를 유지하도록 한다.

① 섹스티아(sextia) 방식
② 소벤트(sovent) 방식
③ 각개통기 방식
④ 신정통기 방식

> ① 섹스티아 방식 : 배수 수직관에 섹스티아 이음쇠를 통하여 선회류를 주어 배수와 통기역할을 하도록 하는 방식
> ② 소벤트 방식 : 배수수직관 각 층마다 기포

158. ② 159. ① 160. ① 161. ③ 162. ①

주입 장치로 공기를 주입하여 유속을 감소시키는 방식
[참고] 섹스티아 방식의 시공 시 주의사항
① 배수관의 청소구 위치로 인해서 수평관이 구부러지지 않게 시공한다.
② 수평주관의 방향전환은 가능한 한 없도록 한다.
③ 배수관의 끝부분은 항상 대기 중에 개방되도록 한다.
④ 배수 수평 분기관이 수평주관의 수위에 잠기면 안 된다.
⑤ 배수 수평주관은 가능한 한 짧게 해야 한다.(길면 역압이 걸림)

163. 루프 통기방식에 의해 통기할 수 있는 기구수와 통기수직관과 최상류 기구까지의 거리로 맞는 것은?

① 10개 이내, 8.5m
② 8개 이내, 7.5m
③ 10개 이내, 7.5m
④ 8개 이내, 8.5m

루프 통기방식(회로통기, 환상통기)
배수 수평지관 최상류 기구 하류측에는 통기관을 입상하여 통기수직관에 접속하여 배수 수평지관과 통기관이 하나의 회로를 구성하는 것으로 담당한계는 배수관 길이 7.5m 이내, 위생기구 수 8개 이하이다.

164. 배수 횡지관에서 통기관을 이어낼 때 경사도는 얼마 이내로 해야 하는가? (단, 수직이음인 경우 제외한다.)

① 45°   ② 60°
③ 70°   ④ 80°

배수 횡지관에서 통기관을 인출하는 경우에는 통기관에 배수가 침입하는 것을 방지하기 위해 수평과 45° 이상 상방에서 인출한다.

165. 배수 및 통기배관에 대한 설명으로 틀린 것은?

① 루프 통기식은 여러 개의 기구군에 1개의 통기지관을 빼내어 통기주관에 연결하는 방식이다.
② 도피 통기관의 관경은 배수관의 1/4 이상이 되어야 하며 최소 40mm 이하가 되어서는 안 된다.
③ 루프 통기식 배관에 의해 통기할 수 있는 기구의 수는 8개 이내이다.
④ 한랭지의 배수관은 동결되지 않도록 피복을 한다.

② 도피 통기관의 관경은 배수관의 1/2 이상이 되어야 하며 최소한 40mm 이하가 되어서는 안 된다.

166. 배수 통기배관의 시공 시 유의사항으로 옳은 것은?

① 배수 입관의 최하단에는 트랩을 설치한다.
② 배수 트랩은 반드시 이중으로 한다.
③ 통기관은 기구의 오버플로우선 이하에서 통기 입관에 연결한다.
④ 냉장고의 배수는 간접배수로 한다.

① 배수 수직관(입관)의 최하단에는 트랩을 설치하지 않는다.
② 배수트랩은 이중으로(2개를 직렬로) 설치하면 안 된다.
③ 통기관은 기구의 오버플로우선(넘친선) 이상 입상시킨 다음 통기 수직관(입관)에 연결한다.
[참고] 배수 흐름
배수구 → 트랩 → 기구배수관 → 배수수평지관 → 배수수직관 → 배수수평지관

Answer 163. ② 164. ① 165. ② 166. ④

167. 배수 및 통기설비에서 배관시공법에 관한 주의사항으로 틀린 것은?

① 우수 수직관에 배수관을 연결하여서는 안 된다.
② 오버플로관은 트랩의 유입구측에 연결하여야 한다.
③ 바닥 아래에서 빼내는 각 통기관에는 횡주부를 형성시키지 않는다.
④ 통기 수직관은 최하위의 배수 수평지관보다 높은 위치에서 연결해야 한다.

☞ ④ 통기 수직관은 최하위의 배수 수평지관보다도 더욱 낮은 위치에서 배관과 45° Y 조인트로 연결하여야 한다.

168. 배수관의 시공방법에 대한 설명으로 틀린 것은?

① 연관의 굴곡부에 다른 배수지관을 접속해서는 안 된다.
② 오버플로관은 트랩의 유입구측에 연결해서는 안 된다.
③ 우수 수직관에 배수관을 연결해서는 안 된다.
④ 냉장 상자에서의 배수를 일반 배수관에 연결해서는 안 된다.

☞ ② 오버플로관은 트랩의 유입구측에 연결하여야 한다.

[참고] 배수관 시공 시 주의사항
 ① 연관의 굴곡부에 다른 배수지관을 접속해서는 안 된다.
 ② 자동차 차고 내의 배수관은 반드시 가솔린 트랩 내에 끌어들여야 한다.
 ③ 오버플로관은 트랩의 유입구측에 연결하여야 한다.
 ④ 우수수직관에 배수관을 연결하여서는 안 된다.
 ⑤ 냉장 상자에서의 배수를 일반 배수관에 연결하지 말 것. 반드시 간접(특수)배수관으로 물받이 용기에 배출하여야 한다.
 ⑥ 루프 통기방식의 경우 기구 배수관은 배수수평지관 위에 수직으로 연결을 금지한다.

169. 배수 배관의 시공상 주의점으로 맞지 않는 것은?

① 배수를 가능한 한 천천히 옥외 하수관으로 유출할 수 있을 것
② 옥외 하수관에서 하수 가스나 쥐 또는 각종 벌레 등이 건물 안으로 침입하는 것을 방지할 수 있는 방법으로 시공할 것
③ 배수관 및 통기관은 내구성이 풍부하여야 하며 가스나 물이 새지 않도록 기구 상호 간의 접합을 완벽하게 할 것
④ 한랭지에서는 배수관이 동결되지 않도록 피복을 할 것

☞ **배수 배관의 시공상 주의점**
 ① 배수를 가능한 한 빨리 옥외 하수관으로 유출할 수 있을 것
 ② 옥외 하수관에서 하수 가스나 쥐 또는 각종 벌레 등이 건물 안으로 침입하는 것을 방지할 수 있는 방법으로 시공할 것
 ③ 배수관 및 통기관은 내구성이 풍부하여야 하며, 가스나 물이 새지 않도록 기구 상호 간의 접합을 완벽하게 할 것
 ④ 한랭지에서는 배수관·통기관 모두 동결되지 않도록 피복을 할 것

170. 배수관 설치 시 유의사항으로 틀린 것은?

① 배수관은 하류방향으로 갈수록 관의 지름을 작게 설계한다.
② 지중 혹은 지하층 바닥에 매설하는 배수관은 50mm 이상으로 한다.
③ 배수 수평지관의 관경은 이것과 접속하는

Answer 167. ④ 168. ② 169. ① 170. ①

기구 배수관의 최대 관경 이상으로 한다.
④ 배수 수직관의 관경은 이것과 접촉하는 배수 수평지관의 최대 관경 이상으로 한다.

☞ ① 배수관은 하류방향으로 갈수록 관의 지름을 크게 설계해야 한다.

171. 통기관에 관한 설명으로 틀린 것은?
① 각개통기관의 관경은 그것이 접속되는 배수관 관경의 1/2 이상으로 한다.
② 통기방식에는 신정통기, 각개통기, 회로통기 방식이 있다.
③ 통기관은 트랩 내의 봉수를 보호하고 관 내 청결을 유지한다.
④ 배수입관에서 통기입관의 접속은 90° T이음으로 한다.

☞ ④ 배수입관에서 통기입관의 접속은 45°(이내) Y이음으로 한다.

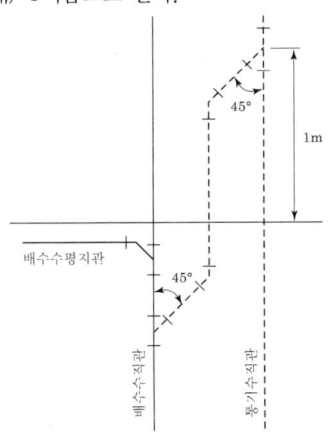

172. 우수배관 시공 시 고려할 사항으로 틀린 것은?
① 우수배관은 온도에 따라 관의 신축에 대응하기 위해 오프셋 부분을 둔다.
② 우수 수직관은 건물 내부에 배관하는 경우와 건물 외벽에 배관하는 경우가 있다.
③ 우수 수직관은 다른 기구의 배수관과 접속시켜 통기관으로 사용할 수 있다.
④ 우수 수평관을 다른 배수관과 접속할 때에는 우수 배수관을 통해 하수가스가 발생되지 않도록 U자 트랩을 설치한다.

☞ ③ 우수 수직관은 기구에 접속하는 배수관 또는 통기관과 겸용하지 않는다.

173. 배수 배관 시공 시 청소구(소제구)의 설치 위치로 가장 적절하지 않은 곳은?
① 배수 수평주관과 배수수평 분기관의 분기점
② 길이가 긴 수평 배수관 중간
③ 배수 수직관의 제일 윗부분 또는 근처
④ 배수관이 45° 이상의 각도로 방향을 전환하는 곳

☞ **청소구의 설치 장소**
배수가 고이기 쉬운 곳, 청소하기 쉬운 곳 및 긴 경로의 도중에 설치하는 것이 원칙이다.
① 배수수평주관이 부지배수관(택지하수관)과 접속하는 곳
② 배수수직관의 최하부 또는 그 부근
③ 길이가 긴 배수수평관의 도중
④ 배수관이 45° 이상의 각도로 방향이 바뀌는 곳
⑤ 배수수평주관 및 수평지관의 최상류 지점
⑥ 각종 트랩, 기타 배관상 필요한 곳

174. 배수배관의 관이 막혔을 때 이것을 점검, 수리하기 위해 청소구를 설치하는데, 설치 필요 장소로 적절하지 않은 곳은?
① 배수 수평주관과 배수 수평분기관의 분기점에 설치
② 배수관이 45° 이상의 각도로 방향을 전환

Answer 171. ④ 172. ③ 173. ③ 174. ③

하는 곳에 설치
③ 길이가 긴 수평 배수관인 경우 관경이 100A 이하일 때 5m마다 설치
④ 배수 수직관의 제일 밑부분에 설치

청소구의 설치 간격
청소용구의 삽입 길이로 결정하는 것이 타당하며, 통상 30m 정도가 한도이다. 다만 배수관의 관경이 100mm 이하인 경우는 15m 이내로 한다. 배수수직관은 5층 간격 정도로 청소구를 설치하는 것이 필요하다.

chapter 11 냉동설비

1 냉매배관 구성

(1) 흡입배관(증발기~압축기)

증발기 출구에서 압축기 입구까지 이르는 배관으로 저온저압의 냉매증기가 흐른다.

(2) 토출배관(압축기~응축기)

압축기 출구에서 응축기 입구에 이르는 배관으로 고온고압의 냉매증기가 흐른다.

(3) 고압 액배관(응축기~팽창밸브)

응축기 출구에서 팽창밸브 입구에 이르는 배관으로 고온고압의 냉매액이 흐른다.

(4) 저압 액배관(팽창밸브~증발기)

팽창밸브 출구에서 증발기 입구에 이르는 배관으로 저온저압의 냉매액과 냉매증기가 흐른다.

2 냉매배관 시공 시 유의 사항

(1) 배관시공의 기본 사항

① 배관재료는 냉매의 종류, 온도와 압력에 적합한 것을 선택한다.
② 배관길이는 되도록 짧게 하고 관경은 충분히 크게 한다.

③ 배관의 곡관부는 가능한 한 없게 하고 경사는 크게 취한다.
④ 곡관부의 곡률 반경은 크게 한다.
⑤ 배관은 외부 열원의 영향을 받지 않도록 하며 고온의 장소를 통과할 경우 단열처리를 한다.
⑥ 냉동장치의 운전 및 정지 시의 온도변화에 대한 배관의 신축을 고려해야 한다.
⑦ 배관 내에 오일의 회수를 원활하게 하고 배관 중에 오일이 체류하지 않도록 한다.
⑧ 배관의 처짐을 고려하여 적당한 간격으로 배관을 지지한다.

(2) 냉매배관의 구비 조건

① 냉매나 윤활유의 화학적 및 물리적 작용에 의하여 열화되지 않을 것
② 냉매의 종류에 따라 적절한 재료를 선택하여 사용할 것
   ㉠ 암모니아 : 동 및 동합금 사용금지
   ㉡ 프레온 : 2% 이상의 마그네슘을 함유한 알루미늄 합금 사용금지
   ㉢ 염화메틸(R-40) : 알루미늄 및 알루미늄 합금 사용금지
③ 냉매의 압력이 10kg/cm^2를 넘는 배관에는 주철관을 사용하면 안 된다.
④ 온도가 -50℃ 이하의 저온에 노출되는 배관은 2~4%의 니켈을 함유한 강관, 18-8 스테인리스, 이음매 없는 동관을 사용
⑤ 증발기에서 압축기 또는 압축기에서 응축기 사이에는 충분한 내압강도를 갖는 플렉시블 튜브(가요관)를 사용
⑥ 배관용 탄소강관(흑관)은 저압 쪽에 사용될 수 있지만 고압 쪽에는 사용할 수 없는 냉매도 있다.
⑦ 관의 외면이 물에 접촉되는 부분의 배관에는 순도 99.8% 미만의 알루미늄을 사용하지 말 것(단, 내식처리를 실시한 경우에는 제외)
⑧ 동관, 동합금관, 알루미늄관 등은 가능한 한 이음매 없는 관을 사용할 것
⑨ 저압용 배관은 저온에서도 물리적 성질이 변하지 않는 것을 사용할 것

(3) 프레온 냉동장치의 배관시공

① 배관재료 : 이음매 없는 동관을 사용한다.
② 패킹재료 : 인조고무를 사용한다.

③ 흡입배관
  ㉠ 수평배관 중에는 특히 압축기 흡입측 부근에서는 절대로 트랩(trap)을 만들지 않는다.(액백의 원인이 되므로)
  ㉡ 흡입관의 입상이 긴 경우에는 약 10m마다 트랩을 설치한다.
  ㉢ 운전 중에는 장치 내의 오일이 일정비로 소량의 오일이 압축기로 회수되도록 한다.
  ㉣ 정지 중에는 증발기에 고인 냉매액과 오일이 압축기로 회수되지 않도록 해야 한다.
  ㉤ 흡입관의 구배는 1/200의 하향구배로 한다.
  ㉥ 압축기가 증발기보다 밑에 있는 경우에는, 정지 중에 액이 압축기로 유입되는 것을 방지하기 위해 흡입관을 증발기 상부까지 입상시킨 후 압축기로 향하도록 한다.
  ㉦ 2대 이상의 증발기가 서로 다른 높이에 있고 압축기가 이들보다 밑에 있는 경우 흡입관은 증발기 상부 이상 입상시키고 압축기로 향하도록 한다.(정지 중 액이 압축기로 유입하는 것 방지)

④ 토출배관
  ㉠ 토출관이 합류할 경우 T이음을 하지 않고 Y이음을 채택한다.
  ㉡ 압축기 정지 중에도 관 내에 응축된 냉매가 압축기로 역류하지 않도록 한다.
  ㉢ 응축기 쪽으로 하향구배를 하여 압축기 정지 중에 압축기로의 역류를 방지한다.
  ㉣ 헤드의 굵기는 가스가 충돌하지 않는 굵기로 한다.
  ㉤ 오일을 충분히 운반할 수 있는 유속 확보
    • 수평관 : 3.5m/s 이상   • 입상관 : 6m/s 이상
  ㉥ 지나친 압력손실이나 소음을 내지 않도록 25m/s 이하로 속도 억제
  ㉦ 토출관의 총 마찰손실은 $0.2kg/m^2$ 이하로(흡입온도에서 2℃의 온도강하에 상당하는 압력손실을 넘지 않게)

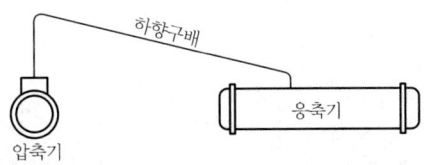

[토출배관(응축기와 압축기가 같은 위치)]

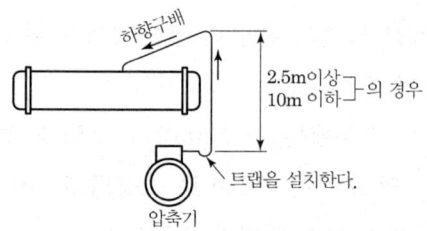

[토출배관(응축기가 압축기 상부 위치)]

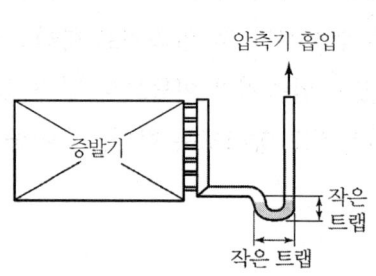

[오일회수 방지를 위한 트랩]

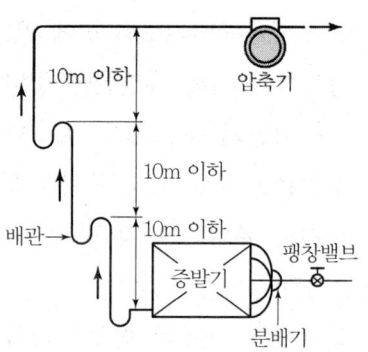

[흡입관이 매우 길 때]

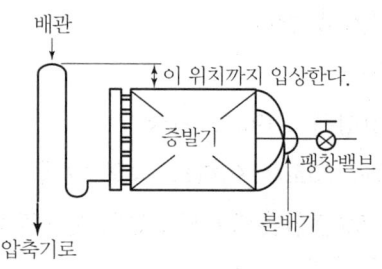

[증발기 출입구 입상]

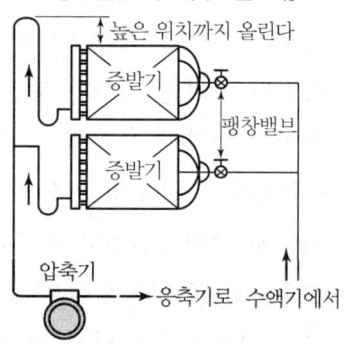

[2대의 증발기 개별 입상관]

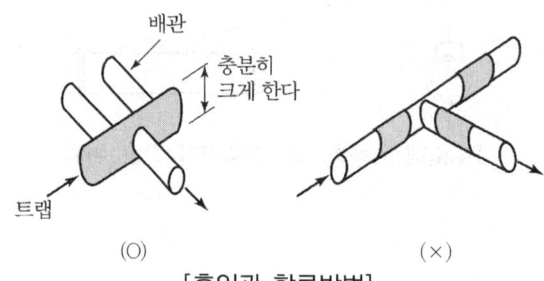

[흡입관 합류방법]

⑤ 이중 입상관
　㉠ 프레온 냉동장치의 흡입 및 토출 입상 배관에서 냉매 유속이 늦어지면 오일이 올라갈 수 없게 되어 오일 회수가 어려워지며, 특히 부하 경감장치가 설치되어 있는 경우 부하 경감장치가 작동하면 냉매 유속이 감소하여 오일 회수가 어려우므로 2중 입상관을 설치한다.

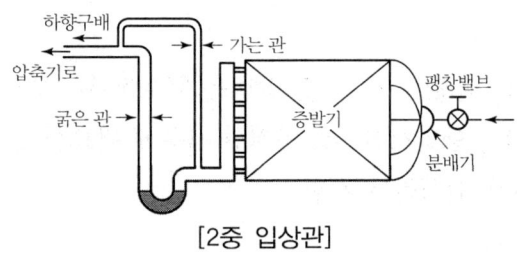

[2중 입상관]

　㉡ 가는 관과 굵은 관의 이중 관을 설치하고 굵은 관 입구에 트랩을 설치하여 최소 부하 시에는 오일이 트랩에 고여 굵은 관을 막아 가는 관으로만 가스가 통과하여 오일을 회수하고, 최대 부하 시(전부하)에는 두 관을 통해 가스가 통과되면서 오일을 회수한다. 트랩부는 되도록 작게 하여 압축기 유면의 변동을 억제해야 한다.

⑥ 액관
　㉠ 액관에는 드라이어, 필터, 전자밸브가 설치되어 있으므로 관의 막힘, 관경 축소, 배관 입상으로 인하여 배관 내의 압력강하가 크게 된다.
　㉡ 액관의 입상이 길어지거나 압력강하가 크게 되면 플래시 가스가 발생하게 되어 냉동능력이 감소하게 된다.
　㉢ 액관은 가능한 한 짧게 한다.

(4) 암모니아 냉동장치의 배관시공

① 배관재료 : 동이나 동합금은 부식하므로 강관(SPPS)을 사용한다.
② 패킹재료 : 천연고무나 아스베스토스를 사용한다.
③ 암모니아 배관의 구배
　㉠ 흡입배관은 하향구배(1/100)로 하고 U트랩을 설치하지 않는다.
　㉡ 토출배관은 응축기를 향하여 하향구배(1/100)로 하여 응축된 액이 압축기로 역류하지 않도록 한다.

ⓒ 토출관이 합류할 경우 Y이음을 채택한다.
　　ⓔ 액관 : (응축기에서 수액기) 1/50의 하향구배
　　　　　　(수액기에서 팽창밸브) 1/100의 하향구배
　　ⓜ 액관의 U트랩부에 오일 드레인 밸브를 설치하여 오일을 배출시킨다.

(5) 냉동기의 시험

① 내압시험
　압축기, 냉매 펌프, 윤활유 펌프 및 압력용기(수액기), 부스터 등의 배관을 제외한 구성장치에 실시하는 액압시험으로 안전한 사용에 필요한 강도와 변형유무를 확인하기 위해 제작사에서 실시하는 시험

② 기밀시험
　내압시험을 실시한 압축기, 부스터, 냉매 펌프 및 압력용기, 밸브 등 배관을 제외한 구성부품이 모두 조립된 상태에서 내압강도의 확인에 이어 기밀성능을 확인하기 위하여 실시하는 가스압 시험으로 제작사에서 실시

③ 누설시험
　누설시험은 진공시험으로 최종적인 기밀의 확인을 하기 전에 냉동장치의 배관공사 완료 후 방열공사 및 냉매충전을 하기 전 냉동장치 전 계통에 걸쳐 누설되는 곳을 점검하여 완전 기밀로 하는 것이 목적인 시험

④ 진공시험
　냉동기의 최종 기밀 확인을 위한 시험

(6) 냉각탑 배관 시공상의 주의사항

① 일반적으로 냉각탑 주위의 배관은 개방회로이며 냉각수는 대기와 직접 접촉하므로 오염되기 쉽고 공기의 혼입이 심하므로 배관재료 선정 시에 내식성을 고려하고 수처리를 해야 한다.
② 배관구배는 냉각탑으로 향해 1/250 이상의 상향구배로 하고, 또 관 내의 물을 모두 배수할 수 있게 구배를 준다. 부득이 공기가 괴게 되는 곳, 배수 불충분한 개소에는 각각 에어벤트 및 드레인 밸브를 설치한다.
③ 냉각수 펌프의 흡입관 손실수두는 되도록 적게 하고 6m 이하로 한다.
④ 배수 및 오버플로관은 일반건축물 배수관과 직결하지 않고, 대기로 개방시킨다.

⑤ 펌프와 냉각탑이 같은 레벨로 설치될 때는, 펌프 케이싱 상단이 냉각탑의 수면보다 낮은 위치에 오도록 펌프를 설치한다. 이때 펌프흡입관은 펌프로 향해 하향구배로 한다.

⑥ 펌프 토출관이 냉각탑 수면보다 높은 경우에는 냉각수를 채우기 힘들므로 25A 정도의 바이패스 밸브를 설치한다.

⑦ 펌프와 냉각탑과의 거리가 멀고 압입압이 걸릴 경우에는, 냉각수 배관의 펌프 흡입구 부근에 드레인용 밸브를 설치한다.

⑧ 냉각수 배관에는 응축기 입구에 스트레이너를 설치한다.

⑨ 냉각탑의 살수개소가 2개 이상 있을 때는 수량을 조정할 수 있도록 한다.

⑩ 기기에 접속하는 배관은 진동을 방지하기 위해 플렉시블 이음쇠를 사용한다.

⑪ 냉각탑 위치는 풍압이 걸리기 쉬운 장소이므로 볼트로 견고하게 체결하여 수평되게 설치한다.

chapter 11 출·제·예·상·문·제

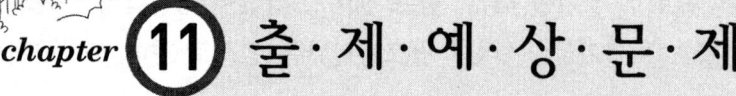

01. 냉동배관 재료로서 갖추어야 할 조건으로 틀린 것은?
① 저온에서 강도가 커야 한다.
② 가공성이 좋아야 한다.
③ 내식성이 작아야 한다.
④ 관내마찰 저항이 작아야 한다.

　③ 냉동배관의 재료는 내식성이 커야 한다.

02. 냉동배관 재료 구비 조건으로 틀린 것은?
① 가공성이 양호할 것
② 내식성이 좋을 것
③ 냉매와 윤활유가 혼합될 때, 화학적 작용으로 인한 냉매의 성질이 변하지 않을 것
④ 저온에서 기계적 강도 및 압력손실이 적을 것

　④ 저온에서 기계적 강도가 크고 압력손실이 적을 것

03. 냉매배관 재료 중 암모니아를 냉매로 사용하는 냉동설비에 가장 적합한 것은?
① 동, 동합금　　② 아연, 주석
③ 철, 강　　　　④ 크롬, 니켈 합금

　암모니아는 동이나 동합금을 부식시키므로 일반적으로 강관(SPPS)을 많이 사용하고, 프레온은 동관을 많이 사용한다.

04. 암모니아 냉동장치 배관재료로 사용할 수 없는 것은?
① 이음매 없는 동관
② 배관용 탄소강관
③ 저온배관용 강관
④ 배관용 스테인리스 강관

　㉠ 암모니아 냉매 : 동관을 부식시키므로 강관(SPPS)을 사용
　㉡ 프레온 냉매 : 이음매 없는 동관을 사용한다.

05. 암모니아 냉동기의 배관재료로서 적절하지 않은 것은?
① 배관용 탄소강 강관
② 동합금관
③ 압력배관용 탄소강 강관
④ 스테인리스 강관

　냉매배관의 구비 조건
　㉠ 암모니아 : 동 및 동합금 사용 금지
　㉡ 프레온 : 2% 이상의 마그네슘을 함유한 알루미늄 합금 사용 금지

06. 암모니아 냉매를 사용하는 흡수식 냉동기의 배관재료로 가장 좋은 것은?
① 주철관　　　② 동관
③ 강관　　　　④ 동합금관

　① 암모니아 냉동장치의 배관시공 시 배관재료는 동이나 동합금은 부식하므로 강관(SPPS)을 사용한다.

 01. ③　02. ④　03. ③　04. ①　05. ②　06. ③

② 프레온 냉매 : 마그네슘(Mg)과 Mg을 2% 이상 함유하는 알루미늄 합금을 부식하므로 이음매 없는 동관을 사용한다.

07. 암모니아 배관 시 구리를 사용하면 안 되는 이유는?
① 미관
② 폭발성 화합물 발생
③ 열 다량 발생
④ 고가(高價)

06번 해설 참고

08. 다음 중 CFC계 냉매의 냉동장치에 가장 널리 사용되는 관재료는?
① 강관
② 동관
③ 스테인리스 강관
④ 알루미늄관

프레온 가스(CFC계) 냉매의 냉동장치 배관 시공 시 이음매 없는 동관을 사용한다.

09. 냉매가 메틸클로라이드(CH_3Cl)인 경우 사용해서는 안 되는 배관재료는?
① 알루미늄관
② 탈산 동관
③ 탄소강 강관
④ 스테인리스 강관

메틸클로라이드는 주로 소형 냉동기에 사용하는 냉매로서 거의 무취이며 난연성이지만 공기와 일정한 비율로 혼합되면 폭발한다. 또한 알루미늄, 아연, 마그네슘이나 그 합금과 닿으면 폭발성 물질이 될 염려가 있다.

10. 냉매배관 시공 시 주의사항으로 틀린 것은?
① 배관길이는 되도록 짧게 한다.
② 온도변화에 의한 신축을 고려한다.
③ 곡률 반지름은 가능한 한 작게 한다.
④ 수평배관은 냉매흐름 방향으로 하향구배한다.

③ 굽힘부의 굽힘(곡률)반경은 크게 하는 것이 좋다.

[참고] 냉매배관 시공의 기본사항
① 배관재료는 냉매의 종류, 온도와 압력에 적합한 것을 선택한다.
② 배관길이는 되도록 짧게 하고 관경은 충분히 크게 한다.
③ 배관의 곡관부는 가능한 한 없게 하고 곡률반경을 크게 취한다.
④ 곡관부의 곡률반경은 크게 한다.
⑤ 배관은 외부 열원의 영향을 받지 않도록 하며 고온의 장소를 통과할 경우 단열처리한다.
⑥ 냉동장치의 운전 및 정지 시의 온도변화에 대한 배관의 신축을 고려해야 한다.
⑦ 배관 내에 오일의 회수를 원활하게 하고 배관 중에 오일이 체류하지 않도록 한다.
⑧ 배관의 처짐을 고려하여 적당한 간격으로 배관을 지지한다.
⑨ 수평배관에는 냉매가 흐르는 방향으로 1/200~1/500의 하향경사로 설치한다.

11. 냉매배관 시 유의사항으로 틀린 것은?
① 냉동장치 내의 배관은 절대기밀을 유지할 것
② 배관 도중에 고저의 변화를 될수록 피할 것
③ 기기 간의 배관은 가능한 한 짧게 할 것
④ 만곡부는 될 수 있는 한 적고 또한 곡률 반경은 작게 할 것

④ 배관의 만곡부(곡관부)는 가능한 한 없게 하고 곡률반경은 크게 한다.

12. 냉매배관을 시공할 때 주의해야 할 사항으로 가장 거리가 먼 것은?
① 배관은 가능한 한 꺾이는 곳을 적게 하고 꺾이는 곳의 구부림 지름을 작게 한다.

Answer 07. ② 08. ② 09. ① 10. ③ 11. ④ 12. ①

② 관통 부분 이외에는 매설하지 않으며, 부득이한 경우 강관으로 보호한다.
③ 구조물을 관통할 때에는 견고하게 관을 보호해야 하며, 외부로의 누설이 없어야 한다.
④ 응력발생 부분에는 냉매 흐름 방향에 수평이 되게 루프 배관을 한다.

☞ ① 배관은 가능한 한 꺾이는 곳을 적게 하고 꺾이는 곳의 구부림 지름(곡률반경)을 가능한 한 크게 한다.

13. 프레온 냉동장치 냉매배관 설계 시 옳지 않은 것은?

① 지나친 압력강하를 방지한다.
② 트랩(trap) 반경은 되도록 크게 한다.
③ 정지 시 압축기로의 액냉매의 유입을 방지한다.
④ 압축기를 떠난 윤활유가 다시 압축기로 일정비율로 되돌아오게 한다.

☞ ② 곡률 반경은 되도록 크게 한다. 트랩부는 되도록 적게 하여 압축기 유면의 변동을 억제해야 한다.

14. 프레온 냉매배관에 관한 설명 중 잘못된 것은?

① 압축기에서 배관으로 토출된 윤활유는 장치 내를 순환하여 반드시 소량씩 연속적으로 압축기로 돌아오게 한다.
② 만액식 증발기를 제외하고 일반적인 증발기에는 운전 중 또는 운전정지 중에 대량의 냉매액이 고이지 않게 한다.
③ 모든 배관은 마찰손실이 큰 것이 바람직하며 루프, 엘보, 밸브 등을 많이 설치하는 것이 편리하다.
④ 다수의 기기를 조합하여 사용하는 경우에는 각 기기에 냉매가 적당하게 흘러 최고의 효율이 발휘되도록 한다.

☞ ③ 모든 배관은 마찰손실이 작은 것이 바람직하며 루프, 엘보, 밸브 등을 적게 설치하는 것이 편리하다.

15. 냉매배관에 사용되는 재료에 대한 설명으로 틀린 것은?

① 배관 선택 시 냉매의 종류에 따라 적절한 재료를 선택해야 한다.
② 동관은 가능한 한 이음매 있는 관을 사용한다.
③ 저압용 배관은 저온에서도 재료의 물리적 성질이 변하지 않는 것으로 사용한다.
④ 구부릴 수 있는 관은 내구성을 고려하여 충분한 강도가 있는 것을 사용한다.

☞ ② 동관은 가능한 한 이음매 없는 관을 사용한다.

16. 냉동장치의 배관설치에 관한 내용으로 틀린 것은?

① 토출가스의 합류 부분 배관은 T이음으로 한다.
② 압축기와 응축기의 수평배관은 하향 구배로 한다.
③ 토출가스 배관에는 역류방지 밸브를 설치한다.
④ 토출관의 입상이 10m 이상일 경우 10m마다 중간 트랩을 설치한다.

☞ ① 토출가스의 합류 부분 배관은 Y이음으로 한다.

17. 냉매배관에서 압축기 흡입관의 시공 시 유

 13. ② 14. ③ 15. ② 16. ① 17. ②

의사항으로 틀린 것은?
① 압축기가 증발기보다 밑에 있는 경우 흡입관은 작은 트랩을 통과한 후 증발기 상부보다 높은 위치까지 올려 압축기로 가게 한다.
② 흡입관의 수직상승 입상부가 매우 길 때는 냉동기유의 회수를 쉽게 하기 위하여 약 20m마다 중간에 트랩을 설치한다.
③ 각각의 증발기에서 흡입 주관으로 들어가는 관은 주관 상부로부터 들어가도록 접속한다.
④ 2대 이상의 증발기가 있어도 부하의 변동이 그다지 크지 않은 경우는 1개의 입상관으로 충분하다.

☞ ② 흡입관의 수직상승 입상부가 매우 길 때는 냉동기유의 회수를 쉽게 하기 위하여 약 10m마다 중간에 트랩을 설치한다.

18. 냉매배관 시 흡입관 시공에 대한 설명으로 틀린 것은?
① 압축기 가까이에 트랩을 설치하면 액이나 오일이 고여 액백 발생의 우려가 있으므로 피해야 한다.
② 흡입관의 입상이 매우 길 경우에는 중간에 트랩을 설치한다.
③ 각각의 증발기에서 흡입주관으로 들어가는 관은 주관의 하부에 접속한다.
④ 2대 이상의 증발기가 다른 위치에 있고 압축기가 그보다 밑에 있는 경우 증발기 출구의 관은 트랩을 만든 후 증발기 상부 이상으로 올리고 나서 압축기로 향하게 한다.

☞ ③ 각각의 증발기로부터 흡입주관으로 들어가는 관은 주관의 상부에 접속한다.

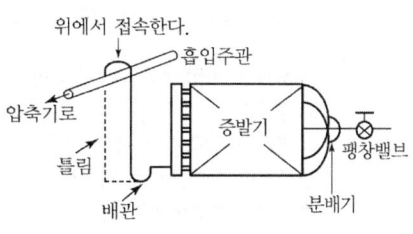

[흡입주관의 접속]

19. 냉매배관 시 주의사항으로 틀린 것은?
① 배관은 가능한 한 간단하게 한다.
② 배관의 굽힘을 적게 한다.
③ 배관에 큰 응력이 발생할 염려가 있는 곳에는 루프 배관을 한다.
④ 냉매의 열손실을 방지하기 위해 바닥에 매설한다.

☞ ④ 냉매의 열손실을 방지하기 위해 단열처리를 한다.

20. 냉매배관의 액관 안에서 증발하는 것을 방지하기 위한 사항이다. 틀린 것은?
① 액관의 마찰 손실 압력은 19.6kPa로 제한하도록 한다.
② 매우 긴 입상 액관의 경우 압력의 감소가 크므로 충분한 과냉각이 필요하다.
③ 액관 내의 유속은 2.5~3.5m/s 정도로 하면 좋다.
④ 배관은 가능한 한 짧게 하여 냉매가 증발하는 것을 방지한다.

☞ ③ 액관 내의 유속은 0.5~1.5m/s 정도가 적당하다.

21. 냉동장치의 액순환 펌프(pump)의 토출측에 설치되는 밸브는?
① 게이트 밸브 ② 콕(cock)

Answer 18. ③ 19. ④ 20. ③ 21. ④

제11장 냉동설비 **1235**

③ 글로브 밸브   ④ 체크밸브

냉동기가 비정상적으로 운전이 중단된 경우 토출가스가 역류하는 것을 방지하기 위해 체크밸브를 압축기 토출측이나 또는 흡입측에 부착해야 한다. 표준 체크밸브는 중력식으로 압축기 토출관에 연결하도록 되어 있다. 토출관은 반드시 수직으로 설치하고 수평으로 설치해서는 안 된다.

22. 그림과 같은 룸쿨러의 (A), (B), (C)에 설치하는 장치는?

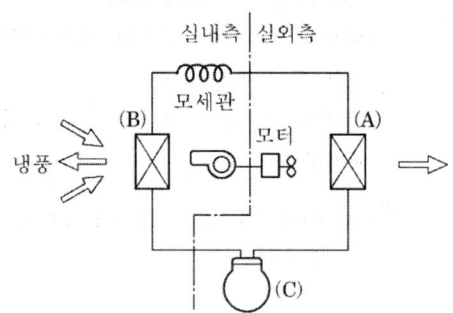

① (A) 응축기, (B) 증발기, (C) 압축기
② (A) 증발기, (B) 압축기, (C) 응축기
③ (A) 압축기, (B) 응축기, (C) 증발기
④ (A) 증발기, (B) 응축기, (C) 압축기

냉매순환
압축기 → 응축기 → 모세관 → 증발기

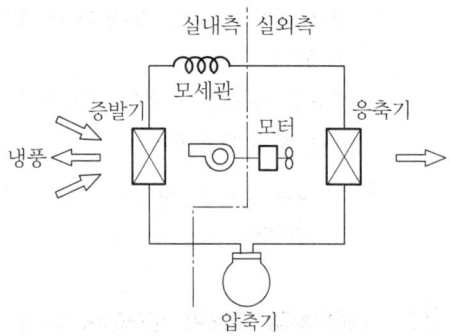

23. 다음은 멀티 유닛 방식 룸쿨러의 계통도이다. ( ) 안에 기기명을 맞게 나열한 것은?

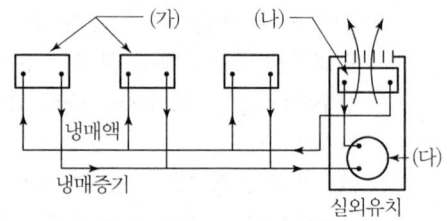

① (가) 증발기, (나) 응축기, (다) 압축기
② (가) 응축기, (나) 증발기, (다) 압축기
③ (가) 압축기, (나) 응축기, (다) 증발기
④ (가) 압축기, (나) 증발기, (다) 응축기

24. 다음은 횡형 셸 튜브 타입 응축기의 구조도이다. 냉매가스의 입구측 배관은 어느 곳에 연결하여야 하는가?

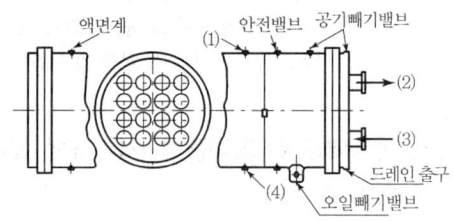

① (1)   ② (2)
③ (3)   ④ (4)

(1) : 냉매가스 입구배관
(2) : 냉각수 출구배관
(3) : 냉각수 입구배관
(4) : 냉매액 출구배관

25. 흡입배관에서 냉매가스 중에 섞여 있는 오일이 확실하게 운반될 수 있는 유속으로 적합한 것은?

① 수평관 : 3.5m/s 이상, 입상관 : 3.5m/s 이상
② 수평관 : 3.5m/s 이상, 입상관 : 6m/s 이상
③ 수평관 : 6m/s 이상, 입상관 : 3.5m/s 이상

22. ① 23. ① 24. ① 25. ②

④ 수평관 : 6m/s 이상, 입상관 : 6m/s 이상

🖐 냉매가스 중에 섞여 있는 오일이 확실하게 운반될 수 있는 유속은 수평관 3.5m/s 이상, 입상관 6m/s 이상 확보되어야 하며, 과도한 압력 손실이나 소음이 생기지 않도록 20m/s 이하이어야 한다.

26. 냉동설비배관에서 액분리기와 압축기 사이에 냉매배관을 할 때 구배로 옳은 것은?
① 1/100 정도의 압축기측 상향 구배로 한다.
② 1/100 정도의 압축기측 하향 구배로 한다.
③ 1/200 정도의 압축기측 상향 구배로 한다.
④ 1/200 정도의 압축기측 하향 구배로 한다.

🖐 **액분리기와 압축기 사이에 냉매배관**
수평 가스배관에는 냉매가 흐르는 방향으로 1/200~1/250의 하향경사로 설치하여 냉매 중의 냉동기유가 흐르기 쉽게 해야 한다.

27. 프레온 냉동기에서 압축기로부터 응축기에 이르는 배관의 설치 시 유의사항으로 틀린 것은?
① 배관이 합류할 때는 T자형보다 Y자형으로 하는 것이 좋다.
② 압축기로부터 올라온 토출관이 응축기에 연결되는 수평부분은 응축기 쪽으로 하향 구배로 배관한다.
③ 2대의 압축기가 아래쪽에 있고 1대의 응축기가 위쪽에 있는 경우 토출가스 헤더는 압축기 위에 배관하여 토출가스관에 연결한다.
④ 압축기와 응축기가 각각 2대이고 압축기가 응축기의 하부에 설치된 경우 압축기의 크랭크 케이스 균압관은 수평으로 배관한다.

🖐 ③ 2대의 압축기가 아래쪽에 있고 1대의 응축기가 위쪽에 있는 경우 토출가스 헤더는 응축기 위에 배관하여 토출가스관에 연결한다.

28. 공랭식 응축기 배관 시 틀린 것은?
① 소형 냉동기에 사용하며 핀이 있는 파이프 속에 냉매를 통하여 바람 이송 냉각설계로 되어 있다.
② 냉방기가 응축기 아래 설치되는 경우 배관 높이가 10m 이상일 때는 5m마다 오일 트랩을 설치해야 한다.
③ 냉방기가 응축기 위에 위치하고, 압축기가 냉방기에 내장되었을 경우에는 오일 트랩이 필요없다.
④ 수냉식에 비해 능력은 낮지만, 냉각수를 사용하지 않아 동결의 염려가 없다.

🖐 ② 냉방기가 응축기 아래 설치되는 경우 배관 높이가 10m 이상일 때는 10m마다 오일 트랩을 설치해야 한다.

29. 냉매의 토출관의 관경을 결정하려고 할 때 일반적인 사항으로 틀린 것은?
① 냉매 가스 속에 용해하고 있는 기름이 확실히 운반될 수 있게 횡형관에서는 약 6m/s 이상 되도록 할 것
② 냉매 가스 속에 용해하고 있는 기름이 확실히 운반될 수 있게 입상관에서는 약 6m/s 이상 되도록 할 것
③ 속도의 압력 손실 및 소음이 일어나지 않을 정도로 속도를 약 25m/s로 제한한다.
④ 토출관에 의해 발생된 전 마찰 손실압력은 약 19.6kPa를 넘지 않도록 한다.

🖐 냉매의 토출관 관경 결정 시 오일을 충분히

Answer 26. ④ 27. ③ 28. ② 29. ①

운반할 수 있는 유속을 확보하여야 한다.
㉠ 수평관(횡형관) : 3.5m/s 이상
㉡ 입상관 : 6m/s 이상

30. 냉매배관 중 토출관 배관 시공에 관한 설명으로 틀린 것은?

① 응축기가 압축기보다 2.5m 이상 높은 곳에 있을 때는 트랩을 설치한다.
② 수평관은 모두 끝내림 구배로 배관한다.
③ 수직관이 너무 높으면 3m마다 트랩을 설치한다.
④ 유분리기는 응축기보다 온도가 낮지 않은 곳에 설치한다.

☞ ③ 수직관이 너무 높으면 10m마다 트랩을 설치하여 배관 중의 오일이 압축기로 역류하는 것을 방지한다.

31. 냉동장치의 냉매배관은 최소한 다음 조건을 만족시켜야 한다. 틀린 것은?

① 사용하는 배관 재료와 두께는 냉매의 종류, 사용 온도 및 압력에 적합한 것을 사용한다.
② 압축기와 응축기가 동일선상에 있는 경우의 수평관은 1/50의 올림 구배로 한다.
③ 압축기의 시동, 정지, 운전 중에 액냉매가 압축기에 흡입되지 않도록 한다.
④ 배관의 진동을 방지하고 적당한 간격으로 적합한 지지용 받침대를 설치한다.

☞ ② 압축기와 응축기가 동일선상에 있는 경우의 수평관은 1/50~1/100의 내림 구배로 한다.

32. 다음 중 증발기가 압축기보다 상부에 위치할 때의 배관으로 알맞은 것은?

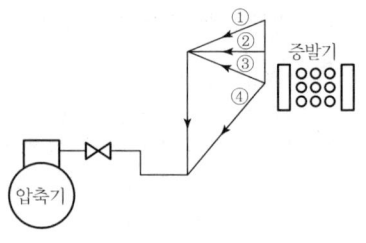

① ①과 같이 배관한다.
② ②와 같이 배관한다.
③ ③과 같이 배관한다.
④ ④와 같이 배관한다.

☞ 압축기가 증발기보다 밑에 있는 경우에는, 정지 중에 액이 압축기로 유입되는 것을 방지하기 위해, 흡입관을 증발기 상부까지 입상시킨 후 압축기로 향하도록 한다.

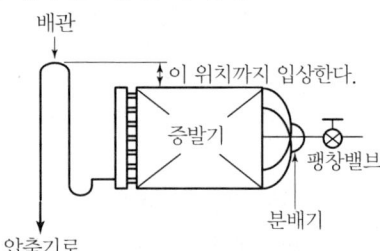

33. 압축기(compressor)와 응축기(condenser)가 동일 높이에 있을 때의 배관으로 알맞은 것은?

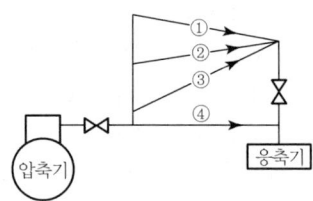

① ①과 같이 배관한다.
② ②와 같이 배관한다.
③ ③과 같이 배관한다.
④ ④와 같이 배관한다.

☞ 압축기와 응축기가 같은 위치에 설치될 경우

Answer 30. ③ 31. ② 32. ① 33. ①

일단 배관을 입상시켜 하향구배로 배관을 설치한다.

34. 냉동설비의 토출가스 배관 시공 시 압축기와 응축기가 동일선상에 있는 경우 수평관의 구배는 어떻게 해야 하는가?

① 1/100의 올림 구배로 한다.
② 1/100의 내림 구배로 한다.
③ 1/50의 내림 구배로 한다.
④ 1/50의 올림 구배로 한다.

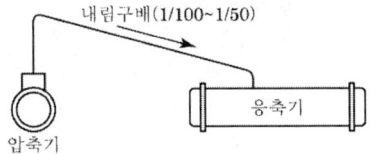

토출배관(응축기와 압축기가 같은 위치)
내림구배(1/100~1/50)
압축기   응축기

35. 냉매배관의 토출관경 결정 시 주의사항이 아닌 것은?

① 토출관에 의해 발생하는 전 마찰손실은 $0.2kgf/cm^2$를 넘지 않도록 할 것
② 지나친 압력손실 및 소음이 발생하지 않을 정도로 속도를 억제할 것(25m/s 이하)
③ 압축기와 응축기가 같은 높이에 있을 경우에는 일단 수평관으로 설치하고 상향구배를 할 것
④ 냉매가스 중에 녹아 있는 냉동기유가 확실하게 운반될 만한 속도(수평관 3.5m/s 이상, 상승관 6m/s 이상)가 확보될 것

☞ ③ 압축기와 응축기가 같은 높이에 있을 경우 일단 입상관을 설치한 다음 하향구배 배관으로 응축기로 연결하여 압축기 정지 중 응축된 냉매가 압축기로 역류하는 것을 방지할 것

36. 액순환방식의 배관에 대한 설명으로 잘못된 것은?

① 냉매펌프에서 나온 냉매액은 운전정지 중에 액봉에 의한 파열이 일어나게 되므로 이를 방지하기 위하여 안전밸브를 필요로 한다.
② 저압 수액기로부터 증발기로의 배관은 냉매액의 트랩을 많게 하여 압력손실을 크게 한다.
③ 액면에서 냉매펌프의 낙차는 1.2m 정도를 유지하여 펌프흡입관의 입구저항, 관의 압력손실, 펌프의 흡입 압력손실을 보상한다.
④ 액펌프 흡입관 내의 액유속은 암모니아의 경우 1m/s 이하이지만, 플래시 가스의 발생 등을 고려하여 0.9m/s 정도 내외로 한다.

☞ ② 저압 수액기로부터 증발기로의 배관은 냉매액의 트랩을 적게 하여 압력손실을 최소화해야 한다.

37. 냉동장치의 액분리기에서 분리된 액이 압축기로 흡입되지 않도록 하기 위한 액회수 방법으로 틀린 것은?

① 고압 액관으로 보내는 방법
② 응축기로 재순환시키는 방법
③ 고압 수액기로 보내는 방법
④ 열교환기를 이용하여 증발시키는 방법

☞ 분리된 냉매의 처리
㉠ 증발기로 재순환시킨다.
㉡ 열교환기에 의해 액을 증발시켜 압축기로 회수한다.
㉢ 액회수 장치를 이용하여 고압측 수액기로 회수한다.

38. 냉매유속이 낮아지게 되면 흡입관에서의 오

Answer 34. ②, ③ 35. ③ 36. ② 37. ② 38. ①

일회수가 어려워지므로 오일회수를 용이하게 하기 위하여 설치하는 것은?
① 이중 입상관 ② 루프 배관
③ 액 트랩 ④ 리프팅 배관

이중 입상관
프레온 냉동장치의 흡입 및 토출 입상 배관에 오일회수를 용이하게 하기 위해 이중 입상관을 설치한다. 가는 관과 굵은 관의 이중관을 설치하여 굵은 관 입구에 트랩을 설치하여 최소 부하 시는 오일이 트랩에 고여 굵은 관을 막아 가는 관으로만 가스가 통과하여 오일을 회수하고, 최대 부하 시는 두 관을 통해 가스가 통과되면서 오일을 회수한다. 트랩부는 되도록 작게 하여 압축기 유면의 변동을 억제해야 한다.

39. 프레온 냉매의 경우 흡입배관에 이중 입상관을 설치하는 목적으로 가장 적합한 것은?
① 오일의 회수를 용이하게 하기 위하여
② 흡입가스의 과열을 방지하기 위하여
③ 냉매액의 흡입을 방지하기 위하여
④ 흡입관에서의 압력강하를 줄이기 위하여

이중 입상관
프레온 냉동장치의 흡입 및 토출 입상 배관에 오일회수를 용이하게 하기 위해 이중 입상관을 설치한다.

40. 이중 입상관에 대한 다음 설명 중 틀린 것은?
① 프레온 냉동장치의 흡입 및 토출 입상관에 사용한다.
② 트랩부는 되도록 크게 하여 압축기 유면 변동을 억제한다.
③ 최저 부하 시는 유가 트랩에 고여 굵은 관을 막는다.
④ 전부하 시는 굵은 관과 가는 관의 두 관을 통해 유가 흡입한다.

② 트랩부는 되도록 작게 하여 압축기 유면 변동을 억제한다.

41. 용량조절장치가 있는 프레온 냉동장치에서 무부하(unload) 운전 시 냉동유 반송을 위한 압축기의 흡입관 배관방법은?
① 압축기를 증발기 밑에 설치한다.
② 2중 수직 상승관을 사용한다.
③ 수평관에 트랩을 설치한다.
④ 흡입관을 가능한 한 길게 배관한다.

2중 수직 상승관
용량조절장치가 있는 프레온 냉동장치의 압축기 흡입관은 무부하(Unload) 운전 시 냉매 유속이 낮아지게 되면 흡입관에서의 냉동유 회수가 어려워지므로 2중 수직 상승관을 사용하여 냉동유의 유속을 확보해야 한다.

42. 프레온 냉동장치의 배관공사 중에 수분이 장치 내에 잔류했을 경우 이 수분에 의한 문제점으로 옳지 않은 것은?
① 프레온 냉매와 수분은 거의 융합되지 않으므로 냉동장치 내가 0℃ 이하가 되면 수분은 빙결한다.
② 수분은 냉동장치 내에서 철재 재료 등을 부식시킨다.
③ 증발기 전열기능을 저하시키고, 흡입관 내 냉매 흐름을 방해한다.
④ 프레온 냉매와 수분은 화합 반응하여 알칼리를 생성시킨다.

④ 프레온 냉매와 수분은 화합 반응하여 산성 물질을 생성시킨다.
[참고]
수분과 프레온은 직접적으로 반응하지는 않으나 금속, 프레온과 수분이 공존하면 프레온은 서서히 가수분해를 일으켜 산성물

Answer 39. ① 40. ② 41. ② 42. ④

질을 만들고 이것이 금속을 부식시킨다. 이 가수분해에 의해서 만들어진 산은 동과 반응해서 염화동을 만들고 염화동은 철의 표면에 동을 석출시키는 현상이 있다. 이와 같은 현상을 동도금 현상이라고 한다. 철의 연마된 표면(실린더 내벽, 피스톤, 핀, 크랭크 축) 등에 주로 발생한다.

43. 다음 냉매액관 중에 플래시 가스 발생 원인이 아닌 것은?
① 열교환기를 사용하여 과냉각도가 클 때
② 관경이 매우 작거나 현저히 입상할 경우
③ 여과망이나 드라이어가 막혔을 때
④ 온도가 높은 장소를 통과 시

☞ ① 열교환기를 사용하여 과냉각도가 크면 플래시 가스 발생이 방지된다.
[참고] 플래시 가스 발생 원인
① 액관이 심하게 솟아 있거나 길 때
② 스트레이너, 드라이어 등이 막혔을 때
③ 액관 지름이 심하게 가늘 때
④ 전자밸브, 스톱밸브, 드라이어, 스트레이너 등의 지름이 가늘 때
⑤ 수액기나 액관이 직사광선에 노출되었을 때
⑥ 액관을 보온없이 고온 장소에 통과시켰을 때
⑦ 심하게 응축온도가 낮아졌을 때

44. 냉매 액관 중에 플래시 가스 발생의 방지대책으로 틀린 것은?
① 온도가 높은 곳을 통과하는 액관은 방열시공을 한다.
② 액관, 드라이어 등의 구경을 충분히 선정하여 통과저항을 작게 한다.
③ 액펌프를 사용하여 압력강하를 보상할 수 있는 충분한 압력을 준다.
④ 열교환기를 사용하여 액관에 들어가는 냉매의 과냉각도를 없앤다.

☞ ④ 열교환기를 사용하여 과냉각도가 크면 플래시 가스 발생이 방지된다.
[참고] 플래시 가스 방지대책
㉠ 열교환기를 설치하여 냉매액을 과냉각시킨다.
㉡ 냉매배관의 길이 및 지름에 주의한다.
㉢ 주위온도가 높은 경우 단열처리를 철저히 한다.
㉣ 대용량일 경우 액펌프를 설치 삽입한다.

45. 냉각탑과 응축기 사이의 배관 시 사이펀 브레이커(syphon breaker)를 설치하여야 할 경우는?
① 냉각탑과 냉각수펌프가 응축기보다 높은 경우로 정수두 15m 이하
② 냉각탑과 냉각수펌프가 응축기보다 높은 경우로 정수두 20m 이하
③ 냉각탑과 냉각수펌프가 응축기와 동일 높이일 경우
④ 냉각탑과 냉각수펌프가 응축기보다 낮은 위치에 있는 경우

☞ 냉각탑과 냉각수펌프가 응축기보다 낮은 위치에 있는 경우 펌프의 운전 정지 시 냉각수 환수측에 사이펀 작용으로 응축기 주변에 부압이 걸리지 않도록 사이펀 브레이크를 설치한다.

46. 냉동장치에서 압축기의 진동이 배관에 전달되는 것을 흡수하기 위하여 압축기 토출, 흡입배관 등에 설치해 주는 것은?
① 팽창밸브　　　② 안전밸브
③ 사이트 글라스　④ 플렉시블 튜브

☞ 압축기의 진동이 건물이나 배관에 전달할 우려가 있을 경우에는 압축기의 설치대 아래에

Answer　43. ①　44. ④　45. ④　46. ④

제11장 냉동설비 **1241**

방진고무를 설치하거나 압축기 토출, 흡입배관 또는 유닛의 출입구 배관 진동부분의 가요성 관(flexible tube)을 설치한다. 암모니아 배관에는 스테인리스 강재, 프레온 배관에는 구리합금 또는 스테인리스 강재, 물 또는 브라인의 출입구에는 고무관이 사용된다.

47. 냉동장치의 액순환 펌프의 토출측 배관에 설치되는 밸브는?
① 게이트 밸브 ② 콕
③ 글로브 밸브 ④ 체크 밸브

> 냉동기가 비정상적으로 운전이 중단된 경우 토출가스가 역류하는 것을 방지하기 위해 체크 밸브를 압축기 토출측이나 또는 흡입측에 부착해야 한다. 표준 체크 밸브는 중력식으로 압축기 토출관에 연결하도록 되어 있다. 토출관은 반드시 수직으로 설치하고 수평으로 설치해서는 안 된다.

48. 냉동장치에서 증발기가 응축기보다 밑에 있을 때 압력차가 생겨 냉매의 흐름을 불균형하게 되는 것을 방지하기 위해 설치하는 것은?
① 역 루프관
② 냉매 액송 메인 밸브
③ 전자 밸브
④ 균압관

> **균압관**
> 응축기와 수액기 간의 압력을 균등하게 함으로써 냉매의 흐름을 원활하게 하기 위해서 응축기와 수액기 상부를 연결한 관으로 균압관 상부에는 불응축 가스를 방출시키는 에어퍼지밸브를 설치한다.

49. 냉동배관 시 플렉시블 조인트의 설치에 관한 설명으로 틀린 것은?
① 가급적 압축기 가까이에 설치한다.
② 압축기의 진동방향에 대하여 직각으로 설치한다.
③ 압축기가 가동할 때 무리한 힘이 가해지지 않도록 설치한다.
④ 기계·구조물 등에 접촉되도록 견고하게 설치한다.

> ④ 플렉시블 조인트는 굴곡이 많은 곳이나 진동이 많이 발생하는 배관에 설치하여 기기의 진동이 배관에 전달되지 않도록 하여 배관이나 기기의 파손을 방지할 목적으로 사용되므로 기계·구조물 등에 접촉되지 않도록 적당한 간격을 띄워 설치한다.

50. 다음 중 배관에 관한 설명이 옳은 것은?
① 냉각수 펌프의 흡입관은 가능한 한 저항이 적도록 배관하고 흡입 실양정을 9m 이상 높게 잡는다.
② 냉각수관은 모두 냉각탑의 수면 이하가 되도록 배관한다.
③ 냉각탑의 배수관 및 오버플로관은 배수관에 직접 연결한다.
④ 기기에 접속하는 배관은 진동이 잘 전달되도록 용접이음으로 한다.

> **냉각탑 및 펌프 주위 배관 시 유의사항**
> ① 펌프의 흡입배관은 가능한 한 길이를 짧게 하고 굴곡을 적게 하지만, 흡입관은 펌프 전방에서 관경의 3배 이상 직관부를 두고 관경을 바꿀 때는 편심이음쇠를 사용해야 한다.
> ② 흡입관은 6m 이하로 하고 관경은 펌프의 흡입구 지름보다 한 치수 큰 것을 사용하고 말단에는 스트레이너를 설치한다.
> ③ 흡입인 경우에는 펌프를 향하여 상향으로 구배(1/50 이상)가 되도록 하고 압입인 경우에는 하향 구배가 되도록 하여야 한다.
> ④ 냉각수 순환펌프는 냉각탑 주위보다 밑으로 설치한다.

47. ④ 48. ④ 49. ④ 50. ②

⑤ 펌프와 냉각탑이 같은 레벨로 설치될 때는, 펌프 케이싱 상단이 냉각탑의 수면보다 낮은 위치에 오도록 펌프를 설치한다. 이때 펌프흡입관은 펌프로 향해 하향구배로 한다.
⑥ 기기에 접속하는 배관은 진동을 방지하기 위해 플렉시블 이음쇠를 사용한다.
⑦ 냉각탑 위치는 풍압이 걸리기 쉬운 장소이므로 볼트로 견고하게 체결하여 수평되게 설치한다.
⑧ 토출부에 설치한 체크 밸브는 서징현상 방지를 위해 펌프 토출구와 슬루스 밸브 사이 펌프에서 가까운 곳에 설치한다.

51. 냉온수 및 냉각수 배관 시공 요령으로 틀린 것은?

① 수평주관은 공기 체류부가 생기지 않도록 배관한다.
② 배관은 관의 신축을 고려하여 시공한다.
③ 지름이 다른 관을 이음할 때 부싱을 사용한다.
④ 주관의 굽힘부는 엘보 대신 벤드를 사용한다.

☞ ③ 지름이 다른 관을 이음할 때는 편심 리듀서를 사용하여 공기가 자동적으로 배출될 수 있도록 한다.

52. 냉동장치의 배관공사가 완료된 후 방열공사의 시공 및 냉매를 충전하기 전에 전 계통에 걸쳐 실시하며, 진공 시험으로 최종적인 기밀 유무를 확인하기 전에 하는 시험은?

① 내압시험   ② 기밀시험
③ 누설시험   ④ 수압시험

☞ **누설시험**
누설시험은 진공시험으로 최종적인 기밀의 확인을 하기 전에 냉동장치의 배관공사 완료 후 방열공사 및 냉매충전을 하기 전 냉동장치 전 계통에 걸쳐 누설되는 곳을 점검하여 완전 기밀로 하는 것이 목적인 시험

[참고]
① 내압시험 : 압축기, 냉매 펌프, 윤활유 펌프 및 압력용기(수액기), 부스터 등의 배관을 제외한 구성장치에 실시하는 액압시험으로 안전한 사용에 필요한 강도와 변형유무를 확인하기 위해 제작사에서 실시하는 시험
② 기밀시험 : 내압시험을 실시한 압축기, 부스터, 냉매 펌프 및 압력용기, 밸브 등 배관을 제외한 구성부품이 모두 조립된 상태에서 내압강도의 확인에 이어 기밀성능을 확인하기 위하여 실시하는 가스압 시험으로 제작사에서 실시

Answer 51. ③ 52. ③

chapter 12 가스설비

1 가스설비

(1) 가스배관

　가스 배관은 석탄, LNG 등의 원료를 건류, 정제, 가스화, 기화, 개질 처리하여 열량을 조절하여 주로 지하에 매설된 배관을 통해 압축기 등으로 압송한 후 가스홀더에 저장했다가 수용에 따라 각 소비처에 적정한 압력으로 조정해서 공급하기 위한 일련의 배관설비

(2) 가스 설비의 구성

① 제조설비 : 제조 또는 발생 설비, 정제 설비 등
② 공급설비 : 가스홀더, 압송기, 정압기, 도관, 가스미터, 가스 콕
③ 소비설비 : 접속구, 기구, 기타 기구의 부속설비(급배기) 등

가스홀더
공장에서 제조 정제된 가스를 저장했다가 공급하기 위한 압력탱크로 가스압력을 균일하게 하며, 급격한 수요변화에도 제조량과 소비량을 조절하는 것인데 여기에는 가스홀더와 서지탱크가 있다. 가스홀더의 종류에는 습식 가스홀더와 건식 가스홀더가 있다.

(3) 가스의 공급방식

① 저압 공급방식 : 가스압력 0.1 MPa(1kg/cm²) 미만의 압력으로 공급하는 방식
② 중압 공급방식 : 가스압력 0.1~1.0 MPa(1~10kg/cm²) 미만으로 공급하는 방식

③ 고압 공급방식 : 가스압력 1.0 MPa(10kg/cm²) 이상의 압력으로 공급하는 방식

■ 도시가스 공급순서
저장설비(가스홀더) → 압축설비(압축기) → 압력조정설비(정압기) → 수송설비(도관) → 사용량의 적산설비(가스미터)

(4) 가스 압력조정기

① 압력조정기 : 저장탱크와 용기로부터 연소기에 공급되는 가스압력을 그 연소기구에 알맞게 강하시키며, 가스소비량에 따라 발생되는 용기 및 저장탱크 내의 압력변화에 대응하여 공급압력을 일정하게 유지하는 장치
압력조정기, 도시가스용 압력조정기, 정압기용 압력조정기 등이 있다.

② 정압기 : 시시각각 변하는 수요에 대응해 효율적인 공급과 연소기구에 알맞게 감압하여 공급하는 장치로 구조에 따라서 피셔식, 액시얼 플로우식, 레이놀즈식 등이 있다.

③ 가스미터 : 가스소비량을 계산하고 요금산출을 하기 위한 것으로 최대 가스 사용량에 적합한 능력이 있어야 하며, 사용 중 오차가 없고 정확한 계량을 할 수 있도록 내구성, 내열성, 기밀성 등이 좋고 시설 및 유지관리가 용이해야 한다.

㉠ 가스미터의 종류

구분	종류
직접식(실측식)	건식(막식, 회전식), 습식(루츠미터)
간접식(추정식)	터빈, 임펠러식, 오리피스식, 벤츄리식, 와류식 등

(5) 가스배관 공사

① 가스관의 명칭

㉠ 배관 : 본관, 공급관 및 내관을 말한다.

㉡ 본관 : 도시가스 제조사업소의 부지경계에서 정압기까지 이르는 배관

㉢ 공급관 : 정압기에서 아파트 계량기 전단 밸브까지의 배관

㉣ 내관 : 가스 사용자가 소유하거나 점유하고 있는 토지의 경계에서 연소기까지에 이르는 배관

② 가스관의 재료

사용장소와 사용압력에 따라 강관, 주철관, 동관, 폴리에틸렌관 등이 사용되며 일반적으로 50mm 이하의 것은 강관, 75mm 이상의 것은 주철관이 사용되지만, 고압 수송용의 비교적 큰 관지름의 경우에는 강관이 사용된다.

③ 가스배관 경로선정 4요소 : 최단, 직선, 옥외, 노출

　㉠ 최단거리로 할 것
　㉡ 구부러지거나 오르내림이 적을 것
　㉢ 가능한 한 옥외에 설치할 것
　㉣ 은폐 매설을 피할 것

④ 가스배관 시공 시 유의사항

　㉠ 배관의 재료는 가스의 압력, 온도, 지역적 특성을 고려하여 시공을 해야 한다.
　㉡ 배관은 외부에 가스 사용명과 최고사용압력 및 가스흐름 방향을 표시해야 한다.
　㉢ 지상배관은 황색으로 표시하고 매설배관은 적색 또는 황색으로 한다.
　㉣ 배관 재료로는 2인치 이하는 가스관(강관)을 사용하고, 3인치 이상은 주철관을 사용한다.
　㉤ 건물의 주요 구조부를 관통하지 말 것
　㉥ 수평배관은 100분의 1 정도의 구배를 주고 낮은 곳에는 수취기를 설치할 것
　㉦ 외부로부터의 부식과 손상이 될 우려가 있는 장소를 피하고, 가능하면 온도 변화를 받지 않는 장소를 택할 것
　㉧ 건축물 내의 배관은 외부에 노출하여 시공할 것. 다만, 동관, 스테인리스 강관, 기타 내식성 재료로서 이음매(용접이음매는 제외) 없이 설치하는 경우에는 매몰하여 설치할 수 있다.
　㉨ 배관은 천장, 공동구 등 환기가 잘 되지 아니하는 장소에 설치하지 않을 것
　㉩ 공급배관의 매설 시 건축물에서 수평거리로 5m 이상 유지할 것
　㉪ 배관의 이음부와 전기계량기 및 전기개폐기와의 이격거리는 60cm 이상, 굴뚝, 전기점멸기 및 전기접속기와의 이격거리는 30cm 이상, 절연조치를 하지 않은 전선과의 거리는 15cm 이상의 거리를 유지한다.
　㉫ 가스배관의 매설깊이
　　　ⓐ 차량이 통행하는 폭 8m 이상의 도로 : 120cm 이상

ⓑ 폭 8m 이하의 도로 또는 공동주택 외의 부지 : 100cm 이상

ⓒ 공동주택 등의 부지 내 : 60cm 이상

⑤ 관의지지

호칭지름이 13mm 미만의 것에는 1m마다, 13mm 이상 33mm 미만의 것에는 2m마다, 33mm 이상의 것에는 3m마다 지지쇠붙이를 설치한다.(단 호칭지름 100mm 이상의 것에는 적합한 방법에 따라 3m를 초과하여 설치할 수 있다.)

⑥ 가스배관의 설계

저압배관의 유량	중·고압배관의 유량
가스유량 $Q = K\sqrt{\dfrac{D^5 H}{SL}}$ [m³/h] 여기서, D : 파이프 내경[cm] 　　　　H : 허용압력손실[mmH₂O] 　　　　S : 가스비중 　　　　L : 파이프 길이[m] 　　　　K : 유량계수	가스유량 $Q = K\sqrt{\dfrac{(P_1^2 - P_2^2)D^5}{SL}}$ [m³/h] 여기서, D : 파이프 내경[cm] 　　　　P_1 : 초압[kg/cm²a] 　　　　P_2 : 종압[kg/cm²a] 　　　　S : 가스비중 　　　　L : 파이프 길이[m] 　　　　K : 유량계수

제4편 유지보수 공사관리

chapter 12 출·제·예·상·문·제

01. 도시가스에서 고압이라 함은 얼마 이상의 압력을 뜻하는가?
① 0.1MPa 이상 ② 1MPa 이상
③ 10MPa 이상 ④ 100MPa 이상

　도시가스 사용압력에 따른 분류
　㉠ 고압 : 1MPa 이상
　㉡ 중압 : 0.1MPa~1MPa 미만
　㉢ 저압 : 0.1MPa 미만

02. 가스 공급방식 중 저압 공급방식의 특징으로 틀린 것은?
① 가정용·상업용 등 일반에게 공급되는 방식이다.
② 홀더압력을 이용해 저압배관만으로 공급하므로 공급계통이 비교적 간단하다.
③ 공급구역이 좁고 공급량이 적은 경우에 적합하다.
④ 가스의 공급압력은 0.3~0.5MPa 정도이다.

　④ 가스의 공급압력은 0.1MPa 미만이다.

03. 도시가스의 공급 계통에 따른 공급 순서로 옳은 것은?
① 원료 → 압송 → 제조 → 저장 → 압력 조정
② 원료 → 제조 → 압송 → 저장 → 압력 조정
③ 원료 → 저장 → 압송 → 제조 → 압력 조정
④ 원료 → 저장 → 제조 → 압송 → 압력 조정

　도시가스 공급계통
　원료 → 제조(열량 조정) → 압송 → 저장(홀더) → 압력 조정(정압기) → 공급(소비)

04. 도시가스 제조사업소의 부지 경계에서 정압기지의 경계까지 이르는 배관을 무엇이라고 하는가?
① 본관 ② 내관
③ 공급관 ④ 사용관

　본관
　도시가스 제조사업소의 부지 경계에서 정압기지의 경계까지 이르는 배관으로 밸브기지 안의 배관은 제외(정압기지 : 도시가스의 압력을 조정하기 위한 시설)

05. 공동주택 등 외의 건축물 등에 도시가스를 공급하는 경우 정압기에서 가스 사용자가 점유하고 있는 토지의 경계까지 이르는 배관을 무엇이라고 하는가?
① 내관 ② 공급관
③ 본관 ④ 중압관

　① 내관 : 가스 사용자가 소유하거나 점유하고 있는 토지의 경계에서 연소기까지에 이르는 배관
　② 본관 : 도시가스 제조사업소의 부지경계에서 정압기까지 이르는 배관
　③ 배관 : 본관, 공급관 및 내관을 말한다.
　④ 공급관 : 정압기에서 아파트 계량기 전단 밸브까지의 배관

Answer 01. ② 02. ④ 03. ② 04. ① 05. ②

06. 도시가스 계량기(30m³/h 미만)의 설치 시 바닥으로부터 설치 높이로 가장 적합한 것은? (단, 설치 높이의 제한을 두지 않는 특정 장소는 제외한다.)
  ① 0.5m 이하
  ② 0.7m 이상 1m 이내
  ③ 1.6m 이상 2m 이내
  ④ 2m 이상 2.5m 이내

> 도시가스사업법 시행규칙 별표6(가스계량기 설치 기준)
> 가스계량기(30m³/hr 미만에 한한다)의 설치 높이는 바닥으로부터 1.6m 이상 2m 이내에 수직·수평으로 설치하고 밴드·보호가대 등 고정장치로 고정시킬 것. 다만, 격납상자에 설치하는 경우, 기계실 및 보일러실(가정에 설치된 보일러실은 제외한다)에 설치하는 경우와 문이 달린 파이프 덕트 안에 설치하는 경우에는 설치 높이의 제한을 하지 아니한다.

07. 가스미터를 구조상 직접식(실측식)과 간접식(추정식)으로 분류한다. 다음 중 직접식 가스미터는?
  ① 습식   ② 터빈식
  ③ 벤튜리식   ④ 오리피스식

> 가스미터의 종류
> ① 직접식(실측식) : 건식(막식, 회전식), 습식(루츠미터)
> ② 간접식(추정식) : 터빈, 임펠러식, 오리피스식, 벤츄리식, 와류식 등

08. 다음 중 가스 정압기의 종류가 아닌 것은?
  ① 자동교체식   ② 피셔식
  ③ 레이놀드식   ④ 액셜-플로어식

> 정압기
> 각 가스기구에 알맞은 적당한 압력으로 감압하여 공급하기 위한 장치
> • 종류 : 피셔식, 액셜 플로어식, 레이놀드식

09. 공장에서 제조 정제된 가스를 저장했다가 공급하기 위한 압력탱크로 가스압력을 균일하게 하며, 급격한 수요변화에도 제조량과 소비량을 조절하기 위한 장치는?
  ① 정압기   ② 압축기
  ③ 오리피스   ④ 가스 홀더

> 가스 홀더
> 제조 공장에서 제조된 가스를 저장하여 가스의 질을 균일하게 유지하며 제조량과 수요량을 조절하는 저장탱크, 즉 도시가스의 공급설비로서, 가스수요의 시간적 변동에 대하여 제조자가 충분히 공급할 수 있는 가스량을 확보하기 위한 일종의 저장탱크이다.

10. 가스수요의 시간적 변화에 따라 일정한 가스량을 안정하게 공급하고 저장을 할 수 있는 가스 홀더의 종류가 아닌 것은?
  ① 무수(無水)식   ② 유수(有水)식
  ③ 주수(柱水)식   ④ 구(球)형

> 가스 홀더의 분류
> ① 저압식 : 유수식, 무수식
> ② 중·고압식 : 원통형, 구형

11. 도시가스의 공급설비 중 가스 홀더의 종류가 아닌 것은?
  ① 유수식   ② 중수식
  ③ 무수식   ④ 고압식

> 10번 해설 참고

12. 저압 가스배관의 보수 또는 연장을 위하여 가스를 차단할 경우 사용하는 기구는?
  ① 가스팩   ② 가스미터

Answer 06. ③ 07. ① 08. ① 09. ④ 10. ③ 11. ② 12. ①

③ 정압기   ④ 부스터

👆 **가스팩(gas pack)**
가스배관의 보수 또는 연장을 위하여 가스를 차단할 경우 가스팩을 사용하고 에어펌프나 압축기를 이용하여 적절한 압력으로 팩에 공기를 넣는다.

13. 가스 누설 시 쉽게 발견할 수 있도록 부취제를 첨가한다. 부취제의 종류에 따른 냄새 특성이 잘못된 것은?

① TBM : 양파썩는 냄새
② THT : 석탄가스 냄새
③ DMS : 마늘 냄새
④ MES : 계란 썩는 냄새

👆 **부취제의 냄새의 질과 강도**

부취제 성분	냄새의 질	냄새 강도				
		강함	약간 강함	보통	약간 약함	약함
테트라하이드로 티오펜(THT)	석탄가스 냄새			○		
터셔리부틸머캡탄(TBM)	양파썩는 냄새	○				
황화이메틸(DMS)	마늘 냄새				○	
에틸머캡탄(EM)	마늘 냄새			○		
황화메틸에틸(MES)	마늘 냄새			○		

14. 가스배관 외부에 표시하지 않는 것은? (단, 지하에 매설하는 경우는 제외)

① 사용가스명   ② 최고사용압력
③ 유량   ④ 가스흐름방향

👆 관의 외부에 사용가스명·최고사용압력 및 가스흐름방향을 표시할 것. 다만, 지하에 매설하는 배관의 경우에는 흐름방향을 표시하지 아니할 수 있다.

15. 가스배관 경로 선정 시 고려하여야 할 내용으로 적당하지 않은 것은?

① 최단거리로 할 것
② 구부러지거나 오르내림을 적게 할 것
③ 가능한 한 은폐매설을 할 것
④ 가능한 한 옥외에 설치할 것

👆 **가스배관 경로선정 4요소**
최단, 직선, 옥외, 노출
① 최단거리로 할 것
② 구부러지거나 오르내림이 적을 것
③ 가능한 한 옥외에 설치할 것
④ 은폐 매설을 피할 것

16. 가스배관의 경로와 위치 선정 시 틀린 것은?

① 유지관리가 용이할 것
② 가급적 굴곡이 적고 최단거리로 할 것
③ 열원으로부터 적정 이격거리를 유지할 것
④ 건축물이나 구조물의 기초 하부에 설치할 것

👆 ④ 특별한 경우를 제외한 건물 내의 배관은 외부에 노출시켜 시공하며 동관이나 스테인리스관 등 이음매 없는 관은 매몰하여 설치할 수 있다.

17. 도시가스 배관 설치에 관한 내용으로 틀린 것은?

① 가스배관을 지상에 설치할 경우에는 황색으로 표시한다.
② 중압 가스배관을 매설할 경우에는 적색으로 표시한다.
③ 배관을 지하에 매설하는 경우에는 배관이 매설되어 있음을 표시한다.
④ 배관을 지하에 매설하는 경우에는 사용가스명을 표시하지 않아도 된다.

👆 ④ 관의 외부에 사용가스명·최고사용압력 및 가스흐름방향을 표시하여야 한다. 다만,

Answer 13. ④ 14. ③ 15. ③ 16. ④ 17. ④

지하에 매설하는 배관의 경우에는 흐름방향을 표시하지 아니할 수 있다.

18. 가스배관에 관한 설명으로 틀린 것은?

① 특별한 경우를 제외한 옥내배관은 매설배관을 원칙으로 한다.
② 부득이하게 콘크리트 주요 구조부를 통과할 경우에는 슬리브를 사용한다.
③ 가스배관에는 적당한 구배를 두어야 한다.
④ 열에 의한 신축, 진동 등의 영향을 고려하여 적절한 간격으로 지지하여야 한다.

☞ ① 특별한 경우를 제외한 건물 내의 배관은 외부에 노출시켜 시공하며 동관이나 스테인리스관 등 이음매 없는 관은 매몰하여 설치할 수 있다.

19. 가스배관에 대한 설명 중 잘못된 것은?

① 가스배관은 기울기를 두어 배관한다.
② 건물 내 배관은 환기가 잘 되지 않는 천장, 벽, 바닥, 공동구 등에 설치한다.
③ 수직관의 상하부는 점검 및 가스퍼지가 가능하도록 캡 또는 플러그를 설치한다.
④ 가스배관과 전기설비는 일정거리 이상을 둔다.

☞ ② 건물 내 배관은 천장, 벽, 바닥, 공동구 등 환기가 잘 되지 않는 장소에 설치하지 않아야 한다.

20. 가스배관의 설치 시 유의사항으로 틀린 것은?

① 특별한 경우를 제외한 배관의 최고사용 압력은 중압 이하일 것
② 배관은 하천(하천을 횡단하는 경우는 제외) 또는 하수구 등 암거 내에 설치할 것
③ 지반이 약한 곳에 설치되는 배관은 지반 침하에 의해 배관이 손상되지 않도록 필요한 조치 후 배관을 설치할 것
④ 본관 및 공급관은 건축물의 내부 또는 기초 밑에 설치하지 아니할 것

☞ ② 배관은 하천(하천을 횡단하는 경우는 제외한다) 또는 하수구 등 암거 안에 설치하지 않는다.

21. 가스설비에 관한 설명으로 틀린 것은?

① 일반적으로 사용되고 있는 가스유량 중 1시간당 최댓값을 설계유량으로 한다.
② 가스미터는 설계유량을 통과시킬 수 있는 능력을 가진 것을 선정한다.
③ 배관 관경은 설계유량이 흐를 때 배관의 끝부분에서 필요한 압력이 확보될 수 있도록 한다.
④ 일반적으로 공급되고 있는 천연가스에는 일산화탄소가 많이 함유되어 있다.

☞ ④ 천연가스는 메탄(CH_4)을 주성분으로 하는 가연성 가스로 공기보다 가볍고 일산화탄소를 함유하지 않는다는 특징이 있다. 때문에 누출이 되었을 때에도 폭발범위가 좁고 확산이 쉬워 다른 연료에 비해 비교적 안전하다.

22. 가스 사용시설의 배관설비 기준에 대한 설명으로 틀린 것은?

① 배관의 재료와 두께는 사용하는 도시가스의 종류, 온도, 압력에 적절한 것일 것
② 배관을 지하에 매설하는 경우에는 지면으로부터 0.6m 이상의 거리를 유지할 것
③ 배관은 누출된 도시가스가 체류되지 않고 부식의 우려가 없도록 안전하게 설치할 것
④ 배관은 움직이지 않도록 고정하되 호칭지

Answer 18. ① 19. ② 20. ② 21. ④ 22. ④

름이 13mm 미만의 것에는 2m마다, 33mm 이상의 것에는 5m마다 고정장치를 할 것

④ 배관은 움직이지 않도록 고정하되 호칭지름이 13mm 미만의 것에는 1m마다, 13mm 이상 33mm 미만의 것에는 2m마다, 33mm 이상의 것에는 3m마다 고정장치를 부착해야 한다.

23. 도시가스 배관 시 배관이 움직이지 않도록 관 지름 13mm 이상 33mm 미만의 경우 몇 m마다 고정장치를 설치해야 하는가?

① 1m ② 2m
③ 3m ④ 4m

관의 고정장치 설치 간격

관경	설치 간격
13mm 미만	1m
13mm 이상 33mm 미만	2m
33mm 이상	3m

24. 도시가스 입상배관의 관 지름이 20mm일 때 움직이지 않도록 몇 m마다 고정장치를 부착해야 하는가?

① 1m ② 2m
③ 3m ④ 4m

22번 해설 참고

25. 도시가스배관 설치 기준으로 틀린 것은?

① 배관은 지반의 동결에 의해 손상을 받지 않는 깊이로 한다.
② 배관접합은 용접을 원칙으로 한다.
③ 가스계량기의 설치 높이는 바닥으로부터 1.6m 이상 2m 이내의 높이에 수직, 수평으로 설치한다.
④ 폭 8m 이상의 도로에 관을 매설할 경우에는 매설 깊이를 지면으로부터 0.6m 이상으로 한다.

④ 폭 8m 이상의 도로에 관을 매설하는 경우에는 매설 깊이를 지면으로부터 1.2m 이상으로 한다.

26. 가스배관 시공에 대한 설명으로 틀린 것은?

① 건물 내 배관은 안전을 고려해서 벽, 바닥 등에 매설하여 시공한다.
② 건축물의 벽을 관통하는 부분의 배관에는 보호관 및 부식방지 피복을 한다.
③ 배관의 경로와 위치는 장래의 계획, 다른 설비와의 조화 등을 고려하여 정한다.
④ 부식의 우려가 있는 장소에 배관하는 경우에는 방식, 절연조치를 한다.

도시가스배관의 설치 시 유의사항
① 건축물 내의 배관은 외부에 노출하여 시공할 것. 다만, 동관, 스테인리스 강관, 기타 내식성 재료로서 이음매(용접이음매는 제외) 없이 설치하는 경우에는 매몰하여 설치할 수 있다.
② 배관은 천장, 공동구 등 환기가 잘 되지 아니하는 장소에 설치하지 않을 것
③ 공급배관의 매설 시 건축물에서 수평거리로 5m 이상 유지할 것
④ 배관의 이음부와 전기계량기 및 전기개폐기와의 이격거리는 60cm 이상, 굴뚝, 전기점멸기 및 전기접속기와의 이격거리는 30cm 이상, 절연조치를 하지 않은 전선과의 거리는 15cm 이상의 거리를 유지할 것

27. 도시가스 제조소 및 공급소 밖의 배관설치 기준으로 틀린 것은?

① 배관은 환기가 잘 되거나 기계환기설비를 설치한 장소에 설치할 것

Answer 23. ② 24. ② 25. ④ 26. ① 27. ④

② 배관의 이음매(용접이음매는 제외)와 전기계량기 및 전기개폐기와의 거리는 60cm 이상의 거리를 유지할 것
③ 배관을 철도부지에 매설하는 경우에는 지표면으로부터 배관의 외면까지의 깊이를 1.2m 이상 유지한다.
④ 입상관의 밸브는 바닥으로부터 1.0m 이상 2.5m 이내에 설치할 것

👉 ④ 입상관의 밸브는 바닥으로부터 1.6m 이상 2m 이내에 설치할 것. 다만, 보호상자에 설치하는 경우에는 그러하지 아니하다.

28. 가스 사용시설의 건축물 내의 매설배관으로 적합하지 않은 배관은?
① 이음매 없는 동관
② 배관용 탄소강관
③ 스테인리스 강관
④ 가스용 금속 플렉시블 호스

👉 **가스배관 설비 기준**
건물 내의 배관은 외부에 노출시켜 시공하며 동관·스테인리스 강관 또는 금속 플렉시블 호스 등 내식성 재료의 이음매 없이 관을 매몰하여 설치할 수 있다.

29. 매설가스 배관법 중 맞지 않는 것은?
① 물이 고일 염려가 있는 곳은 수취기를 설치한다.
② 배관은 적당한 앞올림 구배를 두어 접합한다.
③ 다른 지하 매설물과는 적당한 거리를 두어야 한다.
④ 매설관은 중압인 경우 PE관을 사용한다.

👉 ④ 지하매설관의 재료는 폴리에틸렌 피복강관(PLP)을 사용하고, 가스배관 최고사용압력이 4kg/cm² 이하일 경우 가스용 폴리에틸렌관(PE)을 사용할 수 있다.

30. 제조소 및 공급소 밖의 도시가스 배관을 시가지 외의 도로 노면 밑에 매설하는 경우에는 노면으로부터 배관의 외면까지 최소 몇 m 이상을 유지해야 하는가?
① 1.0   ② 1.2
③ 1.5   ④ 2.0

👉 도시가스 배관을 시가지의 도로 밑에 매설하는 경우에는 노면으로부터 배관의 외면까지의 깊이를 1.5m 이상으로 하되, 방호구조물로 되어 있거나 시가지 외에서는 1.2m 이상 깊이로 매설해도 된다.

31. 도시가스배관 설비기준에서 배관을 시가지의 도로 노면 밑에 매설하는 경우에는 노면으로부터 배관의 외면까지 얼마 이상을 유지해야 하는가? (단, 방호구조물 안에 설치하는 경우는 제외한다.)
① 0.8m   ② 1m
③ 1.5m   ④ 2m

👉 **도시가스사업법 시행규칙 별표5**
시가지의 도로 밑에 매설하는 경우에는 노면으로부터 배관의 외면까지의 깊이를 1.5m 이상으로 할 것

32. 도시가스 배관 매설에 대한 설명으로 틀린 것은?
① 배관을 철도부지에 매설하는 경우 배관의 외면으로부터 궤도 중심까지 거리는 4m 이상 유지할 것
② 배관을 철도부지에 매설하는 경우 배관의 외면으로부터 철도부지 경계까지 거리는 0.6m 이상 유지할 것

Answer   28. ② 29. ④ 30. ② 31. ③ 32. ②

③ 배관을 철도부지에 매설하는 경우 지표면으로부터 배관의 외면까지의 깊이는 1.2m 이상 유지할 것

④ 배관의 외면으로부터 도로의 경계까지 수평거리 1m 이상 유지할 것

☞ ② 배관을 철도부지에 매설하는 경우에는 배관의 외면으로부터 철도부지 경계까지는 1m 이상의 거리를 유지할 것

33. 도시가스 배관을 지하에 매설하는 경우 배관의 외면과 상수도관, 하수관거 등 타시설물과는 몇 m 이상의 간격을 유지해야 하는가?

① 0.1 ② 0.3
③ 0.8 ④ 1.5

☞ 배관을 지하에 매설하는 경우에는 배관의 외면과 상수도관·하수관거 통신케이블 등 타시설물과는 0.3m 이상의 간격을 유지한다. 배관을 매설하는 경우에는 배관의 외면으로부터 도로의 경계까지는 수평거리 1m 이상 설치 간격을 유지한다.

34. 도시가스의 제조소 및 공급소 밖의 배관 표시기준에 관한 내용으로 틀린 것은?

① 가스배관을 지상에 설치할 경우에는 배관의 표면색상을 황색으로 표시한다.
② 최고사용압력이 중압인 가스배관을 매설할 경우에는 황색으로 표시한다.
③ 배관을 지하에 매설하는 경우에는 그 배관이 매설되어 있음을 명확하게 알 수 있도록 표시한다.
④ 배관의 외부에 사용가스명, 최고사용압력 및 가스의 흐름방향을 표시하여야 한다. 다만, 지하에 매설하는 경우에는 흐름방향을 표시하지 아니할 수 있다.

☞ ② 최고사용압력이 중압인 가스배관을 매설할 경우에는 적색으로 표시하고 저압인 경우 황색으로 표시한다.

[참고] 가스사용시설의 시설·기술·검사기준 배관은 안전을 확보하기 위하여 배관임을 명확하게 알아볼 수 있도록 다음 기준에 따라 도색 및 표시를 할 것

① 배관은 그 외부에 사용가스명, 최고사용압력 및 도시가스 흐름방향을 표시할 것. 다만, 지하에 매설하는 배관의 경우에는 흐름방향을 표시하지 아니할 수 있다.

② 지상배관은 부식방지도장 후 표면색상을 황색으로 도색하고, 지하매설배관은 최고사용압력이 저압인 배관은 황색으로, 중압 이상인 배관은 붉은색으로 할 것. 다만, 지상배관의 경우 건축물의 내·외벽에 노출된 것으로서 바닥(2층 이상의 건물의 경우에는 각 층의 바닥을 말한다)에서 1m의 높이에 폭 3cm의 황색띠를 2중으로 표시한 경우에는 표면색상을 황색으로 하지 아니할 수 있다.

35. 아래 저압가스 배관의 직경(D)을 구하는 식에서 S가 의미하는 것은? (단, L은 관의 길이를 의미한다.)

$$D^5 = \frac{Q^2 \cdot S \cdot L}{K^2 \cdot H}$$

① 관의 내경 ② 공급 압력 차
③ 가스 유량 ④ 가스 비중

☞ Q : 가스유량[m³/h]
K : 유량계수
D : 파이프 내경[cm]
H : 허용압력손실[mmAq]
S : 가스 비중
L : 파이프 길이[m]

Answer 33. ② 34. ② 35. ④

36. 저압 가스관에 의한 가스수송에 있어서 압력손실과 관계가 가장 먼 것은?

① 가스관의 길이 ② 가스의 압력
③ 가스의 비중 ④ 가스관의 내경

> 저압배관의 유량(Q)
> $$Q = K\sqrt{\dfrac{D^5 H}{SL}} \text{ [m}^3\text{/h]}$$
> 여기서, D : 파이프 내경[cm]
> H : 허용압력손실[mmAq]
> S : 가스 비중
> $L(\text{m})$: 파이프 길이
> K : 유량계수
> 위 식에서 가스의 압력과 배관의 압력 손실과는 관계가 없다.

37. 가스 배관 내의 유량이 2배로 증가하면 압력손실은 어떻게 되는가?

① 압력손실은 2배로 된다.
② 압력손실은 4배로 된다.
③ 압력손실은 8배로 된다.
④ 압력손실은 16배로 된다.

> 저압배관의 유량
> 가스유량 : $Q = K\sqrt{\dfrac{D^5 H}{SL}}$ [m³/h]
> 여기서, D : 파이프 내경[cm]
> H : 허용압력손실[mmAq]
> S : 가스비중
> L : 파이프 길이[m]
> 위 식에서 유량이 2배로 증가하면 압력손실은
> $2 = \sqrt{H} \to H = (2)^2 = 4$배로 된다.

38. 저압가스배관에서 관 내경이 25mm에서 압력손실이 320mmAq이라면, 관 내경이 50mm로 2배로 되었을 때 압력손실은 얼마인가?

① 160mmAq ② 80mmAq
③ 32mmAq ④ 10mmAq

> 저압가스배관의 압력손실(H)
> $$H = \dfrac{Q^2 \cdot S \cdot L}{K^2 \cdot D^5}$$
> 여기서, D : 파이프 내경
> H : 허용압력손실
> S : 가스비중
> L : 파이프 길이
> K : 유량계수
> 위 식에서 $H \propto \dfrac{1}{D^5}$ 이므로
> $320 : \dfrac{1}{(25)^5} = H : \dfrac{1}{(50)^5}$
> $\therefore H = 10 \text{mmAq}$

39. 관경 300mm, 배관길이 500m의 중압 가스수송관에서 A·B점의 게이지 압력이 3kgf/cm², 2kgf/cm²인 경우 가스유량은 약 얼마인가? (단, 가스 비중 0.64, 유량계수 52.31로 한다.)

① 10238m³/h ② 20583m³/h
③ 38315m³/h ④ 40153m³/h

> ① A·B점의 게이지 압력이 3kg/cm², 2kg/cm², 대기압이 1.0332kg/cm²이므로 절대압력을 구하면
> A점 절대압력 = 3+1.0332
> = 4.0332kg/cm²·a
> B점 절대압력 = 2+1.0332
> = 3.0332kg/cm²·a
> ② 관경(d)=300mm=30cm
> ③ 가스 유량 Q는
> $$Q = K\sqrt{\dfrac{(P_1^2 - P_2^2)d^5}{s \cdot l}}$$
> $= 52.31\sqrt{\dfrac{(4.0332^2 - 3.0332^2) \times 30^5}{0.64 \times 500}}$
> $= 38318.8 \text{m}^3\text{/h}$
> [참고] 절대압력=대기압력+계기압력

Answer 36. ② 37. ② 38. ④ 39. ③

40. LPG 기화장치의 가열방법에 의한 종류이다. 해당하지 않는 것은?

① 대기의 열 이용방식
② 온수열매체 전기가열방식
③ 금속열매체 전기가열방식
④ 직화 순간 증발 방식

> **LPG 기화장치 가열방법**
> 대기열 이용방식, 전기가열방식, 가스가열방식, 증기가열방식

41. LP 가스 공급, 소비설비의 압력손실 요인으로 틀린 것은?

① 배관의 입하에 의한 압력손실
② 엘보, 티 등에 의한 압력손실
③ 배관의 직관부에서 일어나는 압력손실
④ 가스미터, 콕크, 밸브 등에 의한 압력손실

> **LP 가스 공급, 소비설비의 압력손실 요인**
> ① 배관의 직관부에서 일어나는 압력손실
> ② 관의 입상에 의한 압력손실(입하는 압력상승이 된다)
> ③ 엘보, 티, 밸브 등에 의한 압력손실
> ④ 가스미터, 콕크 등에 의한 압력손실

42. 기체 수송 설비에서 압축공기 배관의 부속장치가 아닌 것은?

① 후부냉각기   ② 공기여과기
③ 안전밸브   ④ 공기빼기밸브

> **압축공기 배관의 부속장치**
> 분리기 및 후부냉각기, 공기탱크, 공기여과기, 공기흡입관, 안전밸브 등

43. 압축공기 배관설비에 대한 설명으로 틀린 것은?

① 분리기는 윤활유를 공기나 가스에서 분리시켜 제거하는 장치로서 보통 중간냉각기와 후부냉각기 사이에 설치한다.
② 위험성 가스가 체류되어 있는 압축기실은 밀폐시킨다.
③ 맥동을 완화하기 위하여 공기탱크를 장치한다.
④ 가스관, 냉각수관 및 공기탱크 등에 안전밸브를 설치한다.

> ② 위험성 가스가 체류되어 있는 압축기실은 적정한 공기상태 유지를 위한 환기설비를 설치하여야 한다.

Answer 40. ④ 41. ① 42. ④ 43. ②

part 05
부록(과년도출제문제)

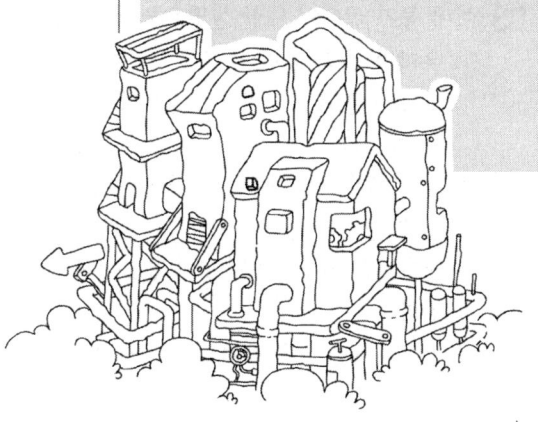

2022년 3월 5일(1회) 공조냉동기계기사 과년도출제문제

제1과목 : 에너지 관리

01 다음 온열환경지표 중 복사의 영향을 고려하지 않는 것은?
① 유효온도(ET)
② 수정유효온도(CET)
③ 예상온열감(PMV)
④ 작용온도(OT)

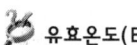 **유효온도(ET)**
온도, 습도, 기류를 고려한 온도로서 쾌적의 감각을 나타내는 체감온도로 기류 0m/s, 상대습도 100%일 때를 기준한 쾌감온도이다. 공기조화에서는 유효온도가 실내 기후 조건의 표준지수로 이용된다.
[참고]
① 수정유효온도(CET) : 건구온도 대신에 흑구 내에 온도계를 삽입한 글로브 온도계로 측정한 온도로서 유효온도에 복사열을 고려한 온도이다.
② 예상온열감(PMV) : 예상온열감은 인간과 주위 환경의 6가지 열환경 요소들(기온, 습도, 기류속도, 평균복사온도, 대사량, 착의량)을 측정하여 인체의 열평형에 기초한 쾌적 방정식으로 일반적으로 재실자가 쾌적하다고 느끼는 예상온열감은 −0.5~+0.5의 범위이다.
③ 작용온도(OT) : 기온, 기류, 주위면의 온도를 종합한 인체의 체감도를 나타내는 척도로 복사냉난방의 평가온도로 사용한다.

02 주간 피크(peak) 전력을 줄이기 위한 냉방시스템 방식으로 가장 거리가 먼 것은?

① 터보냉동기 방식
② 수축열 방식
③ 흡수식 냉동기 방식
④ 빙축열 방식

 피크전력 감소를 위한 냉방시스템
가스냉방(GHP, Gas engine Heat Pump), 지역냉방, 축열식, 흡수식 냉동 등

03 실내 공기 상태에 대한 설명으로 옳은 것은?
① 유리면 등의 표면에 결로가 생기는 것은 그 표면온도가 실내의 노점온도보다 높게 될 때이다.
② 실내 공기 온도가 높으면 절대습도도 높다.
③ 실내 공기의 건구온도와 그 공기의 노점온도와의 차는 상대습도가 높을수록 작아진다.
④ 건구온도가 낮은 공기일수록 많이 수증기를 함유할 수 있다.

① 유리면 등의 표면에 결로가 생기는 것은 그 표면온도가 실내의 노점온도보다 낮게 될 때이다.
② 절대습도는 온도에 따라 변하는 양이 아니라 공기의 가습 시 증가하고 또는 감습 시 감소한다.
④ 온도가 낮은 공기일수록 적은 수증기를 함유할 수 있고 온도가 상승하면 더 많은 수증기를 가질 수 있기 때문에 상대습도는 낮아지게 된다.

04 열교환기에서 냉수코일 입구 측의 공기와 물의 온도차가 16℃, 냉수코일 출구 측의 공기와 물의 온도차가 6℃이면 대수평균온도차

 01. ① 02. ① 03. ③ 04. ①

(℃)는 얼마인가?

① 10.2 ② 9.25
③ 8.37 ④ 8.00

 대수평균온도차(LMTD)

$$\text{LMTD} = \frac{\Delta_1 - \Delta_2}{\ln\frac{\Delta_1}{\Delta_2}} = \frac{16-6}{\ln\frac{16}{6}} = 10.2℃$$

05 습공기를 단열 가습하는 경우 열수분비(U)는 얼마인가?

① 0 ② 0.5
③ 1 ④ ∞

 열수분비(U)

수분량(절대습도)의 변화에 따른 전열량의 비로 습공기를 단열가습(순환수무가습)하는 경우 등엔탈피선을 따라 변화($\Delta h = h_2 - h_1 = 0$)하므로

열수분비 $U = \dfrac{h_2 - h_1}{x_2 - x_1} = 0$이다.

06 습공기선도(t-x 선도) 상에서 알 수 없는 것은?

① 엔탈피 ② 습구온도
③ 풍속   ④ 상대습도

 습공기선도의 구성 요소

구분	기호	단위	구분	기호	단위
건구온도	DB, t	℃	수증기분압	P	mmHg
습구온도	WB, t'	℃	상대습도	φ	%
노점온도	DP, t'	℃	엔탈피	h, i	kcal/kg
절대습도	x	kg/kg'	비체적	v	m³/kg

07 다음 중 풍량조절 댐퍼의 설치 위치로 가장 적절하지 않은 곳은?

① 송풍기, 공조기의 토출측 및 흡입측
② 연소의 우려가 있는 부분의 외벽 개구부
③ 분기덕트에서 풍량조정을 필요로 하는 곳
④ 덕트계에서 분기하여 사용하는 곳

 ② 연소의 우려가 있는 부분의 외벽 개구부는 방화구조로 하여야 하며 방화댐퍼를 설치해야 한다.

08 수냉식 응축기에서 냉각수 입·출구 온도차가 5℃, 냉각수량이 300LPM인 경우 이 냉각수에서 1시간에 흡수하는 열량은 1시간당 LNG 몇 N·m³을 연소한 열량과 같은가? (단, 냉각수의 비열은 4.2kJ/kg·℃, LNG 발열량은 43961.4kJ/N·m³, 열손실은 무시한다.)

① 4.6 ② 6.3
③ 8.6 ④ 10.8

 ① 응축열량

$Q = GC\Delta t$
$= (300\text{kg/min} \times \dfrac{60\text{min}}{1h}) \times 4.2 \times 5$
$= 378,000\text{kJ/h}$
(여기서, 냉각수량 300LPM
=300L/min=300kg/min)

② LNG 환산열량

$\dfrac{\text{응축열량}}{1\text{시간당 LNG 열량}} = \dfrac{378,000}{43961.4} = 8.6\text{N}\cdot\text{m}^3$

09 덕트의 분기점에서 풍량을 조절하기 위하여 설치하는 댐퍼로 가장 적절한 것은?

① 방화 댐퍼 ② 스플릿 댐퍼
③ 피봇 댐퍼 ④ 터닝 베인

 스플릿 댐퍼(Split Damper)

덕트의 분기점에 설치하여 풍량조절용으로 사용된다. 구조가 간단하나 정밀한 풍량조절은 불가능하며 누설이 많아 폐쇄용으로 사용하지는 않는다.

Answer 05. ① 06. ③ 07. ② 08. ③ 09. ②

10 증기난방 방식에 대한 설명으로 틀린 것은?
① 환수방식에 따라 중력환수식과 진공환수식, 기계환수식으로 구분한다.
② 배관방법에 따라 단관식과 복관식이 있다.
③ 예열시간이 길지만 열량 조절이 용이하다.
④ 운전 시 증기 해머로 인한 소음을 일으키기 쉽다.

③ 열용량이 작아 예열시간이 짧지만 증기량 제어가 어려워 방열량(온도) 조절이 어렵다.

11 공기 중의 수증기가 응축하기 시작할 때의 온도 즉, 공기가 포화상태로 될 때의 온도를 무엇이라고 하는가?
① 건구온도　② 노점온도
③ 습구온도　④ 상당외기온도

노점온도(Dew Point Temperature)
공기의 온도가 낮아지면 습공기 중의 수증기가 공기로부터 분리되어 이슬이 맺히기(응축) 시작할 때의 온도로 이때 절대습도는 감소한다.
[참고]
① 건구온도 : 기온을 측정할 때 열을 감지하는 감열부가 건조한 상태에서 측정하는 보통의 온도
② 습구온도 : 온도계의 감열부를 천으로 감싼 다음 모세관 현상에 의하여 물을 흡수하여 감열부가 젖은 상태에서 측정한 온도
③ 상당외기온도 : 일사를 받는 외벽이나 지붕과 같이 열용량을 갖는 구조체를 통과하는 열량을 산출하기 위하여 외기온도나 태양의 일사량을 고려하여 정한 온도

12 다음 중 일반 사무용 건물의 난방부하 계산 결과에 가장 작은 영향을 미치는 것은?
① 외기온도
② 벽체로부터의 손실열량
③ 인체 부하
④ 틈새바람 부하

난방 부하계산의 기본적인 방법은 냉방 부하계산과 동일하지만 태양열의 일사부하, 인체 및 실내기구 등의 취급에 차이가 있다. 그 이유는 일사부하나 인체부하, 조명부하, 기구부하 등은 난방부하를 경감시키는 요인들로 작용하기 때문에 일반적으로 난방 부하계산에 포함시키지 않고 냉방의 경우처럼 시각별 계산의 필요도 없다.

13 에어와셔 단열 가습기 포화효율 (η)은 어떻게 표시하는가? (단, 입구공기의 건구온도 t_1, 출구공기의 건구온도 t_2, 입구공기의 습구온도 t_{w1}, 출구공기의 습구온도 t_{w2}이다.)

① $\eta = \dfrac{(t_1 - t_2)}{(t_2 - t_{w2})}$

② $\eta = \dfrac{(t_1 - t_2)}{(t_1 - t_{w1})}$

③ $\eta = \dfrac{(t_2 - t_1)}{(t_{w2} - t_1)}$

④ $\eta = \dfrac{(t_1 - t_{w1})}{(t_2 - t_1)}$

단열가습 시의 포화효율(CF)

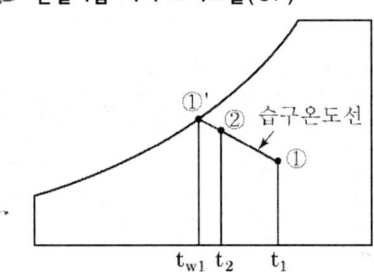

$$CF = \dfrac{t_1 - t_2}{t_1 - t_{w1}}$$

14 정방실에 35kW의 모터에 의해 구동되는 정방기가 12대 있을 때 전력에 의한 취득열량(kW)은 얼마인가? (단, 전동기와 이것에 의해

구동되는 기계가 같은 방에 있으며, 전동기의 가동률은 0.74이고, 전동기 효율은 0.87, 전동기 부하율은 0.92이다.)

① 483   ② 420
③ 357   ④ 329

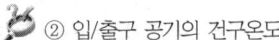 정방기의 발생열량

$$q_E = \frac{L_{kW} \times \phi_1 \times \phi_2}{\eta}$$
$$= \frac{[35 \times 12] \times 0.92 \times 0.74}{0.87} = 329\,\text{kW}$$

여기서, 전동기 정격출력 : L_{kW}
전동기 부하율 : ϕ_1
사용률 : ϕ_2
전동기 효율 : η

15 보일러의 시운전 보고서에 관한 내용으로 가장 관련이 없는 것은?

① 제어기 세팅 값과 입/출수 조건 기록
② 입/출구 공기의 습구온도
③ 연도 가스의 분석
④ 성능과 효율 측정값을 기록, 설계값과 비교

② 입/출구 공기의 건구온도

16 다음 용어에 대한 설명으로 틀린 것은?

① 자유면적 : 취출구 혹은 흡입구 구멍면적의 합계
② 도달거리 : 기류의 중심속도가 0.25m/s에 이르렀을 때, 취출구에서의 수평거리
③ 유인비 : 전공기량에 대한 취출공기량(1차공기)의 비
④ 강하도 : 수평으로 취출된 기류가 일정 거리만큼 진행한 뒤 기류중심선과 취출구 중심과의 수직거리

유인비
취출공기량에 대한 유인공기의 비

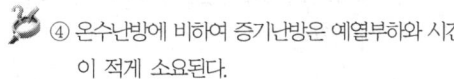

유인비 = $\dfrac{1\text{차 공기량} + 2\text{차 공기량}}{1\text{차 공기량}}$

• 1차 공기량 : 취출구로부터 취출된 공기량
• 2차 공기량 : 취출 공기(1차 공기)로부터 유인되어 운동하는 실내 공기량

17 증기난방과 온수난방의 비교 설명으로 틀린 것은?

① 주 이용열로 증기난방은 잠열이고, 온수난방은 현열이다.
② 증기난방에 비하여 온수난방은 방열량을 쉽게 조절할 수 있다.
③ 장거리 수송으로 증기난방은 발생증기압에 의하여, 온수난방은 자연순환력 또는 펌프 등의 기계력에 의한다.
④ 온수난방에 비하여 증기난방은 예열부하와 시간이 많이 소요된다.

④ 온수난방에 비하여 증기난방은 예열부하와 시간이 적게 소요된다.

18 공기조화 시스템에 사용되는 댐퍼의 특성에 대한 설명으로 틀린 것은?

① 일반 댐퍼(Volume Control Damper) : 공기 유량조절이나 차단용이며, 아연도금 철판이나 알루미늄 재료로 제작된다.
② 방화댐퍼(Fire Damper) : 방화벽을 관통하는 덕트에 설치되며, 화재 발생 시 자동으로 폐쇄되어 화염의 전파를 방지한다.
③ 밸런싱 댐퍼(Balancing Damper) : 덕트의 여러 분기관에 설치되어 분기관의 풍량을 조절하며, 주로 T.A.B 시 사용된다.
④ 정풍량 댐퍼(Linear Volume Control Damper)

15. ②   16. ③   17. ④   18. ④

: 에너지절약을 위해 결정된 유량을 선형적으로 조절하며, 역류방지 기능이 있어 비싸다.

④ 정풍량 댐퍼(비례제어 댐퍼)는 에너지 절약 및 공정상의 이유로 어느 시스템에서 결정된 유량에 의한 공기량을 선형적으로 조절하며 역풍방지 댐퍼는 기류에 역류현상을 방지하기 위하여 기류의 중간에 설치하는 댐퍼를 말한다.

19 공기조화기의 T.A.B 측정 절차 중 측정 요건으로 틀린 것은?

① 시스템의 검토 공정이 완료되고 시스템 검토보고서가 완료되어야 한다.
② 설계도면 및 관련 자료를 검토한 내용을 토대로 하여 보고서 양식에 장비규격 등의 기준이 완료되어야 한다.
③ 댐퍼, 말단 유닛, 터미널의 개도는 완전 밀폐되어야 한다.
④ 제작사의 공기조화기 시운전이 완료되어야 한다.

③ 댐퍼, 말단 유닛, 터미널의 개도는 완전 개방되어야 된다.

20 강제순환식 온수난방에서 개방형 팽창탱크를 설치하려고 할 때, 적당한 온수의 온도는?

① 100℃ 미만 ② 130℃ 미만
③ 150℃ 미만 ④ 170℃ 미만

온수난방의 분류
① 저온수식 : 100℃ 이하의 온수 사용(개방형 팽창탱크), 소규모 건물, 주철제 보일러 사용
② 고온수식 : 100℃ 이상 고온수 사용(밀폐식 팽창탱크), 강판제 보일러 사용

제2과목 : 공조냉동 설계

21 부피가 $0.4m^3$인 밀폐된 용기에 압력 3MPa, 온도 100℃의 이상기체가 들어있다. 기체의 정압비열 5kJ/kg·K, 정적비열 3kJ/kg·K일 때 기체의 질량(kg)은 얼마인가?

① 1.2 ② 1.6
③ 2.4 ④ 2.7

이상기체 상태방정식
$$PV = mRT$$
$$m = \frac{PV}{RT} = \frac{3000 \times 0.4}{2 \times 373} = 1.6 kg$$
여기서,
① 이상기체 압력 P=3MPa=3000kPa
② 이상기체 온도 T=100℃=(100+273)K
 =373K
③ 일반기체상수 $R = C_p - C_v$
 $= 5 - 3 = 2 kJ/kg \cdot K$

22 온도 100℃, 압력 200kPa의 이상기체 0.4kg이 가역단열과정으로 압력이 100kPa로 변화하였다면, 기체가 한 일(kJ)은 얼마인가? (단, 기체 비열비 1.4, 정적비열 0.7kJ/kg·K이다.)

① 13.7 ② 18.8
③ 23.6 ④ 29.4

풀이 1)
① 일반기체상수(R)
$k = \frac{C_p}{C_v}$ 이므로
$C_p = kC_v = 1.4 \times 0.7 = 0.98 kJ/kg \cdot K$
$R = C_p - C_v = 0.98 - 0.7 = 0.28 kJ/kg \cdot K$
② 기체가 한 일(W)
$$W = \frac{mRT_1}{k-1}\left\{1 - \left(\frac{P_2}{P_1}\right)^{\frac{k-1}{k}}\right\}$$

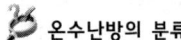 19. ③ 20. ① 21. ② 22. ②

$$= \frac{0.4 \times 0.28 \times 373}{1.4-1}\left\{1-\left(\frac{100}{200}\right)^{\frac{1.4-1}{1.4}}\right\}$$

$$= 18.8 \text{kJ}$$

풀이 2)

① 변화 후 온도(T_2)

$$\frac{T_2}{T_1} = \left(\frac{P_2}{P_1}\right)^{\frac{k-1}{k}}$$

$$T_2 = T_1 \times \left(\frac{P_2}{P_1}\right)^{\frac{k-1}{k}}$$

$$= 373 \times \left(\frac{100}{200}\right)^{\frac{1.4-1}{1.4}} = 306°C$$

② 일반기체상수(R)

$$k = \frac{C_p}{C_v} \text{이므로}$$

$$C_p = kC_v = 1.4 \times 0.7 = 0.98 \text{kJ/kg·K}$$

$$R = C_p - C_v = 0.98 - 0.7 = 0.28 \text{kJ/kg·K}$$

③ 기체가 한 일(W)

$$W = \frac{mR}{k-1}(T_1 - T_2)$$

$$= \frac{0.4 \times 0.28}{1.4-1}(373-306) = 18.8 \text{kJ}$$

23 70kPa에서 어떤 기체의 체적이 12m^3이었다. 이 기체를 800kPa까지 폴리트로픽 과정으로 압축했을 때 체적이 2m^3으로 변화했다면, 이 기체의 폴리트로픽 지수는 약 얼마인가?

① 1.21　② 1.28
③ 1.36　④ 1.43

 폴리트로픽 과정

$P_1 V_1^n = P_2 V_2^n = C$이므로

$70 \cdot 12^n = 800 \cdot 2^n$

$\left(\frac{12}{2}\right)^n = \frac{800}{70} \rightarrow 6^n = \frac{80}{7}$

양변에 ln를 취하면

$\ln 6^n = \ln \frac{80}{7} \rightarrow n \ln 6 = \ln \frac{80}{7}$

$$\therefore n = \frac{\ln \frac{80}{7}}{\ln 6} = 1.36$$

24 공기 정압비열(C_p, kJ/kg·℃)이 다음과 같을 때 공기 5kg을 0℃에서 100℃까지 일정한 압력하에서 가열하는데 필요한 열량(kJ)은 약 얼마인가? (단, 다음 식에서 t는 섭씨온도를 나타낸다.)

$C_p = 1.0053 + 0.000079 \times t [\text{kJ/kg·℃}]$

① 85.5　② 100.9
③ 312.7　④ 504.6

 가열열량(Q)

$$Q = GC_p \Delta t = \int_0^{100} GC_p dt$$

$$= \int_0^{100} 5(1.0053 + 0.000079t)dt$$

$$= 5\left[1.0053t + \frac{0.000079}{2}t^2\right]_0^{100}$$

$$= 5\left[1.0053 \times 100 + \frac{0.000079}{2} \times 100^2\right]$$

$$= 504.625 \text{kJ}$$

25 흡수식 냉동기의 냉매의 순환 과정으로 옳은 것은?

① 증발기(냉각기) → 흡수기 → 재생기 → 응축기
② 증발기(냉각기) → 재생기 → 흡수기 → 응축기
③ 흡수기 → 증발기(냉각기) → 재생기 → 응축기
④ 흡수기 → 재생기 → 증발기(냉각기) → 응축기

① 흡수식 냉동기의 냉매 순환

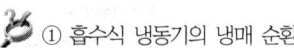

Answer　23. ③　24. ④　25. ①

증발기 → 흡수기 → 열교환기 → 발생기(재생기)
→ 응축기 → 증발기

② 흡수식 냉동기의 흡수제 순환
흡수기 → 용액열교환기 → 발생기(재생기) →
용액열교환기 → 흡수기

26 이상기체 1kg이 초기에 압력 2kPa, 부피 0.1m³를 차지하고 있다. 가역등온과정에 따라 부피가 0.3m³로 변화했을 때 기체가 한 일(J)은 얼마인가?

① 9540　　② 2200
③ 954　　　④ 220

$W = \int_1^2 Pdv = P_1 V_1 \ln \frac{V_2}{V_1}$

$= 2000 \times 0.1 \times \ln \frac{0.3}{0.1} = 219.7J$

여기서, $P = 2\text{kPa} = 2000\text{Pa}$

27 증기터빈에서 질량유량이 1.5kg/s이고, 열손실율이 8.5kW이다. 터빈으로 출입하는 수증기에 대하여 그림에 표시한 바와 같은 데이터가 주어진다면 터빈의 출력(kW)은 약 얼마인가?

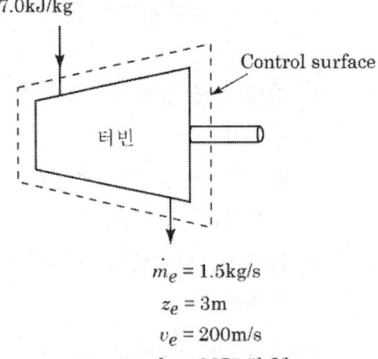

$\dot{m}_i = 1.5$kg/s
$z_i = 6$m
$v_i = 50$m/s
$h_i = 3137.0$kJ/kg

Control surface
터빈

$\dot{m}_e = 1.5$kg/s
$z_e = 3$m
$v_e = 200$m/s
$h_e = 2675.5$kJ/kg

① 273.3　　② 655.7
③ 1357.2　　④ 2616.8

정상유동에서의 일반 에너지식

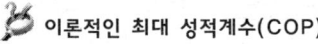

$Q = m[(h_2 - h_1) + \frac{v_2^2 - v_1^2}{2} + g(Z_2 - Z_1)] + W_t$

$W_t = m[(h_1 - h_2) + \frac{v_1^2 - v_2^2}{2} + g(Z_1 - Z_2)] + Q$

$= 1.5[(3137.0 - 2675.5) + ((\frac{50^2 - 200^2}{2})$

$+ 9.8(6-3)) \times \frac{1\text{kJ}}{10^3\text{J}}] - 8.5$

$= 656\text{kW}$

28 냉동사이클에서 응축온도 47℃, 증발온도 -10℃이면 이론적인 최대 성적계수는 얼마인가?

① 0.21　　② 3.45
③ 4.61　　④ 5.36

이론적인 최대 성적계수(COP)

$COP = \frac{T_L}{T_H - T_L} = \frac{263}{320 - 263} = 4.61$

여기서, $T_H = 47℃ = (47+273)K = 320K$
$T_L = -10℃ = (-10+273)K = 263K$

29 압축기의 체적효율에 대한 설명으로 옳은 것은?

① 간극체적(top clearance)이 작을수록 체적효율은 작다.
② 같은 흡입압력, 같은 증기 과열도에서 압축비가 클수록 체적효율은 작다.
③ 피스톤 링 및 흡입 밸브의 시트에서 누설이 작을수록 체적효율이 작다.
④ 이론적 요구 압축동력과 실제 소요 압축동력의 비이다.

① 간극체적이 작을수록 체적효율은 좋다.

26. ④　27. ②　28. ③　29. ②

③ 피스톤링 및 흡입변의 시트에서 누설이 작을수록 체적효율이 좋다.
④ 압축기의 압축효율은 이론적 요구 압축동력과 실제 소요 압축동력의 비이며 압축기의 체적효율은 실제 흡입되는 냉매가스량과 이론적인 냉매가스량의 비이다.

30 냉동장치에서 플래쉬 가스의 발생 원인으로 틀린 것은?
① 액관이 직사광선에 노출되었다.
② 응축기의 냉각수 유량이 갑자기 많아졌다.
③ 액관이 현저하게 입상하거나 지나치게 길다.
④ 관의 지름이 작거나 관 내 스케일에 의해 관경이 작아졌다.

 ② 응축기의 냉각수 유량이 갑자기 적어졌다.
[참고] 플래시 가스 발생 원인
 ㉠ 액관이 현저히 입상하였거나 길 때
 ㉡ 액관 지름이 심하게 가늘 때
 ㉢ 여과기, 드라이어(냉매 건조기) 등이 막혔을 때
 ㉣ 전자밸브, 스톱밸브, 드라이어, 여과기 등의 지름이 가늘 때
 ㉤ 수액기나 액관이 직사광선에 노출되었을 때
 ㉥ 액관을 보온없이 고온 장소에 통과시켰을 때
 ㉦ 응축온도가 현저히 낮아졌을 때

31 프레온 냉동장치에서 가용전에 대한 설명으로 틀린 것은?
① 가용전의 용융온도는 일반적으로 75℃ 이하로 되어 있다.
② 가용전은 Sn, Cd, Bi 등의 합금이다.
③ 온도상승에 따른 이상 고압으로부터 응축기 파손을 방지한다.
④ 가용전의 구경은 안전밸브 최소구경의 1/2 이하이어야 한다.

 가용전(fusible plug)
① 1회용으로 이상온도 발생 시 가용전이 녹아 장치의 가스를 외부로 방출한다.
② 프레온용으로 안전밸브 대용으로 사용하며 응축기와 수액기 상부에 설치하고 용융온도는 70±5℃이다.
③ Pb, Sn, Sb, Bi 등의 합금으로 만들고 가용전의 크기는 안전밸브 직경의 1/2 이상으로 한다.

32 흡수식 냉동기에 사용되는 흡수제의 구비 조건으로 틀린 것은?
① 냉매와 비등온도 차이가 작을 것
② 화학적으로 안정하고 부식성이 없을 것
③ 재생에 필요한 열량이 크지 않을 것
④ 점성이 작을 것

 ① 냉매와 비등온도 차이가 클 것
[참고] 흡수제의 구비 조건
 ① 용액의 증기압이 낮을 것
 ② 농도 변화에 대한 증기압의 변화가 작을 것
 ③ 재생에 많은 열을 필요로 하지 않을 것
 ④ 점도가 높지 않을 것
 ⑤ 냉매와 비점 차이가 클 것
 ⑥ 냉매와 용해도가 클 것
 ⑦ 열전도율이 클 것
 ⑧ 부식성이 작을 것
 ⑨ 독성, 가연성이 없을 것
 ⑩ 가격이 싸고 구입이 쉬울 것
 ⑪ 환경파괴가 없을 것

33 클리어런스 포켓이 설치된 압축기에서 클리어런스가 커질 경우에 대한 설명으로 틀린 것은?
① 냉동능력이 감소한다.
② 피스톤의 체적 배출량이 감소한다.
③ 체적효율이 저하한다.
④ 실제 냉매 흡입량이 감소한다.

클리어런스(간극)가 클 경우에 냉동기에 미치는 영향
① 토출가스 온도가 상승→열이 전도→실린더가 과열→윤활유 열화 및 탄화현상 발생(윤활유

30. ② 31. ④ 32. ① 33. ②

기능이 상실→실린더가 마모→기계효율 및 압축효율이 저하
② 압축비가 증가→체적효율이 저하
③ 플래시 가스 발생량이 증가→냉동효과 감소(냉동능력이 저하)
④ 압축일의 열당량(압축일량)이 증가→압축기 소요동력이 증대
⑤ 냉동기 성적계수 저하→냉동효과 감소, 압축일량 증대로 인하여 성적계수가 저하
⑥ 냉동실 온도가 상승

34 이상기체 1kg을 일정 체적 하에 20℃로부터 100℃로 가열하는데 836kJ의 열량이 소요되었다면 정압비열(kJ/kg·K)은 약 얼마인가? (단, 해당가스의 분자량은 2이다.)

① 2.09 ② 6.27
③ 10.5 ④ 14.6

🐰 $C_p - C_v = R$

$C_p = R + C_v = \dfrac{8.3143}{M} + \dfrac{du}{dT}$

$= \dfrac{8.3143}{2} + \dfrac{836}{100-20} = 14.6 \text{kJ/kg·K}$

35 20℃의 물로부터 0℃의 얼음을 매 시간당 90kg을 만드는 냉동기의 냉동능력(kW)은 얼마인가? (단, 물의 비열 4.2kJ/kg·K, 물의 응고 잠열 335kJ/kg이다.)

① 7.8 ② 8.0
③ 9.2 ④ 10.5

🐰 ① 열량(20℃ 물 → 0℃ 물, 현열)
$Q_1 = GC\Delta t = 90 \times 4.2(20-0) = 7,560 \text{kJ/h}$

② 열량(0℃ 물 → 0℃ 얼음, 잠열)
$Q_2 = G\gamma = 90 \times 335 = 30,150 \text{kJ/h}$

③ 냉동기의 냉동능력
$Q(\text{kJ/h}) = Q_1 + Q_2$
$= 7,560 + 30,150 = 37,710 \text{kJ/h}$

$\therefore Q(\text{kW}) = 37,710 \text{kJ/h} \times \dfrac{1\text{h}}{3600\text{s}} = 10.5 \text{kW}$

여기서, kJ/s=kW

36 2차유체로 사용되는 브라인의 구비 조건으로 틀린 것은?

① 비등점이 높고, 응고점이 낮을 것
② 점도가 낮은 것
③ 부식성이 없을 것
④ 열전달률이 작을 것

🐰 브라인의 구비 조건
① 열용량(비열)이 클 것
② 열전도율이 클 것
③ 점도와 응고점이 낮을 것
④ 불연성이며 독성이 없을 것
⑤ 누설 시 냉장물품에 손상이 없을 것
⑥ 가격이 싸고, 구입이 용이할 것
⑦ pH값이 적당할 것(7.5~8.2 정도)

37 카르노 사이클로 작동되는 기관의 실린더 내에서 1kg의 공기가 온도 120℃에서 열량 40kJ를 받아 등온팽창 한다면 엔트로피의 변화(kJ/kg·K)는 약 얼마인가?

① 0.102 ② 0.132
③ 0.162 ④ 0.192

🐰 엔트로피 변화(Δs)

$\Delta s = \dfrac{dq}{T} = \dfrac{40}{273+120} = 0.102 \text{kJ/kg·K}$

38 표준냉동사이클의 단열 교축과정에서 입구 상태와 출구 상태의 엔탈피는 어떻게 되는가?

① 입구 상태가 크다.
② 출구 상태가 크다.
③ 같다.
④ 경우에 따라 다르다.

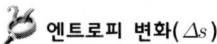
34. ④ 35. ④ 36. ④ 37. ① 38. ③

 단열 교축과정(팽창밸브)
교축과정은 단열팽창과정이므로 교축 전후의 엔탈피는 변화가 없다.(등엔탈피 과정)

39 온도식 자동팽창밸브에 대한 설명으로 틀린 것은?
① 형식에는 일반적으로 벨로즈식과 다이어프램식이 있다.
② 구조는 크게 감온부와 작동부로 구성된다.
③ 만액식 증발기나 건식 증발기에 모두 사용이 가능하다.
④ 증발기 내 압력을 일정하게 유지하도록 냉매유량을 조절한다.

 ④ 온도식 자동팽창밸브는 증발기 내 온도를 일정하게 유지하도록 냉매유량을 조절한다.

40 다음 중 검사질량의 가역 열전달 과정에 관한 설명으로 옳은 것은?
① 열전달량은 $\int PdV$와 같다.
② 열전달량은 $\int PdV$보다 크다.
③ 열전달량은 $\int TdS$와 같다.
④ 열전달량은 $\int TdS$보다 크다.

 T-s 선도는 열의 공급과 방출에 관한 문제를 다룬다. 가역 열전달과정에서 미소열량의 변화는 온도와 엔트로피의 곱으로 쓸 수 있고, 양변을 적분하면 열량은 온도를 엔트로피에 대해 적분함으로써 구할 수 있으며, 그래프의 아래 면적(적분값)은 그 과정에서 전달된 열전달량이다.

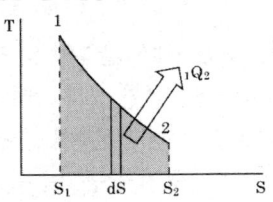

$\delta Q = TdS$
$_1Q_2 = \int_1^2 \delta Q = \int_{S_1}^{S_2} TdS$

제3과목 : 시운전 및 안전관리

41 고압가스 안전관리법령에 따라 ( ) 안의 내용으로 옳은 것은?

"충전용기"란 고압가스의 충전질량 또는 충전압력의 (㉠)이 충전되어 있는 상태의 용기를 말한다. "잔가스용기"란 고압가스의 충전질량 또는 충전압력의 (㉡)이 충전되어 있는 상태의 용기를 말한다.

① ㉠ 2분의 1 이상, ㉡ 2분의 1 미만
② ㉠ 2분의 1 초과, ㉡ 2분의 1 이하
③ ㉠ 5분의 2 이상, ㉡ 5분의 2 미만
④ ㉠ 5분의 2 이상, ㉡ 5분의 2 이하

 고압가스 안전관리법 시행규칙 제2조(정의)
① "충전용기"란 고압가스의 충전질량 또는 충전압력의 2분의 1 이상이 충전되어 있는 상태의 용기를 말한다.
② "잔가스용기"란 고압가스의 충전질량 또는 충전압력의 2분의 1 미만이 충전되어 있는 상태의 용기를 말한다.

42 기계설비법령에 따라 기계설비 발전 기본계획은 몇 년마다 수립·시행하여야 하는가?
① 1 ② 2
③ 3 ④ 5

 기계설비법 제5조(기계설비 발전 기본계획의 수립)
국토교통부장관은 기계설비산업의 육성과 기계설비의 효율적인 유지관리 및 성능확보를 위하여 다음 각 호의 사항이 포함된 기계설비 발전 기본계획을 5년마다 수립·시행하여야 한다.

 39. ④ 40. ③ 41. ① 42. ④

부록

43 기계설비법령에 따라 기계설비 유지관리교육에 관한 업무를 위탁받아 시행하는 기관은?
① 한국기계설비건설협회
② 대한기계설비건설협회
③ 한국공작기계산업협회
④ 한국건설기계산업협회

> **기계설비 유지관리교육에 관한 업무 위탁기관**
> ① 관련법령 : 기계설비법 시행령 제16조제2항
> ② 위탁기관 : 대한기계설비건설협회

44 고압가스 안전관리법령에서 규정하는 냉동기 제조 등록을 해야 하는 냉동기의 기준은 얼마인가?
① 냉동능력 3톤 이상인 냉동기
② 냉동능력 5톤 이상인 냉동기
③ 냉동능력 8톤 이상인 냉동기
④ 냉동능력 10톤 이상인 냉동기

> **고압가스 안전관리법 시행령 제5조(용기 등의 제조등록)**
> 냉동기 제조 : 냉동능력이 3톤 이상인 냉동기를 제조하는 것

45 다음 중 고압가스 안전관리법령에 따라 500만원 이하의 벌금 기준에 해당되는 경우는?

> ㉠ 고압가스를 제조하려는 자가 신고를 하지 아니하고 고압가스를 제조한 경우
> ㉡ 특정고압가스 사용신고자가 특정고압가스의 사용 전에 안전관리자를 선임하지 않은 경우
> ㉢ 고압가스의 수입을 업(業)으로 하려는 자가 등록을 하지 아니하고 고압가스 수입업을 한 경우
> ㉣ 고압가스를 운반하려는 자가 등록을 하지 아니하고 고압가스를 운반한 경우

① ㉠   ② ㉠, ㉡
③ ㉠, ㉡, ㉢   ④ ㉠, ㉡, ㉢, ㉣

> **고압가스 안전관리법 제39조(벌칙)**
> ㉢, ㉣의 경우 2년 이하의 징역 또는 2천만원 이하의 벌금

46 전류의 측정 범위를 확대하기 위하여 사용되는 것은?
① 배율기   ② 분류기
③ 저항기   ④ 계기용변압기

> ㉠ 분류기 : 일정한 전류계로서 큰 전류를 측정하고자 할 때 전류계의 측정 범위를 넓히기 위하여 전류계에 저항을 병렬로 연결한 것
> ㉡ 배율기 : 일정한 전압계로서 큰 전압을 측정하고자 할 경우 전압계의 측정 범위를 확대할 목적으로 외부의 저항을 전압계와 직렬로 연결한 저항

47 절연저항 측정 시 가장 적당한 방법은?
① 메거에 의한 방법
② 전압, 전류계에 의한 방법
③ 전위차계에 의한 방법
④ 더블브리지에 의한 방법

> ① 메거(megger) : $10^5\,\Omega$ 이상의 고저항을 측정하고 절연저항 측정 시 사용

48 저항 100Ω의 전열기에 5A의 전류를 흘렸을 때 소비되는 전력은 몇 W인가?
① 500   ② 1000
③ 1500   ④ 2500

> **소비전력**
> $P = I^2 R = 5^2 \times 100 = 2500\text{W}$

49 유도전동기에서 슬립이 "0"이라고 하는 것은?
① 유도전동기가 정지 상태인 것을 나타낸다.
② 유도전동기가 전부하 상태인 것을 나타낸다.
③ 유도전동기가 동기속도로 회전한다는 것

 43. ② 44. ① 45. ② 46. ② 47. ① 48. ④ 49. ③

이다.
④ 유도전동기가 제동기의 역할을 한다는 것이다.

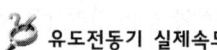 유도전동기 실제속도

$N = (1-s)N_s = (1-s)\dfrac{120f}{P}$

여기서, 동기속도 : N_s[rpm]
실제속도 : N[rpm]
슬립 : s

유도전동기는 무부하에서는 거의 동기속도와 같은 (엄밀히 말하면 약간 느린) 속도로 회전자가 회전하지만, 부하를 걸면 회전 속도가 수 % 느려진다. 이것을 슬립(slip)이라고 하고, 만약 슬립이 '0'이라면 동기속도와 같은 속도로 회전한다는 의미이다.

50 논리식 중 동일한 값을 나타내지 않는 것은?

① $X(X+Y)$
② $XY + X\overline{Y}$
③ $X(\overline{X}+Y)$
④ $(X+Y)(X+\overline{Y})$

① $X(X+Y) = XX + XY = X + XY$
$= X(1+Y) = X$
② $XY + X\overline{Y} = X(Y+\overline{Y}) = X$
③ $X(\overline{X}+Y) = X\overline{X} + XY = XY$
④ $(X+Y)(X+\overline{Y}) = XX + X\overline{Y} + YX + Y\overline{Y}$
$= X + X\overline{Y} + YX$
$= X + X(\overline{Y}+Y)$
$= X + X = X$

51 $i_t = I_m \sin wt$ 인 정현파 교류가 있다. 이 전류보다 90° 앞선 전류를 표시하는 식은?

① $I_m \cos wt$
② $I_m \sin wt$
③ $I_m \cos(wt+90°)$
④ $I_m \sin(wt-90°)$

$i = I_m \sin(\omega t + 90°) = I_m \cos \omega t$

[참고 위상차 표시]
$i_1 = I_m \sin(\omega t + \theta_1)$, $i_2 = I_m \sin(\omega t + \theta_2)$
① $\theta_1 > \theta_2$ 인 경우 : i_1은 i_2보다 위상이 앞선다.
② $\theta_1 = \theta_2$ 인 경우 : i_1은 i_2와 동상이다.
③ $\theta_1 < \theta_2$ 인 경우 : i_1은 i_2보다 위상이 뒤진다.

52 $i = I_{m1}\sin wt + I_{m2}\sin(2wt+\theta)$의 실효값은?

① $\dfrac{I_{m1}+I_{m2}}{2}$
② $\sqrt{\dfrac{I_{m1}^2+I_{m2}^2}{2}}$
③ $\dfrac{\sqrt{I_{m1}^2+I_{m2}^2}}{2}$
④ $\sqrt{\dfrac{I_{m1}+I_{m2}}{2}}$

$i = I_0 + I_1\sin\omega t + I_2\sin 2\omega t + \cdots$의 실효값은
$I = \sqrt{I_0^2 + (\dfrac{I_1}{\sqrt{2}})^2 + (\dfrac{I_1}{\sqrt{2}})^2 + \cdots}$ 이므로
$I = \sqrt{(\dfrac{I_{m1}}{\sqrt{2}})^2 + (\dfrac{I_{m2}}{\sqrt{2}})^2} = \sqrt{\dfrac{I_{m1}^2+I_{m2}^2}{2}}$

53 그림과 같은 브리지 정류회로는 어느 점에 교류입력을 연결하여야 하는가?

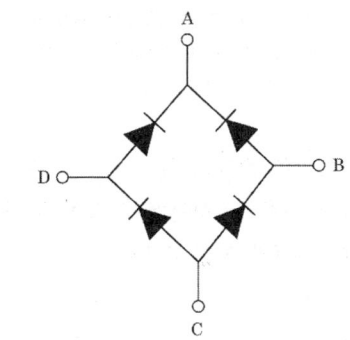

① A-B점
② A-C점
③ B-C점
④ B-D점

교류입력은 B-D점이며, 직류 출력은 A점 (+)와 C점 (-)이다.

Answer 50. ③ 51. ① 52. ② 53. ④

54 추종제어에 속하지 않는 제어량은?
① 위치 ② 방위
③ 자세 ④ 유량

🔑 **추종제어**
① 시간에 따라 값이 변화하는 제어로 주로 서보기구 시스템이 이에 속한다.
② 제어량 : 위치, 방위, 자세 등

55 직류·교류 양용에 만능으로 사용할 수 있는 전동기는?
① 직권 정류자 전동기
② 직류 복권전동기
③ 유도전동기
④ 동기전동기

🔑 **단상 직권 정류자 전동기**
① 직류·교류 양용 가능
② 와류손 감소를 위해 성층 철심 사용
③ 역률과 효율 개선을 위해 약계자 강전기자형의 구조 사용
④ 역률 개선과 전기자반작용 개선을 위해 보상권선 사용
⑤ 회전속도가 증가할수록 역률 증가
⑥ 75kW 이하의 가정용 미싱, 소형 공구, 의료기기, 영사기 등으로 사용

56 배율기의 저항이 50Ω, 전압계의 내부 저항이 25Ω이다. 전압계가 100V를 지시하였을 때, 측정한 전압 (V)은?
① 10 ② 50
③ 100 ④ 300

🔑 $\dfrac{V_m}{V} = 1 + \dfrac{R_m}{R}$

$V_m = V(1 + \dfrac{R_m}{R}) = 100(1 + \dfrac{50}{25}) = 300\text{V}$

여기서, 측정전압 : V_m
전압계 전압 : V

배율기 저항 : R_m
전압계 저항 : R

57 아래 그림의 논리회로와 같은 진리값을 NAND 소자만으로 구성하여 나타내려면 NAND 소자는 최소 몇 개가 필요한가?

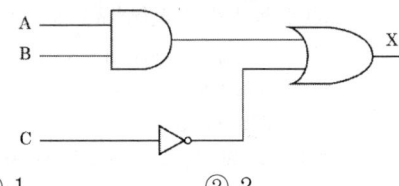

① 1 ② 2
③ 3 ④ 5

🔑 ① 논리식의 간단화

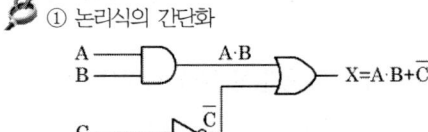

② NAND회로로 등가변환

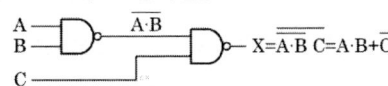

∴ NAND 소자는 최소 2개가 필요하다.

58 궤환제어계에 속하지 않는 신호로서 외부에서 제어량이 그 값에 맞도록 제어계에 주어지는 신호를 무엇이라 하는가?
① 목표값 ② 기준 입력
③ 동작 신호 ④ 궤환 신호

🔑 ① 목표값(입력값) : 외부에서 사용자가 제어량에 대한 희망값을 갖도록 목표로서 주어지는 값
② 기준입력 : 목표값에 비례하는 기준입력신호를 발생하는 요소로 설정부이다.
③ 동작신호 : 제어요소에 가해지는 신호
④ 궤환신호 : 출력신호의 일부가 입력측으로 궤한되는 신호

59 그림과 같은 전자릴레이회로는 어떤 게이트

Answer 54. ④ 55. ① 56. ④ 57. ② 58. ① 59. ④

회로인가?

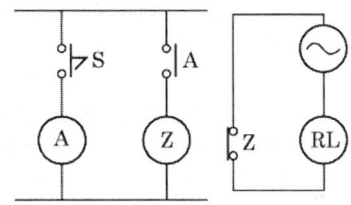

① OR　　　　② AND
③ NOR　　　④ NOT

 NOT회로
입력이 ON되면 출력이 OFF되고 입력이 OFF되면 출력이 ON되는 회로로 위 문제 그림에서 스위치 S(한시동작 a접점)를 누르면(ON) 릴레이 A가 동작하여 릴레이 Z의 b접점이 a접점으로 바뀌어(OFF) RL(적색표시등)이 점멸된다.

60 제어량에 따른 분류 중 프로세스 제어에 속하지 않는 것은?
① 압력　　　　② 유량
③ 온도　　　　④ 속도

 프로세스 제어
압력, 온도, 유량, 농도 등 공업 프로세스의 상태를 제어의 대상으로 하는 제어

제4과목 : 유지보수 공사관리

61 급수배관 시공 시 수격작용의 방지 대책으로 틀린 것은?
① 플러시 밸브 또는 급속 개폐식 수전을 사용한다.
② 관 지름은 유속이 2.0~2.5m/s 이내가 되도록 설정한다.
③ 역류 방지를 위하여 체크 밸브를 설치하는 것이 좋다.
④ 급수관에서 분기할 때에는 T 이음을 사용한다.

 ① 플러시 밸브 또는 급속 개폐식 수전 사용 시 수격작용이 많이 발생된다.

62 다음 중 사용압력이 가장 높은 동관은?
① L관　　　　② M관
③ K관　　　　④ N관

 ① K형 동관 : 가장 두꺼운 배관으로 고압배관, 상수도관 및 의료배관용에 사용된다.
② S형 동관 : 두꺼운 배관으로 의료배관용 및 일반 배관용에 사용된다.
③ L형 동관 : 보통 두꺼운 배관으로 냉난방, 급수 및 급탕관에 사용된다.
④ N형 동관 : 가장 얇은 배관

63 공조설비 중 덕트 설계 시 주의사항으로 틀린 것은?
① 덕트 내 정압손실을 적게 설계할 것
② 덕트의 경로는 가능한 최장거리로 할 것
③ 소음 및 진동이 적게 설계할 것
④ 건물의 구조에 맞도록 설계할 것

 ② 덕트의 경로는 가능한 한 최단거리로 할 것

64 가스배관 시공에 대한 설명으로 틀린 것은?
① 건물 내 배관은 안전을 고려, 벽, 바닥 등에 매설하여 시공한다.
② 건축물의 벽을 관통하는 부분의 배관에는 보호관 및 부식방지 피복을 한다.
③ 배관의 경로와 위치는 장래의 계획, 다른 설비와의 조화 등을 고려하여 정한다.
④ 부식의 우려가 있는 장소에 배관하는 경우에는 방식, 절연조치를 한다.

 도시가스배관의 설치 시 유의사항
① 건축물 내의 배관은 외부에 노출하여 시공할 것.

Answer　60. ④　61. ①　62. ③　63. ②　64. ①

다만, 동관, 스테인리스강관, 기타 내식성 재료로서 이음매(용접이음매는 제외)없이 설치하는 경우에는 매몰하여 설치할 수 있다.
② 배관은 천장, 공동구 등 환기가 잘 되지 아니하는 장소에 설치하지 않을 것
③ 공급배관의 매설 시 건축물에서 수평거리로 5m 이상 유지할 것
④ 배관의 이음부와 전기계량기 및 전기개폐기와의 이격거리는 60cm 이상, 굴뚝, 전기점멸기 및 전기접속기와의 이격거리는 30cm 이상, 절연조치를 하지 않은 전선과의 거리는 15cm 이상의 거리를 유지할 것

65 증기배관 중 냉각 레그(cooling leg)에 관한 내용으로 옳은 것은?
① 완전한 응축수를 회수하기 위함이다.
② 고온증기의 동파 방지설비이다.
③ 열전도 차단을 위한 보온단열 구간이다.
④ 익스팬션 조인트이다.

🔧 **냉각 레그(Cooling Leg)**
① 증기를 응축수로 바꾸어 환수하기 위한 배관
② 증기 주관에서부터 트랩에 이르는 냉각 레그는 완전한 응축수를 트랩에 보내는 관계로 보온 피복을 하지 않으며, 또한 냉각 면적을 넓히기 위하여 그 길이를 1.5m 이상으로 한다.
③ 증기 주관이 긴 경우 응축수가 다량으로 흐를 때는 플로트 트랩을 사용한다.
④ 트랩의 고장수리, 교환 등에 대비한 바이패스를 달아두면 편리하다.

66 보온재의 구비 조건으로 틀린 것은?
① 표면시공이 좋아야 한다.
② 재질자체의 모세관 현상이 커야 한다.
③ 보냉 효율이 좋아야 한다.
④ 난연성이나 불연성이어야 한다.

🔧 **보온재의 구비 조건**
① 보온능력이 크고 열전도율이 작을 것
② 가벼울 것(부피, 비중이 작을 것)
③ 어느 정도 기계적 강도를 가질 것
④ 흡습성, 흡수성이 없을 것
⑤ 불연성일 것
⑥ 사용온도에서 장시간 사용해도 변질이 없을 것
⑦ 구입이 용이하고 시공이 쉬우며 내용년수가 길 것

67 신축 이음쇠의 종류에 해당하지 않는 것은?
① 벨로즈형   ② 플랜지형
③ 루프형   ④ 슬리브형

🔧 **신축 이음의 종류**
① 스위블 이음   ② 신축곡관(루프형)
③ 슬리브형   ④ 벨로즈형
[참고] 플랜지 이음 : 관 끝에 플랜지를 만들어 관을 결합하는 것으로, 관의 지름이 크거나 유체의 압력이 큰 경우에 사용되며, 분해 및 조립할 필요가 있을 때에 사용한다.

68 고압 증기관에서 권장하는 유속기준으로 가장 적합한 것은?
① 5~10m/s   ② 15~20m/s
③ 30~50m/s   ④ 60~70m/s

🔧 **증기배관에서 권장 유속범위**
① 저압증기관: 15~30m/s
② 고압증기관 30~60m/s

69 증기난방의 환수방법 중 증기의 순환이 가장 빠르며 방열기의 설치 위치에 제한을 받지 않고 대규모 난방에 주로 채택되는 방식은?
① 단관식 상향 증기난방법
② 단관식 하향 증기난방법
③ 진공환수식 증기난방법
④ 기계환수식 증기난방법

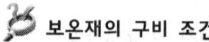
65. ① 66. ② 67. ② 68. ③ 69. ③

진공환수식 증기난방
대규모 난방에 많이 사용하는 것으로 환수 주관의 끝, 보일러의 바로 앞에 진공 펌프를 설치하여 응축수를 신속하게 배출시킬 수 있고 방열기 내의 공기도 뺄 수 있다. 증기 순환이 빠르고 환수관 관경을 작게 할 수 있으나, 운전 등에 애로 사항이 많아 지금은 거의 사용하지 않는다.

70 온수난방 배관 시 유의사항으로 틀린 것은?
① 온수 방열기마다 반드시 수동식 에어벤트를 부착한다.
② 배관 중 공기가 고일 우려가 있는 곳에는 에어벤트를 설치한다.
③ 수리나 난방 휴지 시의 배수를 위한 드레인 밸브를 설치한다.
④ 보일러에서 팽창탱크에 이르는 팽창관에는 밸브를 2개 이상 부착한다.

④ 보일러에서 팽창탱크에 이르는 팽창관은 부피가 증가된 온수를 팽창탱크로 전달하는 배관으로 팽창관에는 절대 밸브를 달아서는 안 된다.

71 강관에서 호칭관경의 연결로 틀린 것은?
① 25A : $1\dfrac{1}{2}$B
② 20A : $\dfrac{3}{4}$B
③ 32A : $1\dfrac{1}{4}$B
④ 50A : 2B

① 1B=1inch=25.4mm=25A

72 펌프 주위 배관에 관한 설명으로 옳은 것은?
① 펌프의 흡입측에는 압력계를, 토출측에는 진공계(연성계)를 설치한다.
② 흡입관이나 토출관에는 펌프의 진동이나 관의 열팽창을 흡수하기 위하여 신축이음을 한다.
③ 흡입관의 수평배관은 펌프를 향해 1/50~1/100의 올림구배를 준다.
④ 토출관의 게이트 밸브 설치 높이는 1.3m 이상으로 하고 위에 체크밸브를 설치한다.

① 펌프의 흡입측에서는 펌프의 흡입양정을 알기 위해 진공계(연성계)를, 토출측에는 펌프의 토출압력을 확인하기 위해 압력계를 설치한다.
④ 토출관의 밸브의 설치 높이는 1200mm 이상~1500mm 이하의 높이로 해야 하고 펌프와 게이트 밸브 사이에 체크밸브를 설치한다.

73 중·고압 가스배관의 유량(Q)을 구하는 계산식으로 옳은 것은? (단, P_1 : 처음 압력, P_2 : 최종 압력, d : 관 내경, l : 관 길이, K : 유량계수이다.)

① $Q = K\sqrt{\dfrac{(P_1-P_2)^2 d^5}{s\cdot l}}$

② $Q = K\sqrt{\dfrac{(P_2-P_1)^2 d^4}{s\cdot l}}$

③ $Q = K\sqrt{\dfrac{(P_1^2-P_2^2) d^5}{s\cdot l}}$

④ $Q = K\sqrt{\dfrac{(P_2^2-P_1^2) d^4}{s\cdot l}}$

74 보온재의 열전도율이 작아지는 조건으로 틀린 것은?
① 재료의 두께가 두꺼울수록
② 재질 내 수분이 작을수록
③ 재료의 밀도가 클수록
④ 재료의 온도가 낮을수록

열전도율은 면적, 열전도계수, 온도차가 작거나 두께가 두꺼울수록 작아진다. 또한 기공을 많이 함유할수록 열이 통과하기 어려워 열전도율이 작아지며, 일반적으로 재료의 밀도가 크면 열전도율이 크

Answer 70. ④ 71. ① 72. ②, ③ 73. ③ 74. ③

게 되는 경향이 있다.

75 다음 중 증기 사용 간접가열식 온수공급 탱크의 가열관으로 가장 적절한 관은?
① 납관 ② 주철관
③ 동관 ④ 도관

🔑 간접가열식 온수공급 탱크의 가열관(가열코일)으로는 열전도율이 우수한 25~32mm의 동관이 주로 사용된다.

76 펌프의 양수량이 $60\text{m}^3/\text{min}$이고 전양정이 20m일 때, 벌류트 펌프로 구동할 경우 필요한 동력(kW)은 얼마인가? (단, 물의 비중량은 $9800\text{N}/\text{m}^3$이고, 펌프의 효율은 60%로 한다.)
① 196.1 ② 200.2
③ 326.7 ④ 405.8

🔑 **필요 동력(L)**
• 풀이 ①
$$L = \frac{\gamma QH}{60 \times \eta} = \frac{9800 \times 60 \times 20}{60 \times 0.6}$$
$$= 326,667\text{W} = 326.7\text{kW}$$
• 풀이 ②
$$L = \frac{\gamma QH}{102 \times 60 \times \eta}$$
$$= \frac{1000 \times 60 \times 20}{102 \times 60 \times 0.6} = 326.7\text{kW}$$
여기서, $\gamma = 9800\text{N}/\text{m}^3$
$$= 9800 \times \frac{1\text{kg}}{9.8\text{N}} = 1000\text{kg}/\text{m}^3$$

77 다음 중 주철관 이음에 해당되는 것은?
① 납땜 이음
② 열간 이음
③ 타이튼 이음
④ 플라스턴 이음

🔑 **주철관 이음**
① 소켓 이음
② 노허브 이음
③ 플랜지 이음
④ 기계식 이음(메커니컬 조인트)
⑤ 타이튼 이음
⑥ 빅토릭 이음

78 전기가 정전되어도 계속하여 급수를 할 수 있으며 급수 오염 가능성이 적은 급수방식은?
① 압력탱크 방식
② 수도직결 방식
③ 부스터 방식
④ 고가탱크 방식

🔑 **수도직결 방식**
일반적으로 도로 밑의 수도 본관에서 분기하여 건물 내에 직접 급수하는 방식
① 구조가 간단하고 설비비가 저렴해서 소규모 건물에 이용된다.
② 급수오염이 적으며 정전 시에도 급수가 가능하다.
③ 고층일수록 급수압이 감소하므로 수도 본관의 최소 소요압력이 최고층에 설치한 위생기구까지 급수할 수 있어야 한다.

79 도시가스의 공급설비 중 가스 홀더의 종류가 아닌 것은?
① 유수식 ② 중수식
③ 무수식 ④ 고압식

🔑 **가스 홀더의 분류**
㉠ 저압식 : 유수식, 무수식
㉡ 중·고압식 : 원통형, 구형

80 강관의 두께를 선정할 때 기준이 되는 것은?
① 곡률반경 ② 내경
③ 외경 ④ 스케줄 번호

Answer 75. ③ 76. ③ 77. ③ 78. ② 79. ② 80. ④

 스케줄 번호(Schedule Number)

압력·고압·고온 배관용 탄소강 강관의 두께를 나타내는 번호로서 외경은 같더라도 두께에는 각각 차이가 있을 수 있는데, 이 관계를 나타내는 것이 스케줄 번호이고, 스케줄 번호가 클수록 관의 두께가 두꺼워진다. 스케줄 번호(Schedule No)는 5S, 10S, 20S, 40S, 80S 등이 있다.

2022년 4월 24일(2회)
공조냉동기계기사 과년도출제문제

제1과목 : 에너지 관리

01 습공기의 상대습도(ϕ)와 절대습도(ω)와의 관계식으로 옳은 것은? (단, P_a는 건공기 분압, P_s는 습공기와 같은 온도의 포화수증기 압력이다.)

① $\phi = \dfrac{\omega}{0.622}\dfrac{P_a}{P_s}$ ② $\phi = \dfrac{\omega}{0.622}\dfrac{P_s}{P_a}$

③ $\phi = \dfrac{0.622}{\omega}\dfrac{P_s}{P_a}$ ④ $\phi = \dfrac{0.622}{\omega}\dfrac{P_a}{P_s}$

 습공기의 상대습도와 절대습도의 관계식
① 절대습도(ω)
$$\omega = 0.622 \times \dfrac{P_v}{P - P_v} = \dfrac{0.622 P_v}{P_a}$$
$$\therefore P_v = \dfrac{\omega P_a}{0.622}$$
여기서, 수증기의 분압 : P_v
습공기의 전압 : $P = P_a + P_v$
② 상대습도(ϕ)를 절대습도(ω)에 관해 풀면
$$\phi = \dfrac{P_v}{P_s} = \dfrac{\frac{\omega P_a}{0.622}}{P_s} = \dfrac{\omega}{0.622}\dfrac{P_a}{P_s}$$

02 난방방식 종류별 특징에 대한 설명으로 틀린 것은?
① 저온 복사난방 중 바닥 복사난방은 특히 실내기온의 온도분포가 균일하다.
② 온풍난방은 공장과 같은 난방에 많이 쓰이고 설비비가 싸며 예열시간이 짧다.
③ 온수난방은 배관부식이 크고 워밍업 시간이 증기난방보다 짧으며 관의 동파 우려가 있다.
④ 증기난방은 부하변동에 대응한 조절이 곤란하고 실온분포가 온수난방보다 나쁘다.

 ③ 온수난방은 배관부식이 적고 증기난방보다 열용량이 커 예열시간이 길며 관의 동파 우려가 적다.

03 덕트의 경로 중 단면적이 확대되었을 경우 압력변화에 대한 설명으로 틀린 것은?
① 전압이 증가한다.
② 동압이 감소한다.
③ 정압이 증가한다.
④ 풍속은 감소한다.

 ① 덕트의 단면적이 확대되면 국부손실이 발생하므로 전압(동압+정압)은 감소한다. 이때 동압의 유속이 감소하기 때문에 동압은 작아지고 정압은 동압이 감소한 만큼 증가한다.

04 건축의 평면도를 일정한 크기의 격자로 나누어서 이 격자의 구획 내에 취출구, 흡입구, 조명, 스프링클러 등 모든 필요한 설비 요소를 배치하는 방식은?
① 모듈방식 ② 셔터방식
③ 펑커루버 방식 ④ 클래스 방식

 모듈방식

 01. ① 02. ③ 03. ① 04. ①

모듈이란 구성재의 크기를 정하기 위한 치수의 조정을 말하는데 이 모듈을 사용하여 건축 전반에 사용하는 재료를 규격화할 수 있으며 모듈방식을 활용하면 설계작업이 단순해지고 간편해지며, 대량생산이 용이하며 현장작업이 단순해지고 공기도 단축된다.

05 습공기의 가습 방법으로 가장 거리가 먼 것은?
① 순환수를 분무하는 방법
② 온수를 분무하는 방법
③ 수증기를 분무하는 방법
④ 외부공기를 가열하는 방법

🔖 **가습방법**
① 공기세정기(에어 와셔)에 의한 단열(순환수 분무) 가습
② 공기세정기에 의한 온수 분무 가습
③ 소량의 물 또는 온수 분무 가습
④ 수증기 분무 가습(가습효율 100%)
⑤ 가습 팬에 의한 수증기 증발 가습

06 공기조화설비를 구성하는 열운반장치로서 공조기에 직접 연결되어 사용하는 펌프로 가장 거리가 먼 것은?
① 냉각수 펌프
② 냉수 순환펌프
③ 온수 순환펌프
④ 응축수(진공) 펌프

🔖 **냉각수 펌프**
냉동기와 냉각탑 사이에 설치하는 펌프로 냉각수는 냉각탑 수조에서 펌프에 흡입·가압되어 냉동기(응축기)를 거쳐 냉각탑으로 순환된다.

07 저압 증기난방 배관에 대한 설명으로 옳은 것은?
① 하향공급식의 경우에는 상향공급식의 경우보다 배관경이 커야 한다.
② 상향공급식의 경우에는 하향공급식의 경우보다 배관경이 커야 한다.
③ 상향공급식이나 하향공급식은 배관경과 무관하다.
④ 하향공급식의 경우 상향공급식보다 워터해머를 일으키기 쉬운 배관법이다.

🔖 **증기 공급방식에 따른 분류**
① 상향공급식 : 증기주관을 건물의 하부에 설치하고 수직관에 의해 증기를 방열기에 공급하며, 입상관의 관경을 크게 하고 증기의 유속을 느리게 한다. 상향공급식의 경우 증기관 표면에서 방열에 의해 발생한 응축수가 증기관의 흐름방향과 반대가 되어 증기속도가 빠를수록 응축수의 흐름이 방해되어 워터해머를 일으키기 쉽다.
② 하향공급식 : 증기주관을 건물의 상부에 설치하고 수직관에 의해 방열기에 증기를 공급하며, 상향공급식보다 관경을 작게 할 수 있다.

08 현열만을 가하는 경우로 $500\text{m}^3/\text{h}$의 건구온도(t_1) 5℃, 상대습도(ϕ_1) 80%인 습공기를 공기 가열기로 가열하여 건구온도(t_2) 43℃, 상대습도(ϕ_2) 8%인 가열공기를 만들고자 한다. 이때 필요한 열량(kW)은 얼마인가? (단, 공기의 비열은 1.01kJ/kg·℃, 공기의 밀도는 1.2kg/m³이다.)

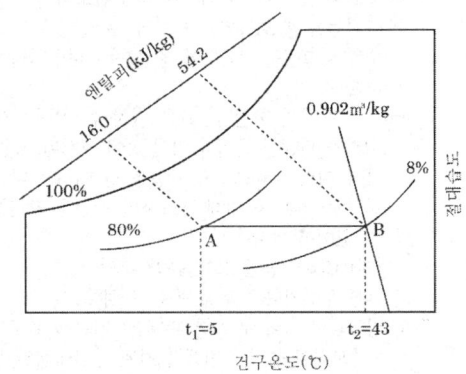

① 3.2
② 5.8
③ 6.4
④ 8.7

Answer 05. ④ 06. ① 07. ② 08. ③

🔖 **가열열량(q_s)**

[풀이1] $q_s = \rho Q(i_1 - i_2)$

$= 1.2 \times (500\text{m}^3/\text{h} \times \dfrac{1\text{h}}{3600\text{s}})(54.2 - 16)$

$= 6.4\text{kW}$

[풀이2] $q_s = \rho C_p Q(t_1 - t_2)$

$= 1.2 \times 1.01 \times (500\text{m}^3/\text{h} \times \dfrac{1\text{h}}{3600\text{s}})$

$(43℃ - 5℃)$

$= 6.4\text{kW}$

09 다음 중 열전도율(W/m·℃)이 가장 작은 것은?

① 납　　② 유리
③ 얼음　　④ 물

🔖 **열전도율(W/mK)**

① 납 : 35　② 유리 : 0.76
③ 물 : 0.592　④ 얼음 : 2.23

10 아래 표는 암모니아 냉매설비 운전을 위한 안전관리 절차서에 대한 설명이다. 이 중 틀린 내용은?

> ㉠ 노출확인 절차서 : 반드시 호흡용 보호구를 착용한 후 감지기를 이용하여 공기 중 암모니아 농도를 측정한다.
> ㉡ 노출로 인한 위험관리 절차서 : 암모니아가 노출되었을 때 호흡기를 보호할 수 있는 호흡 보호 프로그램을 수립하여 운영하는 것이 바람직하다.
> ㉢ 근로자 작업 확인 및 교육 절차서 : 암모니아 설비가 밀폐된 곳이나 외진 곳에 설치된 경우, 해당 지역에서 근로자 작업을 할 때에는 다음 중 어느 하나에 의해 근로자의 안전을 확인할 수 있어야 한다.
> (가) CCTV 등을 통한 육안 확인
> (나) 무전기나 전화를 통한 음성 확인
> ㉣ 암모니아 설비 및 안전설비의 유지관리 절차서 : 암모니아 설비 주변에 설치된 안전대책의 작동 및 사용 기능 여부를 최소한 매년 1회 확인하고 점검하여야 한다.

① ㉠　　② ㉡
③ ㉢　　④ ㉣

🔖 ㉣ 암모니아 설비 주변에 설치된 안전대책의 작동 및 사용 가능 여부를 최소한 분기별로 1회 확인하고 점검하여야 한다.

11 외기에 접하고 있는 벽이나 지붕으로부터의 취득 열량은 건물 내외의 온도차에 의해 전도의 형식으로 전달된다. 그러나 외벽의 온도는 일사에 의한 복사열의 흡수로 외기온도보다 높게 되는데 이 온도를 무엇이라 하는가?

① 건구온도　　② 노점온도
③ 상당외기온도　　④ 습구온도

🔖 **상당외기온도**

일사를 받는 외벽이나 지붕같이 열용량을 갖는 구조체를 통과하는 열량을 산출하기 위하여 외기온도나 일사량을 고려하여 정한 근사적 외기온도

12 보일러의 스케일 방지방법으로 틀린 것은?

① 슬러지는 적절한 분출로 제거한다.
② 스케일 방지 성분인 칼슘의 생성을 돕기 위해 경도가 높은 물을 보일러수로 활용한다.
③ 경수연화장치를 이용하여 스케일 생성을 방지한다.
④ 인산염을 일정농도가 되도록 투입한다.

🔖 ② 스케일 원인 성분인 경도 성분(칼슘, 마그네슘 등) 등의 제거를 위해 경도가 낮은 물(연수)을 만들어 보일러수로 활용한다.

13 습공기 선도상의 상태변화에 대한 설명으로 틀린 것은?

Answer 09. ④　10. ④　11. ③　12. ②　13. ③

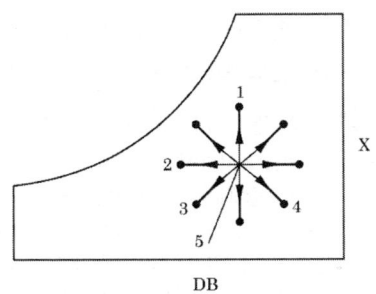

① 5 → 1 : 가습
② 5 → 2 : 현열냉각
③ 5 → 3 : 냉각가습
④ 5 → 4 : 가열감습

③ 5 → 3 : 냉각감습
[참고]

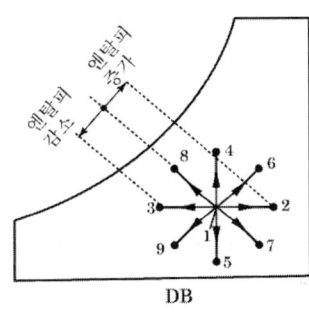

1-2 : 가열(현열)
1-3 : 냉각(현열)
1-4 : 가습(등온)
1-5 : 감습, 제습(등온)
1-6 : 가열가습
1-8 : 냉각가습(단열가습)
1-9 : 냉각감습(냉각제습)
1-7 : 가열감습

14 다음 중 보온, 보냉, 방로의 목적으로 덕트 전체를 단열해야 하는 것은?
① 급기 덕트   ② 배기 덕트
③ 외기 덕트   ④ 배연 덕트

덕트의 보온

공조용 급기 덕트에는 열취득 또는 열손실, 결로방지 등의 목적으로 덕트 전체를 보온한다. 단열재 두께는 25mm로 하는 것이 일반적이고 덕트 단열재로는 유리면(glass wool), 암면(rock wool)이 많이 사용된다. 외기도입용 덕트나 배기덕트는 일반적으로 보온이 필요하지 않으나 결로가 우려되는 장소를 통과할 경우에는 결로방지용으로 보온을 하여야 한다.

[참고] 보온이 필요 없는 부분
① 환기용 덕트(일반 환기)
② 외기 도입용 덕트
③ 배기용 덕트
④ 보온효과가 있는 흡음재를 내장한 덕트 및 체임버
⑤ 공조되어 있는 방 및 그 천장 속 환기덕트
⑥ 덕트 보온효과가 있는 소음기 및 소음 엘보우가 내장된 경우
⑦ 옥내외 노출된 배연덕트
⑧ 단독으로 방화구획된 샤프트 내의 배연덕트

15 어느 건물 서편의 유리 면적이 40m²이다. 안쪽에 크림색의 베네시언 블라인드를 설치한 유리면으로부터 침입하는 열량(kW)은 얼마인가? (단, 외기 33℃, 실내공기 27℃, 유리는 1중이며, 유리의 열통과율은 5.9W/m²·℃, 유리창의 복사량(I_{gr})은 608W/m², 차폐계수는 0.56이다.)

① 15.0   ② 13.6
③ 3.6   ④ 1.4

① 전도열량
$$Q_c = KA\Delta t = 5.9 \times 40 \times (33-27) = 1416W$$
② 복사열량
$$Q_r = A \times I_{gr} \times K_s = 40 \times 608 \times 0.56$$
$$= 13619.2W$$
③ 전체열량
$$Q = q_c + q_r = 1416 + 13619.2$$
$$= 15035.2W ≒ 15kW$$

Answer 14. ① 15. ①

16 T.A.B 수행을 위한 계측기기의 측정 위치로 가장 적절하지 않은 것은?

① 온도 측정 위치는 증발기 및 응축기의 입·출구에서 최대한 가까운 곳으로 한다.
② 유량 측정 위치는 펌프의 출구에서 가장 가까운 곳으로 한다.
③ 압력 측정 위치는 입·출구에 설치된 압력계용 탭에서 한다.
④ 배기가스 온도 측정 위치는 연소기의 온도계 설치 위치 또는 시료 채취 출구를 이용한다.

 ② 유량 측정 위치는 유량 측정 정확도를 위해 유량계 설치 지점의 상하류측에는 각종 규격에서 요구하는 길이만큼의 직관부를 설치하여야 하므로 펌프의 출구에서 가장 가까운 곳은 부적절하다.

17 난방부하가 7559.5W인 어떤 방에 대해 온수난방을 하고자 한다. 방열기의 상당방열면적(m^2)은 얼마인가?

① 6.7 ② 8.4
③ 10.2 ④ 14.4

 상당방열면적(EDR)

$$EDR = \frac{\text{방열기의 방열량(난방부하)}}{\text{표준방열량}}$$

$$= \frac{7559.5}{523} = 14.4 m^2$$

[참고] 표준방열량
① 온수 : $523 W/m^2$ ② 증기 : $756 W/m^2$

18 에어와셔 내에서 물을 가열하지도 냉각하지도 않고 연속적으로 순환 분무시키면서 공기를 통과시켰을 때 공기의 상태변화는 어떻게 되는가?

① 건구온도는 높아지고, 습구온도는 낮아진다.
② 절대온도는 높아지고, 습구온도도 높아진다.
③ 상대습도는 높아지고, 건구온도는 낮아진다.
④ 건구온도는 높아지고, 상대습도는 낮아진다.

 순환수를 가열도 냉각도 하지 않고 공기세정기(air washer)에서 분무하는 경우 공기세정기를 통과하는 공기의 상태는 최초 공기의 상태점을 통과하는 습구온도 선상을 포화곡선을 향하여 이동하게 되며, 공기는 그 건구온도가 내려감(즉, 냉각)과 동시에 절대습도 및 상대습도가 증가(즉, 가습)하게 된다.

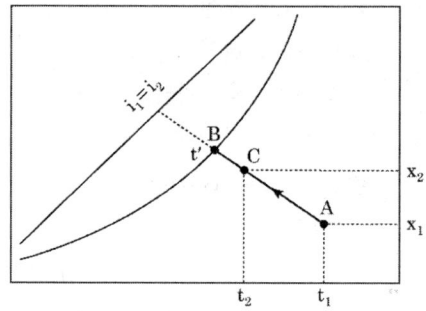

[참고] 가습에 따른 공기의 변화

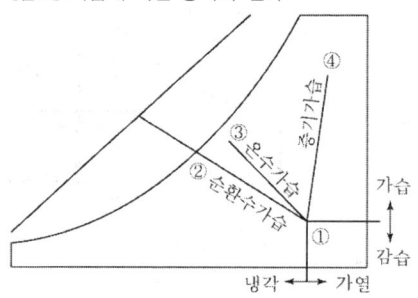

㉠ 순환수 분무가습(단열가습, 세정) : 등엔탈피선을 따라 변화
㉡ 온수 분무가습 : 열수분비선을 따라 변화
㉢ 증기가습 : 가습효율이 가장 좋으며 열수분비선을 따라 변화

19 크기에 비해 전열면적이 크므로 증기발생이 빠르고, 열효율도 좋지만 내부청소가 곤란하므로 양질의 보일러 수를 사용할 필요가 있는 보일러는?

① 입형 보일러
② 주철제 보일러

Answer   16. ② 17. ④ 18. ③ 19. ④

③ 노통 보일러
④ 연관 보일러

🔍 **연관 보일러**
원통 보일러의 하나로 노통 대신에 여러 개의 연관이 배치된 보일러이며 그 속으로 열가스를 통해 바깥쪽의 보일러 몸체 안의 물을 가열하는 형식이다. 전열면적이 크고 값이 싸며 설치하거나 취급하기 쉽고, 넓이가 작아도 되는 장점이 있다. 또 연관 보일러는 증기의 발생도 빠르고 열효율도 좋으므로 공장에서 널리 사용되지만 구조가 복잡하여 급수처리가 까다롭다.

20 온수난방과 비교하여 증기난방에 대한 설명으로 옳은 것은?

① 예열시간이 짧다.
② 실내온도의 조절이 용이하다.
③ 방열기 표면의 온도가 낮아 쾌적한 느낌을 준다.
④ 실내에서 상하온도차가 작으며, 방열량의 제어가 다른 난방에 비해 쉽다.

🔍 ②, ③, ④는 온수난방에 대한 설명이다.
[참고] 증기난방의 장·단점

장점	단점
㉠ 증발잠열을 이용하므로 열운반 능력이 크다.	㉠ 방열기 온도가 높아 화상의 우려가 있다.
㉡ 열용량이 작아 예열시간이 짧다.	㉡ 먼지 등의 상승으로 쾌감도가 떨어진다.
㉢ 난방개시가 빠르고 간헐운전이 가능하다.	㉢ 증기량 제어가 어려워 방열량(온도) 조절이 어렵다.
㉣ 방열기 면적 및 관경이 작아도 된다.	㉣ 증기보일러 취급에 따른 기술이 필요하다.
㉤ 온수난방에 비해 시설비가 적게 든다.	㉤ 응축수관에서 부식과 한랭 시 동결의 우려가 있다.
㉥ 층고에 관계없이 증기 공급이 원활하다.	㉥ 방열기를 바닥에 설치하므로 실내 유효면적이 작아진다.

제 2 과목 : 공조냉동 설계

21 공기압축기에서 입구 공기의 온도와 압력은 각각 27℃, 100kPa이고, 체적유량은 0.01 m³/s이다. 출구에서 압력이 400kPa이고, 이 압축기의 등엔트로피 효율이 0.8일 때, 압축기의 소요 동력(kW)은 얼마인가? (단, 공기의 정압비열과 기체상수는 각각 1kJ/(kg·K), 0.287kJ/(kg·K)이고, 비열비는 1.4이다.)

① 0.9　　② 1.7
③ 2.1　　④ 3.8

🔍 ① 등엔트로피 압축일(W_{th})

$$W_{th} = \frac{kRT_1}{k-1}\left\{1-\left(\frac{P_2}{P_1}\right)^{\frac{k-1}{k}}\right\}$$

$$= \frac{1.4 \times 0.287 \times 300}{1.4-1}\left\{1-\left(\frac{400}{100}\right)^{\frac{1.4-1}{1.4}}\right\}$$

$$= -146.45 \text{kJ/kg}$$

여기서 $T_1 = 27℃ = (27+273)\text{K} = 300\text{K}$

② 실제 압축일(W_t)

$$W_t = \frac{W_{th}}{\eta} = \frac{146.45}{0.8} = 183.06 \text{kJ/kg}$$

③ 압축기 동력

$$W = \dot{m} \times W_t$$

$$= (0.01\text{m}^3/\text{s} \times 1.2\frac{\text{kg}}{\text{m}^3}) \times 183.06\frac{\text{kJ}}{\text{kg}}$$

$$= 2.1 \text{kW}$$

여기서, 1.2kg/m³ : 공기 비중량

22 다음은 2단압축 1단팽창 냉동장치의 중간냉각기를 나타낸 것이다. 각 부에 대한 설명으로 틀린 것은?

Answer　20. ①　21. ③　22. ④

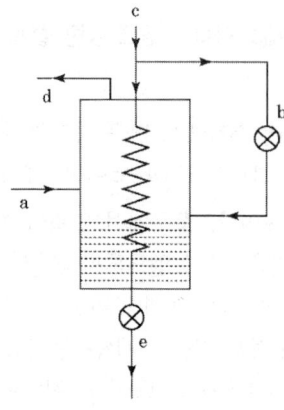

① a의 냉매관은 저단압축기에서 중간냉각기로 냉매가 유입되는 배관이다.
② b는 제1(중간냉각기 앞) 팽창밸브이다.
③ d부분의 냉매증기온도는 a부분의 냉매증기온도보다 낮다.
④ a와 c의 냉매순환량은 같다.

④ 2단압축 냉동사이클은 냉매를 저단압축기에서 압축한 후 액화한 고압냉매의 일부를 사용하여 중간냉각기에서 증발기로 가는 냉매를 냉각한 후 고단압축기로 보내는 방식으로 ⓐ는 저단측의 냉매순환량이고 ⓒ는 고단측의 냉매순환량이므로 냉매순환량이 같지 않다.

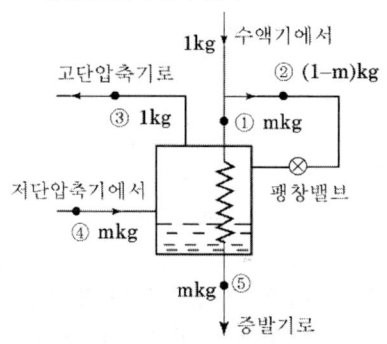

23 흡수식 냉동기의 냉매와 흡수제 조합으로 가장 적절한 것은?

① 물(냉매) – 프레온(흡수제)
② 암모니아(냉매) – 물(흡수제)
③ 메틸아민(냉매) – 황산(흡수제)
④ 물(냉매) – 디메틸에테르(흡수제)

흡수식 냉동기의 냉매와 흡수제

냉매	흡수제
물	브롬화리튬
암모니아	물

24 견고한 밀폐 용기 안에 공기가 압력 100kPa, 체적 $1m^3$, 온도 20℃ 상태로 있다. 이 용기를 가열하여 압력이 150kPa이 되었다. 최종상태의 온도와 가열량은 각각 얼마인가? (단, 공기는 이상기체이며, 공기의 정적비열은 0.717 kJ/(kg·K), 기체상수는 0.287kJ/(kg·K) 이다.)

① 303.2K, 117.8kJ
② 303.2K, 124.9kJ
③ 439.7K, 117.8kJ
④ 439.7K, 124.9kJ

① 가열 후 최종 온도(T_2)

$$\frac{P_1}{T_1} = \frac{P_2}{T_2}$$

$$T_2 = T_1 \times \frac{P_2}{P_1} = 293 \times \frac{150}{100} = 439.5K$$

여기서, $T_1 = 20℃ = (20+273)K = 293K$

② 가열량(Q)
이상기체 상태방정식
$P_1 V_1 = mRT_1$

$$m = \frac{P_1 V_1}{RT_1} = \frac{100 \times 1}{0.287 \times 293} = 1.19kg$$

$Q = mC_v \Delta T$
$ = 1.19 \times 0.717 \times (439.5 - 293) = 125kJ$

25 밀폐계에서 기체의 압력이 500kPa로 일정하게 유지되면서 체적이 $0.2m^3$에서 $0.7m^3$

Answer 23. ② 24. ④ 25. ③

로 팽창하였다. 이 과정 동안에 내부에너지의 증가가 60kJ이라면 계가 한 일(kJ)은 얼마인가?

① 450 ② 310
③ 250 ④ 150

 $W = \int_1^2 PdV = P(V_2 - V_1)$
$= 500(0.7 - 0.2) = 250\text{kJ}$

26 이상기체가 등온과정으로 부피가 2배로 팽창할 때 한 일이 W_1이다. 이 이상기체가 같은 초기 조건 하에서 폴리트로픽과정(n=2)으로 부피가 2배로 팽창할 때 W_1 대비 한 일은 얼마인가?

① $\dfrac{1}{2\ln 2} \times W_1$ ② $\dfrac{2}{\ln 2} \times W_1$

③ $\dfrac{\ln 2}{2} \times W_1$ ④ $2\ln 2 \times W_1$

 ① 등온과정 팽창일(W_1)
부피가 2배 팽창하므로 $V_2 = 2V_1$
$W_1 = GRT \ln(V_2/V_1)$
$= GRT \ln(2V_1/V_1) = GRT \ln 2$

② 폴리트로픽 팽창일(W_2)
지수(n)=2, $V_2 = 2V_1$, 같은 초기 조건 $T = T_1$
$W_2 = \dfrac{GRT_1}{n-1}\left\{1 - \left(\dfrac{V_1}{V_2}\right)^{n-1}\right\}$
$= \dfrac{GRT}{2-1}\left\{1 - \left(\dfrac{V_1}{2V_1}\right)^{2-1}\right\}$
$= \dfrac{1}{2}GRT = \dfrac{1}{2\ln 2} \times W_1$

27 증발기에 대한 설명으로 틀린 것은?

① 냉각실 온도가 일정한 경우, 냉각실 온도와 증발기 내 냉매 증발온도의 차이가 작을수록 압축기 효율은 좋다.
② 동일 조건에서 건식 증발기는 만액식 증발기에 비해 충전 냉매량이 적다.
③ 일반적으로 건식 증발기 입구에서는 냉매의 증기가 액냉매에 섞여 있고, 출구에서 냉매는 과열도를 갖는다.
④ 만액식 증발기에서는 증발기 내부에 윤활유가 고일 염려가 없어 윤활유를 압축기로 보내는 장치가 필요하지 않다.

 ④ 만액식 증발기 중 프레온 냉동장치의 경우 증발기 내에 윤활유가 고일 우려가 있으므로 유회수장치가 필요하다.

28 다음 중 압력값이 다른 것은?

① 1mAq   ② 73.56mmHg
③ 980.665Pa ④ 0.98N/cm²

 ① 1mAq
② 73.56mmHg = $\dfrac{73.56}{760} \times 10.332 = 1$mAq
③ 980.665Pa = $\dfrac{980.665}{101,325} \times 10.332 = 0.1$mAq
④ 0.98N/cm² = $0.1 kg/cm^2$
$= \dfrac{0.1}{1.0332} \times 10.332 = 1$mAq

29 냉동기에서 고압의 액체냉매와 저압의 흡입증기를 서로 열교환시키는 열교환기의 주된 설치 목적은?

① 압축기 흡입증기 과열도를 낮추어 압축효율을 높이기 위함
② 일종의 재생 사이클을 만들기 위함
③ 냉매액을 과냉시켜 플래시가스 발생을 억제하기 위함
④ 이원 냉동 사이클에서의 캐스케이드 응축기를 만들기 위함

 액-가스 열교환기 설치 목적

 26. ① 27. ④ 28. ③ 29. ③

증발기 출구 냉매증기와 팽창밸브로 공급되는 냉매액을 상호 열교환시켜, 팽창밸브 공급 냉매액의 과냉각도를 높일 수 있으며 배관에서의 플래시가스 발생을 최소화한다.

30 피스톤-실린더 시스템에 100kPa의 압력을 갖는 1kg의 공기가 들어 있다. 초기 체적은 0.5m³이고, 이 시스템에 온도가 일정한 상태에서 열을 가하여 부피가 1.0m³이 되었다. 이 과정 중 시스템에 가해진 열량(kJ)은 얼마인가?

① 30.7 ② 34.7
③ 44.8 ④ 50.0

$Q = mP_1 V_1 \ln \dfrac{V_2}{V_1}$

$= 100 \times 0.5 \times \ln \dfrac{1.0}{0.5} = 34.7 \text{kJ}$

31 다음 조건을 이용하여 응축기 설계 시 1RT (3.86kW)당 응축면적(m²)은 얼마인가? (단, 온도차는 산술평균온도차를 적용한다.)

[조건] 방열계수 : 1.3
응축온도 : 35℃
냉각수 입수온도 : 28℃
냉각수 출구온도 : 32℃
열통과율 : 1.05kW/m²·℃

① 1.25 ② 0.96
③ 0.74 ④ 0.45

$Q_c = KA\Delta T = Q_e \times C$

$\therefore A = \dfrac{Q_e \times C}{K \times \Delta T} = \dfrac{3.86 \times 1.3}{1.05 \times 5} = 0.96 \text{m}^2$

여기서, $\Delta T = T_c - \dfrac{t_{w1} + t_{w2}}{2}$

$= 35 - \dfrac{32 + 28}{2} = 5℃$

32 역카르노 사이클로 300K와 240K 사이에서 작동하고 있는 냉동기가 있다. 이 냉동기의 성능계수는 얼마인가?

① 3 ② 4
③ 5 ④ 6

 성능계수(COP)

$\text{COP} = \dfrac{T_L}{T_H - T_L} = \dfrac{240}{300 - 240} = 4$

33 체적 2500L인 탱크에 압력 294kPa, 온도 10℃의 공기가 들어 있다. 이 공기를 80℃까지 가열하는데 필요한 열량(kJ)은 얼마인가? (단, 공기의 기체상수는 0.287kJ/(kg·K), 정적비열은 0.717kJ/(kg·K)이다.)

① 408 ② 432
③ 454 ④ 469

① 부피(V) : $V = 2500\text{L} = 2.5\text{m}^3$
② 온도(T) : $T = 10℃ = (10 + 273)\text{K} = 283\text{K}$
③ 질량(m) : $PV = mRT$ 에서

$m = \dfrac{PV}{RT} = \dfrac{294 \times 2.5}{0.287 \times 283} = 9.05 \text{kg}$

④ 가열 시 필요 열량(Q)

$Q = mC_v \Delta t$

$= 9.05 \times 0.717 \times (80 - 10) = 454.2 \text{kJ}$

34 다음 그림은 냉동사이클을 압력-엔탈피(P-h) 선도에 나타낸 것이다. 다음 설명 중 옳은 것은?

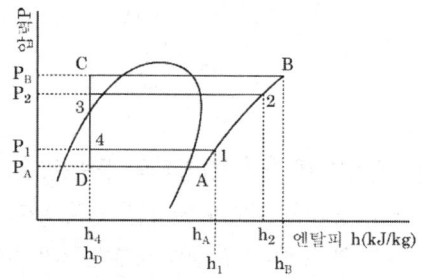

① 냉동사이클이 1-2-3-4-1에서 1-B-C-4-1

Answer 30. ② 31. ② 32. ② 33. ③ 34. ②

로 변하는 경우 냉매 1kg당 압축일의 증가는 $(h_B - h_1)$이다.
② 냉동사이클이 1-2-3-4-1에서 1-B-C-4-1로 변하는 경우 성적계수는 $[(h_1 - h_4)/(h_2 - h_1)]$에서 $[(h_1 - h_4)/(h_B - h_1)]$로 된다.
③ 냉동사이클이 1-2-3-4-1에서 A-2-3-D-A로 변하는 경우 증발압력이 P_1에서 P_A로 낮아져 압축비는 (P_2/P_1)에서 (P_1/P_A)로 된다.
④ 냉동사이클이 1-2-3-4-1에서 A-2-3-D-A로 변하는 경우 냉동효과는 $(h_1 - h_4)$에서 $(h_A - h_4)$로 감소하지만, 압축기 흡입증기의 비체적은 변하지 않는다.

 ① 냉동사이클이 1-2-3-4-1에서 1-B-C-4-1로 변하는 경우 냉매 1kg당 압축일의 증가는 $(h_B - h_2)$이다.
③ 냉동사이클이 1-2-3-4-1에서 A-2-3-D-A로 변하는 경우 증발압력이 P_1에서 P_A로 낮아져 압축비는 (P_2/P_1)에서 (P_2/P_A)로 된다.
④ 냉동사이클이 1-2-3-4-1에서 A-2-3-D-A로 변하는 경우 냉동효과는 (h_1-h_4)에서 (h_A-h_1)로 감소하지만, 압축기 흡입증기의 비체적은 증가한다.

35 다음 중 증발기 내 압력을 일정하게 유지하기 위해 설치하는 팽창장치는?
① 모세관
② 정압식 자동팽창밸브
③ 플로트식 팽창밸브
④ 수동식 팽창밸브

 정압식 자동팽창밸브
증발압력이 높아지면 밸브가 닫히고, 낮아지면 밸브가 열려 증발압력을 항상 일정하게 유지시켜 간접적으로 증발온도를 일정하게 할 목적으로 사용된다. 부하변동이 적은 소용량에 적합하며 냉수 또는 브라인의 동결방지용으로도 사용된다.

36 외기온도 -5℃, 실내온도 18℃, 실내습도 70%일 때, 벽 내면에서 결로가 생기지 않도록 하기 위해서는 내·외기 대류와 벽의 전도를 포함하여 전체 벽의 열통과율(W/(m²·K))은 얼마 이하이어야 하는가? (단, 실내공기 18℃, 70%일 때 노점온도는 12.5℃이며, 벽의 내면 열전달률은 7W/(m²·K)이다.)
① 1.91
② 1.83
③ 1.76
④ 1.67

 결로를 막기 위한 전체 벽의 열통과율(K)
① 난방 시 외벽을 통하여 전달되는 열전달량과 열통과량은 동일하고 유리면 등의 표면에 결로가 생기는 것은 구조체의 표면온도가 실내공기의 노점온도보다 낮아질 때이다.
② 난방 시 외벽을 통하여 전달되는 열전달량과 열통과량은 동일하므로
$K(t_r - t_o) = \alpha_i(t_r - t_s)$
$Q = KA(T_r - T_o) = \alpha_i A(T_r - T_s)$
$K(T_r - T_o) = \alpha_i(T_r - T_s)$
$K = \dfrac{\alpha_i(T_r - T_s)}{(T_r - T_o)}$
$= \dfrac{7(18 - 12.5)}{(18 - (-5))} = 1.67 \text{W}/(\text{m}^2 \cdot \text{K})$
여기서, t_s : 노점온도[℃]
t_r : 실내공기 온도[℃]
t_o : 실외공기 온도[℃]
K : 전체 벽의 열관류율 [W/(m²·K)]
α_i : 벽의 내면 열전달률[W/(m²·K)]

37 다음 이상기체에 대한 설명으로 옳은 것은?
① 이상기체의 내부에너지는 압력이 높아지면 증가한다.

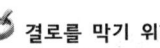 35. ② 36. ④ 37. ②

② 이상기체의 내부에너지는 온도만의 함수이다.
③ 이상기체의 내부에너지는 항상 일정하다.
④ 이상기체의 내부에너지는 온도와 무관하다.

 이상기체의 경우 기체 분자 간 상호작용(인력과 반발력)이 없어서 내부에너지와 엔탈피는 온도만의 함수이다.

38 다음 중 냉매를 사용하지 않는 냉동장치는?
① 열전 냉동장치
② 흡수식 냉동장치
③ 교축팽창식 냉동장치
④ 증기압축식 냉동장치

 열전 냉동장치(전자냉동법)
냉매 대신 냉동용 열전 반도체인 비스무트, 비스무트텔루르, 안티몬텔루르, 비스무트셀렌 등을 이용하는 냉동장치

39 냉동장치의 냉동능력이 38.8kW, 소요동력이 10kW이었다. 이때 응축기 냉각수의 입·출구 온도차가 6℃, 응축온도와 냉각수 온도와의 평균온도차가 8℃일 때 수냉식 응축기의 냉각수량(L/min)은 얼마인가? (단, 물의 정압비열은 4.2kJ/(kg·℃)이다.)
① 126.1 ② 116.2
③ 97.1   ④ 87.1

 ① 응축열량(Q_c)
$Q_c = Q_e + W = 38.8 + 10 = 48.8$kW
② 응축기의 냉각수량(G)
$Q_c = GC\Delta T$
$G = \dfrac{Q_c}{C\Delta T} = \dfrac{48.8\text{kJ/s} \times \dfrac{60s}{1\text{min}}}{4.2 \times 6} = 116.2$L/min

40 열과 일에 대한 설명으로 옳은 것은?

① 열역학적 과정에서 열과 일은 모두 경로에 무관한 상태함수로 나타낸다.
② 일과 열의 단위는 대표적으로 Watt(W)를 사용한다.
③ 열역학 제1법칙은 열과 일의 방향성을 제시한다.
④ 한 사이클 과정을 지나 원래 상태로 돌아왔을 때 시스템에 가해진 전체 열량은 시스템이 수행한 전체 일의 양과 같다.

 ① 열역학적 과정에서 열과 일은 오직 계와 주위의 경계에서만 관찰되는 양이며 한 상태에서 다른 상태로 변화할 때 그 변화량이 과정의 경로에 따라 달라지는 경로함수이다.
② 일과 열의 단위(SI 단위)는 대표적으로 J(Joule)을 사용한다.
③ 열역학 제2법칙은 열과 일의 방향성을 제시한다.

제3과목 : 시운전 및 안전관리

41 산업안전보건법령상 냉동·냉장 창고시설 건설공사에 대한 유해위험방지계획서를 제출해야 하는 대상시설의 연면적 기준은 얼마인가?
① 3천제곱미터 이상
② 4천제곱미터 이상
③ 5천제곱미터 이상
④ 6천제곱미터 이상

 유해위험방지계획서 제출 대상
연면적 5천제곱미터 이상인 냉동·냉장 창고시설의 건설공사, 설비공사 및 단열공사

42 기계설비법령에 따른 기계설비의 착공 전 확인과 사용 전 검사의 대상 건축물 또는 시설물에 해당하지 않는 것은?

 38. ① 39. ② 40. ④ 41. ③ 42. ③

① 연면적 1만 제곱미터 이상인 건축물
② 목욕장으로 사용되는 바닥면적 합계가 500제곱미터 이상인 건축물
③ 기숙사로 사용되는 바닥면적 합계가 1천 제곱미터 이상인 건축물
④ 판매시설로 사용되는 바닥면적 합계가 3천 제곱미터 이상인 건축물

③ 기숙사로 사용되는 바닥면적 합계가 2천제곱미터 이상인 건축물

43 고압가스안전관리법령에 따라 "냉매로 사용되는 가스 등 대통령령으로 정하는 종류의 고압가스"는 품질기준을 고시하여야 하는데, 목적 또는 용량에 따라 고압가스에서 제외될 수 있다. 이러한 제외 기준에 해당되는 경우로 모두 고른 것은?

> 가. 수출용으로 판매 또는 인도되거나 판매 또는 인도될 목적으로 저장·운송 또는 보관되는 고압가스
> 나. 시험용 또는 연구개발용으로 판매 또는 인도되거나 판매 또는 인도될 목적으로 저장·운송 또는 보관되는 고압가스(해당 고압가스를 직접 시험하거나 연구 개발하는 경우만 해당한다.)
> 다. 1회 수입되는 양이 400킬로그램 이하인 고압가스

① 가, 나   ② 가, 다
③ 나, 다   ④ 가, 나, 다

고압가스 품질기준 고시 제외 기준
1. 수출용으로 판매 또는 인도되거나 판매 또는 인도될 목적으로 저장·운송 또는 보관되는 고압가스
2. 시험용 또는 연구개발용으로 판매 또는 인도되거나 판매 또는 인도될 목적으로 저장·운송 또는 보관되는 고압가스(해당 고압가스를 직접 시험하거나 연구 개발하는 경우만 해당한다)
3. 1회 수입되는 양이 40킬로그램 이하인 고압가스

44 고압가스안전관리법령에 따라 일체형 냉동기의 조건으로 틀린 것은?
① 냉매설비 및 압축기용 원동기가 하나의 프레임 위에 일체로 조립된 것
② 냉동설비를 사용할 때 스톱밸브 조작이 필요한 것
③ 응축기 유닛 및 증발유닛이 냉매배관으로 연결된 것으로 하루 냉동능력이 20톤 미만인 공조용 패키지 에어컨
④ 사용 장소에 분할 반입하는 경우에는 냉매설비에 용접 또는 절단을 수반하는 공사를 하지 않고 재조립하여 냉동제조용으로 사용할 수 있는 것

② 냉동설비를 사용할 때 스톱밸브 조작이 필요 없는 것

45 기계설비법령에 따라 기계설비성능점검업자는 기계설비성능점검업의 등록한 사항 중 대통령령으로 정하는 사항이 변경된 경우에는 변경등록을 하여야 한다. 만약 변경등록을 정해진 기간 내 못한 경우, 1차 위반 시 받게 되는 행정처분 기준은?

① 등록취소   ② 업무정지 2개월
③ 업무정지 1개월   ④ 시정명령

기계설비성능점검업을 등록한 자는 등록한 사항 중 대통령령으로 정하는 사항이 변경된 경우에는 변경 사유가 발생한 날부터 30일 이내에 변경등록을 하여야 한다.

행정처분 기준		
1차 위반	2차 위반	3차 위반
시정명령	업무정지 1개월	업무정지 2개월

Answer 43. ① 44. ② 45. ④

46 엘리베이터용 전동기의 필요 특성으로 틀린 것은?
① 소음이 작아야 한다.
② 기동 토크가 작아야 한다.
③ 회전부분의 관성 모멘트가 작아야 한다.
④ 가속도의 변화비율이 일정 값이 되어야 한다.

🔑 **엘리베이터용 전동기 특성**
① 기동 토크가 클 것
② 회전부의 관성 모멘트가 작을 것
③ 기동 전류가 작을 것
④ 속도 제어범위가 클 것
⑤ 고빈도로 단속 사용하는 데 적합한 것

47 다음은 직류전동기의 토크 특성을 나타내는 그래프이다. (A), (B), (C), (D)에 알맞은 것은?

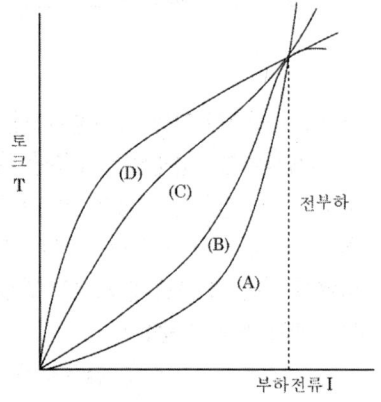

① (A) : 직권전동기
　(B) : 가동복권전동기
　(C) : 분권전동기
　(D) : 차동복권전동기
② (A) : 분권전동기
　(B) : 직권전동기
　(C) : 가동복권전동기
　(D) : 차동복권전동기
③ (A) : 직권전동기
　(B) : 분권전동기
　(C) : 가동복권전동기
　(D) : 차동복권전동기
④ (A) : 분권전동기
　(B) : 가동복권전동기
　(C) : 직권전동기
　(D) : 차동복권전동기

🔑 **직류전동기 토크 특성 비교**
직권 > 가동복권 > 분권 > 차동복권

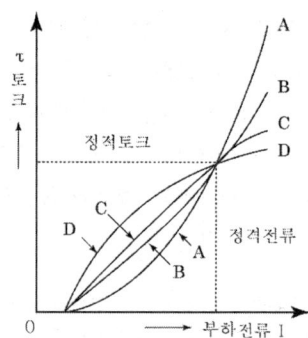

A : 직권전동기　　B : 가동복권전동기
C : 분권전동기　　D : 차동복권전동기

48 서보전동기는 서보기구의 제어계 중 어떤 기능을 담당하는가?
① 조작부　　② 검출부
③ 제어부　　④ 비교부

🔑 **서보전동기**
서보기구의 조작부로서 제어신호에 의해 부하를 구동하는 장치로 서보모터의 동력원에 따라 전기식(서보전동기), 공기식(공기 서보 모터), 유압식(유압 모터) 등이 있다.

49 그림과 같은 유접점 논리회로를 간단히 하면?

Answer　46. ②　47. ①　48. ①　49. ②

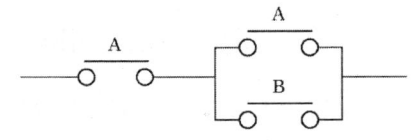

① —o A o—

② —o A o—

③ —o B o—

④ —o B o—

🔖 Y = A(A+B) = AA+AB
　　 = A+AB = A(1+B) = A

50 10kVA의 단상 변압기 2대로 V결선하여 공급할 수 있는 최대 3상 전력은 약 몇 kVA인가?
① 20　　② 17.3
③ 10　　④ 8.7

🔖 V결선 최대 3상 전력= $\sqrt{3}P$
　　　　　　= $\sqrt{3} \times 10 = 17.3$ kVA

51 교류에서 역률에 관한 설명으로 틀린 것은?
① 역률은 $\sqrt{1-(무효율)^2}$ 로 계산할 수 있다.
② 역률을 이용하여 교류전력의 효율을 알 수 있다.
③ 역률이 클수록 유효전력보다 무효전력이 커진다.
④ 교류회로의 전압과 전류의 위상차에 코사인(cos)을 취한 값이다.

🔖 ③ 역률이란 상전력에 대한 유효전력의 비율로는 전기기기에 실제로 걸리는 전압과 전류가 얼마나 유효하게 일을 하는가 하는 비율을 의미한다. 그러므로 역률이 클수록 유효전력이 피상전력에 근접하는 것으로 무효전력은 작아지고 유효전력이 커진다.

52 아날로그 신호로 이루어지는 정량적 제어로서 일정한 목표값과 출력값을 비교·검토하여 자동적으로 행하는 제어는?
① 피드백 제어　　② 시퀀스 제어
③ 오픈 루프 제어　④ 프로그램 제어

🔖 **피드백 제어(feedback control)**
정량적 제어로 피드백되는 측정값을 목표값과 비교하여 이 두 값이 일치하도록 수정 동작을 행하는 제어로 구조가 복잡하고 반드시 입력과 출력을 비교하는 장치가 필요하다.

53 $G(s) = \dfrac{2(s+2)}{(s^2+5s+6)}$ 의 특성방정식의 근은?
① 2, 3　　② -2, -3
③ 2, -3　　④ -2, 3

🔖 **특성방정식의 근**
특성방정식은 전달함수의 분모가 0인 방정식이므로
$s^2+5s+6=0$, $(s+2)(s+3)=0$
그러므로 특성방정식의 근 s=-2, -3이다.

54 $R=8\Omega$, $X_L=2\Omega$, $X_C=8\Omega$의 직렬회로에 100V의 교류전압을 가할 때, 전압과 전류의 위상 관계로 옳은 것은?
① 전류가 전압보다 약 37° 뒤진다.
② 전류가 전압보다 약 37° 앞선다.
③ 전류가 전압보다 약 43° 뒤진다.
④ 전류가 전압보다 약 43° 앞선다.

🔖 **RLC 직렬회로에서 위상차(ϕ)**
$\phi = \tan^{-1}\dfrac{X_L-X_C}{R} = \tan^{-1}\dfrac{2-8}{8} = -37°$
위상각이 음수이므로 전압은 전류보다 위상이 뒤처지는 것이 아니라 전류가 전압보다 위상이 앞선다는 의미이다. 이 회로에서는 전류가 전압보다 위상차(37°)만큼 앞선다.

Answer 50. ② 51. ③ 52. ① 53. ② 54. ②

55 역률이 80%이고, 유효전력이 80kW일 때, 피상전력(kVA)은?

① 100 ② 120
③ 160 ④ 200

🔑 피상전력(P_a)

$$P_a = IV = I^2Z = \frac{V^2}{Z} = \frac{P}{\cos\theta} = \frac{80}{0.8} = 100\,\text{kVA}$$

56 직류전압, 직류전류, 교류전압 및 저항 등을 측정할 수 있는 계측기기는?

① 검전기 ② 검상기
③ 메거   ④ 회로시험기

🔑 회로시험기

저항, 전압, 전류 등을 측정하는 전기계측기로 전기·전자 부품을 점검하거나 수리하는데 이용한다. 측정할 수 있는 것으로는 직류 전압, 교류 전압, 직류 전류, 저항이 있으며, 교류 전류는 측정이 불가능하다. 통전 시험, 절연 시험 등을 할 수 있다.

57 자장 안에 놓여 있는 도선에 전류가 흐를 때 도선이 받는 힘은 $F = BI\ell\sin\theta$ (N)이다. 이것을 설명하는 법칙과 응용기기가 알맞게 짝지어진 것은?

① 플레밍의 오른손법칙 – 발전기
② 플레밍의 왼손법칙 – 전동기
③ 플레밍의 왼손법칙 – 발전기
④ 플레밍의 오른손법칙 – 전동기

🔑 플레밍의 왼손법칙

전자기력의 방향을 결정하는 법칙으로서 전동기의 회전방향을 구하는 데 유용

[참고] 플레밍의 오른손법칙 : 전자유도에 의해서 생기는 유도전류의 방향을 나타내는 법칙으로 발전기의 전류방향을 구하는 데 유용

58 다음의 논리식을 간단히 한 것은?

$$X = \overline{A}\overline{B}C + A\overline{B}\overline{C} + A\overline{B}C$$

① $\overline{B}(A+C)$ ② $C(A+\overline{B})$
③ $\overline{C}(A+B)$ ④ $\overline{A}(B+C)$

🔑 OR회로에서 동일한 논리식을 추가하여도 그 값은 변함이 없으므로 $A\overline{B}C$를 추가

$$X = \overline{A}\overline{B}C + A\overline{B}\overline{C} + A\overline{B}C + A\overline{B}C$$
$$= \overline{B}C(\overline{A}+A) + A\overline{B}(\overline{C}+C)$$
$$= \overline{B}C + A\overline{B} = \overline{B}(C+A)$$

59 전압을 인가하여 전동기가 동작하고 있는 동안에 교류전류를 측정할 수 있는 계기는?

① 후크미터(클램프 미터)
② 회로시험기
③ 절연저항계
④ 어스 테스터

🔑 후크미터(클램프 미터)

클램프형 전류계로서, 전기회로를 열거나 분리하지 않고 전류를 측정하기 위해서 사용하는 변류기 내장형의 전류계이다. 고정밀을 요하는 측정에는 어려운 점이 있으나, 전기설비의 보수나 안전상의 용도에는 적합하다.

60 그림과 같은 단자 1, 2사이의 계전기접점회로 논리식은?

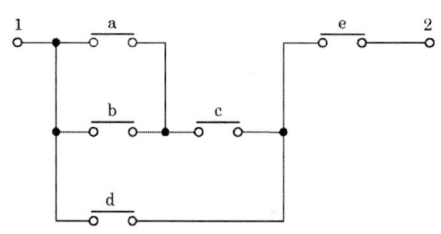

① {(a+b)d+c}e
② {(ab+c)d}+e
③ {(a+b)c+d}e
④ (ab+d)c+e

Answer 55. ① 56. ④ 57. ② 58. ① 59. ① 60. ③

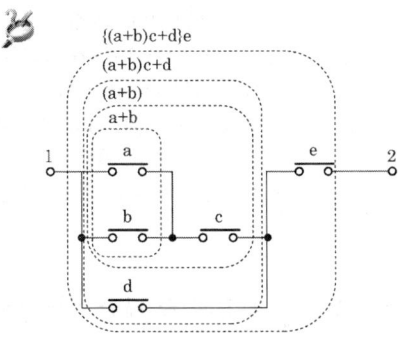

제4과목 : 유지보수 공사관리

61 배수 배관이 막혔을 때 이것을 점검, 수리하기 위해 청소구를 설치하는데, 다음 중 설치 필요 장소로 적절하지 않은 곳은?
① 배수 수평 주관과 배수 수평 분기관의 분기점에 설치
② 배수관이 45° 이상의 각도로 방향을 전환하는 곳에 설치
③ 길이가 긴 수평 배수관인 경우 관경이 100A 이하일 때 5m마다 설치
④ 배수 수직관의 제일 밑부분에 설치

🔍 **청소구의 설치 장소**
배수가 고이기 쉬운 곳, 청소하기 쉬운 곳 및 긴 경로의 도중에 설치하는 것이 원칙이다.
① 배수 수평 주관이 부지배수관(택지 하수관)과 접속하는 곳
② 배수 수직관의 최하부 또는 그 부근
③ 길이가 긴 배수 수평관의 도중
④ 배수관이 45° 이상의 각도로 방향이 바뀌는 곳
⑤ 배수 수평 주관 및 수평 지관의 최상류 지점
⑥ 각종 트랩, 기타 배관상 필요한 곳

62 증기와 응축수의 온도 차이를 이용하여 응축수를 배출하는 트랩은?
① 버킷 트랩 ② 디스크 트랩
③ 벨로즈 트랩 ④ 플로트 트랩

🔍 **증기 트랩의 분류**

분류	작동 원리	종류
기계식	증기와 응축수의 부력 차이	플로트 트랩, 버킷 트랩
온도식	증기와 응축수의 온도 차이	바이메탈 트랩, 벨로즈 트랩
열역학식	증기와 응축수의 속도 차이	디스크 트랩, 오리피스 트랩

63 정압기의 종류 중 구조에 따라 분류할 때 아닌 것은?
① 피셔식 정압기
② 액셜 플로우식 정압기
③ 가스미터식 정압기
④ 레이놀즈식 정압기

🔍 **정압기**
① 각 가스 기구에 알맞은 적당한 압력으로 감압하여 공급하기 위한 장치
② 종류 : 피셔식, 액셜 플로우식, 레이놀즈식

64 슬리브 신축 이음쇠에 대한 설명으로 틀린 것은?
① 신축량이 크고 신축으로 인한 응력이 생기지 않는다.
② 직선으로 이음하므로 설치 공간이 루프형에 비하여 적다.
③ 배관에 곡선부가 있어도 파손이 되지 않는다.
④ 장시간 사용 시 패킹의 마모로 누수의 원인이 된다.

🔍 ③ 배관에 곡선부분이 있으면 비틀림이 발생하여 파손의 원인이 된다.

Answer 61. ③ 62. ③ 63. ③ 64. ③

65 간접 가열 급탕법과 가장 거리가 먼 장치는?

① 증기 사일렌서   ② 저탕조
③ 보일러   ④ 고가수조

🔹 증기 사일렌서는 증기를 물 속에 직접 분사하여 물을 가열하는 기수혼합식 급탕법에서 소음을 제거하기 위해 사용한다.
[참고] 간접가열식 급탕법

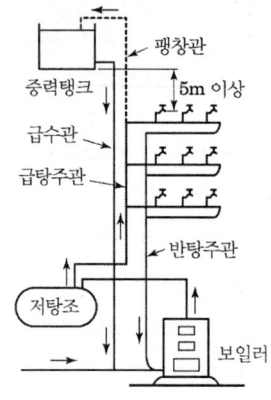

66 강관의 종류와 KS 규격 기호가 바르게 짝지어진 것은?

① 배관용 탄소강관 : SPA
② 저온배관용 탄소강관 : SPPT
③ 고압배관용 탄소강관 : SPTH
④ 압력배관용 탄소강관 : SPPS

🔹 ① 배관용 탄소강관 : SPP
　② 저온배관용 탄소강관 : SPLT
　③ 고압배관용 탄소강관 : SPPH

67 폴리에틸렌 배관의 접합방법이 아닌 것은?

① 기볼트 접합
② 용착 슬리브 접합
③ 인서트 접합
④ 테이퍼 접합

🔹 기볼트 접합 : 석면 시멘트관의 접합에 주로 쓰이는 이음. 관의 접합부에 주철제의 슬리브를 끼워 양단을 고무링으로 막고 이 고무링을 주철제의 플랜지로 조인다.
[참고] 폴리에틸렌 배관의 접합방법 : 테이퍼 조인트 이음, 인서트 이음, 플랜지 이음, 테이퍼 코어 플랜지 이음, 융착 슬리브 이음, 나사 이음 등

68 배관 접속 상태 표시 중 배관 A가 앞쪽으로 수직하게 구부려져 있음을 나타낸 것은?

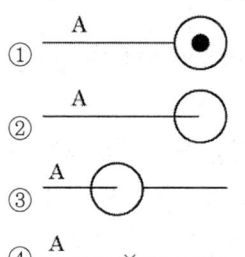

🔹 관 접속 상태

굽은상태	실제모양	도시기호
파이프 A가 앞쪽 수직으로 구부러질 때		
파이프 B가 뒤쪽 수직으로 구부러질 때		
파이프 C가 뒤쪽으로 구부러져서 D에 접속될 때		

69 증기보일러 배관에서 환수관의 일부가 파손된 경우 보일러 수의 유출로 안전수위 이하가 되어 보일러 수가 빈 상태로 되는 것을 방지하기 위해 하는 접속법은?

① 하트포드 접속법
② 리프트 접속법
③ 스위블 접속법
④ 슬리브 접속법

Answer 65. ① 66. ④ 67. ① 68. ① 69. ①

 하트포드(hartford) 접속법
보일러 측면에 밸런스관을 연결하여 안전수면보다 높은 위치에 환수관을 접속하는 방법으로 환수관 누설로 인하여 보일러 수위가 파괴되는 것을 방지한다.

70 도시가스 입상배관의 관 지름이 20mm일 때 움직이지 않도록 몇 m마다 고정장치를 부착해야 하는가?
① 1m   ② 2m
③ 3m   ④ 4m

 관의 지지
배관이 움직이지 않도록 그 관경이 13mm 미만의 것에는 1m마다, 13mm 이상 33mm 미만의 것에는 2m마다, 33mm 이상의 것에는 3m마다 고정장치를 설치한다.

71 증기난방 배관 시공법에 대한 설명으로 틀린 것은?
① 증기주관에서 지관을 분기하는 경우 관의 팽창을 고려하여 스위블 이음법으로 한다.
② 진공환수식 배관의 증기주관은 1/100~1/200 선상향 구배로 한다.
③ 주형방열기는 일반적으로 벽에서 50~60mm 정도 떨어지게 설치한다.
④ 보일러 주변의 배관방법에서는 증기관과 환수관 사이에 밸런스관을 달고, 하트포드 접속법을 사용한다.

 ② 진공환수식 배관의 증기주관은 1/200~1/300 선하향 구배로 한다.

72 급수배관에서 수격현상을 방지하는 방법으로 가장 적절한 것은?
① 도피관을 설치하여 옥상탱크에 연결한다.
② 수압관을 갑자기 높인다.
③ 밸브나 수도꼭지를 갑자기 열고 닫는다.
④ 급폐쇄형 밸브 근처에 공기실을 설치한다.

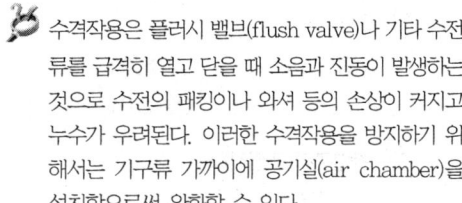 수격작용은 플러시 밸브(flush valve)나 기타 수전류를 급격히 열고 닫을 때 소음과 진동이 발생하는 것으로 수전의 패킹이나 와셔 등의 손상이 커지고 누수가 우려된다. 이러한 수격작용을 방지하기 위해서는 기구류 가까이에 공기실(air chamber)을 설치함으로써 완화할 수 있다.
[참고] 수격작용 방지법
① 배관 내의 유속을 2.0m/s 미만으로 억제한다.
② 워터해머가 생기기 쉬운 곳에 워터해머 방지기를 설치
③ 수격방지용 체크밸브를 사용한다.
④ 서지 탱크(surge tank)를 설치하여 압력변동을 방지한다.
⑤ 배관은 가능한 한 직선배관을 원칙으로 하여 구부리지 않는다.
⑥ 밸브의 개폐를 천천히 한다.
⑦ 급수전 가까이 공기실(air chamber)을 설치한다.

73 홈이 만들어진 관 또는 이음쇠에 고무링을 삽입하고 그 위에 하우징(housing)을 덮어 볼트와 너트로 죄는 이음방식은?
① 그루브 이음   ② 그립 이음
③ 플레어 이음   ④ 플랜지 이음

 그루브 이음
파이프 양 끝단에 그루브 홈을 가공하여 고무링(가스켓)을 삽입한 후 커플링(조인트)을 2개의 볼트와 너트를 이용하여 안전하게 체결하는 방식으로 나사 체결, 용접 체결 등에 비해 더욱 견고한 이음방식

74 90℃의 온수 2000kg/h을 필요로 하는 간접가열식 급탕탱크에서 가열관의 표면적(m^2)은 얼마인가? (단, 급수의 온도는 10℃,

 70. ② 71. ② 72. ④ 73. ① 74. ②

급수의 비열은 4.2kJ/kg·K, 가열관으로 사용할 동관의 전열량은 1.28kW/m²·℃, 증기의 온도는 110℃이며 전열효율은 80%이다.)

① 2.92　　② 3.03
③ 3.72　　④ 4.07

가열관의 표면적(S)

$$S = \frac{WC(t_h - t_w)}{\lambda E(t_s - t_a)}$$

$$= \frac{(2000 \text{kg/h} \times \frac{1\text{h}}{3600\text{s}}) \times 4.2 \times (90-10)}{1.28 \times 0.8 \times (110-50)}$$

$$= 3.03 \text{m}^2$$

여기서, t_a : 급수온도와 급탕온도의 평균값

75 급수배관에서 크로스 커넥션을 방지하기 위하여 설치하는 기구는?

① 체크밸브
② 워터햄머 어레스터
③ 신축이음
④ 버큠 브레이커

크로스 커넥션(교차 연결)
급수계통에서 급수배관이나 기구 구조의 불량으로 급수관 내 오수가 역류하여 오염되도록 배관된 것으로 크로스 커넥션에 의한 오수의 유입을 방지하기 위해 역류방지기, 진공 브레이커(Vacuum Breaker) 등을 설치한다.
[참고] 급수설비의 오염 원인
　① 저수탱크에 유해물질 침입에 의한 발생
　② 배수의 급수설비로의 역류
　③ 크로스 커넥션(cross connection)
　④ 배관의 부식

76 아래 강관 표시방법 중 "S－H"의 의미로 옳은 것은?

SPPS－S－H－1965, 11－100A×SCH40×6

① 강관의 종류　② 제조회사명
③ 제조방법　　④ 제품표시

압력배관용 탄소강관

　　　　Ⓚ　－SPPS－S－H－2005.11－100A×SCH40×6
상표　한국산업규격　관　제조　제조　호칭　스케줄　길이
　　　표시기호　종류　방법　년월　방법　번호

77 냉풍 또는 온풍을 만들어 각 실로 송풍하는 공기조화장치의 구성 순서로 옳은 것은?

① 공기여과기 → 공기가열기 → 공기가습기
　→ 공기냉각기
② 공기가열기 → 공기여과기 → 공기냉각기
　→ 공기가습기
③ 공기여과기 → 공기가습기 → 공기가열기
　→ 공기냉각기
④ 공기여과기 → 공기냉각기 → 공기가열기
　→ 공기가습기

공기조화기의 구성

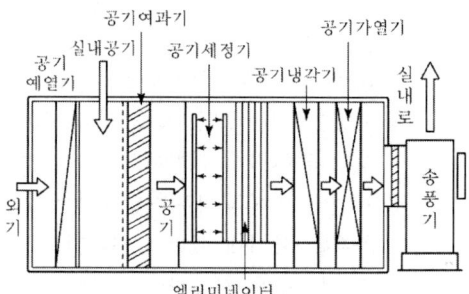

78 롤러 서포트를 사용하여 배관을 지지하는 주된 이유는?

① 신축 허용　② 부식 방지
③ 진동 방지　④ 해체 용이

롤러 서포트(roller support)

Answer　75. ④　76. ③　77. ④　78. ①

롤러로 지지하여 열팽창에 의한 배관의 축방향 이동을 자유롭게 한다.

79 배관의 끝을 막을 때 사용하는 이음쇠는?
① 유니언   ② 니플
③ 플러그   ④ 소켓

① 관 끝을 막을 때 : 캡, 플러그
③ 관을 직선 연결할 때 : 소켓, 유니언, 플랜지, 니플

80 다음 보온재 중 안전사용온도가 가장 낮은 것은?
① 규조토
② 암면
③ 펄라이트
④ 발포 폴리스티렌

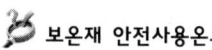
보온재 안전사용온도
① 규조토 : 500℃ 이하
② 암면 : 600℃ 이하
③ 펄라이트 : 650℃ 이하
④ 발포 폴리스티렌 : 70℃ 이하

Answer 79. ③ 80. ④

2022년 제3회

공조냉동기계기사 과년도출제문제

제1과목 : 에너지 관리

01 다음 중 여름철 피크 전력 감소에 기여할 수 있는 공조방식으로 가장 거리가 먼 것은?
① 흡수식 냉동기 ② GHP 방식
③ EHP 방식 ④ 빙축열 방식

 EHP(Electric Heat Pump) 방식
전기구동식 히트펌프 방식으로 여름철 피크 전력 감소가 어렵다.

02 HEPA 필터에 관한 설명으로 옳지 않은 것은?
① HEPA 필터 유닛 시공 시 공기 누설이 없어야 한다.
② 클린룸이나 방사성 물질을 취급하는 시설에 사용된다.
③ 0.1μm의 미세한 분진까지 높은 포집률로 포집할 수 있다.
④ HEPA 필터의 수명연장을 위해 HEPA 필터의 앞에 프리필터를 설치한다.

 ③ 0.3μm의 미세한 분진까지 높은 포집률로 포집할 수 있다.

03 덕트의 부속품에 관한 설명으로 틀린 것은?
① 댐퍼는 통과풍량의 조정 또는 개폐에 사용되는 기구이다.
② 분기 덕트 내의 풍량제어용으로 주로 익형 댐퍼를 사용한다.
③ 방화구획 관통부에는 방화댐퍼 또는 방연댐퍼를 설치한다.
④ 가이드 베인은 곡부의 기류를 세분해서 와류의 크기를 작게 하는 것이 목적이다.

② 분기 덕트 내의 풍량제어용으로 주로 스플릿 댐퍼를 사용한다.
[참고] 스플릿 댐퍼(Split Damper, 풍량분배 댐퍼) 덕트의 분기점에 설치하여 풍량조절용으로 사용된다. 구조가 간단하나 정밀한 풍량조절은 불가능하며 누설이 많아 폐쇄용으로 사용하지는 않는다.

04 노점온도(dew point temperature)에 대한 설명으로 옳은 것은?
① 습공기가 어느 한계까지 냉각되어 그 속에 있던 수증기가 이슬방울로 응축되기 시작하는 온도
② 건공기가 어느 한계까지 냉각되어 그 속에 있던 공기가 팽창하기 시작하는 온도
③ 습공기가 어느 한계까지 냉각되어 그 속에 있던 수증기가 자연 증발하기 시작하는 온도
④ 건공기가 어느 한계까지 냉각되어 그 속에 있던 공기가 수축하기 시작하는 온도

노점온도(Dew Point Temperature)
온도가 높은 공기일수록 많은 수증기를 포함할 수 있으므로 습공기의 온도를 낮게 하여 어떤 온도에 이르면 포화상태가 되고 더욱 냉각시키면 수증기의 일부가 응축하여 이슬이 맺히게 될 때의 온도로 이 때 절대습도는 감소한다.

 01. ③ 02. ③ 03. ② 04. ①

05 어느 건물 서편의 유리 면적이 40m²이다. 안쪽에 크림색의 베네시언 블라인드를 설치한 유리면으로부터 오후 4시에 침입하는 열량(kW)은? (단, 외기는 33℃, 실내는 27℃, 유리는 1중이며, 유리의 열통과율(K)은 5.9W/m²℃, 유리창의 복사량(I_{gr})은 608W/m², 차폐계수(K_s)는 0.56이다.)

① 15 ② 13.6
③ 3.6 ④ 1.4

 ① 전도열량

$Q_c = KA\Delta t$
$= 5.9 \times 40 \times (33-27)$
$= 1416W$

② 복사열량

$Q_r = A \times I_{gr} \times K_s$
$= 40 \times 608 \times 0.56$
$= 13619.2W$

③ 전체열량

$Q = q_c + q_r$
$= 1416 + 13619.2$
$= 15035.2W \fallingdotseq 15kW$

06 다음 중 출입의 빈도가 잦아 틈새바람에 의한 손실부하가 비교적 큰 경우 난방방식으로 적용하기에 가장 적합한 것은?

① 증기난방 ② 온풍난방
③ 복사난방 ④ 온수난방

 복사난방의 특징
① 실내의 온도분포가 균등하여 쾌감도가 높다.
② 방을 개방상태로 하여도 난방의 효과가 있어 틈새바람에 의한 손실부하가 비교적 큰 경우에 적합하다.
③ 방의 상하 온도차가 적어 방 높이에 의한 실온의 변화가 적으며, 고온복사 난방 시 천장이 높은 방의 난방도 가능하다.

07 실내의 CO_2 농도 기준이 1000ppm이고, 1인당 CO_2 발생량이 18L/h인 경우, 실내 1인당 필요한 환기량(m³/h)은? (단, 외기 CO_2 농도는 300ppm이다.)

① 22.7 ② 23.7
③ 25.7 ④ 26.7

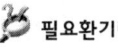 필요환기량(Q)

$Q = \dfrac{M}{K - K_o}$

$= \dfrac{0.018}{0.001 - 0.0003} = 25.7 \text{m}^3/\text{h}$

08 환기에 따른 공기조화 부하의 절감 대책으로 틀린 것은?

① 예냉, 예열 시 외기도입을 차단한다.
② 열 발생원이 집중되어 있는 경우 국소배기를 채용한다.
③ 전열교환기를 채용한다.
④ 실내 정화를 위해 환기횟수를 증가시킨다.

 실내 정화를 위해 환기횟수를 증가시키면 실외 공기와 실내 공기를 교체하는 과정에서 환기부하(공기조화 부하)가 증가한다.

09 다음 중 냉방부하의 종류에 해당되지 않는 것은?

① 일사에 의해 실내로 들어오는 열
② 벽이나 지붕을 통해 실내로 들어오는 열
③ 조명이나 인체와 같이 실내에서 발생하는 열
④ 침입 외기를 가습하기 위한 열

Answer 05. ① 06. ③ 07. ③ 08. ④ 09. ④

냉방부하의 종류

부하의 종류		열의 종류
벽체의 취득열량		현열
유리창의 취득열량	직달일사	현열
	열관류	현열
극간풍의 취득열량		현열+잠열
인체의 발생열량		현열+잠열
실내기구의 발생열량		현열+잠열
조명의 발생열량		현열
송풍기, 덕트의 취득열량		현열
재열기의 취득열량		현열
외기도입의 취득열량		현열+잠열

10 보일러에서 발생하는 장해 요인이 아닌 것은?
① 부식
② 캐리오버
③ 전열 촉진
④ 스케일 부착

▶ **보일러 수질로 인한 장해 요인**
스케일 부착, 부식, 포밍, 캐리오버 등

11 공기조화방식 중 혼합상자에서 적당한 비율로 냉풍과 온풍을 자동적으로 혼합하여 각 실에 공급하는 방식은?
① 중앙식
② 2중 덕트 방식
③ 유인유닛 방식
④ 각층 유닛 방식

▶ **2중 덕트 방식(double duct system)**
중앙 공조기에서 냉풍과 온풍을 만들어 2계통의 덕트를 통해 송풍한 후 혼합상자(Mixing Box)에 냉풍과 온풍을 혼합시켜 실온을 제어하는 전공기방식이다.

12 콘크리트 두께 0.2m, 단열재 두께 0.2m, 방수 모르타르 두께 0.01m의 벽체를 통하여 실내로 침입하는 열량(W)은? (단, 상당외기온도 36℃, 실내온도 26℃, 벽체의 면적 30m², 외벽 열전달률 23W/(m²·K), 내벽 열전달률 8.5W/(m²·K), 콘크리트 열전도율 1.4W/(m·K), 단열재 열전도율 0.045W/(m·K), 방수 모르타르 열전도율 1.3W/(m·K)이다.)
① 63W
② 180W
③ 200W
④ 220W

▶ ① 열통과율(열관류율)

$$K = \dfrac{1}{\dfrac{1}{\alpha_i} + \sum \dfrac{l}{\lambda} + \dfrac{1}{\alpha_o}}$$

$$= \dfrac{1}{\dfrac{1}{8.5} + \dfrac{0.2}{1.4} + \dfrac{0.2}{0.045} + \dfrac{0.01}{1.3} + \dfrac{1}{23}}$$

$$= 0.21 \, W/(m^2 \cdot K)$$

② 실내로 칩입하는 열량(Q)
$Q = KA\Delta t_m = 0.21 \times 30 \times (36-26) = 63W$

13 공조시스템에 관한 설명으로 가장 거리가 먼 것은?
① 공기조화기에서 처리하는 열부하에는 실내열취득부하, 배관취득부하, 환기용 도입 외기부하가 포함된다.
② 실내 송풍량은 실내현열부하와 취출온도차로 구할 수 있다.
③ 전열교환기를 사용하면 냉각코일용량을 감소시켜 냉방에너지를 절약할 수 있다.
④ 여름철 재열 시스템에서 냉각코일부하에는 재열부하가 포함된다.

▶ 배관취득부하는 열원부하로 공조설비를 구성하고 있는 배관계에서 배관 내 열매온도와 배관 주위와의 온도 차이에 의한 부하를 말하는 것으로 통상 무시하나 배관길이가 긴 경우에는 고려하며 열원부하에 의해 열원기기의 용량이나 대수를 결정한다.

Answer 10. ③ 11. ② 12. ① 13. ①

14 공조용 덕트 누기 시험방법에 대한 설명 중 옳은 것은?
① 팬 출구 정압은 덕트 내의 장애물이 있는 경우 장애물 하류측에 측정한다.
② 공기계통의 풍량댐퍼와 방화댐퍼가 완전 폐쇄 위치에 놓여 있는지 확인하고 누기 테스트를 수행한다.
③ 사용 용도상 덕트 내부가 음압(−)이 걸리는 덕트는 양압(+)으로 누기테스트를 수행한다.
④ 변풍량(VAV) 시스템에서는 기본적으로 250Pa 이하로 누기테스트를 수행한다.

 ① 팬 출구 정압은 실제적으로 팬 하류측으로부터 적정한 이격거리를 띄워서 측정하거나 덕트 내의 장애물이 있는 경우 장애물 상류측에서 측정하여야 한다.
② 공기계통의 풍량댐퍼와 방화댐퍼가 완전 개방 위치에 놓여 있는지 확인하고 누기테스트를 수행한다.
④ 시험압력은 250Pa 이상으로 하고, 변풍량(VAV) 시스템에서는 시스템 특성상 덕트 내부 압력이 예상 외로 높아질 수 있으므로 500Pa 이상으로 시험한다.

15 결로에 관한 설명 중 옳지 않은 것은?
① 결로를 방지하려면 다습한 외기를 도입하지 않도록 한다.
② 결로를 방지하려면 벽의 단열성을 좋게 하여 열관류 저항을 크게 한다.
③ 노점온도 이하에서 결로가 발생하면 공기 중의 수증기 분압은 상승한다.
④ 벽체온도가 공기 노점온도 이하로 냉각할 때 수증기가 응축되어 결로가 발생한다.

 ③ 노점온도 이하에서 결로가 발생하면 공기 중의 수증기 분압은 감소한다.

16 T.A.B(Testing Adjusting and Balancing) 종합 보고서에 포함될 사항으로 거리가 먼 것은?
① 사업 목적, 사업 범위 및 내용, 건물 개요 및 기능, 용역 기간 및 일정
② 설비 설계 개요, 용역 수행 조직, 결과 요약 및 분석, 측정기록지
③ 초기 측정값 및 측정 결과
④ 용역 수행 중 문제점 및 특기사항

종합 보고서에는 아래 사항을 포함한다.
① 머릿말, 목차, 약어 설명, 참고문헌
② 용역 목적
③ 용역 범위 및 내용
④ 건물 개요 및 기능
⑤ 용역 기간 및 일정
⑥ 용역 수행 조직
⑦ 결과 요약 및 분석
⑧ 설비 설계 개요
⑨ 측정범위, 측정방법 및 측정결과
⑩ 문제점 및 특기사항
⑪ 측정 기록지
⑫ 기타(계측기, 측정 장면 및 문제점 사진 등)

17 사람이 거주하는 공간의 실내환기를 위해 최소 외기량 확보가 필요한 공조 방식은?
① 이중 덕트 방식
② 유인 유닛 방식
③ 단일덕트 정풍량 방식
④ 단일덕트 변풍량 방식

단일덕트 변풍량 방식
열부하 증감에 따라 송풍량을 조절하여 소정의 온·습도를 유지시키는 공조 방식으로 부하가 감소되면 송풍량이 적어지므로 환기가 불충분해질 염려가 있다. 이에 실내공기질이 악화되는 것을 막기 위해 무부하 시에도 변풍량 유닛으로 공기가 최소 비율 만큼은 통과하도록 설정하는 것이 일반적이다.

 14. ③ 15. ③ 16. ③ 17. ④

18 대기압(101.3kPa)에서 온도 20℃, 상대습도 60%인 습공기 내의 건공기 분압(kPa)은 얼마인가? (단, 수증기 포화압력은 3.9kPa)

① 95.06kPa ② 97.40kPa
③ 98.96kPa ④ 103.64kPa

① 수증기 분압(P_w)

상대습도 $\phi = \dfrac{P_w}{P_s} \times 100[\%]$ 에서

$P_w = \phi P_s = 0.6 \times 3.9 = 2.34\text{kPa}$

② 건공기 분압(P_a)

P(대기압) = P_a(건공기 분압) + P_w(수증기 분압)

$P_a = P - P_w = 101.3 - 2.34 = 98.96\text{kPa}$

19 건축 구조체의 열전달에 대한 설명으로 옳지 않은 것은?

① 표면 열전달 저항이 작아지면 열통과율도 커진다.
② 벽체 열관류량과 표면 풍속과는 상관관계가 없다.
③ 벽체 재료의 열전도율이 클수록 열관류량은 증가한다.
④ 동일한 조건에서 벽체 두께가 두꺼울수록 열관류저항은 증가한다.

열전달은 벽 표면에서 벽면 등으로 방사 또는 공기의 대류에 의해 일어나므로 열전달률은 표면 풍속에 의해 크게 좌우된다.

20 다음 그림에 대한 기술 중 틀린 것은?

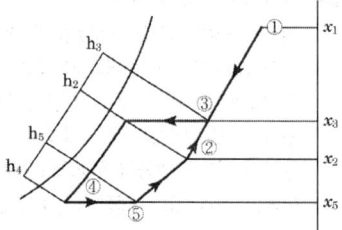

① ⑤의 공기는 취득열량 $G(h_2 - h_5)$를 얻어 공기상태 ②로 된다.
② 실내공기 ②와 옥외공기가 혼합되면 ③의 상태로 되고 이때 $G(h_3 - h_2)$를 외기부하라 한다.
③ 혼합공기 ③을 냉각코일에 통과시키면 상대습도 95%선을 따라 냉각 가습되어 ④에 이른다.
④ ④의 공기를 재열코일에 통과시키면 재열부하 $G(h_5 - h_4)$를 얻어 ⑤의 상태로 취출구를 나온다.

③ 혼합공기 ③을 냉각코일에 통과시키면 상대습도 95%선을 따라 냉각 감습되어 ④에 이른다.

제2과목 : 공조냉동 설계

21 냉각관의 열관류율이 500W/m²℃이고, 대수평균온도차가 10℃일 때, 100kW의 냉동부하를 처리할 수 있는 냉각관의 면적은?

① 5m² ② 15m²
③ 20m² ④ 40m²

$Q = KA\Delta t$

$A = \dfrac{Q}{K\Delta t} = \dfrac{100}{0.5 \times 10} = 20\text{m}^2$

여기서, $K = 500\text{W/m}^2℃ = 0.5\text{kW/m}^2℃$

22 상태와 상태량과의 관계에 대한 설명 중 틀린 것은?

① 순수물질 단순 압축성 시스템의 상태는 2개의 독립적 강도성 상태량에 의해 완전하게 결정된다.
② 상변화를 포함하는 물과 수증기의 상태는 압력과 온도에 의해 완전하게 결정된다.

Answer 18. ③ 19. ② 20. ③ 21. ③ 22. ②

③ 상변화를 포함하는 물과 수증기의 상태는 온도와 비체적에 의해 완전하게 결정된다.
④ 상변화를 포함하는 물과 수증기의 상태는 압력과 비체적에 의해 완전하게 결정된다.

🔑 순수물질의 경우 단순 압축성 계(표면장력, 전기장, 자기장이 없는 상태)에서는 두 개의 독립된 강성적 상태량에 의해 완전하게 결정된다. 온도와 압력은 단상에서는 독립 상태량이지만 혼상에서는 종속 상태량이 되므로 물과 수증기는 1기압 100℃ 상태에서 2상(물 또는 수증기)으로 존재하기 때문에 압력과 온도에 의해 완전하게 결정할 수 없다.

23 과열증기를 냉각시켰더니 포화영역 안으로 들어와서 비체적이 $0.2327 \text{m}^3/\text{kg}$이 되었다. 이때의 포화액과 포화증기의 비체적이 각각 $1.079 \times 10^{-3} \text{m}^3/\text{kg}$, $0.5243 \text{m}^3/\text{kg}$이라면 건도는?

① 0.964　　② 0.772
③ 0.653　　④ 0.443

🔑 습증기의 건도(x)
$v = v_f + x(v_g - v_f)$
$x = \dfrac{v - v_f}{v_g - v_f} = \dfrac{0.2327 - 1.079 \times 10^{-3}}{0.5243 - 1.079 \times 10^{-3}} = 0.443$

24 압력 2MPa, 300℃의 공기 0.3kg이 폴리트로픽 과정으로 팽창하여, 압력이 0.5MPa로 변화하였다. 이때 공기가 한 일은 약 몇 kJ인가? (단, 공기는 기체상수가 0.287kJ/(kg·K)인 이상기체이고, 폴리트로픽 지수는 1.3이다.)

① 416　　② 157
③ 573　　④ 45

🔑 공기가 한 일(W)
$W = \dfrac{GRT_1}{n-1}\left\{1 - \left(\dfrac{P_2}{P_1}\right)^{\frac{n-1}{n}}\right\}$
$= \dfrac{0.3 \times 0.287 \times 573}{1.3 - 1}\left\{1 - \left(\dfrac{0.5 \times 10^3}{2 \times 10^3}\right)^{\frac{1.3-1}{1.3}}\right\}$
$= 45 \text{kJ}$
여기서 $T_1 = 300℃$
$= (300 + 273)\text{K} = 573\text{K}$

25 0.24MPa 압력에서 작동되는 냉동기의 포화액 및 건포화증기의 엔탈피는 각각 396kJ/kg, 615kJ/kg이다. 동일 압력에서 건도가 0.75인 지점의 습증기의 엔탈피(kJ/kg)는 얼마인가?

① 398.75　　② 481.28
③ 501.49　　④ 560.25

🔑 습공기의 엔탈피(h)
$h = h' + x(h'' - h')$
$= 396 + 0.75(615 - 396) = 560.25 \text{kJ/kg}$

26 단면이 1m^2인 단열재를 통하여 0.3kW의 열이 흐르고 있다. 이 단열재의 두께는 2.5cm이고 열전도계수가 0.2W/m℃일 때 양면 사이의 온도차(℃)는?

① 54.5　　② 42.5
③ 37.5　　④ 32.5

🔑 양면 사이의 온도차(Δt)
$Q = kA\dfrac{\Delta t}{l}$
$0.3 = [0.2 \times 10^{-3}] \times 1 \times \dfrac{\Delta t}{0.025}$
$\therefore \Delta t = 37.5℃$

27 고온 400℃, 저온 50℃의 온도 범위에서 작동하는 카르노 사이클 열기관의 열효율을 구하면 몇 %인가?

① 37%　　② 42%

Answer　23. ④　24. ④　25. ④　26. ③　27. ④

③ 47%　　④ 52%

 카르노 사이클의 열효율(η)

$$\eta = 1 - \frac{T_L}{T_H} = 1 - \frac{323}{673} = 0.52 = 52\%$$

여기서, $T_L = 50℃ = (50+273)K = 323K$
$T_H = 400℃ = (400+273)K = 673K$

28 두께 1cm, 면적 $0.5m^2$의 석고판의 뒤에 가열판이 부착되어 1000W의 열을 전달한다. 가열판의 뒤는 완전히 단열되어 열은 앞면으로만 전달된다. 석고판 앞면의 온도는 100℃이다. 석고의 열전도율이 K=0.79W/m·K일 때 가열판에 접하는 석고면의 온도는 약 몇 ℃인가?

① 110℃　　② 125℃
③ 150℃　　④ 212℃

 $Q = KA\frac{\Delta t}{l}$

$$\Delta t = \frac{Ql}{KA} = \frac{1000 \times 0.01}{0.79 \times 0.5} = 25.3℃$$

$\Delta t = t_2 - t_1$
$\therefore t_2 = \Delta t + t_1 = 25.3 + 100 = 125.3℃$

29 증발기에 관한 설명으로 틀린 것은?

① 냉매는 증발기 속에서 습증기가 건포화증기로 변한다.
② 건식 증발기는 유회수가 용이하다.
③ 만액식 증발기는 액백을 방지하기 위해 액분리기를 설치한다.
④ 액순환식 증발기는 액펌프나 저압수액기가 필요 없으므로 소형 냉동기에 유리하다.

 ④ 액순환식 증발기는 액펌프와 저압수액기가 필요하기에 설비가 복잡하며, 소형 냉동기에서는 체적효율이 나쁘기에 채택하지 않는다.

30 시간당 2000kg의 30℃ 물을 –10℃의 얼음으로 만드는 능력을 가진 냉동장치가 있다. 조건이 아래와 같을 때, 이 냉동장치 압축기의 소요동력은? (단, 열손실은 무시한다.)

응축기 냉각수	입구온도	32℃
	출구온도	37℃
	유량	$60m^3/h$
물의 비열		4.18kJ/kg℃
얼음	응고잠열	333.6kJ/kg
	비열	2.1kJ/kg℃

① 71kW　　② 76kW
③ 78kW　　④ 82kW

 ① 냉동부하
$Q_e = QC_w\Delta t_{30 \to 0℃} + Q\gamma + QC_I\Delta t_{0 \to -10℃}$
$= [2000 \times 4.18 \times (30-0)] + [2000 \times 333.6]$
$+ [2000 \times 2.1 \times (0-(-10))]$
$= 900,000 kJ/h$

② 응축열량
$Q_c = GC\Delta T$
$= (60m^3/h \times \frac{1000kg}{1m^3}) \times 4.18 \times (37-32)$
$= 1,254,000 kJ/h$

③ 압축기 소요동력
$Q_c = Q_e + W$
$W = Q_c - Q_e = 1,254,000 - 960,000$
$= 294,000 kJ/h$
$= 294,000 kJ/h \times \frac{1h}{3600s} ≒ 82kW$

31 냉동장치의 운전 준비 작업으로 가장 거리가 먼 것은?

① 윤활상태 및 전류계 확인
② 벨트의 장력상태 확인
③ 압축기 유면 및 냉매량 확인
④ 각종 밸브의 개폐 유·무 확인

 ① 윤활상태 및 전류계 확인은 운전 개시 후 점검사

Answer　28. ②　29. ④　30. ④　31. ①

항이다.

32 냉동기유가 갖추어야 할 조건으로 틀린 것은?
① 응고점이 낮고, 인화점이 높아야 한다.
② 냉매와 잘 반응하지 않아야 한다.
③ 산화가 되기 쉬운 성질을 가져야 된다.
④ 수분, 산분을 포함하지 않아야 된다.

 ③ 산화가 되기 어려운 성질을 가져야 된다.

33 다음 사이클로 작동되는 압축기의 피스톤 압출량이 $180 m^3/h$, 체적효율(η_v) 0.75, 압축효율(η_c) 0.78, 기계효율(η_m) 0.9일 때, 이 압축기의 소요동력은?

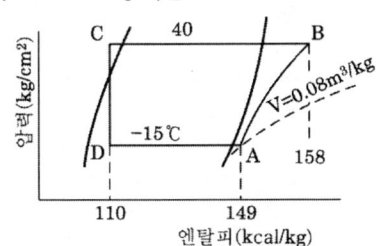

① 11.5kW ② 15.8kW
③ 25.2kW ④ 30.2kW

 ① 냉매순환량
$$G = \frac{V}{v} \times \eta_v = \frac{180}{0.08} \times 0.75 = 1687.5 kg/h$$

② 압축기 소요동력
$$L_{kW} = \frac{G \times AW}{860 \times \eta_c \times \eta_m} = \frac{G \times (h_B - h_A)}{860 \times \eta_c \times \eta_m}$$
$$= \frac{1687.5 \times (158 - 149)}{860 \times 0.78 \times 0.9} = 25.15 kW$$

34 10kg의 증기가 온도 50℃, 압력 38kPa, 체적 7.5m³일 때 총 내부에너지는 6700kJ이다. 이와 같은 상태의 증기가 가지고 있는 엔탈피는 약 몇 kJ인가?

① 606 ② 1794
③ 3305 ④ 6985

 엔탈피(H)
$H = U + PV = 6700 + 38 \times 7.5 = 6985 kJ$

35 냉동장치 중 액순환식 증발기에 냉매액 펌프를 설치하는 목적으로 적합한 것은?
① 증발된 가스를 냉매액 중에 확산하기 위해 사용한다.
② 냉매액과 접촉하여 열전달 효율을 증대시키기 위해 사용한다.
③ 증발기 내에서 냉매액을 충진하기 위해 사용한다.
④ 냉매액을 압축기로 신속히 회수하기 위해 사용한다.

 액순환식 증발기
증발기에서 증발하는 액체 냉매량의 4~6배의 냉매를 강제적으로 순환시키는 방법이다. 즉, 저압수액기에 있는 냉매액을 펌프로 증발기 내로 유동시켜 증발기 내에 냉동유가 고일 염려가 없기 때문에 열통과율도 좋다.

36 스크류 압축기의 운전 중 로터에 오일을 분사시켜주는 목적으로 가장 거리가 먼 것은?
① 높은 압축비를 허용하면서 토출온도 유지
② 압축효율 증대로 전력소비 증가
③ 로터의 마모를 줄여 장기간 성능 유지
④ 높은 압축비에서도 체적효율 유지

② 압축효율 증대로 전력소비 감소
[참고] 로터의 분사되어지는 다량의 윤활유는 압축가스의 냉각효과, 숫로터와 암로터 간의 간극에서의 누설 방지 및 로터 밀봉선의 윤활을 형성하며 두 개의 로터와 케이싱에 형성되는 유막에 의한 밀봉으로 압축가스의 내부 누설을 최소화시켜 압축효율을 증대시킨다.

 32. ③ 33. ③ 34. ④ 35. ② 36. ②

37 다음 냉동 사이클에서 열역학 제1법칙과 제2법칙을 모두 만족하는 Q_1, Q_2, W는?

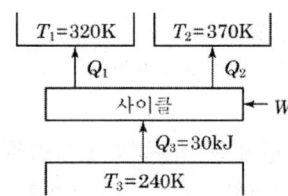

① $Q_1=20\text{kJ}$, $Q_2=20\text{kJ}$, $W=20\text{kJ}$
② $Q_1=20\text{kJ}$, $Q_2=30\text{kJ}$, $W=20\text{kJ}$
③ $Q_1=20\text{kJ}$, $Q_2=20\text{kJ}$, $W=10\text{kJ}$
④ $Q_1=20\text{kJ}$, $Q_2=15\text{kJ}$, $W=5\text{kJ}$

1) 열역학 제1법칙(에너지보존의 법칙)
$$Q_3+W=Q_1+Q_2$$
2) 열역학 제2법칙(엔트로피 증가의 법칙)
$$\Delta S=S_2-S_1=\left(\frac{Q_1}{T_1}+\frac{Q_2}{T_2}\right)-\left(\frac{Q_3}{T_3}\right)>0$$

① $Q_3+W=Q_1+Q_2$
  $30+20=20+20$
  $50 \neq 40$
  ∴ 부적합(열역학 제1법칙 위배)

② $Q_3+W=Q_1+Q_2$
  $30+20=20+30$
  ∴ 적합(열역학 제1법칙)
  $\Delta S=\left(\frac{Q_1}{T_1}+\frac{Q_2}{T_2}\right)-\left(\frac{Q_3}{T_3}\right)$
  $=\left(\frac{20}{320}+\frac{30}{370}\right)-\left(\frac{30}{240}\right)>0$: 적합
  (열역학 제2법칙)

③ $\Delta S=\left(\frac{Q_1}{T_1}+\frac{Q_2}{T_2}\right)-\left(\frac{Q_3}{T_3}\right)$
  $=\left(\frac{20}{320}+\frac{20}{370}\right)-\left(\frac{30}{240}\right)<0$: 부적합
  (열역학 제2법칙 위배)

④ $\Delta S=\left(\frac{Q_1}{T_1}+\frac{Q_2}{T_2}\right)-\left(\frac{Q_3}{T_3}\right)$
  $=\left(\frac{20}{320}+\frac{15}{370}\right)-\left(\frac{30}{240}\right)<0$: 부적합
  (열역학 제2법칙 위배)

38 냉동장치를 운전할 때 다음 중 가장 먼저 실시하여야 하는 것은?
① 응축기 냉각수 펌프를 기동한다.
② 증발기 팬을 기동한다.
③ 압축기를 기동한다.
④ 압축기의 유압을 조정한다.

냉동장치의 운전 순서
① 냉각수 펌프를 기동하여 응축기 등에 통수한다.
② 냉각탑(증발식 응축기 등)을 운전한다.
③ 응축기 등 수배관 내의 공기를 배출시킨 후 완전하게 만수시킨 후 확실히 닫는다.
④ 증발기의 송풍기 또는 냉수(브라인) 순환펌프를 운전하고 공기를 완전히 배출한다.
⑤ 압축기를 기동하여 흡입측 정지밸브를 서서히 연다.
⑥ 압축기의 유압을 확인하여 조정한다.
⑦ 운전상태가 안정되면 전동기의 전압, 운전 전류를 확인한다.
⑧ 각종 기기 및 계기류(압축기의 크랭크 케이스 유면, 응축기 또는 수액기 액면, 투시경, 각종 스위치 등)의 작동을 확인한다.

39 $-12°C$와 $32°C$의 두 열원 사이에 작동되는 히트펌프의 최대 성능계수(COP)는 약 얼마인가?
① 5.9   ② 6.9
③ 8.1   ④ 10.2

히트펌프 성적계수(COP)
$$\text{COP}=\frac{T_H}{T_H-T_L}=\frac{305}{305-261}=6.9$$
또는
$$\text{COP}=\frac{T_L}{T_H-T_L}+1=\frac{261}{305-261}+1=6.9$$
여기서,
$T_H=32°C=(273+32)K=305K$
$T_L=-12°C=(273-12)K=261K$

Answer 37. ② 38. ① 39. ②

40 랭킨 사이클의 열효율을 높이는 방법으로 틀린 것은?

① 복수기의 압력을 저하시킨다.
② 보일러 압력을 상승시킨다.
③ 재열(reheat) 장치를 사용한다.
④ 터빈 출구온도를 높인다.

 랭킨 사이클의 열효율 증대 방안
① 보일러의 압력과 터빈 입구 압력을 증가시키거나 복수기 압력을 낮출 때 사이클 열효율이 증가한다.
② 터빈 입구온도가 높거나 터빈 출구온도가 낮아지면 터빈의 엔탈피의 차가 커져서 기계적 일량이 많아지고, 건도가 낮아져 열효율이 증가한다.

제3과목 : 시운전 및 안전관리

41 기계설비법령에 따라 기계설비시공자의 업무범위에 해당하지 않는 것은?

① 기계설비 안전확인서 작성
② 기계설비 성능확인서 작성
③ 기계설비 사용 전 확인표 작성
④ 기계설비 사용적합 확인서 작성

 ④ 기계설비 사용적합 확인서 작성은 기계설비공사 종료 후 기계설비감리업무수행자의 업무사항임

42 기계설비법령에 따라 기계설비기술자의 범위에 해당하지 않는 것은?

① 건축기계설비기술사
② 소음진동기사
③ 건설기계정비기사
④ 일반기계기사

 ③ 건설기계정비기사 → 건설기계설비기사

43 기계설비법령에 따라 공조냉동기계기사를 취득한 자가 특급기술자 자격을 갖추기 위해 필요한 실무경력으로 알맞은 것은?

① 3년 이상   ② 5년 이상
③ 7년 이상   ④ 10년 이상

 **책임기계설비유지관리자(특급) 보유자격 및 경력기준**

보유자격	실무경력
기술사	–
기능장	10년 이상
기사	10년 이상
산업기사	13년 이상
특급 건설기술인	10년 이상

44 고압가스 안전관리법령에 따라 안정성 향상계획의 내용으로 포함되어야 할 사항을 모두 고르면?

㉠ 공정안전 자료   ㉡ 안정성 평가서
㉢ 안전운전계획   ㉣ 비상조치계획

① ㉠, ㉡, ㉢   ② ㉠, ㉡, ㉣
③ ㉡, ㉢, ㉣   ④ ㉠, ㉡, ㉢, ㉣

 안전성 향상계획의 내용
1. 공정안전 자료
2. 안전성 평가서
3. 안전운전계획
4. 비상조치계획
5. 그 밖에 안전성 향상을 위하여 산업통상자원부장관이 필요하다고 인정하여 고시하는 사항

45 고압가스 안전관리법령에 따라 '냉동기'란 고압가스를 사용하여 냉동을 하기 위한 기기로서 산업통상자원부령으로 정하는 냉동능력 ( )톤 이상인 것을 말한다. ( ) 안에 내용으로 옳은 것은?

① 1톤   ② 3톤

 40. ④ 41. ④ 42. ③ 43. ④ 44. ④ 45. ②

③ 5톤   ④ 10톤

 고압가스 안전관리법 제3조(정의) 4
4. 냉동기란 고압가스를 사용하여 냉동을 하기 위한 기기로서 산업통상자원부령으로 정하는 냉동능력 이상인 것을 말한다.
– 냉동설비 : 냉동능력이 3톤 이상인 압축기·응축기 또는 증발기와 압력용기, 냉동용 특정 설비

46 그림과 같은 계전기 접점회로의 논리식은?

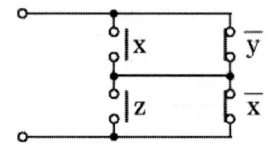

① $xz + \overline{y}\overline{x}$
② $xy + z\overline{x}$
③ $(x+\overline{y})(z+\overline{x})$
④ $(x+z)(\overline{y}+\overline{x})$

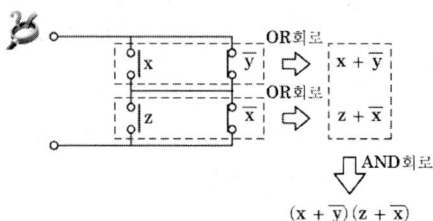

계전기 접점회로의 논리식 : $(x+\overline{y})(z+\overline{x})$

47 입력으로 단위 계단함수 u(t)를 가했을 때, 출력이 그림과 같은 조절계의 기본 동작은?

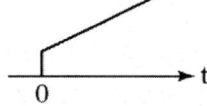

① 2위치 동작   ② 비례 동작
③ 비례적분동작 ④ 비례미분동작

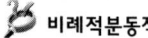 **비례적분동작**
비례동작에 의해 발생한 잔류편차를 소멸시키기 위해 적분동작을 조합시킨 제어 동작. 비례동작에서 발생한 잔류편차를 제거하여 정상특성을 개선하기 위해 사용한다.

$$G(s) = K_p\left(1 + \frac{1}{T_i s}\right)$$

여기서, K_p : 비례감도, T_i : 적분시간

48 교류를 직류로 변환하는 전기기기가 아닌 것은?
① 수은정류기   ② 단극발전기
③ 회전변류기   ④ 컨버터

 단극발전기
직류발전기의 일종으로 균일한 정적 자기장에 수직인 평면에서 회전하는 실린더 또는 전도성 디스크로 구성된 직류 전기 발생기

49 유도전동기의 속도제어방법이 아닌 것은?
① 극수변환법
② 역률제어법
③ 2차 여자제어법
④ 전원전압제어법

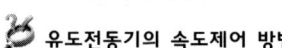 **유도전동기의 속도제어 방법**
㉠ 극수변환법   ㉡ 2차 여자제어법
㉢ 전원전압제어법   ㉣ 주파수 변환법
㉤ 종속제어법   ㉥ 저항제어법

50 전동기의 회전방향을 알기 위한 법칙은?
① 렌츠의 법칙
② 앙페르의 법칙
③ 플레밍의 왼손법칙
④ 플레밍의 오른손법칙

 ① 유도기전력의 방향 : 렌츠의 법칙
② 전류에 의해서 생기는 자계의 방향 : 앙페르의 법칙
③ 전동기의 회전방향 : 플레밍의 왼손법칙

Answer 46. ③ 47. ③ 48. ② 49. ② 50. ③

④ 발전기의 회전방향 : 플레밍의 오른손법칙

51 논리식 $X+\overline{X}+Y$를 불대수의 정리를 이용하여 간단히 하면?
① $X+Y$
② Y
③ 1
④ 0

 $X+\overline{X}+Y = (X+\overline{X})+Y = 1+Y = 1$

52 어떤 회로의 유효전력이 80W, 무효전력이 60Var이면 역률은 몇 %인가?
① 20%
② 60%
③ 80%
④ 100%

① 피상전력
$$P_a = \sqrt{P^2 + P_r^{\,2}} = \sqrt{80^2 + 60^2} = 100\,VA$$
② 역률 $\cos\theta = \dfrac{P}{P_a} = \dfrac{80}{100} = 0.8 = 80\%$

53 최대눈금이 100V인 직류전압계가 있다. 이 전압계를 사용하여 150V의 전압을 측정하려면 배율기의 저항(Ω)은? (단, 전압계의 내부저항은 5000Ω이다.)
① 1000
② 2500
③ 5000
④ 10000

$\dfrac{V_m}{V} = 1 + \dfrac{R_m}{R}$

$R_m = \left(\dfrac{V_m}{V} - 1\right) R$
$= \left(\dfrac{150}{100} - 1\right) \times 5000 = 2500\,\Omega$

여기서, 측정전압 : V_m
전압계 전압 : V
배율기 저항 : R_m
전압계 저항 : R

54 측정용 계기 중 직류와 교류 겸용으로 고전압 측정에 사용되는 계기는?
① 가동코일형
② 유도형
③ 정전형
④ 열전형

정전형 계기
두 대전체 간에 작용하는 흡인력을 이용하는 계기로 직류와 교류 전압계로만 사용이 가능하며, 고전압용으로 사용한다.

55 다음 회로는 무접점 논리회로 중 어떤 회로인가?

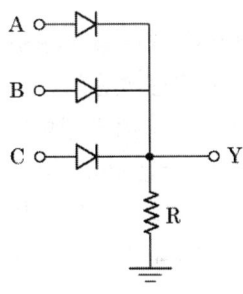

① AND 회로
② OR 회로
③ NAND 회로
④ NOR 회로

OR 회로(논리화 회로)
입력단자 A, B, C 중 어느 하나라도 On되면 출력이 On되고, A, B, C 모든 단자가 Off되어야 출력이 Off되는 회로

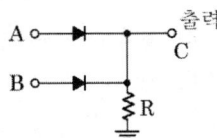

[참고] AND 회로

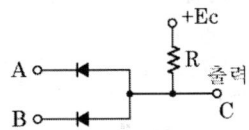

56 R-L 직렬회로에서 스위치 S를 닫아 직류전압 E[V]를 회로 양단에 가한 후 $\dfrac{L}{R}$(초) 후의

---

51. ③ 52. ③ 53. ② 54. ③ 55. ② 56. ①

전류 I[A]는?

① $0.632\dfrac{E}{R}$　② $0.5\dfrac{E}{R}$

③ $0.368\dfrac{E}{R}$　④ $\dfrac{E}{R}$

🔑 시정수 $\dfrac{L}{R}$(초) 후의

$$i(t) = \dfrac{E}{R}(1-e^{-\frac{R}{L}t})$$
$$= \dfrac{E}{R}(1-e^{-1}) = \dfrac{E}{R}(1-0.368) = 0.632\dfrac{E}{R}$$

57 비례적분미분제어를 이용했을 때의 특징에 해당되지 않는 것은?

① 정정시간을 적게 한다.
② 응답의 안전성이 작다.
③ 잔류편차를 최소화시킨다.
④ 응답의 오버슈트를 감소시킨다.

🔑 ② 응답의 안정성이 높다.
[참고] 비례적분미분제어 : 미분동작에 의해 응답의 오버슈트를 감소시키고, 정정시간을 적게 하는 효과가 있으며, 적분동작에 의해 잔류편차를 없애는 작용을 함. 연속제어에서 가장 고급 제어 방식

58 온도 보상용으로 사용되는 소자는?

① 서미스터　　② 바리스터
③ 제너 다이오드　④ 버랙터 다이오드

🔑 서미스터
온도 상승에 따라 저항값이 작아지는 특성을 이용하여 온도 보상용으로 사용된다.
[참고]
① 바리스터 : 비직선적인 전압-전류 특성을 갖는 2단자 반도체 소자로 주로 서지전압에 대한 보호용으로 사용된다.
② 제너 다이오드 : 전압을 일정하게 유지하기 위한 전압제어소자(정전압 회로에 사용)
③ 버랙터 다이오드(가변용량 다이오드) : 다이오드 접합부의 용량이 역전압에 비례하는 것을 이용한 것으로 마이크로파 회로에 사용된다.

59 켈빈 더블 브리지로 저저항을 측정할 수 있는 이유로서 알맞은 것은?

① 단자의 접촉 저항이나 리드선의 저항을 무시할 수 있으므로
② 검류기의 감도가 매우 양호하므로
③ 저저항과 비교될 수 있으므로
④ 표준저항과 비교될 수 있으므로

🔑 켈빈 더블 브리지
단자의 접촉 저항이나 리드선의 저항을 무시할 수 있으므로 0.1Ω 이하의 저저항 측정

60 3상 대칭분을 I_0, I_1, I_2, 선전류를 I_a, I_b, I_c라 할 때 대칭분 전류 중 역상분은?

① $\dfrac{1}{3}(I_a + aI_b + a^2I_c)$

② $\dfrac{1}{3}(I_a + a^2I_b + aI_c)$

③ $I_a + aI_b + a^2I_c$

④ $I_a + a^2I_b + aI_c$

🔑 대칭분 전류
① 영상분 $I_0 = \dfrac{1}{3}(I_a + I_b + I_c)$
② 정상분 $I_1 = \dfrac{1}{3}(I_a + aI_b + a^2I_c)$
③ 역상분 $I_2 = \dfrac{1}{3}(I_a + a^2I_b + aI_c)$

제4과목 : 유지보수 공사관리

61 냉온수 배관 유량이 $10\text{m}^3/\text{h}$, 유속이 1.5m/s 일 때 적합한 관경(mm)은?

Answer　57. ②　58. ①　59. ①　60. ②　61. ④

① 25mm ② 32mm
③ 40mm ④ 50mm

 ① 냉온수 배관 유량

$$Q = 10\text{m}^3/\text{h} \times \frac{1\text{h}}{3600s} = 0.00278\text{m}^3/s$$

② 연속방정식 $Q = AV = \frac{\pi D^2}{4}V$을 관경($D$)에 관해 풀면

$$D = \sqrt{\frac{4Q}{\pi V}} = \sqrt{\frac{4 \times 0.00278}{\pi \times 1.5}}$$
$$= 0.049\text{m} ≒ 50\text{mm}$$

62 배관의 분해, 수리 및 교체가 필요할 때 사용하는 관 이음재의 종류는?

① 부싱 ② 소켓
③ 엘보 ④ 유니언

 배관의 분해, 수리 및 교체 필요 시 관 이음재
① 소구경(50A 이하) : 유니언
② 대구경(50A 이상) : 플랜지

63 강관의 두께를 선정할 때 기준이 되는 것은?

① 곡률반경 ② 외경
③ 내경 ④ 스케줄 번호

스케줄 번호(Schedule Number)
㉠ 배관의 두께를 나타내는 호칭으로 스케줄 번호가 클수록 관 두께가 두꺼워진다.
㉡ 유체의 사용압력에 비례하고 배관의 허용응력에 반비례한다.

64 급수설비에서 발생하는 수격작용의 방지법으로 틀린 것은?

① 펌프에 플라이휠(fly wheel)을 설치한다.
② 관경을 작게 하고 유속을 매우 빠르게 한다.
③ 완폐형 체크밸브를 설치한다.
④ 기구류 가까이 공기실(air chamber)을 설치한다.

 ② 관경을 크게 하고 관내 유속을 될 수 있는 대로 느리게 한다.
[참고] 수격작용 방지법
① 배관 내의 유속을 2.0m/s 미만으로 억제한다.
② 워터해머가 생기기 쉬운 곳에 워터해머 방지기를 설치
③ 수격방지용 체크밸브를 사용한다.
④ 서지탱크(surge tank)를 설치하여 압력변동을 방지한다.
⑤ 배관은 가능한 한 직선배관을 원칙으로 하여 구부리지 않는다.
⑥ 밸브의 개폐를 천천히 한다.
⑦ 급수전 가까이 공기실(air chamber)을 설치한다.

65 보온재를 유기질과 무기질로 구분할 때, 다음 중 성질이 다른 하나는?

① 우모펠트 ② 규조토
③ 탄산마그네슘 ④ 슬래그 섬유

① 유기질 보온재 : 기포성 수지, 펠트, 코르크 등
② 무기질 보온재 : 석면, 암면, 규조토, 탄산마그네슘, 규산칼슘, 유리섬유, 글라스폼, 경질 폴리우레탄 폼, 슬래그 섬유, 세라크울 등

66 냉온수 순환펌프 유량 $60\text{m}^3/\text{h}$, 양정 50mAq일 때, 펌프 축동력(kW)은 약 얼마인가? (단, 물의 밀도 1000kg/m^3, 펌프 효율 70%이다.)

① 7.36kW ② 9.36kW
③ 11.67kW ④ 15.36kW

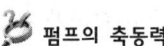 펌프의 축동력

$$P = \frac{\gamma QH}{\eta} = \frac{\rho QH}{102\eta}$$

$$= \frac{1000 \times (60\text{m}^3/\text{h} \times \frac{1\text{h}}{3600s}) \times 50}{102 \times 0.7} = 11.67\text{kW}$$

Answer 62. ④ 63. ④ 64. ② 65. ① 66. ③

여기서, 1kW=102kgf·m/s

67 냉매배관 시 주의사항으로 틀린 것은?
① 굽힘부의 굽힘반경을 작게 한다.
② 배관 속에 기름이 고이지 않도록 한다.
③ 배관에 큰 응력 발생의 염려가 있는 곳에는 루프형 배관을 해 준다.
④ 다른 배관과 달라서 벽 관통 시에는 슬리브를 사용하여 보온 피복한다.

① 굽힘부의 굽힘(곡률)반경은 크게 하는 것이 좋다.

68 고압증기와 저압증기를 동시에 사용하는 증기배관설비에서 고압증기의 응축수에서 에너지를 회수하는 장치로 적합한 것은?
① 하트포드 접속   ② 증발탱크
③ 리프트 피팅   ④ 관말 증기트랩

증발탱크(flash tank)
고압증기 난방방식에서는 고압환수관 내의 응축수의 포화압력이 1기압 이상이므로 고압증기의 환수관을 저압증기의 환수관에 직접 연결해서 생기는 증발을 막기 위해 증발탱크를 설치한다. 증발탱크로 유입된 응축수를 재증발시켜 발생한 저압증기는 저압증기관 계통에 접속하여 재이용하고 응축수는 저압용 트랩을 통과시켜 저압환수관 또는 응축수 탱크로 보내진다. 이 응축수는 펌프에 의해 다시 보일러에 급수된다.

69 냉동장치 운전 중 정전 발생 시 조치사항으로 틀린 것은?
① 압축기 흡입밸브를 닫고 모터가 정지하면 토출밸브를 닫는다.
② 냉각수 공급을 중지한다.
③ 수액기 출구 밸브를 닫는다.
④ 냉동기 주전원 스위치는 계속 통전시킨다.

④ 냉동기 주전원 스위치는 차단시킨다.
[참고] 정전 시 조치사항
① 주전원 스위치를 차단시킨다.
② 수액기 출구밸브를 닫는다.
③ 흡입측 스톱밸브를 닫는다.
④ 압축기가 완전 정지하면 토출측 스톱밸브를 닫는다.
⑤ 냉각수 공급을 차단한다.

70 배관에서 지름이 다른 관을 연결할 때 사용하는 것은?
① 유니언   ② 니플
③ 부싱   ④ 소켓

지름이 다른 관을 연결할 때
레듀셔(이경소켓), 이경엘보, 이경티, 부싱(부속 연결) 등
[참고] 동일 지름의 관을 직선 연결할 때 : 소켓, 유니언, 플랜지, 니플(부속 연결) 등

71 공조설비 중 덕트 설계 시 주의사항으로 틀린 것은?
① 덕트 내의 정압손실을 적게 설계할 것
② 덕트의 경로는 될 수 있는 한 최장거리로 할 것
③ 소음 및 진동이 적게 설계할 것
④ 건물의 구조에 맞도록 설계할 것

② 덕트의 경로는 될 수 있는 한 최단거리로 할 것

72 배관재료 선정 시 고려해야 할 사항으로 가장 거리가 먼 것은?
① 수송유체에 의한 관의 내식성
② 유체의 온도변화에 따른 물리적 성질의 변화
③ 사용 기간(수명) 및 시공방법
④ 사용 시기 및 가격

Answer 67. ① 68. ② 69. ④ 70. ③ 71. ② 72. ④

배관재료의 선택 시 고려사항
㉠ 관의 진동 및 충격 또는 외압, 내압에 견딜 수 있는가를 고려
㉡ 유체의 온도 및 부식성과 관의 내식성을 고려
㉢ 관의 가공성(접합, 굽힘, 용접)을 고려
㉣ 관의 중량과 수송 조건을 고려

73 배관 용접 작업 중 다음과 같은 결함을 무엇이라고 하는가?

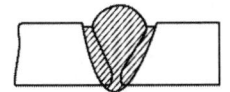

① 용입 불량　② 언더컷
③ 오버랩　　④ 피트

① 언더컷 : 용접 끝단에 생기는 작은 홈
② 오버랩 : 용융된 금속이 모재와 잘못 녹아 어울리지 못하고 모재면에 덮여 있는 현상
③ 융합 불량 : 용접 경계면에서 서로 충분히 용융되지 않은 부분이 남는 것
④ 크레이터 : 용융부위가 그대로 응고되어 움푹하게 패인 것(화산의 분지 같은 것)으로 균열이 발생하기 쉽다.

74 밸브 종류 중 디스크의 형상을 원뿔모양으로 하여 고압 소유량의 유체를 누설 없이 조절할 목적으로 사용되는 밸브는?

① 앵글 밸브　② 슬루스 밸브
③ 니들 밸브　④ 버터플라이 밸브

니들 밸브
디스크의 형상이 원뿔모양으로 유체가 통과하는 단면적이 극히 작아 고압, 소유량의 조절에 적합하다.

75 스트레이너의 형상에 따른 종류가 아닌 것은?
① Y형　② S형
③ U형　④ V형

스트레이너(strainer)
증기, 물, 기름 등의 배관 내의 유체에 혼입된 토사, 이물질을 제거하기 위하여 설치한다.
① 설치 위치 : 장치, 밸브류 입구측에 부착(펌프, 트랩, 감압밸브, 온도조절밸브 등)
② 종류 : Y형, U형, V형 등

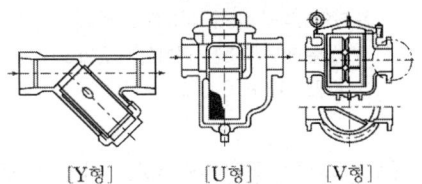

[Y형]　[U형]　[V형]

76 다음 배관지지 장치 중 변위가 큰 개소에 사용하기에 가장 적절한 행거(hanger)는?
① 리지드 행거　② 콘스탄트 행거
③ 베리어블 행거　④ 스프링 행거

콘스탄트 행거(Constant Hanger)
배관의 상하 이동에 관계없이 관 지지력이 일정한 것으로 변위가 큰 곳에 사용한다. 중추식과 스프링식이 있다.

77 강관의 나사 이음 시 관을 절단한 후 관 단면의 안쪽에 생기는 거스러미를 제거할 때 사용하는 공구는?
① 파이프 바이스　② 파이프 리머
③ 파이프 렌치　　④ 파이프 커터

① 파이프 바이스(pipe vice) : 절단, 나사 절삭, 조립 시에 파이프를 고정하는 공구
② 파이프 리머(pipe reamer) : 파이프 절단 시 파이프 내면에 생기는 거스러미를 제거하는 공구
③ 파이프 렌치(pipe wrench) : 관 접속 시에 이음쇠와 밸브를 조이고 분해할 때 사용하는 공구

78 제조소 및 공급소 밖의 도시가스 배관을 시가지 외의 도로 노면 밑에 매설하는 경우에 노

Answer 73. ② 74. ③ 75. ② 76. ② 77. ② 78. ②

면으로부터 배관의 외면까지 최소 몇 m 이상을 유지해야 하는가?

① 1.0m   ② 1.2m
③ 1.5m   ④ 2.0m

 도시가스 배관을 시가지 도로 밑에 매설할 경우는 노면으로부터 1.5m 이상으로 하되, 방호구조물로 되어 있거나 시가지 외에서는 1.2m 이상 깊이로 매설해도 된다.

79 급수온도 5℃, 급탕온도 60℃, 가열 전 급탕설비의 전수량은 $2m^3$, 급수와 급탕의 압력차는 50kPa일 때, 절대압력 300kPa의 정수두가 걸리는 위치에 설치하는 밀폐식 팽창탱크의 용량(m^3)은? (단, 팽창탱크의 초기 봉입 절대압력은 300kPa이고, 5℃일 때 밀도는 $1000kg/m^3$, 60℃일 때 밀도는 $983.1kg/m^3$이다.)

① 0.83   ② 0.57
③ 0.24   ④ 0.17

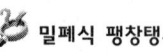 밀폐식 팽창탱크 용량

① 팽창량(Δv)

$$\Delta v = \left(\frac{1}{\rho_2} - \frac{1}{\rho_1}\right)v$$

$$= \left(\frac{1}{983.1} - \frac{1}{1000}\right) \times 2000 = 34.4L$$

여기서, $v = 2m^3 = 2000L$

② 팽창탱크 용량(V)

$P_0 = 300kPa$

$P_1 = 300kPa$

$P_2 = 300 + 50 = 350kPa$

$$V = \frac{\Delta v}{\frac{P_0}{P_1} - \frac{P_0}{P_2}}$$

$$= \frac{34.4}{\frac{300}{300} - \frac{300}{350}} = 240L = 0.24m^3$$

80 배수 횡지관에서 통기관을 이어낼 때 경사도는 얼마 이내로 해야 하는가? (단, 수직 이음인 경우 제외한다.)

① 45°   ② 60°
③ 70°   ④ 80°

 배수 횡지관에서 통기관을 인출하는 경우에는 통기관에 배수가 침입하는 것을 방지하기 위해 수평과 45° 이상 상방에서 인출한다.

Answer 79. ③ 80. ①

2023년 제1회 CBT 기출 복원문제

제1과목 : 에너지관리

01 다음 냉방부하 요소 중 잠열을 고려하지 않아도 되는 것은?
① 인체에서의 발생열
② 커피포트에서의 발생열
③ 유리를 통과하는 복사열
④ 틈새바람에 의한 취득열

구분	부하의 종류	열의 종류
실내 취득열량	벽체의 취득열량	현열
	유리창의 취득열량 / 직달일사	현열
	유리창의 취득열량 / 열관류	현열
	극간풍의 취득열량	현열+잠열
	인체의 발생열량	현열+잠열
	기기의 발생열량	현열+잠열
장치 취득열량 (기기 취득열량)	송풍기의 취득열량	현열
	덕트의 취득열량	현열
재열부하	재열기의 취득열량	현열
외기부하	외기도입의 취득열량	현열+잠열

02 온도가 30℃이고, 절대습도가 0.02kg/kg인 실외 공기와 온도가 20℃, 절대습도가 0.01kg/kg인 실내 공기를 1 : 2의 비율로 혼합하였다. 혼합된 공기의 건구온도와 절대습도는?
① 23.3℃, 0.013kg/kg
② 26.6℃, 0.025kg/kg
③ 26.6℃, 0.013kg/kg
④ 23.3℃, 0.025kg/kg

공기의 혼합

① 혼합 공기의 건구온도(t_3)

$$t_3 = \frac{m_1 \cdot t_1 + m_2 \cdot t_2}{m_1 + m_2} = \frac{1 \times 30 + 2 \times 20}{1 + 2} = 23.3℃$$

② 혼합공기의 절대습도(x_3)

$$x_3 = \frac{m_1 \cdot x_1 + m_2 \cdot x_2}{m_1 + m_2}$$
$$= \frac{1 \times 0.02 + 2 \times 0.01}{1 + 2} = 0.013 \text{kg/kg}$$

03 다음 난방방식의 표준방열량에 대한 것으로 옳은 것은?
① 증기난방 : 0.523kW
② 온수난방 : 0.756kW
③ 복사난방 : 1.003kW
④ 온풍난방 : 표준방열량이 없다.

표준방열량
① 증기난방 : 650kcal/m²·h=0.756kW/m²
② 온수난방 : 450kcal/m²·h=0.523kW/m²

04 각 실에 혼합상자를 설치하여 실온에 따라 냉풍과 온풍을 혼합하여 취출하는 공조방식은 어느 것인가?
① 2중 덕트 방식
② 멀티존 유닛 방식
③ 단일 덕트 변풍량 방식
④ 팬코일 유닛 방식

Answer 01. ③ 02. ① 03. ④ 04. ①

2중 덕트 방식(double duct system)
중앙 공조기에서 냉풍과 온풍을 만들어 2계통의 덕트를 통해 송풍한 후 혼합상자(Mixing Box)에 냉풍과 온풍을 혼합시켜 실온을 제어하는 방식으로 전공기 방식이다.

05 어느 방의 냉방부하를 계산하고 결과를 공기선도에 표시하였다. 송풍 공기량이 $9800\text{m}^3/\text{h}$, 비체적이 $0.86\text{m}^3/\text{kg}$일 경우 외기도입에 의한 외기부하(kW)는 얼마인가?

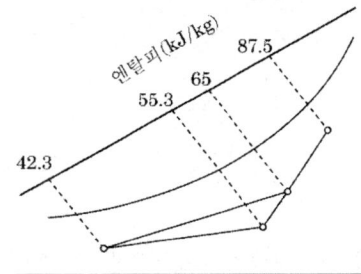

① 28.3　　② 36.1
③ 25.4　　④ 30.7

외기부하(q_f)

$$q_f = Q \times \frac{1}{v} \times (h_2 - h_3)$$
$$= (9800 \times \frac{1}{0.86} \times \frac{1h}{3600s}) \times (65 - 55.3)$$
$$= 30.7\text{kW}$$

06 공장에 12kW의 전동기로 구동되는 기계장치 25대를 설치하려고 한다. 전동기는 실내에 설치하고 기계장치는 실외에 설치한다면 실내로 취득되는 열량(kW)은? (단, 전동기의 부하율은 0.78, 가동률은 0.9, 전동기 효율은 0.87이다.)

① 242.1　　② 210.6
③ 44.8　　　④ 31.5

전동기 취득열량(전동기는 실내에 있고, 실외의 기계를 구동할 때)

$$q_E = P \times \phi_1 \times \phi_2 \times \left[\left(\frac{1}{\eta_m}\right) - 1\right]$$
$$= (12 \times 25) \times 0.78 \times 0.9 \times \left[\left(\frac{1}{0.87}\right) - 1\right]$$
$$= 31.5\text{kW}$$

여기서, P : 전동기 정격출력, ϕ_1 : 전동기 부하율,
　　　ϕ_2 : 전동기 가동률, η_m : 전동기 효율
[참고] 동력에 의한 부하
$$q_E = P \times \phi_1 \times \phi_2 \times f_k$$
여기서, f_k : 전동기와 기계의 사용상태
① 전동기와 기계가 모두 실내에 있는 경우
$$f_k = \frac{1}{\eta_m}$$
② 전동기는 실외에 있고, 기계는 실내에 있는 경우
$$f_k = 1$$
③ 전동기는 실내에 있고, 기계는 실외에 있는 경우
$$f_k = \frac{1-\eta_m}{\eta_m} = \frac{1}{\eta_m} - 1$$

07 여름철 외기와 환기를 1 : 3으로 혼합한 공기를 냉각코일을 통해 제습하고자 한다. 외기와 환기의 온도가 각각 35℃, 25℃일 때 코일출구의 온도(℃)는 얼마인가? (단, 장치노점온도는 15℃이고, 냉각코일의 바이패스팩터(BF)는 0.2이다.)

① 27.5　　② 16.5
③ 17.5　　④ 20.5

① 외기와 환기의 혼합 공기온도

$$t_3 = \frac{G_1 t_1 + G_2 t_2}{G_1 + G_2}$$
$$= \frac{(1 \times 35) + (3 \times 25)}{1+3} = 27.5℃$$

② 코일출구 온도(t_2)
$$\text{BF} = \frac{t_2 - t_{ADP}}{t_3 - t_{ADP}} \rightarrow 0.2 = \frac{t_2 - 15}{27.5 - 15}$$

Answer　05. ④　06. ④　07. ③

∴ $t_2 = 17.5℃$

08 유인유닛 공조방식에 대한 설명으로 틀린 것은?

① 1차 공기를 고속덕트로 공급하므로 덕트 스페이스를 줄일 수 있다.
② 실내유닛에는 회전기기가 없으므로 시스템의 내용연수가 길다.
③ 실내부하를 주로 1차 공기로 처리하므로 중앙공조기는 커진다.
④ 송풍량이 적어 외기 냉방효과가 낮다.

 ③ 실내부하를 주로 1차 공기로 처리하므로 중앙공조기를 작게 할 수 있다.

[참고] 유인유닛 공조방식의 특징

장점	단점
① 각 유닛마다 제어가 가능하여 각 방의 개별제어가 가능하다.	① 수배관으로 인한 누수의 우려가 있다.
② 고속덕트를 사용하므로 덕트의 설치공간을 작게 할 수 있다.	② 송풍량이 적어 외기 냉방 효과가 적다.
③ 중앙공조기는 1차 공기만 처리하므로 작게 할 수 있다.	③ 유닛의 설치에 따른 실내 유효공간이 감소한다.
④ 풍량이 적게 들어 동력 소비가 적다.	④ 유닛 내의 여과기가 막히기 쉽다.
⑤ 유닛 내부에 전동기 등 가동부분이 없어 수명이 반영구적이다.	⑤ 고속덕트이므로 송풍동력이 크고 소음이 발생한다.
⑥ 유인비가 3~4 정도 되어 취출 공기와 실온의 온도차가 작아 기류 분포가 좋다.	
⑦ 1차 공기의 조닝이 가능하고 부하변동에 대한 적응성이 FCU보다 양호하다.	

09 복사난방에 있어서 바닥패널의 표면온도로 가장 적정한 것은?

① 55℃ 정도   ② 30℃ 정도
③ 80℃ 정도   ④ 95℃ 정도

 바닥패널

㉠ 바닥면을 가열면으로 한 것으로 가열면의 온도를 높게 할 수 없으므로 보통 35℃ 이하로 유지시키며 큰 실내에는 바닥면만으로는 방열량이 부족하다.
㉡ 시공은 비교적 간단하고 가구 등으로 복사면이 감소하여 먼지가 일기 쉬운 결점이 있다.

10 그림과 같은 지면에 접해 있는 바닥 구조체의 열관류율(W/m²·K)은 얼마인가? (단, 내표면 열전달율은 9.3W/m²·K, 지반면 열전달율 35W/m²·K이다.)

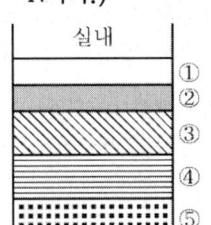

재료	두께(m)	열전도율 (W/mK)
① 테라조	0.03	1.8
② 모르타르	0.02	1.4
③ 콘크리트	0.15	1.63
④ 잡석	0.2	1.86
⑤ 지반	–	–

① 5.28   ② 0.84
③ 2.73   ④ 1.68

바닥 구조체의 열관류율(K)

$$K = \cfrac{1}{\cfrac{1}{\alpha_1} + \cfrac{l_1}{\lambda_1} + \cfrac{l_2}{\lambda_2} + \cfrac{l_3}{\lambda_3} + \cfrac{l_4}{\lambda_4} + \cfrac{1}{\lambda_5}}$$

$$= \cfrac{1}{\cfrac{1}{9.3} + \cfrac{0.03}{1.8} + \cfrac{0.02}{1.4} + \cfrac{0.15}{1.63} + \cfrac{0.2}{1.86} + \cfrac{1}{35}}$$

$= 2.73 \text{W/m}^2 \cdot \text{K}$

 08. ③ 09. ② 10. ③

11 덕트의 분기점에서 풍량을 조절하기 위하여 설치하는 댐퍼는?
① 방화 댐퍼 ② 스플릿 댐퍼
③ 피봇 댐퍼 ④ 터닝 베인

🔑 **스플릿 댐퍼(split damper)**
덕트의 분기부에 설치해서 풍량의 분배를 하는 데 사용하며 길이가 짧으면 기류에 흩어짐이 생기기 쉽고, 댐퍼 날개의 강도가 작으면 진동 및 소음 발생

12 공기세정기에서 순환수 분무에 대한 설명으로 틀린 것은? (단, 출구 수온은 입구 공기의 습구온도와 같다.)
① 단열변화 ② 증발냉각
③ 습구온도 일정 ④ 상대습도 일정

🔑 **순환수 분무가습(단열가습, 세정)**
등엔탈피선을 따라 변화하는 과정으로 상대습도는 증가하게 된다.

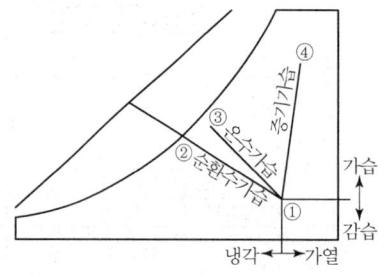

13 공기조화설비의 구성에서 각종 설비별 기기로 바르게 짝지어진 것은?
① 열원설비 - 냉동기, 보일러, 히트펌프
② 열교환설비 - 열교환기, 가열기
③ 열매수송설비 - 덕트, 배관, 오일펌프
④ 실내유닛 - 토출구, 유인유닛, 자동제어기기

🔑 ① 열원설비 : 냉동기, 보일러, 히트펌프, 온풍로, 기타 부속기기
② 열교환설비 : 공기조화기, 열교환기
③ 열매수송설비 : 송풍기, 덕트, 펌프, 배관
④ 실내유닛 : 취출구, 흡입구, FCU, 유인유닛, 패키지형 공조기, 복사패널, 기타 방열기
⑤ 자동제어 및 중앙관제설비 : 자동제어기기, 중앙감시, 원격조작판 등

14 온수난방설비에 사용되는 팽창탱크에 대한 설명으로 틀린 것은?
① 밀폐식 팽창탱크의 상부 공기층은 난방장치의 압력변동을 완화하는 역할을 할 수 있다.
② 밀폐식 팽창탱크는 일반적으로 개방식에 비해 탱크 용적을 크게 설계해야 한다.
③ 개방식 탱크를 사용하는 경우는 장치 내의 온수온도를 85℃ 이상으로 해야 한다.
④ 팽창탱크는 난방장치가 정지하여도 일정 압 이상으로 유지하여 공기침입 방지 역할을 한다.

🔑 ③ 개방식 탱크를 사용하는 경우는 장치 내의 온수 온도를 85~95℃로, 밀폐식은 100℃ 이상으로 해야 한다.

15 공기덕트 설비의 안전을 위한 기본 요구사항으로 틀린 것은?
① 바닥, 칸막이, 지붕, 벽 및 공기덕트 설비 설치에 영향을 받는 바닥, 천장의 부재와 같은 건물의 구성 요소에 대하여 가연성을 유지하여야 한다.
② 건물 내에서 공기덕트 설비를 통하여 외부로부터 건물 내로 연기가 확산되는 것은 제한하여야 한다.
③ 건물 내에서 공기덕트 설비는 비상제연 등 부가목적으로 쓰일 수 있도록 한다.
④ 발화장소가 건물의 내부 또는 외부이든

Answer 11. ② 12. ④ 13. ① 14. ③ 15. ①

공기덕트 설비를 통한 화재의 확산을 제한하여야 한다.

 ① 바닥, 칸막이, 지붕, 벽 및 공기덕트 설비 설치에 영향을 받는 바닥, 천장의 부재와 같은 건물의 구성 요소에 대하여 내화도를 유지하여야 한다.

① 원심송풍기 번호(No.) $= \dfrac{\text{회전날개의 지름}[mm]}{150}$

② 축류송풍기 번호(No.) $= \dfrac{\text{회전날개의 지름}[mm]}{100}$

16 다음 용어에 대한 설명으로 틀린 것은?
① 자유면적 : 취출구 혹은 흡입구 구멍면적의 합계
② 도달거리 : 기류의 중심속도가 0.25m/s에 이르렀을 때, 취출구에서의 수평거리
③ 유인비 : 전공기량에 대한 취출공기량(1차 공기)의 비
④ 강하도 : 수평으로 취출된 기류가 일정 거리만큼 진행한 뒤 기류중심선과 취출구 중심과의 수직거리

 유인비

취출공기량에 대한 유인공기의 비

유인비 $= \dfrac{\text{1차 공기량}+\text{2차 공기량}}{\text{1차 공기량}}$

- 1차 공기량 : 취출구로부터 취출된 공기량
- 2차 공기량 : 취출 공기(1차 공기)로부터 유인되어 운동하는 실내 공기량

17 송풍기의 크기는 송풍기의 번호(No, #)로 나타내는데, 원심송풍기의 송풍기 번호를 구하는 식으로 옳은 것은?

① No(#) $= \dfrac{\text{회전날개의 지름}(mm)}{100(mm)}$

② No(#) $= \dfrac{\text{회전날개의 지름}(mm)}{150(mm)}$

③ No(#) $= \dfrac{\text{회전날개의 지름}(mm)}{200(mm)}$

④ No(#) $= \dfrac{\text{회전날개의 지름}(mm)}{250(mm)}$

 송풍기의 크기

18 온풍난방의 특징에 관한 설명으로 틀린 것은?
① 예열부하가 거의 없으므로 기동시간이 아주 짧다.
② 취급이 간단하고 취급자격자를 필요로 하지 않는다.
③ 방열기기나 배관 등의 시설이 필요 없어 설비비가 싸다.
④ 취출온도의 차가 적어 온도분포가 고르다.

 ④ 취출온도의 차가 커 온도분포가 고르지 않다.
[참고] 온풍난방의 특징

장점	단점
㉠ 열용량이 적어 예열시간이 짧고 간헐운전이 가능하다.	㉠ 공기를 강제적으로 보내므로 소음 발생이 크다.
㉡ 신선한 외기 도입으로 환기가 가능하다.	㉡ 실내 온도분포가 좋지 않아 쾌적성이 떨어진다.
㉢ 송풍온도가 높아 덕트를 소형으로 할 수 있다.	㉢ 덕트나 연도의 과열에 따른 화재의 우려가 있다.
㉣ 설치가 간단하며 설비비가 저렴하다.	㉣ 송풍기의 전력소비가 커 전기동력비가 증가한다.
㉤ 실내 온습도 조절이 비교적 용이하다.	㉤ 상하온도차가 커 에너지 손실이 발생한다.

19 실내의 CO_2 농도기준이 1000ppm이고, 1인당 CO_2 발생량이 18L/h인 경우, 실내 1인당 필요한 환기량(m^3/h)은? (단, 외기 CO_2 농도

는 300ppm이다.)

① 22.7 ② 23.7
③ 25.7 ④ 26.7

 필요환기량(Q)

$$Q = \frac{M}{K - K_o} = \frac{0.018}{0.001 - 0.0003} = 25.7 \text{m}^3/\text{h}$$

20 물에 의한 보일러 장해 요인이 아닌 것은?

① 스케일 부착   ② 캐리오버
③ 전열 촉진   ④ 부식

 보일러 및 부속설비의 물에 의한 장해
스케일 생성 및 고착, 부식, 캐리오버, 전열면 과열로 전열 방해, 수위 저하

제 2 과목 : 공조냉동 설계

21 상온(25℃)의 실내에 있는 수은 기압계에서 수은주의 높이가 230mm라면 이때 기압은 몇 kPa인가? (단, 25℃ 기준, 수은 밀도는 13,534kg/m³이다.)

① 104.2 ② 76.8
③ 49.8   ④ 30.5

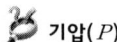 **기압(P)**

$$P = \rho g h = 13534 \times 9.8 \times 0.23$$
$$= 30,505 \text{Pa} = 30.5 \text{kPa}$$

22 열교환기를 흐름 배열(flow arrangement)에 따라 분류할 때 그림과 같은 형식은?

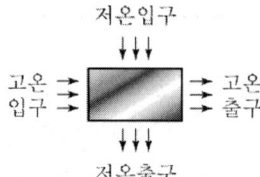

① 평행류 ② 대향류
③ 병행류 ④ 직교류

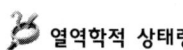 열이 높은 유체와 낮은 유체의 흐름에서 같은 방향으로 흐르는 것을 병류형, 반대방향으로 흐르는 것을 향류형, 직각방향으로 흐르는 것을 직교류형이라고 한다.

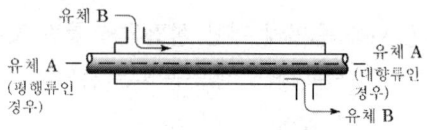

(a) 평행류 및 대향류형

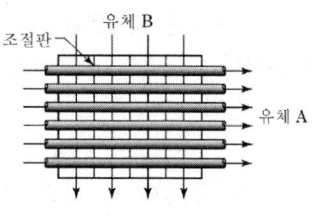

(b) 직교류 (cross flow)형

23 다음에 열거한 시스템의 상태량 중 종량적 상태량인 것은?

① 엔탈피 ② 온도
③ 압력   ④ 비체적

열역학적 상태량

① 강도성 상태량(intensive property) : 물질이 가지는 질량의 크기에 관계없는 상태량
 [예] 온도, 압력, 밀도 등
② 종량성 상태량(extensive property) : 물질의 질량에 따라서 값이 변하는 상태량이다.
 [예] 무게, 질량, 엔탈피, 체적, 엔트로피 등

24 이상기체 1kg이 초기에 압력 2kPa, 부피 0.1m³를 차지하고 있다. 가역등온과정에 따라 부피가 0.3m³로 변화했을 때 기체가 한 일은 약 몇 J인가?

① 9540 ② 2200

Answer 20. ③ 21. ④ 22. ④ 23. ① 24. ④

③ 954　　　　④ 220

$$W = \int_1^2 Pdv = P_1 V_1 \ln \frac{V_2}{V_1}$$
$$= 2000 \times 0.1 \times \ln \frac{0.3}{0.1} = 219.7 J$$
여기서, $P = 2kPa = 2000Pa$

25 100kPa, 25℃ 상태의 공기가 있다. 이 공기의 엔탈피가 298.615kJ/kg이라면 내부에너지(kJ/kg)는 얼마인가? (단, 일반 기체상수는 8.3145kJ/kg·K이며, 공기는 분자량 28.97인 이상기체로 가정한다.)

① 213.1　　　② 298.1
③ 241.1　　　④ 383.1

① 이상기체의 기체상수(R)
$$R = \frac{\overline{R}}{m} = \frac{8.3145}{28.97} = 0.287 kJ/kg \cdot K$$
② 이상기체의 비체적(v)
$$Pv = RT$$
$$v = \frac{RT}{P}$$
$$= \frac{0.287 \times (273 + 25)}{100} = 0.8553 m^3/kg$$
③ 내부에너지(u)
$$h = u + Pv$$
$$u = h - Pv = 298.615 - (100 \times 0.8553)$$
$$= 213.085 kJ/kg$$

26 공기의 정압비열(C_p, kJ/(kg·℃))이 다음과 같다고 가정한다. 이때 공기 5kg을 0℃에서 100℃까지 일정한 압력하에서 가열하는데 필요한 열량은 약 몇 kJ인가? (단, 다음 식에서 t는 섭씨온도를 나타낸다.)

$$C_p = 1.0053 + 0.000079 \times t [kJ/(kg℃)]$$

① 85.5　　　② 100.9
③ 312.7　　　④ 504.6

가열열량(Q)
$$Q = GC_p \Delta t$$
$$= \int_0^{100} GC_p dt$$
$$= \int_0^{100} 5(1.0053 + 0.000079t)dt$$
$$= 5\left[1.0053t + \frac{0.000079}{2}t^2\right]_0^{100}$$
$$= 5\left[1.0053 \times 100 + \frac{0.000079}{2} \times 100^2\right]$$
$$= 504.625 kJ$$

27 공기표준 오토사이클에서 압축초기의 압력과 온도가 각각 0.2MPa, 300K이다. 압축비가 10, 사이클당 열공급량이 1000kJ/kg일 때 열효율(%)은 얼마인가? (단, 공기의 정적비열은 0.7165kJ/kg·K, 비열비는 1.4이다.)

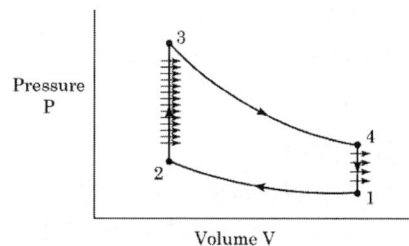

P-V 선도

① 43.4　　　② 49.5
③ 60.2　　　④ 57.3

 오토사이클의 열효율(%)
$$\eta = 1 - \frac{1}{\varepsilon^{k-1}} = 1 - \frac{1}{10^{1.4-1}} = 0.602 = 60.2\%$$

28 20℃의 물로부터 0℃의 얼음을 매 시간당 90kg을 만드는 냉동기의 냉동능력(kW)은 얼마인가? (단, 물의 비열 4.2kJ/kg·K, 물의 응고잠열 335kJ/kg이다.)

① 85.5　　② 100.9
③ 312.7　　④ 504.6

Answer　25. ①　26. ④　27. ③　28. ④

① 7.8 ② 8.0
③ 9.2 ④ 10.5

 ① 열량(20℃ 물 → 0℃ 물, 현열)
$Q_1 = GC\Delta t = 90 \times 4.2(20-0) = 7,560 \text{kJ/h}$
② 열량(0℃ 물 → 0℃ 얼음, 잠열)
$Q_2 = G\gamma = 90 \times 335 = 30,150 \text{kJ/h}$
③ 냉동기의 냉동능력
$Q(\text{kJ/h}) = Q_1 + Q_2$
$= 7,560 + 30,150 = 37,710 \text{kJ/h}$
$\therefore Q(\text{kW}) = 37,710 \text{kJ/h} \times \dfrac{1\text{h}}{3600\text{s}} = 10.5 \text{kW}$
여기서, kJ/s=kW

29 완전가스에 있어서 C_p, C_v를 각각 정압비열, 정적비열이라 할 때 정압과정에서의 엔탈피 미소변화 dh는 어떻게 표시되는가?
① dh=$C_v$dh
② dh=$(C_p - C_v)$dT
③ dh=$(C_v - C_p)$dT
④ dh=C_pdT

 정압과정
① 엔탈피 미소변화 : dh = C_pdT
② 내부에너지 미소변화 : du = C_vdT

30 열과 일에 대한 설명으로 옳은 것은?
① 열역학적 과정에서 열과 일은 모두 경로에 무관한 상태함수로 나타낸다.
② 일과 열의 단위는 대표적으로 Watt(W)를 사용한다.
③ 열역학 제1법칙은 열과 일의 방향성을 제시한다.
④ 한 사이클 과정을 지나 원래 상태로 돌아 왔을 때 시스템에 가해진 전체 열량은 시스템이 수행한 전체 일의 양과 같다.

 ① 열역학적 과정에서 열과 일은 오직 계와 주위의 경계에서만 관찰되는 양이며 한 상태에서 다른 상태로 변화할 때 그 변화량이 과정의 경로에 따라 달라지는 경로함수이다.
② 일과 열의 단위(SI 단위)는 대표적으로 J(Joule)을 사용한다.
③ 열역학 제2법칙은 열과 일의 방향성을 제시한다.

31 냉각탑의 성능이 좋아지기 위한 조건으로 적절한 것은?
① 쿨링 레인지가 작을수록, 쿨링 어프로치가 작을수록
② 쿨링 레인지가 작을수록, 쿨링 어프로치가 클수록
③ 쿨링 레인지가 클수록, 쿨링 어프로치가 작을수록
④ 쿨링 레인지가 클수록, 쿨링 어프로치가 클수록

 쿨링 레인지는 클수록, 쿨링 어프로치는 작을수록 냉각탑의 냉각능력이 우수하다.
[참고] 쿨링 레인지와 쿨링 어프로치
㉠ 쿨링 레인지(Cooling Range)
= 냉각수 입구온도−냉각수 출구온도(냉각탑에서 냉각되는 수온)
㉡ 쿨링 어프로치(Cooling Approach)
= 냉각수 출구온도−냉각탑 입구 공기의 습구온도(냉각수가 최저온도에 얼마나 접근하는가의 정도)

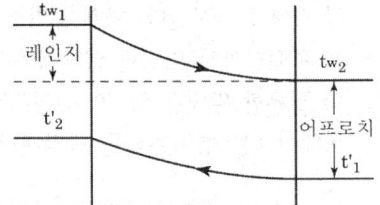

29. ④ 30. ④ 31. ③

32 다음 중 증발기 내 압력을 일정하게 유지하기 위해 설치하는 팽창장치는?

① 정압식 자동팽창밸브
② 수동식 팽창밸브
③ 플로트식 팽창밸브
④ 모세관

 정압식 자동팽창밸브
증발압력이 높아지면 밸브가 닫히고, 낮아지면 밸브가 열려 증발압력을 항상 일정하게 유지시켜 간접적으로 증발온도를 일정하게 할 목적으로 사용된다. 부하변동이 적은 소용량에 적합하며 냉수 또는 브라인의 동결방지용으로도 사용된다.

33 다음 중 냉매를 사용하지 않는 냉동장치는?

① 열전 냉동장치
② 흡수식 냉동장치
③ 교축팽창식 냉동장치
④ 증기압축식 냉동장치

 열전 냉동장치(전자냉동법)
냉매 대신 냉동용 열전 반도체인 비스무트, 비스무트텔루르, 텔루르안티몬, 비스무트셀렌 등을 이용하는 냉동장치

34 암모니아용 압축기의 실린더에 있는 워터 재킷의 주된 설치 목적은?

① 밸브 및 스프링의 수명을 연장하기 위해서
② 압축효율의 상승을 도모하기 위해서
③ 암모니아는 토출온도가 낮기 때문에 이를 방지하기 위해서
④ 암모니아의 응고를 방지하기 위해서

 워터 재킷(Water Jacket)
암모니아 냉동장치는 비열비가 커 압축기 실린더 상부에 냉각수를 순환시켜 압축기 과열 방지, 실린더 마모 방지, 윤활작용 불량 방지, 체적효율을 증가시킨다.

35 증기압축식 냉동장치 내에 순환하는 냉매의 부족으로 인해 나타나는 현상이 아닌 것은?

① 증발압력 감소   ② 토출온도 증가
③ 과냉도 감소   ④ 과열도 증가

 ③ 순환하는 냉매가 부족하면 과냉의 원인이 되므로 과냉도가 증가한다.

36 축 동력 10kW, 냉매순환량 33kg/min인 냉동기에서 증발기 입구 엔탈피가 406kJ/kg, 증발기 출구 엔탈피가 615kJ/kg, 응축기 입구 엔탈피가 632kJ/kg이다. ㉠ 실제 성능계수와 ㉡ 이론 성능계수는 각각 얼마인가?

① ㉠ 8.5,   ㉡ 12.3
② ㉠ 8.5,   ㉡ 9.5
③ ㉠ 11.5,   ㉡ 9.5
④ ㉠ 11.5,   ㉡ 12.3

 ① 실제 성능계수

$Q_e = G \times q_e = G \times (h_1 - h_4)$

$= [33 \text{kg/min} \times \dfrac{1 \text{min}}{60 \text{s}}] \times (615 - 406)$

$= 115 \text{kJ/s(kW)}$

$COP = \dfrac{Q_e}{AW} = \dfrac{115}{10} = 11.5$

② 이론 성능계수

$COP = \dfrac{h_1 - h_4}{h_2 - h_1} = \dfrac{615 - 406}{632 - 615} = 12.3$

37 증발압력이 너무 낮은 원인으로 가장 거리가 먼 것은?

① 냉매가 과다하다.
② 팽창밸브가 너무 조여 있다.
③ 팽창밸브에 스케일이 쌓여 빙결하고 있다.
④ 증발압력 조절밸브의 조정이 불량하다.

 32. ① 33. ① 34. ② 35. ③ 36. ④ 37. ①

① 냉매 충전량이 부족하다

38 냉각수 입구온도 30℃, 냉각수량 1000L/min 이고, 응축기의 전열면적이 8m², 총괄 열전달계수 7kW/m²·K일 때 대수평균온도차 6.5℃로 하면 냉각수 출구온도는?

① 26.7℃ ② 30.9℃
③ 32.6℃ ④ 35.2℃

① 냉각수 입출구 온도차(Δt)

$Q_c = GC\Delta t = KA\Delta t_m$

$\Delta t = \dfrac{KA\Delta t_m}{GC}$

$= \dfrac{7 \times 8 \times 6.5}{(1000\text{L/min} \times \dfrac{1\text{min}}{60s}) \times 4.18}$

$= 5.2℃$

② 냉각수 출구온도(t_2)

$\Delta t = t_2 - t_1 = 5.2℃$

$\therefore\ t_2 = 5.2 + t_1 = 5.2 + 30 = 35.2℃$

39 식품의 평균 초온이 0℃일 때 이것을 동결하여 온도 중심점을 -15℃까지 내리는 데 걸리는 시간을 나타내는 것은?

① 유효동결시간 ② 유효냉각시간
③ 공칭동결시간 ④ 시간상수

① 공칭동결시간 : 평균 초온이 0℃인 식품을 동결하여 온도 중심점을 -15℃까지 내리는 데 소요된 시간
② 유효동결시간 : 초온이 t_a℃인 식품을 동결시켜 t_b℃까지 내리는 데 필요한 시간

40 냉매순환량이 100kg/h인 압축기의 압축효율이 75%, 기계효율이 93%, 압축일량이 209kJ/kg일 때, 축동력(kW)은 얼마인가?

① 7.8 ② 6.3
③ 8.3 ④ 4.7

축동력(L_{kW})

$L_{kW} = \dfrac{G \times AW}{\eta_c \times \eta_m}$

$= \dfrac{(100\text{kg/h} \times \dfrac{1\text{h}}{3600\text{s}}) \times 209}{0.75 \times 0.93} = 8.3\text{kW}$

제3과목 : 시운전 및 안전관리

41 기계설비법령에서 규정하고 있는 기계설비의 범위에 포함되지 않는 것은?

① 오수정화·물재이용설비
② 우수배수설비
③ 가스설비
④ 플랜트 설비

기계설비의 범위
열원설비, 냉난방설비, 공기조화·공기청정·환기설비, 위생기구·급수·급탕·오배수·통기설비, 오수정화·물재이용설비, 우수배수설비, 보온설비, 덕트 설비, 자동제어설비, 방음·방진·내진설비, 플랜트 설비, 특수설비

42 다음 중 기계설비법령에 따라 기계설비의 소유자 또는 관리자의 범위에 해당하지 않는 것은?

① 건축물 등의 소유자(개인 또는 법인)
② 공동주택의 경우 관리사무소장
③ 집합건물의 경우 관리단
④ 민간 투자법상의 사업시행자

② 관리사무소장 또는 주택관리업자는 공동주택 관리를 위해 입주자대표회의가 선임 또는 위탁한 자로, 기계설비법에 따른 관리주체에 해당하지 않음

[참고] 기계설비의 소유자 또는 관리자의 범위
① 건축물 등의 소유자(개인 또는 법인)

Answer 38. ④ 39. ③ 40. ③ 41. ④ 42. ②

② 공동주택의 경우 입주자대표회의, 집합건물의 경우 관리단
③ 임대계약 등에 따라 소유자 등으로부터 건축물 등을 실질적으로 사용·수익할 수 있는 권리와 건축물 등에 대한 전반적인 관리 및 보존의 의무를 부여받은 자
④ 사업소 종사자 지휘·감독 안전관리자의 직무

🔖 ① 사업소 또는 사용신고시설의 시설·용기 또는 작업과정의 안전유지
② 용기 등의 제조공정관리
③ 공급자의 의무이행 확인
④ 안전관리규정의 시행 및 그 기록의 작성·보존
⑤ 사업소 또는 사용신고시설의 종사자에 대한 안전관리를 위하여 필요한 지휘·감독

43 산업안전보건법령상 유해·위험 방지를 위한 방호조치가 필요한 기계·기구에 해당하는 것은?
① 응축기   ② 저장 탱크
③ 공기압축기   ④ 냉각기

🔖 **유해·위험 방지를 위하여 방호조치가 필요한 기계·기구 등**
① 예초기   ② 원심기
③ 공기압축기   ④ 금속절단기
⑤ 지게차
⑥ 포장기계(진공포장기, 랩핑기로 한정)

44 다음 중 고압가스 안전관리법령에 따라 고압가스 제조시설에 대한 정밀안전검진을 실시하는 기관은?
① 한국산업인력공단
② 한국가스공사
③ 한국가스안전공사
④ 한국에너지공단

🔖 **정밀안전검진의 실시기관**
① 한국가스안전공사
② 한국산업안전보건공단

45 다음 중 냉동제조시설에서 안전관리자의 직무에 해당되지 않은 것은?
① 안전관리규정의 시행
② 냉동시설 설계 및 시공
③ 사업소의 시설 안전유지

46 다음 중 무인 엘리베이터의 자동제어로 가장 적합한 것은?
① 추종 제어   ② 정치 제어
③ 프로그램 제어   ④ 프로세스 제어

🔖 **프로그램 제어**
미리 정해진 신호에 따라 동작(예 : 무인열차, 무인 엘리베이터, 무인자판기)

47 계측기 선정 시 고려사항이 아닌 것은?
① 신뢰도   ② 정확도
③ 미려도   ④ 신속도

🔖 **계측기 선정 시 고려사항**
측정대상 및 범위, 정확성, 안정도, 내구성, 신뢰성, 신속성(측정 능률), 경제성, 주위 환경 등

48 그림과 같은 회로에서 전류계 3개로 단상전력을 측정할 때 유효전력은 몇 [W]인가? (단, 전류계 A_1, A_2, A_3에 흐르는 각 전류는 5[A], 10[A], 15[A]이고 저항 R은 10[Ω]이다.)

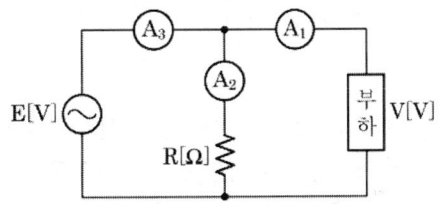

Answer 43. ③ 44. ③ 45. ② 46. ③ 47. ③ 48. ③

① 300　　　　　② 250
③ 500　　　　　④ 50

$P = \dfrac{R}{2}(A_3^2 - A_2^2 - A_1^2)$

$= \dfrac{10}{2}(15^2 - 10^2 - 5^2) = 500\text{W}$

49 직류전동기의 규약 효율을 구하는 식으로 옳은 것은?

① $\eta = \dfrac{손실}{입력} \times 100\%$

② $\eta = \dfrac{출력 - 손실}{출력 + 손실} \times 100\%$

③ $\eta = \dfrac{출력}{출력 - 손실} \times 100\%$

④ $\eta = \dfrac{입력 - 손실}{입력} \times 100\%$

 규약효율

전기에너지를 기준으로 나타낸 효율 [입력=출력+손실] 관계를 이용하여 나타냄

① 발전기 : $\eta = \dfrac{출력}{출력 + 손실} \times 100$

② 전동기 : $\eta = \dfrac{입력 - 손실}{입력} \times 100$

50 $\dfrac{3}{2}\pi$ (rad) 단위를 각도(°) 단위로 표시하면 얼마인가?

① 120°　　　　② 240°
③ 270°　　　　④ 360°

$\pi\,\text{rad} = 180°$이므로 $1\,\text{rad} = \dfrac{180°}{\pi}$이다.

$\dfrac{3}{2}\pi(\text{rad}) \times \dfrac{180°}{\pi} = 270°$

51 궤환제어계에 속하지 않는 신호로서 외부에서 제어량이 그 값에 맞도록 제어계에 주어지는 신호를 무엇이라 하는가?

① 목표값　　　　② 기준 입력
③ 동작 신호　　　④ 궤환 신호

① 목표값(입력값) : 외부에서 사용자가 제어량에 대한 희망값을 갖도록 목표로서 주어지는 값
② 기준 입력 : 목표값에 비례하는 기준입력신호를 발생하는 요소로 설정부이다.
③ 동작 신호 : 제어요소에 가해지는 신호
④ 궤환 신호 : 출력신호의 일부가 입력측으로 궤한되는 신호

52 도체를 늘려서 길이가 4배인 도선을 만들었다면 도체의 전기저항은 처음의 몇 배인가?

① $\dfrac{1}{4}$　　　　② $\dfrac{1}{16}$
③ 4　　　　　　④ 16

길이를 4배 연장하면 단면적은 $\dfrac{1}{4}$로 감소하므로

① $R_1 = \rho \dfrac{l}{A}$

② $R_2 = \rho \dfrac{4l}{\frac{1}{4}A} = 16\rho \dfrac{l}{A}$

∴ $\dfrac{R_2}{R_1} = \dfrac{16\rho \frac{l}{A}}{\rho \frac{l}{A}} = 16$배

53 논리식 $(A+B) \cdot (\overline{A}+C)$를 정리하여 간단히 할 때 옳은 것은?

① $A \cdot C + \overline{A} \cdot B$　　② $\overline{A} \cdot B + A \cdot \overline{C}$
③ $A \cdot C + \overline{A} \cdot C$　　④ $\overline{A} \cdot C + A \cdot B$

$(A+B)(\overline{A}+C) = A\overline{A} + AC + \overline{A}B + BC$
$= AC + BC + \overline{A}B$
$= AC + (A + \overline{A})BC + \overline{A}B$
$= AC + ABC + \overline{A}BC + \overline{A}B$
$= AC(1+B) + \overline{A}B(C+1)$
$= AC + \overline{A}B$

Answer 49. ④　50. ③　51. ①　52. ④　53. ①

54 직류기에서 전압정류의 역할을 하는 것은?
① 보극　　　② 보상권선
③ 탄소 브러시　④ 리액턴스 코일

🔖 **정류작용**
㉠ 저항정류 : 접촉 저항이 큰 전기 흑연이나 탄소질의 브러시를 써서 정류
㉡ 전압정류 : 보극에 의하여 정류 전압을 정류 코일에 유도시켜 직선 정류에 가까운 정류가 되게 하는 것

55 3상 유도전동기의 출력이 10kW, 슬립이 4.8%일 때의 2차 동손은 약 몇 kW인가?
① 0.24　　　② 0.36
③ 0.5　　　　④ 0.8

🔖 **2차 동손(P_{c2})**
$$P_{c2} = sP_2 = \frac{s}{1-s}P_0$$
$$= \frac{0.048}{1-0.048} \times 10 = 0.5 \text{kW}$$

56 그림의 논리회로에서 A, B, C, D를 입력, Y를 출력이라 할 때 출력 식은?

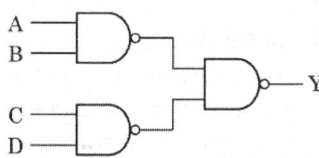

① A+B+C+D　② (A+B)(C+D)
③ AB+CD　　　④ ABCD

🔖 **논리회로 출력식(Y)**
그림의 회로는 NAND 회로가 결합된 형태이고, NAND 회로의 논리식은 $Y = \overline{AB}$ 이므로
$Y = \overline{\overline{AB} \cdot \overline{CD}} = AB + CD$

57 승강기나 에스컬레이터 등의 옥내 전선의 절연 저항을 측정하는 데 가장 적당한 측정기기는?
① 메거
② 휘트스톤 브리지
③ 켈빈 더블 브리지
④ 콜라우시 브리지

🔖 **절연저항계(Megger)**
절연저항계는 옥내 배선 또는 전기기기의 절연저항을 측정할 때 사용하는 기구로, 흔히 메거(megger)라고도 하며 수동식과 자동식이 있다.
[참고]
① 휘트스톤 브리지 : 전기 저항을 정밀하게 측정하는 장치로 1~10^6 Ω의 중저항 측정
② 캘빈 더블 브리지 : 단자의 접촉 저항이나 리드선의 저항을 무시할 수 있으므로 0.1Ω 이하의 저저항 측정
③ 콜라우시 브리지 : 미끄럼 저항선을 사용하고, 전원에 가청 주파수의 교류를 사용하는 점이 특색이며, 전지의 내부저항이나 전해액의 도전율 측정

58 절연의 종류를 최고 허용온도가 낮은 것부터 높은 순서로 나열한 것은?
① A종<Y종<E종<B종
② Y종<A종<E종<B종
③ E종<Y종<B종<A종
④ B종<A종<E종<Y종

🔖 **각종 절연의 허용 온도**

절연의 종류	허용 최고 온도(℃)
Y	90
A	105
E	120
B	130
F	155
H	180
C	180 초과

Answer 54. ①　55. ③　56. ③　57. ①　58. ②

59 전동기를 전원에 접속한 상태에서 중력부하를 하강시킬 때 속도가 빨라지는 경우 전동기의 유기기전력이 전원전압보다 높아져서 발전기로 동작하고 발생전력을 전원으로 되돌려 줌과 동시에 속도를 감속하는 제동법은?

① 회생 제동
② 역전 제동
③ 발전 제동
④ 유도 제동

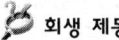 **회생 제동**
유도전동기가 부하에 의하여 동기속도 이상으로 회전할 때만 적용되는 제동법으로 동기속도 이하에는 제동이 되지 않는다. 이 방법은 과속을 방지하고 부하에 의한 회전토크를 이용하여 동기속도 이상에서의 유도전동기는 유도발전기로 되어 전력을 전원에 반환하여 제동된다.
[참고]
① 역전 제동 : 회전 중인 전동기의 1차 권선 3단자 중 임의의 2단자 접속을 바꾸어 역방향 토크 발생으로 제동
② 발전 제동 : 전동기를 발전기로 동작시켜 발생된 전력을 저항에서 열로 소비되면서 제동

60 두 대 이상의 변압기를 병렬운전하고자 할 때 이상적인 조건으로 틀린 것은?

① 각 변압기의 극성이 같을 것
② 각 변압기의 손실비가 같을 것
③ 정격용량에 비례해서 전류를 분담할 것
④ 변압기 상호 간 순환전류가 흐르지 않을 것

변압기 병렬운전 조건
① 각 변압기의 극성이 같을 것
② 각 변압기의 권수비 및 1, 2차의 정격전압이 같을 것
③ 각 변압기의 %임피던스 강하가 같으며 저항과 리액턴스 비가 같을 것
④ 온도 상승 한도가 가능한 한 같을 것
⑤ 기준 충격 절연 강도가 같을 것
⑥ 3상식에서는 위의 조건에 상 회전방향 및 위상 변위가 같을 것

[참고] 변압기 병렬운전 : 부하설비 용량이 늘어난 경우나 기간산업 등에서 중요 부하가 변압기 고장으로 인한 정전 방지 공급의 신뢰도 향상을 위해 2대 이상의 변압기를 각각 병렬 접속해서 운전하는 것

제4과목 : 유지보수 공사관리

61 배관의 분해, 수리 및 교체가 필요할 때 사용하는 관 이음 부속은?

① 유니언
② 소켓
③ 부싱
④ 엘보

배관의 분해, 수리, 교체 필요 시 관 이음재
① 소구경(50A 이하) : 유니언
② 대구경(50A 이상) : 플랜지

62 다음 중 열을 잘 반사하고 확산하여 방열기 표면 등의 도장용으로 사용하기에 가장 적합한 도료는?

① 광명단
② 산화철
③ 합성수지
④ 알루미늄

알루미늄 도료(은분)
알루미늄 분말에 유성 바니시(oil varnish)를 혼합한 것으로 방청 효과 및 내열성이 우수하다. 열을 잘 반사시키므로 증기관, 방열기에 사용한다.

63 강관의 용접 접합법으로 적합하지 않은 것은?

① 슬리브 용접
② 맞대기 용접
③ 플라스턴 용접
④ 플랜지 용접

강관의 용접이음
맞대기 용접, 슬리브 용접, 플랜지 용접 등
[참고] 연관의 접합 : 플라스턴 접합, 납땜 접합, 용접 접합 등

Answer 59. ① 60. ② 61. ① 62. ④ 63. ③

64 온수배관에서 배관의 길이 팽창을 흡수하기 위해 설치하는 것은?

① 팽창관 ② 완충기
③ 신축이음쇠 ④ 흡수기

신축이음쇠
온수배관에서 관내 유체의 온도와 압력 변동에 의하여 배관이 팽창 또는 수축하게 되는데 이를 흡수하기 위해 설치한다.
[참고] 신축이음의 종류 : 스위블 이음, 신축곡관(루프형), 슬리브형, 벨로즈형

65 고온수 난방방식에서 넓은 지역에 공급하기 위해 사용되는 2차측 접속방식에 해당되지 않는 것은?

① 직결 방식
② 브리드 인 방식
③ 열교환 방식
④ 오리피스 접합 방식

고온수 배관 2차측 접속방식
① 직결 방식 : 120℃ 이하에 사용하며 열원 플랜트에서 온 열매를 그대로 2차측에 공급하며 2차측과의 접속부에는 감압밸브 승압 펌프 등을 설치
② 블리드 인(Bleed in) 방식 : 열매의 공급측에 2차측의 환수를 혼합하여 2차측 공급 열매의 온도를 제어하는 방식
③ 열교환기 방식 : 1차측과 2차측 사이에 열교환기를 설치하여 2차측 열매 온도를 자유롭게 제어하는 방식

66 급탕배관의 단락현상(short circuit)을 방지할 수 있는 배관 방식은?

① 리버스 리턴 배관방식
② 상향식 배관방식
③ 단관식 배관방식
④ 다이렉트 리턴 배관방식

리버스 리턴(reverse return) 배관방식(역환수 방식)
각 층의 온도차를 줄이기 위하여 층마다 배관길이를 같게 하도록 환탕관을 역회전시켜 배관한다. 이 방법은 각 층의 온수순환(유량)을 균등하게 할 목적으로 사용된다. 급탕, 반탕관의 순환거리를 각 계통에 있어서 거의 같게 하여 가열장치 가까이에 위치한 급탕계통의 단락현상을 방지하며 전 계통의 탕의 순환을 촉진하는 방식으로 주로 급탕설비와 온수난방 설비의 배관에 채택된다.

67 신축 이음쇠의 종류에 해당하지 않는 것은?

① 벨로즈형 ② 플랜지형
③ 루프형 ④ 슬리브형

신축 이음의 종류
① 스위블 이음 ② 신축곡관(루프형)
③ 슬리브형 ④ 벨로즈형
[참고] 플랜지 이음 : 관 끝에 플랜지를 만들어 관을 결합하는 것으로, 관의 지름이 크거나 유체의 압력이 큰 경우에 사용되며, 분해 및 조립할 필요가 있을 때에 사용한다.

68 대변기의 급수방식을 탱크식과 세정밸브식으로 구분할 때, 그 중 세정밸브식을 적용하기 위한 급수 관경을 최소 얼마 이상이어야 하는가?

① DN 40 ② DN 25
③ DN 32 ④ DN 15

세정밸브식 급수관 최소 관경 : 25mm 이상

69 증기배관 중 냉각 레그(cooling leg)에 관한 내용으로 옳은 것은?

① 완전한 응축수를 회수하기 위함이다.
② 고온증기의 동파방지 설비이다.
③ 열전도 차단을 위한 보온단열 구간이다.

Answer 64. ③ 65. ④ 66. ① 67. ② 68. ② 69. ①

④ 익스팬션 조인트이다.

🔹 **냉각 레그(Cooling Leg)**
① 증기를 응축수로 바꾸어 환수하기 위한 배관
② 증기 주관에서부터 트랩에 이르는 냉각 레그는 완전한 응축수를 트랩에 보내는 관계로 보온 피복을 하지 않으며, 또한 냉각 면적을 넓히기 위하여 그 길이를 1.5m 이상으로 한다.
③ 증기 주관이 긴 경우 응축수가 다량으로 흐를 때는 플로트 트랩을 사용한다.
④ 트랩의 고장수리, 교환 등에 대비한 바이패스를 달아두면 편리하다.

70 증기트랩에 관한 설명으로 옳은 것은?
① 플로트 트랩은 응축수나 공기가 자동적으로 환수관에 배출되며, 저·고압에 쓰이고 형식에 따라 앵글형과 스트레이트형이 있다.
② 버킷 트랩은 구조상 공기를 함께 배출하지 못하지만 다량의 응축수를 처리하는데 적합하며, 다량트랩이라고도 한다.
③ 임펄스 증기 트랩은 실린더 속의 온도 변화에 따라 연속적으로 밸브가 개폐하며 작동 시 구조상 증기가 약간 새는 결점이 있다.
④ 열동식 트랩은 고압·중압의 증기관에 적합하며, 환수관을 트랩보다 위쪽에 배관할 수도 있고, 형식에 따라 상향식과 하향식이 있다.

🔹 ① 열동식 트랩에 대한 설명이다.
② 플로트 트랩에 대한 설명이다.
④ 버킷 트랩에 대한 설명이다.

71 배관작업용 공구의 설명으로 틀린 것은?
① 파이프 리머(pipe reamer) : 관을 파이프 커터 등으로 절단한 후 관 단면의 안쪽에 생긴 거스러미(burr)를 제거
② 플레어링 툴(flaring tools) : 동관을 압축이음하기 위하여 관 끝을 나팔모양으로 가공
③ 파이프 바이스(pipe vice) : 관을 절단하거나 나사이음을 할 때 관이 움직이지 않도록 고정
④ 사이징 툴(sizing tools) : 동일지름의 관을 이음쇠 없이 납땜이음을 할 때 한쪽 관 끝을 소켓모양으로 가공

🔹 ④ 사이징 툴(sizing tools) : 동관의 끝부분을 원형으로 정형하는 데 사용하는 공구

72 캐비테이션 현상의 발생 원인으로 가장 거리가 먼 것은?
① 흡입 유체의 온도가 높은 경우
② 흡입관의 저항이 증대될 경우
③ 흡입관의 압력이 양압인 경우
④ 흡입양정이 지나치게 클 경우

🔹 **공동현상(캐비테이션) 발생 조건**
① 흡입양정이 클 경우
② 액체의 온도가 높을 경우
③ 날개차의 원주 속도가 클 경우
④ 날개차의 모양이 적당하지 않을 경우
[참고] 캐비테이션(Cavitation) 방지책
  ① 흡입양정을 줄인다.
  ② 흡입관 손실을 줄인다.
  ③ 펌프 설치 위치를 가능한 한 낮추고 흡입관을 가능한 짧게 하고 관내 유속을 작게 한다.
  ④ 규정 회전수 내 운전(회전수를 줄임)
  ⑤ 양정에 필요 이상의 양정을 잡지 않는다.
  ⑥ 2대 이상의 펌프 사용
  ⑦ 단흡입펌프는 양흡입펌프로 한다.

Answer 70. ③ 71. ④ 72. ③

73 저장 탱크 내부에 가열 코일을 설치하고 코일 속에 증기를 공급하여 물을 가열하는 급탕법은?

① 간접 가열식
② 기수 혼합식
③ 직접 가열식
④ 가스 순간 탕비식

🔑 **간접 가열식 급탕법**
보일러에서 만들어진 증기나 고온수를 이용하여 저탕조 내에 설치한 코일로 증기나 고온수를 통하여 물을 간접적으로 가열하여 필요한 장소에 공급하는 방식이다. 대체로 호텔, 사무소, 병원, 아파트 등의 대규모 건물의 급탕에 적합하며, 난방용 보일러의 열원으로 이용할 수도 있다.

74 방열량이 3kW인 방열기에 공급하여야 하는 온수량(L/s)은 얼마인가? (단, 방열기 입구 온도 80℃, 출구온도 70℃, 온수 평균온도에서 물의 비열은 4.2kJ/kg·K, 물의 밀도는 977.5kg/m³이다.)

① 0.002   ② 0.025
③ 0.073   ④ 0.098

🔑 **온수량(G)**

$$G = \frac{q}{\rho C \Delta t}$$

$$= \frac{3\text{kJ/s}}{977.5 \times 4.2 \times (80-70)} = 0.000073 \text{m}^3/\text{s}$$

온수량(G)을 L/s로 계산하면

$$G = 0.000073 \text{m}^3/\text{s} \times \frac{1,000l}{1\text{m}^3} = 0.073 \text{L/s}$$

여기서, 3kW=3kJ/s

75 지름 20mm 이하의 동관을 이음할 때, 기계의 점검 보수, 기타 관을 분해하기 쉽게 하기 위해 이용하는 동관 이음 방법은?

① 슬리브 이음   ② 플레어 이음
③ 사이징 이음   ④ 플랜지 이음

🔑 **플레어 접합(Flare Joint)**
동관 끝부분을 플레어 공구(Flaring Tool)로 나팔 모양으로 넓히고 압축이음쇠를 사용하여 체결하는 이음 방법으로 지름 20mm 이하의 동관을 이음할 때, 기계의 점검 및 보수 등을 위해 분해가 필요한 장소나 기기를 연결하고자 할 때 이용된다.

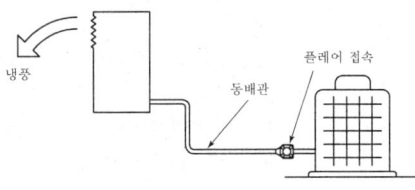

76 냉동장치의 액분리기에서 분리된 액이 압축기로 흡입되지 않도록 하기 위한 액회수 방법으로 틀린 것은?

① 고압 액관으로 보내는 방법
② 응축기로 재순환시키는 방법
③ 고압 수액기로 보내는 방법
④ 열교환기를 이용하여 증발시키는 방법

🔑 **분리된 냉매의 처리**
㉠ 증발기로 재순환시킨다.
㉡ 열교환기에 의해 액을 증발시켜 압축기로 회수한다.
㉢ 액회수 장치를 이용하여 고압측 수액기로 회수한다.

77 고가(옥상) 탱크 급수방식의 특징에 대한 설명으로 틀린 것은?

① 저수시간이 길어지면 수질이 나빠지기 쉽다.
② 대규모의 급수 수요에 쉽게 대응할 수 있다.
③ 단수 시에도 일정량의 급수를 계속할 수 있다.
④ 급수 공급 압력의 변화가 심하다.

🔑 ④ 항상 일정한 수압으로 급수가 가능하다.

Answer 73. ① 74. ③ 75. ② 76. ② 77. ④

[참고] 고가수조식 급수방법의 특징
① 장점
㉠ 정전, 단수 시 탱크에 받은 물을 사용할 수 있다.
㉡ 저수량을 충분히 확보할 수 있으므로 단수가 되지 않는다.
㉢ 항상 일정한 수압으로 급수가 가능하다.
㉣ 배관 부속품의 파손이 적다.
② 단점
㉠ 옥상탱크의 설치면적 및 하중을 고려하여 건축물 구조를 강화해야 한다.
㉡ 저수량이 많아 수질오염 가능성이 크다.
㉢ 건물 미관상 불리하다.

78 통기관의 설치 목적과 가장 거리가 먼 것은?

① 배수의 흐름을 원활하게 하여 배수관의 부식을 방지한다.
② 봉수가 사이펀 작용으로 파괴되는 것을 방지한다.
③ 배수계통 내의 신선한 공기를 유입하기 위해 환기시킨다.
④ 배수계통 내의 배수 및 공기의 흐름을 원활하게 한다.

통기관의 설치 목적
배수관 내의 공기소통을 원활히 하여 트랩 내의 기압을 조정함으로써 사이펀 작용·분출작용·흡출작용에 의한 트랩봉수 파괴를 방지하기 위하여 설치한다.

79 가스 공급 방식 중 저압 공급 방식의 특징으로 틀린 것은?

① 가정용·상업용 등 일반에게 공급되는 방식이다.
② 홀더압력을 이용해 저압배관만으로 공급하므로 공급계통이 비교적 간단하다.
③ 공급구역이 좁고 공급량이 적은 경우에 적합하다.
④ 가스의 공급압력은 0.3~0.5MPa 정도이다.

④ 가스의 공급압력은 0.1MPa 이하이다.
[참고] 도시가스 사용압력에 따른 분류
① 고압 : 1MPa 이상
② 중압 : 0.1MPa~1MPa
③ 저압 : 0.1MPa 이하

80 체크밸브의 종류에 대한 설명으로 옳은 것은?

① 리프트형 - 수평, 수직 배관용
② 풋형 - 수평 배관용
③ 스윙형 - 수평, 수직 배관용
④ 리프트형 - 수직 배관용

체크밸브(check vavle : 역지밸브)
유체를 일정한 방향으로만 흐르게 하고 역류를 방지하는 데 사용
※ 종류
㉠ 스윙형 : 수직, 수평 배관에 사용
㉡ 리프트형 : 수평 배관에 사용
㉢ 풋 밸브(foot valve) : 펌프 흡입관 하부에 사용
㉣ 싱글 및 듀얼 플레이트 체크밸브
㉤ 해머리스형(스모렌스키형)

Answer 78. ① 79. ④ 80. ③

2023년 제2회 CBT 기출 복원문제

제1과목 : 에너지관리

01 상대습도가 낮을 때 일어나는 현상이 아닌 것은?
① 공기 중 인플루엔자 바이러스의 생존율이 높아진다.
② 피부가 거칠어진다.
③ 정전기가 발생한다.
④ 곰팡이가 나기 쉽다.

> 상대습도가 높을수록 공기가 보유하는 수분이 많기 때문에 녹이나 곰팡이를 생성시키는 박테리아의 활동을 조장하며 악취가 나기 쉽다.

02 공기 중에 떠다니는 먼지는 물론 가스와 미생물 등의 오염 물질까지도 극소로 만든 설비로서 청정 대상이 주로 먼지인 경우로 정밀측정실이나 반도체 산업, 필름 공업 등에 이용되는 시설을 무엇이라 하는가?
① 산업용 클린룸(ICR)
② HEPA 필터
③ 클린아웃(CO)
④ 칼로리미터

> **산업용 클린룸**(ICR, Industrial Clean Room)
> 전자공업, 필름공업, 정밀기계공업 등에서 응용되며 실내 미립자가 제품에 부착되어 제품불량 초래 및 품질 저하 등이 발생하므로 공기 중의 부유분진을 제어대상으로 한다.

03 외기에 접하고 있는 벽이나 지붕으로부터의 취득열량은 건물 내외의 온도차에 의해 전도의 형식으로 전달된다. 그러나 외벽의 온도는 일사에 의한 복사열의 흡수로 외기온도보다 높게 되는데 이 온도를 무엇이라고 하는가?
① 노점온도 ② 건구온도
③ 습구온도 ④ 상당외기온도

> **상당외기온도**
> 일사를 받는 외벽이나 지붕같이 열용량을 갖는 구조체를 통과하는 열량을 산출하기 위하여 외기온도나 일사량을 고려하여 정한 근사적 외기온도

04 다음 중 에너지 절약에 가장 효과적인 공기조화 방식은? (단, 설비비는 고려하지 않는다.)
① 각층 유닛 방식
② 이중 덕트 방식
③ 멀티존 유닛 방식
④ 가변 풍량 방식

> **가변 풍량 방식**
> 부하변동에 따라 송풍량을 조절하여 실온을 일정하게 유지하는 방식으로 타 방식에 비해 에너지 절감 효과를 기대할 수 있다.

05 다음 중 일반 사무용 건물의 난방부하 계산 결과에 가장 적은 영향을 미치는 것은?
① 외기온도
② 인체 부하
③ 틈새바람 부하

Answer 01. ④ 02. ① 03. ④ 04. ④ 05. ②

④ 벽체로부터의 손실열량

> 난방부하 계산의 기본적인 방법은 냉방부하 계산과 동일하지만 태양열의 일사부하, 인체 및 실내기구 등의 취급에 차이가 있다. 그 이유는 일사부하나 인체부하, 조명부하, 기구부하 등은 난방부하를 경감시키는 요인들로 작용하기 때문에 일반적으로 난방부하 계산에 포함시키지 않고 냉방의 경우처럼 시각별 계산의 필요도 없다.

06 온도 32℃, 상대습도 60%인 습공기 150kg과 온도 15℃, 상대습도 80%인 습공기 50kg을 혼합했을 때 혼합공기의 상태를 나타낸 것으로 옳은 것은?

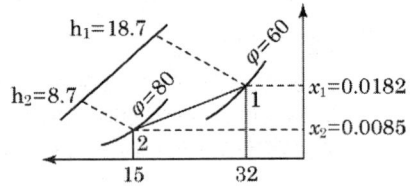

① 온도 20.15℃, 절대습도 0.0158인 공기
② 온도 20.15℃, 절대습도 0.0134인 공기
③ 온도 27.75℃, 절대습도 0.0134인 공기
④ 온도 27.75℃, 절대습도 0.0158인 공기

> ① 혼합온도 $t_3 = \dfrac{G_1 t_1 + G_2 t_2}{G_1 + G_2}$
> $= \dfrac{150 \times 32 + 50 \times 15}{150 + 50} = 27.75℃$
> ② 혼합절대습도 $x_3 = \dfrac{G_1 x_1 + G_2 x_2}{G_1 + G_2}$
> $= \dfrac{150 \times 0.0182 + 50 \times 0.0085}{150 + 50}$
> $= 0.015775 \, kg/kg'$

07 58kW의 열량으로 물을 가열하는 열교환기를 설계하고자 한다. 동관의 열통과율이 1.4kW/m²K이고, 대수평균온도차를 13℃로 하는 경우, 필요한 전열면적(m²)은 얼마인가?

① 3.2   ② 10.7
③ 8.6   ④ 5.3

> 전열면적(A)
> $Q = KA\Delta t_m$
> $A = \dfrac{Q}{K\Delta t_m} = \dfrac{58}{1.4 \times 13} ≒ 3.2 m^2$

08 유효 온도차(상당 외기온도차)에 대한 설명으로 틀린 것은?

① 태양 일사량을 고려한 온도차이다.
② 계절, 시각 및 방위에 따라 변화한다.
③ 실내온도와는 무관하다.
④ 냉방부하 시에 적용된다.

> 유효온도차(상당외기온도차)
> 일사를 받는 외벽이나 지붕같이 열용량을 갖는 구조체를 통과하는 열량을 산출하기 위하여 외기온도나 일사량을 고려하여 정한 온도인 상당외기온도와 실내온도의 차이다.

09 TAB(Testing Adjusting and Balancing)에 있어서 코일 및 열교환기의 정유량 시스템 밸런싱에 대한 설명으로 틀린 것은?

① 시스템 배관 또는 터미널 유닛으로 모든 유량이 통과하는 상태에서 수행한다.
② 순환 펌프 유량과 터미널 유닛 합산 유량이 허용오차 범위 내에 있을 때 터미널 유닛을 밸런싱한다.
③ 정유량 시스템은 동시 최소 부하에서 밸런싱한다.
④ 유량은 부분 부하 조건에서 밸브 특성에 따라 설계값보다 작거나 많을 수 있지만 기본적으로 일정한 상태에서 시험한다.

> ③ 정유량 시스템은 동시 최대 부하에서 밸런싱한다.

Answer 06. ④ 07. ① 08. ③ 09. ③

10 공기 중의 악취 제거를 위한 공기정화 에어필터로 가장 적합한 것은?

① 유닛형 필터 ② 점착식 필터
③ 활성탄 필터 ④ 전기식 필터

🐍 **활성탄 필터**
활성탄을 이용하여 유해가스나 냄새 등을 제거한다.

11 동일한 송풍기에서 회전수를 2배로 했을 경우 풍량, 정압, 소요동력의 변화에 대한 설명으로 옳은 것은?

① 풍량 1배, 정압 2배, 소요동력 2배
② 풍량 1배, 정압 2배, 소요동력 4배
③ 풍량 2배, 정압 4배, 소요동력 4배
④ 풍량 2배, 정압 4배, 소요동력 8배

🐍 **송풍기 상사법칙**

① 풍량 $Q_2 = Q_1(\frac{N_2}{N_1}) = Q_1(\frac{2N_1}{N_1}) = 2Q_1$

② 정압 $P_2 = P_1\left(\frac{N_2}{N_1}\right)^2 = P_1\left(\frac{2N_1}{N_1}\right)^2 = 4P_1$

③ 동력 $L_2 = L_1\left(\frac{N_2}{N_1}\right)^3 = L_1\left(\frac{2N_1}{N_1}\right)^3 = 8L_1$

12 주어진 계통도와 같은 공기조화장치에서 공기의 상태변화를 습공기 선도상에 나타내었다. 계통도의 '5'점은 습공기 선도상에서 어느 점인가?

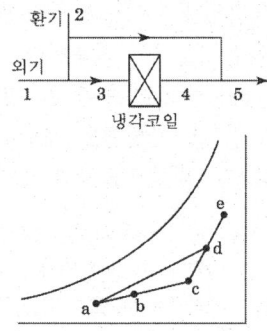

① a ② b
③ c ④ d

🐍

e=1(외기)
d=3(외기와 환기의 혼합)
c=2(환기)
a=4 b=5

13 보일러의 능력을 나타내는 표시방법 중 가장 작은 값을 나타내는 출력은?

① 정격 출력 ② 과부하 출력
③ 정미 출력 ④ 상용 출력

🐍 **보일러 용량**

㉠ 정격출력 : 난방부하+급탕부하+배관부하+ 예열부하
㉡ 상용출력 : 난방부하+급탕부하+배관부하
㉢ 정미출력 : 난방부하+급탕부하
㉣ 방열기출력 : 난방부하+배관부하

14 공기 중의 수분이 벽이나 천장, 바닥 등에 닿았을 때 응축되어 이슬이 맺히는 경우가 있다. 이와 같은 수분의 응축 결로를 방지하는 방법으로 적절하지 않은 것은?

① 다습한 외기를 도입하지 않도록 한다.
② 벽체인 경우 단열재를 부착한다.
③ 유리창인 경우 2중 유리를 사용한다.
④ 공기와 접촉하는 벽면의 온도를 노점온도 이하로 낮춘다.

🐍 **표면 결로의 방지조건**
① 공기와의 접촉면 온도를 항상 노점온도 이상으로 유지
② 공기층이 밀폐된 2중 유리를 사용
③ 단열재를 부착
④ 실내 상대습도를 30~40%로 유지

Answer 10. ③ 11. ④ 12. ② 13. ③ 14. ④

15 다음 중 직접 난방 방식이 아닌 것은?
① 온풍 난방   ② 저압 증기 난방
③ 고온수 난방   ④ 복사 난방

① 직접 난방 : 난방 공간에 방열기나 복사 패널 등 난방기기를 설치하고 증기, 온수 등의 열매체를 공급하여 실내를 난방하는 방식(증기 난방, 온수 난방, 복사 난방 등)
② 간접 난방 : 방열기를 두지 아니하고 (중앙)열원 장비로 가열된 공기를 덕트 등을 통해 난방하는 방식(온풍 난방 등)

16 증기 난방배관에서 증기트랩을 사용하는 이유로 옳은 것은?
① 관내의 공기를 배출하기 위하여
② 배관의 신축을 흡수하기 위하여
③ 관내의 압력을 조절하기 위하여
④ 증기관에 발생된 응축수를 제거하기 위하여

증기트랩
증기관 내에 응축수와 공기를 증기와 분리하여 응축수를 환수관으로 배출시키는 장치

17 제주지방의 어느 한 건물에 대한 냉방기간 동안의 취득열량(GJ/기간)은? (단, 냉방도일 $CD_{24-24}=162.4(\deg℃ \cdot day)$, 건물 구조체 표면적 $500m^2$, 열관류율은 $0.58W/m^2 \cdot ℃$, 환기에 의한 취득열량은 $168W/℃$이다.)
① 9.37   ② 6.43
③ 4.07   ④ 2.36

① 건물 총 열부하(BLC)
BLC=관류열부하(KA)+환기부하
    =0.58×500+168=458W/℃
② 취득열량(Q)
$Q = BLC \cdot CD \cdot 24h \cdot \dfrac{3600s}{1h}$
    =458×162.4×24×3600
    =6.43GJ/년

18 공기의 감습장치에 관한 설명으로 틀린 것은?
① 화학적 감습법은 흡착과 흡수 기능을 이용하는 방법이다.
② 압축식 감습법은 감습만을 목적으로 사용하는 경우 재열이 필요하므로 비경제적이다.
③ 흡착식 감습법은 실리카겔 등을 사용하며, 흡습재의 재생이 가능하다.
④ 흡수식 감습법은 활성 알루미나를 이용하기 때문에 연속적이고 큰 용량의 것에는 적용하기 곤란하다.

④ 흡착식 감습법은 활성 알루미나(고체 건조제)를 이용하기 때문에 연속적이고 큰 용량의 것에는 적용하기 곤란하다. 흡수식 감습법은 염화리튬, 트리에틸렌글리콜의 액체 흡수제를 사용하므로 연속적이고 대용량에 적합하다.

19 취출에 관한 용어에 대한 설명으로 옳은 것은?
① 2차 공기란 취출구로부터 취출되는 공기를 말한다.
② 도달거리란 수평으로 취출된 공기가 어느 거리만큼 진행했을 때의 기류 중심선과 취출구와의 수직거리이다.
③ 유인작용이란 취출구의 내부에 실내공기를 흡입해서 이것과 취출 1차 공기를 혼합해서 취출하는 작용이다.
④ 강하도란 수평으로 취출된 공기가 어느 거리만큼 진행했을 때의 기류 중심선과 취출구 중심과의 수평거리이다.

① 2차 공기란 내에 있던 공기 중에서 취출공기와 혼합되는 공기를 말한다.
② 도달거리란 수평으로 취출된 공기가 어느 거리

Answer   15. ①   16. ④   17. ②   18. ④   19. ③

만큼 진행했을 때의 기류 중심선과 취출구와의 수평거리이다.
④ 강하도란 수평으로 취출된 공기가 어느 거리만큼 진행했을 때의 기류 중심선과 취출구 중심과의 수직거리이다.

20 에어와셔 단열 가습 시 포화효율은 어떻게 표시하는가? (단, 입구공기의 건구온도 t_1, 출구공기의 건구온도 t_2, 입구공기의 습구온도 t_{w1}, 출구공기의 습구온도 t_{w2}이다.)

① $\eta = \dfrac{(t_1-t_2)}{(t_2-t_{w2})}$ ② $\eta = \dfrac{(t_1-t_2)}{(t_1-t_{w1})}$

③ $\eta = \dfrac{(t_2-t_1)}{(t_{w2}-t_1)}$ ④ $\eta = \dfrac{(t_1-t_{w1})}{(t_2-t_1)}$

🔑 단열 가습 시의 포화효율(CF)

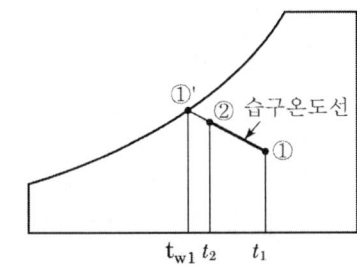

$CF = \dfrac{t_1-t_2}{t_1-t_{w1}}$

제2과목 : 공조냉동 설계

21 열펌프(heat pump)의 성적계수를 높이기 위한 방법으로 가장 거리가 먼 것은?
① 응축온도와 증발온도와의 차를 줄인다.
② 증발온도를 높인다.
③ 응축온도를 높인다.
④ 압축동력을 줄인다.

🔑 응축온도를 너무 높이면 압축비의 증가로 압축일이 커지게 되고 결국 소요동력이 증가하여 성적계수가 낮아지게 된다.

22 카르노 사이클로 작동되는 열기관이 고온체에서 100kJ의 열을 받고 있다. 이 기관의 열효율이 30%라면 방출되는 열량은 약 몇 kJ인가?
① 30 ② 50
③ 60 ④ 70

🔑 카르노 사이클의 열효율(η)

$\eta = 1 - \dfrac{Q_L}{Q_H} \to 0.3 = 1 - \dfrac{Q_L}{100}$

$\therefore Q_L = 70\text{kJ}$

23 500℃의 고온부와 50℃의 저온부 사이에서 작동하는 Carnot 사이클 열기관의 열효율은 얼마인가?
① 10% ② 42%
③ 58% ④ 90%

🔑 카르노 사이클의 열효율

$\eta = 1 - \dfrac{T_L}{T_H} = 1 - \dfrac{323}{773} = 0.58 = 58\%$

여기서,
① $T_L = 50℃ = (50+273)\text{K} = 323\text{K}$
② $T_H = 500℃ = (500+273)\text{K} = 773\text{K}$

24 체적이 일정하고 단열된 용기 내에 80℃, 320kPa의 헬륨 2kg이 들어 있다. 용기 내에 있는 회전날개가 20W의 동력으로 30분 동안 회전한다고 할 때 용기 내의 최종 온도는 약 몇 ℃인가? (단, 헬륨의 정적비열은 3.12kJ/(kg·K)이다.)
① 81.9℃ ② 83.3℃

Answer 20. ② 21. ③ 22. ④ 23. ③ 24. ④

③ 84.9℃　　　④ 85.8℃

헬륨이 얻은 열량=회전날개가 일한 열량

$$\left(0.02\frac{kJ}{s} \times \frac{60s}{1min}\right) \times 30min$$
$$= 2 \times 3.12 \times (T_2 - 80)$$
$$T_2 = \frac{0.02 \times 60 \times 30}{2 \times 3.12} + 80 \fallingdotseq 85.8℃$$

여기서, 동력 20W=0.02kW=0.02$\frac{kJ}{s}$

25 자연계의 비가역 변화와 관련 있는 법칙은?
① 제0법칙　　② 제1법칙
③ 제2법칙　　④ 제3법칙

열역학 제2법칙의 개요
㉠ 자연계에서 일어나는 모든 변화는 비가역 과정이다.
㉡ 비가역 과정은 가역 사이클보다 항상 엔트로피가 증가한다. 즉, 엔트로피는 결코 감소하지 않으며 자연계에서 일어나는 모든 변화는 그것에 관여하는 엔트로피의 총합이 증가하는 방향으로 진행된다.
㉢ 에너지(열, 일) 변환에 대한 방향성을 제시한 법칙

26 그림과 같은 Rankine 사이클로 작동하는 터빈에서 발생하는 일은 약 몇 kJ/kg인가? (단, h는 엔탈피, s는 엔트로피를 나타내며, h_1=191.8kJ/kg, h_2=193.8kJ/kg, h_3=2799.5kJ/kg, h_4=2007.5kJ/kg이다.)

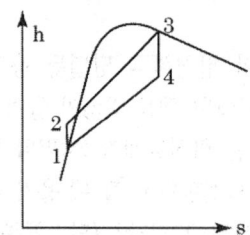

① 2.0kJ/kg　　② 792.0kJ/kg
③ 2605.7kJ/kg　　④ 1815.7kJ/kg

터빈일(Aw_T)
$Aw_T = h_3 - h_4 = 2799.5 - 2007.5 = 792$kJ/kg

[참고] 랭킨 사이클의 효율(η)
$$\eta = \frac{(h_3 - h_4) - (h_2 - h_1)}{h_3 - h_2}$$
$$= \frac{(2799.5 - 2007.5) - (193.8 - 191.8)}{2799.5 - 193.8}$$
$$= 0.303 = 30.3\%$$

27 압력 100kPa, 온도 20℃인 일정량의 이상기체가 있다. 압력을 일정하게 유지하면서 부피가 처음 부피의 2배가 되었을 때 기체의 온도는 약 몇 ℃가 되는가?
① 148　　② 256
③ 313　　④ 586

정압과정
$$\frac{V_1}{T_1} = \frac{V_2}{T_2} = 일정$$
$$T_2 = T_1 \times \frac{V_2}{V_1} = T_1 \times \frac{2V_1}{V_1}$$
$$= 293 \times 2 = 586K = 313℃$$
여기서, $T_1 = 20℃ = (20+273)K = 293K$
$V_2 = 2V_1$

28 역카르노 사이클로 작동하는 냉동 사이클에서 고열원의 절대온도를 T_H, 저열원의 절대온도를 T_L이라 할 때 $\frac{T_H}{T_L}$값은 1.6이다. 이 냉동 사이클이 저열원으로부터 2kW의 열을 흡수한다면 소요동력(kW)은 얼마인가?
① 3.9　　② 1.2
③ 0.7　　④ 2.3

① $\frac{T_H}{T_L} = 1.6 \to T_H = 1.6T_L$, $Q = 2.0$kW
② 성적계수(COP)

$$COP = \frac{Q}{W} = \frac{T_L}{T_H - T_L}$$

$$\frac{2.0}{W} = \frac{T_L}{1.6T_L - T_L}$$

$$\therefore W = 1.2 \text{kW}$$

29 1분간에 25℃의 물 100L를 0℃의 물로 냉각시키기 위하여 몇 냉동톤(RT)의 냉동기가 필요한가? (단, 물의 비열은 4.2kJ/kg·K, 1RT는 3.86kW이다.)

① 45.3 ② 23.2
③ 35.8 ④ 40.1

물 100L=100kg, 1RT=3.86kW이므로
$Q = GC\Delta t$
$= 100 \times 4.2 \times (25-0) = 10,500$ kJ/min

$$Q(\text{RT}) = \frac{10,500 \text{kJ/min} \times \frac{1\text{min}}{60s}}{3.86} = 45.3\text{RT}$$

30 온도 20℃의 공기 5kg을 정적과정으로 상태 변화시켜 엔트로피가 3kJ/K 증가하였다. 이 때 변화 후 최종온도(K)는 얼마인가? (단, 정적비열은 0.72kJ/kg·K이다.)

① 774.8 ② 974.9
③ 674.2 ④ 874.1

정적과정

$$\Delta S = GC_v \ln \frac{T_2}{T_1} \rightarrow \frac{\Delta S}{GC_v} = \ln \frac{T_2}{T_1}$$

$$e^{\frac{\Delta S}{GC_v}} = \frac{T_2}{T_1}$$

$$T_2 = T_1 \times e^{\frac{\Delta S}{GC_v}}$$

$$= (20+273) \times e^{\frac{3}{5 \times 0.72}} = 674.2\text{K}$$

31 흡수식 냉동기를 이용함에 따른 장점으로 가장 거리가 먼 것은?

① 가스 수요의 평준화를 도모할 수 있다.
② 대기압 이하로 작동하므로 취급에 위험성이 완화된다.
③ 야간에 열을 저장하였다가 주간에 부하에 대응할 수 있다.
④ 여름철 피크 전력이 완화된다.

③ 축열 시스템에 대한 설명이다.
[참고] 축열 시스템 : 심야 시간대에 냉동기 또는 히트펌프를 이용하여 냉난방용 열에너지를 생산하고 이를 축열조에 저장하였다가 주간 시간대에 저장된 열에너지를 이용하는 시스템

32 냉동능력이 5kW인 제빙장치에서 0℃의 물 20kg을 모두 0℃ 얼음으로 만드는 데 걸리는 시간(min)은 얼마인가? (단, 0℃ 얼음의 융해열은 334kJ/kg이다.)

① 22.2 ② 18.7
③ 13.4 ④ 11.2

① 얼음의 열량 = 20kg × 334kJ/kg = 6680kJ

② 시간 T = $\frac{얼음의 열량}{제빙장치 냉동능력}$

$$= \frac{6680\text{kJ}}{5\text{kJ/s}(=\text{kW})}$$

$$= 1,336s = 22.2\text{min}$$

33 냉동기에서 동일한 냉동효과를 구현하기 위해 압축기가 작동하고 있다. 이 압축기의 클리어런스(극간)가 커질 때 나타나는 현상으로 틀린 것은?

① 윤활유가 열화된다.
② 체적효율이 저하한다.
③ 냉동능력이 감소한다.
④ 압축기의 소요동력이 감소한다.

Answer 29. ① 30. ③ 31. ③ 32. ① 33. ④

클리어런스(극간)가 클 경우에 냉동기에 미치는 영향
① 토출가스 온도가 상승 → 열이 전도 → 실린더가 과열 → 윤활유 열화 및 탄화현상이 발생(윤활유 기능이 상실) → 실린더가 마모 → 기계효율 및 압축효율이 저하
② 압축비가 증가 → 체적효율이 저하
③ 플래시가스 발생량이 증가 → 냉동효과 감소(냉동능력이 저하)
④ 압축일의 열당량(압축일량)이 증가 → 압축기 소요동력이 증대
⑤ 냉동기 성적계수 저하 → 냉동효과 감소, 압축일량 증대로 인하여 성적계수가 저하
⑥ 냉동실 온도가 상승

34 암모니아를 사용하는 2단압축 냉동기에 대한 설명으로 틀린 것은?
① 증발온도가 -30℃ 이하가 되면 일반적으로 2단압축 방식을 사용한다.
② 중간냉각기의 냉각방식에 따라 2단압축 1단팽창과 2단압축 2단팽창으로 구분한다.
③ 2단압축 1단팽창 냉동기에서 저단측 냉매와 고단측 냉매는 서로 같은 종류의 냉매를 사용한다.
④ 2단압축 2단팽창 냉동기에서 저단측 냉매와 고단측 냉매는 서로 다른 종류의 냉매를 사용한다.

④ 2원 냉동 냉동기에서 저단측 냉매와 고단측 냉매는 서로 다른 종류의 냉매를 사용한다.

35 냉동기에서 압축기의 토출가스 온도를 상승시키는 원인이 되는 것은?
① 토출 압력 저하 ② 습압축
③ 흡입 압력 저하 ④ 압축비 감소

압축기 과열 원인(토출가스 온도 상승 원인)
① 고압이 상승하였을 때
② 흡입가스 과열 시(냉매 부족, 흡입 압력 저하 등)
③ 윤활 불량, 냉각수 부족 및 워터재킷 기능 불량(암모니아)
④ 토출·흡입 밸브, 내장형 안전밸브, 피스톤링, 유분리기, 자동반유 밸브, 제상용 전자밸브 등의 누설

36 냉동장치의 운전 시 유의사항으로 틀린 것은?
① 펌프다운 시 저압측 압력은 대기압 정도로 한다.
② 압축기 가동 전에 냉각수 펌프를 기동시킨다.
③ 장시간 정지시키는 경우에는 재가동을 위하여 배관 및 기기에 압력을 걸어둔 상태로 둔다.
④ 장시간 정지 후 시동 시에는 누설여부를 점검한 후에 기동시킨다.

③ 냉동장치를 장시간 정지할 경우 펌프다운을 실시하며 장치 내부의 압력은 대기압보다 조금 높게 유지하여 외부의 공기나 이물질의 침입을 방지할 수 있다.
[참고] 장시간 정지 시의 조치
① 수액기 출구밸브를 닫는다(저압 쪽 냉매를 전부 수액기로 회수한다).
② 팽창밸브를 닫는다.
③ 저압이 0.1kg/cm² 정도일 때 흡입밸브를 닫는다.
④ 압축기를 정지시킨다(전원 스위치 차단).
⑤ 압축기 회전이 완전히 정지하면 토출밸브를 닫는다.
⑥ 브라인 펌프 등을 정지하고 유분리기 자동반유밸브를 닫는다.
⑦ 냉각수 공급을 차단한다.
⑧ 겨울철 동파의 위험이 있을 때는 배관 내의 물을 배출시킨다.

Answer 34. ④ 35. ③ 36. ③

37 냉매의 구비 조건에 대한 설명으로 틀린 것은?
① 증기의 비체적이 작을 것
② 임계온도가 충분히 높을 것
③ 점도와 표면장력이 크고 전열성능이 좋을 것
④ 부식성이 적을 것

 ③ 점도와 표면장력이 작고, 전열성능이 좋을 것 → 점도가 상승하면 유동저항이 증대하고 표면장력이 작으면 액화냉매가 증발관 표면을 잘 적셔주어 전열이 양호해진다.

38 냉동능력이 30RT이고, 압축소요동력이 35kW인 냉동기에서 응축기의 냉각수 입구온도가 20℃, 냉각수량이 360L/min이면 응축기 출구의 냉각수 온도는? (단, 1RT=3.86kW, 냉각수의 비열은 4.18kJ/kg·K이다.)
① 22℃   ② 24℃
③ 26℃   ④ 28℃

 ① 응축기 방열량(Q_c)
$$Q_c = Q_e + AW$$
$$= 30\text{RT} \times \frac{3.86\text{kW}}{1\text{RT}} + 35\text{kW} = 150.8\text{kW}$$
② 응축기 출구 온도(t_2)
$$Q_c = G \cdot C \cdot (t_2 - t_1)$$
$$t_2 = \frac{Q_c}{G \cdot C} + t_1$$
$$= \frac{150.8}{(360\text{L/min} \times \frac{1\text{min}}{60s}) \times 4.18} + 20$$
$$= 26℃$$

39 안정적으로 작동되는 냉동 시스템에서 팽창밸브를 과도하게 닫았을 때 일어나는 현상이 아닌 것은?
① 흡입압력이 낮아지고 증발기 온도가 저하한다.
② 압축기의 흡입가스가 과열된다.
③ 냉동능력이 감소한다.
④ 압축기의 토출가스 온도가 낮아진다.

 ④ 압축기의 토출가스 온도가 높아진다.
[참고] 팽창밸브를 과도하게 닫았을 때 일어나는 현상
① 냉매의 분출속도 증가로 증발압력(저압)이 낮아지고, 증발온도 역시 낮아진다.
② 압축비가 증가하고 냉매 순환량이 감소하여 압축기로 과열증기가 흡입된다.
③ 체적효율 및 냉동능력 감소
④ 압축기 과열
⑤ 윤활유 열화 및 탄화

40 냉동능력이 1RT인 냉동장치가 1kW의 압축동력을 필요로 할 때 응축기에서의 방열량(kW)은 얼마인가?
① 3.32   ② 6.73
③ 2.86   ④ 4.86

응축기 방열량(Q_c)
$$Q_c = Q_e + AW = (1\text{RT} \times \frac{3.86\text{kW}}{1\text{RT}}) + 1\text{kW} = 4.86\text{kW}$$

제3과목 : 시운전 및 안전관리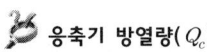

41 기계설비 유지관리자의 보수교육의 교육주기로 올바른 것은?
① 최근에 이수한 교육이수일부터 1년이 지난 날을 기준으로 1개월
② 최근에 이수한 교육이수일부터 2년이 지난 날을 기준으로 2개월
③ 최근에 이수한 교육이수일부터 3년이 지난 날을 기준으로 3개월
④ 최근에 이수한 교육이수일부터 4년이 지

 37. ③ 38. ③ 39. ④ 40. ④ 41. ③

과년도출제문제(출제기준 개정 후) | **83**

난 날을 기준으로 4개월

🔧 **기계설비 유지관리자의 교육시기**
㉠ 신규교육 : 선임된 날부터 6개월 이내
㉡ 보수교육 : 최근에 이수한 유지관리교육의 이수 일부터 3년이 지난 날을 기준으로 3개월 이내

42 고압가스 안전관리법령에 따라 냉동기의 제조 등록 시 갖추어야 하는 설비에 해당하지 않는 것은?
① 프레스 설비 ② 소방설비
③ 건조설비   ④ 제관설비

🔧 **냉동기 제조 시 갖추어야 할 제조설비**
① 프레스 설비   ② 제관설비
③ 압력용기의 제조에 필요한 설비 : 성형설비, 세척설비, 열처리로
④ 구멍가공기, 외경절삭기, 내경절삭기, 나사전용 가공기 등 공작기계 설비
⑤ 전처리 설비 및 부식 방지 도장설비
⑥ 건조설비   ⑦ 용접설비
⑧ 조립설비
⑨ 그 밖에 제조에 필요한 설비 및 기구

43 고압가스 안전관리법령에 따라 고압가스 제조신고대상 중 냉동제조신고 대상범위는 다음과 같다. ( ) 안의 내용으로 옳은 것은?

냉동능력이 3톤 이상 ( )톤 미만(가연성 가스 또는 독성가스 외의 고압가스를 냉매로 사용하는 것으로서 산업용 및 냉동·냉장인 경우에는 20톤 이상 50톤 미만, 건축물의 냉·난방용인 경우에는 20톤 이상 100톤 미만)인 설비를 사용하여 냉동을 하는 과정에서 압축 또는 액화의 방법으로 고압가스가 생성되게 하는 것. 다만, 다음 각 목의 어느 하나에 해당하는 자가 그 허가 받은 내용에 따라 냉동 제조를 하는 것은 제외한다.

① 3톤 ② 5톤
③ 10톤 ④ 20톤

🔧 **고압가스 안전관리법 시행령 제4조(고압가스 제조의 신고대상)**
냉동능력이 3톤 이상 20톤 미만인 설비를 사용하여 냉동을 하는 과정에서 압축 또는 액화의 방법으로 고압가스가 생성되게 하는 것

44 고압가스 안전관리법령에 따라 일체형 냉동기의 조건으로 적합하지 않은 것은?

㉠ 냉매설비 및 압축기용 원동기가 하나의 프레임 위에 일체로 조립된 것
㉡ 냉동설비를 사용할 때 스톱밸브 조작이 필요한 것
㉢ 사용 장소에 분할·반입하는 경우에 냉매설비에 용접 또는 절단을 수반하는 공사를 하지 않고 재조립하여 냉동제조용으로 사용할 수 있는 것
㉣ 냉동설비의 수리 등을 하는 경우에 냉매설비 부품의 종류, 설치 개수, 부착 위치 및 외형 치수와 압축기용 원동기의 정격 출력 등이 제조 시 상태와 같도록 설계·수리될 수 있는 것
㉤ 응축기 유닛 및 증발 유닛이 냉매배관으로 연결된 것으로 하루 냉동능력이 20톤 미만인 공조용 패키지 에어컨 등

① ㉠   ② ㉡
③ ㉡, ㉤   ④ ㉢, ㉤

🔧 ② 냉동설비를 사용할 때 스톱밸브 조작이 필요 없는 것

45 산업안전보건법에 따라 사업주는 다음 각 호의 어느 하나에 해당하는 위험으로 인한 산업재해를 예방하기 위하여 필요한 조치를 하여야 하는데 가장 거리가 먼 것은?
① 기계·기구, 그 밖의 설비에 의한 위험
② 폭발성, 발화성 및 인화성 물질 등에 의한 위험
③ 전기, 열, 그 밖의 에너지에 의한 위험
④ 방사선에 의한 오염

Answer 42. ② 43. ④ 44. ② 45. ④

④번 방사선에 의한 오염은 건강장해를 예방하기 위하여 필요한 조치(보건조치)이다.

46 제어하려는 물리량을 무엇이라 하는가?
① 제어   ② 제어량
③ 물질량   ④ 제어대상

 제어량

제어 대상에 속하는 양 가운데에서 목표에 맞도록 제어되는 물리량으로 압력, 속도, 온도, 습도, 유량, 수위, pH, 전압, 전류, 주파수 등이 있다.

47 3상 직권 정류자 전동기는 어디에 속하는가?
① 정속도 전동기
② 가감 속도 전동기
③ 다단 속도 전동기
④ 변속도 전동기

 3상 직권 정류자 전동기

고정자 권선과 전기자 권선이 전원에 대해 직렬로 접속되는 것으로 양 회로의 중간에 삽입된 변압기에 의해 브러시에 가하는 전압을 조정함으로서 속도제어가 가능(변속도 전동기)하고 권상기, 송풍기, 펌프 등에 사용

48 3상 전력을 측정하는 3전력계법에서 각 상의 전력계의 지시값은 어떤 값을 나타내는가?
① 최댓값   ② 순시값
③ 실효값   ④ 평균값

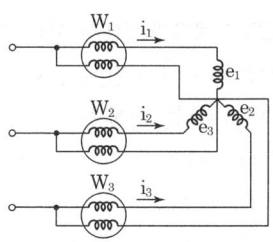

3전력계법은 단상 전력계 3대를 그림과 같이 접속하여 측정하는 방법으로 각 상의 전력계의 지시값은 평균값을 나타낸다.

49 논리식 $X = AB + \overline{BC}$ 에서 작동 설명으로 틀린 것은?
① A=1, B=1, C=0이면 X=1이다.
② A=0, B=0, C=1이면 X=1이다.
③ A=0, B=0, C=0이면 X=0이다.
④ A=1, B=0, C=1이면 X=1이다.

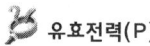 ③ A=0, B=0, C=0이면 X=1이다.

50 $e(t) = 200\sin\omega t [V]$, $i(t) = 4\sin(\omega t - \frac{\pi}{3})[A]$
일 때 유효전력[W]은 얼마인가?
① 300   ② 100
③ 200   ④ 400

 유효전력(P)

$$P = VI\cos\theta = \frac{V_m}{\sqrt{2}} \cdot \frac{I_m}{\sqrt{2}} \cos\theta$$
$$= \frac{200}{\sqrt{2}} \cdot \frac{4}{\sqrt{2}} \cos\left(0 - \left(-\frac{\pi}{3}\right)\right)$$
$$= 400\cos\frac{\pi}{3} = 200W$$

51 예비전원으로 사용되는 축전지의 내부저항을 측정할 때 가장 적합한 브리지는?
① 캠벨 브리지   ② 맥스웰 브리지
③ 휘트스톤 브리지 ④ 콜라우시 브리지

콜라우시 브리지

접지저항, 전해액의 저항, 전지의 내부저항을 측정하는 계기
[참고]
① 휘트스톤 브리지 : 1~$10^6\Omega$의 중저항 측정용 계기
② 맥스웰 브리지 : 상호 인덕턴스 측정용 브리지

Answer 46. ② 47. ④ 48. ④ 49. ③ 50. ③ 51. ④

③ 캠벨브리지 : 상호 인덕턴트와 주파수 측정에 사용되는 주파수 브리지의 일종

52 저항 8Ω과 유도리액턴스 6Ω이 직렬접속된 회로의 역률은?

① 0.6 ② 0.8
③ 0.9 ④ 1

🔑 역률($\cos\theta$)

$$\cos\theta = \frac{R}{Z} = \frac{R}{\sqrt{R^2 + X_L^2}} = \frac{8}{\sqrt{8^2 + 6^2}} = 0.8$$

53 전동기 2차측에 기동저항기를 접속하고 비례추이를 이용하여 기동하는 전동기는?

① 단상 유도전동기
② 2상 유도전동기
③ 권선형 유도전동기
④ 2중 농형 유도전동기

🔑 비례 추이

권선형 유도전동기의 회전자에 외부에서 2차 저항을 접속한 후 변화시키면 토크는 그대로 유지하면서 저항에 비례하여 슬립(속도)이 이동하는데 이를 비례 추이라 한다. 그러므로 2차 저항을 가감하여 원하는 토크를 발생할 수 있고 속도 제어를 할 수 있다.

54 물체의 위치, 방위, 자세 등의 기계적 변위를 제어량으로 하여 목표값의 임의의 변화에 항상 추종되도록 구성된 제어장치는?

① 서보기구   ② 자동조정
③ 정치 제어 ④ 프로세스 제어

🔑 서보 제어(추종 제어)

물체의 위치, 방위, 자세 등의 기계적 변위를 제어량으로 해서 목표값의 임의의 변화에 추종하도록 구성된 제어계로 비행기 및 선박의 방향제어계, 미사일 발사대의 자동위치 제어계, 추적용 레이더, 자

동평형 기록계 등에 적용된다.

55 저압의 기체를 압축하여 체적을 줄인 후 압력을 측정하여 이상 기체 방정식으로부터 원래의 압력을 계산하여 진공압을 측정하는 것은?

① 알파트론(Alphatron) 게이지
② 피라니(Pirani) 게이지
③ 이온화(Ionization) 게이지
④ 맥레오드(McLeod) 게이지

🔑 맥레오드 진공 게이지

액주식 압력계의 일종으로 이 진공계는 절대 진공계이며 기체의 보일 법칙(PV=일정)을 이용해서 압력을 측정하는 원리이다. 측정하고자 하는 기체를 체적 V_o만 분리하여 압축시켜 V로 하면, 압력은 P_o에서 V_o/V만큼 증폭이 되어 압력 P가 되는데, 이 압력 P를 측정하여 원래의 압력 P_o를 구하는 방식이다.

56 직류기에서 전압정류의 역할을 하는 것은?

① 보극   ② 보상권선
③ 탄소 브러시 ④ 리액턴스 코일

🔑 정류작용

㉠ 저항정류 : 접촉 저항이 큰 전기 흑연이나 탄소질의 브러시를 써서 정류
㉡ 전압정류 : 보극에 의하여 정류 전압을 정류 코일에 유도시켜 직선 정류에 가까운 정류가 되게 하는 것

57 PLC 프로그래밍에서 여러 개의 입력 신호 중 하나 또는 그 이상의 신호가 ON되었을 때 출력이 나오는 회로는?

① OR 회로   ② AND 회로
③ NOT 회로 ④ 자기유지회로

🔑 OR 회로(논리화 회로)

Answer 52. ② 53. ③ 54. ① 55. ④ 56. ① 57. ①

입력단자 중 어느 하나라도 ON되면 출력이 ON되고 모든 단자가 OFF되어야 출력이 OFF되는 회로
[참고]
① AND 회로 : 입력단자가 모두 ON되어야 출력이 ON되고 그 중 어느 한 단자라도 OFF되면 출력이 OFF되는 회로
② NOT 회로 : 입력이 ON되면 출력이 OFF되고 입력이 OFF되면 출력이 ON되는 회로
③ 자기유지회로 : 계전기 자신의 접점에 의하여 동작회로를 구성하고 스스로 동작을 유지하는 회로이며 복귀 신호를 주어야 비로소 복귀하는 회로

58 정격주파수 60Hz의 농형 유도전동기를 50Hz의 정격전압에서 사용할 때, 감소하는 것은?
① 토크
② 온도
③ 역률
④ 여자전류

60Hz의 유도전동기를 50Hz에 사용하면
① 속도가 감소한다.
② 여자전류가 증가하고 역률이 감소한다.
③ 온도가 상승한다.
④ 최대 토크 및 기동전류가 증가한다.

59 어떤 교류전압의 실효값이 100V일 때 최댓값은 약 몇 V가 되는가?
① 100
② 141
③ 173
④ 200

 교류전압의 최댓값(V_m)

교류전압의 실효값과 최댓값은 $V = \dfrac{V_m}{\sqrt{2}}$ 이므로
$V_m = \sqrt{2}\,V = \sqrt{2} \times 100 = 141\text{V}$

60 추종 제어에 속하지 않는 제어량은?
① 위치
② 방위
③ 자세
④ 유량

 추종 제어
① 시간에 따라 값이 변화하는 제어로 주로 서보기구 시스템이 이에 속한다.
② 제어량 : 위치, 방위, 자세 등

제4과목 : 유지보수 공사관리

61 급수배관 시공 시 수격작용의 방지대책으로 틀린 것은?
① 플러시 밸브 또는 급속 개폐식 수전을 사용한다.
② 관 지름은 유속이 2.0~2.5m/s 이내가 되도록 설정한다.
③ 역류 방지를 위하여 체크 밸브를 설치하는 것이 좋다.
④ 급수관에서 분기할 때에는 T 이음을 사용한다.

① 플러시 밸브 또는 급속 개폐식 수전을 사용하면 유속이 불규칙하게 변화되어 수격작용이 일어난다. 이 수격작용을 방지하기 위해 급히 닫히고 열리는 밸브의 근처에 공기실(air chamber)을 설치한다.

62 배관의 착색도료 중 밑칠용으로 사용되며, 녹방지를 위해서 많이 사용되는 도료는?
① 조합 페인트
② 산화철 도료
③ 에나멜
④ 광명단 도료

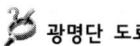 광명단 도료
연단을 아마인유와 혼합한 것으로, 밀착력이 강하고 풍화에 견딘다. 녹을 방지하기 위한 페인트 밑칠용으로 사용한다.

Answer 58. ③ 59. ② 60. ④ 61. ① 62. ④

63 증기로 가열하는 간접 가열식 급탕설비에서 저장탱크 주위에 설치하는 장치와 가장 거리가 먼 것은?
① 자동온도조절장치
② 증기트랩장치
③ 개방형 팽창 탱크
④ 안전장치와 온도계

🔑 **간접 가열식 급탕설비 저탕조 부속기기**
자동온도조절장치(서모스탯), 증기트랩장치, 온도계, 안전밸브, 순환펌프, 가열코일, 보일러, 급탕관 등

64 강관작업에서 아래 그림처럼 15A 나사용 90° 엘보 2개를 사용하여 길이가 200mm가 되게 연결 작업을 하려고 한다. 이때 실제 15A 강관의 길이(mm)는 얼마인가? (단, a : 나사가 물리는 최소 길이는 11mm, A : 이음쇠의 중심에서 단면까지의 길이는 27mm이다.)

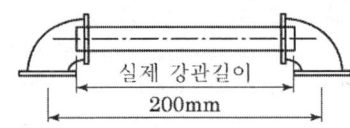

① 176   ② 168
③ 158   ④ 142

🔑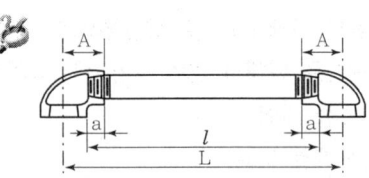

관 길이 $l = L - 2(A-a)$(mm)

여기서, L(mm) : 배관 중심선 간의 길이
A(mm) : 단면까지의 길이
a(mm) : 여유치수

관길이 $l = L - 2(A-a)$
$= 200 - 2 \times (27-11) = 168$mm

65 다음 중 체크밸브의 도시기호는?
① ─▷◁─   ② ─▶◀─
③ ─≋─   ④ ─▷│◁─

🔑 ① 일반밸브 ② 글로브 밸브
③ 안전밸브 ④ 체크밸브

66 급탕배관 시 주의사항으로 틀린 것은?
① 상향 배관인 경우 급탕관은 하향 구배로 한다.
② 구배는 중력순환식인 경우 1/150, 강제순환식에서는 1/200로 한다.
③ 플랜지에 사용되는 패킹은 내열성 재료를 사용한다.
④ 배관의 굽힘 부분에는 스위블 이음으로 접합한다.

🔑 급탕배관이 상향식인 경우 급탕 수평주관은 선상향(앞올림) 구배로 하고, 복귀관은 선하향(앞내림) 구배로 한다.
[참고] 급탕배관이 하향식인 경우 하향 구배로 한다.

67 수직배관에서의 역류방지를 위해 사용하기 가장 적당한 밸브는?
① 리프트식 체크 밸브
② 스윙식 체크 밸브
③ 안전 밸브
④ 코크 밸브

🔑 ① 체크 밸브(check vavle, 역지 밸브) : 유체를 일정한 방향으로만 흐르게 하고 역류를 방지하는 데 사용
② 체크 밸브 종류
㉠ 스윙형 : 수직, 수평배관에 사용
㉡ 리프트형 : 수평배관에 사용
㉢ 풋 밸브(foot valve) : 펌프 흡입관 하부에

Answer 63. ③ 64. ② 65. ④ 66. ① 67. ②

사용
㉣ 싱글 및 듀얼 플레이트 체크 밸브
㉤ 해머리스형(스모렌스키형)

68 증기 수평주관을 선하향 구배로 배관할 때 끝부분에 설치하는 장치는?

① 버킷 트랩 장치
② 배수 P트랩 장치
③ 자동공기빼기 장치
④ 전자밸브 장치

 버킷 트랩(Bucket trap)
버킷의 부력을 이용해 밸브를 개폐하여 응축수를 배출하는 것으로 주로 고압증기의 관말 트랩 등에 사용한다.

69 패킹재의 선정 시 고려사항으로 관내 유체의 화학적 성질이 아닌 것은?

① 점도
② 부식성
③ 휘발성
④ 용해능력

 패킹재 선정 시 고려 사항(관내 유체의 화학적인 성질)
화학성분과 안정도, 부식성, 용해능력, 휘발성, 인화성, 폭발성 등

70 배수 및 통기설비에서 배관시공법에 관한 주의사항으로 틀린 것은?

① 우수 수직관에 배수관을 연결하여서는 안 된다.
② 오버플로관은 트랩의 유입구측에 연결하여야 한다.
③ 바닥 아래에서 빼내는 각 통기관에는 횡주부를 형성시키지 않는다.
④ 통기 수직관은 최하위의 배수 수평지관보다 높은 위치에서 연결해야 한다.

④ 통기 수직관은 최하위의 배수 수평지관보다도 더욱 낮은 위치에서 배수관과 45° Y조인트로 연결하여야 한다.

71 증기난방을 응축수 환수법에 의해 분류하였을 때 그 종류가 아닌 것은?

① 기계 환수식
② 하트포드 환수식
③ 중력 환수식
④ 진공 환수식

 증기난방의 응축수 환수방식에 의한 분류
㉠ 중력환수식 : 응축수 자체의 중력에 의하여 환수(중·소규모)
㉡ 기계환수식 : 급수펌프를 설치하여 응축수를 보일러에 공급
㉢ 진공환수식 : 환수주관 말단부에 진공펌프를 연결하여 응축수를 신속하게 환수
[참고] 하트포드 접속법(hartford connection) : 증기관과 환수관 사이에 균형관을 접속하여 환수관 누설로 인하여 보일러 수위가 파괴되는 것을 방지(보일러 내의 안전수위를 유지하기 위한 접속)

72 냉동설비배관에서 액분리기와 압축기 사이의 냉매배관을 할 때 구배로 옳은 것은?

① 1/100 정도의 압축기측 상향 구배로 한다.
② 1/100 정도의 압축기측 하향 구배로 한다.
③ 1/200 정도의 압축기측 상향 구배로 한다.
④ 1/200 정도의 압축기측 하향 구배로 한다.

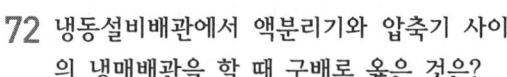 수평 가스배관에는 냉매가 흐르는 방향으로 1/200~1/250의 하향경사로 설치하여 냉매 중의 냉동기유가 흐르기 쉽게 해야 한다.

73 지름 20mm 이하의 동관을 이음할 때 또는 기계의 점검, 보수 기타 관을 떼어내기 쉽게 하기 위한 동관 이음 방법은?

① 플레어 접합
② 슬리브 접합

 68. ① 69. ① 70. ④ 71. ② 72. ④ 73. ①

③ 플랜지 접합　　④ 사이징 접합

🔖 **플레어 접합(Flare Joint)**
동관 끝부분을 플레어 공구(Flaring Tool)로 나팔 모양으로 넓히고 압축이음쇠를 사용하여 체결하는 이음 방법으로 지름 20mm 이하의 동관을 이음할 때, 기계의 점검 및 보수 등을 위해 분해가 필요한 장소나 기기를 연결하고자 할 때 이용된다.

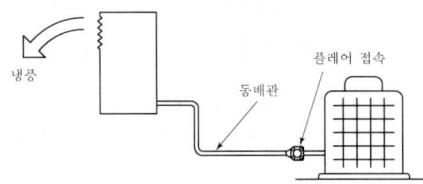

74 중앙식 급탕방식의 특징으로 틀린 것은?
① 일반적으로 다른 설비 기계류와 동일한 장소에 설치할 수 있어 관리가 용이하다.
② 저탕량이 많으므로 피크 부하에 대응할 수 있다.
③ 일반적으로 열원장치는 공조설비와 겸용하여 설치되기 때문에 열원단가가 싸다.
④ 배관이 연장되므로 열효율이 높다.

🔖 ④ 배관이 연장되므로 열손실이 크다.

75 다음 중 흡수성이 있으므로 방습재를 병용해야 하며, 아스팔트로 가공한 것은 -60℃까지의 보냉용으로 사용이 가능한 것은?
① 펠트　　② 탄화 코르크
③ 석면　　④ 암면

🔖 **펠트**
양모 펠트와 우모 펠트, 압축 펠트와 제직 펠트로 구분하며, 주로 방로 피복에 사용한다. 아스팔트로 방온한 것은 영하 60도 정도까지 유지할 수 있어 보냉용에 사용되며 관의 곡면 부분의 시공도 가능하다. 탄력성이 좋으며, 흡음, 차음, 단열, 내습성 등이 뛰어나 방음, 단열 결로방지, 음향조절용 흡음재 등 다양하게 사용된다.
[참고]
① 코르크 : 관상, 원통형 등이 있으며 보냉과 보온 효과가 우수하다. 탄화 코르크는 금속모양으로 압축한 뒤 300도로 가열해 만든 것으로 냉수, 냉매배관, 냉각기, 펌프 등의 보냉용으로 널리 사용된다.
② 암면 : 안산암, 현무암 등을 용융 후 섬유모양으로 만든 것으로, 흡수성이 적고 가격도 저렴해서 400도 이하의 파이프, 덕트, 탱크 등의 보온ㆍ보냉용으로 사용된다.
③ 석면 : 석면질 섬유로 되어 있으며, 400℃ 이하의 파이프, 탱크 노벽 등의 보온재로 적합하다.

76 배관의 접합 방법 중 용접접합의 특징으로 틀린 것은?
① 중량이 무겁다.
② 유체의 저항 손실이 적다.
③ 접합부 강도가 강하여 누수우려가 적다.
④ 보온피복 시공이 용이하다.

🔖 **용접이음 특징**
① 제품의 성능과 수명이 향상된다.
② 재료가 절약되고 작업 공정이 단축된다.
③ 강도가 크고, 중량이 가벼워진다.
④ 기밀성이 우수하며 이음효율이 높다.
⑤ 품질 검사가 곤란하다.
⑥ 잔류응력이 존재하므로 균열과 수축이 발생할 우려가 있다.

77 암모니아 냉동장치 배관재료로 사용할 수 없는 것은?
① 이음매 없는 동관
② 배관용 탄소강관
③ 저온 배관용 강관
④ 배관용 스테인리스 강관

🔖 ㉠ 암모니아 냉매 : 동관을 부식시키므로 강관

Answer　74. ④　75. ①　76. ①　77. ①

(SPPS)을 사용
ⓒ 프레온 냉매 : 이음매 없는 동관을 사용한다.

78 배관의 자중이나 열팽창에 의한 힘 이외에 기계의 진동, 수격작용, 지진 등 다른 하중에 의해 발생하는 변위 또는 진동을 억제시키기 위한 장치는?
① 스프링 행거   ② 브레이스
③ 앵커   ④ 가이드

브레이스
압축기나 펌프에서 발생하는 배관의 진동을 억제하는 데 사용
[참고]
① 행거(Hanger) : 천장 배관 등의 하중을 위에서 당겨서 받치는 지지 기구이다.
② 앵커 : 이동 및 회전을 방지하기 위하여 지지점 위치에 완전히 고정하는 것
③ 가이드 : 배관의 축방향 이동은 허용하고 관의 회전이나 축과 직각 방향을 구속하는 데 사용한다.

79 냉동배관 시 플렉시블 조인트의 설치에 관한 설명으로 틀린 것은?
① 가급적 압축기 가까이에 설치한다.
② 압축기의 진동방향에 대하여 직각으로 설치한다.
③ 압축기가 가동할 때 무리한 힘이 가해지지 않도록 설치한다.
④ 기계·구조물 등에 접촉되도록 견고하게 설치한다.

④ 플렉시블 조인트는 굴곡이 많은 곳이나 진동이 많이 발생하는 배관에 설치하여 기기의 진동이 배관에 전달되지 않도록 하여 배관이나 기기의 파손을 방지할 목적으로 사용되므로 기계·구조물 등에 접촉되지 않도록 적당한 간격을 띄워 설치한다.

80 도시가스의 공급설비 중 가스 홀더의 종류가 아닌 것은?
① 유수식   ② 중수식
③ 무수식   ④ 고압식

가스 홀더의 분류
㉠ 저압식 : 유수식, 무수식
㉡ 중·고압식 : 원통형, 구형

Answer 78. ② 79. ④ 80. ②

2023년 제3회

CBT 기출 복원문제

제1과목 : 에너지관리

01 다음 중 전공기 방식이 아닌 것은?
① 단일 덕트 방식
② 멀티존 유닛 방식
③ 2중 덕트 방식
④ 유인 유닛 방식

 ① 전공기 방식 : 단일 덕트 방식, 2중 덕트 방식, 각층 유닛 방식, 멀티존 유닛 방식
② 수공기 방식 : 유인 유닛 방식, 팬코일 유닛 방식 (덕트 병용)

02 온수난방에 대한 설명으로 틀린 것은?
① 온수의 체적팽창을 고려하여 팽창탱크를 설치한다.
② 보일러가 정지하여도 실내온도의 급격한 강하가 적다.
③ 밀폐식일 경우 배관의 부식이 많아 수명이 짧다.
④ 방열기에 공급되는 온수 온도와 유량 조절이 용이하다.

 ③ 밀폐식일 경우 배관의 부식이 적어 장치의 수명이 길다.

[참고] 온수난방의 특징

장점	단점
㉠ 방열기 온도가 낮아 실내 상하온도차가 적어 쾌감도가 좋다.	㉠ 열용량이 커 예열시간이 길다.
㉡ 중앙에서 온수온도 제어에 따른 방열량(온도) 조절이 용이하다.	㉡ 수두에 제한이 있어 건축물의 높이에 제한을 받는다.
㉢ 열용량이 커 실온의 변동이 적고 동결우려가 적다.	㉢ 보유열량이 적어 방열면적 및 관지름이 크다.
㉣ 보일러 취급이 용이하며 안전하다.	㉣ 순환펌프 등의 설치로 설비비가 비싸다.

03 수관식 보일러의 특징에 관한 설명으로 틀린 것은?
① 관(드럼)의 직경이 작아서 고온·고압용에 적당하다.
② 전열면적이 커서 증기발생시간이 빠르다.
③ 구조가 단순하여 청소나 검사 수리가 용이하다.
④ 보유수량이 적어 부하 변동 시 압력변화가 크다.

 수관식 보일러의 특징
① 전열면적이 커서 고온, 고압, 대용량에 적당하다.
② 보일러 수의 순환이 좋고 효율이 높다.
③ 일반적으로 구조가 복잡하여 청소, 검사, 보수가 불편하고 제작비가 고가이다.
④ 스케일에 의한 과열사고 발생이 쉬워 급수처리를 철저히 해야 한다.
⑤ 보유수량에 비해 전열면적이 크므로 압력변화가

 01. ④ 02. ③ 03. ③

커서 부하변동에 따른 변화가 크다.

04 보일러의 출력에는 상용출력과 정격출력이 있다. 다음 중 이들의 관계가 적당한 것은?
① 상용출력=난방부하+급탕부하+배관부하
② 정격출력=난방부하+배관 열손실부하
③ 상용출력=배관 열손실부하
　　　　　+보일러 예열부하
④ 정격출력=난방부하+급탕부하+배관부하
　　　　　+예열부하+온수부하

② 정미출력 : 난방부하+급탕부하
③ 상용출력 : 난방부하+급탕부하+배관부하
④ 정격출력 : 난방부하+급탕부하+배관부하+예열부하

05 다음 중 바이패스 팩터(BF)가 작아지는 경우는?
① 코일 통과풍속을 크게 할 때
② 전열면적이 작을 때
③ 코일의 간격이 클 때
④ 코일의 열수가 증가할 때

바이패스 팩터를 작게 하는 방법(공조기의 성능을 양호하게 하는 방법)
① 실내의 장치노점온도(ADP)를 높게
② 송풍량을 적게
③ 냉수량을 많게
④ 전열면적을 크게
　㉠ 코일의 열수를 많게
　㉡ 코일의 간격을 좁게
⑤ 콘택트 팩터를 크게

06 어느 건물 서편의 유리 면적이 $40m^2$이다. 안쪽에 크림색의 베네시언 블라인드를 설치한 유리면으로부터 오후 4시에 침입하는 열량(kW)은? (단, 외기는 33℃, 실내는 27℃, 유리는 1중이며, 유리의 열통과율(K)은 $5.9W/m^2 \cdot ℃$,

유리창의 복사량(I_{gr})은 $608W/m^2$, 차폐계수 (K_s)는 0.56이다.)
① 15   ② 13.6
③ 3.6   ④ 1.4

① 전도열량
$$Q_c = KA\Delta t = 5.9 \times 40 \times (33-27) = 1416W$$
② 복사열량
$$Q_r = A \times I_{gr} \times K_s = 40 \times 608 \times 0.56$$
$$= 13619.2W$$
③ 전체열량
$$Q = q_c + q_r = 1416 + 13619.2$$
$$= 15035.2W ≒ 15kW$$

07 복사 난방방식의 특징에 대한 설명으로 틀린 것은?
① 외기 온도와 갑작스러운 변화에 대응이 용이함
② 실내 상하 온도분포가 균일하여 난방효과가 이상적임
③ 실내 공기온도가 낮아도 되므로 열손실이 적음
④ 바닥에 난방기기가 필요 없어 바닥면의 이용도가 높음

① 예열시간이 길어 외기 온도의 갑작스러운 변화에 대응하기 어렵다.

08 다음의 취출과 관련한 용어 설명으로 틀린 것은?
① 그릴은 취출구의 전면에 설치하는 면격자이다.
② 드래프트는 인체에 닿아 불쾌감을 주는 기류이다.
③ 셔터는 취출구의 후부에 설치하는 풍량조절용 또는 개폐용의 기구이다.
④ 아스팩트비는 짧은 변을 긴 변으로 나눈

Answer　04. ①　05. ④　06. ①　07. ①　08. ④

값이다.

 ④ 아스펙트비(Aspect ratio)란 장방형 취출구의 긴 변을 짧은 변으로 나눈 값이다.

09 열회수방식 중 공조설비의 에너지 절약기법으로 많이 이용되고 있으며, 외기 도입량이 많고 운전시간이 긴 시설에서 효과가 큰 것은?

① 잠열교환기 방식
② 현열교환기 방식
③ 비열교환기 방식
④ 전열교환기 방식

 전열교환기

전열교환기는 현열뿐만이 아니고 공기 중의 수분, 즉 잠열의 교환도 행하는 것으로 회전형과 고정형이 있는데 주로 회전형이 많이 사용된다. 공조부하 중 외기부하가 차지하는 비중은 약 30% 정도가 되는데, 전열교환기는 이러한 외기부하를 저감시키기 위해, 공조 배기(exhaust air)와 급기가 직접 공기-공기로 열교환하여, 70% 전후의 열량(현열+잠열)을 회수한다. 전열교환기는 설비비는 높으나 전열교환기에 의한 외기부하의 감소는 냉동기, 보일러, 기타 부속기기의 용량이 적게 되어 운전비를 절약할 수 있다.

10 장방형 덕트(장변 a, 단변 b)를 원형 덕트로 바꿀 때 사용하는 계산식은 아래와 같다. 이 식으로 환산된 장방형 덕트와 원형 덕트의 관계는?

$$D_e = 1.3\left[\frac{(a \times b)^5}{(a+b)^2}\right]^{1/8}$$

① 두 덕트의 풍량과 단위 길이당 마찰손실이 같다.
② 두 덕트의 풍량과 풍속이 같다.
③ 두 덕트의 풍속과 단위 길이당 마찰손실이 같다.
④ 두 덕트의 풍량과 풍속 및 단위 길이당 마찰손실이 모두 같다.

 장방형 덕트의 마찰 손실

장방형 덕트의 마찰 손실은 이것과 동일한 풍량과 동일한 마찰 손실을 갖는 원형 덕트와의 관계에서 구한다. 일반적으로 장방형 덕트인 경우 가능하면 정방형이 되도록 하며 종횡비는 2 : 1을 표준으로 하고 가능하면 4 : 1 이하로 제한하며 최대 8 : 1 이하로 하여야 한다.

11 간접난방과 직접난방 방식에 대한 설명으로 틀린 것은?

① 간접난방은 중앙 공조기에 의해 공기를 가열해 실내로 공급하는 방식이다.
② 직접난방은 방열기에 의해서 실내공기를 가열하는 방식이다.
③ 직접난방은 방열체의 방열형식에 따라 대류난방과 복사난방으로 나눌 수 있다.
④ 온풍난방과 증기난방은 간접난방에 해당된다.

 ④ 온풍난방은 간접난방, 증기난방은 직접난방에 해당된다.
[참고]
① 직접난방 : 증기난방, 온수난방, 복사난방 등
② 간접난방 : 공기조화에 의한 난방, 온풍난방 등

12 보일러의 수위를 제어하는 주된 목적으로 가장 적절한 것은?

① 보일러의 급수장치가 동결되지 않도록 하기 위하여
② 보일러의 연료공급이 잘 이루어지도록 하기 위하여
③ 보일러가 과열로 인해 손상되지 않도록

 09. ④ 10. ① 11. ④ 12. ③

하기 위하여
④ 보일러에서의 출력을 부하에 따라 조절하기 위하여

🔖 **보일러 수위제어의 목적**
보일러가 연속운전되는 동안 증기의 부하변동이 생기면서 수위변동이 일어난다. 이 수위변동이 생길 때 일정수위가 되도록 급수를 조절해 주어야 과열로 인해 손상되지 않고 운전이 유지되기 때문에 수위제어가 설치된다.

13 냉수코일의 설계상 유의사항으로 옳은 것은?
① 일반적으로 통과 풍속은 2~3m/s로 한다.
② 입구 냉수온도는 20℃ 이상으로 취급한다.
③ 관내의 물의 유속은 4m/s 전후로 한다.
④ 병류형으로 하는 것이 보통이다.

🔖 **냉수코일의 설계 시 주의사항**
㉠ 코일 내 유속은 1m/s 전후로 한다.
㉡ 코일의 통과풍속을 2~3m/s 정도로 한다.
㉢ 공기와 물의 흐름은 대향류(역류) 흐름으로 하고 대수평균온도차(LMTD)를 크게 한다.
㉣ 공기의 압력손실을 고려하여 코일열수는 최대 10열로 하며 보통 4~8열 정도로 한다.
㉤ 냉수의 입·출구 온도차를 5℃ 정도로 한다.
㉥ 코일의 설치는 수평으로 한다.

14 원심송풍기에 사용되는 풍량 제어법 중 동일한 풍량 조건에서 가장 우수한 동력 절감 효과를 나타내는 것은?
① 가변 피치 제어   ② 흡입 베인 제어
③ 회전수 제어   ④ 댐퍼 제어

🔖 **효과적인 풍량 제어 순서**
회전수 제어 > 가변 피치 제어 > 흡입 베인 제어 > 댐퍼 제어

15 다음 중 감습(제습)장치의 방식이 아닌 것은?

① 흡수식   ② 감압식
③ 냉각식   ④ 압축식

🔖 **감습장치의 종류**
냉각식, 압축식, 흡수식, 흡착식

16 대기압하의 동일 건구온도에서 공기의 상태변화에 대한 설명 중 ( ) 안에 알맞은 말은?

> 상대습도가 증가하면 엔탈피는 (㉠)하며, 습구온도는 (㉡)하고, 비체적은 (㉢)하며, 절대습도는 (㉣)한다.

① ㉠ 증가, ㉡ 증가, ㉢ 증가, ㉣ 증가
② ㉠ 감소, ㉡ 증가, ㉢ 감소, ㉣ 증가
③ ㉠ 감소, ㉡ 감소, ㉢ 감소, ㉣ 감소
④ ㉠ 증가, ㉡ 감소, ㉢ 증가, ㉣ 감소

🔖 상대습도가 증가하면 엔탈피, 습구온도, 비체적, 절대습도는 증가한다.

17 송풍기의 법칙에서 회전속도가 일정하고, 직경이 d, 동력이 L인 송풍기를 직경이 d_1으로 크게 했을 때 동력(L_1)을 나타내는 식은?

① $L_1 = (d/d_1)^5 L$ ② $L_1 = (d/d_1)^4 L$
③ $L_1 = (d_1/d)^4 L$ ④ $L_1 = (d_1/d)^5 L$

🔖 **송풍기의 상사법칙**

풍량[Q]	$Q_1 = Q\left(\dfrac{N_1}{N}\right) = Q\left(\dfrac{d_1}{d}\right)^3$
정압[P]	$P_1 = P\left(\dfrac{N_1}{N}\right)^2 = P\left(\dfrac{d_1}{d}\right)^2$
동력[L]	$L_1 = L\left(\dfrac{N_1}{N}\right)^3 = L\left(\dfrac{d_1}{d}\right)^5$

18 32℃의 외기와 26℃의 환기를 1 : 2의 비율로 혼합하고 바이패스 팩터가 0.2인 코일로

13. ① 14. ③ 15. ② 16. ① 17. ④ 18. ①

냉각 감습할 때의 코일 출구온도는? (단, 코일 표면온도는 20℃이다.)

① 21.6℃ ② 22.5℃
③ 24.7℃ ④ 24.3℃

① 혼합온도
$$t_3 = \frac{G_1 t_1 + G_2 t_2}{G_1 + G_2} = \frac{1 \times 32 + 2 \times 26}{1 + 2} = 28℃$$
② 코일 출구온도
$$t_4 = t_{ADP} + BF(t_3 - t_{ADP})$$
$$= 20 + 0.2 \times (28 - 20) = 21.6℃$$

19 단면적 10m², 두께 2.5cm의 단열벽을 통하여 3kW의 열량이 내부로부터 외부로 전도된다. 내부 표면온도가 415℃이고, 재료의 열전도율이 0.2W/m·K일 때, 외부 표면온도는?

① 185℃ ② 218℃
③ 293℃ ④ 378℃

$$Q = KA \frac{\Delta t}{l}$$
$$\Delta t = \frac{Ql}{KA} = \frac{3000 \times 0.025}{0.2 \times 10} = 37.5℃$$
$$\Delta t = t_2 - t_1$$
$$t_1 = t_2 - \Delta t = 415 - 37.5 = 377.5℃$$

20 각종 보일러 구조 및 특성에 관한 설명으로 틀린 것은?

① 연관식 보일러는 보일러 동체의 수부에 다수의 연관을 동축에 평행하게 설치한 보일러이다.
② 입형 보일러는 수관 보일러에서 드럼을 제거한 것과 같은 구조이며, 1본의 관속을 유체가 흐르는 동안 예열, 증발, 과열이 한 번에 완료되는 방식으로 작동된다.
③ 노통 연관 보일러는 동체에 노통과 연관이 함께 설치된 보일러이다.
④ 수관식 보일러는 직경이 작은 드럼과 다수의 수관으로 구성된 보일러로서 고압, 대용량에 적합하다.

② 관류 보일러에 대한 설명이다.

제 2 과목 : 공조냉동 설계

21 어떤 시스템에서 공기가 초기에 290K에서 330K로 변화하였고, 이때 압력은 200kPa에서 600kPa로 변화하였다. 이때 단위 질량당 엔트로피 변화는 약 몇 kJ/(kg·K)인가? (단, 공기는 정압비열이 1.006kJ/(kg·K)이고, 기체상수가 0.287kJ/(kg·K)인 이상기체로 간주한다.)

① 0.445 ② −0.445
③ 0.185 ④ −0.185

엔트로피 변화(Δs)
$$\Delta s = s_2 - s_1 = C_p \ln \frac{T_2}{T_1} - R \ln \frac{P_2}{P_1}$$
$$= 1.006 \times \ln \frac{330}{290} - 0.287 \times \ln \frac{600}{200}$$
$$= -0.185 \text{kJ/(kg·K)}$$

22 카르노 사이클에 대한 설명으로 옳은 것은?

① 이상적인 2개의 등온과정과 이상적인 2개의 정압과정으로 이루어진다.
② 이상적인 2개의 정압과정과 이상적인 2개의 단열과정으로 이루어진다.
③ 이상적인 2개의 정압과정과 이상적인 2개의 정적과정으로 이루어진다.
④ 이상적인 2개의 등온과정과 이상적인 2개의 단열과정으로 이루어진다.

Answer 19. ④ 20. ② 21. ④ 22. ④

카르노 사이클
① 이상적인 열기관 사이클이며 손실을 수반하지 않는 가역사이클(Δs=0)
② 2개의 등온과정과 2개의 단열과정으로 구성
③ 열기관 중 가장 효율이 좋은 기관 사이클

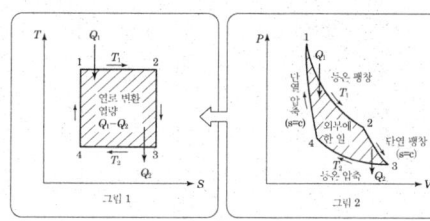

23 오토 사이클로 작동되는 기관에서 실린더의 간극 체적이 행정 체적의 15%라고 하면 이론 열효율은 약 얼마인가? (단, 비열비 k=1.4이다.)

① 45.2% ② 50.6%
③ 55.7% ④ 61.4%

 ① 압축비(ε)

$$\varepsilon = \frac{실린더체적}{간극체적}$$
$$= \frac{행정체적 + 간극체적}{간극체적}$$
$$= \frac{1+0.15}{0.15} = 7.67$$

② 이론 열효율

$$\eta_o = 1 - \left(\frac{1}{\varepsilon}\right)^{k-1} = 1 - \left(\frac{1}{7.67}\right)^{1.4-1}$$
$$= 0.557 = 55.7\%$$

24 냉동용량이 35kW인 어느 냉동기의 성능계수가 4.8이라면 이 냉동기를 작동하는 데 필요한 동력은?

① 약 9.2kW ② 약 8.3kW
③ 약 7.3kW ④ 약 6.5kW

 성능계수 $COP = \frac{Q}{W}$에서 소요동력(W)을 계산하면

$$W = \frac{Q}{COP} = \frac{35}{4.8} \fallingdotseq 7.3kW$$

25 절대 온도가 0에 접근할수록 순수 물질의 엔트로피는 0에 접근한다는 절대 엔트로피값의 기준을 규정한 법칙은?

① 열역학 제0법칙이다.
② 열역학 제1법칙이다.
③ 열역학 제2법칙이다.
④ 열역학 제3법칙이다.

 ① 열역학 제0법칙 : 온도(열)평형의 법칙
② 열역학 제1법칙 : 에너지보존의 법칙
③ 열역학 제2법칙 : 엔트로피 법칙, 에너지(열, 일) 변환에 대한 방향성을 제시한 법칙
④ 열역학 제3법칙 : 절대온도의 법칙

26 순수물질의 압력을 일정하게 유지하면서 엔트로피를 증가시킬 때 엔탈피는 어떻게 되는가?

① 증가한다.
② 감소한다.
③ 경우에 따라 다르다.
④ 변함없다

아래 선도에서 순수물질의 압력이 일정할 때 엔트로피가 증가하면 엔탈피도 증가한다.

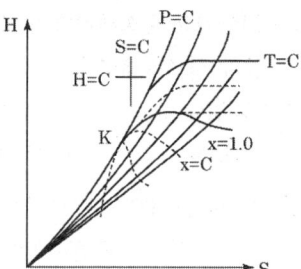

27 초기온도와 압력이 50℃, 600kPa인 질소가 100kPa까지 가역 단열팽창하였다. 이때 최

Answer: 23. ③ 24. ③ 25. ④ 26. ① 27. ②

종온도(K)는 얼마인가? (단, 질소는 이상기체이며, 비열비는 1.4이다.)

① 467.4　　② 193.6
③ 539.8　　④ 294.2

단열과정

$$\frac{T_2}{T_1} = \left(\frac{P_2}{P_1}\right)^{\frac{k-1}{k}}$$

$$\frac{T_2}{(50+273)} = \left(\frac{100}{600}\right)^{\frac{1.4-1}{1.4}}$$

$$\therefore T_2 = 193.6K$$

28 밀폐계의 가역 정적변화에서 다음 중 옳은 것은? (단, U : 내부에너지, Q : 전달된 열, H : 엔탈피, V : 체적, W : 일이다.)

① $dU = dQ$　　② $dH = dQ$
③ $dV = dQ$　　④ $dW = dQ$

밀폐계의 가역 정적변화에서는 체적에 변화가 없으므로 절대일($W = \int_1^2 PdV = 0$)은 0이며, 외부로부터 가해진 열량은 모두 내부에너지 변화에 사용된다. 즉, 가해진 열량은 내부에너지 변화량과 같다. $dQ = dU + PdV = dU$

29 용기에 부착된 압력계에 읽힌 계기압력이 150kPa이고 국소대기압이 100kPa일 때 용기 안의 절대압력은?

① 250kPa　　② 150kPa
③ 100kPa　　④ 50kPa

절대압력 = 대기압 + 계기압력
　　　 = 100 + 150 = 250kPa

[참고] 압력의 환산관계
① 절대압력 = 대기압 + 게이지압력
　　　　　 = 대기압 - 진공압력
② 게이지압력 = 절대압력 - 대기압

30 이상기체 프로판(C_3H_8, 분자량 44)의 상태가 온도 20℃, 압력 300kPa이다. 이것을 52L의 내압 용기에 넣을 경우 프로판의 질량(kg)은 얼마인가? (단, 일반기체상수는 8.314kJ/kmol·K이다.)

① 0.282　　② 0.182
③ 0.318　　④ 0.414

① 프로판 기체상수(R)
$$R = \frac{\overline{R}}{M} = \frac{8.314kJ/kmol \cdot K}{44kg/kmol} = 0.189kJ/kg \cdot K$$

② 프로판의 질량(m)
$PV = mRT$
$$m = \frac{PV}{RT} = \frac{300kN/m^2 \times (52 \times 10^{-3})m^3}{0.189kN \cdot m/kg \cdot K \times (273+20)K}$$
$$= 0.282kg$$

31 증발기에 관한 설명으로 틀린 것은?

① 냉매는 증발기 속에서 습증기가 건포화 증기로 변한다.
② 건식 증발기는 유회수가 용이하다.
③ 만액식 증발기는 액백을 방지하기 위해 액분리기를 설치한다.
④ 액순환식 증발기는 액 펌프나 저압 수액기가 필요없으므로 소형 냉동기에 유리하다.

④ 액순환식 증발기는 액펌프와 저압수액기가 필요하여 설비가 복잡하며 소형 냉동기에서는 체적효율이 나빠 채택하지 않는다.

32 냉동장치에서 발생한 불응축 가스를 제거하기 위해 설치하는 가스 퍼저의 설치 위치로 가장 적당한 곳은?

① 응축기측　　② 유분리기측
③ 압축기측　　④ 증발기측

불응축 가스가 모이는 곳(응축기 상부, 수액기 상

Answer　28. ①　29. ①　30. ①　31. ④　32. ①

부, 증발식 응축기는 액 헤드)에 가스 퍼저를 설치해야 한다.

33 피스톤 압출량이 920m³/h인 고속 다기통 압축기의 운전 상태가 아래 선도와 같을 때 이 냉동기의 냉동능력(RT)은 얼마인가? (단, 압축기의 체적효율은 60%이고, 1RT는 3.86kW이다.)

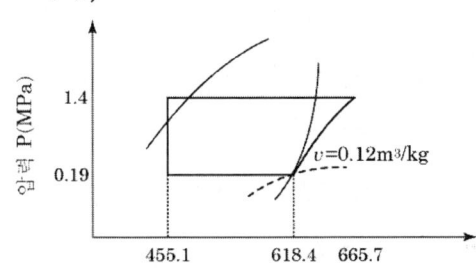

① 38 ② 62
③ 43 ④ 54

 ① 냉매순환량(G)

$$G = \frac{V_a}{v} \times \eta_v$$
$$= \frac{920}{0.12} \times 0.6 = 4,600\text{kg/h} = 1.278\text{kg/s}$$

② 냉동기의 냉동능력(Q)

$$Q = \frac{G \times q_e}{3.86} = \frac{G \times (h_1 - h_4)}{3.86}$$
$$= \frac{1.278 \times (618.4 - 455.1)}{3.86} = 54\text{RT}$$

34 압축기 토출압력 상승 원인이 아닌 것은?
① 응축온도가 낮을 때
② 냉각수 온도가 높을 때
③ 냉각수 양이 부족할 때
④ 공기가 장치 내에 혼입되었을 때

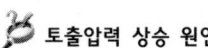 토출압력 상승 원인
㉠ 공기가 냉매 계통에 혼입된 경우

㉡ 냉각수(냉각공기) 온도가 높거나 유량이 부족한 경우
㉢ 응축된 냉각관에 스케일의 퇴적 또는 수로커버의 칸막이 벽의 부식, 또는 공랭식 응축기 핀이 오염되었을 때
㉣ 냉매의 과충전으로 응축기의 냉각관이 냉매액에 잠겨 유효전열면적이 감소
㉤ 토출 배관 중의 밸브가 완전히 열려 있지 않은 경우

35 축열시스템 방식에 대한 설명으로 틀린 것은?
① 수축열 방식 : 열용량이 큰 물을 축열재료로 이용하는 방식
② 빙축열 방식 : 냉열을 얼음에 저장하여 작은 체적에 효율적으로 냉열을 저장하는 방식
③ 잠열축열 방식 : 물질의 융해 및 응고 시 상변화에 따른 잠열을 이용하는 방식
④ 토양축열 방식 : 심해의 해수온도 및 해양의 축열성을 이용하는 방식

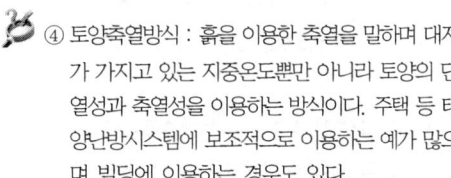 ④ 토양축열방식 : 흙을 이용한 축열을 말하며 대지가 가지고 있는 지중온도뿐만 아니라 토양의 단열성과 축열성을 이용하는 방식이다. 주택 등 태양난방시스템에 보조적으로 이용하는 예가 많으며 빌딩에 이용하는 경우도 있다.
[참고] 축열시스템은 수축열, 잠열축열 2가지로 크게 구분되고, 잠열축열시스템은 빙축열과 공융염축열로 나눌 수 있다. 잠열축열 가운데 빙축열 방식은 물의 상변화에 따른 잠열(약 80kcal/kg)을 이용하기 때문에 비교적 작은 체적에 효율적으로 냉열을 저장할 수 있어 현재 국내에 가장 많이 보급되고 있다.

36 다음 중 흡수식 냉동기의 냉매 흐름 순서로 옳은 것은?
① 발생기 → 흡수기 → 응축기 → 증발기
② 발생기 → 흡수기 → 증발기 → 응축기

Answer 33. ④ 34. ① 35. ④ 36. ③

③ 흡수기 → 발생기 → 응축기 → 증발기
④ 응축기 → 흡수기 → 발생기 → 증발기

🔑 ① 흡수식 냉동기의 냉매 순환
증발기 → 흡수기 → 열교환기 → 발생기(재생기)
→ 응축기 → 증발기
② 흡수식 냉동기의 흡수제 순환
흡수기 → 용액열교환기 → 발생기(재생기) →
용액열교환기 → 흡수기

37 증발기의 착상이 냉동장치에 미치는 영향에 대한 설명으로 틀린 것은?
① 냉동능력 저하에 따른 냉장(동)실 내 온도 상승
② 증발온도 및 증발압력의 상승
③ 냉동능력당 소요동력의 증대
④ 액압축 가능성의 증대

🔑 **착상의 영향**
① 증발압력 저하   ② 냉동능력 감소
③ 압축비 증가   ④ 고 내 온도 상승
⑤ RT당 소요동력 증가
⑥ 액압축(liquid back)의 우려

38 전열면적 40m², 냉각수량 300L/min, 열통과율 3140kJ/m²h℃인 수냉식 응축기를 사용하며, 응축부하가 439614kJ/h일 때 냉각수 입구 온도가 23℃이라면 응축온도(℃)는 얼마인가? (단, 냉각수의 비열은 4.186kJ/kg·K 이다.)
① 29.42℃   ② 25.92℃
③ 20.35℃   ④ 18.28℃

🔑 **응축기 방열량(Q_c)**
$Q_c = K \cdot A \cdot \Delta t_m = G_c \cdot C \cdot \Delta t$
① 냉각수 출구온도(t_2)
$Q_c = G_c \cdot C \cdot \Delta t$

$\Delta t = \dfrac{Q_c}{G_c \cdot C}$

$= \dfrac{439614}{\left(300\text{L/min} \times \dfrac{60\text{min}}{1\text{h}}\right) \times 4.186}$

$= 5.83℃$

$\Delta t = t_2 - t_1 = t_2 - 23 = 5.83$
$\therefore t_2 = 28.83℃$

② 냉매와 냉각수 온도차(Δt_m)
$Q_c = K \cdot A \cdot \Delta t_m$

$\Delta t_m = \dfrac{Q_c}{K \cdot A} = \dfrac{439614}{3140 \times 40} = 3.5℃$

③ 응축온도(t_c)
$\Delta t_m = t_c - \dfrac{t_{w1} + t_{w2}}{2}$

$t_c = \Delta t_m + \dfrac{t_{w1} + t_{w2}}{2}$

$= 3.5 + \dfrac{23 + 28.83}{2} = 29.42℃$

39 2원 냉동 장치에서 냉동기 정지 시 초저온 냉매의 증발로 인한 압력 상승을 방지할 수 있는 안전장치는?
① 캐스케이드 콘덴서
② 중간 냉각기
③ 바이패스 밸브
④ 팽창탱크

🔑 **팽창탱크**
2원 냉동장치에서 운전 중 저온측의 냉동기를 정지하였을 때 초저온 냉매의 증발로 인한 압력상승으로 냉동장치가 파괴되는 일이 있는데, 이를 방지하기 위하여 일정압력 이상이 되면 일부 가스를 저장하는 안전장치

40 교축과정(스로틀 과정)을 전후하여 일정한 값을 유지하는 상태량은?
① 엔트로피   ② 압력

Answer   37. ②   38. ①   39. ④   40. ③

③ 엔탈피   ④ 내부 에너지

 스로틀 과정(throttle process, 교축과정)
유체가 오리피스나 밸브 등의 작은 단면을 지날 때
① 단열팽창과정이므로 교축 전후의 엔탈피는 변화가 없다.(등엔탈피 과정)
② 압력 강하, 온도 저하, 비체적 상승, 엔트로피 증가

제3과목 : 시운전 및 안전관리

41 기계설비법령에 따라 일정 규모 이상의 건축물 등에 설치된 기계설비의 소유자는 유지관리기준을 준수하기 위해 기계설비유지관리자를 선임하여야 한다. 아래 내용은 해당되는 건축물 중 공동주택의 기준에 관한 내용이다. ( ) 안에 알맞은 내용은?

> 가. (㉠)세대 이상의 공동주택
> 나. (㉡)세대 이상으로서 중앙집중식 난방방식(지역난방방식을 포함한다)의 공동주택

① ㉠ 200 ㉡ 100   ② ㉠ 100 ㉡ 200
③ ㉠ 300 ㉡ 500   ④ ㉠ 500 ㉡ 300

 기계설비법 시행령 제14조제1항제2호에 해당하는 공동주택
가. 500세대 이상의 공동주택
나. 300세대 이상으로서 중앙집중식 난방방식(지역난방방식을 포함한다)의 공동주택

42 기계설비법 제19조제1항에 따라 선임된 기계설비유지관리자의 유지관리교육 중 신규교육의 교육시기는?

① 선임된 날부터 1개월 이내
② 선임된 날부터 2개월 이내
③ 선임된 날부터 3개월 이내
④ 선임된 날부터 6개월 이내

 기계설비유지관리자의 신규교육은 선임된 날부터 6개월 이내

43 기계설비법령에 따라 기계설비성능점검업을 등록한 자가 등록한 사항 중 대통령령으로 정하는 사항이 변경된 경우에는 변경 사유가 발생한 날부터 며칠 이내에 변경등록을 하여야 하는가?

① 10일   ② 15일
③ 20일   ④ 30일

 기계설비성능점검업을 등록한 자는 제1항에 따라 등록한 사항 중 대통령령으로 정하는 사항이 변경된 경우에는 변경 사유가 발생한 날부터 30일 이내에 변경등록을 하여야 한다.

44 기계설비법령에 따라 기계설비 발전 기본계획은 몇 년마다 수립·시행하여야 하는가?

① 1년   ② 3년
③ 2년   ④ 5년

기계설비법 제5조(기계설비 발전 기본계획의 수립)
국토교통부장관은 기계설비산업의 육성과 기계설비의 효율적인 유지관리 및 성능확보를 위하여 다음 각 호의 사항이 포함된 기계설비 발전 기본계획을 5년마다 수립·시행하여야 한다.

45 기계설비법령에 따라 기계설비 유지관리교육에 관한 업무를 위탁받아 시행하는 기관은?

① 한국기계설비건설협회
② 대한기계설비건설협회
③ 한국공작기계산업협회
④ 한국건설기계산업협회

 기계설비 유지관리교육에 관한 업무 위탁기관

Answer   41. ④   42. ④   43. ④   44. ④   45. ②

① 관련법령 : 기계설비법 시행령 제16조제2항
② 위탁기관 : 대한기계설비건설협회

46 기계장치, 프로세스 및 시스템 등에서 제어되는 전체 또는 부분으로서 제어량을 발생시키는 장치는?
① 제어장치   ② 제어대상
③ 조작장치   ④ 검출장치

　제어대상
　제어량을 발생시키는 장치로서 제어계에서 직접 제어를 받는 기계, 프로세스, 시스템의 전체 또는 일부가 여기에 속하며 제어하고자 하는 대상으로 발진기는 제어대상에 해당한다.

47 100V에서 500W를 소비하는 저항이 있다. 이 저항에 100V의 전원을 200V로 바꾸어 접속하면 소비되는 전력(W)은?
① 250   ② 500
③ 1000 ④ 2000

　전력 $P = \dfrac{V^2}{R}$ 이므로 저항 R에 관해 풀면
　$R = \dfrac{V_1^2}{P_1} = \dfrac{V_2^2}{P_2}$
　$P_2 = P_1 \times \dfrac{V_2^2}{V_1^2} = 500 \times \dfrac{200^2}{100^2} = 2000\text{W}$

48 저항체에 전류가 흐르면 줄열이 발생하는데 저항에 흐르는 전류 I와 전력 P의 관계는?
① $I \propto P^{0.5}$ ② $I \propto P$
③ $I \propto P^{1.5}$ ④ $I \propto P^2$

　줄열
　저항체에 전류가 흐를 때 전기 에너지가 저항선 내의 열에너지로 전환되는데 이를 줄열이라고 하고 이때 발생한 열량은
　$H = I^2Rt\text{[J]} = Pt \ (\because P = IV = I^2R)$
　$\therefore I = P^{0.5}$

49 전기기기 및 전로의 누전 여부를 알아보기 위해 사용되는 계측기는?
① 메거   ② 전압계
③ 전류계 ④ 검전기

　절연저항계(메거, megger)
　전기회로의 절연상태를 조사하는 계기로 전기 기기, 부품 및 전기 시설 등의 절연 열화에 의한 감전이나 누전 등의 위험성을 예방하기 위해 사용한다. 인가 전압과 누설전류에서 절연저항치를 알 수 있다.

50 단상 교류전력 중 무효전력을 나타내는 식은?
① $Q = VI\cos\theta$ ② $Q = VI\sin\theta$
③ $Q = VI$ ④ $Q = VI\tan\theta$

　① 무효전력[Var] : 교류회로에서 실제로 전력으로 이용할 수 없는 전력($VI\sin\theta$)
　② 유효전력[W]: 실제로 전력을 소모하여 일을 하는 전력($VI\cos\theta$)

51 전류의 측정 범위를 확대하기 위하여 사용되는 것은?
① 분류기   ② 배율기
③ 계기용변압기 ④ 전위차계

　㉠ 분류기 : 일정한 전류계로서 큰 전류를 측정하고자 할 때 전류계의 측정 범위를 넓히기 위하여 전류계에 저항을 병렬로 연결한 것
　㉡ 배율기 : 일정한 전압계로서 큰 전압을 측정하고자 할 경우 전압계의 측정 범위를 확대할 목적으로 외부의 저항을 전압계와 직렬로 연결한 저항

52 자동제어 계통의 조작 순서로 옳은 것은?
① 검출부 → 조작부 → 조절부
② 조작부 → 조절부 → 검출부
③ 검출부 → 조절부 → 조작부

Answer　46. ②　47. ④　48. ①　49. ①　50. ②　51. ①　52. ③

④ 조절부 → 검출부 → 조작부

🔑 자동제어의 회로 구성

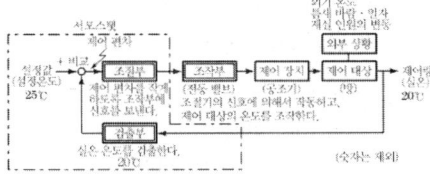

53 유도전동기에서 슬립이 "0"이라고 하는 것은?
① 유도전동기가 전부하 상태인 것을 나타낸다.
② 유도전동기가 정지 상태인 것을 나타낸다.
③ 유도전동기가 제동기의 역할을 한다는 것이다.
④ 유도전동기가 동기속도로 회전한다는 것이다.

🔑 유도전동기는 무부하에서는 거의 동기속도와 같은 (엄밀히 말하면 약간 느린) 속도로 회전자가 회전하지만, 부하를 걸면 회전속도가 수 % 느려진다. 이것을 슬립(slip)이라고 하고, 만약 슬립이 0이라면 동기속도와 같은 속도로 회전한다는 의미이다.

54 그림에서 3개의 입력단자 모두 1을 입력하면 출력단자 A와 B의 출력은?

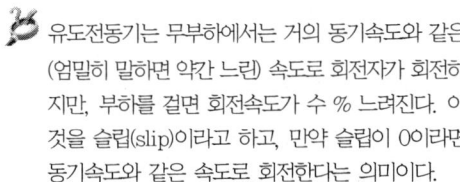

① A=0, B=0
② A=0, B=1
③ A=1, B=0
④ A=1, B=1

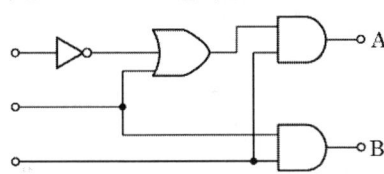

55 공작기계의 물품 가공을 위하여 주로 펄스를 이용한 프로그램 제어를 하는 것은?
① 수치 제어
② 속도 제어
③ PLC 제어
④ 계산기 제어

🔑 수치 제어
① 컴퓨터 등의 제어장치를 이용해 기계를 자동제어하는 기술로 주로 공작기계의 자동화에 이용된다.
② 특히 공작기계에 사용하여 공작물에 대한 공구의 위치를 기억시켜 놓은 명령으로 공작기계를 제어하거나 자동으로 조작하는 데 이용된다.

56 흐르는 물속에 피토관을 설치하여 측정하였더니 전압 130kPa, 정압 122kPa이었다. 유속(m/s)은 약 얼마인가? (단, 물의 밀도는 1000kg/m³이다.)
① 6
② 5
③ 3
④ 4

🔑 유속

$$v = \sqrt{\frac{2P_v}{\rho}} = \sqrt{\frac{2(P_t - P_s)}{\rho}}$$

$$= \sqrt{\frac{2(130-122) \times \frac{10^3 [Pa]}{1[kPa]}}{1000}} = 4\,\text{m/s}$$

57 전력(W)에 관한 설명으로 틀린 것은?
① 단위는 J/s이다.
② 열량을 적분하면 전력이다.
③ 단위 시간에 대한 전기 에너지이다.
④ 공률(일률)과 같은 단위를 갖는다.

🔑 ② 전력을 일정 시간 동안 적분하면 전력량을 얻을 수 있고 열량으로 환산할 수 있다.

58 다음 회로도를 보고 진리표를 채우고자 한다. 빈칸에 알맞은 값은?

Answer 53. ④ 54. ④ 55. ① 56. ④ 57. ② 58. ②

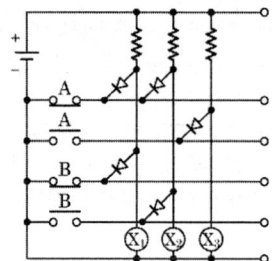

① ⓐ 1, ⓑ 1, ⓒ 0, ⓓ 0
② ⓐ 0, ⓑ 0, ⓒ 1, ⓓ 1
③ ⓐ 0, ⓑ 1, ⓒ 0, ⓓ 1
④ ⓐ 1, ⓑ 0, ⓒ 1, ⓓ 0

 $\overline{A}$ 또는 $\overline{B}$가 ON되면 다이오드가 ON되므로 회로의 논리식은
$X_1 = A \cdot B$
$X_2 = A \cdot \overline{B}$
$X_3 = \overline{A}$ (A가 OFF 또는 "0")이므로
a와 b는 "0", c와 d는 "1"이 된다.

59 논리식 A+BC와 등가인 논리식은?

① AB+AC
② (A+B)(A+C)
③ (A+B)C
④ (A+C)B

 ② (A+B)(A+C) = AA+AC+AB+BC
= A+AC+AB+BC
= A+AB+BC
= A+BC

60 "도선에서 두 점 사이의 전류의 세기는 그 두 점 사이의 전위차에 비례하고 전기저항에 반비례한다." 이것은 무슨 법칙을 설명한 것인가?

① 렌츠의 법칙
② 옴의 법칙
③ 플레밍의 법칙
④ 전압분배의 법칙

 옴의 법칙
전압, 전류, 저항과의 관계식으로 전류는 전압에 비례하고 저항에 반비례한다.
[참고]
① 렌츠의 법칙 : 유도기전력의 방향은 자속 변화를 방해하려는 방향으로 발생하며 유도기전력의 방향을 결정하는 법칙
② 플레밍의 오른손법칙 : 전자유도에 의해서 생기는 유도전류의 방향을 나타내는 법칙으로 발전기의 전류방향을 구하는 데 유용
③ 플레밍의 왼손법칙 : 전자기력의 방향을 결정하는 법칙으로서 전동기의 회전 방향을 구하는 데 유용
④ 전압분배의 법칙 : 다른 전압(V_{in})에 비례하는 전압 (V_{out})을 만들기 위해 사용하는 설계 기술

제4과목 : 유지보수 공사관리

61 폴리에틸렌 배관의 접합방법이 아닌 것은?

① 기볼트 접합
② 용착 슬리브 접합
③ 인서트 접합
④ 테이퍼 접합

 기볼트 접합
석면 시멘트관의 접합에 주로 쓰이는 이음. 관의 접합부에 주철제의 슬리브를 끼워 양단을 고무링으로 막고 이 고무링을 주철제의 플랜지로 조인다.
[참고] 폴리에틸렌 배관의 접합방법 : 테이퍼 조인트 이음, 인서트 이음, 플랜지 이음, 테이퍼 코어 플랜지 이음, 용착 슬리브 이음, 나사 이음 등

 59. ② 60. ② 61. ①

62 관의 내외에서 열의 교환용으로 사용되는 합금강, 강관으로서 보일러 수관, 과열관, 예열기, 화학공업의 열교환기관 등에 사용되는 것은?
  ① SPPW   ② SPLT
  ③ STHA   ④ SPHT

  ① SPPW : 수도용 아연도금 강관
  ② SPLT : 저온 배관용 강관
  ③ STHA : 보일러, 열교환기용 합금강 강관
  ④ SPHT : 고온 배관용 탄소강관

63 강관의 두께를 선정할 때 기준이 되는 것은?
  ① 스케줄 번호   ② 곡률반경
  ③ 외경   ④ 내경

  스케줄 번호(Schedule Number)
  배관의 두께를 나타내는 규격 번호로 번호가 클수록 관 두께가 두꺼워진다.

64 경질염화비닐관의 TS식 이음에서 작용하는 3가지 접착효과로 가장 거리가 먼 것은?
  ① 소성 삽입   ② 변형 삽입
  ③ 유동 삽입   ④ 일출 접착

  경질염화비닐관 TS식 이음
  관을 1/25~1/37의 일정한 테이퍼로 절삭하여 삽입한 다음 접합하는 방법으로 유동 삽입, 일출 삽입, 변형 삽입의 접착효과가 있다.

65 급수배관의 수격현상 방지방법으로 가장 거리가 먼 것은?
  ① 완폐형 체크밸브를 설치한다.
  ② 펌프에 플라이휠을 설치한다.
  ③ 관경을 작게 하고 유속을 매우 빠르게 한다.
  ④ 에어챔버를 설치한다.

  ③ 관경을 크게 하고 유속을 낮춘다.
  [참고] 수격작용 방지책
  ① 유속을 낮춘다.
  ② 밸브를 천천히 열고 닫는다.
  ③ 수격방지기나 공기실을 설치하여 압력변동을 방지한다.
  ④ 플라이휠을 부착하여 펌프의 속도를 완만하게 변화시킨다.
  ⑤ 배관은 가능한 한 직선배관을 원칙으로 하며 구부리지 않는다.

66 무기질 단열재에 관한 설명으로 틀린 것은?
  ① 암면은 단열성이 우수하고 아스팔트 가공된 보냉용의 경우 흡수성이 양호하다.
  ② 유리섬유는 가볍고 유연하여 작업성이 매우 좋으며 칼이나 가위 등으로 쉽게 절단된다.
  ③ 탄산마그네슘 보온재는 열전도율이 낮으며 300~320℃에서 열분해한다.
  ④ 규조토 보온재는 비교적 단열효과가 낮으므로 어느 정도 두껍게 시공하는 것이 좋다.

  ① 암면은 단열성이 우수하고 보냉용의 경우 아스팔트 가공을 하여 방습처리를 하므로 흡수성이 작다.

67 냉동장치에서 압축기의 진동이 배관에 전달되는 것을 흡수하기 위하여 압축기 토출, 흡입배관 등에 설치해 주는 것은?
  ① 팽창밸브   ② 안전밸브
  ③ 사이트 글라스 ④ 플렉시블 튜브

  플렉시블 튜브
  압축기의 진동이 건물이나 배관에 전달할 우려가 있을 경우에는 압축기의 설치대 아래에 방진고무를 설치하거나 압축기 토출, 흡입배관 또는 유닛의 출입구 배관 진동부분의 가요성 관(flexible tube)을 설치한다. 암모니아 배관에는 스테인리스 강재, 프레온 배관에는 구리합금 또는 스테인리스 강재, 물 또는 브라인의 출입구에는 고무관이 사용된다.

Answer 62. ③ 63. ① 64. ① 65. ③ 66. ① 67. ④

68 중·고압 가스 배관의 유량(Q)을 구하는 계산식으로 옳은 것은? (단, P_1 : 처음 압력, P_2 : 최종압력, d : 관 내경, L : 관 길이, S : 가스비중, K : 유량계수이다.)

① $Q = K\sqrt{\dfrac{(P_1-P_2)^2 d^5}{S \cdot L}}$

② $Q = K\sqrt{\dfrac{(P_2^2-P_1^2) d^4}{S \cdot L}}$

③ $Q = K\sqrt{\dfrac{(P_1^2-P_2^2) d^5}{S \cdot L}}$

④ $Q = K\sqrt{\dfrac{(P_2-P_1)^2 d^4}{S \cdot L}}$

69 냉동장치의 배관공사가 완료된 후 방열공사의 시공 및 냉매를 충전하기 전에 전 계통에 걸쳐 실시하며, 진공시험으로 최종적인 기밀 유무를 확인하기 전에 하는 시험은?

① 누설시험 ② 기밀시험
③ 내압시험 ④ 수압시험

 **누설시험**

누설시험은 진공시험으로 최종적인 기밀의 확인을 하기 전에 냉동장치의 배관공사 완료 후 방열공사 및 냉매충전을 하기 전 냉동장치 전 계통에 걸쳐 누설되는 곳을 점검하여 완전 기밀로 하는 것이 목적인 시험이다. 시험에 사용하는 가스는 건조공기, 질소 등의 불연성 가스를 사용하고, 기밀시험과 같은 방식으로 행한다.

70 온수난방 배관 설치 시 주의 사항으로 틀린 것은?

① 온수 방열기마다 수동식 에어벤트를 설치한다.
② 수평 배관에서 관경을 바꿀 때는 편심 이음을 사용한다.
③ 팽창관에 스톱밸브를 부착하여 긴급 상황 시 유체 흐름을 차단하도록 한다.
④ 수리나 난방 휴지 시 배수를 위한 드레인 밸브를 설치한다.

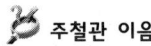 ③ 팽창관은 부피가 증가된 온수를 팽창탱크로 전달하는 배관으로 팽창관에는 절대 차단장치(밸브 등)를 달아서는 안 된다.

71 관의 종류와 이음방법의 연결로 틀린 것은?

① 강관 – 나사 이음
② 동관 – 압축 이음
③ 주철관 – 칼라 이음
④ 스테인리스 강관 – 몰코 이음

주철관 이음
① 소켓 이음
② 노허브 이음
③ 플랜지 이음
④ 기계식 이음(메커니컬 조인트)
⑤ 타이튼 이음
⑥ 빅토릭 이음
[참고] 칼라 이음(collar joint) : 석면 시멘트나 철근 콘크리트제 관 이음의 일종. 관과 관을 맞대어 바깥쪽에서 약간 큰 지름의 고리를 이음 부분에 씌운다.

72 보온재의 구비 조건으로 틀린 것은?

① 부피와 비중이 커야 한다.
② 흡수성이 적어야 한다.
③ 안전사용 온도 범위에 적합해야 한다.
④ 열전도율이 낮아야 한다.

보온재의 구비 조건
① 보온능력이 크고 열전도율이 작을 것
② 비중이 작을 것
③ 어느 정도 기계적 강도를 가질 것
④ 흡습성, 흡수성이 없을 것
⑤ 불연성일 것

Answer 68. ③ 69. ① 70. ③ 71. ③ 72. ①

⑥ 사용온도에서 장시간 사용해도 변질이 없을 것
⑦ 구입이 용이하고 시공이 쉬우며 내용 연수가 길 것

73 배관용 패킹재료 선정 시 고려해야 할 사항으로 가장 거리가 먼 것은?

① 유체의 압력
② 재료의 부식성
③ 진동의 유무
④ 시트면의 형상

 배관용 패킹재료 선정 시 고려사항
① 유체의 물리적인 성질 : 온도, 압력, 밀도, 점도 등
② 유체의 화학적인 성질 : 화학성분과 안정도, 부식성, 용해능력, 휘발성, 인화성, 폭발성 등
③ 기계적인 조건 : 교체의 편리성, 진동의 유무, 내압과 외압 등

74 급탕배관의 신축을 흡수하기 위한 시공방법으로 틀린 것은?

① 건물의 벽 관통부분 배관에는 슬리브를 끼운다.
② 배관의 굽힘 부분에는 벨로즈 이음으로 접합한다.
③ 복식 신축관 이음쇠는 신축구간의 중간에 설치한다.
④ 동관을 지지할 때에는 석면, 고무 등의 보호재를 사용하여 고정시킨다.

 ② 배관의 굽힘 부분에는 스위블 이음으로 접합한다.

75 펌프 주위 배관시공에 관한 사항으로 틀린 것은?

① 풋 밸브 등 모든 관의 이음은 수밀, 기밀을 유지할 수 있도록 한다.
② 흡입관의 길이는 가능한 한 짧게 배관하여 저항이 작도록 한다.
③ 흡입관의 수평배관은 펌프를 향하여 하향 구배로 한다.
④ 양정이 높을 경우 펌프 토출구와 게이트 밸브 사이에 체크밸브를 설치한다.

 펌프 주위 배관시공
펌프의 흡입배관은 가능한 한 길이를 짧게 하고 굴곡을 적게 하지만, 흡입관은 펌프 전방에서 관경의 3배 이상 직관부를 두고 관경을 바꿀 때는 편심이음쇠를 사용해야 한다. 또한 흡입관의 길이는 6m 이하로 하고 관경은 펌프의 흡입구 지름보다 한 치수 큰 것을 사용하고 말단에는 스트레이너를 설치한다. 흡입인 경우에는 펌프를 향하여 상향으로 구배(1/50 이상)가 되도록 하고 압입인 경우에는 반대로 구배가 되도록 하여야 한다.

76 병원, 연구소 등에서 발생하는 배수로 하수도에 직접 방류할 수 없는 유독한 물질을 함유한 배수를 무엇이라 하는가?

① 오수
② 우수
③ 잡배수
④ 특수배수

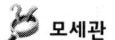 배수의 종류
① 오수 : 대소변기, 비데 등에서의 배설물에 관련한 배수
② 잡배수 : 세탁기, 세면기, 욕조, 싱크대 등에서의 배수
③ 우수 : 옥상, 마당 등의 빗물
④ 특수배수(위험물질을 포함한 배수) : 공장, 실험실 등에서의 폐수, 화학물질 배수

77 배수트랩의 봉수파괴 원인 중 트랩 출구 수직배관부에 머리카락이나 실 등이 걸려서 봉수가 파괴되는 현상과 관련된 작용은?

① 사이펀 작용
② 모세관 작용
③ 흡인 작용
④ 토출 작용

 모세관 작용
배수 트랩의 위어(weir)부에 천조각, 머리카락 등

Answer 73. ④ 74. ② 75. ③ 76. ④ 77. ②

이 걸려 있으면 모세관 작용으로 봉수가 서서히 빨려올라가 마침내 봉수가 파괴되는 현상

[참고]
① 자기 사이펀 작용 : 배수 시에 만수된 물이 일시에 흐르게 되면 트랩 내의 물(봉수)이 배수되는 물과 같이 모두 배수관 쪽으로 흡인되는 현상(사이펀 현상)에 의해서 유실되는 현상
② 유인 사이펀(흡인) 작용 : 수직관 가까이에 설치된 기구인 경우 수직관 상부에서 다량의 물이 배수될 때 순간적으로 진공상태가 되어 트랩의 봉수를 흡인하여 파괴하는 현상
③ 분출(토출) 작용 : 하층 또는 하류 수직관에 접근하여 설치된 트랩인 경우 바닥 횡주관에 물이 만수로 흘러 정체되어 있는 상태에서 수직관에서 다량의 물이 배수될 때 트랩 속의 봉수가 공기의 압력에 의해 역으로 역압 작용을 일으켜 실내 쪽으로 역류하게 되는 현상
④ 증발 : 위생기구의 상용빈도가 적을 때 증발에 의하여 봉수가 파괴되는 현상

78 증기난방 설비에서 기기 주변 배관 시공 시 하트포드 접속법에서 균형관의 연결 위치로 옳은 것은?
① 방열기
② 증기주관
③ 증발탱크
④ 감압밸브

 하트포드 접속법(Hartford Connection)
보일러 물이 환수관으로 역류하여 보일러 수면이 저수위 이하로 내려가는 경우가 있는데 이것을 방지하기 위하여 증기관과 환수관 사이에 표준 수면에서 50mm 아래로 균형관을 설치하여 증기압력과 환수관의 균형을 유지시켜 주는 접속법이다.

79 밀폐식 온수난방 배관에 대한 설명으로 틀린 것은?
① 배관의 부식이 비교적 적어 수명이 길다.
② 배관경이 작아지고 방열기도 작게 할 수 있다.
③ 팽창탱크를 사용한다.
④ 배관 내의 온수 온도는 70℃ 이하이다.

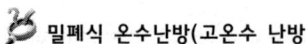 밀폐식 온수난방(고온수 난방)
전 설비를 밀폐하여 100℃ 이상의 고온수를 사용하는 방법으로 180℃까지 가능하다.

80 증기난방의 환수방법 중 증기의 순환이 가장 빠르며 방열기의 설치 위치에 제한을 받지 않고 대규모 난방에 주로 채택되는 방식은?
① 단관식 상향 증기난방법
② 단관식 하향 증기난방법
③ 진공환수식 증기난방법
④ 기계환수식 증기난방법

 진공환수식 증기난방
대규모 난방에 많이 사용하는 것으로 환수 주관의 끝, 보일러의 바로 앞에 진공 펌프를 설치하여 응축수를 신속하게 배출시킬 수 있고 방열기 내의 공기도 빼낼 수 있다. 증기 순환이 빠르고 환수관 관경을 작게 할 수 있으나, 운전 등에 애로 사항이 많아 지금은 거의 사용하지 않는다.

 78. ② 79. ④ 80. ③

2024년 제1회

공조냉동기계기사 과년도출제문제

제1과목 : 에너지 관리

01 사각덕트의 단변 200mm, 장변 600mm일 때 원형 덕트로 환산 시 직경의 길이는 몇 cm 인가?

① 11.64   ② 18.27
③ 23.28   ④ 36.53

원형 덕트의 상당직경

$$D_e = 1.3\left[\dfrac{(ab)^5}{(a+b)^2}\right]^{\frac{1}{8}}$$
$$= 1.3\left[\dfrac{(20\times 60)^5}{(20+60)^2}\right]^{\frac{1}{8}} = 36.53\text{cm}$$

02 어떤 냉각기의 1열(列) 코일의 바이패스 팩터가 0.65라면 4열(列)의 바이패스 팩터는 약 얼마가 되는가?

① 0.18   ② 1.82
③ 2.83   ④ 4.84

바이패스 팩터(BF)

$$\text{BF}_2 = (\text{BF}_1)^{\frac{N_2}{N_1}} = (0.65)^{\frac{4}{1}} = 0.18$$

03 공기조화 설비에서 공기의 경로로 옳은 것은?

① 환기덕트→공조기→급기덕트→취출구
② 공조기→환기덕트→급기덕트→취출구
③ 냉각탑→공조기→냉동기→취출구
④ 공조기→냉동기→환기덕트→취출구

공기의 이동경로

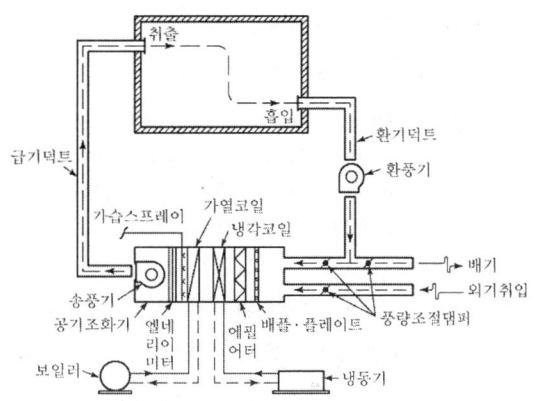

04 전압기준 국부저항계수 ζ_T와 정압기준 국부저항계수 ζ_S와의 관계를 바르게 나타낸 것은? (단, 덕트 상류 풍속은 v_1, 하류 풍속은 v_2이다.)

① $\zeta_T = \zeta_S - 1 + \left(\dfrac{v_2}{v_1}\right)^2$

② $\zeta_T = \zeta_S + 1 - \left(\dfrac{v_2}{v_1}\right)^2$

③ $\zeta_T = \zeta_S - 1 - \left(\dfrac{v_2}{v_1}\right)^2$

④ $\zeta_T = \zeta_S + 1 + \left(\dfrac{v_2}{v_1}\right)^2$

국부마찰손실(ζ_T가 전압기준일 때) $\Delta P_T = \zeta_T \dfrac{v^2}{2g}\gamma$
(여기서, g : 중력가속도, γ : 공기비중량, v : 풍속)
이고 정압손실을 식으로 나타낼 때에는 $\Delta P_S = \zeta_S \dfrac{v^2}{2g}\gamma$
로 한다. 이때 전압 기준의 ζ_T와 정압 기준의 ζ_S는

Answer 01. ④ 02. ① 03. ① 04. ②

$\zeta_T = \zeta_S + 1 - (\dfrac{v_2}{v_1})^2$ 관계가 있다.

05 덕트의 경로 중 단면적이 확대되었을 경우 압력변화에 대한 설명으로 틀린 것은?
① 전압이 증가한다.
② 동압이 감소한다.
③ 정압이 증가한다.
④ 풍속은 감소한다.

> ① 덕트의 단면적이 확대되면 국부손실이 발생하므로 전압(동압+정압)은 감소한다. 이때 동압의 유속이 감소하기 때문에 동압은 작아지고 정압은 동압이 감소한 만큼 증가한다.

06 다음 그림과 같은 외벽의 열관류율 값은? (단, 표면 열전달률 α_o=20W/m² · K, 표면 열전달률 α_i=7.5W/m² · K이다.)

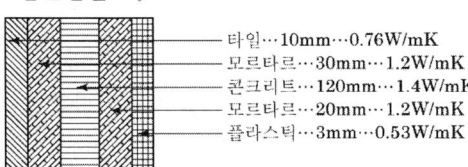

타일···10mm···0.76W/mK
모르타르···30mm···1.2W/mK
콘크리트···120mm···1.4W/mK
모르타르···20mm···1.2W/mK
플라스틱···3mm···0.53W/mK

① 약 3.03W/m² · K
② 약 10.1W/m² · K
③ 약 12.5W/m² · K
④ 약 17.7W/m² · K

> **외벽의 열관류율(K)**
> $K = \dfrac{1}{\dfrac{1}{\alpha_i} + \sum \dfrac{l}{\lambda} + \dfrac{1}{\alpha_o}}$
> $= \dfrac{1}{\dfrac{1}{7.5} + \dfrac{0.01}{0.76} + \dfrac{0.03}{1.2} + \dfrac{0.12}{1.4} + \dfrac{0.02}{1.2} + \dfrac{0.003}{0.53} + \dfrac{1}{20}}$
> $= 3.03 \text{W/m}^2\text{K}$

07 강제순환식 온수난방에서 개방형 팽창탱크를 설치하려고 할 때, 적당한 온수의 온도는?
① 100℃ 미만   ② 130℃ 미만
③ 150℃ 미만   ④ 170℃ 미만

> **온수난방의 분류**
> ① 저온수식 : 100℃ 이하의 온수 사용(개방형 팽창탱크), 소규모 건물, 주철제 보일러 사용
> ② 고온수식 : 100℃ 이상 고온수 사용(밀폐식 팽창탱크), 강판제 보일러 사용

08 공기의 성질에 관한 설명으로 틀린 것은?
① 절대습도는 습공기를 구성하고 있는 수증기와 건공기와의 질량비이다.
② 상대습도는 공기 중에 포함되어 있는 수증기의 양과 동일 온도에서 최대로 포함될 수 있는 수증기 양의 비이다.
③ 포화공기는 최대로 수분을 수용하고 있는 상태의 공기를 말한다.
④ 비교습도는 수증기 분압과 그 온도에 있어서의 포화공기의 수증기 분압과의 비를 말한다.

> ④는 상대습도의 정의이다.
> [참고] 비교습도(포화도, %) : 습공기의 절대습도와 동일 온도에 있어서 포화공기의 절대습도 비

09 다음 중 일반사무용 건물의 난방부하를 계산할 때 계산결과에 가장 적은 영향을 미치는 것은?
① 인체부하
② 외기온도
③ 틈새바람 부하
④ 벽체로부터의 손실열량

> 난방부하 계산의 기본적인 방법은 냉방부하 계산과 동일하지만 태양열의 일사부하, 인체 및 실내기구

 05. ① 06. ① 07. ① 08. ④ 09. ①

등의 취급에 차이가 있다. 그 이유는 일사부하나 인체부하, 조명부하, 기구부하 등은 난방부하를 경감시키는 요인들로 작용하기 때문에 일반적으로 난방부하 계산에 포함시키지 않고 냉방의 경우처럼 시각별 계산의 필요도 없다.

10 공기냉각용 냉수코일의 설계 시 주의사항으로 틀린 것은?

① 코일을 통과하는 공기의 풍속은 2~3m/s로 한다.
② 코일 내 물의 속도는 5m/s 이상으로 한다.
③ 물과 공기의 흐름방향은 역류가 되게 한다.
④ 코일의 설치는 관이 수평으로 놓이게 한다.

② 코일 내 물의 속도는 1m/s 전후로 한다.
[참고] 냉온수코일의 설계법
   ① 물과 공기의 흐름방향은 대향류(역류)로 할 것
   ② 대수평균온도차(MTD)를 크게 할 것(열수를 적게 할 수 있으며 코일의 열수는 4~8열이 적당)
   ③ 코일의 통과 풍속 : 2~3m/s
   ④ 관 내의 수속 : 1m/s 전후
   ⑤ 물의 입출구 온도차 : 5℃
   ⑥ 공기의 출구온도와 물의 입구온도차 : 5℃ 이상

11 공기조화방식 중 혼합상자에서 적당한 비율로 냉풍과 온풍을 자동적으로 혼합하여 각 실에 공급하는 방식은?

① 중앙식   ② 2중 덕트 방식
③ 유인유닛 방식   ④ 각층 유닛 방식

2중 덕트 방식(double duct system)
중앙공조기에서 냉풍과 온풍을 만들어 2계통의 덕트를 통해 송풍한 후 혼합상자(Mixing Box)에 냉풍과 온풍을 혼합시켜 실온을 제어하는 전공기방식이다.

12 여름철 외기와 환기를 1 : 3으로 혼합한 공기를 냉각코일을 통해 제습하고자 한다. 외기와 환기의 온도가 각각 35℃, 25℃일 때 코일 출구의 온도(℃)는 얼마인가? (단, 장치 노점온도는 15℃이고, 냉각코일의 바이패스 팩터(BF)는 0.2이다.)

① 27.5   ② 16.5
③ 17.5   ④ 20.5

① 외기와 환기의 혼합 공기온도
$$t_3 = \frac{G_1 t_1 + G_2 t_2}{G_1 + G_2}$$
$$= \frac{(1 \times 35) + (3 \times 25)}{1 + 3} = 27.5℃$$

② 코일출구 온도(t_2)
$$BF = \frac{t_2 - t_{ADP}}{t_3 - t_{ADP}} \rightarrow 0.2 = \frac{t_2 - 15}{27.5 - 15}$$

∴ $t_2 = 17.5℃$

13 그림과 같은 지면에 접해 있는 바닥구조체의 열관류율(W/m²·K)은 얼마인가? (단, 내표면 열전달률은 9.3W/m²·K, 지반면 열전달률 35W/m²·K이다.)

재료	두께 (m)	열전도율 (W/m·K)
① 테라조	0.03	1.8
② 모르타르	0.02	1.4
③ 콘크리트	0.15	1.63
④ 잡석	0.2	1.86
⑤ 지반	–	–

① 5.28   ② 0.84
③ 2.73   ④ 1.68

Answer 10. ② 11. ② 12. ③ 13. ③

바닥구조체의 열관류율(K)

$$K = \cfrac{1}{\cfrac{1}{\alpha_1} + \cfrac{l_1}{\lambda_1} + \cfrac{l_2}{\lambda_2} + \cfrac{l_3}{\lambda_3} + \cfrac{l_4}{\lambda_4} + \cfrac{1}{\lambda_5}}$$

$$= \cfrac{1}{\cfrac{1}{9.3} + \cfrac{0.03}{1.8} + \cfrac{0.02}{1.4} + \cfrac{0.15}{1.63} + \cfrac{0.2}{1.86} + \cfrac{1}{35}}$$

$$= 2.73 \, \text{W/m}^2\text{K}$$

14 다음 중 바이패스 팩터(BF)가 작아지는 경우는?
① 코일 통과풍속을 크게 할 때
② 전열면적이 작을 때
③ 코일의 열수가 증가할 때
④ 코일의 간격이 클 때

 바이패스 팩터(BF)를 작게 하는 방법
(공조기의 성능을 양호하게 하는 방법)
① 실내의 장치노점온도(ADP)를 높게 한다.
② 송풍량을 적게 한다.
③ 냉수량을 많게 한다.
④ 전열면적을 크게 한다.
　㉠ 코일의 열수를 많게 한다.
　㉡ 코일의 간격을 좁게 한다.
⑤ 콘택트 팩터를 크게 한다.

15 주어진 계통도와 같은 공기조화장치에서 공기의 상태변화를 습공기 선도상에 나타내었다. 계통도의 '5'점은 습공기 선도에서 어느 점인가?

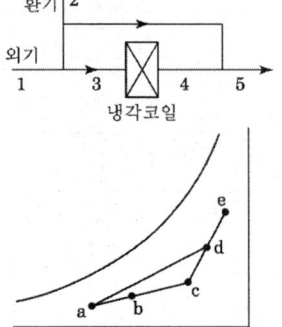

① a　　② b
③ c　　④ d

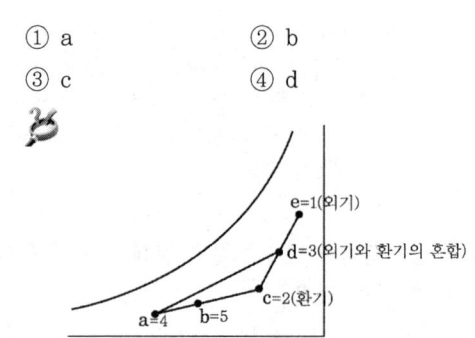

16 다음 중 공기조화 설비의 T.A.B를 수행할 때 작업 진행 순서로 올바른 것은?

㉠ 전원점검
㉡ 현장점검
㉢ 예비보고서 작성
㉣ 물 분배계통의 시험조정

① ㉠ → ㉡ → ㉢ → ㉣
② ㉢ → ㉡ → ㉠ → ㉣
③ ㉢ → ㉠ → ㉡ → ㉣
④ ㉠ → ㉡ → ㉣ → ㉢

 T.A.B 작업진행 순서
시스템 검토 → 예비보고서 작성 → 현장점검 → 전원점검 → 시험조정(공기분배 시스템, 물분배 시스템) → 자동제어 계통 점검 → 온·습도 조정 → 소음 측정 → 종합보고서 작성

17 다음 중 직접 난방 방식이 아닌 것은?
① 온풍 난방　　② 고온수 난방
③ 저압 증기 난방　　④ 복사 난방

 ① 직접 난방 : 난방 공간에 방열기나 복사 패널 등 난방기기를 설치하고 증기, 온수 등의 열매체를 공급하여 실내를 난방하는 방식(증기 난방, 온수 난방, 복사 난방 등)
② 간접 난방 : 방열기를 두지 아니하고 (중앙)열원장비로 가열된 공기를 덕트 등을 통해 난방하는 방식(온풍 난방)

 14. ③　15. ②　16. ②　17. ①

18 물에 의한 보일러 장해 요인이 아닌 것은?
① 스케일 부착 ② 캐리오버
③ 전열 촉진 ④ 부식

 보일러 및 부속설비의 물에 의한 장해
스케일 생성 및 고착, 부식, 캐리오버, 전열면 과열로 전열 방해, 수위 저하

19 공기 중 수증기가 응축하기 시작할 때의 온도, 즉 공기가 포화상태로 될 때의 온도를 무엇이라고 하는가?
① 건구온도 ② 노점온도
③ 습구온도 ④ 상당외기온도

 **노점온도**
공기의 온도가 낮아지면 습공기 중의 수증기가 공기로부터 분리되어 이슬이 맺히기(응축) 시작할 때의 온도로 이때 절대습도는 감소한다.

20 다음 중 온수난방과 관계없는 장치는 무엇인가?
① 트랩 ② 공기빼기 밸브
③ 순환펌프 ④ 팽창탱크

 온수난방용 기기
팽창탱크, 팽창관, 온수순환펌프, 리턴 콕, 방열기 밸브, 공기빼기 밸브, 신축이음 등
[참고] 트랩 : 증기난방에서 발생하는 응축수를 회수하기 위한 기기

제 2 과목 : 공조냉동 설계

21 시스템의 열역학적 상태를 기술하는 데 열역학적 상태량(또는 성질)이 사용된다. 다음 중 열역학적 상태량으로 올바르게 짝지어진 것은?
① 열, 일
② 엔탈피, 엔트로피
③ 열, 엔탈피
④ 일, 엔트로피

열역학적 상태량
① 강도성 상태량(intensive property) : 물질이 가지는 질량의 크기에 관계없는 상태량
   예) 온도, 압력, 밀도 등
② 종량성 상태량(extensive property) : 물질의 질량에 따라서 값이 변하는 상태량
   예) 무게, 질량, 엔탈피, 체적, 엔트로피 등
③ 비상태량 : 물질의 종량성 상태량을 단위질량으로 나눈 값
   예) 비엔탈피, 비체적 등
④ 일(work), 열(heat) : 일과 열은 오직 계와 주위의 경계에서만 관찰되는 양이며, 계의 성질이 아니므로 상태함수가 아니고 경로함수이다.

22 다음 중 비가역 과정으로 볼 수 없는 것은?
① 마찰 현상
② 낮은 압력으로의 자유 팽창
③ 등온 열전달
④ 상이한 조성물질의 혼합

① 가역 과정 : 계와 주변 환경에 아무런 변화를 일으키지 않고 원래대로 되돌아올 수 있는 변화 과정(등온열전달, 카르노 사이클, 등엔트로피 변화 등)
② 비가역 과정 : 원래의 상태로 되돌아올 수 없는 변화 과정
  ㉠ 마찰
  ㉡ 비구속 팽창
  ㉢ 두 가스의 혼합
  ㉣ 유한한 온도차에서의 열전달
  ㉤ 전기저항
  ㉥ 고체의 소성변형

23 수증기가 정상과정으로 40m/s의 속도로 노즐에 유입되어 275m/s로 빠져나간다. 유입되는 수증기의 엔탈피는 3300kJ/kg, 노즐

Answer 18. ③ 19. ② 20. ① 21. ② 22. ③ 23. ①

로부터 발생되는 열손실은 5.9kJ/kg일 때 노즐 출구에서의 수증기 엔탈피는 약 몇 kJ/kg인가?

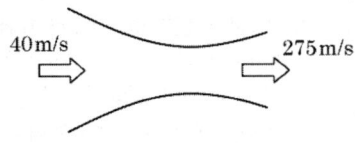

① 3257　　② 3024
③ 2795　　④ 2612

🖋 노즐 출구에서 수증기 엔탈피(h_2)

$$\Delta h = h_1 - h_2 - h_{loss} = \frac{1}{2}(v_2^2 - v_1^2)$$

$$h_2 = h_1 - h_{loss} - \frac{1}{2}(v_2^2 - v_1^2)$$

$$= 3300 - 5.9 - \left[\frac{1}{2}(275^2 - 40^2) \times \frac{1kJ}{1000J}\right]$$

$$= 3257 kJ/kg$$

24 클라우지우스(Clausius) 부등식을 표현한 것으로 옳은 것은? (단, T는 절대 온도, Q는 열량을 표시한다.)

① $\oint \frac{\delta Q}{T} \geq 0$　　② $\oint \frac{\delta Q}{T} \leq 0$

③ $\oint \delta Q \geq 0$　　④ $\oint \delta Q \leq 0$

🖋 클라우지우스의 부등식

$\oint \frac{\delta Q}{T} \leq 0$

㉠ 가역과정 : $\oint \frac{\delta Q}{T} = 0$

㉡ 비가역과정 : $\oint \frac{\delta Q}{T} < 0$

25 플로트 스위치를 설치할 장소로 옳은 것은?
① LPS와 조합하여 unloader용으로 설치
② 수액기 출구 스톱밸브와 팽창밸브 사이의 액관
③ 냉매유량 확보를 위한 응축기에 설치
④ 액분리기에 설치

🖋 플로트 스위치는 저압수액기, 액분리기 등의 압력용기 내의 액 레벨을 제어한다.

26 불응축 가스를 제거하는 가스 퍼저(gas purger)의 설치 위치로 적당한 곳은?
① 고압 수액기 상부
② 저압 수액기 상부
③ 유분리기 상부
④ 액분리기 상부

🖋 ① 불응축 가스가 모이는 곳에 가스 퍼저를 설치해야 한다.
② 불응축 가스가 모이는 곳
　㉠ 응축기 상부
　㉡ 고압 수액기 상부
　㉢ 증발식 응축기는 액헤드

27 2단압축 1단팽창 냉동장치에서 고단 압축기의 냉매순환량을 G_2, 저단 압축기의 냉매순환량을 G_1이라고 할 때 G_2/G_1은 얼마인가?

저단 압축기 흡입증기 엔탈피 (h_1)	610.4kJ/kg
저단 압축기 토출증기 엔탈피 (h_2)	652.3kJ/kg
고단 압축기 흡입증기 엔탈피 (h_3)	622.2kJ/kg
중간 냉각기용 팽창밸브 직전 냉매 엔탈피(h_4)	462.6kJ/kg
증발기용 팽창밸브 직전 냉매 엔탈피(h_5)	427.1kJ/kg

① 0.8　　② 1.4
③ 2.5　　④ 3.1

🖋 ① 저단압축기 냉매순환량

$$G_1 = \frac{Q_e}{h_1 - h_5}$$

Answer　24. ②　25. ④　26. ①　27. ②

$$= \frac{Q_e}{610.4-427.1} = \frac{Q_e}{183.3} = 0.0055 Q_e$$

② 고단압축기 냉매순환량

$$G_2 = G_1 \times \frac{h_2-h_5}{h_3-h_4}$$

$$= \frac{Q_e}{183.3} \times \frac{652.3-427.1}{622.2-462.6} = 0.0077 Q_e$$

$$\therefore \frac{G_2}{G_1} = \frac{0.0077 Q_e}{0.0055 Q_e} = 1.4$$

28 압축비가 6인 오토 사이클(Otto cycle)에 있어서 압축비가 8로 되었다고 하면 열효율은 몇 배가 되겠는가? (단, 작동유체는 이상기체이며 열용량의 비는 $\frac{C_p}{C_v} = 1.4$이다.)

① 0.9 ② 1.1
③ 1.2 ④ 1.3

$\eta_1 = 1 - (\frac{1}{\varepsilon})^{k-1} = 1 - (\frac{1}{6})^{1.4-1} = 0.512$

$\eta_2 = 1 - (\frac{1}{\varepsilon})^{k-1} = 1 - (\frac{1}{8})^{1.4-1} = 0.565$

$\therefore \frac{\eta_2}{\eta_1} = \frac{0.565}{0.512} ≒ 1.1$

29 다음 중 이상적인 카르노 사이클의 열기관이 500℃인 열원으로부터 500kJ을 받고, 25℃에 열을 방출한다. 이 사이클의 일(W)과 효율(η_{th})은 얼마인가?

① W=307.2kJ, η_{th}=0.6144
② W=307.2kJ, η_{th}=0.5748
③ W=250.3kJ, η_{th}=0.6144
④ W=250.3kJ, η_{th}=0.5748

카르노 사이클의 효율

$$\eta_{th} = \frac{유효일량(W)}{공급한 열량(q_1)} = 1 - \frac{q_2}{q_1} = 1 - \frac{T_2}{T_1}$$

① 열효율(η_{th})

$T_1 = 500℃ = (500+273)K = 773K$
$T_2 = 25℃ = (25+273)K = 298K$

$\therefore \eta_{th} = 1 - \frac{T_2}{T_1} = 1 - \frac{298}{773} = 0.6144$

② 일(W)

$$\eta_{th} = \frac{유효일량(W)}{공급한 열량(q_1)} \rightarrow 0.6144 = \frac{W}{500}$$

$\therefore$ W = 307.2kJ

30 프레온 냉매(CFC) 화합물은 태양의 무엇에 의해 분해되어 오존층 파괴의 원인이 되는가?

① 자외선 ② 감마선
③ 적외선 ④ 알파선

프레온 냉매(CFC계)
냉매의 구비 요건을 아주 만족하고 화학적으로도 안전할 뿐 아니라 인체에 무해하다. 하지만 대기 중에 방출되면 대부분이 분해되지 않은 채 성층권에 도달하고, 그곳에서 자외선에 의해 분해된 염소원자가 오존층을 파괴한다.

31 다음 중 펠티어 효과를 이용한 냉동법은?

① 공기압축식 ③ 흡수식
② 증기분사식 ④ 열전식

열전냉동장치(전자냉동법)
성질이 다른 두 금속을 접속시켜 직류전류를 흐르게 하면 접합부에서 열의 방출과 흡수가 일어나는 현상을 이용하여 저온을 얻는 방법, 즉 펠티어(Peltier) 효과를 이용한 것으로 열전냉동법이라 한다.

32 압력이 287kPa일 때 1m³의 공기질량이 2kg이었다. 이때 공기의 온도(℃)는? (단, 공기의 기체상수 R=287J/kg·K이다.)

① 500 ② 400
③ 770 ④ 227

이상기체 상태방정식 $PV = mRT$에서

Answer 28. ② 29. ① 30. ① 31. ④ 32. ④

부록

공기의 온도(T)

$$T = \frac{PV}{mR} = \frac{287 \times 1}{2 \times 0.287} = 500K = 227℃$$

33 과열증기를 냉각시켰더니 포화영역 안으로 들어와서 비체적이 0.2327m³/kg이 되었다. 이때의 포화액과 포화증기의 비체적이 각각 1.079×10⁻³m³/kg, 0.5243m³/kg이라고 한다면 건도는?

① 0.964　② 0.772
③ 0.653　④ 0.443

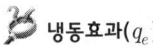 습증기의 건도(x)

$$v = v_f + x(v_g - v_f)$$

$$x = \frac{v - v_f}{v_g - v_f} = \frac{0.2327 - 1.079 \times 10^{-3}}{0.5243 - 1.079 \times 10^{-3}} = 0.443$$

34 냉동능력이 10RT이고 실제 흡입가스의 체적이 15m³/h인 냉동기의 냉동효과(kJ/kg)는? (단, 압축기 입구 비체적은 0.52m³/kg이고, 1RT는 3.86kW이다.)

① 4817.2　② 3128.1
③ 2984.7　④ 1534.8

냉동효과(q_e)

$$G = \frac{Q}{q_e} = \frac{V}{v_a} \text{에서}$$

$$q_e = \frac{Q \cdot v_a}{V}$$

$$= \frac{(10 \times \frac{3.86kW}{1RT}) \times 0.52}{15 \times \frac{1h}{3600s}} = 4817.2 kJ/kg$$

35 다음 카르노 사이클의 P-V 선도를 T-S 선도로 바르게 나타낸 것은?

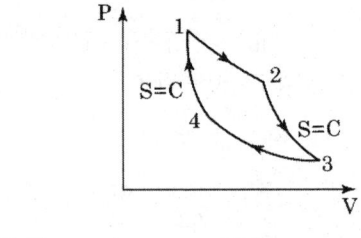

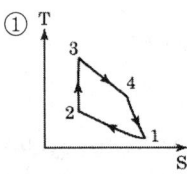 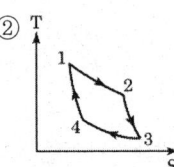

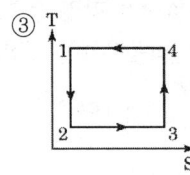 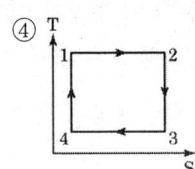

카르노 사이클

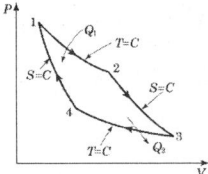 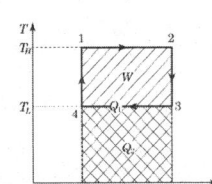

36 2열원 사이에서 작동하는 히트펌프가 달성할 수 있는 최고 성적계수는 약 얼마인가? (단, 2열원의 온도는 각각 -12℃, 32℃이다.)

① 5.93　② 6.93
③ 8.1　④ 10.2

성적계수

$$COP_H = \frac{T_H}{T_H - T_L} = \frac{305}{305 - 261} = 6.93$$

여기서, $T_H = 273 + 32 = 305K$
　　　　$T_L = 273 + (-12) = 261K$

37 다음 중 공기 표준 오토 사이클에 대한 설명으로 옳은 것은?

Answer　33. ④　34. ①　35. ④　36. ②　37. ①

① 2개의 단열 과정과 2개의 정적 과정으로 이루어진 불꽃점화 기관의 이상 사이클이다.
② 정압, 정적, 단열 과정으로 이루어진 압축점화기관의 이상 사이클이다.
③ 2개의 단열 과정과 2개의 정압 과정으로 이루어진 가스터빈의 이상 사이클이다.
④ 2개의 정압 과정과 2개의 정적 과정으로 이루어진 증기원동기의 이상 사이클이다.

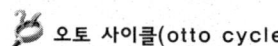 오토 사이클(otto cycle)
불꽃 점화기의 기본이 되는 이론 사이클로, 2개의 단열 과정과 2개의 정적 과정으로 이루어지며, 가솔린 기관 및 가스 기관의 기본 사이클이다.

38 냉동장치 운전 중 증기상태값이 압력 0.3MPa에서 포화액 엔탈피 368kJ/kg, 포화증기 엔탈피 1614kJ/kg일 때 팽창밸브 직전의 냉매 엔탈피는 577.8kJ/kg, 팽창밸브 통과 후 냉매 압력이 0.3MPa일 때 증발기로 들어가는 냉매액의 중량비는 대략 몇 %가 되는가?

① 16.8%   ② 38.5%
③ 78.2%   ④ 83.2%

 팽창과정은 등엔탈피 과정이므로 팽창밸브 통과 후 냉매 엔탈피는 577.8kJ/kg이다.
냉매액의 중량비
$$= \frac{h_{포화증기} - h_{팽창밸브 통과 후}}{h_{포화증기} - h_{포화액}}$$
$$= \frac{1614 - 577.8}{1614 - 368} = 0.832 = 83.2\%$$

[별해]
① 건조도 $x = \frac{577.8 - 368}{1614 - 368} = 0.168$
② 냉매액의 중량비
$y = 1 - x = 1 - 0.168 = 0.832 = 83.2\%$

39 다음과 같은 카르노 사이클에 대한 설명으로 옳은 것은?

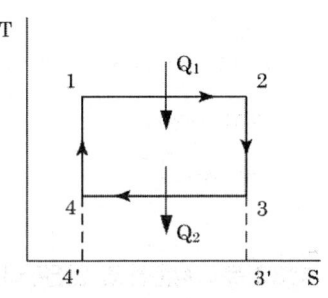

① 면적 1-2-3′-4′는 흡열 Q_1을 나타낸다.
② 면적 4-3-3′-4′는 유효열량을 나타낸다.
③ 면적 1-2-3-4는 방열 Q_2를 나타낸다.
④ Q_1, Q_2는 면적과는 무관하다.

② 면적 4-3-3′-4′는 방열 Q_2를 나타낸다.
③ 면적 1-2-3-4는 유효열량을 나타낸다.

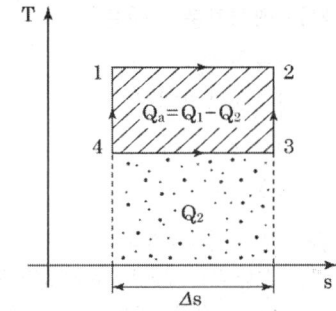

40 초기 압력 0.2MPa, 초기 온도 120℃인 이상기체 1kg을 압축비 18로 가역 단열압축할 때 최종온도는 얼마인가? (단, 기체의 비열비는 1.4이다.)

① 625℃   ② 776℃
③ 876℃   ④ 976℃

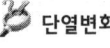 단열변화에서 P, v, T 관계
$$\frac{T_2}{T_1} = \left(\frac{v_1}{v_2}\right)^{k-1} = \left(\frac{P_2}{P_1}\right)^{\frac{k-1}{k}}$$
$$T_2 = T_1 \times \left(\frac{v_1}{v_2}\right)^{k-1} = 393 \times (18)^{1.4-1}$$
$$= 1249\text{K} = (1249 - 273)℃ = 976℃$$

여기서,
$T_1 = 120℃ = (120+273)\text{K} = 393\text{K}$

압축비$(\dfrac{v_1}{v_2})=18$

비열비$(k)=1.4$

제3과목 : 시운전 및 안전관리

41 기계설비법령에 따라 기계설비성능점검업자는 기계설비성능점검업의 등록한 사항 중 대통령령으로 정하는 사항이 변경된 경우에는 변경등록을 하여야 한다. 만약 변경등록을 정해진 기간 내 못한 경우 1차 위반 시 받게 되는 행정처분 기준은?

① 등록취소
② 업무정지 2개월
③ 업무정지 1개월
④ 시정명령

기계설비성능점검업을 등록한 자는 등록한 사항 중 대통령령으로 정하는 사항이 변경된 경우에는 변경 사유가 발생한 날부터 30일 이내에 변경등록을 하여야 한다.

행정처분 기준		
1차 위반	2차 위반	3차 위반
시정명령	업무정지 1개월	업무정지 2개월

42 다음 중 기계설비 유지관리기준에 따른 기계설비의 성능점검 시 점검항목이 아닌 것은?

① 기계설비시스템 검토
② 성능개선계획 수립
③ 유지관리비용 최소화 방안 검토
④ 에너지사용량 검토

 기계설비성능점검 시 검토사항

점검항목	세부 검토사항
기계설비 시스템 검토	① 유지관리지침서의 적정성 ② 기계설비 시스템의 작동 상태 ③ 점검대상 현황표 상의 설계값과 측정값 일치 여부
성능개선 계획 수립	① 기계설비의 내구연수에 따른 노후도 ② 성능점검표에 따른 부적합 및 개선사항 ③ 성능개선 필요성 및 연도별 세부개선계획
에너지 사용량 검토	① 냉난방설비 등 분류별 에너지 사용량 ② 효율적인 에너지 사용을 위한 설비운용방법

43 다음 보기는 고압가스 안전관리법령에 따른 고압가스 관련 용어의 정의이다. ㉠에 알맞은 것은?

> 초저온 저장탱크는 섭씨 영하 (㉠)도 이하의 액화가스를 저장하기 위한 저장탱크로서 단열재를 씌우거나 냉동설비로 냉각시키는 등의 방법으로 저장탱크 내의 가스온도가 상용의 온도를 초과하지 아니하도록 한 것을 말한다.

① 20　　② 30
③ 40　　④ 50

 고압가스 안전관리법 시행규칙 제2조제1항8
　8. 초저온 저장탱크 : 섭씨 영하 50도 이하의 액화가스를 저장하기 위한 저장탱크

44 다음 중 산업안전보건법령에서 규정하는 중대재해란 부상자 또는 직업성 질병자가 동시에 몇 명 이상 발생한 재해를 말하는가?

① 3명　　② 5명
③ 7명　　④ 10명

중대재해의 범위
① 사망자가 1명 이상 발생한 재해

Answer　41. ④　42. ③　43. ④　44. ④

② 3개월 이상의 요양이 필요한 부상자가 동시에 2명 이상 발생한 재해
③ 부상자 또는 직업성 질병자가 동시에 10명 이상 발생한 재해

45 고압가스 안전관리법에 따라 정밀안전검진 대상시설물은 산업통상자원부령으로 정하는 종류와 규모에 해당하는 노후시설로서 완성검사증명서를 받은 날부터 몇 년이 경과한 시설인가?

① 5년 ② 10년
③ 15년 ④ 20년

 정밀안전검진 대상
산업통상자원부령으로 정하는 종류와 규모에 해당되는 노후시설이란 최초로 제28조제5항에 따라 완성검사증명서를 받은 날부터 15년이 경과한 시설로서 다음 각 호의 어느 하나에 해당하는 시설을 말한다.
1. 고압가스특정제조시설로서 특수반응설비가 설치된 시설
2. 다음 각 목의 요건에 모두 해당하는 냉동제조시설(영 제3조제1항제4호 각 목의 어느 하나에 해당하는 자가 그 허가받은 내용에 따라 냉동제조하는 시설은 제외한다.)
  가. 냉동능력 산정기준에 따라 계산된 냉동능력이 500톤 이상일 것
  나. 독성가스를 냉매로 사용하는 것일 것

46 병렬 운전 시 균압모선을 설치해야 되는 직류발전기로만 구성된 것은?

① 직권발전기, 분권발전기
② 분권발전기, 복권발전기
③ 직권발전기, 복권발전기
④ 분권발전기, 동기발전기

 균압모선(equalizing busbar)
전기자와 계자가 직렬로 연결된 발전기를 병렬로 연결하여 운전을 안정적으로 하기 위하여 설치한 모선
① 균압선이 필요한 발전기 : 직권, 복권
② 균압선이 필요 없는 발전기 : 타여자, 분권

47 CR에 대한 설명으로 틀린 것은?

① PNPN 소자이다.
② 스위칭 소자이다.
③ 양방향성 사이리스터이다.
④ 직류 교류의 전력제어용으로 사용된다.

 실리콘제어정류소자(SCR)
정류 기능을 갖는 단일 방향성 3단자 소자이며, 부하 전류를 단락시키거나 개방시킬 수 있는 소자이다.

48 직류전동기의 규약 효율을 구하는 식은?

① $\dfrac{손실}{입력} \times 100\%$

② $\dfrac{입력-손실}{입력} \times 100\%$

③ $\dfrac{출력-손실}{출력+손실} \times 100\%$

④ $\dfrac{출력}{출력-손실} \times 100\%$

 규약 효율

㉠ $\eta_{전동기} = \dfrac{입력-손실}{입력} \times 100\%$

㉡ $\eta_{발전기} = \dfrac{출력}{출력+손실} \times 100\%$

49 논리식 $(A+B) \cdot (\overline{A}+C)$를 정리하여 간단히 할 때 옳은 것은?

① $A \cdot C + \overline{A} \cdot B$ ② $\overline{A} \cdot B + A \cdot \overline{C}$
③ $A \cdot C + \overline{A} \cdot C$ ④ $\overline{A} \cdot C + A \cdot B$

 $(A+B)(\overline{A}+C)$
$= A\overline{A} + AC + \overline{A}B + BC = AC + BC + \overline{A}B$
$= AC + (A+\overline{A})BC + \overline{A}B$

 45. ③ 46. ③ 47. ③ 48. ② 49. ①

$$= AC + ABC + \overline{A}BC + \overline{A}B$$
$$= AC(1+B) + \overline{A}B(C+1)$$
$$= AC + \overline{A}B$$

50 90Ω의 저항 3개가 △결선으로 되어 있을 때, 상당(단상) 해석을 위한 등가 Y결선에 대한 각 상의 저항 크기는 몇 Ω인가?

① 10　　　　　② 30
③ 90　　　　　④ 120

△결선에서 각 저항값이 90Ω일 때, Y결선으로 변환하면 각 상의 저항값은 $\frac{R}{3} = \frac{90}{3} = 30Ω$이 된다.

51 다음의 제어기기에서 압력을 변위로 변환하는 변환요소가 아닌 것은?

① 스프링　　　　② 벨로즈
③ 다이어프램　　④ 노즐 플래퍼

㉠ 변위를 압력으로 변환
: 노즐 플래퍼, 유압분사관, 스프링
㉡ 압력을 변위로 변환
: 벨로즈, 다이어프램, 스프링

52 궤환제어계에 속하지 않는 신호로서 외부에서 제어량이 그 값에 맞도록 제어계에 주어지는 신호를 무엇이라 하는가?

① 목표값　　　　② 기준입력
③ 동작신호　　　④ 궤환신호

① 목표값(입력값) : 외부에서 사용자가 제어량에 대한 희망값을 갖도록 목표로서 주어지는 값
② 기준입력 : 목표값에 비례하는 기준 입력 신호를 발생하는 요소로, 설정부이다.
③ 동작신호 : 제어 요소에 가해지는 신호
④ 궤환신호 : 출력신호의 일부가 입력측으로 궤환되는 신호

53 PLC(Programmable Logic Controller)에 대한 설명 중 틀린 것은?

① 시퀀스 제어방식과는 함께 사용할 수 없다.
② 무접점 제어방식이다.
③ 산술연산, 비교연산을 처리할 수 있다.
④ 계전기, 타이머, 카운터의 기능까지 쉽게 프로그램할 수 있다.

시퀀스 제어에서 프로그램 제어는 일명 무접점 제어라 할 수 있으며, 릴레이, 타이머, 카운터 등이 내장된 PLC를 이용한 제어이다. 유접점 회로의 배선작업과 비교하여 많은 배선작업이 필요 없으며, 프로그램에 의하여 간단하게 제어 로직을 변경할 수 있는 장점이 있다.

54 그림과 같은 R-L 직렬회로에서 공급전압이 10V일 때 $V_R=8V$이면 V_L은 몇 V인가?

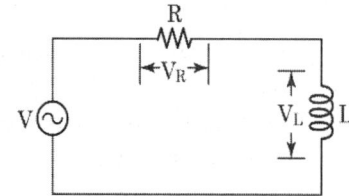

① 2　　　　　② 4
③ 6　　　　　④ 8

$V = \sqrt{V_R^2 + V_L^2}$
$V_L = \sqrt{V^2 - V_R^2} = \sqrt{10^2 - 8^2} = 6V$

55 절연저항 측정 시 가장 적당한 방법은?

① 메거에 의한 방법
② 전압, 전류계에 의한 방법
③ 전위차계에 의한 방법
④ 더블브리지에 의한 방법

① 메거(megger) : $10^5 Ω$ 이상의 고저항을 측정하고 절연저항 측정 시 사용

Answer　50. ②　51. ④　52. ①　53. ①　54. ③　55. ①

56 유도전동기의 회전력은 단자전압과 어떤 관계를 갖는가?

① 단자전압에 반비례한다.
② 단자전압에 비례한다.
③ 단자전압의 $\frac{1}{2}$승에 비례한다.
④ 단자전압의 2승에 비례한다.

 유도전동기의 회전력

$$T = K_0 \left(\frac{V}{f_1}\right)^2 \times f_s$$

여기서, f_1 : 전원주파수 f_s : 슬립주파수
 V : 전압 K_0 : 상수

회전자에서 발생하는 회전력(T)은 전동기 전압과 전원주파수의 비의 제곱과 슬립주파수(f_s)의 곱에 비례한다. 그러므로 유도전동기의 회전력은 단자전압의 2승에 비례한다.

57 전기자 철심을 규소 강판으로 성층하는 주된 이유는?

① 정류자면의 손상이 적다.
② 가공하기 쉽다.
③ 철손을 적게 할 수 있다.
④ 기계손을 적게 할 수 있다.

전기자 철심을 규소 강판으로 성층하여 만드는 것은 와류손과 히스테리시스손으로 구성되는 철손을 적게 하기 위한 것이다. 규소를 넣는 것은 자기저항을 크게 하여 와류손과 히스테리시스손을 감소하게 하고 강판을 성층하여 와류손을 감소시킨다.

58 열전대에 대한 설명이 아닌 것은?

① 열전대를 구성하는 소선은 열기전력이 커야 한다.
② 철, 콘스탄탄 등의 금속을 이용한다.
③ 제벡 효과를 이용한다.
④ 열팽창 계수에 따른 변형 또는 내부응력을 이용한다.

열전대
두 가지의 각각 다른 금속선을 접속했을 때 두 개의 접점 온도가 다르면 기전력이 생겨서 회로에 전류가 흐른다. 이 기전력을 열기전력이라 부르고, 이 열기전력을 이용하기 위해서 사용하는 두 가지의 금속선을 열전대(소선)라고 한다. 열전대는 철과 콘스탄탄, 구리와 콘스탄탄 또는 크로뮴과 알루멜 같은 두 개의 이질 금속선으로 제작되며 이러한 열전 현상은 양단간의 온도차를 이용하여 기전력을 얻어내는 제벡 효과, 기전력으로 냉각과 가열을 하는 펠티에 효과, 도체의 선상의 온도차에 의해 기전력이 발생하는 톰슨 효과로 나눌 수 있다.

59 다음 중 회전각을 검출하는데 사용되지 않는 검출기는?

① 리졸버   ② 로드셀
③ 포텐셔미터 ④ 엔코더

회전각도의 검출
싱크로(synchro), 리졸버(resolver), 엔코더(optical encoder), 포텐셔미터(potentiometer, 직선 변위와 회전 변위 모두 측정)
[참고] 로드셀 : 힘 또는 하중을 측정하기 위한 변환기

60 10층 건물에 적재 무게가 1000kg이고, 속도가 50m/min인 엘리베이터를 설치할 때 여기에 필요한 전동기의 용량은 약 몇 kW인가? (단, 전동기의 효율은 80%이다.)

① 6   ② 8
③ 10   ④ 12

전동기 용량(P)

$$P = \frac{W \cdot V}{6120\eta} = \frac{1000 \times 50}{6120 \times 0.8} = 10.2\text{kW}$$

여기서, 1kW=102kgf·m/s=6120kgf·m/min

Answer 56. ④ 57. ③ 58. ④ 59. ② 60. ③

제4과목 : 유지보수 공사관리

61 냉매배관 시공 시 주의사항으로 틀린 것은?
① 배관 길이는 되도록 짧게 한다.
② 온도변화에 의한 신축을 고려한다.
③ 곡률 반지름은 가능한 한 작게 한다.
④ 수평배관은 냉매흐름방향으로 하향구배로 한다.

 ③ 곡률 반지름은 가능한 한 크게 한다.
[참고] 배관시공의 기본사항
① 배관재료는 냉매의 종류, 온도와 압력에 적합한 것을 선택한다.
② 배관길이는 되도록 짧게 하고 관경은 충분히 크게 한다.
③ 배관의 곡관부는 가능한 한 없게 하고, 곡률반경을 크게 취한다.
④ 곡관부의 곡률반경은 크게 한다.
⑤ 배관은 외부 열원의 영향을 받지 않도록 하며, 고온의 장소를 통과할 경우 단열처리한다.
⑥ 냉동장치의 운전 및 정지 시의 온도변화에 대한 배관의 신축을 고려해야 한다.
⑦ 배관 내에 오일의 회수를 원활하게 하고, 배관 중에 오일이 체류하지 않도록 한다.
⑧ 배관의 처짐을 고려하여 적당한 간격으로 배관을 지지한다.

62 관의 결합방식 표시방법 중 용접식의 그림 기호로 맞는 것은?

 ① 일반(나사식)
② 용접식
③ 플랜지식
④ 유체의 흐름방향 표시

63 급수방식 중 대규모의 급수 수요에 대응이 용이하고 단수 시에도 일정량의 급수를 계속할 수 있으며 거의 일정한 압력으로 항상 급수되는 방식은?
① 양수 펌프식
② 수도 직결식
③ 고가 탱크식
④ 압력 탱크식

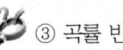 고가(옥상) 탱크식
① 상수도물을 일단 지하저수조에 받아 이를 양수 펌프로 옥상탱크로 끌어올린 후 다시 급수관으로 각 층에 공급하는 방식
② 대규모 급수설비에 적합하고 수도공사나 정전 시에도 급수가 가능하다.
③ 소화용수를 저장할 수 있으므로 대규모 공동주택의 급수설비로도 적당하다.
④ 배관 부속품의 파손이 적지만, 급수오염이 심하고 설비비가 비싸다.

64 배수 배관의 시공 시 유의사항으로 틀린 것은?
① 배수를 가능한 한 천천히 옥외 하수관으로 유출할 수 있을 것
② 옥외 하수관에서 하수 가스나 쥐 또는 각종 벌레 등이 건물 안으로 침입하는 것을 방지할 수 있는 방법으로 시공할 것
③ 배수관 및 통기관은 내구성이 풍부하여야 하며, 가스나 물이 새지 않도록 기구 상호 간의 접합을 완벽하게 할 것
④ 한랭지에서는 배수관이 동결되지 않도록 피복을 할 것

 ① 배수를 가능한 한 빨리 옥외 하수관으로 유출할 수 있을 것

65 증기난방 배관시공에서 환수관에 수직 상향부가 필요할 때 리프트 피팅(lift fitting)을 써서 응축수가 위쪽으로 배출되게 하는 방식은?

① 단관 중력환수식
② 복관 중력환수식
③ 진공환수식
④ 압력환수식

 리프트 피팅(lift fitting)
진공환수식 난방의 경우 방열기보다 높은 위치에 환수관을 연결하여 환수관보다 높은 위치로 환수관의 응축수를 끌어올려 환수하는 방법으로, 1단 흡상높이는 1.5m 이내이며 그 이상의 높이는 2단이나 3단 직렬 접속한다.

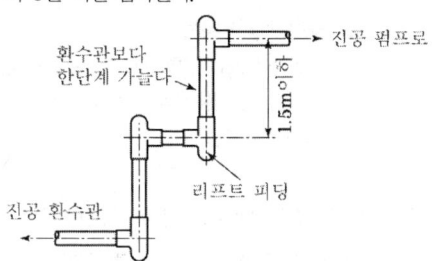

66 동관의 외경 산출공식으로 바르게 표시된 것은?
① 외경=호칭경(인치)+1/8(인치)
② 외경=호칭경(인치)×25.4
③ 외경=호칭경(인치)+1/4(인치)
④ 외경=호칭경(인치)×3/4+1/8(인치)

 KS D 5301(ASTM-B88, JIS-H300) 규격
동관은 호칭지름을 아는 경우 아래 식에 의해 관의 바깥지름을 쉽게 구할 수 있다. 이때 호칭지름은 인치 단위(B)로 하여 계산한다.

바깥지름=호칭지름+$\frac{1}{8}''$

예) 호칭지름이 $\frac{1}{2}$B인 경우

∴ $\frac{1}{2}'' + \frac{1}{8}'' = \frac{5}{8}'' = 15.88$mm

호칭지름이 2B인 경우

∴ $2'' + \frac{1}{8}'' = (25.4 \times 2)$mm $+ 3.175$mm

$= 53.98$mm

[참고] 이음매 없는 동 및 동합금관은 재질에 따라

경질(O), 반경질(OL), 반연질($\frac{1}{2}$H), 연질(H)의 4종류가 있으며, 제조형태에 따라 직관, 코일관 및 온돌난방 전용관 등이 있다. 배관용 동관의 두께는 K형, L형, M형의 3종류가 있으며, K형이 두께가 가장 두꺼우며 순차적으로 얇아진다. 두께가 두꺼울수록 높은 압력에 사용할 수 있으므로 적정 두께의 규격을 선정해야 한다. 냉온수, 냉난방 배관에는 주로 L, M형이 사용된다.

67 다음 그림 기호 중 수동 팽창밸브를 나타내는 것은?

① 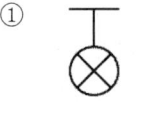   ②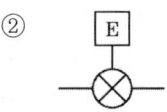

③ 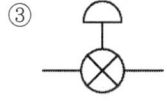   ④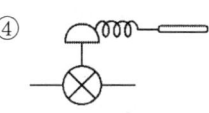

 ① 수동 팽창밸브
② 전자식 자동팽창밸브
③ 정압식 자동팽창밸브
④ 온도식 자동팽창밸브

68 고압배관용 탄소강관에 대한 설명으로 틀린 것은?
① 100kgf/cm² 이상에 사용하는 고압용 강관이다.
② KS 규격 기호로 SPPH라고 표시한다.
③ 치수는 호칭지름×호칭두께(Sch. No.)× 바깥지름으로 표시하며, 림드강을 사용하여 만든다.
④ 350℃ 이하에서 내연기관용 연료분사관, 화학공업의 고압배관용으로 사용된다.

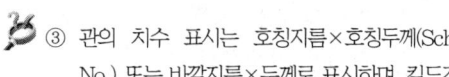 ③ 관의 치수 표시는 호칭지름×호칭두께(Sch. No.) 또는 바깥지름×두께로 표시하며, 킬드강

 66. ① 67. ① 68. ③

을 사용하여 만든다.

69 배관의 끝을 막을 때 사용하는 이음쇠는?
① 유니언   ② 니플
③ 플러그   ④ 소켓

① 관 끝을 막을 때 : 캡, 플러그
② 관을 직선 연결할 때 : 소켓, 유니언, 플랜지, 니플

70 보온재의 열전도율이 작아지는 조건으로 틀린 것은?
① 재료의 두께가 두꺼울수록
② 재료 내 기공이 작고 기공률이 클수록
③ 재료의 밀도가 클수록
④ 재료의 온도가 낮을수록

열전도율
열전도율은 면적, 열전도계수, 온도차가 작거나 두께가 두꺼울수록 작아진다. 또한 기공을 많이 함유할수록 열이 통과하기 어려워 열전도율이 작아지며 일반적으로 재료의 밀도가 크면 열전도율이 크게 되는 경향이 있다.

71 도시가스의 공급설비 중 가스 홀더의 종류가 아닌 것은?
① 유수식   ② 중수식
③ 무수식   ④ 고압식

가스 홀더의 분류
㉠ 저압식 : 유수식, 무수식
㉡ 중·고압식 : 원통형, 구형

72 다음 중 암모니아 냉동장치에 사용되는 배관 재료로 가장 적합하지 않은 것은?
① 이음매 없는 동관
② 배관용 탄소강관
③ 저온배관용 강관
④ 배관용 스테인리스강관

㉠ 암모니아 냉매 : 동관을 부식시키므로 강관(SPPS)을 사용
㉡ 프레온 냉매 : 이음매 없는 동관을 사용

73 다음 중 플랜지관 부착법이 아닌 것은?
① 홈형   ② 삽입용접형
③ 나사결합형   ④ 랩 조인트형

플랜지관 부착법
슬립 온(slip on)형, 웰드 넥(weld neck)형, 나사결합형, 삽입용접형, 블라인드형, 랩 조인트(lap joint)형

74 펌프 주위 배관에 관한 설명으로 옳은 것은?
① 펌프의 흡입측에는 압력계를, 토출측에는 진공계(연성계)를 설치한다.
② 토출부에 설치한 체크밸브는 서징현상 방지를 위해 펌프에서 먼 곳에 설치한다.
③ 흡입관의 수평배관은 펌프를 향해 1/50 ~1/100의 올림구배를 준다.
④ 토출관의 게이트 밸브 설치 높이는 1.3m 이상으로 하고 위에 체크밸브를 설치한다.

① 펌프의 흡입측에서는 펌프의 흡입양정을 알기 위해 진공계(연성계)를, 토출측에는 펌프의 토출압력을 확인하기 위해 압력계를 설치한다.
② 토출부에 설치한 체크밸브는 서징현상 방지를 위해 펌프에서 가까운 곳에 설치한다.
④ 토출관의 게이트 밸브의 설치 높이는 1200mm 이상~1500mm 이하의 높이로 해야 하고, 펌프와 게이트 밸브 사이에 체크밸브를 설치한다.

75 급수관의 수리 시 물을 배제하기 위한 관의 최소 구배 기준은?
① 1/120 이상   ② 1/150 이상

Answer   69. ③   70. ③   71. ②   72. ①   73. ①   74. ③   75. ④

③ 1/200 이상 ④ 1/250 이상

급수배관의 구배
① 급수관은 수리와 기타 관 속의 물을 완전히 뺄 수 있도록 기울기를 주어야 하고, 공기가 모여 있는 곳이 없도록 시공하여야 한다.
② 급수관의 모든 기울기는 1/250을 표준으로 하며, 배관의 현장 사정으로 부득이 ㄷ자형의 배관이 되어 공기가 모일 경우는 반드시 공기빼기 밸브를 설치해야 한다.

76 공장에서 제조 정제된 가스를 저장했다가 공급하기 위한 압력탱크로 가스압력을 균일하게 하며, 급격한 수요변화에도 제조량과 소비량을 조절하기 위한 장치는?
① 정압기 ② 압축기
③ 오리피스 ④ 가스 홀더

가스 홀더
제조 공장에서 제조된 가스를 저장하여 가스의 질을 균일하게 유지하며 제조량과 수요량을 조절하는 저장 탱크, 즉 도시가스의 공급 설비로서, 가스 수요의 시간적 변동에 대하여 제조자가 충분히 공급할 수 있는 가스량을 확보하기 위한 일종의 저장 탱크이다.
[참고] 정압기 : 각 가스 기구에 알맞은 적당한 압력으로 감압하여 공급하기 위한 장치로, 피셔식, 액셜 플로어식, 레이놀드식 등이 있다.

77 증기 및 물배관 등에서 찌꺼기를 제거하기 위하여 설치하는 부속품은?
① 유니온 ② P트랩
③ 부싱 ④ 스트레이너

스트레이너(strainer)
증기, 물, 기름 등의 배관 내의 유체에 혼입된 토사, 이물질을 제거하기 위하여 설치한다.

78 다음 KS 용접기호 중 심 용접기호는?

① 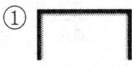 ②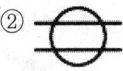

③  ④

① 플러그 용접 ② 심 용접
③ 스폿(점) 용접 ④ I형 용접

79 경질염화비닐관의 TS식 이음에서 작용하는 3가지 접착 효과로 가장 거리가 먼 것은?
① 소성 삽입 ② 변형 삽입
③ 유동 삽입 ④ 일출 삽입

경질염화비닐관의 TS식 이음
관을 1/25~1/37의 일정한 테이퍼로 절삭하여 삽입한 다음 접합하는 방법으로 유동 삽입, 일출 삽입, 변형 삽입의 접착 효과가 있다.

80 증기보일러 배관에서 환수관의 일부가 파손된 경우 보일러수의 유출로 안전수위 이하가 되어 보일러수가 빈 상태로 되는 것을 방지하기 위해 하는 접속법은?
① 하트포드 접속법 ② 리프트 접속법
③ 스위블 접속법 ④ 슬리브 접속법

하트포드(hartford) 접속법
보일러 측면에 밸런스관을 연결하여 안전수면보다 높은 위치에 환수관을 접속하는 방법으로 환수관 누설로 인하여 보일러 수위가 파괴되는 것을 방지한다.

Answer 76. ④ 77. ④ 78. ② 79. ① 80. ①

과년도출제문제(출제기준 개정 후)

2024년 제2회

공조냉동기계기사 과년도출제문제

제1과목 : 에너지관리

01 취출구에서 수평으로 취출된 공기가 일정 거리만큼 진행된 뒤 기류 중심선과 취출구 중심과의 수직거리를 무엇이라고 하는가?
① 강하도   ② 도달거리
③ 취출온도차   ④ 셔터

① 강하도 : 취출구 중심에서 도달거리 지점까지의 수직 높이
② 도달거리 : 취출구에서 나온 기류속도가 0.25 m/s의 풍속이 되는 위치까지의 수평거리(보통 안목의 3/4 지점, 대향류의 1/4 지점이며 평균 도달거리는 0.5m/s)
③ 취출온도차 : 실내공기와 취출공기의 온도차

02 다음 중 취출구 관련 용어에 대한 설명으로 틀린 것은?
① 장방형 취출구의 긴 변과 짧은 변의 비를 아스펙트비라 한다.
② 취출구에서 취출된 공기를 1차 공기라 하고, 취출공기에 의해 유인되는 실내공기를 2차 공기라 한다.
③ 취출구에서 취출된 공기가 진행해서 취출 기류의 중심선상의 풍속이 1.5m/s로 되는 위치까지의 수평거리를 도달거리라 한다.
④ 수평으로 취출된 공기가 어떤 거리를 진행했을 때 기류의 중심선과 취출구의 중심과의 거리를 강하도라 한다.

③ 취출구에서 취출된 공기가 진행해서 취출기류의 중심선상의 풍속이 0.25m/s로 되는 위치까지의 수평거리를 도달거리라 한다.

03 습공기를 단열가습하는 경우 열수분비(U)는 얼마인가?
① 0   ② 0.5
③ 1   ④ ∞

열수분비(U)
수분량(절대습도)의 변화에 따른 전열량의 비로, 습공기를 단열가습(순환수분무가습)하는 경우 등엔탈피선을 따라 변화($\Delta h = h_2 - h_1 = 0$)하므로
열수분비 $U = \dfrac{h_2 - h_1}{x_2 - x_1} = \dfrac{0}{x_2 - x_1} = 0$이다.

04 복사난방에 있어서 바닥 패널의 온도로 가장 알맞은 것은?
① 95℃ 정도   ② 80℃ 정도
③ 55℃ 정도   ④ 30℃ 정도

바닥 패널
바닥면을 가열면으로 한 것으로 가열면의 온도를 높게 할 수 없으므로 보통 35℃ 이하로 유지시키며 열량손실이 큰 실내에서는 바닥면만으로는 방열량이 부족하다. 시공은 비교적 간단하지만 가구 등으로 복사면이 감소하여 먼지가 일어나기 쉬운 단점이 있다.

05 다음 그림에 대한 설명으로 틀린 것은? (단, 하절기 공기조화 과정이다.)

Answer 01. ① 02. ③ 03. ① 04. ④ 05. ④

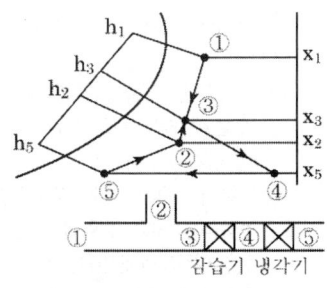

① ③을 감습기에 통과시키면 엔탈피 변화 없이 감습된다.
② ④는 냉각기를 통해 엔탈피가 감소되며 ⑤로 변화된다.
③ 냉각기 출구 공기 ⑤를 취출하면 실내에서 취득열량을 얻어 ②에 이른다.
④ 실내공기 ①과 외기 ②를 혼합하면 ③이 된다.

🦢 ④ 외기 ①과 실내공기 ②를 혼합하면 ③이 된다.

06 저온 공조방식에 관한 내용으로 가장 거리가 먼 것은?
① 배관 지름의 감소
② 팬 동력 감소로 인한 운전비 절감
③ 낮은 습도의 공기 공급으로 인한 쾌적성 향상
④ 저온 공기 공급으로 인한 급기 풍량 증가

🦢 ④ 저온 공기 공급으로 인한 급기 풍량 감소
[참고] 저온 공조방식 : 공조기의 냉수 온도를 낮추어 저온 공기를 공급하여 급기풍량을 줄임으로써 덕트 크기 및 층고를 줄일 수 있는 시스템으로, 냉수 온도가 낮으므로 필요 유량이 감소하여 펌프동력이 감소하고 배관지름이 감소한다. 또한 팬과 덕트의 크기 및 동력을 감소시킬 수 있다.

07 건구온도가 30℃, 습구온도가 27℃일 때 불쾌지수(DI)는 얼마인가?

① 57　　② 62
③ 77　　④ 82

🦢 불쾌지수(DI)
$$DI = 0.72 \times (t_D + t_W) + 40.6$$
$$= 0.72 \times (30 + 27) + 40.6 = 82$$

08 증기난방과 온수난방의 비교 설명으로 틀린 것은?
① 주 이용열로 증기난방은 잠열이고, 온수난방은 현열이다.
② 증기난방에 비하여 온수난방은 방열량을 쉽게 조절할 수 있다.
③ 장거리 수송으로 증기난방은 발생증기압에 의하여, 온수난방은 자연순환력 또는 펌프 등의 기계력에 의한다.
④ 온수난방에 비하여 증기난방은 예열부하와 시간이 많이 소요된다.

🦢 ④ 온수난방에 비하여 증기난방은 예열부하와 시간이 적게 소요된다.

09 강제순환식 온수난방에서 개방형 팽창탱크를 설치하려고 할 때, 적당한 온수의 온도는?
① 100℃ 미만　　② 130℃ 미만
③ 150℃ 미만　　④ 170℃ 미만

🦢 온수난방의 분류
① 저온수식
　㉠ 100℃ 이하의 온수 사용(개방형 팽창탱크)
　㉡ 소규모 건물, 주철제 보일러 사용
② 고온수식
　㉠ 100℃ 이상 고온수 사용(밀폐형 팽창탱크)
　㉡ 강판제 보일러 사용

10 내벽 열전달률 4.7W/m²·K, 외벽 열전달률 5.8W/m²·K, 열전도율 2.9W/m·K, 벽두께

Answer　06. ④　07. ④　08. ④　09. ①　10. ②

25cm, 외기온도 -10℃, 실내온도 20℃일 때 열관류율(W/m² · K)은?

① 1.8　　② 2.1
③ 3.6　　④ 5.2

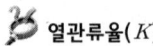 열관류율(K)

$$K = \cfrac{1}{\cfrac{1}{\alpha_i} + \cfrac{l}{\lambda} + \cfrac{1}{\alpha_o}} = \cfrac{1}{\cfrac{1}{4.7} + \cfrac{0.25}{2.9} + \cfrac{1}{5.8}}$$

$= 2.1 \text{W/m}^2 \cdot \text{K}$

여기서, $l = 25\text{cm} = 0.25\text{m}$

11 실내의 냉방 현열부하가 1.1kW, 잠열부하가 0.28kW인 방을 실온 25℃로 냉각하는 경우 송풍량(CMH)은? (단, 취출온도는 15℃이며, 공기의 밀도 1.2kg/m³, 정압비열 1.01kJ/kg · K 이다)

① 131CMH　　② 218CMH
③ 327CMH　　④ 410CMH

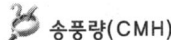 송풍량(CMH)

$$Q = \cfrac{q_s}{\rho C_p (t_2 - t_5)} = \cfrac{1.1\text{kJ/s} \times \cfrac{3600s}{1h}}{1.2 \times 1.01(25-15)}$$

$≒ 327 \text{CMH}(\text{m}^3/\text{h})$

12 공기의 흐름방향을 조절할 수 있으나 풍량은 조절할 수 없고 환기용 흡입구나 배기구로 사용되는 것은?

① 그릴(grilles)
② 디퓨저(diffusers)
③ 레지스터(registers)
④ 아네모스탯(anemostat)

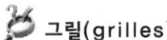 그릴(grilles)

전면의 형상으로는 공기의 흐름방향을 조절할 수 있도록 수평 또는 수직 방향으로 날개를 붙인 것과 편칭한 것이 있다. 풍량은 조절할 수 없고 주로 환기용 흡기구나 배기구로 사용하고 있다.

[참고]
① 레지스터 : 그릴에 댐퍼를 부착하여 풍량을 조절할 수 있다. 주로 벽면이나 천장에 부착하여 급기구로 사용한다.
② 디퓨저 : 아네모스탯이라고도 부르며, 사각형, 능형(마름모꼴), 원형의 것을 주로 사용한다. 선형 디퓨저와 전면을 편칭한 형태도 있다. 천장에 부착하여 급기구나 흡입구로 이용하며, 구조상 1차 공기가 급기될 때 실내공기가 유도되어 혼합된 상태로 급기된다.

13 공조 덕트 설비의 안전을 위한 기본 요구사항으로 잘못된 것은?

① 건물 내에서 공기덕트 설비를 통하여 외부로부터 건물 내로 연기가 확산되는 것을 제한하여야 한다.
② 발화 장소가 건물의 내부이든 외부이든 공기덕트 설비를 통한 화재의 확산을 제한하여야 한다.
③ 바닥, 칸막이, 지붕, 벽 및 공기덕트 설비 설치에 영향을 받는 바닥, 천장의 부재와 같은 건물의 구성 요소에 대하여 가연성을 유지하여야 한다.
④ 건물 내에서 공기덕트 설비는 비상제연 등 부가 목적으로 쓰일 수 있도록 한다.

 ③ 바닥, 칸막이, 지붕, 벽 및 공기덕트 설비 설치에 영향을 받는 바닥, 천장의 부재와 같은 건물의 구성 요소에 대하여 내화성을 유지하여야 하며, 공기덕트 설비 재질에 대한 발화원 및 가연성을 최소화한다.

14 다음 중 서로 올바르게 연결된 것은?

① 열통과율 : $\text{W/m}^2\text{K}$
② 열전달률 : W/mK
③ 열전도율 : $\text{W/m}^2\text{K}$

Answer　11. ③　12. ①　13. ③　14. ①

④ 열통과저항 : W/mK

② 열전달률 : W/m²K
③ 열전도율 : W/mK
④ 열통과저항 : m²K/W

15 T.A.B의 수행 순서로 가장 적합한 것은?

> ㉠ 공기 및 물분배의 관련 설비가 설계가 부합되도록 설치되었는지 확인
> ㉡ 설계 시방에 맞게 되었는지에 관한 계통의 유량 측정
> ㉢ 수행 결과에 대한 기록 및 보고
> ㉣ 종합보고서 작성

① ㉠-㉡-㉢-㉣ ② ㉡-㉠-㉢-㉣
③ ㉠-㉡-㉣-㉢ ④ ㉡-㉠-㉣-㉢

T.A.B의 수행 순서
① 공기와 물 분배의 관련 설비가 설계 목적과 부합되게 설치되었는지 확인
② 설계 시방에 적합한 계통의 유량 측정
③ 수행 결과에 대한 기록 및 보고
④ 종합보고서 작성

16 다음 중 냉방부하의 종류에 해당되지 않는 것은?

① 일사에 의해 실내로 들어오는 열
② 벽이나 지붕을 통해 실내로 들어오는 열
③ 조명이나 인체와 같이 실내에서 발생하는 열
④ 침입 외기를 가습하기 위한 열

냉방부하의 종류

부하의 종류		열의 종류
벽체의 취득열량		현열
유리창의 취득열량	직달일사	현열
	열관류	현열
극간풍의 취득열량		현열+잠열
인체의 발생열량		현열+잠열
실내기구의 발생열량		현열+잠열
조명의 발생열량		현열

부하의 종류	열의 종류
송풍기, 덕트의 취득열량	현열
재열기의 취득열량	현열
외기도입의 취득열량	현열+잠열

17 상온(25℃)의 실내에 있는 수은 기압계에서 수은주의 높이가 730mm라면, 이때 기압은 약 몇 kPa인가? (단, 25℃ 기준, 수은 밀도는 13534kg/m³이다.)

① 91.4   ② 96.9
③ 99.8   ④ 104.2

기압(P)
$P = \rho g h$
$= 13534 \times 9.8 \times 0.73 = 96822 \text{Pa} = 96.8 \text{kPa}$

18 T.A.B를 수행하기 위한 목적으로 가장 거리가 먼 것은?

① 불필요한 열손실 방지
② 설비 초기 투자비의 증가
③ 공조설비의 수명 연장
④ 쾌적한 실내환경 조성

② 설비 초기 투자비의 절감 : 설계도서상의 오류와 시스템 및 기기용량을 확인하여 적정하게 조정
[참고] T.A.B의 필요성
① 설비 초기 투자비의 절감
② 공사과정의 품질 향상
③ 쾌적한 실내환경 조성
④ 불필요한 열손실 방지
⑤ 운전비용 절감
⑥ 공조설비의 수명 연장
⑦ 효율적인 시설관리

19 냉동창고의 벽체가 두께 15cm, 열전도율 1.6W/m℃인 콘크리트와 두께 5cm, 열전도율 1.4W/m℃인 모르타르로 구성되어 있다면 벽체의 열통과율(W/m²℃)은? (단, 내벽

Answer 15. ① 16. ④ 17. ② 18. ② 19. ③

측 표면 열전달률은 9.3W/m²℃, 외벽측 표면 열전달률은 23.2W/m²℃이다.)

① 1.11 ② 2.58
③ 3.57 ④ 5.91

열통과율(K)

$$K = \cfrac{1}{\cfrac{1}{\alpha_i} + \sum \cfrac{l}{\lambda} + \cfrac{1}{\alpha_o}}$$

$$= \cfrac{1}{\cfrac{1}{9.3} + \cfrac{0.15}{1.6} + \cfrac{0.05}{1.4} + \cfrac{1}{23.2}}$$

$$= 3.57 \text{W/m}^2\text{℃}$$

20 다음 공조방식 중에서 전공기방식에 속하지 않는 것은?

① 단일 덕트 방식
② 이중 덕트 방식
③ 팬코일 유닛 방식
④ 각층 유닛 방식

공조방식의 분류

분류	열매체	공조방식
중앙 방식	전공기 방식	단일 덕트 방식 2중 덕트 방식 각층 유닛 방식 멀티존 유닛 방식 덕트병용 패키지 방식
	수-공기 방식	유인유닛 방식 덕트병용 팬코일 유닛 방식 복사냉난방(패널에어) 방식
	전수방식	팬코일 유닛
개별 방식	냉매방식	룸쿨러 방식 패키지 방식 멀티유닛 방식

제2과목 : 공조냉동 설계

21 CA 냉장고의 용도로 옳은 것은?

① 가정용 냉장고로 쓰인다.
② 제빙용으로 주로 쓰인다.
③ 청과물 저장에 쓰인다.
④ 공조용으로 철도, 항공에 주로 쓰인다.

CA 냉장고(Controlled Atmosphere Storage)
청과물(특히, 사과) 저장 시 보다 좋은 저장성을 얻기 위하여 냉장고 내의 산소를 3~5% 감소시키고, 탄산가스를 3~5% 증대시켜 청과물의 호흡 작용을 억제하면서 냉장하는 냉장고

22 흡수식 냉동기의 특징에 대한 설명으로 옳은 것은?

① 자동제어가 어렵고 운전경비가 많이 소요된다.
② 초기 운전 시 정격 성능을 발휘할 때까지의 도달 속도가 느리다.
③ 부분 부하에 대한 대응이 어렵다.
④ 증기압축식보다 소음 및 진동이 크다.

① 진공상태에서 운전하므로 취급자의 자격 요건이 까다롭지 않고, 보수 관리가 용이하고, 전력단가에 비해 가스, 중유 등의 연료비가 적게 들어 운전비용이 저렴하다.
③ 폭넓은 용량제어가 가능하고, 부분 부하 시 운전 특성이 우수하다.
④ 압축기를 기동하는 전동기가 없고, 열에너지를 이용하므로 소음 및 진동이 적다.

23 다음 그림은 2단 압축 암모니아 사이클을 나타낸 것이다. 냉동능력이 2RT인 경우 저단압축기의 냉매순환량(kg/h)은? (단, 1RT는 3.8kW이다.)

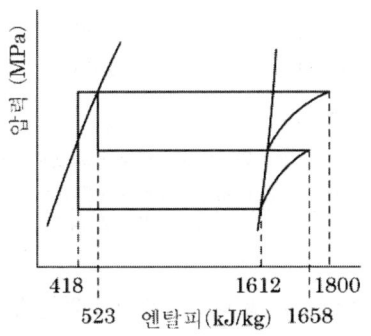

① 10.1
② 22.9
③ 32.5
④ 43.2

 저단압축기 냉매순환량(G_L)

$$G_L = \frac{Q_e}{q_e} = \frac{Q_e}{h_1 - h_8}$$

$$= \frac{2RT \times \frac{3.8kW(kJ/s)}{1RT} \times \frac{3600s}{1h}}{1612 - 418}$$

$$= 22.9 kg/h$$

24 이상기체가 외부에서 받은 열량을 모두 내부에너지 변화에 사용한다면, 이때 이 기체의 상태변화로 가장 적당한 것은?

① 정압과정
② 정적과정
③ 단열과정
④ 등온과정

 정적과정(등적과정)

부피가 일정하게 유지되면서 변화하는 과정으로, 정적과정에서는 계에 출입하는 열이 모두 내부에너지 변화로 사용된다.

25 2단 압축냉동기에서 냉매의 응축온도가 38℃ 일 때 수냉식 응축기의 냉각수 입출구의 온도가 각각 30℃, 35℃이다. 이때 냉매와 냉각수와의 대수평균온도차(℃)는?

① 2
② 5
③ 8
④ 10

 대수평균온도차

$$\Delta t_m = \frac{\Delta_1 - \Delta_2}{\ln \frac{\Delta_1}{\Delta_2}} = \frac{8-3}{\ln \frac{8}{3}} = 5℃$$

여기서, $\Delta_1 = t_c - t_{w1} = 38 - 30 = 8℃$
$\Delta_2 = t_c - t_{w2} = 38 - 35 = 3℃$

26 20℃의 물로부터 0℃의 얼음을 매시간당 90kg을 만드는 냉동기의 냉동능력(kW)은 얼마인가? (단, 물의 비열 4.2kJ/kg·K, 물의 응고잠열 335kJ/kg이다.)

① 7.8
② 8.0
③ 9.2
④ 10.5

① 열량(20℃ 물 → 0℃ 물, 현열)
$Q_1 = GC\Delta t = 90 \times 4.2(20-0) = 7560 kJ/h$

② 열량(0℃ 물 → 0℃ 얼음, 잠열)
$Q_2 = G\gamma = 90 \times 335 = 30150 kJ/h$

③ 냉동기의 냉동능력
$Q(kJ/h) = Q_1 + Q_2$
$= 7560 + 30150 = 37710 kJ/h$

∴ $Q(kW) = 37710 kJ/h \times \frac{1h}{3600s} = 10.5 kW$

여기서, kJ/s=kW

27 클라우지우스(Clausius) 적분 중 비가역 사이클에 대하여 옳은 식은? (단, Q는 시스템에 공급되는 열, T는 절대온도를 나타낸다.)

① $\oint \frac{dQ}{T} = 0$
② $\oint \frac{dQ}{T} < 0$
③ $\oint \frac{dQ}{T} > 0$
④ $\oint \frac{dQ}{T} \geq 0$

클라우지우스(Clausius)의 적분

$$\oint \frac{dQ}{T} \leq 0$$

① 가역 사이클 : $\oint \frac{dQ}{T} = 0$

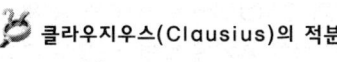

 24. ② 25. ② 26. ④ 27. ②

② 비가역 사이클 : $\oint \dfrac{dQ}{T} < 0$

28 실제기체가 이상기체에 가장 가까울 때는?
① 온도가 높고 압력이 낮을 때
② 온도가 낮고 압력이 낮을 때
③ 온도가 높고 압력이 높을 때
④ 온도가 낮고 압력이 높을 때

> 실제기체가 이상기체를 만족하는 조건
> ① 압력이 낮을수록
> ② 온도가 높을수록
> ③ 비체적이 클수록
> ④ 분자량이 작을수록

29 체적이 $0.5m^3$인 탱크에 분자량이 24kg/kmol인 이상기체 10kg이 들어 있다. 이 기체의 온도가 25℃일 때 압력(kPa)은 얼마인가? (단, 일반기체상수는 8.3143kJ/kmol·K이다.)
① 126　② 845
③ 2066　④ 49578

> ① 기체상수(R)
> $R = \dfrac{R_u}{M}$
> $= \dfrac{8.3143}{M} = \dfrac{8.3143}{24} = 0.3464 kJ/kg \cdot K$
> ② 압력(P)
> $PV = mRT$
> $P = \dfrac{mRT}{V} = \dfrac{10 \times 0.3464 \times 298}{0.5} ≒ 2065 kPa$
> 여기서, 온도(T)=25℃=(25+273)K=298K

30 100℃의 구리 10kg을 20℃의 물 2kg이 들어 있는 단열 용기에 넣었다. 물과 구리 사이의 열전달을 통한 평형 온도는 약 몇 ℃인가? (단, 구리 비열은 0.45kJ/kg·K, 물 비열은 4.2kJ/kg·K이다.)

① 48　② 54
③ 60　④ 68

> $Q = GC\Delta t = G_{Cu}C_{Cu}\Delta t_{Cu} = G_W C_W \Delta t_W$
> $10 \times 0.45 \times (100-t) = 2 \times 4.2 \times (t-20)$
> $t = \dfrac{(10 \times 0.45 \times 100)+(2 \times 4.2 \times 20)}{10 \times 0.45 + 2 \times 4.2} = 47.9℃$

31 다음 중 냉매를 사용하지 않는 냉동장치는?
① 열전 냉동장치
② 흡수식 냉동장치
③ 교축팽창식 냉동장치
④ 증기압축식 냉동장치

> **열전 냉동장치(전자냉동법)**
> 냉매 대신 냉동용 열전 반도체인 비스무트, 비스무트텔루르, 텔루르안티몬, 비스무트셀렌 등을 이용하는 냉동장치

32 증발압력이 너무 낮은 원인으로 가장 거리가 먼 것은?
① 냉매가 과다하다.
② 팽창밸브가 너무 조여 있다.
③ 팽창밸브에 스케일이 쌓여 빙결하고 있다.
④ 증발압력 조절밸브의 조정이 불량하다.

> ① 냉매충전량이 부족하다.

33 압력 100kPa, 온도 20℃인 일정량의 이상기체가 있다. 압력을 일정하게 유지하면서 부피가 처음 부피의 2배가 되었을 때 기체의 온도는 약 몇 ℃가 되는가?
① 148　② 256
③ 313　④ 586

> **정압과정**
> $\dfrac{V_1}{T_1} = \dfrac{V_2}{T_2} =$ 일정

Answer　28. ①　29. ③　30. ①　31. ①　32. ①　33. ③

$$T_2 = T_1 \times \frac{V_2}{V_1} = T_1 \times \frac{2V_1}{V_1}$$
$$= 293 \times 2 = 586K = 313℃$$

여기서, $T_1 = 20℃ = (20+273)K = 293K$
$V_2 = 2V_1$

34 냉매의 구비 조건에 대한 설명으로 틀린 것은?

① 증기의 비체적이 작을 것
② 임계온도가 충분히 높을 것
③ 점도와 표면장력이 크고, 전열성능이 좋을 것
④ 부식성이 적을 것

③ 점도와 표면장력이 작고, 전열성능이 좋을 것
점도가 상승하면 유동저항이 증대하고 표면장력이 작으면 액화냉매가 증발관 표면을 잘 적셔주어 전열이 양호해진다.

35 다음 중 흡수식 냉동기의 냉매 흐름 순서로 옳은 것은?

① 발생기 → 흡수기 → 응축기 → 증발기
② 발생기 → 흡수기 → 증발기 → 응축기
③ 흡수기 → 발생기 → 응축기 → 증발기
④ 응축기 → 흡수기 → 발생기 → 증발기

① 흡수식 냉동기의 냉매 순환
증발기 → 흡수기 → 열교환기 → 발생기(재생기)
→ 응축기 → 증발기
② 흡수식 냉동기의 흡수제 순환
흡수기 → 용액열교환기 → 발생기(재생기) →
용액열교환기 → 흡수기

36 흡수식 냉동기에 사용하는 흡수제의 구비 조건으로 틀린 것은?

① 농도 변화에 의한 증기압의 변화가 클 것
② 용액의 증기압이 낮을 것
③ 점도가 높지 않을 것
④ 부식성이 없을 것

흡수제의 구비 조건
① 용액의 증기압이 낮을 것
② 농도 변화에 대한 증기압의 변화가 작을 것
③ 재생에 많은 열을 필요로 하지 않을 것
④ 점도가 높지 않을 것
⑤ 냉매와 비점 차이가 클 것
⑥ 냉매와 용해도가 클 것
⑦ 열전도율이 클 것
⑧ 부식성이 작을 것
⑨ 독성, 가연성이 없을 것
⑩ 가격이 싸고 구입이 쉬울 것
⑪ 환경파괴가 없을 것

37 가역 카르노 사이클에서 저온부 -10℃, 고온부 30℃로 운전되는 열기관의 효율은 약 얼마인가?

① 7.58 ② 6.58
③ 0.15 ④ 0.13

카르노 사이클에서의 열효율(η_c)
$$\eta_c = \frac{유효열량}{공급열량} = \frac{AW}{Q_H}$$
$$= \frac{Q_H - Q_L}{Q_H} = 1 - \frac{Q_L}{Q_H}$$
$$= 1 - \frac{T_L}{T_H} = 1 - \frac{273+(-10)}{273+30}$$
$$= 0.132 ≒ 13\%$$

38 피스톤-실린더 시스템에 100kPa의 압력을 갖는 1kg의 공기가 들어 있다. 초기 체적은 0.5m³이고 이 시스템에 온도가 일정한 상태에서 열을 가하여 부피가 1.0m³이 되었다. 이 과정 중 전달된 열량(kJ)은 얼마인가?

① 32.7 ② 34.7
③ 44.8 ④ 50.0

Answer 34. ③ 35. ③ 36. ① 37. ④ 38. ②

부록

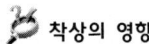
전달된 열량(Q)

$$Q = \int_1^2 Pdv = P_1 v_1 \ln\frac{v_2}{v_1}$$
$$= 100 \times 0.5 \times \ln\frac{1.0}{0.5} = 34.7\text{kJ}$$

39 증발기에서의 착상이 냉동장치에 미치는 영향에 대한 설명으로 옳은 것은?
① 압축비 및 성적계수 감소
② 냉각능력 저하에 따른 냉장실 내 온도 강하
③ 증발온도 및 증발압력 강하
④ 냉동능력에 대한 소요동력 감소

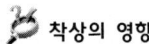
착상의 영향
① 냉각능력 저하에 의한 냉장실 내 온도 상승
② 증발온도 및 증발압력의 저하
③ 압축비 증가, 체적효율 감소, 냉동능력 감소, 성능계수 저하
④ 토출가스 온도 상승, 윤활유의 열화
⑤ 냉동능력당 소요동력 증대
⑥ 액압축 가능성의 증대

40 다음 온도-엔트로피 선도(T-S 선도)에서 과정 1-2가 가역일 때 빗금 친 부분은 무엇을 나타내는가?

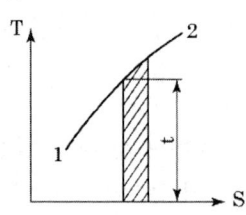

① 공업일 ② 절대일
③ 열량 ④ 내부에너지

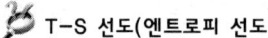
T-S 선도(엔트로피 선도)

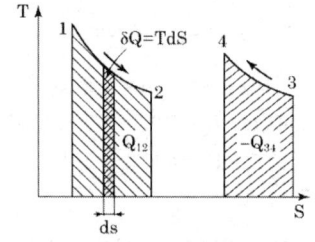

그래프의 아래 면적은 열량을 나타냄
① 1 → 2 : 물체가 받는 열량(공급열량)
② 3 → 4 : 물체로부터 버린 열량(방출열량)

제3과목 : 시운전 및 안전관리

41 절연저항 측정 시 가장 적당한 방법은?
① 메거에 의한 방법
② 전압, 전류계에 의한 방법
③ 전위차계에 의한 방법
④ 더블브리지에 의한 방법

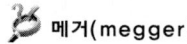
메거(megger)
직류전압을 전로에 인가하여 절연저항을 측정하는 기기

42 PLC(Programmable Logic Controller)에 대한 설명 중 틀린 것은?
① 무접점 제어방식이다.
② 계전기, 타이머, 카운터의 기능이 있다.
③ 산술연산, 비교연산을 처리할 수 있다.
④ 시퀀스 제어방식과는 함께 사용할 수가 없다.

시퀀스 컨트롤러라고도 한다. 복잡한 시퀀스 제어 시스템을 프로그램 방식으로 변경하여 시퀀스 제어를 손쉽게 하기 위해 만든 전자제어 장치이므로 시퀀스 제어방식과 함께 사용할 수 있다.

Answer 39. ③ 40. ③ 41. ① 42. ④

43 전압을 V, 전류를 I, 저항을 R, 그리고 도체의 비저항을 ρ라 할 때 옴의 법칙을 나타낸 식은?

① $V = \dfrac{R}{I}$ ② $V = \dfrac{I}{R}$
③ $V = IR$ ④ $V = IR\rho$

> 옴의 법칙은 어떤 물체에 전류가 흐를 때 전압과 전류가 비례하고 전기저항에 반비례한다는 법칙이다.
> $V = IR$, $I = \dfrac{V}{R}$
> 여기서, V : 전압, I : 전류, R : 저항

44 정격주파수 60Hz의 농형 유도전동기에서 1차 전압을 정격값으로 하고 50Hz에 사용할 때 감소하는 것은?

① 토크 ② 온도
③ 역률 ④ 여자전류

> 60Hz의 유도전동기를 50Hz에 사용하면
> ① 속도가 감소한다.
> ② 여자전류가 증가하고, 역률이 감소한다.
> ③ 온도가 상승한다.
> ④ 최대 토크 및 기동전류가 증가한다.

45 유도전동기에 인가되는 전압과 주파수를 동시에 변환시켜 직류전동기와 동등한 제어성능을 얻을 수 있는 제어방식은?

① VVVF 방식
② 교류 궤환제어방식
③ 교류 1단 속도제어방식
④ 교류 2단 속도제어방식

> VVVF(Variable Voltage Variable Frequency) 방식
> 전력변환장치에 접속된 교류전동기(특히 유도전동기)를 가변속 구동하기 위한 인버터의 제어기술로서, 교류전동기 속도의 연속적 제어가 가능하다.

전동기에 인가되는 전압이 변화하면 전류와 토크가 변하며, 전동기의 회전속도는 주파수에 비례한다는 원리를 이용하여 전동기를 제어한다.

46 물체의 위치, 방위, 자세 등의 기계적 변위를 제어량으로 하여 목표값의 임의의 변화에 항상 추종되도록 구성된 제어장치는?

① 서보기구 ② 자동조정
③ 정치 제어 ④ 프로세스 제어

> 서보기구(추종 제어)
> 물체의 위치, 방위, 자세 등의 기계적 변위를 제어량으로 해서 목표값의 임의의 변화에 추종하도록 구성된 제어계로, 비행기 및 선박의 방향제어계, 미사일 발사대의 자동위치 제어계, 추적용 레이더, 자동평형 기록계 등에 적용된다.

47 2전력계법으로 3상 전력을 측정할 때 전력계의 지시가 $W_1 = 200W$, $W_2 = 200W$이다. 부하전력(W)은?

① 200 ② 400
③ $200\sqrt{3}$ ④ $400\sqrt{3}$

> 부하전력(P)
> $P = W_1 + W_2 = 200 + 200 = 400W$

48 다음 논리기호의 논리식은?

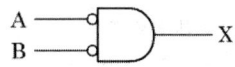

① $X = A + B$ ② $X = \overline{A \cdot B}$
③ $X = AB$ ④ $X = \overline{A + B}$

> 드모르간의 정리
> $\overline{A + B} = \overline{A} \cdot \overline{B}$
>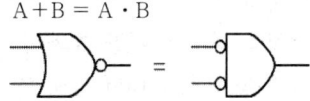

Answer 43. ③ 44. ③ 45. ① 46. ① 47. ② 48. ④

49 제어편차의 미분에 비례하여 출력을 내는 조절동작을 미분동작이라 한다. 이것과 비례동작이 함께 신호를 만드는 제어동작을 무엇이라 하는가?

① 비례동작(P 동작)
② 비례적분동작(PI 동작)
③ 비례미분동작(PD 동작)
④ 비례적분미분동작(PID 동작)

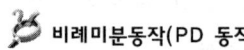
비례미분동작(PD 동작)
제어동작 중의 편차의 크기와 변화속도에 비례하는 제어동작으로 제어계의 응답 속응성을 개선하기 위해 사용한다.

50 $R_1 = 100\,\Omega$, $R_2 = 1000\,\Omega$, $R_3 = 800\,\Omega$일 때 전류계의 지시가 0이 되었다. 이때 저항 R_4는 몇 Ω인가?

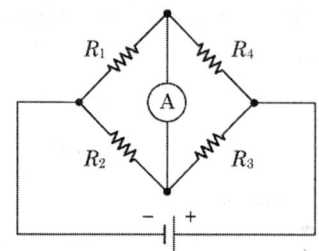

① 80   ② 160
③ 240   ④ 320

휘트스톤 브리지
$$R_4 = \frac{R_1 R_3}{R_2} = \frac{100 \times 800}{1000} = 80\,\Omega$$

51 다음 중 피드백 제어계의 특징이 아닌 것은?

① 감대폭의 증가
② 비선형과 왜형에 대한 효과의 증가
③ 계의 특성 변화에 대한 입력 대 출력비의 감도 감소
④ 비선형과 왜형에 대한 효과의 감소

② 비선형과 왜형에 대한 효과의 감소
[참고] 피드백 제어계의 특징
① 정확성의 증가
② 계의 특성 변화에 대한 입력 대 출력비의 감도 감소
③ 비선형과 왜형에 대한 효과의 감소
④ 감대폭의 증가
⑤ 발진을 일으키고 불안정한 상태로 되어 가는 경향성
⑥ 구조가 복잡하고 설치비가 고가

52 다음 중 kVA는 무엇의 단위인가?

① 유효전력   ② 피상전력
③ 효율   ④ 무효전력

㉠ 피상전력 : kVA   ㉡ 유효전력 : W
㉢ 무효전력 : Var

53 직류·교류 양용에 만능으로 사용할 수 있는 전동기는?

① 직권 정류자 전동기
② 직류 복권전동기
③ 유도전동기
④ 동기전동기

직권 정류자 전동기
① 직류·교류 양용 가능
② 와류손 감소를 위해 성층 철심 사용
③ 역률과 효율 개선을 위해 약계자 강전기자형의 구조 사용
④ 역률 개선과 전기자 반작용 개선을 위해 보상권선 사용
⑤ 회전속도가 증가할수록 역률 증가
⑥ 75kW 이하의 가정용 미싱, 소형 공구, 의료기기, 영사기 등으로 사용

54 다음 중 간략화한 논리식이 다른 것은?

Answer 49. ③ 50. ① 51. ② 52. ② 53. ① 54. ③

① $(A+B) \cdot (A+\overline{B})$
② $A \cdot (A+B)$
③ $A+(\overline{A} \cdot B)$
④ $(A \cdot B)+(A \cdot \overline{B})$

① $(A+B)(A+\overline{B}) = AA+A\overline{B}+BA+B\overline{B}$
$= A+A(\overline{B}+B) = A$
② $A \cdot (A+B) = A \cdot A + A \cdot B = A + A \cdot B$
$= A \cdot (1+B) = A \cdot 1 = A$
③ $A+\overline{A} \cdot B = A(1+B)+\overline{A} \cdot B$
$= A+AB+\overline{A} \cdot B$
$= A+B(A+\overline{A}) = A+B$
④ $A \cdot B + A \cdot \overline{B} = A \cdot (B+\overline{B}) = A \cdot 1 = A$

55 전류의 측정 범위를 확대하기 위하여 사용되는 것은?
① 분류기 ② 배율기
③ 계기용 변압기 ④ 전위차계

㉠ 분류기 : 일정한 전류계로서 큰 전류를 측정하고자 할 때 전류계의 측정 범위를 넓히기 위하여 전류계에 저항을 병렬로 연결한 것
㉡ 배율기 : 일정한 전압계로서 큰 전압을 측정하고자 할 경우 전압계의 측정 범위를 확대할 목적으로 외부의 저항을 전압계와 직렬로 연결한 저항

56 냉동장치를 운전하면서 안전을 고려하여 점검하는 항목으로 가장 거리가 먼 것은?
① 냉각수 단수보호장치 작동 여부
② 유압계 작동 여부
③ 안전밸브 적정 여부
④ 냉매온도 검지기 작동 여부

④ 냉매가스 누출 여부 및 가스누출경보장치 적정 여부

57 기계설비법령에 따라 기계설비 발전 기본계획은 몇 년마다 수립·시행하여야 하는가?
① 1 ② 2
③ 3 ④ 5

기계설비 발전 기본계획의 수립
국토교통부장관은 기계설비산업의 육성과 기계설비의 효율적인 유지관리 및 성능확보를 위하여 다음 각 호의 사항이 포함된 기계설비 발전 기본계획을 5년마다 수립·시행하여야 한다.

58 산업안전보건법령상 냉동·냉장 창고시설 건설공사에 대한 유해위험방지계획서를 제출해야 하는 대상시설의 연면적 기준은 얼마인가?
① 3천제곱미터 이상
② 4천제곱미터 이상
③ 5천제곱미터 이상
④ 6천제곱미터 이상

유해위험방지계획서를 제출해야 하는 공사
① 지상높이가 31미터 이상인 건축물 또는 인공구조물
② 연면적 3만제곱미터 이상인 건축물
③ 연면적 5천제곱미터 이상인 시설로서 다음의 어느 하나에 해당하는 시설
  ㉠ 문화 및 집회시설(전시장 및 동물원·식물원은 제외)
  ㉡ 판매시설, 운수시설(고속철도의 역사 및 집배송시설은 제외)
  ㉢ 종교시설
  ㉣ 의료시설 중 종합병원
  ㉤ 숙박시설 중 관광숙박시설
  ㉥ 지하도상가
  ㉦ 냉동·냉장 창고시설
④ 연면적 5천제곱미터 이상인 냉동·냉장 창고시설의 건설공사, 설비공사 및 단열공사
⑤ 최대 지간길이가 50미터 이상인 다리의 건설 등 공사
⑥ 터널의 건설 등 공사

55. ① 56. ④ 57. ④ 58. ③

⑦ 다목적댐, 발전용댐, 저수용량 2천만톤 이상의 용수 전용 댐 및 지방상수도 전용 댐의 건설 등 공사
⑧ 깊이 10미터 이상인 굴착공사

59 고압가스 안전관리법령에서 규정한 안전관리자의 업무가 아닌 것은?
① 용기 등의 제조공정관리
② 안전관리규정의 시행 및 그 기록의 작성 · 보존
③ 가스안전공사 직원의 교육
④ 사업소 또는 사용신고시설의 시설 · 용기 등 또는 작업과정의 안전유지

안전관리자의 업무
① 사업소 또는 사용신고시설의 시설·용기 등 또는 작업과정의 안전유지
② 용기 등의 제조공정 관리
③ 법 제10조에 따른 공급자의 의무이행 확인
④ 법 제11조에 따른 안전관리규정의 시행 및 그 기록의 작성 · 보존
⑤ 사업소 또는 사용신고시설의 종사자(사업소 또는 사용신고시설을 개수(改修) 또는 보수(補修)하는 업체의 직원을 포함한다)에 대한 안전관리를 위하여 필요한 지휘 · 감독
⑥ 그 밖의 위해방지 조치

60 다음 중 산업안전보건법령에서 규정하는 중대재해에 해당하는 것은?
① 1개월 이상의 요양이 필요한 부상자가 동시에 1명 이상 발생한 재해
② 3개월 이상의 요양이 필요한 부상자가 동시에 1명 이상 발생한 재해
③ 부상자 또는 직업성 질병자가 동시에 5명 이상 발생한 재해
④ 부상자 또는 직업성 질병자가 동시에 10명 이상 발생한 재해

중대재해의 범위
① 사망자가 1명 이상 발생한 재해
② 3개월 이상의 요양이 필요한 부상자가 동시에 2명 이상 발생한 재해
③ 부상자 또는 직업성 질병자가 동시에 10명 이상 발생한 재해

제4과목 : 유지보수 공사관리

61 강관의 두께를 선정할 때 기준이 되는 것은?
① 곡률반경　② 내경
③ 외경　　　④ 스케줄 번호

스케줄 번호(Schedule Number)
압력 · 고압 · 고온 배관용 탄소강 강관의 관 두께는 강관의 허용 응력과 사용 압력의 관계를 배려한 치수가 정해져 있다.

62 급수배관에서 수격현상을 방지하는 방법으로 가장 적절한 것은?
① 도피관을 설치하여 옥상탱크에 연결한다.
② 수압관을 갑자기 높인다.
③ 밸브나 수도꼭지를 갑자기 열고 닫는다.
④ 급폐쇄형 밸브 근처에 공기실을 설치한다.

수격작용은 플러시 밸브(flush valve)나 기타 수전류를 급격히 열고 닫을 때 소음과 진동이 발생하는 것으로 수전의 패킹이나 와셔 등의 손상이 커지고 누수가 우려된다. 이러한 수격작용을 방지하기 위해서는 기구류 가까이에 공기실(air chamber)을 설치함으로써 완화할 수 있다.
[참고] 수격작용 방지법
① 배관 내의 유속을 2.0m/s 미만으로 억제한다.
② 워터해머가 생기기 쉬운 곳에 워터해머 방지기를 설치한다.
③ 수격방지용 체크밸브를 사용한다.
④ 서지 탱크(surge tank)를 설치하여 압력변동을 방지한다.

Answer　59. ③　60. ④　61. ④　62. ④

⑤ 배관은 가능한 한 직선배관을 원칙으로 하여 구부리지 않는다.
⑥ 밸브의 개폐를 천천히 한다.
⑦ 급수전 가까이 공기실(air chamber)을 설치한다.

63 급탕 배관 시공 시 주의사항으로 옳지 않은 것은?
① 상향식 공급 방식에서 급탕 수평주관은 선상향 구배로 한다.
② 하향식 공급 방식에서는 급탕관은 선상향 구배로 한다.
③ 상향식 공급 방식에서 복귀관은 선하향 구배로 한다.
④ 하향식 공급 방식에서는 복귀관은 선하향 구배로 한다.

② 하향식 공급 방식에서는 급탕관은 선하향 구배로 한다.
[참고] 급탕 배관의 구배
① 상향식 : 급탕 수평주관은 선상향(앞올림) 구배로 하고, 복귀관은 선하향(앞내림) 구배로 한다.
② 하향식 : 급탕관 및 복귀관 모두 선하향 구배로 한다.

64 보온재의 구비 조건으로 부적당한 것은?
① 부피와 비중이 커야 한다.
② 흡수성이 없어야 한다.
③ 안전사용온도가 높아야 한다.
④ 열전도율이 낮아야 한다.

보온재의 구비 조건
① 보온 능력이 크고 열전도율이 작을 것
② 비중이 작을 것
③ 어느 정도 기계적 강도를 가질 것
④ 흡습성, 흡수성이 없을 것
⑤ 불연성일 것
⑥ 사용온도에서 장시간 사용해도 변질이 없을 것
⑦ 구입이 용이하고 시공이 쉬우며 내용년수가 길 것

65 다음 중 "접속해 있을 때"를 나타내는 관의 도시기호는?

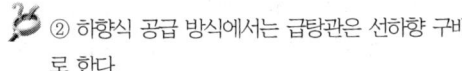

관의 접속상태

접속상태	실제모양	도시기호
접속하지 않을 때		
접속하고 있을 때		
분기하고 있을 때		

66 보온재 중 사용온도 범위가 가장 높은 것은?
① 규조토 보온재
② 암면 보온재
③ 탄산마그네슘 보온재
④ 펄라이트 보온재

보온재의 사용온도
① 규조토 : 500℃ 이하
② 암면 : 600℃ 이하
③ 탄산마그네슘 : 250℃ 이하
④ 펄라이트 : 650℃ 이하

67 다음 그림과 같은 이음쇠의 호칭법이 맞는 것은?

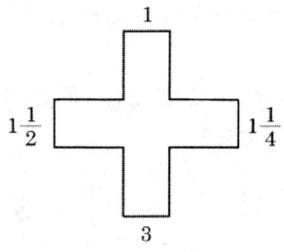

① 크로스 $3 \times 1\frac{1}{2} \times 1\frac{1}{4} \times 1B$

② 크로스 $3 \times 1\frac{1}{4} \times 1\frac{1}{2} \times 1B$

③ 크로스 $3 \times 1 \times 1\frac{1}{2} \times 1\frac{1}{4}B$

④ 크로스 $3 \times 1\frac{1}{4} \times 1\frac{1}{2} \times 1\frac{1}{4}B$

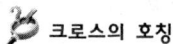

크로스의 호칭방법

직경이 가장 큰 것×동일 선상에 있는 직경×나머지 2개 중에서 직경이 큰 것×남은 직경으로 표시

68 증기 및 물배관 등에서 찌꺼기를 제거하기 위하여 설치하는 부속품은?

① 유니온 ② P트랩
③ 부싱 ④ 스트레이너

스트레이너(strainer)

증기, 물, 기름 등 배관 내의 유체에 혼입된 토사, 이물질을 제거하기 위하여 설치한다.

69 옥상탱크식 급수방법의 장점이 아닌 것은?

① 급수압력이 일정하다.
② 단수 시에도 일정량의 급수가 가능하다.
③ 급수 공급 계통에서 물의 오염 가능성이 없다.
④ 대규모 급수에 적합하다.

③ 저수량이 많아 급수 공급 계통에서 물의 오염 가능성이 크다.

70 관경 25A(내경 27.6mm)의 강관에 매분 30 l/min의 가스를 흐르게 할 때 유속은 약 얼마인가?

① 0.14m/s ② 0.34m/s
③ 0.64m/s ④ 0.84m/s

연속방정식 $Q = AV = \dfrac{\pi D^2}{4} V$에서

$$V = \frac{4Q}{\pi D^2} = \frac{4 \times 30 l/\min \times \dfrac{10^{-3} \text{m}^3}{1 l} \times \dfrac{1\min}{60 s}}{\pi \times 0.0276^2}$$

$= 0.84 \text{m/s}$

[참고] $1 l = 10^{-3} \text{m}^3$, $27.6\text{mm} = 0.0276\text{m}$

71 다음 중 수직배관에서 역류 방지 목적으로 사용하기에 가장 적절한 밸브는?

① 리프트식 체크 밸브
② 스윙식 체크 밸브
③ 안전 밸브
④ 코크 밸브

체크 밸브(check vavle : 역지 밸브)

유체를 일정한 방향으로만 흐르게 하고 역류를 방지하는 데 사용

㉠ 스윙형 : 수직, 수평 배관에 사용
㉡ 리프트형 : 수평 배관에 사용
㉢ 풋 밸브(foot valve) : 펌프 흡입관 하부에 사용
㉣ 싱글 및 듀얼 플레이트 체크 밸브
㉤ 해머리스형(스모렌스키형) : 펌프의 토출측 수직 배관에 사용

72 폴리에틸렌 배관의 접합방법이 아닌 것은?

① 기볼트 접합
② 용착 슬리브 접합
③ 인서트 접합
④ 테이퍼 접합

기볼트 접합

석면 시멘트관의 접합에 주로 쓰이는 이음으로

68. ④ 69. ③ 70. ④ 71. ② 72. ①

관의 접합부에 주철제의 슬리브를 끼워 양단을 고무링으로 막고 이 고무링을 주철제의 플랜지로 조인다.

73 공기조화설비에서 수배관 시공 시 주요 기기류의 접속배관에는 수리 시 전 계통의 물을 배수하지 않도록 서비스용 밸브를 설치한다. 이때 밸브를 완전히 열었을 때 저항이 작은 밸브가 요구되는데 가장 적당한 밸브는?

① 나비 밸브 ② 슬루스 밸브
③ 니들 밸브 ④ 글로브 밸브

 슬루스(sluice) 밸브(=게이트 밸브)
㉠ 파이프의 횡단면과 평행하게 개폐하는 밸브
㉡ 유체의 흐름 저항이 적어 유체의 흐름 차단용으로 사용하며, 밸브의 개폐시간이 길어 밸브를 자주 개폐할 필요가 없는 곳에 사용(수평관, 난방용 배관)한다.

74 경수연화장치의 재생 순서로 가장 적합한 것은?

① 수세(경도 성분 및 잔류 재생제(10% Nacl)를 세척) → 재생(10% 소금물 주입) → 역세(현탁물질들을 제거)
② 수세(경도 성분 및 잔류 재생제(10% Nacl)를 세척) → 역세(현탁물질들을 제거) → 재생(10% 소금물 주입)
③ 역세(현탁 물질들을 제거) → 수세(경도 성분 및 잔류 재생제(10% Nacl)를 세척) → 재생(10% 소금물 주입)
④ 역세(현탁 물질들을 제거) → 재생(10% 소금물 주입) → 수세(경도 성분 및 잔류 재생제(10% Nacl)를 세척)

 경수연화장치의 운전
경수연화장치의 운전은 통수공정과 재생공정으로 나눌 수 있다.
① 통수공정 : 원수 중의 경도 성분을 양이온 교환수지로 제거하여 규정 경도(ppm as $CaCO_3$) 이하의 연수를 채수하는 공정이다.
② 재생공정 : 통수에 의해 이온교환 능력을 잃어버린 양이온 교환수지를 재생제(Nacl)를 사용하여 이온교환 능력을 회복시키는 공정으로, 역세(현탁물질 제거), 약주(재생제 10% NaCl 주입), 수세(양이온 교환수지 재세척)의 3공정으로 되어 있다.

75 아래 강관 표시방법 중 "S-H"의 의미로 옳은 것은?

SPPS – S – H – 1965, 11 – 100A×SCH40×6

① 강관의 종류 ② 제조회사명
③ 제조방법 ④ 제품표시

 압력배관용 탄소강관

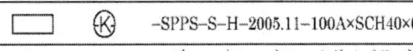

76 급탕용 배관재료로서 동관과 강관을 비교했을 때 동관의 특징으로 틀린 것은?

① 관 내면이 미끄러워 마찰저항이 적다.
② 스케일 부착이 크다.
③ 산화 피막이 만들어지기 쉽다.
④ 부식이 관 내부에서 진행되기 어렵다.

 급탕용으로 쓰여지는 배관재에는 배관용 탄소강 강관(백관), 동관, 황동관 등을 들 수 있다. 그 중 동관은 내식성이 우수하며 무게가 가볍고 마찰손실이 적어 스케일 부착이 강관보다 크지 않다.

77 냉동장치의 배관공사가 완료된 후 방열공사의 시공 및 냉매를 충전하기 전에 전 계통에 걸쳐 실시하며, 진공시험으로 최종적인 기밀 유무를 확인하기 전에 하는 시험은?

Answer 73. ② 74. ④ 75. ③ 76. ② 77. ①

① 누설시험　② 기밀시험
③ 내압시험　④ 수압시험

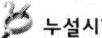 **누설시험**

누설시험은 진공시험으로 최종적인 기밀의 확인을 하기 전에 냉동장치의 배관공사 완료 후 방열공사 및 냉매충전을 하기 전 냉동장치 전 계통에 걸쳐 누설되는 곳을 점검하여 완전 기밀로 하는 것이 목적인 시험이다. 시험에 사용하는 가스는 건조공기, 질소 등의 불연성 가스를 사용하고, 기밀시험과 같은 방식으로 행한다.

78 급탕배관 시공에 관한 설명으로 틀린 것은?
① 배관의 굽힘 부분에는 벨로즈 이음을 한다.
② 하향식 급탕주관의 최상부에는 공기빼기 장치를 설치한다.
③ 팽창관의 관경은 겨울철 동결을 고려하여 25A 이상으로 한다.
④ 단관식 급탕배관 방식에는 상향배관, 하향배관 방식이 있다.

 ① 배관의 굽힘 부분에서는 급탕배관의 신축방지를 위하여 스위블 이음으로 접합한다.

79 방열기 주위 배관에 대한 설명으로 틀린 것은?
① 방열기 주위는 스위블 이음으로 배관한다.
② 공급관은 앞쪽올림의 역구배로 한다.
③ 환수관은 앞쪽내림의 순구배로 한다.
④ 구배를 취할 수 없거나 수평주관이 2.5m 이상일 때는 한 치수 작은 지름으로 한다.

 ④ 구배를 취할 수 없거나 수평주관이 2.5m 이상일 때는 한 치수 큰 지름으로 한다.

80 진공환수식 난방법에서 탱크 내 진공도가 필요 이상으로 높아지면 밸브를 열어 탱크 내에 공기를 넣는 안전밸브의 역할을 담당하는 기기는?
① 리프트 피팅(lift fitting)
② 버큠 브레이커(vacuum breaker)
③ 증발탱크
④ 증기트랩

 진공환수식 증기난방은 대규모 난방에 많이 사용하는 것으로 환수주관의 끝, 보일러의 바로 앞에 진공펌프를 설치하여 환수관 내의 응축수 및 공기를 흡인하여 환수관의 진공도를 100~250mmHg로 유지하므로 응축수를 빨리 배출시킬 수 있고 방열기 내의 공기도 빼낼 수 있다. 진공펌프에는 탱크 내의 진공도가 필요 이상 높아지면 펌프에 과부하가 걸리므로 버큠 브레이커를 부착시켜 밸브를 열어 탱크 내에 공기를 넣는 안전밸브의 역할을 하고 있다.

Answer　78. ①　79. ④　80. ②

2024년 제3회
공조냉동기계기사 과년도출제문제

제1과목 : 에너지관리

01 다음 중 예상온열감(PMV)의 일반적인 열적 쾌적범위에 속하는 것은?

① $-0.2 < PMV < +0.2$
② $-0.3 < PMV < +0.3$
③ $-0.4 < PMV < +0.4$
④ $-0.5 < PMV < +0.5$

 예상온열감(PMV : Predicted Mean Vote)
예상온열감은 인간과 주위 환경의 6가지 열환경 요소들(기온, 습도, 기류속도, 평균복사온도, 대사량, 착의량)을 측정하여 인체의 열평형에 기초한 쾌적방정식으로, 일반적으로 재실자가 쾌적하다고 느끼는 예상온열감은 -0.5~+0.5의 범위이다.

02 다음 중 공기조화설비의 T.A.B를 수행할 때 작업 진행 순서로 올바른 것은?

| 가. 전원점검 | 나. 현장점검 |
| 다. 시험조정 | 라. 시스템 검토 |

① 가 → 나 → 다 → 라
② 라 → 나 → 가 → 다
③ 라 → 가 → 나 → 다
④ 가 → 나 → 라 → 다

 T.A.B 작업진행 순서
시스템 검토 → 예비보고서 작성 → 현장점검 → 전원점검 → 시험조정(공기분배 시스템, 물분배 시스템) → 자동제어 계통 점검 → 온습도 조정 → 소음 측정 → 종합보고서 작성

03 그림과 같은 지면에 접해 있는 바닥 구조체의 열관류율 K[W/m²℃]값은 약 얼마인가? (단, 내표면 열전달률 $\alpha_i = 8W/m^2℃$, 외표면 열전달률 $\alpha_o = 30W/m^2℃$이다.)

구조	재료	두께[m]	열전도율[W/m℃]
실내	① 테라조	0.03	1.55
	② 모르타르	0.02	1.2
	③ 콘크리트	0.15	1.4
	④ 잡석	0.2	1.6
	재료	두께[m]	열전달률[W/m²℃]
	⑤ 지반	–	1.6

① 0.491 ② 0.632
③ 0.982 ④ 1.018

 열관류율 계산 시 바닥이나 지층벽처럼 한쪽이 흙에 접하고 다른 쪽이 실내공기와 접할 때 외표면이 흙에 접하므로 내표면 열전달만 고려한다.
열관류율(열통과율)

$$K = \cfrac{1}{\cfrac{1}{\alpha_1} + \cfrac{l_1}{\lambda_1} + \cfrac{l_2}{\lambda_2} + \cfrac{l_3}{\lambda_3} + \cfrac{l_4}{\lambda_4} + \cfrac{1}{\lambda_5}}$$

$$= \cfrac{1}{\cfrac{1}{8} + \cfrac{0.03}{1.55} + \cfrac{0.02}{1.2} + \cfrac{0.15}{1.4} + \cfrac{0.2}{1.6} + \cfrac{1}{1.6}}$$

$$= 0.982 W/m^2℃$$

04 냉·난방 시의 실내 현열부하를 q_s(W), 실내와 말단장치의 온도(℃)를 각각 t_r, t_d라 할 때 송풍량 Q(L/s)를 구하는 식은?

① $Q = \cfrac{q_s}{0.24(t_r - t_d)}$

 01. ④ 02. ② 03. ③ 04. ②

과년도출제문제(출제기준 개정 후) **143**

② $Q = \dfrac{q_s}{1.2(t_r - t_d)}$

③ $Q = \dfrac{q_s}{1.85(t_r - t_d)}$

④ $Q = \dfrac{q_s}{2501(t_r - t_d)}$

🔑 $Q = \dfrac{q_s}{C_p \gamma (t_r - t_d)}$

$= \dfrac{q_s (\text{J/s})}{1.01 \text{kJ/kgK} \times 1.2 \text{kg/m}^3 \times \dfrac{1\text{m}^3}{1000\text{L}} \times \dfrac{1000\text{J}}{1\text{kJ}} \times (t_r - t_d)}$

$= \dfrac{q_s}{1.21(t_r - t_d)} [\text{L/s}]$

05 변풍량(VAV) 공조방식에서 송풍덕트 내의 정압제어가 필요 없고 소음 발생이 적은 변풍량 유닛은?

① 바이패스형 ② 교축형
③ 유인형   ④ 슬롯형

🔑 **바이패스형 유닛**
㉠ 송풍덕트 내의 정압제어가 필요 없고, 유닛의 소음 발생이 적고, 천장 내의 조명으로 인한 발생열을 제거할 수 있다.
㉡ 송풍동력을 절감시킬 수 없고, 덕트 계통의 증설이나 개설에 대한 적응성이 적다.

06 냉방 시 실내 현열부하 1.1kW, 잠열부하 0.28kW, 실내 취출온도차가 10℃일 때 실내 송풍량(CMH)은? (단, 공기의 비열 1.01kJ/kg·K, 공기의 밀도 1.2kg/m³이다.)

① 327CMH   ② 427CMH
③ 3270CMH   ④ 4270CMH

🔑 ① CMH = m³/h, CMM = m³/min
② 실내 송풍량(Q)

$Q = \dfrac{q_s}{\rho C_p \Delta t} = \dfrac{1.1 \text{kJ/s} \times \dfrac{3600s}{1\text{h}}}{1.2 \times 1.01 \times 10}$

$= 327 \text{m}^3/\text{h} [\text{CMH}]$

07 다음 중 공조기 에어필터에 대한 설명으로 틀린 것은?

① 에어필터는 오염이 증가할수록 저항이 증가한다.
② 에어필터 교체 주기를 쉽게 알 수 있도록 차압계를 설치한다.
③ 에어필터는 설치 순서가 적합해야 하며, 보통 프리필터(Pre Filter), 미디움필터(Medium Filter), 헤파필터(HEPA Filter) 순이다.
④ 고성능 필터의 효율 측정은 중량법을 적용한다.

🔑 ④ 프리필터나 미디움필터의 효율 측정은 중량법을, 고성능 필터의 효율 측정은 계수법을 적용한다.

08 다음의 고속덕트방식에 대한 설명 중 부적당한 것은?

① 동력비가 증가된다.
② 송풍기 동력이 과대해진다.
③ 공조용 덕트는 소음의 고려가 필요하지 않다.
④ 리턴 덕트와 공조기에서는 저속방식과 같은 풍속으로 한다.

🔑 ③ 저속덕트는 덕트 내 발생 소음을 고려하지 않지만, 고속덕트에서는 송풍기와 덕트의 발생 소음이 크므로 소음상자를 설치하는 것이 원칙이다.

09 콘크리트 10cm, 회벽 2mm로 된 벽체에 대하여 외벽체 표면온도 30℃, 실내측 표면온

 05. ① 06. ① 07. ④ 08. ③ 09. ④

도 26℃일 때 벽체에서 침입열량(W)은? (단, 벽체의 면적은 10m², 각 벽 재료의 열전도율은 아래표와 같다.)

재료	열전도율 [W/(m·K)]	두께 [m]
콘크리트	0.72	0.1
회벽	1.4	0.002

① 63W ② 180W
③ 200W ④ 285W

 ① 열관류율(K)

$$K = \dfrac{1}{\dfrac{l_1}{\lambda_1} + \dfrac{l_2}{\lambda_2}} = \dfrac{1}{\dfrac{0.1}{0.72} + \dfrac{0.002}{1.4}}$$

$= 7.13 \text{W/(m}^2\cdot\text{K)}$

② 벽체 침입열량(Q)

$Q = K \cdot A \cdot \Delta T$
$= 7.13 \times 10 \times (30-26) = 285\text{W}$

10 아래의 그림은 공조기에 ① 상태의 외기와 ② 상태의 실내에서 되돌아온 공기가 공조기로 들어와 ⑥ 상태로 실내로 공급되는 과정을 습공기 선도에 표현한 것이다. 공조기 내 과정을 알맞게 나열한 것은?

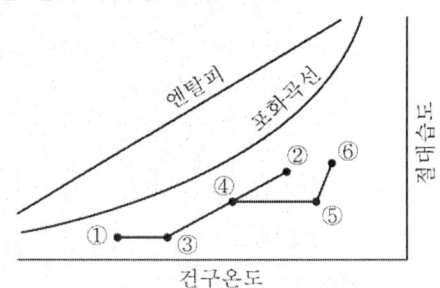

① 예열 - 혼합 - 증기가습 - 가열
② 예열 - 혼합 - 가열 - 증기가습
③ 예열 - 증기가습 - 가열 - 증기가습
④ 혼합 - 제습 - 증기가습 - 가열

겨울철
외기 예열(①-③) → 혼합(②+③=④, 실내공기+외기) → 가열(④-⑤) → 증기가습(⑤-⑥)

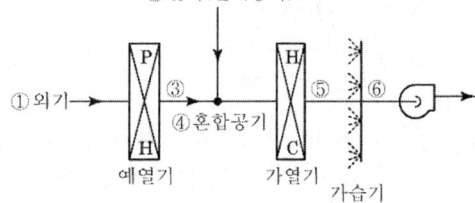

① 상태의 외기를 예열하여 ③의 상태로 실내공기 ②와 혼합하면 ④의 혼합공기로 된 후 가열하면 ⑤의 상태가 되며, 이것에 증기를 분무시켜서 ⑥의 상태로 실내에 송풍한다.

11 공기조화기의 공기냉각 코일에서 공기와 냉수의 온도변화가 그림과 같았다. 이 코일의 대수평균온도차(LMTD)는?

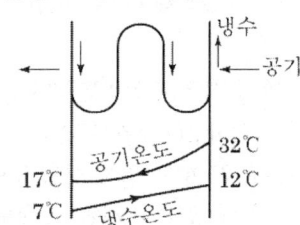

① 9.7℃ ② 12.4℃
③ 14.4℃ ④ 15.6℃

대수평균온도차(LMTD)

$$\text{LMTD} = \dfrac{\Delta_1 - \Delta_2}{\ln\dfrac{\Delta_1}{\Delta_2}} = \dfrac{(32-12)-(17-7)}{\ln\dfrac{(32-12)}{(17-7)}}$$

$= 14.4℃$

12 대규모 건물에서는 외벽으로부터 떨어진 중앙부는 외기 조건의 영향을 적게 받으며, 인체와 조명등 및 실내기구의 발열로 인해 경우에 따라서는 동절기 및 중간기에 냉방이 필요한 때가 있다. 이와 같은 건물의 회의실, 식당과

10. ② 11. ③ 12. ③

같이 일반 사무실에 비해 현열비가 크게 다른 경우 계통별로 구분하여 조닝하는 방법은?

① 방위별 조닝
② 사용시간별 조닝
③ 부하특성별 조닝
④ 공조조건별 조닝

① 방위별 조닝 : 열부하의 성질에 따라 일사, 일조조건이 다른 동서남북의 존으로 구분하는 방법
② 사용별 조닝
  ㉠ 사용시간별 조닝 : 실의 사용 목적에 따라 각 실의 사용시간대를 검토하여 사용시간이 같은 것끼리 합쳐서 구획짓는 방법
  ㉡ 부하특성별 조닝 : 건물의 중역실, 회의실, 식당과 같이 일반 사무실에 비해 현열비가 크게 다른 경우 계통별로 구별
  ㉢ 공조조건별 조닝 : 전자계산기실과 같이 온·습도 조건이 항상 일정하게 유지되어야 할 필요성 등에 따라 계통별로 구별

13 어느 건물 서편의 유리면적이 $17m^2$이다. 유리창의 일사량(I_{gr})은 $558W/m^2$, 차폐계수(K_s)는 0.75이다. 일사 침입 열량(kW)은 얼마인가? (단, 외기는 33℃, 실내는 27℃, 유리는 2중이다.)

① 1.4 ② 3.6
③ 7.11 ④ 15.2

$q_{gr} = I_{gr} \cdot K_s \cdot A$
$= 558 \times 0.75 \times 17 = 7114.5W ≒ 7.11kW$

14 공조 시스템에 대한 설명으로 틀린 것은?

① 실내 송풍량은 실내현열부하와 취출온도 차로 구할 수 있다.
② 전열교환기를 사용하면 냉각코일 용량을 감소시키고 냉방에너지를 절약할 수 있다.
③ 공기조화기에서 처리하는 열부하에는 실내 열취득부하, 배관취득부하, 환기용 도입 외기부하가 포함된다.
④ 여름철 재열 시스템에서 냉각코일부하에는 재열부하가 포함된다.

③ 배관취득부하는 열원부하이다.

15 냉각탑(cooling tower)에 대한 설명 중 잘못된 것은?

① 냉각탑에서 쿨링레인지는 5℃ 정도가 적합하다.
② 냉각수 순환수량은 23L/min·RT 정도가 적합하다.
③ 냉각수 입구온도 37℃, 냉각수 출구온도 32℃ 정도로 한다.
④ 냉각탑은 냉동장치가 흡수한 열을 대기 중으로 방출하는 설비이다.

② 냉각수 순환수량은 13L/min·RT 정도가 적합하다.

16 보기 중 실내공기의 가습 방법으로 맞는 것 모두를 고른 것은?

㉠ 에어워셔에 의해서 단열가습을 하는 방법
㉡ 소량의 물 또는 온수를 분무하는 방법
㉢ 실내에 직접 분무하는 방법
㉣ 증기를 분무하는 방법

① ㉠, ㉡, ㉢ ② ㉠, ㉢, ㉣
③ ㉡, ㉢, ㉣ ④ ㉠, ㉡, ㉢, ㉣

가습 방법
① 공기세정기(에어 와셔)에 의한 단열(순환수 분무) 가습
② 공기세정기에 의한 온수 분무 가습
③ 소량의 물 또는 온수 분무 가습
④ 수증기 분무 가습 효율

Answer 13. ③ 14. ③ 15. ② 16. ④

⑤ 가습 팬에 의한 수증기 증발 가습
⑥ 실내에 직접 분무 가습

17 덕트의 구부러진 부분의 기류를 안정시키기 위해 사용하는 것은?

① 방화 댐퍼(fire damper)
② 가이드 베인(guide vane)
③ 라인 디퓨져(line diffuser)
④ 스플릿 댐퍼(split damper)

  가이드 베인
곡관 부분의 기류의 안정을 유지하여 난류로 인한 압력손실을 줄이기 위해 설치하고, 곡관부의 외측보다 내측에 설치하는 것이 좋다.

18 배출가스 또는 배기가스 등의 열을 열원으로 하는 보일러는?

① 폐열보일러   ② 관류보일러
③ 입형 보일러 ④ 수관보일러

  폐열보일러
산업용로, 생산공정, 소각로 등에서 배출되는 고온 가스의 폐열을 이용하여 온수 및 증기를 발생하는 보일러

19 원심식 펌프의 T.A.B에서 검토하지 않는 사항은?

① 펌프의 회전수
② 펌프의 회전방향
③ 펌프의 토출 및 흡입압력
④ 펌프에 적용되는 물의 pH

  펌프의 T.A.B 검토사항
펌프의 회전방향, 유량, 모터 전류, 입출구 압력, 펌프의 정수두압, 회전수 측정

20 코일의 통과풍량이 3000m³/min이고, 통과풍속이 2.5m/s일 때 냉수코일의 유효정면면적(m²)은 얼마인가?

① 20   ② 3.3
③ 0.33   ④ 0.28

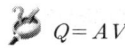 $Q = AV$

$$A = \frac{Q}{V} = \frac{3000\text{m}^3/\text{min} \times \frac{1\text{min}}{60s}}{2.5} = 20\text{m}^2$$

여기서, 풍량(Q) : m³/s, 풍속(V) : m/s
유효정면면적(A) : m²

제2과목 : 공조냉동 설계

21 50kPa의 압력차는 수은주(mmHg)로 어느 정도 높이가 되겠는가? (단, 수은의 밀도는 13590kg/m³이다.)

① 50mmHg   ② 77mmHg
③ 375mmHg   ④ 500mmHg

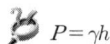 $P = \gamma h$

$$h = \frac{P}{\gamma} = \frac{P}{\rho g} = \frac{50\text{kPa} \times \frac{1000\text{Pa}}{1\text{kPa}}}{13590 \times 9.8}$$
$$= 0.375\text{mHg} = 375\text{mmHg}$$

22 시간당 380000kg의 물을 공급하여 수증기를 생산하는 보일러가 있다. 이 보일러에 공급하는 물의 엔탈피는 830kJ/kg이고, 생산되는 수증기의 엔탈피는 3230kJ/kg이라고 할 때, 발열량이 32000kJ/kg인 석탄을 시간당 34000kg씩 보일러에 공급한다면 이 보일러의 효율은 약 몇 %인가?

① 66.9%   ② 71.5%
③ 77.3%   ④ 83.8%

Answer 17. ② 18. ① 19. ④ 20. ① 21. ③ 22. ④

$$\eta = \frac{열출력}{연료소비율 \times 저위발열량}$$

$$= \frac{G_a(h_2 - h_1)}{G_f \times H_l} = \frac{380000(3230 - 830)}{34000 \times 32000}$$

$$= 0.838 = 83.8\%$$

23 영화관의 냉방부하가 1512000kJ/h일 때 압축기 소요동력을 1냉동톤당 0.75kW로 가정하면 이 압축기를 기동하는데 약 몇 kW의 전동기가 필요한가?

① 49.8kW ② 59.8kW
③ 69.8kW ④ 81.6kW

① 냉동부하 = $1512000 \text{kJ/h} \times \dfrac{1\text{h}}{3600s} = 420\text{kW}$

② 압축기 기동전력

$$= 420\text{kW} \times \frac{1\text{RT}}{3.86\text{kW}} \times \frac{0.75\text{kW}}{1\text{RT}} = 81.6\text{kW}$$

24 다음과 같은 15RT 암모니아 냉동장치의 압축기 운전 소요동력(kW)은 약 얼마인가? (단, 압축기 압축효율 η_c=0.7, 기계효율 η_m=0.9, 1RT=3.86kW이다.)

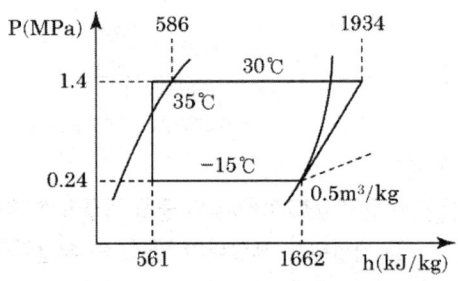

① 11.5kW ② 16.5kW
③ 22.7kW ④ 24.3kW

① 냉매순환량

$$G = \frac{Q_e}{q_e} = \frac{15 \times 3.86}{1662 - 561} = 0.0526 \text{kg/s}$$

② 압축기 운전 소요동력

$$P = \frac{G \times (h_2 - h_1)}{\eta_c \times \eta_m}$$

$$= \frac{0.0526 \times (1934 - 1662)}{0.7 \times 0.9} = 22.7\text{kW}$$

25 이상적인 냉동사이클을 따르는 증기압축 냉동장치에서 증발기를 지나는 냉매의 물리적 변화로 옳은 것은?

① 압력이 증가한다.
② 엔트로피가 감소한다.
③ 엔탈피가 증가한다.
④ 비체적이 감소한다.

증발과정에서 냉매의 물리적 변화
압력 일정, 온도 일정, 엔탈피 증가, 건조도 증가, 비체적 증가, 엔트로피 증가

26 냉동제조시설의 정밀안전검진기준에서 다음 냉매가스 중 누출될 경우 가장 위험성이 적은 가스는 무엇인가?

① 공기보다 무거운 가스
② 공기보다 가벼운 가스
③ 독성 가스
④ 가연성 가스

사고예방설비기준(고압가스 안전관리법 시행규칙 [별표7])
독성 가스 및 공기보다 무거운 가연성 가스를 취급하는 제조시설 및 저장설비에는 가스가 누출될 경우 이를 신속히 검지하여 효과적으로 대응할 수 있도록 하기 위하여 필요한 조치를 마련할 것

27 전열면적 20m², 냉각수량 300L/min인 수냉식 응축기에서 냉각수 입구수온 32℃, 출구수온 37℃일 때 응축온도(℃)는 약 얼마인가? (단, 전열면 열통과율은 1140W/(m²·K), 냉각수의 비열은 4.2kJ/kg·K이다.)

Answer 23. ④ 24. ③ 25. ③ 26. ② 27. ④

① 34.28℃   ② 36.35℃
③ 37.92℃   ④ 39.11℃

$Q = K \cdot A \cdot \Delta t_m = G_c \cdot C \cdot \Delta t$

$\Delta t_m = \dfrac{G_c \cdot C \cdot \Delta t}{K \cdot A}$

$= \dfrac{(300\text{L/min} \times \frac{1\text{min}}{60s}) \times 4.2 \times (37-32)}{(1140 \times \frac{1\text{kW}}{1000\text{W}}) \times 20}$

$= 4.61℃$

$\Delta t_m = t_c - \dfrac{t_{w1}+t_{w2}}{2}$

$t_c = \Delta t_m + \dfrac{t_{w1}+t_{w2}}{2} = 4.61 + \dfrac{32+37}{2} = 39.11℃$

28 냉동장치의 운전에 대한 다음 설명 중 옳지 않은 것은?

① 냉동장치의 운전 개시할 때에는 응축기의 냉각수 입·출구 밸브가 열려있는지 확인한다.
② 일정한 응축압력하에서 압축기의 흡입압력이 저하하면 압축비가 크게 되어 냉동능력은 증대한다.
③ 냉장고의 냉동부하가 감소하면 증발온도는 저하하고 압축기 흡입압력은 저하한다.
④ 암모니아 냉매의 경우 증발과 응축의 각각의 온도가 동일한 운전상태에서 플루오르카본 냉매에 비하여 압축기 토출가스 온도가 높다.

② 일정한 응축압력하에서 압축기의 흡입압력이 저하하면 압축비가 크게 되어 단위 냉동능력당 동력이 증가하므로 냉동능력은 저하한다.

29 과열기가 있는 랭킨사이클에 이상적인 재열사이클을 적용할 경우에 대한 설명으로 틀린 것은?

① 이상 재열사이클의 열효율이 더 높다.
② 이상 재열사이클의 경우 터빈 출구 건도가 증가한다.
③ 이상 재열사이클의 기기 비용이 더 많이 요구된다.
④ 이상 재열사이클의 경우 터빈 입구 온도를 더 높일 수 있다.

④ 이상 재열사이클의 경우 열효율을 높이기 위하여 터빈팽창 도중의 증기를 다시 재열기로 보내어 처음의 과열 온도까지 가열한다.

30 스크류 압축기의 운전 중 로터에 오일을 분사시켜주는 목적으로 가장 거리가 먼 것은?

① 높은 압축비를 허용하면서 토출온도 유지
② 압축효율 증대로 전력소비 증가
③ 로터의 마모를 줄여 장기간 성능 유지
④ 높은 압축비에서도 체적효율 유지

② 압축효율 증대로 전력소비 감소
[참고] 로터의 분사되어지는 다량의 윤활유는 압축가스의 냉각효과, 숫로터와 암로터 간의 간극에서의 누설 방지 및 로터 밀봉선의 윤활을 형성하며 두 개의 로터와 케이싱에 형성되는 유막에 의한 밀봉으로 압축가스의 내부 누설을 최소화시켜 압축효율을 증대시킨다.

31 다음 중 압축기의 냉동능력(R)을 산출하는 식은? (단, V : 피스톤 압출량[m³/min], v : 압축기 흡입 냉매 증기의 비체적[m³/kg], q : 냉매의 냉동효과[kJ/kg], η : 체적효율)

① $R = \dfrac{v \times q \times \eta \times 60}{3320 \times V}$

② $R = \dfrac{V \times q \times 60}{3320 \times \eta \times v}$

③ $R = \dfrac{V \times q \times \eta}{60 \times v}$

 28. ②   29. ④   30. ②   31. ③

④ $R = \dfrac{V \times q}{60 \times \eta \times v}$

32 처음 압력이 500kPa이고, 체적이 2m³인 기체가 "PV=일정"인 과정으로 압력이 100kPa까지 팽창할 때 밀폐계가 하는 일(kJ)을 나타내는 계산식으로 옳은 것은?

① $1000\ln\dfrac{2}{5}$
② $1000\ln\dfrac{5}{2}$
③ $1000\ln 5$
④ $1000\ln\dfrac{1}{5}$

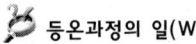 등온과정의 일(W)

PV=일정인 과정이므로 등온변화이고, 이때 밀폐계가 하는 일은

$W = P_1 V_1 \ln\dfrac{P_1}{P_2} = (500 \times 2)\ln\dfrac{500}{100} = 1000\ln 5$

33 두 개의 단열과정과 두 개의 정적과정으로 이루어진 사이클은?

① 스털링(Stirling) 사이클
② 오토(Otto) 사이클
③ 에릭슨(Ericsson) 사이클
④ 카르노(Carnot) 사이클

오토(Otto) 사이클
㉠ 가스 동력 사이클의 하나로 전기점화기관의 공기표준사이클
㉡ 2개의 단열과정(단열 압축, 단열 팽창)과 2개의 정적과정(정적 가열, 정적 배열)으로 구성

34 어떤 냉동기의 증발기 내 압력이 245kPa이며, 이 압력에서의 포화온도, 포화액 엔탈피 및 건포화증기 엔탈피, 정압비열은 [조건]과 같다. 증발기 입구측 냉매의 엔탈피가 455 kJ/kg이고, 증발기 출구측 냉매온도가 −10℃의 과열증기일 경우 증발기에서 냉매가 취득한 열량(kJ/kg)은?

[조건]
· 포화온도 : −20℃
· 포화액 엔탈피 : 396kJ/kg
· 건포화증기 엔탈피 : 615.6kJ/kg
· 정압비열 : 0.67kJ/kg·K

① 167.3
② 152.3
③ 148.3
④ 112.3

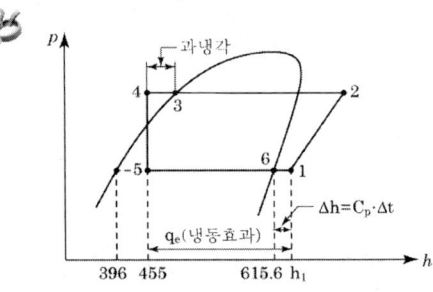

① $\Delta h = C_p \cdot \Delta t = 0.67 \times [-10-(-20)]$
   $= 6.7$ kJ/kg
② $h_1 = h_6 + \Delta h = 615.6 + 6.7 = 622.3$ kJ/kg
③ $q_e = h_1 - h_5 = 622.3 - 455 = 167.3$ kJ/kg

35 다음 완성된 냉동기의 작업 순서로 바르게 열거된 것은?

㉠ 내압시험   ㉡ 누설시험
㉢ 진공시험   ㉣ 냉매 충전

① ㉡ → ㉢ → ㉠ → ㉣
② ㉢ → ㉡ → ㉠ → ㉣
③ ㉠ → ㉡ → ㉢ → ㉣
④ ㉡ → ㉠ → ㉢ → ㉣

냉동장치의 시험은 내압시험 → 기밀시험 → 누설시험 → 진공시험 순이며, 그 후 냉매 충전 및 시운전을 실시한다.

36 냉동장치의 플래시 가스 발생 원인 중 옳지 않은 것은?

Answer 32. ③ 33. ② 34. ① 35. ③ 36. ②

① 액관이 직사광선에 노출되었다.
② 응축기의 응축수량이 갑자기 많아졌다.
③ 액관이 현저하게 입상하거나 지나치게 길다.
④ 관의 지름이 작거나 관내에 스케일에 의하여 관경이 작아진다.

플래시 가스(flash gas)
증발기가 아닌 곳에서 증발한 냉매가스로, 발생 원인은 다음과 같다.
㉠ 액관이 현저하게 입상(수직)이거나 지나치게 길 경우
㉡ 배관의 관경이 가늘고 긴 경우
㉢ 액관의 부속장치가 막힌 경우
㉣ 액관을 보냉하지 않았을 경우
㉤ 액관이 직사광선에 노출되어 있을 경우

37 다음 중 사이클의 열효율을 높이는 데 유효한 방법은?
① 급열온도를 높게 한다.
② 동작물질의 양을 증가한다.
③ 밀도가 큰 동작물질을 사용한다.
④ 방출 열 온도를 높게 한다.

사이클의 열효율을 높이기 위해서는 고온측(급열)의 온도를 높이거나 저온측(방열)의 온도를 낮추어 고온과 저온 간의 온도차를 크게 해야 한다.

38 다음 열기관 사이클의 에너지 전달량으로 적절한 것은?

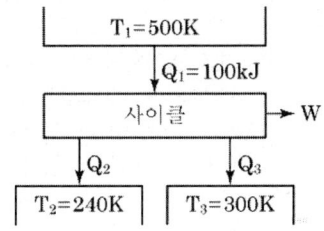

① $Q_2=20kJ$, $Q_3=30kJ$, $W=50kJ$
② $Q_2=20kJ$, $Q_3=50kJ$, $W=30kJ$
③ $Q_2=30kJ$, $Q_3=30kJ$, $W=50kJ$
④ $Q_2=30kJ$, $Q_3=20kJ$, $W=50kJ$

가역변화의 엔트로피는 변화 전후가 일정하지만 비가역 변화의 경우 엔트로피는 항상 증가한다. 실제 자연계에서 일어나는 상태변화는 비가역 변화로 엔트로피는 항상 증가한다(엔트로피 증가의 법칙). 그러므로 문제의 열기관 사이클에서 에너지 이동 후 엔트로피는 증가하므로 아래의 식을 만족하는 답을 보기에서 찾으면 된다.

㉠ 고온체의 엔트로피(S_1) : $\dfrac{Q_1}{T_1}$

㉡ 저온체의 엔트로피(S_2) : $\dfrac{Q_2}{T_2}+\dfrac{Q_3}{T_3}$

㉢ 엔트로피의 변화량(ΔS) :
$\Delta S = S_2 - S_1 = (\dfrac{Q_2}{T_2}+\dfrac{Q_3}{T_3})-(\dfrac{Q_1}{T_1}) > 0$

① $\Delta S = (\dfrac{Q_2}{T_2}+\dfrac{Q_3}{T_3})-(\dfrac{Q_1}{T_1})$
$= (\dfrac{20}{240}+\dfrac{30}{300})-(\dfrac{100}{500})$
$= -\dfrac{1}{60} < 0$: 부적합

② $\Delta S = (\dfrac{Q_2}{T_2}+\dfrac{Q_3}{T_3})-(\dfrac{Q_1}{T_1})$
$= (\dfrac{20}{240}+\dfrac{50}{300})-(\dfrac{100}{500})$
$= \dfrac{1}{20} > 0$: 적합

③ $Q_1 = Q_2 + Q_3 + W$
$100 = 30 + 30 + 50$
$100 \neq 110$: 부적합(열역학1법칙 위배)

④ $\Delta S = (\dfrac{Q_2}{T_2}+\dfrac{Q_3}{T_3})-(\dfrac{Q_1}{T_1})$
$= (\dfrac{30}{240}+\dfrac{20}{300})-(\dfrac{100}{500})$
$= -\dfrac{1}{120} < 0$: 부적합

Answer 37. ① 38. ②

39 압축식 냉동기와 흡수식 냉동기에 대한 설명 중 잘못된 것은?

① 증기를 저렴하게 얻을 수 있는 장소에서는 흡수식 냉동기가 경제적으로 유리하다.
② 흡수식 냉동기에 비해 압축식 냉동기의 열효율이 높다.
③ 냉매 압축 방식은 압축식에서는 기계적 에너지, 흡수식은 화학적 에너지를 이용한다.
④ 동일한 냉동능력을 갖기 위해서 흡수식은 압축식에 비해 냉동장치가 커진다.

③ 냉매 압축 방식은 압축식에서는 기계적 에너지, 흡수식은 열 에너지를 이용한다. 압축식 냉동기는 전기모터 또는 엔진을 동력원으로 압축기를 구동하여 프레온, 암모니아 등의 냉매를 압축, 팽창 시 열의 이동현상을 이용하지만, 흡수식 냉동기는 화학적 에너지가 아니라 용액에서 냉매를 가열분리하고 다시 흡수시킬 때의 열의 이동현상을 이용한다.

40 압축기 토출압력 상승 원인으로 가장 거리가 먼 것은?

① 응축온도가 낮을 때
② 냉각수 온도가 높을 때
③ 냉각수 양이 부족할 때
④ 공기가 장치 내에 혼입했을 때

토출압력의 상승 원인
㉠ 공기가 냉매 계통에 혼입된 경우
㉡ 냉각수(냉각공기) 온도가 높거나 유량이 부족한 경우
㉢ 응축된 냉각관에 스케일의 퇴적 또는 수로커버의 칸막이 벽의 부식 또는 공랭식 응축기 핀이 오염되었을 때
㉣ 냉매의 과충전으로 응축기의 냉각관이 냉매액에 잠겨 유효전열면적이 감소
㉤ 토출배관의 밸브가 완전히 열려 있지 않은 경우

제3과목 : 시운전 및 안전관리

41 기계설비법령에 따라 공조냉동기계산업기사를 취득한 자가 특급기술자 자격을 갖추기 위해 필요한 실무경력으로 알맞은 것은?

① 3년 이상   ② 5년 이상
③ 10년 이상   ④ 13년 이상

책임기계설비 유지관리자(특급) 보유자격 및 경력 기준

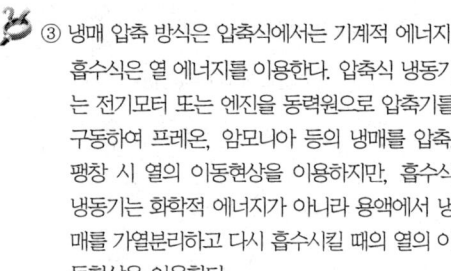

보유자격	실무경력
기술사	–
기능장	10년 이상
기사	10년 이상
산업기사	13년 이상
특급 건설기술인	10년 이상

42 산업안전보건법에 따라 사업주는 다음 각 호의 어느 하나에 해당하는 위험으로 인한 산업재해를 예방하기 위하여 필요한 조치를 하여야 하는데 가장 거리가 먼 것은?

① 기계·기구, 그 밖의 설비에 의한 위험
② 폭발성, 발화성 및 인화성 물질 등에 의한 위험
③ 전기, 열, 그 밖의 에너지에 의한 위험
④ 방사선에 의한 오염

④ 방사선에 의한 오염은 건강장해를 예방하기 위하여 필요한 조치(보건조치)이다.
[참고] 사업주의 보건조치의무
㉠ 원재료·가스·증기·분진·흄(fume)·미스트(mist)·산소결핍·병원체 등에 의한 건강장해
㉡ 방사선·유해광선·고온·저온·초음파·소음·진동·이상기압 등에 의한 건강장해

Answer 39. ③ 40. ① 41. ④ 42. ④

ⓒ 사업장에서 배출되는 기체·액체 또는 찌꺼기 등에 의한 건강장해
ⓓ 계측감시, 컴퓨터 단말기 조작, 정밀공작 등의 작업에 의한 건강장해
ⓔ 단순반복작업 또는 인체에 과도한 부담을 주는 작업에 의한 건강장해
ⓕ 환기·채광·조명·보온·방습·청결 등의 적정기준을 유지하지 아니하여 발생하는 건강장해

등급	기술·기능분야
기술사	건축기계설비·기계/건설기계·공조냉동기계·산업기계설비·용접·소음진동
기능장	배관·에너지관리·판금제관·용접
기사	일반기계·건축설비·건설기계설비·공조냉동기계·설비보전·메카트로닉스·용접·소음진동·에너지관리·신재생에너지발전설비(태양광)
산업기사	건축설비·배관·정밀측정·건설기계설비·공조냉동기계·생산자동화·판금제관·용접·소음진동·에너지관리·신재생에너지발전설비(태양광)
기능사	온수온돌·배관·전산응용기계제도·정밀측정·공조냉동기계·설비보전·생산자동화·판금제관·용접·특수용접·에너지관리·신재생에너지발전설비(태양광)

43 고압가스 안전관리법령에 따라 고압가스제조의 신고대상은 다음과 같다. ( ) 안에 들어갈 말을 순서대로 나열한 것은?

냉동능력이 ( )톤 이상 ( )톤 미만(가연성 가스 또는 독성가스 외의 고압가스를 냉매로 사용하는 것으로서 산업용 및 냉동·냉장용인 경우에는 20톤 이상 50톤 미만, 건축물의 냉·난방용인 경우에는 20톤 이상 100톤 미만)인 설비를 사용하여 냉동을 하는 과정에서 압축 또는 액화의 방법으로 고압가스가 생성되게 하는 것

① 3, 10   ② 3, 20
③ 5, 10   ④ 5, 20

 고압가스 안전관리법 시행령 제4조(고압가스 제조의 신고대상)
냉동능력이 3톤 이상 20톤 미만인 설비를 사용하여 냉동을 하는 과정에서 압축 또는 액화의 방법으로 고압가스가 생성되게 하는 것

44 기계설비법령에 따라 기계설비기술자의 범위에 해당하지 않는 것은?
① 건축기계설비기술사
② 소음진동기사
③ 건설기계정비기사
④ 일반기계기사

 **기계설비기술자의 범위**

45 고압가스 안전관리법령에 따라 냉동기의 제조 등록 시 갖추어야 하는 설비에 해당하지 않는 것은?
① 프레스 설비   ② 소방설비
③ 건조설비   ④ 제관설비

 냉동기 제조 시 갖추어야 할 제조설비
① 프레스 설비
② 제관설비
③ 압력용기의 제조에 필요한 설비 : 성형설비, 세척설비, 열처리로
④ 구멍가공기, 외경절삭기, 내경절삭기, 나사전용가공기 등 공작기계설비
⑤ 전처리 설비 및 부식 방지 도장설비
⑥ 건조설비
⑦ 용접설비
⑧ 조립설비
⑨ 그 밖에 제조에 필요한 설비 및 가구

46 켈빈 더블 브리지로 저저항을 측정할 수 있는 이유로서 알맞은 것은?
① 단자의 접촉 저항이나 리드선의 저항을 무시할 수 있으므로

 43. ② 44. ③ 45. ② 46. ①

② 검류기의 감도가 매우 양호하므로
③ 저저항과 비교될 수 있으므로
④ 표준저항과 비교될 수 있으므로

🔑 **켈빈 더블 브리지**
단자의 접촉 저항이나 리드선의 저항을 무시할 수 있으므로 0.1Ω 이하의 저저항 측정

47 다음의 유접점 시퀀스 회로를 구성하는 논리회로는?

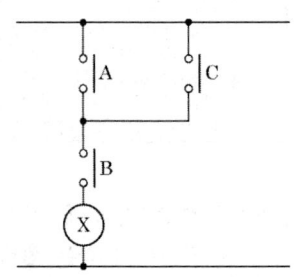

① AND, OR　　② AND, NOT
③ OR, NOR　　④ OR, NOT

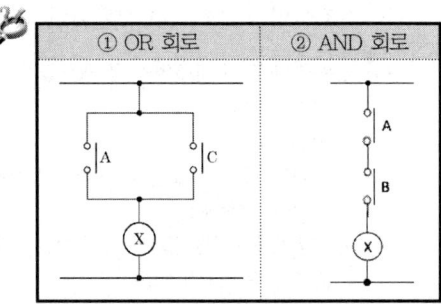

48 측정하고자 하는 양을 표준량과 서로 평형을 이루도록 조절하여 표준량의 값에서 측정량을 구하는 측정방식은?
① 편위법　　② 보상법
③ 치환법　　④ 영위법

🔑 **영위법(Zero Method)**
측정하려고 하는 양과 같은 크기의 기준량과 측정물을 평형시켜 계측기의 값이 영(0)을 나타낼 때 기준량의 크기로부터 측정값을 구하는 방식으로서, 마이크로미터, 휘트스톤 브리지, 전위차계 등의 계측기가 이 방식이다. 일반적으로 미리 알고 있는 양의 정밀도는 사람이 눈금을 보는 것보다 정확하므로 정밀도가 높은 측정을 할 수 있다.

49 입력 A, B, C에 따라 Y를 출력하는 다음의 회로는 무접점 논리회로 중 어떤 회로인가?

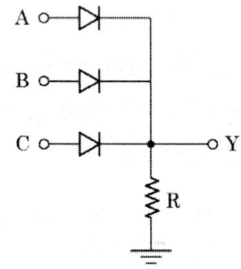

① OR 회로　　② NOR 회로
③ AND 회로　　④ NAND 회로

🔑 **OR 회로(논리화 회로)**
입력단자 A, B, C 중 어느 하나라도 ON되면 출력이 ON되고 A, B, C 모든 단자가 OFF되어야 출력이 OFF되는 회로

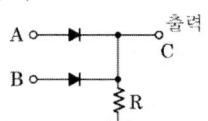

[참고] AND 회로

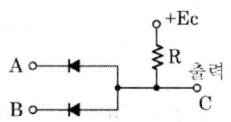

50 저항에 전류가 흐르면 줄열이 발생하는데 저항에 흐르는 전류 I와 전력 P의 관계는?
① $I \propto P$　　② $I \propto P^{0.5}$
③ $I \propto P^{1.5}$　　④ $I \propto P^2$

🔑 **줄열**
저항체에 전류가 흐를 때 전기 에너지가 저항선 내

Answer　47. ①　48. ④　49. ①　50. ②

의 열에너지로 환환되는데 이를 줄열이라고 하고 이때 발생한 열량은

$H = I^2Rt[J] = Pt \ (\because P = IV = I^2R)$

$\therefore I = P^{0.5}$

51 논리식 $X = AB + \overline{BC}$ 에서 작동 설명으로 틀린 것은?

① A=1, B=1, C=0이면 X=1이다.
② A=0, B=0, C=1이면 X=1이다.
③ A=0, B=0, C=0이면 X=0이다.
④ A=1, B=0, C=1이면 X=1이다.

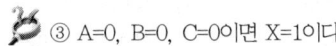 ③ A=0, B=0, C=0이면 X=1이다.

52 목표값이 미리 정해진 시간적 변화를 하는 경우 제어량을 그것에 추종시키기 위한 제어는?

① 시퀀스 제어   ② 정치 제어
③ 비율 제어   ④ 프로그램 제어

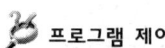 **프로그램 제어**
목표값이 미리 정해진 신호에 따라 동작(무인열차, 무인엘리베이터, 무인자판기)

53 벨트 운전이나 무부하 운전을 해서는 안 되는 직류전동기는?

① 분권   ② 가동복권
③ 직권   ④ 차동복권

 직류 직권전동기에서 벨트 운전 시 벨트가 벗겨지면 무부하 상태가 되어 여자 전류가 거의 0이 되어 무구속 속도에 도달하여 위험속도가 되므로 벨트 운전이나 무부하 운전을 해서는 안 된다.

54 어떤 회로에 정현파 전압을 가하니 90° 위상이 뒤진 전류가 흘렀다면 이 회로의 부하는?

① 저항   ② 용량성
③ 무부하   ④ 유도성

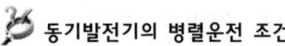 ① 유도성 회로 : 전류가 전압보다 θ만큼 뒤진다.
② 용량성 회로 : 전류가 전압보다 θ만큼 앞선다.

55 3상 동기발전기를 병렬운전하는 경우 고려하지 않아도 되는 것은?

① 기전력 파형의 일치 여부
② 상회전 방향의 동일 여부
③ 회전수의 동일 여부
④ 기전력 주파수의 동일 여부

 동기발전기의 병렬운전 조건
① 기전력의 크기가 같을 것
② 기전력의 위상이 같을 것
③ 기전력의 주파수가 같을 것
④ 기전력의 파형이 같을 것
⑤ 상회전 방향이 같을 것

56 다음 논리식 중 틀린 것은?

① $\overline{A \cdot B} = \overline{A} + \overline{B}$
② $\overline{A + B} = \overline{A} \cdot \overline{B}$
③ $A + A = A$
④ $A + \overline{A} \cdot B = A + \overline{B}$

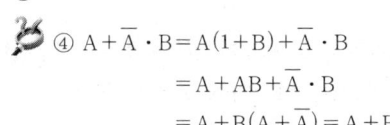 ④ $A + \overline{A} \cdot B = A(1+B) + \overline{A} \cdot B$
$= A + AB + \overline{A} \cdot B$
$= A + B(A + \overline{A}) = A + B$

57 역률 0.85, 전류 50A, 유효전력 28kW인 3상 평형부하의 전압은 약 몇 V인가?

① 300   ② 380
③ 476   ④ 660

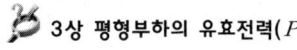 **3상 평형부하의 유효전력(P)**
$P = \sqrt{3}\,VI\cos\theta$
$V = \dfrac{P}{\sqrt{3} \times I \times \cos\theta} = \dfrac{28000}{\sqrt{3} \times 50 \times 0.85} = 380V$
여기서, $P = 28kW = 28000W$

Answer 51. ③ 52. ④ 53. ③ 54. ④ 55. ③ 56. ④ 57. ②

부록

58 자동제어계의 출력신호를 무엇이라 하는가?
① 조작량　　② 목표값
③ 제어량　　④ 동작신호

① 조작량 : 제어장치가 제어 대상에 가하는 제어 신호로 제어장치의 출력인 동시에 제어 대상의 입력이 된다.
② 목표값(입력값) : 외부에서 사용자가 제어량에 대한 희망값을 갖도록 목표로서 주어지는 값
③ 제어량 : 제어대상에서 제어된 출력량으로 제어 대상에 속하는 양이다.
④ 동작신호 : 제어요소에 가해지는 신호

59 자동제어 동작에서 선형 연속제어 동작에 속하지 않는 것은?
① 적분동작　　② 2위치동작
③ 위치비례동작　　④ 미분동작

제어방법	종류
불연속 제어	2위치제어(ON-OFF제어), 다위치 제어, 샘플값 제어
연속 제어	비례제어, 적분제어, 미분제어, 비례적분제어, 비례미분제어, 비례적분미분제어

60 그림과 같은 브리지 정류회로는 어느 점에 교류 입력을 연결하여야 하는가?

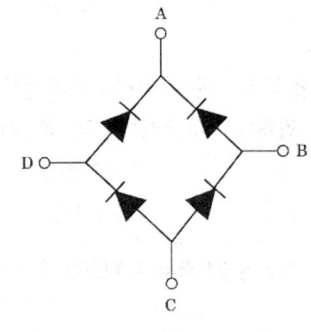

① A-B점　　② A-C점
③ B-C점　　④ B-D점

교류 입력은 B-D점이며, 직류 출력은 A점 (+)와 C점 (-)이다.

제4과목 : 유지보수 공사관리

61 다음 KS 냉동용 그림 기호가 나타내는 배관 부속품은?

① 스트레이너　　② 드라이어
③ 수액기　　④ 사이트 글라스

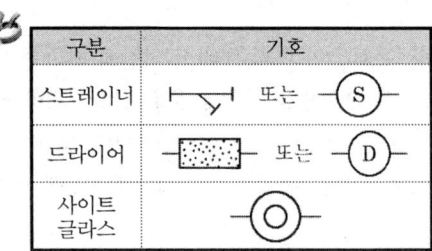

62 유효흡입수두(NPSH)가 작아지면 발생하는 현상이 아닌 것은?
① 유량이 증가한다.
② 소음과 진동이 발생한다.
③ 깃에 대한 침식이 발생한다.
④ 펌프 성능이 저하한다.

① 유효흡입수두(NPSH)가 작아지면 유량이 감소하거나 양수불량이 된다.

63 직관에서 분기관을 성형 시 사용하는 동관용 공구는?
① 튜브 벤더(Tube bender)
② 플레어 기구(Flaring tool set)
③ 사이징 툴(Sizing tool)

Answer　58. ③　59. ②　60. ④　61. ②　62. ①　63. ④

④ 티뽑기(Extractors)

🐰 **티뽑기(extractors)**
동관 등 파이프 직관에서 분기관 성형 시 티부속을 사용하지 않고 용접기로 구멍만 만들어 티 대용으로 시공하는 공구

64 냉동장치 증발기에 대한 핫가스 제상방법의 특징으로 잘못된 것은?
① 전기제상법에 비하여 제상속도가 빠르다.
② 핫가스 제상 후 즉시 정상운전이 가능하다.
③ 압축기 토출가스를 전자변을 통해 증발기로 주입하여 제상한다.
④ 증발기가 내부에서 가열되기 때문에 냉장식품으로 전달되는 과잉 열량이 전기제상법보다 적다.

🐰 ② 핫가스 제상 후 핫가스 라인 밸브를 모두 닫고 팽창밸브 개방 후 정상운전이 가능하다.

65 다음 중 배관의 이음에 관한 설명으로 틀린 것은?
① 주철관의 타이튼 이음은 고무링을 압륜으로 죄어 볼트로 체결하는 이음방식이다.
② 경질염화비닐관의 TS 이음은 접착제를 발라 이음관에 삽입하여 이음하는 방식이다.
③ 동관의 압축 이음(flare joint)은 지름이 작은 관에서 분해 결합이 필요한 경우에 주로 적용하는 방식이다.
④ 스테인리스 강관의 프레스 이음은 고무링이 들어 있는 이음쇠에 관을 넣고 압축공구로 눌러 이음하는 방식이다.

🐰 ① 주철관의 기계식 이음(메커니컬 조인트)은 고무링을 압륜으로 죄어 볼트로 체결하는 이음방식이다.

66 배관 내에 흐르는 물속에 피토관을 설치하여 측정하였더니 전압 14.1kPa, 유속은 2m/s일 때 정압은 몇 kPa인가? (단, 물의 밀도는 926kg/m³이다.)
① 10.25kPa   ② 11.25kPa
③ 12.25kPa   ④ 13.25kPa

🐰 정압(P_s)
$$P_t = P_s + \frac{1}{2}\rho v^2$$
$$P_s = P_t - \frac{1}{2}\rho v^2$$
$$= 14.1 - \left(\frac{1}{2} \times 926 \times 2^2 \times \frac{1\text{Pa}}{1000\text{kPa}}\right)$$
$$= 12.25\text{kPa}$$

67 급수방식 중 옥상탱크 급수방식의 특징으로 옳은 것은?
① 탱크의 압력으로 급수하므로 탱크 설치 위치에 제한을 받지 않는다.
② 부스터(인버터) 펌프를 이용하여 급수하므로 시설비가 많이 든다.
③ 옥상에 탱크를 설치하여 자연수두압을 이용하므로 급수압력이 일정하다.
④ 양수펌프 용량은 옥상탱크를 1시간 동안에 채울 수 있는 용량으로 한다.

🐰 ① 탱크의 압력으로 급수하므로 필요 압력을 확보하기 위해 탱크 설치 위치에 제한을 받는다.
② 펌프 직송식 급수방식(탱크 없는 부스터 방식)에 대한 설명이다.
④ 양수펌프 용량은 옥상탱크를 30분 동안에 채울 수 있는 용량으로 한다.

68 급수배관 관경 결정법에 대한 설명 중 옳지 않은 것은?
① 급수배관 본관에서 관경 결정 시 기구급

Answer 64. ② 65. ① 66. ③ 67. ③ 68. ③

수부하단위(FU)를 이용하여 유량선도에서 구한다.
② 급수배관 지관에서 급수관경 결정은 균등표와 동시사용률을 이용하여 결정한다.
③ 유량선도에서 관경을 구할 때 배관 허용 마찰손실(kPa/m)을 크게할수록 관경은 커진다.
④ 각각 위생기구에 필요한 수량을 공급할 수 있도록 알맞은 관경을 선정한다.

③ 배관선도에서 관경을 구할 때 배관 허용마찰손실(kPa/100m)를 작게할수록 관경은 커진다.

69 배수관의 기울기에 관한 설명으로 옳지 않은 것은?
① 배수관의 기울기는 가능한 한 크게 하여 배수가 잘 되도록 한다.
② 배수관 기울기가 너무 커지면 유속이 증가하고 고형물이 잔류하는 경향이 있다.
③ 배수관 기울기가 너무 작으면 고형물이 침전하여 배수를 방해한다.
④ 배수관의 기울기는 관경에 반비례하며 관경이 클수록 기울기는 작아진다.

배수관의 기울기
㉠ 배수관의 구배를 너무 급하게 하면 흐름이 빨라 고형물이 남으며, 배수배관의 구배가 증가하면 유속이 증가하고 유수 깊이가 감소하여 트랩의 봉수파괴에 영향을 미친다.
㉡ 배수관의 구배가 완만하면 유속이 느려져 오물이나 스케일이 부착하게 되어 적절한 기울기를 선정해야 한다.
㉢ 배수관의 표준구배(기울기)는 1/100~1/50 정도, 표준유속은 0.6~1.2m/s 정도가 적당하다.
㉣ 수평관의 구배는 관경 50mm 이하의 관에 대해서는 1/50 이상, 80~150mm 이하의 관에 대해서는 1/100 이상, 200mm 이상의 관에 대해서는 1/200 이상으로 한다.

70 다음 밸브 중에서 전개하였을 때 저항이 개폐용 밸브로 가장 널리 사용되는 것은?
① 글로브 밸브 ② 버터플라이 밸브
③ 스윙체크 밸브 ④ 슬루스 밸브

슬루스 밸브(게이트 밸브)
밸브를 완전히 열면 유체 흐름의 단면적 변화가 없기 때문에 마찰저항이 적어서 흐름단속용으로 사용

71 배관에서 역류방지를 위해 사용하는 체크밸브에 대한 설명 중 틀린 것은?
① 스윙식 체크밸브는 수직배관에 사용이 곤란하며 수평배관에만 사용한다.
② 체크밸브를 설치할 때는 유체의 흐름방향을 고려하여 설치한다.
③ 펌프 토출측에는 체크밸브를 설치하여 정전 시 펌프를 보호한다.
④ 리프트식 체크밸브는 수직배관에 사용이 곤란하며 수평배관에만 사용한다.

① 스윙식 체크밸브는 수직, 수평배관에 모두 사용 가능하다.

72 다음 중 석면 시멘트관의 접합방법은?
① 인서트 접합 ② 용착 슬리브 접합
③ 기볼트 접합 ④ 테이퍼 접합

석면 시멘트관 접합방법
기볼트 접합, 칼라 접합, 심플렉스 접합

73 개방식 팽창탱크 장치 내 전수량이 20000L이며 수온을 20℃에서 80℃로 상승시킬 경우, 물의 팽창수량은? (단, 비중량은 20℃일 때 0.99823kg/L, 80℃일 때 0.97183kg/L이다.)
① 54.3L ② 400L

Answer 69. ① 70. ④ 71. ① 72. ③ 73. ③

③ 544L   ④ 5430L

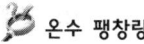 온수 팽창량

$$\Delta v = \left(\frac{1}{\rho_2} - \frac{1}{\rho_1}\right)v$$
$$= \left(\frac{1}{0.97183} - \frac{1}{0.99823}\right) \times 20000 = 544L$$

74 배수의 성질에 따른 구분에서 수세식 변기의 대·소변에서 나오는 배수는?
① 오수   ② 잡배수
③ 특수배수   ④ 우수배수

 ① 오수 : 대·소변기, 비데 등 배설물에 관련한 배수
② 잡배수 : 세탁기, 세면기, 욕조, 싱크대 등에서의 배수
③ 특수배수 : 공장, 실험실 등에서의 폐수, 화학물질 배수(위험물질을 포함한 배수)
④ 우수배수 : 옥상, 마당 등의 빗물 배수

75 다음 장치 중 일반적으로 보온, 보냉이 필요한 것은?
① 방열기 주변배관
② 공조기용의 냉각수 배관
③ 환기용 덕트
④ 급탕배관

 보온을 요하는 부위
① 피트 내 배관
② 덕트 내 배관
③ 천장 속 급수, 급탕배관
④ 온돌바닥 부분의 급수, 급탕배관(방로보온)
⑤ 벽체 매립배관(방로보온)
⑥ 보일러실, 중간기계실 및 공동구의 급수, 급탕, 난방, 팽창, 소화배관
⑦ 펌프실 배관
⑧ 기타 필요한 부분

76 저장 탱크 내부에 가열 코일을 설치하고 코일 속에 증기를 공급하여 물을 가열하는 급탕법은?
① 간접 가열식
② 기수 혼합식
③ 직접 가열식
④ 가스 순간 탕비식

 간접 가열식 급탕법
보일러에서 만들어진 증기나 고온수를 이용하여 저탕조 내에 설치한 코일로, 증기나 고온수를 통하여 물을 간접적으로 가열하여 필요한 장소에 공급하는 방식이다. 대체로 호텔, 사무소, 병원, 아파트 등의 대규모 건물의 급탕에 적합하며, 난방용 보일러의 열원으로 이용할 수도 있다.

77 공조배관에서 배관계통의 배수기능 확보가 필요한 부분으로 가장 거리가 먼 것은?
① 냉난방 운전모드 전환에 따른 비사용 배관계통
② 공조배관 입상관 상부
③ 장비 주위 및 최저부
④ 배관청소 및 보수, 교체를 위한 구획된 부문(층별, 실별)

 공조배관 입상관 상부
공기 정체에 대한 공기빼기 기능이 확보가 필요하고, 공조배관 입상관 하부가 배수기능의 확보가 필요하다.

78 에어벤트(air vent)의 설치 위치로 가장 적합한 곳은?
① 배관 최저부
② 펌프 흡입측
③ 배관 굴곡부 최상단
④ 수평배관 말단

 공기가 정체할 우려가 있는 곳 또는 굴곡배관의 최

 74. ① 75. ④ 76. ① 77. ② 78. ③

상부에 에어벤트를 설치한다.

79 다음 중 냉동장치의 액분리기와 유분리기의 설치 위치를 올바르게 나타낸 것은?
① 액분리기 : 증발기와 압축기 사이
　유분리기 : 압축기와 응축기 사이
② 액분리기 : 증발기와 압축기 사이
　유분리기 : 응축기와 팽창밸브 사이
③ 액분리기 : 응축기와 팽창밸브 사이
　유분리기 : 증발기와 압축기 사이
④ 액분리기 : 응축기와 팽창밸브 사이
　유분리기 : 압축기와 응축기 사이

　① 액분리기 설치 위치 : 증발기 출구와 압축기 사이 흡입관(증발기보다 높은 위치)
　② 유분리기 설치 위치
　　㉠ 암모니아 냉동기 : 압축기와 응축기 사이의 응축기 가까운 토출관(압축기에서 3/4 정도 지점, 토출가스 온도(98℃)가 높으므로)
　　㉡ 프레온 냉동기 : 압축기와 응축기 사이의 압축기 가까운 토출관(압축기에서 1/4 정도 지점)

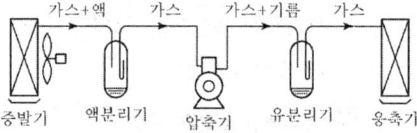

80 다음은 시운전 시 압축기 시동에 대한 주의사항으로 옳지 않은 것은?
① 압축기의 시동과 정지를 자주 반복하면 구동용 전동기의 권선이 파손될 수 있다.
② 다기통 압축기의 시동 시에는 토출밸브를 전개해서 행하므로 시동 후 흡입밸브도 될 수 있는 한 빠르게 전개한다.
③ 압축기의 시동에 있어서 용량제어장치가 설치된 다기통 압축기는 용량제어장치를 이용하여 시동한다.
④ 압축기의 시동에 있어서 소형 압축기는 고압측과 저압측의 압력이 거의 평형상태에서 시동하는 것이 바람직하다.

　② 다기통 압축기의 시동 시에는 토출밸브를 전개해서 행하므로 시동 후 흡입밸브를 서서히 열면서 전개한다.

Answer 79. ①　80. ②

CBT 기출 복원문제

2025년 1회 CBT 복원

제1과목 : 에너지관리

01 복사난방에 있어서 바닥패널의 온도로 가장 알맞은 것은?
① 95℃ 정도   ② 80℃ 정도
③ 55℃ 정도   ④ 30℃ 정도

 바닥패널
바닥면을 가열면으로 한 것으로 가열면의 온도를 높게 할 수 없으므로 보통 35℃ 이하로 유지시키며 큰 실내에는 바닥면만으로는 방열량이 부족하다. 시공은 비교적 간단하고 가구 등으로 복사면이 감소하여 먼지가 일기 쉬운 결점이 있다.

02 두께 5cm, 면적 10m²인 어떤 콘크리트 벽의 외측이 40℃, 내측이 20℃라 할 때, 10시간 동안 이 벽을 통하여 전도되는 열량은? (단, 콘크리트의 열전도율은 1.3W/m·K이다.)
① 5.2kWh   ② 52kWh
③ 7.8kWh   ④ 78kWh

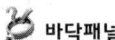 **전달열량(Q)**
$$Q = \lambda A \frac{\Delta t}{l}$$
$$= 1.3 \times 10 \times \frac{(40-20)}{0.05\text{m}(=5\text{cm})} \times 10\text{h}$$
$$= 52,000\text{Wh} = 52\text{kWh}$$

03 절대습도에 관한 설명으로 옳지 않은 것은?
① 절대습도는 비습도라고도 한다.
② 절대습도는 수증기 분압의 함수이다.
③ 건공기 질량에 대한 수증기 질량에 대한 비로 정의한다.
④ 공기 중의 수분 함량이 변해도 절대습도는 일정하게 유지한다.

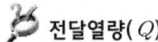 ④ 절대습도는 습공기 중에 함유되어 있는 수증기의 중량을 건조공기의 중량으로 나눈 것이므로 공기 중의 수분 함량이 변하면 절대습도는 변하게 된다.

04 각 층 유닛방식에 관한 설명으로 옳지 않은 것은?
① 외기용 공조기가 있는 경우에는 습도제어가 곤란하다.
② 장치가 세분화되므로 설비비가 많이 들고 기기를 관리하기가 불편하다.
③ 각 층마다 부하 및 운전시간이 다른 경우 적합하다.
④ 송풍덕트가 짧게 된다.

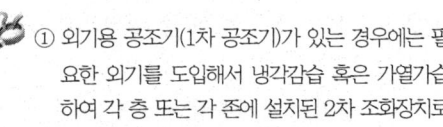 ① 외기용 공조기(1차 공조기)가 있는 경우에는 필요한 외기를 도입해서 냉각감습 혹은 가열가습하여 각 층 또는 각 존에 설치된 2차 조화장치로 송풍하므로 습도제어가 가능하다.

05 1000명을 수용하는 극장에서 1인당 CO_2 토출량이 15L/h이면 실내 CO_2량을 0.1%로 유지하는 데 필요한 환기량은? (단, 외기 CO_2량은 0.04%이다.)
① 2500m³/h   ② 25000m³/h
③ 3000m³/h   ④ 30000m³/h

 01. ④ 02. ② 03. ④ 04. ① 05. ①

환기량(Q)

$$Q = \frac{M}{C - C_a} = \frac{1,000 \times 0.015}{0.001 - 0.0004} = 25,000 \text{m}^3/\text{h}$$

M : 실내에서 발생되는 CO_2량(m^3/h)
C : 실내유지를 위한 CO_2량(%)
C_a : 외기도입 공기 중 CO_2량(%)

06 다음 중 공기조화설비의 계획 시 조닝(zoning)을 하는 이유와 가장 거리가 먼 것은?

① 효과적인 실내 환경의 유지
② 설비비의 경감
③ 운전 가동면에서의 에너지 절약
④ 부하 특성에 대한 대처

조닝의 효과

㉠ 에너지 절약
㉡ 부하 변동이나 외기의 변화에 효과적으로 대처
㉢ 시스템의 효율적인 운전, 유지관리 용이
㉣ 건물 사용자의 편의나 쾌적도 향상

[참고] 조닝(zoning)
건물을 몇 개의 구역으로 분할하여 각각 단독으로 공조하는 것을 말한다. 부하변동이 다른 방이나 구역을 단일 공조시스템으로 제어하는 것은 좋지 않으므로 조닝을 사용하면 운전비를 절약할 수 있고 건물의 공조를 보다 더 정밀하게 할 수 있다.

07 덕트의 부속품에 관한 설명으로 옳지 않은 것은?

① 댐퍼는 통과풍량의 조정 또는 개폐에 사용되는 기구이다.
② 분기덕트 내의 풍량제어용으로는 주로 익형 댐퍼를 사용한다.
③ 덕트의 곡부에 있어서 덕트의 곡률 반지름이 덕트의 긴 변의 1.5배 이내일 때는 가이드 베인을 설치하여 저항을 적게 한다.
④ 가이드 베인은 곡부의 기류를 세분해서 와류의 크기를 작게 하는 것이 목적이다.

② 분기덕트 내의 풍량제어용으로 주로 스플릿 댐퍼(Split Damper)를 사용한다. 구조가 간단하나 정밀한 풍량조절은 불가능하며 누설이 많아 폐쇄용으로 사용하지는 않는다.

08 정풍량 단일덕트방식에 관한 설명으로 옳은 것은?

① 실내부하가 감소될 경우에 송풍량을 줄여도 실내공기의 오염이 적다.
② 가변풍량방식에 비하여 송풍기 동력이 커져서 에너지 소비가 증대한다.
③ 각 실이나 존의 부하변동이 서로 다른 건물에서도 온·습도의 불균형이 생기지 않는다.
④ 송풍량과 환기량을 크게 계획할 수 없으며, 외기도입이 어려워 외기냉방을 할 수 없다.

① 실내부하가 감소될 경우에 송풍량을 줄이면 실내공기의 오염이 심하다.
③ 각 실이나 존의 부하변동에 대응되지 않아 각 실의 온도차가 발생하고 개별제어가 어려우므로 서로 다른 건물에서 온·습도의 불균형이 생기기 쉽다.
④ 송풍량과 환기량을 크게 계획할 수 있으며 환기팬(Return Fan)을 설치하면 외기도입이 가능하여 외기냉방이 가능하다.

09 다음 중 바이패스 팩터(BF)가 작아지는 경우는?

① 코일 통과풍속을 크게 할 때
② 전열면적이 작을 때
③ 코일의 열수가 증가할 때
④ 코일의 간격이 클 때

바이패스 팩터(BF)를 작게 하는 방법(공조기의 성능을 양호하게 하는 방법)

Answer 06. ② 07. ② 08. ② 09. ③

㉠ 실내의 장치노점온도(ADP)를 높게 한다.
㉡ 송풍량을 적게 한다.
㉢ 냉수량을 많게 한다.
㉣ 전열면적을 크게 한다.
　ⓐ 코일의 열수를 많게 한다.
　ⓑ 코일의 간격을 좁게 한다.
㉤ 콘택트 팩터를 크게 한다.

10 온열환경 평가지표인 예상 불만족감(PPD)의 권장값은 얼마인가?
① 5% 미만　② 10% 미만
③ 20% 미만　④ 25% 미만

 예상 불만족도
(PPD, Predicted Percentage of Dissatisfied)
동일 조건(의복, 활동, 환경조건)이라도 모든 사람이 같은 만족도를 나타내지는 않으며 이때 많은 사람들 중 열적으로 불쾌적하게 느끼는 사람들의 비율(%)을 예측하는 것으로 추천 쾌적범위는 PMV : $-0.5 \sim +0.5$, PPD 10% 미만이다.
[참고] 예상 평균 온열감
　　　(PMV, Predicted Mean Vote)
　㉠ PMV는 7단계 온열감 척도에 대한 많은 사람들의 의사 표시의 평균치를 예측하는 것이다.
　㉡ $-0.5 < PMV < +0.5$는 -0.5에서 $+0.5$ 사이에는 불쾌감을 느끼는 사람의 비율이 10% 미만이 되어야 한다는 것을 의미한다.

11 공기 중의 수증기가 응축하기 시작할 때의 온도, 즉 공기가 포화상태로 될 때의 온도를 의미하는 것은?
① 노점온도　② 건구온도
③ 습구온도　④ 절대온도

 노점온도(dew point temperature)
습공기 중의 수증기가 공기로부터 분리되어 응축하여 이슬이 맺히게 될 때의 온도, 즉 습공기의 수증기 분압과 동일한 분압을 갖는 포화습공기의 온도로 이때 절대습도는 감소한다.

12 온수난방용 기기가 아닌 것은?
① 방열기　② 공기방출기
③ 순환펌프　④ 증발탱크

 온수난방용 기기
방열기, 팽창탱크, 온수순환펌프, 공기방출기 등
[참고] 증발탱크(flash tank)
　증기난방의 고압증기의 환수관과 저압 환수관 사이에 삽입하는 탱크. 고압 환수가 저압 환수관으로 유입될 때 관내 압력이 급격히 변화하는 것을 완화시켜 재증발 등에 의한 저압 배관이나 기구의 장해를 방지한다.

13 환기방식에 관한 설명으로 옳은 것은?
① 제1종 환기는 자연급기와 자연배기 방식이다.
② 제2종 환기는 기계설비에 의한 급기와 자연배기방식이다.
③ 제3종 환기는 기계설비에 의한 급기와 기계설비에 의한 배기방식이다.
④ 제4종 환기는 자연급기와 기계설비에 의한 배기방식이다.

 ① 제1종 환기는 기계설비에 의한 급기와 기계설비에 의한 배기방식이다.
③ 제3종 환기는 자연급기와 기계설비에 의한 배기방식이다.
④ 제4종 환기는 자연급기와 자연배기 방식이다.

14 다음 설명에 해당하는 것은?

㉠ 에너지 사용 실태를 정밀하게 측정하고 에너지 흐름을 효율적으로 유도한다.
㉡ 낭비를 줄이고 부하 변동에 따른 최적의 설계치를 갖도록 장비를 점검 조정한다.

① PLC　② 시운전
③ TAB　④ TAC

Answer　10. ②　11. ①　12. ④　13. ②　14. ③

🐝 **TAB(Testing, Adjusting & Balancing)**
건물 내의 냉·난방설비에 대한 에너지사용 실태를 정밀하게 측정하여 에너지의 흐름을 효율적으로 유도하고 저장함으로써 불필요한 에너지의 낭비를 억제하여 부하 변동에 따른 최적의 설계치를 갖도록 모든 열원 장비 및 장치류들을 점검·조정하여 거주 공간에 대한 쾌적한 환경을 조성하는데 목적을 둔 공조설비의 한 분야

15 보일러의 시운전에 관한 설명으로 옳지 않은 것은?
① 시동 전 점검 및 준비사항을 숙지한다.
② 운전 스위치를 ON한 후 증기압력이 서서히 올라가는 것을 확인한다.
③ 보일러 상부의 주증기 밸브를 개방한다.
④ 보일러 시운전 보고서에는 건구온도와 습도를 기재해야 한다.

🐝 ② 운전 스위치를 ON한 후 운전 대기 상태인지 확인한다. 연소 스위치를 ON한 후 증기압력이 서서히 올라가는 것을 확인하고 지시값에 도달하는지 확인한다.

16 보일러의 성능에 관한 설명으로 옳지 않은 것은?
① 증발계수는 실제증발량을 환산(상당)증발량으로 나눈 값을 말한다.
② 보일러 마력은 매시 100℃의 물 15.65kg을 증기로 변화시킬 수 있는 능력이다.
③ 보일러 효율은 증기에 흡수된 열량과 연료의 발열량과의 비이다.
④ 보일러 마력을 전열면적으로 표시할 때는 수관 보일러의 전열면적 $0.929m^2$를 1보일러마력이라 한다.

🐝 ① 증발계수는 환산(상당) 증발량을 실제 증발량으로 나눈 값(환산 증발량/실제 증발량)으로, 보일러의 증발능력을 표준상태와 비교한 값이다.

17 열펌프에 관한 설명으로 옳은 것은?
① 열펌프는 펌프를 가동하여 열을 내는 기관이다.
② 난방용의 보일러를 냉방에 사용할 때 이를 열펌프라 한다.
③ 열펌프는 증발기에서 내는 열을 이용한다.
④ 열펌프는 응축기에서의 방열을 난방으로 이용하는 것이다.

🐝 **열펌프(heat pump)**
저온 범위의 열(공기, 지하수, 폐열 등)을 흡수하여 고온 범위로 펌프-업(pump-up)한다고 해서 이름이 붙여진 것으로, 일반적인 냉동기는 낮은 온도의 증발열을 이용하는 데 반해 히트펌프는 높은 온도를 발생하는 응축기의 방열을 이용하며, 구동 방식에 따라 전기식과 엔진식으로 구분한다. 현재 대부분이 냉방과 난방을 겸용하는 구조로 되어 있다.

18 공기조화설비 중에서 덕트계에서 발생되는 소음의 방음대책으로 틀린 것은?
① 발생 소음 자체를 줄인다.
② 음의 투과량을 크게 한다.
③ 소음발생원은 방음이 필요한 주요 실과 떨어뜨린다.
④ 덕트, 배관 등의 관통부를 차음 처리한다.

🐝 ② 음의 투과량이 작을수록 방음 성능이 높다.
[참고] 덕트의 소음 방지대책
① 덕트의 도중에 흡음재를 부착
② 송풍기 출구 부근에 플리넘 체임버 설치
③ 덕트의 적당한 장소에 소음방지를 위한 흡음 장치 설치
④ 댐퍼 취출구에 흡음재를 부착
⑤ 덕트, 배관, 벽, 천장 등의 관통부 차음처리
⑥ 소음원의 이동 또는 줄임

19 다음 중 콜드 드래프트의 발생 원인과 가장 거리가 먼 것은?

15. ② 16. ① 17. ④ 18. ② 19. ②

① 인체 주위의 공기온도가 너무 낮을 때
② 기류의 속도가 낮고 습도가 높을 때
③ 주위 벽면의 온도가 낮을 때
④ 겨울에 창문의 극간풍이 많을 때

> 콜드 드래프트의 발생 원인
> ㉠ 인체 주위의 공기온도가 너무 낮을 때
> ㉡ 인체 주위의 기류속도가 클 때
> ㉢ 인체 주위의 습도가 낮을 때
> ㉣ 주위 벽면의 온도가 낮을 때
> ㉤ 겨울철 창문 틈새를 통한 극간풍이 많을 때

20 흡수식 냉동기에 관한 설명으로 옳지 않은 것은?

① 비교적 소용량보다는 대용량에 적합하다.
② 발생기는 증기에 의한 가열이 이루어진다.
③ 냉매는 브롬화리튬(LiBr), 흡수제는 물(H_2O)의 조합으로 이루어진다.
④ 흡수기에서는 냉각수를 사용하여 냉각시킨다.

> ③ 냉매가 물일 경우 흡수제는 브롬화리튬(LiBr)의 조합으로 이루어지고, 냉매가 암모니아(NH_3)일 경우 흡수제는 물의 조합으로 이루어진다.

제 2 과목 : 공조냉동 설계

21 왕복동 냉동기에서 −70~−30℃ 정도의 저온을 얻기 위하여 2단 압축방식을 채용하고 있다. 그 이유를 설명한 것 중 옳은 것은?

① 토출가스 온도를 낮추기 위하여
② 압축기의 효율 향상을 막기 위하여
③ 윤활유의 온도를 상승시키기 위하여
④ 성적계수를 낮추기 위하여

> 1단 냉동사이클에서는 증발온도가 −30℃ 정도 이하가 되면, 증발압력이 너무 낮아져 압축비가 증대하여
> ㉠ 체적효율이 저하한다(클리어런스에 남아 있던 고압의 가스가 흡입 방해).
> ㉡ 냉매증기의 비체적이 커져(증발압력이 낮으므로) 냉매순환량이 감소한다.
> ㉢ 토출가스 온도가 상승하여 윤활유가 열화되기 쉽다.
> 이런 이유로 증발온도가 일정온도(−30℃) 이하가 되면 1단 압축을 하지 않고, 압축을 2단으로 나누어 2단 압축 방식을 채택하게 된다.

22 냉동장치 내 팽창밸브를 통과한 냉매의 상태로 옳은 것은?

① 엔탈피 감소 및 압력 강하
② 온도 저하 및 엔탈피 감소
③ 압력 강하 및 온도 저하
④ 엔탈피 감소 및 비체적 감소

> 팽창밸브 통과 시 냉매의 상태
> 압력강하, 온도강하, 엔탈피 불변, 비체적 증대

23 온도식 자동팽창밸브에 관한 설명이 잘못된 것은?

① 주로 암모니아 냉동장치에 사용한다.
② 감온통의 설치는 액가스 열교환기가 있을 경우에 증발기 쪽에 밀착하여 설치한다.
③ 부하변동에 따라 냉매유량 제어가 가능하다.
④ 내부균압형과 외부균압형이 있다.

> ① 주로 프레온 냉동장치에 많이 사용한다.
> [참고] 온도식 자동팽창밸브
> 소형 공조냉동장치의 냉매유량제어에 가장 일반적으로 사용되는 방식으로, 냉매의 온도와 압력을 검출하여 이들로부터 과열도를 산정, 과열도가 일정하도록 냉매유량을 제어한다.

Answer 20. ③ 21. ① 22. ③ 23. ①

부록

24 각종 냉동기의 압축작용에 대한 설명 중 옳지 않은 것은?

① 증기압축식 냉동기 : 증발기에서 증발한 저온저압의 증기를 압축기에서 압축하여 고온고압의 증기로 내보낸다.
② 흡수식 냉동기 : 흡수기 및 발생기가 증기압축식 냉동기의 압축기 역할을 한다고 할 수 있다.
③ 증기분사식 냉동기 : 노즐에서 분사된 증기와 증발기에서 증발한 증기가 혼합되지만 압축작용을 하는 기기는 없다.
④ 열펌프 : 증기압축식 냉동기와 같은 방법으로 증기를 압축한다.

 ③ 증기분사식 냉동법은 응축기와 증발기를 가지고 있는 점에서 압축식 냉동법과 같으나 압축기 대신에 증기 이젝터(steam ejector)로 압축일(압축작용)을 한다는 점이 다르다.

25 냉매 R-134a를 사용하는 증기-압축 냉동사이클에서 냉매의 엔트로피가 감소하는 구간은 어디인가?

① 증발구간   ② 압축구간
③ 팽창구간   ④ 응축구간

 ① 엔트로피 감소 : 응축구간
② 엔트로피 증가 : 팽창구간, 증발구간
③ 엔트로피 일정 : 압축구간

26 절대온도 T_1 및 T_2의 두 물체가 있다. T_1에서 T_2로 열량 Q가 이동할 때 이 두 물체가 이루는 계의 엔트로피 변화를 나타내는 식은? (단, $T_1 > T_2$이다.)

① $\dfrac{T_1 - T_2}{Q(T_1 \times T_2)}$ ② $\dfrac{Q(T_1 + T_2)}{T_1 \times T_2}$

③ $\dfrac{Q(T_1 - T_2)}{T_1 \times T_2}$ ④ $\dfrac{T_1 + T_2}{Q(T_1 \times T_2)}$

 엔트로피 변화(ΔS)

$\Delta S = S_2 - S_1 = \dfrac{Q}{T_2} - \dfrac{Q}{T_1}$

$= \dfrac{T_1 Q - T_2 Q}{T_1 \times T_2} = \dfrac{Q(T_1 - T_2)}{T_1 \times T_2}$

27 카르노 열기관에서 열공급은 다음 중 어느 가역과정에서 이루어지는가?

① 등온팽창   ② 등온압축
③ 단열팽창   ④ 단열압축

 카르노 사이클(Carnot Cycle)
두 개의 등온변화와 2개의 단열변화로 이루어지는 열기관의 이상 사이클

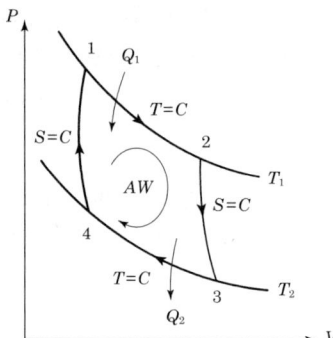

① 1→2 과정 : 등온팽창(열공급)
② 2→3 과정 : 단열팽창
③ 3→4 과정 : 등온압축(열방출)
④ 4→1 과정 : 단열압축

28 밀폐된 실린더 내의 기체를 피스톤으로 압축하는 동안 300kJ의 열이 방출되었다. 압축일의 양이 400kJ이라면 내부에너지 증가는?

① 100kJ   ② 300kJ
③ 400kJ   ④ 700kJ

 ① Q(열 방출)=-300kJ

Answer 24. ③ 25. ④ 26. ③ 27. ① 28. ①

② W(압축일)$=-400$kJ
③ 밀폐계 내부에너지 증가(ΔU)
$Q = \Delta U + W$
$\Delta U = Q - W = (-300) - (-400) = +100$kJ

29 2원 냉동사이클에 대한 설명으로 옳은 것은?
① $-100℃$ 정도의 저온을 얻고자 할 때 사용되며, 보통 저온측에는 임계점이 높은 냉매를, 고온측에는 임계점이 낮은 냉매를 사용한다.
② 저온부 냉동사이클의 응축기 방열량을 고온부 냉동사이클의 증발기가 흡열하도록 되어 있다.
③ 일반적으로 저온측에 사용하는 냉매는 R-12, R-22, 프로판 등이다.
④ 일반적으로 고온측에 사용하는 냉매는 R-13, R-14 등이다.

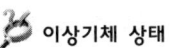
① $-70℃$ 이하의 초저온을 얻고자 할 때 사용되며 보통 저온측에는 임계점이 낮은 냉매를, 고온측에는 임계점이 높은 냉매를 사용한다.
③ 일반적으로 고온측에는 R-12, R-22 등 비등점이 높고 응축압력이 낮은 냉매를 사용한다.
④ 일반적으로 저온측에는 R-13, R-14, 에틸렌, 메탄, 에탄 등 비등점이 낮은 냉매를 사용한다.

30 1kg의 공기를 압력 2MPa, 온도 20℃의 상태로부터 4MPa, 온도 100℃의 상태로 변화하였다면 최종 체적은 초기 체적의 약 몇 배인가?
① 0.125 ② 0.637
③ 3.86   ④ 5.25

 이상기체 상태 방정식
$\dfrac{P_1 V_1}{T_1} = \dfrac{P_2 V_2}{T_2}$

$V_2 = \dfrac{P_1 V_1}{T_1} \times \dfrac{T_2}{P_2} = \dfrac{2V_1}{293} \times \dfrac{373}{4} = 0.637 V_1$

여기서, $T_1 = 20℃ = (20+273)$K $= 293$K
$T_2 = 100℃ = (100+273)$K $= 373$K

31 서로 같은 단위를 사용할 수 없는 것으로 나타낸 것은?
① 열과 일
② 비내부에너지와 비엔탈피
③ 비엔탈피와 비엔트로피
④ 비열과 비엔트로피

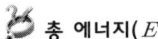
① 비엔탈피 단위 : kJ/kg
② 비엔트로피 단위 : kJ/kg·K

32 질량 50kg이 계의 내부에너지(U)가 100kJ/kg이며, 계의 속도는 100m/s이고, 중력장의 기준면으로부터 50m의 위치에 있다고 할 때, 계에 저장된 에너지(E)는?
① 3254.2kJ ② 4827.7kJ
③ 5274.5kJ ④ 6251.4kJ

총 에너지(E)
$E = $ 위치에너지 + 운동에너지 + 내부에너지
$= 9.8mh + \dfrac{1}{2}mV^2 + U$
$= \left(9.8 \times 50 \times 50 \times \dfrac{1\text{kJ}}{1,000\text{J}}\right) + \left(\dfrac{1}{2} \times 50 \times 100^2 \times \dfrac{1\text{kJ}}{1,000\text{J}}\right) + (50 \times 100)$
$= 5274.5$kJ

33 냉동기의 압축기에 사용되는 냉동유의 구비조건으로 옳지 않은 것은?
① 저온에서 응고점이 충분히 낮고, 고온에서 열화가 되지 않을 것
② 인화점이 높고, 냉매에 잘 용해될 것

Answer 29. ② 30. ② 31. ③ 32. ③ 33. ②

③ 수분 함유량이 적고, 전기절연내력이 클 것
④ 장기간 사용하여도 변질되거나 열화되지 않을 것

☞ ② 인화점이 높고, 냉매와의 분리성이 좋을 것
[참고] 윤활유의 구비 조건
① 응고점 및 유동점이 낮을 것
② 인화점이 높을 것
③ 점도가 적당할 것
④ 항유화(抗油化)성이 있을 것
⑤ 불순물이 적고, 절연내력이 클 것
⑥ 오일 포밍 시 소포성(기포를 없애는 성질)이 클 것
⑦ 왁스 성분이 적고, 저온에서 왁스 성분이 분리되지 않을 것
⑧ 방청능력 및 냉매와의 분리성이 좋을 것
⑨ 금속이나 패킹류를 부식시키지 않을 것
⑩ 유막의 강도가 커 마찰부에 유막이 쉽게 파괴되지 않을 것

34 냉동기 부속기기의 설치 위치로 옳지 않은 것은?
① 암모니아 냉동기의 유분리기는 압축기와 응축기 사이
② 액 분리기는 증발기와 압축기 사이
③ 건조기는 수액기와 응축기 사이
④ 수액기는 응축기와 팽창변 사이

☞ 건조기의 설치 위치
㉠ 프레온 냉동장치에서 수분을 제거하여 팽창밸브 통과 시 수분이 팽창밸브 출구에서 동결 폐쇄되는 것을 방지하기 위해 팽창밸브 직전의 고압액관(수액기와 팽창밸브 사이)에 설치한다.
㉡ 암모니아의 경우는 수분과 잘 혼합하므로 건조기를 사용하지 않는다.

35 증기압축식 냉동사이클에서 증발온도를 일정하게 유지하고 응축온도를 상승시킬 경우에 나타나는 현상 중 잘못된 것은?
① 성적계수 감소
② 토출가스 온도 상승
③ 소요동력 증대
④ 플래시가스 발생량 감소

☞ ④ 증발온도가 일정할 때 응축온도가 상승하면 과냉각도가 작아지므로 팽창밸브 통과 시 플래시가스(flash gas) 발생량이 증가한다.

36 냉동장치의 냉매량이 부족할 때 일어나는 현상 중에서 맞는 것은?
① 흡입압력이 낮아진다.
② 토출압력이 높아진다.
③ 냉동능력이 증가한다.
④ 흡입압력이 높아진다.

☞ 냉동장치에서 냉매량이 부족하면 증발온도를 일정하게 유지하지 못하고 흡입가스는 과열(흡입압력과 토출압력은 낮아짐)되어 온도가 상승하게 되고 냉동능력이 저하된다.

37 펠티에(Peltier) 효과를 이용하는 냉동방법에 대한 설명으로 옳지 않은 것은?
① 펠티에 효과를 냉동에 이용한 것이 전자냉동 또는 열전기식 냉동법이다.
② 펠티에 효과를 냉동법으로 실용화하기에 어려운 점이 많았으나 반도체 기술이 발달하면서 실용화되었다.
③ 이 냉동방법을 이용한 것으로는 휴대용 냉장고, 가정용 특수냉장고, 물 냉각기, 핵 잠수함 내의 냉난방장치이다.
④ 이 냉동방법도 증기압축식 냉동장치와 마찬가지로 압축기, 응축기, 증발기 등을 이용한 것이다.

☞ ④ 이 냉동방법은 증기압축식 냉동장치와 다르게 서로 다른 종류의 금속이나 반도체를 연결하여

 34. ③ 35. ④ 36. ① 37. ④

직류 전류를 흐르게 하면 한쪽의 접점은 고온이 되고 다른 한쪽의 접점은 저온이 되며, 이 저온 쪽 접점에 의하여 냉동을 얻는다.

38 압축기의 토출압력 상승 원인으로 옳지 않은 것은?

① 냉각수 부족 및 냉각수온이 높을 때
② 냉각관 내 물때 및 스케일이 끼었을 때
③ 불응축가스 혼입 시
④ 응축온도가 낮을 때

🔍 **압축기의 토출압력 상승 원인**
① 냉각수(냉각공기) 온도가 높거나 유량이 부족
② 공기(불응축가스)가 냉매 계통에 혼입(응축온도가 높아진다.)
③ 응축기 냉매관에 물때 또는 스케일이 끼었든가 수로 뚜껑의 칸막이 판의 부식
④ 냉매를 과충전하였을 경우
⑤ 토출 배관 중의 밸브가 잠겼을 때

39 준평형 과정으로 실린더 내 공기를 100kPa, 300K 상태에서 400kPa까지 압축하는 과정 동안 압력과 체적의 관계는 "PV^n=일정(n=1.3)" 이며, 공기 정적비열은 C_v=0.717kJ/kg·K, 기체상수(R)=0.287kJ/kg·K이다. 단위질량당 일과 열의 전달량은?

① 일=−108.2kJ/kg, 열=−27.11kJ/kg
② 일=−108.2kJ/kg, 열=−189.3kJ/kg
③ 일=−125.4kJ/kg, 열=−27.11kJ/kg
④ 일=−125.4kJ/kg, 열=−189.3kJ/kg

🔍 ① 단위질량당 일(w)

$$w = \frac{RT_1}{n-1}\left\{1-\left(\frac{P_2}{P_1}\right)^{\frac{n-1}{n}}\right\}$$

$$= \frac{0.287 \times 300}{1.3-1}\left\{1-\left(\frac{400}{100}\right)^{\frac{1.3-1}{1.3}}\right\}$$

$$= -108.2\text{kJ/kg}$$

② 압축 후 온도(T_2)

$$\frac{T_2}{T_1} = \left(\frac{v_1}{v_2}\right)^{n-1} = \left(\frac{P_2}{P_1}\right)^{\frac{n-1}{n}} \text{에서}$$

$$\frac{T_2}{T_1} = \left(\frac{P_2}{P_1}\right)^{\frac{n-1}{n}}$$

$$T_2 = T_1 \times \left(\frac{P_2}{P_1}\right)^{\frac{n-1}{n}} = 300 \times \left(\frac{400}{100}\right)^{\frac{1.3-1}{1.3}}$$

$$= 413.1\text{K}$$

③ 비열비(k)

$$C_p - C_v = R$$

$$C_p = C_v + R = 0.717 + 0.287 = 1.004\text{kJ/kgK}$$

$$k = \frac{C_p}{C_v} = \frac{1.004}{0.717} = 1.4$$

④ 단위질량당 열전달량(q)

$$q = \frac{n-k}{n-1}C_v(T_2 - T_1)$$

$$= \frac{1.3-1.4}{1.3-1} \times 0.717(413.1 - 300)$$

$$= -27.03\text{kJ/kg}$$

40 이상기체의 마찰이 없는 정압과정에서 열량 Q는? (단, C_v는 정적비열, C_p는 정압비열, k는 비열비, dT는 임의의 점의 온도변화이다.)

① $Q = C_v dT$ ② $Q = k^2 C_v dT$
③ $Q = C_p dT$ ④ $Q = kC_p dT$

🔍 ① 정압과정 가열량
$dq = du + APdv$
$= dh - vdP = dh = C_p dT$

② 정적과정 가열량
$dq = du + APdv = du = C_v dT$

제3과목 : 시운전 및 운전관리

41 그림의 신호흐름선도에서 $\dfrac{C(s)}{R(s)}$는?

Answer   38. ④   39. ①   40. ③   41. ④

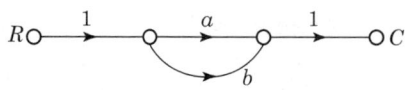

① $\dfrac{1}{ab}$ ② $\dfrac{1}{a}+\dfrac{1}{b}$

③ ab ④ $a+b$

🔑 병렬 접속 시 전달함수

$\dfrac{C(s)}{R(s)}=1 \cdot a \cdot 1 + 1 \cdot b \cdot 1 = a+b$

[참고] 병렬법
  두 절 사이에 같은 방향으로 연결된 병렬가지는 병렬로 연결된 두 가지의 이득합과 같은 이득값을 갖는 하나의 가지로 대치할 수 있다.

42 5kVA, 3000/200V의 변압기가 단락시험을 통한 임피던스 전압이 100V, 동손이 100W라 할 때 퍼센트 저항강하는 몇 %인가?

① 2   ② 3
③ 4   ④ 5

🔑 % 저항강하

$P = \dfrac{\text{임피던스 와트(W)}}{\text{변압기 용량(VA)}} \times 10(\%)$

$= \dfrac{100}{5 \times 10^3} \times 100 = 2\%$

43 2차 뒤진 요소의 벡터 궤적을 표시한 것은?

① 미분요소   ② 2차 뒤진 요소
③ 1차 지연요소   ④ 부동작 시간요소

44 뒤진 역률 80%, 1000kW의 3상 부하가 있다. 이것에 콘덴서를 설치하여 역률을 95%로 개선하려고 한다. 필요한 콘덴서의 용량은 약 몇 kVA인가?

① 422   ② 633
③ 844   ④ 1266

🔑 콘덴서 용량(Q_c)

$Q_c = P\left(\dfrac{\sqrt{1-\cos\theta_1^2}}{\cos\theta_1} - \dfrac{\sqrt{1-\cos\theta_2^2}}{\cos\theta_2}\right)$

$= 1000\left(\dfrac{\sqrt{1-0.8^2}}{0.8} - \dfrac{\sqrt{1-0.95^2}}{0.95}\right)$

$= 421.3\,\text{kVA}$

여기서, $\cos\theta_1$: 개선 전 역률
$\cos\theta_2$: 개선 후 역률

[참고] 역률 개선의 효과
  ㉠ 변압기와 배전선의 전력손실 감소
  ㉡ 전압강하의 감소
  ㉢ 설비용량의 여유 증가
  ㉣ 전기요금의 감소

45 고압가스 안전관리법령에 따르면 안전성향상계획에 대한 한국가스안전공사의 의견을 듣고자 하는 자는 안전성향상계획 심사신청서를 한국가스안전공사에 제출하여야 한다. 다음 중 안전성향상계획 심사신청서에 포함되어 할 내용이 아닌 것은?

① 안전성 평가서   ② 비상조치계획
③ 안전운전계획   ④ 성능점검표

🔑 안전성향상계획의 내용
  ① 공정안전 자료   ② 안전성 평가서
  ③ 안전운전계획   ④ 비상조치계획

46 기계설비법령에 따라 기계설비의 소유자 또는 관리자의 범위에 해당하지 않는 것은?

① 건축물 등의 소유자(개인 또는 법인)

   42. ① 43. ② 44. ① 45. ④ 46. ②

② 공동주택의 경우 관리사무소장
③ 집합건물의 경우 관리단
④ 민간 투자법상의 사업시행자

 ② 관리사무소장 또는 주택관리업자는 공동주택 관리를 위해 입주자대표회의와 선임 또는 위탁한 자로, 기계설비법에 따른 관리주체에 해당하지 않음
[참고] 기계설비의 소유자 또는 관리자의 범위
㉠ 건축물 등의 소유자(개인 또는 법인)
㉡ 공동주택의 경우 입주자대표회의, 집합건물의 경우 관리단
㉢ 임대계약 등에 따라 소유자 등으로부터 건축물 등을 실질적으로 사용·수익할 수 있는 권리와 건축물 등에 대한 전반적인 관리 및 보존의 의무를 부여받은 자

47 $A = 6 + j8$, $B = 20\angle 60°$일 때 $A + B$를 직각좌표형식으로 표현하면?

① $16 + j18$
② $16 + j25.32$
③ $23.32 + j18$
④ $26 + j28$

 $B = 20\angle 60° = a + jb$
$|B| = \sqrt{a^2 + b^2} = 20$
$a^2 + b^2 = 400$ ------ ①
$\phi = \tan^{-1}\left(\dfrac{b}{a}\right) = 60°$
$\dfrac{b}{a} = \tan 60° = \sqrt{3}$ --- ②
①식과 ②식을 연립하여 풀면
$a = 10$, $b = 17.32$
$B = 10 + j17.32$
$\therefore A + B = (6 + 10) + j(8 + 17.32)$
$= 16 + j25.32$

48 절연의 종류에서 최고허용온도가 낮은 것부터 높은 순서로 옳은 것은?

① A종, Y종, E종, B종
② Y종, A종, E종, B종
③ E종, Y종, B종, A종
④ B종, A종, E종, Y종

 각종 절연의 허용 온도

절연의 종류	최고허용온도(℃)
Y	90
A	105
E	120
B	130
F	155
H	180
C	180 초과

49 200V의 전원에 접속하여 1kW의 전력을 소비하는 부하를 100V의 전원에 접속하면 소비전력은 몇 W가 되겠는가?

① 100
② 150
③ 200
④ 250

 소비전력 $P = VI = I^2 R = \dfrac{V^2}{R}$에서
저항(R)을 구하면
$R = \dfrac{V^2}{P} = \dfrac{200^2}{1 \times 10^3} = 40\,\Omega$
100V의 접속 시 소비전력
$P = \dfrac{V^2}{R} = \dfrac{100^2}{40} = 250\text{W}$

50 도체에 전하를 주었을 경우 틀린 것은?

① 전하는 도체 외측의 표면에만 분포한다.
② 전하는 도체 내부에만 존재한다.
③ 도체 표면의 곡률 반경이 작은 곳에 전하가 많이 모인다.
④ 전기력선은 정(+)전하에서 시작하여 부전하(−)에서 끝난다.

 ② 전하는 도체 내부에는 존재하지 않고, 도체 표면에만 분포한다.

Answer 47. ② 48. ② 49. ④ 50. ②

51 기계설비법령에 따라 1차 위반 시 50만원, 2차 위반 시 70만원의 과태료가 부과되는 경우가 아닌 것은?

① 유지관리교육을 받지 않은 사람을 해임하지 않은 경우
② 기계설비의 성능점검 및 점검기록을 시장·군수·구청장에게 제출하지 않은 경우
③ 기계설비의 성능점검 및 점검기록을 작성하지 않거나 거짓으로 작성한 경우
④ 착공 전 확인과 사용 전 검사에 관한 자료를 특별자치시장·특별자치도지사·시장·군수·구청장에게 제출하지 않은 경우

기계설비 소유자 또는 관리자는 기계설비유지관리에 필요한 성능을 점검하고 점검기록을 작성하여야 한다. 점검기록을 작성하지 않거나 거짓으로 작성한 경우 1차 위반 시 300만원, 2차 위반 시 400만원, 3차 위반 시 500만원의 과태료가 부과된다.

52 그림과 같은 논리회로는?

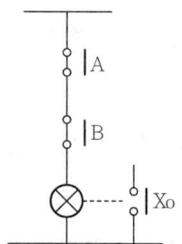

① OR 회로 ② AND 회로
③ NOT 회로 ④ NOR 회로

그림의 유접점회로는 A와 B가 직렬로 연결되어 두 개의 접점 A, B가 모두 동작해야 출력되는 회로이므로 AND 회로이다.

53 원뿔주사를 이용한 방식으로서 비행기 등과 같이 움직이는 목표값의 위치를 알아보기 위한 서보용 제어기는?

① 자동조타장치 ② 추적레이더
③ 공작기계의 제어 ④ 자동평형기록계

원뿔주사
추적 레이더 등에서 안테나의 빔을 축에 대하여 1도 가량 기울여서 원뿔형으로 회전시키는 주사 방법으로 비행기와 같이 움직이는 목표물의 위치를 추적하여 위치를 검출할 수 있다. 이렇게 하면 목표물이 주사 회전축에서 벗어나고 있을 때는 수신 전계 강도가 변화하고, 회전축상에 있으면 수신 신호 강도는 일정하게 된다. 이 방법을 사용하면 목표물의 벗어남을 정밀하게 검출할 수 있어 기상관측이나 위성 추미 장치 등에 사용된다.

54 암모니아 냉매설비 운전 시 암모니아 노출 확인 절차로 옳지 않은 것은?

① 암모니아 냄새가 날 경우에는 냄새지역을 벗어나 감독자에게 알려야 한다.
② 호흡용 보호구를 착용한 후 감지기를 이용해 공기 중 암모니아 농도를 측정한다.
③ pH 시험지를 물에 적셔 누출지역을 먼저 확인하고 난 후, 새로운 시험지를 이용하여 누출지점을 찾아낸다.
④ 누출지역을 확인한 후, 감독자나 동료가 현장에 도착하기 전에라도 누출을 멈추기 위해 지속적으로 조치를 취해야 한다.

④ 누출지역을 확인한 후, 감독자나 동료가 현장에 도착하기 전까지는 누출을 멈추기 위한 어떤 시도도 하지 말아야 한다.

55 온-오프(on-off) 동작의 설명으로 옳은 것은?

① 간단한 단속적 제어동작이고 사이클링이 생긴다.
② 사이클링은 제거할 수 있으나 오프셋이 생긴다.
③ 오프셋은 없앨 수 있으나 응답시간이 늦

Answer 51. ③ 52. ② 53. ② 54. ④ 55. ①

어질 수 있다.
④ 응답속도는 빠르나 오프셋이 생긴다.

 온-오프(on-off) 동작(2위치 동작)
제어동작 중 가장 간단한 단속적 제어동작이고, 제어 결과는 제어량의 주기적인 변동, 소위 사이클링을 만들어 항상 일정한 값으로 유지하게 할 수 없다.

56 다음 전선 중 도전율이 가장 우수한 재질의 전선은?
① 경동선
② 연동선
③ 경알루미늄선
④ 아연도금철선

 도전율
연동선 100%   경동선 97%
경알루미늄선 61%   니크롬선 1.6%
아연도금철선 15~20%

57 사이클로 컨버터의 작용은?
① 직류-교류 변환   ② 직류-직류 변환
③ 교류-직류 변환   ④ 교류-교류 변환

 사이클로 컨버터(Cycloconverter)
어떤 주파수의 교류를 직류회로로 변환하지 않고 주파수의 교류로 변환하는 직접 주파수 변환장치

58 목표값에 따른 분류에 따라 열차를 무인운전하고자 할 때 사용하는 제어방식은?
① 자력 제어   ② 추종 제어
③ 비율 제어   ④ 프로그램 제어

프로그램 제어
목표값이 미리 정해진 시간적 변화를 하는 제어량 (무인열차, 무인엘리베이터, 무인자판기 등)

59 다음 중 직류전동기의 속도 제어 방식으로 맞는 것은?
① 주파수 제어   ② 극수 변환 제어

③ 슬립 제어   ④ 계자 제어

 직류전동기의 속도제어법

구분	제어 특성	특징
계자 제어법	• 정출력 제어	• 속도제어 범위가 좁다.
전압 제어법	• 정토크 제어 −워드 레오나드 방식 −일그너 방식	• 제어범위가 넓다. • 손실이 매우 적다. • 정역운전이 가능 • 설비비가 고가
직렬 저항법		• 효율이 나쁘다.

60 다음 중 공정 제어(프로세스 제어)에 속하지 않는 제어량은?
① 온도   ② 압력
③ 유량   ④ 방위

 프로세스 제어(process control)
㉠ 생산공정 중의 상태량으로 외란의 억제를 주목적으로 함
㉡ 제어량(공업공정의 상태량) : 밀도, 농도, 온도, 압력, 유량, 습도 등
㉢ 제어 대상의 예 : 대단위 화학 플랜트, 수조의 온도제어 등

제 4 과목 : 유지보수 공사관리

61 복사난방에서 패널(panel) 코일의 배관방식이 아닌 것은?
① 그리드 코일식
② 리버스 리턴식
③ 벤드 코일식
④ 벽면 그리드 코일식

 **복사난방 패널코일의 배관방식**
㉠ 벤드 코일식 : 온수유량 분배가 우수 및 온도차가 일정

 56. ② 57. ④ 58. ④ 59. ④ 60. ④ 61. ②

ⓒ 사관식 코일 : 벤드 코일식의 일종
ⓒ 그리드 코일식 : 코일 간 온도차가 균일하고, 배관저항이 적지만 유량이 불균일
ⓔ 벽면 그리드 코일식

[참고] 리버스 리턴(reverse return) 방식
온수 난방에서 각 방열기로 공급되는 공급배관과 환수배관의 길이(마찰저항)를 같게 하여 온수를 균등하게 공급하는 배관방식

62 트랩에서 봉수의 파괴 원인으로 볼 수 없는 것은?

① 자기사이펀 작용 ② 흡인 작용
③ 분출 작용   ④ 통기 작용

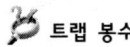 트랩 봉수

트랩 내부의 물(악취)을 차단
① 봉수파괴 원인 : 자기사이펀 작용, 유인사이펀 작용, 분출 작용, 흡인 작용, 모세관 작용, 증발, 운동량에 의한 관성 작용
② 봉수파괴 대책
  ㉠ 자기사이펀, 유인사이펀, 분출 작용 : 통기관 설치
  ㉡ 모세관 현상 : 천조각, 머리카락 제거
  ㉢ 증발 : 기름
  ㉣ 운동량에 의한 관성 작용 : 격자쇠 설치

63 롤러 서포트를 사용하여 배관을 지지하는 주된 이유는?

① 신축 허용   ② 부식 방지
③ 진동 방지   ④ 해체 용이

롤러 서포트(roller support)

롤러로 지지하여 열팽창에 의한 배관의 축방향 이동을 자유롭게 한다.

64 다음은 관의 부식 방지에 관한 것이다. 틀린 것은?

① 전기절연을 시킨다.
② 아연도금을 한다.
③ 열처리를 한다.
④ 습기의 접촉을 없게 한다.

 열처리

열처리 기술은 금속재료, 기계부품, 금형공구의 기계적 성질을 변화시키기 위하여 가열과 냉각을 반복함으로써 특별히 유용한 성질(내마모성, 내충격성, 사용수명 연장 등)을 부여하는 기술

65 공조배관설비에서 수격작용의 방지책으로 옳지 않은 것은?

① 관 내의 유속을 낮게 한다.
② 밸브는 펌프 흡입구 가까이 설치하고 제어한다.
③ 펌프에 플라이휠(fly wheel)을 설치한다.
④ 조압수조(surge tank)를 관선에 설치한다.

② 밸브는 펌프 토출측(송출구) 가까이에 설치하고 밸브 조작을 적절히(천천히) 한다.

66 호칭지름 20A 강관을 곡률반경 150mm로 90° 구부림할 때 곡관부 길이는 약 얼마인가?

① 117.8mm   ② 235.5mm
③ 471.0mm   ④ 942.0mm

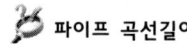 파이프 곡선길이

$$l = \frac{2\pi R\theta}{360°} = \frac{2\pi \times 150 \times 90°}{360°} = 235.5\text{mm}$$

67 배관의 착색도료 밑칠용으로 사용되며, 녹방지를 위하여 많이 사용되는 도료는?

① 산화철 도료   ② 광명단 도료
③ 에나멜 도료   ④ 조합페인트

광명단 도료

연단을 아마인유와 혼합한 것으로, 밀착력이 강하고 풍화에 견딘다. 녹을 방지하기 위한 페인트 밑칠용으로 사용한다.

Answer 62. ④ 63. ① 64. ③ 65. ② 66. ② 67. ②

68 관이음 도시기호 중 유니언 이음은?

①    ②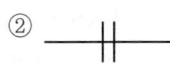

③ 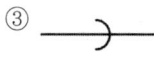   ④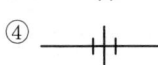

① 일반이음(나사형)   ② 플랜지이음

69 냉동장치의 배관설치에 관한 내용으로 틀린 것은?
① 토출가스의 합류 부분 배관은 T이음으로 한다.
② 압축기와 응축기의 수평배관은 하향 구배로 한다.
③ 토출가스 배관에는 역류방지 밸브를 설치한다.
④ 토출관의 입상이 10m 이상일 경우 10m마다 중간 트랩을 설치한다.

① 토출가스의 합류 부분 배관은 Y이음으로 한다.

70 도시가스에서 고압이라 함은 얼마 이상의 압력을 뜻하는가?
① 0.1MPa 이상   ② 1MPa 이상
③ 10MPa 이상   ④ 100MPa 이상

도시가스 사용압력에 따른 분류
㉠ 고압 : 1MPa 이상
㉡ 중압 : 0.1MPa~1MPa
㉢ 저압 : 0.1MPa 미만

71 다음 중 간접배수를 해야 하는 위생기구로 잘못된 것은?
① 냉장관련기기 : 냉장고, 냉동차, 쇼케이스 등의 배수
② 주방관련기기 : 쌀 씻는 기계, 식품세척기, 식품세척용 싱크 등의 배수
③ 세탁관련기기 : 세탁기, 탈수기 등의 배수
④ 수영용 풀장 : 수영장 샤워실 바닥 배수

간접배수 대상기기
④ 수영용 풀장 : 풀장 자체의 배수, 주변에 설치된 오버플로우의 배수, 주변 보도의 바닥배수 및 여과장치의 역세수 등

72 통기관에 관한 설명으로 틀린 것은?
① 통기관경은 접속하는 배수관경의 1/2 이상으로 한다.
② 통기 방식에는 신정통기, 각개통기, 회로통기 방식이 있다.
③ 통기관은 트랩 내의 봉수를 보호하고 관 내 청결을 유지한다.
④ 배수입관에서 통기입관의 접속은 90° T이음으로 한다.

④ 배수입관에서 통기입관에 접속은 45°(이내) Y이음으로 한다.

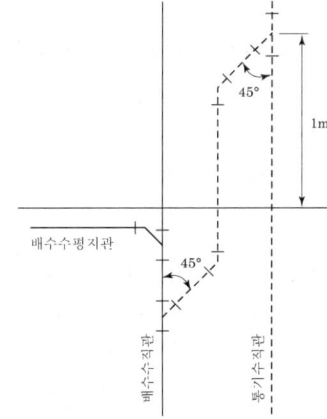

73 경질염화비닐관 TS식 조인트 접합법에서 3가지 접착 효과에 해당하지 않는 것은?
① 유동삽입   ② 일출접착
③ 소성삽입   ④ 변형삽입

Answer 68. ④ 69. ① 70. ② 71. ④ 72. ④ 73. ③

 TS식 접합법(냉간 이음법) 3가지 접착 효과
유동삽입, 변형삽입, 일출접착
[참고] TS식 접합법의 특징
가열기가 필요 없으며 시공작업이 간단하고 시간이 절약된다. 또한 특별한 숙련이 필요 없는 경제적 이음방법으로 좁은 장소 또는 화기를 사용할 수 없는 곳에서의 배관 등 특수한 경우에도 사용할 수 있다.

74 도시가스 입상배관의 관지름이 20mm일 때 움직이지 않도록 몇 m마다 고정장치를 부착해야 하는가?

① 1m ② 2m
③ 3m ④ 4m

 관의 지지
배관이 움직이지 않도록 그 관경이 13mm 미만의 것에는 1m마다, 13mm 이상 33mm 미만의 것에는 2m마다, 33mm 이상의 것에는 3m마다 고정장치를 설치한다.

75 관의 종류와 이음방법 연결이 잘못된 것은?

① 강관 – 나사 이음
② 동관 – 압축 이음
③ 주철관 – 칼라 이음
④ 스테인리스강관 – 몰코 이음

 칼라 이음(collar joint)
㉠ 석면 시멘트나 철근 콘크리트제 관 이음의 일종
㉡ 관과 관을 맞대어 바깥쪽에서 약간 큰 지름의 고리를 이음 부분에 씌운다.

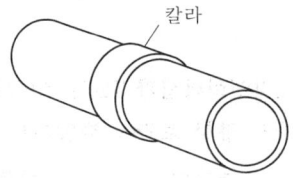

76 냉매 배관 시 주의사항이다. 틀린 것은?

① 굽힘부의 굽힘반경을 작게 한다.
② 배관 속에 기름이 고이지 않도록 한다.
③ 배관에 큰 응력 발생의 염려가 있는 곳에는 루프형 배관을 해준다.
④ 다른 배관과 달라서 벽 관통 시에는 강관 슬리브를 사용하여 보온 피복한다.

 ① 굽힘부의 굽힘(곡률)반경은 냉매 흐름의 원활함과 배관 파손 방지를 위해 크게 하는 것이 좋다.

77 배관용 플랜지 패킹의 종류가 아닌 것은?

① 오일 시트 패킹   ② 합성수지 패킹
③ 고무 패킹   ④ 몰드 패킹

 플랜지 패킹의 종류
고무 패킹, 네오프렌, 석면조인트 패킹, 합성수지 패킹, 오일 실 패킹, 금속 패킹

78 급탕설비 시운전 시 점검사항 및 안전대책으로 가장 거리가 먼 것은?

① 배관이 천장, 벽 등의 구조체를 통과하는 부분에는 방화구획상 지장이 없는 방법으로 관의 진동이 구조체로 전파되지 않도록 고정한다.
② 급탕배관에는 관의 신축이 가능하도록 신축이음을 설치하며, 신축이음이 설치되는 배관에는 전구간에 고정점을 두지 않는다.
③ 급탕배관에는 균등한 기울기를 유지하여야 하고 역기울기 또는 공기고임 등으로 인해 급탕순환을 저해할 우려가 있는 경우에는 공기빼기장치를 설치한다.
④ 급탕계통에서는 온수의 원활한 순환을 저해하는 접속 방법이나 시공 방법을 사용해서는 안 된다.

 ② 급탕배관에는 관의 신축이 가능하도록 신축이음

Answer 74. ② 75. ③ 76. ① 77. ④ 78. ②

을 설치하며, 신축이음이 설치되는 배관에는 일정 구간에 고정점을 두고 신축 시 소음과 진동이 발생하지 않도록 한다.

79 다음 중 플라스틱 배관재료에 관한 설명 중 틀린 것은?

① 경질염화비닐관은 대부분의 무기산, 알칼리에도 침식되지 않는다.
② 일반적으로 플라스틱 배관재는 고온이 될수록 인장강도는 저하된다.
③ 폴리에틸렌관은 경질염화비닐관보다 가볍고 충격에도 강하다.
④ 일반적으로 플라스틱 배관재는 마찰손실이 크고 전기절연성이 작다.

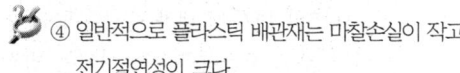 ④ 일반적으로 플라스틱 배관재는 마찰손실이 작고 전기절연성이 크다.

80 암모니아 냉매를 사용하는 흡수식 냉동기의 배관재료로 가장 좋은 것은?

① 주철관　　② 동관
③ 강관　　　④ 동합금관

 ㉠ 암모니아 냉매의 배관재료 : 동관을 부식시키므로 강관(SPPS)을 사용
　㉡ 프레온 냉매의 배관재료 : 이음매 없는 동관을 사용

79. ④　80. ③

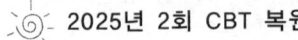

CBT 기출 복원문제

제1과목 : 에너지관리

01 복사 냉난방방식(panel air system)에 대한 설명 중 틀린 것은?
① 건물의 축열을 기대할 수 있다.
② 쾌감도가 전공기방식에 비해 떨어진다.
③ 많은 환기량을 요하는 장소에 부적당하다.
④ 냉각패널에 결로 우려가 있다.

② 복사 냉난방방식은 복사열을 이용하므로 쾌감도가 전공기방식에 비해 우수하다.

02 다음 중 클린룸 4원칙에 해당되지 않는 것은?
① 먼지의 발생을 방지할 수 있어야 한다.
② 먼지의 침투를 방지할 수 있어야 한다.
③ 먼지의 포집을 방지할 수 있어야 한다.
④ 먼지의 신속 제거가 가능해야 한다.

클린룸의 4원칙
먼지의 유입·침투 방지, 발생 방지, 축적 방지, 신속 제거

03 TAB 예비점검에 해당하지 않는 것은?
① 공조기 필터의 청결 상태 및 덕트계통 청소 상태를 점검한다.
② 설비의 안전하고 정상적인 운전가능 여부를 점검한다.
③ 방화 댐퍼 및 풍량조절 댐퍼의 개폐상태를 점검한다.
④ 케이싱 누설과 풍량조절 댐퍼의 작동상태를 검사한다.

④ 케이싱 누설과 각종 댐퍼 작동상태를 검사하고 덕트 치수의 적정 여부 및 공기흐름의 상태를 점검 조정하는 것은 TAB의 세부 업무이다.

04 공기조화에 대한 설명 중 틀린 것은?
① VAV 방식을 가변풍량 방식이라고 하며 실내부하 변동에 대해 송풍온도를 변화시키지 않고 송풍량을 변화시키는 방식으로 제어한다.
② 외벽과 지붕 등의 열통과율은 벽체를 구성하는 재료의 두께가 두꺼울수록 열통과율은 작아진다.
③ 냉방 시 유리창을 통한 열부하는 태양복사열과 실내외 공기의 온도차에 의한 관류열 2종류가 있다.
④ 인체로부터의 발열량은 현열 및 잠열이 있으며 주위온도가 상승하면 둘 다 열량이 많아진다.

④ 인체로부터의 발열량은 현열 및 잠열이 있으며 주위온도에 따라 발생량이 변하지만 전열량(현열+잠열)은 일정하게 된다. 예를 들어 실내온도가 낮으면 현열의 발생량이 증가하고 힘든 작업의 경우는 잠열의 발생량이 증가한다.

05 노통 보일러는 지름이 큰 원통형 보일러동(shell)에 큰 노통을 설치한 것으로서 노통이 2개 있는 것은?

 01. ② 02. ③ 03. ④ 04. ④ 05. ①

① Lancashire 보일러
② Drum 보일러
③ Shell 보일러
④ Cornish 보일러

 노통 보일러(flue tube boiler)

횡형으로 된 원통 내부에 노통이 1개 장착되어 있는 코니시(Cornish) 보일러와, 노통이 2개 장착되어 있는 랭커셔(Lancashire) 보일러가 있다. 설치면적이 크고 보일러의 효율이 좋지 않아 현재는 거의 사용하지 않고 있다.

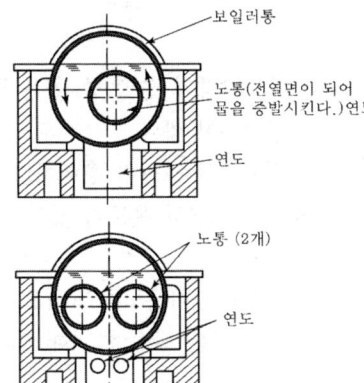

06 다음 중 내연식 보일러의 특징이 아닌 것은?
① 설치면적을 좁게 차지한다.
② 복사열의 흡수가 크다.
③ 노벽에 의한 열손실이 적다.
④ 완전연소가 가능하다.

 내연식(내분식) 보일러

연소실이 동체 내부에 설치된 보일러

장점	단점
• 설치면적을 적게 차지한다.	• 연소실 크기는 기관 본체에 의해 결정된다.
• 복사열의 흡수가 크다.	• 완전연소가 불가능하다.
• 노벽 등에서 방산열 손실이 적다.	• 역화(逆火)나 가스폭발의 위험성이 크다.
• 설치가 용이하다.	• 연료는 양질이어야 한다.

07 각종 공기조화방식 중에서 개별방식의 특징으로 맞는 것은?
① 수명은 대형기기에 비하여 짧다.
② 외기냉방이 어느 정도 가능하다.
③ 실의 건축구조 변경이 어렵다.
④ 냉동기를 내장하고 있으므로 일반적으로 소음이 작다.

 개별방식의 특징

장점	단점
• 유닛마다 자동제어장치가 있어서 개별제어가 가장 용이하다.	• 설치장소에 제약을 받으며 실내에 유닛이 설치되므로 바닥 이용면적이 감소한다.
• 필요한 시간(시간차 운전)에 운전하므로 에너지가 절약된다.	• 실내공기의 청정도가 낮다.
• 설치 및 취급이 간단하다.	• 각 유닛마다 냉동기를 내장하고 있어 소음 및 진동이 크다.
• 대량생산을 하므로 설비비와 운전비가 싸다.	• 외기냉방이 어렵다.
	• 수명이 짧다.

08 다음 중 습공기의 상태 변화에 관한 설명 중 틀린 것은?
① 습공기를 냉각하면 건구온도와 습구온도가 감소한다.
② 습공기를 냉각·가습하면 상대습도와 절대습도가 증가한다.
③ 습공기를 등온감습하면 노점온도와 비체적이 감소한다.
④ 습공기를 가열하면 습구온도와 상대습도가 증가한다.

 ④ 습공기를 가열하면 건구 및 습구온도가 상승하고, 습공기 중 수분이 증발되므로 상대습도가 저하된다.

 06. ④ 07. ① 08. ④

09 다음 중 보일러 부하로 옳은 것은?
① 난방부하+급탕부하+배관부하+예열부하
② 난방부하+배관부하+예열부하-급탕부하
③ 난방부하+급탕부하+배관부하-예열부하
④ 난방부하+급탕부하+배관부하

🔑 **보일러의 출력**
ⓐ 정격출력 : 난방부하+급탕부하+배관부하+예열부하
ⓑ 상용출력 : 난방부하+급탕부하+배관부하
ⓒ 정미출력 : 난방부하+급탕부하
ⓓ 방열기출력 : 난방부하+배관부하

10 다음 중 온수난방 설비용 기기가 아닌 것은?
① 릴리프 밸브　② 순환펌프
③ 관말트랩　　④ 팽창탱크

🔑 **온수난방용 기기**
팽창탱크, 팽창관, 온수순환펌프, 리턴 콕, 방열기 밸브, 공기빼기 밸브, 신축이음
[참고] 관말트랩
　관 끝에 설치하는 트랩으로 증기난방에서 발생하는 응축수를 회수하기 위한 기기

11 그림은 각 난방 방식에 의한 일반적인 실내 상하의 온도분포를 나타낸 것이다. 이 중 바닥 복사난방 방식에 의한 것은 어느 것인가?

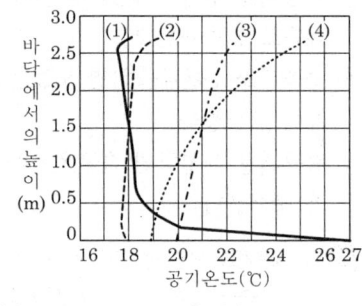

① (1)　　② (2)
③ (3)　　④ (4)

🔑 **각종 난방방식의 실내온도분포**

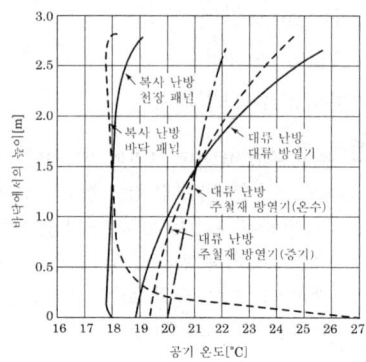

12 다음 증기난방의 설명 중 옳은 것은?
① 예열시간이 짧다.
② 실내온도의 조절이 용이하다.
③ 방열기 표면의 온도가 낮아 쾌적한 느낌을 준다.
④ 실내에서 상하온도차가 작으며, 방열량의 제어가 다른 난방에 비해 쉽다.

🔑 ②, ③, ④는 온수난방에 대한 설명이다.
[참고] 증기난방의 장·단점

장점	단점
• 증발잠열을 이용하므로 열운반 능력이 크다.	• 방열기 온도가 높아 화상의 우려가 있다.
• 열용량이 작아 예열시간이 짧다.	• 먼지 등의 상승으로 쾌감도가 떨어진다.
• 난방개시가 빠르고 간헐운전이 가능하다.	• 증기량 제어가 어려워 방열량(온도) 조절이 어렵다.
• 방열기 면적 및 관경이 작아도 된다.	• 증기보일러 취급에 따른 기술이 필요하다.
• 온수난방에 비해 시설비가 적게 든다.	• 응축수관에서 부식과 한랭 시 동결의 우려가 있다.
• 층고에 관계없이 증기 공급이 원활하다.	• 방열기를 바닥에 설치하므로 실내 유효면적이 작아진다.

Answer　09. ①　10. ③　11. ①　12. ①

13 다음의 공기조화 부하 중 잠열변화를 포함하는 것은?

① 외벽을 통한 손실열량
② 침입외기에 의한 취득열량
③ 유리창을 통한 관류 취득량
④ 지하층 바닥을 통한 손실열량

✎ 냉방부하의 종류

부하의 종류		열의 종류
벽체의 취득열량		현열
유리창의 취득열량	직달일사	현열
	열관류	현열
극간풍의 취득열량		현열+잠열
인체의 발생열량		현열+잠열
실내기구의 발생열량		현열+잠열
조명의 발생열량		현열
송풍기, 덕트의 취득열량		현열
재열기의 취득열량		현열
외기도입의 취득열량		현열+잠열

14 6인용 입원실이 100실인 병원의 입원실 전체 환기를 위한 최소 신선 공기량은? (단, 외기 중 CO_2 함유량은 $0.0003m^3/m^3$이고, 실내 CO_2의 허용농도는 0.1%, 재실자의 CO_2 발생량은 개인당 $0.015m^3/h$이다.)

① 약 $6857m^3/h$ ② 약 $8857m^3/h$
③ 약 $10857m^3/h$ ④ 약 $12857m^3/h$

✎ 최소 신선 공기량(Q)

$$Q \geq \frac{M}{C-C_a} = \frac{0.015 \times 100 \times 6}{0.001 - 0.0003} = 12857 m^3/h$$

여기서, M : 실내의 CO_2 발생량
C : 실내 CO_2의 허용농도
C_a : 외기 CO_2 농도

15 다음 습공기의 습도 표시 방법에 대한 설명 중 틀린 것은?

① 절대습도는 건공기 중에 포함된 수증기량을 나타낸다.
② 수증기분압은 절대습도에 반비례 관계가 있다.
③ 상대습도는 습공기의 수증기 분압과 포화공기의 수증기 분압과의 비로 나타낸다.
④ 비교습도는 습공기의 절대습도와 포화공기의 절대습도와의 비로 나타낸다.

✎ ② 절대습도가 커질수록 수증기분압은 커지므로 수증기분압은 절대습도와 비례관계가 있다.
[참고] 절대습도(x) 계산식

$$x = 0.622 \times \frac{P_w}{P - P_w}$$

(P : 습공기 전압, P_w : 수증기 분압)

16 실내 공기질 관리법상 실내 공기질 관리 항목에 포함되지 않는 것은?

① 이산화질소(ppm)
② 휘발성 유기탄소(VOC)
③ 총휘발성 유기화합물($\mu g/m^3$)
④ 라돈(Bq/m^3)

✎ 실내공기질 관리 항목
이산화질소(ppm), 라돈(Bq/m^3), 총휘발성 유기화합물($\mu g/m^3$), 곰팡이(CFU/m^3), 미세먼지 등

17 인체에 해가 되지 않는 탄산가스의 실내 한계 오염농도는?

① 500PPM(0.05%)
② 1000PPM(0.1%)
③ 1500PPM(0.15%)
④ 2000PPM(0.2%)

✎ 오염물질의 허용한계(서한도)
㉠ 먼지(부유분진) : $10mg/m^3$
㉡ 이산화탄소(탄산가스, CO_2) : 1000ppm (=0.1%)

Answer 13. ② 14. ④ 15. ② 16. ② 17. ②

ⓒ 일산화탄소(CO) : 10ppm(=0.001%)

18 냉각코일의 장치노점온도(ADP)가 7℃이고, 여기를 통과하는 입구공기의 온도가 27℃라고 한다. 코일의 바이패스 팩터를 0.1이라고 할 때 출구공기의 온도는?

① 8.0℃   ② 8.5℃
③ 9.0℃   ④ 9.5℃

바이패스 팩터(BF)=$\dfrac{t_2-t_{ADP}}{t_1-t_{ADP}}$ 이므로

출구공기의 온도(t_2)는

BF=$\dfrac{t_2-t_{ADP}}{t_1-t_{ADP}}$ → 0.1=$\dfrac{t_2-7}{27-7}$

∴ $t_2=9.0℃$

19 습공기 선도(T-x 선도) 상에서 알 수 없는 것은?

① 엔탈피   ② 습구온도
③ 풍속   ④ 상대습도

습공기 선도의 구성 요소

구분	기호	단위	구분	기호	단위
건구온도	DB, t	℃	수증기분압	P	mmHg
습구온도	WB, t′	℃	상대습도	ϕ	%
노점온도	DP, t′	℃	엔탈피	h, i	kcal/kg
절대습도	x	kg/kg′	비체적	v	m³/kg

20 덕트 내 풍속을 측정하는 피토관을 이용하여 전압 23.8mmAq, 정압 10mmAq를 측정하였다. 이 경우 풍속은 약 얼마인가?

① 10m/s   ② 15m/s
③ 20m/s   ④ 25m/s

㉠ 전압=정압+동압
  동압=전압-정압=23.8-10=13.8mmAq

㉡ 풍속(v)
  $v=1.29\sqrt{P_v}=1.29\sqrt{9.8h_v}$
  $=1.29\sqrt{9.8\times13.8}=15$m/s

여기서, 동압 : $P_v=\dfrac{v^2}{2}\rho$[Pa], h_v[mmAq],
1mmAq=9.8Pa

제2과목 : 공조냉동설계

21 일반 냉동장치의 팽창밸브의 작용에 대한 설명 중 옳은 것은?

① 고압측의 냉매액은 팽창밸브를 통하면서 기화하여 고온가스로 되어 증발기로 들어간다.
② 냉매액은 팽창밸브를 통하여 액체가 될 때까지 감압되어 증발기로 들어가 열을 얻어 가스로 된다.
③ 냉매액은 팽창밸브에서 교축작용에 의해 저압으로 된다. 그때 일부는 가스로 되어 증발기로 들어간다.
④ 냉매액은 팽창밸브에서 교축작용에 의해 고압으로 된다. 그때 일부가 가스로 되어 증발기로 들어간다.

① 고압측의 냉매액은 팽창밸브를 통하면서 감압되어 저온저압의 냉매액과 증기가 되어 증발기로 들어간다.
② 냉매액은 팽창밸브를 통하여 기체가 될 때까지 감압되어 증발기로 들어가 열을 얻어 가스로 된다.
④ 냉매액은 팽창밸브에서 교축작용에 의해 저압으로 된다. 그때 일부가 가스가 되어 증발기로 들어간다.

22 만액식 증발기에 대한 설명 중 틀린 것은?

① 증발기 내에서는 냉매액이 항상 충만되어 있다.

Answer 18. ③ 19. ③ 20. ② 21. ③ 22. ④

② 증발된 가스는 액 중에서 기포가 되어 상승 분리된다.
③ 피냉각 물체와 전열면적이 거의 냉매액과 접촉하고 있다.
④ 전열작용이 건식증발기에 비해 미흡하지만 냉매액은 거의 사용되지 않는다.

④ 증발기 내에 냉매액이 항상 가득차 있어 전열면은 거의 냉매액과 접촉하고 있기 때문에 건식증발기에 비해 전열작용이 양호하다.

23 200m의 높이로부터 250kg의 물체가 땅으로 떨어질 경우 일을 열량으로 환산하면 약 몇 kJ인가? (단, 중력가속도는 9.8m/s²이다.)

① 79 ② 117
③ 203 ④ 490

$AW = 9.8mh$
$= 9.8 \times 200 \times 250 = 490,000J = 490kJ$

24 냉매충전량이 부족하거나 냉매가 누설로 인해 발생할 수 있는 현상이 아닌 것은?

① 토출압력이 너무 낮다.
② 흡입압력이 너무 낮다.
③ 압축기의 정지시간이 길다.
④ 압축기가 시동하지 않는다.

③ 냉매가 부족하게 되면 압축기의 정지시간이 짧게 되고 냉동능력이 저하한다.

25 수은주에 의해 측정된 대기압이 753mmHg일 때 진공도 90%의 절대압력은 얼마인가? (단, 수은 밀도는 13600kg/m³, 중력가속도는 9.8m/s²이다.)

① 약 200.08kPa ② 약 190.08kPa
③ 약 100.04kPa ④ 약 10.04kPa

㉠ 진공압

진공도 = $\frac{진공압}{대기압} \times 100\%$

$90 = \frac{진공압}{753} \times 100\%$

∴ 진공압 = 677.7mmHg

㉡ 절대압력
절대압력 = 대기압 − 진공압
$= 753 - 677.7 = 75.3mmHg$
$= \frac{75.3}{760} \times 101.325 = 10.04kPa$

[참고] $1atm = 101,325Pa = 760mmHg$
$= 10,332kgf/m^2 = 1.0332kgf/cm^2$
$= 10.332mAq = 14.7psi(=lbf/in^2)$

26 냉매배관의 토출관경 결정 시 주의사항이 아닌 것은?

① 토출관에 의해 발생하는 전 마찰손실은 0.2kgf/cm²를 넘지 않도록 할 것
② 지나친 압력손실 및 소음이 발생하지 않을 정도로 속도를 억제할 것(25m/s 이하)
③ 압축기와 응축기가 같은 높이에 있을 경우에는 일단 수평관으로 설치하고 상향구배를 할 것
④ 냉매가스 중에 녹아 있는 냉동기유가 확실하게 운반될 만한 속도(수평관 3.5m/s 이상, 상승관 6m/s 이상)가 확보될 것

③ 압축기와 응축기가 같은 높이에 있을 경우 일단 입상관을 설치한 다음 하향구배 배관으로 응축기로 연결하여 압축기 정지 중 응축된 냉매가 압축기로 역류하는 것을 방지할 것

27 다음 중 열병합발전시스템에 대한 설명으로 옳은 것은?

① 증기 동력 시스템에서 전기와 함께 공정

용 또는 난방용 스팀을 생산하는 시스템이다.
② 증기 동력 사이클 상부에 고온에서 작동하는 수은 동력 사이클을 결합한 시스템이다.
③ 가스 터빈에서 방출되는 폐열을 증기 동력 사이클의 열원으로 사용하는 시스템이다.
④ 한 단의 재열사이클과 여러 단의 재생사이클의 복합 시스템이다.

> **열병합발전시스템(Co-generation system)**
> 하나의 에너지원으로부터 전기생산과 그 폐열을 이용하여 열의 공급, 즉 난방을 동시에 진행하여 에너지 이용률을 70~85%(기존 발전의 2배 이상)로 높이는 종합에너지시스템(Total Energy System)이다. 열병합발전시스템은 가스, 석유 등의 연료를 에너지원으로 하여 증기 터빈 또는 엔진을 구동시켜서 발전하고 터빈의 배기를 이용해서 지역난방(냉방·난방·급탕)을 하므로 에너지 절약성이 높아 최근 많은 분야에서 보급 이용되고 있다.

28 27℃의 물 1kg과 87℃의 물 1kg이 열의 손실 없이 직접 혼합될 때 생기는 엔트로피의 차는 다음 중 어느 것에 가장 가까운가? (단, 물의 비열은 4.18kJ/kg·K로 한다.)

① 0.035kJ/K   ② 1.36kJ/K
③ 4.22kJ/K   ④ 5.02kJ/K

> ㉠ 혼합 후의 온도(T_3)
> $$T_3 = \frac{m_1 T_1 + m_2 T_2}{m_1 + m_2}$$
> $$= \frac{1 \times 27 + 1 \times 87}{1 + 1} = 57℃$$
> ㉡ 혼합 엔트로피 차(ΔS)
> $$\Delta S = m_1 C \ln \frac{T_m}{T_1} + m_2 C \ln \frac{T_m}{T_2}$$
> $$= \left(1 \times 4.18 \times \ln \frac{273 + 57}{273 + 27}\right) +$$
> $$\left(1 \times 4.18 \times \ln \frac{273 + 57}{273 + 87}\right)$$
> $$= 0.03469 \text{kJ/K} ≒ 0.035 \text{kJ/K}$$

29 암모니아 냉동장치에서 증발온도 –30℃, 응축온도 30℃의 운전조건에서 2단 압축과 1단 압축을 비교한 설명 중 옳은 것은? (단, 냉동 부하는 동일하다고 가정한다.)

① 부하에 대한 피스톤 압출량은 같다.
② 냉동효과는 1단 압축의 경우가 크다.
③ 고압측 토출가스 온도는 2단 압축의 경우가 높다.
④ 필요 동력은 2단 압축의 경우가 적다.

> ① 부하에 대한 피스톤 압출량은 1단 압축의 경우가 많다.
> ② 냉동효과는 2단 압축의 경우가 크다.
> ③ 고압측 토출가스 온도는 2단 압축의 경우가 낮다.(1단 압축 후의 토출가스를 냉각하여 다시 압축함으로써 2단 압축 후의 토출가스 온도를 낮게 할 수 있다.)
>
> [참고] 2단 압축
> 한 대의 압축기를 이용하여 –30℃ 이하의 저온을 얻으려면 증발압력 저하로 압축비가 크게 상승하므로 압축기를 2단으로 나누어 저단압축기는 저압을 중간압력까지 상승시키고, 이 가스를 중간냉각기로 냉각한 후 고단압축기로 고압까지 상승시켜주는 방식으로 체적효율 감소, 압축기 과열 및 소요동력의 증가를 방지할 수 있다.

30 윤활유가 유동하는 최저온도인 유동점은 응고온도보다 몇 도 정도 높은가?

① 2.5℃   ② 5℃
③ 7.5℃   ④ 10℃

> **유동점**
> ㉠ 오일을 냉각시키면 점도가 점차 증대되어 유동성을 잃게 되고 굳어지기 시작하는데, 이때의 온도를 응고점이라고 한다.

Answer 28. ①   29. ④   30. ①

ⓒ 유동점은 응고점에 도달하기 전의 오일이 유동 가능한 최저 온도로, 보통 응고 온도보다 2.5℃ 높은 온도를 말한다.

31 이상기체의 내부에너지 및 엔탈피는?
① 압력만의 함수이다.
② 체적만의 함수이다.
③ 온도만의 함수이다.
④ 온도 및 압력의 함수이다.

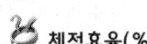 이상기체의 경우 기체분자 간 상호작용(인력과 반발력)이 없어서 내부에너지와 엔탈피는 온도만의 함수이다.

32 격간(Clearance)에 의한 체적효율은? (단, 압축비 : $\dfrac{P_2}{P_1}$=5, n지수=1.25, 격간체적비 : $\dfrac{V_c}{V}$=0.05이다.)

① 75%   ② 80.5%
③ 87%   ④ 92%

체적효율(%)

$$\eta_{cv} = 1 - c\left[\left(\dfrac{P_2}{P_1}\right)^{\frac{1}{n}} - 1\right]$$

$$= 1 - 0.05\left[(5)^{\frac{1}{1.25}} - 1\right] = 0.869 \fallingdotseq 87\%$$

(여기서, $c = \dfrac{V_c}{V}$)

33 다음 냉동기에 관한 설명 중 옳은 것은?
① 열에너지를 기계적 에너지로 변환시키는 것이다.
② 요구되는 소정의 장소에서 열을 흡수하여 다른 장소에 열을 방출하도록 기계적 에너지를 사용한 것이다.
③ 높은 온도에서 열을 흡수하여 낮은 온도 장소에 열을 발산하도록 기계적 에너지를 사용한 것이다.
④ 증기원동기와 비슷한 원리이며 외연기관이다.

①, ④ : 증기원동기는 시스템으로 전달되어 들어오는 열의 일부를 일로 전환하는 것이며 냉동기는 외부로부터 일을 전달받아 저온 열원에서 고원 열원으로 열을 이동시킨다.
③ 낮은 온도에서 열을 흡수하여 높은 온도 장소에 열을 발산하도록 기계적 에너지를 사용한 것이다.

34 아래 보기 중 가장 큰 에너지는?
① 100kW 출력의 엔진이 10시간 동안 한 일
② 발열량 10000kJ/kg의 연료를 100kg 연소시켜 나오는 열량
③ 대기압하에서 10℃ 물 10m³를 90℃로 가열하는 데 필요한 열량(물의 비열은 4.2 kJ/kg·℃이다.)
④ 시속 100km로 주행하는 총 질량 2000kg인 자동차의 운동에너지

① $W = 100\text{kJ/s} \times \left(10\text{h} \times \dfrac{3{,}600\text{s}}{1\text{h}}\right)$
   $= 3{,}600{,}000\text{kJ}$
② $Q = 10{,}000\text{kJ/kg} \times 100\text{kg} = 1{,}000{,}000\text{kJ}$
③ $Q = GC\Delta t$
   $= (10\text{ton} \times 1{,}000\text{kg}) \times 4.2\text{kJ/kg} \times (90-10)℃$
   $= 3{,}360{,}000\text{kJ}$ (물 1m³ = 1ton)
④ $E_k = \dfrac{1}{2}mv^2$
   $= \dfrac{1}{2} \times 2{,}000$
   $\times \left(100\text{km/h} \times \dfrac{1\text{h}}{3{,}600\text{s}} \times \dfrac{1{,}000\text{m}}{1\text{km}}\right)^2$
   $= 771{,}605\text{J} \fallingdotseq 771.6\text{kJ}$

35 다음 중 냉동장치의 윤활 목적에 해당되지 않는 것은?

Answer 31. ③ 32. ③ 33. ② 34. ① 35. ④

① 마모 방지　② 부식 방지
③ 냉매 누설 방지　④ 동력손실 증대

윤활 목적
㉠ 유막이 형성되어 누설 및 마모를 방지 – 기계효율 증대(동력손실 감소)
㉡ 마찰열을 제거 – 냉각작용
㉢ 방청작용 – 부식 방지
㉣ 진동, 소음, 충격을 흡수

36 피스톤이 끼워진 실린더 내에 들어 있는 기체가 계로 있다. 이 계에 열이 전달되는 동안 "$PV^{1.3}$=일정"하게 압력과 체적의 관계가 유지될 경우 기체의 최초 압력 및 체적이 200 kPa 및 $0.04m^3$이었다면 체적이 $0.1m^3$로 되었을 때 계가 한 일(kJ)은?

① 약 4.35　② 약 6.41
③ 약 10.56　④ 약 12.37

㉠ 폴리트로픽 변화
$$\frac{T_2}{T_1}=\left(\frac{v_1}{v_2}\right)^{n-1}=\left(\frac{P_2}{P_1}\right)^{\frac{n-1}{n}}$$

㉡ 팽창 후 압력(P_2)
$\left(\frac{v_1}{v_2}\right)^{n-1}=\left(\frac{P_2}{P_1}\right)^{\frac{n-1}{n}}$ 에서 P_2에 관해 풀면
$P_2=P_1\times\left(\frac{v_1}{v_2}\right)^n=200\times\left(\frac{0.04}{0.1}\right)^{1.3}$
$=60.8\,kPa$

㉢ 계가 한 일
$_1W_2=\dfrac{P_1V_1-P_2V_2}{n-1}$
$=\dfrac{(200\times0.04)-(60.8\times0.1)}{1.3-1}=6.4\,kJ$

37 냉동기에 사용되고 있는 냉매로 대기압에서 비등점이 가장 낮은 냉매는?

① SO_2　② NH_3
③ CO_2　④ CH_3Cl

냉매의 비등점
① SO_2 : $-10℃$　② NH_3 : $-33.3℃$
③ CO_2 : $-78.5℃$　④ CH_3Cl : $-23.8℃$

38 액체 상태의 물 2kg을 30℃에서 80℃로 가열하였다. 이 과정 동안 물의 엔트로피 변화량을 구하면? (단, 액체 상태의 물의 비열은 $4.184kJ/kg·K$로 일정하다.)

① $0.6391kJ/K$　② $1.278kJ/K$
③ $4.100kJ/K$　④ $8.208kJ/K$

물의 엔트로피 변화량(ΔS)
$\Delta S=GC\ln\dfrac{T_2}{T_1}$
$=2\times4.184\times\ln\dfrac{273+80}{273+30}=1.278\,kJ/K$

39 응축열량에 대한 설명 중 틀린 것은?
① 응축기 입구 냉매증기의 엔탈피와 응축기 출구 냉매액의 엔탈피 차로 나타낸다.
② 증발기에서 저온의 물체로부터 흡수한 열량과 압축기의 압축일량을 합한 값이다.
③ 응축열량은 증발온도와 응축온도에 따라 다르다.
④ 증발온도가 낮아져도 응축온도의 변화는 없다.

④ 증발온도가 낮아지면 증발압력의 저하로 압축비가 증대하여 압축기의 토출가스 온도가 높아져 응축온도가 상승하게 된다.

40 10℃에서 160℃까지의 공기의 평균 정적비열은 $0.7315kJ/kg·℃$이다. 이 온도변화에서 공기 1kg의 내부에너지 변화는?

① $107.1kJ$　② $109.7kJ$

Answer　36. ②　37. ③　38. ②　39. ④　40. ②

③ 120.6kJ ④ 121.7kJ

🔑 내부에너지 변화(ΔU)
$\Delta U = GC_v \Delta t$
$= 1 \times 0.7315 \times (160-10) = 109.725$kJ

제3과목 : 시운전 및 안전관리

41 다음과 같은 △ 결선회로와 등가인 Y 결선회로로 변환할 때 각 상의 저항값(Ω)은?

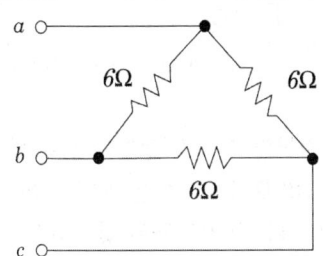

① 1 ② 2
③ 3 ④ 4

🔑 ① $R_1 = \dfrac{R_b R_c}{R_a + R_b + R_c} = \dfrac{6 \times 6}{6+6+6} = 2\Omega$

② $R_2 = \dfrac{R_a R_c}{R_a + R_b + R_c} = \dfrac{6 \times 6}{6+6+6} = 2\Omega$

③ $R_3 = \dfrac{R_a R_b}{R_a + R_b + R_c} = \dfrac{6 \times 6}{6+6+6} = 2\Omega$

42 서보전동기에 필요한 특징을 설명한 것으로 옳지 않은 것은?

① 정·역회전이 가능하여야 한다.
② 직류용은 없고 교류용만 있어야 한다.
③ 속도제어 범위와 신뢰성이 우수하여야 한다.
④ 급가속, 급감속이 용이하여야 한다.

🔑 서보전동기의 특징
㉠ 원칙적으로 정역이 가능하여야 한다.
㉡ 저속이며 거침없는 운전이 가능하여야 한다.
㉢ 기계적 응답이 우수하여 속응성이 좋아야 한다.
㉣ 급감속, 급가속이 용이한 것이어야 한다.
㉤ 시정수가 작아야 하며, 기동 토크가 커야 한다.

43 무인 엘리베이터의 자동제어로 가장 적합한 제어는?

① 추종 제어 ② 정치 제어
③ 프로그램 제어 ④ 프로세스 제어

🔑 프로그램 제어(program control)
목표값이 미리 정해진 변화량에 따라 변화하는 경우의 제어로 열처리 노의 온도제어, 무인열차, 무인 엘리베이터, 무인자판기 등이 이에 속한다.

44 논리식 $\overline{A} \cdot B + A \cdot B$와 같은 것은?

① B ② $\overline{B}$
③ $\overline{A}$ ④ A

🔑 $\overline{A} \cdot B + A \cdot B = B(\overline{A} + A) = B$

45 다음 중 기계설비법령상 과태료 규정에 관해 설명으로 틀린 것은?

① 유지관리기준을 준수하지 아니한 자에게는 500만원 이하의 과태료를 부과한다.
② 유지관리교육을 받지 아니한 자에게는 100만원 이하의 과태료를 부과한다.
③ 점검기록을 보존하지 아니한 자에게는 100만원 이하의 과태료를 부과한다.
④ 점검기록을 제출하지 아니한 자에게는 100만원 이하의 과태료를 부과한다.

🔑 ③ 점검기록을 보존하지 아니한 자에게는 500만원 이하의 과태료를 부과한다.

46 다음 중 프로세스 제어에 속하는 제어량은?

① 온도 ② 전류
③ 전압 ④ 장력

Answer 41. ② 42. ② 43. ③ 44. ① 45. ③ 46. ①

프로세스 제어(process control)
㉠ 생산공정 중의 상태량, 외란의 억제를 주목적으로 한다.
㉡ 제어량 : 공업공정의 상태량(밀도, 농도, 온도, 압력, 유량, 습도 등)
예) 대단위 화학 플랜트, 수조의 온도제어 등

47 그림과 같이 직류 전력을 측정하였다. 가장 정확하게 측정한 전력은? (단, R_I : 전류계의 내부저항, R_e : 전압계의 내부저항이다.)

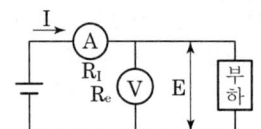

① $P = EI - \dfrac{E^2}{R_e}$ [W]

② $P = EI - \dfrac{E^2}{R_I}$ [W]

③ $P = EI - 2R_e I$ [W]

④ $P = EI - 2R_I I$ [W]

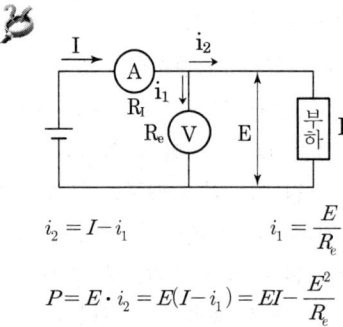

$i_2 = I - i_1 \qquad i_1 = \dfrac{E}{R_e}$

$P = E \cdot i_2 = E(I - i_1) = EI - \dfrac{E^2}{R_e}$

48 그림의 선도 중 가장 안정한 것은?

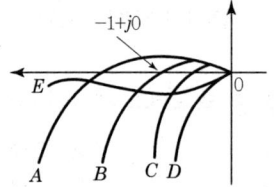

① A ② B
③ C ④ D

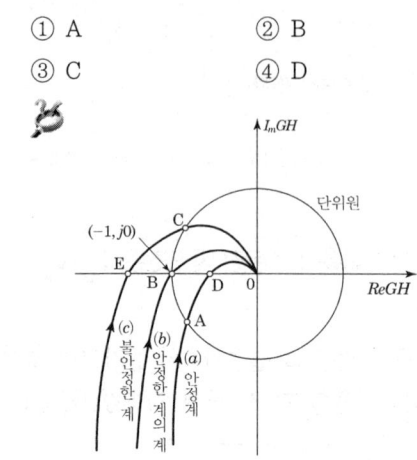

[나이퀴스트 선도와 단위원]

49 단자전압 200V, 전기자 전류 100A, 회전속도 1200rpm으로 운전하고 있는 직류전동기가 있다. 역기전력은 몇 V인가? (단, 전기자 회로의 저항은 0.2Ω이다.)

① 80   ② 120
③ 180 ④ 210

역기전력(E_c)
$E_c = V - I_a R_a = 200 - 100 \times 0.2 = 180$V

여기서, 단자전압 : V[V]
전기자 전류 : I_a[A]
전기자 저항 : R_a[Ω]

50 다음은 고압가스제조자의 정밀안전검진에 관한 설명이다. ㉠에 공통으로 들어갈 말로 알맞은 것은?

고압가스 제조자는 고압가스 제조시설로서 (㉠)으로 정하는 종류와 규모에 해당되는 노후시설에 대하여 가스안전관리 전문기관으로서 대통령령으로 정하는 기관으로부터 4년의 범위에서 (㉠)으로 정하는 기간마다 정밀안전검진을 정기적으로 받아야 한다.

Answer   47. ①   47. ①   48. ④   49. ③   50. ②

① 대통령령
② 산업통상자원부령
③ 행정안전부령
④ 과학기술정보통신부령

✂ 고압가스 안전관리법 제16조의3 (정밀안전검진의 실시)

51 계단상 입력에 대한 정상오차에서 입력 크기가 R인 계단상 입력 r(t)=Ru(t)를 가한 경우 개루프 전달함수가 $G(s)$일 때 $\lim_{s \to 0} G(s)$는?

① 가속 오차 정수   ② 정속 위치 오차
③ 위치 오차 정수   ④ 속도 오차 정수

✂ 정상 위치 오차
크기가 R인 계단상 입력 r(t)=Ru(t)를 입력으로 가했을 때의 정상 오차
$$e_{ssp} = \lim_{s \to 0} \frac{sR(s)}{1+G(s)}\Big|_{R(s)}$$
$$= \frac{R}{s} = \lim_{s \to 0} \frac{R}{1+G(s)}$$
$$= \frac{R}{1+\lim_{s \to 0} G(s)} = \frac{1}{1+K_p}$$
여기서, $\lim_{s \to 0} G(s) = K_p$를 위치 오차 정수라고 정의한다.

52 실리콘 제어정류기(SCR)는 어떤 형태의 반도체인가?

① P형 반도체
② N형 반도체
③ PNP형 반도체
④ PNPN형 반도체

✂ 실리콘 제어정류기(SCR)
PNPN의 4층 구조로서, 3개의 PN접합과 애노드(anode), 캐소드(cathode), 게이트(gate) 등의 3개의 전극으로 구성된다.

53 신호흐름도와 등가인 블록선도를 그리려고 한다. 이때 $G(s)$로 알맞은 것은?

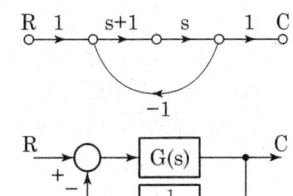

① s ② $\dfrac{1}{s+1}$
③ 1   ④ $s(s+1)$

✂ ㉠ 신호흐름도 전달함수
$$\frac{C(s)}{R(s)} = \frac{1 \cdot (s+1) \cdot s \cdot 1}{1-(-1) \cdot (s+1) \cdot s}$$
$$= \frac{s(s+1)}{1+s(s+1)} = \frac{1}{1+\dfrac{1}{s(s+1)}}$$

㉡ 블록선도 전달함수
$$\frac{C(s)}{R(s)} = \frac{G(s)}{1+G(s)H(s)}$$
$$= \frac{G(s)}{1+G(s) \cdot \dfrac{1}{s(s+1)}}$$
$$= \frac{G(s)}{1+\dfrac{G(s)}{s(s+1)}}$$

㉢ 신호흐름도와 블록선도가 등가이므로
$$\frac{1}{1+\dfrac{1}{s(s+1)}} = \frac{G(s)}{1+\dfrac{G(s)}{s(s+1)}}$$
$$\therefore G(s) = 1$$

54 예비전원으로 사용되는 축전지의 내부 저항을 측정하려고 한다. 가장 적합한 브리지는?

① 캠벨 브리지
② 맥스웰 브리지
③ 휘트스톤 브리지
④ 콜라우슈 브리지

Answer 51. ③ 52. ④ 53. ③ 54. ④

과년도출제문제(출제기준 개정 후)

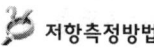 저항측정방법
- ㉠ 콜라우슈 브리지(kohlrausch bridge) : 전해액 및 접지저항 측정
- ㉡ 휘트스톤 브리지 : 검류계의 내부저항 측정
- ㉢ 맥스웰 브리지 : 상호 인덕턴스 측정
- ㉣ 캘빈더블 브리지 : 굵은 나전선의 저항(1Ω 이하의 저저항) 측정

55 200V, 300W의 전열선의 길이를 1/3로 하여 200V의 전압을 인가하였다. 이때의 소비전력은 몇 W인가?
① 100   ② 300
③ 600   ④ 900

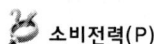 소비전력(P)

$$P = VI = \frac{V^2}{R}$$
$$V^2 = PR$$
$$P_1 R_1 = P_2 R_2$$
$$\therefore P_2 = P_1 \frac{R_1}{R_2} = P_1 \frac{R_1}{\frac{1}{3}R_1}$$
$$= 3P_1 = 3 \times 300 = 900\,W$$

56 2개의 입력이 "1"일 때 출력이 "0"이 되는 회로는?
① AND 회로   ② OR 회로
③ NOT 회로   ④ NOR 회로

 NOR 회로
입력과 출력의 상태가 반대로 되는 상태 반전회로로 입력 A, B 중 모두 OFF되어야 출력이 ON되고 그 중 어느 입력단자 하나라도 ON되면 출력이 OFF되는 회로

57 피드백 제어 시스템의 피드백 효과가 아닌 것은?
① 대역폭 증가

② 정확도 개선
③ 시스템 간소화 및 비용 감소
④ 외부 조건의 변화에 대한 영향 감소

피드백 제어의 특징
- ㉠ 정확도 개선 및 대역폭 증가
- ㉡ 계의 특성 변화에 대한 입력 대 출력비의 감도 감소
- ㉢ 발진을 일으키고 불안정한 상태로 되어가는 경향성
- ㉣ 구조가 복잡하여 설치비가 고가이고, 반드시 입력과 출력을 비교하는 장치가 필요

58 입력으로 단위 계단함수 u(t)를 가했을 때, 출력이 그림과 같은 조절계의 기본 동작은?

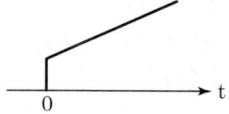

① 2위치 동작   ② 비례 동작
③ 비례적분동작   ④ 비례미분동작

비례적분동작
- ㉠ 비례동작에 의해 발생한 잔류편차를 소멸시키기 위해 적분동작을 조합시킨 제어 동작
- ㉡ 비례동작에서 발생한 잔류편차를 제거하여 정상특성을 개선하기 위해 사용한다.

$$G(s) = K_p\left(1 + \frac{1}{T_i s}\right)$$

(K_p : 비례감도, T_i : 적분시간)

59 다음 중 유해위험방지계획서를 작성 제출하여야 하는 경우가 아닌 것은?
① 해당 제품의 생산 공정과 직접적으로 관련된 건설물·기계·기구 및 설비 등 전부를 설치하려는 경우
② 대통령령으로 정하는 크기, 높이 등에 해당하는 건설공사를 착공하려는 경우

Answer 55. ④ 56. ④ 57. ③ 58. ③ 59. ③

③ 유해하거나 위험한 작업 또는 장소에서 사용하거나 건강장해를 방지하기 위하여 사용하는 기계·기구 및 설비의 외관을 도색하는 경우
④ 해당 제품의 생산 공정과 직접적으로 관련된 건설물·기계·기구 및 설비 등 전부를 이전하려는 경우

③ 유해하거나 위험한 작업 또는 장소에서 사용하거나 건강장해를 방지하기 위하여 사용하는 기계·기구 및 설비의 주요 구조부분을 변경하려는 경우에 유해위험계획서를 작성·제출하여야 한다.

60 암모니아 설비 및 안전설비의 유지관리 절차로 옳지 않은 것은?
① 암모니아 설비 주변에 설치된 안전대책을 주기적으로 점검하고 작동여부를 확인하여야 한다.
② 암모니아 설비 주변에 설치된 안전대책의 작동 및 사용 가능여부를 연 1회 확인하고 점검하여야 한다.
③ 암모니아 열교환기 및 주변 설비의 유지보수는 반드시 작업계획을 수립하여 작업허가를 받은 후에 시행되어야 한다.
④ 암모니아 설비 주변의 안전대책에는 모니터, 감지설비, 경보설비, 무전기, 응급조치함 등이 포함되어야 한다.

② 암모니아 설비 주변에 설치된 안전대책의 작동 및 사용 가능여부를 최소 분기별로 1회 확인하고 점검하여야 한다.

제4과목 : 유지보수 공사관리

61 냉동장치의 액순환 펌프의 토출측 배관에 설치되는 밸브는?
① 게이트 밸브   ② 콕
③ 글로브 밸브   ④ 체크 밸브

㉠ 냉동기가 비정상적으로 운전이 중단된 경우 토출가스가 역류하는 것을 방지하기 위해 체크 밸브를 압축기 토출측이나 또는 흡입측에 부착해야 한다.
㉡ 표준 체크 밸브는 중력식으로 압축기 토출관에 연결하도록 되어 있다. 토출관은 반드시 수직으로 설치하고 수평으로 설치해서는 안 된다.

62 공기조화 설비 중 복사난방의 패널 형식이 아닌 것은?
① 바닥 패널   ② 천장 패널
③ 벽 패널   ④ 유닛 패널

복사난방의 패널 위치에 의한 분류
㉠ 천장 패널, ㉡ 바닥 패널, ㉢ 벽 패널

63 증기난방을 응축수 환수법에 의해 분류하였을 때 그 종류가 아닌 것은?
① 기계환수식   ② 하트포드 환수식
③ 중력환수식   ④ 진공환수식

증기난방의 응축수 환수방식에 의한 분류
㉠ 중력환수식 : 응축수 자체의 중력에 의하여 환수(중·소규모)
㉡ 기계환수식 : 급수펌프를 설치하여 응축수를 보일러에 공급
㉢ 진공환수식 : 환수주관 말단부에 진공펌프를 연결하여 응축수를 신속하게 환수
[참고] 하트포드 접속법(hartford connection) 증기관과 환수관 사이에 균형관을 접속하여 환수관 누설로 인해 보일러 수위가 파괴되는 것을 방

Answer 60. ② 61. ④ 62. ④ 63. ②

지(보일러 내 안전수위를 유지하기 위한 접속)

기구	트랩 최소 구경	기구배수 부하단위
대변기(세정밸브식)	75	8
소변기(벽걸이식)	40	4
치과용 세면기	30	1
주택용 샤워기	50	2

64 온수난방 설비의 온수배관 시공법에 관한 설명 중 틀린 것은?
① 수평배관에서 관의 지름을 바꿀 때에는 편심리듀서를 사용한다.
② 배관재료는 내열성을 고려한다.
③ 공기가 고일 염려가 있는 곳에는 공기배출을 고려한다.
④ 팽창관에는 슬루스 밸브를 설치한다.

④ 팽창관은 부피가 증가된 온수를 팽창탱크로 전달하는 배관으로 팽창관에는 절대 밸브를 달아서는 안 된다.

65 급탕배관 시공에 대한 설명 중 틀린 것은?
① 배관의 굽힘 부분에는 벨로즈이음을 한다.
② 하향식 급탕주관의 최상부에는 공기빼기 장치를 설치한다.
③ 팽창관의 관경은 겨울철 동결을 고려하여 25A 이상으로 한다.
④ 단관식 급탕배관 방식에는 상향배관, 하향배관 방식이 있다.

① 배관의 굽힘부분에서는 급탕배관의 신축방지를 위하여 스위블 이음으로 접합한다.

66 다음 위생기구 중 배수 부하단위가 가장 큰 것은?
① 세정밸브식 대변기
② 벽걸이식 소변기
③ 치과용 세면기
④ 주택용 샤워기

위생기구의 트랩구경과 기구배수부하단위(fuD)

67 가스 사용시설의 배관설비 기준에 대한 설명으로 가장 거리가 먼 것은?
① 배관의 재료와 두께는 사용하는 도시가스의 종류, 온도, 압력에 적절한 것일 것
② 배관을 지하에 매설하는 경우에는 지면으로부터 0.6m 이상의 거리를 유지할 것
③ 배관은 누출된 도시가스가 체류되지 않고 부식의 우려가 없도록 안전하게 설치할 것
④ 배관은 움직이지 않도록 고정하되 호칭지름 13mm 미만의 것에는 2m마다, 33mm 이상의 것에는 5m마다 고정장치를 할 것

④ 배관은 움직이지 않도록 고정하되 호칭지름이 13mm 미만의 것에는 1m마다, 33mm 이상의 것에는 3m마다 고정장치를 할 것

68 저압 가스관에 의한 가스수송에 있어서 압력 손실과 관계가 가장 먼 것은?
① 가스관의 길이   ② 가스의 압력
③ 가스의 비중   ④ 가스관의 내경

저압배관의 유량(Q)

$$Q = K\sqrt{\frac{D^5 H}{SL}} \ [m^3/h]$$

D(cm) : 파이프 내경
H(mmAq) : 허용압력손실
S : 가스비중
L(m) : 파이프 길이
K : 유량계수

Answer 64. ④ 65. ① 66. ① 67. ④ 68. ②

위 식에서 가스의 압력과 배관의 압력손실과는 관계가 없다.

69 연건평 30000m²인 사무소 건물에서 필요한 급수량은? (단, 건물의 유효면적 비율은 연면적의 60%, 유효면적당 거주인원은 0.2인/m², 1인 1일당 사용급수량은 100L이다.)

① 36m³/d ② 360m³/d
③ 3600m³/d ④ 360000m³/d

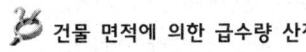 건물 면적에 의한 급수량 산정

$Q_d = A \cdot k \cdot n \cdot q$
$= 30{,}000\text{m}^2 \times 0.6 \times 0.2\text{인/m}^2 \times 100\ell/\text{day} \cdot \text{인}$
$= 360{,}000\ell/\text{day} = 360\text{m}^3/\text{day}$

70 저압가스 배관의 통과 유량을 구하는 아래의 공식에서 S가 나타내는 것은? (단, L : 관 길이(m)이다.)

$$Q = K\sqrt{\dfrac{H \cdot D^5}{S \cdot L}}$$

① 관의 내경 ② 가스 비중
③ 유량 계수 ④ 압력차

 $Q(\text{m}^3/\text{h})$: 가스유량 K : 유량계수
S : 가스 비중 $D(\text{cm})$: 파이프 내경
$H(\text{mmAq})$: 허용압력손실
$L(\text{m})$: 파이프 길이

71 증기와 응축수의 온도 차이를 이용하여 응축수를 배출하는 트랩은?

① 버킷 트랩(bucket trap)
② 디스크 트랩(disk trap)
③ 벨로즈 트랩(bellows trap)
④ 플로트 트랩(float trap)

 증기트랩의 분류

분류	작동 원리	종류
기계식	증기와 응축수의 부력 차이	플로트 트랩, 버킷 트랩
온도식	증기와 응축수의 온도 차이	바이메탈 트랩, 벨로즈 트랩
열역학식	증기와 응축수의 속도 차이	디스크 트랩, 오리피스 트랩

72 배수 횡지관에서 통기관을 이어낼 때 경사도는 얼마 이내로 해야 하는가? (단, 수직 이음인 경우 제외한다.)

① 45° ② 60°
③ 70° ④ 80°

 배수 횡지관에서 통기관을 인출하는 경우에는 통기관에 배수가 침입하는 것을 방지하기 위해 수평과 45° 이상 상방에서 인출한다.

73 냉동설비배관에서 액분리기와 압축기 사이의 냉매배관을 할 때 구배로 옳은 것은?

① 1/100 정도의 압축기측 상향 구배로 한다.
② 1/100 정도의 압축기측 하향 구배로 한다.
③ 1/200 정도의 압축기측 상향 구배로 한다.
④ 1/200 정도의 압축기측 하향 구배로 한다.

 수평 가스배관에는 냉매가 흐르는 방향으로 1/200~1/250의 하향 경사로 설치하여 냉매 중의 냉동기유가 흐르기 쉽게 해야 한다.

74 지름 20mm 이하의 동관을 이음할 때 또는 기계의 점검, 보수 기타 관을 떼어내기 쉽게 하기 위한 동관 이음 방법은?

① 플레어 접합 ② 슬리브 접합
③ 플랜지 접합 ④ 사이징 접합

 플레어 접합(Flare Joint)
동관 끝부분을 플레어 공구(Flaring Tool)로 나팔

Answer 69. ② 70. ② 71. ③ 72. ① 73. ④ 74. ①

모양으로 넓히고 압축이음쇠를 사용하여 체결하는 이음 방법으로, 지름 20mm 이하의 동관을 이음할 때 기계의 점검 및 보수 등을 위해 분해가 필요한 장소나 기기를 연결하고자 할 때 이용된다.

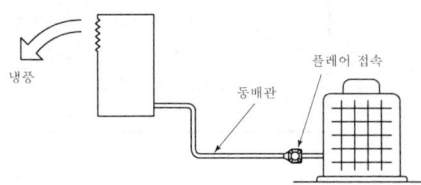

75 A와 B의 배관접속에 있어서 용접 시공 시의 용접부위 결함을 도시한 것이다. 무슨 결함인가?

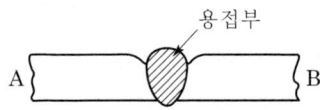

① 언더컷   ② 오버랩
③ 융합불량 ④ 크레이터

 ① 언더컷 : 용접 끝단에 생기는 작은 홈
② 오버랩 : 용융된 금속이 모재와 잘못 녹아 어울리지 못하고 모재면에 덮여 있는 현상
③ 융합불량 : 용접 경계면에서 서로 충분히 용융되지 않은 부분이 남는 것
④ 크레이터 : 용융부위가 그대로 응고되어 움푹하게 패인 곳(화산의 분지 같은 것)으로 균열이 발생하기 쉽다.

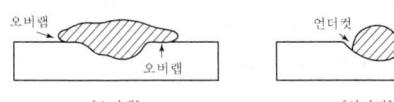

76 펌프의 양수량이 60m³/min이고 전양정 20m일 때 벌류트 펌프(volute pump)로 구동할 경우 필요한 동력은 약 몇 kW인가? (단, 펌프의 효율은 60%로 한다.)

① 196.1kW   ② 200kW
③ 326.8kW   ④ 405.8kW

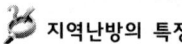 펌프의 소요동력(L)

$$L = \frac{\gamma \times H \times Q}{102 \times 60 \times \eta}$$

$$= \frac{1,000\text{kg/m}^3 \times 20\text{m} \times 60\text{m}^3/\text{min}}{102 \times 60 \times 0.6}$$

$$= 326.8\text{kW}$$

77 지역난방의 특징에 대한 설명 중 틀린 것은?

① 대규모 열원기기를 이용한 에너지의 효율적 이용이 가능하다.
② 대기 오염물질이 증가한다.
③ 도시의 방재수준 향상이 가능하다.
④ 사용자에게는 화재에 대한 우려가 적다.

지역난방의 특징
㉠ 에너지의 이용 효율 상승
㉡ 도시 내 환경개선
㉢ 인력 및 공간의 절약
㉣ 방화 효과 증대
㉤ 보일러, 냉동기 등의 설치 공간이 불필요
㉥ 도시 미관 향상
㉦ 설비비의 경감

78 배수 및 통기설비에서 배관시공법에 관한 주의사항으로 틀린 것은?

① 우수 수직관에 배수관을 연결하여서는 안 된다.
② 오버플로관은 트랩의 유입구측에 연결하여야 한다.
③ 바닥 아래에서 빼내는 각 통기관에는 횡주부를 형성시키지 않는다.
④ 통기 수직관은 최하위의 배수 수평지관보다 높은 위치에서 연결해야 한다.

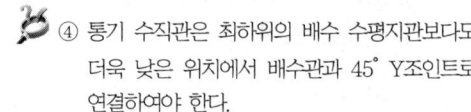 ④ 통기 수직관은 최하위의 배수 수평지관보다도 더욱 낮은 위치에서 배수관과 45° Y조인트로 연결하여야 한다.

 75. ① 76. ③ 77. ② 78. ④

79 수배관의 경우 부식을 방지하기 위한 방법으로 틀린 것은?

① 밀폐 사이클의 경우 물을 가득 채우고 공기를 제거한다.
② 개방 사이클로 하여 순환수가 공기와 충분히 접하도록 한다.
③ 캐비테이션을 일으키지 않도록 배관한다.
④ 배관에 방식도장을 한다.

 ② 개방 사이클 순환수가 공기와 충분히 접촉하여 수중 산소량이 커 부식이 생기기 쉬우므로 백강관 등을 사용하여 신중하게 수처리해야 할 필요가 있다.

80 가스 사용시설의 건축물 내의 매설배관으로 적합하지 않은 배관은?

① 이음매 없는 동관
② 배관용 탄소강관
③ 스테인리스 강관
④ 가스용 금속플렉시블호스

 가스배관 설비 기준
건축물 내의 배관은 외부에 노출시켜 시공하며 동관·스테인리스 강관 또는 금속 플렉시블 호스 등 내식성 재료를 이음매 없이 관을 매몰하여 설치할 수 있다.

Answer 79. ② 80. ②

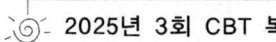

2025년 3회 CBT 복원

CBT 기출 복원문제

제1과목 : 에너지관리

01 습공기에 대한 설명으로 틀린 것은?
① 노점온도는 수증기 분압 및 절대습도가 높을수록 높은 값을 가진다.
② 상대습도는 공기 중 수분량이 같으면 온도에 관계없이 동일하다.
③ 습공기의 습구온도는 항상 건구온도보다 낮은 온도를 나타낸다.
④ 건습구 온도계는 기류에 따라 습구온도가 변하므로 일정풍속을 가해야 한다.

 ② 절대습도는 공기 중 수분량이 같으면 온도에 관계없이 동일하다.

02 공조설비 TAB 작업에서 덕트 내 풍속은 15m/s이고 정압은 50mmAq일 때 동압과 전압은 각각 얼마인가? (단, 공기밀도는 $1.2 kg/m^3$이다.)
① 동압=10.8mmAq, 전압=60.8mmAq
② 동압=10.8mmAq, 전압=63.8mmAq
③ 동압=13.8mmAq, 전압=63.8mmAq
④ 동압=13.8mmAq, 전압=60.8mmAq

㉠ 동압(P_v)
$= \frac{\rho}{2}v^2 = \frac{1.2}{2} \times (15)^2 = 135 Pa = 13.8 mmAq$
㉡ 전압=정압+동압=50+13.8=63.8mmAq

03 다음 중 냉각탑에 관한 용어 및 특성 설명으로 틀린 것은?
① 어프로치(approach)는 냉각탑 출구수온과 입구공기 건구온도차
② 레인지(range)는 냉각수의 입구와 출구의 온도차
③ 어프로치(approach)를 작게 할수록 설비비 증가
④ 레인지(range)는 공기조화에서 5~8℃ 정도로 설정

① 쿨링 어프로치(Cooling Approach)는 냉각탑 출구수온과 외기 습구온도의 차를 말하며, 냉각수가 최저온도에 얼마나 접근하는가의 정도를 나타낸다.

04 공기조화방식에 관한 설명 중 옳은 것은?
① 각층 유닛 방식은 층별 부하변동에 대응하기 쉬우나 부분 운전은 어렵다.
② 유인유닛 방식은 외기냉방의 효과가 크다.
③ 가변풍량 방식으로 할 경우 최소 풍량 시에 필요한 외기량을 확보하는 것이 중요하다.
④ 가변풍량 방식은 부하변동에 대하여 제어 응답이 느리다.

① 각층 유닛 방식은 층별 부하변동에 대응하기 쉬워 건물 규모와 관계없이 부분운전이 가능하다.
② 유인유닛 방식은 외기냉방의 효과가 적다.
④ 가변풍량 방식은 부하변동에 대하여 제어응답이

 01. ② 02. ③ 03. ① 04. ③

빠르므로 거주성이 향상된다.

05 연간 에너지 소비량을 평가할 수 있는 기간 열부하 계산법이 아닌 것은?
① 동적 열부하 계산법
② 디그리 데이법
③ 확장 디그리 데이법
④ 최대 열부하 계산법

기간 열부하 계산법
  ㉠ 디그리 데이법
  ㉡ 확장 디그리 데이법
  ㉢ 축열계수법
  ㉣ 빈법
  ㉤ 동적 열부하 계산법(컴퓨터 활용법)
  [참고] 최대 열부하 계산법
    어떤 건물의 실에 대한 최대 냉방부하 또는 난방부하를 계산하는 방법으로 냉난방장치 용량 결정에 적용되는 방식

06 송풍 덕트 내의 정압제어가 필요 없고, 소음 발생이 적은 변풍량 유닛은?
① 유인형 ② 슬롯형
③ 바이패스형 ④ 노즐형

바이패스형 유닛(bypass type unit)
실내 부하 조건이 요구하는 필요한 풍량만 실내로 급기하고 나머지 풍량은 천장 내로 바이패스하여 리턴으로 순환시키는 방법으로 실내 부하변동에 대해서도 송풍량이 변하지 않는다는 특징이 있다.

장점	단점
• 부하변동에 대해 덕트 내 정압의 변동이 없으므로 발생 소음이 적다. • 송풍기 제어 없이 일정풍량을 송풍하므로 에어 필터에서의 집진 효과가 크다. • 천장 내의 조명열이 제거된다.	• 송풍량이 일정하므로 송풍기 제어에 의한 동력절약을 기대할 수 없다. • 덕트 계통의 증축에 대하여 유연성이 적다.

07 다음 중 서로 상관이 없는 것끼리 짝지어진 것은?
① 순환수두 – 밀도차
② VAV – 변풍량 방식
③ 저압증기난방 – 팽창탱크
④ MRT – 패널 표면온도

① 순환수두 : 온수난방에 있어 순환시키는 힘이 되는 압력차를 말하며, 이것을 수두(水頭)로 나타낸 값이다. 유체의 밀도차에 따라 일어나는 순환에서는 자연순환수두라고 하고, 펌프순환식에서는 강제순환수두이라고 한다.
② VAV(Variable Air Volume System : 변풍량 공조 방식)
③ 저압증기난방 – 증기난방, 팽창탱크 – 온수난방
④ MRT(Mean Radiant Temperature : 평균복사온도) : 복사난방 시 복사열의 정도를 판단하기 위한 구조체 패널의 평균복사온도

08 외기온도 −5℃, 실내온도 20℃일 때 온수방열기의 방열면적이 5m²이면 방열기의 방열량은?
① 약 1.3kW ② 약 2.6kW
③ 약 3.4kW ④ 약 3.8kW

㉠ 온수난방 표준방열량(q_o) : 0.523kW/m²
㉡ 방열기 방열량(Q)
  $EDR = \dfrac{Q}{q_o}$ 이므로 $5m^2 = \dfrac{Q}{0.523kW/m^2}$
  ∴ $Q = 5m^2 \times 0.523kW/m^2 = 2.6kW$

09 덕트 조립 공법 중 원형 덕트의 이음 방법이 아닌 것은?
① 드로우 밴드 이음(draw band joint)
② 비드 크림프 이음(beaded crimp joint)
③ 더블 심(double seam)
④ 스파이럴 심(spiral seam)

Answer 05. ④ 06. ③ 07. ③ 08. ② 09. ③

원형 덕트의 이음 종류
버드 슬리브 이음, 비드 크림프 이음, 컴패니언 플랜지 이음, 드로우 밴드 이음, 스파이럴 심, 맞대기 용접 이음, 아크메 로크 그로브 심

[참고] 더블 심
SMACNA 공법에 의한 장방형 덕트의 세로 방향 조립법

10 20명의 인원이 각각 1개비의 담배를 동시에 피울 경우 필요한 실내 환기량은? (단, 담배 1개비당 발생하는 배연량은 0.54g/h, 1m³/h의 환기 가능한 허용 담배 연소량은 0.017g/h이다.)

① 약 235m³/h   ② 약 347m³/h
③ 약 527m³/h   ④ 약 635m³/h

실내환기량(Q)
$$Q = \frac{M}{0.017} = \frac{0.54 \times 20}{0.017} = 635.3 \text{m}^3/\text{h}$$

11 다음 중 열원설비가 아닌 것은?
① 보일러   ② 냉동기
③ 송풍기   ④ 냉각탑

송풍기, 펌프, 덕트, 배관 등은 열운반장치이다.

12 다음 그림과 같은 외벽의 열관류율 값은? (단, 표면 열전달률 α_o=20W/m²·K, 표면 열전달률 α_i=7.5W/m²·K이다.)

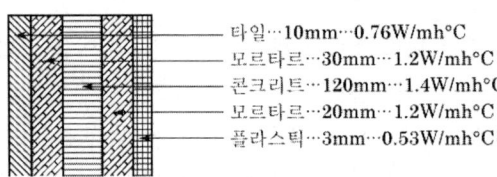
타일…10mm…0.76W/mh°C
모르타르…30mm…1.2W/mh°C
콘크리트…120mm…1.4W/mh°C
모르타르…20mm…1.2W/mh°C
플라스틱…3mm…0.53W/mh°C

① 약 3.03W/m²·K
② 약 10.1W/m²·K
③ 약 12.5W/m²·K
④ 약 17.7W/m²·K

외벽의 열관류율(K)
$$K = \frac{1}{\frac{1}{\alpha_i} + \sum \frac{l}{\lambda} + \frac{1}{\alpha_o}}$$
$$= \frac{1}{\frac{1}{7.5} + \frac{0.01}{0.76} + \frac{0.03}{1.2} + \frac{0.12}{1.4} + \frac{0.02}{1.2} + \frac{0.003}{0.53} + \frac{1}{20}}$$
$$= 3.03 \text{W/m}^2 \cdot \text{K}$$

13 다음 중 공기의 온도나 습도를 변화시킬 수 없는 것은?
① 공기필터   ② 공기재열기
③ 공기예열기   ④ 공기가습기

공기여과기(에어필터)
실내의 공기는 사람이나 기타 주위 환경에 의해 일산화탄소, 탄산가스, 유해가스, 냄새, 세균 및 분진 등으로 오염이 된다. 이 오염물질(분진, 냄새 등)을 제거하기 위해서 공기조화기 내에 설치하는 기기

14 과열증기에 대한 설명 중 옳은 것은?
① 습포화 증기에 압력을 높인 것이다.
② 습포화 증기에 열을 가한 것이다.
③ 건조포화 증기에 압력을 낮춘 것이다.
④ 일정한 압력조건에서 포화증기의 온도를 높인 것이다.

과열증기
일정한 압력 하에서 (건조)포화증기를 가열하여 포화온도 이상으로 온도를 높인 증기

15 보일러의 발생증기를 한 곳으로만 취출하면 그 부근에 압력이 저하하여 수면동요 현상과 동시에 비수가 발생된다. 이를 방지하기 위한 장치는?
① 급수내관   ② 비수방지관

Answer 10. ④ 11. ③ 12. ① 13. ① 14. ④ 15. ②

③ 기수분리기   ④ 인젝터

비수방지관
증기를 한 곳으로만 취출하면 그 부근에 압력이 저하하여 수면동요와 동시에 비수가 발생된다. 이를 방지하기 위해 보일러 동체 또는 드럼 내부 증기 취출구에 부착하여 수면에서 발생하는 증기의 압력차 없이 증기관으로 취출시키는 관을 말한다.

16 보일러 시운전 시 보일러 점화 전 점검사항과 작동 순서에서 가장 거리가 먼 것은?

① 보일러 연소실 내 미연소 가스를 송풍기를 통하여 충분히 배출한 후 점화한다.
② 시퀀스 컨트롤에 따라 프리퍼지(미연가스 배출) → 파일롯트 버너점화(점화용 버너 점화) → 주연료 분사, 주버너 점화의 순으로 진행한다.
③ 소화 후에는 포스트 퍼지(소화 후 미연가스 배출)가 이루어지지만 1차 점화에 실패하면 그 원인을 찾아 보완한 후 재차 점화를 시행하며, 2차 점화에도 실패하면 전문업체에 정비를 의뢰하여야 한다.
④ 점화가 안 될 경우 반복적인 점화 시도로 점화가 될 때까지 계속 조작한다.

④ 점화가 안 될 경우 충분한 환기가 이루어진 뒤 재점화한다.

17 온수난방 설계 시 다르시-바이스바흐(Darcy-Weisbach)의 수식을 적용한다. 이 식에서 마찰저항계수와 관련이 있는 인자는?

① 누셀수(Nu)와 상대조도
② 프란틀수(Pr)와 절대조도
③ 레이놀즈수(Re)와 상대조도
④ 그라쇼프수(Gr)와 절대조도

마찰저항계수(f)는 일반적으로 레이놀즈수와 상대조도의 함수이다.
[참고] Darcy-Weisbach 방정식
$$h_L = f \cdot \frac{L}{d} \cdot \frac{V^2}{2g}$$
h_L : 손실수두 f : 관마찰저항계수
L : 배관 길이(m) d : 배관 직경(m)
V : 유속(m/s)
g : 중력가속도(9.8m/s^2)

18 TAB 작업에서 풍속을 측정하기 위해 사용되는 기기가 아닌 것은?

① 마노미터(U튜브식)
② 전자식 마노미터
③ 경사형 마노미터
④ 스트로보스코프(Stroboscope)

④ 스트로보스코프 : 회전수 측정
[참고] 풍속측정기기
U튜브 마노미터, 경사형/수직형 마노미터, 전자식 마노미터 등

19 냉·난방 시의 실내 현열부하를 q_s(W), 실내와 말단장치의 온도를 각각 t_r, t_d라 할 때 송풍량 Q(L/s)를 구하는 식은?

① $Q = \dfrac{q_s}{0.24(t_r - t_d)}$

② $Q = \dfrac{q_s}{1.2(t_r - t_d)}$

③ $Q = \dfrac{q_s}{1.85(t_r - t_d)}$

④ $Q = \dfrac{q_s}{2501(t_r - t_d)}$

$Q = \dfrac{q_s[\text{W}]}{\gamma C_p \Delta t}$
$= \dfrac{q_s[\text{W}]}{1.2 \times 1.01(t_r - t_d)} = \dfrac{q_s[\text{W}]}{1.2(t_r - t_d)}[\text{L/s}]$

Answer 16. ④ 17. ③ 18. ④ 19. ②

20 직접팽창코일의 습면코일 열수를 산출하기 위하여 필요한 인자는?

① 대수 평균 온도차(MTD)
② 상당 외기 온도차(ETD)
③ 대수 평균 엔탈피차(MED)
④ 산술 평균 엔탈피차(AED)

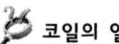 코일의 열수 계산
　㉠ 건코일인 경우 : 코일의 표면온도가 현열만의 변화를 하므로 대수평균온도차(LMTD)를 사용
　㉡ 습코일인 경우 : 현열뿐 아니라 잠열도 고려해야 하므로 대수평균엔탈피차(LMED)를 사용

제 2 과목 : 공조냉동설계

21 공기압축기로 매초 2kg의 공기가 연속적으로 유입된다. 공기에 50kW의 일을 투입하여 공기의 비엔탈피가 20kJ/kg 증가하면, 이 과정동안 공기로부터 방출된 열량은 얼마인가?

① 105kW　② 90kW
③ 15kW　④ 10kW

 $Q = \Delta U + W$
　$Q = (2kg/s \times 20kJ/kg) + (-50kW) = -10kW$
　∴ 방출된 열량은 10kW이다.
　[참고] 일과 열의 부호 규약
　　일은 계에 가했을 경우는 (−)일량, 계에서 얻었을 경우는 (+)일량이라 한다. 열은 계에 가한 경우(가열한다)를 (+)열량, 계에서 주위로 방출되는 경우를 (−)열량이라 한다.

22 2단 압축냉동기의 저압측 흡입압력과 고압측 토출압력이 게이지압으로 각각 5kgf/cm², 15kgf/cm²일 때, 성적계수가 최대로 되는 중간압력(절대압)은?

(단, 대기압은 1.033kgf/cm²으로 한다.)

① 약 9.83kgf/cm²
② 약 11.15kgf/cm²
③ 약 12.65kgf/cm²
④ 약 13.11kgf/cm²

 중간압력(P_m)
$P_m = \sqrt{P_L \times P_H}$ [kgf/cm² abs]
　$= \sqrt{(5+1.033) \times (15+1.033)}$
　$= 9.83$ [kgf/cm² abs]

23 다음 중 냉각 방식에 관한 설명에서 가장 거리가 먼 것은?

① 어떤 물질을 얼리는 것만 냉동이라고 할 수 있다.
② 일반적으로 실내온도를 외기온도보다 낮추어 시원하게 하는 것을 냉방이라 한다.
③ 우유 등의 제품을 영상의 온도에서 차게 보관하는 것을 냉장이라고 한다.
④ 상온 이상의 뜨거운 물질을 식히는 것을 냉각이라 한다.

① 일정한 공간이나 물체의 온도를 주위의 온도보다 인위적으로 낮추어 주는 조작을 냉동이라고 할 수 있다.

24 T-S선도에서 어느 가역 상태변화를 표시하는 곡선과 S축 사이의 면적은 무엇을 표시하는가?

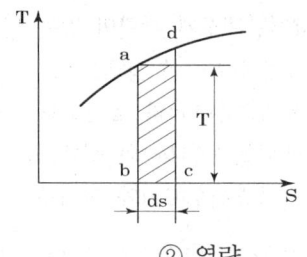

① 힘　② 열량

Answer　20. ③　21. ④　22. ①　23. ①　24. ②

③ 압력   ④ 비체적

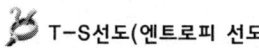 T-S선도(엔트로피 선도)

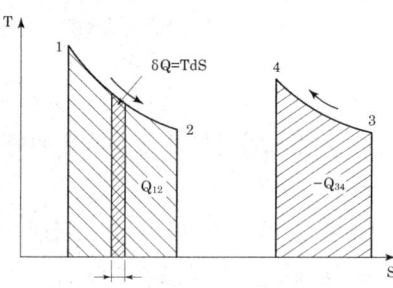

그래프의 아래 면적은 열량을 나타냄
① 1 → 2 사이에 물체가 받는 열량(공급열량)
② 3 → 4 사이에 물체로부터 버린 열량(방출열량)

25 제빙장치에서 브라인 온도가 -10℃, 결빙시간이 48시간일 때, 얼음의 두께는? (단, 결빙계수는 0.56이다.)

① 약 29.3cm   ② 약 39.3cm
③ 약 2.93cm   ④ 약 3.93cm

 결빙시간(h) = $\dfrac{0.56 \times t^2}{-(t_b)}$

$48 = \dfrac{0.56 \times t^2}{-(-10)}$

$\therefore t = \sqrt{\dfrac{48 \times 10}{0.056}} = 29.27$ cm

26 체적이 0.1m³인 피스톤-실린더 장치 안에 질량 0.5kg의 공기가 430.5kPa 하에 있다. 정압 과정으로 가열하여 온도가 400K가 되었다. 이 과정 동안의 일과 열전달량은? (단, 공기는 이상기체이며, 기체상수는 0.287kJ/kg·K, 정압비열은 1.004kJ/kg·K이다.)

① 14.35kJ, 35.85kJ
② 14.35kJ, 50.20kJ
③ 43.05kJ, 78.90kJ
④ 43.05kJ, 64.55kJ

㉠ 초기온도(T)
이상기체 상태방정식 $PV = mRT$에서 온도에 관해 풀면
$T = \dfrac{PV}{mR} = \dfrac{430.5 \times 0.1}{0.5 \times 0.287} = 300$K

㉡ 일(W)
$W = mRT$
$= 0.5 \times 0.287 \times (400-300) = 14.35$kJ

㉢ 열전달량(Q)
$Q = mC\Delta T$
$= 0.5 \times 1.004 \times (400-300) = 50.20$kJ

27 압축기 구조 형태 중 개방형 압축기에 대한 특징으로 틀린 것은?

① 압축기를 구동하는 전동기가 따로 설치되어 있다.
② 크랭크축이 크랭크실 밖으로 관통되어 있어 냉매가 누설될 염려가 있다.
③ 축봉장치가 필요 없다.
④ 소음이 심하고 좁은 장소에서의 설치가 곤란하다.

 ③ 개방형 압축기에서 냉매누설 및 공기침입 방지를 위해 축봉장치가 필요하다.

[참고] 개방형 압축기와 밀폐형 압축기 비교

구분		개방형	밀폐형
장점		압축기 회전수의 조절이 쉽다.	과부하 운전이 가능하다.
		분해 조립이 가능하다.	소음이 적다.
		타구동원에 의해 기동이 가능하다.	냉매 및 오일누설이 없다.
		냉매 및 오일의 충전이 가능하다.	소형이며 가벼워 제작비가 적게 든다.
단점		외형이 크므로 설치 면적이 크다.	타구동원에 의한 운전이 불가능하다.
		소음이 커서 고장발견이 어렵다.	고장 시 수리가 어렵다.
		냉매 및 오일의 누설 우려가 있다.	회전수의 조절이 불가능하다.
		제작비가 많이 든다.	냉매 및 오일의 교환이 어렵다.

25. ① 26. ② 27. ③

28 열효율이 30%인 증기사이클에서 1kWh의 출력을 얻기 위하여 공급되어야 할 열량은 약 몇 kWh인가?

① 1.25   ② 2.51
③ 3.33   ④ 4.90

🔑 공급열량(Q)

$$Q = \frac{1\text{kWh}}{0.3} = 3.33\text{kWh}$$

29 $PV^n = $일정$(n \neq 1)$인 가역과정에서 밀폐계(비유동계)가 하는 일은?

① $\dfrac{P_1 V_1 (V_2 - V_1)}{n}$

② $\dfrac{P_2 V_2^{n-1} - P_1 V_1^{n-1}}{n-1}$

③ $\dfrac{P_2 V_2^n - P_1 V_1^n}{n-1}$

④ $\dfrac{P_1 V_1 - P_2 V_2}{n-1}$

🔑 밀폐계(비유동계)가 하는 일

$$w = \frac{1}{n-1}(P_1 V_1 - P_2 V_2) = \frac{GR}{n-1}(T_1 - T_2)$$

30 고속으로 회전하는 임펠러에 의해 대량 증기의 흡입, 압축이 가능하며 토출밸브를 잠그고 작동시켜도 일정한 압력 이상으로는 더 이상 상승하지 않는 특징을 가진 압축기는?

① 왕복동식 압축기
② 회전식 압축기
③ 스크류식 압축기
④ 원심식 압축기

🔑 ① 왕복동식 압축기 : 실린더 내 피스톤의 왕복운동에 의해 냉매가스를 압축하는 압축기
② 회전식 압축기 : 실린더 내에서 회전 운동하는 회전자(rotor)에 의해 가스를 압축하는 형식으로 주로 소형에 많이 채용되고 고압을 얻는 데 부적당하다.
③ 스크류식 압축기 : 정밀하게 가공된 한 쌍의 기어를 이용해서 회전자가 회전하여 가스를 압축하는 압축기

31 다음 중 냉동장치의 응축기에 관한 설명 중 옳은 것은?

① 횡형 셸튜브 응축기는 전열이 양호하고 냉각관 청소가 용이하다.
② 7통로 응축기는 전열이 양호하고 입형에 비해 냉각수량이 많다.
③ 대기식 응축기는 냉각수량이 적어도 되며 설치 장소가 작다.
④ 입형 셸튜브 응축기는 냉각관 청소가 용이하고 과부하에 잘 견딘다.

🔑 ① 횡형 셸튜브 응축기는 전열이 양호하지만 냉각관 청소가 어렵다.
② 7통로 응축기는 전열이 양호하여 냉각수량이 입형에 비해 적어도 되며 설치 면적이 작다.
③ 대기식 응축기는 냉각수량이 적어도 되지만 설치 면적이 너무 크고 구조가 복잡하다.

32 냉동장치의 제어기기 중 전기식 액면제어기에 대한 설명으로 틀린 것은?

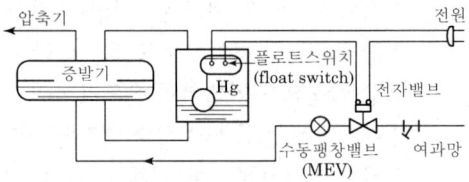

① 플로트 스위치(float switch)와 전자밸브를 사용한다.
② 만액식 증발기의 액면 제어에 사용한다.
③ 부하변동에 의한 유면 제어가 불가능하다.
④ 증발기 내 액면 유동을 방지하기 위해 수동팽창밸브(MEV)를 설치한다.

Answer 28. ③ 29. ④ 30. ④ 31. ④ 32. ③

전기식 액면제어기
액면에 의해 전원이 연결되어 전자밸브를 개폐시키는 제어기이다. 상부의 플로트 스위치는 액면이 높아지면 플로트에 의해 수은이 이동하면서 전자밸브와 연결되는 전원을 차단시켜 액공급을 중단시키고, 액면이 낮아지면 전자밸브가 열려 액이 공급되는 구조로 되어 있어 부하 변동에 의한 신속한 유면(유량)제어가 가능하다.

33 5kg의 산소가 정압 하에서 체적이 $0.2m^3$에서 $0.6m^3$로 증가했다. 산소를 이상기체로 보고 정압비열 $C_p=0.92kJ/kg℃$로 하여 엔트로피의 변화를 구하였을 때 그 값은 얼마인가?

① 1.857kJ/K ② 2.746kJ/K
③ 5.054kJ/K ④ 6.507kJ/K

정압 변화 시 엔트로피 변화(ΔS)

$$\Delta S = GC_p \ln \frac{V_2}{V_1}$$
$$= 5 \times 0.92 \times \ln \frac{0.6}{0.2} ≒ 5.054kJ/K$$

34 작동 유체가 상태 1부터 상태 2까지 가역 변화할 때의 엔트로피 변화로 옳은 것은?

① $S_2 - S_1 \geq -\int_1^2 \frac{\delta Q}{T}$
② $S_2 - S_1 > \int_1^2 \frac{\delta Q}{T}$
③ $S_2 - S_1 = \int_1^2 \frac{\delta Q}{T}$
④ $S_2 - S_1 < \int_1^2 \frac{\delta Q}{T}$

㉠ 가역 과정의 엔트로피 변화

$$S_2 - S_1 = \int_1^2 \frac{dQ}{T} = 0$$

㉡ 비가역 과정의 엔트로피 변화

$$S_2 - S_1 > \int_1^2 \frac{\delta Q}{T}$$

35 효율 85%인 터빈에 들어갈 때 증기의 엔탈피가 3390kJ/kg이고, 가역 단열 과정에 의해 팽창할 경우 출구에서의 엔탈피가 2135kJ/kg이 된다고 한다. 운동 에너지의 변화를 무시할 경우 이 터빈의 실제 일은 약 몇 kJ/kg인가?

① 1476 ② 1255
③ 1067 ④ 906

터빈이 하는 일

$$W_T = \eta \times (h_2 - h_3)$$
$$= 0.85 \times (3,390 - 2,135) = 1067 kJ/kg$$

36 압축비가 7.5이고, 비열비 $k=1.4$인 오토 사이클의 열효율은?

① 48.7% ② 51.2%
③ 55.3% ④ 57.6%

오토 사이클의 열효율(η_o)

$$\eta_o = 1 - \frac{T_4 - T_1}{T_3 - T_2} = 1 - \left(\frac{1}{\varepsilon}\right)^{k-1}$$
$$= 1 - \left(\frac{1}{7.5}\right)^{1.4-1} = 0.553 = 55.3\%$$

37 1RT의 냉방능력을 얻기 위해서는 개략적으로 냉방능력의 20%에 상당하는 압축동력을 필요로 한다. 이 경우 수랭식 응축기를 사용하고 냉각수 입구수온 $tw_1=28℃$, 출구온도 $tw_2=33℃$로 하기 위해서는 얼마의 냉각수량을 필요로 하는가? (단, 1RT=3.86kW, 냉각수 비열은 4.19kJ/kg·K이다.)

① 13.27L/min ② 15.45L/min
③ 16.53L/min ④ 18.72L/min

Answer 33. ③ 34. ③ 35. ③ 36. ③ 37. ①

🐰 ㉠ 압축동력(냉방능력의 20%)
　　　=3.86kW×0.2=0.772kW
　㉡ 응축기 방열량(Q_c)
　　$Q_c = Q_e + W = 3.86 + 0.772 = 4.632\text{kW}$
　㉢ 냉각수량(G_w)
　　$Q_c = G_w \cdot C \cdot \Delta t$
　　$G_w = \dfrac{Q_c}{C \cdot \Delta t} = \dfrac{4.632\text{kJ/s} \times \dfrac{60s}{1\min}}{4.19 \times (33-28)}$
　　　　$= 13.27\text{L/min}$

38 흡수식 냉동기의 구성 요소가 아닌 것은?
① 증발기　　② 응축기
③ 재생기　　④ 압축기

🐰 증기압축식 및 흡수식 냉동장치도

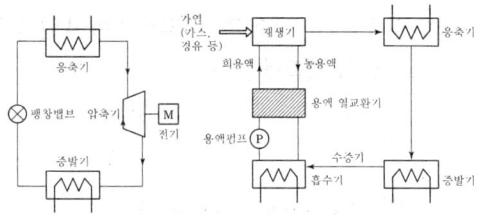

[증기압축식 냉동장치도]　　[흡수식 냉동장치도]
[참고] 흡수식 냉동기의 구성 요소
　　증발기, 흡수기, 재생기, 응축기

39 몰리에르 선도에서 냉매의 상태값을 결정하기 위한 2개의 물리량으로 적합한 것은?
① 압력과 엔탈피
② 압력과 온도
③ 마찰계수와 유속
④ 비체적과 레이놀즈수

🐰 몰리에르 선도(pH 선도)는 압력(P)을 세로축, 엔탈피(H)를 가로축으로 하여 냉매의 상태를 나타내며, 이 두 값을 알면 다른 모든 상태량(예 : 온도, 비체적, 엔트로피 등)을 선도에서 찾을 수 있다.

40 직경이 다른 2개 이상의 수액기를 병렬 연결하기 위한 설치 방법으로 옳은 것은?
① 하단을 일치시켜 연결시킨다.
② 상단을 일치시켜 연결시킨다.
③ 옆으로 일치시켜 연결시킨다.
④ 아무 곳에나 연결시킨다.

🐰 수액기의 설치 방법
㉠ 수액기의 보편적인 크기는 NH_3 냉동장치에 있어서는 충전냉매량의 1/2을 회수할 수 있는 크기로 하고, 프레온 냉동장치에 있어서는 충전량 전부를 회수할 수 있는 크기로 제작한다.
㉡ 수액기는 만액시켜서는 안 되며 직경의 3/4 (75%) 정도가 이상적이다.
㉢ 응축기 하부에 설치하며, 수액기 상부와 응축기 상부 사이에는 적당한 굵기의 균압관을 설치하여 준다.
㉣ 직경이 서로 다른 두 대의 수액기를 병렬로 설치할 경우 수액기 상단을 일치시킨다.
㉤ 액면계는 파손 방지를 위해 금속제 보호 커버를 씌우게 되어 있으며, 파손 시 냉매의 분출을 막기 위해 수동 및 자동밸브를 설치해 준다.
㉥ 불의의 사고 시 위험을 방지하기 위하여 수액기 상부에 안전밸브를 설치해 준다.

제3과목 : 시운전 및 안전관리

41 냉동제조시설의 안전을 위한 설비기준에 대한 설명으로 가장 거리가 먼 것은?
① 냉매설비에는 긴급사태의 발생을 방지하기 위하여 자동제어장치를 설치할 것
② 독성가스를 사용하는 내용적이 1천L 이상인 수액기 주위에는 액상의 가스가 누출될 경우에 그 유출을 방지하기 위한 조치를 마련할 것
③ 독성가스를 제조하는 시설에는 그 시설로

38. ④　39. ①　40. ②　41. ②

부터 독성가스가 누출될 경우 그 독성가스로 인한 피해를 방지하기 위하여 필요한 조치를 마련할 것

④ 냉동제조시설에는 이상사태가 발생하는 것을 방지하고 이상사태 발생 시 그 확대를 방지하기 위하여 압력계·액면계 등 필요한 부대설비를 설치할 것

 ② 독성가스를 사용하는 내용적이 1만L 이상인 수액기 주위에는 액상의 가스가 누출될 경우에 그 유출을 방지하기 위한 조치를 마련할 것

42 축전지 용량의 단위는?
① A ② Ah
③ V ④ kW

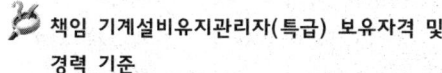
축전지 용량
충전한 축전지를 방전했을 때 규정 전압으로 내려갈 때까지 낼 수 있는 전기량으로 보통 암페어시(Ah)로 나타낸다.

43 기계설비법령에 따라 공조냉동기계기사를 취득한 자가 특급기술자 자격을 갖추기 위해 필요한 실무경력으로 알맞은 것은?
① 3년 이상 ② 5년 이상
③ 7년 이상 ④ 10년 이상

책임 기계설비유지관리자(특급) 보유자격 및 경력 기준

보유자격	실무경력
기술사	-
기능장	10년 이상
기사	10년 이상
산업기사	13년 이상
특급 건설기술인	10년 이상

44 다음 중 기계설비 성능점검업 기술인력 등록 요건으로 잘못된 것은?

① 특급 책임기계설비유지관리자 1명
② 고급 책임기계설비유지관리자 1명
③ 중급 책임기계설비유지관리자 2명
④ 초급 책임기계설비유지관리자 2명

 기계설비 성능점검업 등록 요건
㉠ 특급 책임기계설비유지관리자 1명
㉡ 고급 이상인 책임기계설비유지관리자 1명
㉢ 중급 이상인 책임기계설비유지관리자 2명

45 다음 중 기계설비법령상 기계설비 관련 기술자에 해당하지 않는 것은?
① 일반기계기사
② 산업기계설비기사
③ 건설기계설비기사
④ 소음진동기사

기계설비기술자의 범위(기사)
일반기계·건축설비·건설기계설비·공조냉동기계·설비보전·메카트로닉스·용접·소음진동·에너지관리·신재생에너지발전설비(태양광)

46 다음 중 제어 결과로 사이클링(cycling)과 오프셋(offset)을 발생시키는 동작은?
① ON-OFF 동작 ② P 동작
③ I 동작 ④ PI 동작

 ON-OFF 제어(2위치 제어)
㉠ 제어량이 설정값에서 어긋나면 조작부를 닫아 운전을 정지하고, 조작부를 반대로 열어 운전을 기동하는 동작
㉡ 사이클링(cycling)과 오프셋(off set)이 발생

47 조종하는 사람이 없는 엘리베이터의 자동제어는?
① 프로그램 제어 ② 추종 제어
③ 비율 제어 ④ 정치 제어

 42. ② 43. ④ 44. ④ 45. ② 46. ① 47. ①

프로그램 제어
미리 정해진 신호에 따라 동작(예 : 무인열차, 무인 엘리베이터, 무인자판기 등)

48 저항체에 전류가 흐르면 줄열이 발생하는데 이때 전류 I와 전력 P의 관계는?

① $I = P$ ② $I = P^{0.5}$
③ $I = P^{1.5}$ ④ $I = P^2$

줄열
저항체에 전류가 흐를 때 전기 에너지가 저항선 내의 열에너지로 전환되는데 이를 줄열이라 한다. 이때 발생한 열량은
$H = I^2 Rt [J] = Pt \; (\because P = IV = I^2 R)$
$\therefore I = P^{0.5}$

49 직류기의 전기자 반작용에 대한 설명으로 옳지 않은 것은?

① 중성축이 이동한다.
② 전동기는 속도가 저하된다.
③ 국부적 섬락이 발생한다.
④ 발전기는 기전력이 감소한다.

전기자 반작용의 영향
㉠ 주자속이 감소한다.
  ⓐ 발전기 : 유도기전력이 감소
  ⓑ 전동기 : 토크가 감소
㉡ 중성축이 이동한다.
  ⓐ 발전기 : 회전 방향과 같은 방향으로 이동
  ⓑ 전동기 : 회전 방향과 반대 방향으로 이동
㉢ 정류자편과 브러시 사이에 높은 전압이 발생하여 불꽃이 발생되어 정류가 불량하게 된다.
[참고] 전기자 반작용의 방지 방법
  ㉠ 보상권선을 설치(가장 유효한 방법) : 자극편에 전기자 권선과 평행하게 슬롯을 만들고 여기에 권선을 하여 전기자권선과 직렬로 접속하는 방식
  ㉡ 보극 설치 : 주자속 중간 위치에 보조자극을 설치하는 방식

50 $G(j\omega) = j0.01\omega$에서 $\omega = 0.01 \text{rad/s}$일 때 계의 이득은 몇 dB인가?

① -100 ② -80
③ -60 ④ -40

$g = 20\log|G(j\omega)| = 20\log|j0.01\omega|_{\omega=0.01}$
$= 20\log|j0.01 \times 0.01| = 20\log|j0.0001|$
$= 20\log10^{-4} = -80\text{dB}$

51 농형 3상 유도전동기의 속도를 제어하는 방법으로 가장 옳은 것은?

① 부하를 조정하여 제어한다.
② 극수를 변환하여 제어한다.
③ 회전자 자속을 변환하여 제어한다.
④ 2차 저항을 삽입하여 제어한다.

농형 유도전동기의 속도 제어
㉠ 주파수를 바꾸는 방법
㉡ 극수를 바꾸는 방법
㉢ 전원전압을 바꾸는 방법
[참고] 권선형 유도전동기 속도제어
  2차 저항제어법, 2차 여자제어법

52 기계설비 사용 전 검사신청서를 제출할 때 첨부하지 않아도 되는 서류는?

① 기계설비공사 준공설계도서 사본
② 기계설비 사용 적합 확인서
③ 고압가스 완성검사증명서
④ 안전성평가서

④ 고압가스 안전관리법에 따라 안전성평가 대상시설의 사업자 등은 안전성향상계획을 제출하여야 하고 그 내용에는 안전성평가서가 포함되어야 한다.

Answer 48. ② 49. ② 50. ② 51. ② 52. ④

53 그림과 같은 유접점 회로를 논리 게이트로 바꾸었을 때 올바른 것은?

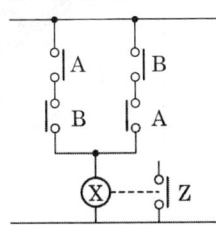

①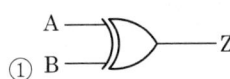

②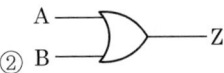

③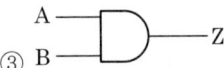

④

🔖 **EOR 회로(Exclusive OR)**
A, B 두 개의 입력 중 어느 하나만 입력할 때 출력이 ON 상태가 나오는 회로
논리식 $X = \overline{A}B + A\overline{B}$
[참고] ② OR 회로, ③ AND 회로, ④ NOT 회로

54 직류기에서 전압정류의 역할을 하는 것은?
① 탄소브러시 ② 보상권선
③ 리액턴스 코일 ④ 보극

🔖 **정류작용**
㉠ 저항정류 : 접촉 저항이 큰 전기 흑연이나 탄소질의 브러시를 써서 정류
㉡ 전압정류 : 보극에 의하여 정류 전압을 정류 코일에 유도시켜 직선 정류에 가까운 정류가 되게 하는 것

55 자기회로에서 퍼미언스(permeance)에 대응하는 전기회로의 요소는 무엇인가?

① 도전율 ② 컨덕턴스
③ 정전용량 ④ 엘라스턴스

🔖 **자기회로와 전기회로의 비교**

자기회로	전기회로
자속 ϕ	전류 I
자계 H	전계 E
기자력 F	기전력 V
자속밀도 B	전류밀도 J
투자율 μ	도전율 σ
자기저항 R_m	전기저항 R
자성체(permeance) P	컨덕턴스(conductance) G

56 100V용 전구 30W와 60W 두 개를 직렬로 연결하고 직류 100V 전원에 접속하였을 때 두 전구의 상태로 옳은 것은?
① 30W가 더 밝다.
② 60W가 더 밝다.
③ 두 전구가 모두 켜지지 않는다.
④ 두 전구의 밝기가 모두 같다.

🔖 전력을 저항으로 환산
㉠ 30W 전구
$$P = \frac{V^2}{R} \rightarrow R = \frac{V^2}{P} = \frac{100^2}{30} = 333\,\Omega$$
㉡ 60W 전구
$$P = \frac{V^2}{R} \rightarrow R = \frac{V^2}{P} = \frac{100^2}{60} = 167\,\Omega$$
직렬연결회로에서 전류는 일정하므로 전력은 위 식에서 저항에 비례하므로 30W 쪽이 더 밝다.

57 변압기의 1차 및 2차의 전압, 권선수, 전류를 E_1, N_1, I_1 및 E_2, N_2, I_2라 할 때 성립하는 식으로 알맞은 것은?

① $\dfrac{E_2}{E_1} = \dfrac{N_1}{N_2} = \dfrac{I_2}{I_1}$ ② $\dfrac{E_1}{E_2} = \dfrac{N_2}{N_1} = \dfrac{I_1}{I_2}$

③ $\dfrac{E_2}{E_1} = \dfrac{N_2}{N_1} = \dfrac{I_1}{I_2}$ ④ $\dfrac{E_1}{E_2} = \dfrac{N_1}{N_2} = \dfrac{I_1}{I_2}$

Answer 53. ① 54. ④ 55. ② 56. ① 57. ③

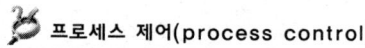

$$\frac{N_1}{N_2} = \frac{E_1}{E_2} = \frac{I_2}{I_1} = \sqrt{\frac{Z_1}{Z_2}} \text{ 또는}$$

$$\frac{N_2}{N_1} = \frac{E_2}{E_1} = \frac{I_1}{I_2} = \sqrt{\frac{Z_2}{Z_1}}$$

(1차, 2차 임피던스 : $Z_1[\Omega]$, $Z_2[\Omega]$)

58 다음 중 프로세스 제어에 속하지 않는 것은?
① 온도 ② 유량
③ 위치 ④ 압력

🔖 프로세스 제어(process control)
㉠ 생산공정 중의 상태량, 외란의 억제를 주목적으로 한다.
㉡ 제어량 : 공업공정의 상태량(밀도, 농도, 온도, 압력, 유량, 습도 등)
예) 대단위 화학 플랜트, 수조의 온도제어 등

59 그림과 같은 회로에서 스위치를 개폐하여도 검류계 G의 자석이 변하지 않을 때 검류계의 내부저항 R_m은?

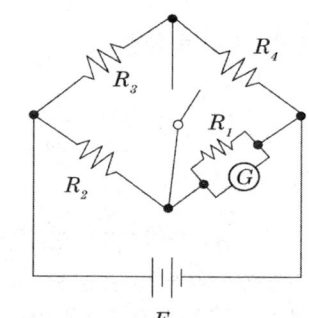

① $\dfrac{R_3 R_4}{R_2}$ ② $\dfrac{R_1 R_2 R_4}{R_1 R_3 - R_2 R_4}$

③ $\dfrac{R_2 R_4}{R_3}$ ④ $\dfrac{R_1 R_2 R_4}{R_1 R_3 + R_2 R_4}$

🔖 검류계 G의 자석이 변하지 않으므로 브리지회로는 평형이며 이때 마주보는 변에 저항값의 곱은 서로 같다.

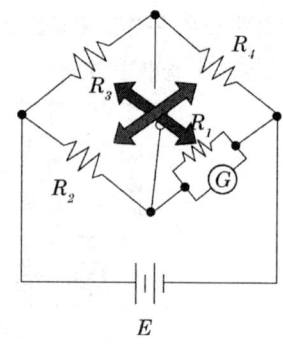

$$R_3 \times \left(\dfrac{1}{\dfrac{1}{R_1} + \dfrac{1}{R_m}}\right) = R_2 \times R_4$$

$$R_3 \times \left(\dfrac{R_1 R_m}{R_1 + R_m}\right) = R_2 R_4$$

$$\dfrac{R_1 R_m R_3}{R_1 + R_m} = R_2 R_4$$

$$R_2 R_4 (R_1 + R_m) = R_1 R_m R_3$$

$$R_m (R_1 R_3 - R_2 R_4) = R_1 R_2 R_4$$

$$\therefore R_m = \dfrac{R_1 R_2 R_4}{R_1 R_3 - R_2 R_4}$$

60 다음 중 회로시험기로 측정할 수 없는 것은?
① 저항 ② 교류전압
③ 고주파전류 ④ 직류전류

🔖 회로시험기
저항, 직류전압, 교류전압, 직류전류 등을 측정할 수 있는 전기계측기

제 4 과목 : 유지보수 공사관리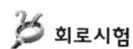

61 배관용 보온재에 관한 설명으로 틀린 것은?
① 내열성이 높을수록 좋다.
② 열전도율이 적을수록 좋다.
③ 비중이 작을수록 좋다.
④ 흡수성이 클수록 좋다.

Answer 58. ③ 59. ② 60. ③ 61. ④

 보온재의 구비 조건
- ㉠ 보온능력이 크고 열전도율이 작을 것
- ㉡ 비중이 작을 것
- ㉢ 어느 정도 기계적 강도를 가질 것
- ㉣ 흡습성, 흡수성이 없을 것
- ㉤ 불연성이며 구입이 용이할 것
- ㉥ 사용 온도에서 장시간 사용해도 변질이 없을 것
- ㉦ 시공이 쉬우며 내용년수가 길 것

62 다음 냉동장치의 여러 시험에 관한 기술 중 타당한 것들로 이루어진 것은?

> ㉠ 기밀시험에 탄산가스는 이용되지 않는다.
> ㉡ 기밀시험에 이어서 진공시험을 실시한다.
> ㉢ 일반적으로 프레온 냉동장치에서 진공 방치시험과 진공 건조시험은 겸해서 한다.
> ㉣ 기밀시험의 압력은 허용압력의 0.8배로 한다.

① ㉠, ㉡, ㉢ ② ㉠, ㉡
③ ㉡, ㉢ ④ ㉡, ㉣

 ㉠ 기밀시험에 사용하는 압축가스는 공기 또는 불연성 가스질소, 이산화탄소를 사용하고, 산소 또는 독성가스를 사용해서는 안 된다(암모니아는 이산화탄소를 피하고, 프레온은 공기를 피한다).
㉣ 기밀시험의 압력은 최소 누설 시 압력의 1.25배 이상의 압력으로 한다.

63 일반적으로 벽체 내의 배수입관에 연결하여 사용하는 배수 트랩은?

① 드럼 트랩   ② P트랩
③ S트랩   ④ U트랩

 ① 드럼 트랩 : 싱크의 배수 트랩으로 사용
② P트랩 : 세면대의 배수관이 벽체에 있을 때, 벽체 내의 배수관에 접속하여 사용
③ S트랩 : 세면대, 대변기, 소변기 등에 부착하여

바닥 밑의 횡주 배수관에 접속할 때 사용
④ U트랩 : 주로 공공하수관에서 발생하는 하수 가스의 역류를 방지시키기 위해 집안에서 나가는 하수관(싱크대, 세면대, 변기 등) 말단부에 설치하여 사용하며, 가옥 트랩이라고도 한다.

64 다음 중 트랩의 봉수 파괴 원인에 해당하지 않는 것은?

① 자기사이펀작용   ② 모세관 현상
③ 증발 현상   ④ 공동 현상

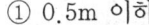 **트랩 봉수**
트랩 내부의 물(악취)을 차단
- ㉠ 봉수 파괴 원인 : 자기사이펀작용, 유인사이펀작용, 분출 작용, 모세관 작용, 증발, 운동량에 의한 관성 작용
- ㉡ 봉수 파괴 대책
  - ⓐ 자기사이펀, 유인사이펀, 분출 작용 : 통기관 설치
  - ⓑ 모세관 현상 : 천조각, 머리카락 제거
  - ⓒ 증발 : 기름
  - ⓓ 운동량에 의한 관성 작용 : 격자쇠 설치

65 도시가스 계량기($30m^3/h$ 미만)의 설치 시 바닥으로부터 설치 높이로 가장 적합한 것은? (단, 설치 높이의 제한을 두지 않는 특정장소는 제외한다.)

① 0.5m 이하
② 0.7m 이상 1m 이내
③ 1.6m 이상 2m 이내
④ 2m 이상 2.5m 이내

 가스계량기 설치기준
가스계량기($30m^3/hr$ 미만에 한 한다)의 설치 높이는 바닥으로부터 1.6m 이상 2m 이내에 수직·수평으로 설치하고 밴드·보호가대 등 고정장치로 고정시킬 것. 다만, 격납상자에 설치하는 경우, 기계실 및 보일러실(가정에 설치된 보일러실은 제외한다)에 설치하는 경우와 문이 달린 파이프 덕트 안에

 62. ③ 63. ② 64. ④ 65. ③

과년도출제문제(출제기준 개정 후) | 209

설치하는 경우에는 설치 높이의 제한을 하지 아니한다.

66 가스 도매사업에 관하여 도시가스 배관을 시가지의 도로 노면 밑에 매설하는 경우에는 노면으로부터 배관의 외면까지 얼마 이상을 유지해야 하는가? (단, 방호구조물 안에 설치하는 경우는 제외한다.)

① 0.8m ② 1m
③ 1.5m ④ 2m

 도시가스사업법 시행규칙 별표5

배관을 시가지 도로의 노면 아래에 매설하는 경우에는 배관(방호구조물의 안에 설치된 것을 제외한다)의 외면과 노면과의 거리는 1.5m 이상, 보호판 또는 방호구조물의 외면과 노면과의 거리는 1.2m 이상으로 할 것

[참고] 가스도매사업의 가스공급시설의 배관 설치 기준 일부
  ㉠ 배관을 지하에 매설하는 경우에는 지표면으로부터 배관의 외면까지의 매설깊이는 산이나 들에서는 1m 이상, 그 밖의 지역에서는 1.2m 이상. 다만, 방호구조물 안에 설치하는 경우에는 그러하지 아니하다.
  ㉡ 배관의 외면으로부터 도로의 경계까지 수평거리는 1m 이상, 도로 밑의 다른 시설물과는 0.3m 이상
  ㉢ 배관을 시가지 외의 도로 노면 밑에 매설하는 경우에는 노면으로부터 배관 외면까지 1.2m 이상
  ㉣ 배관을 인도·보도 등 노면 외의 도로 밑에 매설하는 경우에는 지표면으로부터 배관의 외면까지 1.2m 이상. 다만, 방호구조물 안에 설치하는 경우에는 그 방호구조물의 외면까지 0.6m(시가지의 노면 외의 도로 밑에 매설하는 경우에는 0.9m) 이상

67 다음 주철 방열기의 도면 표시에 관한 설명으로 틀린 것은?

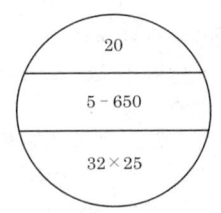

① 방열기 20쪽 수
② 유출 관경 32A
③ 방열기 높이 650mm
④ 방열기 종류 5세주형

 ② 유출 관경 25A

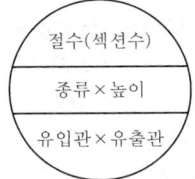

68 관지지 장치 중 서포트(support)의 종류로 틀린 것은?
① 파이프 슈 ② 리지드 서포트
③ 롤러 서포트 ④ 콘스탄트 행거

 서포트(support)의 종류
  ㉠ 리지드 서포트(rigid support)
  ㉡ 스프링 서포트(spring support)
  ㉢ 롤러 서포트(roller support)
  ㉣ 파이프 슈(pipe shoe)
[참고] 콘스탄트 행거(constant hanger)
  배관의 상하 이동을 허용하면서 관을 지지하며, 변위가 큰 곳에 사용하는 행거의 한 종류이다.

69 공기조화설비 중 냉수코일에 관한 설명으로 틀린 것은?
① 공기와 물의 흐름은 대향류로 한다.
② 냉수 입출구 온도차는 5℃ 정도로 한다.
③ 가능한 한 대수평균온도차를 크게 한다.
④ 코일 모양은 가능한 한 장방형으로 한다.

Answer 66. ③ 67. ② 68. ④ 69. ④

④ 코일의 모양은 가능한 한 원형으로 한다.
 [참고] 냉수코일의 설계 시 주의사항
  ㉠ 코일 내 유속은 1m/s 전후로 한다.
  ㉡ 코일의 통과풍속을 2~3m/s 정도로 한다.
  ㉢ 공기와 물의 흐름은 대향류(역류) 흐름으로 하고, 대수평균온도차(LMTD)를 크게 한다.
  ㉣ 공기의 압력손실을 고려하여 코일 열수는 최대 10열로 하며, 보통 4~8열 정도로 한다.
  ㉤ 냉수의 입출구 온도차를 5℃ 정도로 한다.
  ㉥ 코일의 설치는 수평으로 한다.

70 복사난방 설비의 장점으로 틀린 것은?
① 실내 상하의 온도차가 적고, 온도 분포가 균등하다.
② 매설 배관이므로 준공 후의 보수·점검이 쉽다.
③ 인체에 대한 쾌감도가 높은 난방방식이다.
④ 실내에 방열기가 없기 때문에 바닥면의 이용도가 높다.

② 매설 배관이므로 준공 후의 보수·점검 및 누설의 발견이 어렵다.
 [참고] 복사난방 설비의 장점
  ㉠ 복사열에 의한 난방으로 쾌감도가 좋다.
  ㉡ 높이에 따른 실내온도의 분포가 균일하다.
  ㉢ 대류작용에 따른 바닥 먼지의 상승이 적다.
  ㉣ 방열기가 필요 없어 바닥의 이용도가 좋다.
  ㉤ 상하온도차가 적어 천장이 높은 방에 적합하다.
  ㉥ 실내온도가 낮아도 난방 효과가 있으며 손실열량이 적다.

71 배관 내로 물을 수송할 때, 다음 설명 중 틀린 것은?
① 관이 길수록 관내에서의 압력강하는 끝부분에서 커진다.
② 같은 시간에 같은 양의 물을 흐르게 하면 관이 가늘수록 유속이 빠르다.
③ 유량은 관의 단면적에 물의 평균유속을 곱하면 구해진다.
④ 관경과 물의 유속은 일정한 관계가 없다.

④ 관경이 클수록 유속이 느려지고 관경이 작을수록 유속이 빨라진다.

72 저온 열교환기용 강관의 KS 기호는?
① STBH   ② STHA
③ SPLT   ④ STLT

열교환기용 강관의 KS 기호
① STBH : 보일러 및 열교환기용 탄소강관
② STHA : 보일러 열교환기용 합금강관
③ SPLT : 저온배관용 탄소강관
④ STLT : 저온 열교환기용 강관

73 압축기 과열(토출가스 온도 상승) 원인이 아닌 것은?
① 고압이 저하하였을 때
② 흡입가스 과열 시(냉매 부족, 팽창밸브 개도 과소)
③ 워터재킷 기능 불량(암모니아 냉동기)
④ 윤활 불량

① 고압이 상승하였을 때 압축기가 과열된다.

74 방열기 전체의 수저항이 배관의 마찰손실에 비하여 큰 경우 채용하는 환수방식은?
① 개방류 방식
② 재순환 방식
③ 리버스 리턴 방식
④ 다이렉트 리턴 방식

㉠ 직접 환수(direct return) 방식 : 배관설비가 간단하고 각각의 방열기 용량이 다르거나 방열기 전체의 수저항이 배관의 마찰손실에 비하여 큰

Answer 70. ② 71. ④ 72. ④ 73. ① 74. ④

과년도출제문제(출제기준 개정 후) 211

경우에 사용하고 유량 분배가 균등하지 못하므로 유량제어 밸브가 필요하다.

ⓒ 역환수(reverse return) 방식 : 공급관과 환수관의 배관길이가 같으므로 유량분배가 균등하지만, 배관이 복잡하고 설비비가 비싸다.

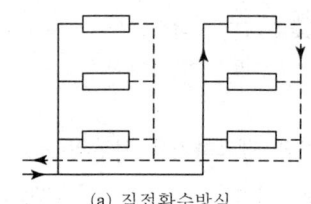
(a) 직접환수방식

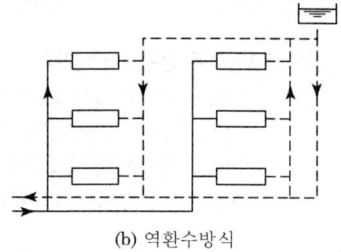
(b) 역환수방식

75 다음과 같이 두 개의 90° 엘보와 직관길이 $l=262mm$인 관이 연결되어 있다. L=300mm이고 관 규격이 20A이며 엘보의 중심에서 단면까지의 길이 A=32mm일 때 물린 부분 B의 길이는?

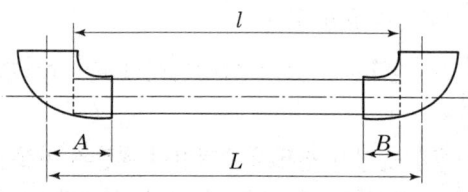

① 12mm   ② 13mm
③ 14mm   ④ 15mm

물린 부분 길이(B)
$l = L - 2(A - B)$
$262 = 300 - 2(32 - B)$
∴ $B = 13mm$

76 응축기(냉각탑) 냉각수 수질관리에 대한 설명으로 가장 부적합한 내용은?

① 냉각탑의 원활하고 장기적인 운전을 가능하게 하고 동력비(전력비)와 유지관리비를 절약함과 동시에 장비수명을 연장시키게 한다.
② 스케일(Scale), 부식(Corrosion), 침전물의 누적(Sludge) 및 생물학적인 오염(생물학적 침적물, Biological Deposit) 등과 같은 불순물과 오염물질을 효과적으로 제어하지 않으면 응축기 계통의 열전달 효과를 감소시켜 시스템 운전비용이 증가되는 결과를 초래할 수가 있으므로 세심한 관리가 필요하다.
③ 최적의 열전달 효율과 최대 장비 수명을 확보하기 위해서는 순환수질을 순환수 수질기준 이내로 유지하도록 농축 사이클(Cycle Of Concentration)을 제어하여야 한다.
④ 스케일, 부식 방지를 위한 블로우다운량 조절은 필요하지만 레지오넬라균의 생물학적인 오염은 고려하지 않는다.

④ 레지오넬라균의 생물학적인 오염을 예방하기 위해 냉각수 점검 및 청소, 살균제 투입 등 관리를 철저히 하여야 한다.

77 동관의 이음에서 기계의 분해, 점검, 보수를 고려하여 사용하는 이음법은?

① 납땜 이음   ② 플라스턴 이음
③ 플레어 이음   ④ 소켓 이음

압축 이음(flare joint)
관 끝부분을 나팔 모양으로 넓혀서 플레어 너트로 고정시키는 방법으로 기계의 점검, 분해 및 보수가 필요한 경우 사용한다.

Answer 75. ② 76. ④ 77. ③

78 전기가 정전되어도 계속하여 급수를 할 수 있으며 급수오염 가능성이 적은 급수방식은?

① 압력탱크 방식　② 수도직결 방식
③ 부스터 방식　　④ 고가탱크 방식

 수도직결 방식
일반적으로 도로 밑의 수도본관에서 분기하여 건물 내에 직접 급수하는 방식
㉠ 구조가 간단하고 설비비가 저렴해 소규모 건물에 이용된다.
㉡ 급수오염이 적으며 정전 시에도 급수가 가능하다.
㉢ 고층일수록 급수압이 감소하므로 수도 본관의 최소 소요압력이 최고층에 설치한 위생기구까지 급수할 수 있어야 한다.

79 5층 건물에 압력 수조식으로 급수하고자 한다. 5층 말단에 일반 대변기(세정밸브)를 설치할 경우 압력수조 출구의 압력을 어느 정도로 하여야 하는가? (단, 압력수조에서 대변기까지의 수직높이에 상당하는 압력은 1.5kgf/cm^2이고, 압력수조에서 대변기까지의 마찰손실수두는 4mAq, 세정밸브의 필요 최소압력은 70kPa이다.)

① 약 1.5kg/cm^2　② 약 2.0kg/cm^2
③ 약 2.3kg/cm^2　④ 약 2.6kg/cm^2

 1atm=101.325kPa=10.332mAq
$4\text{mAq}=0.4\text{kg/cm}^2$, $70\text{kPa}=0.7\text{kg/cm}^2$
∴ $P=1.5+0.4+0.7=2.6\text{kg/cm}^2$

80 신축곡관이라고 통용되는 신축이음은?

① 스위블형　② 벨로즈형
③ 슬리브형　④ 루프형

 루프형(loop type expansion joint : 신축곡관)
관을 구부려 관 자체의 가요성을 이용하여 신축을 흡수하는 방식이다.

㉠ 고압에 견디고 고장이 적어 고온, 고압용 배관에 사용한다.
㉡ 신축흡수에 따른 응력이 발생한다.
㉢ 고압 증기관의 옥외배관에 많이 사용한다.
㉣ 곡률반경은 직경의 6배 이상으로 한다.

 78. ② 79. ④ 80. ④

memo

참고문헌

1. 기계열역학/장기석 저/일진사//2003
2. 열역학/양희준 저/한국산업인력공단/2002
3. 냉동공학/김성수 저/기문사/2004
4. 냉동기계/오후규, 김동수 공저/한국산업인력공단/2001
5. 냉동기계/최지호 저/한국산업인력공단/2009
6. 보고싶은 냉동공학/최상곤, 홍성은 공저/건기원/2009
7. 공기조화설비/김세환 저/건기원/2005
8. 건축공기조화설비/정광섭외/성안당/2005
9. 공기조화공학/박기원 저/전남대학교출판부/2007
10. 공기조화설비/김재수 저/문운당/2007
11. 최신건축설비/최영식 저/건기원/2008
12. 건축설비배관공학/김세환 저/건기원/2005
13. 배관설비공학/박병우 저/일진사/2005
14. 전기공학개론/강성화 저/동화기술교역/2008
15. 전기공학개론/임헌찬 저/동일출판사/2008
16. 자동제어공학/윤만수 저/일진사/2005

공조냉동기계기사 필기

1판 1쇄 발행	2011년 3월 25일	11판 1쇄 발행	2023년 5월 10일
1판 2쇄 발행	2012년 1월 5일	12판 1쇄 발행	2024년 1월 5일
2판 1쇄 발행	2013년 1월 5일	13판 1쇄 발행	2025년 1월 5일
3판 1쇄 발행	2014년 1월 5일	14판 1쇄 발행	2026년 1월 5일
4판 1쇄 발행	2015년 1월 5일		
5판 1쇄 발행	2016년 1월 5일		
6판 1쇄 발행	2017년 1월 5일		
7판 1쇄 발행	2018년 1월 5일		
8판 1쇄 발행	2019년 1월 5일		
9판 1쇄 발행	2020년 1월 5일		
10판 1쇄 발행	2021년 1월 5일		

지은이 공조기술자격연구회
펴낸이 김 주 성
펴낸곳 도서출판 엔플북스
주 소 경기도 남양주시 오남읍 진건오남로 797번길 31. 101동 203호(오남읍, 현대아파트)
전 화 (031)554-9334
F A X (031)554-9335

등 록 2009. 6. 16 제398-2009-000006호

인 지 생 략

정가 **44,000원**
ISBN 978-89-6813-425-8 13550

※ 파손된 책은 교환하여 드립니다.
　본 도서의 내용 문의 및 궁금한 점은 저희 카페에 오셔서 글을 남겨주시면 성의껏 답변해 드리겠습니다.
http://cafe.daum.net/enplebooks